中船第九设计研究院工程有限公司
北京市劳动保护科学研究所　　组织编写
清 华 大 学 建 筑 学 院

噪声与振动控制
技术手册

HANDBOOK OF
NOISE AND
VIBRATION CONTROL

主　编　吕玉恒
副主编　燕　翔　魏志勇　孙家麒　邵　斌　冯苗锋

化学工业出版社
· 北京 ·

本手册由绪论、正文和附录等 18 个单元组成，荟萃了近年来我国在噪声与振动控制领域内的最新成果。内容涵盖声学基础知识，噪声源数据库，噪声与振动的生理效应、危害以及噪声标准，噪声与振动测量方法和仪器，噪声源的识别、预测及控制方法概述，声源降噪与低噪声产品，有源噪声控制技术，室内声学，吸声降噪，隔声降噪，消声器，振动控制，听力保护技术，噪声与振动控制技术新进展，声学设备和材料的选用等，列举了 300 多种用于噪声和振动控制的材料、设备、装置，给出了 40 多个成功的工程治理实例，附录中列出了本行业中部分书籍、标准、单位的部分名录等。本手册可为读者提供科学、严谨、新颖、可信赖的专业知识和应用技术，是一本大型、综合、实用的工具书，也是编著者们几十年来在此领域工作实践的成果汇编。

本手册可供工程设计、环境保护、职业安全卫生、基本建设等领域从事研发设计、生产制造、监测评价、工程管理等工程技术人员以及有关专业师生使用、参考。

图书在版编目（CIP）数据

噪声与振动控制技术手册/中船第九设计研究院工程有限公司，北京市劳动保护科学研究所，清华大学建筑学院组织编写：吕玉恒主编. —北京：化学工业出版社，2019.8
ISBN 978-7-122-32942-4

Ⅰ. ①噪… Ⅱ. ①中… ②北… ③清… ④吕… Ⅲ. ①噪声控制—手册②振动控制—手册 Ⅳ. ①TB53-62

中国版本图书馆 CIP 数据核字（2019）第 141137 号

| 责任编辑：武　江　李　萃　朱新晴 | 文字编辑：汲永臻 |
| 责任校对：宋　夏 | 装帧设计：王丽娟 |

出版发行：化学工业出版社（北京市东城区青年湖南街 13 号　邮政编码 100011）
印　　装：三河市航远印刷有限公司
787mm×1092mm　1/16　印张 104　彩插 4　字数 2596 千字　2019 年 9 月北京第 1 版第 1 次印刷

购书咨询：010-64518888　　　　　　　　　售后服务：010-64518899
网　　址：http://www.cip.com.cn
凡购买本书，如有缺损质量问题，本社销售中心负责调换。

定　　价：498.00 元

《噪声与振动控制技术手册》编著人员名单

主　编：吕玉恒

副主编：燕　翔　魏志勇　孙家麒　邵　斌　冯苗锋

编著者：（以姓氏笔画为序）

丁德云　方丹群　尹学军　王世强　冯苗锋

孙家麒　吕玉恒　李志远　李林凌　李　卉

朱亦丹　陈克安　陈梅清　邵　斌　吴　瑞

宋瑞祥　宋　震　陆益民　秦　勤　姚　琨

郭　静　黄青青　辜小安　蒋从双　翟国庆

燕　翔　魏志勇

振动产生噪声，噪声是不需要的声音。噪声令人烦扰，影响思考，妨碍学习，干扰睡眠，危害健康，进而可能引发事故，引起投诉和纠纷。因此，噪声是一种应当努力加以控制的环境污染源。为了实现生活在安静的人居环境这一理想，人们设法采取各种措施来防治噪声污染。噪声防治措施最终要通过防噪规划、工程设计、消声减振材料选用、设备构造加工制作以及施工安装、测试验收等环节加以落实。

八年前，吕玉恒教授等曾经编著出版过一本《噪声控制与建筑声学设备和材料选用手册》。我曾为该书作序。在该序言中，我表达了给 13 亿人民以更多的听觉关怀，为人们创建一个安静、舒适、优美的人居环境的心愿，同时，也藉此为吕教授等在这一领域所做出的突出贡献表示敬意！现在吕玉恒教授又组织了国内外噪声与振动控制领域有专长、有经验、有成就的专家学者，经过 3 年的努力，编著了新作《噪声与振动控制技术手册》（以下简称《手册》）。他嘱我再次为其新著作序，我欣然允诺。

据悉，本次编写的《手册》乃是以同一内容两种形式的方式出版，即既有纸质出版物又有数字出版物，这无疑是一种新的尝试。对于编著者来说，《手册》的出版是他们多年心血的结晶；而对于阅读本《手册》的成千上万读者来说，此著作好比是一朵鲜花，为他们在实际应用中把鲜花结成果实提供了有益的指导理论与方法以及丰富的实践案例，使得他们能够据以解决实际中所遇到的噪声与振动污染问题。我想这也是编著者出版此书的初衷与目的。

我粗略浏览了一下《手册》的文稿，觉得内容丰富，资料翔实，不仅涵盖了声学基础知识、噪声源数据库、噪声的生理效应、噪声源识别及预测评价等内容，而且比较全面系统地阐述了经典、常用和成熟的主动与被动控制方法及技术。特别是《手册》重点介绍了国内外近年来部分最新的研究成果和发展方向，给出了几十个工程应用的成功案例，更是难能可贵。本《手册》不愧是一本具有科学性、先进性和实用性的著作，体现了编著者广博的学识和丰富的实践经验，将为广大读者提供重要的参考资料。《手册》的出版标志着我国噪声与振动控制工作的重要进展，将在我国噪声与振动控制及改善人居声环境的事业中发挥积极的作用。

聊志数语，以资祝贺。

吴硕贤

2018年8月

编者按：吴硕贤为华南理工大学建筑学院教授、中国科学院院士、亚热带建筑科学国家重点实验室首任主任，曾任中国建筑学会建筑物理分会副理事长兼建筑声学专业委员会主任委员、国际著名刊物《声与振动学报》编委、中国科学院技术科学部副主任、中国科学院学部咨询评议工作委员会委员、国务院学位委员会学科评议组成员、中国声学学会常务理事、广东省土木建筑学会副理事长、广东省学位委员会委员。他主持完成 70 多座重要观演与体育建筑音质设计，承担多项噪声治理工程，已出版《建筑声学设计原理》《室内声学与环境声学》等 11 部著作，在国内外杂志上发表论文 200 余篇。

噪声是环境四大公害之一，也是影响范围最广的污染源。汽车、高铁和飞机在运行中会产生噪声；城市建设所使用的打桩机、挖掘机和空压机也会产生噪声；工业制造中的机床等机械设备能够持续产生噪声；甚至现在深受广大中老年人喜爱的广场舞也是重要的噪声来源之一。《2017年中国环境噪声污染防治报告》显示全国各级环境保护部门共收到噪声投诉52.2万件，占投诉总量的43.9%。

著名作家余光中在一篇文章中写道"噪声，是听觉的污染，是耳朵吃进去的毒药""噪声害人于无形，有时甚于刀枪"。著名哲学家叔本华、康德等，更是一生为噪声所苦。解决噪声问题的关键是"对症下药"，只有充分分析噪声问题的各个环节，掌握其要求达到的控制目标和可能采用的各种解决措施，才能既经济又有效地控制噪声。

吕玉恒同志等编著的《噪声与振动控制技术手册》涵盖了噪声振动的危害、噪声测量与分析方法、噪声与振动控制技术、声学材料与设备以及工程应用实例等诸多方面，为噪声与振动控制提供了全面翔实的参考资料。《噪声与振动控制技术手册》凝聚了编著者多年的心血和对环保事业的热爱，本书的出版也必将对处理当代更复杂的噪声污染问题起到重要的作用。谨以此聊表祝贺！

何琳

2018.8.3

编者按：何琳为海军工程大学教授，中国工程院院士；从事减振降噪技术研究、应用与教学30多年，获全国优秀科技工作者、何梁何利科学与技术进步奖、马大猷声学奖等；任中国声学学会常务理事，船舶振动噪声国家重点实验室学术委员会主任，十三届全国政协委员；获发明专利授权11项，出版专著2部，发表论文60余篇。

前言

实行严格的生态环境保护制度是建设富强、民主、文明、和谐、美丽国家的需要。噪声与振动的污染防治是环境保护的主要内容之一。几十年来，我国通过立法、行政管理和工程治理，不仅使噪声污染得到了有效的控制，声环境质量有了较大改善，而且促进了行业发展和产品的进步，同时积累了丰富的经验，相继出版了不少噪声与振动控制技术书籍。

进入 21 世纪以来，为实现制造业强国的战略目标，化学工业出版社拟将噪声与振动控制技术内容纳入其"制造业数字资源平台"（简称 CIDP）及工程师宝典 App 中的一级目录，以数字出版物的形式展示噪声与振动控制领域的基本情况、主体内容、发展动向等，同时出版一本内容相当的纸质书，即《噪声与振动控制技术手册》。为此，以中船第九设计研究院工程有限公司、北京市劳动保护科学研究所和清华大学为主，联合中国铁道科学研究院集团有限公司、西北工业大学、浙江大学、合肥工业大学、中国空间技术研究院、北京九州一轨隔振技术有限公司、隔而固（青岛）振动控制有限公司等单位的噪声与振动控制专业人员组成编写组，进行编著。

《噪声与振动控制技术手册》（以下简称《手册》）由绪论、正文和附录共 18 个单元组成，主要内容包括：声学基础知识；噪声源数据库；噪声与振动的生理效应、危害以及噪声标准；噪声与振动测量方法和仪器；噪声源的识别、预测及控制方法概述；声源降噪与低噪声产品；有源噪声控制技术；室内声学；吸声降噪；隔声降噪；消声器；振动控制；听力保护技术；噪声与振动控制技术新进展；声学设备和材料的选用；噪声与振动控制工程实例；本行业的书籍、标准、生产厂家、设计研究教学单位（部分）名录等。

本手册作为大型综合性工具书，荟萃了编著者多年来的研究、设计、教学、工程实践等成果，比较完整而系统地介绍了噪声与振动控制实用技术以及国内外在本领域的最新进展，给出了用于噪声与振动工程治理的 300 余种设备和材料的性能、规格，列举了 40 多个噪声与振动控制工程实例等，可为读者提供科学、严谨、新颖、可信赖的专业知识和应用技术，能够满足各类噪声与振动控制科学研究、工程设计、测试分析、设备选型、施工安装、配套开发等需要。

本手册的编著参考了马大猷院士主编的《噪声与振动控制工程手册》、方丹群和张斌主编的《噪声控制工程学》、吕玉恒主编的《噪声控制与建筑声学设备和材料选用手册》这 3 本书中经典的、成熟的、常用的技术。本手册的编著者，大多数也是这 3 本书的作者。在本手册的编写过程中，著名学者方丹群教授提供了部分资料并对编著工作给予了多方指导。

本手册的编著得到了参编单位的领导和有关同志的帮助和支持，国内 50 多家本行业的生产单位提供了样本资料、检测报告和工程实例等，特别是得到了中科院院士吴硕贤教授和中国工程院院士何琳教授的帮助和指导，两位院士还为本手册作序，在此一并表示衷心的感谢。由于噪声和振动控制技术发展迅速，肯定有一些新的技术未能编入本手册，其中难免会有错漏，请广大读者提出宝贵意见，以便改正和更新。

编著者

2019 年 3 月

▶▷ CONTENTS 目录

第 1 篇　声学基础知识

第7篇　有源噪声控制技术

第8篇　室内声学

第 9 篇 吸 声 降 噪

第 10 篇 隔 声 降 噪

第11篇　消　声　器

第12篇　振　动　控　制

第13篇　听力保护技术

第14篇　噪声与振动控制技术新进展

第15篇　声学设备和材料的选用

第 16 篇　噪声与振动控制工程实例

附　录

绪　论

编　著　吕玉恒　方丹群

校　审　孙家麒　邵　斌

绪　论

随着社会经济的发展、物质文化生活水平的提高、大众环境意识的增强以及对美好生活的追求，迫切需要创建一个安静、文明、舒适、和谐的环境。国家把环境保护作为基本国策之一，颁布了一系列法规、标准、规范等，加强环境管理，同时采取各种措施防治污染，保护环境。噪声与振动控制是环境保护、劳动保护、职业卫生的重要内容之一，涉及面很广，与所有人都有关系，已引起各方面的高度重视。笔者编著的噪声与振动控制技术手册的电子出版物，作为中国制造 2025 数字出版创新平台及产业化的项目之一，已入选工程师宝典 App 及 CIDP 制造业数字资源平台，可以由电脑和工程师宝典 APP 上网查阅。在将噪声与振动控制专业内容带进网络化、数字化和移动化的新时代的同时，经精简、提炼和整编，拟另出版《噪声与振动控制技术手册》纸质书，以飨读者。作为该手册的绪论，有必要：概括介绍噪声与振动的危害和防治的紧迫性；回顾我国噪声与振动控制技术的成长历程和噪声控制工程学的诞生；列举最近 40 年来我国噪声与振动控制技术的进展和主要贡献；阐述噪声与振动控制工程目前所具有的规模和达到的水平；展望噪声与振动控制技术的发展前景和最新动向，以期得到人们更多的关注。

0.1　噪声与振动危害已引起国内外的高度重视

噪声与振动的危害由来已久，只是到了现代才引起人们的广泛重视。回顾一下历史，在 18 世纪就有锻造工噪声聋的报告，但是直到第二次世界大战后，因枪炮噪声引起的耳聋人数急剧增加，噪声才开始引起医学界的注意，研究者对噪声性耳聋进行了一系列研究工作，各国也陆续发表了不少工业噪声引起耳聋的研究报告。

20 世纪 60 年代，在人类历史上出现了"噪声病"这个名词，一系列调查报告和研究报告不断发表。我国研究者对噪声级为 85～95dB（A）的绳索厂操作工观察多年后，发现有许多人发生心血管功能改变和血压不稳定，而年龄超过 40 岁的工人，高血压患者的人数比同年龄组不接触噪声的工人高两倍以上。对工艺美术厂雕刻工进行调查后发现，很多岗位噪声级超过 100dB（A），高血压患病率增加 30%；对长期暴露在 109～127dB（A）的脉冲噪声环境中的工人调查发现，有 76.8% 的工人出现头昏、脑涨、耳鸣、失眠、记忆力衰退等神经衰弱症候群症状，这些病症统称噪声病。

随着近代工业和交通运输业的发展，噪声污染越来越严重，已经成为世界公害。它影响人们的生活、睡眠、学习、工作和身心健康。

美国环保署根据等效声级评价噪声影响的结果，早在 1974 年就指出城市环境噪声超过 55dB（A），人就难以忍受；而超过 70dB（A），则对人体健康有害。美国有 1 亿人生活在噪声超过 55dB（A）的环境中，1300 万人生活在噪声超过 70dB（A）以上的环境中。英国伦敦、曼彻斯特等城市，有 70% 以上的市民受到城市噪声的干扰，不胜其烦。噪声日益严重，有的地方竟然找不到安静的环境，"寂静像黄金一样珍贵"。富人迁离的车水马龙的喧哗闹市，在远郊建造高级别墅，以高价买来"安静"，噪声成为房价的重要指标。

我国的噪声污染也相当严重，据统计，北京、上海、天津、重庆、西安、广州、武汉、沈阳、南京等大城市噪声投诉曾占环境保护投诉的60%以上。

多年来，我国虽然采取了很多噪声治理和管理措施，声环境有所改善，但治理的速度落后于污染的速度。随着人们物质文化生活水平的提高以及环境保护意识的加强，噪声污染投诉仍然居高不下。从2017年环保部《中国环境噪声污染防治报告》中提供的情况来看，2016年全国各级环保部门收到的环境投诉案件为119万件，其中噪声投诉案件为52.2万件，占投诉案件的43.9%（办结率为99.1%）。其中工业噪声类占10.3%，建筑施工噪声类占50.1%（夜间施工噪声投诉又占该类投诉的90.5%），社会生活噪声类占36.6%，交通运输噪声类占3%。

20世纪60～70年代，航空噪声已经到了令人不能容忍的程度。1962年，三架美国军用飞机以超音速低空掠过日本藤泽市时，许多房屋玻璃被震碎，烟囱倒塌，货架上的商品震落满地，造成极大损失。美国统计了三千件喷气式飞机使建筑物受损事件，其中，墙开裂的占15%，窗损坏的占36%，抹灰开裂的占43%，瓦损坏的占6%。人在喷气式飞机的轰声影响下会发生"瞬间休克"现象，置身于轰声下数分钟，会整天头昏。在美国洛杉矶国际机场，每两分钟就有一架飞机起落，在其航道下有一所小学，飞机通过时，教室内噪声高达80～90dB（A），室外100dB（A），严重影响上课。航空噪声还使动物受到影响，鸡飞狗跳、奶牛不出奶、养鸡场的母鸡不下蛋等案例也有报道。

0.2　我国噪声与振动控制技术的成长历程

面对日益严重威胁人类生存环境的噪声污染，产生了噪声控制的各种技术——吸声、消声、隔声、隔振、阻尼、个人防护等，并得到了迅速的发展。

在吸声方面，标志着近代声学开始的著名的赛宾公式以及依林-努特生公式，加上室内波动理论、几何声学理论等，可以精确地计算和设计任何室内吸声减噪工程。多孔吸声材料、吸声结构、共振吸声结构、共振复合吸声结构等一批批地开发出来，并很快地应用于建筑声学音质控制工程和噪声控制工程。中科院资深院士、世界著名声学家马大猷教授发明了微穿孔板吸声结构并进行了深入的理论研究，将其应用在火箭发射工程中，在吸声结构的领域中开拓了新的阵地。

在消声方面，别洛夫和赛宾奠定了基础。20世纪70年代后，国内外研制出了大量实用的系列化阻性消声器、抗性消声器以及阻抗复合消声器。方丹群、孙家麒和潘敦银等通过实验研究给出了微穿孔板消声器气流速度与消声量的关系，研制出了多种微穿孔板消声器和复合消声器。章奎生研制成功的盘式消声器及其他消声器很快地变成系列化产品。马大猷、李沛滋等对小孔喷注消声器进行了卓有成效的理论研究工作。众多的声学工作者和工程师们将这些新技术应用到工程实践中，并成为系列化产品。冯瑀正、吴卫彬、吕玉恒、张敬凯、项端祈等也研制成功一系列消声器。在以上这些工作的基础上，我国消声器实现了组件化、系列化、商品化。

在隔声方面，国际上形成了建筑声学领域成熟的隔声理论和实践，如隔声质量定律以及一系列经验公式。在我国，中国建筑科学研究院建筑物理研究所对国产各种隔声构件进行了综合分析，给出了国产隔声构件传声损失总表。清华大学对石膏板等轻型结构进行了试验研究，探讨了层数、空气层厚度、龙骨类型、填充料等与隔声量的关系。同济大学声学研究所对上海近千户的隔声构件进行了调查，提出单层复合结构的准双层墙，可使隔声量有所增加，而重量却可减少 1/3。北京市劳动保护科学研究所、中国科学院声学研究所、上海交通大学、上海工业院、中船总公司第九设计院、清华大学等则研制成功在工业噪声中的空压机、电动机、球磨机、冷冻机、燃气轮机、多种风机、玉器研磨机、制钉机等的隔声罩及隔声间。

这一时期，赵松龄、吕如榆、冯瑀正、胡俊民、吴大胜、项端祈在吸声、隔声材料和结构的研究方面，程明昆、战嘉凯、刘克、孙吉民、程越在环境声学领域的研究方面，车世光、王季卿在城市建筑声学研究方面，张绍栋和应怀樵在声学和振动仪器的开发方面等，都进行了颇有成效的工作。

面对日益严重的噪声污染，国际标准化组织（ISO）和一些发达国家制定并颁布了一系列噪声标准。20 世纪 70 年代，方丹群组织了由北京市劳动保护科学研究所、北京市耳研所、北京医学院、中科院心理所、北京市卫生防疫站等组成的大协作组，深入研究了噪声对听力、心血管、神经系统的影响。根据这一研究成果，为我国制定了第一个综合性的国家噪声标准——《工业企业噪声卫生标准》（试行草案），1979 年 8 月由卫生部和国家劳动总局颁发，1980 年 1 月 1 日开始试行。

接着，方丹群组建了更大的研究团队进行噪声与振动控制领域的深入研究工作。声学泰斗马大猷教授担任总顾问，噪声振动专家、医学专家如吴大胜、章奎生、孙家麒、陈潜、冯瑀正、张敬凯、陈道常、徐之江、虞仁兴、张书珍、李琳、张家志、方至、封根泉等参加了这一具有历史意义的工作。经过五年的努力，研究者对全国 1034 个工厂的 11794 个噪声源进行了测试分析，对 62726 个工人的噪声暴露状况进行了调查研究，深入探讨噪声的生理效应，特别是开展噪声对心、脑影响的电子计算机分析，得出：噪声级与脑电功能指数的线性关系；职业性噪声暴露耳聋阳性率与噪声级的关系；职业性噪声暴露神经衰弱症候群与噪声级的关系；噪声烦恼程度与噪声级的线性关系；噪声与电话通话干扰的关系。在以上基础上，给出了工业企业厂区内各类地点噪声标准，即工业企业噪声控制设计规范初稿。为了给这项噪声标准提供依据，规范编制组在全国 13 个省市 40 个企业组织进行了近百项噪声控制工作试点，控制工程实践涉及了风机、压缩机、内燃机、锅炉排气放空、球磨机、空气锤、剁齿机、绕线机、手动砂轮机、轴承钢球锉球机、光球机等噪声源，95% 的项目达到了噪声降至 90dB（A）以下的要求。这一大规模的工程实践不仅为噪声控制设计提供了范例，同时进行了经济测算，治理费用可以承受。这样，几乎倾全国噪声界与相关工业界之力研究和编制的标准规范于 1985 年 12 月由中华人民共和国国家计划委员会正式批准并颁布，定名为中华人民共和国国家标准 GB/J 87—85《工业企业噪声控制设计规范》。这一标准经原主编单位北京市劳动保护科学研究所于 2012 年修订，现在标准号为 GB 50087—2013，名称仍为《工业企业噪声控制设计规范》。

20 世纪 80 年代，另一个重要的综合性噪声标准——《城市区域环境噪声标准》，由中国科学院声学研究所主编，北京市劳动保护科学研究所、同济大学、北京市环境监测站参与编制，经国务院环境保护领导小组颁布，于 1982 年发布执行，1993 年第一次修订，定名为 GB 3096—1993《城市区域环境噪声标准》和 GB/T 14623—1993《城市区域环境噪声测量方法》。2008 年第二次修订，将上述两个标准合二为一，成为现行的标准，即 GB 3096—

2008《声环境质量标准》。

　　噪声领域这一系列大规模的活动，使我国的噪声治理工作从单机单项进入整个工厂和区域环境综合治理的新阶段，由少数科研设计单位自发研究进入政府管理有章可循、有法可依的新阶段，使噪声控制从少数声学单位的科学研究发展到工程技术界广泛应用到工程实践和产品设计中的新阶段，噪声问题正式列入国家环境保护"四大重点"之一。

　　噪声控制工程界的学术活动也活跃起来。为了筹建全国性的环境保护和劳动保护学会的噪声振动专业委员会，以及发起全国性的噪声控制工程学术会议，在方丹群教授的发起和组织下，于1981年11月在浙江黄岩召开了筹备会议，参加会议的有方丹群、章奎生、吕玉恒、孙家麒、谢贤宗、陈潜、应汝才、董金英、程越、章荣发、俞达镛等。这次会议成立了两个全国性学会的噪声控制专业委员会，并决定于1982年9月在安徽黄山召开首届全国噪声控制工程学术会议（又称第一届全国环境噪声及控制工程学术会议）。黄山会议如期召开，有105个单位160余名代表参加，发表论文170多篇。马大猷院士在大会上作了题为《国外噪声控制新进展》的特邀报告，方丹群教授作了《我国噪声控制十年进展》报告，章奎生教授作了《国内外空间吸声体发展概况》报告。在此之后，每2~3年召开一次全国性学术会议，从1981年筹备至2017年底，开了15届全国噪声与振动控制工程学术会议。据统计，共发表论文1650篇，出席人数2210人，前四届由方丹群教授主持，后几届先后由李炳光、程明昆、章奎生、邵斌主持。马大猷院士有七届亲自赴会并作主题报告。全国性学术会议的召开，有力地促进了我国噪声与振动控制技术的发展、进步和提高（详见本手册附录5"第一届至第十五届全国噪声与振动控制工程学术会议一览表"）。1987年，第十六届国际噪声控制工程学术会议（Inter-Noise87）在北京召开，马大猷院士担任大会主席，国内外声学专家齐聚北京，我国的噪声控制成就已引起了全世界同行的注意和重视。

　　20世纪80年代，噪声控制方面一批书籍相继出版。如L.L.Beranek教授1971年出版的《Noise And Vibration Control》，L.L.Faulkner教授1976年出版的《Handbook of Industrial Noise Control》，C.M. Harris教授1979年出版的《Handbook of Noise Control》。国内书籍有马大猷教授1983年出版的《声学手册》、1987年出版的《噪声控制学》，方丹群教授1978年出版的《空气动力性噪声与消声器》，方丹群、王文奇、孙家麒1986年出版的《噪声控制》，赵松龄教授1985年出版的《噪声的降低与隔离》，郑长聚、洪宗辉等1988年出版的《环境噪声控制工程》，吕玉恒等1988年出版的《噪声与振动控制设备及材料选用手册》，任文堂1989年出版的《工业噪声和振动控制技术》，孙家麒等1989年出版的《振动危害和控制技术》等。以严济宽教授为主编的专业刊物《噪声与振动控制》1982出版至今。据不完全统计，新中国成立以来，我国出版的噪声和振动专业方面的著（译）作共计有375本，其中声学基础35本，手册术语24本，噪声控制122本，建筑声学95本，振动控制68本，声学测量31本。[详见本手册附录1"我国出版的噪声振动控制及建筑声学书籍目录（部分）"]

0.3　噪声与振动控制技术的进展与应用

　　从20世纪80年代到现在，噪声控制技术在世界范围内得到蓬勃发展。以飞机噪声为例，从50年前的120dB降低到现在的80dB，这是投入了大量的人力、物力、财力，并采用多项技术，如强化消声、隔声、有源噪声控制、优化机体设计以及飞行程序控制等综合技术而取得的成果。

随着各国对飞机噪声限制越来越严格，商业竞争也越来越激烈，近年来，美国和欧洲又推出了新的静音飞机计划。如，美国洛克希德·马丁公司尝试研发不会产生音爆的新一代"宁静超音速飞机"（quiet supersonic transport），最高飞行速度可达到音速的 1.6 倍，将采用一系列最新开发的空气动力学技术，特别是特殊的机头和倒"V"字形的尾舵设计。

美国、英国近年投入大量人力、物力、财力研发 SAX40 的翼身融合体静音飞机，其外形呈流线型的"翼形伞"结构，与隐形战机相似，其机身长 44m，翼展为 68m，大小约相当于波音 767 型喷气式客机。设计目标是，在机场周边的加权平均噪声级为 63dB，即低于公路交通噪声水平，在普通机场的周边地区几乎听不见该机产生的噪声。

除飞机噪声之外，舰艇尤其是潜艇的噪声也是研究的重点之一。美国"海狼"级攻击核潜艇的第一任务是反潜艇，降低噪声对它来说至关重要。其噪声控制方法主要有：首次使用新型的"泵喷射推进器"，解决了螺旋桨噪声问题；核动力装置采用自然循环反应堆，降低了回路噪声；采用蒸汽轮机电力推进方式，替代了高噪声的减速齿轮箱；首次使用了"有源噪声控制技术"，各机组都采用了有效的噪声振动控制技术。综合改进的结果，使"海狼"的噪声低于海洋背景噪声，成为一艘真正的"安静型"潜艇。

再如汽车噪声，它是交通噪声中最主要的部分。欧美各国对汽车噪声标准规定越来越严。同时，噪声、振动、舒适性等因素已经成为汽车产品质量的重要指标。欧美国家发布并实施汽车噪声标准多年，噪声的限值也逐步严格化，汽车制造商投入大量资金降低噪声，欧洲和美国 30 年来汽车噪声降低了 10～12dB（A），我国 20 年来降低了 5～6dB（A）。我国交通运输业随着国家经济实力的增强和技术水平的提高有了很大的发展。据 2017 年报道，我国铁路的总里程有 12.4 万公里，高铁有 2.2 万公里，公路 450 万公里，高速公路 13.1 万公里，汽车有 2.5 亿辆，地铁 4153 公里，民用机场 202 个，民用飞机 4168 架。这么大体量的运输能力，大大改善了民生，但同时带来了交通噪声污染，已引起了各方面的关注。降低交通噪声的影响，是我国面临的一个重大课题。

对于通用机械和家电设备，ISO 还给出了《低噪声机器和设备设计实施建议》，近 20 年来低噪声机器已成为世界各国的时尚商品，厂商争相研发低噪声设备，作为市场竞争的筹码。我国近年来在低噪声机械设备的研制方面也取得了很大的成绩，如上海交通大学、清华大学、机械部四院、北京市劳动保护科学研究所、浙江联丰集团等研发的低噪声冷却塔，上海交通大学、中船公司 711 所、上虞风机厂等研制的低噪声轴流风机等均取得良好的降噪效果。

有源噪声控制技术的研究和应用也取得重要进展。英国南安普顿大学的 P.A.Nelson 等将多年的设想在飞机座舱中变为现实，将有源噪声控制带入实用阶段。之后有源噪声控制在船舰、车厢、中央空调管道等均取得显著的降噪效果。在这一领域，中国科学院声学所、南京大学、西北工业大学等发表了一系列论著。

在噪声控制工程学理论方面，对振动、声辐射、声场分布以及它们的耦合理论方面，取得重大进展，特别是计算机和信息技术的飞速进展，统计能量分析法（SEA）、有限元法顺利地进入噪声控制工程学理论领域，使许多相当复杂的声学计算，如导弹和飞机噪声等，得到了简化处理。计算机用快速傅里叶变换计算自相关函数、互相关函数、相干函数，使人们对噪声源识别、声强测量的技术提高到了一个新的高度。在城市交通噪声预测评价方面，也取得了重要成果。

　　进入 20 世纪 90 年代以来，微穿孔板技术在建筑声学等领域得到了广泛的应用。如查雪琴等研制的透明微穿孔板成功应用于德国议会大厦，使微穿孔板吸声材料和技术再一次得到国内外同行的高度重视。赵松龄、刘克等在微穿孔板的非线性方面做了大量的研究工作；田静、李晓东、毛东兴、张斌、吕玉恒等都在微穿孔板的应用方面做了较深入的研究工作。在微孔板的制造工艺方面，很多研究者根据材料和生产工艺的发展，提出了激光打孔法、电腐蚀法、化学腐蚀法、高速射流等多种微孔加工方法，产生了如透明微孔板、超微孔装饰板、变孔径微孔板等新产品。其他新型吸声材料也应运而生，如金属烧结板、泡沫金属等。近年来，台湾青钢陈元藤等研发并生产制造了超细异型微穿孔板，大大拓宽了吸声频带带宽，单层微穿孔板加腔体达到了双层的吸声效果，并成功应用于台湾高铁隔声屏障以及故宫博物院吸声。而孙家麒、李林凌、燕翔等又将这种新型微穿孔板与蜂窝体结合，研制成功新型效果极佳的消声器和吸声体。

　　近年来，中科院院士、华南理工大学吴硕贤教授在声学虚边界原理及交通噪声预报理论方面的研究；中国工程院院士、海军工程大学何琳教授多年来致力于舰艇减振降噪技术研究，研制开发出五代隔振系统装备和核心元件，通过主动与被动混合隔振，可以降低 25～75Hz 的低频噪声和振动；同济大学毛东兴等在微穿孔聚酯薄膜吸声结构、微缝板吸声结构、噪声的主观反应特征和声品质、中国人群听觉主观反应特征的研究；浙江大学翟国庆等在非连续声源主观烦恼度、噪声生理效应、低频环境噪声的研究；清华大学燕翔等在轻质屋面雨噪声、音质缩尺模型标准、楼板撞击声隔声、砂岩板新型多孔吸声材料、零分贝极静环境下人体生理效应、颅骨声振对大脑健康影响等方面的研究；清华大学连小珉和李克强、华中科技大学黄其柏、中国空间技术研究院李林凌等在噪声源识别、消声器 CAE 设计分析等方面的研究；隔而固（青岛）振动控制有限公司尹学军等在音乐厅和剧院等固体声敏感建筑的弹性隔振技术、轨道交通钢弹簧浮置板隔振技术和轮轨阻尼降噪技术方面的研究与应用；中船第九设计研究院工程有限公司吕玉恒、冯苗锋等在船舶工业、计量检测、电力、化工、汽车、通信、特高层建筑等行业的噪声与振动控制设计，以及对国内噪声和建声所用的设备和材料的汇集研究；西北工业大学陈克安等在飞机噪声、有源噪声控制方面的研究；上海交通大学蔡俊在新型隔声材料和结构、噪声主观感受的颅脑反应的研究；上海交通大学蒋伟康在近场声全息理论与方法拓展至非稳态、非静止声源和非自由场环境，可满足更广泛的声场可视化重建需求，提出的新型快速多极子边界元声学方法比传统边界元方法的计算效率提高 1000 倍以上；中国科学院声学研究所吕亚东等在管束穿孔板共振吸声结构、束腔吸声结构、紧致毛细管吸声结构、基于温度梯度场引起声线偏折的消声研究和强声特性研究；华东建筑设计研究院声学所杨志刚在国内剧院、音乐厅和多功能小剧场等声学参量的现场检测数据收集和分析以及国内外剧院和音乐厅体型的分析和研究；北京市劳动保护科学研究所柳至和等在道路交通噪声及城市轨道交通特性、飞机噪声特性、城市声环境规划等方面的研究；中国环境监测总站刘砚华等在工业企业厂界环境噪声排放标准、噪声自动监测系统及应用、道路交通噪声监测与评价方法方面的研究；中国铁道科学研究院集团有限公司辜小安等在京沪高速铁路环境影响预评价、高速铁路噪声振动控制技术、高速铁路声屏障气动力作用技术措施的试验研究；中国环境监测总站郭静南和中国环境科学研究院张国宁在环境噪声标准、声环境质量标准方面的研究等，这些研究工作都对我国噪声控制技术的发展起到重要的促进作用。

　　噪声控制技术的发展，大大地促进了噪声控制设备、装置和材料的产业化。如今，在世界范围内已经形成了噪声控制产业，在欧美，可以从诸多噪声控制设备和声学测量仪器的厂商和供应商中买到需要的品质优良的吸声体、消声器、隔声构件、减振器以及声学测量仪器。也有很多的咨询顾问公司做设计，解决噪声问题。在我国，通用噪声控制设备产业取得了很大的发展，已形成一批系列化和标准化的通用噪声控制设备和声学测量仪器生产基地，专业从事噪声与振动控制产品生产、制造、施工、安装的企业有450余家（详见本手册附录3"我国噪声振动控制与建筑声学设备和材料部分生产单位一览表"）。据2017年国家环保部《中国环境噪声污染防治报告》称，噪声污染防治行业年总产值约为132亿元，噪声控制工程与设备约76亿元，技术服务约12亿元，从业人数超过3万，年产值超过亿元的厂家有30余个，规模以上企业有110余家。例如上海申华、北京绿创、四川正升、深圳中雅、上海新华净、北京九州一轨、北京北新建材、宜兴东泽、上海中驰、上海青浦环新、南京常荣、杭州爱华、福建天盛恒达、上海声望、青岛爱尔家佳、江苏泰兴汤臣、江苏标榜、上海良机、江苏海鸥、江苏爱富希、巴斯夫、上海松江橡胶、苏州巴尔的摩、大连明日、青岛隔而固、四川三元、浙江联丰、上海泛德、上海坦泽、北京万讯达、宜兴天音、无锡世一、厦门嘉达等，他们承担了国内大型工业与民用建筑以及公用设施建筑的噪声治理任务，还有机场、铁路、高铁、地铁、轻轨、隧道、高架、高速路、输变电等噪声和振动治理工程。与汽车及一些机械设备配套的消声器，已经实现规模化生产，例如有的汽车消声器企业年生产能力已达10万套以上，年产值达到数亿元。

近年来，噪声振动控制工程规模越来越大。日、欧、美等国各种道路声屏障工程实施里程、类型和投资额均较多，部分达到几千万甚至于上亿美元。在中国，数千万甚至上亿元的噪声控制工程也不在少数，如北京太阳宫燃气热电厂噪声控制工程、郑常庄热电厂噪声控制工程，GE厦门航空发动机试车台消声工程，北京地铁16号线、成都地铁9号线一期、武汉地铁2号线和4号线、天津地铁5号线等阻尼钢弹簧浮置道床等项目，以及大量换流站噪声控制工程，银川哈纳斯电厂噪声综合治理项目，南京纬七路西延高架道路全封闭声屏障，上海外环线道路声屏障工程，深茂铁路"小鸟天堂"拱形声屏障等也都是数千万至逾亿元的大型减振降噪工程。再如，国家大剧院空调系统噪声振动控制工程、浙江兰溪电厂冷却塔消声降噪工程、宝山钢铁三热轧区域噪声治理工程、北京新机场线声屏障工程等，都是很有影响的噪声控制工程。

在我国，目前从事噪声与振动控制的科研、设计、教学等单位超过400家，技术人员8000余人（详见本手册附录4"我国噪声与振动控制专业领域研究、设计、教学部分单位名录"），若包括制造厂家450余个的话，则有近千家与噪声振动有关的企业和单位，已形成一支较强大的技术队伍。在这支队伍里面，例如北京市劳动保护科学研究所暨国家环境保护城市噪声与振动控制工程技术中心、中国科学院声学所、同济大学、清华大学、浙江大学、中船第九设计研究院工程有限公司、上海现代设计集团、中国建筑科学研究院、上海交通大学、西北工业大学、南京大学、华南理工大学、太原理工大学、合肥工业大学、东南大学、天津大学、上海市环境科学研究院、广电设计院、华电重工、中国环境科学研究院、中国环境监测总站、军队系统及各个省（市）监测站等一大批企事业单位，承担各项重要的民用和军用噪声控制工程的设计、研究和监测任务，同时产生了一批本专业的中青年优秀人才，他们已经成为噪声控制界的领军人物或骨干成员。第一，通过他们的主持或参与，为我国编制了较多的法规、标准、规范等，建立了比较完整的噪声控制法规和标准体系，如《中华人民共和国环境噪声污染防治法》,《声环境质量标准》以及各类噪声源排放标准,各类噪声控制设备技术标准,噪声测试和预测评价标准,噪声控制技术标准和规范等;第二,发表了相当数量的论著,系统地总结和介绍了国内外噪声与振动控制技术的最新成果与发展动态;第三,完成了许多噪声振动治理工程,降低了噪声危害,改善了生态环境;第四,开发了不少新产品,获得了不少新成果。

2008 年 10 月,第 37 届国际噪声控制工程大会暨展览会(INTER-NOISE 2008)在上海召开。大会内容主要涉及环境噪声、建筑声学、噪声与振动控制、噪声政策与管理、数值模型与模拟计算、信号处理与测量仪器、声景观、声品质、有源噪声与振动控制、振动和冲击的影响、结构声学、气动声学、职业噪声及其防护、噪声地图、飞机和车辆噪声、波束形成和声全息等领域。本次会议主席是时任中国科学院声学研究所所长的田静教授,他在大会上作了有关微穿孔板研究进展的大会报告。

如前所述,新中国成立以来,国内公开出版发行的有关噪声控制方面的专著、手册等有370 余本。这里需要特别指出的是,由马大猷教授主编,以及诸多噪声控制专家共同编写的,于 2002 年出版的《噪声与振动控制工程手册》,是一部概括总结 20 世纪我国噪声振动成果的巨作,也是一部具有科学性、综合性、实用性的噪声振动工作者得心应手的工具书,对推动我国噪声振动事业发展起到了重大的作用。另一本由方丹群、张斌、孙家麒、卢伟健等编著的《噪声控制工程学》于 2013 年由科学出版社出版,这本书从噪声控制工程学的学科高度总结了作者及其团队以及我国和世界半个世纪噪声振动科学研究和工程实践成果,对噪声控制工程学的诞生和发展进行了细致的总结,建立了噪声控制工程学的学科理论,完成了噪声控制工程学学科体系的建立,具有科学性、综合性、新颖性、实用性、权威性。

另外,由吕玉恒、燕翔、冯苗锋等主编,化学工业出版社于 2011 年出版的《噪声控制与建筑声学设备和材料选用手册》系统地介绍了我国目前生产制造的主要用于噪声振动控制以及建筑声学领域的设备、材料、装置、仪器等,给出了具体的型号、规格、参数、特点、选用原则、安装要求、适用范围等。该书针对各种噪声源、振动源、室内声学特性要求等,阐述了控制方法,列出了计算公式,提供了工程实例,是一本综合性的实用工具书,基本可满足设计选型、施工安装、设备配套等需要。

国内声学方面的杂志有《声学学报》《应用声学》《声学技术》《噪声与振动控制》《振动与冲击》《声学工程》《声学与电子工程》等。值得一提的是,1982 年 2 月创刊的《噪声与振动控制》杂志,主办单位是中国声学学会,具体承办和出版发行的单位是上海交通大学,创办时马大猷院士是顾问,严济宽教授是主编(至今仍是主编,常务副主编是沈荣瀛)。该杂志创刊 36 年来,每年出版 6 期,从未中断,至今已出版 216 期正刊和 9 期增刊,共发表论文6085 篇(其中正刊 5120 篇,增刊 965 篇),每篇平均字数约为 4000 字,总字数达 2434 万字。《噪声与振动控制》杂志是"中国科技论文统计源期刊"、"中国中文核心期刊"、"中国科技引文数据库来源期刊",入网"万方数据——数字化期刊群"。据统计,2011～2016 年的六年间,在该杂志上发表论文的科研、设计、教学、军工等单位共计有 460 余家,作者 2540余名。《噪声与振动控制》杂志越办越好,在国内影响较大,是噪声振动行业体现水平、展示成果、培养人才、沟通信息、交流经验的大平台,颇受重视和欢迎。

据不完全统计,1980 年以来,我国已颁布的与噪声振动相关的国家标准、行业标准共计有 338 项,其中声学基础标准 16 项,听力保护 24 项,计量检定 47 项,噪声限值 28 项,建筑声学 39 项，测量方法 122 项，振动标准 62 项[详见本手册附录 2 "我国噪声振动控制及建筑声学有关的国家、行业标准目录（部分）"]。可以说，在世界范围内，我国标准是最全面、最完善的。

随着人们的物质生活水平的提高和科学知识的普及，人们对噪声和振动的危害有了更深刻的认识，提出事先预测控制和事后治理的各种要求，噪声控制最终要落实在设备、装置、材料的选择和应用上，落实在工程治理上。40 年来，我国隔声、吸声、消声、隔振、阻尼减振、个人防护以及低噪声产品开发等诸多方面有了很大的发展。从国外引进或自行研制的新设备，生产新型、环保、节能材料，特别是无二次污染又能回收利用的材料，例如金属吸声材料——铝纤维、发泡铝、金属微穿孔板、超微孔板等。将这些材料应用于道路交通噪声治理和厅堂音质改善上，取得了满意的效果。

大荷载、低频率的隔振器材的生产应用，有效地降低了振动传递。为满足地铁、轻轨等减振需要，新开发的弹性构件、浮置板、隔振垫层等起了很大的作用。高速铁路动车组弹性减振元件也已成为行业增长热点。工业及地铁隧道等使用的大风量（$2 \times 10^5 \mathrm{m}^3 / \mathrm{h}$ 以上）风机消声器的制造安装，还有特大型双曲线冷却塔（直径 120m、高 150m）、大型机力冷却塔的降噪设计有所突破。在解决高层和超高层建筑中的噪声控制问题方面积累了经验，为解决超高层大楼晃动问题而加装阻尼减振器，已引起有关方面的重视。

声学测量仪器的国产化，近十年来进展很快，"杭州爱华""北京声望""北京东方"等开发并生产了多种仪器，基本满足了工业噪声、交通噪声、施工噪声和社会生活噪声的测试分析需要，在环境噪声监测方面发挥了较大作用。

1996 年 10 月 29 日，中华人民共和国第八届全国人民代表大会常务委员会第二十二次会议正式通过并颁布执行的《中华人民共和国环境噪声污染防治法》，使得噪声控制工程正式进入了有法可依的时代，越来越多的噪声控制工程项目得到了国家和地方政府的大力扶持。为落实噪声污染防治法，国家颁布了一系列标准、规范、导则、规程、规定、通则、指南、技术要求等。在工作实践中最常用的八大标准是：①GB 3096—2008《声环境质量标准》；②GB 12348—2008《工业企业厂界环境噪声排放标准》；③GB 22337—2008《社会生活环境噪声排放标准》；④GB 12523—2011《建筑施工场界环境噪声排放标准》；⑤GB/T 50087—2013《工业企业噪声控制设计规范》；⑥GB 50118—2010《民用建筑隔声设计规范》；⑦GB 10070—1988《城市区域环境振动标准》；⑧GB/T 50355—2018《住宅建筑室内振动限值与其测量方法标准》。

近年来，全国地方各城市根据法律、法规及相关标准，又制订了地方环境保护条例、规范等，以控制工业噪声、交通噪声、社会生活噪声以及施工噪声等对环境的影响。

从 20 世纪 90 年代开始，我国交通噪声控制进入了蓬勃发展的时代。高速铁路声屏障成为本行业阶跃式发展的增量焦点，在建和拟建的声屏障总量达到数千公里。在声屏障的设计、制造、安装等方面也积累了经验，目前已经颁发了《声屏障声学设计和测量规范》（HJ/T 90—2004）、《铁路声屏障声学构件技术要求及测试方法》（TB/T 3122—2010）、《城市道路-声屏障》（09MR603）国家建筑标准设计图集、《客运专线铁路路基整体式混凝土声屏障》通用参考图集、《公路声屏障设计与施工技术规范》等。这些项目的完成和标准化工作的推进标志着我国噪声控制技术已引起全世界同行的注意和重视。对于我国噪声振动控制达到的水平，马大猷院士在《二十世纪中国声学研究》一文中指出，"我国解决实际噪声问题的本领已达到国际水平""开拓前进创新水平在国际上不出前五名""在环保部门严格执行下，前途更加光明"。

2010 年 12 月，环保部、科技部、国家发改委等 11 个部委发布了《关于加强环境噪声污染防治工作　改善城乡声环境质量的指导意见》，同年环保部还发布了《地面交通噪声污染防治技术政策》；2013 年发布实施《环境噪声与振动控制工程技术导则》。在这些文件中都指出，"随着经济社会发展，城市化进程加快，我国环境噪声污染影响日益突出，环境噪声污染纠纷频发，扰民投诉始终居高不下。解决环境噪声污染问题是贯彻落实科学发展观、建设生态文明的必然要求，是探索中国环保新道路的重要内容"。为加强噪声污染防治工作，改善城市和乡村的声环境质量，应从合理规划布局、噪声源控制、传声途径噪声削减、敏感建筑物噪声防护、加强交通噪声管理等五个方面着手，落实防治技术政策。这些都充分说明，解决噪声污染问题已提高到了国家层面的高度，要像对待生命一样对待环境，为保护生态环境作出我们这代人的努力，任重而道远。

0.4　噪声与振动控制技术的展望与新动向

如前所述，我国 40 年来特别是近 20 年来，通过采取技术和管理措施，使噪声和振动污染得到了有效的控制，一些重要噪声源的噪声有了大幅度的降低，诸多受噪声污染的环境得到了改善。但是，噪声污染问题并没有得到根本解决，噪声投诉仍占环境投诉案件的首位。国外也是如此。例如英国过去 20 年居民投诉噪声量翻了五倍；澳大利亚悉尼有一年噪声投诉超过 10 万件；欧盟 40% 的居民受到交通噪声干扰，8000 万人生活在不能接受的噪声环境中。在一些发展中国家的城市中，噪声污染也十分严重。有的噪声案件可能会形成武力冲突和伤亡事件。在我国唐山曾发生噪声引发的自缢案件，法院最终认定自缢由噪声引起，判决被告经济赔偿。这些都说明噪声污染必须治理。

近年来，国际上对噪声引起人体或者动物体的生理病理变化进行了深入的研究。有大量的证据表明，噪声对人体和动物体的影响是多方面的，除了引起噪声性耳聋外，对神经系统和心血管系统等方面也有明显的影响。"噪声病"已经成为一种公认的疾病。

近年来，有关专家采用超声多普勒法显示，在噪声环境下工作的工人的心脏二尖瓣、主动脉瓣、三尖瓣、心包、心内膜增厚。动物实验还发现，暂时的噪声刺激与长期的噪声暴露同样可导致心肌超微结构的改变。

近年来，国际上对噪声引起的心血管疾病进行了大量的研究工作，已经将噪声列为导致心脏病的危险因素之一。而心血管疾病是人类第一杀手，美国每年有 100 万人死于心血管疾病，中国则为 300 万人，全世界达数千万人。美国现有 8500 万心脏病人，而中国则有 2.9 亿心血管病人。在各类死亡人数中，因心血管疾病死亡的人数在美国为 41%，在中国为 42%。噪声与人类生命已经息息相关。那种噪声不会致命的说法已经站不住脚。噪声生理效应和噪声控制已经成为当代生命科学的重要组成部分。

2011 年 3 月底，世界卫生组织和欧盟合作研究中心发布了一份题为《噪声污染导致的疾病负担》的报告，指出噪声污染不仅会让人感到烦躁，影响睡眠，而且会引发心脏病、学习障碍和耳鸣等疾病，进而减短人类寿命。报告指出，欧洲成年人由于噪声污染而每年损失了 160 万个健康生命年。此处，健康生命年是将死亡率与发病率结合在一起，计算一个人剩余的健康无疾病的年数指标，用以衡量人群健康的程度。报告的结论是，在危害人群健康的污染环境中，噪声仅次于空气污染，位列第二。

德国著名哲学家叔本华曾写过一篇《论噪声》的文章，痛斥噪声对思维的扼杀。他写道："在几乎所有伟大作家的传记或已记录下来的个人言论中，我都能找到他们对噪声的抱怨，例如，康德、歌德、李希滕贝格、让·保罗等。""因为大脑智力的发挥取决于其精力的集中……而噪声的干扰则破坏了这种集中。"他认为噪声"麻痹头脑，搅乱思维，扼杀思想"。叔本华的见解是正确的。因为人思维的主要方式之一，是依赖在心中默念的语音流来进行。思维的过程，也即"聆听心声"的过程。因此，外界的噪声无疑会极大地干扰人们"聆听心声"的思维过程。从这个意义上讲，创造安静的人居环境将有利于创建新型国家目标的达成。

近年来，噪声控制又面临一个新的飞跃。英国出版了一本官方噪声地图——《伦敦道路交通噪声地图》，在这张噪声地图上，不同的颜色代表不同的声压级。人们只要登录噪声地图网站并输入邮编，就可以知道他们居住的街道上噪声的级别。在欧美，许多城市相继公布了噪声地图，噪声进入了全民和网络监督的新阶段。

噪声地图是 21 世纪初出现并迅速发展的一项新型的城市噪声监测和管理方法。该方法主要以噪声预测数据为基础，建立合理、高效、明确的城市噪声管理体系，使噪声治理有计划、有重点、有效果。其中，噪声预测技术充分利用现代计算机技术和地理信息系统（GIS）技术，将声源数据、地理数据和城市特点进行分析后，绘制出能够反映城市宏观噪声水平的数字化地图。

2002 年颁布的欧洲环境指令（Directive2002/49/EC-the Environmental Noise Directive）要求：依据噪声地图数据统计噪声影响现状；提供环境噪声的相关信息并可供公众查询。依据噪声地图调整相应的行动计划，从而为环境噪声的管理和治理提供支持。根据欧盟环境委员会的要求，现行欧盟会员国中已有 24 个国家完成数据申报。

美国也公布了许多城市和飞机场的噪声地图，并在绘制噪声地图的同时，宣传噪声控制意识，吸引公众参与，作为环境评价体系的一部分。亚洲噪声地图的绘制稍晚于欧洲，目前日本、韩国以及我国的香港、台湾等均在开展噪声地图的绘制和相关研究工作。

我国内地也开始了噪声地图的研究和绘制工作，北京市劳动保护科学研究所的科技人员近年研究并绘制了北京市部分地区噪声地图。噪声地图分为二维和三维两种。二维噪声地图能够反映各噪声源对城市整体的影响，比较和分析城市噪声污染发展的趋势，从而为噪声污染治理制定更具有针对性的措施和指导方针。最主要的突破是对国外的噪声预测模型进行了修正，并在此基础上，绘制出了能够反映北京市特点的噪声地图。三维噪声地图是近年来国际噪声地图发展的新趋势，充分体现了城市信息化发展的水平和实力。同时，鉴于噪声地图的广泛应用，在噪声地图的基础上，研究并开发了一套城市环境噪声管理平台，从而充分发挥噪声地图对城市噪声防治的快速高效的指导作用。

当前，噪声地图研究发展的重要方向是结合地理信息系统（GIS）技术，实现全面数据共享，从三维空间和时间维度上较为全面地对噪声的影响进行事前预测和评价。目前在国际上已经形成了一系列的商用软件，如 SYSNOISE、ANSYS、AUTOSEA、RAYNOISE、FAN-NOISE 等。目前，人们开始寻找噪声振动分析软件和其他性能分析软件之间的桥梁及通用性，建立"虚拟实验室"，试图打破计算与实验之间的界限，打破各种软件之间的界限。

而近年来声景观概念的出现，使人们从控制噪声污染提高到一个新的境界，那就是人不仅需要安静，而且也需要和谐、美妙、舒适的声环境，这就是近年来发展形成的声景观研究。

"声景观"（soundscape）的概念是加拿大作曲家 R.Murray Schafer 首次提出的，要人们对传统的"听觉"行为进行再认识。"soundscape"是"sound"（声音）和"scape"（景观）的复合词，是相较于"视觉的景观"（landscape）而言的"听觉的景观"（soundscape），其意义为"用双耳捕捉的景观"。

"声景观"思想的提出和发展，不仅给声学研究带来了新的视角，而且将为景观设计带来新的理念和切入点。声景观的设计，就是运用声音的要素，对空间的声音环境进行全面的设计和规划，并加强与总体景观的协调。目前，声景观的研究集中在几个方面进行：视觉和听觉交感作用研究；声景观在声环境设计中的应用研究；不同区域、不同人群的特征声音和特征景观研究；声景观图的研究。

随着计算机技术的迅猛发展，在噪声控制领域，数值计算与仿真也广泛用于噪声源分析、声场或结构响应分析、控制效果预报与优化等许多方面。欧美对噪声源特性进行长期的系统研究，开发了一系列噪声数据库。例如英国在 20 世纪 70 年代就建立了工业噪声源数据库，近年又做了较大的更新。近十年来，欧盟通过 Harmonoise 和 Imagine 计划，对道路交通、工业噪声源进行了深入的研究，建立了一系列数据库。噪声源数据库、噪声控制技术数据库、噪声控制工程数据库在欧美已经成为热门的领域。

一股绿色革命浪潮正在席卷全球，一个新兴的产业——绿色产业迅速崛起，已经成为支撑经济效益增长的重要因素，并将成为 21 世纪的主流产业。世界经济合作组织（OECD）指出，在 21 世纪，绿色环境技术已与生物技术、信息技术并列成为最被看好的三大技术领域。21 世纪是世界绿色环境产业迅猛发展的时期，未来十年将是绿色环境产业飞速发展的"黄金时代"。全球环境意识已势不可挡，人类的环境意识提高到一个崭新的层次。今后十年，全球所有产品都将进入绿色设计和制造一族，绿色环境产品将成为未来全球商品市场的主导，绿色环境产业必将成为全球经济的新兴增长点。

绿色环境产业已从狭义的环保产业进入广义的绿色产业，它不仅包括传统的环保产业，如，水及水污染物处理、废弃物管理与再循环、大气污染控制、噪声与振动控制、环境评价与监测、环境工程服务等，也包括"绿色产品"，即在生产、加工、运输、运营、消费的全过程中，对环境无污染或污染很少的技术产品，这些在国际上称之为"环境友善产品"。绿色产业也涵盖了再生能源产业。专家预言，以后的一、二十年内，绿色产业将成为全球最大和最强劲的产业。作为绿色产业的重要成员之一的噪声与振动控制产业也必将得到巨大的发展。

参 考 文 献

[1] Beranek LL．Noise and Vibration Control．New York: McGraw-Hill, 1971．

[2] Harris CM．Handbook of Noise Control．New York: McGraw-Hill, 1979．

[3] 方丹群．噪声的危害与防治．第 3 版．北京：中国建筑工业出版社，1980．

[4] 马大猷．噪声与振动控制工程手册．北京：机械工业出版社，2002．

[5] 马大猷．声学基础研究论文集．北京：科学出版社，2005．

[6] 方丹群．空气动力性噪声与消声器．北京：科学出版社，1978．

[7] 方丹群，王文奇，孙家麒．噪声控制．北京：北京出版社，1986．

[8] GBJ 87—1985 工业企业噪声控制设计规范．

[9] 马大猷．微穿孔板吸声结构的理论与设计．中国科学，1975，1：38-50．

[10] 马大猷，李沛滋，等．小孔喷注噪声和小孔消声器．中国科学，1977．

[11] Fang DQ, Pan DY, Sun JQ. The Theory and Application of Microperforated Plate Muffler. 11th Paris: International Congress On Acoustics. 1983, 7.

[12] 方丹群，董金英，封根泉，张书珍．工业噪声对大脑电信息功能和心电图影响的研究．科学通报，1982．

[13] 方丹群，刘克．城市交通噪声污染评价及预测方法的研究．中国科学 A 辑，1988，31（08）．

[14] Nelson PA, Elliott SJ. Active control of sound. London: Academic Press, 1992.

[15] Elliott SJ. Signal for Active control. London: Academic Press, 2001.

[16] Manon R, Daniele D. Urban soundscapes: Experiences and Knowledge. Cities, 2005, 22（5）.

[17] Catherine G. The ideal urban soundscape: Investigating the sound quality of French cities. Acta Acustica united with Acustica, 2006, 92（6）.

[18] 中国环境保护产业协会噪声与振动控制专业委员会．我国噪声与振动控制行业发展报告．中国环保产业，2007，（11）.

[19] Dan Qunfang. Noise Pollution, Noise Control Technology and Standards, Symposium on Global Emerging Environmental Challenges and Government Responses. SCCAEPA, 2008, 4.

[20] Lenzi P, Frenzilli G, Gesi M, et al. DNA damage associated with ultrastructural alterations in rat myocardium after loud noise exposure. Environmental Health Perspect, 2003, 111（4）: 467-471.

[21] W H O．Guidelines for Community Noise. London, 1999.

[22] 方丹群，张斌，卢伟健．噪声控制工程学的诞生和发展：第十一届全国噪声与振动控制工程学术会议，2009．噪声与振动控制，2009：1-10．

[23] Commission of the EU. Relating to assessment and management of environmental noise Directive 2002/49/EC. 2002, 6, 25.

[24] 张斌，户文成，李孝宽．噪声地图开发及应用研究．第十一届全国噪声与振动控制工程学术会议，2009．噪声与振动控制，2009：18-22．

[25] 吕玉恒．噪声控制工程三十年——第一届至第十届全国噪声与振动控制工程学术会议回顾．第十一届全国噪声与振动控制工程学术会议．噪声与振动控制，2009：23-27．

[26] 程明昆，徐欣．环境噪声的发展动向．第十一届全国噪声与振动控制工程学术会议．噪声与振动控制，2009：18-22．

[27] 张斌，孙家麒，方丹群，户文成，卢伟健. 关于建立工业噪声环境影响预测与评价体系的设想. 全球华人科学家环境论坛论文汇编. 中国环境科学学会，中国工程院环境与轻纺学部，2010：66-70.

[28] 方丹群，张斌，翟国庆. 环境物理污染、全球暖化与绿色环境产业. 全球华人科学家环境论坛论文汇编. 中国环境科学学会，中国工程院环境与轻纺学部，2010：2-15.

[29] 方丹群，田静，张斌，孙家麒，章奎生，吕亚东，姜鹏明，张绍栋，焦风雷，户文成，王毅，卢庆普，翟国庆，陈克明，许冬雷，张荷玲，卢伟健. 关于在国家环境保护"十二五"规划中加强环境噪声管理和控制的建议和呼吁. 2010.

[30] 环保部，国家发改委，科技部等 11 个部委. 关于加强环境噪声污染防治工作改善城乡声环境质量的指导意见. 2010.

[31] 方丹群，张斌，孙家麒，户文成，邵斌，姜鹏明. 国内外声环境管理、控制的差异暨对中国"十二五"规划噪声问题的建议. 2011 年全国噪声污染防治技术政策交流研讨会论文集，2011.

[32] Noise mapping-Enviroment Protection UK Briefing. 2008, 5.

[33] Dan Q Fang. The birth and development of green industry, Fourth Symposium on Global Emerging Environmental Challenges and Government Responses. SCCAEPA, 2011, 8.

[34] Eggermont J J. Correlated neural activity as the driving force for functional changes in auditory cortex. Hear Res, 2007, 229: 69.

[35] Tremblay S, Macken W J, Jones D M. 2001 The impact of broadB（A）nd noise on serial memory: changes in band-pass frequency increase distruption. Memory, 9（4）: 323-331.

[36] Van Kempen E E, Kruize H, Boshuizen H C, et al. The association between noise exposure and blood pressure and ischemic heart disease:a meda-anallysis. Enriromental Health Perspecives, 2002, 110（3）: 307-317.

[37] Enzi P, Frenzilli G, Gesi M, et a1. DNA damage associated with uhrastmetural alterations in rat myecardium after loud noise exposure. Environ Health Perpeet, 2003, 11（4）: 167-471.

[38] Wolfgan Probst. How to Evaluate the Quality of Noise prediction software. Inter-noise, 2005.

[39] 方丹群，张斌，孙家麒，卢伟健. 噪声控制工程学. 北京：科学出版社，2013.

[40] 方丹群，吕玉恒，张斌，朱亦丹. 中国噪声控制四十年的回顾与展望. 第十三届全国噪声振动控制工程学术会议. 噪声与振动控制，2013.

[41] 吕玉恒，燕翔，冯苗锋. 噪声控制与建筑声学设备和材料选用手册. 北京：化学工业出版社，2011.

第1篇

声学基础知识

编著　燕　翔

校审　吴　瑞　魏志勇

第 1 章　基本名词术语

1.1　基本术语

以下是对噪声控制中和建筑声学领域涉及的常用声学词汇的定义。

声学：研究声波的产生、传播、接收和效应的科学。

吸声：声音进入多孔材料或引起可弯曲变形的板振动后，声能转化为热能的效应。

吸声系数：材料表面发生吸声时，声能被吸收的比例。通常使用希腊字母 α 表示。α 的范围是 0～1，0 表示全反射，1 表示全吸收（或没有任何反射）。

环境声级：在某一点由该区域内所有声源形成的声级。

A 声级：使用与人耳听觉特性接近的滤波器对声音进行滤波后得到的声级，单位为 dB（A），低于 500Hz 频率的声音部分有较大衰减，频率越低衰减越大。

背景声级：在某个区域内，除了感兴趣的特定声源以外所有声音产生的声级。

C 声级：使用与人耳在高音量情况下对频率的敏感特性接近的滤波器对声音进行滤波后得到的声级，单位是 dB（C），在 100Hz 频率以下有所折减。

沉寂空间：一个混响时间非常短的房间。

沉寂点：房间中在主观上听起来声音很弱或缺乏混响的位置。

分贝：一个以对数刻度表示的声音强度的量。通常用来表示声场中某点的声压级或声源的总声功率级。它的数学定义是相同参量的测量值与参考值之比的对数的 10 倍，参量与声源能量有关。

声衍射：声音从隔声屏障边缘部分绕射过去的现象，会降低并限制隔声量最大为 10～15dB。

扩散声场：由于房间表面的扩散和室内混响作用，在房间内各处的声压级无明显改变的一种声场。

回声：由单一声源发声而产生了时间延迟所导致的多于一个声源感的听觉效应。

频率：声波振动的速率，单位是周每秒，或者赫兹（Hz）。

脉冲声：一种声音，突然发出并立刻结束，持续时间非常短。

次声：频率低于人耳听觉范围的声音，一般是低于 20Hz。

隔声：材料降低传声的能力。

线声源：一种声源，就像火车或汽车车流，在一条线上有稳定的发声。线声源形成的声波是柱面波。

活跃空间：混响声占主要成分的房间。

掩蔽：在环境中加入可以接受的声音以使不希望听到的声音变得听不见或不那么烦人。

质量定律：对于单层密实匀质墙，理论上厚度增加一倍或频率增加一倍隔声量增加 6dB。实际情况中，对于任何隔墙只在一定频率范围内适用。

　　倍频程：一种频率划分的标准（ANSI 标准 S1.6），将频率分成八度音高的带宽，中心频率是 1000Hz 的半分或增倍（如 250Hz、500Hz、2000Hz 等）。在声场测量中，噪声频谱曲线要比 A 声级和 C 声级更加常用。

　　点声源：与测量距离相比尺寸非常小的声源，形成的声波是球面波。

　　纯音：只有单一频率的声音信号。

　　反射：声波入射到界面时声能按与入射角相同的反射角度被反射的现象。

　　折射：声音在介质中传播，因介质状况发生改变，如温度或密度改变时传播路线发生改变的现象。

　　共振：当一物体暴露在某一特定频率声音下时，该物体的振动幅度会变大的物理现象。例如一个特定长度的管风琴管有其特定的共振频率，当声源发出与其频率一致的声音时即发生共振。

　　传声等级（STC）：隔墙或楼板、门、窗等建筑构件隔声性能的单值评价体系。STC 是通过隔声频率特性曲线 TL 与标准曲线的比较来确定的，适合语言频率范围的隔声评价。

　　频谱：使用图谱表示的频率与声压级的关系。

　　透射系数：声音入射到隔墙后，透射声能与入射声能的比值。通常使用希腊字母 τ 表示。τ 的范围是 0～1，0 表示没有透射，1 表示全部透射（如打开的门或窗）。

　　透射损失（TL）：使用分贝对隔墙的隔声性能的评价。数学定义是 10 倍的透射系数倒数的对数值。

　　超声：频率超过人耳听觉频率上限 20000Hz 的声音。

　　波长：纯音声波上具有相同相位的两个相邻点之间的距离。

1.2　噪声控制术语

　　噪声：紊乱断续或统计上随机的声振荡。对人而言，泛指人们不需要的声音。

　　无规噪声：瞬时值不能预先确定的声振荡。无规噪声的瞬时值对时间的分布值服从一定统计分布规律。

　　噪声级：在空气中噪声的声级。声级的计权应指明，如 A 声级、C 声级。

　　频带噪声级：在有限频带内，空气中噪声的声级。频带宽度常使用 1/3 倍频程或倍频程。

　　空气声：建筑中经过空气传播而来的噪声。

　　结构声：建筑中机械振动引起结构振动及传播而导致的声音。

　　二次辐射噪声：建筑结构因受振动源激励而辐射的噪声。通常二次辐射噪声用于城市轨道交通振动而产生的建筑室内噪声。在《城市轨道交通引起建筑物振动与二次辐射噪声限值及其测量方法标准》（JGJ/T 170—2009）中二次辐射噪声专指：被激励产生振动的建筑构件，其固体表面振动向周围空气介质辐射的声压波。

　　撞击声：在建筑结构上撞击而引起的噪声。脚步声是最常听到的撞击声。

　　白噪声：在很宽的频率范围内频谱连续且单位带宽能量与频率无关的噪声信号。当频率轴为线性标度时，白噪声的频谱图为一条水平线；频率轴为对数标度时，白噪声的频谱图则为一条上升的斜线，斜率为每倍频程 3dB。

粉红噪声：在很宽的频率范围内频谱连续且单位带宽能量与频率成反比的噪声信号。当频率轴为对数标度时，粉红噪声的频谱图为一条水平线。

窄带噪声：带宽较窄的非纯音噪声，常用的带宽是 1/1 倍频程和 1/3 倍频程。

声功率：单位时间内声源辐射的空气声能量，单位为瓦（W）。

声功率级：声功率与基准声功率之比的以 10 为底的对数，单位为贝（尔），B。但通常以 dB 为单位，基准声功率必须指明。

注：基准声功率为 1pW。

声压：有声波时，媒质中的压强与静压的差值，单位为帕斯卡（Pa）。

声压级：声压与基准声压之比的以 10 为底的对数乘以 2，单位为贝[尔]，B。但通常以 dB 为单位，基准声压必须指明。

注：基准声压为 20μPa（空气中）。

声级计：预加校准的，包括传声器、放大器、衰减器、适当计权网络和具有规定动态特性的指示仪表的仪器，用以测量声级。

计权有效连续感觉噪声级：考虑了昼间、傍晚、夜间不同时间的影响而修正后的有效感觉噪声级，单位为贝[尔]，B。但通常以 dB 为单位。常用于飞机噪声的评价。

计权隔声量：将测得的构件空气声隔声频率曲线与国家标准 GB/T 50121—2005《建筑隔声评价标准》规定的空气声隔声参考曲线按照规定的方法相比较而得出的单值隔声评价量。用 R_w 表示，单位为贝[尔]，B，但通常以 dB 为单位，取整数。

计权规范化撞击声压级：按国家标准 GB/T 50121—2005《建筑隔声评价标准》规定的方法将测得的规范化撞击声压级频率特性曲线与规定的撞击声参考曲线相比较而得出的评价撞击声隔声的单值评价量。单位为贝[尔]，B，但通常以 dB 为单位，取整数。

计权标准化撞击声压级：按国家标准 GB/T 50121—2005《建筑隔声评价标准》规定的方法将测得的标准化撞击声压级频率特性曲线与规定的撞击声参考曲线相比较而得出的评价撞击声隔声的单值评价量。单位为贝[尔]，B，但通常以 dB 为单位，取整数。

插入损失：采取某种降噪措施前后，某一噪声敏感点的噪声级差值。单位为分贝，dB。

整体结构隔振：在建筑基础与大地之间插入弹性垫层以隔离振动的传播，并降低二次辐射噪声。

隔振沟：在振动源与受到该振动源引起的结构声干扰的建筑物之间设置的能够隔离振动传播的沟槽，沟槽内可填充降低振动传播的材料。

传声器：将声音信号转换为电信号的测量转换器件由于所用元件不同，传声器可分为炭粒、电容（静电、驻极体）、电磁、电动（动圈）、铝带、热线、压电（晶体、陶瓷）、磁致伸缩、电子、半导体等多种类型。

全指向传声器：灵敏度基本上与入射声波方向无关的传声器，亦称为无指向传声器。全指向传声器通常为自由场传声器。自由场传声器所测得的声压是消除了传声器对声场影响后的声压，其自由场灵敏度平直。最主要用于消声室等自由场测试，它能比较真实地测量出传声器放入前，该测点的自由场声压。

与自由场传声器相对应的称为压力场传感器。压力场所测得的传声器振膜表面上的声压级，包括了由于传声器本身的存在而引起的声场的变化。常应用于测量边界或壁面上的声压级，在这种场合，传声器构成壁面的一部分，因此测量得到的是壁面自身的声压级。

等效连续声压级：等效连续声压级的公式是：

$$L_{\text{eq},\,T} = 10\lg\left[\frac{1}{t_2 - t_1}\int_{t_1}^{t_2}\frac{p_{\text{A}}^2(t)}{p_0^2}\mathrm{d}t\right]$$

式中　$L_{\text{eq},\,T}$——等效连续声压级，dB；

$\quad\quad t_2-t_1$——规定的时间间隔，s；

$\quad p_{\text{A}}(t)$——噪声瞬时 A[计权]声压，Pa；

$\quad\quad p_0$——基准声压（20μPa）。

有源噪声控制：使用电声在有限范围内产生原始声波的反相声波以抵消声能的一种技术。

膜吸收：通常使用轻的木夹板并且有很大的后空腔，这种结构有益于吸收低频。

浮筑楼板：一种建筑楼板隔声做法，在楼板及建筑结构刚性连接之间用减振垫或弹簧分开。

亥姆霍兹共振器：一种外部具有小的连接孔，内部有大空腔的一种设备，可用于低频吸收。

撞击隔声等级：一种评价楼板、天花防撞击声隔声（如脚步声）而采用的单值评价体系。

噪声标准曲线（NC 曲线）：将所测量的噪声绘制成为倍频程的频率特性曲线，主要用于显示人们在特定室内场合可以接受（或不可以接受）的环境噪声等级。修订后的 NCB 曲线（平衡噪声曲线）将 NC 曲线的频率延伸到 31.5Hz 和 63Hz。RC 标准（房间标准）是随着频率的增高每倍频程降低 5dB 的直线，该标准考虑了低频隆隆声的因素。

声屏障：一种专门设计的立于噪声源与受声点之间的声学障板，通常是针对某一特定声源和特定保护位置设计的。

声影区：在声屏障后面或折射区域以外的区域，该区域的声压级会出现降低。

1.3　振动控制术语

振动加速度级 VAL：加速度与基准加速度之比的以 10 为底的对数乘以 20，记为 VAL。单位为分贝，dB。

振动级 VL：按 ISO 2631/1—1985 规定的全身振动不同频率计权因子修正后得到的振动加速度级，简称振级，记为 VL。单位为分贝，dB。

累积百分 Z 振级 VL_{zn}：在规定的测量时间 T 内，有 $n\%$ 时间的 Z 振级超过某一 VL_z 值，这个 VL_{zn} 值叫作累积百分 Z 振级，记为 VL_{zn}，单位为分贝，dB。

稳态振动：观测时间内振级变化不大的环境振动。

冲击振动：具有突发性振级变化的环境振动。

无规振动：未来任何时刻不能预先确定振级的环境振动。

测振仪器：用于测量环境振动的仪器，其性能必须符合有关条款的规定。测量系统每年至少送计量部门校准一次。

1.4　建筑声学术语

建筑声学：研究与建筑有关的声学问题的科学。

室内声学：研究房间音质问题的科学。

音质：房间中传声的质量。房间音质的决定因素是混响、扩散和噪声级。音质评价在语言中的情况主要是靠语言清晰度，在音乐中的情况则靠音乐的欣赏价值来决定。

直达声：自声源未经反射直接传到接收点的声音。

早期反射声：在房间内可与直达声共同产生所需音质效果的各反射声。

语言清晰度指数（AI）：在讲话者声音大小不同并且干扰噪声大小也不同的情况下，语言可懂度的等级。语言可懂度最高的情况下 AI=1；干扰噪声过大或讲话者声音很弱的情况下造成语言完全不可理解时 AI=0。在考虑声音传到隔壁办公室时，AI=0 表示房间具有完全的私密性，AI=1 表示房间内的讲话容易被隔壁听到或房间完全没有私密性。

混响：由于房间表面对声波的多次反射作用，室内声音能量被累积的现象。

混响时间（RT60）：室内声源停止发声后声压级衰减 60dB 所经历的时间。混响时间用于评价不同声学用途房间的音质指标。

混响半径：在直达声的声能密度与扩散声的声能密度相等处距声源的距离。

房间共振：与房间尺寸有关的使房间在某些特定频率上出现的驻波现象。

声聚焦：由于凹曲面反射使声音汇聚的现象。

聚焦点：由于房间表面为凹面形反射面而造成主观听音感觉声音强度会大大高于周围区域的某些点。

多重回声：同一声源所发声音的一串可分辨回声。

颤动回声：多重回声的一种，由一个原始脉冲引起的一连串紧跟着的反射脉冲。

降噪系数（NRC）：250Hz、500Hz、1000Hz、2000Hz 的吸声系数的算术平均值，主要用于单值评价在语言频率范围内材料的吸声性能。

第 2 章　声音的产生与传播

2.1　声音的产生与传播概述

　　声音来源于振动的物体，辐射声音的振动物体称之为"声源"。

　　声源发声后要经过一定的介质才能向外传播，而声波是依靠介质的质点振动向外传播声能，介质的质点只是振动而不移动，所以声音是一种波动。介质质点的振动传播到人耳时引起人耳鼓膜的振动，通过听觉机构的"翻译"，并发出信号，刺激听觉神经而听到声音。

　　为分析声波在空气中的传播过程，现以活塞的运动为例，设在一无限长的圆管内置一直径与一圆管内径相同的活塞，并假设活塞与管壁的摩擦可以忽略，以外力作用于活塞使之产生振动。现分析活塞两侧空气质点层的运动情况（如图 1-2-1 所示）。

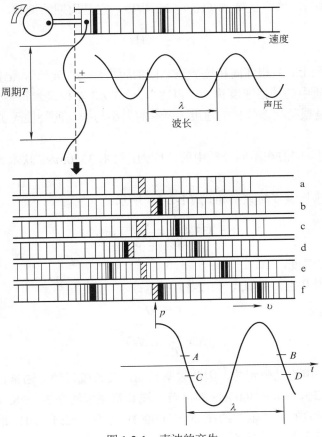

图 1-2-1　声波的产生

当活塞受力离开静止位置向右方做一小位移时，紧靠活塞右方的空气质点则被压缩而变得密集，具有一定的位能，同时运动的质点具有一定的动能，接着它就向右膨胀，挤压邻近的质点层，使之亦变得密集，由于质点的弹性碰撞，动能也随之传递过去。这样邻近质点的运动又依次传向较远的质点，密集状态即逐层向右传播，以致离开声源的质点也相继运动。与此同时，紧挨活塞左侧的质点层由于活塞向右移动而变得稀疏。同样，这一稀疏层也逐层向左传播。下一时刻，当活塞做反方向运动时，它的左侧出现密集层，右侧出现稀疏层。这样随着活塞不断地来回运动，它的两侧就相继形成疏密相间的质点层并逐渐向远处传播，此即为声波。

必须指出，空气质点只是在其平衡位置（即未被扰动前的位置）附近往返振动，并没有随声波一直向外移动。

波在传播过程中，空气质点的振动方向与波传播的方向相平行，称为纵波。若介质质点的振动方向与波传播的方向相垂直，则称为横波，如水的表面波。

2.2　频率、波长与声速

声源完成一次振动所经历的时间称为"周期"，记作 T，单位是秒（s）。1 秒钟内振动的次数称为频率，记作 f，单位是赫兹（Hz），或周/秒，它是周期的倒数，如式（1-2-1）所示：

$$f = \frac{1}{T} \text{（Hz）} \tag{1-2-1}$$

声波在传播途径上，两相邻同相位质点之间的距离称为"波长"，记作 λ，单位是米（m）。

声波在弹性介质中的传播速度称为"声速"，记作 c，单位是米每秒（m/s）。声速不是质点振动的速度，而是振动状态传播的速度。声速的大小与振动的特性无关，而与介质的弹性、密度以及温度有关。

当温度为 0℃时，声波在不同介质中的速度为：松木 3320m/s，软木 500m/s，钢 5000m/s，水 1450m/s。

在空气中，声速与温度的关系如式（1-2-2）所示：

$$c = 331.4\sqrt{1 + \frac{\theta}{273}} \text{（m/s）} \tag{1-2-2}$$

式中，θ 为空气温度，℃。

声速、波长和频率的关系如式（1-2-3）所示：

$$c = \lambda f$$

或

$$c = \frac{\lambda}{T} \text{（m/s）} \tag{1-2-3}$$

在一定的介质中声速是确定的，因此频率越高，波长就越短。通常，室温下空气中的声速为 340m/s（θ=15℃），100～4000Hz 的声音，波长范围大约在 3.4～8.5cm 之间。

人耳能听到的声波的频率范围约在 20～20000Hz 之间。低于 20Hz 的声波称为次声，高于 20000Hz 的称为超声。人耳听不到次声与超声。

2.3　声波的绕射、反射、散射和折射

2.3.1　波阵面与声线

声波从声源出发，在同一个介质中按一定方向传播，在某一时刻，波动所达到的各点包络面称为"波阵面"。波阵面为平面的称为"平面波"，波阵面为球面的称为"球面波"。由一点声源辐射的声波就是球面波，但在离声源足够远的局部范围内可以近似地把它看作平面波。矩阵排列的点声源，若发出的声波具有相同的相位，也可以近似看作是平面波。

人们常用"声线"表示声波传播的途径。在各向同性的介质中，声线是直线且与波阵面相垂直。

2.3.2　声波的绕射

当声波在传播过程中遇到一块有小孔的障板时：如孔的尺度（直径 d）与波长 λ 相比很小（即 $d \ll \lambda$），见图 1-2-2（a），孔处的质点可近似地看作一个集中的新声源，产生新的球面波，它与原来的波形无关；当孔的尺度比波长大得多时（即 $d \gg \lambda$），见图 1-2-2（b），则新的波形较复杂。

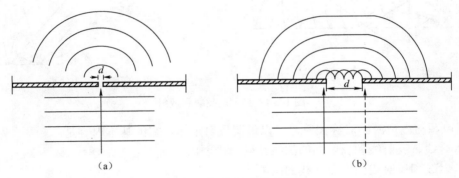

图 1-2-2　小孔对声波的影响

从图 1-2-3（a）、（b）的两个例子可以看出，当声波在传播途径中遇到障板时，不再是直线传播，而是绕到障板的背后改变原来的传播方向，在它的背后继续传播，这种现象称为绕射。

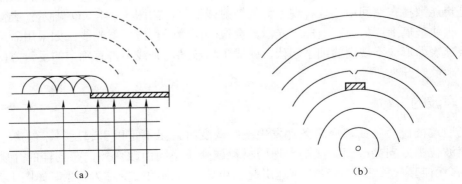

图 1-2-3　声波的绕射

　　例如，《红楼梦》中描绘王熙凤从门外传来的笑声，"未见其面，先闻其声"，其声学原理即声波的绕射。声源的频率越低，绕射的现象越明显。

2.3.3　声波的反射

　　当声波在传播过程中遇到一块尺寸比波长大得多的障板时声波将被反射。如声源发出的是球面波，经反射后仍是球面波，见图 1-2-4（a），图中用虚线表示反射波，就像是从声源 o 的映像——虚声源 o′发出似的，o 和 o′点是反射平面的对称点。同一时刻反射波与入射波的波阵面半径相等。如用声线表示前进的方向，反射声线可以看作是从虚声源发出的。所以利用声源与虚声源的对称关系，以几何声学作图法就能很容易地确定反射波的方向。

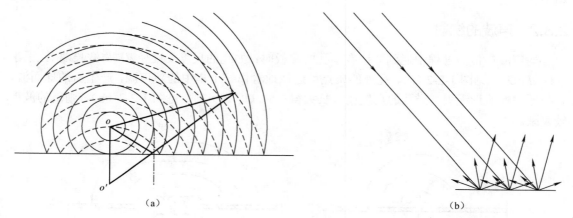

（a）　　　　　　　　　　　　　　　　　　（b）

图 1-2-4　声波的反射和散射

根据声源与虚声源的对称关系，可以说明反射定律，它的基本内容是：
① 入射线、反射线和反射面的法线在同一平面内。
② 入射线和反射线分别在法线的两侧。
③ 反射角等于入射角。

2.3.4　声波的散射

　　当声波传播过程中遇到障碍物的起伏尺寸与波长大小接近或更小时，将不会形成定向反射，而是声能散播在空间中，这种现象称为散射或衍射，如图 1-2-4（b）所示。类似于光线照射到一大块玻璃上：如果玻璃非常光滑，会像一面镜子一样反射光线；如果用砂纸打磨玻璃，使玻璃表面形成不规则的细小起伏，就成了乌玻璃，光线不再有确定的反射方向，而是四面八方地散射开来。

2.3.5　声波的折射

　　像光通过棱镜会弯曲，介质条件发生某些改变时，虽不足以引起反射，但声速发生了变化，声波传播方向会改变。除了声速因材料或介质不同而改变外，在同样的介质中，温度改变也会引起声速改变。这种由声速引起的声传播方向的改变称为折射，如图 1-2-5（a）、 （b）所示。

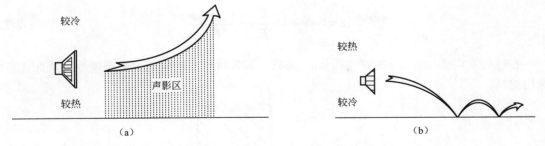

图 1-2-5　随高度的增加而气温降低时的折射

　　室外温度改变会产生声音折射。因为声音在温暖的空气中传播速度较快，声波向温度低的一面弯曲。例如，在炎热夏天的下午，地面被晒热，大气温度随着海拔的增加而降低。这种情况下，靠近地面的声源产生的声波向上弯曲并远离地面上的听者，降低了所听到声音的声压级。大气温度的作用在与声源的距离一般超过 60m 以后才会变得明显。在夜里或清晨，地面迅速冷却下来，大气温度梯度是相反的，接近地面的气温比高空中的冷。这种情况下，声波向地面弯曲。如果地面为反射表面，声波沿传播方向跳跃式传播，比想象中传得远。这种情况下，在平静的湖边对着水面说话，湖对面的人能听得很清楚。

　　声波也会随风产生类似的弯曲。顺风传播时，可以传得比期望的远；逆风传播时，会产生阴影区。

2.4　声波的透射与吸收

　　当声波入射到建筑构件（如墙、天花）时，声能的一部分被反射，一部分透过构件，还有一部分由于构件的振动或声音在其内部传播时介质的摩擦或热传导而被损耗，通常称为材料的吸收。

　　根据能量守恒定律，若单位时间内入射到构件上的总声能为 E_0，反射的声能为 E_γ，构件吸收的声能为 E_α，透过构件的声能为 E_τ，则互相间的关系如式（1-2-4）所示，声能的入射、透射与吸收的示意图如图 1-2-6 所示。

$$E_0 = E_\gamma + E_\alpha + E_\tau \tag{1-2-4}$$

　　透射声能与入射声能之比称为"透射系数"，记作 τ；反射声能与入射声能之比称为"反射系数"，记作 γ，即：

$$\tau = \frac{E_\tau}{E_0} \tag{1-2-5}$$

$$\gamma = \frac{E_\gamma}{E_0} \tag{1-2-6}$$

　　人们常把 τ 值小的材料称为"隔声材料"，把 γ 值小的称为"吸声材料"。实际上构件的吸收只是 E_α，但从入射波与反射波所在的空间考虑问题，常用式（1-2-7）来定义材料的吸声

系数 α：

$$\alpha = 1 - \gamma = 1 - \frac{E_{\gamma}}{E_0} = \frac{E_{\alpha} + E_{\tau}}{E_0} \tag{1-2-7}$$

在进行室内音质设计与噪声控制时，必须了解各种材料的隔声、吸声特性，从而合理地选用材料。

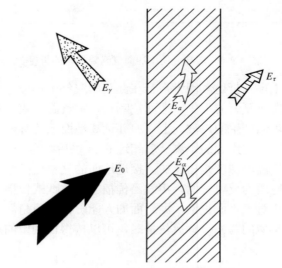

图 1-2-6　声能的反射、透射与吸收

2.5　波的干涉和驻波

在同一媒质中传播的两列波，在某个区域内相交后，仍保持各自原有的特性（频率、传播方向等），继续传播，不受另一波的影响。但在相交区域的质点同时参加各个波的振动，质点的振动是各波振动的合振动，这就是波的叠加原理。

当具有相同频率、相同相位的两个波源所发出的波相遇叠加时，在波重叠的区域内某些点处，振动始终彼此加强，而在另一些位置，振动始终互相削弱或抵消，这种现象叫作波的干涉。

如图 1-2-7 所示，设波从波源 O 发出，同时到达 O_1 和 O_2，根据惠更斯原理，O_1 和 O_2 可以分别看作性质相同的新波源，它们所发出的波具有相同的振幅、波长等，在它们叠加的区域内发生干涉。考虑从两新波源到达 A 点的路程差（称为波程差）为零或半波长的偶数倍时，如式（1-2-8）所示：

$$\Delta S = |AO_1 - AO_2| = 2n\left(\frac{\lambda}{2}\right) \tag{1-2-8}$$

式中，ΔS 为波程差，m；$n=0$，1，2，3，…

在 A 点，两波的波峰（或波谷）总是同时出现，只是时间相差 n 个周期，它们的振动总是同相位的，合振动最强，振幅最大，如图 1-2-7 中粗实线所示；而在 B 点，两波的波程差为半波长的奇数倍，即：

$$\Delta S = \left| BO_1 - BO_2 \right| = 2n\left(\frac{\lambda}{2} \right) \qquad (1\text{-}2\text{-}9)$$

式中，n=0，1，2，3，…

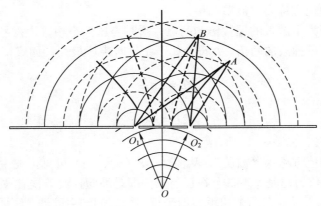

图 1-2-7　波的干涉

在 B 点，两波的相位总是相反，互相抵消，合振动最弱。在两波的叠加区域内，凡是波程差为半波长的偶数倍的点振动最强，凡是波程差为半波长的奇数倍的点振动最弱，这种干涉现象所形成的振动强弱区域间隔分布的稳定图案称为干涉图。

若在上例的两新波源 O_1、O_2 的中垂面上放置一反射面，则可以把其中一个点源看作另一点源的像。由此可知其入射波与反射波可产生同样的干涉图。

当两列相同的波在同一直线上相向传播时，叠加后产生的波称为"驻波"。

下面以平面波垂直入射到全反射的壁面时，入射波与反射波的叠加来说明驻波现象。

当疏密波向前传播时，周期变化的压力波（瞬时声压）也向前传播，见图 1-2-8（a）。遇到全反射的壁面，在壁面处，入射波与反射波的声压是相等的。反射波可以看作是从虚声源同时发出的波，它与入射波的波形总是关于反射面的对称图形。因此，不论哪一时刻，距离反射表面 L 处，入射波与反射波声压的叠加等于同一列波相距 $2L$ 的两点声压的叠加。图 1-2-8（b）、（c）表示两个不同时刻的波形叠加。

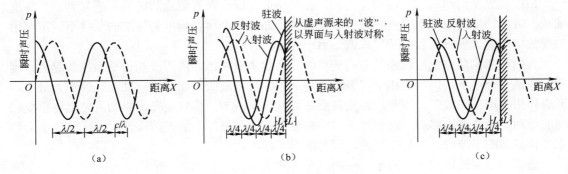

图 1-2-8　驻波的形成

同一列波总相距为半波长的奇数倍的两点，瞬时声压大小相等、符号相反，叠加结果是声压振幅总为零，因此当 L 符合如下条件时声压最小，如式（1-2-10）所示：

$$2L = (2n+1)\frac{\lambda}{2} \qquad (1\text{-}2\text{-}10)$$

式中，n=0，1，2，3，…

这些声压最小的地方称为"波节"。

同一列波中相距为半波长的偶数倍的两点，瞬时声压大小相等、符号相同，叠加结果是声压最大，等于每一单独波的两倍。L 符合如下条件时声压最大，如式（1-2-11）所示：

$$2L = 2n\frac{\lambda}{2}$$

即

$$2L = n\lambda \qquad (1\text{-}2\text{-}11)$$

式中，n=0，1，2，3，…

这些声压最大的地方称为"波腹"。从图 1-2-8（b）、（c）可见，发生驻波时，波形没有传播，波腹和波节的位置总是不变的。在反射表面即是波腹，波节挨着波腹，相距$\lambda/4$。相邻两波腹的间距为$\lambda/2$，所以若在两个相距 L 的平行墙面之间产生驻波，两墙表面都是波腹，须符合以下条件，如式（1-2-12）所示：

$$L = n\frac{\lambda}{2} \qquad (n \text{ 为正整数})$$

若以频率表示，即：

$$f = \frac{c}{\lambda} = \frac{nc}{2L} \qquad (n \text{ 为正整数}) \qquad (1\text{-}2\text{-}12)$$

也就是说，只有满足上述关系的频率才形成驻波。

驻波是个重要的概念，室内声学中将利用它讨论房间声共振问题。

相同频率的两列波同时传播时，介质中某点的振幅是每个波振幅的和，这就是线性系统中的叠加原理。因此，两列波在同相位处相遇时振幅增大，异相位时振幅减小。两列或两列以上的波叠加而引起的幅度变化，称作干涉。房间内发出纯音，多重反射声沿不同方向传播，空间中将产生复杂的干涉模式。

拍的现象是由两列频率略有不同的声波产生的，缘于在观测点随时间可感知到一种幅度脉动。每秒钟的拍数等于两列声波频率的差值。在以一个声音频率为标准的条件下，可利用该现象精确测量另一声音的频率或调谐另一声音。

当两列相同频率的波向相反方向传播时，离参考点越远，两声波相位变换次数越多。因此，在某一个点上，声波同相位，振幅变为最大，形成波腹，而在另一处，振幅变为最小，形成异相位声波的波节。因此，可交替观察到波腹和波节，也就是在间隔的点位上将重复相同的运动，而波形不移动，这种现象称作驻波，是一种最简单的干涉实证。三维空间中会形成某种复杂的干涉谱，也称作驻波，因其波形不移动。

垂直入射到硬质墙面上的平面波的声压表达式如式（1-2-13）所示：

$$p_i = A\sin(\omega t + kx) \qquad (1\text{-}2\text{-}13)$$

反射波可表示为：

$$p_\gamma = B\sin(\omega t - kx) \tag{1-2-14}$$

两式相加得：

$$p = p_i + p_\gamma = A\sin(\omega t + kx) + B\sin(\omega t - kx) = (A+B)\sin\omega t\cos kx + (A-B)\cos\omega t\sin kx$$

为计算方便，假设声音全反射，即 $A=B$，则有：

$$p = 2A\sin\omega t\cos kx \tag{1-2-15}$$

因为 $\cos kx$ 是空间内声波波形表达式，当 $kx = x(2\pi/\lambda) = n\pi$，即 $x = n(\lambda/2)$（$n=0$，1，2，3，…）时，声压变为最大。当 $kx = x(2\pi/\lambda) = (2n+1)\pi/2$，即 $x = (2n+1)\lambda/4$ 时，声压变为零，如图 1-2-9 所示。这就是驻波的声压波形。

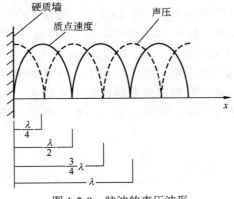

图 1-2-9　驻波的声压波形

第 3 章　声音的度量和主观感觉

3.1　分贝的感觉

当物体在空气中振动时，在它周围就会产生声波，声波不断向外传播，被人们听到成为声音。人耳的听觉下限是 0dB，低于 15dB 的环境是极为安静的环境。乡村的夜晚大多是 25～30dB，除了细心才能够体会到的流水、风、小动物等自然声音之外，其他感觉一片宁静，这也是生活在喧嚣之中的城市人所追求的净土。城市的夜晚声环境会因区域不同而有所不同。较为安静区域的室内一般在 30～35dB，住在繁华的闹市区或是交通干线附近的居民，将不得不忍受室内 40～50dB（甚至更高）的噪声。人们正常讲话的声音大约是 60～70dB，大声呼喊的瞬间可达 100dB。在机器轰鸣的厂房中，持续的噪声可达 80～110dB，这种高强度的噪声会损害人耳的听觉，并对神经系统产生不良影响，长期还会导致神经衰弱、消化不良、听力下降、心血管等疾病。高分贝喇叭、重型机械、喷气飞机引擎等都能够产生超过 120dB 的声音。

3.2　分贝（dB）

分贝对于非专业人员来讲是最难理解的，然而对于专业人士来讲分贝又是再熟悉不过了。分贝（dB）是以美国电话发明家贝尔命名的，因为贝的单位太大，因此采用分贝，代表 1/10 贝。分贝的概念比较特别，它的运算不是线性比例的，而是对数比例的，例如两个音箱分别发出 60dB 的声音，合在一起并不是 120dB，而是 63dB。分贝的计算较为复杂，叠加公式如下：

如果两个声音 L_{p1} 和 L_{p2} 相加有：$L_p（和）=10\lg(10^{\frac{L_{p1}}{10}}+10^{\frac{L_{p2}}{10}})$；

如果三个声音 L_{p1}、L_{p2} 和 L_{p3} 相加有：$L_p（和）=10\lg(10^{\frac{L_{p1}}{10}}+10^{\frac{L_{p2}}{10}}+10^{\frac{L_{p3}}{10}})$；

更多的声音相加以此类推。

根据以上公式我们可以得到：60dB+70dB 为 70.4dB，88dB+90dB 为 92.1dB，80dB+80dB+80dB 为 84.8dB，97.5dB−92dB 为 96dB。

使用分贝描述声音的大小被称为声压级，与后面讲到的声级不同，声压级是指在某个频带范围内的声音大小，一个声音，不同频率的分贝数可能是不同的。不能说某个声音声压级是多少，而必须说这个声音的某个频带上声压级是多少。所有频率声压级的计权和为声级。就像考大学的成绩，不能说考了 80 分，而需要说语文考了多少分，外语考了多少分，这就是"声压级"，而声级是各科求和的"总分"。

3.3 等响曲线

1920～1930 年，由于电话业务的发展，美国贝尔实验室开始研究听觉响度与测量声压级之间的关系。研究发现，人耳在低频段和高频段的灵敏度低于中频段，不同频率，相同的响度所对应的物理声压级是不同的。例如，30Hz 的纯音 65dB 才会引起听觉，而 500Hz 为 5dB，1kHz 为 0dB，4kHz 约-4dB，就引起听觉。同理，不同频率下，相同声压级的听觉响度也是不一样的。同样 50dB 的声音，低频、高频听起来没有中频听起来响，而低频 63Hz 的 70dB 的声音与 1000Hz 的 50dB 的声音、8kHz 的 60dB 的声音听起来却一样响。

以 1kHz 为基准，把频率从 20～20000Hz 听起来一样响的单频率纯音的声压级画成一条曲线，叫作等响曲线，如图 1-3-1 所示。从等响曲线图中我们可以查到两个不同频率的声音听起来一样响时各自所需要的声压级。

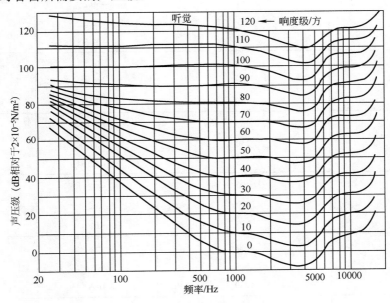

图 1-3-1 纯音等响曲线

3.4 A 声级和 C 声级

A 声级的概念会使普通人感到迷惑。声级是将各个频率的声音计权相加（不是简单的算术相加）得到的声音计量值。A 声级又称为 A 计权声级，是各个频率的声音通过 A 计权网络后再按分贝求和的数值，A 声级反映了人耳对低频和高频不敏感的听觉特性。例如，如果某声音 100Hz 的声压为 80dB，在计算 A 声级时，将按计权减去 50.5dB，即按 29.5dB 来计算；若其 1kHz 的声压级为 80dB，相应 A 计权值为 0dB，即仍按 80dB 计算。采用 A 声级的目的在于，A 声级越大，则表明声音听起来越响。A 声级分贝通常计为 dB（A）。许多与噪声有关的国家规范都是以 A 声级作为指标的。

C 声级是采用 C 计权网络得到的声级。C 计权网络与 A 计权网络相比，在低频段和高频段更加平直，它反映了可听范围内声音的能量情况。C 声级大的声音表明噪声能量大，但听起来不一定响。

A 声级和 C 声级的频带计权值见表 1-3-1。

表 1-3-1　A 声级和 C 声级的频带计权数值表

频率−倍频程/Hz	频率−1/3 倍频程/Hz	A 计权值/dB	C 计权值/dB
	12.5	−63.4	−11.2
16	16	−56.7	−8.5
	20	−50.5	−6.2
	25	−44.7	−4.4
31.5	31.5	−39.4	−3.0
	40	−34.6	−2.0
	50	−30.2	−1.3
63	63	−26.2	−0.8
	80	−22.5	−0.5
	100	−19.1	−0.3
125	125	−16.1	−0.2
	160	−13.4	−0.1
	200	−10.9	0
250	250	−8.6	0
	315	−6.6	0
	400	−4.8	0
500	500	−3.2	0
	630	−1.9	0
	800	−0.8	0
1000	1000	0	0
	1250	+0.6	0
	1600	+1.0	−0.1
2000	2000	+1.2	−0.2
	2500	+1.3	−0.3
	3150	+1.2	−0.5
4000	4000	+1.0	−0.8
	5000	+0.5	−1.3
	6300	−0.1	−2.0
8000	8000	−1.1	−3.0
	10000	−2.5	−4.4
	12500	−4.3	−6.2
16000	16000	−6.6	−8.5
	20000	−9.3	−11.2

3.5　等效连续声级

声音在很多情况下并不是恒定的，可能一会儿大，一会儿小。如：汽车通过时噪声大，没有汽车时噪声小；大卡车通过时比小汽车通过时声音大。又如，一部机器，虽然工作时噪声是恒定的，但它间歇地工作，它与一部同样噪声大小的一直连续工作的机器对人的影响不一样。声音存在变化时，在一段时间内的声压级的平均（不是简单的算术平均）能够反映噪声的"等效"影响，这就是等效连续声级（L_{eq}）。例如 1 分钟内，声音每 10 秒分别为 80dB、83dB、86dB、82dB、90dB、92dB，那么 L_{eq} 为 80dB、83dB、86dB、82dB、90dB、92dB 的和再除以 6。80dB+83dB+86dB+82dB+90dB+92dB 计为 95.4dB，除以 6 的计算为减去 10lg6 分贝，即 95.4dB−10lg6=87.6dB，也就是说一分钟内等效连续声级 L_{eq}=87.6dB。在一些环境噪声国家标准中，采用了 L_{eq} 作为评价值。

例如：在 GB 3096—2008《声环境质量标准》中，采用了 1 分钟 L_{eq} 作为评价值；在 GB 12525—1990《铁路边界噪声限值及其测量方法》，采用了 1 小时 L_{eq} 作为评价量。当使用 A 声级的 L_{eq} 时，评价值就是 L_{Aeq}。

3.6　24 小时昼夜等效声级

噪声在夜间比昼间更容易引起人们的烦恼。根据研究结果，夜间噪声对人的干扰比昼间大 10dB 左右。因此，计算一天 24 小时的等效声级时，夜间的噪声要加上 10dB 的计权，这样得到的等效声级称为昼夜等效声级（L_{dn}）。其数学表达式见式（1-3-1）：

$$L_{dn} = 10\lg\left[\frac{1}{24}(15\times10^{L_d/10} + 9\times10^{(L_n+10)/10})\right]\ (dB) \qquad (1\text{-}3\text{-}1)$$

式中　L_d——昼间（07:00～22:00）的等效声级，dB（A）；

　　　L_n——夜间（22:00～7:00）的等效声级，dB（A）。

在我国现行标准中，24 小时昼夜等效声级尚未被正式采用，主要用于室外噪声的评价参考。在美国、欧洲、日本的一些环境噪声规范中，有的采用 L_{dn} 进行评价。

3.7　NC（NR、PNC、RC）评价曲线

3.7.1　NC 评价曲线

NC（noise criterion）评价曲线最早由美国建筑声学家白瑞纳克（Beranek）于 1957 年提出，被国际标准化组织（ISO）列为推荐的评价曲线。NC 的评价方法中评价频率从 63Hz 到 8kHz，曲线如图 1-3-2 所示，采用相切的方法确定噪声等级的数值，即任意频带噪声都不超过的最低一条曲线所对应的 NC 值。NC 曲线能够很好地反映人在室内对空调背景噪声的满意程度。

NC 曲线的形状没有很好地平衡低频、中频和高频，如果噪声曲线的形状与 NC 曲线非常相似，或者说噪声曲线与 NC 曲线非常接近，则听起来会有低频"隆隆"的声音或者高频"嘶嘶"的声音，或者两者都有。为了克服这个缺陷，白瑞纳克于 1988 年对 NC 曲

线进行改进，提出 NCB 曲线（balanced noise criteria curves），NCB 曲线可以评价噪声的频率质量。

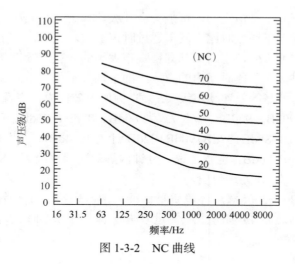

图 1-3-2　NC 曲线

3.7.2　NR 评价曲线

NR（noise rating）评价曲线由国际标准化组织提出，如图 1-3-3 所示，与 NC 曲线并列为国际标准化组织推荐评价曲线。NR 曲线与 NC 曲线非常相似，NR 曲线实际上取自于 NC 曲线，两种曲线之间比较大的差异是 NR 曲线延伸到频率为 31.5Hz。NR 曲线在欧洲和我国被广泛使用。

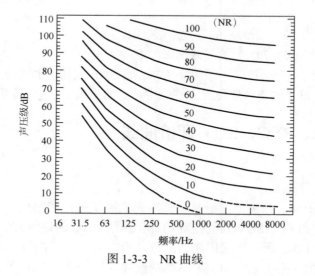

图 1-3-3　NR 曲线

3.7.3　PNC 评价曲线

由于观测到当宽频噪声的形状跟 NC 曲线非常接近的时候，听起来有低频"隆隆"的声音和高频"嘶嘶"的声音，白瑞纳克于 1971 年提出 PNC（preferred noise criteria）曲线，即最佳噪声评价曲线，如图 1-3-4 所示。PNC 曲线在低频段和高频段的要求均比 NC 曲线严格。由于 PNC 曲线在低频段要求比 NC 曲线严格，而低频噪声比较难控制，因此用 PNC 曲线控制噪声比用 NC 曲线控制噪声需要付出更高的代价。PNC 曲线一般用在对低频要求比较高的录音、播音建筑中。

3.7.4　RC 评价曲线

为了更好地了解建筑设备产生的背景噪声，美国暖通空调工程师协会（ASHRAE）专门针对建筑的背景噪声进行调查并提出 RC（room criteria）曲线。RC 曲线由一组斜率为−5dB/倍频程的平行曲线组成，如图 1-3-5 所示。RC 评价方法包括两个方面：一是 RC 等级，由频率为 500Hz、1kHz、2kHz 的噪声的平均声压级确定；二是对噪声频谱质量的一个描述参量，评价依据包括低频、中频、高频是否平衡，是否有主导的特定频率的噪声。ASHRAE 推荐 RC 曲线为最佳评价曲线。

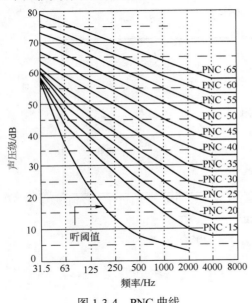
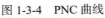

图 1-3-4　PNC 曲线

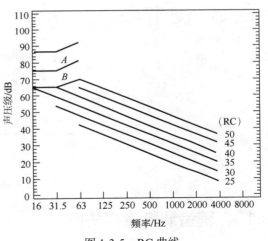

图 1-3-5　RC 曲线

3.8　语言可懂度

语言可懂度是描述听者对单字或句子理解程度的指标。测量方法是，在某种环境下，清晰地发出若干可理解的独立的单字或短句，由于背景噪声的干扰，或房间混响造成音节之间的混叠，语义的可懂度变低，再令接收者倾听辨认，能够理解词意或语义的百分数被称为可懂度。

噪声对语言可懂度的影响与"信噪比"有关，信噪比是语音信号减去背景噪声的声压级差值。相关研究表明：当信噪比为 0dB 时，即背景噪声等于语音时，音节可懂度将低于 60%；当信噪比大于 10dB 时，可懂度达 99% 以上；当信噪比小于−10dB 时，可懂度低于 20%。可以看出，即使语音低于背景噪声，人们也具有一定的理解能力，这是因为人脑是一个超级灵敏的计算系统，若听懂 60% 以上的音节，通过上下文之间的关联，整个句子基本上就都能听懂了。如果音节可懂度低于 40%，听众会感到严重的听音困难，即便通过上下文推断，也只能隐约知其含义。

3.9　语言干扰级（SIL）

衡量背景噪声对语言的干扰程度可采用语言干扰级（SIL），即在语言频率范围内，500Hz、1kHz、2kHz、4kHz（倍频带）的背景噪声的平均值。SIL 值越大，或语音的声级越小，听音可懂度就越差，如图 1-3-6 所示。

如果背景噪声的频谱特性是平直的，那么语言干扰级 SIL 大约比 A 声级低 10dB。由图 1-3-6 可以看出，正常语言交流较好的 SIL 应小于 40dB，相当于 50dB（A）；当 SIL 超过 60dB，相当于 70dB（A），就必须提高讲话音量或缩短距离；当 SIL 超过 90dB，相当于 100dB（A），就必须缩短距离并大声喊叫；当 SIL 超过 110dB，相当于 120dB（A），只能在耳边（0.25m 以内）大声喊叫才能听懂讲话。

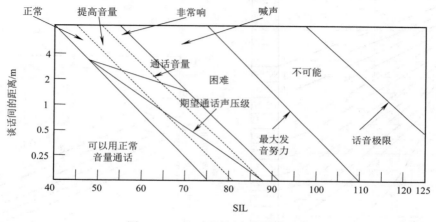

图 1-3-6　SIL 级对语言交流的影响

3.10　辅音清晰度损失率

辅音，如 t、sh、f、p、s、th 等，在正确听清语音并理解语义中占有重要地位。但是辅音持续时间短暂，高频成分多，声能低，在高噪声环境下非常容易被干扰，使听音困难。如 cap、cat 和 catch 这样的单词会因此而混淆，这就使人们交流出现误差，从而导致错误的对答。

辅音清晰度损失率的测量方法与语言可懂度相仿，即在某种环境下测量人们发出辅音时错误听音的百分率。辅音清晰度损失率越高，听音越困难，一般应小于 0.4。

第4章 声强与声强级

4.1 声强

单位时间内（1s），通过垂直于声波传播方向的单位面积的声能，称作声强。声强也可当作单位面积能量。若用电压代替声压，电流代替质点速度，则声强相当于电功率，这时传声途径可与电路类比。众所周知，电功率=电流×电压，因此声强 I 可以用式（1-4-1）和式（1-4-2）表示：

$$I = pv \quad (\text{W/m}^2) \tag{1-4-1}$$

$$I = p^2 / \rho c = \rho c v^2 \tag{1-4-2}$$

因此，很明显，声强 I 既与声压 p 的平方成正比，又与质点速度 v 的平方成正比（ρc 为特性阻抗）。

式（1-4-1）与式（1-4-2）中，与交流电流一样，声压及质点速度都是有效值。有效值是瞬时值的均方根，如图1-4-1所示，由于平方的缘故，有效值不存在负数。振幅 A、周期 T 的正弦波，有效值 RMS 如式（1-4-3）所示：

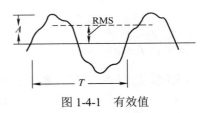

图1-4-1 有效值

$$\text{RMS} = \sqrt{\frac{1}{T}\int_0^T (A\cos\omega t)^2 \, \mathrm{d}t} = \frac{A}{\sqrt{2}} = 0.707A \tag{1-4-3}$$

除特别声明外，声压及质点速度的幅值用有效值表示。

4.2 声能密度

平面波的声强 I 等于单位面积上 1s 声传播的能量，该空间的声能密度 E 可用式（1-4-4）表示：

$$E = I / c = p^2 / \rho c^2 \quad (\text{W} \cdot \text{s/m}^3 \text{ 或 J/m}^3) \tag{1-4-4}$$

式中，c 为声速。采用声能密度可不考虑方向，用来描述房间中反射声来自各个方向的声场时十分方便。

4.3 分贝标度

实际应用中，我们采用对数刻度测量声强和声压，其单位是分贝（dB）。分贝源于人耳的听觉，人耳感觉声强的变化范围极大，最大能量与最小能量之比高于 $10^{13}:1$，且这种感觉与刺激声强的对数成正比（韦伯-费希纳定律）。

最初，分贝表示了 W_1 和 W_0 两个能量比的对数，称作贝尔，但是贝尔过于粗略，故采用其 1/10 作单位，称作分贝（dB），用式（1-4-5）表示：

$$分贝值 = 10\lg\left(\frac{W_1}{W_0}\right) \ (dB) \tag{1-4-5}$$

这不仅可用于相对比较，而且可以参考某标准值表示其绝对值。

用标准值 $W_0 = 10^{-12}W$，则声功率 W 可表示为式（1-4-6）：

$$声功率级，\ L_W = 10\lg\left(\frac{W}{10^{-12}}\right) \ (dB) \tag{1-4-6}$$

通常我们把对数刻度上的量级称为"级"。

因此，声强级 I（W/m^2）如式（1-4-7）所示：

$$声强级 = 10\lg\left(\frac{I}{I_0}\right) \ (dB) \tag{1-4-7}$$

式中，$I_0 = 10^{-12} \ W/m^2$。

声压级 L_p 可由式（1-4-8）得出：

$$L_p = 10\lg\left(\frac{p^2}{p_0^2}\right) = 20\lg\left(\frac{p}{p_0}\right) \ (dB) \tag{1-4-8}$$

式中，$p_0 = 2 \times 10^{-5} N/m^2 = 20 \mu Pa$，是在空气状态下的标准值。因为声压比声强更容易测量，所以我们一般用声压级来表示声场。当然，在自由声场中平面波的声压级与声强级相等。其他情况下，使用声压级来衡量声音的大小已成为惯例。计算室内声场时，声能密度级采用式（1-4-9）直接求得：

$$声能密度级 = 10\lg\left(\frac{E}{E_0}\right) \ (dB) \tag{1-4-9}$$

为计算方便，E_0 可采用任意值。如上所述，虽然使用 dB 表示数值，但是应明确定义参考值 E_0。

4.4　使用分贝进行能量求和与平均

（1）设两个频谱无规的声源同时发声，噪声值分别为 L_1（dB）和 L_2（dB），其和为 L_3（dB），声能密度分别为 E_1 和 E_2，有 $E_3 = E_1 + E_2$，则其和用式（1-4-10）计算。

$$L_3 = 10\lg\left(\frac{E_3}{E_0}\right) = 10\lg\left(\frac{E_1 + E_2}{E_0}\right) = 10\lg(10^{L_1/10} + 10^{L_2/10}) \ (dB) \tag{1-4-10}$$

然而，如果 L_1（dB）和 L_2（dB）含有频率相等或相近的纯音成分，因干涉效应，上式就不适用了。

例如，当采用 $L_3 = L_1 + D$（dB）来表示声能和 L_3 时，按上式（1-4-10），且 $L_1 > L_2$，可得 D 与 $L_2 - L_1$ 的关系，如式（1-4-11）所示：

$$D = 10\lg[1 + 10^{-(L_1-L_2)/10}] \tag{1-4-11}$$

由此得出图 1-4-2。

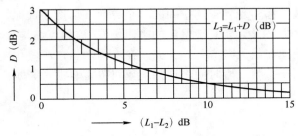

图 1-4-2 L_1（dB）与 L_2（dB）的关系

（2）存在 n 个声源时，声压级为 L_n（dB），声能密度为 E_n，则平均声压级 $\overline{L}$ 如式（1-4-12）所示：

$$\overline{L} = 10\lg\left(\frac{E_1 + E_2 + \cdots + E_n}{nE_0}\right) \quad \text{（dB）} \tag{1-4-12}$$

或用声压 p_n，如式（1-4-13）所示：

$$\overline{L} = 10\lg\left(\frac{p_1^2 + p_2^2 + \cdots + p_n^2}{np_0^2}\right) \quad \text{（dB）} \tag{1-4-13}$$

实际应用中使用式（1-4-14）计算：

$$\overline{L} = 10\lg\frac{1}{n}[10^{(L_1/10)} + 10^{(L_2/10)} + \cdots + 10^{(L_n/10)}] \quad \text{（dB）} \tag{1-4-14}$$

当 L_n 的最大值和最小值相差不超过 3～5dB 时，使用算术平均值代替 $\overline{L}$，误差可在 0.3～0.7dB 以内。

第5章　室内声场与混响时间

在建筑声学中，大多数情况涉及声波在一个封闭空间内（如剧院观众厅、播音室等）传播的问题，这时，声波传播将受到封闭空间的各个界面（墙壁、顶棚、地面等）的约束，形成一个比在自由空间（如露天）要复杂得多的"声场"。这种声场具有一些特有的声学现象：如在距声源同样远处要比在露天响一些；又如，在室内，当声源停止发声后，声音不会像在室外那样立即消失，而要持续一段时间。这些现象对听音有很大影响。

5.1　室内声场

5.1.1　室内声场的特征

在室外，某一点声源发出声波，以球面波的形式连续向周围传播，随着接收点与声源距离的增加，声能迅速衰减。而在剧院观众厅、体育馆、教室、播音室等封闭空间内，声波在传播时将受到封闭空间各个界面（墙壁、天花板、地面等）的反射与吸收，声波相互重叠形成复杂声场，即室内声场，并引起一系列特有的声学特性。

室内声场的显著特点是：

① 距声源有一定距离的接收点上，声能密度比在自由声场中要大，常不随距离的平方衰减。

② 声源停止发声以后，在一定的时间里，声场中还存在着来自各个界面的迟到的反射声，产生所谓"混响现象"。

③ 由于室内的形状和内装修材料的布置，可能会形成回声、颤动回声（平行墙面引起的多次声反射）、声音聚焦等各种特殊听音现象。

④ 由于声反射形成的干涉而出现房间的共振，引起室内声音某些频率的加强或减弱。

5.1.2　几何声学

忽略声音的波动性质，以几何学的方法分析声音能量的传播、反射、扩散的学科叫"几何声学"。与此相对，着眼于声音波动性的分析方法叫作"波动声学"或"物理声学"。

对于室内声场的分析，用波动声学的方法只能解决体型简单、频率较低的较为单纯的情况。在实际的大厅里，其界面的形状和性质复杂多变，用波动声学的方法分析十分困难。但是在一个比波长大得多的室内空间中，如果忽略声音的波动性，用几何学的方法分析，其结果就会十分简单明了。因此，在解决室内声学的多数实际问题中，常常用几何学的方法，就是几何声学的方法。

几何声学中，把与声波的波阵面相垂直的直线作为声音的传播方向和路径，称为"声线"。声线与反射性的平面相遇，产生反射声。反射声的方向遵循入射角等于反射角的原理。用这种方法可以简单和形象地分析出许多室内声学现象，如直达声与反射声的传播路径、反射声的延迟以及声波的聚焦、发散等等。

图 1-5-1 是声音在室内传播的声线图形。从图中可以看到，对于一个听者，接收到的不仅有直达声，而且还有陆续到达的来自天花板、地面以及墙面的反射声，它们有的是经过一次反射到达听者的，有的则是经过二次甚至多次反射到达的。图 1-5-2 表示在房间内可能出现的四种声音反射的典型例子。图中 A 与 B 均为平面反射，所不同的是：离声源近者 A，由于入射角变化较大，反射声线发散大；离声源远者 B，各入射线近于平行，反射声线的方向也接近一致；C 与 D 是两种反射效果截然不同的曲面，凸曲面 C 使声线束扩散，凹曲面 D 则使声音集中于一个区域从而形成声音的聚焦。

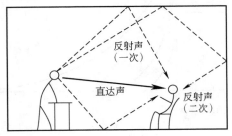

图 1-5-1 室内声音传播示意

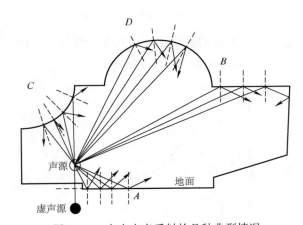

图 1-5-2 室内声音反射的几种典型情况

A，B—平面反射；C—凸曲面的发散作用；D—凹曲面的聚焦作用

据研究，在室内各接收点上，直达声以及反射声的分布，即反射声在空间的分布与时间上的分布，对音质有着极大的影响。利用几何作图方法，可以将各个界面对声音反射的情况进行一定程度的分析，但由于经过多次反射以后，声音的反射情况已经相当复杂，甚至接近无规则分布。所以，通常只着重研究一、二次反射声，并控制它们的分布情况，改善室内音质。

5.2 室内声音的增长、稳态与衰变

室内声音的增长、稳态和衰变过程可以用图 1-5-3 形象地表示出来，这一过程为指数曲

线。图中实线表示室内表面反射很强的情况。此时，在声源发声后，很快就达到较高的声能密度并进入稳定状态；当声源停止发声后，声音将比较慢地衰减下去。虚线与点虚线则表示室内表面的吸声量增加到不同程度时的情况。

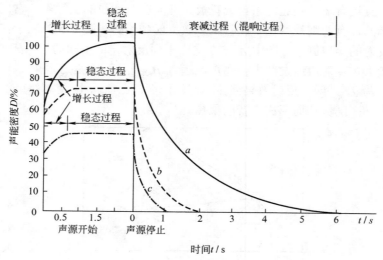

图 1-5-3　室内吸声量不同时对声音增长和衰变的影响

a—吸收较少；b—吸收中等；c—吸收较强

图 1-5-3 的纵坐标是声能密度 D 的直线标度，衰变曲线就呈负指数曲线。如果纵坐标以分贝 dB 标度，则衰变曲线就呈直线，如图 1-5-4 所示。

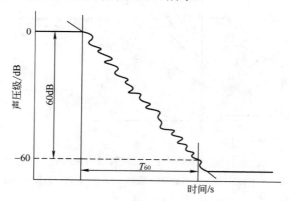

图 1-5-4　室内声能密度用 dB 标度的混响时间曲线

图 1-5-4 是在室内实测所得的，曲线上有细微的起伏曲折是室内声场不完全扩散造成的。

5.3　混响和混响时间计算公式

5.3.1　赛宾的混响时间计算公式

混响和混响时间是室内声学中最为重要和最基本的概念。所谓混响，是指声源停止发声后，在声场中还存在着来自各个界面的迟到的反射声形成的声音"残留"现象。这种残留现象的长短以混响时间来表征。混响时间公认的定义是声能密度衰变 60dB 所需的时间，如式（1-5-1）所示：

$$T = K\frac{V}{A}$$

（1-5-1）

式中　T——混响时间，s；

V——房间体积，m^3；

A——室内的总吸声量，m^2；

K——与声速有关的常数，$K = \dfrac{24}{c\lg e} = \dfrac{55.26}{c}$，一般取 0.161。

上式称为赛宾（Sabine）公式。式中，A 是室内的总吸声量，是室内总表面积与其平均吸声系数的乘积。室内表面常是由多种不同材料构成的，如每种材料的吸声系数为 α_i，对应表面积为 S_i，则总吸声量 $A = \sum S_i\alpha_i$。如果室内还有家具（如桌、椅）或人等难以确定表面积的物体，如果每个物体的吸声量为 A_j，则室内的总吸声量为：

$$A = \sum S_i\alpha_i + \sum A_j$$

（1-5-2）

上式也可写成：

$$A = S\bar{\alpha} + \sum A_j$$

（1-5-3）

$$S = S_1 + S_2 + \cdots + S_n = \sum S_i$$

式中　S——室内总表面积，m^2；

$\bar{\alpha}$——室内表面的平均吸声系数。

$$\bar{\alpha} = \frac{S_1\alpha_1 + S_2\alpha_2 + \cdots + S_n\alpha_n}{S_1 + S_2 + \cdots + S_n} = \frac{\sum S_i\alpha_i}{\sum S_i} = \frac{\sum S_i\alpha_i}{S}$$

（1-5-4）

5.3.2　依林的混响时间计算公式

在室内总吸声量较小、混响时间较长的情况下，根据赛宾的混响时间计算公式算出的数值与实测值相当一致。而在室内总吸声量较大、混响时间较短的情况下，计算值比实测值要大。在 $\bar{\alpha}=1$，即声能几乎被全部吸收的情况下，混响时间应当趋近于 0，而根据赛宾的计算公式，此时 T 并不趋近于 0，显然与实际不符。

依林提出了更为准确的混响时间计算公式，如式（1-5-5）所示：

$$T = \frac{KV}{-S\ln(1-\bar{\alpha})}\quad(s)$$

（1-5-5）

式中　V——房间的容积，m^3；

K——与声速有关的常数，一般取 0.161；

S——室内总表面积，m^2；

$\bar{\alpha}$——室内平均吸声系数，总吸声量 A 与室内总表面积 S 的比值。

这个公式比赛宾公式更接近实际情况，特别是在 $\bar{\alpha}$ 值较大时，譬如 $\bar{\alpha} \to 1$，则 $-\ln(1-\bar{\alpha}) \to \infty$，$T$ 趋近于 0。当 $\bar{\alpha}$ 较小时，$-\ln(1-\bar{\alpha})$ 与 $\bar{\alpha}$ 相近，此时，用赛宾公式与用依林公式得到的结果相近。同时，当 $\bar{\alpha}$ 较小时，如小于 0.20，$\bar{\alpha}$ 与 $-\ln(1-\bar{\alpha})$ 很相近，随着 $\bar{\alpha}$ 值的增大，二者的差值亦增大。

因此，在室内平均吸声系数较小（$\bar{\alpha} \leqslant 0.2$）时，用赛宾公式与用依林公式可以得到相近的结果；在室内平均吸声系数较大（$\bar{\alpha} > 0.2$）时，用依林公式可以较为准确地计算室内混响时间。

在计算室内混响时间时，为了求出各个频带的混响时间，需将各种材料在各个频带的无规入射吸声系数代入公式，通常取 125Hz、250Hz、500Hz、1kHz、2kHz、4kHz 六个频带的吸声系数。需指出，在观众厅内，观众和座椅的吸收有两种计算方法：一种是公式（1-5-2）指出的，观众或座椅的个数乘其单个的吸声量；另一种是公式（1-5-3）指出的观众或座椅所占的面积乘以单位面积的相应吸声量。

5.3.3　依林-努特生混响时间计算公式

赛宾公式和依林公式只考虑了室内表面的吸收作用，对于频率较高的声音（一般为 2kHz 以上），当房间较大时，在传播过程中，空气也将产生很大的吸收作用。这种吸收主要取决于空气的相对湿度，其次是温度的影响。表 1-5-1 为室温 20℃，相对湿度不同时测得的空气吸收系数。当计算中考虑空气吸收时，应将相应的吸收系数（$4m$）乘以房间容积 V，得到空气吸收量，加到式（1-5-5）分母中，最后得到：

$$T = \frac{KV}{-S\ln(1-\bar{\alpha}) + 4mV} \quad (\text{s}) \tag{1-5-6}$$

式中　V——房间容积，m^3；

　　　S——室内总表面积，m^2；

　　　$\bar{\alpha}$——室内平均吸声系数；

　　$4m$——空气吸收系数，为 GB/T 17247.1《声学　户外声传播衰减　第 1 部分　大气声吸收的计算》中大气吸收衰减系数乘以 $\dfrac{4}{1000\lg(e)}$，科学常数 e=2.71828。

通常，将上述考虑空气吸收的混响时间计算公式即式（1-5-6）称作"依林-努特生（Eyring-Knudsen）公式"。

表 1-5-1　空气吸收系数 $4m$ 值（室内温度 20℃）

频率/Hz	室内相对湿度			
	30%	40%	50%	60%
2000	0.012	0.010	0.010	0.009
4000	0.038	0.029	0.024	0.022
6300	0.084	0.062	0.050	0.043

5.3.4　混响时间计算公式的适用范围

上述混响理论以及由此导出的混响时间计算公式，将复杂的室内声场处理得十分简单。其前提条件是：①声场是一个完整的空间；②声场是完全扩散的。由此，衰变曲线可用一个指数曲线描述。用 dB 尺度则衰变曲线是一条直线。但在实际的声场中，经常不能完全满足上述假定，衰变曲线也有不呈直线，混响时间难于以一个单值加以表示的情况。例如在室内的地面和天花板是强吸声的、侧墙为强反射的情况下，上下方向的声波很快衰变，水平方向的反射声则衰变较慢，混响曲线出现曲折。类似的情况也可以在细长的隧洞、走廊及天花板很低的大房间中出现。此外，在剧场中，观众厅与舞台成一个互相连通的耦合空间，如果声能在两个空间衰变率不同，也会出现衰变曲线形成曲折的情况。

在剧场、礼堂的观众厅中，观众席上的吸收一般要比墙面、天花板大得多，有时为了消除回声，常常在后墙上做强吸声处理，使得室内吸声分布很不均匀，所以声场常常不是充分扩散声场。这是混响时间的计算值与实际值产生偏差的原因之一。

再有，代入公式的数值，主要是各种材料的吸声系数，一般选自各种资料或是自己测试所得到的结果，由于实验室与现场条件不同，吸声系数也有误差。最突出的是观众厅的吊顶，在实验室中是无法测定的，因为它的面积很大，后面空腔一般可达 3～5m，甚至更大，实际上是一种大面积、大空腔的共振吸声结构，在现场也很难测出它的吸声系数。因为观众或座椅以及舞台的影响，存在几个未知数。同样，观众与座椅的吸收值也不是精确的。

综上所述，混响时间的计算与实际测量结果有一定的误差，但并不能以此否定其实用价值，因为这是我们分析声场最为简便、实效的计算方法。

引用参数的不准确性可以使计算产生一定误差，但这些是可以在施工中进行调整的，最终以达到设计目标值和观众是否满意为标准。因此，混响时间计算对"控制性"地指导材料的选择和布置，预测将来的效果和分析现有建筑的音质缺陷等，均有实际意义。

5.4　室内声压级计算与混响半径

通过对室内声压级的计算，可以预计所设计的大厅内能否达到满意的声压级以及声场分布是否均匀。如果采用电声系统，还可计算扬声器所需的功率。

5.4.1　室内声压级计算

当一个点声源在室内发声时，假定声场充分扩散，则利用以下的稳态声压级公式计算离开声源不同距离处的声压级，即式（1-5-7）：

$$L_P = L_W + 10\lg\left(\frac{Q}{4\pi r^2} + \frac{4}{R}\right)\ (\text{dB}) \qquad (1\text{-}5\text{-}7)$$

式中　L_W——声源的声功率级，dB；

　　　r ——离开声源的距离，m；

　　　Q——声源指向性因数；

R——房间常数，$R = \dfrac{S\bar{\alpha}}{1-\bar{\alpha}}$，$\text{m}^2$（$S$ 为室内总表面积，m^2；$\bar{\alpha}$ 为平均吸声系数，室内总吸声量除以室内总表面积）。

Q——指向性因数，当无指向性声源在完整的自由空间时，Q 等于 1；如果无指向性声源是贴在反射性墙面或天花面（$\dfrac{1}{2}$ 自由空间）时，以及在室内两面角（$\dfrac{1}{4}$ 自由空间）或三面角（$\dfrac{1}{8}$ 自由空间）时，Q 的具体数值可见图 1-5-5。

点声源位置		指向性因数
A	整个自由空间 	$Q=1$
B	$\dfrac{1}{2}$自由空间 	$Q=2$
C	$\dfrac{1}{4}$自由空间 	$Q=4$
D	$\dfrac{1}{8}$自由空间 	$Q=8$

图 1-5-5　声源指向性因数

5.4.2　混响半径

根据室内稳态声压级的计算公式，室内的声能密度由两部分构成：第一部分是直达声，相当于 $\dfrac{Q}{4\pi r^2}$ 表述的部分；第二部分是扩散声（包括第一次及以后的反射声），即 $\dfrac{4}{R}$ 表述的部分。可以设想，在离声源较近处 $\dfrac{Q}{4\pi r^2} > \dfrac{4}{R}$，离声源较远处 $\dfrac{Q}{4\pi r^2} < \dfrac{4}{R}$，前者直达声大于扩散声，后者扩散声大于直达声。在直达声的声能密度与扩散声的声能密度相等处，距声源的距离称作"混响半径"，或称"临界半径"。此处：

$$\frac{Q}{4\pi r_0^{\,2}} = \frac{4}{R} \tag{1-5-8}$$

式中　Q——声源的指向性因数；

　　　r_0——混响半径，m；

　　　R——房间常数，m^2。

上式 r_0 可以转换为式（1-5-9）：

$$r_0 = 0.14\sqrt{QR} \tag{1-5-9}$$

房间常数 R 越大，则室内吸声量越大，混响半径就越长；R 越小，则正好相反，混响半径就越短。这是室内声场的一个重要特性。当我们以加大房间的吸声量来降低室内噪声时，接收点若在混响半径 r_0 之内，由于接收的主要是声源的直达声，因而效果不大；如接收点在 r_0 之外，即远离声源时，接收的主要是扩散声，加大房间的吸声量，R 变大，$4/R$ 变小，就有明显的减噪效果。

对于听者而言，要提高清晰度，就要求直达声较强，为此常采用指向性因数 Q 较大（$Q=10$ 左右，有时更大）的电声扬声器。

混响半径由房间常数和声源指向性决定。在音乐厅中，吸声量少，混响半径大约为 5m，因此大部分听众处于扩散声的声场中，直达声相对小，音质感觉丰富而饱满。而在电影院中，吸声量大，而且扬声器强指向观众席区域，其混响半径大约为 20～30m，几乎全部观众处于扬声器直达声的辐照下，混响声很少，这样可以保证听音的清晰度（电影的配音中已经加入需要的混响效果了，电影院混响声反而有害）。在工业厂房降噪中，在天花板或墙壁上安装吸声材料，其降噪效果主要反映在混响半径以外的区域，在混响半径以内，直达声占主导地位，吸声降噪的效果就不明显，但可以通过加装屏障或隔声罩的方法降低直达声。当厂房内有多个分布声源时，任何一处都处于某个声源混响半径以内，房间内处处都是直达声占主导地位，这时采用吸声降噪的方法效果就微乎其微了。在欧洲一些教堂里，混响时间很长，可能达到 10s 以上，语言清晰度很差，为了使听众听清演讲，座席区分散安装了一些小型的辅助扬声器（如安装在柱子上），在其混响半径以内提供清晰度较高的直达声。

5.5　房间共振和共振频率

房间中，声音在各个界面之间往复反射，由于干涉效应，混叠的声波有可能在某些特定的频率上发生畸变，即由于房间对声音频率不同的"响应"，造成室内声能密度因声源发出声波频率不同而有强有弱。房间存在共振频率（也称"固有频率"或"简正频率"），声源的频率与房间的共振频率越接近，越容易引起房间的共振，该频率的声能密度也就越强。

5.5.1　两个平行墙面间的共振

在自由空间中有一面反射性的墙，一定频率的声音入射到此墙面上，产生反射，入射波与反射波形成"干涉"。即在入射波与反射波相位相同的位置上，振幅因相加而增大，而在相位相反的位置上，振幅因相减而减小，形成了位置固定的波腹与波节，出现"驻波"。

在自由声场中有两个平行的墙面，在两个墙面之间，也可以维持驻波状态，即第二个墙面产生的驻波的波腹和波节与第一个墙面产生的驻波的波腹和波节在位置上重合，这样，在两墙之间就产生"共振"。

共振是产生在两个墙面之间的，即"轴向共振"。共振的频率取决于 $L = n\dfrac{\lambda}{2}$，L 为两墙的距离，n 为一系列正整数，每一个数对应一个波长为 λ 的"振动方式"。轴向共振频率 f 如式（1-5-10）所示：

$$f = \frac{c}{\lambda} = \frac{c}{2} \times \frac{n}{L} \ （\text{Hz}）\tag{1-5-10}$$

式中，c 为声速，一般为 340m/s。

例如露天的一对墙面，相距 6m，则在 n=1、2、3 三种振动方式的轴向共振频率分别为：

$$f_1 = \frac{340}{2 \times 6} = 28 \text{（Hz）}$$

$$f_2 = 2 \times 28 = 56 \text{（Hz）}$$

$$f_3 = 3 \times 28 = 84 \text{（Hz）}$$

图 1-5-6 是产生驻波的例子。

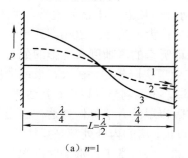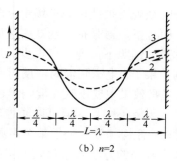

（a）n=1　　　　　　　　　　（b）n=2

图 1-5-6　当 $L=n\lambda/2$ 时产生驻波的例子

1—入射波；2—反射波；3—驻波

由图 1-5-6 可见，L 越大，最低共振频率越低。在矩形房间内三对平行表面上下、左右、前后之间，只要其距离为 $\frac{\lambda}{2}$ 的整数倍，就可以产生相应方向上的轴向共振，相应的轴向共振频率为 f_{n_x}、f_{n_y}、f_{n_z}。

5.5.2　二维和三维空间的共振

除了上述三个方向的轴向驻波外，声波还可在二维空间内出现驻波，即切向驻波（图 1-5-7），相应的共振频率为切向共振频率，可按式（1-5-11）计算：

$$f_{n_x,\ n_y} = \frac{c}{2}\sqrt{\left(\frac{n_x}{L_x}\right)^2 + \left(\frac{n_y}{L_y}\right)^2} \quad \text{（Hz）} \tag{1-5-11}$$

式中　L_x，L_y——两对平行墙面的距离，m；

n_x，n_y——0，1，2，…，∞（n_x=0，n_y=0 除外）。

由式（1-5-11）可见，若 n_x 或 n_y 中有一项为零，即是轴向共振的表达式。

在四个墙面两两平行，地面又与天花板平行的房间中，除了上述的轴向与切向驻波之外，还会出现斜向的驻波（图 1-5-8）。这时房间共振的机会增加许多，斜向共振频率的计算式如式（1-5-12）所示：

$$f_{n_x,\ n_y,\ n_z} = \frac{c}{2}\sqrt{\left(\frac{n_x}{L_x}\right)^2 + \left(\frac{n_y}{L_y}\right)^2 + \left(\frac{n_z}{L_z}\right)^2} \quad \text{（Hz）} \tag{1-5-12}$$

式中　L_x，L_y，L_z——房间的长、宽、高，m；

n_x，n_y，n_z——0～∞之间的任意正整数（不包括 $n_x=n_y=n_z=0$）。

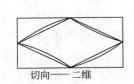

图 1-5-7　二维空间的共振

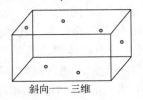

图 1-5-8　三维空间的共振

由式（1-5-12）可知，斜向共振频率已包含了切向与轴向共振频率，式中只要 n_x、n_y、n_z 中有一项或两项为零，即与公式（1-5-11）相同。利用式（1-5-12），选择 n_x、n_y、n_z 一组不全为零的非负整数，即为一组振动方式。例如，选择 $n_x=1$，$n_y=0$，$n_z=0$，即为（1，0，0）振动方式。

由式（1-5-12）还可以看到，房间尺寸 L_x、L_y、L_z 的选择，对确定共振频率有很大影响。例如，一个长、宽、高均为 7m 的房间，在十种振动方式时的最低共振频率如表 1-5-2 所列。

表 1-5-2　十种振动方式的最低共振频率

振动方式	1，0，0	0，1，0	0，0，1	1，1，0	1，0，1	0，1，1	1，1，1	2，0，0	0，2，0	0，0，2
共振频率/Hz	24	24	24	34	34	34	42	50	50	50

矩形房间的三种比例共振频率分布如图 1-5-9 所示。

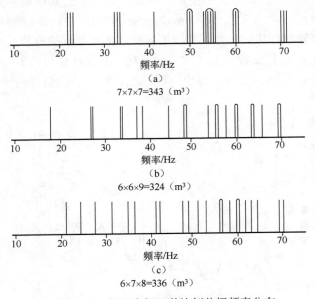

图 1-5-9　矩形房间三种比例共振频率分布

5.5.3　简并及其克服

从以上计算结果和图 1-5-9 中可以看出，在某些振动方式的共振频率相同时，就会出现共振频率的重叠现象，或称共振频率的"简并"（图中每条竖线表示一个共振频率，符号 ∧ 表示共振频率相同）。在出现"简并"的共振频率范围内，将使那些与共振频率相当的声音被大大加强，导致室内原有的声音产生失真（亦称"频率畸变"），表现为低频产生嗡声，或产生"声染色"。这对尺寸较小、体型较简单的播音室和录音室的影响尤为重要。

为了克服"简并"现象，使共振频率的分布尽可能均匀，需选择合适的房间尺寸、比例和形状。譬如，将上述 7m×7m×7m 的房间，保持容积基本不变，而将尺寸改为 6m×6m×9m，即室内只有两个尺度相同，根据计算，其共振频率的分布就要均匀些[图 1-5-9（b）]。如尺寸进一步改为 6m×7m×8m，即房间的三个尺度都不相同，则共振频率的分布更为均匀[图 1-5-9（c）]。对于演播室一类的房间，正立方体的房间是最不利的，应设计合理的房间尺寸，防止简并。如果将房间的墙面或天花板做成非平行的或不规则形状，或将吸声材料不规则地分布在室内界面上，也可以在一定程度上克服共振频率分布的不均匀性。

据研究，在一容积为 V 的房间内，从最低的共振频率到任一频率 f_c 的范围内，共振频率的总数 N 近似地可用式（1-5-13）计算：

$$N = \frac{4\pi V f_c^3}{3c^3} + \frac{\pi S f_c^2}{4c^2} + \frac{L f_c}{8c} \tag{1-5-13}$$

式中　　c——声速，m/s；

　　　　S——室内表面积，m^2；

　　　　L——室内各边边长，m。

由上式可以看出，一矩形房间的共振频率的数目与给定频率的三次方成正比。给定频率越高，共振频率数目就越多，而且互相接近，因此，高频率的共振频率分布要比低频均匀。这一点从图 1-5-10 中可以看出（在一个 6m×7m×8m 的房间内，声源频率与室内声压级间的关系）。测定时，扬声器放在房间一角，发出不同频率的纯音，接收器放在室内另一角上。从图 1-5-10 中可以看出，在共振频率上（相当的振动方式标在括号内），声压级增高（表现为出现一峰值），随着声源频率的增高，峰也逐渐靠近，频率响应曲线趋于均匀。

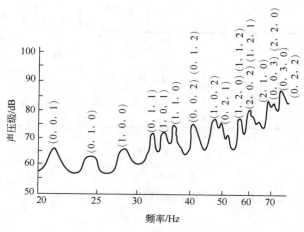

图 1-5-10　室内共振测定实测

上述情况出现在房间的六个室内表面都是刚性，即全反射性时，但实际上，室内表面总有一定的吸声。在室内表面上布置吸声材料或构造时，共振峰会略向低频移动，频率响应曲线也会趋于平坦。在演播室或录音室的设计上，选择与共振频率相应的吸声材料或构造，使室内的频率响应特别在低频避免有大的起伏是很重要的。

　　一些研究者给出了矩形房间降低简并影响的尺寸比例，这对于设计矩形的声学实验室或演播室、录音室、听音室等房间是较有价值的，如图 1-5-10 所示。不过，现今，演播室、录音室、听音室等，甚至琴房、排练室，为了防止简并造成的音质畸变，常常采用不规则体型，即房间的六个面不平行。不规则房间的共振模式将变得非常复杂，但是简并现象的概率将大大减小。计算不规则房间的共振模式需要采用有限元方法。

注： 关于室内声场在本手册的第 8 篇 "室内声学" 中有更深入的讨论，请参阅第 8 篇。

第6章　室外声传播

6.1　声音波动

声音在空气中传播是一种波动现象，波动传播与其他运动传播不同，介质是不传动的，只有介质中的波在动。想象一湾平静的水面，一粒石投入当中，可见圆圈状的涟漪不断扩散，圆心即是投石点。如果仔细去看这圈扩散的波纹，水并未流动，仅是水波在动。

空气中的声波是空气质点的扰动引起的。由于物体振动或气流变化使附近的空气质点受迫扰动时，原本处于安静平衡态的空气质点就会沿着振动激发的方向，挤压临近的空气，空气有弹性，会反弹，质点就像弹簧振子一样在平衡位置来回运动，从而在空气中产生了疏密变化，空气质点间相互接近而挤压时，就出现正压，相互远离而张拉时，就产生负压，空气质点本身不传播，但是由于分子之间的碰撞作用，压力变化传播开来，就像水波纹一样，形成传播的声波。需要说明，所谓平衡态的空气质点，并不是绝对静止的，而是存在无规热运动，由温度作为宏观表征，或存在有序的流动，用气流速度表征，声音所引起的空气质点的振动是叠加在其热运动或流动上的，因此声音的传播或多或少受到温度和气流速度的影响。

由于空气分子之间是非刚性的，黏滞性也很小，质点之间碰撞引起的运动基本上是对心的、同轴的，因此只存在压缩作用，而没有剪切作用。声波中质点的振动方向与声传播方向是平行的，这种波被称作纵波。理论上，空气中只存在纵波。在水中或固体物中，除了会出现纵波以外，还有质点振动方向垂直于传播方向的波动，称之为横波，例如水面的涟漪，传播沿水面展开，而上下起伏的振动则是与水面垂直的。

6.2　频带

可听频率范围很大（20Hz～20kHz），不可能逐个对声音的每个频率进行分析，这样做工作量太大，有时也没有必要如此精细。因此，将声音的频率范围划分成若干个区段，称为频带。每个频带有一个下界频率 f_1 和上界频率 f_2，而 $\Delta f = f_2 - f_1$（Hz）称为频带宽度，简称带宽；f_1 和 f_2 的几何平均 f_c 称为频带中心频率，$f_c = \sqrt{f_1 f_2}$。

频带是人为划定的，常用倍频程（也称倍频带）和 1/3 倍频程（也称 1/3 倍频带）表示。倍频程常用于一般工程，1/3 倍频程用于较高精度的实验室测量或研究。由此提出了频程数 n 的概念，即后一频率是前一频率的 2^n 倍。除了倍频程、1/3 倍频程以外，还可以更细地划分为 1/12 倍频程、1/24 倍频程，甚至无限细。

n 用式（1-6-1）表示：

$$n = \log_2\left(\frac{f_2}{f_1}\right)$$

（1-6-1）

即：

$$\frac{f_2}{f_1} = 2^n$$

倍频程的概念借用于音乐，一个倍频程相当于音乐上一个"八度音"，即提高八度的音高，相当于频率提高一倍。例如，琴键的低音 A 的频率是 220Hz，中音 A 是 440Hz，而高音 A 是 880Hz，我们称低音 A 到高音 A 两个频率相差两个倍频程。

国际标准化组织 ISO 和我国国家标准，在声频范围内对倍频程和 1/3 倍频程的划分作了标准化的规定，如表 1-6-1 所列。

表 1-6-1　倍频程和 1/3 倍频程的划分　　　　　　单位：Hz

倍频程		1/3 倍频程		倍频程		1/3 倍频程	
中心频率	截止频率	中心频率	截止频率	中心频率	截止频率	中心频率	截止频率
16	11.2～22.4	12.5	11.2～14.1	1000	710～1400	800	710～900
		16	14.1～17.8			1000	900～1120
		20	17.8～22.4			1250	1120～1400
31.5	22.4～45	25	22.4～28	2000	1400～2800	1600	1400～1800
		31.5	28～35.5			2000	1800～2240
		40	35.5～45			2600	2240～2800
63	45～90	50	45～56	4000	2800～5600	3150	2800～3550
		63	56～71			4000	3550～4500
		80	71～90			5000	4500～5600
125	90～180	100	90～112	8000	5600～11200	6300	5600～7100
		125	112～140			8000	7100～9000
		160	140～180			10000	9000～11200
250	180～355	200	180～224	16000	11200～22400	12500	11200～14100
		250	224～280			16000	14100～17800
		315	280～355			20000	17800～22400
500	355～710	400	355～450	—	—	—	—
		500	450～560				
		630	560～710				

6.3　几何发散

在室外，声音将不断传播开去。随着传播距离的增加，由于几何发散的原因，能量将分散开来，声压级不断下降。

理论上，如果噪声源是一个极小的点，即点声源，声波的扩散面是球形，离声源距离增加为 2 倍，相当于扩散球面的半径增加为 2 倍，球面表面积增加为 4 倍，相当于单位面积上的噪声能量降低了 4 倍，10×lg4≈6，即噪声下降 6dB。在实际条件下不存在理想点声源，如果与声源的距离大于声源尺寸 5 倍以上，可以近似看作点声源。例如，某机器设备三维尺寸都不大于 20cm，设其向四周的声发射是均匀的，实测 1m 处的噪声为 100dB，那么：距离它 100m 远（相当于距离增加约 7 个两倍），由于几何发散的原因，噪声将下降 6×7=42dB，降低到 58dB；距离它 1km 远（相当于距离增加约 10 个两倍），噪声将下降 6×10=60dB，变为约 40dB。

如果噪声源类似一条直线，相当于一系列点声源连续排列，即线声源，例如长长的火车、道路上湍流不息的车流、高压气流或液流管道，声波的扩散面为圆柱形。垂直距离线声源增加每 2 倍，相当于扩散圆柱面的直径增加为 2 倍，圆柱面表面积增加为 2 倍，相当于单位面积上的噪声能量降低了 2 倍，10×lg2≈3，即噪声下降 3dB。

如果噪声源类似一个面，相当于众多线声源平行紧密排列在一起，即面声源，例如大型的扬声器矩阵、分成上下几排的合唱队，声波的扩散面可近似地看作平面。就像聚光灯，沿传播方向能量几乎没有发散，噪声不会下降或下降很少。理想的面声源是不存在的，现实状况下，当声源的体量很大，而测点距离声源又很近时（距离小于声源最小几何尺寸的 1/5），可以近似看作面声源。例如某一工业厂房，外墙高宽尺寸 20m×40m，墙面整体振动向外辐射噪声，距离厂房 1m 处测量噪声值假定为 100dB，那么 2m、3m、4m 处的噪声值也差不多为 100dB，这就是面声源的结果。距离厂房 200m 远或更远的距离，厂房才可以看作点声源，这时，理论上几何发散引起的噪声下降符合"距离加倍，噪声下降 6dB"的点声源规律。

可能有人要问，距离厂房 4～200m 之间呢？单纯几何发散的理论计算并不复杂，但实际情况下，声源的状况千差万别，尤其是声源指向性在很大程度上影响不同方向上几何发散引起的声能衰减。对于厂房而言，如果测点距离是沿着其指向性较强的方向展开，噪声衰减率就比较慢；如果测点距离是沿着其指向性较弱的方向展开，噪声衰减率就比较快。比方说一个人使用喇叭筒讲话，沿喇叭轴向方向的指向性就强，声音衰减小，声波传得远。

在室外，声源大多位于地面上，由于地面反射的作用，与将声源放于空中相比，相同距离位置的理论噪声增加 3dB。但这并不影响几何发散所引起的衰减规律。

6.4 折射弯曲

像光通过棱镜会弯曲，介质条件发生某些改变时，虽不足以引起反射，但声速发生了变化，声波传播方向会改变。这种由声速引起的声传播方向的改变称为折射。声速除了会因材料或介质不同而改变外，在同样的介质中，温度改变也会引起声速改变。

不同区域大气温度的变化会使声音的传播方向发生弯折。当上层空气是高温，下层地面附近空气是低温时，沿地面传播的声音会弯向地面，之后被地面反射，继续前进，可能耗散在上空的声音还将返回地面，并"匍匐前进"，这样，声音会传得很远。冬季结冰的湖面就是这种情况，在冰上讲话，对面几百米外都能听到。夏季的午后，地面被晒热，情况正好相反，上层空气是低温，下层空气是高温，声音向上弯折，很快耗散在大气中，因此距离 50～60m 时就很难听到人的讲话了。

有风的时候，一般情况，上面的风速比地面的风速快，顺风时，声音向地面弯折，逆风时，声音向天空弯折，因此顺风传播声音比逆风更有利。认为顺风把声音吹走了、逆风阻住了声音是不正确的，风速最快仅 10～20m/s，而声速约为 340m/s，风如何跑得赢声音呢？

6.5 大气吸收

大气对声音有吸收作用，尤其对超过 2kHz 的高频声音，吸收效应更加明显，使噪声随与声源距离的增加衰减量变得更大。实验表明，常温、常湿、常压下，100m 距离对 125Hz、500Hz、2000Hz 的声音衰减量分别为 0.05dB、0.27dB、2.8dB。雷电产生时的声音是含有大量高频成分的霹雳声，由于距离很远，大多高频成分被大气吸收了，因此传到我们耳朵里的往往是隆隆的低频声。

大气对声波能量的吸收机理来源于传热损失（thermal conductivity）、黏性损失（viscosity）和弛豫现象（relaxation effects），这些因素导致一部分声能被转为热能或空气内能，从而降低了声波振动的强度。

① 传热损失 当声波通过某处时，空气压强会升高，造成温度升高。温度实际上反映了流体分子随机运动的剧烈程度。高温区的分子运动速度更高，运动更剧烈，并通过碰撞向周围低温区域扩散动能，以使得温度均匀化。一旦声能转化为局部高温后被扩散出去，能量转化将不可逆，被扩散的能量就是声能的传热损失了。

② 黏性损失 与热能从高温区向低温区扩散类似，由于空气的黏性作用，空气分子的动量也会从高动量区向低动量区扩散，将引起分子之间产生碰撞，从而也会造成能量的扩散损失，这部分损失的能量即黏性损失。

③ 弛豫现象 就某系统特性而言，例如流体的温度，大部分时间处于稳定的平衡状态，当由于某种外界干扰或刺激，进入了另外一种偏离平衡状态的话，外界干扰或刺激消失后，系统还将回到平衡状态去，这一现象被称作弛豫现象，这一过程所经历的时间被称作弛豫时间。在自然界中，弛豫现象普遍存在，有的弛豫时间只有几微秒，有的可能需要几百年。声波通过时，氧分子和氮分子（空气中主要成分）的运动速度、自旋状况和振动状况都存在弛豫现象，弛豫开始时吸收一些声波能量，在弛豫结束时再将能量返还给声能。如果弛豫时间很长，由于声波的波动变化很迅速，弛豫现象对整体声能影响很小；如果弛豫时间很短，短到比一次声压波动短得多，弛豫现象来回传递能量频繁程度过快，同样对声能的影响也很小。如果弛豫时间的长短正好处于某特殊范围内，声波正向的高压区到来时弛豫现象开始发生，声能被转换成其他模式，而声波的负向低压区到来时，弛豫现象结束，其他模式的能量又被返还给声波，这种相位不同步的能量传递，对声波起到了"消峰填谷"的作用，降低了声波的振动幅度，减弱了声能。当声波频率与空气分子振动模式的弛豫频率处于同一数量级时，会引起极大的声衰减。不同类型的分子、振动模式以及分子间的相互作用（如水分子对氧分子和氮分子的作用）都会存在不同的弛豫频率，声衰减的幅度也有所不同。

温度、相对湿度、声波的频率能够显著地影响大气吸收。一般规律是相对湿度越大，大气吸收越小；声波频率越高，大气吸收越多。例如，常温 20℃条件下，1kHz 声波在相对湿度为 10%（秋冬季）和 70%（夏季）的大气衰减分别为 14dB/km 和 5dB/km，而 4kHz 声波在相对湿度为 10%和 70%的大气衰减分别为 109dB/km 和 23dB/km。大气吸收的计算方法和数值表可参见国家标准 GB/T 17247《声学 户外声传播衰减》。0℃和 20℃条件下的纯音大气吸收衰减表如表 1-6-2 和表 1-6-3 所列。

表 1-6-2 标准大气压（101.325kPa）0℃时纯音大气吸收的衰减系数

大气温度：0℃

常用频率/Hz	相对湿度/%										
	10	15	20	30	40	50	60	70	80	90	100
50	3.02×10^{-1}	2.26×10^{-1}	1.95×10^{-1}	1.65×10^{-1}	1.44×10^{-1}	1.28×10^{-1}	1.14×10^{-1}	1.03×10^{-1}	9.28×10^{-2}	8.46×10^{-2}	7.77×10^{-2}
63	4.24×10^{-1}	3.02×10^{-1}	2.56×10^{-1}	2.19×10^{-1}	1.98×10^{-1}	1.81×10^{-1}	1.65×10^{-1}	1.51×10^{-1}	1.38×10^{-1}	1.27×10^{-1}	1.18×10^{-1}
80	6.07×10^{-1}	4.11×10^{-1}	3.37×10^{-1}	2.84×10^{-1}	2.63×10^{-1}	2.46×10^{-1}	2.30×10^{-1}	2.15×10^{-1}	2.01×10^{-1}	1.87×10^{-1}	1.75×10^{-1}
100	8.84×10^{-1}	5.73×10^{-1}	4.49×10^{-1}	3.64×10^{-1}	3.38×10^{-1}	3.23×10^{-1}	3.09×10^{-1}	2.96×10^{-1}	2.81×10^{-1}	2.67×10^{-1}	2.53×10^{-1}
125	1.30	8.18×10^{-1}	6.14×10^{-1}	4.69×10^{-1}	4.27×10^{-1}	4.11×10^{-1}	4.01×10^{-1}	3.90×10^{-1}	3.79×10^{-1}	3.67×10^{-1}	3.54×10^{-1}
160	1.92	1.19	8.65×10^{-1}	6.16×10^{-1}	5.41×10^{-1}	5.14×10^{-1}	5.04×10^{-1}	4.98×10^{-1}	4.91×10^{-1}	4.83×10^{-1}	4.74×10^{-1}
200	2.80	1.77	1.25	8.35×10^{-1}	6.96×10^{-1}	6.44×10^{-1}	6.26×10^{-1}	6.19×10^{-1}	6.16×10^{-1}	6.14×10^{-1}	6.10×10^{-1}
250	4.00	2.63	1.85	1.17	9.22×10^{-1}	8.21×10^{-1}	7.79×10^{-1}	7.63×10^{-1}	7.59×10^{-1}	7.60×10^{-1}	7.61×10^{-1}
315	5.53	3.91	2.76	1.69	1.27	1.08	9.92×10^{-1}	9.51×10^{-1}	9.34×10^{-1}	9.30×10^{-1}	9.32×10^{-1}
400	7.33	5.71	4.14	2.49	1.80	1.47	1.30	1.21	1.17	1.15	1.14
500	9.25	8.14	6.16	3.73	2.63	2.08	1.78	1.61	1.51	1.45	1.42
630	1.11×10	1.12×10	9.13	5.63	3.93	3.03	2.52	2.21	2.02	1.90	1.82
800	1.27×10	1.47×10	1.29×10	8.49	5.93	4.52	3.68	3.16	2.82	2.59	2.43
1000	1.40×10	1.83×10	1.77×10	1.27×10	9.00	6.83	5.50	4.64	4.06	3.66	3.37
1250	1.51×10	2.18×10	2.33×10	1.86×10	1.36×10	1.04×10	8.32	6.96	6.01	5.34	4.85
1600	1.59×10	2.48×10	2.91×10	2.64×10	2.03×10	1.58×10	1.27×10	1.06×10	9.07	7.98	7.16
2000	1.66×10	2.72×10	3.46×10	3.60×10	2.98×10	2.38×10	1.93×10	1.61×10	1.38×10	1.21×10	1.08×10
2500	1.72×10	2.92×10	3.95×10	4.70×10	4.23×10	3.53×10	2.92×10	2.46×10	2.11×10	1.85×10	1.65×10
3150	1.80×10	3.09×10	4.36×10	5.82×10	5.77×10	5.09×10	4.35×10	3.73×10	3.23×10	2.83×10	2.52×10
4000	1.90×10	3.26×10	4.70×10	6.90×10	7.52×10	7.10×10	6.33×10	5.55×10	4.88×10	4.32×10	3.86×10
5000	2.05×10	3.45×10	5.03×10	7.86×10	9.34×10	9.48×10	8.90×10	8.07×10	7.25×10	6.51×10	5.87×10
6300	2.28×10	3.71×10	5.37×10	8.71×10	1.11×10^2	1.21×10^2	1.20×10^2	1.13×10^2	1.05×10^2	9.61×10	8.80×10
8000	2.64×10	4.09×10	5.81×10	9.52×10	1.27×10^2	1.47×10^2	1.54×10^2	1.53×10^2	1.47×10^2	1.38×10^2	1.29×10^2
10000	3.22×10	4.67×10	6.43×10	1.04×10^2	1.42×10^2	1.72×10^2	1.90×10^2	1.98×10^2	1.97×10^2	1.91×10^2	1.83×10^2

表 1-6-3　标准大气压（101.325kPa）20℃时纯音大气吸收的衰减系数

大气温度：20℃

常用频率/Hz	相对湿度/%										
	10	15	20	30	40	50	60	70	80	90	100
50	2.70×10^{-1}	2.14×10^{-1}	1.74×10^{-1}	1.25×10^{-1}	9.65×10^{-2}	7.84×10^{-2}	6.60×10^{-2}	5.70×10^{-2}	5.01×10^{-2}	4.47×10^{-2}	4.03×10^{-2}
63	3.70×10^{-1}	3.10×10^{-1}	2.60×10^{-1}	1.92×10^{-1}	1.50×10^{-1}	1.23×10^{-1}	1.04×10^{-1}	8.97×10^{-2}	7.90×10^{-2}	7.05×10^{-2}	6.37×10^{-2}
80	4.87×10^{-1}	4.32×10^{-1}	3.77×10^{-1}	2.90×10^{-1}	2.31×10^{-1}	1.91×10^{-1}	1.62×10^{-1}	1.41×10^{-1}	1.24×10^{-1}	1.11×10^{-1}	1.00×10^{-1}
100	6.22×10^{-1}	5.79×10^{-1}	5.29×10^{-1}	4.29×10^{-1}	3.51×10^{-1}	2.94×10^{-1}	2.52×10^{-1}	2.20×10^{-1}	1.94×10^{-1}	1.74×10^{-1}	1.58×10^{-1}
125	7.76×10^{-1}	7.46×10^{-1}	7.12×10^{-1}	6.15×10^{-1}	5.21×10^{-1}	4.45×10^{-1}	3.86×10^{-1}	3.39×10^{-1}	3.02×10^{-1}	2.72×10^{-1}	2.47×10^{-1}
160	9.65×10^{-1}	9.31×10^{-1}	9.19×10^{-1}	8.49×10^{-1}	7.52×10^{-1}	6.60×10^{-1}	5.82×10^{-1}	5.18×10^{-1}	4.65×10^{-1}	4.21×10^{-1}	3.84×10^{-1}
200	1.22	1.14	1.14	1.12	1.05	9.50×10^{-1}	8.58×10^{-1}	7.76×10^{-1}	7.05×10^{-1}	6.44×10^{-1}	5.91×10^{-1}
250	1.58	1.39	1.39	1.42	1.39	1.32	1.23	1.13	1.04	9.66×10^{-1}	8.95×10^{-1}
315	2.12	1.74	1.69	1.75	1.78	1.75	1.68	1.60	1.50	1.41	1.33
400	2.95	2.23	2.06	2.10	2.19	2.23	2.21	2.16	2.08	2.00	1.90
500	4.25	2.97	2.60	2.52	2.63	2.73	2.79	2.80	2.77	2.71	2.63
630	6.26	4.12	3.39	3.06	3.13	3.27	3.40	3.48	3.52	3.52	3.49
800	9.36	5.92	4.62	3.84	3.77	3.89	4.05	4.19	4.31	4.39	4.43
1000	1.41×10	8.72	6.53	5.01	4.65	4.66	4.80	4.98	5.15	5.30	5.42
1250	2.11×10	1.31×10	9.53	6.81	5.97	5.75	5.78	5.92	6.10	6.29	6.48
1600	3.13×10	1.98×10	1.42×10	9.63	8.00	7.37	7.17	7.18	7.31	7.48	7.68
2000	4.53×10	2.99×10	2.15×10	1.41×10	1.12×10	9.86	9.25	9.02	8.98	9.06	9.21
2500	6.35×10	4.48×10	3.26×10	2.10×10	1.61×10	1.37×10	1.25×10	1.18×10	1.15×10	1.13×10	1.13×10
3150	8.54×10	6.62×10	4.94×10	3.18×10	2.39×10	1.98×10	1.75×10	1.61×10	1.53×10	1.48×10	1.45×10
4000	1.09×10^{2}	9.51×10	7.41×10	4.85×10	3.61×10	2.94×10	2.54×10	2.29×10	2.13×10	2.02×10	1.94×10
5000	1.33×10^{2}	1.32×10^{2}	1.09×10^{2}	7.39×10	5.51×10	4.44×10	3.79×10	3.36×10	3.06×10	2.86×10	2.71×10
6300	1.56×10^{2}	1.75×10^{2}	1.56×10^{2}	1.12×10^{2}	8.42×10	6.78×10	5.74×10	5.04×10	4.54×10	4.18×10	3.91×10
8000	1.75×10^{2}	2.21×10^{2}	2.15×10^{2}	1.66×10^{2}	1.28×10^{2}	1.04×10^{2}	8.78×10	7.66×10	6.86×10	6.26×10	5.81×10
10000	1.93×10^{2}	2.67×10^{2}	2.84×10^{2}	2.42×10^{2}	1.94×10^{2}	1.59×10^{2}	1.35×10^{2}	1.18×10^{2}	1.05×10^{2}	9.53×10	8.79×10

6.6　地面效应

地面效应主要是指地面不同状况对声波传播的衰减作用。例如草地、坑洼不平的地面、雪地等，由于对声波掠射吸收的作用，与平整的硬质地面（混凝土、沥青路面、水、冰、石材等）相比，具有更大的衰减作用。

在工业场所，由于地面上安装较多的设备、堆料或其他物体，对声波的传播会产生阻挡、散射等衰减作用，设备（各种管道、阀门、箱体及结构单元等）的多少、密集程度都会对声波衰减产生不同影响。

声源和接收点之间若存在房屋群，例如靠近公路、铁路附近整齐排列的成排的建筑群，由于房屋的阻挡、反射、绕射等作用，将对声波产生影响。大多数情况下，建筑群对声波是衰减的，但可能存在特殊情况，由于某些建筑对声波的反射作用，可能造成局部噪声增大。

6.7　声屏障与声影区

声音具有绕过障碍物的本领，被称为声音的绕射或衍射，这是声音波动现象的体现，如躲在围墙后面的人依然可以听到外面的呼喊。在降噪工程现实条件下，因声音绕射，隔声屏障可以使声音最多衰减 15dB（A）。道路两边的声屏障或工业厂房机器的隔声板可以起到降低噪声的作用，效果大都在 15dB（A）以内，一般在 5～10dB（A）。由于低频声音波长长，容易绕过声屏障，隔声效果不如高频声。

如果将声源看作是发光体，声屏障背对声源时声线不能到达的阴影区被称作声影区，只有在声影区才有较好的降噪效果。理论上讲，可以精确地计算声影区的噪声衰减量，即插入损失（有无声屏障在接收点的声级差）。然而，实际状况下往往有诸多因素限制了声屏障的声衰减作用。声屏障不可能是无限长的，声音会从两侧边绕射过来，这对距离侧边较近的接收点影响很大。如果声屏障声影区一侧建有高大的建筑物，会将声源传来的声音反射到声影区，降低了声屏障的降噪效果。另外，声屏障的位置对声衰减的影响也有很大不同，例如，无论声屏障靠近声源还是声屏障靠近接收点，降噪效果都要比声屏障位于两者正中间要好。

6.8　多普勒效应

如果声源和接收点之间的位置是固定的，那么声源发出的声音和接收点接收的声音频率是一致的。但是，当声源相对于接收点的位置是移动变化的，那么接收点接收声音的频率会发生变化。当声源向接收点接近运动时，声波波长相当于被压缩了，接收到的声音频率将升高；当声源背向接收点做远离运动时，声波的波长相当于被拉伸了，接收到的声音频率将降低，这种现象被称为多普勒效应（Doppler Effect）。当一列火车鸣笛通过时，列车离近时鸣笛的音调变高，而远离时音调变低，即为多普勒效应的原因。

设接收点固定，声源相对于接收点的移动速度为 v，声速 $c=340\text{m/s}$，f 为声源频率，f' 为接收频率：当相互接近运动时，$f'=\left(\dfrac{c+v}{c}\right)f$；当相互远离运动时，$f'=\left(\dfrac{c-v}{c}\right)f$。

一般运动声源，如汽车、普快火车，运动速度较慢，大多小于 40m/s（相当于 150km/h），多普勒效应对这类交通声源的影响较小。而对于近年上海运行的磁浮列车（最高时速 430km/h，相当于 120m/s），以及大量开通的高速铁路（时速约 350km/h，相当于 100m/s），迎面接近和远离而去因多普勒效应引起的声音频率差别可达一个倍频程。当高速列车迎面驶来时，与远离而去相比，声能频谱整体向高频移动约一个倍频程，即后者 63Hz 与前者 125Hz 的声压级相等，后者 125Hz 与前者 250Hz 的声压级相等，以此类推。列车频谱的特点是随频率增加声压级降低，当发生频率移动时，也就是说迎面接近时比远离而去时的运行噪声含有更多的高频成分，因大气吸收对高频声音更显著，所以迎面接近时接收点获得的声能要小。根据对京津城际高速铁路 350km/h 列车噪声的测定，一定条件下迎面接近比远离而去的等效噪声级要小 2dB。

第 7 章　响度与音色

7.1　响度级与响度

响或静描述了声音在听觉上是大还是小，与声音物理强度有关。然而主观感觉并不是简单地与客观强度成正比，需要另一种尺度衡量。

7.1.1　响度级

响度级的定义是听起来一样响的 1000Hz 标准频率纯音的声压级的 dB 值，单位为方。如图 1-7-1 所示，将各个频率与纯音等响度级的声压级连在一起的曲线称作等响曲线。该图是基于大量 18～20 岁年轻人试验的平均结果。

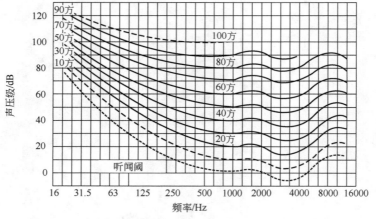

图 1-7-1　纯音标准等响曲线（双耳自由场正前方入射听闻）

从图 1-7-1 中可以看到：

① 一般来说，500Hz 以下，听觉灵敏度随着频率的下降而减弱。例如，频率为 100Hz 时，在 20 方的曲线上，声压级比在 1000Hz 时高出 30dB，这意味着声能是 1000Hz 标准声能的 1000 倍；频率为 40Hz 时，声能是 1000Hz 标准声能的 100000 倍；20Hz 时，声能是 1000Hz 标准声能的 10000000 倍。

② 高声级范围内，灵敏度的下降并不显著。

③ 在声级较低时，3000～4000Hz 的灵敏度达到最大值，高出标准值 3～6dB。

7.1.2　响度

响度级用来定义声音听觉的等响度，但是不能用来直接对比不同声级的声音。例如，100 方的声音听起来并不比 50 方的响度两倍。菲莱奇尔（Fletcher）的试验结果建立了以方（phon）为单位的响度级与以宋为单位的主观响度之间的关系。响度的单位是宋，其定义为 40 方 1000Hz 处纯音的响度。如果我们听到 2 倍于 1 宋的声音，其响度为 2 宋，如果是 10 倍，响度是 10 宋。通过试验得出了响度和响度级的关系，并形成标准，如图 1-7-2 所示。

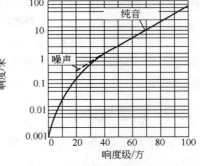

图 1-7-2　响度（宋）与响度级（方）的关系

7.1.3　韦伯-费希纳定律

如图 1-7-1 所示，在可听声的声压级范围内，最大与最小的能量比为 $10^{13}:1$。尽管这样，依据韦伯-费希纳定律，人类感觉最小变化的最小可辨差（JND）称作差分阈，与最初的物理刺激总量成正比，即听觉与其他感觉一样，与刺激强度的对数成正比，因此分贝可用于测量声音，而且分贝对于处理庞大的数字也非常方便。

7.2　听觉范围

如图 1-7-1 等响曲线所示，人耳听觉的声压范围和频率范围都是很大的，一个声音可感知的最小声压叫作最小可闻阈（MAF），由图中的虚线表示。人耳最大的可听值尚不明确。声压级高于 110dB 会使耳朵感到不舒服，更高的声压级会引发疼痛感。对于超出某阈值的声音，我们所听到的是疼痛而非声音，该值在所有频率范围内约 130～140dB，而且可能有无法弥补的损害。

声音强度的差分阈随着频率、声音强度以及个人听力的不同而变化，且方式复杂，但是，其值在 1dB 左右。

可听声频率范围如图 1-7-1 所示，为 20～20000Hz。频率差分阈在高于 500Hz 时大约为 0.7%，低于 500Hz 时为 3～4Hz，但会因声音强度而异，因不同人而异。听觉范围是基于对许多听力良好的年轻人的实验得到的。然而，对于年龄大于 20 岁的人来说，在高频范围内，听力会随着年龄的增长明显下降。就是说，听闻阈，即 MAF，比图 1-7-1 升高了。这种升高量称作听力损失，单位为分贝（dB）。

7.3　音高与音色

7.3.1　声音的尺度（音高）

我们能够感觉到一个声音的音调是高还是低，这种音高的感觉取决于声音的频率。然而，因声强度和波形会影响我们的感觉，因此，音高还相当复杂。音高恒定的声音称为音调。如果持续时间过短，我们可能感觉不到音高。

韦伯-费希纳定律可同样适用于频率的感觉感知。$\log_2(f_2/f_1)$ 被定义为倍频数，一个倍频程下，f_2 是 f_1 的两倍，频率加倍我们会有相似感，这是音阶的基础。工程中，我们一般通过频率描述倍频程，而在心理声学上音调刻度是美（mel），允许数值加和，和响度（宋）类似。

频率以倍频程为间隔。1000Hz 以下，有 500Hz、250Hz、125Hz，为低频；1000Hz 以上，有 2000Hz、4000Hz、8000Hz。这些频率在对数刻度上是等间距的。

乐器发出的声音是由不同频率的音组合而成的，我们称之为复合音。最低频率的音叫作基频，其他的音称作泛频。如果泛频是基频的整数倍，那么这样的泛频称作和声。复合音的音高可以看作是每个合成音频率的最大公约数。因此，和声的复合音才有音高，其音高为基频，即使基频可能不存在。

由频率 100Hz、150Hz、200Hz、300Hz 组成的复合音的音高是 50Hz，即所有频率的最大公约数。因此，即使不能产生小于 100Hz 的扬声器也具有 50Hz 的等效音高，50Hz 被称作基音损失。

7.3.2　音色与频谱

即使具有相同的音调和音量，人们依然能够区分不同乐器的声音，这是因为它们的音色不同。正弦波所示的纯音音色最为简单，而复合音因其声音组分不同而音色不同。音色可通过频谱进行物理比较，频谱可由频率解析获得。

频谱可用频率和声压级测得，每个频率 f 的声压级是 1Hz 带宽时的声音强度。

如图 1-7-3（a）所示，音乐声的频谱是不连续的，因为它包括和声。而如图 1-7-3（b）所示，噪声的频谱一般是连续的。

全频带范围内的声音频谱连续且相等，称为白噪声，这与连续光谱中的白光类似。噪声控制中，通常采用倍频带或 1/3 倍频带分析噪声，测量得到的频带声级称为倍频带或 1/3 倍频带声级，其结果是频带谱。

虽然我们对白噪声本身没有音高感，但我们能感觉到被倍频带或 1/3 倍频带滤波器过滤的各种波段的音高，这些频带噪声可用作声学测量的声源信号。

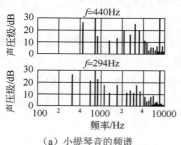

（a）小提琴音的频谱　　　　　　　（b）环境噪声的长时间平均谱

图 1-7-3　声音的频谱实例

由图 1-7-4 可知，对于倍频带和 1/3 倍频带，中心频率为 f_m 与频率带宽 Δf 具有以下关系（f_1 和 f_2 为截止频率）。

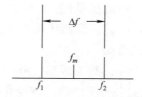

图 1-7-4　中心频率与带宽的关系

对于倍频带有：

$$f_2 = 2f_1, \quad \frac{f_m}{f_1} = \frac{f_2}{f_m} = \frac{2f_1}{f_m} \tag{1-7-1}$$

$$f_m = \sqrt{f_1 f_2} = \sqrt{2} f_1, \quad \Delta f = f_1 = \frac{1}{\sqrt{2}} f_m = 0.707 f_m$$

对于 1/3 倍频带，则有：

$$\frac{f_m}{f_1} = \frac{f_2}{f_m} = 2^{1/6} \tag{1-7-2}$$

$$\Delta f = f_2 - f_1 = f_m (2^{1/6} - 2^{-1/6}) = 0.23 f_m$$

对于频率 f、声强 $I_s / 1\,\text{Hz}$ 的白噪声而言，频谱声级 L_s、倍频带声级 L_1 和 1/3 倍频带声级 $L_{1/3}$ 之间的关系，如式（1-7-3）~式（1-7-5）所示：

$$L_s = 10\lg \frac{I_s}{I_0} \quad (\text{dB}) \tag{1-7-3}$$

对于倍频带声级而言：

$$L_1 = 10\lg \frac{\Delta f I_s}{I_0} = 10\lg \frac{I_s}{I_0} + 10\lg \Delta f = L_s + 10\lg(0.707 f_m) \tag{1-7-4}$$

对于 1/3 频带声级而言：

$$L_{1/3} = L_s + 10\lg(0.23 f_m) \tag{1-7-5}$$

因此，因声强与 f_m 成正比，相邻频带每倍频带增加 3dB。

7.3.3 乐音的音色

尽管音阶中最高的基音大约是 4000Hz，但每个乐器的音质都依据其和声结构的不同而改变，其频谱结构可能包括如图 1-7-3（a）中所示的非常高的频率。乐器因摩擦而产生的类似噪声的声音，如小提琴的琴弓开始穿过琴弦时频谱刚刚建立时的瞬时变化，以及钢琴琴弦的声音衰减等，所有这些构成了我们所谓的音色。准确传递音色所必需的频率范围是 30~16000Hz，相当于乐器的整个可听范围。

若要产生高保真的音效，有些人认为需要高于听觉范围的声音，即超声波。

7.4 声掩蔽

在嘈杂的环境下，我们很难听到清晰的声音，我们称之为声掩蔽效应，即噪声掩盖了声音。噪声使听觉迟钝，听闻阈提高。可通过听闻阈升高的分贝值测量声掩蔽量。

7.4.1 纯音的掩蔽

图 1-7-5 为声掩蔽测量实例。频率为 1200Hz、声压级为 100dB 的纯音掩蔽声，可使另一 1000Hz 以上的纯音，即被掩蔽声的听闻阈值升高 70~80dB。其他声音对纯音有类似的掩蔽性，因此：

① 掩蔽声的音量越大，掩蔽效果越强。高于掩蔽声频率范围的被掩蔽声，与低于比掩蔽声频率范围的被掩蔽声相比，其掩蔽效果，前者强于后者。

② 掩蔽声与被掩蔽声频率接近时，掩蔽效果更明显，但过于接近时，由于听到了拍，被掩蔽声反而更容易被辨别。

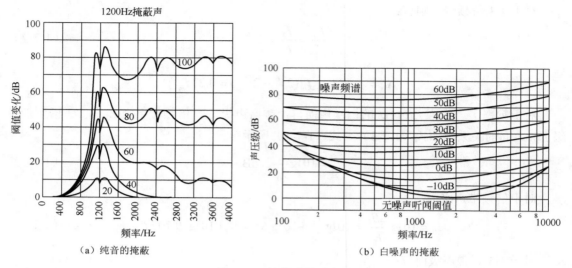

（a）纯音的掩蔽　　　　　　　　　　　（b）白噪声的掩蔽

图 1-7-5　声掩蔽测量实例

7.4.2　白噪声的掩蔽

如图 1-7-5（b）所示，存在白噪声时，听闻阈将升高，且所有频率的掩蔽效果几乎是一致的。

7.5　双耳效应及声音定位

我们用耳朵聆听音乐或演讲。除了声源信号来自正中面（将人体切分左右两半的面）以外，两耳输入声信号一般是不一致的，这是因为两耳分别位于头部的左、右。由于头部和耳廓的方向性，声信号到达方向决定了双耳强度和相位（即到达时间），因此，人的双耳可以判断声像（声音事件）的位置、距离、空间宽度及声音的一些其他空间特性等，称为双耳效应。

相位差对 1500Hz 以下频率范围的声音方向定位最为有效，而强度差对 1500Hz 以上频率范围的声音方向定位最为有效。水平方向前方定位误差（即声源位置的不确定度）最小为 1°～3°。声源位于与前方夹角大于 60° 方向时，定位误差戏剧化地变大达到 40°。这与声源在两侧（即与前方夹角）的定位误差相同。垂直方向的定位误差大于水平方向。纯音难于定位，尤其房间中因存在驻波时根本无法定位，然而，滴答声或窄带噪声等复合音是可以定位的，因为他们包括了泛音。即使房间内的反射声来自各个方向，我们仍然可能进行声音定位，这种现象被称为第一波峰定律或领先效应。根据这一定律，声源定位于最先到达听者的声音方向。即使在非常嘈杂的环境下，我们依然能把注意力集中在说话者的身上，并能理解他说的，这种现象被称为"鸡尾酒会效应"。但是如果我们挡住一只耳朵，那么就很难理解对方的谈话了。

与听音方向感相比，距离感更加难以理解，尽管有很多关于距离感的研究。

第 8 章　声音的测量

8.1　声级计

声级计必须符合规范 IEC 61672-1，有 2 个性能等级，1 级和 2 级。声级计两个等级的设计目标是相同的，仅容限误差不同，1 级为精密声级计，2 级为普通声级计。尽管许多国家有他们自己的国家标准，但一般而言，各国均参照了相关的国际标准，即由国际电工技术委员会（IEC）颁布的标准。

8.1.1　声级计的构造

图 1-8-1 为声级计的框图。无指向声压型传声器将声压转化为电压并放大，再通过与人耳听觉特性类似的频率计权和时间计权的网络，最后显示测量结果，显示精度在 0.1dB 以上，量程大于 60dB。

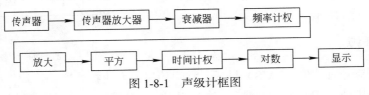

图 1-8-1　声级计框图

声级计还可包括扩展信号处理器、计算机、录音机、打印机及其他设备。

8.1.2　频率计权

表 1-8-1 和图 1-8-2 显示了 A、C 和 Z 的频率计权，及相应的 1 级和 2 级声级计的容限误差。A 计权和 C 计权大致相当于 60 方和 100 方等响的人耳频响曲线。中间的 B 计权和 D 计权用于飞机噪声评价，如图 1-8-2 所示，已经不再使用了。

表 1-8-1　声级计的频率计权和容限误差（源自 IEC 61672-1）

频率/Hz	频率计权/dB			容限误差/dB	
	A	C	Z	1 级	2 级
16	−56.7	−8.5	0.0	+2.5；−4.5	+5.5；−∞
31.5	−39.4	−3.0	0.0	±2.0	±3.5
63	−26.2	−0.8	0.0	±1.5	±2.5
125	−16.1	−0.2	0.0	±1.5	±2.0

续表

频率/Hz	频率计权/dB			容限误差/dB	
	A	C	Z	1 级	2 级
250	−8.6	0.0	0.0	±1.4	±1.9
500	−3.2	0.0	0.0	±1.4	±1.9
1000	0	0	0	±1.1	±1.4
2000	+1.2	−0.2	0.0	±1.6	±2.6
4000	+1.0	−0.8	0.0	±1.6	±3.6
8000	−1.1	−3.0	0.0	+2.1; −3.1	±5.6
16000	−6.6	−8.5	0.0	+3.5; −17	+6.0; −∞

采用 A 计权的测量值[dB（A）]被认为与人耳的噪声级感觉大体接近。C 计权的数值[dB（C）]可当作声级计 Z 计权的近似值。在噪声测量中，A计权值和 C 计权值均应记录，根据两者之间的差异，不用频谱分析仪也可发现哪些频率占主导地位，是大于 1kHz 还是小于 1kHz。

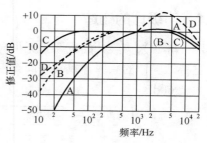

图 1-8-2　频率计权特性

8.1.3　时间计权

测量声级用信号有效值（RMS）显示，时间计权分为快挡和慢挡。均值电路有 2 个时间常数：125ms 为快挡，1000ms 为慢挡。对于 4kHz 猝发纯音，时间计权响应规定如表 1-8-2（摘录自 IEC 61672-1）所列。

表 1-8-2　参考 4kHz 猝发纯音的时间计权响应和容限误差

时间计权	发声时间 T_b/ms	相对稳态声级响应最大限值/dB	容限误差/dB	
			1 级	2 级
F（快挡）	1000	0.0	±0.8	±1.3
	50	−4.8	±1.3	+1.3; −1.8
	2	−18.0	+1.3; −1.8	+1.3; −2.8
	0.25	−27.0	+1.3; −3.3	+1.8; −5.3
S（慢挡）	1000	−2.0	±0.8	±1.3
	50	−13.1	±1.3	+1.3; −1.8
	2	−27.0	+1.3; −3.3	+1.8; −5.3

8.1.4　背景噪声修正

声级计读数所显示的是传声器周围所有噪声源的总声级，即环境噪声。当测量特定声源发出的特定噪声时，必须去除残余噪声。阻断特定噪声时传声器位置处剩余的环境噪声称为残余噪声或背景噪声。除非背景噪声水平与被测量噪声相比足够低，否则无法进行正常的测量。设被测噪声为 S（信号），$S = L_1$（dB），背景噪声为 N，$N = L_2$（dB），则 $L_1 - L_2$（dB）被称为信噪比。S 和 N 同时存在时，由式（1-4-10）可得测量声级 L_3。根据图 1-4-2，当信噪比大于 10dB 时，可忽略背景噪声。

测得 L_2 和 L_3 时，可按图 1-4-2 相同的过程，由图 1-8-3 获得 L_1。然而，若（L_3-L_2）小于 3dB，获得的 L_1 值不可信。

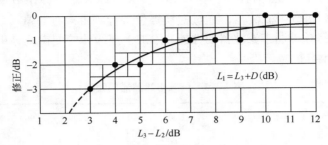

图 1-8-3　精确噪声测量中的背景噪声修正

例如，在某工厂中，机器产生的噪声级为 92dB，机器停止噪声级为 87.5dB，以此求机器噪声级：

$$L_3-L_2=92-87.5=4.5（dB）$$

从图 1-8-3 查得的修正系数是–2.0dB，所以：

$$L_1=92-2=90（dB）$$

8.1.5　其他不良影响与改善

① 反射和绕射的影响　测量位置距离任何墙体、地面和其他物体至少 1m。当有障碍物靠近声源和传声器之间的连接直线时，测量值将会产生偏差。此外，传声器应该尽可能远离观察者，如果有可能可用三脚架或固定台架固定。

② 风的影响　在户外的接收点有风时，例如风机附近，由于风致噪声，难以得到准确的噪声级数值。为了获得准确的测量结果，风挡或者防风罩是必不可少的。

③ 振动的影响　有振动之处，如在车辆或船上，建议手持传声器和测量仪，或将它们置于一块柔软的塑料泡沫上，以有效地减少振动。

④ 电磁场的影响　除非使用电容式传声器，否则不应在电动机或者变压器附近进行测量，应小心避免传声器电缆和仪器其他部分产生的感应电流。

⑤ 温度和湿度的影响　正常情况是 20℃和相对湿度 65%，最适温度和湿度随着其他条件的变化而变化。若灵敏度变化超过 0.5dB，则生产商必须提供修正值。

8.2　频谱分析

为了认知噪的各种影响并进行防治，频谱分析是必不可少的。频谱分析是测量声级计的频带滤波输出，即只允许 f_1 和 f_2（Hz）之间特定频率范围内的输出通过。在分析处理过程中，$f_2 - f_1 = \Delta f$（Hz）被称作带宽或者通带，f_1 和 f_2 是截止频率，$f_m = \sqrt{f_1 f_2}$ 被称作中央频率或中心频率。分析器有两种，一种是 $\Delta f / f_m$ 是常数，另一种是频带宽度 Δf 是常数。虽然使滤波器带宽变窄可使频率成分的细节更加清晰，但需要付出更多的分析时间和代价。因此，分析特定的噪声应选择最合适的分析仪。

8.2.1　倍频带分析

当频带宽度是一个八度音高，即 $f_2 = 2f_1$ 时，频带滤波器被称作倍频带滤波器。倍频带分析仪包含了一系列倍频带滤波器，通过拨换挡位进行频带声级测量（表 1-8-3）。图 1-8-4 为 IEC 规定的标准倍频带通带滤波器的性能。附加于声级计的便携式分析仪对于分析野外或者建筑物内噪声时十分简单方便。

表 1-8-3　倍频带滤波器的频率　　　　　　　　　　单位：Hz

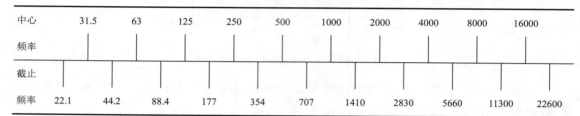

中心频率	31.5	63	125	250	500	1000	2000	4000	8000	16000
截止频率	22.1	44.2	88.4	177	354	707	1410	2830	5660	11300	22600

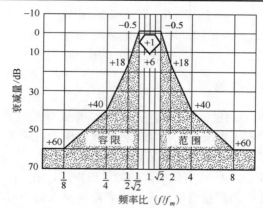

图 1-8-4　倍频带通带滤波器的频率特性（IEC 61260）

8.2.2　1/3 倍频带分析

当需要更详细的分析时，可用将倍频带对数等分成三个部分的滤波器，即 1/3 倍频带滤波器，1/3 倍频带滤波器中心频率序列数列于表 1-8-4。1/3 倍频带分析仪所得的数据通常用于建筑声学所需的各种评价，主要用于实验室测量。

表 1-8-4　1/3 倍频带滤波器中心频率序列数

1	1.25	1.6	2	2.5	3.15	4	5	6.3	8	10

8.2.3　实时分析

实时分析仪同时使用所有滤波器进行分析，当信号的幅度和频率迅速变化时，实时分析仪可将感兴趣频率范围内的分析结果，连续输出到屏幕上进行显示。该屏幕可显示一系列每秒更新多次的倍频带或 1/3 倍频带的频谱。输出可用任何记录仪或打印机记录。市场上有几种具有此类分析仪功能的小巧型声级计。

8.2.4　窄带分析与其他

在针对噪声源的一些特殊研究中，需要更窄的带宽以获得更高的解析度。为此目的，有一种基于 FFT（快速傅里叶变换）技术的全数字化仪器，使用 A-D（模拟-数字）转换器记录随时间变化的声音，并直接显示在屏幕上。用一个按键可完成时域和频域的快速转换，在屏幕上以数字形式显示频谱频率和声压级，同时显示频谱图形。该功能可由安装了相应软件的个人计算机实现。

8.2.5　分析数据的整理与转换

① 如图 1-8-5 所示，在每个给定频带的中心频率处给出分析值，绘图时应标明带宽。

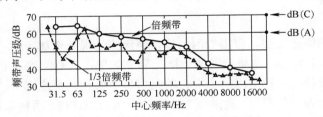

图 1-8-5　倍频带与 1/3 倍频带频率分析

② 频带声压级 L_s 和频谱声压级 L_b 两者之间的关系如式（1-8-1）所示：

$$L_s = L_b - 10\lg \Delta f \quad (\mathrm{dB}) \tag{1-8-1}$$

③ 假设 Δf 内的频带声压级是相等且连续的。

总声级 L_{OA} 由各频带声压级 L_1，L_2，$\cdots$，L_n 求得，如式（1-8-2）所示：

$$L_{OA} = 10\lg \frac{\sum p_n^2}{p_0^2} = 10\lg\left(\sum 10^{L_n/10}\right) \tag{1-8-2}$$

式中，p_n 为每个频带声压级。因此，用式（1-4-10）和图 1-4-2，可连续计算如下：首先，计算 L_1 和 L_2 的能量和 L_{12}，然后计算 L_{12} 和 L_3 的能量和，以此类推。

④ 为了获得 A 计权值，将表 1-8-1 中所示的 A 计权值加到每个测量频带声压级上，可得总声级。

8.3　记录数据

为了实现精确的测量与分析，噪声振动的数据记录非常重要。

8.3.1　电平记录仪

早期的声级记录用电平记录仪，它是使用一支笔在恒速走纸的表格纸上记录声级或振动级，笔的运动随着声级或振动级同时波动起伏。

以前曾有几种电平记录仪，但现在它们在市场上已经销声匿迹了。该功能已由个人计算机的数字处理所取代，通过使用信号处理技术将结果显示在屏幕上和/或打印在纸上。

8.3.2　数据记录仪

为了分析短暂或者不规则的起伏的噪声振动，来自声级计或振动测量仪的输出信号被记录在一个磁带或者计算机的数字存储器上，需要分析的时候可以随时回放。

市场上有许多种数据记录仪，可以根据不同要求选择。立体声或多通道音乐录音机可用来进行声音分析，但有必要校准感兴趣频带范围内的频率特性和线性动态范围。

数字存储设备已广泛应用。使用大容量固态存储器的数据记录仪，在运行结构中只有电子设备而无任何机械部件，不仅操作和维护更加简单方便，而且内置信号处理技术的参数计算功能也很容易。

8.4　声强测量

随着数字技术的快速发展，应用专用仪器，声级测量现今更加容易。声强是声压和质点速度的乘积，见式（1-4-1），与质点速度一样，为一矢量，既有幅度又有方向。声强探头可基于两种基本原理设计：一种是用一个压力敏感型传声器和一个速度传感器；另一种是用两个位于适当距离的压力型传声器，测量压力梯度而不测质点速度。两种系统都是全数字化的，且自动进行声强测量。然而，声强测量点应比声压测量所需点多，且必须考虑指向性特性。如今声强测量已经用于所有类型的声学评价了，因为任何声场的声能流可被可视化，且诸多声学量是以能量为基础来定义或规定的。例如，噪声源声功率、吸声系数和传声损失等。

注：关于声音的测量，在本手册的第 4 篇"噪声与振动测量方法和仪器"中有更深入的讨论，请参阅第 4 篇。

第 9 章　噪声评价

9.1　噪声污染

任何接收者不喜欢的声音都被归为噪声，因为它降低了人们的生活品质。下面逐条讨论噪声对舒适度的影响。

9.1.1　日常生活的烦恼度

由于噪声的掩蔽降低了可懂度，使得语言和音乐的理解受到影响，背景噪声会使得电话、收音机、视频通信时的信息传达变差，影响了日常社会生活和生产效率。过度的噪声是心理上难以接受的，引发烦恼，干扰注意力的集中，导致效率下降，造成错误和过失。

9.1.2　物理影响

噪声可导致人或动物消化系统、呼吸系统以及神经系统全部功能的短时性或永久性紊乱。安腾和服部（Ando&Hattori）1970 年曾报道过机场周边飞机噪声对胎儿发育的影响。现在已经明确，此类噪声影响幼儿的成长。

最明显的物理影响是听力损伤。短时间的高声级噪声会导致暂时性听力损失，可观察到听阈升高，称为 TTS（暂时性阈值偏移），但一段时间后可恢复。然而，长时间在极高噪声的工厂中工作的人可能面临听力永久损伤的风险，即 PTS（永久性阈值偏移）。

9.1.3　社会影响

在吵闹的干道或繁忙的机场附近，土地需求下降，造成土地贬值。交通噪声不但影响人的健康，也会影响牲畜和家禽的生长，造成奶牛不产奶、鸡不下蛋之类补偿金的法律诉讼。噪声干扰在我们的社会中已经无处不在。

9.2　稳态噪声评价

噪声影响是变化的，很大程度上不仅取决于其强度，而且取决于频谱和时间谱。就频率而言，以高频成分为主或含有纯音成分的噪声更显吵闹。至于时间域，通常中断脉冲的噪声比稳态噪声更加令人烦恼。即使物理刺激完全相同，但由于生理和心理状态的不同，噪声影响极大地因人而异、因时而异。

理想的噪声评价体系应是将所有影响因素结合在一个评价尺度内，并适用于所有类型的噪声。然而，将物理的和心理的噪声反应统一起来是极其困难的，因此，根据使用目标，目前应用了如下评价方法。

9.2.1 响度级（方）与 A 计权声级[dB（A）]

测量稳态声音频谱的物理振幅时，有两种主观评价方法，一种是响度宋，另一种是响度级方。对于评价而言，两者还都需要很多处理，而 A 声级 L_A[dB（A）]仅需用声级计进行测量，且在很大声级范围内与方的数值相一致。因此，现今普遍采用 A 计权声级。

表 1-9-1 给出各种观众在场条件下的可接受 NCB 曲线及 A 计权声级值。

表 1-9-1　各种使用空间的推荐 NCB 曲线（图 1-9-1）及 A 计权声级值（白瑞纳克，1988）

空间类型	NCB 曲线	A 计权声级值/dB（A）
广播室、录音室（使用远场传声器）	10	18
音乐厅、歌剧院和演奏厅	10～15	18～23
大剧院、教堂和礼堂	<20	<28
电视和录音室（使用近场传声器）	<25	<33
小剧院、礼堂、教堂、音乐排练室、大会议室	<30	<38
卧室、医院、宾馆、住宅、公寓等，教室、图书馆、小办公室、会议室	25～40	33～48
住宅中的起居室、客厅	30～40	38～48
大办公室、接待区、零售商店、自助餐厅、餐厅等	35～45	43～53
大堂、实验室、制图室、普通办公室	40～50	48～58
厨房、洗衣房、计算机房及维修站	45～55	53～63
商店、停车库（可满足电话使用）	50～60	58～68
不需要语言交流的工作场所	55～70	63～78

9.2.2 噪度和感觉噪声级 PNL（PNdB）

克里脱尔（Kryter，1970）提出一个新的主观评价指标（主要用于飞机噪声评价），将吵闹度以纳为单位分级，遵循了史蒂文（Steven）的响度以宋为单位的方法。用新指标得出的噪声级为 PNL（感觉噪声级），单位是 PNdB。因为该方法需要大量计算，1976 年提出了 D 声级[dB（D）]的简化方法，可用声级计的 D 频率计权测得，但是现在已不再使用它了。例如，引擎发动机飞机噪声：

$$PNL=dB（D）+7 \tag{1-9-1}$$

取而代之，用常规 A 计权测量值 dB（A）有：

$$PNL=dB（A）+13 \tag{1-9-2}$$

式（1-9-2）被认为是感觉噪声级的一种更佳近似值。

但是对于其他噪声源仍需深入地研究，主要是研究其频率特性。

9.2.3 频率特性的评价

① 语言干扰级（SIL）。为了评估噪声对语言通信的影响，美国通常采用中心频率为 500Hz、1000Hz、2000Hz 和 4000Hz 的 4 个倍频带声压级的算术平均值。

② NC 和 NCB 曲线。白瑞纳克（Beranek）于 1957 年提出了用于商业建筑的噪声标准曲线（NC）。该标准包含一系列与引起语言通信干扰相关的噪声频谱的曲线族。该曲线后来在 1988 年修订为平衡噪声标准（NCB），低频和高频部分都有改进，如图 1-9-1 所示。

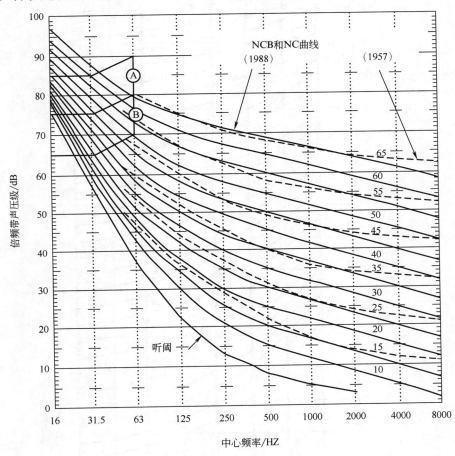

图 1-9-1　NC 和 NCB 曲线（白瑞纳克，1988）

在 NCB 曲线上绘出倍频带声压级，可确定噪声的 NCB 数值。任何频带声压级均不超过的最低曲线即为给定噪声的 NCB 评价值。表 1-9-1 给出了用于环境评价的 NCB 推荐值。该方法很有用，可很容易地提取出降噪所必需的与频率相关的信息。

这些值可用于评价室内全部设备运行条件下的背景噪声。使用本篇 8.1.4 节中的修正值能够获得每个噪声源的允许值。

③ NR 曲线。如图 1-9-2 所示，ISO（国际标准化）组织委员会由 NC 曲线发展了一个应用更广的噪声评价方法。虽然它尚不是一个国际标准，但是在欧洲广泛应用于评价稳态噪声。

④ 听力损失风险标准。日本工业卫生协会（1969—2004）推荐了听力损失风险等值线，如图 1-9-3 所示，用简单连续噪声暴露替代美国科学院听力和生物声学委员会（CHABA）所提出的标准。该等值线给出了与频谱声压级相对应的允许暴露分钟数，与每天工作 8h 的 85dB（A）相一致。

然而，ISO 委员会一直在讨论噪声所致听力损伤的评价方法，而近期更加重要的概念之一是最大允许噪声剂量，不但考虑到随时间而变的噪声级，还考虑了它的持续时间。

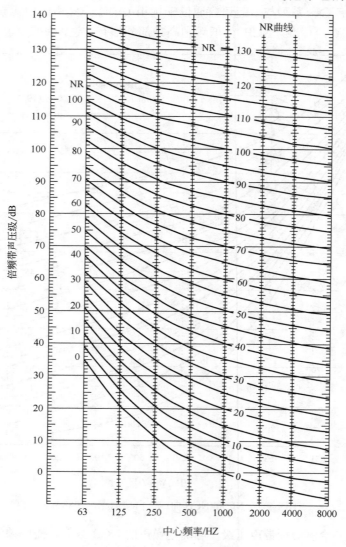

图 1-9-2　NR 曲线（ISO/R1996）

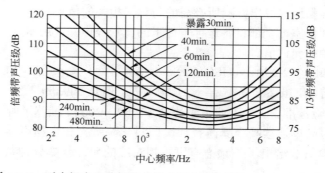

图 1-9-3　听力损失风险标准（日本工业卫生协会，1969—2004）

9.3 随时间变化的噪声测量与评价

噪声通常是随时间而波动的，它的影响极大地取决于其随时间变化的图谱。间歇的或撞击声比连续噪声更加令人烦恼。使用声级计 S 挡时间计权读数时，起伏范围小于 5dB 的噪声可视作稳态噪声，可取声级计波动的平均值。

9.3.1 采样或统计测量

① 具有相对稳定峰值的离散噪声事件　像火车产生的噪声需要若干次测量的平均值，每次在指定的时间段内按指定的时间间隔进行测量。

② 峰值范围较宽的独立噪声事件　这类噪声，如飞机产生的噪声，需要采用测量期间的峰值数量进行表述。例如，在一个小时内 80dB（A）以上 13 次，90dB（A）以上 10 次，100dB（A）以上 3 次，以及最大值 105dB（A）。

③ 幅度变化范围较大的无规则起伏噪声　这类噪声，如街道上的噪声，可用百分声级 $L_{AN, T}$ 表述，即在 T 时段内，超过 F 的时间计权百分比 N，如图 1-9-4 所示。例如，按时间间隔 $\Delta t = 5s$ 读取 50 个瞬间声级的采样值后，将每个声级进行排序，如图 1-9-5 所示，中间值为 L_{50} 位于积累曲线的中线，而横坐标之上 L_5 和 L_{95} 表示了 90% 的变化范围。

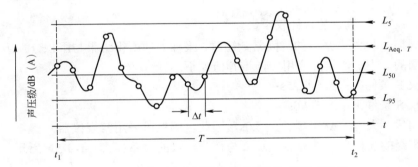

图 1-9-4　幅度变化范围较大的无规则起伏噪声示意

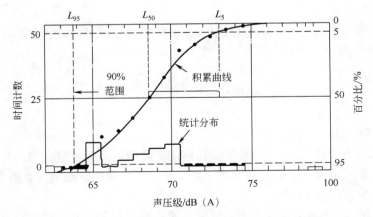

图 1-9-5　大范围起伏噪声的累积声级与百分声级

9.3.2　基于声剂量的测量

一般地，噪声对于人们生活的影响可以近似看作与已有噪声刺激的总能量成正比。另一方面，环境噪声往往是多声源的组合，而且这种不同类型声音的分布也随时在发生变化。市场上有售测量总噪声暴露级的剂量计。国际标准（ISO 1996-1）已经定义了基本量 $L_{Aeq, T}$ 和 L_{AE}，用于描述社区环境的噪声。这些定义如下：

① 等效连续 A 声级（$L_{Aeq, T}$）　即在给定时间段 T 内，与时变的噪声具有相同等效 A 计权能量的连续稳态噪声的 A 计权声级，如式（1-9-3）所示：

$$L_{Aeq, \ T} = 10 \lg \left[\frac{1}{t_2 - t_1} \int_{t_1}^{t_2} \frac{p_A^2(t)}{p_0^2} \, dt \right] \ (dB) \tag{1-9-3}$$

式中，$T = t_2 - t_1$，$p_A(t)$ 为瞬时的 A 计权声压；p_0 为参考声压（20μPa）。

测量 $L_{Aeq, T}$ 最简单的方法是使用一个可自动计算和显示 $L_{Aeq, T}$ 和 T 值的积分声级计（IEC 61672-1），也可以用普通声级计进行采样。为此，$L_{Aeq, T}$ 可以被写成式（1-9-4）：

$$L_{Aeq, \ T} = 10 \lg \left[\frac{1}{n} (10^{L_{A1}/10} + 10^{L_{A2}/10} + \cdots + 10^{L_{An}/10}) \right] \ (dB) \tag{1-9-4}$$

式中　　　　　　n——采样总数量；

L_{A1}，$L_{A2}, \cdots$，L_{An}——测量的 A 计权声级。

当采样周期 Δt 比测量系统的时间常数短时，采样处理所得结果与用积分声级计测得的结果几乎是相同的。不过，实际应用中，推荐值如下：

时间计权 F 条件下：$\Delta t \leqslant 0.25s$；

时间计权 S 条件下：$\Delta t \leqslant 2.0s$；

当噪声起伏不大时，Δt 可延长至 5.0s，因此，仍然可采用常规仪器。

如果噪声级的起伏呈正态分布，那么与百分声级的关系如式（1-9-5）所示：

$$L_{Aeq} = L_{A10} - 1.3\sigma + 0.12\sigma^2 = L_{A50} + 0.12\sigma^2 \ (dB) \tag{1-9-5}$$

式中，σ 为标准偏差。

对于高速公路的交通噪声，也可以说 L_{Aeq} 与 $L_{A25} \sim L_{A30}$ 是等效大致相当的。

② 离散噪声中的单一事件　　离散噪声事件的声暴露级 L_{AE} 如式（1-9-6）所示：

$$L_{AE} = 10 \lg \left[\frac{1}{t_0} \int_{t_1}^{t_2} \frac{p_A^2(t)}{p_0^2} dt \right] \ (dB) \tag{1-9-6}$$

式中　　t_0——参考时间，为 1s；

$t_2 - t_1$——规定的时间间隔，间隔长度应包括规定时间内所有有意义的声音。

积分声级计适用于测量这种离散噪声。对于脉冲声，使用普通声级计的 S 时间计权，得到的峰值可近似地看作为 L_{AE} 的值。

当噪声事件持续时间很长，达几秒，且采样间隔 Δt 足够短，可跟踪上噪声的波形变化时，使用常规仪器的 S 挡时间计权即可获得 L_{AE}，如式（1-9-7）所示：

$$L_{AE} = 10\lg\left[\frac{\Delta t}{t_0}(10^{L_{A1}/10} + 10^{L_{A2}/10} + \cdots + 10^{L_{An}/10})\right] \quad (dB) \tag{1-9-7}$$

式中符号与式（1-9-4）完全相同。

③ 昼夜等效声级（L_{dn}） 昼夜等效声级是 24 小时平均值，考虑到夜间噪声烦恼度更大，夜间噪声级加权 10dB，如式（1-9-8）所示：

$$L_{dn} = 10\lg\frac{1}{24}\left[t_d \times 10^{L_d/10} + t_n \times 10^{(L_n+10)/10}\right] \quad (dB) \tag{1-9-8}$$

式中　L_d——昼间噪声级，dB；

L_n——夜间噪声级，dB；

t_d——昼间噪声暴露时间，h；

t_n——夜间噪声暴露时间，h。

L_{dn} 和 $L_{Aeq.24h}$ 的限值如表 1-9-2 所列。

表 1-9-2　L_{dn} 和 $L_{Aeq.24h}$ 的限值

用途	标准	应用
户外活动听力保护	$L_{Aeq.24h} \leqslant 70$	全部区域
	$L_{dn} \leqslant 55$	居住区和安静区域
	$L_{Aeq.24h} \leqslant 55$	校园、公园及相关空间
户内活动	$L_{dn} \leqslant 45$	居住区内
	$L_{Aeq.24h} \leqslant 45$	除居住区域外的学校

④ 昼间-傍晚-夜间声级（L_{den}） 该声级是在有关欧洲环境噪声控制的某欧盟规范中定义的。为 24 小时平均值，傍晚加权 5dB，夜间加权 10dB，如式（1-9-9）所示：

$$L_{den} = 10\lg\frac{1}{24}\left[t_d \times 10^{L_d/10} + t_e \times 10^{(L_e+5)/10} + t_n \times 10^{(L_n+10)/10}\right] \quad (dB) \tag{1-9-9}$$

式中，L_d=昼间 L_{Aeq}（积分时间 t_d），L_e=傍晚 L_{Aeq}（积分时间 t_e），L_n=夜间 L_{Aeq}（积分时间 t_n）。不同的国家，时间段的定义可能略有不同。例如，我国定义昼间为 7:00～19:00，傍晚为 19:00～22:00，夜间为 22:00～7:00。

L_{den} 的提出可作为评价噪声烦恼度的一种手段，能用于各种环境噪声。就交通噪声而言，$L_{Aeq.24h}$ 和 L_{den} 之间的联系依赖于交通流量的分布，如式（1-9-10）所示：

$$L_{den} = L_{Aeq,24h} + 10\lg\frac{1}{100}(P_d + P_e\sqrt{10} + P_n10) \quad (dB) \tag{1-9-10}$$

式中，P_d、P_e 和 P_n 为交通流量昼间、傍晚和夜间的百分比例。

例如，在某典型的城市交通案例中，78%的交通流量发生在昼间（12 小时），11%发生在傍晚（3 小时），11%在夜间（9 小时）。由式（1-9-10）可以得出 $L_{den}=L_{Aeq.24h}+3.5dB$。

第10章　噪声的烦恼与危害

10.1　噪声烦恼

噪声使人烦恼，然而，噪声的状况（持续时间、频谱、声级等）千变万化，不同人（年龄、工作、性别、精神状态等）对噪声的敏感性也千差万别，判定噪声是否可以被接受，或是否不可以被接受，需要有科学的评价方法和公认的判定标准。噪声问题会引发纠纷，纠纷的根源在于烦恼。法规规范中规定的噪声评价及限值是裁决噪声性质的法律依据，超过标准的噪声会令大多数人感到烦恼。满足标准的噪声是法律许可的，但是，并不代表不会引起任何烦恼。

对于声音烦恼度问题，很大程度上是因人而异的。就某特定人而言，只要听到不希望听到的声音，就会引起烦恼。没有确定的指标能够准确地衡量某个人烦恼度的大小，烦恼的程度只能从当事人对噪声事件的行为反映中观察到。

就单个人来讲，对噪声烦恼度的行为反应程度从轻到重可分为：无噪声意识、不舒适但尚无抱怨、明显不舒适有抱怨但尚可忍耐、严重不舒适而忍无可忍。就群体而言，例如，大范围的城市居民或工矿企业的职工，对噪声的抱怨人数比例反映了烦恼度的群体可接受程度，由小到大为：无噪声反映、零星反映、有反映但比率较低、普遍反映、反映剧烈并有抗议。

烦恼度与噪声声级数值之间存在一定关系，但并不是绝对地一成不变，而是复杂的、多因素的、弹性的且主观支配的。目前，国内法律规定的各类情况的噪声限值，基本上属于在这些综合因素影响下，个体"明显不舒适有抱怨但尚可忍耐"、群体"有反映但比率较低"的统计结果。

10.1.1　环境因素

外界环境会强烈地影响人对噪声的心理印象和机体反映，这是造成人们对相同噪声产生不同主观感受和客观行为的重要外界因素之一。

人对声源的类别具有高超的自我识别能力，能够主动分辨不同声源产生的声音。若声源发出的声音是可接受的，甚至是乐于接受的时候，就不会有噪声烦恼的感觉。古语讲"蝉噪林愈静，鸟鸣山更幽"，即使声级很大，但是，人们在山林中依然感觉宁静、和谐。

还有，人们对噪声的体验伴有心理作用，甚至有"望梅止渴"的现象。例如，当道路两旁树立了隔声屏障时，可能噪声数值并没有降低，但是，人们视线被屏障阻隔了，认为这样"应该"能够降低噪声，心理感觉引起了强烈的自我暗示，"眼不见为净"，自然对噪声的反应也就平和了。

另外，人们对噪声的感受因掩蔽效应还会出现变化。例如，背景噪声很低的郊区别墅，人们对噪声就特别敏感，而在车水马龙的城市中，背景噪声高，对噪声的敏感性和忍耐力也就随之增强。就像同样亮度的星星和月亮，夜间时感觉非常明亮，而昼间会让人感觉隐没在浩瀚的天空中。

10.1.2　人文因素

人文因素对噪声敏感性的影响主要反映在两个方面：敏感人群和利益纠葛。

对环境感受力粗糙的人，对噪声烦恼度的承受力相对更大些。精神敏感的人，感觉更加机警、细腻，受到噪声干扰后，对工作、学习、生活等方面的负面影响更加明显，因此对噪声的承受力相对小些。脑力工作者中，很多属于敏感人群。

利益纠葛是影响人们对噪声评价另一普遍的人文因素。例如，同样在工厂附近居住的居民，本厂职工对工厂噪声的承受力常常大于与工厂没有一点关系的人。如果噪声问题牵涉到征地、补偿等经济利益，这时人们抱怨噪声的目的还可能另有他图。法律面前人人平等，完善的噪声法规和严格的声级标准，是防止因利益纠葛而使噪声评价复杂化的根本保证。

10.2　噪声危害

噪声危害健康，它可以使人听力衰退，引起多种疾病，同时，还影响人们正常的工作与生活，降低劳动生产率，甚至掩蔽声音预警信号，引发事故。近年来，社会发展的不均衡性导致社会矛盾表现突出，噪声矛盾也是其中之一。

10.2.1　听力损失

当人们进入较强烈的噪声环境时，会觉得刺耳难受，经过一段时间就会产生耳鸣现象，这时用听力计检查，将发现听力有所下降，但这种情况持续不会很长，若在安静地方停留一段时间，听力就会恢复，这种现象叫作"暂时性听闻偏移"，也称"听觉疲劳"。如果长年累月地处在强烈噪声环境中，这种听觉疲劳就难以消除，而且将日趋严重，以致形成"永久性听闻偏移"，这就是一种职业病——噪声性耳聋。通常，长期在 90dB（A）以上的噪声环境中工作，就可能发生噪声性耳聋。还有一种暴震性耳聋，即当人耳突然受到 140～150dB（A）以上的极强烈噪声作用时，可使人耳受到急性外伤，一次作用就可使人耳聋。

10.2.2　其他身心危害

噪声作用于人的中枢神经时，使人的基本生理过程——大脑皮层的兴奋与抑制的平衡失调。较强噪声作用于人体引起的早期生理异常一般都可以恢复正常，但久而久之，则会影响到植物性神经系统，产生头疼、昏晕、失眠和全身疲乏无力等多种病状。

1998 年，康奈尔大学曾对 217 名三～四年级的孩子在新机场开放前后进行了研究，这些孩子都位于距离德国慕尼黑 22 英里（1 英里=1.609km）的郊区。大约有一半的孩子生活在新国际航线的航道下，另外一些孩子则生活在安静的区域，这些孩子都处于相同的年龄段，有相似的家庭处境和社会经济地位。在机场完成前 6 个月和机场开放后的 6 个月和 18 个月时，对儿童的血压、荷尔蒙水平和生活质量进行了测试。研究表明，飞机噪声会严重影响儿童的身心健康，包括血压升高和荷尔蒙水平升高，然而处在安静环境下的儿童，这些指标均没有明显改变。同时还发现，长期处于噪声环境下，对儿童的阅读能力、学习能力和精神健康造成明显的负面影响。

2001 年，康奈尔大学的环境心理学家曾随机对 40 名职员进行调查，将被调查者分别安排在安静的办公室和有噪声的办公室内，持续 3 小时。环境心理学家发现，处在噪声环境中的被调查者中，有 40%的人解决疑难问题的兴趣被削减，并表现出不同程度的心理压力。

2003 年，德国科学家研究证实，长期处在噪声环境中的人易患高血压。德国环境部对柏林地区的 1700 名居民进行了一项调查，结果发现那些在夜间睡眠时周围环境噪声超过 55dB（A）的居民，患上高血压的风险要比那些睡眠环境噪声在 50dB（A）以下的居民高出一倍。据悉，调查结果与环境部早先发布的另一项关于噪声与心血管疾病的调查结论吻合。根据这些调查结果，德国已经采取了诸如在夜间限制住宅区内机动车速度等措施降低噪声。

2005 年，《欧洲心脏杂志》上的研究显示，长期暴露在噪声环境中会增加患心脏病的风险，噪声可以使心跳加速、心律不齐、血压升高等。

噪声还会影响视力。试验表明：当噪声强度达到 90dB（A）时，人的视觉细胞敏感性下降，识别弱光反应时间延长；噪声达到 95dB（A）时，有 40%的人瞳孔放大，视觉模糊；而噪声达到 115dB 时，多数人的眼球对光亮度的适应都有不同程度的减弱。所以长时间处于噪声环境中的人很容易发生眼疲劳、眼痛、眼花和视物流泪等眼损伤现象。同时，噪声还会使色觉、视野发生异常。一次在接受稳态噪声的 80 名工人的调查中，出现红、蓝、白三色视物缩小者竟高达 80%。噪声对视力的不良影响在于破坏了体内某些维生素的平衡，在 90dB（A）的噪声环境中工作 4 小时，体内某些维持眼睛正常功能的维生素会显著减少。

10.2.3　事故隐患

噪声容易造成生理反应倦怠以及对报警信号的遮蔽，它常常是促成工伤死亡事故的重要因素之一。

在人们的生产生活中，安全的重要性列居首位，无危则安，无险则全。危险是发生安全事故的直接因素，就安全理论而言，危险包括物的不安全状况和人的不安全行为。身体状况和精神因素都是导致人的不安全行为的重要配合因素。高噪声环境下，人的听觉、视力、机敏性都会降低，身心因噪声刺激而处于疲倦状态，人的不安全因素大大提高。因此，毫不夸张地讲，降低噪声有利于安全。

在事故发生前的危险阶段，往往会有一些预警信号，包括声音信号，如机器运转声音改变、监视系统发出警报或其他人的喊叫提醒等，处于噪声环境，若当事者听不到这些声音预警信号而引发了事故，噪声就不仅仅是烦恼问题了，而成为安全隐患。

10.2.4　社会问题

噪声问题不仅会伤害个人的身心健康，控制不当，而会造成社会和经济的负面影响。2007 年北京市环保局接到的投诉案件中，有 70%以上与噪声有关，说明了噪声问题的普遍性与严重性。

工矿企业噪声排放不达标可能会被"关停并转"，城市交通噪声可能会影响到周边地区地产价值的下降，夜间施工噪声扰民需要赔偿"噪声费"，机场飞机噪声可能造成居民、学校、医院等的搬迁，酒吧、餐厅、夜总会等噪声超标面临关闭，邻里间因练钢琴、听音响等生活噪声时常引发矛盾纠纷，等等。解决这些问题，往往超出了纯噪声技术范畴，而必须综合考虑相关的社会问题。

注：噪声的生理效应以及噪声影响在本手册的第 3 篇"噪声与振动的生理效应、危害以及噪声标准"中有更深入的讨论，请参阅第 3 篇。

参 考 文 献

[1]　马大猷. 声学名词术语. 北京：海洋出版社，1984.

[2]　李晋奎. 建筑声学设计指南. 北京：中国建筑工业出版社，2004.

[3]　GB 10071—88 城市区域环境振动测量方法.

[4]　JGJ/T 170—2009 城市轨道交通引起建筑物振动与二次辐射噪声限值及其测量方法.

[5]　秦佑国. 建筑物理第四版——建筑声环境. 北京：清华大学出版社，1999.

[6]　[日]前川善一郎，等. 环境声学与建筑声学. 原著第 2 版. 北京：中国建筑工业出版社，2013.

[7]　吕玉恒，等. 噪声控制与建筑声学设备和材料选用手册. 北京：化学工业出版社，2011.

第 2 篇

噪声源数据库

编 著 吴 瑞 宋瑞祥

校 审 燕 翔

第 **1** 章　噪声源分类及基本特性

噪声源是向外辐射噪声的振动物体。噪声源有固体、液体和气体三种形态。噪声源种类很多，可以按照不同原则进行分类，如按照产生的机理、产生的来源、随时间的变化、空间分布形式等。为便于系统地研究各种噪声源特性，对噪声源按如下分类原则进行研究：

① 按照噪声产生的机理，噪声源可分为机械噪声、空气动力性噪声、电磁噪声等。

② 按照噪声产生的来源，噪声源可分为工业噪声、交通噪声、建筑施工噪声、社会生活噪声等。

③ 按照噪声随时间的变化，噪声源可分为稳态噪声和非稳态噪声两大类。稳态噪声是指噪声强度不随时间变化或变化幅度很小的噪声。非稳态噪声是指噪声强度随时间变化的噪声。而非稳态噪声又可分为周期性起伏的噪声、脉冲噪声和无规则的噪声。

④ 按照噪声的空间分布形式，在声学研究中常把各种声源简化为点声源、线声源和面声源。声环境的预测评价需要从点声源、线声源、面声源分类上开展。

研究噪声源就要了解噪声源的振动辐射特征，包括声源强度、辐射效率（输入机械功率与输出的声功率之比）、声辐射的频率特性、声源指向性以及声源的辐射阻抗等。这些特征不仅与声源的结构组成有关，而且与声源受激励的方式有关。如空气动力性噪声源中的喷射噪声、涡流噪声、旋转噪声、燃烧噪声，各有不同的振动结构和辐射特征，而机械噪声源中的电磁、碰撞、摩擦等噪声辐射也各不相同。

本篇分别对机械噪声、空气动力性噪声、电磁噪声、工业噪声、交通噪声、建筑施工噪声、社会生活噪声进行较系统的阐述，讨论它们产生的原因及辐射特征，并探讨降低噪声源辐射的途径。

1.1　噪声源发声机理

1.1.1　机械噪声

各厂矿企业都有多种机械噪声，如冲床的冲压声、车床的切削声、齿轮变速箱噪声以及金属的撞击声等。当机器的零部件受到诸如撞击力、摩擦力、交变机械力或电磁力等的作用时，这些部件就会形成一个振动系统，并向空间辐射噪声。这些机械的振动部分，如外壳、轴杆、机架等，都可看成是机械性噪声源。

机械部件振动强度与交变作用力的大小成正比，还与作用力的交变频率有关。当作用力的交变频率趋于机械的共振频率时，则振动增强；若交变频率等于共振频率时，机械部件产生共振，振动强度最大。共振时，部件的振动强度与其内摩擦阻尼特性有关，内阻大的振动就小，内阻小则振动就大。

物体振动会产生辐射噪声。一般来说，当振动物体的表面积尺寸大于声波波长时，才能有效地辐射高于这一频率的声波。特别是尺寸较小的机组不易辐射低频率噪声，只有大面积的机组才既易于辐射低频率噪声又易于辐射高频率噪声。例如，较大尺寸的纸盆喇叭其发声频带就宽（向低频范围扩展，音质就好）。减小机器不必要的幅板，也是控制机械噪声的基本方法之一。

机械噪声来源于机械部件之间的交变力。这些力的传递和作用一般分为三类，即撞击力、周期性作用力和摩擦力。实际上机械部件之间往往同时具有三种力的作用，只不过是其中某一种力的作用较强或较弱罢了。除需要对这三种力作用而产生的噪声进行分析外，还需要对其他振动噪声源进行分析研究。

（1）撞击噪声

利用冲击力做功的机械会产生较强的撞击噪声，如冲床、锻锤、汽锤和凿岩机等机械在工作时，每一个工作循环会产生一个由撞击引起的脉冲噪声，称为撞击噪声。锻锤的撞击噪声最强，现以锻锤为例分析撞击噪声。

锻锤工作时，其机械能分为四部分：第一部分做功；第二部分克服各种阻力转化为热能；第三部分通过地基以固体声的形式向四周大地传播；第四部分则转化为使机件产生弹性形变的振动能。这种振动能的一部分以声波形式向四周空间辐射，形成撞击噪声，其发声机制有以下四种：

① 撞击瞬间，由物体间的高速流动空气所引起的喷射噪声。

② 撞击瞬间，在锤头、锤模、铁砧碰撞面上产生突然形变，以致在该面附近激发强的压力脉冲噪声。

③ 撞击瞬间，由于部件表面的形变，在这些部件表面的侧向产生突然的膨胀，形成向外辐射的压力脉冲噪声。

④ 撞击后引起的受撞部件结构共振所激发的结构噪声。

上述四种发声机制中，以结构噪声影响最强，其辐射噪声的维持时间最长，可达 100ms。结构噪声可用声级计的"快"和"慢"挡测量。撞击激励频率与撞击的物理过程有关，较硬的光滑物体相撞，作用时间短，作用力大，激励的频带宽，激发物体本征模态就多，呈宽频带撞击噪声；较软的不光滑的物体相撞，则作用时间长，作用力小，激励的频带窄，激发的模态少。如冷锻或空气锤就比热锻辐射较强的撞击噪声，且具有较多的频率成分（向高频范围发展）。另外三种机制产生的撞击噪声是在撞击瞬间产生的一次压力脉冲，其强度很高，在锻锤附近操作的工人人耳位置的脉冲声级高达 155dB（A），但其维持时间很短，最长不过几毫秒，所以使用声级计"快""慢"挡根本测量不准这种噪声。如 3t 锻锤在热锻方钢时，以 1 次/s 的速率连续锻压，距锻压件 1m 处测量得到的"脉冲"A 声级为 127dB，而"快"挡则仅有 106dB（A）。

其他类似的机械撞击噪声，如冲床冲压声、凿岩机中活塞与钎杆的撞击声、金属相互撞击声等，都是以结构在撞击后的鸣响声为主。所以，降低结构噪声是控制撞击噪声的主要措施。

（2）周期性作用力激发的噪声

旋转机械的作用力主要是周期性的。最简单的周期力是由于转动轴、飞轮等转动系统的静、动态不平衡引起的偏心力。这种作用力正比于转动系统的质量和静、动态的合成偏心距，也正比于转动角速度的平方。当转动系统转速达到其临界转速时，该系统自身便产生极大震动，并将振动力传递到与其相连的其他机械部分，激起强烈的机械振动和噪声。周期力的作用会由于机件缝隙的存在、结构刚度不够或磨损严重而增大，增大的周期力又进一步增强撞击和摩擦，增强的撞击和摩擦激发更强的机械振动和噪声。

若机械转速不高，则周期力的变化频率并不高，但这种低频率的周期力能激起较高频率的振动。当受振零部件的固有振动频率等于周期力频率的整数倍时，则会使零部件产生强烈的共振，从而产生强噪声。当周期性作用力的频率高到一定程度，而且受力零部件表面积又足够大时，则受迫振动噪声突出。这种受迫振动噪声一般以结构噪声为主。

（3）摩擦噪声

物体在一定压力下相互接触并做相对运动时，物体之间产生摩擦，摩擦力以反运动方向在接触面上作用于运动物体。摩擦能激发物体振动并发出声音，如车床切削工件产生的轧轧声、齿轮干啮合时的啸叫声、汽车的刹车声等，均称为摩擦噪声。

摩擦噪声绝大部分是摩擦引起摩擦物体的张弛振动所激发的噪声，尤其当振动频率与物体固有振动频率吻合时，物体共振产生强烈的摩擦噪声。

摩擦噪声产生的过程如图 2-1-1 所示。

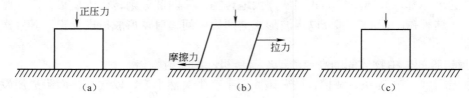

图 2-1-1　摩擦噪声产生过程示意

重复以上过程，物体连续跳脱转移，从而产生张弛振动，这就是由摩擦引起的振动。摩擦引起的张弛振动强度与摩擦力有关，摩擦力大则振动幅值大。但张弛振动频率与摩擦力大小无关。当张弛振动频率等于物体固有频率时，产生共振，便形成强烈的振动和噪声。

车刀切削金属时，也会产生类似的轧轧声，这是车刀受到加工件横向摩擦力与车屑纵向摩擦力作用而引起振动的结果。这种振动是有害的，不仅使加工面质量变坏，而且使车刀磨损增大。调节进刀速度和深度，或改进车刀形状，能避免这种现象。

克服摩擦噪声的基本方法是减少摩擦力，一般添加润滑剂能减少摩擦噪声，如齿轮、轴承等不可在缺油状态下工作，否则噪声就高。

（4）结构振动辐射的结构噪声

机械噪声是由机械振动系统的受迫振动和固有振动所引起的，其中起主要作用的是固有振动。这种噪声以振动系统的一个或多个固有振动频率为主要组成成分。振动系统的固有频率与其结构性质有关，故简称这种噪声为结构噪声。通过对撞击噪声、周期性作用力激发的噪声、摩擦噪声的分析，结构噪声最为明显。

任何机械部件均有其固有振型，不同的振型有相应的振动频率。而机械部件只由较低阶次的振型决定其振动特点，也就是在相同力的作用下，低阶次的振动幅值大，对机械和人的影响大。振动的方式、频率与部件材料的物理性质、部件的结构形状和振动的边界条件有关。可用数学方法计算简单又规则的物体的各种振型的频率，如弦、棒、膜、板等。截面均匀的棒振动，在各种边界条件下的振型如图 2-1-2 所示。图中交点为振动节点，用相对棒长表示节点位置，相应振动频率 f_n 如式（2-1-1）所示：

$$f_n = 2\pi A_n \sqrt{\frac{EI}{\rho l^4}}$$

（2-1-1）

式中　E——弹性模量；

　　　I——棒的截面转动惯量；

　　　l——棒的长度；

　　　ρ——单位棒长的质量；

　　　A_n——不同边界条件不同振型下的振动频率系数。

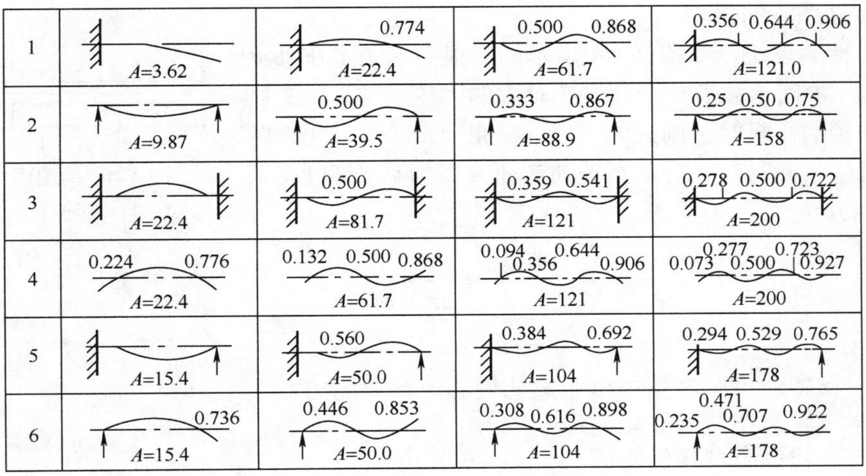

1	$A=3.62$	0.774 $A=22.4$	0.500　0.868 $A=61.7$	0.356 0.644 0.906 $A=121.0$
2	$A=9.87$	0.500 $A=39.5$	0.333　0.867 $A=88.9$	0.25 0.50 0.75 $A=158$
3	$A=22.4$	0.500 $A=81.7$	0.359　0.541 $A=121$	0.278 0.500 0.722 $A=200$
4	0.224　0.776 $A=22.4$	0.132　0.500　0.868 $A=61.7$	0.094　0.644 0.356　0.906 $A=121$	0.277　0.500　0.723 0.073　0.927 $A=200$
5	$A=15.4$	0.560 $A=50.0$	0.384　0.692 $A=104$	0.294 0.529 0.765 $A=178$
6	0.736 $A=15.4$	0.446　0.853 $A=50.0$	0.308 0.616 0.898 $A=104$	0.471 0.235 0.707 0.922 $A=178$

图 2-1-2　截面均匀的棒在各种边界条件下的振型

1——一端紧固一端自由；2——两端的铰接；3——两端均紧固；4——两端均自由；5——一端紧固一端铰接；6——一端铰接一端自由

质量和厚度均匀的正方形薄板，在三种边界条件下的振型如图 2-1-3 所示，图中点线表示板振动节线，其相应的振动频率 f_n 如式（2-1-2）所示。

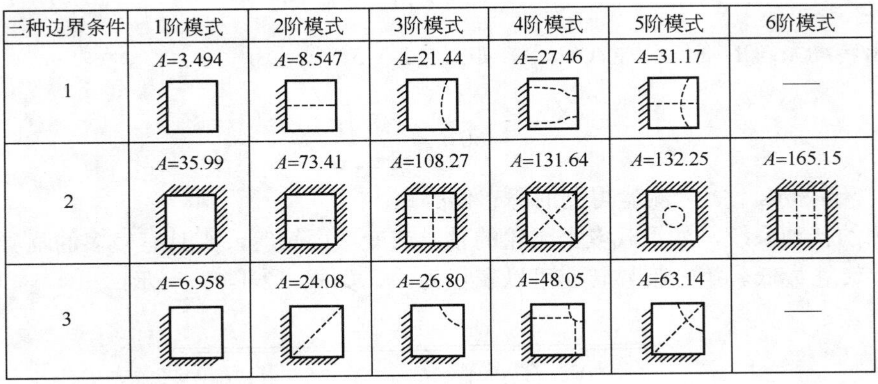

三种边界条件	1阶模式	2阶模式	3阶模式	4阶模式	5阶模式	6阶模式
1	$A=3.494$	$A=8.547$	$A=21.44$	$A=27.46$	$A=31.17$	——
2	$A=35.99$	$A=73.41$	$A=108.27$	$A=131.64$	$A=132.25$	$A=165.15$
3	$A=6.958$	$A=24.08$	$A=26.80$	$A=48.05$	$A=63.14$	——

图 2-1-3　正方形薄板振型

$$f_n = \frac{A_n}{2\pi} \sqrt{\frac{D}{\rho h a^4}} \qquad (2\text{-}1\text{-}2)$$

$$D = \frac{Eh^3}{12\,(1 - \mu^2)}$$

式中　μ——泊松比；

ρ——板的密度；

h——板厚；

a——边长。

材料的弹性模量愈大，材料愈粗厚，则固有频率愈高；棒愈长，板面积愈大，则固有频率愈低。为改变弹性材料的固有模态，可改变材料刚度。

（5）转动系统的振动

简单的转动系统，如图 2-1-4 所示的一根两端固定在轴承中的转动轴，中间承载着一个固定在轴上的飞轮，当飞轮的质量远远大于轴的质量时，则认为飞轮的质量 M 即可以代表转动系统的质量。此时这个转动系统的弯曲共振频率 f 可以表示为式（2-1-3）：

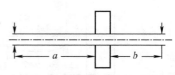

图 2-1-4　两端固定转动轴

$$f = \frac{1}{2\pi} \sqrt{\frac{q}{M}} \qquad (2\text{-}1\text{-}3)$$

$$q = 3EI(a+b)\,/\,(a^2 b^2)$$

式中　q——该转动系统产生单位距离的偏心所需要的力；

a——飞轮离左边轴端距离；

b——飞轮离右边轴端距离；

E——转动轴材料的弹性模量；

I——轴截面的转动惯量。

转动系统的最低共振频率定义为该转动系统的临界转速。水平轴，其承载质量为 M 的飞轮，所产生静态偏心距 d 如式（2-1-4）所示：

$$d = \frac{Mg}{q} = \frac{Mg}{(2\pi f)^2 M} = \frac{g}{4\pi^2 f^2} \qquad (2\text{-}1\text{-}4)$$

可算出转动系统的临界转速（$n_{临界}$）如式（2-1-5）所示：

$$n_{临界} = 60\,f = \frac{60}{2\pi} \sqrt{\frac{g}{d}} \qquad (2\text{-}1\text{-}5)$$

式中，$g=9.8\text{m/s}^2$；d 为测量得到的静态偏心距。

较复杂的转动系统，如承载多个飞轮的轴，或变截面轴等，则具有较多的临界转速，其中第一临界转速最低。第一临界转速可以表示为 n_1，如式（2-1-6）所示：

$$n_1 = \frac{1}{\sqrt{\left(\dfrac{1}{n_{轴}}\right)^2 + \left(\dfrac{1}{n_{负1}}\right)^2 + \left(\dfrac{1}{n_{负2}}\right)^2 + \mathrm{L} + \left(\dfrac{1}{n_{负i}}\right)^2}} \qquad (2\text{-}1\text{-}6)$$

式中　$n_轴$——轴的临界转速；

　　　　$n_{负1}$——飞轮 1 与轴的临界转速；

　　　　$n_{负2}$——飞轮 2 与轴的临界转速；

　　　　$n_{负i}$——第 i 个飞轮与轴的临界转速。

两端由轴承支撑的变截面轴的等效直径 d 可按式（2-1-7）计算：

$$d = \frac{1}{L} \sum_{i=1} d_i l_i \qquad (2\text{-}1\text{-}7)$$

式中　L——轴长；

　　　　$d_i l_i$——不同截面轴的直径与相应的轴长之积。

为了避免转动系统产生共振，要求振动系统的工作转速 $n_{工作}$ 低于第一临界转速 n_1 的 80%，即满足：

$$n_{工作} < 0.8 n_1 \qquad (2\text{-}1\text{-}8)$$

在较低的工作转速下，如为第一临界转速的 1/2、1/3、1/4 时，也能激发转动系统产生共振。为此，建议转动系统的连续工作转速应在大于 0.5 而小于 0.8 的临界转速内选择。对于旋转机械，如风机、砂轮等，切记不要任意提高转速，防止由于共振而激发强烈噪声，共振严重的可能损坏机器，甚至出现工伤事故。

机械噪声是能够控制的，其主要途径是避免或减少撞击力、周期力和摩擦力，如用液压代替锻压，用焊接代替铆接，提高加工工艺和安装精度，使齿轮和轴承保持良好润滑条件等。为减小机械部件的振动，可在接近力源的地方切断振动传递的途径，如以弹性连接代替刚性连接，或采用高阻尼材料吸收机械部件的振动能。在机械设计上可尽量减少附件，并注意提高机件的刚度，以减小噪声辐射。

1.1.2　空气动力性噪声

高速气流、不稳定气流以及由于气流与物体相互作用产生的噪声，称为空气动力性噪声。

按空气动力性噪声的产生机制和特性，又可分为喷射噪声、涡流噪声、旋转噪声和周期性进排气噪声等。激波与火焰燃烧的运动状态也满足气体动力学的一般规律，故激波噪声与燃烧噪声也属于空气动力性噪声。

（1）喷射噪声

气流从管口高速（介于声速与亚声速之间）喷射出来，由此而产生的噪声称为喷射噪声（亦称喷注噪声），如喷气发动机排气噪声和高压容器排气噪声就是喷射噪声。图 2-1-5 为圆形喷嘴排放气流示意图。

喷射噪声是从管口喷射出来的高速气流与周围静止空气激烈混合时产生的，最简单的自由喷射是由一个高压容器通过一个圆形喷嘴排放气流。气体在容器内速度等于零，在圆管的最窄截面处流速达到最大值，下面介绍这种喷射噪

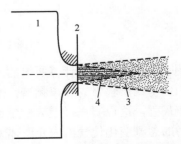

图 2-1-5　圆形喷嘴排放气流示意图

1—压力容器；2—喷口；3—湍流混合区；4—势核

声的成因和特点。

管口喷射出的高速气流，由于内部静压低于周围静止气体的压强，所以在高速气流周围产生强烈的引射现象，沿气流喷射方向，在一定距离内大量气体被喷射气流卷吸进去，从而喷射气流体积越来越大，速度逐渐降低。但在喷口附近，仍保留着体积逐渐缩小的一小股高速气流，其速度仍保持喷口处气流速度，常被称为喷射流的势核。势核长度约为喷口直径的 5 倍。在势核周围内，高速气流与被吸进的气体剧烈混合，这是一段湍化程度极高的定向气流。在这段区域内由势核到混合边界的速度梯度大，气流之间存在着复杂多变的应力，涡流强度高，气流内各处的压强和流速迅速变化，从而辐射较强的噪声。

在稳定的自由喷射流中，气体的流出速率是不变的，也不存在固体边界与气流作用产生的力。又因为在亚声速与跨声速的喷射气流中黏滞应力与热传导的影响可以忽略不计，所以波动方程式可以写成：

$$\frac{\partial^2 \rho}{\partial t^2} - c^2 \frac{\partial \rho^2}{\partial x_i^2} - \frac{\partial^2 (\rho_0 v_i v_j)}{\partial x_i \partial x_j} = 0 \qquad (2\text{-}1\text{-}9)$$

式中　　$\rho_0 v_i v_j$ ——转移动量；

$\rho_0 v_i$ ——i 方向的动量；

v_j ——沿 j 方向的气流速度。

由式（2-1-9）可以看出，稳态喷射流中唯一的噪声源来自于转移动量的梯度张量。图 2-1-6 为喷口下游噪声频谱和强度。1、3、4、5、7 分别表示以喷口直径表示的到喷口的下游距离。

在图 2-1-6 中，流体体元从 A 点流向 B 点，由于从 A 到 B 的 $\frac{\partial v}{\partial y} < 0$，所以体元在这段处于减速状态，从而辐射喷射噪声。由此可知，喷射噪声主要取决于喷射流速度场，并且只有存在高速度剪切层和强湍化区才能产生喷射噪声。

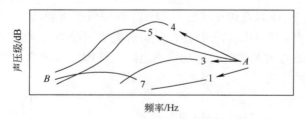

图 2-1-6　喷口下游噪声频率和强度

图 2-1-6 中所示为计算所得的曲线，计算点选在喷射下游处距喷口不同位置，计算湍化强度和由剪切层辐射的噪声频谱、相对强度。由图可见，在距离喷口 4～5 倍喷口直径处，喷射噪声最强。这说明在接近势核尾部区域的剪切层内，气流的湍化得到充分提高，气流内各向应力的急剧变化使气流内介质体元的运动状态、密度、压力发生复杂的变化，因而辐射较强的噪声。而在离喷口较近的地方，由于剪切层内气流尚未充分混合，因而湍化强度不高，喷射噪声也较低。在远离喷口的地方，则由于在势核以外涡流得到充分发展，体积增大，强度减弱，剪切层速度梯度大大减小，使得喷射噪声又逐渐降低，所以，在距喷口为喷口直径

6 倍的区域内设法降低噪声，对控制喷射噪声具有重要意义。

喷射噪声具有四极子声源的辐射特性。从理论分析和实验得知，射流速度在亚声速至声速的范围内，喷射噪声的声功率 W 如式（2-1-10）所示：

$$W = K \frac{S\rho V^8}{2C^5} = KM^5 \frac{S\rho V^3}{2} \tag{2-1-10}$$

式中　　K——在一定状态下的比例常数，与喷射气流和周围静止气体的密度及热力学温度有关；

　　　　S——喷口截面积；

　　　　ρ——介质密度；

　　　　V——喷射流出口速度；

　　　　C——介质中的声速；

　　　　M——马赫数，$M = \dfrac{V}{C}$；

$\dfrac{S\rho V^3}{2}$——喷射的机械功率。

喷射噪声的辐射效率 η 如式（2-1-11）所示：

$$\eta = \frac{\text{声功率}}{\text{机械功率}} = KM^5 \tag{2-1-11}$$

喷射噪声的辐射效率与马赫数的五次方成正比。图 2-1-7 为三种状态参量 $\dfrac{\rho_j}{\rho}\left(\dfrac{T_1}{T}\right)^2 = 10$、

1、0.1 下的辐射效率与马赫数的关系曲线。图中标注的 ρ_j 为喷射气流密度，T_1 为喷射气流热力学温度，ρ 为周围静止空气的密度，T 为周围静止空气的热力学温度。

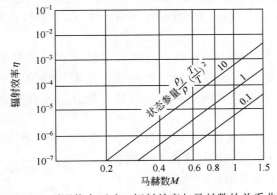

图 2-1-7　不同状态下喷口辐射效率与马赫数的关系曲线

喷射噪声具有明显的指向性，最大噪声分布在喷口轴向 30°～40° 范围内。喷射气流速度达到声速时，其典型喷射噪声指向图如图 2-1-8 所示。从这个指向图中可以近似估计喷射噪声在某一确定方向上的噪声。

在自由喷射流的远场区，喷射噪声的频谱图为中间高两边逐渐降低的馒头形，如图 2-1-9 所示。

峰值频率 f_p 可由式（2-1-12）得出：

$$f_p = \beta \frac{V}{d} \qquad (2\text{-}1\text{-}12)$$

式中　β——斯特劳哈尔数，可取为 0.2；

　　　　V——喷嘴出口处喷射流流速，m/s；

　　　　d——喷嘴直径，m。

从式（2-1-12）中可以看出，峰值频率与喷嘴直径有关，因此采用多个小面积喷口代替一个较大面积的喷口，可提高 f_p。提高 f_p，则有利于消除高频噪声。

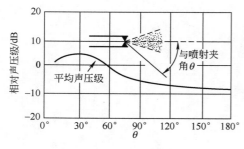

图 2-1-8　喷射噪声指向图

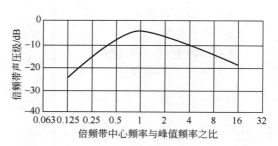

图 2-1-9　自由喷射噪声频谱图

一般情况下，根据图 2-1-7~图 2-1-9 和式（2-1-10）~式（2-1-12），可以近似估计喷射噪声的总声功率级、指向性和自由喷射噪声远场频谱。

（2）涡流噪声

气流流经障碍物时，由于空气分子黏滞摩擦力的影响，具有一定速度的气流与障碍物背后相对静止的气体相互作用，就在障碍物下游区形成带有涡旋的气流。

这些涡旋不断形成又不断脱落，每个涡旋中心的压强低于周围介质压强，每当一个涡旋脱落时，湍动气流中就出现一次压强跳变，这些跳变的压强通过四周介质向外传播，并作用于障碍物。当湍动气流中的压强脉动含有可听声频率成分，且强度足够大时，则辐射出噪声，称为涡流噪声或湍流噪声。

电线被大风吹而产生的哨声，狂风吹过树林的呼啸声，均是生活中常见的涡流发声现象。当物体以较高的速度在气体中通过时也能产生涡流噪声，如在空中挥动藤条或竹竿就能发出与风吹电线一样的哨声。总之，气体与物体以较高的速度相对运动就能产生涡流噪声。

下面对涡旋的产生机理和涡流噪声的特性进行简单的分析。可选择一个形状简单、表面规则光滑的圆柱体，研究气流流过这个圆柱体时的流动状态。将圆柱体置于速度恒定的气流中，其轴线与气流方向垂直。气流流经圆柱体时沿圆柱体表面分流，并在圆柱背后两侧交替出现旋转方向相反的涡旋。涡旋以比气流速度低的速度离开圆柱体，形成两条涡旋列，如图 2-1-10 所示的涡旋轨迹。这种涡旋轨迹称为"卡门涡街"。只有雷诺数较低时，

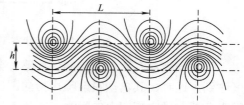

图 2-1-10　涡旋离开圆柱体的轨迹

才能形成规则的涡列。若两列涡旋相距为 h，每侧的两个相邻涡旋相距为 L，则卡门涡街满足以下关系，如式（2-1-13）所示：

$$\frac{\pi L}{h} = \sqrt{2} \tag{2-1-13}$$

实际上，可听到的涡流噪声一般都是高速气流通过形状不规则的物体时形成的。所以，涡旋的形成、脱落以及排列全是无规的和不稳定的，频率成分往往呈无规宽带特性。但是，对于几何形状简单的物体来说，涡旋从形成、发展到脱落，大体有一定的周期性。因此，尽管涡流噪声是一系列脉冲压强的作用结果，应具有宽带噪声特性，但同时也具有较突出的频率成分，其峰值频率可用式（2-1-12）计算，只是 d 由喷口直径改为物体特征尺寸。

每当一个涡旋脱落时就产生一个作用于障碍物的脉动力，作用方向与气流流动方向一致，在连续脉动力作用下的障碍物产生类似振动球那样的运动，所以这种涡流噪声源属于偶极声源。涡流噪声的声功率与气流速度的六次方成正比。

气流管道中的障碍物及管道中的支撑物、导流片、扩散器等由于涡流会产生噪声，阀门会导致涡流的产生，从而激发涡流噪声。这种涡流噪声常常因为与障碍物的固有频率相吻合而产生放大噪声的现象。

设气流管道中的障碍物垂直于气流运动方向的截面尺寸远小于管道的截面尺寸，可以认为流经障碍物的气流速度比管道中气流的平均流速不会高很多，噪声主要是气流与物体相互作用的结果。涡流的产生和脱落，产生作用于障碍物的脉动力，障碍物振动激发的噪声沿管道传播出去。

涡流噪声的声功率 W 可用式（2-1-14）近似估算：

$$W = k\frac{\Delta p^3 D^2}{\rho^2 c^3} \tag{2-1-14}$$

式中　k——经验常数，由实验得出圆形管道的常数 $k = 2.5 \times 10^{-4}$；

　　　ρ——气体密度，kg/m^3；

　　　c——声速，m/s；

　　　D——管道直径，m；

　　　Δp——障碍物前后的气体压力差，N/m^2。

为降低噪声，应减小气流管道中障碍物的阻力，如把管道中的导流片、支撑物等改进成流线型，表面尽可能光滑，也可调节气阀或节流板等，并采用多级串联降压方法，以减小噪声功率。

（3）旋转噪声

旋转的空气动力机械，如飞机螺旋桨旋转时与空气相互作用，连续产生压力脉动，从而辐射噪声，称为旋转噪声。

桨叶每转动一周，就通过其运动轨迹上某一点一次。通过该点时叶片的背面受到空气的阻力脉冲，则叶片的反作用使空气向后运动，而叶片正面的负压脉冲把空气向前吸引。下一个叶片转动，通过这一点时重复上述过程。在单位时间内通过的叶片越多，则产生的压力脉冲越多。按照傅里叶分析，这一系列压力脉冲可以分解为一个与时间无关的直流压力和以单位时间通过的叶片数目为基础的一系列高次压力谐波的和。其中直流压力可以理解为飞机螺旋桨拖曳飞机的引力，或是风机中赖以产生气流的压力。而以叶片通过次数为基频的压力谐波，在其压力扰动足够强、频率在人耳听觉范围内时，产生旋转噪声。

旋转噪声的谐波频率 f_i 如式（2-1-15）所示：

$$f_i = \frac{nz}{60}i \tag{2-1-15}$$

式中　i——谐波数，$i=1$，2，3，…；

　　　n——叶片每分钟转动次数；

　　　z——叶片数。

旋转噪声各谐波分量的相对强度，取决于压力脉冲的形状以及叶片宽度。压力脉冲越尖锐，则各谐波相对强度的差越小。

旋转噪声频率是叶片通过频率与其高次谐波频率的合成，图 2-1-11 为典型旋转噪声谱。

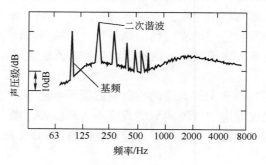

图 2-1-11　典型旋转噪声谱

一个具有两个叶片的叶轮以 3300r/min 的速度旋转,其噪声窄带分析结果:基频为 110Hz,二次与三次谐波分别为 220Hz、330Hz,如图 2-1-12 所示。由理论分析和实验得知,增加叶片数目可相应地减少旋转噪声中有效谐波数,即可降低旋转噪声。如果叶片数目加倍,原来的奇次谐波成分被去掉,一般情况下旋转噪声的声压级可降低 3dB。由图 2-1-13 可看出,在额定功率下螺旋桨的叶片数目及叶片尖端速度对其旋转噪声的影响。

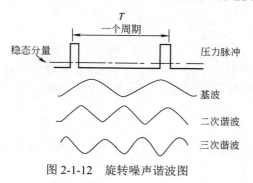

图 2-1-12　旋转噪声谐波图

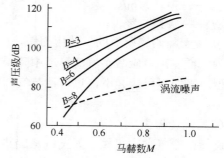

图 2-1-13　螺旋桨叶片数和叶片尖端速度与旋转噪声关系（B 为叶片数）

由图 2-1-13 可看出，叶片尖端速度越高（即 M 越大）则旋转噪声越强。此外，谐波噪声成分增强的速度大于基频噪声，这是飞机螺旋桨、涡轮喷气机的涡轮具有突出的高调刺耳声的原因。

假设旋转叶片产生的压力脉冲是矩形的，则可以推导出旋转噪声的谐波声压级 p_i，如式（2-1-16）所示：

$$p_i = \frac{iz\omega_0}{2\sqrt{2}\pi cr_0}\left(\frac{cQ}{\omega_0 R_e^2} - T\cos\theta\right) J_i\left(\frac{iz\omega_0}{c}R_e\sin\theta\right) \qquad (2\text{-}1\text{-}16)$$

式中　i——谐波次数，i=1，2，3，…；

p_i——在与叶片旋转轴成 θ 角，又距叶片轴心为 r_0 处的第 i 次谐波的声压级；

z——叶片数目；

ω_0——叶片旋转角速度；

c——声速；

R_e——叶片有效长度；

Q——总转动力矩；

T——总推力；

J_i——以 i 为自变量的柱塞贝尔函数。

已知叶片旋转产生的总推力和总力矩，就可计算出各谐波的声压级。取 $R_e = 0.8R$（R 为叶片长度），计算结果一般与实测数值是一致的。此时 p_i 可以写成式（2-1-17）：

$$p_i = \frac{iz\omega_0}{2\sqrt{2}\pi cr_0}\left[\frac{cQ}{\omega_0(0.8R)^2} - T\cos\theta\right] J_i(0.8Miz\sin\theta) \qquad (2\text{-}1\text{-}17)$$

式中，　$M = \dfrac{\text{叶片尖端速度}}{\text{声速}}$（马赫数）。

式（2-1-16）中的旋转噪声是由两个方向的压力脉冲合成的，一个是沿轴线方向的压力脉冲，一个是在旋转平面上的扭转力脉冲。这两种压力脉冲辐射噪声的指向性分别由 $-\cos\theta J_i\left(\dfrac{iz\omega_0}{c}\sin\theta\right)$ 和 $J_i\left(\dfrac{iz\omega_0}{c}\sin\theta\right)$ 决定，合成旋转噪声的指向性如图 2-1-14 所示。显然，旋转噪声在叶片的背面一侧较强，而正面较弱。当叶片尖端速度不是很高，即马赫数 $M \leqslant 1$ 时，旋转噪声不是很强；当叶片尖端速度接近或超过 1 个马赫数时，旋转噪声非常强，并且高次谐波噪声高于基频噪声。谐波阶次愈高，噪声愈强。如涡轮喷气发动机的进口噪声就是典型的涡轮压气机的旋转噪声，以叶片通过频率为基频的各次谐波非常突出，具有令人生厌的高频刺耳啸叫声。

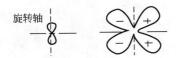

（a）轴向推力脉冲辐射噪声指向图　　　　（b）转动方向动力脉冲辐射噪声指向图　　　（c）旋转噪声的指向性

图 2-1-14　旋转噪声指向性

叶片尖端速度较高的轴流风机或离心风机，也呈现明显的旋转噪声。但是，对于叶片尖端速度较低的风机，则旋转噪声较低，往往被涡流噪声掩盖。

（4）燃烧噪声

各种液态燃料和气态燃料必须通过燃烧器与空气混合才能燃烧。在燃烧过程中产生强烈的噪声，这种噪声统称为燃烧噪声。

近代燃烧理论认为，燃烧是一种游离基的连锁反应，即在瞬时进行的循环连续反应。游离基是连锁反应的中心环节，在燃烧中游离基参与化学反应并不断还原，使燃烧进行下去。所以，燃烧的氧化反应过程并不是一次直接完成的，而是中间经过游离基的作用才完成的。

可燃物质不论是气态的、液态的还是固态的，它们燃烧时的物理状态均一样，燃烧反应的化学过程也相似，燃烧时形成火焰并放出光、热和声。现以气体燃料为例，讨论几种燃烧噪声的产生机制、特性和一般控制措施。

1）燃烧吼声　可燃混合气燃烧产生的噪声，称为燃烧吼声。燃烧吼声大部分来自于燃烧火焰的外焰。外焰有许多燃烧基本单元，每个燃烧基本单元在游离基作用下瞬时被激烈氧化，同时体积猛烈膨胀，压力升高并释放热量，可燃混合气体不断补充到外焰区域并被升温，从而使连锁反应持续进行下去。但是，这个区域内的燃烧基本单元的位置是随机变化的。可燃混合气体燃烧时形成的火焰，表面看来是连续稳定的，实质上，无论是从微观上还是从宏观上看，外焰的形状以及外焰的气态物质的物理和化学过程均具有随机形式的重大变化。其中，强度较大的压强脉动通过周围介质向四周传播，产生燃烧吼声。

① 燃烧吼声的频率特性　燃烧吼声的频带较宽，在低频范围内具有明显的峰值成分，峰值频率 f_p 如式（2-1-18）所示：

$$f_p = KF / S \qquad (2\text{-}1\text{-}18)$$

式中　F——可燃气体在燃烧器内充分燃烧时的流速；

S——火焰厚度；

K——比例常数。

燃烧过程中，可燃气与空气若在最佳混合状态下，则其燃烧吼声具有最高峰值频率；非最佳混合的燃烧，吼声峰值频率就下移。

无论使用的燃烧器类型如何，可燃混合气燃烧时的吼声大部分声能均集中在 250～600Hz，燃烧吼声频谱图如图 2-1-15 所示。

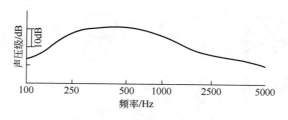

图 2-1-15　燃烧吼声频谱图

② 燃烧吼声的强度　经过多次试验分析，燃烧吼声的声功率与单位时间内燃烧释放的化学能之比为 10^{-3}～10^{-2}。燃烧吼声属于空气动力性噪声，具有单极声源的辐射特性。也可以认为，吼声的声源是由许多同相位的单极声源群构成的，其辐射的声功率 W 可由式（2-1-19）得出：

$$W = \frac{\rho N}{4\pi c}\left[\frac{\mathrm{d}}{\mathrm{d}t}(E-1)\,q\right]^2 \qquad (2\text{-}1\text{-}19)$$

式中　N——单极声源的数目；

　　　E——混合气燃烧前后的体积膨胀比；

　　　q——每个单极声源可燃气体的体积消耗速率；

　　　ρ——混合气的气体密度；

　　　c——声速，$\mathrm{d}t$ 是对时间求导。

当焰体尺寸短于辐射声波的波长，且单极声源的数目保持不变时，则辐射吼声的频率特性也不变。此时可以认为燃烧吼声的声功率与燃烧速度的平方成正比。当可燃气与空气的混合比保持不变时，燃烧速度与可燃混合气的流出速度成正比。当燃烧器内气体流动处于湍流状态时，燃烧器前后的气流压降与湍动气流流速的平方成正比。所以，燃烧吼声的声功率与可燃气或可燃混合气的流出速度的平方成正比。当燃烧速度不变时，燃烧器两端的压降与吼声声功率成正比。

燃烧吼声与燃烧强度也成正比。燃烧强度表示单位体积的热量释放率。因此，当火焰燃烧速度（总热量释放率）保持不变而火焰体积增大时，则燃烧强度降低，燃烧吼声也降低。实验研究表明，当燃烧速度不变，火焰体积增大 1 倍时，则吼声可降低 3dB。通过改变燃烧器喷嘴的排列方式，能够改变火焰充分燃烧的区域（即火焰体积），使火焰体积增大，从而使燃烧吼声中的高频成分互相抵消。一般当焰体尺寸等于某一频率的 1/4 波长时，高于这一频率的噪声成分因干涉现象而变弱。

若混合气在最佳混合状态下，对于喷射控制的扩散燃烧：当最大湍动混合区与燃烧区一致时，产生的噪声较弱；当混合区大于燃烧区时，便产生额外的湍动噪声；当混合区小于燃烧区时，则不能达到最大的燃烧强度。

2）振荡燃烧噪声　可燃混合气通过燃烧器燃烧时，由于燃烧气体的强烈振动而产生的噪声，称为燃烧激励脉动噪声，或简称振荡燃烧噪声。这种噪声频带很窄，一般带宽小于 20Hz，并含有高次谐波成分，图 2-1-16 是典型振荡燃烧噪声频谱。振荡燃烧噪声的强度大，尤其当与燃烧系统的自然频率相吻合时，产生共振，噪声明显增强，甚至可能损害燃烧系统中的某些元件或设备。振荡燃烧噪声的辐射效率远大于燃烧吼声。

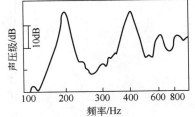

图 2-1-16　典型振荡燃烧噪声频谱

早在 1945 年，瑞利（Rayleigh）就提出用一个简单的准则来判断能否产生燃烧振荡。其判断准则是，发生音频振荡时，当瞬时声压大于 0（正）时刚好有热量输入，当瞬时声压小于 0（负）时刚好热量释放，则振荡增强，有可能引起燃烧振荡。用数学形式表现这种增幅振荡的可能条件如式（2-1-20）所示：

$$\int hp\,\mathrm{d}t > 0 \qquad (2\text{-}1\text{-}20)$$

式中　h——热量释放的瞬时速率；

p——瞬时声压；

t——时间；

$\int$——在一个振荡周期内的积分。

这个可能产生燃烧振荡的条件为瑞利准则。

可燃气燃烧时产生的振荡，总要受到燃烧系统中一定阻尼的作用，只有当周期作用的振荡力大于阻尼的影响时才能产生增幅振荡，故上式应改写成式（2-1-21）：

$$\int hp\mathrm{d}t > 某一正数 \tag{2-1-21}$$

若能满足振荡条件，则燃烧系统将产生振荡。这是由于可燃气与空气的初次混合速度的周期变化引起混合气体燃烧速度的周期变化，使得热量释放率发生周期变化，并与声波相互影响。此外，再加上振荡的反馈，以致产生强烈的振荡噪声。

根据上述分析，目前已有相当多的方法可避免或降低这种噪声。如选择风量、风压合适的风机，采取保证可燃气或气体的流速稳定的措施等。气流噪声可用消声器减噪。由管道传播的固体声可采用弹性连接，以避免声波信号馈入燃烧器。在燃烧器中使用 1/4 波长管、亥姆霍兹共振器、吸声材料衬层等，都能消除一定带宽的噪声。

3）工业燃烧系统的噪声　一个燃烧系统，除了能产生燃烧吼声或振荡噪声以外，还有来自燃烧设备与燃烧过程的噪声，如可燃气以及空气供应系统中的风机和阀门噪声，可燃气与空气从燃烧器喷嘴喷出的喷射噪声，以及燃烧炉或燃烧器所在房间的共鸣声等，这些噪声与燃烧吼声和脉动噪声一起合成为燃烧系统的噪声。图 2-1-17 为工业燃烧系统的噪声源。

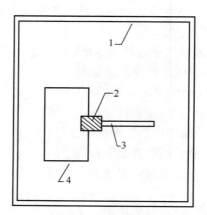

图 2-1-17　工业燃烧系统噪声源

1—环境（房间）；2—燃烧喷嘴；3—供气和供油系统；4—燃烧炉

燃烧器的上游，即气体供应系统，有沿管道壁面传向燃烧器的风机噪声，还有由各种结构中混合气的不稳定流动所导致的振荡燃烧噪声。除此，管道气体的湍流还会放大燃烧吼声。图 2-1-18 所示的两条曲线，一条表示具有较强湍动的可燃气体燃烧时的吼声频谱（A），另一条表示较弱湍动的可燃气体燃烧时的吼声频谱（B）。湍动放大吼声主要与湍动的强度有关，与湍动的体积无关。

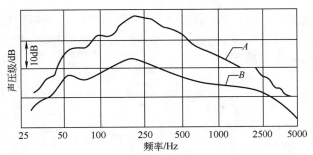

图 2-1-18 可燃气体燃烧吼声频谱
A—湍动气流；B—无湍气流

燃烧器的下游、燃烧炉、燃烧器耐火瓦管或燃烧器所在的车间等，由于具有大小不等的空间体积，因而燃烧吼声具有很宽的频带，这些空间常常被吼声激发产生共振。共振的频率与空间尺寸有关，共振频率如式（2-1-22）所示：

$$f_i = \frac{ic}{2l} \tag{2-1-22}$$

式中　i——谐波次数，$i=1$，2，3，…；

　　　c——声速；

　　　f_i——第 i 个共振频率；

　　　l——燃烧炉炉膛长度或炉内横向尺寸。

计算时，c 值可根据燃烧温度算出。

图 2-1-19 为在一个燃烧系统附近实测的噪声频谱。由图中可看到，55Hz 峰值是由房间共振引起的，600Hz 和 1800Hz 是燃烧器瓦管共振频率，通过燃烧器喷口的气流噪声被放大到 2000Hz 以上，而原来的燃烧吼声几乎分辨不出来。

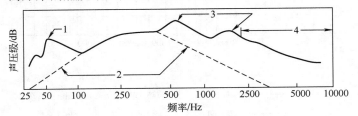

图 2-1-19 某燃烧系统附近实测噪声频谱
1—房间的响应；2—典型燃烧吼声谱；3—燃烧器瓦管的响应；4—气流吼声放大

控制燃烧系统噪声的措施主要有：选择低噪声燃烧器；选择低噪声风机和阀门；在管道连接处加阻尼层以抑制振动；降低管道内气体流速，减小气流的湍动强度。具体方法是：选用湍动强度较小的燃烧器（如多孔喷嘴燃烧器），若燃烧器湍动强度大时，也可使燃烧器远离管路元件（如阀门、大小头、弯头、三通等），以加大湍动的衰减距离；安装时，燃烧炉与相对壁面最好是不平行的，或将壁面做成活动可调的；在房间内则选好燃烧器的位置，并采用一些吸声结构。

（5）周期性进排气噪声

周期性进排气噪声是一种影响较大的空气动力性噪声。内燃机、活塞式空气压缩机的进排气噪声都是周期性的。现以内燃机排气为例，对周期性进排气噪声进行分析。

内燃机周期性排放高压、高温废气，使周围空气的压强和密度不断受到扰动而产生噪声。这种噪声是一种类似于脉动球的单源。由于是周期排气，在排气管和排气口就形成连续的脉冲压力变化，仅就这一点而论，排气噪声和旋转噪声有相似之处。内燃机排气噪声的频率 f_i 如式（2-1-23）所示：

$$f_i = \frac{inz}{60\tau} \qquad\qquad (2\text{-}1\text{-}23)$$

式中　i——谐波次数，i=1，2，3，…；

$\quad\quad n$——主轴转数，r/min；

$\quad\quad z$——汽缸数；

$\quad\quad \tau$——行程系数（对于四行程，$\tau=2$；对于二行程，$\tau=1$）。

f_1 是基频，等于内燃机的点火频率，即排气频率。当内燃机负载加强时，排气压力幅值增强，与旋转噪声相似，谐波成分加强，谐波阶次可高达 20，而高于 20 次的谐波强度相对来说便很弱了。

内燃机排气噪声与其额定功率有关，功率越大，则噪声越强。当机器的额定功率一定时，其主轴转速越高，则负载越大，排气噪声也越强，如图 2-1-20 所示。表 2-1-1 和表 2-1-2 为国产两种常用内燃机在不同情况下的噪声级（A 声级与 C 声级），是在距排气口 45°方向上 0.5m 处测量得到的。

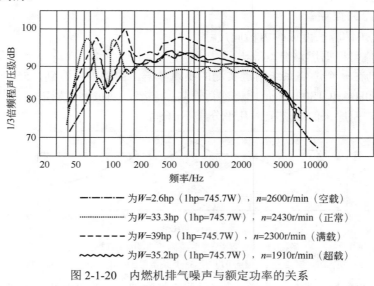

—·—·— 为W=2.6hp（1hp=745.7W），n=2600r/min（空载）

·········· 为W=33.3hp（1hp=745.7W），n=2430r/min（正常）

− − − − 为W=39hp（1hp=745.7W），n=2300r/min（满载）

〜〜〜 为W=35.2hp（1hp=745.7W），n=1910r/min（超载）

图 2-1-20　内燃机排气噪声与额定功率的关系

表 2-1-1　4115R 型柴油发动机排气的噪声级

状态	C 声级/dB	A 声级/dB
空转	111	106
10hp	113	108
22hp	117	112
55hp	123	118

注：1hp=745.7W。

表 2-1-2　汽油发动机排气噪声级

状态		C 声级/dB	A 声级/dB
500r/min	0.5kg/cm^2	110	105
1000r/min	1.75kg/cm^2	119	111
2000r/min	2.75～3.75kg/cm^2	125	119
3800r/min	4.5kg/cm^2	123	122

各种风动工具，如风镐、风铲、气动砂轮等，其排气噪声与内燃机排气噪声的产生机制和特点基本一样。内燃机和风动工具的排气噪声，可用扩张室或共振腔等形式的抗性消声器予以降低。容积式鼓风机和压缩机的进排气噪声的产生机制与特点也类似于内燃机的排气噪声，只是因为机器的进排气的频数和压力脉冲的形状不同，所以在基频与高次谐波的频率的分布上有些不同。

（6）激波噪声

① 冲击波　激波也称为冲击波，是一种压强极高的压缩波。与声波相似，冲击波也是弹性介质中的压强扰动，能够在介质中以波的形式传播。

爆炸能产生强烈的冲击波。冲击波的压强可达几千个大气压（1 个大气压=101325Pa）。可以利用冲击波为人类造福，但是，不必要的冲击波也会给人们带来灾害。即使很弱的冲击波也能损坏建筑物，损伤人的听觉器官。

大气中传播的冲击波，在波前通过气体介质的一瞬间，不仅压强骤增，同时密度陡然变大，温度突升。冲击波的厚度，在一个大气压的环境条件下只有 10^{-6}cm 的数量级。图 2-1-21 为膨胀爆炸气体传播能量示意图。

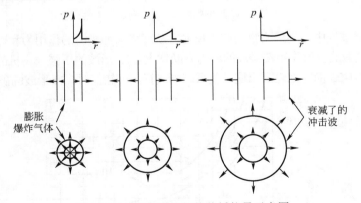

图 2-1-21　膨胀爆炸气体传播能量示意图

冲击波与声波的主要区别在于它通过介质传播，不是等熵过程。因此，冲击波传播时除有能量消耗和能量分散外，还有一部分能量转化为热，使介质的温度升高，形成额外的能量损失。冲击波衰减远比声波快。从图 2-1-21 中可看出爆炸冲击波衰减的情形。冲击波的传播速度大于声速，冲击波产生的压强越大，速度越快，较强的冲击波传播速度可达数十个马赫数。冲击波的传播速度随其能量不断衰减而逐渐降低，当降到与声速相等时，冲击波就衰变成一般的脉冲。爆炸冲击波衰变成声波距离的大小与其传播的介质有关：介质为空气时，距离为爆炸直径的几百倍；介质为水时，距离为爆炸直径的 2 倍；介质为固体时，距离只有爆炸直径的几分之一。

② 激波轰声　飞机以超声速飞行时也能产生冲击波，通常称为激波轰声。

超声速飞机的飞行激波，是由于飞机前面的空气突然被压缩，来不及以声速传递开去而形成的。这就和轮船航行时的情况相似，即当轮船的航行速度高于水面波传播速度时，平静的水面在船头的高速挤压下，来不及以水波形式传播出去而堆集起来，形成八字形水浪，沿船的两侧逐渐延伸。飞行激波与八字形水浪的形成相似，只不过飞行激波在空间传播，以飞机机头和机尾为顶点形成一个双层的圆锥状激波。机头形成的是强烈的空气压缩波，机尾形成的是强烈的空气稀疏波。实际上，飞机任何突出部位如机翼、尾翼等也同时产生飞行激波。当飞行激波在空间通过一段距离传至地面时，由于能量的衰减，激波主要呈现出机头正向激波和机尾负向激波的作用，如图 2-1-22 所示。由于飞机激波压强骤升，随即骤降到环境大气压以下，瞬时又突然回跳至平衡状态，呈现 N 形压强跃变，故飞行激波轰声也常称为 N 形波。

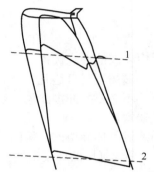

图 2-1-22　飞机机翼产生飞行激波
1—近场激波；2—远场激波

冲击波在传播过程中遇到障碍物会产生反射，从而增加冲击波的作用力和破坏性。激波轰声传至地面，由于地面的反射作用使激波的压力升跃增大。N 形波的压强与飞机的飞行马赫数和飞行高度有关，图 2-1-23 简明地表示出这种关系。当飞行高度较低时，N 形波的破坏力极强。

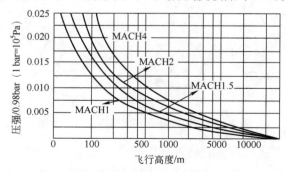

图 2-1-23　飞机的飞行马赫数和飞行高度与 N 形波压强跃升关系曲线

N 形波的作用时间与飞机的长度有关，如小型战斗机约为 100ms，大型客机为 300～1000ms。可以把 N 形波的作用看成是一个声脉冲。声脉冲的频率成分按傅里叶分析可知，基频为脉冲宽度的倒数。在 100Hz 以内，N 形波的频谱包迹随频率的增加，大约以每倍频程 6dB 的速率递减，如图 2-1-24 所示。

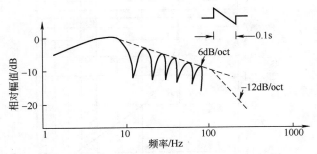

图 2-1-24　N 形波的相对幅值随频率变化关系

高频声易引起人们的烦恼，而低频声是导致建筑物结构破坏的主要因素。N 形波中大部分的能量集中在次声范围，但较强的 N 形波对门窗、房顶、壁面等，能激发出可听声，称为二次噪声源。

凡是以超声速在空气中运动的物体，如刚刚飞出枪口或炮口的弹头、超声速喷射气流，均能产生激波噪声。

③ 阀门激波噪声　　管路中气阀两端的压力比大于临界压力时，在阀门出口处的局部范围内气流流速等于声速，在此处除产生喷射噪声外，还能产生强烈的激波噪声。随阀门两端压力比的加大，高速气流激发更强的激波噪声，此时喷射噪声可以忽略。以上关系如图 2-1-25 所示，图中 m 为通过阀门气流的质量，c 为声速，$(mc^2)/2$ 为射流功率，实际图中纵轴相当于激波噪声的辐射效率。

由图 2-1-25 可知，当压力比超过临界值时，激波噪声辐射效率迅速提高，直到压力比等于 3 时为止。此后辐射效率的增加便趋于缓慢，这时的激波噪声频谱与喷射噪声频谱相似，如图 2-1-26 所示。

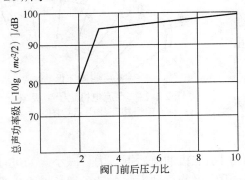

图 2-1-25　阀门激波噪声与阀门前后压力比之间的关系

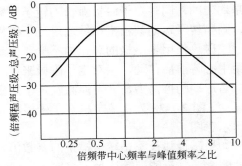

图 2-1-26　阀门激波噪声频谱

其峰值频率 f_p 可由式（2-1-24）得出：

$$f_p = \beta \frac{c}{d} \tag{2-1-24}$$

式中　d——阀门开口的最窄距离；

$\quad\quad c$——声速；

$\quad\quad \beta$——峰值系数。

阀门激波噪声峰值系数与压力比的关系如图 2-1-27 所示。

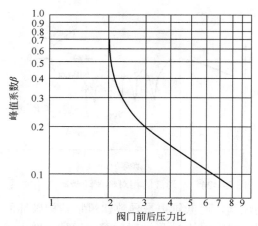

图 2-1-27　阀门激波噪声峰值系数与阀门前后压力比的关系

1.1.3　电磁噪声

电磁噪声是由电磁场交替变化引起某些机械部件或空间容积振动而产生的。

常见的电磁噪声产生原因有线圈和铁心空隙大、线圈松动、载波频率设置不当、线圈磁饱和等。电磁噪声主要与交变电磁场特性、被迫振动部件和空间的形状大小等因素有关。日常生活中，民用大小型变压器、开关电源、电感、电机等均可能产生电磁噪声。工业中变频器、大型电动机和变压器是主要的电磁噪声来源。我国各省市调查统计的结果表明，三类噪声中机械噪声源所占的比例最高，空气动力性噪声源次之，电磁噪声源最小。

（1）直流电机的电磁噪声

不平衡的电磁力是使电机产生电磁振动并辐射电磁噪声的根源。直流电机的定子与转子间的气隙是均匀的，同时定子磁极弧长为转子槽数的整数倍，则当转子运动其齿槽相继通过定子磁极时，虽然气隙磁场作用于磁极的总拉力不变，但是拉力的作用中心将前后移动，相对定子磁极来说，产生一个前后运动的振荡力，它可能激发定子磁极产生切向振动。图 2-1-28 为直流电机定子磁极与转子相互作用示意图。

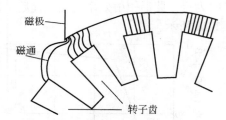

图 2-1-28　直流电机定子磁极与转子相互作用示意图

如果磁极弧长不是转子槽距的整数倍，上述作用于磁极的前后振荡力将减小。如进行适当的配合，甚至能消除这种不平衡力。但是，作用于磁极的总拉力将在转子运转过程中不断变化，使磁极受到另一种径向不平衡力的作用，并可能激发磁极的径向振动。因此，任何情况下运转的电机，其磁极振动总是存在的，或是径向的，或是切向的，也可能兼而有之。

不平衡电磁力的振动频率为 $NR/60$（Hz），式中 N 为转子槽数，R 为转子每分钟转数。振动力的大小与气隙磁通密度的平方成正比。从理论上来说，降低不平衡电磁力的方法是增加气隙间距，但是增加气隙间距，受限于磁极磁通密度的饱和程度。一般最佳气隙间距对应一个最小的不平衡力，实际上常采用下面两个办法来降低由不平衡力引起的噪声，如图 2-1-29 和图 2-1-30 所示。

　　一种方法是采用变化的气隙间距，使气隙由磁极中央向两个边缘逐渐增大，使气隙磁通密度在间断位置逐渐减少，因而能降低脉动磁力。一般磁极中央与磁极边缘气隙的比例取 1∶3 或 1∶5。

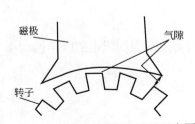

图 2-1-29　转子在磁极中运动示意图

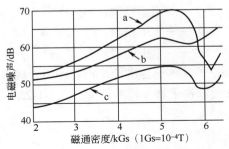

图 2-1-30　磁极转子噪声控制效果图

a—均匀气隙；b—1∶3 渐变气隙；c—斜槽转子与 1∶3 渐变气隙相结合

　　另一种方法是采用斜槽转子，其减少噪声的原理与渐变气隙的方法相似，能使磁极边的磁拉力的突然变化减小。如果同时使用两个方法，降低电磁噪声的作用更为明显。从图 2-1-29 和图 2-1-30 中可以看到这两种方法的减噪效果。

　　直流电机的电磁噪声与电机的功率有较大的关系，电机噪声包括电磁噪声、风扇噪声、电刷噪声、轴承噪声等，而大功率低转速的直流电机，以电磁噪声最为突出。

　　（2）交流电机的电磁噪声

　　同步交流电机的电磁噪声特点与直流电机相同。异步交流电机的电磁噪声，是由定子与转子各次谐波相互作用而产生的，故称为槽噪声，它的大小取决于定子、转子的槽配合情况。由于电机定子、转子的谐波次数不同，所以相互作用合成的磁力波的次数也不同。由实验得知，当两个谐波相互作用产生的力波次数愈低时，它的磁势幅值也愈大，从而激发的振动和噪声也愈强；一般 1、2、3 次力波的影响最严重，相比之下更高阶次的力波作用可以忽略不计。转子是实心轴状体，一般除在 1 次力波作用下可能产生振动以外，其他力波对它的影响不大，只有定子铁心在力波作用下振动而产生变形。定子铁心的截面呈环状，在各种力波作用下的振动或变形情况如图 2-1-31 所示。

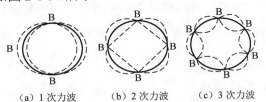

（a）1 次力波　　　　（b）2 次力波　　　　（c）3 次力波

图 2-1-31　同步交流电机力波作用下的振动或变形情况

　　在 1 次波作用下，定子振动但不变形；在 2 次、3 次及高次力波作用下，则定子铁心产生弹性形变。当力波的极对数比较大时，在同一频率同一力的作用下，由于力的分散，振幅就要小得多，电磁噪声也相对减小。

　　当 1、2、3 次较低阶次的力波振动频率与定子轭座或电机外壳的固有振动频率一致时，将产生共振并辐射强烈的噪声。为避免这种现象的出现，可使定子、转子槽相配合，应满足下面情况：

$$Q_1 - Q_2 = \pm1、\pm2、\pm3$$

$$Q_1 - Q_2 \pm 2P = \pm1、\pm2、\pm3$$

式中　　Q_1——定子槽数；

$\quad\quad Q_2$——转子槽数；

$\quad\quad P$——电机的极对数。

定子、转子各次谐波相互作用合成磁力波的频率，决定电磁振动或电磁噪声的频率 f_0，并主要取决于转子槽数，如式（2-1-25）所示：

$$f_0 = \frac{NQ_2}{60} \tag{2-1-25}$$

相应力波数 $= Q_1 - Q_2$。

上边频谐波频率 $f_{上}$为：

$$f_{上} = f_0 + 2f_{电} \tag{2-1-26}$$

相应力波数 $= Q_1 - Q_2 - 2P$。

下边频谐波频率 $f_{下}$为：

$$f_{下} = f_0 + 2P_{电} \tag{2-1-27}$$

相应力波数 $= Q_1 - Q_2 + 2P$。

式中　　N——转子每分钟转数；

$\quad\quad P_{电}$——电源频率。

交流电机除由谐波引起的槽噪声外，还有以下两种噪声：

① 由基波磁通引起的定子铁芯的磁致伸缩现象而产生的磁噪声。这种噪声的频率是电源频率的 2 倍，如 50Hz 电源，由基波磁通激发的噪声频率为 100Hz。

② 磁极气隙不均匀，造成定子与转子间的磁场引力不平衡，这种不平衡力就是单边磁拉力，它也能引起电磁噪声，但是这种电磁噪声频率较低，影响较小。

降低电磁噪声的方法，一般是改进电机结构设计：

① 选择适当的槽配合。

② 采用斜槽转子可削弱齿谐波。

③ 采用闭口齿槽，可消除或减少由于开口槽引起的高次谐波。

④ 降低气隙磁通密度可减小由基波磁通和定子、转子各高次谐波的磁势幅值，以减小径向作用力。

⑤ 增大定子、转子气隙可改善磁场的均匀性，从而减小单边磁拉力的作用。

⑥ 提高加工精度，可使气隙均匀。

此外，电机的电磁噪声主要是由定子铁芯的振动激发电机外部构件而造成的，所以，适当增加机壳的厚度，改变壳体或端盖的形状，如多加几条凸棱筋等，使其结构的固有振动减小、频率提高，或选用内阻较大的铸铁做机壳和端盖，均可降低电磁噪声的辐射能力。

（3）变压器的电磁噪声

变压器在运行中发出的"嗡嗡"声，是由铁芯在磁通作用下产生磁致伸缩性振动所引起的，这种"嗡嗡"声称为电磁噪声。

变压器电磁噪声的基频为供电频率的 2 倍，如 50Hz 电力变压器，则其电磁噪声的基频为 100Hz。除基频外，还有高次谐波的噪声成分。体积较大的变压器，其最响的谐波频率较低；体积较小的变压器，其最响的谐波频率较高。

变压器电磁噪声的大小与变压器的功率有关，功率越大，电磁噪声越高，如图 2-1-32 所示。图中的直线表示变压器功率与其噪声声级的关系。变压器噪声声级正比于变压器铁芯的磁通密度，这个关系如图 2-1-33 所示。

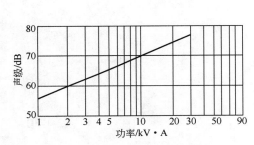

图 2-1-32　变压器功率与噪声声级变化关系　　　图 2-1-33　变压器噪声声级与变压器铁芯的磁通密度关系

变压器的电磁噪声主要是由于铁芯振动耦合到变压器外壳，使外壳振动形成的。这种电磁噪声是由变压器向外辐射的，特别是产生共振时，所辐射的噪声更强。变压器若固定在易于辐射噪声的支撑物（如板状材料）上时，也能激发支撑物振动并发出结构噪声。

降低变压器的噪声，最理想的方法是选用磁致伸缩性较小的铁磁材料做铁芯。但实际上，既要具有小的磁致伸缩性又要具有足够高的磁导率、低损耗的电磁性能以及良好延展性的铁磁材料目前还处在实验阶段。若从设计上减小铁芯磁通密度，也能降低噪声，但必须以增加变压器体积和减小效率作为代价。

要降低变压器噪声可以用隔声罩将变压器罩起来，隔绝空气声的传播，或者加隔振器避免变压器铁芯与外壳或外壳与变压器支撑体的刚性连接，以隔绝固体声的传递。以上两种方法同时使用，降噪效果更好。

1.2　噪声源基本特性

1.2.1　声级

声压级以 SPL 或 L_p 表示，定义为：

$$L_p = 20\lg\frac{p}{p_0}$$

（2-1-28）

式中　p_0——基准声压，$p_0 = 2 \times 10^{-5}\,\text{Pa}$；

　　　p——相应声压级为 L_p 的声压，Pa。

　　声压级表征了声场中某一点的声学性质，现代声学测量仪器大多可以直接测量声压级。如果已知声压级，按公式可以计算出相应的声压，反之亦然。

1.2.2　声功率

　　描述声源特性通常采用声功率。声源的声功率定义为声源在单位时间内所发射出的总能量，单位名称是瓦特，用符号 W 表示。在声波传播过程中，波阵面上每单位面积通过的声功率为声强，单位符号为 W/m^2。在自由声场中传播平面波和球面波时，传播方向的声强 I 如式（2-1-29）所示：

$$I = \frac{p^2}{\rho_0 c} \tag{2-1-29}$$

式中　p——声压，Pa；

　　　ρ_0——介质密度，kg/m^3；

　　　c——声速，m/s。

　　声功率 W 和声强 I 按其定义有如下关系：

$$W = \int_S I \mathrm{d}S \tag{2-1-30}$$

　　对于平面波可得：

$$W = IS$$

　　对于球面波：

$$W = 4\pi r^2 I$$

式中　S——波阵面面积；

　　　r——球面波波阵面的半径。

　　与声压一样，声功率和声强的范围也很大，也采用相应的声功率级和声强级来表征。

　　声功率级以 L_W 表示，定义为：

$$L_W = 10\lg\frac{W}{W_0} \tag{2-1-31}$$

式中　W——相应声压级为 L_W 的声功率，W；

　　　W_0——参考声功率，$W_0 = 10^{-12}\,\text{W}$。

　　在无反射的自由空间中（也称自由声场），声功率级为：

$$L_W = L_p + 10\lg S \tag{2-1-32}$$

　　当声源尺寸和测量距离相比很小时（可近似认为是点声源），声场中某点的声压级 L_p 和声源的声功率级 L_W 的关系为：

$$L_W = L_p + 20\lg r + 11 \tag{2-1-33}$$

式中，r 为离声源的距离，单位是 m。

例如一个声源处于自由声场中，其声功率级为 120dB，据声源 10m 处的声压级为 89dB，据声源 20m 处的声压级为 83dB。距离增加一倍，声压级减少 6dB。

如果声源处于一个光滑的平面上，则可成为半自由场，用同样的方法可以得到：

$$L_W = L_p + 20\lg r + 8 \tag{2-1-34}$$

由式（2-1-33）和式（2-1-34）可以看出，具有同一声功率的声源在自由声场中和半自由场中的声压级（距离相同时）相差 3dB。

1.2.3　频谱

声的物理量度除了声压、声压级、声强、声强级、声功率、声功率级之外，还有一个重要的物理量，就是频率，用于判断音调的高低。

纯音在现实世界中很少，一般声音都包含若干频率。音乐中有高、中、低音之分，噪声中有尖锐的电锯声，也有低沉的通风空调噪声。声源振动的频率大小决定了发声音调的高低。频率低，音调低，听起来低沉；频率高，音调高，听起来尖锐。电锯的主要噪声频率在 1000Hz 以上，听起来尖锐刺耳；高压风机的主要噪声频率在 500Hz 左右，听起来比电锯声低沉一些；而通风空调的主要噪声频率在 250Hz 左右，它发出的噪声更为低沉烦人。

有的声音具有线谱，最低的频率称为基频，还有基频的两倍、三倍……这就是通常音乐中的乐音。而噪声不会只有一个频率，噪声是从低频到高频的无数频率成分的组合。从物理学角度来说，噪声的定义是各种声强和频率的随机无规的组合。

描述噪声的频率特征要使用频谱。频谱的定义是，将噪声的强度（声强级或声压级）表示为频率的函数。频谱可以列表表示，也可用图形表示，用图形表示的频谱称为频谱图。

有的机器高频成分多，听起来高亢刺耳，如电锯、风铲，其辐射的主要噪声成分在 1000Hz 以上，称为高频噪声；有的机器噪声，如高压风机的噪声，其主要噪声成分分布在 500～800Hz，称为中频噪声；有的机器低频成分多，听起来低沉烦躁，如小型空气压缩机、汽车内燃机，其主要噪声成分在 500Hz 以下，称为低频噪声；有的机器，较为均匀地辐射从低频到高频的噪声，如织布机噪声，称为宽带噪声。

实际噪声源的频谱是复杂的，我们可以归纳为以下几种：一种是线状谱，记在频谱图上是一系列的谱线，一般具有周期性特征的声音的频谱为线状谱；另一种是连续谱，频谱图上的谱线连续分布，声能量连续分布在很宽的频率范围内，一般非周期信号的频谱是连续谱；还有一些噪声源的频谱是在连续谱上叠加一些线状谱。由傅里叶分析可知，一个噪声信号的波形与它的频谱有密切关系。

人耳的可听频率范围是 20～20000Hz。在对噪声进行实际频谱分析时，我们不可能在如此宽的频率范围内一个频率一个频率地去分析，而是用频带去分析。频带有两种，一种是固定带宽，一种是比例带宽。固定带宽分析得到的是通带声压级。用带宽的对数除，就可以得到 1Hz 带宽内的声压级，称为声压谱密度级。在噪声控制工程中，更多用到的是比例带宽，即参照人耳对声音频率变化的反应，把可听声的频率范围分为数段，再对各段内的声音强度进行分析。通常采用十段方法，其每一段高端频率比低端频率高一倍，所以称为倍频程。可听声范围用十段倍频程即可包罗，但在一般的噪声控制工程中，往往用中间八段就可以了。

每段以几何中心频率来命名,如从 710~1400Hz 这一段的中心频率是 1000Hz,就称为 1000Hz 倍频程,其他段依次类推。频带的上、下限频率 $f_{上}$、$f_{下}$ 分别称为频带的上、下限截止频率。频带宽度 B 如式(2-1-35)所示:

$$B = f_{上} - f_{下} \tag{2-1-35}$$

每个频带的几何中心频率 f_0 为:

$$f_0 = \sqrt{f_{上} f_{下}} \tag{2-1-36}$$

对于等比例带宽情况,上、下限截止频率有如下关系:

$$f_{上} = 2^n f_{下} \tag{2-1-37}$$

当 $n=1$ 时,为倍频带;$n=1/3$ 时,为 1/3 倍频带。其频带宽度为:

$$B = f_{上} - f_{下} = f_0 2^{n/2} - 2^{-n/2} = \beta f_0 \tag{2-1-38}$$

由式(2-1-38)可以看出,带宽和中心频率成正比。对于倍频带,$\beta = 0.707$。一个倍频带宽度也称为一个倍频程,在音乐中是一个八度。表 2-1-3 为十段倍频程的中心频率和上、下限频率值。

表 2-1-3　十段倍频程的中心频率和上、下限频率值　　　　　　　　　单位:Hz

中心频率	31.5	63	125	250	500
频率范围	22.4~45	45~90	90~180	180~355	355~710
中心频率	1000	2000	4000	8000	16000
频率范围	710~1400	1400~2800	2800~5600	5600~11200	11200~22400

以中心频率(Hz)为横坐标,以声压级(dB)为纵坐标,作出噪声按倍频程的声压级,就可以一目了然地发现噪声的特性。这个方法称为噪声倍频程频谱分析。为了得到比倍频程更详细的频谱,通常使用 1/3 倍频程,即把一个倍频程再分为三份,其中心频率和每一个中心频率的范围列于表 2-1-4 中。这个方法称为噪声 1/3 倍频程频谱分析。

表 2-1-4　1/3 倍频程的中心频率和频率范围　　　　　　　　　单位:Hz

中心频率	频率范围	中心频率	频率范围
50	45~56	200	180~224
63	56~71	250	224~280
80	71~90	315	280~355
100	90~112	400	355~450
125	112~140	500	450~560
160	140~180	630	560~710

续表

中心频率	频率范围	中心频率	频率范围
800	710~900	5000	4500~5600
1000	900~1120	6300	5600~7100
1250	1120~1400	8000	7100~9000
1600	1400~1800	10000	9000~11200
2000	1800~2240	12500	11200~14100
2500	2240~2800	16000	14100~17800
3150	2800~3550	20000	17800~22400
4000	3550~4500		

1.2.4　辐射指向性

在噪声的预测、评价和控制中，经常要了解一个声源的指向特性。实际中的噪声源大多是不均匀地向周围各方向辐射的。图 2-1-34 为水平面上的一个声源的指向性图。对于大多数声源来说，其指向特性不仅和平面方位有关，而且和频率有关。在同一个平面内，不同频率的声音的指向特性也不同。

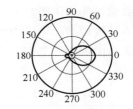

图 2-1-34　某声源的指向性图

一个声源的指向性，可以用指向性因数和指向性指数来描述。

指向性因数 Q 定义为：距声源某一距离和角度的声强与同一声功率声源均匀向周围辐射时的该距离上的声强之比。即：

$$Q = \left(\frac{I_\theta}{\overline{I}} \right)\Bigg|_{r=r_1} = \left(\frac{p_\theta^2}{\overline{p}^2} \right)\Bigg|_{r=r_1} \tag{2-1-39}$$

式中　I_θ，p_θ —— 距离为 r_1、角度为 θ 的点上的声强和声压；

$\overline{I}$，$\overline{p}$ —— 半径为 r_1 的球面上的平均声强和声压。

指向性指数定义为：

$$DI = 10\lg \left(\frac{p_\theta^2}{\overline{p}^2} \right)\Bigg|_{r=r_1} \tag{2-1-40}$$

式中，DI 为指向性指数，dB。

可以看出：

$$DI = 10\lg Q \tag{2-1-41}$$

由于在噪声控制实际工作中测得的量是声压级，所以可以将上式改写为：

$$DI = 10\lg \frac{p_\theta^2}{p_0^2} - 10\lg \frac{\overline{p}^2}{p_0^2} = L_{p\theta} - \overline{L_p} \tag{2-1-42}$$

式中　$L_{p\theta}$ —— 距离为 r_1、角度为 θ 的点上的声压级，dB；

　　　$\overline{L_p}$ —— 半径为 r_1 的球面上的平均声压级，dB。

我们只要知道某一点的声压级和等距离球面上的平均声压级，即可以求出声源在该点的指向性指数。

1.3　噪声源辐射特性

（1）点声源

声波在传播过程中，随着传播距离的加大，其声强会逐渐减小。当声源尺寸远远小于测量点到声源的距离时，声波以球面波的形式较均匀地向各个方向辐射，这种声源称为点声源。理想点声源表面上各点有相同振幅和相同相位的振动，球面波的强度与声源距离的平方成反比。

实际声源与理想点声源是不一样的，如在空中飞行的飞机，其前、后、左、右、上、下等距离测量的声压级是不会相同的，但在声源的远场区，在任何方向的声压级衰减仍符合球面波的发散规律，可以视为点声源。

在自由声场，点声源可按式（2-1-43）进行计算：

$$\varepsilon = \frac{W}{4\pi r^2 c} \tag{2-1-43}$$

式中　ε —— 声能密度，$W \cdot s/m^2$；

　　　W —— 声源声功率，W；

　　　r —— 声源到测点的距离，m；

　　　c —— 声速，m/s。

由式（2-1-43）可知，距离声源的距离越远，能量的分布面越大，通过单位面积的能量也就越小。也就是说：离声源的距离越近，声音越强；离声源的距离越远，声音越弱。这就称为声波的距离衰减。

用声压级来表示球面波的距离衰减如式（2-1-44）所示：

$$L_p = L_W - 20\lg r - 11 \tag{2-1-44}$$

式中　L_p —— 测试点的声压级；

　　　L_W —— 声源声功率级；

　　　r —— 测量点到声源的距离。

距离 r_1 和 r_2 之间的声级差如式（2-1-45）所示：

$$L_p(r_2) - L_p(r_1) = 20\lg\frac{r_2}{r_1} \tag{2-1-45}$$

当 $\frac{r_2}{r_1} = 2$ 时，衰减 6dB，即距离加倍，声级减少 6dB；当 $\frac{r_2}{r_1} = 10$ 时，衰减 20dB；当 $\frac{r_2}{r_1} = 100$ 时，衰减 40dB；当 $\frac{r_2}{r_1} = 1000$ 时，衰减 60dB。

如果声源具有指向性，则在某 θ 角方向上距离 r 处的声压级 L_p 如式（2-1-46）所示：

$$L_p = L_W - 20\lg r - k + 10\lg Q_\theta \qquad （2-1-46）$$

式中 L_W —— 声源辐射的声功率级；

k —— 常数；

Q_θ —— 指向性因子。它的定义是，在某 θ 角距离 r 处测量的声强（或均方根声压）与具有相同声功率的无指向性声源（有相同频谱结构或同一频带）在距离 r 处的声强（或均方根声压）之比。

由式（2-1-46）可知，在声源辐射的远场区，虽然由于指向性，在相同距离上不同方向的声压级不同，但在同一方向上，随距离增加，仍遵循球面波辐射的声衰减规律。

在半自由声场，点声源可按式（2-1-47）进行计算：

$$\varepsilon = \frac{W}{2\pi r^2 c} \qquad （2-1-47）$$

式中 ε —— 声能密度，$W \cdot s/m^2$；

W —— 声源声功率，W；

r —— 声源到测点的距离，m；

c —— 声速，m/s。

用声压级来表示，如式（2-1-48）所示：

$$L_p = L_W - 20\lg r - 8 \qquad （2-1-48）$$

式中 L_p —— 测试点的声压级；

L_W —— 声源声功率级；

r —— 测量点到声源的距离。

在半自由场中的声波发散衰减规律与自由场中基本相同，只是声压级增加了 3dB。

在环境声学和噪声控制工程学中，半自由声场的例子很多。例如，公路上行驶的单辆汽车，在田间耕作的拖拉机，在宽阔地面（包括大型车间中）上的单个电动机、柴油机、通风机、发电机等，都可以近似视为半自由声场传播。

（2）线声源

对于线声源，如长长的火车列车、交通繁忙时马路上穿梭往来的汽车流等就是一个离散源组成的线声源。

对于线声源，声波的距离衰减就不能按照上面的公式计算。在这种情况下，距离声源的测点 r 处的声能密度 ε 如式（2-1-49）所示：

$$\varepsilon = \frac{W}{2\pi r c} \qquad （2-1-49）$$

用声压级表示，如式（2-1-50）所示：

$$L_p = L_W - 10\lg r - 8 \qquad （2-1-50）$$

如果声源具有指向性，则按式（2-1-51）进行计算：

$$L_p = L_W - 10\lg r - 8 + 10\lg Q \tag{2-1-51}$$

式中，Q 为指向性因子。

距离 r_1 和 r_2 之间的声级差如式（2-1-52）所示：

$$L_p(r_2) - L_p(r_1) = 10\lg \frac{r_2}{r_1} \tag{2-1-52}$$

当 $\frac{r_2}{r_1} = 2$ 时，衰减 3dB，即距离加倍，声压级减少 3dB；当 $\frac{r_2}{r_1} = 10$ 时，衰减 10dB；当 $\frac{r_2}{r_1} = 100$ 时，衰减 20dB；当 $\frac{r_2}{r_1} = 1000$ 时，衰减 30dB。

对于有限长的线声源，如果离散声源互相之间距离很近，可以近似看作是连续的，分布在有限长度上，如图 2-1-35 所示。

在自由空间，从 x_1 到 x_2 的一段线声源，在 Q 点的声能密度 ε 可用式（2-1-53）计算：

$$\varepsilon = \int_{x_1}^{x_2} \frac{W}{4\pi r^2 c}\mathrm{d}x = \frac{W}{4\pi c}\int_{x_1}^{x_2}\frac{1}{r_0^2 + x^2}\mathrm{d}x = \frac{W\phi}{4\pi c r_0} \tag{2-1-53}$$

式中 ϕ —— x_1、x_2 到位置 Q 的夹角；

　　　　r_0 —— 测距。

用声压级表示则如式（2-1-54）所示：

$$L_p = L_W + 10\lg \frac{\phi}{r_0} - 11 \tag{2-1-54}$$

在噪声控制工程中更为实用的方程如（2-1-55）所示：

$$L_p = L_W + 10\lg \frac{\arctan \dfrac{1}{2r_0}}{r_0} - 8 \tag{2-1-55}$$

式中的第二项可由图 2-1-35 查得。

当 $\frac{r_0}{l} < \frac{1}{10}$ 时，距离加倍，声级减少 3dB；当 $\frac{r_0}{l} > 1$ 时，距离加倍，声级减少 6dB。也就是说，当观察点到声源的距离大到一定程度时，线声源向点声源过渡。从线声源向点声源的过渡距离为 $\frac{r_0}{\pi}$，$\frac{r_0}{l}$ 是观察点到声源的距离与声源长度比。

（3）面声源

如声波透过一个壁面向开阔空间传播，我们可以将其视为面声源。在噪声控制工程实践中，一些大型机械的壳体声传播，或者整个车间、整个厂房等具有较大辐射面积的声源，都属于这一类情况。

如图 2-1-36 所示，距面声源垂直距离为 d 的点 Q 处的声能密度 ε 如式（2-1-56）所示：

$$\varepsilon = \int_{x_1}^{x_2}\int_{y_1}^{y_2} \frac{W}{2\pi r^2 c}\mathrm{d}x\mathrm{d}y = \frac{W}{2\pi c}\int_{x_1}^{x_2}\int_{y_1}^{y_2}\frac{1}{d^2 + x^2 + y^2}\mathrm{d}x\mathrm{d}y \tag{2-1-56}$$

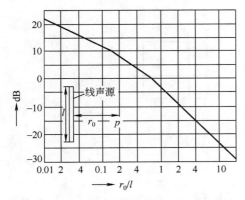

图 2-1-35　长度为 l 的线声源的距离衰减

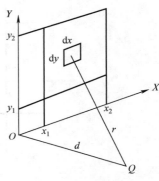

图 2-1-36　面声源

当出现以下简单情况:

$$x_1 = 0, \quad y_1 = 0, \quad x_2 = a, \quad y_2 = b$$

式（2-1-56）可简化为:

$$\varepsilon = \int_0^{\frac{a}{d}} \int_0^{\frac{b}{b}} \frac{1}{1 + x^2 + y^2} \mathrm{d}x\mathrm{d}y \qquad (2\text{-}1\text{-}57)$$

测试点的声压级 L_p 如式（2-1-58）所示:

$$L_p = L_W - 10\lg\phi - 8 \qquad (2\text{-}1\text{-}58)$$

式中，ϕ 与 $\dfrac{a}{d}$、$\dfrac{a}{b}$ 之间的关系如图 2-1-37 所示。更普遍的情况如图 2-1-38 所示。

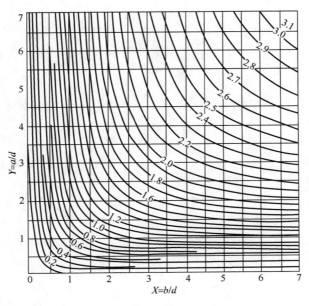

图 2-1-37　ϕ 与 $\dfrac{a}{d}$、$\dfrac{a}{b}$ 之间的关系曲线

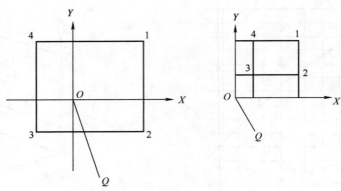

图 2-1-38　长方形面声源

　　面声源的计算比较复杂。但在特殊情况下，当测试点距面声源很远时，可以将该面声源当点声源处理。当面声源长度大、宽度小，而测试点距声源较近时，可以将该面声源当作线声源处理。

第 2 章　常用机械设备噪声源

　　常用机械设备噪声涉及机械性噪声（由于机械的撞击、摩擦、固体的振动和转动而产生的噪声，如纺织机、球磨机、电锯、机床、碎石机启动时所发出的声音）、空气动力性噪声（这是由于空气振动而产生的噪声，如通风机、空气压缩机、喷射器、汽笛、锅炉排气放空等产生的声音）、电磁性噪声（由于电机中交变力相互作用而产生的噪声，如发电机、变压器等发出的声音）等。

　　下面逐项介绍目前影响人们健康、严重污染环境的常用设备和机械部件噪声源。

2.1　轴承与齿轮噪声

2.1.1　轴承噪声

　　轴承噪声主要是由轴承内相对运动元件之间的摩擦和振动引起的，也有的是由转动部分的不平衡或相对运动元件之间的撞击所引起的。轴承噪声产生的原因可归结为两大类：一是由轴承自身几何形态缺陷所引起的振动和噪声；二是轴承因负荷引起周期性弹性变形所造成的振动和噪声。由轴承自身几何形态缺陷所引起的振动和噪声，主要是指由轴承终加工后存在的波纹度所引起的以及由滚动体、沟道表面的损伤所引起的振动和噪声。此外，还有因为轴承偏心和不圆度引起的振动和噪声；密封圈或者防尘盖与其他零件摩擦引起的振动和噪声；由轴承保持架所引起的振动和噪声；由固体粒子进入轴承滚道等因素所引起的振动和噪声。轴承因负荷引起周期性弹性变形所造成的振动和噪声，是因为在运行中对轴承施加了径向负荷或轴向负荷造成的。因而，即使在几何形状相当理想的轴承中也存在，这种周期性弹性变形又称为交变弹性变形，往往在设备运行过程中是无法避免的。

　　滑动轴承，一般只要润滑得足够好，如使用液压润滑系统，则噪声较小。

　　滚动轴承在大负载下，其滚动元件在滚道上是滚动与滑动并存的。若滚动元件与滚道的表面出现坑洼，则摩擦与振动同时增加，并激发轴承内外环、轴承座、转动轴等主要部件产生结构振动并发出噪声。

　　轴承转动部件不平衡力产生的噪声一般是低频噪声，其频率 f 为：

$$f = N/60 \qquad\qquad (2\text{-}2\text{-}1)$$

　　式中，N 为转动环的转速，r/min。

　　转动体转动过程中激发轨道轮产生的噪声是轴承噪声的主要部分，它一般处于 2000～4000Hz 范围，并有明显峰值。

　　实验表明，影响轴承振动和发声的主要因素是内外环滚道和滚动元件表面的几何精度。按其影响的程度可用以下几个指标表示：粗糙度、波纹度、不圆度和径摆。从低噪声轴承的加工工艺改进历程来看：首先是以超精工艺代替抛光工艺的实现，其使得轴承沟道的波纹度和粗糙度水平改善了 50%；继而是轴承清洗新工艺（如超声波清洗）的采用和钢球质量水平的不断提高；再后是采用系列化的低噪声润滑脂；最近已进入到不断改善保持架质量水平方面。

　　以圆锥滚子 30310 轴承为例，测量距离为 1m 时的噪声平均值为 81dB（A）。把其中 5 套轴承保持架用压模适当收紧，减少保持架与滚子的间隙（收紧后的成品精度仍为 P5 级）。在消声室重新测得其平均值为 74dB（A），即噪声下降 7dB（A）左右，效果很显著。

　　轴承噪声除受几何精度影响外，还有相当一部分轴承噪声是由于安装不正确、缺少润滑、维修不当造成的。所以，提高安装精度，尽可能使用黏度大的润滑油，会减少振动并降低噪声。采用弹性衬垫把轴承座与轴承外圆环隔开，以减弱振动的传递，这也是减小噪声的有效方法。

2.1.2　齿轮噪声

　　啮合的齿轮对或齿轮组，由于互撞和摩擦激起齿轮体的振动，从而辐射齿轮噪声。齿轮系统包括齿轮、轮轴、齿轮架和齿轮箱，它们在传动过程中，各部分都以其各自固有频率振动。图 2-2-1 为一对啮合齿轮运转的典型噪声频谱。

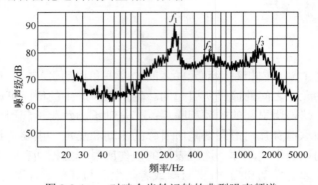

图 2-2-1　一对啮合齿轮运转的典型噪声频谱

　　图中三个峰值分别记为 f_1、f_2、f_3，f_1、f_2、f_3 分别表示齿轮受迫振动、齿轮箱体固有振动和齿轮体固有振动频率。当齿轮达到一定转速时，其受迫振动频率与齿轮箱体、齿轮架或齿轮体的固有频率重合，则产生共振，辐射噪声将急剧增强。

　　齿轮在负载工作时发出的声压级，要比空转时大 3～4dB，但负载的大小对噪声的高低影响并不大。齿轮噪声的高低还与其转速有关，当齿轮的角速度从 ω_1 降低到 ω_2 时，声压级降低量 ΔL 可由式（2-2-2）求得：

$$\Delta L = 20\lg\frac{\omega_1}{\omega_2} \tag{2-2-2}$$

　　要降低齿轮噪声，在设计齿轮时就应该考虑。齿轮的设计参数、齿轮的加工精度及光洁度、齿轮材料以及齿轮箱内润滑油黏度等，都是影响齿轮噪声的因素。一般是：

　　① 平行轴传动比直角或交叉轴传动噪声小。

　　② 直齿轮传动时，力的传递不均匀，则高速度转动时振动和噪声大。而斜齿轮力均匀，高速下振动和噪声都较小。但是，斜齿轮传动能引起轴线方向的振动。人字齿轮能避免或减小轴向振动，噪声也最低，但是加工复杂。

③ 在负载一定的条件下，齿轮周节越小则噪声越低，此时相应齿轮的齿就小。为提高齿的强度，可加大齿的节距和齿轮宽度。

④ 轮齿的压力角小，则噪声低，但负载强度也随之降低。一般情况下应两者兼顾，以 20° 压力角为好。

⑤ 为降低噪声，要选择合适的齿间隙（侧隙）。间隙过小，易产生咆哮声；间隙过大，则轮齿互撞，噪声亦增加。

⑥ 通过修齿，纠正制造误差，避免齿轮互撞和减小摩擦，也有利于降低噪声。

⑦ 提高齿轮表面的光洁度，能减小齿轮摩擦噪声。

⑧ 选择适当的润滑剂和润滑油的黏度。一般是润滑油的黏度大，则齿轮运转平稳，噪声小。但润滑油的黏度也不可太大，否则会引起齿轮传递的功率损失。

⑨ 制造齿轮要选择合适的材料，如用锰铜合金、铸铁、塑料或木材制的齿轮，其结构振动噪声就较小。

2.2　风机噪声

风机噪声的频谱是复合谱，是叶片通过频率与宽带空气动力性噪声成分的叠加。叶片通过频率 f_n 由式（2-2-3）确定：

$$f_n = Nbn / 60 \qquad\qquad (2\text{-}2\text{-}3)$$

式中　　b——叶片数；

　　　　N——通风机的转数，r/min；

　　　　n——阶数，如 $n=1$（基频），$n=2$（第二阶）。

风机噪声的声级，不仅与其风机的结构形式有关，而且还同其工作状态（由全压和风量决定）有关。不同系列、不同型号的风机，其声级是不一样的。同一风机，在不同工况下，其声级也是不同的。风机工作在最高效率点时，噪声声级通常最低。

为了更好地表征风机的噪声性能，出现了比 A 声级这个概念。比 A 声级是指通风机在单位流量（1m³/min）和单位全压（1mmH₂O，即 9.8Pa）下所产生的 A 声级。同一风机在不同工况下的比 A 声级是不同的。在最高效率点上，比 A 声级为最低值。不同系列的风机在额定工况下的比 A 声级表征了该系列风机噪声级的高低和产品质量的优劣。所以目前国内外多采用比 A 声级作为风机噪声的限值指标。同一系列不同型号的风机，其比 A 声级大体相近。风机加工精度愈高，气动性能愈好，比 A 声级愈低。

一般来说，前向叶片离心风机，其比 A 声级低于 20dB（A）；后向板型叶片离心通风机，低于 30dB（A）；机翼型叶片离心风机，低于 25dB（A）；轴流通风机，低于 38dB（A）。在不同工况下，通风机噪声的 A 声级由式（2-2-4）确定：

$$L_\text{A} = L_\text{SA} + 10\lg(Qp^2) - 19.8 \qquad\qquad (2\text{-}2\text{-}4)$$

式中　　L_A——风机进气口（或出气口）的 A 声级，dB（A）；

　　　　L_SA——风机进气口（或出气口）的比 A 声级，dB（A）；

　　　　Q——风量，m³/min；

　　　　p——风机全压，Pa。

2.3　空压机噪声

空压机也是量大面广的通用机械产品，广泛应用于机械、矿山、冶金、化工及建筑等部门。它产生的噪声级高，影响面宽，已成为危害工人健康和污染环境的重要噪声源之一。从生产制造部门来说，解决空压机噪声问题可进一步提高产品质量和竞争能力；从使用部门来说，解决空压机噪声问题，可大大改善环境和减少工人受噪声的危害。

空压机的噪声是由气流噪声（主要通过进、排气口向外辐射），机械运动部件撞击、摩擦产生的机械性噪声以及包括电动机或柴油机所产生的噪声组成。

一般固定用的容积式压缩机，周期性地进、排气所引起的空气动力噪声是整机噪声的主要成分。这种噪声一般比机械噪声高出 5～10dB（A）。对于往复式压缩机（容积式），由于转速较低，整机噪声一般是低频特性；对于螺杆式压缩机（容积式），转速较高，整机噪声一般是呈中、高频特性；而由柴油机驱动的移动压缩机，柴油机的噪声则是主要噪声源，其噪声一般为低、中频特性，而且它的噪声级远远超过压缩机本身的噪声。

进气噪声：进气口间歇吸入外部空气，进而产生压力脉动传送到空气中形成空气动力噪声。进一步说，是设在进气管与压缩机气缸间的吸气阀不断地打开、闭合，使气体间歇地被吸入气缸，在进气管内及其附近产生压力波动，以声波的形式从进气口辐射出来，从而产生进气噪声。该噪声的基频取决于压缩机的转速，空压机进气口噪声的基频 $f = 2n/60$（n 为空压机每分钟的转数）。除了基频之外，还有 $2f$、$3f$ 等谐波，但高频谐波的声级比基频声级要低。进气口噪声是空压机的主要噪声源，进气噪声约为 90dB（A），比其他部件的噪声要高 8～15dB（A）。

排气噪声：气体从气缸阀门间断排出时，气流产生扰动所形成的噪声。压缩气体通过阀门的小孔时，以声速喷射，冲击阀门出口处或阀门接管出口处，形成阀门噪声。阀门噪声的大小与阀门的形状、尺寸及压缩空气压力和流量相关。空压机产生的高压气体通过管路进入储气罐，随着排气量的变化而产生相应的压力脉动，使管路产生振动，储气罐瞬间产生巨大声响而形成噪声。空压机放空时，由于压缩空气压力骤变，体积迅速膨胀并以较高的流速进入外界空气，从而在管道的出口处产生强烈的涡流噪声。气体间断地排出时，气流产生扰动所形成的噪声，尤其是排气瞬间的噪声达到 123dB（A）。这种噪声即使是间断性出现，但由于其频率和声级都比较高，并且排气口一般都在室外，所以对站房及周边的环境影响较大。

机械噪声：主要由摩擦、磨损以及机构间的力传递不均匀而产生。空压机运行时许多部件处于快速旋转和往复运动过程，产生管壁摩擦、冲击，引起进、出管道等机件振动而产生噪声，其声压级约为 93dB（A）。如传动机构的往复运动引起的撞击声；活塞在气缸内做往复运动的摩擦，使气缸壁以固有频率强烈振动；气缸中气体压力的急剧变化引起气缸止回阀片对阀座的冲击声；曲杆、连杆等部件在运动时发生摩擦撞击；转子及其装配件的不平衡、转子啮合、转子转速波动引起的机壳振动和冲击噪声；在滑动轴承中会产生滑动黏滞作用，其会引起压缩机的其他部件产生高频振动。

电动机电磁噪声：由驱动电动机的磁场脉动引起的噪声。空压机驱动机为同步电动机，电动机运转时，定子和转子之间基波磁通和高次谐波磁通沿径向进入气隙，在定子和转子上产生径向力，由此而引起径向的振动和噪声。此外，产生的切向力矩和轴向力也引起切向和轴向的振动噪声，电动机的冷却风扇还会引起气流噪声。

虽然进气口噪声和排气口噪声都是一种宽频带连续谱，但进气口噪声呈现一定的低频特性，噪声在 73～123dB（A）之间。而排气口噪声则呈现中、高频特性，噪声频率比较复杂，噪声在 75～105dB（A）之间。机械性噪声具有随机性质，频谱窄，频率相对固定，呈现低频特性。机械性噪声一般在 90～105dB（A）左右。而电磁噪声的特点是频带宽，而声级比较稳定。故空压机的噪声频率具有分布较宽，从低频到中高频全覆盖的特点。

在我国，移动式空压机以排量 $6m^3/min$、$9m^3/min$、$12m^3/min$ 和固定式"L型" $10m^3/min$、$20m^3/min$、$40m^3/min$ 六种产品在各厂矿企业得到广泛的应用。因此，考虑解决这六种产品的噪声问题，将在相当程度上解决了空压机的噪声问题。当然，在这六种产品上施用的有效噪声控制措施，也完全适用于其他排量的空压机，并且同样可取得满意的效果。

未加降噪措施，固定"L"型往复式空压机（排量 $10m^3/min$、$20m^3/min$、$40m^3/min$），离机组 1m 处，噪声级为 88～95dB（A）；螺杆式空压机（排量 $10m^3/min$、$20m^3/min$），离机组 1m 处，噪声级为 95～105dB（A）；移动式空压机（排量 $6m^3/min$、$9m^3/min$、$12m^3/min$），离机组 1m 处，噪声级平均为 100～105dB（A）。

隔声罩与消声器对空压机噪声的降低将起到显著的作用。对振动较突出的机组，还应采取隔振措施。

对于排量为 $10m^3/min$、$20m^3/min$、$40m^3/min$ 的固定"L"型往复式空压机，在进气口未采用消声器时，进气口辐射的噪声在整机噪声中占主要地位。在进气口安装适当的消声器后，整机噪声一般可降到 90dB（A），甚至于 85dB（A）以下（1m 距离处）。如果进一步降低噪声，需要在空压机上覆盖隔声罩，方能获得整机噪声的大幅度降低。

对于排量为 $10m^3/min$、$20m^3/min$ 的螺杆式空压机，在目前情况下，只有采用带进、排气口消声器的隔声罩，才有希望将其噪声降到 85dB（A）以下（1m 距离处）。

对于排量为 $6m^3/min$、$9m^3/min$、$12m^3/min$ 的移动式空压机，其主要噪声源是驱动机——柴油机的排气噪声以及柴油机壳体辐射的噪声。柴油机的振动也是一个比较严重的问题。

2.4　电机噪声

电机（包括发电机和电动机）是工农业生产中量大面广的动力设备，据调查，目前国产的中小型电机噪声多在 90～100dB（A）之间，大型电机噪声均为 100dB（A）以上，声能分布在 125～500Hz 之间（个别出现在 1000Hz）。其噪声特性为低、中频性。

电机的噪声大致可分为三类：电磁噪声、机械噪声、空气动力噪声。

（1）电机的电磁噪声主要是由转子气隙中的基波和谐波磁场产生的切向和径向电磁力产生的。气隙磁场作用于定子铁芯的径向分量可通过磁轭向外传播，使定子铁芯产生振动变形。其次是气隙磁场的切向分量，它与电磁转矩相反，使铁芯齿局部变形振动。当径向电磁力波与定子的固有频率接近时，就会引起共振，使振动与噪声大大增强，甚至危及设备的安全。电磁噪声所辐射的声功率直接与电功率有关，关于电磁噪声的详细分析可参考本篇 1.1.3 章节。

（2）电机的机械噪声主要由轴承的振动引起。轴承在随转轴旋转的过程中会产生振动，与轴承部件相连的轴和壳体也会振动，同时此边界面的空气也产生振动，形成噪声。

滚动轴承噪声主要有：轴承机加工后存在波纹度引起的振动和噪声；滚动体及沟道表面损伤引起的振动和噪声；保持架振动引起的噪声；轴承同轴度差和圆度不良引起的振动和噪声；由于杂质进入轴承轨道等原因引起的振动和噪声。

目前主要通过降低轴承的波纹度来降低轴承的噪声和振动，严格控制生产工艺，进一步提高轴承的旋转精度。另外一个措施是采用净化技术防止固体杂质污染和使用全封闭轴承。

低噪声的单轴承应用在电机里有时也会出现电机噪声高或是听感不好的情况，原因是端盖与轴承配合间隙不合理、电机的装配工艺控制不当造成轴承损伤、杂质污染、轴向间隙控制不当、结构共振等。实际使用中，配合过紧造成轴承工作游隙过小，电机会发出高频啸叫声；配合过松且选用的径向游隙又偏大时，电机会发出低频嗡嗡声。

在实际生产中同一批轴承装配在不同的电机上，测出来的噪声有时相差很大，主要跟以下两点有关：①轴承径向游隙的大小。游隙过小会使噪声加大，过大会使振动加大，因此原始的游隙必须控制在规定的范围内。②轴承装配工艺。轴承属于精密零件，润滑脂要选择合适的种类及注入量，并保持较高的纯净度。另外，轴承与轴的冷压或者热套工艺也要严格符合工艺要求，切记用锤击损坏滚动轴承表面精度。

（3）电机的空气动力噪声是由旋转的转子及随轴一起旋转的冷却风扇造成空气的流动与变化所产生的。空气流动越快，变化越剧烈，则噪声越大。空气动力噪声与转速、风扇与转子的形状及其表面粗糙度、转子不平衡及气流的风道截面的变化和风道形状等因素有关。

2.5 内燃机噪声

内燃机是各种机动车辆、工程机械、移动式发动机组等设备的主要动力，其噪声也十分突出，是主要的环境噪声源之一。

按照声辐射方式不同，内燃机噪声可以分为空气动力噪声和表面振动辐射噪声。直接向大气辐射的空气动力噪声包括进气噪声、排气噪声和风扇噪声，其中以排气噪声为主。距离排气口 0.5m 处声压级为 115～128dB（A）。

按照噪声产生的激励不同，内燃机表面辐射噪声主要包括燃烧噪声和机械噪声。燃烧噪声的产生机理主要是由于气缸内的压力突变，通过缸体、机体、缸盖，辐射到空间，它主要取决于燃烧方式和燃烧速度，直喷燃烧室的燃烧噪声常成为柴油机的主要声源。机械噪声则主要由曲轴、连杆、齿轮等构件的活动部分相互碰撞和摩擦产生，主要包括齿轮噪声、供油系噪声、气门结构噪声、活塞敲击噪声等。内燃机各噪声源的主要频率特性如表 2-2-1 所列。

表 2-2-1 内燃机各噪声源的频率特性

噪声源	频率范围/kHz
燃烧噪声	1～10
活塞敲击噪声	2～8
配气机构噪声	0.5～2
喷油泵噪声	>2
齿轮噪声	<4
进气噪声	0.05～0.5
排气噪声	0.05～5
冷却风扇噪声	0.2～2

内燃机噪声（距机器表面 1m 处的平均 A 声级）可以按式（2-2-5）～式（2-2-8）估算。

四冲程直接喷射柴油机：

$$L_A = 30 \lg N + 50 \lg D - 48.5 \qquad (2\text{-}2\text{-}5)$$

四冲程间接喷射柴油机：

$$L_A = 43 \lg N + 60 \lg D - 98 \qquad (2\text{-}2\text{-}6)$$

二冲程柴油机：

$$L_A = 40 \lg N + 50 \lg D - 53.5 \qquad (2\text{-}2\text{-}7)$$

汽油机：

$$L_A = 50 \lg N + 60 \lg D - 116.5 \qquad (2\text{-}2\text{-}8)$$

式中　N——内燃机转速，r/min；

　　　D——气缸缸径，mm。

一般来说，中、小型功率的柴油机（功率不大于 1176kW）的噪声级在 105～120dB（A）。

2.6　泵、阀门与管路噪声

各种液压系统广泛应用于工矿企业中，其噪声范围大，形成企业的主要噪声源。

2.6.1　泵噪声

泵是液体传输系统中的动力源，它能产生两类噪声：一类是流体动力性噪声；另一类是机械噪声。

（1）泵的流体动力性噪声

液压泵工作时，连续出现动力压强脉冲，从而激发泵体和管路系统的阀门、管道等部件振动，由此而辐射噪声。动力压强脉冲可分解成两个分量：一个是直流压强分量；另一个是压强高次谐波分量。以齿轮泵为例，其压强谐波频率 f_i 可用式（2-2-9）求得：

$$f_i = \frac{nz}{60}i \qquad (2\text{-}2\text{-}9)$$

式中　i——谐波次数，$i=1$，2，3，4，…

　　　n——齿轮泵主轴转速，r/min；

　　　z——主动齿轮的齿数。

压强的直流分量迫使液体不断通过泵体注入管路；压强的谐波分量则作用于泵体壁面并通过液体传递到管路系统中。

（2）泵的机械噪声

由于泵体内传递压力的不平衡运动，形成部件间的冲撞力或摩擦力，从而引起结构振动而发声。这种噪声不仅与泵的种类和结构有关，还与零件加工精度、泵体安装条件和维护保养等有关。一般磨损严重的泵往往要比刚调试好的泵噪声高 10dB（A）。

为消除和减弱泵的噪声，可选用高内阻材料制作泵体，如用铜锰合金代替铸钢制造的泵体，其噪声可降低 10～15dB（A）。一般液压泵以螺旋泵噪声最小，离心泵和活塞泵次之，齿轮泵噪声最大。

2.6.2　阀门噪声

带有节流或限压作用的阀门，是液体传输管道中影响最大的噪声源。当管道内流体流速足够高时，若阀门部分关闭，则在阀门入口处形成大面积扼流，在扼流区域流体流速提高而内部静压降低，当流速大于或等于介质的临界速度时，静压低于或等于介质的蒸发压力，则在流体中形成气泡。气泡随液体流动，在阀门扼流区下游随流速渐渐降低，静压升高，气泡相继被挤破，引起流体中无规则压力波动，这种特殊的湍化现象称为空化，由此而产生的噪声称为空化噪声。

在流量大、压力高的管路中，几乎所有的节流阀门均能产生空化噪声，空化噪声顺流向下可沿管道传播很远。这种无规则噪声频谱呈宽带，它能激发阀门或管道中可动部件的固有振动，并通过这些部件作用于其他相邻部件传至管道表面，由此产生的噪声类似金属相撞产生的有调声音。空化噪声的声功率与流速的七次方或八次方成正比。为了降低阀门噪声，可以采用多级串接阀门，逐级降低流速。

2.6.3　管路噪声

液压系统的泵体噪声和阀门噪声主要沿管体传播并通过管道壁面辐射出去。管道愈长愈粗，这种辐射也愈强。

液体流经管道时，由于湍流和摩擦激发的压强扰动也会产生噪声。决定流体流动状态的重要参量是雷诺数。

雷诺数是表征流体自身物理状态的一个无量纲参量。它与流体的黏滞性有关，也与流体的密度和流动状态有关。雷诺数 Re 可用式（2-2-10）表示：

$$Re = \frac{dv\rho}{u} \qquad (2-2-10)$$

式中　d——特征长度，m，如自由流中的球形障碍物，对于流经该球体的流体来说，特征长度即是球的直径，在管道中流动的流体特征长度则为管道直径；

　　　　v——流速，m/s；

　　　　ρ——流体密度，kg/m^3；

　　　　u——液体的黏滞系数，kg/（m·s）。

当 $Re<1200$ 时，流体呈层流状态；当 $Re>2400$ 时，则呈湍流状态。实际上，绝大多数管路中的液体流均处于 $Re>2400$ 的湍流状态。这种含有大量不规则的微小漩涡的湍流，可以说是自身就处于"吵"的状态。当湍流液体流经管道中具有不规则形状或不光滑的内表面时，尤其流经节流或降压阀门、截面突变的管道或急骤拐弯的弯头时，湍流与这些阻碍流体通过的部分相互作用产生涡流噪声。其声功率级 ΔL_ω 随流速的变化关系可用式（2-2-11）求得：

$$\Delta L_\omega = 60\lg\frac{v_2}{v_1} \qquad (2-2-11)$$

式中　v_1——入口速度，m/s；

　　　　v_2——出口速度，m/s。

若管路设计不当，也能产生空化噪声。设计管路时，要注意产生空化噪声的临界流速，它与温度、管路几何形状、液体的物理性质和液体压力等因素有关。

其实，在静压和流速变化不大的情况下，湍流不能引起足够大的压强脉动，所以在截面没有变化的直管中，无论 Re 值如何大，产生的涡流噪声是很小的。图 2-2-2 为部分开启的球形阀、弯头和直管在同一流速下产生的噪声谱。

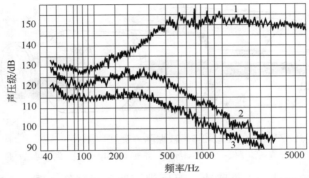

图 2-2-2　部分开启的球形阀、弯头和直管在同一流速下产生的噪声谱
1—部分开启的球形阀；2—弯头；3—直管

要降低管路系统噪声，应该尽量选用或设计低噪声阀门、低噪声泵。为避免流体动力性噪声，管路设计要合理，如管内流体流速不可过高，避免直拐弯和截面突变，弯头半径最好大于管道直径 5 倍，不同管径的管道连接应逐渐过渡等。为避免结构振动的传递，可在泵的进出口、阀门前后各处加一段弹性管。为降低管道壁面的振动，也可用各种各样的管道夹子，如图 2-2-3 所示。夹子内紧衬毛毡、橡胶等高内阻材料，在管道振动较强烈的地方，最好能分段将管道钳住。

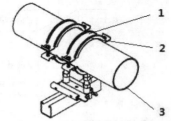

图 2-2-3　各种管道夹示意图
1—管道钳夹；2—阻尼材料；3—管道

对泵体和管道的支撑结构，应注意采取隔振措施，如图 2-2-4 所示。大面积的管道振动，辐射噪声较强，较为可行的办法是在整个管道外壁捆扎或铺设一层软材料，如玻璃棉、矿渣棉，外面再包一层铁板，实际上这是一个减振隔声套，其结构如图 2-2-5 所示。这个减振隔声套的吸声材料层不应填压得过密，以免失去隔振的性能，厚度不得小于 5cm，外壳可用 1mm 以下的薄铁板或铝板。要注意：不可使管道壁面与外壳相接触。用这种措施一般能将管道噪声降低 10～15dB（A）。

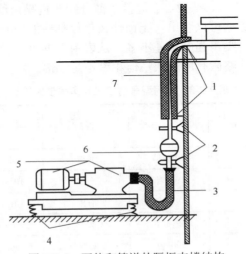

图 2-2-4　泵体和管道的隔振支撑结构
1—弹性套管；2—弹性挂吊；3—柔性管；4—弹性支持；5—泵体；6—消声器；7—隔声套管

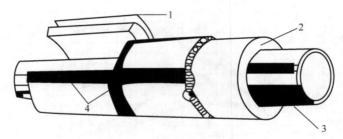

图 2-2-5　减振隔声套结构图

1—加铅聚氯乙烯板；2—玻璃纤维；3—管道；4—加铅聚氯乙烯黏衬带

由泵和阀门产生的液体动力性噪声，可用消声器予以降低。图 2-2-6 为用于泵和阀门间的消声器结构示意图。

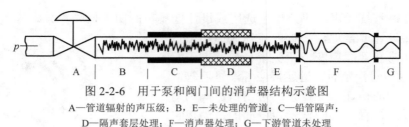

图 2-2-6　用于泵和阀门间的消声器结构示意图

A—管道辐射的声压级；B，E—未处理的管道；C—铅管隔声；
D—隔声套层处理；F—消声器处理；G—下游管道未处理

2.7　纺织机噪声

据 2012 年统计，我国纺织企业 2 万余家，纺织行业的从业人数大约 500 万。然而纺织工人的噪声工作环境没有得到很好的改善。科研工作者曾调研过噪声污染最严重的织布车间，有梭织机车间噪声为 98.8～100.6dB（A），无梭织机车间噪声为 97.6～101.9dB（A）。各织布车间噪声频谱相似，频带较宽，声能主要分布在 1000～4000Hz。

织布车间噪声主要由撞击和摩擦产生，有梭织机中，80%左右的零件产生撞击和摩擦，主要在投梭、打纬、开口、卷取、送经、动力等系统。

根据一些学者的测试结果，表 2-2-2 提供了部分织布机噪声近场监测数据，表 2-2-3 提供了纺纱机噪声近场监测数据可以看出，无论什么年代制造的织布机，也无论是国产的、合资的还是进口的，其产生的噪声强度相差不多。从表中数据可以看出，不同型号国产细纱机其噪声强度随生产年代推移略微有所降低，但相差不足 3dB。

表 2-2-2　不同型号纺织机噪声强度比较

型号及产地	织幅宽度/m	机器制造年份	是否有梭	噪声强度/dB（A）	
				范围	均值
国产 1511	1.35	1970 年	有梭	100.1～104.2	103.3
国产 1515	1.9	1985 年	有梭	101.0～103.0	101.8
国产 GA615HR	1.9	1984 年	有梭	101.0～103.5	102.0
本田 JE416-01199	1.6	1993 年	无梭喷气	97.5～100.1	98.2
咸阳津田驹 JA-209-i	1.9	2001 年	无梭喷气	96.0～96.6	96.2
丰田 JAT-600	1.9	2001 年	无梭喷气	98.0～101.1	99.1

续表

型号及产地	织幅宽度/m	机器制造年份	是否有梭	噪声强度/dB（A）	
				范围	均值
丰田 JAT-610	2.8	2001 年	无梭喷气	98.1～102.0	100.1
比利时 OME-2	3.4	2001 年	无梭喷气	99.0～100.8	99.6
意大利天马超优秀 SOMET	1.9	2001 年	无梭箭杆	98.7～100.6	99.4

表 2-2-3　不同型号纺纱机噪声强度比较

机种	型号	附属功能	制造年份	噪声强度/dB（A）	
				范围	均值
细纱	国产 A512	无	1976 年	96.5～97.5	97.1
	国产 A513C	无	1984 年	95.3～96.0	95.7
	国产 FA506	清洁器	2000 年	94.0～95.2	94.9
粗纱	国产 A453DL	无	1985 年	88.3～90.0	89.1
	国产 454E	无	1995 年	87.0～88.0	87.5
	国产 ASFA411A	清洁器	2000 年	92.1～93.5	92.7

2.8　冲床噪声

　　冲床是工业生产中常见的机械设备，加工方式为借助于冲头的动能冲剪零件，负荷运转噪声多在 90dB（A）以上。我国冲床车间噪声一般高达 110dB（A），对设备操作者和车间其他人员造成极大的危害，对环境亦有影响。

　　在机械设备中，冲床噪声很突出。工业发达国家对冲床噪声的研究、治理和控制开展较早，我国此项工作的开展是在 20 世纪 70 年代末期。降低冲床噪声时，要考虑加工质量、生产率、操作方便和降噪费用等诸多因素。可以说冲床噪声控制是既迫切又艰巨的任务。

　　冲床噪声主要可分为空载噪声和负载噪声。空载噪声是冲床空载运转噪声，它包括电动机噪声、工作机构间隙产生的冲击噪声、离合器与齿轮撞击噪声等。其中，主要是离合器和齿轮的撞击噪声。负载噪声是冲床冲压时产生的噪声，在相同的冲床上采用不同的冲压工艺（如冲裁、拉伸、弯曲）加工同样材料所产生的噪声不一样。

　　（1）撞击噪声

　　撞击噪声是冲床噪声的主要组成部分。当冲头冲裁板料时，与板料发生撞击，产生撞击噪声。撞击噪声可分为加速度噪声和自鸣噪声。冲头冲击坯料时，受到阻力而突然停止所产生的噪声称为加速度噪声。被冲击的坯料，由于受击而发生振动，这一振动发出的声音称为自鸣噪声。同类冲床的撞击噪声与冲压部件的板厚、硬度、几何形状、锤击速度、冲模间隙等因素有关，噪声随这些量值增大而提高。冲床工作时，冲头与板料及卸料板与坯料的碰撞冲击大大增强，随着撞击速度的增加撞击声也随之升高。碰撞噪声与其后发生的材料断裂声可分别测得，这一测量方法已付诸实施。在同一台冲床上，冲裁厚、硬料比冲裁薄、软料的噪声大。对于厚的延展性板料，撞击噪声与断裂声达到一样大小。

（2）冲剪噪声

冲剪过程中，材料因剪切而断裂，由此导致冲头突然卸荷，所形成的声音称为冲剪噪声。冲床被激励产生振动，并引起机身声辐射和地面振动。冲压工艺工序不同，噪声差别很大。板料冲裁要比弯曲、拉深的噪声大，而压印、压波、翻边、弯曲、拉深等成形工序的噪声较小。以冲裁为例，冲裁过程大致可分为弹性变形、塑性变形和断裂分离三个阶段。冲裁时，冲头一旦接触金属板料，冲裁力开始增加。与此同时，由于机身及其他受力构件的变形而积蓄了弹性能。当冲头进入板料约 1/2 厚度时，冲裁力达到最大值。板材的突然断裂使冲头突然失荷，机身等积蓄的弹性能在极短时间内释放出来，将激起机身及各部件的振动，使部件间产生冲击，与此同时，滑块以相当大的速度下冲，引起滑块周围空气的压力扰动，从而辐射噪声。

（3）传动件间隙引起的噪声

冲床各连接件间存在有配合间隙，在冲击力作用下，引起轴系的反冲、零件受激励振动，引起声辐射而形成噪声。冲床的曲柄-连杆-滑块机构共有三对摩擦副：曲轴轴颈与曲轴瓦；曲柄颈与连杆大头轴瓦；连杆小头（球头）与滑块球头座。由于制造和装配误差以及工作需要，它们之间不可避免存在间隙。它们之间彼此的移动，从自由移动过渡到接触移动时，必然要带来强烈的撞击，这种噪声频带宽，高频成分强。间隙越大，噪声越高。另外，间隙一定时，滑块行程次数越高，噪声比例越高。

2.9　木工圆锯机噪声

木工圆锯机产生的噪声高频成分较多，峰值频率在 4000Hz 左右，噪声级为 100dB（A）以上，在负载状态甚至达到 110dB（A）左右。有些木工圆锯机的噪声频谱，其主要峰值大多处于人耳听觉敏感区，严重危害工人的听力。

圆锯机的噪声主要是由高速旋转的锯片产生的，即空气动力性噪声和锯片振动噪声，同时也包括机械噪声，以及这三者之间相互交叉综合作用而产生的共振噪声。

空气动力性噪声主要包括齿尖噪声、排气噪声及涡流噪声三个方面。

齿尖噪声是由高速旋转锯片的锯齿周期性地拍打周围空气质点而产生的。齿尖噪声的声功率与锯片的直径、锯片线速度的三次方成正比，在转速较低时，与锯片线速度的二次方成正比。

涡流噪声与齿尖噪声伴随出现，综合作用形成空气动力性噪声。锯齿在高速旋转时，在锯齿齿梢及其周边气体中产生涡流。围绕着锯片的齿尖的涡流，由于受黏滞力的作用，又不断分裂成一系列的小涡流，使后面的锯齿始终暴露在前面锯片所产生的涡流中。这些涡流的形成和涡流的分裂运动产生空气振动和压力变化，导致了锯片的振动，锯片振动又激发了周围的空气从而产生涡流噪声。一般锯片的最大振动区域发生在锯片的外缘周边部分。

另外，圆锯片在高速旋转时，锯片的切线方向沿着每个齿尖产生一系列具有相当能量的单源辐射流，当这些辐射流周期性地冲过工作台面上的锯片缝隙而向大气排放时，气流的压力发生激烈变化，引起周围空气的周期性振动，从而产生排气噪声，产生一种"啸声"。排气噪声的声功率随锯片线速度和锯片直径的增加而增加。

锯片的振动噪声是由锯片的弯曲振动所产生的。弯曲振动是由圆锯高速旋转中周期性冲击振动和白激振动所组成的，当锯片在高速旋转中涡流分离的频率与锯片的固有频率相一致时，就会产生共鸣发出"啸声"，形成共振噪声，这时的噪声最强。由于不同的锯片和不同转速产生不同的涡流分离频率，因此，一般圆锯机在某一转速范围内将激发各自不同特性的"尖叫声"。共振噪声的控制可以从锯片自身的弹性模量、外径、夹紧盘大小、齿形以及整机系统阻尼等方面考虑，适当地改变这些参数，可以调节旋转频率，改善涡流分离层压力分布。

由于木工圆锯机的整机结构刚度不足，声源振动通过一定传递线路诱发具有较大辐射面的构件向外发出二次噪声。这种大面积部件振动辐射声压与其表面振动速度成正比。

对于锯片的噪声治理，我国对此进行了较系统的研究，搞清了锯片噪声的发声机理，并提出了相应的控制措施，且得到了显著的效果。一些研究人员对锯片进行了振型的分析，在锯片上粘贴阻尼片以降低锯片的振动。对圆锯的空气动力性噪声进行控制，在锯片周围，设计安装一组"制流板"，有效地在齿缘界面内抑制均匀分离层的出现，改善了涡流分离层压力分布，抑制了涡流，使尖叫声消失。调整锯片使其有一个合理的切削速度，在尽可能的条件下降低噪声。圆锯整机的噪声级与锯削速度的三次方成正比，锯削速度以 50m/s 为好。在锯片外缘沿槽方向上加工数条均匀的消声槽也可获得部分降低噪声的效果。

2.10 球磨机噪声

球磨机在工业生产中得到了广泛的应用，如在化工、电力、建材等行业普遍存在，是原料粉碎不可缺少的设备。但由于球磨机在运转过程中产生强烈的噪声，其噪声级通常在 103～117dB（A）之间，远远超过国家标准规定的 85dB（A），对工作人员、检修人员的危害以及对环境的污染都是相当严重的。因此，球磨机是目前最主要的噪声污染源之一。

球磨机的噪声主要由以下几部分组成。

（1）筒体产生的噪声

这主要是在筒体转动时，钢球与钢球、钢球与钢质筒体之间的相互撞击而产生的机械噪声，通过筒体向外辐射的噪声级为 115dB（A）以上，噪声频带较宽。

（2）电机和传动机械产生的噪声

这主要是电机运转产生的电磁噪声、风扇产生的气流噪声等。电机噪声与电机功率及转速成正比，其噪声级一般为 90～110dB（A）。传动机械噪声主要是由于齿轮之间相互碰撞和零部件之间的相互摩擦而产生的。

以 MB1870 型和 DTM300/580 型球磨机为例，实测噪声频谱见表 2-2-4。MB1870 型球磨机空载近场声压级达到 107dB（A），负载噪声达到 117dB（A）。

表 2-2-4　实测球磨机频谱数据

频率/Hz	63	125	250	500	1000	2000	4000	8000
MB1870 型，声压级/dB	93	95	99	104	101	98	95	82
DTM300/580 型，声压级/dB	70	78	95	110	115	114	109	98

2.11 高压放空排气噪声

高压放空排气噪声是排气喷流噪声的一种，排气喷流噪声的特点是声级高、频带宽、传播远。排气喷流噪声是由高速气流冲击和剪切周围静止的空气，引起剧烈的气体扰动而产生的。

在喷口附近（在喷口直径 4～5 倍范围内），气流继续保持喷口处的流速向前进。这个区域称为直流区。在这个区域内，存在着一个射流核心，在核心周围，射流与卷吸进来的气体激烈混合，辐射的噪声频率较高。

在离喷口稍远的地方（5～15 倍喷口直径）为混合区，在这个区域里，气流与周围大气之间进行激烈的混合，引起急剧的气体扰动，射流宽度逐渐扩展，产生的噪声最强。

在离喷口更远的地方（25 倍喷口直径以外），称为涡流区，在这个区域里，气流宽度很大，速度逐渐降低以至消失，形成涡流的强度逐渐减小，产生的噪声是低频声。

Lighthill 首先分析了喷注气流均匀、中间无障碍物即喷注中只有四极子声源的情况，得到湍流噪声功率与流速成八次方的定律。

对于阻塞喷注，试验证明，气室压力超过临界条件继续增加时，虽然喷注速度保持局部声速不变，但噪声仍要增大。马大猷教授等得到喷注湍流噪声的声功率 W 与驻点压力 p_1 的经验公式如式（2-2-12）所示：

$$W = K_p \frac{\rho_0^2}{\rho^2} \cdot \frac{(p_1 - p_0)^4}{p_0^2(p_1 - 0.5p_0)^2} D^2 \tag{2-2-12}$$

在喷注 90° 方向上，离喷口 1m 处的声压级 L_p 如式（2-2-13）所示：

$$L_p = 80 + 20\lg(p_1 - p_0)^2 / [(p_1 - 0.5p_0)\, p_0] + 20\lg D \text{ [dB（A）]} \tag{2-2-13}$$

式中　p_1——驻点压力；

　　　K_p——常数；

　　　ρ——环境气体密度；

　　　D——喷口直径；

　　　p_0——环境大气压。

上式说明了在阻塞情况下，虽然喷注速度不再增加，但随着压力的增加，噪声功率也随之增加。

2.12　风动凿岩机噪声

风动凿岩机主要由柄体、转钎机构、配气机构、螺旋棒、气缸、活塞、机头和操纵阀手柄等组成。其噪声可达 120dB（A），甚至更高，对操作工人的危害很严重。风动凿岩机由于在工作中以很高的频率往复冲击，所以产生的噪声从机理上可分为机械噪声和空气动力性噪声。从噪声来源看，主要包括排气噪声、冲击噪声、钎杆噪声、回转噪声等。

排气噪声的产生机理是压缩空气强行从气缸中排出时，具有极高速度的气流冲击和剪切周围的静止空气，引起剧烈的气流扰动而产生的。

冲击噪声的产生机理是凿岩机在工作过程中压缩空气推动活塞高速冲击钎尾产生的。

回转噪声是回转机构产生的噪声，包括棘爪在冲、回程时与棘轮撞击产生噪声，活塞回程时来复杆的端部撞击后盖产生噪声，钎尾套和钎尾的过松配合产生噪声，活塞沟槽和来复杆凸线碰撞产生噪声。

　　钎杆噪声的能量来源和冲击噪声一致，但发声部位不同，因此应视为两种声源。钎杆的噪声是由活塞冲击钎尾时所产生的，冲击噪声沿钎杆方向传播并向周围环境辐射。凿岩机在工作过程中，由于活塞对钎尾冲击时不可能完全对准其轴线而使钎杆产生横向振动，从而产生噪声。

　　此外还有钎头钻进过程中和岩石面撞击产生的噪声，凿岩机零部件之间的摩擦产生的噪声，阀门产生的噪声，凿岩机机壳产生的噪声等。

（1）排气噪声

　　凿岩机的排气噪声是一种脉动噪声，从整个时域来看，它具有明显的脉动性，但从某一个小的时域来看，它又具有持续喷注的特点。风动凿岩机排气噪声实际上是四极子源、偶极子源、单极子源的混合体。

　　表 2-2-5 为某凿岩机排气噪声频谱测量数据。

表 2-2-5　某凿岩机排气噪声频谱测量数据

频率/Hz	63	125	250	500	1000	2000	4000	8000	16000
无钎空打测试声压级/dB	109	115	112	113	114	113	110	107	107
引流法测试声压级/dB	101	108	113	113	112	112	111	108	95

（2）冲击噪声和回转噪声

　　活塞和钎尾冲击所产生的冲击噪声，在未经消声处理的凿岩机工作过程中差不多均被排气噪声和钎杆噪声覆盖。在对凿岩机和钎杆进行消声处理后，整机噪声仍在 110dB（A）左右，主要原因是这种高频噪声的存在。在进行凿岩机消声设备的设计时，若不考虑这两种声源的影响，整机噪声的降低很难有大的突破。

　　表 2-2-6 为某凿岩机冲击噪声和回转噪声频谱测量数据。

表 2-2-6　某凿岩机冲击噪声及回转噪声频谱测量数据

频率/Hz	63	125	250	500	1000	2000	4000	8000	16000
冲击噪声声压级/dB	74	83.8	86	91.7	93.7	101	102.3	99.8	80.7
回转噪声声压级/dB	94.4	91	89	99.7	103.8	107	104.4	98	78

（3）钎杆噪声

　　钎杆噪声属于高频噪声，它是由钎杆质点的横向振动产生的。这当中包括纵波通过钎杆时引起泊松比膨胀、收缩导致质点横向移动产生噪声，以及弯曲波通过钎杆时引起质点的横向振动而产生噪声。后一种噪声是钎杆的主要噪声源。

　　表 2-2-7 为某凿岩机钎杆噪声频谱测量数据。由表 2-2-7 可知，该凿岩机的噪声频谱在500Hz、1000Hz、2000Hz、4000Hz附近有最高的声压级，总体声压级约为112dB（A）。

表 2-2-7　某凿岩机钎杆噪声频谱测量数据

频率/Hz	63	125	250	500	1k	2k	4k	8k	16k
钎杆噪声声压级/dB	82	91	96	104	106	107	104	98	83

2.13 常用施工机械噪声

在施工过程中，随着工程的进展和施工工序的更替，需采用不同的施工机械和施工方法。例如，在基础工程中，有土方爆破、挖掘沟道、平整和清理场地、打夯、打桩等作业；在主体工程中，有立钢骨架或钢筋混凝土骨架、吊装构件、搅拌和浇捣混凝土等作业；在施工现场，有自始至终频繁进行的材料和构件的运输活动。此外，还有各种敲打、撞击、拆除旧建筑物的倒塌声、人的呼喊声等。因此，噪声源种类多，施工现场四周无遮挡，有些机械需要经常移动、起吊和安装等操作，建筑施工中的某些噪声具有突发性、冲击性、不连续性等特点。

建筑施工土石方阶段，其主要噪声源是推土机、挖掘机、装载机、运输车辆等，其声功率级的范围是 100～120dB（A），70%的声功率级集中在 100～110dB（A），噪声源没有明显指向性。

基础施工阶段的主要噪声源是各种打桩机、吊车、打井机、风镐、移动式空压机等。这些噪声源基本上是一些固定噪声源，其中打桩机是基础施工阶段最典型、最大的噪声源。打桩机的声功率级为 125～135dB（A），导轨式打桩机噪声较小，其声功率级为 116～118dB（A），其噪声时间特性为周期性脉冲噪声且有明显的指向特性，背向排气口的一侧噪声可以比最大值低 4～9dB（A）。打桩机噪声与土层结构有关系。风镐、吊车、平地机等设备为次要噪声源，其声功率级为 100～110dB（A）。

结构施工阶段的主要噪声源包括各种运输设备、汽车吊车、塔式吊车、施工电梯、混凝土搅拌机、振动器、电锯、电刨、砂轮机等及一些撞击噪声。对大多数工地来说，结构施工阶段最主要的噪声源是振动器和混凝土搅拌机，这两种噪声源工作时间较长，影响面较广。振动器的声功率级为 98～102dB（A），混凝土搅拌机的声功率级为 95～100dB（A），其他一些辅助设备有些声功率级较低，有些工作时间很短。对于一些用商品混凝土的工地，混凝土运输车辆也是重要的噪声源之一。

装饰施工阶段噪声源数量较少，强噪声源更少，其主要噪声源包括砂轮机、电锤、电钻、切割机、卷扬机、电锯、电刨等，大多数声功率级较低，一般为 90dB（A）左右。

建筑施工场地噪声源很多，常见建筑施工机械的噪声声级如表 2-2-8 所列。

表 2-2-8 建筑施工机械的噪声声级

机械名称	距离声源 10m		距离声源 30m	
	声级范围/dB（A）	平均声级/dB（A）	声级范围/dB（A）	平均声级/dB（A）
打桩机	93～112	105	84～103	91
地螺钻	68～82	75	57～70	63
铆枪	87～95	91	74～88	86
压缩机	82～98	88	78～80	78
破路机	80～92	85	74～80	76

注：关于常用设备噪声源以及低噪声产品，在本手册第6篇"声源降噪与低噪声产品"中有更深入的讨论，请参阅第6篇。

第3章　交通运输工具噪声源

交通噪声主要包括道路交通噪声、轨道交通噪声、航空噪声和船舶噪声。道路交通噪声是各种机动车辆所产生的道路整体噪声；轨道交通噪声指铁路、地铁、轻轨、磁悬浮列车等的噪声，包括车厢内噪声、车站内噪声和线路路边噪声；航空噪声通常指航空器在机场及其附近活动（起飞、降落、滑行、试车等）时产生的噪声；船舶噪声包括船舶动力机械噪声（主机噪声、螺旋桨噪声、水动力噪声）和船舶辅助机械噪声（泵噪声、风机噪声等）。

3.1　道路交通噪声

我国开展道路交通噪声常规监测的城市中都发现存在道路交通噪声污染。目前，我国道路交通噪声监测区域有限，有些数据并不能代表全国道路噪声污染水平。道路交通噪声主要来自机动车辆本身的发动机、冷却风扇和进排气口装置产生的噪声。影响道路交通噪声的主要因素是车流量、行驶速度和车种，其次是道路坡度、车辆加速和减速情况等。图 2-3-1 为不同车流量时的道路交通噪声特性曲线，横坐标为 A 声级，纵坐标为超过某一声级的累计时间百分比。

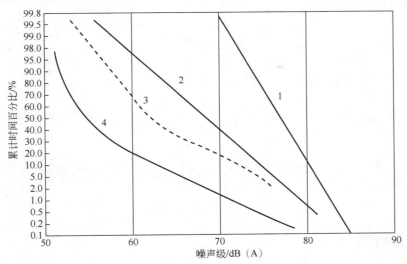

图 2-3-1　不同车流量时的道路交通噪声特性曲线

1—车流量为 3000 辆/h（干线）；2—车流量为 1000 辆/h；3—车流量小的十字路口；4—车流量很小的路段

从图 2-3-1 中可以看出，对于交通流量大的街道，其噪声累计曲线近似呈直线，即噪声符合正态分布规律。

在车流量相同时，重型载重车及大型公共汽车在车流量中所占的比例愈大，则道路交通噪声愈高。表 2-3-1 列出了不同路面坡度、载重汽车所占比例不同时的噪声值。

表 2-3-1 路面坡度与车种对道路交通噪声的影响

路面坡度/%	5								7							
车流量/（辆/h）	1000				4000				1000				4000			
载重车比例/%	0	25	50	100	0	25	50	100	0	25	50	100	0	25	50	100
等效声级/dB	67	68.8	70	72	72.5	74.3	75.6	76.7	67.3	72.7	75	77.5	73.3	78.8	81	83.5

城市中交叉路口，由于车辆的频繁加速和制动，其噪声要比一般街道高。据测试，交叉路口的噪声要比同流量的一般街道高 9～10dB（A）。

车速增加一倍，小汽车噪声将增加 9dB，卡车噪声则增加 6dB。此外，交通噪声与道路上的车流量、道路宽窄、路面条件、两旁设施、车辆类型的比例有关。图 2-3-2 是在北京选择了车道、绿化、两旁建筑结构不同典型的四条干线，测量得到的车流量 Q（辆/h）与噪声级 L_{eq} 的关系。测量点距马路中心 12m；测量传声器放置在离地面高 1.5m 处；重型车辆的比例是 30%～60%。图 2-3-2 中的直线，是由图上的有关测量数据点，按数理统计的回归分析方法描出的近似回归线，其线性回归方程式如式（2-3-1）所示：

$$L_{eq} = 50.2 + 8.8 \lg Q \tag{2-3-1}$$

由上式可以看出，车流量 Q 增加一倍，噪声级 L_{eq} 值增加 2.7dB。

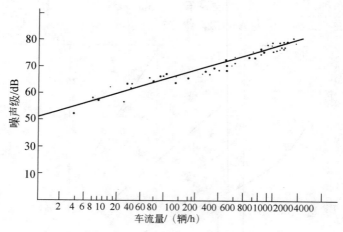

图 2-3-2 交通噪声与车流量关系

3.1.1 车辆声功率级

为了能正确地估算和研究道路整体噪声，首先应了解各种车辆所产生的声功率级，以及它与各种因素的关系。一辆车所产生的声功率级，主要取决于它的行驶速度。

试验发现，一辆车在中、高速范围所产生的声功率级 L_W 与速度呈线性关系，如式（2-3-2）所示：

$$L_W = \alpha v + C \tag{2-3-2}$$

式中，常数 α 和 C 与车辆种类有关，对于大多数车辆，α 处于 0.18～0.23 之间。

如果车辆行驶在普通沥青或混凝土路面上，其 A 计权声功率级可按式（2-3-3）计算：

$$L_W = 0.2\overline{v_\alpha} + C \qquad\qquad (2\text{-}3\text{-}3)$$

式中　$\overline{v_\alpha}$——车辆平均行驶速度，km/h；

$\qquad C$——与车辆种类有关的常数，对于轻型载重汽车 $C=87$，重型载重汽车 $C=94$，小客车 $C=84$。

从式（2-3-3）中可以看出，在同样车速下，轻型载重汽车的声功率级比小客车高 3dB，重型载重汽车比小客车高 10dB。由不同种类车辆组成的混合车辆流所产生的平均声功率级 $\overline{L_W}$，可按式（2-3-4）计算：

$$\overline{L_W} = 0.2\overline{v_\alpha} + 84 + 10\lg\ (a_1 + 2a_2 + 10a_3) \qquad\qquad (2\text{-}3\text{-}4)$$

式中　a_1——小客车占车辆流的百分比；

$\qquad a_2$——轻型载重汽车占车辆流的百分比；

$\qquad a_3$——重型载重汽车占车辆流的百分比。

车辆在城市街道上行驶时，经常需要低挡加速行驶。在这种工况下，所产生的声功率级要高于匀速行驶的声功率级。图 2-3-3 为不同类型车辆加速行驶时的声功率级。图中 0 点是车辆加速起点，横坐标表示离起点距离。从图上可以看出，车辆加速到离起点 20～30m（相当于车速 20km/h 左右）时，声功率级达到最大，再继续加速，声功率级几乎不改变。加速行驶到 5.55m/s（20km/h）的声功率级相当于匀速 16.6m/s（60km/h）行驶所产生的声功率级。

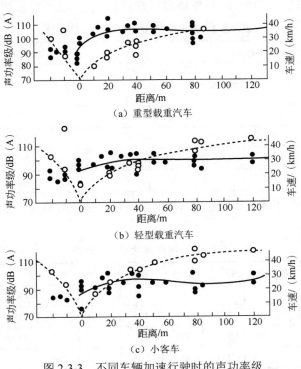

（a）重型载重汽车

（b）轻型载重汽车

（c）小客车

图 2-3-3　不同车辆加速行驶时的声功率级

● 声功率级；○ 行驶速度

车辆声功率级和路面状况也有一定关系。这主要是由轮胎噪声所产生的，尤其是轻型车辆以高速行驶时，其影响更大。图 2-3-4 为一辆小客车不同车速的车内、车外噪声与路面粗糙度的关系曲线。

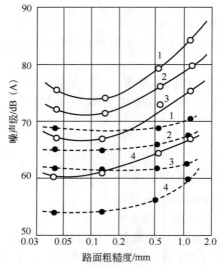

图 2-3-4　路面粗糙度对车辆噪声的影响

1—100km/h；2—80km/h；3—60km/h；4—40km/h

○ 车外噪声；● 车内噪声

在计算小客车声功率级时，应根据路面粗糙度按表 2-3-2 再附加修正值。

表 2-3-2　路面粗糙度的声功率级修正值

路面颗粒粗糙度/mm	声功率级 L_W 修正值/dB
0.05 以下	3
0.05～0.4	0
0.4～0.7	2
0.7～1.0	4
1.0～1.3	6
1.3 以上	8 以上

表 2-3-3 为不同种类车辆在不同速度行驶时的实测声功率级的统计结果，与利用式（2-3-4）计算的结果相当接近。

表 2-3-3　汽车声功率级统计表

车速/（km/h） 车辆类型	35～45		45～55		55～65		65～75		75～85	
	L_W	α	L_W	α	L_W	α	L_W	α	L_W	α
5t 以上载重汽车、大型公共汽车	107.0	3.22	108.0	3.26	109.4	3.67	111.1	3.32	—	—
5t 以下载重汽车、中型客车	97.0	2.56	98.0	2.91	99.3	2.77	102.6	3.10	—	—
小客车	93.9	2.11	95.7	2.30	97.1	2.39	98.9	2.65	100.4	2.89

注：L_W 为平均声功率级（dB），α 为正态标准偏差。

3.1.2　道路交通噪声特性

道路交通噪声是一种典型的随机非稳态噪声。描述这种噪声最准确的方法是，采用一段时间的噪声累计分布曲线或统计分布曲线。对于累计分布曲线来说，横坐标为 A 声级，纵坐标为超过某一声级的累计时间百分比。统计分布曲线的纵坐标为某一声级的出现概率。

图 2-3-5 为同一条道路在不同距离测点所得到的噪声累计分布曲线。从图上可以看出，距车辆行驶线越远，其噪声累计分布曲线越接近直线，噪声的起伏变化也越小。

城市中车流量大于 1000 辆/h 的街道，我们均可以近似认为它的噪声累计分布曲线为直线。这样就可以利用两个统计参数来表示一条街道的噪声特性。

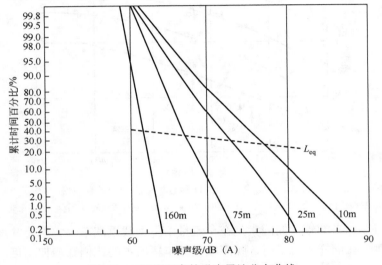

图 2-3-5　不同距离的噪声累计分布曲线

已知平均值 L_{50} 和正态偏差 σ，任意一个声级 L_x 的统计百分数 $\Phi(x)$ 都可以由式（2-3-5）算出：

$$\Phi(x) = \frac{1}{\sqrt{2\pi}\sigma} e^{-\frac{(L_x - L_{50})}{2\sigma^2}} \tag{2-3-5}$$

其他的一些交通噪声评价参数也可根据 L_{50} 和 σ 算出：

$$L_{eq} = L_{50} + 0.11\sigma \tag{2-3-6}$$

$$\mathrm{TNI} = L_{50} + 9.1\sigma - 30 \tag{2-3-7}$$

$$L_{NP} = L_{50} + 2.56\sigma + 0.11\sigma^2 \tag{2-3-8}$$

式中　L_{eq}——等效声级；

　　　TNI——交通噪声指数；

　　　L_{NP}——噪声污染级；

　　　L_{50}——平均声级。

　　试验发现道路噪声的平均声级 L_{50} 以及其他统计参数与车流量的对数近似呈直线关系。图 2-3-6 为 L_{50} 等噪声统计参数与车流量的关系曲线。从图上可以看出，随着车流量的增加，正态偏差逐渐减小，由 6～7dB（A）减小到 3～4dB（A）。车流量对背景噪声和平均噪声影响较大，而对噪声峰值影响则很小。当车流量增加到 2000 辆/h 以后，噪声峰值基本不再增加。

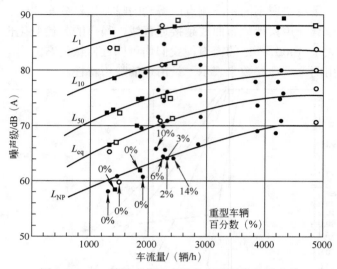

图 2-3-6　L_{50} 等噪声统计参数与车流量的关系曲线

■　4 条车辆行驶线的街道；□　2 条车辆行驶线的街道；●　6 条车辆行驶线的街道；○　3 条车辆行驶线的街道

　　对噪声峰值 L_{10} 影响较大的因素是在车流量中重型载重汽车、大型公共汽车等噪声较大车辆所占的比例。在同样车流量时，噪声较大的车辆所占的比例数增加 1 倍，噪声峰值增加 2～4dB（A）。图 2-3-7 是在不同车流量情况下，重型车辆所占比例数和噪声峰值的关系曲线。

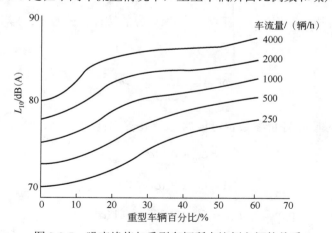

图 2-3-7　噪声峰值与重型车辆所占比例之间的关系

　　道路坡度对噪声也有一定影响，特别是载重汽车在上坡时，由于负荷和发动机转速的增加，能够明显地增加噪声。表 2-3-1 列出了不同交通状况下，路面坡度对等效声级的影响。从表中可以看出，载重汽车比例数大，路面坡度增加，道路交通噪声增大，增大量最大可达到 6dB（A）。

城市中的交叉路口，由于车辆的频繁加速和减速，其噪声要比一般街道噪声高。车辆加速产生的噪声与加速的挡位、加速度大小有关。图 2-3-8 为两种典型车辆不同挡位加速的噪声变化情况。从图上可以看出，柴油载重汽车等大型车辆的噪声对交叉路口的影响比轻型车辆要大。在城市交通规划时，多采用一些立体交叉和自动交通信号控制，不仅可以提高运输效率，而且也有助于降低噪声。

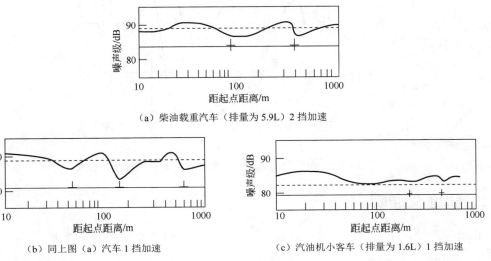

（a）柴油载重汽车（排量为 5.9L）2 挡加速

（b）同上图（a）汽车 1 挡加速　　　　（c）汽油机小客车（排量为 1.6L）1 挡加速

图 2-3-8　车辆加速噪声

通过昼夜 24h 测试，可获知交通噪声对周围环境的污染变化规律。测试结果表明：几乎所有噪声统计参数都具有日夜周期变化规律。每天清晨 4～5 时噪声开始迅速增加，晚间 9～10 时开始下降，在深夜 3～4 时出现最低值，如图 2-3-9 所示。

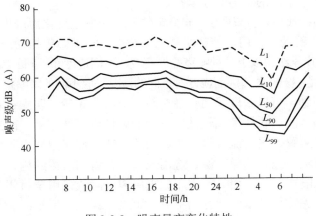

图 2-3-9　噪声昼夜变化特性

交通噪声的这种变化规律，主要是由昼夜的交通流量变化特性决定的。测试发现，噪声污染级 L_{NP} 和等效噪声级 L_{eq} 的昼夜变化曲线，与昼夜的交通流量 Q 变化曲线在形状上非常接近，如图 2-3-10 所示。

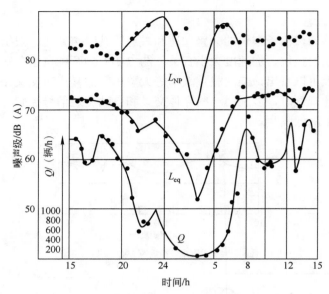

图 2-3-10　一条街道的 L_{NP}、L_{eq} 和交通流量 Q 昼夜变化曲线

3.2　轨道交通噪声

轨道交通噪声指铁路、地铁、轻轨、磁悬浮列车等轨道交通产生的噪声。

3.2.1　铁路交通噪声

铁路交通噪声主要包括以下噪声源：

① 车轮与钢轨接触振动产生的轮轨噪声。

② 由受电弓滑板产生的滑动噪声、滑板瞬时滑脱接触导线的瞬态放电噪声以及受电弓的空气动力学噪声三部分组成的集电系统噪声。

③ 列车在空气中高速移动，压力在非恒定的气流中发生变化而产生的空气动力噪声。

④ 由于运动列车的动力作用，使建筑结构如桥梁、声屏障等振动产生的结构振动噪声。

铁路交通噪声总声压级由以上几种噪声叠加而成，不同速度和不同的减振措施下，上述几种噪声影响的重要程度是不一样的，因而应针对不同的情况采取不同的降噪措施与方案。

对于铁路噪声控制，可以采取采用弹性车轮、低噪声车轮、防振钢轨、对钢轨定期进行打磨减少钢轨不平顺、改进轨枕板和轨枕板垫片的弹性以降低振动、改进受电弓结构、改进滑板材质、改进受流装置、采用流线型车头、消除车辆上部（空气出入口的天窗、绝缘器、空调、天线及相邻车辆间隙）的噪声源、选用低噪声辐射的桥梁结构、增大车轮车裙、车轮加隔声罩、受电弓加隔声罩、采用吸声道床、采用声屏障或采用全封闭声屏障等措施。

预测铁路噪声，先计算列车的运行功率 P，如式（2-3-9）所示：

$$P = Fv \qquad\qquad (2\text{-}3\text{-}9)$$

式中　v——列车的运行速度；

　　　F——受到的阻力。

列车运行阻力来自以下几个方面：机械阻力、轮轴间阻力、空气阻力。列车运行阻力与列车的车况、类型、轨道状况、空气特性和列车速度等因素有关。为便于抓住主要问题，可假设列车阻力为速度的函数，如式（2-3-10）所示：

$$F = f(v) \tag{2-3-10}$$

根据功率平衡原理，车轮等速行驶中的每一瞬间，列车的输出功率等于车辆所有行驶阻力所消耗的功率之和。列出克服阻力做功消耗的能量，所消耗的能量将转为热能、振动能量和噪声辐射能量，能量 P 的计算式如式（2-3-11）所示：

$$P = P_{th} + P_{vi} + P_{nr} \tag{2-3-11}$$

式中　P_{th}——转化为热能的部分；

　　　P_{vi}——转化为振动能量的部分；

　　　P_{nr}——转化为噪声辐射能量的部分。

设噪声辐射能量 P_{nr} 与列车运行总功率 P 的比值为 K，即 $K = P_{nr}/P$。并假定列车以不同速度运行时，K 值不变，则噪声辐射能量 P_{nr} 可由式（2-3-12）求得：

$$P_{nr} = KP = Kvf(v) \tag{2-3-12}$$

又因声功率与声压级之间的关系，声压级 L_p 可由式（2-3-13）求得：

$$L_p + 10\lg\frac{400}{\rho c} = 10\lg\frac{W}{W_0} - 10\lg S \tag{2-3-13}$$

式中　L_p——声压级，dB；

　　　ρ——空气密度，kg/m^3；

　　　c——空气中的声速，m/s；

　　　W——声功率，同 P_{nr}；

　　　W_0——基准声功率，$W_0 = 10^{-12}W$；

　　　S——声波波面面积，m^2。

列车速度由 v_1 变为 v_2 时，噪声辐射功率由 W_1 变为 W_2，如式（2-3-14）和式（2-3-15）所示：

$$W_1 = P_{nr1} = Kv_1 f(v_1) \tag{2-3-14}$$

变为

$$W_2 = P_{nr2} = Kv_2 f(v_2) \tag{2-3-15}$$

此时，对应的声压级变为 ΔL_p，如式（2-3-16）和式（2-3-17）所示：

$$\Delta L_p = L_{p2} - L_{p1} = 10\lg\frac{W_2}{W_0} - 10\lg\frac{W_1}{W_0} = 10\lg\frac{W_2}{W_1} \tag{2-3-16}$$

即

$$\Delta L_p = 10\lg\frac{p_2}{p_1} = 10\lg\frac{v_2 f(v_2)}{v_1 f(v_1)} \tag{2-3-17}$$

则 L_{p2} 如式（2-3-18）所示：

$$L_{p2} = L_{p1} + \Delta L_p = L_{p1} + 10\lg\left[v_2 f(v_2)\right] - 10\lg\left[v_1 f(v_1)\right] \qquad (2\text{-}3\text{-}18)$$

令 $L_p' = L_{p1} - 10\lg\left[v_1 f(v_1)\right]$，

则

$$L_{p2} = L_p' + 10\lg\left[v_2 f(v_2)\right] \qquad (2\text{-}3\text{-}19)$$

假设 $F = f(v)$ 在整个定义域内连续可导，则 F 可表示为速度 v 的 n 阶多项式，如式（2-3-20）所示：

$$F = a_0 + a_1 v + a_2 v^2 + \mathrm{L} + a_n v^n \qquad (2\text{-}3\text{-}20)$$

机车运行阻力由多个分力组成。如 a_0 表示与速度无关的阻力，比如滑动摩擦力，$a_2 v^2$ 表示与速度的平方成正比的阻力，空气阻力满足这个关系。

根据前面的式子，可得声压级与列车速度的关系式，如式（2-3-21）所示：

$$L_p = L_p' + 10\lg\left[v(a_0 + a_1 v + \mathrm{L} + a_n v^n)\right] \qquad (2\text{-}3\text{-}21)$$

如果只考虑列车运行中的部分，取与速度的平方成正比的部分，其他阻力忽略不计，记 $L_p'' = L_p' + 10\lg a_2$，则有 L_p 如式（2-3-22）所示：

$$L_p = L_p' + 10\lg a_2 v^3 = L_p' + 10\lg a_2 + 30\lg v = L_p'' + 30\lg v \qquad (2\text{-}3\text{-}22)$$

按照上式进行铁路噪声预测，则必须确定列车运行阻力方程。但是，列车在不同的运行速度下的阻力方程不同，而且阻力方程不便于求解。通常速度变化范围不大时，可以找出一个数 a，如式（2-3-23）所示：

$$v^{a/10} \approx v(a_0 + a_1 v + \mathrm{L} + a_n v^n) \qquad (2\text{-}3\text{-}23)$$

此时，

$$L_p = L_p'' + a\lg v \qquad (2\text{-}3\text{-}24)$$

或

$$L_p = a\lg v + b \qquad (2\text{-}3\text{-}25)$$

式中，a、b 为声压级修正系数。

以上求得的是列车的等效声级，为了获知铁路对周围环境的噪声影响，还需要进一步进行铁路噪声的预测。铁路噪声的预测公式可参照式（2-3-26）：

$$L_{\mathrm{Aeq},\,p} = 10\lg\left\{\frac{1}{T}\left[\sum_i n_i t_{\mathrm{eq},\,i} 10^{0.1(L_{p0,\,\mathrm{t},\,i} + C_{\mathrm{t},\,i})} + \sum_i t_{\mathrm{f},\,i} 10^{0.1(L_{p0,\,\mathrm{f},\,i} + C_{\mathrm{f},\,i})}\right]\right\} \qquad (2\text{-}3\text{-}26)$$

式中　$L_{\mathrm{Aeq},\,p}$——评价时间内预测点的等效 A 计权声级，dB（A）；

　　　　T——规定的评价时间，s；

n_i——T 时间内通过的第 i 类列车列数；

$t_{eq,i}$——第 i 类列车通过的等效时间，s；

$L_{p0,t,i}$——第 i 类列车最大垂向指向性方向上的噪声辐射源强，为 A 计权声压级或频带声压级，dB；

$C_{t,i}$——第 i 类列车的噪声修正项，为 A 计权声压级或频带声压级修正项，dB；

$t_{f,i}$——固定声源的作用时间，s；

$L_{p0,f,i}$——固定声源的噪声辐射源强，可为 A 计权声压级或频带声压级，dB；

$C_{f,i}$——固定声源的噪声修正项，可为 A 计权声压级或频带声压级修正项，dB。

列车运行噪声的修正项 $C_{t,i}$，按式（2-3-27）计算：

$$C_{t,i}=C_{t,v,i}+C_{t,o}+C_{t,t}+C_{t,d,i}+C_{t,a,i}+C_{t,g,i}+C_{t,b,i}+C_{t,h,i}+C_w \tag{2-3-27}$$

式中　$C_{t,v,i}$——列车运行噪声速度修正，可按类比试验数据、标准方法或相关资料计算，dB；

$C_{t,o}$——列车运行噪声垂向指向性修正，dB；

$C_{t,t}$——线路和轨道结构对噪声影响的修正，可按类比试验数据、标准方法或相关资料计算，dB；

$C_{t,d,i}$——列车运行噪声几何发散损失，dB；

$C_{t,a,i}$——列车运行噪声的大气吸收，dB；

$C_{t,g,i}$——列车运行噪声地面效应引起的声衰减，dB；

$C_{t,b,i}$——列车运行噪声屏障声绕射衰减，dB；

$C_{t,h,i}$——列车运行噪声建筑群引起的声衰减，dB；

C_w——频率计权修正，dB。

固定声源的噪声修正项 $C_{f,i}$，按式（2-3-28）计算：

$$C_{f,i}=C_{f,\theta,i}+C_{f,d,i}+C_{f,a,i}+C_{f,g,i}+C_{f,b,i}+C_{f,h,i}+C_w \tag{2-3-28}$$

式中　$C_{f,\theta,i}$——固定声源指向性修正，dB；

$C_{f,d,i}$——固定声源几何发散损失，dB；

$C_{f,a,i}$——固定声源大气吸收，计算方法同列车噪声修正项，dB；

$C_{f,g,i}$——固定声源地面声效应引起的声衰减，计算方法同列车噪声修正项，dB；

$C_{f,b,i}$——固定声源屏障声绕射衰减，dB；

$C_{f,h,i}$——固定声源建筑群引起的声衰减，dB；

C_w——频率计权修正，dB。

对于高速铁路噪声，由于列车速度的提高，加剧铁路沿线的振动和噪声污染。高速列车产生的噪声，与列车的结构、速度、质量、行车密度、线路状况、线路两旁的建筑物和绿化状况、隧道的几何尺寸和材料、司机驾驶技术等因素有关。高速铁路噪声源有如下特点：

① 轮轨噪声更大　机车车轮在沿钢轨运行过程中，轮轨噪声或滚动声（轮轨之间因滚动、滑动、撞击、摩擦产生的轰鸣声、冲击声和尖叫声）更大，成为主要噪声源，对周围环境影响较大。

② 集电系统噪声更大　电气化高速列车集电系统噪声一般由机车受电弓和接触网导线摩擦产生的噪声、受电弓及其附件的空气动力噪声组成，受电弓脱弓导致的电弧噪声随列车速度的提高明显上升。

③ 空气动力噪声更大　高速列车的空气动力噪声由车体及外部结构与高速空气流间的相互作用所产生,它在高速列车运行噪声中占有很大的比重,当列车速度接近或超过 300km/h 时,空气动力噪声随列车速度的增加幅度大于其他噪声源,成为高速铁路噪声的主要部分。

④ 基础建筑物噪声　高速铁路的路基、高架混凝土桥、钢桥、隧道等建筑结构在振动状态下均可成为二次辐射噪声源。

⑤ 其他机械噪声　动力传动机构、牵引电机、冷却风机及其气流也是不可忽略的噪声源。密闭车厢内的设施是车厢内的重要噪声源,如空调机组及其通风管道布置、车内电器及照明装置等。

高速铁路列车运行时产生的总噪声级,由以上几种噪声叠加而成,在不同的列车速度和不同的减振降噪措施下,上述几项影响的程度不一样。一般列车速度在 240km/h 以下时,轮轨噪声对沿线环境的影响较大;列车速度在 240km/h 以上时,空气动力噪声和集电系统噪声增大,与轮轨噪声共同成为主要噪声源。

3.2.2　城市轨道交通噪声

城市轨道交通主要包括地铁、轻轨、跨坐式单轨、有轨电车以及中低速磁悬浮列车等交通形式。

地铁是快速、大运量、用电力驱动的城市轨道交通,线路一般沿着主要道路的地下行驶,沿线两侧有居民区和商业区。地铁车站和列车的车厢内,夏季有空调,其他季节为一般通风。为了排除区间隧道中列车运行的热量,都需要通风,并需相应配备排水设备和控制设备。地铁列车和各种设备在运行中产生列车运行噪声、设备运转噪声,其中列车运行噪声是由轮轨相互撞击振动而产生的;设备运转噪声是由事故(冷却)风机、空调冷水机组、空调送/回风机、站台底下排热风机、水泵、变压器和电梯等产生的。在中心城区以外的线路,列车一般设在高架桥或地面上,因此也会对周围环境造成噪声影响。

轻轨通常采用专用轨道在全封闭或半封闭的线路上,是以独立运营为主的中运量城市轨道交通系统,线路一般在地面、高架结构上,也有部分延伸到地下隧道内。跨坐式单轨是车体跨在轨道梁上运行的中运量城市轨道交通系统。有轨电车为独立运营或与其他交通方式一同运行的低运量城市轨道交通系统,线路设在地面上。

城市轨道交通虽然形式多样,但具有一定的共性。车厢内的噪声由乘坐该车的人承受,车站内的噪声由在车站内候车的人承受,而路边噪声影响着在轨道交通沿线区域居住或工作的人们。城市轨道交通比较发达的一些国家如美国、法国、日本、德国、英国、比利时、瑞士等,城市轨道交通噪声的产生原因、传播途径、控制方法以及对人体的危害等早就被人们研究,并把这些研究成果应用于城市轨道交通的规划与设计中。

城市轨道交通的噪声预测通常分为列车运行噪声预测和风亭、冷却塔等固定设备噪声预测。

列车运行噪声等效声级基本预测公式如式(2-3-29)所示:

$$L_{Aeq,p} = 10 \lg \left[\frac{1}{T} \left(\sum n t_{eq} 10^{0.1(L_{p0,t} + C_t)} \right) \right] \tag{2-3-29}$$

式中　$L_{Aeq,p}$——评价时间内预测点的等效 A 计权声级,dB(A);

T —— 规定的评价时间，s；

n —— T 时间内通过的列车列数；

t_{eq} —— 列车通过的等效时间，s；

$L_{p0,t}$ —— 列车最大垂向指向性方向上的噪声辐射源强，为 A 计权声压级或频带声压级，dB；

C_t —— 列车的噪声修正项，为 A 计权声压级或频带声压级修正项，dB。

列车运行噪声的修正项 C_t，按式（2-3-30）计算：

$$C_t = C_{t,v,i} + C_{t,o} + C_{t,t} + C_{t,d,i} + C_{t,a,i} + C_{t,g,i} + C_{t,b,i} + C_{t,h,i} + C_w \qquad (2\text{-}3\text{-}30)$$

式中　$C_{t,v,i}$ —— 列车运行噪声速度修正，可按类比试验数据、标准方法或相关资料计算，dB；

$C_{t,o}$ —— 列车运行噪声垂向指向性修正，dB；

$C_{t,t}$ —— 线路和轨道结构对噪声影响的修正，可按类比试验数据、标准方法或相关资料计算，dB；

$C_{t,d,i}$ —— 列车运行噪声几何发散损失，dB；

$C_{t,a,i}$ —— 列车运行噪声的大气吸收，dB；

$C_{t,g,i}$ —— 列车运行噪声地面效应引起的声衰减，dB；

$C_{t,b,i}$ —— 列车运行噪声屏障声绕射衰减，dB；

$C_{t,h,i}$ —— 列车运行噪声建筑群引起的声衰减，dB；

C_w —— 频率计权修正，dB。

其中，列车运行速度修正 $C_{t,v,i}$ 可在噪声源强选择时考虑，也可单独按式（2-3-31）修正，但应避免重复计算。

$$C_{t,v,i} = a\lg\left(\frac{v}{v_0}\right) \qquad (2\text{-}3\text{-}31)$$

当列车运行速度 $v<35\text{km/h}$ 时，a 取为 10；当列车运行速度介于 35～160km/h 之内时，a 取为 20（桥梁线路）或 30（路基线路）。

风亭、冷却塔噪声等效声级基本预测公式见式（2-3-32）：

$$L_{\text{Aeq},p} = 10\lg\left[\frac{1}{T}\left(\sum t 10^{0.1(L_{p0}+C_f)}\right)\right] \qquad (2\text{-}3\text{-}32)$$

式中　$L_{\text{Aeq},p}$ —— 评价时间内预测点的等效 A 计权声级，dB（A）；

T —— 规定的评价时间，s；

t —— 冷却塔、风亭运行的等效时间，s；

L_{p0} —— 冷却塔、风亭运行时噪声辐射源强，为 A 计权声压级或频带声压级，dB；

C_f —— 冷却塔、风亭的噪声修正项，为 A 计权声压级或频带声压级修正项，dB。C_f 项的计算可参照规范 GB/T 17247.2—1998《声学 户外声传播的衰减 第 2 部分：一般计算方法》。

3.2.3　磁悬浮列车噪声

磁悬浮列车是采用磁力将车体悬浮在导轨上空，并采用线性电机进行推动和牵引的交通运输工具。磁悬浮的产生原理主要有电磁吸引和电动两种。前一种方式可以在静止时即获得悬浮，因此不需要轮子支撑。而电动方式在低速时列车由轮胎支撑并牵引，达到一定速度时轮胎将收起。

相对于普通高速铁路列车（轮轨列车），磁悬浮列车有诸多优越性。但磁悬浮列车的噪声在高速运行时同样有不可忽视的环境问题，而且高速磁悬浮列车的噪声具有与普通高速铁路列车不同的特点。

磁悬浮列车的噪声问题主要包括：磁悬浮列车行驶时产生的噪声；进入隧道时产生微压波及由此而产生的强噪声。

磁悬浮列车的工作方式与一般的轮轨列车不同，其噪声源也有很大的区别。由于与导轨没有直接接触，因此对于低速运行的磁悬浮列车，辐射的声级较低，其噪声问题并不突出，可以认为是"安静的列车"，对环境没有严重的影响。但在很高的速度（>200km/h）时，磁悬浮列车在噪声方面与轮轨高速列车相比优越性减弱，此时，磁悬浮列车的噪声将对周围环境造成相当的影响。有数据表明，德国磁悬浮列车 TansrapidTR07 试验车（两节车厢）在其最高速度时，距离测试段轨道中心 25m，3.5m 高处的噪声级接近 100dB。

磁悬浮列车有三大噪声源：推进及辅助设备噪声、机械/结构辐射噪声、气流噪声。这三大噪声源产生的部位、机理、频率范围随不同的运行工况均有所不同。

推进及辅助设备噪声包括电磁体、控制系统、辅助冷却风扇的噪声。电磁体噪声是由磁力振动引起的。另外，还包括磁极通过噪声，即运动中的磁悬浮列车上的磁体与导轨上的磁极之间的相互作用引起的噪声。

机械/结构辐射噪声是由导轨的振动及列车车体的振动引起的，频率范围在可听声低频附近。导轨振动辐射噪声的起因主要有：对于电动磁悬浮系统，在低速时由导轨上的车轮运动引起（这种磁悬浮方式要求车轮运动一段时间，达到一定速度后才可悬浮）；列车通过导轨时，导轨结构荷载引起振动。导轨支撑梁的基本共振频率通常不到 10Hz，但从箱形梁底板辐射的噪声频率可达 80Hz 以上。另外，列车车体也将产生振动，辐射噪声。

气流噪声（空气动力性噪声）是磁悬浮列车高速行驶时的主要噪声源，其产生的主要原因及部位是：分离气流在列车前端汇合、列车表面的湍流边界层、运动气流与列车边缘及附件之间的相互作用、气流与磁悬浮系统中附件的相互作用。由于空气动力性噪声随车速 v 大致以 $60\lg v \sim 80\lg v$ 的规律增加，因此在车速达到 250km/h 以上时成为最主要的噪声源。

与高速铁路列车相比，磁悬浮列车噪声具有以下一些特点：

① 由于高速时磁悬浮列车噪声主要为空气动力性噪声，因此其噪声频谱以中频成分为主，高频和低频比其他方式的列车具有优越性，即高、低频噪声的能量较弱。

② 新一代磁悬浮列车可获得很高的速度，比如目前日本磁悬浮列车试验最高速度已达 550km/h（Yamanashi 试验段），因此与高速轮轨列车相比，在车长及轨道距离相同的情况下，磁悬浮列车的通过时间缩短，这就意味着磁悬浮列车的通过噪声可在很短的时间内达到峰值并下降，在时间历程上表现出很强的脉冲性。磁悬浮列车噪声级上升速度与车长、车速、距离有关。通常认为脉冲性很强、上升时间很短的噪声容易引起"惊吓"，主观感觉很烦恼。

3.3　航空噪声

　　航空噪声是指航空器在空中、机场及其附近起飞、降落、滑行、试车等时产生的噪声。航空噪声主要由航空器产生。航空器主要指飞机。

　　航空噪声在 20 世纪 40 年代就引起了飞机设计师的注意，那时由于飞机发动机的功率迅速提高，从而使航空噪声成为一个比较重要的社会和科学技术问题。民航运输初期，噪声主要影响机组人员和乘客的舒适感，后来民航机由于旅客量增多，飞机内机务人员间需要进行语言通话，感觉到飞机噪声干扰通话清晰度等。第二次世界大战后，飞机噪声不仅影响机内少数人的舒适感和工作效率，而且增高了的噪声会影响飞机内部仪器设备的正常工作，对飞机本身结构产生声致疲劳和损伤，影响飞机的飞行寿命和飞行安全。飞机噪声对机场地面工作人员和生活在机场附近的人们产生烦扰，妨害居民睡眠，引起听力损失，降低工作效率，严重影响身心健康。

　　飞机是动力驱动的有固定机翼的而且重于空气的航空器，飞机具有两个最基本的特征：其一是它自身的密度比空气大，并且它是由动力驱动前进的；其二是飞机有固定的机翼，机翼提供升力使飞机翱翔于天空。直升机是使用旋翼提供升力的，它和飞机属于不同的航空器类型。

3.3.1　飞机的分类

　　飞机有很多种分类方法，按飞机发动机的类型有螺旋桨飞机和喷气式飞机之分。

　　（1）螺旋桨飞机

　　螺旋桨飞机包括活塞螺旋桨式飞机和涡轮螺旋桨式飞机，飞机引擎为活塞螺旋桨式，这是最原始的动力形式。它利用螺旋桨的转动将空气向机后推动，借其反作用力推动飞机前进。螺旋桨转速愈高，则飞机飞行速度愈快。

　　螺旋桨飞机噪声不论用涡轮发动机还是用活塞发动机，其功率都较大。大功率涡轮式飞机通常用双发动机，而活塞发动机或者用单发动机或者用双发动机。螺旋桨飞机噪声主要包含螺旋桨噪声和发动机排气噪声。螺旋桨噪声几乎总是主要分量，对于一定推力它是叶片顶端速度的函数。地面静态试车时，典型螺旋桨噪声在转速和叶片数乘积的倍数处常有峰值。

　　（2）喷气式飞机

　　喷气式飞机包括涡轮喷气式飞机和涡轮风扇喷气式飞机。这种机型的优点是结构简单，速度快，一般为 800～1000km/h；燃料费用节省，装载量大，一般可载客数百人或百吨左右的货物。

　　喷气式飞机多数使用喷气式发动机，原理是将空气吸入，与燃油混合，点火，爆炸膨胀后的空气向后喷出，其反作用力则推动飞机向前。一个压气风扇从进气口中吸入空气，并且一级一级地压缩空气，使空气更好地参与燃烧。空气和油料的混合气体进入燃烧室被点燃，燃烧膨胀向后喷出，推动最后两个风扇旋转，最后排到发动机外。而最后两个风扇和前面的压气风扇安装在同一条中轴上，因此会带动压气风扇继续吸入空气，从而完成了一个工作循环。

　　① 涡轮喷气发动机　　这类发动机的原理基本与喷气式发动机的喷气原理相同，如图 2-3-11 所示，具有加速快、设计简便等优点。但如果要让涡轮喷气发动机提高推力，则必须增加燃气在涡轮前的温度和增压比，这将会使排气速度增加而损失更多动能，存在提高

推力和降低油耗的矛盾。因此涡轮喷气发动机油耗大，对于商业民航机来说是个致命弱点。

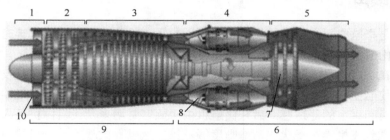

图 2-3-11 典型轴流式涡轮喷气发动机原理

1—吸入；2—低压压缩；3—高压压缩；4—燃烧；5—排气；6—热区域；7—涡轮机；8—燃烧室；9—冷区域；10—进气

在涡轮喷气发动机中，空气在轴向或离心式压缩机中被压缩，在燃烧室内加热，然后通过喷管膨胀而加速。空气涡轮机在气体膨胀过程中仅驱动压缩机，产生三类噪声：一是进气口噪声辐射，形成压缩机噪声和空气动力噪声；二是发动机外壳振动辐射噪声；三是排气噪声。排气噪声主要产生在喷管外部高速喷注和周围空气的混合区内。后一种就是所谓的空气动力噪声，是飞机满载工作时涡轮机的主要噪声源，其声功率远远超过其他噪声。图 2-3-12 为涡轮喷气发动机噪声源的示意图。

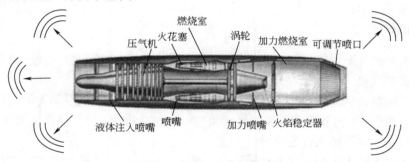

图 2-3-12 涡轮喷气发动机噪声源示意图

② 涡轮风扇发动机 涡轮风扇发动机吸入的空气一部分从外部管道（外涵道）后吹，一部分送入内涵道核心机（相当于一个纯涡轮喷气发动机）。最前端的"风扇"作用类似螺旋桨，通过降低排气速度达到提高喷气发动机推进效率的目的，如图 2-3-13 所示。同时通过精确设计，使更多的燃气能量经风扇传递到外涵道，同样解决了排气速度过快的问题，从而降低了发动机的油耗。由于该风扇设计要兼顾内外涵道的需要，因此难度远大于涡轮喷气发动机。涡轮风扇发动机的妙处就在于既提高涡轮前温度，又不增加排气速度。涡轮风扇发动机的结构，实际上就是涡轮喷气发动机的前方再增加了几级涡轮，这些涡轮带动一定数量的风扇。因此，涡轮风扇发动机的燃气能量被分派到了风扇和燃烧室分别产生的两种排气气流上。这时，为提高热效率而提高涡轮前温度，可以通过适当的涡轮结构和增大风扇直径，使更多的燃气能量经风扇传递到外涵道，从而避免大幅增加排气速度，热效率和推进效率取得了平衡，发动机的效率得到极大提高。效率高就意味着油耗低，飞机航程变得更远。同时，通过采用高涵道比发动机，使得外涵道增加了低速排气量，并减小了喷口的流速，低速排气区对高速喷气形成了屏蔽层，从而降低了喷气噪声。

对于涡轮风扇发动机和涡轮喷气发动机，在相同推力情况下，涡轮风扇发动机的噪声比涡轮喷气发动机的噪声要低。但在飞机满负载工作时，涡轮风扇发动机的主要噪声源仍然是宽频带的空气动力噪声。进一步降低涡轮风扇发动机的排气噪声是可能的，可以采取措施降低总噪声中其他主要机器噪声，例如风扇噪声、压缩机噪声、涡轮机噪声或燃烧噪声。图 2-3-14 为涡轮风扇发动机噪声源示意图。

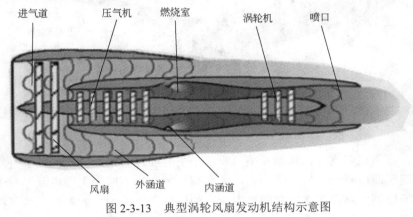

图 2-3-13　典型涡轮风扇发动机结构示意图

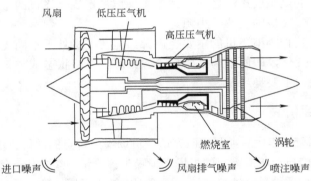

图 2-3-14　涡轮风扇发动机噪声源示意图

3.3.2　飞机噪声源分析

飞机飞行过程中的噪声辐射是一个复杂的非定常过程，影响飞机声源噪声辐射的三个主要因素都是随时间变化的。决定飞机噪声源强度的飞行速度、飞行姿态和发动机功率状态等都是随时间变化的；影响飞机噪声传播的飞机声源到观测点的距离、极方向角和方位方向角等参数都是随时间变化的；影响运动声源声波多普勒频移和对流放大等的飞机速度、声源相对几何关系是随时间变化的。

飞机噪声源分散在整架飞机机体不同位置处。飞机的主要噪声源为发动机系统噪声和机体噪声，主要声源部位有风扇（涡扇）、螺旋桨、起落架、机翼、襟翼、缝翼和尾翼等，其中，起落架、机翼、缝翼、襟翼和尾翼产生的噪声属于机体噪声。发动机系统噪声包括：螺旋桨噪声、喷流噪声、风扇/压气机噪声、涡轮噪声和燃烧噪声。起落架噪声源又分为前起落架噪声源和主起落架噪声源。机翼、襟翼和缝翼噪声源分布在机翼中部位置，尾翼噪声源分布在尾翼部位。飞机噪声源分布示意图如图 2-3-15 所示。

机场噪声是多个突发性短暂噪声，对于居民而言，机场噪声直接影响睡眠，妨碍交谈，干扰思考，使人厌烦等。经常性的扰眠或者唤醒也对居民的生理、心理产生伤害，影响日常工作和生活。

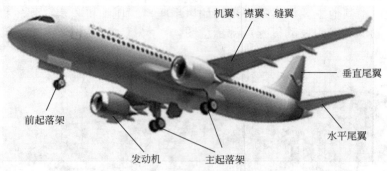

图 2-3-15　飞机噪声源分布示意图

一般来说，在飞机起飞时，风扇和喷流噪声是主要噪声源；而在飞机处于进场状态时，由于喷流的速度明显地降低，机体噪声也可能会超越风扇噪声成为主要声源。对于不同类型的飞机，上面所提到的声源在飞机总噪声中所占的比例是不同的。如涡轮风扇飞机中的风扇噪声是该类型飞机中的最主要声源之一，螺旋桨噪声是螺旋桨飞机的主要噪声源，气体喷射（喷流）噪声是喷气式飞机的主要噪声源。

尽管这里给出了几种类型飞机的主要噪声源，但在飞机处于不同飞行状态时，各类飞机的主要噪声源会有所变化，即原来的主要噪声源在那一飞行状态或时刻变为次要噪声源，而原来的次要噪声源变为主要噪声源。

3.3.3　机场噪声评价

国际上从 20 世纪 50 年代后期开始研究适合机场噪声特点的评价方法，到 60 年代，各国根据本国情况提出适应自己国家需要的机场环境噪声评价量，总结出一套相对完整的机场航空噪声评价体系，并且将评价量、评价方法、评价程序纳入了国家的法律法规当中，强制实施。但是，国际民航组织（International Civil Aviation Organization，ICAO）各成员国选取机场航空噪声影响计算的评价指标并不统一，如美国采用昼夜等效声级（DNL）、英国采用噪声次数指数（NNI）、加拿大采用噪声暴露预报（NEF），而中国采用的是 ICAO 推荐的计权等效连续感觉噪声级（WECPNL），日本也采用此指标但做了改进。部分国家对于机场周围地区的噪声限值规定如表 2-3-4 所列。我国机场周围飞机噪声环境标准如表 2-3-5 所列。

表 2-3-4　部分国家对于机场周围地区的噪声限值规定

国家	评价指数	标准值/dB	L_{eq}（24h）/dB（A）	规定
澳大利亚	澳大利亚噪声暴露预报（ANEF）	<20	<53	无限制
		20～25	53～58	新建住宅有隔声
		>25	>58	不允许建新住宅
加拿大	噪声暴露预报（NEF）	≤25	≤57	无限制
		28～30	60～62	新建住宅有隔声
		>35	>68	不允许建新住宅

续表

国家	评价指数	标准值/dB	L_{eq}（24h）/dB（A）	规定
丹麦	社区噪声等效级（CNEL）	≤55	≤51	无限制
		>55	>51	不允许建新住宅
		>65	>61	哥本哈根住宅可采用隔声措施
法国	N（R）	<84	<62	无限制
		84～89	62～71	现有住宅隔声处理
德国	平均烦恼声级（$\bar{Q}$）	<62	<62	无限制
		67～75	67～75	新建住宅有隔声
		>75	>75	不允许建新住宅，现有住宅隔声处理
英国	噪声次数指数（NNI）	≤57	≤57	无限制
		57～75	55～64	新建住宅有隔声
		>66	>64	反对建新住宅
		>72	>70	不准建新住宅
日本	修正主动等效连续感觉噪声级（WECPNL）	<70	<54	无限制
		70～85	54～69	新建及原住宅有隔声
		>85	>69	不允许建新住宅
荷兰	总噪声负载（B）	≤35	≤50	无限制
		>35	>50	不准建新住宅区
		>40	>53	不准建新住宅
		40～50	53～60	现有住宅隔声处理
新西兰	LDN	≤55	≤52	无限制
		55～65	51～62	新建住宅有隔声
		>65	>62	不允许建新住宅
挪威	EFN	≤60	≤55	无限制
		>60	>55	不允许建新住宅
		60～70	55～65	新建住宅有隔声
瑞典	等效昼夜干扰数（EDD）	<55	<51	无限制
美国	昼夜等效声级（DNL）	≤65	≤62	无限制
		65～70	62～67	不主张建新住宅
		70～75	67～72	不主张新开发
		>75	>72	不允许新开发

表 2-3-5　我国机场周围飞机噪声环境标准

评价指数	区域类别	标准值/dB	规定
L_{WECPN}	一	≤70	特殊住宅区；居住、文教区
	二	≤75	除一类区域以外的生活区

（1）计权等效连续感觉噪声级 L_{WECPN}

计权等效连续感觉噪声级 L_{WECPN} 基于等能量原理，将每架飞机的声能加权平均计算全天每秒对人的冲击，并进行一定的修正。其表达式如式（2-3-33）所示：

$$L_{\text{WECPN}} = \overline{L}_{\text{EPN}} + 10\lg(N_1 + 3N_2 + 10N_3) - 39.4 \text{(dB)} \quad (2\text{-}3\text{-}33)$$

式中　N_1——昼间（通常为每天 7:00～19:00）的飞行架次；

　　　N_2——晚间（通常为每天 19:00～22:00）的飞行架次；

　　　N_3——夜间（通常为每天 22:00～07:00）的飞行架次；

　$\overline{L}_{\text{EPN}}$——多次飞行的有效感觉噪声级的能量平均值，其值与机型组合、飞行状态等有关，一般用式（2-3-34）进行计算。

$$\overline{L}_{\text{EPN}} = 10\lg\left(\frac{1}{N}\sum_{i=1}^{N}10^{0.1L_{\text{EPN}i}}\right) \quad (2\text{-}3\text{-}34)$$

式中，$L_{\text{EPN}i}$ 为第 i 次飞行架次的有效感觉噪声级。

$$L_{\text{EPN}} = 10\lg\left[\frac{1}{T_0}\int_{t_1}^{t_2}10^{0.1L_{\text{TPN}(t)}}\,\mathrm{d}t\right] \quad (2\text{-}3\text{-}35)$$

式中，$T_0 = 10\text{s}$。

可对上式做如下变换，L_{WECPN} 用式（2-3-36）求得：

$$L_{\text{WECPN}} = 10\lg\left\{\frac{\left[\dfrac{1}{T_0}\displaystyle\int_{t_1}^{t_2}10^{0.1L_{\text{TPN}(t)}}\,\mathrm{d}t\right](N_1 + 3N_2 + 10N_3)}{86400}\right\}$$

$$= 10\lg\left\{\frac{\left[\dfrac{1}{10}\displaystyle\int_{t_1}^{t_2}10^{0.1L_{\text{TPN}(t)}}\,\mathrm{d}t\right](N_1 + 3N_2 + 10N_3)}{86400}\right\} \quad (2\text{-}3\text{-}36)$$

式中　$\displaystyle\int_{t_1}^{t_2}10^{0.1L_{\text{TPN}(t)}}\,\mathrm{d}t$——每次飞行的平均噪声能量；

　　　$N_1 + 3N_2 + 10N_3$——每天的加权飞行架次；

　　　　　86400——每天的秒数（24×3600＝86400）。

（2）昼夜等效声级 L_{dn}

目前，国际上广泛使用昼夜等效声级 L_{dn} 评价航空噪声。L_{dn} 用等效声级计算单个噪声事件影响，通过不同时段噪声加权求出规定时间总的声能，再求全天每秒的平均等效噪声级。美国采用 L_{dn} 的历史最早追溯到 1973 年。航空综合噪声模型（INM）是根据 ICAO 和美国汽车工程师协会（SAE）对航空噪声的计算方法，由美国联邦航空局（FAA）组织相关机构和人员开发的专门用于航空噪声现状影响计算分析与预测的程序。L_{dn} 可由式（2-3-37）求得：

$$L_{dn} = 10\lg\left\{\frac{1}{24}[15\times10^{L_d/10} + 9\times10^{(L_n+10)/10}]\right\} \qquad (2\text{-}3\text{-}37)$$

式中　L_d——昼间（7:00～22:00）的等效声级；

L_n——夜间（22:00～7:00）的等效声级。

（3）噪声次数指数 NNI

NNI 用感觉噪声级计算单个噪声事件影响，通过不同时段噪声加权求出规定时间总的声能，再求出每架飞机的平均噪声级。NNI 可由式（2-3-38）求得：

$$NNI = 10\lg\left(\frac{1}{N}\sum_1^N 10^{PNL/10}\right) + 15\lg N - 80 \qquad (2\text{-}3\text{-}38)$$

式中　N——（一昼间或一个夜间）内航空器架次数；

PNL——航空器 N 架次飞行中出现的噪声级峰值；

80——计权因子，旨在使不感觉吵闹时 NNI=0。

不过，该指数对晚间或夜间出现的航空器噪声没有规定明确的加权，只是规定夜间容许一个较低的 NNI 值。

（4）噪声暴露预报 NEF

NEF 用有效感觉噪声级计算单个噪声事件影响，通过不同时段噪声加权求出规定时间总的声能，再求出对每秒的平均噪声影响。NEF 可由式（2-3-39）求得：

$$NEF = 10\lg\sum_i\sum_j 10^{NEF_{ij}/10} \qquad (2\text{-}3\text{-}39)$$

$$NEF_{ij} = L_{EPN(ij)} + 10\lg(N_{d(ij)} + 17N_{n(ij)}) - C$$

式中　$L_{EPN(ij)}$——有效感觉噪声级；

$N_{d(ij)}$——昼间（7:00～22:00）的飞行架次数；

$N_{n(ij)}$——夜间（22:00～7:00）的飞行架次数；

i, j——航空器类型和飞行路线；

C——常数，一般选 C=88，目的是使 NEF 的值在 20～40 之间。

（5）平均烦恼声级 $\bar{Q}$

平均烦恼声级（mean annoyance level）用感觉噪声级峰值计算单个噪声事件影响，通过不同时段噪声加权求出规定时间总的声能，再求出每架飞机的平均噪声级。$\bar{Q}$ 可由式（2-3-40）求得：

$$\overline{Q} = 13.3\lg(10^{\overline{\text{PNL}_{\max}}/13.3}) + 13.3\lg N - 47 \tag{2-3-40}$$

式中　$\overline{\text{PNL}_{\max}}$——感觉噪声级峰值平均；

　　　　N——飞行架次数。

（6）澳大利亚噪声暴露预报 ANEF

澳大利亚噪声暴露预报（australian noise exposure forecast，ANEF）用有效感觉噪声级计算单个噪声事件影响，通过不同时段噪声加权求出规定时间总的声能，再求出对每秒的平均噪声影响，与 NEF 的原理相同，只是参数选取不同。ANEF 可由式（2-3-41）求得：

$$\text{ANEF} = L_{\text{EPN}} + 10\lg N_{\text{d}} + 4N_{\text{e}} + 4N_{\text{n}} - 88 \tag{2-3-41}$$

式中　L_{EPN}——有效感觉噪声级；

　　　　N_{d}——白天（7:00～19:00）的飞行架次数；

　　　　N_{e}——傍晚（19:00～22:00）的飞行架次数；

　　　　N_{n}——夜间（22:00～7:00）的飞行架次数。

（7）总噪声负载 B

总噪声负载（total noise level）用最大 A 声级计算单个噪声事件影响，通过不同时段噪声加权求出规定时间总的声能，再求出对每秒的平均噪声影响，并制定了针对不同时段较详细的加权系数。B 可由式（2-3-42）求得：

$$B = 20\lg\left[\sum_{i=1}^{n} W_i \times 10^{(L_i/15)}\right] - C \tag{2-3-42}$$

式中　C——一年的噪声测量时，$C=157$；一天的噪声测量时，$C=106$；

　　　　L_i——第 i 个噪声时间的最大 A 声级；

　　　　W_i——第 i 个噪声事件出现时间的计权系数。

（8）等效昼夜干扰数 EDD

等效昼夜干扰数（equivalent day disturbance，EDD）对单个噪声事件噪声值的计算进行了简化，而且只计算不同时段飞越居民区的飞机数，通过加权计算全天的总飞机数，计算较为简单。EDD 可由式（2-3-43）求得：

$$\text{EDD} = N_{\text{d}} + 3N_{\text{e}} + 10N_{\text{n}} \tag{2-3-43}$$

式中　N_{d}——白天（7:00～18:00）的飞行架次数；

　　　　N_{e}——傍晚（18:00～23:00）的飞行架次数；

　　　　N_{n}——夜间（23:00～7:00）的飞行架次数。

3.3.4　我国机场噪声评价指标

我国在 1988 年制定了《机场周围飞机噪声测量方法》和《机场周围飞机噪声环境标准》，正式确定中国机场噪声的评价量为 L_{WECPN}。

我国首都国际机场作为我国机场的代表，在机场周围设置了 31 个监测点。根据噪声监测值，绘制出机场噪声等声级线图。

3.4　船舶噪声

船舶及其周围的水中有多种振动源，因此各类船舶通常都存在噪声和振动问题。船舶环境，尤其船舱环境就存在较为严重的噪声污染问题，对船员的健康、生活、休息和工作都存在很大的影响，甚至会产生心理和生理上的疾病，过强的噪声还会使船上的一些精密仪器设备工作不正常、精度降低、使用寿命缩短。1970 年，国际劳工组织（ILO）在日内瓦召开的海事特别会议上通过了《关于船员、设备和工作区有害噪声规定的建议》，建议各国政府制定限制船舶噪声的规则。目前一些造船和航运国家都制定了船舶噪声标准，作为船舶特殊环境下的健康保护标准。

船上各种运转着的机器设备装置都可以因振动、撞击和气流扰动等成为船舶噪声源。船舶噪声按发生场所分为动力装置噪声、结构激振噪声、辅助机械噪声、螺旋桨噪声和船体振动噪声等。

3.4.1　动力装置噪声

动力装置噪声主要包括主机、柴油发电机组、齿轮箱及主辅机的排气管产生的噪声。它是船上最强的噪声源，该噪声的强弱决定了柴油机船舶的噪声级。它既有进排气系统空气动力噪声，又有运动部件的撞击和主机本身不平衡而产生振动所造成的机械噪声。

（1）空气动力噪声

① 由主机进气流动产生的噪声　例如功率为 5000kW、燃油消耗率为 200g/（kW·h）的柴油机，当其过量空气系数为 2 时，每秒所需空气量约为 8kg，在标准状况下为 6.3m³/s，如果进气管直径为 0.35m，则其平均流速可达 64m/s，再考虑到各缸的进气必然存在间断性和不均匀性，于是在进气管中就会出现空气动力噪声并向四周传播，形成空气动力噪声场。

② 排气噪声　排气噪声主要有排气压力脉动噪声、气流通过气阀等处发生的涡流声、由于边界层气流扰动发生的噪声和排气口喷流噪声。在多缸柴油排气噪声的频谱分析中，低频处有一明显的噪声峰值，即低频噪声。这是由于柴油机每一缸气阀开启时，缸内燃气突然高速喷出，气流冲击到排气阀后面的气体上，使其产生压力巨变而形成压力波，从而激发噪声。由于各缸排气阀是在指定的相位上周期性进行的，因而这是一种周期性的噪声。柴油机的排气管中还存在气柱的共振噪声，气流喷射噪声、气流与气道壁形成的涡流噪声也包含多种频率成分，一旦与共振频率吻合便会激发噪声。

另外，排气系统中气体的共振在主机与烟囱之间的排气管中形成强烈的压力脉动（驻波），除了引起涡轮鼓风机和排气管系统的振动外，还可在船舶烟囱附近产生振动，在这种情况下，人们会感到噪声如一种遍布全身的"压力"。在桥楼产生高噪声级的噪声源，最常见的就是这种排气噪声。图 2-3-16 曲线 3 为 6L80MC MK5 型柴油机在最大额定持续功率工况不安装锅炉、不安装消声器时的噪声倍频程分析曲线，测量点是在驾驶台桥楼两翼，距烟囱顶部 15m；图中曲线 1 为在额定 MCR 工况下用相同的方法计算出的噪声倍频程分析曲线，测点距烟囱顶部 7m。

③ 来自增压器气流的噪声　对燃气涡轮增压器来讲，空气与压气机叶片之间的相对速

度很大，在叶片附近必然会出现大量涡流，在形成强烈而尖厉的空气动力噪声的同时，激励叶片振动而发出噪声。例如，机器在额定转速时，若平均空气动力噪声级为 105dB（A），则周围最大噪声强度出现在增压器附近，约为 110dB（A）。图 2-3-16 中曲线 2A 为安装高效增压器后的噪声倍频程分析曲线，其噪声级为 105dB（A）；曲线 2B 为安装了普通增压器后的噪声倍频程分析曲线，其噪声级为 103dB（A）。计算和测量表明，增压器噪声对空气动力噪声级有重要的影响，而且这种影响随着机器效率和功率的提高而越来越明显。一般情况下，采用高效增压器的机器，在增压器附近测出的最大噪声级要比其平均噪声级高出 3～5dB。图 2-3-17 为 6S26MC MK6 型机器根据相应方法绘制出的噪声倍频程分析曲线。由于声音在机舱中的反射作用，在船舶实际测量的声音强度要比基于声压级计算出的声音强度高出 1～5dB（A）。

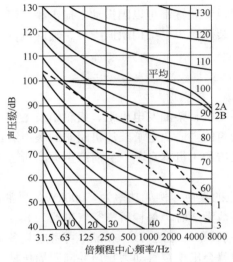

图 2-3-16　6L80MC MK5 型机器噪声倍频程分析曲线

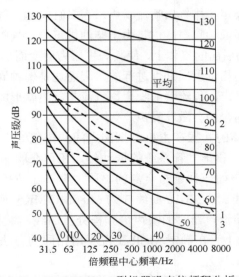

图 2-3-17　6S26MC MK6 型机器噪声倍频程分析曲线

（2）柴油机的燃烧噪声

柴油机的燃油喷入缸内发火燃烧的初期（相当于速燃期），缸内压力上升速度非常快，形成很高的压力波动。由火焰中心向四周传播，形成燃烧噪声场。柴油机在较高负荷区工作时发出的低沉噪声就是它产生的，但由于缸套的隔离，噪声级并不太高。该压力波传至缸套时还将引起缸套振动而伴发噪声，但已属于机械噪声。

（3）撞击和摩擦噪声

柴油机的配气机构之间、气阀和阀座之间、高压油泵的滚轮和柱塞之间、喷油器的针阀和针阀体之间、活塞裙部和缸套之间等许多地方都会产生金属撞击和摩擦噪声，这些噪声大都属于高频声。当气阀间隙偏大或凸轮形状磨损较多时，噪声级也可达到较高的程度。

3.4.2　结构激振噪声

机器内部的激振能量经机架被传递到基座法兰（或地脚螺栓），又通过船舶双层底传向船体，船体开始振动产生噪声。这些产生噪声的激振能量，源自机器燃烧过程和活塞往复运动引起的脉冲振动。振动的能量取决于振动的振幅和频率。

3.4.3　辅助机械噪声

辅助机械包括各种舱室机械如水泵、油泵、风机、锅炉等，甲板机械如货物装卸设备、锚绞设备以及各种挖泥机等工作机械。

锅炉噪声主要在燃烧室附近较明显，自然通风时空气卷入火焰及可燃物小团粒随机破裂，人工通风时通风机是主要的噪声源。液压系统的噪声可来自液体动力引起的冲击力、脉动、气穴声和机械振动以及管道、油箱的共鸣声等。柴油机高压油管内的油压变化幅度非常大，更会产生不容忽视的液压冲击噪声。空调通风系统也是船舶舱室主要噪声源之一，其主要声源是通风机，其次是空气在管道、布风器和各种换热器中高速流动产生的噪声。

3.4.4　螺旋桨噪声及船体振动噪声

螺旋桨噪声的强度较主辅机噪声的强度要弱，影响范围也主要限于尾部舱室。其噪声性质可分为两种：一种是低频噪声，由桨叶和流体相互作用的流体动力效应及水流冲击尾柱而引起的；另一种是"空泡"引起的叶片振动而产生的高频噪声。

船体振动的噪声由主辅机及螺旋桨的扰动和各种机械及波浪的冲击引起的振动而产生。船体周期性的变形使壳板之间产生摩擦声，从而使船体结构发出各种倾轧声。

第4章 社会活动噪声源

　　社会生活噪声是指人为活动产生的除工业噪声、交通噪声和建筑施工噪声之外的干扰周围生活环境的声音。2008 年颁布的国家标准 GB 22337—2008《社会生活环境噪声排放标准》中所说的社会生活噪声，专指营业性文化娱乐场所和商业经营活动中使用的设备、设施所产生的噪声。在商业活动发达的现代化城市，产生社会生活噪声的行为普遍存在，形式多样，社会生活噪声是干扰生活环境的主要噪声污染源，社会生活噪声污染占城市环境噪声污染的1/2 以上，往往成为城市居民关注的环境热点、难点问题。一般而言，产生社会生活噪声的行为大致有以下几种：一是经营性的文化娱乐场所（迪厅、夜总会、演唱会等）产生的噪声，商业经营活动中使用发电机、冷却塔、热泵机组等高噪声设备产生的噪声；二是在商业活动中使用高音喇叭等招徕顾客，或单位使用高音喇叭、广播宣传车等；三是在公共场所组织娱乐、集会使用高音响器材；四是室内娱乐、室内装修而未有效控制音量，使用高音家用电器；五是其他个人、单位社会活动产生的噪声，诸如宠物叫声（主要是鸽子和狗的叫声）、家庭内部或邻里之间的吵闹声等。

　　城市噪声的影响早在 20 世纪 30 年代就引起了人们的注意。1929 年，美国密歇根州庞蒂亚克城制定了控制噪声的法令；1930 年，美国纽约市首次进行了城市的噪声调查。随着近代工业、交通运输、城市建设和城市人口的增长，美国、苏联等一些国家在 20 世纪 60～70 年代的短短十年里，大城市的噪声增加了 10dB。因此，城市噪声的危害日趋严重。

　　据日本全国公害诉讼事件统计，因噪声干扰的控告事件，年年都占环境污染诉讼事件第一位，占事件总数 30%以上。在最近的一项涉及 75 个欧洲城市的调查中，超过 1/2 的受访者认为噪声是城市生活的一个主要问题，其比例由鹿特丹和斯特拉斯堡的 51%到雅典的 95%。可见，环境噪声已大大地影响了人们的生活质量。

　　我国城市建设规模目前也逐渐接近欧美、日本等工业发达的国家，由于对噪声控制尚不重视，不少城市的噪声危害程度已接近或超过国外同等规模城市。随着城市人口密度的增加，社会生活噪声也愈来愈严重。根据某城市环境监测：随着社会的发展，噪声源的结构出现新的变化。曾经是环境噪声中的主要噪声源——交通噪声，通过政府的一系列措施后，交通噪声被一定程度地控制，社会生活噪声污染明显地呈上升趋势，成为环境噪声污染的主要噪声源。

　　2016 年，全国各级环保部门共收到环境噪声投诉 52.2 万件（占环境投诉总量的 43.9%），办结率为 99.1%。其中，工业噪声类占 10.3%，建筑施工噪声类占 50.1%，社会生活噪声类占 36.6%，交通运输噪声类占 3.0%。另外，统计了区域声环境测点处的噪声类别，其中生活噪声占 63.6%，交通噪声占 21.7%，工业噪声占 10.6%，施工噪声占 4.1%。

　　根据我国城市噪声调查，在社会生活噪声影响下，多数城市的噪声户外平均 A 声级为55～60dB。图 2-4-1 为居民在室内听到户外噪声的反应。

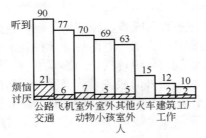

图 2-4-1　居民在室内听到户外噪声的反应

4.1　社会生活噪声特点

（1）声源种类繁多、低频成分多

营业性文化娱乐场所和商业经营活动中所使用的供水、供电、空调通风、电子音响等设备，这些设备产生的声源种类繁多，如空调通风设备主要辐射气流噪声，供水、供电设备主要辐射机械噪声和电磁噪声。这些设备的噪声呈明显的低频特性。

（2）噪声分布面广、呈立体性

在繁华的城区和商业居住中心区，KTV、酒吧、小餐馆、商场、超市等的分布十分普遍，且紧挨居民区。这些地方的冷却塔、热泵机组、空调室外机等设备常安装在屋顶或裙楼顶，而水泵、变压器等设备一般安装在住宅楼地下室，噪声源呈立体分布。

（3）夜间影响严重

营业性文化娱乐场所通常以夜间为营业高峰时段，营业经济活动中夜市也极常见。夜间噪声对环境的不利影响更加明显。以居民区某一超市为例，该超市为一栋三层楼建筑，其西、南两边紧临多层楼的居民小区。超市中央空调的一组冷却塔置于三楼屋顶，西、南墙上设有排风口。营业后，其设备噪声和卸货场噪声严重影响周边居民的生活，尤其是卸货场运作时间在每天凌晨三四点，正是人们深睡眠时间。

4.2　社会生活噪声的声学特性

在声音特性上，社会生活噪声分为空气传播噪声和结构传播噪声，低频的情况较多。社会生活噪声的来源十分广泛，主要包括居民生活、工作中以及营业性文化娱乐场所和商业经营活动中使用的设备、设施等产生的噪声。如在商业经营活动中使用的冷却塔、抽风机、发电机、水泵、空压机、空调器和其他可能产生噪声污染的设施、设备，从事金属切割、石材和木材加工等易产生噪声污染的商业经营活动；沿街商店的经营管理者在室（内）外使用音响器材招揽顾客，在噪声敏感建筑物集中区域或其他区域内举行可能产生噪声污染的商业促销活动、开设卡拉 OK 等易产生噪声污染的歌舞娱乐场所；在毗邻噪声敏感建筑物的公园、公共绿地、广场、道路（含未在物业管理区域内的街巷、里弄）等公共场所，开展使用乐器或者音响器材的健身、娱乐等活动；住宅小区的供水、排水、供热、供电、中央空调、电梯、通风等公用设施排放的噪声；居民使用家用电器、乐器或者进行其他家庭娱乐活动，饲养宠物发出的噪声，住宅楼内进行产生噪声的装修作业，车辆防盗报警装置以鸣响方式报警等。正是由于社会生活噪声的来源如此广泛，其声源的强度分布和声源的特性十分繁杂。

（1）服务设备噪声

社会生活噪声中以建筑和服务设备噪声、经营场所噪声更为突出，约占社会生活噪声投诉60%以上。低频噪声产生的室内污染主要有两种：一种是由供水设备、供热设备、电梯等室内外固定设备产生的噪声，通过固体声传播途径影响室内环境，主要是 125Hz、250Hz、500 Hz 等低频噪声成分；另一种是楼外的服务设施类噪声，其声源均由固定设备产生，如风机、水泵、锅炉房、冷却塔、空调室外机组、电梯间等，噪声通过门、窗、墙壁传递到室内。

表 2-4-1 为某社区主要噪声源噪声能量分布，其中低频噪声占比大是大部分设备噪声的共同特点。

表 2-4-1　某社区主要噪声源噪声能量分布

声源	声能量分布/%		
	低频	中频	高频
变配电设备	92.7	7.1	0.2
地下车库	98.4	1.6	0
电梯	99.7	0.3	0
锅炉燃烧器	99.7	0.3	0
室外空调机	97	2.8	0.2
轴流风机	84.7	13.9	1.4
通风机	70.5	28.0	1.5
冷冻机	53.7	46.1	0.2
空气泵	29.0	52.8	18.2

表 2-4-2 为某水泵房及周边居民房间的噪声测试情况。从表中数据可以看出，水泵房噪声在 125Hz 以下各中心频率声压级均较高，水泵噪声明显呈低频特性，而在 250 Hz 中心频率以上中高段频率的声压级稍弱。在水泵房附近的居民房间测量发现，高频噪声衰减较多，低频噪声衰减较少，声压级峰值出现在中心频率 16Hz、31.5Hz 的低频段上，频率越高，则声压级逐渐下降，频谱呈现非常明显的低频特性。

表 2-4-2　某水泵房及周边居民房间的噪声测试情况

中心频率/Hz	水泵房声级/dB	泵房附近房间声级/dB
16	77.1	53.0
31.5	74.9	52.5
63	73.4	42.5
125	79.6	43.9
250	69.0	29.3
500	70.2	25.5
1000	67.0	20.9
2000	71.7	18.3
4000	73.1	14.8
8000	64.0	15.9
16000	49.7	18.6

（2）经营场所噪声

表 2-4-3 为某 KTV 酒吧营业时吧厅内（编号 1）、大门口外 5m 处（编号 2）、某餐馆厨房引风机出风口（编号 3）、某宾馆二层裙楼屋顶热泵机组相邻居民公寓窗外（编号 4，距机组 23m）和室内（编号 5，关窗）噪声的频谱特性的实测结果。由表中数据可见，固定设备噪声对环境的污染是比较严重的。对照《社会生活环境噪声排放标准》（GB 22337—2008）可知，宾馆热泵机组辐射到相距 23m 处户外的声级超标约 10dB，而室内的中心频率为 63Hz、125Hz、250Hz 和 500Hz 的四个倍频带的声压级均超标，超标量约 10~20dB。

表 2-4-3　典型的社会生活噪声监测结果

测点编号	位置	倍频带中心频率/Hz									L_A/dB
		31.5	63	125	250	500	1000	2000	4000	8000	
		声压级/dB									
1	酒吧内	82.4	117.5	106.8	99.8	99.5	92.5	95.8	87.6	86.7	101.6
2	酒吧门口	64.2	66.0	69.3	56.0	52.8	49.6	42.3	38.0	30.0	56.3
3	风机口	85.1	77.9	78.0	81.1	83.0	78.5	72.7	67.4	60.8	80.4
4	住户窗外	53.4	62.7	63.7	60.1	55.5	—	—	—	—	60.2
5	住户室内	48.3	52.0	51.3	46.2	41.2	—	—	—	—	45.3

娱乐场所产生的噪声主要为音响设备噪声和人群喧闹声。其中，音响设备所释放的音量较大，声压级可超过 100dB（A），特别是在激情演唱时，声压级很高且低频声很强。音响设备噪声和人群喧闹声通过空气传播，低频噪声又通过建筑物结构传播到楼上住户，从表 2-4-3 中数据来看，低频段声压级也较高。娱乐场所噪声的另外一个特征是声音起伏较大（一般大于 3dB），属于非稳态噪声，噪声污染呈非连续性，在夜间对人休息、睡眠的影响尤其严重。

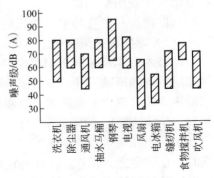

图 2-4-2　家用器具噪声级

（3）邻里噪声

居民家用器具也是社会生活噪声的一大来源，其中家庭用具噪声级如图 2-4-2 所示。

4.3　社会生活噪声源管理

（1）合理布局规划

规划和建设布局对环境噪声防治具有重要作用，可以从源头上防治噪声对敏感建筑物集中区域的噪声污染。加强防治社会生活噪声污染全过程管理，从产生、传播到接收三方面来考虑规划布局，超前实施建设决策。按照城市发展的趋势，大胆规划、合理布局，居民区远离城市主要交通干线周围，将居民区与商业区、娱乐区分开，单独规划建设，这样既可以使城市居民免受噪声的干扰，又可以在工作之余享受购物和娱乐休闲，从根本上解决问题。此外，构建完善的社会商业交往虚拟平台，提高社会运行效率，减少社会生活噪声的产生；进行降噪规划，制定降噪目标，建立噪声达标区。

（2）依法行政、严把审批关

根据《中华人民共和国环境噪声污染防治法》的职责分工，社会生活噪声由公安部门、环保部门等依据法定职责实施监督管理。营业性文化娱乐场所建设应依法进行环境影响评价，其环评文件必须交由环保管理部门审批。把好审批关，就是从源头上控制社会生活噪声污染。审批重点在选址的合法性、布局的合理性、降噪措施的达标性三方面。

对于娱乐场所，严格执行国务院令第 458 号《娱乐场所管理条例》的相关规定，娱乐场所不得设在以下场所：居民住宅楼、博物馆、图书馆和被核定为文物保护单位的建筑物内、居民住宅区、学校、医院、机关周围。

对于餐饮业，严格按照《饮食业环境保护技术规范》的规定，餐饮业不宜建在新建住宅楼内，现有住宅内不宜新设置产生油烟污染的饮食业单位。

（3）遵照"三同时"政策、严把验收关

建设项目竣工环境保护验收：首先，应检查建设项目需要配套建设的环境保护设施是否与主体工程同时设计、同时施工、同时投产使用；其次，检查噪声排放达标情况以及维修管理制度是否健全等，对于不符合验收"九条件"的，坚决不予通过。

（4）常备不懈、坚持长效监管

环保管理部门对辖区内社会生活环境噪声排放的单位应定期进行检查和监察，对于周边居民的合理意见应及时给予解决。已建成的娱乐场所、宾馆酒店、服务单位排放的环境噪声必须符合国家排放标准，不得超过国家规定的噪声排放标准，并严格限制夜间工作时间；在经营活动中使用空调器、冷却塔、低音炮等可能产生环境噪声的设备、设施的单位应采取建立严格的使用和监管制度，使其场所边界噪声不超过国家环境噪声排放标准。

（5）落实减振降噪措施

从技术上积极控制声源和噪声传播，设计研究新型降噪材料。进行家用电器、厨卫设施等家用设备的降噪设计，安装消声装置，改变易发出声响的家用电器材质，减少振动从而减弱噪声。政府应建立鼓励推广降噪设备使用的补贴制度。环保部门应要求娱乐和商业场所业主对产生噪声源的音响设备进行结构优化设计与制造，减小噪声源。从控制传播途径来说，可要求业主在娱乐和商业场所装修时采用"隔声"或"吸声"材料，阻隔噪声向室外传播。同时，在住宅之间设立屏障或种植绿化带来阻隔噪声传播途径，并通过改造居民的门、窗和墙壁以及吊顶等来减少噪声。

第 5 章　噪声源数据获取

5.1　概念

不同类型的设备具有不同的噪声源特性，一些同类型而型号不同的产品也有不同的声源特征，因此，难以使用统一的一种或几种模型来描述所有机械设备的噪声特性。对于噪声治理工程单位来说，遇到不同的机械设备，只能重新进行建模工作，这便影响到实际的工作效率。如果能将工业、生活中常见的噪声源整理分类，把各种类型的噪声源的声源简化模型参数化保存起来形成数据库，那么，在进行工程计算的时候，只要通过该数据库即可获得声源的信息和简化后的各个参数大小，而无须重新对声源进行测量、建模等工作，大大提高了整个计算预测的效率。这就是近年来所流行的声源数据库的概念。

欧美等国已通过对噪声源特性进行长期的系统研究，开发了一系列噪声数据库。例如，英国在 20 世纪 70 年代就建立了工业噪声源数据库，近年又做了较大的更新。近十年来，欧盟在其有关环境噪声的研究计划 Harmonoise 和 Imagine 中，对道路交通、工业噪声源进行了深入的研究，提出并实施了声源数据库的建设，建立了一系列数据库，主要是应用于工业噪声预测。

噪声源数据库是一个便捷的工具，所有噪声控制领域的工作者可以非常方便地获得各类噪声源的基础数据，如各简化模型（点声源、线声源、面声源等）的适用条件、声功率特性、频谱特性、指向性等，这些都是噪声源数据库关键的数据。

我国目前缺乏一个全国性的数据交流平台，我国已有的噪声源强数据共享性差，在进行噪声控制工程及环境影响评价工作中，往往导致同一种噪声源强重复测试，浪费时间。同时，由于现场测量方法、测量设备等的差异，以及不同研究人员对声源模型简化方法的差异，不同的人得到的数据可比性差，预测结果不尽理想。若能建立各种类型声源的数据库，可避免对同一类型声源的重复测量，提高工作效率，在实际工作中可以利用声源数据库分析具体的噪声情况，大大方便工作程序。

构建声源数据库，应当根据声源的类别，对各类声源明确噪声源的基本描述参数和测试方法。一般而言，可以将声源按类别区分为固定声源（工业机械设备、施工设备、建筑附属电器设备、家用电器等）和流动声源（汽车车辆、轨道交通车辆、飞机等），这些声源具备不同的特征和使用背景，应当采用不同的描述方式和测试方法。

对于固定设备噪声源，对噪声源的完整描述如图 2-5-1 所示。声源数据库应当收录：噪声源的类型；生产商、型号、标称或出厂参数；声源简化形式（点声源、线声源、面声源）；声源特性参数（如声功率级、频谱、指向性）；声源特性参数的测量方法。流动性声源除此以外，还应当包括声源特性参数与运动状态的相互关系的表征。

```
                                              类型
                       ┌─────────────────────────────────────────
                       │  生产商、型号、标称或出厂参数
                       │
         噪声源 ┤  声源简化形式：点声源、线声源、面声源等
                       │
                       │  声源特性参数：声功率级、频率、指向性等
                       │
                       └  其他
```

图 2-5-1　噪声源数据库的基本内容

5.2　声源定量测试方法

声源数据库的建立离不开标准的声源测试方法,目前我国已经建立了比较完备的噪声源测试标准体系。

从声源的特征来区分,测试标准分为针对固定声源(如机械)和针对运动声源(如车辆)的不同体系。测量固定声源的方法按评价量的不同,可分为测量声功率和测量发射声压级两个不同的体系。其中测量声功率的标准也可按照测量途径和测量环境的不同分为各类方法,如:按照测量途径来区分,可将声功率测试标准分为声强法、声压法和特殊法;测量环境主要分为自由场环境和混响场环境,在不同的环境下需要采用不同的测试方法,由此引申出直接法、比较法、标准声源法、包络法等不同的测试方法,不同的环境和不同的方法具有不一样的测量精度。

声强法测声功率的标准包括:

《声学　声强法测定噪声源的声功率级　第 1 部分:离散点上的测量》(GB/T 16404—1996)

《声学　声强法测定噪声源的声功率级　第 2 部分:扫描测量》(GB/T 16404.2—1999)

《声学　声强法测定噪声源的声功率级　第 3 部分:扫描测量精密法》(GB/T 16404.3—2006)

声压法测声功率的标准包括:

《声学　声压法测定噪声源声功率级　混响室精密法》(GB 6881.1—2002)

《声学　声压法测定噪声源声功率级　混响室中小型可移动声源工程法　第 1 部分:硬壁测试室比较法》(GB 6881.2—2002)

《声学　声压法测定噪声源声功率级　混响室中小型可移动声源工程法　第 2 部分:专用混响测试室法》(GB 6881.3—2002)

《声学　声压法测定噪声源声功率级　消声室和半消声室精密法》(GB 6882—2016)

《声学　声压法测定噪声源声功率级　反射面上方采用包络测量表面的简易法》(GB/T 3768—1996)

《声学　声压法测定噪声源声功率级　反射面上方近似自由场的工程法》(GB/T 3767—2016)

《声学　声压法测定噪声源声功率级　现场比较法》(GB/T 16538—2008)

如果需要进行声功率级的测试,可以按照《噪声源声功率级的测定　基础标准使用指南》(GB/T 14367—2006)的要求选择合适的测试标准,并参照该标准的方法进行相应测试。

5.2.1　声强法测试

声强法的测试标准为《声强法测量声功率标准》(GB/T 16404.x),该系列标准定义了采用声强法测试声功率的一般方法。

单位时间内声源所辐射的声能量称为声源的平均声功率,因为声能量是以声速 c_0 传播的,因此平均声功率 $\bar{W}$ 可用式(2-5-1)计算:

$$\bar{W} = \bar{\varepsilon} c_0 S \qquad (2\text{-}5\text{-}1)$$

式中　$\bar{\varepsilon}$ —— 平均声能量密度;

S——垂直声传播方向的面积，它与声强 I 的关系为：

$$\overline{W} = IS \tag{2-5-2}$$

因此，它可以通过测量包围该声源封闭面积 S 上总的声强来测量声功率。由于声强反映了测量面单位面积上所通过的平均声功率，所以将声强沿曲面的法向分量 I_n 在整个封闭曲面上进行积分，就可以直接求出声源的声功率 W，如式（2-5-3）所示：

$$W = \iint_S IS\mathrm{d}A = \iint_S I_n S\mathrm{d}A \tag{2-5-3}$$

由声功率的定义可知，采用声强测量法确定声功率时，首先需要确定一个假想的测量面。理论上讲，只要曲面内无其他声源或吸声体，任何曲面都可作为测量面，而且测量面与声源的距离是任意的。图 2-5-2 为常用的三种声源测量面。

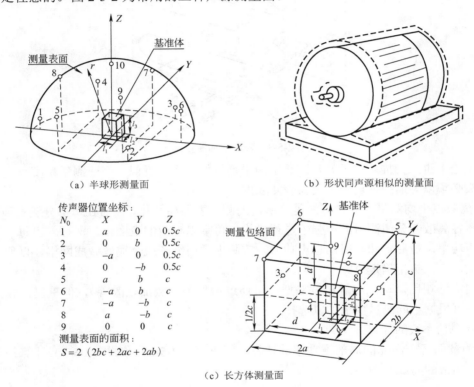

（a）半球形测量面　　　　　　（b）形状同声源相似的测量面

传声器位置坐标：

N_0	X	Y	Z
1	a	0	$0.5c$
2	0	b	$0.5c$
3	$-a$	0	$0.5c$
4	0	$-b$	$0.5c$
5	a	b	c
6	$-a$	b	c
7	$-a$	$-b$	c
8	a	$-b$	c
9	0	0	c

测量表面的面积：

$$S = 2\,(2bc + 2ac + 2ab)$$

（c）长方体测量面

图 2-5-2　三种常用的声源测量面

第一种是半球形测量面。这种测量面所需测点较少，且对于自由场中的无方向性声源，球面上各点声强相等。根据 ISO 3745，采用此测量面时，最少的测量点数为 10。即在三个截面图上各设三个测点，另一个设在顶部，如图 2-5-2（a）所示。如果 10 个测点的声强差别很大，则应增加测量点数。

第二种是形状同声源相似的测量面。这种测量面主要用于近场测量，同时也可用于被测机器的噪声源定位。

第三种是长方体测量面，最为简单。不仅测量表面很容易确定，而且平均声强的测量也很简单，只要将各表面测出的局部声功率相加即可求出总声功率。

（1）测量步骤

① 扫描测量法　扫描测量法是将声强探头在适当长的时间内，沿测量表面反复扫描，如图 2-5-3 所示。这样可测得一个表面的空间平均声强，再乘以相应的表面积就得到该表面的声功率值，最后将各表面的声功率相加，就可获得总的声功率。

在表面上进行扫描测量

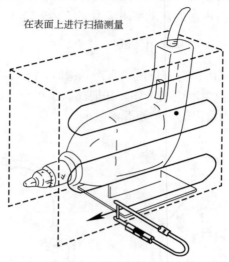

图 2-5-3　表面扫描测量法

从理论上讲，扫描（技术）是连续空间平均较好的数学近似，因而测量精度较高。但应注意探头必须以匀速扫描均匀地覆盖被测表面。

② 离散点平均测量　这种方法是将所选的测量表面离散化，然后在每部分测量声强，将每一表面各离散部分所测得的声强值进行平均，再乘以相应的表面积，即可求出每一表面所发出的声功率，最后求和，得出总声功率。实测中常用绳子或金属丝做成网格，以便在相应的测点上，将探头精确定位。

与扫描法相比，该法测量精度略低（可通过增加测点数加以改善），但重复性较好。实际测量中可根据不同测量要求加以选择。

（2）声功率级的计算

① 测量面每个面元的局部声功率的计算　根据式（2-5-4）和式（2-5-5）计算每个测量面元每个频带的局部声功率：

$$W_i = \langle I_{ni} \rangle S_i \qquad (2\text{-}5\text{-}4)$$

$$\langle I_{ni} \rangle = \frac{\left[\langle I_{ni}(1) \rangle + \langle I_{ni}(2) \rangle \right]}{2} \qquad (2\text{-}5\text{-}5)$$

式中　　　　W_i——第 i 个面元的局部声功率；

　　　　$\langle I_{ni} \rangle$——第 i 个测量面元上测量的面元平均法向分量声强的均值；

　　　　S_i——第 i 个测量面元面积；

$\langle I_{ni}(1) \rangle, \langle I_{ni}(2) \rangle$——$i$ 面元上两次扫描测得的 $\langle I_{ni} \rangle$。

当 i 面元的法向声强级为 xdB 时，则按式（2-5-6）计算 I_{ni} 的值：

$$I_{ni} = I_0(10^{x/10}) \tag{2-5-6}$$

当 i 面元的法向声强级为$-x$dB 时，则按式（2-5-7）计算 I_{ni} 的值：

$$I_{ni} = -I_0(10^{x/10}) \tag{2-5-7}$$

式中，$I_0 = 10^{-12} W/m^2$。

② 噪声源声功率级的计算　按式（2-5-8）计算每个频带的噪声源声功率级：

$$L_W = 10\lg \left| \sum_{i=1}^{N} W_i \Big/ W_0 \right| \tag{2-5-8}$$

式中　W_i——第 i 个面元的局部声功率；

　　　N——测量面元总数；

　　　W_0——基准声功率，$W_0 = 10^{-12}$W。

如果任意一个频带的 $\sum_{i=1}^{N} W_i$ 为负值，则该方法不能用于该频带。

③ 噪声源总声功率级的计算　计算出频带声功率级后，可将各个频率能量求和计算总声功率级。

确定了测量表面以后，即可对测量面法线方向上的声强进行空间平均，从而求得平均声强。

5.2.2　声压法测声功率

要测定声源的声功率，也可以通过测量声压的方法实现。一般首先测得包围声源的假设球面或半球面测量表面上的表面声压级，然后计算出声源辐射的声功率级。声源声功率的测量常在实验室中进行，可以在混响室或消声室（全消声室或半消声室）中进行，也可以在安静的空旷的室外测量以代替消声室。将噪声源置于容积大于声源体积 200 倍以上的混响室中，测取空间和时间平均的频带声压级 $\overline{L_p}$，则可按式（2-5-9）计算频带声功率级 L_W（用于精密级测量）：

$$L_W = \overline{L_p} - 10\lg T + 10\lg V + 10\lg\left(1 + \frac{S\lambda}{8V}\right) + 10\lg\left(\frac{B}{1000}\right) - 14 \tag{2-5-9}$$

式中　T——测试室混响时间，s；

　　　V——测试室体积，m^3；

　　　S——测试室界面总面积，m^2；

　　　λ——频带中心频率对应的波长，m；

　　　B——大气压，mbar。

也可用式（2-5-10）近似地计算（用于工程级测量）：

$$L_W = \overline{L_p} - 10\lg T + 10\lg V - 13 \tag{2-5-10}$$

在工程级测量时，测试室可以是专用混响室，也可以是吸收较少、混响较长的大房间。L_p 可以是 A 计权平均声压级，得到 A 计权声功率级。

如果噪声源位置可以用一个标准声源替代，则可以用比较法测量噪声源声功率。标准声源是一个已知声功率的声源。测取由噪声源产生的平均声压级 $\overline{L_p}$，在噪声源位置上换上标准声源，测量由标准声源产生的平均声压级 $\overline{L_{pr}}$，由式（2-5-11）计算噪声源的声功率：

$$L_W = \overline{L_p} + \left(L_{Wr} - \overline{L_{pr}} \right) \tag{2-5-11}$$

式中，L_{Wr} 为标准声源的声功率级，dB。

若既要测量声源声功率，又要测量声源指向性，就必须在自由场或半自由场中进行，即在消声室、半消声室或室外空旷硬地面场地上进行（混响室中测试不能得到声源指向性）。消声室的容积必须大于声源体积 200 倍以上。在声源周围划出一个包围面，通常是以声源几何中心为球心的半球面，球面半径至少应为声源主尺寸的两倍，且不小于 1m。在包围面上采取传声器列阵布点，或一只传声器逐次测量，来测取包围面上各点的声压级 L_{pi}。测取的点数通常在消声室为 20 点，半消声室为 10 点。按式（2-5-12）计算平均声压级：

$$\overline{L_p} = 10\lg\left[\frac{1}{S}\left(\sum_{i=1}^{n} S_i 10^{L_{pt}/10} \right) \right] \tag{2-5-12}$$

式中　S_i——第 i 个测点代表的面积，m^2；

　　　S——包围的总面积，m^2。

$$S = \sum_{i=1}^{n} S_i \tag{2-5-13}$$

测点的布置方式如图 2-5-4 所示，此时，每个测点代表的面积 S_i 都相等。也可用一只传声器在包围面上连续移动来测取平均声压级。

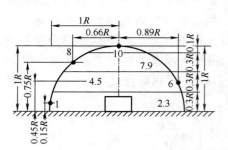 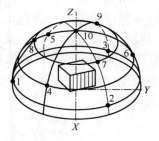

图 2-5-4　声功率测点布置示意图

根据平均声压级 $\overline{L_p}$，由式（2-5-14）计算声源声功率级：

$$L_W = \overline{L_p} + 10\lg S - 10\lg\left(\sqrt{\frac{293}{273+\theta}} \times \frac{B}{1000} \right) (\text{dB}) \tag{2-5-14}$$

式中　S——对于半消声室是包围面的面积，若包围面是半球面，则 $S = 2\pi r^2 (\text{m}^2)$，$r$ 为球半径（m）；对于全消声室是包围面面积的两倍，包围面是球面，$S = 4\pi r^2 (\text{m}^2)$；

　　　θ——温度，℃；

　　　B——大气压，mbar。

根据各测点的声压级 L_{pi} ，可以得到噪声源在这个方向上的指向性指数 DI_i ：

$$DI_i = I_{pi} - \overline{L}_p \qquad （消声室） \tag{2-5-15}$$

$$DI_i = I_{pi} - \overline{L}_p + 3 \qquad （半消声室） \tag{2-5-16}$$

连续移动传声器，或传声器固定而连续转动声源（如测量扬声器指向性时，把扬声器置于消声室的特制转台上），并和极坐标记录仪同步，可以连续地画出空间某个平面上的指向性图。

关于噪声源声功率和指向性测量的详细规定已由国际标准化组织规范化，作为国际标准。我国基本采纳了国际标准，也已颁布了一系列噪声源声功率测试标准，如表 2-5-1 所列。

表 2-5-1　我国颁布的噪声源声功率测试标准

参量	精密法 1 级	工程法 2 级	简易法 3 级
测量环境	半消声室	室外或室内	室外或室内
评价标准	K2≤0.5dB	K2≤2dB	K2≤7dB
声源体积	最好小于测量房间体积的 0.5%	无限制，由测试环境限定	无限制，由测试环境限定
对背景噪声的限定	ΔL≥10dB	ΔL≥6dB	ΔL≥3dB
测量数目	≥10	≥9	≥4

注：表中 K2 为环境引起的校正值，ΔL 为背景噪声要求值。

很多情况下，噪声设备需要在现场运行，不具备在实验室内运行的条件，故需要进行现场的测试。现场法测试规定了不搬运声源，在车间中直接测量声源噪声的方法。现场测量法又分为直接法和比较法。

（1）直接法

直接法也是采取测量声源包络面上平均声压级 L_p 和包络面面积 S 的方法来确定声源声功率级，但是因为车间壁面不消声，车间内不是自由声场，所以不能忽略混响声的作用。直接法测量声压级计算式如式（2-5-17）所示。计算声功率级如式（2-5-18）～式（2-5-20）所示。

由

$$L_p = L_W + 10\lg\left(\frac{Q}{4\pi r^2} + \frac{4}{R}\right) \tag{2-5-17}$$

$$L_W = L_p + 10\lg S - K \tag{2-5-18}$$

得

$$K = 10\lg\left[1 + \frac{4S}{R}\right] \tag{2-5-19}$$

$$S = \frac{4\pi r^2}{Q} \qquad R = \frac{S\overline{\alpha}}{1 - \overline{\alpha}} \tag{2-5-20}$$

房间常数 R 取决于车间的表面平均吸声系数 $\overline{\alpha}$，而 $\overline{\alpha}$ 一般通过测量混响时间 T_{60} 来求得。因此，只要测得车间混响时间 T_{60}，就可求出 R，进而求出 K 值（K 值为混响引起的校正值）。

K 值越大，修正值越大，测量结果精度越差。为减小 K 值，应缩小包络面，即将各测点移近声源。一般 K 值不应大于 3。

（2）比较法

比较法是利用经过实验室标定过声功率的任何噪声源作为标准声源，在现场中由对比测量两者声压级而得出待测机器声功率的一种方法。将标准声源放在待测声源附近位置，对标准声源和待测声源各进行一次同一包络面上各测点的测量。两次测量的 K 值应相同，因此待测声源声功率级可由式（2-5-21）求得：

$$L_W = L_{WS} + \left(\overline{L_p} - \overline{L_{pS}} \right) \tag{2-5-21}$$

下标有 S 的代表标准声源的声功率级和声压级。标准声源应与待测声源的频段基本相同。

5.2.3 汽车噪声测量方法

对于汽车车辆等流动性噪声源的测试，应按特定的测试方法执行。由于汽车的噪声随运行状况不同而改变，所以，如何评定一辆汽车的噪声，是一个很复杂的重要问题，因为所测得的噪声，既要代表车辆的特性，又要是行车时常出现的状况，世界上许多国家一般都使用加速度最大时噪声法。我国的 GB 1495—2002《汽车加速行驶车外噪声限值及测量方法》也属于这种方法。该方法简述如下。

（1）测量场地

场地应是空旷的，测量场地应基本上水平、坚实、平整，并且试验路面不应产生过大的轮胎噪声。测量场地具体应满足以下条件：

① 以测量场地中心（O 点）为基点、半径为 50m 的范围内没有大的声反射物，如围栏、岩石、桥梁或建筑物等；

② 试验路面和其余场地表面干燥，没有积雪、蒿草、松土或炉渣之类的吸声材料；

③ 传声器附近没有任何影响声场的障碍物，并且声源与传声器之间没有任何人站留，进行测量的观察者也应站在不致影响仪器测量值的位置。

汽车加速行驶噪声测量区域按图 2-5-5 确定。O 点为测量区的中心，加速段长度为 2×（10m±0.05m），AA' 线为加速始端线，BB' 线为加速终端线，CC' 为行驶中心线。

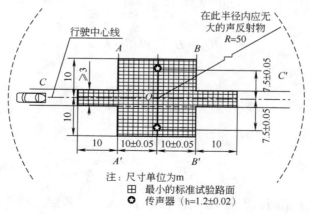

图 2-5-5 汽车加速行驶噪声测量示意图

（2）车辆行驶状况

装用不多于四个前进挡的变速器时，应用第二挡进行测量；装用多于四个前进挡的变速器时，应分别用第二挡和第三挡进行测量。如果用第二挡测量，汽车尾端通过 BB' 线时发动机转速超过了 S（发动机的额定转速），则应逐次按 5%S 降低 NA（接近 AA' 线时发动机的稳定转速），直到通过 BB' 线时的发动机转速不再超过 S。如果 NA 降到了怠速，通过 BB' 线时的转速仍超过 S，则只用第三挡测量。但是，对于前进挡多于四个并装用额定功率大于 140kW 的发动机，且额定功率与最大总质量之比大于 75kW/t 的 M1 类汽车，假如该车用第三挡，其尾端通过 BB' 线时的速度大于 61km/h，则只用第三挡测量。

接近 AA' 线时的稳定速度取下列速度中的较小值：

① 50km/h；

② 对于 M1 类和发动机功率不大于 225kW 的其他各类汽车，对应于 3/4S 的速度；

③ 对于 M1 类以外的且发动机功率大于 225kW 的各类汽车，对应于 1/2S 的速度。

汽车应以上述规定的挡位和稳定速度接近 AA' 线，其速度变化应控制在±1km/h 之内；若控制发动机转速，则转速变化应控制在±2%或±50r/min 之内（取两者中较大值）。

当汽车前端到达 AA' 线时，必须尽可能地迅速将加速踏板踩到底（即节气门或油门全开），并保持不变，直到汽车尾端通过 BB' 线时再尽快地松开踏板（即节气门或油门关闭）。

汽车应直线加速行驶通过测量区，其纵向中心平面应尽可能接近中心线 CC'。

（3）声级测量

测点高度 1.2m±0.02m，距行驶中心线 CC' 7.5m±0.05m 处，其参考轴线必须水平并垂直指向行驶中心线 CC'。

应测量汽车加速驶过测量区的最大声级，每一次测得的读数值应减去 1dB（A）作为测量结果。如果在汽车同侧连续四次测量结果相差不大于 2dB（A），则认为测量结果有效。将每一挡位（或接近速度）条件下每一侧的四次测量结果进行算术平均，然后取两侧平均值中较大的作为中间结果。

5.2.4　轨道机车车辆测试方法

对于轨道机车车辆声源的测试方法可参考 GB/T 5111—2011《声学　轨道机车车辆发射噪声测量》。

（1）试验环境

试验场地宜符合自由声场传播条件，地面要尽量平坦，相对于钢轨顶面高度应在 0～−1m。

列车两侧的传声器测点周围，至少 3 倍于测量距离为半径的区域内不应有大的反射物体，如障碍物、山丘、岩石、桥梁或建筑物。

传声器附近不应有干扰声场的障碍物。传声器与声源中间不能有人，观测者应处于不影响声压级测量的位置。

在车辆与传声器中间不应有积水，并应尽可能没有吸声物体（如雪、高的植物、其他轨道）或反射覆盖物（如水、冰），应在试验报告中对地面覆盖物进行描述。

（2）传声器要求

传声器轴线应始终处于水平位且垂直指向轨道。所用的标准传声器位置如图 2-5-6 所示。并不一定需在所有位置上都进行测量，但应按规定选择一个或一个以上的传声器位置。传声器应置于轨道轴线两侧 7.5m、距轨顶面以上 1.2m±0.2m 和距轨道轴线两侧 25m、距轨顶面以上 3.5m±0.2m。试验时，如在被测车辆上部有重要的声源（如排气管或受电弓），应在距轨道中心线两侧 7.5m、距轨顶面以上 3.5m±0.2m 处附加另外的传声器。

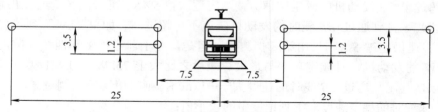

图 2-5-6　轨道机车车辆噪声测试示意图（单位：m）

（3）车辆条件

车辆应处于正常运行工作状态。对匀速试验，在正常运营的轨道上其车轮至少应在正常工况条件下行驶过 3000km（对轨道电车或地铁至少应 1000km）；对于带有踏面制动和盘形制动的车辆，应处于磨合条件（试车状态下滑块和踏面处于充分磨合状态）。车轮踏面尽可能不出现异常，如变扁平。

在测量拖车时，应确保测量不受列车其他部分（如与被测车辆相邻的动车）噪声的影响。

车辆除乘务员外，不能载物或载人。动力单元（如机车）应是正常工况下的负载。

（4）线路条件

应在铺有碎石道床和木枕或钢筋混凝土轨枕或列车常用的轨道上进行常规车辆的测量。轨道应干燥、无冻结。应在特定铁路区段上采用通用的钢轨断面和轨枕设计进行上述试验，如果其他轨道设计与被测运行车辆形成一体，则也宜纳入试验。

轨道应保养良好，线路坡度最大不应超过 0.3%，轨道曲线半径 r 为：

① $r \geq 1000m$，车速 $v \leq 70km/h$；

② $r \geq 3000m$，车速 $70km/h < v \leq 120km/h$；

③ $r \geq 5000m$，车速 $v > 120km/h$。

测量区段的钢轨应为连续焊接钢轨，钢轨表面无明显缺陷，诸如由钢轨和车轮因外来物挤压引起的烧损、凹凸等，不宜有焊缝或松动的枕木造成的可听撞击噪声的影响。

当整个测试区段的 1/3 倍频带粗糙度级满足要求时，应认为此轨道条件满足型式试验要求。

（5）测量要求

推荐的试验车速为 20km/h、40km/h、60km/h、80km/h、100km/h、120km/h、140km/h、160km/h、200km/h、250km/h、300km/h、320km/h 和 350km/h。

下列三种情况的应用：

① 列车最高速度 $v_{max} \geq 200km/h$ 的型式试验：应在 $v=160km/h$ 和 v_{max}，或者对应的推荐测试速度中最高速度条件下进行测试；有条件时，宜在 $v=80km/h$ 情况下测试。

② $80km/h < v_{max} < 200km/h$ 列车的型式试验：应在 $v=80km/h$ 和 v_{max}，或者对应的推荐测试速度中最高速度条件下进行测试。

③ 列车最高速度 $v_{max} \leq 80km/h$ 的型式试验：应在 $v=40km/h$ 和 v_{max} 条件下进行测试。

　　另外，宜在推荐的一个或一个以上的速度中进行附加试验。

　　周期性监督检验应在推荐测试速度下进行，除非得到车辆所有者及规定测量方案的职能部门的授权。

　　对常规噪声测试和环境评价测量的试验车速，可采用推荐的测试速度。

　　在测量区段，受试车辆选定的车速误差不超过±5%，用测量精度优于 3%的测速仪测量车速，也可使用列车速度表，用测量精度优于 3%的校准器进行校准。

　　测量列车的部分拖车时，应使用单独的装置测量被测拖车的通过时间，如可使用光栅板或车轮探测器。

　　测量时间间隔 T 的定义为第一节被测车辆的中部通过传声器位置开始到最后一节被测车辆中部通过传声器位置为止。

　　整车的测量参数为 $L_{Aeq,TP}$ 和 TEL，对单节车辆为 $L_{Aeq,TP}$。

　　注：关于各种声源的测量方法，在本手册的第 4 篇"噪声与振动测量方法和仪器"中有更深入的讨论，请参阅第 4 篇。

参 考 文 献

[1] 方丹群, 张斌, 等. 噪声控制工程学. 北京: 科学出版社, 2013.

[2] 杜功焕, 朱哲民, 龚秀芬. 声学基础. 南京: 南京大学出版社, 2001.

[3] 方丹群, 王文奇, 孙家麒. 噪声控制. 北京: 北京出版社, 1986.

[4] 环境保护部. 2017 年中国环境噪声污染防治报告.

[5] 任文堂, 赵剑, 李孝宽. 工业噪声和振动控制技术. 北京: 冶金工业出版社, 1989.

[6] 张飞飞, 谢谦龙. 浅谈空压机噪声来源及降噪方法. 建筑工程技术与设计, 2016, 22: 2985, 3073.

[7] 张荣婷, 胡余生. 电机噪声机理及控制技术概述. 日用电器, 2016 (3): 39-41, 45.

[8] 安平, 李立强, 魏彦龙. 机床轴承噪声的试验分析与研究. 机械工程师, 2009 (4): 128-129.

[9] 杨晓蔚. 国外低噪声轴承技术发展. 轴承, 2002 (4): 31-34.

[10] 刘亚儿, 盛晔. 社会生活噪声污染的控制及其管理. 声学技术, 2010 (5): 556-558.

[11] 夏艳阳, 高铭. 水泵房环境低频噪声影响及防治初探. 环境科学与管理, 2010: 130-131, 137.

[12] 岳杰, 江建梅, 刘四海. 不同年份生产的纺织机械产生噪声强度评析. 中国工业医学杂志, 2004 (5): 327-328.

[13] 王蕾, 杨雪玲. 冲床噪声分析及应对措施. 中国高新技术企业, 2009 (16): 187-188.

[14] 李延军, 杜春贵, 沈哲红, 等. 木工圆锯机噪声及控制. 浙江林业科技, 2002 (4): 35-38.

[15] 吕玉恒, 郑和平. 大型球磨机噪声治理设计与效果. 振动与冲击, 1999 (1): 44-49.

[16] 朱智强. MB1870 型球磨机噪声治理. 环境科学与管理, 2007 (3): 157-158, 179.

[17] 宋霖, 高理福. 气动凿岩机噪声声源的分析. 噪声与振动控制, 2006 (2): 75-78.

[18] 中国民用航空总局. 航空器型号和适航合格审定噪声规定. 2007.

[19] 郭瑞军, 王晚香. 城市道路交通噪声的预测及评价. 交通与计算机, 2007, 25 (6): 77-80.

[20] 郭心红, 刘柱. 船舶噪声污染与控制. 交通环保, 2003, 24 (4): 44-47.

[21] 黄飞, 何锃, 魏俊红, 等. 轻轨交通中轨道噪声的一种预测方法. 噪声与振动控制, 2003 (6): 29-34.

[22] 黄璞, 蒋伟康. 声强法在磁悬浮列车车厢声源识别中的应用. 铁道工程学报, 2005, 89 (5): 5-8.

[23] 黄其柏. 工程噪声控制学. 武汉: 华中理工大学出版社, 1999.

[24] 蒋伟康, 闫肖杰. 城市轨道交通噪声的声源特性研究进展. 环境污染与防治, 2009, 31 (12): 64-69.

[25] 焦大化. 轻轨交通噪声预测方法. 噪声与振动控制, 1993 (2): 23, 33-36.

[26] 焦大化. 铁路噪声预测计算方法. 铁道劳动安全卫生与环保, 2005, 32 (3): 101-107.

[27] 李洪强, 吴小萍. 城市轨道交通噪声及其控制研究. 噪声与振动控制, 2007 (5): 132-137.

[28] 李良碧, 甘霈斐. 船舶噪声与振动控制. 中外船舶科技, 2000 (3): 40-42.

[29] 李睿, 毛荣富, 朱海潮. 近场声全息测量分析系统的开发及应用. 噪声与振动控制, 2009 (1): 33-35.

[30] 刘畅. 建筑施工噪声的监管与控制. 污染防治技术, 2009, 22 (3): 49, 50, 86.

[31] 刘宏伟. 建筑施工噪声的污染与控制. 石油化工环境保护, 2005, 28 (4): 43-45.

[32] 刘旭东, 薛程. 道路交通噪声预测影响分析. 环境保护科学, 2007, 33 (6): 124-126.

[33] 雷晓燕, 罗锟. 高速铁路噪声预测方法研究. 噪声与振动控制, 2008 (5): 132-137.

[34] 尤垂涵. 地铁噪声污染及防治措施. 上海环境科学, 1993, 12 (5): 30-33.

[35] 吕玉恒, 郁慧琴. 噪声控制进展概述. 工程建设与设计, 2004 (10): 3-5.

[36] 马大猷. 噪声控制学. 北京：科学出版社，1987.

[37] 盛美萍，王敏庆，孙进才. 噪声与振动控制技术基础. 北京：科学出版社，2001.

[38] 汤峰，陈小鸿，李潭峰. 高速磁悬浮列车噪声声突发率的研究. 噪声与振动控制，2005（6）：34-35.

[39] 田劲松，侯祺棕，廖洁. 轻轨交通噪声分析和控制对策. 工业安全与环保，2004，30（1）：14-17.

[40] 王光芦，刘达德. 我国高速铁路噪声特性研究. 环境技术，2001（2）：36-40.

[41] 王维. 我国机场噪声评价量与噪声影响的定量关系. 应用声学，2004，23（1）：8-11.

[42] 王维，马腾飞. 某民用机场航空噪声影响计算分析. 中国民航大学学报，2007，25（3）：56-60.

[43] 王文奇，江珍泉. 噪声控制技术. 北京：化学工业出版社，1987.

[44] 杨殿阁，郑四发，罗禹贡，等. 运动声源的声全息识别方法. 声学学报，2002，27（4）：357-362.

[45] 杨晓宇，吴小萍，冉茂平. 铁路噪声环境影响综合评价研究. 中国铁道科学，2005，26（1）：63-66.

[46] 于飞，陈剑，李卫兵，等. 近场声全息方法识别噪声源的实验研究. 振动工程学报，2004，17（4）：462-466.

[47] 于飞，陈剑，周广林，等. 噪声源识别的近场声全息方法和数值仿真分析. 振动工程学报，2003，16（3）：339-343.

[48] 俞悟周，毛东兴，王佐民. 高速磁悬浮列车的噪声问题. 噪声与振动控制，2001，6（6）：20-22.

[49] 赵松龄. 噪声的降低与隔离. 上海：同济大学出版社，1985.

[50] 赵跃英，盛胜我，刘海生，等. 磁悬浮列车行驶噪声的测试与分析. 同济大学学报（自然科学版），2005，33（6）：768-771.

[51] 周鋈麟，李树珉. 汽车噪声原理、检测与控制. 北京：中国环境科学出版社，1992.

第 **3** 篇

噪声与振动的生理效应、危害以及噪声标准

编　著　方丹群　秦　勤　魏志勇

校　审　翟国庆　辜小安　朱亦丹

第1章 噪声性耳聋

1.1 听力损伤

通常人在高噪声地方待一段时间就会出现听力下降的情况，但到比较安静的地方待一段时间，听力就会逐步恢复，这个现象叫作暂时性听阈偏移（TTS），也叫听觉疲劳。然而，长年累月在高噪声环境下工作，持续不断受强噪声刺激，则听觉有可能不能复原，甚至导致内耳感觉器官发生器质性病变，由暂时性听阈偏移变成永久性听阈偏移（PTS），这就是噪声性听力损失或噪声性耳聋。噪声性耳聋的问题其实在好多年前就有铁匠聋、铜匠聋的报道，但大家都不注意这些人群，直到第二次世界大战以后很多人从战场上下来发现耳聋情况严重，才开始注意。

暂时性听阈偏移（TTS）主要与噪声的强度、频率、暴露时间等因素有关。强度是主要因素，在 70~90dB（A）范围内，TTS 随声级的增高缓慢增大，到了 90dB（A）以上，则急剧上升；在频率方面，主要表现为同等暴露强度、同等时间条件下，高频噪声刺激引起的 TTS 较低频噪声刺激大；对于中等强度的噪声，暴露时间在 8h 以内时，TTS 的大小与暴露时间的对数大致成正比。与 TTS 相似，永久性的听阈偏移（PTS）也主要受强度、频率和暴露时间等因素影响，但 PTS 有两个特点：一是 PTS 一般先在 4~6kHz 范围内开始出现，即便是频率低于 250Hz 的强噪声暴露，听力损失也常出现在高频区，这种特点与基底膜上听毛细胞分布和耳蜗声-电能转换有关；二是必须在一定暴露量之上才能产生 PTS，主要原因是机体本身有代偿、修复机制，可以说，暴露时间越长、暴露强度越大，PTS 越大。

TTS 和 PTS 之间也有一定的关系。有资料表明，青年工人一天暴露在强噪声环境下 8h 所造成的 2min 暂时性听阈偏移（TTS_2），数值上与暴露在同一噪声环境下所造成的永久性听阈偏移相当。

若某人的听力弱于正常青年人的听力标准（听力零级），从理论上说，就应该视其为有听力损失。由于人的听力个体差异很大，听力检查可能存在一定误差，因此在临床中常取（15±5）dB 作为波动范围，听力变化小于这一范围的可以认为基本正常，超出这一范围的被认为听力异常。尽管如此，若这种听力损失不超过某一规定数值，在临床上视为听觉功能异常，而不视为听力损伤，这个数值就是听力损伤的临界值。目前国际上使用较多的是 ISO 1964 年的规定，以 500Hz、1kHz、2kHz 频率上听力损失平均值超过 25dB 作为听力损伤的起点。该听力损伤临界值表示语言听力发生轻度障碍的起点，即某人的听力损失超过这一临界值，则将该人视为发生听力损伤或称噪声性耳聋，简称噪声聋，这一级称为轻度聋。听力损失 40~55dB 的称为中度聋，听力损失 55~70dB 的称为显著聋，听力损失 70~90dB 的称为重度聋，听力损失 90dB 以上的称为极度聋。

多年来，各国陆续发表了关于噪声性耳聋的调查报告，表 3-1-1 为 ISO 在 1971 年公布的噪声等效连续 A 声级与听力损伤危险率的关系。

表 3-1-1　ISO 噪声等效连续 A 声级与听力损伤危险率（%）的关系

等效连续 A 声级/dB		工龄数/年									
		0	5	10	15	20	25	30	35	40	45
≤80	危险率/%	0	0	0	0	0	0	0	0	0	0
	听力损伤者/%	1	2	3	5	7	10	14	21	33	50
85	危险率/%	0	1	3	5	6	7	8	9	10	7
	听力损伤者/%	1	3	6	10	13	17	22	30	43	57
90	危险率/%	0	4	10	14	16	16	18	20	21	15
	听力损伤者/%	1	6	13	19	23	26	32	41	54	65
95	危险率/%	0	7	17	24	28	29	31	32	29	23
	听力损伤者/%	1	9	20	29	35	39	45	53	62	73
100	危险率/%	0	12	29	37	42	43	44	44	41	37
	听力损伤者/%	1	14	32	42	49	53	58	65	74	83
105	危险率/%	0	18	42	53	58	60	62	61	54	41
	听力损伤者/%	1	20	45	58	65	70	76	82	87	91
110	危险率/%	0	20	55	71	78	78	77	72	62	45
	听力损伤者/%	1	28	58	76	85	88	91	93	95	95
115	危险率/%	0	36	71	83	87	84	81	75	64	47
	听力损伤者/%	1	38	74	88	94	94	95	96	97	97

　　研究表明：暴露于 85dB（A）以下的职业性噪声时，一般不至于引起噪声性耳聋，当然，这不等于不造成听力损失；暴露噪声级在 85dB（A）以上时，造成轻微的听力损伤；在 85～90dB（A）之间时，造成少数人的噪声性耳聋；在 90～100dB（A）之间时，造成一定数量和一定程度的噪声性耳聋；在 100dB（A）以上时，造成相当数量和相当程度的噪声性耳聋。

　　上述的噪声性耳聋属于慢性噪声性耳聋，还有一种噪声性耳聋叫爆震性耳聋，发生于人们突然暴露于高声强的噪声环境下，如 150dB（A）以上。战场上炸弹爆炸、火炮大规模发射，无任何思想准备时突然听到开山放炮，以及突然听到高强度爆炸等，都可能造成爆震性耳聋。在这种情况下，会发生听觉器官急性外伤，引起鼓膜破裂出血、鼓室出血、迷路出血、圆窗膜出血、螺旋器从基底膜急性剥离、双耳完全失听等。

　　枪炮噪声是脉冲性噪声，不连续的敲打噪声也是脉冲性噪声，脉冲性噪声造成的听力损失不同于一般的工厂稳态连续噪声引起的听力损失。

　　噪声性听力损失的特点和发展规律是：最先出现对 4kHz 声音的听力下降，而后逐步发展到 6kHz 和 3kHz，然后扩展到 2kHz 和 8kHz，最后涉及 1kHz。也有少数资料表明最早出现听力下降的频率为 6kHz。

　　噪声性听力损失与典型耳蜗性聋的听阈曲线相似，多为双侧性，气导、骨导下降程度常常一致。多数在 4kHz 处听力呈陡型下降，并常在 6kHz 处又向上回升，故呈明显的高频听力"V"形下降。

噪声性听力损伤最初在 4kHz 上出现的原因是：①可能在长期持久的噪声刺激下，耳中螺旋器和螺旋神经等发生退行性变化，其中以耳蜗基底环末端和第二环开始处的病变最为明显，此处主要接收 4kHz 的声音刺激，故早期噪声聋病人在 4kHz 处的听力损失最明显；②可能与外耳道的共振频率 3～4kHz 有关；③也可能是底圈的供血较差，形成天然脆弱部位。

人的听觉感受器官大约有 24000 个感受细胞，分别分布在内耳耳蜗管的柯蒂氏器官内。分布在耳蜗不同部位上的感受细胞感受着不同频率范围的声音，越接近耳蜗底部的感受器，越对高频声敏感，不同频率声对听觉感受器的损伤部位也大体与此对应。噪声强度越大，暴露时间越长，受损部位的范围越大。

噪声所产生的听觉系统损伤主要包括耳蜗和中枢听觉系统两方面。过度的噪声刺激将导致耳蜗外毛细胞和内毛细胞的损伤或丢失，造成暂时性或永久性的听觉阈值移动和听力损失。噪声刺激还能使外周听觉神经纤维突触间的联系发生改变，并引发中枢听觉系统的结构和功能发生变化，主要表现为频率调谐曲线复杂的重构、对声音信号整合能力的下降以及语言辨识能力的降低。

1.2　噪声性耳聋的损伤机制

噪声引起的耳蜗损伤机制主要有机械性损伤、代谢性损伤和血管性改变损伤三种学说。这三方面有时很难完全分开，在具体的噪声性听觉损伤病例中，往往三种损伤机制同时存在，此时的噪声性听觉损伤可以说是三种机制共同作用的结果。

（1）噪声对耳蜗的机械性损伤

一般认为，超过 130dB 的高强度噪声对耳蜗毛细胞破坏主要是由噪声的损伤性机械力所引起的，这种机械作用力对耳蜗的柯蒂氏器官有重大的损伤。

（2）噪声对耳蜗的代谢性损伤

强度在 85～130dB 之间的噪声主要通过影响耳蜗内的新陈代谢而造成细胞的代谢性损伤。

（3）噪声引起的耳蜗血管性改变损伤

强度为 110～134dB 的噪声刺激可引起耳蜗感觉上皮周围血管微循环的改变，进而导致细胞缺氧，从而引起细胞内某些酶类发生活性降低和细胞代谢产物在细胞内的堆积。噪声对耳蜗毛细胞的破坏主要是由噪声对耳蜗感觉毛细胞的直接破坏作用导致的，而蜗管外壁血管纹上毛细血管的轻微改变居次要地位。

1.3　噪声性耳聋的成因

由噪声所致的听觉损伤主要的病变部位在耳蜗，因此大多数的研究都把重点放在耳蜗，特别是毛细胞、螺旋神经元和血管纹等部位的生理学、生物化学和形态学研究。近年来随着研究的逐渐深入，发现噪声性听觉损伤可以通过某些特殊的途径引起中枢听觉通路结构和功能的改变。

1.3.1　过度声刺激后发生听觉中枢的音定位结构重组

到目前为止，噪声过度刺激后听觉中枢音定位结构重组的机制还在研究中。其机制可能涉及突触重排或先前已存在的呈"沉默"表现的神经回路再活化。音定位结构重组可能属于中枢神经系统学习范式（learning paradigms）可塑性再现的一种。音定位映射的动态改变可能是中枢听觉系统在外部声环境性质发生显著改变时的一种常态反应，不过由于受损耳蜗传递给大脑听觉中枢的信息较少，机体的听觉频率敏感度将有所降低，而且这种噪声过度刺激后的中枢音定位重组可能与噪声性耳鸣有密切关系。

1.3.2　噪声损害后听觉中枢通路神经元兴奋性失掩蔽效应

在正常状态下，听觉神经元同时具有兴奋性与抑制性效应，两者呈平衡状态。当噪声或其他因素导致听力损失时，听觉中枢失去特征性频率信号输入，导致相关神经元产生的抑制效应缺失或严重减少，而原来被掩蔽的兴奋性信号则可以激活"沉默"神经元，产生兴奋性输入失掩蔽或失抑制效应，导致受累神经元的特征性频率向邻近频率移位。

1.3.3　噪声损害对听觉神经元活动的影响

噪声性听力损害可引起听觉系统许多部位神经电活动的改变，而且这种电活动性的改变在听觉通路的不同部位存在一定的差异。当耳蜗受到过度声刺激时，耳蜗传出神经的复合动作电位（CAP）幅度总是减弱，中枢听觉系统接受的神经冲动较正常耳减少。噪声损害后听觉系统试图以增强听觉中枢的反应来代偿外周信号输入的减少。

神经元放电率（neuronal firing rate）是评价神经元活性的重要指标之一。噪声暴露后在初级听皮层可以观察到伴随听觉诱发电位振幅的增加，重组区自发性活动轻度增加。

当机体受到创伤性强声刺激后，低强度暴露时特征频率神经元放电率起始增加高于其自发放电率，在高强度时由于抑制性输入对抗而相反。当创伤性声调为特征频率以上时，抑制性阈值增加，兴奋性声调曲线尾段变宽。而抑制性阈值增加，导致阈上强度神经元放电率增加，同时抑制减少往往还可导致神经元自发放电率增加。

1.3.4　噪声性耳聋的提示

除职业性噪声暴露导致的噪声性耳聋外，社会环境噪声如夜总会、迪斯科舞厅、摇滚乐等引起的听力损伤和噪声性耳聋也越来越受到人们的重视。欧洲科学家受欧盟委员会的委托，对所谓的"休闲噪声"进行了调查研究，发现音乐噪声带来的风险并不亚于工作场所环境噪声。调查显示，为屏蔽周围环境如交通等带来的噪声，许多年轻的 MP3 和手机用户喜欢将音量调到 89dB 以上，且长时间收听。实际上，75dB 已经是人耳所能承受的舒服度上限，85dB以上就会对人的听力造成损害。由此，欧盟科学家向众多音乐爱好者发出警告，如果每周在 89dB 以上的高音量状态下听 MP3 超过 5h，那么 5 年后就有可能产生永久性的听力损失。据估计，欧洲每天都有 0.5 亿～1 亿人在使用音乐播放器，而喜欢使用高音量的"高危用户"占欧盟国家所有 MP3 用户的 5%～10%，这意味着欧盟有 250 万～1000 万 MP3 用户面临可能失聪的危险。因此，为了保护年轻一代的听力，欧洲委员会目前正寻求最大限度降低对听力损害的技术，并考虑修改目前的法定音量标准。欧盟女发言人海伦·卡恩斯表示，欧盟官员呼吁青少年在使用 MP3 时"关小音量"，以免在不知不觉中丧失听力。

高速铁路列车运行的噪声，将会影响列车乘客和附近居民区居民的人体舒适度。为探究高速铁路列车运行噪声对人体机理的影响过程，我国学者刘逸等基于国家重点基础研究发展计划（973 计划）之时速 500km 试验列车科学研究，试验 150～400km /h 间列车内外所测的实验数据，应用声音在空气中的压力传导原理，采用不同工况下车外所测不同的声压级大小，对正常的中耳结构进行有限元模型分析，得到模型最大位移量和最大等效应力，采用幂函数进行拟合，用拟合结果进行分析。同时模拟了中耳模型位移分布及等效应力场，分析并得到鼓膜结构最容易破坏部位。他们认为，高速列车运行过程中产生噪声，以声压形式作用于耳膜，使耳膜发生形变，带动与耳膜连接的三根听小骨产生位移。因此，针对耳膜及三根听小骨建立有限元模型，通过对耳膜加载不同声压级下的静压力，得到耳膜位移量与加载声压级、最大等效应力与声压级之间的关系，并最终得到结论如下：

（1）当耳膜受到不同大小的声压级下的静压力时，耳膜及听小骨最大位移量与加载声压级的 13 次方近似成正比，加载声压级越大，产生的损伤越大。

（2）当耳膜受到不同大小的声压级下的静压力时，耳膜及听小骨等效应力大小与加载声压级的 13 次方近似成正比，加载声压级越大，中耳模型所受等效应力越大，越容易受到损伤。

（3）当耳膜受到不同大小的声压级下的静压力时，耳膜上的等效应力分布大致相同：耳膜边缘与耳膜突所受等效应力最小；耳膜突与耳膜边缘连接中部所受的等效应力最大；等效应力大小沿耳膜边缘与耳膜突向着耳膜中部逐渐增大并在中间部位达到最大值。因此，耳膜中部环状带是耳膜模型应力集中带，是耳膜上最容易受损的部位。

第2章 噪声对人的生理影响

噪声引起人体的生理变化称为噪声的生理效应。噪声对人体的影响是多方面的，除了引起噪声性耳聋外，对神经系统和心血管系统等方面也有明显的影响，统称噪声病。

2.1 噪声对神经系统的影响

长期在噪声环境下工作和生活的人，常常会发生头疼、昏晕、脑涨、耳鸣、失眠、多梦、嗜睡、心悸、全身疲乏、记忆力衰退等症状。这些症状，在医学上俗称神经衰弱症候群。对在纺织厂噪声环境下工作的 374 名工人进行职业性健康调查，结果列于表 3-2-1。由表 3-2-1 可知，神经衰弱症候群的发病率随着接触噪声的声级增高而增大。

表 3-2-1　纺织厂 374 名工人神经衰弱症候群与噪声级的关系

症状	噪声声压级/dB		
	100	90	80
	可分析人数		
	182	136	56
	症状人数		
易怒感	32	26	21
头痛	62	32	10
头晕	27	35	2
心区痛	12	11	13
耳鸣	4	4	1
易倦感	27	7	2
睡眠不好	18	21	7

有人调查了在 80～85dB（A）环境下工作的车工和钳工，82～87dB（A）环境下工作的碹工，96～99dB（A）环境下工作的自动机床操作工，结果发现噪声级不同，神经衰弱症候群的症状亦不同。车工和钳工以头疼（占 15.6%）和睡眠不好（占 24.4%）为主，碹工和自动机床操作工除了头疼之外还出现疲乏和易怒等症状。对在 109～127dB 的脉冲噪声下工作的冲压工人进行调查研究，发现有 76.8%的工人患头疼（大部分分布在额部、枕部），而且休息后，还会持续几个小时。

多年前，我国《工业企业噪声卫生标准》和《工业企业噪声控制设计规范》大协作组的成员就噪声对人体健康的影响做了大规模的调查研究工作，受调查人数超过 6 万人。其中，16943 例噪声暴露者的神经衰弱症候群的阳性率与噪声级、工龄的关系如表 3-2-2 所列。从表 3-2-2 中可以看出，噪声暴露者的神经衰弱症候群的阳性率随着噪声级的增高、工龄的加长而增大。

表 3-2-2　16943 例噪声暴露者的神经衰弱症候群的阳性率与噪声级、工龄的关系

噪声级/dB（A）	工龄 0～5 年			工龄 5～10 年			工龄 10～15 年		
	人数	阳性数	阳性率	人数	阳性数	阳性率	人数	阳性数	阳性率
80～85	1003	151	15.05%	637	122	19.15%	490	108	22.04%
90～95	2769	472	17.05%	1689	407	24.10%	1198	348	29.05%
100～105	2149	416	19.36%	1166	291	24.96%	1118	408	36.49%
总计	5921	1039	17.55%	3492	820	23.48%	2806	864	30.79%
对照组	698	29	4.15%	262	17	6.48%	187	11	5.88%

噪声级/dB（A）	工龄<20 年			工龄>20 年			总计		
	人数	阳性数	阳性率	人数	阳性数	阳性率	人数	阳性数	阳性率
80～85	406	117	28.82%	450	110	24.44%	2986	608	20.36%
90～95	763	229	30.01%	1252	383	30.59%	7671	1839	23.97%
100～105	625	213	34.08%	1228	384	31.27%	6286	1712	27.24%
总计	1794	559	31.16%	2930	877	29.93%	16943	4159	24.55%
对照组	208	16	7.69%	351	41	11.68%	1706	114	6.68%

噪声作用于人的中枢神经系统，引起大脑皮层的兴奋和抑制平衡失调，导致条件反射异常、脑血管受损害、脑电位改变、神经细胞边缘出现染色质的溶解，严重的会引起渗出性出血灶。这些生理学变化，如果是短期接触噪声引起的，可以在 24h 内复原，但如果噪声长期作用，将形成牢固的兴奋灶，累及植物神经系统，产生病理学影响，导致神经衰弱症。

一些学者还研究了各种参数的噪声对人中枢神经系统功能状态的作用。实验结果表明，噪声的作用时间越长，中枢神经系统功能改变越明显。有人研究了脉冲噪声对中枢神经系统的影响，在声级相同的情况下，冲击次数较少的（如 0.5～1Hz）与冲击次数频繁的（如 15Hz）脉冲噪声对中枢神经系统的影响有明显的不同。冲击次数较少的脉冲噪声对中枢神经系统的影响要比冲击次数频繁的脉冲噪声严重得多。

噪声对机体的长期刺激可使大脑和丘脑下部交感神经兴奋。当这个现象反复发生时，兴奋所导致的疲劳性影响将累及大脑皮质功能。国内外大量的资料表明，如果长期在 85dB（A）以上的噪声环境下工作，工人的脑电反应、工作效率、睡眠状态会出现以下情况：脑电图出现 α 节律抑制现象；噪声刺激产生累积作用，主要表现为睡眠障碍，即就寝后 1～5h 不能入睡，或者熟睡障碍，即睡眠后，夜中醒 2～5 次；工作效率低；工作效率、睡眠状态出现不同程度的波动现象，反映了对噪声刺激的适应和累积作用的交替过程。

20 世纪 80 年代，方丹群主持的中国《工业企业噪声控制设计规范》研究编制组应用生物控制论原理和量子力学理论研究噪声的生理效应，特别是针对噪声对大脑的影响进行了大量的基础研究和实验工作，其结果如下。

从理论上分析，大脑的信息在脑电图方面至少应有三方面的表现：①大脑两半球的传递效率，可以传递函数的幅值比和相移为代表，数值越大表示大脑功能越优；②大脑两半球传递信息的协调，可在相干函数上表现出来，相干函数越高者越优；③大脑两半球脑电信号的发送，主要表现在它的功率大小及其分布上。已有的研究资料表明，脑电的主频率越大，脑的功能越差。由以上三点，建立"脑电功能指数"，作为衡量大脑信息加工效率的指标。

对职业性暴露于 65～95dB（A）噪声环境中长达 10 年以上的 40 名工人和 5 名正常青年（对照组）进行枕叶脑电图测量，分别记录受试者上班前半小时和下班后半小时（间隔 8h）在屏蔽室内闭目静坐的自发脑电图和灯光诱发脑电图各 3min，诱发信号为每秒 1 次的闪光。应用 7T08 型医用电子计算机进行功率谱、传递函数、相干函数和脉冲响应分析。计算时以左枕脑电信号作为输入，右枕信号作为输出。计算参数为：采样时间 5ms，每个计算段 1024个样点，共取 25 段平均。

实验结果表明，脑电功能指数与噪声级（L_A）呈线性关系，即随着职业性暴露噪声级的增高，脑电功能指数呈线性下降，如图 3-2-1 所示。

为了检验脑电功能指数是否确实与大脑信息功能有关，对脑电功能指数小于或等于 0.8 的人群的神经性主诉症状进行了调查，发现他们的平均症状数为 5.8 项，而脑电功能指数大于 0.8 的人，神经性主诉症状平均只有 3.4 项（t 检验差异显著，$P=0.05$）。调查结果不仅说明脑的信息功能与脑电功能指数有明显的相关性，即脑电功能指数差的人，脑的信息功能也差，而且也说明噪声级与脑电功能指数的反比线性关系，反映了噪声对脑的信息功能存在着不利的影响。

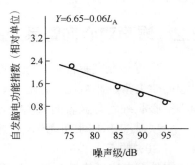

图 3-2-1　自发脑电功能指数与长期职业性噪声暴露噪声级的关系

脑电功能指数不仅反映长期职业性噪声暴露对脑电功能的影响，而且还能反映工作疲劳对脑功能的影响，这由图 3-2-1 中实验对象工作前脑电功能指数普遍较工作后优越的事实得到证明。根据这一事实，我们认为脑电功能指数对脑功能具有较高的灵敏度，对"智力"的判断有益，进而也许可以为"智商"的客观度量提供依据。从控制论的观点来看，大脑两半球的信息传递功能应当在脉冲响应上有所表现，通过脑电脉冲响应的分析，可以考察大脑两半球信息传递功能的好坏。对上述 40 名受试工人进行诱发脑电脉冲响应研究，并与 5 名无强噪声暴露史的健康青年工人比较，测试时间是工作前 2h 和工作后 2h，测试项目为诱发脑电图。用绿色闪光刺激，每秒闪光一次，共闪光 150 次。计算时以左枕脑电信号作为输入，右枕作为输出，取样时间为每 1/8 毫秒一次，每次闪光作为 1 段，每段 512 个样点，共取 50 段平均。脑电脉冲响应表现出一个信息系统一个脉冲之后所产生的反应，从大脑信息传递的要求来看，这种反应的最佳状态应是单一的、无波动的，从控制系统的品质要求，两次以下的波动是可以允许的。因此，可以将脉冲响应第 2 峰以后仍有较大的波动（称"后波动"）视为大脑信息功能不良的一种表现。从无噪声暴露史的健康工人所做的对照试验（噪声暴露前）结果中发现，脑电脉冲响应第 2 峰以后的波动幅值超过背景值。从对照组可看出，后波动低于第一峰的 2%为正常范围，这组试验的结果见表 3-2-3。

表 3-2-3   灯光诱发脑电脉冲响应"后波动"的出现率

组别	"后波动"的出现率/%
对照组	0
75dB（A）	0
85dB（A）	8
90dB（A）	11
95dB（A）	15

为了检验诱发脑电脉冲响应"后波动"是否确实与大脑信息功能有关，对诱发脑电脉冲响应出现"后波动"的人的神经性主诉症状进行调查，发现他们的平均症状数为 5.8 项，而未出现"后波动"的人平均症状数只有 3.1 项（t 检验差异显著，P=0.05）。

以上事实不仅说明脉冲响应后波动的出现确实与大脑功能不良有关，而且也说明在噪声级超过 85dB（A）的环境中职业性暴露超过 10 年以上的部分人的大脑信息功能受到不良的影响。

2.2   噪声对心血管系统的影响

噪声可导致交感神经紧张、心率加快、心律不齐、心肌结构损伤和心电图异常等，甚至引起心律失常、高血压、冠心病、血管痉挛和心肌梗死等。近年来还发现，噪声接触组心房和心室心肌细胞有显著的 DNA 损伤。

一项对冲压车间的噪声调查发现，冲压车间噪声高达 110dB（A），冲床每分钟冲击 120 次，有 30%的工人心率（HR）也同步为冲床冲击频率，即每分钟 120 次。

国外有专家严格控制了各种因素，将猴子连续暴露于 L_{eq} 为 85dB 的噪声环境中 6 个月，结果发现，暴露组的 HR 增加了 9%，而对照组的 HR 减少了 1%，而且在接触噪声的初期，HR 增加较多，噪声停止后，HR 逐渐减慢，但仍快于暴露前。有专家采用流行病学方法观察了热电厂工人暴露于噪声（90～113dB）环境后 HR 的变化。结果表明，与对照组相比，各个工龄段 HR 都明显加快，工龄小于 10 年组及 10～20 年组的 HR 与对照组的差异均有统计学意义（P<0.05，P<0.01）。HR 加快可能是升高的肾上腺素（E）、去甲肾上腺素（NE）作用于心脏的 β1 肾上腺素受体引起的。也有研究结果表明，短期噪声暴露，刚开始 HR 加快，随着暴露时间延长，HR 逐渐减慢，噪声停止后，HR 又恢复到正常水平，提示了 HR 变化的适应性过程。

不少资料表明，噪声对心电图也有相当程度的影响。噪声暴露后，心电图发生窦律异常、窦性心动过缓、窦性心律不齐、心律失常、传导阻滞和 ST-T 改变、ST 改变、T 波改变、QRS 时间延长和 Q-T 间期延长等，并伴随心肌缺血现象的出现。

我国《工业企业噪声卫生标准》和《工业企业噪声控制设计规范》大协作组的成员针对噪声对心电图的影响做了较大规模的调查研究工作。对接触各种不同噪声级的十多个工厂的工人心电图进行检测，发现心电图 ST-T 改变的阳性率随着噪声级的增高和工龄的加长有明显增高的趋势，如表 3-2-4 所列。

表 3-2-4　接触不同噪声级的工人心电图 ST-T 改变的阳性率

组别	工龄 10 年及以下			工龄 10 年以上			总计		
	检查人数	阳性例数	阳性率/%	检查人数	阳性例数	阳性率/%	检查人数	阳性例数	阳性率/%
对照组	155	10	6.45	115	14	12.17	270	24	8.89
80dB（A）	184	14	7.61	164	20	12.19	348	34	9.77
85dB（A）	129	11	8.53	92	16	17.39	221	27	12.22
90dB（A）	197	24	12.18	244	64	26.23	441	88	19.95
95～100dB（A）	221	29	13.12	199	62	31.16	420	91	21.66

注：受试者男女比例为 1∶3；工龄 10 年以下者为 18～34 岁（平均 24.1 岁）；工龄 10 年以上者为 31～50 岁（平均 37.8 岁）。

从表 3-2-5 中还可以看出，心电图 QRS 间期的阳性率也有随着噪声级的增高而增高的趋势。

表 3-2-5　接触不同噪声级的工人的心电图 QRS 间期的阳性率

组别	工龄 10 年及以下			工龄 10 年以上		
	检查人数	阳性例数	阳性率/%	检查人数	阳性例数	阳性率/%
对照组	155	2	1.28	115	1	0.87
80dB（A）	184	5	2.77	164	8	4.88
90dB（A）	197	6	3.05	244	11	4.51
95～100dB（A）	221	22	9.95	199	37	18.59

为了更加深入地研究噪声对心血管的影响，我国《工业企业噪声卫生标准》和《工业企业噪声控制设计规范》大协作组的成员应用生物控制论原理和量子力学理论研究噪声的生理效应，就噪声对心脏电信息的影响做了调查研究工作。将人员分为 4 组：①长期噪声职业性暴露组（10 年以上），暴露声级 65～100dB（A），共 94 人；②对照组，正常健康人 37 人；③心肌梗死（常规心电图正常）组，15 人；④心肌梗死（常规心电图异常）组，20 人。分别采集 4 组人员的心电信号，随即进行功率谱、相移、脉冲响应、相干对比，其结果如表 3-2-6 所列。

表 3-2-6　4 组受试者的心电功率谱、相移、脉冲响应、相干对比

组别	人数	功率谱	相移	脉冲响应	相干
对照组	37	2.7	5.4	10.8	0
噪声组	94	17.1	12.8	14.9	12.8
心梗组（常规心电图正常）	15	53.3	80	86.7	33.3
心梗组（常规心电图异常）	20	35	85	90	40

从噪声对心脑量子力学和声学控制论研究出发，多年后，方丹群在美国研究成功的心脏量子谱诊断系统就是从噪声生理效应开始的。

Русинов 对暴露在噪声级 95～117dB（A）的绳索厂工人的心血管状况观察了八年，发现不少人有心血管系统功能改变和血压不稳现象，并发现当工人超过 40 岁以后，接触噪声的高血压患者的人数比不接触噪声的同年龄组工人高两倍多，还有少数人合并冠状动脉损伤、血脂代谢偏高和胆固醇过多。

对工艺美术厂雕刻工进行调查，发现由手工雕刻改为机器雕刻后，噪声级增高到 100dB（A）以上，高血压患病率增加 30%。

国内外均有报道，织布工人在工作前血压正常，而工作后有的工人收缩压增高到 160mmHg（1mmHg=133.322Pa）。有人研究了不同声级的白噪声对血压的影响，发现在 90dB 的白噪声作用下，出现血压升高、心脏收缩次数增加。

对噪声接触工人和非接触工人血脂水平进行调查，结果表明接触组血清总胆固醇（TC）和三酰甘油（TG）与对照组相比有显著性差异，并随接触噪声强度和接触噪声工龄的增加而增高，存在剂量-反应关系。噪声导致 TC 增高，而 TC 增高是心血管发病的危险因素，故 TC 的升高有可能是噪声致心血管疾病的原因之一。

有专家采用超声多普勒法发现，在噪声环境下工作的工人的心脏二尖瓣、主动脉瓣、三尖瓣、心包、心内膜增厚。

1993～1997 年在丹麦哥本哈根地区约 5 万人参与的一项饮食、癌症与健康调查显示，交通噪声会提高中风风险，噪声每增加 10dB，风险提高 14%，若是 65 岁以上的老人，经常处于交通噪声环境中，风险提高 27%。另外，还发现交通噪声会影响睡眠，导致血压升高以及心跳加快等。

王书云、闫春雨、刘冰玉等开展了交通噪声对人体心电指标影响的研究。他们借助多功能动态生理检测仪、现场道路交通噪声信号采集系统及室内道路交通噪声信号回放系统等精密仪器设备，研究了道路交通噪声对人体心电的短时影响，并运用统计学、时间序列理论对噪声影响心电指标的规律进行了分析，提出了一种解释道路交通噪声影响人体心电指标规律及确定噪声安全阈值的理论方法。结果表明，不同噪声声压级对心电低频（LF）、高频（HF）之比（LF/HF）时间序列的自相关系数衰减速率影响不同，声压级越高，LF/HF 时间序列的自相关系数衰减到 0.500 时的速率越慢，经历的延迟期越长；当道路交通噪声超过 43dB 时，有可能对人体心电状态造成潜在的影响。他们的实验研究成果如下。

（1）初步确定可描述噪声-心电关系的噪声指标与心电指标

采用 L_{Aeq}、L_{Ceq} 作为噪声指标，分别绘制两种噪声指标与平均心率、RMSSD、VLF、LF、HF、LF/HF 等心电指标的关系图，观察它们之间的相关关系，初步确定了心电指标 LF/HF 与噪声指标 L_{Aeq} 存在较为明显的相关关系（见图 3-2-2，为方便对比，取 L_{Aeq}/10 进行分析），而其他心电指标与噪声指标间的关系较为复杂。由图 3-2-2 可见，总体来看：L_{Aeq} 由低变高时，LF/HF 变异性由小变大；相反，L_{Aeq} 由高变低时，LF/HF 变异性由大变小。

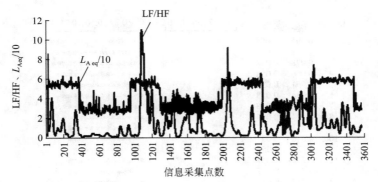

图 3-2-2　$L_{Aeq}/10$ 与 LF/HF 的关系

（2）采用自相关分析确定 L_{Aeq} 影响 LF/HF 的规律

自相关系数（Auto-Corr.）度量的是同一事件在两个不同时期之间的相关程度，形象地讲就是度量自己过去的行为对自己现在的影响。自相关图为平面二维坐标悬垂图，一个坐标轴表示延迟期，另一个坐标轴表示自相关系数，且通常以悬垂线表示自相关系数的大小。L_{Aeq} 为 27dB、37dB、57dB 时，L_{Aeq} 与 LF/HF 的自相关分析结果如图 3-2-3～图 3-2-5 所示。本研究假定自相关系数 0.500 为 LF/HF 时间序列影响自身的界限，当自相关系数<0.500 时，认为该序列对自身影响已较弱。由图 3-2-3 可见，在 L_{Aeq} 为 27dB、自相关系数为 0.500 时，对应的延迟期为 6.56。由图 3-2-4 可见，在 L_{Aeq} 为 37dB、自相关系数为 0.500 时，对应的延迟期为 12.90。由图 3-2-5 可见，在 L_{Aeq} 为 57dB、自相关系数为 0.500 时，对应的延迟期为 21.40。

	自相关		-1.00 -0.75 -0.50 -0.25	0	0.25	0.50	0.75	1.00
延迟期	系数	标准差						
1	0.909	0.006		******************
2	0.825	0.006		****************
3	0.760	0.006		***************
4	0.684	0.006		*************
5	0.600	0.006		************
6	0.537	0.006		**********
7	0.471	0.006		**********
8	0.403	0.006		*********

图 3-2-3　$L_{Aeq}=27dB$ 时 LF/HF 时间序列的自相关分析结果

	自相关		-1.00 -0.75 -0.50 -0.25	0	0.25	0.50	0.75	1.00
延迟期	系数	标准差						
1	0.978	0.078		*******************
2	0.953	0.078		******************
3	0.924	0.077		******************
4	0.892	0.077		*****************
5	0.856	0.077		****************
6	0.817	0.077		****************
7	0.776	0.076		***************
8	0.733	0.076		*************
9	0.688	0.076		************
10	0.641	0.076		**********
11	0.593	0.075		***********
12	0.545	0.075		********
13	0.497	0.075		******
14	0.449	0.075		*****
15	0.401	0.074		****
16	0.354	0.074		***
17	0.308	0.074		***
18	0.264	0.074		**

图 3-2-4　$L_{Aeq}=37dB$ 时 LF/HF 时间序列的自相关分析结果

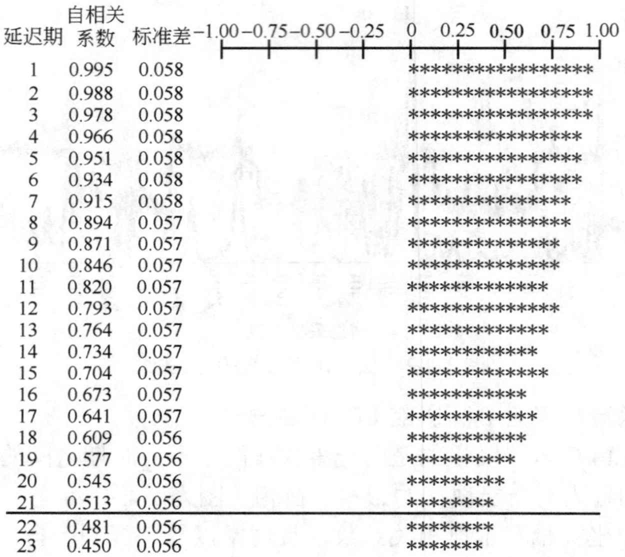

延迟期
自相关系数
标准差
-1.00 -0.75 -0.50 -0.25 0 0.25 0.50 0.75 1.00
1 0.995 0.058
2 0.988 0.058
3 0.978 0.058
4 0.966 0.058
5 0.951 0.058
6 0.934 0.058
7 0.915 0.058
8 0.894 0.057
9 0.871 0.057
10 0.846 0.057
11 0.820 0.057
12 0.793 0.057
13 0.764 0.057
14 0.734 0.057
15 0.704 0.057
16 0.673 0.057
17 0.641 0.057
18 0.609 0.056
19 0.577 0.056
20 0.545 0.056
21 0.513 0.056
22 0.481 0.056
23 0.450 0.056

图 3-2-5 L_{Aeq}=57dB 时 LF/HF 时间序列的自相关分析结果

由图 3-2-3～图 3-2-5 可见，不同噪声声压级对 LF/HF 时间序列自相关系数的衰减影响不一，声压级越高，LF/HF 时间序列的自相关系数衰减到 0.500 的速率越慢，经历的延迟期越长。按照自相关理论可知，噪声的声压级越高，心电指标 LF/HF 的时间序列影响自身的时间越长，这种较长时间的影响有可能在人体内积累，当人体长期暴露在高声压级的道路交通噪声中，其累积影响大到一定程度时，有可能出现某些生理疾病症状。

依次对 17 名被试人员的 LF/HF 时间序列进行自相关分析，对其中存在前述规律的 11 名被试人员的 LF/HF 时间序列的自相关性进行拟合，图 3-2-6 分别显示了工作状态和睡眠状态下自相关系数衰减的延迟期与噪声声压级的拟合关系。由图 3-2-6 可见，工作状态下噪声声压级对自相关系数衰减的影响较睡眠状态下大。

30
20
10
0
延迟期
y=0.3288x−2.1168
R²=0.8272
10 30 50 70 90
LAeq/dB
20
16
12
8
4
0
延迟期
y=0.2135x−0.9060
R²=0.7821
10 30 50 70 90
LAeq/dB

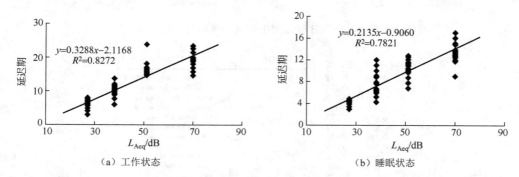

（a）工作状态　　（b）睡眠状态

图 3-2-6 工作状态和睡眠状态下 LF/HF 时间序列自相关系数 r 衰减延迟期与噪声声压级的拟合关系

（3）道路交通噪声分级

为了对道路交通噪声进行合理分级，对不同噪声声压级突降至基础声级（取 27dB 为参照）前后自相关系数的衰减速率进行了分析。取 L_{Aeq} 为 27dB 时 LF/HF 时间序列的自相关系数衰减到 0.500 时的延迟期作为参照，从 27dB 快速变换到更高声级（如 27dB 升至 37dB、27dB 升至 47dB、27dB 升至 57dB，变换间隔值要求不少于 10dB，太小的噪声声压级变换很难测得对应的心电数据变化）。首先在 27dB 声压级测量 10min，然后变换到高声压级测量 10min，之后变回 27dB 再测量 10min，分别对 3 组 LF/HF 时间序列进行分析。值得注意的是，由于研究中噪声暴露值为采集的噪声信号在特定测试时间段的均值，故变换后的高声压级仅能接近要求。

分析结果表明，从 27dB 升至 37dB（基本处于 35～40dB）再变回 27dB、从 27dB 升至 43dB（基本处于 40～47dB）再变回 27dB 时，LF/HF 时间序列的自相关系数衰减到 0.500 时的延迟期均先随噪声声压级的升高而增大，然后随噪声声压级的降低而变小。取调回基础声级 3s 后的 LF/HF 时间序列进行自相关系数分析，发现其自相关系数衰减到 0.500 时的延迟期均能在 3s 后恢复到基础声级下的参照状态。从 27dB 升至 57dB 再变回 27dB 时，LF/HF 时间序列的自相关系数衰减到 0.500 时的延迟期先随噪声声压级的升高而增大，然后随噪声声压级的降低而变小，取调回基础声级 3s 后的 LF/HF 时间序列进行自相关系数分析，发现自相关系数衰减到 0.500 时的延迟期远大于基础声级下的参照状态。上述验证结果显示，当道路交通噪声暴露大于 43dB 时，道路交通噪声对人体的影响已不可能使之在短时间内恢复到安静状态下的心电状态，噪声带来的影响有可能在人体内累积下来，对人体造成潜在的危害，故认为 43dB 为使人体心电状态不受影响的道路交通噪声安全阈值。心血管疾病是人类死亡的第一杀手，美国每年死于心血管疾病 100 万人，而中国为 300 万人，全世界约数千万人。美国现有 8500 万心脏病人，而中国有 2.9 亿心脏病人。在各类死亡人数中，因心血管疾病死亡的人数在美国为 41%，而在中国这个数字为 42%。噪声已经被列为导致心血管疾病的因素之一。所以噪声与人类生命紧紧连接在一起，必须引起各方面的足够重视。

2.3　噪声对消化系统、视觉器官、内分泌系统等的影响

消化系统影响方面，有调查研究发现，接触噪声的工人极易发生胃功能紊乱，表现为食欲不振、恶心、吃饭不香、无力、消瘦以及体质减弱等。胃液分泌实验表明，在被调查的工人中有 1/3 的人胃分泌处于抑制状态，胃液酸度降低。X 光摄影发现，有 1/2 以上的人出现胃排空机能减慢，胃张力降低，蠕动无力，但未发现器质性病变。

虽然噪声直接作用于听觉器官，但可能通过神经传入系统的相互作用，引起其他一些感觉器官功能状态发生变化，如视觉。调查发现，长期在噪声环境下工作的工人，由于听觉器官受损伤，常常出现眼痛、眼花、视力减退等症状。有人发现暴露于 800～2000Hz 的中高强度噪声可引起人视觉功能的改变，表现为视网膜轴体细胞光受性降低。也有人发现在 115dB 的飞机发动机噪声作用下，工人眼睛适应光感度降低了 20%。实验表明，噪声对视野也会产生影响，如对绿色、蓝色光线的视野增大，对橘红色光线的视野缩小。视力清晰度与噪声强度也有密切关系，噪声强度越大，视力清晰度越差。同时，噪声强度越大，工作后视力恢复所需时间越长。例如，在 80dB 噪声下工作后，经过 1h 视力清晰度才恢复正常，可是在 70dB 噪声下工作后，经过 20min 视力清晰度就可恢复正常。另外，有人用 70dB、75dB、80dB 的噪声实验观察研究视觉运动反应潜伏期，发现噪声强度与视觉运动反应潜伏期成正比，噪声强度越大，潜伏期越长。现代解剖生理学认为，来自人体感觉器官的向心传导，均会通过间脑的丘脑和丘脑下部，该部位正是植物性神经中枢辨别

外来刺激的神经结构。因此，当刺激任一感受器官时，除了其固有的反应外，也会使其他感觉器官出现反应。视觉在噪声影响下所出现的变化，也是噪声对中枢神经系统产生综合作用的客观反映。

对内分泌系统的影响，医学界认为，在噪声环境下工作的病人体内物质代谢被破坏，血液中的油脂和胆固醇升高，甲状腺活动增强并有轻度肿大。临床观察还发现：长期噪声作用下人的尿中 17-酮固醇含量减少；女工出现月经失调，表现为月经周期紊乱、经期异常、经量异常和痛经，并存在剂量-反应关系。噪声也是妊娠恶阻、高血压、浮肿、难产和泌乳不足的危险因素，妊娠、高血压和泌乳不足的危险度与噪声强度亦存在剂量-反应关系。此外，调查研究发现，长期噪声暴露还会引起血细胞分类改变，表现为嗜酸性白细胞及嗜中性白细胞减少，淋巴细胞增多以及贫血等。

对 160dB 以上的高声强噪声，那就不是一般的机体损伤的问题了。实验表明，暴露在158～171dB 的宽带噪声场中，可使豚鼠死亡。死亡豚鼠的解剖表明，肺部损伤最严重。强弥漫性出血加上严重的淤血性水肿，使豚鼠在很短的时间内丧失呼吸能力，造成窒息死亡。实验表明：165dB 半死亡时间 17.5min；170dB 半死亡时间 5.58min；173dB 半死亡时间 2.93min。总之，高声强噪声使豚鼠很快死亡。

第**3**章 低频噪声对人的心理、生理影响

3.1 低频噪声的心理效应

通常将频率范围为 20～250Hz 的噪声称为低频噪声。由于实际环境噪声频域较宽，无法单纯根据声音频率判定噪声类型（高频、中频和低频噪声），往往将声能量中以低频段声能量为主的噪声称为低频噪声。

常用"主观烦恼（subjective annoyance）"评价低频噪声给人造成的主观感受，这个词是指人们对所处声环境的负面评价，包括干扰、恼怒、不满、烦恼、不愉悦、讨厌、苦恼、不适和不安等多种感受。在欧美，针对低频噪声引起的主观烦恼，开展了一系列的研究工作。Broner 和 Leventhall 以 10 种低频噪声为声源，研究了 20 个被试的个人烦恼函数。在研究中，他们把心理、生理学函数假设为如式（3-3-1）所示的一个简单的能量函数：

$$\Psi = \kappa \varepsilon^{\beta} \tag{3-3-1}$$

式中　Ψ——心理生理学评价量；

　　　ε——刺激强度；

　　　β——主观显著指数；

　　　κ——修正系数。

研究表明，个体指数 β 的范围在 0.045～0.400 之间。

Moller 研究了频率为 4Hz、8Hz、16Hz、31.5Hz 及 1000Hz 纯音的等烦恼度曲线（图 3-3-1），图中竖轴为 150mm 长的直线轴上标记得到的主观烦恼度。可见，低频声维持在一个较高的声级时才听得到，而一旦可被听到，其烦恼度将随着声压级的上升迅速增大。由图 3-3-1 可看出，当主观烦恼度从 0 增至 150，4Hz 的纯音声压级上升范围为 10dB，8Hz 和 16Hz 的纯音为 20dB，31.5Hz 为 40dB，而作为对照的 1000Hz 纯音，其上升范围为 60dB。

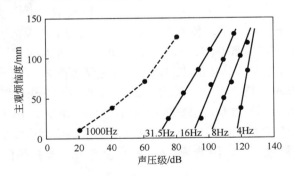

图 3-3-1　不同频率纯音的等烦恼度曲线

关于低频噪声主观烦恼的预测，国内外也有了大量的研究。研究表明，等效连续 A

声级（L_{Aeq}）和响度（N）等指标均在一定程度上低估了低频噪声主观烦恼，除这两个指标外，噪声的很多其他声学特性也是影响其主观烦恼的重要因素，L_{Aeq} 相同而其他特性不同的噪声对人的心理影响可能会有显著差异。Zwicker 等从心理声学角度，建立了基于响度（N）、粗糙度（R）、尖锐度（S）、抖晃度（F）等心理声学参量的噪声主观烦恼非线性计算模型[式（3-3-2）～式（3-3-4）]，式中，PA 为心理声学烦恼度，N_S 为累计百分响度，S、F、R 分别表示尖锐度、抖晃度和粗糙度，由该模型计算得到的心理声学烦恼度（PA）没有上限。此外，也有不少学者利用心理声学参量建立多元线性回归模型，用于声音愉悦度或烦恼度等预测。

$$PA = N_S \left(1 + \sqrt{w_S^2 + w_{FR}^2}\right) \tag{3-3-2}$$

$$w_S = \begin{cases} (S - 1.75) \times 0.25 \lg(N_S + 10) & S > 1.75 \\ 0 & S \leqslant 1.75 \end{cases} \tag{3-3-3}$$

$$w_{FR} = \frac{2.18}{N_S^{0.4}}(0.4F + 0.6R) \tag{3-3-4}$$

除了主观烦恼度以外，舒适度、可接受度、干扰度等都曾被用于低频噪声主观感受的实验室研究。此外，一些学者也尝试利用认知心理学的方法研究低频噪声的心理效应，发现低频噪声可对多种认知任务产生影响，尤其是注意力任务。

3.2 低频噪声的生理效应

低频噪声除了会对人体产生心理方面的影响外，还可能引起包括听觉系统、心血管系统、消化系统、神经内分泌系统和其他脏器等方面的生理反应。相关研究表明，活体组织和细胞受外界刺激时，在产生应激性反应的同时，往往伴生电位变化，并产生微弱且可测的电流。

Trimmel 等研究发现，脑力活动时，外加听觉刺激可以改变中枢神经系统活动性。浙江大学翟国庆等研究了噪声刺激下被试脑电动态变化与噪声主观烦恼度的相互关系。图 3-3-2 为暴露时间为 6s 及 5min 的声刺激下额部脑电功率平均值与主观烦恼度的关系。由图可知：噪声暴露时间为 6s 时，脑电功率平均值没有显著规律，且与主观烦恼度的关系并不明显；当暴露时间为 5min 时，受声者额部 θ 波、α 波功率平均值与主观烦恼度呈现较好的关联度。此外，声刺激下 θ 波或 α 波在左右脑各部位的波形变化趋势都基本一致；在安静状态和声刺激下，各部位 θ 波、α 波功率平均值以额部最大。噪声刺激前后 11min 时间内，θ 波功率平均值出现两个以上极大值点，且随着频率的增加（160Hz 到 4000Hz），出现极大值的两个时间点分别缓慢地前移。在噪声刺激结束后 5min 内，θ 波功率平均值有所增加，其增量随噪声频率增大而减小。声样本刺激过程中，随着频率的增加，θ 波功率平均值随之增加，而 α 波功率平均值随之减小。

除了对听觉的直接影响外，低频噪声还可通过引起人体振动而影响其他器官。Brown 等利用频域为 3～100Hz、声压级为 107dB 的低频噪声开展了相关研究。他们将一根弹性带连接人体，并在弹性带的另一端安装加速度计，以测量人体振动，同时，他们还在被试者的胸骨、胃等部位外安装了加速计以测量胸骨、胃等部位的振动。实验结果表明，低频噪声暴露开始后，人体随之产生了振动，其中以胸腔的振动最为明显。由于这种振动一般人很难察觉到，如果长期影响，容易引发人体的一些慢性疾病。

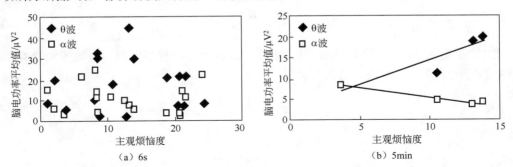

图 3-3-2　不同暴露时间的声样本刺激下，受声者额部 θ 波、α 波功率平均值与主观烦恼度的关系

3.3　音调特性对噪声主观感受的影响

除低频特性外，对于含有音调成分的低频噪声主观烦恼，国内外有研究者通过不同实验得到了许多有益的结论。Landstroem 等研究了不同工作场所中低频、中频、高频噪声主观烦恼与暴露声级、音调成分的关系，结果表明，音调对主观烦恼的影响程度受到噪声频率特性和声压级的影响，相同计权声压级下，含音调成分的噪声更让人烦恼，且主观烦恼度随着音调成分的增加而增加。Jeon 等试图通过改变空调噪声频谱以改善室内声品质，研究发现，被试偏好于不含音调成分的声音，且无论是否含有音调成分，在 250～630Hz 上具有较大能量的声音更容易被接受。然而，Alayrac 等的研究表明，对于 100Hz 及其谐波频率处存在音调的变电站噪声，相同 A 声级下 100Hz 处声能量较高的变电站噪声主观烦恼度较低。

翟国庆等在充分调研国内外有关变电站低频噪声特性、生理心理效应、评价方法和标准限值等相关研究的基础上，对 500kV 及以上的超高压、特高压变电站噪声进行了主观评价实验，分析了样本主观烦恼与 31 个声学参量之间的相关性，并采用逐步回归模型及 Zwicker 心理声学烦恼度模型分别建立了变电站噪声声学参量与主观烦恼的剂量-效应关系，他们的研究结果表明：①变电站噪声低频成分丰富，且在 100Hz 及其谐波频率处存在明显的音调特性，属典型的低频有调噪声。②与线性拟合相比，采用逻辑方程可以更好地拟合变电站噪声各声学参量与主观烦恼之间的关系。③变电站噪声与其他中低频噪声的主观烦恼较为相似，且与其他中低频噪声相比，在 A 声级较低的情况下，变电站噪声中的音调可轻微地增加噪声的主观烦恼，随着声级的提高，这一影响逐渐减弱，而在 A 声级较高情况下，音调成分较为明显的变电站噪声主观烦恼反而相对较低，两种情况之间的临界值在 60dB（A）左右。对于高频噪声，由于其尖锐度较为突出，在相同 A 声级条件下其主观烦恼普遍高于变电站低频噪声。④通过 Zwicker 心理声学烦恼度模型计算得到的心理声学烦恼度对 500kV 和 750kV 变电站噪声主观烦恼具有较好的预测效果，但对音调成分最为明显的 1000kV 变电站噪声主观烦恼预测效果不佳。为使 Zwicker 模型更好地预测有调、无调噪声烦恼度的相对大小，翟国庆等对模型进行了改进，在式（3-3-2）中增加了表征音调度对烦恼度影响的 w_T 项，即：

$$PA' = N_S(1 + \sqrt{w_S^2 + w_{FR}^2 + w_T^2})$$ （3-3-5）

$$w_T = \frac{6.14}{N_S^{0.52}} T$$ （3-3-6）

式中，T 为样本的音调度。研究结果表明，该改进后的模型可以更好地预测含有不同音调成分的变电站噪声主观烦恼的相对大小。

第 **4** 章　噪声对人的心理影响

4.1　噪声干扰引起投诉

　　车水马龙常被看成是城市繁华的标志。但如今，越来越多的人希望远离闹市，找个安静的地方生活。究其根源，噪声可以说是"罪魁祸首"。

　　20世纪六七十年代以来，随着工业和交通运输业的迅速发展，噪声污染越来越严重，已演变成为国际公害。它不仅影响人们的生活、睡眠、学习和工作，而且会诱发心血管系统病变、神经衰弱、耳聋等多种疾病，已成为一个严重扰民的社会问题。在各城市出现的各种污染投诉、诉讼中，噪声投诉占比最多，这不是说在环境污染中噪声污染最严重（有的城市水污染、大气污染也相当严重），而是说噪声扰民最多、最广。

　　在世界各地，因噪声污染问题引发的纠纷、冲突、群体性抗议时有发生，甚至导致斗殴，发生人员伤亡事件。可见，噪声问题已发展成为制约人们生活质量提高、影响和谐社会建设的严峻问题。

　　原环保部发布的《中国环境噪声污染防治报告》中指出，2016年全国各级环保部门收到的环境投诉共计119万件，其中噪声投诉52.2万件，占环境投诉量的43.9%。在52.2万件噪声投诉中，工业噪声类占10.3%，建筑施工噪声类占50.1%，社会生活噪声类占36.6%，交通运输噪声类占3%。在建筑施工噪声投诉中，昼间施工噪声投诉占9.5%，夜间施工噪声投诉占90.5%；在社会生活噪声投诉中，对娱乐场所（酒吧、KTV等）噪声投诉占26.6%，对固定设备（冷却塔、风机等）噪声投诉占18%，对商业、邻里、广场舞等其他类噪声投诉占55.4%。

　　纽约、东京、伦敦、巴黎、莫斯科、悉尼等城市都曾有过噪声投诉数量占各类环境污染投诉数量首位的报告。而澳大利亚的悉尼有一年超过10万次噪声投诉的记录，前纽约市长彭博曾大声疾呼扑灭噪声污染。英国国家统计局数字显示，过去20年，居民噪声投诉量翻了5倍。2002年，日本横滨地方法院判决：美军厚木军事基地飞机噪声严重影响居民生活和身体健康，责令日本政府向4951名原告赔偿27亿日元的损失费。我国唐山曾发生因噪声引发的自缢案件，法院最终认定自缢由噪声引起，被告应承担经济赔偿。

　　世界卫生组织指出，虽然发达国家采取了许多噪声控制措施，但全球的噪声污染依然越来越严重。在美国，生活在85dB以上噪声环境中的居民人数20年来上升了数倍。在欧盟国家，40%的居民全天受到交通运输噪声的干扰，8000万人生活在"不能接受"的噪声环境中，1.7亿人经常遭受噪声干扰。在一些发展中国家的城市，噪声污染问题也日趋严峻，有些地区全天的噪声达到75～80dB。

　　我国有关媒体针对噪声干扰进行的调查中，超过80%的人表示，噪声给自己的生活带来了很大影响。在参与调查的2800人中，75.9%的人表示对生活中的噪声"十分关注"，22.1%的人"一般关注"，表示"关心"的只有2.0%。同时，调查显示，车辆等交通工具鸣笛、高音喇叭、早市、商店以及建筑施工等发出的噪声让人最不可忍受。在噪声危害方面，61.7%的人认为噪声最大的危害是伤害神经系统，让人急躁、易怒、焦虑、失眠，28.7%的人认为噪声的主要危害是影响睡眠。

美国环保署根据等效声级来评价噪声影响，他们指出城市环境噪声超过 55dB（A），人就较难忍受，而超过 70dB（A），则对人体健康有害。然而，美国有 1 亿人生活在噪声超过 55dB（A）的环境中，1300 万人生活在噪声超过 70dB（A）以上的环境中。

世界卫生组织在《社会噪声指南》中公布，欧洲昼间大约有 40%的人口暴露在 55dB 以上的道路交通噪声中，20%的人口暴露在 65dB 以上的噪声中，考虑所有交通噪声的共同影响，超过 1/2 的欧洲居民不能保证在舒适的声环境中生活，而夜间则有 30%的人口暴露在等效连续声级高于 55dB 的环境中，严重影响睡眠。俄罗斯一些大城市每天 24h 中噪声达到标准的还不到半小时。英国伦敦、曼彻斯特等城市，有 70%以上的市民受到城市噪声的干扰，不胜其烦。

有的国家，由于城市规划、管理的不良，噪声污染日益严重，工厂、街道无一处安静之地。因此，有报刊说："寂静像金子一样珍贵。"富人在远郊以高代价建造高级别墅，较富有的市民或者迁离喧哗的闹市，或者建造特别的隔声休息室，这等于用高价购买"安静"。普通市民只好在喧哗的环境里忍受着噪声的干扰，有的人只有靠在耳朵里塞上棉花球才能勉强入睡。有的国家，由于噪声干扰，导致学生不能上课，只好建造无窗教室，完全靠人工照明和空调来解决采光和换气问题。

1910 年逝世的世界细菌学奠基人、德国科学家罗伯特·科赫曾预言："早晚有一天，为了生存，人类将不得不与噪声进行斗争，就像对付霍乱和瘟疫那样。"他的话在短短几十年里就变成了现实。

近年来，世界各国在噪声控制方面进行了大量工作，但是，因为交通工具越来越多，机器设备越来越大，人对生存环境的要求越来越高，工业、交通增长的力度和速度将改善了的声环境又恶化了。噪声控制问题仍任重道远。

原环保部、国家发改委等 11 个部委在 2010 年 12 月 15 日发给各省（市）、自治区的《关于加强环境噪声污染防治工作　改善城乡声环境质量的指导意见》中指出"近年来，随着经济社会发展，城市化进程加快，我国环境噪声污染影响日益突出，环境噪声污染纠纷频发，扰民投诉始终居高不下。解决环境噪声污染问题是贯彻落实科学发展观、建设生态文明的必然要求，是探索中国环保新道路的重要内容"。

4.2　交通噪声干扰

美国环保署（EPA）很久以前就发现交通噪声（包括客运汽车、公交车、摩托车、中型和重型卡车、火车、飞机等）是最重要的城市噪声污染源之一。在《噪声危害手册》一书中，EPA 估计美国有超过 1 亿人受到住宅附近交通噪声的干扰。

据报道，伦敦高架车的钢轨有磨损时，距车 25m 处噪声为 104dB（A），改用新的碳钢轨车后，噪声还有 87dB（A）。日本高架线旁的居民有 75%～95%的人睡眠受到干扰，甚至在家中连电视都听不清楚。

在众多的城市交通噪声中，机动车辆噪声影响最大。在静夜，当一辆高噪声的摩托车疾驰而过时，会有许多人从睡梦中被惊醒。20 世纪六七十年代，机动车辆噪声高达 80～95dB（A），这些噪声通过门窗传进马路两旁的住宅，严重干扰居民的正常生活。在美国，平均两人一辆汽车，超过 1.5 亿辆汽车在公路上行驶。在我国，据 2015 年统计，全国机动车有 2.46 亿辆，其中客车 12326 万辆，货车 2125 万辆，其他 10149 万辆，我国已成为世界汽车产销大国。据报道，2017 年我国汽车产销量为 2800 万辆。汽车噪声严重污染环境，给人们生活环境带来重大干扰。

发达国家发布并实施汽车噪声标准多年，噪声的限值也逐步严格化。汽车制造商投入了大量资金降低噪声，欧洲和美国 30 年降低了 10～12dB，中国 20 年来降低了 5～6dB，但城市交通噪声控制的实际效果并不明显，其原因是车辆数量不断增加，重型车辆发动机功率不断增大，轮胎-路面噪声日益突出。

根据车辆噪声与车速、发动机转速的相关性，机动车辆噪声源可分为三类：①与车速相关声源，包括排气噪声、进气噪声、风扇噪声、发动机表面辐射噪声以及由发动机带动的发电机、空气压缩机噪声等；②与发动机转速相关声源，包括传动系统噪声、轮胎-路面噪声、车体振动和气流噪声等；③与车速、发动机转速无关声源，包括鸣笛噪声、刹车噪声和其他通信装置产生的噪声等。

监测数据表明，目前我国一些主要交通干线的交通噪声已超过 70dB（A）的国家标准，且昼夜差距不大，有的路段甚至夜间噪声超过昼间。大型货车和客车通过的瞬时噪声值超过 90dB（A），有些公交车刹车时超过 100dB（A），列车鸣笛时在距其 30m 处测得声级可达 107dB（A）。

面对日益上升的交通需求和机动车增长带来的负面环境效应，轨道交通逐渐成为解决城市交通问题的重要手段，然而由此引发的噪声环境影响问题却成为环境保护与社会经济发展矛盾对立冲突的焦点，日益得到社会各方面的广泛关注。现有的测试数据表明，地铁运行引起的环境振动振级最大可达 85dB，地铁出地面后的最大噪声可达 87dB（A），地铁经高架桥时的最大噪声可达 90dB（A），即使是低噪声的低速磁悬浮列车的最大噪声也达到 75dB（A）。北京地铁大兴线、5 号线、13 号线，上海地铁 1 号线，广州地铁 1 号线等地铁线路部分路段均出现了振动和噪声超标问题，引发了很多关于振动和噪声的投诉，并已采取了诸多降噪措施。

在高速铁路给人民群众提供高速快捷便利出行条件的同时，也对铁路沿线两侧环境造成了严重的噪声污染。高铁运行时速达到 300km/h，其噪声可达 95dB（A），高速磁悬浮列车的噪声最高可达 100dB（A）。噪声是高速铁路运营中一个严重的环境问题，也日益成为城市和人群密集地区制约高速铁路进一步发展的重要因素，我国新建的多条高速铁路都出现了噪声扰民的问题，不得不在有些路段采取降噪减速等措施。

4.3　工业噪声干扰

工业噪声不仅给生产工人带来伤害，而且对附近生活的居民也造成了不同程度的干扰和影响。工业企业车间噪声大多在 75～105dB（A）之间，我国十类常见工业企业的声级分布情况见表 3-4-1。按照声级高低排列的车间噪声表见表 3-4-2。

表 3-4-1　我国十类工业企业的声级分布情况

声源行业 ＼ 声级/dB（A）	＜85	86～90	91～114	＞115
钢铁工业	平炉、转炉、焦化等各种鼓风机的控制室或隔声控制室	轧钢车间压缩机站、泵房	鼓风机站、抽风机、加压制砖机、振动筛、矿山潜孔机	鼓风机、空压机、排气放空、大型球磨机
机械工业	车、铣、刨、磨车间	冲天炉、机加工流水线	冲床、柴油机及汽油机试验车间	铆接、铲边
石油化学工业	各类风机及仪表控制室、塑料筛树脂机、抽丝机、制药车间、橡胶炼胶机、焦油蒸馏炉	泵房、煤气压缩机站、冷冻机站、橡胶挤出机、塑料机	透平机、加热塑料切粒机、热合	排气放空
建工建材业	制砖机、水泥立窑、油漆车间、控制室、休息室	水泥输送机、石灰碳化、胶水、砖瓦滚机、布砂轮	电锯、电刨、旋切机、齐边机、球磨机、振动筛、碎运平峒、振捣台	有齿锯
电子工业	镀膜、电镀、被膜、薄膜、电容器清洗、卷线、烘干、电子设备装配车间、研磨机、电线成盘	液压机、冷冻机、风机房	超声波清洗机、超声波发生器、实验监听喇叭	—
纺织工业	羊毛衫横机、元机、袜机、纬编、结经、绕纱、菠萝锭、红木锭、压光机、染丝、印花、弹花	电剪、经纺、络纱、梳棉、整经打纬、打穗、抽丝、染色、炼漂	织布机、成球、理条	—
铁路工业	内燃机车司机室	内燃机车司机室	轧枕振捣台、锻造锻锤、铸造滚光、造型、筛沙、桥梁生产线、电杆生产线、内燃机	
印刷工业	印刷机、折页机、配页机、锁线、装订、活版、照相制版	铸条	打版机、轮转印刷机	—
食品工业	烘烤、包装、面粉制造、冰棍雪糕制造、肉食处理	切肉机、汽水封盖、硬糖成型	—	—
造纸工业	造浆、切草、打浆	切纸、烘网		

表 3-4-2　按照声级排列的车间噪声表

声级/dB（A）	噪声源
130	风铲、风铆、大型鼓风机、锅炉排气放空
125	轧材热锯（峰值）、锻锤（峰值）、818～N08 鼓风机
120	有锯齿钢材、大型球磨机、加压制砖机（炉砖）
115	柴油机试车、双水内冷发电机试车、振捣台、6500 抽风机、热风炉鼓风机、振动筛、桥梁生产线
110	罗茨鼓风机、电锯、无齿锯
105	织布机、电刨、大螺杆压缩机、破碎机
100	麻、毛、化纤织机、柴油发电机、大型鼓风机站、矿山破运车间、电杆机
95	织带机、棉纺厂细纱车间、轮转印刷机
90	经纺机、纬纺机、梳纺机、空压机站、泵房、冷冻机房、轧钢车间、饼干成型、汽水封盖、柴油机、汽油机、加工流水线
85	车床、铣床、刨床、凹印、铅印、平台印刷机、折页机、装订连动机、酥糖机、造纸机、制砖机、切草机
80	织袜机、针织、纬编、羊毛衫横机、元机、平阴连动机、漆包线机、挤塑机
75	上胶机、过板机、蒸发机
75 以下	拷贝机、放大机、电子刻版、真空镀膜、晶体装配线、电线成盘机

这些工业噪声，特别是位于居民区附近且无噪声控制设施或降噪设施效果不好的工厂发出的噪声，对居民的干扰有时相当严重。例如，钢铁厂的大型鼓风机、球磨机，机械厂的空气锤、冲床，建工建材厂的电锯、电刨，纺织厂的织布机，化工厂的压缩机、空分设备，矿井的主扇风机等设备，有时在附近居民区产生 60～80dB（A）甚至 90dB（A）的噪声。发电厂高压锅炉以及钢铁厂大型鼓风机、空压机排气放空时，若未安装消声器，排气口附近噪声将高达 110～150dB（A），传到附近居民区，有时噪声还高达 100dB（A）以上，这将严重污染周围环境。

在城市建筑施工中，打桩机、打井机、推土机、挖掘机、风镐、移动式空压机以及运输车辆等，可在其附近的居民区产生 80～90dB（A）的噪声。

经过近 20 多年的噪声防治工作和声环境管理措施的不断完善，工业噪声的治理工作取得了相当大的进展，其影响范围在逐步缩小，已不再是市区内的主要噪声源，其仅占城市噪声的 10%左右，对居民生活的影响远低于交通噪声和社会生活噪声。然而，一些大型设施、设备的噪声依然较高，也有一些新噪声源出现。电力、冶金、化工、建材等行业一些大型电厂、钢铁厂、水泥厂等环境噪声扰民的纠纷时有发生。随着城市中心区域工业企业的搬迁，工业噪声在城市核心区的影响日益减少，但噪声污染有向乡村转移的趋势，在中小城市和农村乡镇将有所增加。

4.4　航空噪声干扰

近年来航空事业迅猛发展，航空噪声干扰也日益严重。

航空噪声主要由飞机噪声引起。飞机噪声的主要来源是喷气噪声、推进器噪声、风扇噪声以及附面层噪声。这些噪声使机身产生声疲劳，影响飞机使用寿命和飞行安全，使乘客产生不适感，对机场地面工作区、机场附近居民区以及航道下的工作区造成地面噪声污染。超音速飞机还能引起轰声，即超音速飞行产生的冲击波传到地面时形成的爆炸声，这是一种 N 型波。

N 型波是一个快速压缩，后继一个缓慢膨胀，然后紧接着另一个快速压缩的连续过程。快速压缩时超压大约为 48～480N/m²，在两个快速压缩之间的膨胀时间大约是 0.05～0.30s。轰声具有以下特点：其基频由飞机的尺寸大小决定，大约为 1～10Hz；其频谱中有丰富的谐波；其能量大部分集中在次声范围。超音速飞机的航线下会形成一个地面轰声污染区，其宽度约为 89～160km，其长度为启程机场的航线后方 160km 至降落机场的航线前方 160km，也就是说，超音速飞机的轰声影响沿航线长数千公里，横扫周围宽度 160km。由于轰声的压力是突然到达地面的，所以人们听到的是突然巨响。受轰声影响严重者将产生头痛、耳鸣、惊骇、颤抖以及鼻部堵塞等，也有人在突然受到轰声侵袭时，出现"瞬间休克"现象。人若置身于轰声下 5min，将会整天头昏。轰声还会造成建筑物的损坏。例如，1962 年，三架美国军用飞机以超音速低空掠过日本藤泽市，许多居民房间玻璃震碎、烟囱倒塌、日光灯掉落，商店货架上的商品被震落满地，造成了很大损失。美国统计了 3000 件喷气式飞机使建筑物损伤的事件，其中窗损坏的占 32%，墙裂开的占 15%，抹灰开裂的占 43%，瓦损坏的占 6%，其他占 4%。超音速飞机除了骚扰人类、损坏建筑外，还会影响动物的正常活动，造成鸡飞狗跳，奶牛挤不出奶，猪、马、牛、羊的发育受到影响等。例如，某机场的航道上就有飞机掠过造成村中母鸡下不了蛋的事故。

在 20 世纪六七十年代，有些城市航空噪声已经成为主要公害。例如美国洛杉矶国际机场，每天 24h 中，每 2min 就有一架喷气式飞机起飞或降落，在其航道下有所小学，当飞机飞越上空时，教室内的噪声高达 80~90dB（A），室外高达 100dB（A）以上，严重影响学生上课。在那些年代，无论是波音、协和，还是图-104、DC10，起飞降落噪声的 EPNL 声级值都有超过 100dB 的记录，严重扰民。

最近 40 年来，人们对飞机噪声控制开展了广泛的研究，动员了大量的人力、物力、财力，并采用多项技术，使其由 120EPNdB 降低到现在的 80EPNdB，这极大改善了航空噪声的扰民程度。然而，航空噪声问题并没有彻底解决，它仍是扰民的因素之一。

近年来，中国民航系统首次对我国通航的 202 个机场，进行了噪声影响部分调查。将我国民用机场噪声影响程度分为严重、较严重、一般和轻微 4 类，在调查和分析的 121 个机场中，严重的 1 个，较严重的 17 个，一般影响的 18 个，轻微影响的 85 个。

近年来，美国和欧洲又推出了新的静音飞机计划。其中，美国洛克希德-马丁公司正在研发一种"宁静超音速飞机"（quiet supersonic transport），该飞机的噪声级将比"协和"式客机下降 20dB，在飞行过程中将不会惊扰到地面的居民。代号为 SAX40 的翼身融合体静音飞机也是正在研发的静音飞机之一，其目标是，在机场周边的加权平均噪声级为 63dB（A），即低于公路交通噪声水平，在普通机场的周边地区几乎听不见该机产生的噪声。这些说明噪声问题是未来 20 年新型大型民用客机急需解决的关键问题。人们在等待着宁静飞机问世，希望最终解决航空噪声扰民问题。

4.5　社会生活噪声干扰

社会生活噪声，是指人为活动所产生的除工业噪声、建筑施工噪声和交通运输噪声之外的干扰周围生活环境的声音。近年来我国社会生活噪声投诉占噪声总投诉的比例越来越高，有的城市甚至达到 40%以上。

居民区的歌厅，由于夜间继续"引吭高歌"，造成居民难以入睡；饭店门口的音响播放着时下流行的音乐来招引顾客，餐厅服务员和顾客听得"如醉如痴"，却吵得附近的居民大人不能互相谈话，孩子无法做作业，不堪忍受。

在商业活动发达的现代化城市，产生社会生活噪声的行为普遍存在，形式多样。据统计，社会生活和公共场所噪声，如公共场所的商业噪声以及公共汽车、人群集会和高音喇叭等发出的噪声，占城市噪声的 14%。

随着人们生活现代化的发展，家庭中家用电器的噪声对人们的影响越来越大。据检测，家庭中电视机、收录机所产生的噪声达 60~80dB（A），洗衣机为 50~70dB（A），电冰箱为 35~50dB（A），空调机为 50~80dB（A）。近几年家庭卡拉 OK 机广泛流行，家庭聚会逐渐增多，有些人不顾他人感受，沉醉于自我的享受和欢乐之中，发出高音响，有时甚至高达 90~100dB（A），无形中增加了噪声的污染强度。至于燃放爆竹的噪声，有时会高达 100dB（A）以上。

家庭、幼儿园、学校的噪声源也越来越多，如电视机、录音机、收音机、音箱、大喇叭、课间教室内外学生的大声喧哗、部分电动玩具、机械玩具等。现在一些大商场里都设有游戏场所，这些场所里的游戏机、电动车等噪声也很大。有人曾对部分商场的游戏场所、淘气堡及一些儿童电动玩具进行了监测，发现噪声平均值在 85dB（A）以上，最高可达 96dB（A），这种环境会对人的听力、身体健康造成影响。一位在某商场儿童乐园工作的服务人员告诉笔者，她已耳背，在家看电视要把声音调得很大才能听见。大人都如此，孩子就更经受不了。

此外，少部分社会生活噪声源更是不必要和莫名其妙的。例如，在日益流行的国际汽车短程竞赛中，德国车队的一个音响工程师小组在 2002 年创造了震耳欲聋的 177dB 的声级纪录。那些装有强劲立体音响系统的赛车常常将音响的音量和重音开足，并且摇下车窗，招摇过市，自以为威风八面，噪声却可高达 140～150dB（A），严重扰民。

我国环境保护部、国家发改委等 11 个部委在 2010 年 12 月 15 日发给各省（市）、自治区的《关于加强环境噪声污染防治工作 改善城乡声环境质量的指导意见》中也指出："推进社会生活噪声污染防治。严格实施《社会生活环境噪声排放标准》，禁止商业经营活动在室外使用音响器材招揽顾客。严格控制加工、维修、餐饮、娱乐、健身、超市及其他商业服务业噪声污染，有效治理冷却塔、电梯间、水泵房和空调器等配套服务设施造成的噪声污染，严格管理敏感区内的文体活动和室内娱乐活动。积极推行城市室内综合市场，取缔扰民的露天或马路市场。对室内装修进行严格管理，明确限制作业时间，严格控制在已竣工交付使用的居民宅楼内进行产生噪声的装修作业。"可见，社会生活噪声已经引起国家的充分重视。

第 5 章　振动危害

5.1　概述

随着现代工业、交通运输业和建筑施工业等的发展，振动工具和产生强烈振动的大型机械的类型和数量日趋增加，从事振动作业的人员也越来越多，振动的危害引起了人们极大的关注。振动会对人体多种器官造成影响，从而给接触振动的人的健康带来不同程度的危害，尤其是手持风动工具和转动工具的工人，生产性振动对他们的影响已十分突出。生产性振动引起的疾病，即所谓振动病，已成为常见的职业病。在振动环境中工作的人不但身心健康受到损害，而且由于振动使他们的视觉受到干扰、手的动作受妨碍、精力难以集中，造成操作速度下降、生产效率降低，甚至可能出现质量事故。

振动能够沿介质传播到居民的住房内，使居民感受到这一现象。一般来说，传播到居民室内的振动强度不是很大，但由于居民需要较好的环境来睡眠、休息、学习和娱乐等，因而环境振动也能够使居民的正常生活受到干扰，心理受到压抑，精神上烦躁不安等，久而久之，会使居民的身体健康受到影响。

值得注意的是，振动能够产生噪声，而且振动在传播过程中，传播介质也会再次辐射噪声，即振动往往伴随着噪声。这样，由于振动和噪声的双重作用，会加剧振动对人的影响和危害。

与噪声影响不同，振动除了危害人体健康外，还会损害建筑物，影响精密设备和仪器的正常运行，甚至使它们遭受破坏。

机械设备等振源的振动会影响其自身的结构安全、加工精度及正常运行。在连续振动负荷作用下，构成振源的材料会产生疲劳破坏现象，这是近代断裂力学的重要内容。此外，大幅度的振动还会发生机械碰撞等破坏作用。除了影响振源自身外，振动同时会影响其他设备，尤其是精密设备的正常使用，如导致舰艇导航设备和其他精密仪器失灵、暴露舰艇目标、降低武器命中率等。

振动还会危及建筑物的安全。长期的振动影响会使陈旧房屋等建筑物产生裂缝，甚至倒塌。至于地震和爆破的高强度振动对建筑物产生的破坏作用，则是众所周知的。

在研究振动对人体身心健康影响时，通常采用实验研究、临床检查和流行病学调查相结合的方法。

以人体为实验对象，可以准确研究不同强度、频率、方向以及作用时间的振动对人产生的生理和心理效应，但如果振动强度已足以对人体造成较大的危害，则不能用人体来做实验，而应用动物或人体模型来试验。用动物进行实验，可实现高强度、长时间的振动生理效应研究，以便根据实验结果来估计振动对人体的危害程度。例如，可研究什么样的振动（包括强度、频率和作用时间等）能使动物产生严重损伤甚至死亡，并且可通过解剖来研究损伤机理。

值得指出的是，人与动物毕竟不同，除生活环境上的差别外，人和动物在身体构造、尺寸和重量上均不相同，因而对振动的频率和强度响应也存在差异。例如人胸腹系统的固有频率为 3～4Hz，而老鼠为 18～25Hz，因而采用动物实验所得的数据时，要考虑种类差异。当然通过大量实验，可以将动物数据采用一定的安全因子后使用。

由于实验研究具有一定的局限性，故在振动健康影响研究中还要采用另一相辅相成的方法——流行病学调查。进行流行病学调查的主要目的为：弄清振动致病（或产生影响）的因素；查明引起振动病（或产生影响）的条件；分析致病（或产生影响）的因素的量和机体反应之间的关系。通过流行病学调查，还可进一步证实实验研究的结果，可给实验室研究提出一些新的思路。

在流行病学调查中，往往要配合一定的临床检查。这样可以对振动病的各种症状做出明确的判断，找出一些特异性指标或亚临床指标。同时，临床分析也有助于研究振动对人体产生危害或影响的机理。

5.2　振动损害人体健康

振动按其对人体的影响，可分为全身振动和局部振动。前者是指振动通过支撑身体的作用面（如站立者的足部、坐着的人的臀部、躺着的人的支撑面等）传至整个人体。后者是指作用于人体特定部位（主要是手部）的振动。全身振动和局部振动都会损害人体健康，而且局部振动的影响也往往是全身的。总的来说，全身振动的影响面广，局部振动的危害程度大。

5.2.1　全身振动对人体健康的危害

（1）诱发全身振动的振源

全身振动多为低频率和大振幅的振动，在工矿企业、交通运输和建筑施工等部门，其主要来源于以下几个方面：

① 振动比较强烈的机械，如锻锤、冲床、大型捣固机、振动筛、蜂窝煤压制机、空气压缩机、风机、水泵、印刷机、纺织机、压胶机、打桩机、打夯机以及混凝土搅拌机等。在这些机械附近的操作者及居民将接受全身振动。

② 汽车、电车、船舶等交通工具上的驾驶人员和乘客将从座位、甲板等处接受全身振动。

③ 拖拉机、收割机、脱粒机等农业机械的操作者也将从座位或地面接受全身振动。

需要指出的是，对于上述各种情况，机械操作者有时同时接受全身振动和局部振动，如拖拉机驾驶员除接受座椅上传递来的全身振动外，还接受由方向盘上传来的局部振动。不过，在一般情况下，上述机械的全身振动对人体的影响超过局部振动。

（2）全身振动对人体健康的多方面损害

全身振动对人体健康的损害是多方面的。

① 对运动系统的影响　强烈的振动能造成骨骼、肌肉、关节及韧带的较严重损伤，引起脊柱、腰椎和胸椎等发生病变。

② 对足部、腿部的影响　足部长期接触振动，即使振动强度不是非常高，但由于长期作用，也会造成脚痛、麻木或过敏，小腿及脚部肌肉有触痛，足部动脉搏动减弱，趾甲床毛细血管痉挛等。

③ 对循环系统的影响　接触全身振动，会造成血压改变、心率加快、心肌收缩输出的血量减少等症状。

④ 对消化系统的影响　全身振动会使胃肠蠕动增加、收缩加强，长期剧烈振动会引起胃下垂、胃液分泌和消化功能下降，肝脏的解毒功能和代谢机能发生障碍。有的学者通过生化研究，发现振动病患者的肝脏和胃肠机能障碍与振动病的严重程度相关，并且较其他临床症状出现得早。

⑤ 对神经系统的影响　全身振动对神经系统的影响主要表现在使交感神经兴奋、腱反射减退或消失、手指颤动、头痛、头晕、疲劳和失眠等。

⑥ 对呼吸系统的影响　全身振动会使呼吸频率和肺通气量上升，氧摄取量增加。

⑦ 对妇女生殖系统的特殊影响　经常接触全身振动的女工，可能发生阴道壁与子宫脱垂，生殖器官充血和炎症，自然流产、早产、月经失常及异常分娩等。

⑧ 其他影响　当振动频率与人体内脏的固有频率接近时，全身振动会直接损伤内脏。此外，全身振动还会引起耗氧量、能量代谢率增加等代谢方面的影响。振动加速度能为前庭器官所感受，引起前庭器官的壶腹脊纤维细胞和耳膜的退行性变，致使前庭功能兴奋性异常。随着工龄的增加，兴奋性降低，临床表现为协调障碍，可见眼球浮动等。在全身振动作用下，由于前庭和内脏的反射，可引起植物性神经症状，如脸色苍白、出冷汗、唾液分泌增加、恶心、呕吐、头痛、头晕和食欲不振，呼吸表浅而频繁，并可能出现体温降低等。

（3）影响全身振动危害程度的因素

对工作或生活在振动环境里的人来说，上述各种影响和危害不一定都出现，而且在程度上也存在差异，这主要取决于以下几方面因素：

① 振动特性　主要包括振动强度、频率、方向和人接受振动的时间等。

② 环境因素　主要指在遭受振动的同时，是否伴有其他不利环境条件，如噪声、高温和化学污染等。一般来说，其他不利环境条件的存在会加重振动对人体的影响和危害。

③ 振动的传递部位　研究表明，不同接触点感受振动的趋势不同，站立的人对 4～8Hz 的振动最敏感，躺着的人对 1～2Hz 的振动最敏感。

④ 人本身特性　在同一振动环境里，振动的影响程度对不同的人是有差异的，这主要取决于人对振动的敏感程度、年龄、性别、身体健康状况、职业及生活习惯等。

需要指出的是，对受振动污染的居民来说，由于振动强度一般不是很高，振动的影响主要表现在对日常生活的干扰和心理上的影响。生理上的影响主要为对睡眠的干扰。当然，当振动达到一定强度并长时间作用后，也会给居民的身体健康带来不同程度的危害。

5.2.2　局部振动对人体健康的危害

（1）局部振动的来源

局部振动的来源主要是振动工具。当手直接接触冲击性、转动性或冲击-转动性工具时，振动会由手、手腕向肘关节及肩关节传递。主要的振动工具有：

① 活塞式捶打工具　这类工具多以压缩空气为动力，如风铲、气锤、造型机、凿岩机和铆钉机等。

② 手持转动工具　此类工具以电动机械或空气为动力，如手电钻、手持研磨机、风动砂轮、高速旋转打磨机械、风钻、手摇钻、链锯和清洁机等。

③ 固定轮转工具　此类工具是装置本身固定，操作者通过操作被加工的物体而接触振

动，如砂轮机、脱粒机、抛光机和木工电锯或电刨等。

④ 其他　在某些情况下，操作者既接受局部振动，又接受全身振动，如拖拉机的操作者等。

（2）局部振动对人体健康的危害

由全身振动和局部振动引起的疾患可统称为振动病，但目前振动病一般主要指局部振动所致的以末梢循环障碍为主的全身性疾病。局部振动对人体健康的影响一般首先表现为末梢神经功能障碍，而后逐渐出现末梢循环功能、末梢运动功能以及中枢神经系统和骨关节系统的障碍。

① 末梢神经、循环和运动机能障碍　末梢机能障碍中最典型的症状是振动性白指（也称为雷诺现象），其特点是出现手指发白。变白部分一般由指尖开始，进而波及全指，界限分明，形如白蜡，或出现苍白、灰白和紫绀，故又称"白蜡病"或"死指"。严重者可扩展至手掌、手背，故又称"死手"。一般中指的发病率最高，其次为无名指和食指，最低为小指和拇指。双手可对称出现，也可在受振动作用较大的一侧先出现。一般右手发病率略大于左手。在天气寒冷时更易于发生白指。白指发作时常伴有手麻木、发僵等症状，加热可缓解。再次发作时间不等，轻者 5～10min，重者 20～30min。发作次数也随病情的加重而增多，轻者一年发作数次，重者每日发作数次。振动性白指恢复起来比较缓慢，少数病人即使脱离振动作业岗位，病情仍会有所发展，但一般尚不至于引起肢端溃烂和坏死。除出现白指外，局部振动还可引起"手套"型或"袜套"型感觉障碍、手麻、手痛以及手冷感等症状，而且在出现白指前上述症状就已出现。手麻、手痛常常影响整个上肢，下班后尤其是夜晚更加明显。疼痛可呈钝痛或刺痛。此外，还常见手胀、手僵、手抽筋、手无力、手颤、手持物易掉以及手腕关节、肘关节和肩关节酸痛等症状。

② 中枢神经系统机能障碍　中枢神经系统方面，神经衰弱综合征是振动病患者的病症之一，其比较常见的症状为头重感、头晕、头痛、记忆力衰退、睡眠障碍、易疲劳、全身乏力、耳鸣、抑郁感以及性欲减退等。头痛发作常为肌肉挛缩性头疼和血管性头痛。睡眠障碍为入睡困难和熟睡困难，这可能与大脑边缘系统睡眠中枢的机能异常有关，头痛、心理上烦恼等也是影响正常睡眠的原因。耳鸣往往在夜间更加明显，还常伴有听力损失。手掌发汗增多也是振动病的突出症状和早期症状之一。手掌及足底部位多汗，是交感神经机能亢进的表现，这与外界气温无关。

③ 骨关节肌肉系统症状　局部振动对骨关节的影响主要表现在骨刺的形成、变形性骨节病、骨质破坏，以及颈椎、腰椎骨质增生等。因而振动病患者常主诉腰背痛，手、腕、肘、肩关节疼痛。由于肘关节骨质的改变、骨刺的形成，可以压迫和刺激尺神经，使神经纤维发生肥厚和变性，引起尺神经麻痹。尺神经完全麻痹时，可出现手部骨间肌、手指骨骼肌、大鱼际肌以及小鱼际肌萎缩，甚至前臂肌肉萎缩。此外，由于振动工具影响作业姿势，使关节受到冲击，可引起上肢肌肉硬度增加、血流量减少、营养异常、肌肉疲劳以及肌力及持久力低下。在前臂、肩胛部位可发生肌肉的索条状硬结，还会引起肌膜炎、腱鞘炎、关节囊炎和蜂窝组织炎等病变，产生自发疼痛和运动疼痛等症状。

④ 其他系统症状　局部振动还会引起心血管、消化等系统功能失调和病变。如振动病患者常有心慌、胸闷、心律不齐、脉搏过缓、血压升高、上腹痛、消化不良和食欲欠佳等症状。

（3）影响局部振动病发生和流行的因素

影响振动病发生和流行的主要因素有振动的物理特性、接触振动的时间、振动的环境条件、工作方式和个体差异等。

① 振动的物理特性　振动的物理性质不同，引起的生物学效应也不同，这是影响振动病发生和流行的最基本的致病因素，也是首要因素。其中，起主要作用的振动物理性质为振动频率、振动强度（位移、速度和加速度）和局部振动方向。一般认为，频率起主导作用，只有 1～1000Hz 的振动，才能给人体以振动感受。研究表明，高频率振动最危险的频段是 125Hz；500～1000Hz 的振动，对机体的影响相应降低；2kHz 振动强度高出容许标准 2 倍时，未发现明显的生理变化。国内常用振动工具的主频段是 125Hz、250Hz 和 500Hz。当频率一定时，振动强度越大，对机体的影响就越大。目前国际上趋于用速度和加速度（尤其是加速度）来评价人体对振动的感受程度。振动工具的振动加速度越大，冲击力越大，对人体的危害就越大。东北三省振动病科研协作组发现振动加速度与振动病主要体征的关系如表 3-5-1 所列。由表 3-5-1 可见，白指率、手麻率和冷水试验阳性率都随振动加速度的增大而增大。

表 3-5-1　振动加速度与振动病主要体征的关系

工种	加速度		手麻率/%	白指率/%	指端皮温/℃		冷水试验阳性率/%	压指阳性率/%
	总强度/(m/s²)	主频段/Hz			白指	非白指		
铆工	1750	500	64.9	30.2	21.4	23.9	50.9	—
凿岩工	1600	310	62.4	10.1	22.4～22.8	24.0～24.6	25.9～31.7	5.3
清理工	1000	140	55.4	1.3	25.0	25.8	36.5	2.7
油锯工	180	110	58.8	1.5	21.9	22.8	32.1	7.6

② 接触振动的时间　接触振动的物理性质和接触时间决定了机体接受振动的"剂量"。研究"剂量-反应"关系，即研究剂量和人所受危害的关系，对制定振动劳动保护标准等显然具有十分重要的意义。关于振动的"剂量-反应"关系研究，当前主要集中在研究不同工种工人的接振时间与振动性白指间的关系。流行病学调查表明，振动病的患病率随接振时间的延长而增加，且振动病的严重程度也随着接振时间的延长而增强。

除振动病的患病率和轻重程度两个指标外，振动性白指平均潜伏期也是一项评价局部振动的重要指标。所谓振动性白指潜伏期，是指从开始接触振动到第一次出现振动性白指的时间。显然，潜伏期的平均值越小，说明振动危害越大。潜伏期可用来表示发生振动病的危险性和振动剂量积累的关系。

③ 环境条件　局部振动的生物效应还受环境条件的影响。

a．温度。气温和作业场所的温度在振动病的致病因素中起到重要作用，寒冷是促进振动病发生和流行的重要因素之一。全身受冷和局部受冷相结合，最易使未发作振动病的患者激发出白指。使用风动工具的工人可同时受到振动和排气低温的影响，从而促使振动病发生和白指发作。一般认为，振动性白指发生和发作的气温一般在 15℃ 以下。寒冷促进振动病发病的主要机制是其会引起血管收缩、血流量减少、血液黏稠度增加、刺激平滑肌收缩，改变血液循环，导致机能障碍，促使振动病的发生。

b．噪声。振动工具的振动，往往同时伴有强噪声（一般为 80～120dB），而且多为脉冲噪声。噪声除其本身对人的危害外，还可通过神经系统特别是植物神经系统的影响，促使振动病的发生。

c．其他环境条件。如工作环境中存在烟、某些药物或化学品等的污染，也会促使振动病的发生。

④ 工作方式 人体对振动的敏感程度与工作方式有很大关系，而工作方式取决于振动作业性质、操作规范以及个人的操作习惯，具体来说，主要包括：操作者通过手施加在工具或工件上的力的大小和方向，手、手臂和身体的位置和姿势（肘、腕和肩关节的角度以及胸腹部是否接触振动等），手接触振动的部位和面积，操作者的技术水平等。上述各因素可通过以下两方面起作用：一是造成工作体位不同，立位时对垂直振动比较敏感，而卧位时对水平振动比较敏感；二是某些振动作业要采取强迫体位，造成静力紧张，这可增加振动的传导、引起血管受压、影响局部血液循环、降低肌力、促使疲劳，从而也可增加振动的不良作用。

⑤ 个体差异 在同样的条件下接触振动，有的人数周发病，有的人十年以上发病，甚至不发病。这种个体反应性差异的原因，还有待于进一步探讨。一般来说，个体反应性与人的年龄大小、体质好坏、营养状况、吸烟与否、对寒冷和振动的敏感性等因素有关。

5.3 振动干扰日常生活和生产

5.3.1 振动干扰居民日常生活

如果振源离居民区较近，则居民的日常生活将会受到不同程度的干扰。振动会影响居民的睡眠，干扰居民的学习，妨碍居民的正常休息，引起居民的烦恼，损坏居民的房屋等。笔者通过大量的调查表明，振动对居民影响最大的是睡眠。

对于居民来说，感受振动的主要方式是全身振动。居民站在室内地面上、坐在椅子上，则振动会由脚或臀部向全身传递；人躺在床上，头部或身体其他接触床面的部分都会感受振动。此外，间接感受振动也起着重要作用。振动会使室内家具、摆设、门窗等也发生振动，尤其是当振动频率与这些东西的固有频率接近时，会发生共振。人们可以通过视觉感受这些振动，同时这些东西振动时会发生一定的响声，使居民通过听觉感受振动。在调查中，居民反映，间接振动也是造成其心烦的重要原因之一。

（1）振动影响睡眠

一般来讲，睡眠深度可分为睡眠深度W（觉醒）、睡眠深度1（浅睡眠）、睡眠深度2（中等深度睡眠）、睡眠深度3（熟睡眠）、睡眠深度REM（多是做梦的时期）5个等级。显然，振动可以使受试者睡眠深度变浅，甚至使之觉醒。

（2）振动妨碍休息

居民的休息方式除了睡眠之外，还有静坐养神以及看电视、听收音机等。在振动条件下，上述休息方式会受到不同程度的妨碍。

（3）振动干扰学习

如果环境振动强度较高，尤其是接近共振的状况下，视敏度等会受到影响，从而影响阅读和书写，即影响学习。一般情况下，居住环境中的振动不会有如此高的强度，此时振动对学习的干扰主要表现在振动环境里人们注意力难以集中，从而降低学习效率。

（4）振动损坏房屋

经过大量调查发现，现有的一些居民住房，有的年久陈旧，在较强振源长期作用下，出现墙皮脱落、天花板掉灰、墙壁裂缝，甚至还有基础下沉的现象。这种状况是居民在心理上无法忍受的，加剧了居民对环境振动的抱怨。

（5）振动引起心烦

居民在室内走动或做家务劳动时，由于注意力集中，故对室内振动可能反应不大；然而当居民处于休息、学习以及准备睡眠时，同样大小的振动，居民就会有反应。

由于振动的强度和频谱不同，人们对振动由无感觉、轻微感觉直到强烈感觉，伴随而来的是对振动由无反感、轻微反感到不可忍受，这也就是振动对人心理上的影响。

噪声和振动都能引起人的心烦。对于噪声，当人们刚刚听到它时并不心烦。相反，如周围静得出奇，则反而有一种压抑感和心慌之感。当噪声达到一定程度时，人们才开始感到心烦。对于振动，当人们开始感觉到它时，振动就作为一种公害存在了。振动的心烦效应和人对振动的感知十分一致。其原因可能有二：一是振动感受器遍布全身，或者说全身很多部位都能感受振动；二是振动易引起人体内脏等器官共振，故轻微的振动也能引起心烦。

5.3.2　振动影响工作效率

人们在振动环境里工作，其效率往往下降，其主要原因如下。

（1）振动影响视觉

在振动环境中，工作者阅读仪表刻度、注视加工工件的移动和观察某种现象等活动会受到影响。有些场合是被阅读或被观察的对象在振动；有些场合是观察者或阅读者的支撑面在振动；有些场合是二者都在振动。在振动状况下，视觉机能会有不同程度的下降，这主要与振动强度和频率有关，即使是频率很低，也能使视力下降。对 2.5Hz 以下的振动，会由于视野和眼的相对运动，使视网膜上的影像变得模糊不清；若振动频率升高，则会由于头部、眼球、眼球周围组织的共振，造成视力机能下降。

研究振动对阅读的影响，可通过观察点光源实验来进行。刚刚观察到点光源发生模糊的振动级称为模糊级。小于此值时不会影响阅读效率；大于此值，则会出现阅读差错及阅读速度降低现象。阅读效率降低，当然会引起工作效率降低。

此外，还要指出的是，在实际工作中，除了振动本身性质外，振动对视觉能力的影响还与视距（被阅读对象和眼球之间的距离）以及被阅读对象的形状和大小有关。

（2）振动干扰手的操作

操作者处于振动环境或被操作的对象处于振动状态及二者兼有之，均会妨碍手的操作，造成操作不准确，操作速度下降，甚至出现误操作，酿成人身、设备或质量事故。

（3）振动妨碍精力集中

在振动作业环境里，尤其是振动和噪声共存的环境，人的大脑思维会受到干扰，难以集中精力进行判断、思考、运算和操作，从而造成工作效率下降，甚至出现差错。

5.3.3　振动损害建筑物

强烈的地震能对建筑物造成严重破坏。除此之外，工厂某些设备等引起的振动、建筑施工振动和交通振动也会对建筑物造成不同程度的损坏或影响。当然，这些振动的影响与强烈的地震相比要小得多。

在工厂中，锻锤、落锤和冲床等振动强度较大，故其所在车间的房屋结构要有抗振考虑，同时对这些设备也应尽量采取隔振措施。若这些设备离居民房屋较近，则还应考虑居民房屋受损问题。

在建筑施工中，打桩机的振动强度较大，并且影响范围广，所以在打桩时，对周围的建筑物要采取保护措施。

对于交通振动，主要是重型车、拖拉机等在不平坦的路上行驶，或在平坦的马路上高速行驶时，会产生较大的振动，对周围的建筑物造成一定的影响。

一般来说，居民住房离振源总有一定的距离，环境振动对居民居住的楼房影响较小，但当振动强度较高或与建筑物发生共振时，则某些陈旧的房屋会受到一定程度的损害。环境振动对古建筑物的损害也是值得注意的一个问题。下面着重分析影响建筑物受损程度的因素和振动（地震）对建筑物的损害。

（1）影响建筑物受损程度的因素

不同种类的振动对建筑物不同部分的影响程度见表 3-5-2。

表 3-5-2　不同种类振动对建筑物不同部分的影响程度

影响程度 结构 ＼ 振动类型	室外设备振动	交通振动	建筑施工振动	室内设备振动	社会生活振动
地基	大	大	大	中	小
基础	大	中	中	中	小
柱子、梁	小	小	小	中	中
结构板材	中	大	大	大	大
建筑物整体	中	小	小	中	小

振源引起的振动，在传播过程中由于距离衰减和土壤等的吸收作用，振动强度会减弱。同时，由于建筑物的基础和其周围地基性质不同，振动由地基向基础传播时，振动也会减弱。然而，当传至建筑物基础的振动频率与建筑物基础、建筑物整体或建筑物某一部分结构的固有频率相近或相同时，会发生共振现象，引起建筑物有关部分振动增强。不同的建筑物，由于结构、大小等不同，其固有频率差异很大。一般来说，结构板材的固有频率为 10～20Hz左右，这取决于结构板材的大小、形状以及支撑条件等因素。

归纳起来，振动对建筑物的危害程度主要取决于以下几个因素：①振源的幅频特性；②振源至建筑物的距离；③地基的特性及其至建筑物基础的传递特性；④建筑物整体的振动特性；⑤建筑物的各个部分，如柱、梁、结构板材的特性；⑥建筑物陈旧程度。

（2）振动（地震）对建筑物的损害

振动施于建筑物，即机械能施于建筑物结构，将造成建筑物结构变形。振动不断地施于建筑物，建筑结构变形将不断增大，直到由此产生的摩擦作用将振动施加的能量全部消耗掉，或者造成建筑结构受到破坏。常见的破坏现象表现为基础和墙壁龟裂、墙皮剥落、石块滑动、地板裂缝、地基变形和下沉等，重者可使建筑物倒塌。

表 3-5-3 给出了地震引起建筑物损坏的一些定性或定量关系。

表 3-5-3　中国地震烈度的加速度级（1980，中科院工程力学所）

烈度	水平加速度/(cm/s²)	水平速度/(cm/s)	加速度级/dB	人的感觉	建筑物等状况
I	—	—	—	无感觉	—
II	—	—	—	室内个别静止的人感觉到	—
III	—	—	—	室内少数静止的人感觉到	悬挂物微动，门窗轻微作响
IV	—	—	—	室内多数人、室外少数人感觉到，少数人梦中惊醒	门窗器皿作响，悬挂物明显摆动
V	22～44 平均 31	2～4 平均 3	87	室内普遍感觉到，室外多数人感觉到，多数人梦中惊醒	门窗、屋顶、屋架颤动作响，灰土掉落，抹灰微裂，不稳定器物倾倒
VI	45～89 平均 63	5～9 平均 6	93	惊慌失措，仓惶逃出	个别砖瓦掉落，墙体微裂，砖烟囱轻度裂缝、掉头，河岸等裂缝及冒水
VII	90～177 平均 125	10～18 平均 13	99	大多数仓惶逃出	局部破坏开裂但仍能使用，河岸塌方，多数烟囱中等破坏等
VIII	178～353 平均 250	19～35 平均 25	105	摇晃颠簸，行走困难	中等破坏，结构受损，干硬土裂缝多数砖烟囱严重破坏
IX	354～707 平均 500	36～71 平均 50	111	坐立不稳，行动的人可能摔跤	严重破坏，墙体龟裂局部倒塌，基岩上可能裂缝，滑坡塌方常见，砖烟囱倒塌
X	708～1414 平均 1000	72～141 平均 100	117	骑自行车的人摔倒，有抛起感	山崩地裂，基岩上拱桥破坏，砖烟囱根部破坏或倒下
XI	—	—	—		毁灭性破坏
XII	—	—	—		地面剧烈变化，山河改观

5.3.4　振动对精密设备和仪器的影响

振动能够影响精密机电设备和仪器的正常运行，强烈的振动还能损伤精密设备和仪器。

（1）振动对精密设备的影响

① 精密机电设备振动的来源　精密机电设备的振动来源有：机电设备本身运转所造成的振动；对机加工机床来说，对工件进行加工也会产生振动；由外部干扰引起的振动，包括交通振动、建筑施工振动和设备周围其他设备的振动。

② 机电设备本身在运行时产生振动的主要原因

a．不平衡性。对旋转机械来说，不平衡性是最主要的振动起因。不平衡性是指围绕一个中心旋转时，存在着不均匀的重量分布，即质心与旋转中心不一致。不平衡性常见的原因：一是加工时零部件的误差；二是当许多机械零件装配在一起时，产生不适当的配合公差积累。不平衡性会使设备旋转时产生局部不平衡力，引起振动。

b．不同心性。旋转机械产生振动的另一个重要原因是不同心性。如支承轴的轴承座与轴的不严格对中，将造成单轴的不同心性。两个轴通过联轴器相连，也可能造成不同心性。此外，连接到机组的管道系统、机器的支座与基础、机壳等都可能造成不同心性。不同心性能引起很大振动，甚至损坏机器。

c. 松动。在旋转机械中，松动可能导致严重的振动。固紧基础松弛、轴承约束松弛、过大的轴承间隙以及某些螺栓松弛等均可造成松动现象。这种松动能使已有的不同心和不平衡所引起的振动更加严重。

d. 旋转机械中摩擦造成的振动。由于欠阻尼引起的共振激励，油膜涡动和油膜起泡等也会造成振动。机床对工件进行加工时，刀具和工件相互碰撞或相互接触以及刀具和工件之间的相对运动均能引起振动，有时还伴有高频噪声。

③ 振动对精密机电设备的危害　振动会影响精密设备的正常运行、降低机器的使用寿命，重者可造成设备的某些零部件变形、断裂，从而造成重大设备事故和人身事故。对精密车床、磨床之类的设备，振动会使工件的加工面光洁度和精度下降，并且还会降低刀具的使用寿命。

（2）振动对精密仪器的影响

振动对精密仪器、仪表的影响如下：

① 影响仪器、仪表的正常运行。振动过大时会使仪器、仪表受到破坏。

② 影响阅读仪器、仪表刻度的准确性和阅读速度，甚至根本无法读数。

③ 对某些特别精密、灵敏的仪器，如灵敏继电器，振动能使其自保持触头断开，从而引起主电路断路等连锁反应，造成机器停转等重大事故。

5.3.5　振动产生噪声

众所周知，噪声起源于物体的振动。如果振源的频率处在可闻声（20～20000Hz）范围内，则振动物体可直接向空间辐射可听噪声，该振源同时也是一个噪声源。声音以空气为介质传播，称为空气传声。为了减弱空气传声，通常可采用吸声、隔声和消声等措施。

振源振动，部分能量以声能形式向空间辐射，同时会引起基础振动。基础振动又会沿地基、管道等传至其他建筑物，引起其他建筑物基础、墙体、梁柱、门窗以及室内家具等振动。上述各物体的振动会再次辐射噪声。这种振动沿固体传递，在传递过程中固体再次辐射噪声的形式叫固体传声。对于干扰周围环境的噪声源，如果其振动较强，为消除其噪声干扰，除采取噪声控制措施外，还要对振动加以隔离，才能隔绝或减弱固体传声，同时减弱振动的影响。

如果由振源传递而来的振动频率小于20Hz，则辐射出的噪声也小于20Hz，人耳听不到。然而小于20Hz的振动在激发地面、墙体、门窗等振动时，除了激起小于20Hz的基频振动外，往往还能激发一系列基频整数倍的谐振频率的振动，这些振动频率一般大于20Hz，可辐射出可听噪声。

值得注意的是，固体声在连续结构中传递衰减比较弱，可以传递较远的距离。因而不论从振动控制角度，还是从噪声控制角度，都应对振动的物体采取隔离措施。

第6章 噪声标准

6.1 噪声与振动标准发展简介

自 20 世纪 30 年代起，国际上就开始探讨噪声标准问题。1931～1950 年，是噪声标准研究的初始阶段，评价指标为总声压级。1950～1966 年，是噪声标准研究的高潮期，评价指标是倍频带声压级，这一时期的噪声标准是一条频谱曲线，规定各倍频带中心频率的声压级不能超过这条曲线。1967 年以后，人们认为以倍频带声压级为评价指标比较符合实际情况，但使用比较繁杂，于是将 A 声级作为评价噪声的主要指标，为世界各国声学界和医学界所公认，沿用至今。

1975 年我国开始对噪声标准开展系统的研究工作，1979 年首次发布了《工业企业噪声卫生标准》《机动车辆噪声标准》两项标准，拉开了我国噪声领域标准化工作的序幕。经过 40 多年的不断发展完善，各种标准已经覆盖噪声与振动领域的各个方面。据不完全统计，我国已颁布的与噪声和振动相关的国家标准和行业标准共计有 338 项，其中声学基础标准 16 项，听力保护标准 24 项，计量检定 47 项，噪声限值 28 项，建筑声学 39 项，测量方法 122 项，振动标准 62 项（详见本手册附录 2《我国噪声控制及建筑声学有关的国家、行业标准目录（部分）》）。这些标准的颁布执行，有效地减少了噪声与振动污染，也为行政管理提供了科学依据。

6.2 噪声与振动标准体系

按照不同的管理需求和分类视角，标准体系可以形成不同的框架结构。标准体系可以按照标准的性质（强制性标准、推荐性标准）、标准的类别（基础通用标准、产品标准、方法标准、管理标准）、标准所服务的国民经济行业（第一产业、第二产业、第三产业）、标准的级别（国家标准、行业标准）去构建。

6.2.1 标准的分级

根据 2017 年 11 月 4 日中华人民共和国第十二届全国人民代表大会常务委员会第 30 次会议修订通过，自 2018 年 1 月 1 日起施行的《中华人民共和国标准化法》的要求，为了提升产品和服务质量，促进科学技术进步，保障人身健康和生命财产安全，维护国家安全、生态环境安全，提高经济社会发展水平，而制定各项标准。

标准包括国家标准、行业标准、地方标准、团体标准和企业标准 5 级。国家标准分为强制性国家标准和推荐性国家标准。行业标准、地方标准是推荐性标准。强制性标准必须执行。国家鼓励采用推荐性标准。

（1）国家标准

对需要在全国范围内统一的技术要求，应当制定国家标准。国务院有关行政主管部门依据职责负责强制性国家标准的项目提出、组织起草、征求意见和技术审查，同时对国家标准进行立项、编号和对外通报。

国家标准的代号组成形式：强制性国家标准 GB 标准编号—发布年号；推荐性国家标准 GB/T 标准编号—发布年号。

例如：《声环境质量标准》（GB 3096—2008）为强制性国家标准，《声学 消声器现场测量》（GB/T 19512—2004）为推荐性国家标准。

强制性国家标准由国务院批准发布或者授权批准发布。对满足基础通用、与强制性国家标准配套、对各有关行业起引领作用等需要的技术要求，可以制定推荐性国家标准。推荐性国家标准由国务院标准化行政主管部门制定。

（2）行业标准

对没有推荐性国家标准、需要在全国某个行业范围内统一的技术要求，可以制定行业标准。行业标准由国务院有关行政主管部门制定，报国务院标准化行政主管部门备案。

行业标准的代号组成形式：强制性行业标准，某行业标准代号，标准编号—发布年号；推荐性行业标准，某行业标准代号/T 标准编号—发布年号。

例如：《环境影响评价技术导则 声环境》（HJ 2.4—2009）为强制性环境保护行业标准；《公路声屏障 第 1 部分：分类》（JT/T 646.1—2016）为推荐性交通运输行业标准。

（3）地方标准

为满足地方自然条件、风俗习惯等特殊技术要求，可以制定地方标准。地方标准由省、自治区、直辖市人民政府标准化行政主管部门制定并报国务院标准化行政主管部门备案，由国务院标准化行政主管部门通报国务院有关行政主管部门。

地方标准的代号组成形式为：强制性地方标准，地方标准编号前两位，标准编号—发布年号；推荐性地方标准，地方标准编号前两位/T 标准编号—发布年号。

例如：《交通噪声污染缓解工程技术规范 第 1 部分：隔声窗措施》（DB11/T 1034.1—2013）为推荐性北京市地方标准。

（4）团体标准

国家鼓励学会、协会、商会、联合会、产业技术联盟等社会团体协调相关市场主体共同制定满足市场和创新需要的团体标准，由本团体成员约定采用或者按照本团体的规定供社会自愿采用。制定团体标准，应当遵循开放、透明、公平的原则，保证各参与主体获取相关信息，反映各参与主体的共同需求，并应当组织对标准相关事项进行调查分析、实验、验证。国务院标准化行政主管部门会同国务院有关行政主管部门对团体标准的制定进行规范、引导和监督。

（5）企业标准

企业可以根据需要自行制定企业标准，或者与其他企业联合制定企业标准。国家支持在重要行业、战略性新兴产业、关键共性技术等领域利用自主创新技术制定团体标准、企业标准。

标准化法规定，推荐性国家标准、行业标准、地方标准、团体标准、企业标准的技术要求不得低于强制性国家标准的相关技术要求。

为了适应某些领域标准化快速发展变化的需要，编制了 GB/Z《国家标准化指导性技术文件》，供使用者参考。

6.2.2　标准的分类

《国家标准化体系建设工程指南》中将国家标准类别划分为基础通用标准、产品标准、方法标准和管理标准，其内涵如下。

（1）基础通用标准

基础通用标准是为某个领域或多个领域的基础和共性技术所制定的，或者对其他标准具有普遍指导作用的标准。如：指导标准编写的基础性标准，通用技术语言标准（术语、符号、代号、代码、标志标准），产品质量保证和环境条件标准，计量和单位标准，数值与数据标准，技术制图、互换性、精度标准及实现系列化的标准，信息技术、人类工效学、价值工程和工业工程等通用技术标准，各专业的技术指导通则或导则等。

（2）产品标准

产品标准是为规范某一类产品或若干类产品（包括服务）应满足的要求，包括品种、规格、质量、等级、设计、生产、包装、运输、储存以及工艺要求而制定的标准。如：工业产品、农业产品的品种、规格、质量、等级标准，以及产品相应的生产技术、管理技术的通用要求，信息、能源、资源、交通运输的有关其适用性的标准。

（3）方法标准

方法标准是为规范试验、检验、分析、抽样、统计、计算和作业等各类技术活动的方法而制定的标准。如：有关产品技术要求的检验方法、统计方法、作业方法、操作规程和施工规范等。

（4）管理标准

管理标准是为规范各类管理事项（事务）而制定的标准，或者管理机构为行使其管理职能而制定的具有特定管理功能的标准。主要包括：技术管理标准，如质量管理体系标准、环境管理体系标准等；经济管理标准，如劳动人事标准、奖励和劳保福利标准、经济效果评价标准、物资管理标准等；行政管理标准，如文献资料和档案管理标准、管理组织审计标准等；生产经营管理标准，如物流标准、生产作业计划标准、劳动组织定额定员标准。

噪声与振动问题涉及国民生产的各个行业，其标准体系构成也比较复杂，本章将以上述四类标准为基础，结合噪声与振动控制领域实际情况进行简要介绍。

6.2.3　标准行政管理机构

按照标准化法和相关污染规定，国家标准化管理委员会、生态环境部、卫生和计划生育委员会、住房和城乡建设部等机构具有制定相应领域国家标准的职权。

噪声与振动领域有关主管部门、国家标准类别、依据法律分工见表 3-6-1。

表 3-6-1　国家标准制定分工表

主管部门	国家标准化类别	编号	依据法律
国家标准委	国家标准	GB	标准化法
生态环境部	国家声环境质量标准	GB	环境噪声污染防治法
	国家环境噪声排放标准	GB	
国家卫健委	职业卫生国家标准	GBZ	职业病防治法
住建部	工程建设国家标准	GB	标准化法实施条例

　　国务院有关主管部门负责制定行业标准，涉及噪声与振动行业标准分类、代号和主管部门见表 3-6-2。

表 3-6-2　噪声与振动行业标准分类、代号与主管部门

标准类别	代号	批准发布部门	标准制定部门
林业	LY	国家林业和草原局	国家林业和草原局
城镇建设	CJ	住建部	住建部
建筑工业	JG	住建部	住建部
轻工	QB	工信部	工信部
化工	HG	工信部	中国石油和化学工业联合会
石油化工	SH	工信部	中国石油和化学工业联合会
建材	JC	工信部	中国建筑材料联合会
机械	JB	工信部	中国机械工业联合会
汽车	QC	工信部	中国机械工业联合会
民用航空	MH	中国民航局	中国民航管理总局
船舶	CB	工信部	中国船舶工业总公司
劳动和劳动安全	LD	人社部	人社部
交通	JT	交通部	交通部
广播电影电视	GY	国家新闻出版广电总局	国家新闻出版广电总局
电力	DL	能源局	能源局
环境保护	HJ	生态环境部	生态环境部

6.3　基础标准

　　基础标准是为噪声与振动控制领域的基础知识和共性技术所制定的。

　　《声学名词术语》（GB/T 3947—1996）标准中列举名词术语共 2899 个，对其中的 914 个给了定义，分为一般术语、振动和机械冲击、声波、传声系统、电声学/声学仪器和设备、水声学、超声学与声能学、生理声学和心理声学、语言声学、音乐声学、建筑声学、噪声和噪声控制以及信号处理等与声学相关的 13 个方面名词术语定义及名词术语英语翻译。

　　《声学 环境噪声的描述、测量与评价 第 1 部分：基本参量与评价方法》（GB/T 3222.1—2006）详细规定了评价环境噪声的步骤，并给出了预测人们长期暴露于各种环境噪声下的潜在烦恼反应的导则。

　　《机械振动、冲击与状态监测 词汇》（GB/T 2298—2010）规定了在机械振动、冲击与状态监测领域特有的术语和表达方式，分为一般术语、机械振动、机械冲击、冲击与振动测量传感器、信号处理、状态监测与诊断六个部分，共列举 296 个名词术语定义。

6.4　环境噪声标准

　　《中华人民共和国环境噪声污染防治法》（以下简称《噪声法》）是我国进行环境噪声污

染防治必须遵守的法律准则。环境噪声标准是在《噪声法》基础上进行环境噪声防治工作的依据。

我国现行环境噪声相关标准主要包括以下四类：①声环境质量标准；②噪声排放标准；③测量方法标准；④其他标准（管理规范、环评、验收等）。

6.4.1　质量标准

《噪声法》第十条规定：“国务院环境保护行政主管部门分别不同的功能区制定国家声环境质量标准。”声环境质量标准的目的是保护人体健康和社会宁静，创造适宜的生活、工作和学习的环境。

与噪声相关的质量标准主要包括以下两项标准：①《声环境质量标准》（GB 3096—2008）；②《机场周围飞机噪声环境标准》（GB 9660—1988）。

质量标准还包括 1 项振动质量标准。

《声环境质量标准》（GB 3096—2008）规定了五类声环境功能区的环境噪声限值及测量方法，适用于声环境质量评价与管理。该标准按区域的使用功能特点和环境质量要求，将声环境功能区分为以下五种类型：

0 类声环境功能区：指康复疗养区等特别需要安静的区域。

1 类声环境功能区：指以居民住宅、医疗卫生、文化教育、科研设计、行政办公为主要功能，需要保持安静的区域。

2 类声环境功能区：指以商业金融、集市贸易为主要功能，或者居住、商业、工业混杂，需要维护住宅安静的区域。

3 类声环境功能区：指以工业生产、仓储物流为主要功能，需要防止工业噪声对周围环境产生严重影响的区域。

4 类声环境功能区：指交通干线两侧一定距离之内，需要防止交通噪声对周围环境产生严重影响的区域，包括 4a 类和 4b 类两种类型。4a 类为高速公路、一级公路、二级公路、城市快速路、城市主干路、城市次干路、城市轨道交通（地面段）、内河航道两侧区域；4b 类为铁路干线两侧区域。

各类声环境功能区适用表 3-6-3 的环境噪声等效声级限值。

表 3-6-3　环境噪声等效声级限值　　　　　　　　　　单位：dB（A）

声环境功能区类别		时段	
		昼间	夜间
0 类		50	40
1 类		55	45
2 类		60	50
3 类		65	55
4 类	4a 类	70	55
	4b 类	70	60

表 3-6-3 中 4b 类声环境功能区环境噪声限值，适用于 2011 年 1 月 1 日起环境影响评价

文件通过审批的新建铁路（含新开廊道的增建铁路）干线建设项目两侧区域。

在下列情况下，铁路干线两侧区域不通过列车时的环境背景噪声限值，按昼间 70dB（A）、夜间 55dB（A）执行：

① 穿越城区的既有铁路干线；

② 对穿越过城区的既有铁路干线进行改建、扩建的铁路建设项目。

既有铁路是指 2010 年 12 月 31 日前已建成运营的铁路或环境影响评价文件已通过审批的铁路建设项目。

各类声环境功能区夜间突发噪声，其最大声级超过环境噪声限值的幅度不得高于 15dB（A）。

6.4.2　排放标准

《噪声法》第二条规定："环境噪声污染，是指所产生的环境噪声超过国家规定的环境噪声排放标准，并干扰他人正常生活、工作和学习的现象。"

环境噪声排放标准是针对高噪声污染源场所或活动而制定的强制实施标准，是政府实施环境噪声管理的行政措施依据，具有法律约束力。

（1）《工业企业厂界环境噪声排放标准》（GB 12348—2008）

《工业企业厂界环境噪声排放标准》（GB 12348—2008）规定了工业企业和固定设备厂界环境噪声排放限值及其测量方法。标准适用于工业企业噪声排放的管理、评价及控制。机关、事业单位和团体等对外环境排放噪声的单位也按本标准执行。

① 工业企业厂界环境噪声不得超过表 3-6-4 规定的排放限值。

表 3-6-4　工业企业厂界环境噪声限值　　　　　　　　　　单位：dB（A）

边界处声环境功能区类型	时段	
	昼间	夜间
0	50	40
1	55	45
2	60	50
3	65	55
4	70	55

夜间频发噪声的最大声级超过限值的幅度不得高于 10 dB（A）。夜间偶发噪声的最大声级超过限值的幅度不得高于 15 dB（A）。

工业企业若位于未划分声环境功能区的区域，当厂界外有噪声敏感建筑物时，由当地县级以上人民政府参照 GB 3096 和 GB/T 15190《声环境功能区划分技术规范》的规定，确定厂界外区域的声环境质量要求，并执行相应的厂界环境噪声排放限值。

当厂界与噪声敏感建筑物距离小于 1m 时，厂界环境噪声应在噪声敏感建筑物的室内测量，并将表 3-6-4 中相应的限值减 10dB（A）作为评价依据。

② 结构传播固定设备室内噪声排放限值　当固定设备排放的噪声通过建筑物结构传播至噪声敏感建筑物室内时，噪声敏感建筑物室内等效声级不得超过表 3-6-5 和表 3-6-6 规定的限值。

表 3-6-5　结构传播固定设备室内噪声排放限值（等效声级）　　　单位：dB（A）

噪声敏感建筑物 环境所处功能区类别　　　时段　　　房间类型	A 类房间		B 类房间	
	昼间	夜间	昼间	夜间
0	40	30	40	30
1	40	30	45	35
2、3、4	45	35	50	40

注：A 类房间是指以睡眠为主要目的，需要保证夜间安静的房间，包括住宅卧室、医院病房、宾馆客房等；B 类房间是指主要在昼间使用，需要保证思考与精神集中、正常讲话不被干扰的房间，包括学校教室、会议室、办公室、住宅中卧室以外的其他房间等。

表 3-6-6　结构传播固定设备室内噪声排放限值（倍频带声压级）　　　单位：dB

噪声敏感建筑所处声 环境功能区类别	时段	倍频带中心频率/Hz 房间类型	室内噪声倍频带声压级限值				
			31.5	63	125	250	500
0	昼间	A、B 类房间	76	59	48	39	34
	夜间	A、B 类房间	69	51	39	30	24
1	昼间	A 类房间	76	59	48	39	34
		B 类房间	79	63	52	44	38
	夜间	A 类房间	69	51	39	30	24
		B 类房间	72	55	43	35	29
2、3、4	昼间	A 类房间	79	63	52	44	38
		B 类房间	82	67	56	49	34
	夜间	A 类房间	72	55	43	35	29
		B 类房间	76	59	48	39	34

（2）《建筑施工场界环境噪声排放标准》（GB 12523—2011）

《建筑施工场界环境噪声排放标准》（GB 12523—2011）适用于周围有噪声敏感建筑物的建筑施工噪声排放的管理、评价及控制。市政、通信、交通和水利等其他类型的施工噪声排放可参照本标准执行。本标准不适用于抢修、抢险施工过程中产生噪声的排放监督。

建筑施工过程中场界环境噪声不得超过表 3-6-7 规定的排放限值。

表 3-6-7　建筑施工场界环境噪声排放限值　　　单位：dB（A）

昼间	夜间
70	55

夜间噪声最大声级超过限值的幅度不得高于 15dB（A）。

当场界距噪声敏感建筑物较近，其室外不满足测量条件时，可在噪声敏感建筑物室内测量，并将表 3-6-7 中相应的限值减 10dB（A）作为评价依据。

（3）《社会生活环境噪声排放标准》（GB 22337—2008）

本标准规定了营业性文化娱乐场所和商业经营活动中可能产生环境噪声污染的设备、设施边界噪声排放限值和测量方法。

本标准适用于对营业性文化娱乐场所、商业经营活动中使用的向环境排放噪声的设备、设施的管理、评价与控制。

① 边界噪声排放限值　社会生活噪声排放源边界噪声不得超过表 3-6-8 规定的排放限值。

表 3-6-8　社会生活噪声排放源边界噪声排放限值　　　　　　单位：dB（A）

边界处声环境功能区类型	时段	
	昼间	夜间
0	50	40
1	55	45
2	60	50
3	65	55
4	70	55

在社会生活噪声排放源边界处无法进行噪声测量或测量的结果不能如实反映其对噪声敏感建筑物的影响程度的情况下，噪声测量应在可能受影响的敏感建筑物窗外 1m 处进行。

当社会生活噪声排放源边界与噪声敏感建筑物距离小于 1m 时，应在噪声敏感建筑物的室内测量，并将表 3-6-8 中相应的限值减 10dB（A）作为评价依据。

② 结构传播固定设备室内噪声排放限值　在社会生活噪声排放源位于噪声敏感建筑物内的情况下，噪声通过建筑物结构传播至噪声敏感建筑物室内时，噪声敏感建筑物室内等效声级不得超过表 3-6-9 和表 3-6-10 规定的限值。

表 3-6-9　结构传播固定设备室内噪声排放限值（等效声级）　　　单位：dB（A）

噪声敏感建筑物环境所处功能区类别　　房间类型　时段	A 类房间		B 类房间	
	昼间	夜间	昼间	夜间
0	40	30	40	30
1	40	30	45	35
2、3、4	45	35	50	40

注：A 类房间是指以睡眠为主要目的，需要保证夜间安静的房间，包括住宅卧室、医院病房和宾馆客房等。B 类房间是指主要在昼间使用，需要保证思考与精神集中、正常讲话不被干扰的房间，包括学校教室、办公室、住宅中卧室以外的其他房间等。

表 3-6-10　结构传播固定设备室内噪声排放限值（倍频带声压级）　　　单位：dB

噪声敏感建筑所处声环境功能区类别	时段	倍频带中心频率/Hz　房间类型	室内噪声倍频带声压级限值				
			31.5	63	125	250	500
0	昼间	A、B 类房间	76	59	48	39	34
	夜间	A、B 类房间	69	51	39	30	24
1	昼间	A 类房间	76	59	48	39	34
		B 类房间	79	63	52	44	38
	夜间	A 类房间	69	51	39	30	24
		B 类房间	72	55	43	35	29
2、3、4	昼间	A 类房间	79	63	52	44	38
		B 类房间	82	67	56	49	34
	夜间	A 类房间	72	55	43	35	29
		B 类房间	76	59	48	39	34

对于在噪声测量期间发生非稳态噪声（如电梯噪声等）的情况，最大声级超过限值的幅度不得高于 10dB（A）。

（4）《铁路边界噪声限值及其测量方法》（GB 12525—1990）及修改单

本标准规定了城市铁路边界处铁路噪声的限值及其测量方法。本标准适用于对城市铁路边界噪声的评价。

既有铁路边界铁路噪声和改、扩建既有铁路边界铁路噪声按表 3-6-11 的规定执行。既有铁路是指 2010 年 12 月 31 日前已建成运营的铁路或环境影响评价文件已通过审批的铁路建设项目。

表 3-6-11　既有铁路边界铁路噪声限值（等效声级 L_{eq}）　　　单位：dB（A）

时段	噪声限值
昼间	70
夜间	70

新建铁路（含新开廊道的增建铁路）边界铁路噪声按表 3-6-12 的规定执行。新建铁路是指自 2011 年 1 月 1 日起环境影响评价文件通过审批的铁路建设项目（不包括改、扩建既有铁路建设项目）。

表 3-6-12　新建铁路边界铁路噪声限值（等效声级 L_{eq}）　　　单位：dB（A）

时段	噪声限值
昼间	70
夜间	60

6.4.3　其他标准

（1）环境影响评价相关标准

环境影响评价是指对规划和建设项目实施后可能造成的环境影响进行分析、预测和评估，提出预防或者减轻不良环境影响的对策和措施，进行跟踪监测的方法与制度。通俗地说就是分析项目建成投产后可能对环境产生的影响，并提出污染防治对策和措施。声环境影响评价也是其中非常重要的一部分内容。为规范和指导声环境影响评价工作，原环境保护部发布了一系列相关标准。

《环境影响评价技术导则　声环境》（HJ 2.4—2009）规定了声环境影响评价的一般性原则、内容、工作程序、方法和要求，适用于建设项目声环境影响评价及规划环境影响评价中的声环境影响评价，并明确了评价等级、评价范围和评价工作等基本要求，以及典型建设项目分类预测及噪声控制措施、区域环评中声环境影响评价要求，在附录中给出了工业企业、公路（道路）、铁路（城市轨道交通）、机场飞机噪声预测方法和公式。

（2）《环境噪声与振动控制工程技术导则》（HJ 2034—2013）

《环境噪声与振动控制工程技术导则》（HJ 2034—2013）规定了环境噪声与振动控制工程对设计、施工、验收和运行维护的通用技术要求。对于有相应的工艺技术规范或重点污染源技术规范的工程，应同时执行本标准和相应的工艺技术规范或重点污染源技术规范。该导则可作为噪声与振动控制工程环境影响评价、设计、施工、竣工验收及运行与管理的技术依据。

6.5　噪声控制规划/设计、噪声控制设施/设备标准

在噪声控制的过程中，需要对高噪声的场所进行建设前期的规划与设计，在后期治理时需加装声屏障、隔声间和消声器等噪声控制设施或设备以降低噪声污染强度。对噪声控制规划设计方法和噪声控制的设施/设备制定相应的标准是保证治理效果的重要基础要求。

6.5.1　《工业企业噪声控制设计规范》（GB/T 50087—2013）

《工业企业噪声控制设计规范》（GB/T 50087—2013）明确了工业企业进行噪声控制总体设计的一般要求、厂址选择、总平面设计、工艺、管线设计与设备选型、车间布置原则和规定，规范了隔声、消声、吸声设计程序和方法及隔声、消声器、吸声构件选择相应的要求。

工业企业内噪声职业接触限值应符合表 3-6-13 的规定。

表 3-6-13　噪声职业接触限值

日接触时间/h	噪声接触限值/dB（A）
8	85
4	88
2	91
1	94
1/2	97
1/4	100
1/8	103
1/16	106
1/32	109
1/64	112
1/128 或小于 1/128	115

注：对于每天工作时间大于 8h 的噪声限值，需计算 8h 等效声级，其限值为 85dB（A）；对于每周工作日大于 5d 的特殊工作场所的噪声限值，需计算 40h 等效声级，其限值为 85dB（A）。

工业企业内各类工作场所噪声限值应符合表 3-6-14 的规定。

表 3-6-14　各类工作场所噪声限值　　　　单位：dB（A）

工作场所	噪声限值
生产车间	85
车间内值班室、观察室、休息室、办公室、实验室、设计室，室内背景噪声级	70
正常状态下精密装配线、精密加工车间、计算机房	70
主控室、集中控制室、通信室、电话总机室、消防值班室，一般办公室、会议室、设计室、实验室，室内背景噪声级	60
医务室、教室、哺乳室、托儿所、工人值班宿舍，室内背景噪声级	55

工业企业脉冲噪声 C 声级峰值不得超过 140dB。

6.5.2　《以噪声污染为主的工业企业卫生防护距离标准》（GB 18083—2000）

《以噪声污染为主的工业企业卫生防护距离标准》（GB 18083—2000）规定了以噪声污染为主的工业企业与居住区之间所需卫生防护距离，适用于地处平原及微丘陵地区的新建、扩建、改建以噪声为主要污染因子的纺织、印刷、制钉、机械加工、木器制造、型煤加工、面粉厂、轧钢、锻造、汽车及拖拉机制造、钢丝绳厂等工厂企业，现有此类企业可参照执行。地处复杂地形条件下卫生防护距离根据实际监测评价报告，由建设单位主管部门与建设项目所在省、市、自治区的卫生、环境保护及城建规划部门共同确定。该标准不适用于以气型污染为主的化工、农药、橡胶、制药、造纸、金属冶炼、火电站、采矿、玻璃、石棉、水泥、耐火材料等工业企业。

以噪声污染为主的工业企业卫生防护距离标准值见表 3-6-15，标准中所列的噪声源强系指离设备 1m 处的平均声压级 dB（A）。

表 3-6-15　以噪声污染为主的工业企业卫生防护距离标准值

序号	行业	企业名称	规模	声源强度/dB（A）	卫生防护距离/m	备注
1						
1-1	纺织	棉纺织厂	≥5 万锭	100～105	100	—
1-2	纺织	棉纺织厂	≤5 万锭	90～95	50	含 5 万锭以下的中、小型工厂，以及车间、空调机房的外墙与外门、窗具有 20dB（A）以上隔声量的大、中型棉纺厂，不设织布车间的棉纺厂
1-3	纺织	织布厂	—	96～105	100	车间及空调机房外墙与外门、窗具有 20dB（A）以上隔声量时，可缩小 50m
1-4	纺织	毛巾厂	—	95～100	100	车间及空调机房外墙与外门、窗具有 20dB（A）以上隔声量时，可缩小 50m

续表

序号	行业	企业名称	规模	声源强度/dB（A）	卫生防护距离/m	备注
2						
2-1		制钉厂	—	100～105	100	—
2-2		标准件厂	—	95～105	100	—
2-3		专用汽车改装厂	中型	95～110	200	—
2-4		拖拉机厂	中型	100～112	200	—
2-5		汽轮机厂	中型	100～118	300	—
2-6	机械	机床制造厂	—	95～105	100	小机床生产企业
2-7		钢丝绳厂	中型	95～100	100	—
2-8		铁路机车车辆厂	大型	100～120	300	—
2-9		风机厂	—	100～118	300	—
2-10		锻造厂	中型	95～110	200	
			小型	90～100	100	不装汽锤或只用 0.5t 以下汽锤
2-11		轧钢厂	中型	95～110	300	不设炼钢车间的轧钢厂
3						
3-1		印刷厂	—	85～90	50	—
3-2	轻工	大、中型面粉厂（多层厂房）	—	90～105	200	当设计为全密封空调厂房、围护结构及门、窗具有 20dB（A）以上隔声效果时，可降为 100m
3-3		小型（单层厂房）	—	85～100	100	
		木器厂	中型	90～100	100	—
3-4		型煤加工厂	—	80～90	50	不设原煤及黏土粉碎作业的型煤加工厂
3-5		型煤加工厂	—	80～100	200	设有原煤和黏土等添加剂的综合型煤加工厂

6.5.3 《民用建筑隔声设计规范》（GB 50118—2010）

　　该规范适用于全国城镇新建、改建和扩建的住宅、学校、医院、旅馆、办公建筑及商业建筑等六类建筑中主要用房的隔声、吸声、减噪设计。其他类建筑中的房间，根据其使用功能可采用本规范的相应规定。

　　室内允许 A 声级应为关窗状态下昼间和夜间时段的标准值。医院建筑中应开窗使用的房间，开窗时室内允许噪声级的标准值宜与关窗状态下室内允许噪声级的标准值相同。昼间和夜间时段所对应的时间分别为：昼间 6:00～22:00；夜间 22:00～6:00。

　　该规范的主要技术内容包括：总平面防噪设计；住宅建筑、学校建筑、医院建筑、旅馆建筑、办公建筑、商业建筑的允许噪声级；隔声标准及隔声减噪设计；室内噪声级测量方法等。表 3-6-16 和表 3-6-17 为卧室、起居室内的允许噪声级。

表 3-6-16　卧室、起居室（厅）内的允许噪声级　　　　单位：dB（A）

房间名称	允许噪声级	
	昼间	夜间
卧室	≤45	≤37
起居室（厅）	≤45	

表 3-6-17　高要求住宅的卧室、起居室（厅）内的允许噪声级　　　　单位：dB（A）

房间名称	允许噪声级	
	昼间	夜间
卧室	≤40	≤30
起居室（厅）	≤40	

6.5.4　《声屏障声学设计和测量规范》（HJ/T 90—2004）

《声屏障声学设计和测量规范》（HJ/T 90—2004）规定了声屏障的声学设计和声学性能的测量方法，主要适用于城市道路与轨道交通等工程，公路、铁路等其他户外场所的声屏障也可参照设计和测量。

6.6　通用设备噪声标准

在人们日常的生产和生活中，都离不开各种各样的设备，这些设备在提高了生产效率的同时，带来了噪声污染问题。针对高噪声污染的设备制定标准，规定其噪声辐射水平，控制噪声源强度，是一项非常有效的噪声控制方法。目前，我国已经对机械设备、机电设备、机动车辆、铁路机车、飞机及家庭用设备等各类高噪声源发布了相应的标准。

例如，《汽车加速行驶车外噪声限值及测量方法》（GB 1495—2002）标准规定了新生产汽车加速行驶车外噪声的限值及测量方法，适用于 GB/T 15089 中的 M 和 N_1 类汽车。汽车加速行驶时，其最大噪声级不应超过表 3-6-18 规定的限值[GVM——最大总质量（t）；P——发动机额定功率（kW）]。

表 3-6-18　汽车加速行驶车外噪声限值

汽车分类	噪声限值/dB（A）	
	第一阶段	第二阶段
	2002 年 10 月 1 日～2004 年 12 月 30 日期间生产的汽车	2005 年 1 月 1 日以后生产的汽车
M_1	77	74
M_2（GVM≤3.5t），或 N_1（GVM≤3.5t）：		
GVM≤2t	78	76
2t<GVM≤3.5t	79	77

续表

汽车分类	噪声限值/dB（A）	
	第一阶段	第二阶段
	2002 年 10 月 1 日～2004 年 12 月 30 日 期间生产的汽车	2005 年 1 月 1 日 以后生产的汽车
M₂（3.5t<GVM≤5t），或 M₃（GVM>5t）： 　P<150kW 　P≥150kW	82 85	80 83
N₂（3.5t<GVM≤12t），或 N₃（GVM>12t）： 　P<75kW 　75kW≤P<150kW 　P≥150kW	83 86 88	81 83 84

注：1. M_1，M_2（GVM≤3.5t）和 N_1 类汽车装用直喷式柴油机时，其限值增加 1dB（A）。

2. 对于越野汽车，其 GVM>2t 时：如果 P<150kW，其限值增加 1dB（A）；如果 P≥150kW，其限值增加 2dB（A）。

3. M_1 类汽车，若其变速器前进挡多于四个，P>140kW，P 与 GVM 之比大于 75kW/t 并且用第三挡测试时其尾端出线的速度大于 61km/h，则其限值增加 1dB（A）。

6.7　听力卫生标准

噪声对人体的危害是全身性的，但最直接的还是影响人的听觉系统。在工作中长期接触比较强烈的噪声，不仅造成听力损失，而且噪声还干扰语言交流，影响工作效率，甚至引起意外事故，因此减少工作场所中的噪声危害十分重要。

《工作场所职业病危害作业分级　第 4 部分：噪声》（GBZ/T 229.4—2012）规定了工作场所生产性噪声作业的分级原则、分级方法，适用于各类存在生产性噪声作业的分级管理。

表 3-6-19 和表 3-6-20 列出了 4 类噪声作业分级及脉冲噪声作业分级。

表 3-6-19　噪声作业分级

分级	等效声级 $L_{EX, 8h}$/dB	危害程度
I	$85 \leqslant L_{EX, 8h} < 90$	轻度危害
II	$90 \leqslant L_{EX, 8h} < 94$	中度危害
III	$95 \leqslant L_{EX, 8h} < 100$	重度危害
IV	$L_{EX, 8h} \geqslant 100$	极重危害

注：表中等效声级 $L_{EX, 8h}$ 与 $L_{EX, w}$ 等效使用。

表 3-6-20　脉冲噪声作业分级

分级	声压峰值/dB			危害程度
	$n \leqslant 100$	$100 < n \leqslant 1000$	$1000 < n \leqslant 10000$	
I	$140.0 \leqslant n < 142.5$	$130.0 \leqslant n < 132.5$	$120.0 \leqslant n < 122.5$	轻度危害
II	$142.5 \leqslant n < 145$	$132.5 \leqslant n < 135.0$	$122.5 \leqslant n < 125.0$	中度危害
III	$145 \leqslant n < 147.5$	$135.0 \leqslant n < 137.5$	$125.0 \leqslant n < 127.5$	重度危害
IV	$n \geqslant 147.5$	$n \geqslant 137.5$	$n \geqslant 127.5$	极重危害

注：n 为每日脉冲次数。

6.8　噪声测量方法标准

为了规范噪声测量过程，提高测量结果的科学性、准确性以及可比性，需要统一制定测量方法标准。此类标准对测量过程中使用的仪器精度、气象条件、测点位置、测量环境、测量时间、测量时段和测量方法等重要问题做了统一的要求和规定。

《环境噪声监测技术规范　噪声测量值修正》(HJ 706—2014)规定了背景噪声测量方法、噪声测量值修正方法，适用于监测与评价环境噪声时对噪声测量值的修正。

该标准第 4 节规定了背景噪声测量方法；第 5 节给出了噪声测量值与背景噪声值的修正方法；第 6 节为特殊情况的达标判定；第 7 节为倍频带声压级修正；第 8 节为数值修约规则。

噪声测量值与背景噪声值相差大于或等于 3dB 时的修正计算：

(1) 噪声测量值与背景噪声值的差值 (ΔL_1=噪声测量值−背景噪声值)，修约到个数位。

(2) 噪声测量值与背景噪声值的差值 (ΔL_1) 大于 10dB 时，噪声测量值不做修正。

(3) 噪声测量值与背景噪声值的差值 (ΔL_1) 在 3～10dB 之间时，按表 3-6-21 进行修正 (噪声排放值=噪声测量值+修正值)。

表 3-6-21　3dB≤ΔL_1≤10dB 时噪声测量值修正表　　　　　　单位：dB

差值 ΔL_1	3	4～5	6～10
修正值	−3	−2	−1

按 (2) 和 (3) 款进行修正后得到的噪声排放值，应修约到个位数。

6.9　振动标准

声与振动紧密相关，振动不仅影响人的身心健康，而且还损坏建筑物、精密仪器设备等。因此，制定相关标准，减少振动带来的危害非常必要。

(1)《城市区域环境振动标准》(GB 10070—88)

城市各类区域铅垂向 Z 振级标准值如表 3-6-22 所列。

表 3-6-22　城市各类区域铅垂向 Z 振级标准值　　　　　　单位：dB

适用地带范围	昼间	夜间
特殊住宅区	65	65
居民、文教区	70	67
混合区、商业中心区	75	72
工业集中区	75	72
交通干线道路两侧	75	72
铁路干线两侧	80	80

本标准规定了城市区域环境振动的标准值及适用地带范围和监测方法，适用于城市区域环境中连续发生的稳态振动、冲击振动和无规则振动。测量点在建筑物室外 0.5m 以内振动敏感处，必要时测量点置于建筑物室内地面中央。

  每日发生几次的冲击振动，其最大值昼间不允许超过标准值 10dB，夜间不超过 3dB。

  适用地带范围的划定："特殊住宅区"是指特别需要安静的住宅区；"居民、文教区"是指纯居民和文教、机关区；"混合区"是指一般商业与居民混合区，工业、商业、少量交通与居民混合区，"商业中心区"是指商业集中的繁华地区；"工业集中区"是指在一个城市或区域内规划明确确定的工业区；"交通干线道路两侧"是指车流量每小时 100 辆以上的道路两侧；"铁路干线两侧"是指距每日车流量不少于 20 列的铁道外轨 30m 外两侧的住宅区。

  （2）《住宅建筑室内振动限值及其测量方法标准》（GB/T 50355—2005）

  住宅建筑室内振动限值如表 3-6-23 所列。

表 3-6-23　住宅建筑室内振动限值

1/3 倍频程中心频率/Hz			1	1.25	1.6	2	2.5	3.15	4	5	6.3	8
L_a 限值 /dB	1 级限值	昼间	76	75	74	73	72	71	70	70	70	70
		夜间	73	72	71	70	69	68	67	67	67	67
	2 级限值	昼间	81	80	79	78	77	76	75	75	75	75
		夜间	78	77	76	75	74	73	72	72	72	72
1/3 倍频程中心频率/Hz			10	12.5	16	20	25	31.5	40	50	63	80
L_a 限值 /dB	1 级限值	昼间	72	74	76	78	80	82	84	86	88	90
		夜间	69	71	73	75	77	79	81	83	85	87
	2 级限值	昼间	77	79	81	83	85	87	89	91	93	95
		夜间	74	75	78	80	82	84	86	88	90	92

  各类限值适用范围的划分：

  1 级限值：为适宜达到的限值；

  2 级限值：为不得超过的限值。

  本标准适用于住宅建筑（含商住楼）室内振动的评价与测量。与《城市区域环境振动标准》不同，其目的在于：防止住宅建筑内部振动源（如电梯、水泵、风机等）对室内居住者的干扰，以确保居住者有一个良好的居住条件以及为住宅建筑内部各种振动源的振动控制提供可靠的依据。

  本标准规定了以振动加速度级 L_a 计量，单位为 dB；振动频率范围为 1～80Hz，振动方向取地面（或楼层地面）的铅垂方向。

参 考 文 献

[1] 方丹群. 噪声的危害与防治. 北京：中国建筑工业出版社，1980.

[2] 方丹群，王文奇，孙家麒. 噪声控制. 北京：北京出版社，1986.

[3] 马大猷. 噪声与振动控制工程手册. 北京：机械工业出版社，2002.

[4] 方丹群，李琳，董金英，张书珍，方至，张家志，等. 工业噪声标准研究. 劳动保护技术，北京：1980.

[5] Kryter K D. The Effect of Noise on Man. New York: Academic Press, 1971.

[6] 方丹群，孙家麒，董金英，曹木秀，陈潜，孙凤卿. 噪声标准研究方向探讨. 中国环境科学，1981.

[7] Willott J F, Bische J V, Shimizu T, et al. Effects of exposing C57BL/6J mice to high and low frequency augmented acoustic environments: auditory brainstem response. Cytocochleogram, anterior cochlear nucleus morphology and the role of gonadal hormones. Hear Res, 2008, 235(1-2): 60-71.

[8] Gorai AK, Pal AK. Noise and its effect on human being- are view. J Environ Sci Eng, 2006, 48(4): 253-260.

[9] 丁大连，李明，姜泗长，等. 内耳形态学. 黑龙江：科学技术出版社，2001.

[10] Endo T, Nakagawa T, Iguchi F, et al. Elevation of superoxide dismutase increases acoustic trauma from noise exposure. Free Biol Med, 2005, 38(4): 492-498.

[11] Hirose K, Liberman M C. Lateral wall histopathology and endocochlear potential in the noise-damaged mouse cochlea. J Assoc Res, 2003, 4(3): 339-352.

[12] Hu B H. Henders N D, Yang W P. The impact of mitochonddal energetic dysfunction on apoptosis in outer hair cells of the cochlea following exposure to intense noise. Hear Res, 2008, 236(1-2): 11-21.

[13] Sun W, Zhang L, Lu J, et al. Noise exposure-induced enhancement of auditory cortex response and changes in gene expression. Neuroscience, 2008, 156(2): 374-380.

[14] Nagashima R, Ugiyama C, Yoneyama M, et al. Acoustic overstimulation facilitates the expression of glutamate-cysleine ligase catalytic subunit probably through enhanced DNA binding of activator protein-1 and/or NF- kappaB in the murine cochlea. Neurochem Int, 2007, 51(2-4): 209.

[15] Bedi R. Evaluation of occupational environment in two textile plants in Northern India with specific reference to noise. Ind Health, 2006, 44(1): 112-116.

[16] Syka J. Plastic changes in the central auditory System after hearing loss, restoration of function, and during leaming. Physiol Rev, 2002, 82(3): 601-636.

[17] Kellerhai S B, Marti E, Villiger W. Surface view of the guinea a pig otolithic membrane: A scanning electron microscopic observation. Pract Oto-Rhino-Larygologica, 1970, 32(2): 65-73.

[18] Cotanche D A. Genetic and pharmacological intervention for treatment/prevention of hearing loss. J Commun Disord, 2008, 41(5): 421-443.

[19] 曲雁，等. 噪声性耳聋的研究进展. 河北医科大学学报，2009，30（8）.

[20] 张素娜，杨英. 噪声性聋的研究进展. 青海医疗杂志，2009，39（11）.

[21] Henry W R, Mulroy M J. Aferent synaptic changes in auditory hair cells during noise-induced temporary shift. Hear Res, 1995, 84: 81-90.

[22] Ocho S, IWasaki S. A new model for investigating hair cell degeneration in the guinea pig following damage of the stria vascularis using a Photochemical reaction. Eur Arch Otorhinolaryngology, 2000, 257(4): 182-187.

[23] 汤影子，等. 噪声诱发的听觉系统损伤及其机理. 国外医学耳鼻咽喉科学分册，2004，28（6）.

[24] 黄选兆. 耳鼻咽喉科学. 北京：人民卫生出版社，1995.

[25] 章建程，等. 噪声性听觉损伤的特点与机制研究进展. 海军医学杂志，2006，27（4）.

[26] Svka J, Rybalko N. Threshold shifts and enhancement of cortical evoked responses after noise exposure in rats. Hear Res, 2000, 139: 59-68.

[27] Popelar J, Valvoda J, Syka J. Acoustically and electrically evoked con-tralateral suppression of otoacustic emissions in guinea pigs. Hear Res, 1999, 135: 61-70.

[28] Rabinowitz P M, Pierce Wise J Sr, Hur Mobo B, et al. Antioxidant status and hearing function in noise-exposed workers. Hear Res, 2002, 173: 164-171.

[29] Rybalko N, Syka J. Susceptibility to noise exposure during postnatal development in rats. Hear Res, 2001, 155: 32-40.

[30] Lamm K. Arnold W. The effect of blood flow promoting drugs on cochlear blood flow, perilymphatic PO_2 and auditory function in the normal and noise-damaged hypoxic and ischemic guinea pig inner ear. Hear Res, 2000, 141: 199-219.

[31] Eggermont J J, Komiya H. Moderate noise trauma in juvenile cats results in profound cortical topographic map changes in adulthood. Hear Res, 2000, 142: 89-101.

[32] Szczepaniak W S, Moiler A R. Evidence of decreased GABAergic influence on temporal integration in the inferior colliculus following acute noise exposure: a study of evoked potentials in the rat. Neurosci Lett, 1995, 196: 77-80.

[33] Syka J. Plastic changes in the central auditory system after hearing loss, restoration of function, and during learning. Physiol Rev, 2002, 82: 601-636.

[34] Kahenbach J A, Czaja J M, Kaplan C R. Changes in the tonotopic map of the dorsal cochlear nucleus following induction of cochlear lesions by exposure to intense sound. Hear Res, 1992, 59: 213.

[35] Norena A J, Tomita M, Eggermont J J. Neural changes in cat auditory cortex after a transient pure tone trauma. J Neurophysi, 2003, 90: 2-387.

[36] Wang J, Ding D, Salvi R J. Functional reorganization in chin-chills inferior colliculus associated with chronic and acute coehlear damage. Hear Res, 2002, 168: 238.

[37] Norena A J, Tomita M, Eggermont J J. Neural changes in cat auditory cortex after a transient pure-tone trauma. J Neurophysi, 2003, 90: 23-87.

[38] Marilene P, Marcelo M, Antonio C. A realistic model of tonotopic reorganization in the auditory cortex in response to cochlear lesions. Neuroemputing, 2001, 38: 11-69.

[39] Willott J F, Aitkin L M, McFadden S L. Plasticity of auditory cortex associated with sensorineural hearing loss in adult C57BL/6J mice. J Comp Neurol, 1993, 329-402.

[40] Irvine D R, Fallon J B, Kamke M R. Plasticity in the adult central auditory system. Acoust Aust, 2006, 34: 13.

[41] Eggermont J J.Correlated neural activity as the driving forcefor functional changes in auditory cortex. Hear Res, 2007, 229: 69.

[42] Wang J, Salvi R J, Powers N. Plasticity of response properties of inferior colliculus neurons following acute

cochlear damage. J Neurophysiol, 1996, 75: 171.

[43] Rajan R, Irvine D R F. Absence of plasticity of the frequency map in dorsal cochlear nucleus of adult cats after unilateral partial cochlear lesions. J Comp Neurol, 1998, 399: 35.

[44] Caspary D M, Schatteman T A, Hughes L F. Age-related changes in the inhibitory response properties of dorsal eochlear nucleus output neurons:role of inhibitory inputs. J Neurosci, 2005, 25: 10-952.

[45] Basta D, Ernst A. Erratum to "noise- induced changes of neuronal spontaneous activity in mice inferior colliculus brain slices". Neurosci Lett, 2005, 374: 74.

[46] Norefia A J, Eggermont J J. Enriched acoustic environment after noise trauma reduces hearing loss and prevents cortical map reorganization. J Neurosci, 2005, 25: 699.

[47] Saunders J C. The role of central nervous system plasticity in tinnitus. J Commun Disord, 2007, 40: 313.

[48] 华清泉，等. 大鼠单侧耳蜗损毁对耳蜗核中 γ-氨基丁酸能神经元的影响. 临床耳鼻咽喉科杂志，2005，19：315.

[49] 廖华，等. 单侧耳蜗毁损后大鼠下丘核 γ-氨基丁酸能神经元的分布及调控. 听力学及言语疾病杂志，2005，13：355.

[50] Suga N. Sharpening of frequency tuning by inhibition in the central auditory system: tribute to Yasuji Katsuki. Neurosci Res, 1995, 21: 287.

[51] Eggermont J J. Cortical tonotopic map reorganization and its implications for treatment of tinnitus. Acta Otolaryngol (Suppl), 2006, 556: 9.

[52] 代洪. 噪声性损害对听觉中枢影响的研究进展. 听力学及言语疾病杂志，2008，16（6）.

[53] Lenzi P, Frenzilli G, Gesi M, et al. DNA damage associated with ultrastructural alterations in rat myocardium after loud noise exposure. Environmental Health Perspect, 2003, 111(4): 467-471.

[54] van Kempen E E, Kruize H, Boshuizen H C, et al. The association between noise exposure and blood pressure and ischemic heart disease: a meda-anallysis. Enviromental Health Perspectives, 2002, 110(3): 307-317.

[55] Enzi P, Frenzilli G, Gesi M, et a1. DNA damage associated with uhrastmetural alterations in rat myecardium after loud noise exposure. Environ Health Perpeet, 2003, 11(4): 167-471.

[56] Ising H, Braun C. Acute and chronic endocrine effects of noise. Noise & Health, 2000, 2(7): 7-24.

[57] 廖日炎，等. 拉链厂噪声对劳动者的健康危害. 实用预防医学，2007，14（4）.

[58] 李春芳，等. 西飞公司噪声作业分级及工人健康状况调查报告. 航空航天医药，2002，13（1）.

[59] 纪红. 噪声对海航飞行员心血管和神经系统的影响. 临床军医杂志，2005，33（3）.

[60] 杨震宇，刘移民. 噪声健康效应研究进展. 中国职业医学，2006，33（3）.

[61] Lusk S L, Hagerty B M, et al. Chronic effects of workplace noise on LH blood pressure and heart rate. Archives Environmental Health, 2002, 57(4): 273-281.

[62] 方丹群，董金英，封根泉，张书珍. 工业噪声对大脑电信息功能和心电图影响的研究，科学通报，1982，7.

[63] 方丹群，封根泉，等. 噪声对脑电影响的分析. 第三届全国声学学术会议，1982，北京.

[64] 封根泉，方丹群，等. 诱发脑电脉冲响应的若干指标在接触噪声的工人脑震荡病人中阳性率研究. 第三届全国声学学术会议，1982，北京.

[65] 封根泉，方丹群，方跃奇，任宝云，董金英. 噪声暴露和心肌梗塞对心电传递函数、相移和相干函数的影响. 生物化学与生物物理学进展，1982，6.

[66] 方丹群，封根泉．噪声对人体健康影响的综合研究．劳动卫生与环境医学，1981，6.

[67] 方丹群，封根泉，吴逊，王羽迅，路远宁，刘兰芹．噪声对青少年脑功能的影响在诱发脑电脉冲响应指标上的表现．环境与健康杂志，1984，1.

[68] 封根泉，方丹群，等．噪声暴露对诱发脑电脉冲响应的影响．生物化学与生物物理进展，1983，1.

[69] 任宝云，封根泉，方丹群，等．心电"传递函数峰值频率的相干"与噪声暴露和心肌梗塞的关系．环境科学专题汇编：环境医学，中国环境科学研究院情报研究所，1982.

[70] Fang D Q, Feng G C, Sun J Q, Chen C, Dong J Y. Establishment of Industrial Noise Criteria based On The Concept of Human Factors. 10th International Congress On Acoustics, 1980, Sydney.

[71] Fang D Q. Research Development of Noise Control Technology and Noise Standards. International Congress On Academy Research of Laber protection, nishi, 1980, Yugoslavia.

[72] Fang D Q, Feng K C. Industrial noise criterion and Human Engineering. Ergonomics (Human Engineering), 1981, Yugoslavia.

[73] Fang D Q, Dong J Y, Feng G Q, Zhang S Z, Song Z Z. A Study of the Influence of Industrial Noise On Information Process of Brain and EKG. Chinese Science Bulletin, 1983, 7.

[74] Feng K C, Fang D Q. Effect on EEG with Computer Analysis. 11th ICA, Paris, 1983, 7.

[75] Fang D Q, Chen C, et al. Code of noise control design industrial enterprises and And their research work. Inter-noise, Beijing, 1987.

[76] 方丹群．噪声对听力的影响．中国大百科全书：环境科学卷，环境物理学词条．北京：中国大百科全书出版社，1983.

[77] 方丹群．噪声对生理的影响．中国大百科全书：环境科学卷，环境物理学词条．北京：中国大百科全书出版社，1983.

[78] Минина А Е. Авиионная Акустиква Москва. Матинотроение, 1973, Москва.

[79] 刘砚华，等．道路交通噪声评价的探讨．噪声与振动控制，2007，27：93.

[80] 张国宁．地面交通噪声控制标准与环境管理．噪声与振动控制，2007，27：127.

[81] WHO. Guidelines for Community Noise. London, 1999.

[82] Commission of the EU. Relating to assessment and management of environmental noise. Directive 2002/49/EC, 2002, 6, 25.

[83] Kawadd T, Sazuki S. Change in rapid ere movement (REM) sleep in relines response to all night noise and transient noise. Archives Environmental Health, 1999, 54(5):336-340.

[84] 方丹群，张斌，卢伟健．噪声控制工程学的诞生和发展．噪声与振动控制，2009，29.

[85] 方丹群，张斌，孙家麒，户文成，邵斌，姜鹏明．国内外声环境管理、控制的差异暨对中国"十二五"规划噪声问题的建议．2011年全国噪声污染防治技术政策交流研讨会论文集，2011，北京.

[86] 任文堂，李孝宽，李孝平．我国汽车噪声现状及关键控制技术展望．全国环境声学电磁辐射环境学术会议论文集，2004，三亚.

[87] 辜小安，杨雯．我国铁路环境噪声控制现状及研究进展．全国环境声学电磁辐射环境学术会议论文集，2004，三亚.

[88] 孙家麒，战嘉恺，等．振动的危害和控制技术．石家庄：河北科技出版社，1991.

[89] 孙家麒．城市轨道交通振动和噪声控制简明手册．北京：中国科学技术出版社，2002.

[90] 王书云，闫春雨，刘冰玉．道路交通噪声影响人体心电指标的规律研究．噪声污染与防治，2015，

37（7）.

[91] Ajbara R, Welsh J T, Purias. Humen-ear Sound Transfer Function and Cochlear Input Impedance. Hearing Rearch, 2001, 152(1): 100-109.

[92] Wiet G J, Schmalbrook P, Power I C. Use of Ultra-high-resolution data for Temporal Bone Dissection Simulation. Otolaryngology-Head and Neck Surgery, 2005, 133(6): 911-915.

[93] O'Connor K N, Puria S. Middle Ear Cavity and Ear Canal Pressure-driver Stapes Velocity Responses in Human Cadaveric Temporal Boues. The journal of the Acoustical Society of America, 120(3): 1517-1528.

[94] 刘逸，陈春俊，林建辉. 高速列车噪声对人体机理影响研究. 机械设计与制造，2016，1.

[95] Broner N, Leventhall H. Low frequency noise annoyance and the bBa. Acoustics Letters, 1978, (16-2).

[96] Moller H. Annoyance of audible intrasound. Journal of Low Frequency Noise & Vibration, 1987, 6(1): 1-17.

[97] Fastl H, Zwicker E. Psychoacoustice, Facts and Models. Springer Science & Business Media, 2007.

[98] Zimmer K, Ellermeier W, Schmid C. Using Probabilistic Choice Models to Investigate Anditory Unpleasantness. Acts acoustion united with acoustics, 2004, 90(6): 1019-1028.

[99] Yoon J H, Yang I H, Jeong J E, et al. Reliability improvement of a sound quality index for a vehicle HVAC system using a regression and neural network model. Applied acoustics, 2012, 73(11): 1099-1103.

[100] Bradley J S. Annoyance caused by constant-amplitude and amplitude- modulated sounds containing rumble. Noise Control Engineering Journal, 1994, 42(6): 203-208.

[101] Trimmel M, Kundi M, Binder G, Groll-Knapp E, et al. Combined Effects of Mental Load and Background Noise on CNS Activity Indicated by Brain DC Potentials. Enviroment international, 1996, 2(1): 83-92.

[102] Jeon J Y, You J, Jeong L I, et al. Varying the spectral envelope of air-conditioning sounds to enhance indoor acoustic comfort. Building and Environment, 2001, 46(3): 139-46.

[103] Di G Q, Wu S X. Emotion Recognition from Sound Stimuli based on basic-propagation neural networks and electroencephalograms. The Journal of the Acoustical Society of America, 2015, 138(2): 994-1002.

[104] 陈兴旺. 特高压变电站低频噪声人体感受试验研究. 浙江大学硕士学位论文，2016.

[105] Di G Q, Chen X W, Song K, Zhou B, Pei C M. Improvement of Zwicher's psychoacoustic annoyance model aiming at tonal noises. Applied Acoustics, 2016, 105: 164-170.

[106] 方丹群，张斌，等. 噪声控制工程学. 北京：科学出版社，2013.

[107] 翟国庆. 低频噪声. 杭州：浙江大学出版社，2013.

[108] 潘仲麟，翟国庆. 噪声控制技术. 北京：化学工业出版社，2006.

第 4 篇

噪声与振动测量方法和仪器

编　著　李志远　陆益民

校　审　孙家麒　邵　斌

第 **1** 章　噪声与振动测量概述

1.1　噪声与振动测量的目的

　　噪声和振动测量不仅是噪声和振动控制工程的主要技术步骤，亦是环境保护、劳动保护工作中监测噪声和振动是否符合有关规定的手段。评价各种机械设备和汽车、火车、轮船等交通运输工具的噪声和振动，不仅是它们本身的重要质量指标，而且也涉及对环境的污染和对职工健康的影响。噪声和振动测量已涉及国家经济和社会发展的许多领域。噪声和振动测量仪器亦从为数有限的专业工作者普及到冶金、煤炭、石油、化工、交通运输、机械、纺织、轻工、电力、建筑、航空及国防工程等有关部门从事新产品、新材料、新工艺研究和工程设计的科技工作者，以及从事噪声与振动控制和监测的非专业工作者手中。

　　噪声和振动测量的分类有以下几种。

　　① 就测量对象而言，可以区分为设备本身（噪声源和振动源）特性测量、噪声与振动环境的特征测量。

　　② 就噪声和振动随时间变化的特性而言，可以区分为稳态噪声和振动测量、非稳态噪声和振动测量。非稳态噪声和振动测量又可以区分为周期性变化噪声和振动测量、无规变化噪声和振动测量、脉冲声和冲击振动测量等。

　　③ 就噪声源和振动源的频率特性而言，可以区分为宽带噪声和振动测量、窄带噪声和振动测量以及含有突出纯音成分的噪声和振动测量。

　　④ 从测量要求的精度来看，可以分为精密（实验室）测量、工程测量和普查，等等。

　　在进行任何噪声与振动测量前，首先应明确测量的对象和目的以及为达此目的所必需的测量数据，同时编制测量计划。从一开始就应仔细考虑选择合适的噪声和振动测量仪器，以保证达到预定测量要求。选择仪器时要考虑噪声和振动本身的特性，例如频谱，交通噪声具有宽带频谱，飞机噪声具有窄带频谱，电机噪声具有较高的频率成分等。又如连续工业生产作业时噪声级与振级可认为是恒定的，在建筑施工工地则是间歇的，而在铁路边则是火车不来时长时间保持安静，当火车来时噪声与振动非常强。有时候还会遇到脉冲噪声和冲击振动的测量问题，如射击、打桩、气锤及工业脉冲噪声与冲击振动。在进行环境评价时，所有这些不同噪声源和振动源特性都应考虑，并相应地选择测量仪器和测量方法。

　　对测量数据进行分析的工作量及要求的形式也影响到测量仪器和测量方法的选择。一个基础研究通常需要大量精确的数据和图表，此后要用许多不同的方法对以上资料进行分析；噪声控制工程一般要求的图表信息要少一些，而作为监测目的通常只要求检测并记录噪声和振动随时间的变化情况。

　　如果要将测量仪器放在现场使用，如测量环境和社会生活噪声与振动，那么这些仪器应当是便携式的，以便于在现场操作和校准。

最简单的噪声测量是测量线性声压级，它与频率无关，而且随时间的变化亦予以忽略，这里不考虑人对噪声主观感觉的影响。通常振动测量时，将数据记录下来供日后进行实验室分析使用。噪声信号频率的计权相应于人耳的响应，这样测量出的计权声压级能较好地表达人的主观影响。

A 计权声压级获得了广泛应用，许多国家和国际标准都是以 A 声级作为基本评价量的，或者是 A 声级随时间变化而导出的评价量，例如累计百分声级 L_N 和等效连续声级 L_{eq}。

在振动测量中，研究机械结构的强度、变形和旋转机件不平衡时，选择测量振动的位移；在评价机器振动烈度时，测量振动的速度（有效值），振动的速度与噪声的大小直接有关；在研究机械疲劳、冲击时，测量振动的加速度，加速度与作用力及负载成比例；测量振动对人体及建筑物的影响，以及测量环境振动时，需要测量计权加速度或计权加速度级。

假如需要进行噪声与振动的频率分析，应根据应用场合及所希望的分辨率，选择标准的倍频程带宽或 1/3 倍频程带宽进行测量。对于由办公机器和通风系统引起的室内噪声评价采用倍频程分析；为评价航空噪声测量感觉噪声级 PNL 则要进行 1/3 倍频程分析；对于含有明显纯音成分或者不规则频谱的噪声与振动，则要用窄带分析以便将主要的频率成分分离出来，如果需要对噪声与振动信号进行详尽的研究分析，则要采用 FFT 技术进行实时分析。

1.2　测量误差、精度及不确定度

测量结果总是有误差的。误差自始至终存在于一切科学实验和测量过程中。

1.2.1　测量误差

测量结果与被测量真值之差称为测量误差，简称误差。该定义联系着三个量，显然只需已知其中的两个量，就能得到第三个量。但是，在现实中往往只知道测量结果，其余两个量却是未知的。这就带来许多问题，如：测量结果究竟能不能代表被测量量，用测量结果来代表被测量量有多大的可置信度等等。

真值是被测量量在被观察时所具有的量值，从测量角度看，真值是不能确切获知的，是一个理想的概念，通常用能充分接近真值的"约定真值"来代替真值。

如果根据误差的统计特征来分类，误差可分为：

① 系统误差　在对同一被测量量进行多次测量过程中，出现某种保持恒定或按确定方式变化着的误差称为系统误差。

② 随机误差　在对同一量进行多次测量中，误差的正负号和绝对值以不可预知的方式变化着的误差称为随机误差。

③ 粗大误差　明显超出规定条件下预期误差范围的误差称为粗大误差，这是由某种不正常的原因造成的。

实际工作中常根据产生误差的原因把误差分为：器具误差、方法误差、调整误差、观测误差和环境误差。

1.2.2 测量精度

测量精度泛指测量结果的可信程度。从计量角度来看，描述测量结果可信程度更为规范的术语有：精密度、正确度、准确度等。

① 测量精密度表示测量结果中随机误差大小的误差，也是指在一定条件下进行多次测量时所得结果彼此符合的程度。不能将精密度简称为精度。

② 测量正确度表示测量结果中系统误差大小的程度。它反映了在规定条件下测量结果中所有系统误差的综合。

③ 测量准确度表示测量结果和被测量真值之间的一致程度。它反映了测量结果中系统误差和随机误差的综合，也称为测量精确度。

1.2.3 测量不确定度

测量不确定度表示对被测量真值所处量值范围的评定。或者说，是对被测量真值不能肯定的误差范围的一种评定。不确定度是测量误差量值分散性的指标，它表示对测量值不能肯定的程度。完整的测量结果不仅要包括被测量的量值，还应包括它的不确定度。用不确定度来表明测量结果的可信赖程度。不确定度越小，测量结果的可信赖度越高。

不确定度一般包含多种分量，通常按其数值的评定方法可以把它们归纳为两类：A 类分量和 B 类分量。A 类分量是用统计方法算出来的，B 类分量是根据经验或其他信息来估计的。

在确定机械和设备的噪声辐射等场合，通常把总不确定度分成如下两个部分。

① 属于测量方法本身的部分，用标准偏差 σ_{R0} 表示，它包含了测量中允许的所有条件和环境所带来的不确定度（被测声源不同的辐射特性、不同的仪器、不同测量方法的应用），但不包括被测声源声功率不稳定所引起的不确定度，后者由 σ_{omc} 单独考虑。

② 由于机械的声辐射不稳定引起的部分，用标准偏差 σ_{omc} 表示，该标准偏差描述的是被测特定声源的运行条件和安装条件不稳定引起的不确定度。该值的求取可以通过对同一声源在同一安装位置，由相同测量人员使用相同的测量仪器，在相同的测点进行重复测量来实现。

在声学测量中，机器、设备的声功率级和声能量级的不确定度分别用 $u(L_W)$ 和 $u(L_J)$ 表示，它们可以通过合成标准偏差 σ_{tot}（用 dB 表示）来估算，如式（4-1-1）所示：

$$u(L_W) \approx u(L_J) \approx \sigma_{tot} \tag{4-1-1}$$

使用 ISO/IEC 指南 98-3 中所描述的建模方法可以得到总标准偏差，这需要建立一个数学模型，如果缺乏建模需要的知识和信息，则可用测量结果的数据（包括循环对比试验结果）来代替。

合成标准偏差是 σ_{R0} 和 σ_{omc} 的合成，其中 σ_{R0} 为描述测量方法复现性的标准偏差，σ_{omc} 为被测声源运行和安装条件的不稳定所引起的不确定度的标准偏差，如式（4-1-2）所示：

$$\sigma_{tot} = \sqrt{\sigma_{R0}^2 + \sigma_{omc}^2} \tag{4-1-2}$$

式（4-1-2）表明，对于具体的机器，在选择具有某准确度（用 σ_{R0} 表征）等级的测量方法之前，应先考虑由 σ_{omc} 表征的运行和安装的情况变化。

一般情况下，σ_{R0} 取决于若干个不确定度分量 $c_i u_i$，这些不确定度分量与不同的测量参数如仪器不确定度、环境修正和传声器位置有关。利用 ISO/IEC 指南 98-3 中的建模方法，σ_{R0} 可由式（4-1-3）求得：

$$\sigma_{R0} \approx \sqrt{(c_1 u_1)^2 + (c_2 u_2)^2 + \cdots + (c_n u_n)^2 + 2\sum_{i=1}^{N-1}\sum_{j=i+1}^{N} c_i c_j u(x_i x_j)} \qquad (4\text{-}1\text{-}3)$$

式中，$u(x_i x_j)$ 是与第 i 个和第 j 个相关不确定度分量的协方差。

扩展测量不确定度 U 可由 σ_{tot} 计算，如式（4-1-4）所示：

$$U = k\sigma_{tot} \qquad (4\text{-}1\text{-}4)$$

扩展测量不确定度取决于所要求的置信度，在测量值为正态分布的情形下，实际测量值在 $(L_W - U) \sim (L_W + U)$ [或 $(L_J - U) \sim (L_J + U)$]区间内，对应覆盖因子 $k=2$ 的置信度为 95%。

如果确定声功率级的目的只是与某个限值进行对比，则采用单边正态分布的覆盖因子更为合适，此时 $k=1.6$，对应置信度为 95%。

1.3　测量注意事项

噪声与振动仪器使用得正确与否，直接影响到测量结果的准确性，为此，在测量时应注意以下几个方面。

1.3.1　测点的选择及声源附近反射的影响

在现场测量机器噪声时，由于安装机器的厂房既不是消声室，也不是混响室，由机器辐射的噪声随距离的变化情况如图 4-1-1 所示。在靠近机器附近是近场区，这个区域大致可以这样确定：当测量距离小于机器所发射噪声的最低频率的波长时，或者小于机器最大尺度的两倍时（两者之间以大的为准），可以认为是近场区。近场区的声场是不太稳定的，如太靠近机器测量，那么测点位置稍有变动就会引起声级的变化，测量应尽量避免这一区域。在近场区以外则是自由场区，在这个区域中离声源距离增加一倍，声压级降低 6dB，现场测量应选择在这个区域进行。当测点离声源太远且距墙壁或其他物体太近时，反射声很强，这个区域称为混响区，应避免在这一区域进行测量。

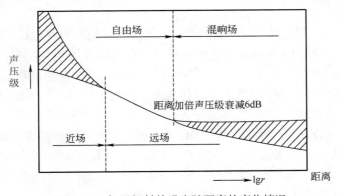

图 4-1-1　机器辐射的噪声随距离的变化情况

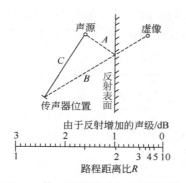

图 4-1-2　单一反射面引起声级的增加值

由于反射而使声级增加的值可由图 4-1-2 计算得到。图示增加的声级是由于附近的单一表面反射引起的。假定距离 A 为 3m，距离 B 为 5m，反射路程为 $(A+B)=8m$，直接路程距离 C 为 4m，则路程距离比 $R=(3+5)/4=2$，从图中查得增加的声级为 1dB。

由图 4-1-2 可以看出，要使反射对声级测量的影响小于 0.5dB，R 值应大于 3。图 4-1-2 是根据噪声是无规入射、传声器是无方向性的假定得到的。如果噪声中包含不连续声调，则声级的增加还要大一些。

由于反射声波的存在，它可能与直达声波相互干涉，形成驻波。当发现有驻波时，应采取修正方法来估算声级。若驻波的最大值与最小值之差小于 6dB，则取这两个值的平均值；若差值大于 6dB，则取比最大声级小 3dB 的数值。

1.3.2　时间计权（电表阻尼）特性的选择

声级计一般具有"快"和"慢"时间计权（电表阻尼）特性，在脉冲声级计中还有"脉冲"和"保持"时间计权特性，测量时要根据测量规范的要求来选择。例如，测量车辆噪声规定用"快"特性，测量地下铁道电动车组司机室、客车室内部噪声规定用"慢"特性。在没有规定时，如测量比较稳定的噪声，"快"和"慢"特性会得到相同的测量结果。如果噪声不稳定，用"快"特性时，电表指针摆动较大（如大于 4dB），就应当用"慢"特性。又如果要测量某一时间内的最大值，则应当用"快"特性。

对于短暂的脉冲和冲击声，应当使用"脉冲"特性。另外，可以使用"保持"特性，把测量结果在电表上保持一段时间，以便于读数，这对于测量变化噪声的最大值尤其方便。

在振动测量中，由于测量频率范围较低，因此可能具有更慢的时间常数，通常选择 0.125s（相当于声级计"快"）、1s（相当于"慢"）或 8s，而且在很多情况下需要测量信号的峰值，并由峰值保持电路保持峰值读数。

1.3.3　背景噪声影响的修正

在实际测量中，如果被测声源停止发声后，还会有其他噪声存在，这种噪声叫背景噪声（或本底噪声）。背景噪声会影响到测量的准确性，但可以按图 4-1-3 进行修正。例如测量某发动机噪声，当发动机未开动时，测量背景噪声为 76dB，开动发动机测得总噪声级（包括发动机噪声和背景噪声）为 83dB，两者之差为 7dB，查图 4-1-3 中的曲线，修正值为 1dB，于是发动机的噪声值为 82dB。

比较粗略的修正方法是：两者之差为 3dB 时，应在总噪声级中减去 3dB；两者之差为 4～5dB 时，应减去 2dB；两者之差为 6～9dB 时，应减去 1dB；当两者之差大于 10dB 时，则背景噪声的影响可以忽略。但如果两者之差小于 3dB，那么最好采取措施降低背景噪声，或者移至背景噪声较小的场所进行测量，否则测量误差就比较大。

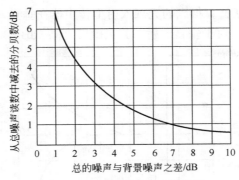

图 4-1-3　背景噪声影响的修正

1.3.4　声级计外形及人体的影响

便携式声级计往往把传声器直接安装在声级计上，这时由于声级计外形的影响，可能给测量带来误差。声级计的体积愈大，影响愈大；频率愈高，影响也愈大，一般在 500Hz 频率以下，影响可以忽略。

当手持声级计位于测量人体和声源之间时，可能对高于 100Hz 的被测噪声造成 1dB 或更大的误差。

在实际使用时，应尽量使声级计及人体远离传声器，这可以借助延伸杆与延伸电缆来达到；或者使被测声波的入射方向与传声器膜片平行，也就是与传声器轴线垂直（掠射式），以减小声级计及人体的影响。

1.3.5　传声器的指向

传声器根据其适用入射方向分为两种：一种是垂直入射型传声器，这种传声器在声波垂直入射时具有平坦的频率响应；另一种是无规入射型传声器，这种传声器在声波无规则入射时具有平坦的频率响应。

在自由场中测量噪声时，传声器位置应能使其获得最平坦的自由场响应。假使采用垂直入射型传声器，传声器的轴线应对着声源，也就是传声器的轴向与声波入射方向一致。如果使用无规入射型传声器，则传声器的轴线应与声波入射方向呈 90°角。

图 4-1-4 为用数学方法计算得到的垂直入射型传声器在无规入射时和掠射（与轴线垂直）时频率响应的修正。当频率为 10000Hz 时，对于无规入射，其灵敏度降低了 3dB；对于掠射，则降低约 4dB。

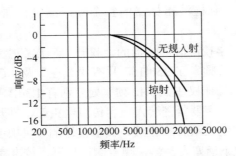

图 4-1-4　垂直入射型传声器在无规入射时和掠射时的频率响应修正

图 4-1-5 为用数学方法计算得到的无规入射型传声器在垂直入射和掠射时频率响应的修正。当频率在 10000Hz 时，对于垂直入射，其灵敏度升高 3dB，对于掠射则降低 1dB。

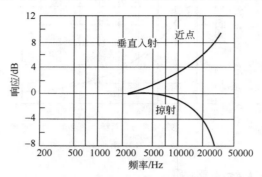

图 4-1-5　无规入射型传声器在垂直入射和掠射时的频率响应修正

1.3.6　环境的影响

当环境温度、湿度及大气压力变化时，传感器及仪器的灵敏度可能发生变化，影响测量的准确性。制造厂一般都给出它们的影响误差。一般要求，当大气压力变化 10%时，对 0 型和 1 型声级计，整机灵敏度变化不大于 0.3dB，对 2 型和 3 型声级计不大于 0.5dB。在制造厂规定的温度范围内，相对于 20℃时的指示，0 型和 1 型声级计灵敏度变化不大于±0.5dB，2 型和 3 型声级计不大于±1dB。另外，在制造厂规定的湿度范围内，以 65%相对湿度时的指标为参考，对 0 型、1 型和 2 型声级计，灵敏度变化不大于±0.5dB，对 3 型声级计不大于±1dB。

声级计用来测量电力设备的噪声时，强的电磁场可能在声级计中引起嗡嗡的干扰，从而影响测量的准确性。可以改变声级计的方位（不改变传声器位置）并注意这时指示的声级是否有明显的变化。如果发现磁场干扰较大，应当变换声级计的方位或在离磁场更远处进行测量。

把声级计置于振动环境中（例如在行驶中的汽车或火车上）进行测量时，振动将影响测量的准确性。当振动方向与传声器膜片垂直时，影响尤其严重。声级计在承受 $1m/s^2$ 加速度的正弦振动时，振动的影响应由制造厂给出。

1.3.7　测量仪器的校准

为了保证测量的准确性，仪器使用前及使用后要进行校准，可以使用活塞发声器、声级校准器或其他声压校准仪器来进行声学校准。声学校准时，应对从传声器、前置放大器、放大器、计权网络直到检波指标器的整个噪声测量仪器进行校准，因此校准的准确性较高。

使用活塞发声器进行声学校准时，仪器的计权开关应放在"线性"或"C"计权位置。因为活塞发声器所发出声音的频率在 250Hz，只有"线性"及"C"计权在 250Hz 处频率响应是平直的；而"B"及"A"计权在 250Hz 频率处分别有 1.3dB 和 8.6dB 的衰减，因此不能进行校准。校准时，把活塞发声器紧密套入电容传声器头部，推开活塞发声器的电源开关至"通"位置，活塞发声器产生 124dB 声压级，调节仪器的"灵敏度调节"电位器，使仪器读数正好是 124dB。关闭并取下活塞发声器，噪声测试仪器已校准完毕。

　　声级校准器产生的声音频率是 1000Hz，因此，使用声级校准器校准时，噪声测试仪器可以置于任何计权开关位置，校准时都能得到相同的读数。因为在 1000Hz 处，对于任何计权以及线性响应，灵敏度都相同。校准时，把声级校准器套入电容传声器头部，调节仪器的"灵敏度调节"电位器，使读数正好是声级校准器产生的声压级。对于 1in（1in=0.0254m）或 ϕ24mm 外径的自由场响应电容传声器，校准值为 93.6dB；对于 1/2in 或 ϕ12mm 外径的自由场响应电容传声器，校准值为 93.8dB。

　　电容传声器灵敏度变化一般不大，因此在没有声压校准仪器的情况下，可根据电容传声器的灵敏度修正值（K 值），利用噪声测试仪器内部电校准信号来校准。但它仅仅校准了放大器及检波指示器的灵敏度，电容传声器没有被校准，校准的准确性不如声学校准。因此，有条件的应尽可能使用声学校准，至少应定期进行声学校准。显然，声学校准后，就不必进行电校准了。在测量过程中，不能再调节"灵敏度调节"电位器。

　　振动测量仪器的现场校准利用校准激励器进行。校准器产生一定频率的精确加速度值（例如 $10m/s^2$），将待校加速度计固定安装于校准器上，在校准器的激励下，调节振动测量仪器的灵敏度加速度指标为 $10m/s^2$。B&K 的 4294 型校准激励器就属这一类，它产生一频率为 159.2Hz、加速度有效值为 $10m/s^2\pm3\%$ 的振动。

　　噪声和振动测量仪器经过一段时间使用后应送有关计量部门对其主要性能进行全面检定，检定周期规定为 1 年。

第 2 章 噪声测量仪器

2.1 噪声测量基本系统

噪声测量是在声场中指定的位置或区域内进行的。测量时，所使用的声学仪器应当满足测量目标的精度要求。噪声测量仪器品种繁多，精度与性能各有不同，但各类仪器的基本组成是相同的，几乎都可以用如图 4-2-1 所示的噪声测量基本系统框架概括。

如图 4-2-1 所示，一个噪声测量系统基本包含三大部分：接收部分，信号处理部分和指示、记录部分。

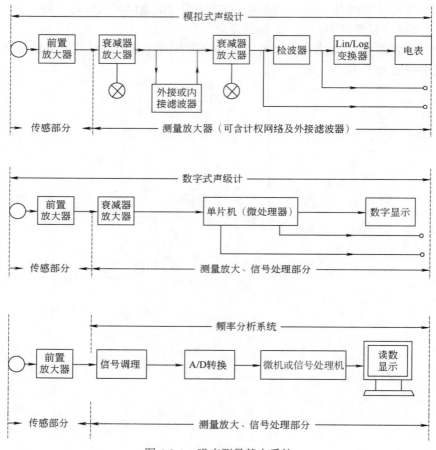

图 4-2-1　噪声测量基本系统

接收部分（传感部分）包括传声器和前置放大器。其中，传声器是一个能够将声信号转化为电信号的换能元件，作用是对声信号进行采集，并将之转化为电信号以供下级系统进行分析处理，因此，它是整个测量系统的核心元件。对接收到的信号进行分析是在信号处理部分进行的。对于传统的模拟电路分析装置，通常包括带通滤波器、输入或输出放大器和衰减器、计权网络等。其中，带通滤波器用于分析噪声的频率成分；计权网络是对声信号进行计权运算的滤波线路；放大器和衰减器配合使用是为了将相当大范围的电信号不失真地放大，使前后级电路在正常状态下运作。对于采用了数字技术分析装置的，则一般由采样系统和信号处理系统两个基本系统组成。采样系统是对传声器收集到的声信号按一定频率进行采样，从而实现信号的离散化、数字化。信号处理系统则是通过中央数字处理器执行各种运算程序，对采样得到的数字声信号进行分析。指示、记录部分是测量结果的显示和记录，主要通过指示仪表和记录元件实现。指示仪表有很多种，从简单的读数电表到复杂的具有记忆装置的自动化数据处理计算机系统。进行噪声测量前，应根据测量对象、测量目的和要求以及环境条件的需要来选择相宜的仪器或设备组成测量系统。

2.2　传声器与前置放大器

2.2.1　测试传声器的性能

噪声测量使用的传声器称为测试传声器。一个噪声测量系统的性能在很大程度上取决于传声器的性能，因此对传声器性能的要求甚为严格。测试传声器性能主要有以下几项。

（1）灵敏度

灵敏度表示传声器的声电转换效率。一般有声场灵敏度和声压灵敏度两种传声器灵敏度的定义。

传声器输出端开路电压与传声器被放入声场前测点处的声压之比，称为声场灵敏度。若放入的声场是自由声场，则称为自由声场灵敏度，以 M_m 表示。它与声波入射的角度有关，一般应用中所指的是正向入射的灵敏度。若放入的声场是扩散声场，则称为扩散声场灵敏度，以 M_{df} 表示。

传声器输出端开路电压与在传声器放入声场后在膜片上的声压之比称为声压灵敏度，以 M_d 表示。由于散射作用，传声器被放入自由声场后，测点处的声压将比真实的声压值大，所以有 $M_m > M_d$，而 M_{df} 一般在两者之间。在实际应用中，通常说明书上给出的大多是声场灵敏度。

（2）频率响应

频率响应是指传声器灵敏度随频率变化的特性，通常采用灵敏度与频率之间的关系曲线表示，称为传声器的频响曲线。频响曲线中平直部分的范围是传声器的频率使用范围，称为传声器的频率特性，取决于传声器灵敏度在音频域（20～20000Hz）的平直程度。这个频率使用范围又称为频率带宽。

由于灵敏度有声场灵敏度和声压灵敏度之分，因此传声器的频率响应也有两个不同的概念，即声场响应和声压响应。前者是声场灵敏度与频率的关系，后者则是声压灵敏度与频率的关系。一个置于平面声波中的传声器，入射到膜片上的声波必然有一部分被反射，所以膜片上接收到的压力除了声波压力之外，还有由于膜片反射声波而产生的压力增量。压力增量的大小与入射声波的频率、入射角度和传声器膜片尺寸等有关。一般当声波频率较高、波长接近或小于膜片尺寸、入射角接近或零度时，反射较强，压力增量亦较大。一个传声器的自由场响应等于该传声器的压力响应与声波反射引起的压力增量响应之和。

（3）动态范围

灵敏度保持不变的声压变化范围，称为传声器的动态范围。动态范围越大，传声器可测量的声压范围越宽。较好的传声器动态范围可达 100～120dB，更好的甚至能达到 160dB。表 4-2-1 为若干传声器的主要指标。

表 4-2-1 若干传声器的主要指标

厂商	型号	直径/mm	动态范围/dB	频率范围/Hz	灵敏度/（mV/Pa）
丹麦 B&K	4191	12.7	21.4～161	3.15～40000	12.5
	4189	12.7	14.6～146	6.3～20000	50
北京声望	M201	12.7	16～146	6.3～20000	50
	M215	12.7	23～146	20～12500	40
杭州爱华	14423	12.7	16～140	10～20000	50
	14425	12.7	17～140	10～16000	40
丹麦 GRAS	40AN	12.7	15～146	1～20000	50
	40BF	6.35	40～174	10～100000	4
美国 PCB	130E21	6.35	>120	1～20000	45
	377B02	12.7	15～146	3.15～20000	50

（4）固有噪声

由于组成传声器的元件或负载上总会存在分子热运动，即使没有声波作用到传声器的振膜上，传声器仍有一定的电压输出，称为传声器的固有噪声，也称为等效噪声级。固有噪声有时会影响传声器可测的最小声压，所以，固有噪声愈低愈好。固有噪声一般与传声器的类型、加工工艺和使用环境有较大关系。

（5）稳定性

传声器的上述性能在不同温度、湿度等环境条件下是否稳定，传声器在较长时间使用中性能是否稳定，这是衡量传声器质量的重要指标。

（6）指向性

不同入射方向的声波作用在传声器的振膜上时，振膜受到的实际作用力有所不同，因此传声器的灵敏度与声波的入射方向有关。灵敏度与声波入射方向的关系就是传声器的指向性。一般来说，传声器的指向性函数可以定义为声波以 α 角入射时的灵敏度与声波沿轴向（$\alpha=0°$）入射时灵敏度的比值。

（7）体积大小

传声器的体积越小对自由声场的干扰越小，可以测量到更精确的结果。但是，这并非绝对的。如图 4-2-2 所示，从四种尺寸传声器的动态范围可以看出，传声器的振膜半径越小，动态范围越小，对低声压级信号的测量误差越大，只适用于高声压级信号的测量；而半径越大，越有利于测量低声压级信号，但对高声压级信号产生较大失真。由此可见，传声器的大小影响着测试的精度和量程，两者之间往往不能同时满足。如图 4-2-2 所示，1/2in 大小的传声器在这两者之间取得较好的平衡，因此，目前常用于噪声测量的传声器大小一般为 1/2in。

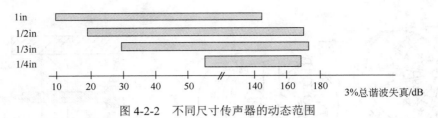

图 4-2-2　不同尺寸传声器的动态范围

此外，传声器的性能指标还包括工作温度范围、温度影响、湿度影响和静压力影响等。理想的传声器应具有以下几个特点。

① 测试过程中，传声器对所在声场本身的干扰足够小，可以忽略其影响。

② 具有足够大（相对于声场）的阻抗，以减少因测量给声场带来的能量损失。

③ 具有足够小的固有噪声。

④ 温度、湿度、磁场、静压和风速等因素对传声器性能的影响足够小。

⑤ 灵敏度与声压级大小无关。

⑥ 具有平滑的频响曲线。

⑦ 声信号与输出的电信号之间相位差为零。

当然，一个实际的传声器不可能同时具有以上这七个特点，根据不同的情况选取合适的传声器在噪声测量中是最为重要的步骤之一。

2.2.2　测试传声器的种类和结构

噪声测试用的传声器种类很多，可以根据不同的换能原理、声场作用方式、电信号传输方式、外形结构、指向性以及用途等进行分类。根据换能原理，传声器可分为电动式、电容式、压电式、半导体式、炭粒式、电磁式等。按声场作用力，传声器可分为压强式、压差式、组合式、线列式等。按振膜受力的情况分类，传声器主要有压强式、压差式以及压强-压差复合式三种基本类型等。

传声器也可以分为自由场型、扩散场型和压力型三种。自由场型传声器常用于自由声场或类似自由声场的声学环境中，如在室外、消声室内或大型车间内。而对于混响声场的测量，则一般使用扩散场型传声器。压力型传声器则常见于密闭或接近密闭空间中的声学测量。

早期的传声器多是晶体传声器和动圈传声器，但是它们的频率响应和稳定性都不太好。目前，使用最为广泛的是电容传声器，其灵敏度高，频率响应宽而平直，稳定性好，灵敏度随温度、湿度、气压和时间等环境条件的变化很小。

（1）电容传声器

电容传声器是利用电容传感器将声信号转换为电信号的，其结构原理如图 4-2-3 所示。电容由感受声压的金属薄膜和与之平行的金属后极板构成。金属薄膜与后极板由狭窄的空气间隙隔开，从而组成了电容器的两个极板。

传声器后极板上的孔可以增加膜片的阻尼，从而改善传声器在高频端的频率特性。均压孔（或称小泄气孔）能保护膜片不致由于两侧压差过大而破损。电容传声器需要较高的直流极化电压，当一个声音信号传至膜片上时，膜片振动引起电容量的变化，便在极板两端输出一个与声压变化成比例的电信号。一般电容传声器的电容量不超过 100pF，输出阻抗较高，需要配接前置放大器。

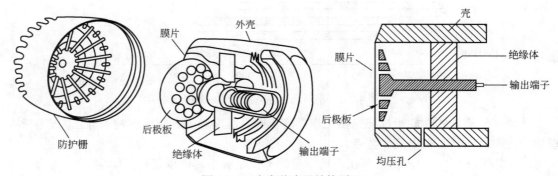

图 4-2-3　电容传声器结构原理

电容传声器的等效电路如图 4-2-4 所示。

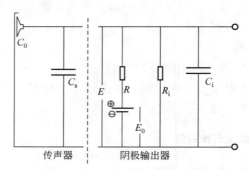

图 4-2-4　电容传声器的等效电路

图 4-2-4 中，C_0 为电容传声器的电容量，C_s 为杂散寄生电容，E 为极化电压，R 为极化充电电阻，R_i、C_i 分别表示与传声器相连的前置放大器的输入电阻和电容。电容 C_0、C_s 和 C_i 是并联的，电阻 R 和 R_i 也是并联的，电路可以进一步简化为一个等效电容 C_e 和一个等效电阻 R_e。

$$C_e = C_0 + C_s + C_i$$

$$R_e = \frac{RR_i}{R + R_i}$$

该电容传声器的时间常数 τ 可用式（4-2-1）表示：

$$\tau = R_e C_e \tag{4-2-1}$$

当 τ 足够大时，即当传声器接收到的交变声压的变化频率满足 $\tau \gg \dfrac{1}{\omega}$ 时，由于膜片振动引起的传声器电容量的变化不会再引起充电量的变化，则电容传声器极板上的电荷为一常数 Q，如式（4-2-2）所示：

$$Q = C_e V \tag{4-2-2}$$

设传声器两个极板间的距离为 x_0，在声压作用下的瞬时距离为 x，则膜片的瞬时位移 $\Delta x = x - x_0$；由于电容量与极板距离成反比，所以电容量变为：

$$C_{\Delta x} = \frac{C_e}{1 + \dfrac{\Delta x}{x_0}} \tag{4-2-3}$$

由式（4-2-2）和式（4-2-3）可导出传声器两端的电压变量 ΔV，如式（4-2-4）所示：

$$\Delta V = \frac{V_0 \Delta C}{C_e} = \frac{V_0 C_0 \Delta x}{C_e(x_0 + \Delta x)} \tag{4-2-4}$$

当 $C_i + C_s \leqslant C_0$ 以及 $\dfrac{\Delta x}{x_0} \leqslant 1$ 时，式（4-2-4）可以简化为式（4-2-5）：

$$\Delta V = \frac{E \Delta x}{x_0} \tag{4-2-5}$$

式中，$E = V_0$，是传声器膜片处于平衡位置时的极间电压。实际电容传声器工作时，均能满足上述条件。但是若声压过强，膜片振动位移 Δx 过大，不满足 $\dfrac{\Delta x}{x_0} \leqslant 1$ 的条件，则传声器输出不再与声压成比例关系。因此，传声器可测的最强声压是由这个条件决定的。

膜片的平均位移 Δx 与声压 Δp 的关系，在远远小于膜片共振频率的条件下如式（4-2-6）所示：

$$\Delta x = \frac{a^2}{8T} \Delta p \tag{4-2-6}$$

式中　a——膜片半径；
　　　T——膜片内单位长度线段上的张力。
将式（4-2-6）代入式（4-2-5），得到式（4-2-7）：

$$\Delta V = \frac{Ea^2}{8x_0 T} \Delta p \tag{4-2-7}$$

式（4-2-7）表明，传声器的输出电压正比于声压，而与频率无关。值得强调的是，只有在传声器的工作频率远远小于膜片共振频率，膜片平均位移 Δx 远远小于两极间距 x_0，且寄生电容与输入电容之和 $C_i + C_s$ 远远小于 C_0 时，式（4-2-7）才能成立。由此可见，膜片的共振频率应尽量提高，要求尽量降低振膜的质量、刚度及阻尼。

传声器的灵敏度 S 可由式（4-2-7）导出，如式（4-2-8）所示：

$$S = \frac{Ea^2}{8x_0 T} \tag{4-2-8}$$

式（4-2-8）说明电容传声器的灵敏度与膜片半径 a 的平方成正比，与膜片张力和极间距离成反比。电容传声器膜片越大，灵敏度越高，但相应的共振频率越低，能够承受的最大声压越小。减小膜片张力、减小极间距离或增大极化电压，固然能提高电容传声器的灵敏度，但是以降低可测最大声压以及由于极板漏电使传声器固有噪声增大为代价。由此可见，电容传声器的灵敏度与测声强度范围相互制约，应根据需要选用合适的传声器。

与其他种类传声器相比，电容传声器具有灵敏度高、频率响应平直、固有噪声低、受电磁场和外界振动影响较小等优点，常用来进行精密声学测量。但是，在较大的湿度下，电容传声器两极板间容易放电并产生电噪声，严重时甚至无法使用。另外，电容传声器需要前置放大器和极化电压，结构复杂，成本高，且膜片又薄又脆，容易破损。因此，电容传声器需要妥善保管，使用时需格外小心。

（2）驻极体传声器

驻极体传声器也是一种电容传声器，它由一种可以永久极化的电介质薄片镀上一层金属（黄金）膜来代替一般电容传声器的金属膜片，其结构如图 4-2-5 所示。驻极体膜片与金属膜片之间的电容量比较小，一般为几十皮法，因此它的输出阻抗值很高，一般为几十兆欧以上。此类高阻抗难以直接与音频放大器相匹配，所以需要在传声器内接入结型场效应晶体三极管进行阻抗转换。

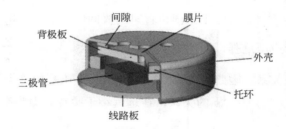

图 4-2-5　驻极体传声器结构示意图

驻极体是一种在强电场中极化后不因电场的消失而消失的电介质。驻极体经一次极化后，传声器的两极永久处于充电状态，不再需要极化电压。传声器采用的驻极体材料多为聚全氟乙丙烯等，成本较低。

（3）压电传声器

压电传声器又称晶体传声器，是利用某些晶体所具有的压电性质来完成声电转换的。压电效应是指压电晶体在一定方向上受到外力作用而变形时，内部会产生极化现象，同时在其表面上产生电荷。因此，压电传声器所使用的换能元件是用压电晶体在某一方向的切片制成的。当切片受声波作用而变形时，在切片两侧产生电量相等的异性电荷，形成一个电势差。其结构如图 4-2-6 所示。

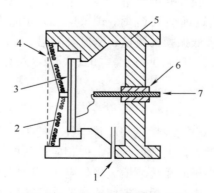

图 4-2-6　压电传声器结构简图

1—均压孔；2—后极板；3—晶体切片；4—膜片；5—壳；6—绝缘体；7—输出电极

晶体切片置于膜片后，声压通过膜片作用于晶体，使晶体按声压的相位和强弱产生振动变形，并输出电压信号。

压电晶体的种类很多，如天然石英、电石、罗谢尔盐、压电陶瓷等。罗谢尔盐压电效率高，用它制作的传声器灵敏度高，但不能在温度高于 45℃ 的环境中工作。同时，在相对湿度为 84% 的条件下，晶体因潮解而失效。另一种用钛酸钼陶瓷做成的晶体传声器适用于高温条件，但灵敏度比罗谢尔盐晶体传声器低 10～20dB。总的来说，晶体传声器具有结构简单、成本低、输出阻抗低、电容量大（可达 1000pF）、灵敏度较高等优点，但也存在性能受温度、湿度影响较大的缺点，其频率响应曲线较不平滑，因此，压电传感器多用于 Ⅱ 级声级计。

（4）表面传声器

表面传声器实际是压电传声器的一种，但其结构与传统的压电传声器不一样。图 4-2-7 为一些表面传声器的实物图。传统的压电传声器一般是圆柱状的探头，连接上前置放大器后，整个探头将具有一定的长度。表面传声器则是薄片形状，它将传声器和前置放大器集成到一圆形薄片上，其体积与厚度都远小于传统的传声器。

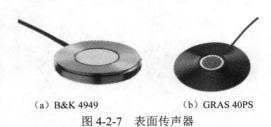

（a）B&K 4949　　　　（b）GRAS 40PS

图 4-2-7　表面传声器

表面传声器是为了克服一些极端的实验环境而开发出来的新型传声器，主要应用在航天、汽车等需要进行固体表面声压级测试的工业领域中。表 4-2-2 为若干类型表面传声器的技术性能指标。

表 4-2-2　若干类型表面传声器的技术性能指标

厂商	型号	动态范围上限/dB	频率范围/Hz	灵敏度/（mV/Pa）	温度使用范围/℃
丹麦 B&K	4949	140	5～20000	11.2	−30～+100
丹麦 GRAS	40PS	136	20～20000	5	−20～+80
美国 PCB	130A40	122	20～10000	45	−10～+55
北京声望	MPS426	127	20～20000	26	−10～+50

与传统传声器相比，表面传声器有以下几个优点。

① 便于安装于机器设备的表面，并且对流场的影响小。使用传统的传声器测量固体表面声压级时，为了减少传声器对流场的影响，需在固体表面附近钻一个小孔，以便将传声器嵌于内部，若不改变固体的表面形状，则需把传声器安置于非常靠近固体表面的位置。此时，传声器必然对流场产生影响，造成测量误差，进而使测量系统的频率响应也随之变差。表面传感器就是为了克服这两个问题而研发出来的，它采用压电材料作为声电转换媒质，厚度很小，只需用适当的胶带或黏合剂就能将其固定在物体表面，对流场的影响很小。

② 能在高湿度的环境下正常工作。

③ 能在极低和极高的温度（−30～+100℃）范围内正常工作。

④ 在音频范围内能测量 55～160dB 内的声压级。

⑤ 具有半球形的指向性，如图 4-2-8 所示。

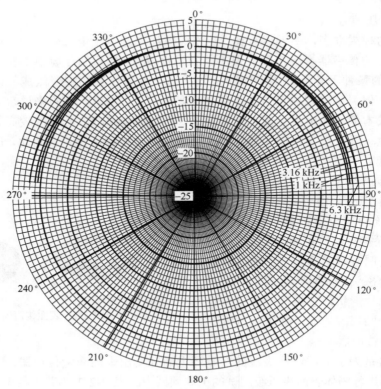

图 4-2-8　表面传声器的指向性

（5）Microflown 传声器

　　Microflown 是一种新型的传声器。与直接测量声压的传统传声器不同，Microflown 是直接测量质点振动速度的传声器。它主要由两根超细铂丝（宽 5μm，厚 200μm）组成，工作时，给铂丝通入电流，由于电热效应，铂丝温度在 300℃左右，此时，两根铂丝实质上组成了一个热电偶。当质点速度为零时，两根铂丝的温度相同，热电偶输出的电压差为零。当声波作用在铂丝上时，质点速度不为零，由于空气流动，两根铂丝之间产生微小温度差，输出电压。

可以证明，两根铂丝的温度差与质点速度成正比，而热电偶输出电压与温度差有关。因此，声场中任一点的质点速度都可以通过铂丝的温差转换为电信号，这便是 Microflown 传声器的工作原理。图 4-2-9 为该传声器的实物图。若干型号的 Microflown 传声器性能参数如表 4-2-3 所列。

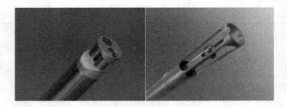

图 4-2-9　Microflown 传声器外形图

表 4-2-3　若干型号的 Microflown 传声器性能参数

型号	直径/mm	动态范围上限/dB	频率范围/Hz	灵敏度/（mV/Pa）	使用温度上限/℃
PU regular	12.7	110	0.1～20000	69	60
USP regular	12.7	135	0.1～20000	25	60
High dB PU probe	12.7	130	0.1～20000	69	50

2.3 声级计与手持式分析仪

测量噪声，尤其是测量各类环境噪声、机械噪声，使用最广泛、最普遍的是声级计。声级计是一种按照一定的频率计权和时间计权测量声音的声压级的仪器，它是声学测量中最常用的基本仪器。传统的模拟信号声级计体积大、功能少，一般只能测量声压级或进行简单的时域统计分析，而频谱分析、实时分析或录音等都需要其他辅助仪器配合使用，这些辅助仪器有频率分析仪、实时分析仪或磁带等。近 20 年来，随着数字化技术的发展，通过声信号的数字化处理，这些功能都完全实现了程序化和模块化，集成到微型晶片上，使得声级计的体积大大减小，更为轻便，而且操作简单，大大提高了测量的效率。数字化声级计已经广泛地应用到声学测量的各个领域中，一些高端的数字声级计甚至可安装操作系统，具有较高的人机交互性能，使噪声的测量和分析更加便利、高效、人性化。

2.3.1 声级计的基本组成

传统声级计的组成系统如图 4-2-1 所示。对于数字化的声级计，由于噪声分析功能的数字化和程序化，其组成便简化为传声器、前置放大器、主机系统（包括中央处理器、内存、记录元件、显示器等）以及电源等。传声器已在前面介绍过了，下面介绍前置放大器及主机系统等。

（1）前置放大器

声信号通过传声器转换成的电信号非常微弱，必须把信号增强以驱动下级电路正常工作，因此，在传声器与主机系统之间设置前置放大器。除了信号增益功能外，前置放大器还起到阻抗变换的功能，使传声器与主机系统电路之间实现阻抗匹配。表 4-2-4 列出了一些常见的传声器前置放大器参数。

表 4-2-4 常见传声器前置放大器参数

厂商	型号	频率范围/Hz	增益/dB	输入阻抗	输出阻抗/Ω	工作电压	工作温度范围/℃
丹麦 B&K	2669C	3～200000	0.35	15GΩ，0.45pF	<25	28～120V	−20～+60
	2673	30～200000	0.05	1GΩ，0.05pF	25	28～120V	−20～+60
北京声望	MA231	19～150000	−0.10	20GΩ，0.1pF	<50	2～20mV	−40!～+80
	MV201	1～100000	−0.5	10GΩ，0.2pF	<80	28～120VDC	−10～+50
杭州爱华	AWA14601	10～200000	−0.2	>10GΩ，0.5pF	150	15～45VDC	−20～+70
	AWA14604	20～50000	−0.3	>20MΩ，0.5pF	150	24V	−10～+60
丹麦 GRAS	26CA	2～200000	−0.25	20GΩ，0.4pF	<50	28～120V	−30～+70
美国 PCB	426A10	80～125000	−0.1	2GΩ，0.2pF	<50	20～32VDC	−40～+80
	426E01	6.3～126000	−0.06	9.4GΩ，0.06pF	<55	20～32VDC	−40～+120

（2）信号处理系统

数字化声级计的信号处理系统相当于声级计的大脑部分。它将采集到的信号通过模数转换（采样与量化）得到离散信号，利用预设程序进行分析处理，如频率计权、倍频程和 FFT

分析、剂量计算以及其他声学分析，最终获得测试结果。得益于数字化处理方法和元件的发展，目前的数字化声级计都具备了实时分析的能力，在测量过程中对噪声信号进行即时处理，测量结束时便可得到测试结果，具有极高的效率和准确度。

① 频率计权　噪声的频率计权网络是模拟人耳对不同频率声音的反应而设计的计权方法。早期设有 A、B、C 三种计权网络，它们分别模拟等响曲线族中的 40 方、70 方、100 方 3 条曲线的反响应。后来，根据飞机噪声的特点，又提出了 D 计权网络，D 计权网络是模拟等响曲线族中 40 方曲线的反响应而设计的，它反映了航空发动机中较为突出的 2～5kHz 噪声对人耳的作用。用 D 计权网络评价航空噪声与人的主观反应有较好的相关性。

图 4-2-10 为 A、B、C、D 四条计权网络的频率特性。表 4-2-5 为 A、B、C 三种计权网络的加权值。

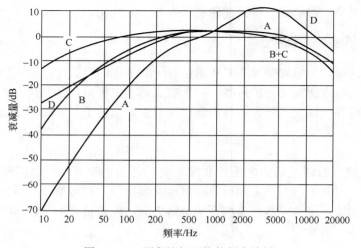

图 4-2-10　四条计权网络的频率特性

表 4-2-5　三种计权网络的加权值　　　　　　　　　　　　　　　单位：dB

频率/Hz	A 计权	B 计权	C 计权	频率/Hz	A 计权	B 计权	C 计权
10	−70.4	−38.2	−14.3	100	−19.1	−5.6	−0.3
12.5	−63.4	−33.2	−11.2	125	−16.1	−4.2	−0.2
16	−56.7	−28.5	−8.5	160	−13.4	−3	−0.1
20	−50.5	−24.2	−6.2	200	−10.9	−2	0
25	−44.7	−20.4	−4.4	250	−8.6	−1.3	0
31.5	−39.4	−17.1	−3	315	−6.6	−0.8	0
40	−34.6	−14.2	−2	400	−4.8	−0.5	0
50	−30.2	−11.6	−1.3	500	−3.2	−0.3	0
63	−26.2	−9.3	−0.8	630	−1.9	−0.1	0
80	−22.5	−7.4	−0.5	800	−0.8	0	0

续表

频率/Hz	A 计权	B 计权	C 计权	频率/Hz	A 计权	B 计权	C 计权
1000	0	0	0	5000	0.5	−1.2	−1.3
1250	+0.6	0	0	6300	−0.1	−1.9	−2
1600	+1	0	−0.1	8000	−1.1	−2.9	−3
2000	+1.2	0	−0.2	10000	−2.5	−4.3	−4.4
2500	+1.3	−0.2	−0.3	12500	−4.3	−6.1	−6.2
3150	+1.2	−0.4	−0.5	16000	−6.6	−8.4	−8.5
4000	+1	−0.7	−0.8	20000	−9.3	−11.1	−11.2

② 统计分析　统计分析是对噪声的时间变换特点进行分析。声级计中常见的统计量包括测量时间内的等效声级、最大声级、最小声级、峰值与累计百分比声级（一般为 5%、10%、50%、90%、95%）。这些统计量仅仅是对测量时间内的噪声信号进行时域分析的结果，计算简单，在测量结束时，即可同时读出结果。一些高级的声级计还可以同时读出这些统计量在不同计权网络下对应的值。

③ 频率分析　频率分析是对噪声的频率成分进行分析。一般的声学测量中，使用较多的是倍频带分析、1/3 倍频带分析和 FFT 分析。传统的频率分析需要使用由放大器和滤波器共同组成的频率分析仪进行，其测试效率非常低。目前，频率分析作为功能模块已集成在声级计中，测试效率非常高。

（3）指示与记录

利用电表对噪声测量结果进行指示是最简单最传统的方法。现代数字化声级计一般将结果显示到液晶数字显示屏上，其优点在于能够显示更多更丰富的内容，如噪声的时间谱线、频谱、各类统计结果的列表等。一些高端的声级计中，如 B&K 2250 型声级计，其显示屏为触摸式液晶显示屏，能够直接在显示屏上对仪器进行操作，提高了仪器与用户之间的交互能力。

噪声测量结果的记录方式一般有磁带记录、电平记录和数字信号储存等。磁带记录与电平记录是最传统的记录方式，而数字声级计更多地使用数字信号储存的方式对测量结果进行记录，常见的储存卡有 CF 卡、SD 卡等，它们具有数据储存量大，体积极小，安装、使用方便，成本低，可重复使用性高等特点，远远优于电平记录和磁带记录两种方式。

2.3.2　声级计的分类

原 IEC 651 标准按测量精度和稳定性把声级计分为 0、Ⅰ、Ⅱ、Ⅲ 4 种类型。0 型声级计用作实验室参考标准；Ⅰ 型除供实验室使用外，还可供在符合规定的声学环境或严加控制的场合使用；Ⅱ 型声级计适合一般室外使用；Ⅲ 型声级计主要用于室外噪声调查。按习惯称 0 型和 Ⅰ 型声级计为精密声级计，Ⅱ 型和Ⅲ型声级计为普通声级计。

2002 年新发布的 IEC 61672 取代了原 IEC 651 标准，并在 2010 年被我国等效采用为国家标准 GB/T 3785.1—2010。该标准按声级计性能将声级计分为 1 级和 2 级两类，两类声级计的差别主要是允差极限和工作温度范围的不同，2 级规范的允差极限大于或等于 1 级规范。一台 2 级的声级计可以具有 1 级的部分性能，但是，若声级计的任一性能只符合 2 级标准，那么它只能是 2 级声级计。一台声级计可以在某种配置下是 1 级声级计，而在另一种配置下是 2 级声级计。

1 级和 2 级声级计的指向特性必须满足表 4-2-6 所示的要求。表 4-2-7 为 1 级和 2 级声级计的频率计权值和允许差值。表 4-2-8 为声级计在不同环境下的性能。

表 4-2-6　1 级和 2 级声级计指向性响应的限值

频率/kHz	在偏离参考方向±θ 内的任意两个声入射角，指示声级的最大绝对差值/dB					
	$\theta=30°$		$\theta=90°$		$\theta=150°$	
	级别					
	1	2	1	2	1	2
0.251	1.3	2.3	1.8	3.3	2.3	5.3
>1~2	1.5	2.5	2.5	4.5	4.5	7.5
>2~4	2.0	4.5	4.5	7.5	6.5	12.5
>4~8	3.5	7.0	8.0	13.0	11.0	17.0
>8~12.5	5.5	—	11.5	—	15.5	—

表 4-2-7　1 级和 2 级声级计的频率计权值和允许差值

标称频率/Hz	频率计权/dB			允差/dB	
	A	C	Z	1 级	2 级
10	−70.4	−14.3	0.0	+3.5；−∞	+5.5；−∞
12.5	−63.4	−11.2	0.0	+3.0；−∞	+5.5；−∞
16	−56.7	−8.5	0.0	+2.5；−4.5	+5.5；−∞
20	−50.5	−6.2	0.0	±2.5	±3.5
25	−44.7	−4.4	0.0	+2.5；−2.0	±3.5
31.5	−39.4	−3.0	0.0	±2.0	±3.5
40	−34.6	−2.0	0.0	±1.5	±2.5
50	−30.2	−1.3	0.0	±1.5	±2.5
63	−26.2	−0.8	0.0	±1.5	±2.5
80	−22.5	−0.5	0.0	±1.5	±2.5
100	−19.1	−0.3	0.0	±1.5	±2.0
125	−16.1	−0.2	0.0	±1.5	±2.0
160	−13.4	−0.1	0.0	±1.5	±2.0
200	−10.9	0.0	0.0	±1.5	±2.0
250	−8.6	0.0	0.0	±1.4	±1.9
315	−6.6	0.0	0.0	±1.4	±1.9

续表

标称频率/Hz	频率计权/dB			允差/dB	
	A	C	Z	1 级	2 级
400	−4.8	0.0	0.0	±1.4	±1.9
500	−3.2	0.0	0.0	±1.4	±1.9
630	−1.9	0.0	0.0	±1.4	±1.9
800	−0.8	0.0	0.0	±1.4	±1.9
1000	0	0	0	±1.1	±1.4
1250	+0.6	0.0	0.0	±1.4	±1.9
1600	+1.0	−0.1	0.0	±1.6	±2.6
2000	+1.2	−0.2	0.0	±1.6	±2.6
2500	+1.3	−0.3	0.0	±1.6	±3.1
3150	+1.2	−0.5	0.0	±1.6	±3.1
4000	+1.0	−0.8	0.0	±1.6	±3.6
5000	+0.5	−1.3	0.0	±2.1	±4.1
6300	−0.1	−2.0	0.0	±2.1；−2.61；−2.6	±5.1
8000	−1.1	−3.0	0.0	±2.1；−3.1	±5.6
10000	−2.5	−4.4	0.0	±2.6；−3.6	+5.6；−∞
12500	−4.3	−6.2	0.0	±3.0；−6.0	+6.0；−∞
16000	−6.6	−8.5	0.0	±3.5；−17.0	+6.0；−∞
20000	−9.3	−11.2	0.0	±4.0；−∞	+6.0；−∞

表 4-2-8　声级计在不同环境下的性能

声级计类型	规定的温度范围/℃	环境因素		指示声级偏离参考温度时指示声级的差值	指示声级偏离参考湿度时指示声级的差值
		指示声级偏离参考静压时指示声级的差值			
		在 85~108kPa 内变化	在 65~85kPa 内变化		
1 级	−10~+50	不应超过±0.7dB	不应超过±1.2dB	不应超过±0.8dB	不应超过±0.8dB
2 级	0~+40	不应超过±1.0dB	不应超过±1.9dB	不应超过±1.3dB	不应超过±1.3dB

　　除了 1 级和 2 级的分类外，为区分不同声级计的射频场发射和对射频场的敏感度，该标准又将声级计分为 3 类。

　　X 类声级计：标称工作模式规定由内部电池供电，测量声级不需连接到其他外部设备。

　　W 类声级计：工作模式规定连接到公共电源，测量声级不需连接到其他外部设备。

　　Z 类声级计：标称工作模式需要由两台或多台设备组成，并通过某些方式连接到一起。单台设备可以是内部电池或公共电源供电。

2.3.3　声级计的使用

　　在决定选用某种声级计后，应首先熟悉其特性和使用方法。倘若不熟悉，应按声级计的使用说明书的要求，一一实践后方可使用。否则会产生不应出现的测量误差，甚至可能因为使用不当而损坏仪器。

（1）校准

声级计是一种计量仪器，其校准方式一般有声校准和电校准两种。电校准就是利用声级计自身产生的一个标准电信号，从前端输入，以校准仪器内部电子线路的增益。但电校准仅仅是对内部电路的校准方法，而声级计的关键部件——传声器有时由于性能不稳定，或受环境条件的影响使声级计读数产生偏差（少则 1～2dB，多的可达 5dB），对其进行声校准才是最为重要的。因此，为了减小这种偏差，必须在测量以前，对传声器或声级计整机进行校准，必要时测量完成以后再校准一次。目前，我国有关环境噪声测量的大部分标准要求在测量前后都必须进行校准，以保证测量的准确性。电容传声器常用的校准器有活塞发声器、落球发声器等。例如 B&K4231 型声学校准器，其校准精度在 0.2dB 以内。

（2）仪器设置

噪声测量前，应根据实际情况与要求对声级计进行设置，如"快""慢"挡或时间常数、计权方法、测量量、测量时间等的选择。

所谓的"快""慢"挡是指指数平均过程中，时间常数分别选择在 0.125s 和 1s 的两种情况。在读数指示器（电表或液晶屏幕）上，噪声测量值的实时显示快慢能反映出"快""慢"挡的选择：选择"快"挡时，数值实时显示变化较快；选择"慢"挡，则反之。目前，最新的 IEC 等标准已经不再使用这个概念，一些噪声测量要求也不再局限于这两个时间常数的选择。但是，由于历史原因，许多国家的相关标准仍在沿用该概念，噪声测量设备（国产）一般也保留着"快""慢"挡供使用者选取。实际测量时，使用"快"挡的情况较多，因为 0.125s 的时间常数与人耳对声音的反应时间较为接近。传统的声级计上往往还有一个"脉冲"挡，它对应的时间常数为 0.035s，一般用于测量高分贝脉冲型噪声，捕捉噪声的峰值。

值得注意的是，声级计上的峰值与最大值两个挡位（或选项）是有区别的。峰值是指没有进行时间计权处理之前信号的最大值。而后者则是信号经时间计权处理后，声级计主机得到的最大值。因此，从声级计上读取到的峰值要比最大值示数高。

（3）传声器的指向

传声器是有指向性的，因此，在使用声级计进行噪声测量时，一定要根据测量所处声场的特点，选择指向性合适的传声器。例如，自由场型传声器的特点是高频端的方向性较强，在 0° 入射时具有最佳的频率响应。因此，在室外测量车辆噪声，或在消声室内测量机器噪声时，应使用自由场型传声器，并将其指向声源。而在混响室内或近似混响室的较小车间内测量噪声时，由于噪声的传播方向是无规杂散的，适宜使用扩散场型的传声器，也可以在自由场型传声器上加装无规杂散入射校正器，改变这些无规入射使之接近于垂直零度入射，以适应和弥补自由场型传声器具有较强指向性的特点。美国 ANSI 标准中建议，声级计一般配置扩散场型传声器进行噪声测量。

在自由场测量噪声时，为避免测试者对声场的干扰，测试者应远离传声器，最好使用接有较长电缆的传声器。若不具备条件，手持声级计的测试者应伸直手臂，尽量保证身体与声级计保持最大距离。图 4-2-11 为测试者对自由场的干扰而引起的测量波动。

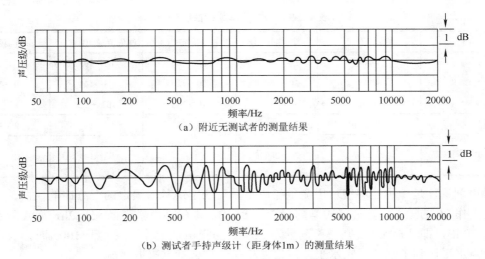

（a）附近无测试者的测量结果

（b）测试者手持声级计（距身体1m）的测量结果

图 4-2-11　测试者对自由场的干扰而引起的测量波动

（4）维护

对传声器的维护包括确保膜片不产生破损、划痕，避免灰尘在膜片上堆积。因此，在不使用声级计时，要将声级计放在安全洁净的环境中。尽量避免在灰尘较多或湿度过高的环境中使用声级计。不能随意取下传声器的保护罩，不能用手触摸输入触头，以防止人体静电损坏仪器。

测量前，最好避免在接通电源的情况下，将传声器与前置放大器安装到声级计上；测量结束，在拆除电池或断开电源时，声级计应处于"关"的状态。不使用声级计的时候，应将电池拆除或断开电源。

若传声器遇水，不可对其直接擦拭，应放置在干燥的地方使其自然晾干，在这之前，不得安装到声级计上使用。

2.3.4　噪声剂量仪

噪声剂量仪是专门用于计量个人在工作时间内，如一天或一周所接受的噪声剂量。其体积一般很小，功能简单，可测量工作时间内的连续等效声级、最大值、峰值及暴露量等。用噪声剂量仪测量工矿企业车间噪声是最方便的，能直接反映出个人听觉受噪声危害的程度。

在实际应用中，噪声剂量仪通常有两种：一种是个人声暴露计；另一种是噪声剂量计。

个人声暴露计是佩戴在个人身上测量噪声暴露的仪器。IEC 1252《个人声暴露计规格》和 GB/T 15952—2010《电声学　个人声暴露计规范》对个人声暴露计有关技术要求作出了规定。个人声暴露计既能测量个人的声暴露量（Pa2h），也能测量声暴露级（dB）。声暴露计使用的传声器一般佩戴于人体上，尽可能地靠近人耳，而暴露计的主体可佩戴于腰后，以连接线与传声器相连。常见的传声器佩戴的位置是胸前的口袋、衣领或肩上，以不妨碍作业人员正常工作为前提。

个人声暴露计的频率范围一般要求为 63～8000Hz，声级范围至少应为 80～130dB，声暴露指示范围至少应为 0.1～99.9Pa2h。不同声暴露计性能参数如表 4-2-9 所列。

表 4-2-9 不同声暴露计性能参数

厂商	型号	频率范围/Hz	动态范围/dB（A）	峰值范围/dB（C）	工作温度/℃
丹麦 B&K	4444		30～100	63～103	
	4445	20～20000	50～120	83～123	0～40
	4445E		70～140	103～143	
杭州爱华	AWA5910	20～12500	60～143	80～143	0～40
0ldB 公司	Wed007	20～20000	40～120	93～143	−10～+50
			60～140		

噪声剂量计是一种能够指示出测量噪声暴露与法定声暴露限定的百分比的仪器。例如规定每天工作 8h 的工人，容许噪声暴露标准为 85dB，也就是声暴露为 85Pa2h，而实际噪声暴露级为 80dB，即 1.6Pa2h，则噪声剂量为 56%。当噪声剂量等于或大于 100%时，表示工作环境噪声水平达到了法定限制水平，需根据相关法规或标准采取措施。

2.4 滤波器和频谱分析仪

滤波器是只让一部分频率成分通过，其余部分频率衰减掉的仪器或电路。滤波器有四种，即高通滤波器、低通滤波器、带通滤波器和带阻滤波器。在频率分析中经常使用的是带通滤波器。

带通滤波器只允许一定频率范围（通常）内的信号通过，高于或低于这一频率范围的信号不能通过。图 4-2-12 中虚线画出了理想带通滤波器的幅频特性，在 $f_1 \sim f_2$ 频率范围（通带）内信号不衰减，f_2 以下及 f_1 以上频率范围（阻带）信号全部被衰减到 0。f_1 和 f_2 分别称为滤波器的下限截止频率和上限截止频率。

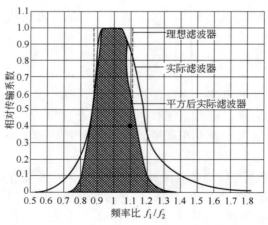

图 4-2-12 理想带通滤波器的幅频特性

但是，实际滤波器在通带内不可能没有衰减，在阻带内亦不可能衰减到 0。图 4-2-12 亦画出了实际滤波器的幅频特性（实线），一般画出了实际滤波器的幅频特性降低到 0.707（−3dB）处为其通带范围，即在截止频率 f_1 和 f_2 处幅度衰减到 0.707，即所谓半功率点。

从图 4-2-12 中可以看出，当用截止频率相同的理想滤波器和实际滤波器同时去测量噪声时，实际滤波器能够通过的噪声能量比理想滤波器要大，因此引出了"有效噪声带宽"的概念。实际滤波器的有效噪声带宽定义为这样一个理想滤波器的带宽，这个理想滤波器在通带内具有均匀的传输系数并等于实际滤波器的最大传输系数，而且传输的自噪声功率与实际滤波器相同，则此理想滤波器的带宽就是实际滤波器的有效噪声带宽，其数学表达式如式（4-2-9）所示：

$$\Delta f = \frac{1}{G_{\max}} \int_0^\infty G(f) \ \mathrm{d}f \tag{4-2-9}$$

式中　Δf——有效噪声带宽；

　$G(f)$——滤波器的功率增益随频率的函数关系；

　$G_{\max}$——$G(f)$ 的最大值，f 是频率。

也就是说，实际滤波器的幅频特性经平方后的曲线与 0 线所包括的面积，被面积内最大高度除，得到的值就是实际滤波器的有效噪声带宽。

在噪声与振动测量中使用的滤波器有两种基本类型：一种是恒带宽滤波器，它在整个工作频率范围内绝对带宽都相同，例如带宽为 3Hz、10Hz 等；另一种是恒百分带宽滤波器，它的带宽是通带中心频率的恒定百分数，例如 3%、23% 等。图 4-2-13 为两种滤波器作为频率函数的差异。

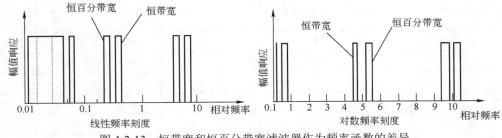

图 4-2-13　恒带宽和恒百分带宽滤波器作为频率函数的差异

对于恒带宽滤波器，它在线性刻度上的分辨率是均匀的，由于它对不同谐波分量的分辨率间隔相等，因而有利于检测谐波分量，但线性频率刻度对较宽的频率范围只能分波段刻度。

恒百分带宽滤波器在对数频率刻度上的分辨率是均匀的，利用对数刻度可以在一幅有限宽度的图表上画出宽频率范围的频率分析图。即使被分析信号有谐振峰，只要我们选择比谐振峰略窄的恒百分带宽滤波器进行分析，仍能选出谐振成分。但是，由于它的绝对带宽随着中心频率的提高而加宽（这在线性频率刻度上可以明显看出），这就可能将不同的高次谐波包括在同一滤波器带宽中。所以，用恒百分带宽滤波器进行谐波分析时，对高次谐波可能分析不准确。

倍频程和 1/3 倍频程滤波器是最常用的恒百分带宽滤波器，它们的上限频率 f_2 和下限频率 f_1 之间的关系如式（4-2-10）所示：

$$\frac{f_2}{f_1} = 2^n \tag{4-2-10}$$

对于倍频程滤波器 $n=1$，对于 1/3 倍频程滤波器 $n=1/3$，它们相应的百分比带宽为 70.7% 及 3.1%。

为了统一起见，国际标准化组织（ISO）和我国国家标准规定了 1/1、1/2、1/3 倍频程滤波器的中心频率和频率范围（表 4-2-10）。知道了中心频率 f_0，就可以知道滤波器的频率范围，因为 $f_0 = \sqrt{f_1 f_2}$，所以滤波器的上限频率 f_2 和下限频率 f_1 可由式（4-2-11）和式（4-2-12）求出：

$$f_2 = \sqrt{2^n}\, f_0 \tag{4-2-11}$$

$$f_1 = \frac{f_0}{\sqrt{2^n}} \tag{4-2-12}$$

表 4-2-10　1/1、1/2、1/3 倍频程滤波器的中心频率和频率范围　　　　单位：Hz

1/1 倍频程频率范围			1/2 倍频程频率范围			1/3 倍频程频率范围		
下限频率	中心频率	上限频率	下限频率	中心频率	上限频率	下限频率	中心频率	上限频率
11.3	16	22.6	13.4	16	19	14.25	16	17.96
—	—	—	19	22.5	26.5	17.82	20	22.45
—	—	—	—	—	—	22.27	25	28.06
22.3	31.5	44.5	26.5	31.5	37.4	28.06	31.5	35.36
—	—	—	37.4	45	53	35.64	40	44.9
—	—	—	—	—	—	44.6	50	56.1
44.5	63	89	53	63	75	56.1	63	70.7
—	—	—	75	90	105	71.3	80	89.8
—	—	—	—	—	—	89.1	100	112
89	125	177	105	125	149	111	125	140
—	—	—	151	108	210	142.5	160	179.6
—	—	—	—	—	—	178	200	224
177	250	354	210	250	297	223	250	280
—	—	—	297	355	421	281	315	353
—	—	—	—	—	—	356	400	449
354	500	707	421	500	596	446	500	561
—	—	—	596	710	841	561	630	707
—	—	—	—	—	—	713	800	898
707	1000	1414	841	1000	1189	891	1000	1122
—	—	—	1189	1400	1682	1113	1250	1403
—	—	—	—	—	—	1426	1600	1796
1414	2000	2828	1682	2000	2378	1782	2000	2245
—	—	—	2378	2800	3364	2227	2500	2806
—	—	—	—	—	—	2806	3150	3535
2828	4000	5656	3364	4000	4756	3564	4000	4490
—	—	—	4756	5600	6728	4455	5000	5612
—	—	—	—	—	—	5613	6300	7071
5656	8000	11312	6728	8000	9418	7127	8000	8980
—	—	—	9418	11200	13454	8910	10000	11220
—	—	—	—	—	—	11136	12500	14030
11312	16000	22624	13454	16000	19024	14254	16000	17960

　　国际电工委员会（IEC）225 号标准和国家标准 GB 3241 对声学和振动分析用倍频程、1/2 倍频程和 1/3 倍频程滤波器的各种性能作出了规定，对于滤波器的衰减特性的要求见表 4-2-11。

表 4-2-11　　滤波器的衰减特性

频率	倍频程滤波器衰减量 Δ	频率	1/3 倍频程滤波器衰减量 Δ
$0.84f_0 \sim 1.19f_0$	$-0.5\text{dB} \leq \Delta \leq 1\text{dB}$	$-0.943f_0 \sim 1.06f_0$	$-0.5\text{dB} \leq \Delta \leq 1\text{dB}$
$0.707f_0 \sim 1.414f_0$	$-0.5\text{dB} \leq \Delta \leq 6\text{dB}$	$0.89f_0 \sim 1.123f_0$	$0.5\text{dB} \leq \Delta \leq 6\text{dB}$
在 $0.5f_0$ 和 $2f_0$ 处	$\Delta \geq 18\text{dB}$	在 $0.79f_0$ 和 $1.26f_0$ 处	$\Delta \geq 13\text{dB}$
在 $0.25f_0$ 和 $4f_0$ 处	$\Delta \geq 40\text{dB}$	在 $0.25f_0$ 和 $4f_0$ 处	$\Delta \geq 50\text{dB}$
在 $0.125f_0$ 和 $8f_0$ 处	$\Delta \geq 60\text{dB}$	在 $0.125f_0$ 和 $8f_0$ 处	$\Delta \geq 60\text{dB}$

　　倍频程和 1/3 倍频程滤波器可以使用 LC 无源滤波器，也可以使用 RC 有源滤波器。RC 有源滤波器具有体积小、重量轻、制造方便等优点。近年来，集成化的开关电容滤波器（SCF）已获得广泛应用，它们只需一片集成电路，就可以做成低通、高通、带通滤波器，其中带通滤波器又可做成 1/1、1/2、1/3 或 1/6 倍频程滤波器。SCF 不需任何外部元件，只需改变时钟频率，就能改变滤波器的中心频率（或截止频率），性能优良，使用十分方便。典型产品有美国 MSI 公司的 MSFS 系列可选择低通/带通滤波器，一片滤波器电路可做成低通（7 极巴特沃斯、贝塞尔或椭圆函数型）或带通（6 极 1/1、1/3 或 1/6 倍频程），中心频率范围为 1Hz～20kHz，通带波动为 0.2dB，阻带衰减对贝塞尔低通为 65dB，椭圆低通为 80dB，带通滤波器特性完全符合 IEC 225 标准要求。

　　为了对一定频率范围内的噪声与振动信号进行分析，用若干组同样形式电路、不同中心频率的滤波器组成一台仪器，通过转动波段开关或按键开关，即可选择任何一个滤波器，测出该滤波器通带内的频率成分。10 组倍频程滤波器的频率响应曲线如图 4-2-14 所示，覆盖频率范围为 22.4Hz～22.4kHz。

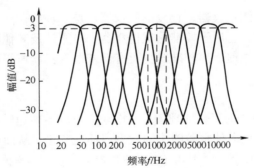

图 4-2-14　10 组倍频程滤波器频率响应曲线

　　国产的袖珍式滤波器主要有江西红声电子有限公司（原江西红声器材厂）HS5721 型倍频程滤波器和 HS5731 型 1/3 倍频程滤波器，它们主要用于配合 HS5670 型积分声级计进行频谱分析。丹麦 B&K 公司生产的有 1624 型倍频程滤波器、1625 型 1/3～1/1 倍频程滤波器以及 1617 型带通滤波器等。

　　各种滤波器与测量放大器（或声级计）配合使用，可以用来进行频率分析。有时将滤波器与测量放大器组合成一台仪器，这种仪器通常称为频率（或频谱）分析仪。根据滤波器的特性，有 1/3 倍频程（和倍频程）频谱分析仪、恒百分带宽频率分析仪和恒带宽频率分析仪（外差分析仪）。国产的袖珍式频谱分析仪和滤波器的主要性能见表 4-2-12。

表 4-2-12　国产袖珍式频谱分析仪和滤波器的主要性能

型号名称 ＼ 性能	AWA6270 频谱分析仪	HS6280 噪声频谱分析仪	HS5721 倍频程滤波器	HS5731 1/3 倍频程滤波器
准确度	1 型	2 型	1 型	1 型
滤波器类型	倍频程和 1/3 倍频程	倍频程	倍频程	1/3 倍频程
频率范围	倍频程： 31.5Hz～16kHz，10 组 1/3 倍频程： 20Hz～20kHz，31 组	31.5Hz～8kHz，9 组	31.5Hz～16kHz，10 组	25Hz～20kHz，30 组
测量范围	30～130dB	40～130dB	50dB	50dB
显示器	120×32 点阵式 LCD，显示频谱表格或图形	4 位 LCD	配合 HS5670 和 HS5660A 型声级计使用	
积分平均功能	可测量 L_{eq}、L_N、L_{max} 等	可测量 L_{eq}、L_N、L_{AE} 等	—	—
滤波器选择	手动或自动	手动或自动	手动或自动	手动或自动
输出接口	RS232C 可连至 UP40S 打印机或计算机	HS4782 型打印机（D 型）	—	—
电源	5×LR6	5×LR6	由声级计提供	由声级计提供
外形尺寸	260mm×90mm×32mm	300mm×80mm×30mm	100mm×80mm×50mm	100mm×80mm×50mm
质量/kg	0.5	0.4	0.37	0.37
生产厂	杭州爱华	红声器材厂嘉兴分厂	江西红声器材厂（现江西红声电子有限公司）	

2.5　声校准器

声校准器就是对声学测量仪器进行校准的仪器，是一种能在一个或几个频率点上产生一个或几个恒定声压的声源。它用于校准测试传声器、声级计及其他声学测量仪器的绝对声压灵敏度。按照校准的工作原理，声校准器主要有活塞发声器和声级校准器两种。

2.5.1　活塞发声器

图 4-2-15 为活塞发声器的工作原理图。当电动机以一定转速转动时，带动一个活塞在空腔内以一定频率做往复运动，使空腔的压力发生周期性变化，从而产生稳定的声压。可以证明，空腔内产生的等效声压 p，可用式（4-2-13）表示：

$$p = p_0 \gamma \frac{A_p s}{\sqrt{2V}} \tag{4-2-13}$$

式中　γ——腔中气体的比热容；

　　　p_0——大气压力；

　　　A_p——活塞面积；

　　　s——活塞从中间位置开始移动的最大振幅；

　　　V——活塞在中间位置时空腔的容积加上传声器的等效容积。

一般来说，A_p、s 和 V 都是与外界环境变化无关的量，而 γ 受温度的影响也很小。因此，在一定大气压下，活塞发声器所产生的声压是恒定的，可以作为恒定声源来对声级计进行校准。

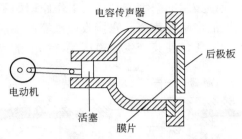

图 4-2-15　活塞发声器的工作原理图

活塞发声器产生的声音频率取决于电动机的转速，当转速为 250r/s 时，产生的声压频率为 250Hz。调节电动机的转速可得到不同频率点的声压。但是，转速太高时，转子的自激振动及噪声将急剧增加，一方面影响电动机的寿命，另一方面影响校准的效果。因此，活塞发声器产生的声压频率不可能太高，常用 250Hz 作为校准频率，产生的声压级为 124dB。

一般活塞发声器产品都会给出工作频率、标准声压级及其准确度，以及大气压修正表。当环境不是一个标准大气压时，应根据大气压修正表对标称的标准声压级进行修正。

2.5.2　声级校准器

声级校准器是一种便携式声学校准仪器，其工作频率为 1000Hz，适用于声学仪器的现场校准。图 4-2-16 为声级校准器的工作原理图。声级校准器由一个稳幅振荡器、亥姆霍兹共振腔和金属振膜等组成。在振荡器的激励下，金属振膜受激振动，从而在空腔内产生声压。亥姆霍兹共振腔的作用是过滤 1000Hz 以外频率的声音，保证校准器输出 1000Hz 的纯音。

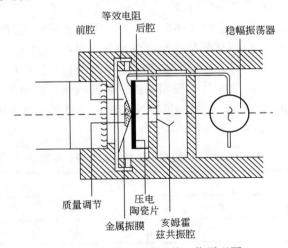

图 4-2-16　声级校准器的工作原理图

当声级校准器工作在谐振点上时，其等效容积很大，可达 200cm^3，此时，校准传声器的等效容积对系统的影响相对很小，可以忽略不计。因此，声级校准器对传声器的放入要求不高，使用更加方便。

在声级校准器中加入负反馈，能够得到性能更加稳定的校准器。B&K 公司生产的 4231 型声级校准器就是使用了负反馈技术的新型产品，其工作原理如图 4-2-17 所示。在该校准器中配置了一个具有极高稳定性的参考传声器，它接收校准器产生的声压，并将其反馈到激励控制源，从而调节扬声器上的电压，使其产生的声压保持高度的稳定。

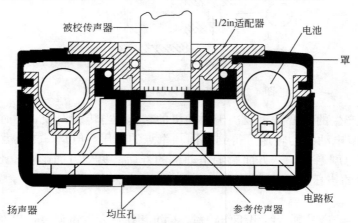

图 4-2-17　B&K 4231 型声级校准器（负反馈技术）的工作原理

2.5.3　声校准器的分级

与声级计和声强计相同，国际电工委员会也对声校准器进行了分级，并对各级别仪器的性能做了详细的规定。该标准为 IEC 942:1988《声学校准器》，将声校准器分成了 0 级、1 级和 2 级三个级别。表 4-2-13 为不同级别声校准器的允差和稳定度。其中，声压级允差是指在标准大气压、温度为 20℃、相对湿度为 65% 的标准环境条件下，经过生产厂家规定的稳定时间后，声校准器在 20s 内的平均声压级偏离标称值的允许误差。声压级的稳定度是指声校准器在生产厂规定的稳定时间后，在标准环境条件下，用 F 时间计权测定其输出声压级，在工作 20s 内相对平均值的起伏变化极限。输出频率的允差则是指在大气压 65～108kPa 之间变化，或者环境温度 –10～+50℃ 变化时，声校准器产生的声压级与标称值的允许偏差，当实际偏差超出表 4-2-13 所示允差时，厂家应加以说明并提供修正数据。相对湿度在 10%～90% 时，如超出允差范围，厂家应标明满足允差范围的湿度范围，并且至少为 30%～80%。表 4-2-14 为不同声学校准器的性能参数。

表 4-2-13　不同级别声校准器的允差和稳定度

声级校准器级别	0	1	2
允差/dB	±0.15	±0.3	±0.5
稳定度/dB	±0.05	±0.1	±0.2
允差/%	±1	±2	±4
稳定度/%	±0.3	±0.5	±1

表 4-2-14 不同声学校准器的性能参数

厂商	型号	工作频率/Hz	标准声压级/dB（A）	工作温度/℃	工作电压/V	准确度
丹麦 B&K	4231	1000	94.0±0.2	−10～+50	3	1 级
丹麦 GRAS	42AB	1000	114.0±0.2	−10～+50	9	1 级
北京声望	GA 111 GA 114 GA 115	1000	94.0 或 114.0±0.3	−10～+50	3	1 级
杭州爱华	AWA 6221A	1000	94.0 或 114.0	−10～+50	9	1 级
	AWA 6221B	1000	94.0	−10～+50	9	2 级

2.6 声强探头与声强仪

声强的测量能够有效地解决许多现场声学测量的问题。空间某一点处的声强就是声场在该点处的声能密度。测量声源包络面上的声强分布，可以计算出声源的辐射声功率级。声强是一个矢量，具有方向性，一般考虑的是指向声源和背向声源两个方向。因此，通过声强的测量，可以达到声源定位的目的。

国际标准化组织（ISO）已公布了利用声强测量噪声源声功率的国际标准，即 ISO 9614-1、ISO 9614-2 和 ISO 9614-3，它们分别是离散点测量方法、扫描法和精密法。国际电工委员会则公布了 IEC 1043:1993《电声声强测量仪》，对声强测量仪作了相关的技术要求。

2.6.1 声强测量原理

声场中某一点上，在单位时间内，在与制定方向（或声波传播方向）垂直的单位面积上通过的平均声能量，称为声强。在静止介质中，任一点的声强 $I(t)$ 等于该点处的声压 $p(t)$ 与质点速度 $u(t)$ 的乘积，如式（4-2-14）所示：

$$I(t) = p(t)u(t) \tag{4-2-14}$$

在指定方向的声强矢量的分量 $I_0(t)$ 如式（4-2-15）所示：

$$I_0(t) = p(t)u_0(t) \tag{4-2-15}$$

式中，$u_0(t)$ 为质点速度在指定方向上的分量。

在声波传播方向 r 上，质点速度与声压的梯度的关系满足式（4-2-16）：

$$\frac{\partial u_r(t)}{\partial t} = -\frac{1}{\rho_0} \times \frac{\partial p(t)}{\partial r} \tag{4-2-16}$$

因此，有

$$u_r(t) = -\frac{1}{\rho_0} \times \frac{\partial p(t)}{\partial r} \mathrm{d}t \tag{4-2-17}$$

由式（4-2-17）可知，只要测量出声场某一点处的声压梯度，对其进行时间积分即可求得该点处的质点速度，再利用式（4-2-15）即可求得声强。在 Δr 很小（远小于波长）的情况下，式（4-2-17）中的声压梯度 $\dfrac{\partial p(t)}{\partial r}$ 可用差分 $\dfrac{\Delta p}{\Delta r}$ 代替。因此，声场中某点的声强测量可以通过两个安放适当的传声器组成的探头来进行，如图 4-2-18 所示。声强探头的两个传声器的距离很小，远小于声波的波长，测点位置在两个传声器连线的中点，那么测点处的声压 $p(t)$ 可以近似地用式（4-2-18）表示：

$$p(t) = \frac{p_1(t) + p_2(t)}{2} \tag{4-2-18}$$

式中，p_1 和 p_2 分别为在点 1 和点 2 测量得到的声压。质点速度 $u_r(t)$ 如式（4-2-19）所示：

$$u_r(t) = -\frac{1}{\rho_0} \times \frac{p_2(t) - p_1(t)}{\Delta r} \mathrm{d}t \tag{4-2-19}$$

因此，声强 $I(t)$ 如式（4-2-20）所示：

$$I(t) = -\frac{p_2(t) + p_1(t)}{2\rho_0} \int \frac{p_2(t) - p_1(t)}{\Delta r} \mathrm{d}t \tag{4-2-20}$$

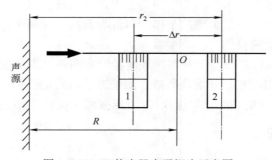

图 4-2-18　双传声器声强探头示意图

若声波传播方向是从点 1 指向点 2，则 I 为正值，表示能量输出；反之，传播方向是从点 2 指向点 1，则 I 为负值，表示能量输入。实际应用中，式（4-2-20）中的不定积分用一段时间 Δt 的积分值代替，如式（4-2-21）所示：

$$I = -\frac{p_2(t) + p_1(t)}{2\rho_0 T} \int_0^{\Delta t} \frac{p_2(t) - p_1(t)}{\Delta r} \mathrm{d}t \tag{4-2-21}$$

当声场比较平稳时，Δt 可取较小的值；当声场波动比较大时，Δt 应取较大的值。

这种声强测量方法的误差主要来源于以下几个方面。

① 传声器对测点附近声场的影响。两个传声器的距离对测点所处的声场是有一定影响的，因此，并不是两个传声器距离越接近越好。

② 两个传声器不可能完全相同，传声器之间会存在一定的相位差，这等效于在传声器上附加了一个干扰相差 θ_e。这个干扰相差会给测量带来一定的误差。可以证明，该误差 ε_e 与干扰相差 θ_e 的关系如式（4-2-22）所示：

$$\varepsilon_e = 10\lg(1 \pm \frac{\theta_e}{\Delta \varphi}) \tag{4-2-22}$$

式中，$\Delta\varphi = \dfrac{f\Delta r}{c}$ 为所测声波在两个传声器处的相位差。由式（4-2-22）可以看到，若保持两个传声器位置不变，即 θ_e 不变，f 越大对应的 $\Delta\varphi$ 越大，$\Delta\varphi$ 越大引起的 ε_e 越小，故高频时相位误差较小，反之，低频时相位失配带来的误差较大。因此，所有声强测量都有一个低端的截止频率，两个传声器的匹配程度越高，则低端截止频率越低。一般声强测量的低端截止频率不小于 50Hz。

③ 式（4-2-21）中，有限差分代替了原来的微分计算，这本身带来了计算的误差。可以证明，由有限差分引起的声强测量误差 ε_x 可由式（4-2-23）求得：

$$\varepsilon_x = 10\lg\left[\frac{\sin(2\pi f\Delta r/c)}{2\pi f\Delta r/c}\right] \qquad (4\text{-}2\text{-}23)$$

当 $\dfrac{f\Delta r}{c} \ll \dfrac{1}{2\pi}$ 时，ε_x 趋于零，因此，f 不能太大，否则误差 ε_x 变大。因此，式（4-2-23）说明了声强测量有一个高端截止频率。

由于 ε_x 和 ε_e 都与 $f\Delta r$ 的值相关，因此，为了准确地得到噪声的声强频谱，对于不同的频段可使用不同的传声器间隔进行测量。表 4-2-15 为不同 Δr 值对应的声强探头的频率范围。

表 4-2-15　不同 Δr 值对应的声强探头的频率范围

传声器外径/in ＼ Δr/mm	6	12	25	50
1/4	250Hz～10kHz	125Hz～5kHz	—	—
1/2	—	125Hz～5kHz	63Hz～2.5kHz	31.5Hz～1.25kHz

④ 传声器自身的指向性和标定、两个传声器灵敏度之间的差异，也会给测量结果带来相应的误差。

2.6.2　声强探头

按质点速度的测量原理，声强测量探头可以分为 P-P 探头和 P-U 探头两种。

（1）P-P 探头

利用两个传声器组成的声强探头称为 P-P 探头。传声器的组合方式通常有 4 种：并列式、顺置式、面对面式和背靠背式。

并列式声强探头的两个传声器的中心轴线平行，测量时传声器轴线与声波传播方向垂直，如图 4-2-18 所示。这种形式比较方便调整传声器的位置，从而有利于减小两者之间的相位误差。但是，两个传声器之间的距离受限于两者的外径大小，不利于提高测量的高端截止频率。

顺置式探头的两个传声器前后布置在一根轴线上，声波对传声器反向入射。这种结构能产生较大的声压梯度，但是会导致前置放大器与传声器分开安装，不利于产品化，也增加了测试实验的难度。

面对面式探头是把两个传声器面对面地布置在一根轴线上，测量时传声器中心轴线与声波传播方向一致，如图 4-2-19 所示。这种组合方式是目前应用最为广泛的一种方式，因为它几乎可以任意地调节两个传声器之间的距离，在使用上十分方便。

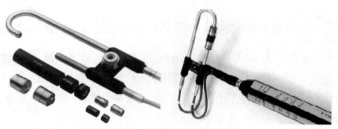

图 4-2-19　面对面式声强探头

表 4-2-16 为常用的面对面式声强探头的主要性能指标。

背靠背式探头仅仅适用于两个薄形的驻极体传声器的组合，否则无法保证两传声器之间有足够小的距离。因此，这种组合方式在实际中很少用。

表 4-2-16　常用面对面式声强探头的主要性能指标

型号 性能	B&K4197	杭州爱华 AWA8450 型声强探头	合肥工大 GS-4 声强探头
传声器对类型	1/2in，极化电压 200V	1/2″自由场型，0V 极化电压	1/2″自由场型，0V 极化电压
传声器对灵敏度	11.2mV/Pa、−39dB re 1 V/Pa 灵敏度失配<1dB（@250Hz）	−28.0dB±2dB， 一对之间灵敏度相差不大于 1dB	40mV/Pa 或−28.0dB±2dB（Ref 1V）， 灵敏度失配<1dB（@250Hz）
传声器对之间的 相位失配误差	$20\sim250$Hz：$<0.05°$ 250Hz~6.3kHz：$<[f\,(\text{Hz})\,/5000]°$	$50\sim250$Hz：$<0.2°$ 250Hz~6.3kHz：$<[f\,(\text{Hz})\,/3000]°$	$50\sim500$Hz：$<0.1°$ 500Hz~6.3kHz：$<[f\,(\text{Hz})\,/5000]°$
间隔器尺寸	8.5mm、12mm、50mm	8.5mm、12mm、50mm	8.5mm、12mm、50mm
前置放大器的 相位失配误差	$<0.015°$ at 50Hz（20pF mic.capacitance）f（kHz）$×0.06°$： 250Hz~10kHz	$50\sim250$Hz：$<0.02°$ 250Hz~10kHz：$<[f\,(\text{Hz})\,/6000]°$	$50\sim250$Hz：$<0.015°$： 250Hz~10kHz： $<[f\,(\text{kHz})\,×0.06]°$
测量频率范围	250Hz~6.3kHz（d=8.5mm） 125Hz~5.0kHz（d=12mm） 50Hz~1.25kHz（d=50mm）	20Hz~20kHz，$±0.2$dB	250Hz~6.3kHz（d=8.5mm） 125Hz~5.0kHz（d=12mm） 50Hz~1.25kHz（d=50mm）

（2）P-U 探头

P-U 探头是由直接测量质点速度的 Microflown 传声器和声压传声器组成的。它同时测量声场中某点的质点速度和声压，通过式（4-2-14）便可以得到该点的声强。这是对声强最直接的测量方法。但是，Microflown 传声器是近年来新出现的产品，其稳定性和灵敏度等特性难以很好地满足工程的实际要求，因此仍处于开发研究阶段，未能广泛应用。

2.6.3　声强测量仪

声强测量仪也称为声强计，是测量声强的仪器。声强计的组成与声级计相似，不同的是：声强计安装有两个声传感器（组成声强探头），把测量得到的声压信号换算为声强信号；声强计是一种测量空气介质中声强在某一方向的分量的仪器，通过多点的声强测量，可在设备现场通过测量声强测定声源的声功率级、声源附近某一平面上的声能流强弱分布、声强强度图等，以研究声源的辐射特性。

声强计大致有 3 种：第一种是模拟式声强计，利用模拟电路技术对信号进行处理，能提供线性或 A 计权声强或声强级的单值结果，也能对声强进行倍频程或 1/3 倍频程分析；第二种是利用数字滤波技术的数字式声强计,利用两个相同的 1/3 倍频程数字滤波器对声强进行频谱实时分析;第三种是通过互功率谱计算声强的双通道 FFT 分析仪,能够进行窄带分析。

　　图 4-2-20 为小型模拟式声强计原理图。这种仪器通过模拟电路能够实时地测量声压级、质点速度和声强级。但是,这种声强计功能较少,数据存储和调阅能力较差;而且由于采用模拟滤波器,因两传声器的相位失配引起的误差将大大增加,所以对组成探头的两传声器的匹配度有很高的要求。

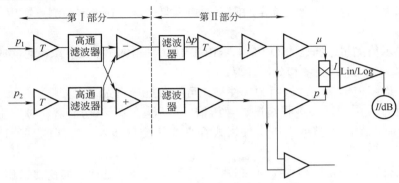

图 4-2-20　小型模拟式声强计原理图

　　图 4-2-21 为数字式声强计原理图。声信号经过 1/3 倍频程数字滤波器被输入到求和、求差及积分电路后,再由乘法器、线性/对数转换器等处理,最后便得到 1/3 倍频程声强级的实时值。由于数字滤波器是将同一滤波器单元在同一时间接收到的两个通道的信号进行平分,使两个滤波器通道的相位函数完全相同,因此可避免相位失配带来的误差问题。

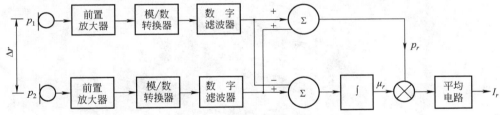

图 4-2-21　数字式声强计原理图

　　国外数字式声强测量系统产品以丹麦 B&K 公司的 B&K4197 为代表,图 4-2-22 为国内合肥工业大学生产的 GS-4 声强测量分析系统和杭州爱华仪器有限公司生产的由 AWA8450 声强探头、AWA6290M 双通道声学分析仪及声强分析软件组成的声强测量仪。

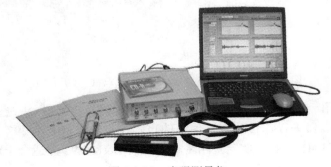

图 4-2-22　声强测量仪

GS-4 声强测量分析系统软件的基本功能如下。

① 时域示波、频谱分析。可做多通道连续示波，实时监测单峰/有效值/dB 等参数；测量参数可自动设置，具有多种平均、帧重叠、加窗功能；窄带谱最高可达 25600 条有效谱线数，CPB 谱密度为 1/1、1/3、1/6、1/12、1/24；可做声学 A、B、C、D、Z 计权分析。

② 声强测量。使用配套的声强探头，可以对机器或噪声源做声强测量。

③ 声压测量。使用配套的声强探头或声压探头，可以同时测量分析多点的声压信号。

④ 声功率测量。对包络面上选定的测点做声强测量，达到设定的测点数后，自动计算声源的声功率。

⑤ 声场指示值测量。符合 ISO 9614、GB/T 16404—1996 测试要求，可实时对声场指示值 F_1、F_2、F_3、F_4、L_d 做测量和分析计算。

⑥ 大容量连续采集功能，透明的文件格式可将数据导出做二次分析。

⑦ 可实时查看声强谱、声强级谱、声压谱、声压级谱、声功率谱、等声压线、等声强线、声强矢量箭头图，视窗数据以文件格式存盘或从磁盘装入，实现测试项目、日志及数据的管理。

⑧ 视窗具有完善的光标和视窗属性的编辑管理功能，可进行全局快捷操作。

⑨ 分析结果以数据文件或位图方式输出，可定制 Excel 报告模板自动生成测试报告。

图 4-2-23 为 GS-4 声强测量分析系统软件的分析界面。

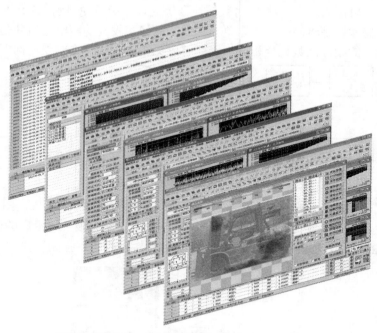

图 4-2-23　GS-4 声强测量分析系统软件的分析界面

与声级计的使用一样，在使用声强测量仪之前，要先对声强探头进行校准。声强探头的校准采用声强校准器进行。目前普遍使用的声强校准器是 B&K4297 和 B&K3541（图 4-2-24），其中 B&K3541 适合于实验室精密校准，而 B&K4297 则适合于现场校准，且不需拆卸声强探头。

（a）B&K4297 校准器　　　　　　　　　　（b）B&K3541 校准器

图 4-2-24　声强校准器

2.6.4　声强测量仪的应用

声强测量技术的最大应用就是测量声源的声功率。

声强是一个声能密度的概念，是指通过单位面积的声能。因此，测量一个包围声源的包络面上的声强之和就是该声源的声功率，可用式（4-2-24）表示：

$$W = \oiint_S I_n \mathrm{d}S \tag{4-2-24}$$

式中　W——辐射声功率，为声强（I_n）在面元 $\mathrm{d}S$ 的法线方向的分量；

　　　S——包含整个声源的包络面。

若包络面外存在其他声源，其辐射声场并不影响测量。这是因为对于简单封闭的包络面来说，除非其内部存在吸声物，否则根据能量守恒定律，从某一位置传入的声能，必然从包络面的其他位置传出。而声强的方向性正好体现了这种能量进出包络面的关系。因此，包络面外任一声源辐射声场在包络面上的声强分布，在式（4-2-24）的积分中都将为零，完全不影响包络面内的声源声功率测量。

实际测量中，不可能对包络面上的所有点进行声强测量，而是把包络面按一定的规则划分为若干大小的面元，然后将声强计逐一置于这些面元中心点进行测量。这些中心点的声强代表了对应面元的声强值，那么式（4-2-24）的积分便可用有限求和代替，如式（4-2-25）所示：

$$W = \sum_{i=1}^{N} I_{ni} S_i \tag{4-2-25}$$

当然，有限求和给测量带来了一定的误差，但是只要测量点数足够多，误差是可以接受的。测量点数越多，结果就越精确，但是测量效率也越低，因此，实际的测试需要在测量的精度和效率之间进行权衡。

噪声源识别则是声强计的另一个重要的应用。在自由声场中，当声源与两探头间连线中心点所在的直线垂直于两探头间的连线时，由式（4-2-21）可知，测量得到的声强值为零。因此，转动声强探头，当测量示值为零时，与两探头连线垂直的方向便是噪声源的位置。当然，这种声源辨识方法的使用条件有限，而且随着声全息、声阵列等技术的发展，此方法主要应用在一些声源单一、测试要求不高的场合中。

除了声强和声功率测量以外，声强计还可以用于多种其他的声学测量中，如噪声吸收测量、隔声特性测量以及材料的声阻抗测量等。

图 4-2-25 为采用声强法对叉车进行噪声源定位；图 4-2-26 为轿车侧面的声强矢量分布图。

图 4-2-25　采用声强法对叉车进行噪声源定位

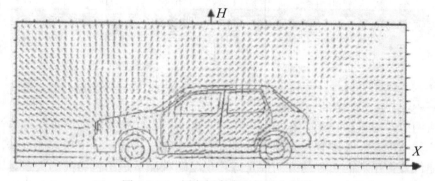

图 4-2-26　轿车侧向声强矢量分布图

2.7　声全息测量系统

2.7.1　概述

全息术是为了记录和显示图像而把干涉理论和衍射理论综合起来的一门学科技术。应用干涉理论是为了记录全息图，应用衍射理论用于显示图像。

全息术是著名物理学家 D.Gabor 在 1948 年从事电子显微镜的改进工作时发明的。但实际上苏联的 S.J.Soklov 早在 1935 年就制出了全息图的声学等效图。由于 Gabor 全息照相术可作为一种显示不可见辐射的方法，因此许多学者都进行全息术应用的研究。1952 年，Ei-sum 等将全息术的思想推广到 X 射线领域。Thurstone 在 1966 年又将全息术应用到超声波的研究中。

全息术发展到今天应用范围越来越广，如电子全息术、X 射线全息术、光全息术、光电子全息术、微波全息术、声波全息术（包括常规声全息、近场声全息、远场声全息）等。可以说只要这些波有足够的相干性，足以形成所需的干涉图形，就能使用全息术来研究。有些方法连相干性都不要求。所以，全息术是一种应用广阔的、可用来进行场重建的非常直观的场研究方法。

2.7.2　声全息技术的分类

（1）常规声全息

在常规声全息中，全息数据是在被测物体的辐射或散射声场的 Fresnel 区域或 Fraunhofer 区域（即全息接收面与物体的距离 d 远大于波长λ的条件下）采用光学照相或数字记录设备记录的。它只能记录空间波数等于和小于$\dfrac{2\pi}{\lambda}$的传播波成分，用一个适当的光源照射全息图或通过计算变换获得反应声场分布的三维重建图像，重建像的分辨率受限于声波波长。对于小孔径阵，其两点定位横向最小分辨率不小于半个波长，而径向分辨率更差。全息图只能正对从源出来的一个小立体角，因此，当声源辐射场具有方向性时，可能丢失声源的重要信息，并且通过声压记录的全息图，只能用于重建声压场，而不能得到振速、声强等物理量。为了提高精度，可以采用声光全息，然而光全息带来了设备的复杂性。

（2）近场声全息（NAH）

针对这一问题，20 世纪 80 年代初，由 E.G.Williams 等首先提出的近场声全息技术（near-field acoustic holography，NAH），这是一种新的成像技术，是全息成像理论的推广和突破。NAH 是在紧靠被测声源物体表面的测量面上记录全息数据，然后通过变换技术重建三维空间声压场、振速场、声强矢量场，并能预报远场指向性。由于是近场测量，所以除记录了传播波成分外，还能记录空间频率高于$\dfrac{2\pi}{\lambda}$随传播距离按指数规律迅速衰减的倏逝波（evanescent wave）成分。由于它含有振动体细节信息，所以理论上便可获得不受波长λ限制的高分辨率图像，测量覆盖了从源出来的一个大的立体角，有指向性的源能够被不失信息地检测出来。NAH 已被广泛用于噪声源的定位与识别，特别是低频场源特性判别，结构振动的声辐射、声散射研究等。图 4-2-27 为 NAH 测量原理示意图。

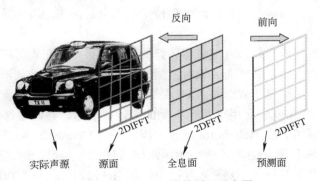

图 4-2-27　NAH 测量原理示意图

（3）远场声全息

这种方法通过测量离声源很远的声压场来重建表面声压及振速场，由此预报辐射源外任意一点的声压场、振速场、声强矢量场。由于观察点离声源很远，声源表面场和观察点声压的关系可以大大简化，因此和 NAH 相比，远场声全息具有计算简单的特点。另外，这种方法计算的声强直接反映了辐射到远场的贡献，因此便于识别到远场有贡献的声源。但远场记录不到倏逝波成分。因此和常规声全息一样，分辨率受声波波长的限制，不适宜高分辨率的场合，但适合对运动火车、汽车等尺寸较大的物体进行噪声识别。

比较以上三种声全息技术，NAH 适用面最广，分辨率最高，可操作性最强，所以近些年，国内外对 NAH 的研究相当活跃。

2.7.3　NAH 常用算法

（1）共形面算法

E.G.Williams 等提出由近场测量的平面声压全息图重建源平面上声压和法向振速的 NAH 技术，研究了平板的振动和声辐射，并在空气和水中进行了实验研究。全息图上的声压可以表示成源面上的声压和源面上满足 Dirichlet 边界条件的 Green 函数的卷积，声场重建过程为这个卷积的解卷过程。借助于 Fourier 变换技术可以实现从全息面到源面的声场重建。由于在平面声全息实施时常借助于 FFT 算法计算，所以称为 FFT 算法。这种方法比较容易推广到源表面为其他正交坐标面（如球面、柱面）且全息面与源表面共形情况。

根据 Fourier 变换方法重建声场结果表明，重建过程具有不适定性，计算结果是不稳定的。为了得到稳定解，提高分析精度，H.Feischer 等采用维纳滤波来解决这一问题。但这一方法的前提是已知信号及噪声功率谱密度，实际情况多数难以办到。所以，W.A.Veronesi 等提出在空间频域加窗函数的办法，且其仅与采样间距及波数有关。此方法在采样间距非常小的时候是有效的，但随着采样间距的增大，其效果会变得非常差。为此，张德俊等提出一种带约束条件的最小均方误差意义下的空间频域的滤波处理。该窗与信噪比及测量距离有关，随着噪声水平和测量距离的增大，滤波程度加强，从而能更有效地抑制噪声影响和保存倏逝波成分。

有的研究者进一步将 NAH 推广到轴对称几何体的情况。在这种情况下，可将源表面沿轴向分成许多小环，在每个小环上假定振速沿轴向分布均匀，而周向则可按圆周波数分解。通过这种方法可以得到联系全息面上任一点声压和源表面振速展开系数的关系式，然后利用最小均方误差求得表面振速展开系数。此处理技术要求全息面与源表面是共形的。

（2）非共形面算法

尽管当全息面和重建表面共形时能获得较好的重建效果，但在实际应用中除了所研究的表面为特殊的表面（如平面、圆柱面、轴对称面）外，测量和源表面共形的全息面上各点声压是非常困难的，因此，研究非共形面 NAH 是完全必要的。

① 常数单元法　先将原表面用一系列小平面来近似表示，并假定每个小平面上的声源和振速是均匀的，然后将表面 Helmholtz 积分方程和外部 Helmholtz 积分方程离散化，得到联系全息图上测点声压和源表面上各个小源面法向振速的方程组，解之便可得到法向振速分布，并进一步应用表面 Helmholtz 积分方程和外部 Helmholtz 积分方程求得源表面上的声压分布和源外任一点的声压和振速分布。利用 CHIEF 方法解决在本征频率上解的不唯一性问题，并利用奇异值滤波技术改善重建结果的不稳定性。这是一种可以实现任意形状声源重建的方法。

② 边界元法　采用边界元法（boundary element method，BEM）替代上述的常数单元法，可以大大提高任意形状声源重建的精度。有文献表明：当源表面和全息面之间的距离较近时，

重建过程采用 Gauss 消去法解方程组即可满足要求；当源表面和全息面之间的距离较远时，必须采用奇异值滤波技术。

提高全息面和源表面非共形情况下的全息重建精度除了采用 BEM 法外，还需合理选择全息面。以源表面为球面情况为例，对非共形面 NAH 进行研究，结果表明，尽管采用了 BEM 技术，但在全息面为单平面时仍不能获得理想的重建结果，而当全息面选为位于声源两边的双平行面时，则可得到和共形面全息重建相近的重建精度。将基于 BEM 的 NAH 方法和 BAHIM 技术相结合，使之适用于宽带情况，此方法能很好地适用于工业噪声源的识别和定位。

利用边界元法研究声场时，在特征频率处存在着解的非唯一性问题。由 Schenck 提出的 CHIEF 法和 Burton、Miller 提出的 Burton&Miller 法已成为较有代表性的方法。但 CHIEF 法难以选择有效的 CHIEF 点，Burton&Miller 法法向求导时会产生超奇异积分，处理十分繁杂。王有成、陈心昭提出了边界元技术中的全特解场方法（边界点法），此法在声辐射计算中得到了成功的应用。

③ 最小均方误差法　基于 BEM 的 NAH 法的一个缺点是当声源表面的尺寸远大于波长时，表面网格单元数很多，计算量大，因此，Zhaoxi Wang 和 S.F Wu 提出了 Helmholtz 积分方程最小均方误差法（HESL）。这种方法将声场近似表示成为一组在声源表面上正交函数系的线性叠加，然后利用最小均方误差准则，由测量点声压数据求解叠加系数。此法在原理上对全息面的形状没有限制。由于展开项的数目往往远小于 BEM 方法中表面网格的节点数，因此和基于 BEM 的 NAH 方法相比可以大大节省运算时间。HELS 方法实施的关键是正交函数系的构造。文献提出了用球坐标下的正交函数系作为基函数，用 Gram-Schmidt 正交归一化方法构造在源面上满足正交归一性质的函数系。这样构造的函数系对于源面为球面时最佳，而对于源面为长形情况则收敛较慢。

2.7.4　声全息数据采集方法

声全息技术的关键是获得全息测量面上多点的复声压，即声压的幅值及声压的相位。获取复声压的方法有两大类：快照法和逐点扫描法。

（1）快照法

快照法（snapshot method）由 Maynard 提出，即以多个传声器阵列组成平面接收阵，一次测量完成全息面上复声压数据的采集。有人用 76 个话筒在全息面上分 6 次测量，共测量 456 点的声压，此法也称稀疏阵分组移动采样方法。也有人用 8×8=64 个传声器在全息面上组成方阵采集数据。1975 年，美国海军海洋系统中心研制了 AIS（48×48）阵元数的水下观察方阵系统；1976 年，日本研制了 OKI（32×32）阵元数的声全息水下观察多波束方阵系统；1979 年，中科院武汉物理所研制了 64×64 阵元数的声全息水下观察方阵系统。

此法特点是采集的数据精度高，速度快，不要求噪声源具有相干性，对声信号瞬变系统非常适用。但由于快照法需要传声器多，且需要大量的校准工作，测量系统成本高。

（2）逐点扫描法

逐点扫描法（single-canning microphone method）按扫描时所测量的参数可分为两种，即声压扫描和声强扫描；按照实验系统中各装置的移动形式可分为三种，即接收器扫描、声源扫描和两者同时扫描。

① 接收器扫描　按传声器数目有单传声器、双传声器及多传声器线阵扫描。单传声器分

别沿 X 轴方向及 Y 轴方向（全息平面上）扫描，同时需要一个参考信号，以便与声源保持一定的相位关系；双传声器沿 X 轴方向及 Y 轴方向扫描，主要应用于声强测量的宽带声全息重建技术（BAHIM）；多传声器线阵扫描是基于声压或声强测量技术，沿着线阵的垂直方向一次或分多次扫描。在 NAH 的测量中，一般需要与源有关的参考信号；而 BAHMI 测量不需要参考信号，故很适合宽带噪声源的测量分析。

哈尔滨工程大学研制出我国第一套水下双通道声强测量系统及自动控制扫描装置，并改进成双水听器线列阵水声声强测量系统，以球形压电换能器作为声源，对声场进行全息重建。扫描装置的控制、信号采集、信号传输与处理都由一台微机来完成，声强探头的定位、扫描速度、步距、方向、行程等参数都在微机中预先设定，实现自动扫描测量。

中科院武汉物理所研制出国内第一套在空气中使用的线阵扫描 NAH 实验系统，并对圆钢板和编磬振动进行了全息重建。线阵选用 32 个驻极体传声器，组成稀疏排列的直线阵，测量距离一般取 $d=200\sim700mm$，以保证能有效地接收到倏逝波成分。该系统当辐射频率为 400Hz 的空气声、测量距离 $d=40\sim60mm$ 时，信号幅度的相对误差 <3%，基本不影响重建结果。

有的研究为了测定诸如汽车等大型机器存在较多独立的噪声源，采用分离奇异值的办法来确定独立的声源数，用近场声全息方法进行声场重建。它的实验装置采用近场和远场同时测试的装置，在近场全息面适当的位置上布置 3 个传声器来测定声压（距声源 120mm），在远场采用四角布置 4 个传声器测定声压（距声源 500mm）。

② 声源扫描　根据天线理论中源与接收器的互易原理，A.F.Metherell 等提出接收器与声源的互换。有文献表明，在研究汽车轮胎产生的噪声时和用半球面声全息法研究声场的声全息时都采用了声源扫描的办法。这种方法主要是在常规声全息中使用。

③ 接收器与声源同时扫描　可以考虑两种扫描方式：一种方式是让声源与接收器实际地沿着空间一条轨迹扫描；另一种方式是让声源阵和接收器阵的阵元顺序接通，并且可以证明，声源与接收器同时扫描时，其分辨率为单一扫描时的两倍。

2.7.5　声全息成像的分辨率

全息图分辨率为全息图中最细条纹的相位还未发生倒转时一个物点可以移动的距离。常规声全息成像，都是在较远场进行的，源像的分辨率取决于波长。对于小孔径阵，根据 Rayleigh 分辨率判据，全息成像分辨率依赖于声波波长、成像距离、记录声场全息数据的孔径形状及有效尺寸，其纵向（径向）分辨率低于横向分辨率。有人提出了采用脉冲波进行声全息成像，短时间的脉冲本身有利于将不同空间位置的散射体回波从传播时间上区分出来，同时由于任何脉冲波均可分解为多种频率成分，这些频率成分对重建均有贡献。将重建结果适当处理并有效地迭加起来，其分辨率更高。有的研究发现，空间某一位置散射点的脉冲经重建后，相位随空间位置呈线性变化，且变化程度比幅值敏感得多。这一重要性质可以作为一种相位识别处理技术。在某种情况下还可采用解卷处理，从而大大地提高了重建图像的分辨率，特别是纵向分辨率。

NAH 具有常规声全息无法达到的分辨率，但它对声全息数据测量精度的要求也远较常规声全息严格。有研究给出了平面 NAH 情况下重建场分辨率的表达，指出分辨率与测量面到振动面间的距离、声波波长、测量面上测得的声全息数据的最大幅值、声全息面上误差的最大幅值有关。

　　由于对 BAHIM 的研究还远不如对 NAH 的研究，至今没有见到 BAHIM 重建分辨率的表达式，但从有关文献中可以看出，BAHIM 同 NAH 一样，也具有相当高的分辨率。

2.7.6　声场全息图像种类

　　为了使得重建的声场更形象化、可视化，一般都采用图像表达声场的办法。声全息图像主要分两类：常规声全息图和 NAH 图。

　　（1）常规声全息图

　　① Fresnel 全息图　　这类全息图由两个共线辐射束产生干涉图样。当一束辐射是球面而另一束辐射是平面时，就能得到 Fresnel 全息图，它是 Gabor 全息图的另一种叫法。

　　② Fraunhofer 全息图　　它也是由两个共线辐射束产生的干涉图样，但图是在两束辐射中一束的物体远场或 Fraunhofer 区内记录的，由于孪生像离待摄像很远，不会产生很大的噪声和干扰，所以它比 Fresnel 全息图好。

　　③ 偏置全息图　　它首先由 E.N. Leith 和 J.Vpatnieks 提出，让两个干涉束不共线，使两个孪生像完全分离，可分为偏置 Fresnel 全息图和偏置 Fraunhofer 全息图。

　　④ Fouirer 变换全息图　　它是平面波与目标的空间 Fourier 变换之间的干涉图样。有几种方法可获得物体的空间 Fouirer 变换，最常用的有两种方法：一种是将观察平面移到物体的远区；另一种是模拟地将物体移到远区，可把物体放在透镜的焦面上，这样的全息图只重建出物体 Fouirer 变换，而不能直接重建出物体的像，若重建像，必须在衍射场里增加一个透镜，可以认为是一次逆 Fouirer 变换。

　　⑤ 聚焦像全息图　　它是两个非共线辐射束的干涉图样，是在物体的近区记录的，这类全息术主要应用于液面声全息的研究中。

　　以上几种方法都属于常规声全息成像方法，是在较远场进行的。

　　（2）NAH（包括 BAHIM）图

　　NAH 通过包围源的全息测量面做声压或声强全息测量，然后借助于源表面和全息面之间空间声场变换关系，由全息面的声压或声强重建源面的声场。利用声全息场的空间变换，只需要二维场的全息测量，就可推算三维场；由全息面的无向量场，就可得声强向量场分布，并可确定大型复杂结构或振源声能输出部位及源的近场能量的回流图形。NAH 图主要是反映全息场重建后的一些声学量（诸如声强、声压、振速等）分布图，表示方法主要有三维分布图、等值分布图、空间向量声强分布图、三维分布断面曲线图、远场指向性图等。

　　NAH 技术无论是对空气中还是水下大型或复杂结构的振动和噪声的辐射特性研究、主要声源的分析与计算都是一种极为有效的方法，有助于对结构振动、噪声的有效控制。尤其是 BAHIM 技术，它不需要了解激励源及与之有关的参考信号，可以在很宽的频带范围内研究声源特性，在工程上具有很高的应用价值。

　　应用 BEM 技术可进行声全息非共形面声场重建，特别适合低频大尺寸结构的声特性研究。基于 BEM 或边界点法的 NAH 技术及源分离技术，可以由近场测量精确重建源表面场，进而可以推算远场声学特性，为机械设备低噪声设计与研究提供了稳固的技术基础。

2.7.7　声全息测量仪器

声全息测量仪器基本是由传声器阵列、信号采集分析系统和计算软件三部分组成。目前在国内外已有多种产品问世，在此介绍两种典型产品。

（1）B&K 8607 型近场声全息测量系统

B&K 8607 型近场声全息测量系统是基于空间 Fourier 变换的声场空间变换（STSF）的声全息算法，它利用矩形网格阵列传声器对被测物近距离测量得到的一组声压数据实现对空间声场的数学建模，建模参数包括声压、声强、质点速度等。亦可利用该模型基于 Helmholtz 积分方程（HIE）计算远场响应、沿直线估计远场声压分布。基于统计最优的近场声全息（SONAH）克服了传统近场声全息的空间窗效应和卷绕效应，该算法允许使用不规则的、尺寸小于被测对象的阵列。

B&K 8607 的等效源方法（ESM）非常适合曲面的测量，它能消除 SONAH 处理非平面表面时产生的赝相，特别适用于进行保形成像（BZ-5637）、板件声学贡献分析（BZ-5637 和 BZ-5640）、强度分析（BZ-5637 和 BZ-5641）、现场吸声测量（BZ-5637 和 BZ-5642）。

（2）声像仪

声像仪是由中科院声学所研制的一种基于声全息的噪声源识别定位测试分析系统，它可解决稳态、瞬态及运动声源，远距离快速识别定位。

声像仪系统由硬件系统、软件系统组成，可根据用户需求进行模块组合。软件分析模块中主要模块包括：光学摄像机驱动、数据采集器程控、采集数据记录保存、信号分析、数据回放、声像图校准、输出文本以及报告生成等。可视化模块包括各种数据的实时显示和图形输出功能等。

如图 4-2-28 所示，声像仪硬件系统组成包括阵列、光学摄像机、数据采集器、主控计算机等。图 4-2-29 为中科院声学所研制的 ϕ75cm 的 60 元球形传声器阵列。

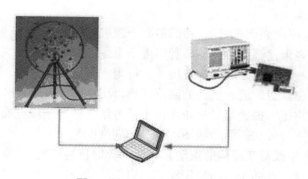

图 4-2-28　声像仪的硬件系统组成　　　　图 4-2-29　ϕ75cm 的 60 元球形传声器阵列

声像仪的软件系统采用模块化框架结构，通过软件模型规范和接口标准规范完成各功能软件和系统集成，主要划分为驱动层、数据库、算法库、接口层、应用层，见图 4-2-30。

目前，声像仪已广泛应用于船舶、航天航空、汽车行业、家电行业、电厂车间以及其他各种机械设备等噪声检测与声源定位中，见图 4-2-31。

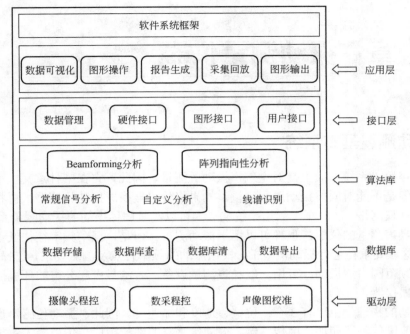

图 4-2-30　声像仪的软件系统组成

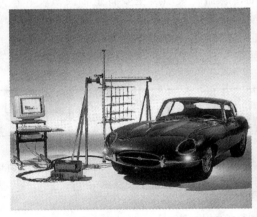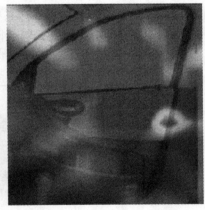

图 4-2-31　B&K 公司的传声器阵列与车门漏声定位

第**3**章　振动测量仪器

3.1　振动测量基本系统

　　前述噪声测量系统本质上是对空气声振动的测量，因此，它在某种意义上来说也是振动测量系统，但是不能对固体振动进行测量。如果将传声器换成振动传感器，再将声音计权网络换成振动计权网络，那么噪声测量系统就成为可以测量固体振动的振动测量系统了。因此，大部分用于噪声测量的仪器，也都可以用于振动测量。但是，振动频率往往低于测量噪声的频率范围，这就要求在进行振动测量前，根据振动的频率特点及测量要求，选择合适的仪器。若只测量声频范围内的振动，可用一般噪声测量设备；若测量引起公害的环境振动，则要求使用低频测振仪器。

　　描述振动的物理量主要有 3 个：位移、速度和加速度。因此，振动传感器也可以分为位移传感器、速度传感器和加速度传感器。振动传感器的性能指标与传声器大致相同，如频率响应、灵敏度、稳定性和动态范围等。振动传感器的灵敏度主要有主轴灵敏度和横向灵敏度之分。对于测量单轴向振动的传感器，其横向灵敏度越小越好，一般要求小于 3%。

　　与声级计相似，振动仪是测量振动的常用仪器，结构和组成与声级计基本一致，如图 4-3-1 所示。一些高级的声级计，只要将其传声器更换为振动传感器即可转变为一个振动仪，对振动进行测量。

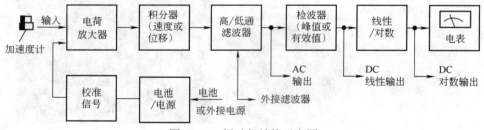

图 4-3-1　振动仪结构示意图

　　振动仪对振动信号的分析功能与声级计的基本相同，只是用于振动信号的计权网络与噪声的不一样。振动仪内一般还配置有电校准信号振荡器，使仪器具有自校准能力，还可以根据传感器的灵敏度来调节整机灵敏度。

3.2　振动传感器

3.2.1　位移传感器

　　根据测试原理，位移传感器又可以分为电感型和电涡流型两种。

　　图 4-3-2 为电感型位移传感器的原理。将通有一定电流的电线缠绕在 U 形导磁材料上，就构成了最简单的电感型位移传感器。在电流的作用下，导磁材料周围将出现磁场，并且集

中在材料的两个端口附近。将两个端口靠近固体表面，端口与固体表面之间会形成一个气隙。可以证明，气隙的大小与线圈的电感成反比。因此，气隙的大小随固体表面振动时，线圈的电感便随之发生变化，线圈的输出电流也随之改变，测量电流的瞬时值就可以计算出气隙的大小，也就推算出固体表面振动的位移变化了。但是，由于导磁材料的磁阻、电阻和线圈寄生电容等多种实际因素的影响，电感型传感器的线性特征较差，动态范围较小。

电涡流型位移传感器是目前使用较为广泛的非接触式位移传感器，其特点是结构简单、灵敏度高、线性度好、频率范围宽、抗干扰能力强等，已被大量应用到大型旋转机械上，用来监测轴系的径向振动和横向振动。图 4-3-3 为电涡流型位移传感器的原理。该传感器主要由一个通有高频交变电流的线圈组成。当线圈靠近金属固体表面时，由于电磁感应作用，金属固体表面将出现电涡流。电涡流相当于一组交变通电线圈，又反作用到传感器的线圈。因此，线圈与电涡流之间实际上产生了互感作用。互感的大小与两者之间的间隙大小有关，在一定间隙范围和频率范围内，传感器的输出电压与间隙大小呈线性关系。这就是电涡流型位移传感器的工作原理。

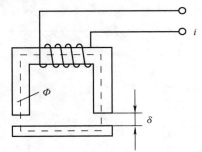

图 4-3-2　电感型位移传感器原理图

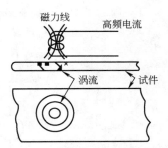

图 4-3-3　电涡流型位移传感器原理图

3.2.2　速度传感器

应用较广的速度传感器是电动式速度传感器，主要组成部分是永久磁体、磁路和运动线圈。图 4-3-4 为电动式速度传感器的结构原理。线圈一般缠绕在空心的非磁性材料骨架上，骨架直接或间接与被测固体表面接触，并随其振动而振动。因此，在振动过程中，骨架上的线圈切割磁力线，产生感生电动势。由电磁学可知，感生电动势与振动速度成正比，因此，通过速度传感器，从固体表面获得的振动信号便转换为电信号。

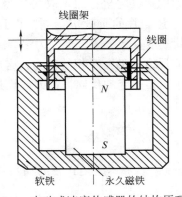

图 4-3-4　电动式速度传感器的结构原理图

速度传感器是一种接触式传感器，灵敏度一般比较高，尤其在低频段具有较大的输出电压，可测量较低频率的振动速度。此外，其线圈阻抗较低，因而对与其配合使用的测量仪器的输入阻抗、连接电缆长度及质量要求都可以相应降低。

3.2.3　加速度传感器

加速度传感器的简单结构如图 4-3-5（a）所示。它由质量为 M 的金属块、与外壳连接在一起的基底、夹在金属块与基底之间的压电片及输出电极构成。

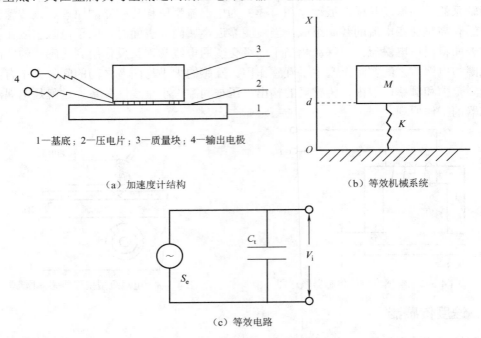

1—基底；2—压电片；3—质量块；4—输出电极

（a）加速度计结构　　　　　　　　（b）等效机械系统

（c）等效电路

图 4-3-5　加速度传感器结构示意图

当传感器沿 X 方向振动时，金属块 M 的惯性力交变地施加在压电片上，压电片两端便产生电荷输出。使用时，应与振动物体进行刚性连接，这样基底和外壳便可以看成是振动物体的一部分了。金属块和压电片在振动物体上的运动与受力分析如下：系统在外力作用下产生强迫振动，设振动仅发生在 X 方向，并将坐标原点取在基底上，如图 4-3-5（b）所示，则这个系统中金属块质量 M 远远大于压电片的质量 m，这样就可以把金属块看作惯性元件，而压电片可以作为一个弹性元件，其劲度系数为 K。当外力沿 X 正向作用于该系统时，反映在坐标系内则是作用在金属块沿 X 的反方向的一个相等的力，这与乘电梯时电梯突升时感受到一个向下压力的现象一样，称为作用力引起的反向惯性力。设外力为 F，在坐标系中应满足如下运动方程，如式（4-3-1）所示：

$$M \frac{\mathrm{d}^2 x}{\mathrm{d}t^2} + Kx = F = Ma \qquad (4\text{-}3\text{-}1)$$

式中，a 为振动物体的加速度。若加速度是正弦周期函数，角频率为 ω 时，式（4-3-1）的解为式（4-3-2）：

$$x = \frac{Ma}{K - \omega^2 M} \tag{4-3-2}$$

$$\omega_r = \sqrt{\frac{K}{M}} \tag{4-3-3}$$

当 $\omega \ll \omega_r$ 时，式（4-3-2）可以改写为式（4-3-4）：

$$x = \frac{M}{K} a \tag{4-3-4}$$

即压电片的形变与加速度大小成正比。设压电片厚度为 d，面积为 S，弹性模量为 E，则可以计算得到劲度系数 K，如式（4-3-5）所示：

$$K = SE/d \tag{4-3-5}$$

压电片受力形变，在两侧分别产生极性相反的电荷，电荷量 q 如式（4-3-6）所示：

$$q = S \frac{x}{d} e = \frac{eM}{E} a \tag{4-3-6}$$

式中，e 为压电片的压电模量。由式（4-3-6）可知，电荷 q 与加速 a 成正比关系，两者之比为传感器的电荷灵敏度 S_q，如式（4-3-7）所示：

$$S_q = eM/E \tag{4-3-7}$$

由式（4-3-7）可以看出，加速度传感器本质上就是一个电荷发生器，其质量越大，灵敏度越高。当然，根据式（4-3-3）可知，传感器的质量越大，系统的共振频率就越低，那么传感器的频率使用范围就越窄，因此需根据实际情况谨慎选择。

压电加速度传感器中压电片的压电效应与晶体传声器中的压电效应相似，所以统称为压电换能器；又因为带异性电荷的两面刚好形成一个电容器的两个极板，因此也常称为静电换能器。

设压电片电量为 C，可用式（4-3-8）表示：

$$C = \frac{\varepsilon S}{d} \tag{4-3-8}$$

式中，ε 为压电材料的介电常数。电容器两端的输出电压 V 如式（4-3-9）所示：

$$V = \frac{q}{C} = \frac{S_q}{C} a \tag{4-3-9}$$

因此，传感器的电压灵敏度 S_V 如式（4-3-10）所示：

$$S_V = \frac{S_q}{C} \tag{4-3-10}$$

加速度传感器的频率响应一般均能满足测试要求，尤其在低频段，截止频率为 1Hz 以下。其动态范围和耐温性能也很重要，使用时应注意选择。表 4-3-1 为几种国产压电式加速度计的参数指标，供使用时参考。

表 4-3-1　几种国产压电式加速度计的参数指标

型　号	YD-1	YD-3	E-2	YD-5-1 YD-5-2 YD-5-3	YD-39
灵敏度	8～13mV	0.7～0.8mV	2.5pC	0.3mV	0.7pC
频率/HZ	1～10000	1～10000	1～10000	1～10000 1～15000 1～20000	1～20000
极限加速度/m·s⁻²	2000	2000	5000	30000	5000
工作温度/℃	−20～100	<150	−20～100	−20～100	−20～100
引出方式	顶向	顶向	顶向	顶向	顶向
质量/g	26	12	12	11	8
尺寸/mm	15 六方×30	12 六方×14	14 六方×20	12 六方×14	9 六方×11
安装螺纹	M5	M4	M5	M5	M5
结构形式	周边压缩	周边压缩	环形剪切	周边压缩	环形剪切
应用范围	通用	高温	小型	冲击	微型
电容/pF	700	1150	600	600	700
型　号	YD-8	YD-12	YD-36	YD-25A	JZY-2
灵敏度	0.5mV	8～10pC	7～11pC	400pC/N	4pC/N
频率/HZ	1～18000	1～10000	1～5000	1～10000	5～4000
极限加速度/m·s⁻²	5000	5000	1000	100N	1000
工作温度/℃	−20～100	−20～100	−20～100	−20～100	−20～100
引出方式	侧向	侧向	侧向	侧向	侧向
质量/g	26	30	30	25	200
尺寸/mm	9 六方×9	17 六方×23	24 六方×23	24 六方×20	45 六方×55
安装螺纹	M3	M5	M5	M5	M16
结构形式	周边压缩	中心压缩	三角剪切	压缩	压缩
应用范围	微型	通用	抗干扰	测力	机械阻抗
电容/pF	600	1350	2200	500	20/2000

3.2.4　阻抗头

　　在振动激励试验中经常使用一种名为阻抗头的装置，它集压电式力传感器和压电式加速度传感器为一体。其作用是在力传递点同时测量激振力和该点的运动响应，因此阻抗头由两部分组成：一部分是力传感器，另一部分是加速度传感器。阻抗头结构如图 4-3-6 所示，它安装在激振器顶杆与试件之间。阻抗头前端是力传感器，后面是测量激振点响应的加速度传感器，在结构上应当使二者尽量接近。它的优点是，保证测量点的响应就是激振点的响应。

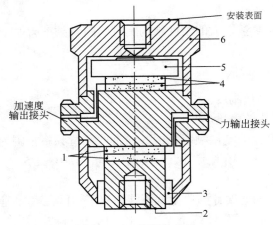

图 4-3-6　阻抗头结构

1，4—压电片；2—激振端；3—密封橡胶；5—质量块；6—钛质壳体

阻抗头在使用中需要注意的是，它只能承受轻载荷，因而只可以用于对轻型结构、机械部件以及材料试样的测量。无论是力传感器还是阻抗头，其信号转换元件都是压电晶体，因而其测量电路均为电压放大器或电荷放大器。

3.2.5　振动传感器的选择与安装

理论上，可选择加速度、速度和位移三个量中的任一个量来测量振动。

对机械系统来说，可检测到的位移只出现在低频区，故位移的测量对一般机械振动的研究价值有限。对于旋转机械，由于较大的位移常发生在轴的旋转频率，利用位移测量可确定这个对平衡来说最重要的频率成分。因此，一般采用位移量作为衡量旋转机械失衡及其损坏效应的依据。在这些测试中通常采用位移或速度传感器（积分一次）进行测量。

由于振动的速度与振动的动能有关，因此几何相似的结构，在以相同的模式振动时，在给定的速度下，它们的应力也相同。因此，采用速度的有效值检测振动的严重程度及振动的损失效应。在以上检测中常采用速度传感器或加速度传感器（积分一次）进行测量。

加速度测量可获得丰富的高频振动成分，所以当测量的频率处于高频段时，应优先采用加速度参量进行测量。尤其是目前很多振动测量的频率上限高达 10000Hz，甚至更高。另外，由于高频振动能传递大量对监测与诊断有用的信息，如这些信息反映了滚动元件（滚珠、滚轴、滚针）、轴承、齿轮、叶片等的工作状况。压电加速度传感器广泛地应用于这些测量领域。

位移传感器、速度传感器、加速度传感器三种传感器中，由于加速度传感器具有体积小、重量轻、频率范围和动态范围非常宽的特点，故在一般振动响应的测量中总是优先选用压电式加速度计。并且因为加速度计所配的积分电路在很宽的频率与动态范围内精确方便地从加速度信号得到速度和位移量，因此在振动测量中应按下列要求选择加速度计。

（1）灵敏度

理论上灵敏度越高越好，但灵敏度越高，压电元件叠层越厚，致使传感器自身的谐振频率下降，影响测量频率范围。而且灵敏度高的加速度计自身质量较大，不利于轻小结构试件的测量。现代的测量系统能接受低振级的信号，因而灵敏度不再是决定因素。

（2）安装谐振频率

加速度计安装在相对质量很大的刚性结构上时的固有频率 f_m 如式（4-3-11）所示：

$$f_m = \sqrt{\frac{k}{m_s}} \qquad (4\text{-}3\text{-}11)$$

式中　k—— 压电元件的等效刚度；

m_s—— 传感器质量块的质量。

该参数决定了加速度计的测量频率范围。通常取测量频率范围为安装谐振频率的 1/3，为了提高测量精度，可选测量频率上限小于谐振频率的 1/10～1/5。

（3）加速度计的质量

在测试轻小试件时，加速度计的质量就不能忽视了，因此对加速度计的附加质量会改变测点的振级和频率，从而使得测量结果无效。附加质量对被测结构固有频率的影响可由式（4-3-12）近似估算：

$$f_s = f_m \sqrt{1 + \frac{m_a}{m_s}} \qquad (4\text{-}3\text{-}12)$$

式中　f_m—— 带有加速度计的结构的频率；

f_s—— 不带加速度计的结构的频率；

m_a、m_s—— 加速度计附加质量和结构在该固有频率下的等效质量。一般来说加速度计的质量应小于等效质量的 1/10。

（4）动态范围

在被测加速度很小或很大时，就要考虑加速度计的动态范围。理论上加速度计的输出线性范围的下限可以从零开始，但实际上由于动态范围的下限取决于连接电缆和测量电路的电噪声，对通用型宽带测量仪器，其下限可低于 0.01m/s²。在用滤波器进行频率分析时，还可以测得更低的振级，加速度计的动态范围上限由其结构强度决定。当测量很大的加速度（包括冲击）时，应选择足够动态范围的加速度计。

（5）横向灵敏度

加速度计的横向灵敏度是其垂直于主轴平面内的灵敏度，通常用主轴灵敏度的百分数来表示，它越小越好，一般为 1%。

除上述参数外，在选择加速度计时，还需考虑使用环境。其中温度环境也需着重注意，一般通用加速度计的使用温度上限可达 200℃左右。若温度再高，由于压电元件的极性开始减弱，会导致灵敏度的永久性下降。特制的高温加速度计的使用温度可达 400℃。其他方面需考虑的是基座应变、磁场、噪声等环境因素的影响。

为了得到精确的振动测试结果，必须考虑加速度计的安装方法，才能保证不会降低加速度计的安装谐振频率。图 4-3-7 为压电式加速度计的各种安装方法及其对应的频率特性。

① 钢螺栓连接　如图 4-3-7（a）所示，这是一种理想的安装方法，能充分保证加速度计的使用频率范围和温度范围。通常在螺栓拧紧前，在安装面上涂一层润滑脂以增加安装刚度。

② 绝缘连接　当加速度计与被测物体之间需要电绝缘时，可采用如图 4-3-7（b）所示的

方母垫圈和绝缘螺栓安装。这种方法可防止接地效应，有较好的安装效果，当方母垫圈很薄时，加速度计的谐振频率会有稍许下降。

③ 石蜡粘接　如图 4-3-7（c）所示，此种安装方法是用一层薄蜡将加速度计粘在振动体表面上。该方法简单易行，也能保证较高的安装谐振频率，但只适用于常温情况（<40℃）。

④ 双面胶带　在安装加速度计时，这是一种快速方便的材料，当应用于平滑表面时，效果相当好。频响曲线如图 4-3-7（d）所示，但胶带太厚时常会导致可测频率上限严重下降。通常适用于较低频率，传感器质量较小的情况。

⑤ 永久磁铁　若测点位于铁磁物质的平坦面上时，可采用如图 4-3-7（e）所示的永久磁铁安装方法。永久磁铁和加速度计之间可进行电绝缘，这种安装方法使加速度计的谐振频率下降到 7000Hz，可用的测量频率上限只有 2000Hz 左右。这种安装方法的特点是，可以方便快速地改变安装位置或方向。

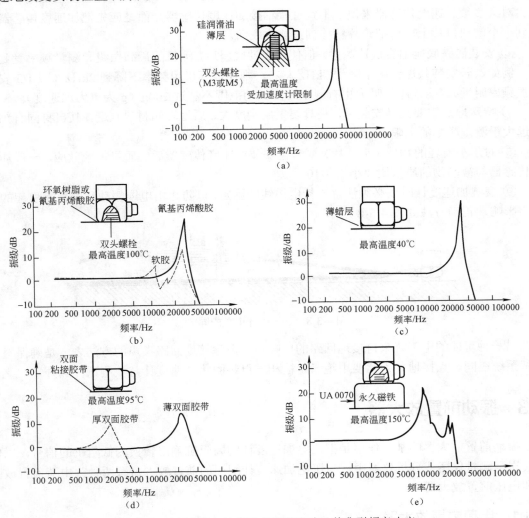

图 4-3-7　压电式加速度计的安装方法及其典型频率响应

另外，加速度传感器安装时还需注意以下几点。

① 安装加速度传感器的平面应平整光洁，并且与被测对象之间有最直接或短传递路径。对单轴向加速度传感器，要注意测量的方向即主轴方向是否是测量方向。

② 使用螺栓连接时，螺纹孔应与表面垂直。

③ 不同加速度传感器的电气绝缘性能各不相同，有些传感器本身带有绝缘底座，而有些则需使用绝缘螺栓外加云母垫片附件来保证绝缘。绝缘螺钉接触面以云母垫片固定。安装绝缘螺钉能很好地解决测量系统的地回路问题。

④ 封蜡固定法适合在常温下、传感器质量小于 100g（g 为克）时使用，非常方便，但温度被限制在 40℃ 以下，而且测量最大振级为 100m/s² 或 20g（峰值，g 为重力加速度）。

⑤ 使用粘接剂安装，如快干胶 502 等，频率特性较宽，但不宜使用软性粘接剂。使用前，安装部位表面必须用烃类化合物溶剂（如丙酮）清洗，应使清洗溶剂远离电缆和连接器。应将传感器快速压入粘接剂，以达到薄的粘接层。缺点是胶水易弄脏螺孔，温度也受到一定限制。对大多数加速度传感器来说，不宜直接粘接加速度传感器，而是应先把加速度传感器固定到一个塑料垫片上，再把垫片粘接到被测物表面。

⑥ 安装磁铁底座适合快速测量。但使用磁性底座后，测量的最高振级和测量频率受到限制。例如，若安装共振频率下降到 7kHz 左右，则使最高可用频率下降到 2kHz（即 1/3 安装共振频率附近）。磁铁座的吸力也有限，可测振动范围不超过 200g（g 为重力加速度）。

⑦ 特殊地点需要夹具安装时，夹具要采用刚度大、质地轻的材料制造，其自身固有频率要远大于测量频率的上限。

⑧ 对于小而轻的物体（小叶片）要考虑安装加速度传感器后的质量加载效应，一般加速度传感器与被测物的质量比要小于 1/10。

⑨ 安装加速度计时还必须注意连接电缆线的固定，以防止由电缆颤动和摩擦而引起的电噪声影响，正确方法如图 4-3-8 所示。

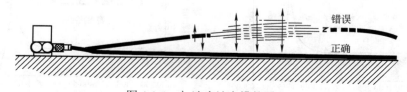

图 4-3-8　加速度计电缆的固定

另一种可能的电干扰来自接地回路的电噪声。消除接地回路噪声的方法之一是确保整个测试系统在同一点接地。为此要用绝缘螺栓和方母垫圈将加速度计与被测试件隔开。

3.3　振动前置放大器

振动前置放大器的基本作用是把压电加速度计的高阻抗输出转换为低阻抗的信号，以便直接送至测量仪器或分析仪器中。与压电加速度计配用的前置放大器有两种：电荷前置放大器和电压前置放大器。

3.3.1　电荷前置放大器

电荷前置放大器给出一个与输入电荷成正比例的输出电压，但并不对电荷进行放大。电荷放大器的最明显的优点在于：无论使用长电缆还是短电缆都不会改变整个系统的灵敏度，因此在振动测量中优先采用电荷放大器。

电荷放大器采用一个运算放大器的输出级，这个运算放大器的反馈回路上接一只电容器以形成一个积分网络对输入电流进行积分，这个输入电流是由加速度计内部的高阻抗压电元件上产生的电荷形成的，从而形成与电荷加速度计的加速度成比例的输出电压。

图 4-3-9 为压电加速度计和电荷放大器相连接的等效电路。

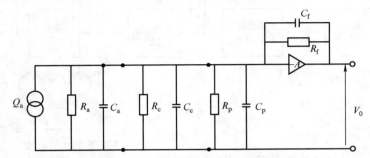

图 4-3-9　压电加速度计和电荷放大器相连接的等效电路

Q_a—压电加速度计产生的电荷（与所加的加速度成比例）；C_a—加速度计的电容量；R_a—加速度计的电阻值；
C_c—电缆和连接插头的电容量；R_c—电缆和连接插头的电阻值；C_p—前置放大器输入电容量；
R_p—前置放大器输入电阻值；C_f—反馈电容量；R_f—反馈电阻值；A—运算放大器增益；V_0—放大器输出电压

由于加速度计的阻值、放大器输入电阻值和反馈电阻值都很大，因此图 4-3-9 的电路可以简化为图 4-3-10。

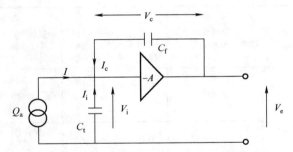

图 4-3-10　加速度计和电荷放大器相连的简化等效电路

图 4-3-10 中，$C_t = C_a + C_c + C_p$

式中　I——从加速度计出来的总电流；

　　　I_i——从 C_t 出来的电流；

　　　I_c——运算放大器反馈回路上的电流。经计算可以得到下列等式，如式（4-3-13）所示：

$$V_0 = -\frac{Q_0}{C_i} \tag{4-3-13}$$

由式（4-3-13）可见，输出电压与输入电荷成比例，也就是输出电压与加速度计的加速度成比例。前置放大器的增益由反馈电容值决定，而输入电容值对输出电压值并不起作用，也就是改变电缆线长度并不影响系统的灵敏度。由于电荷放大器具有这一显著特点，因此它不仅应用在测振仪内作为前置放大器，而且还作为单独产品与加速度计配合使用。这种电荷放大器可能还具有加速度计灵敏度适配、放大、积分以获得速度信号和位移信号、输入输出过载报警，以及进行低频和高频滤波以去除无用信号等功能。图 4-3-11 为一种电荷放大器的组成方框图。部分国产及进口的电荷前置放大器和电压前置放大器的主要性能参数见表 4-3-2。

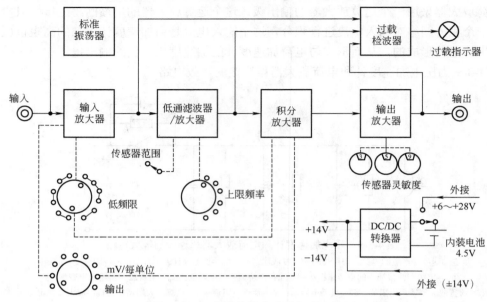

图 4-3-11　某电荷放大器的组成方框图

表 4-3-2　部分国产及进口的电荷前置放大器和电压前置放大器主要性能参数

前置放大器型号		2635 3 位灵敏度适调低噪声电荷放大器	2626 3 位灵敏度适调低噪声电荷放大器	2651 3 个划一增益灵敏度设定电荷放大器，具有很低的频率测量能力	2634 体积小，坚固，增益可调电荷放大器，对电磁辐射的抗干扰性极佳	2650 4 位灵敏度适调低噪声电荷和电压前置放大器
测量方式		加速度 速度 位移	加速度	加速度 速度	加速度	加速度
放大器灵敏度		$0.1 \times 10^{-3} \sim$ 10V/pC （$-20 \sim +80\text{dB}$）	$0.1 \times 10^{-3} \sim 1\text{V/pC}$ （$-20 \sim +60\text{dB}$）	$0.1 \sim 1 \sim 10\text{mV/pC}$ （$-20 \sim +20\text{dB}$）	$0.9 \sim 10\text{mV/pC}$ 可内部调节 （$0 \sim 20\text{dB}$）	$0.1 \sim 100\text{mV/pC}$， $100\text{mV/V} \sim 100\text{V/V}$ （$-20 \sim +40\text{dB}$）
频率范围（3dB 点）		$0.1\text{Hz} \sim 200\text{kHz}$	$0.3\text{Hz} \sim 100\text{kHz}$	$0.003\text{Hz} \sim 200\text{kHz}$	$1\text{Hz} \sim 200\text{kHz}$	$0.3\text{Hz} \sim 200\text{kHz}$
可选择的 频率极限 （3dB 点）	低	0.2Hz、1Hz、2Hz、 10Hz（10%极限）	0.3Hz、3Hz、10Hz、 30Hz	0.003Hz、0.03Hz、 0.3Hz、1Hz	—	0.3Hz、3Hz、2kHz
	高	0.1Hz、1Hz、3Hz、 10Hz、30>100kHz （10%极限）	1Hz、3Hz、10Hz、 30>100kHz	200kHz	—	1Hz、3Hz、10Hz、 30>200kHz
电源		内装电池或外 接直流电源	交流市电	外接直流	外接直流	交流市电
其他特点		过载指示器， 试验振荡器，电池 供电情况指示器	过载指示器，直接 和变压器耦合输出	输入信号，浮地或 接地	常规或差分输入，可 固定在机械架子上	过载指示器，测 试振荡器
应用		现场振动测量 配以水听器测量 水声	通用测量加速度计 的比较校准	多通道测量冲击测量	工业环境中振动测量 永久性安装	加速度计的比较 校准，一般测量

3.3.2　电压前置放大器

电压前置放大器检测由振动引起加速度计电容上的电压变化，并产生与此成比例的输出电压。与电荷放大器相比的缺点是，电缆电容量的变化引起整个灵敏度的变化。

将一个加速度计连到电压前置放大器的等效电路见图 4-3-12。除了运算放大器连接成增益为 1 的电压缓冲器，其余与图 4-3-9 完全一样。

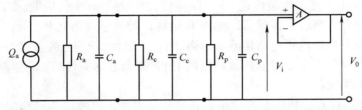

图 4-3-12　用压电加速度计作为电压源的电压放大器的等效电路

当加速度计不接电缆，也不与前置放大器相连时，它有一个输出电压 V_a，如式（4-3-14）所示：

$$V_a = \frac{Q_a}{C_a} \tag{4-3-14}$$

可以计算出加速度计的电压灵敏度 S_{Va} 和电荷灵敏度 S_{qa} 的关系，如式（4-3-15）和式（4-3-16）所示：

$$S_{Va} = \frac{S_{qa}}{C_a + C_c + C_p} \tag{4-3-15}$$

$$S_{qa} = S_{Va}（开路）\frac{C_a}{C_a + C_c + C_p} \tag{4-3-16}$$

因为电荷灵敏度 S_{qa} 和 C_a 是加速度计的常数，故电压灵敏度 S_{Va} 取决于电缆的电容量，这意味着如果更换电缆，电压灵敏度随之改变，从而需要重新进行校准，使用很不方便。另外，如使用较长电缆线会使信噪比降低。因此它一般不作为单独仪器提供与加速度计配合使用，但对于电缆线长度固定不变的场合可以使用电压放大器。

3.3.3　IEPE/ICP 供电放大器

IEPE（integral electronic piezoelectric）是指一种自带电荷量放大器或电压放大器的加速度传感器。IEPE 是压电集成电路的缩写。因为由压电式加速度传感器产生的电量是很小的，因此传感器产生的电信号很容易受到噪声干扰，需要用灵敏的电子器件对其进行放大和信号调理。IEPE 中集成了灵敏的电子器件，使其尽量靠近传感器以保证更好的抗噪声性并更容易封装。

IEPE 加速度传感器带有一个放大器和一个恒流源。恒流源将电流引入加速度传感器。加速度传感器内部的电路使它对外表现得像一个电阻。传感器的加速度和它对外表现出的电阻成正比。因此，传感器返回的信号电压和加速度也成正比。放大器允许使用者设置输入范围以充分利用输入信号。

　　一般情况下 IEPE 传感器就是指带内置电路的压电传感器，其使用需要恒流电压源供电，供电电流可以是 2～20mA（增加电流主要是考虑到信号需要长距离输送），但电流高低对 IEPE 传感器在通常状况下的使用没有什么影响。当然在非长距离（50m 以下）信号输送的使用中，没有必要用大电流（大电流会使内置电路温度升高）。

　　商业产品的压电传感器加装内置电路可追溯到 20 世纪 60 年代后期，七八十年代奇石乐、PCB、恩德福克都有生产这类传感器，而 PCB 则称这类传感器为 ICP 型。90 年代以后，PCB 将 ICP 注册为他们公司带内置电路传感器的商品名。在这种情况下，各公司当然也不能用 ICP，所以各自注册了其他商品名。行业内就提出用 IEPE 来命名这类传感器，逐渐 IEPE 已被各公司（包括 PCB）所接纳。

　　IEPE 传感器的优点：输出是经过电荷转换和放大的，已经成为标准信号（0～5V），测量相对容易，信噪比比较高。因为输出是要经过内部电路放大的，所以敏感元件可以很小，传感器的尺寸往往可以做得很小，但是输出同样比较大（标准电压）。电压输出，测量比较容易，所用采集器的通用性好，信噪比容易提高，可以用于远距离测量。

　　IEPE 传感器的缺点：因为内部含微电路，所以传感器抵抗极端环境的能力通常较差，不适合用于极高温和极低温，冲击和振动极限通常比较低。

3.4　通用振动计

　　通用振动计是用于测量振动加速度、速度、位移的仪器，可以测量机械振动和冲击振动的有效值、峰值等，频率范围从零点几赫兹至几千赫兹。通用振动计由加速度传感器、电荷放大器、积分器、高低通滤波器、检波电路及指示器、校准信号振荡器、电源等组成。工作原理方框图如图 4-3-1 所示。

　　加速度传感器检取的振动信号经电荷放大器，将电荷信号转变为电压信号，送到积分器经两次积分后，分别产生相应的速度和位移信号。来自积分器的信号送到高低通滤波器，滤波器的上下限截止频率由开关选定。然后信号送到检波器，将交流信号变换为直流信号。检波器可以是峰值或有效值检波，在一般情况下，测加速度时选峰值检波，测速度时选有效值（RMS），测位移时选峰-峰值。检波后信号被送到表头或数字显示器，直接读出被测振动的加速度、速度或位移值。

　　通用振动计内的校准信号振荡器使得仪器具有自校的功能，还可根据传感器的灵敏度来调节整机灵敏度。而有的振动计具有加速度计灵敏度适调开关，则灵敏度适调功能由该开关完成。振动计还可以外接滤波器进行频率分析。

　　振动计的选择首先要依据测量对象的振动类型（周期振动、随机振动和冲击振动）和振动的幅度以及对于所研究的振动确定合适的测量项目（加速度、速度、位移、波形记录和频谱分析），选择合适的振动测量或测量系统。有的振动测量研究只需了解振动的位移值（如旋转机械轴系的轴向和径向振动），有的研究了解振动的速度值（如机械底座、轴承座的振动），而且常常把振动烈度，即 10Hz～1kHz 频率范围内振动速度的有效值，作为评价机器振动的主要评价量。另外，还需考虑测量的频率范围、幅值的动态范围、仪器的最小分辨率。对于冲击测量还应考虑振动测量仪的相位特性，因为在冲击振动频谱分量所确定的频率范围内，不仅要求测量设备的频率响应必须是线性的，而且要求设备的相位响应不能发生转变。表 4-3-3 为一些典型通用振动测量仪器的主要性能。

表 4-3-3　典型通用振动测量仪器的主要性能

型号名称 项目	AWA5930 通用振动计	YE5932 振动计	YE5936 测振仪	DZ-80 振动测量仪
测量范围： 　加速度 　速度 　位移	$0.01\sim1000\text{m/s}^2$ $0.1\sim10000\text{mm/s}$ $0.001\sim100\text{mm}$	$0.1\sim1000\text{m/s}^2$ $0.1\sim1000\text{mm/s}$ $30\sim10000\mu\text{m}$	$0.1\sim199.9\text{m/s}^2$（p） $0.01\sim19.99\text{mm/s}$（rRs） $1\sim1999\mu\text{m}$（P-P）	$0.001\sim30\text{g}$ $0.03\sim1000\text{mm/s}$ $0.001\sim30\text{mm}$
频率范围： 　加速度 　速度 　位移	$1\text{Hz}\sim15\text{kHz}$	$1\text{Hz}\sim100\text{kHz}$ $10\text{Hz}\sim10\text{kHz}$ $10\sim100\text{Hz}$	L：$10\text{Hz}\sim1\text{kHz}$ H：$1\sim10\text{kHz}$ $10\text{Hz}\sim1\text{kHz}$ $10\text{Hz}\sim1\text{kHz}$	$10\text{Hz}\sim10\text{kHz}$
滤波器	高通：1kHz、10Hz 低通：1kHz、15kHz 及 外接	低通：100kHz、1kHz、 10kHz 及外接	—	—
检波器	有效值、峰值	有效值、峰值	—	—
显示	数字 3 位，电表对数刻度	电表对数刻度	数字 $3\frac{1}{2}$ 位 LCD	电表
准确度	5%	5%	5%	0.5dB
传感器	压电加速计	压电加速计	—	—
灵敏度设定	3 位指轮开关			
电源	6V，1.2A 充电电池	4×R20	1×6F22	220V，50Hz
外形尺寸	260mm×200mm×100mm	225mm×230mm×85mm	32mm×70mm×185mm	265mm×220mm×180mm
生产厂	杭州爱华仪器有限公司	扬州无线电二厂		上海长江 科学仪器厂
型号名称 项目	KZ-4 便携式测振表	D3610III/2F 型三路 正弦振动测试仪	D3610III-3F/2F 冲击测量仪	GZ-6 型测振仪
测量范围： 　加速度 　速度 　位移	分三档 20mm/s、200mm/s、2000mm/s $0.1\sim1999\mu\text{m}$	$1\sim1000\text{m/s}^2$ $3\sim3000\text{mm/s}$ $0.03\sim30\text{mm}$	$10\sim10000\text{m/s}^2$（P）	$0.01\sim100\text{m/s}^2$ $0.1\sim1000\text{mm/s}$ $0.001\sim10\text{mm}$
频率范围： 　加速度 　速度 　位移	$10\text{Hz}\sim1\text{kHz}$	$5\text{Hz}\sim10\text{kHz}$	$0.3\text{Hz}\sim15\text{kHz}$	$0.3\text{Hz}\sim15\text{kHz}$
滤波器	—	—	低通：5kHz、15kHz	低通：1kHz、15kHz 高通：0.3Hz，1Hz，3Hz
检波器	—	—	峰值	有效值，峰值
显示	—	电表	电表	电表对数刻度
准确度	—	5%	5%	5%

续表

项目　　型号名称	KZ-4 便携式测振表	D3610III/2F 型三路 正弦振动测试仪	D3610III-3F/2F 冲击测量仪	GZ-6 型测振仪
传感器	速度传感器	压电加速度计	压电加速度计	压电加速度计
灵敏度设定	—	3 个 3 位指轮开关	3 位指轮开关	—
电源	1×6F22	220V，50Hz	220V，50Hz	220V，50Hz
外形尺寸	170mm×80mm×35mm	370mm×200mm×140mm	360mm×240mm×176mm	—
生产厂	清华大学附属仪器厂	西北环境试验设备厂（原西北机器厂）		北京测振仪器厂

3.5　振动分析仪

随着大规模集成电路和计算机技术的发展，振动分析仪发展非常迅速。振动分析仪是一种智能化振动信号分析仪，通常利用 FFT 技术进行窄带谱分析和其他分析，或者利用数字滤波器技术进行倍频程、1/3 倍频程和更窄相对带宽的频谱分析；分析通道数目可以是单通道，但更多的是双通道及多通道；分析速度很快，可以实现实时分析。

振动分析仪的实现途径通常有两种：一种是在通用计算机上用软件来实现数字信号处理，这种方式硬件简单、通用，但分析速度较慢，当然它也可以通过采用运算速度更快的计算机及优化软件设计来提高分析速度；另一种是利用信号处理芯片（DSP）进行分析，硬件比较复杂，但分析速度较快。

丹麦 B&K 公司的 3560 型多分析仪系统是一种带 DSP 板的通用的、应用很广的分析系统，包括计算机、PULSE 软件、Windows NT、Microsoft Office、接口、便携式数据采集前端硬件和 DSP 板。系统配置有 4 个输入通道，2 个信号发生器输出通道。PULSE 软件内容非常丰富，它的基本软件是噪声与振动分析。用户也可以安装进一步的软件，如数据记录仪、Vold-kalman 阶次跟踪分析仪、模态与结构分析、噪声源识别等等。该仪器借助于多分析仪功能，可以同步地将数据存入硬盘并进行分析，可以同时进行 FFT 和 1/3 倍频程分析，前端配置最多可达 32 通道，可按实时处理能力要求，选择 1～4 块 DSP 板，借用 MS Word 并利用预定义或用户自定义报告设定功能，能快速及自动地生成报告。因此，它是功能非常强、应用很广的分析仪器。

B&K 公司最新推出的 3560C 型便携式 PULSE 多分析仪系统不带 DSP 板，因而使用笔记本电脑可以用于现场和实验室的分析系统。它用"分析引擎"代替了 DSP 板，"分析引擎"是 PULSE 软件的一部分，使计算机处理器（CPU）能够实时处理数据。若计算机 CPU 速度更快，则分析引擎的分析能力更快，实时通道带宽分析能力增强。系统由内置电池或外部交流/直流供电，可以在恶劣的条件下使用。

北京东方振动和噪声技术研究所的 INV303/306 型智能信号采集处理分析系统就是在普通计算机（台式机或笔记本电脑）上插入"东方神卡"插件，再配以相应软件而成为一台高性能的动态测试分析仪，可以完成多路信号的高速大容量数据采集、存储、显示、示波、读数、波形分析和频谱分析、数字滤波、波形积分和微分、计算分析等等功能，集合了示波器、瞬态记录仪、磁带记录器、信号分析仪、模态分析仪、故障诊断仪、在线监测仪和数据处理机等仪器的功能。配备不同的软件包，实现不同的功能。该系统用在小型火箭激振大桥模态分析试验、桩基承载力测试研究、重载铁路货车模态试验等方面都取得较好效果。

　　杭州亿恒科技有限公司的 AVANT 数据采集与分析仪（图 4-3-13）是一款性能优异的数据采集和信号分析综合平台，集成了最新 DSP 并行处理技术、低噪声设计技术和高速数据传输技术，采用高速 USB2.0 接口保证了连接计算机的方便性以及高速数据传输。它将综合数据采集和实时信号分析的任务，在采集和分析计算任务时不依赖于计算机，最大限度地利用了内置的多 DSP 并行计算技术，在进行全面、精确分析的同时，保证了分析运算的实时性。

图 4-3-13　AVANT 数据采集与分析仪

　　AVANT 数据采集与分析仪的硬件主要指标是：16 通道同步输入、24-bit ADC/DAC、动态范围 120dB、信噪比优于 100dB、多个 32 位浮点 DSP 微处理器、采样频率每通道均可达到 204.8kHz、AC、DC、ICP（内置恒流源）、TEDS（可选）、高速 USB 2.0 接口、高精度信号源等。

　　AVANT 数据采集与分析仪的软件功能主要有：实时信号分析、自动生成试验报表、数据记录、离线分析、模态数据采集、冲击测量分析、冲击损坏边界分析、声压分析、声功率分析、声强分析、动刚度分析、阶比分析等。

3.6　人体响应振动仪与环境振级仪

3.6.1　人体响应振动仪

　　测量振动对人体影响的仪器称为人体响应振动仪，是根据振动对人体影响的特点来设计的。振动对人体的影响与其幅值、频率、时域特性以及振动作用于人体的部位和方向等因素有关。

　　ISO 2631 对测量影响人体的振动作了相关的要求。人体振动的测量量一般是以人体接触处的计权振动加速度有效值 a_ω 表示。其中，振动的计权曲线根据测量时不同的姿势（立姿、卧姿和坐姿）、评价目的（健康、舒适度）和振动类型有所不同。表 4-3-4 为 ISO 2631 中推荐的所有频率计权值。表 4-3-5 为不同频率计权的适用情况。

表 4-3-4　ISO 2631 中推荐的所有频率计权值

频率/Hz	W_k/dB	W_d/dB	W_f/dB	W_c/dB	W_e/dB	W_j/dB
1	6.33	−0.1	32.57	0.08	1.11	6.3
1.25	6.29	−0.07	40.02	0	2.25	6.28
1.6	6.12	0.28	48.47	−0.06	3.99	6.32
2	5.49	1.01	56.19	−0.1	5.82	6.34
2.5	4.01	2.2	63.93	−0.15	7.77	6.22
3.15	1.9	3.85	71.96	−0.19	9.81	5.62
4	0.29	5.82	80.26	−0.2	11.93	4.04
5	−0.33	7.76	—	−0.11	13.91	2.01
6.3	−0.46	9.81	—	0.23	15.94	0.48
8	−0.31	11.93	—	1	18.03	−0.15
10	0.1	13.91	—	2.2	19.98	−0.26
12.5	0.89	15.87	—	3.79	21.93	−0.22
16	2.28	18.03	—	5.82	24.08	−0.16
20	3.93	19.99	—	7.77	26.02	−0.1
25	5.8	21.94	—	9.76	27.97	−0.06
31.5	7.86	23.98	—	11.84	30.01	0
40	10.05	26.13	—	14.02	32.15	0.08
50	12.19	28.22	—	16.13	34.24	0.24
63	14.61	30.6	—	18.53	36.62	0.62
80	17.56	33.53	—	21.47	39.55	1.48

表 4-3-5　不同频率计权的适用情况

频率计权系数	健康	舒适度	感觉	运动病
W_k	z 向，座位面	z 向，座位面 z 向，站立 躺卧时的铅垂向（除头部） x、y、z 向，脚部（坐姿）	z 向，座位面 z 向，站立 躺卧时的铅垂向 —	—
W_d	x 向，座位面 y 向，座位面	x 向，座位面 y 向，座位面 x、y 向，站立 躺卧时的水平向 y、z 向，座靠面	x 向，座位面 y 向，座位面 x、y 向，站立 躺卧的水平向 —	—
W_f	—	—	—	铅垂向
W_c	x 向，座靠面	x 向，座靠面	x 向，座靠面	—
W_e	—	r_x、r_y、r_z 向，座位面	r_x、r_y、r_z 向，座位面	—
W_j	—	躺卧时的铅垂向（除头部）	—	—

注：x、y、z 为人体平动坐标系中的三个方向；r_x、r_y、r_z 为人体旋转坐标系中的三个旋转方向。

实际中，测量的计权加速度有效值还需换算成振级 VL，如式（4-3-17）所示：

$$VL = 20 \lg \frac{a_\omega}{a_0}$$

（4-3-17）

式中　a_0——基准加速度，$a_0=10^{-6}\text{m/s}^2$；

　　　a_ω——计权加速度有效值，m/s^2。

计算振级时应采用 W_k、W_d 和 W_f 计权。人体响应振动仪应具备计算加速度有效值或振级的能力，并且能够根据不同情况采用不同的频率计权方法。

除了加速度有效值外，ISO 2631-1 还要求对于特殊的高强度振动，应测量它的最大瞬时振动值（MTVV）或四次方振动剂量值（VDV）作为补充评价量，如式（4-3-18）～式（4-3-20）所示：

$$a_\omega(t_0)=\left\{\frac{1}{\tau}\int_{-\infty}^{t_0}[a_\omega(t)]^2\exp\left[\frac{t-t_0}{\tau}\right]\mathrm{d}t\right\}^{\frac{1}{2}} \tag{4-3-18}$$

$$\text{MTVV}=\max[a_\omega(t_0)] \tag{4-3-19}$$

$$\text{VDV}=\left\{\int_0^T[a_\omega(t)^4]\mathrm{d}t\right\}^{\frac{1}{4}} \tag{4-3-20}$$

计算 MTVV 和 VDV 时，也需要对加速度信号进行频率计权（W_c、W_e、W_j），其频率计权值如表 4-3-4 和表 4-3-5 所列。

人体响应振动仪的加速度传感器应置于人体与振动表面的接触位置，并按 ISO 2631-1 推荐的人体基本中心轴图（图 4-3-14）中的参考方向，对振动进行标示或记录。图 4-3-14 中，平移或直线振动的参考方向为 x、y、z；对于旋转振动转轴等参考方向，分别称为左右摇摆、前后颠簸和左右摇转方向。测量得到振动在三个方向的加速度分量后，应将其按一定的权重进行均方根求和，得到的值才能用于评价振动对人体的影响。ISO 2631 给出的计算公式如式（4-3-21）所示：

$$a_\upsilon=(k_x^2a_{\omega x}^2+k_y^2a_{\omega y}^2+k_z^2a_{\omega z}^2)^{\frac{1}{2}} \tag{4-3-21}$$

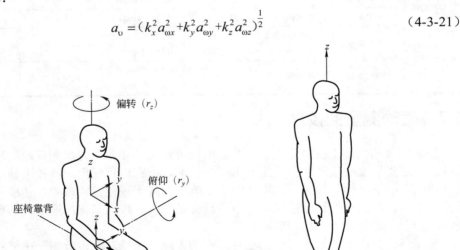

（a）坐姿　　　　　　　　　　（b）立姿

图 4-3-14

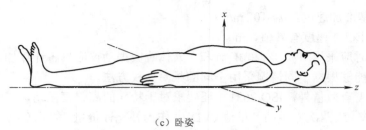

（c）卧姿

图 4-3-14　人体基本中心轴示意图

人体响应振动计一般用于测量作业人员的振动暴露情况，以及劳动卫生、职业病危害防治等部门对人体振动的研究分析工作。

3.6.2　环境振动仪

专门用于测量和评价环境公害振动的仪器称为环境振动仪。根据国家标准 GB/T 10071—1988《城市区域环境振动测量方法》的规定，环境振动仪性能必须符合 ISO 8041 的有关要求。环境振动仪的测量范围至少为 1～80Hz。由于测量的频率以及强度一般都比较低，因此其配置的加速度传感器的灵敏度应比较高。我国的环境振动标准规定以振动在铅垂方向 z 的分量为评价量，加速度传感器一般为单轴向的拾振器。也有些仪器配置能同时测量三个方向的加速度传感器，以便于进行环境振动的研究。表 4-3-6 为一些人体响应振动仪和环境振动仪的性能参数。

表 4-3-6　若干人体响应振动仪和环境振动仪的性能参数

厂商	型号	类型	频率范围/Hz	测量范围	工作温度/℃	灵敏度/（mV/ms^{-2}）
丹麦 B&K	4515-B-002	人体振动	0.25～900	0.1～320m/s^2	−10～+50	10
日本 RION	VX-54WB1	人体振动	0.5～80	0.3～1000m/s^2	−10～+50	—
	VM53A	环境振动	1～80	15～110dB	−10～+50	60
杭州爱华	AWA6291	人体全身振动 人体手传振动	0.5～125 5～1600	0.03～100m/s^2 0.1～3160m/s^2	−10～+50	—
	AWA6256B+	环境振动	1～80	48～158dB （ref 10^{-6}m/s^2）	−10～+50	40

3.7　振动测量的校准

振动测量的校准主要是指振动传感器的校准，尤其是应用得最为广泛的压电式加速度计的校准。这里所说的校准经常是指灵敏度的校准，但在进行任何一次校准前，建议测量加速度计的频率响应，因为如果加速度计的频率响应变成无规律性，或者加速度计的频率范围明显变窄了，说明加速度计已经损坏，也就没有必要进行校准了。加速度计的电容量、重量以及环境的影响也是整个校准内容的一部分。

加速度计灵敏度的校准可分为三种不同的方法：①绝对法，有激光干涉技术和互易法；②相对法，即背靠背方法；③校准器法，使用已知振级的振动激励器。

3.7.1　激光干涉技术

这是一种绝对校准法，测量装置以迈克尔逊干涉仪为中心。激光束射向待校标准加速度计的上表面，并由此沿用一光路反射回来，干涉仪的分束器（半反射平面镜）放置在该光路上，将从加速度计反射回来的部分光束射向光敏晶体管，射至光敏二极管的部分激光光束也来自分束器和干涉仪的固定平面镜，这就在光敏二极管上产生了干涉条纹，放大了的光敏二极管的输出被馈入频率比计数器的输入，并由它测量每一周期的条纹数，而该条纹数是正比于加速度计的峰-峰位移量的。

振动频率由正弦波发生器产生，它的输出还用作频率比计数器的外部时钟，调节振动的振幅，直至显示出正确的比例。标准加速度计的电信号输出，则用一个适调放大器和一个均方根差分电压表测量。

由测得的峰-峰位移量及频率计数器读出的频率数，可以导出加速度值。用测量到的加速度计的电信号输出除以加速度，就得到了灵敏度。通常使用的激励频率为 160Hz，加速度为 $10m/s^2$。图 4-3-15 为激光干涉仪校准装置。用这种方法校准在置信度为 99%时，其不确定度为 0.6%。由于激光干涉法需要使用非常专业的设备，因此只应用于专门的实验室中，而一般用户都不可能使用这种方法自己进行校准。

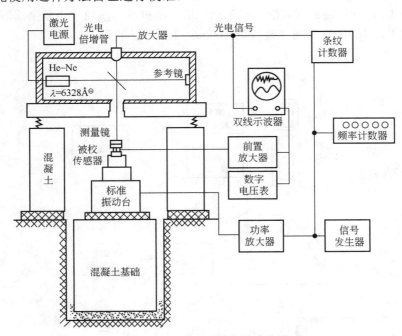

图 4-3-15　激光干涉仪校准装置

3.7.2　背靠背比较校准方法

将待测灵敏度的加速度计以背靠背方式，固定于已知灵敏度的参考校准加速度计上（如 B&K8305 型），它们再一起被安装于合适的振源上。由于两个加速度计的输入加速度是一样的，它们的输出之比也就是它们的灵敏度之比。

最简单的背靠背校准系统如图 4-3-16（a）所示。两个加速度计以恒定的频率被激励，它们的输出经过前置放大器（可以以电荷或电压模式工作，这取决于测量电荷灵敏度还是电压灵敏度），再分别用已知精确度的高质量电子电压表测量。校准时选择频率为 160Hz，加速度为 $100m/s^2$。由于加速度计在正常工作频率范围和动态范围内具有非常好的线性，因此在某一频率及加速度下校准已经足够。但在测量电压灵敏度时，必须记住电压灵敏度是将加速度计和电缆作为整体考虑才有意义，因此，它们是一起进行校准的。假如换了电缆，则校准就不再有效。

　　背靠背比较校准方法简单易行，因此通常均采用本方法进行校准，任何一个想对加速度计进行自己校准的校准者，都可以建立这样一个类似的系统。比较法校准各种加速度计灵敏度，其总的不确定度优于 0.95%，加上前面所述参考标准加速度计校准的不确定度 0.6%，在置信度为 99% 时，其值为 1.12%。

　　图 4-3-16（b）是杭州亿恒科技有限公司生产的以 ECS-9108 程控检定/校准仪为核心的标准振动台、标准传感器、高精度电荷放大器与计算机构成的检定/校准系统。系统采用专业的传感器、测振仪检定/校准软件，可以自动完成对振动传感器、测振仪的检定/校准，直至生成用户所需的检定/校准报告。该系统采用检定/校准软件自动实现标准振动台振动的闭环控制，具有参考灵敏度、频率响应（正弦扫频法、步进正弦法、随机 FFT 法）、幅值线性度、横向灵敏度比等校准功能，可以精确检定/校准各类加速度、速度传感器和测振仪，频率范围为 1.0Hz～10kHz，支持逐点比较法、正弦扫频法、随机激励法及冲击激励法等检定/校准方法，在参考频率为 160Hz、参考加速度为 100m/s^2 下的不确定度<1%。

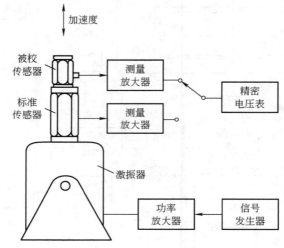

（a）最简单背靠背校准系统

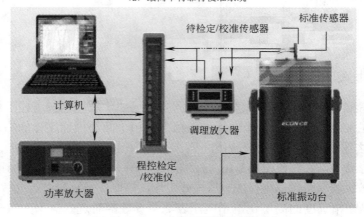

（b）以 ECS-9108 为核心的程控检定/校准仪

图 4-3-16　简易的背靠背校准加速度计的装置

3.7.3　应用校准激励器校准方法

在日常应用中，最方便和通用的校准方法是应用一台已校准过的振动激励器，例如 B&K 公司的 4294 型校准激励器和国产的同类型校准激励器。它们是一种小型的、袖珍式、电池供电、已校准过的振动激励器。在 159.2Hz 下，产生均方根值 $10m/s^2$ 的固定加速度，相当于均方根速度 10mm/s 和均方根位移 10mm，精确度优于±3%，非常适用于现场校准。而且它们不仅可以校准加速度计的灵敏度，还可以校准从加速度计到分析仪整个测量系统的灵敏度。有的校准激励器集正弦信号发生器、功率放大器、标准传感器和振动台于一体，具有体积小、精度高、操作简单、使用方便等特点，可在现场和实验室使用。表 4-3-7 为常用振动校准器产品的性能参数。图 4-3-17 为两种常用的校准器。

表 4-3-7　常用振动校准器产品的性能参数

厂商	型号	工作频率/Hz	标准振动值/ (m/s^2)	持续时间/s	工作温度/℃	最大荷载/g
丹麦 B&K	4294	159.15	10	103	10～40	70
美国 PCB	394C06	159.2	9.81	60～150	−10～+55	210

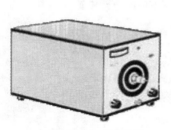　

频率=159.2Hz

加速度=10m/s²

（a）B&K4290 型校准器　　　　（b）B&K4294 型校准器

图 4-3-17　两种常用的校准器

3.7.4　其他校准方法

（1）互易法校准

压电加速度计一般是无源、可逆、线性的，因此是一互易换能器，它是一种电力换能器。利用互易校准程序，可以求得压电加速度计的灵敏度。任何一个拥有基本的、并非特殊专门设备的用户，都可以应用此法。但本方法非常烦琐，且难以获得好的结果，其不确定度一般为 0.5dB。

（2）应用地球引力进行校准

应用本方法时，细心地将加速度计放在沿垂向圈内，以保证只有重力作用于加速度计。本方法仅在低频率下是有用的，有时还适用于静态（直流）加速度计。

3.7.5　频率响应的测量

加速度计及整个振动测量系统频率响应的测量使用校准激励器（如 B&K4290 型），它们在 200Hz～50kHz 频率范围内由正弦发生器驱动。激励器的运动部件是一个 180g 的钢头，钢头上有一个仔细加工的安装平面，平面上有一个带螺纹的安装孔，用来安装加速度计。

　　应用反馈信号（压缩器回路），振动台的加速度在整个频率范围内保持恒定。安装于激励器头内的一个小型加速度计，产生一个与实际加速度相关的信号。该信号被馈入发生器的压缩器部分，并被用于自动调节发生器的输出电平，由此，在激励器头部获得了恒定的加速度。待校加速度计的输出随之送入前置放大器并输到电平记录仪，由记录仪描绘出频率响应曲线。图 4-3-18 为用于频率响应测量的装置图。

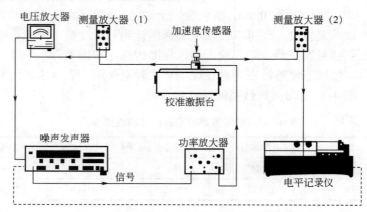

图 4-3-18　测量加速度计频率响应的一套装置

第 **4** 章 工业企业噪声测量

工业企业噪声问题分两类：①工业企业内部噪声；②工业企业噪声对外部环境的影响。其中第一类又分为生产环境噪声和现场机器设备噪声影响两种情况。

4.1 生产环境（车间）噪声的测量

测量车间噪声时，车间环境应处于正常的作业状态，测量位置为操作人员的作业位置。传声器须置于作业人员的耳朵附近。具体要求是：站立操作时传声器应置于距地面高度为 1.5m 处；坐姿操作时传声器应置于距地面高度为 1.1m 处；躺姿操作时传声器应置于距地面高度为 0.6m 处。作业人员操作位置不固定时，则须在作业过程中经常活动的范围内选择若干测点，稳态噪声取各测点的测量平均值，对于非稳态噪声，取各测点等效声级的测量平均值。测量时作业人员应从岗位上暂时离开，以避免声波在其头部引起的散射声使测量产生误差。

对于稳态噪声（使用"慢"挡，声压级读数变化在 5dB 之内）只测量 A 声级，如为非稳态连续噪声，则要有足够长的取样时间，测量或采取计算的方法获得等效声级 L_{eq}。

所测量车间内部各点的声级分布变化小于 3dB 时，只需在车间内选择 1～3 个测点求其平均值即可；若声级分布的差异大于 3dB，则应按声级大小将车间分成若干区域，使每个区域内的声级差异小于 3dB，相邻两个区域的声级差异应大于或等于 3dB，并在每个区域选取 1～3 个典型测点。上述测量区域应包括所有作业人员作业或者巡检过程而经常停留的地点和范围。测量位置一般要离开墙壁或其他主要反射表面不少于 1m，距离窗 1.5m 以上。测量数据可参考表 4-4-1 的形式记录，并尽可能将测量现场情况的细节记录下来。

对现场机器设备噪声测量说明如下：

（1）一般情况下，测点的位置和数量可根据机器外形尺寸来确定。

① 小型机器（外形最大尺寸小于 0.3m），测点距离机器表面 0.3m，周围布置 4 个测点；

② 中型机器（外形最大尺寸在 0.3～1.0m 之间），测点距离机器表面 0.5m，周围布置 4 个测点；

③ 大型机器（外形最大尺寸大于 1.0m），测点距离机器表面 1.0m，周围布置 4 个测点。

（2）特大型机器或有危险无法靠近的设备，可根据现场情况选取位置较远的测点。根据机器的大小和发声部位可选取 4、6、8 个离声源等距的测点。测点高度应以机器的半高度为准，但距离地面不得少于 0.5m。传声器对准机器表面，测量 A、C 声级和倍频程声压级，并测量相应测点的背景噪声。为减少反射声的影响，测点应选在距离墙壁和其他反射面 1～2m 处，以图示或文字方式注明测点的位置。测量若在室外进行，传声器应加防风罩。当风速超过 5m/s 时，应停止测量。

（3）对于风机、压缩机等空气动力性机器，要测量进、排气噪声。进气噪声测点取进气口轴线，与管口平面距离不少于 1 倍管径处，也可选在距离管口平面 0.5m 或 1.0m 处；排气噪声的测点取排气口轴线 45°方向上，或在管口平面上距管口中心 0.5m、1.0m 或 2.0m 处，见图 4-4-1。进、排气噪声应测量 A、C 声级和倍频程声压级，必要时还需测量 1/3 倍频程声压级或者窄带声压级。

表 4-4-1　生产环境噪声测量记录表

厂名 _____　车间 _____　厂址 _____

年　　月　　日

	名称	型号	校准方法		备注		
测量仪器							

	机器名称	型号	运转状态		功率		
			开	停			
车间设备状况							

设备分布及测点示意图

	测点	声压级/dB		倍频程声压级/dB							
		A	C	63Hz	125Hz	250Hz	500Hz	1000Hz	2000Hz	4000Hz	8000Hz
数据记录											

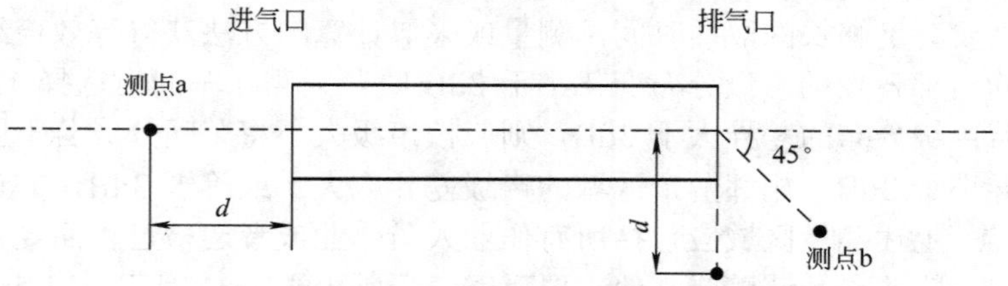

图 4-4-1　进、排气噪声测点示意图

机器设备噪声的测量，由于测点位置的不同，所得结果也不同。为了便于对比，测量记录除了应注明测点的位置外，必要时还应将测量场所的声学环境表示出来。

4.2　非生产环境噪声的测量

非生产环境噪声的测量主要是厂界噪声的测量，详见本篇后续第 5 章 5.1 节"工业企业厂界噪声测量"。

4.3　工业产品的噪声测量

4.3.1　概述

工业产品噪声测量的主要指标是产品的声功率级或机器设备工作位置和其他指定位置发射的声压级。

声功率定义为声源在单位时间内辐射的总声能量，是声源固有的物理属性，它与外界环境等因素无关。

声源在工作位置和其他指定位置的发射声压级是表征声源在工作环境中对特定位置的影响。

（1）声功率级的测定

尽管声功率或声功率级无法直接测得，但可以通过声源在声场中发射声强级的测定（声强法）或通过在不同环境下声压级的测定（声压法）来获得。

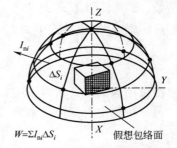

图 4-4-2　声功率与声强的关系示意图

声强是声源在单位时间内通过单位面积的声能量。声功率与声强的关系如图 4-4-2 所示。如果声源发射的声波是无指向性的球面声波，且假设包络声源的半球测量面上划分的每个面积元都相等，如果设每一个面积元处的法向声强 I_{ni} 都等于平均法向声强 I_n，则声功率与声强的关系如式（4-4-1）所示：

$$W = \sum I_{ni}\Delta S_i = I_n S \tag{4-4-1}$$

式中　W——声功率，W；

　　　S——包络发声体的测量面表面积，m^2；

　　　I_{ni}——包络面上第 i 个面积元 ΔS_i 处的法向声强，W/m^2。

式（4-4-1）是采用离散点声强法测定声功率级的基本公式。

如果声源位于自由声场（无反射声的空间）中，则法向声强 I_n 和声压 p 存在着如下关系，如式（4-4-2）所示：

$$I = \frac{p^2}{\rho c} \tag{4-4-2}$$

式中　ρc——传播声波的介质的特性阻抗。

在空气中，常温、常压时空气介质的特性阻抗 $\rho c \approx 400 = \rho_0 c_0$，其中 $\rho_0 c_0$ 是基准特性阻抗。

因此，由声功率级的定义有式（4-4-3）：

$$L_W = 10\lg\frac{W}{W_0} = 10\lg\frac{I_n S}{I_0 S_0} = 10\lg\frac{I_n}{I_0} + 10\lg\frac{S}{S_0} = L_I + 10\lg\frac{S}{S_0} \tag{4-4-3}$$

式中　W_0——基准声功率，$W_0=10^{-12}$W；

　　　I_0——基准声强，$I_0=10^{-12}$W/m^2；

　　　S_0——基准面积，$S_0=1$m^2；

　　　L_I——声强级，用 dB 表示。

由式（4-4-2）知，在空气中声强级与声压级的关系如式（4-4-4）所示：

$$L_I = 10\lg\frac{I}{I_0} = 10\lg\frac{\dfrac{p^2}{\rho c}}{\dfrac{p_0^2}{\rho_0 c_0}} = 10\lg\frac{p^2}{p_0^2} + 10\lg\frac{\rho_0 c_0}{\rho c} \approx 10\lg\frac{p^2}{p_0^2} = L_p \tag{4-4-4}$$

式中　p_0——基准声压，$p_0=20\mu$Pa；

　　　L_p——声压级，用 dB 表示。

综合式（4-4-3）与式（4-4-4），声功率级 L_W 与声压级 L_p 的关系如式（4-4-5）所示：

$$L_W = L_p + 10\lg\frac{S}{S_0} \tag{4-4-5}$$

故声压级与声功率级建立起了联系。

　　由于实际声源发出的声音是不均匀的，在这种情况下，各测点位置处的声强与声压并不是常数，即声压级 L_p 不是常数，于是在用式（4-4-5）计算声功率级时须用测量面上各测点的平均声压级 $\overline{L_p}$ 来代替式中的 L_p，如式（4-4-6）所示：

$$L_W = \overline{L_p} + 10\lg\frac{S}{S_0} \tag{4-4-6}$$

此即在自由声场中采用声压法测定声源声功率级的基本公式。

　　另一种测定声源声功率级的方法是混响室法，在混响室内测定的声功率级可用式（4-4-7）计算：

$$L_W = \overline{L_p} - 10\lg\frac{T_{\text{nom}}}{T_0} + 10\lg\frac{V}{V_0} - 13\,(\text{dB}) \tag{4-4-7}$$

　　式中，T_{nom} 为测试室的标称混响时间，s；V 为测试室的容积，m^3；$T_0 = 1s$；$V_0 = 1m^3$；13（dB）是考虑混响时间随频率变化在靠近混响室表面和邻近声源处声能密度的增加。

　　（2）工作位置和其他指定位置发射声压级的测定

　　在工业产品的生产者需要根据机械安全规程标示噪声发射，以及用户需要将该数据输入到声暴露预测模型中或需要用该数据对市场上产品进行比较时，可采用工作位置或其他指定位置的发射声压级来评定它们的发射噪声对环境所产生的影响。

　　工作位置是指操作者的位置；指定位置是指与机器相关、包括但不局限于操作者的位置，该位置可以是单一固定点，或某一路径上若干点，或相关噪声测试规程描述（若有）的距机器规定距离的面上的若干点。

　　发射声压是指在一个反射平面上，当声源按规定工况和安装条件运行时，声源附近工作位置或其他指定位置的声压。它不包括背景噪声以及反射面以外的其他声反射的影响。发射声压级在工作位置或其他指定位置上测定，该位置要遵守产品的测试安全要求。

　　机械设备在其安装环境中运行时，工作位置或其他指定位置的声压级会受到环境的影响而使测量的声压级有所差别。对于有些类型的工业产品，其安装条件及运行工况也会对发射声压级的测量产生影响，因此测试时还要注意这些工业产品对安装条件及工况的详细要求以及所规定的工作位置和其他指定位置的定位。

　　考虑被测声源的各种可能情况（移动的机器、固定的机器、不同的测试室、不同的仪器设备和不同工作位置等），测定机器和设备发射声压级可分为五种不同的方法：

　　① 在一个可忽略环境修正的反射面上方近似自由场测定工作位置和其他指定位置的发射声压级；

　　② 采用近似环境修正测定工作位置和其他指定位置的发射声压级；

　　③ 采用准确环境修正测定工作位置和其他指定位置的发射声压级；

　　④ 由声功率级确定工作位置和其他指定位置的发射声压级；

　　⑤ 声强法现场测定工作位置和其他指定位置发射声压级的工程法。

　　这些方法中前 3 个是描述不同测试环境中直接测量发射声压级的方法，第 4 个则给出了用声功率级来测定发射声压级的方法，第 5 个是根据声强级的测量值来测定发射声压级的方法。这五种方法分别对应的标准号为：GB/T 17248.2、GB/T 17248.3、GB/T 17248.4、GB/T 17248.5 和 GB/T 17248.6，它们的主要内容见表 4-4-2。

表4-4-2 测定工作和其他指定位置发射声压级标准的概述

标准号	GB/T 17248.2	GB/T 17248.3	GB/T 17248.4	GB/T 17248.5	GB/T 17248.6
准确度	1级或2级	2级或3级	2级或3级	2级或3级	2级
测试环境	户外或室内		户外或室内与声功率级标准一致	户外或室内	
测试环境适用性判断准则	室内： —半消室（1级） —$K_2 \leq 2dB$（2级） 户外： —一个有硬质地面且附近无反射物的户外平面区域（1级）； —与最近的反射物有一定距离的户外平地上（2级）	$K_2 \leq 7dB$	与声功率级标准一致	$K_{2A} \leq 7dB$	任意房间 声压级和声强级之差小于10dB （F_{pI0yz}） —声强矢量应从被测机器向外指向； —如果测量位置在机器和墙壁之间，声强探头应至少离墙1m
局部环境修正值K_3的限值和准确度等级	不用测定K_{3A} 不做环境修正	方法A.1： $K_{3A} \leq 4dB$（2级） $4dB < K_{3A} \leq 7dB$（3级） 方法A.2： K_3和准确度（2级或3级）作为K_2和声源指向性指数的函数给出	不用测定K_{3A}	$K_{3A} \leq 4dB$（2级） $4dB < K_{3A} \leq 7dB$（3级） K_3作为K_2和声源指向性指数的函数给出	不适用
声源尺寸	没有限制；仅受可用的测试环境限制	没有限制；仅受可用的测试环境限制	特别适用于小型机器和大型机器的某些情况（<1m）	没有限制；仅受可用的测试环境限制	
噪声特性	任何类型声源（稳态、非稳态、起伏、孤立的声能猝发等）	任何类型声源（稳态、非稳态、起伏、孤立的声能猝发等）	与声功率级标准一致	任何类型声源（稳态、非稳态、起伏、孤立的声能猝发等）	有或没有音管带成分的稳态宽带噪声
背景噪声限值	$\Delta L \geq 10dB$（1级） $\Delta L \geq 6dB$（2级）	$\Delta L \geq 6dB$（2级） $\Delta L \geq 3dB$（3级）	与声功率级标准一致	$\Delta L \geq 6dB$（2级） $\Delta L \geq 3dB$（3级）	声压级和声强级之差$\Delta L \geq 10dB$
测定发射声压级的位置	工作位置和其他指定位置	工作位置和其他指定位置	工作位置和其他指定位置（但不在操作室或类似的空间内）	工作位置和其他指定位置	工作位置和其他指定位置

续表

标准号	GB/T 17248.2	GB/T 17248.3	GB/T 17248.4	GB/T 17248.5	GB/T 17248.6
准确度	1 级或 2 级	2 级或 3 级	2 级或 3 级	2 级或 3 级	2 级
测试环境	户外或室内		户外或室内与声功率级标准一致	户外或室内	
传声器位置	主声源可辨识：工作位置（和/或其他指定位置）。主声源无法辨识：被测声源每边至少有 1 个（共 4 个）及工作位置和/或其他指定位置		不用	与相关的声功率级标准所用的那些相同的传声器位置（3 级准确度至少 5 个、2 级准确度至少 9 个）和/或其他位置和工作位置	在三个正交方向的工作位置和其他指定位置（大于 2m 的机器测量可能需要第二组 3 个正交方向的测量）
仪器系统，包括传声器等	符合 IEC 61672.1 的 1 级仪器或 2 级仪器（3 级准确度）		不用	符合 IEC 61672.1 的 1 级仪器	符合 IEC 61043 的 1 级仪器
滤波器	符合 IEC 61260 的 1 级仪器		不用	符合 IEC 61260 的 1 级仪器	—
校准器	符合 IEC 60942 的 1 级仪器		不用	符合 IEC 60942 的 1 级仪器	
测量	L_{pA}、$L_{pC,\ peak}$；频带声压级 L_p（可选）		与声功率级标准一致	L_{pA}、$L_{pC,\ peak}$；频带声压级 L_p（可选）	缩减频率范围为 63Hz～8kHz 倍频带的 L_{pA}
L_{pA} 的复现性标准偏差	近似等于或小于 0.5dB（1 级）或 1.5dB（2 级）	近似等于或小于 1.5dB（2 级）或 3.0dB（3 级）	与所用的声功率级测定方法相同	近似等于或小于 1.5dB（2 级）或 3.0dB（3 级）	近似等于或小于 1.5dB
相关的声功率级标准	ISO 3745（1 级）　ISO 3744（2 级）	ISO 3744（2 级）　ISO 3746（3 级）	ISO 3741、ISO 3743（所有部分）、ISO 3744、ISO 3745、ISO 3746 和 ISO 3747 以及 ISO 9614 系列	ISO 3744（2 级）　ISO 3746（3 级）	ISO 9614（所有部分）
测量期间的环境条件的修正	1 级准确度：对大气压和温度影响做修正。2 级准确度：海拔高度≤500m：不修正；海拔高度>500m：对大气压和温度影响做修正	2 级准确度：海拔高度≤500m：不修正；海拔高度>500m：对大气压和温度影响做修正。3 级准确度：海拔高度≤800m：不修正；海拔高度>800m：对大气压和温度影响做修正	与声功率级标准一致	2 级准确度：海拔高度≤500m：不修正；海拔高度>500m：对大气压和温度影响做修正。3 级准确度：海拔高度≤800m：不修正；海拔高度>800m：对大气压和温度影响做修正	无特别说明

① 当工作位置和主噪声源之间有阻隔时，K_3 往往大于 K_2；当声源朝向工作位置辐射时，K_3 往往小于 K_2。

② ΔL 是被测声源运行和关闭时在工作位置测量得的声级差。

从这五种方法中选择使用一种方法时需要考虑的影响因素有以下几个。

① 参考 GB/T 17248.2～GB/T 17248.6 制定的噪声测试规范或方法。

② 声压级测量的重复性和复现性　如果重复性很差，则没必要用精密法。

③ 机械设备的尺寸和可移动性　这影响它在噪声测量的声学实验室内安装的可行性，比如，手持设备足够小可以搬到声学实验室。

④ 是否有与机器相关的特定工作位置　如施工场地使用的空压机没有工作位置。

⑤ 可供测量用的测试环境（表 4-4-3）　采用本标准，户外使用的机械，其声发射在户外测量。

表 4-4-3　不同测试环境适用的方法

环境	户外或半消声室	室内		
环境修正值 K_2/dB	K_2 近似等于 0	$K_2 \leq 2$	$2 < K_2 \leq 7$	$K_2 > 7$
标准	GB/T 17248.2[①]	GB/T 17248.2[①]	[③]	[③]
	GB/T 17248.3[②]	GB/T 17248.3[①]	GB/T 17248.3[①]	[③]
	GB/T 17248.5[②]	GB/T 17248.5[①]	GB/T 17248.5[①]	[③]
	GB/T 17248.6[①]	GB/T 17248.6[①]	GB/T 17248.6[①]	GB/T 17248.6[①]

① 可用和首选。

② 允许但非首选。

③ 不可用。

注：GB/T 17248.4 较适于无指定位置的声源，（根据声功率标准）也适用于任意环境。

⑥ 要求的准确度　通常，对工业应用推荐的准确度为 2 级（工程级）。

⑦ 适用的仪器（表 4-4-4）　推荐使用 1 级仪器。2 级仪器只能提供粗略估计和相应的不确定度较大的 3 级准确度结果。

表 4-4-4　不同方法适用的仪器

方法	GB/T 17248.2	GB/T 17248.3	GB/T 17248.4	GB/T 17248.5	GB/T 17248.6
仪器	1 级仪器	1 级仪器（2 级准确度） 2 级仪器（3 级准确度）	1 级仪器（1 级和 2 级准确度） 2 级仪器（3 级准确度） （根据声功率标准）	1 级仪器	1 级仪器

⑧ 不能避免的背景噪声值（表 4-4-5）　在室内测量时，可能无法关掉所有影响声压级测量的空调设备或附属设备。

⑨ 确定局部环境修正值 K_3 和准确度等级的方法（表 4-4-6）。

表 4-4-5　不同背景噪声级适用的方法

ΔL≥10dB	6dB≤ΔL<10dB	3dB≤ΔL<6dB	ΔL<3dB
GB/T 17248.2 1 级和 2 级准确度[①]	GB/T 17248.2 2 级准确度[①]	[②]	[②]
GB/T 17248.3 2 级和 3 级准确度[①]	GB/T 17248.3 2 级和 3 级准确度[①]	GB/T 17248.2 3 级准确度[①]	[②]
GB/T 17248.4[①][③]	GB/T 17248.4[①][④]	GB/T 17248.4 3 级准确度[①][⑤]	GB/T 17248.4[①][⑥]
GB/T 17248.5 2 级和 3 级准确度[①]	GB/T 17248.5 2 级和 3 级准确度[①]	GB/T 17248.5 3 级准确度[①]	[②]
GB/T 17248.6[①][⑦]	[②]	[②]	[②]

① 可用。
② 不可用。
③ 基于提供 1 级准确度结果的声功率标准。
④ 基于提供 2 级准确度结果的声功率标准。
⑤ 基于提供 3 级准确度结果的声功率标准。
⑥ 基于声强法的声功率标准[GB/T 16404（所有部分）规定的]。
⑦ GB/T 17248.6 中用声强级替代声压级，ΔL 为声强级之差。
注：ΔL 为被测声源运行和关闭时在工作位置测得的声压级之差，用分贝（dB）表示。

表 4-4-6　测定局部环境修正值 K_3 和准确度等级的步骤

步骤	GB/T 17248.2	GB/T 17248.3	GB/T 17248.4	GB/T 17248.5	GB/T 17248.6
步骤 1 声源尺寸	任意尺寸被测声源	方法 A.1： 任意尺寸被测声源，但主声源辐射面积小	方法 A.2： 任意尺寸被测声源	任意尺寸被测声源	
步骤 2 测量	单点测量（工作位置或其他指定位置）		在围绕声源半高或高度=1.55m±0.075m 的一条路径上多点测量	在一封闭面上多点测量（最好按 ISO 3744 或 ISO 3746 建议的 5 面）	单点测量
步骤 3 修正值 K_2	测定 K_2	测定 A	测定 K_2 和 $D^*_{\text{I op,approx}}$	测定 K_2（或 A/S）和 $D^*_{\text{I op}}$	不考虑 K_2
步骤 4 修正值 K_3	不考虑 K_3	$K_3 = 10\lg(1 + 4S/A)$ dB	用 K_2 和 $D^*_{\text{I op,approx}}$ 测定 K_3	用 K_2（或 A/S_M）和 $D^*_{\text{I op}}$ 测定 K_3	不考虑 K_3
步骤 5 准确度	1 级或 2 级	若 $K_{3,\text{max}}$≤4dB，2 级 若 $K_{3,\text{max}}$>4dB，3 级	2 级或 3 级		2 级

注：对 GB/T 17248.3 和 GB/T 17248.5 而言，A 为测试室的等效吸声面积，声功率标准提供了 A 的测定方法，如 ISO 3744；对 GB/T 17248.3 而言，如果被测机器主声源的位置很容易辨认，则测量面 S 为一易于对主声源进行测定的典型面；对 GB/T 17248.5 而言，S_M 为包围被测声源并在其上面测定声压级的基准测量面的面积。

⑩ 噪声发射的不稳定性（表 4-4-7）。

表 4-4-7　噪声发射稳定性对总不确定度的影响——计算 3 种情况总标准偏差 σ_{tot} 的示例

方法的复现性 标准偏差 σ_{R0}/dB	工况和安装条件		
	稳定	较不稳定	很不稳定
	标准偏差 σ_{omc}/dB		
	0.5	2.0	4.0
	总标准偏差 σ_{tot}/dB		
0.5（1 级准确度）	0.7	2.1	4.0
1.5（2 级准确度）	1.6	2.5	4.3
3.0（3 级准确度）	3.0	3.6	5.0

　　GB/T 17248.2～GB/T 17248.6 可用于所有的机械和设备。方法的选择取决于给出的技术和实际限制。流程图给出了选择不同方法的指导。除非能用 GB/T 17248.4（图 4-4-3），否则首先进行重复性研究（图 4-4-4），然后进入如图 4-4-5 所示的"开始"框。

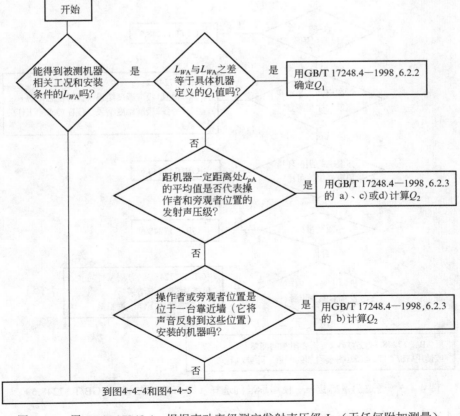

图 4-4-3　用 GB/T 17248.4，根据声功率级测定发射声压级 L_p（无任何附加测量）

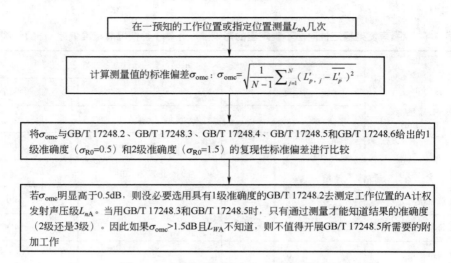

图 4-4-4　通过测量来测定——初始重复性

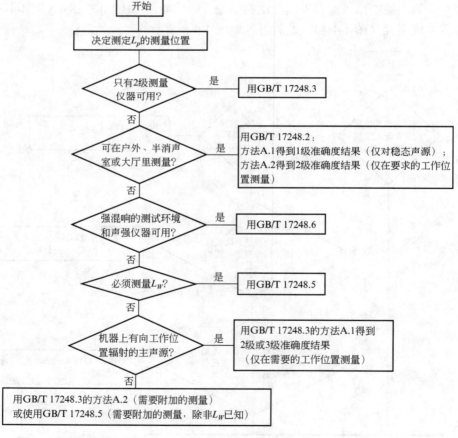

图 4-4-5　通过测量确定——使用标准的选择（即 GB/T 17248.2～GB/T 17248.6）

表 4-4-8 为上述各方法的优点和局限性。

表 4-4-8　各方法确定工作位置和指定位置发射声压级的优点和局限性

标准	优点	局限性
GB/T 17248.2	便于户外使用； 1 级准确度，测量具有小的不确定度	不允许 K_3 修正。为了得到 1 级准确度的结果，对环境有严格的要求
GB/T 17248.3 方法 A.1	使用方便； 允许 K_3 修正； 不需要声学处理（低混响）的测试场所便可得到 2 级准确度的结果	该方法只限于主声源辐射面积小的机器
GB/T 17248.3 方法 A.2	允许 K_3 修正； 不需要声学处理（低混响）的测试场所便可得到 2 级准确度的结果	需要附加的测点
GB/T 17248.4	如果声功率级已知，则不需要任何附加测量。如果存在会影响测量值 L_p 的其他声源（如电源），则本方法可提供唯一可用方法	需要测量声功率级； 如果机器有工作位置，则需要该位置的发射声压与声功率的关系式； 需要给出围绕机器的声压级平均值
GB/T 17248.5	比 GB/T 17248.3 更精密； 不需要声学处理（低混响）的测试场所便可得到 2 级准确度的结果	这种情况在获得的准确度中没有得到系统的反映； 需要许多测点（类似于声功率级的测量），但不能保证更高的准确度
GB/T 17248.6	特别是对不能移动的机器，原则上可得到好的结果。对高混响的环境，它是唯一可能的方法	需要声强测量仪和良好的声强测量专业技能

声功率级和工作位置或其他指定位置的发射声压级是描述机器或设备的声发射的两个互补量，所不同的是声功率级不随环境变化，而工作位置或其他指定位置的发射声压级与机器、设备不同的固定状况、不同的安装环境、不同的测量距离和不同工作位置等密切相关。在测量条件许可的情况下，在铭牌的标识上优先标注声功率级；在使用工作位置或其他指定位置的发射声压级标注机器、设备等工业产品的铭牌时，需注明工业产品的运行状况、测量的距离和环境条件。

4.3.2　测量环境

从理论上讲，在测量包络面上的测点处对声源进行声功率级测定时，外界的环境和噪声干扰源都不会对测量结果产生影响。如图 4-4-6 所示，当声源被测量面包络时，声强对包络面的积分就是声源的声功率 W；但当声源不被测量面包络时，因声强是矢量，在包络面上，声能流从一边流入，声强为负，从另一边流出，声强为正，声强对包络面的积分为 0，即测得的声功率为 0。这个在包络面外面的声源可以是外界不希望被测得的声源，也可以是被测声源的反射声。

表 4-4-9 是在半消声室环境和普通房间内，在无外界干扰源和有外界干扰源的情况下对同一台电动机测量的结果。其中测试对象是型号为 Y100L1-4 的电动机，功率为 2.2kW，测试时转速调定为 600r/min。干扰噪声源是 B&K4205 标准声功率源，测试时调定其干扰声功率级为 75dB。

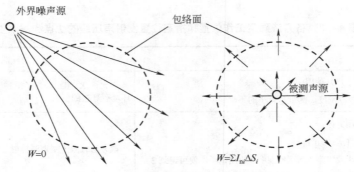

图 4-4-6　声强法测定声源的声功率示意图

表 4-4-9　电动机声功率测量对比试验

测量环境		声压法 GB/T 6882	声强法 GB/T 16404
半消声室		72.01dB（A）	71.46dB（A）
普通房间	无干扰噪声	—	71.54dB（A）
	有干扰噪声	75.78dB（A）	72.15dB（A）

　　由此可见，在采用声强法测定声源的声功率级时，对测量环境的要求不高。但在采用声压法测定声源的声功率级时，必须注意测量环境的影响。一般工业产品的噪声声功率级测量是在消声室或半消声室内进行。

　　消声室是可获得自由声场的测量室，又称自由场测量室。半消声室是具有一个反射面，且没有其他障碍物的半空间的自由声场。在消声室或半消声室内进行工业产品的噪声声功率级的测量，可以将声音的反射和外部噪声干扰源的影响降低到最低程度。图 4-4-7 是消声室和半消声室内部的结构。

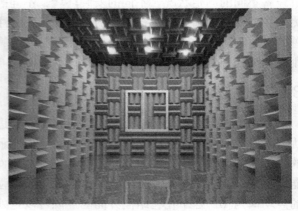

（a）消声室　　　　　　　　　　　　（b）半消声室

图 4-4-7　消声室和半消声室内部结构

　　由 4.3.1 节的分析可知，式（4-4-2）～式（4-4-6）成立的环境条件是自由声场（或半自由声场）。声源在普通室内的声场中的分布情况如图 4-4-8 所示。一般普通室内能形成近似自由声场的区域很小（有时几乎不存在），大部分区域都是混响声场，即声场中除直达声外，还遍布着反射声。

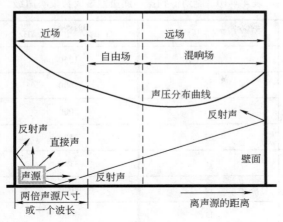

图 4-4-8　普通室内声场的分布

当测量的环境不是理想的自由声场环境，而是存在着一些声反射和声吸收时，仍利用式（4-4-6）来计算声功率级就会产生较大的误差。为了消除由于环境不理想带来的误差，就需要在式（4-4-6）中对环境误差加以修正：

$$L_W = \overline{L_p} + 10\lg\frac{S}{S_0} - K_2 \qquad (4\text{-}4\text{-}8)$$

式中，K_2 是环境修正值，用 dB 表示，它是考虑测试环境的声反射和声吸收对测量面上所有传声器位置的时间平均声压级的平均值（能量平均）影响的修正。环境修正与频率有关。对频带，修正值记为 K_{2f}，其中 f 表示相关频带的中心频率，在 A 计权情况下记为 K_{2A}。一般情况下，环境修正值取决于测量面的面积 S，通常 K_2 随着 S 的增大而增大。

在测试环境中的环境修正值 K_2 必须足够小。在消声室内进行精密级测量时，$K_2 < 0.5$dB，因而可以忽略不计。在具有一个或多个反射平面附近的近似自由声场环境中进行工程级测量时，$K_{2A} \leq 4$dB（不考虑频带数据的情况下）。

4.3.3　背景噪声的判据与修正

在测试环境中，除了被测声源的声音外其他的所有噪声称为背景噪声。

背景噪声判据有两种，即：相对值判据和绝对值判据。在自由声场和近似自由场的测量中，满足这两种判据中的任一种都可以实现声功率级的精密级测定。

（1）相对值判据

在各频带内，在所有测点或移动路径，背景噪声与被测噪声源（在存在该背景噪声的环境中测量）的声级差均应至少为 6dB，对于中心频率从 250Hz 到 5000Hz 的 1/3 倍频带的声级差至少为 10dB，如果满足这些要求，则满足背景噪声判据。

（2）绝对值判据

如果可以确定测量室内所有频带的背景噪声级在测量时段、测量频率范围内，均不高于表 4-4-10 的值，那么即使所有频带差值至少为 6dB 和 10dB 的相对值判据不能满足，也可以认为背景噪声是满足测量要求的。

表 4-4-10　绝对值判据中测量室最大背景噪声级

1/3 倍频带中心频率/Hz	最大频带声压级/dB	1/3 倍频带中心频率/Hz	最大频带声压级/dB
50	44	1250	7
63	38	1600	7
80	32	2000	7
100	27	2500	8
125	16	3150	8
160	13	4000	8
200	11	5000	8
250	9	6300	8
315	8	8000	12
400	7	10000	14
500	7	12500	11
630	7	16000	46
800	7	20000	46
1000	7		

如果在离声源尽可能小的距离上测得的噪声级不大于表 4-4-10 中的给出值，则测量频率范围可以考虑限制在邻近频率范围，该频率范围应包括噪声源声压级超出表 4-4-10 对应值的最低频率和最高频率。在此情况下，应说明适用的测量频率范围。

相对值判据是优先判据，即相对值判据不能满足的前提下可采用绝对值判据。背景噪声绝对值判据只适用于一般的声功率测量。这些最大背景噪声级超过了听阈值，因此在一些测量中不适用。

在工程级或检测级测量中，测试环境的背景噪声不能满足以上两个判据时，需要进行背景噪声修正。

背景噪声对测量面上所有传声器位置的时间平均声压级的平均值（能量平均）影响的修正称为背景噪声修正，背景噪声修正值用 K_1 表示。背景噪声修正值与频率有关。对频带，修正值 K_{1f} 表示，其中 f 是相应的中心频率；对 A 计权，则修正值用 K_{1A} 表示。

背景噪声修正值 K_1 用公式（4-4-9）计算：

$$K_1 = -10\lg(1 - 10^{-0.1\Delta L_p}) \tag{4-4-9}$$

$$\Delta L_p = \overline{L'_{p(\text{ST})}} - \overline{L_{p(\text{B})}}$$

式中　$\overline{L'_{p(ST)}}$ —— 被测声源运行时，测量面上传声器阵列的频带或 A 计权时间平均声压级的均值，dB；

　　　　$\overline{L_{p(B)}}$ —— 测量面上传声器阵列的背景噪声频带或 A 计权时间平均声压级的均值，dB。

如果 $\Delta L_p > 15\text{dB}$，则可认为 K_1 为 0，无需进行背景噪声修正；如果 $6\text{dB} \leqslant \Delta L_p \leqslant 15\text{dB}$，应按照公式（4-4-9）进行修正。

如果一个或多个 1/3 倍频带的 $\Delta L_p < 6\text{dB}$，测量结果的准确度会下降，K_1 的值在这些频带下为 1.3dB（$\Delta L_p = 6\text{dB}$ 的值）。在这种情况下，需要在测试结果中明确说明这些频带的数据代表被测噪声源声功率级的上限。

第5章 边界排放标准噪声测量

5.1 工业企业厂界噪声测量

国家标准 GB 12348—2008《工业企业厂界环境噪声排放标准》中对工业企业厂界噪声测量方法有详细的规定。

① 测量条件　测量选在无雨雪、无雷电天气，风速为 5m/s 以下时进行，测量时传声器应加防风罩。不得不在特殊气象条件下测量时，应采取必要措施保证测量准确性，同时注明当时所采取的措施及气象条件。测量应在被测企、事业单位的正常工作时间内进行。

② 测量仪器　使用精度要求为 2 级以上的声级计或噪声监测仪器。声级计选用"慢"挡，采样时间间隔为 5s；使用噪声监测仪器时，选用"快"挡，采样时间间隔不大于 1s。

③ 测量方法　厂界噪声测量时，测点一般选在厂界外 1m 高度 1.2m 以上，距任一反射面距离不小于 1m 的位置。如果厂界有围墙，测点应高于围墙以上 0.5m；如果厂界与居民住宅相连，测点应选在居民室内离地 1.2m 高，距任一反射面 0.5m 以上位置，声级比限值低 10dB（A）。

在测量时间内，声级起伏不大于 3dB（A）的噪声视为稳态噪声，否则为非稳态噪声。厂界噪声为稳态噪声，测量 1min 的等效声级；应分别在昼间和夜间两个时段测量。夜间有频发、偶发噪声影响时，同时测量最大声级。厂界噪声为非稳态、非周期性噪声，必要时测量计算整个正常工作时段的等效声级。

④ 数据处理和测量记录。

⑤ 测量结果按规定进行修正。

5.2 建筑施工场界噪声测量

（1）适用范围

为执行《建筑施工场界环境噪声排放标准》（GB 12523—2011）而对建筑施工场地产生的噪声进行测量。

建筑施工场界是指由有关主管部门批准的建筑施工场地边界或建筑施工过程中实际使用的施工场地边界。

（2）测点确定

根据施工场地周围噪声敏感建筑物位置和声源位置的布局，测点应设在对噪声敏感建筑物影响较大、距离较近的位置。

（3）测点位置

测点（传声器位置）一般设在建筑施工场界外 1m、高度 1.2m 以上的位置。如果边界处有围墙，传声器应置于场界外 1m、高于围墙 0.5m 以上的位置，并在报告中加以说明。

（4）测量时间

测量时间分为昼间和夜间两部分，昼间 6:00～22:00，夜间 22:00～次日 6:00。

测量期间，各施工机械应处于正常运行状态，并应包括不断进入或离开场地的车辆，例如载货汽车、施工机械车辆、搅拌机（车）等，以及在施工场地上运转的车辆，这些都属于施工场地范围以内的建筑施工活动。

（5）测量方法

采用环境噪声自动监测仪进行测量时，仪器动态特性为"快"响应，采样时间间隔不大于 1s。昼间以 20min 的等效 A 声级表示该点的昼间噪声值，夜间同时测量最大声级。

（6）测量记录

测量记录应包括：

① 建筑施工场地及边界线示意图；

② 敏感建筑物的方位、距离及相应边界线处测点；

③ 各测点的等效 A 声级 L_{eq}、最大声级、背景噪声值等。

5.3　铁路边界噪声测量

根据国家标准 GB 12525《铁路边界噪声限值及其测量方法》的规定，铁路边界指距离铁路外侧轨道中心线 30m 处。若测量机车行驶时的辐射噪声，测点取离轨道中心 7.5m，高度距轨面 1.5m 处。

测量选在无雨、无雪的天气进行，传声器上应加防风罩，风力达到 4 级以上时须停止测量。测点原则上选在铁路边界高于地面 1.2m 的高度，距反射物不小于 1m 处。测量时间各选昼间、夜间接近机车车辆运行平均密度的某一个小时，用其分别代表昼间、夜间。必要时，昼间、夜间分别进行全时段测量。测量仪器应符合 GB 3785 中规定的 2 级或 2 级以上的积分声级计，或其他相同精度的测量仪器。测量时选用"快"挡，采样时间间隔不大于 1s，连续读取 1h 的等效 A 声级。背景噪声与铁路噪声的声级之差小于 10dB 时，须进行背景噪声修正。

5.4　道路交通噪声测量

城市道路交通噪声测量可根据国家标准 GB/T 3222.2—2009《声学　环境噪声的描述、测量与评价》有关章节的要求进行。

进行城市道路交通噪声测量时，测点应选在两路口之间，路边人行道上，离车行道的路沿 20cm 处，离路口应大于 50cm。为调查道路两侧区域的道路交通噪声分布，垂直道路按噪声传播由近及远方向设置测点，直到噪声能降到邻近道路的功能区的允许标准为止。

在规定的时间内，各测点每次取样测量 20min 的等效 A 声级 L_{eq} 及累积百分声级 L_N，同时记录车流量（辆/h）。或者连续采取 200 个瞬时 A 声级，每次采样时间间隔为 5s，采用加权算术平均的方法计算交通噪声的等效声级或累积百分声级的平均值。计算方法如下。

将测得的 200 个数据按由大到小的顺序排列，第 i 个数据用 L_i 表示。等效声级 L_{eq} 可用式（4-5-1）求得：

$$L_{eq} = 10\lg\left(\frac{1}{200}\sum_{i=1}^{200}10^{0.1L_i}\right) \qquad (4\text{-}5\text{-}1)$$

由于交通噪声的声级分布一般符合正态分布，也可采用如式（4-5-2）所示的近似方法求得：

$$L_{eq} = L_{100} + \frac{d^2}{60} \qquad (d = L_{20} - L_{180}) \qquad (4\text{-}5\text{-}2)$$

城市交通干线算术平均等效声级计算如式（4-5-3）所示：

$$\bar{L} = \frac{1}{l}\sum_{i=1}^{n} l_i L_i \qquad\qquad (4\text{-}5\text{-}3)$$

式中　l——全市或需要测量的交通干线的总长度，$l = \sum\limits_{i=1}^{n} l_i$，km；

　　　l_i——其中第 i 段干线的长度，km；

　　　L_i——第 i 段干线或路段测得的等效声级或累积百分声级，dB（A）。

5.5　港口及江河两岸区域环境噪声测量

（1）适用范围

为执行国家标准《内河航道及港口内船舶辐射噪声的测量》（GB/T 4964—2010）而对城市港口及江河两岸区域环境噪声进行测量。

（2）测量内容

同城市区域环境噪声测量方法中的测量内容，即昼间等效声级、夜间等效声级。

（3）测量方法

测点位置应选在户外离建筑物 1m、高 1.2m 以上的噪声影响敏感处（如住宅、办公室的窗外 1m 处）。

5.6　机场周围飞机噪声测量

国家标准《机场周围飞机噪声测量方法》（GB 9661—1988）针对机场周围飞机起飞、降落或低空飞行时所产生的噪声测量规定了具体的操作方法。

（1）测量条件

测量要满足无雨、无雪，地面上 10m 高处的风速不大于 5m/s，相对湿度为 30%～90% 的气候条件。测量传声器应安装在开阔平坦处，高于地面 1.2m，离其他反射面 1m 以上，注意避开高压电线和大型变压器。所有测量都应使传声器膜片基本位于飞机标称飞行航线和测点所确定的平面内，即是掠入射。在机场近处测量时应使用声压型传声器。要求测量的飞机噪声级最大值至少超过环境背景噪声级 20dB，测量结果才被认为可靠。测量仪器为精度不低于 2 级的声级计或机场噪声监测系统及其他适当的仪器。声级计的性能要符合 GB/T 3785 的规定。测量录音机及其他仪器的性能参照 IEC 561 中有关规定。

（2）测量方法

① 精密测量　传声器通过声级计将飞机噪声信号送到测量录音机记录在磁带上。然后，在实验室按原速回放录音信号并对信号进行频谱分析。测量前应进行从传声器到录音机系统的校准和标定。录音时，根据飞机噪声级的高低适当调整声级计衰减器的位置，记录该位置，使录音信号不致过载或太小。当飞机飞过测量点时，通过声级计线性输出录下飞机信号的全

过程。为此，录音时要求起始和终了的录音信号声级小于最大噪声级 10dB 以上。在录音时要说明飞行时间、状态、机型等测量条件。

② 简易测量　声级计接声级记录器，或用声级计和测量录音机。读取 A 声级或 D 声级最大值，记录飞行时间、状态、机型等测量条件。所有仪器进行校准。

读取一次飞行过程的 A 声级最大值，一般用"慢"响应；在飞机低空高速通过及离跑道近的测量点用"快"响应。当用声级计输出与声级记录器连接时，记录器的笔速对应于声级计上的"慢"响应为 16mm/s，"快"响应为 100mm/s。或用录音机录下飞行信号的时间历程，然后在实验室进行信号回放分析。

测量记录包括测量条件（日期、测点位置、气温及 10m 高处风向和风速）和测量内容（飞行时间、飞行状态、飞机型号、最大噪声级）。

第6章 交通工具噪声测量

本章内容包括公路运输、铁路运输、城市轨道、航海以及航空运输业所涉及的机动车辆、火车、轨道交通车辆、船舶以及飞机等交通运输工具的噪声测量方法。不同类型的交通运输工具，其噪声的产生机理、声源特性、传播规律等都具有各自的特点，而且处于定置状态（固定式噪声源）和运动状态（移动式噪声源）对环境所产生的影响程度和影响范围也不相同。只有针对不同的噪声源，采取科学有效的方法进行测量，才能对声源进行准确的评价，以达到控制交通噪声的目的。

6.1 机动车辆噪声测量

近年来，随着城市机动车辆的不断增加，城市交通噪声污染日益严重。如何对机动车辆噪声进行准确的测量，是交通噪声控制的关键和前提。机动车辆包括各种类型的汽车、摩托车和轮式拖拉机等。

国家标准 GB 1495—2002 和 GB/T 18697—2002 中规定了机动车辆行驶噪声的测量方法，包括车内噪声和车外噪声测量；GB/T 14365—2017 规定了机动车辆定置噪声的测量方法。摩托车和轻便摩托车行驶噪声、定置噪声的测量方法按照 GB 4569—2005 和 GB 16169—2005 中的规定执行。

6.1.1 车辆行驶噪声测量

（1）车外噪声

1）测量内容与测量项目　使用声级计的 A 计权网络，用"快"挡分别测量车辆加速行驶噪声和匀速行驶噪声。

① 加速行驶噪声测量　此时车辆挡位的选择为：车辆最高挡位为 4 挡以上时，采用 3 挡；最高挡位小于 4 挡时，采用 2 挡。发动机转速为发动机标定转速的 3/4。若此时车速超过50km/h，则车辆应以 50km/h 的速度到达始端线。从车辆前端到达始端线开始，立即全开油门做加速行驶；当车辆到达终端线时，立即停止加速。

车辆加速行驶通过测量区域时，使用声级计"快"挡，测量 A 计权声级，读取车辆通过时声级计的最大读数。

② 匀速行驶噪声测量　车辆以常用行驶挡位、油门保持稳定，以 50km/h 的速度匀速通过测量区域。

车辆匀速行驶通过测量区域时，使用声级计"快"挡，测量 A 计权声级，读取车辆通过时声级计的最大读数。

2）测量方法

① 测点位置　传声器分别位于 20m 跑道中心点两侧，各距中心线 7.5m，如图 4-6-1 所示。

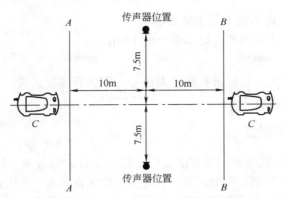

图 4-6-1　车辆行驶噪声车外测点位置

② 测量高度　传声器距地面 1.5m，用三脚架固定，传声器与地面平行，其轴线垂直于车辆行驶方向。

③ 测量步骤　同样的测量往返各进行一次，车辆同侧两次测量结果之差不应大于 2dB，取两次测量结果的平均值。若使用一个声级计测量，则同样的测量应进行四次，即每侧测量两次。

3）测量记录与数据处理　测量记录内容包括：车辆型号、车辆牌照号码、出厂日期、行驶里程、行驶车速、额定载客（重）量、测量日期、测量地点、路面状况、测量仪器、风速、测量数据、背景噪声等。

分别计算每侧两次测量结果的平均值，并取两侧平均值中的最大值作为被测车辆的最大噪声级。

4）测量条件

① 要求测量场地平坦而空旷，在测试中心以 25m 为半径的范围内，不应有大的反射物，如建筑物、围墙等。

② 测试区域至少应有 20m 的平直且干燥的沥青路面或混凝土路面，路面坡度不得大于 5‰。

③ 环境背景噪声应比被测车辆噪声至少低 10dB（A）。

④ 要求被测车辆空载，各部件工况正常，测量时发动机油温正常。

⑤ 测量时，传声器应加防风罩。当风速超过 5m/s 时，应停止测量。

（2）车内噪声

1）测量内容与测量项目

① 车辆以常用挡位 50km/h 以上不同车速匀速行驶时，使用声级计"慢"挡测量 A 计权、C 计权声级，读取其最大平均值；

② 进行车内频谱分析时，应测量中心频率为 31.5Hz、63Hz、125Hz、250Hz、500Hz、1kHz、2kHz、4kHz、8kHz 的倍频带声压级。

2）测量方法　将传声器置于人耳附近，朝向车辆前进方向。载客车室内噪声测点可选在车厢中部及后排座的中间位置。

3）测量记录与数据处理　测量记录内容包括：车辆型号、车辆牌照号码、出厂日期、行驶里程、行驶车速、额定载客（重）量、测量日期、测量地点、路面状况、测量仪器、风速、测量数据、背景噪声等。

4）测量条件

① 测量跑道应有足够的长度，应是平直、干燥的沥青路面或混凝土路面。

② 跑道左右 20m 以内不得有高大障碍物。

③ 车内背景噪声应比所测车内噪声至少低 10dB（A）。

④ 测量时，门窗应关闭。

⑤ 车辆应空载，车内除驾驶员和测量人员外，不应有其他人员。

⑥ 测量时风速不能大于 3m/s。

6.1.2 车辆定置噪声测量

这里所介绍的车辆定置噪声测量方法适用于道路上行驶的各类型的机动车辆在定置时的噪声测量。定置状态是指车辆不行驶，发动机处于空载运转状态。采用这种方法所得到的测量数据可评价、检查机动车辆的排气噪声和发动机噪声，但不能表征车辆行驶时的最大噪声级。

（1）测量内容与测量项目

① 使用声级计的"快"挡，测量车辆排气噪声的 A 计权声级。

② 使用声级计的"快"挡，测量车辆发动机噪声的 A 计权声级。

（2）测量方法

1）测点位置

① 测量排气噪声时，传声器的参考轴应与地面平行，并和通过排气口气流方向且垂直地面的平面成 45°±10° 的夹角。传声器朝向排气口，距排气口端 0.5m，放在车辆外侧。

车辆装有两个或更多的排气管，且排气管之间的间隔不大于 0.3m，并连接于一个消声器时，只需取一个测量位置。传声器应选择位于最靠近车辆外侧的那个排气管。如果两个或两个以上的排气管同时在垂直于地面的直线上，则选择离地面最高的一个排气管。

装有多个排气管，并且各排气管的间隔又大于 0.3m 的车辆，对每一个排气管都要测量，并记录下其最高声级。

排气管垂直向上的车辆，传声器放置高度应与排气管口等高，传声器朝上，其参考轴应垂直地面。传声器应放在离排气管较近的车辆一侧，并距排气口端 0.5m。

② 测量发动机噪声时，传声器朝向车辆，放在没有驾驶员位置的车辆一侧，距车辆外廓 0.5m，传声器参考轴平行于地面，位于一垂直平面内，该垂直平面的位置取决于发动机的位置（前置发动机——垂直平面通过前轴；后置发动机——垂直平面通过后轴；中置发动机——垂直平面通过前后轴距的中点）。

2）测量高度

① 测量排气噪声时，传声器与排气口端等高，在任何情况下距地面不得小于 0.2m。

② 测量发动机噪声时，传声器距地面 0.5m。

（3）测量记录与数据处理

每类测量的每个测点重复进行测量，直到连续出现三个读数的变化范围在 2dB 之内为止，并取其算术平均值作为测量结果。

（4）测量条件

① 测量应在开阔、坚硬、平坦的混凝土或沥青等地面的场地上进行，其边缘距车辆外廓至少 3m。测量场地之外的较大障碍物，如停放的车辆、建筑物、广告牌、树木、围墙等，距离传声器不得小于 3m。

② 除测量人员和驾驶员外，测量现场不得有其他人员。

③ 背景噪声应比被测噪声低 10dB（A）以上，否则应对测量值进行修正。

④ 风速大于 2m/s 时，声级计应使用防风罩；若风速大于 5m/s，则测量无效。

⑤ 被测车辆位于测量场地中央，变速器挂空挡，拉紧手制动器，离合器接合。发动机机罩、车窗与车门应关闭，车辆的空调器及其他辅助装置应关闭。

6.1.3　摩托车和轻便摩托车行驶噪声测量

GB 4569—2005 中规定了摩托车和轻便摩托车行驶噪声测量方法，赛车除外。

（1）测量内容与测量项目

① 使用声级计的 A 频率计权特性和"快"挡时间计权特性进行加速行驶噪声测量。

② 使用声级计的 A 频率计权特性和"快"挡时间计权特性进行匀速行驶噪声测量。

（2）测量方法

① 测点位置　测量区间跑道长 20m，如图 4-6-2 所示。传声器位于中点两侧，各距跑道中线 7.5m。传声器参考轴与地面平行，并垂直指向跑道中线。

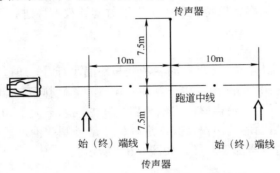

图 4-6-2　摩托车和轻便摩托车行驶噪声测点位置

② 测量高度　传声器距地面 1.2m，用三脚架固定。

③ 测量步骤　同样的测量往返各进行一次，每侧至少测量两次。每次取被测车辆通过时的最大读数。同侧连续两次测量结果之差应不大于 2dB（A），否则测量值无效。

（3）测量记录与数据处理

测量记录内容包括：测量日期、测量地点、路面状况、测量仪器、发动机型号、前进挡位数、最大功率转速、标定功率转速、风速、测量数据、背景噪声等。

取被测车辆同侧两次测量声级的平均值中的最大值作为被测车辆的加速行驶噪声级。若只用一个声级计测量，同样的测量应往返进行两次，即每侧测量两次。

（4）测量条件

① 测量场地应平坦开阔，表面干燥。在测量中心以 50m 为半径的范围内，无大的反射物，如建筑物、围墙、岩石、树木、桥梁、停放的车辆。在测量中心以 10m 为半径的范围内，场地平面由混凝土或沥青材料构成，并无吸声物。

② 通过测量区的试验跑道应有 100m 以上的平直的混凝土或沥青路面，路面的纵向坡度不大于 10‰。

③ 传声器位置处的背景噪声应比被测车辆的噪声低 10dB（A）以上。

④ 测量时传声器高度处的风速不大于 3m/s。

⑤ 被测车辆除一名驾驶员外，应不载重、不乘人。

⑥ 气缸工作总容积等于或小于 350cm³ 的受试摩托车，前进挡位在 4 挡以上用 3 挡，前进挡位为 4 挡以下用 2 挡。气缸工作总容积大于 350cm³ 受试摩托车，用 2 挡。

用 2 挡操作，当受试车到达终端线，其速度超过发动机标定功率转速或相对应的车速时，改用 3 挡重新测量。

受试轻便摩托车如果有一个以上的挡位，用最高挡位操作。

⑦ 从受试车前轮前端到达始端线开始，根据受试车可能条件，尽快全开节气门并保持在全开位置，前轮尽可能沿跑道中线加速行驶。当受试车最后端到达终线时，尽快关闭节气门。

6.1.4　摩托车和轻便摩托车定置噪声测量

GB 4569—2005 中也规定了摩托车和轻便摩托车定置噪声的测量方法，赛车除外。

（1）测量内容与测量项目

① 使用声级计的 A 频率计权特性和"快"挡时间计权特性进行排气噪声测量。

② 使用声级计的 A 频率计权特性和"快"挡时间计权特性进行发动机噪声测量。

（2）测量方法

1）测点位置

① 当进行排气噪声测量时，传声器的参考轴与地面平行，与通过排气口气流方向并且垂直于地面的平面成 45°±10° 的夹角。传声器朝向排气口，距排气口端 0.5m，放在车辆外侧。受试车装有两个或两个以上的消声器：当消声器之间的间隔不大于 0.3m 时，只取一个测量位置，首先选择位于最后面的消声器，其次选择位于最外侧的消声器；当消声器之间的间隔大于 0.3m 时，对每个消声器都要测量。如图 4-6-3 所示。

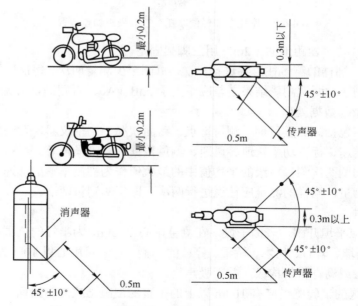

图 4-6-3　摩托车和轻便摩托车排气噪声测点位置图

② 当进行发动机噪声测量时，两轮和正三轮受试车，传声器放置在发动机空气滤清气空

气入口的一侧，当空气入口位于纵向中心平面时，传声器放置在受试车前进方向的右侧。边三轮受试车，传声器放置在车辆前进方向的左侧。传声器参考轴位于垂直于受试车纵向中心平面、并通过轴距中点的垂直平面内，平行于地面，朝向车辆，距发动机外侧 0.5m。摩托车和轻便摩托车发动机噪声测点位置图如图 4-6-4 所示。

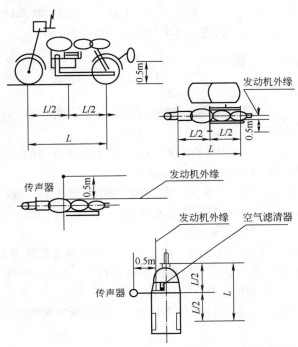

图 4-6-4　摩托车和轻便摩托车发动机噪声测点位置图

2）测量高度

① 当进行排气噪声测量时，传声器放置在排气口同一高度，距地面不得小于 0.2m。

② 当进行发动机噪声测量时，传声器距地面高度 0.5m。

（3）测量记录与数据处理

测量记录内容包括：测量日期、测量地点、路面状况、测量仪器、最大功率转速、标定功率转速、测量转速、风速、测量数据、背景噪声等。

测量排气噪声时，发动机稳定在指定转速后，测量由稳定转速尽快减速到怠速过程的声级。测量发动机噪声时，测量由怠速加速到指定转速稳定运转过程的声级。

每一次测量位置重复试验，每次取声级计最大测量值，取其连续三次测量值的算术平均值为测量结果。三次测量值相互之差应不大于 2dB（A），否则，测量结果无效。受试车装有两个或两个以上的消声器，取各算术平均值中的最大值作为测量结果。

（4）测量条件

① 测量场地应为表面干燥、由混凝土或沥青等坚硬材料所构成的平坦地面，其边缘距车轮外廓至少 3m。测量场地之外的较大障碍物，例如停放的车辆、建筑物、广告牌、围墙等，距离传声器不小于 3m。

② 除测量人员和驾驶员外，测量区间不应有其他人员，以免影响测量结果。

③ 传声器位置处的背景噪声应比被测车辆的噪声低 10dB（A）以上。

④ 测量时传声器高度处的风速不大于 3m/s。

⑤ 受试车位于测量场地中央，变速器挂空挡，离合器啮合。如果没有空挡，其后轮架空。受试车如有车窗与车门，应关闭。

⑥ 发动机转速要求：标定功率转速大于 5000r/min，为标定功率转速的 1/2；标定功率转速不大于 5000r/min，为标定功率转速的 3/4。转速误差为 50r/min。

6.1.5　车辆喇叭的噪声测量

（1）声学特性测量

测量汽车、摩托车、摩托脚踏两用车的喇叭声学特性一般按 ISO 512 中规定的方法测量。

1）测量内容与测量项目

① 使用精密声级计，其性能应符合 IEC 651 关于 I 型声级计的规定。测量时，使用声级计的"快"挡，测量喇叭的 A 声级。

② 如需进行频谱分析，则需采用倍频程、1/2 倍频程或 1/3 倍频程滤波器进行倍频程声压级测量，滤波器性能应符合 IEC 255 的有关规定。

2）测量方法

① 测点位置　测点与喇叭应处于同一水平面上，传声器放在测点上，使传声器最大灵敏度的指向与汽车喇叭辐射声强的最大方向在同一条直线上，但方向应相反。

② 测量高度　传声器距地面 1.15～1.25m。

③ 测量步骤　测量时，一次连续工作不得超过 30s，喇叭每两次连续工作的间隔时间不得小于 2min。

3）测量条件

① 测量应在消声室进行。消声室的截止频率必须低于待测喇叭辐射声音的最低频率。测量也可以在半消声室或露天进行。露天空间最好为直径不小于 50m 的开阔区域，并在此区域内不应有高大建筑等反射体。测量应在该区域中心 20m 直径范围内进行，该范围内应具有平坦坚硬的反射地面。

② 测量时背景噪声至少低于喇叭各频带声压级 10dB。

③ 如在室外测量，风速大于 5m/s 时应停止测量。

④ 测量时的环境温度建议为 10～30℃。

⑤ 在测量过程中，喇叭和测点附近不得有人，传声器最好由电缆引伸到声级计上，以减少对测量结果的影响。

⑥ 待测喇叭必须按照生产厂家的要求安装。一般将汽车喇叭刚性固定在质量较大的金属基座上，基座质量至少比喇叭质量大 10 倍，且最少为 30kg，才能保证基座的振动和声反射对测量结果无影响。

⑦ 测量时喇叭的工作条件，一般根据其能量来源而定，分为以下三种情况。

a. 使用交流电的喇叭，应在电动机最大转速和 1/2 最大转速之间测量其声学特性。测量时除了喇叭之外，电动机不得有其他负载。

b. 使用直流电的喇叭，按其输入阻抗规定输入电压，如：0.05Ω、0.10Ω、0.20Ω的输入阻抗，规定其额定电压分别为 6V、12V 和 24V，并保证供电电压的变化小于±0.1V。

c．使用压缩气体的气动喇叭，测量时其供气条件应按照生产厂家的规定执行。

（2）喇叭噪声的监测

1）测量内容与测量项目　测量时，使用普通声级计，并用声级计的"快"挡，测量一次 A 声级，读取 5s 观测时间内的平均数值。

2）测量方法

① 测点位置　测点应在被测车辆行驶方向的正前方纵向轴线上，距车辆前侧 2m。

② 测量高度　传声器距地面 1.5m。

3）测量条件

① 汽车喇叭应按常规要求安装在被测车辆上。应在至少为 10m 直径的露天空间下测量，其地面应为坚硬的反射面。

② 环境背景噪声必须至少比喇叭声低 10dB。

③ 测量时风速不得超过 5m/s。

④ 测量时各种喇叭的工作条件均应符合下列规定。

a．交流电动喇叭，应在交流发电机最大转速供电状态下工作。

b．直流电动喇叭，应在生产厂家规定的额定电压下工作，该电压的变化必须小于±0.1V。

c．气动喇叭，供气条件应按生产厂家的规定执行。

6.2　铁路车辆噪声测量

铁路车辆噪声测量一般分为典型测量和监测测量。典型测量必须在规定的条件下进行，用以检验生产厂家所交付车辆的噪声是否符合规定的要求。典型测量除必须测量的 A 声级以外，还需在某些测点上测量倍频带或 1/3 倍频带声压级。监测测量是为了检查经过维修或运行一段时间后的车辆噪声是否符合规定。

铁路车辆噪声测量方法包括：GB/T 5111—2011《声学 轨道机车车辆发射噪声测量》、GB/T 3450—2006《铁路机车和动车组司机室噪声限值及测量方法》和 GB/T 12816—2006《铁道客车内部噪声限值及测量方法》。

6.2.1　铁路机车车辆辐射噪声测量

GB/T 5111—2011 对铁路上运行的机车车辆和地下铁道上运行的电动客车辐射噪声的测量进行了规定，适用于铁路机车车辆在型式试验、例行试验和监测试验中对车辆噪声的测量，以评价铁路车辆噪声对环境的影响。

（1）测量内容与测量项目

① 在型式试验和监测试验中，使用声级计"快"挡测量 A 声级，单位 dB（A）。

② 当型式试验需要在定置状态下进行频谱分析时，应测量倍频带声压级或 1/3 倍频带声压级，单位 dB。

（2）测量方法

① 测点位置　测量机车车辆行驶噪声时，传声器应置于试验车辆空旷一侧，距轨道中心线 7.5m。传声器应与车辆侧壁垂直，指向噪声源。

测量机车车辆定置噪声时，传声器应置于车辆两侧距钢轨中心 7.5m，分别在车辆两侧各布置三个测点，每个测点的间距为 3～5m。传声器方向与车辆侧壁垂直，指向噪声源。

② 测量高度 测量机车车辆行驶噪声时，传声器一般距轨面 1.5m。如主要噪声源位于机车车辆的上部时，则应增加第二个测点，置于距轨面 3.5m 处。

测量机车车辆定置噪声时，传声器距轨面 1.5m。如主要噪声源位于机车车辆的上部时，则应增加第二个测点，置于距轨面 3.5m 处。

当进行型式试验时，按以上所述方法选择测点。当进行例行试验和监测试验时：对于行驶噪声，仅测距轨道中心 7.5m，距轨面高 1.5m 一个测点；对于定置噪声，仅测量车辆一侧的三个测点。

③ 测量步骤 对于行驶车辆的测量，应测量试验车辆通过时"快挡"A 声级的最大值，读数取最接近的整分贝数；对于定置车辆的测量，应读"快挡"A 声级的中间值，取最接近的整分贝数。

型式试验时，每个测点进行三次测量，以每三次数据的算术平均值来表示测量结果，如果在同样条件下进行的三次测量数据间最大差值大于 3dB 时，应重新测量。

例行试验和监测试验时每一测点只需测量一次。

（3）测量记录与数据处理

测量报告应包括以下内容：试验对象、试验性质、试验场所、车辆速度、负载、轨道及其他测量条件、测量仪器、传声器的型号、背景噪声、测量数据等。

（4）测量条件

① 传声器周围 50m 范围内没有大的声反射体，如障碍物、小山包、桥梁或建筑物等。试验车辆与传声器之间应尽可能没有声吸收覆盖物，如草丛、雪或道渣等，除测量人员以外也不得有其他人员。

② 测量时传声器应带风罩。测量时风速不应大于 5m/s，最大不应超过 10m/s。

③ 对于型式试验，背景噪声应比所测机车车辆辐射噪声低 10dB（A）以上；对于例行试验和监测试验，背景噪声应比所测车辆噪声低 3dB（A）以上，否则，应对测量值进行修正。若试验机车的辅助设备噪声能明显地影响传声器处的噪声级，则辅助设备必须开机。但若辅助设备噪声出现的时间不超过 1min，或来自其他声源的 A 声级影响低于 5dB，则不予考虑。

④ 试验应在铺有木枕或水泥枕的碎石道床上进行，道床应较干燥而未冻结。试验应在标准短轨或长轨上进行，轨面不得有明显擦伤和缺陷。试验线路坡度应为不大于 6‰的平直区段，试验区段内不应有隧道、桥梁、道岔。测量地下铁道电动客车噪声时应在地面轨道上进行。

⑤ 测量时机车车辆的门窗应始终关闭。除乘务员外，车辆不能载物载人。

⑥ 在测量区段内，干线机车与动力车辆额定功率在 2/3 左右时，车速为 80km/h；调车机车额定功率在 2/3 左右时，车速为 40km/h；客车车速为 80km/h；货车及地下铁道电动客车车速为 60km/h。

⑦ 电车机车、地下铁道电动客车及其他动力车辆所有能开动的机组应在额定负载下开机运行，辅助机组相应运行。对于内燃机车，发动机在空载时以最低速度挡运转，冷却风扇在最低速度下开机运行，辅助机组在相应负载下开机运行，空压机不开动。

发动机在负载时最高速度挡运转；冷却风扇如果可能，在最高速度下开机运行；辅助机组，在相应负载下开机运行；空压机在额定负载下开机运行。

6.2.2 铁路机车车辆内部噪声测量

GB/T 3450—2006《铁道机车和动车组司机室噪声限值及测量方法》与 GB/T 12816—2006《铁道客车内部噪声限值及测量方法》规定了铁路机车司机室及客室内部噪声测量的条件和方法，适用于铁路内燃机车、电力机车司机室及客室的内部噪声测量，以评价铁路车辆内部的声学环境。

（1）测量内容与测量项目

① 使用声级计"快"挡测量 A 声级，单位 dB（A）。

② 需要进行频谱分析时，测量倍频带声压级或 1/3 倍频带声压级，单位 dB。

③ 使用积分声级计测量司机室及客室内的等效声级，单位 dB（A）。

（2）测量方法

1）测点位置

① 测量司机室噪声时，传声器向上，置于司机室中央。

② 测量客车噪声时，在客车的两端和中部，按坐、站位两组人耳高度（卧车按坐、卧位）共取 5～6 个测点。双层客车上层和下层的测点一致，传声器向上。

2）测量高度

① 测量司机室噪声时，传声器距地板 1.2m。

② 测量客车噪声时，共选取六个测点。对于座车，取坐位高度为距地板 1.1～1.2m，站位高度为距地板 1.5～1.6m。

③ 测量卧铺车噪声时，共选取六个测点。取坐位高度为距地板 1.1～1.2m，卧位高度为距铺面 0.2m，距侧壁 0.2m。

④ 测量餐车噪声时，共选取三个测点。分别取坐位和站位高度，即 1.1～1.2m 和 1.5～1.6m；对于操作间测点，距地面高度为 1.5～1.6m。

⑤ 测量行李车噪声时，共选取五个测点，即：办公室分别取坐位和站位各一个测点，行李间取三个测点，距地面 1.5～1.6m。

⑥ 测量邮政车噪声时，共选取九个测点，即：办公室分别取坐位和站位各一个测点，休息室取卧位一个测点，其余六个测点距地面 1.5～1.6m。

⑦ 测量双层客车噪声时，共选取六个测点：在上层和下层各取三个测点，分别距地板 1.1～1.2m 和 1.5～1.6m。

（3）测量记录与数据处理

每次测量持续时间不少于 5s，读 A 声级的中间值，取最接近的整分贝数。每个测点测量三次，以每三次测量值的算术平均值来表示测量结果（按修约规则取整分贝数）。如果相同条件下三次测量数据间的最大差值大于 3dB 时，应重新测量。

检验报告内容包括：检验对象和性质，试验区间、线路、轨道、车内环境和气象条件、测量仪器、试验工况、测点位置、背景噪声以及测量记录等。

（4）测量条件

① 试验区间线路要求平直，坡度不超过 6‰，最好为干燥无冻结的碎石道床、木枕或混凝土轨枕。测量时应避免通过隧道、桥梁、道岔、车站及会车。

② 轨道应为标准短轨或长轨，轨面不得有明显擦伤、局部缺损等非正常缺陷。

③ 轨道两旁附近不应有大面积连续的声反射物，如路堑、山岗、建筑物等。相邻轨道处不应有雪或其他吸声覆盖物。

④ 车内背景噪声应比试验条件下车内噪声低 10dB 以上，否则应进行修正。

⑤ 测量司机室噪声时，室内最多不得超过四人；测量客室噪声时，应尽量在无人的情况下进行，否则应注明车内人数。测量时，司机室与客室的所有门窗均应关闭。

⑥ 恒速试验车速为（90±5）km/h［牵引货车速度为（70±5）km/h］，2/3 额定功率，辅助机组开动（如果出现时间不到 1min，或其总声级增加不到 5dB 时可不予考虑）。高速试验应在最大速度满负荷情况下进行。定置试验时，电力机车所有机组起动及最大负载；内燃机车要在两种工况下检验：柴油机最低空载稳定转速，通风机最高转速，辅助机组最小负载，空气压缩机不工作；柴油机最高空载稳定转速，通风机最高转速，辅助机组正常负载，空气压缩机满负荷运转。

6.3　城市轨道交通车辆噪声测量

随着我国城市轨道交通建设的迅速发展，有关轨道交通车辆噪声标准近几年已陆续颁布，其中包括：GB 14892—2006《城市轨道交通列车噪声限值和测量方法》、GB/T 14227—2006《城市轨道交通车站站台声学要求和测量方法》。

6.3.1　车辆内部噪声测量

（1）测量内容与测量项目

① 使用声级计"慢"挡测量 A 声级，单位 dB（A）。

② 当型式检验需要进行频谱分析时，测量倍频带声压级或 1/3 倍频带声压级，单位 dB。

（2）测量方法

1）测点位置

① 测量司机室噪声时，传声器应置于司机室中央。

② 测量客室噪声时，传声器应置于客室纵轴中部。

2）测量高度　传声器距地板高度为 1.2m，一般指向斜前方。

（3）测量记录与数据处理

测量时每次读数应取 3～5s 内的中间值，重复五次，对于与平均值偏差大于 3dB 的数据应予删去，计算其算术平均值，并按数字修约法取整数。

测量报告的内容包括：测量对象（型号、制造厂、出厂日期等）、测量日期、测量地点（地面或隧道）、检验类别、测量仪器、测量条件（线路条件、声学环境、气象条件等）、车辆状况（车速、负载、有无会车等）、测量位置、背景噪声以及测量数据等。

（4）测量条件

① 无论在地面还是地下线路上测量，均应在坡度不大于 6‰的直线区段进行。地面测量应在铺有枕木的碎石道床接缝钢轨的线路上进行。轨面不得有明显擦伤和缺陷。

② 轨道两侧附近不应有大面积的声反射物，临近轨道处不得有吸声性覆盖物。

③ 测量应避免会车、鸣笛和广播。当出现猝发声或读数起伏超过 3dB 时，应停止测量，待稳定后再继续进行。

④ 测量时司机室和客室的背景噪声应比被测噪声低 10dB 以上，若差值低于 10dB 时，测量结果应进行修正。

⑤ 测量时司机室和客室的门、窗以及过道门应全部关闭。司机室不得超过三人，客室内除测量人员外应尽量空载。

6.3.2　车站内部噪声测量

GB/T 14227—2006《城市轨道交通车站站台声学要求和测量方法》规定了车站站台噪声和混响时间的测量方法，适用于对各种形式、各种结构城市轨道车站站台噪声和混响时间进行评价时的测量。

（1）测量内容与测量项目

① 使用积分声级计的"快"挡，分别测量车辆进站和出站等效 A 声级，单位 dB。

② 若需要进行频谱分析时，测量倍频带声压级或 1/3 倍频带声压级，单位 dB。

③ 测量 500Hz 的混响时间，单位 s。

（2）测量方法

1）测点位置

① 测量站台噪声时，传声器应置于站台中心有车一侧安全线以内 0.5m 处。

② 测量混响时间时，测点选在站台中心处。

2）测量高度

① 测量站台噪声时，传声器距地面高度为 1.2m，传声器指向上方，其轴线与地面垂直。

② 测量混响时间时，传声器距地面高度为 1.5m，声源置于轨道中央，距地面高度 0.5m，其轴线与地面约成 45°，声源与测点的连线和轨道方向约成 45°。

3）测量步骤

① 测量进出站等效 A 声级时，应分别测量电动车组头部进站到停止和电动车组起动到尾部离站的时间和 A 声级，然后按式（4-6-1）求其能量平均值，即为一列车的进出站等效 A 声级。连续测量 10 列车进出站等效 A 声级，然后求出 10 个进出站等效 A 声级的算术平均值，即代表该站台列车进出站等效 A 声级。

$$L_{Aeq} = 10\lg\left(\frac{T_1 10^{0.1L_{pA1}} + T_2 10^{0.1L_{pA2}}}{T_1 + T_2} \right) \qquad （4-6-1）$$

式中　L_{Aeq} —— 一列车进出站等效 A 声级，dB（A）；

　　　T_1 —— 一列车进站时间，s；

　　　L_{pA1} —— 一列车进站 A 声级，dB（A）；

　　　T_2 —— 一列车出站时间，s；

　　　L_{pA2} —— 一列车出站 A 声级，dB（A）。

② 测量混响时间时，应测量站台空场时的混响时间，测量频率为 500Hz。如需了解混响频率特性，可测量 125Hz、250Hz、500Hz、1000Hz、2000Hz、4000Hz 的混响时间。

测量频率的有效混响时间衰变曲线不应少于三条，衰变曲线的衰变范围不应少于 35dB，在该范围的衰变曲线应从起始水平以下 5～25dB 呈直线，并应由此直线的斜率决定混响时间。

由同一频率各条有效衰变曲线求出的混响时间的算术平均值，作为该频率的混响时间。

（3）测量记录与数据处理

测量报告应包括以下内容：测量地点、测量日期、测量仪器、测量位置、背景噪声、测量数据等。

（4）测量条件

① 测量时测点周围 1.5m 以内不得有声反射物和声吸收物。

② 会车时不进行测量。

③ 测量站台噪声时，站台的背景噪声应低于被测噪声 10dB 以上，否则应进行修正。

6.4　船舶噪声测量

6.4.1　船舶辐射噪声测量

GB/T 4964—2010《内河航道及港口内船舶辐射噪声的测量》规定了船舶辐射噪声级和频谱的测量方法，适用于内河航道及港口内各类民用船舶，也适用于小型沿海船舶、港务船和工程船在验收试验和监测试验中辐射噪声级和频谱的测量，以评价船舶噪声对社会环境的干扰程度。

（1）测量内容与测量项目

① 在验收试验和监测试验中，测量采用"快挡" A 声级，单位 dB（A）。

② 当发现有明显脉冲声时，测量采用"脉冲" A 声级，单位 dB（A）。

③ 在验收试验中需做频谱分析时，可测量倍频带声压级或 1/3 倍频带声压级，单位 dB。

（2）测量方法

1）测点位置　传声器应放在码头、岸边或测量船上。当被测量的船舶通过传声器正前方时，船的舷侧与传声器的基准距离最好保持 25m；在验收试验时距离应尽可能在 20～35m 之间。

2）测量高度　高度距站立面 1.2～1.5m，高出水面最好大于 3m 且小于 6m，传声器方向要垂直于船舶的航向。

3）测量步骤

① 读数应取接近整数的值。

② 对于验收试验，至少要做两次通过试验。两次测量结果，其差别不应大于 3dB，否则应重新测量，测量的平均值取接近整数的分贝数。

③ 对于监测试验做一次测量即可。

④ 如果船舷的两侧声辐射对船的纵轴具有明显的不对称性，则应在声压级较高的一侧进行测量。

⑤ 如果通过船舶不能保证基准距离 25m，则应对测得的 A 声级按式（4-6-2）加以修正，或按表 4-6-1 进行修正。

$$L_{A,25} = L_{A,d} + 20 \lg \frac{d}{25} = L_{A,d} + \Delta L \qquad (4\text{-}6\text{-}2)$$

式中　$L_{A,25}$——相当于距离 25m 的 A 声级，dB（A）；

d——测量时传声器距船侧舷的实际距离，m；

$L_{A,d}$——距离为 d 时测得的 A 声级，dB（A）；

ΔL——距离由 d 折算到相当于距离 25m 时的 A 声级的修正值，dB（A）。

表 4-6-1 取近似整数的距离 d 所对应的 ΔL 值

距离 d/m	20	22	25	28	32	35
ΔL/dB	−2	−1	0	1	2	3

（3）测量记录与数据处理

测量报告应包括的内容有：测量性质、船舶主要技术数据、航速及装载状态、主机、主要辅机和甲板部分高噪声辅机的主要技术数据及状态、测量仪器（包括声学仪器和测距仪器）、试验地点、传声器的位置、测量数据、测量条件以及环境条件（如潮流、水深、温度、风速、气象、背景噪声等）。

（4）测量条件

① 试验场所应具备自由声场条件。当传声器周围 100m 以内没有大的声反射体，如障碍物、小山、岩石、桥梁、建筑物等时，可以认为满足自由声场条件。

② 测量时风速应小于 5m/s（相当于风力 3 级），最大不应超过 10m/s（相当于风力 5 级）。

③ 验收试验测量时，背景噪声（包括波浪拍击、其他船只作业、工厂噪声以及风速的影响等）至少应比测得的船舶辐射噪声低 10dB；对于监测试验，背景噪声应比船舶通过时测得的辐射噪声低 3dB，否则应进行修正。

④ 试验航道的水深应满足船舶的正常航行。试验时，船舶的航向应尽可能保持直线，并符合测量距离的要求。内河测量时，船舶应在逆流、逆潮或平潮时航行，传声器与船舷的距离可采用光学仪器或其他测距仪测量。

⑤ 对于航行船舶，验收试验时，主机至少在额定转速的 95% 以上运转，所有辅机按正常航行状态开动或关闭，机舱的门窗应在关闭和通常敞开的情况下分别测量。监测试验时，门窗应在通常的情况下测量。

⑥ 对于停泊船只或专用船舶（如工程船、特种船舶），应在离船舷四周 25m 处最大噪声区的位置上进行测量。此时主、辅机也应按正常状态运转或关闭。

6.4.2 船舶内部噪声测量

GB/T 4595—2000《船上噪声测量》规定了船上噪声级和频谱的测量方法，以评价船上机械设备对旅客和工作人员的影响程度，进而为降低船舶噪声提供科学依据。测量分为典型测量和监测测量。

（1）测量内容与测量项目

① 使用声级计"慢挡"测量 A 声级，单位 dB（A）。

② 在经过选择的某些测点上测量倍频带声压级或 1/3 倍频带声压级，单位 dB。

（2）测量方法

1）测点位置 两相邻测点至少应相距 2m，所有测点至少离开任何空间边界（如船舷）0.5m。对船上不同地点的具体测点位置规定如下。

①　在甲板上，测点应分布在船员和乘客可以停留休息的所有地方，特别是发动机或空调系统的进、排气口附近，发动机房的开口或天窗、窗户附近。

②　船上生活区和客舱、医务室、餐厅和酒吧间等，测点应置于这些房间的中央。如果房间内声级变化较大，可增加测点。

③　机房以及邻室应在船员主要工作和控制台的位置上选取测点。对于机房内打电话以及对信号或语言可懂度要求特别严格的地方，也应设置测点。对噪声较大的机器，应测量机器噪声，测点距离机器表面 1.0m。

④　对于船上有人的控制台，包括无线电室，应设置测点。

⑤　对于船上吵闹的地方，即使人在该处的停留时间很短，也要设置测点。

⑥　测量船上桥楼翼台的噪声，测点应选在背风侧。

⑦　测量发动机，空调机，冷冻机的进、排气噪声时，测点应选在与管口轴线成 30° 的射线上，并距管口 1.0m 处，尽可能远离反射面。

2）测量高度　测量高度应在距甲板 1.2～1.5m 处。

（3）测量记录与数据处理

在每个测点上测量噪声时，应在 5s 的观测时间内取平均值。

测量报告应包括的内容有：测量性质、试验地点、传声器的位置、船舶装载状态、主机、主要辅机运转状态、测量仪器、测量数据、测量条件以及环境条件（如潮流、水深、温度、风速、气象、背景噪声等）。

（4）测量条件

①　测量时应避免邻近反射物的影响。

②　风、雨、海浪以及各种人为噪声应以不影响测量为准，否则应进行修正。

③　待测船只应尽可能沿一条直线行驶。对于内河航线上的船只，测量时应逆水行驶或在静止水域中行驶。

④　船舶应为空载或为满载。

⑤　主要机械工况是使主轴按最初移交时规定的速度运转。内河航线上的船舶主机，最少应在船舶证书上规定速度的 95% 运转。主机以低速运转的船舶噪声和停泊在港口主机停转的船舶噪声，也是测量内容。

⑥　辅机工况应与主机各种工况相对应，并按初始移交规定要求运转。

⑦　测量时应开动空调或通风系统，待附加测量时再停开。

⑧　测量过程中，船上的门窗一般应关闭，但也可视实际工作情况而定，如操舵室背面的门通常情况下是打开的，所以在操舵室测量噪声时就应将门打开。

6.5　飞机辐射噪声测量

GB/T 9661—1988《机场周围飞机噪声测量方法》规定了机场周围飞机噪声的测量条件、测量仪器、测量方法和测量数据的计算方法，适用于测量机场周围由于飞机起飞、降落或低空飞越时所产生的噪声，并以此评价飞机飞行噪声对地面环境的干扰程度。该标准正在修订，飞机噪声对机场周围环境的影响及其测量方法待新标准颁布后再行补充，本节参照 ISO 5129—2001 重点对飞机内部噪声测量略做介绍。

飞机舱内噪声测量，也是在飞机飞行过程中进行的，测量结果可以用来评价乘务员的听觉噪声暴露量和语言干扰级，以评价机舱外的噪声对空勤人员和乘客的影响。测量飞机机舱内部噪声应遵循 ISO 5129—2001 的规定，测量分为典型测量和监视测量。

（1）测量内容与测量项目

① 使用精密声级计"慢挡"测量 A 声级，单位 dB（A）。

② 对于典型测量，宜测量 1/3 倍频带声压级，单位 dB；对于监视测量，需测量倍频带声压级，单位 dB，频率范围至少为 45～11200Hz。

（2）测量方法

① 测点位置　由于机舱内的噪声随位置的不同而有较大变化，因此应当选择足够的测点，比较全面地测量机舱内噪声分布。测点应分布在整个机舱，包括每一名乘务员的工作位置。每一个测点至舱室壁面、装饰品和行李等物体的距离均不得小于 0.15m。测点的精确位置应绘图标出。

② 测量高度　空勤舱内，测点应选在距乘务员（包括驾驶员）0.1m 以内的空间，也应距离乘务员谈话或录音设备的微音器 0.1m 以内。对于座位，测点应距坐垫（无人乘坐时）表面（0.65±0.05）m；对于站位，测点应距地面（1.65±0.1）m。

客舱测点应选在座位中心线离头部靠垫（0.15±0.02）m，距坐垫表面（0.65±0.05）m 处。运载动物的货舱，测点应在动物存放区选取。

（3）测量记录与数据处理

测量时，传声器应垂直向上分别固定在每一个测点上。对于每一种测量条件下的噪声，应在每个测点至少取 5s 观测时间，在观测时间内取三个读数，取其平均值并近似为整数，作为测量结果。

除测量数据外，还应记录以下有关内容：

① 大气压或飞行高度；

② 频率或飞行速度；

③ 飞机发动机工况；

④ 机外大气温度；

⑤ 舱内压力的变化和相应的舱内温度；

⑥ 舱内设备的工作状态；

⑦ 起落架的位置；

⑧ 襟翼、抚流板和其他影响机内噪声的控制气流面板的位置；

⑨ 可开关座舱罩、窗、门、制动闸等可影响空气动力性噪声装置的位置。

（4）测量条件

① 测量机舱内噪声时，应对飞机在规定的高度和航行的条件下保持平直飞行状态时的噪声、在稳定爬升状态时的噪声和下降飞行状态时的噪声分别进行测量。飞机穿过湍流和雨层区域时，不宜进行测量。

② 飞机机舱内的设备应保证齐全，座椅的靠背应尽可能保持直立，机上增压和空调设备应正常开动，应关闭舱内乘客使用的单人吹风口。此外还应注意停止机上公共播音。

③ 在空勤舱中，空勤工作人员应在各自的工作岗位上；在客舱中，只准保留噪声测量工作人员。

第 7 章　振动测量

7.1　机器的振动监测

使用旋转机械的振动数据来确定机器的完好情况，已经有一段很长的历史了。传统的方法是，车间领班或维修工把螺丝刀的末端压在轴承座上，将手柄贴在自己的耳朵（乳突）上，这样，由轴承传来的振动信号由他的脑子进行分析。这种方法几十年来证明是可信赖的，以致仪器行业试图设计出能起同样作用的仪器，而且它们的功能是能重现的。换句话说，仪器的功能与各个使用者的技能和经验无关。

许多年以来，机器故障检测都是使用振动计测量振动速度的有效值读数（振动烈度）与以前的读数做比较，或与既定标准做比较来进行的，它有可能识别不平衡、较大的不同心和严重的轴弯曲。因为这些信号的能量较高，而能量低的信号被隐没在较强的振动信号中。早期的滚珠轴承故障或早期的齿轮箱故障都不可能用这种方法检测，至少在它们产生的振动信号高于被测频带中最高成分级以前检测不出来。因此，宽带振动监测不能检测出发展中的故障。

假如进行频谱比较，只要频谱中一个频带增加 3～6dB 以上，就能检测出变化，从而很早就发出警告。即使使用倍频程滤波器，其结果证明远远优于总振级的测量。但为了能区别齿轮箱和一般轴承中的早期故障，必须有较高的分辨率，而 1/3 倍频程在有些情况下是很有用的。使用恒百分比带宽频谱检测故障，用于快速数据处理，可以简易而确实地检测出早期故障。有时在故障被检测出来以后因不影响使用，以至于工作几个月后，才送去修理。

一种更加先进的方法是使用快速傅里叶变换（FFT）。使用 FFT 的故障诊断具有各种事先和事后处理，使它成为今天用于故障诊断的许多最有用的仪器之一。采用 FFT 分析仪在线监测系统用于对汽轮机、发电机、电机、压缩机、鼓风机、泵以及其他旋转机械的运行状态进行监测，包含有轴振动监测器、轴向位置监测器、机壳振动监测器和温度监测器等，可用于长期在线监测。

7.2　设备结构的振动模态测量与分析

模态分析是研究结构动力特性的一种近代方法，是系统辨别方法在工程振动领域中的应用。模态是机械结构的固有振动特性，每一个模态具有特定的固有频率、模态质量、模态向量、模态刚度和模态阻尼等。这些模态参数可以由计算或试验分析取得。这样一个计算或试验分析过程称为模态分析。这个分析过程如果是由有限元计算的方法取得的，则称为计算模态分析；如果通过试验将采集的系统输入与输出信号经过参数识别获得模态参数，则称为试验模态分析。通常，模态分析都是指试验模态分析。

试验模态分析是将结构物在静止状态下进行人为激振，通过测量激振力与振动响应并进行双通道 FFT 分析，得到任意两点之间的机械导纳函数（传递函数）。用模态分析理论通过对试验导纳函数的曲线拟合，识别出结构物的模态参数，从而建立起结构物的模态模型。

试验模态分析一般分为以下四个步骤。

（1）动态数据的采集及频响函数或脉冲响应函数分析

① 激励方法　试验模态分析是人为地对结构物施加一定动态激励，采集各点的振动响应信号及激振力信号，根据力及响应信号，用各种参数识别方法获取模态参数。激励方法不同，相应识别方法也不同。目前主要有单输入单输出（SISO）、单输入多输出（SIMO）、多输入多输出（MIMO）三种方法。根据输入力的信号特征还可分为正弦慢扫描、正弦快扫描、稳态随机（包括白噪声、宽带噪声或伪随机）、瞬态激励（包括随机脉冲激励）等。

② 数据采集　SISO 方法要求同时高速采集输入与输出两个点的信号，用不断移动激励点位置或响应点位置的办法取得振形数据。SIMO 及 MIMO 的方法则要求大量通道数据的高速并行采集，因此要求大量的振动测量传感器或激振器，试验成本较高。

③ 时域或频域信号处理　例如谱分析、传递函数估计、脉冲响应测量以及滤波、相关分析等。

（2）建立结构数学模型

根据已知条件，建立一种描述结构状态及特性的模型，作为计算及识别参数依据。目前一般假定系统为线性的。由于采用的识别方法不同，也分为频域建模和时域建模。根据阻尼特性及频率耦合程度分为实模态或复模态模型等。

（3）参数识别

按识别域的不同可分为频域法、时域法和混合域法，后者是指在时域识别复特征值，再回到频域中识别振型，激励方式不同（SISO、SIMO、MIMO），相应的参数识别方法也不尽相同。并非越复杂的方法识别的结果越可靠。对于目前能够进行的大多数不是十分复杂的结构，只要取得了可靠的频响数据，即使用较简单的识别方法也可能获得良好的模态参数；反之，即使用最复杂的数学模型、最高级的拟合方法，如果频响测量数据不可靠，则识别的结果一定不会理想。

（4）振形动画

参数识别的结果得到了结构的模态参数模型，即一组固有频率、模态阻尼以及相应各阶模态的振形。由于结构复杂，由许多自由度组成的振形也相当复杂，必须采用动画的方法，将放大了的振形叠加到原始的几何形状上。

以上四个步骤是模态试验及分析的主要过程。而支持这个过程的除了激振拾振装置、双通道 FFT 分析仪、台式或便携式计算机等硬件外，还要有一个完善的模态分析软件包。通用的模态分析软件包必须适合各种结构物的几何特征，设置多种坐标系，划分多个子结构，具有多种拟合方法，并能将结构的模态振动在屏幕上三维实时动画显示。

进行模态试验时，采用的激励装置主要有激振器和激励力锤，此处对激励力锤作一简要介绍。

激励力锤的外形如图 4-7-1 所示，它主要由锤头、力传感器 [图 4-7-1（b）] 和锤把等组成。当使用激励力锤对被测结构物体的测点处进行锤击时，实际上就是给被测结构施加了一个脉冲激励，力传感器就会产生一个脉冲力信号。

（a）激励力锤　　　　　　　　　　　　　　（b）力传感器

图 4-7-1　激励力锤和力传感器外形

　　一般激励力锤都配有多种材质制作的锤头，如橡胶锤头、PVC 锤头、铝质锤头、钢质锤头等。在使用模态力锤进行的模态试验时，是基于对试件提供冲击，从而产生宽的频率带宽上的振动。所激发振动的频率带宽取决于冲击持续时间。脉冲宽度越窄，所激发的频率越高。冲击持续时间可以通过安装不同刚度的特殊锤头来改变。使用相同的能量敲击试件时，带有不同锤头的模态力锤可激发多种频率带宽（锤头越软，脉冲越宽，所激发的频率带宽越窄），如图 4-7-2 所示。在某些情况下，最终的脉冲持续时间，还要取决于被敲击试件的刚度。

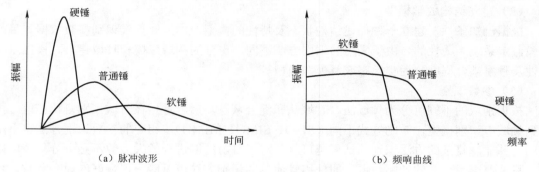

（a）脉冲波形　　　　　　　　　　　　　　（b）频响曲线

图 4-7-2　不同锤头的脉冲波形和频响曲线

　　模态试验时还需要注意以下几点。

　　① 当被测结构固定安装在机座上或试验台架上时，被测结构与机座或台架构成的振动系统的最低固有频率应大于测试频率的上限值，当被测结构采用弹性元件悬吊安装在支架上时，被测结构与弹性元件构成的振动系统的最高固有频率应小于测试频率的下限值。

　　② 模态试验时，一般希望将悬挂点选择在振幅较小的位置，最佳悬挂点应该是某阶振型的节点。

　　③ 最佳激励点视待测试的振型而定。若单阶，应选择最大振幅点；若多阶，则激励点处各阶的振幅都不小于某一值。如果是需要许多能量才能激励的结构，可以考虑多选择几个激励点。

　　④ 模态试验时测试点所得到的信息要求有尽可能高的信噪比，因此测试点不应该靠近节点。在最佳测试点位置其 ADDOF（average driving DOF displacement）值应该较大，一般可用 EI（effective independance）法确定最佳测试点。

　　注：关于环境振动的测量以及人体受到振动的测量在本篇第 3 章"振动测量仪器"中已穿插地进行了介绍，本章不再赘述，请参阅第 3 章。

参 考 文 献

[1] 方丹群，张斌，等．噪声控制工程学（上、下册）．北京：科学出版社，2013.

[2] 张绍栋，孙家麒．声级计的原理和应用．北京：计量出版社，1986.

[3] 王佐民．噪声与振动测量．北京：科学出版社，2009.

[4] 陈克安，鲁向阳，等．声学测量．北京：机械工业出版社，2010.

[5] 全国声学标准化技术委员会，中国标准出版社第二编辑室．噪声测量标准汇编：①环境噪声②建筑噪声③机动车噪声．北京：中国标准出版社，2007.

[6] 明瑞森．声强测量．杭州：浙江大学出版社，1995.

第 5 篇

噪声源的识别、预测及控制方法概述

编著 吴 瑞 李林凌

校审 燕 翔

第 1 章　噪声源的识别方法

在噪声控制过程中对噪声源进行控制是最根本、最有效的手段。噪声源控制的第一步就是识别出主要噪声源。从前面章节可知，噪声源可以是其中一种，也可以是其中几种组合。对于单种类噪声源比较容易识别，对于多种噪声源，需要运用噪声源识别技术，才能识别出需要控制的噪声源由哪几种噪声源组合而成。

随着数字信号处理和计算机技术的进步，噪声测试技术得到了很好的发展，为噪声源识别提供了多种手段。常见的噪声源识别技术有：近场测量法、分步运转法、覆盖法、表面振动速度测量法、频谱分析法、相干分析法（常相干诊断法、偏相干诊断法）、声强分析法、层次分析法、声全息法等。

1.1　近场测量法

将传声器靠近机械噪声源的表面，测量各声源近场噪声值，通过比较各声源近场噪声的大小来判断声源主次的方法称为近场测量法，如图 5-1-1 所示。近场测量法在实际中有一定的局限性：其一是该方法在混响场中无法测量；其二是频率的高低对测量结果有一定的影响；其三是该方法不能反映噪声的传递途径。近场测量法可作为一般机械噪声源的鉴别，不能准确测量出单一声源值的大小，通常用于机器噪声源和主要发声部位的一般识别。

图 5-1-1　近场测量机械噪声

1.2　分步运转法

一般机器由许多总成部件组成，分步运转法就是设法将机器中的运转零部件按测量要求逐级连接或逐级分离进行运转，分别测得部分零件产生的噪声，按能量相减的原则计算出所连接或分离部件的噪声，分析这些部件辐射的噪声在总噪声中的主次，判断出机器的主要噪声源。在运用分步运转法时，需要注意保持运行工况和声学环境不变。

1.2.1　分步运转法的原理

若机器某一部件在开动时测得机器附近某点的声压级为 L_p，该部件分离后在同一点测得的声压级为 L_{p2}，笼统地讲该部件运转所发出的噪声 L_{p1} 就可以通过声级减法求得，即：

$$L_{p1} = 10\lg(10^{0.1L_p} - 10^{0.1L_{p2}}) \tag{5-1-1}$$

1.2.2　分步运转法的应用

例如，对于汽车噪声源诊断，可以通过分步运转法来判断冷却风扇噪声在汽车整车噪声中所占的比重。当汽车正常行驶时测得汽车某点的声压级为 103dB（A），将风扇卸掉以后，在同样的工况下测得该点的声压级为 101.7dB（A），由公式（5-1-1）可得风扇噪声为 97dB（A）。

对于某窗式空调器室内评价点的噪声源分析，采用分步运转法进行了测试诊断。在高冷状态下，测得室内评价点噪声为 57dB（A），关掉压缩机，在高风状下测得同一点的噪声为 56dB（A），再卸掉离心风机后（电机和轴流风扇运转），其噪声降到 47.8dB（A）。按公式计算得到该空调声源情况如表 5-1-1 所列。

表 5-1-1　空调声源分析结果

声源分析	离心风机	压缩机	轴流风扇和电机
声压级/dB（A）	55.3	52.2	47.8
占总噪声的比率/%	60.2	29.5	10.3

由表 5-1-1 可知，该空调器室内评价点的主要噪声源为离心风扇，其次是压缩机。

这种方法简单易行，不要求先进测量设备。但是，对于一台复杂的机器设备，其各部分的运转是相互联系的，某一部分的拆除与停止工作，会影响与之相关联部件的工作，因此只让其中一部分工作而不影响其他部分的运转往往是不容易实现的，因而这种噪声源识别技术的使用有一定的局限性。

1.3　覆盖法

1.3.1　覆盖法的原理

做一个与机器各部分表面相仿的密封隔声罩，同时，隔声罩内部还可以粘贴毛毡、玻璃纤维等吸声材料减少隔声罩内的混响。在对各部分噪声辐射情况进行测试时，在同一工况下，逐一开启隔声罩的某个部分，暴露相应部分的噪声，在距离暴露表面一定距离处测量其声压级。再依次开启隔声罩各部分进行噪声测量，则可测得辐射表面上主要辐射区域噪声值。通过总噪声、背景噪声之差即可识别出机器各部分辐射噪声大小。

该方法与分步运转法相比，它不会由于某些零部件停止运转而带来影响，只要隔声罩覆盖严密，隔声性能较好，该方法识别噪声源较可靠。但是，在频率低于 200Hz 时，一般隔声罩的隔声量不够大。因此，这种方法只适用于识别产生中频和高频噪声的机器。此外，用该法测量要花费很多时间，且对测试的声学环境有一定的要求，最好在消声室中测试，故测试成本较高。

1.3.2　覆盖法的应用

发动机的油底壳、阀门、齿轮、消声器等是发动机的主要噪声源，用覆盖法得到这些噪声源的大小和贡献量。首先将这四部分用铅片和玻璃纤维覆盖，然后分别将油底壳、阀门、齿轮、消声器暴露在外面，在发动机的前部、左侧、右侧和上部放置四台声学测量仪器，记录它们的辐射声压级。测量结果如图 5-1-2 所示。

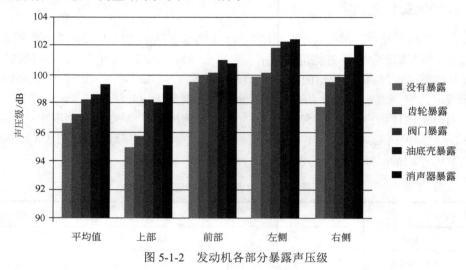

图 5-1-2　发动机各部分暴露声压级

根据所测声压级，可以计算出发动机每个部件的噪声大小和它们对整个噪声源的贡献。发动机总体声功率级为 114.4dB（A），阀门、消声器、齿轮、油底壳的声功率级分别为 107.5dB（A）、104.5dB（A）、103.5dB（A）、103dB（A）。这四部分对发动机的噪声贡献量超过了46%，它们的噪声贡献量分别为 21%、10%、8%和 7%。

1.4　表面振动速度测量法

噪声设备运转时，其部件必然发生表面振动，这种振动向外传播，使得表面振动能量的一部分以声能辐射出去，成为设备表面辐射噪声的能量来源。根据这种关系，利用速度传感器测得噪声设备表面各处的振动速度，通过振动的频谱分析，并与噪声的频谱进行分析和比较，鉴别出主要噪声源部位的方法称为表面振动速度测量法。在强背景干扰下，要想对某一设备噪声做出准确的评价是很困难的，对于以结构声为主的设备，利用表面振动速度进行噪声评价，可以大大减小环境的干扰。

1.4.1　表面振动速度测量法原理

声音是由物体振动引起的，结构表面振动速度越大，所辐射的噪声越大。结构振动与噪声辐射的关系为：

$$W_r = \sigma_{rad} \rho_0 c_0 S u_r^2 \qquad (5\text{-}1\text{-}2)$$

式中　W_r——辐射的声功率；

　　$\rho_0 c_0$——空气的特性阻抗；

　　u_r——表面振动速度均方值；

　　S——表面面积；

　　σ_{rad}——振动表面的声辐射系数。

　　通过测量机器各个零部件和结构表面的振动加速度，转换成振动速度后，根据不同频率下的噪声辐射效率即可得到各个振动表面的噪声辐射功率，从而求出整个机器的声功率级和声压级。如果将机器表面划分成若干小块后，测量每块表面的振动速度或加速度，可以画出机器表面的等振速曲线，利用式（5-1-2）可得到机器表面每块的振动辐射声功率，从而识别出机器的主要噪声源。该方法不需要特殊的声学环境，但是需要测取大量数据并进行计算。图 5-1-3 为某柴油机油底壳声辐射效率的实验测试结果。倍频程图中的中心频率处的声辐射效率用对数坐标 $10\lg\sigma_r$ 表示。图 5-1-3 表明，$f > 800$Hz 时，$\sigma_r \approx 1$，而在 800Hz 以下，σ_r 随频率下降而减小。如果掌握了各种形状结构声辐射系数的资料，同时在设计阶段预测出机器结构表面的振动大小，那么根据表面速度法原理在机器未造好之前就能对各个表面辐射的声功率进行预报。

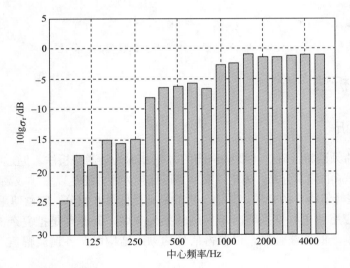

图 5-1-3　某柴油机油底壳声辐射效率（倍频程）的实验测试结果

1.4.2　表面振动速度测量法的应用

　　在发动机主要噪声源分析过程中可以运用表面振动速度测量法。对于发动机暴露部件，这些部件辐射的噪声对整个发动机的辐射噪声有很大影响。为了能更准确地得到发动机外表面法向振动速度，根据该发动机的结构特点和表面振动特性，将其分为以下几个主要噪声辐射部件，如缸盖罩壳、油底壳、齿轮室盖、进气管、排气管、机体、曲轴箱、喷油泵和变速器。由于发动机部件结构的复杂性，不同部位的速度有所不同。为了尽可能反映整个部件的振动特性，必须布置测量尽可能多的测试点。本次测试中，每个部件布置了 6 个不同测量点，然后进行平均，得到该部件的加速度。为了消除加速度计质量对部件振动的影响，应尽量选用质量较小的加速度计，而且测量时不要一次安放太多。测量得到这些部件的加速度后，根据速度与加速度之间的关系，可以计算得到相应部件振动速度的大小。对这些部件的振动速度进行分析，根据振动速度与结构声辐射之间的关系，分别得到各部件和发动机声辐射。根据各部件声辐射大小就可以得到噪声源的主次关系。图 5-1-4 为 3 个工况下各主要部件噪声对总的噪声的贡献百分比。从图 5-1-4 中可以看出，在标定工况和怠速工况下位于前 3 位的噪声源依次为油底壳、变速器和气门室盖；在最大转矩工况下，油底壳位于第 2 位而变速器位于第 1 位。在 3 个工况中，这 3 个噪声源约占总噪声能量的 80%，应作为降低发动机噪声的首选目标。

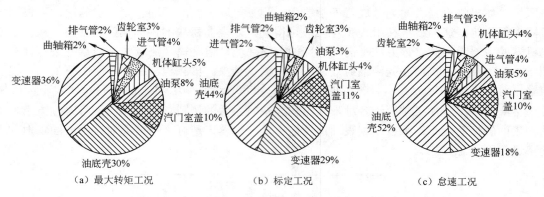

图 5-1-4　各主要部件噪声占总噪声的百分比

1.5　频谱分析法

1.5.1　频谱分析

根据噪声源的频谱特性确定主要噪声源的方法，称为频谱分析法。通过噪声频谱图：一方面，可以了解噪声源的频率分布，确定该噪声是以低频为主，还是以中频或高频为主等；另一方面，可以确定一些峰值噪声的来源。频谱分析的基础是傅里叶积分，它由傅里叶级数转换而来。

频谱分析是应用傅里叶变换将时域问题转换为频域，其原理是把复杂的时间波形，经傅里叶变换为若干单一的谐波分量，以获得信号的频谱结构以及各谐波幅值、相位、功率及能量与频率的关系。

目前，频谱分析方法是在计算机上用快速傅里叶变换来实现的，因此又称为 FFT 分析法。用频谱分析识别电机噪声源时，首先要用傅里叶变换将时域信号转换到频域上。对于某一瞬态时域信号 $x(t)$，可设定其周期 T 趋向无穷大，其傅里叶变换的数学表达式如式（5-1-3）所示：

$$F(f) = \frac{1}{\sqrt{2\pi}} \int_{-\infty}^{+\infty} x(t)\, \mathrm{e}^{-j\pi ft}\, \mathrm{d}t \tag{5-1-3}$$

由于声源噪声的形成机理不同，使每个声源的噪声特点有差异。频谱分析的目的是将构成噪声信号的各种频率成分分解开来，便于与各声源对比识别。

轮轨噪声是由于轮轨表面粗糙度激发车轮、钢轨和轨枕结构振动，为了判断轮轨噪声中各噪声源，对轮轨噪声进行频谱分析，如图 5-1-5 所示。

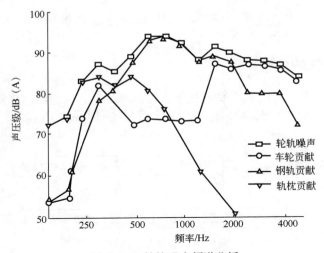

图 5-1-5　轮轨噪声频谱分析

由图 5-1-5 可以看出：频率低于 500Hz 的轮轨滚动噪声主要来自轨枕，频率在 500～1600Hz 范围的主要来自钢轨，频率大于 1600Hz 的主要来自车轮。

频率分析法可以粗略地估计噪声评价点的声能来源，但不能准确地估计其影响程度，为了使声源识别结果更加准确，可综合采用其他噪声源识别技术。

1.5.2　倒频谱分析

倒频谱（cepstrum）分析技术是近代信号处理学科领域中的重要部分，它能用于分析复杂频谱上的周期结构，分离和提取信号中的周期成分。

对于时域信号 $x(t)$，经过傅里叶变换后，可得到频域函数 $X(f)$ 或功率谱密度函数 $S_x(f)$。对功率谱密度函数取对数，并进行傅里叶变换后取平方，则可以得到倒频谱函数 $C_p(q)$（power cepstrum），其数学表达式如式（5-1-4）所示：

$$C_p(q) = \left| F\{\lg S_x(f)\} \right|^2 \tag{5-1-4}$$

$C_p(q)$ 又称为功率倒频谱，或称为对数功率谱，工程上常用的是开方形式，即式（5-1-5）：

$$C_0(q) = \left| F\{\lg S_x(f)\} \right| \tag{5-1-5}$$

$C_0(q)$ 称为幅值倒频谱，有时简称倒频谱。自变量 q 称为倒频率，其具有与自相关函数 $R_x(\tau)$ 中的自变量 τ 相同的时间量纲，一般取为 s 或 ms。

在被测系统有声反射等情况下，其噪声谱图中周期性成分用常规的频谱分析法很难提取。从倒频谱分析的原理中可以看出，假如功率谱 $S_x(f)$ 中包含周期性成分，倒频谱分析首先取对数以加强线性频谱中被弱化的成分，再取其傅里叶变换之后，$S_x(f)$ 的周期分量表现在倒频谱上就会出现一个峰值。采用倒频谱分析技术可以从复杂的波形中分离并提取信号源。这种技术加强了频谱中不易识别的周期信号的识别能力。因而，这种技术成为一种很有用的噪声源识别方法。

同时在功率谱中，一些边频间距的分辨率受分析频带的限制，分辨频带越宽分辨率越低，可能使某些边频信号不能分辨。若提高分辨率，则可能丢失信号。倒频谱分析在整个功率谱的范围内采取边频的平均间距，因而既不会漏掉信号，又能给出非常精确的间距结果。

1.5.3　频谱分析法的应用

一台型号为 Y100L-2 的电机需要进行噪声检测及分析。检测时，首先在被测电机的轴向一个点安装压电加速度传感器，采集振动信号并进行信号分析，得到主要的噪声源。图 5-1-6 为测试分析流程图。

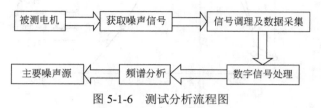

图 5-1-6　测试分析流程图

对采集到的电机振动信号进行处理，并提取信号的相关参数进行计算，得到该电机噪声声功率级图如图 5-1-7 所示。对此电机的噪声信号进行傅里叶变换计算得到频谱图。

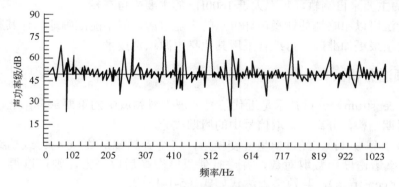

图 5-1-7　电机噪声声功率级图

由傅里叶变换计算得出电机的频谱图如图 5-1-8 所示。从图中可以看出，只有在 50Hz 和 270Hz 时有明显峰值，而在频谱图中并无其他明显峰值出现。通过分析可知，在 50～400Hz 内明显峰值是轴向窜动引起的噪声。重新装配该电机后再测试该电机的噪声，得到的声功率级图如图 5-1-9 所示。由图 5-1-9 可看出电机噪声明显降低。

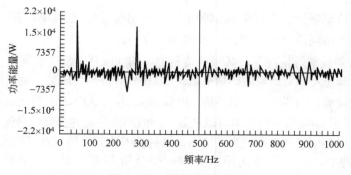

图 5-1-8　电机噪声频谱图

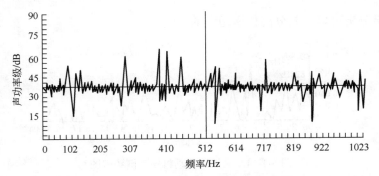

图 5-1-9　重新装配后的电机噪声声功率级图

1.5.4　倒频谱分析法的应用

航空发动机振动状态很复杂，频率成分众多，有些周期性频率成分在频谱图上难于辨识。应用倒频谱分析则能增强一些特征频率识别能力，更有效监测发动机振动状态。

图 5-1-10（a）与（b）分别为某型涡桨发动机振动的频谱图和倒频谱图。该振动测点位于发动机压气机机匣和减速器机匣的安装边上。该型发动机转子基频为 207Hz，同时减速器输入轴基频也为 207Hz，减速器输出基频为 18Hz。

从图 5-1-10（a）中可以看出，频谱图呈现出多个峰值梳状波，包括了众多频率成分，无明显突出波峰，而且多数频率成分与发动机机械状态无法对应，可能为噪声或传递中导致的频差、混频等，这都给特征信号的提取与识别造成困难。而从图 5-1-10（b）中可以看出，在倒频谱图上，在倒频率 τ=1.201ms、2.403ms、4.805ms 等处均存在较明显波峰，其对应频率为 f=207Hz 及其倍频。该频率对应发动机转子基频或减速器输入轴基频，由此可见发动机转子或减速器输入轴为其振源。

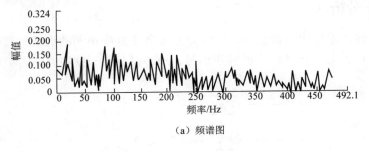

（a）频谱图

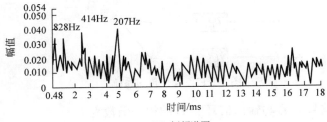

（b）倒频谱图

图 5-1-10　某涡桨发动机振动频谱图与倒频谱图

图 5-1-11 为另一位置振动测点的倒频谱图，对比可知其与图 5-1-10 振动测点反映相同，

因此说明倒频谱分析可以有效分离传递通道的影响。

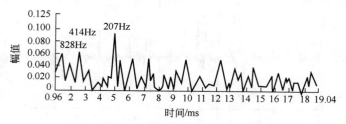

图 5-1-11　某涡桨发动机振动倒频谱图

1.6　相干分析法

如果输入信号与输出信号的相干函数等于 0，表示它们不相干；如果输入信号与输出信号的相干函数为 1，表示输出的能量完全来源于输入信号；如果输入信号与输出信号的相干函数在 0 和 1 之间，则表明输出信号有一部分能量来自输入信号，输入、输出信号中有一定的外界干扰。

相干函数有三种，即常相干函数、多重相干函数和偏相干函数。前两种主要用于相互独立的，即不相干噪声源的识别，当噪声源之间不是独立的情况下，用这两种函数只能做定性描述，难以进行定量分析。对相互独立的噪声源，在背景噪声不高的情况下，用常相干函数法能够正确识别噪声源并排列出它们的主次效应，而偏相干函数可以在多个非独立噪声源条件下分析各种因素对噪声源的影响。

在实际环境下可以根据不同条件采用常相干函数或偏相干函数来处理，这种识别噪声源方法的优点是不需要改变现场声环境，就可以分析实际工作情况下噪声源的特性。

1.6.1　常相干分析法

对于某一多输入单输出声源系统，假设 $x_i(t)$ 是各主要噪声源的近场测量信号，且各声源之间相互独立，$y(t)$ 是远场评价点的噪声信号，$n(t)$ 是外界干扰噪声，则噪声传递系统如图 5-1-12 所示。

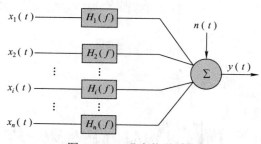

图 5-1-12　噪声传递系统

第 i 个声源输入信号 $x_i(t)$ 与输出信号 $y(t)$ 的相干函数为

$$r_{iy}^2(f) = \frac{\left|G_{iy}(f)\right|^2}{G_{ii}(f)\,G_{yy}(f)} \tag{5-1-6}$$

式中，$G_{iy}(f)$ 为 $x_i(t)$ 与 $y(t)$ 的互谱；$G_{ii}(f)$ 和 $G_{yy}(f)$ 分别为 $x_i(t)$ 与 $y(t)$ 的自功率谱；$0 \leqslant r_{iy}^2(f) \leqslant 1$。

当测量系统为线性时，该相干函数的大小表明输出的噪声能量中来自输入信号的能量比例。

$x_i(t)$ 在评价点处的相干输出谱为：

$$G_{iiy}(f) = r_{iy}^2(f)\, G_{yy}(f) \tag{5-1-7}$$

利用式（5-1-6）及式（5-1-7）可得到频谱为 f 的某一近场噪声信号 $x_i(t)$ 对远场信号 $y(t)$ 的影响程度和能量贡献大小。

1.6.2　常相干分析法的应用

以离心式压缩机噪声源识别为例，对某频率 f_s 仅通过测点的时域信号或频率信号不能判断其来源，在对该测点的噪声信号和振动信号进行相干分析时发现，它们在频率 f_s 处具有很强的相关性，如图 5-1-13 所示，相干性达到 88%。此时，结合压缩机内部结构分析，就可找到压缩机频率为 f_s 的噪声源的位置。

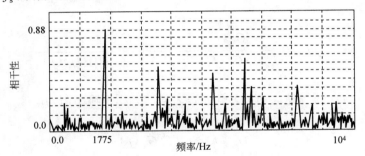

图 5-1-13　振动和噪声的相干分析

1.6.3　偏相干分析法

在多输入单输出系统中，输入量之间往往相互干扰，如当测量第 1 个声源时，第 2，3，…，n 个噪声源通过频率响应函数 $H_{21}(f)$，$H_{31}(f)$，…，$H_{n1}(f)$ 对第 1 个声源产生影响，特别是噪声源相距较近时更是如此。因此，采用常相干分析法往往会夸大某一声源对远场贡献的大小，使识别结果误差较大。为了提高声源识别精度，可通过偏相干分析法来消除各声源之间的干扰，得到某一声源对远场贡献的准确值。

对于图 5-1-12 噪声传递系统图所示的噪声传递系统，应用最小二乘估计法，在 $x_n(t)$ 和 $y(t)$ 中去掉 $x_1(t)$ 的影响后，$x_n(t)$ 和 $y(t)$ 之间的偏相干函数为：

$$r_{ny}^2(f) = \frac{\left| G_{ny}(f) \right|^2}{G_{nn}(f)\, G_{yy}(f)} \tag{5-1-8}$$

式中，$G_{ny}(f)$ 为在 $x_n(t)$ 和 $y(t)$ 中去掉 $x_1(t)$ 的影响后，$x_n(t)$ 和 $y(t)$ 的剩余互谱密度函

数，$G_{nn}(f)$、$G_{yy}(f)$ 为在 $x_n(t)$ 和 $y(t)$ 中去掉 $x_1(t)$ 的影响后的 $x_n(t)$ 和 $y(t)$ 的剩余自功率谱。

$$G_{ny}(f) = G_{ny}(f)\left[1 - \frac{G_{n1}(f)\,G_{1y}(f)}{G_{11}(f)\,G_{ny}(f)}\right]$$

$$G_{nn}(f) = \left[1 - r_{n1}^2(f)\right]G_{nn}(f)$$

$$G_{yy}(f) = \left[1 - r_{y1}^2(f)\right]G_{yy}(f)$$

$$r_{n1}^2(f) = r_{1n}^2(f) = \frac{\left|G_{n1}(f)\right|^2}{G_{nn}(f)\,G_{11}(f)}$$

$$r_{y1}^2(f) = r_{1y}^2(f) = \frac{\left|G_{y1}(f)\right|^2}{G_{yy}(f)\,G_{11}(f)}$$

根据上面各式，可得：

$$r_{ny}^2(f) = \frac{\left|G_{ny}(f)\,G_{11}(f) - G_{n1}(f)\,G_{1y}(f)\right|^2}{G_{nn}(f)\,G_{yy}(f)\,G_{11}{}^2(f)\,[1 - r_{n1}^2(f)]\,[1 - r_{1y}^2(f)]}$$

因此，去掉 $x_1(t)$ 的影响后，$x_n(t)$ 和 $y(t)$ 之间的偏相干输出谱为：

$$G_{nny}(f) = r_{ny}^2(f)\,G_{yy}(f)$$

但是，在 $x_n(t)$ 中除了存在 $x_1(t)$ 的干扰外，$x_2(t)$，$x_3(t)$，$\cdots$，$x_{n-1}(t)$ 也对 $x_n(t)$ 有影响，所以必须把其他所有的噪声源对其影响分别分离出去。

设在 $x_n(t)$ 中把 $x_1(t)$ 和 $x_2(t)$ 的干扰分离出去后，$x_n(t)$ 和 $y(t)$ 之间的偏相干函数为 $r_{ny\times1\times2}^2(f)$，简记为 $r_{ny\times2!}^2(f)$，其表达式为：

$$r_{ny\times2!}^2(f) = \frac{\left|G_{ny\times2!}(f)\right|^2}{G_{nn\times2!}(f)\,G_{yy\times2!}(f)}$$

式　中，　$G_{ny\times2!}(f) = G_{ny\times1}(f)\left[1 - \dfrac{G_{n2\times1}(f)\,G_{2y\times1}(f)}{G_{22\times1}(f)\,G_{ny\times1}(f)}\right]$；　$G_{nn\times2!}(f) = G_{nn\times1}(f)[1 - r_{n2}^2(f)] =$

$G_{nn}(f)[1 - r_{n1}^2(f)][1 - r_{n2}^2(f)]$；　$G_{yy\times2!}(f) = G_{yy\times1}(f)[1 - r_{y2}^2(f)] = G_{yy}(f)[1 - r_{y1}^2(f)][1 - r_{y2}^2(f)]$。

按相同的方法，可以求出消除 $x_1(t)$，$x_2(t)$，$\cdots$，$x_{n-1}(t)$ 的影响后，$x_n(t)$ 和 $y(t)$ 之间的偏相干函数及偏相干输出谱为：

$$r^2_{ny(n-1)!}(f) = \frac{\left|G_{ny(n-1)!}(f)\right|^2}{G_{nn(n-1)!}(f)\, G_{yy(n-1)!}(f)}$$

$$G_{nny(n-1)!}(f) = r^2_{ny(n-1)!}(f)\, G_{yy(n-1)!}(f)$$

同理可得任意噪声源 $x_i(t)$ 对 $y(t)$ 的偏相干函数及偏相干输出谱为：

$$r^2_{iy.(n!i)}(f) = \frac{\left|G_{iy(n!i)}(f)\right|^2}{G_{ii(n!i)}(f)\, G_{yy(n!i)}(f)}$$

$$G_{iy(n!i)}(f) = r^2_{iy(n!i)}(f)\, G_{yy(n!i)}(f)$$

在实际噪声源识别中，通过测得各噪声源的近场信号 $x_1(t)$，$x_2(t)$，…，$x_{n-1}(t)$ 和评价点 $y(t)$ 的影响后，采用偏相干分析方法即可得到消除各声源之间相互干扰的某一声源对评价点的贡献，从而得到噪声源识别的准确结果。

1.6.4　偏相干分析法的应用

运用偏相干诊断理论和近场测点的测定方法，其分布声源诊断的步骤如下。

① 测量各分布声源表面的声压级，画出其等声压级曲线，或者在分布声源近场表面移动传感器，直接寻找分布声源主要声辐射特征点。

② 测量各分布声源特征点的近场噪声信号及评价点的噪声信号。

③ 求出各噪声源信号的自谱、互谱、各噪声源之间以及噪声源与评价点噪声的常相干函数。

④ 利用偏相干函数消除声源之间的相互干扰，得到分布声源的偏相干分析结果，从而识别出主要噪声源。

某窗式空调器室内评价点噪声主要是通过室内侧离心风机进气口和出气口传递而来，各评价点位置按照国家标准 GB/T 7725—2004《房间空气调节器》确定，室内评价点的噪声自谱密度函数如图 5-1-14 所示。

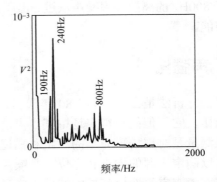

图 5-1-14　空调器室内评价点噪声自谱密度函数

从图 5-1-14 中可知，室内评价点的噪声能量主要分布 80～1000Hz 范围内，且 190Hz、240Hz、800Hz 等离散频率噪声也非常显著，为了确定空调器室内评价点噪声的主要传递通道，运用偏相干分析方法，得到空调器室内侧离心风机进、出口通道噪声与室内评价点噪声的偏相干函数及其输出谱如图 5-1-15、图 5-1-16 所示。

从图 5-1-15 和图 5-1-16 的分析可得室内评价点噪声传递途径如下。

① 从总声能来看，大约有 60%的噪声能量来自离心风机进风口，另外 40%的噪声能量从离心风机出风口传递而来。

② 离心风机进、出风口均传出 80～1000Hz 的宽带噪声，但由偏相干函数与偏相干输出谱可知，进风口与评价点噪声信号的相干函数在该频率范围内高于出风口与评价点的相干函数，因而从进风口传递的宽带噪声高于出风口。

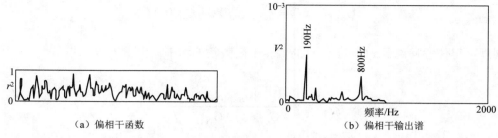

（a）偏相干函数　　　　　　　　　　（b）偏相干输出谱

图 5-1-15　空调器离心风机进风口噪声与评价点噪声的偏相干函数与偏相干输出谱

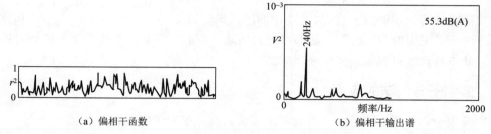

（a）偏相干函数　　　　　　　　　　（b）偏相干输出谱

图 5-1-16　空调器离心风机出风口噪声与评价点噪声的偏相干函数与偏相干输出谱

③ 190Hz 的离散频率噪声主要来自离心风机进风口，240Hz 的噪声主要来自离心风机出风口。

④ 800Hz 的离散频率噪声从进、出风口均有传出，但从进风口传出的声能高于出风口传出的声能。

1.7　声强法

声强分析法是在 20 世纪 80 年代初迅速发展起来的。声强测量技术与传统的声压测量技术相比，它不但能获得声场中某点声能量的大小，还能获得该点声能量流动的方向，因此声强测量是对声场更完整的测定和描述。声强是指给定方向的声能通量，为矢量。利用声强可以确定声源的大小和方位，是噪声源识别的有效方法。在进行声强测量时不再要求混响室、消声室等造价高昂的特殊声学环境，适宜做现场测试，但声强测量法需要较昂贵的专用仪器。

声场中某点沿某个方向的瞬时声强是瞬时声压与瞬时质点速度的乘积，从能量的角度来看，声强是通过单位面积上的声功率。实际上人们关心的是声场统计特征，所以通常使用的是时间平均声强。

1.7.1　声强测量原理

单位时间内通过垂直于声传播方向单位面积上的平均声能流量，称为声强。声强 I_r 还可以用单位时间内单位面积的声波对前进方向邻近媒质所做的功来表示，即：

$$I_r = \frac{1}{T} \int_0^T p(t)\, u_r(t)\, \mathrm{d}t \tag{5-1-9}$$

式中　$p(t)$ —— 传播方向 r 上某点的瞬时声压；

　　　$u_r(t)$ —— 传播方向 r 上某点空气的瞬时质点速度；

　　　T —— 声波周期的整数倍。

　　声强是传播方向上的声压和质点速度的乘积，因此，声强测量要求同时测量空间同一点的声压和质点速度，然后求两者的乘积就得到了这一点的声强。

　　声压可以用一个传声器测得，而该点的质点速度则无法用一个传声器测量，此时需利用双传声器测量系统，其测量简图如图 5-1-17 所示。

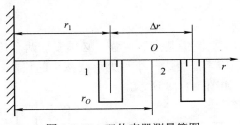

图 5-1-17　双传声器测量简图

　　图 5-1-17 中的 1 和 2 为两个相同的传声器，两者中心的距离为 Δr；O 为传声器之间的中点，也即声强的理论测点；p 和 u_r 为该点的声压和质点速度；两传声器测出的声压分别为 p_1 和 p_2。

　　当 Δr 远小于声波波长时，有：

$$p = (p_1 + p_2)/2 \tag{5-1-10}$$

$$u_r(t) = -\frac{1}{\rho} \int \frac{\partial p}{\partial r} \mathrm{d}t \tag{5-1-11}$$

因 Δr 很小，声压梯度用 $\dfrac{\partial p}{\partial r}$ 有限差分近似得：

$$\frac{\partial p}{\partial r} = \frac{p_1 - p_2}{\Delta r} \tag{5-1-12}$$

故质点速度为：

$$u_r(t) = \frac{1}{\rho \Delta r} \int (p_2 - p_1)\, \mathrm{d}t \tag{5-1-13}$$

O 点的声强为：

$$I_r = \frac{p_1 + p_2}{2\rho \Delta r} \int (p_2 - p_1)\, \mathrm{d}t \tag{5-1-14}$$

　　式（5-1-14）为时域内声强公式，利用该式可制成一般的声强仪，它能测量出来某点的声强。

为了得到窄带声强谱，需要利用谱分析原理，导出频域中的声强表达式。若将声压信号 p_1 和 p_2 的互功率谱密度函数 G_{21} 与带宽 Δf 的乘积称为互谱，以符号 $G_{\mathrm{II} \cdot 1}$ 表示，经推导，声强的互谱表达式为：

$$I_r(f) = \frac{1}{2\pi\rho f \Delta r} \mathrm{Im}(G_{\mathrm{II} \cdot 1}) \quad (k\Delta r \ll 1) \tag{5-1-15}$$

式中　　k——波数；

　　　　f——频率；

　　　　Im——取虚部。

由式（5-1-15）即可得到噪声测点的声强谱。

1.7.2　噪声源声强测量

（1）声强探头

根据声强测量原理可知，要测量某点的声强，必须安放两个传声器，传声器之间的距离为 Δr，实用中往往将这两个传声器组成一个称为声强探头的仪器。传声器的排列顺序有并列式、顺置式和对置式三种，如图 5-1-18 所示。

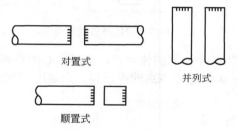

对置式　　　　并列式

顺置式

图 5-1-18　声强探头内传声器位置关系图

三种声强探头的优缺点如表 5-1-2 所列。

表 5-1-2　声强探头内传声器排列方式的优缺点对比

项目	并列式	顺置式	对置式
优点	①易于安装标准型式的前置放大器；②传声器之间的距离调整比较方便；③为了消除测量通道的相位误差，此种探头易于交换位置；④便于安装防风罩	①能够造成较大的压力梯度；②可用一个校正器同时校正两个传声器；③可用一个风罩同时罩住两个传声器	①在一定的 Δr 下，可以在较宽的频率范围内得到较为平直的响应；②由于传声器之间装有分离器，声波不是直接入射到传声器膜片，而是从传声器边缘入射的，因而 0° 和 180° 的响应是一致的
缺点	①对测量轴线不易做到完全几何对称；②在高于某一频率时，对相应响应和频率响应有不利的干扰；③传声器的现场标定有一定的困难	不具备并列式探头的主要优点	这种传声器必须用专用的校正器才能同时校正两个传声器，其风罩也要专门设计

（2）声强识别

利用声强测量方法，可以有效地识别机器的噪声源。例如，通过将机器表面划分为较小的控制面，用声强探头在小控制面上连续扫描，或把小控制面再划分成一系列网点，并在每个网点上测量声强矢量的法向分量，根据声强的大小可以得到整个机器上不同声源的排列顺序。另外，通过测量并绘制声强图，可以查明和识别机器的某声源的声强流，尤其是对于声强的"热点"和声强矢量的变向区，即正声强和负声强的快速识别特别有用。

1.7.3　声强法应用

对柴油机的主要噪声源用声强法进行识别。对柴油机的主要噪声源进行测试，在柴油机实验室进行。启动柴油机，将其调到最大输出功率工况，依次测量记录柴油机前、左、右和上 4 个距柴油机部件表面 0.12m 的测量面上 34 个测点的声强信号。经处理计算，得到声强线图。图 5-1-19～图 5-1-21 分别是柴油机前、左、右 3 个测面上的等声强线图。比较这 3 个图，可以看出：前面声强普遍较大，最大为 116dB（A），此处对应的是柴油机的正时齿轮室；左侧面上部声强也比较大，其对应的是柴油机的进气管；相对而言，右侧面的声强普遍较小。因此，可以认为该柴油机的主要噪声源来源于柴油机前部的正时齿轮室和柴油机左侧上部的进气管。

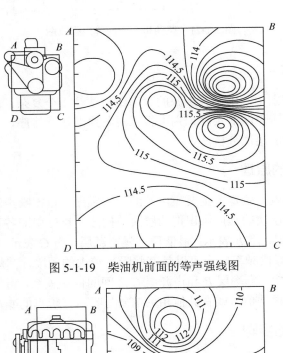

图 5-1-19　柴油机前面的等声强线图

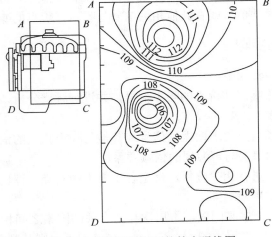

图 5-1-20　柴油机左面的等声强线图

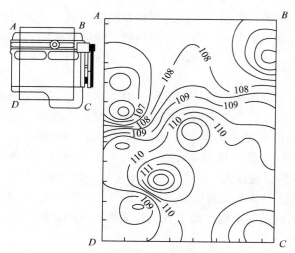

图 5-1-21　柴油机右面的等声强线图

1.8　层次分析法

在实际噪声源的识别中，由于各声源的频率结构往往十分复杂，声源之间的干扰及声波的传递通道千差万别。噪声源的实际识别中很难对各声源进行排序，本节介绍一种新的噪声源识别方法，即噪声源的层次分析法。

1.8.1　层次分析法的原理

噪声源识别的目的就是确定各主要噪声源的主次顺序。根据噪声源的特点和层次分析理论，可以建立具有三个层次的噪声源识别的层次结构图：目标层即各噪声源的主次顺序，用 A 表示；中间层为频率层，用 B 表示；最低层为噪声源层，用 C 表示。频率层 B 中各因素 f_1，f_2，$\cdots$，f_m 可以是某些峰值频率，也可以是某些噪声较大的频段，其峰值频率或者频段由噪声评价点的噪声频谱确定。频率层 B 和声源层 C 之间的依赖关系，可根据实际噪声源系统中各声源近场的声信号、振动信号或者其他相关信号与噪声评价点的噪声信号确定。

1.8.2　层次分析法的步骤

噪声源层次识别的步骤如下。

（1）测定被识别对象噪声评价点的噪声信号，并进行频谱分析，根据其频率结构，确定层次分析中的频率层因素 f_1，f_2，$\cdots$，f_m。

（2）测定各声源近场噪声的表面振动信号或其他与噪声相关的信号，进行频谱分析，并根据其频率结构，确定频率层与声源层的依赖关系。

（3）依据相干原理，进行相干分析，确定各主要声源对噪声评价点的能量贡献比例。

（4）建立层次结构的判断矩阵。

判断矩阵表示针对上一层某因素，本层次与之有关的因素之间相对重要性程度的比较。例如，设 B 层因素中的 f_i 与 C 层中的 C_1，C_2，$\cdots$，C_k 有联系，则其判断矩阵可表示为表 5-1-3 形式。

表 5-1-3　判断矩阵

f_i	C_1	C_2	…	C_k
C_1	C_{11}	C_{12}	…	C_{1k}
C_2	C_{21}	C_{22}	…	C_{2k}
⋮	⋮	⋮	…	⋮
C_k	C_{k1}	C_{k2}	…	C_{kk}

表 5-1-3 中判断矩阵元素可采用表 5-1-4 所列的 1～9 标度方法确定。

表 5-1-4　判断矩阵的标度方法

两因素相比的状况	同等重要	稍微重要	明显重要	强烈重要	极端重要
标度	1	3	5	7	9

注：2、4、6、8 分别介于上述两相邻判断值之间。

对于 A-B 层的判断矩阵，根据不同的目的和要求可选取不同的判断矩阵元素值。若要按线性总声级排序，则其判断矩阵元素均为 1；若按 A 计权声级排序，则其判断矩阵元素要参考表 5-1-5，并根据所考虑频率的相对衰减值的大小（其他频率的衰减值分别介于上述各值之间）按判断矩阵的标度方法选取。

表 5-1-5　各频带 A 计权值

中心频率/Hz	31.5	63	125	250	500	1000	2000	4000	8000
计权值	−39.4	−26.2	−16.1	−8.5	−3.2	0	1.2	1.0	−1.1

（5）判断矩阵特征向量的计算与检验。

① 将判断矩阵每一列正规化。

② 将每一列经正规化后的判断矩阵按行相加。

③ 对向量 W 正规化，得判断矩阵的特征向量为 $W=[W_1 W_2 … W_n]$。

④ 计算判断矩阵最大特征值 $\lambda_{max} = \sum_{i=1}^{n} (AW)_i \Big/ n W_i$，式中 A 为判断矩阵，n 为判断矩阵阶数。

⑤ 判断矩阵的一致性检验，$CR = (\lambda_{max} - n) / [(n-1) R_I]$，式中 R_I 为平均一致性指标，当 CR<0.1 时，即认为判断矩阵满足一致性要求。

⑥ 层次总排序。由最高层到最低层逐层计算各层次所有因素对于最高层（目标层）的相对重要性的排序权值。声源的权值越大，则表明该声源对评价点噪声的影响亦越大，由此可得声源的识别结果。

1.8.3   层次分析法的应用

HC100 回转式风机由电机、鼓风机本体、进气消声器、带传动系统及储气罐等组成，这些部件均是构成风机噪声评价点声能的主要来源。评价点噪声频谱图如图 5-1-22 所示。

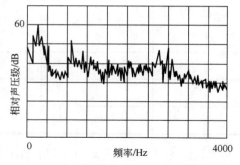

图 5-1-22   风机噪声评价点的噪声频谱图

风机评价点的噪声来自各近场声源，因此，噪声评价点处的噪声频谱特性必然在一定程度上体现各声源本身的特性，尤其是最主要的噪声源。为给声源识别层次结构图的确定提供依据，需要对 HC100 回转式风机评价点处的噪声谱及各声源的近场噪声与振动信号的频谱特性进行分析：

（1）风机评价点的噪声能量主要分布在 100～260Hz、890Hz、1110Hz、2630Hz、2790Hz 及 2900Hz 等处，210Hz 和 890Hz 处的能量值较大。

（2）评价点处 100～260Hz 的噪声与进气口气动噪声、主机体振动噪声、皮带罩壳振动噪声及储气罐的振动噪声四个声源有关。

（3）评价点 890Hz 的噪声与进气口空气动力噪声、电机振动噪声和储气罐壳体的振动噪声三个声源有关。

（4）评价点 1110Hz 的噪声主要来自储气罐的振动。

（5）评价点 2630Hz 的噪声与主机体振动、电机振动和储气罐表面振动三个声源有关。

（6）评价点 2790Hz 的噪声主要来自电机振动噪声。

（7）评价点 2900Hz 的噪声主要由主机体的振动引起。

（8）消声器壳体振动声辐射对评价点噪声影响不大，在层次分析结构图中可以不予考虑。

通过以上分析，得到 HC100 回转式风机噪声源识别的层次结构图，如图 5-1-23 所示。

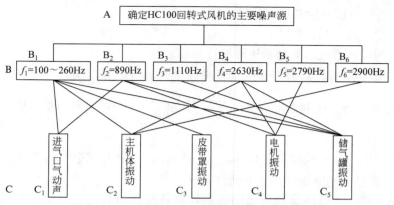

图 5-1-23   回转式风机噪声源识别的层次结构图

进一步对 HC100 回转式风机的噪声与振动信号进行相干分析，可得 C_1、C_2、C_3、C_4、C_5 五个声源的近场声信号或振动信号与评价点噪声信号的相干函数，如图 5-1-24 所示。图中

纵坐标表示第 x 个声源的近场信号与评价点噪声信号 P 之间的相干函数。

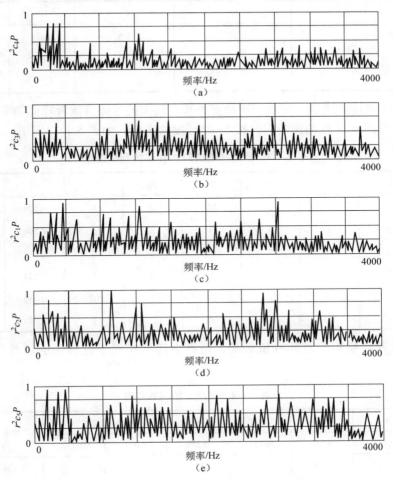

图 5-1-24　风机近场噪声或振动信号与评价点噪声信号的相干函数

根据 $C_1 \sim C_5$ 五个声源近场信号与评价点噪声相干值的大小和图 5-1-23 所示的噪声源识别层次结构图，采用 $1 \sim 9$ 标度可构造 B-C 层的判断矩阵，如表 5-1-6 所列。

表 5-1-6　标度构造的 B-C 层的判断矩阵

B_1	C_1	C_2	C_3	C_5	W_1	其他
C_1	1	3	2	1/2	0.287	
C_2	1/3	1	1/2	1/4	0.097	$\lambda_{max} = 4.0459$
C_3	1/2	2	1	1/2	0.184	$CR = 0.071 < 0.1$
C_5	2	4	2	1	0.432	

B_2	C_1	C_4	C_5	W_1	其他
C_1	1	1/7	3	0.155	
C_4	7	1	9	0.776	$\lambda_{max} = 3.0825$
C_5	1/3	1/9	1	0.069	$CR = 0.071 < 0.1$

续表

B$_4$	C$_2$	C$_4$	C$_5$	W$_1$	其他
C$_2$	1	1/7	1/5	0.074	$\lambda_{max} = 3.0825$
C$_4$	7	1	3	0.643	CR = 0.071 < 0.1
C$_5$	5	1/3	1	0.283	

对于 A-B 层的判断矩阵，应根据评价点处噪声较大的各频带或者峰值频率所对应的声压级的大小，并考虑 A 计权的影响后，按 1～9 标度法确定，如表 5-1-7 所列。

表 5-1-7　标度法确定的 A-B 层的判断矩阵

A	B$_1$	B$_2$	B$_3$	B$_4$	B$_5$	B$_6$	W$_1$	其他
B$_1$	1	1/5	1	1/2	4	3	0.129	
B$_2$	5	1	3	3	6	5	0.396	
B$_3$	1	1/4	1	1/2	5	4	0.153	$\lambda_{max} = 6.297$
B$_4$	2	1/3	2	1	6	5	0.224	CR = 0.048 < 0.1
B$_5$	1/4	1/6	1/5	1/6	1	1/2	0.039	
B$_6$	1/3	1/5	1/4	1/5	2	1	0.059	

根据上述各判断矩阵及其权值分配，可得声源层相对于目标层的总排序计算结果如表 5-1-8 所列。

表 5-1-8　层次分析判断矩阵

层次 B / 层次 C	B$_1$ 0.129	B$_2$ 0.396	B$_3$ 0.153	B$_4$ 0.224	B$_5$ 0.039	B$_6$ 0.059	权值	总排序 序号
C$_1$	0.287	0.155					0.0984	3
C$_2$	0.097			0.074		1	0.0880	4
C$_3$	0.184						0.0237	5
C$_4$		0.776		0.643	1		0.4903	1
C$_5$	0.432	0.069	1	0.283			0.2994	2

根据表 5-1-8 的分析可得：

① 在频率 100～260Hz 之间，评价点的噪声主要来自储气罐的结构振动声辐射，其次是进气口气动噪声。

② 评价点处频率为 800Hz 的噪声主要来自电机散热片的振动。

③ 频率为 1110Hz 的噪声主要来自储气罐壳体振动。

④ 频率为 2630Hz 的噪声主要来自电机噪声，其次是储气罐表面振动噪声。

⑤ 频率为 2790Hz 的噪声来自电机，2500Hz 的噪声来自主机体振动。

⑥ 各声源总 A 计权声能的主次顺序分别为电机、储气罐、进气口气动声、主机体和皮带罩。

1.9　阵列式声源识别方法

　　阵列式声源识别方法是一种利用传声器阵列将噪声映射为声强分布并定位噪声源的技术，通过应用多个传声器（传声器阵列）形成噪声源可视化声场，并可利用传声器之间的相位关系对各噪声源进行定位。具有代表性的算法包括声全息法和波束形成算法等。

1.9.1　声全息法原理

　　早期声全息完全模仿光全息方法，即用一参考声束与频率相同的物体声束相干，在记录平面内得到全息图。近场声全息因其可以由一个测量面的声压标量，反演和预测另一个测量面上的声压、微粒速度、矢量声强等重要声场参数，因此受到科研工作者重视。20 世纪 80 年代，美国宾夕法尼亚大学的 J.D.Mavnad 和 E.G.Wiliams 提出了基于空间声场变换的近场声全息（near-field acoustic holography）方法。美国 Darren L.Hallman、J.Stuart Bolton 等运用近场声全息方法进行了噪声源的识别实验，分析出了声压和声强分布。福特公司 Patrol、T.N 在近场声全息理论基础上建立了研究瞬态声场的分析方法，并对汽车传动系统的瞬态辐射噪声场进行测试分析，重建得到辐射声场的各种常量分布。只需要测量噪声辐射源的近场声压或声强，就能详细地获取有关噪声源的表面振动、声压、声强及声功率等丰富的声源信息，并能够预测及可视化噪声源的辐射声场，这就是近场声全息技术。

　　声全息就是利用测量噪声辐射源的近场声压或声强，借助测量面（全息面）和声源表面之间的空间场变换关系，重建噪声源表面声压或声强，对复杂声源进行辨识和定位。

1.9.2　阵列式声源识别方法步骤

　　根据声全息法原理，利用声全息进行噪声源识别时首先确定测量面，用传声器阵列获取测量面上噪声辐射声压或声强，然后重建声源表面噪声辐射声压或声强，最后得到各噪声源强弱排列。

1.9.3　阵列式声源识别方法应用

　　该技术作为一种高分辨声场成像和重建技术，主要可用于声辐射机理和声源识别等。以声全息技术为例，测量运动声源的基本原理如图 5-1-25 所示。

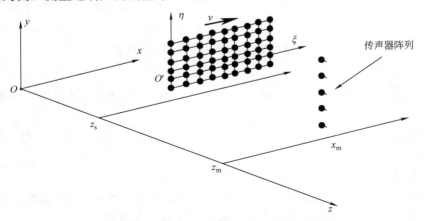

图 5-1-25　声全息技术测量运动声源的原理图

假想坐标系 $O'\eta\xi$ 为运动声源所在坐标系，坐标系上的点阵为各运动声源，运动声源以速度 v 沿图示方向运动，运动声源从固定传声器阵列前沿直线通过时，传声器阵列便测量得到不同时刻辐射声压，通过多普勒效应消除，得到构造用于分析的全息信息，最后，通过对全息信息进行全息重建处理，就能得到坐标系 $O'\eta\xi$ 上各点阵声源。

　　实验系统由测量部分、信号预处理部分、高速采样、分析处理以及结果显示部分组成。被测试系统为一辆实验车，实验车上安装两个音箱，如图 5-1-26 所示，通过信号发生器同时给两个音箱提供信号，产生 920Hz 左右单频声音。测量部分为 16 路直列式传声器阵列，阵列高 2.25m，传声器间距为 0.15m。传声器集取运动物体辐射出的声音信息、其他传感器集取运动信息，将这些信息转换成电信号，经过声全息技术重构被测试系统的声场，如图 5-1-27 所示。

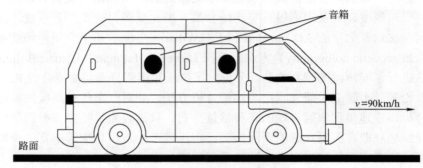

图 5-1-26　声场重建系统音箱布置

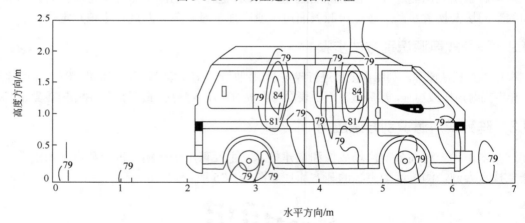

图 5-1-27　920Hz 理想声源重建结果（图中声压级为相对值）

运用该技术时，有以下几个注意的问题。

　　① 为确保测试可靠和精确，测量面必须足够大，保证测量数据获得必要多声源辐射能量和声源信息。

　　② 如果采用全息法，高波数波波幅沿声源面法线方向减弱很快，因此，要求全息面到声源面的间距尽可能近。

　　③ 为精确测量声场分布，要求全息面上测点足够密。

　　④ 鉴于高波数波的等效波长短、波幅随离源面距离传播衰变很快、近场声分布起伏很大，故测量、定点均需准确，特别是用于大型高频声源测量尤为重要。

第2章 噪声预测技术

　　噪声预测，就是对噪声源产生或可能产生的噪声分布及其影响进行计算分析。由于计算机的快速发展与广泛应用，噪声预测技术越来越受到重视，是近年来噪声控制领域中的热门话题，尤其在环境规划方面起到很大的作用。例如，在规划某区域道路网络时，利用噪声预测技术，计算不同车流量、不同道路分布等情况下，道路对周边环境可能产生的影响，结合其他规划需求因素，从而选择出最佳的路网设计方案，在规划和建设阶段将噪声影响降至最低。噪声预测技术也可以预先估算出采取控制措施前后的噪声分布情况。因此，噪声预测技术给噪声控制工程设计者提供了有效手段，同时也有利于大众对工程效果的理解。

　　噪声预测技术一般可通过理论法、经验法或理论-经验相结合的方法实现，实现方式上可以通过人工计算，也可以采用数值仿真的方式由计算机提供辅助计算。理论法的结果最准确，但是计算量大，而且适用范围小；经验法则计算便捷，运算量少，可类比性强，但是误差往往较大；理论-经验法则是将理论法和经验法相互结合，取长补短，保证结果误差在一定范围内的同时，具有较快的计算速度。目前，噪声预测技术多采用理论-经验相结合的方法，并通常开发出计算机软件，应用到相关领域。

　　一般地，噪声预测可分为四个步骤：

　　① 确定噪声源数和各个噪声源的结构、分布及其特性。

　　② 了解预测范围内的空间特性，即噪声预测范围内各种传播路径的特性。声波在传播过程中会产生反射、折射和衍射等现象，并在传播过程中逐渐衰减，这些衰减通常包括声能随距离的发散引起的衰减，大气吸收引起的衰减，地面吸收引起的衰减，声屏障或者建筑物遮挡引起的衰减等。

　　③ 选择或建立合适的预测模型，计算预测范围内的噪声分布。

　　④ 利用噪声预测评估噪声对人们工作、生活等的影响。

2.1 噪声预测原理

2.1.1 噪声预测建模方法

　　噪声预测主要解决两个基本问题：对于噪声声源的准确描述和准确评估噪声传播过程，以达成对噪声受声点的准确评估。

　　噪声预测的一般模型为：

$$L_R = L_S + \Delta C \tag{5-2-1}$$

式中　L_R ——受声点处的噪声预测值；

　　　　L_S ——噪声源的声功率级；

ΔC ——传播过程中各种因素引起的衰减量（包括声屏障、遮挡物、空气吸收、地面效应等引起的衰减量）以及反射、混响等作用。

噪声计算与预测的基本理论是声波方程，声波方程基于声波动理论，可以解决噪声在空气中发声及传播的各种问题，适用于处理各种噪声传播环境。但其求解比较复杂，使用波动理论通常采用数值仿真方法，通过使用有限元及边界元等技术，将理论的过程数值离散化，进而得到较为准确的结果。基于波动理论的这种噪声计算与预测方法由于能有效地分析各种反射、衍射、干涉问题，通常用于分析一些特殊的场景，比如存在相干声源的场合。

在工程中，由于计算条件往往较为简单，可以将噪声产生和传播过程中各种效应用简化的方式进行建模和计算。这类简化往往基于声线理论，并结合声源类别的特征和传播过程中的各项衰减分别建立计算模型或计算方法。比如，工程中针对道路交通噪声源、铁路交通噪声源、飞机噪声源分别建立了道路交通噪声预测模型、铁路噪声预测模型、飞机噪声预测模型等；工程应用中也对噪声传播过程的几何衰减、障碍物绕射、封闭空间混响等因素分别建立了计算方法。本章重点对其中应用较为广泛的预测模型和计算方法进行介绍。

2.1.2　噪声源建模方法

噪声预测模型主要由噪声源模型和传播模型两部分组成。噪声源模型就是将实际中的噪声源，根据其自身的结构和声源特性，简化为理论上解析的简单模型。理论上常用的声源模型主要是点声源、线声源和面声源等几何声源，工程上常见的则是点声源和线声源。实际应用的声源模型可以是单一的点声源或线声源，也可以是若干点声源或线声源的组合，对于后者，每一个声源都应是完全独立的。实际的噪声源经简化后，模型应包括以下三个基本参数。

（1）点声源、线声源的空间位置

点声源或线声源的不同空间分布（主要是距地面的高度），可使得在受声点处计算出现差异较大的噪声值。

（2）声源的声功率

声源的声功率或声发射级是其中最重要的参数。对于工作稳定的机械设备，声功率可直接通过测量获得。而对于声功率与具有时变特征参数有关的声源，如汽车的声功率与车速、载荷等有关，风机声功率与转速、流量等因素有关。声功率则表达为关于这些特征参数的函数。声功率一般要通过实际测量，并通过经验归纳的方法获得。

（3）声源声辐射的方向性

许多机械设备的噪声辐射是具有方向性的，因此，声源简化为点声源或线声源后，还需增加方向性修正因子。噪声辐射的方向性修正并不是必须的，这取决于声源的方向性是否明显、对计算结果精度要求等考虑因素。

实际的建模可通过理论分析或实地测量等方法进行。一般地，首先对机械结构进行结构分析，找出各个可能辐射噪声的组件。其次，利用声源识别等测量方法，对比各个组件的声辐射强度，找出主要的噪声源及其分布情况，建立起合适的声源模型。最后，测量声源的声功率及其方向性，完成建模工作。

2.1.3　户外声传播标准化算法

关于户外声传播，我国根据 ISO 推荐的 ISO 9613-2 制定了我国的计算规范 GB/T 17247.2—

1998《声学 户外声传播的衰减 第 2 部分：一般计算方法》，其中对顺风传播条件情况下的户外声传播进行了规定。本章节在此基础上介绍各个衰减因素的计算方法。

受声点位置的等效连续顺风倍频带声压级 L_{fT}（DW）对每个点声源和它的虚源，从 63Hz 到 8kHz 标称中心频率的 8 个倍频带用下式计算：

$$L_{fT}(\text{DW}) = L_W + D_C - A \tag{5-2-2}$$

式中，L_W 为由点声源产生的倍频带声功率级（dB），基准声功率为 1pW；D_C 为指向性校正，描述从点声源的等效连续声压级与产生声功率级 L_W 的全向点声源在规定方向的级的偏差程度。指向性校正 D_C 等于点声源的指向性指数 DI 加上计及到小于 4π 球面度 sr 立体角内的声传播指数 D_0，对辐射到自由空间的全向点声源，$D_C=0$dB；A 为从点声源到受声点的声传播时的倍频带衰减，主要包括以下几个衰减：几何衰减 A_{div}、大气吸收 A_{atm}、地面效应 A_{gr}、障碍物衰减 A_{bar}、其他多方面效应引起的衰减 A_{misc} 等。

$$A = A_{div} + A_{atm} + A_{gr} + A_{bar} + A_{misc} \tag{5-2-3}$$

各衰减项的计算方法如下：

（1）几何衰减 A_{div}

对于自由场下的点声源，几何衰减量有：

$$A_{div} = 20\lg(d/d_0) + 11 \tag{5-2-4}$$

式中，$d_0=1$m；d 为点声源到受声点的直线距离。

（2）大气吸收 A_{atm}

温度和相对湿度是空气吸收衰减计算中两个重要参数，大气吸收衰减计算公式为：

$$A_{atm} = \frac{\alpha r}{1000} \tag{5-2-5}$$

式中　r——受声点到声源的直线距离，它与传播路径无关；

α——大气吸收衰减系数，它的值可查表 5-2-1 得到。

表 5-2-1　1/3 倍频带噪声的大气吸收衰减系数 α

温度 /℃	相对湿度 /%	大气吸收衰减系数 α														
		1/3 倍频程中心频率														
		25Hz	31.5Hz	40Hz	50Hz	63Hz	80Hz	100Hz	125Hz	160Hz	200Hz	250Hz	315Hz	400Hz	500Hz	630Hz
10	70	0.1	0.1	0.1	0.1	0.1	0.1	0.4	0.4	0.4	1.0	1.0	1.0	1.9	1.9	1.9
20	70	0.1	0.1	0.1	0.1	0.1	0.3	0.3	0.3	0.3	1.1	1.1	1.1	2.8	2.8	2.8
30	70	0.1	0.1	0.1	0.1	0.1	0.3	0.3	0.3	0.3	1.0	1.0	1.0	3.1	3.1	3.1
15	20	0.3	0.3	0.3	0.3	0.3	0.3	0.6	0.6	0.6	1.2	1.2	1.2	2.7	2.7	2.7
	50	0.1	0.1	0.1	0.1	0.1	0.3	0.5	0.5	0.5	1.2	1.2	1.2	2.2	2.2	2.2
	80	0.1	0.1	0.1	0.1	0.1	0.1	0.3	0.3	0.3	1.1	1.1	1.1	2.4	2.4	2.4

| 温度/℃ | 相对湿度/% | 大气吸收衰减系数 α | | | | | | | | | | | | |
| | | 1/3 倍频程中心频率 | | | | | | | | | | | | |
		800Hz	1kHz	1.25kHz	1.6kHz	2kHz	2.5kHz	3.15kHz	4kHz	5kHz	6.3kHz	8kHz	10kHz	12.5kHz	16kHz	20kHz
10	70	3.7	3.7	3.7	9.7	9.7	9.7	32.8	32.8	32.8	117	117	117	117	117	117
20	70	5.0	5.0	5.0	9.0	9.0	9.0	22.9	22.9	22.9	76.6	76.6	76.6	76.6	76.6	76.6
30	70	7.4	7.4	7.4	12.7	12.7	12.7	23.1	23.1	23.1	59.3	59.3	59.3	59.3	59.3	59.3
15	20	8.2	8.2	8.2	28.2	28.2	28.2	28.8	28.8	28.8	202.0	202.0	202.0	202.0	202.0	202.0
	50	4.2	4.2	4.2	10.8	10.8	10.8	36.2	36.2	36.2	129	129	129	129	129	129
	80	4.1	4.1	4.1	8.3	8.3	8.3	23.7	23.7	23.7	82.8	82.8	82.8	82.8	82.8	82.8

（3）地面效应 A_{gr}

当声波沿地面传播较长距离时，地面的声阻抗对传播将有很大影响，地面通常有一个有限的、相当大的地面阻抗复数值。地面阻抗是由于地面对声波的反射作用而产生，通常随频率的增加而单调递减。当经过长距离传播，受声点接近和位于地面时，地面效应会变得很显著。通常将地面划分为两类声学表面：一类称为声学硬地面，其吸收系数近似于 0，如水面、混凝土地面、沥青地面等；另一类称为声学软地面，可视其为吸收表面，如草地、灌木等地面植被，吸声系数与覆盖率、植被种类有关。根据标准 GB/T 17247.2—1998，对地面衰减规定了三种不同的区域：声源区域、接收区域、中间区域，如图 5-2-1 所示。

图 5-2-1　计算地面衰减时的三个不同区域位置关系

地面衰减不随中间区域尺寸的增大而增大，主要与声源区域和接收区域的性质有关。

每一种地面区域的声学性质由地面因子（地面衰减系数）G 决定。有关地表面的规定如下：

① 坚实地面：包括铺筑过的路面、水、冰、混凝土以及其他低疏松的地面，例如在工业城市各处经常出现的夯实地面，可以认为是坚实的。坚实地面 $G=0$。

② 疏松地面：包括被草、树或其他植物覆盖的地面，以及其他适合于植物生长的地面，例如农田疏松地面 $G=1$。

③ 混合地面：如果地面由坚实地面和疏松地面组成，则 G 取 0～1 之间的值，该值是疏松范围的分数。

地面衰减系数 G 的计算如下。

如图 5-2-2 所示，声源与受声点之间有 n 种不同的地面，地面因子分别为 G_1，G_2，…，G_n，则总的地面因子计算公式为：

$$G=（G_1d_1+G_2d_2+\cdots+G_nd_n）/d \tag{5-2-6}$$

其中，$d=d_1+d_2+\cdots+d_n$，为声源与受声点之间的距离。

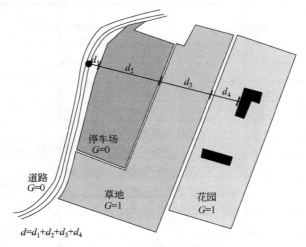

$$d=d_1+d_2+d_3+d_4$$

图 5-2-2　地面衰减计算案例

地面衰减量 A_{gr} 计算如下。

区段划分：声源区域，即从声源向接收延伸 $30h_s$，最大值为 d_p；接收区域，即从受声点向声源反向延伸 $30h_r$，最大值为 d_p；中间区域，即声源区域至接收区域之间的区域，如 $d_p<$（$30h_s+30h_r$），则中间区域不存在。

方法一：

$$A_{gr} = A_s + A_r + A_m \qquad (5\text{-}2\text{-}7)$$

无论声源区域与接收区域是否重合，A_s 和 A_r 都正常计算。

倍频程中心频率的地面衰减按照表 5-2-2 给出的数值计算。

1/3 倍频程中心频率的计算方法与相近的倍频程中心频率相同，按照表 5-2-3 给出的数值进行计算。

表 5-2-2　倍频程中心频率对应的 A_s、A_r 和 A_m 的经验值

倍频程中心频率/Hz	A_s 或 A_r /dB	A_m /dB
63	-1.5	$-3q$
125	$-1.5+Ga'(h)$	
250	$-1.5+Gb'(h)$	
500	$-1.5+Gc'(h)$	
1000	$-1.5+Gd'(h)$	$-3q(1-G_m)$
2000	$-1.5(1-G)$	
4000	$-1.5(1-G)$	
8000	$-1.5(1-G)$	

表 5-2-3　1/3 倍频程中心频率对应的 A_s、A_r 和 A_m 的经验值

1/3 倍频程中心频率/Hz	A_s 或 A_r /dB	A_m /dB
25	-1.5	$-3q$
31.5	-1.5	
40	-1.5	
50	-1.5	
63	-1.5	
80	-1.5	
100	$-1.5+Ga'（h）$	$-3q（1-G_m）$
125	$-1.5+Ga'（h）$	
160	$-1.5+Ga'（h）$	
200	$-1.5+Gb'（h）$	
250	$-1.5+Gb'（h）$	
315	$-1.5+Gb'（h）$	
400	$-1.5+Gc'（h）$	
500	$-1.5+Gc'（h）$	
630	$-1.5+Gc'（h）$	
800	$-1.5+Gd'（h）$	
1000	$-1.5+Gd'（h）$	
1250	$-1.5+Gd'（h）$	
1600	$-1.5（1-G）$	
2000	$-1.5（1-G）$	
2500	$-1.5（1-G）$	
3150	$-1.5（1-G）$	
4000	$-1.5（1-G）$	
5000	$-1.5（1-G）$	
6300	$-1.5（1-G）$	
8000	$-1.5（1-G）$	
10000	$-1.5（1-G）$	
12500	$-1.5（1-G）$	
16000	$-1.5（1-G）$	
20000	$-1.5（1-G）$	

注：$a'(h) = 1.5 + 3.0 \times e^{-0.12(h-5)^2}\left(1 - e^{-\frac{d_p}{50}}\right) + 5.7 \times e^{-0.09h^2}(1 - e^{-2.8 \times 10^{-6} \times d_p^2})$。

$b'(h) = 1.5 + 8.6 \times e^{-0.09h^2}(1 - e^{-d_p/50})$。

$c'(h) = 1.5 + 14.0 \times e^{-0.45h^2}(1 - e^{-d_p/50})$。

$d'(h) = 1.5 + 5.0 \times e^{-0.9h^2}(1 - e^{-d_p/50})$。

计算 A_s 时，取 $G=G_s$，$h=h_s$；计算 A_r 时，取 $G=G_r$，$h=h_r$。

当 $d_p \leqslant 30(h_s + h_r)$ 时，$q=0$；$d_p > 30(h_s + h_r)$ 时，$q = 1 - \dfrac{30(h_s + h_r)}{d_p}$。

方法二：

简化计算适用于声源至受声点之间为疏松地面或大部分为疏松地面的混合地面，以 G 为判断标准，$G \geqslant 0.8$，可用式（5-2-8）计算：

$$A_{gr} = 4.8 - (2h_m / d)[17 + (300 / d)] \geqslant 0dB \tag{5-2-8}$$

式中　d——声源至受声点的距离，m；

　　　h_m——传播路程的平均离地高度，m，如图 5-2-3 所示。

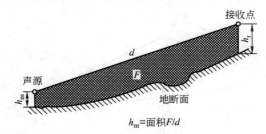

图 5-2-3　估算平均高度 h_m 的方法

（4）障碍物衰减 A_{bar}

物体在垂直于声源到受声点连线方向上的投影大于拟研究频带的标称频带中心频率的声波波长，即 $l_1 + l_r > \lambda$，物体被认为是障碍物，如图 5-2-4 所示。

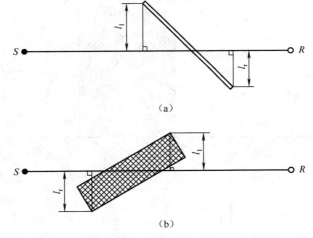

图 5-2-4　在声源（S）和受声点（R）之间障碍物的两种情况

障碍物衰减计算如下。

任何频带上，屏蔽衰减 D_z 在单绕射（即薄屏障）情况下不取大于 20dB 的值，在双绕射（即厚屏障）情况下不取大于 25dB 的值。

一条绕射路径的衰减量：

$$A_{bar,i} = 10\lg[3 + (C_2 / \lambda) C_3 z K_{met}] \tag{5-2-9}$$

式中，$A_{bar,i}$ 为一条绕射路径的衰减，单绕射不超过 20dB，双绕射不超过 25dB；z 为声程差，即绕射路径与直达路径之间的差值；$C_2 = 20$ （默认）；C_3 的计算公式为：

$$C_3 = \begin{cases} 1 & \text{单绕射} \\ [1+(5\lambda/e)^2]/[1/3+(5\lambda/e)^2] & \text{双绕射} \end{cases} \tag{5-2-10}$$

式中，e 为双绕射情况下，两个绕射边界之间的距离。

单绕射，传播路径上只有一个拐点，如图 5-2-5（a）所示。

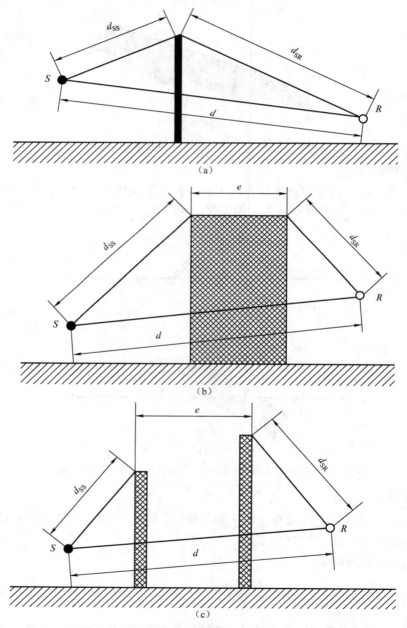

图 5-2-5   单绕射与双绕射情况下声程差的计算

障碍物具有一定的厚度，传播途径有两个拐点，可认为是双绕射。更多次的绕射的情况也可简化为双绕射，如图 5-2-5（b）、（c）所示。

K_{met} 为气象条件修正因子：

$$K_{met} = \begin{cases} \exp[-(1/2000)\sqrt{d_{ss}d_{sr}d/(2z)}] & z > 0 \\ 1 & z \leq 0 \end{cases} \tag{5-2-11}$$

式中　d_{ss} —— 声源到第一绕射边的距离；
　　　d_{sr} —— 最后绕射边到受声点之间的距离；
　　　d —— 声源到受声点之间的直线距离。

三条绕射路径在受声点处的贡献：

$$L_A = 10 \lg \sum 10^{L_{A,i}/10} \quad (i = 1, 2, 3) \tag{5-2-12}$$

式中　$L_{A,i}$ —— 第 i 个声源参考点处声压级；
　　　L_A —— 绕射路径贡献量。

（5）反射

声波传播过程中的障碍物表面对声波有反射作用，这相当于增加了一条声传播线路或增加了一个虚声源，对受声点来说，只有满足以下条件，才需要考虑声反射。

① 可以建立如图 5-2-6 所示的镜面反射。

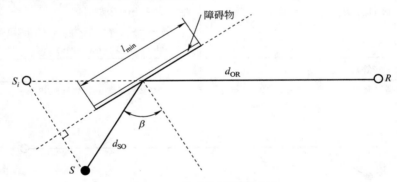

图 5-2-6　障碍物的镜面反射

注：连接声源 S 和受声点 R（从障碍物处反射）的路程 $d_{SO} + d_{OR}$，此处入射角 β 等于反射角，反射声好像来自虚声源 S_i。

② 障碍物表面的声反射系数的值应大于 0.2。

③ 频带中心频率对应的声波波长相比障碍物表面足够大，以满足关系式（5-2-13）：

$$\frac{1}{\lambda} > \frac{2}{(l_{min}\cos\beta)^2} \times \frac{d_{SO}\, d_{OR}}{d_{SO} + d_{OR}} \tag{5-2-13}$$

式中　λ —— 频带中心频率对应的声波波长，m；
　　　d_{SO} —— 声源和障碍物上反射点之间的距离；
　　　d_{OR} —— 障碍物上反射点和受声点之间的距离；

β——入射角；

$l_{\min}$——反射表面的最小尺寸。

若上述条件中任何一个不满足时，则可忽略反射的影响。

考虑反射时，首先根据镜面反射确定虚声源的位置，并计算虚声源的声功率，然后根据前述的各项衰减因素计算虚声源在受声点的声压级，最后与实声源的计算结果叠加。

虚声源的声功率为：

$$L_{W\mathrm{im}} = L_W + 10\lg\rho + D_{1\mathrm{r}} \tag{5-2-14}$$

式中　ρ——障碍物表面的声反射系数（$\geqslant 0.2$）；

$D_{1\mathrm{r}}$——虚声源在受声点的指向性指数（当实声源指向性不明显时，可不计）。

如果不容易得到实际的声反射系数，可查表 5-2-4 估算。

表 5-2-4　不同物体表面的声反射系数估算

物体	ρ
平直硬墙	1
带有窗和小附加部分或凹处的建筑物的墙	0.8
工厂墙面具有 50%的开口，设备或管	0.4
有硬表面的圆柱体（罐、井）	$\dfrac{D\sin(\phi/2)^{①}}{2d_{\mathrm{SC}}}$ 式中　D——圆柱体直径； 　　　d_{SC}——从声源到圆柱体中心 C 间的距离； 　　　ϕ——SC 线和 CR 线间的补角
开放式设备（管、塔等）	0

① 此表达式只适用于 d_{SC}（从声源 S 到圆柱体 C）远小于 d_{CR}（从圆柱体到受声点），如图 5-2-7 所示。

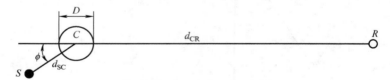

图 5-2-7　圆柱体声反射系数的估算

（6）其他类型衰减

其他的衰减包括绿化林带、工业场所、建筑群的衰减等，如图 5-2-8 所示。

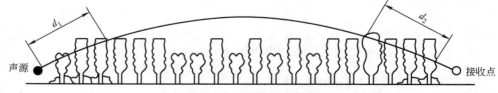

图 5-2-8　树林传播衰减

其中常用的密叶树林绿化林带衰减可按表 5-2-5 项目数值计算，要指出的是，稀疏的林带并不具备明显的衰减效果。关于工业场所及建筑群衰减不再赘述。

通过树叶传播造成的噪声衰减随通过树叶传播距离 d_f 的增长而增加，其中 $d_f = d_1 + d_2$，为了计算 d_1 和 d_2，假设弯曲路径的半径为 5km。

表 5-2-5　各倍频带噪声通过密叶树林距离 d_f 传播时产生的衰减

项目	传播距离 d_f /m	倍频带中心频率/Hz							
		63	125	250	500	1000	2000	4000	8000
衰减/dB	$10 \leq d_f < 20$	0	0	1	1	1	1	2	3
衰减系数（dB/m）	$20 \leq d_f < 200$	0.02	0.03	0.04	0.05	0.06	0.08	0.09	0.12
衰减/dB	$d_f \geq 200$	4	6	8	10	12	16	18	24

2.1.4　室内声场算法

上一节提供了声源位于室外时的声传播计算方法，当声源位于室内时，室内声源可以采用等效室外声源声功率级法进行计算。如图 5-2-9 所示，设靠近开口处（或窗户）室内外某倍频程声压级分别为 L_{p1} 和 L_{p2}。室外靠近围护结构处的声压级为：

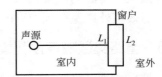

图 5-2-9　室内声场示意图

$$L_{p2}(T) = L_{p1}(T) - (TL + 6) \qquad (5\text{-}2\text{-}15)$$

式中，TL 为隔墙或窗户倍频带的隔声量。

可以通过式（5-2-16）计算出某个室内声源靠近围护结构处的倍频带声压级：

$$L_{p1} = L_W + 10 \lg \left(\frac{Q}{4 \pi r^2} + \frac{4}{R} \right) \qquad (5\text{-}2\text{-}16)$$

式中　L_{p1}——某个室内声源在靠近围护结构处产生的倍频带声压级；

L_W——某个声源的倍频带声功率级；

r——室内某个声源与靠近围护结构处的距离，m；

R——房间常数，$R = S\alpha / (1 - \alpha)$，$S$ 为房间内表面面积（m^2），α 为平均吸声系数；

Q——指向性因数。通常对于无指向性声源：当声源放在房间中心时，$Q=1$；当放在一面墙的中心时，$Q=2$；当放在两面墙夹角时，$Q=4$；当放在三面墙夹角时，$Q=8$。

然后计算出所有室内声源在靠近围护结构处产生的 i 倍频带声压级：

$$L_{p1i}(T) = 10 \lg \left(\sum_{j=1}^{N} 10^{0.1 L_{p1ij}} \right) \qquad (5\text{-}2\text{-}17)$$

式中　$L_{p1i}(T)$——靠近围护结构处室内 N 个声源 i 倍频带的叠加声压级，dB；

L_{p1ij}——室内 j 声源 i 倍频带的声压级，dB；

N——室内总声源数。

在室内近似为扩散声场时，按式（5-2-18）计算出靠近室外围护结构处的声压级：

$$L_{p2i}(T) = L_{p1i}(T) - (TL_i + 6) \tag{5-2-18}$$

式中　$L_{p2i}(T)$——靠近围护结构处室外 N 个声源的 i 倍频带叠加声压级，dB；

　　　　TL_i——围护结构 i 倍频带的隔声量，dB。

然后按式（5-2-19）将室外声级和透声面积换算成等效的室外声源，计算出等效声源第 i 个倍频带的声功率级 L_W：

$$L_W = L_{p2}(T) + 10\lg S \tag{5-2-19}$$

式中，S 为透声面积，m^2。

等效室外声源的位置为围护结构的位置，其倍频带声功率级为 L_W，由此按户外声传播方法计算等效室外声源在预测点产生的 A 声级。

2.1.5　道路交通噪声预测模型

交通噪声是人们最常见的噪声源，具有长期存在、影响范围大的特点，是早期噪声预测主要关注的对象之一。交通噪声源与机械设备噪声源不同，是多个车辆连续依次通过时形成的持续声源，是一种动态的不规则声源，但是，从较长的观察时间来看，交通噪声又具有一定的稳定性，可视作稳定的噪声源，从而可以结合点声源、线声源等声学理论进行经验的预测。

道路交通一般具有稳定持续的车流量，因此，许多研究都把道路交通噪声看作为稳定的线声源处理，这是在将车辆简化为点声源的基础上，忽略了车辆之间的间隔，认为声源动态地沿道路线稠密分布而形成线声源。但是，线声源的处理对传播过程的计算是不方便的，故此，利用线声源的简化获得声源声功率后，一般仍需将之离散化，分割为若干路段，每一段又视作一个点声源来独立进行声传播的计算，最后将所有路段的计算结果进行叠加，如图 5-2-10 所示。

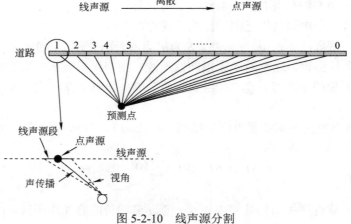

图 5-2-10　线声源分割

道路上不同类型的车辆，噪声辐射情况有所不同，应将车辆进行分类，每一类车型车流看作为独立的稳定线声源。同一类型车辆有相同的声源简化模型，而不同类型车辆的声源模型主要区别在声源的高度和声功率的大小。从环境预测的角度来看，车辆的噪声源特性主要取决于车辆的荷载情况，因此，许多模型都按车的载重量对车辆进行分类，一般分为大型车辆和小型车辆，较精确的模型则分为大型、中型和小型三类车型，如表 5-2-6 所列。

表 5-2-6　车型分类

主要车型	车辆种类	说明
小型车辆	小客车、出租车	2 轴 4 轮且不超过 7 个座位
	小型货车、卡车	2 轴，每轴最多 2 轮，且最多为 9 个座位
中型车辆	公交车	——
	无轨电车、双层公交车	——
	大客车	2~3 轴，每轴最多 2 轮
	中型货车	2~3 轴，每轴最多 2 轮
大型车辆	大货车	≥3 轴
	铰链公交车	≥3 轴
	其他重型车辆	≥3 轴

实际计算时，先计算各种车型车流对预测点的等效噪声值，然后进行叠加计算得到总的噪声值：

$$L_{eq} = 10\lg\left(\sum_{m=1}^{2or3} 10^{0.1L_{eq,\,m}}\right) \tag{5-2-20}$$

式中　L_{eq}——道路交通在预测点处的总的等效声级；

　　　$L_{eq,\,m}$——第 m 类车型车流在预测点处的等效声级。

$L_{eq,\,m}$ 是声源的声功率和传播过程中的各个声衰减量之和。道路交通噪声源的声功率主要与车型、车速、车流量、加速度以及路面的材质、状况和坡度等因素有关，可用式（5-2-21）表示：

$$L_{eq,\,m} = L_m(v) + C_{surf} + C_{ac} + C_{other} \tag{5-2-21}$$

式中　v——车速，km/h；

$L_m(v)$——车辆匀速行驶时，声功率与速度的经验关系；

　C_{surf}——路面对 $L(v)$ 的经验修正系数；

　C_{ac}——车辆加减速对 $L(v)$ 的经验修正系数；

C_{other}——其他因素对 $L(v)$ 的经验修正系数。

其中，车速是影响声功率大小的最关键因素，一般假设车辆的声功率级与速度成正比或成对数关系。图 5-2-11 是不同路面上行驶的同类型车辆行驶速度与最大声级的关系示意图，从统计上来看，车速与最大声级之间可近似为正比的关系。

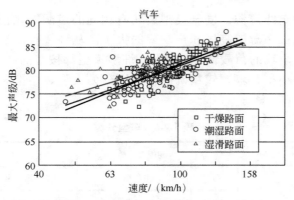

图 5-2-11　车辆行驶过程中最大声级与车速的关系

通过对同一车型而不同型号的车辆进行的大量测试,可以总结出该车型声发射功率与速度的经验关系,这是确定一个道路交通噪声的关键工作。由于不同国家或地区有不相同的常见道路车辆类型构成,因此,为了准确预测道路交通噪声的影响,不同国家或地区应针对自身的实际道路车辆类型构成而进行车辆噪声测试,或与相似地区做类比,找出适合当地情况的车辆声源声功率与速度的经验关系,建立自己的声源模型。图 5-2-12 是北京市劳动保护科学研究所针对北京市实际情况,在 7000 多次车辆测试基础上,总结出来的几种车型的噪声-车速对数关系经验曲线。

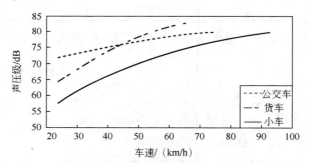

图 5-2-12　北京市常见车辆噪声级与车速的关系

小车:

$$L = 33.48 \lg v + 15.575 \tag{5-2-22}$$

公交车:

$$L = 34.92 \lg v + 21.423 \tag{5-2-23}$$

货车:

$$L = 12.458 \lg v + 58.55 \tag{5-2-24}$$

式中,L 为 A 声级;v 为车速。

道路交通噪声的研究已有较长的历史,1978 年 12 月,美国联邦高速公路管理局(Federal

Highway Administration，FHWA）发布了 FHWA 高速公路交通噪声预测模型，经多次修改后，现已日趋完善并在许多国家得到广泛应用。英国交通部（U.K.Department of Transport）则于 1975 年发布了 CRTN 模型（calculation of road traffic noise）后又发布了其改进版 CRTN88，自其发布以来在所有英联邦国家和中国香港地区加以应用，并成为这些国家和地区的法院在处理相关交通噪声诉讼案件时唯一认可的标准模型。德国交通部公路建设司（Road Construction Section of the Federal Ministry for Transport）分别于 1981 年和 1990 年发布了 RLS81 模型及其改进版 RLS90 模型。此外，法国、北欧和意大利等国家也都相继发布了各自的道路交通噪声预测模型。欧盟开展的 IMAGINE 和 HARMONOISE 计划中提出了更高精度的交通噪声预测模型，用以解决较复杂声传播环境下的道路交通噪声预测问题。近年来，欧盟为统一噪声预测模型在欧盟内部的使用，提出了欧盟统一计算模型。

以下重点介绍部分典型交通噪声预测模型。

（1）欧盟道路交通噪声预测模型

近年来，在欧盟环境噪声条例（Environmental Noise Directive 2002/49/EC）等政策的支持下，欧盟先后开展了一系列工作，结合了众多噪声预测方面的研究经验，提出了一个较为准确并适合推广使用的噪声预测模型——CNOSSOS-EU，包括了道路、铁路、飞机和工业等，该模型于 2015 年正式发布，是近年来噪声预测研究的一个重要事件。

CNOSSOS-EU 道路噪声预测模型基于数学物理理论以及欧盟长期的实践经验建立，模型中考虑了不同车型的差异，考虑了动力系统噪声和轮胎噪声的区别，讨论了路面、车速、温度、坡度等因素的影响。其基本模型为：

$$L_W = L_{W,\,i,\,m}v_m + \Delta L_{\text{road},\,i,\,m} + \Delta L_{\text{acc},\,i,\,m} + \Delta L_{W,\,\text{temp}}(\tau) + \Delta L_{\text{grad},\,i,\,m} \tag{5-2-25}$$

式中　$L_{W,\,i,\,m}v_m$——单一车辆辐射噪声级；

　　　$\Delta L_{\text{road},\,i,\,m}$——路面结构与材料对车辆噪声影响的修正项；

　　　$\Delta L_{\text{acc},\,i,\,m}$——速度对车辆噪声影响的修正项；

　　　$\Delta L_{W,\,\text{temp}}(\tau)$——温度对车辆噪声影响的修正项；

　　　$\Delta L_{\text{grad},\,i,\,m}$——坡度对车辆噪声影响的修正项。

CNOSSOS-EU 模型将车辆分为 4 类，并预留一个类别以便根据将来车辆变化的需要进行补充。声功率测定和噪声传播中，将声源简化为一个或多个点声源。每辆车代表一个点源，位置距离路面 0.05m 高。车辆的噪声主要包括路面-轮胎噪声和发动机-排气系统噪声。当车速挡介于 20～130km/h 之间时，其车辆辐射噪声级为：

$$L_{W,\,i,\,m}v_m = A_{i,\,m} + B_{i,\,m}f(v_m) \tag{5-2-26}$$

式中，$f(v_m)$ 是基于 v_m 的轮胎噪声和气动噪声的对数函数与基于 v_m 的动力系统噪声的线性函数之和。

车辆行驶过程中的声功率级是两部分噪声的能量总和：

$$L_{W,\,f,\,i}v_i = 10\lg[10^{L_{WR,\,f,\,i}(v_i)/10} + 10^{L_{WP,\,f,\,i}(v_i)/10}] \tag{5-2-27}$$

式中，f 为频率；i 为车辆类型；$L_{WR,\,f,\,i}(v_i)$ 和 $L_{WP,\,f,\,i}(v_i)$ 分别为路面-轮胎噪声、发动机-

排气系统的声功率级。

$$L_{WR,\,f,\,i} = A_{R,\,f,\,i} + B_{R,\,f,\,i} \lg\left(\frac{v_i}{v_{\text{ref}}}\right) + \Delta L_{WR,\,f,\,i}(v_i) \tag{5-2-28}$$

$$L_{WP,\,f,\,i} = A_{P,\,f,\,i} + B_{P,\,f,\,i} \lg\left(\frac{v_i - v_{\text{ref}}}{v_{\text{ref}}}\right) + \Delta L_{WP,\,f,\,i}(v_i) \tag{5-2-29}$$

式中，v_{ref} 为参考车速；ΔL 为路面结构、车速变化等的修正项。

同时，CNOSSOS-EU 模型中通过理论推导，并以表格的形式给出了车辆噪声辐射源强预测模型中涉及的 $A_{R,\,f,\,i}$、$B_{R,\,f,\,i}$、$A_{P,\,f,\,i}$、$B_{P,\,f,\,i}$ 等参数取值。

CNOSSOS-EU 模型对于路面结构与材料对车辆噪声影响的修正项 $\Delta L_{\text{road},\,i,\,m}$、速度对车辆噪声影响的修正项 $\Delta L_{\text{acc},\,i,\,m}$、温度对车辆噪声影响的修正项 $\Delta L_{W,\,\text{temp}}(\tau)$、坡度对车辆噪声影响的修正项 $\Delta L_{\text{grad},\,i,\,m}$ 都提供了基于理论分析和大量实验数据的修正方法，此处不再赘述。

（2）美国 FHWA 道路交通噪声预测模型

美国于 1978 年 12 月发布了 FHWA 高速公路交通噪声预测模型，以等效连续 A 声级为评价指标。该模型自发布以来经过数次改进，现已在很多地区使用。该模型是通过较严格的推导而获得的，因此，严格适用于直线路段和恒定速度的条件。

如图 5-2-13 所示，预测点受某路段的道路交通噪声影响，在观察时间 T 内，通过预测点的 i 型车辆数为 N_i，平均车速为 v_i，i 型车单车声功率为 W_i。

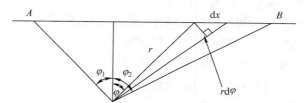

图 5-2-13　FHWA 高速公路交通噪声预测模型示意图

将道路交通噪声源简化为线声源，则单位长度的声功率密度为 $\dfrac{N_i W_i}{v_i T}$。假设地面吸收引起的声衰减因子为 $10\lg r^{\alpha}$，α 为与地面有关的衰减因子，r 为预测点与声源的距离。那么单位长度的路段对预测点产生的自由场声压等于 $\dfrac{\rho_0 c N_i W_i}{v_i T} \times \dfrac{1}{2\pi r^2} \times \dfrac{1}{r^{\alpha}}$，则该路段对预测点产生的声压应为：

$$p_i^2 = \int_A^B \frac{\rho_0 c N_i W_i}{v_i T} \times \frac{1}{2\pi r^2} \times \frac{1}{r^{\alpha}} \mathrm{d}x \tag{5-2-30}$$

经积分运算后，可得：

$$L_{pi} = L_{Wi} + 10\lg\frac{N_i}{v_iT} + 10\lg\frac{1}{2r^{1+\alpha}} + 10\lg\int_{\varphi1}^{\varphi2}\frac{\cos^2\varphi}{\pi}\mathrm{d}\varphi \qquad (5\text{-}2\text{-}31)$$

式中，L_{Wi}可利用距离声源r_0处测量得到的平均噪声辐射值L_{0i}代替。由于N_i为观察时间T内的车流量，因此，L_{pi}即为时间T内的等效声级L_{eqi}。假设硬质地面与软质地面对参考点位的噪声值无影响，那么近似有$L_{0i} = L_{Wi} - 10\lg2\pi r_0^2 - 10\lg r_0^\alpha$，代入后得：

$$L_{eqi} = L_{0i} + 10\lg\frac{N_i\pi r_0}{S_iT} + 10\lg\left(\frac{r_0}{r}\right)^{1+\alpha} + 10\lg\left[\frac{\psi_\alpha(\varphi_1,\ \varphi_2)}{\pi}\right] \qquad (5\text{-}2\text{-}32)$$

式中，$\dfrac{\psi_\alpha(\varphi_1,\ \varphi_2)}{\pi}$为有限路段的修正函数。

上面的推导过程只考虑了地面的吸声作用及空间自由衰减，因此，计入其他声衰减因素后可以最后得到美国 FHWA 模型：

$$L_{eqi} = L_{0i} + 10\lg\frac{N_i\pi r_0}{S_iT} + 10\lg\left(\frac{r_0}{r}\right)^{1+\alpha} + 10\lg\left[\frac{\psi_\alpha(\varphi_1,\ \varphi_2)}{\pi}\right] + \Delta S - 30 \qquad (5\text{-}2\text{-}33)$$

式中，ΔS 为因声屏障、楼房、树林等遮蔽物引起的其他衰减量，dB。

FHWA 模型适用于直线路段和速度恒定的交通路段，主要应用于高速公路的环境噪声预测。

（3）德国 RLS90 预测模型

德国分别于 1981 年和 1990 年发布了 RLS81 模型及其改进版 RLS90 模型，该模型以等效连续声级 L_{Aeq} 为评价指标，将车辆分为重型和轻型两类，将道路分为长直道路和非长直道路分别建模，需计算昼夜间的等效连续声级。

德国 RLS90 模型可用式（5-2-34）表示：

$$L_r = L_m^{(25)} + D_V + D_{strO} + D_{stg} + D_{SI} + D_{BM} + D_B + K \qquad (5\text{-}2\text{-}34)$$

式中　　　　L_r——预测点的昼间或夜间等效连续声压级；

　　　　D_{strO}——路面修正项；

　　　　D_{stg}——坡度修正项；

D_{SI}、D_{BM}、D_B——地形、障碍物、反射等因素的修正项；

　　　　　　K——附加修正项；

　　　　　　D_V——重型车超出速度限值后的修正量；

　　　　$L_m^{(25)}$——昼间或夜间的道路声源等效声压级，可按图 5-2-14 查找，也可由式（5-2-35）计算：

$$L_m^{(25)} = 37.3 + 10\lg\left[M(1 + 0.082p)\right] \qquad (5\text{-}2\text{-}35)$$

这里，$L_m^{(25)}$ 代表 $L_{m,\ T}^{(25)}$ 或 $L_{m,\ N}^{(25)}$，对应昼间和夜间的道路声源等效声压级；M 为标准交通

流量，根据不同道路查表可得；p 为重型车所占比例。另外，德国 RLS90 模型考虑了建筑物表面吸声特性的修正值。在各个修正项的计算方法中与 ISO 推荐的户外声传播标准算法存在一定的差异。

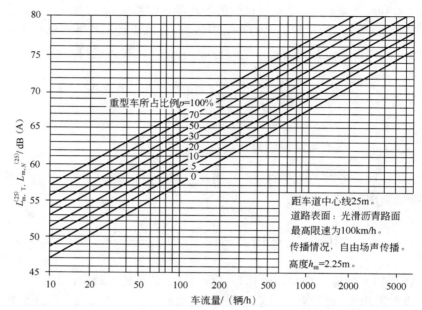

图 5-2-14　RLS90 模型中的 $L_{m,T}$ 和 $L_{m,N}$ 与车流量的关系

（4）法国 NMPB 预测模型

法国 NMPB 道路交通噪声预测模型是曾经欧盟推荐的道路交通噪声预测模型，也就是说，若当地没有对道路交通噪声预测做出明确规定或详细研究的情况下，可直接采用 NMPB 模型进行计算。

NMPB 模型将车辆分为轻型和重型两类，采用连续等效 A 声级为评价量。模型将道路简化为线声源，计算时，将之划分为若干线段（不一定等长），每一段则视作点声源，位于线段的中心点，如图 5-2-15 所示。那么，每一段线声源对受声点的连续等效声级为：

$$L_i = L_{Awi} - A_i \tag{5-2-36}$$

式中　　i——第 i 个倍频带；

L_{AWi}——道路交通的第 i 个倍频带噪声发射级；

A_i——各个声衰减量第 i 个倍频带的总和。

道路交通声源的声发射级与轻型车辆和重型车辆的声发射级、车流量有关，并通过与规范化道路交通噪声谱的修正而得到：

$$L_{AWi} = (E_{VL} + 10\lg Q_{VL}) \oplus (E_{PL} + 10\lg Q_{PL}) + 20 + 10\lg l_i + R(j) \tag{5-2-37}$$

注：" $\oplus$ " 定义为两个声级的叠加运算。

式中，E_{VL} 和 E_{PL} 分别为轻型车和重型车的噪声发射级；Q_{VL} 和 Q_{PL} 分别为轻型车和重型车 1 小时的车流量；l_i 为线声源第 i 段的长度，如图 5-2-15 所示；$R(j)$ 为规范化道路交通噪声谱第 j 个频带的 A 声级。

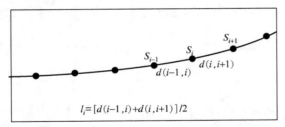

图 5-2-15　NMPB 模型点声源代表的长度

法国 NMPB 的传播模型中，主要考虑了距离衰减、大气吸收、地面效应和障碍物绕射等情况，见式（5-2-38）：

$$A_i = A_{\text{div}} + A_{\text{atm}} + A_{\text{grd}} + A_{\text{dif}} \tag{5-2-38}$$

式中　A_{div}——距离衰减项；

A_{atm}——大气吸收项；

A_{grd}——地面效应修正项；

A_{dif}——障碍物绕射修正项。

传播模型中的各个修正项的计算与 ISO 9613-2 中的较为相近，此处不再介绍。

2.1.6　铁路噪声预测模型

（1）我国铁路噪声预测模型

铁路噪声预测等效声级 $L_{\text{Aeq, p}}$ 的基本预测计算式如式（5-2-39）所示：

$$L_{\text{Aeq, p}} = 10\lg\left\{\frac{1}{T}\left[\sum_i n_i t_{\text{eq, } i} 10^{0.1(L_{p0,\ \text{t,}\ i} + C_{\text{t,} i})} + \sum_i t_{\text{f,}\ i} 10^{0.1(L_{p0,\ \text{f,}\ i} + C_{\text{f,}\ i})}\right]\right\} \tag{5-2-39}$$

式中　T——规定的评价时间，s；

n_i——T 时间内通过的第 i 类列车列数；

$t_{\text{eq, } i}$——第 i 类列车通过的等效时间，s；

$L_{p0,\ \text{t,}\ i}$——第 i 类列车最大垂向指向性方向上的噪声辐射源强，为 A 计权声压级或频带声压级，dB；

$C_{\text{t,}\ i}$——第 i 类列车的噪声修正项，为 A 计权声压级或频带声压级修正项，dB；

$t_{\text{f,}\ i}$——固定声源的作用时间，s；

$L_{p0,\ \text{f,}\ i}$——固定声源的噪声辐射源强，可为 A 计权声压级或频带声压级，dB；

$C_{\text{f,}\ i}$——固定声源的噪声修正项，可为 A 计权声压级或频带声压级修正项，dB。

源强取值时应注意对应的参考点位置与声源指向性的关系，如源强值不是最大垂向指向性方向上的源强值，应按声源指向性关系进行换算。

若采用按频谱计算的方法，则应按式（5-2-40）分别计算频带等效声级 $L_{\text{eqf, } j}$ 后，再计算等效 A 计权声压级 $L_{\text{Aeq, p}}$：

$$L_{\text{Aeq, p}} = 10\lg\sum_j 10^{0.1L_{\text{eqf,} j}} \tag{5-2-40}$$

式中，$L_{\text{eqf, } j}$ 为频带等效声级，dB。

列车运行噪声的作用时间采用列车通过的等效时间 $t_{\text{eq},i}$，其近似值如下：

$$t_{\text{eq},i} = \frac{l_i}{v_i}\left(1 + 0.8\frac{d}{l_i}\right) \tag{5-2-41}$$

式中　　l_i——第 i 类列车的列车长度，m；

v_i——第 i 类列车的列车运行速度，m/s；

d——预测点到线路的距离，m。

列车通过的等效时间 $t_{\text{eq},i}$ 的精确计算，可按式（5-2-42）计算：

$$t_{\text{eq},i} = \frac{l_i}{v_i} \times \frac{\pi}{2\arctan\left(\dfrac{l_i}{2d}\right) + \dfrac{4dl_i}{4d^2 + l_i^2}} \tag{5-2-42}$$

列车运行噪声的修正项 $C_{t,i}$，按（5-2-43）计算：

$$C_{t,i} = C_{t,v,i} + C_{t,\theta} + C_{t,t} + C_{t,d,i} + C_{t,a,i} + C_{t,g,i} + C_{t,b,i} + C_{t,h,i} + C_w \tag{5-2-43}$$

式中　　$C_{t,v,i}$——列车运行噪声速度修正，可按类比试验数据、标准方法或相关资料计算，dB；

$C_{t,\theta}$——列车运行噪声垂向指向性修正，dB；

$C_{t,t}$——线路和轨道结构对噪声影响的修正，可按类比试验数据、标准方法或相关资料计算，dB；

$C_{t,d,i}$——列车运行噪声几何发散损失，dB；

$C_{t,a,i}$——列车运行噪声的大气吸收，dB；

$C_{t,g,i}$——列车运行噪声地面效应引起的声衰减，dB；

$C_{t,b,i}$——列车运行噪声屏障声绕射衰减，dB；

$C_{t,h,i}$——列车运行噪声建筑群引起的声衰减，dB；

C_w——频率计权修正，dB。

固定声源的噪声修正项 $C_{f,i}$，按式（5-2-44）计算：

$$C_{f,i} = C_{f,\theta,i} + C_{f,d,i} + C_{f,a,i} + C_{f,g,i} + C_{f,b,i} + C_{f,h,i} + C_w \tag{5-2-44}$$

式中　　$C_{f,\theta,i}$——固定声源指向性修正，dB；

$C_{f,d,i}$——固定声源几何发散损失，dB；

$C_{f,a,i}$——固定声源大气吸收，计算方法同列车噪声修正项，dB；

$C_{f,g,i}$——固定声源地面声效应引起的声衰减，计算方法同列车噪声修正项，dB；

$C_{f,b,i}$——固定声源屏障声绕射衰减，dB；

$C_{f,h,i}$——固定声源建筑群引起的声衰减，dB；

C_w——频率计权修正，dB。

① 列车运行噪声速度修正 $C_{t,v,i}$　预测时的列车运行计算速度，应尽量接近预测点对应区段正式运营时的列车通过速度，不应按最高设计列车运行速度计算。列车速度的确定应考虑不同列车类型、起动加速、制动减速、区间通过、限速运行等因素的影响。预测计算速度可按设计最高速度的 90% 确定。

注：列车运行噪声速度修正 $C_{t,v,i}$ 可在源强值选取时考虑，也可单独修正，但应避免重复修正。

② 列车运行噪声垂向指向性修正 $C_{t,\theta}$　列车运行噪声辐射垂向指向性修正量 $C_{t,\theta}$ 可按式（5-2-45）和式（5-2-46）计算：

当 $-10° \leqslant \theta < 24°$ 时，

$$C_{t,\theta} = -0.012(24-\theta)^{1.5} \tag{5-2-45}$$

当 $24° \leqslant \theta < 50°$ 时，

$$C_{t,\theta} = -0.075(\theta-24)^{1.5} \tag{5-2-46}$$

式中，θ 为声源到预测点方向与水平面的夹角，单位为度。

注：有关列车运行噪声垂向指向性的资料较少，不同类型列车的指向性和不同速度条件下的指向性可能不同，此处暂采用国际铁路联盟（UIC）所属研究所（ORE）的研究资料，今后需根据新的研究成果不断修改和补充。

③ 固定声源指向性修正 $C_{f,\theta,i}$　铁路固定声源的指向性修正，应参考有关资料或通过类比声源测量获取。

机车风笛的鸣笛由于每次时间较短，可按固定点声源简化处理。机车风笛按高、低音混装配置，其指向性函数如下所示。

$$f = 250\text{Hz}: \quad C_{f,\theta} = 3.5 \times 10^{-4}(\theta-100)^2 - 3.5$$

$$f = 500\text{Hz}: \quad C_{f,\theta} = 1.7 \times 10^{-4}(\theta-110)^2 - 2$$

$$f = 1000\text{Hz}: \quad C_{f,\theta} = 5.2 \times 10^{-4}(\theta-120)^2 - 7.5$$

$$f = 2000\text{Hz}: \quad C_{f,\theta} = 6.8 \times 10^{-4}(\theta-130)^2 - 11.5$$

$$f = 4000\text{Hz}: \quad C_{f,\theta} = 9.3 \times 10^{-4}(\theta-140)^2 - 18.3$$

$$f = 8000\text{Hz}: \quad C_{f,\theta} = 9.5 \times 10^{-4}(\theta-150)^2 - 21.5$$

式中，θ 为风笛到预测点方向与风笛正轴向的夹角，如图 5-2-16 所示，单位为度，$0° \leqslant \theta \leqslant 180°$（当 $\theta > 180°$ 时，式中 θ 应为 $360-\theta$）。

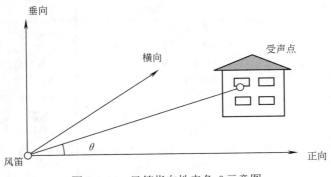

图 5-2-16　风笛指向性夹角 θ 示意图

④ 线路和轨道结构对噪声影响的修正 $C_{t,t}$　线路和轨道结构修正量 $C_{t,t}$ 的确定，可参考相关标准、资料。

有缝线路与无缝线路条件下的轮轨噪声修正如下：旅客列车在 80～140km/h 速度范围内，有缝线路的轮轨噪声比无缝线路平均高 3.5dB；货物列车在 40～80km/h 速度范围内，有缝线路的轮轨噪声比无缝线路平均高 3.8dB。

⑤ 列车运行噪声几何发散损失 $C_{t, d, i}$　列车运行噪声具有偶极子声源指向特性，根据不相干有限长偶极子线声源的几何发散损失计算方法，列车噪声辐射的几何发散损失 $C_{t, d, i}$ 可按式（5-2-47）计算：

$$C_{t, d, i} = -10 \lg \frac{d \arctan \dfrac{l}{2d_0} + \dfrac{2l^2}{4d_0^2 + l^2}}{d_0 \arctan \dfrac{l}{2d} + \dfrac{2l^2}{4d^2 + l^2}} \qquad (5\text{-}2\text{-}47)$$

式中　d_0——源强的参考距离，m；
　　　d——预测点到线路的距离，m；
　　　l——列车长度，m。

> 注：过去在铁路噪声环境影响评价时，大多采用《环境影响评价技术导则 声环境》（HJ/T 2.4—1995）（以下简称"《导则 声环境》"）中有限长线声源几何发散衰减的计算公式。应该注意的是，该公式依据的是单极子指向性声源的几何发散衰减特性，不适合具有偶极子声源指向性的铁路列车运行噪声。两者的几何发散衰减量有一定差别。

列车运行噪声的大气吸收、地面效应引起的声衰减、屏障声绕射衰减及建筑群引起的声衰减等参见户外声传播标准计算方法，此处不再赘述。

（2）德国铁路交通噪声预测模型

Schall03 是德国铁路噪声预测的标准方法，它在欧盟国家中产生了很大影响。德国对该标准进行了修订，于 2008 年发布了新的 Schall 03 2006 噪声预测方法。该标准主要考虑了列车的轮轨噪声、空气动力学噪声、设备噪声以及牵引噪声等四大部分，其中包括了各种可引起噪声的因素，如轮轨的不平顺度、冷却系统等，如表 5-2-7 所列。

表 5-2-7　模型考虑的列车声源

车辆类型	声源类型	子声源
高速列车牵引设备	滚动噪声	轨道不平顺性
高速列车	空气动力噪声	车轮不平顺性
高速铁路车组	设备噪声	油槽车结构声
高速倾斜技术设备	牵引噪声	集电弓
高速交通列车组		冷却系统支撑架
电气机车		转向架
柴油机车		通风器
客车		排气系统
货运列车		引擎
低底板有轨列车		
高底板有轨列车		
地铁列车		

模型将每一节车厢简化为三个点声源的组合，如图 5-2-17 所示。

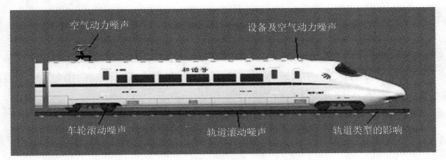

图 5-2-17 对列车的简化模型

高度分别为 0m、4m、5m，每一声源点的声发射级按式（5-2-48）计算：

$$L_{WA, f, h, m, Fz} = a_{A, h, m, Fz} + \Delta a_{f, h, m, Fz} + 10 \lg \frac{n_Q}{n_{Q, 0}} + b_{f, h, m} \lg \frac{v_{Fz}}{v_0} + \sum c_{f, h, m} + \sum K$$

（5-2-48）

式中 $L_{WA, f, h, m, Fz}$ ——每节车厢 m 声源点（高度为 h）的声发射 A 声级，Fz 代表列车类型，f 代表各个倍频带；

      $n_{Q, 0}$ ——列车全车的参考声源总数；

      n_Q ——列车全车的声源总数；

      v_0 ——参考速度；

      v_{Fz} ——Fz 型列车的速度；

      $a_{A, h, m, Fz}$ ——在参考声源总数 $n_{Q, 0}$、参考速度 100km/h 的情况下，Fz 型列车的 m 声源点（高度 h）的发射 A 声级；

      $\Delta a_{f, h, m, Fz}$ ——倍频带 f 与全频带声级的差值；

      $b_{f, h, m}$ ——速度因子；

      $\sum c_{f, h, m}$ ——各轮轨表面条件修正项；

      $\sum K$ ——桥梁及其他引起噪声因素的修正项总和。

对于传播过程，模型则采用了 ISO 9613—2:1996《声学 户外声传播衰减 第 2 部分：计算的一般方法》的方法进行计算。

（3）美国高速铁路预测模型

美国高速铁路噪声预测模型将列车简化为三个点声源的组合，分别对应牵引噪声、轮轨噪声、空气动力噪声。列车声源的参考声级主要与车身长度、车速有关，并利用距离轨道 15m 处的测量声级计算得到，如式（5-2-49）所示：

$$L_A = L_{ref} + 10 \lg \left(\frac{len}{len_{ref}} \right) + K \lg \left(\frac{S}{S_{ref}} \right)$$ （5-2-49）

式中 L_{ref} ——噪声源在 15m 处测量声级；

      len ——列车长度；

      len_{ref} ——参考长度；

S——列车运行速度；

S_{ref}——参考速度；

K——速度修正系数。

由于铁路噪声强度较大，传播过程中，对铁路噪声起主要衰减作用的是地面效应和声屏障，因此，模型主要考虑这两项引起的声衰减量。

模型中，地面对噪声的衰减作用用衰减系数 G 表示：

$$G = \begin{cases} 0.66 & H_{\text{eff}} < 1.5 \\ 0.75\left(1 - \dfrac{H_{\text{eff}}}{12.6}\right) & 1.5 < H_{\text{eff}} < 12.6 \\ 0 & H_{\text{eff}} > 12.6 \end{cases}$$

式中，$G=0$ 适用于硬地面，其余适用于软地面；H_{eff} 为声源点高度。

而根据三个声源点的不同位置，声屏障对噪声衰减值分三种情况计算：

$$A_b = \begin{cases} \min\left[15,\ 20\lg\dfrac{4.55\sqrt{P}}{\tan h(8.08\sqrt{P})} + 5\right] & （\text{I}） \\ \min\left[20,\ 20\lg\dfrac{6.41\sqrt{P}}{\tan h(11.35\sqrt{P})} + 5\right] & （\text{II}） \\ \min\left[15,\ 20\lg\dfrac{1.25\sqrt{P}}{\tan h(20.55\sqrt{P})} + 5\right] & （\text{III}） \end{cases}$$

式中　P——没有屏障时的直达声与存在屏障时的绕射声的声程差；

　　　Ⅰ——牵引噪声；

　　　Ⅱ——轮轨噪声；

　　　Ⅲ——空气动力学噪声。

这样，结合地面衰减和声屏障因素，三个声源点对预测点的噪声级为：

$$L_{Ai} = \begin{cases} L_A - 10\lg\left(\dfrac{D}{15.2}\right) - 10G\lg\left(\dfrac{D_0}{12.6}\right) - A_s & （\text{I}） \\ L_A - 10\lg\left(\dfrac{D}{15.2}\right) - 10G\lg\left(\dfrac{D_0}{8.8}\right) - A_s & （\text{II}） \\ L_A - 10\lg\left(\dfrac{D}{15.2}\right) - A_s & （\text{III}） \end{cases}$$

式中　L_A——各子噪声源的参考声级；

　D 和 D_0——声源与受声点之间的距离；

　　　G——地面衰减系数；

　　　A_s——考虑地面吸收衰减和屏障作用后的修正值，按式（5-2-50）计算：

$$A_s = A_b - 10\left(G_{\text{NB}} - G_B\right)\lg\left(\dfrac{D}{15.2}\right) \tag{5-2-50}$$

这里，A_b 为声屏障衰减值；G_{NB} 和 G_B 分别为考虑和未考虑屏障作用的地面衰减系数。

那么，单一列车通过时产生的总的噪声级用式（5-2-51）计算：

$$L_{Aeq} = 10\lg\left(\sum_{i=1}^{3}10^{L_{Ai}/10}\right) \tag{5-2-51}$$

考虑多趟列车的等效连续声级为：

$$L_{Aeq(day)} = L_{Aeq} + 10\lg(V_d) - 35.6$$

$$L_{Aeq(night)} = L_{Aeq} + 10\lg(V_n) - 35.6$$

$$L_{dn} = 10\lg\left[15\times10^{L_{Aeq(day)}/10} + 9\times10^{L_{Aeq(night)}/10}\right] - 13.8$$

式中，$L_{Aeq(day)}$、$L_{Aeq(night)}$、L_{dn} 分别为白天等效声级、晚上等效声级和昼夜等效声级；V_d 和 V_n 分别为白天和晚间每小时通过的列车趟数（趟/时）。

2.2　噪声预测工具

2.2.1　环境噪声计算软件

以欧洲、美国、日本等为代表的国家或地区对声学模拟仿真相关技术的研究开展得比较早，已经取得了不少实践成果，开发出一批商用声学仿真绘制软件，如 Cadna/A、Sound Plan、Lima、MITHRA、Raynoise、INM 等，如表 5-2-8 所列。这些软件也较早地进入我国，在环评工作中得到了一定程度的应用，并利用其进入行业早的优势一度垄断国内市场。

表 5-2-8　常见环境噪声计算软件

软件名称	厂商	原厂国
CADNA/A	Datakustik GmbH	德国
IMMI	Wolfel Meβsysteme Software GmbH	德国
NOISE MAP 2000	W S Atkins	英国
PREDICTOR	Bruel & Kjaer	丹麦
SOUNDPLAN	Braunstein & Berndt GmbH	德国
MAPNOISE	LT Consultants	瑞典
MITHRA	01dB	法国
GEONOISE	DGMR	荷兰
LIMA	Stapelfeldt	德国

我国关于声学模拟仿真相关技术的研究起步较晚，经过业内同行的不懈努力，近年来基于公开的噪声预测模型独立自主开发出了一些具有自有知识产权的数值模拟技术和软件产品，代表性的有环安科技噪声环境影响评价系统 NOISESYSTEM、北京市劳动保护科学研究

所（北京图声天地科技有限公司）燕声系列软件等。

2.2.2   计算软件一般使用方法

计算软件的使用大多遵循一定的操作流程，通常来说，分为导入数据、建立模型、设置参数、计算、结果展示、数据导出、形成报告等步骤。

（1）模型的建立和设置

① 建模准备   通过 AutoCAD 或 GIS 相关文件，导入在 CAD 或 GIS 处理好的模型文件，在几何点、线、面的基础上，进行建模。

② 地形描述   在软件中按照各个区域设计地形参数，在建模窗口中给出等高线的位置信息和高度，或者利用原始的等高线数据，通过程序生成地形。

③ 建筑物设定   建筑物可以由 DXF 或图形文件生成，对建筑物设定高度信息。

④ 障碍物的设定   在声场中对声场传播有影响的，都认为是障碍物，比如墙、建筑物等，设定障碍物吸声性能及几何参数。

⑤ 声源的设定   将所有的评估声源进行建模，首先确认用何种模型，是点声源、线声源或者面声源。以点声源为例，选择合适的位置选点，给出点声源位置信息，给出声源强度，定义噪声频谱，注意单位的选择，给出总声功率的大小。

⑥ 计算区域的设定   当地形、障碍物、声源等模型建好之后，根据需求定义计算内容，包括接受点、纵断面、水平分布面、建筑物表面几类受声点。

（2）模型的计算

对模型的计算类型等进行设定和计算。

① 计算类型的设定以及计算参数的设定，包括反射次数、气象参数、吸声系数、隔声量等。

② 计算数据   选择所需要计算的数据，选择需要计算的文件类型及被计算的文件，对文件进行计算。

（3）结果的显示和分析

经过计算得到的噪声结果文件可以多种形式呈现并分析。

① 结果数据表   选择需要查看的计算文件，根据文件的计算类型可以查看相应的计算结果数据表，可以结合需求进行声源贡献量的分析、受声点达标分析等等。

② 图形显示   进入图表界面，选择需要绘制的图表类型及根据不同类型计算得到的文件，完成图表的绘制。

③ 结果导出   根据分析和形成报告的需要，导出数据，打印图片，完成噪声预测软件的使用。

2.3   噪声预测技术应用

2.3.1   环境影响评价

目前，噪声预测技术的一个重要应用场合是对于建设项目进行环境噪声影响的评价。

我国颁布了《中华人民共和国环境影响评价法》，用于指导国内环境影响评价工作，该法规定了对规划和建设项目实施后可能造成的环境影响进行分析、预测和评估，详细规定了专项规划的环境影响评价和建设项目的环境影响评价两项内容。规定对建设项目可能造成重大环境影响的，应当编制环境影响报告书，对产生的环境影响进行全面评价。

建设项目的环境影响报告书应当包括下列内容：

① 建设项目概况；

② 建设项目周围环境现状；

③ 建设项目对环境可能造成影响的分析、预测和评估；

④ 建设项目环境保护措施及其技术、经济论证；

⑤ 建设项目对环境影响的经济损益分析；

⑥ 对建设项目实施环境监测的建议；

⑦ 环境影响评价的结论。

环境噪声的影响是其中一项评价内容。对于噪声评价的技术方法，按照标准《环境影响评价技术导则　声环境》（HJ 2.4—2009）执行。该标准规定了声环境影响评价的一般性原则、内容、工作程序、方法和要求。

环境影响评价的一般工作程序见图 5-2-18，可见对建设项目进行噪声影响的预测是项目噪声要素环评的核心任务。

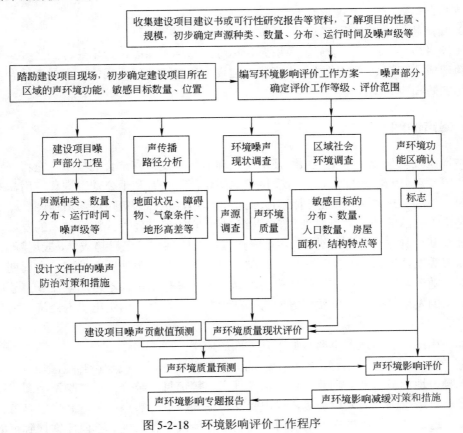

图 5-2-18　环境影响评价工作程序

环境噪声影响评价按照不同的项目类型，按不同的评价方法开展。对于道路交通、轨道交通、机场、工业企业几类项目，HJ 2.4—2009《声环境导则》分别提供了计算模型和进行数据分析统计时的相应技术规定。

对于噪声传播的计算，声环境导则提供的算法与标准 GB/T 17247.2—1998《声学 户外声传播的衰减 第 2 部分：一般计算方法》一致。对于道路交通、轨道交通等不同噪声源的计算模型，声环境导则提供了修改后的方法，本节不再展开介绍。

对于评价内容，声环境导则要求：

（1）评价标准的确定

应根据声源的类别和建设项目所处的声环境功能区等确定声环境影响评价标准，没有划分声环境功能区的区域由地方环境保护部门参照 GB 3096 和 GB/T 15190 的规定划定声功能区。

（2）评价量

① 边界噪声　新建项目以工程噪声贡献值作为评价量；改扩建项目以工程噪声贡献值与受到现有工程影响的边界噪声值叠加后的预测值作为评价量。

② 敏感目标　以敏感目标所受的噪声贡献值与背景噪声值叠加后的预测值作为评价量。

（3）影响范围、影响程度分析

给出评价范围内不同声级范围覆盖下的面积，主要建筑物类型、名称、数量及位置，影响的户数、人口数。

（4）噪声超标原因分析

分析项目边界（厂界、场界）及敏感目标噪声超标的原因，给出超标的主要声源。对于通过城镇建成区和规划区的路段，还应分析建设项目与敏感目标间的距离是否符合城市规划部门提出的防噪声距离。

2.3.2　噪声地图

噪声地图技术是一种将噪声预测技术与地理信息系统紧密结合的技术，它将一定区域范围内的环境噪声分布状况图像化、可视化和地图化，十分有利于公众咨询和应用，对城市噪声的管理、控制和规划决策等起到相当大的指导作用，也称为策略性噪声地图。噪声地图的概念最早出现在欧洲地区，可追溯到 20 世纪 60～70 年代。随着计算机技术的发展，各类噪声源机理及其控制方法研究的进步，城市噪声地图的绘制技术已日趋成熟，应用越来越广泛。目前，欧美等发达国家已有上千个城市绘制了自己的城市噪声地图，并按一定周期（一般五年）更新。随着对噪声地图实用性研究的不断深入，其作用已经不再局限在噪声领域，而是将城市未来的发展规划和经济发展方向与噪声地图相互结合，制定出更为经济、科学、有效的发展策略。

实际应用中，噪声地图主要有如下几方面的应用。

（1）反映区域内受不同程度噪声影响的人口分布状况，寻找噪声热点区域

这是噪声地图最重要的功能。由于与地理人口等信息的结合，通过噪声地图可以统计处于不同噪声等级范围内的人口数量，找出受噪声影响严重的热点地区，并采取具有针对性的治理措施。这在城市规划过程中的作用尤为明显，使决策者在规划阶段便掌握到可能出现的噪声污染情况，在建设实施阶段便采取了有效的预防措施，避免了噪声污染的发生。

（2）跟踪和预测区域噪声的变化

对区域内的噪声源的变化进行定期跟踪，修订输入参数，可得到不同时期的噪声地图，反映当地环境噪声的变化，把握噪声变化的趋势，以及时有效地采取具有针对性的噪声预防措施。

（3）预测和展示噪声治理措施实施前后的效果

这也是噪声地图的一个主要应用。在实施大型的公共噪声控制工程时，可通过噪声地图技术，将措施实施前后的无形的噪声分布状况以图像形式向公众展示，便于公众对工程效果的理解，获得公众的支持。

（4）不同地区噪声状况的比较，便于不同地区的经验交流等

噪声地图在许多欧美国家的城市管理中扮演了重要的角色。如在法国，道路或铁路修建项目的环境影响评估时，必须提供修建前后的噪声地图以说明项目对周边区域的影响；在芬兰，甚至可以根据噪声地图禁止一些开发建设项目。更重要的是，噪声地图使噪声处于全民监督之中。

2.3.2.1　噪声地图的绘制

噪声地图本质上是结合了地理信息的区域噪声预测结果展示，因此，噪声地图的绘制实质就是区域的噪声预测结果以地图形式展示。一般地，绘制区域的噪声地图可按如图 5-2-19 所示的步骤进行。

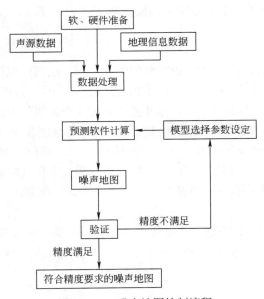

图 5-2-19　噪声地图绘制流程

（1）获取绘制区域内的地理信息数据，主要包括地形、水文、植被、建筑物、人口分布、道路、铁路、飞机航线等基础信息。

（2）调查绘制区域内的各类声源信息，主要包括声源的类型及其地理位置、各类声源的噪声特性参数等。以道路交通噪声源为例，应调查区域内各主要交通线路不同车型的车流量、平均车速、路面状况等。

　　（3）综合分析绘制区域内各类声源的特性，根据当地采用的噪声评价量，选择或建立适当的模型，设定参数，进行计算。目前，市场上有多种成熟噪声地图绘制软件，如表 5-2-8 所列。这些噪声地图绘制软件一般包含多个国家或地区的噪声预测模型，应根据实际情况合理选用。

　　（4）对计算结果进行验证。可在绘制区域内设置若干监测点，将计算结果与监测结果进行对比，验证误差是否在绘制要求的允许范围内。若误差超出了允许范围，则应调整参数，甚至修改模型，重新进行计算，直到结果的精度满足了绘制的要求。

2.3.2.2　欧洲噪声地图绘制情况

　　欧盟国家对环境噪声的关注一直走在前列，在 1996 年就已发表有关环境噪声政策规划的绿皮书，并逐年进行有关环境噪声规划的相关工作，并且要求各成员国依其总指导方针进行城市噪声地图的绘制工作。

　　欧盟委员会 1996 年出版的噪声政策绿皮书提出：欧洲人口的 20%已受严重的环境噪声影响，相关专家及学者皆认为城市噪声污染已经严重影响人们正常的生活和工作，并建议进行噪声地图的绘制工作，认为其为相对廉价有效的城市噪声管理方法。此绿皮书为欧盟噪声政策的基础。2002 年 7 月，欧盟委员会正式出版官方文件：欧盟环境噪声条例。

　　（1）英国

　　英国环境、食品和农村事业部针对城市噪声地图绘制，先后于 2000 年及 2004 年分别针对伯明翰市及伦敦市完成了整个城市噪声地图绘制工作。近年来，又有多个城市完成了噪声地图的绘制。

　　（2）法国

　　法国为欧盟国家中执行 END 条例较完整的国家之一，法国环保部依据欧盟条例规范，已于 2006 年 7 月以前针对城市噪声管理完成了相关法规的制定，并针对城市噪声地图模拟的相关法规已完成草案，其中针对各项定义、标准值及各种噪声源测量方法与使用指标等相关问题制定相关的法规，以利于进行噪声地图的绘制工作，并已将全国各项环保监测数据（如噪声等）实时监测值及管理标准情况发布于网络上进行实时展示，以供群众实时获取信息。巴黎市政府于 2006 年针对大巴黎市区进行共计 250 点次的噪声监测工作和城市噪声地图绘制工作，同时也将巴黎市 2D 及 3D 模式的噪声地图展示于网页上，供群众查询。

　　（3）西班牙

　　西班牙首都马德里市由市议会通过由马德里市环境部执行大型噪声地图绘制计划，利用近 30 年的噪声数据库，结合 4000 多点次的移动式噪声监测结果，将 2002 年已完成的噪声地图结果进行了修正。

　　（4）美国

　　美国佛蒙特州的 Chittenden County 是美国较早绘制噪声地图的城市，于 2005 年 2 月发布了该县的道路交通噪声地图。

　　（5）亚洲及中国噪声地图发展情况

　　① 中国香港地区　交通噪声也成为香港最严重的噪声问题，滋扰超过 100 万市民。香港环保署为了解道路交通噪声对香港民众的影响，进行了有关香港噪声地图的绘制工作，以 2000 年的交通流量及噪声监测结果为基础，于 2006 年年底完成了香港各区的交通噪声地图

绘制工作。

　　② 中国内地　　近年来，我国内地在噪声领域也开始了绘制城市噪声地图的相关研究工作，一些科研单位、噪声相关企业相继绘制了若干区域的噪声地图。2009 年，北京市劳动保护科学研究所针对北京市的情况，首次绘制了具有策略规划性意义的北京市环境噪声地图，是国内城市噪声地图领域中具有标志性的事件。

　　（6）其他国家

　　欧洲其他国家的多个城市也绘制了自己的噪声地图，如德国和比利时等有关城市都绘制了噪声地图。

第 3 章　噪声控制方法概述

噪声控制是一门研究如何获得适当声学环境的技术科学。噪声控制需要采取技术措施、需要投资，最终只能达到适当的声学环境，即经济上、技术上和要求上合理的声学环境，而不是噪声越低越好。例如，考虑听力保护时，使噪声级降到 70dB（A）最为理想。但是有些工业环境有时在技术上达不到，或经济上不合理，或虽然达到要求但在操作上将引起很大不便，或者使生产力降低，这时就只能采取折中的标准，但无论如何也不能超过 90dB（A），否则达不到保护的目的。在某些情况下，达到 90dB（A）有困难，这时可以在个人防护上或接触噪声时间上采取措施，在要求上合理、经济上合理，费用不可过高，但也不能说不需任何费用。噪声控制不等同噪声降低。有时，增加噪声可以减少干扰。例如，一面积达 10000m² 的开敞式大办公室，上百人在里面工作，效率虽然提高，但相互干扰却是个严重问题。有人来接洽工作或一组讨论问题都会干扰相邻各组。若各组间用半截屏障（其表面和天花板加吸声处理）隔离虽可改进条件，但仍相互影响。这时最好的解决办法就是在室内发出白噪声，建立起比较均匀的 A 声级[50dB（A）]的噪声场。这种环境下，邻组谈话的声音就被白噪声所淹没而听不到。但本组谈话因距离近，则不受影响，有效建立起各组间的隔离，从而不互相干扰。这种方法可在很多情况下使用。在医生候诊室，保密的谈话室或会议室等，都可以发出白噪声，将室内的谈话声淹没，从而达到噪声控制目的。

噪声控制考虑从声源上降低噪声、从噪声传播途径上降低噪声以及对接收者进行防护三种措施，具体采取哪一种或几种方式则应从经济、技术上来考虑，这也是噪声控制的原则。

3.1　噪声控制基本方法

3.1.1　声源降噪

从声源控制噪声是噪声控制中最根本和最有效的手段，也是近年来最受重视的问题。1979 年在美国召开的第十届国际噪声控制会议提出，20 世纪 80 年代为"从声源控制噪声"的年代。研究发声机理，抑制噪声的发生是根本性措施。例如，减少振动、减少摩擦、减少碰撞、改变气流等都能使声源输出大为减少；减少作用力也是一个方法，如改变机器的动平衡、隔离声源的振动部分等，使振动部分的振动减小也很重要，如使用阻尼材料、润滑或改变共振频率、避免共振等。近年来，对气流噪声和撞击性噪声的研究进展，有助于声源控制。调整设备操作程序也是控制声源的一个方面，如建筑施工机械或其他在居住区附近使用的设备要在夜间停止操作，不准汽车鸣喇叭等都是这方面的措施。从声源上降低噪声是指将发声大的设备改造成发声小的或不发声的设备，其方法包括：

（1）优化机械设计以降低噪声，如在设计和制造过程中选用发声小的材料来制造机件，改进设备结构和形状、改进传动装置以及选用已有的低噪声设备都可以降低声源的噪声。

（2）优化工艺和操作方法以降低噪声，如用压力式打桩机代替柴油打桩机，将铆接改为焊接，用液压代替锻压等。

（3）维持设备处于良好的运转状态，因设备运转不正常时噪声往往增高。

3.1.2　传播途径降噪

在噪声传播途径上降低噪声是一种常用的噪声防治手段，因为机器或工程完成后，再从声源上控制噪声就受到限制，但途径上的处理却大有可为。具体做法如下：

（1）采用闹静分开和合理布局的设计原则，控制噪声影响范围

将工业区、商业区和居民区分开，以使居民住宅远离吵闹的工厂。在工厂内部，可把高噪声车间和中等噪声车间、办公室、宿舍等分开布置。在车间内部，可把噪声大的机器与噪声小的机器分开布置。这样利用噪声在传播中的自然衰减作用，能够缩小噪声的污染面。采用"闹静分开"的原则，关键在于确定必要的防护距离。对于室内声源（如车间里的各种机器）应考虑厂房隔墙的降噪作用。实测表明，厂房内噪声向室外空间传播，其声压级衰减可粗略估计为：通过围墙（开窗条件下）可衰减 10dB（A）。

（2）利用噪声源的指向性合理布置声源位置

在与声源距离相同的位置，因处在声源传播的不同方向上，接收到的噪声强度会有所不同。因此，可使噪声源传播到无人或对安静要求不高的方向，而对要求安静的场所（如宿舍、办公室等），则应避开噪声强的方向，就会使噪声干扰减轻一些。但多数声源在低频辐射时指向性较差，随着频率的增加，指向性就增强。所以，改变噪声传播方向只是降低高频噪声的有效措施。

（3）利用自然地形物降低噪声

在噪声源与需要安静的区域之间，可以利用地形地物降低噪声（图 5-3-1），如位于噪声源和噪声敏感区之间的山丘、土坡、地堑、围墙等。

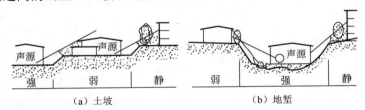

图 5-3-1　利用地形地物降低噪声

（4）合理配置建筑物平面布局

合理布局噪声敏感区中的建筑物功能和合理调整建筑物平面布局，即把非噪声敏感建筑或非噪声敏感房间靠近或朝向噪声源。

建筑物内部房间配置的合理，也能减轻环境噪声的干扰。如图 5-3-2 所示，将住宅内的厨房、浴室、厕所和储藏室等布置在朝向有噪声的一侧，而把卧室或书房布置在避开噪声的一侧。采用"周边式"布置住宅，就能减弱或避免街道交通噪声对卧室和书房的干扰；反之，如果采用"行列式"布置住宅群，则使住宅区所有房间都暴露在交通噪声中，就会增大噪声

的干扰程度。

（5）通过绿化降低噪声

采用绿化的方式降低噪声，要求绿化林带有一定的宽度，树也要有一定的密度。绿化对 1000Hz 以下的噪声降噪效果甚微，当噪声频率较高时，树叶的周长接近或大于声波的波长，则有明显的降噪效果。实测表明，2000Hz 以上的高频噪声通过绿化带，每前进 10m 其衰减量为 1dB（A）。总之，绿化带若不是很宽，减噪效果是不明显的。

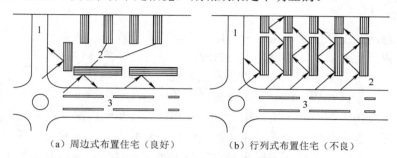

（a）周边式布置住宅（良好）   （b）行列式布置住宅（不良）

图 5-3-2　建筑布局对防止噪声的作用

1—小区道路；2—住宅；3—主要干道

（6）采取声学控制措施

以上方法仍不能控制噪声危害时，可以采取声学处理措施，例如对声源采用消声、隔声、隔振和减振措施，在传播途径上增设吸声、隔声等措施。如表 5-3-1 所列的是常用的噪声声学控制技术适用的场合及降噪效果。

表 5-3-1　噪声声学控制技术措施应用举例

现场噪声情况	合理的技术措施	降噪效果/dB
车间噪声设备多且分散	吸声处理	4~12
车间工人多，噪声设备台数少	隔声罩	20~30
车间工人少，噪声设备多	隔声室（间）	20~40
进气、排气噪声	消声器	10~30
机器振动，影响邻居	隔振处理	5~25
机壳或管道振动并辐射噪声	阻尼措施	5~15

3.1.3　接收者防护

如果对声源和传播途径的控制仍不能达到有关标准时，或在机器多而人少，或降低机器噪声不现实或不经济的情况下，可考虑对噪声的接收者采取适当的防护措施，如佩戴防噪劳保用品、建立隔声控制室、采用轮换作业方式等。常用的防声用具有耳塞、防声棉、耳罩、头盔等，它们主要是利用隔声原理来阻挡噪声传入人耳，以保护人的听力。在必须使用护耳器时应建立听力保护安排，对工人做宣传教育，检查听力，必要时调整工作，缩短操作者在高噪声环境下的暴露时间，如轮换作业、缩短工时等。

　　本章提及的噪声控制方法，可以单独使用，也可以多种方法同时使用，具体采用什么方法需要根据实际情况，综合考虑各种因素，选取最优控制方案。此外，需要强调的是：噪声控制并不仅仅是消极的手段，国内外不少噪声控制技术对于降低能耗，增加机械效率都有有益的作用；在许多噪声控制实例中，声源发射噪声的降低，往往意味着机械效率的提高，而降噪手段又往往减少设备机体及建筑物的振动，从而延长建筑物与设备的使用寿命；进行噪声控制，可以保障劳动者的健康，保障工作的正常进行，避免事故。

3.2　噪声控制步骤

　　在实际工程中，噪声控制大体可分为两类情况：一类是工程已经建成，由于设计或施工中考虑不周，在生产中出现噪声危害，这时，只能采取一些补救措施来控制噪声；另一类是工程尚未建成，根据工程的声环境影响评价应进行噪声达标设计，在设计阶段就要考虑可能出现的噪声影响问题，这时，根据工程的需要和可能，统筹兼顾，采取一些必要的治理措施。很显然，两类情况比较，后一类情况工作主动，回旋余地大，往往容易确定较为合理的噪声控制方案，收到较好的实际效果。在工程建成后，一般建议采用如图 5-3-3 所示的程序进行噪声控制。

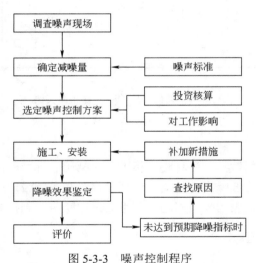

图 5-3-3　噪声控制程序

3.2.1　调查噪声现场

　　现场调查的重点是了解现场的主要噪声源及其产生的原因，同时弄清楚噪声传播的途径，以供在研究确定噪声控制措施时，结合现场具体情况进行考虑，或者加以利用。根据需要可绘制出噪声分布图，这样可以使各处噪声的分布一目了然。噪声分布图有两种表示方法：在直角坐标中用数字标注和用不同的等声级曲线表示。第一种方法简便，能直接看出某一位置的噪声级数值。第二种方法直观，可看出各处的噪声分布情况。有条件时可将两种图绘制在一起。图 5-3-4 为某化工厂的噪声分布图实例。

　　绘制噪声分布图要做好以下几项工作：①准备一幅厂区总图，了解工厂的工作范围，厂房和机械设备的布置，车间建筑和其他构筑物的特征等；②对厂区各点进行噪声测量；③绘制噪声分布图，将测得的数值按相应的编号标明在总图中。

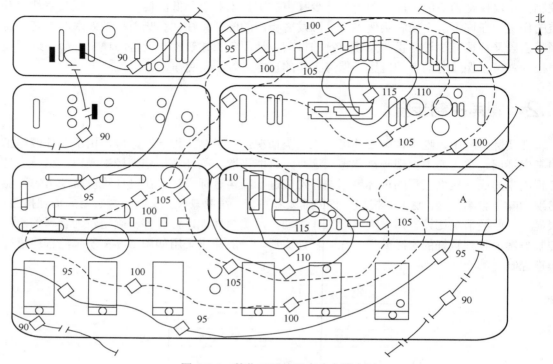

图 5-3-4　某化工厂的噪声分布图实例

3.2.2　确定减噪量

把调查噪声现场的资料数据与各种噪声标准（包括国家标准、部颁标准及地方或企业标准）进行比较，确定所需降低噪声的数值（包括噪声级和各频带声压级所需降低的分贝数）。一般来说，这个数值越大，表明噪声问题越严重，采取噪声控制措施越迫切。

3.2.3　选定噪声控制方案

以上述工作为基础，选定控制噪声的实施方案。确定方案时，要根据现场情况，既要考虑声学效果，又要经济合理和切实可行；具体措施可以是单项的，也可以是综合性的。措施确定后，要对声学效果进行估算，有时甚至需要进行必要的实验，要避免盲目性。如在一个厂房里，有几台铣床和一台空压机，空压机的噪声要比铣床噪声高得多。如果不是首先对空压机噪声采取治理措施，而是对铣床进行噪声控制，那么，即使所采取的措施再精细、再完善，整个厂房内的噪声也不会降低多少。

在确定噪声控制方案时，除考虑降噪效果外，还应兼顾投资、工人操作和设备运行等因素。如果一个车间内有数十台机械设备有噪声，而操作工人不多，又不是经常站在设备旁工作，此时可采取建立隔声间的措施，而不必对每台机器设备都进行噪声治理。表 5-3-2 为根据不同噪声情况建议采取的主要措施和次要措施。

表 5-3-2　噪声控制措施建议方案

情况	声源降噪	隔振、阻尼包扎、消声器	隔声罩（屏）	隔声间	吸声处理	个人保护
一般噪声	次	次	—	—	主	—
声源少、人多	次	次	主	—	次	—
声源分散、人多	次	次	次	—	主	—
声源少、人少	次	次	—	次	—	主
声源多、人少	—	—	主	—	—	次
内燃机和气动设备	次	主	次	—	—	—
各种措施效果/dB（A）	5～10	5～30	5～30	5～40	3～7	10～40
对生产操作的影响	无	无	稍有影响	无	无	无

3.2.4　降噪效果的鉴定与评价

　　某种噪声控制措施实施后，应及时对其降噪效果进行鉴定。如果未达到预期效果，则应查找原因，根据实际情况再补加一些新的控制措施，直至达到预期的效果为止。最后对全部噪声控制工作做出总结评价，其内容包括降噪效果如何、投资多少及对正常工作的影响情况等。噪声控制是一项综合性工作，应从多方面考虑，选定最佳方案。如果投资很高，或影响工人操作及设备工作效率，即使减噪效果明显，也不能认为是成功的。

　　对尚未建成的工程，应先参考同类型设备或同类工程的噪声资料，进行噪声控制设计。设计前，可先做一些局部的噪声测量。设计时，要统筹兼顾，全面安排，切实避免工程建成再考虑噪声控制工作的被动局面。例如，一个机组的振动问题，如果在设计阶段就考虑到，安装减振器或设计成隔振基础，都是容易实现的。再如，对于某些噪声，原本通过安装消声器就可以解决，但如果设计时未注意，等到建成后，往往连安装消声器的空间也成问题。此外，还应尽可能注意"综合利用"，即把治理噪声与其他方面的工作结合起来。例如，一些管道外壁的保温措施，在一定条件下可与吸声、隔声、阻尼等降噪措施结合考虑；又如防尘的密封罩，可结合做成具有降低噪声性能的隔声罩等。

3.2.5　噪声控制的经济性

　　噪声控制是需要合理投资的。噪声控制的投资不是浪费，因为：保护工人听力就是保护生产力，收获是大的；提高工作效率和学习效率，收获也是难以估计的；保证休息更是长远利益（有些患神经衰弱、高血压等病症的工人多半是因为休息不足）。这些影响往往当时不甚明显，等到明显时，就已造成损失，甚至无法补救了，所以需特别注意。

　　噪声控制需要投入，而且投入要合理。在当前，汽车制造已达到相当高的水平（包括在噪声水平，汽车功率转变为噪声的部分不超过百万分之一左右），把汽车噪声降低 5dB（A）的要求似乎不高，但这意味着将噪声能量减少 2/3，这并不是个简单问题，一般需要降低噪声的设备或场所，往往要降低 20dB（A）或 30dB（A），也就是噪声能量要减少到原来的 1/100或 1/1000，这更不是轻而易举就能实现的了，因此在经济上有所要求也是合理的。

　　采取噪声控制措施，如果在机器设计或工程设计开始时就加以认真考虑，结合到设计中去，则噪声控制的附加费用就很有限了，甚至不需要附加费用。若噪声问题已经形成，再采取措施，往往需要一定经费。例如，选用低噪声设备、低噪声工艺、厂房预加吸声处理等，都比事后补救要经济得多，这也是噪声控制中应予特别注意的问题。

3.2.6 噪声控制技术的发展

噪声控制技术在许多方面都比较成熟，大部分噪声问题在技术上都可以解决。但噪声控制技术本身也在发展，还需要进行大量的研究，对噪声源进一步深入了解，研究出更有效、更经济的控制手段。

利用材料进行噪声控制，一般是利用材料进行吸声、隔声或者减振降噪。利用结构进行噪声控制，常用的有吸声结构和隔声结构两种。吸声结构是利用声波的扩张、共振等原理来实现吸声降噪；隔声结构则是通过利用结构的刚度、阻尼和质量特性来实现隔声降噪。隔声结构包括单层、多层和复合隔声结构等。隔声结构的隔声量随频率的变化而变化。消声器是在传播途径上抑制噪声的有效手段，而且它具有衰减声能并让气流通过的特点。消声器分为阻性、抗性、阻抗复合式等多种，在风机、车辆等领域有着广泛的应用。

近年来噪声控制的理论方法和技术手段的研究也有很大发展。在理论方法方面，除了传统的微分方程、格林函数等以外，有限元和边界元方法也已成为分析复杂的振动问题和声场问题的有力工具，统计能量分析和能量流的概念等也使以前难用精确方法处理的复杂噪声和振动问题有了解决的方法。计算技术的发展给噪声测量分析带来了巨大变化。快速傅里叶变换、振动分析、声强测量等都已有现成设备，以电子计算机和多通道分析器为基础的通道测试设备的不断发展，使过去需要几天、几十天的测量分析工作现在可在几分钟内完成，使过去不可能进行的工作现在变为可能。利用设计进行噪声控制，即针对噪声源的特点，通过选用低噪声结构和材料，并利用声学理论和现代设计方法进行噪声控制与降噪设计是现代产品设计研发的重要手段。

随着噪声环境的日趋复杂，加之人们对声学环境要求的日益提高，传统的噪声控制方法已不能满足要求，尤其是对低频噪声的控制，其降噪效果甚微。在这种情况下，有源噪声控制技术诞生并得到快速发展。有源噪声控制方法可以在指定空间内产生与噪声源幅值相等、相位相反的二次声，使之与主噪声叠加，最终达到降噪的目的。

在有源噪声控制 70 多年的发展历程中，研究了大量的智能材料，如磁流变体、电流变体、压电陶瓷、形状记忆合金（SMA）、弛豫形压电单晶材料、高相变温单晶材料、新型压电陶瓷等，利用智能材料抑制结构振动可有效地降低结构声辐射，其在汽车、船舶、航空、航天等领域得到了应用。

智能材料的研究成果促进了各种智能结构（智能作动器、智能传感器等）的发展，如利用智能材料制成平板、锥形、球形等各种形式磁流变阻尼器、缓冲器、激振器、离合器等，这些智能结构能减少结构的振动，降低结构振动声辐射或者抑制噪声传播。相比传统作动器和传感器，基于智能材料的分布式传感器和作动器更适用于分布式参数系统，有着很大的优越性和广阔的应用前景。

20 世纪 80 年代末到 90 年代中期，随着控制理论和数字信号处理技术（DSP）的发展，有源噪声控制技术已由单频向多频、被动适应到自适应、一维到三维、不稳定到稳定等方向发展。20 世纪 90 年代后期，开始尝试将神经网络方法应用于有源噪声控制中。有源噪声控制不仅促进了噪声控制技术本身的发展，而且丰富、完善了噪声控制的理论与方法。

随着纳米技术的崛起，拓展了人类利用资源和保护环境的能力，为彻底改善环境和从源头上控制噪声污染创造了条件。纳米材料具有辐射、吸收、吸附等许多新特性，可彻底改变一些传统的噪声控制模式。例如，用纳米材料制作的潜艇"蒙皮"，可以灵敏地"感觉"水流、水温和水压的细微变化，通过中央计算机适时调整潜艇的运行状态，从而最大限度地降低噪声。当机器设备等被纳米技术微型化以后，其互相撞击、摩擦产生的交变机械作用力将大为减少，噪声污染便被得到有效控制。运用纳米技术开发的润滑剂，既能在物体表面形成半永久性的固态膜，产生极好的润滑作用，得以大大降低机器设备运转时的噪声，又能延长它的使用寿命。

注：关于噪声控制技术的新进展，在本手册第 14 篇"噪声与振动控制技术新进展"中有更深入的讨论，请参阅第 14 篇。

3.3　城市噪声控制

城市噪声控制方法与城市主要噪声源及其主要特征密切相关，根据我国《环境噪声污染防治法》，环境噪声是指在工业生产、建筑施工、交通运输和社会生活中所产生的干扰周围生活环境的声音，故对城市噪声的控制也按此四类噪声源特征分别采用不同方法管理和控制。

3.3.1　城市重要噪声源的控制

（1）工业噪声的控制

根据目前的环境噪声管理要求，在城市范围内向周围生活环境排放工业噪声的，应当符合国家规定的工业企业厂界环境噪声排放标准，现行的排放标准是 GB 12348—2008《工业企业厂界环境噪声排放标准》。

在工业生产中因使用固定的设备造成环境噪声污染的工业企业，必须按照国务院环境保护行政主管部门的规定，向所在地的县级以上地方人民政府环境保护行政主管部门申报拥有的造成环境噪声污染的设备的种类、数量以及在正常作业条件下所发出的噪声值和防治环境噪声污染的设施情况，并提供防治噪声污染的技术资料。产生环境噪声污染的工业企业，应当采取有效措施，减轻噪声对周围生活环境的影响。

在措施层面对工业噪声的控制，业界也已经研究得比较详细，除了对操作者的保护（如佩戴防噪劳保用品、建立隔声控制室、采用轮换作业等）之外，主要是对噪声源和传播途径采取声学控制措施。一般的方法是：对发声机械加设隔声罩、基础安装隔振设施；对高速发声气流通道安装消声器；对车间内壁铺设吸声材料、对发声车间采取密闭隔声措施等。

（2）建筑施工噪声的控制

在城市市区范围内向周围生活环境排放建筑施工噪声的，应当符合国家规定的建筑施工场界环境噪声排放标准。

在城市市区范围内，建筑施工过程中使用机械设备，可能产生环境噪声污染的，施工单位必须在工程开工 15 日以前向工程所在地县级以上地方人民政府环境保护行政主管部门申报该工程的项目名称、施工场所和期限、可能产生的环境噪声值以及所采取的环境噪声污染防治措施的情况。

在城市市区噪声敏感建筑物集中区域内，禁止夜间进行产生环境噪声污染的建筑施工作业，但抢修、抢险作业和因生产工艺上要求或者特殊需要必须连续作业的除外。

因特殊需要必须连续作业的，必须有县级以上人民政府或者其有关主管部门的证明。

（3）公路交通噪声的控制

影响公路交通噪声的主要因素有车流量、车型、车速、鸣号情况、道路类型（地面、高架或隧道）、道路表面状况（粗糙度）、道路坡度、道路两侧屏障、道路两侧绿化率等，因此控制其噪声应从这些因素入手。

① 加强车辆管理 通过立法限制车流量、车速、控制车辆通行时间和禁鸣喇叭等，只要管理严格，对降低公路噪声有明显的成效。例如，汽车喇叭鸣号比车辆行驶声级高 10～15dB（A），因此对某些路段禁鸣喇叭就极有效果。实际上，目前我国已有许多城市颁布了市内禁鸣车喇叭的条例。

② 改善路况 保持路面平滑、减少道路坡度、绿化道路两侧和隔离带等措施也能有效减少公路噪声。粗糙沥青路面和有沟槽的混凝土路面，比普通沥青和混凝土路面可高出 5dB。道路坡度为 3°～4° 时，比平路高出 2dB；>7° 时可高出 5dB。绿化带可加强吸声，减少反射，10m 绿化带本身仅能降噪 1～2dB，但从心理上减少了人的烦恼。

③ 设置隔声屏障 对某些路段可能需要设置隔声屏障，以保护路边特殊环境区域。根据噪声强度、保护要求、经济预算选择合适的隔声屏障，并进行有关设计。

（4）铁路（轨道交通）噪声的控制

铁路噪声包括行驶时产生的噪声和鸣笛声。行驶噪声主要来源于车轮与轨道之间的撞击声和机车的动力装置噪声。轮轨撞击声与铁轨的连接方式有关，采用螺栓连接的因铁轨之间留有缝隙，因而比焊接的铁轨噪声要大 5dB 左右。机车动力噪声又分发动机噪声和排气噪声。当车速以中低速行驶时，车头的机车动力噪声是主要噪声源，一般比车厢的轮轨撞击声高出 6～10dB。当车速提高时，主要噪声源转为车身的空气动力噪声。此外，火车鸣笛声级很高，车头正前方 30m 处可达 105dB（两侧低 5～10dB）。

目前由于运输业的发展，铁道正向焊接轨、电气化火车转化，因此这方面的噪声有所缓解。但由于火车不断提速，空气动力性噪声又有所增加。

对铁路噪声的防治应主要从规划上着手，避免文教卫商、居住区靠近铁路。严格执行环境影响评价制度，确保铁路噪声排放对居民的噪声影响在标准允许范围内，对某些特殊路段设置声屏障或隔墙。另外，在做好安全措施的同时，对鸣笛的路段和时间也可以有所限制。

（5）飞机噪声的控制

飞机噪声主要由进气噪声、发动机噪声和高速喷气噪声三部分组成，尤以喷气噪声功率最大。其主要的影响活动有以下四个方面：

① 飞机起飞和降落噪声 飞机起、降时噪声级最大，又是近地飞行，对机场附近环境影响尤为严重。因起飞时发动机处于满负荷，因此一般起飞时比降落时声级高 5dB。据测定，飞机起飞时，离喷口直径 4～5 倍处，气流速度超过 340m/s，噪声频率主要在高频，声级可达 140dB 以上。

② 飞机的地面试车和起飞前的试运转准备 大型喷气客机起飞前的试运转时间一般在 1min 以内，螺旋推进器飞机则一般需要 2min 以上。如果是维护和检修，则可能长达 1h 以上。

③ 飞机的巡航噪声 即飞机在航线以上一定高度飞越城区时对城区环境的干扰，与飞行速度和飞行高度有关。

④ 超音速飞机的低频冲击　在飞机低空高速飞行或特大型超音速飞机飞过时产生的低频冲击扰动，即所谓的声爆或轰声等影响很大。

在控制对象上，主要是针对起降噪声和地面试车噪声，也就是机场噪声。

控制措施上，最主要的是要合理规划布局机场位置、跑道方向、检修试车位置等。要考虑到飞机发动机运转的辐射指向性、季节主导风向的声影响等因素，合理布局机场内部构筑物。

（6）社会生活噪声的控制

社会生活噪声是指人为活动所产生的除工业噪声、建筑施工噪声和交通运输噪声之外的干扰周围生活环境的声音。

根据目前的管理要求，在城市市区噪声敏感建筑物集中区域内，因商业经营活动中使用固定设备造成环境噪声污染的商业企业，必须按照环境保护行政主管部门的规定，向所在地的县级以上地方人民政府环境保护行政主管部门申报拥有的造成环境噪声污染的设备的状况和防治环境噪声污染的设施的情况。

新建营业性文化娱乐场所的边界噪声必须符合国家规定的环境噪声排放标准。不符合国家规定的环境噪声排放标准的，文化行政主管部门不得核发文化经营许可证，工商行政管理部门不得核发营业执照。

经营中的文化娱乐场所，其经营管理者必须采取有效措施，使其边界噪声不超过国家规定的环境噪声排放标准。

在商业经营活动中使用空调器、冷却塔等可能产生环境噪声污染的设备、设施，其经营管理者应当采取措施，使其边界噪声不超过国家规定的环境噪声排放标准。

禁止任何单位、个人在城市市区噪声敏感建设物集中区域内使用高音广播喇叭。

在城市市区街道、广场、公园等公共场所组织娱乐、集会等活动，使用音响器材可能产生干扰周围生活环境的过大音量的，必须遵守当地公安机关的规定。

使用家用电器、乐器或者进行其他家庭室内娱乐活动时，应当控制音量或者采取其他有效措施，避免对周围居民造成环境噪声污染。

在已竣工交付使用的住宅楼进行室内装修活动，应当限制作业时间，并采取其他有效措施，以减轻、避免对周围居民造成环境噪声污染。

3.3.2　城市噪声环境规划

合理的城市建设规划，对未来的城市噪声控制具有非常重要的意义。城市建设规划可从城市人口控制、土地的合理使用、区域的划分和道路设施以及建筑物的布局等方面来考虑。

（1）人口的影响

控制城市人口是十分重要的，根据欧洲国家的统计，人口的增长与城市噪声有如下关系：

$$L=27+10\lg P \tag{5-3-1}$$

式中　L——从早上 7 点到晚上 11 点的平均声级，dB（A）；

P——人口密度，人/km^2。

用上式估计城市噪声，其准确度在 3dB（A）以内，这在我国也基本适用。

因此，严格控制城市人口密度的增长对减少城市噪声效果很明显。为了解决城市人口过于集中，并随之带来的工业、商业、交通的集中，许多国家正采取在大城市远郊区建立卫星城的办法。比如，美国只有纽约、旧金山等几个城市是集中建设，大部分城市是卫星城建设，洛杉矶有一万多个卫星城。

（2）合理地使用土地与划分区域

合理使用土地与划分区域是城市建设规划中减少噪声对人的干扰的有效方法。根据不同的使用目的和建筑物的噪声标准，选择建筑物所处位置，从而决定建立学校、住宅区和工厂区的合适地址。在进行建筑施工以前，首先应该进行噪声环境的预测，看是否能符合该建筑的环境噪声标准。

对于兴建噪声较大的工矿企业，还应该先进行预测评价，估计它们对周围环境的影响。在区域规划中，应该尽量使居民区不与吵闹的工业区和商业区混杂，也应该考虑噪声控制的措施。

（3）道路设施和两侧建筑布局

合理的布局对减少交通噪声具有很好的效果。目前一些国家在高速公路进入市区的路段，采用路旁屏障来降低交通噪声干扰。在通过居住区地段，利用临街商亭手工艺工厂作为屏障，也是一种可行的办法。在沿道路快车线外沿建筑商亭，使商亭背面作为广告墙面朝向道路一侧，而商亭营业门面朝向居住建筑物一侧，这样的设施不仅是理想的声障板，对美化市容、保证交通安全也有好处。

道路绿化降噪效果是不显著的，一般很厚的林带，每 100m 有 10dB（A）左右的降噪效果。草皮每 100m² 有几分贝的降噪效果。但在城市中种植几十米甚至上百米的林带是不现实的。绿化降噪本身的衰减量虽然不大，但绿化对环境的静化却有一定的心理效果。道路两侧建筑物布局方法，应考虑到使噪声的影响降至最小。例如，利用地形或隔声屏障，使噪声不断降低，图 5-3-5 中是建筑物布局对噪声影响的几个实例。

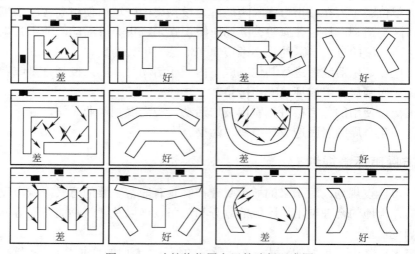

图 5-3-5　建筑物位置布局的选择示意图

此外，在住宅建筑物临路一侧，可设有吸声墙面和顶棚的走廊，这样对居住房间的噪声可以减少 10dB（A）以上。目前我国城市道路两侧住宅，大都是高 12 层以上的高层建筑，这对背道路一侧的居住区来说是一个很好的声屏障。

3.3.3　城市声景观设计

工业革命以后，由于城市化的发展，噪声成为影响人们生活的又一大污染。20 世纪 60

年代末，加拿大作曲家 R.Murray Schafer 首次提出了"声景观"的概念，促使人们对传统的"听觉"行为进行反省和再认识。声景观是声音和景观的复合词，是相对于"视觉的景观而言的"听觉的景观，其意义为用双耳捕捉的景观，即"听觉的风景"。

声景观中的主体还是声音，根据声景观中声音的作用（或特点），将声音分为以下三种。

（1）基调音

基调音又称为背景音，作为其他声音的背景而存在，描绘生活空间中的基本声音特色。基调音是在某一自然和社会环境中，可以频繁地听到的声音，如风声、水声、旷野之声、鸟声和交通噪声等。作为其他声音的背景，突出其他声音的存在，基调音是不可缺少的，同时，它也是代表地域或时代特征的重要因素。例如：在海滨，基调音就是大海的波浪声；在城市地区，基调音就是城市的喧闹声。

（2）信号音

信号音也称为情报音，带有信号的功能，利用其本身所具有的听觉上的提示作用来引起人们的注意，如钟声、汽笛声、号角声、警报声等。虽然信号音根据其内容的不同，有地域的差异，但并没有像基调音那样有代表地域和时代特征的功能。此外，为了强化信号音的信号功能，常常使用扬声器等设备，因此信号音也有噪声化倾向。例如，铁道边火车通过时的报警铃、防灾预报的播放等。

（3）标志音

标志音在声景观设计中也称为演出音，是具有独特的场所特征的声音，包括自然声和人工声，如间歇喷泉和瀑布，以及钟声和传统的活动声等。该地域的人对于这种声音有着亲切感，与景观标志的调查和发掘所不同的是，景观标志可以通过现场调查来获得，而声景观中的标志音就必须通过对当地较长时间的居住者或工作者的访问才能获得。这种标志音是象征着某一地域或时代特征的最有代表性的声音，也是城市规划和建筑设计中必须加以保全和复兴的重要对象。

3.3.3.1　声景观的特征

声景观理念的基本特征体现在以下方面。

（1）从部分（个别）到全体

传统意义上的声音，就是指"听到的某个或某些声音"，它们之间是互相独立、不产生联系的，常常是把个别的声音从环境中分离出来，对单个的声音进行认知和把握。更进一步，声环境也不是孤立的声环境，而是整体环境中的一个组成要素，也就是把声环境作为总体环境中的声环境来加以把握。同样的声音，如果所处的环境不同，不仅使声的传播、吸收、反射、透过等物理特性发生变化从而影响到听觉效果，而且由于环境氛围的不同，人的感受也会有很大差别。而声景观的概念，是把这些个别声音的组合作为一个整体的声环境来进行捕捉。例如，人们在清晨的校园中漫步时听到的鸟叫，是在与校园里的琅琅读书声、树叶的沙沙声、人们的晨练声，以及各种各样的声音所组成的关系中进行感受和品位的。声环境的构成要素，包括自然声、人声、人工声，以及内心的记忆联想声等。

（2）从孤立到联系的转换

声景观作为景观要素之一，并不是孤立存在的。一方面，声音会因环境的不同而改变其传播、吸收、反射、透射等物理特性，从而使最终的听觉效果受到影响；另一方面，人们对于声景观的主观感受，会由于环境氛围的差异而大不相同。例如，同样的声音，在城市与在乡村，或者在人迹罕至的深山幽谷中，其效果和印象都会大相径庭。这就是声景观的关联性。

（3）从单纯的物理现象到社会现象的转变

人们历来对声音现象的研究，主要侧重于用数量分析方法研究声音的物理特性，如测量或计算声压级、声频率特性、混响时间等。而从声景观的角度看，声音不仅具有自身的物理特性，还附加了社会性、历史性、人文性的意义，并且根据人的个体差异，附加有不同的价值和文化含义。从人文学科的角度看，声音不仅仅是单纯地可以用声学测定和频谱分析来导出的单纯物理量，而且是带有鲜明的个人感情色彩诸如喜、恶、记忆、健康、心理等的社会文化存在。同对于某一个声音，可以有相当满意的感受，也可能是完全否定的评价，也可能是中间的状态，甚至也有完全未被感知的状况。同时，人们往往是有选择性地去感知环境中同时存在的众多的声音。

此外，作为该特征的一个重要表现，声景观不仅包含了实体的声音，而且包括了非实在的声音，如记忆中的声音、联想的声音等，这些方面涉及心理学的内容，也是心理学研究的重点之一。上述内容在声环境的传统研究手法中是未能见到的。

3.3.3.2　声景观设计的步骤

声景观思想的提出和发展，不仅给声学研究带来了新的视角，同时也为景观设计带来新的理念和切入点。

声景观的设计，就是运用声音的要素，对空间的声音环境进行全面的设计和规划，并加强与总体景观的调和。"声景观的设计"与传统意义上的声学设计有着本质的区别，它超越了"设计/制造声音"的"物的设计"的局限，是一种理念和思想的革新。声学设计历来是以视觉为中心的"物"的设计理念，引入了声景观的要素后，把风景中本来就存在的听觉要素加以明确地认识，同时考虑视觉和听觉的平衡和协调，通过感官的共同作用来实现景观和空间的诸多表现。

传统的声学设计一般都是以人工声为主。声景观的设计理念首先扩大了设计要素的范围，包含了自然声、城市声、生活声，甚至是通过场景的设置，唤醒记忆声或联想声等内容。设计手法有正、负、零等三种考虑方法。正设计：在原有的声景观中添加新的声要素。负设计：去除声景观中与环境不协调的、不必要的、不被希望听到的声音要素。零设计：对于声景观按原状保护和保存，不做任何更改，如某地域和时代具有代表性的声景观名胜等。

通过了解声景观的定义及声景观的基本特征，进行声景观设计时，建议按照以下步骤进行。

（1）调查阶段

对现存声音风景的把握、对现存的背景声、情报声、演出声等声音要素的把握，或者从声源的种类来看，对自然声、人工声、生活声，特别是蓄积了地域固有资产和价值的历史/文化声、人们的联想声、记忆声等，进行全面彻底的调查和把握。对环境及地域全体的深层把握：对该环境的固有资产/价值，及其形成的主要原因和阻碍其发展的主要原因的探究和把握。

调查手法有：包含定点观测在内的观察调查；对居民或使用者、管理者的访问调查（特别是对长时间居住者/使用者/管理者）；小说、诗歌、散文、日记、民谣、绘画等艺术作品中对于声景观的描绘为对象的文献资料调查等。如果能综合以上的手法进行多角度的调查，那么对声景观的把握将会更加全面和深入，能更有效地体味声景观所蕴藏的魅力。

（2）规划/设计/施工阶段

从对声景观要素的解析可以看出，声景观不仅包含了作为物理现象的声，而且包含了传播声音的环境空间，以及作为受者（人）的感受，即声景观是研究声、环境和人的相互关系的方法和理念，因此，这三个方面的设计和调和是形成良好声景观必不可少的条件，如图5-3-6 所示。任何一个环节出现问题，都将损害到声景观的质量。

从"声"本身而言，其丰富性和协调性是很重要的。为了创造丰富的自然声，如小鸟的鸣叫声、树叶的沙沙作响、潺潺流水声等，在

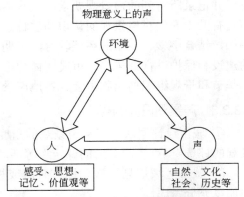

图 5-3-6　声、环境和人的相互关系

水环境设计和绿地规划等方面可以下很多功夫；为了创造丰富的历史文化声，可以结合文化历史景观的调查和设计，为声景观的设计提供更多的契机；对于人工声的设计也有很多课题，例如：对于不必要的人工声的探讨目前也越来越广泛，公共场所的背景音乐，由于个体之间的鉴赏差别，是否有存在的必要等问题也有待探讨。

从环境的角度而言：即使是同样的声音，由于传播空间的性状、材质等的不同，其反射、吸收和透过等物理现象也存在着显著的差异；环境中的其他环境因素，诸如视觉环境、热环境、嗅觉环境等的差别，对声音的感受也会有较大的影响；声源的空间分布等要素也会很大程度地影响听觉感受以及声景观的质量。因此，在规划和设计中必须对这些方面引起重视和进行考虑。例如，热闹空间、安静空间和缓冲空间的区分；根据声源特性进行建筑物、道路、绿地和设施等的布置和规划；建筑壁面材料的合理选择和布置设计等。

从受者的角度而言，主要应加强人们的声音环境意识，以及听取方法的再认识，把握声景观的理念。特别是从"被动地听"到"主动地去倾听""积极地去感受去联想"，对声景观必定会有新的感受和认识，并且还可以提高对周围环境的关心程度，触发对环境的亲近感，这是更长远的效果。因此，在规划和设计中，如果能积极地设置让人们主动地去倾听、去感受环境中固有的声音资源和价值的"场"，或者设置与视觉中心相对应的听觉的中心，将会唤醒人们长期以来沉睡的听觉审美感、听觉敏感度，从而提高人们对声环境，进而对整体环境的积极主动的关心和认识。

（3）管理/运营阶段

人的存在和活动是声环境存在和被感知的关键，因此，施工以后的管理和运营阶段，对声景观的效果有着很大的影响。可从硬件和软件两方面来考虑。

① 硬件方面　通过计算和综合分析，确定扬声器的数量、位置、品质参数；制定和完善包括播放时间、长度、内容、频度、音量等要素在内的播放管理体制；配置必要了解声环境知识的管理人员，定期检查和更新声景观设施；进一步加强对声音环境管理运营的经费预算的计划和充实等。

　　② 软件方面　首先可以利用各种渠道加强和促进人们对声景观的感受。例如，声景观地图的制作和设置、最喜爱的声景观的评选、声景观散步等活动的开展都是一些很好的方法。声景观地图就是在地图上标出主要的声景观，以引导人们有意识地去感受和把握声景观，这些地图可以通过居民和游客的评选制作而产生；声景观散步是组织人们在散步的同时，感受、发现并记录所听到的声景观要素。这些活动不仅有利于发掘和把握当地特有的声景观资源，而且有助于人们对声景观的认识和理解。其次，在声景观管理中可以引入公众参加的体制。例如，结合小学、中学的环境教育，定期组织学生对某地声景观进行记录和评价，对声景观的建设和保护进行宣传等。市民团体和组织也可以定期开展一些与声景观有关的活动，如结合季节和景观组织鸟鸣欣赏会、各地声景观评选等。

3.3.3.3　声景观设计的层次

　　① 城市设计层次　即从声景观的角度来挖掘城市的总体印象。一些国家曾经开展过"声景观的评选""声景观名所的评定"等活动。

　　② 城市区域规划层次　地方政府或规划部门把声景观的要素在城市或区域的整体规划中加以充分考虑。

　　③ 环境设计层次　基于声景观理念的具体的环境设计。

　　④ 建筑音响设计层次　从建筑物的构造、材料、几何特性等音响特性的角度进行建筑声环境的设计和处理。这是传统意义上的建筑声学的设计内容和手法。例如，歌剧院、音乐厅、会堂等的音质设计即为该层次的声景观设计。

　　⑤ 装置设计层次　如某些发声装置的设计。

3.3.3.4　声景观设计的发展

　　声景观研究工作应围绕以下几个方面展开。

　　（1）声景观的设计理念虽已被引入我国景观设计的理论研究领域，但仅仅处于探索阶段，尚未得到有关方面的足够重视。因此，加强声景观理论的普及和宣传，提高政府规划部门、设计师、投资方以及广大市民的声景观意识是当前工作的重要环节。

　　（2）声景观理论虽然早在20世纪60年代就已提出，一些发达国家已有了成功的案例，但是在我国的景观设计领域，尚未形成一个适合我国国情的声景观理论体系。结合各地的声景观特点，加强基础资料的收集，研究具有地域性的声景观理论和设计方法将是下一步工作的重点。

　　（3）声景观作为一个景观设计的组成部分之一，当前关于声景观的研究还停留在景观的声要素的层次，而景观设计的目标是塑造一个整体环境，其中包括声音、听者和空间环境三要素，它们彼此是一个互动的关系。声景观的设计，不仅要研究声要素本身，而且应研究其与听者、物质空间环境、社会文化、历史文脉的关系。

　　因此，在声景观设计研究与实践活动中，应充分重视景观的声音要素，积极地将声景观设计理念运用到景观设计的实践中去，进而启发其他相关景观要素（如触觉要素、嗅觉要素）的设计。通过五官的共同作用，多方位、多视角地实现景观的整体塑造，使景观设计作为强化人与环境之间和谐关系的媒体。

参 考 文 献

[1] 方丹群，张斌，等．噪声控制工程学．北京：科学出版社，2013．

[2] 杜功焕，朱哲民，龚秀芬．声学基础．南京：南京大学出版社，2001．

[3] 方丹群，王文奇，孙家麒．噪声控制．北京：北京出版社，1986．

[4] 马大猷．噪声控制学．北京：科学出版社，1987．

[5] 王文奇，江珍泉．噪声控制技术．北京：化学工业出版社，1987．

[6] 黄其柏．工程噪声控制学．武汉：华中理工大学出版社，1999．

[7] 郭瑞军，王晚香．城市道路交通噪声的预测及评价．交通与计算机，2007，25（6）：77-80．

[8] 郭心红，刘柱．船舶噪声污染与控制．交通环保，2003，24（4）：44-47．

[9] 黄飞，何锃，魏俊红，等．轻轨交通中轨道噪声的一种预测方法．噪声与振动控制，2003（6）：29-34．

[10] 焦大化．轻轨交通噪声预测方法．噪声与振动控制，1993（2）：23，33-36．

[11] 焦大化．铁路噪声预测计算方法．铁道劳动安全卫生与环保，2005，32（3）：101-107．

[12] 雷晓燕，罗锟．高速铁路噪声预测方法研究．噪声与振动控制，2008（5）：132-137．

[13] 李洪强，吴小萍．城市轨道交通噪声及其控制研究．噪声与振动控制，2007（5）：132-137．

[14] 刘旭东，薛程．道路交通噪声预测影响分析．环境保护科学，2007，33（6）：124-126．

[15] 王维．我国机场噪声评价量与噪声影响的定量关系．应用声学，2004，23（1）：8-11．

[16] 黄璞，蒋伟康．声强法在磁悬浮列车车厢声源识别中的应用．铁道工程学报，2005，89（5）：5-8．

[17] 李睿，毛荣富，朱海潮．近场声全息测量分析系统的开发及应用．噪声与振动控制，2009（1）：33-35．

[18] 杨殿阁，郑四发，罗禹贡，等．运动声源的声全息识别方法．声学学报，2002，27（4）：357-362．

[19] 于飞，陈剑，李卫兵，等．近场声全息方法识别噪声源的实验研究．振动工程学报，2004，17（4）：462-466．

[20] 于飞，陈剑，周广林，等．噪声源识别的近场声全息方法和数值仿真分析．振动工程学报，2003，16（3）：339-343．

[21] 吕玉恒，郁慧琴．噪声控制进展概述．工程建设与设计，2004（10）：3-5．

[22] 陈心昭．噪声源识别技术的进展．合肥工业大学学报（自然科学版），2009，32（5）：609-614．

[23] 汪庆年，李红艳，史风娟，等．基于频谱分析的电机噪声源的识别．声学技术，2009，28（4）：528-531．

[24] HJ 2.4-2009 环境影响评价技术导则-声环境．

[25] Liu Y, Hao Z, Bi F. Engine noise source identification with different methods. Transactions of Tianjin University, 2002, 8(3):174-177.

[26] FHWA traffic noise predition model. US Department of Transportation Federal Highway Administration, 1978.

[27] NMPB Methodologic guide: Road noise prediction 1-Calculating sound emissions from road traffic. Service d'études sur les transports, les routes et leurs aménagements.

[28] NMPB Methodologic guide: Road noise prediction 2-Noise propagation computation method including meteorological effects (NMPB 2008). Service d'études sur les transports, les routes et leurs aménagements.

[29] ISO 9613:2 Acoustics-Attenuation of sound during propagation outdoors-Part 2: General method of calculation.

[30] HARMONOISE Technical Report, HAR11TR-041210-SP10, 2004-12-17, Work Package 1.1 Source modelling of road vehicles.

[31] Paul de Vos, Margreet Beuving, Edwin Verheijen. Harmonised Accurate and Reliable Methods for the EU Directive on the Assessment and Management Of Environmental Noise-FINAL TECHNICAL REPORT. HAR7TR-041213-AEAT04, 25 February 2005.

[32] Stylianos Kephalopoulos, Marco Paviotti, Fabienne Anfosso-Lédée. Common Noise Assessment Methods in Europe (CNOSSOS-EU), 2012, JRC REFERENCE REPORTS, Report EUR 25379 EN.

[33] SCHALL 03 2006, Richtlinie zur Berechnung der Schallimmissionen von Eisenbahnen und Straßenbahnen (Draft, 21.12.2006).

第6篇

声源降噪与低噪声产品

编　著　吕玉恒　冯苗锋　辜小安

校　审　邵　斌　丁德云

第**1**章　声源降噪技术概述

在本手册第 2 篇噪声源数据库和第 5 篇噪声源的识别、预测及控制方法概述中已介绍了噪声源的大体情况，总的来说，噪声源繁多，降噪措施各异，都有一定效果，但最根本的是从声源上进行控制。工业噪声中的各类机械设备、电气设备，交通噪声中的各种交通工具，施工噪声中的各类施工机具，在其运行过程中都会发出噪声，这些噪声不仅对周围环境带来影响，造成噪声污染，有可能超过有关标准规定，而且对操作者带来危害。

一般来说，从声源上控制噪声应从两个方面着手：第一是改革工艺，采用低噪声工艺和设备，替代高噪声工艺和设备，例如采用焊接工艺替代铆接工艺，采用液压装置替代冲压设备，采用机器手替代人工；第二是提供低噪声产品，在保证机器设备各项技术性能基本不变的情况下，采用低噪声材料替代高噪声材料，采用低噪声部件替代高噪声部件，使整机的噪声大幅度降低，实现产品的低噪声化。

所谓低噪声产品，除特别注明者外，一般来说，同一类或同规格的设备，采取降噪措施后，其噪声级比原有设备的噪声级要低 10dB（A）以上，才称得上是低噪声产品。

从声源上控制噪声，研究、设计、生产低噪声产品已成为国内外噪声控制行业的主攻方向之一，在某些领域进展较大。例如大型豪华客机，近十年来，差不多每年要降低 1dB（A），现在乘飞机舒适多了。还有家用电器的空调机、电冰箱、洗衣机、吸尘器、洗碗机、油烟脱排机、吹风机等都在追求低噪声化，这些设备的噪声高低已成为评价其产品质量优劣的指标之一，是争取客户、推销产品的手段之一。在工业噪声领域，据统计已有 20 余种产品实现了低噪声化，被称为低噪声产品，其中风机类和冷却塔类低噪声产品居多。但是由于实现产品低噪声化在技术上难度较大，投入较多，总的来说，低噪声产品的种类和数量有限，待开发的领域广阔。

本篇重点介绍一些在工业领域中常用的设备，例如风机、空压机、冷却塔等的低噪声化情况，同时对机动车辆、高铁、船舶等降噪进展也做一个简要的介绍。

第 **2** 章　风机噪声源控制及低噪声风机

2.1　风机类别及噪声特性

　　风机是一种常用的通用机械设备，无论在工业部门还是日常生活中都广泛应用。按其作用原理不同可分为离心式风机、轴流式风机、混流式风机、罗茨鼓风机以及其他形式的风机。离心式风机按其叶片出口角不同又可分为前向、后向、径向等，后向型按叶片类型不同又可分为板型和机翼型。我国的风机存在着系列多、机号杂乱、性能重复等问题，正在制订系列化总体方案。按总体方案规定，我国的离心通风机，按其全压 H 不同，分为：高压系列，3000Pa$<H\leqslant$15000Pa；中压系列，1000Pa$<H\leqslant$3000Pa；低压系列，$H\leqslant$1000Pa。风机按其用途不同，可分为通用风机、除尘风机、工业通风换气风机、锅炉鼓风机、引风机、矿用风机等。

　　风机噪声比较复杂，一般风机是由电机拖动的，电机是外购件，电机噪声一般不再处理。风机噪声主要由空气动力性噪声和部分机械噪声（由壳体、轴承、传动装置引起）组成。空气动力性噪声是气体流动过程中产生的噪声，它又可分为旋转噪声和涡流噪声，如果风机出口直接排入大气，还有排气噪声。排气噪声的声功率与通风机出口排入大气的速度八次方成正比。通常，若排气速度很低，排气噪声可以不予考虑。

　　旋转噪声是由于工作轮上均匀分布的叶片打击周围的气体介质，引起周围气体压力脉动而产生的噪声。旋转噪声的频率 f_r 如式（6-2-1）所示：

$$f_{\mathrm{r}} = \frac{nz}{60}i \quad (\mathrm{Hz}) \tag{6-2-1}$$

式中　n——风机工作轮每分钟转数，r/min；

　　　　z——叶片数；

　　　　i——谐波序号。i=1 为基频。i=2、3、4…为高次谐音。从噪声强弱上来说，基频最强，其高次谐音总的趋势是逐渐减弱的。

　　涡流噪声又称为旋涡噪声。它主要是由于气流流经叶片时，产生紊流附面层及旋涡与旋涡分裂脱体，而引起叶片上压力的脉动所造成的。涡流噪声的频率 f_i 如式（6-2-2）所示：

$$f_i = Sr\frac{w}{l}i \quad (\mathrm{Hz}) \tag{6-2-2}$$

式中　Sr——斯特劳哈尔数，Sr=0.14～0.20，一般可取 Sr=0.185；

　　　　w——气体与叶片相对速度；

　　　　l——物体正表面宽度在垂直于速度平面上的投影；

　　　　i——谐波序号，i=1，2，3…。

　　风机的空气动力性噪声是由上述两种性质不同的噪声相互叠加而成的，呈宽频带连续谱，有时在其上有一个或几个突出不连续的有调成分（一般称为峰值），这些有调成分根据风机类型和工作状态不同，一般会超过连续部分 5～15dB。

2.2 DZ 系列低噪声轴流风机

DZ 系列低噪声轴流风机系上海交通大学和浙江上虞风机厂共同研制的新产品，目前国内许多风机厂均在生产。该系列风机采取从声源入手、低转速、高压力系数的设计方法，研制成大弦长、空间扭曲、倾斜式宽叶片，使其在低速驱动的前提下，达到所需风量、风压的目的。它具有效率高、振动小、运转平稳等特点，噪声比同类产品低 10dB（A）以上，一般情况下可以不装消声器。

本系列产品广泛应用于工矿企业、民用建筑的壁式排风、岗位送风、管道送风、屋顶通风等，在化工、轻工、食品、医药、冶金等行业以及各类民用建筑的通风空调系统中大量使用，效果优良，曾荣获上海市重大科技成果三等奖。

DZ 系列低噪声轴流风机共分为三大类，33 种机号。DZ-11 型为壁式，DZ-12 型为岗位式，DZ-13 型为管道式。风机直径为 200～1000mm，每种型号中的"A""B""C""D"分别表示转速为 720r/min、960r/min、1450r/min、2900r/min，共 4 档。例如 DZ-115A，表示壁式排风机，5 号风机，转速为 720r/min。

图 6-2-1 为 DZ 系列低噪声轴流风机主要尺寸示意图。

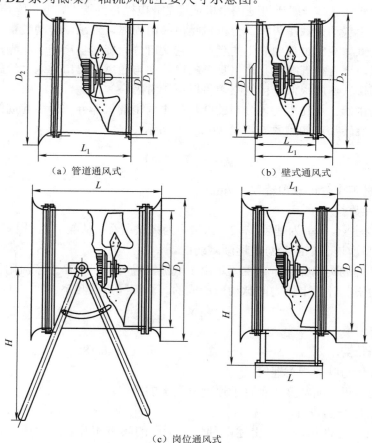

（a）管道通风式   （b）壁式通风式

（c）岗位通风式

图 6-2-1   DZ 系列低噪声轴流风机主要尺寸示意图

表 6-2-1 为 DZ 系列低噪声轴流风机主要技术参数表。

DZ 系列低噪声轴流风机型号规格较多，应正确合理地选用。首先要按不同工作地点的要求选用不同型号的风机，例如不可把壁式风机安装于管道中；其次，按所需要的风量和全压的要求，选用不同机号的风机；再次，要考虑风机实际的安装位置。例如，DZ-12 型岗位式通风机有旋转式、撑脚式、固定式：若吊装在梁柱上则应采用固定式；若放在地面上需 360°旋转，则可选用旋转式；若需上下有个倾角转动，则选用撑脚式。DZ-11 型和 DZ-13 型均分为立式和卧式两种安装方式，对于抽风式管道通风机在吸气口上安装流线型喇叭口和网罩，对于压风式管道通风机应在风机末端装设扩管。在风机安装启动及运转过程中应按风机操作规程认真检查，注意安全。

表 6-2-1　DZ 系列低噪声轴流风机主要技术参数表

类别型号	机号	D	D₁	D₂	L	L₁	H	风量/(m³/h)	全压/Pa	转速/(r/min)	电机容量/kW	质量/kg	噪声 测点1	噪声 测点2	备注
壁式 DZ-11型	2.2C	230	255	320	275	315	—	400	30	1370	0.025	11	54	56	
	3C	310	345	430	220	285	—	1500	40	1400	0.04	11	56	58	
	4B	410	445	530	250	310	—	4000	100	930	0.25	20	64.5	66.5	
	5A	510	545	630	280	350	—	6000	80	720	0.25	36.5	63.5	65	
	5B	510	545	630	280	350	—	7000	130	930	0.37	36.5	69.5	71	
	6A	610	655	730	350	430	—	9500	90	720	0.50	46	69.5	70.5	
	7A	710	755	830	380	460	—	15000	120	720	1.10	80	72	74	
	8A	810	855	930	400	480	—	22000	160	720	1.50	98	76	79	
岗位式 DZ-12型					(290)	(270)									① 噪声测点对于壁式和岗位式通风机，测点 1 在风机出气端偏离轴线 45°方向离机表面 1.0m，测点 2 在风机进气端轴线上，离机表面 1.0m。 ② 外形尺寸中带括号尺寸为固定式岗位式通风机，不带括号的尺寸为撑脚式通风机
	3C	310	430	—				1500	40	1400	0.04	14	57	59	
					400	350									
					(410)	(350)									
					(500)										
	4B	410	530	—				4400	100	930	0.25	23	64.5	66.5	
					500	550									
					(430)	(400)									
					(580)										
	5A	510	630	—				6000	80	720	0.25	55	63.5	65	
					580	600									
					(430)	(400)									
					(580)										
	5B	510	630	—				7000	130	930	0.37	50	69	71	
					580	600									
					(530)	(480)									
					(620)										
	6A	610	730	—				9500	90	680	0.50	55	69	70	
					620	800									
					(530)	(480)									
					(620)										
	6B	610	730	—				14000	180	950	1.10	68.5	76.7	78.5	
					620	800									

续表

类别型号	机号	外形尺寸/mm						风量/(m³/h)	全压/Pa	转速/(r/min)	电机容量/kW	质量/kg	噪声/dB（A）		备注
		D	D1	D2	L	L1	H						测点1	测点2	
岗位式 DZ-12型		(830)				(530)	(530)								
	7A	710		—		(650)		14500	140	720	1.10	93	72	74	
			810		650		800								
		(830)				(530)	(530)								
	7B	710				(650)		22000	200	950	2.20	118	78	80.5	
			810		650		800								
		(830)				(530)	(530)								
	7C	710				(650)		25000	300	1 450	3.0	110	79	83	
			810		650		800								
						(530)	(550)								① 噪声测点对于壁式和岗位式通风机，测点1在风机出气端偏离轴线45°方向离机表面1.0m，测点2在风机进气端轴线上，离机表面1.0m。
	8A	810	930	—		(650)		23000	150	720	1.5	98	76	79	
					650		800								
管道式 DZ-13型	2.5D	260	290	380	—	320	—	2000	220	2 800	0.37	12	77	79	
	3C	310	340	430	—	330	—	2000	60	1400	0.06	14.5	61.5	63.5	
	3.2D	330	365	420	—	330	—	3200	210	2800	0.37	18	76.5	75	② 外形尺寸中带括号尺寸为固定式岗位式通风机，不带括号的尺寸为撑脚式通风机
	4C	410	450	530	—	360	—	5200	170	1400	0.60	36	67	68	
	5B	510	560	630	—	460	—	7000	130	930	0.37	36.5	69	71	
	5C	510	560	630	—	460	—	7500	180	1450	0.80	43	73	75	
	6B	610	656	730	—	560	—	12000	200	960	1.10	79	75.5	77	
	6C	610	656	730	—	560	—	18000	300	1450	2.20	83	77	80.5	
	7A	710	756	830	—	520	—	14500	140	720	1.10	80	68	69.5	
	7B	710	756	830	—	520	—	20000	240	960	2.20	102	77.5	80.5	
	7C	710	756	830	—	520	—	23000	350	1450	3.0	103	79	83	
	8A	810	856	930	—	580	—	22000	160	720	1.5	98	76	79	
	8B	810	856	930	—	580	—	28000	200	960	2.2	112	79	81	
	8C	810	856	930	—	580	—	30000	300	1 450	4.0	122	80	82	
	10A	1010	1058	1170	—	635	—	40000	220	720	3.0	181	78.5	81	

2.3 SWF 系列低噪声混流风机

SWF 系列低噪声混流风机应用子午加速方法和"准三元"流动理论设计，采用直线形外筒、锥形轮毂、扭曲翼形叶片的结构形式，压力较同机号轴流风机高，风量较同机号离心风机大，具有效率高、结构紧凑、噪声低、体积小、安装方便等优点。该系列风机广泛应用于宾馆、饭店、商场、写字楼、体育馆等高级民用建筑的通排风、管道加压送风以及工矿企业的通风换气场所。其中，双速风机可根据使用工况要求，通过变速来调整所需风量、风压。

该系列风机在单位风量、单位风压的工况下，比 A 声级可降低 2～3dB，同时在较低转速的情况下，可获得较高风机压力，可代替低压离心风机。为适应防爆环境要求，风机可做成防爆型，防爆等级为 EXd II BT4。为适应不同场所的噪声要求，风机可配不同长度的消声器，也可将风机做成包覆式。该系列风机工作温度–20～+40℃，空气含尘量不超过 100mg/m³，工作电源三相 380V/50Hz。

该系列风机 SWF-I 系列为单速，SWF-II 系列为双速。本章以 SWF-I 为例进行介绍。

图 6-2-2 为 SWF-I 系列低噪声混流风机外形尺寸示意图。

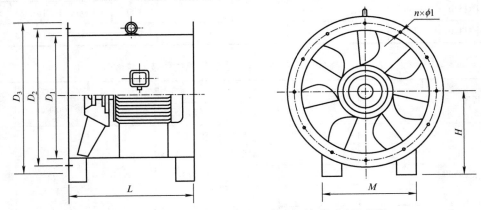

图 6-2-2　SWF-I 系列低噪声混流风机外形尺寸示意图

表 6-2-2 为 SWF-I 系列低噪声混流风机外形尺寸表。

表 6-2-3 为 SWF-I 系列低噪声混流风机主要技术参数表。

表 6-2-2　SWF-I 系列低噪声混流风机外形尺寸表　　　　单位：mm

机号 NO	D_1	D_2	D_3	L				M	$n×\phi1$	H
				2P	4P	6P	8P			
2.5	260	290	320	370	310	315	—	200	6×φ7	185
3	310	340	370	420	320	315	—	200	6×φ7	220
3.5	360	390	420	460	300	300	—	250	6×φ7	240
4	410	445	480	475	320	345	—	300	6×φ8.5	270
4.5	460	495	530	545	375	320	—	350	6×φ8.5	300
5	510	545	580	540	395	370	—	410	8×φ8.5	330
5.5	560	595	630	560	420	370	—	440	8×φ8.5	350
6	610	645	680	555	435	410	—	475	12×φ8.5	370

续表

机号 NO	D_1	D_2	D_3	L				M	$n×\phi1$	H
				2P	4P	6P	8P			
6.5	660	695	730	—	595/470	410	—	500	12×φ8.5	420
7	710	745	780	—	670/470	435	—	530	12×φ8.5	440
7.5	760	795	830	—	690/485	470	—	560	12×φ8.5	460
8	810	850	890	—	730	590	490	620	12×φ11	505
9	910	950	990	—	760	610	565	690	12×φ11	545
10	1010	1050	1090	—	750	695	610	745	12×φ11	610
11	1110	1155	1200	—	790	740	690	810	16×φ11	645
12	1210	1255	1300	—	—	960/890	890	935	16×φ13	730
13	1310	1360	1410	—	—	1015/970	900	1000	16×φ13	770
14	1410	1460	1510	—	—	1085/1015	905	1065	16×φ13	810

表 6-2-3　SWF-Ⅰ系列低噪声混流风机主要技术参数表

型号	转速/(r/min)	序号	风量/(m³/h)	全压/Pa	配用电机		A 声级（测距 1.0m）/dB（A）	质量/kg
					型号	功率/kW		
2.5	2900	1	2664	358	Y801-2	0.75	72	26
		2	2253	426				
		3	1932	482				
		4	1684	543				
		5	1532	634				
	1450	1	1362	96	Y7124	0.18	64	19
		2	1232	117				
		3	1020	126				
		4	850	147				
		5	743	166				
	960	1	902	54	Y6326	0.09	58	19
		2	746	66				
		3	675	78				
		4	563	83				
		5	492	98				
3	2900	1	4652	512	Y90L-2	2.2	73	37
		2	4410	562				
		3	4018	691				
		4	3605	816				
		5	3212	883				

续表

型号	转速/(r/min)	序号	风量/(m³/h)	全压/Pa	配用电机		A 声级（测距 1.0m）/dB(A)	质量/kg
					型号	功率/kW		
3	1450	1	2312	121	Y7124	0.25	66	21
		2	2205	138				
		3	2009	184				
		4	1803	216				
		5	1606	236				
	960	1	1512	67	Y6326	0.12	60	21
		2	1436	93				
		3	1320	112				
		4	1164	127				
		5	1000	139				
3.5	2900	1	5745	564	Y100L-2	3	74	49
		2	5317	623				
		3	4927	741				
		4	4542	876				
		5	4127	986				
	1450	1	3320	125	Y714	0.25	68	22
		2	3082	141				
		3	2876	174				
		4	2447	216				
		5	2130	257				
	960	1	1938	76	Y7116	0.18	62	22
		2	1743	89				
		3	1592	103				
		4	1380	127				
		5	1234	146				
4	2900	1	7228	654	Y112M-2	4	78	60
		2	6801	715				
		3	6221	883				
		4	5688	1 107				
		5	5242	1 248				
	1450	1	4512	128	Y7124	0.37	71	24
		2	4302	143				
		3	3636	175				

| 型号 | 转速/（r/min） | 序号 | 风量/（m³/h） | 全压/Pa | 配用电机 | | A声级（测距1.0m）/dB（A） | 质量/kg |
					型号	功率/kW		
4	1450	4	3053	212				
		5	2765	285				
	960	1	2642	86	Y7126	0.25	64	25
		2	2486	107				
		3	2237	129				
		4	1985	145				
		5	1743	156				
4.5	2900	1	9169	672	Y132S-2	5.5	80	86
		2	8731	753				
		3	8159	928				
		4	7561	1187				
		5	7124	1298				
	1450	1	4728	182	Y802-4	0.55	73	26
		2	4552	207				
		3	4040	216				
		4	3392	265				
		5	3160	306				
	960	1	3592	88	Y7126	0.25	66	25
		2	3264	107				
		3	2892	132				
		4	2576	148				
		5	2240	162				
5	2900	1	13110	801	Y132S-2	5.5	83	94
		2	12410	859				
		3	11865	1048				
		4	11342	1212				
		5	9876	1316				
	1450	1	8652	196	Y90S-4	1.1	77	40
		2	7433	220				
		3	6664	278				
		4	5252	326				
		5	4896	382				

续表

| 型号 | 转速/ (r/min) | 序号 | 风量/ (m³/h) | 全压/Pa | 配用电机 | | A 声级（测距 1.0m）/dB（A） | 质量/kg |
					型号	功率/kW		
5	960	1	5624	96	Y8026	0.37	68	32
		2	4984	124				
		3	4322	136				
		4	3778	158				
		5	3215	182				
5.5	2900	1	16820	824	Y132S-2	7.5	84	106
		2	15764	936				
		3	14562	1128				
		4	13450	1229				
		5	12264	1338				
	1450	1	9126	258	Y90L-4	1.5	78	46
		2	8445	296				
		3	7938	328				
		4	7431	354				
		5	6925	385				
	960	1	6532	119	Y8036	0.55	69	35
		2	5796	134				
		3	5257	148				
		4	4893	175				
		5	4265	206				
6	2900	1	19230	836	Y132S-2	7.5	85	112
		2	18220	962				
		3	17824	1143				
		4	17210	1256				
		5	15210	1365				
	1450	1	11625	165	Y90L-4	1.5	79	48
		2	10000	200				
		3	8900	262				
		4	8121	325				
		5	7560	382				
	960	1	8025	128	Y90S-6	0.75	70	40
		2	7129	142				
		3	6283	176				

型号	转速/（r/min）	序号	风量/（m³/h）	全压/Pa	配用电机		A 声级（测距 1.0m）/dB（A）	质量/kg
					型号	功率/kW		
6	960	4	5567	205				
		5	4986	236				
6.5	1450	1	25124	524	Y132S-4	7.5	82	128
		2	23984	658				
		3	23044	832				
		4	21864	952				
		5	18672	1038				
	1450	1	15064	282	Y100L-4	2.2	80	60
		2	13660	315				
		3	12255	350				
		4	10840	382				
		5	9424	418				
	960	1	10544	155	Y90S-6	0.75	71	42
		2	9562	178				
		3	8578	198				
		4	7588	215				
		5	7540	238				
7	1450	1	31380	608	Y160M-4	11	84	180
		2	29880	765				
		3	28805	968				
		4	27330	1108				
		5	24820	1208				
	1450	1	18800	329	Y100L-4	3	81	64
		2	17075	370				
		3	15319	404				
		4	13550	441				
		5	11780	470				
	960	1	13820	186	Y90L-6	1.1	74	49
		2	11952	202				
		3	10724	228				
		4	9485	257				
		5	8246	278				

型号	转速/（r/min）	序号	风量/（m³/h）	全压/Pa	配用电机		A 声级（测距 1.0m）/dB（A）	质量/kg
					型号	功率/kW		
7.5	1450	1	30627	712	Y160M-4	11	87	184
		2	29012	893				
		3	27232	1052				
		4	25518	1183				
		5	23422	1236				
	1450	1	22538	378	Y112M-4	4	82	73
		2	20490	420				
		3	18382	465				
		4	16260	504				
		5	14136	542				
	960	1	15776	208	Y100L-6	1.5	76	65
		2	14343	231				
		3	12867	256				
		4	11382	278				
		5	9895	298				
8	1450	1	37350	809	Y160L-4	15	90	214
		2	35380	992				
		3	33210	1186				
		4	31120	1234				
		5	28564	1305				
	960	1	25467	193	132M-6	4	82	123
		2	22424	292				
		3	18636	382				
		4	17129	448				
		5	16269	516				
	720	1	19185	116	Y112M-8	1.5	75	83
		2	16818	175				
		3	13977	232				
		4	12846	272				
		5	11528	315				
9	1450	1	46138	785	Y180M-4	18.5	92	261
		2	41590	946				
		3	39478	1165				

续表

| 型号 | 转速/(r/min) | 序号 | 风量/(m³/h) | 全压/Pa | 配用电机 | | A声级（测距1.0m）/dB（A） | 质量/kg |
					型号	功率/kW		
9	1450	4	37310	1213				
		5	33579	1343				
	960	1	34206	282	Y132M-6	5.5	86	137
		2	32056	370				
		3	27174	430				
		4	24456	496				
		5	22011	564				
	720	1	25654	164	Y132S-8	2.2	78	115
		2	24042	215				
		3	20381	252				
		4	18342	288				
		5	16508	327				
10	1450	1	51821	792	Y180M-4	18.5	93	278
		2	48152	998				
		3	46952	1168				
		4	45032	1225				
		5	40528	1378				
	960	1	44054	288	Y160M-6	7.5	86	188
		2	40598	329				
		3	36916	371				
		4	33224	428				
		5	29902	496				
	720	1	33041	167	Y132M-8	3	78	141
		2	30448	191				
		3	27687	215				
		4	24198	248				
		5	22427	288				
11	1450	1	59521	806	Y180L-4	22	94	339
		2	56629	967				
		3	55080	1128				
		4	53530	1232				
		5	48177	1382				

续表

| 型号 | 转速/(r/min) | 序号 | 风量/(m³/h) | 全压/Pa | 配用电机 | | A 声级（测距 1.0m）/dB（A） | 质量/kg |
					型号	功率/kW		
11	960	1	48729	310	Y160L-6	11	86	255
		2	46099	346				
		3	43572	376				
		4	39215	428				
		5	35294	516				
	720	1	36546	181	Y160M-8	4	80	208
		2	34574	202				
		3	32679	218				
		4	29411	248				
		5	26470	300				
12	960	1	83151	865	Y225M-6	30	96	470
		2	78660	974				
		3	73750	1153				
		4	66375	1334				
		5	60923	1396				
	960	1	71092	786	Y200L-6	22	95	372
		2	68358	866				
		3	65158	1083				
		4	62058	1235				
		5	55852	1308				
	720	1	64292	429	Y200L-8	15	91	372
		2	60820	471				
		3	57226	498				
		4	51503	558				
		5	47534	625				
13	960	1	94782	870	Y250M-6	37	97	610
		2	91117	964				
		3	86788	1194				
		4	82382	1356				
		5	74144	1435				
	960	1	87761	805	Y225M-6	30	95	438
		2	84386	892				
		3	80386	1106				
		4	76280	1256				
		5	68652	1329				

| 型号 | 转速/(r/min) | 序号 | 风量/(m³/h) | 全压/Pa | 配用电机 | | A声级（测距1.0m)/dB(A) | 质量/kg |
					型号	功率/kW		
13	720	1	71565	441	Y200L-8	15	91	392
		2	67702	482				
		3	63699	508				
		4	57329	568				
		5	51596	637				
14	960	1	107518	916	Y280S-6	45	98	761
		2	102440	974				
		3	97210	1078				
		4	87489	1275				
		5	78740	1395				
	960	1	99554	849	Y250M-6	37	96	573
		2	94855	902				
		3	90010	998				
		4	81009	1181				
		5	72908	1292				
	720	1	84446	494	Y225S-8	18.5	92	424
		2	79888	540				
		3	75164	572				
		4	67648	642				
		5	60883	723				

注：噪声测距，除特别注明外，一般测距为1.0m，本篇下同。

2.4 DWT 系列低噪声屋顶通风机

DWT 系列低噪声屋顶通风机系采用 CAD 模拟优化设计，经大量试验研究开发的"星火"科研产品，具有效率高、噪声低、运转平稳、外形美观、防腐、防爆等优点，广泛应用于发电、化工、橡胶、制药、食品加工、冶金等各行各业及高级民用建筑的送风和排风。根据不同的使用环境和输送介质，风帽、风筒可采用钢板或玻璃钢，叶轮可采用铝合金、钢板、玻璃钢、工程塑料等材料制作。

DWT 系列低噪声屋顶通风机根据结构可分四种：DWT-Ⅰ型可用于中低压、大流量场合的排风和送风；DWT-Ⅱ型为离心式屋顶风机，可用于压力要求较高场合的排风；DWT-Ⅲ型为离心轴向式屋顶风机，可用于排放特殊气体的专用场合，如用于厨房排油烟可加设集油槽，借助其外壳及离心叶轮驱动、轴向气流进出的特殊设计去油明显；DWT-Ⅳ型为无电机屋顶涡轮排风机，不用电、无噪声、体积小、重量轻、排风效率高，安装方便，广泛适用于商用建筑和厂矿企业（更适合轻钢结构屋面）的排风换气。

该系列风机由浙江省某风机有限公司提供。本章以 DWT-Ⅰ型和 DWT-Ⅳ型为例进行介绍，DWT-Ⅱ型、DWT-Ⅲ型与 DWT-Ⅰ型类似。

图 6-2-3 为 DWT-Ⅰ型（轴流式）系列低噪声屋顶通风机外形尺寸示意图。

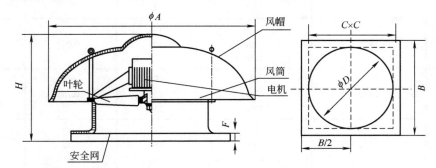

图 6-2-3　DWT-Ⅰ型（轴流式）系列低噪声屋顶通风机外形尺寸示意图

表 6-2-4 为 DWT-Ⅰ型（轴流式）系列低噪声屋顶通风机外形尺寸表。

表 6-2-4　DWT-Ⅰ型（轴流式）系列低噪声屋顶通风机外形尺寸表（本表所标质量未含电机质量）

单位：mm

机号	ϕA	ϕD	B/钢制	B/玻璃钢	F/钢制	F/玻璃钢	H/钢制	H/玻璃钢	质量/kg
3	570	310	460	510	30	60	300	545	12
4	650	410	560	630	30	60	320	585	24
5	900	510	660	750	30	60	380	715	30
6	1000	610	760	870	30	60	420	765	45
7	1200	710	860	1000	40	80	500	950	70
8	1340	810	960	1100	40	80	570	950	90
9	1500	910	1110	1250	40	80	620	950	100
10	1650	1010	1210	1400	40	80	650	1105	160
11.2	1860	1130	1380	1540	50	80	700	1105	200
12	1860	1210	1460	1660	50	80	930	1315	220
14	2500	1410	1710	1900	50	100	980	1450	250
15	2500	1510	1810	2040	50	100	980	1450	280
16	3000	1610	1910	2160	60	100	1080	1580	300
18	3000	1810	2160	2400	60	100	1080	1580	430
20	3400	2010	2360	2600	60	100	1150	1580	500
22	3800	2210	2560	2800	60	100	1300	1660	530
24	3800	2410	2760	3000	70	100	1300	1660	600

表 6-2-5 为 DWT-Ⅰ型（轴流式）系列低噪声屋顶通风机主要技术参数表。

表 6-2-5　DWT-Ⅰ型（轴流式）系列低噪声屋顶通风机主要技术参数表

机号	转速/（r/min）	风量/（m³/h）	风压/Pa	功率/kW	噪声/dB（A）
3	2850	3300 3000 2600	181 206 232	0.37	66
	1450	1650 1560 1450	62 66 72	0.06	56
4	2850	7450 6350 5300	193 230 250	0.75	69
	1450	5700 5400 4580	176 184 190	0.55	67
	960	3820 2860 1880	80 86 92	0.25	60
5	1450	8000 7000 5600	135 162 191	0.55	68
	960	7000 6700 6400	113 122 131	0.37	63
	720	6000 5000 4100	88 92 96	0.25	58
6	1450	15000 14000 13000	232 251 267	1.5	73
	960	11000 10000 9100	168 183 193	1.1	67
	720	8500 8000 7600	111 127 136	0.55	62
7	960	17500 15000 12500	165 201 212	1.5	69
	720	12000 11000 9200	141 163 177	0.75	63
	560	9300 8500 7200	83 94 102	0.55	59

机号	转速/（r/min）	风量/（m³/h）	风压/Pa	功率/kW	噪声/dB（A）
8	960	27000 25000 23000	175 207 228	2.2	72
	720	20000 18000 16000	129 154 167	1.5	66
	560	15750 14500 12250	78 96 121	0.75	63
9	960	34500 29000 24000	202 236 256	3.0	76
	720	32000 28000 24000	126 156 177	2.2	73
	560	24000 21500 18600	102 118 126	1.1	67
10	960	50000 45000 39000	251 286 317	5.5	81
	720	46000 40000 35000	141 167 183	3.0	76
	560	28000 24000 20000	111 125 133	1.5	69
11.2	960	56900 49500 40400	253 296 322	5.5	82
	720	52500 45000 40000	138 169 183	3.0	77
11.2	560	32000 28000 25000	111 128 142	1.5	71
12	720	57000 50000 44000	196 205 209	5.5	73
	560	42000 37500 33000	126 134 148	3	67
14	720	76700 68000 57500	250 261 268	7.5	77
	480	69000 60000 51500	159 169 175	4	69

续表

机号	转速/（r/min）	风量/（m³/h）	风压/Pa	功率/kW	噪声/dB（A）
15	720	88500 80000 70000	195 203 208	7.5	78
	480	74750 65000 55800	149 158 165	4.0	70
16	720	107500 95000 81500	235 248 256	11	79
	320	61000 52500 42600	131 152 167	4.0	70
18	720	129300 112500 96450	261 276 287	15	80
	480	96250 86150 74300	122 136 143	5.5	71
	320	79150 71550 62500	115 126 148	4.0	66
20	480	168700 150000 131000	215 234 247	15	78
	320	125500 110000 95200	118 121 132	5.5	68
22	480	201600 180000 165000	193 205 210	15	79
	320	155000 120000 119500	135 142 155	7.5	71
24	480	220800 198500 176500	212 228 246	18.5	84
	320	175000 162000 135000	148 164 188	11	77
	220	140000 120000 85000	150 160 171	7.5	70

DWT-Ⅳ型（无电机涡轮）系列低噪声屋顶通风机外形及安装示意图如图 6-2-4 所示。

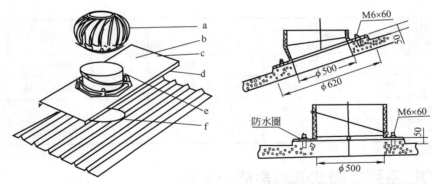

（a）钢板屋顶装设通风机示意图　　　　（b）钢筋混凝土屋顶装设通风机示意图

图 6-2-4　DWT-Ⅳ型（无电机涡轮）系列低噪声屋顶通风机外形及安装示意图

a—涡轮排风机；b—钢板上缘必须插入脊梁的盖板内；c—平面钢板成型后必须大于安装孔的面积；
d—钢板两侧向下折成直角，必须掩盖屋面板的波峰；e—调整座；f—安装孔

DWT-Ⅳ型（无电机涡轮）系列低噪声屋顶通风机是利用自然风力推动叶片旋转，因运转产生离心力使空气流动，由于叶片相当轻薄，即使微热的微风也能使它转动。涡轮转动时，便产生离心力，将涡轮下方的热空气、烟气、潮湿气体吸上来并排出。空气被抽离涡轮时，涡轮的正下方便形成低压区，即烟囱效应。由于涡轮不断地转动，室外新鲜空气也会不断地流入，于是达到了自然通风降温的目的。

DWT-Ⅳ型无电机涡轮通风机无需电力，连续运转，高效节能，无火花，噪声很低，工作温度−20～+80℃，湿度小于 90%。介质条件：含尘量不超过 100mg/m^3 空气。该系列通风机采用圆弧形叶片，每个叶片与叶片之间有空隙，旋转时叶片相互补位把这些空隙填补，大量的雨水沿着圆的节线抛出，小量雨水则沿着叶片流落屋顶，不会流入涡轮里，同时旋转的涡轮使空气由叶片间隙流出，阻挡雨水进入，具有防雨特性。通风机轴承采用全封闭滚珠轴承，轻盈的不锈钢叶片使整机重量轻、寿命长，一般可使用 15 年以上。为使涡轮风机达到最高效率，其安装位置应在屋顶的高处，避免装在护墙之后或可能被附近的高楼、树木挡住风势的地方，该系列风机是 24 小时不停地旋转，灰尘不易附着，即使需要清洗，也很方便。该系列风机不需要维修，也不需要更换零件，只要风速在 0.2m/s 以上，室内外温差在 5℃以上，就能不间断地旋转，它不仅可安装于平屋顶，而且可安装于倾斜度不超过 31°的斜屋顶上，只要将涡轮轴线调整至垂直状态即可。

该系列风机适用于工厂、仓库、大楼平台、天井、别墅、花房、禽畜养殖、矿山坑道以及一切屋顶的通风、换气、散气等场所。

表 6-2-6 为 DWT-Ⅳ型（无电机涡轮）系列低噪声屋顶通风机主要技术参数表。

表 6-2-6　DWT-Ⅳ型（无电机涡轮）系列低噪声屋顶通风机主要技术参数表

机号	排风口径/mm	高度/mm	叶片数	涡轮外径/mm	通风口场所平均风速/（m/s）	排风量/（m^3/min）	材质	颜色
12"	300	350	20	340	3.4（三级风速）	23	不锈钢/彩钢板	本色/选色
14"	360	580	20	460	3.4（三级风速）	33	不锈钢/彩钢板	本色/选色

续表

机号	排风口径/mm	高度/mm	叶片数	涡轮外径/mm	通风口场所平均风速/(m/s)	排风量/(m³/min)	材质	颜色
20"	500	500	25	620	3.4（三级风速）	42	不锈钢/彩钢板	本色/选色
		720	25	610	3.4（三级风速）	42	不锈钢/彩钢板	本色/选色
24"	600	630	29	720	3.4（三级风速）	65	不锈钢/彩钢板	本色/选色
27"	680	950	36	880	3.4（三级风速）	120	不锈钢/彩钢板	本色/选色

2.5　DDL 系列单吸式低噪声离心风机

DDL 系列低噪声离心风机采用方型结构，直联传动，风机出口位置方向可任意安装，且不必做角铁支架。该系列风机具有风量大、风压适中、噪声低、体积小、安装方便等优点，适用于单位食堂、饮食店、宾馆、酒楼等厨房排烟送新风，工矿企业娱乐场所、地下室等场所的通风，可配套使用在粮食机械、化工机械、塑料机械等行业的生产设备上，是环保通风工程中设备配套的较理想的风机之一。DDL 系列风机分为 A 式和 E 式两种传动方式，A 式为直接传动，E 式为皮带传动。该系列风机采用高效前倾多翼式离心叶轮，同一机号其风量更大。若配用防爆电机和铝（不锈钢）材质叶轮，可制成防爆型风机。

图 6-2-5 为 DDL 系列单吸式低噪声离心风机外形尺寸示意图。

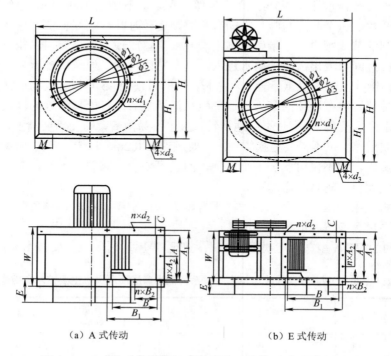

（a）A 式传动　　　　　　　　　（b）E 式传动

图 6-2-5　DDL 系列单吸式低噪声离心风机外形尺寸示意图

表 6-2-7 为 DDL 系列单吸式低噪声离心风机外形尺寸表。

表 6-2-8 为 DDL 系列单吸式低噪声离心风机主要技术参数表。

表 6-2-7　DDL 系列单吸式低噪声离心风机外形尺寸表

单位：mm

机号	进风口					A	A₁	n×A₂	出风口				C	外形及安装底座					
	$\phi1$	$\phi2$	$\phi3$	$n×d_1$	E	A	A_1	$n×A_2$	B	B_1	$n×B_2$	$n×d_2$	C	L	H	H_1	W	M	d_3
2.5A	330	300	250	6×φ8.5	100	180	220	2×110	220	260	2×130	8×φ8.5	40	510	440	245	260	80	φ12.5
2.8A	360	330	280	8×φ8.5	100	190	230	2×115	245	285	3×95	10×φ8.5	40	570	500	275	270	80	φ12.5
3.15A	395	365	315	8×φ8.5	100	210	250	2×125	280	321	3×107	10×φ8.5	40	630	550	310	290	80	φ12.5
3.55A	435	405	355	8×φ8.5	100	220	260	2×130	320	360	3×120	10×φ8.5	40	700	620	340	300	100	φ14
4A	480	450	400	10×φ10.5	100	240	282	3×94	360	400	4×100	14×φ10.5	40	800	680	380	320	100	φ14
4.5A	540	500	450	12×φ10.5	120	275	315	3×105	400	440	4×110	14×φ10.5	40	880	750	420	355	100	φ14
5E	590	550	500	12×φ12.5	120	285	327	3×109	440	480	4×120	14×φ10.5	40	980	830	470	365	100	φ14
5.6E	650	610	560	14×φ12.5	120	300	342	3×114	500	540	5×108	16×φ12.5	40	1080	920	520	380	100	φ14
6.3E	720	680	630	14×φ12.5	120	350	390	3×130	550	590	5×118	16×φ12.5	40	1200	1010	570	430	100	φ14
7.1E	800	760	710	16×φ12.5	140	380	440	4×110	630	680	5×136	18×φ12.5	50	1350	1140	650	480	100	φ16
8E	890	850	800	16×φ12.5	140	450	500	4×125	700	750	5×150	18×φ12.5	50	1510	1290	730	550	100	φ16

表 6-2-8　DDL 系列单吸式低噪声离心风机主要技术参数表

机号	转速/（r/min）	风量/（m³/h）	风压/Pa	功率/kW	噪声/dB（A）	质量/kg
2.5A	720	1000	130	0.25	48	32
		1200	126			
		1400	124			
	960	1324	225	0.37	51	36
		1580	220			
		1850	218			
	1450	2000	515	1.1	59	43
		2400	505			
		2800	500			
2.8A	720	1550	170	0.37	52	61
		1800	166			
		2150	162			
	960	2050	300	0.75	58	66
		2380	293			
		2840	285			
	1450	3300	660	1.5	65	68
		3410	650			
		3600	640			
3.15A	720	2940	225	0.55	59	72
		3100	215			
		3240	205			
	960	2980	400	0.75	64	79
		3200	395			
		3340	380			
	1450	3760	920	2.2	68	83
		4100	910			
		4320	890			

续表

机号	转速/（r/min）	风量/（m³/h）	风压/Pa	功率/kW	噪声/dB（A）	质量/kg
3.55A	720	2800	260	0.55	58	78
		3100	240			
		3420	230			
	960	3400	450	1.1	65	82
		3750	440			
		3960	425			
	1450	5210	1070	3	71	88
		5500	1035			
		5760	1000			
4A	720	3460	325	0.75	59	85
		3700	315			
		3960	310			
	960	4300	560	1.5	66	91
		4650	545			
		4860	530			
	1450	5120	1280	4	70	98
		5430	1240			
		5760	1190			
4.5A	720	5150	460	1.5	66	117/130
		5300	450			
		5760	445			
	860	5900	670	2.2	68	130
		6250	665			
		6480	650			
	960	6680	820	3	68	123/137
		6950	815			
		7200	800			

机号	转速/（r/min）	风量/（m³/h）	风压/Pa	功率/kW	噪声/dB（A）	质量/kg
5E	600	8500	450	2.2	65	130
		9000	445			
		9360	425			
	700	8135	680	3	70	155
		8500	675			
		9000	660			
	800	9350	780	4	72	160
		9900	760			
		10440	740			
5.6E	500	9800	370	2.2	65	200
		10000	365			
		11520	350			
	600	9100	580	3	69	225
		9900	575			
		11500	560			
	700	9450	700	4	72	250
		9890	685			
		10800	670			
6.3E	500	9750	470	3	68	350
		10050	465			
		12600	455			
	600	12500	700	5.5	70	380
		14000	695			
		15480	680			
	650	15680	800	7.5	73	390
		17650	795			
		18360	780			

机号	转速/（r/min）	风量/（m³/h）	风压/Pa	功率/kW	噪声/dB（A）	质量/kg
7.1E	450	11250	480	4	69	450
		14320	475			
		16560	460			
	550	19800	710	7.5	74	460
		20050	700			
		23040	680			
	600	22860	800	11	77	470
		25500	790			
		28000	760			
8E	400	23000	450	11	72	520
		25200	420			
		26700	380			
	500	26000	560	15	76	540
		29000	530			
		32000	510			
	550	33000	680	18.5	79	560
		36000	650			
		38000	620			

2.6　三叶型低噪声罗茨鼓风机

　　三叶型低噪声罗茨鼓风机的工作原理和主要结构与二叶型低噪声罗茨鼓风机基本相同，只是将叶轮形状由二叶型改为三叶型，从而使其输送的气流脉动小，旋转平稳，泄漏少，效率高，噪声低。江苏省某机泵有限公司生产的三叶型低噪声罗茨鼓风机是江苏省名牌产品，被认定为国家级新产品，曾荣获江苏省科技进步一等奖，广泛应用于轻工、化工、化肥、冶金、建材、电力、矿山、港口、水产养殖、污水处理、重油喷燃、电力输送等行业，输送洁净空气、洁净煤气以及二氧化硫等其他气体。经检测，三叶型低噪声罗茨鼓风机比二叶型罗茨鼓风机节能 10%～23%，降噪 7～17dB（A）。国内外中小型罗茨鼓风机正在由三叶型取代二叶型，三叶型罗茨鼓风机的研制成功填补了国内空白。

　　该公司生产的三叶型低噪声罗茨鼓风机适用流量为 0.58～160m³/min，出风口口径为 50～

350mm，压力为 9.8～98kPa，电机功率 0.75～315kW。

产品型号为：3 L □□ W D

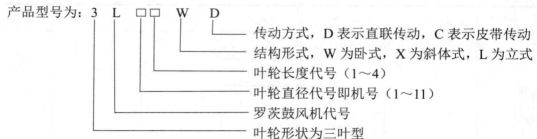

- 传动方式，D 表示直联传动，C 表示皮带传动
- 结构形式，W 为卧式，X 为斜体式，L 为立式
- 叶轮长度代号（1～4）
- 叶轮直径代号即机号（1～11）
- 罗茨鼓风机代号
- 叶轮形状为三叶型

三叶型低噪声罗茨鼓风机有 3L13、3L14、3L21、3L22、3L32、3L41、3L42、3L52、3L53、3L62、3L63、3L72、3L73 等 13 类型号，共有 500 多种规格；转速不同，升压不同，其流量也不同；常用转速为 980r/min、1450r/min、2950r/min，其他转速如 730r/min、740r/min、820r/min、900r/min、970r/min、980r/min、1100r/min、1050r/min、1090r/min、1120r/min、1190r/min、1200r/min、1210r/min、1250r/min、1310r/min、1330r/min、1600r/min、1650r/min、1800r/min、1850r/min、1950r/min、2050r/min、2100r/min 也有产品供应。

图 6-2-6 为 3L32WD 型和 3L42WC 型三叶型低噪声罗茨鼓风机外形照片图。

图 6-2-7 为 3L21WD 型和 3L22WD 型三叶型低噪声罗茨鼓风机外形尺寸图。

表 6-2-9 为 3L21WD 型和 3L22WD 型三叶型低噪声罗茨鼓风机外形尺寸表。

表 6-2-10 为部分三叶型低噪声罗茨鼓风机主要技术参数表。

（a）3L32WD 型　　　　（b）3L42WC 型

图 6-2-6　3L32WD 型和 3L42WC 型三叶型低噪声罗茨鼓风机外形照片图

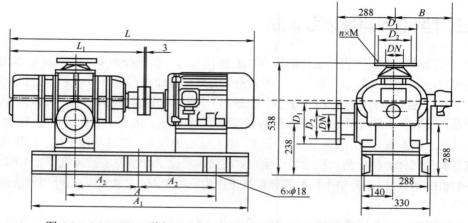

图 6-2-7　3L21WD 型和 3L22WD 型三叶型低噪声罗茨鼓风机外形尺寸图

表 6-2-9　3L21WD 型和 3L22WD 型三叶型低噪声罗茨鼓风机外形尺寸表　　　单位：mm

风机型号	配套电机机座号	L	L_1	B	A	A_1	A_2	DN	D_1	D_2	$n×M$
3L21WD	Y90S	908	593	205	540	860	237	$\phi65$	$\phi185$	$\phi145$	4×M16
	Y90L	933		205			249.5				
	Y100L	978		230			267				
	Y112M	998		240			271.5				
	Y132S	1073		260	640	960	296				
	Y160M	1198		305	716	1136	355.5				
3L22WD	Y90L	978	638	205	540	860	249.5	$\phi80$	$\phi200$	$\phi160$	8×M16
	Y100L	1023		230			267				
	Y112M	1043		240	640	960	271.5				
	Y132S	1118		260			296				
	Y160M	1243		305	716	1136	355.5				

表 6-2-10　部分三叶型低噪声罗茨鼓风机主要技术参数表

风机型号	转速 /(r/min)	升压 Δp		进口流量(Q) /(m³/min)	轴功率 /kW	配套电机		噪声（测距 1.0m)/dB(A)	整机重 /kg
		/kPa	/mmH₂O			型号	功率/kW		
3L13XD	1450	9.8	1000	1.58	0.52	Y80M2-4	0.75	68.2	112
		19.6	2000	1.47	0.82	Y90S-4	1.1	69.2	115
		29.4	3000	1.37	1.15	Y90L-4	1.5	70.3	120
		39.2	4000	1.28	1.46	Y100L1-4	2.2	70.3	127
		49	5000	1.19	1.78	Y100L1-4	2.2	70.6	127
		58.8	6000	1.08	2.12	Y100L2-4	3	71.0	134
	2950	9.8	1000	3.64	1.22	Y90S-2	1.5	—	115
		19.6	2000	3.44	1.91	Y90L-2	2.2	—	119
		29.4	3000	3.28	2.60	Y100L-2	3	—	126
		39.2	4000	3.14	3.28	Y112M-2	4	—	136
		49	5000	3.02	3.98	Y132S1-2	5.5	—	157
		58.8	6000	2.90	4.72	Y132S1-2	5.5	—	157
3L14XD	1450	9.8	1000	2.08	0.58	Y80M2-4	0.75	65.4	120
		19.6	2000	1.94	0.98	Y90S-4	1.1	66.0	123
		29.4	3000	1.82	1.37	Y90L-4	1.5	66.3	128
		39.2	4000	1.70	1.76	Y100L1-4	2.2	67.4	130
		49	5000	1.58	2.17	Y100L2-4	3	68.8	135
		58.8	6000	1.46	2.57	Y100L2-4	3	69.9	139

风机型号	转速/(r/min)	升压 Δp		进口流量(Q)/(m³/min)	轴功率/kW	配套电机		噪声（测距 1.0m)/dB（A）	整机重/kg
		/kPa	/mmH₂O			型号	功率/kW		
3L14XD	2950	9.8	1000	4.68	1.32	Y90S-2	1.5	—	123
		19.6	2000	4.41	2.11	Y90L-2	2.2	—	127
		29.4	3000	4.22	2.96	Y112M-2	4	—	144
		39.2	4000	4.05	3.85	Y132S1-2	5.5	—	165
		49	5000	3.91	4.76	Y132S1-2	5.5	—	165
		58.8	6000	3.76	5.68	Y132S2-2	7.5	—	172
3L21WD	1450	9.8	1000	2.94	0.81	Y90S-4	1.1	69.7	208
		19.6	2000	2.68	1.36	Y90L-4	1.5	70.9	209
		29.4	3000	2.51	1.93	Y100L1-4	2.2	72.1	217
		39.2	4000	2.33	2.47	Y100L2-4	3	73.1	217
		49	5000	2.18	3.13	Y112M-4	4	74.0	227
		58.8	6000	2.03	3.78	Y112M-4	4	74.5	227
	2950	9.8	1000	6.35	1.73	Y90L-2	2.2	—	208
		19.6	2000	6.11	2.92	Y112M-2	4	—	217
		29.4	3000	5.92	4.14	Y132S1-2	5.5	—	244
		39.2	4000	5.74	5.32	Y132S2-2	7.5	—	251
		49	5000	5.61	6.56	Y132S2-2	7.5	—	251
		58.8	6000	5.48	7.78	Y160M1-2	11	—	293
3L22WD	1450	9.8	1000	3.90	1.35	Y90L-4	1.5	71.0	222
		19.6	2000	3.69	2.01	Y100L1-4	2.2	73.5	230
		29.4	3000	3.46	2.72	Y100L2-4	3	73.7	231
		39.2	4000	3.28	3.44	Y112M-4	4	74.0	240
		49	5000	3.10	4.15	Y132S-4	5.5	75.4	261
		58.8	6000	2.92	4.85	Y132S-4	5.5	76.2	261
	2950	9.8	1000	8.79	2.44	Y100L-2	3	—	231
		19.6	2000	8.48	4.05	Y132S1-2	5.5	—	260
		29.4	3000	8.26	5.66	Y132S2-2	7.5	—	264
		39.2	4000	8.04	7.27	Y160M1-2	11	—	306
		49	5000	7.85	8.87	Y160M1-2	11	—	306
		58.8	6000	7.67	10.46	Y160M2-2	15	—	330

| 风机型号 | 转速/（r/min） | 升压 Δp | | 进口流量（Q）/（m³/min） | 轴功率/kW | 配套电机 | | 噪声（测距 1.0m）/dB（A） | 整机重/kg |
		/kPa	/mmH₂O			型号	功率/kW		
3L32WD	980	9.8	1000	6.16	1.86	Y112M-6	2.2	67.9	390
		19.6	2000	5.55	3.02	Y132M1-6	4	69.1	424
		29.4	3000	5.15	4.18	Y132M2-6	5.5	70.0	426
		39.2	4000	4.75	5.36	Y160M-6	7.5	70.5	464
		49	5000	4.45	6.52	Y160M-6	7.5	71.3	464
		58.8	6000	4.15	7.67	Y160L-6	11	72.0	488
		68.6	7000	3.90	8.82	Y160L-6	11	72.6	488
		78.4	8000	3.55	10.01	Y160L-6	11	73.4	488
		88.2	9000	3.19	11.21	Y180L-6	15	74.1	512
		98	10000	2.81	12.42	Y180L-6	15	74.9	512
	1450	9.8	1000	9.72	2.8	Y112M-4	4	70.2	381
		19.6	2000	9.12	4.52	Y132S-4	5.5	72.3	411
		29.4	3000	8.72	6.26	Y132M-4	7.5	73.9	425
		39.2	4000	8.32	8.01	Y160M-4	11	75.3	461
		49	5000	8.02	9.76	Y160M-4	11	76.2	461
		58.8	6000	7.74	11.52	Y160L-4	15	76.9	485
		68.6	7000	7.49	13.30	Y160L-4	15	77.2	485
		78.4	8000	7.14	15.07	Y180M-4	18.5	77.6	517
		88.2	9000	6.78	16.84	Y180M-4	18.5	78.1	517
		98	10000	6.40	18.62	Y180L-4	22	78.8	537
3L32WC	1600	9.8	1000	10.80	3.12	Y112M-4	4	—	393
		19.6	2000	10.20	5.00	Y132M-4	7.5	—	428
		29.4	3000	9.81	6.85	Y132M-4	7.5	—	428
		39.2	4000	9.41	8.71	Y160M-4	11	—	464
		49	5000	9.10	10.56	Y160L-4	15	—	488
		58.8	6000	8.79	12.40	Y160L-4	15	—	488
		68.6	7000	8.54	14.25	Y180M-4	18.5	—	520
		78.4	8000	8.18	16.12	Y180M-4	18.5	—	520

续表

风机型号	转速/(r/min)	升压 Δp		进口流量(Q)/(m³/min)	轴功率/kW	配套电机		噪声（测距1.0m)/dB(A)	整机重/kg
		/kPa	/mmH₂O			型号	功率/kW		
3L41WD	980	9.8	1000	8.05	2.70	Y132S-6	3	70.8	567
		19.6	2000	7.36	4.22	Y132M2-6	5.5	70.9	585
		29.4	3000	6.82	5.76	Y160M-6	7.5	71.0	623
		39.2	4000	6.45	7.28	Y160L-6	11	71.9	647
		49	5000	6.04	8.83	Y160L-6	11	72.9	647
		58.8	6000	5.74	10.36	Y180L-6	15	73.3	671
		68.6	7000	5.46	11.88	Y180L-6	15	73.5	671
		78.4	8000	4.90	13.40	Y180L-6	15	73.9	671
		88.2	9000	4.30	14.93	Y200L1-6	18.5	74.5	720
		98	10000	3.70	16.48	Y200L1-6	18.5	75.2	720
	1450	9.8	1000	12.45	3.95	Y112M-4	4	76.7	553
		19.6	2000	11.83	6.12	Y132M-4	7.5	77.6	581
		29.4	3000	11.35	8.35	Y160M-4	11	78.6	620
		39.2	4000	10.94	10.60	Y160L-4	15	78.6	644
		49	5000	10.60	12.84	Y160L-4	15	79.1	644
		58.8	6000	10.32	15.10	Y180M-4	18.5	79.6	676
		68.6	7000	10.07	17.35	Y180M-4	18.5	80.4	676
		78.4	8000	9.51	19.60	Y180L-4	22	81.0	696
		88.2	9000	8.90	21.86	Y200L-4	30	81.7	760
		98	10000	8.30	24.19	Y200L-4	30	82.5	760
3L42WD	980	9.8	1000	12.43	4.10	Y132M2-6	5.5	68.7	619
		19.6	2000	11.59	6.28	Y160M-6	7.5	70.4	657
		29.4	3000	10.95	8.50	Y160L-6	11	72.0	681
		39.2	4000	10.48	10.69	Y180L-6	15	73.8	751
		49	5000	9.98	12.90	Y180L-6	15	74.3	751
		58.8	6000	9.63	15.11	Y200L1-6	18.5	75.2	771
		68.6	7000	9.23	17.23	Y200L1-6	18.5	76.9	771
		78.4	8000	8.63	19.45	Y200L2-6	22	77.9	789
		88.2	9000	8.02	21.70	Y225M-6	30	79.0	830
		98	10000	7.40	23.94	Y225M-6	30	80.2	830

续表

风机型号	转速/(r/min)	升压 Δp		进口流量(Q)/(m³/min)	轴功率/kW	配套电机		噪声（测距 1.0m)/dB(A)	整机重/kg
		/kPa	/mmH₂O			型号	功率/kW		
3L42WC	1100	9.8	1000	14.08	4.60	Y132S-4	5.5	—	590
		19.6	2000	13.33	7.05	Y160M-4	11	—	654
		29.4	3000	12.71	9.50	Y160M-4	11	—	654
		39.2	4000	12.31	12.02	Y160L-4	15	—	678
		49	5000	11.88	14.55	Y180M-4	18.5	—	710
		58.8	6000	11.51	17.10	Y180M-47	18.5	—	710
		68.6	7000	11.19	19.70	Y180L-4	22	—	730
		78.4	8000	10.58	22.34	Y200L-4	30	—	790
3L42WD	1450	9.8	1000	19.03	6.08	Y132M-4	7.5	75.1	604
		19.6	2000	18.28	9.45	Y160M-4	11	75.9	654
		29.4	3000	17.73	12.83	Y160L-4	15	76.9	678
		39.2	4000	17.18	16.22	Y180M-4	18.5	77.7	710
		49	5000	16.80	19.51	Y180L-4	22	78.5	730
		58.8	6000	16.48	22 91	Y200L-4	30	79.6	791
		68.6	7000	16.13	26.32	Y200L-4	30	80.6	791
		78.4	8000	15.52	29.72	Y225S-4	37	81.6	851
		88.2	9000	14.90	33.14	Y225S-4	37	82.5	851
		98	10000	14.25	36.55	Y225M-4	45	83.6	871
3L52WD	980	9.8	1000	22.2	6.4	Y160L-6	11	76.5	1042
		19.6	2000	21.4	9.9	Y180L-6	15	78.9	1100
		29.4	3000	20.8	13.4	Y200L1-6	18.5	79.2	1125
		39.2	4000	20.3	17.1	Y200L2-6	22	83.5	1155
		49	5000	19.8	20.8	Y225M-6	30	85.1	1235
		58.8	6000	19.3	25.4	Y225M-6	30	85.1	1235
		68.6	7000	18.9	29.9	Y250M-6	37	85.2	1295
		78.4	8000	18.5	35.1	Y280S-6	45	85.3	1470
		88.2	9000	17.7	40.4	Y280S-6	45	85.6	1470
		98	10000	16.9	45.8	Y280M-6	55	86.0	1490
	1450	9.8	1000	34.7	10.1	Y160L-4	15	81.8	1050
		19.6	2000	33.9	16.2	Y180M-4	18.5	82.8	1100
		29.4	3000	33.2	22.4	Y200L-4	30	85.3	1120
		39.2	4000	32.8	28.6	Y225S-4	37	86.2	1180
		49	5000	32.3	34.9	Y225M-4	45	87.9	1240
		58.8	6000	31.8	41.3	Y225M-4	45	87.8	1240
		68.6	7000	31.3	47.7	Y250M-4	55	87.9	1270
		78.4	8000	31.0	54.1	Y280S-4	75	88.5	1380
		88.2	9000	30.2	60.6	Y280S-4	75	89.1	1380
		98	10000	29.4	67.3	Y280S-4	75	89.8	1380

风机型号	转速/(r/min)	升压 Δp /kPa	升压 Δp /mmH₂O	进口流量(Q)/(m³/min)	轴功率/kW	配套电机 型号	配套电机 功率/kW	噪声（测距 1.0m)/dB(A)	整机重/kg
3L53WD	980	9.8	1000	28.7	8.2	Y160L-6	11	74.6	1117
		19.6	2000	27.7	12.6	Y180L-6	15	76.7	1170
		29.4	3000	26.9	17.0	Y200L1-6	18.5	79.7	1190
		39.2	4000	26.3	21.7	Y225M-6	30	81.8	1270
		49	5000	25.7	26.4	Y225M-6	30	83.9	1270
		58.8	6000	25.1	32.2	Y250M-6	37	84.1	1470
		68.6	7000	24.5	38	Y280S-6	45	84.2	1646
		78.4	8000	24.1	43.3	Y280M-6	55	84.7	1666
		88.2	9000	23.3	48.5	Y280M-6	55	85.2	1666
		98	10000	22.5	53.7	Y315S-6	75	85.8	1829
	1450	9.8	1000	44.6	12.1	Y160L-4	15	80.6	1215
		19.6	2000	43.6	20.0	Y200L-4	30	86.9	1300
		29.4	3000	42.8	27.5	Y225S-4	37	86.9	1355
		39.2	4000	42.2	35.6	Y225M-4	45	88.1	1400
		49	5000	41.6	43.4	Y250M-4	55	88.2	1469
		58.8	6000	41.0	51.4	Y280S-4	75	88.3	1606
		68.6	7000	40.5	59.5	Y280S-4	75	88.3	1606
		78.4	8000	40.0	67.7	Y280S-4	75	88.5	1606
		88.2	9000	39.2	75.9	Y280M-4	90	89.7	1711
3L62WD	730	9.8	1000	34.2	9.4	Y200L-8	15	—	1839
		19.6	2000	32.4	15.5	Y225S-8	18.5	—	1866
		29.4	3000	30.8	21.6	Y250M-8	30	—	2005
		39.2	4000	29.5	27.7	Y250M-8	30	—	2005
		49	5000	28.3	33.7	Y280S-8	37	—	2120
		58.8	6000	27.2	39.8	Y280M-8	45	—	2192
		68.6	7000	26.4	45.9	Y315S-8	55	—	2600
		78.4	8000	25.6	52.0	Y315M-8	75	—	2700
		88.2	9000	24.1	58.3	Y315M-8	75	—	2700
		98	10000	23.6	64.7	Y315M-8	75	—	2700
	970	9.8	1000	46.4	12.4	Y200L1-6	18.5	—	1792
		19.6	2000	44.6	20.4	Y225M-6	30	—	1892
		29.4	3000	42.9	28.5	Y250M-6	37	—	2008
		39.2	4000	41.7	36.6	Y280S-6	45	—	2136
		49	5000	40.4	44.7	Y280M-6	55	—	2195
		58.8	6000	39.4	52.8	Y315S-6	75	—	2590
		68.6	7000	38.5	60.9	Y315S-6	75	—	2590
		78.4	8000	37.8	69.0	Y315S-6	75	—	2590
		88.2	9000	36.3	78.3	Y315M-6	90	—	2690
		98	10000	34.8	86.7	Y315L1-8	110	—	2750

风机型号	转速/(r/min)	升压 Δp		进口流量(Q)/(m³/min)	轴功率/kW	配套电机		噪声（测距 1.0m)/dB(A)	整机重/kg
		/kPa	/mmH₂O			型号	功率/kW		
3L63WD	730	9.8	1000	41.0	10.8	Y200L-8	15	—	2150
		19.6	2000	39.2	18.4	Y225M-8	22	—	2192
		29.4	3000	37.8	26.0	Y250M-8	30	—	2305
		39.2	4000	36.5	33.7	Y280M-8	45	—	2520
		49	5000	35.4	41.4	Y315S-8	55	—	2900
		58.8	6000	34.3	49.1	Y315S-8	55	—	2900
		68.6	7000	33.3	56.8	Y315M-8	75	—	3000
		78.4	8000	32.4	64.5	Y315M-8	75	—	3000
		88.2	9000	30.9	72.4	Y315L1-8	90	—	3100
		98	10000	29.4	80.5	Y315L1-8	90	—	3100
	980	9.8	1000	56.6	15.3	Y200L1-6	18.5	—	2112
		19.6	2000	54.8	25.5	Y225M-6	30	—	2192
		29.4	3000	53.3	35.7	Y280S-6	45	—	2436
		39.2	4000	52.0	45.9	Y280M-6	55	—	2495
		49	5000	50.9	56.1	Y315S-6	75	—	2890
		58.8	6000	49.9	66.3	Y315S-6	75	—	2890
		68.6	7000	48.9	76.5	Y315M-6	90	—	2970
		78.4	8000	48.0	86.7	Y315L1-6	110	—	3100
		88.2	9000	46.4	97.2	Y315L1-6	110	—	3100
		98	10000	44.8	107.8	Y315L2-6	132	—	3130
	1450	9.8	1000	87.6	28.4	Y225S-4	37	86.1	2255
		19.6	2000	85.8	43.9	Y250M-4	55	86.8	2325
		29.4	3000	84.4	59.4	Y280S-4	75	87.6	2462
		39.2	4000	83.2	74.9	Y280M-4	90	88.3	2567
		49	5000	82.1	90.4	Y315S-4	110	89.1	2900
		58.8	6000	81.0	105.8	Y315M-4	132	90.0	3000
		68.6	7000	80.0	121.3	Y315L1-4	160	90.7	3100
		78.4	8000	79.1	136.8	Y315L1-4	160	91.3	3100
3L72WD	740	9.8	1000	60.8	19.8	Y225M-8	22	—	2950
		19.6	2000	59.2	31.1	Y280S-8	37	—	3207
		29.4	3000	57.9	42.4	Y280M-8	45	—	3283
		39.2	4000	57.2	53.7	Y315M-8	75	—	3885
		49	5000	56.3	65.0	Y315M-8	75	—	3885
		58.8	6000	55.8	76.3	Y315L1-8	90	—	3955
		68.6	7000	55.3	87.6	Y315L2-8	110	—	4025
		78.4	8000	54.8	98.9	Y315L2-8	110	—	4025
		88.2	9000	54.0	110.2	Y335M1-8	132	—	4405
		98	10000	53.3	121.6	Y335M2-8	160	—	4505

| 风机型号 | 转速/（r/min） | 升压 Δp | | 进口流量（Q）/（m³/min） | 轴功率/kW | 配套电机 | | 噪声（测距 1.0m）/dB（A） | 整机重/kg |
		/kPa	/mmH₂O			型号	功率/kW		
3L72WD	980	9.8	1000	82.5	25.0	Y225M-6	30	—	2985
		19.6	2000	80.9	39.7	Y280S-6	45	—	3225
		29.4	3000	79.6	54.5	Y315S-6	75	—	3765
		39.2	4000	78.9	69.3	Y315S-6	75	—	3765
		49	5000	78.0	84.2	Y315L1-6	110	—	3945
		58.8	6000	77.5	99.0	Y315L1-6	110	—	3945
		68.6	7000	77.0	113.9	Y315L2-6	132	—	4005
		78.4	8000	76.5	128.4	Y355M1-6	160	—	4405
		88.2	9000	75.7	142.9	Y355M1-6	160	—	4405
		98	10000	75.0	157.5	Y355M2-6	200	—	4505
3L72WC	1050	9.8	1000	88.8	26.6	Y200L-4	30	—	2995
		19.6	2000	87.2	42.5	Y250M-4	55	—	3090
		29.4	3000	85.9	58.4	Y280S-4	75	—	3275
		39.2	4000	85.2	74.3	Y280M-4	90	—	3365
		49	5000	84.3	90.3	Y315S-4	110	—	3695
		58.8	6000	83.8	106.4	Y315M-4	132	—	3815
		68.6	7000	83.3	122.6	Y315L1-4	160	—	3875
		78.4	8000	82.8	138.6	Y315L1-4	160	—	3875
	1120	9.8	1000	95.1	28.2	Y225S-4	37	—	3055
		19.6	2000	93.5	45.3	Y250M-4	55	—	3090
		29.4	3000	92.2	62.3	Y280S-4	75	—	3275
		39.2	4000	91.5	79.4	Y280M-4	90	—	3365
		49	5000	90.6	96.6	Y315S-4	110	—	3695
		58.8	6000	90.1	113.7	Y315M-4	132	—	3815
		68.6	7000	89.6	130.8	Y315L1-4	160	—	3875
		78.4	8000	89.1	147.9	Y315L2-4	200	—	4035
	1190	9.8	1000	101.4	29.8	Y225S-4	37	—	3055
		19.6	2000	99.8	48.0	Y250M-4	55	—	3090
		29.4	3000	98.5	66.2	Y280S-4	75	—	3275
		39.2	4000	97.8	84.4	Y315S-4	110	—	3695
		49	5000	96.9	102.6	Y315M-4	132	—	3815
		58.8	6000	96.4	120.8	Y315L1-4	160	—	3875
		68.6	7000	95.9	139.0	Y315L1-4	160	—	3875
		78.4	8000	95.4	157.2	Y315L2-4	200	—	4035
	1250	9.8	1000	106.8	31.4	Y225S-4	37	—	3055
		19.6	2000	105.2	50.6	Y250M-4	55	—	3090
		29.4	3000	103.9	69.8	Y280S-4	75	—	3275
		39.2	4000	103.2	89	Y315S-4	110	—	3695
		49	5000	102.3	108.2	Y315M-4	132	—	3815
		58.8	6000	101.8	127.4	Y315L1-4	160	—	3875
		68.6	7000	101.3	146.6	Y315L1-4	160	—	3875
		78.4	8000	100.8	165.8	Y315L2-4	200	—	4035

续表

风机 型号	转速 /（r/min）	升压 Δp		进口流量（Q） /（m³/min）	轴功率 /kW	配套电机		噪声（测 距 1.0m）/dB（A）	整机重 /kg
		/kPa	/mmH₂O			型号	功率/kW		
3L73WD	980	9.8	1000	123.3	35.6	Y280S-6	45	82.5	3645
		19.6	2000	120.0	57.5	Y315S-6	75	84.7	4185
		29.4	3000	118.2	79.3	Y315M-6	90	87.8	4285
		39.2	4000	116.3	101.1	Y315L1-6	110	88.8	4365
		49	5000	115.0	122.7	Y315L2-6	132	90.0	4425
		58.8	6000	114.3	144.5	Y355M1-6	160	91.3	4825
		68.6	7000	113.5	166.6	Y355M2-6	200	91.7	4925
		78.4	8000	112.6	188.8	Y355M2-6	200	91.8	4925
						Y355L-6	250		5350
		88.2	9000	111.8	211.0	Y355L-6	250	92.1	5350
		98	10000	111.2	233.1	Y355L-6	250	92.1	5350
3L73WC	1050	9.8	1000	132.6	37.9	Y225M-4	45	—	3505
		19.6	2000	129.3	61.5	Y280S-4	75	—	3695
		29.4	3000	127.5	85.1	Y315S-4	110	—	4115
		39.2	4000	125.6	108.7	Y315M-4	132	—	4235
		49	5000	124.3	132.3	Y315L1-4	160	—	4295
		58.8	6000	123.6	155.9	Y315L2-4	200	—	4455
		68.6	7000	122.8	179.5	Y315L2-4	200	—	4455
		78.4	8000	121.9	203.1	Y355M-4	250	—	4855
	1120	9.8	1000	141.9	40.2	Y225M-4	45	—	3505
		19.6	2000	138.6	65.4	Y280S-4	75	—	3695
		29.4	3000	136.8	90.6	Y315S-4	110	—	4115
		39.2	4000	134.9	115.8	Y315M-4	132	—	4235
		49	5000	133.6	141.1	Y315L1-4	160	—	4295
		58.8	6000	132.9	166.3	Y315L2-4	200	—	4455
		68.6	7000	132.1	191.5	Y355M-4	250	—	4855
		78.4	8000	131.2	216.7	Y355M-4	250	—	4855

风机型号	转速/(r/min)	升压 Δp		进口流量(Q)/(m³/min)	轴功率/kW	配套电机		噪声（测距1.0m）/dB(A)	整机重/kg
		/kPa	/mmH₂O			型号	功率/kW		
3L73WC	1190	9.8	1000	151.2	42.4	Y225M-4	55	—	3510
		19.6	2000	147.9	69.2	Y280S-4	75	—	3695
		29.4	3000	146.1	96.0	Y315S-4	110	—	4115
		39.2	4000	144.2	122.8	Y315L1-4	160	—	4295
		49	5000	142.9	149.6	Y315L1-4	160	—	4295
						Y315L2-4	200		4455
		58.8	6000	142.2	176.4	Y315L2-4	200	—	4455
		68.6	7000	141.4	203.2	Y355M-4	250	—	4855
	1250	9.8	1000	160.5	44.6	Y250M-4	55	—	3510
		19.6	2000	157.2	72.7	Y280M-4	90	—	3785
		29.4	3000	155.4	100.8	Y315S-4	110	—	4115
		39.2	4000	153.5	129.0	Y315L1-4	160	—	4295
		49	5000	152.2	157.1	Y315L2-4	200	—	4455
		58.8	6000	151.5	185.2	Y315L2-4	200	—	4455
						Y355M-4	250		4855
		68.6	7000	150.7	213.3	Y355M-4	250	—	4855

第3章 冷却塔噪声源控制及低噪声冷却塔

3.1 冷却塔类别及噪声特性

冷却塔是目前应用非常广泛的水资源循环利用设备，其工作原理是水和空气在塔内进行热交换，使出水达到要求的温度。冷却塔按用途不同可分为工业和民用两种；按形状不同分为圆形塔和方形塔；按水和空气的流动方向不同，可分为逆流式和横流式；按用料不同可分为玻璃钢、不锈钢及其他材质冷却塔。工业用冷却塔主要用于石油、化工、冶金、电力等大水量的循环系统中，温降一般为10~25℃。民用冷却塔主要用于宾馆、医院、商场等公用建筑物上，温降一般为5~8℃。逆流式冷却塔水流自上而下流动，空气自下而上做逆向流动，其配水方式采用布水器旋转散水、喷淋管喷淋散水和雾化器喷射布水等形式；横流式冷却塔是水自上而下流动，空气则由冷却塔外水平流向塔内，配水采用池式自然散水。

冷却塔的噪声源主要是风机气流噪声、驱动电机噪声、传动部件机械噪声以及喷淋的落水噪声，还有与循环水泵相连的管道噪声。风机噪声以中低频声为主，落水噪声以中高频声为主。噪声的高低与冷却水量有关，冷却水量越大，风机风量越大，电机功率越大，噪声就越高。

据统计，国内有300多家冷却塔制造厂家，网上有名的如"金日""良机""马利""菱电""联丰""中奥""海鸥""大洋""上风"等，其中可提供低噪声型冷却塔（有的称静音型冷却塔或超低噪声型冷却塔）的企业也不少。

3.2 低噪声冷却塔的噪声限值要求

冷却塔用途广泛，品种繁多，最常用的是冷却水量在500m³/h以下的中小型玻璃钢冷却塔。但什么样的冷却塔才能称为低噪声型冷却塔呢？为此原环保部制定了行业标准HJ/T 385—2007（代替 HCRJ 018—1998）《环境保护产品技术要求 低噪声型冷却塔》。本标准适用于机力通风式单台冷却水量≤500m³/h的低噪声冷却塔。噪声考核测点有两个：第一个是标准点，即冷却塔进风口方向，离塔壁水平距离为一倍塔体直径，距安装基准平面1.5m高的点。若塔体直径小于1.5m时，取1.5m；当塔形为矩形时，取塔体的当量直径 $D=1.13\sqrt{ab}$，其中 a、b 为塔的边长。第二个测点是风筒上缘外斜上方45°测点，离开风筒上缘距离等于风机直径的点（风机直径指风机叶轮直径），当风机直径小于1.5m时，测点距离取1.5m。

低噪声冷却塔的噪声限值应不超过表6-3-1的规定值。

相同水流量的普通冷却塔噪声比低噪声冷却塔一般要高10dB（A）左右。只有符合表 6-3-1 两个测点噪声限值要求的冷却塔才称得上是低噪声冷却塔。

表 6-3-1　低噪声冷却塔的噪声限值表

冷却水流量/（m³/h）	噪声限值/dB（A）	
	标准点	出风筒斜 45° 外上方测点
8	60	63
15	60	63
30	60	64
50	60	64
75	62	65
100	63	67
150	63	69
200	65	71
300	66	73
400	66	75
500	68	77

3.3　BAC 系列冷却塔

3.3.1　BAC3000E/XE 系列低噪声冷却塔

BAC3000E/XE 系列开放式冷却塔是 3000 系列冷却塔的新一代产品。其中，3000XE 系列是专门为超低能耗需求的用户设计的新产品，其运行效率至少比美国标准 ASHRAE 90.1—2013 的要求高两倍。该系列冷却塔可提供单台选项或连台选项，产品节能环保，噪声低，若要求静音运行，则可标配高效静音风扇或超静音风扇，在冷却塔的进风口和出风口再配置消声器等。静音风扇降噪可达 9dB，超静音风扇可降噪 19dB。该系列冷却塔具有世界领先水平。图 6-3-1 为 BAC3000E 系列单台冷却塔结构示意图。图 6-3-2 为 BAC3000E 系列冷却塔外形示意图。

BAC3000E 系列单台冷却塔技术参数见表 6-3-2。

BAC3000XE 系列单台冷却塔技术参数见表 6-3-3。

图 6-3-1　BAC3000E 系列单台冷却塔结构示意图

1—框架结构；2—面板；3—风机驱动系统；4—低功率轴流风扇；5—水分配系统；6—出水过滤网；
7—进风百叶；8—填料；9—清洁的冷水盘；10—大型检修门（不可见）

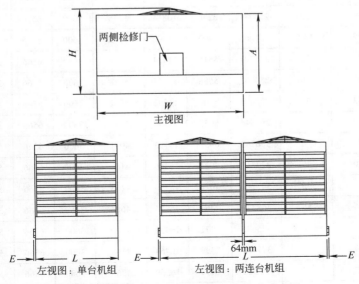

图 6-3-2　BAC3000E 系列冷却塔外形示意图

表 6-3-2　BAC3000E 系列单台冷却塔技术参数表

型号	标准冷吨	电机功率/kW	风量/（m³/h）	质量/kg			尺寸/mm			
				运输	运行	最重组件	L	W	H	A
S3E-8518-05L	293	11	131597	3639	6877	3639	2584	5499	2994	2641
S3E-8518-05M	322	15	143854	3666	6904	3666	2584	5499	2994	2641
S3E-8518-06L	329	11	143089	3788	7270	3788	2584	5499	3400	3048
S3E-8518-06M	361	15	156281	3797	7279	3797	2584	5499	3400	3048
S3E-8518-06N	388	18.5	167314	3811	7292	3811	2584	5499	3400	3048
S3E-8518-06O	406	22	176902	3834	7315	3834	2584	5499	3400	3048
S3E-8518-07M	400	15	168249	3970	8311	3970	2584	5499	3806	3454
S3E-8518-07N	429	18.5	179962	3983	8324	3983	2584	5499	3806	3454
S3E-8518-07O	451	22	190111	4006	8347	4006	2584	5499	3806	3454
S3E-8518-07P	484	30	207298	4079	8419	4079	2584	5499	3806	3454
S3E-1020-06M	384	15	166430	4326	8680	4326	2978	6109	3286	3048
S3E-1020-06N	412	18.5	178092	4390	8743	4390	2978	6109	3286	3048
S3E-1020-06O	436	22	188241	4413	8766	4413	2978	6109	3286	3048
S3E-1020-07M	425	15	179877	4483	9151	4483	2978	6109	3692	3454
S3E-1020-07N	457	18.5	192440	4546	9214	4546	2978	6109	3692	3454
S3E-1020-07O	484	22	203337	4569	9237	4569	2978	6109	3692	3454
S3E-1020-07P	530	30	221748	4641	9310	4641	2978	6109	3692	3454
S3E-1222-06M	483	15	190927	5160	10728	5160	3600	6566	3311	3048
S3E-1222-06N	471	18.5	204340	5223	10791	5223	3600	6566	3311	3048
S3E-1222-06O	500	22	215985	5246	10814	5246	3600	6566	3311	3048
S3E-1222-07N	523	18.5	221068	5492	11402	5492	3600	6566	3718	3454
S3E-1222-07O	554	22	233597	5515	11424	5515	3600	6566	3718	3454
S3E-1222-07P	607	30	254762	5588	11497	5588	3600	6566	3718	3454
S3E-1222-07Q	652	37	272476	5592	11502	5592	3600	6566	3718	3454
S3E-1222-07R	690	45	287844	5937	11846	5937	3600	6566	3870	3454
S3E-1222-10P	757	30	306765	6951	15193	4091	3600	6566	5004	4723
S3E-1222-10Q	810	37	327318	7024	15266	4163	3600	6566	5004	4723
S3E-1222-10R	856	45	345117	7028	15270	4168	3600	6566	5004	4723
S3E-1222-10S	916	56	368271	7464	15705	4604	3600	6566	5004	4723
S3E-1222-12P	812	30	325635	7372	16436	4140	3600	6566	5816	5535
S3E-1222-12Q	869	37	347225	7399	16464	4168	3600	6566	5816	5535
S3E-1222-12R	917	45	365925	7494	16559	4263	3600	6566	5816	5535
S3E-1222-12S	981	55	390184	7929	16994	4699	3600	6566	5816	5535
S3E-1222-13P	839	30	334866	7582	16855	4140	3600	6566	6223	5942

续表

型号	标准冷吨	电机功率/kW	风量/（m³/h）	质量/kg			尺寸/mm			
				运输	运行	最重组件	L	W	H	A
S3E-1222-13Q	897	37	356983	7609	16882	4168	3600	6566	6223	5942
S3E-1222-13R	947	45	376108	7704	16977	4263	3600	6566	6223	5942
S3E-1222-13S	1013	55	400945	7740	17013	4299	3600	6566	6223	5942
S3E-1222-14P	872	30	346681	7774	17047	4358	3600	6566	6629	6348
S3E-1222-14Q	933	37	369512	7801	17074	4386	3600	6566	6629	6348
S3E-1222-14R	985	45	389249	7873	17146	4458	3600	6566	6629	6348
S3E-1222-14S	1056	55	414851	7910	17183	4495	3600	6566	6629	6348
S3E-1222-14T	1147	75	450500	8780	18053	4989	3600	6566	6629	6348
S3E-1424-07O	621	22	262293	7464	15645	7473	4245	7328	3737	3454
S3E-1424-07P	680	30	286076	7537	15717	7545	4245	7328	3737	3454
S3E-1424-07Q	729	37	305881	7542	15722	7550	4245	7328	3737	3454
S3E-1424-07R	772	45	322966	7546	15726	7555	4245	7328	3737	3454
S3E-1424-12Q	995	37	398378	9812	20169	5403	4245	7328	5867	5535
S3E-1424-12R	1050	45	419492	9885	20242	5475	4245	7328	6020	5535
S3E-1424-12S	1121	55	446862	9908	20265	5498	4245	7328	6020	5535
S3E-1424-12T	1207	75	475235	10778	21135	5993	4245	7328	6105	5535
S3E-1424-13Q	1031	37	410788	9989	20795	5403	4245	7328	6274	5942
S3E-1424-13R	1088	45	432412	10062	20868	5475	4245	7328	6426	5942
S3E-1424-13S	1161	55	460462	10085	20890	5498	4245	7328	6427	5942
S3E-1424-13T	1250	75	489481	10955	21761	5993	4245	7328	6512	5942
S3E-1424-14Q	1075	37	426377	10166	21513	5743	4245	7328	6680	6348
S3E-1424-14R	1134	45	448715	10239	21586	5816	4245	7328	6832	6348
S3E-1424-14S	1215	55	477683	10261	21609	5838	4245	7328	6832	6348
S3E-1424-14T	1303	75	507552	11132	22479	6333	4245	7328	6918	6348

注：1. S3E-1222-14T、S3E-1424-12T、S3E-1424-13T 及 S3E-1424-14T，驱动系统标配为齿轮传动。

2. 标准冷吨是 3GPM 水（0.684m³/h）在湿球温度为 78℉（25.6℃）时将水从 95℉（35℃）冷却到 85℉（29.4℃）条件下定义的。

3. 运行质量是冷水盘水位至溢流位置的质量。

4. 如需齿轮传动或低噪声风扇，设备高度将增加 10.5″（267mm）。

表 6-3-3　BAC3000XE 系列单台冷却塔技术参数表

型号	标准冷吨	电机功率/kW	风量/（m³/h）	质量/kg			尺寸/mm			
				运输	运行	最重组件	L	W	H	A
XES3E-8518-05G	171	2.2	79611	3562	6800	3562	2584	5499	2994	2641
XES3E-8518-05H	203	4	93415	3566	6804	3566	2584	5499	2994	2641
XES3E-8518-05J	233	5.5	106029	3580	6818	3580	2584	5499	2994	2641

续表

型号	标准冷吨	电机功率/kW	风量/（m³/h）	质量/kg			尺寸/mm			
				运输	运行	最重组件	L	W	H	A
XES3E-8518-05K	256	7.5	115991	3584	6822	3584	2584	5499	2994	2641
XES3E-8518-06G	194	2.2	87040	3734	7215	3734	2584	5499	3400	3048
XES3E-8518-06H	230	4	102000	3738	7220	3738	2584	5499	3400	3048
XES3E-8518-06J	262	5.5	115617	3752	7233	3752	2584	5499	3400	3048
XES3E-8518-06K	288	7.5	126327	3757	7238	3757	2584	5499	3400	3048
XES3E-8518-07G	216	2.2	94367	3906	8247	3906	2584	5499	3806	3454
XES3E-8518-07H	256	4	110415	3911	8252	3911	2584	5499	3806	3454
XES3E-8518-07J	292	5.5	124984	3924	8265	3924	2584	5499	3806	3454
XES3E-8518-07K	320	7.5	136425	3929	8270	3929	2584	5499	3806	3454
XES3E-8518-07L	365	11	154258	3961	8301	3961	2584	5499	3806	3454
XES3E-1020-06G	206	2.2	92854	4272	8625	4272	2978	6109	3286	3048
XES3E-1020-06H	244	4	108834	4276	8630	4276	2978	6109	3286	3048
XES3E-1020-06J	279	5.5	123318	4281	8634	4281	2978	6109	3286	3048
XES3E-1020-06K	307	7.5	134691	4286	8639	4286	2978	6109	3286	3048
XES3E-1020-06L	350	11	152456	4317	8671	4317	2978	6109	3286	3048
XES3E-1020-07G	228	2.2	100487	4419	9087	4419	2978	6109	3692	3454
XES3E-1020-07H	271	4	117708	4424	9092	4424	2978	6109	3692	3454
XES3E-1020-07J	310	5.5	133365	4437	9106	4437	2978	6109	3692	3454
XES3E-1020-07K	340	7.5	145656	4442	9110	4442	2978	6109	3692	3454
XES3E-1020-07L	388	11	164832	4473	9142	4473	2978	6109	3692	3454
XES3E-1222-06H	279	4	124780	5101	10669	5101	3600	6566	3311	3048
XES3E-1222-06J	318	5.5	141389	5114	10683	5114	3600	6566	3311	3048
XES3E-1222-06K	350	7.5	154462	5119	10687	5119	3600	6566	3311	3048
XES3E-1222-06L	399	11	174879	5151	10719	5151	3600	6566	3311	3048
XES3E-1222-07J	354	5.5	153085	5384	11293	5384	3600	6566	3718	3454
XES3E-1222-07K	389	7.5	167229	5388	11297	5388	3600	6566	3718	3454
XES3E-1222-07L	444	11	189295	5420	11329	5420	3600	6566	3718	3454
XES3E-1222-07M	487	15	206601	5429	11338	5429	3600	6566	3718	3454
XES3E-1222-10K	491	7.5	204051	6761	15003	3900	3600	6566	5004	4723
XES3E-1222-10L	559	11	230180	6793	15034	3932	3600	6566	5004	4723
XES3E-1222-10M	611	15	250546	6802	15034	3941	3600	6566	5004	4723
XES3E-1222-10N	655	18.5	267478	6865	15107	4004	3600	6566	5004	4723

续表

型号	标准冷吨	电机功率/kW	风量/(m³/h)	质量/kg			尺寸/mm			
				运输	运行	最重组件	L	W	H	A
XES3E-1222-10O	693	22	282115	6888	15130	4027	3600	6566	5004	4723
XES3E-1222-12K	528	7.5	217260	7181	16246	3950	3600	6566	5816	5535
XES3E-1222-12L	600	11	244919	7213	16278	3982	3600	6566	5816	5535
XES3E-1222-12M	657	15	266441	7222	16287	3991	3600	6566	5816	5535
XES3E-1222-12N	703	18.5	284291	7285	16350	4054	3600	6566	5816	5535
XES3E-1222-12O	744	22	299710	7308	16373	4077	3600	6566	5816	5535
XES3E-1222-13K	545	7.5	223601	7391	16664	3950	3600	6566	6223	5942
XES3E-1222-13L	620	11	252042	7423	16696	3982	3600	6566	6223	5942
XES3E-1222-13M	678	15	274125	7432	16705	3991	3600	6566	6223	5942
XES3E-1222-13N	727	18.5	292468	7496	16768	4054	3600	6566	6223	5942
XES3E-1222-13O	769	22	308278	7518	16791	4077	3600	6566	6223	5942
XES3E-1222-14L	645	11	261069	7615	16888	4200	3600	6566	6629	6348
XES3E-1222-14M	706	15	283934	7624	16879	4209	3600	6566	6629	6348
XES3E-1222-14N	756	18.5	302889	7687	16960	4272	3600	6566	6629	6348
XES3E-1222-14O	799	22	319226	7710	16983	4295	3600	6566	6629	6348
XES3E-1424-07J	396	5.5	171836	7333	15513	7341	4245	7328	3737	3454
XES3E-1424-07K	435	7.5	187731	7337	15518	7346	4245	7328	3737	3454
XES3E-1424-07L	497	11	212517	7369	15549	7378	4245	7328	3737	3454
XES3E-1424-07M	545	15	231965	7378	15558	7387	4245	7328	3737	3454
XES3E-1424-07N	585	18.5	248217	7442	15622	7450	4245	7328	3737	3454
XES3E-1424-12L	691	11	282421	9626	19983	5216	4245	7328	5867	5535
XES3E-1424-12M	755	15	306867	9636	19992	5226	4245	7328	5867	5535
XES3E-1424-12N	808	18.5	327148	9699	20056	5289	4245	7328	5867	5535
XES3E-1424-12O	854	22	344607	9722	20079	5312	4245	7328	5867	5535
XES3E-1424-12P	931	30	373983	9785	20142	5375	4245	7328	5867	5535
XES3E-1424-13L	717	11	291703	9803	20609	5216	4245	7328	6274	5942
XES3E-1424-13M	783	15	316846	9812	20618	5226	4245	7328	6274	5942
XES3E-1424-13N	838	18.5	337671	9876	20682	5289	4245	7328	6274	5942
XES3E-1424-13O	885	22	355623	9899	20704	5312	4245	7328	6274	5942
XES3E-1424-13P	965	30	385747	9962	20768	5375	4245	7328	6274	5942
XES3E-1424-14M	817	14.9	329239	9989	21337	5566	4245	7328	6680	6348
XES3E-1424-14N	874	18.5	350812	10053	21400	5630	4245	7328	6680	6348
XES3E-1424-14O	924	22	369359	10075	21423	5652	4245	7328	6680	6348
XES3E-1424-14P	1007	30	400520	10139	21486	5716	4245	7328	6680	6348

注：1. 标准冷吨是 3GPM 水（0.684m³/h）在湿球温度为 78℉（25.6℃）时将水从 95℉（35℃）冷却到 85℉（29.4℃）条件下定义的。

2. 运行质量是冷水盘水位至溢流位置时的质量。

3. 如需齿轮传动或低噪声风扇，设备高度将增加 10.5″（267mm）。

3.3.2 BAC1500E/XE 系列低噪声冷却塔

BAC1500E/XE 系列冷却塔也是由 BAC 大连有限公司和巴尔的摩冷却系统（苏州）有限公司提供的。BAC1500E/XE 系列冷却塔不仅拥有上述旗舰产品 BAC3000 系列先进的技术，而且在狭小空间的市场应用中更有出色的表现。同时，最新设计推出的超高效 1500XE 系列运行效率至少比美国标准 ASHRAE 90.1—2013 的要求高两倍，更加节能环保，进一步降低能耗成本。该系列产品排布更为灵活，维修简便，运行可靠，冬季性能卓越，配备高效风扇，静音运行。若有更高降噪要求，可配置静音风扇和超静音风扇，还可配置进出口消声器。静音风扇降噪可达 8dB，超静音风扇可降噪 14dB。图 6-3-3 为 BAC1500E 系列冷却塔结构示意图。图 6-3-4 为 BAC1500E 系列冷却塔外形示意图。BAC1500E 系列单台冷却塔技术参数见表 6-3-4。BAC1500XE 系列单台冷却塔技术参数见表 6-3-5。

图 6-3-3　BAC1500E 系列冷却塔结构示意图

1—框架结构；2—风机驱动系统；3—低功率轴流风扇；4—水分配系统；5—填料；
6—多功能进风格栅；7—冷水盘；8—检修门

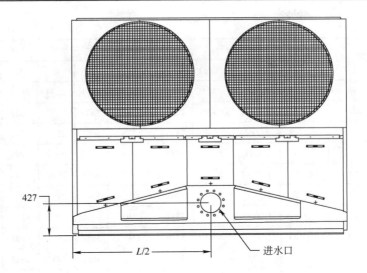

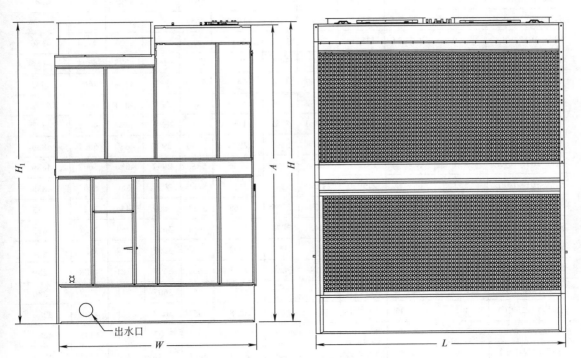

图 6-3-4 BAC1500E 系列冷却塔外形示意图

表 6-3-4 BAC1500E 系列单台冷却塔技术参数表

型号	标准冷吨	电机功率/kW	风量/（m³/h）	质量/kg			尺寸/mm				
				运行	运输	最重组件	L	W	H	H₁	A
S15E-0809-06GE	152	（3）2.2	62389	3373	1734	1734	2737	2394	3058	3058	3016
S15E-0809-06HE	181	（3）4	73479	3387	1748	1748	2737	2394	3058	3058	3016
S15E-0812-06GE	166	（3）2.2	68877	4495	2079	2079	3651	2394	3058	3058	3016

型号	标准冷吨	电机功率/kW	风量/(m³/h)	质量/kg			尺寸/mm				
				运行	运输	最重组件	L	W	H	H₁	A
S15E-0812-06HE	198	（3）4	81419	4508	2093	2093	3651	2394	3058	3058	3016
S15E-0812-06JE	221	（3）5.5	90163	4576	2161	2161	3651	2394	3058	3058	3016
S15E-1012-06HE	211	（2）4	86663	5108	2438	2438	3651	2997	3048	3121	3016
S15E-1012-06JE	234	（2）5.5	95597	5153	2483	2483	3651	2997	3048	3121	3016
S15E-1012-06KE	261	（2）7.5	105940	5167	2497	2497	3651	2997	3048	3121	3016
S15E-1012-09JE	287	（2）5.5	111292	6642	3201	1916	3651	2997	4321	4388	4280
S15E-1012-09KE	320	（2）7.5	123181	6656	3214	1930	3651	2997	4321	4388	4280
S15E-1012-09L1	340	（2）11	130898	6769	3328	2043	3651	2997	4321	4388	4280
S15E-1012-09LE	361	（2）11	138282	6769	3328	2043	3651	2997	4321	4388	4280
S15E-1012-10JE	295	（2）5.5	114892	6919	3351	1916	3651	2997	4728	4794	4686
S15E-1012-10KE	328	（2）7.5	127170	6933	3364	1930	3651	2997	4728	4794	4686
S15E-1012-10L1	350	（2）11	135134	7046	3478	2043	3651	2997	4728	4794	4686
S15E-1012-10LE	374	（2）11	142748	7046	3478	2043	3651	2997	4728	4794	4686
S15E-1018-09JE	433	（3）5.5	167641	10769	4962	2928	5480	2997	4474	4601	4432
S15E-1018-09KE	481	（3）7.5	185578	10787	4980	2946	5480	2997	4474	4601	4432
S15E-1018-09L1	543	（3）11	208361	10960	5153	3119	5480	2997	4474	4601	4432
S15E-1018-10JE	444	（3）5.5	173005	11268	5167	2928	5480	2997	4880	5007	4839
S15E-1018-10KE	494	（3）7.5	191528	11286	5185	2946	5480	2997	4880	5007	4839
S15E-1018-10LE	563	（3）11	215030	11459	5357	3119	5480	2997	4880	5007	4839
S15E-1212-07JE	280	（2）5.5	111140	6429	2865	2865	3651	3607	3454	3527	3413
S15E-1212-07KE	311	（2）7.5	122635	6443	2878	2878	3651	3607	3454	3527	3413
S15E-1212-07LE	330	（2）11	130096	6556	2992	2992	3651	3607	3454	3527	3413
S15E-1212-09JE	324	（2）5.5	125036	7614	3659	2111	3651	3607	4321	4388	4280
S15E-1212-09KE	358	（2）7.5	137827	7627	3673	2125	3651	3607	4321	4388	4280
S15E-1212-09L1	381	（2）11	146111	7741	3786	2238	3651	3607	4321	4388	4280
S15E-1212-09LE	398	（2）11	154037	7741	3786	2238	3651	3607	4321	4388	4280
S15E-1212-10KE	376	（2）7.5	143782	7950	3836	2125	3651	3607	4728	4794	4686
S15E-1212-10L1	400	（2）11	152390	8063	3950	2238	3651	3607	4728	4794	4686
S15E-1212-10LE	418	（2）11	160620	8063	3950	2238	3651	3607	4728	4794	4686
S15E-1212-10ME	460	（2）15	176422	8118	4004	2293	3651	3607	4728	4794	4686
S15E-1212-11KE	388	（2）7.5	149002	8345	4000	2125	3651	3607	5134	5201	5093
S15E-1212-11LE	431	（2）11	166361	8458	4113	2238	3651	3607	5134	5201	5093
S15E-1212-11ME	481	（2）15	182637	8513	4168	2293	3651	3607	5134	5201	5093
S15E-1212-12KE	402	（2）7.5	153618	8513	4168	2125	3651	3607	5540	5607	5499

续表

型号	标准冷吨	电机功率/kW	风量/（m³/h）	质量/kg			尺寸/mm				
				运行	运输	最重组件	L	W	H	H₁	A
S15E-1212-12LE	446	（2）11	171440	8626	4281	2238	3651	3607	5540	5607	5499
S15E-1212-12ME	496	（2）15	188137	8680	4336	2293	3651	3607	5540	5607	5499
S15E-1218-07JE	421	（3）5.5	167918	10655	4395	4395	5480	3607	3607	3740	3566
S15E-1218-07KE	467	（3）7.5	185302	10674	4413	4413	5480	3607	3607	3740	3566
S15E-1218-07L1	499	（3）11	196585	10846	4585	4585	5480	3607	3607	3740	3566
S15E-1218-09JE	486	（3）5.5	188710	12385	5507	3164	5480	3607	4474	4601	4432
S15E-1218-09KE	538	（3）7.5	208065	12376	5525	3183	5480	3607	4474	4601	4432
S15E-1218-09L1	572	（3）11	220579	12549	5698	3355	5480	3607	4474	4601	4432
S15E-1218-09LE	601	（3）11	232553	12549	5698	3355	5480	3607	4474	4601	4432
S15E-1218-10KE	562	（3）7.5	216976	12966	5757	3183	5480	3607	4880	5007	4839
S15E-1218-10L1	597	（3）11	229983	13139	5929	3355	5480	3607	4880	5007	4839
S15E-1218-10LE	624	（3）11	242416	13139	5929	3355	5480	3607	4880	5007	4839
S15E-1218-10ME	695	（3）15	266288	13220	6011	3437	5480	3607	4880	5007	4839
S15E-1218-11KE	585	（3）7.5	224806	13320	5993	3183	5480	3607	5286	5413	5245
S15E-1218-11L1	622	（3）11	238218	13493	6165	3355	5480	3607	5286	5413	5245
S15E-1218-11LE	650	（3）11	251032	13493	6165	3355	5480	3607	5286	5413	5245
S15E-1218-11ME	723	（3）15	275618	13575	6247	3437	5480	3607	5286	5413	5245
S15E-1218-12KE	606	（3）7.5	231724	13797	6233	3183	5480	3607	5693	5820	5652
S15E-1218-12L1	644	（3）11	245496	13970	6406	3355	5480	3607	5693	5820	5652
S15E-1218-12LE	673	（3）11	258649	13970	6406	3355	5480	3607	5693	5820	5652
S15E-1218-12ME	748	（3）15	283869	14051	6488	3437	5480	3607	5693	5820	5652

注：1. 标准冷吨是 3GPM 水（0.684m³/h）在湿球温度为 78℉（25.6℃）时将水从 95℉（35℃）冷却到 85℉（29.4℃）条件下定义的。

2. 运行质量是冷水盘水位至溢流位置的质量。

3. 除非特别声明，所有的 3″（DN80）及以下的连接管都采用外螺纹连接，4″（DN100）及以上的为斜口焊接。

表 6-3-5　BAC1500XE 系列单台冷却塔技术参数表

型号	标准冷吨	电机功率/kW	风量/（m³/h）	质量/kg			尺寸/mm				
				运行	运输	最重组件	L	W	H	H₁	A
XES15E-0809-06DE	106	（3）0.75	44225	3305	1666	1666	2737	2394	3058	3058	3016
XES15E-0809-06EE	120	（3）1.1	49939	3305	1666	1666	2737	2394	3058	3058	3016
XES15E-0809-06FE	134	（3）1.5	55292	3332	1693	1693	2737	2394	3058	3058	3016
XES15E-0812-06DE	114	（3）0.75	48478	4427	2011	2011	3651	2394	3058	3058	3016
XES15E-0812-06EE	131	（3）1.1	54871	4427	2011	2011	3651	2394	3058	3058	3016
XES15E-0812-06FE	146	（3）1.5	60880	4454	2038	2038	3651	2394	3058	3058	3016

续表

型号	标准冷吨	电机功率/kW	风量/(m³/h)	质量/kg			尺寸/mm				
				运行	运输	最重组件	L	W	H	H_1	A
XES15E-1012-06EE	136	（2）1.1	57210	5053	2384	2384	3651	2997	3048	3121	3016
XES15E-1012-06FE	152	（2）1.5	63255	5071	2402	2402	3651	2997	3048	3121	3016
XES15E-1012-06GE	172	（2）2.2	71262	5098	2429	2429	3651	2997	3048	3121	3016
XES15E-1012-09EE	167	（2）1.1	66726	6542	3101	1816	3651	2997	4321	4388	4280
XES15E-1012-09FE	186	（2）1.5	73789	6560	3119	1834	3651	2997	4321	4388	4280
XES15E-1012-09GE	211	（2）2.2	83118	6588	3146	1861	3651	2997	4321	4388	4280
XES15E-1012-09HE	259	（2）4	100983	6597	3155	1870	3651	2997	4321	4388	4280
XES15E-1012-10EE	171	（2）1.1	68816	6819	3251	1816	3651	2997	4728	4794	4686
XES15E-1012-10FE	191	（2）1.5	76124	6837	3269	1834	3651	2997	4728	4794	4686
XES15E-1012-10GE	216	（2）2.2	85774	6864	3296	1861	3651	2997	4728	4794	4686
XES15E-1012-10HE	266	（2）4	104239	6874	3305	1870	3651	2997	4728	4794	4686
XES15E-1018-09EE	251	（3）1.1	100436	10619	4812	2778	5480	2997	4474	4601	4432
XES15E-1018-09FE	280	（3）1.5	111081	10646	4840	2806	5480	2997	4474	4601	4432
XES15E-1018-09GE	318	（3）2.2	125148	10687	4881	2847	5480	2997	4474	4601	4432
XES15E-1018-09HE	390	（3）4	152084	10701	4894	2860	5480	2997	4474	4601	4432
XES15E-1018-10EE	257	（3）1.1	103540	11118	5017	2778	5480	2997	4880	5007	4839
XES15E-1018-10FE	287	（3）1.5	114552	11146	5044	2806	5480	2997	4880	5007	4839
XES15E-1018-10GE	326	（3）2.2	129096	11187	5085	2847	5480	2997	4880	5007	4839
XES15E-1018-10HE	401	（3）4	156937	11200	5098	2860	5480	2997	4880	5007	4839
XES15E-1212-07EE	166	（2）1.1	67759	6329	2765	2765	3651	3607	3454	3527	3413
XES15E-1212-07FE	184	（2）1.5	74683	6347	2783	2783	3651	3607	3454	3527	3413
XES15E-1212-07GE	208	（2）2.2	83801	6374	2810	2810	3651	3607	3454	3527	3413
XES15E-1212-07HE	254	（2）4	101156	6383	2819	2819	3651	3607	3454	3527	3413
XES15E-1212-09EE	193	（2）1.1	76462	7514	3559	2011	3651	3607	4321	4388	4280
XES15E-1212-09FE	214	（2）1.5	84250	7532	3578	2029	3651	3607	4321	4388	4280
XES15E-1212-09GE	241	（2）2.2	94473	7559	3605	2057	3651	3607	4321	4388	4280
XES15E-1212-09HE	294	（2）4	113893	7568	3614	2066	3651	3607	4321	4388	4280
XES15E-1212-10EE	202	（2）1.1	79939	7836	3723	2011	3651	3607	4728	4794	4686
XES15E-1212-10FE	224	（2）1.5	88065	7854	3741	2029	3651	3607	4728	4794	4686
XES15E-1212-10GE	253	（2）2.2	98719	7881	3768	2057	3651	3607	4728	4794	4686
XES15E-1212-10HE	308	（2）4	118921	7891	3777	2066	3651	3607	4728	4794	4686
XES15E-1212-10JE	340	（2）5.5	130489	7936	3823	2111	3651	3607	4728	4794	4686
XES15E-1212-11EE	209	（2）1.1	82974	8231	3886	2011	3651	3607	5134	5201	5093
XES15E-1212-11FE	232	（2）1.5	91400	8249	3904	2029	3651	3607	5134	5201	5093

续表

型号	标准冷吨	电机功率/kW	风量/（m³/h）	质量/kg			尺寸/mm				
				运行	运输	最重组件	L	W	H	H₁	A
XES15E-1212-11GE	261	（2）2.2	102437	8276	3932	2057	3651	3607	5134	5201	5093
XES15E-1212-11HE	318	（2）4	123336	8286	3941	2066	3651	3607	5134	5201	5093
XES15E-1212-11JE	351	（2）5.5	135286	8331	3986	2111	3651	3607	5134	5201	5093
XES15E-1212-12EE	216	（2）1.1	85629	8399	4054	2043	3651	3607	5540	5607	5499
XES15E-1212-12FE	240	（2）1.5	94322	8417	4072	2043	3651	3607	5540	5607	5499
XES15E-1212-12GE	271	（2）2.2	105707	8444	4100	2057	3651	3607	5540	5607	5499
XES15E-1212-12HE	330	（2）4	127228	8453	4109	2066	3651	3607	5540	5607	5499
XES15E-1212-12JE	363	（2）5.5	139521	8499	4154	2111	3651	3607	5540	5607	5499
XES15E-1218-07EE	250	（3）1.1	102322	10506	4245	4245	5480	3607	3607	3740	3566
XES15E-1218-07FE	277	（3）1.5	112785	10533	4272	4272	5480	3607	3607	3740	3566
XES15E-1218-07GE	313	（3）2.2	126563	10574	4313	4313	5480	3607	3607	3740	3566
XES15E-1218-07HE	382	（3）4	152820	10587	4327	4327	5480	3607	3607	3740	3566
XES15E-1218-09EE	289	（3）1.1	115326	12208	5357	3015	5480	3607	4474	4601	4432
XES15E-1218-09FE	321	（3）1.5	127088	12235	5384	3042	5480	3607	4474	4601	4432
XES15E-1218-09GE	362	（3）2.2	142531	12276	5425	3083	5480	3607	4474	4601	4432
XES15E-1218-09HE	441	（3）4	171871	12290	5439	3096	5480	3607	4474	4601	4432
XES15E-1218-10EE	302	（3）1.1	120529	12798	5589	3015	5480	3607	4880	5007	4839
XES15E-1218-10FE	335	（3）1.5	132799	12826	5616	3042	5480	3607	4880	5007	4839
XES15E-1218-10GE	378	（3）2.2	148890	12866	5657	3083	5480	3607	4880	5007	4839
XES15E-1218-10HE	461	（3）4	179410	12880	5670	3096	5480	3607	4880	5007	4839
XES15E-1218-10JE	508	（3）5.5	196892	12948	5739	3164	5480	3607	4880	5007	4839
XES15E-1218-11EE	318	（3）1.1	125063	13152	5825	3015	5480	3607	5286	5413	5245
XES15E-1218-11FE	349	（3）1.5	137782	13180	5852	3042	5480	3607	5286	5413	5245
XES15E-1218-11GE	394	（3）2.2	154454	13220	5893	3083	5480	3607	5286	5413	5245
XES15E-1218-11HE	480	（3）4	186024	13234	5907	3096	5480	3607	5286	5413	5245
XES15E-1218-11JE	529	（3）5.5	204080	13302	5975	3164	5480	3607	5286	5413	5245
XES15E-1218-12EE	326	（3）1.1	129028	13629	6065	3051	5480	3607	5693	5820	5652
XES15E-1218-12FE	361	（3）1.5	142151	13656	6093	3051	5480	3607	5693	5820	5652
XES15E-1218-12GE	408	（3）2.2	159342	13697	6134	3083	5480	3607	5693	5820	5652
XES15E-1218-12HE	497	（3）4	191855	13711	6147	3096	5480	3607	5693	5820	5652
XES15E-1218-12JE	548	（3）5.5	210425	13779	6215	3164	5480	3607	5693	5820	5652

注：1. 标准冷吨是 3GPM 水（0.684m³/h）在湿球温度为 78℉（25.6℃）时将水从 95℉（35℃）冷却到 85℉（29.4℃）条件下定义的。

2. 运行质量是冷水盘水位至溢流位置的质量。

3. 除非特别声明，所有的 3″（DN80）及以下的连接管都采用外螺纹连接，4″（DN100）及以上的为斜口焊接。

3.3.3 BAC 系列冷却塔应用实例

BAC 系列冷却塔制造商在全球有 12 家工厂，拥有 100 多项技术专利，生产开式冷却塔、闭式冷却塔、闭式混合流冷却塔、蒸发式冷凝器、冰蓄冷产品等。国内特别是上海一些标志性建筑所用的冷却塔大部分都是 BAC 产品。例如上海某标志性建筑低区（地面）选用了 10 台，高区（128 层）选用了 8 台 BAC 系列开式冷却塔。低区型号为 3000 系列中的 31056C/WQ 型，每台流量 720m³/h，进水温度 37.5℃，出水温度 32℃，风扇风量 419141m³/h，电机功率 55kW，变频电机，静音风扇。每台外形尺寸长×宽×高约为 3600mm×6566mm×7693mm，运行质量 17143kg，运输质量 7995kg。供应商提供的该型单台冷却塔进风面、出风面以及面板侧的 A 计权声级和频谱特性如表 6-3-6 所列。

表 6-3-6　BAC31056C/WQ 型冷却塔噪声特性

测点及测距	频率及声压级	倍频带中心频率/Hz								A 计权声压级/dB（A）
		63	125	250	500	1000	2000	4000	8000	
		声压级/dB								
出风面（出风口）	测距 1.5m	85	78	71	70	68	67	63	54	74
	测距 45m	66	60	54	50	48	47	42	34	54
进风面（进风口）	测距 1.5m	85	80	73	69	66	62	55	48	72
	测距 45m	69	58	54	51	48	43	39	30	54
面板侧（侧面）	测距 1.5m	78	73	66	62	59	55	48	41	65
	测距 45m	65	54	50	47	44	39	35	26	50

本书作者参与了上海中心冷却塔的总体评价、测试等工作，工程竣工后，在冷却塔满负荷的工况下，实测上述冷却塔出风面（即上部风扇出风口45°方向、测距1.0m）处噪声为 76dB（A），进风面（即下部进风口、水平方向、测距 1.5m）处噪声值为 67dB（A），45m 外冷却塔噪声为 52dB（A）左右。总之，BAC3000 系列冷却塔噪声还是比较低的，实测值与供应商提供的参数基本一致，冷却塔外形美观大方，与周边建筑相协调，性能比较稳定。

图 6-3-5 为 BAC3000 系列冷却塔安装于上海中心低区的施工中和竣工后的现场实照。

图 6-3-5　BAC3000 系列冷却塔安装于上海中心低区施工中和竣工后的现场实照

3.4 马利（Marley）系列冷却塔

3.4.1 SC 系列超低噪声——UL 型横流式冷却塔

　　SC 系列超低噪声——UL 型横流式冷却塔是利用马利专用设计软件和实验数据，对冷却塔的散热系统、导风装置、收水装置、布水系统等进行整体优化设计而开发出的新产品，具有换热效率高、噪声低、环保节能、综合使用寿命长等特点。

　　SC 系列超低噪声冷却塔标准设计工况：进水温度 37℃，出水温度 32℃，湿球温度 28℃，大气压强 $9.94×10^4$Pa。

　　图 6-3-6 为 SC-250UL～SC-800UL 型横流式冷却塔结构示意图。图 6-3-7 为 SC-250UL 型单风机横流式冷却塔外形示意图。表 6-3-7 为 SC 系列超低噪声-UL 型单风机冷却塔技术参数表。

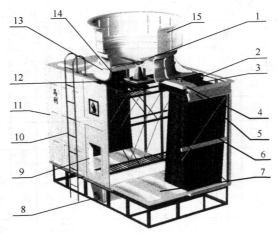

图 6-3-6　SC-250UL～SC-800UL 型横流式冷却塔结构示意图

1—机翼型风机；2—喷头；3—播水盆；4—播水盆盖；5—挡水板；6—填料；7—底盆；8—出水口；
9—维修门；10—扶梯；11—侧板；12—进水口；13—风筒；14—电机；15—消声筒

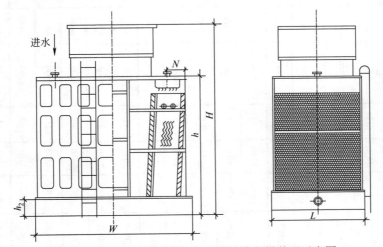

图 6-3-7　SC-250UL 型单风机横流式冷却塔外形示意图

表 6-3-7　SC 系列超低噪声-UL 型单风机冷却塔技术参数表

型号	冷却水量 /(m³/h)	动力系统		外形尺寸					接口管径						塔体扬程 /mmH₂O	质量		噪声值		底盆水位高度 h_2/mm
参数		风机直径 /mm	电机功率 /kW	长 L/mm	宽 W/mm	宽 N/mm	高 H/mm	高 h/mm	进水管径 /mm	出水管径 /mm	溢水管径 /mm	自动补水 /mm	快速补水 /mm	排污管径 /mm		自重 /kg	运行重 /kg	标准点 /dB(A)	15m 处 /dB(A)	
SC-100UL	100	1484	3	2000	3900	575	4710	3210	80 (2)	125	80	25	25	40	3.6	1220	2350	58	48	465
SC-125UL	125	1780	4	2500	3900	490	4710	3210	100 (2)	150	80	25	25	40	3.6	1380	2890	58	48	465
SC-150UL	150	1780	5.5	2500	3900	490	4710	3210	100 (2)	150	80	25	25	40	3.6	1420	2930	58	48	465
SC-175UL	175	2100	5.5	2900	4100	490	5310	3710	125 (2)	150	80	25	25	40	4.1	1670	3680	59	49	465
SC-200UL	200	2100	7.5	2900	4100	490	5310	3710	125 (2)	200	80	25	25	40	4.1	1710	3720	59	49	465
SC-250UL	250	2370	7.5	3400	4400	490	5310	3710	125 (2)	200	80	25	25	40	4.1	2410	4610	60.5	50	465
SC-300UL	300	2910	7.5	3100	5700	650	5830	4080	150 (2)	200	80	25	25	40	4.9	2720	6270	61	52	730
SC-350UL	350	2910	11	3100	5700	650	6430	4680	150 (2)	250	80	50	50	50	5.5	3040	6590	61.5	52	730
SC-400UL	400	2910	11	3600	5700	650	6430	4680	125 (4)	250	80	50	50	50	5.5	3300	7390	62	53	730
SC-450UL	450	3330	15	3600	6080	650	6430	4680	125 (4)	250	80	50	50	50	5.5	3940	8240	62	53	730
SC-500UL	500	3330	15	4500	6080	650	6430	4680	125 (4)	250	80	50	50	50	5.5	4670	9770	62	54	730
SC-600UL	600	3580	18.5	4500	6330	650	6430	4680	150 (4)	250	80	50	50	50	5.5	4950	10250	63	55	730
SC-700UL	700	3580	22	4900	6330	650	6430	4680	150 (4)	300	80	50	50	50	5.5	5470	12230	64	57	800
SC-800UL	800	4200	22	4900	7250	650	7200	5200	150 (4)	300	80	50	50	50	6	6320	13280	64.5	58	800

注：括号中的数为进水管数目。

3.4.2　"马利"SR 系列超低噪声圆形逆流式冷却塔

"马利"SR 系列冷却塔分为标准型、L 低噪声型和 UL 超低噪声型三种类型，其标准设计工况同上述 SC 系列超低噪声-UL 型横流式冷却塔。

图 6-3-8 为 SR 系列圆形逆流式冷却塔结构示意图。

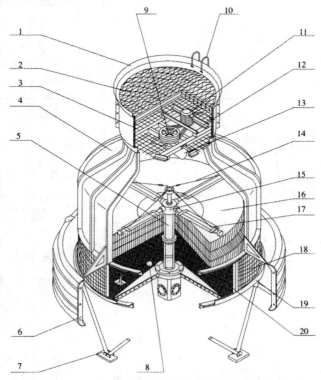

图 6-3-8　SR 系列圆形逆流式冷却塔结构示意图

1—消声器（超低噪声型）；2—收水器；3—吸声材料（超低噪声型）；4—外壳；5—中心喉管；6—隔声屏（超低噪声型）；
7—冷却塔脚支柱；8—浮阀组合；9—减速器；10—扶梯；11—电机；12—电机支承架；13—风机；14—拉力杆；
15—播水器；16—填料；17—隔水袖（SR-300~SR-400 除外）；18—入风网；19—底盆；
20—滴水层（低噪声及超低噪声型）

几点说明：

① 电机：采用全封闭式冷却塔专用电机，380V/3ϕ/50Hz，其他电源亦可供应，并可根据用户要求配备双速电机或变频器。

② 减速器：采用进口皮带、轴承、油封，使用寿命长、运行噪声低。

③ 风机：选用冷却塔专用风机，SR-90 及以上塔为流线机翼型叶片设计，强度高，风量大，能耗低，噪声低，出口风速均匀，并可通过改变叶片安放角度，满足工况要求及提高装置效率。

④ 塔体：采用"FRP"复合材料制成，表面耐蚀、耐候胶衣层采用进口材料制造，其胶衣含紫外线稳定剂，同时有一定的韧性，不易碰裂，抗老化，难褪色。可根据用户要求提供阻燃型 FRP 壳体。

⑤ 播水器：由 ABS 或铜合金材料制成，经久耐用。采用旋转管式布水，散水均匀，压力低，漂水损失小。

⑥ 塔芯填料：圆形逆流冷却塔填料散热面积大，水流分布性好，具阻燃性。高温填料（另选）耐温可达 80℃，普通填料耐温可达 45℃，不易变形，风阻系数小，重量轻，使用寿命长。

⑦ 钢构件：采用热浸镀锌处理，耐腐蚀，强度高，易装配且表面美观，并可根据用户要求提供不锈钢钢件。

⑧ 滴水层：圆形逆流冷却塔采用尼龙消声材料，消除落水噪声，防止水滴飞溅，耐腐蚀，透水性好，经久耐用。

⑨ 补充水量：5℃温差圆形逆流冷却塔蒸发损失 0.83%，一般漂水损失小于 0.01%。

图 6-3-9 为 SR-150～SR-250/SR-450～SR-800 和 SR-300～SR-400 型冷却塔外形示意图。表 6-3-8 为 SR 系列超低噪声圆形逆流式冷却塔技术参数表。表 6-3-9 为 SR 系列圆形逆流式冷却塔噪声数据表。

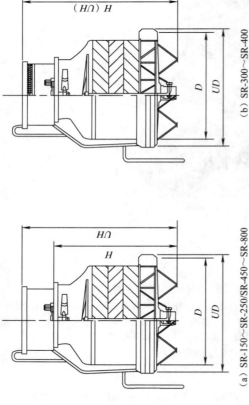

(a) SR-150～SR-250/SR-450～SR-800

(b) SR-300～SR-400

图 6-3-9　SR-150～SR-250/SR-450～SR-800 和 SR-300～SR-400 型冷却塔外形示意图

表 6-3-8　SR 系列超低噪声圆形逆流式冷却塔技术参数表

参数 型号	冷却水量 /(m³/h)	风机直径 /mm	电机功率/kW		外形尺寸/mm					质量/kg							塔体扬程 /m
			标准型及低噪声型	超低噪声型	标准型及低噪声型		超低噪声型			标准型		低噪声型		超低噪声型			
					H	D	UH	UD		自重	运行重	自重	运行重	自重	运行重		
SR-6	6	584	0.18	0.18	1403	930	1878	1245		54	133	57	136	82	161	1.3
SR-8	8	584	0.18	0.18	1620	930	2095	1245		60	139	63	142	88	167	1.5
SR-10	10	584	0.18	0.18	1720	1070	2185	1380		72	197	75	200	103	228	1.7
SR-12	12	760	0.37	0.37	1675	1170	2140	1500		82	209	89	216	123	250	1.6
SR-16	16	760	0.37	0.37	1790	1370	2255	1710		94	309	99	313	136	350	1.6
SR-20	20	760	0.55	0.55	2010	1370	2475	1710		113	327	120	334	157	371	1.8
SR-25	25	884	0.55	0.55	1900	1600	2360	2025		144	447	150	453	191	494	1.6

续表

型号	冷却水量 /(m³/h)	风机直径 /mm	电机功率/kW 标准型及低噪声型	电机功率/kW 超低噪声型	外形尺寸/mm 标准型及低噪声型 H	外形尺寸/mm 标准型及低噪声型 D	外形尺寸/mm 超低噪声型 UH	外形尺寸/mm 超低噪声型 UD	质量/kg 标准型 自重	质量/kg 标准型 运行重	质量/kg 低噪声型 自重	质量/kg 低噪声型 运行重	质量/kg 超低噪声型 自重	质量/kg 超低噪声型 运行重	塔体扬程 /m
SR-30	30	884	0.75	0.75	2015	1780	2475	2130	185	666	188	669	231	712	1.7
SR-40	40	884	1.1	1.1	2360	1870	2810	2240	257	781	270	794	320	844	2
SR-50	50	1184	1.1	1.1	2445	2000	2885	2420	307	924	323	940	380	997	2.3
SR-60	60	1184	1.5	1.5	2490	2100	2940	2520	325	1034	337	1046	394	1103	2.3
SR-70	70	1184	1.5	1.5	2368	2600	2808	3020	469	1540	524	1595	596	1667	1.9
SR-80	80	1184	2.2	2.2	2595	2600	3035	3020	495	1566	550	1621	622	1693	2.1
SR-90	90	1484	2.2	2.2	2498	2950	2928	3330	560	1571	624	1635	706	1717	2.1
SR-100	100	1484	3	3	2725	2950	3155	3330	610	1621	667	1678	749	1760	2.3
SR-125	125	1780	4	4	2605	3300	3540	3770	793	2093	871	2171	999	2199	2.2
SR-150	150	1780	4	5.5	3136	3705	4066	4380	1020	2520	1097	2597	1262	2762	2.7
SR-175	175	1780	5.5	7.5	3390	3705	4320	4380	1124	2624	1223	2723	1388	2888	2.9
SR-200	200	2370	5.5	7.5	3634	4400	4559	5100	1410	3610	1567	3767	1771	3971	2.7
SR-225	225	2370	5.5	7.5	3634	4400	4559	5100	1518	3718	1627	3872	1831	4176	2.9
SR-250	250	2370	7.5	7.5	3861	4400	4786	5100	1652	3852	1828	4028	2032	4232	3.2
SR-300	300	2910	7.5	11	5016	4800	5016	5460	1967	4667	2154	4854	2313	5013	3.1
SR-330	330	2910	11	11	5016	4800	5016	5460	2526	5226	2622	5322	2781	5481	3.2
SR-370	370	2910	11	11	5579	5460	5579	6420	2790	6790	3026	7026	3252	7252	3.9
SR-400	400	2910	11	15	5579	5460	5579	6420	2990	6990	3150	7150	3376	7376	4.1
SR-450	450	3330	15	15	4649	5900	5569	6950	3230	8430	3430	8630	3802	9002	4
SR-500	500	3330	15	15	5068	6620	5988	7680	3746	10249	4007	10507	4427	10927	3.9
SR-600	600	3330	15	15	5068	6620	5988	7680	3958	10458	4200	10700	4620	11120	4
SR-700	700	3580	18.5	18.5	5268	7600	6188	8800	4700	12700	5150	13150	5640	13640	4.2
SR-800	800	3580	18.5	18.5	5268	7600	6188	8800	4980	12900	5430	13430	5920	13920	4.4

表 6-3-9　SR 系列圆形逆流式冷却塔噪声数据表　　　　　单位：dB（A）

测点 型号	标准型			低噪声 L 型			超低噪声 UL 型		
	1	2	3	1	2	3	1	2	3
SR-6	43	54	56	41	52	54.5	38	49	51.5
SR-8	43	54	56	41	52	54.5	38	49	51.5
SR-10	43	57	60	41	55	58	38	52	55
SR-12	44	57	60	41.5	55	58	38.5	52	55
SR-16	44	58	61	42	56	59	39	52.5	55.5
SR-20	44	58	61	42	56	59	39	52.5	55.5
SR-25	45	60	63	43	57.5	61	40	53.5	57.5
SR-30	46	60.5	64	44	57.5	61.5	41	53.5	57.5
SR-40	46	60.5	64	44.5	58	61.5	41.5	54	58.5
SR-50	47.5	61.5	66	46	58.5	63.5	42	54.5	60
SR-60	50	61.5	66	48	58.5	63.5	43	55	60
SR-70	51	62.5	68	49	59.5	65	43.5	55	61
SR-80	51	62.5	68	49	59.5	65	44	55.5	61
SR-90	52.5	64	70	50	61	67	46	56	63
SR-100	53	64.5	70.5	50	61.5	67	46	56.5	63
SR-125	55	65.5	72	51	62	69	46	57	65
SR-150	56	66	73	52	62.5	70	47	57.5	65.5
SR-175	56	66.5	73.5	52	63	70.5	47	58	66.5
SR-200	56.5	68	74	52.5	63.5	71	48	58.5	66.5
SR-225	57	69	75	52.5	63.5	72	48	59	67.5
SR-250	57	69	75	52.5	64	72	48	59.5	67.5
SR-300	59	70.5	75	54	64	71.5	50	60	67
SR-330	60	70.5	75.5	55	64	73	51	60	68
SR-370	60.5	71	76	55.5	65	74	51	60	69
SR-400	61	71	76.5	55.5	65	74	51	61	69
SR-450	61.5	71.5	79	56.2	66	76.5	51.5	61.5	71.5
SR-500	62	71.5	79.5	57	67	77	52	62	72
SR-600	63	72	80.9	59	67.5	77.5	55	62.5	72.5
SR-700	65	72	81	61	68	77.5	58	63	72.5
SR-800	66	73	82	62	69	79.5	61	66	74.5

注：表中测点 1 为水平方向，测距 16m，离地高 1.5m；测点 2 为地面水平方向，测距一倍塔径（D）处；测点 3 为冷却塔上部风机出风口 45°方向，测距为风机直径（DF）处。

3.5　驼峰牌 TFF 模块系列低噪声冷却塔

　　TFF 模块系列低噪声冷却塔制造商是国内较早专门从事冷却塔及相关产品的设计、开发、制造、安装的企业之一，与上海交通大学结成紧密的科研生产联合体，新开发的第三代模块化冷却塔更具特色。该公司提供的 TFF 模块系列冷却塔是方型逆流式冷却塔，模块化设计优化了结构造型，尺寸小，高度低，重量轻，协调现代建筑，塔体布置可呈多样化。模块化的造型，可根据主机负荷大小调节开机数量，节省能源。该型冷却塔结构设计合理，能承受 8 级地震、12 级台风和 $200kg/m^2$ 雪载。

TFF 系列产品设计条件：干球温度 31.5℃，湿球温度 28℃，进水温度 37℃，出水温度 32℃。图 6-3-10 为 TFF 模块系列低噪声冷却塔结构示意图。

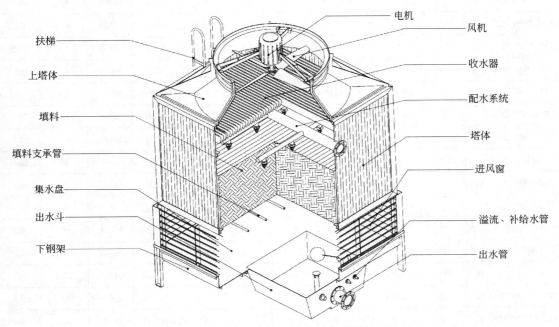

图 6-3-10　TFF 模块系列低噪声冷却塔结构示意图

表 6-3-10 为 TFF 系列低噪声冷却塔主要技术参数表。

表中噪声一栏：D（m）为水平方向，测距为塔体当量塔径处的噪声级；16（m）为水平方向测距 16m 处噪声级。测点高均为 1.5m。

表 6-3-11 为 TFF 系列超低噪声冷却塔主要技术参数表。

表中噪声一栏：D（m）为水平方向，测距为塔体当量塔径处的噪声级；16（m）为水平方向测距 16m 处噪声级。测点高均为 1.5m。

表中槽数一栏：数字为单台处理水量，C 表示组合，C 下面的小数字为组合的台数。例如 250-C_5 表示单台冷却水量为 250m³/h，由 5 台组合而成，总的冷却水量为 250×5=1250m³/h。

表 6-3-10　TFF 系列低噪声冷却塔主要技术参数表

型号	槽数	处理水量/（m³/h）	外形尺寸/mm			风机直径/mm	电机功率/kW	塔体扬程/m	制品质量/kg	运转质量/kg	噪声/dB（A）	
			L	W	H						D（m）处	16m 处
TFF-50S	50（C_1）	50	1750	1750	3680	1200	1.5	3.6	880	1670	57	38.5
TFF-80S	80（C_1）	80	2200	2200	3680	1500	3	3.6	1190	2170	58.5	42.5
TFF-100S	100（C_1）	100	2400	2400	3800	1500	3	3.7	1400	2550	61	45.5
TFF-125S	125（C_1）	125	2700	2700	3860	1800	4	3.8	1650	2970	61	46.5

图中标注（自上而下、左右）：电机、风机、收水器、配水系统、塔体、进风窗、溢流、补给水管、出水管；扶梯、上塔体、填料、填料支承管、集水盘、出水斗、下钢架。

续表

型号	槽数	处理水量/（m³/h）	外形尺寸/mm			风机直径/mm	电机功率/kW	塔体扬程/m	制品质量/kg	运转质量/kg	噪声/dB（A）	
			L	W	H						D（m）处	16m处
TFF-150S	150（C₁）	150	3000	3000	4070	2000	4	3.9	1810	3460	61.5	48
TFF-175S	175（C₁）	175	3250	3250	4120	2400	5.5	4.0	2350	4330	61.5	49
TFF-200S	200（C₁）	200	3400	3400	4210	2400	5.5	4.1	2730	5050	62	49.5
TFF-225S	225（C₁）	225	3650	3650	4260	2400	7.5	4.1	2940	5420	62.5	51
TFF-250S	250（C₁）	250	3800	3800	4340	2800	7.5	4.2	3260	5910	63	51.5
TFF-300S	150（C₂）	300	6000	3000	4070	2000	4×2	3.9	3520	6820	63	53
TFF-350S	175（C₂）	350	6500	3250	4120	2400	5.5×2	4.0	4600	8560	64	54
TFF-400S	200（C₂）	400	6800	3400	4210	2400	5.5×2	4.1	5340	9980	64	54.5
TFF-450S	225（C₂）	450	7300	3650	4260	2400	7.5×2	4.1	5730	10690	64	54.5
TFF-500S	250（C₂）	500	7600	3800	4340	2800	7.5×2	4.2	6340	11640	65	56.5
TFF-600S	200（C₃）	600	10200	3400	4210	2400	5.5×3	4.1	7950	14910	66	58.5
TFF-650S	225（C₃）	650	10950	3650	4260	2400	7.5×3	4.1	8520	15960	67	59.5
TFF-700S	175（C₄）	700	13000	3250	4120	2400	5.5×4	4.0	9100	17020	67	60.5
TFF-800S	200（C₄）	800	13600	3400	4210	2400	5.5×4	4.1	10560	19840	67.5	61.5
TFF-900S	225（C₄）	900	14600	3650	4260	2400	7.5×4	4.1	11310	21230	67.5	62
TFF-1000S	250（C₄）	1000	15200	3800	4340	2800	7.5×4	4.2	12320	22920	68	62.5
TFF-1100S	225（C₅）	1100	18250	3650	4260	2400	7.5×5	4.1	14100	26500	68.5	64
TFF-1250S	250（C₅）	1250	19000	3800	4340	2800	7.5×5	4.2	15580	28830	69	64.5

表 6-3-11　TFF 系列超低噪声冷却塔主要技术参数表

型号	槽数	处理水量/（m³/h）	外形尺寸/mm			风机直径/mm	电机功率/kW	塔体扬程/m	制品质量/kg	运转质量/kg	噪声/dB（A）	
			L	W	H						D（m）处	16m处
TFF-50SS	50（C₁）	50	1750	1750	3680	1200	1.5	3.6	980	1770	52	33.5
TFF-80SS	80（C₁）	80	2200	2200	3680	1500	3.0	3.6	1290	2270	53.5	37.5
TFF-100SS	100（C₁）	100	2400	2400	3800	1500	3.0	3.7	1500	2650	56	40.5
TFF-125SS	125（C₁）	125	2700	2700	3860	1800	4.0	3.8	1750	3070	56	41.5
TFF-150SS	150（C₁）	150	3000	3000	4070	2000	4.0	3.9	1920	3570	56.5	43.0
TFF-175SS	175（C₁）	175	3250	3250	4120	2400	5.5	4.0	2460	4440	56.5	44.0
TFF-200SS	200（C₁）	200	3400	3400	4210	2400	5.5	4.1	2850	5170	57	44.5
TFF-225SS	225（C₁）	225	3650	3650	4260	2400	7.7	4.1	3060	5540	57.5	46.0
TFF-250SS	250（C₁）	250	3800	3800	4340	2800	7.5	4.2	3380	6030	58	46.5
TFF-300SS	150（C₂）	300	6000	3000	4070	2000	4×2	3.9	3740	7040	58	48.0
TFF-350SS	175（C₂）	350	6500	3250	4120	2400	5.5×2	4.0	4820	8780	59	49.0
TFF-400SS	200（C₂）	400	6800	3400	4210	2400	5.5×2	4.1	5580	10220	59	49.5

续表

型号	槽数	处理水量 / (m³/h)	外形尺寸/mm			风机直径 /mm	电机功率 /kW	塔体扬程 /m	制品质量 /kg	运转质量 /kg	噪声/dB（A）	
			L	W	H						D（m）处	16m 处
TFF-450SS	225（C₂）	450	7300	3650	4260	2400	7.5×2	4.1	5970	10930	59	49.5
TFF-500SS	250（C₂）	500	7600	3800	4340	2800	7.5×2	4.2	6580	11880	60	51.5
TFF-600SS	200（C₃）	600	10200	3400	4210	2400	5.5×3	4.1	8310	15270	61	53.5
TFF-650SS	225（C₃）	650	10950	3650	4260	2400	7.5×3	4.1	8880	16320	62	54.5
TFF-700SS	175（C₄）	700	13000	3250	4120	2400	5.5×4	4.0	9540	17460	62	55.5
TFF-800SS	200（C₄）	800	13600	3400	4210	2400	5.5×4	4.1	11040	20320	62.5	56.5
TFF-900SS	225（C₄）	900	14600	3650	4260	2400	7.5×4	4.1	11790	21710	62.5	57.0
TFF-1000SS	250（C₄）	1000	15200	3800	4340	2400	7.5×4	4.2	12800	23400	63	57.5
TFF-1100SS	225（C₅）	1100	18250	3650	4260	2400	7.5×5	4.1	14700	27100	63.5	59.0
TFF-1250SS	250（C₅）	1250	19000	3800	4340	2800	7.5×5	4.2	16180	29430	64	59.5

3.6　通用性低噪声冷却塔

3.6.1　圆形逆流式玻璃钢低噪声冷却塔系列

该系列通用性低噪声冷却塔是由机械工业第四设计研究院、清华大学、北京市劳动保护科学研究所等单位共同设计研究的优质产品，国内不少冷却塔厂家生产制造该系列冷却塔。该系列冷却塔具有设计先进、冷效高、耗电省、耐腐蚀、体积小、重量轻、寿命长、运输安装方便等一系列优点，已在全国各地广泛使用。

圆形逆流式冷却塔有三大系列：DBNL3、CDBNL3 和 GBNL3 系列。分为三种工况：标准工况、中温工况和高温工况。标准工况：进水温度 t_1=37℃，出水温度 t_2=32℃，设计湿球温度 T=28℃；中温工况：进水温度 t_1=43℃，出水温度 t_2=33℃，设计湿球温度 T=28℃；高温工况：进水温度 t_1=60℃，出水温度 t_2=35℃，设计湿球温度 T=28℃。

产品型号代码：例如 DBNL3-100 型，CDBNL3-100 型，GBNL3-100 型等。其中：D——低噪声；CD——超低噪声；B——玻璃钢；N——逆流式；L——冷却塔；3——第三次改型设计；100——名义流量，100m³/h。

图 6-3-11 为圆形逆流式玻璃钢低噪声冷却塔外形照片图。

图 6-3-11　圆形逆流式玻璃钢低噪声冷却塔外形照片图

图6-3-12为圆形逆流式玻璃钢低噪声冷却塔结构示意图。DBNL3系列圆形逆流式低噪声冷却塔适用于水温降为Δt=3~5℃的一般性场所。CDBNL3系列圆形逆流式超低噪声冷却塔适用于噪声要求严格的宾馆、医院等公用建筑及近临居民住宅的场所。GBNL3系列圆形逆流式冷却塔适用于水温降为Δt=10~25℃的工业用水循环系统。各系列各型号冷却塔的选用应按冷却水量Q、进水温度t_1、出水温度t_2、设计湿球温度T以及热力性能曲线表确定。

表6-3-12为DBNL3系列圆形逆流式低噪声冷却塔主要技术参数表。表6-3-14为GBNL3系列圆形逆流式冷却塔主要技术参数表。表6-3-13为CDBNL3系列圆形逆流式超低噪声冷却塔主要技术参数表。

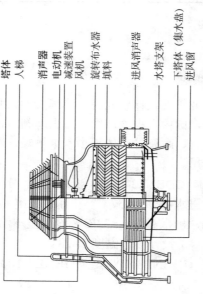

塔体　人梯　消声器　电动机　减速装置　风机　旋转布水器　填料　进风消声器　水塔支架　下塔体(集水盘)　进风窗

图6-3-12　圆形逆流式玻璃钢低噪声冷却塔结构示意图

表6-3-12　DBNL3系列圆形逆流式低噪声冷却塔主要技术参数表

型号	T=28℃冷却水量/(m³/h)		T=27℃冷却水量/(m³/h)		主要尺寸/mm		风量/(m³/h)	风机直径/mm	电机功率/kW	质量/kg		进水压力/10⁴Pa	噪声/dB(A)			当量直径 D_m/m
	Δt=5℃	Δt=8℃	Δt=5℃	Δt=8℃	总高度	最大直径				自重	运转重		D_m处	10m处	16m处	
DBNL3-12	12	9	15	10	2033	1210	7200	700	0.6	206	484	1.96	54	40.3	36.6	1.3
DBNL3-20	20	15	24	17	2123	1460	12400	800	0.8	230	514	2.00	54	41.1	37.5	1.5
DBNL3-30	30	22	35	27	2342	1912	18000	1200	0.8	406	956	2.21	54	43.5	39.9	1.8
DBNL3-40	40	30	46	34	2842	1912	21500	1200	1.1	478	1118	2.60	54	43.5	39.9	1.8
DBNL3-50	50	37	57	44	2830	2215	28000	1400	1.5	596	1480	2.65	55	44.7	41.1	2.1

续表

型号	T=28℃冷却水量/(m³/h)		T=27℃冷却水量/(m³/h)		主要尺寸/mm		风量/(m³/h)	风机直径/mm	电机功率/kW	质量/kg		进水压力/10⁴Pa	噪声/dB(A)			当量直径 D_m/m
参数	Δt=5℃	Δt=8℃	Δt=5℃	Δt=8℃	总高度	最大直径				自重	运转重		D_m处	10m处	16m处	
DBNL3-60	60	44	68	51	3080	2215	32300	1400	1.5	642	1592	2.90	55	45.7	42.1	2.1
DBNL3-70	70	51	79	60	3094	2629	39200	1600	2.2	790	2064	2.78	55	47.0	43	2.5
DBNL3-80	80	61	92	70	3344	2629	43400	1600	2.2	875	2243	2.03	56	47.5	43.5	2.5
DBNL3-100	100	74	114	86	3294	3134	56000	1800	3.0	973	3064	2.78	56	50.0	46	3.0
DBNL3-125	125	92	142	108	3544	3134	67200	1800	4.0	1063	3290	3.15	57	50.7	47.4	3.0
DBNL3-150	150	112	171	129	3553	3732	84000	2400	4.0	1695	4125	2.90	58	52.0	48.6	3.6
DBNL3-175	175	131	200	150	3803	3732	94300	2400	5.5	1835	4461	3.15	58	53	49.6	3.6
DBNL3-200	200	153	231	180	3835	4342	112000	2800	5.5	2132	5592	3.01	59.5	54.6	51.3	4.2
DBNL3-250	250	186	283	215	4085	4342	134300	2800	7.5	2344	6365	3.26	60	55.6	52.3	4.2
DBNL3-300	300	225	334	260	4223	5134	168000	3400	7.5	3558	9929	3.50	61	56.8	53.5	5.0
DBNL3-350	350	267	395	304	4473	5134	187400	3400	11	3860	9906	3.75	61	57.3	54	5.0
DBNL3-400	400	301	455	341	4618	6044	224000	3800	11	4300	12086	3.60	61.5	58.8	55.7	5.9
DBNL3-450	450	343	514	387	4868	6044	242000	3800	11	4646	13464	3.85	62	60.0	55.7	5.9
DBNL3-500	500	375	576	427	5219	6746	280000	4200	15	5768	16285	3.70	62	61.0	56.9	6.6
DBNL3-600	600	454	680	516	5719	6746	302200	4200	18.5	6570	18360	4.20	62	61.4	57.4	6.6
DBNL3-700	700	528	790	600	5589	7766	393500	5000	18.5	6915	23194	3.95	63	61.4	58.4	7.6
DBNL3-800	800	590	890	685	6089	7766	408000	5000	22	7983	25982	4.45	63	61.4	58.4	7.6
DBNL3-900	900	685	1035	790	6040	8836	505200	6000	22	8934	32568	4.25	63	62.6	59.7	8.6
DBNL3-1000	1000	783	1139	880	6540	8836	510300	6000	30	10560	36420	4.75	63	63.1	60.2	8.6

表6-3-13　CDBNL3系列圆形逆流式超低噪声冷却塔主要技术参数表

参数 型号	T=28℃冷却水量/(m³/h)		T=27℃冷却水量/(m³/h)		主要尺寸/mm		风量/(m³/h)	风机直径/mm	电机功率/kW	质量/kg		进水压力/10⁴Pa	噪声/dB(A)			当量直径 D_m/m
	Δt=5℃	Δt=8℃	Δt=5℃	Δt=8℃	总高度	最大直径				自重	运转重		D_m处	10m处	16m处	
CDBNL3-12	12	9	15	10	2972	1600	7200	700	0.6	306	584	1.90	50.0	37.1	33.5	1.5
CDBNL3-20	20	15	24	17	3062	2000	12400	800	0.8	330	644	2.00	50.0	36.3	32.6	1.5
CDBNL3-30	30	22	35	27	3281	2400	18000	1200	0.8	546	1100	2.21	51.0	39.5	35.9	1.8
CDBNL3-40	40	30	46	34	3781	2400	21500	1200	1.1	618	1258	2.60	51.0	39.5	35.9	1.8
CDBNL3-50	50	37	57	44	3816	2800	28000	1400	1.5	756	1640	2.65	51.0	40.7	37.1	2.1
CDBNL3-60	60	44	68	51	4066	2800	32300	1400	1.5	950	1752	2.90	52.0	41.7	38.1	2.1
CDBNL3-70	70	51	79	60	4153	3300	39200	1600	2.2	998	2272	2.78	52.0	43.0	39	2.5
CDBNL3-80	80	61	92	70	4403	3300	43400	1600	2.2	1083	2451	2.03	52.5	43.5	39.5	2.5
CDBNL3-100	100	74	114	86	4410	3900	56000	1800	3.0	1230	3322	2.86	53.0	46.0	42	3.0
CDBNL3-125	125	92	142	108	4690	3900	67200	1800	4.0	1320	3422	3.15	54.0	46.7	43.4	3.0
CDBNL3-150	150	112	171	129	4765	4600	84000	2400	4.0	2045	4475	2.90	54.0	47.5	44.1	3.6
CDBNL3-175	175	131	200	150	5015	4600	94300	2400	5.5	2182	4808	3.15	55.0	48.5	45.1	3.6
CDBNL3-200	200	153	231	180	5194	5700	112000	2800	5.5	2663	6123	3.01	55.0	49.6	46.3	4.2
CDBNL3-250	250	186	283	215	5444	5700	134300	2800	7.5	2875	6892	3.26	56.0	50.6	47.3	4.2
CDBNL3-300	300	225	334	260	5713	6400	168000	3400	7.5	4132	9805	3.50	56.0	51.8	48.5	5.0
CDBNL3-350	350	267	395	304	5963	6400	187400	3400	11	4434	10479	3.75	56.5	52.3	49	5.0
CDBNL3-400	400	301	455	341	6269	7400	224000	3800	11	4995	12782	3.60	57.0	53.8	50.7	5.9
CDBNL3-450	450	343	514	387	6519	7400	242000	3800	11	5341	14160	3.85	57.0	53.8	50.7	5.9
CDBNL3-500	500	375	576	427	6890	8200	280000	4200	15	6612	17102	3.70	57.0	55.0	51.9	6.6
CDBNL3-600	600	454	680	516	7390	8200	302200	4200	18.5	7414	19204	4.20	58.0	56.0	52.4	6.6

表6-3-14　GBNL3系列圆形逆流式冷却塔主要技术参数表

| 参数 型号 | T=28℃冷却水量/(m³/h) | | | T=27℃冷却水量/(m³/h) | | | 主要尺寸/mm | | 风量/(m³/h) | 风机直径/mm | 电机功率/kW | 质量/kg | | 进水压力/10⁴Pa |
	Δt=10℃	Δt=20℃	Δt=25℃	Δt=10℃	Δt=20℃	Δt=25℃	总高度	最大直径				自重	运转重	
GBNL3-70	70.0	64	56	77	68	60	3294	3134	40800	1800	2.2	943	3034	2.86
GBNL3-80	80.0	73	65	88	78	68	3544	3134	54000	1800	3.0	1003	3230	3.15
GBNL3-100	100.0	91	83	110	96	85	3553	3732	71300	2400	3.0	1695	4125	2.90
GBNL3-125	125.0	114	100	137	120	106	3803	3732	84000	2400	4.0	1835	4461	3.15
GBNL3-150	150.0	136	119	166	145	127	3835	4342	106000	2800	4.0	2132	5592	3.01
GBNL3-175	175.0	157	139	192	168	148	4085	4342	118000	2800	5.5	2344	6365	3.26
GBNL3-200	200.0	180	159	220	191	169	4223	5134	141300	3400	5.5	3408	9080	3.50
GBNL3-250	250.0	225	199	275	239	212	4473	5134	167900	3400	7.5	3697	9743	3.75
GBNL3-300	300.0	270	240	332	290	253	4618	6044	212000	3800	11.0	4180	12560	3.60
GBNL3-350	350.0	316	276	386	336	296	4868	6044	235300	3800	11.0	4526	13344	3.85
GBNL3-400	400.0	360	315	442	383	338	5219	6746	282800	4200	11.0	5588	16078	3.70
GBNL3-450	450.0	406	358	495	431	381	5719	6746	285000	4200	15.0	6390	18180	4.20
GBNL3-500	500.0	449	393	550	477	422	5589	7766	353200	5000	15.0	6430	22709	3.95
GBNL3-600	600.0	545	480	660	576	507	6089	7766	331400	5000	18.5	7566	25565	4.45
GBNL3-700	700.0	629	558	775	673	591	6040	8836	495500	6000	22.0	8574	32210	4.25
GBNL3-800	800.0	728	644	880	772	680	6540	8836	507500	6000	30.0	10200	36040	4.75

3.6.2　方形逆流式玻璃钢低噪声冷却塔系列

该系列冷却塔国内许多冷却塔制造厂均有生产和销售。该系列冷却塔分为 DFN、CDFN 和 GFN 等三种类型，两种工况：常温和高温。DFN 和 CDFN 系列为民用塔，冷却塔降温 Δt 为 5~8℃，湿球温度 T 为 28℃。GFN 系列为工业用塔，冷却塔降温 Δt 为 10~25℃，湿球温度 T 为 28℃。各系列各型号冷却塔的选用应按冷却水量 Q、进塔水温 t_1、出塔水温 t_2、空气湿球温度 T 以及热力性能曲线来确定。

图 6-3-13 为方形逆流式低噪声冷却塔结构示意图。

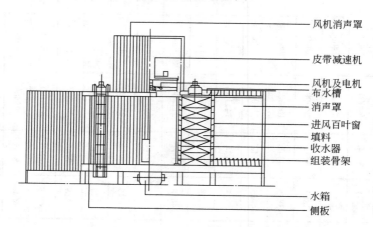

图 6-3-13　方形逆流式低噪声冷却塔结构示意图

表 6-3-15 为 DFN 系列方形逆流式低噪声冷却塔主要技术参数表。

表 6-3-16 为 CDFN 系列方形逆流式超低噪声冷却塔主要技术参数表。

表 6-3-17 为 GFN 系列方形逆流式中高温冷却塔主要技术参数表。

3.6.3　方形横流式玻璃钢低噪声冷却塔系列

方形横流式玻璃钢低噪声冷却塔系列是由机械工业第四设计研究院、清华大学和北京市劳动保护科学研究所共同研究设计的新产品，国内许多冷却塔制造厂生产和销售该系列冷却塔。该系列冷却塔采用两侧进风，靠顶部的风机使空气经由冷却塔两侧的填料与热水进行介质交换，湿热空气再排向塔外。由于两侧进风，填料由水池底部直接堆放到配水槽，无滴水声，使冷却塔噪声更低。本系列冷却塔采用机翼低噪声轴流式风机和低噪声电机，若配用双速电机，在夜间低速运行时，噪声还可再降低 2~3dB（A）。

方形横流式冷却塔有如下 4 个系列：AHBLD、HBLCD、DBHZ、CDBHZ。其中，AHBLD 和 HBLCD 为节能型横流低噪声冷却塔，DBHZ 和 CDBHZ 为组装式横流低噪声冷却塔。

表 6-3-15　DFN 系列方形逆流式低噪声冷却塔主要技术参数表

参数 型号	T=28℃冷却水量/(m³/h)		T=27℃冷却水量/(m³/h)		主要尺寸/mm		风量/(m³/h)	风机		质量/t		进水压力/10⁴Pa	噪声/dB（A）			当量直径 D_m/m
	Δt=5℃	Δt=8℃	Δt=5℃	Δt=8℃	总高度	最大宽度		直径/mm	电机功率/kW	自重	运转重		D_m处	10m处	16m处	
DFN100	100	74.4	118.7	86	3830	2600	62000	1800	3.0/1.5	1.9	2.44	6.2	59	52	47	3.02
DFN150	150	109.8	175.1	126.9	4050	3000	84000	2400	4.0/2.0	2.6	3.32	6.3	60.5	54	50.6	3.47
DFN200	200	148.9	237.4	172.1	4340	3600	115000	2800	5.5/2.7	3.1	4.13	6.5	62	55.6	52.3	4.15
DFN300	300	224.9	350.5	258.3	5010	4300	158600	3400	7.5/3.7	4.4	5.88	5.8	62	57.8	54.5	4.94
DFN400	400	299.9	476.4	344.4	5300	4800	213000	3800	11/5.5	5.3	7.14	6	62.5	58.8	55.7	5.51
DFN500	500	374.9	584.3	430.4	5900	5300	265000	3800	15/7.5	6.6	8.85	6.4	62.5	59.3	56.2	6.08
DFN600	600	448.5	698.9	514.9	6140	6000	317500	4200	15/7.5	8.42	11.3	6.5	62.5	60.5	57.4	6.88
DFN750	750	561.7	875.3	644.9	6440	6800	400000	4200	22/11	10.8	14.5	6.8	63	61.4	58.4	7.79
DFN900	900	673.4	1049.5	773.2	6950	7300	490000	4700	30/15	12.5	16.76	7	63.8	62.9	60	8.36
DFN1050	1050	786.6	1225.9	903.1	7150	7800	556000	4700	30/15	15.1	19.97	7	64.6	63.1	60.2	8.93

表 6-3-16　CDFN 系列方形逆流式超低噪声冷却塔主要技术参数表

参数 型号	T=28℃冷却水量/(m³/h)		T=27℃冷却水量/(m³/h)		主要尺寸/mm		风量/(m³/h)	风机直径/mm	电机功率/kW	质量/t		进水压力/10⁴Pa	噪声/dB（A）			当量直径 D_m/m
	Δt=5℃	Δt=8℃	Δt=5℃	Δt=8℃	总高度	宽度				自重	运转重		D_m处	10m处	16m处	
CDFN100	100	74.4	118.7	86	4330	3700×2600	62000	1800	3.0/1.5	2.37	2.91	6.2	54.5	47.5	42.5	3.02
CDFN150	150	109.8	175.1	126.9	4550	4200×3000	84000	2400	4.0/2.0	3.00	6.55	6.3	56	49.5	46.1	3.47
CDFN200	200	148.9	237.4	172.1	5690	5100×3600	115000	2800	5.5/2.7	3.81	7.48	6.5	57.5	51.1	47.8	4.15
CDFN300	300	224.9	350.5	258.3	6360	6000×4320	158600	3400	7.5/3.7	5.17	10.39	5.8	58	53.8	50.5	4.94

续表

型号（参数）	T=28℃冷却水量/(m³/h)		T=27℃冷却水量/(m³/h)		主要尺寸/mm		风量/(m³/h)	风机直径/mm	电机功率/kW	质量/t		进水压力/10⁴Pa	噪声/dB(A)			当量直径 D_m/m
	Δt=5℃	Δt=8℃	Δt=5℃	Δt=8℃	总高度	宽度				自重	运转重		D_m处	10m处	16m处	
CDFN400	400	299.9	476.4	344.4	6650	6640×4800	213000	3800	11/5.5	6.27	12.79	6.0	58.5	54.8	51.7	5.51
CDFN500	500	374.9	584.3	430.4	6900	7300×5300	265000	3800	15/7.5	7.74	15.67	6.4	58.5	55.3	52.2	6.08
CDFN600	600	448.5	698.9	514.9	7140	8200×6000	317500	4200	15/7.5	9.95	20.11	6.5	59	57	53.9	6.68
CDFN750	750	561.7	875.3	644.9	7440	9240×6800	400000	4200	22/11	12.51	25.51	6.8	58.5	56.9	53.9	7.79
CDFN900	900	673.4	1049.5	773.2	7650	9980×7300	490000	4700	30/15	14.51	29.50	7.0	60.3	59.4	56.5	8.36
CDFN1050	1050	786.6	1225.9	903.1	7850	10640×7800	556000	4700	30/15	17.58	34.66	7.0	61.1	59.6	56.6	8.93

表6-3-17　GFN系列方形逆流式中高温冷却塔主要技术参数表

型号（参数）	T=28℃冷却水量/(m³/h)			T=27℃冷却水量/(m³/h)			主要尺寸/mm		风量/(m³/h)	风机直径/mm	电机功率/kW	质量/t		进水压力/10⁴Pa	噪声 D_m处/dB(A)	当量直径 D_m/m
	Δt=10℃	Δt=20℃	Δt=25℃	Δt=10℃	Δt=20℃	Δt=25℃	总高度	宽度				自重	运转重			
GFN75	75	66.9	65.8	86.3	73.6	71.8	3830	2600	68000	1800	3.0/1.5	1.9	2.44	6.2	59	3.02
GFN100	100	89.2	87.7	115	98.1	95.7	4050	3000	88000	2400	4.0/2.0	2.40	3.12	6.3	60.5	3.47
GFN150	150	137.4	136.2	172.2	150.2	147.7	4340	3600	121000	2800	5.5/2.7	3.10	4.13	6.5	62.0	4.15
GFN200	200	182.8	181.3	229.1	199.8	196.5	5010	4300	161000	3400	7.5/3.7	4.20	5.69	5.8	62.0	4.94
GFN250	250	228.2	226.3	286	249.4	245.3	5300	4800	201000	3800	11/5.5	5.10	6.94	6.0	62.5	5.51
GFN300	300	273.6	271.3	342.9	299.1	294.1	5900	5300	241000	3800	15/7.5	6.40	8.64	6.4	62.5	6.08
GFN400	400	364.4	361.4	456.7	398.3	391.8	6140	6000	312000	4200	15/7.5	8.22	11.10	6.5	62.5	6.88
GFN500	500	455.2	451.1	570.5	497.6	489.4	6440	6800	401000	4200	22/11	10.60	14.23	6.8	63.0	7.79
GFN600	600	546	541.5	684.3	596.9	587.1	6950	7300	481000	4700	30/15	12.30	16.56	7.0	63.6	8.36
GFN700	700	638	632.7	799.6	697.4	685.9	7150	7800	560000	4700	30/15	14.90	19.76	7.0	64.6	8.93

图 6-3-14 为方形横流式 CDBHZ 组装超低噪声冷却塔外形示意图。

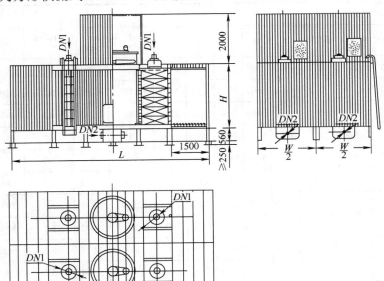

图 6-3-14　方形横流式 CDBHZ 组装超低噪声冷却塔外形示意图

表 6-3-18 为 AHBLD、HBLCD 系列节能型横流低噪声冷却塔主要技术参数表。

表 6-3-18　AHBLD、HBLCD 系列节能型横流低噪声冷却塔主要技术参数表

参数 型号	T=28℃冷却 水量/（m³/h）		T=27℃冷却水量 /（m³/h）		主要尺寸/mm			风量 /（m³/h）	风机叶 片直径 /mm	电机安装 容量/kW	质量/t		标准点 噪声 /dB（A）
	Δt=5℃	Δt=8℃	Δt=5℃	Δt=8℃	长度	宽度	高度				自重	运转重	
AHBLD 300	300	225	343	255	7250	3810	4514	167000	3400	7.5	5.85	13.38	59.0
AHBLD 500	500	377	576	427	8030	4650	5320	260000	4200	11.0	9.20	17.24	61.5
AHBLD 700	700	523	803	596	8930	6640	5320	370000	5000	18.5	12.95	26.05	62.6
HBLCD 300	300	225	343	255	10650	3810	6230	167000	3400	7.5	7.05	14.18	52.5
HBLCD 500	500	377	576	427	11640	4650	7030	260000	4200	11.0	10.80	18.84	53.7
HBLCD 700	700	528	803	596	12540	6640	7180	370000	5000	18.5	14.75	26.81	54.5

表 6-3-19 为 DBHZ 系列组装式横流低噪声冷却塔主要技术参数表。

表 6-3-19　DBHZ 系列组装式横流低噪声冷却塔主要技术参数表

型号 DBHZ	冷数 （RT）	冷却水量/（m³/h）			外形尺寸/mm				风机电机			进塔水压 /10⁴Pa	质量/kg		标准点 噪声/dB （A）
		T=28℃	T=27℃	T=25℃	L	W	H	h	D/mm	G/（1×10³ m³/h）	kW× 台数		干重	湿重	
80	117.9	80	92	108	4320	2200	2264	750	1800	47	1.5×1	4.4	1710	3368	54.6
100	147.4	100	115	136	4320	2200	2668	750	1800	63	2.2×1	4.8	1810	3606	55
125	189.7	125	148	170	4620	2880	2668	800	2100	73	2.2×1	4.8	2240	4660	55.1
150	220.5	150	172	204	4620	3360	2668	800	2100	85.8	3.0×1	4.8	2665	5650	55.1

续表

型号 DBHZ	冷数 (RT)	冷却水量/（m³/h）			外形尺寸/mm				风机电机			进塔水压 /10⁴Pa	质量/kg		标准点噪声/dB (A)
		T=28℃	T=27℃	T=25℃	L	W	H	h	D/mm	G/（1×10³ m³/h）	kW× 台数		干重	湿重	
175	256.4	175	200	238	4920	3460	3113	850	2400	98	3.0×1	5.2	2987	6340	55.6
200	294.9	200	230	272	4920	3800	3113	850	2400	117	4.0×1	5.2	3205	7200	55.7
250	379.4	250	287	340	4620	5760	2668	800	2100	146	2.2×2	4.8	4480	9320	56.2
300	441	300	344	408	4620	6720	2668	800	2100	171.6	3.0×2	4.8	5330	11300	56.3
350	512.8	350	400	476	4920	6920	3113	850	2400	196	3.0×2	5.2	5974	12680	56.7
400	589.8	400	460	544	4920	7600	3113	850	2400	234	4.0×2	5.2	6410	14400	57.3
450	661.5	450	516	612	4620	10080	2668	800	2100	257.4	3.0×3	4.8	7995	16950	57.1
525	769.2	525	600	714	4920	10380	3113	850	2400	294	4.0×3	5.2	8960	19020	57.1
600	884.7	600	690	816	4920	11400	3113	850	2400	351	3.0×3	5.2	9615	21600	56.6
700	1025.6	700	800	952	4920	13840	3113	850	2400	392	3.0×4	5.2	11948	25360	56.4
800	1179.6	800	920	1088	4920	15200	3113	850	2400	468	4.0×4	5.2	12820	28800	56.3
900	1323	900	1032	1224	4620	20160	2668	800	2100	514.6	3.0×6	4.8	15990	33900	56
1050	1538.4	1050	1200	1428	4920	20760	3113	850	2400	588	3.0×6	5.2	17922	38040	55.8
1200	1769.4	1200	1380	1632	4920	22800	3113	850	2400	702	4.0×6	5.2	19230	43200	55.5

注：1. 各湿球温度（T）的冷却水量都是在进水温度 t_1=37℃、出水温度 t_2=32℃、水温降 Δt=5℃的工况下，其冷数以 27℃（T）RT=3900kcal/h 折算的。

2. 噪声为进风百叶窗外塔的当量直径远，距地面 1.5m 高的分贝（A）值。

表 6-3-20 为 CDBHZ 系列组装式横流低噪声冷却塔主要技术参数表。

表 6-3-20　CDBHZ 系列组装式横流低噪声冷却塔主要技术参数表

型号 CDBHZ	冷数 （RT）	冷却水量/（m³/h）			外形尺寸/mm				风机电机			进塔水压 /10⁴Pa	质量/kg		标准点噪声/dB（A）
		T=28℃	T=27℃	T=25℃	L	W	H	h	D/mm	G/（1×10³ m³/h）	kW× 台数		干重	湿重	
80	117.9	80	92	108	7320	2200	2264	2000	1800	47	1.5×1	4.4	2369	4027	48.6
100	147.4	100	115	136	7320	2200	2668	2000	1800	63	2.2×1	4.8	2480	4276	49.0
125	189.7	125	148	170	7620	2880	2668	2000	2100	73	2.2×1	4.8	3015	5630	49.1
150	220.5	150	172	204	7620	3360	2668	2000	2100	85.8	3.0×1	4.8	3534	6520	49.1
175	256.4	175	200	238	7920	3460	3113	2000	2400	98	3.0×1	5.2	3893	7245	49.6
200	294.9	200	230	272	7920	3800	3113	2000	2400	117	4.0×1	5.2	4200	8230	49.7
250	379.4	250	287	340	7620	5760	2668	2000	2100	146	2.2×2	4.8	6030	11200	50.2
300	441	300	344	408	7620	6720	2668	2000	2100	171.6	3.0×2	4.8	7068	13040	50.3
350	512.8	350	400	476	7920	6920	3113	2000	2400	196	3.0×2	5.2	7786	14490	50.7
400	589.8	400	460	544	7920	7600	3113	2000	2400	234	4.0×2	5.2	8400	16460	51.3
450	661.5	450	516	612	7620	10080	2668	2000	2100	257.4	3.0×3	4.8	10602	19560	51.1

型号 CDBHZ	冷数 (RT)	冷却水量/（m³/h）			外形尺寸/mm				风机电机			进塔水压 /10⁴ Pa	质量/kg		标准点噪声 /dB（A）
		T=28℃	T=27℃	T=25℃	L	W	H	h	D/mm	G/（1×10³ m³/h）	kW× 台数		干重	湿重	
525	769.2	525	600	714	7920	10380	3113	2000	2400	294	4.0×3	5.2	11679	21725	51.1
600	884.7	600	690	816	7920	11400	3113	2000	2400	351	3.0×3	5.2	12600	24690	50.6
700	1025.6	700	800	952	7920	13840	3113	2000	2400	392	3.0×4	5.2	15572	26080	50.4
800	1179.6	800	920	1088	7920	15200	3113	2000	2400	468	4.0×4	5.2	16800	32920	50.3
900	1323	900	1032	1224	7920	20160	2668	2000	2100	514.6	3.0×6	4.8	21204	39120	50.2
1050	1538.4	1050	1200	1428	7920	20760	3113	2000	2400	588	3.0×6	5.2	23358	43470	50.1
1200	1769.4	1200	1380	1632	7920	22800	3113	2000	2400	702	4.0×6	5.2	25200	49380	50.0

注：各湿球温度（T）的冷却水量都是在进水温度 t_1=37℃、出水温度 t_2=32℃、水温降 Δt=5℃的工况下，其冷数以 27℃（T）RT=3900kcal/h 折算的。

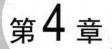

第4章　压缩机噪声源控制及低噪声空压机

4.1　压缩机的工作原理及分类

　　工业用压缩机是一种提高气体压力、输送气体的机械，它广泛应用于化工、冶金、机械、矿山等行业，是一种通用机械设备。压缩机的种类和形式很多，压缩机按结构分类有容积式压缩机和动力式压缩机两大类。容积式压缩机是依靠往复运动或旋转运动来改变工作容积，从而使气体体积缩小而提高气体压力，即压力的提高是依靠直接将气体体积压缩来实现的。动力式（速度式）压缩机是依靠高速旋转叶轮的作用，提高气体的压力和速度，使一部分气体的速度转变为气体的压力能，即借助高速旋转叶轮的作用，使气体分子得到一个很高的速度，然后在扩压器内使速度降下来，把动能转化为压力能。压缩机主要分为：活塞式、隔膜式、罗茨式、螺杆式、划片式、液环式、轴流式、离心式、涡流式、轴流-离心复合式和喷射式等。

4.2　压缩机噪声特性

　　压缩机是一种典型的大型动力设备，其噪声辐射出自多个不同的部位。压缩机的噪声由四部分组成：进口辐射的空气动力性噪声；机械运动部件产生的机械噪声；驱动电机产生的电磁噪声；排气噪声、储气罐噪声。

　　典型压缩机噪声频谱特性如图 6-4-1 所示。

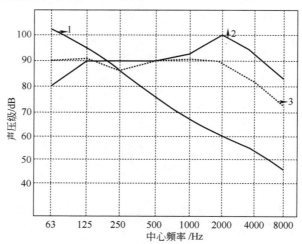

图 6-4-1　典型压缩机噪声频谱特性

1—活塞空压机；2—螺杆空压机；3—透平空压机

　　由图 6-4-1 可以看出，压缩机噪声低频特别突出，使得这种噪声有如下两个特点：

　　① 压缩机噪声所造成的危害不能单从 A 声级一个数值来评价。尽管人耳对低频噪声不

太敏感，但当噪声达到一定程度时，情况就发生了变化，特别是当低频声与人体某些器官的固有频率相接近时，会使人感到胸腔和腹腔受压，心慌头晕。所以现场工人常反映压缩机有震心的嘣嘣声。

② 从声波传播衰减来看，低频与高频相比较，低频噪声随距离衰减慢，可绕过障碍物、屏障等，传得很远。

因此，压缩机噪声对周围环境影响比较严重，应进行控制。

（1）进气噪声

压缩机在运行中，由于吸气阀长期间歇性开和闭，气体间歇性被吸入汽缸，这样就在进气管内形成压力脉动气流，以声波的形式从进气口辐射出来，这便形成了进气噪声。

进气噪声的基频与进气脉动频率相同，都取决于压缩机的转速，其基频 f_1 可用式（6-4-1）计算：

$$f_1 = \frac{mn}{60} \quad (\text{Hz}) \tag{6-4-1}$$

式中　n——压缩机的转速，r/min；

　　　m——常数，单作用 $m=1$，双作用 $m=2$。

压缩机的转速一般不高，如活塞型压缩机的转速一般为 300～900r/min。因此，进气噪声的基频很低，它的谐波频率也不高，多在几十至几百赫兹范围内。所以可以说，压缩机的进气口噪声呈低频特性。压缩机的噪声强度随着压缩机负荷的增加而增强。

实测显示，压缩机进气噪声比其他部位辐射的噪声高出 5～10dB（A），是整个机组主要辐射噪声的部位。

（2）排气噪声、储气罐噪声

压缩机排出的气体进入储气罐或其他用气部位，随着排气量的变化在排气管内产生压力脉动，使排气管、储气罐振动而辐射噪声。若压缩机排气在密闭管道和储气罐内进行，则排气噪声干扰小于进气噪声；若压缩机排气放空，则排气和进气口都产生强烈的噪声辐射。

（3）机械噪声

压缩机运转时，许多部件撞击、摩擦，因而产生机械性噪声，主要有曲柄连杆机构的撞击声、活塞在汽缸内做往复运动的摩擦振动噪声以及阀片对阀座冲击产生的噪声等。机械噪声具有随机性质，呈宽频带特性。

（4）驱动机噪声

压缩机一般由电动机带动，而移动式压缩机多由柴油机带动。由电动机驱动的压缩机，电动机噪声与整个机组噪声比较起来，占次要地位。但由柴油机驱动时，则驱动机噪声就成为主要噪声源。柴油机噪声呈中低频特性。测量分析表明，同一种压缩机，若由电动机驱动改为柴油机驱动，其噪声要高出 10dB（A）。可见驱动机类别不同对压缩机噪声的影响之大。

4.3　压缩机噪声控制方法

压缩机噪声是许多部件（部位）辐射出来的，根据降噪要求和现场实际情况，可采用不同的控制措施。

4.3.1　进气口加装消声器

压缩机组以进气口辐射的空气动力性噪声为最强，处理办法是在其进气口安装消声器，或将进气口移至远处或室外，然后再加装消声器，这样对保护压缩机周围操作人员的作业环境会更有效果。针对压缩机进气噪声以低频为主，消声器应设计成抗性消声器或阻抗复合式消声器。

4.3.2　机组加装隔声罩

如果压缩机的机体产生的噪声较强，或现场作业环境要求较高的话，除在进气口安装消声器外，还应对压缩机组整体噪声采取降噪措施，如加装机组整体隔声罩。为了检修和安装的需要，隔声罩应可拆卸。由于压缩机在正常工作时，会产生热量，所以隔声罩应考虑通风散热，设置进、排风口并分别加装进排风消声器，必要时，还应加装强制通风，以利于机组的热量尽快散失。

4.3.3　管道隔振降噪

压缩机的管道振动是现场作业环境经常遇到的问题。管道振动不但会导致管道、支架及建筑振动的疲劳损坏，还会辐射噪声。造成管道振动的原因一般有两个：一是压缩机动平衡不佳或基础设计不良；二是气流脉动。实践证明，多数管道的振动是由气流脉动引起的。气流在管路中流动如没有压力和速度的波动，则气流对管路只有静力作用而无动力作用，也就不会引起振动。由于活塞式压缩机吸、排气的间歇性，使气流的压力和速度呈周期性的变化，这种现象称为气流脉动。这种脉动使得气流对管路产生激振力，在弯头、异径管、阀门和盲板等处其冲击作用尤为明显。因此，若要降低管道振动，应减小气流脉动。通常情况下，可采用以下三种措施来降低管道振动。

（1）避开共振管长度

引起管道共振时的管长被称为共振管长度，为了防止管道共振，在设计管道长度时，一定要避开共振管长度。共振管长度 l 可用式（6-4-2）进行估算：

$$l = (0.8 \sim 1.2) \frac{c}{4f_{激}} i \qquad (6\text{-}4\text{-}2)$$

式中，$i=1$，3，5，…；c 为管道中介质的声速；$f_{激}$ 为激发频率，可用式（6-4-1）进行计算。当激发频率为管道内气柱系统的固有频率的 0.8～1.2 倍时，即形成气柱共振。

当 $i=1$ 时，为第一阶共振管长；当 $i=3$ 时，为第二阶共振管长。

在设计管道长度时，由于管道内的介质的声速 c 是已知的，压缩机的转数也是给定的，所以，共振管长可由式（6-4-2）计算求得。为了防止管道振动，在设计管道长度时，一定要避免选用共振管长，这是相当重要的。对于复杂的管道系统，计算工作量较大。计算包括容积足够大的容器时，通常要分割成几个较简单的系统，再逐个对这些简单系统按上述方法进行估算。

（2）在管道中加设孔板

利用孔板降低管道中的气流脉动，是一种简单易行、效果显著的方法。由于孔板是一个阻力元件，所以能够使气流脉动下降。孔板尺寸不同时，它的局部阻损系数也不同。把尺寸恰当的孔板安装在容积足够大的容器进口或出口处，由于进口或出口是压力脉动的节点，于是构成无声学反射的端点条件，这样在管道中原来的驻波就只有单向行进的行波，因而管道的振动也就有所降低。

孔板的内孔径是管道内径的 0.43～0.5 倍。孔板的厚度以取 3～5mm 为佳，不能取得太厚，否则会出现尖叫的噪声。孔板的内缘不得倒角，应保持锐利棱角。孔板材料可选用与管道相同的材质。孔板的安装位置必须得当。对连接的容器来说，如果进口管脉动较大，则孔板应安装在进口处；如果出口管脉动较大，则应安装在出口处。

实践证明，采用孔板降噪措施一般能取得明显的效果，管道振动明显下降。其中，在直径较大、长度较短的管道上通过安装孔板取得的减振降噪效果更佳。

（3）设置缓冲式消声器

在进排气管道上设置容积足够大的缓冲式消声器，也是消除管道振动和降低噪声的有效措施。这种消声器必须具有较大的容积，其容积应取压缩机的一个汽缸的工作容积（多个汽缸是取平均值）的 25～40 倍。这样，消声器便能起到缓冲器的作用。图 6-4-2 为一种缓冲式消声器结构示意图。

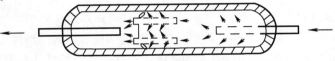

图 6-4-2　一种缓冲式消声器结构示意图

从力学观点来看，这种容积足够大的消声器类似一支柔性弹簧，能起到隔离振源的作用。此类消声器应尽量安装在靠近汽缸的进、出口的法兰处，若远离汽缸安装，则隔振效果不大。从消声角度看，这种消声器是一种声学滤波器，对沿管道传播的空气动力性噪声有一定的消声作用。实验表明，此类消声器可消声 10～25dB（A）。

4.3.4　储气罐噪声控制

压缩机不断地把气体排注到储气罐内，罐里的压缩气体在排注气流的激励下会发生振动，产生较强的噪声，并通过储气罐的壳壁向四面八方辐射。要降低这一部位噪声，可在罐内适当位置上悬挂吸声锥体。利用锥体的吸声作用，破除罐内形成的驻波，从而取得降噪效果。图 6-4-3 为某厂储气罐内采用的吸声锥体的示意图及其降噪效果。

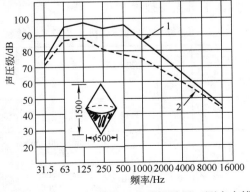

图 6-4-3　储气罐内加装的吸声锥体及其降噪效果（测点在罐体旁 1.5m）

1—不加吸声锥体；2—加吸声锥体

4.4　低噪声螺杆压缩机

　　低噪声螺杆压缩机是无锡压缩机厂引进瑞典阿特拉斯公司专有技术，为适应国内外市场需要而新设计和制造的新型节能型压缩机，分为固定式和移动式两种。该机组是空气动力用的单级、喷流、水冷螺杆压缩机。主机转子型线采用了引进技术的 x 型线，使比功率、气量等性能指标有明显提高。本机藉一对相互啮合的阴阳转子来实现空气连续压缩过程，排出气流稳定。由于转子经过精细的动平衡校验，故机组运转平稳。本机组采用了新的调节系统，能根据使用需要自动调节气量，实现全开、全闭式气量调节，使空载功率只占满负荷功率的30%左右，降低了能耗和运行费用。机组设置了减振装置，减小了振动和降低了噪声。压缩机采用电机直联，取消了传统的增速齿轮及油泵。机组工作过程中向压缩腔内喷注入适当的专用润滑油，使压缩机排温低、耗能少、寿命长。压缩机外部加装钢结构密封式隔声罩，结构紧凑，外形美观，噪声低，振动小，耗油省，移动灵活，操作维修方便。

　　低噪声固定螺杆压缩机广泛应用于石油、化工、化肥生产、冶金、矿山、建筑、机械、医药、食品、橡胶、纺织、电子、国防、科研等部门。低噪声移动螺杆压缩机广泛应用于工矿企业、桥梁建筑、市政建设、隧道公路、城建施工、矿山钻探等场所，是各工矿企业理想的符合环保要求的节能设备。图 6-4-4 和图 6-4-5 为固定式和移动式压缩机外形照片图。

图 6-4-4　GA 型低噪声固定系列　　　　　图 6-4-5　XAS 型低噪声移动系列
螺杆式压缩机外形照片图　　　　　　　　　螺杆式压缩机外形照片图

　　表 6-4-1 为低噪声螺杆式压缩机主要技术参数表。

表 6-4-1　低噪声螺杆式压缩机主要技术参数表

产品型号及名称	冷却方式	排气量/(m³/min)	进气压力/MPa	排气压力/MPa	压缩机转速/(r/min)	外形尺寸（长×宽×高）	质量/kg	驱动机			噪声/dB（A）
								型号	功率/kW	转速/(r/min)	
LG Ⅱ 12-3/7-D 型低噪声固定螺杆压缩机	水冷	3	常压	0.7	2940	2100mm×1136mm×1250mm	1000	电机	22	3000	≤76
LG Ⅱ 12-3.4/7 型低噪声固定螺杆压缩机	水冷	3.4	常压	0.7	2940	1900mm×800mm×1100mm	800	电机	22	2940	≤85
LG Ⅱ 16-6/7-D 型低噪声固定螺杆压缩机	水冷	6	常压	0.7	3490	2100mm×1200mm×1350mm	1400	电机	45	3000	80
LG Ⅲ 20-12/7-D 型低噪声固定螺杆压缩机	水冷	12	常压	0.7	2522	2400mm×1400mm×1500mm	2100	电机	75	1500	—

产品型号及名称	冷却方式	排气量/（m³/min）	进气压力/MPa	排气压力/MPa	压缩机转速/（r/min）	外形尺寸（长×宽×高）	质量/kg	驱动机			噪声/dB（A）
								型号	功率/kW	转速/（r/min）	
LG Ⅱ 16-20/5-15-D 型低噪声固定螺杆压缩机	风冷	20	0.5	1.5	2338	3704mm×1400mm×1733mm	3700	电机	90	1480	—
LG Ⅱ 25/16-40/7-D 型低噪声固定无油螺杆压缩机	水冷	40	常压	0.7	4998/4996	3600mm（3200mm）×2200mm×2300mm	6000	电机	265	1500	—
LG Ⅱ 25-52/0.95-D 型低噪声无油螺杆压缩机	水冷	52	常压	0.7	6400	3600mm×3200mm×2200mm	6400	电机	132	1470	—
GA608-6/7-D 型低噪声固定螺杆压缩机	风冷	6.3	常压	0.7	3940	2555mm×1136mm×1600mm	1010	电机	45	3000	73±3
GA608W-6/7-D 型低噪声固定螺杆压缩机	水冷	6.3	常压	0.7	3940	2300mm×1136mm×1250mm	1010	电机	45	3000	73±3
GA708-7/7-D 型低噪声固定螺杆压缩机	风冷	7.32	常压	0.7	4020	2555mm×1136mm×1600mm	1010	电机	55	3000	74±3
XAS120-7/7-D 型低噪声移动螺杆压缩机	风冷	7.14	常压	0.7	4018	4370mm×1650mm×1650mm	1560	风冷柴油机	54	2500	75±3
XAS160-9/7-D 型低噪声移动螺杆压缩机	风冷	9.48	常压	0.7	5400	4370mm×1650mm×1650mm	1680	风冷柴油机	82	2500	75±3

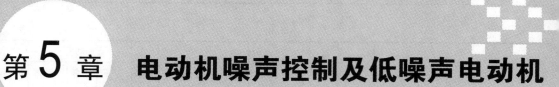

第5章 电动机噪声控制及低噪声电动机

电动机是把电能转换成机械能的一种主要设备，广泛地应用在机械、冶金、石油、煤炭、化学、航空、交通、农业以及其他各种工业和日常生活中。

5.1 电动机工作原理及分类

电动机一般主要由两部分组成：固定部分称为定子；旋转部分称为转子。另外，电动机还有风扇、壳罩、机座等。

定子：用来产生磁场和电动机的机械支撑。定子由定子铁芯、定子绕组和机座三部分组成。定子绕组镶嵌在定子铁芯中，通过电流时产生感应电动势，实现电能量的转换。机座的作用主要是固定和支撑定子铁芯。电动机运行时，因内部损耗而发生的热量通过铁芯传给机座，再由机座表面散发到周围空气中。为了增加散热面积，一般电动机在机座外表面设计为散热片状。转子由转子铁芯、转子绕组和转轴组成。转子铁芯也是电动机磁路的一部分。转子绕组的作用是感应电动势，通过电流而产生电磁转矩。转轴是支撑转子的重量，传递转矩，输出机械功率的主要部件。

电动机种类繁多，按功能不同可分为：驱动电动机和控制电动机。

电动机按电能种类分为：交流电动机和直流电动机。

电动机按转子的结构分为：同步电动机与异步电动机。

电动机按电源相数分为：单相电动机和三相电动机。

电动机按防护形式分为：开启式、防护式、封闭式、隔爆式、潜水式、防水式等。

电动机按安装结构形式分为：卧式、立式、带底脚、带凸缘等。

电动机按绝缘等级分为：E 级、B 级、F 级、H 级等。

5.2 电动机噪声的产生

从 20 世纪 70 年代开始，噪声便成为电动机的主要技术指标之一，成为电动机的品质指标和优等价格的重要依据。

电动机是比较普遍的噪声源，电动机运转时通常有多种噪声同时存在，不同的噪声是由不同的电机零部件产生的，这些噪声包括：空气动力噪声、电磁噪声、机械噪声（特别是轴承噪声）。

依据电动机类别、结构形式、运转速度不同，其噪声的主要声源也有所不同。高速运转的电动机，主要噪声源是空气动力噪声；中速和低速运转的电动机，电磁噪声和轴承噪声较明显。

5.3 电动机噪声估算

电动机的声功率与电动机的额定转速和额定功率有关，一般可用式（6-5-1）计算电动机的声功率级：

$$L_W = a \lg W + b \lg N \quad (\text{dB}) \qquad (6\text{-}5\text{-}1)$$

式中　L_W——电动机的声功率级，dB；

　　　　W——电动机的额定功率，kW；

　　　　N——电动机的额定转速，r/min；

　　　　a——噪声功率系数；

　　　　b——噪声转速系数，如表 6-5-1 所列。

表 6-5-1　参数 a、b 选值参考

电动机类型	JQ2 系列	X 系列	Y 系列	110kW 以上中型直流机	110kW 以上交流异步机
a	18	17	22	15	23
b	20.5	19.5	22.5	21.6	14

注：有关旋转电动机噪声的测定方法可参见 GB 10069.1。

5.4　电动机噪声控制

对电动机噪声的控制方法一般有以下几种：

① 选择合适的绕组、定/转子槽配合。

② 提高加工精度和装配质量，降低轴承噪声。

③ 提高转子和定子的加工精度、装配质量和合理地设计参数，降低电磁噪声。

④ 电动机转子严格通过静平衡和动平衡两道工序，精确地决定定子结构、转子和端盖的固有频率，避免电动机产生共振，发出强烈的噪声。

⑤ 在电动机辐射空气动力性噪声最强的部位上，加装消声器。

⑥ 设置全封闭式隔声罩，在罩体上开设进气口和排气口，在进、排气口上安装消声器。

⑦ 改进冷风系统，主要是合理地选择风扇的类型和尺寸参数，使通风道结构合理，尽量减少涡流区。

⑧ 采用弹性连接，通过有弹性的连接筋把定子的铁芯固定到机座上，可以做到机座的振动比铁芯振动小，从而有效地降低机械噪声。

⑨ 电刷和刷握的配合间隙，尤其是切向的，一般要求控制在 0.05～0.1mm，最多 0.2mm。

⑩ 电刷的压力，一般以 400～450g/cm^2 为宜。

5.5　低噪声电动机

5.5.1　YDFW 系列三相异步低噪声风机电动机

上海新星电动机厂研制成功的 YDFW 系列三相异步低噪声风机电动机系列，可与净化设备、空调设备的风机配套，广泛使用在宾馆、大厦、别墅、舞厅、饭店、电影院、医院、办公大楼等场所，其特点是噪声低、振动小、运转平稳、安全可靠、重量轻、外形美观，曾荣获"上海优秀科技产品"称号。

YDFW 系列型号说明：例如 YDFW320-4，其中 Y 表示异步电动机，D 表示低噪声，F 表示风机，W 表示转子，320 表示功率为 320W，4 表示极数为 4P 级。图 6-5-1 为 YDFW 系列低噪声风机电动机外形尺寸示意图。表 6-5-2 为 YDFW 系列低噪声风机电动机性能参数（含 YCDFW 型）。

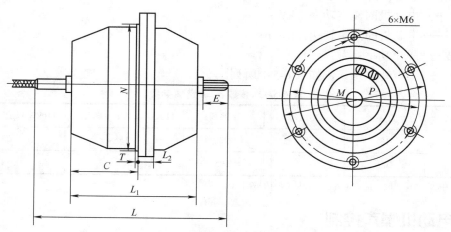

图 6-5-1　YDFW 系列低噪声风机电动机外形尺寸示意图

YDFW 系列低噪声风机电动机的使用环境要求为：海拔不超过 1000m；温度随季节变化，但不超过 40℃；相对湿度不大于 90%（25℃时）。YDFW（A）型为 YDFW 系列的派生产品，安装风叶尺寸较小。YDFW 为三相电动机，YCDFW 为单相电动机，频率均为 50Hz。

表 6-5-2　YDFW 三相异步和 YCDFW 单相异步低噪声风机电动机性能参数表

型号	外形尺寸/mm					功率/W	电压/V	电流/A	转速/(r/min)	效率/%	功率因数(cosφ)	噪声/dB（A）
	L	L₁	C	L₂	P							
YDFW180-6	188	126	63	21.5	181	180	380	0.8	900	60	0.56	43
YDFW（A）180-6	202	140	70	21.5	162	180	380	0.73	900	60	0.63	46
YDFW250-4	188	126	63	21.5	181	250	380	0.88	1250	65	0.66	45
YDFW（A）250-4	202	140	70	21.5	162	250	380	0.64	1350	73.2	0.797	47
YDFW250-6	202	140	70	21.5	181	250	380	1.02	900	64	0.58	43
YDFW320-4						320	380	1.1	1250	65.5	0.68	45
YDFW370-4						370	380	1.2	1250	66	0.70	47
YDFW370-6	258	164	82	21.5	190	370	380	1.4	900	65	0.62	45
YDFW450-4	202	150	75	21.5	181	450	380	1.45	1350	66	0.68	47
YDFW550-4	258	164	82	21.5	190	550	380	1.67	1250	71.6	0.70	47
YCDFW550-4	258	164	82	21.5	190	550	220	3.9	1350	65	0.96	46
YCDFW450-4	258	164	82	21.5	190	450	220	3.20	1350	66	0.97	46
YCDFW370-6	258	164	82	21.5	190	370	220	2.77	910	62	0.98	45
YCDFW370-4	202	150	75	21.5	181	370	220	2.65	1400	67	0.97	46

续表

型号	外形尺寸/mm					功率/W	电压/V	电流/A	转速/(r/min)	效率/%	功率因数(cosφ)	噪声/dB（A）
	L	L₁	C	L₂	P							
YCDFW250-6	202	150	75	21.5	181	250	220	2.14	880	56	0.96	48
YCDFW180-6	202	140	70	21.5	181	180	220	1.85	870	53	0.875	48
YCDFW120-6	188	126	63	21.5	181	120	220	1.70	870	50	0.81	48
YDFW800-6	380	222	113	12	250	800	380	2.31	900	77	0.68	48
YDFW1100-6	380	242	123	12	250	1100	380	3.18	900	75	0.68	48

5.5.2　YYWD 型外转子低噪声单相三速异步电动机

　　YYWD 型外转子低噪声单相三速异步电动机是上海新星电机厂根据市场需要而开发的升级换代产品，它较原单相单速电动机具有更多的优越性，广泛应用在中央空调机组的输送风以及其他净化设备中。YYWD 型电动机为外转子低噪声单相三速，主要创新点是抽头调速。一般风机的使用场合往往需要调速，常用的调速方法是采用调压或调频方式，成本较高，结构较复杂。而 YYWD 型电动机只需要一个开关即可，不需要配合任何调压、变频等附加装置，结构简单，费用省，只需要单相电源，解决了无三相电源的使用问题，扩大了使用范围。经多家用户使用，能满足风机配套要求，噪声低，效率高，可变速，节能显著，已通过了上海市科委技术鉴定，具有国内领先水平。

　　YYWD 型外转子低噪声单相三速异步电动机的外形尺寸与 YDFW 系列三相异步低噪声风机电动机基本相同。

　　表 6-5-3 为 YYWD 型外转子低噪声单相三速异步电动机性能参数表。YYWD 型号说明：例如 YYDW550-4D，其中第一个 Y 表示异步电动机，第二个 Y 表示电容转速，D 表示低噪声，W 表示外转子，550 表示功率为 550W，4D 表示多速。

表 6-5-3　YYWD 型外转子低噪声单相三速异步电动机性能参数表

性能参数	外形尺寸/mm					功率/W	电流/A	转速/(r/min)	效率/%	功率因数(cosφ)	最大转矩/额定转矩	电容器/[μF/(V·A·C)]	噪声/dB（A）	质量/kg
型号	L	L₁	C	L₂	P									
YYWD550-4D	278	180	90	21.5	190	550	3.8	1400/1200/1000	67	0.98	1.6	20/450	52	12
YYWD450-4D	258	164	82	21.5	190	450	3.1	1400/1200/1000	66.5	0.99	1.6	16/450	52	10.5
YYWD370-4D	202	150	75	21.5	181	370	2.6	1400/1200/1000	65	0.99	1.6	12/450	52	9.5
YYWD250-4D	202	140	70	21.5	181	250	1.9	1400/1200/1000	61	0.99	1.6	10/450	52	7.0

第 **6** 章　冲压机械噪声控制

6.1　冲压噪声分析

　　冲压加工的噪声包括空载噪声及负载噪声。空载噪声包括压力机电机运转噪声、传动噪声、操纵噪声及结构噪声等，主要是由离合器在接合与脱开时以及齿轮在啮合时产生的。其中，齿轮传动噪声和离合器噪声较大。负载噪声是压力机冲压加工时产生的噪声。压力机运行时噪声的大小，除了与传动系统的结构有关外，还与压力机的吨位、滑块运动速度、使用的模具类型与结构、冲压工序性质、冲压材料厚度及强度等因素有关。一般情况下，压力机的吨位越大、噪声也越大，但其负载越小，噪声也越小；压力机的行程次数越高，噪声越大；连续行程比间隙性的单次行程噪声大。在相同的冲床上采用不同的冲压工艺（如冲裁、拉伸、弯曲）加工同样材料所产生的噪声也不同。

　　冲压加工噪声是一种具有脉冲形式的瞬态噪声，其峰值声压级为 100～140dB（A），而冲压生产中的噪声以其分离加工时为最严重，各种成形加工与之相比要小 10dB（A）左右。冲压分离加工中，尤以冲裁加工噪声为最大，一般地说，冲压加工中的冲裁工序比弯曲、拉深、翻边等变形工序的噪声大，并且冲裁厚料、硬料比薄料、软料的噪声大。

　　冲裁时，冲头一旦接触金属板料，冲裁力开始增加。与此同时，由于机身及其他受力构件的变形而积蓄了弹性能。当冲头进入板料约 1/2 厚度时，冲裁力达到最大值。板材的突然断裂使冲头突然失荷，机身等积蓄的弹性能在极短时间内释放出来，将激起机身及各部件的振动，产生自鸣噪声，与此同时，滑块以相当大的速度下冲，引起滑块周围空气的压力扰动而产生加速度噪声。冲裁最大噪声发生在被冲板料突然分离阶段。最大冲裁力 p 与最大冲裁噪声 L_p 之间的关系如式（6-6-1）所示：

$$L_p = 20 \lg \frac{p}{rl\rho} + 60 \quad （\text{dB}） \tag{6-6-1}$$

式中　r——距离噪声源（冲头）的距离；

　　　ρ——冲头材料的密度；

　　　l——冲头长度。

　　冲压设备在加工过程中，如果被加工的料件较小，其本身辐射噪声的能力较差，则设备在加工过程中所引起的自身振动的噪声是主要成分。反之，如果被加工件的外形尺寸较大，辐射噪声能力较强，则被加工料件的振动噪声不可忽视。落料噪声在冲压过程中是一种突出的噪声源。落料噪声的大小与料件的移动速度和质量有关。一般来说，落料噪声的强度与料件移动速度的三次方成比例。

6.2　冲压机械噪声控制措施

　　通过对冲床噪声产生原因的分析，针对不同的噪声成分，采用不同的噪声控制方法。

（1）从冲头和冲模上降低噪声

冲床的冲击噪声大小与冲头、冲模的材质有关。如果将易激发较强烈噪声的普通工具钢冲头或冲模改用内摩擦和内损耗大的合金制作，如锰铜锌合金，在同样的冲击力下，后者激发的噪声就要小得多。实验表明，仅改换冲头就可取得 5dB（A）的降噪效果。

（2）改变连接方式

中小型机械压力机若采用刚性转键式或拔销式离合器，它与主轴的接合与脱开都要产生强烈的冲击噪声。而改用摩擦离合器，噪声可下降约 5dB（A）。

（3）采用特殊剪切方式

在进行冲压工艺及模具设计时，应尽量减少加工负荷（例如，采用斜刃剪切、分层次冲压，以减小材料断裂时的工艺力），从而将冲压噪声减至最小。导板式冲模比相当的敞开模噪声小；斜刃口模具可降低噪声 7～10dB（A）；使用弹性卸料板比硬性卸料板噪声要低 3dB（A）；在厚板料上用连续模冲孔时，采用台阶式凸模布局，既可减少噪声，又降低了冲裁力。

（4）改变齿轮齿形

冲床的传动系统多用正齿轮传动，开动冲床时齿轮啮合就会产生声响，如果改用斜齿或人字齿轮传动，就可基本上消除这种摩擦噪声。

（5）改变加工速度

冲压时工件与模具或模具与模具之间所产生的冲击与此时滑块的运动速度成正比。因此，应注意将滑块行程减至最小值，并在模具设计中尽量选用吸振性能好的材料。

（6）缩短运动行程

在被加工的部件下落距离较大时，会产生撞击噪声，因此，应优先考虑缩短下落距离。若将落料侧做成倾斜坡面，使冲压成形后的部件或被剪切后的较小部件沿斜面下滑至地面，这样，由于加工后的部件垂直下落距离减少，沿斜面滑下或滚下的速度远较自由落体的速度为小。因此，这将大大降低下落部件与地面或下落部件之间的撞击噪声。另外，落料侧斜面和附近地面最好用低噪声材料做护面层，如采用橡胶板、聚氨酯泡沫塑料等。

（7）更改加工工艺

级进模两步法冲裁工艺取代普通冲裁工艺能达到降低冲裁噪声的效果。对于冲压生产中工艺噪声最大的冲裁加工，采用级进模两步法冲裁新工艺可比普通冲裁工艺在小吨位小车间的生产中，能降低冲裁工艺发射噪声 3dB（A）左右，在大吨位大冲压机上，其降噪数值更大，能有效地改善劳动条件，减少生产环境中的噪声危害。

（8）其他措施

例如，对冲床床身采取液压缓冲减振或贴减振片、对冲裁设备采取隔声罩隔声、对冲床的排气口采取消声器消声等，这些措施都可取得明显的降噪效果。

第 **7** 章　机动车辆噪声控制

7.1　机动车辆噪声简介

机动车辆噪声已经成为环境中最重要的污染源，不仅污染车内驾驶员和乘客的乘坐环境，而且还会对机动车辆行驶过的周边环境造成严重的污染。同时，机动车辆的噪声高低也是衡量车辆质量好坏的一个极为重要的指标。为此，世界各国都制定了较为严格的车辆噪声控制标准和法规，各大汽车生产厂商都投入了大量的人力和物力进行车辆噪声控制研究，并取得了相当大的成效。几十年来，虽然车辆的噪声与振动已有了大幅度的降低，但由于车辆持续大幅度的增加，使得交通噪声并没有降低。因此，车辆的噪声与振动降低的问题，将一直是车辆制造界面临的一个重要的课题。

机动车辆是以动力装置驱动或者牵引，上道路行驶的供人员乘用或者用于运送物品以及进行工程专项作业的轮式车辆，包括汽车、有轨电车、摩托车、挂车、轮式专用机械车、上道路行驶的拖拉机和特型机动车。本节主要讨论在道路行驶中占主要地位的汽车（包括小型客车、中型客车、大型客车、各类载重汽车等）噪声。

不同车型车的噪声源可能会有所不同。一般来说，车辆噪声主要包括发动机噪声、进气噪声、排气噪声、冷却风扇噪声、传动系噪声、轮胎噪声、喇叭噪声、制动系统噪声、车身结构噪声和由于车辆高速运动产生的空气动力性噪声等。

近年来，随着发动机技术的突飞猛进，发动机噪声有较大幅度的降低。发动机之外的其他噪声来源如传动系噪声、轮胎噪声、排气噪声、高速行驶产生的空气动力性噪声以及车身壁板结构振动辐射噪声等，对车辆整体噪声的贡献份额相对增大，对它们实施控制的重要性也与发动机噪声控制同样重要。

7.2　发动机噪声及其控制方法

发动机是汽车噪声的主要来源，主要有活塞、气门、曲柄连杆机构运动时产生的噪声。发动机噪声随机型、转速、负荷及运行情况等的不同而有差异。一般来说，发动机噪声包括燃烧噪声和机械噪声。

现在，一些大的汽车公司推出了混合动力型车辆，其中电池驱动的电机噪声相对较低，但其内燃发动机噪声依然是交通噪声的主要声源，其吸气和排气噪声目前可以降低，相对来说，发动机表面的振动辐射却很难得到有效的控制。

在本节中，我们仅仅考虑发动机中与噪声产生的相关特性。汽油机和柴油机有很多相似之处，都有活塞、汽缸、连杆、曲柄、机盖、阀或气门系等。在柴油机和汽油机之间，这些部件看上去都是相似的，但柴油机所用的部件要求要承受更高的负载。柴油机和汽油机的主要区别在于燃烧过程和在汽缸中燃料的输送形式的不同。在汽油机中，燃料和空气的混合物被压缩到原来体积的 1/10～1/8，然后由火花点燃。在柴油机中，空气被压缩到原来体积的 1/20～1/16，燃料以喷雾形式注入，然后点火燃烧。由于柴油机汽缸压缩率在瞬间上升得比汽油机快得多，所以柴油机听起来比汽油机要吵。

7.2.1　发动机燃烧噪声

燃烧噪声通过汽缸内压力的急剧变化而激励发动机结构，这种通过缸压直接对发动机结构的激励称为燃烧噪声。当然，汽缸的压力也直接或间接地带来发动机中的机械噪声，例如，汽缸压力可产生轴承撞击和活塞敲缸，也会引起曲柄速度的波动，进而引起齿轮系产生异常噪声或者正常时皮带产生敲击。所以，虽然在理论上这两种噪声的区别是明显的，但实际上，要想区分这两种噪声是很困难的。如果针对发动机调低了缸压或缸压增长率，对我们来说，无法确定噪声的降低是由于降低了机械噪声还是燃烧噪声的降低带来的整体降噪效果。

在柴油机和汽油发动机的噪声中，燃烧噪声是主要的噪声源。燃烧噪声是由汽缸内周期变化的气体压力的作用而产生的，通过活塞、连杆、曲轴、缸体等途径向外辐射产生的噪声。燃烧噪声主要是由于燃料在汽缸内燃烧时，汽缸内压力急剧上升而产生的动载荷和冲击波的振动（汽缸压力波实质上是包含很宽的频率和幅值的一系列谐波的叠加），分别通过活塞、连杆、曲轴、主轴承和汽缸盖以及缸套侧壁而传到机体外表面，使发动机不同固有频率的零件被激发而振动，从而辐射出强烈的燃烧噪声。燃烧噪声与汽缸压力有函数关系，并且，还与发动机结构的动刚度、发动机表面的声辐射效应以及周围空气的传递特性有关。一般来说，柴油机噪声比汽油机的噪声高得多。

发动机结构辐射的噪声几乎不依赖负载，但依赖于汽缸的容积，更依赖于发动机的转速。通过对各种容积的发动机的测试，发现：汽缸容积增加 10 倍，则发动机噪声 A 声级增加 17dB；转速增加 10 倍，则噪声增加 35dB。

在汽车发动机中，燃烧噪声在总噪声中占有很大比例，研究如何降低其燃烧噪声具有特别重要的意义。目前，燃烧噪声的控制措施主要有以下几方面。

（1）采用隔热活塞

采用隔热活塞来提高燃烧室壁温度，缩短滞燃期，降低空间雾化燃烧系统的直喷式柴油机的燃烧噪声。

（2）提高压缩比和应用废气再循环技术

提高压缩比和应用废气再循环技术也可降低柴油机的燃烧噪声。但压缩比主要决定了柴油机的机械负荷与热负荷水平。废气再循环技术通过降低汽缸最高压力，在抑制 NO_x 产生的同时，也降低了燃烧噪声。

（3）采用双弹簧喷油阀实现预喷

采用双弹簧喷油阀实现预喷，即将原本打算一个循环一次喷完的燃油分两次喷。第一次先喷入其中的一小部分，提前在主喷之前就开始进行着火的预反应，这样可减少滞燃期内积聚的可燃混合气数量。这是降低直喷式柴油机燃烧噪声的最有效措施。通过降低双弹簧喷油器初次开启压力和针阀的预升程来抑制空气和燃料混合气的形成，以此对怠速工况的燃烧噪声产生影响。通过设计两段升程装置，采用引燃喷射装置在较大的转速范围及加速情况下来抑制燃烧噪声。

（4）采用共轨喷油方式

共轨喷油系统是一种很有前途的直喷式轿车柴油机电子控制高压燃油喷射系统，它能减少滞燃期内喷入的燃油量，特别有利于降低燃烧噪声。

（5）采用增压技术

柴油机增压后进入汽缸的空气充量密度、温度和压力增加，从而改善了混合气的着火条件，使着火延迟期缩短。虽然增压柴油机最大爆发压力有所增加，但其压力增长率 $dp/d\varphi$ 和压力升高比 λ 却变小，使柴油机运转平稳，噪声降低。此外，一般来说，涡轮增压柴油机最大额定功率的转速要比同样汽缸尺寸的非增压柴油机低，有利于降低燃烧噪声。增压空气中间冷却后，空气温度降低，充气效率得以提高，但同时也削弱了增压对降低燃烧噪声的作用。

（6）燃烧室的选择和设计

对于分开式燃烧室，精确的喷油通道、扩大通道面积、控制喷射方向和预燃室进气涡流半径的优化，均能抑制预混合燃烧，促进扩散燃烧，从而降低由低负荷到高负荷较宽范围的燃烧噪声、燃油消耗和碳烟排放。

对于直喷式燃烧室，可以通过合理设计，使其在保证足够的涡流下具有高紊动能，强化燃料与空气之间的扩散，以此来改善燃烧过程，实现柴油机低油耗、低噪声和低排放。

活塞顶燃烧室结构对燃烧噪声有很大影响。孔口较小、深度较深者，燃烧噪声就小得多，排放也明显较好。再加上缩口形，减噪效果就更趋好转。因此，设计时在变动许可范围内，最好选用缩口并尽可能加深些的 W 形燃烧室。

（7）减小供油提前角

供油提前角小，喷油时间延迟，汽缸内温度和压力在燃油喷入时较高，燃油一经喷入即雾化，瞬间达到着火点，缩短了滞燃期。最先喷入的燃油爆发燃烧，而后续喷入火焰中的燃油因氧气不足而不会立即燃烧，这样，由于初期燃烧的燃油量少，压力升高率低，可使燃烧噪声减小。大多数柴油机的燃烧噪声随供油提前角的减小而有所降低。

（8）选用高燃烧值燃料

选用十六烷值高的燃料，着火延迟期较短，从而影响在着火延迟期内形成的可燃混合气数量，使压力升高率降低和减小燃烧噪声。

7.2.2　发动机机械噪声

机械噪声是指活塞、齿轮、配气机构等运动件之间机械撞击产生的振动噪声。机械噪声是由运动件之间以及运动件与固定件之间周期性变化的机械运动而产生的，它与激发力的大小、运动件的结构等因素有关，主要有活塞敲击噪声和气门机械噪声。发动机运转时，活塞在上、下止点附近受侧向力作用产生一个由一侧向另一侧的横向移动，从而形成活塞对缸壁的强烈敲击，产生了活塞敲击噪声。试验表明，除上、下止点附近外，敲击还发生在其他位置上，这主要是由活塞绕活塞销的摇摆、活塞与缸壁的摩擦、活塞的变形和缸套振动等因素所引起的，但量级相对较小。产生敲击的主要原因是活塞与汽缸套之间存在间隙，以及作用在活塞上的气体压力。传动齿轮的噪声是齿轮啮合过程中齿与齿之间的撞击和摩擦产生的。在内燃机上，齿轮承载着交变的动负荷，这种负荷会使轴产生变形并通过轴在轴承上引起交变力的负荷，轴承的交变力的负荷又传给发动机壳体和齿轮箱壳体，使壳体激发出噪声。

配气机构包括凸轮轴、挺柱、推杆、摇臂、气门等零件，这些零件彼此相互高速运动，摩擦和敲击噪声严重，并且配气机构大部分零件刚度相对较差，因而易激发振动和噪声。其气门上下敲击声、凸轮和挺柱之间的摩擦声等都是配气机构的主要噪声源。

发动机上的其他机械噪声源会表现出周期性质。在某个频率上油泵会产生压力波动，这个频率由齿轮的齿数或泵的叶轮数来决定。转向器和助力泵以及其他发动机附属设备都可能产生较大的纯音噪声。鉴别发动机纯音噪声通常比较容易，可将在某个速度下的被测噪声的频率与潜在声源的计算频率做对比。鉴别撞击声源是非常困难的。撞击噪声是宽带的，因此，做频率分析对分析撞击噪声的帮助作用不大。

（1）活塞敲击噪声

发动机运转时，活塞在上、下止点附近受侧向力作用产生一个由一侧向另一侧的横向移动，从而形成活塞对缸壁的强烈敲击，产生了活塞敲击噪声。产生敲击的主要原因是活塞与汽缸套之间存在间隙，以及作用在活塞上的气体压力。

降低活塞敲击噪声的措施如下：

① 活塞销孔偏置　将活塞销孔适当朝主推力面偏移 1~2mm。

② 在活塞裙部开横向隔热槽　采用在活塞裙部开横向隔热槽、活塞销座镶调节钢件、裙部镶钢筒、采用椭圆锥体裙等方式来减小活塞 40℃冷态配缸间隙。

③ 增加缸套的刚度　增加缸套的刚度不仅可以降低活塞的敲击声，而且可以降低因活塞与缸壁摩擦而产生的噪声。为了增加缸套的刚度，可采用增加缸套厚度或带加强肋的方法。

④ 改进活塞和汽缸壁之间的润滑状况　改进活塞和汽缸壁之间的润滑状况，增加活塞敲击缸壁时的阻尼，也可以减小活塞敲击噪声。例如，在 D=180mm 的单缸试验机上，采用专用润滑油喷向汽缸壁上供给机油，结果使机体的振动降低 6dB。显然，这种措施在实用上是受到限制的。日本丸能源公司研制成功含有陶瓷微粒的新型润滑剂，在汽缸金属表面上形成"陶瓷薄膜"，防止金属直接接触，因此，在降低摩擦噪声的同时，还可改善润滑性能，节约燃料，提高使用寿命。

（2）气门机械噪声

内燃机大都采用凸轮、气门配气机构，机构中包括凸轮轴、挺柱、推杆、摇臂、气门等零件。配气机构中零件多、刚度差，在运动中易激起振动和噪声，包括气门和气门座的撞击、由气门间隙引起的传动撞击、挺柱和凸轮工作面之间的摩擦振动、高速时气门不规则运动引起的噪声。配气机构噪声与气门机构的类型、气门间隙、气门落座速度、材料、凸轮型线、凸轮和挺柱的润滑状态、内燃机的转速等因素有关。

降低配气机构噪声的措施主要有以下三种。

① 提高润滑质量　良好的润滑能减少摩擦，降低摩擦噪声。推荐怠速时凸轮与挺柱间的最小油膜厚度为 2μm，1000r/min 时最小油膜厚度为 3μm。凸轮转速越高，油膜越厚。所以内燃机高速运转时，配气机构的摩擦振动和噪声就不突出了。

② 减小气门间隙　减小气门间隙可减少摇臂与气门之间的撞击，但不能使气门间隙太小。采用液力挺柱可以从根本上消除气门间隙，降低噪声。近年来还出现了气门液压驱动系统，其噪声更低。

③ 缩短推杆长度　缩短推杆长度是减轻系统重量、提高刚度的有效措施，顶置式凸轮轴取消了推杆，对减少噪声特别有利。

7.3　空气动力噪声及其控制方法

由气体扰动以及气体和其他物体相互作用而产生的噪声称为空气动力噪声。除了发动机的进气噪声、排气噪声之外，发动机的冷却风扇噪声以及车辆高速运行时也产生空气动力性噪声。

发动机工作时，高速气流经空气滤清器、进气管、气门进入汽缸，通过缸体中燃烧反应后，废气再通过气门进入排气管，最终排放到空气中。在此气流流动过程中会产生强烈的噪声。

7.3.1　进气噪声

进气噪声是由进气门的周期性开闭产生的压力起伏变化所形成的，与发动机的进气方式、进气门结构、缸径及凸轮轴等设计有关。发动机工作时，高速气流经空气滤清器、进气管、气门进入汽缸，在此气流流动过程中会产生一种强烈的空气动力噪声，有时比发动机本身噪声高出 5dB（A）左右，成为仅次于排气噪声的主要噪声源。该噪声随着发动机转速的提高而增强，与负荷的变化无关，其成分主要包括周期性压力脉动噪声、涡流噪声、汽缸的亥姆霍兹共振噪声和进气管的气柱共振噪声。

进气系统往往是整车的噪声源之一，由于发动机运行过程中进气阀周期性开闭产生的气流压力波动，当进气阀开启时，活塞由上止点下行吸气，邻近活塞的气体分子以同样的速度运动，这样在进气管内就会产生压力脉冲，形成脉冲噪声。同时，进气过程中的高速气流流过进气阀流通截面时，会形成涡流噪声。另外，如果进气管中空气柱的固有频率与周期性进气噪声的主要频率一致时，则会产生空气柱共鸣，使得进气管中的噪声更加突出。当进气阀关闭时，也会引起发动机进气管道中空气压力和速度的波动，这种波动由气门处以压缩波和稀疏波的形式沿管道向远方传播，并在管道开口端和关闭的气阀之间产生多次反射，产生波动噪声。对于增压发动机来说，由于增压器的转速一般较高，所以，其进气噪声明显高于非增压发动机。

非增压式发动机的进气噪声主要成分包括周期性压力脉动噪声、涡流噪声、汽缸的亥姆霍兹共振噪声等。增压式柴油机的进气噪声主要来自增压器的压气机。二冲程发动机的噪声源于罗茨泵。对此，最有效的方法是采用进气消声器。进气消声器有阻性消声器（吸声型）、抗性消声器（膨胀型、共振型、干涉型和多孔分散型）和复合型消声器。

进气噪声的控制策略主要是：

① 合理地设计和选用空气滤清器。合理设计进气管道和汽缸盖进气通道，减少进气系统内压力脉动的强度和气门通道处的涡流强度。

② 引进消声措施。

7.3.2　排气噪声

排气噪声由周期性排气噪声、涡流噪声和空气柱共鸣噪声组成。周期性排气噪声是由排气门开启时一定压力的气体急速排出而产生的，涡流噪声是高速气流通过排气门和排气管道时产生的，空气柱共鸣是管道中的空气柱在周期性排气噪声的激发下发生共鸣而产生的。

排气噪声主要在排气开始时，废气以脉冲形式从排气门缝隙排出，并迅速从排气口冲入大气，形成能量很高、频率很复杂的噪声，包括基频及其高次谐波的成分。该噪声是汽车及发动机中能量最大最主要的噪声源，它的噪声往往比发动机整机噪声高 10～15dB（A）。除基频噪声及其高次谐波噪声外，排气噪声还包括排气总管和排气歧管中存在的气柱共振噪声、气门杆背部的涡流噪声、排气系统管道内壁面的紊流噪声等。此外，排气噪声还包括废气喷射和冲击噪声。

排气噪声比较复杂，包含很多声源。发动机在排气过程中，排气阀门不时地开启和落座时，阀片会产生强烈的机械振动，进而产生结构噪声并以声波形式沿着排气管道向外辐射噪声。在发动机正常工作状态下，排气阀张开时，汽缸中的燃烧噪声将沿排气管道向外辐射，随着排气阀周期性地张开，汽缸中的燃烧噪声会沿着排气管周期性地向外辐射。同时，排气门张开后，汽缸内燃烧所产生的废气在排气管中高速流动，受活塞往复运动和排气门开闭的影响，排气气流呈脉动形式，由于气流的高速流动而产生了强烈的噪声。另外，高速气流通过排气门、阀座和管道时产生了湍流噪声，一般为 1000Hz 以上的连续性高频噪声。

对于单缸发动机来说，试验表明，由汽缸和排气管产生的亥姆霍兹共振噪声是排气噪声的主要成分。汽车排气噪声的声级和发动机设计参数、负荷等有密切关系。

排气噪声的控制策略主要是：

① 从排气系统的设计方面入手。

② 废气涡轮增压器的应用可降低排气噪声。

但是，最有效的方法还是采用高消声技术，使用低功率损耗和宽消声频率范围的排气消声器。

7.3.3　风扇噪声

风扇噪声是发动机中不可忽视的噪声源，尤其是风冷发动机更为突出，在高速全负荷时，甚至和进排气噪声不相上下。它主要是空气动力噪声，由旋转噪声和涡流噪声组成。旋转噪声是由旋转叶片周期性地打击空气，引起空气的压力脉动所产生的。涡流噪声是由于风扇旋转时使周围的空气产生涡流，这些涡流又因黏滞力的作用分裂成一系列独立的小涡流，这些涡流和涡流的分裂会使空气发生扰动，形成压力波动，从而激发噪声，涡流噪声一般是宽频带噪声。在低速运转时涡流噪声占优势，高速时旋转噪声占优势。风扇的转速越高，直径越大，风扇的排风量就越大，其噪声也越高；风扇的效率越低，消耗功率越大，风扇噪声越大。

风扇噪声的控制策略主要是：

（1）适当控制风扇转速

由于风扇噪声随转速的增长而增大。在冷却要求已定的条件下，为降低转速，可在结构尺寸允许的范围内，适当加大风扇直径或者增加叶片数目，或充分运用流体力学理论设计高效率的风扇，就可能在保证冷却风量和风压的前提下降低转速。

（2）采用叶片不均匀分布的风扇

当叶片均匀布置时，往往会产生一些声压级很高的谐波成分。当叶片不均匀布置后，一般可降低风扇中那些突出的线状频谱成分，使噪声频谱较为平滑。

（3）用塑料风扇代替钢板风扇

塑料风扇能达到降低噪声和减少风扇消耗功率的效果，但目前成本还稍高于钢板风扇。

国外中小功率内燃机已普遍采用塑料风扇。还可采用一种安装角可以变化的"柔性风扇"，这种风扇叶片用很薄的钢板或塑料制造，当风扇转速提高后，由于空气动力的作用，叶片扭转变平（安装角变小），于是风扇消耗功率和噪声都减小，而转速降低时，由于空气动力作用小，叶片的扭转变小，保证了足够的风量。

（4）车用内燃机上采用风扇自动离合器

试验表明，汽车行驶中，在车用内燃机上采用风扇自动离合器，需要风扇工作的时间一般不到 10%。因此，采用风扇离合器不仅可使内燃机经常处在适宜温度下工作和减少功率消耗，同时还能达到降噪的效果。

（5）风扇和散热器系统的合理设计

诸如发动机和风扇的距离、风扇与散热器的距离、风扇和风扇护罩的位置及护罩的形状、空气通过散热器的阻力等都会对冷却风量的充分利用产生影响。合理布置和设计都有可能达到降低风扇噪声的目的。

7.4　轮胎噪声及其控制方法

车辆是通过唯一部件——轮胎，从而与路面发生力作用的。随着高速公路的发展，轮胎噪声成为高速行驶车辆的主要噪声源，这一结论已由国内外大量试验数据所证实。轮胎噪声包括轮胎与路面接触噪声、轮胎与空气摩擦噪声、胎体花纹振动噪声，其中主要是轮胎与地面摩擦所产生的轮胎噪声。

汽车轮胎在高速行驶时，会引起较大的噪声。轮胎滚动噪声是汽车行驶中的另一个重要噪声源。有关研究表明，在干燥路面上，当汽车高速行驶时，轮胎噪声会超过发动机噪声而成为最主要的噪声源。轮胎噪声产生的原因主要有三个方面。一是泵气效应。空气被地面挤出与重新吸入过程所引起的泵气声，是指轮胎高速滚动时引起轮胎变形，使得轮胎花纹与路面之间的空气受挤压，随着轮胎滚动，空气又在轮胎离开接触面时被释放，这样连续的压挤、释放，使空气迸发出噪声。影响泵气噪声的因素主要有运行参数、胎面花纹几何参数、花纹沟形状、花纹排序、轮胎的结构参数和力学模型参数等。二是轮胎振动。当运动的轮胎与路面接触时，不连续的胎面花纹块撞击路面和不规则的路面撞击胎面均会引起胎体的振动噪声，研究表明这是产生轮胎噪声最主要的原因。轮胎振动与轮胎的刚度和阻尼有关，刚度增大，阻尼减小，轮胎的振动就会增大，噪声也就大了。三是空气动力性噪声。当轮胎滚动向前时，轮胎周围的气流受扰，引起轮胎周围空气不稳定流动，造成空气压力的变化，从而产生空气动力噪声。这些机理往往是同时存在的，只是随着噪声频率范围、车辆工况、道路状况、胎面花纹几何特征等而变化。

轮胎激励产生的动态作用力，通过悬架系统传到车身，引起车身振动，并通过结构辐射到车内，这样产生的噪声称为结构传播噪声。其主要频率范围一般在 600Hz 以下。

车外轮胎路面噪声会射入车身的各个部位，一部分反射回去，一部分被车身和隔层吸收，还有一部分透射到车身内部。传入车内的噪声称为空气传播噪声，其主要频率一般在 500Hz 以上。

汽车行驶速度对轮胎噪声影响较大。轮胎噪声与车速具有一定的线性关系：随着车速的提高，噪声也相应增大。

噪声增大的原因主要有以下两点。

① 轮胎花纹内及路面凸凹处的空气容积变化速度加快，"气泵"声增大。

② 胎面花纹承受的激振力增大，振动声也随之增大。

研究表明：一般汽车行驶速度增加 10 倍时，轮胎噪声上升 30dB（A）左右。路面构造的设置方向和尺寸的变化对路面轮胎噪声有很大的影响。

总的来说，纵向沟槽比横向沟槽的噪声要低，不等距压槽也可以降低路面轮胎噪声。湿路面比干路面的噪声大 10dB 左右，其增大的幅度随路面水膜厚度而变化。湿路面的轮胎噪声主要是由溅水造成的。当车辆的负荷不同时，轮胎花纹的挤压作用也不同。随着载荷的增加，胎面花纹的变形增大，轮胎的胎肩逐渐接触地面，横向花纹轮胎便容易造成空腔的封闭而使噪声增大，而对纵向花纹轮胎的噪声影响较小。

到目前为止，人们对轮胎噪声产生的机理还在进行深入的研究，还不能完全断定哪种机理的噪声是轮胎噪声中最主要的。

7.5　传动系噪声及其控制方法

汽车利用传动和齿轮箱系统将发动机产生的机械力传递到车轮上。类似的传递系统也用在螺旋桨飞机、某些轮轨车辆和轮船上。但由于电力机车的出现，其电机直接与轨道车辆的轴相连，因而运行时噪声有所降低。

传动系噪声与轮胎滚动噪声是汽车行驶中的主要噪声源，包括：

① 变速器噪声（齿轮和轴承振动）。

② 传动轴噪声。

③ 驱动桥噪声。

影响变速器噪声的因素很多，其中车速、载荷对变速器噪声的影响最大。

传动系的噪声与车辆的负荷、转速、挡位的齿轮精度和齿轮箱体的结构等有密切关系，且随着车辆使用年限的增加和各种传动部件的磨损严重，传动系的噪声会有明显的增加。一般来说，齿轮是高频振动和噪声的主要来源。传动系噪声频率为 400～2000Hz，其中齿轮传动的机械噪声是主要部分。对于汽车传动系统的主要总成变速箱和驱动桥（减速器和差速器）而言，其噪声主要由齿轮传动产生。而齿轮的配合齿隙、齿面的接触形式则直接影响冲击负荷的强弱和均匀性，从而影响系统的噪声。齿轮噪声以声波向空间传出的仅是一小部分，而大部分则成了变速器、驱动桥的激振使各部分产生振动而辐射噪声。

针对内燃机传动齿轮的特点，可采取如下措施来减少传动噪声。

（1）采用新材料

一般说来，用衰减性能好的材料制造齿轮，可使噪声降低。例如高阻尼的工程塑料齿轮，采用工程塑料齿轮代替原钢制齿轮后，整机噪声降低 0.5dB（A）左右，有一定的效果。

（2）高精度齿轮

控制齿轮齿形，提高齿轮加工精度。齿轮的加工精度对齿轮传动系统噪声的影响很大，提高齿轮的加工精度，能非常有效地降低齿轮噪声；减小齿轮啮合间隙，即降低齿轮啮合时相互撞击的能量，从而降低齿轮啮合传动噪声；降低轮齿表面粗糙度，可有效减小齿轮噪声。

（3）正时齿形同步带传动

采用正时齿形同步带传动代替正时齿轮转动，可明显降低噪声。

（4）合理布置齿轮传动系位置

如将正时齿轮布置在飞轮端，可有效减少曲轴系扭振对齿轮振动的影响。

（5）正确安装，合理使用

齿轮在安装时，一定要保证装配精度要求，使啮合齿轮两轴中心线不平行度限制在允许范围内。各部分的间隙应调整适当。在使用时，要正确使用润滑油料，保持齿轮合适的润滑状态，以减小齿间摩擦，吸收齿轮振动，降低工作噪声。

（6）齿轮阻尼减振措施

在齿轮轮体上加装合适的阻尼减振材料，能有效抑制齿轮振动幅度，阻止振动向外传播，控制齿轮噪声。

（7）齿轮噪声传播控制

为了减少噪声传出和再生，在齿轮箱设计时，应提高箱体的刚度，以防止箱体固有振动频率与齿轮啮合频率重合而发生共振。还应提高箱体密封性，防止齿轮噪声直接向外传出，起到隔声的作用。另外，对齿轮箱（如变速箱、分动器等）进行屏蔽，能有效阻止噪声的传播。

对传动轴噪声控制主要是提高传动轴平衡度和刚度。

7.6　车身噪声

汽车行驶通过时产生的车身噪声与车辆种类、车速、载重量、路面状况等有着密切的关系。表 6-7-1 为部分机动车通过时在车外 7.5m 处的噪声实测值。

表 6-7-1　部分机动车通过时在车外 7.5m 处的噪声实测值　　　　单位：dB（A）

企业名称	产品型号	发动机型号	产品名称	产品类别	噪声限值	试验结果（降噪措施）	
						降噪措施前	降噪措施后
东风汽车公司	EQ3104FL19D	YC6J145-22	自卸汽车	N2	83	84.7	81.9
北汽福田汽车股份有限公司	BJ6120U8MHB	YC6G300-20	客车	M3	83	83.4	80.6
	BJ6110U8MHB	WD615.30	客车	M3	83	84.2	81.4
上海汇众汽车制造有限公司	SH6492	M161G23D	客车	M2	77	77.6	74.8
安徽江淮汽车集团有限公司	HFC1027ER	SF491QE	轻型载货汽车	N1	77	78.1	76.3
	HFC1027ER	HFC1027K	轻型载货汽车	N1	77	79.2	77.4
江铃汽车股份有限公司	JX6591DA2-H	JX493ZLQ	轻型客车	M2	80	81.9	79.4
郑州日产汽车有限公司	ZN6453W1G	KA24	多用途乘用车	M1	74	75.4	73.9
	ZN6453WAG	KA24	多用途乘用车	M1	74	74.5	73
湖北三环专用汽车有限公司	STQ1310L8Y6F	YC6G240-20	载货汽车	N3	84	85.6	82.6
	STQ1340L8Y7B	C260-20	载货汽车	N3	84	85.8	83
武汉中誉汽车有限公司	ZYA6492	4G64S4M	乘用车	M1	74	73.8	72.3
湖南江南汽车制造有限公司	JNJ7150	MR479QA	轿车	M1	74	74.6	73.1
广州五十铃客车有限公司	GLK6111H2	6HE1	豪华客车	M3	83	84.9	82.4
金龙联合汽车工业（苏州）有限公司	KLQ6856	YC4112ZLQ	旅游客车	M3	80	81.3	78.5

车身噪声主要是汽车加速行驶时空气流过汽车表面和孔道时产生的噪声。该噪声主要来源于气流有明显折弯的地方，在该区域内气流分离，分离区内旋涡脱落，形成噪声。车身结构噪声包括车身振动产生的噪声和车身与空气摩擦产生的噪声。

降低车身噪声的方法主要是从设计出发，改进结构设计，尽量减少突然折弯，同时注意与底盘的匹配，避免共振和噪声。

7.7　车内噪声

一般来说，汽车噪声污染主要作用在两个方面：对周围环境产生噪声污染的车外噪声，对乘客和司机产生影响的车内噪声。前者影响车外环境，是汽车制造鉴定中的一个重要指标，是交通噪声中最主要的部分。车内噪声影响车内乘客。降低车内噪声，提高乘坐舒适性已成为汽车产品开发中非常重要的环节。

车内噪声的来源有很多种，从性质上来说，车内噪声主要有两种表现形式：一是外部噪声通过空气直接透入车内的空气传播噪声，经由空气传播的噪声主要是发动机表面辐射噪声和气流流动噪声；二是车身壁板振动辐射出的结构传播噪声，结构传播的噪声主要是发动机、轮胎、路面及气流等引起车身振动而向车内辐射的噪声。结构声和空气声实际上是车内噪声的直达声，车内噪声的另一部分为混响声。所谓混响声是指声源发出的声波经过车内壁面一次或多次反射后的噪声。车内噪声实际上是直达声与车内混响声叠加的结果。800Hz 以上的中、高频噪声主要通过空气传入车内，而 400Hz 以下的低频噪声主要通过结构传入车内。这两条途径传来的噪声是形成车内噪声的主要来源。空气传播噪声可采取隔声、吸声措施，结构传播噪声可采取修改车身结构特性措施，从而达到控制车内噪声的目的。

目前，车辆上普遍应用的传统噪声控制手段，包括隔振、隔声、吸声、消声等，大多数能够对车内的中、高频噪声进行有效的控制，但对发动机产生的低频噪声控制效果都不明显。

早在 1987～1990 年，英国 Lotus 汽车公司就与 ISVR 合作，将自适应有源消声技术应用于轿车噪声控制。在发动机转速为 3000～5000r/min 范围内明显地降低了车内低频发动机谐波噪声，可降低车内轰鸣声 10dB 左右。日本日产汽车公司 1991 年在其新型 Blue Bird 轿车上开始试验有源消声系统，可降低车内噪声 5.6dB。

在控制车内噪声的过程中运用有源降噪技术，对于改善汽车的 NVH 性能具有较大的潜力，但目前国内尚没有成熟的车内主动噪声控制系统。1990 年，美国 Virginia 州立大学 VAL 实验室的 Jerome Couche 与 Chris Fuller 对福特车内由发动机和路面引起的噪声进行了系统的研究，用 2 个传声器和 2 个误差传感器达到了 6.5dB 的降噪效果。2002 年，西班牙巴伦西亚工业大学的 A.Gonzalez 和 M.Ferrer 等不仅研究了前馈 ANC 系统对汽车发动机产生噪声的控制效果，还研究了人们在降噪前后的心理反应。

总之，研究机动车辆噪声，降低其对内对外的影响，是汽车行业正在重点解决的课题之一，有望在不久的将来有所突破。

第 8 章　木工机械噪声控制

8.1　木工机械分类

传统意义上的木工机械是指以木材为加工对象的机械或设备，一般指制材机械、细木工机械和木工机床。广义的木工机械还应包括人造板机械和家具机械。

一般按木工机械所使用的刀具、加工方法及工艺用途分类，共分为两大领域，即木工机床和人造板机械，包括锯机、刨床、铣床、开榫机、旋切机、削片机和刨片机、热磨机、人造板压机、砂光机、其他新型木工机械。

木材工业中所使用的设备大多产生较高噪声，特别是随着木材工业的发展，生产率和产量不断提高，生产设备向着高速和重型化发展，同时大部分的设备都用于切削加工，因此会产生大量的噪声。

8.2　常用木工机械噪声分析

木工圆锯、平压刨床是生产中使用量大面广的加工设备，也是产生噪声最大的机械噪声源之一，噪声最高可达 110dB（A），并伴有周期"尖叫声"。

8.2.1　圆锯噪声分析

无论何种圆锯，其噪声源和产生机理大致相同，其噪声源主要有四个：

（1）圆锯片受到激励（包括周围空气和工件激励作用）而产生振动辐射的噪声。

无论在空载还是在负载情形下，圆锯片都会受到空气或工件的作用而引起强迫振动，从而辐射噪声。常常会有圆锯片空转时的噪声高于负载时的噪声，这时的噪声就是由圆锯片自激振动引起的共振噪声，常被称为"啸声"。圆锯片空转时"啸声"经常出现，而负载时"啸声"则会降低或减弱。这主要是因为，在对工件进行切削时，工件与锯片相互作用，工件抑制了锯片的自激振动，从而消除了"啸声"。木材工件的阻尼相对较大，在对工件进行切削时，木材工件改变了圆锯片系统对工件所做的功，同时消耗一定的能量转化为木材的内能，成为热量。圆锯片系统获得电动机的能量没有较大的变化，而圆锯片系统消耗的能量增加了，圆锯片系统的自激振动振幅也相应地有所降低，尽管有啸声，频率也相同，但强度将有所下降。

（2）圆锯片高速旋转的锯齿周期性地作用于周围的空气上而产生空气动力性噪声。

空气动力性噪声的频率可由式（6-8-1）计算：

$$f_i = \frac{nZ}{60}i \quad (\text{Hz}) \tag{6-8-1}$$

式中　　n——锯片轴的转速，r/min；

　　　　Z——锯片的齿数，个；

　　　　i——谐波序列号，i=1，2，3，…

空气动力性噪声包括：高速旋转的锯片上的锯齿周期性打击周围空气质点而产生的旋转噪声；由于高速旋转的锯齿边缘形成的涡流以及涡流不断分裂引起空气振动而产生的涡流噪声；锯齿旋转时，使每个齿尖产生单排辐射流并周期性地通过工作台上的锯缝向外排放，气流压力发生激烈变化而产生排气噪声。

（3）由冲击产生的噪声。当圆锯片在正常工作时，锯片与加工的工件之间相互作用，同时受到对方的激励，因而，锯片和工件都将产生受迫振动而辐射噪声。

（4）由锯片与加工工件之间的摩擦产生的噪声。

8.2.2　平压刨床噪声分析

木工刨床是木材加工中不可缺少的机械设备。木工平刨床的噪声主要有空气动力性噪声、机械结构噪声、刨削噪声等。平刨的空转噪声是由于刀轴带动刨刀高速旋转，从而扰动空气，形成高速气流和涡流，并辐射空气动力性噪声。平刨的空转噪声具有明显的指向性，在工作台长度方向噪声最高，在刀轴的轴线方向噪声最小。

平刨空转噪声 A 声级 L_A 可用式（6-8-2）估算：

$$L_A = 47\lg n + 9\lg b + 10\lg \delta - 50 \,[\text{dB（A）}]　　　　　　（6-8-2）$$

式中　n——刀轴转速，r/min；

　　　b——刨刃伸出量，mm；

　　　δ——刨口间隔，mm。

木工平刨床空转时的机械振动噪声主要有两类：刨刀轴和电机轴由于旋转不平衡引起的周期性振动噪声和支撑刨刀轴的滚动轴承在高速回转时引起的噪声。在刨削过程中，刨刀片与木材撞击和摩擦也产生机械结构噪声。平刨床的运动主要是刀轴的旋转运动，其刀轴转速为 4500～6500r/min，若质量或受力稍有不平衡，将会引起很大的振动，从而产生噪声。同时这些振动会通过轴承传递到刨床整体结构上，引起箱壁振动，在大表面上辐射出较大的噪声。若箱壁的固有频率刚好与激振频率吻合，引起共振，则将发出很大共振的噪声。上述机械结构噪声，不论是在空转还是刨削过程中均会产生。平刨床的切削是产生噪声的主要来源，它包括切削时木材剪切区域的塑性变形、切屑在前刀面上的滑动、断裂屑瓣撞击前刀面、产生超越裂缝时的劈裂及切屑断裂和切削平面以下木材层和后刀面的摩擦引起的噪声。刨削过程中，刀片从未接触至接触，刨削力从零在瞬间突变到很大，受力的突变将引起较大的振动，激发木材、工作台、机体其他部位辐射噪声，这是刨削过程中的主要噪声源。这部分噪声的大小与所加工的木材种类、尺寸大小、硬度、纤维方向以及木料送进的速度有很大的关系。刨削时发出的噪声还包含木屑从木块中削下时的撕裂声和断屑声。

8.3　木工机械噪声控制

8.3.1　木工圆锯机噪声控制

（1）改变锯齿的齿数、齿型和锯齿分布

锯齿的齿数、齿型和锯齿分布对锯切时产生的脉冲激励有影响，合理的齿型和锯齿分布可以提高切削的稳定性。齿数增多可以使同时参加切削作用的齿数增多，从而降低脉冲激励的幅值，提高切削稳定性，减少噪声辐射。不等齿距随机分布的锯片结构，这种锯片能使周期性的脉冲激励能量在频域上分散化，因而可以有效地减小圆锯片噪声辐射能量。

（2）沿圆片的径向开槽

沿圆片的径向开槽可降低圆锯空转时的"啸声"，降低圆片自身的噪声辐射。槽的长度至少应为锯片半径的 1/6，槽长与槽宽之比取 4∶1。开槽的数量取决于锯齿数，如 60 个齿的锯片可开 4 条槽，而 90 个齿的锯片可开 5 条槽。

实验表明，对 $\phi400$ 的圆锯片开槽后可取得 10～15dB（A）的降噪效果。此外，在不破坏锯片动平衡条件下，在锯片上开一些小孔，并用铅、铜等韧性金属填平这些孔洞，也可减弱锯片振动，有利于降低高频噪声。

另外，设计一种隔声罩将圆盘锯罩起来，或部分罩起来，也是一种降低圆锯噪声的方法。

8.3.2　平压刨床噪声控制

控制平刨噪声，可以从改革刨刀结构和采取隔声、吸声、消声等技术措施方面着手。

（1）避免系统产生共振

导致机床振动强烈的根本原因在于刨刀轴系统处于共振状态，消除的办法是改变刨刀轴系统的固有频率，这只需改变刨刀轴系统的刚度。为此，在刨刀轴两端轴承座与床身支座的结合面间加一定厚度的橡胶垫或其他阻尼材料，使刨刀轴系统的刚度降低，从而改变其固有频率，避免系统产生共振。

（2）采用切齿型的切口板

这种方法是控制平刨空转噪声的简易措施。切齿型切口板，可使刀轴附近的空气压力变化得到平衡，使气流脉动得以缓冲，从而使噪声降低，尤其在噪声峰值处降低得更为明显。这种改造方法适用于降低空载噪声，而在切削时，降噪效果随木材宽度不同而有变化，总的说来，切削时降噪效果不如空载时显著。

（3）对刨刀轴系统做静平衡和动平衡处理

高速旋转时刀轴不平衡将引起很大的振动，有试验证明，即使是 10g 左右的不平衡量，会引起整机噪声升高 1dB 以上。推荐木工刨床刀轴系统的不平衡量为 3.3g 以下。

（4）降低刨刀转速，增加刨刀片数

从对平刨噪声的分析可知，转速是影响噪声的重要因素，也是提高生产效率和加工质量的关键。降低刨刀转速可使噪声降低，但这样势必会影响生产效率和产品质量。为了不致顾此失彼，在选定适当的转速下增加刨刀片数也是一种比较好的措施。

实验表明，采用"低速多刀"，不仅使空转噪声降低，而且也会使切削噪声明显降低。这是因为转速降低后，空气动力性噪声也将降低，同时使切削平稳，振动减弱，平刨的机械性噪声也会降低。

（5）在刨削时，用压紧器或加重块压住木块

刨削时，受刀具的冲击，木块产生剧烈的振动，产生的噪声是刨削状态时噪声的重要成分。加重块压紧木块，使木块与工作台面的相互撞击减少，从而降低切削时产生的机械噪声。

（6）采用螺旋型铣刀

平刨采用螺旋型铣刀，会使直线型刨刀的间断式撞击切削改为连续切削，因而能减少切削振动噪声。同时，还由于这种刨刀能改变气体流动方式，使涡流噪声也相应减少。实验表

明，螺旋型铣刀的噪声较直线型刨刀的刨床噪声低 5～15dB（A）。

　　研究表明，采用螺旋型刀轴不仅使刨床噪声降低，而且还具有提高木材表面加工质量、延长刀具寿命、提高生产效率等优点。因此，螺旋型铣刀的研制被认为是木工机械工具改革上的一项重要成果。

　　（7）采取隔声、吸声措施

　　平刨床噪声主要是通过刨床机件上的孔、缝等开口部件向外辐射的。因此，把机体上的孔、缝密封起来，并在内部粘贴吸声材料，也是降低刨床噪声的一种途径。实验表明，有效地实施这种措施对降低空转噪声及切削噪声效果都非常明显，尤其在高频段降噪效果更佳。表 6-8-1 是在 1800mm×320mm×750mm 平刨床上所做的实验数据。刀轴直径 ϕ100mm，刀轴长度 300mm，转速 6000r/min，刀削木材厚度 18mm，宽 120mm。由实验可看出，装隔声罩后可使切削噪声降低 10dB（A）以上。

表 6-8-1　平刨床加隔声罩的降噪实验

项目	刨刀数，2 个		刨刀数，5 个	
	空转噪声	切削噪声	空转噪声	切削噪声
无罩	91	100	74	91
有隔声罩	86	89	70	78
降噪效果	5	11	4	13

8.3.3　MB504B 型低噪声木工刨

　　MB504B 型低噪声木工刨是工业生产中应用最广泛的一种木材加工机床，空载噪声一般在 95dB（A）左右。福州木工机床研究所对 MB504 型木工平刨进行了降噪研究，空载噪声由 92dB（A）降为 71dB（A）。中国船舶工业总公司第九设计研究院也对此木工平刨进行了研究，空载噪声降为 70dB（A）。

　　MB504B 型低噪声木工平刨主要技术规格：

最大刨削宽度　　　　　　　　400mm
最大刨削深度　　　　　　　　5mm
刨刀转速　　　　　　　　　　4500r/min
刀轴直径　　　　　　　　　　107mm
工作台总长　　　　　　　　　2300mm
两工作台间最小间距　　　　　42mm
主电机功率　　　　　　　　　3kW
主电机转速　　　　　　　　　2880r/min
机床外形尺寸（长×宽×高）　2300mm×680mm×1060mm
传动方式　　　　　　　　　　三角皮带外传动
机床质量　　　　　　　　　　600kg
空载噪声　　　　　　　　　　70dB（A）
负载噪声　　　　　　　　　　83～87dB（A）

图 6-8-1 为 MB504B 型木工平刨外形示意图。

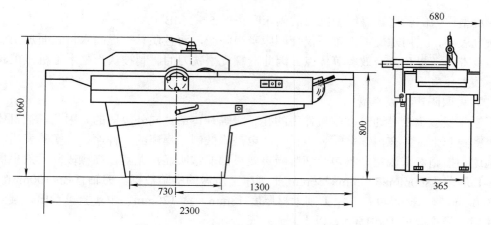

图 6-8-1 MB504B 型木工平刨外形示意图

南京江宁木工机床厂还生产 MB504C 型低噪声电磁护指键式木工安全平刨床，其技术规格与 MB-504B 型低噪声木工平刨基本相同，主要是增加了安全保护措施。

第 9 章　高速铁路噪声与振动控制

截至 2016 年末，全国铁路营业里程达 12.4 万公里，其中高速铁路营业里程达 2.2 万公里以上。根据《中长期铁路网规划》，到 2020 年，铁路网规模达到 15 万公里，其中高速铁路 3 万公里。在高速铁路快速发展的同时，其环境噪声振动影响不可忽略。本章在简要分析高速铁路环境噪声与振动源特性的基础上，给出了高速列车及现有线路条件下的噪声和振动源控制技术及其应用效果。

9.1　高速铁路环境噪声与振动执行标准

根据我国铁路环境噪声振动标准体系，铁路环境噪声分别执行《铁路边界噪声限值及其测量方法》（GB 12525—90）和《声环境质量标准》（GB 3096—2008），铁路环境振动执行《城市区域环境振动标准》（GB 10070—88）。

《铁路边界噪声限值及其测量方法》（GB 12525—90）中规定，距离铁路线路外侧轨道中心线 30m 处，昼间、夜间等效声级 $L_{Aeq} \leqslant 70dB$（A）。2008 年 8 月 1 日，国家环保总局颁布了《铁路边界噪声限值及其测量方法》（GB 12525—90）修改方案。该修改方案将铁路边界噪声标准分既有铁路及新建铁路两大类，执行不同噪声排放标准限值。

其中，既有铁路项目指 2010 年 12 月 31 日前已建成运营的铁路或环境影响评价文件已通过审批的铁路建设项目，以及改扩建既有铁路，铁路边界铁路噪声限值：昼间、夜间等效声级 $L_{Aeq} \leqslant 70dB$（A）。

新建铁路，即 2011 年 1 月 1 日起，环境影响评价文件通过审批的新建铁路（含新开廊道的增建铁路），铁路边界铁路噪声限值：昼间等效声级 $L_{Aeq, 昼} \leqslant 70dB$（A），夜间等效声级 $L_{Aeq, 夜} \leqslant 60 dB$（A）。

《声环境质量标准》（GB 3096—2008）中规定，铁路干线两侧区域为 4b 类区域，4b 类区域声环境功能区环境噪声限值对应于：昼间等效声级 $L_{Aeq, 昼} \leqslant 70dB$（A），夜间等效声级 $L_{Aeq, 夜} \leqslant 60dB$（A），该限值适用于 2011 年 1 月 1 日起环境影响评价文件通过审批的新建铁路（含新开廊道的增建铁路）干线建设项目两侧区域；对于穿越城区的既有铁路干线和穿越城区的既有铁路干线进行改建、扩建的铁路建设项目（既有铁路是指 2010 年 12 月 31 日前已建成运营的铁路或环境影响评价文件已通过审批的铁路建设项目），铁路干线两侧区域的噪声限值为不通过列车时的环境背景噪声限值，按昼间 70dB（A）、夜间 55dB（A）执行。

《城市区域环境振动标准》（GB 10070—88）中规定，铁路干线距离铁道外轨 30m 外两侧的住宅区，昼间、夜间列车通过最大 Z 振级 $VL_{Z, max} \leqslant 80dB$。

9.2　高速铁路交通噪声与振动源特性

高速铁路噪声振动源特性有别于普速铁路，主要体现在噪声源组成、辐射强度、时间和频率特性等方面。

9.2.1   高速铁路噪声源组成

高速铁路噪声源主要由高速动车组运行轮轨噪声、集电系统噪声、空气动力性噪声和桥梁构筑物噪声组成。日本新干线的声源识别结果：当车速低于 240km/h 时，列车通过最大声级以轮轨噪声为主，约占最大声级总能量的 40% 以上；当车速达到 300km/h 时，轮轨噪声与集电系统噪声和空气动力性噪声共同成为主要噪声源，各占 30% 左右；当车速达到 400km/h 时，集电系统噪声最大声级最高，占最大声级总能量的 40%，其次为空气动力性噪声，约占 30%，轮轨噪声仅占 20%，桥梁构筑物噪声约占 10%。

以京沪高速铁路为例，桥梁线路两侧声源识别结果表明：当动车组以 300～350km/h 速度运行时，京沪高速铁路主要运行的 380AL、380BL 车型声源空间分布相似，主要噪声源均分布于轮轨区域、集电系统区域、车头前部区域、风挡区域等。在中高频区域，轮轨部位的噪声值较高；在较低频区域，受电弓及车辆中部的噪声值较高，轮轨部位噪声的峰值频率出现在 800～1600Hz 的频带内。

若将高速动车组运行噪声源划分为上、中、下三个区域，如图 6-9-1 所示。

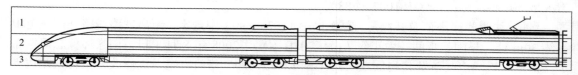

图 6-9-1   列车噪声源主要区域划分图

1—车辆上部区域；2—车辆中部区域；3—车辆下部区域

当各型动车组以 300～350km/h 速度运行时，车辆上部噪声、中部噪声及车辆下部噪声在总噪声中所占的百分比是随时间变化的。在受电弓区域以外的位置处，车辆下部噪声所占的比例最高，为 32.5%～65%；而在受电弓区域则是受电弓噪声最大，约占通过时总噪声的 40%～60%。对于列车通过时段内，车辆上部区域噪声贡献量约为 26%～32%，车辆中部区域噪声贡献量约为 24%～31%，车辆下部区域噪声贡献量约为 41%～48%。列车通过时段不同区域噪声的贡献量百分比如图 6-9-2 所示。

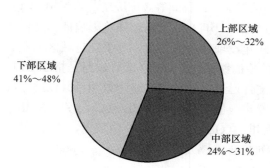

图 6-9-2   列车通过时段不同区域噪声的贡献量百分比

京沪高速铁路声源识别结果表明，京沪高速铁路高速列车以 300～350km/h 速度运行时，轮轨噪声、空气动力噪声和集电系统噪声共同作为主要噪声源，对环境产生影响，需对上述噪声源采取有效的控制措施。

9.2.2　高速铁路噪声源特性

京沪高速铁路噪声源特性包括时间特性和频率特性。

当车辆运行速度为 300～350km/h 时，距铁路外侧轨道中心线 25m，高于轨面 3.5m 处的噪声源时域、频域特性见图 6-9-3。

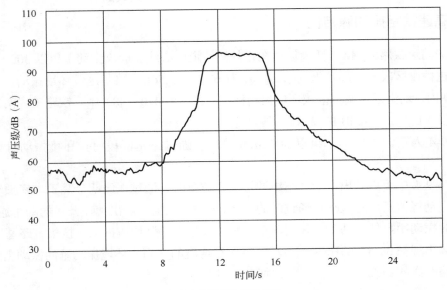

（a）声级变化时域历程

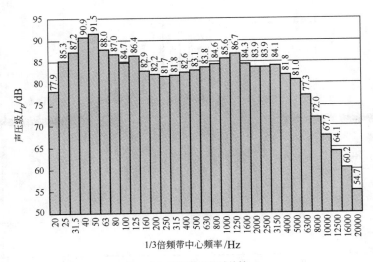

（b）辐射噪声频域特性

图 6-9-3　桥梁区段 CRH380AL 动车组运行辐射噪声时域和频域变化特性（车速：v=350km/h）

（1）由列车辐射噪声声级的时间历程曲线可见：当车头通过测点时，瞬时声级迅速增大，最大声级变化率在 10dB（A）/s 以上；当车尾通过测点时，瞬时声级迅速降低，最大声级变化率在 8dB（A）/s 以上。该噪声源特性相对于普速铁路噪声源特性，将对人体产生更高的烦恼度影响。

（2）由辐射噪声频谱可见：在 20～4000Hz 范围呈宽带特性，最大声级主要集中在 31.5～125Hz 的低频段，4000Hz 以上高频分量迅速减小；噪声的 A 计权频谱结果显示，A 计权噪声能量主要分布在 500～5000Hz 频带，其中 1000～4000Hz 尤其显著。

9.2.3　高速铁路振动源特性

以京沪高速铁路为例，其环境振动在距外侧轨道中心线 30m 处，动车组以 300～350km/h 的速度通过桥梁区段时，环境振动 $VL_{Z, max}$ 为 67.3～69.5dB，路基区段环境振动 $VL_{Z, max}$ 为 76.6～77.9dB，均满足《城市区域环境振动标准》（GB 10070—88）中，铁路干线两侧环境振动标准限值 $VL_{Z, max} \leqslant 80dB$ 的要求。

图 6-9-4 为京沪高速动车组以 300km/h 的速度通过路基区段时，环境振动时域、频域特性。

从图 6-9-4 中可以看出，当动车组通过测点位置时，通过振级明显高于本底振动，时域特性中的振动峰值正好对应车辆通过时的振级，振动最大值一般出现在升弓的动车通过瞬间，拖车通过时振动明显低于动车，说明动车组轴重直接影响到环境振动。桥梁、路基区段的环境振动主频出现在 31.5～63Hz。随着动车组运行速度的提高，环境振动垂向振动主频提高。随着距线路距离的加大，环境振动垂向振动主频降低。

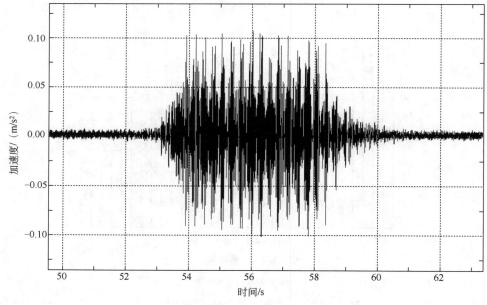

（a）30m 处环境振动变化时域特性

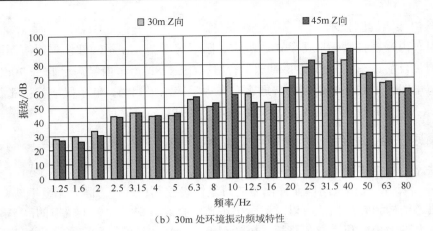

（b）30m 处环境振动频域特性

图 6-9-4　路基区段动车组环境振动时域、频域特性（v=300km/h）

9.3　高速铁路噪声与振动源控制技术

高速铁路噪声振动源控制技术包括高速列车噪声与振动源控制技术、高速铁路工程结构物噪声与振动源控制技术。

9.3.1　高速列车噪声与振动源控制技术及其应用效果

目前，高速列车噪声源控制技术主要包括：优化设计了流线型动车组头型、车体平滑化和轻量化，以降低高速列车运行时的空气动力性噪声；对受电弓导流罩、空调机组导流罩进行了改进，使得集电系统区域噪声得到较大改善；研发高气密性车体和车内隔声、吸声材料的应用，降低了车内噪声水平。

（1）车头流线型设计

以京沪高速铁路为例，新一代"和谐号"CRH380A 动车组采用低阻力流线型车头，增加了长细比，车头造型比普通动车组的车头长 2.6m，调整截面积变化率，头部造型平顺化，车体断面形状加大侧顶圆角半径，使车头气动阻力降低 15.4%，气动噪声降低 7%。CRH380BL 动车组车头司机室外部蒙皮流线型结构与车头客室形成统一的整体结构，车头两侧向上、向后延伸的"凹槽"贯穿全车，减小了运行空气阻力 10%。

（2）转向架优化设计

高速动车组优化了转向架设计参数。CRH380 型动车组采用无摇枕转向架，增加了抗侧滚扭杆及抗蛇行减振器，加强了二系悬挂空气弹簧柔度，相对于优化前的转向架系统，车头转向架位置区域产生的气动噪声降低了 2.1dB。

（3）受电弓罩优化设计

CRH380B 动车组使用 DSA350 型高速受电弓，主动控制低气流扰动双弓受流技术，在受电弓两侧设挡板，在受电弓导流罩、空调机组导流罩等方面加以改进，导流罩呈箱体形结构，其外表面呈流线型，导流罩前后两端的迎风面大致呈椭球面，受电弓在升弓状态时产生的气动噪声较改进前受电弓产生的气动噪声减小了 2.4dB。

（4）车内噪声控制技术

动车组车内噪声控制采取了隔声、吸声、阻尼等措施，在不同部位采用了不同的地板隔声阻尼结构，目前该车在 350km/h 时速运行时，CRH380 型车内噪声已低于 70dB（A），其声级水平与早期的 160km/h 速度的普通客车车内噪声水平相当，低于民航客机飞行时机舱内噪声 80dB（A）及时速 120km/h 的小汽车内噪声 76dB（A）的水平。

9.3.2 高速铁路工程结构物噪声与振动源控制技术及其应用效果

高速铁路工程结构物噪声源控制技术主要包括：对高速铁路线路采用了±1mm 轨距允许偏差、<2mm 轨道高低和轨向偏允许偏差的轨道铺设控制精度，跨区间无缝钢轨，CRTSⅡ型板式无砟轨道结构和弹性扣件，以及运营中钢轨的打磨养护，实现了轨道的高平顺性；桥梁采用大体量混凝土箱梁和墩身；路基、桥涵和隧道结构物过渡段采取了刚度过渡措施；增大隧道净空有效面积，隧道进、出口洞门根据隧道长度采取了不同形式的缓冲结构，以降低隧道洞口周围环境的微气压波影响。

（1）高平顺性轨道设计

CRTSⅡ型板式无砟轨道在钢轨与轨道板间的扣件系统设置橡胶垫板，路基区段在路基基床表层直接浇注 30cm 厚的支承层，桥梁区段轨道板通过砂浆充填层与底座板粘接在一起，底座板通过"两布一膜"与梁面分开，有效降低了钢轨振动传递到路基面和桥梁面的振动，振动功率衰减达 99.7%以上。

同时，京沪高速铁路在运营中采用钢轨打磨措施，以降低钢轨和车轮表面的粗糙度。京沪高速铁路钢轨顶打磨后，动车组脱轨系数、轮重减载率、横向平稳性、垂向平稳性等动力学相应指标均有不同程度的减小，动车组运行稳定性得到改善。钢轨打磨后可降低噪声 3～6dB（A）。

（2）采用大体量桥梁结构

京沪高速铁路采用以 32m 简支箱梁为主型梁的常用跨度简支梁，具有足够的横向、竖向刚度和良好的动力性能；桥梁墩台采用流线型圆端实体桥墩、双线单圆柱形桥墩、空心墩、矩形双柱墩等类型，桥梁基础根据沿线地质条件采用桩基础、明挖基础和挖井基础。京沪高速铁路桥梁横向振动均以墩梁一体的横向振动为主，桥墩的横向振幅小于 0.1mm，避免了桥梁二次结构噪声影响。

（3）增大隧道净空有效面积

京沪高速铁路采用有效净空不小于100m^2 的隧道断面，相对于日本新干线早期近70m^2 的隧道断面，其微气压波对隧道周围环境的噪声影响可减小约1.5dB。沿线隧道设置缓冲洞口结构后，对微气压波的减缓作用约为 10%～40%。

9.4 高速铁路声屏障控制技术及其应用效果

目前，我国高速铁路已投入运营和正在建设的总里程已近 3 万公里，同步实施的声屏障工程超过 3000 公里，声屏障设计施工中除需加强对声屏障结构的安全稳定性能及声学性能要求外，还须与桥梁、路基、景观、通信信号、综合接地等专业综合协调，既满足环保的要求，技术先进，安全可靠，又要求美观、大方、与周围的自然和人文环境相协调。

9.4.1　声屏障主要技术标准和指标

目前，我国高速铁路声屏障以插板式金属声屏障为主，其主要技术标准和技术指标见表6-9-1～表 6-9-4。

表 6-9-1　我国高速铁路声屏障主要技术标准和技术要求

序号	标准号	标准名称	主要技术要求
1	通环（2009）8323A	《时速 350km/h 客运专线铁路桥梁插板式金属声屏障》	（1）满足隔声、吸声技术要求；
2	通环（2009）8325	《时速 350km/h 客运专线铁路路基插板式金属声屏障》	（2）抗冲击性能； （3）抗变形性能；
3	HJ/T 90—2004	《声屏障声学设计和测量规范》	（4）防腐性； （5）耐候性；
4	TB/T 3122—2010	《铁路声屏障声学构件技术要求及测试方法》	（6）防火性； （7）性能评价

表 6-9-2　铝合金复合吸声板性能指标要求

序号	检验项目	质量要求
1	降噪系数	≥0.7
2	隔声量	≥25dB
3	面密度	≤40kg/m² （且≥20kg/m²）
4	抗冲击	符合《铁路声屏障声学构件技术要求及测试方法》
5	防火性能	满足《建筑材料及制品燃烧性能分级》中规定的 B2 级及以上
6	防腐蚀	金属部件防腐蚀年限不小于 25 年
7	抗变形性能	符合《铁路声屏障声学构件技术要求及测试方法》
8	耐候性能	符合《铁路声屏障声学构件技术要求及测试方法》
9	使用年限	不低于 25 年
10	材质	背板及面板采用标号不低于 5A03 的铝合金材料
11	厚度	背板及面板厚度不小于 1.5mm，背板及面板需进行铬酸钝化或类似预处理

表 6-9-3　透明板性能指标要求

序号	检验项目	质量要求
1	隔声量	≥25dB
2	密度	≤1200kg/m³ （路基）
	面密度	≤25kg/m² （桥梁）

续表

序号	检验项目	质量要求
3	透光率	透光率不应小于90%。年内透光率下降不大于10%
4	拉伸强度	≥70MPa
5	弯曲强度	≥98MPa
6	弹性模量	≥3100MPa
7	断裂伸长率	≥4%
8	0～50℃热性能膨胀系数	≤0.07
9	允许最高长期使用温度	≤70℃
10	软化温度	≥110℃
11	抗冲击	符合《铁路声屏障声学构件技术要求及测试方法》
12	板厚	≥20mm
13	使用年限	≥25年

表6-9-4　橡胶材料性能指标要求

序号	检验项目		质量要求	
1	硬度		（55±5）度	
2	拉伸强度		≥14kPa	
3	拉断伸长率		≥300%	
4	脆性温度		≤-60℃	
5	恒定压缩永久变形（20℃×24h）		≤20%	
6	耐臭氧老化		无龟裂	
7	热空气老化	试验条件	70℃×96h	
		拉伸强度降低率	<15%	
		拉断伸长率降低率	<30%	
		硬度变化（IRHD）	0～10度	
8	耐水性增重率（20℃×13h）		≤4%	
9	耐油污性膨胀率（一号机油，室温×70h）		≤45%	
10	撕裂强度		≥30kN/m	
11	隔声量		≥25dB	
12	使用年限		≥10年（路基）	≥15年（桥梁）

9.4.2　声屏障结构形式

目前，我国高速铁路广泛使用的声屏障结构形式主要以插板式金属声屏障为主，约占声屏障总数量的 80% 以上，分为桥梁插板式金属声屏障和路基插板式金属声屏障两大类。插板式金属声屏障见图 6-9-5。混凝土声屏障见图 6-9-6。声屏障安装位置一般距铁路线路外侧轨道中心线 3.40～4.175m，高度高于轨面 2.15～3.15m（2.15m 以上部分采用光通透性好的材料，以避免遮挡乘客视线）。此外，还设有少量的混凝土整体式、插板式声屏障及顶端干涉声屏障，见图 6-9-7～图 6-9-9。

图 6-9-5　插板式金属声屏障

图 6-9-6　混凝土声屏障

图 6-9-7　顶端干涉声屏障

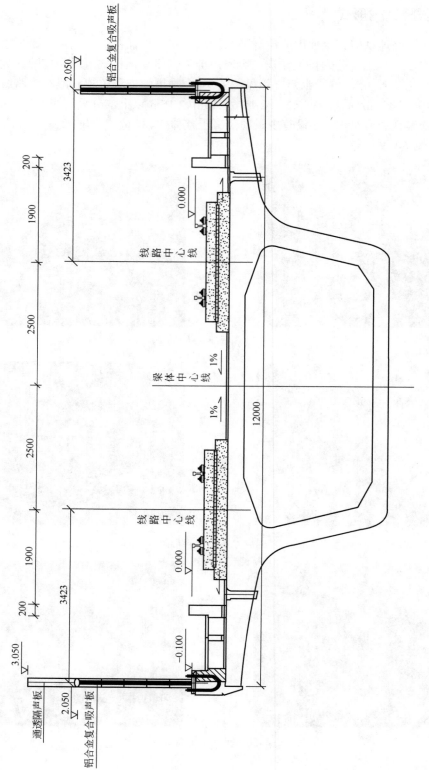

图 6-9-8　桥梁插板式金属声屏障横断面位置示意图

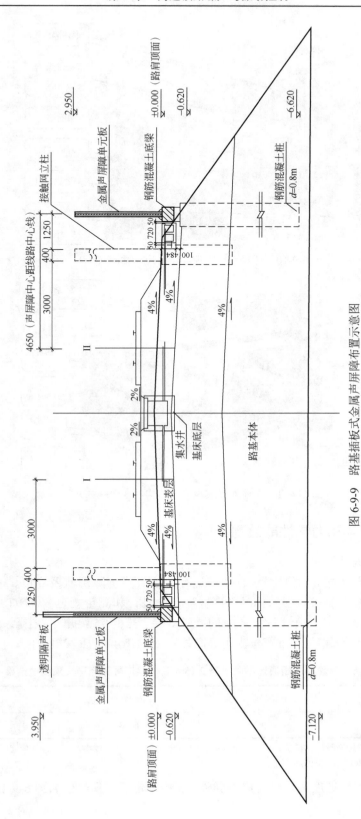

图 6-9-9　路基插板式金属声屏障布置示意图

声屏障结构主要由以下几部分组成：安装基础、立柱安装紧固件、H 型钢立柱、解耦装置、铝合金复合吸声板（包含单管单管橡胶）、中间垫片（单元板之间密封缓冲作用）、透明隔声板、重力式砂浆等。螺栓连接式声屏障结构示意图见图 6-9-10 和图 6-9-11。

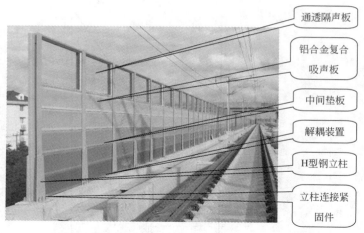

图 6-9-10   螺栓连接式声屏障结构示意图（一）

通透隔声板

铝合金复合
吸声板

中间垫板

解耦装置

H型钢立柱

立柱连接紧
固件

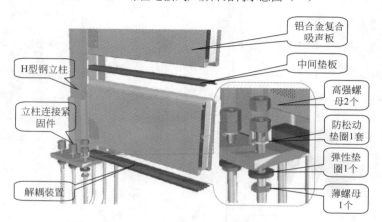

图 6-9-11   螺栓连接式声屏障结构示意图（二）

铝合金复合
吸声板

中间垫板

H型钢立柱

高强螺
母2个

立柱连接紧
固件

防松动
垫圈1套

弹性垫
圈1个

解耦装置

薄螺母
1个

9.4.3   声屏障声学和力学性能检测

（1）声学性能检测

影响声屏障声学性能的主要因素有列车运行速度、声屏障形状及高度、长度及几何尺寸、距离轨道中心线距离等。国家标准《声屏障声学设计和测量规范》（HJ/T 90—2004）中规定了采用声屏障插入损失值评价声屏障的降噪效果。表 6-9-5 给出了我国高速铁路不同线路条件下，测得的距离线路 25m、与轨面等高位置处的声屏障插入损失值。

表 6-9-5   高速动车组通过不同线路 2.15m 高桥梁声屏障降噪效果测试结果

测试指标	京津城际	京沪高铁	武广客专
插入损失值/dB（A）	3～6	6～8	5～7

注：京沪及武广声屏障距近侧轨道中心线均为 3.4m，京津声屏障距近侧轨道中心线均为 4.175m，但武广和京津防护墙高于桥面 1m，京沪高于桥面 0.7m。（v=350km/h）

高速动车组以不同速度运行时桥梁声屏障 1/3 倍频带插入损失值如图 6-9-12 所示。

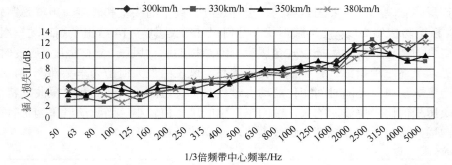

图 6-9-12　高速动车组以不同速度运行时桥梁声屏障 1/3 倍频带插入损失值

测试结果表明：当动车组以 350km/h 速度通过 2.15m 高桥梁插板式金属声屏障时，在设有 1m 高防护墙条件下，距离线路中心线 25m 与轨面等高位置处，插入损失值为 3～6dB（A）；对于设有 0.7m 高防护墙条件下，同样位置处的插入损失值为 5～8dB（A）。图 6-9-12 对桥梁插板式金属声屏障插入损失值进行的频谱分析表明：在 50～500Hz 频率范围内，声屏障的插入损失值较低，仅为 2～8dB；在 630～5000Hz 频率范围内，声屏障的插入损失值较高，可达 5～13dB。这说明插板式金属声屏障对高频噪声降噪效果较好。

（2）力学性能检测

高速行驶的列车会对其周围的空气产生强烈扰动，当列车通过声屏障断面瞬间，周围流场扰动会加剧，其表面的气压发生突变，形成瞬态压力冲击，在几十毫秒之间相继出现正、负压力峰值，这一瞬态压力冲击即为作用在声屏障上的脉动风压。其中，脉动风压的确定是高速铁路声屏障设计的关键，必须对列车致空气脉动风压的变化规律进行研究并在设计中考虑声屏障结构的动力特性，方可确保声屏障工程的安全可靠。列车高速通过声屏障时列车头部位于声屏障头部、中部、尾部以及车尾进入声屏障后车尾处压力云图见图 6-9-13。

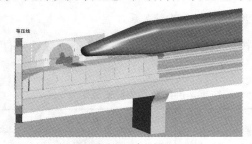

（a）驶入声屏障头部压力云图（v=350km/h）

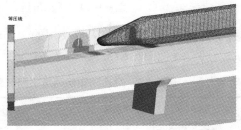

（b）驶入声屏障中部压力云图（v=350km/h）

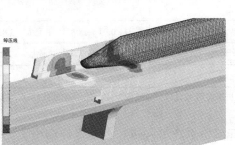

（c）驶出声屏障中部压力云图（v=350km/h）

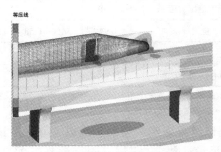

（d）车尾处声屏障压力云图（v=350km/h）

图 6-9-13　声屏障压力云图

影响声屏障脉动力的主要因素有列车运行速度、列车的头型和长度、声屏障距轨道中心线的距离、桥梁防护墙高度、声屏障形状及几何尺寸等。图 6-9-14 给出了高速动车组通过时，实际测量得到的 2.15m 高桥梁插板式金属声屏障结构的脉动风压、立柱挠度、应变时程曲线。由图中可见，上述三项指标具有相似的变化关系。风压的最大值由列车头部产生，列车通过声屏障时产生脉动风压是随时间变化的动态过程，有典型的"头波"和"尾波"特征，"头波"的正负压极值比"尾波"的大，中间车产生的风压值较小。当脉动风压为正时，声屏障立柱被推向远离轨道方向，挠度为负最大值，应变片受拉为正。

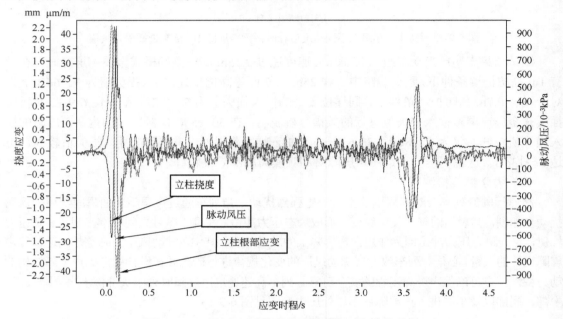

图 6-9-14　脉动风压、立柱挠度和应变时程曲线关系

对于我国高速铁路目前大量使用的 2.15m 高桥梁插板式金属声屏障，在不同线路条件下测得的气动力各项指标结果见表 6-9-6。

表 6-9-6　高速动车组通过不同线路 2.15m 高桥梁声屏障脉动力测试结果

测试指标	京津城际	京沪高铁		武广客专	
车速/（km/h）	330	350		350	
风压最大值绝对值/Pa	600～700	651～808		565～671	
最大挠度/mm	≤0.94	立柱：0.58～1.11	单元板：1.27～2.45	立柱：0.94～1.08	单元板：3.81～5.64
最大应力/MPa	4.71	立柱：7.28～8.97	单元板：1.43～1.96	立柱：10.47～11.02	单元板：2.25～2.52
固有频率/Hz	24.9	33.3		33.0	

注：京沪及武广声屏障距近测轨道中心线均为 3.4m，京津声屏障距近测轨道中心线均为 4.175m，但武广和京津防护墙高于桥面 1m，京沪高于桥面 0.7m。

测试结果表明：当动车组以 350km/h 速度通过桥梁声屏障时，各项指标均小于设计计算值，满足设计要求。声屏障固有频率在 24.9～33.3Hz 间，远大于动车组气动力的激励频率 3～5Hz，未发生共振效应。

第10章 船舶噪声控制

10.1 船舶噪声概述

船舶是水上浮动的构筑物。船舶噪声有其特殊性，控制船舶噪声难度较大、进展较慢。船舶噪声不仅影响船内各种仪器设备的正常使用，而且还会影响船舶的安全性、隐蔽性、可用性和居住性。船舶内环境噪声控制目标是保护船员和乘客的听力，保证船员和乘客的语言交流、通信联络不受太大影响，休息和睡眠不受太大干扰。船舶内环境噪声控制的途径有两个：一是行政措施，通过立法颁布噪声标准规范，对船舶的设计制造提出强制性的执行要求；二是技术措施，通过调查、测试、分析、论证，找出船舶主要噪声源，有针对性地采取降噪措施，达到相关标准规定。

船舶噪声按其发生场所不同，大体分为动力装置噪声、结构激振噪声、辅助机械噪声、螺旋桨噪声和船体振动噪声等。船舶噪声的特点是声源多、声级高、频带宽、固体传声强烈、中低频声丰富、治理难度大。

船舶主要有三大噪声源：机械噪声、水动力噪声和螺旋桨噪声。其中，动力装置如主机（柴油机）、柴油发电机组、齿轮箱及主辅机的排气管等产生的机械噪声是船舶上最强的噪声源，是噪声控制的重点。结构激振产生的噪声，辅助机械如锅炉燃烧、通风机、液压冲击和空调系统噪声，还有螺旋桨噪声、船体振动噪声等，都应该进行控制。

10.2 船舶噪声与振动标准

控制船舶噪声影响或研制低噪声船舶，首先必须了解国际、国内对船舶舱室噪声的标准规定。国际海事组织（IMO）颁布了海事代表大会的决议案，对航行于海上的各种船舶，对其各个舱室的噪声级做了专门的限制，如表 6-10-1 所列。

表 6-10-1　国际海事组织（IMO）对船舶噪声的限制值

部位		噪声级/dB（A）
机舱区和工作间	有人值班的机舱区域	90
	无人值班的机舱区域	110
	机器控制室，或集控室	75
	工作间	85
	不是专用的工作间	90
驾驶区	驾驶室和海图室	65
	监听哨，包括驾驶桥楼两翼侧和窗旁	70
	雷达室	65
	报务室	60

续表

部位		噪声级/dB（A）
起居区	居住舱和医务室	60
	餐厅，餐室	65
	娱乐室	65
	敞开式娱乐场所	75
	办公室	65
服务区	厨房，设有食品加工设备的操作	75
	配菜室	75
非人工作区	没有专门指定的空间	90

　　我国为了船舶的设计、制造、检验和使用而规定了海洋船舶舱室噪声级的最大限值标准，适用于货船、油船、客货船、推（拖）船、供应船及耙式和绞吸式挖泥船。标准号为 GB 5979—1986，《海洋船舶噪声级规定》，详见表 6-10-2。

　　国际上，大部分发达国家对船舶舱室噪声控制较为严格，颁布了相应标准，反映了船舶低噪声技术的先进性，例如 DNV 规范，对船舶噪声舒适度设定了分级要求，如表 6-10-2 所列。其中，1 级为最高舒适度等级，3 级为可接受的舒适度等级。由表 6-10-2 中数据对比可以看出，我国标准远远落后于国外先进指标，尤其是人员活动的舱室空气噪声指标，达不到 3 级舒适度的要求，对于要求更高的科学考察船、豪华邮轮、高档车客渡等船舶的噪声标准，我国有必要尽快制定相应标准和规范。

表 6-10-2　船舶舱室空气噪声限制

单位：dB（A）

GB 5979—86《海洋船舶噪声级规定》			DNV 规范——舱室噪声级限值			
部位		限制值	区域	舒适度 1 级	舒适度 2 级	舒适度 3 级
机舱区	有人值班机舱主机操纵处	90	—	—	—	—
	有控制室的或无人的机舱	110	—	—	—	—
	机舱控制室	75	机舱控制室	70	70	75
	工作间	83	办公室	60	60	65
驾驶区	驾驶室	65	舵机室	60	60	65
	桥楼两翼	70	—	—	—	—
	海图室	65	—	—	—	—
	报务室	60	报务室	55	55	60
起居区	卧室	60	船员住舱	50	55	60
	医务室、病房	60	医务室	55	55	60
	办公室、休息室、接待室等舱室	65	船员公共场所	55	60	65
	厨房 机械设备和专用风机不工作	70	头等舱	44	47	50
	厨房 机械设备和专用风机工作	80	一般旅客舱	49	52	55
	—	—	公共区域	55	58	62
	—	—	甲板休闲场所	65	65	70

为了推进我国船舶低噪声设计，减小振动影响，2007 年颁布了 GB/T 7452《机械振动　客船和商船适居性振动测量、报告和评价准则》，与 ISO 6954：2000 及 ABS 规范一致，振动指标已与国际标准接轨，如表 6-10-3 所列，表中也列出了 DNV 规范舒适度要求。

表 6-10-3　振动限值　　单位：mm/s

振动限值（GB/T 7452—2007，ISO 6954：2000，ABS 规范）			振动限值（DNV 规范）			
区域	严重振动下限值	轻微振动上限值	区域	舒适度 1 级	舒适度 2 级	舒适度 3 级
客舱	4	2	头等舱	1.5	2.0	2.5
			一般旅客舱	1.5	2.0	4.0
			公共区域	1.5	2.5	4.0
			甲板休闲场所	2.5	3.5	5.0
船员居住区	6	3	船员住舱	2.5	3.5	5.0
			船员公共场所	2.5	3.5	5.0
工作区	8	4	办公室	2.5	3.5	5.0
			桥楼	2.5	3.5	5.0
			工作间	3.5	4.5	6.0
			机舱控制室	3.5	4.5	6.0

对于内河船舶舱室噪声，国家颁布了最大限制值标准，即 GB 5980—2009《内河船舶噪声级规定》，该标准适用于内河干货船、液货船、集装箱船、客船、推（拖）船、滚装船、高速船、耙吸式和绞吸式挖泥船等。按船长和连续航行时间的不同，内河船舶划分为Ⅰ、Ⅱ、Ⅲ类，如表 6-10-4 所列。这 3 类内河船舶噪声级的最大限制值[dB（A）]见表 6-10-5。

表 6-10-4　内河船舶分类

类别	船长（两柱间长）L/m	连续航行时间 T/h
Ⅰ	$L \geqslant 70$	$T \geqslant 24$
Ⅱ	$L \geqslant 70$	$12 \leqslant T < 24$
	$30 \leqslant L < 70$	$T \leqslant 12$
Ⅲ	$L < 30$	
	—	$2 \leqslant T < 12$

表 6-10-5　内河船舶噪声级的最大限制值　　单位：dB（A）

部位		噪声最大限制值			
		Ⅰ	Ⅱ	Ⅲ	内河高速船
机舱区	有人值班机舱主机操纵处	90			—
	有控制室的或无人的机舱	110			—
	机舱控制室	70		—	—
	工作间	85			—
驾驶区	驾驶室	65		69	70
	报务室	65	—	—	—
起居区	卧室	60	65	70	—
	医务室	60	65	—	—
	办公室、休息室、座席客舱	65	70	75	78/75
	厨房	80	85		—

10.3　船舶噪声控制

船舶噪声控制与陆上建筑物的噪声控制一样，也是从声源控制、传播途径控制和接受者保护控制三个方面进行。声源控制是最根本、最有效的手段，也是近年来最受重视的控制手段。在声源确定之后，若再降低噪声，则只有从传播途径上想办法。

图 6-10-1 为常用船舶噪声源位置以及拟采取的降噪措施的示意图。

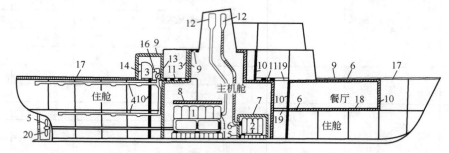

图 6-10-1　船舶噪声源位置及噪声控制示意图

噪声源：1—主机；2—辅机；3—通风机；4—通风管；5—螺旋桨；6—踏步噪声。

空气噪声隔阻：7—隔声罩；8—阻声屏；9—甲板和壁的隔声；10—隔阻噪声壁；11—阻声衬板；12—排气管口的消声器；
　　　　　　　13—通风机管道消声器；14—进风口消声器。

结构噪声隔阻：15—缓冲装置；16—弹性衬垫。

踏步噪声隔阻：17—钢甲板上用噪声隔阻材料；18—弹性衬板；19—涂层。

螺旋桨噪声的隔阻：20—防阻涂层。

由图 6-10-1 可知，船舶内噪声控制是一个较为复杂的系统工程，涉及的专业门类较多，在保证船舶各项技术指标和安全航运的基础上，针对不同的噪声源和振动源采取有效的控制措施，达到所要求的声环境。

船舶噪声通过空气介质和船体结构两种途径传递，以空气噪声和结构噪声两种方式传播。一个噪声源既能通过噪声源直接激发空气振动，以空气声方式通过舱壁、甲板、天花板、沿着通风道、舱口、窗、非密封门等传播，也能通过各种基座或支撑件产生振动以结构噪声方式向外传播。声源舱室内的噪声以空气声为主，距声源较远的居住舱室内噪声则由结构噪声决定。较大型的船舶机舱和螺旋桨产生的结构噪声远比空气噪声对船上居住舱室的影响严重，而小型船舶空气声的影响是主要的。

以船舶机舱噪声为例，简要说明其噪声控制技术。随着船舶向大型化、高速化、舒适化方向发展，它所配备的安装于船舶机舱内的推进主机以及发电机组等，也朝着高转速、高强度、大功率方向发展。推进主机通常为柴油机，发电机组为柴油发电机组，这两大噪声源安装于狭小的机舱内，工作环境十分恶劣。推进主机的主要噪声源有机械噪声和空气动力性噪声，空气动力性噪声主要包括进排气噪声、风扇噪声和燃烧噪声。机械噪声主要包括活塞的撞击噪声、齿轮机构噪声、配气机构噪声、高压油泵噪声、轴承噪声、不平衡惯性力引起的机体振动和噪声。例如某船推进主机是 2 台 6L20/27 柴油机，额定功率为 600kW，额定转速为 1000r/min；3 台柴油发电机组中柴油机为 TBD234V6，额定功率为 186kw，额定转速为 1500r/min；发电机为 IFC286-4SA45，额定功率为 150kW。实测推进主机进排气噪声频谱特性如图 6-10-2 所示。柴油发电机组的进排气噪声频谱特性如图 6-10-3 所示。

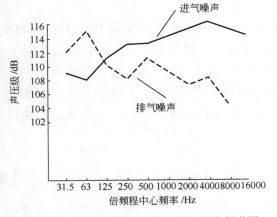
图 6-10-2　推进主机的进排气噪声频谱图

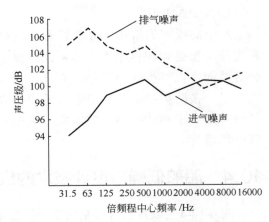
图 6-10-3　柴油发电机组的进排气噪声频谱图

由图 6-10-2 可知：推进主机柴油机的排气噪声高达 109.8dB（A），峰值频率是 31.5～63Hz；进气噪声高达 112.9dB（A），峰值频率在 4000Hz。由图 6-10-3 可知：柴油发电机组的排气噪声为 103.7dB（A），峰值频率是 63～125Hz；进气噪声为 99dB（A），峰值频率在 4000～8000Hz。针对柴油机和柴油发电机组的频谱特性，有针对性地采取综合治理措施。

（1）隔振

推进主机安装在机舱底部，主机运行时其振动通过基础传声引起低频固体声，穿透力强，传播速度快，难衰减，危害大，必须采取基础隔振措施，多数是安装既有一定刚度又有一定阻尼的减振器。

（2）进、排气消声

控制空气动力性噪声的最有效办法是安装消声器，在进气管和排气管上分别安装进气消声器和排气消声器。进气噪声呈宽频带特性，高频段比较突出，因此应设计或选用多级复合式消声器。排气噪声低频声强，排气速度高，有时高达70m/s，这样高的气流速度会使消声器内压力损失急剧增加，产生再生噪声，会使消声器失效，因此要设法降低气流速度，降低摩擦阻力损失和局部阻力损失，增加排气管道截面积，减少直角弯头，设计和选用先抗后阻的阻抗复合式消声器。

（3）隔声罩

柴油发电机组的进排气噪声控制与推进主机一样，也是设计和选用进排气消声器，对于柴油发电机组有时可加装隔声室或隔声罩或在机组表面粘贴约束阻尼材料。

（4）机舱内吸声

机舱内多台机组同时运行，室内混响时间较长，可在顶棚或侧墙安装吸声材料或吊挂吸声体，减少反射声，降低机舱内混响声。

（5）通风散热

机舱内本来温升就比较高，若对柴油发电机组等加装隔声罩更需要加强通风散热，可强制通风，使用导风罩，加大排风窗，在机舱壁面开设进出风口并加装消声器或消声百叶等。

（6）个人防护

对于高噪声的机舱，人少设备多，对大型主机采取声振控制措施尚不完善，但操作和维修人员必须在机舱内工作，此时佩戴耳罩、耳塞、防声头盔等个人防护措施也是十分必要的，以减少噪声危害。在国家标准 GB 5980—2009《内河船舶噪声级规定》中专门加了一条防护措施：船员进入噪声级大于 90dB（A）的场所时，应采取耳保护措施。凡噪声级大于 90dB（A）的舱室，应在入口处设置明显告示牌"进入高噪声区，必须戴耳保护器"。

10.4　船舶低噪声设计技术的应用

图 6-10-4 为我国自行研制的新一代低噪声船舶的外形图。该船主要用于海洋水下声学研究和试验考察，采用全电力推进、动力定位等先进技术。由于该船安装了大量高精尖试验和探测设备，要求全船的振动和噪声要特别低，以避免对试验和探测设备的干扰。同时，也要求最大限度地减小船体结构噪声辐射，减小船自噪声对测量区域被测目标的影响。另外，提高全船的舒适性，减轻动力设备产生的振动噪声对船上作业的科学家和研究人员身体、心理、情绪的影响。

图 6-10-4　某新型低噪声船舶外形图

新型低噪声船舶的设计方法是总体统筹考虑，在设计、设备选型、建造、试验、检验等各个环节把握关键振动和噪声控制点，明确技术指标，落实技术措施，在经济、高效的前提下取得最好的效果。表 6-10-6 为某新型低噪声船舶减振降噪设计的要求和采取的技术措施。

表 6-10-6 某新型低噪声船舶减振降噪设计的要求和采取的措施

序号	名称	技术指标	技术措施
1	主发电机组隔振装置	隔振效果≥35dB	双层隔振装置，管路弹性连接
2	停泊电站隔振装置	隔振效果≥25dB	单层隔振，公共基座局部填充高分子聚合物，管路弹性连接，电站基座采用阻尼处理
3	静音电站	隔振效果≥65dB	3 层隔振方式，中间阀体采用高分子聚合物混凝土和钢结构
		降噪效果≥20dB（A）	降噪处理采用舱室进风、排风用消声器降噪，柴油机排气采用消声器降噪，整个舱室采用特殊吸声处理
4	泵舱浮筏	隔振效果≥35dB	多泵组浮筏，局部敷贴阻尼材料
5	机舱周围舱室噪声处理	舱室噪声≤65dB（A）	浮动地板，吸声层，隔声层，阻尼层，辅料
6	通风机噪声处理	隔声量≥20dB（A）	隔声罩，消声器，舱室隔声处理

按表 6-10-6 的设计要求和措施实施后，在舱室试验室内实测噪声为 46～56dB（A），在集控室内实测噪声为 63～64dB（A），在三副房间内实测噪声为 54dB（A），在船长房间实测噪声为 49～50dB（A），达到了 DNV3 级以上舒适度的要求。实测结果验证了船舶低噪声设计方法的可行、正确、可靠，具有一定的先进性，为后续的低噪声化设计、研究、实践奠定了基础。

第11章　建筑施工机械噪声控制

建筑施工噪声已成为城市环境噪声的主要声源之一。建筑施工噪声虽然属于短期行为（一般施工周期为2～5年），但施工期间噪声对周围环境的影响比较突出，投诉居多。建筑施工噪声主要是施工机械在生产过程中产生的，应加以控制。

11.1　建筑施工机械分类及噪声特征

建筑施工机械种类繁多，产生的噪声特性各不相同，在不同的施工阶段所使用的施工机具也不同，有固定噪声源，也有流动噪声源。

11.1.1　土石方阶段

土石方阶段的主要施工机械是挖掘机、推土机、装载机以及各种运输车辆。这些设备属于移动性声源，挖掘机和推土机移动范围较小，而各种运输车辆移动范围较大。

有关单位曾对50多台不同类型的施工机械噪声进行实测分析，得出了在模拟工况下，其噪声声功率级 L_W 和机械设备功率 N_e 之间的估算公式，如式（6-11-1）所示：

$$L_W = 73 + 20\lg N_e \ (\text{dB}) \tag{6-11-1}$$

表6-11-1为一些典型的土石方阶段施工机械的噪声特性。由表6-11-1可以看出，土石方阶段多数施工机械的噪声声功率级都在100dB（A）以上，有的高达115dB（A）。

表 6-11-1　土石方阶段主要施工机械噪声特性

设备分类	施工机械名称	测距/m	声压级/dB（A）	声功率级/dB（A）	指向特性
翻斗机	195 翻斗机	3	83.6	103.6	无
	190 翻斗机	3	88.8	106.3	无
	东风 195	3	80.7	98.3	无
推土机	75 马力推土机	3	85.5	105.5	无
	D80D 推土机	5	92.0	115.7	无
	108 推土机	5	89.0	112.5	无
	100 推土机	3	88.0	108.0	无
	D80-12 推土机	4	94.0	115.0	无
挖掘机	建设 101 挖掘机	5	84.0	107.0	无
	VB1232 挖掘机	5	84.0	107.5	无
	波兰海鸥挖掘机	5	86.0	109.5	无
	KATO 挖掘机	15	79.0	114.0	无

续表

设备分类	施工机械名称	测距/m	声压级/dB（A）	声功率级/dB（A）	指向特性
挖掘机	Wy 挖掘机	5	75.5	99.0	无
	波兰 83 挖掘机	5	85.0	108.5	无
	德 VB 挖掘机	5	83.6	107.0	无
装载机	ZL-90 装载机	5	85.7	105.7	无
	ZL-20 装载机	5	83.7	105.7	无
	ZL-20AA 装载机	5	84.0	114.0	无

11.1.2　基础工程阶段

基础工程阶段的主要声源是各种打桩机械，还有一些钻机、平地机、起重机、风镐、空压机等，多数为固定噪声源，其中打桩机的噪声级最高，危害最为严重。打桩机是脉冲噪声，起伏范围为 10～20dB（A），周期为几秒数量级。表 6-11-2 为一些典型的基础工程阶段主要施工机械的噪声特性。由表 6-11-2 可知，打桩机的声功率级高达 125～136dB（A），其时间特性是周期性的脉冲噪声，并且具有明显的指向性，背向排气口一侧的噪声与最大方向的噪声可相差 4～9dB（A）。表 6-11-2 中，风镐、起重机、平地机的噪声较低，其声功率级的范围为 100～115dB（A）。

表 6-11-2　基础施工阶段主要施工机械噪声特性

设备分类	施工机械名称	测距/m	声压级/dB（A）	声功率级/dB（A）	指向特性
打桩机	1.8t 导轨式打桩机	15	85.0	116.5	有
	B23 型打桩机	15	104.0	136.0	有
	60P45C3t 打桩机	15	104.8	136.3	较明显
	KB4.5t 打桩机	15	104.0	136.0	较明显
	8.5P80C4.5t 打桩机	15	99.6	131.0	较明显
	2.5t 打桩机	15	96.0	127.5	较明显
	上海 1.8t 导轨打桩机	8	92.5	118.0	较明显
打井机、钻机	YKC22 打井机	3	84.3	101.8	无
	大口径工程钻机	15	62.2	96.8	无
起重机	NK-20B 液压起重机	8	76.0	102.0	无
	2DK 起重机	15	71.5	103.0	无
	汽车起重机	15	73.0	103.0	无
平地机	PY160A 平地机	15	85.7	105.7	无
	Py160A 平地机	3	87.5	105.7	无
空压机	zw-9/7 型空压机	15	92.0	127.0	无
	移动式空压机	3	92.0	109.0	无
风镐	风镐（1）	1	102.5	110.5	无
	风镐（2）	15	79.0	113.0	无
发电机	20 马力柴油发电机	1	99.0	—	无

注：1 马力（hp）=745.7W。

11.1.3 结构施工阶段

结构施工阶段是建筑施工中周期最长的阶段，使用的施工机械种类较多，噪声级也比较高。主要施工机械包括各种运输车辆、汽车起重机、塔式起重机、运输平台、施工电梯、振捣机、混凝土搅拌机、商品水泥运输车、电锯、切割机等。表 6-11-3 为一些典型的结构施工阶段主要施工机械的噪声特性。由表 6-11-3 可知，结构施工阶段的主要噪声源是混凝土搅拌机、振捣机、水泥泵车等，其声功率级均在 100dB（A）左右。由于混凝土的商品化，不少地方规定施工现场不配置混凝土搅拌机，但运送混凝土的搅拌泵车进出工地，其噪声也很高，声功率级在 110dB（A）左右。

表 6-11-3   结构施工阶段主要施工机械噪声特征

设备分类	施工机械名称	测距/m	声压级/dB（A）	声功率级/dB（A）	指向特性
汽车起重机	16t 汽车起重机	15	71.5	103.0	无
塔式起重机	塔式起重机	15	75.0	—	无
	塔式起重机（3～8t）	2	73.0	—	无
水泥泵车	混凝土搅拌泵车	8	83.0	109.0	无
	混凝土搅拌车	4	90.6	110.6	无
搅拌机	400 升搅拌车	3	78.3	96.0	无
	TW375 浆式搅拌机	2	71.8	85.0	无
	涡流式搅拌机	2	72.0	86.0	无
	斗式搅拌机	3	78.1	95.6	无
	蛤蟆式搅拌机	2	86.0	—	无
振捣机	50mm 振捣棒	2	86.0	101.0	无
	混凝土振捣器	15	78.0	102.0	无
电锯	电锯	1	103.5	111.0	无
	WJ-104 型圆锯机	5	84.0	119.0	无
发电机	柴油发电机组	2	95.0	—	无

11.1.4 装修施工阶段

装修施工阶段一般占总施工时间比较长，所用施工机具数量较少，噪声也比较低。装修阶段的主要噪声源包括砂轮机、电钻、电梯、起重机、材料切割机、卷扬机等。表 6-11-4 为一些典型的装修施工阶段施工机械噪声特性。由表可知，装修施工阶段的机械设备噪声声功率级一般在 90dB（A）左右，部分使用场所在室内，对外界影响不大，也便于采取隔声措施。

表 6-11-4　装修施工阶段施工机械噪声特性

设备分类	施工机械名称	测距/m	声压级/dB（A）	声功率级/dB（A）	指向特性
砂轮锯	砂轮锯	3	86.5	104.0	有
切割机	切割机	1	88.0	96.0	有
磨石机	磨石机	1	82.5	90.5	无
卷扬机	电动卷扬机	1	84.0	85.0～90.0	无
起重机	ZDK2.8t	15	71.5	103.0	无
电锯	木工电锯	1	103.0	110.0	有
电刨	木工压刨	2	90.0	—	—
	木工平刨	2	85.0	—	—
电梯	—	2	83.0	—	—

11.2　建筑施工噪声控制

建筑施工噪声的主要特点是其临时性，有一定的施工周期，对周围环境的影响具有时段性和区域性。随着建设项目的完成，其对周围环境的噪声污染也就消失了。人们对此类噪声存在一定的包容性，但是特别高的施工噪声将会引起投诉。为此，国家制定了《建筑施工场界环境噪声排放标准》（GB 12523—2011），给出了噪声限值，昼间施工场界处噪声应低于 70dB（A），夜间应低于 55dB（A）。

根据不同施工阶段所用施工机械的特点，主要从以下 5 个方面控制施工噪声对周围环境的影响。

（1）严格执行标准

在城市范围内或周边已有敏感建筑的施工场地，应严格执行 GB 12523—2011 标准规定，确保施工场界处昼间和夜间噪声达标。

（2）高噪声源设备的噪声控制

本章 11.1 节已介绍了各施工阶段所用机械设备的噪声特性，为了便于了解这些主要施工机械在不同距离处的声压级，国家环境保护标准 HJ 2034—2013《环境噪声与振动控制工程技术导则》给出的参考值见表 6-11-5。

表 6-11-5　常见施工设备噪声源不同距离声压级　　　　　单位：dB（A）

施工设备名称	距声源 5m	距声源 10m
液压挖掘机	82～90	78～86
电动挖掘机	80～86	75～83
轮式装载机	90～95	85～91
推土机	83～88	80～85
移动式发电机	95～102	90～98

续表

施工设备名称	距声源5m	距声源10m
各类压路机	80～90	76～86
重型运输机	82～90	78～86
木工电锯	93～99	90～95
电锤	100～105	95～99
振动夯锤	90～100	86～94
打桩机	100～110	95～105
静力压桩机	70～75	68～73
风镐	88～92	83～87
混凝土输送泵	88～95	84～90
商品混凝土搅拌车	85～90	82～84
混凝土振捣器	80～88	75～84
云石机，角磨机	90～96	84～90
空压机	88～92	83～88

施工现场的电锯、电刨、搅拌机、固定式混凝土输送泵、大型空压机等强噪声设备，应搭建封闭式隔声棚，并尽可能设置在远离居民住宅等敏感建筑的一侧。

（3）夜间禁止施工

在城镇的噪声敏感建筑物集中区域内，不得在夜间从事产生环境噪声污染的施工作业，但重点工程、抢险救灾工程和因生产工艺上要求必须连续作业或者特殊需要的除外。

（4）夜间施工许可

目前，建筑施工噪声扰民的影响主要集中在夜间。夜间不施工就没有噪声干扰了，但有些施工必须在夜间进行，因此凡夜间施工的必须办理施工许可，经主管部门批准后，方可进行夜间施工。有些城市（例如上海市）规定，在中考和高考期间，在距考场100m范围内昼间也不得进行施工作业。

（5）噪声扰民经济补偿

除城市基础设施工程和抢险救灾工程之外，凡进行夜间施工产生噪声超标的建设单位，应向超标范围内的居民给予经济补偿，补偿标准由当地政府确定。

由于建筑施工机械噪声级高，声源种类多且分散在不同的工作场所，控制其噪声影响难度大，采取行政管理措施是必要的，但最根本的是从机械设备上降低噪声或采用低噪声施工工艺，例如打桩尽量采用噪声较低的钻孔灌注桩替代振动桩，振捣棒优先采用低噪声振捣棒等。

参 考 文 献

[1] 马大猷. 噪声与振动控制工程手册. 北京：机械工业出版社，2002.

[2] 方丹群，张斌，等. 噪声控制工程学（上、下册）. 北京：科学出版社，2013.

[3] 吕玉恒，王庭佛，等. 噪声与振动控制设备选用手册. 第 2 版. 北京：机械工业出版社，1999.

[4] 韩润昌. 隔振降噪产品应用手册. 哈尔滨：哈尔滨工业大学出版社，2003.

[5] 赵松龄. 噪声的降低与隔离（上、下册）. 上海：同济大学出版社，1985.

[6] 毛东兴，洪宗辉. 环境噪声控制工程. 第 2 版. 北京：高等教育出版社，2010.

第7篇

有源噪声控制技术

编 著 陈克安

校 审 邵 斌 吴 瑞

第 1 章 有源噪声控制技术概述

本手册前面涉及的噪声控制方法，如吸声、隔声、常规消声器、振动的隔离与阻尼等，其机理在于使噪声声波与声学材料或结构相互作用消耗声能，从而达到降低噪声的目的，属于无源或被动式的方法，称为"无源"或"被动"噪声控制（passive noise control）。总体上讲，无源控制方法对降低中高频噪声更有效，有些方法可以降低低频噪声，但其频段较窄，且所需装置或设备体积庞大而笨重，应用场合和环境受到限制。为了降低低频噪声，有源噪声控制（active noise control，简称 ANC，也被称为主动噪声控制）技术给出了一种新的解决办法，它的提出与发展适应了现实需求，目前已发展成为与传统方法互为补充的一种重要的噪声控制手段。

1.1 有源噪声控制技术发展概述

1.1.1 概念的提出与早期发展

1933 年，在哥廷根大学担任助理教授的保罗·洛伊（Paul Leug）向德国专利部门递交了申请，提出了有源消噪（active noise cancellation）的概念，并列举了部分可能的应用。次年 3 月，洛伊分别向美国、法国、意大利和澳大利亚等国提交了专利申请，并于 1936 年 6 月 9 日获得美国专利管理部门的授权，开启了有源噪声控制技术的发展历程。洛伊在美国的专利名称为"消除声音振荡的过程"（Process of Silencing Sound Oscillations）。在这项专利中，洛伊利用了人们熟知的声学现象：两列频率相同、相位差固定的声波，叠加后会产生相加性或相消性干涉，从而使声能得到增强或减弱。因此，洛伊设想，可以利用声波的相消性干涉来消除噪声。虽然之前有人提出过类似想法，但人们一般都认为，洛伊是清晰理解和描述有源噪声控制原理的第一人，他的这项发明专利被认为是有源噪声控制发展史上的起点。

图 7-1-1 为洛伊专利的原理图。图中，管道 T 中的噪声由声源 A 产生，传声器 M 检测噪声并将其转换为电信号，该信号由电子线路 V 放大并实现一定的相移，然后推动扬声器 L 发声。图 7-1-1 中的声波 S_1 和 S_2 分别由声源 A 和扬声器 L 产生。洛伊以一正弦波为例指出：所需要的相移可由一传输线实现，改变传输线长度即改变时延，该时延应该等于声波从传声器 M 传播到扬声器 L 所需的时间，从而使扬声器发出的声波与原噪声声波相比有 180° 的相移，并保持幅度相等，也就是说，在扬声器位置处，扬声器发出的声波是原正弦波的"镜像"。于是，两列声波叠加后，该频率的声波在扬声器下游得以抵消。

图 7-1-1 说明，要有好的噪声抵消效果，必须满足两个条件：①准确测量声波从传声器位置传播至扬声器位置所需的声时延；②电子线路 V 具有良好的幅频和相频特性。遗憾的是，这些今天看似十分简单的要求，20 世纪 30 年代的电子技术水平却难以实现。因此，洛伊的设想在当时并无可行性，以至于在他的专利提出 20 年之内学术界和工程界没有任何响应。

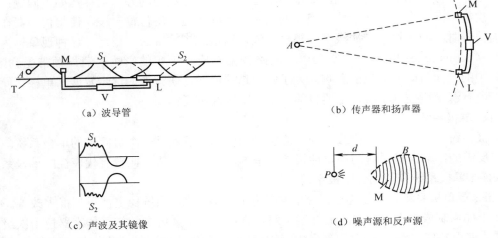

（a）波导管　　　　　　　　　　　　（b）传声器和扬声器

（c）声波及其镜像　　　　　　　　　　（d）噪声源和反声源

图 7-1-1　洛伊专利原理图

1953 年，奥尔森（Olson）发表了一篇名为"电子吸声器"的论文，再次体现了有源消噪的思想。奥尔森提出的电子吸声器包括一个后端内置吸声材料的空腔、一只传声器、一个放大器和一只扬声器。这个吸声器有两种基本用途：吸收传声器位置处的声波并作为"声压降低器"。为了达到以上目的，可通过调节扬声器锥面的运动幅度使传声器处的总声压起伏接近于零。奥尔森电子吸声器制造"静区"的方法，其原理与洛伊专利相似。可以说，这是有源消噪概念的又一次应用。然而，奥尔森设计的电子线路频响特性的不理想使吸声的频率范围受到限制，同时由于受到扬声器频响特性的影响，其低频降噪效果不好，并且随着测量点离传声器的距离增大，降噪效果亦随之下降。因此，奥尔森电子吸声器很难在实际中应用。

与此同时，通用电气公司的康沃（Convor）尝试利用有源控制方法降低变压器辐射噪声。康沃（Convor）的实验对象为一个 15000kV·A 的变压器，由数只扬声器作为"反声源"靠近变压器表面，降低变压器辐射噪声。实验结果表明：在变压器正面可获得 10dB 左右的降噪量，而在极角 30° 以后，噪声反而被加强了。由于这个原因，该方案在 1956 年被放弃了，代之以无源噪声控制方法。不过，由于变压器噪声以低频声为主，且具有明显的周期性，这对发挥有源噪声控制技术非常有利，促使后来的人们不断加以研究。

以今天的眼光来看，奥尔森电子吸声器和康沃实验系统中所涉及的声场属于三维自由声场，无论在声场分析还是在系统实现上，在当时条件都不成熟，实现起来过于困难，因而人们将注意力转向能够产生平面波声场的管道。

1.1.2　管道噪声有源控制

当声源位于无限长管道中发声时，声波在管道横截面会形成特定形式的驻波，而在无限制的方向以行波方式传播，这种方式的声波被称为简正波。在管道内，任意声源都可以激发出许多阶简正波，当声源的振动频率小于管道截止频率时，管道中只能传播均匀平面波。在最初的管道噪声有源控制研究中，一般均假设需要抵消的噪声频率小于管道截止频率。这样，拟抵消的噪声场就成为平面波声场，这使得声场分析变得简便且物理意义明晰。

对于平面波声场的有源控制，如果简单地采用洛伊专利中的办法会存在如下问题：①抵消源（次级声源）向管道下游发出声波的同时，将向管道上游传输声波，使得传声器在拾取待抵消信号时，同时拾取了次级声源辐射声波，这造成了系统的不稳定。这种现象称为次级声反馈（acoustic feedback）。②受电子线路频率响应不理想的影响，消声频带受到限制。③管道中的气流对降噪效果的影响。为了解决这些问题，研究者们逐步发展了单极、偶极和多极管道有源噪声控制系统，主要目的在于消除次级声反馈。

（1）单极系统

单极系统中仅包含一个次级声源，洛伊专利中的系统就是一个最简单的单极系统。由于次级声反馈的影响，该系统的稳定性极差，基本没有实用价值。比较有代表性的单极系统包括 Chelsea 单极系统和紧耦合单极系统。

Chelsea 单极系统设计了电子网络补偿次级声反馈，使得系统稳定性得到很大改善。不过，困难在于如何制成完全符合要求的补偿电路。紧耦合单极系统中的初级传声器位于次级声源正前方，使得补偿电路传递函数等于-1，这样次级声源发出的声波成为初级噪声的"镜像"。紧耦合单极系统的最大优点在于结构简单，便于实现，不过，它对管道中的高阶简正波及次级声源频响特性的不理想非常敏感，这使得实际应用中难于把握系统的稳定性。

（2）偶极系统

消除次级声反馈的另一种办法是构造具有指向性的次级声源，这样次级声源就只向管道下游辐射声波。典型的偶极系统有两种：一种用两只特性相同的扬声器作次级声源，初级传感器位于两次级声源中间，这样在理想情况下，次级声反馈便被消除了；另一种偶极系统同样用两只特性相同的扬声器作次级声源，不过在第一只扬声器前插入移相器，使得第二只扬声器处在声场中，两只扬声器产生的声波相位相反而抵消，此时两只扬声器组合成为一个单指向性的次级声源。

（3）多极系统

多极系统包含三个以上的次级声源，典型的有 Jessel 吸声器和 Swinbanks 多极系统。Jessel 吸声器用一个单极子和一个偶极子组成具有单指向性的次级声源。Swinbanks 多极系统非常复杂，其次级声源阵由两个以上的环形声源构成，每个环形声源又包含四只扬声器，这样安排次级声源的目的在于获得单指向性以消除次级声反馈。

1.1.3　自适应有源噪声控制

20 世纪 80 年代以前，有源噪声控制系统中的控制电路均采用模拟电路。随着研究的深入以及研究领域的扩展，人们在应用这种电路时碰到了越来越多的困难，主要原因在于：①待抵消的噪声（初级噪声）特性几乎总是时变的。②控制系统（控制器、初级传感器和误差传感器）传递函数、消声空间中的一些非可控参数（如介质物理参数等）经常随时间发生变化。以上两点要求控制器传递函数具有时变特性，而模拟电路难以胜任。③对于复杂的初级声源，以及谋求扩大消声空间时均要求多个次级声源和误差传感器，这种控制器的传递函数十分复杂，用模拟电路无法实现。

因此，我们需要一种具有自动追踪初级噪声统计特性，控制器特性可时变的自适应有源控制系统。20 世纪 80 年代初，Ross 和 Roure 提出了具有"自适应"功能的有源控制系统，但这种"自适应"与目前所说的自适应在基本原理和系统实现上有根本区别。真正意义上的自适应有源控制是在自适应滤波理论得到充分发展以后提出来的。我们现在所说的自适应有源噪声控制系统一般指的是将 Widrow 等提出的自适应噪声抵消器（adaptive noise canceller）应用于有源噪声控制时构成的系统。

自适应有源噪声控制系统的核心是自适应滤波器和相应的自适应算法。自适应滤波器可以按某种事先设定的准则（或目标函数），由自适应算法调节其自身的系统特性以达到所需要的输出。20 世纪 80 年代初期，在通用电气公司工作的 Morgan 和在贝尔实验室工作的 Burgress 几乎同时独立地提出了著名的滤波-x LMS（filtered-x，FxLMS）算法，Burgress 将该算法首次应用于有源噪声控制，并针对管道有源噪声控制进行了计算机仿真研究。FxLMS 算法因物理机理明晰、运算量小、实现简单，成为有源控制中的"基准"算法而被广泛运用。

自适应有源控制器的主要研究内容包括：①控制方式（前馈控制和反馈控制）的选择；②次级声反馈的影响及其解决办法；③次级通路（次级源到误差传感器之间的传递通路）传递函数对系统性能的影响；④次级通路传递函数的离线与在线建模；⑤单通道自适应有源控制算法瞬态和稳态性能分析；⑥多通道自适应算法性能分析及快速实现；⑦大规模多通道系统的简化实现（分散式控制、集群式控制）；⑧特定条件及特定问题下的自适应算法（如初级噪声为线谱噪声、非线性噪声、脉冲噪声；次级声反馈问题）；⑨自适应控制器的硬件实现及工程化。

1.1.4　有源声控制

20 世纪 90 年代以前，有源噪声控制中的次级源均为声源（一般为扬声器），因此，这种有源控制方式又称为有源声控制，在有的文献中被称为"以声消声"。有源声控制的应用场合一般包括：管道声场；自由声场（如旷野中的变压器噪声，电站噪声，交通噪声，抽风机、鼓风机等机械设备向空中辐射的噪声，等等）；封闭空间声场（如飞机舱室、船舶舱室、车厢、办公室、工作间中的噪声声场）。有源声控制研究在 20 世纪 80 年代中期至 90 年代中期推向一个新的高潮，其中以英国南安普顿大学声与振动研究所（ISVR）的 Nelson 和 Elliott 等的研究最为出色。他们的研究以抵消螺旋桨飞机舱室噪声为主要应用背景。此外，人们还研究了封闭空间声场中存在结构-声腔耦合时的有源控制规律、声波通过弹性结构透射进入声腔的有源控制、双层结构有源隔声、分布声源控制结构声辐射，等等。

有源声控制中，值得一提的是 Nelson 和 Elliott 等的研究。他们以矩形和圆柱结构为飞机舱室的简化模型，建立相应的声学模型，然后推导出声控制方式下的最优次级声源复强度（包括幅度和相位）、有源控制后封闭空间的最小声势能，研究了降噪效果与声场特性、次级声源、误差传感器布放的关系。研究结果对理论分析和实际应用有重要指导意义，有些研究方法（如求解最优次级声源强度的方法）成为有源控制声场理论分析的标准方法，被人们广泛采用。他们在实际飞机舱室中进行的一系列实验给人们留下了深刻印象。例如，一架 BAe748 双发动机 48 座螺旋桨飞机，在巡航速度下，其转速为 14200r/min，因而其桨叶通过频率基频为 88Hz。为了抵消此飞机的舱室噪声，他们用 16 只扬声器作次级声源、32 只传声器作误差传感器，这种次级声源和误差传感器布放有效地将 88Hz 的基频噪声降低了 13dB。这一成功的实验为后续螺旋桨飞机舱室噪声有源控制奠定了基础。

1.1.5　有源力控制

现实中，有相当一部分噪声是由结构振动辐射引起的。Deffaye 和 Nelson 研究了用声控制方法（次级声源为单极子声源）抵消简支矩形板辐射声的问题。结果表明：要取得满意的降噪效果，次级声源数目要与结构振动模态的类型相匹配。这就暗示只有在极低的频率下，用少量点声源可以取得降噪效果。如果初级结构振动变得稍稍复杂一些或激励频率稍稍高一些，用点声源控制声辐射就变得不可行。

20 世纪 80 年代中期，美国弗吉尼亚理工与州立大学的 Fuller 等开展了用次级力源控制结构声辐射或声透射的研究，这种方法称为结构声有源控制（active structural acoustic control，ASAC），也被称为有源力控制，指的是通过力源控制结构振动达到降低结构声辐射的一种有源控制方法。最初的工作论证了可以使用作用于圆柱壁面上某点的力来控制传输进入圆柱内的声波，初期理论研究采用的点力源为次级力源（实验中为电动激振器），位于声场远场的传声器作为误差传感器，拾取远场声压为误差信号，以远场有限点的声压平方和为控制目标函数。研究内容主要包括：①降噪效果与次级力源个数、位置的关系；②有源力控制方式与有源声控制方式的比较；③用次级力源控制圆柱结构向声腔内外的声辐射；④次级力源控制封闭空腔内的弹性板透射声。

Fuller 等的研究开创了有源噪声控制的新途径。20 世纪 90 年代中期以后，研究工作逐渐深入，重点逐渐转向解决实际应用中遇到的问题。在实际中，置于声场远场的误差传感器会妨碍工作、布置不便，同时有限点的声压并不能代表结构的声辐射功率，因此，如何在结构表面或声场近场布置检测传感器（仍然称为误差传感器）获得结构辐射声功率信息，就成为有源力控制中的一个主要问题。具体说来，误差传感器可以检测声场参量，也可以检测结构参量（如振动加速度、速度、位移、结构应力等），因此，人们要研究这些参量与辐射声功率的映射关系，以及如何转换。同时，可以选用的次级力源类型有电动作动器、压电陶瓷片、压电聚偏乙烯（PVDF）薄膜等，因此，次级力源类型及个数对控制效果的影响也是一项重要的研究内容。此外，有源力控制物理机理的研究对控制器的设计和优化有直接帮助，因此从不同角度研究有源力控制物理机理一直受到人们的关注。

1.1.6　有源声学结构

从上面的论述中可以看出，无论是声控制还是力控制，整个有源噪声控制系统均包含了三个基本要素：次级源（次级声源或次级力源）、误差传感器和控制器。一般而言，为了扩大消声空间、提高降噪量，这种系统总是多通道的，也就是系统中包含多个次级源和误差传感器。与单通道有源控制系统相比，多通道有源控制系统先天上存在着许多弊病，例如：①多通道系统中算法的运算量将随通道数的增加而迅速增加，更为麻烦的是，系统稳定性将变得越来越差。②次级源和误差传感器布放的个数和位置随着噪声源和声空间类型的不同而不同。虽然人们进行最优化处理研究，但对于不规则的初级噪声源和声空间，问题就变得难以解决。换句话说，这种系统是一种分布参数系统，次级源和误差传感器配置严重依赖于外界环境，极大地阻碍了有源控制技术的工程应用，因此，研究者提出有源声学结构（active acoustic structure，AAS）并进行了大量研究。

经过上述几个重要的发展阶段，当前有源噪声控制技术在新的研究方法、向其他领域的扩展应用，以及在工程实践和商业化应用方面都取得了很大进展。这种研究和应用的热潮从 20 世纪 80 年代初一直持续至今。

1.2　有源噪声控制系统

1.2.1　术语

一个将要被控制的噪声场被称为初级声场（primary sound field），其声源为初级声源（primary noise source），所产生的噪声为初级噪声（primary noise）或初级声波（primary sound wave）。人为产生的用于抵消初级噪声的"反"噪声称为次级噪声（secondary noise）或次级声波（secondary sound wave），形成的声场为次级声场（secondary sound field）；产生次级噪声的作动器称为次级作动器，如果该作动器为声源，则称为次级声源（secondary sound source），如果为力源，则称为次级力源（secondary force source）。在空间某一点，通过初级声波与次级声波的相消性干涉达到降噪目的的噪声控制方式称为有源噪声控制，如图 7-1-2 所示。需要说明的是，有文献将其称为主动噪声控制。

采用有源控制思想构建的抵消初级噪声的系统为有源噪声控制系统，如果系统中的控制器能够依据监测信号不断地调整控制器参数，从而实时改变控制器输出，则此系统称为自适应有源噪声控制系统，如图 7-1-3 所示。有源噪声控制系统中的传感器包括参考传感器（reference transducer）和误差传感器（error transducer）。参考传感器有多种形式，如传声器、加速度计、转速传感器等，它采集声信号或振动信号作为前馈控制器的参考信号；误差传感器采集误差信号，它是一种监测信号，作为控制器的输入用于调节控制器参数从而改变其输出。

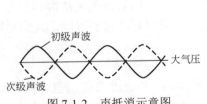

图 7-1-2　声抵消示意图

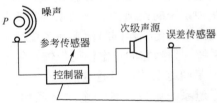

图 7-1-3　自适应有源噪声控制系统示意图

1.2.2　系统构成

一个有源噪声控制系统包括两部分或两个子系统：传感-作动和控制器。传感-作动中的传感器包括参考传感器和误差传感器（如果它们为传声器，则称为参考传声器和误差传声器），作动器为产生次级声场的次级声源（扬声器）或次级力源（激振器），有时简称次级源；控制器包括硬件和软件，其中软件以实现有源控制算法为目的，而硬件为软件提供物理平台。如果有源控制系统只包含一个次级源和一个误差传感器，则该系统为单通道系统（single channel system）；如果包含两个以上的次级源和误差传感器，则该系统为多通道系统（multi-channel system）。如果有源控制算法能够根据预设的控制目标，利用误差信号实时调整次级源强度，则该系统为自适应有源噪声控制（adaptive active noise control，AANC）系统。控制器硬件分为模拟和数字两种，模拟控制器一般只适合完成单通道非自适应有源控制，而数字控制器的功能要强得多，可以实现多通道自适应有源控制。

1.2.3   系统分类

有源噪声控制系统的分类方法达数十种之多，涉及的分类因素也很复杂，具体情况见表 7-1-1。表 7-1-1 中每一列任选一项，从左到右排列，就可构成一种类型的有源噪声控制系统。例如，可以构成这样一种系统：采用近场误差传感策略、基于集中式的声控制方式的自适应前馈数字式多通道有源噪声控制系统。实际中，下列系统需要特别关注。

（1）模拟系统和数字系统

这两种系统的控制器分别由模拟电路和数字电路构成。模拟系统构造简单，成本低廉，但它只能完成传递函数简单（通常仅针对单通道有源控制系统）的控制器，系统特性不能适应环境的变化。数字系统多由数字信号处理器完成特定算法，通常是自适应的，适合完成多通道和时变环境下的有源噪声控制，可靠性好，但其价格相对较高，电路结构复杂。

表 7-1-1   有源噪声控制系统的分类

控制方式				次级源类型		误差传感策略	
自适应	前馈	模拟	单通道	分布式	声控制	声传感	远场
							近场
非自适应	反馈	数字	多通道	集中式	力控制	结构传感	位移
							速度
							加速度

（2）前馈控制系统和反馈控制系统

这两种系统的差别在于前馈系统需要获得参考信号，而反馈系统因无法得到参考信号，整个系统由误差传感器同时检测参考信号和误差信号。一般而言，只要可能，人们更愿意采用前馈系统，因为它的稳定性比反馈系统要好得多。

（3）单通道系统和多通道系统

单通道系统中仅包含一个次级源和一个误差传感器，而多通道系统则包含两个以上的次级源和误差传感器。多数情况下，多通道系统对扩大消声空间、提高降噪量是必需的，但随着通道数的增多，控制器算法的复杂程度将大幅度增加，这对保持系统的实时性和稳定性都十分不利。需要说明的是，多通道系统的实现方式又分为分散式、集中式和集群式三种。

1.3   有源控制系统的设计与开发

人们提出并研究有源噪声控制技术，最终目的就是实现有源噪声控制技术的工程化和商业化。人们在面对一个噪声控制任务时，在决定是否采用该项技术以及如何开发该技术时，其过程大致如下。

（1）降噪效果估计

对初级噪声源和噪声场进行实际测量和分析，判断采用有源控制技术后能够取得的降噪效果，包括降噪空间、降噪频段和降噪量。

（2）预测构建有源控制系统需要付出的代价

依据初级声场特性，完成有源噪声控制系统的初步设计，给出该系统所需要的传感-作动和控制器部分的详细设计和参数，具体包括参考传感器、误差传感器和次级源的类型、数量及布置方式，以及控制器的实现形式和方式，从而确定有源控制系统的代价，包括价格、重量和体积。由此得到采用有源控制技术的性价比，从而确定是否采用有源控制技术。

（3）有源噪声控制系统的设计与实现

在确定采用有源控制技术后，针对特定的噪声控制问题对有源控制系统的传感-作动部分和控制器部分分别进行设计，给出各部分的具体方式和详细参数，随后构建实际系统，完成系统功能和性能的测试，给出有源噪声控制系统样机。

（4）有源噪声控制系统适用性评估

有源噪声控制系统适用性是指系统全生命周期的可靠性、环境适应性、安全性、操作性和维修性。如果这五"性"能够符合各方面的要求，即可决定开发有源噪声控制正式产品，通过试用以及市场反应，从而进行批量生产。

第2章 物理机理与声场分析

如前所述，要设计和开发一个有源噪声控制系统，首要的任务就是从理论上针对特定的初级噪声判断实施有源噪声控制的可行性，其次就是确定次级声源的布放位置与个数。对自适应有源控制系统而言，还需确定误差传感器的布放位置与个数。这一切都离不开对初级声场特性及有源控制物理机理的研究。

有源控制面对的初级声场总体上分为自由声场和有界声场两大类，后者又分为一维管道声场和三维封闭空间声场两种形式。按声模态密度的大小，三维封闭空间声场可进一步细分为驻波声场和扩散声场。

2.1 自由声场中的有源控制

虽然在实际应用有源噪声控制技术的各种场合中，涉及纯粹自由声场的情况并不多见，但是由于自由声场中声传播形式单纯，声场分析方法相对简单，有源噪声控制的物理机理容易理解，因此它的研究历史最长，已经形成了一系列典型的研究方法和成熟的结论，为其他声场中的有源控制提供可借鉴的经验。

2.1.1 惠更斯原理及在有源噪声控制中的应用

（1）惠更斯原理

如果观察点包括声源区域，则声三维空间中的波方程为：

$$\left(\nabla^2 - \frac{1}{c_0^2} \times \frac{\partial^2}{\partial t^2}\right) p(\boldsymbol{r}, t) = -\rho_0 \frac{\partial q(\boldsymbol{r}, t)}{\partial t} + \nabla f(\boldsymbol{r}, t) \tag{7-2-1}$$

式中，等号右边两项均为声源扰动项。从物理机理上讲，声源有多种形式，最基本的有单位体积内流体介质质量变化引起的压力脉动和作用在流体上的力，方程（7-2-1）中分别由 $q(\boldsymbol{r}, t)$ 和 $f(\boldsymbol{r}, t)$ 表示。压力脉动可以等效为单极子源，力的作用包括面力和体力两部分，面力分为往复作用力和剪切力，而体力主要指的是重力。有源噪声控制涉及的噪声源中，一般可以忽略剪切力和重力的影响，于是方程（7-2-1）中的力源项可以等效为偶极子声源。

如果声源表面以简谐稳态形式振动，则产生的声场也是简谐的。这样方程（7-2-1）可以改写为如下形式：

$$(\nabla^2 + k^2) p(\boldsymbol{r}) = -j\omega\rho_0 q(\boldsymbol{r}) + \nabla f(\boldsymbol{r}) \tag{7-2-2}$$

式中，$k = \omega / c_0$，为波数。式（7-2-2）称为非齐次亥姆霍兹（Helmholtz）方程。

假设有一封闭体 V，其表面积为 S。在此区域内，方程（7-2-2）的解为：

$$p(\boldsymbol{r}) = \int_V Q(\boldsymbol{r}_0)\ G(\boldsymbol{r}/\boldsymbol{r}_0)\ \mathrm{d}V + \int_S \left[G(\boldsymbol{r}/\boldsymbol{r}_0)\ \nabla_0 p(\boldsymbol{r}_0) - p(\boldsymbol{r}_0)\ \nabla_0 G(\boldsymbol{r}/\boldsymbol{r}_0) \cdot \boldsymbol{n} \right] \mathrm{d}S \qquad (7\text{-}2\text{-}3)$$

上式称为亥姆霍兹-柯希霍夫（Helmholtz - Kirchoff）积分方程，简称亥-柯积分方程。方程中的 $Q(\boldsymbol{r}_0) = j\omega\rho_0 q(\boldsymbol{r}_0) - \nabla f(\boldsymbol{r}_0)$ 为单位体积内的声源强度，∇_0 表示沿 $\boldsymbol{r}_0$ 方向的空间梯度，$\boldsymbol{n}$ 为曲面 S 外法线方向上的单位矢量。$G(\boldsymbol{r}/\boldsymbol{r}_0)$ 为格林函数（Green function），它是声源强度为 1，即 $Q(\boldsymbol{r}_0) = \delta(\boldsymbol{r}-\boldsymbol{r}_0)$ 时非齐次亥姆霍兹方程的解。格林函数最基本的形式为自由空间中的格林函数 $g(\boldsymbol{r}/\boldsymbol{r}_0)$，有：

$$g(\boldsymbol{r}/\boldsymbol{r}_0) = \frac{\mathrm{e}^{-jk|\boldsymbol{r}-\boldsymbol{r}_0|}}{4\pi|\boldsymbol{r}-\boldsymbol{r}_0|} \qquad (7\text{-}2\text{-}4)$$

需要注意的是，式（7-2-3）的成立要满足如下两个条件：①格林函数 $G(\boldsymbol{r}/\boldsymbol{r}_0)$ 满足非齐次亥姆霍兹方程；②有限值条件和无穷远条件。有限值条件的含义是：如果声源位于封闭体 V 以内，则封闭体内有限物体发出的声波的振幅在远场将随距离成反比地衰减，是有限的。无穷远条件表明声场在无穷远处没有反射波。

封闭体的选取分别为包含和不包含声源两种情况，如图 7-2-1（a）、（b）所示。如封闭体不包含声源，则方程（7-2-3）可表示为：

$$p(\boldsymbol{r}) = \int_S \left[G(\boldsymbol{r}/\boldsymbol{r}_0)\ \nabla_0 p(\boldsymbol{r}_0) - p(\boldsymbol{r}_0)\ \nabla_0 G(\boldsymbol{r}/\boldsymbol{r}_0) \cdot \boldsymbol{n} \right] \mathrm{d}S \qquad (7\text{-}2\text{-}5)$$

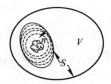　　　　　

（a）封闭体包含声源　　　　　　　（b）封闭体不包含声源

图 7-2-1　求解非齐次亥姆霍兹方程示意图

图 7-2-1 中，如果封闭体内为自由空间，则 $G(\boldsymbol{r}/\boldsymbol{r}_0) = g(\boldsymbol{r}/\boldsymbol{r}_0)$，于是方程（7-2-5）可进一步表示为：

$$\int_S \left[g(\boldsymbol{r}/\boldsymbol{r}_0)\ \nabla_0 p(\boldsymbol{r}_0) - p(\boldsymbol{r}_0)\ \nabla_0 g(\boldsymbol{r}/\boldsymbol{r}_0) \cdot \boldsymbol{n} \right] \mathrm{d}S = \begin{cases} p(\boldsymbol{r}) & \boldsymbol{r} \in V \\ 0 & \boldsymbol{r} \notin V \end{cases} \qquad (7\text{-}2\text{-}6)$$

根据质量守恒定理，方程（7-2-6）左边的两项可分别表示为：

$$-\int_S g(\boldsymbol{r}/\boldsymbol{r}_0)\ j\omega\rho_0 \boldsymbol{u}(\boldsymbol{r}_0) \cdot \boldsymbol{n}\mathrm{d}S = \int_S g(\boldsymbol{r}/\boldsymbol{r}_0)\ j\omega\rho_0 q(\boldsymbol{r}_0)\ \mathrm{d}S \qquad (7\text{-}2\text{-}7)$$

$$-\int_S p(\boldsymbol{r}_0)\ \nabla_0 g(\boldsymbol{r}/\boldsymbol{r}_0) \cdot \boldsymbol{n}\mathrm{d}S = -\int_S f(\boldsymbol{r}_0)\ \nabla_0 g(\boldsymbol{r}/\boldsymbol{r}_0)\ \mathrm{d}S \qquad (7\text{-}2\text{-}8)$$

式中，$q(\boldsymbol{r}_0) = -\boldsymbol{u}(\boldsymbol{r}_0) \cdot \boldsymbol{n}$，表示单位表面积的容积速度；$\boldsymbol{f}(\boldsymbol{r}_0) = p(\boldsymbol{r}_0) \cdot \boldsymbol{n}$，是作用于曲面 S 上单位面积上的力。可见方程（7-2-6）左边的两项可以分别等效为单极子和偶极子声源。

方程（7-2-6）实际上是用数学形式表示的惠更斯（Huygens）原理，它说明：一个声源向外辐射声波产生的声场中，波阵面上的每一个面元均可看成一个能产生子波的声源（称为惠更斯源），而且以后任何时刻波阵面的位置和形状都可以由这种子波的包络面确定。式（7-2-7）和式（7-2-8）进一步表明，惠更斯源可以等效为一个单极子和一个偶极子之和，称为三极子（tripole）。

（2）惠更斯原理在有源噪声控制中的应用

结合图 7-2-1，方程（7-2-6）说明：在封闭体 V 内，声场中任意一点的声压可以看作是曲面 S 上惠更斯源的辐射声压之和；在封闭体 V 外，曲面 S 上的惠更斯源产生的声波的贡献总和为零。于是我们很自然地联想到，如果在封闭曲面 S 上布放无穷多个次级声源，这些次级声源的声源幅度与惠更斯源的声源幅度相等，相位相反，那么就可实现曲面 S 内噪声的完全抵消。具体说来就是，如果在曲面 S 上引入连续分布的次级声源层，所产生的声压分布具有以下形式：

$$\int_S \left[g\left(r/r_0\right) j\omega\rho_0 q_s\left(r_0\right) - f_s\left(r_0\right) \nabla_0 g\left(r/r_0\right) \cdot n \right] \mathrm{d}S = \begin{cases} p_s(r) & r \in V \\ 0 & r \notin V \end{cases} \tag{7-2-9}$$

式中，$q_s\left(r_0\right)$ 和 $f_s\left(r_0\right)$ 为次级声源强度，如果选择：

$$j\omega\rho_0 q_s\left(r_0\right) = -\nabla_0 p_p\left(r_0\right) \cdot n \tag{7-2-10a}$$

$$f_s\left(r_0\right) = p_p\left(r_0\right) \, n \tag{7-2-10b}$$

这里 $p_p\left(r_0\right)$ 是初级声场曲面 S 上的声压。再次观察一下式（7-2-7）和式（7-2-8），可以看出，按式（7-2-10）确定强度的次级源可以保证在封闭体 V 内 $p_s(r) = -p_p(r)$。这样，初、次级源辐射声场叠加后，我们就有：

$$p(r) = p_p(r) + p_s(r) = \begin{cases} 0 & r \in V \\ p_p(r) & r \notin V \end{cases} \tag{7-2-11}$$

式（7-2-11）表明：如果在曲面 S 上布放的次级声源具有如式（7-2-10）规定的声源强度，那么在封闭体 V 内就能够做到完全地消声，而对封闭体以外的声场没有影响。具体情形有两种，如图 7-2-2 所示（由图 7-2-1 转换而来），图中 S' 表示由惠更斯源组成的初级声源层，而 S 为次级声源层。

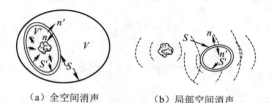

（a）全空间消声　　　　（b）局部空间消声

图 7-2-2　惠更斯原理应用于有源噪声控制示意图

在图 7-2-2 中，如果要实现真正意义上的消声（active cancellation of sound），声源 S' 和 S 的形式应完全一致，且必须叠加在一起。进一步地，图 7-2-2 说明，有源消声分为两种情况，即图 7-2-2（a）表示的全空间消声和图 7-2-2（b）表示的局部空间消声。当然，不管是哪一种情况，都要求次级声源为布放在封闭曲面 S 上的无限多个具有三极子特性的声源（与惠更斯源等幅反相的声源），它们在空间上必须是连续的，满足空间积分的要求。然而，这在实际中是不可实现的。一种可行的办法是在封闭曲面上布放有限多个集中参数声源（称为离散声源），最常见的离散声源是单极子声源，当然也可以采用更高阶次的声源。

2.1.2　基于单极子声源的有源控制

（1）两单极子的最小辐射声功率

一个半径为 a、表面振速为 u_a 的脉动球源，如果它的半径远小于声波波长，则称该声源为单极子声源或点声源，其声源强度（也称为容积速度）可用复数形式表达为 $q(\omega) = 4\pi a^2 u_a$。假设单极子声源位于 r_0，做简谐振动，那么根据方程（7-2-2），声场中任一点的声压将满足如下方程：

$$(\nabla^2 + k^2)\, p\,(r,\ \omega) = -j\omega\rho_0 q\,(\omega)\ \delta\,(r - r_0) \tag{7-2-12}$$

作一封闭体 V 包围该点声源，如果已知封闭体曲面 S 上任一点的声压 $p(r,\ \omega)$ 和质点振速 $u(r,\ \omega)$，就可以求得该点的声强，有：

$$I\,(r,\ \omega) = \frac{1}{2}\mathrm{Re}\big[\,p\,(r,\ \omega)\ u\,(r,\ \omega)\,\big] \tag{7-2-13}$$

由运动方程 $\nabla p\,(r,\ \omega) = -j\omega\rho_0 u\,(r,\ \omega)$ 和方程（7-2-1），沿曲面 S 对 $I\,(r,\ \omega)$ 径向积分，可以推导出声源辐射声波总的时间平均声功率为：

$$W = \frac{1}{2}\mathrm{Re}\big[\,p\,(r_0,\ \omega)\ q\,(\omega)\,\big] \tag{7-2-14}$$

式（7-2-14）说明，只要知道声源强度和声源表面声压，就可以求得声源总的辐射声功率。

对于自由空间中的点声源，声源位置以外任一点的声压均可表示为 $p = jk\rho_0 c_0 q e^{-jkr}/(4\pi r)$。虽然在声源位置处由于 $r \to 0$ 使 $p \to \infty$，但是将此声压表达式代入式（7-2-14）并求极限，可以得到求声功率 W 的一种简便方法，即：

$$W = \frac{1}{2}Z_0\,|\,q\,|^2 \tag{7-2-15}$$

式中，$Z_0 = k^2\rho_0 c_0/(4\pi)$，是点声源的辐射阻抗。

下面研究有源噪声控制问题。设自由空间中有两个点声源，一个为初级声源，另一个为次级声源，分别位于 r_p 和 r_s，声源强度分别为 q_p 和 q_s，彼此的距离为 d。由于初、次级声源同时存在，每个声源的振动状态都受到另一个声源辐射声场的影响，由此影响它的"净"辐射声功率。以初级声源为例，由于次级声场的作用，其净辐射声功率按式（7-2-14）可以表示为：

$$W_p = \frac{1}{2}\mathrm{Re}\Big\{\big[\,p_p(r_p,\ \omega) + p_s\,(r_p,\ \omega)\,\big]^* q_p\,(\omega)\Big\} \tag{7-2-16}$$

式中，$p_p(\boldsymbol{r}_p,\ \omega)$ 和 $p_s(\boldsymbol{r}_p,\ \omega)$ 分别为初、次级声场在初级声源位置处的声压。同样，次级声源的净辐射声功率可以表示为：

$$W_s = \frac{1}{2}\mathrm{Re}\left\{\left[p_s(\boldsymbol{r}_s,\ \omega)+p_p(\boldsymbol{r}_s,\ \omega)\right]^*q_s(\omega)\right\} \tag{7-2-17}$$

初、次级声源同时辐射声波时，两声源的总辐射声功率等于各自净辐射声功率之和，也就是：

$$W = W_p + W_s \tag{7-2-18}$$

声源强度和辐射声压有直接联系，如 $p_p(\boldsymbol{r}_p,\ \omega)=Z_p(\boldsymbol{r}_p,\ \omega)\,q_p(\omega)$，$p_s(\boldsymbol{r}_p,\ \omega)=Z_s(\boldsymbol{r}_p,\ \omega)\,q_s(\omega)$，等等。其中，$Z_p(\boldsymbol{r}_p,\ \omega)$、$Z_s(\boldsymbol{r}_p,\ \omega)$ 为声传输阻抗，并且有 $Z_p(\boldsymbol{r}_p,\ \omega)=Z_0$。根据方程（7-2-12）和自由空间格林函数表达式，可以求出：

$$Z_s(\boldsymbol{r}_p,\ \omega)=\frac{jZ_0\mathrm{e}^{jkd}}{kd} \tag{7-2-19}$$

将式（7-2-16）和式（7-2-17）代入式（7-2-18），同时利用声传输阻抗概念，可以推导出：

$$W = A\,|\,q_s\,|^2 + q_s^*B + B^*q_s + C \tag{7-2-20}$$

其中：

$$A = Z_0/2,\quad B=(1/2)\,Z_0\sin c(kd)\,q_p(\omega),\quad C=(1/2)\,Z_0\,|\,q_p(\omega)|^2 \tag{7-2-21}$$

式（7-2-20）中最后一项为初级声源单独存在时的辐射声功率，记为 W_{pp}。常数 A 和 C 显然是大于零的实数，由于初、次级声源强度 q_p 和 q_s 是复数，因此常数 B 也是复数。使方程（7-2-20）最小的次级声源强度称为最优次级声源强度，有：

$$q_{so}(\omega)=-A^{-1}B \tag{7-2-22}$$

将 q_{so} 的表达式代入式（7-2-20），可以得到最小声功率为：

$$W_0 = C - B^*A^{-1}B \tag{7-2-23}$$

将 A、B、C 的表达式代入，得到最优次级声源强度为：

$$q_{so}(\omega)=-q_p(\omega)\sin c(kd) \tag{7-2-24}$$

式中，$\sin c(kd)=\sin(kd)/kd$。

在此次级声源作用下，初、次级声场的总声功率为：

$$W_o = W_{pp}[1-\sin c^2(kd)] \tag{7-2-25}$$

式（7-2-25）说明：用一个次级点声源控制一个初级点声源，所获得的最小声功率直接依赖于两声源的频率和间距。在特定频率下，两声源相距越近，有源控制后的声功率越小；

对于固定的初、次级声源间距，频率越低，有源控制后的声功率就越小。

（2）基于单极子声源阵的自由声场有源控制

以上讨论说明，当初级声源频率一定时，次级声源离初级声源越近，控制效果就越好。实际中，初、次级声源的间距会受到约束，不可能无限地靠近，因此人们很自然地想到尝试用一个以上的单极子次级声源来增强有源控制效果。

假设有一个单极子声源阵，由位于 r_1，r_2，$\cdots$，r_N 处的 N 个点声源组成，其声源强度矢量记为 $q = [q_1(\omega)，q_2(\omega)，\cdots，q_N(\omega)]^T$。$N$ 个点声源在每个声源位置处产生的声压用 N 阶列矢量 p 表示，$p = [p(r_1，\omega)，p(r_2，\omega)，\cdots，p(r_N，\omega)]^T$。$p$ 和 q 可以通过 $N \times N$ 阶声传输阻抗矩阵联系起来，有：

$$p = Zq \tag{7-2-26}$$

式中

$$Z = \begin{bmatrix} z_1(r_1，\omega) & z_2(r_1，\omega) & \cdots & z_N(r_1，\omega) \\ z_1(r_2，\omega) & z_2(r_2，\omega) & \cdots & z_N(r_2，\omega) \\ \cdots & \cdots & & \cdots \\ z_1(r_N，\omega) & z_2(r_N，\omega) & \cdots & z_N(r_N，\omega) \end{bmatrix} \tag{7-2-27}$$

由声场的互易性可知，矩阵 Z 是对称的，有 $Z = Z^T$。当所有声源均发声后，每个声源都位于自身辐射声压和其他声源辐射声压的包围中，这样声源阵总的输出声功率是所有单个声源净输出声功率的总和，用矢量形式表示为：

$$W = \frac{1}{2}\mathrm{Re}\left[p^H q\right] \tag{7-2-28}$$

式中，H 为对复数矩阵求共轭转置。

将式（7-2-26）代入上式，同时利用矩阵 Z 的对称性，可得到如下关系式：

$$W = \frac{1}{2}q^H \mathrm{Re}\left[Z\right]q \tag{7-2-29}$$

如果初级声源阵由 N 个点声源组成，次级声源阵由 M 个点声源组成，其声源强度矢量分别记为 q_p 和 q_s，那么两个声源阵总的输出功率可以表示为：

$$W = q_s^H A q_s + q_s^H B + B^H q_s + C \tag{7-2-30}$$

式中，A 是 $M \times M$ 阶复矩阵；B 是 M 阶复数列矢量；C 是标量，分别为：

$$A = (1/2)\mathrm{Re}\left[Z_s(r_s)\right]，\quad B = (1/2)\mathrm{Re}\left[Z_p(r_s)\,q_p\right]，$$

$$C = (1/2)\,q_p^H \mathrm{Re}\left[Z_p(r_p)\right]q_p \tag{7-2-31}$$

由式（7-2-31）可以看出，W 是一个关于次级声源强度的二次型函数，其表达式的第一项和最后一项分别为次级声源阵和初级声源阵单独存在时的输出功率。如果以次级声源强度为自变量，W 为应变量作图，可以看到它是一个"碗状"曲面，"碗"的底部就是初、次级声源阵总声功率的最小值。

使方程（7-2-30）最小的 q_s 称为最优次级声源强度矢量 q_{so}，有：

$$q_{so} = -A^{-1}B \qquad (7\text{-}2\text{-}32)$$

将式（7-2-32）代入式（7-2-30），得到有源控制后的最小声功率为：

$$W_o = C - B^H A^{-1} B \qquad (7\text{-}2\text{-}33)$$

2.1.3　次级声源和误差传感器的布放

确定次级声源和误差传感器的个数和在声场中的位置称为布放问题，它既影响有源噪声控制系统的稳定性，又影响有源控制的效果。

（1）目标函数的选择

在自由空间中，设初级声源强度为 q_p 的单极子，它和观察点分别位于 r_p 和 r_e。忽略时间因子 $e^{j\omega t}$，观察点处的初级声场声压为：

$$p(r_e) = \frac{j\omega\rho_0 q_p e^{-jkr}}{4\pi r} \qquad (7\text{-}2\text{-}34)$$

其中 $r = |r_p - r_e|$。观察点处的质点振速为：

$$u(r_e) = \frac{p(r_e)}{\rho_0 c_0}\left(1 - \frac{j}{kr}\right)\frac{(r_e - r_p)}{r} \qquad (7\text{-}2\text{-}35)$$

由此可以推出观察点位置的声动能密度 $\varepsilon_k(r_e)$ 和势能密度 $\varepsilon_p(r_e)$，分别为：

$$\varepsilon_k(r_e) = \frac{1}{2}\rho_0 |u(r_e)|^2 \qquad (7\text{-}2\text{-}36)$$

$$\varepsilon_p(r_e) = \frac{1}{2\rho_0 c_0^2} |p(r_e)|^2 \qquad (7\text{-}2\text{-}37)$$

于是，观察点处的声能密度可表示为：

$$\varepsilon(r_e) = \varepsilon_k(r_e) + \varepsilon_p(r_e) = \frac{1}{2}\rho_0 |u(r_e)|^2 + \frac{1}{2\rho_0 c_0^2} |p(r_e)|^2 \qquad (7\text{-}2\text{-}38)$$

声强分为有功声强和无功声强。有功声强表示与辐射声能相关的垂直于传播方向上波阵面的声能量流，其均值为：

$$I(r_e) = \frac{1}{2}\text{Re}[p(r_e)\, u(r_e)] \qquad (7\text{-}2\text{-}39)$$

下面研究有源噪声控制的目标函数。实际上，上面所说的观察点就是误差传感器的位置，目标函数既影响误差传感器的类型，又影响有源控制的效果。从理论上来说，自由声场中有源控制的目标可以选择如下 8 种之一，也就是：①声场任一点的声势能密度。由式（7-2-37）可以知道，这相当于要求声场一点的声压振幅最小。②声场任一点的声动能密度。由式

（7-2-36）可知，这种控制目标相当于要求声场任一点的质点振速幅度最小。③声场任一点的声能密度。④声场任一点的径向平均有功声强。⑤声场中有限点（或多个离散点）位置处的声势能密度和。⑥声场中有限点位置处的声动能密度和。⑦声场中有限点位置处的声能密度和。⑧包围初、次级声源的曲面上有限点位置处的径向平均有功声强之和。

自由空间有源噪声控制的误差传感策略，按误差传感器所处位置不同，分为远场传感和近场传感两种方案。从以上各式可以看出，由于各声学参量之间是相互联系的，上述八种目标函数并不独立。研究表明，在远场，如果观察点的个数和位置确定，则上述八种控制目标是等效的。在近场，情况就要复杂得多。主要结论有：①在某一区域，如果一种目标函数能够取得好的控制效果，则另一种目标函数也能取得好的控制效果；②没有一种目标函数在所有情况下都是最优的；③如果要求误差传感器非常接近于次级声源，那么选择有限点的平均径向有功声强之和是最好的误差传感策略，它能够取得接近于最优的控制效果，并且所需的观察点个数也不多。然而，声强传感策略在实际应用上会碰到较多困难，原因在于：①实际声学环境中，声辐射的径向并不容易确定，因此需要传感三维空间三个正交方向的声强；②声强传感较声压传感不仅需要多一个声压传感器，而且需要复杂的运算；③自适应有源控制中，声强传感策略导致复杂的控制算法。

（2）次级声源和误差传感器的最优布放

确定次级声源类型（单极子或多极子）和误差传感策略后，接下来就要考虑次级声源和误差传感器的最佳位置和个数。在有源控制中，这称为次级声源和误差传感器的最优布放问题。

解决最优布放问题的方法有两种：解析法和优化算法。解析法是在简单声源和简单声场条件下（如自由空间中的集中声源辐射声场），根据声场分析获得目标函数的解析表达式后，求解次级声源和误差传感器的最优位置和个数。该方法的优点是物理概念清晰，求解过程简单；缺点是要求目标函数的解析表达式。优化算法则是通过声场测量，在一定的优化算法下求解次级声源和误差传感器的最优位置和个数。优化算法适用于复杂声源和复杂声场，容易获得全局最优解。在有源噪声控制中，人们已采用过的优化算法有：遗传算法、模拟退火法、子集选择法，等等。

2.2　有界空间声场中的有源控制

有界空间是相对自由空间而言的，指的是部分或全部被边界所包围的空间。在有源噪声控制中，有界空间有两大类：一类指那些有部分开口的管道空间，如通风管道、输液输气管道、消声器等，其声场称为管道声场；另一类指完全封闭的闭合空间，如交通工具的箱体或舱室、生活与工作场所、各类厅堂（如音乐厅堂、会议厅、影像放映厅）等，由此形成的声场为三维封闭空间声场。有界空间声场是实际中最常见的一类声场。

2.2.1　三维驻波声场中的有源控制

（1）声势能最小化

考虑三维封闭空间低频噪声的有源控制。设声场处于稳定状态，且忽略直达声，则声场

中任一观察点 r 处的声压可用无限多个声模态的叠加表示，略去简谐时间因子 $\mathrm{e}^{j\omega t}$，有：

$$p(r, \omega) = \sum_{n=1}^{\infty} f_n(r) a_n(\omega) \tag{7-2-40}$$

实际上，对声压有贡献的是特征频率与工作频率 ω 接近的那些声模态。因此，式（7-2-40）中只需取有限个声模态即可。于是，空间中任一点的声压可用下式计算：

$$p(r, \omega) = \sum_{n=1}^{N} f_n(r) a_n(\omega) \tag{7-2-41}$$

式中，N 为选取的最大声模态数；$f_n(r)$ 为第 n 阶声模态的模态函数；$a_n(\omega)$ 为该声模态的模态幅度，计算公式为：

$$a_n(\omega) = \frac{\rho_0 c_0^2}{V} C_n(\omega) f_n(r) q(r, \omega) \, \mathrm{d}V \tag{7-2-42}$$

式中，$q(r, \omega)$ 为声源强度；$C_n(\omega)$ 为与声模态响应有关的参数，有：

$$C_n(\omega) = \frac{\omega}{2\xi_n \omega\omega_n - j(\omega_n^2 - \omega^2)} \tag{7-2-43}$$

这里 $\omega_n = 2\pi f_n$，f_n 为第 n 阶声模态特征频率，ξ_n 为声模态阻尼。在直角坐标系中，第 n 阶声模态记为 (n_1, n_2, n_3)，分别表示沿 X、Y、Z 方向的模态序数。

定义模态函数矢量和模态幅度矢量分别为：

$$F(r) = [f_1(r), f_2(r), \cdots, f_N(r)]^{\mathrm{T}}, \quad A(\omega) = [a_1(\omega), a_2(\omega), \cdots, a_N(\omega)]^{\mathrm{T}}$$

这样式（7-2-41）可以表示为矢量形式，有：

$$p(r, \omega) = F^{\mathrm{T}}(r) A(\omega) \tag{7-2-44}$$

声源在空间中的位置和大小仅仅影响声模态幅度的大小，而声场的分布形式完全由模态函数 $f_n(r)$ 决定。因此从理论上说，只要适当布置次级声源个数和位置就能产生与初级声场相同的声场，于是可完全控制全空间声场。

引入强度为 $q_{\mathrm{sm}}(m=1, 2, \cdots, M)$ 的 M 个次级声源。当它们与初级声源共同作用时，初、次级声场的模态函数相同，均为 $f_n(r)$，模态幅度分别为 a_{pn} 和 $a_{\mathrm{sn}}(n=1, 2, \cdots, N)$。叠加后的声场的模态幅度与次级声源强度的关系是：

$$a_n = a_{\mathrm{pn}} + a_{\mathrm{sn}} = a_{\mathrm{pn}} + \sum_{m=1}^{M} B_{nm} q_{\mathrm{sm}} \tag{7-2-45}$$

式中，B_{nm} 为第 m 个次级声源至观察点 r 的 n 阶声传输阻抗。式（7-2-45）用矢量形式可表示为：

$$A = A_{\mathrm{p}} + Bq_s \tag{7-2-46}$$

式中，B 为 $N \times M$ 阶声传输阻抗矩阵。将式（7-2-46）代入式（7-2-44），得到初、次级声场叠加后的声压，有：

$$p(r, \omega) = F^{\mathrm{T}}(r) \ (A_{\mathrm{p}} + Bq_{\mathrm{s}}) \tag{7-2-47}$$

如果次级声源个数与声模态个数相等，即 $M = N$，则矩阵 B 就是一个方阵，令 $q_{\mathrm{s}} = -B^{-1}A_{\mathrm{p}}$，就可使声场中声压处处为零。然而，一般情形下声模态数目将远远大于次级声源数目，即 $N \gg M$，因此我们不能直接从式（7-2-47）中求得最优次级声源强度。

在封闭空间声场中，有源控制的目标函数有多种，但首选目标应该是封闭空间中总的声能量（包括声势能和声动能）。由于声势能中仅包含声场声压，实际中易于测量，因此，人们一般选总的时间平均声势能（total time averaged acoustical potential energy）为目标函数，即：

$$J_{\mathrm{p}} = E_{\mathrm{p}} = \frac{1}{4\rho_0 c_0^2} \int_V |p(r, \omega)|^2 \, \mathrm{d}V \tag{7-2-48}$$

将式（7-2-47）代入式（7-2-48），同时利用模态函数矢量的正交性，即：

$$\frac{1}{V} \int_V F(r)^{\mathrm{T}} F(r) \, \mathrm{d}V = 1 \tag{7-2-49}$$

式中，V 为封闭空间体积。于是，式（7-2-48）变为：

$$J_{\mathrm{p}} = \frac{V}{4\rho_0 c_0^2} \sum_{n=1}^{N} |a_n(\omega)|^2 = \frac{V}{4\rho_0 c_0^2} A^{\mathrm{H}} A \tag{7-2-50}$$

将式（7-2-46）代入式（7-2-50）并整理，有：

$$J_{\mathrm{p}} = \frac{V}{4\rho_0 c_0^2} (q_{\mathrm{s}}^{\mathrm{H}} B^{\mathrm{H}} B q_{\mathrm{s}} + q_{\mathrm{s}}^{\mathrm{H}} B^{\mathrm{H}} A_{\mathrm{p}} + A_{\mathrm{p}}^{\mathrm{H}} B q_{\mathrm{s}} + A_{\mathrm{p}}^{\mathrm{H}} A_{\mathrm{p}}) \tag{7-2-51}$$

可以看出，封闭空间中总的时间平均声势能 E_{p} 是次级声源强度 q_{s} 的二次型函数。由于 $B^{\mathrm{H}} B$ 为对称正定矩阵，我们可以找到唯一的一组次级声源复强度 q_{so}（称为最优次级声源强度）使 E_{p} 最小，记为 E_{po}。用无约束最优化方法，可以求得：

$$q_{\mathrm{so}} = -[B^{\mathrm{H}} B]^{-1} B^{\mathrm{H}} A_{\mathrm{p}} \tag{7-2-52}$$

在这一组次级声源的作用下，封闭空间中总的时间平均声势能达到最小，变为：

$$E_{\mathrm{po}} = \frac{V}{4\rho_0 c_0^2} (A_{\mathrm{p}}^{\mathrm{H}} A_{\mathrm{p}} - A_{\mathrm{p}}^{\mathrm{H}} B [B^{\mathrm{H}} B]^{-1} B^{\mathrm{H}} A_{\mathrm{p}}) \tag{7-2-53}$$

由此，可以获得封闭空间中的最佳降噪量：

$$AL_o = -10\lg(E_{\mathrm{po}} / E_{\mathrm{pp}}) \tag{7-2-54}$$

式中，E_{pp} 为初级声源单独作用时空间中的时间平均声势能，有：

$$E_{\mathrm{pp}} = \frac{V}{4\rho_0 c_0^2} A_{\mathrm{p}}^{\mathrm{H}} A_{\mathrm{p}} \tag{7-2-55}$$

（2）次级声源的布放规律

要有效降低全空间中的声势能，次级声源的布放位置极其重要。有了上述公式，可以研究封闭空间低模态密度混响声场中有源噪声控制规律，归纳出次级声源的布放原则如下：①如果次级声源放置在声模态节线上，那么不管声源强度有多大，它都不能激发这阶声模态；次级声源也不能靠声模态节线太近，如此所需的次级声源强度就会变得非常大，空间总的声势能将得不到有效控制；②低频条件下，如果次级声源距离初级声源大于声波半波长，也能取得大的降噪量；③如果一个次级声源放置在几个主导声模态的最大幅值处，那么它就可以抵消这几个声模态，而不激发其他声模态；④几个次级声源单独作用不能抵消的声模态，联合作用则可抵消。

（3）有限点声压最小化

上面关于次级声源布放规律的研究，其控制目标是封闭空间中总的时间平均声势能。这是一种理想的控制目标，实现它要求获得空间中所有位置的声压，这当然是不现实的。一种可能的方法是监测空间中有限点的声压，用它们构成有源控制的目标函数，这通常成为自适应有源控制系统的目标函数，记为 J_A。

引入 L 个误差传感器，分别位于封闭空间声场中 r_l（$l=1$，2，…，L）处。不失一般性，设这些误差传感器的灵敏度均为 1，则它们的输出信号的大小为 $p(r_l,\ \omega)$。于是，模仿式（7-2-48），可定义自适应有源控制的目标函数为：

$$J_A = \frac{V}{4\rho_0 c_0^2 L}\sum_{l=1}^{L}|\ p(r_l,\ \omega)|^2 \qquad (7\text{-}2\text{-}56)$$

令

$$P_p = [p(r_1,\ \omega),\ p(r_2,\ \omega),\ \cdots,\ p(r_L,\ \omega)]^T \qquad (7\text{-}2\text{-}57)$$

于是，式（7-2-56）可用矢量形式表示为：

$$J_A = \frac{V}{4\rho_0 c_0^2 L} P_p^H P_p \qquad (7\text{-}2\text{-}58)$$

下面研究 J_A 与理想控制目标之间的关系。我们知道，从信号检测的角度看，P_p 是初、次级声场在 L 个观察点处的声压采样值，有：

$$P_p = P_{pp} + P_{ps} \qquad (7\text{-}2\text{-}59)$$

式中，P_{pp} 和 P_{ps} 分别为初、次级声场在观察点处的 L 维声压矢量。

根据式（7-2-44），P_{ps} 可进一步表示为：

$$P_{ps}(r,\ \omega) = F_L^T(r)\ A_s(\omega) \qquad (7\text{-}2\text{-}60)$$

式中，F_L 为 $L\times M$ 维模态幅度采样值矩阵，它的第（n，l）元素 $F_n(r_l)$ 为 r_l 处次级声场第 n 阶声模态的函数值。$A_s(\omega)=Bq_s$，将式（7-2-59）代入式（7-2-60），可以推出初、次级声场声压采样值与次级声源强度的关系为：

$$P_p = P_{pp} + F_L^T B Q_s$$
$$= P_{pp} + D Q_s \tag{7-2-61}$$

式中，$D = F_L^T B$。

将式（7-2-61）代入式（7-2-58），可以发现 J_A 是次级声源强度矢量的二次型函数。于是，可以找到唯一的最优次级声源强度矢量 q_{sA} 使 J_A 最小。采用无约束最优化方法，可求得此时的最优次级声源强度为：

$$q_{sA} = -[D^H D]^{-1} D^H P_{pp} \tag{7-2-62}$$

显然，q_{sA} 与式（7-2-52）中的 q_{so} 是有区别的。令：

$$q_{sA} = q_{so} + q_{sE} \tag{7-2-63}$$

式中，q_{sE} 为 q_{sA} 的绝对误差，由它引起的次级声场声模态幅度误差为 $A_{sE} = B q_{sE}$。经过一系列的数学推导，可以得到次级声源强度 q_{sA} 作用下封闭空间总的时间平均声势能为：

$$E_{pA} = E_{po} + \frac{V}{4 \rho_0 c_0^2} A_{sE} A_{sE} \tag{7-2-64}$$

式中，E_{po} 为次级声源强度 q_{so} 作用下的封闭空间时间平均声势能，也就是理论上可以得到的最小时间平均声势能。此时的降噪量定义为：

$$AL_A = -10 \lg\left(\frac{E_{pA}}{E_{pp}}\right) \tag{7-2-65}$$

由式（7-2-64）可以明显地看出：

$$E_{pA} \geqslant E_{po} \tag{7-2-66}$$

这就是说，$AL_A \leqslant AL_o$。这说明，采用 J_A 为目标函数的有源控制系统，所得到的降噪量总是小于，至多等于理论上的最佳降噪量 AL_o。

（4）误差传感器的布放规律

观察 q_{sA} 与 q_{so} 的关系，因为 $D = F_L^T B$，由式（7-2-62）得出：

$$q_{sA} = -[B^H F_L F_L^T B]^{-1} B^H F_L F_L^T A_p \tag{7-2-67}$$

对照式（7-2-67）与式（7-2-52）即可发现，如果 $C = F_L F_L^T$ 趋于单位矩阵，则 $q_{sA} \to q_{so}$，进而有 $AL_A \to AL_o$。由于 $C(i, j) = \sum_{l=1}^{L} f_i(r_l) f_j(r_l)$，因此，矩阵 C 为单位矩阵的条件是：

$$C(i, j) = \begin{cases} 1 & i = j \\ 0 & i \neq j \end{cases} \tag{7-2-68}$$

这就说明，误差传感器布放总的原则是使误差传感器个数 L 尽可能地大。

进一步研究表明：①总的说来，误差传感器布放规律与次级声源的布放规律类似，但不等同。②它直接依赖于误差传感器相对于声模态在空间的分布，最好的位置是在声模态反节面处。对于某一声模态，如果误差传感器的位置从节面位置过渡到反节面位置，则它的值由小变大。③在声模态节面处布置的误差传感器不能发挥作用。如果这样布置，将会导致控制后空间总的平均声势能比控制前还要大。

2.2.2   局部空间中的虚拟误差传感

局部空间有源降噪中，虚拟误差传感的主要目的是将实际误差传感器处的"静区"搬移到其他位置上，具体方法分为两大类：固定空间虚拟传感和移动空间虚拟传感。前者包括近场虚拟传感、远程虚拟传感、向前差分预测、自适应 LMS 虚拟传感和随机最优纯音扩散场。后者包括远程移动空间传感、自适应 LMS 移动空间虚拟传感和卡尔曼滤波。移动空间传感是在固定空间传感的基础上改进而来，因而下面仅介绍几种典型的固定空间虚拟误差传感方法。

（1）近场虚拟传感

近场虚拟传感方法首先在物理（实际）传感器和虚拟传感器位置各放一个传感器，假设初级声源在这两个传感器处的初级声压相同，即 $d_p(n) = d_v(n)$。在具体实施时，先进行次级声源至传感器通路传递函数矩阵 $\bar{G}_{pu}$ 和 $\bar{G}_{vu}$ 的预辨识，将其模拟为 FIR 或 IIR 滤波器矩阵，完成传递函数预辨识后即可移走临时置于虚拟位置的传感器。此时，由于已知相关的传递函数，就可在只有物理传感器的情况下估计出虚拟传感器处的声压。近场虚拟传感算法框图如图 7-2-3 所示，其中 $e_p(n)$ 和 $u(n)$ 分别为实际传感器输出信号和建模信号。虚拟传感器处的总误差信号估计值用下式计算：

$$\tilde{e}_v(n) = e_p(n) - (\tilde{G}_{pu} - \tilde{G}_{vu})\ u(n) \tag{7-2-69}$$

由上式得到虚拟位置处的误差表达式，再将其作为有源控制系统的误差信号，就能将原来以实际传感器为中心的静区"搬移"到虚拟传感器处。

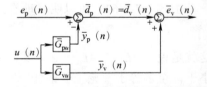

（2）远程虚拟传感

远程虚拟传感方法是前述近场虚拟传感方法的扩展，它使用一个附加的滤波器矩阵，利用实际传感器的初级扰动估计虚拟传感器处的初级扰动。和近场虚拟传感方法一样，远程虚拟传感也需要预辨识传递函数矩阵 $\bar{G}_{pu}$、$\bar{G}_{vu}$，以及虚拟位置和实际位置之间的初级传递函数矩阵 $\tilde{M}$。此时，利用实际传感器估计次级传递函数矩阵 $\tilde{G}_{pu}$，同时利用临时放置的虚拟传感器估计次级传递函数矩阵 $\tilde{G}_{vu}$ 和初级传递函数矩阵 $\tilde{M}$。在得到这些传递函数的估计值后，即可得到虚拟位置的误差信号，实现该方法的系统框图如图 7-2-4 所示。图中，实际误差传感器位置处的初级扰动 $\tilde{d}_p(n)$ 为：

图 7-2-3   近场虚拟传感器算法框图

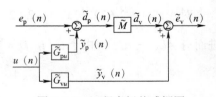

图 7-2-4   远程虚拟传感框图

$$\tilde{d}_{p}(n) = e_{p}(n) - \tilde{y}_{p}(n) = e_{p}(n) - \tilde{G}_{pu}u(n) \tag{7-2-70}$$

然后，可以获得虚拟位置处的初级扰动的估计值 $\tilde{d}_{v}(n)$，计算公式如下：

$$\tilde{d}_{v}(n) = \tilde{M}\tilde{d}_{p}(n) \tag{7-2-71}$$

最后，得到虚拟误差信号的估计值 $\tilde{e}_{v}(n)$ 为：

$$e_{v}(n) = \tilde{d}_{v}(n) + \tilde{y}_{v}(n) = \tilde{M}\tilde{d}_{p}(n) + \tilde{G}_{vu}u(n) \tag{7-2-72}$$

（3）前向差分预测

前向差分预测方法将实际传感器测得的信号拟合成多项式，然后通过外推该多项式估计虚拟位置处的声压。该方法非常适合在低频声场中使用，因为该声场中虚拟位置和实际传感器间的距离远小于波长，此时两传感器之间的声压梯度较小，这使得采用多项式外推法估计虚拟位置处的声压成为可能。

图 7-2-5 分别给出了使用两个和三个传声器测量值估计虚拟声压的示意图。图 7-2-5（a）中，利用间隔为 $2h$ 的两个传感器的声压测量值 $e_{p1}(n)$ 和 $e_{p2}(n)$，使用一阶前向差分计算虚拟位置 x 处声压的估计值，有：

$$\tilde{e}_{v}(n) = e_{p2}(n) + \frac{e_{p2}(n) - e_{p1}(n)}{2h}x \tag{7-2-73}$$

图 7-2-5（b）中，利用间隔为 h 的三个传感器的声压测量值 $e_{p1}(n)$、$e_{p2}(n)$ 和 $e_{p3}(n)$，使用二阶前向差分外推获得虚拟位置 x 处声压的估计值，有：

$$\tilde{e}_{v}(n) = \frac{x(x+h)}{2h^{2}}e_{p1}(n) + \frac{x(x+2h)}{h^{2}}e_{p2}(n) + \frac{(x+2h)(x+h)}{2h^{2}}e_{p3}(n) \tag{7-2-74}$$

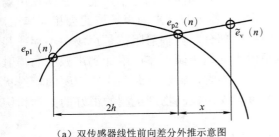

（a）双传感器线性前向差分外推示意图　　　　（b）三个传感器二次方程前向差分外推示意图

图 7-2-5　前向差分外推示意图

（4）自适应 LMS 虚拟传感

自适应 LMS 虚拟传感方法使用自适应 LMS 算法调整实际传感器权系数使之预测虚拟传感器输出，其算法框图如图 7-2-6 所示。图中，$y_{p}(n)$ 为实际传感器输出，$y_{v}(n)$ 为临时置于虚拟位置的传感器的输出，W 为施加于实际传声器前的权系数。在此方法中，权系数更新公式如下：

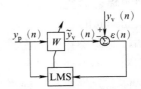

图 7-2-6　用 LMS 算法估计物理传感器权重框架图

$$W(n+1) = W(n) + 2\mu \boldsymbol{y}_p(n)\ \varepsilon(n) \tag{7-2-75}$$

式中，μ 为收敛系数；$\varepsilon(n)$ 为误差项，它是实际虚拟次级扰动及其估计值的差值。一旦自适应过程收敛获得最优权系数，虚拟位置处的临时传感器就可以移除了。

2.3　有源噪声控制物理机制

研究有源噪声控制的物理机制，就是要从不同角度理解有源噪声控制发生过程中表现出来的物理现象和实质。它对控制系统的设计、算法改进及系统实现等都有重要价值。研究有源控制物理机制的方法主要有三种：①根据声波相互作用原理了解有源噪声控制表现出的声学现象；②以声源辐射阻抗为工具研究有源噪声控制的物理实质；③研究实施有源噪声控制前后，初、次级声场声能量的变化情况。

同频率、相位差固定的两列声波叠加后会出现干涉现象。如果干涉后的声能密度增加，则称为相加性干涉，否则称为相消性干涉。正是基于这一原理，Leug 提出了基于相消性干涉的"以声消声"这一有源噪声控制概念。惠更斯原理的应用进一步解释了如何利用相消性干涉实现全空间和局部空间降噪的问题。声波干涉原理的引入使我们认识到，在空间某一点，要获得真正意义上的消声，就必须使初、次级声源产生的任一频率的声波在该处幅度相等、位相相反（相位差等于 180°），这一条件满足的时间就是有源消声持续的时间。在三维空间，全空间有源消声就是要人为地制造一个初级声场的"镜像"——次级声场，使得次级声压在时间和空间上的分布与初级声压完全一致，当然相位是相反的。

有源噪声控制的目的就是要通过控制次级源在全空间或局部空间实现声能的完全抵消或有效降低。因此，有源噪声控制前后初、次级声源的声辐射状态相应地应该有所变化。我们知道，描述声源辐射声功率大小的基本参量是声源的辐射阻抗，它通常是一个复数，其实部和虚部分别为辐射阻和辐射抗。辐射阻表征声源向介质辐射声能量的能力，辐射声功率则等于辐射阻乘以声源容积速度的平方；辐射抗代表的能量为无功声能，它储在声场近场中，并不辐射出去。当声场中有不止一个声源时，各声源产生的声场彼此会相互作用，此时声源的辐射阻抗分为自辐射阻抗和互辐射阻抗两部分。自辐射阻抗是声场中不存在其他声源时，声源自身的辐射阻抗；互辐射阻抗是由于其他声源存在而附加到声源上的辐射阻抗。这说明，在引入次级声源改变初级声场特性的同时，初级声源和次级声源的辐射状态相应地发生了变化，因此声源辐射阻抗是研究有源噪声控制物理机制的很好的工具和切入点。

从实用的角度说，我们更关心有源噪声控制前后声场能量的变化，以及有源控制后"能量到哪里去了？"这样的问题，这就是有源噪声控制的能量机制问题。由于声场中声能量的变化与声源辐射的变化密切相关，因此有源噪声控制的能量机制与声源辐射阻抗解释方法往往是联系在一起的。

早期，有源噪声控制能量机制的研究通常结合管道有源消声进行，原因在于管道声场的形式相对简单，研究结果易于理解。理论分析和实验测试表明，管道噪声有源控制的物理机制总体上分为两种：能量抑制和能量吸收。前者表明次级声源的引入改变初级声源的辐射阻抗，从总体上减少了初级声源的辐射声功率；后者说明次级声源充当了声能吸收器的角色。

在管道声场中，如果次级声源是单极子，则能量抑制机制起主导作用；如果次级声源为偶极子，则能量吸收机制起主导作用。能量抑制机制又分为能量的空间转移机制和多极子场抗性存储机制。在这种机制中，次级声源将声波向管道上游反射回去，降低初级声源的辐射阻，从而降低其辐射声功率，这时的次级声源起着对初级声源"卸载"的作用。在能量吸收机制中，次级声源的辐射声功率变成负数，吸收的能量用于克服自身的机械阻力，驱动次级声源发声，这时需要外界供给的能量（如电能）将大大减少。另外有研究指出，尽管在能量吸收机制中次级声源充当了吸收能量的角色，但并不是所有类型的次级声源在各个方向都吸收能量，且不同方向上吸收的能量是不同的。

能量抑制机制和吸收机制也可以推广到其他声环境的有源控制中，但具体景象是复杂的，它们与初、次级源的类型、控制目标、控制方式（声控制或力控制）、次级源和误差传感器位置等都有关系。

第 3 章　结构声辐射的有源控制

实际条件下，结构声问题占了相当比例。所谓结构声，指的是激励力作用于弹性结构引发振动而辐射声波，具体又表现为结构振动声辐射、声透射和声反射等形式。20 世纪 80 年代末的研究表明，点声源控制结构辐射声并不现实，由此促使人们研究基于力源的有源声控制技术，该技术又被称为结构声有源控制（ASAC）。

3.1　基于力源的结构声辐射有源控制

3.1.1　理论分析

假定初级结构为弹性平板，镶嵌在无限大障板中，受到的初级力分为声波入射和外力作用两种。需要注意的是，由于次级力源直接施加到初级结构上，因此这里的初、次级结构是同一结构。此外，假设流体介质与结构相比是"轻"的，这样就可以忽略结构-声耦合对结构振动的影响。

用模态叠加法表示结构振动位移，有：

$$w(x, y) = \sum_{m=1}^{\infty} \sum_{n=1}^{\infty} W_{mn} \phi_{mn}(x, y) \tag{7-3-1}$$

式中　W_{mn}——结构振动的模态幅度；

$\phi_{mn}(x, y)$——第(m, n)阶模态的模态函数。

对简支矩形平板来说，$\phi_{mn}(x, y)$可表示为：

$$\phi_{mn}(x, y) = \sin(\beta_m x)\sin(\beta_n y) \tag{7-3-2}$$

式中，

$$\beta_m = \frac{m\pi}{l_x}, \quad \beta_n = \frac{n\pi}{l_y} \tag{7-3-3}$$

如果忽略平板振动阻尼，W_{mn}可表示为：

$$W_{mn} = \frac{Q_{mn}}{\rho_h h (\omega_{mn}^2 - \omega^2)} \tag{7-3-4}$$

式中，ρ_h 和 h 分别为平板面密度和厚度；Q_{mn} 为广义模态力，它是外部激励力 $f(x, y)$ 被(m, n)阶模态函数加权后的结果，有：

$$Q_{mn} = \iint_S f(x, y) \, \phi_{mn}(x, y) \, \mathrm{d}x\mathrm{d}y \tag{7-3-5}$$

次级力源的种类多种多样，最常用的是电动作动器、压电陶瓷片等，它们可以分别等效为点力源和分布力源。下面推导不同作用力下的广义模态力表达式。

（1）斜入射平面波

设入射平面波幅度为 p_0，入射角为 (θ_i, ϕ_i)，则声压表达式为：

$$p_i(x, y, t) = p_0 \mathrm{e}^{-j(\omega t - kx\sin\theta_i\cos\phi_i - ky\sin\theta_i\sin\phi_i)} \qquad (7\text{-}3\text{-}6)$$

在此外力作用下的 (m, n) 阶广义激励力为：

$$Q_{mn} = 8p_0\bar{\gamma}_m\bar{\gamma}_n \qquad (7\text{-}3\text{-}7)$$

式中，$\bar{\gamma}_m$、$\bar{\gamma}_n$ 分别为：

$$\bar{\gamma}_m = \begin{cases} -\dfrac{j}{2}\mathrm{sgn}(\sin\theta_i\cos\phi_i) & (m\pi)^2 = \alpha_x^2 \\[3mm] \dfrac{m\pi[1-(-1)^m\mathrm{e}^{-j\alpha_x}]}{(m\pi)^2 - \alpha_x^2} & (m\pi)^2 \neq \alpha_x^2 \end{cases} \qquad (7\text{-}3\text{-}8)$$

$$\bar{\gamma}_n = \begin{cases} -\dfrac{j}{2}\mathrm{sgn}(\sin\theta_i\cos\phi_i) & (n\pi)^2 = \alpha_y^2 \\[3mm] \dfrac{n\pi[1-(-1)^n\mathrm{e}^{-j\alpha_y}]}{(n\pi)^2 - \alpha_y^2} & (n\pi)^2 \neq \alpha_y^2 \end{cases} \qquad (7\text{-}3\text{-}9)$$

式中，

$$\alpha_x = \sin\theta_i\cos\phi_i(\omega l_x/c_0), \quad \alpha_y = \sin\theta_i\cos\phi_i(\omega l_y/c_0) \qquad (7\text{-}3\text{-}10)$$

（2）分布作用力

在一个简支矩形平板两侧对称地粘贴两片相同的压电陶瓷片，以相反电压驱动。压电陶瓷片的粘贴位置及其坐标如图 7-3-1（a）、（b）所示。矩形平板的第 (m, n) 阶广义激励力为：

$$Q_{mn} = \frac{4C_0\varepsilon_{\mathrm{pe}}}{mn\pi^2}(\beta_m^2 + \beta_n^2)[\cos(\beta_m x_1) - \cos(\beta_m x_2)][\cos(\beta_n x_1) - \cos(\beta_n x_2)] \qquad (7\text{-}3\text{-}11)$$

式中，C_0 为压电常数，它与材料特性和几何尺寸有关；$\varepsilon_{\mathrm{pe}}$ 为无约束压电层产生的应力，有：

$$\varepsilon_{\mathrm{pe}} = d_{31}V/t_{\mathrm{a}} \qquad (7\text{-}3\text{-}12)$$

式中 t_{a}——陶瓷片厚度；

$\quad d_{31}$——绝缘应力常数；

$\quad V$——加到极化方向的电压。

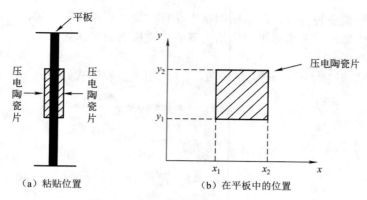

图 7-3-1　压电陶瓷片在结构中的位置

（3）点力

如果一个幅度为 F 的点力位于简支矩形板(x_0, y_0)处，则它的(m, n)阶广义模态激励力为：

$$Q_{mn} = \frac{4F}{l_x l_y} \sin(\beta_m x_0) \sin(\beta_n y_0) \qquad (7\text{-}3\text{-}13)$$

上面给出了不同力源的广义模态力，依据式（7-3-1）～式（7-3-3），就可以计算出不同外力作用下平板表面法向振速。由此根据瑞利公式就可求出远场任一点的声压，有：

$$p(\boldsymbol{r}) = \int_S \frac{j\omega\rho_0 v(\boldsymbol{r}_s)\, e^{-jkR}}{2\pi R}\, dS \qquad (7\text{-}3\text{-}14)$$

式中，$v(\boldsymbol{r}_s) = dw(\boldsymbol{r}_s)/dt$，为结构表面法向振速；$R = |\boldsymbol{r} - \boldsymbol{r}_s|$为结构振动面元到观察点的距离。在以下的研究中，设初级声场源为 N 列斜入射简谐平面波激励，次级源分别为分布式作用力和点力，其个数分别为 M_d 和 M_p。用稳态相位法（stationary-phase solution）可以导出式（7-3-14）的解析表达式。

在声场某一点 $\boldsymbol{r} = (R, \theta, \phi)$，初级声压为：

$$p_{\mathrm{p}}(\boldsymbol{r}) = K \sum_{j=1}^{N} \sum_{m=1}^{\infty} \sum_{n=1}^{\infty} W_{mnj}^{\mathrm{p_i}} \gamma_m \gamma_n \qquad (7\text{-}3\text{-}15)$$

对于分布式次级力源，次级声压为：

$$p_{\mathrm{sd}}(\boldsymbol{r}) = K \sum_{j=1}^{M_d} \sum_{m=1}^{\infty} \sum_{n=1}^{\infty} W_{mnj}^{\mathrm{d}} \gamma_m \gamma_n \qquad (7\text{-}3\text{-}16)$$

对于点次级力源，次级声压为：

$$p_{\mathrm{sp}}(\boldsymbol{r}) = K \sum_{j=1}^{M_p} \sum_{m=1}^{\infty} \sum_{n=1}^{\infty} W_{mnj}^{\mathrm{p}} \gamma_m \gamma_n \qquad (7\text{-}3\text{-}17)$$

式中，W_{mnj} 为第 j 个力源引起的(m, n)阶模态幅度，如式（7-3-4）所示，其中的上标 $\mathrm{p_i}$、d 和 p 分别表示平面波激励、分布力源和点力源。其他参数的表达式为：

$$K = -\frac{\omega^2 \rho_0 l_x l_y}{2\pi R} \exp\left\{ j\omega \left[t - \frac{r}{c_0} - \frac{\sin\theta}{2c_0} (l_x \cos\phi + l_y \sin\phi) \right] \right\} \tag{7-3-18}$$

$$\gamma_m = \begin{cases} -\dfrac{j}{2} \mathrm{sgn}(\sin\theta\cos\phi) & (m\pi)^2 = \bar{\alpha}_x^2 \\[3mm] \dfrac{m\pi[1 - (-1)^m e^{-j\bar{\alpha}_x}]}{(m\pi)^2 - \bar{\alpha}_x^2} & (m\pi)^2 \neq \bar{\alpha}_x^2 \end{cases} \tag{7-3-19}$$

$$\gamma_n = \begin{cases} -\dfrac{j}{2} \mathrm{sgn}(\sin\theta\cos\phi) & (n\pi)^2 = \bar{\alpha}_y^2 \\[3mm] \dfrac{n\pi[1 - (-1)^n e^{-j\bar{\alpha}_y}]}{(n\pi)^2 - \bar{\alpha}_y^2} & (n\pi)^2 \neq \bar{\alpha}_y^2 \end{cases} \tag{7-3-20}$$

式中，

$$\bar{\alpha}_x = \sin\theta\cos\phi\,(\omega l x / c_0) \tag{7-3-21}$$

$$\bar{\alpha}_y = \sin\theta\cos\phi\,(\omega l y / c_0) \tag{7-3-22}$$

当初、次级声源同时作用时，总的声压为初、次级声压的叠加。对于分布式次级力源，有：

$$p_{\mathrm{t}} = p_{\mathrm{p}} + p_{\mathrm{sd}} = \sum_{j=0}^{N} p_{0j} b_j + \sum_{j=0}^{M_{\mathrm{d}}} (C_0 \varepsilon_{\mathrm{pe}})_j a_j \tag{7-3-23}$$

对于点力：

$$p_{\mathrm{t}} = p_{\mathrm{p}} + p_{\mathrm{sd}} = \sum_{j=0}^{N} p_{0j} b_j + \sum_{j=0}^{M_{\mathrm{p}}} F_j c_j \tag{7-3-24}$$

根据式（7-3-15）～式（7-3-17），以上两式中的有关系数分别为：

$$a_j = K \sum_{m=1}^{\infty} \sum_{n=1}^{\infty} D_{mnj}^{\mathrm{pi}} \gamma_m \gamma_n \tag{7-3-25}$$

$$b_j = K \sum_{m=1}^{\infty} \sum_{n=1}^{\infty} D_{mnj}^{\mathrm{d}} \gamma_m \gamma_n \tag{7-3-26}$$

$$c_j = K \sum_{m=1}^{\infty} \sum_{n=1}^{\infty} D_{mnj}^{\mathrm{p}} \gamma_m \gamma_n \tag{7-3-27}$$

式中，

$$D_{mnj}^{\mathrm{pi}} = W_{mnj}^{\mathrm{pi}} / p_{0j} \tag{7-3-28}$$

$$D_{mnj}^{\mathrm{d}} = W_{mnj}^{\mathrm{d}} / (C_0 \varepsilon_{\mathrm{pe}})_j \tag{7-3-29}$$

$$D_{mnj}^{\mathrm{p}} = W_{mnj}^{\mathrm{p}} / F_j \tag{7-3-30}$$

式（7-3-23）和式（7-3-24）也可以表示为矢量形式。对于分布式次级力源，有：

$$p_{\mathrm{t}} = \boldsymbol{A}^{\mathrm{T}} \boldsymbol{q}_{\mathrm{p}} + \boldsymbol{B}^{\mathrm{T}} \boldsymbol{q}_{\mathrm{sd}} \tag{7-3-31}$$

式中，A、B 分别为 N 阶和 M_d 阶列矢量，它的第 j 个元素分别为式（7-3-25）中的 a_j 和式（7-3-26）中的 b_j。

如果次级力源为点力，则：

$$p_t = A^T q_p + C^T q_{sp} \tag{7-3-32}$$

式中，C 为 M_p 阶列矢量，它的第 j 个元素为式（7-3-27）中的 c_j。

以上两式中的 q_p 为入射声波幅度列矢量，$q_p = [p_{01},\ p_{02},\ \cdots,\ p_{0N}]^T$，$q_{sd}$ 和 q_{sp} 分别为分布力和点力强度列矢量，有 $q_{sd} = [(C_0 \varepsilon_{pe})_1,\ (C_0 \varepsilon_{pe})_2,\ \cdots,\ (C_0 \varepsilon_{pe})_{M_d}]^T$，$q_{sp} = [F_1,\ F_2,\ \cdots,\ F_{M_p}]^T$。

求得初、次级声压后，可以计算出结构总的辐射声功率，定义它为有源控制的目标函数，有：

$$J = \frac{1}{R} \int_S |p_t|^2 \, dS = \int_0^{2\pi} \int_0^{\pi/2} |p_t|^2 \sin\theta d\theta d\phi \tag{7-3-33}$$

分别将式（7-3-31）和式（7-3-32）代入上式，可以获得分布式次级力源和点次级力源作用下的目标函数，分别为：

$$J_d = q_s^T A q_s + 2\mathrm{Re}(q_s^T \tilde{B}A q_p^*) + q_p^T B q_p \tag{7-3-34}$$

$$J_p = q_s^T A q_s + 2\mathrm{Re}(q_s^T \tilde{C}A q_p^*) + q_p^T C q_p \tag{7-3-35}$$

式中，

$$\tilde{A} = \int_0^{2\pi} \int_0^{\frac{\pi}{2}} AA^H \sin\theta d\theta d\phi \tag{7-3-36}$$

$$\tilde{B} = \int_0^{2\pi} \int_0^{\frac{\pi}{2}} BB^H \sin\theta d\theta d\phi \tag{7-3-37}$$

$$\tilde{B}A = \int_0^{2\pi} \int_0^{\frac{\pi}{2}} BA^H \sin\theta d\theta d\phi \tag{7-3-38}$$

$$\tilde{C}A = \int_0^{2\pi} \int_0^{\frac{\pi}{2}} CA^H \sin\theta d\theta d\phi \tag{7-3-39}$$

于是，根据式（7-3-34）和式（7-3-35）就能够求出最优次级力源强度和相应的最小辐射声功率。对于结构振动声辐射，传声损失定义为：

$$TL = 10\lg\left(\frac{W_i}{W_t}\right) \tag{7-3-40}$$

式中，W_i 为入射波声功率；W_t 为结构总的辐射声功率，分别为：

$$W_i = \frac{p_i^2 l_x l_y \cos\theta_i}{2\rho_0 c_0} \tag{7-3-41}$$

$$W_t = \frac{1}{2\rho_0 c_0} \int_0^{2\pi} \int_0^{\frac{\pi}{2}} |p(r,\ \theta,\ \varphi)|^2 r^2 \sin\theta d\theta d\phi \tag{7-3-42}$$

3.1.2 次级力源的影响

下面通过算例研究次级力源类型和位置对控制结构声辐射的影响。设有一简支矩形钢板，长宽分别为 0.38m 和 0.30m，厚度为 2mm，其他物理常数取杨氏模量 $E = 2.07 \times 10^{11} \text{N} / \text{m}^2$，体密度 $\rho_h = 7.87 \times 10^3 \text{kg} / \text{m}^3$，泊松比 $\upsilon = 0.292$。对此平板，可计算出 500Hz 以下有 4 个振动模态，其模态序数和特征频率分别为：（1，1）87.71Hz；（2，1）188.74Hz；（1，2）249.81Hz；（2，2）350.85Hz。入射和辐射声波的坐标示意图如图 7-3-2 所示。

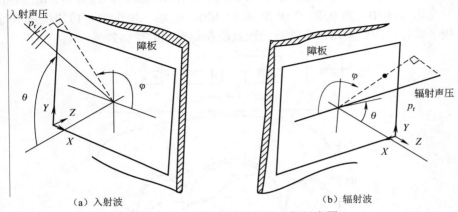

图 7-3-2　入射和辐射声波的坐标示意图

（1）点力控制

设初级板受到斜入射平面波的激励，平面波幅度为 10N/m²，入射角 $\theta=45°$，$\phi=0°$，频率为 186Hz，它接近于（2，1）振动模态的特征频率。分别采用一个、二个和三个点力为次级力源，其位置见图 7-3-3（a）。按上一小节的有关公式可以计算出有源控制前后的声压指向性变化情况，如图 7-3-3（b）所示。图中实线为有源控制前的声压分布，三种虚线分别代表不同个数次级力源作用下的声压分布。依据式（7-3-40），计算出这三种情况下的传声损失分别为 0.6dB、48.7dB 和 66.8dB。可见，由于（2，1）振动模态辐射声压表现出偶极子特性，因此需要两个以上的点次级力源才能获得较好的控制效果。

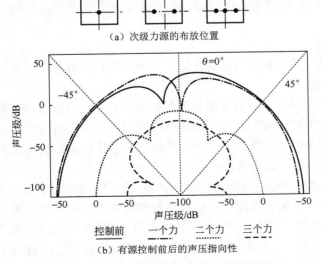

图 7-3-3　次级点力控制矩形平板声辐射

（2）分布力控制

设初级板受到点力激励，频率为 85Hz，它接近于（1，1）振动模态的特征频率。次级力为压电陶瓷片，分别采用四种次级力源布放形式，其位置如图 7-3-4（a）所示，图中左下角的黑方块为初级力源。压电陶瓷片的材料型号为 G1195，厚度为 0.19mm。有源控制前后的声压指向性见图 7-3-4（b），其中实线和虚线分别为有源控制前后的声压分布。这四种情况下的传声损失分别为 60.6dB、70.0dB、70.0dB 和 93.4dB。可见，由于（1，1）振动模态辐射声压表现出单极子特性，因此采用一个次级力源就能获得理想的控制效果。

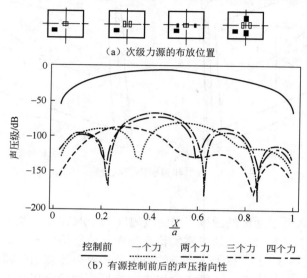

（a）次级力源的布放位置

控制前   一个力   两个力   三个力   四个力

（b）有源控制前后的声压指向性

图 7-3-4   分布式次级力控制矩形平板声辐射

从上面的两个算例可以看出，次级力源类型和布放对有源控制效果有重要影响。研究表明，点力源和分布力源相比，前者的控制效果更好。而次级力源个数对有源控制效果的影响，属于次级力源最优布放问题，是有源力控制研究的重要内容。优化的方法也分为解析法和进化算法两大类，其步骤与自由声场和封闭空间中有源控制研究优化问题的步骤基本相同，这里就不再重述。

3.1.3   物理机制

研究有源力控制物理机制的方法有：①振动模态法；②波数法；③辐射模态法。

（1）振动模态法

研究结构声有源控制最直接的方法是观察和分析有源控制前后结构振动模态的变化。根据结构振动声辐射有关知识可知，在一定频率范围内，对声辐射占主导地位的振动模态的个数是有限的，因此如果能够降低每个主导振动模态的幅度，那么结构总的辐射声功率就能够得到降低。但是问题在于，这个关系反过来就不一定成立了。

通过实验研究有源控制前后初级结构振动模态的变化，结果表明，不管初级力频率如何，哪些振动模态被激发，如果有源控制后结构辐射声功率要得到降低，那么声辐射主导模态的幅度必然会降低，其他模态的情况将不同。具体来说，有两种有源控制机理：模态抑制（modal suppression）和模态重构（modal reconstruction）。所谓模态抑制，指的是通过有源控制，次级力源不仅降低了主导模态振动幅度，而且其他模态的幅度也被全面降低。模态重构指的是有源控制后，次级力源仅仅降低了主导模态的振动幅度，其他模态的幅度并不一定被减小，而是重新安排各模态的相位，使结构的声辐射效率得以降低，这种情况通常发生在初级力频率等于结构的非特征频率时。

（2）波数法

频域中的声波波动方程，也就是 Helmholtz-Kirkoff 方程可以表示为：

$$(\nabla^2 + k^2)\, p(\boldsymbol{r}) = 0 \tag{7-3-43}$$

在直角坐标系中，对上式的空间变量作傅里叶变换，得到 Helmholtz-Kirkoff 方程的波数域表达式，有：

$$\left(k^2 - k_x^2 - k_y^2 + \frac{\partial^2}{\partial z^2}\right) p(k_x,\ k_y,\ z) = 0 \tag{7-3-44}$$

式中，$p(k_x,\ k_y,\ z)$ 为 $(k_x,\ k_y)$ 波数域中的声压，令：

$$k_z = \sqrt{k^2 - k_x^2 - k_y^2} \tag{7-3-45}$$

则求出方程（7-3-44）的解为：

$$p(k_x,\ k_y,\ z) = A\mathrm{e}^{-jk_z z} \tag{7-3-46}$$

式中，A 为待定常数，由声场边界条件决定。

式（7-3-45）中，如果 $k^2 > k_x^2 + k_y^2$，则 k_z 为实数。由式（7-3-46）可以看出，此时的声波为沿 Z 方向传播的平面波。反之，如果 $k^2 < k_x^2 + k_y^2$，则 k_z 为虚数，声波在 z 方向将呈指数形式逐渐衰减。

声场中媒质质点振速和声压之间满足运动方程，在振动结构表面，由于结构振速等于相邻媒质质点振速，因此有：

$$j\omega\rho_0 v(x,\ y) + \frac{\partial p(x,\ y,\ z)}{\partial z} = 0 \tag{7-3-47}$$

式中，$v(x,\ y)$ 为结构表面法向振速。在波数域，上式变为：

$$j\omega\rho_0 V(k_x,\ k_y) + \frac{\partial p(k_x,\ k_y,\ z)}{\partial z} = 0 \tag{7-3-48}$$

将式（7-3-46）代入上式，即可求出待定常数 A，有：

$$A = \omega\rho_0 V(k_x,\ k_y)/k_z \tag{7-3-49}$$

于是，我们就可以求得波数域声压，然后将式（7-3-46）作傅里叶反变换，得到：

$$p(x,\ y,\ z) = \frac{\omega\rho_0}{(2\pi)^2} \int_{-\infty}^{\infty} \int_{-\infty}^{\infty} \frac{V(k_x,\ k_y)\ \mathrm{e}^{-j(k_x x + k_y y)}}{k_z} \mathrm{d}k_x \mathrm{d}k_y \tag{7-3-50}$$

获得辐射声压后，就可以通过下式求得结构振动声辐射功率，有：

$$W = \frac{1}{2}\mathrm{Re}\left[\int_{-\infty}^{\infty} \int_{-\infty}^{\infty} p(x,\ y)\, v(x,\ y)\ \mathrm{d}x\mathrm{d}y\right] \tag{7-3-51}$$

Parseval 定理将空域积分和波数域积分联系起来，其数学表达式为：

$$\int_{-\infty}^{\infty}\int_{-\infty}^{\infty} p(x,\ y)\ v(x,\ y)\ \mathrm{d}x\mathrm{d}y = \frac{1}{4\pi^2}\int_{-\infty}^{\infty}\int_{-\infty}^{\infty} p(k_x,\ k_y)\ v(k_x,\ k_y)\ \mathrm{d}k_x\mathrm{d}k_y$$

（7-3-52）

利用该定理，式（7-3-51）即可转换到波数域，有：

$$W = \frac{\omega\rho_0}{8\pi^2}\mathrm{Re}\Big[\int_{-\infty}^{\infty}\int_{-\infty}^{\infty}\frac{|v(k_x,\ k_y)|^2}{\sqrt{k^2 - k_x^2 - k_y^2}}\mathrm{d}k_x\mathrm{d}k_y\Big] \qquad （7\text{-}3\text{-}53）$$

在 $k^2 \geqslant k_x^2 + k_y^2$ 的范围内，k_z 为实数，上式中积分限将缩小，变为：

$$W = \frac{\omega\rho_0}{8\pi^2}\iint_{k_x^2 + k_y^2 \leqslant k^2}\frac{|v(k_x,\ k_y)|^2}{\sqrt{k^2 - k_x^2 - k_y^2}}\mathrm{d}k_x\mathrm{d}k_y \qquad （7\text{-}3\text{-}54）$$

因此，从上式可以看出：如果 $k^2 \geqslant k_x^2 + k_y^2$，则 k_z 为实数，结构向远场辐射声压，有了声功率的输出；反之，如果 $k^2 \leqslant k_x^2 + k_y^2$，则 k_z 为虚数，近场声压能够产生，而并不向远场输出声功率。由于 $k = \omega / c_0$ 对应于声速，因此，人们将 $k \geqslant \sqrt{k_x^2 + k_y^2}$ 称为超音速波数区（supersonic wavenumber），而将 $k \leqslant \sqrt{k_x^2 + k_y^2}$ 称为亚音速波数区（subsonic wavenumber）。

上面对波数区域的划分，说明这样一个事实：如果结构表面振速分布于超音速波数区，则结构向空间辐射声能；反之，如果结构表面振速分布于亚音速波数区，则结构不会向空间辐射声能。我们可以用这一概念方便地解释结构声有源控制的物理机制。

以长宽为 l_x、l_y 的简支矩形平板为例，已知 $(m,\ n)$ 阶振动模态的位移，在波数域就有：

$$W_{mn}(k_x,\ k_y) = A_{mn}\int_0^{l_x}\int_0^{l_y}\sin\Big(\frac{m\pi x}{l_x}\Big)\sin\Big(\frac{n\pi y}{l_y}\Big)\mathrm{e}^{-jk_x x}\mathrm{e}^{-jk_y y}\mathrm{d}y\mathrm{d}x \qquad （7\text{-}3\text{-}55）$$

将上式的幅度绘于 $(k_x,\ k_y)$ 空间，就得到波数域结构振动模态自功率谱。以 k_x 方向为例，它可以分为超音速区和亚音速区，如图 7-3-5（a）所示。前面已经指出，对声辐射有贡献的是超音速区的振动模态幅度。实施有源控制后，在整个波数域内结构振动模态总能量并未降低，甚至增加了，但在超音速区内，振动模态的幅度被降低[图 7-3-5（b）]，从而导致声辐射功率的降低。

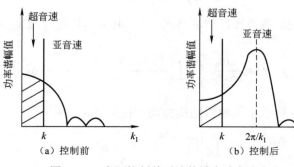

图 7-3-5　有源控制前后波数域声功率分布

（3）辐射模态法

前面两种方法只能定性地了解有源控制机理，下面用辐射模态法加以定量解释。结构振动声辐射总功率可以表示为有限个声辐射模态的叠加，即有：

$$W = \boldsymbol{y}^{\mathrm{H}} \boldsymbol{\Lambda} \boldsymbol{y} = \sum_{k=1}^{N} \lambda_k \mid y_k \mid^2 \qquad (7\text{-}3\text{-}56)$$

式中，$\boldsymbol{y}$ 为声辐射模态矢量，y_k 为第 k 阶辐射模态的幅度，加权系数 λ_k 为第 k 个辐射模态的辐射效率系数。这说明，可以将辐射声功率表示为 N 个模态的叠加，各辐射模态的辐射声功率是独立的，彼此互不影响，因此利用辐射模态的观点解释有源控制机理更加简明扼要。

下面通过一个算例从辐射模态的角度说明有源声辐射控制的物理机制。设有一简支矩形铝板，其长宽分别为 0.38m 和 0.30m，厚度为 1mm。一斜入射平面波，与 Z 轴的夹角以及其投影与 X 轴的夹角均为 45°，频率为 350Hz，入射到初级结构上。次级力源采用位于平板中心的压电陶瓷片。对这样一个结构，它的各阶辐射模态的辐射效率系数与无量纲频率 kl 的关系如图 7-3-6 所示，其中 l 是矩形平板最长边的边长。由此可见，在低频范围内，第 1 阶辐射模态占有绝对重要的地位。

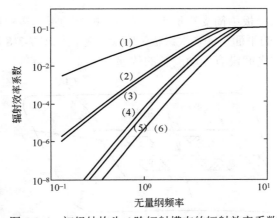

图 7-3-6　初级结构头 6 阶辐射模态的辐射效率系数

以声功率最小化为控制目标，可以计算出，有源控制使传声损失达到 12.5dB。从结构振动模态幅度的变化来看，有源控制的机理在于模态重构。将矩形平板沿 X、Y 方向均匀分割为 8×8 个面元。计算出有源控制前后辐射模态幅度的变化情况，如图 7-3-7 所示。可以清晰地看出，有源控制的机理在于减小第 1 阶辐射模态幅度，降低比例达到 95.6%，虽然高阶辐射模态在有源控制后被增加，但由于它们的辐射效率系数极低，因此对总的辐射声功率的影响几乎可以忽略不计。

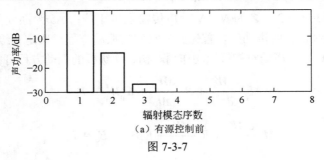

（a）有源控制前

图 7-3-7

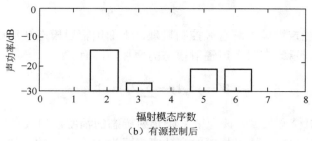

（b）有源控制后

图 7-3-7　有源控制前后辐射模态分布的变化

3.2　基于分布式声源的有源隔声结构

分布式声源的表面积可以做得很大且形状可弯曲，很适合应用于分布参数噪声源的有源控制。因此由分布式次级声源作为次级激励，结合近场误差传感策略来抵消结构辐射声，成为有源声学结构的一种典型形式。

3.2.1　基本理论

初级声场源于无限大障板中简支矩形平板（初级板）的振动声辐射，激励力为斜入射平面波，L 个位于同一平面的平面声源（次级板）为次级源，如图 7-3-8 所示。次级板采用软支撑固定在初级板上，它们之间没有振动能量的传递。

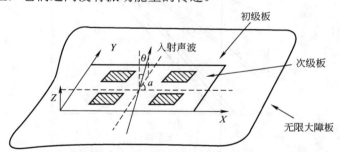

图 7-3-8　平面声源控制结构辐射声示意图

（1）初、次级板辐射声功率

用近场方法求初、次级板结构辐射声功率。将板分割成面积相等的 N 个振动面元，面元几何尺寸远小于声波波长。如果第 i 个面元的法向振速为 v_i，则各面元的法向振速 $V = [v_1,\ v_2,\ \cdots,\ v_N]^T$。于是，该弹性板的辐射声功率为：

$$W = V^H R V \tag{7-3-57}$$

式中，$R = \Delta S \operatorname{Re}(Z)/2$；$Z$ 为 $N \times N$ 阶声传输阻抗矩阵；ΔS 为面元面积。

为了计算初、次级板辐射声功率，首先建立它们的振动方程。假定初级板的机械阻抗比次级板大得多，则可忽略次级声场对初级板的作用。初、次级板的振动方程可以表示为如下形式：

$$M_p \frac{d^2 W_p}{dt^2} + R_p \frac{dW_p}{dt} + K_p W_p = F_p \tag{7-3-58}$$

$$M_s \frac{d^2 W_s}{dt^2} + R_s \frac{dW_s}{dt} + K_s W_s = F_{sc} + F_{sp} \tag{7-3-59}$$

式中，W 为板的法向位移矢量；M、R 和 K 为板的质量、阻尼和刚度矩阵，下标 p 和 s 分别代表初、次级板；F_p 为初级板的外部激励力矢量；F_{sc} 为施加于次级板上的控制力；F_{sp} 为初级声场对次级板的作用力。

当初级板单独辐射声波时，其总声功率为：

$$W_{pp} = V_p^H R V_p \qquad (7\text{-}3\text{-}60)$$

式中，V_p 为 N 维列矢量，代表初级板 N 个振动面元的表面法向振速。

每个次级板分为 M 个振动面元，第 l 个次级板的表面振速矢量为 $V_{sl} = [v_{sl1}, \ v_{sl2}, \ \cdots, \ v_{slM}]^T$，$L$ 个次级板的振速为 $V_s = [V_{s1}^T \ \ V_{s2}^T \ \cdots \ V_{sL}^T]^T$。与受到的作用力相对应，次级板的振速可表示为：

$$V_s = V_{sc} + V_{sp} \qquad (7\text{-}3\text{-}61)$$

式中，V_{sc} 和 V_{sp} 对应的激励力为次级控制力和初级声场对次级板的作用力。

为了利用式（7-3-57），先定义一个与初级板振速列矢量 V_p 长度相同的次级板振速列矢量：

$$V_{s0} = [V_{s1}^T \ \ V_{s2}^T \ \cdots \ V_{sL}^T \ \ O^T]^T = [V_s^T \ \ O^T]^T \qquad (7\text{-}3\text{-}62)$$

式中，O 为 M_2 阶列矢量（$M_2 = N - M \times L$），它的每个分量皆为零。与声波波长相比，在低频条件下，初、次级板的间隙可以忽略不计，这样就可以认为它们处于同一平面。于是，初、次级板总的振速列矢量为：

$$V = V_p + V_{s0} \qquad (7\text{-}3\text{-}63)$$

将上式代入式（7-3-57），得到初、次级板总的辐射声功率表达式为：

$$W = W_{pp} + W_{ss} + W_{ps} \qquad (7\text{-}3\text{-}64)$$

式中　W_{pp}，W_{ss}——初级板、次级板单独作用时的辐射声功率；

$\qquad W_{ps}$——初、次级板辐射声场相互干涉产生的声功率。

（2）初、次级板表面法向振速

利用模态叠加法表示结构表面法向振速，有：

$$v(\omega, \ x, \ y) = j\omega \sum_{n_x=1}^{N_x} \sum_{n_y=1}^{N_y} F_n A_n \phi_n(x, \ y) \qquad (7\text{-}3\text{-}65)$$

式中，$n = (n_x, \ n_y)$ 表示沿 x、y 方向的模态序数，N_x 和 N_y 为 x、y 方向截取的最大模态数。ϕ_n 和 $F_n A_n$ 为第 n 阶振动模态的模态函数和模态幅度，分别由结构的边界条件和结构自身的动力响应参数决定，F_n 为广义模态力，它与外部激励力 $f(x, \ y)$ 的关系是：

$$F_n = \frac{1}{S} \iint_S \phi_n(x, \ y) \, f(x, \ y) \, \mathrm{d}x\mathrm{d}y \qquad (7\text{-}3\text{-}66)$$

式中，S 为结构表面面积。

对于初级板，外部激励力为斜入射平面波，利用式（7-3-66）可以求得此力作用下的结构法向振速 V_p。对于次级板，根据式（7-3-59）知道，作用到第 l 个次级板上的作用力可分解为两个部分：次级力和初级声场作用力，即：

$$f_{sl}(x,\ y) = f_{scl}(x,\ y) + f_{spl}(x,\ y) \tag{7-3-67}$$

式中，$f_{scl}(x,\ y)$ 为第 l 个次级板上的控制力。

假设次级力为作用在次级板上 $(x_l,\ y_l)$ 处的点力，有：

$$f_{scl}(x,\ y) = f_{l0}\delta(x - x_l)\ \delta(y - y_l) \tag{7-3-68}$$

式中，f_{l0} 为次级力的复强度。

初、次级板之间构成了一个扁平空间（图 7-3-9），如果两块板的间隙 l_{sp} 远小于声波波长 λ，则认为在此空间内的声学物理量满足如下关系，有：

$$\frac{\Delta V}{V_0} = -\frac{\Delta\rho}{\rho_0} \tag{7-3-69}$$

式中，$V_0 = l_{sp}S_s$ 为初、次级板构成的封闭空间体积；S_s 为次级板的面积；ρ_0 为空间内介质的密度；ΔV 和 $\Delta\rho$ 分别为初级板振动引起的体积和密度增量。

根据状态方程 $\Delta p = c_0^2\Delta\rho$ 和 $\Delta V = S_s\Delta l$，可以推出：

$$\Delta l = -\frac{l_{sp}}{\rho_0 c_0^2}\Delta p \tag{7-3-70}$$

式中，Δl 和 Δp 为次级板法向位移和空腔内声压的起伏分量，于是：

$$v_p = \lim_{\Delta t \to 0}\frac{\Delta l}{\Delta t} = -\frac{l_{sp}}{\rho_0 c_0^2}\lim_{\Delta t \to 0}\frac{\Delta p}{\Delta t} = -\frac{l_{sp}}{\rho_0 c_0^2}\frac{\mathrm{d}p}{\mathrm{d}t} = -\frac{j\omega l_{sp}}{\rho_0 c_0^2}p \tag{7-3-71}$$

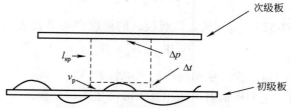

图 7-3-9   初级声场对次级板的作用

因此，由上式可以推出作用在次级板面元上的压力为：

$$f_{splm} = p\Delta S = \frac{j\Delta S\rho_0 c_0^2}{\omega l_{sp}}v_p(x_{lm},\ y_{lm}) \tag{7-3-72}$$

式中，$v_p(x_{lm},\ y_{lm})$ 为第 l 个次级板上第 m 个面元的法向振速；$(x_{lm},\ y_{lm})$ 为该面元中心点的坐标。于是，根据式（7-3-66），可以得到第 l 个次级板的第 n 阶广义模态力为：

$$F_{n,\ sl} = \frac{1}{S_s}\iint_S \phi_{n,\ s}(x,\ y)[f_{scl}(x,\ y) + f_{spl}(x,\ y)]\mathrm{d}x\mathrm{d}y \tag{7-3-73}$$

$$= f_{l0}g_{n,\ scl} + F_{n,\ spl}$$

式中，

$$g_{n,\ scl} = \frac{1}{S_s}\phi_{n,\ s}(x_l,\ y_l) \tag{7-3-74}$$

$$F_{n,\,spl} = \frac{1}{S_s} \iint \phi_{n,\,s}(x,\ y)\, f_{spl}(x,\ y)\ \mathrm{d}x\mathrm{d}y \tag{7-3-75}$$

将上式中的面积分在各振动面元上离散，有：

$$
\begin{aligned}
F_{n,\,spl} &= \frac{\Delta S}{S_s} \sum_{m=1}^{M} \phi_{n,\,s}(x_{lm},\ y_{lm})\, f_{splm}(x_{lm},\ y_{lm}) \\
&= \frac{(\Delta S)^2 \rho_0 c_0^2}{j\omega l_{sp} S_s} \sum_{m=1}^{M} \phi_{n,\,s}(x_{lm},\ y_{lm})\, v_p(x_{lm},\ y_{lm})
\end{aligned}
\tag{7-3-76}
$$

这样就得到第 l 个次级板的法向振速矢量，有：

$$V_{sl} = f_{l0}V_{scl}' + V_{spl} \tag{7-3-77}$$

式中，V_{scl}' 和 V_{spl} 的第 m 个分量为：

$$v_{scl,\,m}'(x,\ y) = j\omega \sum_{n_x=1}^{N_x} \sum_{n_y=1}^{N_y} g_{n,\,scl} A_{n,\,s} \phi_{n,\,s}(x_{lm},\ y_{lm}) \tag{7-3-78a}$$

$$v_{spl,\,m}(x,\ y) = j\omega \sum_{n_x=1}^{N_x} \sum_{n_y=1}^{N_y} F_{n,\,spl} A_{n,\,s} \phi_{n,\,s}(x_{lm},\ y_{lm}) \tag{7-3-78b}$$

（3）辐射声功率最小化

式（7-3-77）中，控制力引起的次级板法向振速矢量可以进一步表示为：

$$V_{sc} = FV_{sc}' \tag{7-3-79}$$

式中，$F = [f_{10},\ f_{20},\ \cdots,\ f_{L0}]^{\mathrm{T}}$，为次级控制力强度组成的列矢量。

获得法向速度矢量 V_p 和 V_s 后，就得到初、次级板总的辐射声功率为：

$$W = F^{\mathrm{H}} A F + F^{\mathrm{H}} B + B^{\mathrm{H}} F + C \tag{7-3-80}$$

式中，系数矩阵 A、B 和常数 C 是初、次级板表面法向振速的函数。于是可求得次级力的最优强度为：

$$F_o = -A^{-1} B \tag{7-3-81}$$

相应地，有源控制后的最小声功率为：

$$W_o = C - B^{\mathrm{H}} A^{-1} B \tag{7-3-82}$$

3.2.2 次级声源的布放

次级声源布放问题包括确定次级声源个数、每个次级声源的面积、各次级声源的位置。正如 3.1.3 节所述，利用点次级声源控制结构声辐射的机理和布放规律可运用 Maidanik "角落单极子" 模型解释。根据这一模型，在低频条件下，平板振动声辐射可以等效为坐落在板四个角落的单极子源的声辐射，这四个单极子可以组合成单极子、偶极子和四极子三种类型的声源，它们分别对应于平板的 "奇-奇" "奇-偶"（或 "偶-奇"）和 "偶-偶" 振动模态声辐射。用点次级声源控制结构振动辐射声时，要求次级源的极型等于或高于初级结构等效声源的极型。与点次级声源不同的是，分布式次级声源的声辐射也可以用四个"角落单极子"源的声辐射来等效，这样多个次级板的声辐射则等效为"角落单极子"阵的声辐射，声源阵中的每四个"角落单极子"（一个次级板的四个等效单极子）声源强度受到同一个次级控制力的约束。因此，分布式次级声源的布放规律与点次级声源的布放规律有所不同。

由于单个平面结构（初级板和次级板）的等效辐射声源可以是单极子、偶极子和四极子中的任一种类型，因此为了在较宽的频率范围内对初级声场有控制效果，次级声源最好是四极子源，也就是说，四极子源可以很好地抵消单极子、偶极子和四极子源声辐射。由于四个分布式次级声源可以在任何频率下组合成四极子源，因此从原理上来说，采用四个分布式次级声源可以抵消初级板的所有类型的振动模态声辐射。

由以上分析可获得平面声源抵消结构辐射声时次级声源的布放规律：①单个次级板可以控制初级板的"奇-奇"振动模态声辐射；②两个次级板可以控制初级板的"奇-奇"和"奇-偶"振动模态声辐射；③四个次级板可以控制所有类型的振动模态声辐射。另外，研究还发现：次级板的面积越大，降噪效果越好；采用四个次级声源，其面积不必覆盖整个初级板，就能取得很好的降噪效果。

3.2.3　误差信号的获取

解决有源声学结构误差传感的方案有两种：近场声压传感和分布式位移传感。下面分别讨论。

（1）近场声压传感

① 基于近场声压的结构辐射声功率估计

如前所述，将弹性板均匀分割成 N 个振动面元，各面元上的振速和声压组成的 N 阶列矢量分别为 P 和 V，两者之间有如下关系：

$$P = ZV \tag{7-3-83}$$

或

$$V = YP \tag{7-3-84}$$

式中，Z 为 $N \times N$ 阶传输阻抗矩阵；Y 为传输导纳矩阵，是矩阵 Z 的逆。将式（7-3-84）代入式（7-3-60），整理后得到：

$$W = P^{\mathrm{H}} G P \tag{7-3-85}$$

式中，$G = \Delta S \operatorname{Re}(Y)/2$。

根据式（7-3-85），利用结构表面上的声压可以计算辐射声功率。由于声压矢量的实际测量只能在接近于结构表面的位置，因此称为近场声压。由于传输导纳矩阵是频率的函数，再加上矩阵求逆的困难，直接采用式（7-3-85）作为有源控制的目标函数，在自适应有源控制中无法得到简单易行的算法，需要对式（7-3-85）做进一步的变换。

② 宽带条件下的声功率估计

从辐射模态的角度看，利用式（7-3-56）构建目标函数只对单频噪声或由几个单频噪声组成的线谱噪声有效。对于宽带噪声，由于辐射模态形状是频率的函数，因此需要寻找不依赖于频率的辐射模态形状。

依据下式计算辐射声功率：

$$W(\omega) = \boldsymbol{y}^{\mathrm{H}}(\omega)\ \boldsymbol{\Lambda}(\omega)\ \boldsymbol{y}(\omega) \tag{7-3-86}$$

由于此时速度辐射模态形状具有"嵌套特性"（nesting property），即在某一特定频率 $f_{\max}$ 以下，可以寻找一个与频率无关的基本辐射模态形状。由于物理本质和数学推导过程非常相似，可以推断"嵌套特性"也适用于声压辐射模态。这就是说，如果频率小于 $f_{\max}$，则声压模态形状矩阵可做如下分解：

$$\boldsymbol{D}(\omega) = \boldsymbol{L}(\omega)\ \boldsymbol{E} \tag{7-3-87}$$

式中，矩阵 $\boldsymbol{E}$ 为基本辐射模态形状，与频率无关。将上式代入式（7-3-85）中可得到辐射声功率的估计值为：

$$W_{\mathrm{b}}(\omega) = \boldsymbol{P}_{\mathrm{b}}^{\mathrm{H}}(\omega)\ \boldsymbol{\Lambda}_{\mathrm{b}}(\omega)\ \boldsymbol{P}_{\mathrm{b}}(\omega) \tag{7-3-88}$$

采用以上公式时，辐射模态被修正，模态形状在频率 $f_{\max}$ 以下与频率无关，即：

$$\boldsymbol{P}_{\mathrm{b}}(\omega) = \boldsymbol{E}\boldsymbol{P}(\omega) \tag{7-3-89}$$

相应地，特征值矩阵也发生了变化，有：

$$\boldsymbol{\Lambda}_{\mathrm{b}}(\omega) = \boldsymbol{L}^{\mathrm{H}}(\omega)\ \boldsymbol{\Lambda}(\omega)\ \boldsymbol{L}(\omega) \tag{7-3-90}$$

上式表明，经过变换后 $\boldsymbol{\Lambda}_{\mathrm{b}}(\omega)$ 已不再是对角矩阵了，因此修正后的辐射模态 $\boldsymbol{P}_{\mathrm{b}}(\omega)$ 各个分量的声功率彼此不再独立。这样就不能直接采用式（7-3-88）作为有源控制的目标函数。

③ 基于近场声压的结构声辐射有源控制

a. 辐射声功率最小法　设初、次级板的速度矢量分别为 V_{p} 和 V_{s}，V_{s} 与次级力源强度有直接关系。设有 J 个次级力源，其强度组成的 J 阶列矢量为 $\boldsymbol{F}_{\mathrm{s}}$，则可以推出：

$$V_{\mathrm{s}} = \boldsymbol{T}\boldsymbol{F}_{\mathrm{s}} \tag{7-3-91}$$

式中，$\boldsymbol{T} = \{t(i,\ j)\}_{N \times J}$，为系数矩阵。

实施有源控制后，初、次级结构表面总的速度矢量变为：

$$V = V_{\mathrm{p}} + V_{\mathrm{s}} \tag{7-3-92}$$

此时的近场声压矢量是初、次级结构产生的近场声压矢量之和，即：

$$\boldsymbol{P} = \boldsymbol{P}_{\mathrm{p}} + \boldsymbol{P}_{\mathrm{s}} \tag{7-3-93}$$

在有源声学结构中，在次级结构表面布置一组传声器可同时测量 $\boldsymbol{P}_{\mathrm{p}}$ 和 $\boldsymbol{P}_{\mathrm{s}}$。这就是提出利用近场声压作为有源控制误差信息的重要原因。基于近场声压传感，则有源控制的目标函数为：

$$J_{\mathrm{p}} = \boldsymbol{P}^{\mathrm{H}}\boldsymbol{G}\boldsymbol{P} \tag{7-3-94}$$

于是，可求出使 J_{p} 最小的最优次级力源强度和最小辐射声功率，分别为：

$$\boldsymbol{F}_{\mathrm{spo}} = -\boldsymbol{A}_{\mathrm{p}}^{-1}\boldsymbol{B}_{\mathrm{p}} \tag{7-3-95}$$

$$W_{\mathrm{po}} = C_{\mathrm{p}} + \boldsymbol{B}_{\mathrm{p}}^{\mathrm{H}}\boldsymbol{F}_{\mathrm{spo}} \tag{7-3-96}$$

式中，$\boldsymbol{A}_{\mathrm{p}} = \boldsymbol{T}^{\mathrm{H}}\boldsymbol{Z}^{\mathrm{H}}\boldsymbol{G}\boldsymbol{Z}\boldsymbol{T}$，$\boldsymbol{B}_{\mathrm{p}} = \boldsymbol{T}^{\mathrm{H}}\boldsymbol{Z}^{\mathrm{H}}\boldsymbol{G}\boldsymbol{P}_{\mathrm{p}}$，$C_{\mathrm{p}} = \boldsymbol{P}_{\mathrm{p}}^{\mathrm{H}}\boldsymbol{G}\boldsymbol{P}_{\mathrm{p}}$。

　　b. 主导辐射模态声功率最小法　公式（7-3-94）作为目标函数不能推导简单易行的自适应算法，但它可以作为其他控制方式的比较标准。对于单频或线谱噪声，有源控制的目标可以设定为降低几个主导辐射模态的功率。如果主导辐射模态的个数为 K，则这 K 个辐射模态幅值可以表示为 $\boldsymbol{P}_k = \boldsymbol{D}_k \boldsymbol{P}$，其中 $\boldsymbol{D}_k = [\boldsymbol{d}_1,\ \boldsymbol{d}_2,\ \cdots,\ \boldsymbol{d}_K]^T$，加权系数矩阵为 $\boldsymbol{\Lambda}_k = diag(\lambda_1,\ \lambda_2,\ \cdots,\ \lambda_K)$。于是，有源控制的目标函数为：

$$J_k = \boldsymbol{P}_k^H \boldsymbol{\Lambda}_k \boldsymbol{P}_k = \sum_{n=1}^{K} \lambda_{kn} \mid p_{kn} \mid^2 \tag{7-3-97}$$

同样，可以推导出最优次级力源强度和目标函数的最小值：

$$\boldsymbol{F}_{sko} = -\boldsymbol{A}_k^{-1} \boldsymbol{B}_k \tag{7-3-98}$$

$$J_{ko} = C_k + \boldsymbol{B}_k^H \boldsymbol{F}_{sko} \tag{7-3-99}$$

　　式中，$\boldsymbol{A}_k = \boldsymbol{T}^H \boldsymbol{Z}^H \boldsymbol{D}_k^H \boldsymbol{\Lambda}_k \boldsymbol{D}_k \boldsymbol{Z} \boldsymbol{T}$，$\boldsymbol{B}_k = \boldsymbol{T}^H \boldsymbol{Z}^H \boldsymbol{D}_k^H \boldsymbol{\Lambda}_k \boldsymbol{P}_{pk}$，$C_k = \boldsymbol{P}_{pk}^H \boldsymbol{\Lambda}_k \boldsymbol{P}_{pk}$，$\boldsymbol{P}_{pk} = \boldsymbol{D} \boldsymbol{P}_p$。将 $\boldsymbol{F}_{sko}$ 代入式（7-3-91）～式（7-3-94）可得到有源控制后结构辐射声功率 W_{ko}，有 $W_{ko} = \boldsymbol{P}_{k0}^H \boldsymbol{\Lambda}_k \boldsymbol{P}_{k0}$，其中 $\boldsymbol{P}_{ko} = \boldsymbol{P}_p + \boldsymbol{Z} \boldsymbol{T} \boldsymbol{F}_{sko}$。

　　c. 修正的主导辐射模态声功率最小法　对于宽带辐射噪声，设定如下的目标函数：

$$J_b = \boldsymbol{P}_b^H \boldsymbol{\Lambda} \boldsymbol{P}_b \tag{7-3-100}$$

　　与式（7-3-88）相比，这里用对角矩阵 $\boldsymbol{\Lambda}$ 替换了非对角矩阵 $\boldsymbol{\Lambda}_b$。因此，修正后的辐射模态 $\boldsymbol{P}_b$ 彼此之间也相互独立。根据式（7-3-91）～式（7-3-94），可以推导出最优次级力源强度为：

$$\boldsymbol{F}_{sbo} = -\boldsymbol{A}_b^{-1} \boldsymbol{B}_b \tag{7-3-101}$$

　　式中，$\boldsymbol{A}_b = \boldsymbol{T}^H \boldsymbol{Z}^H \boldsymbol{E}^H \boldsymbol{\Lambda} \boldsymbol{E} \boldsymbol{Z} \boldsymbol{T}$，$\boldsymbol{B}_b = \boldsymbol{T}^H \boldsymbol{Z}^H \boldsymbol{E}^H \boldsymbol{\Lambda} \boldsymbol{P}_{pb}$，$\boldsymbol{P}_{pb} = \boldsymbol{E} \boldsymbol{P}_p$。同样，将 $\boldsymbol{F}_{sbo}$ 代入式（7-3-91）～式（7-3-94）可得到目标函数为 J_b 下的最小辐射声功率 W_{bo}，有：

$$W_{bo} = \boldsymbol{P}_{bo}^H \boldsymbol{G} \boldsymbol{P}_{bo} \tag{7-3-102}$$

　　式中，$\boldsymbol{P}_{bo} = \boldsymbol{P}_p + \boldsymbol{Z} \boldsymbol{T} \boldsymbol{F}_{sbo}$。

　　④ 结果分析

　　对于平板结构声辐射，在低频范围内，前四阶辐射模态是主导辐射模态，在更低的频率范围内，只有一阶辐射模态起支配作用。于是，对于单频或线谱噪声，可以采用有限阶辐射模态为目标函数；对于宽带噪声，在整个频率范围内，可以采用统一的基本辐射模态形状形成声压辐射模态，利用它们构成目标函数。另外，也可以直接采用测量的近场声压构成目标函数用于有源控制，当然其效果要稍差一些。

　　（2）分布式位移传感

　　① 基于 PVDF 传感的辐射声功率检测

　　用分布式传感器分别敷设在初、次级板表面上检测它们的辐射模态声功率。假设沿平板 X、Y 方向布置的条装薄膜（PVDF 对）的形状函数分别为 $f(x)$ 和 $f(y)$，则 PVDF 的总输出电荷为 PVDF 对输出电荷之和，即：

$$q = q_x + q_y \tag{7-3-103}$$

式中，

$$q_x = -\frac{h + h_f}{2} \int_0^{l_x} \int_{y_0 - \alpha_x f(x)}^{y_0 + \alpha_x f(x)} \left[e_{31} \frac{\partial^2 w(x, y)}{\partial x^2} + e_{32} \frac{\partial^2 w(x, y)}{\partial y^2} \right] \mathrm{d}x \mathrm{d}y \tag{7-3-104a}$$

$$q_y = -\frac{h + h_f}{2} \int_0^{l_y} \int_{x_0 - \alpha_y f(y)}^{x_0 + \alpha_y f(y)} \left[e_{31} \frac{\partial^2 w(x, y)}{\partial x^2} + e_{32} \frac{\partial^2 w(x, y)}{\partial y^2} \right] \mathrm{d}x \mathrm{d}y \tag{7-3-104b}$$

设 PVDF 对在 X、Y 方向的中心线分别为 $y = y_0$ 和 $x = x_0$，α_x 与 α_y 为电荷调节系数且必须满足如下条件：$2\alpha_x |f_{\max}(x)| \leqslant l_y$，$2\alpha_y |f_{\max}(y)| \leqslant l_x$。

形状函数 $f(x)$ 和 $f(y)$ 也可以借用模态分解的概念，以模态函数为基函数进行分解。设 x 与 y 方向的分解阶数分别为 I_x 和 I_y，则：

$$f(x) = \sum_{i=1}^{I_x} b_{xi} \phi_{xi}(x) \tag{7-3-105a}$$

$$f(y) = \sum_{i=1}^{I_y} b_{yi} \phi_{yi}(y) \tag{7-3-105b}$$

式中，b_{xi} 和 b_{yi} 分别为 x、y 方向的第 i 阶和第 j 阶形状系数。

将平板的表面位移进行模态展开，同时将式（7-3-105a）代入式（7-3-104a），可推导出 PVDF 在 X 方向的输出电荷的矢量形式：

$$q_x = \boldsymbol{B}_x^{\mathrm{T}} \boldsymbol{T}_1 \boldsymbol{A} \tag{7-3-106}$$

式中，$\boldsymbol{B}_x = \begin{bmatrix} b_{x1}, & b_{x2}, & \cdots, & b_{xI_x} \end{bmatrix}^{\mathrm{T}}$；$\boldsymbol{A} = \begin{bmatrix} A_1(\omega), & A_2(\omega), & \cdots, & A_M(\omega) \end{bmatrix}^{\mathrm{T}}$；$\boldsymbol{T}_1$ 为 $I_x \times M$ 矩阵，其 (i, m) 元素为：

$$t_1(i, m) = -\frac{(h + h_f)}{j\omega} \alpha_x \left[e_{31} \left(\frac{m_x \pi}{l_x} \right)^2 + e_{32} \left(\frac{m_y \pi}{l_y} \right)^2 \right] \phi_{ym}(y_0) \; \delta(i - m_x) \tag{7-3-107}$$

式中，δ 为冲激响应函数。

同样，可以得到 PVDF 在 Y 方向的输出电荷，用矢量形式表示：

$$q_y = \boldsymbol{B}_y^{\mathrm{T}} \boldsymbol{T}_2 \boldsymbol{A} \tag{7-3-108}$$

式中，$\boldsymbol{B}_y = \begin{bmatrix} b_{y1}, & b_{y2}, & \cdots, & b_{yI_y} \end{bmatrix}^{\mathrm{T}}$；$\boldsymbol{T}_2$ 为 $I_y \times M$ 矩阵，它的 (i, m) 元素为：

$$t_2(i, m) = -\frac{(h + h_f)}{j\omega} \alpha_y \left[e_{31} \left(\frac{m_x \pi}{l_x} \right)^2 + e_{32} \left(\frac{m_y \pi}{l_y} \right)^2 \right] \phi_{xm}(x_0) \; \delta(i - m_y) \tag{7-3-109}$$

进一步，令 $\boldsymbol{B} = \begin{bmatrix} \boldsymbol{B}_x^{\mathrm{T}} & \boldsymbol{B}_y^{\mathrm{T}} \end{bmatrix}^{\mathrm{T}}$，$\boldsymbol{T} = \begin{bmatrix} \boldsymbol{T}_1^{\mathrm{T}} & \boldsymbol{T}_2^{\mathrm{T}} \end{bmatrix}^{\mathrm{T}}$，将式（7-3-106）和式（7-3-108）合并，用

矢量形式表示为：

$$q = \boldsymbol{B}^{\mathrm{T}} \boldsymbol{T} \boldsymbol{A} \qquad (7\text{-}3\text{-}110)$$

另一方面，定义 $N \times M$ 阶矩阵 $\boldsymbol{\varphi}$，它的 (n, m) 元素为 $\phi_m(x_n, y_n)$，同时定义平板第 k 阶辐射模态幅值的广义值为：

$$y_{0k} = \sqrt{\lambda_k} \boldsymbol{q}_k^{\mathrm{T}} \boldsymbol{\varphi} \boldsymbol{A} \qquad (7\text{-}3\text{-}111)$$

如果需要 PVDF 对的电荷输出等于 k 阶声辐射模态幅度，令式（7-3-111）和式（7-3-110）相等可以求解出：

$$\boldsymbol{B} = \sqrt{\lambda_k} (\boldsymbol{T}^{\mathrm{T}})^{-1} \boldsymbol{\varphi}^{\mathrm{T}} \boldsymbol{q}_k \qquad (7\text{-}3\text{-}112)$$

由此获得的形状系数代入式（7-3-105）即可得到 PVDF 在 X、Y 方向的形状。

② 分布式位移传感下的结构声辐射有源控制

确定 PVDF 形状后，其输出电荷就等于 k 阶声辐射模态。在初、次级板上同时敷设 N 对 PVDF 薄膜（各 PVDF 薄膜之间相互绝缘，互不干扰）采集误差信号。研究表明：构成总辐射声功率的 N 阶声辐射模态中，起主导作用的仅是前几阶模态（称为主导声模态），在有源控制关心的低频范围内，通常为前四阶。

假设需要控制的主导辐射模态的个数为 K，定义 $\boldsymbol{y}_K = [y_1, y_2, \cdots, y_K]^{\mathrm{T}}$，则有源控制的目标函数为：

$$J_K = \boldsymbol{y}_K^{\mathrm{H}} \boldsymbol{\Lambda}_K \boldsymbol{y}_K \qquad (7\text{-}3\text{-}113)$$

式中，$\boldsymbol{\Lambda}_K = diag(\lambda_1, \lambda_2, \cdots, \lambda_K)$。这 K 阶辐射模态幅度矢量 $\boldsymbol{y}_K = \boldsymbol{Q}_K \boldsymbol{V}$，$\boldsymbol{Q}_K = [\boldsymbol{q}_1^{\mathrm{T}}, \boldsymbol{q}_2^{\mathrm{T}}, \cdots, \boldsymbol{q}_K^{\mathrm{T}}]^{\mathrm{T}}$。

将式（7-3-111）代入式（7-3-113），利用无约束最优化方法，推导出最优次级力源强度为：

$$\boldsymbol{F}_{\mathrm{sko}} = -\boldsymbol{A}_K^{-1} \boldsymbol{B}_K \qquad (7\text{-}3\text{-}114)$$

式中，

$$\boldsymbol{A}_K = \boldsymbol{V}_{\mathrm{sc0}}^{'\mathrm{H}} \boldsymbol{Q}_K^{\mathrm{T}} \boldsymbol{\Lambda}_K \boldsymbol{Q}_K \boldsymbol{V}_{\mathrm{sc0}}^{'} \qquad (7\text{-}3\text{-}115a)$$

$$\boldsymbol{B}_K = \boldsymbol{V}_{\mathrm{sc0}}^{'\mathrm{H}} \boldsymbol{Q}_K^{\mathrm{T}} \boldsymbol{\Lambda}_K \boldsymbol{Q}_K \boldsymbol{V}_{\mathrm{p0}} \qquad (7\text{-}3\text{-}115b)$$

然后就可得到有源控制后初、次级板的总辐射声功率。

3.3　有源声吸收

声波入射到结构表面会发生反射。当初级结构表面接近刚性时，声反射的主要成分是几何镜反射，控制这种反射声必须用声控制方式；当初级结构为弹性表面时，则声控制方式和力控制方式均可采用。前者已成为有源声学结构的研究范畴，后者从原理上说与前面研究的声辐射有源控制性质相同。

3.3.1　一维平面波的有源吸收

用于吸收平面波的有源吸声层和控制器的构成方式有多种，其中一种的原理见图 7-3-10。整个系统包括作动器、传感器和控制器三部分。作动器有压电复合层、PVDF 薄膜和压电橡胶等；误差传感器的具体形式取决于控制策略，这里选用两个传感声压的传感器。

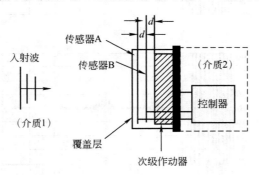

图 7-3-10　一维空间有源声吸收示意图

设入射声波为平面波，传感器 A 与 B、传感器 B 与作动材料间的距离均为 d，两传感器的灵敏度相等。于是，两传感器的输出电压分别为：

$$V_A = \alpha(p_i + p_r) \tag{7-3-116}$$

$$V_B = \alpha(p_i e^{jkd} + p_r e^{-jkd}) \tag{7-3-117}$$

式中　α——传感器灵敏度；

　　p_i，p_r——入射波和反射波声压。

在一维空间中，入射波和反射波是叠加在一起的，在构造有源控制系统的过程中（以有源前馈控制为例），获取参考信号和误差信号是必不可少的。

将传感器 B 的信号经过一定的相移，再减去传感器 A 的信号，有：

$$V_r = V_B e^{jkd} - V_A \tag{7-3-118}$$

将式（7-3-116）和式（7-3-117）代入式（7-3-118），有：

$$V_r = 2j\alpha p_i \sin(kd)\, e^{jkd} \tag{7-3-119}$$

这说明 V_r 与入射波声压成正比，它可作为控制器的参考信号。然而当 $kd = n\pi$（$n = 1, 2 \cdots$）时，这种方法就失效了。将两传感器的输出电压再经过下列处理，即：

$$V_e = V_B e^{-jkd} - V_A \tag{7-3-120}$$

同样，将式（7-3-116）和式（7-3-117）代入式（7-3-120），有：

$$V_e = -2j\alpha p_r \sin(kd)\, e^{-jkd} \tag{7-3-121}$$

这说明上述方法可以获得与反射声波声压成正比的信号，它可以作为误差信号。同样，当 $kd = n\pi$（$n = 1, 2 \cdots$）时，这种方法就不再起作用了。

有了参考信号和误差信号，就可以用前馈控制系统实现有源控制。图 7-3-11 给出了用上述方法在充水驻波管中抵消反射声波的一个实验结果。

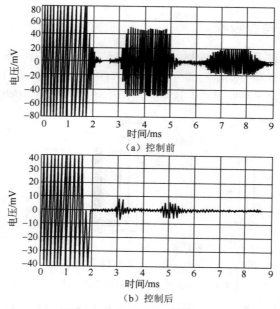

（a）控制前

（b）控制后

图 7-3-11　　反射声波的有源控制

3.3.2　三维空间斜入射声波的有源吸收

在三维空间中抵消斜入射反射声波的难度比一维空间要大许多。要解决的问题有：①有源吸声层的构造；②入射波和反射波的分离；③有源控制效果的评价。在初级结构表面敷设有源吸声层用于吸收入射声波，该吸声层可由许多吸声单元组成，这里仅研究单个吸声单元的性能。

（1）理论分析

吸声层为一块简支矩形平板，如图 7-3-12 所示。理论研究时，设弹性板位于无限大刚性障板中。弹性板表面安装次级力源，当次级力源工作时，弹性板辐射声波，与原反射声波发生相消性干涉，通过调节次级力源强度使反射波强度减小，最终降低弹性板的反射系数。腔内其余表面为刚性边界。弹性板沿 X、Y 方向的长度为 l_x、l_y，腔体高度为 l_z。板的体密度和纵波声速为 ρ、c，腔体外部及内部介质密度和声速分别为 ρ_0、c_0 及 ρ_1、c_1。

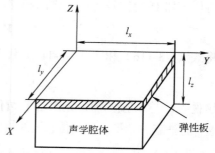

图 7-3-12　　有源吸声层结构示意图

设入射到弹性板的声波为平面波，入射波与 Z 轴的夹角为 ϕ_i，其投影与 X 轴的夹角为 θ_i。弹性板上无次级力源作用时，板上方空间中的反射声场（初级声场）可分解为两部分：假定该弹性板为刚性板时产生的几何反射 $p_g(\boldsymbol{r},\ t)$ 和有界弹性板的声辐射 $p_{ps}(\boldsymbol{r},\ t)$，即：

$$p_p(\boldsymbol{r},\ t) = p_g(\boldsymbol{r},\ t) + p_{ps}(\boldsymbol{r},\ t) \tag{7-3-122}$$

当次级力作用时，弹性板产生的次级声压为 $p_{cs}(\boldsymbol{r},\ t)$。这样，初、次级声场叠加后的反射声压为：

$$p_r(r, t) = p_p(r, t) + p_{cs}(r, t) \tag{7-3-123}$$

上述几何反射可以看成是由等效辐射体产生的声辐射，因而反射声场可以看成是弹性体产生的声辐射形成的。下面用近场方法计算弹性体辐射声功率。

根据式（7-3-122）和式（7-3-123），引起反射声场的声辐射体表面法向振速矢量可以写成：

$$V_r = V_p + V_{cs} = V_g + V_{ps} + V_{cs} \tag{7-3-124}$$

因此，求吸声层反射声功率的关键是求上式各项中的法向振速矢量。V_g 为产生几何反射的等效声辐射器的法向振速，可根据刚性板上法向振速为零的边界条件求得。次级源强度 q_s 与 V_{cs} 的关系是：

$$V_{cs} = U_c q_s \tag{7-3-125}$$

利用本篇 2.1 节中的有关公式可以推导出不同次级力激励下结构振动速度的计算公式，U_c 的表达式在相关文献中已经给出。

（2）反射声功率最小化

设定有源控制的目标是使弹性板反射声功率最小。根据式（7-3-124）和式（7-3-125），可得到 V_r 与次级力源强度 q_s 的关系为：

$$V_r = V_p + U_c q_s \tag{7-3-126}$$

将上式代入声功率计算表达式，可求得使 W_r 最小的次级力源复强度 q_{so}，有：

$$q_{so} = -\left[U_c^H R U_c \right]^{-1} \left[U_c R V_p \right] \tag{7-3-127}$$

同时，在 q_{so} 作用下的最小反射声功率为：

$$W_{ro} = V_p^H R V_p - \left[V_p^H R U_c \right] \left[U_c^H R U_c \right]^{-1} \left[U_c^H R V_p \right] \tag{7-3-128}$$

有人进行了有源声吸收的仿真和机理分析。结果证明有源声吸收在理论上是可行的，物理机理可以这样解释：在（1，1）阶振动模态特征频率处，声反射以弹性板的共振声辐射为主；在其余频率，则以几何反射为主。根据计算结果可知，不同频率的入射声波，由于声反射机理不同，振动模态的变化将有所不同。当声反射以弹性板共振辐射为主时，声吸收时主要的振动模态将被抵消，其相位变化 180°；在其余频率处，有源控制不能抵消振动模态，此时弹性板成为一个声辐射器，其辐射声波与几何反射声波发生相消性干涉，从而降低反射波强度。从声辐射模态的观点看，当声反射以弹性板共振辐射为主时，有源控制后弹性板的各阶声辐射模态均得到抵消，而在其余频率处，有源控制后所有声辐射模态都有所提高。

（3）自适应有源声吸收的实现

由于实际中无法直接测量声反射功率，因而由反射声功率构造目标函数的方法仅有理论上的意义。在实际系统中，一种有效方法是采用结构振速平方和最小准则。但是在有源吸声研究中，由于与入射波和反射波相对应的结构振速无法分离出来，因此这种办法也行不通。

由于结构表面声压与结构振速和辐射声功率均有直接联系，可以考虑用结构表面声压构造有源控制目标函数。

设有 K 个监测传感器位于弹性板上，这 K 个位置上与反射波相对应的结构表面声压矢量为 $P_{rd}=[p_r(r_1)，p_r(r_2)，\cdots，p_r(r_K)]^T$。此时，目标函数变为：

$$J_d = P_{rd}^H P_{rd} \qquad (7\text{-}3\text{-}129)$$

由于

$$P_{rd} = Z_d V_{rd} \qquad (7\text{-}3\text{-}130)$$

式中，Z_d 为 $K\times K$ 阶声传输阻抗矩阵。

令

$$T_d = Z_d^H Z_d \qquad (7\text{-}3\text{-}131)$$

将式（7-3-130）代入（7-3-129）可以求出使 J_d 最小的次级力源复强度为：

$$q_{sd} = -[U_{cd}^H T_d U_{cd}]^{-1}[U_{cd}^H T_d V_{pd}] \qquad (7\text{-}3\text{-}132)$$

此时，吸声层的最小反射声功率为：

$$W_{rd} = (V_p^H + q_{sd}^H U_c^H)\, R\, (V_p + U_c q_{sd}) \qquad (7\text{-}3\text{-}133)$$

在上述准则下，监测传感器数目和位置对有源吸声效果的影响是：监测传感器数目至少应等于次级力源数目；当次级力源个数确定后，监测传感器个数越多，吸声效果越好，但其位置对吸声结果的影响相当大。

式（7-3-129）说明，吸声层表面有限点反射声压平方和可作为自适应控制的目标函数。但是在实现各种算法时，必须检测出误差信号 P_{rd}。下面研究在连续入射声波条件下如何分离和检测出结构表面的反射声压。

设入射声波为平面波，入射角为（θ_i，ϕ_i）。板上半空间任一点 r 处的入射声压为：

$$p_i(r，t) = p_0 e^{j(\omega t - kx\sin\theta_i\cos\phi_i - ky\sin\theta_i\sin\phi_i - kz\cos\theta_i)} \qquad (7\text{-}3\text{-}134)$$

式中，p_0 为入射声压振幅。弹性板上无次级力源作用时，板上方空间中的反射声分为几何反射声压 $p_g(r，t)$ 和声激励产生的声辐射声压 $p_{ps}(r，t)$。当入射波频率等于或接近弹性板的（1，1）阶模态特征频率时，反射声中的结构振动声辐射占主导地位；当入射波频率避开这一频率时，声激励产生的辐射声可以忽略，此时有 $p_r(r，t)\approx p_g(r，t)$。对于几何反射声，有 $\theta=180°-\theta_i$，$\phi_r=\phi_i$，这样反射波声压为

$$p_r(r，t) = p_0 e^{j(\omega t - kx\sin\theta_i\cos\phi_i - ky\sin\theta_i\sin\phi_i + kz\cos\theta_i)} \qquad (7\text{-}3\text{-}135)$$

根据式（7-3-134）和式（7-3-135），在弹性板表面（$z=0$）任一点有：

$$p_i(r，t)|_{z=0} = p_i(r，t)|_{z=0} \qquad (7\text{-}3\text{-}136)$$

如位于弹性板表面 r_m 处有一监测传感器，其灵敏度为 1，则它的输出信号为：

$$y(r_m，t) = 2p_i(r，t)|_{z=0} \qquad (7\text{-}3\text{-}137)$$

这就是说，当无次级力源作用时，利用弹性板表面的监测传感器可得到入射波声压。一般地，入射声波与弹性板表面入射波声压之间的声通道（入射声通道）可以看作线性系统，其脉冲响应为 $h_g(\boldsymbol{r}_m, t)$。因此，可以通过自适应建模模拟 $h_g(\boldsymbol{r}_m, t)$。这样，在自适应有源吸声过程中，就可实时获得弹性板表面任意时刻的反射声压，即：

$$
\begin{aligned}
p_r(\boldsymbol{r}_m, t) &= y(\boldsymbol{r}_m, t) - y_i(\boldsymbol{r}_m, t) \\
&= y(\boldsymbol{r}_m, t) - h_g(\boldsymbol{r}_m, t)\, x(t)
\end{aligned}
\tag{7-3-138}
$$

式中，$y(\boldsymbol{r}_m, t)$ 为初、次级声场叠加后弹性板表面声压，由监测传感器检测；$y_i(\boldsymbol{r}_m, t)$ 为弹性板表面入射波声压，通过计算获得；$x(t)$ 为入射声波强度，实验中由信号源输出。

第4章 有源控制算法

受自适应信号处理研究成果的影响和推动，人们提出了自适应有源控制器的基本概念、原理、分析和处理问题的方法。自适应算法就是调整自适应滤波器权系数的方法，它有时独立于滤波器结构，有时又与滤波器特定的结构联系在一起。有源噪声控制器的设计其实就是设计自适应滤波器的结构与算法，这依赖于有源噪声控制问题面临的任务特征。

自适应有源控制器的基本框架为：针对单通道前馈系统，控制器为横向结构的 FIR 滤波器，算法为滤波-xLMS（filtered-xLMS，FxLMS）算法。FxLMS 目前已成为有源控制的基准算法，具有实现简单、运算量小的优点。在横向滤波器、FxLMS 算法的基础上，人们提出了多达数十种的控制器结构与算法。需要指出的是，有源控制器的结构和算法既独立又相互依存，有时算法与结构无关，可在任意结构上实现，有时算法必须与特定的结构联系起来。目前，人们改进有源控制器结构与算法的思路体现在以下三个方面。

（1）改进自适应算法

算法改进主要分两大类：基于 FxLMS 的改进算法和基于非 LMS 的算法。改进的目的在于加快收敛速度、降低运算量、降低稳态误差。

（2）改进滤波器结构

这表现在三个方面：①非横向 FIR 滤波器（如 IIR 滤波器、格型滤波器）；②特殊的时域实现方式（间歇式、局部迭代算法）；③非时域实现方式（以频域方法为主的变换域方法）。主要目的在于减少运算量或适应算法的特殊要求。

（3）处理有源控制中的特殊问题

这些问题包括：①次级通路建模；②多通道；③反馈（次级声反馈和反馈系统）；④特定的初级噪声（窄带或线谱噪声、脉冲噪声）；⑤非线性；⑥误差信号的重塑，如声品质控制、声场控制中涉及的若干问题。

4.1 前馈系统与 FxLMS 算法

自适应有源前馈控制（adaptive active feedforward control）系统具有实现简单、稳定性好的优点，在有源噪声控制中被广泛采用。下面就来研究它的结构、算法及其实现方式。

4.1.1 系统模型

在自由声场中，自适应有源前馈控制系统的基本构成如图 7-4-1 所示。图中，P 和 L_s 分别为初级噪声源和次级声源，M_r 和 M_e 分别为参考传感器和误差传感器，初级噪声源产生的声信号称为初级信号，记为 $p(t)$。$x(t)$、$y(t)$ 和 $e(t)$ 分别为参考信号、次级信号和误差信号。参考传感器、次级声源和误差传感器所处的位置分别记为 r_r、r_s 和 r_e。

图 7-4-1 给出的自适应有源前馈控制系统的工作过程是这样的：初级噪声源发出声波，位于 r_r 处的参考传感器拾取参考信号 $x(t)$ 作为控制器的输入。需要指出的是，参考信号也可以是与初级信号 $p(t)$ 相关的其他形式的信号，如振动信号、转速信号，等等。控制器根据算法规则计算出次级信号 $y(t)$，输出后经功率放大器驱动 r_s 处的次级声源。初级声源和次级声源产生的声波分别形成初级声场和次级声场，在 r_e 误差传声器同时接收到初级声场和次级声场的声压（或其他声学参量），两者叠加后形成误差信号 $e(t)$。误差信号输入到控制器中，自适应算法根据预先设定的控制目标调整控制器权系数从而改变次级信号强度（包括幅度和相位）。这样的过程不断持续下去，直至满足控制目标，系统达到稳定状态。

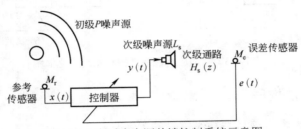

图 7-4-1　自适应有源前馈控制系统示意图

图 7-4-1 中，控制器传递函数记为 $W(\omega)$，并设 M_r、L_s 和 M_e 等电声器件的灵敏度分别为 $M_r(\omega)$、$L_s(\omega)$ 和 $M_e(\omega)$。在空间中，声波从初级声源 P 到参考传感器 M_r、P 到误差传感器 M_e，以及次级声源 L_s 到 M_e 的声传播通路的传递函数分别记为 $H_{pr}(\omega)$、$H_{pe}(\omega)$ 和 $H_{se}(\omega)$，控制器外围电路如 A/D 转换器、前置放大器、抗混淆滤波器的传递函数为 $N_1(\omega)$，D/A 转换器、平滑滤波器、功率放大器的传递函数为 $N_2(\omega)$。这样，可将图 7-4-1 的自适应有源前馈控制系统表示为图 7-4-2 的框图形式。

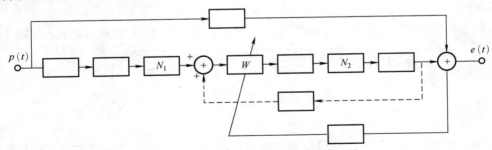

图 7-4-2　自适应有源前馈控制系统框图

图 7-4-2 中虚线所表示的通路为次级声反馈通路，记为 $H_f(\omega)$，它对系统的稳定性有很大影响，需采用专门的滤波器结构或算法处理，这里先将其忽略。

在图 7-4-2 中，令

$$H_r(\omega) = H_{pr}(\omega)\ M_r(\omega)\ N_1(\omega) \tag{7-4-1}$$

$$H_p(\omega) = H_{pe}(\omega)\ M_e(\omega) \tag{7-4-2}$$

$$H_s(\omega) = H_{se}(\omega)\ L_s(\omega)\ M_e(\omega)\ N_2(\omega) \tag{7-4-3}$$

于是，图 7-4-2 简化为图 7-4-3（a）。我们将传递函数 $H_r(\omega)$、$H_p(\omega)$ 和 $H_s(\omega)$ 表示的

通路分别称为参考通路（reference path）、初级通路（primary path）和次级通路（secondary path），它们的脉冲响应分别为 $h_r(t)$、$h_p(t)$ 和 $h_s(t)$。由于自适应有源控制器采用数字系统实现，为分析问题方便起见，将系统框图转换到离散域，如图 7-4-3（b）所示。在离散域，控制器传递函数为 $W(z)$，有关通路的传递函数分别为 $H_r(z)$、$H_p(z)$ 和 $H_s(z)$，它们的脉冲响应分别为 $h_r(n)$、$h_p(n)$ 和 $h_s(n)$。

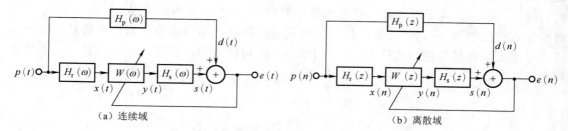

图 7-4-3   自适应有源前馈控制系统简化框图

4.1.2   FxLMS 算法推导

图 7-4-3（b）中，参考信号与初级信号的关系是：

$$x(n) = p(n) * h_r(n) \tag{7-4-4}$$

式中"*"表示卷积运算。在误差传感器位置处，期望信号和次级信号分别为：

$$d(n) = p(n) * h_p(n) \tag{7-4-5}$$

$$s(n) = y(n) * h_s(n) \tag{7-4-6}$$

式中，$s(n)$ 实际上是抵消信号（canceling signal），它是滤波器输出 $y(n)$ 通过次级通路后的响应。

控制器最常用的实现方式为横向结构 FIR 滤波器，为观察方便，现将其重画，见图 7-4-4。

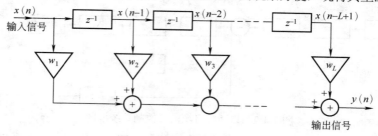

图 7-4-4   横向滤波器结构图

设滤波器长度为 L，将第 n 时刻横向滤波器的权系数和参考输入表示为矢量形式，即：

$$\boldsymbol{W}(n) = [w_1(n), w_2(n), ..., w_L(n)]^T \tag{7-4-7}$$

$$\boldsymbol{X}(n) = [x(n), x(n-1), \cdots, x(n-L+1)]^T \tag{7-4-8}$$

次级信号为滤波器输出，它由参考信号计算获得，有：

$$y(n) = \boldsymbol{X}^T(n)\ \boldsymbol{W}(n) = \sum_{l=1}^{L} w_l(n)\ x(n-l+1) \tag{7-4-9}$$

设初级噪声具有局部平稳特性，以至于可以认为在 L 时段内自适应滤波器权系数基本保持不变，于是将式（7-4-9）代入式（7-4-6），整理得到：

$$s(n) = \sum_{l=0}^{L} w_l(n)\ r(n-l+1) = \boldsymbol{r}^{\mathrm{T}}(n)\ \boldsymbol{W}(n) \tag{7-4-10}$$

式中，$r(n)$ 称为滤波-x（filtered-x）信号，由它组成的列矢量称为滤波-x 信号矢量，有：

$$\boldsymbol{r}(n) = [r(n),\ r(n-1),\cdots,r(n-L+1)]^{\mathrm{T}} \tag{7-4-11}$$

滤波-x 信号矢量与参考信号矢量的关系是：

$$\boldsymbol{r}(n) = \boldsymbol{X}(n) * h_{\mathrm{s}}(n) \tag{7-4-12}$$

于是，误差传感器接收到的信号可以表示为：

$$e(n) = d(n) + s(n) = d(n) + \boldsymbol{r}^{\mathrm{T}}(n)\ \boldsymbol{W}(n) \tag{7-4-13}$$

显然，误差信号 $e(n)$ 是一个随机过程。为了求解滤波器的最佳权系数，首先应设定一个需要达到的准则（目标函数），然后在此准则下推导最佳的滤波器传递函数。最常用的准则为最小均方误差准则，采用该准则不需要对概率密度函数进行描述，同时所导出的最佳线性系统对其他很广泛的一类准则下的系统也是最佳的。

有源噪声控制系统的控制目标多种多样，如自由声场中空间点的声压幅值平方和最小、封闭空间中的声能最小，等等。一般地，它们都可以表示为最小均方误差准则，即将控制系统的目标函数表示为：

$$J(n) = E[e^2(n)] \tag{7-4-14}$$

式中 $E(\cdot)$ 表示对自变量取时间平均。将式（7-4-13）代入式（7-4-14），有：

$$J(n) = E[d^2(n)] + 2E[d(n)\ \boldsymbol{r}^{\mathrm{T}}(n)]\boldsymbol{W} + \boldsymbol{W}^{\mathrm{T}}E[\boldsymbol{r}(n)\ \boldsymbol{r}^{\mathrm{T}}(n)]\boldsymbol{W} \tag{7-4-15}$$

令

$$\boldsymbol{P} = E[d(n)\ \boldsymbol{r}(n)] \tag{7-4-16}$$

$$\boldsymbol{R} = E[\boldsymbol{r}(n)\ \boldsymbol{r}^{\mathrm{T}}(n)] \tag{7-4-17}$$

于是，式（7-4-15）可表示为：

$$J(n) = E[d^2(n)] + 2\boldsymbol{P}^{\mathrm{T}}\boldsymbol{W} + \boldsymbol{W}^{\mathrm{T}}\boldsymbol{R}\boldsymbol{W} \tag{7-4-18}$$

对于具有平稳特性的参考输入，$J(n)$ 是权矢量的二次型函数。由于矩阵 $\boldsymbol{R}$ 是正定对称的，表明 $J(n)$ 存在一个唯一的最小值，由此求出的权矢量称为最佳权矢量，有：

$$\boldsymbol{W}_{\mathrm{o}} = -\boldsymbol{R}^{-1}\boldsymbol{P} \tag{7-4-19}$$

在系统实现时，直接按上式求解滤波器权系数对信号处理器的计算能力要求很高，而且当参考输入统计特性发生变化时必须重新计算，因此直接求取控制器传递函数往往是不现实的，实际中人们宁愿用递推估计算法。

避免求相关矩阵和矩阵求逆的方法之一是按最陡下降法原理递推滤波器权系数。递推的原则是，下一时刻的权矢量等于现在的权矢量减去一个正比于权矢量梯度的变化量，即：

$$W(n+1) = W(n) - \mu\nabla(n) \qquad (7\text{-}4\text{-}20)$$

式中，μ 为收敛系数，它是一个控制稳定性和收敛速度的参量。梯度 $\nabla(n)$ 为：

$$\nabla(n) = \frac{\partial J(n)}{\partial W}\Big|_{W=W(n)} \qquad (7\text{-}4\text{-}21)$$

实际应用中，为了简化计算，满足系统实时性的要求，一般取单个误差样本 $e(n)$ 的平方的梯度作为均方误差梯度 $\nabla(n)$ 的估计，记为 $\hat{\nabla}(n)$。于是，我们有：

$$\hat{\nabla}(n) = \frac{\partial e^2(n)}{\partial W} = 2e(n)\ r(n) \qquad (7\text{-}4\text{-}22)$$

将上式代入式（7-4-20）即可获得权矢量迭代公式，有：

$$W(n+1) = W(n) - 2\mu e(n)\ r(n) \qquad (7\text{-}4\text{-}23)$$

上式中，由于出现了滤波-x 信号矢量，因而相应的算法就称为滤波-x LMS（FxLMS）算法。

FxLMS 算法是有源噪声控制中最早出现的自适应算法，已成为有源控制算法中的经典和最常用的算法，也成为其他算法比较的标准，因而也称为有源控制中的"基准算法"（benchmark algorithm）。

4.1.3　FxLMS 算法性能分析

不失一般性，设次级声源和传感器的灵敏度为 1，参考通路的传递函数为 1，则初、次级通路仅包含幅度变化和声时延，即：

$$H_r(z) = 1 \qquad (7\text{-}4\text{-}24)$$

$$H_p(z) = A_p z^{-k_p} \qquad (7\text{-}4\text{-}25)$$

$$H_s(z) = A_s z^{-k_s} \qquad (7\text{-}4\text{-}26)$$

式中，k_p 和 k_s 分别为初级通路和次级通路的无量纲声时延，它表示离散域内以采样点为单位的声时延个数。

以次级通路为例，如果次级通路的声时延为 t_s（秒），则：

$$k_s = \mathrm{Fix}(t_s f_s) \qquad (7\text{-}4\text{-}27)$$

式中，f_s 为数字系统的采样频率；$\mathrm{Fix}(x)$ 表示取最接近于 x 的整数。

于是在离散时域内，式（7-4-24）～式（7-4-26）可分别表示为：

$$h_r(n) = \delta(n) \qquad (7\text{-}4\text{-}28)$$

$$h_p(n) = A_p \delta(n-k_p) \qquad (7\text{-}4\text{-}29)$$

$$h_s(n) = A_s \delta(n-k_s) \qquad (7\text{-}4\text{-}30)$$

根据式（7-4-12），可以得到滤波-x 信号：

$$r(n) = A_s p(n-k_s) \qquad (7\text{-}4\text{-}31)$$

如设 $A_s = 1$，则 FxLMS 算法简化为：

$$s(n) = X^T(n - k_s) \ W(n - k_s) \tag{7-4-32}$$

$$e(n) = d(n) + s(n) \tag{7-4-33}$$

$$W(n+1) = W(n) - 2\mu e(n) \ X(n - k_s) \tag{7-4-34}$$

上述算法是 FxLMS 算法的特例，又被称为延迟 FxLMS（delayed FxLMS，DFxLMS）算法。将式（7-4-32）代入式（7-4-33），有：

$$e(n) = d(n) + X^T(n - k_s) \ W(n - k_s) \tag{7-4-35}$$

令

$$P_{dx} = E[d(n) \ X(n - k_s)] \tag{7-4-36}$$

$$R_{xx} = E[X(n - k_s) \ X^T(n - k_s)] \tag{7-4-37}$$

因此，按式（7-4-14），将 DFxLMS 算法的目标函数表示为：

$$J(n) = E[d^2(n)] + 2P_{dx}^T W(n - k_s) + W^T(n - k_s) \ R_{xx} W(n - k_s) \tag{7-4-38}$$

按最陡下降法原理可以求出最佳权矢量为：

$$W_o = -R_{xx}^{-1} P_{dx} \tag{7-4-39}$$

当次级通路为纯时延通路时，可设权系数矢量迭代公式中的梯度估计值为：

$$\hat{\nabla}(n) = \frac{\partial J(n)}{\partial W} \Big|_{W = W(n - k_s)} \tag{7-4-40}$$

将式（7-4-38）代入式（7-4-40），得：

$$\hat{\nabla}(n) = 2\mu[P_{dx} + R_{xx} W(n - k_s)] \tag{7-4-41}$$

于是，权矢量迭代公式变为：

$$W(n+1) = W(n) - 2\mu[P_{dx} + R_{xx} W(n - k_s)] \tag{7-4-42}$$

将式（7-4-39）代入式（7-4-42），得：

$$W(n+1) = W(n) - 2\mu R_{xx}[W(n - k_s) - W_o] \tag{7-4-43}$$

因为 R_{xx} 为滤波-x 信号的 $L \times L$ 阶自相关矩阵，是对称正定的二次型矩阵，它总可以通过正交变换将其化为标准型，有：

$$R_{xx} = Q^T \Lambda Q \tag{7-4-44}$$

式中，Q 为自相关矩阵的正交矩阵，满足如下关系：

$$Q^T Q = I \quad \text{或} \quad Q^T = Q^{-1} \tag{7-4-45}$$

Λ 是由 R_{xx} 的特征值组成的对角矩阵，有：

$$\Lambda = \text{diag}[\lambda_1, \ \lambda_2, \cdots, \lambda_L] \tag{7-4-46}$$

令

$$V(n) = W(n) - W_o \qquad (7\text{-}4\text{-}47)$$

$$V'(n) = Q^{-1}V(n) = Q^T V(n) \qquad (7\text{-}4\text{-}48)$$

将式（7-4-43）两边减去 W_o，并利用式（7-4-47）的关系得到：

$$V(n+1) = V(n) - 2\mu R_{xx} V(n - k_s) \qquad (7\text{-}4\text{-}49)$$

将上式两边左乘 Q^{-1}，利用式（7-4-48）的关系，上式可改写为：

$$V'(n+1) = V'(n) - 2\mu \Lambda V'(n - k_s) \qquad (7\text{-}4\text{-}50)$$

将上式转化为标量形式，则第 i 个分量满足：

$$v_i'(n+1) = v_i'(n) - 2\mu \lambda_i v_i'(n - k_s) \qquad (7\text{-}4\text{-}51)$$

对上式两边做 z 变换，整理后得到：

$$v_i'(z) = \frac{z^{k_s+1} v_i'(0)}{z^{k_s+1} - z^{k_s} + 2\mu \lambda_i} \qquad (7\text{-}4\text{-}52)$$

如果系统要保持稳定，则要求 $v_i'(z)$ 的极点应位于 z 平面的单位圆之内。由方程（7-4-52）知，$v_i'(z)$ 的极点满足方程：

$$f(z) = z^{k_s+1} - z^{k_s} + 2\mu \lambda_i \qquad (7\text{-}4\text{-}53)$$

求解上式，可以得到使有源控制系统保持稳定的临界收敛系数：

$$\mu = \frac{1}{\lambda_i} \sin \frac{l\pi}{2(2k_s+1)} \qquad (l = 0,\ 1,\ 2 \cdots \cdots) \qquad (7\text{-}4\text{-}54)$$

用根轨迹法分析 $f(z)$ 根的变化，可以求出系统保持稳定的条件是：

$$0 < \mu < \frac{1}{\lambda_i} \sin \frac{\pi}{2(2k_s+1)} \qquad (7\text{-}4\text{-}55)$$

这就是说，DFxLMS 算法收敛系数的取值范围为：

$$0 < \mu < \frac{1}{\lambda_{max}} \sin \frac{\pi}{2(2k_s+1)} \qquad (7\text{-}4\text{-}56)$$

式中，λ_{max} 为滤波-x 信号自相关矩阵的最大特征值。

在 LMS 算法中，由于不存在次级通路，因此 $k_s = 0$，将此代入式（7-4-56），即可得到 LMS 算法的稳定条件，有：

$$0 < \mu_c < \frac{1}{\lambda_{max}} \qquad (7\text{-}4\text{-}57)$$

在一般的有源控制系统中，通常可以假设 $k_s \gg 1$，于是式（7-4-56）简化为如下形式：

$$0 < \mu < \frac{1}{\lambda_{max} k_s} \qquad (7\text{-}4\text{-}58)$$

式（7-4-57）和式（7-4-58）两相比较可以看出，DFxLMS 算法的收敛系数取值上限比 LMS 算法的要小 k_s 倍。这说明由于次级通路声时延的存在，为了保持系统稳定，DFxLMS

算法调整权系数的步距要比 LMS 算法小 k_s 倍，这就导致 DFxLMS 算法的收敛时间要比 LMS 算法的收敛时间长 k_s 倍。

4.2　次级通路建模

有源控制滤波器权系数迭代公式中一般都包含一项滤波-x 信号矢量，它们是输入信号矢量与次级通路脉冲响应函数的卷积。这就是说，要完成一个有源控制算法，必须首先得到次级通路的传递函数（或脉冲响应），也就是说，次级通路传递函数的获取是实现有源控制算法的前提。

次级通路是指从作动器到误差传感器之间的物理通路，由三部分组成：声场、作动-传感装置（以电声器件为主）和电子线路。相对于作动-传感装置和电子线路来讲，声通路特性要复杂得多。

次级声源发出的声波传播到误差传感器位置处形成的声传输通路称为声通路，它是次级通路的主要组成部分。在分析声通路特性时，系统的共振频率和反共振频率是重要参数，它们分别与传递函数的极点和零点相对应。作为声波传输通路，声场传递函数是指声场中两点（接收点与声源点）之间声学参量频域值的比值，即：

$$H(\omega,\ x_s,\ x_r) = \frac{p(x_r,\ \omega)}{SV(x_s,\ \omega)} \tag{7-4-59}$$

式中　$p(x_r,\ \omega)$——接收点声压；

　　　　$V(x_s,\ \omega)$——声源振速；

　　　　S——声源表面积。

$H(\omega,\ x_s,\ x_r)$ 的计算与声源的空间分布有关。对于点声源，$H(\omega,\ x_s,\ x_r)$ 等于格林函数；对于分布声源，可将其分割为点声源的集合，然后对各自的格林函数求和。

4.2.1　次级通路建模及其影响

要完成一个有源控制算法，必须首先得到次级通路传递函数的估计值，这就是所谓的次级通路建模。

（1）建模滤波器与建模误差

通路建模通常采用自适应滤波器估计物理通路传递函数，此过程为自适应建模，其系统框图如图 7-4-5 所示。自适应建模算法与自适应信号处理中选择算法的准则相同，不过为简化起见，人们更愿意采用 LMS 算法。建模研究的首要任务是确定建模滤波器的类型，然后估计不同类型建模滤波器引起的误差。

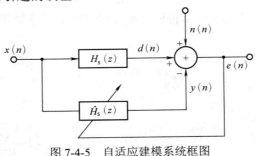

图 7-4-5　自适应建模系统框图

① 建模滤波器类型

如果待建模通路是线性的，这样既可以使用 FIR，也可以使用 IIR 滤波器来表示待建模通路传递函数。若采用 L 阶 FIR 滤波器模型表示待建模通路，则滤波器建模输出信号为：

$$y(n) = \sum_{i=0}^{L-1} w(i) \ x(n-i) \tag{7-4-60}$$

式中，$w(i)$ 为 FIR 滤波器系数。

若采用 IIR 滤波器表示待建模通路，则输入、输出信号之间的关系为：

$$y(n) = \sum_{i=0}^{N} a_i y(n-i) + \sum_{i=0}^{M} b_i x(n-i) \tag{7-4-61}$$

式中，a_i 和 b_i 为需要得到的 IIR 滤波器系数。

由式（7-4-61）可以看出，与 FIR 滤波器不同，IIR 滤波器第 n 时刻的输出信号 $y(n)$ 由前 M 个输入信号和该滤波器的前 N 个输出信号决定。FIR 滤波器结构简单，并且绝对稳定。但与 IIR 滤波器相比，采用 FIR 滤波器表示待建模通路通常需要更多的滤波器阶数。IIR 滤波器虽然有时只需要较少的滤波器阶数，但在建模过程中有可能使得 IIR 滤波器极点位于单位圆外，从而得到不稳定的通路模型。因此，在实际有源噪声控制应用中，人们更多使用 FIR 滤波器表示待建模通路。

② 建模误差分析

次级通路的传递函数可以表示为：

$$H_s(z) = \frac{B(z)}{A(z)} = \frac{\sum\limits_{k=1}^{M} b_k z^{-k}}{\sum\limits_{k=0}^{N} a_k z^{-k}} \tag{7-4-62}$$

上式可以分解为：

$$H_s(z) = \sum_{k=0}^{\infty} h_k z^{-k} \tag{7-4-63}$$

根据魏尔斯特拉斯（Weierstrass）定理可知，闭区间上的连续函数可用多项式以任意精度来逼近。这也就是说，对于式（7-4-63）所示的有理函数表达式即 IIR 滤波器模型，可以用一多项式即 FIR 滤波器进行逼近。设用于逼近的 FIR 滤波器长度为 L，则 $H_s(z)$ 的估计值可以表示为：

$$\hat{H}_s(z) = \sum_{k=0}^{L-1} \hat{h}_k z^{-k} \tag{7-4-64}$$

当 L 足够大时，式（7-4-63）所示传递函数可用其前 L 阶系数组成的 FIR 滤波器来代替，即：

$$\hat{h}_k = h_k \ (k = 0, 1, \cdots, L-1) \tag{7-4-65}$$

此时，逼近误差为：

$$|e| = \left| H_s(z) - \hat{H}_{\text{FIR}}(z) \right| = \left| \sum_{k=0}^{L-1} (h_k - \hat{h}_k) + \sum_{k=L}^{\infty} h_k \right| = \left| \sum_{k=L}^{\infty} h_k \right| \tag{7-4-66}$$

对于式（7-4-62），用零极点模型表示为：

$$H_s(z) = \frac{B(z)}{A(z)} = G \frac{\prod\limits_{r=1}^{M}(1 - z_r z^{-1})}{\prod\limits_{i=0}^{N}(1 - p_i z^{-1})} \tag{7-4-67}$$

式中，$B(z)$、$A(z)$ 均为 z^{-1} 的多项式；z_r 和 p_i 分别为 $H_s(z)$ 的零点和极点；G 为实常数，由 $B(z)$、$A(z)$ 的系数决定。

在实际声场中，不同的零极点有不同的物理含义：a. 在自由声场中，只要接收点（误差传感器所在位置）不在声源位置，则声场传递函数中仅有高阶次的零点，阶次数由声源至接收点的声时延个数决定。b. 在驻波声场中，如果驻波声场为一维管道声场，则零点对应管道声场的节点，极点为管道声场特征频率。如果驻波声场位于三维封闭空间，则声场传递函数与每个驻波的特性有关，单个驻波的特征频率就是传递函数的极点。c. 在扩散声场中，极点个数就是所关心频率范围内驻波个数。

式（7-4-67）可以改写为：

$$H_s(z) = \sum_{i=0}^{N} \frac{A_i}{1 - p_i z^{-1}} \tag{7-4-68}$$

式中，极点 p_i 可以是实数，也可以是成对的共轭复数；A_i 为待定系数，其计算公式为：

$$A_i = (1 - p_i z^{-1}) \left. H_s(z) \right|_{z = p_i} \tag{7-4-69}$$

从信号与系统的角度看，对于有源控制系统，要保持稳定，要求其传递函数的极点应位于传递函数 z 平面单位圆内。同时，因为控制器是次级通路的逆滤波器，因而次级通路的零点成为控制器的极点，因此控制器要稳定，相当于要求次级通路的零点也在 z 平面的单位圆内。两个条件结合起来，就是要求次级通路的零点和极点都在 z 平面的单位圆内，也就是要求次级通路是最小相位系统。此时，式（7-4-68）中任一分量可进行如下级数展开，有：

$$\frac{A_i}{1 - p_i z^{-1}} = \sum_{k=0}^{\infty} A_i p_i^k z^{-k} \tag{7-4-70}$$

式中，$|p| < |z|$，对于最小相位系统有 $|p| < 1$。因此，为了保证上式右端级数收敛，须使 $|z| \geqslant 1$。

将式（7-4-70）代入式（7-4-68）得到：

$$H_s(z) = \sum_{i=0}^{N} \sum_{k=0}^{\infty} A_i p_i^k z^{-k} \tag{7-4-71}$$

采用式（7-4-64）所示 FIR 滤波器对其逼近，且令：

$$\hat{h}_k = \sum_{i=0}^{N} A_i p_i^k \tag{7-4-72}$$

将上式代入式（7-4-66）得：

$$|e| = \left| \sum_{i=0}^{N} \sum_{k=L}^{\infty} A_i p_i^k z^{-k} \right| \leqslant \left(\sum_{i=0}^{N} \left| \sum_{k=L}^{\infty} A_i p_i^k z^{-k} \right| \right)$$

$$\leqslant \sum_{i=0}^{N} \frac{M|p_i|^L}{1-|p_i|} \leqslant MN \frac{|p_{\max}|^L}{1-|p_{\max}|} \tag{7-4-73}$$

式中，M 为 $|A_i|$ 的最大值；N 为极点个数；$p_{\max}$ 为距原点最远处的极点。

由误差表达式可以看出，当 $|p_{\max}| \ll 1$ 时，相对较小的滤波器长度 L 即可满足逼近误差的要求，但随着 $|p_{\max}|$ 的增大，要满足一定的逼近误差需增大滤波器长度。下面通过典型的数值算例和计算机仿真验证上述结论。

（2）建模滤波器参数选取

虽然实际的次级通路通常都含有极点，但人们更愿意使用 FIR 滤波器表示待建模通路。下面研究当被逼近 IIR 滤波器模型极点位置变化时，所引起的 FIR 滤波器长度的变化。

假定被逼近的 IIR 滤波器仅有单一实极点 P，其传递函数为：

$$H_s(z) = \frac{1}{1-pz^{-1}} \tag{7-4-74}$$

采用滤波器长度为 L 的 FIR 滤波器进行逼近时，其逼近误差为：

$$|e| \leqslant \frac{|p|^L}{1-|p|} \tag{7-4-75}$$

由式（7-4-75）可以得到给定不同误差情况下，极点位置与 FIR 滤波器长度变化的关系。总的说来，滤波器长度一定时，极点位置越靠近单位圆，误差越大；极点位置一定时，建模滤波器长度越长，误差越小；给定误差条件时，极点位置越靠近单位圆，所需建模滤波器长度越长。

（3）建模失配的影响

在通路建模中，实际的物理模型（plant）又称对象，其输入和输出为对象输入和对象输出。当自适应建模过程达到稳定状态时，建模滤波器的传递函数应该是对象传递函数的估计值 $\hat{H}_s(z)$。图 7-4-5 中，对象输出上还叠加了一个对象干扰 $n(n)$，它与对象输入一般是不相关的。在次级通路建模中，这种对象干扰有时不可避免，它对自适应建模滤波器的稳态权系数值有影响。

真实的对象传递函数与其估计值总是有偏差的，这一偏差称为失配。引起失配的原因来自三个方面：①实际对象的响应总是无限长的，而建模滤波器的长度则是有限的；②由于对象输入是时变的，在建模过程中对象输入不能完全包含在此之前和之后的频率分量，因此建模滤波器参考输入有可能未将对象的一些重要响应激发出来；③建模滤波器权系数噪声对其稳态特性有影响。从理论上来说，只有充分利用无限长的实时数据，自适应过程无限地慢，自适应过程才能收敛到理想的稳定状态。

下面研究一下次级通路传递函数建模失配对算法的影响。假设参考输入为单频，次级通路传递函数的估计值 $\hat{H}_s(z)$ 可以认为仅由幅度和相位表示，即：

$$\hat{H}_s(z) = \hat{H}_{sR}(z) + j\hat{H}_{sI}(z) \tag{7-4-76}$$

研究表明，次级通路传递函数估计失配时，收敛系数的取值范围为：

$$0 < \mu < \frac{\cos\varphi_{\hat{H}_s}}{\lambda_i |\hat{H}_s|} \tag{7-4-77}$$

式中，$\varphi_{\hat{H}_s}$ 为失配的传递函数造成的相位变化；λ_i 为参考输入自相关矩阵的第 i 个特征值。

式（7-4-77）说明，如果失配的次级通路传递函数幅度和相位为 $|\hat{H}_s|$ 和 $\varphi_{\hat{H}_s}$，那么，收敛系数的取值范围将发生变化，分别与 $\cos\varphi_{\hat{H}_s}$ 成正比，与 $|\hat{H}_s|$ 成反比。换句话说，如果 $\varphi_{\hat{H}_s} \geqslant 90°$，则收敛系数无论如何取值，系统将不会保持稳定。

当参考输入为非单频信号时，将次级通路等效为一个 FIR 滤波器，可以推导出关于收敛系数的取值范围，其表达式比较复杂，得到的结论是：①收敛系数的取值上限将减少 $\cos\varphi_{\hat{H}_s}$。如果参考输入和滤波-x 信号的相位差在 90° 左右，系统将失稳。②如果由于次级通路传递函数的估计使参考输入的自功率谱幅度增加，同样会使收敛系数取值上界减少。

此外，研究表明，当通路建模相位误差达到 ±90° 时，自适应算法保持稳定条件下的收敛系数最大值降为 0，这也就是说：当通路建模相位误差接近 90° 时，尽管控制系统保持稳定，但控制系统收敛速度将会很慢；当通路建模相位误差超过 90° 时，无论如何调整收敛系数，控制系统将无法保持稳定。事实上，其他一些算例表明，相位误差达到 ±40° 之前，对有源控制算法收敛速度几乎不会有太大影响。

4.2.2　次级通路建模方法

利用自适应滤波原理估计物理通路传递函数的过程称为自适应建模，分为离线建模（off-line modeling）和在线建模（on-line modeling）两种。如果次级通路特性基本保持不变，那就可以在有源控制之前先对次级通路进行建模，获得次级通路传递函数的估计值，并且在有源控制过程中保持不变，这就是离线建模。若在有源控制期间，次级通路的特性是时变的，那么就需要在有源控制的同时对次级通路进行实时建模，实现在线建模。

（1）离线建模

离线建模方法分为时延估计法、双传声器法和附加随机噪声法三种。

① 时延估计法

时延估计法是在自由声场或其他以直达声为主的声场中将次级通路简化为时延通路，用人工测量或其他方法获得次级通路的时延估计值。此方法的优点在于简单易行，利于自适应有源控制的工程实现，但获得准确的时延估计值有时不容易做到，有时将误差通路假设为时延通道又是不合理的。

② 双传声器法

双传声器法实现次级通路自适应建模如图 7-4-6 所示。这里的双传声器指的是在次级声源位置放置一个传声器，接收次级声波作为自适应建模滤波器的参考输入，另一个传声器直接利用误差传感器，其输出作为建模滤波器的期望输入。

③ 附加随机噪声法

附加随机噪声法的示意图如图 7-4-7 所示。建模步骤为：先使初级声源不发声或使建模发出的噪声远大于初级噪声，将一噪声发生器与次级声源相接，同时将激励信号送入建模滤波器作为参考输入，误差传感器输出作为建模滤波器的期望信号。一般情况下，激励信号为宽带噪声或白噪声。

双传声器法和附加随机噪声法均可用基于 LMS 算法的横向 FIR 滤波器作为建模滤波器。两种方法的不足之处在于：a. 它们只适合于具有时不变特性的次级通路；b. 双传声器法需要增加测量传声器，这将引入传声器的频响特性，使建模滤波器传递函数不能真正反映次级通路的频响特性；附加随机噪声法需要附加一台噪声发生器，并且要使噪声源不发声或使建模噪声远大于初级噪声，这在某些情况下是不允许或是做不到的。

图 7-4-6　双传声器法实现次级通路自适应建模　　　　图 7-4-7　附加随机噪声法次级通路自适应建模

（2）在线建模

在线建模方法增加了一个随机噪声发生器和建模滤波器，称为附加白噪声法。随机噪声发生器产生与初级噪声不相关的附加白噪声 $v(n)$。建模滤波器与控制滤波器产生的信号 $y(n)$ 叠加在一起作为次级声波，整个系统框图如图 7-4-8 所示。

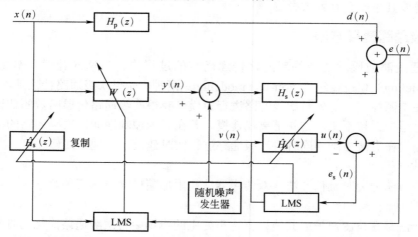

图 7-4-8　附加随机噪声法次级通路在线建模控制系统

设 $\hat{h}_s(n)$ 为次级通路估计值，也就是建模滤波器权系数，它的权系数迭代过程如下：

$$\hat{h}_s(n+1) = \hat{h}_s(n) + \mu_s v(n)\, e_s(n) \tag{7-4-78}$$

式中，

$$e_s(n) = e(n) - \hat{u}(n) = d(n) + s_0(n) - \hat{h}_s(n) * v(n) \tag{7-4-79}$$

将式（7-4-79）代入式（7-4-78），有：

$$\hat{h}_s(n+1) = \hat{h}_s(n) + \mu_s v(n)[e_p(n) + h_s(n) * v(n) - \hat{h}_s(n) * v(n)] \tag{7-4-80}$$

定义自适应建模滤波器的目标函数为：

$$J(n) = E[e_s^2(n)] \tag{7-4-81}$$

由于 $e_p(n)$ 与 $v(n)$ 不相关，故当自适应过程收敛后，有 $\hat{h}_s(n) = h_s(n)$。

对控制滤波器而言，权系数迭代过程为：

$$w(n+1) = w(n) - 2\mu_w y'(n)\ e(n) \qquad (7\text{-}4\text{-}82)$$

将 $e(n)$ 表达式代入式（7-4-82）后，有：

$$w(n+1) = w(n) - 2\mu_w y'(n)[e_p(n) + h_s(n)*v(n)] \qquad (7\text{-}4\text{-}83)$$

当在线建模过程收敛后，$e_p(n)$ 也收敛到最小值。

除了以上各类建模算法外，近年来人们提出了所谓不需次级通路的有源控制（ANC algorithm without secondary path identification）算法。这种算法分为两类：一类利用次级通路的先验信息确定控制滤波器权系数搜索方向；另一类利用进化算法对控制器滤波器权系数进行优化，直至收敛。

4.3　多通道系统及其实现

4.3.1　多通道系统特性与实现

从算法原理上讲，多通道系统与单通道系统并没有根本性的区别，其差异主要体现在系统实现方面，主要有：①运算量更大。随着通道数的增多，多通道控制算法的运算量大幅攀升。研究表明，即使使用最简单的多通道 FxLMS 算法，其计算量也十分惊人。②稳定性和可靠性更差。随着系统通道数的增多，通道间的相互耦合将会严重影响整个系统的稳定性，使之变得更加脆弱。另外，单个通路算法的失稳将导致整个系统的失稳，单个传感器和作动器的失效将导致整个系统的失效，因此多通道系统的稳定性和可靠性是单通道系统所无法比拟的。③系统更复杂。由于通道数的增多，系统实现时传感-作动器个数增加，通道间连线繁杂、控制器硬件开销庞大，这使得实际系统变得异常复杂。此外，对于不同的应用环境，必须设计专门的系统，使得系统通用性变差，对安装和维修来说都不方便。

另一方面，从理论上讲：在自由空间中，有源控制技术可以实现大面积的噪声屏蔽（如有源声屏障和隔声罩）；在封闭空间中，有源控制技术则可应用于低频噪声的全空间降噪，或者用于中高频噪声的局部空间降噪（如有源头靠）。然而，在自由空间中，如果隔声面积变大或隔声频率变高，在全空间降噪中，如果降噪空间的物理尺寸变大（如螺旋桨驱动的大型运输机、预警机、海上巡逻机），或者局部空间降噪中的噪声频率变高（如喷气飞机或高速运动的汽车内的气动噪声），此时的有源降噪的对象就是大尺度空间了。此时，为了获得足够的降噪量，有源控制系统就变为大规模多通道系统（large scale multichannel active control system）了，此时上面讲述的三个特点就变得更加明显了。

为了实现多通道系统，传统的方法是集中控制（centralized control）方式，也就是全系统只有一个控制器，它利用分布在空间中的多个误差传感器采集声场信息，用于控制所有的次级声源，这种控制方式的优点是能够获得控制目标的全局优化，取得最好的降噪效果。然而，集中式控制的缺点在于：①当电声器件个数增多时，为了实现声场的实时控制，要求控制器中 DSP 的运算能力十分强大，由此造成控制器的复杂度及成本随系统规模（通道数）的上升大幅增加，而可靠性急剧下降；②多个通道的耦合使得系统的稳定性变得十分脆弱，同时单个作动器及传感器的失效也会造成系统失稳；③对于不同的应用环境，必须设计专门的系统，造成系统通用性差，且安装、维修都不方便。

　　因此，人们开始了分布式控制（distributed control）的研究。分布式控制中不止一个控制器，其实现方式有多种，目前在有源噪声控制中出现的有分散式控制（decentralized control）和集群式控制（clustered control）两种。

　　分散式控制将复杂的有源控制系统分解为多个仅包含一个作动器和一个传感器的基本单元（elementary unit，EU），这些基本单元彼此独立，其结构和控制方式相同，可以制作成基本模块，使得整个系统通用性上升、稳定性增强，但这种完全的分散式控制方式，基本单元的稳定要满足特定条件，同时与具有相同数量作动器-传感器的集中控制系统相比，该系统的总体控制效果要差。

　　为此，陈克安等提出了集群式控制（clustered control）方案，它以小规模的多通道系统构成集群单元[图 7-4-9（a）]，各集群单元构造相同，可作为独立模块使用。为了保障这个系统的稳定性，需要一个总控制器（称为集群控制器），用于对各集群单元实施简单的时序控制[图 7-4-9（b）]。由此构成的集群系统既可实现全空间的有源降噪，又可以实现分特定区域的有源降噪。相比于分散式系统和集中式系统，集群控制在系统复杂度、稳定性及降噪效果等方面都有很大优势，不过在系统的稳定性分析、电声器件布放优化、控制算法等方面都面临新的挑战，目前正在研究中。

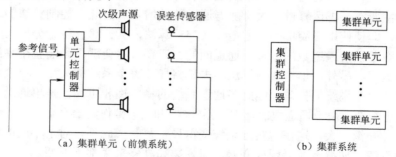

（a）集群单元（前馈系统）　　　　　　　（b）集群系统

图 7-4-9　集群式有源控制系统构成示意图

4.3.2　多通道 FxLMS 算法

　　（1）算法推导

　　多通道有源前馈控制系统示意图和系统框图如图 7-4-10 和图 7-4-11 所示。设系统中有 I 个参考传感器，J 个次级作动器，K 个误差传感器。IJ 个自适应滤波器采用横向滤波器，其长度为 L，它们的传递函数用矢量形式统一表示为 $\boldsymbol{W}(z)$。$\boldsymbol{H}_p(z)$ 代表 IK 个初级通路的传递函数，$\boldsymbol{H}_s(z)$ 代表 JK 个次级通路的传递函数，$\boldsymbol{H}_{se}(z)$ 是次级通路传递函数的估计值。初级通路和次级通路等效为 FIR 滤波器，假设其长度分别为 L_p 和 L_s。

　　设 $x_i(n)$ 为第 i 个参考传感器在第 n 时刻的输出信号，称为第 i 个参考信号，$y_j(n)$ 为第 j 个参考传感器在第 n 时刻的输出信号，$d_k(n)$ 为第 k 个误差传感器在第 n 时刻的期望信号，$e_k(n)$ 为该处的误差信号。将上述信号表示成矢量形式，有：

$$\boldsymbol{x}_i(n)=[x_i(n),\ x_i(n-1),\ ...,\ x_i(n-L+1)]^{\mathrm{T}},\quad \boldsymbol{y}(n)=[y_1(n),\ y_2(n),\ ...,\ y_j(n)]^{\mathrm{T}}$$

$$\boldsymbol{e}(n)=[e_1(n),\ e_2(n),\ ...,\ e_k(n)]^{\mathrm{T}},\quad \boldsymbol{d}(n)=[d_1(n),\ d_2(n),\ ...,\ d_k(n)]^{\mathrm{T}}$$

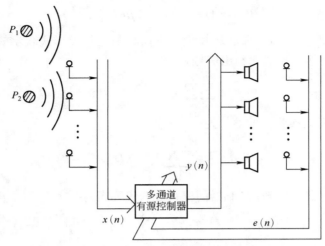

图 7-4-10　多通道有源前馈系统示意图

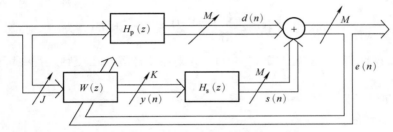

图 7-4-11　多通道有源前馈系统框图

J 个控制器的权矢量统一表示为 $\boldsymbol{W}(n)=[\boldsymbol{w}_1^{\mathrm{T}}(n),\ \boldsymbol{w}_2^{\mathrm{T}}(n),\ \dots,\ \boldsymbol{w}_J^{\mathrm{T}}(n)]^{\mathrm{T}}$，其中 $\boldsymbol{w}_j(n)=[w_{j1}(n),\ w_{j2}(n),\ \dots,\ w_{jL}(n)]^{\mathrm{T}}$。因此，第 j 个控制器的输出信号为 $y_j(n)=\sum\limits_{l=1}^{L}w_{jl}(n)x(n-l+1)=\boldsymbol{w}_j^{\mathrm{T}}\boldsymbol{x}(n)$，对于整个系统来讲，有：

$$\boldsymbol{y}(n)=\boldsymbol{X}^{\mathrm{T}}(n)\ \boldsymbol{W}(n) \tag{7-4-84}$$

式中，$\boldsymbol{X}(n)$ 是 $JL\times J$ 阶矩阵，由 $\boldsymbol{x}_i(n)$ 组成。

误差信号矢量可写成：

$$\boldsymbol{e}(n)=\boldsymbol{d}(n)+\boldsymbol{H}_{\mathrm{s}}(n)*\boldsymbol{y}(n)=\boldsymbol{d}(n)+\boldsymbol{r}^{\mathrm{T}}(n)\ \boldsymbol{W}(n) \tag{7-4-85}$$

式中，$\boldsymbol{H}_{\mathrm{s}}(n)$ 为 $K\times J$ 阶次级通路脉冲响应矩阵，第 (k,j) 元素为 $h_{skj}(n)$；$\boldsymbol{r}(n)$ 为 $J\times KL_{\mathrm{s}}$ 阶滤波-x 信号矩阵，其 (j,k) 元素为：

$$\boldsymbol{r}_{jk}(n)=h_{sjk}(n)*\boldsymbol{x}(n) \tag{7-4-86}$$

设多通道自适应有源控制系统的目标函数为：

$$J(n)=\sum_{m=1}^{M}E[e_m^2(n)] \tag{7-4-87}$$

同样，依据最陡下降法原理，可以推导出控制器权系数迭代公式为：

$$W(n+1) = W(n) - 2\mu r(n) e(n) \qquad (7\text{-}4\text{-}88)$$

为了便于算法编程及统计算法运算量，下面将上述矢量形式表示的算法以标量形式给出。首先，第 j 个次级作动器的输出信号为：

$$y_j(n) = \sum_{i=1}^{I} \sum_{l=1}^{L} w_l^{(i,\,j)}(n)\ x_i(n-l+1) \qquad (7\text{-}4\text{-}89)$$

第 k 个误差传感器接收到的信号为：

$$e_k(n) = d_k(n) + \sum_{j=1}^{J} \sum_{l=1}^{L_s} h_s^{(j,\,k)}(l)\ y_j(n-l+1) \qquad (7\text{-}4\text{-}90)$$

第 i 个参考传感器至第 j 个控制器的权系数迭代公式为：

$$w_l^{(i,\,j)}(n+1) = w_l^{(i,\,j)}(n) - 2\mu \sum_{k=1}^{K} e_k(n)\ r_{i,\,j,\,k}(n-l+1) \qquad (7\text{-}4\text{-}91)$$

式中，

$$r_{i,\,j,\,k}(n) = \sum_{l=1}^{L_s} h_{se}^{(j,\,k)}(l)\ x_i(n-l+1) \qquad (7\text{-}4\text{-}92)$$

需要注意的是，实际系统中式（7-4-90）并不需要计算，在控制过程中可由误差传感器的输出得到。

（2）运算量统计及性能分析

① 算法运算量统计

要实时实现一个多通道有源噪声控制算法，关键在于在规定的时间内完成算法运算量，同时要考虑存储空间的大小（一般说来它与运算量成正比）。本手册所称的运算量，指的是计算所需的乘加次数。

设多通道系统中共有 I 个参考传感器、J 个次级作动器和 K 个误差传感器，控制器为横向滤波器，长度为 M，次级通路建模为横向滤波器，长度为 M_s。对于多通道 FxLMS 算法，一个采样周期内需要完成的运算量统计如表 7-4-1 所列。

表 7-4-1　多通道 FxLMS 算法运算量

步骤	运算公式	平均乘加次数
1	$y_j(n) = \sum\limits_{i=1}^{I} \sum\limits_{m=1}^{M} w_m^{(i,\,j)}(n)\ x_i(n-m+1)$	IJM
2	$w_m^{(i,\,j)}(n+1) = w_m^{(i,\,j)}(n) - 2\mu \sum\limits_{k=1}^{K} e_k(n)\ u_{i,\,j,\,k}(n-m+1)$	$IJKM$
3	$u_{i,\,j,\,k}(n) = \sum\limits_{m_s=1}^{M_s} h_{se}^{j,k}(m_s)\ x_i(n-m_s+1)$	$IJKM_s$

那么，可得出多通道 FxLMS 算法一次循环所需的乘加运算次数为：

$$N_0 = IJK(M + M_s) + IJM \qquad (7\text{-}4\text{-}93)$$

如果选取 $I=J=K=N$，$M=M_{\mathrm{s}}$，这样的控制系统属于标准配置多通道系统，那么可得到该系统的 FxLMS 算法运算量为：

$$N_{L0} = N^2 M(2N+1) \tag{7-4-94}$$

由此可见，随着控制系统通道数的增加，算法运算量将以 N^3 的速度急剧增加。从运算量的角度来说，FxLMS 算法是最简单的，其他改进类型的 LMS 算法的运算量将会有不同程度的增加。

② 算法性能分析

现在将信号从时域转换到频域，令初级信号、次级信号和误差信号组成的矢量分别为 $\boldsymbol{D}(\omega)$、$\boldsymbol{Y}(\omega)$ 和 $\boldsymbol{E}(\omega)$。将式（7-4-85）转换到频域，有：

$$\boldsymbol{E}(\omega) = \boldsymbol{D}(\omega) + \boldsymbol{H}_{\mathrm{s}}(\omega)\,\boldsymbol{Y}(\omega) \tag{7-4-95}$$

一般说来，多通道的目标函数如式（7-4-87）定义的那样。为了使整个消声空间的声能量在控制后均有所降低，可将控制器的目标函数设定为：

$$J = \boldsymbol{E}^{\mathrm{H}}\boldsymbol{A}\boldsymbol{E} + \boldsymbol{Y}^{\mathrm{H}}\boldsymbol{B}\boldsymbol{Y} \tag{7-4-96}$$

式中，$\boldsymbol{A}$、$\boldsymbol{B}$ 分别为加权矩阵，它们是正定的。为便于分析，设 $\boldsymbol{A}$ 为 M 阶单位矩阵，$\boldsymbol{B}$ 为常系数 β 乘以 $L\times L$ 阶单位矩阵。于是，式（7-4-96）变为：

$$J = \boldsymbol{E}^{\mathrm{H}}\boldsymbol{E} + \beta\boldsymbol{Y}^{\mathrm{H}}\boldsymbol{Y} \tag{7-4-97}$$

上式右边第一项是为了保证降低选定空间总的声能量，第二项则是为了约束次级声源处的声能量在有源控制后不至于增加得太多。

基于最陡下降法原理，可以推导出上述目标函数下的多通道自适应算法为：

$$\boldsymbol{Y}(n+1) = (1-\mu\beta)\,\boldsymbol{Y}(n) - \mu\boldsymbol{H}_{\mathrm{s}}^{\mathrm{H}}\boldsymbol{E}(n) \tag{7-4-98}$$

如果将初级声场加以转换，令：

$$\boldsymbol{P} = \boldsymbol{R}^{\mathrm{H}}\boldsymbol{D} \tag{7-4-99}$$

式中，$\boldsymbol{R}$ 为滤波-x 信号矢量的自相关矩阵。

这样初级声场可以看成是有 L 个"模态"的振荡过程。随着时间的延续，头 L 个分量将逐渐衰减掉，剩下的 $M-L$ 个分量仍将保持不变，成为稳态分量。当自适应过程收敛后，误差信号的平方和为：

$$(\boldsymbol{E}^{\mathrm{H}}\boldsymbol{E})_{\mathrm{o}} = \sum_{l=1}^{L}\frac{\beta^2}{\sigma_l^2+\beta^2}|P_l|^2 + \sum_{l=L+1}^{M}|P_l|^2 \tag{7-4-100}$$

式中，σ_l 为矩阵 $\boldsymbol{P}$ 的第 l 个特征值，而 P_l 为它的第 l 个特征值幅度。

如果在目标函数中对次级声源强度不加约束，即在式（7-4-97）中取 $\beta=0$，则 $J(n)$ 的收敛过程变为：

$$J(n) = \boldsymbol{E}^{\mathrm{H}}(n)\,\boldsymbol{E}(n) = J_{\min} + \sum_{l=1}^{L}|P_l|^2\,\mathrm{e}^{-2\alpha\lambda_l n} \tag{7-4-101}$$

式中，

$$J_{\min} = \sum_{l=L+1}^{M} |P_l|^2 \tag{7-4-102}$$

$$\lambda_l = \sigma_l^2 + \beta \tag{7-4-103}$$

式（7-4-103）给出了第 l 个模态的特征值，它决定着该模态的收敛速度。一个 λ_l 很小的模态在 $J(n)$ 中起多大作用，要看 $|P_l|^2$ 在 $J_{\min}$ 中的分量。

当目标函数中对次级源强度施加约束时，参数 β 仅对那些有较小特征值的模态有影响，这些模态一般来说收敛速度很慢，因此 β 的选择很重要。如果选择得当，不仅可以加速收敛速度，而且可以防止因次级声源强度过大对总的控制效果产生不利影响。

第5章 有源噪声控制系统

5.1 自适应有源控制器

5.1.1 控制器的组成

一个有源噪声控制系统包括控制器和传感-作动两部分，其中传感-作动部分中的传感指的是拾取参考信号和误差信号的参考传感器和误差传感器，作动指的是次级源，分为次级声源和次级力源，前者通常为扬声器，后者通常为激振器。传感-作动部分的具体描述将在下一节给出。控制器完成参考信号和误差信号的采集、信号处理、计算结果的输出功能。控制器的实现方式有模拟电路和数字电路方式，分别称为模拟控制器和数字控制器，前者一般只适用于控制律较简单的单通道系统，前面讨论的自适应有源控制算法只能利用数字控制器实现，也称为自适应有源控制器。

自适应有源控制器包括硬件和软件两部分。硬件部分包括数字信号处理器及其外围电路，软件部分实现自适应算法。图 7-5-1 为单通道自适应有源控制器的硬件组成示意图，系统输入分别为参考信号 $x(t)$ 和误差信号 $e(t)$，系统输出为次级信号 $y(t)$。图 7-5-1 给出的控制器又可分为外围电路和数字信号处理器两部分，下面分别给予介绍。

图 7-5-1 单通道自适应有源控制器硬件构成示意图

（1）外围电路

外围电路的功能在于完成外部输入信号的调理，并将其转换为数字信号，供数字信号处理器完成控制算法，同时它还对输出的数字信号加以调理并将其转换为模拟信号。总之，有源控制器的外围电路主要完成 A/D 转换、D/A 转换和信号调理。

有源控制器的外部输入信号，对前馈系统来说包括参考信号和误差信号，对反馈系统来说仅有误差信号。A/D 转换的基本要求由采样定理规定，也就是：如果一个模拟信号的上限频率为 f_h，则保持该信号采样后频率成分不失真的必要条件是采样频率 $f_s \geqslant 2f_h$。在有源噪声控制中，初级噪声为低频噪声，其频率一般不会超过 1kHz，因此，实际系统中的采样频率在 5kHz 左右已能满足要求。

为了满足采样定理和保持一定的参考输入幅度，A/D 转换之前需要进行电压放大和抗混淆滤波。如果系统采样频率为 f_s，抗混淆滤波就是要滤除模拟信号中 $f_s / 2$ 以上的频率成分，以保证 A/D 转换后的离散时间信号在频谱上不发生混淆。抗混淆滤波器为一个低通滤波器，其截止频率为 $f_s / 2$。

A/D 转换就是对模拟信号在时间上采样，在幅度上量化。有源噪声控制中，我们最关心的 A/D 转换器的性能指标有两个：量化噪声和转换速度。量化噪声与 A/D 转换器的字长有关。一般说来，只要 A/D 转换器的字长在 12 以上，量化噪声对有源控制器性能造成的影响就可忽略不计。

A/D 转换器的转换速度主要与转换器的类型有关。从工作原理上分，A/D 转换器主要有并行式、双斜积分式、斜坡式、逐次逼近式等。相对说来，并行式 A/D 转换器的转换速度最快，但随着分辨率的提高，成本会迅速增加。与完成自适应算法所需的时间相比，A/D 转换的时间应该在它的 10%以下。对于多通道系统，选择快速的 A/D 转换器相当重要。

有源控制器输出的是次级信号。对次级信号进行 D/A 转换之前需要插入重建滤波器，其目的在于平滑 D/A 转换后的阶梯信号。D/A 转换器通常带有一个零阶保持器，其输出为模拟信号。零阶保持器的频率响应是不断衰减的低通函数组成的"台阶"，重建滤波器的功能在于滤除第一个低通响应以外的信号频率成分。

D/A 转换将数字量转换为模拟量，通过功率放大后驱动次级声源。有源噪声控制中，需要关心的 D/A 转换器的性能指标主要是建立时间，它与所用元器件有关，特别与一些开关器件和放大器有关。一般而言，D/A 转换的建立时间都很短，不会对有源控制器性能造成大的影响。

在设计抗混淆滤波器和重建滤波器时，除了关注它们的截止频率和幅频响应外，还应该特别注意它们的时间延迟。因为这些时间延迟作为次级通路时延特性的一部分，对系统的稳定性有重要影响。如果抗混淆滤波器和重建滤波器的相频响应为 $\varphi(j\omega)$，则它们的时延特性可用群延迟 $\tau_g(j\omega)$ 表示，有：

$$\tau_g(j\omega) = \mathrm{d}\varphi(j\omega) / \mathrm{d}\omega \tag{7-5-1}$$

滤波器相频响应与滤波器的类型、参数及用途（作为抗混淆滤波器，还是作为重建滤波器）有关。例如，一个 9 阶的 Butterworth 滤波器作为抗混淆滤波器，如输入是随机参考信号，则时延为 2.8（以采样周期为单位，以下同），作为重建滤波器，3 阶 Butterworth 滤波器的时延为 1.0。一个 5 阶的椭圆形滤波器作为抗混淆滤波器，它的时延为 1.6；作为重建滤波器，2 阶椭圆形滤波器的时延为 0.5。

（2）数字信号处理器

有源控制器中数字信号处理的根本目的就是实现有源控制算法。此外，对于工程应用来说，它还包括系统自检、故障诊断、状态检测等多种功能，这就构成了有源控制器的软件。从理论上讲，实现有源控制软件的硬件平台有以下 5 种方式。

① 单片微控制器

单片微控制器简称单片机（single chip microcomputer），由运算器、控制器、存储器、输入输出设备构成，集成在一块芯片上，是一个最小系统的微型计算机，它与计算机相比，只是缺少了外围设备。单片机有 8 位、16 位和 32 位等种类，目前高端的 32 位单片机主频已经超过 300 MHz，性能直追 20 世纪 90 年代中期的专用处理器。当前的单片机系统已经不只在裸机环境下开发和使用，大量专用的嵌入式操作系统被广泛应用在全系列的单片机上，有些高端单片机甚至可以直接使用专用的 Windows 和 Linux 操作系统。

　　单片机具有体积小、控制功能强、功耗低、环境适应能力强、扩展灵活和使用方便等优点，但它的运算能力是有限的。因此，用单片机可以构成某些运算不太复杂的有源控制系统，如采用快速算法的单通道系统和基于控制理论设计的有源控制系统。

　　② DSP

　　由于 DSP 采用哈佛结构体系、多总线结构、流水线操作、硬件乘法器和高效的乘法累加指令（MAC）以及独立的传输总线及其控制器，因此它是一种特别适合进行数字信号处理运算的微处理器，可实时快速地实现各种数字信号处理算法。利用 DSP 实现有源控制器是目前各种有源控制系统的主要实现方式。

　　③ 工业控制计算机

　　工业控制计算机简称"工控机"，包括计算机和过程输入输出通道两部分。工控机具有显著的计算机属性和特征，如具有计算机的中央处理器、硬盘、内存、外设及接口，并有实时的操作系统，控制网络，协议、计算能力，友好的人机界面等。利用工控机强大的计算能力和良好的软件编程功能，可以实现某些通道数较少的多通道系统，用以保证有源控制器的通用性和可维护性。

　　④ 专用器件

　　为了进一步提高运算速度，减少有源控制系统开发成本，可以设计和生产专用的有源控制芯片，它不但能将有源控制算法集成在芯片内部用硬件实现，而且可以将传感-作动器件或设备的接口集成在芯片中，使之成为真正意义上的微型控制器。不过，这种方法只能在有源控制技术高度成熟、有源噪声控制的应用实现产业化、所需要的控制系统可大规模量产的情况下采用，只有这样才能降低控制器成本，为市场所接受。

　　⑤ 实时仿真系统

　　在有源噪声控制实验研究或现场试验中，研制专门的基于单片机或 DSP 的有源控制器需要专业的研究人员，并耗费大量时间，为此可采用实时仿真系统快速方便地搭建一套有源控制系统。

　　实时仿真系统是一种全新的基于模型的工程设计应用平台，它包括实时仿真机和半实物仿真系统软件。研究者可在该平台上实现工程项目的设计、实时仿真、快速控制原型验证、硬件回路测试等任务。目前，典型的实时仿真系统是由德国 dSPACE 公司开发的一套基于MATLAB/Simulink 的控制系统开发及半实物仿真软硬件工作平台。

5.1.2　常见 DSP 芯片及其应用

　　目前，绝大多数有源控制器的数字信号处理硬件均采用通用 DSP 芯片。设计有源控制器时，DSP 芯片的选择是非常重要的一环，一般说来，选择的标准主要有：运算速度（主要包括指令周期和 MAC）、价格、硬件资源、运算精度、开发工具的完整和方便性、芯片的功耗，等等。有源噪声控制中，目前一般的 DSP 芯片在硬件资源、运算精度、功耗方面都能满足要求，价格也在不断降低，因此，选择 DSP 的主要标准是看它的运算能力能不能保证有源控制算法的实时性，这一点对多通道系统来说尤其重要。以 FxLMS 算法为例，如果一个多通道系统，有 J 路参考信号、M 路误差信号和 K 个次级通路，控制器和建模滤波器长度分别为 L 和 I，那么实现该算法所需的乘加次数为 $(L+I) \times J \times M \times K$。例如，为了控制一个车厢内的宽带噪声，采用了 6 个参考传感器、8 个误差传感器和 4 个次级声源，控制器的长度和次级通路建模滤波器的长度均为 128，系统采样频率为 1 kHz，采用多通道 FxLMS 算法，要实时完成该算法，则 DSP 芯片的 MAC 不少于 5×10^7。

目前，公开的有源控制器文献中，大多采用 TI 的 TMS320 系列 DSP 芯片，主要包括 TMS320C55x 和 TMS320C30 系列。TMS320C55x 是 TI 公司推出的新一代定点 DSP 芯片，它集成了大量通常需要由外围器件才能完成的功能，因而可以减少电路板空间、部件数量，降低产品总体成本。这些功能的集成加上芯片本身所具有的高功效性能，可使电池寿命延长多达 70%，而使最终产品体积更小、功能更强，与片外的存储器、协处理器、主机及串行设备的通信控制更方便。TMS320C30 是 TMS320 族中的第三代浮点 DSP 芯片，其周期时间为 60ns，而且通过大量的片内存储器、dma 控制器和指令高速缓存器，它的性能得到进一步的增强。

在 DSP 芯片的选择和应用中，有两点需要特别注意。

（1）定点 DSP 和浮点 DSP

DSP 中数据的表达有定点和浮点两种方式，它是 DSP 芯片选择必须面对的重要因素。定点运算在应用中已取得了极大的成功，而且仍然是应用的主体。然而，随着对处理速度与精度、存储器容量、编程的灵活性和方便性要求的不断提高，自 20 世纪 80 年代中后期以来，各生产厂家陆续推出了各自的 32 位浮点运算 DSP 芯片。

定点 DSP 速度快、功耗低、价格便宜，而浮点 DSP 计算精确，动态范围大，速度快，易于编程，功耗大，价格高。浮点 DSP 比定点 DSP 的动态范围大得多。定点运算中，编程者必须时刻关注溢出的发生，为防止溢出，要么不断进行移位定标，要么做截尾。前者耗费大量时间和空间，后者则带来精度的损失。相反，浮点运算扩大了动态范围，提高了精度，节省了运算时间和存储空间，这是因为大大减少了定标、移位和溢出检查。

为了降低有源控制器成本，目前工程应用中大部分选用定点 DSP。在定点 DSP 上，需要特别注意的是选择合适的信号动态范围。它主要针对自适应算法实现中由于有限字长效应引起的两类误差：截断误差和自适应累积误差。以 FIR 自适应滤波器为例，如果数字信号处理器的字长为 N，那么乘加运算引起的截断误差的均方值为 $2^{-2N}/12$。从时间序列上看，截断误差是一个随机过程，相当于在滤波器输出上附加一白噪声序列。自适应累积误差指的是由于运算中的有限字长效应，使得在滤波器权系数递推过程中不断累积截断误差。

（2）软件编程与开发

TI 公司为开发 TMS320 系列 DSP 而设计的集成开发环境称为 CCS（code composer studio），它在 Windows 操作系统下运行。有源控制的软件开发主要在 CCS 开发环境下进行。CCS 是一个开放的、具有强大集成功能的开发环境，它将目标代码生成工具和代码调试工具集成在一起，能完成 DSP 系统开发过程的各个环节。CCS 不仅包含代码生成工具，而且具备实时分析能力，因而支持从方案设计、代码生成到调试、实时分析等整个软件的开发，此外，CCS 还具有可扩展的结构。

CCS 的功能十分强大，它集成了代码的编辑、编译、链接和调试等功能，而且支持 C 语言和汇编混合编程，其主要功能如下：集成可视化代码编辑界面，可直接编写 C 语言、汇编、C 语言和汇编混合、H 文件和 cmd 文件等。

集成代码生成工具包括汇编器、优化 C 语言编译器、连接器等，将代码的编辑、编译、链接和调试等功能集成到一个开发环境中。基本调试工具可以装入执行代码（.out 文件），查看寄存器窗口、存储器窗口、反汇编窗口和变量窗口，并且支持 C 语言源代码级调试。断点工具能在调试程序的过程中，设置软件断点、硬件断点、数据空间读/写断点、条件断点（使用 GEL 编写表达式）等。探针调试工具可用于算法仿真、数据监视等。

性能分析工具可用于评估代码执行的时钟数。实时分析和数据可视化工具可绘制时域/频域波形、眼图、星座图、图像等，并具有自动刷新功能。用户利用 GEL 扩展语言可以编写自己的控制面板/菜单，设置 GEL 菜单选项，可方便直观地修改变量、配置参数等。

5.2　次级源与误差传感器

在多年的有源噪声控制研究中，人们常常借用声学和振动测试中使用的电声器件和作动元件作为次级源和误差传感器。随着有源控制技术的发展，这些器件和设备已不能满足需求，主要在于：①技术上的需要。有源控制系统的工作频率在低频段，而作动器的低频性能差一直是作动元件的基本特征，因此开发高性能的低频作动器是关键。②工程应用的需要。有源控制系统大多在户外或野外运行，其使用环境之恶劣，可靠性要求之高，是一般声学和振动测试所不能比拟的。③发展有源声学结构的需要。有源声学结构中，要求次级源和误差传感器最好具有分布式特性、体积小、重量轻。上述要求促使人们研究和开发有源控制专用的次级源和误差传感器，本节就有源噪声控制，尤其是有源声学结构中采用的各类作动器和传感器予以介绍。

5.2.1　次级源

次级源分为次级声源和次级力源两大类。从空间分布来看，次级源分为集中式和分布式两种，其典型代表是电动式扬声器和平板式扬声器。

（1）次级声源

次级声源主要指的是各类扬声器，它是一种将电能转换成声能，并将声能辐射到空间去的一种电声换能器。扬声器的分类，既可按辐射形式划分，又可按换能方式分类。前者通常分为直接辐射式和间接辐射式两种。直射式扬声器是指其振膜直接与空气耦合的扬声器，由于它的结构简单、性能良好、成本较低，在有源噪声控制中被普遍采用。间接辐射式扬声器的振膜则通过喇叭与空气耦合，因而又称为喇叭式扬声器，是一种高效率的电声换能器。在一些需要大功率次级声源的场合，这种扬声器能够发挥独特作用。从换能原理上讲，扬声器可分为电动式（动圈式）、电磁式（舌簧式）、压电式（晶体式）、电容式（静电式）、压缩空气式及离子式等。由于压电式扬声器的低频性能好、辐射功率高，因而在大部分有源噪声控制中被采用。

有源噪声控制中，我们主要关心扬声器的下列电声参数。

① 辐射效率，即扬声器辐射声功率与输入电功率之比。

② 灵敏度与频响曲线。扬声器灵敏度指的是在单位电压作用下的输出电压，具体规定是：在扬声器参考轴上，距参考点 1 m 处，扬声器产生的声压与加在扬声器输入端上纯音信号的电压之比。一般情况下，扬声器灵敏度与频率有关，反映扬声器灵敏度与频率之间关系的曲线，称为扬声器的频率响应曲线。

③ 指向性。扬声器指向性表示它所产生的声压在周围空间的分布情况。

④ 非线性失真，指的是在扬声器辐射的声波中包含的那些在输入端信号中不存在的频率成分，它是由扬声器振动系统和磁路系统非线性所引起的谐波失真和互调失真。

下面介绍典型的电动式纸盆扬声器和平板扬声器。

① 电动式纸盆扬声器

虽然扬声器的种类很多，但电动式纸盆扬声器是最主要的扬声器产品。电动式纸盆扬声器是一种直射式扬声器，其结构如图 7-5-2 所示，主要包括磁路系统和振动系统两大部分。磁路系统通常由一永磁体形成，其作用是产生恒定的磁通量。磁路系统的结构有内磁式和外磁式两种。前者体积小、重量轻、磁路闭合磁场不对外界产生干扰，一般采用由铝镍钴合金制成的强磁铁块；后者体积大、重量重、磁路开放磁场易对外界产生干扰，大多采用铝镍铁合金一类的铁氧体材料制成。振动系统包括纸盆、音圈及扼环等有关部件。纸盆作为主要的声辐射部件，其基本要求是质地坚固且有足够大的面积，但质量要小，刚度要大。大面积是为了增加辐射阻，小质量、大刚度则可改善瞬态响应，并尽可能防止侧向振动。

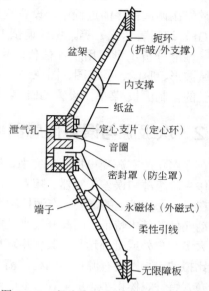

图 7-5-2　电动式纸盆扬声器结构示意图

对有源噪声控制来说，我们关心扬声器的低频特性。电动式纸盆扬声器的低频特性取决于扬声器振动系统的一阶谐振频率，即振动系统的特征频率以及系统的力学品质因数。为了改善该扬声器的低频特性，要求具有较大的顺性和驱动面积较大的冲程，也就要求较大的纸盆与较小的变形，同时还应适当选取振动系统的力学品质因数。另外，有源噪声控制中，通常将后部带有障板的电动式纸盆扬声器等效为点声源，用于模拟单极子次级声源。

② 平板扬声器

在结构声辐射有源控制和有源声学结构中采用分布式次级声源会带来一系列好处。平板扬声器的全称是"平面驱动振动板型扬声器"，它是分布式扬声器的一种，也是构成有源声学结构中次级声源的理想部件。平板扬声器的振膜由平板构成，其驱动力有多种，有点力、环形作用力和其他分布式作用力，驱动力的作用方式是平板扬声器技术的核心。由于平板扬声器膜片振动的无规律性和扩散型声辐射的特点，它具有与传统动圈式扬声器完全不同的新型特性。平板振膜在高阶振动模态下，不会像传统扬声器那样工作在活塞振动状态，因此平板扬声器也被称为分布模态扬声器（distributed mode loudspeaker，DML）。平板扬声器的振膜大小不受限制，仅与它的灵敏度有关。平板扬声器的结构见图 7-5-3。一般说来，平板扬声器频响特性宽广而平坦，正面的指向性也相当宽。

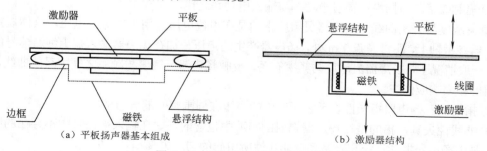

（a）平板扬声器基本组成　　　　　（b）激励器结构

图 7-5-3　平板扬声器组成示意图

　　根据驱动力的不同,目前的平板扬声器有 NXT 扬声器、EPF 扬声器和 EMFi 扬声器三种。

　　a. NXT 扬声器　国内外市场中,平板扬声器分为两类:一类是用电驱动的扬声器,它实质上是一种经过改进的电动扬声器;另一类是用特殊力驱动,这类扬声器以 NXT 扬声器最为成熟,严格地说,它才是真正的平板扬声器。NXT 技术包括了数十项专利,其知识产权受到严密保护。图 7-5-4 为两个不同面积的 NXT 扬声器的频响曲线,这两个扬声器均为深圳三诺公司生产的 NXT 扬声器,其中 1 号扬声器的面积为 $0.6m \times 0.5m$,2 号扬声器的面积为 $0.3m \times 0.2m$。

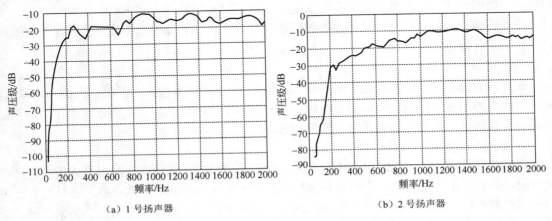

(a) 1 号扬声器　　　　　　　　　　　(b) 2 号扬声器

图 7-5-4　不同面积 NXT 平板扬声器频响曲线

　　b. EPF 扬声器　EPF 是电致伸缩聚合物薄膜(electrostrictive polymer film)的简称,它既可以作为次级声源,又可以作为误差传声器,其基本原理如图 7-5-5 所示。图 7-5-5(a)中,两块柔性平板电极中间加置一块具有弹性的 EPF。当在电极上加上电压后,薄膜会受静电力的作用而被压缩(这就是电致伸缩特性)。如果外加电压交替变化,则薄膜也会交变压缩,从而向外辐射声波。由于 EPF 振动时的劲度和质量要比固体聚合物压缩时小得多,因此它的声辐射效率更高。像图 7-5-5 这样的聚合物薄膜两边安装支撑结构后就组成一个声辐射单元,每个单元可等效为一个点声源,多个单元组合后可构成平面或曲面形式的扬声器。

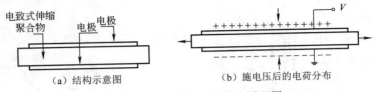

(a) 结构示意图　　　　　　　　　　(b) 施电压后的电荷分布

图 7-5-5　EPF 扬声器的基本原理图

　　c. EMFi 扬声器　EMFi 是机电薄膜(electromechanical film)的简称,所用材料为一种蜂窝状的双轴聚丙烯薄膜,外部有金属电极覆盖。薄膜与金属电极中间为空气层,当金属电极加上电压时,薄膜沿垂直于表面的方向运动,从而可以改变空气层的厚度,以此来向外辐射声波。图 7-5-6 为双层 EMFi 扬声器的结构示意图。从理论上讲,EMFi 扬声器也可以制作成曲面扬声器。

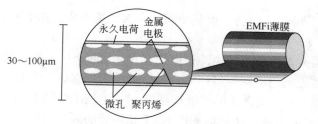

图 7-5-6　双层 EMFi 扬声器的结构示意图

从理论上讲，EMFi 和 EPF 扬声器均可以制作成任意形状，比如它可以制作成与初级结构外形相同的形状，将初级结构完全包围起来，这样就可以制作曲面形的有源声学结构。不过，令人遗憾的是，目前这两种扬声器的低频（300Hz 以下）辐射功率偏低，应用于有源控制不够理想，需进一步改进。

（2）次级力源

在有源力控制中，如果初级结构是大型的厚重结构，则要求次级力源提供大的功率输出，此时的次级力源常采用电动作动器或电磁作动器。对于"轻"的初级结构或次级作动器不能有其他支撑体时，压电作动器是一种理想的选择。

① 电动作动器和电磁作动器

电动作动器是一种对恒定磁场中的动圈提供交流电信号，从而产生激振力的设备，其结构如图 7-5-7 所示。它包括一个固定在圆柱形线圈上的可移动的芯轴或电枢，芯轴通过支撑与外部电枢相连，永久磁铁安装在外部电枢上。通常采用空心的高强度铝合金制成芯轴，以保证它既轻巧又有足够的刚度。这样支撑芯轴的支座在轴向上就具有良好的弹性以使芯轴能够来回移动，而在径向上刚度很大，足以阻止芯轴与外部电枢相碰。当交流电压加在驱动线圈上时，驱动线圈的极性和强度变化与电压相同，磁场线圈或永久磁铁与驱动线圈之间的引力变化也与电压同相，从而产生芯轴的轴向运动。

电磁作动器与电动作动器在结构上非常相似，只不过它的内芯与电枢一样也是固定的，如图 7-5-8 所示。电磁作动器由电子线圈和围绕线圈的永久磁铁构成。在线圈上加一个正弦电压将产生一个正弦变化的磁场，这个磁场可以使铁磁性结构或粘贴了一个薄铁垫的其他材料的结构产生振动。显然，电磁作动器必须固定在刚性结构上，接近铁磁性被激励结构，而又最好不与被激结构相连。

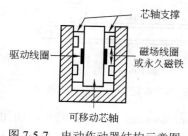

图 7-5-7　电动作动器结构示意图

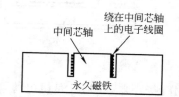

图 7-5-8　电磁作动器结构示意图

② 压电作动器

在某些特定方向上对压电材料施加拉力或压力时，在与力垂直的平面内会出现正、负束缚电荷，这种现象称为压电性。这种由机械能转换为电能的过程为正压电效应。根据力的作用方向和形成的电场方向的关系，常用的力电转换方式分为三种：纵向效应（力作用方向和形成的电场方向一致）、横向效应（力作用方向和形成的电场方向垂直）和剪切效应（力作用方向和剪切形成的电场方向垂直）。如果把电场加到压电材料上，则该材料在电场作用下将产生应变，这种由电能转换成机械能的过程被称为逆压电效应。

　　压电材料可以是晶体、陶瓷或高分子材料。有源声学结构中，通常利用压电陶瓷的逆压电效应制成作动器作为次级力源，而利用压电分子材料 PVDF（polyvinylidene flouride film，聚偏二氟乙烯）的正压电效应制作传感器（称为 PVDF 传感器）作为误差传感器。当然，也可以采用同一套电路，同时利用压电材料的正压电效应和逆压电效应将作动器和传感器制作在一起，成为作动传感器（sensoriactuator），该传感器同时也包含了控制器，非常有利于系统的集成。

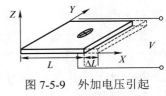

图 7-5-9　外加电压引起压电陶瓷片伸长

　　压电陶瓷作动器分为薄型和厚型两种，常用的是薄型压电陶瓷片。压电陶瓷片外加电压引起的伸长与电场的极化方向垂直，如图 7-5-9 所示。如果外加电压为 V，则自由伸长 ΔL 与应变的关系为：

$$\Lambda = \frac{\Delta L}{L} = d_{31}\frac{V}{h} \tag{7-5-2}$$

式中　h——压电陶瓷片的厚度；

　　　d_{31}——压电陶瓷片的应变常数，代表外加电场产生的应变。

　　粘贴在弹性结构（如梁）上的压电陶瓷片，在外加电压的作用下，将有效地产生一个与自由边处线性力矩大致相等的力矩。如果在梁的另一面也粘贴一个相同的压电陶瓷片，并施加与第一个压电陶瓷片大小相等、相位相反的电压，则梁将围绕中性轴弯曲。

　　由于压电陶瓷片作为作动器具有重量轻、价格低廉、不需要固定基础等优点，因此，相当长的一段时间内，它几乎是唯一被选用的次级力源。另外，为了进一步发展智能结构，不断有新的作动材料和元件作为次级作动器，其中以形状记忆材料、磁致伸缩材料、电（磁）流变体驱动材料的应用前景最好。

　　形状记忆材料包括形状记忆合金、记忆陶瓷以及聚氨基甲酸乙酯等形状记忆聚合物。它们在特定温度下发生热弹性或应力诱发马氏体相变或玻璃化转变，能记忆特定的形状，而且电阻、弹性模量、内耗等发生显著变化。NiTi 形状记忆合金的电阻率高，因此可用电能使其产生机械运动。与其他作动材料相比，NiTi 记忆合金的输出应变很大，达到 8%左右，同时在约束条件下，也可输出较大的恢复力，是典型的作动器材料。另外，由于其冷热循环周期长，响应速度慢，因此它只能在低频状态下使用。

　　磁致伸缩材料是将磁能转变为机械能的材料，它在受到磁场作用时，磁畴发生旋转，最终与磁场排列一致，导致材料的尺寸、体积等发生改变。此种材料响应快，但输出应变小。新近开发的稀土超磁致伸缩材料（如 Terfenol-D）的应变增加很多，是镍合金的 50 倍，是压电陶瓷的 10 倍。目前，磁致伸缩材料作动器的位移一般在几十微米左右。

　　电流变体（electrorheologicals fluid，EF）是由高介电常数、低导电率的电介质颗粒分散于低介电常数的绝缘液体中形成的悬浮体系，在电场或磁场作用下极化时呈链状排列，流变特性发生变化，可以表现为由液体黏滞直至固化形态，其黏度、阻尼性和剪切强度都会发生变化。磁流变体（magnetorheologicals suspensions，MS）在外磁场作用下的行为与电流变体有许多类似之处，它的黏滞性可以随外场的改变在毫秒级时间内变化，并且这种变化是可逆的。电（磁）流变体可以作为作动器，在有源控制中充当次级力源。

5.2.2　误差传感器

有源声学结构中最常用的误差传感器包括传声器和振动传感器（加速度计、PVDF 膜）两类。

（1）传声器

传声器的种类繁多，性能各异。按换能原理分为电动式（包括动圈式和带振式）、电容式、电磁式、压电式，等等；按振膜受力的情况分为压强式、压差式和压强-压差复合式三种。此外，按传声器的指向性分为无指向性、单指向性、双指向性和可变指向性传声器，等等。

从有源控制的角度看，我们主要关心的传声器参数有：灵敏度、频率响应、非线性畸变、指向特性以及与使用有关的一些参量，例如传声器的直径、动态范围和输出阻抗等。

① 灵敏度　传声器灵敏度是传声器输出端电压和有效声压的比值。已知传声器灵敏度就可以根据测得的开路电压求出该点的声压或声压级。灵敏度按照负载分为空载灵敏度和有载灵敏度；按照测量声压的方法分为声压灵敏度和声场灵敏度，前者是传声器输出电压和实际作用到传声器的有效声压之比，后者是传声器输出电压与传声器放入声场前该点的有效声压之比。

② 灵敏度频率响应　传声器置于指定条件并在恒压声场和给定入射角的声波作用下，其灵敏度和频率的关系称为灵敏度频率响应。

③ 灵敏度指向特性　传声器灵敏度随声波入射方向变化的特性称为灵敏度指向特性。声波以任意角入射时传声器灵敏度和轴向入射时灵敏度的比值称为灵敏度指向性函数，通常用指向性图来描述测量传声器的灵敏度指向特性。

④ 稳定度　温度、湿度、气压等大气条件的变化会影响传声器的灵敏度，可以用稳定度来描述这种变化的影响。其中，温度的影响比较严重，通常电容传声器可以在 –50～150℃的环境条件下使用，其温度稳定性较好。在 35℃时，稳定度分为：短期稳定性，每年变化约 0.1dB；长期稳定性，每年变化小于 0.5dB。在 –50～150℃时，温度变化 1℃引起的灵敏度变化大约为0.008dB。在相对湿度为 0%～90%的环境条件下，灵敏度的变化小于 0.5dB；大气静压强的影响大约为 –0.003dB/mmHg。对于驻极体传声器，稳定度较差，在 0～55℃环境条件下，温度系数大约为每度 0.03dB，驻极体传声器在室温条件下放置 15 个月，其灵敏度变化大约为±1dB。

压强式和压差式传声器的结构示意图如图 7-5-10 所示。压强式传声器是一种对声场中某点的声压产生响应的一类传声器，它的振膜只有一面暴露在声场中承受声压的作用。声压越大，振膜受到的压力越大，通过机械方法与之连接的换能元件进行声-电转换后，其电输出也就越大。压差式传声器的振膜两面均暴露在声场中，从而对声场中两点的压差发生响应。压强-压差复合式传声器是一种对压强和压差都发生响应的传声器。

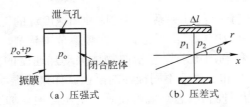

图 7-5-10　压强式和压差式传声器结构示意图

电容传声器又称静电传声器，其结构如图 7-5-11 所示，由薄的振动膜片和紧靠膜片的后极板组成一个电容器。膜片可以是绷紧的金属膜片或涂有金属的塑料膜片，极化电压约为 200V。电容传声器的振动系统可以近似地认为是弹性控制的简单共振系统。为了提高其灵敏度，应减小杂散电容。因此，传声器极头常和第一级前置放大器靠得很近。由于电容传声器的电容量很小，故需要一个高阻抗负载以保证具有低的下限截止频率。电容传声器极头的电容量大约为 60pF，下限截止频率为 50Hz 时的负载电阻大约为 50MΩ。通常，前置放大器采用阻抗变换电路来给出低的输出阻抗，以便用电缆把电信号传输给声学测量系统。

驻极体电容传声器是一种采用驻极体材料制成的传声器，它除了具有普通电容传声器的优点外，突出的特点是不需要极化电压。由于省去极化电压装置，这种传声器不但结构简单，而且体积小、重量轻、价格低廉，因此在许多有源噪声控制产品中获得应用，如管道有源消声器、有源耳罩、有源头盔，等等。

驻极体传声器的核心是驻极体，是一种在强电场中极化后不因电场的消失而消失的电介质。也就是说，这种电介质的极化电荷可"永久"地存在于它的表面。驻极体传声器的基本结构如图 7-5-12 所示。在这种情况下，电容传声器的振膜是镀在驻极体材料表面的金属镀层，而振膜与后极板之间的电介质则是由驻极体材料和空气组成的。

其他领域中常用的传声器还有动圈传声器，主要包括压强式动圈传声器和压强-压差复合式动圈传声器两种，虽然这类传声器结构简单、可靠性高、电声技术指标较好，但由于它的体积较大，因此，除非在实验室，有源噪声控制工程中不太使用它。

总之，从质量上来说，电容传声器是最好的一种，往往用作实验室条件下完成有源噪声控制研究，在工程中则多采用驻极体传声器。

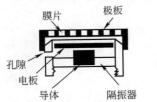

图 7-5-11　电容传声器的结构剖面图

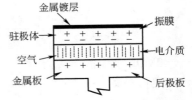

图 7-5-12　驻极体传声器的基本结构

（2）加速度计

加速度计用于测量振动物体的加速度，是最常用的振动测量仪器，主要包括压电加速度计和动圈式加速度计两种。压电加速度计是一种利用压电材料作力电换能器的拾振器，目前常用的压电材料有锆钛酸铅（PZT）等，其工作原理如图 7-5-13（a）所示。将压电材料粘接在外壳和质量块 M_m 之间，由于质量块相对于外壳产生运动，使压电材料受到压缩和拉伸，因为材料具有压电效应，它能感应出相应的电压，通过设计使振动系统工作在弹性控制状态，可使感应电压与振动加速度具有线性关系，不过这种加速度计的工作频率与灵敏度之间有矛盾：工作频率范围越宽，灵敏度越低；反之，工作频率范围越窄，灵敏度越高。

动圈式加速度计是一种利用电动原理拾取物体振动加速度的拾振器，其工作原理如图 7-5-13（b）所示，图中的 N 和 S 表示不同极性的磁铁。如果将振动系统（由质量块 M_m 和弹簧 K_m 组成）设计工作在力阻控制状态，就可使感应电压与振动加速度之间呈线性关系。

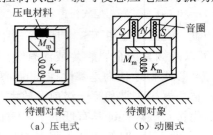

图 7-5-13　加速度计的工作原理

需要指出的是，压电式和动圈式两种加速度计由于本身有一定质量，适合于厚重结构声辐射有源控制。有源声学结构中，一般需要轻巧的传感装置，因此用 PVDF 膜制作的作动器和传感器是非常合适的。

（3）PVDF 膜

当 PVDF 膜粘贴在振动平板上时，会产生与平面应变成正比的电荷或电压。当产生电荷时，可以用一个高阻抗电荷放大器放大而产生与应变成正比的电压。PVDF 膜的厚度通常介于 9～110μm 之间，在强电场作用下能够被极化。PVDF 膜一旦被极化，在受到应力或应变时会产生电荷或电压。相反地，在受到电压作用时，则会产生应变。需要注意的是，施加的电压必须低于它的初始极化电压，最大工作电压为 30V/μm，当输入电压超过 100V/μm 时，PVDF 膜的极化轴沿厚度方向常常与表面垂直。

设有一个 PVDF 膜，长宽分别为 l_x 和 l_y，厚度为 h_p，粘贴在厚度为 h_s 的弹性平板上，其坐标如图 7-5-14 所示。对于作用在 X 方向上的压力或拉力 F，输出电压 V 和电荷 Q 分别为：

$$\frac{V}{h_p} = \frac{F}{h_p l_y} g_{31} = \sigma d_{31} \tag{7-5-3}$$

$$\frac{Q}{l_x h_p} = \frac{F}{h_p l_y} d_{31} = \sigma d_{31} \tag{7-5-4}$$

式中　σ —— PVDF 膜中的正应力；

　　d_{31} —— 电荷系数；

　　g_{31} —— 电压系数。

对于作用在 Y 方向上的压力或拉力 F，输出电压和电荷仍可用式（7-5-3）和式（7-5-4）表示，只不过需用 d_{32} 和 g_{32} 代替式中的 d_{31} 和 g_{31}。

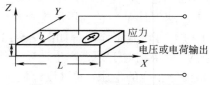

图 7-5-14　PVDF 膜坐标系统

从式（7-5-3）和式（7-5-4）可以看出，电荷系数为单位面积产生的电荷与单位面积作用力之比，电压系数为单位面积产生的电压与单位面积作用力之比。在压电薄膜一侧测得的电荷为：

$$q(t) = \frac{h_p + h_s}{2} \int_0^{l_x} \int_0^{l_y} f(x, y) P_0 \left[e_{31} \frac{\partial^2 w}{\partial x^2} + e_{32} \frac{\partial^2 w}{\partial y^2} + 2e_{36} \frac{\partial^2 w}{\partial x \partial y} \right] \mathrm{d}y\mathrm{d}x \qquad (7\text{-}5\text{-}5)$$

式中　P_0——极化电压，其取值要么为 1，要么为 –1；

$f(x, y)$——PVDF 膜的形状函数；

w——弹性板的弯曲位移。

如将 PVDF 膜制作成具有零变形的二维传感器，则式（7-5-5）可以进一步简化为：

$$q(t) = \frac{h_p + h_s}{2} \int_{x_1}^{x_2} \int_{y_1}^{y_2} f(x, y) P_0 \left[e_{31} \frac{\partial^2 w}{\partial x^2} + e_{32} \frac{\partial^2 w}{\partial y^2} \right] \mathrm{d}y\mathrm{d}x \qquad (7\text{-}5\text{-}6)$$

获得 $q(t)$ 之后，经过适当变换即可作为误差信号。

PVDF 膜既可以作为作动器，又可以作为传感器。作为作动器，它的输出功率不甚理想，在有源力控制中不太适合，但在某些有源声学结构中可以得到应用。PVDF 膜作为传感器，具有分布式传感器的能力，而且可以剪裁成任意形状，因此，如果需要的话，它能够测量特定的振动模态、辐射模态或波数域变化量，在结构声有源控制研究中提出的误差传感策略，大部分都需要借助于 PVDF 膜才能实现。另外，由于它重量轻、容易安装，是有源声学结构中理想的误差传感装置。

除了上述误差传感器外，还可以采用非接触式传感器、线性可变电感传感器、电阻应变计、光导纤维等。

第6章 有源噪声控制技术的工程应用

6.1 有源噪声控制技术的工程应用概述

6.1.1 有源噪声控制技术的发展历程

开发有源噪声控制技术的尝试始于 20 世纪 70 年代初。在管道中，如果声源频率低于管道截止频率，则可产生均匀平面波，对其进行有源噪声控制，不管是理论研究还是技术实现将相对容易，因而人们首先寄希望于管道有源消声器的开发和研制。然而，管道有源消声中通常不易获得参考信号，使得系统不得不成为反馈系统，从而导致系统稳定性差，使得管道有源消声器的结构相对复杂。此外，由于在管道有源消声系统中误差传感器下游会再次产生噪声（称为再生噪声），使得长管道中需要多个有源消声器，这使得整个系统的价格相对昂贵，维修和维护更加麻烦，这使得管道有源噪声控制技术的发展受到阻碍。不过在同一时期，人们开始的有源护耳器研究逐渐取得成果，刚开始时利用模拟器件构造的有源控制器被证明可应用于有源耳罩，之后由于数字技术及其自适应信号处理技术的发展，有源送话器或受话器的实现成为可能。至今，有源耳机（包括有源耳罩、有源送话器或受话器）已形成商品，这成为有源噪声控制技术应用的标志性案例。

随着研究力量的不断投入，更大规模地应用有源噪声控制技术的努力也取得了成效，典型的例子就是螺旋桨飞机舱室噪声有源控制。据报道，至今已有 1200 多架螺旋桨飞机安装了有源噪声控制系统，成为降低舱内低频噪声的有效手段。与此同时，有源噪声控制技术在多个品牌高档轿车车厢内已有成功应用。

6.1.2 有源噪声控制技术现状

纵观有源噪声控制技术近几十年的发展历程及现状，可将有源噪声控制技术按成熟度分为四大类：成熟技术、半成熟技术、开发中的技术，以及处于实验研究中的技术。这些处于不同状态技术的应用场合、发展状态或存在的制约因素等见表 7-6-1。

表 7-6-1 按技术成熟度分类的有源噪声控制技术

序号	成熟度	技术状态	应用场合	发展状态
1	成熟	技术成熟、推广应用中	护耳器有源降噪耳塞	产业化过程中，已有成熟产品
			螺旋桨飞机舱室	应用推广中
			汽车车厢	应用推广中，已部分产业化
2	半成熟	技术上可行，需解决应用问题	管道	成本约束
			变压器	控制系统复杂
			声场控制	应用环境复杂

续表

序号	成熟度	技术状态	应用场合	发展状态
3	开发中	降噪效果通过现场试验验证	风扇	成本约束
			声屏障	系统复杂
			窗户	成本约束
			家电	成本约束
			fMRI	系统复杂
			舰艇	技术不成熟
4	实验研究	仅有实验结果	封闭空间（电梯内、火车车厢、婴儿保育箱、卧室）	控制效果与系统实现有疑问
			脉冲噪声（火炮、打鼾）	系统实现有疑问
			设备与结构（智能声学结构）	需进一步理论研究

　　总的看来，从技术成熟度和商业推广价值的角度看，目前最成熟的有源控制技术有三种，它们是：①有源护耳器（active hearing protector）；②飞机舱内噪声有源控制；③轿车车厢内噪声有源控制。

　　按系统的实现形式和功能，有源护耳器可以分为三种类型：有源耳罩（active earmuff）、有源受话器（active headphone）和有源头靠（active headrest）。有源耳罩和有源受话器是采用有源控制技术的头戴式耳罩，前者纯粹是为了隔声，后者在隔声的同时还需保持语音的不失真传输，两者可统称为有源头戴式耳机（active headset，有源耳机和耳塞）；有源头靠是指在座位上方人耳位置处安装次级声源的有源噪声控制系统，目的在于降低进入人耳的噪声。有源耳机是有源噪声控制技术发展中最早进入市场的产品，也是当前最成熟的应用技术。目前，有源耳机已成为常见的电声产品在销售，在互联网上可以搜索到 10 余家知名的有源耳机生产厂家，如美国博士（Bose）公司、NCT 公司、森海塞尔（Sennhaiser）公司等。目前，采用有源控制技术的头戴式耳机已成为高端耳机的标志。有源头靠由于对人的坐姿有严格要求，不太受欢迎，进展有限。

　　螺旋桨飞机舱内噪声有源控制技术也已发展成熟。据报道，目前已有 1200 多架装有源控制系统的军用和民用飞机投入运营。至于轿车车厢内噪声有源控制，主要是由于成本的限制，仅有少数品牌的高端轿车安装此类系统，但市场对该系统的接受程度正在逐步提高。

　　以上所述的三种有源控制技术，均属于封闭空间内声场有源控制问题，从物理尺度上看，这三者分别为小空间、大空间和中度空间，不过与欲控制的初级噪声波长相比，它们所形成的初级声场基本上都属于驻波声场。有源护耳器是应用有源控制技术最为成功的案例，主要原因在于降噪空间狭小，需要的次级声源个数少（通常一只耳罩只配备一个扬声器），目前采用的模拟式控制器的构造简单、成本低廉；对于飞机舱室，虽然要求的降噪空间大，但由于螺旋桨飞机舱内噪声属于低频线谱噪声（主要包括螺旋桨噪声基波和头几阶谐波），舱内声场本质上是由低阶声模态主导的驻波声场，仅需有限个数的次级声源就可以实现全空间降噪。与有源护耳器相比，飞机舱内噪声有源控制系统属于多通道系统，控制器的软件和硬件要复杂得多，系统的自身成本和维护成本要高得多，但与飞机的总体造价相比，这种系统的成本就在可以承受的范围内了。轿车车厢内的有源噪声控制，其降噪空间、技术难度、系统的复杂度和可接受的成本均介于前两者之间，这使得人们在选择是否要采用有源控制技术上陷入两难境地，因而市场上安装有源控制系统的汽车还不多。

另外还有一类趋于成熟的有源噪声控制技术。这类技术存在技术上的可行性，但仍有一系列与应用有关的关键技术尚未解决，管道有源消声器、变压器噪声有源控制和声场主动控制是其中的典型代表。管道有源消声器的初级声场简单，但管道声场中存在独特的再生噪声问题，且由于管道消声器的应用环境大都十分恶劣，同时对成本和维修性的要求都较为严格，这些因素限制了实际产品的开发。对于变压器噪声有源控制问题，优势在于初级噪声属于低频线谱噪声，对有源控制算法的要求较低，但难点在于需要的降噪空间大，从而导致控制系统极其复杂，如采用目前的集中式多通道有源控制系统，将使整个系统的成本不可承受。至于基于有源控制原理的声场主动控制问题，由于应用目的和场合多样，不同程度地存在技术难度大、成本过高等现象。

一些民用或军用领域的有源噪声控制也引起了人们的广泛兴趣（具体例子如表 7-6-1 所列各项），但目前均属于正在开发的新技术，大都处于实验室技术向现场试验技术过渡的过程中。还有一些处于理论研究或实验室研究的有源控制技术十分有趣，有的前景诱人，不过这些技术距实际应用的日子还相当远。

6.1.3 有源噪声控制技术的分类

有源噪声控制技术的分类主要有按应用对象和按控制器特征两种分类方法。按应用对象划分，也就是按有源控制技术针对的声场特性划分，可以分为 5 类：自由空间、管道空间、封闭空间、声学边界和扩展应用。进一步的划分及应用实例见表 7-6-2。按控制器特征划分，也可以分为 5 大类 11 个小类，其中控制器的具体形式及应用情况见表 7-6-3。

表 7-6-2　按应用对象分类的有源噪声控制技术

序号	类别	控制对象	子类别	应用场合
1	自由空间	自由声场或混响声场中的直达声	全空间	变压器噪声
			声源控制	风扇噪声、排气噪声、家电噪声、IT 设备噪声、火炮声
2	管道空间	管道内或管道口	管道内	通风管道
			管道口	排气噪声、风洞噪声
3	封闭空间	三维封闭声场中的全空间或局部空间	局部空间	有源头靠、鼾声
			全空间	有源耳罩、飞机舱室、汽车车厢、舰船舱室、电梯间、fMRI 腔室、婴儿保育箱、卧室
4	声学边界	改变声传播过程中的边界特性	隔声	有源隔声窗、有源声屏障、智能声学层
			吸声	有源消声终端、有源吸声层
5	扩展应用	基于有源控制原理的声音或声场控制	声音控制	声品质改进、语音增强
			声场控制	声场主动控制、虚拟声场、消声终端
			有源声学设备	智能扬声器

表 7-6-3　按控制器特征分类的有源噪声控制技术

序号	控制器特征	类别	应用实例
1	控制器所用的电路元件	模拟式	有源耳罩
		数字式	飞机舱内噪声
2	次级源和误差传感器个数	单通道	有源耳罩
		多通道	变压器噪声
3	参考信号的有无	前馈式	飞机舱内噪声
		反馈式	有源头靠
4	次级源形式	声控制	有源隔声窗
		力控制	智能声学结构
5	控制器的作用方式	集中式	飞机舱内噪声
		分散式	结构辐射声
		集群式	变压器噪声

6.1.4　有源噪声控制技术的开发与商品化

自从有源噪声控制概念被提出以来，特别是 20 世纪 90 年代以来，人们投入大量人力、物力进行有源噪声控制成熟技术（如表 7-6-1 中的第一项）的开发，以及产品研制与市场推广，取得了令人瞩目的成绩。参与这一进程的开发者与厂商的发展与成长遵循商业与市场规律，兴起与衰落，此起彼伏。目前，发展良好的公司有 10 余家（表 7-6-4 以英文字母为序给出了其中 8 家的发展简史、典型产品与网址）。从表 7-6-4 中可以看出，早期以有源噪声控制技术开发起家兴起的多个专业型小公司，在市场竞争中基本上未站稳脚跟，那些从事电声产品、航空设备和汽车制造的大公司，通过其内部设立的有源控制技术开发部门，或者收购小型的有源控制专业公司，最终在其主营产品中植入有源噪声控制技术，并获得了成功。

表 7-6-4　主要的有源噪声控制技术开发公司

序号	名称	简介	与有源噪声控制相关的情况	典型产品	网址
1	AVID	成立于 1951 年的音频视觉指令设备公司	航空分部生产和提供有源耳机	NC 系列有源耳机	www.avidairlineproducts.com
2	博士（Bose）	电声器件及系统公司	最早开发有源耳机，已形成系列产品	Quiet Comfort 系列有源耳机	www.bose.com
3	森海塞尔（Sennheiser）	专业话筒和耳机制造商	有源耳机已形成系列产品	PXC 250	en-de.sennheiser.com/headphones-headsets
4	莲花工程（Lotus Engineering）	汽车工程咨询公司，隶属于 Lotus 汽车公司	开发车内有源噪声控制系统	拥有大量车内有源噪声控制专利	www.lotuscars.com/gb/engineering
5	Silentium	以开发和提供有源噪声控制技术服务为主要业务	将有源控制技术用于 IT 产品、汽车、医疗设备、家用电器中的噪声控制	S-Cube™开发工具、AcoustiRACK™有源隔声腔	www.silentium.com
6	索尼（Sony）	生产各类家电和 IT 产品	耳机分部提供有源耳机	MDR-1 系列有源耳机	www.sony.co.uk/hub/headphones
7	Telex	通信设备制造商	航空耳机分部提供有源耳机	Stratus 30，Stratus Heli-XT	www.telex.com
8	超级电子（Ultra Electronics）	提供防务、安全、运输和能源产品	利用有源控制技术为民机舱内或军机货舱操作员位置实施降噪	A400M、庞巴迪 Q 系列、挑战者飞机舱内有源降噪	www.ultra-electronics.com

6.1.5　需要解决的问题

（1）约束有源噪声控制系统总体性能的因素

如果不算有源控制技术的扩展应用，有源控制系统的性能是指特定频段或频率点处、特定空间内的降噪效果或降噪量。一个有源噪声控制系统的最终性能取决于多种因素，按顺序主要分为五种，包括初级声源及初级声场特性、次级源布放、误差传感器布放、控制器及外围设备性能、传感器与作动器性能，如图 7-6-1 所示。对影响系统性能的各种因素及其分析见表 7-6-5。

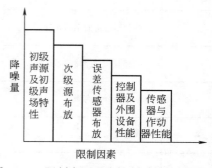

图 7-6-1　限制有源噪声控制系统性能的因素

表 7-6-5　影响有源噪声控制系统性能的因素

序号	影响因素	分类方式	典型类别	实例及说明
1	初级声源及声场	初级声源的空间分布	集中声源	管道口的辐射噪声
			分布声源	飞机壁板向舱内的声辐射
		噪声特性	窄带噪声	螺旋桨噪声（多谐波）
			宽带噪声	风机噪声
		声场类型	自由场	变压器辐射声场
			驻波声场	飞机舱内的螺旋桨噪声
			扩散声场	耳罩内噪声
2	次级源	声源	扬声器	有源护耳器的次级声源
		力源	激振器	有源声学结构的次级力源
3	误差传感器	空间位置	结构表面	智能声学结构中的传声器
			近场	结构声辐射中的近场传感器或有源耳罩中的虚拟传声器
			远场	飞机舱内的传声器
		器件形式	传声器	有源耳罩中的传声器
			振动传感器	有源隔声结构表面的加速度传感器
4	控制器	软件	自适应式	自适应逆滤波算法
			非自适应式	控制律确定的系统
		硬件	数字式	初级噪声特性时变及多通道有源控制系统
			模拟式	有源耳罩中的单通道反馈系统
5	器件性能	传感器	传声器	有源耳罩中的误差传感器
			非声传感器	螺旋桨噪声控制中的转速传感器
		作动器	扬声器	有源护耳器的次级声源
			激振器	有源声学结构的次级力源

综合图 7-6-1 和表 7-6-5 可以看出，限制有源噪声控制系统降噪量的主要因素是初级声源及初级声场特性，它包括初级声源的空间分布、初级噪声特性和初级声场类型三方面。从物

理机理上讲：在空间某一点，有源降噪源于初级声波与次级声波在时间域的相消性干涉；在某一时刻，有源降噪源于次级声场与初级声场在空间域的模式匹配（具体理论根据是惠更斯原理）。因此，初级声源是集中参数式还是分布参数式，初级噪声是窄带噪声（线谱噪声）还是宽带噪声，初级声场是自由场、驻波声场还是扩散声场，将从根本上决定次级声源的分布，它决定了所能达到的降噪效果的上限。

产生声波的原因有 4 种：与流体媒质接触的任何固体的振动、直接作用在流体上的振动力、流体本身的剧烈运动和振荡热效应。目前，有源控制的对象基本上属于第一种类型的噪声，也就是结构振动声辐射。因此，有源控制是采用声控制还是力控制方式，其效果将有很大区别，如飞机舱内噪声控制，声控制方式优于力控制方式，而结构声辐射，力控制方式则优于声控制方式。此外，次级源的个数及空间位置也将对有源控制效果有决定性的影响。

在次级源个数与位置确定后，从理论上来说，此时将有源控制的目标函数选定（如初、次级声源的辐射声总功率最小，称为理论目标函数），就可以求得目标区域有源控制前后的声功率级的差异，这就是有源控制的降噪效果。然而，在系统实现时，我们一般无法通过传感器监测获得初、次级声源的辐射总功率，只能利用有限个传感器获得有限空间点的声压级，因此，有源控制系统理论上的目标函数和实测目标函数是不一致的。这就导致实测目标函数下的降噪量要低于理论降噪量。

即使确定了次级源和误差传感器的类型、位置和数量，控制器硬件和软件的差异也会导致降噪效果的不同。硬件方面，A/D 转换器分辨率、硬件系统背景噪声、外围电子线路频响特性等都会对控制后的稳定状态有影响。另一方面，软件中所采用的算法和控制模策略决定了自适应过程的瞬态特性和稳态特性，从而影响有源控制效果。此外，控制软件对突发声事件及外界干扰的应对策略对有源控制效果也有影响。

最后，有源控制中的传感器和作动器，尤其是次级扬声器性能将对降噪效果产生影响。由于有源控制针对的是低频噪声，而扬声器的低频灵敏度一般较低，它发出的次级声波有时无法匹配初级声波幅度。另外，对于高强度的初级噪声，次级扬声器即使能够产生较大幅度的声音，但非线性失真会阻碍次级声波幅度的进一步提高。

总之，一个有源控制系统的最终降噪效果不仅取决于声源和声场等环境因素，而且取决于控制系统各部分的设计与具体实现方案。总的说来，图 7-6-1 列出的各类因素将依次影响最终的降噪量，它们分别是：①初级噪声源及声场特性；②次级声源布放；③误差传感器布放；④控制器软件与硬件；⑤作动器/传感器性能。这其中每一个环节都是最终降噪效果的限制性因素，而且前一个环节的降噪效果是后一环节降噪效果的上限。表 7-6-5 给出了各因素的具体含义及实际例子。

（2）约束有源噪声控制技术实际应用的因素

对于一个噪声问题，是否值得采用有源控制技术，不仅与技术有关，而且与经济、管理及社会效益等因素有关，具体包括以下 4 项：①技术成熟度；②能够取得的降噪效果（降噪量、降噪频段和降噪空间）；③付出的代价（价格、重量、体积）；④适用性（安全性、可靠性、操作与维修的难度）。这 4 种影响因素的主要表现形式、具体含义及实例见表 7-6-6。

总的来说，设计人员或用户在选择是否采用有源控制技术时，需从表 7-6-6 所列四个方面来考虑，也就是要从技术、经济、管理等多个角度考虑。一个可用的有源控制设备或系统，要求技术成熟、降噪效果明显、代价适中、适用性强。

表 7-6-6　影响有源噪声控制技术实际应用的因素

序号	影响因素	主要表现形式	具体含义	实例及说明
1	技术成熟度	成熟技术	仅需针对应用对象和环境进行工程设计	用于飞机和坦克中的有源受话器
		开发技术	控制器结构和技术参数尚未定型	变压器有源噪声控制系统
		实验技术	需进一步研究系统的可行性	智能声学结构
2	降噪效果	降噪量	控制前后声压级或声功率级的降低值	大于 3dB（A）以上，且有明显听感
		降噪频段	噪声被抑制的频率范围	空气中至少在 600Hz 以下
		空间分布	噪声被抑制的空间范围	应保证人头的活动区域
3	代价	价格	与同类无源控制设备或主机相比，价格的高低	不高于同类无源控制设备的 3 倍；不高于主机价格的 10%
		重量	与同类无源控制措施相比，有源控制系统的轻重	不高于同类无源控制设备重量的 20%
		体积	与同类无源控制措施相比，有源控制系统的大小	不大于同类无源控制设备
4	适用性	可靠性	系统无故障运行的时间	故障次数小于主机系统其他部件
		环境适应性	对冲击、振动、盐雾、温度、潮湿等的适应性	环境因素不能引起有源控制系统失效
		安全性	对主机、环境和操作人员的不利影响	确保对主机、环境和操作人员不造成影响
		操作性	安装和运行管理的复杂程度	管理人员无需声学与电子学等专业知识
		维修性	维修时需投入的人力、物力	与同类无源控制设备相当

　　与传统的无源控制设备相比，有源噪声控制系统是一个高度复杂的机械电子系统，要使该系统具有实用价值，必须满足以下条件：

　　① 可靠耐用的硬件装置　有源控制系统中的硬件包括有源控制器及其外围设备，如参考传感器、误差传感器和次级源，可靠耐用是指这些装置具有良好的可靠性、环境适应性和电磁兼容性，系统连续不间断稳定工作的时间不小于主机的工作时间。环境适应性方面，要求系统具有抗击使用环境中的冲击、振动、高温、油烟、盐雾和潮湿等能力。在电磁兼容性方面，要求系统硬件在各种电磁环境下仍能协调有效地工作，它既能抑制各种外来干扰，在特定的电磁环境中正常工作，同时又能减少系统本身对其他电子设备的电磁干扰。

　　② 稳健灵活的软件　有源控制系统的软件应具有自检、抗声冲击、防溢出等功能。自检功能要求软件可在线实时监测系统硬件工作状态，包括参考传感器、误差传感器和次级源，以及控制器中的 A/D 转换器、D/A 转换器、功率放大器，如果上述硬件出现故障，软件能够指示出现故障的设备号及状态。对于多通道系统：如果局部的误差传感器和次级源失效，软件可将该设备自动关闭；如果设备故障导致整个有源控制系统不能稳定运行，软件可自动关闭整个系统。抗声冲击的能力是指环境中出现预期之外的脉冲声或瞬态声，系统软件应确保自适应有源控制系统的稳定运行。防溢出功能是指系统运行期间，确保误差检测点处的声压级不大于未控制之前的声压级。

　　③ 良好的使用性和维修性　系统的操作界面或开关，应含义明确、简便易懂，最好能够

保证非专业人士可以操作；维护方面，系统应具有故障监测能力和模块化的设备结构，也就是系统软件自动标示发生故障的设备，同时，更换故障设备时应操作简单。

需要指出的是，在目前及未来相当长的一段时间内，与无源控制相比，有源控制是噪声控制技术中最为复杂的控制模式，它导致了有源控制系统的不可靠和极高的成本，使得现实中大部分民用领域无法采用该技术，在对成本容忍度较高的军用领域，其复杂性和相对的不可靠，使之成为最后一种被选择的噪声控制措施。总之，一个有源控制系统，只有在相对廉价、可靠耐用、操作简单、维护方便的情况下，其在未来才有出路。

6.2　三种典型的有源噪声控制系统

本节介绍目前已获商业化应用的有源噪声控制技术，包括护耳器中的有源噪声控制（有源耳机）、螺旋桨飞机舱室中的有源噪声控制和汽车车厢中的有源噪声控制三个系统。

6.2.1　有源耳机

传统的护耳器和耳机采用有源控制技术的目的在于抵消外界的低频噪声，由于其中加装了发声单元为次级声源或利用护耳器已有的扬声器，因此这两种装置均可称为有源耳机。不过，有源耳机的佩戴方式针对的是头戴式或头盔式，也就是在耳廓外边的防护装置是封闭式的。

有源耳机通常需要保护人的两只耳朵，因此需要在左右两个耳机中各安装一个扬声器作为次级声源，不过它们的控制是独立的。此外，由于耳机中的有源控制系统一般无法获得参考信号，必须采用反馈控制方式，因此有源耳机是典型的单通道反馈系统。从功能上讲，有源耳机分为有源护耳器和有源受话器两类，它们的共同点在于均采用有源和无源控制复合的方法隔离外部噪声，只是有源受话器在隔声的同时，还需保持耳机内语音声波不受干扰。

除了降低低频噪声外，有源耳机在改善音质方面还有独特优势。在无源耳机设计中，由于扬声器体积受限于耳罩声腔体积，使得它的低频音质先天不足，但在有源技术的帮助下就比较容易做到。具体来说，就是在利用有源方式控制噪声的同时，通过设计电子线路进行补偿，修正包括声腔、扬声器在内的整个系统的频响特性，从而改善耳机音质，并且在商业应用中还可以针对特殊人群设计出具有不同风格的耳机产品。同时，有源耳机还可通过对电路的改进，设计出一些特殊的功能，如实现高品质的声音还原，使耳机达到专业监听级的要求。

有源控制技术应用于实际的最初尝试就是开发有源耳机。美国博士（Bose）公司首先实现了有源耳机的产品化，1989 年该公司生产出第一款为飞行员设计的有源耳机。截至目前，国外在有源耳机研制、开发和生产方面已相当成熟，涌现了一批知名厂家，如美国的博士（Bose）、德国的森海塞尔（Sennheiser）、日本的索尼（Sony），等等。这些厂家的主要产品及功能特点见表 7-6-7。

国内多个大学和研究所也进行了 30 多年有源耳机的研究和开发，如陕西省某公司开发了模拟式有源降噪耳机作为飞行员降噪头盔使用。此外，市场上已有国产模拟有源耳机出售，但规模较小。

表 7-6-7　主要有源耳机生产厂家的产品及特点

序号	制造商	代表产品	技术和功能
1	博士	QC3、QC35	数字式、模拟电路
2	森海塞尔	PXC450	反馈式、模拟电路及 NoiseGard2.0 技术
3	索尼	MDR-1000X	数字式、数字电路，采用自适应控制算法
4	飞利浦	SHN5600/10	反馈式、模拟电路
5	AKG	K480NC	反馈式、模拟电路
6	魔声	Studio	反馈式、模拟电路，Equalizer 技术
7	铁三角	ANC7b	反馈式、模拟电路，QuietPoint 专利

1996 年 2 月，在南非比勒陀利亚（Pretoria）召开的国际标准化组织第 43 技术委员会第 14 次会议上，决定将有源耳机国际标准列入 "0 阶段" 项目，这表明国际上对有源噪声控制技术的一种认可，但被列入 "0 阶段"，也同时说明这项技术的某些方面还不够成熟，有源耳机尤其是数字式有源耳机在工程实现中还有着诸多不足之处，主要问题如下：

① 稳定性问题　有源耳机在使用中受到环境干扰时常常不能正常工作，这影响了产品的进一步推广。例如，当噪声声压级过高时，有些开放式有源耳机会出现信号过载现象，且在高声级的低频噪声环境中会出现明显的 "挤压" 现象。

② 时变或非线性宽带噪声控制问题　对于这种初级噪声，目前的自适应算法无法保证较好的降噪量，有时还不能确保系统的稳定性，往往造成系统啸叫。

③ 电声器件性能问题　主要是由电声器件的频响曲线的不平坦造成有源耳机中各种信号及声传输通路的传递函数包含多个峰值，引起声波波形畸变和时延，使得控制器电路无法完全补偿，从而造成降噪效果的下降。

④ 价格问题　目前市场上销售的数字式有源耳机的价格偏高，性价比偏低，使得该类有源耳机的推广受到限制。

6.2.2　飞机舱内噪声有源控制

降低舱内的噪声一直是飞机设计和产品改进中的一项重要内容。传统的减振降噪技术对控制中高频噪声有效，其运用已非常成熟，改进的余地越来越小。飞机舱内噪声分为结构声和空气声两种，主要源于发动机产生的结构振动声辐射和高速运动体的空气动力性噪声的传播。从理论上讲，飞机舱室噪声有源控制的途径有两种：一种是在机身外发动机或螺旋桨附近安装次级声源控制螺旋桨噪声；另一种是在舱内实施有源控制。相对说来，第一种方案实施困难，效果较差，基本无人采用。第二种方案更加现实，具体方案有三种：①直接在机壳上施加次级力源，减小机壳结构向舱内的声辐射能量；②在飞机内壁板上施加次级力源，通过内壁板的振动控制降低腔内声能量；③在舱壁附近或舱内安装集中参数扬声器或平面扬声器，将其作为次级声源降低舱内声能量。此外，有人将飞机上的音频娱乐系统与有源控制系统结合在一起，将其中的扬声器既作为音频广播，又作为有源控制系统的次级声源，这样做可以减小有源控制系统的重量，降低成本。

　　20 世纪 90 年代，Fuller 教授领导的小组进行了基于力源的飞机舱内噪声控制，取得了一定效果。2001 年，美国航空航天局（NASA）兰利研究中心和美国陆军研究实验室在雷神公司的 1990D（Raytheon 1990D）飞机模型上进行基于力源的舱内噪声有源控制试验研究。雷神 1990D 为双发四叶涡浆飞机，长 10.8m、宽 1.4m、高 1.8m，可载客 19 人，最大航速 533km/h，最远飞行距离 2900km。在测试飞机机框上安装 21 个惯性作动器为次级力源，加速度计 12 个、传声器 32 个装在内壁上组合使用作为误差传感器，有源控制器中的 DSP 为 2 个 TMS320C40，采用主成分最小均方（PC-LMS）算法，这是一种在变换域实现的多通道 FxLMS 算法。试验结果表明，可以降低单个 BPF 噪声 15dB，多个谐波同时控制时的降噪量可达 10dB。不过，该试验是否发展成为实际产品，目前未见报道。此外，加拿大国家研究院航空航天研究所与庞巴迪飞机公司联合开展了庞巴迪冲 8-100（Bombardier Dash 8-100）螺旋桨飞机舱内噪声有源控制试验。他们采用 199 只压电驱动器粘贴在机身隔框内壁进行噪声有源控制，试验结果表明，整个舱室内的螺旋桨噪声降噪量最高能达到 16dB。

　　1999 年，罗德（Lord）公司公开了他们开发的用于 DC-9 和 MD-80 的有源噪声与振动控制系统。DC-9 是由道格拉斯飞机公司于 1960 年研发的中短程窄体民航客机，在机身尾部两侧各装一台涡轮风扇发动机，其中的 DC-9-30 型是 DC-9 系统中生产最多的型号，最大航程 3095km，可载客 115 人。MD-80 是在 DC-9-50（DC-9 系列）基础上发展起来的新系列双发中短程客机，它比 DC-9 拥有更长的机身和更多的载客量。研发的有源控制系统在每个发动机短舱中安装 2 个作动器作为次级力源，在舱内布放 8 个传声器作为误差传感器，控制器采用 FxLMS 算法，其中的参考信号来自发动机转速计输出。测试结果表明，这种有源控制系统的性能优于自适应调谐吸振器，在宽频带内对不同飞行状态的上述两款飞机的降噪量可达 10～20dB，因而获得美国联邦航空管理局（FAA）的批准，安装并运行在 DC-9-30 和 MD-87 私人飞机上。此外，加拿大航空公司和美国传奇航空公司（Legend airlines）也在他们的 DC-9s 飞机上安装了这种系统。

　　以上例子说明，在涡扇小型飞机上采用力控制可以降低舱内噪声。然而，这种控制方式比声控制方式的弱点更多，原因在于：①复杂结构的振动控制比三维声场的控制更加复杂；②结构振动与声辐射之间并不呈线性关系，振动的降低并不意味着辐射声能量的降低；③次级力源在机身上的长期作用有可能造成结构疲劳或损坏，引发飞机结构强度问题。因此，最为常见的飞机有源控制途径为声控制方式。

　　20 世纪 80 年代开始，英国南安普顿大学声与振动研究所（Institute of Sound and Vibration，ISVR）的 Nelson 和 Elliott 领导的小组以螺旋桨飞机舱室噪声控制为背景研究了封闭空间低频声场的有源控制。他们将飞机舱室分别简化为矩形和圆柱空腔，建立了相应的声学模型，推导出声控制方式下的最优次级声源强度，研究了降噪效果与声场特性、次级声源和误差传感器布放的关系，这些研究奠定了飞机舱内有源控制的理论基础。

　　各国飞机制造商对有源控制技术表现出了极大兴趣，纷纷资助大学和研究机构进行应用研究，同时科技管理部门也高度重视，迄今为止有源控制领域最大的科研投资是欧盟框架计划中的 ASANCA （advanced study of active noise control in aircraft，飞机有源噪声控制高级研究）项目。欧盟框架计划是欧盟"研究、技术开发及示范框架计划"的简称，由欧盟科技委员会负责，自 1984 年开始实施，是欧盟成员国和联系国共同参与的中期重大科技计划，具有研究水平高、涉及领域广、投资力度大、参与国家多等特点，截止到 2013 年已完成七个框架计划。

　　ASANCA 项目分两期：ASANCA I 和 ASANCA II。ASANCA I 进行飞机舱内噪声有源控制技术的前期试验及可行性研究，而 ASANCA II 则直接针对该技术的工程应用，涉及 11 个欧盟国家的 22 个飞机制造商、大学和研究机构，耗资 700 万英镑，主要目的是利用有源控制技术降低螺旋桨飞机舱内噪声，先后在多尼尔 228、萨博 340、ATR42 和福克 100 等四种机型上进行了有源噪声控制的飞行和地面测试。参加该项目的几家飞机制造商是：瑞典萨博（Saab Aircraft）、德国多尼尔（Dornier）、西班牙航空制造（Casa）、意大利阿莱尼亚（Alenia）、法国国家航空宇航公司（Aerospatiale）和荷兰福克（Fokker）等公司。该项目针对的 4 种飞机中，前 3 种是螺旋桨飞机，福克 100 是喷气式飞机，其尾部装有 2 台涡轮发动机。这四种飞机的主要噪声的基频分别为 102～106Hz、85Hz、68.5Hz 和 115Hz，主要的谐波个数分别为 4、2、4、2 个，需要控制的最高频率为 424Hz、170Hz、75Hz 和 250Hz。为了控制这些噪声，布置的次级声源分别为 54、47、33 和 42 个。各种试验结果表明：对于螺旋桨基频噪声，平均降噪量为 15～20dB，局部区域的降噪量高达 27dB。

　　虽然多数飞机制造商对有源控制技术都感兴趣，但由于该技术需要的投资和配套设施较多，中小型公司无法承受前期研发费用，也不具备相关技术积累和工作条件，目前只有英国超级电子（Ultra Electronics）公司在此领域取得了成功。超级电子公司与瑞典萨博飞机公司（Saab Aircraft）合作，首次在飞机舱内采用商业化的有源控制系统降低舱内螺旋桨噪声。第一架采用有源控制技术的商用飞机是萨博 340 及其后续型号萨博 2000。萨博 340 于 1994 年春移交，同年稍后移交了装有有源控制系统的萨博 2000。据悉，超级电子公司至今已在不同类型的飞机上安装了超过 1200 套有源控制系统，如庞巴迪公司的涡桨和喷气飞机、豪客-比奇（Hawker-Beechcraft）公司的涡桨飞机、萨博（萨博 regional）涡桨飞机、空客 A400M 军用运输机、洛马公司的 C-130 运输机和 P-3C 侦察机，等等。

　　有源噪声控制技术应用于螺旋桨飞机舱内的标志性事件如下：①将多尼尔 328 系列飞机与 ATR42/47 飞机作为有源控制研究的模型机，证实了应用有源噪声控制的可行性；②在 A400M 飞机上装配有源控制系统，使该飞机乘员舱内平均降噪量达到 20dB，降噪后的噪声声压级为 75dB 左右，目前 180 架该类型飞机装配了有源控制系统；③在庞巴迪冲 8 Q400 飞机上装配有源控制系统，舱室舒适性明显改善，目前装配了 53 架；④在美国空军的 C130-H3 飞机上装配有源控制系统，舱室平均降噪量为 13.1～15.5dB（C）或[4.9dB（A）]；⑤在 AFRL C-130、OV-10A Bronco、Fokker 50 飞机上装配有源控制系统，其中 AFRL C-130 飞机舱室平均降噪量 10dB，OV-10A Bronco 飞机舱室平均降噪量 9dB，Fokker 50 飞机的结构振动得到改善；⑥目前空客公司正将有源控制技术推广到大型客机中。

6.2.3　汽车车内噪声有源控制

　　与有源耳机和螺旋桨飞机舱内噪声有源控制相比，汽车车内噪声有源控制表现出不同的特点。首先，从技术层面上讲，由于车内噪声低频部分不是占据主导地位的线谱成分，这一点不如螺旋桨飞机舱内噪声控制有利，而对于连续谱噪声，车厢内的降噪空间要大于耳机腔体，这方面又不如有源耳机。其次，从经济层面上讲，传统耳机的价格虽然较低，但其中有源控制部分主要采用模拟器件，大大降低了其成本。另外，飞机舱室内的有源控制系统一般为大规模的多通道系统，它的软件和硬件都很复杂，成本也很高，然而相对于整架飞机的价格,这一部分的占比又很小。车内有源控制系统显然要采用多通道的数字系统,虽然其通道数要远小于飞机舱内有源控制系统,其成本相对较低。然而,汽车,即使是高档轿车,其价值与飞机相比也差了几个数量级,因此有源控制目前主要还只是应用于部分品牌高档轿车上。

然而,促进汽车业采用有源控制技术的动力也一直存在,且也有越来越大的趋势。为了保护地球环境,促进可持续发展,近年来发展绿色汽车的呼声日益高涨。绿色汽车的主要标志之一就是要减少汽车尾气排放对环境的污染,汽车业加大了改善发动机燃烧效率和降低车辆重量的努力。然而,车辆减重通常会加大车体振动和噪声,尤其是会增加低频辐射噪声的能量。另外,随着社会经济的发展,人们对驾驶汽车和乘坐汽车舒适性的要求也日益高涨,因此在车内采用有源控制技术的必要性正在日益增长。

与有源耳机和飞机舱内噪声有源控制相比,车内噪声有源控制也有自身优势。首先,目前汽车业的一个重要趋势就是大力发展集成电子车辆系统,它包括先进的车载音频系统,而这一部分可以作为有源控制系统的硬件和软件平台,将有效地降低采用有源控制技术的成本。其次,车内噪声有源控制不仅可以降低车内噪声声级,而且可以修正噪声频谱,从而改善车内环境声品质,这成为提升整车品质的有效途径。另外,利用有源控制方法降低车内噪声,除了在车厢内安装基于次级声源的有源控制系统外,还可以通过有源减振方法降低发动机向车体的振动传递,从而降低车内噪声。

相对于其他类型车辆,汽车车内噪声有源控制的重点在于高档轿车车厢内,主要原因有两个:①轿车,尤其是高档轿车的单车价格高,其销量比其他类型汽车的销量要大得多,这样将摊薄有源控制技术的研发成本,使得有源控制系统的价格变得可以接受;②中高档轿车乘员对其乘坐环境的舒适性的要求高。因此,轿车车厢内的有源噪声控制技术是汽车噪声有源控制的主要内容。需要指出的是,虽然有源噪声控制技术主要运用于汽车车内,但有不少研究针对其他类型车辆驾驶员位置处的有源噪声控制,如卡车、拖拉机、土方机械、采矿车等农业机械和工程车辆,以及火车头驾驶员位置处的有源噪声控制。

20 世纪 80 年代初期,Oswald 和 Berge 等开展了柴油车驾驶室内有源噪声控制研究,他们采用单通道前馈系统,针对 200Hz 以下频率,取得 5～7dB 的降噪量。20 世纪 80 年代中期后,以汽车车内噪声控制为目标的有源噪声控制及主动减振基座(active control mount,ACM)研究及产品开发已较为普遍,学术机构中主要有英国南安普顿大学的 ISVR、私人机构中有莲花工程(Lotus Engineering)公司和噪声控制技术(NCT)公司。

美国通用(GM)、德国宝马(BMW)、英国莲花(Lotus)和日本尼桑(Nissan)等许多著名汽车公司都进行了汽车车内噪声有源控制研究,取得了良好的降噪结果。其中,1991 年尼桑公司推出的新型蓝鸟(blue bird)轿车由于采用了有源控制试验系统,车内噪声降低了5.6dB。2001 年,本田(Honda)公司的 Sano 等以 Accord 轿车为对象,将车载音频系统与有源控制系统集成起来,采用反馈控制策略,降低车内前排座椅处的轰鸣声,取得了 10dB 的降噪量。至于排气消声器和进气管噪声的有源控制,目前未见到商业化的应用,主要问题在于性价比过低。车内有源控制系统的商业及批量应用方面,目前见诸媒体的主要有:①1991年,尼桑公司研制了用于降低车内轰鸣噪声的有源控制系统;②2000 年,本田公司将发动机噪声有源控制系统引入轿车中,作为可变气缸管理系统和混合动力系统功能的一部分;③2010年,通用汽车公司开发了有源控制系统用于降低车内低频轰鸣声。目前,莲花工程公司已成长为一家专门开发汽车有源噪声控制技术的专业性公司，开发和掌握了大量相关技术专利。近年来采用"主动降噪"（有源控制系统）的车型有凯迪拉克 XTS，讴歌 AcuraMDX，林肯 MKC、MKX 全系，英菲尼迪 Q70、QX60 等。

6.3　开发中的有源控制技术

6.3.1　自由空间与管道噪声有源控制

（1）变压器噪声有源控制

变压器噪声是 24 小时的持续性噪声，它以 100Hz 为基频，并包含两次以上的高次谐频噪声。通常，体积较大的变压器，其谐波峰值频率较低；而体积较小的变压器，其谐波峰值频率较高。此外，变压器噪声的强弱与变压器的额定容量、硅钢片的材质、制作精度、铁芯中的磁通密度及变压器工况等诸因素有关。而且变压器噪声声级随时间的变化平缓且波动幅度较小，波动范围在 1dB 内，这说明变压器虽然为大型复杂噪声源，但所产生的噪声场却比较稳定。这一特点非常有利于有源噪声控制系统的实际实施。

（2）管道噪声有源控制

管道噪声主要指的是中央空调、大型输液和输气管道、通风管道中的噪声，以及鼓风机、发动机等工业设备的进、排气噪声，等等。控制管道噪声的传统方法是利用无源消声器，这种消声器要么低频效果不好，要么体积庞大，并且在不同程度上会带来管道气动特性的损失。有源消声器一般可以消除两个倍频程的低频随机噪声，降噪量可达 15～20dB，对于单频噪声，降噪量可达 20～30dB，典型的消声频段在 40～400Hz 之间。

在 20 世纪 70 年代和 80 年代，管道噪声有源控制研究形成了热潮，目前已经有几个型号的有源消声器投入使用，并已有可自编程序/自适应的（标准化）模块化系统量产，市场销售价也在不断下降。

（3）发动机噪声与有源控制

在各类发动机中，空气动力噪声为主要噪声源，包括进气噪声、排气噪声和冷却风扇噪声。进气噪声的频率成分主要集中在 200Hz 以下的低频范围，与此同时，当气流以高速流经进气阀门时，会产生频率在 1000Hz 以上的高频噪声。排气噪声是发动机噪声中最主要的声源，它一般要比发动机整机噪声高出 10～15dB（A），并且包含了复杂的噪声成分，如以单位时间内排气次数为基频的排气噪声、管道内气柱共振噪声、排气管处的气流喷射噪声等。冷却风扇噪声由旋转噪声和湍流噪声构成。旋转噪声以叶片通过频率为基频，并伴有高次谐波，而湍流噪声是一个宽频带噪声。冷却风扇噪声受转速的影响最大，转速提高一倍可导致其声级增加 10～15dB（A）。在低速时风扇噪声要比发动机噪声低很多，而在高速时，风扇噪声往往会成为主要的噪声源，将无源和有源控制技术结合，可以实现宽频带噪声的降低。

（4）家电与信息技术设备噪声有源控制

高质量的家用电器对噪声辐射水平有严格要求，传统噪声控制技术在低频噪声控制上的缺陷导致市场对有源控制技术有极大需求。家用电器作为大众消费品，品种多、销售量大，因此有源噪声控制技术的应用带来的经济利益十分诱人。目前已报道的主要有电冰箱、洗衣机和空调噪声的有源控制。然而，由于家用电器内部空间狭小，任何技术的应用必须优先照顾外观的美感，这给次级声源和误差传感器的布放带来严格限制。初级噪声源相对噪声波长来说是分布式声源，这也给次级声源的布放带来挑战。另外，有源控制技术的应用不能削弱家用电器在价格上的竞争力。因此，在家用电器上应用有源控制技术的难度颇大。

随着人类迈入信息时代，各种信息技术设备成为人们日常生活和工作中的必备装备。信息技术设备（information technology equipment，ITE）是信息产业中从外部数据源接收数据、对所接收的数据进行处理、提供数据输出的工业设备，用途广泛，种类繁多，常见产品有：移动硬盘、CD、打印机、复印机、路由器等。大部分信息技术设备在工作时会产生噪声，随着信息和通信技术的快速进步，信息技术设备的运算和处理速度快速增加，使得所产生的噪声增加，对操作者及其声环境的影响变得不可忽视，尤其是某些大型通信设备（如通信基站）带来的噪声成为重要的环境噪声污染源。因此，近年来 ITE 噪声控制（包括有源噪声控制）日益受到重视。

6.3.2　三维封闭空间噪声有源控制

（1）有源头靠

有源头靠是在座椅上人的双耳位置两侧布置次级声源和误差传感器，构建有源噪声控制系统，用于降低进入耳膜处的噪声声压。相较于有源耳机，人在使用有源头靠时没有佩戴耳机带来的压迫和负重感，人头可以自由活动，因此受到欢迎。

有源头靠实际上是两个独立的有源控制系统，分别用于降低左右两耳的噪声，其特殊性在于：在设计有源头靠时，为了便于人头活动，误差传感器通常距离人耳或耳膜位置较远，这样就无法保证耳膜处的噪声声压最小。为了解决这一问题，可以采用虚拟误差传感技术，也就是用实际误差传感器预测消声点（虚拟误差传感器位置）声压的办法。

需要注意的是，由于人头的存在，有源头靠包围的空间成为衍射声场，它对系统性能有重要影响。首先，它会影响自适应算法的稳定性。由于人头的存在，次级声源到实际误差传感器和虚拟误差传感器之间的两个次级通路传递函数将受到影响。测量结果表明：在 1kHz 以内，由于人头的运动，使得上述传递函数在幅度上的偏差在 3dB 以内。虽然这种偏差不会导致 FxLMS 算法发散，但对收敛速度有一定影响。其次，衍射声场对有源静区的影响不大，但对算法的稳态性会有较大影响，为了获得良好的声学性能，必须现场测量声传输阻抗。

（2）MRI 腔室噪声有源控制

核磁共振成像（magnetic resonance imaging，MRI）和功能磁共振成像（functional MRI）技术的主要问题在于扫描过程中产生的 65～95dB（最高可达 130dB）的强烈噪声，这种噪声刺激了听神经系统，限制了 fMRI 检测中的基于刺激的脑活动，也会影响其他脑功能。同时，它会引起被检查者的焦虑和不舒适感，并影响医患之间的交流。因此，利用有源控制技术降低 MRI 和 fMRI 空腔中（尤其是人头位置处）的噪声具有重要意义。

（3）武器装备中的舱室噪声有源控制

一些武器装备舱室内的噪声，直接影响其内部指战员的生活和工作环境，已成为决定武器装备战斗力的重要因素，如坦克装甲车内部、战斗机驾驶舱、军事运输机乘员舱、舰艇舱室、载人航天飞行器轨道舱内的噪声。以舰艇为例，在居住舱室、指挥室、控制室等有人值守或经常活动部位的舱室内的高强度噪声，不仅影响声呐员的侦听、干扰命令的传递和通信的清晰，而且会降低艇员的工作效率并容易导致误判和误操作。此外，舱内噪声还会诱发艇体结构振动从而向外辐射噪声，直接破坏舰艇自身的声隐身性能，增加本艇声呐自噪声，降低声呐系统性能。

为了降低武器装备舱室内的噪声，部分可以采用隔声、吸声、减振等无源控制措施，但它们通常只对中高频噪声有效，且体积较大，占用舱室有效活动空间。因此，利用有源控制技术是降低低频噪声的有效手段。对于武器装备舱室内的有源噪声控制，除了具有三维封闭空间噪声有源控制的共有特点外，还存在着有源控制系统工作环境恶劣、可靠性要求高等特点。

（4）日常生活中的声腔噪声有源控制

除了上述三种应用外，很多日常生活中的声腔噪声都需要进行有源控制。电梯轿厢是典型的三维封闭空间，实施无源降噪措施后仍会残留较高声级的低频噪声，给电梯乘坐者带来不适。采用有源噪声控制技术可以有效降低低频噪声。

婴儿保育箱是保护早产婴儿的必要设施，但温度控制系统产生的噪声对婴儿发育及健康十分不利，因此有必要利用有源控制技术降低保育箱内的噪声。

在卧室中实施有源控制，一般是在枕头左右两侧安装次级声源和误差传感器，利用反馈系统实现有源噪声控制，目的有两个：一是阻止个人之外的噪声传入人耳以保护睡眠；二是抵消自己发出的鼾声以免影响他人。后一应用十分有趣，调查表明，这在实际中有广泛需求，目前已有多篇文献展示了研究成果，不过还没有看到具体的应用。

6.3.3　声学边界的有源控制

当声波在介质中传播时，如果介质的阻抗发生变化或者说出现了声学边界，就会产生声波的反射、折射和透射。为了控制低频声波的透射与反射，人们提出了有源隔声窗、有源声屏障和有源隔声罩、有源吸声层等基于有源控制的声学边界控制技术。

（1）有源隔声窗

解决现代都市噪声污染的主要办法是安装全密封隔声窗，然而在炎热的夏天或热带地区，长时间关闭窗户导致无法通风换气，这样既影响室内空气质量，又无法降温。因此，研发一种既有良好隔声效果又能自然通风的隔声窗是现实中的迫切需要。不过，传统的通风隔声窗只对中高频噪声起作用，对低频噪声降噪效果很差。有源控制技术能在一定程度上解决无源隔声窗低频降噪效果差的问题。

（2）有源声屏障和有源隔声罩

将利用隔声材料做成的声屏障置于道路两侧，可以在较大范围内降低道路交通噪声。对于道路声屏障，为了提高屏障效果，往往要增加屏障高度，这就势必增加造价，并影响视觉与光线，此外这种屏障对低频噪声的降低效果很差。因此，将有源控制与无源方法结合起来会取得更好的效果，也就是在声屏障上方布置一系列扬声器和传声器，形成有源控制系统的次级声源和误差传感器，这样在空中形成无形的或"虚拟的"声屏障。

为了降低噪声源的辐射噪声，以往通常利用隔声罩包围噪声源，完全密闭的隔声罩的隔声性能最好，但无法解决噪声源（通常是需要进排气的机器）的通风散热要求，此外低频噪声的隔声效果往往很差，因此在已有非密闭隔声罩上加装扬声器和传声器可形成"有源隔声罩"，既解决内部机械噪声源的通风散热问题，又可提高低频降噪效果。

有源声屏障和有源隔声罩的研究已有 20 多年的历史，它是有源隔声的进一步扩展。人们在有源隔声机理、性能预测、系统实现、实验验证等方面做了大量工作，但目前距离实用还有相当大的距离，主要问题是：为了取得较大的降噪空间、较高的降噪量和较宽的频率范围，需要的次级声源和误差传感器数量很大，形成了所谓的大规模有源控制系统。这种系统一来成本极高，二来稳定性和可靠性十分脆弱，不能满足实际需求。

（3）有源吸声层

吸声是噪声控制的一种有效手段，但传统的无源方法在常规厚度下只对中高频声较为有效。最早提出有源声吸收想法的是哥廷根大学的 Guicking 等，他们提出用一只扬声器安装在驻波管的一端，控制来自另一端垂直入射的平面波。1989 年以来，Varadan 及 Lafleur 等进行了水中平面波有源吸收研究，其中的一项实验表明：通过适当控制次级力源的幅度和相位，用一层有源表层（active surface，active foam）或作动层可实现声吸收，二层作动可阻止声透射。然而，上述研究中的实验装置及有关理论推导主要针对垂直入射平面声波，且声吸收层面积太小，实用时不容易扩展。后来，人们开展了大面积有源吸声层及有源声学结构研究。与有源隔声相比，有源声吸收系统的实现更加复杂，目前未见实用。

6.3.4　有源控制技术的扩展应用

（1）改善声品质

以往人们对噪声的客观评价多采用声压级、响度等参量，但它们不能全面描述人对噪声的烦恼程度，于是提出了声品质（sound quality）这一概念，用于描述在特定的技术目标或任务内涵中声音的适宜性。由于声品质是基于人耳对声音的主观感受而做出的判断，可以作为评价产品舒适性性能的标准之一。近年来人们已将其用于评价高端机电产品的声学性能，如汽车、家电、飞机机舱、高速列车。

传统上，有源噪声控制的目标通常是降低误差传感器处的声压，因此从声品质的角度看，有源控制的最优效果并不等于人耳的最佳感受。为此，以声品质最优为目标的有源控制被提到研究日程上。这一研究主要集中在汽车行业，主要模式是：①建立车内声品质模型，获得声品质评价参量；②以这些参量为基础构成有源控制目标函数，进而对汽车噪声实施有源控制；③应用所建立的声品质模型进行有源控制效果验证。

（2）声场主动控制

在不同领域，声场主动控制（active sound field control，ASFC）的含义有所不同。在室内声学中，ASFC 是指对一座已经建成的厅堂，如果其音质达不到预期效果，或需要改变厅堂的作用（如将会议室改为音乐厅），则通过增加扬声器阵列，利用人工控制的方式改变室内声场特性。在电声学中，ASFC 是指通过人工控制使电声器件达到需要的特性，如立体声耳机可以通过控制耳机特性人为制造出输入信号中并不存在的声音的立体感，增强人对声音的环绕、混响、丰满度等的感觉。

在房间内，声源到听者耳膜的声传输通路称为双耳室内脉冲响应（binaural room impulse response，BRIR）。从信号与系统的角度来说，房间的音质达不到要求，就是 BRIR 达不到要求。用主动控制的方法改变 BRIR 就是 ASFC 的基本思想。

在室内，ASFC 包括声场合成、声场支援和声场效果主动控制三方面。声场合成指的是在消声室或经过高吸声处理的房间内创造任意分布的声场，它是声场重构的一个特例；声场支援指根据已有的室内音响进行声音的力度、混响度和环绕声的控制；声场效果主要是要求在剧场厅堂内获得一定的演出效果。

（3）声场重构

声场重构比声场合成的含义更加宽泛。从物理原理上讲，声场重构属于声辐射逆问题，它是通过次级源的辐射在不同环境中产生特定目标场的技术，基本原理最早可追溯到惠更斯原理。

声场重构技术不仅广泛应用于音频领域，在实验声学和心理声学中也备受青睐。波场合成（wave field synthesis，WFS）技术作为一种典型的声场重构方法，由于能够精确重构物理声场的时间、频率和空间特征，所以可应用于噪声源识别与定位、噪声与振动控制，以及在实验室条件下进行声品质和噪声烦恼度的研究。例如，国外已有研究尝试在汽车模型和飞机舱室模型中真实重构各种行驶状态或飞行状态下车辆与飞机舱室内部声环境，从而为声品质评价与噪声控制构建基本平台。

参 考 文 献

[1] Nelson P A, Elliott S J. Active control of sound. London: Academic Press, 1992.

[2] Tokhi M O, Leitch R R. Active noise control. Oxford: Clarendon Press, 1992.

[3] 陈克安，马远良. 自适应有源噪声控制——原理、算法及实现. 西安：西北工业大学出版社，1993.

[4] Fuller C R, Elliott S J, Nelson P. Active control of vibration. London: Academic Press, 1996.

[5] Kuo S M, Morgan D R. Active noise control systems – algorithms and DSP implementations. New York: Wiley, 1996.

[6] Hansen C H, Snyder S D. Active control of noise and vibration. London: Academic Press, 1997.

[7] Elliott S J. Signal processing for active control. London: Academic Press, 2001.

[8] Hansen C H. Understanding active noise cancellation. London: Spon Press, 2001.

[9] 陈克安. 有源噪声控制. 第2版. 北京：国防工业出版社，2014.

[10] Lueg P. Process of silencing sound oscillations. German patent DRP No. 655508, 1933.

[11] Lueg P. Process of silencing sound oscillations. US patent No.2043416, 1936.

[12] Guicking D. On the invention of active noise control by Paul Lueg. Journal of the Acoustical Society of America, 1990, 87(5): 2251-2254.

[13] Eriksson L J. A brief social history of active sound control. Sound and Vibration, 1999, 33: 14-17.

[14] Guicking D. Active control of sound and vibration: History – fundamentals – state of the art. Festschrift DPI, 2007: 1–32.

[15] Olson H F. Electronic sound absorber. Journal of the Acoustical Society of America, 1953, 25(6): 1130-1136.

[16] Conover W B. Fighting noise with noise. Noise Control Engineering Journal, 1956, 2: 78-82.

[17] Morgan D R. History, applications and subsequent development of the FXLMS algorithm. IEEE Signal Processing Magazine, 2013, 30(3): 172-176.

[18] Burgess J C. Active adaptive sound control in a duct: a computer simulation. Journal of the Acoustical Society of America, 1981, 70(3): 715-726.

[19] Elliott S J, Nelson P A, Stothers I M, et al. In-flight experiments on the active control of propeller-induced cabin noise. Journal of Sound and Vibration, 1990, 140: 219-238.

[20] 尹雪飞，陈克安. 有源声学结构：概念、实现及应用. 振动工程学报，2003，16（3）：261-268.

第 8 篇

室内声学

编　著　燕　翔　李　卉　郭　静

校　审　魏志勇

第1章 室内声场

1.1 室内声场的特征

从室外某一声源发生的声波，以球面波的形式连续向外传播，随着接收点与声源距离的增加，声能迅速衰减。在无反射面的空中，声压级的计算遵循式（8-1-1）：

$$L_p = L_W - 10\lg\frac{1}{4\pi r^2} \quad \text{（dB）}$$ (8-1-1)

式中　L_p ——空间某点的声压级，dB；

　　　L_W ——声源的声功率级，dB；

　　　r ——测点与声源的距离，m。

上式也可改写为式（8-1-2）：

$$L_p = L_W - 20\lg r - 11 \quad \text{（dB）}$$ (8-1-2)

在这种情况下，声源发出的声能无阻挡地向远处传播，接收点的声能密度与声源距离的平方成反比，即距离每增加 1 倍，衰减 6dB，性质极为单纯。

对于存在地面反射的情况，式（8-1-1）也可改写为（8-1-3）：

$$L_p = L_W - 20\lg r - 8 \quad \text{（dB）}$$ (8-1-3)

在剧院的观众厅、体育馆、教室、播音室等封闭空间内，声波在传播时将受到封闭空间各个界面（墙壁、天花、地面等）的反射与吸收，声波相互重叠形成复杂声场，即室内声场，并引起一系列特有的声学特性。

室内声场的显著特点是：

① 距声源有一定距离的接收点上，声能密度比在自由声场中要大，常不随距离的平方衰减。

② 声源在停止发声以后，在一定的时间里，声场中还存在着来自各个界面的迟到的反射声，产生所谓"混响现象"。

此外，由于与房间的共振，引起室内声音某些频率的加强或减弱；由于室的形状和内装修材料的布置，形成回声、颤动回声及其他各种特异现象，产生一系列复杂问题。如何控制室的形状及吸声-反射材料的分布，使室内具有良好的声环境，是室内声学设计的主要目的。

1.2 几何声学

忽略声音的波动性质，以几何学的方法分析声音能量的传播、反射、扩散的方法叫"几何声学"。

与此相对，着眼于声音波动性的分析方法叫作"波动声学"或"物理声学"。

对于室内声场的分析，用波动声学的方法只能解决体型简单、频率较低的较为单纯的情况。在实际的大厅里，其界面的形状和性质复杂多变，用波动声学的方法分析十分困难。但是在一个比波长大得多的室内空间中，如果忽略声音的波动性，用几何学的方法分析，其结果就会十分简单明了。因此，在解决室内声学的多数实际问题中，常常用几何学的方法，就是几何声学的方法。

几何声学中，把与声波的波阵面相垂直的直线作为声音的传播方向和路径，称为"声线"。声线与反射性的平面相遇，产生反射声。反射声的方向遵循入射角等于反射角的原理。用这种方法可以简单和形象地分析出许多室内声学现象，如直达声与反射声的传播路径、反射声的延迟以及声波的聚焦、发散等等。

关于利用几何声学的原理，描述声音在室内传播时的几种典型的情况，详见本手册第1篇第5章5.1节以及图1-5-1和图1-5-2。

1.3 扩散声场的假定

在几何声学中我们引入统计声学的概念，假定声源在连续发声时声场是完全扩散的。

所谓扩散，有两层含义：

① 声能密度在室内均匀分布，即在室内任一点上，其声能密度都相等。

② 在室内任一点上，来自各个方向的声能强度都相同。

基于上述假定，室内内表面上不论吸声材料位于何处，效果都不会改变。同样，声源与接收点不论在室内的什么位置，室内各点的声能密度也不会改变。

因此，在扩散声场中，在室内任一表面的单位面积上，每秒钟入射的声能如式（8-1-4）所示：

$$I = \frac{c}{4}D \tag{8-1-4}$$

式中 I——声强，W/m^2；

c——声速，m/s；

D——声能密度，$W \cdot s / m^3$。

当房间尺寸很大时，低频范围内的简正频率是稀疏的，这些频率低于可听范围，但是仍有许多简正模式是处于可听频率范围内的。将如此多的固有频率进行单独波动处理是不可能的，因此有必要采取统计的方法。换句话讲，就是不再去考虑波动性了，而此时几何声学看起来更合理。而且大房间体型常常是不规则的，声扩散占主导地位，故以上假设是合适的。

根据完全扩散声场假设，房间声学的处理可以很简单，然而，用波动理论则很难求解。因此，为了使用几何声学，应尽力使房间成为扩散声场。

1.4 室内声音的增长、稳态和衰减

假设室内表面的总面积为 S，声能密度为 D，其向全部内表面入射的声能为 $cDS/4$；如内表面的平均吸声系数为 $\bar{\alpha}$，每秒被吸收的声能即为 $cDS\bar{\alpha}/4$。假定声源的声功率为 W（W），

室内声能的变化量是 $V\dfrac{\mathrm{d}D}{\mathrm{d}t}$，其变化的基本公式如式（8-1-5）所示：

$$V\frac{\mathrm{d}D}{\mathrm{d}t}=W-\frac{cDA}{4}\qquad\text{（8-1-5）}$$

式中　V——室容积，m^3；

　　　A——室内表面的总吸声量，$A=S\bar{\alpha}$，m^2。

假定当 $t=0$ 时，$D=0$，则可得到：

$$D=\frac{4W}{cA}\left(1-\mathrm{e}^{-\frac{cA}{4V}t}\right)\qquad\text{（8-1-6）}$$

这就是描述声音在室内增长的公式。可以看出，声源以一定的声功率发声，随着时间 t 的增加，室内的声能密度逐渐增长。

当 $t=\infty$ 时，室内声能密度达到最大值，即 $D=D_0$（稳态声能密度，单位是 $W\cdot s/m^3$ 或 J/m^3）。

$$D_0=\frac{4W}{cA}\qquad\text{（8-1-7）}$$

此时的声场称作"稳态声场"。也就是说，在单位时间内声源辐射的声能与室内表面吸收的声能相等，室内声能密度不再增加。

在声场达到稳态后，声源停止发声，就是当 $t=0$ 时 $W=0$，$D=D_0=4W/cA$，则上述的基本公式可以解为：

$$D=D_0\mathrm{e}^{-\frac{cA}{4V}t}\qquad\text{（8-1-8）}$$

这就是描述室内声能密度衰减的公式。可以看出，此时室内的声能密度随时间 t 的增加而减小，直到趋近于 0。

在大多数实际的厅堂中，声源发声后，大约经过 1～2s，声能密度即可接近最大值，即稳态声能密度。一个室内吸声量大、容积也大的房间，稳态前某一时间的声能密度，比一个吸声量或容积小的房间声能密度要小。还可以看出：室内总吸声量越大，衰减就越快；室容积越大，衰减越缓慢。

室内声音的增长、稳态和衰减过程可参见本手册第 1 篇第 5 章 5.2 节以及图 1-5-3 和图 1-5-4。

第2章 房间共振

2.1 驻波

在自由空间中有一面反射性的墙。一定频率的声音入射到此墙面上，产生反射，入射波与反射波形成"干涉"。即在入射波与反射波相位相同的位置上，振幅因相加而增大，而在相位相反的位置上，振幅因相减而减小，这就形成了位置固定的波腹与波节，这就是"驻波"。对于声压而言，距墙面 1/2 波长处和距墙面 1/2 波长的整数倍处，声压最大，称为声压的波腹，即波腹距离反射面的距离 L 可用式（8-2-1）求得：

$$L = n\frac{\lambda}{2} \tag{8-2-1}$$

式中　L——波腹距反射面的距离，m；

　　　n——1，2，3，…，∞的正整数；

　　　λ——声音的波长，m。

2.2 封闭管内共振的简正模式

2.2.1 波动方程及其解

在内径小于波长的封闭管内，设声波只能沿管的长度方向传播，不能穿越管壁，因此只需考虑一维平面波动。由介质特性，得到自由振动的波动方程如式（8-2-2）所示：

$$\frac{\partial^2 \varphi}{\partial t^2} = c^2 \frac{\partial^2 \varphi}{\partial x^2} \tag{8-2-2}$$

式中，φ 也可视为声压 p 或质点速度 v，因为两者均能用同一形式表达。因此，为计算方便，引入了一个新函数 φ，以代替对 p 和 v 的双重处理，其定义如下：

$$\left.\begin{array}{c} v = -\dfrac{\partial \varphi}{\partial x} \\[2mm] p = \rho \dfrac{\partial \varphi}{\partial t} \end{array}\right\} \tag{8-2-3}$$

式中，ρ 为介质的密度。在任何负梯度方向（这里是 x 方向）都指向那个方向上的质点速度，由此称 φ 为速度势。用式（8-2-3）对 φ 进行 t 或 x 的微分，可得 p 和 v。

当声波用角频率 ω 表示为简谐运动，$\varphi \sim \mathrm{e}^{j\omega t}$，式（8-2-2）可转化为：

$$\left(\frac{d^2}{dx^2} + k^2\right)\varphi = 0 \tag{8-2-4}$$

式中， $k = \dfrac{\omega}{c}$ 。 d 表示的是倒数。

该方程的一般解为：

$$\varphi = C_1 e^{j(\omega t - kx)} + C_2 e^{j(\omega t + kx)} \tag{8-2-5}$$

式中， C_1 和 C_2 是常量。

式中第一项为沿+x 方向传播的波，第二项为沿–x 方向传播的波，上述解还可表示为：

$$\varphi = (A \cos kx + B \sin kx) e^{j\omega t} \tag{8-2-6}$$

式中，

$$A = (C_1 + C_2)$$
$$B = -j(C_1 - C_2)$$

2.2.2　封闭管内的固有振动

这里，我们所讨论的情况是，管子在 $x = 0$ 和 $x = l_x$ 处是刚性壁，该空间的边界条件在 $x = 0$ 和 $x = l_x$ 处质点速度为零。由式（8-2-3）和式（8-2-6）可得下式：

$$v = -\frac{\partial \varphi}{\partial x} = k(A \sin kx - B \cos kx) e^{j\omega t} \tag{8-2-7}$$

为满足边界条件 $x = 0$ 时 $B = 0$ 和 $x = l_x$ 时 $\sin kl_x = 0$，得 $k_m l_x = m\pi$（ $m = 0$，1，2，3……）。因此，

$$k_m = \frac{\omega_m}{c} = \frac{m\pi}{l_x} \tag{8-2-8}$$

式中，我们不关心 $m = 0$ 时的零振动情况。那么，角频率的特定值表示如下：

$$\omega_m = \frac{cm\pi}{l_x}$$

满足上式的频率表示为：

$$f_m = \frac{\omega_m}{2\pi} = \frac{cm}{2l_x} \tag{8-2-9}$$

这种固有振动的表征称为简正频率或固有频率，也被称为振动的简正模式，而且，在这些频率处管子产生共振，也称为共振频率。上述的对应波长 λ_m 为：

$$\lambda_m = \frac{c}{f_m} = \frac{2l_x}{m}$$

$$\tag{8-2-10}$$

即

$$l_x = m \frac{\lambda_m}{2}$$

这就是说，管长为其半波长整数倍的那些频率是固有频率， $m = 1$ 到无穷大，有无限多振动的简正模式。

例如管长 6.8m，求 $m = 1$ 到 $m = 3$ 的振动简正模式。由式（8-2-9），声速 $c = 340$m/s，求得：

$$f_1 = \frac{340}{2 \times 6.8} = 25(\text{Hz})，\quad f_2 = 25 \times 2 = 50(\text{Hz})，\quad f_3 = 25 \times 3 = 75(\text{Hz})$$

又如在上述条件下，当管长为 l_x 时，管中质点速度分布由式（8-2-7）和式（8-2-8）变为式（8-2-11）：

$$v = k\text{A}\sin\left(\frac{m\pi x}{l_x}\right)\text{e}^{j\omega t} \tag{8-2-11}$$

则质点速度分布可由下式表达：

$$\sin\left(\frac{m\pi x}{l_x}\right)$$

在上述条件下，由式（8-2-3）和式（8-2-6）可以求得声压分布如式（8-2-12）所示：

$$p = \rho\frac{\partial\varphi}{\partial t} = j\omega\rho\text{A}\cos(kx)\ \text{e}^{j\omega t} = j\omega\rho\text{A}\cos\left(\frac{m\pi x}{l_x}\right)\text{e}^{j\omega t} \tag{8-2-12}$$

图 8-2-1 为封闭管内振动的简正模式的示意图。

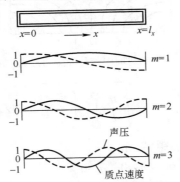

图 8-2-1　封闭管内振动的简正模式

因此，压力分布可表示为：

$$\cos\left(\frac{m\pi x}{l_x}\right)$$

在图 8-2-1 中由虚线表示。

根据上述例子的讨论，在振动简正模式下管中的声压和质点速度由位置决定。因为声波的形状不变，为一种驻波。

2.3　平行墙面间的共振

在自由声场中有两个平行的墙面，在两个墙面之间，也可以维持驻波状态，即第二个墙面产生的驻波的波腹与波节与第一个墙面产生的驻波的波腹与波节在位置上重合，这样，在两墙之间就产生"共振"。

共振是产生在两个墙面之间的，即"轴向共振"。共振的频率取决于 $L = n\dfrac{\lambda}{2}$，L 为两墙的距离，n 为一系列正整数，每一个数为一个"振动方式"。

轴向共振频率为 $f = \dfrac{c}{\lambda} = \dfrac{nc}{2L}$，Hz。$c$ 为声速，一般取 c=340m/s，λ 为波长，当 $L = n\dfrac{\lambda}{2}$ 时产生驻波的例子，可参见本手册第 1 篇第 5 章 5.5 节以及图 1-5-6。

可见，L 越大，最低共振频率亦越低。在矩形房间内三对平行表面上下、左右、前后之间，只要其距离为 $\dfrac{\lambda}{2}$ 的整数倍，就可以产生相应方向上的轴向共振，相应的轴向共振频率为 f_{n_x}、f_{n_y}、f_{n_z}。

除了上述三个方向的轴向驻波外，声波还可在二维空间内出现驻波，即切向驻波[图 8-2-2 中（2，1，0）]，相应的共振频率为切向共振频率，可按式（8-2-13）计算：

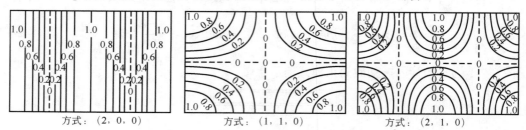

图 8-2-2　在矩形房间中的几种振动方式的声压分布

$$f_{n_x,\,n_y} = \frac{c}{2}\sqrt{\left(\frac{n_x}{L_x}\right)^2 + \left(\frac{n_y}{L_y}\right)^2}\quad (\text{Hz}) \qquad (8\text{-}2\text{-}13)$$

式中　L_x，L_y——两对平行墙面的距离，m；

　　　　n_x，n_y——0，1，2，…，∞（n_x=0，n_y=0 除外）；

　　　　c——声速，c=340m/s。

若 n_x 或 n_y 中有一项为零，即是轴向共振的表达式。

2.4　矩形房间的共振

在四个墙面两两平行，地面又与天花板平行的房间中，除了上述的轴向与切向驻波之外，还会出现斜向的驻波，这时房间共振的机会增加许多。斜向共振频率的计算式如式（8-2-14）所示：

$$f_{n_x,\,n_y,\,n_z} = \frac{c}{2}\sqrt{\left(\frac{n_x}{L_x}\right)^2 + \left(\frac{n_y}{L_y}\right)^2 + \left(\frac{n_z}{L_z}\right)^2}\quad (\text{Hz}) \qquad (8\text{-}2\text{-}14)$$

式中　L_x，L_y，L_z——房间的长、宽、高，m；

　　　　n_x，n_y，n_z——由 0～∞ 任意正整数（不包括 n_x=n_y=n_z=0）。

选择（n_x，n_y，n_z）一组不全为零的非负整数，即为一组振动方式。例如，选择 n_x=1，n_y=0，

$n_z=0$，即为（1，0，0）振动方式。其示例、实测图例以及简并的克服等，详见本手册第 1 篇第 5 章 5.5 节以及表 1-5-2 和图 1-5-9、图 1-5-10。

在房间的六个室内表面都是刚性，即全反射，但实际上，内表面总有一定的吸声。在室内表面上布置吸声材料或构造时，共振峰会略向低频移动，频率响应曲线也会趋于平坦。在演播室或录音室的设计中，选择与共振频率相应的吸声材料或构造，使室内的频率响应特别在低频避免有大的起伏是很重要的。

一些研究者给出了矩形房间降低简并影响的尺寸比例。这对于设计矩形的声学实验室或演播室、录音室、听音室等房间是较有价值的。不过，现今，演播室、录音室、听音室等，甚至琴房、排练室，为了防止简并造成的音质畸变，常常采用不规则体型，即房间的六个面不平行。不规则房间的共振模式将变得非常复杂，但是简并现象的概率将大大减少，计算不规则房间的共振模式需要采用有限元方法。

第 3 章　混响时间

　　声源停止发声后，室内声音的衰减过程为混响过程。这一过程的长短对人们的听音有很大影响。长期以来，不少人对这一过程的定量化进行了研究，得出了适用于实际工程的混响时间计算公式。

　　在本手册第 1 篇第 5 章 5.3 节中已简要介绍了赛宾、依林和依林-努特生等混响时间计算公式，本章再进一步阐述这些公式的物理意义、技术参数等。关于以上几种混响时间计算公式的适用范围，请参阅本手册的第 1 篇第 5 章 5.3.4 节。

3.1　赛宾公式

　　混响和混响时间是室内声学中最为重要和最基本的概念。所谓混响，是指声源停止发声后，在声场中还存在着来自各个界面的迟到的反射声形成的声音"残留"现象。这种残留现象的长短以混响时间来表征。混响时间公认的定义是声能密度衰减 60dB 所需的时间。

　　根据声能密度的衰减公式可知，其衰减率（每秒的衰减量）是 $e^{-\frac{cA}{4V}}$，以 dB 表示，衰减率可写为 $d = 10\lg e^{-\frac{cA}{4V}}$（dB/s）。根据混响时间定义，则混响时间可由式（8-3-1）求得：

$$T = \frac{60}{d} = \frac{6 \times 4V}{cA\lg e} = \frac{24}{c\lg e} \times \frac{V}{A}$$

$$T = K \frac{V}{A} \tag{8-3-1}$$

式中　T——混响时间，s；

　　　　V——房间体积，m³；

　　　　A——室内的总吸声量，m²；

　　　　K——与声速有关的常数。$K = \dfrac{24}{c\lg e} = \dfrac{55.26}{c}$，一般取 0.161。

　　上式称为赛宾（Sabine）公式。式中，A 是室内的总吸声量，是室内总表面积与其平均吸声系数的乘积。室内表面是由多种不同材料构成的，如每种材料的吸声系数为 α_i，对应表面积为 S_i，则总吸声量 $A = \sum S_i\alpha_i$。如果室内还有家具（如桌、椅）或人等难以确定表面积的物体，如果每个物体的吸声量为 A_j，则室内的总吸声量为：

$$A = \sum S_i\alpha_i + \sum A_j \tag{8-3-2}$$

　　上式也可写成：

$$A = S\bar{\alpha} + \sum A_j \tag{8-3-3}$$

式中　S——室内总表面积，m^2；

　　　$\bar{\alpha}$——室内表面的平均吸声系数。

$$S = S_1 + S_2 + \cdots + S_n = \sum S_i$$

$$\bar{\alpha} = \frac{S_1\alpha_1 + S_2\alpha_2 + \cdots + S_n\alpha_n}{S_1 + S_2 + \cdots + S_n} = \frac{\sum S_i\alpha_i}{\sum S_i} = \frac{\sum S_i\alpha_i}{S} \qquad (8\text{-}3\text{-}4)$$

3.2　依林公式

　　在室内总吸声量较小、混响时间较长的情况下，根据赛宾的混响时间计算公式算出的数值与实测值相当一致。而在室内总吸声量较大、混响时间较短的情况下，计算值比实测值要长。在 $\bar{\alpha}=1$，即声能几乎被全部吸收的情况下，混响时间应当趋近于 0，而根据赛宾的计算公式，此时 T 并不趋近于 0，显然与实际不符。

　　依林提出的混响理论认为，反射声能并不像赛宾公式所假定的那样，是连续衰减的，而是声波与界面每碰撞一次就衰减一次，衰减曲线呈台阶形。假定经过第 n 次反射后的反射声声强为 I，那么 $I = I_0(1-\bar{\alpha})^n$。$\bar{\alpha}$ 为室内界面的平均吸声系数。

　　为了计算在一封闭空间中单位时间内的反射次数，引入"平均自由程"的概念。平均自由程就是反射声在与内表面的一次反射之后，到下一次反射所经过的距离的统计平均值。在常规形状的室内，平均自由程 $p = \dfrac{4V}{S}$。V 为房间容积（m^3），S 为房间内表面积（m^2）。所以在单位时间里，声波与室内表面的碰撞次数 n（反射次数）为：

$$n = \frac{c}{p} = \frac{cS}{4V} \qquad (8\text{-}3\text{-}5)$$

式中，c 为声速，m/s。

　　假定声场是充分扩散的，单位时间后室内声能密度为 D，如式（8-3-6）所示：

$$D = D_0(1-\bar{\alpha})^{\frac{cS}{4V}} \qquad (8\text{-}3\text{-}6)$$

式中，D_0 为单位时间前的声能密度。

　　如果将单位时间内声能密度从 D_0 降至 D 的衰减以 dB 表示，则其衰减率 $d = 10\lg\dfrac{D_0}{D}$。将声能密度的衰减公式代入此式，再加以简化，就可以得到衰减率 $d = \dfrac{10c}{4V/s}\lg\dfrac{1}{1-\bar{\alpha}}$。取声速 $c = \dfrac{55.26}{K}$，定义混响时间为衰减 60dB 所需的时间，即 $T=60/d$，则混响时间如式（8-3-7）所示：

$$T = \frac{KV}{-S\ln(1-\bar{\alpha})} \quad (\text{s}) \qquad (8\text{-}3\text{-}7)$$

式中　V——房间的容积，m^3；

　　　K——与声速有关的常数，一般取 0.161；

　　　S——室内总表面积，m^2；

$\bar{\alpha}$ —— 室内表面平均吸声系数。

这就是依林的混响时间计算公式。这个公式比赛宾公式更接近实际情况，特别是在 $\bar{\alpha}$ 值较大时，譬如 $\bar{\alpha} \to 1$，则 $-\ln(1-\bar{\alpha}) \to \infty$，$T$ 趋近于 0。当 $\bar{\alpha}$ 较小时，$-\ln(1-\bar{\alpha})$ 与 $\bar{\alpha}$ 相近，此时，用赛宾公式与用依林公式得到的结果相近。当 $\bar{\alpha}$ 较小时，如小于 0.20，$\bar{\alpha}$ 与 $-\ln(1-\bar{\alpha})$ 很相近，随着 $\bar{\alpha}$ 值的增大，二者的差值亦增大。

因此，在室内表面平均吸声系数较小（$\bar{\alpha} \leqslant 0.2$）时，用赛宾公式与用依林公式可以得到相近的结果，在室内表面的平均吸声系数较大（$\bar{\alpha} > 0.2$）时，只能用依林公式较为准确地计算室内的混响时间。

3.3　依林-努特生公式

赛宾公式和依林公式只考虑了室内表面的吸收作用，对于频率较高的声音（一般为 2000Hz 以上），当房间较大时，在传播过程中，空气也将产生很大的吸收。这种吸收主要取决于空气的相对湿度，其次是温度的影响。本手册第 1 篇第 5 章表 1-5-1 给出了室温 20℃，相对湿度不同时测得的空气吸收系数。当计算中考虑空气吸收时，应将相应的吸收系数（$4m$）乘以房间容积 V，得到空气吸收量，加到式（8-3-7）分母中，最后得到：

$$T = \frac{KV}{-S\ln(1-\bar{\alpha}) + 4mV} \quad (\text{s}) \tag{8-3-8}$$

式中　V —— 房间容积，m³；

S —— 室内总表面积，m²；

$\bar{\alpha}$ —— 室内平均吸声系数；

$4m$ —— 空气吸收系数。

通常，将上述考虑空气吸收的混响时间计算公式称作"依林-努特生（Eyring-Knudsen）公式"。

第4章 声场达到稳态时室内声场分布

通过对室内声压级的计算，可以预计所设计的大厅内能否达到满意的声压级，及声场分布是否均匀。如果采用电声系统，还可计算扬声器所需的功率。

4.1 室内声压级计算

当一个点声源在室内发声时，假定声场充分扩散，则利用以下的稳态声压级公式计算离开声源不同距离处的声压级 L_p，如式（8-4-1）所示：

$$L_p = L_W + 10\lg\left(\frac{Q}{4\pi r^2} + \frac{4}{R}\right) \ (\text{dB}) \tag{8-4-1}$$

式中 L_W——声源的声功率级，dB；

　　r——离开声源的距离，m；

　　Q——声源指向性因数；

　　R——房间常数，$R = \dfrac{S\bar{\alpha}}{1-\bar{\alpha}}$；

　　S——室内总表面积，m^2；

　　$\bar{\alpha}$——室内平均吸声系数。

公式是假定温湿度等处在通常的条件下，忽略了空气的吸收。Q 是指向性因数：当无指向性声源在完整的自由空间时，$Q=1$；如果无指向性声源是贴在墙面或天花面（半个自由空间）时，$Q=2$；在室内两面角（$\dfrac{1}{4}$ 自由空间）时，$Q=4$；在三面角（$\dfrac{1}{8}$ 自由空间）时，$Q=8$。Q 的具体数值可参见本手册第 1 篇第 5 章 5.4 节和图 1-5-5。室内声压级的计算也可参照图 8-4-1 进行。

4.2 混响半径

根据室内稳态声压级的计算公式，室内的声能密度由两部分构成：第一部分是直达声，相当于 $\dfrac{Q}{4\pi r^2}$ 表述的部分；第二部分是扩散声（包括第一次及以后的反射声），即 $\dfrac{4}{R}$ 表述的部分。可以设想，在离声源较近处 $\dfrac{Q}{4\pi r^2} > \dfrac{4}{R}$，离声源较远处 $\dfrac{Q}{4\pi r^2} < \dfrac{4}{R}$，前者直达声大于扩散声，后者扩散声大于直达声。在直达声的声能密度与扩散声的声能密度相等处，距声源的距离称作"混响半径"，或称"临界半径"。此处：

$$\frac{Q}{4\pi r_0^{\ 2}} = \frac{4}{R}$$

式中　Q——声源的指向性因数；

　　r_0——混响半径，m；

　　R——房间常数，m^2。

上式可以转换为：

$$r_0 = 0.14\sqrt{QR} \tag{8-4-2}$$

房间常数 R 越大，则室内吸声量越大，混响半径就越长；R 越小，则正好相反，混响半径就越短。这是室内声场的一个重要特性。当我们以加大房间的吸声量来降低室内噪声时，接收点若在混响半径 r_0 之内，由于接收的主要是声源的直达声，因而效果不大；如接收点在 r_0 之外，即远离声源时，接收的主要是扩散声，加大房间的吸声量，R 变大，$4/R$ 变小，就有明显的降噪效果。

对于听者而言，要提高清晰度，就要求直达声较强，为此常采用指向性因数 Q 较大（$Q=10$ 左右，有时更大）的电声扬声器。

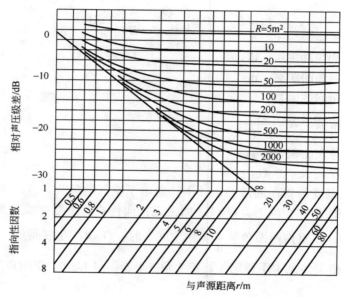

图 8-4-1　室内声压级计算图表

第5章 音质的主观评价

判断室内音质是否良好的标准是使用者（听众或演员们）能否得到满意的主观感受。一般这种主观感受可以归纳为下面五个方面的具体要求。每一项音质要求又与一定的客观声场物理量相对应。人们对不同的声信号（语音或音乐）的主观感受要求有所差异，这些要求则通称为音质（主观）评价标准。室内音质设计则是通过建筑设计与构造设计使得各项客观物理指标符合主要使用功能对良好音质的要求。

5.1 主观评价标准

（1）合适的响度

响度是人感受到的声音大小，合适的响度使人们听起来既不费力又不感到吵闹，它是室内具有良好音质的基本条件。对于语言声，听众要求其响度级为60~70方；对于音乐声，响度要求的变化范围一般在响度级50~85方，有时还会更大。

（2）较高的清晰度和明晰度

语言声要求具有一定的清晰度，而音乐需达到期望的明晰度。语言的清晰度常用"音节清晰度"来表示。它是由人发出若干单音节（汉语中一字一音），这些音节之间毫无语意上的联系，由室内的听者聆听并记录，然后统计听者正确听到的音节占所发音音节的百分数，这一百分数则为该室的音节清晰度，即：

$$音节清晰度 = \frac{正确听到的音节数}{发出的全部音节数} \times 100\%$$

实验结果表明：汉语的音节清晰度与听者感觉的关系如表8-5-1所列。人们在听讲话时，由于每一句话有连贯的意思，往往不必听清每个字也能听懂句子。一般用"语言可懂度"表示对语言的听懂程度，汉语的音节清晰度与语言可懂度之间有如图8-5-1所示的关系。可见，只要测得一个厅堂的室内音节清晰度，则可知其中听众的相应语言可懂度。

音乐的明晰度具有两方面含意：其一是能够清楚地辨别出每一种声源的音色；其二是能够听清每个音符，对于演奏较快的音乐也能够感到其旋律分明。

表8-5-1 汉语音节清晰度与听者感觉的关系

音节清晰度/%	听者感觉
<65	不满意
65~75	勉强可以
75~85	良好
>85	优良

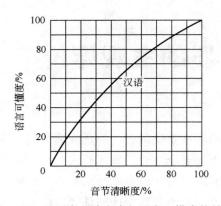

图 8-5-1　汉语音节清晰度与语言可懂度的关系

（3）足够的丰满度

这一要求主要是对音乐声，对于语言则是次要的。丰满度的含意有：余音悠扬（或称活跃），坚实饱满（或称亲切），音色浑厚（或称温暖）。总之，它可以定义为声源在室内发声与在露天发声相比较，在音质上的提高程度。

（4）良好的空间感

良好的空间感是指室内声场给听者提供的一种声音在室内的空间传播感觉。其中包括听者对声源方向的判断（方向感）、对距声源远近的判断（距离感，又可称为亲切感）和对属于室内声场的空间感觉（环绕感、围绕感）。

（5）没有声缺陷和噪声干扰

声缺陷是指一些干扰正常听闻使原声音失真的现象，如回声、声聚焦、声影、颤动回声等。声缺陷的出现会使听众感到听觉疲劳、厌烦、难以集中注意力，尤其是短促的语言声比音乐声更容易发现回声现象，因此，在音质设计中应全力避免声缺陷。

噪声的侵入对室内音质有破坏作用。连续的噪声，特别是低频噪声会掩蔽语言和音乐；间断性噪声则会破坏室内宁静的气氛或录音效果。

5.2　客观指标

上述的各项主观评价标准，是音质设计的出发点和最终目标。但进行实际的音质设计时，还必须借助与音质的主观评价有关的物理指标。

5.2.1　声压级与混响时间

与音质的主观评价量中的因素有关的物理指标，有声压级和混响时间。各个频率的声压级与该频率声音的响度是相对应的。一般的语言、音乐都有较宽的频带，它的响度大体上与经过 A 特性计权的噪声级 dB（A）相对应。混响时间则与室内的混响感、丰满度有对应关系，较长的混响时间有较长的混响感，较高的丰满度。混响时间的频率特性（各个频率的混响时间）还与主观评价中音质的因素有密切关系。为保持声源的音色不致失真，各个频率的混响时间应当尽量接近。感到声音"温暖"是低频混响时间较长的结果，而"华丽""明亮"则要求有足够长的高频混响时间。

混响时间与室内音质评价有密切的对应关系，而且它是最为稳定的一项指标。但在不同的大厅中，或一个大厅中的不同位置，尽管混响时间相同或者接近，音质的主观评价常有很大差异，不仅空间感觉不同，而且在量与质的方面也有不同。这说明，混响时间不能完全反映与室内音质有关的全部物理特性。这是因为导出混响时间这个概念的基本假定——扩散声场与实际的室内声场并不一致。

5.2.2　反射声的时间与空间分布

听者接收到的直接来自声源的声音叫直达声。经过天花板、墙面等的反射后接收到的叫反射声。其中经过一次反射就被接收的叫一次反射声，经过多次反射后被接收的叫多次反射声。最先到达听者的是直达声，然后是各次反射声。由于各个反射声走过的路程长度各不相同，到达时间也就各不相同（迟于直达声到达的时间叫作"延时"），它们在时间轴上形成一个序列。观察这种序列的方法一般采用脉冲测量法，就是在声源位置上发出一个持续时间很短的声音（脉冲声），在接收点上用传声器接收，经过放大后在计算机或示波器的荧光屏上显示，见图 8-5-2，得到的图像叫作"回声图"（图 8-5-3）。

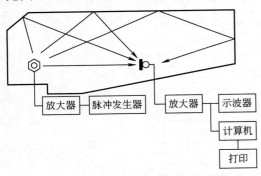

图 8-5-2　脉冲测量方法简图

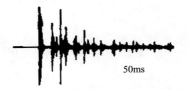

50ms

图 8-5-3　"回声图"的例子

"回声图"的横坐标是时间，纵向高度表示声压的相对幅值。任何一个在室内测得的"回声图"中声信号时间序列都可以分成三个部分：直达声（最左面的一个脉冲）、近次反射声（直达声后一段时间里到达的一个一个的反射声）和混响声（近次反射声以后的密集的反射声群）。近次反射声是经过次数不多的反射（一般是一次或二次）后到达听者的，因此能量较大，与直达声在时间上距离较近（延时较短）。混响声是经过多次反射以后到达的为数众多的能量较小的、在时间轴上十分密集的反射声所构成的。这些反射声的个数随时间越来越多（大体上与时间的平方成正比），它们的包络线大体上按指数曲线衰减，各个入射方向有相同的概率。因此，严格说来，只有混响声这一部分是符合扩散声场的假定的，而在进入混响声阶段之前，在只有直达声和其后的近次反射声到达时，声场还不是扩散的。在不同的大厅或厅内的不同位置，直达声与近次反射声的能量及时间和空间构成不同，这正是造成音质的主观感受不同的重要原因。

（1）时间分布

实验表明，直达声以后 35～50ms 以内到达的反射声有加强直达声（提高响度）和提高清晰度的作用。同时，听者对声源方向的感觉仍取决于直达声到来的方向。也就是说，在这个时间范围内，不管有来自什么方向的反射声，听者感觉到的只是来自声源方向的声音得到了加强。这样的反射声就是一般所说的近次反射声。对于音乐，近次反射声的时间范围可以扩大到直达声后 80ms。

与近次反射声相反，混响声则起降低清晰度的作用。我们可以把语言的音节看作是一个一个的脉冲声，当前面的音节发出后，它的混响声还要在室内延续，并随时间衰减以至消失。如果衰减的速率较慢（混响时间较长），它就会掩蔽随后发出的音节（图 8-5-4），使单词或句子听起来含糊不清。

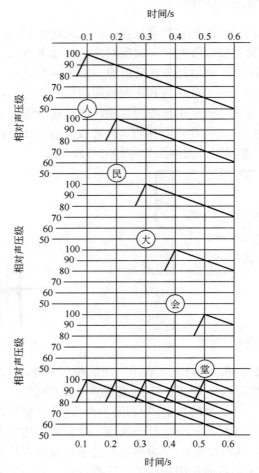

图 8-5-4　过长的混响时间对清晰度的影响示意

有人根据直达声、近次反射声与混响声对清晰度的不同影响，提出了一个清晰度指标（definition），又称 D 值，它的表达如式（8-5-1）所示：

$$D = \frac{\int_0^{50\text{ms}} |p(t)|^2 \, \mathrm{d}t}{\int_0^{\infty} |p(t)|^2 \, \mathrm{d}t} \tag{8-5-1}$$

式中，p 为声压。

D 值的意义是：直达声及其后 50ms 以内的声能与全部声能之比。D 值越高，对清晰度越有利。

与此相似，对于音乐信号有一个"明晰度"（clarity）的指标。它的定义如式（8-5-2）所示：

$$C(\text{clarity}) = \frac{\int_0^{80\text{ms}} |p(t)|^2 \, \mathrm{d}t}{\int_{80\text{ms}}^\infty |p(t)|^2 \, \mathrm{d}t} \tag{8-5-2}$$

有的研究结果表明：为保证有满意的明晰度，必须 $C=（0\sim\pm3）$ dB。

与清晰度相反，音乐的丰满度要求有足够的混响声，要求保持室内有较长的"余音"（混响感），即所谓的"余音绕梁"，造成一种整个室内都在"响应"的效果。一定程度的前后声音的叠合，虽然对语言的清晰度不利，但有助于美化音乐音质。

近次反射声对于音乐的丰满度也是重要的。首先，它能加强直达声，提高响度，增强力度感。其次，使直达声与混响声连续，不使中间脱节，从而使声音的成长与衰减曲线滑顺。某些容积较大的厅，虽然混响时间不短，但丰满度不够，重要原因之一就是缺少必要的近次反射声。

"亲切感"要求在直达声之后 $20\sim35$ms 之内有较强的反射声。在小型厅里，$20\sim35$ms 正是直达声与最早的第一次反射声的时间间隔。在大型厅里，这样的反射声要靠布置专门的反射面来获得。

根据脉冲测量法得到的反射声序列（回声图）可以预测出现回声的可能性。一个单个的反射声是否能够形成回声，取决于它与直达声的时间差（延时）和它与直达声相比的相对强度。图 8-5-5 为单个反射声的回声干扰度曲线。图 8-5-5 曲线上的百分数表示有百分之几的听者感到有回声干扰。可以看出，延时在 $30\sim50$ms 之内的反射声，其强度即使比直达声高，多数人仍不会感到有回声干扰，相反，感到的是直达声被加强了。以后随着延时的加长，干扰度百分数逐渐提高。但实际情况是，大厅里不会只有一个强的反射声，它的前后总有一些较强的反射。而且显然，声源信号的性质（脉冲宽度、频率成分等）、强反射声到来的方向等，都与是否被察觉出是回声有关。因此，在实际中大厅回声的预测问题比图 8-5-5 给出的结果要远为复杂，图 8-5-5 只能用于初步的估计。

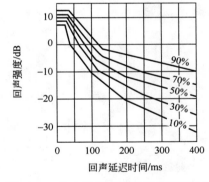

图 8-5-5　单个反射声的回声干扰度曲线

（2）空间分布

上面已经谈到，混响声可以看作是向听众做无规入射（各个入射方向的概率相同）的，但近次反射声则各自有一定的方向，它与房间的形状、比例等有密切关系。

近次反射声不仅在时间分布上与音质有关，而且在其方向分布上也与音质有密切关系。来自前方（与声源方向相近）的近次反射声有加强亲切感的作用，而来自侧面的近次反射声，有形成围绕感的作用。这是音乐演出用房间，特别是音乐厅所不可缺少的。对已有的音乐厅的测定和分析表明，音质优秀的音乐厅，其近次反射声中，不仅侧向反射的声能所占比例较大，而且在时间上也比正前方的反射声先到达听众。与侧向反射有关的指标中，有代表性的如"房间响应"（room response，简称 RR），如式（8-5-3）所示：

$$RR = 10\lg \frac{\int_{25ms}^{80ms} p_L^2 + \int_{80ms}^{160ms} p^2}{\int_0^{80ms} p^2} \qquad (8\text{-}5\text{-}3)$$

式中，p_L 为侧向反射声压，p 为来自全部方向的声压。分子的第一项为近次侧向反射声能，第二项实际上是混响声能；分母是直达声与全部方向上的近次反射声能。RR 越大，围绕感越强。此式表明，围绕感除与侧向反射声能的大小有关外，而且混响声能也对围绕感有所贡献。

一般说来，听者左右两耳接收的直达声信号以及来自前方的近次反射声信号都大体相同，而左右两耳接收到的侧向反射声信号却差异很大。所以也有人用听者左右耳接收的信号的相关程度来表征由于侧向反射产生的围绕感。

两耳互相关函数（IACC）如式（8-5-4）所示：

$$\varphi_{LR}(\tau) = \lim_{T\to\infty} \frac{1}{2T} \int_{-T}^{+T} f_L(t) \, f_R(t+\tau) \, \mathrm{d}t \qquad (8\text{-}5\text{-}4)$$

式中，f_L、f_R 分别为左、右耳接收的信号。两耳互相关函数 φ_{LR} 越小，围绕感就越强。

以上分析了混响时间及其频率特性，以及反射声的时间构成和空间构成与音质的主观评价之间的关系。虽然目前的研究水平还不可能做到音质的主观评价指标与客观指标有定量的对应关系，但如上所述，两者相关的趋势还是很清楚的。

第 6 章 大厅容积的确定

6.1 大厅容积确定的依据

室内音质设计首先应在建筑方案设计初期，根据建筑功能和声学要求来确定厅堂的容积值。厅堂容积的大小不仅影响音质的效果，而且也直接影响建筑的艺术造型、结构体系、空调设备和经济造价等诸多方面，为此，容积的确定必须综合加以考虑。从完全利用自然声的角度来考虑，一般应从保证有足够的响度和合适的混响时间这两方面的基本要求来确定。若有电声扩声设备介入厅堂环境中，厅堂容积的确定则可依据电声系统的性能与布置方式来定，也就是说，此时的厅堂容积在一定程度上可以大于自然声条件下的厅堂容积值，并依据实际情况选配相应的电声设备。

下面所讨论的厅堂容积确定是以自然声为声源，只从建筑声学角度出发来确定其值。

6.1.1 保证厅内有足够的响度

自然声（人声、乐器声等）的声功率是有限的。厅的容积越大，声能密度越低，声压级越低，也就是响度越低。因此，用自然声的大厅，为保证有足够的响度，容积有一定的限度。表 8-6-1 给出了用自然声的大厅的最大容许容积的参考数值，超过这个数就应当考虑设置电声扩声系统。

表 8-6-1　用自然声的大厅的最大容许容积

用　　途	最大容许容积/m³
讲演	2000～3000
话剧	6000
独唱、独奏	10000
大型交响乐	20000

6.1.2 保证厅内有适当的混响时间

由混响时间的计算公式可知，房间的混响时间与容积成正比，与室内的吸声量成反比。在室内的总吸声量中，观众的吸声量所占比率最大，一般都在 1/2 左右。这里引进一个"每座容积"的指标，即折合每个观众所占的室容积：V/n，V 为室容积（m³），n 为观众数。为了获得适当的混响时间，不同用途的大厅有不同的适当的每座容积。在厅的规模（观众席数）确定之后，即可用适当的每座容积估算出为获得适当的混响时间所需的厅的容积：$V = \dfrac{V}{n} \times n$，从而确定大厅的大致尺寸，如表 8-6-2 所列。

表 8-6-2　　不同用途大厅的每座容积推荐值

用　　　途	(V/n) /m^3
音乐厅	8～10
歌剧院	6～8
多用途剧场、礼堂	5～6
讲演厅、大教室	3～5
电影院	4

由于厅堂容积是室内相互联系的内表面所围合成的空间体积值，所以它的确定与设计方法是灵活多变的。如在同一结构空间内，利用整体吊顶或间断式"浮云"吊顶，或用一些机械设备控制某些可活动的隔墙、舞台反射板等，调控容积的大小，从而达到调节室内混响时间的目的。由此可见，在方案设计中初步按每座容积建议值确定的厅堂空间，在建筑施工图设计和室内装修设计过程中完全有可能按具体混响时间与吸声量大小来调控其最终值，以达到较为理想的效果。

6.2　大厅的体型设计

大厅的体型设计直接关系到厅内反射声的时间与空间构成，是音质设计的重要一环。同时，它又与厅的建筑艺术构思、厅的各种功能要求（如电声系统的布置、照明、通风、观众的疏散），以及各种开口的布置等密切相关。一个好的体型设计，应当把声学与建筑融为一体。根据声学要求，大厅的体型设计的原则及方法如下。

6.2.1　体型设计方法

声的本质是波动，但是用波动理论分析一个具体的大厅的声场问题，由于边界条件复杂，近于不可能。考虑到音频范围内的声波波长比大厅的尺寸要小得多，可以近似地用几何光学的方法描述大厅中声的传播、反射等现象，这种方法叫作"几何声学方法"或"声线法"。它以垂直于声的波阵面的直线（声线）代表声传播的方向，在遇到反射物体时，遵守入射角等于反射角的定律。厅内的声波是在同一种媒质中传播的，因此不考虑由此造成的折射与衍射。两个声音相加时，不考虑干涉，只作能量相加。这种方法大大简化了分析工作，而且在相当大的程度上符合实际，是大厅体型设计中常用的方法。

图 8-6-1 给出了一个用声线法设计观众厅天花断面的例子。声源 S 的位置一般定在舞台大幕线后 2～3m，高 1.5m。我们要求从台口外的 A' 点开始的第一段天花向 A 到 B 点的一段观众席提供第一次反射声（A、B 等接收点的高度取地面上 1.1m）。连 SA' 与 $A'A$，作 $\angle SA'A$ 的分角线 $A'Q_1$，过 A' 作 $A'Q_1$ 的垂线 $A'A''$。以 $A'A''$ 为轴，求出声源 S 的对称点 S_1。连 S_1B，它与 $A'A''$ 相交于 A''。$A'A''$ 就是第一段天花的断面。第二段天花的第一次反射声要求提供给从 B 到 C 点的一段观众席，则在 SA'' 的延长线上的适当位置取 B'，以后用与第一段同样的方法求出第二段天花的断开 $B'B''$。S_1、S_2 等叫作"虚声源"，此种方法又叫"虚声源法"，它也可用于设计侧墙平面。应注意的是，观众厅的平、断面还要满足灯光、出入口等以及建筑造型上的要求，设计时要综合考虑。

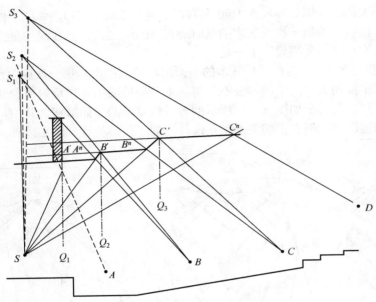

图 8-6-1　用声线法设计观众厅天花断面

6.2.2　体型设计原则

（1）保证直达声能够到达每个听众

在一般情况下，主要是防止前面的观众对后面观众的遮挡。在小型讲演厅，可设讲台以抬高声源。在较大的观众厅中，地面应从前到后逐渐升高，见图 8-6-2。地面的升起一般是根据视线要求计算得到的。但是，并不是只要不遮挡视线就不遮挡直达声，因为声波比光波长得多，它的传播要求波阵面有足够的宽度，因此地面升高的标准取比视线要求的更高为好。

（2）保证前次反射声的分布

根据前节，不同延时的反射声对音质有不同的作用。图 8-6-3 给出了计算第一次反射声延时的方法。

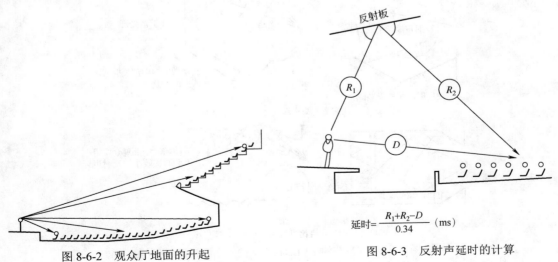

$$延时 = \frac{R_1 + R_2 - D}{0.34} \ (\text{ms})$$

图 8-6-2　观众厅地面的升起　　　　　　　　　图 8-6-3　反射声延时的计算

　　对于规模不大的厅（例如高度在 10m 左右，宽度在 20m 左右），体型不做特殊处理，在绝大多数座位上接收到的第一次反射声的延时都在 50ms 之内。但在尺寸更大的厅，为达到这一要求，就必须在厅的体型设计上下功夫。

　　1）平面形状　　图 8-6-4 为在几种基本的平面形状的大厅中，第一次侧向反射声的分布。可以看出，扇形平面的大厅的中间部分不易得到来自侧墙的第一次反射声。从图 8-6-4 中的几种基本形状，可以发展出如图 8-6-5 所示的各种较复杂的平面形状，其中，反射声分布情况与厅的宽度和进深的比例有密切关系，在进行厅的平面形状设计时必须首先注意选择。

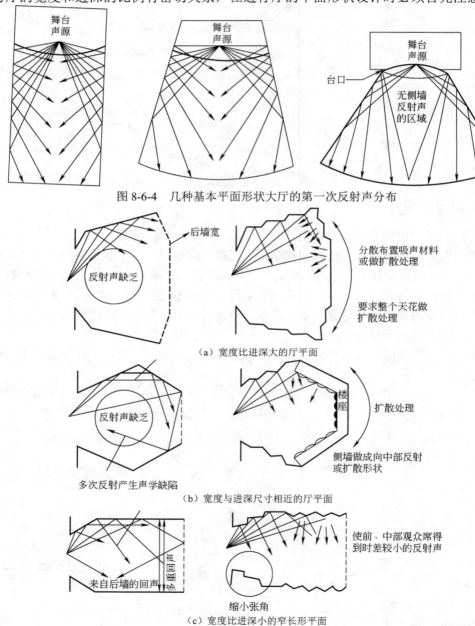

图 8-6-4　几种基本平面形状大厅的第一次反射声分布

（a）宽度比进深大的厅平面

（b）宽度与进深尺寸相近的厅平面

（c）宽度比进深小的窄长形平面

图 8-6-5　较复杂的平面形状大厅的第一次反射声分布

① 宽度比进深大的厅，有相当大的区域不能得到侧墙的第一次反射声，而来自宽大后墙的延时较长的第一次反射声增多，不易得到适于听闻，特别是适于听取音乐演出的声场条件。但此种形状由于多数座位距舞台较近而常被剧场等采用。在这种情况下，应将天花设计成能使多数座位得到第一次反射声的形状，同时，后墙应设计成扩散的。如需布置吸声材料，也可间隔布置，以利扩散，避免回声。规模较大的厅，在缺乏第一次反射声的区域应考虑用电声加以补助。这种情况见图 8-6-5（a）。

② 厅的宽度与进深尺寸相近的多边形或近似圆形平面的厅，第一次反射声容易沿墙反射，而厅的中部没有第一次反射声。为改变这种状况，靠近舞台的两侧墙应考虑做成折线形状，后墙应做成有起伏的扩散体，也可考虑设浅的挑台，以利反射声的均匀分布。同时，应使靠近舞台的天花能够将声音反射到大厅中部区域。这种情况见图 8-6-5（b）。

③ 与进深相比宽度较窄的大厅，这种大厅的平面形状一般都接近矩形，由于两侧墙距离较近，厅内容易得到侧向的第一次反射声，是听取音乐演出的较理想的声场。如果将两个平行的侧墙上做适当的起伏，还可使听众得到来自更宽的墙面的第一次反射。在规模较大的厅，靠近舞台的侧墙可做成折线形，以减小开角，使第一次反射声能够到达厅的中前部。还应注意，由于进深较大，从后墙反射到厅的前部的反射声可能形成回声，必须采取措施加以避免。这种情况见图 8-6-5（c）。

2）断面形状　断面设计的主要对象是天花。由于来自天花的反射声不像侧墙反射那样易被观众席的掠射吸收所减弱，因此对厅内音质的影响最为有效，必须充分加以利用。天花设计的原则是，首先使厅的前部（靠近舞台部分）天花产生的第一次反射声均匀分布于观众席（图 8-6-6）。为此，可将天花设计成从台口上缘逐渐升高的折面或曲面，中部以后的天花可设计成向整个观众席及侧墙反射的扩散面。

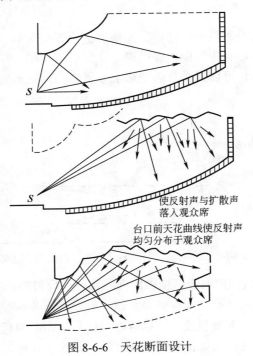

使反射声与扩散声
落入观众席

台口前天花曲线使反射声
均匀分布于观众席

图 8-6-6　天花断面设计

呈凹曲面的天花，容易发生声聚焦现象，使反射声分布不均匀，应当避免采用。如必须采用时，应在内表面做有效的吸声处理，或在其下面设置"浮云"式的反射板（图 8-6-7）。

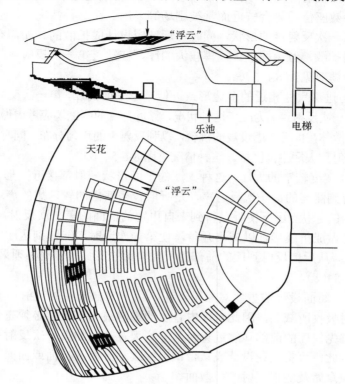

图 8-6-7　凹曲面天花悬挂"浮云"式反射板

侧墙在一般大厅中都是垂直的，这使它能够提供给观众席第一次反射声的面积很小。如果使侧墙略向内倾，则可以有更大面积提供第一次反射声（图 8-6-8）。有条件时可以考虑采用这种形状。为此目的，也可以在垂直的侧墙上布置纵向为楔形的起伏。

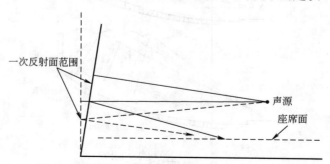

图 8-6-8　垂直侧墙与倾斜侧墙第一次反射面比较

在横向很宽的大厅，为向中间座席提供侧向的第一次反射声，可将靠近侧墙的座位抬高，利用这些座位下面的矮墙向厅的中部提供第一次反射声（图 8-6-9）。

观众席较多的大厅，一般要设挑台，以改善大厅后部座席的视觉条件，但对挑台下部座席的声学条件往往不利。首先，如挑台下空间过深，则除了掠射过前部观众到达的直达声和部分侧墙反射声以外,天花的反射声难以到达。同时,这部分空间的混响时间会比大厅的其他部分短。为了避免产生这种现象,挑台下空间的进深不能过大。一般剧场及多功能大厅,不应大于挑台下空间开口的 2 倍;对于音乐厅,进深不应大于挑台下空间的开口(图 8-6-10)。同时,挑台下天花应尽可能做成向后倾斜的,使反射声落到挑台下座席上。挑台前沿的栏板,有可能将声音反射回厅的前部形成回声,为此应将其形状做成扩散反射的或使其反射方向朝向附近的观众席。

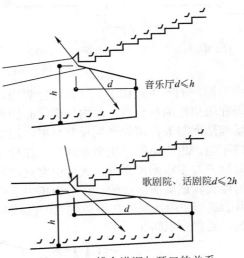

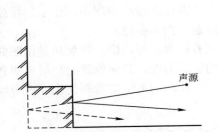

图 8-6-9　抬高边座,利用边墙向厅的中部反射　　　图 8-6-10　挑台进深与开口的关系

（3）防止产生回声及其他声学缺陷

前节谈过,回声的产生是个复杂的问题,在设计阶段不可能完全准确地预测,但在实际的设计工作中,为了安全,必须对所设计的大厅是否有出现回声的可能性进行检查。方法是利用声线法检查反射声与直达声的声程差是否超过 17m（延时是否超过 50ms）。检查时,设定的声源位置应包括各种可能的部位（如舞台上的若干典型位置以及乐池等）。如有电声系统,还应检查扬声器作为声源时的情况。接收点除观众席外,还应包括舞台上。

观众厅中最容易产生回声的部位是后墙（包括挑台上后墙）、与后墙相接的天花,以及挑台栏杆的前沿等（图 8-6-11）。如果后墙为凹曲面,更会由于反射声的聚集加强回声的强度。在有可能产生回声的部位,应适当改变其倾斜角度,使反射声落入近处的观众席,或者做吸声处理（图 8-6-12）。吸声处理最好能与扩散处理并用。用吸声处理时,应当与大厅的混响设计一起考虑。

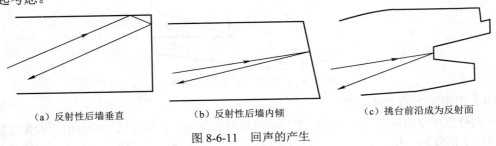

（a）反射性后墙垂直　　　　　（b）反射性后墙内倾　　　　　（c）挑台前沿成为反射面

图 8-6-11　回声的产生

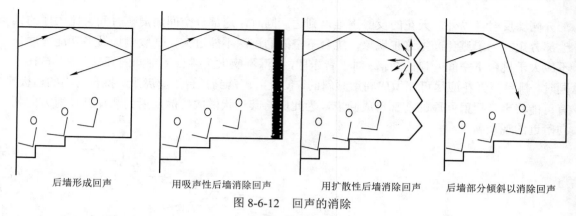

后墙形成回声　　　用吸声性后墙消除回声　　　用扩散性后墙消除回声　　后墙部分倾斜以消除回声

图 8-6-12　回声的消除

多重回声的产生是由于大厅内特定界面之间产生的多次反复反射。在一般观众厅里，由于声源在吸声性的舞台内，厅内地面又布满观众席，不易发生这种现象。但在体育馆等大厅中，场地地面与天花可能产生反复反射，形成多重回声。即使在较小的厅中，由于形状或吸声处理不当，也有可能产生多重回声，在设计时必须注意（图 8-6-13）。

除回声与多重回声之外，大厅中常见的声学缺陷还有声聚焦和声影。声聚焦是由凹曲面的反射性天花或墙面造成的。反射声集中于形成焦点的位置附近，其他位置的反射声声音很小。由于遮挡使近次反射声不能到达的区域叫作声影区（图 8-6-14）。二者都使大厅内声场极不均匀，必须注意防止。

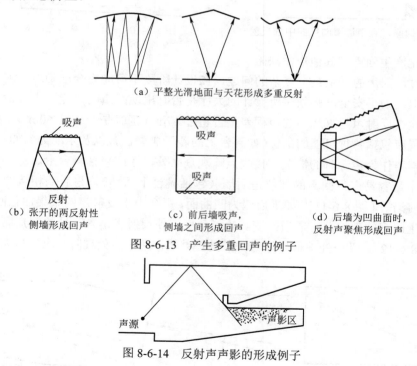

（a）平整光滑地面与天花形成多重反射

吸声

反射
（b）张开的两反射性
侧墙形成回声

吸声

吸声
（c）前后墙吸声，
侧墙之间形成回声

（d）后墙为凹曲面时，
反射声聚焦形成回声

图 8-6-13　产生多重回声的例子

声源●　　声影区
图 8-6-14　反射声声影的形成例子

（4）采用适当的扩散处理

扩散处理就是用起伏的表面或吸声与反射材料的交错布置等方法，使反射声波发生散乱。它不仅用于消除回声和声聚焦，而且可以提高整个大厅的声场扩散程度，增加大厅内声能分布的均匀性，使声音的成长和衰减过程滑顺。同时，它还有助于避免强反射可能造成的"染色现象"。扩散处理一般布置在第一次反射声的反射面以外的各个面，如侧墙与天花的中后部、后墙等等。

"染色现象"是单个的强反射声或间隔相近的一系列强反射声与直达声叠加产生的声音频谱变化，它使原有声音的音色失真。

起伏状扩散体的扩散效果取决于它的尺寸和声波的波长。只有当扩散体的尺寸与要扩散的声波波长相当时，才有扩散效果。如果扩散体的尺寸比波长小很多，就不会产生乱反射；如扩散体的尺寸比波长大很多，就会根据扩散体起伏的角度产生定向反射。为了在更宽的频带上取得更好的扩散效果，可以设计几种不同尺寸（包括不同形状）的扩散体，把它们不规则地组合排列。

扩散体是大厅建筑造型的重要部分，结合建筑的艺术处理可以做成各种形式。

（5）舞台反射板

有镜框式台口的剧场或礼堂，舞台上演员的声音有相当大的部分进入了舞台内部，不能被观众接收。在举行音乐会等不需吊下布景的演出时，如将舞台的上部、两侧和后部用反射板封闭起来，使上述声能反射到观众厅，就能显著提高观众席上的声能密度。不仅如此，舞台反射板还有加强演员的自我听闻和演员与乐队，以及乐队各部分之间的互相听闻的作用。这是音乐演出，特别是交响乐演出的一个重要条件。

舞台反射板在全频带上应当都是反射性的。特别要注意，不要使产生过度的低频吸收。材料一般选用厚木板或木夹板（厚度在 1cm 以上）并衬以阻尼材料，其形状应使反射声有一定的扩散。舞台反射板的背后结构一般是型钢骨架，它的装、拆宜采用机械化的方法。

舞台反射板所围绕的空间的大小，取决于乐队的布置和规模，同时还应使反射声的延时有利于台上演员的听闻（17～35ms）。表 8-6-3 为推荐的与不同演出规模相适应的舞台反射板的内空间尺寸。图 8-6-15 和图 8-6-16 是舞台反射板的两个实例，前者是多功能厅的舞台上设置反射板的实例，后者反射板设置于音乐厅演奏台上部。

表 8-6-3　不同演出规模的舞台反射板内空间尺寸

演出规模	宽/m	深/m	高/m
大型管弦乐队（70～120人，可有合唱队）	15	10	7
室内乐队（平均25人）重奏、独奏，重唱、独唱	8	6	7

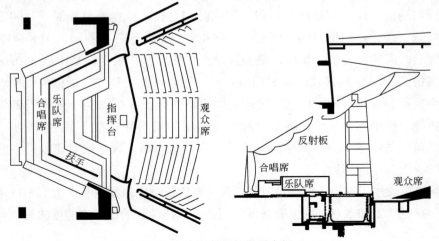

图 8-6-15　舞台反射板的设置实例（一）

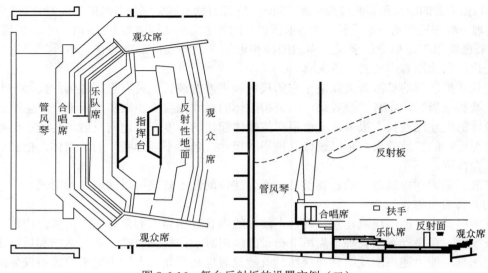

图 8-6-16 舞台反射板的设置实例（二）

6.3 大厅混响的设计

混响设计是室内音质设计的一项重要内容，它的任务是使室内具有适合使用要求的混响时间及其频率特性。这项工作一般是在大厅的形状已经基本确定、容积和表面积能够计算时开始进行。具体内容是：

① 确定适合于使用要求的混响时间及其频率特性；

② 混响时间的计算；

③ 室内装修材料的选择与布置。

6.3.1 最佳混响时间及其频率特性的确定

不同使用要求的大厅，有不同的混响时间的最佳值。这个最佳值又是大厅的容积的函数，即同样用途的大厅，容积越大，最佳混响时间越长。推荐的最佳混响时间是通过对已有大厅的实测、统计归纳得到的。因此，不同作者的推荐值各有不同。图 8-6-17 为一般常用的最佳混响时间的推荐值。图中，横坐标是大厅的容积，纵坐标是中频 500Hz 的最佳混响时间。在得到 500Hz 的最佳混响时间值以后，还要以此为基准，根据使用要求，确定全频带上各个频率的混响时间，即混响时间的频率特性。图 8-6-18 为一般推荐的混响时间的频率特性曲线。横坐标是频率，纵坐标是与 500Hz 的混响时间的比率。它表明，高频混响时间应当尽可能与中频一致，而中频以下可以保持与中频一致，或者随着频率的降低适当延长，这取决于大厅的用途。

音乐演出用大厅应有较长的混响时间，同时希望低频比中频略长，在 125Hz 附近可以达到中频 500Hz 的 1.2~1.5 倍，这主要是考虑到使人们感觉到的低频声响度的衰减与中频大体接近。

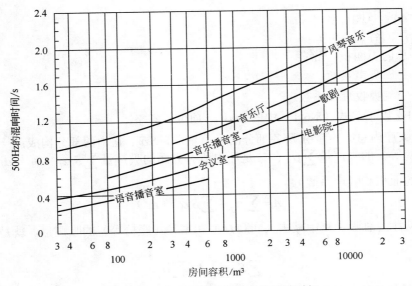

图 8-6-17　各种用途房间的最佳混响时间

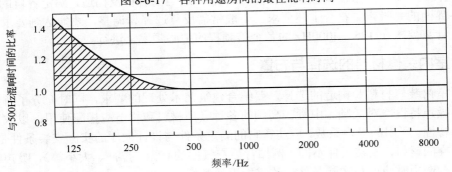

图 8-6-18　一般推荐的最佳混响时间的频率特性曲线

讲演、话剧等以语言为主的大厅，混响时间应当较短，其频率特性应当从低频到高频保持平直，以保证厅内声音的清晰度。

语言、音乐兼用的多功能大厅，混响时间及其频率特性可根据情况取上述二者的折中。

在实际的声场中，由于空气对高频声有较强的吸收，特别是在大型厅堂中，很难使高频混响时间达到与中频一致。但由于人们已经习惯，除非有特殊原因，也不宜故意加长高频混响时间，以免产生不自然的感觉。

6.3.2　混响计算

混响计算的步骤如下：

① 根据设计完成的体型，求出厅的容积 V 和内表面积 S。

② 根据厅的使用要求，参照图 8-6-17 和图 8-6-18 确定混响时间及其频率特性的设计值。

③ 根据混响时间计算公式求出大厅的平均吸声系数 $\bar{\alpha}$。一般采用的混响时间的计算公式如式（8-6-1）或式（8-3-8）所示。

$$T = \frac{0.161V}{-S\ln(1-\bar{\alpha}) + 4mV} \quad (\text{s}) \tag{8-6-1}$$

式中　T——混响时间，s；

　　　V——厅的容积，m³；

　　　S——总内表面积，m²；

　　　$\bar{\alpha}$——平均吸声系数；

　　　m——空气吸收衰减系数。

在 1000Hz 以下，式（8-6-1）中的 $4mV$ 一项可以省略。

④ 计算大厅内总吸声量 A 及各部分的吸声量，$A=S\bar{\alpha}$。它由两部分构成：一是人（听众）和家具（座椅等）的吸声量 $\sum\alpha_j$；二是厅内所有界面的吸声量 $\sum S_i\alpha_i$（S_i 与 α_i 分别为某种材料或构造的面积和吸声系数）。

$$A = \sum\alpha_j + \sum S_i\alpha_i \quad (\text{m}^2) \tag{8-6-2}$$

因此，从厅内总吸声量中减去人（观众）和家具（座椅等）的吸声量，就是厅内各界面所需的吸声量：

$$\sum S_i\alpha_i = A - \sum\alpha_j$$

⑤ 查阅材料及构造的吸声系数数据，从中选择适当的材料及构造，确定各自的面积，使大厅内各界面的总吸声量符合上述要求。一般常需反复选择、调整，才能达到要求。

以上计算要求在 125～4000Hz 的各个倍频程的中心频率上进行。

6.3.3　室内装修材料的选择与布置

进行室内装修材料和构造的选择，要结合建筑艺术处理的要求，同时充分了解各种材料和构造的吸声特性，对低频、中频、高频的各种吸声材料和构造应搭配使用，以取得比较理想的频率特性。所用的吸声系数，应注意它的测定条件与设计大厅的实际安装条件是否一致。即使是同样的材料，安装条件不同（例如背后空气层的有无、厚薄、大小等），吸声特性会有很大差异，选用时应取与实际条件一致或接近的数据。

混响计算所用的吸声系数，应采用混响室法吸声系数。垂直入射吸声系数不能直接用于混响计算。

关于各种材料及构造的布置位置：对于观众厅、舞台周围的墙面、天花应当主要布置反射材料，以保证向观众席提供近次反射声；吸声系数较大的材料及构造，应尽量布置于厅的侧墙中部、上部，以及后墙等有可能产生回声的部位。

下面给出了一个大厅的混响时间计算实例，大厅容积为 8023m³，观众席数是 1400。表 8-6-4 为观众厅混响时间的计算表。

表 8-6-4　观众厅混响时间计算表（V=8023m³）

序号	项目	材料	面积 S/m²	吸声系数和吸声量											
				125Hz		250Hz		500Hz		1kHz		2kHz		4kHz	
				α	$S\alpha$/m²	α	$S\alpha$/m²	α	$S\alpha$/m²	α	$S\alpha$/m²	α	$S\alpha$/m²	α	$S\alpha$/m²
1	观众	1400 人（满场）	560	0.20	280	0.20	280	0.33	462	0.36	504	0.38	532	0.39	546
	座椅	1400 个（空场）	560	0.20	280	0.18	252	0.30	420	0.28	392	0.15	210	0.05	70
2	乐队	60 人（带乐器、座椅）	37.5	0.38	22.8	0.79	47.4	1.07	64.2	1.30	78	1.21	72.6	1.12	67.2
3	走道	光面混凝土（包括乐池）	267	0.01	2.7	0.01	2.7	0.02	5.3	0.02	5.3	0.02	5.3	0.03	8
4	墙面1	三夹板后空气层为 5cm 龙骨间距 50cm×50cm	250	0.597	149.2	0.382	95.5	0.181	45.3	0.05	12.5	0.041	10.3	0.082	20.5

续表

序号	项目	材料	面积 S/m²	吸声系数和吸声量											
				125Hz		250Hz		500Hz		1kHz		2kHz		4kHz	
				α	$S\alpha$/m²	α	$S\alpha$/m²	α	$S\alpha$/m²	α	$S\alpha$/m²	α	$S\alpha$/m²	α	$S\alpha$/m²
5	墙面2	抹灰拉毛，面涂漆	335	0.04	13.4	0.04	13.4	0.07	23.5	0.024	8.0	0.09	30	0.05	16.8
	墙面3	砖墙抹灰	278	0.024	6.7	0.027	7.5	0.03	8.3	0.037	10.3	0.036	10.6	0.034	9.5
6	天花	预制"水泥船"，板厚16mm	793	0.12	95.2	0.10	7.9	0.08	63.4	0.05	40	0.05	40	0.05	40
7	洞口	面光、耳光、通风口、舞台口	222	0.16	36	0.20	44.4	0.30	67	0.35	78	0.29	64.3	0.31	69
	洞口	疏散门洞（丝绒幕，离墙10cm）	22.5	0.06	1.4	0.27	6	0.44	10	0.50	11.2	0.40	9	0.35	7.9
8	4mV											72.2		176.5	
空场	$\sum S\alpha$（只有观众座椅）			584.4		429.4		642.8		557.3		379.5		241.2	
满场	$\sum S\alpha$（有观众和乐队）			607.2		504.8		749		747.3		774.1		784.9	
$\sum S$			2765												

六个倍频程混响时间（$\sum S =2765\text{m}^2$）

$V=8023\text{m}^3$		125Hz	250Hz	500Hz	1kHz	2kHz	4kHz
空场	$\sum S\alpha$	584.4	429.4	642.8	557.3	379.5	241.2
	$\bar{a}$	0.211	0.155	0.232	0.201	0.137	0.087
	$-\ln(1-\bar{a})$	0.237	0.169	0.264	0.224	0.147	0.091
	T_{60}/s	2.0	2.8	1.8	2.1	2.2	3.0
满场	$\sum S\alpha$	607.2	504.8	749	747.3	774.1	784.9
	$\bar{a}$	0.218	0.181	0.269	0.268	0.278	0.281
	$-\ln(1-\bar{a})$	0.246	0.200	0.313	0.312	0.325	0.330
	T_{60}/s	1.9	2.3	1.5	1.5	1.3	1.2

6.3.4　改造旧建筑时的混响设计

已有建筑改变使用功能或借助于完善室内装修来提高音质是经常遇到的问题。一般的音质不理想多是混响时间过长，或响度不合适，或存在某些声缺陷或噪声干扰。从理论上讲，改善已建成厅堂的音质有多种方法，但通常受到环境和预算经费的制约，不大可能过多地改造原有的结构、体形和通风、照明系统。采用吸声处理最为切实可行。一则可以控制混响时间；二则可以消除声缺陷，降低噪声的干扰，更为新增电声系统提供较为理想的建声环境，充分体现电声系统的良好性能。

改善音质采用吸声处理时，首先应考虑对后墙进行处理，然后对侧墙中后部处理，最后考虑处理顶棚的周边和后部，究竟选用什么吸声材料，选用多少，则必须在分析了已有厅堂体形特征的基础上，做混响设计与计算，计算出已有混响时间及频率特性，与同类厅堂的最佳混响时间及频率特性加以比较，找出差异，着手选用新增材料与构造。

第 7 章　缩尺模型实验

7.1　缩尺模型试验

　　长期以来，厅堂音质设计常常采用模型试验的方法，即制作一个比实际厅堂小的模型，在模型中研究声波的传播，并由此推断实际厅堂的音质情况。已有相关的国家标准为：GB/T 50412—2007《厅堂音质模型试验规范》。和实物相比，模型制作简单，费用少，而且便于变更设计方案进行比较。图 8-7-1 为两个声学模型的示例。除了厅堂音质设计之外，在隔声设计、消声设计等声学设计的其他方面，也可以进行模型试验。

图 8-7-1　两个声学模型试验

　　模型试验是建立在相似原理的基础上。对于物理模型不仅要求几何相似，而且要求各种物理量（时间、速度、力、温度、位移、压力、电流等等）也必须相似。通常把几何尺寸、时间、力、温度、电流这五个物理量作为基本物理量，它们在实物和模型之间的比例称为"基本相似比"，各自可以独立选取。而其他物理量的相似比可以由这五个基本相似比导出，称为"诱导相似比"。

　　厅堂音质模型试验，几何相似比是模型与实物的尺寸比 $1:n$，即：

$$l' = \frac{1}{n}l \quad (\text{m}) \tag{8-7-1}$$

（这里有 "'" 号者表示模型，无 "'" 号者表示实物，以下同）

$$t' = \frac{1}{n}t \quad (\text{s}) \tag{8-7-2}$$

因为频率量纲是时间倒数，所以：

$$f' = nf \quad (\text{Hz})$$

声速量纲是长度和时间之比，可以得到：

$$c' = c \quad (\text{m/s})$$

模型中的温度应和实物一样，如果温度相似比取 1，即：

$$\theta' = \theta \quad (\text{℃})$$

则模型和实物可以用相同的介质——空气，使 $c'=c$ 的条件满足，并满足波长相似：

$$\lambda' = \frac{1}{n}\lambda \quad (\text{m}) \tag{8-7-3}$$

声压级量纲 dB 是一个相对量，在厅堂音质模型试验中往往并不要求声压的绝对值，而只要求相对值，所以模型中的分贝数和实物中分贝数的相似比为 1。

声波在介质（空气）传播路程中的衰减系数的量纲是（分贝）/（长度），所以对空气衰减要求：

$$m'_{f'} = nm_f \tag{8-7-4}$$

根据混响公式 $T=0.161V/S\alpha$（T 是时间，V/S 是长度），可以看出吸声系数的相似关系：

$$\alpha'_{f'} = \alpha_f$$

以上导出了厅堂音质模型试验要求的各个量的相似关系。根据这些关系，对模型试验提出以下三个基本要求：

① 在模型中用的声波频率是实物中的 n 倍，n 总是大于 1 的（即使用缩尺模型）。通常 $n=10\sim50$，这就要求模型测试用的声源系统和接收系统在很高的频率（nf）工作时的各种特性应和实物测量时的仪器在常规频率（从数十赫兹到数千赫兹）上的特性一致。这对电子电路还不是太困难的，但对电声换能器——扬声器和传声器就要特殊设计。因为高频仪器的限制，使得模型不能做得太小或能模拟的频率上限不能很高。

② 在模型中的各界面和物体（如观众的模拟物）在高频时的声学特性（主要是吸声特性）应和实际厅堂中相应的界面和物体的特性一样。这就不能在模型中使用和实物相同的材料，因为任何一种材料不可能在低频和高频（往往已处于超声频段）的吸声性能保持一样，即使其尺寸（大小和厚度）缩小了 n 倍，所以模型中使用的材料和结构要另外挑选。通常是在模型混响室中（其比例和试验的模型一样）对各种可选用的材料和结构进行测试，了解它们在高频（nf）的吸声系数，从中挑出和实物相似的加以选用。这是一件十分费时间的事情，可以参考前人在这方面已积累的资料，以节省时间。

③ 因为模型和实物中的声速是相同的，在相同温度下可选用相同介质——空气，但同时要求满足空气衰减的相似关系 $m'_{f'} = nm_f$ 却是困难的。因为实际情况是 $m'_f > nm_f$，即模型中高频声波的空气衰减比要求的大。空气衰减主要是氧分子的弛豫吸收且与空气和所含的水分密切有关。所以在模型中可使用干燥空气（如相对湿度为 3%）或改用氮气，尤其对于 1∶10 的模型，出于巧合，可使 $m'_f = nm_f$ 能较好地满足。

如果上述三个基本条件得到满足，从理论上讲，模型试验能很好地与实物的音质特性相似。但实际上要求这三个条件都能很好满足是很困难的，尤其是因为实物的音质特性包括了很宽的频率范围（设为 B），通常为 100~4000Hz，甚至更宽，而模型则要求在 nB 的频率范围内和实物相似，这是很困难的。尤其对第二条要求，不仅要求扩散入射吸声系数，而且要求界面吸收的方向性和阻抗都相似，几乎是不可能的。但是根据模型试验要求达到目的的不同，对于上述相似条件的要求也不尽相同，可以放宽。

　　如果只想通过模型试验来了解前次反射声的路程，反射点位置和反射方向等声线的几何特性，而不涉及能量分布（时间和空间分布），那只要求模型的几何相似而不涉及其他。这时模型中使用的波可以用高频声波，也可以用光波，也可以用水波。而界面只要是强反射的材料，对高频声波和水波可用光滑坚硬的材料，对光波用反射镜。早年这方面的工作常用光波来进行，用光来代替声线，在镜面反射点处贴上小反射镜，在模型中充上烟雾，可直观地看到光束的几次反射。现在用激光代替以往的聚光束，可以观察到更多的反射。

　　近年来高频声学仪器和测试技术有了很快发展，如高质量的高频扬声器和传声器，具有良好的高频特性的优质多速录音机，省时省力的实时分析仪器和数据处理设备等。这就可以在模型中对高频声进行各种声学测量，包括衰减过程、混响时间、脉冲响应、声场分布、方向性扩散等等，再根据相似公式推断实际厅堂的情况。凡是以时间作参数的测量，如衰减、混响和脉冲响应等，都可以在模型中以高速录音，然后以 $1/R$ 的低速重放，即可得到相应的实物结果。还有人应用立体声技术，把在消声室中低速录下的自然声信号（音乐或语言）用高速在模型中重放，用模型人工头录下听闻效果，再在听音室中以扬声器或耳机低速重放，以人耳复听，进行主观评价，以期直接了解厅堂音质的主观听闻效果。近年来又发展起另一种方法，在模型试验和用数字技术得到厅堂的脉冲响应，再和消声室录制并数字化的音乐信号进行"卷积"，以求得到厅堂对此信号的响应，即将来在实际厅堂中可听到的效果。

7.2　计算机音质模拟

　　随着计算机的迅速发展，目前在声学的几乎每个领域都采用了计算机，其使用日益广泛和深入。在建筑环境声学中，计算机的应用也日益普遍，计算机技术使声学测试仪器和技术发生了巨大的变化。计算机配合有限元法，可以对复杂形状和边界条件的声场求解波动方程，使波动理论从只能对复杂声场作定性说明发展到作定量的计算分析，计算机和立体声技术配合合成人工声场，进行音质主观评价、研究，利用计算机对声学设计方案进行优化，等等。计算机室内声场模拟是建筑声学中应用计算机的一个重要方面。

　　经典的室内声场分析方法只能考虑房间的几个总体参数：体积、界面面积和吸声系数，而不能考虑房间的具体形状和吸声分布等细节。根据几何声学原理用声线作图法可以了解这些因素对反射声分布的影响，但限于人力和时间，只能在某几个剖面上画出少量的声线，做粗略的了解。从几何声学的原理来讲，只要能得到房间（三维空间）中大量声线的分布情况，就可以了解房间中声场的特性，但这要求巨大的计算工作量，非人力所能完成。计算机的发展为这种方法提供了有效的工具，室内声场计算机模拟也就发展起来了。

　　计算机室内声场模拟通常有两种方法：一种是声线跟踪法；另一种是虚声源法。两者都建立在几何声学的基础上。前者应用声线反射定律跟踪已知起点和方向的声线的反射过程，后者应用虚声源原理在已知声源点和接收点之间确定由界面引起的反射。

　　声线跟踪法在确定形状的三维空间内，从声线的起始点出发，沿初始方向，连续跟踪（计算）声线的反射过程。通过对大量声线（数千以至数万根）的跟踪，可以了解声场中反射声的时间和空间分布及其平均，了解衰减过程，得到混响时间。图 8-7-2 是一个反射声分布的例子，是由计算机画出的反射声线图。声线跟踪法在不增加程序复杂性的情况下，通过简单地重复循环就可计算大量声线，也可把每根声线的反射次数增加下去，声线数量和反射次数的多少和计算量呈线性关系。这种方法可以给出房间声场分布的全貌，但不能为预先指定的接收点提供"恰好"过该点的声线，也就不能给出预先指定接收点的响应，这是此法的缺点。弥补的方法是大量增加声线数量，使之在空间中分布有一定的密度从而保证在相当小的接收区域上有声线达到，以求得接收区域的响应。

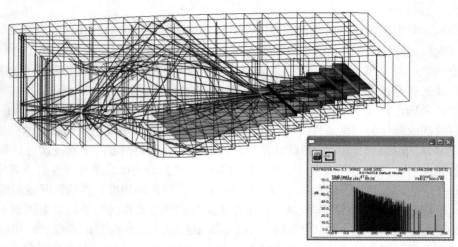

图 8-7-2   计算机声场模拟

虚声源法是计算各界面对声源点镜像反射，求得一系列不同阶次的虚声源，连接各阶虚声源到指定接收点的直线对应着从声源点到接收点的反射声线，计算这些声线的历程、路程、方向、反射点位置、衰减等，就可得到指定接收点的响应——各次反射声强度的时间分布和方向分布。但因为对三维不规则空间计算虚声源的复杂性，其程序要比声线跟踪法复杂，计算工作量随虚声源阶次的增加呈幂级数增加，大约和 m^n 成正比例（m 为界面数，n 为虚声源阶数）。一般对不规则房间只能求得较少几个接收点的前 3～5 次反射。因此，这种方法不能显示房间中声场分布的全貌。图 8-7-3 画出了一个二维图形的虚声源，以说明虚声源法的原理。

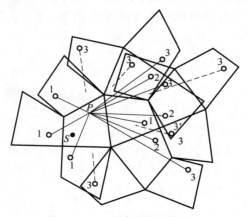

图 8-7-3   虚声源法原理图

（图中 S 为声源点，P 为接收点。图中画出全部 1 阶虚声源共 4 个；2 阶虚声源共有 12 个，只画出了 1/4；3 阶虚声源共有 36 个，也只画出了 1/4；凡是以实线和接收点相连的虚声源有效，以虚线相连的无效，即不能产生如此反射路程）

室内声场计算机模拟通常包括四个方面的问题：

一是如何表达厅堂的几何形状、界面尺寸和位置，并如何输入到计算机中。对虚声源法目前还要求房间界面只能是平面，实际厅堂平面界面要用平面逼近代替。对声线跟踪法一般也要求界面为平面，但对典型的规则曲面如圆柱面、球面等也可以处理。现在已可以采用图形输入，由设计图的图形文件直接输入计算机。房间界面的声学特性可以作为每个界面的参数面输入计算机。

二是初始状态的确定。对于声线跟踪法：要确定跟踪声线的数目和每根声线反射的次数，如果不预先指定，则要求确定截止跟踪的判别条件；要确定声线起始点的分布（是固定的一点，还是在空间中均匀分布）和起始方向的分布（是全空间均匀分布，还是按声源指向性加权）；要确定声线的初始能量（是各声线均相等，还是按指向性加权）；要划分接收区域等等。对于虚声源法：要确定声源点的位置和指向性（如果需要）；确定接收点的数量和位置；确定虚声源的最高阶次或截止的判别条件等等。初始条件的确定和模拟所要达到的目的和精度有关。

三是具体的模拟过程。声线跟踪法是从声线的起始点和初始方向出发逐次地计算声线和房间界面的碰撞点、传播路程、空气吸收、反射方向，直到满足截止条件（反射声规定的次数，或衰减到某个值，或到达了观众席平面等）而终止一根声线的跟踪，然后再开始跟踪另一根声线，直到把规定的声线数目跟踪完成，满足停止跟踪的判别条件（如平均结果达到了一定精度要求）而停止。对虚声源法是一个界面一个界面地逐阶地求出房间界面形成的对接收点有效的各阶虚声源，并计算各阶虚声源对接收点形成的各次反射声的方向、强度和反射点位置等。

四是模拟结果的处理和输出。在上述声线跟踪或虚声源计算所得数据的基础上，进一步加以处理，如求平均值、方差，按时间分布统计，按空间分布统计等等，得到声场和接收点的各种所需信息：声场强度的空间时间分布、衰减过程、混响时间、平均自由路程、指定接收点或区域的响应等等。根据需要和可能，输出方式可以是数字和表格的打印，也可以是图形的显示或绘制。

以上所述的室内声场客观物理量的模拟，是建立在几何声学的基础上的，这些客观物理量和厅堂音质的主观听闻效果之间有什么关系，是室内声学的关键，至今还没有很好解决。室内声场计算机模拟的价值如何，最终取决于这个问题。但是计算机模拟的发展可以推动这个问题的研究。例如，若能把计算机模拟的客观物理量的结果和人工合成声场技术结合起来，进行主观听闻评价，可以得到一些有意义的结果。

第 **8** 章 各类建筑的音质要求

8.1 音乐厅

音乐厅是为交响乐、室内乐、声乐等音乐演出用的专用大厅。它在建筑上与一般剧场的主要不同之处在于没有单独的舞台空间，不设乐池，演奏席与观众席在同一空间之中。演出大多靠自然声。音乐厅的规模视其用途有大有小，交响乐大厅的规模多在 1200～2000 座之间。在厅的体型方面，20 世纪建造的音乐厅多是矩形平面，宽度较窄，天花较高，即所谓"鞋盒式"，厅的两侧及后部有浅的挑台，内墙面和天花多为木板或抹灰，表面有丰富的浮雕等装饰，顶部有大型吊灯。这种古典音乐厅的音质一直受到很高的评价，有的至今仍被奉为音乐厅音质的典范，如图 8-8-1 所示。

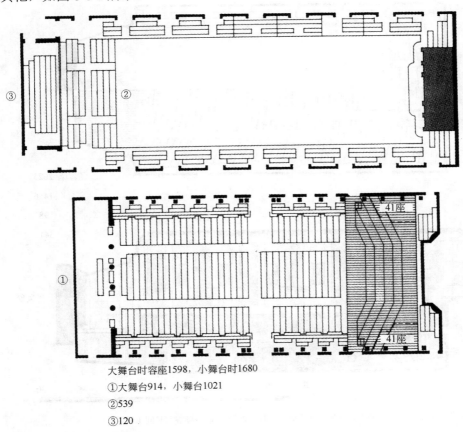

大舞台时容座1598，小舞台时1680
①大舞台914，小舞台1021
②539
③120
*立位

图 8-8-1

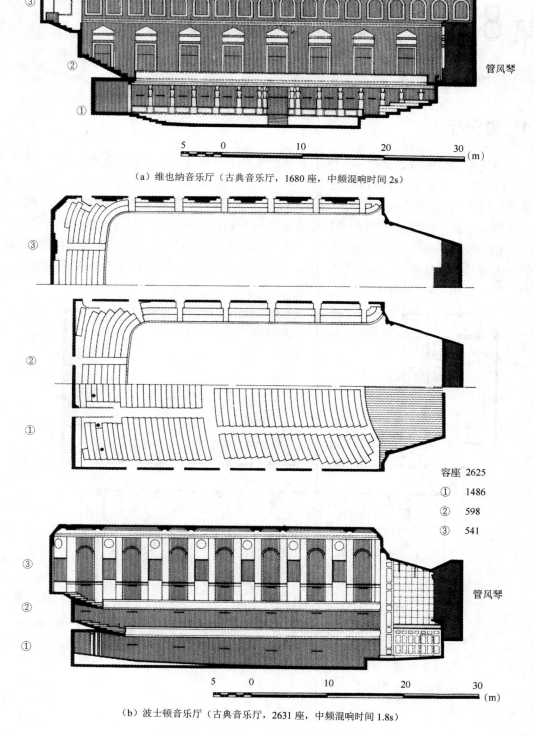

（a）维也纳音乐厅（古典音乐厅，1680座，中频混响时间2s）

容座 2625
① 1486
② 598
③ 541

（b）波士顿音乐厅（古典音乐厅，2631座，中频混响时间1.8s）

图8-8-1 音乐厅

后来，音乐厅的体型开始多样化，其共同特点是平面变宽，两侧墙面形成张角，天花相对降低。这种大厅的音质多数都不如古典大厅。近 30 年来，为增加观众席的近次反射声，增加扩散，在体型处理上进行了许多新的尝试，出现了各式各样的新型音乐厅，如图 8-8-2 所示。

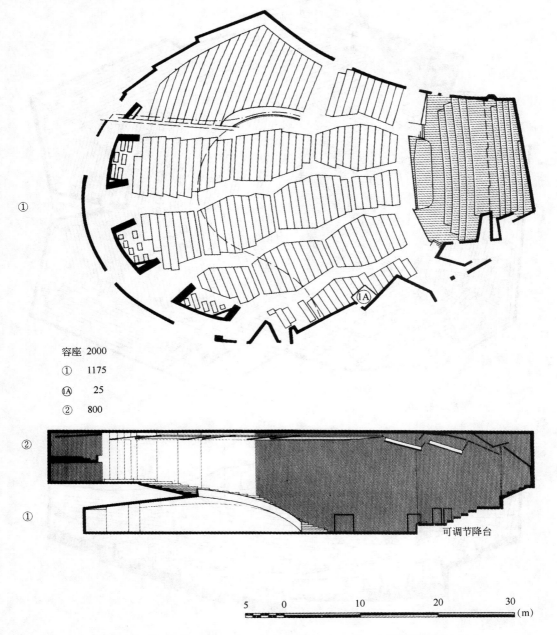

图 8-8-2　斯图加特音乐厅（近代形式音乐厅，2000 座，中频混响时间 1.62s）

在新型音乐厅中，影响最大的要数 1963 年建成的柏林交响乐大厅，见图 8-8-3。它彻底改变了传统的"鞋盒式"音乐厅的形式，以演奏台为中心，在其周围布置不同高度的观众席，使观众与演奏台的距离大为缩短。由于观众席平面的高度不同，其侧墙还能形成一定的反射声。演奏台的上部布置了曲面的扩散板，使乐队声可以向周围扩散。这种形式的音乐厅后来被称为"梯田式"音乐厅，被广泛应用于以后的现代音乐厅的设计。

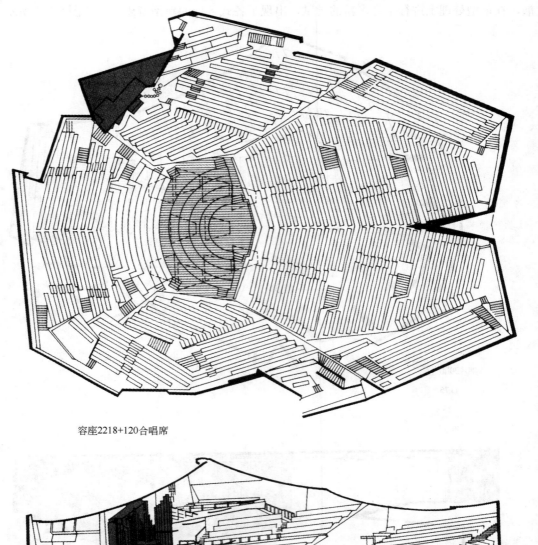

　　　　　容座2218+120合唱席

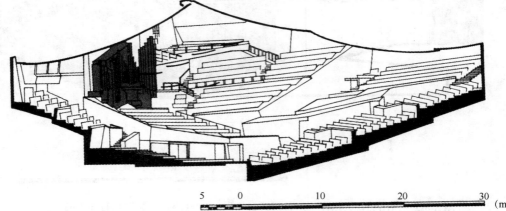

　　　　　　5　　0　　　　10　　　　　　20　　　　　　30　(m)

图 8-8-3　柏林交响乐大厅，"梯田式"大厅（近代形式音乐厅，1963 年完工，2300 座，中频混响时间 2.0s）

　　也有一些音乐厅采用了古典的"鞋盒式"与"梯田式"相结合的形式，大阪的 The Symphony Hall 就是一个例子，如图 8-8-4 所示。

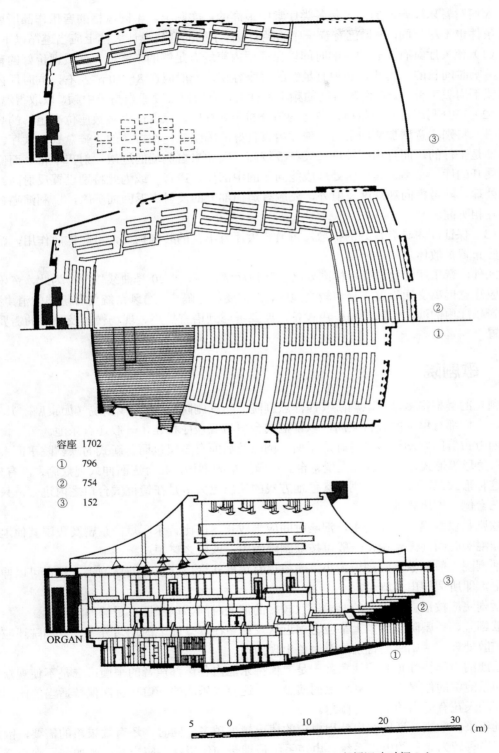

容座 1702

① 796

② 754

③ 152

ORGAN

5　　0　　　　10　　　　　20　　　　30
(m)

图 8-8-4　日本大阪 The Symphony Hall（1700 座，中频混响时间 2s）

人们对音乐厅音质的要求是各类厅堂中最高的。实际上，不同风格的音乐作品所要求的音质条件也不尽相同。根据已有音乐厅的经验，音乐厅的音质设计大体上应当遵循以下原则：

（1）使大厅具有较长的混响时间以保证厅内声场有足够的丰满度。音质评价好的音乐厅都是混响时间长的。为此，必须有足够的每座容积，一般应在 $8\sim10m^3$ 左右，同时厅内尽量少用或不用吸声材料。在混响时间的频率特性上，应当使低频适当高于中频，以取得温暖感。

（2）充分利用近次反射声，使之均匀分布于观众席，以保证大多数座位有足够的响度和亲切感，特别注意增加侧向反射，使厅内有良好的围绕感。在古典的"鞋盒式"大厅，由于两侧墙是平行的，而且相距较近，天花板较高，因此来自侧墙的近次反射声丰富。而侧墙向两侧展开的厅，必须将其形状处理成能向厅的中部反射声音，或为此特别设置反射面。厅顶部的处理，除考虑向观众席反射外，还应有适当部分的反射声返回演奏席，以利演唱、演奏者的互相听闻。

（3）保证厅内具有良好的扩散。古典式大厅有丰富的装饰构件，可起扩散作用，新式大厅也应布置扩散体。

此外，音乐厅的允许噪声标准要高于其他厅堂，应在 N20 号曲线以下。为此，音乐厅的选址应注意远离交通干道等噪声较高地区，内部要做好隔声，通风系统要有足够的消声处理。

音乐厅内的演出一般不用扩声设备，但要考虑到语言扩声、现场转播及录音的需要，还需设置声控室。

8.2 歌剧院

剧院的类型很多，有歌剧院（西洋歌剧院、新歌剧院）、地方戏剧院（如京剧院）、话剧院等。它们都有单独的舞台空间，以镜框式台口与观众厅相连，一般还有乐池。

西方古典的歌剧院多是马蹄形平面，侧面及后面有多层包厢。新式的歌剧院平面多为扇形、六角形等形式，台口后有大型舞台。我国最早的剧场，舞台三面伸入观众席，没有乐池，目前这种形式已不多见。京剧及其他地方戏的演出也大多是在镜框式台口之内进行，只是伴奏仍在台侧，不用乐池。

歌剧是以歌唱、音乐为主，混响时间应当较长，但比音乐厅短。京剧及我国其他地方戏的最佳混响时间尚无定论，一般可按歌剧院考虑，或较之略短。

话剧院一般较歌剧院规模为小，一般也有镜框式台口。也有的话剧院，舞台可以伸到观众席中，即所谓伸出式舞台。

话剧院应按语言用大厅的要求，取较短的混响时间，以保证有足够的清晰度。

歌剧院、话剧院在体型上都应考虑近次反射声在观众席上的均匀分布。歌剧院还应有适当的扩散处理；话剧院要特别注意避免出现回声。

乐池的声学特性也必须注意：一是要保持乐池内各声部声音的平衡；二是不使观众厅内听到的乐池中的伴奏声压倒舞台上的演员声。这要求乐池的开口与进深保持适当的比例，乐池上部的天花有适当的形状与倾角。

近年来，歌剧、话剧演出使用电声的情况越来越多，同时，还有效果声的需要，因此，剧院应当有较为完善的电声系统。电声系统最理想的使用状态应当是：既加强了观众席上的声级，又能控制其音量，不使其破坏自然的方向感，使观众几乎感觉不到它的存在。

剧院的允许噪声级可采用 N20 或 N25 曲线。

8.3　戏剧院、话剧院

戏剧院和话剧院以戏剧演出和话剧演出为主，侧重于语言清晰度控制，保证演出过程中听清楚演员的对白，因此室内规模一般较小，混响偏短。话剧演出若以自然声进行，自然声（人声、乐器声等）的声功率是有限的，厅的容积越大，声能密度越低，声压级越低，也就是响度越低。因此，用自然声的大厅，为保证有足够的响度，容积有一定的限度，一般不超过 6000m^3。

8.4　多用途大厅

目前在我国建造的大多数大厅都属于多功能大厅，一般常称作“影剧院”或“礼堂”，其用途从举行集会、放映电影直到进行各种戏剧和音乐演出，可以说无所不包。这种多功能大厅在形式上与剧场大体相同，都有舞台和观众厅两个空间，多数并设有乐池，规模多在 1000 座以上，大的可达 1700～1800 座。

根据调查，这些多功能厅堂多用于举行会议和放映电影，戏曲、歌舞演出也多用电声系统扩声，完全用自然声的演出并不多见。因此，一般多功能大厅的音质设计应当以适于电声扩声为主要原则，即短混响，同时设置一套功率足够、声场分布较为均匀的电声系统。多功能大厅根据使用情况，还可设置可变混响装置，改变厅内的混响时间。可变混响装置有电声的与建筑的两种，这里介绍一种用建筑方法改变混响时间的装置。这种方法是将厅内部分天花或墙面作成一面反射而另一面吸声的活动构造。根据需要使反射面或吸声面露出，即可改变混响时间，具体的有转动式、开闭式、悬吊式、帷幕式、百叶式等等，如图 8-8-5 所示。必须注意，由于在一般的观众厅中，观众的吸声量占大厅总吸声量的主要部分，同时又不可能使所有界面都作为活动的，因此靠这种办法能够改变的混响时间的幅度是有限的，一般不易超过 10%。为了扩大变化幅度，需要加大大厅的容积，增加可变界面的面积。

转动式	圆筒形	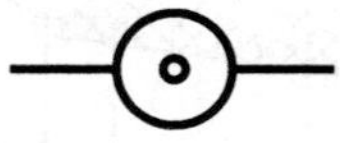	百叶式	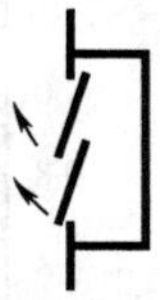
	翻转形	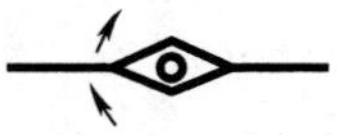	悬吊式	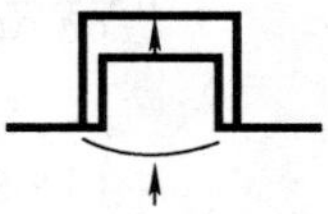
开闭式	推拉形	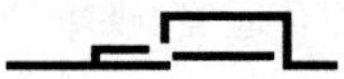	帷幕式	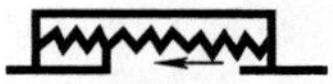
	合页形	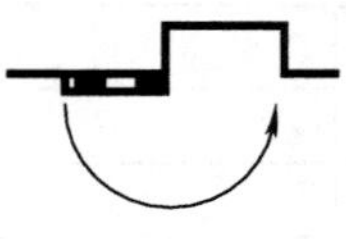	悬挂百叶式	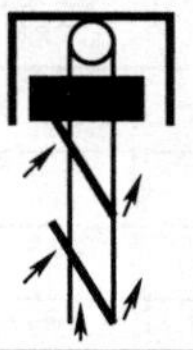

图 8-8-5　观众厅中的可变混响时间装置

在多功能大厅中，如有可能，应设置活动的舞台反射板，以增加音乐演出时的近次反射声。同时，用舞台反射板将舞台空间封闭，也可以延长观众厅内的中、高频混响时间。舞台反射板与厅内的可变混响装置共同作用，可使厅内混响时间的变化幅度（中、高频）达到 20%。

（1）一般要求

会堂、报告厅和多用途礼堂的观众厅音质主要应保证语言清晰，厅内各处还宜有合适的相对强度感和均匀度。观众厅内任何位置上不得出现回声、多重回声、颤动回声、声聚焦和共振等缺陷，且不受设备噪声、放映机房噪声和外界环境噪声的干扰。

观众厅的容积超过 1000m³ 时宜使用扩声系统，并应把扬声器位置作为主要声源点。

（2）观众厅体型设计

观众厅平面和剖面设计，在声源为自然声时，应使厅内早期反射声声场均匀分布。到达观众席的早期反射声相对于直达声的延迟时间宜小于或等于 50ms（相当于声程差 17m）。

观众厅的每座容积宜为 3.5～5.0m³/座。

设有楼座的观众厅，挑台的出挑深度 D 不宜大于楼座下开口净高度 H 的 1.5 倍。

以自然声为主的观众厅，每排座位升高应根据视线升高差"C"值确定，"C"值宜大于或等于 120mm。

（3）观众厅混响时间

观众厅满场合适混响时间的选择宜符合下列规定：

① 在频率为 500～1000Hz 时，宜采用如图 8-8-6 所示的对不同容积的合适混响时间范围。

② 混响时间频率特性，相对于 500～1000Hz 的比值宜符合表 8-8-1 的规定。

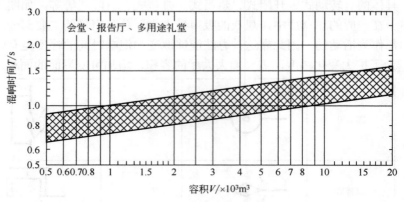

图 8-8-6　会堂、报告厅和多用途礼堂对不同容积 V 的观众厅，

在 500～1000Hz 时满场的合适混响时间 T 的范围

表 8-8-1　会堂、报告厅和多用途礼堂观众厅各频率混响时间相对于 500～1000Hz 的比值

频率/Hz	混响时间比值
125	1.0～1.3
250	1.0～1.15
2000	0.9～1.0
4000	0.8～1.0

　　混响时间应分别对 125Hz、250Hz、500Hz、1000Hz、2000Hz、4000Hz 六个频率进行估算，估算值应取两位有效值。

　　以扩声为主的会堂、报告厅和多用途礼堂，在使用扩声系统时应在讲台附近设置减少声反馈的建筑声学措施。

8.5　讲堂

　　教室、讲堂的主要音质要求是保证语言清晰度。在一般小型教室，主要是防止混响时间过长，特别是在听众没有坐满时。大型教室或讲堂还要注意适当设置反射表面，以充分利用第一次反射声，保证室内有足够的声级。如果设计适当，500 座位以内的教室或讲堂可以不用电声系统（图 8-8-7）。为使室内有足够的声级和短的混响时间（小型教室在 0.6s 以内，500人的教室不超过 1s），教室、讲堂的每座容积应不超过 3～3.5m³。

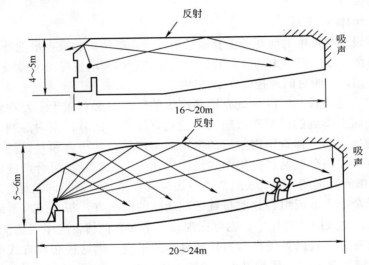

图 8-8-7　教室的断面设计（不用电声）

　　外语实验室及其他电化教育教室，因为要用电声系统，混响时间还应更短一些，为此在天花及后墙上可做一部分吸声处理。

　　影响教室、讲堂清晰度的另一个重要因素是背景噪声。室内的允许噪声级不应超过N-25，一栋教室楼内常集中有许多间教室，要特别注意防止相邻教室的声音传入，为此要使隔墙有足够的隔声量。此外，走廊、门厅、楼梯间等要做吸声处理，不使其混响时间过长。

8.6　体育馆

　　体育馆包括田径馆、体操馆、游泳馆以及综合体育馆等多种类型。这里主要介绍容纳大量观众的综合性体育馆。

　　综合性体育馆的声场条件与剧院观众厅等有很大不同，主要是：

　　① 容积大，观众多。由于体育比赛的需要，都有很大的空旷场地和很高的天花。一般每

座容积都在 $8m^3$ 以上，有的达数十立方米。观众最少有数千人，多的达数万人。

② 屋顶跨度大，而且常常采用凹曲面，因此，天花与场地的重复反射容易产生多重回声。

③ 除举行体育比赛之外，常常兼作大型会场，举行文艺演出，甚至放映电影等。

对体育馆音质设计的主要要求是：

① 观众能够听清广播通知及其他语言广播。

② 运动员能够及时、准确地听到发令声。

③ 运动员及观众都能听到节奏清楚的伴奏音乐。

④ 兼作文艺演出用的体育馆，还应具有适于这些演出的音质。

根据上述条件及要求，体育馆音质设计的要点是：

① 防止天花与场地间的多重反射。

② 控制混响时间。

③ 设置强指向性扩声系统。

体育馆音质设计要点中的前两项主要靠吸声性天花解决。除吸声吊顶外，还可以在天花上悬挂空间吸声体，以取得更大的吸声效果。此外，厅内侧墙也尽可能做吸声处理。有举行会议要求的体育馆，混响时间应控制在 2s 以内。

体育馆内部的噪声较高。因为既有比赛产生的噪声，又有成千上万观众发出的噪声。因此，要求观众席上得到的扩声声级应比一般观众厅高。同时，馆内混响时间较长，更要求有强指向性的扬声器。体育馆内常用的扬声器有声柱及其组合和号筒扬声器及其组合，布置方式一般有集中与分散两种。集中式是在场地中央上部悬挂组合声柱或其他组合式扬声器，令其主轴指向四面的观众席（组合体中还应有少量扬声器指向场地，供运动员听闻）；分散式是将若干个扬声器或组合分散布置在观众席的前上方，每个扬声器或扬声器组合负担一部分观众席，在大的体育馆中，也可在观众席中布置两排。集中式的优点是方位感好，而且观众席上没有来自较远处扬声器的长延时声的干扰。但这种布置方式声源与观众席距离不能太远，否则扬声器组合体积过大，建筑上难以处理，因此适用于中、小型体育馆（例如在 6000～8000 座以内的体育馆）。较大型的体育馆一般采取分散的布置方式，其优点是能够保证观众席上有足够而均匀的声级，缺点是方位感不佳，观众明显地感到声音不是来自场上，而是来自距自己最近的扬声器。这在一般比赛时并无妨碍，但在有音乐伴奏的体育项目以及文艺演出时，就成了一个缺点。为消除这个缺点，在大型体育馆中可以采用集中与分散并用的布置方式，具体做法是在场地中央或演出区上部设置集中式扬声器组，同时又在观众席上分散布置扬声器。分散布置的扬声器上加延时器，使观众首先听到从集中式扬声器传来的声音，然后再听到距自己最近的分散扬声器的声音。这样，既能使观众席上有足够的声级，同时又有正常的方向感。

体育馆的容许噪声级在文艺演出时可取 N35，体育比赛时可取 N45。

体育馆的空调负荷大，空调噪声往往是馆内最大的噪声源，因此必须注意它的减噪、消声处理。

图 8-8-8 为体育馆声学处理和电声布置的实例。由于规模较大，采用了集中与分散相结合的电声系统，二层挑台上设辅助扬声器，并加了延时。

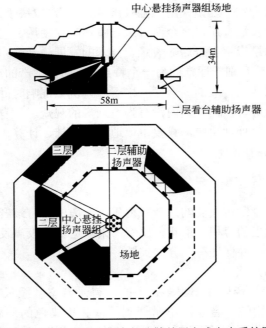

图 8-8-8　体育馆中集中与分散并用方式电声系统图

8.7　录音室、广播室、演播室

广播电视、电影制片、唱片、录音光盘等制作用的录音室、广播室、演播室，是制作音像节目的技术设备的一部分，它们的声学特性与一般的观众厅有所不同。

首先，最终接收声音的是传声器。传声器与人不同：人是用"双耳"听闻的，声信号在"双耳"之间产生的强度差、时间差和相位差，使人能够判断声源的方向，能够在许多声音中选择自己要听的声音；而传声器是"单耳"的，它没有判断方向、选择信号的能力，只能无差别地接收所有声信号。录音室等的声学条件必须适应传声器的这种特性。

其次，录音技术的发展十分迅速，这导致对录音室声学条件的要求不断发生变化。以音乐录音为例，最初，在录音室中录制音乐节目时只用一个传声器，称作"一点录音"。声音的"加工"全靠录音室的声学特性，因此要求录音室有一定的混响。为了易于找到合适的传声器位置，强调录音室要有良好的扩散，这种录音室称作"自然混响录音室"。为了弥补"一点录音"中各组乐器声音不易取得平衡的缺点，以后又采用了"一点录音"为主，另加若干辅助传声器的办法；后来又有了每个乐器组都设传声器的方法，这就是"多点录音"。"多点录音"还要依靠录音室的自然混响，有的在此以外，在后期制作时又用电混响器加入人工混响。

近年来，又出现了一种与上述方法不同的"多声轨录音"。它是把每组乐器的声音单独录在各自的声轨上（声轨可以多达 24 条或 36 条），然后用电的方法对每条声轨的声音进行加工（调节音量，加人工混响、延时，及其他音色加工等），最后合成。为了后期加工，要求每组乐器在录音中尽量减小其他乐器声混入，即要求各组乐器之间有高度的"声隔离"。为此，录音室中，各组乐器之间设置了隔声屏，有的还设置了"隔声小室"。为了"声隔离"的需要，录音室本身也做成了强吸声的，这就是目前流行的"强吸声录音室"。

　　是采用"自然混响录音室"还是采用"强吸声录音室",取决于采用什么样的录音方法。今天看来,两种方法各有长短,所以至今两种录音室还都在使用。与此同时,也出现了一些声学条件介于两者之间的录音室。今后随着录音技术的发展,录音室还会有新的变化。

　　各种录音室、广播室等有别于厅堂的另一个特点是,由于生产的产品有明确的性能指标,因此录音室等的技术要求要比一般的观众厅严格得多,例如混响时间必须准确达到设计值,噪声严格不准超过允许值等。但由于室内没有为数众多的观众,只有少量演员、播音员,声学特性几乎全部可以由建筑处理决定,只要审慎地进行设计、计算,并在施工过程中不断调整,是可以达到预期目标的。

8.7.1　自然混响录音室

　　自然混响录音室适于录制古典交响乐及室内乐,一般的语言录音室也都属此类。其音质设计的主要原则是选择适当的容积、形状、比例,采取适当的吸声及扩散处理,以取得要求的混响时间及其频率特性,并保证有充分的扩散。

　　（1）录音室的容积和形状

　　录音室一般要比剧院、音乐厅小很多。小的语言录音室甚至只有十几平方米（几十立方米）。这就出现了一个剧院、音乐厅不常遇到的低频声染色的问题。所谓低频声染色,又叫低频嗡声,是在小房间中由于低频共振频率的"简并",某一频率被大大加强,使声源的固有音色失真的现象。特别是较小的语言录音室,要注意采取扩散措施防止这种现象的出现。

　　对于是矩形的录音室,为了防止低频共振频率的"简并",它的长、宽、高的尺寸应避免彼此相等或成整数倍。根据经验,可参照表 8-8-2 的比例加以选择。

表 8-8-2　矩形录音室的推荐比例

录音室形状	高	宽	长
大型	1	1.25	1.60
中型	1	1.50	2.50
天花较低	1	2.50	3.20
平面较长	1	1.25	3.20

　　室的容积在 $700\mathrm{m}^3$ 以上的录音室,低频共振频率的数目较多,可以不必强调上述比例关系。音乐录音,特别是乐队录音,录音室应有足够的容积。这不仅是由于低频应有良好的扩散,而且是为了取得声音的平衡与融和,避免产生声饱和（声功率过大时,引起媒质的非线性产生的失真）现象。经验表明:人数在 50～80 人的乐队,录音室的容积不能小于 $3500\mathrm{m}^3$;10 人左右的小型乐队,容积应在 $2000\mathrm{m}^3$ 左右。

　　为了提高声场的扩散程度,还可以将录音室的形状设计成不规则的,或者在天花下、墙面上设置各种起伏不平的扩散体,如图 8-8-9 所示。

　　（2）录音室的混响时间

　　上面谈到,自然混响录音室应有一定的混响,以便对所录声音进行"加工"。但由于传声器是"单耳"的,混响时间应当比较短些,也就是使直达声与近次反射声对于混响声的比例更高些。一般推荐的自然混响录音室的最佳混响时间曲线如图 8-8-10 所示。

图 8-8-9　录音室的扩散处理

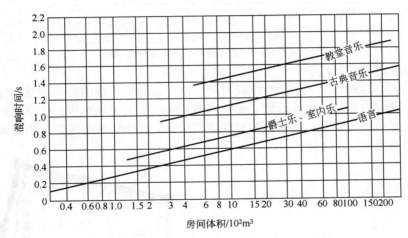

图 8-8-10　自然混响录音室的最佳混响时间线

关于混响时间的频率特性有不同的主张，有人认为从低频到高频应当尽量平直，也有的主张低频和高频可以略长于中频。实际经验表明，对于小的语言录音室，宁可多一些低频吸收，以减小由于简正方式的简并而产生的声染色现象——低频嗡声。

在一般的自然混响录音室，吸声处理的布置应力求均匀，并与扩散体相间布置，以利于室内的声扩散。

图 8-8-11 和图 8-8-12 是自然混响录音室的两个例子。

有的录音室在墙面上设置可变混响装置，以适应音乐与戏剧对白两用或不同风格乐曲的要求。这种可变装置与厅堂中的相似，也有靠悬挂帷幕改变室内混响时间的。图 8-8-13 为录音室内可变混响装置的一些做法。

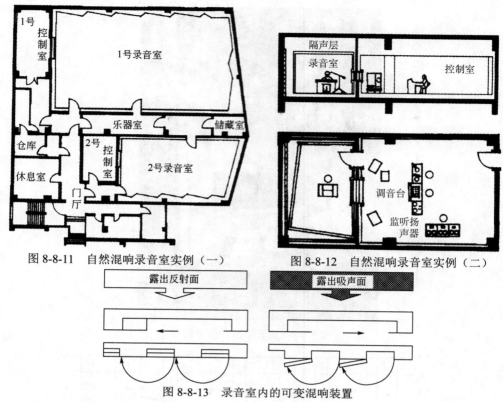

图 8-8-11　自然混响录音室实例（一）　　　图 8-8-12　自然混响录音室实例（二）

图 8-8-13　录音室内的可变混响装置

（3）活跃-沉寂型录音室

"多点录音"方法常用一种活跃-沉寂型录音室。录音室一端的界面是反射性的，另一端是吸声性的，使室内形成一个从活跃（混响声多）到沉寂（混响声少）的渐变声场。根据各种乐器对活跃度的不同要求，把它们布置在适当位置。各个乐器组还可以用隔声屏隔开。图 8-8-14 是这种录音室的一个例子。

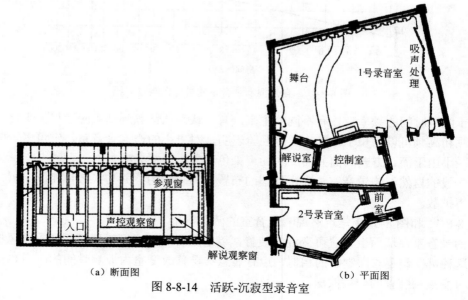

（a）断面图　　　　　　　　　　　　　（b）平面图

图 8-8-14　活跃-沉寂型录音室

8.7.2　强吸声录音室

如前所述，这种录音室适用于多声轨录音。对声学条件的主要要求是各乐器组之间应有足够的声隔离。为此，大量设置隔声屏，并把整个录音室做成强吸声性的。

强吸声录音室的混响时间，在室容积为 2000～3000m³ 时，一般是 0.5～0.6s，有的还要更短，这要求室内表面的平均吸声系数在 0.6 以上。隔声屏是可移动的，高度为 3～5m，一面为反射性，一面为吸声性。音量较大的乐器（如打击乐器）放在隔声小室内，通过玻璃门窗在视觉上与主室联系。为防止小室内的低频染色现象，小室内应有足够的低频吸收。

图 8-8-15 为强吸声录音室的实例。

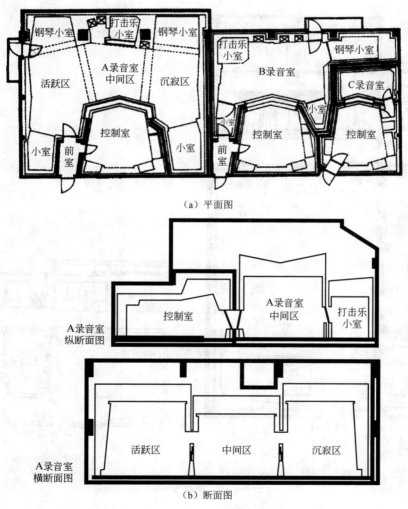

（a）平面图

（b）断面图

图 8-8-15　强吸声（多声轨）录音室

8.7.3　演播室

演播室是用作电视直播和制作录像节目的房间。电视直播和制作录像节目有一定的声学要求。

演播室的规模有大有小，学校等的电化教育用的演播室一般多为几十平方米。电视台的演播室较大，一般为 $200\sim700\mathrm{m}^2$，有的还要更大。

由于各种类型的节目都要在演播室制作，室内又有大量的灯光、设备、布景、道具，还有演员及各种工作人员，混响时间和噪声都很难确定，也很难控制，因此，一般都采取短混响，即在墙面及天花上做吸声处理，这也有利于降低室内噪声。根据演播室的容积，混响时间可取 0.6～1s，允许噪声级可取 N20～N25。一般是靠用强指向性传声器来提高录音的信号噪声比。图 8-8-16 是演播室的两个例子。

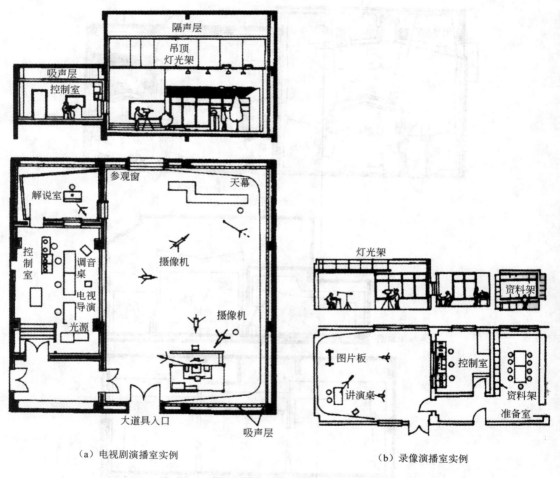

（a）电视剧演播室实例　　　　　（b）录像演播室实例

图 8-8-16 演播室实例

8.7.4 控制室

录音室、广播室、演播室都有控制室通过观察窗与之相连。录音师通过观察窗观察演播室内的活动，通过控制室内的监听扬声器监听录音室或演播室内的声音，操纵控制系统对录音加以调整。观察窗应有良好的隔声。自然混响录音室的控制室的混响时间一般取 0.4s 左右。多声轨录音控制室的声学要求比较严格，因为录音师在这里不仅是监听、调整，而且加工制作，它应当有尽可能大些的容积，以便室内的近次反射声的延时尽可能与厅堂内接近。由于立体声的监听扬声器是在录音师的前方左右对称布置的，因此要求室内的声学特性也尽可能左右对称。室内的混响时间应更短些，例如 0.25～0.4s。

8.7.5　噪声隔绝

录音室、广播室的允许噪声级应当比厅堂低，以保证录制的节目有足够的信号噪声比，一般取 N15 或 N20。为此，一般都把隔墙、天花做成双层分离结构，楼板或地面也应做成浮筑结构或者双层分离结构，以防止撞击声的传入。此外，录音室与公共通道、走廊之间应有吸声性的前室，起"声锁"的作用。门应当是隔声门。

通风系统的噪声也不应忽视，应有良好的隔振、消声处理，同时尽可能降低室内送风、回风的风速，以避免引起风口格栅或分流片的振动而产生二次噪声。

8.8　琴房、音乐排练室

琴房设置有数量多、面积小而且都集中在建筑物一个区域的特点，因此噪声控制成为声学设计中的主要问题。而琴房的音质设计，主要是体形和混响时间的控制。作为音乐专业练琴室，对声学要求较高，声学设计应满足音乐演奏、练习的要求。在小房间内容易引起"驻波"，产生声音的"染色"现象；而混响时间的控制，要求在房间内适当考虑吸声的要求。

民乐室、管乐室属于音乐排练室，均采用了矩形平面，以天然采光为主。为防止一对平行面的颤动回声，两侧墙要做声扩散处理，两端墙做强吸声处理。吊顶设计要考虑乐师之间能实现相互听闻，故做扩散兼顾吸声。音乐排练室的混响时间一般采用较短的混响时间，要求频率特性接近平直，以便使指挥或老师能听清排练中出现的差错。

合唱排练室由于排练的人会比较多，声音就不可避免会比较嘈杂，因此室内吸声要做充分，混响时间应控制较短，而且可以避免回声。同时，要注意对相邻的排练室不要有噪声干扰，因此必须做隔声和减振，地面可采用浮筑结构。

舞蹈排练室多采用放送音乐录音进行排练，声学设计须满足室内噪声较低，混响时间较短。舞蹈排练室侧墙面设有镜子，因此在对应面应布置吸声材料，顶部悬挂一定数量的吸声体，可降低排练室内的噪声。地板的选择适合舞蹈练习的地板构造，地板须做浮筑，以避免影响邻近的排练房。

参照《民用建筑隔声设计规范》（GB 50118—2010）的规定，学校建筑中一般教室允许噪声级应≤50dB，空气声隔声≥45dB，撞击声隔声≤65dB。故通往大厅走道、回风管道均应有消声、降噪和减振措施，风口处不应有引起再生噪声的阻挡物。

各功能用房的背景噪声设计值如表 8-8-3 所列。

表 8-8-3　各功能用房的背景噪声设计值　　　　　　　　单位：dB

房间名称	噪声评价曲线	背景噪声设计值								
		31.5Hz	63Hz	125Hz	250Hz	500Hz	1000Hz	2000Hz	4000Hz	8000Hz
钢琴室	NR30	75.8	59.2	48.7	39.9	34.0	30.0	26.9	24.7	22.8
民乐室	NR30	75.8	59.2	48.7	39.9	34.0	30.0	26.9	24.7	22.8
管乐室	NR30	75.8	59.2	48.7	39.9	34.0	30.0	26.9	24.7	22.8
合唱室	NR35	79.2	63.1	52.4	44.5	38.9	35.0	32	29.8	28.0
舞蹈室	NR35	79.2	63.1	52.4	44.5	38.9	35.0	32	29.8	28.0

第 9 章　厅堂可变声学设计

9.1　厅堂可变声学的意义

在演艺建筑中，几乎所有的厅堂均供多功能使用，连专业性较大的音乐厅也不例外，因此要确保各种功能均有良好的音质，必须考虑可调混响的设计。

随着人们物质生活水平的提高，必然要求有高质量的精神生活，使厅堂具有优异的音质，自然就成为建筑设计中的主要内容。不同的功能对观众厅的音质均有各自的要求：音乐演奏要求有丰满、悦耳的音乐，需要较长的混响时间，而对白、会议、电影则以清晰为主，要求短混响。在同一厅堂内，如何同时满足丰满和清晰的要求呢？采用可调混响便是唯一的方法。即使是音乐厅，为适应各类音乐，并使之达到最佳值，也要求有不同的混响时间，对此，近年所建的音乐厅，也都采用可调混响装置。因此，可调混响是演艺建筑为使各项功能均能在最佳的优质条件下演出的实际需要，也是今后发展的必然趋势。

9.2　可调混响时间的可调幅度

可调混响的幅度要根据厅堂的使用功能确定：音乐厅建筑，为满足各类音乐最佳混响时间的需要，根据经验可确定为 0.4s（1.6～2.0s 或 1.4～1.8s）；歌剧院兼供演奏大型交响乐，可定为 0.3s（1.4～1.7s 或 1.3～1.6s），当舞台上配置音乐罩后，还可提升 0.15～0.2s（因为减少了台口的声吸收和增加了音乐罩内的容积），使最大增幅量追加至 0.45～0.5s；对于多功能剧院，如果要同时适应音乐和放映电影或演出话剧的需要，可调幅度将增至 0.6s（0.9～1.5s），追加音乐罩可提升 0.15～0.2s，最终使调幅量提升至 0.75～0.8s；如果要使演奏音乐和放映立体声电影均能有最佳的混响时间，则可调幅度将要求有更大的值。这对于通过观众厅内改变界面吸声量的方法去实现不同功能所要求可调混响幅度，就有相当大的难度，有时须借助于改变容积和设置混响室的方法。

图 8-9-1 为按大厅容积、混响时间，所需要的吸声量曲线。

9.3　可变吸声构造的形式和设计准则

厅堂内的可调混响有采用电声和建声的两种方法。前者目前常采用受援共振法，即人工混响的方法，如英国伦敦皇家节日音乐厅，由于混响时间短，混响频率特性不佳（低频混响比中频短），不得已而用这种方法补救；后者则用改变厅内声吸收的方法，以此实现调节混响时间的目的，对自然声演出的厅堂应采用这种方法，即可变吸声构造的形式。目前，常用的有可调帘幕、翻板、推拉、旋转和升降等形式。在国内采用最多的是可调帘幕和旋转体相结合的方法，个别也有采用升降的。

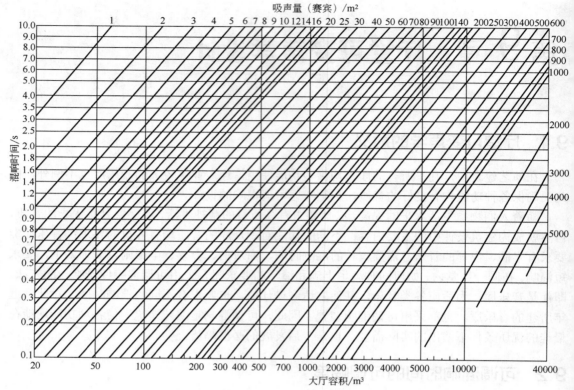

图 8-9-1 按大厅容积、混响时间要求，所需要的吸声量曲线

国内采用过的构造形式有如下几类：

（1）翻板吸声结构

这是一种构造简单、使用方便的形式，在国内录音棚建筑中所占的比重最大。这种构造是在板的一面配置吸声材料，另一面作为反射面。通过翻动方向"开门"的方式，使吸声面暴露在棚内，达到调节混响的作用。这种形式的优点是可调面积大（是处理面积的一倍），闭合时缝隙严密和容易控制吸声量。图 8-9-2 为常用的几种翻板形式。

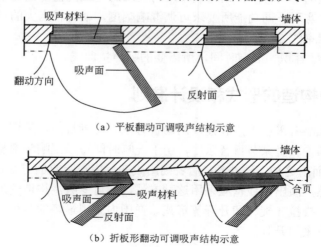

（a）平板翻动可调吸声结构示意

（b）折板形翻动可调吸声结构示意

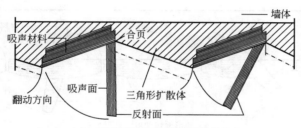

（c）三角形平板翻动可调吸声结构示意

图 8-9-2　翻版可调吸声结构的几种形式

（2）推拉式吸声结构

推拉式结构分水平和垂直的两种。它的优点是所占使用面积小，便于设置机械传动装置。缺点是可调面积小，通常仅能调节墙面（或吊顶）面积的 1/2，且搭接处容易留有缝隙，造成对低频的吸收，从而降低了低频的可调量。图 8-9-3 为两种推拉式可调结构的示意。

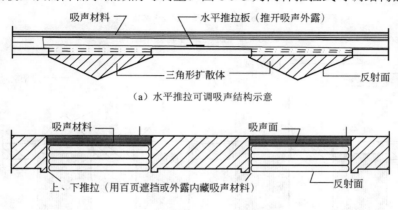

（a）水平推拉可调吸声结构示意

（b）百叶式可调吸声结构示意

图 8-9-3　推拉式可调吸声结构（其中垂直推拉式又称百叶式）

（3）旋转式可调吸声结构

旋转式的形式很多，国内至今有弧形板和圆柱体两种。它的优点是可调面积大（有可能大于翻板），机械和人工牵动方便；缺点是占用棚内空间大和必须处理缝的吸收问题。图 8-9-4 为两种旋转式可调吸声结构。

（4）升降式和胀合式可调吸声结构

这类构造一般设在顶棚上，利用本身的自重下降或胀开，用电动机提升或闭合。由于它作为一个吸声体暴露在棚内，因此，可调吸声量很大。构造和牵动方式都很简单，可以采用机械传动，也可采用相应的平衡重拉动和平衡。图 8-9-5 为这类构造的示意图。

（5）盒式可调吸声结构

盒式结构有开启式和插入式两类。前者是采用一组盒形装置（内设强吸声材料），通过盒盖的开、闭调节吸声量；后者是用盒体的吸声面插入墙体或暴露在棚内，调节吸声量。这类构造通常都用机械传动，否则调节工作量太大，但插入式的盒体结构则多数用人工调节。图 8-9-6 为盒式可调吸声结构示意。

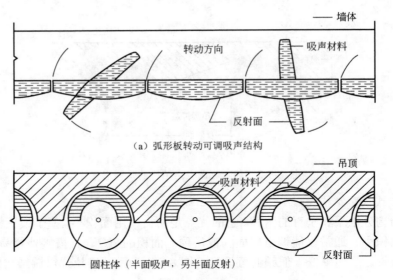

（a）弧形板转动可调吸声结构

（b）圆柱体转动可调吸声结构

图 8-9-4 旋转式可调吸声结构

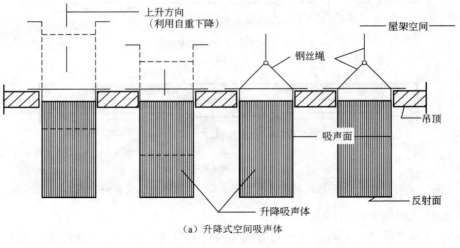

（a）升降式空间吸声体

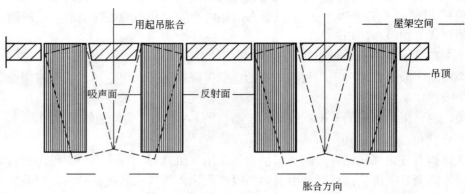

（b）胀合式空间吸声体

图 8-9-5 升降式和胀合式可调吸声结构

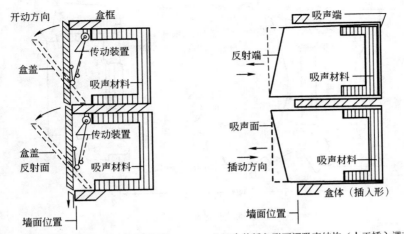

（a）开启形盒式可调吸声结构（机械传动）　　　（b）盒体插入形可调吸声结构（人工插入调节）

图 8-9-6　盒式可调吸声结构的两种形式

（6）帐帘可调吸声结构

用帐帘调节棚内的吸声量是最早采用的可调结构，由于它构造简单、有效，而且价廉，因此，延续至今，仍被广泛使用。考虑到帐帘对中、高频的声吸收远大于低频这一缺点，为了提高低频的调幅量，通常采用多层帐帘，并使它离坚硬壁面大于 1/4 波长的距离（对欲控制的声频）。为实现宽频带吸声，使帐帘与墙保持不同的距离。图 8-9-7 为日本 NHK 广播电视中心音乐播音室用帐帘调节室内混响时间所获得的成效。

（7）活动声学屏障

在现代录音棚内，声屏障成为不可缺少的装置。声屏障的两个侧面，分别为吸声和反射面。由于它暴露在棚内，因而，实际上同样作为空间吸声体能起到调节棚内混响时间的作用。此外，它还可以加强传声器的早期反射声，以及改变棚内声场分布状况等多种功能。

上述各种可调吸声结构的选择，要根据如下几方面的要求和具体情况而定。

① 对录音棚的音质要求；

② 要求的可调混响幅度；

③ 棚的平、剖面形式；

④ 建筑投资和施工条件。

总之要按需要和可能进行选择。

用改变厅内各界面吸声量的方法调节混响量通常在 0.3～0.5s 范围内，最大一般只能达到 0.6～0.8s。这对绝大部分演艺建筑中各种功能的调节，完全可以满足要求了，唯独不能适应演奏配有管风琴的曲目或管风琴独奏的需要。由于管风琴演奏的最佳混响要求在 3.5～4.5s 范围内，在这种情况下，采用改变厅内吸声量方法就不能使管风琴达到最佳值。必须采用设置混响室的方法，即在与观众厅毗邻的房间内设置混响室，通过开、关混响室的门，调节混响，这种方法最大调幅量可达 2.0～2.5s。英国伯明翰音乐厅、美国达拉斯音乐厅、瑞士洛桑音乐厅和美国费城交响乐团音乐厅（金曼尔艺术中心音乐厅）均采用这种方法，获得了良好的效果。

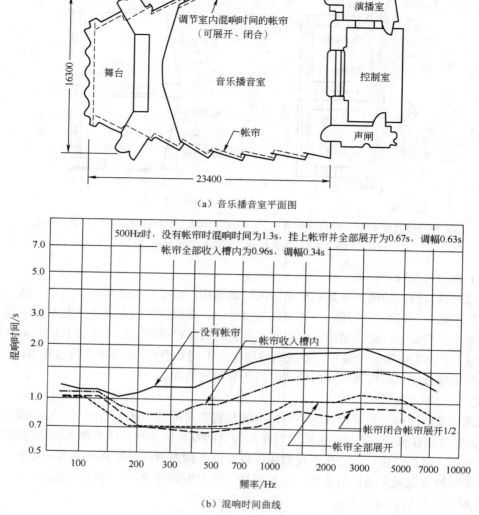

（a）音乐播音室平面图

（b）混响时间曲线

图 8-9-7　NHK 音乐播音室用帐帘调节室内混响时间所取得的成效

9.4　可调结构控制系统的选择

可变吸声结构的控制，目前有人工操作、人工操作机械传动、电控和计算机程序控制等四种。在小容量的厅堂内，如小剧场、小型多功能厅、音乐录音棚和演播室内，把可变吸声结构配置在便于操作的部位，完全可以采用人工操作和人工操作机械传动；在中型、大型厅堂内，由于操作可变吸声结构工作量大，且很难把构造全部配置在便于人工操作的部位，这时就应采用电控机械传动的方式，随着计算机技术的发展，就有可能采用一计算机程序控制可变吸声构造。根据各种功能所要求的最佳混响时间，设定几种方式，编制程序进行调节，操作方便，节省了工作量，而投资又很低。国内第一个采用计算机调控装置的是广东佛山金马剧院，随后在广州星海音乐厅、南宁民族艺术音乐厅、河北文化中心音乐厅和保利剧院等多项工程中使用均获得良好的效果，目前已经有较为成熟的经验，为厅堂的多功能使用开拓了广阔的前景。

9.5　可调容积的考虑

在多功能音乐录音棚内，可调吸声结构改变棚内的吸声状况，从而达到调节混响时间的目的。用这种方法所能达到的混响时间调幅量通常在 0.3～1.0s 范围内。如果需要进一步扩大其调幅量，就需追加调节棚内容积的结构。它可通过升降吊顶、移动活动隔断达到大幅度改变棚内混响时间的目的。这方面最典型的例子是法国巴黎蓬皮杜文化艺术中心音乐棚，它不仅能改变棚内五个界面的吸声状况，同时，还可以改变棚内 3/4 的容积，使混响时间的调幅量达 3.2s（0.8～4.0s）。日本东京 JVC（胜利公司）录音棚是通过活动隔断实现调节混响的目的。在英国、德国、荷兰等国也有类似的结构，都获得了明显的效果，但唯一的缺点是机械传动的构造比较复杂，造价也较高，因此，采用这类结构的不多。

第10章 各类建筑音质设计案例

10.1 音乐厅

国家大剧院音乐厅主要用于交响乐、室内乐、独唱、独奏等音乐演出。观众厅为改良的鞋盒形，岛式是演奏台，演奏台宽度22m，深度15m，上方悬挂巨型透明玻璃声反射板。观众厅一层池座：前后长50m，左右宽32m，第一排座位顶棚高度15m。音乐厅共两层楼座，座位数2017座，容积20000m³，每座容积10.0m³。音乐厅中，中频500Hz混响时间满场实测2.0s。图8-10-1～图8-10-4（图8-10-3、图8-10-4见彩插）是国家大剧院音乐厅平面图、剖面图、内景照片等。

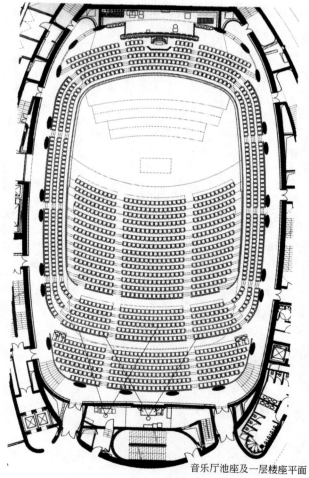

音乐厅池座及一层楼座平面

图 8-10-1 国家大剧院音乐厅平面图

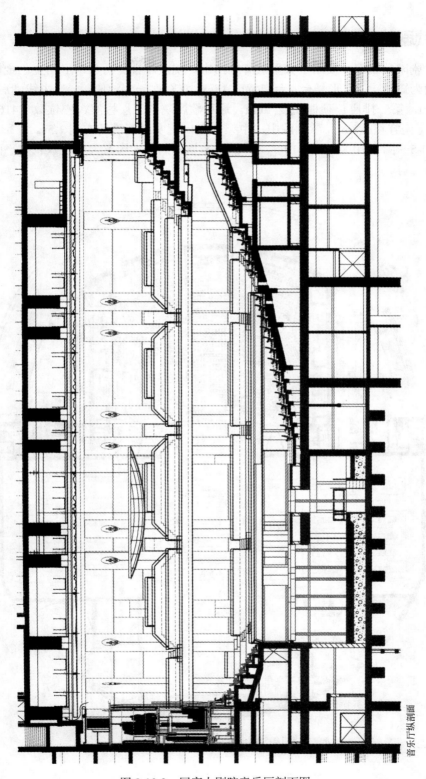

图 8-10-2　国家大剧院音乐厅剖面图

10.2　歌剧院

国家大剧院歌剧院主要用于大型歌舞剧演出。观众厅视觉为马蹄形的金色金属网面，网面后的墙面为矩形。品字形舞台，台口宽度 18m，观众厅一层池座：台口中线到后墙长 32m，最宽处 35m，第一排座位顶棚高度 20m。这种歌剧院共三层楼座，座位数 2416 座，容积 18900m³，每座容积 7.8m³。歌剧院中，中频 500Hz 混响时间满场实测 1.5s。

图 8-10-5～图 8-10-8（图 8-10-7、图 8-10-8 见彩插）为国家大剧院歌剧院平面图、剖面图、内景照片等。

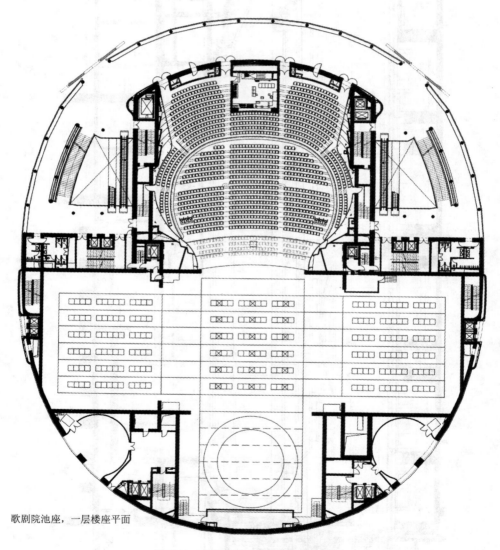

歌剧院池座，一层楼座平面

图 8-10-5　国家大剧院歌剧院平面图

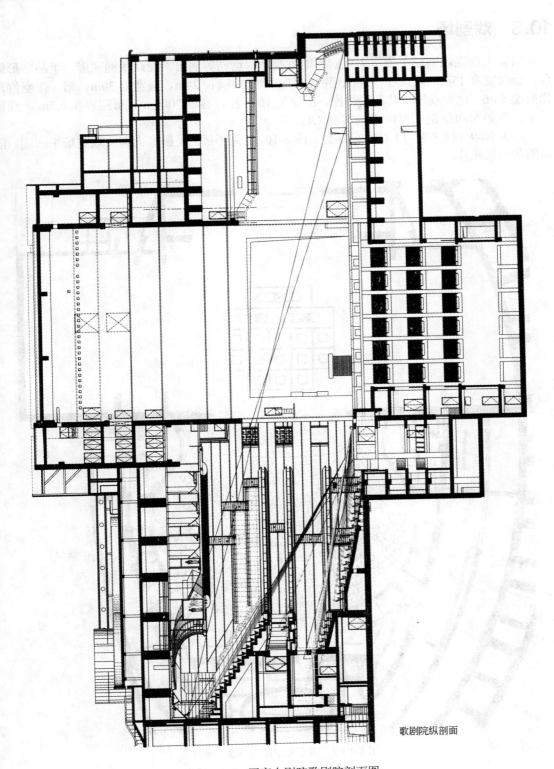

歌剧院纵剖面

图 8-10-6　国家大剧院歌剧院剖面图

10.3   戏剧场

国家大剧院戏剧场主要用于京剧、地方戏曲、话剧等演出。观众厅椭圆形，半品字形舞台，台口宽度 15m，观众厅一层池座：台口中线到后墙长 24m，最宽处 30m，第一排座位顶棚高度 18m。这种戏剧场共两层楼座，座位数 1040 座，容积 7000m³，每座容积 6.7m³。戏剧场中，中频 500Hz 混响时间满场实测 1.1s。

图 8-10-9～图 8-10-12（图 8-10-11、图 8-10-12 见彩插）是国家大剧院戏剧场平面图、剖面图和内景照片。

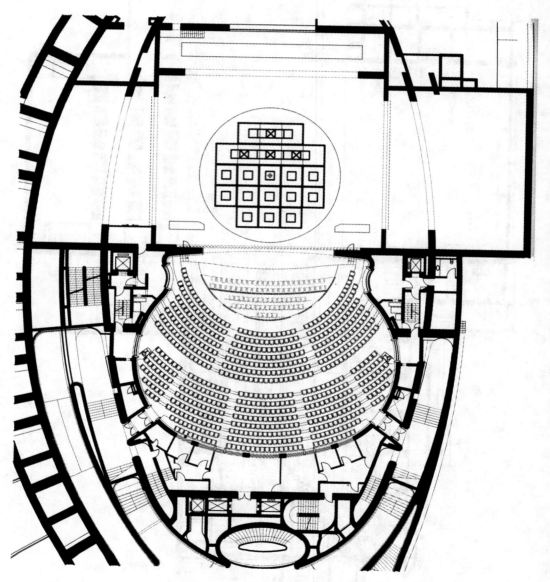

图 8-10-9   国家大剧院戏剧场平面图

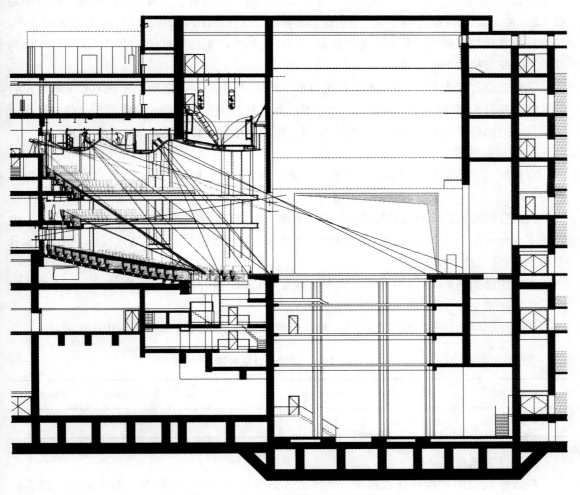

图 8-10-10　国家大剧院戏剧场剖面图

10.4　多用途大厅

（1）要求

影剧院是我国特有的一种为了节约建设成本而同时将剧院功能和电影院功能结合在一起的多用途厅堂。就室内音质要求而言，为保证对白清晰度和良好的音效还原，电影院需要短混响，而剧院为了达到演出时具有较好的声音丰满度，需要混响长一些。影剧院的混响时间设计指标对电影院和剧院都不是最佳值，而取一折中值。

新疆克拉玛依市独山子区影剧院即属于这种多用途厅堂，主要以会议、集会使用为主，兼顾音乐、戏剧、综艺演出，同时可播放宽银幕电影。该影剧院建成于 2010 年，座位数850 座。

影剧院可归为以语言使用为主的大厅，混响时间设计取值宜偏短一些，中频一般宜不超过 1.2s。在本影剧院确定的中频（500Hz）混响时间设计指标为（0.9±0.1）s，有意偏短一些，目的是使音质效果向电影和会议使用倾斜，演出使用时，虽然建筑声学的丰满度欠佳，但通过扩声系统可提供一些补偿。

确定观众厅容积为 9620m³，即每座容积率约为 11.3m³/座，之所以未选取短混响更适合的低的每座容积率（如 6～7m³/座），一方面是为了获得更宽大一些的座椅排距，使座位更舒适，另一方面将顶棚设计得偏高一些可使观众感觉该厅堂的体量更宏大、更有气势。

（2）材料布置

观众厅吊顶为铝板，一部分为平板，一部分为穿孔板，板厚 2.5mm，孔径 3.0mm，穿孔率约 16%。

大部分侧墙和后墙的两侧部分采用穿孔木槽板，构造为钢架结合 100mm 厚轻钢龙骨，龙骨间填 50mm 厚密度 48kg/m³ 离心玻璃棉，外装木槽吸声板构造。木槽吸声板厚 18mm，穿孔率约 8%，后空腔 300mm。

后墙中部构造为 75 轻钢龙骨内填 50mm 厚 48kg/m³ 离心玻璃棉，外罩 18mm 厚木穿孔吸声板，穿孔率 9%，后空腔 300mm。

观众厅座椅选择吸声较大的座椅，设计阶段确定的吸声量指标如表 8-10-1 所列。

表 8-10-1　座椅设计吸声量

频率/Hz	125	250	500	1000	2000	4000
吸声量/（m²/座）	0.30～0.40	0.40～0.60	0.50～0.70	0.60～0.80	0.60～0.80	0.60～0.80

（3）计算机模拟分析

在该影剧院的音质设计过程中，采用了计算机模拟分析，可直观且有效地预防潜在的声缺陷或发现音质问题。计算机模拟分析可以预测混响时间、早期衰减时间 EDT、声压级分布、清晰度 $D50$、明晰度 $C80$、时间重心 T_s、快速语言传输指数 RASTI、辅音清晰度损失率 AL_{CONS} 等，通过考察计算机以彩图形式给出这些指标，比较容易发现相应问题。图 8-10-13 是计算机模拟给出的 RASTI 指标。RASTI 代表了传声过程中语言信息量的保真度，是观众厅内电声扩声的基础指标，一般小于 0.2 被认为信息严重失真，较好的数值应大于 0.4。模拟显示，影剧院内大部分区域数值在 0.50 以上，平均值为 0.55，说明声场信息保真度良好。

（4）竣工实测

竣工后进行了混响时间等声学指标验收测试，空场混响时间实测结果见表 8-10-2，达到了设计目标。影剧院竣工后的内景照片如图 8-10-14 所示。

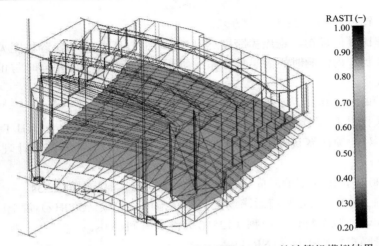

图 8-10-13　观众席区域快速语言传输指数 RASTI 的计算机模拟结果

表 8-10-2　混响时间实测值（空场）

频率/Hz	63	125	250	500	1000	2000	4000
混响时间/s	1.30	0.99	0.86	0.97	1.11	1.11	0.98

图 8-10-14　新疆克拉玛依市独山子区影剧院内景

10.5　体育馆

（1）概况

老山自行车馆是我国唯一的木制赛道自行车室内赛场，2008 年北京奥运会的场地自行车比赛均在该馆内举行，赛后作为国家队的日常训练基地和国际自行车联盟的亚洲培训基地。馆内可容纳 6000 名观众，其中 3000 个座位是永久席位，另外 3000 个座位是专门为奥运会设置的临时座席。馆内容积约 23.5 万立方米。

作为自行车比赛的场馆，钢屋盖跨度达 150m，中心点高 33m，容积庞大。声学设计的主要任务是：控制室内混响时间满足扩声系统所要求的语言清晰度，同时防止出现回声、声反馈啸叫等声缺陷。

图 8-10-15 和图 8-10-16 为该场馆的平面图和剖面图。

依据中华人民共和国行业标准《体育馆声学设计及测量规程》（JGJ/T 131—2000 和 JGJ 31—2003）对专项比赛场馆的声学设计要求及"实用、节约"的设计理念，确定声学设计目标为：

① 赛时 6000 座，满场混响时间指标，中频（500Hz）混响时间<2.3s。

② 赛后去除 3000 座临时座椅后满场混响时间指标，中频（500Hz）混响时间<2.5s。

③ 控制混响时间频率特性，低频（125Hz）混响时间<3.0s。

④ 室内背景噪声控制指标为 NR-45。

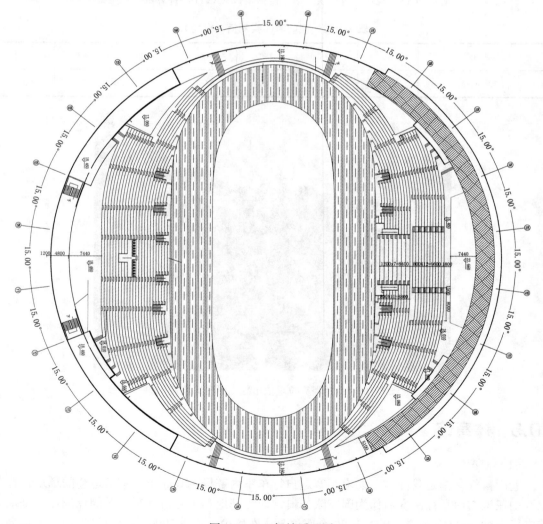

图 8-10-15　场馆平面图

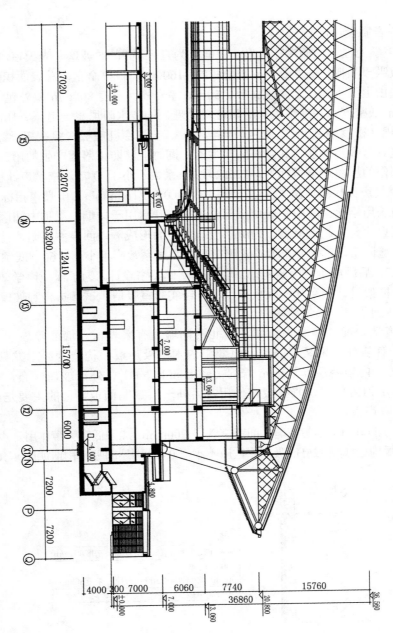

图 8-10-16 场馆剖面图（对称、本图为 1/2 剖面）

（2）建筑声学主要问题

① 顶棚高，容积大，平均自由程长超过 27.6m，不但容易形成回声，而且也不利于降低混响时间。

② 正圆球冠形屋面、正圆体形的室内空间，容易形成声聚焦。

③ 馆内顶棚中央是直径达 50 多米的圆形玻璃屋盖，为了保证其采光通透性，吸声材料的布置受到了极大的局限性，增大了赛场中央区域控制回声、声聚焦等声学缺陷

的难度。

（3）室内音质设计

① 顶棚声学处理 顶棚为球冠形，中间区为直径 50m 的玻璃采光天窗，其余部分设计为金属穿孔板吸声顶棚。整个吸声屋盖面积约 11600m²，占整个室内总表面积的 1/3。金属穿孔板吸声构造由上至下为：金属屋面板、50mm 厚岩棉（密度 80kg/m³）外包 1mm 厚塑料防水薄膜、9mm 低密度水泥纤维板（缝隙密封处理，刷防水阻尼浆一道）、180mm 空腔内填厚 100mm 岩棉（密度 80kg/m³，外包玻璃丝布）、金属穿孔底板（穿孔率≥25%）。

此构造既具有吸声性能，又具有隔声性能，同时能够防止落雨产生的雨鼓噪声。屋盖公司按此构造制作的屋盖声学指标为：125Hz 吸声系数不小于 0.75，空气声计权隔声量 $R_w \geq$ 46dB，玻璃空气声计权隔声量 $R_w \geq 37$dB，中雨（0.5～1mm/min）雨噪声指标≤42dB。

采光天窗采用钢化夹胶中空玻璃，部分玻璃可开启用于排烟。屋顶中间区域玻璃距离地面约 32m，反射声延迟超过 0.2s，为防止玻璃和地面形成颤动回声并遮阳，计划在玻璃下方安装电动吸声遮阳帘。声学要求为：遮阳帘平均吸声系数应不小于 0.60，低频 125Hz 吸声系数宜不小于 0.2。后因成本等因素考虑，取消电动遮阳帘设计，为了保证声学效果，将每块玻璃四周的金属框架设计成穿孔铝板吸声包覆，经实验室吸声测试，折合到玻璃面积上的吸声系数为 0.4，达到了声学最低要求。

② 墙面声学处理 墙面为弧型，南北两侧墙面有采光窗。墙面除玻璃、入口门等以外，均采用既有装饰效果又有低频吸声效果的木槽吸声板，构造为：木龙骨（防火处理）200mm 厚空腔，内填两层厚 50mm 岩棉（密度 80kg/m³），外包玻璃丝布，一层紧贴结构墙面，主要作用为内保温，兼有吸声作用，另外一层紧贴面板，目的主要是吸声。面板为 20mm 厚木槽吸声板。

采光窗部分的遮阳帘幕与玻璃之间留空气层 200mm，加强低频吸声作用。声学要求为：帘幕和木槽吸声板构造低频 125Hz 吸声系数应不小于 0.4。侧墙的吸声构造如图 8-10-17 所示。

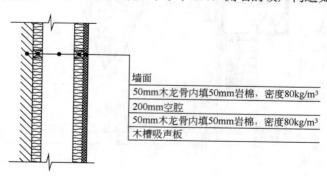

图 8-10-17 侧墙吸声构造

③ 观众席座椅区声学处理 奥运比赛处于夏季，人们着装较薄，观众吸声较小。为提高观众席区域的吸声，选用了塑料空腹座椅，座椅底面穿孔。

由于馆内容积大，高频声传播过程中的空气吸收已经非常显著，而且所采用的吸声材料多以高频吸收为主。而对于低频混响时间控制来讲，由于反射声自由程过长，需要在反射界面处尽可能多地吸收低频声音。因此，采用各种有效的空腔构造加强低频吸声是本次声学设计的关键点之一。赛时临时座椅区域下部有很大的空腔，形成低频共振空腔，对吸收低频有利。由于空腔体积很大，为轻型支撑结构，低频吸声系数很难准确预测，估计在0.1~0.3 左右。在计算机模拟中，采用的吸声系数为 0.1，偏于保守，目的是确保低频混响指标达到规范要求。

④ 马道吸声处理　计算机声学模拟显示，仅有顶面和侧墙吸声不能保证满足室内混响指标的要求。体育馆内吸声还可利用的位置是马道，本设计在马道底部安装悬挂空间吸声体。吸声体设计为：单体吸声板为宽 1000mm、高 400mm、厚 100mm 的玻璃棉板（密度48kg/m³），加工固化成型，外包透声无纺布，直接挂装在马道底部。挂装时，吸声板垂直于马道走向放置，沿马道走向的间距为 400mm。

考虑到悬挂吸声体后马道在网架中会显得过于突出，影响整体视觉美观，另外，为了节约成本，从工程角度考虑（安装吸声体的施工很方便），计划在其他声学处理安装完成后，进行声学测试，在满足使用要求的情况下，尽量少地安装吸声体。

⑤ 金属屋面与墙面结合部的吸声处理　金属屋面与墙面结合部采用 100mm 岩棉板（密度 80kg/m³）做吸声处理。视线不可见处，岩棉板外包玻璃布直接挂装的桁架侧杆上。视线可见处，除岩棉板外包玻璃布外，加装一层金属穿孔板（穿孔率≥25%）后再挂装至桁架侧杆上。

由于自行车馆与其他体育比赛场馆不同，飞碟形状的体型，巨大挑檐与室内的空间形成一个整体，对屋面板与墙面结合部分做强吸声处理，防止声音经过该部位反射回观众席，产生不良听闻。

⑥ 机房屋顶的吸声处理　东侧机房屋顶（约 22.460m 标高处）为轻钢结构，该表面和边缘屋顶形成交角，是低频吸声的理想位置，宜进行低频吸声处理。处理方法为：在屋顶满铺 100mm 厚的岩棉（密度 100kg/m³），外包玻璃丝布。西侧机房顶部平台（约 18.460m标高处）作为预留的吸声体布置区域，计划根据现场声学实测情况再采取必要的声学处理措施。

⑦ 其他处理　自行车比赛赛道为木制地板，具有一定的低频吸声作用，本设计中赛道的低频吸声系数（低频 125Hz）取值为 0.15。奥运比赛期间，上座率较高，观众吸声多。赛后，将约有一半座椅被拆除，上座率也会降低，观众吸声小，混响时间会加长。另外，由于临时座椅拆除后，馆内容积将增加约 1.7 万立方米，混响时间还会再增加。因此，赛后拆除座椅而裸露的新墙面部分需要采用吸声板处理，增加吸声量。

（4）计算机模拟分析

设计中使用比利时 LMS 声学设计公司开发的声学模拟软件 RAYNOISE 对馆内声环境进行模拟，能够较准确地预测声传播的物理行为。模拟结果还能够直观地表现声学设计结果有无声学缺陷。

体型分析中，建模设定声源位置、声功率等条件参数后，模拟结果显示出多次反射声的路径，以及顶棚和侧墙的具体反射部位，通过调整设计，保证座席区域达到良好的声场环境，并由此辅助确定了场馆的体型。在计算机三维模型中输入各界面吸声参数，通过计算机阵列服务器运算，仿真混响时间、声场分布以及 RASTI 等音质参数，并及时发现声场缺陷，调整设计方案，保证观众席声学效果。图 8-10-18（见彩插）为计算机模拟声压级分布图。

快速语音传输指数（RASTI）代表了室内语音的可懂度（见 GB/T 12060.16—2017《声系

统设备 第16部分：通过语言传输指数客观评价言语可懂度》）。通俗地讲，发声者发出100个独立的单字，RASTI=1表明听者100%听懂，RASTI=0.5代表50%听懂，RASTI=0代表完全无法听懂。RASTI指数不必达到1也能完全听懂讲话，这是因为上下文之间的联系，可帮助我们理解全句含义。就体育馆室内而言，RASTI应保证在0.4以上，以满足现场广播的要求。计算机模拟显示，观众95%以上的区域RASTI达到0.45以上。

（5）噪声控制

老山馆是自行车专项运动馆，除重大比赛外，平时作为专业自行车训练馆。考虑到老山自行车馆的专业特点，并尽量节约建造成本，以实用为主要设计原则，故该馆的噪声控制指标确定为NR45，相当于≤50dB（A）。

馆内噪声主要来源为：①馆外近邻的五环快速路和未来将建成的101专用铁路线。②馆内暖通系统的噪声，包括风冷机组、出风口等噪声。③自行车比赛或训练时的车轮摩擦赛道噪声。

因为自行车赛道距离观众比较近，比赛或训练时所发出的噪声在观众席可达60dB（A）（约相当于NR55水平）。在馆内，解说、报分等广播的电声设计都将是以这一背景噪声为基础的，扩声的声压级较大，因此，馆内除比赛运动产生的噪声之外的背景噪声指标控制在NR45应是能够满足使用要求的。

该馆的侧墙有较大面积的玻璃幕墙，顶棚为轻型结构屋顶，会有一些附近交通干线的噪声传入，通过屋盖增加隔声层后，整体围护结构的实际隔声量可达30～35dB左右，传入室内的噪声将低于45dB（A），不会对比赛产生干扰。出于造价考虑，过多地增大围护结构的隔声量是不经济的。噪声控制设计中，考虑了选用噪声指标符合要求的暖通、空调等设备，并合理控制风管、风口噪声。

馆内侧墙上设计了98个分布风口，根据噪声指标的要求，设计出口风速8～10m/s，并选用旋流风口降低风口噪声。设计每个风口噪声值为50dB（A），计算观众席（最后一排距离风口近处）的噪声约46dB（A）。

热交换空调机房位于临时座席下方，是馆内噪声和振动的主要来源之一，因此必须做好隔声、减振处理：①选用噪声指标低于70dB（A）的通风机组。②采用双层隔声门，门和门之间做强吸声（顶部、墙面），每个隔声门隔声量要求 R_w 不小于40dB。③隔墙采用砌块砖重隔墙，面密度要求不小于 $250kg/m^2$。④机房顶棚应采用两道隔声吊顶，每道双层10mm厚埃特板，每道吊顶内填吸声玻璃棉。⑤机房内进行强吸声处理，采用100mm厚玻璃棉满铺墙面和天花，外包玻璃丝布，并绷钢板网。⑥通风机组采用基础减振、风口消声处理及穿墙管道的软连接处理。

（6）验收测试

施工基本完成后，现场空场听闻主观感觉为：混响时间尚可，听闻比较清晰，无影响音质的声学缺陷，室内感觉比较安静。同时，对未安装3000座临时座椅的体育馆进行了验收测试。测试时，马道吸声体、侧墙窗帘并未安装，将通过测试结果判断可否就此取消，以节约成本。实测得空场混响时间500Hz为3.11s，按6000人入场推算，满场混响时间为2.47s，达到规范要求。表8-10-3为实测空场混响时间及满场推算值。

实测混响时间推算值表明，该体育馆在6000人上座率的奥运比赛期间，具有合适的混响时间和较好的语言清晰度，满足了奥运比赛的声学要求。图8-10-19为该场馆的俯视效果图，图8-10-20为该场馆巨大的采光玻璃顶棚照片，图8-10-21为该场馆侧墙上安装的木槽吸声板照片。

表 8-10-3　实测空场混响时间及满场推算值

（室内容积 23.5 万立方米，座位数 6000 座）

频率/Hz	125	250	500	1000	2000	4000
空场实测混响时间/s	3.06	2.66	3.11	3.10	2.72	1.82
人个体吸声量	0.35	0.48	0.55	0.58	0.60	0.70
满场混响时间推算/s	2.63	2.23	2.47	2.44	2.18	1.57

图 8-10-19　俯视效果图　　　　图 8-10-20　巨大的采光玻璃顶棚照片

图 8-10-21　侧墙上安装的木槽吸声板照片

10.6　录音室、广播室、演播室

九州昊乐文化公司音乐混音室属于小型的音乐后期制作及混音用房，建筑面积约 $30m^2$。小型混音室声学要求主要包括：①室内短混响设计；②混响时间频率特性曲线尽可能平直；③保证室内各处有足够的响度和均匀度，防止回声、颤动回声、声聚焦等房间声学缺陷；④控制噪声，尽可能降低房间内部噪声，同时隔绝房间外部的噪声进入。

根据混音室的使用要求，确定声学指标为：混响时间（RT）0.4s（中频 500Hz），背景噪声满足 NR20 要求，室内声场均匀，声场不均匀度在 100Hz～6.3kHz 频率范围内小于±2dB。

规则的小空间内容易产生驻波、梳状滤波、共振和简并等声学问题，使得声音的某些频率成分被加强或减弱，形成声音频率畸变，影响混音录制效果。

合理地选择房间长宽高比例，可使驻波形成的房间共振频率均匀分布。理想的长宽高比例是 $1:2^{1/2}:2^{1/3}$，通常建筑设计条件很难满足理想比例，可近似选用表 8-10-4 中的推荐比例。

表 8-10-4 室内长宽高推荐比例

高	1	1	1	1	1	1
宽	1.14	1.28	1.60	1.40	1.30	1.50
长	1.39	1.54	2.33	1.90	1.90	2.10

另外，选用非平行墙面的体形，改变了矩形房间室内声场的振动模式，使小房间声场更加均匀。图 8-10-22 为该混音室平面图。

墙面上安装了一种二维 RPG 扩散吸声体，扩散体由阻燃塑料制成，材料本身吸声性很小，成型为二维扩散体后，不但具有声扩散性，还在中低频具有一定吸声性。扩散体总厚度约 20cm，每个柱状单元平面尺寸的长宽均为 5cm 的正方形。图 8-10-23 为二维 RPG 扩散体单元照片。

通过对该 RPG 扩散构造的实验室吸声测试，结果显示其中频吸声系数为 0.4 左右，低频和高频均略低。

室内墙面和顶面均匀布置 RPG 扩散结构，不但可形成良好扩散声场，还可有效地控制室内混响时间。为配合调整室内的混响时间频率特性，在吊顶未安装 RPG 扩散体的位置上安装了矿棉板吊顶。墙体为钢龙骨加装 12mm 厚纸面石膏板，对低频起到一定的薄板共振吸收作用。图 8-10-24 为墙面安装扩散体的混音室内景照片。

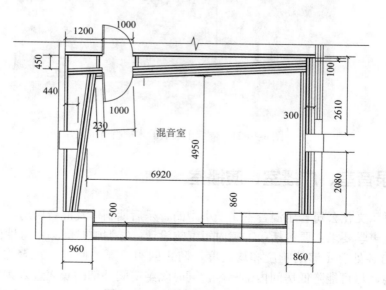

图 8-10-22 混音室平面图

图 8-10-23　二维 RPG 扩散体单元　　　　　图 8-10-24　墙面安装扩散体的混音室内景

　　为防止外界噪声通过结构传声传入室内影响音质，混音室地面使用浮筑地面做法。浮筑地面采用 50mm 厚岩棉作为弹性材料，上铺 80mm 厚钢筋混凝土做地面，浮筑地面与原分隔墙交接处留有 50mm 缝隙，使用岩棉填充分隔。

　　混音室隔墙均采用多层石膏板轻质隔墙做法，其综合隔声量能够达到 60dB 以上，满足室内隔声需要。

　　混音室原有建筑外窗保留，新增一道隔声窗形成双层窗。为满足美观要求，新增隔声窗尺寸分隔与原外窗一致，在新增隔声窗内侧增加窗帘，用于增加部分吸声，同时也可遮光。

　　吊顶采用弹性吊杆隔声吊顶做法。通过吊顶、墙体和地面隔声，混音室近似形成了"房中房"结构，有效地减小外界噪声干扰。

　　图 8-10-25 为地面和墙体隔声构造详图。

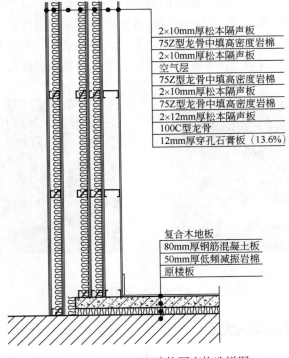

图 8-10-25　地面和墙体隔声构造详图

10.7　厅堂可变声学案例

10.7.1　巴黎爱乐音乐厅

巴黎爱乐音乐厅采用了可调的双腔体，即早期反射声场和混响声场分别可由两个嵌套的腔体独立控制可调。混响声的调节主要依靠在外腔以及反射板的背面放置最大面积可达

$1500m^2$ 的吸声材料来实现。吸声负荷的加减和上座率的变化可以使混响时间在 $1.2\sim2.3s$ 之间变化。早期反射声的调节主要依靠移动调整舞台与座席上方的反射板以及在靠近舞台的墙面上增加吸声材料来实现。其中，反射板可以在 $9\sim15m$ 的高度范围内任意调节。池座的侧向反射声由侧楼座的墙面提供，楼座上的侧向反射声主要由悬挂的反射板以及反射板-墙面的二次反射来提供。图 8-10-26 为巴黎爱乐音乐厅室内照片。

图 8-10-26　巴黎爱乐音乐厅室内照片

10.7.2　新加坡滨海艺术中心

新加坡滨海艺术中心音乐厅的前视内景可以看到舞台、管风琴、升到最高高度的声学反射板以及前半部分的混响室控制门。音乐厅的一层平面图，观众厅的基本形状是一个局部改良了的鞋盒形。后台和前台之间用半圆形的合唱队升降台隔开。音乐厅五层平面三块舞台声学反射板覆盖了全部的舞台区域。在五层可以看到整个音乐厅内厅被体积庞大的混响室所包围，当混响室控制门打开时，混响室和观众厅贯通，整个音乐厅的体积增加约 1/3。滨海艺术中心音乐厅声学特性的可调范围非常宽，可以满足不同音乐演出要求。图 8-10-27 为新加坡滨海艺术中心室内照片。

（a）

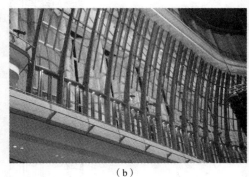

（b）

图 8-10-27　新加坡滨海艺术中心室内照片

10.7.3　英国伯明翰交响乐大厅

伯明翰交响乐大厅是一个以演奏交响乐为主，兼供合唱、独唱、器乐演奏、管风琴演奏和

通俗流行音乐（电声）演奏的多功能音乐厅。为了适应各类音乐对混响时间的不同要求，厅内设置了可调混响结构：在管风琴的后面和上部设有容积为 10300m³ 的混响室，通过电机控制的混凝土门，打开或关闭调节厅内混响。此外，为了同一目的，厅内顶部还设有可升降的 625m² 吸声板，它厚 75mm，木骨架，内填矿棉板，外为织物面。通过混响室和升降的吸声板可大幅地改变厅内的混响时间。厅内标准满场中频混响时间为 1.85s。在演奏台上部设有可调节高度的反射板，钢骨架木格栅，下面钉美国桃红色木板，在木筋与板间垫有 6mm 厚的软木条，总厚 114mm，面积为 270m²。图 8-10-28 为英国伯明翰交响乐大厅内外照片。

（a）室内照片　　　　　　　　　　（b）外景照片

图 8-10-28　英国伯明翰交响乐大厅内外照片

10.7.4　美国达拉斯音乐厅

美国达拉斯音乐厅大厅声学上的特点是在最高座席层之上的周边，围有 7200m³ 可以部分地耦合的混响空间，外面有镂空织物遮挡。这些混响室有 74 个用 10cm 厚的装有铰链的混凝土门，由遥控电动机操纵，用了它们可以使混响时间变化。此外，顶上 4 块拼合的挡板可以升高，使演出大型作品时，声能可更多地进入混响室空间；在室内乐和独奏时则降下，以增加亲切感。当混响室的门至少是部分敞开着时效果是显著的。几乎所有位置上音色都很逼真，乐队平衡和亲切感均佳。正厅池座和后面 1/3 弯曲地区声音的空间感和丰满度最好。图 8-10-29 为美国达拉斯音乐厅室内外照片。

（a）室内照片　　　　　　　　　　（b）外景照片

图 8-10-29　美国达拉斯音乐厅内外照片

10.7.5　瑞士洛桑文化会议中心音乐厅

洛桑文化会议中心音乐厅是继英国伯明翰音乐厅、美国达拉斯的麦克德莫特音乐厅后第

三个由 Artec 设计的大型可调混响的音乐厅。
文化中心包括 1840 座交响乐大厅（主厅），
900 座可变换的演艺和宴会厅，280 座的报
告厅，以及展览室、会议室、排练厅和餐厅
等辅助用房。大厅为适应各类音乐作品对混
响时间的不同要求，在厅的两侧设可调节混
响空间，它通过可转动的凸弧形板门进行调
节，当反射面暴露时，凸弧面板朝向大厅，
打开时，可调混响空间暴露，起到调节厅内
混响时间的作用。为了能大幅度调节混响，
可调空间总计达 7000m^3。图 8-10-30 为该音
乐厅的内景照片。

图 8-10-30　　洛桑文化会议中心音乐厅内景照片

10.7.6　香港演艺学院歌剧院

香港演艺学院歌剧院观众厅顶部设有可升降的隔断，下降时它可将上层楼座封闭，使客
座压缩至 830 座，供小型音乐会和戏剧演出使用。为满足多功能使用的要求，观众厅设升降
乐池，台口前顶部有可调节倾角的反射面，台口设四排活动台口，根据需要构成反射面。当
小型乐队演出时，将舞台口防火幕降下，即可构成一个音乐罩；大型交响乐演出时，音乐罩
后墙可挂设幕帘，以此减少打击乐、铜管乐过强的声级。

剧院建成后曾演出过歌剧、戏剧和音乐。人们普遍反映戏剧演出的效果较好，清晰、纯
真，有足够的音量，因而听音自然，音乐伴奏和演唱也有一定的丰满度，但音乐演出时，低
音感欠佳。图 8-10-31 为该歌剧院内景照片。

图 8-10-31　香港演艺学院歌剧院内景照片

10.7.7 渥太华国家艺术中心

除建筑声学可变混响装置外，近年来国外科研机构研制出一种电声学可变混响系统。其原理是在厅堂墙、顶等界面处设置若干传声器及扬声器，由电子系统控制将传声器获得的声音信号经过特殊运算处理后再通过扬声器回放出去，若延时一段时间回放，则使房间的混响时间增长。电声学可变混响系统的调整范围较大，例如加拿大渥太华国家艺术中心剧场于 1999 年安装了此系统，观众厅混响时间可从原来的 1.0s 一直变化到 2.5s。另外，在使用电子可变混响装置时，界面处传声器可直接拾取表演者的自然声，因此表演者不需佩戴传声器，但是从扬声器发出的就不是自然声了，而是一种经过处理的电子"伪反射声"。对于常规 1500 座的剧场而言，往往要使用几十对扬声器和传声器，并配以复杂的电子信号处理系统，其投入也是比较大的。图 8-10-32 为渥太华国家艺术中心内景照片。

图 8-10-32　渥太华国家艺术中心内景照片

10.7.8 爱丁堡国际会议中心

英国爱丁堡国际会议中心大剧场，观众厅后部两侧设有大型机械转动装置，每个直径都达 12m，转进或转出可改变大厅容积的 30%左右，结构复杂，造价高昂。图 8-10-33 为英国爱丁堡国际会议中心内景照片。

（a）　　　　　　　　　　　　　　　（b）

图 8-10-33　英国爱丁堡国际会议中心内景照片

10.7.9　苏州科技文化艺术中心

苏州科技文化艺术中心大剧场能承担多种类型的演出，且均能取得不错的音响效果。该剧场的主要演出功能有：交响乐、歌剧、室内乐以及独唱或独奏音乐会、戏剧、采用电声的音乐会等。交响乐是音乐演出中规模最大的一类，同时交响乐也是混响时间要求最长的音乐（管风琴演奏除外），一般混响时间要求在 1.8～2.0s。而歌剧场的音质要求与音乐厅不同，通常采用折中的办法，即在音乐丰满与唱词清晰的最佳值之间取值，混响时间一般取 1.4s 左右。这主要表现在兼顾演唱和乐队伴奏的丰满度与唱词的清晰度上，两者的要求相互矛盾。对于戏剧，由于要清楚了解剧情，唱词的清晰比演唱和乐队伴奏的丰满度更重要，因此，混响时间要求更短一些，一般在 1.2s 左右。为了保证以上各种演出均能取得满意的音质效果，从建筑声学的角度考虑，必须采用可调混响的措施，本剧场可调混响的具体措施为：在两侧墙设置混响室（调节体积），以及在后墙和混响室内安装可上下升降的吸声帘幕（调节吸声量）。

交响乐演出条件：混响室门全部开启，体积约增加 2300m³；舞台设置音乐反射罩，体积约增加 1000m³。两者相加体积共增加约 3300m³。同时，所有的吸声帘幕均处于收起状态（即不吸声），通过音质计算表明，中频满场混响时间可控制在 1.9s 左右。

戏剧、采用电声音乐会的演出条件：混响室门全部关闭，且舞台不设音乐反射罩。同时，所有的吸声帘幕均处于放下状态（即吸声状态），通过音质计算表明，中频满场混响时间控制在 1.1s 左右。

歌剧演出条件：混响室门全部关闭，且舞台不设音乐反射罩。同时，所有的吸声帘幕均处于收起状态（即不吸声状态），通过音质计算表明，中频满场混响时间可控制在 1.4s 左右。

室内乐以及独唱会或独奏会演出条件：混响室门全部开启，内挂吸声帘幕；舞台设置音乐反射罩。同时，所有的吸声帘幕均处于收起状态（即不吸声），通过以上音质计算可以看出，中频满场混响时间可控制在 1.6s 左右。

苏州科技文化艺术中心大剧场采用吸声和体积均可调节结构，其中体积可调的混响室分布于观众厅的两侧，在两侧墙上各分 3 层，共设置 48 道可电动控制调节开关的门，设计总可调节体积为 2300m³。实际上，由于混响室内结构梁、走道、吸声帘幕盒和控制机柜等占据了不少体积，因此，实际体积要小于 2300m³，混响调节的幅度也没有设计要求的大。吸声调节结构均采用可升降的吸声帘幕，分布在混响室内、混响室门外侧、观众厅后墙等处。

图 8-10-34 为苏州科技文化艺术中心外景和室内照片。

（a）外景照片　　　　　　　　　　　　　　　（b）室内照片

图 8-10-34　苏州科技文化艺术中心外景和室内照片

10.7.10　葡萄牙波尔图音乐厅

　　波尔图音乐厅具有可变混响装置，主要由位于观众厅两端玻璃上的 3 层帘幕实现。最贴近玻璃的第一层帘幕主要起遮阳作用，没有明显的声学效果。第二层黑色帘幕则主要起吸声作用，将前后两端的帘幕全部下降到底，能够将厅堂的混响时间由原本的 2.3s 降低到 1.7s，而通过分别改变其下降位置能够使厅堂的混响时间在这一区间中连续可调，以适应不同类型演出的声学要求。经测试，通过帘幕调整后的厅堂混响曲线较为平直，因而不会产生额外的声学问题。最靠外的第三层帘幕为白色，它是由建筑师设计的，主要起改变室内场景的作用。三层帘幕均采用滑轨的方式进行升降，变换过程只需 60s，实用高效。图 8-10-35 为葡萄牙波尔图音乐厅室内和外景照片。

（a）室内照片　　　　　　　　　　　　　　　（b）外景照片

图 8-10-35　葡萄牙波尔图音乐厅室内和外景照片

参 考 文 献

[1] [日]前川善一郎，[丹麦]J H·林德尔，[英]P·罗德. 环境声学与建筑声学. 原著第 2 版. 北京：中国建筑工业出版社，2013.

[2] 吕玉恒，燕翔，冯苗锋，黄青青. 噪声控制与建筑声学设备和材料选用手册. 北京：化学工业出版社，2011.

[3] 李晋奎. 建筑声学设计指南. 北京：中国建筑工业出版社，2004.

[4] 秦佑国. 建筑声环境. 第 2 版. 北京：清华大学出版社，1999.

第 **9** 篇

吸声降噪

编著 燕翔 郭静

校审 吕玉恒

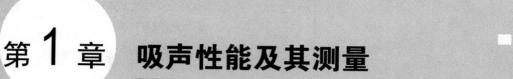

第1章 吸声性能及其测量

声音作为振动的能量波，在空间中传播的过程中，接触物体表面时，会消耗能量，出现声能降低现象，称为"吸声"。

1.1 吸声评价

（1）吸声系数

用以表征材料和结构吸声能力的基本参量是吸声系数，以 α 表示，定义为：

$$\alpha = \frac{E_0 - E_r}{E_0}$$

(9-1-1)

式中　E_0——入射到材料和结构表面的总声能；

　　　E_r——被材料反射回去的声能。

$E_0 = E_r$，入射声能全部被反射，$\alpha = 0$；如果 $E_r = 0$，入射声能完全被吸收，$\alpha = 1$。理论上讲，α 值在 0～1 之间。α 越大，吸声能力越强。

材料和结构的吸声特性与声波入射角度有关。声波垂直入射到材料和结构表面的吸声系数，称为"垂直入射（或正入射）吸声系数"，以 α_0 表示，这种入射条件可在驻波管中实现。α_0 也就是通过驻波管法来测定的。当声波斜向入射时，入射角为 θ，这时的吸声系数称为斜入射吸声系数 α_θ。在建筑声环境中，出现上述两种声入射条件是较少的，而普遍的情形是声波从各个方向同时入射到材料和结构表面。如果入射声波在半空间中均匀分布，即入射角 θ 在 0°～90°之间均匀分布，同时入射声波的相位是无规的，干涉效应可以忽略，则称这种入射状况为"无规入射"或"扩散入射"，这时材料和结构的吸声系数称为"无规入射吸声系数"或"扩散入射吸声系数"，以 α_T 表示。这种入射条件是一种理想的假设条件，但在混响室中可以较好地接近这种条件，通常也正是用混响室法来测定 α_T。在建筑环境中，材料和结构的实际使用情况和理想条件是有一定差别的，α_0 和 α_T 相比，还是比较接近 α_T 的情况。一般来说，α_0 和 α_T 之间没有普遍适用的对应关系。在一些资料中介绍 α_0 和 α_T 的换算关系，都是在某种特定条件下才可近似地适用，因此，在使用时必须慎重。

某一种材料和结构对于不同频率的声波有不同的吸声系数，α_0 和 α_T 都与频率有关。

本手册第 15 篇"声学设备和材料的选用"中已给出了各种材料和结构的吸声系数测量值。因为材料性能的离散性和施工误差，以及测试条件的差异，表中所列的测量值有的不具备很好的重复性，即按表中构造作法去做，所得的吸声系数和表中所列会有不同。所以，在重要的使用场合，需要比较精确地了解和控制所设计的构造作法的吸声特性，最好是以用试件直接进行测量的结果为准。

（2）吸声量

吸声系数反映了吸收声能所占入射声能的百分比，它可以用来比较在相同尺寸下不同材料和不同结构的吸声能力，却不能反映不同尺寸的材料和构件的实际吸声效果。用以表征某个具体吸声构件的实际吸声效果的量是吸声量，它和构件的尺寸大小有关。对于建筑空间的围蔽结构，吸声量 A 可用式（9-1-2）求得：

$$A = \alpha S \quad (m^2) \tag{9-1-2}$$

式中　S——围蔽结构的面积，m^2；

　　　α——吸声系数。

如果一面墙的面积是 $50m^2$，某个频率（如 500Hz）的吸声系数是 0.2，则该墙的吸声量（在 500Hz）是 $10m^2$。如果一个房间有 n 面墙（包括顶棚和地面），各自面积为 S_1，S_2，$\cdots$，S_n，各自的吸声系数是 α_1，α_2，$\cdots$，α_n，则此房间的总吸声量 A 可用式（9-1-3）求得：

$$A = S_1\alpha_1 + S_2\alpha_2 + \cdots + S_n\alpha_n = \sum_{i=1}^{n} S_i\alpha_i \tag{9-1-3}$$

对于在声场中的人（如观众）和物（如座椅），或空间吸声体，其面积很难确定，表征他（它）们的吸声特性，常常不用吸声系数，而直接用单个人或物的吸声量。当房间中有若干个人或物时，他（它）们的吸声量是用数量乘个体吸声量，然后，再把所得结果纳入房间总吸声量中。

把房间总吸声量 A 除以房间界面总面积 S，得到平均吸声系数 $\bar{\alpha}$，如式（9-1-4）所示：

$$\bar{\alpha} = \frac{A}{S} = \frac{\sum\limits_{i=1}^{n} S_i\alpha_i}{\sum\limits_{i=1}^{n} S_i} \tag{9-1-4}$$

例如有一房间，尺寸为 4m×5m×3m。在 500Hz 时，地面的吸声系数为 0.02，墙面的吸声系数为 0.05，顶棚的吸声系数为 0.25。求总吸声量和平均吸声系数。

地面吸声量为：

$$S_1\alpha_1 = 20 \times 0.02 = 0.4 \quad (m^2)$$

墙面吸声量为：

$$S_2\alpha_2 = 54 \times 0.05 = 2.7 \quad (m^2)$$

顶棚吸声量为：

$$S_3\alpha_3 = 20 \times 0.25 = 5.0 \quad (m^2)$$

总吸声量为：

$$A = S_1\alpha_1 + S_2\alpha_2 + S_3\alpha_3 = 8.1 \quad (m^2)$$

界面总面积为：

$$S = S_1 + S_2 + S_3 = 94 \quad (m^2)$$

平均吸声系数为：

$$\bar{\alpha} = \frac{A}{S} = 0.086$$

（3）材料平均吸声系数

吸声材料在不同频率上的吸声系数是不同的，常用吸声频率特性曲线表示不同频率的吸声系数。为了以单值反映材料整体的吸声性能，常采用材料的平均吸声系数，在吸声材料检测报告中的符号为 $\bar{\alpha}$，是 100～5000Hz 频率范围内 18 个 1/3 倍频带上的吸声系数的平均值，如式（9-1-5）所示：

$$\bar{\alpha} = \frac{\alpha_{100\text{Hz}} + \alpha_{125\text{Hz}} + \cdots + \alpha_{5000\text{Hz}}}{18} \qquad\qquad (9\text{-}1\text{-}5)$$

在工程实践中，常用 125～4000Hz 六个倍频程的中心频率的吸声系数的算术平均值来表示某一材料（结构）的平均吸声系数。材料平均吸声系数和房间平均吸声系数都简称为平均吸声系数，符号也都常采用 $\bar{\alpha}$，需要注意应用场合确定其实际的含义。

（4）降噪系数（NRC）

工程上把 250Hz、500Hz、1kHz、2kHz 四个频率吸声系数的算术平均值（取为 0.05 的整数倍）称为"降噪系数"（NRC），主要针对语言频率范围内，用于吸声降噪时粗略地比较和选择吸声材料。

1.2　吸声测量

如前所述，吸声系数有垂直入射吸声系数 α_0、斜入射吸声系数 α_θ、无规入射吸声系数 α_{T}。

吸声系数实验室测量通常有两种方法：一种是混响室法；另一种是驻波管法。

混响室法测得的是无规入射吸声系数，即声音来自四面八方混杂而无规律地入射到材料上时的吸声系数。驻波管法测得的是垂直入射吸声系数，即声音垂直入射到材料表面时的吸声系数。混响室法声音的入射方式与实际情况更加接近，因此，工程上多采用混响室法测量的吸声系数。但是，混响室法吸声系数测量需要 10m^2 的实验材料，实验安装工作量比较耗费。作为吸声材料定性分析、研发对比，更多用驻波管法，因其只需要 10cm 直径的吸声材料样品即可。

最近，根据实际需要，人们发展出一种现场测量吸声系数的方法，即在现场界面的近处布置声源和传声器，利用数字信号系统测量入射和界面反射的声功率，进而计算界面的吸声系数。这种"现场法"已经较为成功地应用于汽车内或公路路面吸声测量。现场法的优点在于可以方便地测量已完成的施工表面，缺点是频率在 200Hz 以下和 2kHz 以上测量结果精确度不足，另外还会受到不稳定的现场环境噪声的影响。

（1）混响室法

测量吸声系数的混响室是一间容积至少为 100m^3 的房间，最好是大于 200m^3。混响室可用于测量的频率下限为 $f_{\text{g}} = 2000 / V^{1/3}$。如果混响室用于测量噪声源的声功率，则体积应大于待测噪声源体积的 200 倍以上。混响室的界面（墙、地面、顶棚）应尽可能做成刚性的，如瓷砖、水磨石。为了声场充分扩散，混响室的形状可以是不规则的，也可以在室内随机分布地悬挂扩散板。

在放入待测材料和物体前，先测取空室的混响时间。然后放入一定面积的待测材料，通常为 10m²，或一定数量的吸声体。这些材料的安装方式应尽可能地接近实际应用时的情况。再测取放入试件后的混响时间。由于试件的放入，会使混响时间缩短。根据式（9-1-6）和式（9-1-7）即可得到吸声系数α和吸声量 A：

$$\alpha = \frac{55.3V}{Sc}\left(\frac{1}{T_2} - \frac{1}{T_1}\right) \tag{9-1-6}$$

$$\Delta A = \frac{55.3V}{nc}\left(\frac{1}{T_2} - \frac{1}{T_1}\right) \ (\text{m}^2) \tag{9-1-7}$$

式中　α——被测材料的吸声系数；

　　　ΔA——被测吸声体的每个个体吸声量，m²；

　　　V——混响室体积，m³；

　　　c——空气中声速，m/s；

　　　S——试件面积，m²；

　　　n——吸声体个数；

　　　T_1——未放入试件时空室的混响时间，s；

　　　T_2——放入试件后测得的混响时间，s。

图 9-1-1 为混响室内墙面材料吸声测量的照片。图 9-1-2 为混响室内吸声体的吸声测量照片。

图 9-1-1　混响室内墙面材料吸声测量

图 9-1-2　混响室内吸声体的吸声测量

（2）驻波管法

用于测量吸声材料正入射吸声系数的驻波管，是一个具有刚性内壁的矩形或圆形截面的管子。在管的一端放置扬声器，管的另一端安装吸声材料。在管中有一根和传声器相连的探管，用以测量探管端部的声压。仪器的布置如图 9-1-3 所示。扬声器从信号源（正弦信号发生器）得到纯音信号，在管中产生平面声波。当声波到达另一端吸声材料表面时产生反射，反射波和入射波就在管中形成驻波。在波腹处形成声压极大值，在波节处形成声压极小值。移动传声器探管，测出管中的声压极大值 $p_{\max}$ 和极小值 $p_{\min}$，就可以得到正入射吸声系数 α_0，如式（9-1-8）所示：

$$\alpha_0 = \frac{4p_{\max}p_{\min}}{(p_{\max} + p_{\min})^2} \tag{9-1-8}$$

通常在测量声压级的频谱仪或测量放大器的指示电表上有专门的刻度用于测量 α_0。用时只要移动探管找到声压极大值，并调节放大器灵敏度，使指针满刻度，然后再移动探管找到声压极小值，这时表头指针就可指出所测的量。

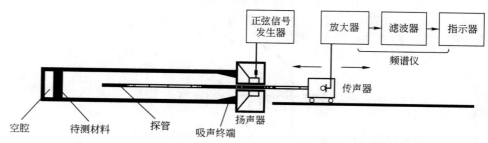

图 9-1-3　驻波管法测量材料吸声系数装置图

驻波管要有足够的长度，以保证在要测的最低频率时至少能形成一个极大值（波腹）和一个极小值（波节），即管长必须大于半个波长。为了保证管中的声波是平面波，管子的截面尺寸要比所测的最高频率声波所相应的波长小，应满足下述要求：

① 对于矩形管，长边的边长 $<0.5\lambda$；

② 对于圆形管，内径 $<0.586\lambda$。

另一方面，管子的截面也不能太小，否则声波和壁面的摩擦会使声波在管中传播过程中的衰减太大。为了覆盖 100～5000Hz 的频率范围，通常至少用两个不同尺寸的管子。

用驻波管测量的是正入射吸声系数，只适用于样品的声学特性和它的大小无关的材料，如多孔材料、穿孔板结构等，而对薄板共振吸声结构等吸声与板面积有关的结构就不适用了。

（3）现场测量法

现场吸声测量的声源扬声器位于被测表面正前方（一般采用 1.25m），指向材料。扬声器与材料表面之间放置一传声器，一般距离 0.25m。扬声器发出 MLS 信号，传声器接收，并利用 MLS 相关运算得到扬声器和传声器之间的脉冲响应函数（即系统响应）。测量装置示意图如图 9-1-4 所示。

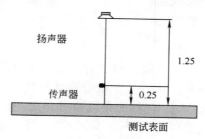

图 9-1-4　现场法测量吸声系数示意图

在该脉冲响应函数中将包含两部分：一部分是扬声器直接到达传声器的响应函数 $H_i(f)$；另一部分是来自反射表面的响应函数 $H_r(f)$。可通过时间窗和信号相减等数字技术将这两部分分离出来。再根据 ISO 13472—2:2002 的计算式，即式（9-1-9）计算吸声系数 α_f:

$$\alpha_{\mathrm{f}} = 1 - \frac{1}{K_{\mathrm{r}}^{2}} \left| \frac{H_{\mathrm{r}}(f)}{H_{\mathrm{i}}(f)} \right|^{2} \tag{9-1-9}$$

式中，$K_{\mathrm{r}} = \dfrac{d_{\mathrm{s}} - d_{\mathrm{m}}}{d_{\mathrm{s}} + d_{\mathrm{m}}}$，为传播系数；$d_{\mathrm{s}}$ 为声源距表面距离，一般取 1.25m；d_{m} 为传声器距表面距离，一般取 0.25m。

需要注意的是，现场测量通过反射延迟的时间窗确定反射波和入射波，计算得到的是声波接触界面后立即被反射回来的那部分的能量比例，更确切地说是反射系数，再用 1 减去反射系数得出吸声系数。然而，吸声系数不一定就完全是 1 减去界面反射系数，如果入射表面的后面还有反射面，透射的声音还将有一部分比例反射出来，吸声系数是应将这部声音也扣除出去的，这一点需要注意。

第 2 章　吸声材料和结构的声学特性

　　噪声控制和建筑声环境的形成及其特性，一方面取决于声源的情况，另一方面取决于噪声和建声的环境情况。而建筑环境，一方面是指建筑空间，另一方面是指形成建筑空间的物质实体——按照各种构造和结构方式"结合"起来的材料以及在建筑空间中的人和物。所以，在建筑环境中，无论是创造良好的音质还是控制噪声，都需要了解和把握材料和结构的声学特性，正确合理地、有效灵活地加以使用和处理。对于工程技术人员来说，把材料和结构的声学特性和其他建筑特性，如力学性能、耐火性、吸湿性、耐久性、外观等结合起来综合考虑，是尤为重要的。

　　材料和结构的声学特性是指它们对声波的作用特性。如前所述，声波入射到一物体上会产生反射（包括散射和绕射）、吸收和透射。材料和结构的声学特性正是从这三方面来描述的。需要指出的是，物体对声波的这三方面的作用不是处于静止状态下产生的，而是物体在声波激发下进行振动而产生的。

　　在考虑建筑某空间的围蔽结构时，就此空间内传播的声波来说，通常考虑的是反射和吸收。这时的吸收是把透射包括在内，也就是声波入射到围蔽结构上不再返回该空间的声能损失。就空间外部传播的声波来说，通常考虑的是透射，即外部声波通过围蔽结构传进来的声能。对于空间内部的物体和构件，如人、家具、空间吸声体、空间扩散体等，吸收只是指声波入射到上面所消耗的能量，而透射的能量仍在空间之内，不计入吸收。

　　材料和结构的声学特性与入射声波的频率和入射角度有关，即某一种材料和某一个结构，对不同频率的声波会产生不同的反射、吸收和透射。相同频率的声波以不同角度入射时，也有不同的反射、吸收和透射。所以说到材料和结构的声学特性时，总是和一定的频率与一定的入射情况相对应的。

　　通常把材料和结构分成吸声的，或隔声的，或反射的，一方面是按照它们分别具有较大的吸收，或较小的透射，或较大的反射，另一方面是按照使用它们时主要考虑的功能是吸收、隔声或反射。但是上述三种类型的材料和结构的区分，并没有严格的界限和精确的定义。因为任何一种材料和结构总要对入射声波产生反射、吸收和透射，只是三者的比例不同，而这种比例对不同频率的声波又是不同的。某种材料和结构对高频声可能有很大吸收，而对低频声却吸收较少，或者可能相反。另外，对这三种特性评价的标度值是不同的。如果某一种材料和结构只反射入射声能的 10%，即吸收 90%，可以说它具有很好的吸声性能。但是，如果某种材料和结构透过了 10% 的能量，隔声才 10dB，那是很差的隔声性能，只有透过的能量是入射能量的万分之一和十万分之一，才能说具有较好的或好的隔声。通常所说的吸声材料往往隔声性能是很差的，那种认为吸声很好的材料（所谓的"消音材料"）在隔声性能上也好的想法是不对的。

为了解决声学问题，吸声材料的研制、生产和应用日显重要。早些时候，吸声材料主要用于对音质要求较高的场所，如音乐厅、剧院、礼堂、录音室、播音室等。后来则在一般建筑物内如教室、车间、办公室、会议室等，为了控制室内噪声，而广泛使用吸声材料。有些本身并无多大吸声性能的材料或构件，经过打孔、开缝等简单的机械加工和表面处理，形成吸声结构，也得到广泛应用。吸声材料往往与隔声材料结合使用。

2.1 吸声材料和吸声结构的分类

吸声材料和吸声结构的种类很多。根据材料的外观和构造特征加以分类，大致可以归纳为表 9-2-1 中所列的几种，有时还可把表中不同种类的材料和结构结合起来。例如，在穿孔板的背面填多孔材料，就是两种材料结合起来。表中按外观和构造特征分类与根据吸声机理分类基本上是一致的。通常情况下，材料外观特征和吸声机理有密切联系，表中同类材料和结构具有大致相似的吸声频率特性。

表 9-2-1 主要吸声材料的种类

吸声类型	示意图	例子	主要吸声特性
多孔材料		岩棉、璃璃棉、矿棉、木丝板、聚酯纤维、纤维素喷涂、烧结铝、聚氨酯泡沫、三聚氰胺泡沫、毛毡	本身具有良好的中高频吸收，背后留有空腔还可提高低频吸收
板状材料		石膏板、硅酸钙板、密度板、薄铝板、薄钢板、胶合板、PC阳光板、彩钢夹芯板	以吸收低频为主
穿孔板		木槽吸声板、穿孔石膏板、穿孔硅酸钙板、穿孔金属板、木制穿孔板、狭缝吸音砖	一般以吸收中频为主，与多孔吸声材料结合可吸收中高频，背后大空腔可提高低频吸收
成型天花吸声板		矿棉吸声装饰板、岩棉吸声装饰板、玻纤天花板、木丝吸声板、铝纤维板、穿孔铝板	视材料吸声特性而定，背后留有空腔可提高低频吸收能力
膜状材料		塑料薄膜、ETFE膜、PTFE膜、帆布、人造革	以吸收中低频为主，后空腔越大，对低频吸收越有利
柔性材料		闭孔海绵、乳胶块、塑料蜂窝	内部气泡不连通，与多孔吸声材料不同，主要靠共振有选择地吸收中频

2.2 多孔吸声材料

多孔吸声材料是普遍应用的吸声材料，其中包括各种纤维材料：超细玻璃棉、离心玻璃棉、岩棉、矿棉等无机纤维，棉、毛、麻、棕丝、草质或木质纤维等有机纤维。纤维材料很少直接以松散状使用，通常用黏着剂制成毡片或板材，如玻璃棉毡（板）、岩棉板、矿棉板、木丝板、软质纤维板等。微孔吸声砖等也属于多孔吸声材料。泡沫塑料，如果其中的孔隙相互连通并通向外表，可作为多孔吸声材料。

2.2.1　多孔材料的吸声机理

多孔吸声材料具有良好吸声性能的原因，不是因为表面的粗糙，而是因为多孔材料具有大量内外连通的微小空隙和孔洞。图 9-2-1（a）为粗糙表面和多孔材料的差别。那种认为粗糙墙面（如拉毛水泥）吸声好的概念是错误的。当声波入射到多孔材料上时，声波能顺着微孔进入材料内部，引起空隙中空气的振动。由于空气的黏滞阻力、空气与孔壁的摩擦和热传导作用等，使相当一部分声能转化为热能而被损耗。因此，只有孔洞对外开口，孔洞之间互相连通，且孔洞深入材料内部，才可以有效地吸收声能。这一点与某些隔热保温材料的要求不同。如聚苯和部分聚氯乙烯泡沫塑料，以及加气混凝土等材料，内部也有大量气孔，但大部分单个闭合，互不联通[图 9-2-1（b）]，它们可以作为隔热保温材料，但吸声效果却不好。

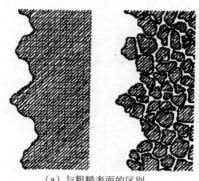　

（a）与粗糙表面的区别　　　　　　　　　　　（b）与闭孔材料的区别

图 9-2-1　多孔吸声材料与其他材料的区别

2.2.2　影响多孔材料吸声系数的因素

多孔材料一般对中高频声波具有良好的吸声效果。影响和控制多孔材料吸声特性的因素，主要是材料的孔隙率、结构因子和空气流阻。孔隙率是指材料中连通的孔隙体积和材料总体积之比。结构因子是由多孔材料结构特性所决定的物理量。空气流阻反映了空气通过多孔材料阻力的大小。三者中以空气流阻最为重要，它定义为：当稳定气流通过多孔材料时，材料两面的静压差和气流线速度之比。单位厚度材料的流阻，称为"比流阻"。当材料厚度不大时，比流阻越大，说明空气穿透量就小，吸声性能会下降；但比流阻太小，声能因摩擦力、黏滞力而损耗的效率就低，吸声性能也会下降。所以，多孔材料存在最佳流阻。当材料厚度充分大时，比流阻小，则吸声就大。

在实际工程中，测定材料的流阻、孔隙率通常有困难，但可以通过密度加以粗略控制。同一种纤维材料，表观密度（即"容重"）越大，孔隙率越小，比流阻越大。图 9-2-2 为不同厚度和密度的超细玻璃棉的吸声系数。从图中可看出，随着厚度增加，中低频吸声系数显著增加，高频变化不大，总有较大的吸收。厚度不变，增加密度，也可以提高中低频吸声系数，不过比增加厚度的效果小。在同样用料的情况下，当厚度不受限制时，多孔材料以松散为宜。密度继续增加，材料密实，会引起流阻增大，减少空气穿透量，引起吸声系数下降。所以材料密度也有一个最佳值。但同样的密度，增加厚度，并不改变比流阻，所以吸声系数一般总是增大；但厚度增至一定时，吸声性能的改善就不明显了。

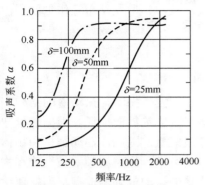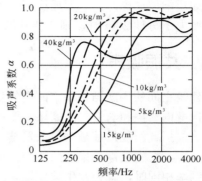

（a）密度为 27kg/m³ 超细玻璃棉厚度变化对吸声系数的影响　　　（b）5cm 厚超细玻璃棉密度变化时对吸声系数的影响

图 9-2-2　不同厚度与密度的超细玻璃棉的吸声系数

多孔材料的吸声性能还和安装条件密切有关。当多孔材料背后留有空腔时，与该空气层用同样的材料填满的效果近似。这时对中低频吸声性能比材料实贴在硬底面上会有所提高，其吸声系数随空气层厚度的增加而增加，但增加到一定值后就效果不明显了，如图 9-2-3 所示。

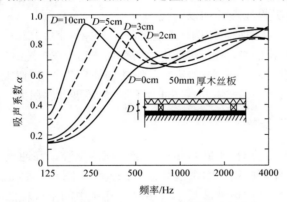

图 9-2-3　背后空气层对吸声性能影响的实例

在实际使用中，对多孔材料会做各种表面处理。为了尽可能地保持原来材料的吸声特性，饰面应具有良好的透气性。例如用金属格网、塑料窗纱、玻璃丝布等罩面，这种表面处理方式对多孔材料吸声性能影响不大。也可用厚度小于 0.05mm 的极薄柔性塑料薄膜、穿孔薄膜或穿孔率在 20%以上的薄穿孔板等罩面，这样做吸声特性多少会受影响，尤其对高频的吸声系数会有所降低。膜越薄，穿孔率越大，影响越小。但使用穿孔板面层时，低频吸声系数会有所提高；使用薄膜面层，中频吸声系数有所提高。所以多孔材料使用穿孔板、薄膜罩面，实际上是一种复合吸声结构。

对于一些成型的多孔材料板材，如木丝板、软质纤维板等，在进行表面粉饰时，要防止涂料把孔隙封闭，以采用水质涂料喷涂为宜，不宜采用油漆涂刷。

高温高湿不仅会引起材料变质，而且会影响到吸声性能。材料一旦吸湿吸水，材料中孔隙就要减少，首先使高频吸声系数降低，然后随着含湿量增加，其影响的频率范围将进一步扩大。在一般建筑中，温度引起的吸声特性变化很少，可以忽略。

多孔材料用在有气流的场合，如通风管道和消声器内，要防止材料的飞散。对于棉状材料，如超细玻璃棉：当气流速度在每秒几米时，可用玻璃丝布、尼龙丝布等作护面层；当气流速度大于每秒 20m 时，则还要外加金属穿孔板面层。

2.3 共振吸声

建筑空间的围蔽结构和空间中的物体，在声波激发下会发生振动，振动着的结构和物体由于自身内摩擦和与空气的摩擦，要把一部分振动能量转变成热能而损耗。根据能量守恒定律，这些损耗的能量都是来自激发结构和物体振动的声波能量，因此，振动结构和物体都要消耗声能，产生吸声效果。结构和物体有各自的固有振动频率，当声波频率与结构和物体的固有频率相同时，就会发生共振现象。这时，结构和物体的振动最强烈，振幅和振速达到极大值，从而引起能量损耗也最多。因此，吸声系数在共振频率处最大。

一种常有的看法认为：声场中振动着的物体，尤其是薄板和一些腔体，在共振时会"放大"声音。这是一种误解，是把机械力激发物体振动（如乐器）向空气辐射声能时的共鸣现象和空气中声波激发物体振动时的共振现象混淆了。即使前者，振动物体也不是真正地放大了声音，而是提高了辐射声能的效率，使机械激发力做功更有效地转化成声能，而振动物体自身还是从激发源那里吸收能量并加以损耗。

利用共振原理设计的共振吸声结构一般有两种：一种是空腔共振吸声结构；另一种是薄板或薄膜吸声结构。需要指出的是，处于声场中的所有物体都会在声波激发下产生振动，只是振动的程度强弱不同而已。有时，一些预先没有估计到的物体会产生相当大的吸声，例如大厅中薄金属皮灯罩，可能在某个低频频率发生共振，因为灯多，灯罩展开面积大，结果产生不小的吸声量。

2.3.1 空腔共振吸声结构

空腔共振吸声结构，是结构中间封闭有一定体积的空腔，并通过有一定深度的小孔和声场空间连通，其吸声机理可以用亥姆霍兹共振器来说明。图 9-2-4（a）或（c）为共振器示意图。当孔的深度 t 和孔径 d 比声波波长小得多时，孔颈中的空气柱的弹性变形很小，可以当作是质量块来处理。封闭空腔 V 的体积比孔颈大得多，起着空气弹簧的作用，整个系统类似于图 9-2-4 中（b）所示的弹簧振子。当外界入射声波频率和系统固有频率相等时，孔颈中的空气柱就由于共振而产生剧烈振动，在振动中，空气柱和孔颈侧壁摩擦而消耗声能。

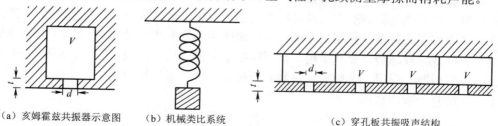

（a）亥姆霍兹共振器示意图　　（b）机械类比系统　　　　（c）穿孔板共振吸声结构

图 9-2-4　空腔共振吸声结构示意图

亥姆霍兹共振器的共振频率 f_0 可用式（9-2-1）计算：

$$f_0 = \frac{c}{2\pi}\sqrt{\frac{S}{V(t+\delta)}} \quad \text{（Hz）} \tag{9-2-1}$$

式中 c —— 声速，一般取 34000cm/s；

    S —— 颈口面积，cm^2；

    V —— 空腔容积，cm^3；

    t —— 孔颈深度，cm；

    δ —— 开口末端修正量，cm。因为颈部空气柱
        两端附近的空气也参加振动，所以要对
        t 加以修正。对于直径为 d 的圆孔，
        $\delta = 0.8d$。

亥姆霍兹共振器在共振频率附近吸声系数较大，
而共振频率以外的频段，吸声系数下降很快。吸收频
带窄和共振频率较低，是这种吸声结构的特点，因此
建筑上较少单独采用。在某些噪声环境中，噪声频谱
在低频有十分明显的峰值时，可采用亥姆霍兹共振器
组成吸声结构，使其共振频率和噪声峰值频率相同，
在此频率产生较大吸收。亥姆霍兹共振器可用石膏浇
注，也可采用专门制作的带孔颈的空心砖或空心砌
块。不同的砌块或一种砌块不同砌筑方式，可组合成
多种共振器，达到较宽频带的吸收，见图 9-2-5。如
果在孔口处放上一些多孔材料（如超细玻璃棉、矿
棉），或附上一层薄的纺织品，则可提高吸声性能，
并使吸收频率范围适当变宽。

图 9-2-5 空腔共振狭缝吸声砖构造示意图

各种穿孔板、狭缝板背后设置空气层形成吸声结构，也属于空腔共振吸声结构。这类结构
取材方便，并有较好的装饰效果，所以使用较广泛，如图 9-2-6 所示。常用的有穿孔的石膏板、
石棉水泥板、胶合板、硬质纤维板、钢板、铝板等。

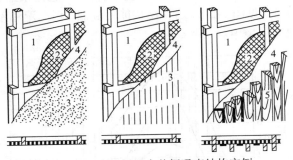

图 9-2-6 穿孔板组合共振吸声结构实例

1—空气层；2—多孔吸声材料；3—穿孔护面板；4—布（玻璃布）等护面层；5—有缝木板条

对于穿孔板吸声结构，相当于许多并列的亥姆霍兹共振器，每一个开孔和背后的空腔对
应。穿孔板吸声结构的共振频率 f_0 可由式（9-2-2）求得：

$$f_0 = \frac{c}{2\pi}\sqrt{\frac{P}{L(t+\delta)}} \qquad (\text{Hz}) \qquad\qquad (9\text{-}2\text{-}2)$$

式中 c——声速，cm/s；

      L——板后空气层厚度，cm；

      t——板厚，cm；

      δ——孔口末端修正量，cm；

      P——穿孔率，即穿孔面积与总面积之比。圆孔正方形排列时，$P = \dfrac{\pi}{4}\left(\dfrac{d}{B}\right)^2$；圆孔等边

三角形排列时，$P = \dfrac{\pi}{2\sqrt{3}}\left(\dfrac{d}{B}\right)^2$。其中，$d$ 为孔径，B 为孔中心距。

例如，穿孔板厚 6mm，孔径 6mm，穿孔按正方形排列，孔距 20mm，穿孔板背后留有 10cm 空气层。求其共振频率。

穿孔率为：

$$P = \frac{\pi}{4}\left(\frac{d}{B}\right)^2 = \frac{3.14}{4} \times \left(\frac{0.6}{2.0}\right)^2 \approx 0.07$$

共振频率为：

$$f_0 = \frac{c}{2\pi}\sqrt{\frac{P}{L(t+\delta)}} = \frac{34000}{2 \times 3.14}\sqrt{\frac{0.07}{10 \times (0.6 + 0.8 \times 0.6)}} \approx 440 \text{（Hz）}$$

穿孔板结构在共振频率附近有最大的吸声系数，偏离共振峰越远，吸声系数越小。孔颈处空气运动阻力越小，则吸声频率曲线越尖锐；反之，则较平坦。为了在较宽的频率范围内有较高的吸声系数，一种办法是在穿孔板后铺设多孔性材料，来增加空气运动的阻力。这样做共振频率会向低频移动，但通常偏移不超过一个倍频程范围，而整个吸声频率范围的吸声系数会显著提高，见图 9-2-7。另一种办法是穿孔的孔径很小，小于 1mm，称为微穿孔板。孔小则周界与截面之比就大，孔内空气与孔颈壁摩擦阻力就大，同时，微孔中空气黏滞性损耗也大。微穿孔板常用薄金属板，一般不再铺设多孔材料，它比未铺吸声材料的一般穿孔板结构具有较好的吸声特性，见图 9-2-8。这种结构能耐高温、耐高湿和不掉粉尘，适用于高温、高湿、洁净和高速气流等环境中。

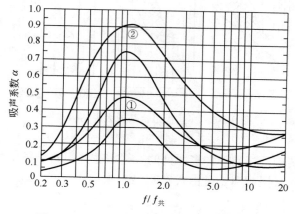

图 9-2-7 穿孔板共振吸声结构的吸声特性

①为背后空气层内无吸声材料；②为背后空气层内 25～50mm 厚玻璃棉等吸声材料

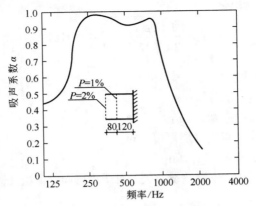

图 9-2-8　双层微穿孔板吸声结构的实例

穿孔板（板厚 0.8mm，孔径 0.8mm）用作室内吊顶时，背后的空气层厚度往往很大，这时为了较精确地计算共振频率，应采用式（9-2-3）进行计算：

$$f_0 = \frac{c}{2\pi}\sqrt{\frac{P}{L(t+\delta)+PL^2/3}}\quad(\text{Hz})\qquad(9\text{-}2\text{-}3)$$

因为空腔深度大，共振频率往往在低频，若在板后铺设多孔吸声材料，不仅可使共振峰处吸声范围变宽，而且还可使其对高频声波具有良好的吸收。

如果穿孔板背后没有吸声材料，穿孔率不宜过大，一般以 2%～5%合适。穿孔率大，则最大吸声系数下降，且吸声带宽也变窄。如果穿孔板背面铺设有多孔材料，则穿孔率可以提高，一般高频吸声性能随穿孔率提高而提高；当穿孔率超过 20%，则穿孔板已作为多孔材料的罩面层而不属于空腔共振吸声结构了。

2.3.2　薄板共振吸声

皮革、人造革、塑料薄膜等材料具有不透气、柔软、受张拉时有弹性等特性。这些薄膜材料可与其背后封闭的空气层形成共振系统。共振频率与膜的单位面积质量、膜后空气层厚度和膜的张力大小有关。在工程实际中，很难控制膜的张力，而且张力随时间会松弛。

对于不受张拉或张力很小的膜，其共振频率 f_0 可按式（9-2-4）计算：

$$f_0 = \frac{1}{2\pi}\sqrt{\frac{\rho_0 c^2}{M_0 L}} \approx \frac{60}{\sqrt{M_0 L}}\quad(\text{Hz})\qquad(9\text{-}2\text{-}4)$$

式中　M_0——膜的单位面积质量，kg/m^2；

　　　L——膜与刚性壁之间空气层的厚度，m。

薄膜吸声结构的共振频率通常在 200～1000Hz 范围，最大吸声系数约为 0.3～0.4，一般把它作为中频范围的吸声材料。

当薄膜作为多孔材料的面层时，结构的吸声特性取决于膜和多孔材料的种类以及安装方法。一般说来，在整个频率范围内的吸声系数比没有多孔材料只用薄膜时普遍提高。

把胶合板、硬质纤维板、石膏板、石棉水泥板、金属板等板材周边固定在框架上，连同板后的封闭空气层，也构成振动系统。这种结构的共振频率 f_0 可用式（9-2-5）计算：

$$f_0 = \frac{1}{2\pi}\sqrt{\frac{\rho_0 c^2}{M_0 L} + \frac{K}{M_0}} \quad (\text{Hz}) \tag{9-2-5}$$

式中　ρ_0 —— 空气密度，kg/m^3；

　　　　c —— 空气中声速，m/s；

　　　　M_0 —— 板的单位面积质量，kg/m^2；

　　　　L —— 板与刚性壁之间空气层厚度，m；

　　　　K —— 结构的刚度因素，kg/（m$^2 \cdot$ s^2）。

K 与板的弹性、骨架结构、安装情况有关。对于矩形简支薄板（边长为 a 和 b，厚度为 h），K 值可由式（9-2-6）求得：

$$K = \frac{Eh^3}{12(1-\sigma^2)}\left[\left(\frac{\pi}{a}\right)^2 + \left(\frac{\pi}{b}\right)^2\right]^2 \tag{9-2-6}$$

式中，E 为板材料的动态弹性模量，N/m^2；σ 为泊松比。对于一般板材，在一般构造条件下，K=（1～3）×10^{6}kg/（m$^2 \cdot$ s^2）。当板的刚度因素 K 和空气层厚度 L 都比较小时，则式（9-2-5）根号内第二项比第一项小得多，可以略去。但是当 L 值较大，超过 100cm 时，根号内第一项将比第二项小得多，共振频率就几乎与空气层厚度无关了。

空间吸声体可以根据使用场合的具体条件，把吸声特性的要求与外观艺术处理结合起来考虑，设计成各种形状（如平板形、锥形、球形或不规则形状），可收到良好的声学效果和建筑效果。

建筑中薄板结构共振频率多在 80～300Hz 之间，其吸声系数约为 0.2～0.5，因而可以作为低频吸声结构。如果在板内侧填充多孔材料或涂刷阻尼材料，可增加板振动的阻尼损耗，提高吸声效果。

大面积的抹灰吊顶天花、架空木地板、玻璃窗、薄金属板灯罩等也相当于薄板共振吸声结构，对低频有较大的吸收。

2.4　其他吸声结构

2.4.1　空间吸声体

室内的吸声处理，除了把吸声材料和结构安装在室内各界面上外，还可以用前面所述的吸声材料和结构可做成放置在建筑空间内的吸声体。空间吸声体有两个或两个以上的面与声波接触，有效的吸声面积比投影面积大得多，有时按投影面积计算，其吸声系数可大于 1。对于形状复杂的吸声体，实际中多用单个吸声量来表示其吸声性能。

空间吸声体可以根据使用场合的具体条件，把吸声特性的要求与外观艺术处理结合起来考虑，设计成各种形状，可收到良好的声学效果和建筑效果。图 9-2-9 为几种空间吸声

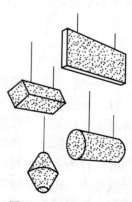

图 9-2-9　空间吸声体

体的形状。图 9-2-10 为空间吸声体的吸声特性。

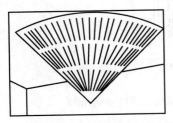

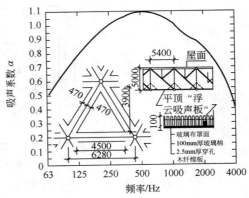

（a）吊在顶棚上的圆锥形空间吸声体　　　　（b）"浮云"式吸声板吸声特性

图 9-2-10　空间吸声体吸声特性

2.4.2　尖劈强吸声结构

比较典型的强吸声结构是消声室内的吸声尖劈，如图 9-2-11 所示，用于各种声学实验和测量。室内声场要求尽可能地接近自由声场，因此所有界面的吸声系数应接近于 1。

在消声室等特殊场合，需要房间界面对于在相当低的频率以上的声波都具有极高的吸声系数，有时达 0.99 以上。这时必须使用强吸声结构。

吸声尖劈是最常用的强吸声结构，如图 9-2-11 所示。用棉状或毡状多孔吸声材料，如离心玻璃棉、岩棉、蜜胺海绵（三聚氰胺泡沫）

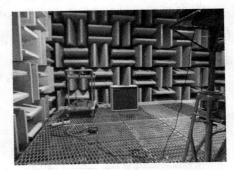

图 9-2-11　消声室内的吸声尖劈

等填充在框架中，并蒙以玻璃丝布或塑料窗纱等罩面材料制成吸声尖劈。对吸声尖劈的吸声系数要求在 0.99 以上，这在中高频时容易达到，而低频时则较困难，达到此要求的最低频率称为"截止频率"f_c，并以此表示尖劈的吸声性能。

吸声尖劈的截止频率与多孔材料的品种、尖劈的形状尺寸和劈后有没有空腔及空腔的尺寸有关。一般可用 $0.2 \times c/l$ 来估算，其中 c 为声速，l 为尖劈的尖部长度。如果填充尖劈的多孔材料的密度能从外向里逐步从小增大，尖劈长度可以有所减小。此外，工程实际中，有时把尖端截去约尖劈全长的 10%～20%，这对吸声性能影响不大，但却增大了消声室的有效空间。

强吸声结构中，除了吸声尖劈以外，还有在界面平铺多孔材料，只要厚度足够大，也可做到在宽频带中有强吸收。这时，若从外表面到材料内部其密度从小逐渐增大，则可以获得类似尖劈的吸声性能。

图 9-2-12 为一种吸声尖劈的吸声特性曲线。

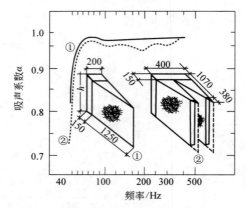

图 9-2-12 吸声尖劈的吸声特性曲线（材料为玻璃棉，密度 40kg/m³）

2.4.3 帘幕吸声结构

纺织品中除了帆布一类因流阻很大、透气性差而具有膜状材料的性质以外，大都具有多孔材料的吸声性能，只是由于它的厚度一般较薄，吸声效果比厚的多孔材料差。如果幕布、窗帘等离开墙面、窗玻璃有一定距离，恰如多孔材料背后设置了空气层，尽管没有完全封闭，对中高频甚至低频的声波仍具有一定的吸声作用。设帘幕离刚性壁的距离为 L，具有吸声峰值的频率是 $f = \dfrac{(2n-1)c}{4L}$，n 为正整数。由图 9-2-13 所示测定结果可以看出第一个吸收峰值频率随空气层厚度 L 而变化，该频率大致在 $\dfrac{c}{4L}$ 附近。如果帘幕有褶，吸声性能会改善，见图 9-2-14。

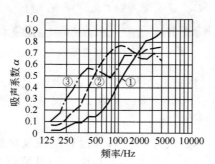

图 9-2-13 帘幕的吸声特性

（帘幕：面密度 0.26kg/m²。空气层厚度 L：
①30mm；②100mm；③250mm）

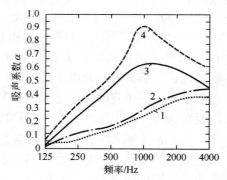

图 9-2-14 帘幕吸声性能与褶裥的关系

1—直挂与墙紧贴；2—褶裥 12.5%；
3—褶裥 25%；4—褶裥 50%

2.4.4 洞口吸声

向室外自由声场敞开的洞口，从室内角度来看，入射到洞口上的声波完全透过去了，反射为零，即吸声系数为 1。

如果孔洞的尺度比声波波长小，其吸声系数将小于 1。

洞口如不是朝向自由场，而是朝向一个体积不大、界面吸收较小的房间，则透射过洞口的声能会有一部分反射回来，此时洞口的吸声系数小于 1。

在剧院中，舞台台口相当于一个大洞口，台口之后的天幕、侧幕、布景等有吸声作用。根据实测，台口的吸声系数约为 0.3～0.5。

2.4.5　人和家具吸声

处于声场中的人和座椅都要吸收声能。因为人和座椅很难计算吸声的有效面积，所以吸声特性一般不采用吸声系数表示，而采用个体吸声量表示，其总吸声量为个体吸声量乘以人和座椅的数量。

人的吸收主要是人们穿的衣服的吸收。衣服属于多孔材料，但衣服常常不是很厚，所以对中高频声波的吸收显著，而低频则吸收较小。人们的衣服各不相同，并随时间、季节而变化，所以个体吸声特性存在差异，测量数据的应用要注意相应的条件。

在剧院、会堂、体育馆等观众密集排列的场合，观众吸收还和座位的排列方式、密度、暴露在声场中的情况等因素有关。观众吸声的一般特点是：随着声波频率的增加，吸声系数先是增加，但当频率高于 2kHz 时，吸声系数又下降。这可能是由吸声面相互遮掩引起的，在高频时这种遮掩作用影响较大。此外，等间距的有规则的座位排列，会因为座位间空隙的空气共振，在某个频率，往往在 100～200Hz 范围内，引起较大的吸收，被称为"低谷效应"。空场时，纺织品面料的软座椅可较好地相当于观众的吸收，使观众厅的空场吸声情况和满场时相差不大，这对排练和观众到场不多时的演出是有利的。人造革面料的座椅，面层不透气，对高频吸收不大；硬板座椅相当于薄板共振吸声结构。图 9-2-15 为剧场常用吸声座椅的照片。

对于密集排列的观众席，有时也用吸声系数表示吸声特性，这时吸声量等于吸声系数乘以观众席面积。

图 9-2-15　剧场常用吸声座椅的照片

2.4.6　空气吸收

声音在空气中传播，能量会因为空气的吸收而衰减。空气吸收主要是由以下三个方面引起的：一是空气的热传导性；二是空气的黏滞性；三是分子弛豫现象。正常状态下，前两种因素引起的吸收比第三种因素引起的吸收小得多，可以忽略。在空气中，是氧分子振动能量的弛豫引起了声频范围内的声能大部分被吸收。在给定频率情况下，弛豫吸收和空气中所含水分密切有关，即依赖于相对湿度和温度。空气吸收，高频时较大，在混响时间计算时要加以考虑。在模型试验时，应用的声波频率很高，空气吸收会较大地影响试验结果，通常用干燥空气或氮气来充填模型空间，以减少弛豫吸收。

2.4.7 透明吸声体、微穿孔板吸声

对穿孔结构而言，如果穿孔足够小，孔小则周界与截面之比就大，孔内空气与孔颈壁摩擦阻力就大，同时微孔中空气黏滞性损耗也大，声能将会因微孔的黏滞边界层效应而吸收。为了获得这种效果，穿孔的孔径一般要小于1mm，与孔边界处板的厚度近似，称为微穿孔板。微穿孔板常用薄金属板，不再铺设多孔材料，它比未铺吸声材料的一般穿孔板结构具有更好的吸声特性，如图9-2-8所示。这种结构能耐高温高湿而且不掉粉尘，适用于高温、高湿、洁净和高速气流等环境中。微穿孔板可以用玻璃、聚碳酸酯板（PC）、聚四氟乙烯薄膜（ETFE）等透明吸声材料加工而成，有利于特殊的室内装饰需要。

近年来，微穿孔板（MPPs），即穿孔直径小于1mm的板，因其最有希望成为下一代吸声材料。众所周知，马大猷院士于1975年最早提出了MPPs及其理论。从那时开始许多研究者进行了MPPs实际应用研究。

MPPs的吸声机理基本上与普通的穿孔板相同。因此，MPPs的使用方法和普通的穿孔板一样：与刚性壁平行安装，并在板与墙之间留有空气层。然而，穿孔小于1mm，MPPs声阻抗在ρc附近，这对高吸声而言是最佳的。马大猷院士于1998年提出了MPP声阻抗和声感抗预测公式，如式（9-2-7）、式（9-2-8）所示：

$$r = \frac{32\eta}{p\rho c} \times \frac{t}{d^2}\left(\sqrt{1+\frac{x^2}{32}} + \frac{\sqrt{2}}{32}x\frac{d}{t}\right)$$

$$\omega m = \frac{\omega t}{pc}\left(1 + \frac{1}{\sqrt{1+\frac{x^2}{2}}} + 0.85\frac{d}{t}\right) \tag{9-2-7}$$

$$x = \frac{d}{2}\sqrt{\frac{\rho\omega}{\eta}} \tag{9-2-8}$$

式中　　r——声阻抗；

ωm——声感抗（都归一化到ρc）；

d，t和p——孔径、板厚（颈部长度）及MPP的穿孔率；

η——空气黏滞系数（$\eta = 17.9\mu Pa\cdot s$）。

应用这些公式，结合后空腔的声感抗$\cot(kD)$，其中k为波数，D为后空腔的深度，吸声系数α如式（9-2-9）所示：

$$\alpha = \frac{4r}{(1+r)^2 + [\omega m - \cot(kD)]^2} \tag{9-2-9}$$

人们正在进行一些应用MPPs研制新型吸声体的尝试工作，例如双层MPPs构造，不需后墙，可作为空间吸声体。MPPs也可用作管道系统的消声器或作为隔声构造的阻抗部件。

2.4.8 QRD、MLS等扩散和吸声结构

（1）QRD扩散体

1975年，德国声学家施罗德（Schroeder）提出了一种二次剩余扩散理论，按照数论中的

二次剩余序列来设计扩散面的起伏，可以使扩散面在较宽的频率范围内有近乎理想的扩散反射，如图 9-2-16 所示。按二次剩余扩散理论设计的扩散体被称为 QRD 扩散体（quadratic residue diffuser）。扩散体由一系列宽度（踏步）相同而深度不同的"井"组成，"井"和"井"之间设有薄板格栅。其扩散原理是，声波入射到 QRD 上不同深度的"井"时，因反射相位的差异，形成了干涉效应，使得反射声波出现扩散性波谱。

QRD 扩散体踏步宽度 W 取常数，$W = \lambda_0 / 2$，踏步单元深度 h_n 按二次剩余序布置：$h_n = (\lambda_0 / 2N) S_n$。$N=7$ 时，S_n 以 0、1、4、2、2、4、1 周期性重复。二次剩余扩散体在 f_0 以下约半个倍频程仍有效，再低就成定向反射了。上限频率则到 $(N-1) f_0$，在 $N f_0$ 以上各突起表面又要做定向反射。因此，N 越大，扩散反射的有效带宽越大，但起伏形状越复杂。

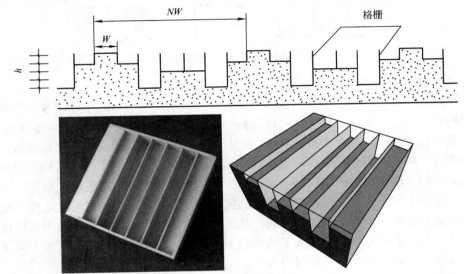

图 9-2-16　二次剩余扩散体示意（$N=7$）

$S_n = n^2 \bmod N$（$n=1,\ 2,\ 3\cdots\cdots$）。即 S_n 是 n^2 除以 N 的余数。

S_n 以 N 为周期重复，且以 $(N \pm 1)/2$ 对称。

　在房间里无规则地悬吊不规则形状的扩散板或扩散体，可以使房间里的声场更好地扩散。这对声学测量用的混响室、录音室、听音室是有用的，这些房间中要求声场尽可能地充分扩散。图 9-2-17 为 QRD 扩散体安装于中央电视台录音室墙面上的实照。

图 9-2-17　中央电视台录音控制室 QRD 声扩散墙面（有利于录音监听和回放）

（2）MLS

还有一种应用数学理论设计的声扩散形式，称作最大长度序列扩散体（maximum length sequence，MLS）。采用 MLS 设计的声扩散墙面，看上去像凸凹起伏的、不规则排列的竖条，目的是扩散声音，可保证室内声场的均匀性，使声音更美妙动听。MLS 是一种数论算法，其扩散声音的原理是，声波到达墙面的某个凹凸槽后，一部分入射到深槽内产生反射，另一部在槽表面产生反射，两者接触界面的时间有先后，反射声会出现相位不同的情况，叠加在一起成为局部非定向反射，大量不规则排列的凹凸槽整体上形成了声音的扩散反射。如图 9-2-18 所示，是数列{1，1，0，1，1，0，1，0，1，1，1，1，0，0，0，1，0，1，1}的 MLS 扩散体示意图（1 为凸出的部分，0 为凹进去的部分）。

图 9-2-18　MLS 扩散体示意图

（3）扩散体的吸声性

Trevor J.Cox 等以及美国 RPG 扩散体公司的研究表明，对于 QRD 或 MLS 扩散体，因其结构的特殊性，即使采用无吸声特性的材料制作（如石膏板、水泥板、硬质木板等），这类扩散体还会具有吸声特性。其吸声机理有二：一是深槽结构，类似于亥姆霍兹共振器，会引起与槽结构相适应频率的声共振吸收，但这并不是主要原因；二是某个深槽结构在相对应的频率下发生共振时，槽入口处的空气分子会剧烈振动，该局部的空气动能极大增加，而临近的槽结构在该频率上并不发生共振，局部空气动能没有显著变化，因能量密度出现不均匀，这样就会形成能量流动，消耗了反射的声能，从而出现吸声。由此，如果在这类扩散体的表面紧贴一层薄织物，由于界面处空气分子的剧烈振动，织物将大大消耗声能，吸声效果更加明显。扩散体吸声作用一般以中低频吸声为主。

国家大剧院戏剧场使用的 MLS 墙面的凹槽深度为 15cm，每个凸起或凹陷的单元宽度约为 20cm，面层为 4cm 厚的木板外贴粉红色装饰布，凸起单元内部填充高密度岩棉。该扩散体墙面存在一定的吸声作用。

第3章 吸声材料的建筑因素

吸声材料大多应用于建筑室内的表面，基本上是视觉可触的，因此往往与装修材料结合在一起使用，吸声材料应用时必须考虑建筑因素。建筑因素一般包括防火性、耐久性、无毒性、施工方便性、廉价性、装饰性等。在一些特殊场所，还可能有相应的特殊要求。如游泳馆中需要防潮性，篮球馆中需要防撞性，医院病房需要洁净性，等等。这里，就最常规的建筑因素进行介绍。

3.1 防火性

建筑内部装修的消防安全关系到使用者的生命安全，不容忽视。国家相关的防火标准，均为强制性标准，必须认真执行。按国家标准 GB 8624—1997，将建筑材料的防火性能划分为 4 个等级。A 级，不燃性，在空气中受到火烧（高温）不起火、不燃烧、不炭化，无机矿物质（石材、玻璃棉、矿棉等）和部分金属（铝板、钢板等）属于这一等级。B1 级，难燃性，当火源离开后，燃烧停止，如阻燃聚酯纤维、蜜胺海绵（三聚氰胺泡沫）以及经过防火处理的木质密度板等属于这一等级。B2 级，可燃性，受到火烧（高温）起火，离开火源继续燃烧，如木材等。B3 级，易燃性，受到火烧（高温）立即起火并燃烧，如室内轻纺织物等。

建筑室内材料防火应用的基本原则是：吊顶顶棚采用 A 级材料，遇火不燃烧，结构不破坏，不会掉落伤人；墙面、地面采用 B1 级以上难燃型材料，防止室内火灾的蔓延；在规定条件允许的情况下可部分使用 B2 级材料，如隔断、家具、窗帘等；禁止使用 B3 级易燃材料。

2007 年 3 月 1 日，国家颁布实施了新版的 GB 8624—2006，与 GB 8624—1997 在防火性能分级划分上有较大差异，对材料燃烧性能级别的划分由 A、B1、B2 和 B3 改为 A1、A2、B、C、D、E、F 等级别，对材料燃烧性能级别判定所用的试验方法以及判据也有大的变化，考虑了燃烧的热值、火灾发展速率、烟气产生率等燃烧特性要素。目前，现行国家标准《建筑内部装修设计防火规范》（GB 50222）、《高层民用建筑设计防火规范》（GB 50045）、《建筑设计防火规范》（GB 50016）等关于材料燃烧性能的规定与 GB 8624—1997 的分级方法相对应，这些规范尚未完成相关修订的情况下，为保证现行规范和 GB 8624—2006 的顺利实施，允许参照分级对比关系执行：①按 GB 8624—2006 检验判断为 A1 级和 A2 级的，对应于相关规范和 GB 8624—1997 的 A 级；②按 GB 8624—2006 检验判断为 B 级和 C 级的，对应于相关规范和 GB 8624—1997 的 B1 级；③按 GB 8624—2006 检验判断为 D 级和 E 级的，对应于相关规范和 GB 8624—1997 的 B2 级。

《建筑内部装修设计防火规范》（GB 50222—2017）中规定，装修材料的燃烧性能等级应按现行国家标准《建筑材料及制品燃烧性能分级》GB 8624 的有关规定，经检测确定。安装在金属龙骨上燃烧性能达到 B_1 级的纸面石膏板、矿棉吸声版，可作为 A 级装修材料使用。单位面积质量小于 $300g/m^2$ 的纸质、布质壁纸，当直接黏贴在 A 级基材上时，可作为 B_1 级装修材料使用。施涂于 A 级基材上的无机装修涂料，可作为 A 级装修材料使用；施涂于 A 级基材上，施涂覆比小于 $1.5kg/m^2$，且涂层干膜厚度不大于 1.0mm 的有机装修涂料，可作为 B_1 级装修材料使用。当使用多层装修材料时，各层装修材料的燃烧性能等级均应符合本规范的规定。复合型装修材料的燃烧性能等级应进行整体检测确定。具体规定节选如表 9-3-1 所示。

表 9-3-1　单层、多层民用建筑内部各部位装修材料的燃烧性能等级

建筑物及场所	建筑规模、性质	装修材料的燃烧性能等级							
		顶棚	墙面	地面	隔断	固定家具	装饰织物		其他装饰材料
							窗帘	帷幕	
候机楼的候机大厅、商店、餐厅、贵宾候机室、售票厅等		A	A	B1	B1	B1	B1	—	B1
汽车站、火车站、轮船客运站的候车（船）室、餐厅、商场等	建筑面积>1000m² 的车站、码头	A	A	B1	B1	B1	B1	—	B2
	建筑面积≤1000m² 的车站、码头	A	B1	B1	B1	B1	B1	—	B2
观众厅、会议厅、多功能厅、等候厅等	每个厅建筑面积>400m²	A	A	B1	B1	B1	B1	B1	B1
	每个厅建筑面积≤400m²	A	B1	B1	B1	B2	B1	—	B2
体育馆	>3000 座位	A	A	B1	B1	B1	B1	B1	B2
	≤3000 座位	A	B1	B1	B1	B2	B2	B1	B2
商店的营业厅	每层建筑面积>1500m² 或总建筑面积>3000m²	A	B1	B1	B1	B1	B1	—	B2
	每层建筑面积≤1500m² 或总建筑面积≤3000m²	A	B1	B1	B1	B2	B1	—	—
宾馆、饭店的客房及公共活动用房等	设有送回风道（管）的集中空气调节系统	A	B1	B1	B1	B2	B2	—	B2
	其他	B1	B1	B2	B2	B2	B2	—	—
养老院、托儿所、幼儿园的居住及活动场所		A	A	B1	B1	B2	B1	—	B2
医院的病房区、诊疗区、手术区		A	A	B1	B1	B2	B1	—	B2
教学场所、教学实验场所		A	B1	B1	B1	B2	B1	—	B2
纪念馆、展览馆、博物馆、图书馆、档案馆、资料馆等的公众活动场所		A	B1	B1	B1	B2	B1	—	B2
存放文物、纪念展览物品、重要图书、档案、资料的场所		A	A	B1	B1	B2	B1	—	B2
歌舞娱乐游艺场所		A	B1	B1	B1	B1	B1	B1	B1
A、B 级电子信息系统机房及装有重要机器、仪器的房间		A	B1	B1	B1	B2	B1	—	B2
餐饮场所	营业面积>100m²	A	B1	B1	B1	B2	B2	—	B2
	营业面积≤100m²	B1	B1	B1	B1	B2	B2	—	B2
办公场所	设有送回风道（管）的集中空气调节系统	A	B1	B1	B1	B2	B2	—	B2
	其他	B1	B1	B2	B2	B2	—	—	—
其他公共场所		B1	B1	B1	B2	B2	B2	—	—
住宅		B1	B1	B1	B1	B2	B2	—	B2

3.2 环保性（无毒害性）

近年来，随着新材料的不断引入，特别是化学合成建材越来越多，人们越来越重视装修材料对健康的毒害性，即对室内空气质量的污染性。有关研究机构发现，某些墙壁涂料、复合板粘接剂等会放出高浓度的甲醛（HCOH）和挥发性有机化合物（VOC）。有调查显示：甲醛、苯、二甲苯、乙酸乙酯、乙酸丁酯、重金属等有害物质在有些黏合剂、稀释剂、胶合板制造、各种纤维板、涂料和壁纸粘贴中常常被使用，甚至在建筑发泡保温材料中使用。现代室内的化学污染大部分来源于建筑和装修材料所产生的甲醛及挥发性有机化合物（VOC）。

国家标准《民用建筑工程室内环境污染控制规范》（GB 50325—2010）中规定，民用建筑工程验收时，必须进行室内环境污染浓度检测，检测项目为氡、甲醛、苯、氨、TVOC 五项指标如表 9-3-2 所列。

表 9-3-2 民用建筑工程室内环境污染物浓度限量

污染物	I 类民用建筑工程	II 类民用建筑工程
氡/（Bq/m³）	≤200	≤400
游离甲醛/（mg/m³）	≤0.08	≤0.1
苯/（mg/m³）	≤0.09	≤0.09
氨/（mg/m³）	≤0.2	≤0.2
TVOC/（mg/m³）	≤0.5	≤0.6

3.3 耐久性

作为建筑材料，必须具有良好的耐久性。一般建筑主体耐久年限大多在 50 年以上，装修改造周期至少也要 5～10 年或更长，吸声材料的耐久性一般应达到 15 年以上。耐久性应考虑三个方面，即材料自身耐久性、材料构造耐久性和装饰耐久性。

材料自身耐久性是指材料不会因时间的流逝而自然损毁。大多数吸声材料，如矿棉吸声板、玻璃棉（岩棉）装饰吸声板、穿孔纸面石膏板、木丝吸声板等材料的自身耐久性是很好的。但是，一些金属穿孔板、木质穿孔板等，如果应用的场合不当，受到潮湿、酸碱腐蚀、害虫蚀刻等，也许在很短时间内就会损坏。设计应用时应注意考虑材料的适应性。

材料构造耐久性是指构造能否经得起岁月的考验。例如轻钢龙骨加矿棉吸声板系统（带有吸声空腔），作为吸声吊顶，会有比较好的耐久性，但是，如果作为墙面应用，因防撞性差，这种墙面构造难以持久。还有一些表面平贴材料，只用胶黏剂粘贴，不如采用胶粘加钉接相结合的方式，防止开胶，更加牢固耐久。

装饰耐久性是指吸声构造装饰效果的耐久性，这一点最能体现设计师对材料、构造以及应用环境的认识与控制。例如，矿棉吸声板作为吊顶使用时，长时间吸湿膨胀变形会出现板中间下垂现象，虽不影响结构安全，但使得平整度和美观度受到很大影响。如果采用纸面石膏板做底表面平贴的方法，或将大块材料分成小块材料（如 600×1200 一块改为 600×600 一块的小格），时间久了也不会变形。

3.4 施工方便性

与普通装修材料不同，吸声材料的吸声特性与安装构造有密切的关系，施工环节与吸声效果直接相关。而且，建筑装修的用材面积大，水暖电等配合工种多。因此，从操作可行性来讲，施工方便性至关重要。复杂、烦琐的施工构造，会使施工可控性降低，尤其是墙面板、吊顶板后空腔等部位的隐蔽构造，施工不当将严重影响吸声效果。图 9-3-1 为施工构造对吸声影响示意图。

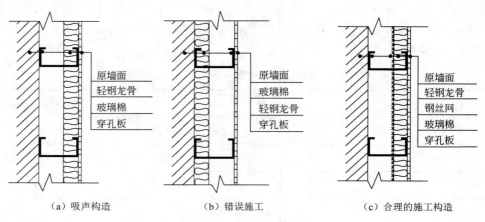

（a）吸声构造　　　　　（b）错误施工　　　　　（c）合理的施工构造

图 9-3-1 施工构造对吸声影响示意图

例如，某体育馆吸声墙面的构造为：木穿孔装饰板钉于龙骨上，后空腔距墙 200mm，空腔内紧贴木穿孔板，背后布置一层 50mm 厚的离心玻璃棉（包防火布防止纤维逸散）。其中，离心玻璃棉与后实体墙面的空腔对吸声至关重要，能够较大地提高低频吸声效果。问题是，在施工过程中，安装顺序是：龙骨做好后，先填入离心玻璃棉板，再封木穿孔装饰板。这就造成，若将棉板良好地贴附在板后，并留好空腔，施工中极不方便。施工中，工人们有意无意地将棉板推到了墙面上，棉后空腔没有了，吸声效果也就大打折扣了。如果在构造设计中，在棉板后位置处布置一道低目数（一英寸即 25.4mm 上的孔数叫作目数）的钢丝网，这样就能够使施工更容易地保证棉板后的空腔了。

3.5 装饰性

人们的需要既有物质的，也有精神的。对于吸声装修来说，既需要有实际的功能性，也需要有美的精神享受。物质性的体察需要时间，而美的与否是一眼便可看穿的。随着人们生活水平的不断提高，对美的需求也更加重视了。因此，吸声材料的装饰性逐渐成为关键的建筑因素之一。

各种吸声材料的装饰特点可能有很大不同。有的材料规则、平整，大面积使用时庄重大方，如穿孔金属板吊顶、装饰矿棉板吊顶、穿孔木装饰板墙面、布饰面玻璃棉板等；有的材料粗狂、不单调，如木丝吸声板、GRG 扩散吸声体、烧结铝板等；也有一些材料近看装饰效果差，如纤维素喷涂、蛭石板、泡沫玻璃板等，常需要远距离或隐蔽使用。

建筑营建者和使用者对美的体验与感觉主观性很强，往往还会因人而异，因时而异，因地而异。吸声材料运用的成功与否，决定于设计者对材料本身材性的掌握、对室内设计效果的控制以及对大众审美认同感的悟性。将合适的材料推荐给合适的人，以合适的方式安装在合适的位置，才能获得令人满意的效果。

3.6　廉价性

建筑中广泛应用的材料均为大宗材料，廉价性是影响其能否被使用者认可的重要因素之一。就吸声功能来讲，并非价格越高吸声效果就越好。吸声材料的价格主要取决于其材质、装饰性、防火性、耐久性、污染性等，以及总使用量的大小。

目前，使用量最大的吸声材料，也是成本相对较低的吸声材料，主要有：穿孔纸面石膏板、穿孔硅酸钙板、离心玻璃棉板（毡）、岩棉板、矿棉板、蛭石板、泡沫玻璃板、普通铝穿孔板等。这些材料具有良好的吸声功能，防火好，用于地下室、机房、工业降噪等对装饰条件要求不高的场合较为合适。

另外，木质穿孔吸声板、蜂窝铝穿孔板、饰面穿孔石膏板、异性孔的穿孔石膏板、饰面穿孔硅钙板、植物纤维喷涂、无机纤维喷涂、木丝吸声板、聚酯纤维板、蜜胺海绵（三聚氰胺泡沫）、防火布饰面玻璃棉吸声板等吸声材料，既有较好的装饰效果，价格也适中，多用于厅堂建筑、办公建筑、车站机场、演播建筑、医院学校、宾馆餐厅、会议室等公众场合。

还有，铝纤维板、烧结铝、微穿孔金属板等成本较高的吸声材料，往往用于特殊的场合，如高洁净度或特殊装饰风格的房间。

第 **4** 章　吸声应用

4.1　厅堂音质

在厅堂音质设计中，吸声材料的选择在满足建筑各项要求的条件下（防火、强度、美观等），必须要满足设计混响时间及其频率特性的要求，还要考虑装修的效果。吸声处理可用于消除音质缺陷，如回声和颤动回声。例如剧场观众厅后墙，以及挑台栏板，时常布置吸声材料，消除长延时的反射声，防止扩声系统声反馈产生的啸叫。在穹顶、圆或椭圆形平面等特殊厅堂形式中，可通过在弧形表面上布置吸声材料，消除声聚焦。剧场舞台中，为了防止舞台墙面、顶面的不良声反射，降低舞台耦合空间对观众厅混响的影响，墙面上和顶棚需要布置吸声材料。有些剧场采用座椅下送风的置换送风方式，座椅楼板下为一大静压箱，静压箱空间的侧壁和棚顶也常铺以吸声材料，形成消声静压箱，起到降低通风系统噪声的作用。

在音乐厅建筑中，需要较长的混响时间，观众及软座椅的吸声量可能已经足够，因此音乐厅中所采用的吸声材料比较少。为了使反射声更加均匀、柔和，观众厅的墙面多采用声扩散体的形式。值得注意的是，音乐厅宜采用厚重的板材作为界面材料，或将薄板实贴在结构基层上，目的是防止过多的低频共振吸收。采用木板、金属板、石膏板等板材装修的音乐厅尤其需要重视低频混响问题。

歌剧院、多功能礼堂等出于控制混响时间、消除长延时反射声的目的，往往在侧墙的一部分及后墙安装吸声材料，具体安装面积及构造方式需要通过计算和设计确定。

话剧院等以自然声为主的厅堂，为了保证语言清晰度，混响时间不可过长，采用的吸声材料的吸声量更大。可采用在多孔性吸声材料后设空腔的构造，并适当配置低频吸声结构，如木装饰墙面、大面积石膏板顶棚等。由于短混响容易暴露回声、颤动回声等缺陷，后墙、平行侧墙或楼座正对舞台的栏板上有必要布置强吸声材料。

教室、讲堂、会议室等需要良好的语言清晰度，采用吸声处理可保证混响时间降低到合适的要求，并保证尽可能平直的混响时间频率特性，往往将顶棚设计成吸声吊顶。

影院主要要保证电影音还原的真实感，同时还要保证多声道之间的分离度，形成立体声效果，因此应采用强吸声方式，即顶面、侧墙、座椅都是吸声的，并通过吸声材料的合理设计保证中、高、低频等频率上吸声的均衡性。

录音室、演播室、同期录音的摄影棚等，为了降低不良混响声对录音的影响，周墙和棚顶应做强吸声处理。

还有，排练厅、琴房、听音室、审判庭、播音室等，为了保证室内音质效果，都需要使用吸声材料。

4.2　吸声降噪

一般工厂车间或大型开敞式办公室的内表面，多为清水砖墙水泥或水磨石地面等坚硬材料。在这样的房间里，人听到的不只是由声源发出的直达声，还会听到大量经各个界面多次反射形成的混响声。在直达声与混响声的共同作用下，室内噪声可能比没有界面反射的情况高出 10～15dB。

如在室内天花或墙面上布置吸声材料或吸声结构，可使混响声减弱，这时，人们主要听到的是直达声，那种被噪声"包围"的感觉将明显减弱。这种利用吸声原理降低噪声的方法称为"吸声降噪"。

根据稳态声压级计算式可知，距声源 r 米处的声压级与直达声和混响声的关系如式（9-4-1）所示：

$$L_p = L_W + 10\lg\left(\frac{Q}{4\pi r^2} + \frac{4}{R}\right) \quad (\text{dB}) \tag{9-4-1}$$

如进行吸声处理，则处理前后该点的"声级差"（或称"降噪量"）为：

$$\Delta L_p = L_{p1} - L_{p2} = 10\lg\left(\frac{\dfrac{Q}{4\pi r^2} + \dfrac{4}{R_1}}{\dfrac{Q}{4\pi r^2} + \dfrac{4}{R_2}}\right) \quad (\text{dB}) \tag{9-4-2}$$

当以直达声为主时，即 $\dfrac{Q}{4\pi r^2} >> \dfrac{4}{R}$，则 $\Delta L_p \approx 0$。当以混响声为主时，即 $\dfrac{Q}{4\pi r^2} << \dfrac{4}{R}$ 时，

则 $\Delta L_p \approx 10\lg\dfrac{R_2}{R_1} = 10\lg\left[\dfrac{\overline{\alpha_2}(1-\overline{\alpha_1})}{\overline{\alpha_1}(1-\overline{\alpha_2})}\right]$。一般室内在吸声处理以前 $\overline{\alpha_1}$ 很小，所以 $\overline{\alpha_1}\,\overline{\alpha_2} << \overline{\alpha_1}$，可

以忽略，上式即可简化为：

$$\Delta L_p = 10\lg\dfrac{\overline{\alpha_2}}{\overline{\alpha_1}} = 10\lg\dfrac{A_2}{A_1} = 10\lg\dfrac{T_1}{T_2} \quad (\text{dB}) \tag{9-4-3}$$

式中　$\overline{\alpha_1}$——处理前房间的平均吸声系数；

　　　　A_1——处理前房间的总吸声量，m^2；

　　　　T_1——处理前房间的混响时间，s；

　　　　$\overline{\alpha_2}$——处理后房间的平均吸声系数；

　　　　A_2——处理后房间的总吸声量，m^2；

　　　　T_2——处理后房间的混响时间，s。

例如，某车间尺寸为 10m×20m×4m，天花为钢筋混凝土上表面抹灰，墙面为清水砖墙勾缝，地面为水泥地面。车间管道用珍珠岩包裹，表面积共 24m²，机器表面积为 20m²。车间有四个操作工。试计算天花采用 0.8 吸声系数（1000Hz）的材料后，车间内该频率的噪声降低量。

车间吸声处理前后吸声量的变化如表 9-4-1 所列。

因此，$\sum A_1 = 26.9\,\text{m}^2$，$\sum A_2 = 182.9\,\text{m}^2$，代入公式（9-4-3），求得：

$$\Delta L_p = 10\lg\dfrac{A_2}{A_1} = 10\lg\dfrac{182.9}{26.9} = 8.3 \quad (\text{dB})$$

车间内该频率下的降噪量为 8.3dB。

表 9-4-1 吸声处理前后吸声量的变化

吸声材料名称	处理前			处理后		
	S	α_1	A_1	S	α_2	A_2
天花	200	0.02	4	200	0.8	160
地面	200	0.02	4	200	0.02	4
墙面	240	0.02	4.8	240	0.02	4.8
管道	24	0.5	12	24	0.5	12
机器	20	0.02	0.4	20	0.02	0.4
人	4 人	0.42	1.68	4 人	0.42	1.68

目前，国内外采用"吸声降噪"方法进行噪声控制已非常普遍，一般效果约为 6～10dB。其设计步骤归纳如下：

① 了解噪声源的声学特性。如声源总声功率级 L_W，或测定距声源一定距离处的各个频带声压级与总声压级 L_p，以及确定声源指向性因数 Q。

② 了解房间的声学特性。除几何尺寸外，还应参照有关材料吸声系数表，估算各个壁面各个频带的吸声系数 $\bar{\alpha}_1$，以及相应的房间常数 R_1（或房间每一频带的总吸声量 A_1）。如必要时，可进行现场实测混响时间来推算出总吸声量 A_1。最后，由噪声允许标准所规定的噪声级，求出需要的降噪量。

③ 根据所需降噪量，求出相应的房间常数 R_2（或总吸声量 A_2）以及平均吸声系数 $\bar{\alpha}_2$。当所要求的 $\bar{\alpha}_2 > 0.5$ 时，则在经济上已不合理，甚至难以做到，这就说明，此时，只利用吸声处理来降低噪声将难以奏效，必须采取其他补充措施。

④ 确定了材料的吸声系数以后，如何合理选择吸声材料与结构以及安装方法等是设计工作的最后一步。选择材料时，要注意材料机械强度、施工难易程度、经济性、装饰效果以及防火、防潮等。

最后，需要强调的是吸声降噪只能降低混响声，而对直达声无效，不能把房间内的噪声"全吸掉"。此外，如果原来房间吸声很少，A_1 很小，如做"吸声降噪"处理，增加一定的吸声量 $\Delta A = A_2 - A_1$，降噪效果明显，ΔL_p 较大；如果原来房间已有一定的吸声，则增加同样的吸声量 ΔA，得到的降噪量就较小。因此，企图只靠吸声降噪降低噪声级 10dB 以上，通常是不可能的。

4.3 大空间降低嘈杂声

人群进入大空间时，如候车候机厅、博物馆、展览馆、开敞办公室、营业厅、餐厅、购物中心、酒店大堂等，走动及相互间的交流形成人为噪声。当人数较多时，嘈杂声会非常严重，甚至影响建筑空间的正常使用。

人听到的正常谈话声约 70dB（A），当噪声超过 70dB（A）时，人们为了互相听清，不得不提高音量或缩短谈话距离。噪声超过 75dB（A）以后，正常交谈受到干扰，1m 以内的交谈必须提高音量，1m 以上时需要喊叫。一般认为，50～60dB（A）左右是购物中心、餐厅、展览馆、候车候机厅等建筑空间较理想的有利于交流的噪声水平。

室内吸声可显著降低人群交流噪声。人群不断进入室内时嘈杂声的变化分为四个阶段：

① 安静阶段　开始时人流稀疏，环境尚安静，人群会有意识地小声说话，避免被其他人听到，维护安静局面。安静阶段噪声一般在 50dB（A）以下。

② 舒适阶段　人群继续进入，嘈杂声增多，掩蔽了房间中远处的谈话，人们的交谈自然轻松了，环境也变得舒适，舒适阶段的噪声一般在 50～60dB（A）左右。

③ 膨胀阶段　人数继续增多，当噪声升高到 65dB（A）左右时，由于远处传来的无法了解内容混响声的干扰，所有人被迫提高嗓音，出现"鸡尾酒会"效应，室内迅速吵闹起来，环境变得喧闹而不舒服。这一阶段随人数增加的变化非常迅速，因此称为膨胀阶段。

④ 持续阶段　这一阶段，嘈杂声不再随人数涌入而无限增加，而是持续在一个稳定水平。人们在高噪声条件下为了交谈，必须拉近互相的距离，或者放弃某些谈话，待到噪声降低时下意识地见缝插针地插话。持续阶段噪声一般会在 75～80dB（A）左右，如果噪声再大，讲话者只能放弃正常的讲话，甚至因此提出抗议。

根据对一些会展中心、餐厅、商场的声环境实测和调查，人群噪声极限基本在 80dB（A）左右，这可能是正常交谈的噪声干扰心理承受平均上限。人们自行调节讲话音量、时机和距离，使群体声出现稳定值。在吵闹的环境中，人们依靠自发的调节和群体承受力控制着室内噪声的上限。最理想的吸声处理是使人为噪声控制在舒适阶段，并防止出现膨胀阶段。吸声可以减少室内声反射，降低混响时间，进而降低嘈杂的环境声。声源是存在心理因素的人，因此吸声必须达到够量，使人群噪声控制在 50～60dB（A）左右。室内空间中重要的吸声表面是顶棚，不但面积大，而且是声音长距离反射的必经之地。也可以在墙体等其他位置安装吸声材料，但与顶棚相比，吸声面积偏小，且可能受门窗等条件限制，吸声效果差一些。

参 考 文 献

[1] [日]前川善一郎，[丹麦]J·H·林德尔，[英]P·罗德. 环境声学与建筑声学. 原著第 2 版. 北京：中国建筑工业出版社，2013.

[2] 吕玉恒，燕翔，冯苗锋，黄青青. 噪声控制与建筑声学设备和材料选用手册. 北京：化学工业出版社，2011.

[3] 李晋奎. 建筑声学设计指南. 北京：中国建筑工业出版社，2004.

[4] 秦佑国. 建筑声环境. 第 2 版. 北京：清华大学出版社，1999.

第10篇

隔声降噪

编著　燕翔　李卉

校审　冯苗锋

第1章 空气声隔声

1.1 透射系数和隔声量

1.1.1 透射系数

建筑空间外部声场的声波入射到建筑空间的围蔽结构上，一部分声能透过构件传到建筑空间中来。如果入射声能为 E_0，透过构件的声能为 E_r，则构件的透射系数 τ 如式（10-1-1）所示：

$$\tau = \frac{E_r}{E_0}$$

（10-1-1）

1.1.2 隔声量

在工程上常用构件隔声量 R（或称为透射损失 TL）来表示构件对空气声的隔绝能力，它与透射系数 τ 的关系如式（10-1-2）所示：

$$R = 10\lg\frac{1}{\tau} \quad (\text{dB})$$

或：

$$\tau = 10^{-R/10}$$

（10-1-2）

若一个构件透过的声能是入射声能的千分之一，则 $\tau = 0.001$，$R=30$dB。可以看出：τ 总小于 1，R 总大于零；τ 越大则 R 越小，构件隔声性能越差；反之，τ 越小则 R 越大，构件隔声性能越好。透射系数 τ 和隔声量 R 是相反的概念。

1.1.3 相邻房间与房间内外的声透射

（1）相邻房间的声透射

噪声通过隔墙从声源室传播到接收室，隔墙透射系数为 τ，面积为 S。在图 10-1-1 中，当声源室的声能密度为 E_1 时，入射到隔墙的声能为 $(c/4)E_1 S$，所以传播到邻近房间的声能为 $(c/4)E_1 S\tau$。

如果接收室中的声能密度为 E_2，其总表面积为 S_2，则入射到全部表面的能量为 $(c/4)E_2 S_2$，被吸收的能量为 $(c/4)E_2 S_2\overline{\alpha}$，式中，$\overline{\alpha}$ 为平均吸声系数。由于总吸声量为 $A_2 = S_2\overline{\alpha}$，所以在稳态下我们可以得到式（10-1-3）：

$$\frac{c}{4}E_1 S\tau = \frac{c}{4}E_2 A_2$$

$$\text{故}\ \frac{E_1}{E_2} = \frac{1}{\tau}\frac{A_2}{S}$$

（10-1-3）

当声源室和接收室的声压级分别为 L_1 和 L_2 时，两个房间声压级差为：

$$L_1 - L_2 = 10\lg\frac{E_1}{E_2} = 10\lg\frac{1}{\tau} + 10\lg\frac{A_2}{S}$$

（10-1-4）

$$故 L_1 - L_2 = R + 10\lg\frac{A_2}{S}$$

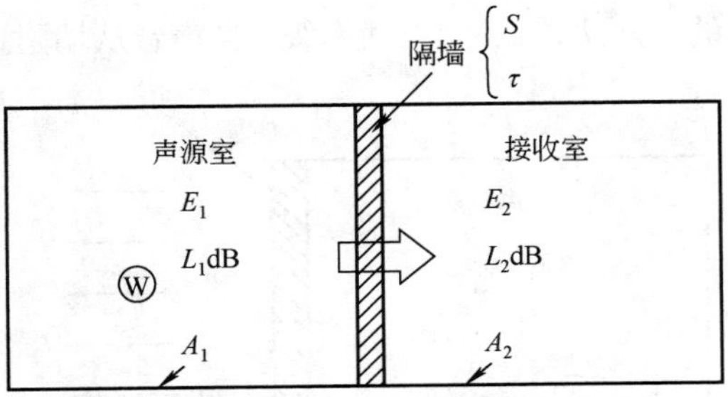

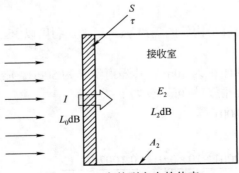

图 10-1-1 相邻房间的传声

如果声源室内的声功率为 W，吸声量为 A_1，经推导其声压级 L_1 和声功率级 L_W 如式（10-1-5）所示：

$$L_1 = L_W + 6 - 10\lg A_1$$

（10-1-5）

然后，带入到式（10-1-4）中可得

$$L_2 = L_W + 6 - R - 10\lg\frac{A_1 A_2}{S} \quad （\mathrm{dB}）$$

（10-1-6）

由此可见，隔墙的隔声量 R 和两个房间的吸声量都很重要。

（2）室外到室内的传声

假设入射到外墙的声音为一个平面波，它的强度为 I，墙的面积为 S，入射能量为 IS。在图 10-1-2 中，当接收室的情况与图 10-1-1 相同，入射声压级为 L_0 时，声压级差如式（10-1-7）所示：

$$L_0 - L_2 = R_0 - 6 + 10\lg\frac{A_2}{S} \quad （\mathrm{dB}）$$

（10-1-7）

式中，L_0 不包括墙的反射声，R_0 为垂直入射声的隔声量数值。

图 10-1-2 室外到室内的传声

（3）室内到室外的传声

当强度为 I 的声音向墙外辐射时，如图 10-1-3 所示，辐射能量为 IS。如果声源室的情况与图 10-1-1 中所示情况相同，则墙外声压级为 L_0，则：

$$L_1 - L_0 = R + 6 \quad (\text{dB}) \tag{10-1-8}$$

将式（10-1-5）代入式（10-1-8）中可得：

$$L_0 = L_W - 10\lg A_1 - R \quad (\text{dB}) \tag{10-1-9}$$

式中，L_0 为墙外表面的声压级，L_W 为声功率级。当声音从墙附近离开后，将向室外传播。

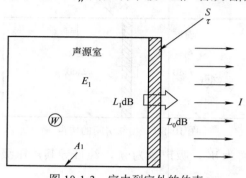

图 10-1-3　室内到室外的传声

1.1.4　组合隔声量

在实际建筑中，墙很少是由单一材料组成的，通常包括窗户、门等，因此，一面墙是由几个具有不同 R 值的构件组成的。组合隔声量可记为 $\overline{R}$，其表达式如式（10-1-10）所示：

$$\overline{R} = 10\lg \frac{1}{\overline{\tau}} \tag{10-1-10}$$

式中，$\overline{\tau}$ 为平均透射系数，可通过透射系数 τ_i 和面积 S_i 计算求得：

$$\overline{\tau} = \frac{\sum S_i \tau_i}{\sum S_i} \tag{10-1-11}$$

墙的透射系数为 τ_i，隔声量为 R_i，可以得出：

$$R_i = 10\lg \frac{1}{\tau_i} \tag{10-1-12}$$

$$\text{故} \ \tau_i = 10^{-R_i/10}$$

因此，如果组合墙体的每个构件的隔声量 R_i 已知，利用以上三个等式便可计算出组合隔声量。

例如一钢筋混凝土外墙面积为 30m^2，其隔声量 R 为 50dB。墙上有 10m^2 的玻璃窗，其隔声量为 20dB。则该墙的组合隔声量可计算如下：

墙：$\tau_1 = 10^{-(50/10)} = 0.00001$

窗：$\tau_2 = 10^{-(20/10)} = 0.01$

$$\overline{\tau} = \frac{(30-10) \times 0.00001 + 10 \times 0.01}{30} = \frac{0.1002}{30} \approx \frac{1}{300}$$

$$\overline{R} = 10\lg 300 = 24.8 \quad (\text{dB})$$

如果该墙的窗户有 1m^2 开启时，组合隔声量为：

$$\overline{R} = 10\lg \frac{30}{20 \times 0.00001 + 9 \times 0.01 + 1 \times 1} \approx 10\lg \frac{30}{1.1} = 14.4 \text{（dB）}$$

1.2　质量定律

隔墙隔声存在一个普遍的规律，即材料越重，面密度（或单位面积质量）越大，隔声效果越好。对于单层密致匀实墙，面密度每增加一倍，隔声量在理论上增加 6dB，这种规律即为"质量定律"。

例如，单层纸面石膏板的隔声效果较差，12mm 厚、面密度 10kg/m² 左右的纸面石膏板标准计权隔声量 R_w=29dB。即使将四层这样的纸面石膏板叠和在一起，隔声量 R_w 理论上也只能达到 41dB。轻型匀质墙体，如石膏砌块、加气混凝土板、膨胀珍珠岩板、轻质圆孔板等，面密度大多在 60～100kg/m²，受到质量定律的限制，隔声量 R_w 一般为 35～40dB。对于单层重墙，面密度大于 250kg/m²，如 120 砖墙隔声量可达 R_w=45dB 左右；面密度超过 500kg/m² 的 240 厚砖墙的隔声量 R_w 可达 50～55dB 左右。

1.2.1　垂直入射质量定律

当一束角频率 $\omega = 2\pi f$ 的平面波垂直入射到一无限宽的薄墙上时，一部分声波被反射，一部分声波透射。入射声、反射声和透射声的声压分别记为 p_i、p_r、p_t，如图 10-1-4（a）所示。墙体被两侧的声压差所激励，其运动方程如式（10-1-13）所示：

$$(p_i + p_r) - p_t = m\frac{\mathrm{d}v}{\mathrm{d}t} \tag{10-1-13}$$

式中　m —— 墙的质量；

　　　v —— 墙的运动速度。

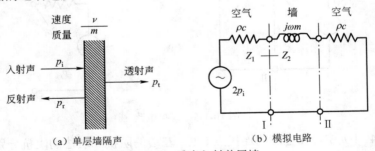

图 10-1-4　垂直入射单层墙

在简谐振动的情况下，可用 $\mathrm{d}v/\mathrm{d}t = j\omega v$ 表示：

$$(p_i + p_r) - p_t = p = j\omega mv \tag{10-1-14}$$

$$j\omega m = \frac{p}{v} \tag{10-1-15}$$

此为墙面每单位面积的阻抗。假设与墙两个表面邻近的空气粒子的速度等于 v，则有：

$$\frac{p_i}{\rho c} - \frac{p_r}{\rho c} = \frac{p_t}{\rho c} = v$$

故 $$p_i - p_r = p_t = \rho c v \tag{10-1-16}$$

由式（10-1-14）和式（10-1-16）可得：

$$\frac{p_i}{p_t} = 1 + \frac{j\omega m}{2\rho c} \tag{10-1-17}$$

因此，声波垂直入射的隔声量为：

$$R_0 = 10\lg\frac{1}{\tau} = 10\lg\left|\frac{p_i}{p_t}\right|^2 = 10\lg\left[1 + \left(\frac{\omega m}{2\rho c}\right)^2\right] \tag{10-1-18}$$

通常，$(\omega m)^2 >> (2\rho c)^2$，因此：

$$R_0 \approx 10\lg\left(\frac{\omega m}{2\rho c}\right)^2 = 20\lg(f \cdot m) - 43 \quad (\text{dB}) \tag{10-1-19}$$

隔声量与频率和墙的质量 m 均成正比，这被称作空气声隔声质量定律。质量每增加一倍或频率提高一倍，隔声量 R_0 增加 6dB。

墙的运动可通过模拟电路来表达，如图 10-1-4（b）所示。在此电路中，如果没有墙的存在，则变成如图 10-1-5（a）所示，墙表面的声压变为 p_i。当墙完全为硬质材料时，其速度为 0，电流为 0，所以电路为开路，如图 10-1-5（b）所示，在墙表面有：

$$p_i + p_r = p_i$$
$$\text{故 } p_r = p_i$$

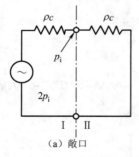 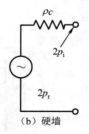

图 10-1-5　模拟电路

在图 10-1-4（b）中，在电路的连接点 I 处，左边的阻抗和右边的阻抗分别记为 Z_1 和 Z_2。由于没有内部吸收，$Z_1 = \rho c$，$Z_2 = j\omega m + \rho c$，则可得到式（10-1-18）。

1.2.2　随机入射质量定律

当入射角度为 θ 时，式（10-1-18）可推导如下：

$$R_\theta = 10\lg\left(\frac{1}{\tau_\theta}\right) = 10\lg\left[1 + (\frac{\omega m \cos\theta}{2\rho c})^2\right] \tag{10-1-20}$$

如果我们计算角度范围 $\theta = 0° \sim 90°$ 内的平均值，式（10-1-21）可作为随机入射质量定律：

$$R_{\text{random}} = R_0 - 10\lg(0.23R_0) \tag{10-1-21}$$

但是，在实际声场中，角度范围 $\theta = 0° \sim 78°$ 更为实际，得到下面近似公式，如式（10-1-22）所示：

$$R_{\text{field}} = R_0 - 5 \quad (\text{dB}) \tag{10-1-22}$$

该式被认为更接近实际情况，称作现场入射质量定律。图 10-1-6 为这些隔声量的质量定律曲线。

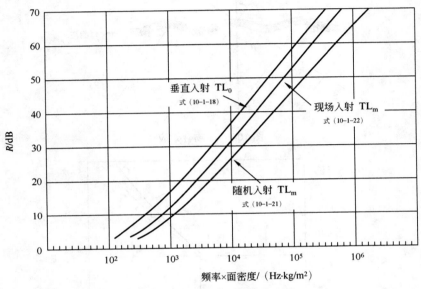

图 10-1-6　隔声量的质量定律曲线

1.3　吻合效应

质量定律是在假定墙体做整体活塞运动条件下推导得到的。但平板伴随有弯曲振动，可导致隔声量 R 严重下降。

如图 10-1-7 所示，当一波长为 λ 的平面波以角度 θ 入射到墙面上时，声压交变的谱型以如下波长沿墙移动：

$$\lambda_{\text{B}} = \frac{\lambda}{\sin \theta} \tag{10-1-23}$$

因此，墙被弯曲振动激励，产生的弯曲波沿着墙表面传播。

另一方面，厚度为 h 的平板，其弯曲波的传播速度 c_{B}，可由长方体的弯曲振动理论导出：

$$c_{\text{B}} = \left[2\pi h f \sqrt{\frac{E}{12\rho\,(1-\sigma^2)}} \right]^{1/2} \tag{10-1-24}$$

式中，ρ 为板的密度；E 为板材的弹性模量；σ 为板材的泊松比。c_{B} 会随着频率的增加而增加。在图 10-1-8 中，我们可以发现 c_{B} 值满足式（10-1-25）的条件：

$$c_{\text{B}} = \frac{c}{\sin \theta} \tag{10-1-25}$$

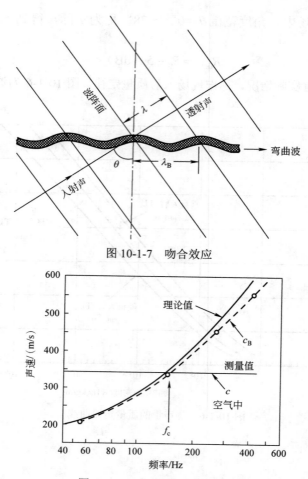

图 10-1-7　吻合效应

图 10-1-8　弯曲波的传播速度

在该频率上，弯曲振动的振幅与入射声波相当，导致隔声量严重下降，这个频率就叫作吻合频率。这种现象不同于共振，被称为吻合效应。吻合频率可由式（10-1-26）和式（10-1-27）求得：

$$f_\theta = \frac{c^2}{2\pi h \sin^2 \theta} \sqrt{\frac{12\rho(1-\sigma^2)}{E}} \qquad (10\text{-}1\text{-}26)$$

当 $\theta=90°$ 时，吻合频率达到最低值，为：

$$f_c \approx \frac{c^2}{2\pi h} \sqrt{\frac{12\rho}{E}} \approx \frac{c^2}{1.8 h c_s} \qquad (10\text{-}1\text{-}27)$$

式中，$\sigma=0.3$（得到近似值 $1-\sigma^2 \approx 1$）；c_s 为固体中的声速；f_c 称为吻合临界频率，低于 $c_B < c$ 的任何频率都不会发生吻合效应，任何高于 f_c 的频率都会发生。

图 10-1-9 为材料厚度 h 与各种材料频率 f_c 的关系。f_c 越大，h 越小，吻合效应越小。但是为了保证较好的隔声效果，随着 h 的增大，频率 f_c 下降到中频或更低频段，隔声量严重下降。图

10-1-10 举了一个例子，虽然墙具有相同的面密度，但由于墙面材料不同，f_c 也不同。

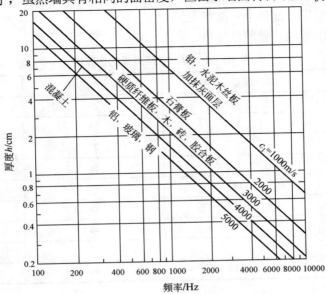

图 10-1-9 吻合临界频率与材料厚度的关系

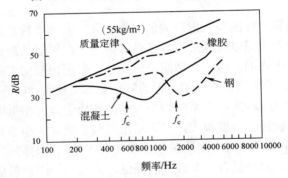

图 10-1-10 相同面密度的不同材料的吻合效应

由于吻合效应导致 R 值降低非常复杂，因为它同时与损耗因子有关，损耗因子取决于材料的内部摩擦力。

图 10-1-11 为考虑吻合效应的单层板隔声量 R 的实际估算图，其中给出了大型平板的近似值。平板的长度和宽度应至少比其厚度大 20 倍。

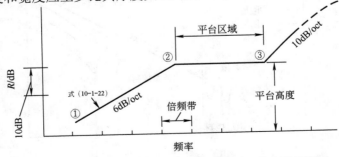

图 10-1-11 考虑吻合效应的单层板隔声量 R 的实际估算图

直线部分①～②通过现场入射质量定律式（10-1-22）绘制而成；②～③给出了平台期宽度，由 $f_③/f_②$ 表示；③以上部分由外推得出。

表 10-1-1 为单层板隔声量的估算值。

表 10-1-1　单层板隔声量的估算值

材料	面密度/（kg/m²）	平台高度/dB	平台宽度 $f_③/f_②$
铝	26.6	29	11
混凝土	22.8	38	4.5
玻璃	24.7	27	10
铅	112	56	4
石膏、沙子	17.1	30	8
胶合板、杉木	5.7	19	6.5
钢	76	40	11
砖	21	37	4.5
粉煤灰砖	11.4	30	6.5

1.4　单层墙的隔声频率特性

单层匀质密实墙的隔声性能与入射声波的频率有关，其频率特性取决于墙本身的单位面积质量、刚度、材料的内阻尼以及墙的边界条件等因素。严格地从理论上研究单层匀质密实墙的隔声是相当复杂和困难的，这里只做简单的介绍。单层匀质密实墙典型的隔声频率特性曲线如图 10-1-12 所示。频率从低端开始，板的隔声受劲度控制，隔声量随频率增加而降低；随着频率的增加，质量效应增大，在某些频率，劲度和质量效应相抵消而产生共振现象，图中 f_0 为共振基频，这时板振动幅度很大，隔声量出现极小值，大小主要取决于构件的阻尼，称为"阻尼控制"；频率继续增高，则质量起主要控制作用，这时隔声量随频率增加而增加；而在吻合临界频率 f_c 处，隔声量有一个较大的降低，形成一个隔声量低谷，通常称为"吻合谷"，关于这一点将在后面做进一步的讨论。在一般建筑构件中，共振基频 f_0 很低，常在 5～20Hz 左右。因而在主要声频范围内，隔声受质量控制，这时劲度和阻尼的影响较小，可以忽略，从而把墙看成是无刚度、无阻尼的柔顺质量。

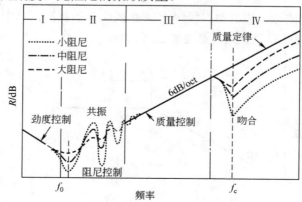

图 10-1-12　单层匀质密实墙典型隔声频率特性曲线

1.5　双层墙的隔声

由质量定律可知，单层墙的单位面积质量增加一倍，即材料不变，厚度增加一倍，从而质量增加一倍，隔声量只增加 6dB（实际上还不到 6dB）。显然，靠增加墙的厚度来提高隔声量是不经济的；增加了结构的自重，也是不合理的。如果把单层墙一分为二，做成双层墙，中间留有空气间层，则墙的总重量没有变，而隔声量却比单层墙有了提高。换句话说，两边等厚的双层墙虽然比其中一叶单层墙用料多了一倍，质量增加了一倍，但隔声量的增加要超过 6dB。

双层墙可以提高隔声能力的主要原因是空气间层的作用。空气间层可以看作是与两层墙板相连的"弹簧"，声波入射到第一层墙板时，使墙板发生振动，此振动通过空气间层传至第二层墙板，再由第二层墙板向邻室辐射声能。由于空气间层的弹性变形具有减振作用，传递给第二层墙体的振动大为减弱，从而提高了墙体总的隔声量。双层墙的隔声量可以用单位面积质量等于双层墙两侧墙体单位面积质量之和的单层墙的隔声量加上一个空气间层附加隔声量来表示。空气间层附加隔声量与空气间层的厚度有关。根据大量实验结果的综合，两者的关系如图 10-1-13 所示。图中实线是双层墙的两侧墙完全分开时的附加隔声量。但是实际工程中，两层墙之间常有刚性连接，它们能较多地传递声音能量，使附加隔声量降低，这些连接称为"声桥"。"声桥"过多，将使空气间层完全失去作用。在刚性连接不多的情况下，其附加隔声量如图 10-1-13 中虚线所示。图 10-1-14 是实验室条件下，三种不同厚度的空气间层的附加隔声量，这时两层墙在基础上也完全分开。

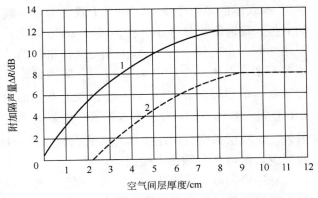

图 10-1-13　空气间层的附加隔声量与其厚度的关系

1—双层墙完全分开的附加隔声量；2—有部分刚性连接（声桥），即实际工程的附加隔声量

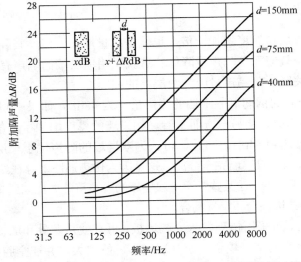

图 10-1-14　轻墙的空气间层在不同频率时的附加隔声量

因为空气间层的弹性，双层墙及其空气间层组成了一个振动系统，其固有频率 f_0 可由式（10-1-28）得出：

$$f_0 = \frac{600}{\sqrt{L}} \sqrt{\frac{1}{m_1} + \frac{1}{m_2}} \quad (\text{Hz}) \tag{10-1-28}$$

式中　m_1，m_2——每层墙的单位面积质量，kg/m^2；
　　　　L——空气间层厚度，cm。

当入射声波频率与 f_0 相同时，会发生共振，声能透射显著增加，隔声量有很大下降；只有当 $f > \sqrt{2} f_0$ 以后，双层墙的隔声量才能使用前面的附加隔声量方法，隔声量才会提高。图 10-1-15 为双层墙的隔声量与频率的关系。虚直线表示重量与双层墙总重量相等的单墙的隔声（按质量定律）。用字母 c 表示的第一个下降，相当于双层墙在基频 f_0 的共振，这时隔声量很小。在 $f < f_0$ 的 a、b 段上，双层墙如同一个整体一样振动，因此与同样重量的单层墙差不多。当 $f > \sqrt{2} f_0$ 的 d、e、f 段，隔声量高于同样重量的单层墙，并在 f_0 的一些谐频上发生谐波共

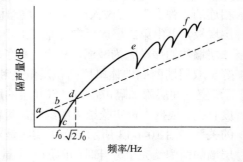

图 10-1-15　双层墙的隔声量与频率的关系

振，形成一系列下凹，为了使 f_0 不落在主要声频范围内，在设计时应使 $f_0 < 100 / \sqrt{2} = 70\text{Hz}$。另外，在双层墙空气间层中填充多孔材料（如岩棉、玻璃棉等），既可使共振时的隔声量下降减少，又可在全频带上提高隔声量。

双层墙的每一层墙都会产生吻合现象，如果两侧墙是同样的，则两者的吻合临界频率 f_c 是相同的，在 f_c 处，双层墙的隔声量会下降，出现吻合谷。如果两侧的墙不一样厚，或不同材料，则两者的吻合临界频率不一样，可使两者的吻合谷错开。这样，双层墙隔声曲线上不至出现太深的低谷。

1.5.1　双层墙的构造

根据质量定律，单层墙厚度增加一倍，也就是质量增加一倍，其隔声量仅提高 6dB，但是厚度增加又会因吻合效应而使隔声量降低。这就说明单层墙的隔声有其局限性。若墙分两层，每层墙体无任何关联，总隔声量应为两层墙的和。

例如，厚度为 15cm 的钢筋混凝土墙的隔声量 R 为 48dB，如果中间空气层足够大，双层墙的隔声量 R 可达到 96dB。从另一方面来看，如果墙的厚度增加了一倍，达 30cm，即使无吻合效应，其隔声量仅达到 54dB。因此，可认为双层墙的隔声优于单层墙。

在实际中，很难做到将双层墙完全分离，这是因为传声通路上存在结构耦合和双层墙之间空气引起的声耦合。由于共振，在某些频率上双层墙的隔声可能要比同质量的单层墙差。良好隔声的必要条件是，减少结构耦合和空气耦合。

为了隔离结构耦合，可采用错列龙骨安装墙板，再有就是龙骨和墙板之间采用弹性连接。而且，为了减少通过声音的空气耦合，空气层应尽可能增大，并在空腔内做吸声处理。两种典型实例如图 10-1-16 所示。

　　双层或三层玻璃窗由于其空气层周边的吸声处理很有限，如图 10-1-17 剖面图所示，所以建议应增大空气层来增加吸声面积，其吸声特性应与空气层的共振频率相协调。同时，还可使用两层不同厚度的玻璃减弱吻合效应。将一层玻璃做成与另一层玻璃倾斜可减弱空腔宽度相等而引起的共振。玻璃最好用弹性密封垫安装，与双层墙基础结构完全隔离。

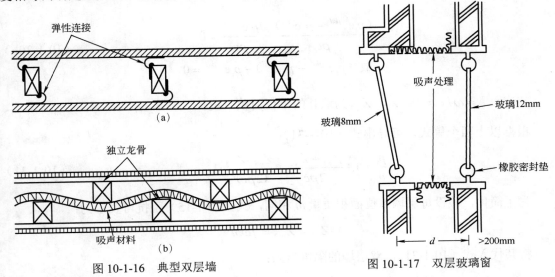

图 10-1-16　典型双层墙

图 10-1-17　双层玻璃窗

1.5.2　双层墙隔声原理

　　平面波垂直入射到两面平行的间距为 d 的薄墙的隔声，如图 10-1-18（a）所示，需要考虑空气层中相反方向的声波。对于墙面Ⅰ，运动方程可表示为式（10-1-29a）：

$$(p_i + p_r) - (p_1 + p_2) = Z_{w1}\left(\frac{(p_i - p_r)}{\rho c}\right) \tag{10-1-29a}$$

式中，Z_{w1} 为墙面Ⅰ的单位面积阻抗。

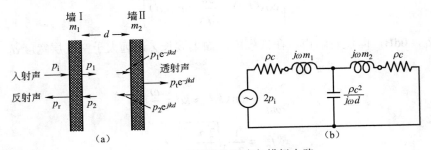

图 10-1-18　双层墙的隔声与模拟电路

　　因质点速度是连续的，也可写成：

$$\frac{(p_i - p_r)}{\rho c} - \frac{(p_1 - p_2)}{\rho c} = 0 \tag{10-1-29b}$$

$$故\ (p_i - p_r) - (p_1 - p_2) = 0$$

墙Ⅱ处，由于距离 d 使声波产生相位变化，导出等式（10-1-30a）：

$$(p_1 \mathrm{e}^{-jkd} + p_2 \mathrm{e}^{jkd}) - p_\mathrm{t} \mathrm{e}^{-jkd} = Z_\mathrm{w2} \frac{p_\mathrm{t} \mathrm{e}^{-jkd}}{\rho c} \qquad （10\text{-}1\text{-}30\mathrm{a}）$$

且，

$$\frac{(p_1 \mathrm{e}^{-jkd} - p_2 \mathrm{e}^{jkd})}{\rho c} - \frac{p_\mathrm{t} \mathrm{e}^{-jkd}}{\rho c} = 0 \qquad （10\text{-}1\text{-}30\mathrm{b}）$$

$$故\ (p_1 \mathrm{e}^{-jkd} - p_2 \mathrm{e}^{jkd}) - p_\mathrm{t} \mathrm{e}^{-jkd} = 0$$

式中，$k = \omega / c = 2\pi / \lambda$，$Z_\mathrm{w2}$ 为墙Ⅱ的单位面积阻抗。

根据以上四个等式，可导出式（10-1-31）：

$$\frac{p_\mathrm{i}}{p_\mathrm{t}} = 1 + \frac{Z_\mathrm{w1} + Z_\mathrm{w2}}{2\rho c} + \frac{Z_\mathrm{w1}\ Z_\mathrm{w2}}{(2\rho c)^2}(1 - \mathrm{e}^{-jkd}) \qquad （10\text{-}1\text{-}31）$$

为了简化，假设每层墙单位面积质量 m 相同，式（10-1-15）阻抗可表示为：

$$Z_\mathrm{w1} = Z_\mathrm{w2} = j\omega m$$

将其代入式（10-1-31），双层墙的隔声量为：

$$R_{02} = 10 \lg \left| \frac{p_\mathrm{i}}{p_\mathrm{t}} \right|^2 = 10 \lg \left\{ 1 + 4\left(\frac{\omega m}{2\rho c} \right)^2 \left[\cos(kd) - \frac{\omega m}{2\rho c} \sin(kd) \right]^2 \right\} \qquad （10\text{-}1\text{-}32）$$

当 $d = 0$ 时，

$$R_{02} = 10 \lg \left[1 + \frac{(2\omega m)^2}{(2\rho c)^2} \right] \qquad （10\text{-}1\text{-}33）$$

这是按式（10-1-18）计算的单墙双倍质量的隔声量。同时，当表达式

$$\left[\cos(kd) - \frac{\omega m}{2\rho c} \sin(kd) \right]^2 \qquad （10\text{-}1\text{-}34）$$

为 0 时，$R_{02} = 0\mathrm{dB}$，即没有隔声。在低频段，如果波长 λ 远远大于空气层宽度 d，kd 变得很小，则：

$$\frac{2\rho c}{\omega m} = \tan(kd) \approx kd = \frac{\omega}{c} d$$

$$故 f_\mathrm{rm} = \frac{1}{2\pi} \sqrt{\frac{2\rho c^2}{md}} \qquad （10\text{-}1\text{-}35）$$

表示当频率为 f_m 时隔声量为零。

f_m 可看作是由空气弹簧连接的两个质量块 m 的机械系统的共振频率。可用如图 10-1-18（b）所示的由感抗、电阻、电容所构成的模拟电路表示。

在高频段，式（10-1-34）也变为零，即当 ω 为某一特定值时，$R_{02} = 0\mathrm{dB}$。

$$\frac{2\rho c}{\omega m} = \tan\frac{\omega}{c}d \tag{10-1-36}$$

虽然难以获得高频段的共振频率 f_{rd} 的解析解，但可通过绘图或数值计算得到。

另一方面，当

$$k_n d = (2n-1)\frac{\pi}{2} \qquad (n=1,\ 2,\ 3\cdots\cdots) \tag{10-1-37}$$

式（10-1-34）变成：

$$\left[\cos(kd) - \frac{\omega m}{2\rho c}\sin(kd)\right]^2 = \left(\frac{\omega m}{2\rho c}\right)^2$$

R_{02} 在以下频率上出现最大值：

$$f'_{rd} = \frac{2n-1}{4} \times \frac{c}{d} \qquad (n=1,\ 2,\ 3\cdots\cdots) \tag{10-1-38}$$

因此，式（10-1-32）可写作：

$$R_{02} \approx 40\lg\left(\frac{\omega m}{2\rho c}\right) + 6 \tag{10-1-39}$$

R_{02} 曲线具有大量波峰和波谷，如图 10-1-19 所示。

直线 C 是由模拟电路导出的，频率范围在 f_{rm} 和 f_{rd} 之间，可按式（10-1-40）近似计算：

$$R_{02} = 10\lg\left(\frac{\omega^3 m^2 d}{2\rho^2 c^3}\right)^2 = 2R_{01} + 20\lg(2kd) \tag{10-1-40}$$

式中，R_{01} 为式（10-1-19）中单层墙的隔声量。

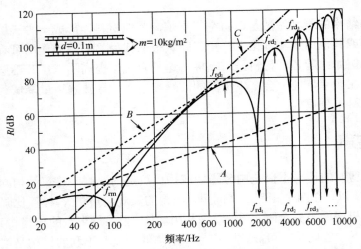

图 10-1-19　双层墙隔声量的理论值

A：式（10-1-33）；B：式（10-1-39）；C：式（10-1-40）

1.5.3 双层墙的实际隔声量

图 10-1-20 为一些外表面为薄板的轻质隔墙隔声量实测值的实例。在共振频率 f_{rm} 附近 R 值曲线会有所下降，见式（10-1-35），超过该频率后，曲线以每倍频带增加 10dB 的斜率向高频发展。式（10-1-36）和式（10-1-38）确定的峰或谷也许不太明显，单层木夹板墙吻合临界频率 f_c 处的吻合谷是很清晰的。因此，通常采用不同厚度的墙板，以使每层板的 f_c 不同。

增加双层墙隔声量 R 的两种方法如图 10-1-20 所示。一种是在空气层中填入吸声材料；另一种是利用石膏板加强面层。从图 10-1-20（a）中可以看出，玻璃棉使轻质隔墙隔声量提高更多；从图 10-1-20（b）中可以看出，减少石膏板的用量，隔声效果就没有那么好了。

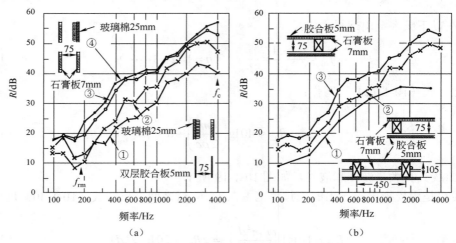

图 10-1-20   轻质隔墙隔声量改善测量值

1.5.4 夹芯板

上述双层墙结构的一种做法是，将空气层填满其他材料，形成一种三层复合墙，其目的是提高保温性能或其他用途。理论上，空气弹簧被取代后，芯层的作用可看成弹簧或是模拟电路中的阻抗。例如：若芯层材料是玻璃棉，这种阻抗可提高隔声；若芯层是海绵或泡沫塑料等弹性材料，在频率特性上会产生更多的波峰和波谷，导致隔声量降低。因此，根据测量数据仔细选择材料十分重要。

1.6 侧向传声

建筑中两个房间的传声不仅是由分隔墙或楼板决定的，侧向建筑结构同样可以为传声做出重要的贡献。所以，在两个相邻的房间里，测得的表观隔声量 R' 往往比隔墙的本体隔声量要低 2～5dB。如果房间被完全隔离开，没有共用墙体，很显然声音的传播将完全是侧向传声。

在有些情况下，侧向传声可导致隔声量严重降低。尤其不利的结构是连续连接两个房间的外墙板或楼板，声源房间发出的声音将在侧向表面产生振动，振动传播到另外一房间后进而辐射声音。以下讨论三种防止侧向传声的基本原则。

1.6.1　重型侧向结构

在重型结构建筑中，类似混凝土或砖石建筑，如果侧向结构足够重，那么侧向传声问题不大，即侧向结构的面密度至少为分隔结构的 70%～80%。重型侧向结构意味着入射声引起的振动速度非常小，因此传递到另一个房间的声能非常有限。

1.6.2　断开侧向结构

避免侧向传声的最好方法是在分隔构造传声点处断开侧向结构。但是，在实际中这不容易做到，但可用某种弹性层代替缝隙加以解决。此种方法对材料以及正确施工的要求很高。图 10-1-21 为断开侧向传声的一些实例。

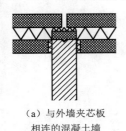
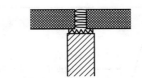

（a）与外墙夹芯板　　　（b）与轻质混凝土天花板相连接的混凝土墙　　　（c）轻型隔墙下带有
相连的混凝土墙　　　　　　（弹性密封，空隙中填充岩棉）　　　　　　　　空隙的浮筑楼板

图 10-1-21　断开侧向传声实例

1.6.3　辐射声降低处理

如果侧向结构为板材且吻合临界频率足够高，其板内形成的振动可能无法辐射大量声能。厚度为 13mm 或更薄一点的石膏板就是这种板材的典型例子。在吻合临界频率以下，板材中的振动会以低于声音在空气中传播速度的速度传播，因此，声音辐射效率不高。图 10-1-22 为降低声辐射的侧向结构实例。

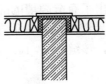
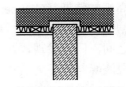

（a）轻质木板外墙与　　　　　（b）与（a）相同，　　　　（c）轻质混凝土外墙，内贴 9mm
重型隔墙的连接　　　　　　　但加强了防漏声问题　　　　　　石膏板，木板条固定

图 10-1-22　降低声辐射的侧向结构实例

1.7　漏缝、孔、洞的影响

1.7.1　孔洞和缝隙的传声

① 到目前为止，均假设墙为气密性的，但如果材料多孔或有缝隙，由质量定律估算的隔声量将大大下降。例如，一块 10cm 厚的素混凝土砌块砖墙，它的面密度为 160kg/m²，平均隔声量 $\overline{R}$=28dB，但如果在其表面涂刷上一层油漆，因气密性提高，R 值增加 13dB，达到 41dB。

② 如果存在相当大的孔洞，开孔区域的组合隔声量应按透射系数 τ=1（R=0dB）来计算。

③ 当存在小的孔洞时，会发生衍射现象。在墙的厚度与声波的波长之间将存在复杂的关系，在某种情况下，共振频率时，τ>1。因此，孔小漏声大，隔声量会出乎意料地严重下降。所以，在隔墙板的接合处及门窗的周边，必须认真处理细部节点构造以达到足够的气密性。

威尔逊和索诺卡（Wilson，Soroka，1965）推导出了声音从墙面圆孔辐射的近似表达式。他们假设声音入射到半径为 a、长度为 l 的圆柱形管道中，在管道中以平面波的形式传播，并从管的两端向外辐射，类似无质量活塞振动。图 10-1-23 为 l=30cm，a=5cm 的隔声量测量结果。在由管长（墙厚）决定的各共振频率处，R 变为负数，即 τ>1。高姆帕特斯（Gomperts，1964）使用一种不同的方法推导出另外一个近似公式。共振频率出现在 $l+2\delta = n\lambda / 2$（n=1，2，3…）的条件下，其中 δ 为末端校正值，λ 为波长。$k = 2\pi / \lambda$ 时的共振频率上出现最大透射系数 $\tau_{max} = 2 /(ka)^2$，当 $ka > \sqrt{2}$ 时，R=0dB，波动范围±1dB。

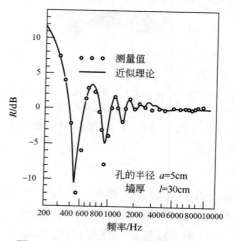

图 10-1-23   圆形孔洞隔声量测量实例

高姆帕特斯（Gomperts）同时导出了有缝隙墙的隔声量近似估计，并给出与实测数值的比较结果（图 10-1-24）。墙上 11mm 宽缝隙的理论值在图上位于 8mm 和 16mm 宽缝隙的实测值之间。同时发现，在共振频率处，该缝隙 τ>1。由于测量频带较宽，所以在测量值中没有出现波峰与波谷。

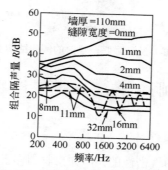

图 10-1-24   墙面缝隙综合隔声量测量实例

（墙的尺寸：1.9m×1.9m，缝隙位于中心；缝隙长度：1.9m；
实线：1/2 倍频带测量；虚线：假设缝隙 R=0 的计算值；点划线：纯音的理论值）

1.7.2　门窗的传声

一般门窗结构轻薄，而且存在较多缝隙，因此，门窗的隔声能力往往比墙体低得多，形成隔声的"薄弱环节"。若要提高门窗的隔声，一方面要改变轻、薄、单的门窗扇；另一方面要密封缝隙，减少缝隙透声。

对于隔声要求较高的门，门扇的做法有两种：一种是简单地采用厚而重的门扇，如钢筋混凝土门；另一种是采用多层复合结构，用多层性质相差很大的材料（钢板、木板、阻尼材料如沥青、吸声材料如玻璃棉等）相间而成，因为各层材料的阻抗差别很大，使声波在各层边界上被反射，提高了隔声量。

如果单道门难以达到隔声要求，可以设置双道门。如同双层墙一样，因为两道门之间的空气间层而得到较大的附加隔声量。如果加大两道门之间的空间，扩大成为门斗，并在门斗内表面做吸声处理，能进一步提高隔声效果。这种门斗又叫作"声闸"，如图 10-1-25 所示。

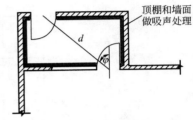

图 10-1-25　声闸示意图

声闸内表面的吸声量愈大，两门的距离与夹角 φ 愈大，则隔声量愈大。

对于窗，因为采光和透过视线的要求，只能采用玻璃。对于隔声要求高的窗，可采用较厚的玻璃，或采用双层或多层玻璃。在采用双层或多层玻璃时，若有可能，各层玻璃不要平行，各层玻璃厚度不要相同。玻璃之间的窗樘上可布置吸声材料。

要减少门窗缝隙的透声，首先要有严格的设计和加工精度的要求。要摆脱门窗加工不以机械加工精度要求（如公差配合、光洁度、平直度要求等）的落后工艺，结构和材料要有足够的强度和耐久性，以防止变形。其次是采用构造做法来减少或密封缝隙。对于不可避免的门窗缝在构造设计上要避免直通缝，要有所曲折和遮挡，缝间可设置柔软弹性材料（如橡胶条、泡沫乳胶条、工业毛毡条等）密封。另外，还要注意门窗框和墙壁之间缝隙的密封。图 10-1-26～图 10-1-31 是几种隔声门窗的构造处理和做法。

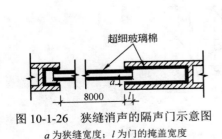

图 10-1-26　狭缝消声的隔声门示意图

a 为狭缝宽度；l 为门的掩盖宽度

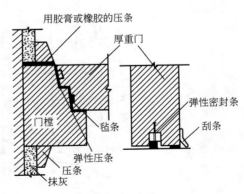

图 10-1-27　隔声门构造大样

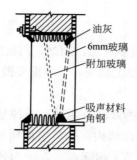

图 10-1-28 隔声窗构造示意图

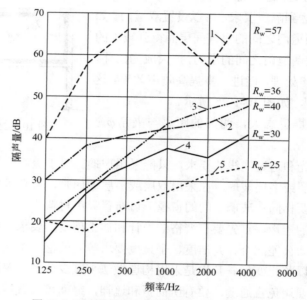

图 10-1-29 各种窗的隔声特性（实验室测定）

1—8mm+533mm（A）+10mm，边框加衬垫；2—6mm+70mm（A）+6mm，边框加衬垫；
3—3mm+32mm（A）+3mm，用粘接剂密封；4—3mm+32mm（A）+3mm，未密封；5—3mm 单层玻璃

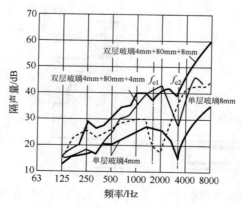

图 10-1-30 双层玻璃与单层玻璃吻合频率之间的关系

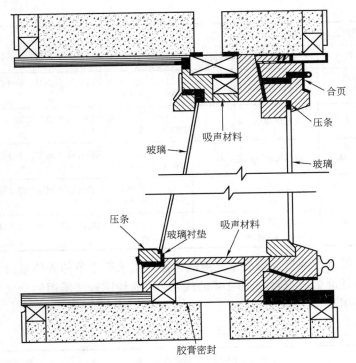

图 10-1-31 演播室隔声窗构造大样

1.8 空气声隔声评价

1.8.1 空气声隔声的单值评价量与频谱修正量

（1）空气声隔声单值评价量的名称和符号与测量量有关。建筑构件与建筑物的空气声隔声测量量与单值评价量的对应关系应分别符合表 10-1-2 和表 10-1-3 的规定。

表 10-1-2 建筑构件空气声隔声单值评价量及相对应的测量量

由 1/3 倍频程测量量导出		测量量来源
单值评价量的名称与符号	相应测量量的名称与符号	
计权隔声量，R_w	隔声量，R	《声学 建筑和建筑构件隔声测量》第 3 部分（GB/T 19889.3—2005）公式（5）
小构件的计权规范化声压级差，$D_{n,e,w}$	小构件的规范化声压级差，$D_{n,e}$	《声学 建筑和建筑构件隔声测量》第 10 部分（GB/T 19889.10—2006）公式（1）

表 10-1-3 建筑物空气声隔声单值评价量及相对应的测量量

由 1/3 倍频程或倍频程测量量导出		测量量来源
单值评价量的名称与符号	相应测量量的名称与符号	
计权表观隔声量，R'_w	表观隔声量，R'	《声学 建筑和建筑构件隔声测量》第 4 部分（GB/T 19889.4—2005）公式（5）

续表

由 1/3 倍频程或倍频程测量量导出		测量量来源
单值评价量的名称与符号	相应测量量的名称与符号	
计权表观隔声量，$R'_{45°,w}$	表观隔声量，$R'_{45°}$	《声学 建筑和建筑构件隔声测量》第 5 部分（GB/T 19889.5—2006）公式（3）
计权表观隔声量，$R'_{tr,s,w}$	表观隔声量，$R'_{tr,s}$	《声学 建筑和建筑构件隔声测量》第 5 部分 GB/T 19889.5—2006）公式（4）
计权规范化声压级差，$D_{n,w}$	规范化声压级差，D_n	《声学 建筑和建筑构件隔声测量》第 4 部分（GB/T 19889.4—2005）公式（3）
计权标准化声压级差，$D_{nT,w}$	标准化声压级差，D_{nT}	《声学 建筑和建筑构件隔声测量》第 4 部分（GB/T 19889.4—2005）公式（4）
计权标准化声压级差，$D_{ls,2m,nT,w}$ 或 $D_{tr,2m,nT,w}$	标准化声压级差，$D_{ls,2m,nT}$ 或 $D_{tr,2m,nT}$	《声学 建筑和建筑构件隔声测量》第 5 部分（GB/T 19889.5—2006）公式（7）

（2）根据 1/3 倍频程或倍频程的空气声隔声测量量来确定单值评价量时，用数值计算法所用的空气声隔声基准值应符合表 10-1-4 的规定，用曲线比较法所用的空气声隔声基准曲线应符合图 10-1-32 和图 10-1-33 的规定。

表 10-1-4　空气声隔声基准值

频率/Hz	1/3 倍频程基准值 K_i/dB	倍频程基准值 K_i/dB
100	−19	
125	−16	−16
160	−13	
200	−10	
250	−7	−7
315	−4	
400	−1	
500	0	0
630	1	
800	2	
1000	3	3
1250	4	
1600	4	
2000	4	4
2500	4	
3150	4	—

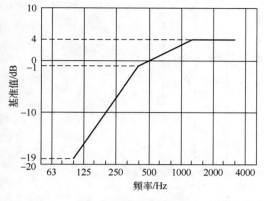

图 10-1-32　空气声隔声基准曲线（1/3 倍频程）

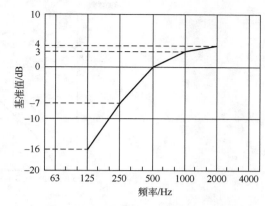

图 10-1-33　空气声隔声基准曲线（倍频程）

（3）用于计算频谱修正量的 1/3 倍频程或倍频程声压级频谱应符合表 10-1-5 规定的数值，相应的声压级频谱曲线应符合图 10-1-34 和图 10-1-35 的规定。

表 10-1-5　计算频谱修正量的声压级频谱

频率/Hz	声压级 L_{ij}/dB			
	用于计算 C 的频谱 1		用于计算 C_{tr} 的频谱 2	
	1/3 倍频程	倍频程	1/3 倍频程	倍频程
100	−29		−20	
125	−26	−21	−20	−14
160	−23		−18	
200	−21		−16	
250	−19	−14	−15	−10
315	−17		−14	
400	−15		−13	
500	−13	−8	−12	−7
630	−12		−11	
800	−11		−9	
1000	−10	−5	−8	−4
1250	−9		−9	
1600	−9		−10	
2000	−9	−4	−11	−6
2500	−9		−13	
3150	−9	—	−15	—

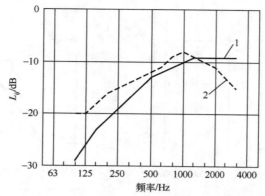

图 10-1-34　计算频谱修正量的声压级频谱（1/3 倍频程）

1—用来计算 C 的频谱 1；2—用来计算 C_{tr} 的频谱 2

（注：L_{ij}—对于频谱号 j（1 或 2）在频带 i 上的声压级）

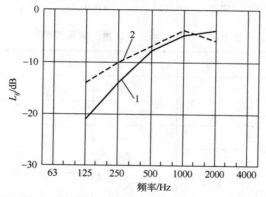

图 10-1-35　计算频谱修正量的声压级频谱（倍频程）

1—用来计算 C 的频谱 1；2—用来计算 C_{tr} 的频谱 2

（注：L_{ij}—对于频谱号 j（1 或 2）在频带 i 上的声压级）

1.8.2　确定空气声隔声单值评价量的数值计算法

（1）当测量量为 X，且 X 用 1/3 倍频程测量时，其相应单值评价量 X_w 应为满足式（10-1-41）的最大值，精确到 1dB：

$$\sum_{i=1}^{16} P_i \leqslant 32.0 \qquad (10\text{-}1\text{-}41)$$

式中　i——带的序号，$i=1\sim16$，代表 $100\sim3150$Hz 范围内的 16 个 1/3 倍频程；

　　　P_i——不利偏差，可按（10-1-42）式计算：

$$P_i = \begin{cases} (X_w + K_i) - X_i & (X_w + K_i) - X_i > 0 \\ 0 & (X_w + K_i) - X_i \leqslant 0 \end{cases} \qquad (10\text{-}1\text{-}42)$$

式中　X_w——所要计算的单值评价量；

　　　K_i——表 10-1-4 中第 i 个频带的基准值；

X_i——第 i 个频带的测量量，精确到 0.1dB。

X 和 X_w 应是表 10-1-2 和表 10-1-3 中列出的各种测量量和相应的单值评价量。

（2）当测量量为 X，且 X 用倍频程测量时，其相应单值评价量 X_w 应为满足式（10-1-43）的最大值，精确到 1dB：

$$\sum_{i=1}^{5} P_i \leqslant 10.0 \qquad （10\text{-}1\text{-}43）$$

式中　i——频带的序号，$i=1\sim5$，代表 125～2000Hz 范围内的 5 个倍频程；

　　　P_i——不利偏差，可按式（10-1-42）计算。

1.8.3　确定空气声隔声单值评价量的曲线比较法

（1）当测量量用 1/3 倍频程测量时，应符合下列规定：

① 将一组精确到 0.1dB 的 1/3 倍频程空气声隔声测量量绘制成一条测量量的频谱曲线。

② 将具有相同坐标比例的 1/3 倍频程空气声隔声基准曲线（图 10-1-32）绘制在绘有上述曲线的坐标图上。

③ 将基准曲线向测量量的频谱曲线移动，每步 1dB，直至不利偏差之和尽量大，但不超过 32.0dB 为止。

④ 此时基准曲线被称为该组测量量的评价曲线，其在 500Hz 所对应纵坐标上的整分贝数，就是该组测量量所对应的单值评价量。

（2）当测量量用倍频程测量时，应符合下列规定：

① 将一组精确到 0.1dB 的倍频程空气声隔声测量量绘制成一条测量量的频谱曲线。

② 将具有相同坐标比例的倍频程空气声隔声基准曲线（图 10-1-33）绘制在绘有上述曲线的坐标图上。

③ 将基准曲线向测量量的频谱曲线移动，每步 1dB，直至不利偏差之和尽量大，但不超过 10.0dB 为止。

④ 此时基准曲线被称为该组测量量的评价曲线，其在 500Hz 所对应纵坐标上的整分贝数，就是该组测量量所对应的单值评价量。

1.8.4　频谱修正量计算方法

（1）频谱修正量 C_j 应按式（10-1-44）计算：

$$C_j = -10\lg\sum 10^{(L_{ij}-X_i)/10} - X_\mathrm{w} \qquad （10\text{-}1\text{-}44）$$

式中　j——频谱序号，$j=1$ 或 2，1 为计算 C 的频谱 1，2 为计算 C_tr 的频谱 2；

　　　X_w——按照 1.8.2 或 1.8.3 节规定的方法确定的单值评价量；（详见国家标准 GB/T 19889）

　　　i——100～3150Hz 的 1/3 倍频程或 125～2000Hz 的倍频程序号；

　　　L_{ij}——表 10-1-5 中所给出的第 j 号频谱的第 i 个频带的声压级；

　　　X_i——第 i 个频带的测量量，包括表 10-1-2 和表 10-1-3 中所列的各种测量量，精确到 0.1dB。

（2）频谱修正量在计算时应精确到 0.1dB，得出的结果应修约为整数。根据所用的频谱，其频谱修正量：C 用于频谱 1（A 计权粉红噪声）；C_tr 用于频谱 2（A 计权交通噪声）。

（3）当测量量是在扩展的频率范围（包括了 50Hz、63Hz、80Hz 和/或 4000Hz、5000Hz 的 1/3 倍频程，或 63Hz 和/或 4000Hz 的倍频程）内测量时，应按照国家标准 GB/T 19889 附录 B 规定的方法计算扩展频率范围内的频谱修正量。

1.8.5　结果表述

（1）结果中应包括空气声隔声单值评价量和频谱修正量。

（2）空气声隔声单值评价量的名称应在相应测量量的名称前冠以"计权"二字，其符号应在相应测量量的符号后增加下角标 w。

（3）在对建筑构件空气声隔声特性进行表述时，应同时给出单值评价量和两个频谱修正量，具体形式是在单值评价量后的括号中示明两个频谱修正量，由分号隔开[如 R_w（C；C_{tr}）=41（0；−5）dB]。

（4）对于实验室测量结果，确定建筑构件空气声隔声单值评价量应使用 1/3 倍频程测量量。现场测量结果宜用 1/3 倍频程测量。

（5）在对建筑物空气声隔声特性进行表述时，应以单值评价量和一个频谱修正量之和的形式给出。

（6）频谱修正量的选择宜按国家标准 GB/T 19889 附录 A 中的表 A.0.1 进行。

（7）在结果表述中应说明单值评价量是根据 1/3 倍频程还是倍频程测量量计算得出的。

1.9　空气声隔声的测量

1.9.1　隔声量的测量：空气声计权隔声量

被测样品安装在两个相邻的混响室之间的洞口内，如图 10-1-36 所示。声音由一个房间发出，在稳态下测量两个房间的声压级 L_1 和 L_2，则隔声量 R 由式（10-1-45）求得：

$$R = L_1 - L_2 - 10\lg\frac{A_2}{S} \quad (\text{dB}) \tag{10-1-45}$$

式中　S——墙体样品面积；

　　　A_2——接收室的吸声量。

为了测量隔声量，发声室和接收室之间必须有足够的结构隔离，以保证任何间接传声途径均是可忽略的。

ISO 140 提出如下要求：

① 两个测试房间的容积和形状不应完全相同，容积不应小于 50m³。为避免两个房间具有相同的共振频率，其容积相差应不小于 10%。房间尺寸应合理选择，以使共振频率在低频范围内不会发生简并。如果可能，应安装扩散体，以便提供更多的扩散。

② 应调整混响时间不超过 2s，特别在低频时，以使测量值不受混响时间影响。

③ 墙面测试洞口约 10m²，楼板测试洞口约 10～20m²，短边的长度应不小于 2.3m。样品的安装方式应尽可能与实际构造相同。

④ 侧向传声应小到可忽略不计。

⑤ 应对两个房间的声压级进行多点测量，并求其平均值。应使用白噪声或粉红噪声并测

量 1/3 倍频带的声压级。频率范围应至少在 100～3150Hz，最好到 4000Hz。

通过测量混响时间，可得出吸声量 A_2。

根据以上要求，图 10-1-36 给出了测量室的最小尺寸。

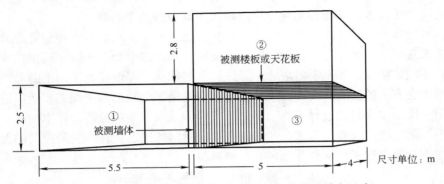

图 10-1-36　测量隔声的混响室（ISO 140 推荐了最小尺寸）

① 声源室测试墙的面积约 10m²；② 声源室测试天花板及楼板的面积 10～20m²；③ 接收室容积大于 50m³

1.9.2　空气声隔声的现场测量

当在实际建筑中测量空气声隔声时，侧向传声途径与通过隔墙传播的直接途径是同时存在的，如图 10-1-37 所示。因此，尽管实际的测量方法与在实验室内相同，其测量值应被称为表观隔声量 R'，用式（10-1-46）表示：

$$R' = L_1 - L_2 - 10\lg(A_2 / S) \quad (\text{dB}) \tag{10-1-46}$$

该数值用于与实验室测量数值 R 相比较。

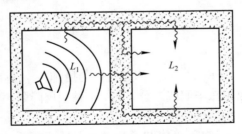

图 10-1-37　相邻房间墙体的透声途径

为了对现场两个房间的空气声隔声进行评价，使用声压级差 D，如式（10-1-47）所示：

$$D = L_1 - L_2 \quad (\text{dB}) \tag{10-1-47}$$

由于接收室的声压级与吸声量成反比例，所以，以 10m² 吸声量为参照，规范化声压级差见式（10-1-48）：

$$D_{n,10} = L_1 - L_2 - 10\lg(A_2 / 10) \quad (\text{dB}) \tag{10-1-48}$$

另一种方法是，规范接收室测得的混响时间 T_2，以典型住宅房间 0.5s 为参照值，如式（10-1-49）所示：

$$D_{n,0.5} = L_1 - L_2 - 10\lg(T_2 / 0.5) \quad (\text{dB}) \tag{10-1-49}$$

国际标准化组织采纳了式（10-1-49），称为标准声压级差。

1.10 隔声门与隔声窗

门窗的隔声不仅取决于结构部件，同时取决于其周边是否密封。

结构部件的隔声评价与单层或双层墙的评价方法相同，但也要将上述缝隙导致隔声量下降的因素考虑在内。总体来说，密封对隔声起支配作用，细节处理不同，施工精度不同，隔声效果大有不同。所以，如果不对周边空隙进行密封的话，即使提高了门扇的隔声量 R，总体隔声效果不会有大的提高。图 10-1-38 为隔声门与地面缝隙的两个细部实例，这是隔声的薄弱点。第一樘门用密封垫进行了周边密封，且四周采取了吸声处理，根本性的一点是门缝应尽可能小。第二樘门设有下压条，关门时自动密封门的底缝。在一些隔声门的做法中，填入干砂增加重量或内置重质板材并填多孔吸声材料。

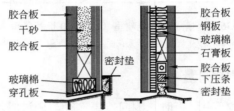

图 10-1-38　隔声门与地面缝隙的两个细部实例

当门的所需隔声量大于 40dB 时，最好采用双层门，门之间的墙面和天花做吸声处理，形成声闸。

1.11 隔声屏障与隔声罩

1.11.1 隔声屏障

隔声屏障是用来遮挡声源和接收点之间直达声的措施。一般主要用于室外街道两侧以降低交通噪声的干扰，有时也用在车间或办公室内。这种用屏障隔声的办法对高频声最为有效，而降低高频声，人的主观感觉最为明显。

隔声屏障的隔声原理在于它可以将波长短的高频声反射回去，使屏障后面形成"声影区"，在声影区内感到噪声明显下降。对波长较长的低频声，由于容易绕射过去，因此隔声效果较差。降噪效果可用计算图表或公式估算，其效果主要取决于噪声的频率成分与传播的行程差，而传播行程差和屏障高度、声源与接收点相对于屏障的位置有关。此外，声屏障降噪效果也与屏障的形状构造、吸声和隔声性能有关。

有关估算声屏障降噪量的公式和图表为数不少，不同估算方法有其适用的条件和范围。最常用的也是最基本的是薄屏障的"菲涅耳数法"，见图 10-1-39。图中，d 是声源和接收点的直线距离，在声屏障不存在时，是声波直接传播的直达路程，$A+B$ 是声屏障存在时声波绕射的路程。再根据声波波长 λ 可以算出菲涅耳（Fresnel）数 N：

$$N = \frac{2}{\lambda}(A+B-d) = \frac{2\delta}{\lambda} = \frac{\delta f}{170} \tag{10-1-50}$$

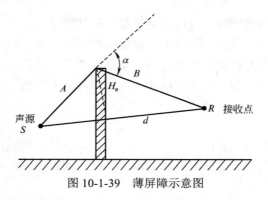

图 10-1-39　薄屏障示意图

式中，$\delta = A + B - d$，是绕射路径与直达路径的声程差；f 为声波的频率。图中 H_e 称为声屏障有效高度，α 为绕射角。由菲涅耳数 N 查计算图 10-1-40 可得到降噪量 NR。图中 N 取负号是指声源点和接收点的连线在屏障顶部越过，不和屏障相交，即屏障对此连线无遮挡，但因为屏障的存在，仍会使传播的声波有所衰减。在 $N=1\sim10$ 范围内，可以用下式近似地估算声屏障降噪量：

$$NR \approx 13 + 10\lg N \quad (dB) \tag{10-1-51}$$

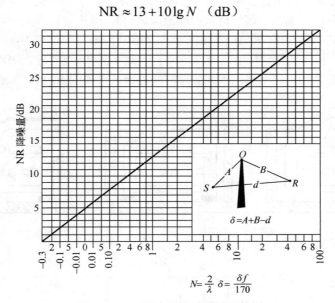

图 10-1-40　隔声屏障减噪量计算图

因为菲涅耳数 N 与声波频率 f 成正比，所以声波频率增高一倍，即增加一个倍频程，声屏障降噪量大约增加 3dB。

应当指出，当隔声屏障的隔声量超过该频率的降噪量 10dB 以上时，则声屏障的透射声能对屏障的降噪量无影响。换句话说，设计声屏障时，屏障自身的隔声量应大于屏障降噪量 10dB 以上。此外，如果屏障朝向声源的一面加铺吸声材料，以及尽量使屏障靠近声源，则会提高降噪效果。

实际上，任何设置在声源和接收点之间的能遮挡两者之间声波传播直达路径的物体都起到声屏障的作用，它们可以是土堤、围墙、建筑物、路堑的挡土墙等。而薄屏障的做法也多种多样，可以是砖石和砌块砌筑，也可以是混凝土预制板结构，在北美还采用木板墙。在市区的高架道路上，为了减轻重量，亦可采用钢板结构的隔声屏，有的还采用玻璃钢，这些做法当然造价较高。声屏障的设计要综合考虑降噪量的要求、结构的安全和耐久性、施工和维护的简便、造价和维护费用的经济性，以及城市景观等诸多因素。

1.11.2　隔声罩

采用隔声罩来隔绝机器设备向外辐射噪声，是在声源处控制噪声的有效措施。隔声罩通常是兼有隔声、吸声、阻尼、隔振、通风、消声等功能的综合体，根据具体使用要求，也可使隔声罩只具有其中几项功能。

隔声罩可以是全封闭的，也可以留有必要的开口、活动门或观察孔，具有开启与拆卸方便的性能以满足生产工艺的要求。

（1）主要结构

外层通常用 1.5～2mm 厚的钢板制成，在钢板里面涂上一层阻尼层，阻尼层可用特制的阻尼漆，或用沥青加纤维织物或纤维材料。外壳加阻尼层是为了避免吻合效应和钢板的低频共振，使隔声效果变差。外壳也可以用胶合板、纸面石膏板或铝板制作。为了提高降噪效果，在阻尼层外可再铺放一层吸声材料（通常为超细玻璃棉或泡沫塑料），吸声材料外面应敷盖一层保护层（穿孔板、钢丝网或玻璃布等）。在罩与机器之间至少要留出 5cm 以上的空隙，并在罩与基础之间垫以橡胶垫层，以防止机器的振动传给隔声罩。对于需要散热的设备，应在隔声罩上设置具有一定消声性能的通风管道。隔声罩在采用不同处理时的隔声效果如图 10-1-41 和图 10-1-42 所示。

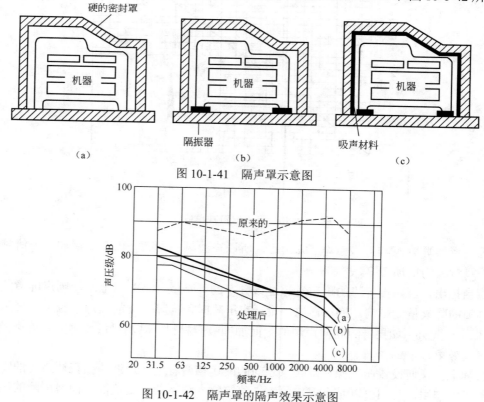

图 10-1-41　隔声罩示意图

图 10-1-42　隔声罩的隔声效果示意图

（2）隔声效果

衡量一个隔声罩的降噪效果，通常用插入损失 IL 来表示。它表示在罩外空间某点，加罩前后的声压级差值，这就是隔声罩实际的降噪效果。插入损失的计算如式（10-1-52）所示：

$$IL = 10\lg\frac{\alpha}{\tau} = R + 10\lg\alpha \quad （dB）\qquad（10-1-52）$$

式中　α——罩内表面的平均吸声系数；

τ——罩的平均透射系数；

R——隔声量。

当 $\alpha = \tau$ 时，IL 为 0，因此内表面吸收系数过小的罩子，降噪效果很差。

许多设备，如球磨机、空气压缩机、发电机、电动机等都可以采用隔声罩降低其噪声的干扰。

第2章 撞击声隔声

2.1 撞击声的传播与辐射

2.1.1 结构声的产生

当脚步、猛地关门、拖动家具等引起的撞击传播到建筑结构上时，会引发振动并通过结构传播，称为结构声。

建筑中机械设备的振动，例如水泵、风机、电梯、冰箱等是产生稳态结构声的声源。

还有，用管道和水泵传送蒸气或液体时，也会在水龙头或阀门处产生间歇性结构声，并通过管道本身和建筑结构传播。

房间中产生的声音可激励其墙面、顶棚、地面产生振动，也能引发结构声的传播。

另外，建筑外部的交通、建筑施工或工业生产产生的噪声和振动，可以通过地面或建筑基础以结构声的形式传入室内，如图10-2-1所示。

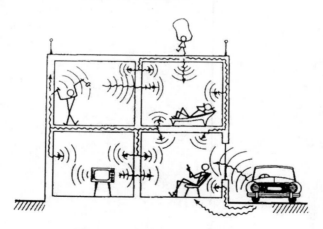

图 10-2-1　空气声及结构声的传播

人们感知到的结构声是振动表面辐射空气声的结果。

为了对结构声的产生量化预测，我们需根据引起结构声的撞击激振力或振动驱动力的知识来计算结构振动的速度或加速度，并得到在接收点的机械阻抗。伯瑞尤尔和土克尔（Breeuwer，Tukker）写于1976年的文献中给出了一种以类似电路的机械学为基础的隔振设计方法。利用这种方法可以计算结构声。遗憾的是，可用于计算激振力的数据及其他相关参数非常有限，并难以测得。因此，要像处理空气声一样去预测结构声，还需要努力获取更多的必要数据。

2.1.2　结构声的传播与测量

（1）声波在固体中的传播形式

虽然声音在空气中仅以纵波的形式传播，但其在固体中可能以几种不同类型的波传播，例如纵向（有压缩性的）波、横向（切变）波等，因为固体不仅有抗压刚度，而且有抗剪刚度。它们通常互相复合在一起形成一个更加复杂的波场，例如弯曲波或表面（瑞利，Rayleigh）波。在某些情况下，波速 c 取决于频率，从而引发发散。部分固体材料的运动波形如图 10-2-2 所示。

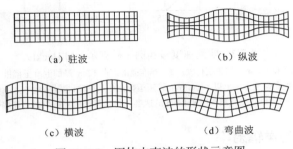

（a）驻波　　　　　　　（b）纵波

（c）横波　　　　　　　（d）弯曲波

图 10-2-2　固体中声波的形状示意图

（2）结构声的测量

将一种振动传感器，安装在振动固体的表面，用于检测垂直于表面的振动。

为排除传感器自身的影响，常使用一种非常轻巧的压电式传感器，得出的数据是速度级 L_v，适合于与空气声数据进行比较，如式（10-2-1a）所示：

$$L_v = 10\lg\frac{v^2}{v_0{}^2} \tag{10-2-1a}$$

式中　v^2——速度的平方；

　　　v_0——参照值。

虽然 ISO 1683 标准中建议 $v_0 = 10^{-9}$m/s，在本手册中我们取：

$$v_0 = 5 \times 10^{-8}　(\text{m/s}) \tag{10-2-1b}$$

因为这样更便于计算声辐射。

因为 v 与加速度 a（m/s^2）相关，$a = 2\pi f v$，L_v 同样与加速度级 L_a 相关，如式（10-2-2）所示：

$$\frac{v}{v_0} = \frac{a}{a_0} \times \frac{a_0}{2\pi f v_0} \tag{10-2-2}$$

故

$$L_v = L_a + 20\lg\frac{a_0}{(2\pi f v_0)} \tag{10-2-3}$$

式中，a_0 为 L_a 任意相关值（ISO 1683 标准建议相关值 $a_0=10^{-6}\text{m/s}^2$）。

图 10-2-3 为一些测量速度级的例子。

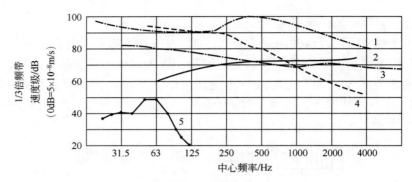

图 10-2-3　实测速度级实例（赫克尔，M.Heckl）

1—地铁列车以 60km/h 的速度行驶；2—标准撞击器在 12cm 厚的混凝土楼板上撞击；

3—电动机在弹性支座上以 1400r/min 转速运行；4—具有减振装置的 6 人乘电梯；

5— 一辆道路上的汽车以 45km/h 的速度行驶，距汽车 13m 处的房屋墙壁

2.1.3　固体振动体的声辐射率

（1）振动活塞的声辐射率

当无限大硬质平面墙以速度 v 做活塞振动时，与墙表面相连的空气分子同样以速度 v 振动，由于空气的阻抗为 ρc，所以声压为 $\rho c v$。因此，每单位面积所辐射的声能为 $\rho c v^2$，则声功率级如式（10-2-4）所示：

$$L_W = 10\lg\frac{\rho c v^2}{10^{-12}} = 10\lg\frac{v^2}{v_0^2} + 10\lg\frac{\rho c v_0^2}{10^{-12}} \qquad (10\text{-}2\text{-}4)$$

代入 $v_0=5\times10^{-8}\text{m/s}$，第二项可忽略不计，则 $L_W = L_v$，速度级即为辐射声功率级本身。

当板的尺寸小于空气中声波的波长时，板表面附近的空气分子会移动到其周围或背面，以使声压不发生变化。这说明，声辐射效率随板与波长的相对尺寸而变化。面积为 S，振动速度为 v 的板所辐射的声功率 W 可表示为式（10-2-5）：

$$W = \sigma_{\text{rad}}\rho c v^2 S \qquad (10\text{-}2\text{-}5)$$

式中，σ_{rad} 为辐射率。

用对数可以表示为：

$$10\lg\sigma_{\text{rad}} = L_W - (L_v + 10\lg S) \quad (\text{dB}) \qquad (10\text{-}2\text{-}6)$$

这是当 $S=1\text{m}^2$ 时，声功率级与速度级之间的差别。

作为最基本的条件，置于足够大的硬质墙内的圆形或矩形活塞的辐射率，为辐射阻抗的实数部分。图 10-2-4 为矩形活塞辐射率的理论值。波长小于活塞直径的高频部分，σ_{rad} 的值为 1，每单位面积的速度级 L_v 等于能量级 L_W；但在波长大于直径的低频部分，σ_{rad} 值每倍频降 6dB。

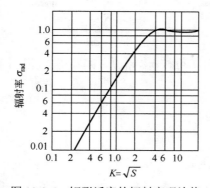

图 10-2-4　矩形活塞的辐射率理论值

（ $K=2\pi/\lambda$ ； S 为矩形活塞面积，其纵横比小于 2，可近似为一个圆形活塞）

（2）弯曲振动的声辐射率

任意方式令宽墙产生弯曲振动时，它会朝向角 θ 方向辐射平面波，并满足式（10-2-7）：

$$\sin\theta=c/c_{B} \tag{10-2-7}$$

因此，当 $c<c_{B}$ 时，即 $f>f_{c}$，频率高于吻合临界频率的时候，辐射率 $\sigma_{rad}=1$。

当 $f=f_{c}$ 时， σ_{rad} 值比 1 稍大；当 $f>f_{c}$ 时，满足式（10-2-7）的角度不存在。尽管墙的弯曲振动引起了墙表面附近的空气分子的运动，但没有产生任何压力变化。也就是说，辐射率将大大降低，其数值取决于 f/f_{c} 的值及内能损失值。

在一有限墙体中，由于其存在共振模式，辐射行为非常复杂。但对方形板的各频率平均辐射率的近似获取可采用板的均方速度的时间-空间平均的方法。克雷默和赫克尔（Cremer，Heckl，1976）发表了理论成果，并将其与实验结果相比较，如图 10-2-5 所示。

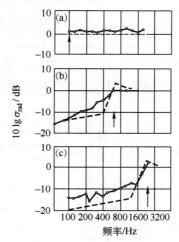

图 10-2-5　在点激励下的弱阻尼板的辐射率（虚线表示理论值）

[克雷默等，（Cremer et al）：（a）24cm 厚，12m² 砖墙；（b）7cm 厚，4m² 轻质混凝土墙；
（c）13mm 石膏板墙，分成 0.8m² 的板条格]

（3）围闭结构振动产生的室内噪声级

如果各部分面积为 S_{i}（m²）的围墙，以速度 v_{i} 振动向室内辐射声音，则当各部分墙面都发生振动的时候，总声功率辐射 $W=\sum I_{i}S_{i}$ 。声能密度由式（10-2-5）和式（10-2-6）求得：

$$E = \frac{4\rho c \sum \sigma_{\mathrm{rad}} v_i^2 S_i}{cA} \qquad (10\text{-}2\text{-}8)$$

高于吻合临界频率的辐射率可按 $\sigma_{\mathrm{rad}}=1.0\sim1.1$ 估算，但图 10-2-5 显示，低频段的估算是相当困难的。

2.2 撞击声隔声的评价

2.2.1 撞击声隔声的评价量

（1）撞击声隔声单值评价量的名称和符号与测量量有关。测量量与单值评价量的对应关系应满足表 10-2-1 和表 10-2-2 的要求。

表 10-2-1 楼板撞击声隔声单值评价量及相对应的测量量

由 1/3 倍频程测量量导出		测量量来源
单值评价量的名称与符号	相应测量量的名称与符号	
计权规范化撞击声压级，$L_{\mathrm{n,w}}$	规范化撞击声压级，L_{n}	《声学 建筑和建筑构件隔声测量》第 6 部分（GB/T 19889.6—2005）公式（4）

表 10-2-2 建筑物中两个空间之间撞击声隔声单值评价量及相对应的测量量

由 1/3 倍频程测量量或倍频程测量量导出		测量量来源
单值评价量的名称与符号	相应测量量的名称与符号	
计权规范化撞击声压级，$L'_{\mathrm{n,w}}$	规范化撞击声压级，L'_{n}	《声学 建筑和建筑构件隔声测量》第 7 部分（GB/T 19889.7—2005）公式（2）
计权标准化撞击声压级，$L'_{\mathrm{n,T,w}}$	标准化撞击声压级，$L'_{\mathrm{n,T}}$	《声学 建筑和建筑构件隔声测量》第 7 部分（GB/T 19889.7—2005）公式（3）

（2）根据 1/3 倍频程或倍频程的测量量来确定单值评价量时，使用数值计算法所用的撞击声隔声基准值应符合表 10-2-3 的规定，使用曲线比较法所用的撞击声隔声基准曲线应符合图 10-2-6 和图 10-2-7 的规定。

表 10-2-3 撞击声隔声基准值

频率/Hz	1/3 倍频程基准值 K_i/dB	倍频程基准值 K_i/dB
100	2	
125	2	2
160	2	
200	2	
250	2	2
315	2	
400	1	
500	0	0
630	−1	

续表

频率/Hz	1/3 倍频程基准值 K_i/dB	倍频程基准值 K_i/dB
800	−2	−3
1000	−3	
1250	−6	
1600	−9	−16
2000	−12	
2500	−15	
3150	−18	—

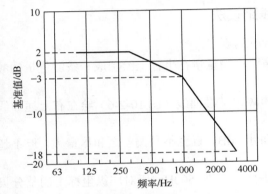
图 10-2-6　撞击声隔声基准曲线（1/3 倍频程）

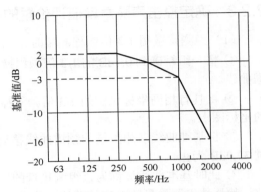
图 10-2-7　撞击声隔声基准曲线（倍频程）

2.2.2　确定撞击声隔声单值评价量的数值计算法

（1）当测量量为 X，且 X 用 1/3 倍频程测量时，其相应单值评价量 X_w 应为满足下式的最小值，精确到 1dB，如式（10-2-9）所示：

$$\sum_{i=1}^{16} P_i \leqslant 32.0 \tag{10-2-9}$$

式中　i——频带的序号，i=1～16，代表 100～3150Hz 范围内的 16 个 1/3 倍频程；

　　　P_i——不利偏差，可按式（10-2-10）计算：

$$P_i = \begin{cases} X_i - (X_\mathrm{w} + K_i) & X_i - (X_\mathrm{w} + K_i) > 0 \\ 0 & X_i - (X_\mathrm{w} + K_i) \leqslant 0 \end{cases} \tag{10-2-10}$$

式中　X_w——所要计算的单值评价量；

　　　K_i——表 10-2-3 中第 i 个频带的基准值；

　　　X_i——第 i 个频带的测量量，精确到 0.1dB。

X_i 和 X_w 应是表 10-2-1 和表 10-2-2 中列出的各种测量量和相应的单值评价量。

（2）当测量量为 X，且 X 用倍频程测量时，其相应单值评价量 X_w 应为满足式（10-2-11）的最小值再减 5dB，精确到 1dB：

$$\sum_{i=1}^{5} P_i \leqslant 10.0 \qquad\qquad (10\text{-}2\text{-}11)$$

式中 i——频带的序号，$i=1\sim5$，代表 $125\sim2000$Hz 范围内 5 个倍频程；

$\quad\quad P_i$——不利偏差，可按式（10-2-12）计算：

$$P_i = \begin{cases} X_i - (K_i + X_\mathrm{w} + 5) & X_i - (K_i + X_\mathrm{w} + 5) > 0 \\ 0 & X_i - (K_i + X_\mathrm{w} + 5) \leqslant 0 \end{cases} \qquad (10\text{-}2\text{-}12)$$

式中 X_w——所要计算的单值评价量；

$\quad\quad K_i$——表 10-2-3 中第 i 个频带的基准值；

$\quad\quad X_i$——第 i 个频带的测量量，精确到 0.1dB。

X_i 和 X_w 应是表 10-2-1 和表 10-2-2 中列出的各种测量量和相应的单值评价量。

2.2.3　确定撞击声隔声单值评价量的曲线比较法

（1）当测量量用 1/3 倍频程测量时，应符合下列规定：

① 将一组精确到 0.1dB 的 1/3 倍频程撞击声隔声测量量在坐标上绘制成一条测量量的频谱曲线。

② 将具有相同坐标比例的 1/3 倍频程撞击声隔声基准曲线（图 10-2-6）绘在有上述曲线的坐标图上。

③ 将基准曲线向测量量的频谱曲线移动，每步 1dB，直至不利偏差之和尽量大，但不超过 32.0dB 为止。

④ 此时基准曲线被称为该组测量量的评价曲线，其在 500Hz 所对应纵坐标上的整分贝数，就是该组测量量所对应的单值评价量。

（2）当测量量用倍频程测量时，应符合下列规定：

① 将一组精确到 0.1dB 的倍频程撞击声隔声测量量在坐标纸上绘制成一条测量量的频谱曲线。

② 将具有相同坐标比例的倍频程撞击声隔声基准曲线（图 10-2-7）绘在有上述曲线的坐标纸上。

③ 将基准曲线向测量量的频谱曲线移动，每步 1dB，直至不利偏差之和尽量大，但不超过 10.0dB 为止。

④ 此时基准曲线被称为该组测量量的评价曲线，其在 500Hz 所对应纵坐标上的整分贝数减去 5dB，就是该组测量量所对应的单值评价量。

2.2.4　光裸重质楼板上铺设面层的计权撞击声改善量

（1）楼板面层撞击声改善量的单值评价量的名称和符号与测量量有关。测量量与单值评价量的对应关系应满足表 10-2-4 的要求。

表 10-2-4　楼板面层撞击声改善量的单值评价量及相对应的测量量

由 1/3 倍频程测量量导出		测量量来源
单值评价量的名称与符号	相应测量量的名称与符号	
计权撞击声改善量，ΔL_w	撞击声改善量，ΔL	《声学 建筑和建筑构件隔声测量》第 8 部分（GB/T 19889.8—2006）公式（5）

（2）光裸重质基准楼板规范化撞击声压级 $L_\mathrm{n,r,0}$ 应符合表 10-2-5 规定的数值。

表 10-2-5 基准楼板的规范化撞击声压级

频率/Hz	$L_{n, r, 0}$/dB
100	67.0
125	67.5
160	68.0
200	68.5
250	69.0
315	69.5
400	70.0
500	70.5
630	71.0
800	71.5
1000	72.0
1250	72.0
1600	72.0
2000	72.0
2500	72.0
3150	72.0

（3）计权撞击声改善量 ΔL_w 应按式（10-2-13）和式（10-2-14）计算：

$$L_{n, r} = L_{n, r, 0} - \Delta L \tag{10-2-13}$$

$$\Delta L_w = 78 - L_{n, r, w} \tag{10-2-14}$$

式中 $L_{n, r}$——在基准楼板铺设了测试面层时的规范化撞击声压级的计算值；

$L_{n, r, 0}$——基准楼板规范化撞击声压级（表 10-2-5）；

ΔL——楼板面层撞击声改善量；

$L_{n, r, w}$——在基准楼板铺设了测试面层时的计权规范化撞击声压级的计算值。

2.3 撞击声隔声的测量

建筑构件的结构噪声隔绝的量，仅对楼板和天花板进行测量和分级。ISO 10140-6 规定的标准撞击器用于如下目的。

（1）实验室楼板撞击声隔声的测量

被测试样被安装在两个相邻混响室之间的开口处。使用标准撞击器激励楼板，测量接收室内声压级的空间和时间平均值，并记为 L_i，称为撞击声压级。规范化撞击声压级的定义，用式（10-2-15）表示：

$$L_n = L_i + 10\lg(A/10) \quad (\text{dB}) \tag{10-2-15}$$

式中，A 为通过测量混响时间算得的吸声量。

ISO 10140-6 规定细则如下：

① 撞击器应有 5 个重锤，每个锤子的质量为 0.5kg，呈直线排列，最前和最后锤子两端宽 40cm，锤子以每秒钟 10 次的速率依次从 4cm 高处自由下落到楼板上。

② 被测楼板的面积应为 10～20m²，其短边的长度不应小于 2.3m。

③ 撞击器应摆放至少 4 个位置，对于非匀质楼板结构（有檩、梁等）应放置更多的位置。另外，锤子的连接线应与梁和檩的方向保持 45°角。撞击器应与楼板边界保持至少 0.5cm 的距离。

④ 接收室的撞击声声压级应进行平均计算，应测量若干传声器位置，或使用连续旋转传声器替代。建议采用 1 级声级计，时间计权采用慢（S）。

⑤ 声压级的测量应采用 1/3 倍频带或倍频带滤波器。1/3 倍频带频率范围至少在 100～3150Hz（4000Hz 最佳），倍频带频率范围在 125～2000Hz。

（2）楼板撞击声隔声的现场测量

为了在现场实测确定建筑构件的撞击声隔声特性，可采用规范化撞击声压级或采用参考 0.5s 混响时间规范化的标准化撞击声压级[式（10-1-49）]，分别用 L_n'、$L_{n,0.5}'$ 表示，这是因为有侧向传声。

（3）实验室楼板重击撞击声的测量

在日本标准中，除依照以上概念使用标准撞击器外，还采用一种重击撞击器，模拟孩子的跑跳。1978 年，日本发布了以标准轮胎作为撞击声源的重击法测试楼板撞击声隔声标准 JIS A 1418：1978 标准。并于 2000 年，日本又更新了此标准：JIS A 1418-2：2000《标准重击声源测定方法》、JIS A 1419-2：2000（ISO 717-2：1996）《建筑和建筑构件隔声标定——第 2 部分：楼板撞击声隔声》。此次更新的标准明确了两种重击声源，一种为轮胎重击器，另外一种为重击球，并将测量频率范围由原来的 63～4000Hz 更改为更为敏感的低频范围 63～500Hz，并将楼板重击声隔声性能指标适用等级分为特级、1 级、2 级、3 级，对于重击声源来说，楼板隔声性能最低限 3 级要求为小于 60dB，特殊情况下可以放宽至 65dB。

到了 20 世纪后期，韩国和我国台湾的民用建筑飞跃式发展，虽然已经颁布了楼板的轻击法撞击声隔声标准（基本等同于 ISO 撞击声隔声标准），但仍凸显出一些面积较大的房间楼板的低频隔声问题，因此在 1982 年，我国台湾颁布了 CNS 8464—1982《建筑物现场楼板撞击声测定法》、CNS 8465—1982《建筑物隔音等级楼板重击法撞击声隔声标准》。韩国于 2001 年颁布了 KS F 2810-2：2001《楼板标准重击声源测定方法》。

在 2010 年以前，ISO 标准中只有轻击法楼板撞击声隔声标准。这些年来，考虑到木质房屋或楼板面积较大的房间等也存在中低频噪声干扰问题，有了对重击法测试楼板撞击声隔声制定相应标准的需求。2010 年修订 ISO 140 时，以韩国颁布的楼板重击法撞击声隔声标准为参照，在其发布的 ISO 10140—3：2010（E）《声学 建筑构件隔声实验室测量 第 3 部分：撞击声隔声测量》的附录 A 中，加入了以橡胶球为撞击源的重击法楼板撞击声测量方法。

目前，在日本、韩国等地的住宅设计中，对楼板的重击声隔声性能要求都非常高，已经是国家住宅建筑设计的重要指标之一。韩国的指标要求要明显高于日本的指标要求，韩国此项指标已经列入国家的建筑法令中。

2.4　撞击声的隔绝措施

撞击声的产生是由于振动源撞击楼板，楼板受撞而振动，并通过房屋结构的刚性连接而传播，最后振动结构向接收空间辐射声能形成空气声传给接收者。因此，撞击声的隔绝措施主要有三条：一是使振动源撞击楼板引起的振动减弱，这可以通过振动源治理和采取隔振措施来达到，也可以在楼板上面铺设弹性面层来达到；二是阻隔振动在楼层结构中的传播，这通常可在楼板面层和承重结构之间设置弹性垫层来达到，这种做法通常称为"浮筑地板"；三是阻隔振动结构向接收空间辐射的空气声，这通常通过在楼板下做隔声吊顶来解决。为了评价采取隔绝措施的效果，有时撞击声改善值ΔL_p用式（10-2-16）表示：

$$\Delta L_p = L_{pn0} - L_{pn} \tag{10-2-16}$$

式中　L_{pn0}——采取措施前的规范化撞击声级，dB；

$\quad\quad L_{pn}$——采取改善措施后的规范化撞击声级，dB。

（1）面层处理

在楼板表面铺设弹性面层可使撞击能量减弱。常用的材料是地毯、橡胶板、地漆布、塑料地面、软木地面等，见图 10-2-8。铺设这些面层，通常对中高频的撞击声级有较大的改善，对低频要差些。但材料厚度大且柔顺性好（如厚地毯），对低频也会有较好的改善。

图 10-2-8　楼板面层的几种做法

（2）浮筑地板

当楼板等建筑构件受到撞击时，振动将在构件及其连接结构内传播，最后通过墙体、顶棚、地面等向房间振动辐射声音。振动在固体中传播时的衰减很小，只要固体构件一直是连接在一起的，振动将会传播很远，将耳朵贴在铁轨上可以听到几公里以外火车行驶的声音就是这个原理。在建筑中振动还有一个特点，就是向四面八方传播，所有有固体连接的部分都会振动，在房间中，由于四周都会振动发声，往往很难辨别振动声源的位置。但是，如果固体构件是脱离的（哪怕只是非常小的缝隙）或构件之间存在弹性的减振垫层，振动的传播将在这些位置处受到极大的阻碍，当使用弹簧或与弹簧效果类似的玻璃棉减振做垫层，将地面做成"浮筑地板"，将提高楼板撞击声隔声的能力。

隔振楼板和下面的支撑弹性垫层构成了一个弹性系统，一般的隔振规律是：楼板越重、垫层弹性越好、静态下沉度（楼板压上去以后的压缩量）越大，隔振效果就越好。8cm 厚的混凝土楼板比 4cm 的楼板更重，减振效果更好；两层 2.5cm 厚的离心玻璃棉垫层的静态下沉度大于一层 2.5cm 厚的同样垫层，减振效果要好一些。压缩后的垫层必须处于弹性范围内，也就是说，将楼板移去后，垫层可以在弹性的作用下恢复原来的厚度，如果垫层被压实而失去回弹性，将失去减振效果。因此，使用离心玻璃棉做减振垫层时，需要使用密度较大的垫层，防止玻璃棉被压实，上层混凝土越厚重，玻璃棉就要越厚，密度也需要越大，一般密度应大于 96kg/m³。图 10-2-9 为两种浮筑式楼板的构造示意图。图 10-2-10 为几种弹性地面的撞击声改善值频谱。

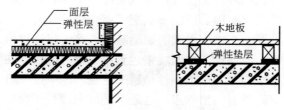

图 10-2-9　两种浮筑式楼板的构造方案

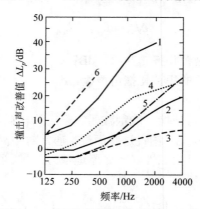

图 10-2-10　几种弹性地面的撞击声改善值频谱

1—6mm 厚甘蔗板加 1.7mm 厚 PVC 塑料面（或 3mm 厚油毡）；2—干铺 3mm 厚油毡地面；3—干铺 1.7mm 厚 PVC 塑料地面；
4—30mm 厚细石混凝土面层加 17mm 厚木屑垫层；5—10mm 厚矿棉垫层；6—厚地毯

　　图 10-2-11 为几种不同浮筑垫层的隔声性能比较。图 10-2-12 为刚性连接对隔声效果的影响。

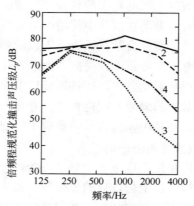

图 10-2-11　浮筑楼板不同浮筑垫层的隔声性能比较

1—无垫层；2—40mm 厚炉渣混凝土；3—8mm 厚纤维板；4—8mm 厚纤维板，地面与踢脚有刚性连接

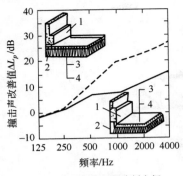
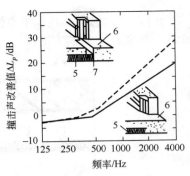

（a）浮筑面层与水泥踢脚板之间　　　　　　（b）浮筑楼板与门槛之间

图 10-2-12　浮筑楼板刚性连接对隔声效果的影响

1—踢脚；2—130mm 厚甘蔗板；3—面层；4—170mm 厚木屑垫层；5—10mm 厚矿渣棉；6—门槛；7—凿开

浮筑面层在用于隔绝机器振动的减振台或减振地面时需要更加专业的设计，如果设计不当，造成减振系统的固有频率与机器的振动频率接近时，不但不能起到减振作用，还会使振动加大，甚至损坏机器及楼板结构。

楼板撞击声隔声是建筑中最难处理的隔声部分之一。使用玻璃棉减振垫层上面现浇混凝土的做法可以获得 20～30dB 以上的撞击声隔声效果。对于住宅，由于层高所限，一般的做法是使用 2.5cm 厚（压缩后为 2cm 左右）96～150kg/m³ 的离心玻璃棉做垫层，上铺一层塑料布或 1mm 聚乙烯泡沫做防水层，再灌注 4cm 厚的混凝土形成浮筑地板。这种做法已经在北京格林小镇房地产开发中得以应用，效果非常良好。经实测，普通水泥地面的 $L_{pn,\,w}$=78dB，这种浮筑地板的 $L_{pn,\,w}$=56dB，隔声性能提高了 22dB。在有楼板隔声要求的公建中，如演播室、录音室或球馆及迪斯科舞厅的地板做法是，使用 5cm 厚（压缩后为 4.5cm 左右）150～200kg/m³ 的离心玻璃棉做垫层，上铺一层塑料布或 1mm 聚乙烯泡沫做防水层，再灌注 8～10cm 厚的混凝土。经实测，这种地面做法的 $L_{pn,\,w}$ 达到 44dB，隔声性能提高了 34dB。

使用离心玻璃棉做浮筑地板时需注意几个问题。一是玻璃棉密度不能过低，否则玻璃棉将被压实，失去回弹性，无法起到减振效果。二是整体式刚性浮筑面层要有足够的强度（混凝土必须配筋）和必要的分缝，防止地面断裂，可以采用 $\phi6$ 的钢筋间距 20cm 排列；配筋时，必须防止刺破防水层而造成混凝土浇灌时玻璃棉渗水。三是不能出现两层地面之间的硬连接，如水管、钢筋等，这样会导致声桥传声。浇灌地面与墙面连接处应使用玻璃棉、橡胶垫隔开，防止墙体将两层地面连接在一起。

（3）弹性隔声吊顶

在楼板下做隔声吊顶以减弱楼板向接收空间辐射空气声，吊顶必须是封闭的。若楼上房间楼板上有较大的振动，如人员的活动、机器振动或敲击等，在楼下做隔声吊顶时需要采用弹性吊件，否则振动会通过刚性的吊杆传递到吊顶，再将声音辐射到房间中，这种吊顶做法叫作弹性吊顶系统。同样，如果房间内的噪声很大，会引起顶棚较大振动。为了隔绝传递给顶棚的振动，也需要使用弹性隔声吊顶。

设计弹性隔声吊顶时，必须根据声源的频率特性对弹性吊件及其吊顶系统进行减振计算，使系统固有频率远小于声源的振动频率的 $1/\sqrt{2}$ 倍，尽量减少振动的传递。弹性吊杆的弹簧弹性应适中，过硬将失去弹性，成为刚性连接，不能起到减振作用；亦不能过软，防止吊顶荷载分布不均匀时，吊顶的整体性和平整性受到影响。

图 10-2-13 为一种隔声吊顶的方案图。

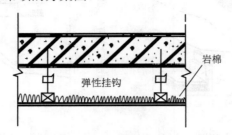

图 10-2-13　隔声吊顶的构造方案

（4）房中房

房中房是隔声隔振效果最好的一种建筑形式，即在房间中再建一个房间，内层房间位于弹簧或其他隔振设备上，四周墙壁及天花与外部房间之间没有任何连接。房间之间形成空气层，不但有利于空气声的隔声，而且有利于隔离撞击产生的声音。若采用良好的隔声门（或声闸），标准化空气声计权隔声量可以达到 70dB，计权标准化撞击声压级可低于 35dB。选择房中房使用的弹簧等弹性材料，需认真计算荷载和静态下沉量，尽可能降低内层房间与弹簧系统的共振频率。

（5）柔性连接

为防止设备振动传递到与其连接的其他结构上，需要采用柔性连接。振动的特点是：刚性越强，传递的振动越大。例如，在风机与风道连接时，为防止振动随风道传递出去，在接口处使用帆布或橡胶片作为柔性连接。水泵的水管与管道连接时，常采用一小段橡胶接管作为柔性连接，阻止水泵的振动沿管道传播。柔性连接不但要满足减振的要求，而且要具有抗压、密封、耐老化等相关特性。

第 **3** 章　雨噪声

3.1　雨噪声问题

雨噪声很早就受到人们的注意。国内外剧场设计规范中，有采用重屋盖隔绝室内雨噪声的要求。近年来，大跨度、造型奇异的建筑增多，轻质屋盖大量使用，雨噪声问题增多。在别墅、讲堂、体育馆、演播厅、电影院、剧场、剧院等噪声敏感建筑中采用彩钢夹芯板、膜结构、金属屋面、阳光板等轻屋盖时，常有雨噪声问题发生。尤其在我国南部降水较多地区，轻质屋盖雨噪声问题的影响更加突出。

2000 年夏季，国防部某重要的 1500m² 作战模拟指挥演播厅顶棚采用了 10cm 厚的彩钢夹芯板，普通中雨时室内噪声达到 78dB（A），使作战指挥模拟受到影响。为此进行的雨噪声实验研究显示，在顶棚附加荷载必须小于 8kg/m² 的要求下，利用隔声吊顶、屋顶喷聚氨酯、加防雨网等多种措施，室内噪声最多降低到 46dB（A），仍不能满足使用要求，几千万投资的演播厅被迫拆除重建，改为混凝土重屋顶。

2001 年，河北某中学 4000 人体育馆因室内无任何吸声处理，混响过长，影响会议演出使用，委托清华大学建筑物理实验室完成该体育馆室内吸声改造设计。据校方反映，因其屋面为 10cm 厚夹芯彩钢板，如家长会、文艺演出时遇到下雨，馆内噪声极大，扩声系统几乎失灵，对场馆的使用造成严重不良影响。后因屋盖荷载的限制，加之需投入超过 100 万元的隔声资金，该问题至今尚未解决。

2002 年秋季，进行国家大剧院 3 万平方米钛金属轻质复合屋盖设计时，为了保证中国这一标志性剧院的室内安静程度，法国设计师提出要求在 20 年一遇的暴雨条件下室内雨噪声必须小于 42dB（A）。雨噪声模拟实验显示，原设计屋盖雨噪声为 47dB（A），将 1mm 钢底板改 2mm、加橡胶弹性垫层、弧型板拼缝处密封、底板喷涂 K13 植物纤维阻尼等处理后，室内噪声降低到 41dB（A），达到了设计要求。

2003 年春季，进行国家游泳中心 ETFE 膜屋面设计时，为了防止北京奥运会期间雨噪声干扰跳水运动员比赛，要求在 50 年一遇的特大暴雨条件下室内噪声小于 60dB（A）。雨噪声模拟实验显示，ETFE 膜雨噪声高达 80dB（A），必须隔绝 20dB 才能满足要求。后经实验确定，采用防雨网、透明聚碳酸酯隔声板夹层、透明微孔吸声薄膜吸声等方法可降低雨噪声至达标。

2004 年夏季，进行国家体育馆铝金属屋面设计时，在以往轻质屋面雨噪声实验成果基础上，金属屋面内设计了 8mm 水泥压力板隔声层，并在底层 2mm 钢板喷涂 TC 纤维阻尼层。雨噪声实验显示，在 50 年一遇的特大暴雨条件下，体育馆内噪声为 38dB（A），达到奥运比赛和赛后大型文艺演出的使用要求。

首都机场航站楼，北京南站、广州新火车站、武汉火车站等站房设计均采用大跨度轻质屋盖，为保证室内广播和声环境质量，雨噪声是建筑设计中必须考虑的问题之一。

建立同时满足声学和雨量要求的人工模拟降雨实验室有一定难度，需要对降雨和对声学有长期研究以及数据的积累，因此，国际上只有少数实验室有能力进行这项研究。目前已知开展这项研究的国家仅有美国、日本、加拿大、澳大利亚、英国、德国、法国和中国，每个国家有1～2个模拟人工降雨实验室。另外，由于组织、安排自然雨雨噪声观测及相关实验难度很大，目前可查文献及相关报道中，雨噪声研究基本上是在对自然雨机理研究的理论基础上，建立人工模拟雨噪声实验室，"人为"地认为所建立的实验室测量方法"应该"与自然雨条件相符合。世界范围内尚无对人工模拟雨与自然雨雨噪声的关系进行过实验验证和定量的分析。

在国内，截止到2008年1月，仅有清华大学建筑学院建有雨噪声模拟实验室，进行过雨噪声实验和研究。

可查到的公开雨噪声实验研究文献很少，原因主要是研究的人少，难度大，成果少。另外，某些由轻质屋盖公司资助研究的成果也不对外公开。相关国外信息主要来自国际大公司轻质屋盖雨噪声或降低雨噪声产品的检测报告。国际标准化组织正在编制屋盖产品雨噪声的实验室测量规范草案，用以规范雨噪声的测量方法、比较轻质屋盖产品和降噪方案的雨噪声性能。

雨噪声的研究主要针对玻璃屋面、金属屋面板、夹芯金属屋面板、ETFE膜、PTFT膜、聚碳酸酯板（阳光板）等轻质屋面板。

国外雨噪声问题的研究情况如下。

1996年8月，美国Sound Attenuators Limited公司的Alan等采用水箱滴水法，测试了在降水强度3mm/min、雨滴末速度3m/s、粒径4mm条件下多种夹芯彩钢屋面板的雨噪声情况。屋面的面积为3.25m×1.83m，倾斜角度9.5°。模拟降雨采用了水箱法，测试系统见图10-3-1。在水箱底部穿孔并插入钢钉形成滴流，滴流示意图见图10-3-2，落水面积为0.911m²。测试报告中没有提及为何采用这种人工降雨参数，也未提及产生3m/s雨滴末速度的落雨高度。实验结论之一为"雨噪声的主要频率集中在500～2000Hz"，并得到较为详实的实验数据。

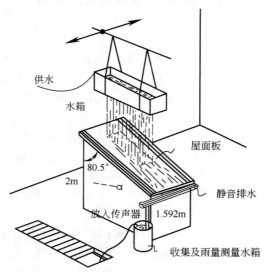
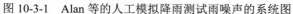

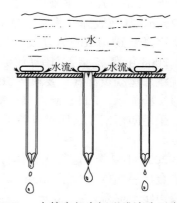

图10-3-1　Alan等的人工模拟降雨测试雨噪声的系统图　　图10-3-2　水箱底部穿钉形成滴流示意图

1996年10月，澳大利亚Mattew Shield和David Eden采用淋浴头喷水，实验现场照片见图10-3-3、图10-3-4，测试0.5mm厚波纹金属屋面板下喷30mm厚的Cool or Cosy Envirospray

纤维喷涂材料，雨噪声可降低 17dB。屋面板长 18.3m，宽 12m，房间侧墙高 4.24m。该实验中考虑了房间室内顶棚喷涂吸声材料后混响时间变化的影响，但未考虑降雨量大小、雨滴粒径分布、雨滴末速度、屋面积水层以及侧向传声等因素的影响。

图 10-3-3　喷水模拟雨噪声实验房　　　　图 10-3-4　喷水模拟雨噪声喷头

2000 年 5 月，为解决英国 Orange 呼叫中心金属屋面板的雨噪声问题，以证明某种有防止雨噪声作用的网（简称防雨网）能够解决该问题，英国 Buro Happold 公司的 Peter Roberts 等在汉普郡（Hampshire，英国南部之一郡）的一个板球俱乐部进行自然雨降雨噪声对比。在一间金属薄板屋面的房间顶上，在雨天时，测试三种状态下的室内雨噪声情况：一是仅为金属屋面顶；二是紧贴金属板顶上敷设防雨网；三是防雨网距离屋面 30cm。实验测试的结论是：这种防雨网置于屋面上，可以降噪 17.5dB（A），如果防雨网距离屋面 30cm，可以降低 13dB（A）。该实验报告称，由于测试期间网面不能全部覆盖屋面、测量期间降雨不稳定（断断续续）、排水管的排水方式对测试有影响，因此，测试结果可能比预期的要大，大的程度未讨论。报告中对雨强的说明仅为中雨，未描述降雨雨强具体数值。

2002 年 6 月，德国汉诺威（Hannover）大学接受委托，对瑞雨尽克（RHEINZINK）公司屋面系统进行雨噪声测试。瑞雨尽克（RHEINZINK）是一种类似小尼龙圈交联在一起的有一定弹性的垫层，见图 10-3-5。实验在一个隔声良好的仓库内进行，建起一个屋顶表面积为 9.3m²、斜度为 7°、体积为 21m³ 的实验室。每次实验时更换屋面构件，安装后进行落雨实验。

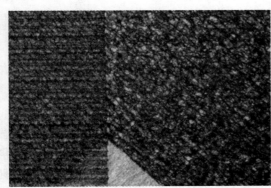

图 10-3-5　RHEINZINK 毡夹层及其施工安装

实验系统确保各种屋盖面层的测试条件绝对一致。测试选用 0.5mm/min 的流量。用淋浴喷头喷出滴流，使用 0.5mm/min 喷水量的原因是大致与屋顶排水系统设计排水量相当。实验结果表明，轻质屋面结构层内采用 RHEINZINK 毡夹层与普通玻璃纤维沥青垫层相比，具有 6dB（A）的雨噪声降低作用。实验数据表见 10-3-1。

表 10-3-1 德国汉诺威（Hannover）大学对 RHEINZINK 屋面系统雨噪声测试数据表

构造	声压级/dB（A）	
	室内	室外
在玻璃纤维沥青屋顶毡 V13 上面，做 24mm 厚木盖板，再做两层 RHEIZINK，斜度为 25°	57	56
先做 24mm 厚木盖板，再做两层 RHEIZINK，斜度为 25°	62	61
先做 24mm 木盖板，再做玻璃纤维基础沥青屋顶毡 V13，再做 COLBOND-ENKAMAT 7008，在它上面再覆盖 RHEIZINK，斜度为 25°	51	58
先做 24mm 厚木盖板，再做"隔声层"，再做 RHEIZINK，斜度为 25°	60	66
在 3cm/5cm 厚的木板上装波纹纤维水泥板，斜度为 25°	59	55
在 3cm/5cm 厚的木板上装水泥瓦表面，斜度为 25°	51	52
先做 24mm 的木盖板，在上面覆盖天然石材，斜度 25°	51	54

2002 年 8 月，日本 Hiroshi keda 等在 Tsuruoka 体育馆进行 Shizuka-Ace 阻尼垫层雨噪声对比测试。Shizuka-Ace 是一种轻质的隔热阻尼材料，由树脂、铝箔、聚乙烯交联发泡三层复合而成，可以作为金属屋面的结构间层，见图 10-3-6。文中称，理想的对比方式是在人工降雨的条件下进行测试，但因无法确定采用何种人工落雨方式才能有效地保证测试数据的准确性，因此，选择在雨天的时候，在体育馆两个相邻的金属屋面的房间进行自然降雨对比测试，其中一间的金属屋面采用了 Shizuka-Ace 阻尼垫层。实验过程中的雨强记录分别为 0.08mm/min、0.13mm/min、0.17mm/min、0.25mm/min、0.29mm/min。论文显示，金属屋面板下贴附 Shizuka-Ace 阻尼垫层可降低雨噪声 3～5dB。

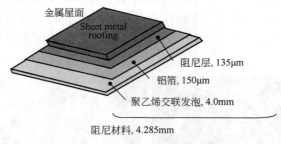

图 10-3-6 Shizuka-Ace 阻尼垫层

2002 年 11 月，美国、澳大利亚、英国、德国等国家联合提交了 ISO 雨噪声实验室测量标准草案。该草案确定了采用滴流法模拟降雨，落雨高度 3m，雨强采用中雨和大雨，雨强和雨滴粒径分别为 0.25mm/min、2.0mm 和 0.75mm/min、5mm，降雨面积采用 1m²。在标准草案中，对实验室声学条件、声学仪器、雨强的控制、实验屋面板起坡的角度均进行了详细的规定。标准草案中没有给出雨噪声实验室测量结果与自然雨之间的关系的可靠性说明。

清华大学建筑学院建造了雨噪声模拟实验室，开展了对雨噪声的实验研究，图 10-3-7 中给出了实验装置的示意图以及大暴雨雨强 2mm/min 时的噪声声强级频谱特性。

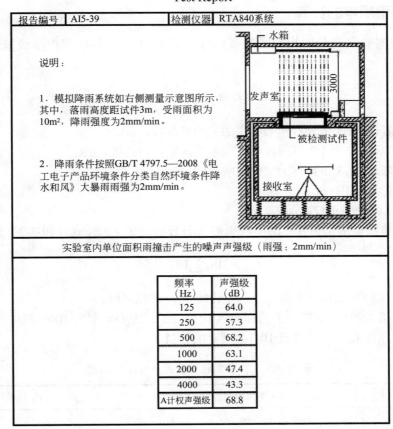

Form No.: BE-4-A001　　Rev: D/1

清华大学建筑环境检测中心
Center for Building Environment Test, Tsinghua University

检测报告
Test Report

报告编号	AI5-39	检测仪器	RTA840系统

说明：

1．模拟降雨系统如右侧测量示意图所示，其中，落雨高度距试件3m，受雨面积为10m²，降雨强度为2mm/min。

2．降雨条件按照GB/T 4797.5—2008《电工电子产品环境条件分类自然环境条件降水和风》大暴雨雨强为2mm/min。

水箱
发声室
3000
被检测试件
接收室

实验室内单位面积雨撞击产生的噪声声强级（雨强：2mm/min）

频率（Hz）	声强级（dB）
125	64.0
250	57.3
500	68.2
1000	63.1
2000	47.4
4000	43.3
A计权声强级	68.8

图 10-3-7　雨噪声的测试报告

3.2　雨噪声的评价

3.2.1　基本要求

（1）建筑构件的雨噪声隔声单值评价量的名称和符号与测量量有关。测量量与单值评价量的对应关系应满足表 10-3-2 的要求。

（2）实验室模拟人工降雨的降雨类型应采用符合 GB/T 19889《声学 建筑和建筑构件隔声测量第 18 部分：建筑构件雨噪声隔声的实验室测量》（GB/T 19889.18—2017）中规定的暴雨类型，并计算室内雨噪声。

表 10-3-2　建筑构件的雨噪声隔声单值评价量及对应的测量量

由 1/3 倍频程测量量导出		测量量来源
单值评价量的名称与符号	相应测量量的名称与符号	
实际高空降雨室内噪声级，L_{AR}	测试房间的平均声压级，L_p	《声学 建筑和建筑构件隔声测量》第 18 部分（GB/T 19889.18—2017）公式（5）

3.2.2　室内雨噪声的计算

（1）根据实验室测量的构件各频带雨噪声声强级 L_I，各频带声压级按式（10-3-1）计算：

$$L_i = L_{Ii} + 10\lg\left(\frac{T_i S}{V}\right) + 14 \tag{10-3-1}$$

式中　L_i——第 i 个 1/3 倍频程中心频率的室内声压级，dB；

　　　L_{Ii}——实测第 i 个 1/3 倍频程中心频率的雨噪声声强级，dB；

　　　T_i——第 i 个 1/3 倍频程的室内混响时间，s；

　　　V——室内容积，m³；

　　　S——屋盖受雨正投影面积，m²。

（2）实验室模拟降雨条件下的室内噪声 A 计权声级 L_{AL} 应按式（10-3-2）计算：

$$L_{AL} = 10\lg\sum_{i=1}^{18}10^{0.1(L_i + C_i)} \tag{10-3-2}$$

式中　L_{AL}——实验室模拟降雨条件下的室内噪声 A 计权声级；

　　　C_i——第 i 个 1/3 倍频程上的标准 A 计权因子。中心频率为 100～5000Hz 之间 1/3 倍频程 C_i，应符合表 10-3-3 规定的数值。

表 10-3-3　1/3 倍频程标准 A 计权因子 C_i 值

i	频率/Hz	C_i/dB
1	100	−19.1
2	125	−16.1
3	160	−13.4
4	200	−10.9
5	250	−8.6
6	315	−6.6
7	400	−4.8
8	500	−3.2
9	630	−1.9
10	800	−0.8
11	1000	0

续表

i	频率/Hz	C_i /dB
12	1250	0.6
13	1600	1
14	2000	1.2
15	2500	1.3
16	3150	1.2
17	4000	1
18	5000	0.5

（3）实际高空降雨室内噪声级 L_{AL} 应按式（10-3-3）计算：

$$L_{AL}=L_{AR}+5 \tag{10-3-3}$$

式中，L_{AR} 为实际高空降雨室内噪声 A 计权声级。

3.3　雨噪声的测量

3.3.1　测量设备

声压级测量设备的精确度应满足 GB/T 3785.1 和 GB/T 3785.2 中规定的 0 型或 1 型要求。

完整的声测试系统包括：传声器、校准器、混响时间测量设备。传声器在每次测量前需要使用校准器进行校准，校准器应满足 GB/T 15173 规定的 1 型要求。1/3 倍频程滤波器应满足 IEC 61260 中规定的要求。混响时间测量设备应满足 GB/T 20247—2006/ISO 354：2003 所规定的要求。

3.3.2　测试安排

（1）测试室

实验室测试设施应满足 GB/T 19889.1 的要求。测试室内的背景噪声级应足够低，以保证被测试件由模拟降雨激发所产生的声音能够准确测得。

（2）试件

测试房间屋顶洞口的尺寸应在 10～20m² 之间，短边的长度不应小于 2.3m。应处理好试件周边的密封，防止缝隙漏声。如果试件中含有连接件，其密封方式应尽可能与实际构造相同。

对于天窗，首选的尺寸为 1500mm×1250mm。天窗应安装在具有足够高空气声隔声量的填充板构件上，周边密封良好，以保证测试房间内所测声场仅由模拟降雨激发并辐射产生。

屋盖试件坡度宜为 5°，天窗试件坡度宜为 30°。如果已知试件实际坡度，则应按其实际坡度进行安装。小测试洞口在屋顶上的位置应符合 GB/T 19889.3 中测试墙体上窗体洞口的规定。

不宜使用面积不足 $1m^2$ 的试件。

3.3.3 降雨类型

用雨强对自然雨进行分类，雨滴粒径和雨滴末速度应符合 IEC 60721-2-2 的规定，典型的数值见表 10-3-4。

表 10-3-4 IEC 60721-2-2 降雨类型的分类

降雨类型	雨强/（mm/h）	典型的雨滴粒径/mm	雨滴末速度/（m/s）
中雨	不大于4	0.5～1.0	1～2
大雨	不大于15	1～2	2～4
暴雨	不大于40	2～5	5～7
大暴雨	大于100	>3	>6

3.3.4 测试过程

（1）降雨类型

对各产品进行比较时，应采用暴雨作为标准降雨类型。

（2）其他降雨类型

当不用于对产品进行比较时，亦可采用大雨类型，宜采用表 10-3-5 中大雨数值。

表 10-3-5 模拟降雨的特征参数

降雨类型	雨强/（mm/h）	雨滴粒径/mm	雨滴末速度/（m/s）
大雨	15	2.0	4.0
暴雨	40	5.0	7.0

表 10-3-5 给出的三个模拟降雨特征参数的允差如下：

① 雨强在表 10-3-5 中数值±2mm/h 以内；

② 50%的雨滴粒径在表 10-3-5 中数值±0.5mm 以内；

③ 50%的雨滴末速度在表 10-3-5 中数值±1m/s 以内。

（3）模拟降雨

① 在测量期间内，模拟降雨发生系统应能在试件样品上，连续均匀地产生统一粒径的水滴。

为消除附加噪声，应排出冲击到试件上的水。供水泵应放置于距测试房间足够远的地方，或者置于一个隔声罩中，以保证它不会增加背景噪声，从而保证雨噪声测试有效。

对于天窗等小试件，可使用单一位置的模拟降雨。对于大型试件（$10\sim20m^2$），可采用三个位置的模拟降雨，也可采用等面积全覆盖方式。当采用小面积模拟降雨时，模拟雨滴撞击试件的位置应稍微偏离中心，以避免对称性。对于非均匀小试件（尺寸约为 1.25m×1.5m），应激发整个试件。

② 模拟降雨发生系统 模拟降雨系统应是底部穿孔的水槽或等效水管阵列，它可以均匀产生如表 10-3-5 所列规格的水滴。水槽或等效水管阵列底部的穿孔面积应大于 $1.6m^2$，即可

全部覆盖按标准倾斜 30° 的小型试件。水槽或等效水管阵列底部穿孔最好选择随机分布，也可平均分布。

供水压力和穿孔数量应保证水槽或等效水管阵列中的水位恒定，并产生如表 10-3-5 所列的雨强。底部穿孔特性（直径）应保证产生的水滴粒径如表 10-3-5 所列。

模拟降雨下落高度应根据水滴末速度的实测值或根据穿孔尺寸、供水压力和下落高度计算的理论值进行设计，以满足表 10-3-5 的要求。

③ 模拟降雨发生系统的校准　模拟降雨发生系统应校准。如果所用水槽系统符合所要求的几何特性，那么只需核查雨强，即在精确测定的时间段内，在给定的面积上，通过收集降水进行雨强测量。可以使用这种测量雨强的方法快速而简易地对模拟降雨发生系统进行定期核查。

如果选用其他类型的降雨系统以产生其他类型的降雨，那么降雨系统的生产厂商需给出降雨类型的特性，包括水滴尺寸、水滴末速度和雨强。若该数据无法提供，则应进行实测。使用上述同样测量雨强的方法，可以快速而简易地对模拟降雨发生系统进行定期核查。

注：有若干种测量水滴尺寸和水滴末速度的非介入式方法，例如由光源（典型为闪光灯）、摄像机和计算机组成的成像分析仪，或者由发射器、接收器、信号处理器和计算机组成的相位多普勒粒子分析仪。

3.3.5　声强级的确定（间接法）

（1）声压级的测量

开始测量声压级之前，应保持试件上方的模拟降雨雨强持续稳定至少 5min。

保持稳定模拟降雨雨强的同时，应使用旋转传声器或固定位置传声器测量接收房间内的平均声压级。不同位置的声压级应进行能量平均。

平均声压级的测量、测量频率范围应满足 GB/T 19889.3 的规定。

当降雨发生系统使用三个位置时（如对于大型试件），相应的三个声压级应按能量叠加。

（2）背景噪声的修正

应测量背景噪声级，以保证测试房间不受外界噪声的影响。背景噪声级应低于模拟降雨噪声测量值（含背景噪声）至少 6dB（最好低 15dB 以上）。在测试房间内任意频带上所测的声压级与背景噪声相比，差值小于 15dB 但大于 6dB 时，按式（10-3-4）进行修正计算：

$$L = 10\lg(10^{L_{sb}/10} - 10^{L_b/10}) \quad (dB) \qquad (10\text{-}3\text{-}4)$$

式中　L——修正后雨噪声声压级；

　　　L_{sb}——含背景噪声的雨噪声声压级；

　　　L_b——背景噪声声压级。

在任意频带上声压级差别 ≤6dB 时，减 1.3dB 作为修正。这种情况下，在报告中应写明测试结果是测量的上限。

（3）声压级到声强级的转换

应将测量的每个 1/3 倍频带声压级，转化为被测试件辐射的单位面积声功率级或声强级 L_I，如式（10-3-5）所示：

$$L_I = L_{pr} - 10\lg(T / T_0) + 10\lg(V / V_0) - 14 - 10\lg(S_e / S_0) \qquad (10\text{-}3\text{-}5)$$

式中　L_{pr}——测试房间内的平均声压级；

　　　　T——测试房间内的混响时间；

　　　　T_0——参考时间（=1s）；

　　　　V——测试房间的容积（m^3）；

　　　　V_0——参考容积（=1m^3）；

　　　　S_e——受雨的试件面积（若采用三个位置测试，则该面积为受雨面积的总和），m^2；

　　　　S_0——参考面积（=1m^2）。

　　测试房间内混响时间的测量应按 GB/T 20247 的中断声源法进行测量。

　　A 计权声强级 L_{IA} 按式（10-3-6）计算：

$$L_{IA} = 10\lg \sum_{j=1}^{j_{max}} 10^{0.1(L_{Ij}+C_j)} \qquad (10\text{-}3\text{-}6)$$

式中　L_{Ij}——第 j 个 1/3 倍频带上的声强级，dB；

　　　　C_j——标准 A 计权因子。

　　$j_{max}=18$，中心频率为 100～5000Hz 之间 1/3 倍频带 C_j 值，参见表 10-3-6。

　　由整个（面积为 S_e 的）试件辐射出的声功率级按公式（10-3-7）计算：

$$L_W = L_I + 10\lg(S_e / S_0) \qquad (10\text{-}3\text{-}7)$$

式中　L_I——声强级，dB；

　　　　S_e——受雨的试件面积（若采用三个位置测试，则该面积为受雨面积的总和），m^2；

　　　　S_0——参考面积（=1m^2）。

表 10-3-6　1/3 倍频带序号 j 和 C_j 值

j	1/3倍频带中心频率/Hz	C_j/dB
1	100	−19.1
2	125	−16.1
3	160	−13.4
4	200	−10.9
5	250	−8.6
6	315	−6.6
7	400	−4.8
8	500	−3.2
9	630	−1.9
10	800	−0.8
11	1000	0
12	1250	0.6

续表

j	1/3倍频带中心频率/Hz	C_j/dB
13	1600	1
14	2000	1.2
15	2500	1.3
16	3150	1.2
17	4000	1
18	5000	0.5

如果要确定倍频带的声强级 $L_{I\text{oct}}$，则应以每个倍频带相应的三个 1/3 倍频带的声强级按式（10-3-8）计算：

$$L_{I\text{oct}} = 10\lg\left(\sum_{j=1}^{3} 10^{0.1L_{I1/3\text{oct}j}}\right) \tag{10-3-8}$$

式中，$L_{I\,1/3\text{oct}j}$ 为第 j 个相应的 1/3 倍频带上的声强级，dB。

（4）直接法测量声强

另一种替代声压级测量的方法是声强法，按 GB/T 31004.1 规定的方法可直接确定声强级。测试房间，也就是 GB/T 31004.1 中全文所涉及的接收室，可为任何满足 GB/T 31004.1 所规定的声场指标 F_{pl} 和背景噪声指标的房间。

设定 L_{Im} 是在测量面积 S_m 上每个 1/3 倍频带中心频率直接测量得到的声强级，试件辐射出的声强级 L_I 可按式（10-3-9）计算：

$$L_I = L_{Im} + 10\lg(S_m / S_e) \tag{10-3-9}$$

式中　L_{Im}——测量面积上每个 1/3 倍频带中心频率直接测量得到的声强级，dB；

　　　　S_m——测量面积，m^2；

　　　　S_e——受雨的试件面积（若采用三个位置测试，则该面积为受雨面积的总和），m^2。

3.3.6　使用参考试件进行归一化

（1）参考试件

为了比较，应对参考试件进行测量。

（2）归一化

对被测试件进行测量得到的声强级 L_I，应根据参考试件的测试结果进行归一化，即使用式（10-3-10）进行计算：

$$L_{I\,\text{norm}} = L_I - \Delta L_{Ic} \tag{10-3-10}$$

式中　L_I——声强级，dB；

　　　　ΔL_{Ic}——修正系数，dB。

3.3.7　结果表达

各频率声强级 L_I 和 A 计权声强级 L_{IA} 的数值都应精确到 0.1dB，并以表格和图表的形式列出。实验报告中的图表应为频率的对数坐标，并以 dB 为单位，其尺寸应为：

① 每 5mm 为一个 1/3 倍频带；

② 每 20mm 为 10dB；

③ 总 A 计权声强级 L_{IA} 和相应的雨强也应列出；

④ 各频率标准化声强级（$L_{I\,norm}$）也应精确到 0.1dB，并在表格和图表中列出；

⑤ 还应给出总 A 计权声强级 $L_{I\,A\,norm}$。

3.4 雨噪声的隔绝措施

（1）影响雨噪声大小的因素

① 雨强大小　雨强越大，雨滴的数量越多，且大直径的雨滴增多。雨滴越大，落地速度越大，携带的动能越多，形成的雨噪声越大。以 2007 年为例，北京共下雨 46 次，主要以雨强小于 0.5mm/min 的小雨到大雨为主，8 月份出现了 1mm 以上的暴雨和大暴雨 3 次。对于普通建筑来讲，如一般的住宅、学校、商业、酒店等，一年中因暴雨、大暴雨出现的概率较小，应重点考虑中等雨强条件下，如 0.25mm/min，雨噪声情况能否达到安静要求。如果过分强调雨噪声问题，增加屋盖设计的复杂化，可能造成浪费。对于噪声敏感建筑，如表演空间、演播厅、录音室、重要比赛的体育场馆等，就需要考虑可能出现的大暴雨的影响了。

② 屋面排水　屋面起坡角度越小，排水速度越慢，形成的短时水层越厚，对雨滴撞击的缓冲作用越强，而且对屋面板的阻尼作用越明显，因此，雨噪声越小。但是，需要指出的是，屋面排水直接关系到建筑的安全性及其他重要的使用功能，因此，屋面起坡必须在满足建筑设计要求的前提下，再考虑降低雨噪声的问题。

③ 屋面隔声　雨滴撞击屋面引起屋面振动，将有两种声音传向室内：一种是屋面振动辐射出的空气声；另一种是通过结构传递的固体声。如果屋面的构造具有良好的空气声隔绝能力及良好的撞击声隔绝能力，可降低雨噪声。

④ 隔声吊顶　如在屋盖下附设吊顶，阻挡屋面雨噪声向室内的辐射，可降低雨噪声。研究发现，采用轻钢龙骨双纸面石膏板吊顶上铺吸声面的吊顶形式，可降低雨噪声 15～20dB（A）。

（2）增加屋盖质量

重屋面的雨噪声要低，因为：一方面重屋面固有频率低，有利于对冲击的减振；另一方面，根据质量定律，质量有利于衰减在物体中传递的弹性波，所以，屋面越重，雨噪声越低。

建筑中的重屋盖，一般为 8cm 以上的混凝土结构层，加之保护层、保温层、防水层、找平层、饰面层等等，往往总面密度超过 250kg/m^2，这样大的重量，即使暴雨时，房间内基本感觉不到雨噪声问题。

对于一些大跨度的建筑形式来讲，为了减轻网架的荷载，屋面常常采用金属夹芯屋面板，有时局部采用玻璃、聚碳酸酯板（阳光板）、PTFT 膜、ETFE 膜等轻质结构板，因轻质屋面板自重轻，采用的防水、保温构造或材料也非常轻，往往总面密度不超过 50kg/m^2，下雨时，室内雨噪声问题就比较突出了。单纯地增加轻质屋盖的重量是不现实的，轻质屋盖的优势就在于"轻"，可大大地减轻结构负荷，节约造价。

如果已完工的轻质屋面板出现了雨噪声问题，因设计荷载余量的限制，一般是无法通过增加质量的方法来缓解的。对于雨噪声敏感的建筑物，尤其是剧场、演播室，在设计之初最好采用重屋盖防止出现雨噪声问题。

（3）改造轻质屋面的分层构造

改变不合理的轻质屋面构造可以提高隔绝雨噪声的性能。分层结构是较好的方法之一，即将屋盖做成多层结构，屋盖重量不变，而通过结构有效地进行隔声。例如，2008年北京奥运会的国家体育馆工程，采用了大跨度铝轻质屋盖板，为了防止雨噪声对奥运比赛的干扰，以及赛后对大型文艺演出的影响，采用了九层复合结构，虽然面密度只有 50kg/m²，在 50 年一遇的特大暴雨条件下，室内雨噪声小于 37dB（A），几乎达到和重屋顶同样的隔声效果。

分层构造影响雨噪声隔绝的因素有如下几点：

① 分层数量　分层越多，层与层之间的界面越多。雨噪声属于在结构中传递的弹性波，波通过界面时会因反射等而降低继续行进的声能，由此界面有利于降低声能。

② 使用隔声板材形成隔声层　采用一层 12mm 厚纸面石膏板、8mm 厚 GRC 板、1～2mm 钢板等形成隔声层，通过降低层与层间传递的空气声可降低雨噪声。但需要注意的是，必须进行缝隙处理，尤其是弧形屋盖，隔声层一定不能出现漏声现象，否则隔声性能将大打折扣。

③ 内填吸声棉　采用岩棉、离心玻璃棉等吸声材料做层间填充，可提高隔声层的空气声隔声性能。同时，这些吸声材料还具有提高保温性能的效果。有些材料，如聚苯、聚氨酯等，虽具有保温特性，但不具有吸声性能，对于雨噪声的隔绝效果甚微。

④ 声桥　屋面板受到雨滴冲击所产生的固体声，会沿着屋盖板的结构件传递至室内面层，引起面层振动，向室内辐射噪声。屋面各层之间的支撑杆件像桥一样传递固体声，即声桥。减弱声桥的刚性，尽可能采用柔性连接，可降低固体声，从而降低室内雨噪声，如采用弹簧支撑件、上下檩条之间垫橡胶垫等。

（4）屋面敷设防雨网

防雨网是用金属、植物纤维或聚乙烯等材料纺织而成的网，常用于野外通风遮阳、地面固沙防护、降低雨水对地面的强烈冲击等。

有三种使用防雨网降低雨噪声的方法。

① 在屋面上空悬挂防雨网　防雨网可将大雨滴破碎成小雨滴。多颗小雨滴和一颗大雨滴在具有相同冲击能量的情况下，小雨滴形成的雨噪声更小些。这是因为，大雨滴分成若干小雨滴后，小雨滴冲击的屋面振动能量转换效率低，因此雨噪声更小。雨滴被破碎得越多、越细，雨噪声越小。这种应用常采用在热电厂的淋水冷却塔降噪中，在冷却塔水面上设一道或多道防雨网，可降低淋水噪声达 7dB 左右。防雨网悬挂高度应不大于 50cm，否则小雨滴有可能又合并回大雨滴了。图 10-3-8 为实验室雨噪声测试研究时，在屋面上张拉防雨网的测试图片。实验结果显示，在彩钢屋面板上的防雨网使 2mm/min 雨强条件下的室内噪声由 77.6dB（A）降低到 71.0dB（A），降噪效果约 7dB（A）。

图 10-3-8　防雨网降低雨噪声实验室图

② 紧贴屋面拉布防雨网　降雨时，因防雨网紧贴在屋面上，会阻碍屋面排水，在屋面上形成比无网时更厚的一层水层，一方面缓冲了雨滴对屋面直接的冲击，另一方面起到屋面阻尼的作用。在 2008 年北京奥运会国家游泳中心的 ETFE 薄膜屋面雨噪声实验测试时，采用一种 TEXON 防雨网，如图 10-3-9 所示，雨噪声由 74.6dB（A）降低到 64.0dB（A），雨噪声降噪约 10dB（A）。

图 10-3-9　铺装 TEXON 防雨网降低雨噪声实验图

拉布防雨网方法的优点在于：附加荷载小，安装方便，视觉美观，无风荷载问题，未来可能是降低已建成轻质屋盖雨噪声的重要可选方法之一。

③ 加装防雨棚　若在屋面上方张拉防雨棚，如索膜结构，可防止雨滴直接冲击到轻质屋面上，达到降噪的效果。防雨棚的优点在于：基础、桅杆等可完全独立于原建筑，类似于为建筑"打了一把伞"，在轻质屋盖荷载受到限制或不能与建筑结构连接的场合，可能比较适用。

（5）增加阻尼层

在屋面板上涂刷橡胶、沥青等阻尼材料，可以降低屋面受雨滴冲击时的振动幅度，从而降低雨噪声。例如，在彩钢屋面板上喷覆一层聚氨酯保温层，由此形成阻尼而降低雨噪声可达 3dB。阻尼层原则上既可涂刷在屋面首层板上，又可涂刷在屋面首层板下，起到的阻尼作用相同。阻尼材料因其柔性，比金属屋面板声能转化率低，刷在首层板上面的降噪效果更好，但因阻尼材料外观效果欠佳，有时考虑到第五立面的效果，常常刷在板下。

另外，在屋面构造的最下层（室内层）涂刷阻尼材料，也可起到降噪的作用。因屋盖的最下层的振动直接将声音辐射到室内，这一层的阻尼降噪效果非常显著。在国家大剧院钛屋面板雨噪声降噪实验中，该屋面底板为 2mm 厚钢板，通过喷涂 K13 植物纤维材料，一方面增加了钢板的阻尼，另一方面起到缝隙密封作用，雨噪声共计降低 7dB。

屋盖板内填吸声棉或保温棉时，因这类材料一般既柔软又有弹性，因此，过盈满填并用上下板将其夹紧，可为上下板提供阻尼，提高隔声效果。需要注意的是，如果采用的保温填层是聚苯、闭孔聚氨酯等无弹性材料，则不要用上下板将其夹紧，否则将产生强烈的声桥漏声，隔声性能不升反降。层与层之间空腔内填非弹性材料时，不要满填，应留有一层空气层。

玻璃屋面的阻尼可采用夹胶玻璃替换普通玻璃，夹胶玻璃中的 PVB 胶片具有凝胶特性，对玻璃起到了阻尼的作用，可降低雨噪声。玻璃屋面有时常采用双层中空玻璃起到夏季隔热、冬季防冷凝的作用，因此，受雨面一层玻璃可更换成夹胶玻璃。夹胶层越厚，阻尼效果越好，一般至少用四层胶片，即 1.44mm 的夹胶。

（6）隔声吊顶

在轻质屋面板下设置一层隔声吊顶是较为常规的提高隔绝雨噪声性能的方法。一般空间网架或桁架屋盖的上下悬杆上分别具有一定荷载余量，可利用这一特点设计一道双层纸面石膏板上填吸声棉的隔声吊顶。

对彩钢聚苯夹芯板屋面下做隔声吊顶进行了自然雨条件下的实际观测。实验塔内的隔声吊顶是可升降的，为了对比测试，在短时降雨雨强不变的状况下，迅速起降，可获得比较准确的对比数据，如图 10-3-10 所示。吊顶构造为双 10mm 厚 GRC 板，吊顶就位后与屋盖板之间间距 600mm。

图 10-3-10 隔声吊顶降低雨噪声实验图（左：吊顶结构，右：升降机械）

图 10-3-11 和图 10-3-12 为有无隔声吊顶室内声压级的变化频谱特性曲线（雨强为 2mm/min 和 0.5mm/min）。

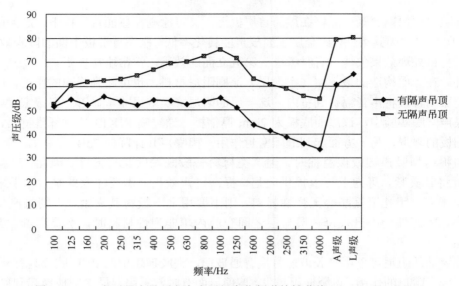

图 10-3-11 有无隔声吊顶室内声压级变化频谱特性曲线（2mm/min 雨强）

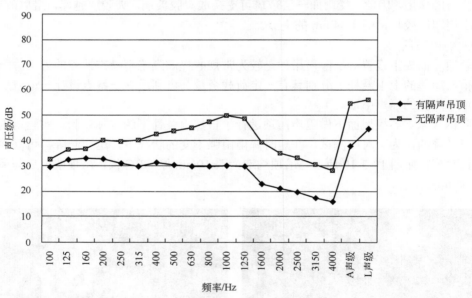

图 10-3-12 有无隔声吊顶室内声压级变化频谱特性曲线（0.5mm/min 雨强）

根据实测，对于彩钢聚苯夹芯板屋面，双层板隔声吊顶可降低雨噪声达 10～15dB（A）左右。

参 考 文 献

[1] 李晋奎. 建筑声学设计指南. 北京：中国建筑工业出版社，2004.

[2] 秦佑国. 建筑物理第四版——建筑声环境. 北京：清华大学出版社，1999.

[3] [日]前川善一郎，等. 环境声学与建筑声学. 原著第 2 版. [丹麦] J H·林德尔，[英]P·罗德，译. 北京：中国建筑工业出版社，2013.

[4] 吕玉恒，等. 噪声控制与建筑声学设备和材料选用手册. 北京：化学工业出版社，2011.

[5] 燕翔. 轻质屋盖雨噪声的实验研究. 博士学位论文，2008.

第11篇

消声器

编　著　李林凌　方丹群　蒋从双

校　审　吕玉恒　孙家麒

第 1 章　消声器原理及其分类

1.1　消声器原理

1.1.1　消声原理

　　利用气流管道内的不同结构形式的多孔吸声材料（常称阻性材料）吸收声能，主要适用于降低中高频段的噪声，或通过管道内声学特性的突变处将部分声波反射回声源方向，主要适用于降低低频及低中频段的噪声，或者通过不同的穿孔率和板厚以及不同的腔深来降低噪声，实现消声的目的。

1.1.2　消声器消声

　　消声器是一种既可使气流顺利通过又能有效地降低噪声的设备，也可以说是一种具有吸声内衬或特殊结构形式能有效降低噪声的装置。

　　在噪声控制技术中，消声器是应用最多、最广的降噪设备。消声器在工程实际中已被广泛应用于：鼓风机、通风机、罗茨风机、轴流风机、空压机等各类空气动力设备的进排气口消声；空调机房、锅炉房、冷冻机房、发电机房等建筑设备机房的进出风口消声；通风与空调系统的送回风管道消声；冶金、石化、电力等工业部门的各类高压、高温及高速排气放空消声，以及各类柴油发电机、飞机、轮船、汽车、摩托车、助动车等各类发动机的排气消声等。

1.2　消声器分类

1.2.1　消声器分类标准

　　空气动力性噪声是一种常见的噪声污染源，从喷气式飞机、火箭、宇宙飞船，直到气动工具、通风空调设备、内燃发动机、压力容器、管道阀门等的进排气，都会产生很高的空气动力性噪声。在这些空气动力设备的气流通道上或进排气口上加装消声器，就可以降低其噪声污染。消声器只能用来降低空气动力设备的进排气口噪声或沿管道传播的噪声，而不能降低空气动力设备的机壳、管壁、电机等辐射的噪声。不是所有的噪声源装上消声器就能降低其噪声，消声器是针对空气动力性噪声而设计的。

1.2.2　消声器种类

　　按消声器的消声原理及结构不同，可分为阻性消声器、抗性消声器、微穿孔板消声器、复合式消声器、排气放空消声器及其他消声器等，见表11-1-1。

　　按所配用的设备来分，有各类风机消声器、空压机消声器、内燃机消声器、罗茨鼓风机消声器、轴流风机消声器、通风空调消声器及排气放空消声器等。

表 11-1-1　消声器分类表

序号	类型	具体形式
1	阻性消声器	管式、片式、蜂窝式（或列管式）、折板式、声流式、弯头式、阵列式、小室式（或迷宫式、多室式）、百叶式、圆盘式、元件式
2	抗性消声器	扩张式、共振式、干涉式、有源消声器
3	微穿孔板消声器	管式、片式、折板式、复合式
4	复合式消声器	共振阻抗复合消声器、抗性阻抗复合消声器
5	排气放空消声器	节流减压型排气消声器、小孔喷注型排气消声器、节流减压加小孔喷注复合排气消声器、多孔材料耗散型排气放空消声器
6	其他消声器	蒸汽加热消声器、聚乙烯微孔排气消声器

1.2.2.1　阻性消声器

　　顾名思义，阻性消声器是利用声阻消声的，声抗的影响可忽略不计。阻性消声器是一种吸收型消声器，利用声波在多孔性吸声材料中传播时，因摩擦将声能转化为热能而散发掉，从而达到消声的目的。阻性消声器按气流通道的几何形状不同，可分为直管式、片式、折板式、迷宫式、蜂窝式、声流式、障板式、弯头式、阵列式等，如图 11-1-1 所示。

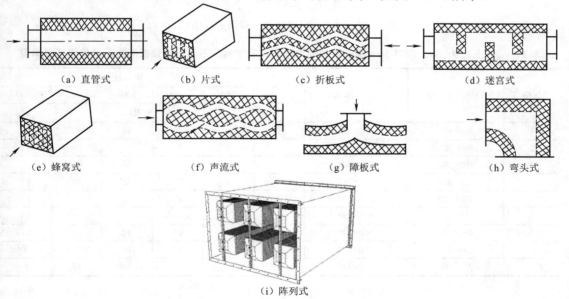

图 11-1-1　阻性消声器结构示意图

　　阻性消声器是各类消声器中形式最多、应用最广的一种消声器，特别是在风机类消声器中应用最多。阻性消声器具有较宽的消声频率范围，在中、高频段消声性能尤为显著。阻性消声器的消声性能主要取决于消声器的结构形式、吸声材料的吸声特性、通过消声器的气流速度及消声器的有效长度等。

　　为了提高阻性消声器的低频消声性能，可适当增加消声器吸声材料的厚度或密度，选用较低穿孔率的护面结构等。直管式消声器是阻性消声器中应用最为广泛的一种形式，设计计算较为方便准确。

下面介绍常用的几种阻性消声器。

（1）管式消声器

管式消声器是阻性消声器中结构形式最简单的一种，在气流管道内壁加衬一定厚度的吸声材料层即构成阻性消声器。管式消声器可以是圆管、方管及矩形管，如图 11-1-2 所示。管式消声器一般仅适用于风量很小、尺寸较小的管道，对大尺寸管道，其消声性能将显著降低，必须设计采用其他形式的阻性消声器。表 11-1-2 为长度为 1.0m、内衬 5cm 厚聚氨酯声学泡沫吸声层的不同规格管式消声器的倍频带消声量。图 11-1-3 为不同规格管式消声器的消声特性。

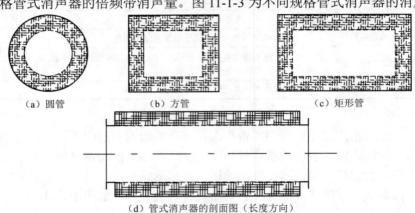

（a）圆管　　　　　　（b）方管　　　　　　（c）矩形管

（d）管式消声器的剖面图（长度方向）

图 11-1-2　阻性管式消声器形式图

表 11-1-2　长度为 1m、内衬 5cm 厚的聚氨酯声学泡沫吸声层的不同规格管式消声器的倍频带消声量

规格	外形尺寸/mm	法兰尺寸/mm	倍频带中心频率/Hz					
			125	250	500	1000	2000	4000
			消声量/dB					
1	300×300	200×200	3	11	26	19	24	26
2	400×300	300×200	3	10	22	16	20	14
3	500×300	400×200	2	8	19	14	18	12
4	350×350	250×250	2	9	21	15	19	13
5	475×350	375×250	2	7	17	12	16	11
6	600×350	500×250	2	7	16	11	15	10
7	400×400	300×300	2	7	17	12	16	11
8	550×400	450×300	1	6	14	10	13	9
9	700×400	600×300	1	5	13	9	12	8

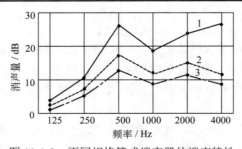

图 11-1-3　不同规格管式消声器的消声特性

1—法兰 200mm×200mm；2—法兰 375mm×250mm；3—法兰 600mm×300mm

（2）片式消声器

在大尺寸管道内设置一定数量的消声片，构成多个扁形消声通道并联的消声器，即称作片式消声器。图 11-1-4 为几种片式消声器的形式图。

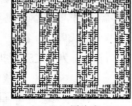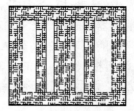

（a）薄片式　　　　　　　　　（b）厚片式　　　　　　　　（c）厚薄片复合式

图 11-1-4　几种片式消声器形式图

管式消声器一般只能适用于风量≤5000m³/h 的管道，而片式消声器的适用风量范围较大，可用于风量为 5000～80000m³/h 的管道。片式消声器结构简单，中高频消声性能优良，气流阻力也小，因此其适用范围也非常广，定型生产的片式消声器产品也较多。

片式消声器的消声性能主要取决于其消声片的片厚、片距及长度。片式消声器在消声片、风速及有效长度都确定的条件下，其性能仅取决于消声片间的距离，而消声片的用料及厚度将决定片式消声器的消声频率特性，片厚增大，可提高低频消声性能，但也会带来阻力及体积增大的问题。片式消声器的长度一般情况下与消声量成正比，但实践表明，分段设置的片式消声器比同样长度但连续设置的消声器的消声量会有所提高。图 11-1-5 为不同片长的 ZDL 型片式消声器的消声特性。

（3）蜂窝式（或列管式）消声器

将一定数量尺寸较小的管式消声器并列组合即构成了蜂窝式消声器，其消声性能与单个管式消声器基本相同。此种阻性消声器也可适用于较大风量条件，虽然其中高频消声性能很好，但由于其气流阻力一般比片式消声器大，构造也相对复杂，体积也偏大，故在工程中的应用受到限制。图 11-1-6 为蜂窝式消声器的消声特性。

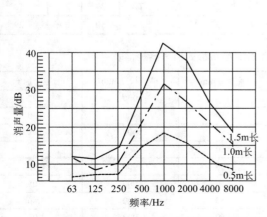

图 11-1-5　不同片长的 ZDL 型片式消声器的消声特性

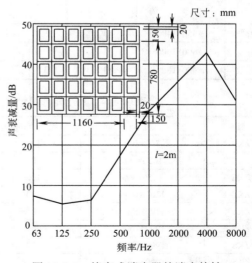

图 11-1-6　蜂窝式消声器的消声特性

（4）折板式消声器

　　将片式消声器的平直形气流通道改成折板形即成为阻性折板式消声器。由于声波在消声器内多次弯折，加大了声波对吸声材料的入射角，提高了吸声效率，达到了改善高频消声性能的效果。当然，折板式消声器的气流阻力也比片式消声器有明显提高。图 11-1-7 为三种阻性折板式消声器形式图。表 11-1-3 为三种常用于罗茨风机配套消声的 D 型阻性折板式消声器的实测消声性能，表中 ΔL_A 为 A 计权消声量，单位为 dB（A）。表 11-1-4 为用于矩形风管消声的 ZKS 型折板式消声器的规格表。表 11-1-5 为 ZKS 型折板式消声器的实测消声性能。图 11-1-8 为 ZKS 型折板式消声器结构图。

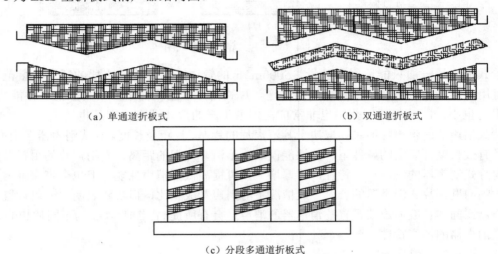

（a）单通道折板式　　　　　　　　（b）双通道折板式

（c）分段多通道折板式

图 11-1-7　三种阻性折板式消声器形式图

表 11-1-3　三种常用于罗茨风机配套消声的 D 型阻性折板式消声器实测消声性能

型号	外形尺寸/mm	风速/（m/s）	倍频带中心频率/Hz								ΔL_A/dB（A）
			63	125	250	500	1000	2000	4000	8000	
			消声量/dB								
D_4 型	$\phi 450 \times 1400$	17	9	24	27	36	28	24	23	21	30
D_5 型	$\phi 600 \times 1600$	19	7	29	29	36	29	27	24	27	33
D_7 型	$\phi 900 \times 1800$	19	13	12	28	33	29	32	30	30	29

表 11-1-4　用于矩形风管消声的 ZKS 型折板式消声器规格表

型号	外形尺寸 $A \times B$/mm	片厚 b/mm	片距 a/mm	单节长度/mm	通道面积/m²
ZKS-1	750×500	100	150	900	0.23
ZKS-2	1050×500	100	150	900	0.30
ZKS-3	1050×800	100	150	900	0.48
ZKS-4	1200×1000	100	150	900	0.70
ZKS-5	1500×1000	100	150	900	0.90
ZKS-6	1900×1000	100	150	900	1.05
ZKS-7	1900×1300	100	150	900	1.46
ZKS-8	1900×1700	100	150	900	1.91

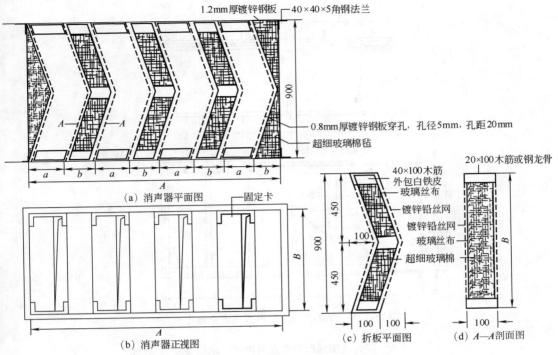

图 11-1-8　ZKS 型折板式消声器结构图

表 11-1-5　ZKS 型折板式消声器实测消声性能

长度/mm	风速/（m/s）	倍频带中心频率/Hz						压力损失/Pa
		125	250	500	1000	2000	4000	
		消声量/dB						
900 （一节）	3～4	7.5	14	22	22	27	28	4
	5～6	7	14	20	21	26	26	10
	7～8	7	14	18	19.5	24	25	38
1800 （二节）	3～4	13	27	38	39	48	50	14
	5～6	13	25.5	35	37	39	41	28
	7～8	11	22	31	32	40	41	52
2700 （三节）	3～4	17	35	45	50	62	64	19
	5～6	16	32	45	46.5	57	59	32
	7～8	13	27	37	39	48	49	70

（5）声流式消声器

　　声流式消声器是折板式消声器的一种改进形式，它是利用呈正弦波形、弧形或菱形等的弯曲吸声通道及沿通道吸声层厚度的连续变化来达到改善消声性能的目的。其消声性能较高，消声频带也较宽，气流阻力也较小，但结构较复杂，施工制作要求较高。图 11-1-9 为 T701-5 型弧形声流式消声器形式图。表 11-1-6 为 T701-5 型弧形声流式消声器技术规格及消声性能。

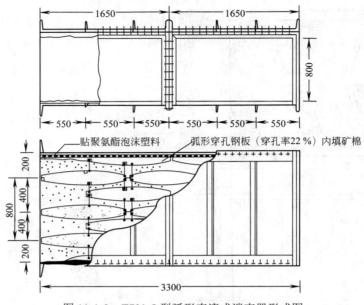

图 11-1-9　T701-5 型弧形声流式消声器形式图

表 11-1-6　T701-5 型弧形声流式消声器技术规格及消声性能

型号	外形尺寸/mm 长×宽×高	风速/（m/s）	倍频带中心频率/Hz						压力损失/Pa
			125	250	500	1000	2000	4000	
			消声量/dB						
T701-5 型	3300×1200×800	5.0	16	38	46	47	49	48	220

（6）弯头式消声器（消声弯头）

在管道弯头内壁加设吸声材料层即成为消声弯头，即弯头式消声器。图 11-1-10 为三种不同形式的直角消声弯头示意图，图中，d 为弯头通道净宽度，L 为弯头两端平直段长度，R 为弯道半径。

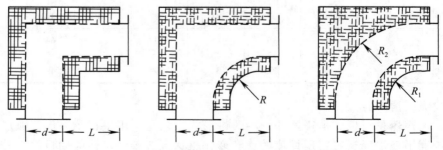

图 11-1-10　三种不同形式的直角消声弯头示意图

由于弯头式消声器结构简单、体积小，且少占建筑空间，又有一定的消声效果，因此在通风空调工程中应用十分普遍，有的空调系统甚至不设管道消声器，而全部靠管道弯头处设消声弯头来达到空调系统降噪要求。

　　消声弯头的消声性能首先与弯折角度有关，弯折角度愈大，消声量及气流阻力均相应增大。弯头性能还与弯头尺寸大小、断面形状、内壁吸声层用料和构造，以及通过气流速度等因素有关，特别是与弯头通道的净宽度 d 和声波波长λ的比值频率参数η 有关。表 11-1-7 为直角消声弯头的消声量与频率参数之间的关系。

　　消声弯头的消声性能及气流阻力与它的形状密切相关。表 11-1-8 为不同形状直角弯头的性能特征。表 11-1-9 为几种不同吸声衬里消声弯头的实测消声性能。

表 11-1-7　直角消声弯头消声量与频率参数的关系

刚性壁面弯头			吸声壁面弯头		
$\eta=d/\lambda$	无规入射/dB	正入射/dB	$\eta=d/\lambda$	无规入射/dB	正入射/dB
0.1	0	0	0.1	0	0
0.2	0.5	0.5	0.2	0.5	0.5
0.3	3.5	3.5	0.3	3.5	3.5
0.4	6.5	6.5	0.4	7.0	7.0
0.5	7.5	7.5	0.5	9.5	9.5
0.6	8.0	8.0	0.6	10.5	10.5
0.8	7.5	8.5	0.8	10.5	11.5
1.0	6.0	8.0	1.0	10.5	12
1.5	4.0	8.0	1.5	10	13
2.0	3.0	7.0	2.0	10	13
3.0	3.0	8.0	3.0	10	14
4.0	3.0	10	4.0	10	16
5.0	3.0	11	5.0	10	18
6.0	3.0	12	6.0	10	19
8.0	3.0	14	8.0	10	19
10.0	3.0	15	10.0	10	20

表 11-1-8　不同形状直角弯头的性能特征

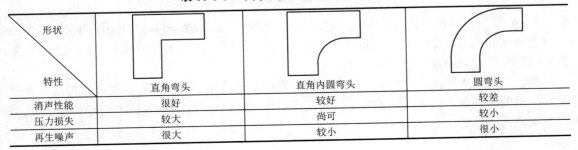

特性　　形状	直角弯头	直角内圆弯头	圆弯头
消声性能	很好	较好	较差
压力损失	较大	尚可	较小
再生噪声	很大	较小	很小

表 11-1-9　几种不同吸声衬里消声弯头的实测消声性能

弯头构造	风速 /（m/s）	倍频带中心频率/Hz						ΔL_A/dB（A）	压力损失 /Pa
		125	250	500	1000	2000	4000		
		消声量/dB							
无吸声衬里	3.3	8	15	6	7	8	8	7	2.6
	6.0	6	12	7	5	7	8	8	9.8
有 50mm 厚超细棉衬里，棉布饰面	3.3	8	16	19	24	25	23	17	3.7
	6.0	11	14	15	23	26	24	15	11.4
有 50mm 厚超细棉衬里，棉布饰面，加导流片	3.3	10	17	18	20	22	17	16	3.9
	6.0	11	19	19	21	24	18	17	10.0
50mm 厚超细棉衬里，穿孔板饰面	3.3	10	19	18	20	18	20	15	3.6
	6.0	8	14	17	17	17	19	15	11.3

图 11-1-11 为两种新开发的直角消声弯头，其中 ZWA 为绕风管长边 a 旋转的水平弯头，而 ZWB 为绕风管短边 b 旋转的垂直弯头。每种消声弯头均以吸声层厚度不同而分为 50 型（吸声壁面为 50mm 厚）和 100 型（吸声壁面为 100mm 厚）。每种消声弯头均按大小不同分为 49 种规格，可直接与各种规格的标准风管尺寸相连接。

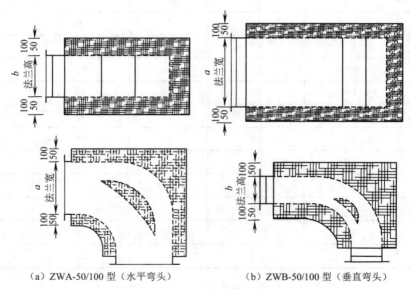

（a）ZWA-50/100 型（水平弯头）　　　（b）ZWB-50/100 型（垂直弯头）

图 11-1-11　ZWA 型和 ZWB 型两种直角消声弯头形式示意图

ZWA 型、ZWB 型消声弯头的适用风量可达 90000m³/h，消声量≥10dB，压力损失≤55Pa（风速≤10m/s 时），250～1000Hz 为消声性能最大的频段。表 11-1-10 及图 11-1-12 为实测 ZWB-50 型和 ZWB-100 型的消声特性。

如在尺寸较大的消声弯头内增加消声片，即成为片式消声弯头，可以进一步提高消声弯头的消声效果。图 11-1-13 为 QTS 型片式消声弯头形式示意图。表 11-1-11 为 QTS 型片式消声弯头的消声性能。

表 11-1-10　ZWB-50 型和 ZWB-100 型消声弯头实测消声性能

型号	风速/(m/s)	倍频带中心频率/Hz							ΔL_A/dB（A）
		63	125	250	500	1 000	2 000	4000	
		消声量/dB							
ZWB-50（630mm×320mm）	静态	7	8	15	16	12.5	9	7.5	9
	3	6.5	8	15.5	16	12	9	7	9.5
	5	6.5	7.5	15.5	15.5	11.5	9	7.5	10
	8	6.5	8	15	15.5	12.5	9.5	8.5	10
ZWB-100（630mm×320mm）	静态	10	12	17.5	23	14.5	10.5	7.5	11.5
	3	9.5	12	18.5	23	14	10.5	7	11.5
	5	9.5	12	18.5	23	14	10.5	7.5	12
	8	9.5	12	18	22.5	14	11	8	12

注：压力损失在风速 3m/s 时 10Pa，5m/s 时 20Pa，8m/s 时 30Pa。

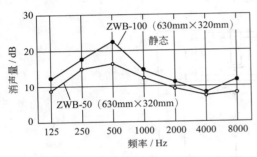

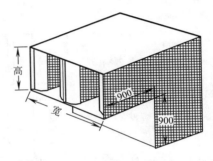

图 11-1-12　ZWB-50 型和 ZWB-100 型消声弯头实测消声特性　　图 11-1-13　QTS 型片式消声弯头形式示意图

表 11-1-11　QTS 型片式消声弯头的消声性能

型号	消声器入口截面平均风速/(m/s)	倍频带中心频率/Hz							
		63	125	250	500	1000	2000	4000	8000
		消声量/dB							
QTS	−5	10	23	36	50	56	58	49	34
	0	9	22	35	49	56	58	50	35
	+5	7	21	34	49	57	59	52	38

（7）阵列式消声器

阵列式消声器是一种阵列排布方形或圆形消声柱体而成的消声器，在消声柱体内部填充吸声材料。图 11-1-14 为阵列式消声器外形图。

（8）小室式消声器

小室式消声器也常称为迷宫式消声器或多室式消声器。小室式消声器由于其气流通道面积常有变化，因此也兼有抗性消声的一些特性。其低频性能相对较好，消声频带也较宽，但小室式消声器也有体积较大、气流阻力较高的问题。仅有一个小室的消声器称为单室消声器或称消声

图 11-1-14　阵列式消声器外形图

箱；有多个小室的消声器则称为多室式消声器，一般可适用于流量大、流速低、要求消声量高，而又有建筑空间可以利用的空调通风系统。图 11-1-15 为几种典型的小室式消声器的形式示意图。图 11-1-16 为珍珠岩吸声砖多室式消声器的构造示意及性能图。

　　多室式消声器也常被用于鼓风机等强噪声空气动力设备机房的进风或排风消声房及消声坑，即为土建形式的多室式消声器，内部通道壁面全部做吸声层。图 11-1-17～图 11-1-19 为三个土建砌筑的多室式进风或排风消声房。

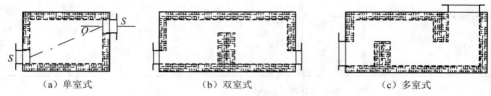

（a）单室式　　　　　　　（b）双室式　　　　　　　（c）多室式

图 11-1-15　典型小室式消声器形式示意图

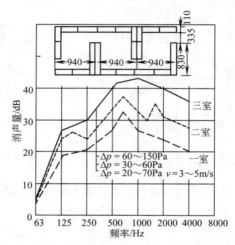

图 11-1-16　珍珠岩吸声砖多室式消声器的构造示意及性能图

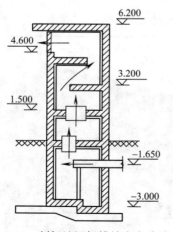

图 11-1-17　制氧站污氮排放多室式消声房

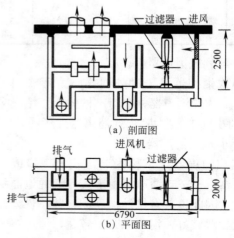

图 11-1-18　鼓风机进排气消声房

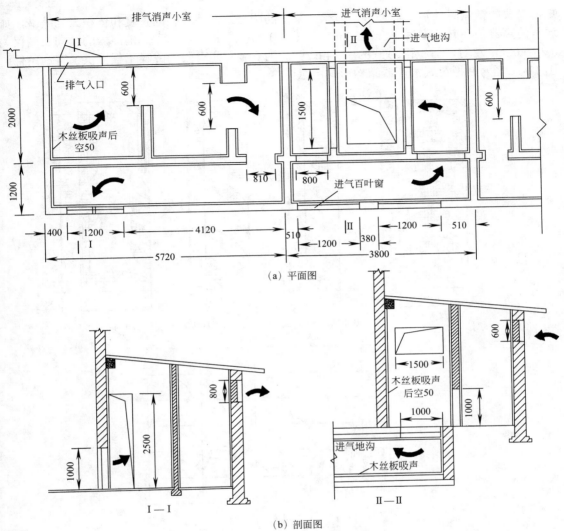

（a）平面图

（b）剖面图

图 11-1-19　罗茨鼓风机试车台进气及排气消声房

（9）百叶式消声器（消声百叶）

百叶式消声器常称为消声百叶或称消声百叶窗。百叶式消声器实际上是一种长度很短（一般为 0.2～0.6m）的片式或折板式消声器的改型。由于其长度（或称厚度）很小，有一定消声效果而气流阻力又小，因此在工程中常用于车间及各类设备机房的进排风窗口、强噪声设备隔声罩的通风散热窗口、隔声屏障的局部通风口等。

消声百叶的消声量一般为 5～15dB，消声特性呈中高频性。消声百叶的消声性能主要取决于单片百叶的形式、百叶间距、安装角度及有效消声长度等因素。

图 11-1-20 为几种消声百叶形式及消声性能图。

（10）圆盘式消声器

圆盘式消声器是一种外观新颖、体积小、重量轻、安装简便、效果良好的新型阻性消声器。在这方面，章奎生进行了大量的研究应用工作，并实现了产品系列化。他改长圆筒式或矩形筒式的常见阻性消声器外形，而呈一扁平的圆盘式，使其轴向长度和体积大为缩减，如通常消声器的轴向长度为 1.5m 左右，体积为 0.2～1.2m³/台，而盘式消声器的轴向长度仅为 0.25～0.5m 左右，体积仅为 0.03～0.4m³/台，为安装空间有限的降噪工程提供了有利条件。图 11-1-21 为 P 型盘式消声器结构形式示意图。

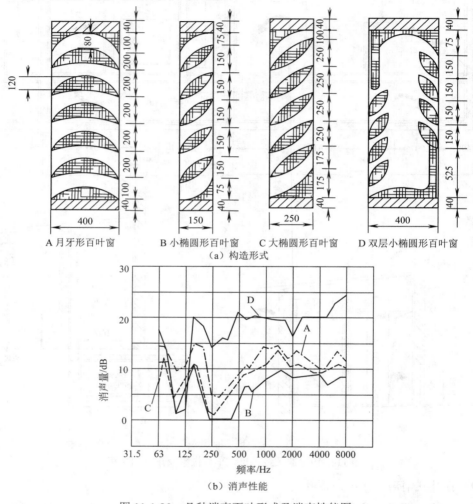

（a）构造形式

（b）消声性能

图 11-1-20　几种消声百叶形式及消声性能图

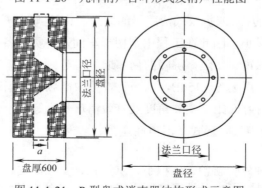

图 11-1-21　P 型盘式消声器结构形式示意图

　　盘式消声器进风口及出风口分别为圆环形和圆形，且两边互相垂直，即从进风口到出风口通道有一个 90° 拐弯，使中高频消声性能显著提高。盘式消声器内的气流通道截面积是渐变的，相应的气流速度也是渐变的，这对降低气流再生噪声、改善空气动力特性都是有利的。盘式消声器可以广泛应用于锅炉鼓风机的进风口消声、各类风机的进出风口或管道开口端，也可用作室外进风消声器的消声防雨风帽或隔声罩、隔声室顶部的散热消声风口等。

　　P 型圆盘式消声器的消声量一般为 10～15dB（A）左右，阻力系数为 0.6 左右，适用风速为 8～16m/s，风量为 500～16000m³/h。表 11-1-12 为 P 型盘式消声器实测消声性能。图 11-1-22 及表 11-1-13 为 P 型盘式消声器的实测空气动力特性。图 11-1-23 及图 11-1-24 分别为 P 型盘式消声器的气流再生噪声频谱特性及气流噪声 A 计权声功率级与风速的关系图。

表 11-1-12　P 型盘式消声器实测消声性能

测量条件	型号规格	倍频带中心频率/Hz							ΔL_A/dB（A）
		125	250	500	1000	2000	4000	8000	
		消声量/dB							
半自由场 （0° 向 1m 点） （静态）	P_2 型	4.5	9	16	22.5	26.5	22.5	21	18
	$P_{3.5}$ 型	8.5	14.5	16.5	24	22	18.5	15	19
	P_4 型	6.5	14.5	16	25.5	25.5	18.5	15.5	19.5
半自由场 （45° 向 1m 点） （静态）	P_2 型	2.5	6	16.5	16.5	14	17.5	14.5	12
	$P_{3.5}$ 型	6	12	14.5	15	15.5	16.5	13.5	14
	P_4 型	5.5	13	12	13	17.5	16.5	14.5	13.5
混响声场 （声功率级） （静态）	P_2 型	0	4.5	11	13	11.5	12	10	12
	$P_{3.5}$ 型	1	11	12.5	15.5	12.5	11.5	10	12
	P_4 型	1	9	11	10.5	12	10	9	10

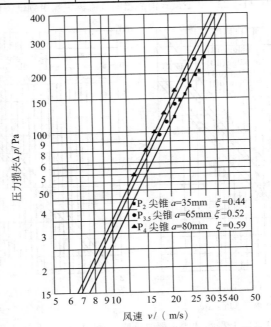

图 11-1-22　P 型盘式消声器的实测空气动力特性

表 11-1-13 P 型盘式消声器的实测空气动力特性

型号	环形开口宽度/mm		不同风速 v 下的压力损失值 Δp						阻力系数 ξ
P₂型	35	风速 v/(m/s)	20.6	22.2	24.0	25.5	26.9	28.5	0.44
		压力损失 Δp/Pa	12.1	14.7	16.2	16.6	19.8	20.2	
P₃.₅型	65	风速 v/(m/s)	15.2	17.3	18.9	21.3	23.3	26.7	0.52
		压力损失 Δp/Pa	7.2	9.7	11.2	13.7	18.0	23.5	
P₄型	80	风速 v/(m/s)	13.1	13.8	14.9	16.6	18.4	21.1	0.59
		压力损失 Δp/Pa	6.2	6.9	8.0	9.8	12.5	16.6	

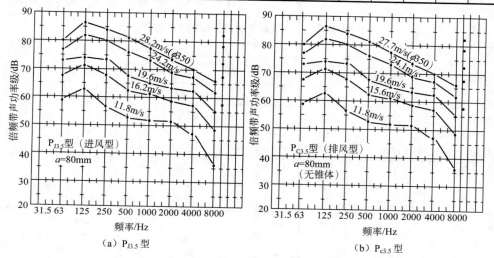

（a）P_{J3.5}型 　　　　（b）P_{e3.5}型

图 11-1-23　P 型盘式消声器的气流再生噪声频谱特性

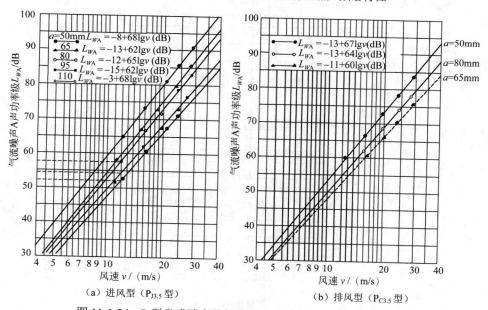

（a）进风型（P_{J3.5}型）　　　　（b）排风型（P_{C3.5}型）

图 11-1-24　P 型盘式消声器气流噪声 A 声功率级与风速关系图

（11）元件式消声器

元件式消声器是由一定数量的单个消声元件排列组合而成的消声器，主要适用于大通道、大流量的消声通道，如大型飞机发动机试车台、大型通道消声。

元件式消声器一般均由阻性消声元件组成，但也有复合式消声元件。消声元件的形式有板形、复合板形、圆筒形、菱形、梭形、箱形等。图 11-1-25 为几种不同形式消声元件示意图。

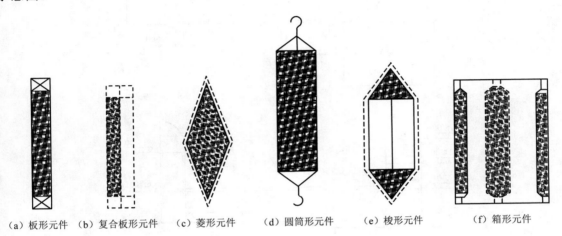

（a）板形元件　（b）复合板形元件　（c）菱形元件　（d）圆筒形元件　（e）梭形元件　（f）箱形元件

图 11-1-25　几种不同形式消声元件示意图

图 11-1-25（d）圆筒形阻性消声元件和图 11-1-25（e）梭形阻性共振复合消声元件曾被用在某航空发动机试车台垂直进气道和水平进气道的消声处理中，如图 11-1-27（a）、（b）所示。圆筒形消声元件共设上、下两层串联吊挂，共 1352 只，单只尺寸为 ϕ200mm×1200mm，两节串联后有效长度为 2.2m，圆筒元件平面中心距为 375mm。而梭形消声元件的单只尺寸为长 1m、厚 0.3m、高 0.62m，共 576 只，每只的两端三角形部分为阻性消声，而中部上、下、左、右分割为四个共振消声腔，且有不同共振频率。梭形元件的平面为交错排列，呈声流式形状，其总有效长度为 4.5m，进气风速为 15m/s。图 11-1-26 为圆筒形消声元件的消声特性。图 11-1-27 为进气道实测两种消声元件的消声效果图。

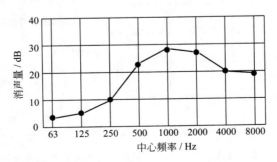

图 11-1-26　圆筒形消声元件的消声特性

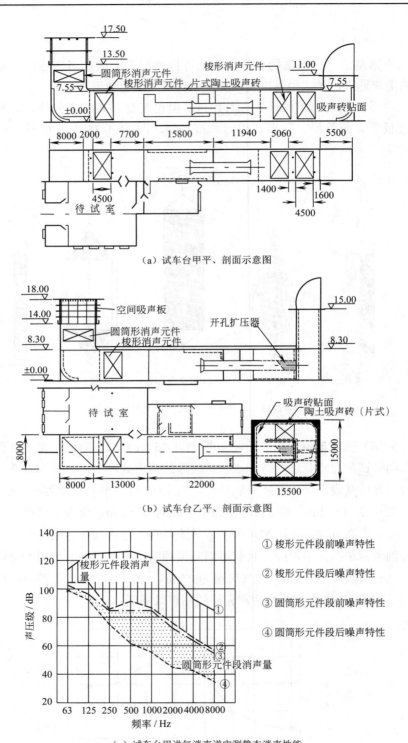

（a）试车台甲平、剖面示意图

（b）试车台乙平、剖面示意图

（c）试车台甲进气消声道实测静态消声性能

图 11-1-27　航空发动机试车台平剖面图及进气道实测两种消声元件的消声效果图

1.2.2.2　抗性消声器

抗性消声器是通过管道内声学特性的突变处将部分声波反射回声源方向，即利用声波的反射、干涉及共振等原理，吸收或阻碍声能向外传播，以达到消声目的的消声器，主要适用于降低低频及低中频段的噪声。

抗性消声器的最大优点是不需使用多孔吸声材料，因此在耐高温、抗潮湿、流速较大、洁净要求较高的条件下使用，均比阻性消声器具有明显的优势。

抗性消声器又可分为扩张式（或膨胀式）消声器、共振式消声器、干涉式消声器及有源消声器等不同类型，以适应多种不同的使用条件，如图11-1-28所示。

抗性消声器已被广泛地应用于各类空压机、柴油机、汽车及摩托车发动机、变电站、空调系统等许多设备产品的噪声控制中。

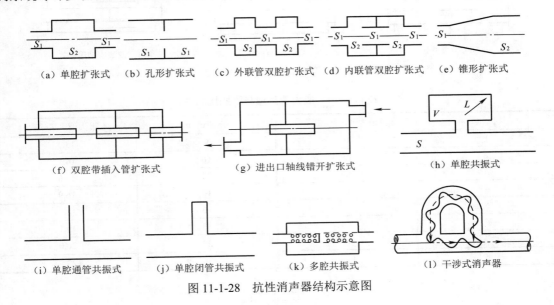

（a）单腔扩张式　（b）孔形扩张式　（c）外联管双腔扩张式　（d）内联管双腔扩张式　（e）锥形扩张式

（f）双腔带插入管扩张式　　　（g）进出口轴线错开扩张式　　　（h）单腔共振式

（i）单腔通管共振式　　　（j）单腔闭管共振式　　　（k）多腔共振式　　　（l）干涉式消声器

图11-1-28　抗性消声器结构示意图

（1）扩张式消声器

扩张式消声器是抗性消声器最常用的结构形式，也称膨胀式消声器。其主要消声原理是：利用管道的截面突变引起声阻抗变化，使得一部分沿管道传播的声波反射回声源。同时，通过腔室和内接管长度的变化，使得向前传播的声波与在不同管截面上的反射波之间产生$180°$的相位差，相互干涉，从而达到消声的目的。

通常扩张式消声器由扩张室及连接管串联组合而成。图11-1-29为几种扩张式消声器的形式示意图。其中，图11-1-29（a）即为典型的单室扩张式消声器。图11-1-29（a）中S_0为原管道截面积，S_1为扩张室的截面积，我们将扩张室与原管道截面积之比称为膨胀比m，此m值将决定单节典型扩张式消声器的最大消声量，见表11-1-14。

扩张式消声器的消声性能除了与膨胀比m有关外，还与扩张室的长度、插入管的形式及长度、扩张室的直径或当量直径及通过气流速度等因素有关。其中，扩张室的长度及插入管的形式及长度将影响扩张式消声器的频率特性，扩张室的直径将影响扩张式消声器有效消声性能的发挥。

　　由于扩张式消声器在低中频段有较好的消声性能,而高频消声性能相对较差,因此被较
多地应用于以低中频噪声为主的一些设备消声,而更多的则是与阻性消声相结合组成阻-抗复
合式消声器,得到十分广泛的使用。图 11-1-30 为一种用于空压机进气消声的扩张式消声器。
图 11-1-31 为两种用于汽车排气的扩张式消声器。图 11-1-32 为两种用于柴油发动机排气的扩
张式消声器。

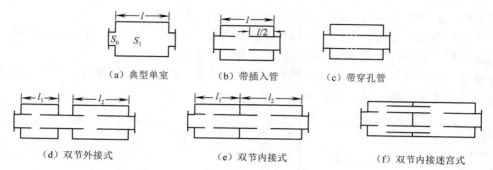

图 11-1-29　几种扩张式消声器形式示意图

表 11-1-14　**最大消声量与膨胀比的关系**

膨胀比 m	最大消声量/dB	膨胀比 m	最大消声量/dB
1	0	9	13.2
2	1.9	10	14.1
3	4.4	12	15.6
4	6.5	14	16.9
5	8.3	16	18.1
6	9.8	18	19.1
7	11.1	20	20.0
8	12.2	30	23.5

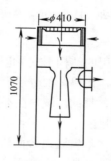

图 11-1-30　20m³/min 空压机进气消声的扩张式消声器示意图

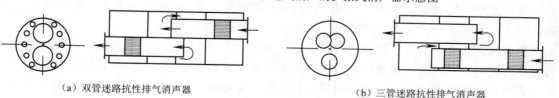

（a）双管迷路抗性排气消声器　　　　　　　　　　（b）三管迷路抗性排气消声器

图 11-1-31　两种汽车排气消声器示意图

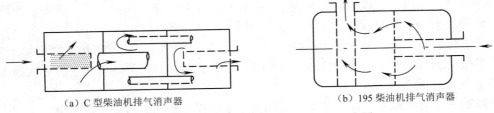

（a）C 型柴油机排气消声器　　　　　　　　　（b）195 柴油机排气消声器

图 11-1-32　两种柴油发动机排气消声器示意图

（2）共振式消声器

共振式消声器是由一段开有一定数量小孔的管道与管外一个密闭的空腔连通而构成一个共振系统。在共振频率附近，管道连通处的声阻抗很低，当声波沿管道传播到此处时，因为阻抗不匹配，使大部分声能向声源方向反射回去，还有一部分声能由于共振系统的摩擦阻尼作用转化为热能被吸收，仅剩下一小部分声能继续传播过去，因此就达到了共振消声的效果。图 11-1-33 为共振式消声器的消声原理图。

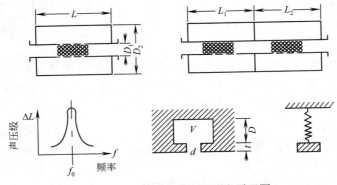

图 11-1-33　共振式消声器消声原理图

共振式消声器的消声特性是频率选择性较强，即仅在低频或中频的某一较窄的频率范围内具有较好的消声效果，而其他频段则无甚作用。图 11-1-34 为共振式消声器典型的消声频率特性。

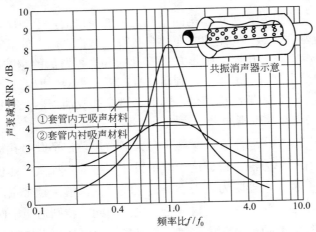

图 11-1-34　共振式消声器典型消声频率特性

共振式消声器的消声性能主要取决于共振孔板的结构参数，包括孔径、孔数、板厚、共振腔的体积大小、管道的截面积及气流速度等因素。

由于共振式消声器仅能在一定的频段起到有效的消声作用，因此它也与扩张式消声器一样，更多地用于与阻性消声器相结合构成阻共振复合式消声器而广泛应用于工程实践中。

（3）干涉式消声器

声波的干涉就是频率、性质都相同而相位相反的声波相加时所发生的现象。干涉式消声器就是根据声源干涉原理制成的，即设计一定的消声器结构形式，使两个相位相反的声波在消声器中相遇而互相抵消，以达到消声的目的。

图 11-1-35 为干涉式消声器的消声原理图。在原直通管道上加设一个旁通支管道，入射波在 A 点处等分为两路通道，若两路管道的长度分别为 l_1 和 l_2，并在 B 点会合，如果两路通道的声波传播距离之差（$l_1 - l_2$）为待消除声波半波长的奇数倍时，则在分支管道会合处 B 点两个声波的相位正好相反，即因相互抵消而达到消声的目的。

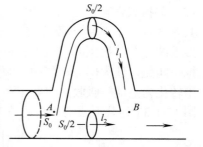

图 11-1-35　干涉式消声器消声原理图

干涉式消声器的消声特性具有很强的频率选择性，即仅对很窄的频带（一般仅为一个 1/3 倍频程）具有很好的消声性能，因此其适用范围有限，仅对某些具有很强噪声峰值的有调噪声才有效果，而对大量宽频带噪声则不能起到消声作用。

（4）有源消声器（又称电子消声器）

电子消声器是应用电子技术及设备，人为地制造一个与原噪声源幅值相同而相位相反的声源，在一定的空间区域内使两个声波产生干涉而抵消，以达到降低噪声的目的。

电子消声器对于低中频段的窄频带噪声容易取得明显的消声效果，而对于宽频带噪声的消声则有较大难度。国内外对有源消声器的研究正在积极进行之中，而且已经取得了不少的进展。有源消声可参见本手册第 7 篇有源噪声控制技术。

1.2.2.3　微穿孔板消声器

微穿孔板消声器是在共振式吸声结构的基础上发展而来的，于 20 世纪 80 年代研制成功并广泛使用的一种新型消声器。它是建立在微穿孔吸声结构基础上的既有阻又有抗的共振式消声器。微穿孔板消声器是由孔径≤1mm 的微穿孔板和孔板背后的空腔所构成的，其主要特点就是穿孔板的孔径减小到 1mm 以下，利用自身孔板的声阻，取消了阻性消声器穿孔护面板后的多孔吸声材料，使消声器结构简化，因此，微穿孔板消声器兼有抗性与阻性的特点。图 11-1-36 为片式双层微穿孔板消声器示意图。

国际著名声学专家、中国科学院资深院士马大猷教授奠定了微穿孔板吸声结构的理论基础，给出了具体的设计计算方法。根据这一理论设计制造的各种微穿孔板消声器，在许多领域得到了应用。微穿孔板消声器阻力损失小，再生噪声低，消声频带宽，可承受较高气流速度的冲击，耐高温，不怕水和潮湿，能耐一定粉尘，因此，特别适用于医疗、卫生、食品、制药、电子、国防等行业的消声。对于高速、高温排气放空和内燃机排气消声等，微穿孔板消声器也较适用。微穿孔板消声器的结构形式类似于阻性消声器，按气流通道几何形状的不同，分为方形直管式、圆形直管式、片式、折板式、插入式、复合式等，如图 11-1-37 所示。

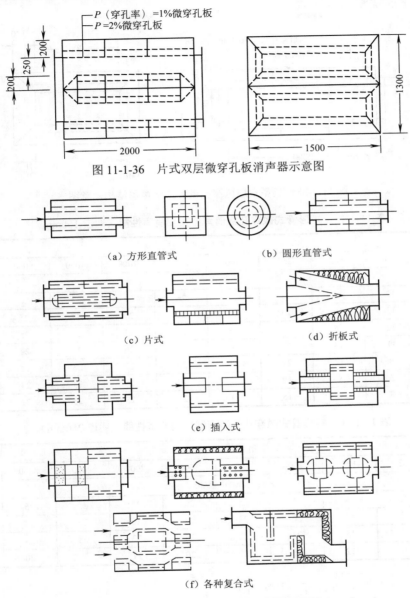

图 11-1-36　片式双层微穿孔板消声器示意图

（a）方形直管式　　　　　　　（b）圆形直管式

（c）片式　　　　　　　　　（d）折板式

（e）插入式

（f）各种复合式

图 11-1-37　微穿孔板消声器结构示意图

微穿孔板消声器的结构特征为微孔（$\phi 0.2\sim 1mm$）、薄板（$0.5\sim 1mm$）、低穿孔率（$P=0.5\%\sim 3\%$）和一定的空腔深度（$5\sim 20cm$）。为了保证在较宽的频带范围内有较高的吸声率，一般均采用双层吸声结构或多层吸声结构，前后空腔的厚度可以相同，也可以不相同，接触气流的第一层穿孔板的穿孔率可以适当高于后面一层。

图 11-1-38 为典型双层微穿孔板管式消声器结构示意图。表 11-1-15 及表 11-1-16 为不同通道大小、各种风速下矩形管式微穿孔板消声器的实测消声性能。图 11-1-39 为单、双

层声流式微穿孔板消声器结构示意图。表 11-1-17 为单、双层声流式微穿孔板消声器在不同风速条件下的实测消声性能。

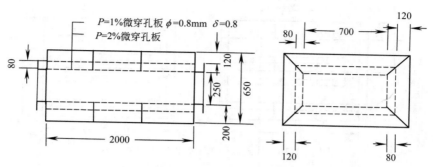

图 11-1-38　典型双层微穿孔板管式消声器结构示意图

表 11-1-15　矩形管式微穿孔板消声器实测消声性能（通道 150mm）

风速/（m/s）	倍频带中心频率/Hz								压力损失/Pa
	63	125	250	500	1000	2000	4000	8000	
	消声量/dB								
0	12	16	25	25	26	26	23	26	0
7	12	16	25	24	22	25	23	25	0.1
10	12	16	25	23	22	23	23	25	2.4
16	11	14	22	20	23	26	23	24	6.5
20	9	12	21	22	20	22	23	24	13.2
24	5	9	19	21	20	26	23	24	15.2
30	3	6	18	21	21	25	23	22	97

表 11-1-16　矩形管式微穿孔板消声器实测消声性能（通道 250mm）

风速/（m/s）	倍频带中心频率/Hz								压力损失/Pa
	63	125	250	500	1000	2000	4000	8000	
	消声量/dB								
7	12	18	26	25	20	22	25	25	0
11	12	17	26	23	20	20	26	24	0
17	11	15	23	22	20	22	23	23	0
20	6	12	22	21	20	21	21	20	7

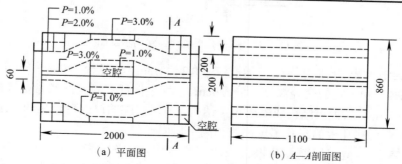

（a）平面图　　　　　　　（b）A—A 剖面图

图 11-1-39　单、双层声流式微穿孔板消声器结构示意图

表 11-1-17　单、双层声流式微穿孔板消声器实测消声性能

风速/（m/s）	倍频带中心频率/Hz								压力损失/Pa
	63	125	250	500	1000	2000	4000	8000	
	消声量/dB								
0	18	28	29	33	30	42	51	41	0
7	16	25	29	33	23	32	41	35	8
10	15	23	26	29	22	30	35	33	49
14	17	19	20	24	20	26	34	30	80
22	4	10	12	19	19	27	33	28	320
25	2	3	4	14	16	25	32	24	430

1.2.2.4　复合式消声器

如前所述，阻性消声器虽有优良的中高频消声性能，但低频消声性能则较差，而且也难以提高，而扩张式及共振式消声器则相反，在低中频具有较好消声性能，高频消声效果一般都较差。为了达到宽频带、高吸收的消声效果，往往把阻性消声器和抗性消声器组合在一起而构成阻抗复合式消声器。阻抗复合式消声器，既有阻性吸声材料，又有共振腔、扩张室、穿孔屏等声学滤波器件。一般将抗性部分放在气流的入口端，阻性部分放在抗性部分的后面。根据不同的消声原理，结合具体的现场条件及声源特性，通过不同方式的组合，即可设计出不同结构形式的阻抗复合式消声器。各种类型的阻抗复合式消声器，如图 11-1-40 所示。图 11-1-41 即为广泛应用于空调通风系统的国标 T701-6 型阻抗复合式消声器结构示意图。表 11-1-18 为 T701-6 型阻抗复合式消声器系列规格表。图 11-1-42 为 T701-6 型阻抗复合式消声器的阻力特性曲线。

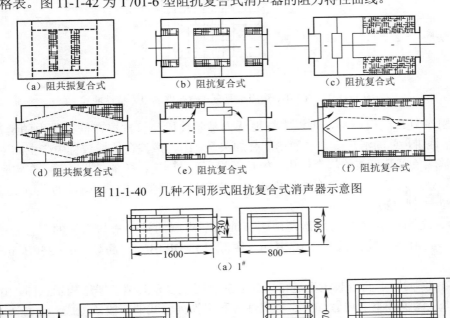

（a）阻共振复合式　　（b）阻抗复合式　　（c）阻抗复合式

（d）阻共振复合式　　（e）阻抗复合式　　（f）阻抗复合式

图 11-1-40　几种不同形式阻抗复合式消声器示意图

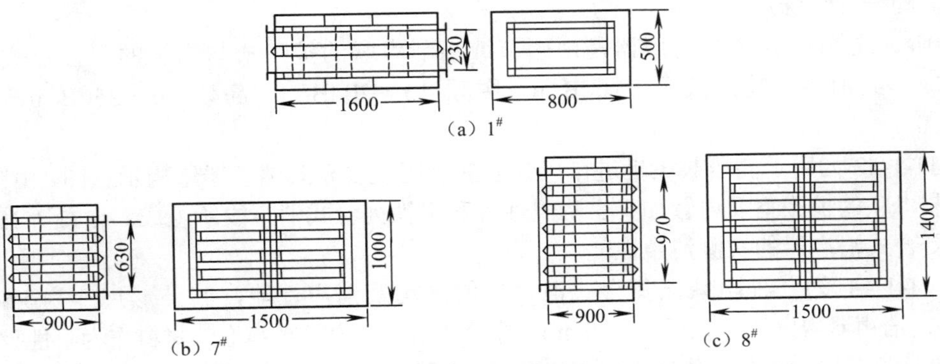

（a）1#

（b）7#　　（c）8#

图 11-1-41　T701-6 型阻抗复合式消声器结构示意图

表 11-1-18 T701-6 型阻抗复合式消声器系列规格表

型号	外形尺寸（宽×高×长）/mm	法兰尺寸（长×宽）/mm	质量/kg	适用风量/（m³/h）		
				6m/s	8m/s	10m/s
1	800×500×1600	520×230	83	2000	2660	3330
2	800×600×1600	510×370	96	3000	4000	5000
3	1000×600×1600	700×370	122	4000	5330	6670
4	1000×800×1600	770×400	135	5000	6660	8320
5	1200×800×900	770×550	112	6000	8000	10000
6	1200×1000×900	780×630	125	8000	10600	13340
7	1500×1000×900	1000×630	160	10000	13320	16640
8	1500×1400×900	1000×970	215	15000	20000	25000
9	1800×1400×900	1330×970	260	20000	26700	35400
10	2000×1800×900	1500×1310	310	30000	40000	50000

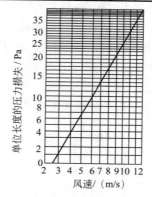

图 11-1-42 T701-6 型阻抗复合式消声器的阻力特性曲线

对于阻抗复合式消声器，可以定性地认为是阻性段与抗性段在同频带内的消声值相叠加，但定量地讲，总的消声值并非简单的叠加关系。因为声波在传播过程中产生的诸如干涉、反射等声学现象以及声波的耦合作用，相互影响，不易确定简单的定量关系。在实际应用中，还是用实际测量来了解阻抗复合式消声器的消声效果。微穿孔板消声器，实际上是阻抗复合式消声器的一种特殊形式。

T701-6 型阻抗复合式消声器是由两节或三节串联的扩张式与内管的阻性片式消声器并联构成，其消声性能为低频≥10dB/m，中频 15～20dB/m，高频 20～25dB/m，其阻力系数 ξ≤0.4。

图 11-1-43 为用于高压鼓风机进排风管的 F 型阻抗复合式消声器结构示意图，由图可见，它由两节串联的扩张室及内管加十字形阻性片和阻性列管式消声段所组成。表 11-1-19 为 6#F 型阻抗复合式消声器的实测消声性能。

图 11-1-44 为一种阻共振复合式消声器的结构及消声性能，其外形尺寸为 ϕ640mm× 1200mm，消声器内壁为穿孔板（ϕ10mm、中距 17mm）内贴吸声泡沫材料作为阻性吸声层，中部消声片为共振吸声型，并分为六个共振腔，以吸收 350Hz 以下的低频噪声。此消声器实测

A 声级消声量为 27dB（A），在低、中、高频宽带范围都有较好的消声性能，见图 11-1-44。

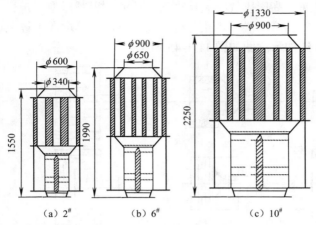

（a）2[#]　　　（b）6[#]　　　（c）10[#]

图 11-1-43　F 型阻抗复合式消声器结构示意图

表 11-1-19　6[#]F 型阻抗复合式消声器的实测消声性能

风速/（m/s）	压力损失/Pa	倍频带中心频率/Hz							
		63	125	250	500	1000	2000	4000	8000
		消声量/dB							
0（静态）	—	10	12	15	23	30	35	22	25.5
9.5	90	7	12	14	18	22	31	21	18.5
14.1	180	7	11.5	14	14.5	17.5	25.5	19.5	14
17.2	270	6	10.5	12.5	10	12	19.5	16	5.5
20.5	380	5	9	10	6	7	16.5	12	1.5
21.6	420	4.5	9	10	3	5	15.5	9	1

注：阻力系数 ξ =1.5。

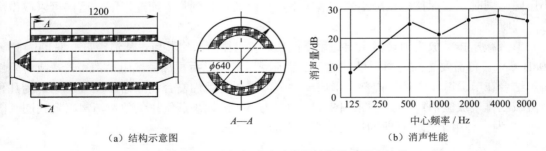

（a）结构示意图　　　　　　　　（b）消声性能

图 11-1-44　阻共振复合式消声器的结构及消声性能

1.2.2.5　排气放空消声器

排气放空噪声也是工业生产中的一项重要的噪声源，它具有噪声强度大、频谱宽、污染危害范围大以及高温及高速气流排放等特点。排气放空噪声一般都是由高速气流流动的不稳定性所产生的，而排气放空消声器就是专门用于降低并控制排气放空噪声的一种有效的消声器，可用于降低化工、石油、冶金、电力等工业部门的高压、高温及高速排气放空所产生的高强度噪声。

　　为降低高温、高速、高压排气喷流噪声而设计的扩容减压型消声器、小孔喷注消声器、节流降压和小孔喷注复合消声器、多孔材料耗散型消声器等，在工程上已有应用，并取得了满意的降噪效果，其结构示意图如图 11-1-45 所示。

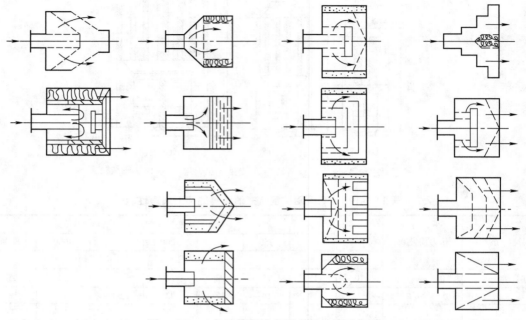

图 11-1-45　各种排气放空消声器结构示意图

　　（1）节流减压型排气消声器

　　节流减压型排气消声器又称扩容减压消声器，是利用多层孔板分级扩容减压，使排气压力由直接排空的一次大压降改变为通过节流孔板，使排气压力分散到各层节流板成为若干个小压降。同时，在保持总压降不变的情况下，把流速控制到临界流速以下，这样可以取得满意的降噪效果。

　　节流减压排气放空消声器主要适用于高压、高温排气放空装置，其消声量一般可达 15～20dB（A），若需要更高的消声量，则应在节流减压消声以后再加后续阻性消声器，或将阻性消声结合在节流减压消声器内部，形成一种节流减压与阻性复合消声器。图 11-1-46 为几种节流减压排气放空消声器示意图。图 11-1-47 为 50t/h 锅炉蒸气排气放空消声器形式图。图 11-1-48 为一种用于化工行业的排气放空消声器示意图。

　（a）四级孔板节流　　　　　（b）二级孔管节流　　　　（c）三级孔管迷路节流　　　（d）三级孔管锥管节流

图 11-1-46　几种节流减压排气放空消声器示意图

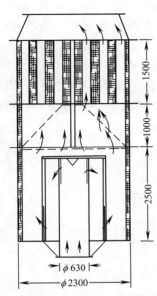

图 11-1-47　50t/h 锅炉蒸气放空消声器形式图

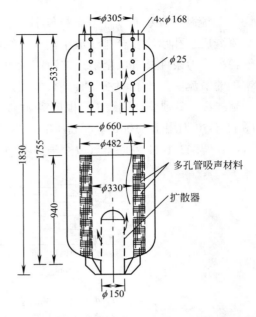

图 11-1-48　某合成氨厂排气放空消声器示意图

（2）小孔喷注型排气消声器

小孔喷注消声器又称为变频式消声器，是一种直径与原排气口相等而末端封闭的消声管，其管壁上开有很多的排气小孔，小孔的总面积一般应大于原排气管口面积，小孔的直径愈小，降低排气噪声的效果也愈好。小孔喷注消声器的原理不是在声音发出后把它消除，而

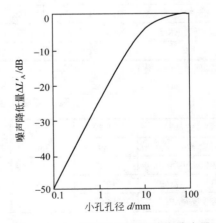

图 11-1-49　不同孔径小孔喷注消声器
的消声效果

是从发声机理上使它的干扰噪声减小，喷注噪声峰值频率与喷口直径成反比。如果喷口直径变小，喷口辐射的噪声能量将从低频移向高频，高频噪声反而增高，当孔径小到一定值（达毫米级），喷注噪声将移到人耳不敏感的频率范围。常见小孔喷注消声器的小孔孔径为 1mm 左右，这种小孔喷注排气消声器的结构就是将原来单个大直径排气喷口改为大量小孔喷口，其降低噪声的原理是基于小孔喷注噪声频谱的改变，即当通过小孔的气流速度足够高时，小孔能将排气噪声的频谱移向高频，使噪声频谱中的可听声部分降低，从而减少了噪声对环境的干扰。图 11-1-49 为不同孔径小孔喷注消声器的消声效果。

小孔喷注排气消声器主要适用于降低排气压力较低（如 5～10kg/cm² ）而流速甚高的排气放空噪声，如压缩空气的排放、锅炉蒸汽的排空等均有很多应用。小孔喷注排气消声器的消声量一般可达 20dB 左右，且具有体积很小、重量轻、结构简单、经济耐用等特点。

（3）节流减压加小孔喷注复合排气消声器

节流减压小孔喷注复合排气放空消声器综合了节流减压和小孔喷注各自的特点，因此能适用于各种压力条件排气放空消声，消声量也较高。

常见的节流降压小孔喷注复合型排气消声器一般为先节流，后小孔。其节流孔板的层数少则一至二级，多则三至四级，需根据实际排气压力而定，而后续的小孔喷注一般均为一级。

图 11-1-50 为用于 410t/h 电厂高压锅炉的蒸汽排空节流减压小孔喷注复合消声器形式图。表 11-1-20、表 11-1-21 为该排气放空消声器的实测消声效果。

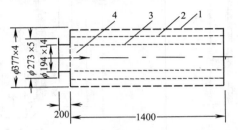

图 11-1-50　410t/h、100kg 高压锅炉排气用节流减压小孔喷注
复合消声器形式图（三级节流+一级小孔喷注）

1—ϕ2 孔 11664 个；2—ϕ2 孔 5187 个；3—ϕ4 孔 560 个；4—ϕ14.4 孔 19 个

表 11-1-20　实测消声效果

条件	倍频带中心频率/Hz								A 声级/dB
	63	125	250	500	1000	2000	4000	8000	
	消声量/dB								
ϕ250mm 空管排放	127	134	139	145	148	148	147	142	153
加复合排气消声器	104	105	103	104	108	109	113	111	118
消声量	23	29	36	41	40	39	34	31	35

注：测点在距声源 1m 处。

表 11-1-21　实测消声效果（A 声级）

测量地点	厂北大门	厂南大门	油泵房	纬三路口	石化医院	火车站	电影院
离声源距离/m	250	350	170	300	830	870	1200
未装排气消声器/dB	111	108	112	99	90	86	78
已装排气消声器/dB	72	67	79	50	54	47	52
环境背景噪声/dB	64	54	69	50	54	47	52

（4）多孔材料耗散型排气放空消声器

多孔耗散消声器是根据气流通过多孔装置扩散后，速度及驻点压力都会降低的原理设计制作的一种消声器。它利用粉末冶金、多孔网板、多孔陶瓷、烧结熟料等材料代替小孔喷注，它的消声原理和小孔喷注消声器基本相同。这些材料本身有大量的细小孔隙，当气流通过这些材料制成的消声器时，气体压力被降低，流速被扩散减小，相应地减弱了辐射噪声的强度。同时，这些材料往往还具有阻性材料的吸声作用，自身也可以吸收

一部分声能。

多孔材料耗散型排气消声器一般仅适合在低压、高速、小流量的排气条件下应用，其消声效果可达 20～40dB（A）。图 11-1-51 为几种多孔材料耗散型消声器形式图。

图 11-1-52 为一种超高分子量聚乙烯材料制成的微孔排气消声器形式图，可用于铸锻机械、标准件制造行业中控制气体元件的压缩空气排气噪声。

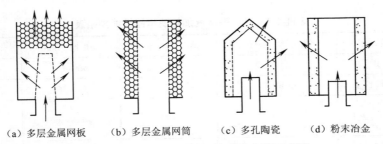

（a）多层金属网板　　（b）多层金属网筒　　（c）多孔陶瓷　　（d）粉末冶金

图 11-1-51　多孔材料耗散型消声器形式图

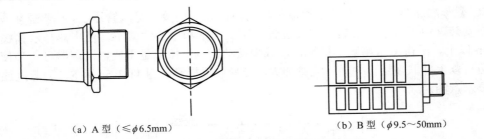

（a）A 型（≤ϕ6.5mm）　　　　　　　　　　　（b）B 型（ϕ9.5～50mm）

图 11-1-52　聚乙烯材料微孔排气消声器形式图

这种微孔排气消声器结构简单、安装方便、价格便宜，使用时只要选择相同尺寸的螺纹旋拧于排气管口即可，口径大于 ϕ6.5mm 的消声器外加一个采用 ABS 塑料成型的网栅护套，其消声量可达 20dB 以上，见表 11-1-22。

表 11-1-22　微孔排气消声器效果分析表

条件	倍频带中心频率/Hz								A 声级/dB（A）
	63	125	250	500	1000	2000	4000	8000	
	消声量/dB								
未装消声器	84	86	84	92	100	110	110	110	115
已装消声器	82	82	76	82	86	86	86	84	92
消声量/dB	2	4	8	10	14	24	24	26	23

注：测试排气表压为 0.20～0.55MPa。

1.2.2.6　其他消声器

国内不少单位的食堂、浴室、开水房等采用蒸汽直接充入热水箱水中制取热水或开水，这种方法简便、适用，但伴随而来的是充气噪声高达 100dB（A），振动也很强烈。采用 SC 型蒸汽加热消声器，可将这种噪声降低 15dB（A）。

SC 型蒸汽加热消声器是扩容降压型消声器，按蒸汽量大小及管径不同，现有四种规格。为防止锈蚀，消声器用不锈钢制作。图 11-1-53 为 SC 型蒸汽加热消声器外形示意图。表 11-1-23 为 SC 型蒸汽加热消声器性能规格表。

图 11-1-53　SC 型蒸汽加热消声器外形示意图

表 11-1-23　SC 型蒸汽加热消声器性能规格表

型号	管径/mm	使用压力/0.1MPa	蒸汽量/（t/h）	外形尺寸/mm	消声量/dB（A）
SC-Ⅱ-1	19（即 3/4″）	≤5	0.23	$\phi60\times420$	15
SC-Ⅱ-2	25.4（即 1″）	≤5	0.36	$\phi72\times460$	13
SC-Ⅱ-3	38（即 $1\frac{1}{2}$″）	≤5	0.86	$\phi110\times660$	13
SC-Ⅱ-4	50（即 2″）	≤5	1.4	$\phi140\times740$	13

　　SC 型蒸汽加热消声器安装用管接头将消声器直接连接于蒸汽管道上，消声器可垂直安装或倾斜安装，但不宜水平安装。安装位置基本上在水箱中心线偏下，消声器与水箱底部相距 100mm 以上，不得与水箱底部接触，以减少振动影响。按流量不同，消声器可单独使用，也可以两只以上并联使用，并联后流量加大，降噪效果提高。图 11-1-54 为 SC 型蒸汽加热消声器安装示意图。

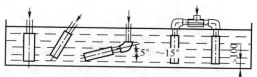

图 11-1-54　SC 型蒸汽加热消声器安装示意图

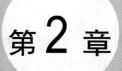

第2章 消声器性能评价

消声器性能包括声学性能、空气动力性能、气流再生噪声性能和结构性能，其评价指标主要包括声学性能、空气动力性能和气流再生噪声性能 3 个方面。

2.1 声学性能

消声器的声学性能好坏通常用消声量来衡量。但是，测量方法不同，所得消声量也不一样。当消声器内没有气流通过而仅有声音通过时，测得的消声量称为静态消声量；当有声音和气流同时通过消声器时，测得的消声量称为动态消声量。

消声量主要包括 A 计权、C 计权消声量以及各频程带宽（简称频带，如 1/1 倍频带或 1/3 倍频带）消声量。

根据测试方法的不同，消声器声学性能的评价指标可分为传声损失、末端减噪量、插入损失及声衰减量等几种。

2.1.1 传声损失

传声损失 L_{TL} 也称传递损失或透射损失，其定义为消声器进口端的入射声功率和出口端的声功率的比值的常用对数乘以 10，即为入射于消声器的声功率级和透过消声器的声功率级的差值，其数学表达式见式（11-2-1）：

$$L_{TL} = 10 \lg (W_1 / W_2) = L_{W_1} - L_{W_2} \qquad (11\text{-}2\text{-}1)$$

式中　W_1，W_2——消声器入口与出口端的声功率，W；

　　　L_{W_1}，L_{W_2}——消声器入口端与出口端的声功率级，dB。

通常所称的消声量一般均指传声损失。消声器的传声损失 L_{TL} 属于消声器本身所具有的特性，它受声源与环境的影响较小。一般来说，传声损失是实验室法表征消声器消声量的最佳选择。

由于声功率级不易直接测得，一般是通过测得消声器前后截面的平均声压级，再按式（11-2-2）求得：

$$\left. \begin{array}{l} L_{W_1} = \overline{L_{p1}} + 10 \lg S_1 \\ L_{W_2} = \overline{L_{p2}} + 10 \lg S_2 \end{array} \right\} \qquad (11\text{-}2\text{-}2)$$

式中　$\overline{L_{p1}}$——消声器进口处平均声压级，dB；

　　　$\overline{L_{p2}}$——消声器出口处平均声压级，dB；

　　　S_1——消声器进口处的截面积，m^2；

　　　S_2——消声器出口处的截面积，m^2。

2.1.2　末端减噪量

末端减噪量 L_{NR} 也称末端声压级差，指消声器输入与输出两端的声压级差。这是在严格地按传声损失测量有困难时而采用的一种简便测量方法，即测量消声器进口端面的声压级 L_{p1} 与出口端面的声压级 L_{p2}，以两者的差 L_{NR} 代表消声器的消声量，即式（11-2-3）：

$$L_{NR} = L_{p1} - L_{p2} \tag{11-2-3}$$

这种利用末端声压级差来表示消声值的方法，包括反射声的影响在内。这种测量方法易受环境的影响而产生较大的误差，所以只适合在试验台上对消声器性能进行测量分析，而现场测量则很少使用。

2.1.3　插入损失

消声器的插入损失 L_{IL} 定义为装消声器前与装消声器后在某给定点（包括管道内或管口外）测得的平均声压级之差值。插入损失的测量示意图如图 11-2-1 所示。插入损失 L_{IL} 由式（11-2-4）求得。

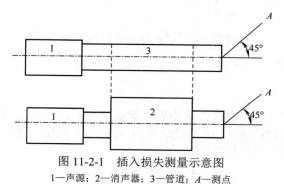

图 11-2-1　插入损失测量示意图
1—声源；2—消声器；3—管道；A—测点

$$L_{IL} = SPL_1 - SPL_2 \tag{11-2-4}$$

式中　L_{IL}——消声器的插入损失，dB；
　　　SPL_1——系统接入消声器前在某定点测得的声压级，dB；
　　　SPL_2——系统接入消声器后在某定点测得的声压级，dB。

在工矿企业的现场噪声测量中，经常采用插入损失法评估消声器的消声效果。实际上，在现场用"管口法"来获取近似的插入损失值，即在安装消声器前距离管口某一位置（例如在与管轴线夹角 45° 的方位，距管口中心 1m 远的位置）测量 SPL_1，在安装消声器后距消声器管口保持同样相对位置测量 SPL_2，以二者之差（SPL_1-SPL_2）作为插入损失，如图 11-2-2 所示。实践表明，采用"管口法"测量数据可靠，理论上也符合评价现场降噪效果的要求。

对于阻性消声器，"插入损失值"与"传声损失"

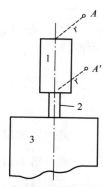

图 11-2-2　管口法测量消声器插入损失
A—测点；1—消声器；2—管道；3—噪声源

相近，而对于抗性消声器来说，"插入损失值"一般要比"传声损失"稍低。"插入损失"法对现场环境要求不严，适应各种现场测量，如设备处于高温、高流速或有浸蚀作用的环境中，都可用"插入损失"法。所以，用这种方法评价消声器效果，容易为人们所接受。但是"插入损失"值并不单纯反映消声器本身的效果，而是反映声源、消声器及消声器末端三者的声学特性的综合效果。在现场做"插入损失"测量时，要注意保持声源特性的恒定。

2.1.4 声衰减量

声衰减量ΔL_A亦称消声器内轴向声衰减量，它是声学系统中任意两点间声功率级的降低值，它反映声音沿消声器通道内的衰减量，以每米衰减分贝数（dB）表示。可采用"轴向贯穿法"测量消声器的声衰减，即将传声器探管插入消声器内部，沿消声器通道轴向每隔一定的距离逐点测量声压级，从而得到消声器内声级和频带声压级与距离的函数关系，以求得该消声器的总消声量和各频带消声量。它能反映出消声器内的消声特性及衰减过程，能避免环境对消声器测量结果的干扰。测量时要注意，测点不能靠近管端。"轴向贯穿法"声衰减测量系统的示意图如图 11-2-3 所示。

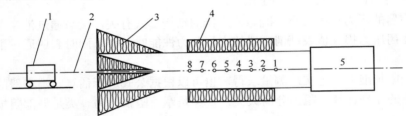

图 11-2-3　"轴向贯穿法"声衰减测量系统示意图

1—传声器小车；2—传声器探管；3—无反射端；4—消声器；5—声源（图中心的 1，2，…，8 为声学测点）

"轴向贯穿法"特别适用于测量大型的、效果好的消声器。由于这种方法费时间和需要专门的测量传声器，所以一般在现场测量中很少使用。

对一个消声器来说，用不同的方法或在不同的声学环境、不同的测试条件下，消声器的声学性能评价结果往往会有一定的差异。譬如消声器静态消声测试和动态消声测试：静态消声测试是用扬声器等标准声源发出白噪声或粉红噪声，或某种特定频谱的声源，所测得的消声量和消声频谱特性；而动态消声测试消声器中有气流流过，用空气动力设备产生的空气动力性噪声，如风机、压缩机、风洞，或风机空气动力噪声加扬声器发声作为声源所测得的消声量。因此，在表示消声器的效果时，应注明所用的测量方法和所在的测试环境，以便对消声器的性能进行比较和评价。

以上四种评价指标中，传声损失和声衰减量反映了消声器自身的声学特性，不受测量环境条件的影响，而插入损失和末端声压级差值会受到测量环境条件包括测点距离、方向及管道口反射等因素影响。因此，在评价消声器的声学性能时必须注明所采用的测量方法及环境条件。

2.2　空气动力性能

消声器的空气动力性能是评价消声器性能好坏的另一项重要指标，也是消声器设计中应考虑的重要因素，主要是指消声器对气流阻力的影响大小，也就是指安装消声器后气流是否通畅，对风量有无影响，风压有无变化。如果一个消声器消声性能很好，但阻力过大，使风压、风量大大减少，影响到空气动力设备的正常运行，如影响通风空调系统供风，压缩机械供压，那这个消声器也是无法使用的。因此，在消声设计时必须同时考虑消声性能和空气动力学性能。而消声器产品必须同时提供消声性能和空气动力学性能。消声器的空气动力性能通常用阻力系数或压力损失来表示。阻力系数是指消声器安装前后的全压差与全压之比，它能全面地反映消声器的空气动力性能。一个确定的消声器的阻力系数是一个定值，但测量较麻烦，只有在专门设备上测试才能测得。压力损失（简称压损，或阻损）是指气流通过消声器时，在消声器出口端的流体静压比进口端降低的数值。

消声器的压力损失（Δp）为气流通过消声器前后所产生的压力降低量，也就是消声器前与消声器后气流管道内的平均全压之差值。如果消声器前后管道内流速相同、动压相等，则压力损失就等于消声器前后管道内的平均静压差值Δp，用式（11-2-5）表示：

$$\Delta p = \bar{p}_1 - \bar{p}_2 \tag{11-2-5}$$

式中　$\bar{p}_1$——消声器前管道内平均全压，Pa；

　　　$\bar{p}_2$——消声器后管道内平均全压，Pa。

由于消声器的压力损失大小，既与消声器的结构形式有关，又与通过消声器的气流速度有关，因此在用压力损失值表征消声器的空气动力性能时，必须同时表明通过消声器的气流速度。

消声器的阻损能够通过实地测量求得，也可以根据公式进行估算。消声器的阻损可根据阻力损失产生的原理计算。阻损分两大类：一类是摩擦阻损；另一类是局部阻损。

2.2.1　摩擦阻损

摩擦阻损ΔH_λ是由气流与消声器各壁面之间的摩擦产生的阻力损失，可用式（11-2-6）计算：

$$\Delta H_\lambda = \lambda \frac{l}{d_e} \times \frac{\rho v^2}{2g} \quad \text{（mmH}_2\text{O）} \tag{11-2-6}$$

式中　λ——摩擦阻力系数（表 11-2-1）；

　　　l——消声器的长度，m；

　　　d_e——消声器的通道截面等效直径，m；

　　　ρ——气体密度，kg/m^3；

　　　v——气流速度，m/s；

　　　g——重力加速度（一般情况下可取 g=9.8m/s^2）。

工程上通常把$\dfrac{\rho v^2}{2g}$称为速度头，单位是 mmH$_2$O（1mmH$_2$O≈9.8Pa）。

在一般情况下，消声器通道内的雷诺数 Re 均在 10^{-5} 以上（注：雷诺数 $Re=\dfrac{vd_e}{r}$，其中 r 为流体运动的黏滞系数，对 20℃的空气，$r=1.53\times10^{-5}$m/s^2），这时摩擦阻力系数 λ 仅取决于壁面的相对粗糙度，具体数值见表 11-2-1。

表 11-2-1　摩擦阻力系数与相对粗糙度的关系

相对粗糙度（ε/d_e）/%	0.2	0.4	0.5	0.8	1.0	1.5	2	3	4	5
摩擦阻力系数 λ	0.024	0.028	0.032	0.036	0.039	0.044	0.049	0.057	0.065	0.072

注：ε 为消声器通道壁面的绝对粗糙度。

2.2.2　局部阻损

局部阻损 ΔH_ζ 是气流在消声器的结构突然变化处，如折弯、扩张或收缩及遇到障碍物等局部结构处产生的阻力损失。局部阻损可用式（11-2-7）估算：

$$\Delta H_\zeta = \zeta \frac{\rho v^2}{2g} \quad (\text{mmH}_2\text{O}) \tag{11-2-7}$$

式中，ζ 为局部阻力系数。

消声器常采用的局部结构与相应的局部阻力系数见表 11-2-2。

2.2.3　总阻力损失

消声器总的阻力损失等于摩擦阻损与局部阻损之和，即 $\Delta H_i = \Delta H_\lambda + \Delta H_\zeta$。一般来说，在阻性消声器中以摩擦阻损 ΔH_λ 为主，在抗性消声器中以局部阻损 ΔH_ζ 为主。由式（11-2-6）与式（11-2-7）可看出，气流的阻力损失（无论是摩擦阻损还是局部阻损）都与速度头 $\frac{\rho v^2}{2g}$ 成正比，即与气流速度的平方成正比。也就是说，当气流速度增高时，阻损的增加要比气流速度的增加快得多。因此，如果采用较高的气流速度，会使阻损增大，使消声器的空气动力性能变坏。在设计消声器时，从消声器的声学性能和空气动力性能两方面来考虑，采用较低的流速较为有利。

2.2.4　阻力系数

阻力系数是表征消声器空气动力学性能的重要参量，它的定义是气流流过消声器前后的压力损失与气流动压的比值，如式（11-2-8）所示：

$$\xi = \frac{\Delta p}{P_v} \tag{11-2-8}$$

式中　ξ——阻力系数；

Δp——压力损失值，Pa；

P_v——动压，Pa，如式（11-2-9）所示：

$$p_v = \frac{5\rho v^2}{g} \tag{11-2-9}$$

式中　ρ——空气密度，kg/m^3；

v——消声器内平均气流速度，m/s；

g——重力加速度，m/s^2。

阻力系数能比较全面地反映消声器的空气动力特性。根据阻力系数就可方便地求得不同流速条件下的压力损失值。表 11-2-2 为几种常用消声器系列的阻力系数指标值。

表 11-2-2　常用消声器系列的阻力系数

消声器系列型号	阻力系数 ξ
ZDL 片式消声器系列	0.8
F 型阻抗复合式消声器系列	1.5
D 型阻性折板式消声器系列	2.2
P 型阻性盘式消声器系列	0.6
T701-6 型阻抗复合式消声器系列	0.4
XZP$_{100}$ 型片式消声器系列	0.9
"中雅" 系列 3ML 型	0.8
"中雅" 系列 3MS 型	1.6

商品化的消声器一般都给出阻力系数值，据此可以容易地计算其压力损失值。为了便于消声器的设计和计算，表 11-2-3～表 11-2-8 给出了在消声器中经常采用的局部结构与局部阻力系数值。

表 11-2-3　管道入口处的局部阻力系数

入口形式	局部阻力系数 ξ						
入口处为尖角	当 $\delta:d_0<0.05$ 及 $b:d_0\geqslant0.5$ 时，$\xi=1$ 当 $\delta:d_0>0.05$ 及 $b:d_0<0.5$ 时，$\xi=0.5$						
	$\alpha/(°)$	20	30	45	60	70	80	90
	ξ'	0.98	0.91	0.81	0.70	0.68	0.56	0.5

一般垂直入口，$\alpha=90°$

	r/d_0	0.12		0.16	
	ξ	0.1		0.06	

		ξ					
	$\alpha/(°)$	l/d_0					
		0.025	0.050	0.075	0.10	0.15	0.60
	30	0.43	0.36	0.30	0.25	0.20	0.13
	60	0.40	0.30	0.23	0.18	0.15	0.12
	90	0.41	0.33	0.28	0.25	0.23	0.21
	120	0.43	0.33	0.35	0.33	0.31	0.29

表 11-2-4　管道出口处的局部阻力系数

出口形式	局部阻力系数 ξ											
	紊流时，$\xi=1$ 层流时，$\xi=2$											
$\dfrac{d_0}{d_1}$	1.05	1.1	1.2	1.4	1.6	1.8	2.0	2.2	2.4	2.6	2.8	3.0
ξ	1.28	1.54	2.18	4.03	6.88	11.0	16.8	24.8	34.8	48.0	64.6	85.0

表 11-2-5　管道扩大或缩小处的局部阻力系数

出口形式	局部阻力系数 ξ									
	$\alpha/(°)$									
l/d_0	2	4	6	8	10	12	16	20	24	30
1	1.30	1.15	1.03	0.90	0.80	0.73	0.59	0.55	0.55	0.58
2	1.14	0.91	0.73	0.60	0.52	0.46	0.39	0.42	0.49	0.62
4	0.86	0.57	0.42	0.34	0.29	0.27	0.29	0.47	0.59	0.66
6	0.49	0.34	0.25	0.22	0.20	0.22	0.29	0.38	0.50	0.67
10	0.40	0.20	0.15	0.14	0.16	0.18	0.26	0.35	0.45	0.60

表 11-2-6　弯管处的局部阻力系数

出口形式	局部阻力系数 ξ							
	l/d_0							
r/d_0	0	0.5	1.0	1.5	2.0	3.0	6.0	12.0
0	2.95	3.13	3.23	3.00	2.72	2.40	2.10	2.00
0.2	2.15	2.15	2.08	1.84	1.70	1.60	1.52	1.48
0.5	1.80	1.54	1.43	1.36	1.32	1.26	1.19	1.19
1.0	1.46	1.19	1.11	1.09	1.09	1.09	1.09	1.09
2.0	1.19	1.10	1.06	1.04	1.04	1.04	1.04	1.04

表 11-2-7　分支管的局部阻力系数

管道扩大或缩小形式	局部阻力系数 ξ					
	$\alpha/(°)$	d_0/d_1				
		1.2	1.5	2.0	3.0	4.0	5.0

管道扩大或缩小形式	$\alpha/(°)$	1.2	1.5	2.0	3.0	4.0	5.0
	5	0.02	0.04	0.08	0.11	0.11	0.11
	10	0.02	0.05	0.09	0.15	0.16	0.16
	20	0.04	0.12	0.25	0.34	0.37	0.38
	30	0.06	0.22	0.45	0.55	0.57	0.58
	45	0.07	0.30	0.62	0.72	0.75	0.76
	60		0.36	0.68	0.81	0.83	0.84
	90		0.34	0.63	0.82	0.88	0.89
	120		0.32	0.60	0.82	0.88	0.89
	180		0.30	0.56	0.82	0.88	0.89

表中未计摩擦损失

$$\xi=0.5\left(1-\frac{A_0}{A_1}\right)$$

$\dfrac{A_0}{A_1}$	0.1	0.2	0.3	0.4	0.5	0.6	0.7	0.8	0.9	1.0
ξ	0.45	0.40	0.40	0.35	0.30	0.25	0.20	0.15	0.05	0

注：A_0、A_1 为管道相应于内径 d_0、d_1 的通过面积。

表 11-2-8　消声弯管局部阻力系数

弯管形式	局部阻力系数 ξ								
	$\alpha/(°)$	10	20	30	40	50	60	70	80	90

弯管形式	$\alpha/(°)$	10	20	30	40	50	60	70	80	90
	ξ	0.04	0.1	0.17	0.27	0.4	0.55	0.7	0.9	1.12

$$\xi=\xi'\frac{\alpha}{90}$$

$d_0/(2R)$	0.1	0.2	0.3	0.4	0.5
ξ'	0.13	0.14	0.16	0.21	0.29

注：① 对于粗管壁的铸造弯头，当紊流时，ξ' 数值较上表大 3～4.5 倍。

② 两个弯管相连的情况：

$\xi=2\xi_{90°}$　　　$\xi=3\xi_{90°}$　　　$\xi=4\xi_{90°}$

2.3 气流再生噪声性能

2.3.1 气流再生噪声特点

气流再生噪声是气流通过消声器时，在消声器内所产生的湍流噪声，以及气流引起消声器的结构部件振动所产生的噪声。在消声器的试验与工程应用中，时常会遇到消声器的动态消声量低于静态消声量，或者随着气流速度的增加，消声器的消声量相应降低的情况，这就是再生噪声的影响。

气流再生噪声的大小是由气流速度和消声器的结构所决定的。气流速度越高，消声器的结构越复杂，弯道曲折越多，壁面越粗糙，气流噪声也就越高。所以在消声器设计时，必须兼顾考虑消声器的消声性能、空气动力性能和再生噪声性能，让再生噪声尽可能低。

再生噪声与气流速度近似成六次方关系，式（11-2-10）为气流再生噪声的经验公式：

$$L_{WRA} = RA + 60\lg v + 10\lg S \qquad (11\text{-}2\text{-}10)$$

式中　L_{WRA}——消声器中气流再生噪声的 A 声功率级，dB；

　　　RA——再生噪声因子，dB；

　　　v——消声器内平均气流速度，m/s；

　　　S——消声器内气流通道总面积，m^2。

RA 与消声器结构有关，通常由实验确定，如：管式消声器，RA=−10～−5；片式消声器，RA=−5～5；折板式消声器，RA=15～20；阻抗复合消声器，RA=5～15。

2.3.2 气流再生噪声影响因素

当消声器内有气流通过时，除了影响消声器的声衰减规律之外，更重要的是由于在消声器内所产生的气流再生噪声而将影响消声器的实际消声效果，其影响程度主要取决于声源强度、消声器的静态消声性能、消声器后端的环境背景噪声以及由不同流速所产生的气流再生噪声的大小等因素。

当气流速度较低时，气流再生噪声的频谱呈低频特性；当流速>20m/s 时，噪声频谱峰值由低频移至中频，即此时的气流再生噪声主要成分为气流的湍流噪声。表 11-2-9 为 80mm 厚玻璃棉阻性扁通道消声器（通道宽度为 100mm）在不同流速条件下的实测气流再生噪声结果。

表 11-2-9　80mm 厚玻璃棉阻性扁通道消声器的实测气流再生噪声

流速/（m/s）	倍频带中心频率/Hz							A 声级/dB（A）
	63	125	250	500	1000	2000	4000	
	气流再生噪声/dB							
5	85	75	67	59	44	37	33	62
10	91	77	71	66	50	49	42	67
15	91	84	84	81	63	57	55	80

续表

流速/（m/s）	倍频带中心频率/Hz							A 声级/dB（A）
	63	125	250	500	1000	2000	4000	
	气流再生噪声/dB							
20	93	89	92	92	73	63	60	90
25	94	93	98	100	83	69	64	98
30	97	96	104	107	92	78	67	104
35	99	98	105	110	96	83	69	107
40	102	101	108	114	101	88	71	111

　　在实际消声器工程应用中，气流再生噪声对消声性能的影响情况主要取决于消声器末端的声压级 L_{p2} 与气流再生噪声 L_{p0} 的相对大小。图 11-2-4 为气流再生噪声对消声器消声性能的影响分析图。

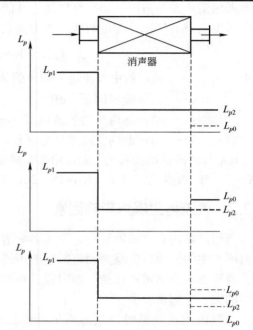

　　由图 11-2-4 分析可得以下三种结论：

　　① 当 $L_{p2}>L_{p0}$ 时，实测所得消声量为 $\Delta L=L_{p1}-L_{p2}$，表明此时气流再生噪声对消声性能没有影响。

　　② 当 $L_{p2}<L_{p0}$ 时，实际消声量为 $\Delta L=L_{p1}-L_{p0}$，表明此时消声量受到气流再生噪声的明显影响，消声器后端的声级只能降到气流再生噪声 L_{p0} 值，如果再增加消声器长度，将不能起到增加消声量的作用。

　　③ 当 $L_{p2}\approx L_{p0}$ 时，又可分两种情况：

　　若 $L_{p2}>L_{p0}$，则 $\Delta L=L_{p1}-L_{p2}-\Delta L'$；

　　若 $L_{p2}<L_{p0}$，则 $\Delta L=L_{p1}-L_{p0}-\Delta L'$。

　　其中 $\Delta L'$ 值决定 L_{p2} 与 L_{p0} 的差值，是一个小于 3dB 的值。

图 11-2-4　气流再生噪声对消声器消声性能的影响分析图

2.4　结构性能

2.4.1　结构性能要求

　　消声器的结构性能是指其坚固程度、使用寿命、外形形状、尺寸重量、维护难易等。一个好的消声器，除了良好的消声性能和空气动力性能外，还应当坚固耐用、造型美观、维护简易、造价便宜、体积小、重量轻等。

　　在消声器设计或选型时，应综合考虑以上五方面的性能，根据工程实践，决定取舍。比如：对于通风空调消声器，在所需消声的频率范围内，消声量越大越好，但如果该消声器空气动力性能差，阻损过大的话，影响通风空调效果，也是不能采用的；对于汽车排气消声器，也是同样的，如果阻损过大，会造成功率损失增大，以至于影响车辆行驶，消声性能再好也不能采用。比如，对于发电厂或钢铁厂高压排气放空，如果消声效果良好，阻损大一些是允许的。再如，一个消声器的消声性能和空气动力学性能都很好，再生噪声也很低，但结构性能不好，如体积过大或过重，或承受不了高压、高温、高速气流的冲击，使用不久就损坏了，在工程中也是不能采用的。

2.4.2　结构设计特点

影响消声器性能的主要因素包括设计、加工及安装使用等多个方面。其中，设计中的结构选型、材料选用、断面尺寸、流速控制则又是最基本的因素，并且因不同的消声类型而定，现分述如下。

（1）阻性消声器

① 正确且合理选择阻性消声器的结构形式。如对大风量、大尺寸空调风管宜选用片式消声器；对消声量要求较高，而风压余量较大的风管可选用折板式、声流式及多室式等消声器；对缺少安装空间位置的管路系统可选用弯头消声器、百叶式消声器等。

② 正确选择阻性吸声材料。选择阻性消声器内的多孔吸声材料除了应满足吸声性能的要求之外，还应注意防潮、耐温、耐气流冲刷及净化等工艺要求，通常都采用离心玻璃棉作为吸声材料。如有净化及防纤维吹出要求，则可采用阻燃聚氨酯声学泡沫塑料。对某些地下工程砖砌风道消声，则可选用膨胀珍珠岩吸声砖作为阻性吸声材料。

③ 合理确定阻性消声器内吸声层的厚度及密度。对于一般阻性管式及片式消声器，吸声片厚度宜为 5～10cm；对于低频噪声成分较多的管道消声，则消声片厚可取 15～20cm，消声器外壳的吸声层厚度一般可取消声片厚度的 1/2。为减小阻塞比，增加气流通道面积，也可以将片式消声器的消声片设计成一半为厚片，一半为薄片。消声片内的离心玻璃棉板的密度通常应选 24～48kg/m^3，密度大一些对低频消声有利，而阻燃聚氨酯声学泡沫塑料的密度宜为 30～40kg/m^3。

④ 合理确定阻性消声器内气流通道的断面尺寸。阻性消声器的断面尺寸对消声器的消声性能及空气动力性能均有影响，表 11-2-10 为不同形式阻性消声器的通道断面尺寸控制值。

表 11-2-10　不同形式阻性消声器通道断面尺寸控制值

阻性消声器形式	通道断面尺寸控制值/mm
圆形直管式	≤ϕ300
圆形列管式	≤ϕ200
矩形蜂窝式	150～200
矩形片式	片间距 100～200
矩形折板式	片间距 150～250
百叶式	片间距 50～100

⑤ 合理确定阻性消声器内消声片的护面层材料。消声片护面层用料及做法应满足不影响消声性能及与消声器内的气流速度相适应两个前提条件。最常见的护面层，用料为玻璃纤维布加穿孔金属板，玻璃纤维布一般为 0.1～0.2mm 厚的无碱平纹玻璃纤维布，而穿孔金属板一般要求穿孔率≥20%，而孔径常取 $\phi4\sim\phi6$mm。工程中对于有防潮防水要求的护面层，则可在穿孔金属板内加设一层聚乙烯薄膜或 PVF 耐候膜，虽对高频吸声有一定影响，但对低频吸声则略有改善。表 11-2-11 为不同护面层结构所适用的消声器内气流速度。

表 11-2-11　不同护面层结构的适用气流速度

护面层用料	适用气流速度/（m/s）	
	平行方向	垂直方向
单玻璃纤维布护面	≤6	≤4
玻璃纤维布+金属丝网	≤10	≤7
玻璃纤维布+穿孔金属板	≤30	≤20
玻璃纤维布+金属丝网+穿孔金属板	≤60	≤40

⑥ 合理确定消声器的有效长度。由于消声器的实际消声效果受声源强度、气流再生噪声及末端背景噪声的影响，在一定条件下，消声器的长度并不与消声量成正比，因此必须合理确定消声器的有效总长度。消声器的有效长度一般可选择 1～2m，消声要求较高时，可以为 3～4m，并以分段设置为好。

⑦ 控制消声器内的气流通过速度（表 11-2-12）。

表 11-2-12　消声器内建议气流速度范围表

条　件	降噪要求/dB（A）	控制流速范围/（m/s）
特殊安静要求的空调消声	≤30	3～5
较高安静要求的空调消声	≤40	5～8
一般安静要求的空调消声	≤50	8～10
工业用通风消声	≤70	10～15

⑧ 改善阻性消声器低频性能的措施，由于阻性消声器低频性能较中高频性能要差，设计中可采用加大消声片厚度、提高多孔吸声材料密度、在吸声层后留一定深度的空气层、使吸声层厚度连续变化（如声流式消声器）以及采用阻抗复合式消声器等措施。

（2）抗性消声器

① 抗性消声器主要适用于降低以低中频噪声为主的空气动力性设备噪声，如中低压离心风机、空压机进气噪声、发动机排气噪声等。

② 合理确定抗性消声器的膨胀比 m 值，以决定消声量的大小。对于较大风量的管道，m 值可取 3～5；中等大小风管，m 值可取 6～8；较小的管道，则可取 m 值为 8～15，最大不宜大于 20。

③ 合理确定抗性消声器膨胀室及插入管的长度 l、l_1、l_2 值，以消除通过频率，提高低频消声性能，改善消声特性。

④ 当 m 值较大而使膨胀室截面积较大时，上限失效频率降低，有效消声频率范围变小，因此设计中应采取分割膨胀室的措施，即使一个大截面的抗性消声器变为 m 值相同的多个较小截面的抗性消声器并联的形式，以达到提高上限失效频率，改善消声频宽的目的。

⑤ 将抗性消声器内管不连续段用穿孔率大于 25%（孔径可取 $\phi 4 \sim 10mm$）的穿孔管连接，既可保持原有抗性消声性能，又可大大减小管道截面不连续处的局部气流阻力。

⑥ 改善抗性消声器消声频带宽度的设计措施包括：膨胀室内壁做吸声层；错开内接插入管形成迷路形式；将阻性消声与抗性消声结合在一个消声器中，即形成阻抗复合式消声器等。

（3）共振性消声器

① 共振性消声器仅适用于具有明显低频噪声峰值的声源消声处理，以及对气流压力损失要求很低的条件。

② 设计共振消声器时应尽量增大 k 值[见式（11-2-11）]，因为 k 值增大，消声量 ΔL 增大，消声频带也可加宽。设计中使共振腔的体积 V 大一些，传导率 G 值高一些，都可使 k 值增大，一般至少应取 $k \geqslant 2$。

$$\Delta L = 10\lg\left[1 + \dfrac{k^2}{\left(\dfrac{f}{f_0} - \dfrac{f_0}{f}\right)^2}\right] \qquad (11\text{-}2\text{-}11)$$

式中　k——与消声量有关的无量纲值；

　　　f——需求消声的频率，Hz；

　　　f_0——共振频率，Hz。

③ 改善共振消声器消声频带宽度的措施包括：增大共振腔的腔深，即增加共振腔体积；在开孔处衬贴薄而透声的材料，以增加孔颈的声阻；在共振腔内铺贴吸声层；将不同共振频率的吸声结构设置在同一消声器内或不同共振频率的消声器串联应用等。

④ 对于金属管式的共振消声器，常用的设计孔径取 $\phi 3 \sim 10mm$，开孔率为 0.5%～5%，孔板厚度可取 1～3mm，空腔深度常取 100～200mm。

⑤ 设计共振消声器的共振腔几何尺寸宜小于共振频率波长 λ_0 的 1/3，当共振腔较长时，应分隔成几段，其总消声量为各段消声量之和。

⑥ 共振消声器内管的开孔段应均匀集中在内管的中部，但应使孔间距等于或大于 5 倍孔径大小。

（4）微穿孔板消声器

① 微穿孔板消声器主要适用于高温、潮湿及要求净化的管道系统，其消声频率范围不如阻性消声器宽，但能在较高风速条件下保持良好的消声性能和空气动力性能。

② 微穿孔板消声器的孔径可取 $\phi 0.5 \sim 1.0mm$，穿孔率可取 0.5%～3.0%，孔板厚度可取 0.5～1.0mm。

③ 合理确定空腔深度，一般可控制在 5～20cm，如主要用于低频消声时取 15～20cm，用于中频消声时取 8～15cm，而用于高频消声时则可取 3～8cm。

④ 为改善微穿孔板消声器的消声频带宽度，一般可设计双层微穿孔板吸声结构。双腔结

构的总腔深度控制为 10～20cm，要求第一层微穿孔板的穿孔率大于第二层微穿孔板，前空腔深度宜小于后空腔深度，一般应控制前后腔深比不大于 1：3。

⑤ 由于微穿孔板消声器的孔板厚度较小，刚度较差，因此应在微穿孔板消声器内增加内腔隔板，以改善消声器的整体刚度。消声器的外壳应结合保温提高外壳隔声效果。

近年来，台湾青钢金属加工公司研制成功了超细异型微穿孔板，大大拓宽了吸声频段，单层即可取代宽带吸声效果，因此在消声器的设计方面，也可以采用单层微穿孔板的结构。

（5）排气放空消声器

① 合理选择排气放空消声器的结构形式。如对排气压力不高而排气速度很高的声源，可选择小孔喷注排气消声器；对排气口径很小、压力不高的排气噪声，则可采用多孔材料耗散型排气消声器；对于高温、高压排气噪声源，应选择节流减压排气放空消声器；而大流量、高温、高压排气放空噪声，则可采用节流减压小孔喷注复合消声器。

② 单节小孔喷注消声器或用于节流减压后的小孔喷注消声段的小孔直径宜为 $\phi 1$～2mm，孔间距应 $\geqslant 5$ 倍孔径，至少应为 3 倍孔径，一般小孔的总开孔面积 $\geqslant 1.5$～2.0 倍原排气口面积或前级节流孔板的开孔面积。

③ 小孔喷注消声器的适用排气压力为 4～8MPa，多孔材料耗散型排气消声器的适用排气压力一般为 $\leqslant 5$MPa，而节流减压排气放空消声器的适用排气压力可为几十到 100MPa。

④ 节流减压排气放空消声器的节流级数可根据排气压力大小设计为二～六级，如当排气压力 $\leqslant 15$MPa 时，级数可取二～三级，排气压力为 16～30MPa 时，级数可取四～五级，当排气压力>30MPa 时，则应取 6 级。设计压降比一般可取 $\varepsilon = 0.5$～0.7，通常均取等临界比值 ε_0，即使各级节流孔板后的压力与节流孔板前的压力比都等于临界压比值（如空气为 0.528，过热蒸汽为 0.546，饱和蒸汽为 0.577）。

⑤ 多级节流减压排气消声器的节流孔板的孔径由前至后可取 $\phi 15$～2mm，且前级节流孔径应大于后级节流孔径，后级节流孔板的开孔面积应大于前级节流孔板面积的 $1/\varepsilon_0$ 倍，以保证排气放空的通畅性。

⑥ 节流减压消声器的各级孔板厚度及整体刚度均应作结构强度计算后确定，以确保排气放空消声器的安全性。

第**3**章　消声器性能测试

3.1 测试设备

3.1.1 单件测试设备

消声器单件测试设备一般采用 1 级或 2 级声级计或其他声学测量仪器、1/1 倍频程或 1/3 倍频程滤波器、校准器及防风罩。测点的位置距声源的几何中心 1m 处，在安装有消声器时，则在轴方向分别设置 5 个测点。为了测定噪声的方向性，其中 4 个分别设在 45°方向距离为 1m 及 1.4m。若在距离 1.4m 处的测量值比 1m 处的测量值衰减 3dB 以下，这时需要将测试场地的墙壁或地坪敷设如玻璃棉、聚氨基甲酸乙酯泡沫塑料等吸声衬料，使其能衰减 3dB 以上。

3.1.2 系统测试设备

消声器系统测试设备一般包括主管道、噪声源、低噪声气流源、接收室、测量仪器（符合 GB 3785 中关于 1 级声级计、1/1 倍频程或 1/3 倍频程滤波器、校准器、防风罩、带鼻锥传声器）、皮托管等。对于不同的测量方法，所需要的系统测试设备有差异，如声学消声器测量方法（GB/T 4760—1995）中的混响室法中的测试设备是传声器、支架、电缆、分析器，对于此国家标准中的半消声室法中的测试设备是传声器、鼻锥等。

3.2 性能测试

3.2.1 单件测试

消声器性能的测量应包括声学性能的测量、空气动力性能的测量和气流再生噪声的测量等内容。

根据测试场所的不同，消声器声学性能的测量分为现场测量和实验室测量。其中，以实验室测量为主要测量方法，它既可测量声学性能、空气动力性能，条件好的实验室装置也可测量气流再生噪声。

实验室测量方法也因实验室装置条件不同而分为管道法、混响室法、半消声室法等，其中管道法适合消声器单件测试。消声器单件测试主要对消声器的噪声衰减能力进行测试，以传声损失 L_{TL} 或插入损失 L_{IL} 表示。对于消声器的强度如抗弯性、耐久性等消声器结构性能的测试，则根据消声器的种类及形式要求，参照相关规范进行。消声器的噪声衰减能力测试可以在原机器设备上进行，即在噪声源处先测试其噪声的声压级，然后装上消声器后，测量消声器出口处的声压级，声压级降低量即为消声器的插入损失，这种方法称为插入损失法。

　　我国消声器测量方法国家标准（GB/T 4760—1995）中对传声损失值、插入损失值进行
了定义，即：在消声器前及消声器后分别测量，即可得传声损失值；在消声器安装前（以替
代管代替消声器）及安装后分别测量，即可得插入损失值。同时，对消声器压力损失和阻力
系数指标也给予了定义，即在消声器前后管道内分别测定给定截面上的平均全压或平均静压
值就可得到压力损失和阻力系数性能指标。图 11-3-1 为国标消声器测量装置示意图。

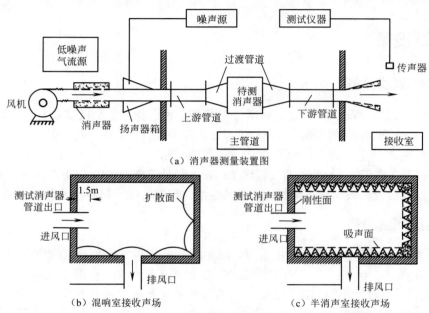

（a）消声器测量装置图

（b）混响室接收声场　　　　　　　　　　（c）半消声室接收声场

图 11-3-1　GB/T 4760—1995 消声器性能测量方法标准中的测量装置示意图

3.2.2　系统测试

　　消声器性能的实验室测量的混响室法、半消声室法等适合系统测试。图 11-3-2 为中国建
筑科学研究院建筑物理研究所建立的管道混响室消声器测量装置示意图。图 11-3-3 为上海同
济大学声学所原有的管道半消声室消声器测量装置示意图。图 11-3-4 为深圳中雅机电实业有
限公司原有按 ISO 7235 标准建立的消声器实验室测量装置示意图。图 11-3-5 为两种简易的实验
室消声器测量装置示意图。

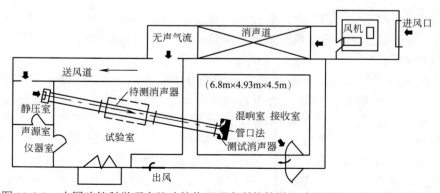

图 11-3-2　中国建筑科学研究院建筑物理研究所的管道混响室消声器测量装置示意图

根据测试声源条件的不同，消声器声学性能的测量分为静态消声性能和动态消声性能两种。当消声器内没有气流通过且仅用扬声器发标准噪声源（如白噪声或粉红噪声）条件下测得的消声量称为静态消声量。当消声器内有气流通过，即用空气动力设备作声源（如风机声或风机加扬声器声源）条件下测得的消声量称为动态消声量。

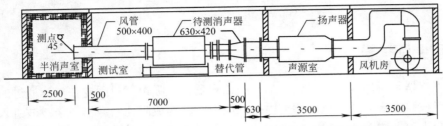

图 11-3-3 上海同济大学声学所原有管道半消声室消声器测量装置示意图

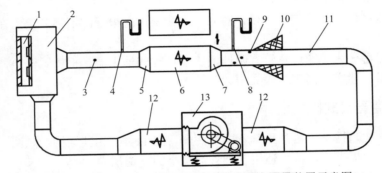

图 11-3-4 深圳中雅公司原有消声器实验室测量装置示意图

1—扬声器；2—声源安装箱；3—上游传声器（1 个）；4—上游毕托管；5—变径；6—测试消声器；7—变径；8—下游毕托管；9—下游传声器（3 个）；10—末端消声器；11—下游管道；12—系统消声器；13—变风量风机箱

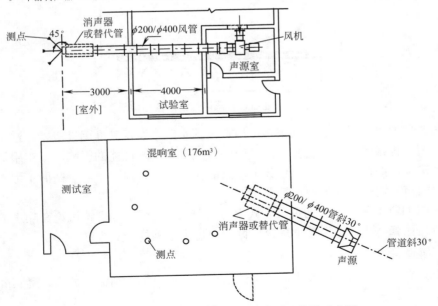

图 11-3-5 两种简易实验室消声器测量装置示意图

第4章 常用消声器

4.1 阻性消声器

阻性消声器是使用吸声材料消声的一类消声器，把吸声材料固定在气流通过的管道周边壁面，或者按照一定方式在气流通道中排列组合，就构成阻性消声器。当声波进入阻性消声器时，引起消声器中多孔吸声材料中的空气和纤维振动，由于摩擦阻力和黏滞阻力，使声能转变为热能而耗散，从而将声音消掉。

阻性消声器结构简单，使用方便，对高、中频噪声有很好的消声效果，在噪声控制工程中应用很广。

阻性消声器可分为单通道直管式阻性消声器、片式消声器、折板式消声器、声流式消声器、弯头消声器、迷宫式消声器等类型。

4.1.1 单通道直管式阻性消声器

单通道直管式阻性消声器是最基本的消声器，图11-4-1为其结构示意图。这类消声器结构简单，气流阻力损失小，特别适用于细管流量小的管道消声。

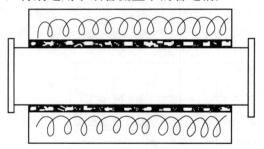

图11-4-1 单通道直管式阻性消声器结构示意图

阻性消声器消声量的计算公式很多，但在工程实践中发现其准确性较差。这是因为声波在消声器通道中传播的情况比较复杂，又交织着气流对消声性能的影响，很难用简单的数学方程给予精确定量的描述。在工程设计上，只能在特定的条件下，对一些简单形式的阻性消声器，导出消声器消声量的近似计算公式。

针对如图11-4-1所示的单通道直管式阻性消声器，先用一维理论讨论在噪声控制中实用的计算方法和计算公式，再用二维理论探讨、分析更精确的计算方法。

4.1.1.1 一维理论

根据相关文献，利用一维理论计算阻性消声器的消声量有别洛夫公式、赛宾公式等。

（1）别洛夫公式

别洛夫（А.И.Белев）根据一维平面波理论，在假定吸声材料的声阻远大于声抗的条件下，

推导出消声量 ΔL（dB），如式（11-4-1）所示：

$$\Delta L = 1.1\psi(\alpha_0)\frac{P}{S}L \qquad (11\text{-}4\text{-}1)$$

式中　P——吸声层的通道横截面周长，m；

　　　S——吸声层的通道横截面面积，m^2；

　　　L——消声器的长度，m；

$\psi(\alpha_0)$——消声系数，与正入射吸声系数 α_0 有关，其关系见表 11-4-1。

表 11-4-1　$\psi(\alpha_0)$ 与 α_0 的关系表

α_0	0.1	0.2	0.3	0.4	0.5	0.6	0.7	0.8	0.9	1.0
$\psi(\alpha_0)$	0.1	0.2	0.35	0.5	0.65	0.9	1.2	1.6	2.0	4.0

（2）赛宾公式

赛宾（H.J.Sabine）在特定的条件下，通过实验，得到经验公式（11-4-2）如下：

$$\Delta L = 1.05\alpha_T^{1.4}\frac{P}{S}L \qquad (11\text{-}4\text{-}2)$$

式中，α_T 为混响室法测得的吸声系数值，其余参量皆同式（11-4-1）。

赛宾公式的适用范围是 $\alpha_T=0.2\sim0.8$，声频范围 $f=200\sim2000Hz$，横截面尺寸为 22.5～45cm，边长比为 1：1～1：2 的矩形管道。

（3）罗吉士（Rogers）公式

罗吉士公式如式（11-4-3）所示：

$$\Delta L = 4.34\frac{(1-\sqrt{1-\alpha})}{(1+\sqrt{1-\alpha})}\times\frac{PL}{S} \qquad (11\text{-}4\text{-}3)$$

（4）克里默（Cremer）公式

克里默公式如式（11-4-4）所示：

$$\Delta L = 1.1\alpha_T\frac{PL}{S} \qquad (11\text{-}4\text{-}4)$$

（5）布鲁埃（Bruel）公式

布鲁埃公式如式（11-4-5）所示：

$$\Delta L = 1.5\alpha\frac{PL}{S} \qquad (11\text{-}4\text{-}5)$$

这些公式归纳起来，来源只有两个：一个是别洛夫公式；另一个是赛宾公式。其他公式是由这两个公式派生出来的。

（6）噪声控制工程中实用的阻性消声器计算公式

在对别洛夫公式和赛宾公式进行分析研究和实际使用后，发现：赛宾公式适用范围窄，使用不方便；而别洛夫公式使用起来方便，但准确性较差，特别是在高频范围，理论值与实测值差别较大。

在 20 世纪六七十年代，我国声学工作者根据实验室和工程实践经验，对别洛夫公式进行修正，得出在噪声控制工程实践中较准确的实用的阻性消声器计算公式，如式（11-4-6）所示：

$$\Delta L = \psi(\alpha_0)\frac{PL}{S} \qquad (11-4-6)$$

比较式（11-4-1）和式（11-4-6），形式基本相同，但两式中的 $\psi(\alpha_0)$ 却有相当大的差别。$\psi(\alpha_0)$ 称为消声系数，它主要取决于消声壁面吸声层吸声系数，以下对其进行定量讨论。

声波沿着非刚性壁的管道传播，声强按照指数规律随着传播距离衰减。当声波的频率不高，且壁面声阻抗较大时，可以认为管道内同一横截面上各处声压近似相同。在这种条件下，式（11-4-6）中的消声系数如式（11-4-7）所示：

$$\psi(\alpha_0) = 4.35\frac{a}{a^2+b^2} \qquad (11-4-7)$$

式中　a——法向声入射时消声器吸声层结构的相对声阻率；

　　　b——法向声入射时消声器吸声层结构的相对声抗率。

在特殊情况下，当声波频率与壁面吸声结构的共振频率接近时，声抗接近 0，如果 $a \geqslant 1$ 时，则消声系数可用垂直入射的吸声系数 α_0 表示，如式（11-4-8）所示：

$$\psi(\alpha_0) = 4.35\frac{1-\sqrt{1-a_0}}{1+\sqrt{1-a_0}} \qquad (11-4-8)$$

这就是消声系数的理论计算公式，式（11-4-8）与式（11-4-6）联立，就可以得到阻性消声器消声量的理论值。

在工程实践中证明，根据上述方法计算出的消声量在多数情况下高于实际消声量，特别是在消声量较大和频率较高时，两者的偏差更大。究其原因，主要是消声系数 $\psi(\alpha_0)$ 是在特定条件下推导出来的，与实际情况有较大误差。

① 在推导消声系数时，曾假定同一横截面积上声压近似相同，但实际情况往往不是这样的。当声波在壁面有吸声层的管道中传播时，如果壁面吸声层吸声效果很好，则在同一横截面上声压或声能量不可能保持均匀分布。在消声管道中距管壁较远的中心部位，壁面吸声层的吸声作用不能得到充分的发挥。因此，在吸声系数 α_0 较大时，也就是在高吸声情况下，公式（11-4-1）、式（11-4-6）及表 11-4-1 计算的消声量比实际的消声量偏高。

② 在推导消声系数时，曾假定声抗近似为 0，吸声材料的声阻抗率为纯阻。实际上，吸声材料的声阻抗率是复数。消声系数 $\psi(\alpha_0)$ 严格来说应当由声阻抗率中的声阻和声抗两部分共同决定，而不应仅由吸声系数 α_0 单独决定。由于忽略了声抗的影响，也导致了理论计算值与实际情况偏差的结果。

③ 此外，在工程实践中，还有许多干扰因素，例如，在消声器中气流速度的影响、再生噪声的影响、环境噪声的干扰、侧向传声的影响等，都有可能导致现场实测的消声量比理论计算偏低的结果。

经我国声学工作者大量噪声控制工程实践，表 11-4-2 给出了修正的 $\psi(\alpha_0)$ 与 α_0 的关系表。

表 11-4-2　修正的 $\psi(\alpha_0)$ 与 α_0 的关系表

α_0	0.1	0.2	0.3	0.4	0.5	0.6~1.0
$\psi(\alpha_0)$	0.1	0.25	0.40	0.55	0.7	1~1.5

2013 年颁布的国家标准《工业企业噪声控制设计规范》（GB/T 50087—2013）的消声设计规范中，采用了表 11-4-2 的数值，只是略做修正，见表 11-4-3。

表 11-4-3　消声系数表（GB/T 50087—2013）

α_0	0.10	0.20	0.30	0.40	0.50	0.60	0.70	0.80	0.90～1.00
$\psi(\alpha_0)$	0.10	0.20	0.40	0.55	0.70	0.90	1.00	1.20	1.50

式（11-4-6）和表 11-4-2、表 11-4-3，已成为国内阻性消声器设计的基本依据，并得到了广泛的应用。

近年来，在噪声控制工程实践中，将表 11-4-2、表 11-4-3 进一步细化，得出在噪声控制工程中更加细致的 $\psi(\alpha_0)$ 与 α_0 的关系表，见表 11-4-4。

表 11-4-4　噪声控制工程中实用的 $\psi(\alpha_0)$ 与 α_0 的关系表

α_0	0.1	0.15	0.2	0.3	0.35	0.4	0.45	0.5	0.55
$\psi(\alpha_0)$	0.05	0.1	0.17	0.24	0.47	0.55	0.64	0.75	0.86
α_0	0.6	0.65	0.7	0.75	0.8	0.85	0.90	0.95	1.0
$\psi(\alpha_0)$	0.90	1.0	1.05	1.1	1.2	1.3	1.35	1.45	1.5

【例】一圆管式阻性消声器，用超细玻璃棉制成内壁吸声层，有效通道为 250mm，消声器长度为 1m，其不同频率的吸声系数见表 11-4-4，求消声量。

解：消声器的周长 $P=\pi D=3.14\times0.25=0.785$（m）；

消声器的长度 $L=1$m；

消声器的横截面面积 $S=\frac{1}{4}\pi D^2=3.14/4\times(0.25)^2=0.0491$（m²）；

比值 $PL/S=0.78\times1/0.0491=16$。

在表 11-4-4 中查得与 α_0 对应的 $\psi(\alpha_0)$ 值，代入式（11-4-6），计算后即可得该消声器在各倍频带的消声量，见表 11-4-5。

表 11-4-5　消声量计算范例

倍频带中心频率/Hz	63	125	250	500	1000	2000	4000	8000
吸声系数 α_0	0.30	0.35	0.6	0.70	0.75	0.85	0.90	0.80
消声系数 $\psi(\alpha_0)$	0.24	0.47	0.9	1.05	1.1	1.3	1.35	1.2
消声量/dB	3.8	7.5	14.4	16.8	17.6	20.8	21.6	19.2

综上所述，在噪声控制工程实践中，计算直通道管式消声器，只要用式（11-4-6）和表 11-4-1 或表 11-4-2、表 11-4-4 即可。而直通道管式消声器是各类阻性消声器的基础，所以式（11-4-6）和表 11-4-4 在阻性消声器设计中具有重要地位。

4.1.1.2　二维理论

消声器的一维理论有一定的局限性，用于工程实践近似计算是可以的。如果要进行精确计算，应当使用多维理论。多维理论是相当繁复的，下面简单介绍一下二维理论的概念、方法、公式和图表。

图 11-4-2 为一个扁矩形消声器通道剖面图。在图 11-4-2 中，取 x 轴为沿声传播方向，z 轴为沿声传播的垂直方向，即 z 轴与吸声面相垂直。L 为通道长度，h 为通道半宽度。$z=0$ 处为通道中面，$z=\pm h$ 处为吸声结构的表面。

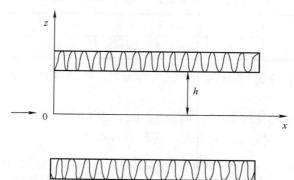

图 11-4-2   扁矩形消声器通道剖面图

假设声波声压在 z 轴方向，即宽度方向，上下对称，但分布并不均匀；而在 y 轴方向，即通道深处方向，没有变化。也就是说，声波声压仅与 x、z 两个坐标有关，这就是二维理论。

在稳态情况下，声压方程如式（11-4-9）所示：

$$\frac{\partial^2 p}{\partial^2 x} + \frac{\partial^2 p}{\partial^2 z} + k^2 p = 0 \tag{11-4-9}$$

式中，$k=\omega/c$，k 为自由空间中的波向量。

沿 x 轴正方向传播的声波的声压如式（11-4-10）所示：

$$p = p_0 \cos\left(\frac{X\pi z}{h}\right)\exp\left(j\omega t - jkgx\right) \tag{11-4-10}$$

式中 X——反映声压沿 z 方向的分布情况，称为分布参数；

　　　　g——反映声波沿 x 方向的传播情况，称为传播参数。

在刚性壁面管道中传播的平面波，声压无衰减，$X=0$，$g=1$。而在有吸声层壁面的管道中，分布参数 X、传播参数 g 都是复数，两者之间的关系如式（11-4-11）所示：

$$g^2 = 1 - \frac{X^2}{\eta^2} \tag{11-4-11}$$

式中，η 为频率参数，是通道宽度 $2h$ 与波长 λ 的比值。

$$\eta = \frac{2h}{\lambda} \tag{11-4-12}$$

再做进一步的讨论，根据运动方程：

$$p_0 \frac{\partial v}{\partial t} = -\Delta p \tag{11-4-13}$$

由声压可以求得沿壁面垂直方向（z 方向）的振速，从而求出相应的声阻抗率，由 $z=\pm h$ 处的边界条件，可以得到决定 X 值的特征方程如式（11-4-14）所示：

$$X\tan(X\pi) = \frac{j\eta\rho_0 c}{Z} \tag{11-4-14}$$

式中，Z 为吸声结构的法向声阻抗率。

由式（11-4-14）求出 X 值，代入式（11-4-11）中，可以得到传播参数 g 值：

$$g = \tau - j\sigma \tag{11-4-15}$$

当声波沿 x 方向传播距离 L 时，声衰减量为：

$$\Delta L = 8.68K\sigma L = 8.68\pi\eta\sigma\frac{1}{h} \tag{11-4-16}$$

比较式（11-4-12）与表 11-4-3，可以知道，在二维情况下，消声系数 $\psi(\alpha_0)$ 为：

$$\psi(\alpha_0) = 8.68\pi\eta\sigma = 27.3\eta\sigma \tag{11-4-17}$$

由式（11-4-17）可以看出，固定 η，求出传播参数 g 的虚部 σ，就可以得到相应的消声系数 $\psi(\alpha_0)$。

由于计算比较复杂，通常用图形协助进行。图 11-4-3 为给定的十个频率参数（$\eta=0.1\sim1.0$）的曲线组。在这个曲线组中，纵坐标为 ζ/η，代表消声器壁面相对声阻抗率与频率参数 η 之比，相对声阻抗率 $\zeta=\dfrac{Z}{\rho_0 c}$，$Z$ 为消声器吸声材料法向声阻抗率，$\rho_0 c$ 为空气的特性阻抗。横坐标 $\psi(°)$ 表示幅角。

从图 11-4-3 中的曲线组，可以查出在不同频率条件下的消声系数 $\psi(\alpha_0)$ 值，进而去计算消声量。

计算某消声器的消声量，主要在于求出不同频率的消声系数 $\psi(\alpha_0)$ 值，计算步骤如下：

（1）选定频率，对阻性消声器来说，一般选用倍频程或者 1/3 倍频程频率，或者选定特别需要消声的某频率。再根据式（11-4-12）求得相应的频率参数 η。

（2）确定吸声材料表面的法向声阻抗率 Z 值。Z 值或者通过理论公式计算求出，或者由驻波管实测求得。然后求出 ζ/η 和 ψ 值。

（3）在图 11-4-3 的曲线组中，查出相应频率的消声系数 $\psi(\alpha_0)$ 值。

（4）由式（11-4-6）计算该消声器在不同频率下的消声量。

二维理论对研究探讨提高阻性消声器的消声量，发掘消声器的潜力有一定的意义。如有人曾假设一个"扁"消声器，其通道宽度仅为 100mm，而吸声层很"厚"，吸声系数很高，但密度很低，即非常"稀疏"，用二维理论计算，其消声系数 $\psi(\alpha_0)$ 高达 10，由此计算的消声器消声量竟达到 200dB/m。目前找不到这样吸声系数高而又非常稀疏的材料，制造不出这样高效的消声器。现行采用的吸声材料，如玻璃棉、矿渣棉等，密度如果过低，很难均匀地填充，得不到性能稳定的消声器结构。这就是说，目前在噪声控制工程中常用的阻性消声器，其消声效率并非已达极限，还有潜力可以挖掘，随着科学技术的发展，新的吸声材料、吸声结构出现，阻性消声器的消声能力必将有更大的提高。

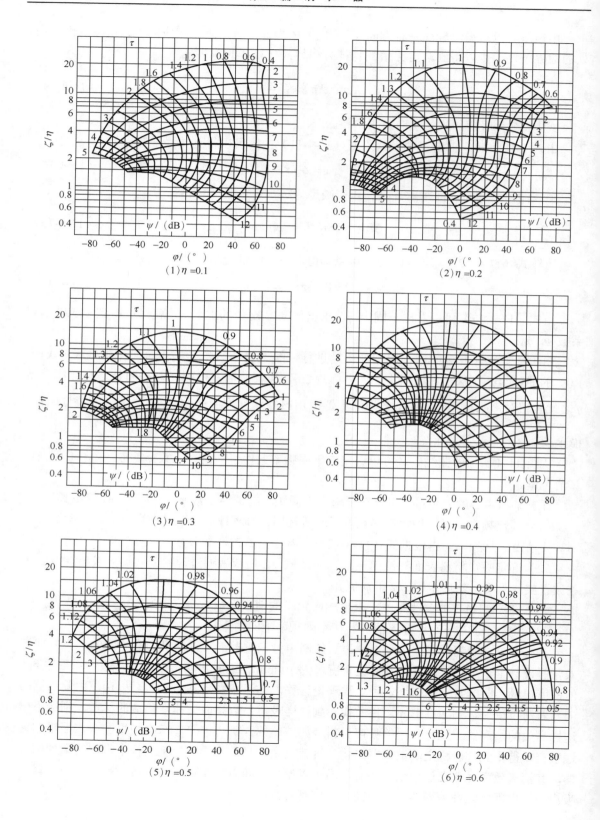

(1) $\eta = 0.1$

(2) $\eta = 0.2$

(3) $\eta = 0.3$

(4) $\eta = 0.4$

(5) $\eta = 0.5$

(6) $\eta = 0.6$

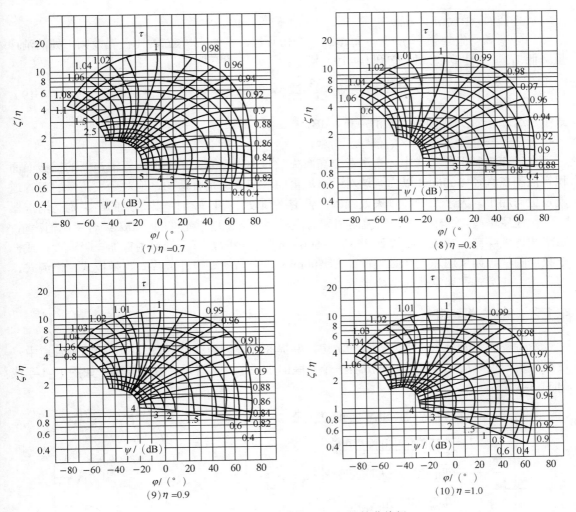

图 11-4-3　计算消声系数 $\psi(\alpha_0)$ 的等曲线组

4.1.1.3　高频失效频率

单通道直管消声器的横截面积不宜过大，因为上面提到的消声器计算公式，都是在假定声波为平面波的条件下推导出来的。也就是说，声波在消声器的同一横截面上各点声压和声强被假定是相同的。如果单通道直管消声器的横截面积过大，当声波频率高到一定程度时，波长很短，声波将以窄声束的形式通过消声器，很少或者根本不与消声器壁面的吸声材料接触。此时，消声器的消声效果，特别是高频声的消声量，将显著下降。

当声波波长小于通道横截面尺寸的 1/2 时，消声效果显著下降。在噪声控制工程中，通常将这个现象称为高频失效，而将这个消声量开始明显下降的频率定义为"高频失效频率"（f_{H}），其经验公式如式（11-4-18）所示：

$$f_{\mathrm{H}} = 1.85 \frac{c}{\overline{D}} \qquad\qquad (11\text{-}4\text{-}18)$$

式中　c——声速，m/s；

　　　$\overline{D}$——消声器通道当量直径，m。当消声器通道横截面是边长为 a、b 的矩形时，当量

直径 $\overline{D} = 1.1\sqrt{ab}$ ，m。

当频率高于失效频率 f_{H} 时，每增加一个倍频程，其消声量$\Delta L'$约比在失效频率处的消声量降低 1/3。其计算公式如式（11-4-19）所示：

$$\Delta L' = \frac{3-n}{3}\Delta L \quad （\mathrm{dB}）\tag{11-4-19}$$

式中　ΔL——在失效频率处的消声量，dB；

　　　　n——高于失效频率的倍频程带数。

在噪声控制工程实践中，为了避免高频失效频率的影响，单通道直管消声器的横截面面积宜控制在直径 300mm 以内。这对于小流量的较细管道是合适的，但对于大流量的粗管道就发生问题了。为了照顾高频失效频率，管道必须设计得比较细，其带来的结果则是消声器中气流速度增高，这样会增加气流阻损和再生噪声，这又是不允许的。如果综合考虑消声量、阻损和再生噪声，管道需要设计为 300～500mm 的管径时，可在管道中部加一吸声片，或一个吸声圆柱。如果通道尺寸必须设计在 500mm 以上，就要设计成片式、折板式、声流式、弯头式、蜂窝式和迷宫式等结构形式。

4.1.2　片式消声器

为了解决大流量空气动力设备的消声，并提高上限失效频率，在大尺寸的消声管道中，设置一系列吸声片，即把通道分成若干个并联的小通道，这就是片式消声器，如图 11-1-4 或图 11-4-4 所示。

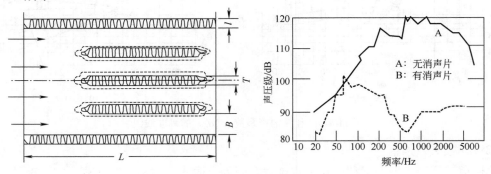

图 11-4-4　片式消声器

在片式消声器中，各通道的横截面积都小了，不但提高了上限失效频率，而且因为增加了吸声材料饰面表面积，则消声量也会相应提高。

通常在片式消声器的设计时，片间距等距，即每个小通道的尺寸都相同，一个通道相当于片式消声器的一个单元，其消声频率特性也就代表了整个消声器的消声特性。片式消声器的消声量可由式（11-4-6）计算。

对扁矩形片式消声器（片间距与通道高度比很小），其消声量 ΔL 可简化为如式（11-4-20）所示：

$$\Delta L = \psi(\alpha_0)\frac{p}{S}L = 2\psi(\alpha_0)\frac{L}{a}\tag{11-4-20}$$

式中　$\psi(\alpha_0)$ —— 消声系数，仍由表 11-4-4 查得；

　　　a —— 消声器小通道的宽度，亦称片间距，m。

对于矩形片式消声器，可简化为如式（11-4-21）所示：

$$\Delta L = \psi(\alpha_0)\frac{p}{S}L = 2\psi(\alpha_0)L\frac{a+b}{ab} \tag{11-4-21}$$

式中　a —— 小通道宽度，m；

　　　b —— 小通道高度，m。

从式（11-4-20）、式（11-4-21）中可以看出，对于片式消声器：消声器的长度越长，消声量越大；消声器的通道宽度越窄，消声量越大。在噪声控制工程实践中，通道宽度，即片间距，通常取 100～200mm。根据所需要消声的频率状况，吸声片片厚通常选在 60～150mm 之间。如主要是高频声，片厚可薄些，如要兼顾中低频噪声，片厚要厚些。

4.1.3　折板式消声器

为了增加片式消声器的高频消声量，可将直片做成折弯状，这就是折板式消声器，如图 11-1-7、图 11-1-8 和图 11-4-5 所示。

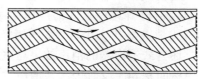

图 11-4-5　折板式消声器

在折板式消声器中，声波在消声器中多次反射、弯折，大大增加了声波与吸声层的接触，从而提高了消声器的消声效果，特别是高频消声效果。折板式消声器消声片的弯折设计，应以视线不能透过为原则，这样高频声波不易"贯穿"。为了减少气流阻力损失，折角应小一些，不宜超过 20°，且尽量平滑过渡。

4.1.4　声流式消声器

将消声器中的吸声体做成正弦波形、流线形、弧形或菱形，则构成声流式消声器，如图 11-1-9、图 11-4-6 所示。

在声流式消声器中，气流和声波沿着近似连续变化的吸声体行进，多次反射和吸收，既提高了消声效果，又改善了消声频率带宽，气流阻力损失也较小，是一个一举多得的消声设计。但它的缺点是结构复杂、价格较贵、制作较难。

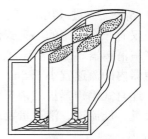

图 11-4-6　声流式消声器

4.1.5　蜂窝式消声器

如果空气动力设备流量很大，消声器的横截面积也相应增大，这对高、中频消声很不利。将这个大横截面的消声器改造为一系列较小尺寸的直管式消声器并联组合，即构成蜂窝式消声器，如图 11-4-7 所示。

蜂窝式消声器的消声量可用式（11-4-6）和表 11-4-4 计算。由于该消声器是多个消声通道并联，而且每个消声通道的尺寸也基本相同，因此，只要计算其中一个管式消声器的消声量，就能得到整个消声器的消声量。

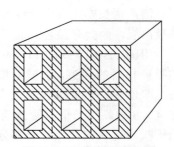

图 11-4-7　蜂窝式消声器

对蜂窝式消声器，每个单元通道的尺寸宜控制在 300mm×300mm 或以下，这样的设计可以得到兼顾高、中、低频的良好带宽。在设计整个蜂窝式消声器的横截面积时，为了减少气流阻损，消声器总的通道横截面积可选为原气流流动管道横截面积的 1.5～2 倍。

蜂窝式消声器的优点是高、中频消声效果良好，缺点是结构复杂、阻力损失大、尺寸较庞大。

4.1.6　迷宫式消声器

迷宫式消声器亦称小室式消声器。在大型空气动力设备的输气管道中，例如，在通风空调系统的风机出口、管道分支处或排气口处，设置体积较大的室或箱，在室或箱中加衬吸声材料和吸声障板，就构成迷宫式消声器，如图 11-1-15、图 11-4-8 所示。

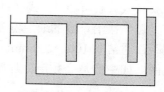

图 11-4-8　迷宫式消声器

迷宫式消声器兼具有阻性消声器和抗性消声器的作用。室中吸声材料具有阻性消声作用；小室横截面的扩大与缩小，则具有抗性消声作用。因此，迷宫式消声器在一个较宽的频率范围内有良好的消声效果。

迷宫式消声器的消声效果与室的大小、小室的数量、通道横截面积、吸声材料吸声系数、吸声层面积和厚度有关。其消声量 ΔL 可用式（11-4-22）进行估算：

$$\Delta L = 10\lg \frac{\alpha S}{S_E (1-\alpha)} \tag{11-4-22}$$

式中　α——内衬吸声材料的吸声系数；

　　　S——内衬吸声材料的表面积，m^2；

　　　S_E——室进（出）口横截面积，m^2。

仅有一个小室的小室式消声器叫作单室消声器或消声箱，有多个小室的小室式消声器叫作多室消声器。在通常迷宫式消声器的设计中，隔断分割的小室数目宜取为 3～5 个。小室式消声器内的流速宜小于 5m/s。

迷宫式消声器虽然消声效果良好，但气流阻力损失大、体积大，占空间大。一般适用于大流量、低流速、消声量要求高的大型通风空调系统。在这种情况下，消声器内的流速宜小于 5m/s。

4.1.7　消声弯头

消声弯头亦称弯头消声器，在空气动力设备的输气管道中常有弯头，如在该弯头内壁衬贴吸声层，则会有显著的消声效果，这就是消声弯头。

用图 11-1-11 或图 11-4-9 可以形象地说明弯头消声器的原理。图 11-4-9（a）为没有衬贴吸声材料的弯头，管壁近似为刚性，声波在管道中虽有多次反射，但仍然通过弯头传去，即使有些声衰减也是很有限的。图 11-4-9（b）为弯头处衬贴了吸声材料的消声弯头。在 $A-B$ 段，相当于直管式消声器，声波通过时，得到一定程度的降低。在弯头 $B-C$ 段，由于吸声弯头的作用，一部分声波被吸收，一部分声波反射回声源，一部分转向垂直方向继续传播。

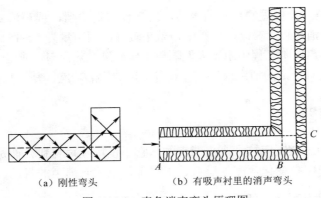

（a）刚性弯头　　　　　　　（b）有吸声衬里的消声弯头

图 11-4-9　直角消声弯头原理图

因为消声弯头有一定的消声效果，结构简单，又少占建筑空间，再加上由于衬贴吸声层而附加的气流阻损不大。因此，消声弯头在通风空调工程中应用较广。

以直角弯头为例，设弯头的通道宽度为 d，如图 11-4-10 所示。

在该消声器中，d 为消声弯头的通道宽度，λ 为声波波长，在表 11-1-7 中给出同样尺寸的刚性直角弯头和衬贴吸声材料的直角消声弯头的消声量估算值。

从表 11-1-7 中可以看出，消声弯头在低频段消声效果不高，在达到 $d/\lambda=1.0$ 的条件下的相应频率时，消声效果明显提高。在高频时，消声弯头比无吸声衬贴层的刚性弯头，消声量可高出 10dB。弯头上衬贴吸声层的长度，一般设计为管道横截面积的 2～4 倍。

如果多个消声弯头串联，而各弯头之间的间隔比管道横截面尺寸大得多时，总消声量为一个消声弯头的消声量乘以弯头的个数。当然，弯头个数也应是有限的，因为总消声量还受气流再生噪声的制约。

消声弯头的消声量与弯头的角度也有较大关系，一般来说与弯头角度成正比。例如，在其他条件相同的情况下，180° 的弯头的消声量是 90° 弯头消声量的 1.5 倍，而 30° 弯头的消声量是直角弯头的 1/3。

直角弯头的气流阻力损失、再生噪声都较大，为了改善阻损，降低再生噪声，可将直角弯头的吸声层内壁做成弯曲的流线型形状，如图 11-4-11 所示。这样的消声弯头的阻损要比直角弯头小得多。

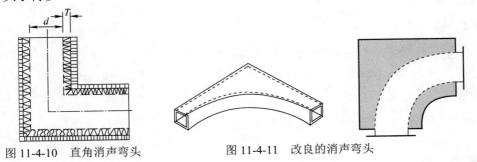

图 11-4-10　直角消声弯头　　　　　图 11-4-11　改良的消声弯头

4.1.8　消声百叶

消声百叶亦称百叶窗式消声器，它是模仿百叶窗形式，气流可以通过，但噪声得到降低的长度极短的消声器，如图 11-1-20 所示。

　　消声百叶实际是一个极短的片式消声器，或折板式消声器，或声流式消声器，其长度在200～500mm 之间。消声百叶在高、中频消声效果较好，消声量为 5～15dB，气流阻力损失也较小。消声百叶在噪声控制工程中用于大型隔声罩作通风散热窗口，或用于高噪声机械设备机房的进排气窗口，既有一定的消声效果，又具有一定的散热功能，是一种辅助的消声装置。

4.2　抗性消声器

　　抗性消声器是通过控制声抗大小来消声的，它不使用吸声材料，而是利用管道中的诸如截面积突变之类的声阻抗变化，产生反射、干涉等，以达到消声的目的。

4.2.1　截面突变管道消声器

　　声波在两个不同截面的管道中传播，如图 11-4-12 所示。

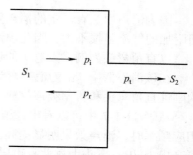

图 11-4-12　截面突变管道中的声传播

　　声波从截面积 S_1 的管道传入截面积 S_2 的管道，对 S_1 的管道来说，管道 S_2 相当于一个声负载，这个声负载会产生部分声波的反射与透射。设在管道中满足平面波的条件下，在 S_1 管道中有一个入射波 p_i 和一个反射波 p_r，而 S_2 管道如果可以视为无限延伸的话，仅有透射波 p_t。

　　将坐标原点取在 S_1 管和 S_2 管的连接处，可以得到上述三种声波的声压方程式。

　　入射波：

$$p_i = p_{Ai} e^{j(\omega t - kx)} \qquad (11\text{-}4\text{-}23)$$

　　反射波：

$$p_r = p_{Ar} e^{j(\omega t + kx)} \qquad (11\text{-}4\text{-}24)$$

　　透射波：

$$p_t = p_{At} e^{j(\omega t - kx)} \qquad (11\text{-}4\text{-}25)$$

　　其质点速度为：

　　入射波：

$$v_i = \frac{p_{Ai}}{\rho_0 c} e^{j(\omega t - kx)} \qquad (11\text{-}4\text{-}26)$$

　　反射波：

$$v_r = \frac{p_{Ar}}{\rho_0 c} e^{j(\omega t + kx)} \qquad (11\text{-}4\text{-}27)$$

　　透射波：

$$v_t = \frac{p_{At}}{\rho_0 c} e^{j(\omega t - kx)} \qquad (11\text{-}4\text{-}28)$$

　　以上入射波、反射波和透射波是一个整体，互相之间不是独立的，而是密切相关的。这个关联的关键在两个管道的接口处，即交界面处。在该界面上存在两种声学边界条件。

（1）声压连续，即：

$$p_{Ai} + p_{Ar} = p_{At} \tag{11-4-29}$$

（2）体积速度连续

根据质量守恒定律，在界面处，体积速度应该连续，即：

$$S_1(v_i + v_r) = S_2 v_t \tag{11-4-30}$$

将式（11-4-29）代入式（11-4-30），可得：

$$S_1(p_{Ai} + p_{Ar}) = S_2 p_{At} \tag{11-4-31}$$

将式（11-4-29）和式（11-4-31）联立求解，可得声压比为：

$$r_p = \frac{p_{Ar}}{p_{Ai}} = \frac{1-m}{1+m} \tag{11-4-32}$$

式中，$m = S_2/S_1$，称为扩张比，在扩张室抗性消声器中是个重要的参量。

由式（11-4-32）可以看出，在扩张室抗性消声器中，声波的反射与两个管道的截面积比 m 有关。

当 $S_2 < S_1$ 时，即第二个管道比第一个管道细时，$r_p > 0$，相当于声波遇到硬边界。

当 $S_2 \ll S_1$ 时，即第二个管道比第一个管道细得多时，$r_p \approx 0$，相当于声波遇到刚性壁，这时会发生全反射。

当 $S_2 > S_1$ 时，即第二个管道比第一个管道粗时，$r_p < 0$，相当于声波遇到软边界。

当 $S_2 \gg S_1$ 时，即第二个管道比第一个管道粗得多时，$r_p = -1$，这时声波好像遇到"真空边界"。

由式（11-4-32）可以得到声强的反射系数 r_I 与透射系数 t_I，如式（11-4-33）和式（11-4-34）所示：

$$r_I = \frac{(1-m)^2}{(1+m)^2} \tag{11-4-33}$$

$$t_I = \frac{I_t}{I_I} = \frac{4}{(1+m)^2} \tag{11-4-34}$$

消声量是管道中声强透射系数的倒数，单位是 dB，即：

$$L_{TL} = 10\lg\frac{(m+1)^2}{4} = 20\lg\frac{m+1}{2} \quad (dB) \tag{11-4-35}$$

由式（11-4-35）可以看出，由截面突变产生的消声量 L_{TL} 大小，主要由扩张比 m 决定。

在有效消声频率范围内，在高频端，高频截止频率 $f_上$ 可由式（11-4-36）估算：

$$f_上 = 1.22\frac{c}{\overline{D}} \quad (Hz) \tag{11-4-36}$$

式中 c——声速，m/s；

$\overline{D}$——扩张室部分的当量直径。

在有效消声频率范围内，在低频端，低频截止频率 $f_下$ 可由式（11-4-37）估算：

$$f_{\text{下}} = \frac{0.4c}{\sqrt{S_2}} \quad (\text{Hz}) \qquad\qquad (11\text{-}4\text{-}37)$$

4.2.2　锥形变径管抗性消声器

锥形变径管也具有阻抗变化消声的作用，锥形变径管也可以说是属于截面突变抗性消声器的类别。图 11-4-13 为锥形变径管抗性消声器的消声效果。

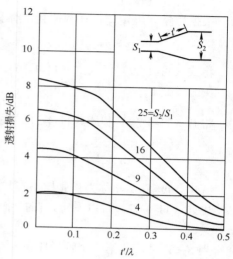

锥形变径管抗性消声器的消声量由扩张比 $m=S_2/S_1$、锥形变径管长度 t'、波长 λ 三者决定。锥形变径管抗性消声器的消声量随着扩张比 m 的增大而提高。

当扩张比 m 固定时，锥形变径管长 t' 越短，波长 λ 越长，消声量越大。当锥形变径管长度 $t'=0$，即管道变为截面突变管道，消声量最大。t' 增加，消声量减少。当 $t'/\lambda>0.5$，即在变径管长度 t' 大于 $\lambda/2$ 的相应频率上，消声量趋向于零。

在管道中设置一个开孔的横隔板，如图 11-4-14（a）所示，也是具有一定消声效果的阻抗变化抗性结构。其消声量 L_{TL} 可用式（11-4-38）估算：

图 11-4-13　锥形变径管抗性消声器的消声效果

$$L_{\text{TL}} = 10\lg\left[1 + \left(\frac{KS}{2G}\right)^2\right] \quad (\text{dB}) \qquad\qquad (11\text{-}4\text{-}38)$$

式中　G——孔的传导率，$G=S_d/l_d$（S_d 为小孔的截面积，m^2；l_d 为小孔的厚度，m）；

　　　　S——管道的截面积，m^2；

　　　　$K = \dfrac{\sqrt{GV}}{2S}$（$V$ 为密闭空腔体积，m^3）。

为了方便，消声量表示见图 11-4-14（b）。

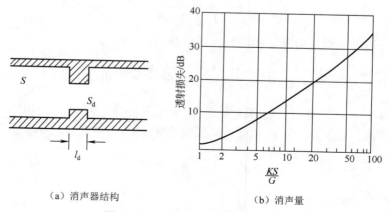

（a）消声器结构　　　　　　　　　（b）消声量

图 11-4-14　管道横隔板抗性消声器

4.2.3　单室扩张室抗性消声器

单室扩张室抗性消声器是由两个突变截面管道反向连接构成的，如图 11-4-15 所示。主管截面为 S_1，扩张部分管道截面为 S_2，扩张部分管道长度为 l，消声器的扩张比 $m=S_2/S_1$。

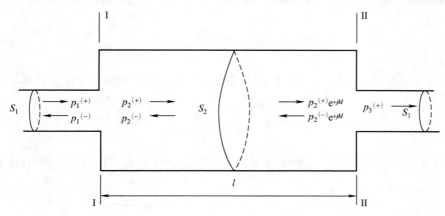

图 11-4-15　单室扩张室抗性消声器

（1）单室扩张室抗性消声器的消声量

在图 11-4-15 所示的单室扩张室抗性消声器中，假设声波从左向右传播，消声器入口端入射声波声压为 $p_1^{(+)}$，反射声波声压为 $p_1^{(-)}$，声波传入扩张室。在界面Ⅰ－Ⅰ处，透射声波声压为 $p_2^{(+)}$，反射声波声压为 $p_2^{(-)}$。在界面Ⅱ－Ⅱ处，入射声波声压为 $p_2^{(+)}\mathrm{e}^{+kjl}$，反射声波声压为 $p_2^{(-)}\mathrm{e}^{+kjl}$。在界面Ⅱ－Ⅱ处的相位比界面Ⅰ－Ⅰ处相差 kl，k 为波数，$k=\omega/c=2\pi f$，l 为扩张部分管道长度。

在界面Ⅰ－Ⅰ处，根据声压连续原理，可得：

$$p_1^{(+)} + p_1^{(-)} = p_2^{(+)} + p_2^{(-)} \tag{11-4-39}$$

根据体积速度连续条件，可得：

$$S_1\left[\frac{p_1^{(+)}}{\rho_0 c}\right] - S_1\left[\frac{p_1^{(-)}}{\rho_0 c}\right] = S_2\left[\frac{p_2^{(+)}}{\rho_0 c}\right] - S_2\left[\frac{p_2^{(-)}}{\rho_0 c}\right] \tag{11-4-40}$$

进而：

$$p_1^{(+)} - p_1^{(-)} = m\left[p_2^{(+)} - p_2^{(-)}\right] \tag{11-4-41}$$

在界面Ⅱ－Ⅱ处，根据声压连续原理、体积速度连续原理，可得：

$$p_2^{(+)}\mathrm{e}^{-jkl} + p_2^{(-)}\mathrm{e}^{jkl} = p_3^{(+)} \tag{11-4-42}$$

$$m\left[p_2^{(+)}\mathrm{e}^{-jkl} - p_2^{(-)}\mathrm{e}^{jkl}\right] = p_3^{(+)} \tag{11-4-43}$$

联立方程式（11-4-40）～式（11-4-43），求解可得：

$$\frac{p_1^{(+)}}{p_3^{(+)}} = \cos(kl) + j\frac{m^2+1}{2m}\sin(kl) \qquad (11\text{-}4\text{-}44)$$

消声器的消声量 ΔL 如式（11-4-45）所示：

$$\Delta L = 10\lg\left|\frac{p_1^{(+)}}{p_3^{(+)}}\right|^2 \qquad (11\text{-}4\text{-}45)$$

将式（11-4-40）代入式（11-4-41），经简化运算可得消声量 ΔL 如式（11-4-46）所示：

$$\Delta L = 10\lg[1 + \frac{1}{4}\left(m - \frac{1}{m}\right)^2 \sin^2(kl)] \qquad (11\text{-}4\text{-}46)$$

　　式（11-4-46）就是单室扩张室抗性消声器消声量计算公式。该公式用图 11-4-16 表示更为直观。

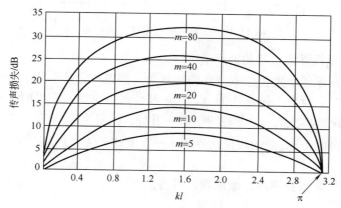

图 11-4-16　单室扩张室抗性消声器消声量

　　由式（11-4-46）和图 11-4-16 可以看出，单室扩张室抗性消声器的消声量由扩张比 m 决定，随着扩张比 m 的增大，消声量也随之增大。

　　由式（11-4-46）和图 11-4-16 还可以看出，单室扩张室抗性消声器的消声频率特性由扩张部分的长度 l 决定。由于 $\sin(kl)$ 为周期函数，消声器的消声量也随着频率做周期性的变化。在某些频率上消声量最大，在某些频率上消声量减小，在某些频率上消声量为零。

　　图 11-4-17 为固定单室扩张室抗性消声器扩张部分的长度 l（17.4cm）、不同扩张比 m 与消声量 ΔL 的关系。由图 11-4-17 可以看出，ΔL 随 m 的增大而增高。

　　图 11-4-18 为固定单室扩张室抗性消声器扩张比 m、改变扩张部分的长度 l 与消声量 ΔL 的关系。由图 11-4-18 可以看出，当 l 增大时，消声器的最大消声量向低频移动。

　　以上分析的是单室扩张室抗性消声器的消声量计算，当管道截面收缩 m 倍时，其消声性能与扩张 m 倍是相同的。也就是说，扩张室与收缩室在消声理论上是一致的。但在噪声控制工程上，多用扩张室，少用收缩室，故通常称为扩张室抗性消声器，其实，它也包括了收缩室抗性消声器。

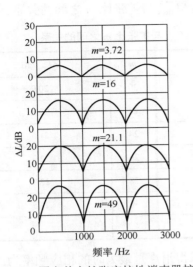

图 11-4-17　固定单室扩张室抗性消声器扩张部分
的长度 l、不同扩张比 m 与消声量 ΔL 的关系
（长度 l=17.4cm，内管 ϕ30mm）

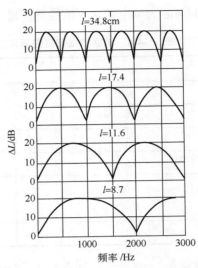

图 11-4-18　固定单室扩张室抗性消声器扩张比 m、
改变扩张部分的长度 l 与消声量 ΔL 的关系（固定
扩张比 m=21.1，内管 ϕ28mm，外管 ϕ128mm）

（2）单室扩张室抗性消声器的消声频率特性

单室扩张室抗性消声器的消声量是 $\sin^2(kl)$ 的函数[见式（11-4-46）]，它随着频率做周期性的变化，如图 11-4-19 所示。

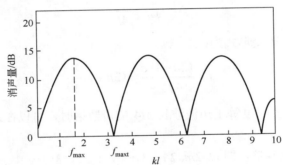

图 11-4-19　单室扩张室抗性消声器的消声频率特性

① 当 kl 为 π/2 的奇数倍，即 kl=（2n+1）π/2 时（n=0，1，2，3……），$\sin^2(kl)$=1，单室扩张室抗性消声器的消声量达到最大值。消声量计算公式（11-4-46）简化为式（11-4-47）：

$$\Delta L_{\max} = 10\lg\left[1+\frac{1}{4}\left(m-\frac{1}{m}\right)^2\right] \qquad (11\text{-}4\text{-}47)$$

此时消声器的消声量仅由扩张比 m 决定。通常 m 大于 1，一般地说，扩张比 m 大于 5 时，才取得较明显的消声效果。当 $m \geq 5$ 时，式（11-4-47）可以进一步简化，最大消声量 $\Delta L_{\max}$ 如式（11-4-48）所示：

$$\Delta L_{\max} = 20\lg\frac{m}{2} = 20\lg m - 6 \qquad (11\text{-}4\text{-}48)$$

表 11-4-6 为单室扩张室抗性消声器的消声量最大值 ΔL_{max} 与扩张比 m 之间的关系。

表 11-4-6　单室扩张室抗性消声器的消声量最大值 ΔL_{max} 与扩张比 m 之间的关系

m	ΔL_{max}/dB	m	ΔL_{max}/dB	m	ΔL_{max}/dB
1	0	8	12.2	20	20.0
2	1.9	9	13.2	22	20.8
3	4.4	10	14.1	24	21.6
4	6.5	12	15.6	26	22.3
5	8.5	14	16.9	28	22.9
6	9.8	16	18.1	30	23.5
7	11.1	18	19.1		

将波数 $k = \dfrac{\omega}{c} = \dfrac{2\pi f}{c}$，代入 $kl = (2n+1)\dfrac{\pi}{2}$ 中，可以求得消声量最大时的相应频率为：

$$f_{max} = (2n+1)\frac{c}{4l} \qquad\qquad (11\text{-}4\text{-}49)$$

式中，$n = 0，1，2，3\cdots\cdots$

f_{max} 称为扩张室消声器最大消声频率。当 $n=0$ 时，得到第一个最大消声频率，即：

$$f_{max} = \frac{c}{4l} \qquad\qquad (11\text{-}4\text{-}50)$$

如将式（11-4-49）改变形式为：

$$l = \frac{(2n+1)\,c}{4f_{max}} = (2n+1)\frac{\lambda}{4} \qquad\qquad (11\text{-}4\text{-}51)$$

可以看出，当扩张室长度等于声波波长 1/4 的奇数倍时，可以在这些频率上得到最大的消声效果。

② 当 kl 为 π/2 的偶数倍，即 $kl=2n\pi/2$ 时（$n=0，1，2，3\cdots\cdots$），$\sin^2(kl)=0$，单室扩张室抗性消声器的消声量为零。在这种情况下，声波会无衰减地通过消声器。这个相应的频率称为通过频率，其计算式为：

$$f_{min} = 2n\frac{c}{4l} = \frac{nc}{2l} \qquad\qquad (11\text{-}4\text{-}52)$$

式中，$n = 0，1，2，3\cdots\cdots$

式（11-4-52）亦可变为：

$$l = \frac{nc}{2f_{min}} = \frac{n\lambda}{2} \qquad\qquad (11\text{-}4\text{-}53)$$

可以看出，当扩张室长度等于声波波长 1/2 的整数倍时，在这些频率上得到零的消声效果。在这种情况下，声波会无衰减地通过消声器，消声器不消声。

　　a．上限频率。扩张室抗性消声器存在上限截止频率。如前所述，单室扩张室抗性消声器的消声量由扩张比 m 决定，随着扩张比 m 的增大，消声量也随之增大。

　　但是，这个增大不是没有限制的，当 m 增大到一定程度时，扩张室抗性消声器也会出现在阻性消声器中出现的高频失效问题，即部分声波以集束方式在扩张室抗性消声器中部穿过，导致消声效果急剧下降。

　　扩张室抗性消声器的上限截止频率 $f_上$ 如式（11-4-54）所示：

$$f_上 = 1.22\frac{c}{\overline{D}} \tag{11-4-54}$$

式中　c——声速，m/s；

　　　$\overline{D}$——扩张室部分的当量直径。

　　b．下限频率。扩张室抗性消声器亦存在下限截止频率。在低频范围，当声波波长比扩张室或连接管长度大得多时，可以将扩张室和连接管视为集总声学元件构成的声学系统。当外来声波在该系统的共振频率 f_r 附近时，会发生共振现象。消声器不但不消声，反而有可能使声音放大。所以在抗性消声器设计时需注意这一点，以避免发生这种情况。

　　扩张室抗性消声器的下限截止频率 $f_下$ 如式（11-4-55）所示：

$$f_下 = \frac{\sqrt{2}c}{2\pi}\sqrt{\frac{S}{Vl}} \tag{11-4-55}$$

式中　S——连接管的截面积，m²；

　　　V——扩张室的容积，m³；

　　　l——连接管的长度，m；

　　　c——声速，m/s。

　　（3）消声量计算公式的修正

　　实际上测得的消声量与式（11-4-56）理论计算的结果不一样。当 $p_1^{(+)}$ 和 $p_1^{(-)}$ 的相位相同时，这种误差最大。这时最大的消声量应为：

$$\Delta L_{max} = 10\lg\left[\left|\frac{p_1^{(+)}}{p_3^{(+)}}\right| + \left|\frac{p_1^{(-)}}{p_3^{(+)}}\right|\right]$$

$$= 10\lg\left[1 + \frac{1}{2}\left(m - \frac{1}{m}\right)^2\sin^2(kl) + \left(m - \frac{1}{m}\right)\sin(kl)\sqrt{1 + \frac{1}{4}\left(m - \frac{1}{m}\right)^2\sin^2(kl)}\right] \tag{11-4-56}$$

　　图 11-4-20 为扩张室抗性消声器消声量的修正曲线。由式（11-4-56）计算出消声器的最大消声量 ΔL_{max}，单位为 dB。由图 11-4-20 查出修正值 Δ，计算消声器的消声量 $\Delta L = \Delta L_{max} - \Delta$。

　　单室扩张室抗性消声器入口管和出口管的截面和长度都不同时，如图 11-4-21 所示，消声器消声量的计算公式也不同。此时，式（11-4-56）修正为式（11-4-57）：

$$\Delta L = 10\lg\left[1 + \frac{1}{4}\left(m - \frac{1}{m_{23}}\right)^2 \cos^2(kl_2) + \left(m - \frac{1}{m_{23}}\right)^2 \sin^2(kl_2)\right] \qquad (11\text{-}4\text{-}57)$$

式中，$m = \dfrac{S_2}{S_1}$，$m_{23} = \dfrac{S_2}{S_3}$。

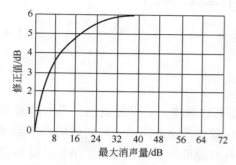

图 11-4-20   扩张室抗性消声器消
声量的修正曲线

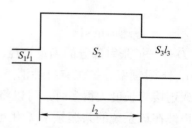

图 11-4-21   入口管和出口管的截面和长度
都不同的单室扩张室抗性消声器

（4）气流对单室扩张室抗性消声器消声性能的影响

气流对单室扩张室抗性消声器消声性能的影响，主要是降低了有效扩张比。因此，降低了消声量。其计算公式为式（11-4-58）：

$$\Delta L = 10\lg\left[1 + \left(\frac{m_e}{2}\right)^2 \sin^2(kl)\right] \qquad (11\text{-}4\text{-}58)$$

式中，m_e 为等效的扩张比。

当马赫数 $M<1$ 时，

对扩张管：$m_e = \dfrac{m}{1 + mM}$

对收缩管：$m_e = \dfrac{m}{1 + m}$

式中　m——无气流时的扩张比；

　　　M——马赫数。

表 11-4-7 为不同气流速度下的等效扩张比 m_e 值。

表 11-4-7   不同气流速下的等效扩张比 m_e 值

流速/（m/s）m_e m	5	10	15	20	25	30	35	40	45	50
2	1.95	1.90	1.85	1.76	1.75	1.71	1.67	1.62	1.59	1.55
3	2.88	2.78	2.66	2.56	2.48	2.38	2.31	2.24	2.16	2.10

续表

流速/（m/s） m_e m	5	10	15	20	25	30	35	40	45	50
4	3.80	3.60	3.43	3.25	3.10	2.98	2.85	2.75	2.63	2.53
5	4.70	4.40	4.15	3.90	3.70	3.50	3.30	3.17	3.03	2.88
6	5.57	5.10	4.75	4.40	4.20	3.95	3.70	3.55	3.37	3.25
7	6.70	5.80	5.40	5.00	4.70	4.40	4.10	3.80	3.67	3.55
8	7.20	6.50	5.90	5.50	5.10	4.70	4.40	4.20	3.90	3.80
9	8.00	7.30	6.50	5.90	5.50	5.05	4.70	4.50	4.20	4.00
10	8.80	7.75	7.00	6.32	5.80	5.35	5.00	4.65	4.35	4.10
11	9.60	8.40	7.50	6.80	6.20	5.60	5.30	5.00	4.60	4.40
12	10.30	9.00	8.00	7.10	6.40	5.90	5.50	5.20	4.70	4.55
13	11.10	9.50	8.40	7.50	6.70	6.20	5.70	5.40	4.85	4.65
14	11.60	10.00	8.80	7.80	7.00	6.40	5.90	5.60	5.00	4.80
15	12.40	11.30	9.10	8.00	7.20	6.60	6.00	5.80	5.10	4.85
16	13.00	11.00	9.50	8.30	7.50	6.80	6.20	5.60	5.35	4.93

4.2.4　外接管双室扩张室抗性消声器

外接管双室扩张室抗性消声器是扩张室抗性消声器的一种，如图 11-4-22 所示。

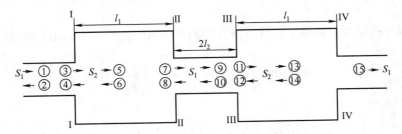

图 11-4-22　外接管双室扩张室抗性消声器

① $p_1^{(+)}$；② $p_1^{(-)}$；③ $p_2^{(+)}$；④ $p_2^{(-)}$；⑤ $p_2^{(+)z}\mathrm{e}^{jkl}$；⑥ $p_2^{(-)}\mathrm{e}_1^{-jkl}$；⑦ $p_3^{(+)}$；⑧ $p_3^{(-)}$；⑨ $p_3^{(-)}\mathrm{e}^{jkl}$；
⑩ $p_3^{(-)}\mathrm{e}^{-jkl}$；⑪ $p_4^{(+)}$；⑫ $p_4^{(-)}$；⑬ $p_4^{(+)}\mathrm{e}^{jkl_2}$；⑭ $p_4^{(+)}\mathrm{e}^{-jkl}$；⑮ $p_5^{(+)}$

与单室扩张室抗性消声器消声量的推导方法类似。根据在管道中突变截面处声压连续原理和体积速度连续原理，可得：

在界面 Ⅰ—Ⅰ 处：

$$p_1^{(+)} + p_1^{(-)} = p_2^{(+)} + p_2^{(-)}$$

$$p_1^{(+)} - p_1^{(-)} = m\left[p_2^{(+)} + p_2^{(-)} \right]$$

在界面 Ⅱ—Ⅱ 处：

$$p_2^{(+)}\mathrm{e}^{jkl_1} + p_2^{(-)}\mathrm{e}^{-jkl_1} = p_3^{(+)} + p_3^{(-)}$$

$$m\left[p_2^{(+)}\mathrm{e}^{jkl_1} - p_2^{(-)}\mathrm{e}^{-jkl_1}\right] = p_3^{(+)} - p_3^{(-)}$$

在界面Ⅲ－Ⅲ处:

$$p_3^{(+)}\mathrm{e}^{j2kl_2} + p_3^{(-)}\mathrm{e}^{-j2kl_2} = p_4^{(+)} + p_4^{(-)}$$

$$p_3^{(+)}\mathrm{e}^{j2kl_2} - p_3^{(-)}\mathrm{e}^{-j2kl_2} = m\left[p_4^{(+)} - p_4^{(-)}\right]$$

在界面Ⅳ－Ⅳ处:

$$p_4^{(+)}\mathrm{e}^{jkl_1} + p_4^{(-)}\mathrm{e}^{-jkl_1} = p_5^{(+)}$$

$$m\left[p_4^{(+)}\mathrm{e}^{jkl_1} - p_4^{(-)}\mathrm{e}^{-jkl_1}\right] = p_5^{(+)}$$

将以上诸式经过运算并加以整理后可得:

$$\frac{p_1^{(+)}}{p_5^{(+)}} = \frac{1}{16m^2}[(m+1)^4\mathrm{e}^{-j2k(l_1+l_2)} - (m^2-1)^2\mathrm{e}^{j2k(l_1+l_2)} + 2(m^2-1)^2\mathrm{e}^{-j2kl_1}$$

$$+2(m^2-1)^2\mathrm{e}^{j2kl_2} - (m^2-1)^2\mathrm{e}^{-j2k(l_1-l_2)} + (m-1)^4\mathrm{e}^{j2k(l_1-l_2)}]$$

$$= R_e\left[\frac{p_1^{(+)}}{p_5^{(+)}}\right] + iI_m\left[\frac{p_1^{(+)}}{p_5^{(+)}}\right] \tag{11-4-59}$$

最终得到外接管双室扩张室抗性消声器的消声量 ΔL 如式(11-4-60)所示:

$$\Delta L = 10\lg\left\{\left[R_e\left(\frac{p_1^{(+)}}{p_5^{(+)}}\right)\right]^2 + \left[I_m\left(\frac{p_1^{(+)}}{p_5^{(+)}}\right)\right]^2\right\} \tag{11-4-60}$$

式中, $R_e\left|\dfrac{p_1^{(+)}}{p_5^{(+)}}\right| = \dfrac{1}{16m^2}\left\{4m(m+1)^2\cos\left[2k(l_1+l_2)\right] - 4m(m-1)^2\cos\left[2k(l_1-l_2)\right]\right\}$

$I_m\left|\dfrac{p_1^{(+)}}{p_5^{(+)}}\right| = \dfrac{1}{16m^2}\left\{2(m^2+1)(m+1)^2\sin\left[2k(l_1+l_2)\right] - 2(m^2+1)(m-1)^2\sin\left[2k(l_1-l_2)\right]\right.$

$\left. -4(m^2-1)^2\sin(2kl_2)\right\}$

外接管双室扩张室抗性消声器的高频上限截止频率与单室扩张室抗性消声器相同,亦可用式(11-4-54)计算。

外接管双室扩张室抗性消声器的低频下限临界频率为:

$$f_{下} = \frac{c}{2\pi} \times \frac{1}{\sqrt{ml_1l_2 + l_1/\left[3(l_1-l_2)\right]}} \tag{11-4-61}$$

外接管双室扩张室抗性消声器双室之间的连接管长度不同，对消声性能也有影响。图 11-4-23 为不同长度的外接管双室扩张室抗性消声器的消声特性示意图。

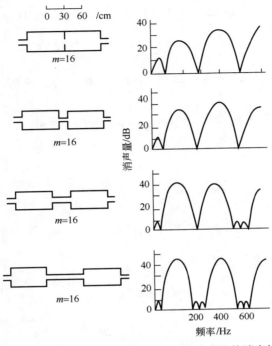

图 11-4-23　不同长度的外接管双室扩张室抗性消声器的消声特性示意图

4.2.5　内接管双室扩张室抗性消声器

内接管双室扩张室抗性消声器如图 11-4-24 所示，根据此图推导内接管双室扩张室抗性消声器的消声量的计算公式。

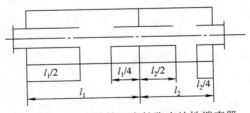

图 11-4-24　内接管双室扩张室抗性消声器

根据在管道中突变截面处声压连续原理和体积速度连续原理，可以得到：

在 $x=0$ 的界面处：

$$p_1^{(+)} + p_1^{(-)} = p_2^{(+)} + p_2^{(-)}$$

$$p_1^{(+)} - p_1^{(-)} = m\left[p_2^{(+)} + p_2^{(-)} \right]$$

在 $x=x_1$ 的界面处：

$$p_2^{(+)} \mathrm{e}^{jk(l_1-l_2)} + p_2^{(-)} \mathrm{e}^{-jk(l_1-l_2)} = p_3^{(+)} + p_3^{(-)} = p_4^{(+)} + p_4^{(-)}$$

$$m\left[p_2^{(+)} \mathrm{e}^{jk(l_1-l_2)} - p_2^{(-)} \mathrm{e}^{-jk(l_1-l_2)} \right] = p_4^{(+)} - p_4^{(-)} + (m-1)\left[p_3^{(+)} + p_3^{(-)} \right]$$

在 $x=x_2$ 的界面处:

$$p_4^{(+)} \mathrm{e}^{j2kl_2} + p_4^{(-)} \mathrm{e}^{-j2kl_2} = p_5^{(+)} + p_5^{(-)} = p_6^{(+)} + p_6^{(-)}$$

$$p_4^{(+)} \mathrm{e}^{j2kl_2} - p_4^{(-)} \mathrm{e}^{-j2kl_2} + (m-1)\left[p_5^{(+)} - p_5^{(-)} \right] = m\left[p_6^{(+)} + p_6^{(-)} \right]$$

在 $x=x_3$ 界面处:

$$p_6^{(+)} \mathrm{e}^{jk(l_1-l_2)} + p_6^{(-)} \mathrm{e}^{-jk(l_1-l_2)} = p_7^{(+)}$$

$$m\left[p_6^{(+)} \mathrm{e}^{jk(l_1-l_2)} - p_6^{(-)} \mathrm{e}^{-jk(l_1-l_2)} \right] = p_5^{(+)}$$

两扩张室的间壁全反射,可得:

$$p_3^{(-)} = p_3^{(+)} \mathrm{e}^{-j2kl_2}$$

$$p_5^{(-)} = p_5^{(+)} \mathrm{e}^{-j2kl_2}$$

将以上诸式经过运算并加以整理后可得:

$$\frac{p_1^{(+)}}{p_7^{(+)}} = \cos(2kl_1) - (m-1)\sin(2kl_1)\tan(kl_1) - i\frac{1}{2}\left\{ \left(m+\frac{1}{m}\right)\sin(2kl_1) + (m-1)\tan(kl_1) \right.$$

$$\left. \left[\left(m+\frac{1}{m}\right)\cos(2kl_1) - \left(m-\frac{1}{m}\right) \right] \right\} = R_\mathrm{e}\left[\frac{p_1^{(+)}}{p_7^{(+)}} \right] - iI_m\left[\frac{p_1^{(+)}}{p_7^{(+)}} \right]$$

最终得到内接管双室扩张室抗性消声器的消声量为:

$$\Delta L = 10\lg\left\{ \left[R_\mathrm{e}\left(\frac{p_1^{(+)}}{p_7^{(+)}} \right) \right]^2 - \left[I_m\left(\frac{p_1^{(+)}}{p_7^{(+)}} \right) \right]^2 \right\} \tag{11-4-62}$$

式中, $R_\mathrm{e}\left| \dfrac{p_1^{(+)}}{p_7^{(+)}} \right| = \cos(2kl_1) - (m-1)\sin(2kl_1)\tan(kl_1)$

$$I_m\left| \frac{p_1^{(+)}}{p_7^{(+)}} \right| = \frac{1}{2}\left\{ \left(m+\frac{1}{m}\right)\sin(2kl_1) + (m-1)\tan(kl_1)\left[\left(m+\frac{1}{m}\right)\cos(2kl_1) - \left(m-\frac{1}{m}\right) \right] \right\}$$

内接管双室扩张室抗性消声器的消声特性,由扩张比 m、扩张室长度 l_1、内接管长度 $2l_2$

决定。扩张比 m 增大，消声量提高。扩张室长度 l_1、内接管长度 $2l_2$ 则决定消声器的频率特性。图 11-4-25 为扩张比 m 固定（$m=16$），内接管长度 l_1 变化时的消声器消声频率特性。

图 11-4-26 为内接管长度与扩张室长度之比 l_1 固定（$l_1=2l_2$），内接管扩张比 m 变化时的消声器消声特性。

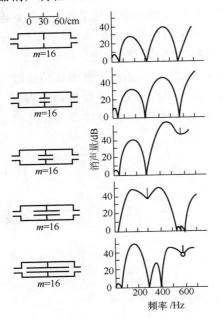

图 11-4-25　扩张比 m 固定，
内接管长度变化时的消声器消声特性

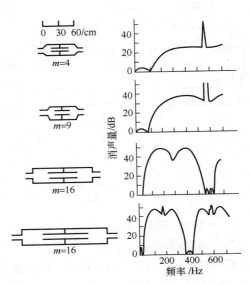

图 11-4-26　内接管长度与扩张室长度之比固定，
扩张比 m 变化时的消声器消声特性

4.2.6　狭缝式共振消声器

（1）共振式消声器的消声原理

当声波的波长比共振器的几何尺寸大得多时，可以将共振器看成一个声学集总元件。管壁上小孔颈中的空气柱类似于活塞，可认为是无压缩的声质量组件 M_A。空气在管颈中振动，孔颈壁面存在着摩擦和阻尼，称为声阻 R_A。密闭空腔中的空气可以认为是没有位移的弹性组件，称为声顺 C_A。其中，$M_A=\dfrac{\rho l}{S}$，$R_A=\dfrac{\rho \omega \kappa}{2\pi}$，$C_A=\dfrac{V}{\rho c^2}$。这样，声质量 M_A、声阻 R_A、声顺 C_A 构成一个声学共振系统，与电学上电感、电阻、电容构成谐振电路一样。

共振式消声器的共振频率 f_r 如式（11-4-63）所示：

$$f_r=\frac{c}{2\pi}\sqrt{\frac{S_0}{Vl_K}}\quad(\text{Hz})\tag{11-4-63}$$

式中　S_0——小孔截面积，m^2；

　　　　V——密闭空腔体积，m^3；

　$l_K=l+t_K$——小孔孔颈的有效长度（l 为小孔孔颈长度，如为穿孔板，l 即为板厚 t；t_K 为修正项，对于直径为 d 的圆孔，$t_K=0.8d$）。

　　当声波沿管道传到共振器的连接处时，由于声阻抗的突变，一部分声能向声源反射回去，一部分声能由于共振器的摩擦阻尼转化为热能而被消耗掉，只剩一小部分声能通过并向前传播。这样，就达到了消声效果。

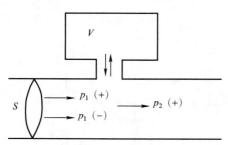

图 11-4-27　共振式消声器的声传播理论推导

　　应当指出，共振式消声器只在低频一个狭窄的频率范围内具有良好的消声效果，在偏离共振频率峰值时，消声量将急剧下降。

　　（2）共振式消声器的理论计算公式

　　如图 11-4-27 所示，假设管道和共振器的交叉点处入射声波的声压为 $p_1^{(+)}$，反射声压为 $p_1^{(-)}$，透射声压为 $p_2^{(+)}$，根据声压连续性原理和体积速度连续性原理，可得：

$$p_1^{(+)} + p_1^{(-)} = p_2^{(+)} \tag{11-4-64}$$

$$\frac{S}{\rho_0 c_0}\left[p_1^{(+)} - p_1^{(-)} \right] = \frac{S}{\rho_0 c_0} p_2^{(+)} + \frac{p_2^{(+)}}{Z} \tag{11-4-65}$$

式中　S——消声器管道截面；
　　　　Z——共振器的声阻抗。

　　将式（11-4-64）和式（11-4-65）联立求解，可以得到：

$$\frac{p_1^{(+)}}{p_2^{(+)}} = 1 + \frac{\rho_0 c_0}{2SZ} \tag{11-4-66}$$

　　共振器的声阻抗 Z 为：

$$Z = R_A + j \frac{\rho c}{\sqrt{GV}} (f / f_r - f_r / f) \tag{11-4-67}$$

设

$$\alpha = \frac{S}{\rho c} R_A \tag{11-4-68}$$

$$K = \frac{\sqrt{GV}}{2S} \tag{11-4-69}$$

　　将式（11-4-68）和式（11-4-69）代入式（11-4-66），整理后得：

$$\frac{p_1^{(+)}}{p_2^{(+)}} = 1 + \frac{1}{2\alpha + j / K (f / f_r - f_r / f)} \tag{11-4-70}$$

　　最后导出共振式消声器的消声量为：

$$\Delta L = 10\lg \left| \frac{p_1^{(+)}}{p_2^{(+)}} \right|^2 = 10\lg \left[1 + \frac{\alpha + 0.25}{\alpha^2 + \frac{1}{4K^2}(f / f_r - f_r / f)^2} \right] \tag{11-4-71}$$

通常，孔颈附近如果没有吸声材料时，声阻 R_A 很小，一般可以忽略不计，此时 $\alpha \approx 0$，式（11-4-71）进一步简化为：

$$\Delta L = 10\lg\left[1 + \frac{K^2}{(f/f_r - f_r/f)^2}\right] = 10\lg\left\{1 + \left[\frac{\sqrt{GV}/(2S)}{f/f_r - f_r/f}\right]^2\right\} \qquad （11-4-72）$$

式中　　G——传导率，$G = \dfrac{S_0}{l + 0.8d}$　（l 为共振器颈长；d 为穿孔孔径）；

　　　　f_r——入射声波的频率，Hz；

　　　　f——共振器的固有频率，Hz。

在噪声控制工程实践中，共振器很少是一个孔的，大多数是多孔组成的穿孔板吸声结构。此时，G 值为：

$$G = \frac{nS_0}{t + 0.8d} \qquad （11-4-73）$$

式中　　n——孔数；

　　　　t——穿孔板厚度。

图 11-4-28 为共振式消声器的消声特性图。

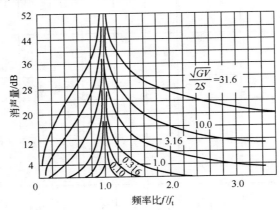

图 11-4-28　共振式消声器的消声特性图

从图 11-4-28 中可以明显看出，当声波频率与共振器的固有频率一致时，共振式消声器的消声效果最显著。此时，可得到最大的消声量。但当声波频率偏离共振频率时，消声量就会显著下降。所以，共振式消声器只在低频一个狭窄的频率范围内具有显著的消声效果。

式（11-4-71）是计算单个频率即纯音的消声量的。在噪声控制工程实践中，多种情况是计算频带消声量。

对倍频程，消声量为：

$$\Delta L = 10\lg\left(1 + 2K^2\right) \qquad （dB） \qquad （11-4-74）$$

与其相邻的两个倍频程的消声量为：

$$\Delta L = 10\lg\left(1+\frac{8}{49}K^2\right) \quad (\text{dB}) \tag{11-4-75}$$

对 1/3 倍频程，消声量为：

$$\Delta L = 10\lg\left(1+19K^2\right) \quad (\text{dB}) \tag{11-4-76}$$

与其相邻的 4 个 1/3 倍频程的消声量为：

$$\Delta L_1 = 10\lg\left(1+2K^2\right) \quad (\text{dB}) \tag{11-4-77}$$

$$\Delta L_2 = 10\lg\left(1+0.67K^2\right) \quad (\text{dB}) \tag{11-4-78}$$

$$\Delta L_3 = 10\lg\left(1+0.31K^2\right) \quad (\text{dB}) \tag{11-4-79}$$

$$\Delta L_4 = 10\lg\left(1+\frac{8}{49}K^2\right) \quad (\text{dB}) \tag{11-4-80}$$

为了方便，将共振式消声器在不同频带下的消声量 ΔL 与 K 值的关系在表 11-4-8 给出。

表 11-4-8　共振式消声器不同频带下的消声量 ΔL 与 K 值关系

频带类型 ＼ $\Delta L/\text{dB}$ ＼ K	0.2	0.4	0.6	0.8	1.0	1.5	2	3	4	5	6	8	10	15
倍频程和相邻第一个 1/3 倍频程 $10\lg(1+2K^2)$	1.1	1.2	2.4	3.6	4.8	7.5	9.5	12.8	15	17	18.6	20	23	27
1/3 倍频程 $10\lg(1+19K^2)$	2.5	6.0	9.0	11.2	12.9	16.4	19.0	22.6	25.1	27	28.5	31	33	36.5
相邻第一个倍频程和相邻第四个 1/3 倍频程 $10\lg(1+\frac{8}{49}K^2)$	0	0	0.2	0.4	0.8	1.5	2.2	3.9	5.5	7.0	8.4	10.5	12.5	16.6
相邻第二个倍频程 $10\lg(1+0.67K^2)$	0	0.5	1.0	1.6	2.2	4.0	6.5	8.5	10.8	12.5	14.0	16.5	18.4	21.8
相邻第三个倍频程 $10\lg(1+0.31K^2)$	0	0.2	0.5	0.9	1.2	2.2	3.5	5.8	8.8	9.5	10.8	13.0	15.0	18.5

通常，共振消声器开孔是圆形的，但也有方形孔、矩形孔、狭长孔的，在噪声控制工程实践中，狭长孔的应用较多，这时的消声器称为狭缝式共振消声器，如图 11-4-29 所示。

狭缝式共振消声器的消声量计算公式仍为式（11-4-72），但传导率 G 值的计算变为：

$$G = \frac{ab}{t+t_e} = \frac{a}{t/b+t_e/b} \tag{11-4-81}$$

式中　a——狭缝长度，m；

　　　　b——狭缝宽度，m；

t——狭缝厚度，m；

t_e——狭缝厚度修正值，m。

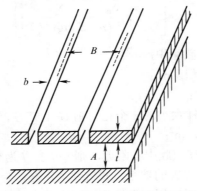

图 11-4-29　狭缝式共振消声器示意图

狭缝厚度修正值 t_e 与共振器空腔的深度 A、相邻两个狭缝之间的中心距离 B 有关。表 11-4-9 为当 $b<0.5\lambda$ 时的 t_e/b 值，可作为设计参考。

表 11-4-9　不同的 b/B、B/A 下的修正值 t_e/b

B/A ＼ b/B	0.01	0.02	0.03	0.05	0.10	0.20	0.30	0.40	0.50
50	5.84	5.39	5.12	4.73	4.08	3.10	2.34	1.71	1.19
40	5.08	4.63	4.36	4.00	3.42	2.57	1.97	1.41	0.98
30	4.33	3.88	3.62	3.28	2.76	2.05	1.53	1.12	0.77
20	3.62	3.17	2.91	2.59	2.13	1.54	1.14	0.82	0.57
10	3.00	2.56	2.31	1.99	1.56	1.06	0.77	0.55	0.37
5	2.76	2.32	2.07	1.75	1.33	0.87	0.60	0.43	0.30
0	2.70	2.26	2.01	1.69	1.27	0.82	0.57	0.40	0.27

表 11-4-9 中不同的 b/B、B/A 下的修正值 t_e/b，在狭缝垂直于消声器通道中声波的传播方向时，理论值与实际值较符合。

4.2.7　同轴式共振消声器

共振消声器亦可做成同轴式共振消声器，如图 11-1-33、图 11-4-30 所示。

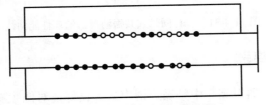

图 11-4-30　同轴式共振消声器

同轴式共振消声器的消声量 ΔL 计算如式（11-4-82）所示：

$$\Delta L = 10\lg\left[1 + \frac{1}{4}\left(\frac{\dfrac{S_0}{S}}{\dfrac{S_0}{KG} - \dfrac{S_c}{S_0 ctg(kl_c)}}\right)\right] \quad (\text{dB}) \tag{11-4-82}$$

式中　S_0——管壁上开孔的总截面积，m^2；

　　　S——内管道通道截面积，m^2；

　　　K 由式（11-4-69）决定；

　　　G——传导率，如有同样大小的 n 个孔，则 $G=1.5\sum G_i$，G_i 为一个孔的传导率；

　　　S_c——共振器空腔截面，m^2；

　　　l_c——有效长度，如孔在空腔中心附近，则 $l_c=l/2$，l 为空腔长度，m。

　　同轴式共振消声器与带内接管的扩张室式抗性消声器，为了改善扩张室抗性消声器的空气动力性能，如图 11-4-30 所示，用穿孔管将扩张室消声器的插入内接管连接起来的那种消声器，在外形上相当近似。实际上，这两种消声器在消声性能方面也非常相似。图 11-4-31 中的点线是一种同轴式共振消声器消声性能实测值，实线是将其作为扩张室抗性消声器计算得到的消声性能理论值，可以看出，两者是很接近的。

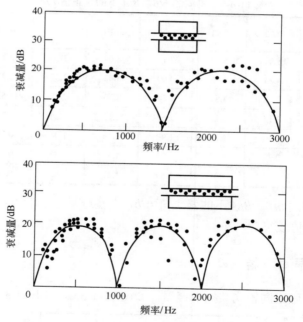

图 11-4-31　一种同轴式共振消声器消声性能曲线

4.3　阻抗复合消声器

　　如前所述，阻性消声器对高、中频噪声消声效果良好，对低频噪声消声效果差。抗性消声器对低、中频噪声消声效果良好，对高频噪声消声效果差。但在噪声控制工程中遇到的都是宽频带噪声，即高、中、低各频段的噪声声压级都高。在噪声控制工程实践中，为了在高、中、低的各频带宽广的频率范围获得良好的消声效果，常采用阻抗复合消声器，将阻性与抗性两种消声器的优点结合在一起。

阻抗复合消声器,是将阻性与抗性两种消声器通过适当的结构复合而构成的消声器。常用的阻抗复合消声器有阻性-扩张室阻抗复合消声器、阻性-共振阻抗复合消声器、阻性-扩张室-共振阻抗复合消声器、穿孔屏-阻性复合消声器、穿孔屏-弯头-阻性复合消声器等等。在噪声控制工程中,一些宽频带噪声,如,高压鼓风机进排气消声、大型排气放空消声等,大多采用阻抗复合消声器。图 11-1-40、图 11-4-32 为一些常用的阻抗复合消声器示意图。

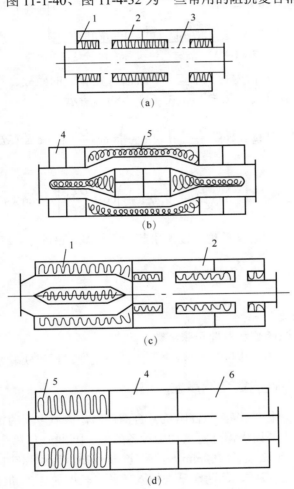

图 11-4-32   一些常用的阻抗复合消声器示意图
1,5—吸声材料(阻性);2,6—扩张室(抗性);3—穿孔管(穿孔率 30%);4—共振腔(抗性)

阻抗复合消声器的消声量,可以将同一频带的阻性消声器的消声量与抗性消声器的消声量相叠加。但是,由于声波在传播过程中具有反射、折射、绕射、干涉等特性,所以,其消声量不是简单的叠加关系。对于波长较长的声波,阻、抗消声复合时,还有声耦合作用。因此,阻抗复合消声器消声量的计算相当复杂。

4.3.1   阻性-扩张室阻抗复合消声器

以下给出一种简单的阻性-扩张室阻抗复合消声器的消声量理论计算方法,该消声器如图

11-4-33 所示。

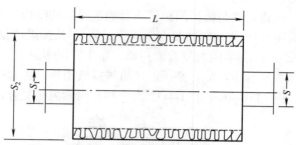

图 11-4-33　一种阻性-扩张室阻抗复合消声器

设 S_1 与 S_2 分别为消声器内管（细管）和外管（粗管）的横截面积，该阻性-扩张室阻抗复合消声器的消声量 ΔL（传声损失）如式（11-4-83）所示：

$$\Delta L = 10\lg\left\{\left[\cosh\frac{\sigma L_e}{8.7}+\left(m+\frac{1}{m}\right)\sinh\frac{\sigma L_e}{8.7}\right]^2+\cos^2(kL)+\right.$$

$$\left.\left[\sinh\frac{\sigma L_e}{8.7}+\frac{1}{2}\left(m+\frac{1}{m}\right)\cosh\frac{\sigma L_e}{8.7}\right]^2+\sin^2(kL)\right\} \qquad (11\text{-}4\text{-}83)$$

式中　　σ——外管中吸声材料单位长度所引起的声衰减，dB/m；

　　　　m——扩张比，$m=S_2\big/S_1$；

　　　　k——波数；

　　　　L_e——外管长度，m；

$\cosh$，$\sinh$——双曲余弦函数和双曲正弦函数。

在噪声控制工程实践中，阻抗复合消声器的消声量通常通过实验室实验确定。

4.3.2　扩张室-阻性阻抗复合消声器

图 11-4-32（a）是一种扩张室-阻性阻抗复合消声器，该消声器的抗性部分由两节不同长度的扩张室串联组成，主要用于消除空气动力设备的低、中频噪声。第一节扩张室长 1100mm，扩张比为 6.25；第二节扩张室长 400mm，扩张比 m=6.25。为了弥补扩张室对某些频率消声遗漏的缺点，在每个扩张室中，从两端分别插入其各自长度的 1/2 和 1/4 的插入管。为了得到良好的空气动力性能，减少气流阻力损失，用穿孔率 25%的穿孔管将各插入管之间断开的部分连接起来。这样两节扩张室串联，预计在低、中频范围内有 10～20dB 的消声值。

消声器的阻性部分是这样设计的：在两节不同长度的扩张室的四段插入管上，开 ϕ6mm 的小孔，孔心距 10.5mm，正方形均匀排列，贴一层玻璃纤维布，填充厚度 50mm、密度 30kg/m^3 的超细玻璃棉作吸声层。吸声层即阻性消声部分总长度为 1120mm，预计在高、中频消声 20dB。

这样构成的阻性-扩张室阻抗复合消声器，在高、中、低各频带宽广的频率范围内均有良好的消声效果。表 11-4-10 为该消声器在消声器实验台上的实验结果。消声器的静态消声性能测试用白噪声作声源，对于动态性能，分别测试 20m/s、40m/s、60m/s 的声学性能和空气动力性能。

表 11-4-10 扩张室-阻性阻抗复合消声器在消声器实验台上的实验结果

项目 消声值/dB 声源	噪声级		倍频带中心频率/Hz								阻力损失 /mmH₂O
	A	C	63	125	250	500	1000	2000	4000	8000	
			消声量/dB								
白噪声	34	31	12	26	30	36.5	39.5	38.5	38.5	38.5	—
白噪声+20m/s 风速	27	7	0	20	26	28.5	41	44	39	36	10
白噪声+40m/s 风速	23.5	6	0	15.5	19.5	23	26.5	41	39	39	24
白噪声+60m/s 风速	9.5	2	0	9	7	3	18	22	30	26	75

实验结果表明，该消声器静态消声量高达 34dB（A），当 20m/s 时，该消声器动态消声量为 27dB（A），气流阻力损失为 10mmH₂O。这在一般的空气动力设备进出口消声是适宜的。

图 11-4-34 为 160B-20/8 型空气压缩机用扩张室-阻性阻抗复合消声器。该空气压缩机，室内噪声高达 104.5dB（A），影响工人健康，进风口低频中心频率 63Hz 的倍频程噪声级高达 120dB，严重影响环境。在空气压缩机进出风口分别安装了该消声器后，进风口噪声大大降低，在 250Hz 附近，噪声降低值高达 40dB，63～2000Hz 平均降低 25dB，其消声效果曲线见图 11-4-35。

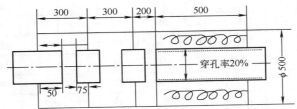

图 11-4-34 160B-20/8 型空气压缩机用扩张室-阻性阻抗复合消声器

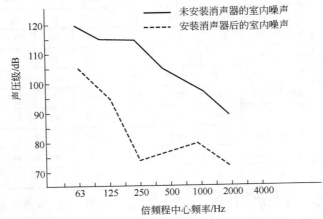

图 11-4-35 空气压缩机安装消声器后进风口消声效果曲线

4.3.3 阻性列管-扩张室阻抗复合消声器

图 11-4-36 为一种阻性列管-扩张室阻抗复合消声器。该消声器全长 1700mm，外径 φ700mm，内径 φ500mm，阻性消声部分吸声材料采用密度 30kg/m³ 的超细玻璃棉，护面结构为一层玻璃纤维布、一层穿孔率 25% 的穿孔板。表 11-4-11 为该消声器消声性能实验室实测结果。

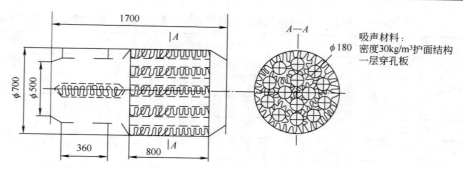

图 11-4-36　一种阻性列管-扩张室阻抗复合消声器

表 11-4-11　一种阻性列管-扩张室阻抗复合消声器消声性能实验室实测结果

序号	工况速度 /（m/s）	项目	倍频带中心频率/Hz								空气动力性能	
			63	125	250	500	1000	2000	4000	8000	阻力损失 /mmH₂O	阻力系数
			消声量/dB									
1	静态	L_1	108	111	116	106	105	110	102	84.5	—	—
		L_2	98	99	101	83	72	72	80	59		
		ΔL	10	12	15	23	33	38	22	25.5		
2	9.5	L_1	113	114	115	104	102	110	99	79	9	1.5
		L_2	106	102	101	86	80	79	78	60.5		
		ΔL	7	12	14	18	22	31	21	18.5		
3	14.1	L_1	113	112.5	115	103.5	102.5	109	98	80	18	1.5
		L_2	106	101	101	89	85	83.5	78.5	66		
		ΔL	7	11.5	14	14.5	17.5	25.5	19.5	14		
4	17.2	L_1	113	114	114.5	104	100	107.5	97	78	27	1.5
		L_2	107	103.5	102	94	88	88	81	72.5		
		ΔL	6	10.5	12.5	10	12	19.5	16	5.5		
5	20.5	L_1	113	114	114	103.5	100.5	107	97.5	80	38	1.5
		L_2	108	105	104	97.5	93.5	90.5	85.5	78.5		
		ΔL	5	9	10	6	7	16.5	12	1.5		
6	21.6	L_1	113	114	114	103	100	106.5	96	81	42	1.5
		L_2	108.5	105	104	100	95	91	87	80		
		ΔL	4.5	9	10	3	5	15.5	9	1		

表 11-4-11 中，L_1 为进口端声压级，L_2 为出口端声压级，ΔL 为消声量。

由表 11-4-11 可以看出，该阻抗复合消声器在 125～8000Hz 的宽广频率范围内有良好的消声效果。

4.3.4　阻性-共振型阻抗复合消声器

图 11-4-37 为以 L84 型罗茨鼓风机为气源的风洞用阻性-共振型阻抗复合消声器结构示意图。

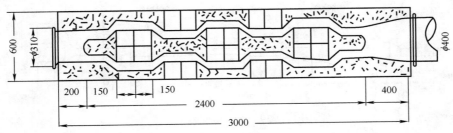

图 11-4-37 风洞用阻性-共振型阻抗复合消声器结构示意图

该消声器全长 3m，为长方形，外壳尺寸 3000mm×600mm×700mm。该消声器的核心部分是共振型阻抗复合宽频带消声体，如图 11-4-38 所示，由共振器和阻性吸声材料复合而成。这种腔深 15cm，壁厚 2.5mm，穿孔率 0.6%、1%、1.2%、2% 的共振器在 125～400Hz 的频率范围内的吸声系数均在 0.7 以上。将该消声体与超细玻璃棉（密度 25kg/m³，表面用玻璃纤维布加钢板网）配合，使消声体在 125～8000Hz 的宽频范围内吸声系数高达 0.7 以上。

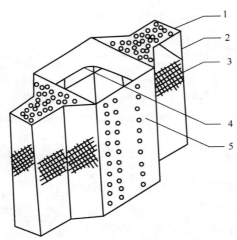

图 11-4-38 共振型阻抗复合宽频带消声体

1—超细玻璃棉；2—玻璃纤维布；3—钢板网；4—钢板，厚度 2.5mm；5—穿孔板，孔径 φ8mm

将该消声器安装在风洞管道上，如图 11-4-39 所示。

噪声降低效果评价如下：

（1）当消声器中流速为 35m/s（最大流速）时，风洞出风口 45°、1m 处，噪声总声压级由 131dB 降低到 79dB，A 声级由 126dB 降低到 72dB。频谱降低到 NR70 标准曲线以下，远低于 NR85 标准曲线，如图 11-4-40 所示。

（2）在中等流速时，风洞出风口 45°、1m 处，A 声级降低到 56dB。在小流速时，风洞出风口 45°、1m 处，A 声级降低到 52dB。

（3）总声功率级由 133dB 降低到 86dB。

（4）语言干扰级由 114dB 降低到 67dB，对交谈已经没有任何影响了。

（5）周围的办公室、实验室已经听不到风洞运行的声音了。

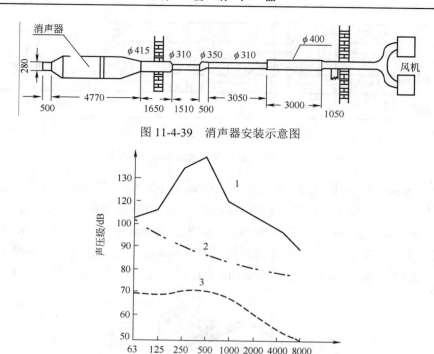

图 11-4-39　消声器安装示意图

图 11-4-40　风洞消声器噪声降低效果评价图

1—原风洞噪声；2—NR85 标准曲线；3—消声后的风洞噪声

4.4　微穿孔板消声器

　　微穿孔板消声器，是采用微穿孔板吸声结构制成的消声器，选择不同的板厚、穿孔率、孔径、穿孔板后不同腔深等的组合，可以在一个较宽的频率范围内获得良好的消声效果。微穿孔板消声器是我国独立自主研制成功的一种新型消声器。

　　微穿孔板消声器的优点是：①以微穿孔板吸声结构制成的微穿孔板消声器实际是一种阻抗复合消声器，它比抗性消声器频率特性好得多；②金属微穿孔板消声器是用金属板制成的，它耐高温和气流冲击，不怕水侵和油雾，甚至于火烤，这对于一些特殊需要的空气动力设备是很有意义的；③由于微穿孔板消声器没有多孔吸声材料，因此对于需要非常洁净的高级通风空调设备的消声特别适用；④微穿孔板穿孔率低，孔细而密，摩擦系数很小，消声器的阻损很小，对于要求阻力损失很严格的空气动力设备是很有益的。

4.4.1　微穿孔板消声器的理论

　　方丹群、孙家麒和潘敦银等对微穿孔板消声器进行了理论研究，导出了微穿孔板消声的理论计算公式，并首先在消声器实验台上对微穿孔板消声器进行了一系列基础实验研究。

　　考虑一个圆截面的微穿孔板消声管道，如图 11-4-41 所示。

　　假设微穿孔板消声管道中无气流，此时，管道中的质量守恒方程和动量守恒方程为：

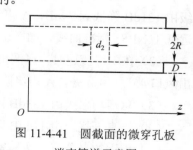

图 11-4-41　圆截面的微穿孔板
消声管道示意图

$$\rho_0 \frac{\partial}{\partial Z} \overline{W}(z,\ t) + \overline{v}(z,\ t) = -\frac{\partial}{\partial t}\ \overline{p}(z,\ t) \tag{11-4-84}$$

$$\overline{W}(z,\ t) = -\overline{p}(z,\ t) \tag{11-4-85}$$

式中，$v(z,\ t)$ 是管壁上（即 $r=R$ 处）的径向速度，其数值由边界条件确定。

再考虑物态方程：

$$\frac{\partial p}{\partial t} = c^2 \frac{\partial \rho}{\partial t} \tag{11-4-86}$$

式（11-4-84）～式（11-4-86）联立求解，可以得到声波在微穿孔板消声管道中的波动方程：

$$\frac{\partial^2}{\partial z^2}\ \overline{p}(z,\ t) - \frac{1}{c^2} \times \frac{\partial^2}{\partial t^2}\ \overline{p}(z,\ t) = \frac{2}{R}\rho_0 \frac{\partial}{\partial t} u(z,\ t) \tag{11-4-87}$$

在微穿孔板壁面处，应满足如下条件：

$$\overline{p}(z,\ t) = u(z,\ t)\ \rho_0\, c\xi \tag{11-4-88}$$

式中，ξ 为微穿孔板壁面法向相对声阻抗率。当声波波长远远大于微穿孔板穿孔孔间距时，微穿孔板壁面具有均匀的声阻抗。

将式（11-4-88）代入（11-4-87），得到二阶偏微分方程：

$$\frac{\partial^2}{\partial z^2}\ \overline{p}(z,\ t) - \frac{1}{c^2} \times \frac{\partial^2}{\partial t^2}\ \overline{p}(z,\ t) = \frac{2}{Rc\xi} \times \frac{\partial}{\partial t} p(z,\ t) \tag{11-4-89}$$

分离变量

$$\overline{p}(z,\ t) = \overline{p}(z)\, \mathrm{e}^{jwt} \tag{11-4-90}$$

将式（11-4-90）代入式（11-4-89），得到：

$$\frac{\partial^2}{\partial z^2}\ \overline{p}(z,\ t) + k^2 p(z) = j\frac{2k}{R\xi}\overline{p}(z) \tag{11-4-91}$$

$$\frac{\partial^2}{\partial z^2}\overline{p}(z,\ t) + k_z^2\ p(z) = 0 \tag{11-4-92}$$

式中，$k=\dfrac{\omega}{c}$，$k_z^{\,2}=k^2 - j\dfrac{2k}{R\xi}$。

式（11-4-92）的通解为：

$$\overline{p}(z) = A\mathrm{e}^{-jzk_z} + B\mathrm{e}^{jzk_z} \tag{11-4-93}$$

由此可见，在微穿孔板消声管道中传播着两种波：右行波 $A\mathrm{e}^{-jzk_z}$，左行波 $B\mathrm{e}^{jzk_z}$。

进一步推导微穿孔板消声器的传声损失 L_{TL}。

上游的入射波和反射波分别为：

$$p_{\mathrm{i}} = p_{\mathrm{i}0}\mathrm{e}^{-jkz}$$

$$p_{\mathrm{r}} = p_{\mathrm{r}0}\mathrm{e}^{jkz}$$

下游的透射波为：

$$p_t = p_{t0} e^{-jk(z-1)}$$

由消声器前端声压连续和体积速度连续可得：

$$p_{i0} + p_{r0} = A + B \qquad (11\text{-}4\text{-}94)$$

$$\frac{p_{i0}}{\rho c} - \frac{p_{r0}}{\rho c} = \frac{k_z A}{\rho \omega} - \frac{k_z B}{\rho \omega} \qquad (11\text{-}4\text{-}95)$$

即

$$p_{i0} - p_{r0} = g(A - B) \qquad (11\text{-}4\text{-}96)$$

式中，$g = \dfrac{k_z}{k}$。

由消声器末端声压连续和体积速度连续可得：

$$Ae^{-jk_z l} - Be^{jk_z l} = p_{t0} \qquad (11\text{-}4\text{-}97)$$

$$Age^{-jk_z l} - Bge^{jk_z l} = p_{t0} \qquad (11\text{-}4\text{-}98)$$

将以上方程联立求解可得：

$$\frac{p_{i0}}{p_{t0}} = \frac{(g+1)^2}{4g} e^{jk_z l} - \frac{(g-1)^2}{4g} e^{-jk_z l} \qquad (11\text{-}4\text{-}99)$$

在有效消声频带范围内，$jk_z l$ 的实部大于 1，而 $-jk_z l$ 的实部小于 -1。因此，$e^{jk_z l}$ 的模比 $e^{-jk_z l}$ 的模大得多，且前者系数比后者系数大得多。在式（11-4-99）中，两项相比，后项是小量，达到可以忽略不计的程度。此时，式（11-4-99）可简化为：

$$\frac{p_{i0}}{p_{t0}} = \frac{(g+1)^2}{4g} e^{jk_z l} \qquad (11\text{-}4\text{-}100)$$

式（11-4-100）中的 $\dfrac{(g+1)^2}{4g}$，无论是精确计算，还是 g 的二项式展开，其结果都近似等于 1，如 $\dfrac{(g+1)^2}{4g} \cong 1$，故式（11-4-100）可改写为：

$$\frac{p_{i0}}{p_{t0}} = e^{jk_z l} = e^{j\sqrt{k^2 - j\frac{2k}{R\xi}}\, l} \qquad (11\text{-}4\text{-}101)$$

$$\left| \frac{p_{i0}}{p_{t0}} \right| = \exp[R_e(jk_z l)] = \exp\left(l I_m \sqrt{k^2 - j\frac{2k}{R\xi}} \right)$$

圆形截面微穿孔板消声器的传声损失 L_{TL}（消声量）为：

$$L_{\text{TL}} = 20\lg\ \left|\frac{p_{i0}}{p_{t0}}\right| = 8.68lI_m\sqrt{k^2 - j\frac{2k}{R\xi}} \tag{11-4-102}$$

因为公式中含复数量，不易计算，进一步简化为实变量形式，经推导和计算得到：

$$L_{\text{TL}} = 6.141\left\{\frac{2k}{R(r^2 + x^2)} - k^2 + \sqrt{\left[k^2 - \frac{2k}{R(r^2 + x^2)}\right]^2 + \frac{4k^2r^2}{R^2(r^2 + x^2)^2}}\right\}^{\frac{1}{2}} \tag{11-4-103}$$

对于任意截面的微穿孔板消声器，其消声量为：

$$L_{\text{TL}} = 6.141\left\{\frac{Fkx}{S(r^2 + x^2)} - k^2 + \sqrt{\left[k^2 - \frac{Fkx}{S(r^2 + x^2)}\right]^2 + \frac{F^2k^2r^2}{S^2(r^2 + x^2)^2}}\right\}^{\frac{1}{2}} \tag{11-4-104}$$

式中　F——截面周长；

　　　S——截面面积。

可以看出，式（11-4-103）和式（11-4-104）在运算中还是较复杂的。在噪声控制工程中，仍应在一定的条件下简化。

当通道直径很小，且非共振频率时，

$$\left(k^2 - \frac{2kx}{R(r^2 + x^2)}\right)^2 \gg \frac{4k^2r^2}{R^2(r^2 + x^2)} \tag{11-4-105}$$

由此简化式（11-4-104），得到在噪声控制工程实践中应用的圆形截面微穿孔板消声器的消声量的近似计算公式，如式（11-4-106）所示：

$$L_{\text{TL}} = \sqrt{\frac{R}{\sigma}} \times \frac{lr}{R(r^2 + x^2) - \dfrac{x}{k}} \tag{11-4-106}$$

式中　R——内管半径；

　　　l——微穿孔板管段长度；

　　　k——波数；

　　　σ——微穿孔板的穿孔率；

　　　r——微穿孔板壁面的声阻率；

　　　x——微穿孔板壁面的声抗率。

在共振频率处，如通道半径较大，可以满足近似条件，可应用圆形截面微穿孔板消声器的消声量的近似计算式（11-4-106）。当 $R>10$cm 时，误差不超过 5%（1dB）。只有当 $R<10$cm 时，共振频率处误差较大，这时，仍由式（11-4-104）进行计算。而在其他所有情况下，均可应用近似计算公式（11-4-106）计算消声量。

对于两层微穿孔板串联的双层微穿孔板消声器：

$$\sqrt{\frac{R}{\sigma}}=\sqrt{\frac{R}{\sigma_1}+\frac{R}{\sigma_2}} \qquad (11\text{-}4\text{-}107)$$

将式（11-4-107）代入式（11-4-106），得到圆形截面双层微穿孔板消声器消声量的近似计算公式，如式（11-4-108）所示：

$$L_{TL}=\sqrt{\frac{R}{\sigma_1}+\frac{R}{\sigma_2}}\times\frac{lr}{R(r^2+x^2)-\dfrac{x}{k}} \qquad (11\text{-}4\text{-}108)$$

式中　　R——内管半径；

　　　　l——微穿孔板管段长度；

　　　　k——波数；

　　　　σ_1，σ_2——双层微穿孔板的穿孔率；

　　　　r——微穿孔板壁面的声阻率；

　　　　x——微穿孔板壁面的声抗率。

4.4.2　微穿孔板消声器的基础实验

4.4.2.1　微穿孔板消声器在常速下的消声性能和空气动力性能

对于微穿孔板消声器在气流下的消声性能，特别是它在高速气流下的消声性能，国内外尚缺少研究，方丹群、孙家麒等进行了如下的实验研究。

（1）实验装置和实验条件

消声器实验装置类似图 11-3-1，声源采用北京空调厂 W-3 型风机自身噪声加白噪声，控制在 105dB。气源用 W-3 型风机自身气流，风量 Q=14000m³/h，风机全压 H=55～60mmH₂O。为形成稳恒气流，在实验用消声器前后分别安装导流片和整流格。

声学测量采用"末端声压级差法"，即在消声器输入、输出两端分别测量平均声压级，两者的差值即为"末端声压级差"。为了避开气流对传声器的干扰，测点选在管道侧壁，开一 ϕ50mm 的圆孔，上覆盖一层透声的玻璃纤维布。圆洞周围焊一高 50mm 的圆环，测量时将传声器用泡沫塑料包好塞入圆环，外面用橡皮泥加固密封。消声器的阻损是用补偿式微压计测量消声器前后的静压差求得的，风管内的动压是由管截面 12 个测点平均得到的。

实验用消声器有两种：一种是微穿孔板狭矩型消声器，如图 11-4-42（a）所示；另一种是微穿孔板声流式消声器，如图 11-4-42（b）所示，外形尺寸（长×宽×高）为 2000mm×650mm×650mm。

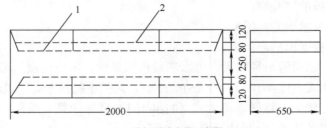

（a）狭矩型消声器示意图

1—穿孔率 2.5%的微穿孔板；2—穿孔率 1%的微穿孔板

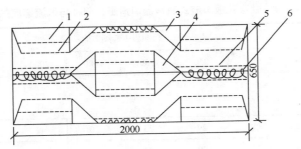

（b）声流式消声器示意图

1—穿孔率 1%的微穿孔板；2—穿孔率 2.5%的微穿孔板；3，4—共振腔；

5—穿孔率 3%的微穿孔板；6—穿孔率 5%的微穿孔板

图 11-4-42　微穿孔板消声器示意图

（2）实验结果和分析

在消声器实验台上分别对微穿孔板狭矩型消声器和微穿孔板声流式消声器进行静态、动态的声学性能和空气动力性能实验。实验结果如表 11-4-12～表 11-4-14 所列。

表 11-4-12　微穿孔板狭矩型消声器（通道 150mm）消声量、阻损与气流速度的关系

中心频率/Hz ΔL_p/dB v/（m/s）	倍频程中心频率/Hz							阻损/mmH$_2$O
	63	125	250	500	1000	2000	4000	
	消声量/dB							
0	12	16	25	25	26	26	23	0
7	12	16	25	24	22	25	23	0.01
10	12	16	25	23	23	23	23	0.24
16	11	14	22	20	23	26	23	0.65
20	9	12	21	22	20	22	23	1.32
24	5	9	19	21	20	26	23	1.52
30	3	6	18	21	21	25	23	9.70

表 11-4-13　微穿孔板狭矩型消声器（通道 250mm）消声量、阻损与气流速度的关系

中心频率/Hz ΔL_p/dB v/（m/s）	倍频程中心频率/Hz							阻损/mmH$_2$O
	63	125	250	500	1000	2000	4000	
	消声量/dB							
7	12	18	26	25	20	22	25	—
11	12	17	23	23	20	20	26	—
17	11	15	23	22	20	22	23	—
20	6	12	22	21	20	21	21	0.7

表 11-4-14　微穿孔板声流式消声器消声量、阻损与气流速度的关系

中心频率/Hz ΔL_p/dB v/（m/s）	倍频程中心频率/Hz								阻损 /mmH₂O
	63	125	250	500	1000	2000	4000	8000	
	消声量/dB								
0	18	28	29	33	30	42	51	41	0
7	16	25	29	33	23	32	41	35	0.5
10	15	23	26	29	22	30	35	33	4.9
14	13	19	20	24	20	26	34	30	8
22	4	10	12	19	19	27	33	28	32
25	2	3	4	14	16	25	32	24	43

由实验结果可知：

① 微穿孔板消声器在一个较宽的频率范围内具有良好的消声效果　实验用 2.0m 长金属微穿孔板矩型消声器（片式消声器组件）在低频有 12～25dB 的消声量，在高中频有 20～26dB 的消声量。实验用 2m 长金属微穿孔板声流式消声器在低频有 15～29dB 的消声量，在高中频有 22～41dB 的消声量。

② 气流速度对消声性能影响　对于结构形状简单的微穿孔板消声器，如实验用矩形直通道微穿孔板消声器，在流速 20m/s 以下，随着流速的增加，气流对消声性能影响不大。在流速 20～30m/s，随着流速的增加，气流对低频消声性能有明显影响，消声量呈单调下降的趋势，对高频消声性能影响不大。对于结构形状复杂的微穿孔板消声器，如实验用声流式微穿孔板消声器，随着流速的增加，消声量呈下降的趋势。在 15m/s 以下，消声器仍保持良好的消声性能，即在 125～8000Hz 的频率范围内，消声量在 20dB 以上。即使 63Hz 的倍频带内，消声量也达 13dB 以上。但在流速 20m/s 以上，低频段消声量有较大的下降。

③ 微穿孔板消声器的阻损　微穿孔板消声器的阻损即压力损失对于结构形状简单的微穿孔板消声器，如实验用矩形直通道微穿孔板消声器、管式或片式直通道微穿孔板消声器，因消声器内壁穿孔板穿孔率低（2.5%）、孔径小（ϕ0.8mm），其摩擦系数与风管内壁差别不会太大，故阻损很小。

如实验用 2.0m 长、250mm 通道的矩形微穿孔板消声器，在流速 20m/s 以下，阻损在 0.7mmH₂O 以下。实验用 2m 长、150mm 通道的矩形微穿孔板消声器，在流速 24m/s 以下，阻损在 1.52mmH₂O 以下。也就是说，对于结构形状简单的微穿孔板消声器，在流速 20m/s 以下，阻损几乎可以忽略不计。对于结构形状复杂的微穿孔板消声器，如实验用声流式微穿孔板消声器以及折板式微穿孔板消声器等，随着气流速度的增加，由于局部阻力系数增大，压力损失越来越大，阻损已达到不可忽略的程度。如本实验用 2m 长声流式微穿孔板消声器：在 7m/s 时，阻损仅为 0.5mmH₂O；在 10m/s 时，阻损为 4.9mmH₂O；在 14m/s 时，阻损为 8mmH₂O。也就是说，在一般情况下，流速在 15m/s 以下时，阻损还不算大。但流速达 20m/s 以上时，阻损则增大至 30mmH₂O，就不得不考虑了。

④ 消声量和阻损的关系　从以上实验可知，消声器的消声量是随着阻损的增加而降低的。如实验用矩形微穿孔板消声器，在流速 20m/s 以下，阻损变化不大，消声量基本无变化。但在流速 20m/s 以上，阻损大了，消声器的低频消声量也随之下降。在声流式微穿孔板消声器中，更明显地看出了消声量随阻损的增加而单调下降的趋势，特别是在流速达到 20m/s 以上，阻损达到一定程度，低频消声量明显下降。

从能量转换关系来看，阻损的增大，意味着气流能量损失的增加，而气流能量的损失正导致了再生噪声的能量增加。由"消声器性能评价"相关内容可知，摩擦系数是个重要的因素，而微穿孔板细而密，具有很小的摩擦系数，只要注意通道的几何形状，避免突然折弯，尽量采用流线型，将局部阻力系数减到最小，与其他阻性、抗性以及阻抗复合消声器相比，用微穿孔板研制的消声器可以做到阻损小、再生噪声低。这对于较高速送风及迫切需要减小消声器通道尺寸的大型消声器是有意义的。

最后做一个说明，实验用 2m 长矩形微穿孔板消声器和 2m 长声流式微穿孔板消声器均由 3 段组合而成。为了探讨在工程实践中，微穿孔板吸声结构空腔内在声传播方向的隔板对消声性能的影响，笔者还进行过多组实验。实验表明，隔板对微穿孔板消声器消声性能有影响，特别是在共振峰附近，影响更为显著。这是因为加设隔板可以避免由于声波在微穿孔板吸声结构空腔内纵向透声而引起的消声量的降低。在噪声控制工程中，以 0.5m 长一个单元组合成的微穿孔板消声器较为合适。

4.4.2.2　微穿孔板消声器在高速下的消声性能的实验研究

为了探讨微穿孔板消声器在高速下的消声性能，方丹群、孙家麒与冯瑀正等对微穿孔板消声器进行了流速 10～120m/s 范围内的消声性能实验，同时选用相同长度、相同截面的玻璃棉加护面穿孔板的管式消声器进行对比实验。

（1）实验装置和实验方法

实验是在风洞上进行的，风洞和实验装置如图 11-4-43 所示。

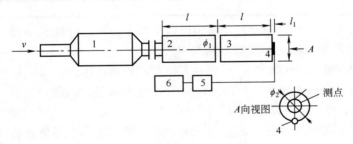

图 11-4-43　消声器实验装置示意图

1—风洞；2—第一节消声器；3—第二节消声器；4—传声器；5—频谱仪；6—自动记录仪

供风风机为 818 型离心鼓风机，风量 10000m³/h，风压 1500mmH₂O，驱动电机功率 75kW，转速 970r/min。

测试仪器是丹麦 B&K 公司制 2110 型声谱仪、2304 型声级记录仪，测流速仪器是 U 型管和毕托管。

实验用消声器是双层圆管式微穿孔板消声器和超细玻璃棉加护面穿孔板消声器两种。各分两节，每节长 1m。其结构示意图如图 11-4-44 所示。

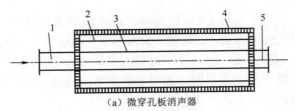

（a）微穿孔板消声器

1—入口连接管；2—微穿孔板；3—微穿孔板；4—外壳；5—出口短管

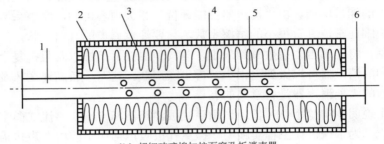

（b）超细玻璃棉加护面穿孔板消声器

1—入口连接管；2—外壳；3—超细玻璃棉；4—穿孔板；5—中心线；6—出口短管

图 11-4-44　实验用消声器结构示意图

实验用消声器微穿孔板的规格为板厚 0.5mm，孔径 $\phi0.5$mm，穿孔率 2.7%，前腔 10cm，后腔 4cm。超细玻璃棉密度为 30kg/m³，厚度 14cm，护面穿孔板板厚 1mm，孔径 8mm，穿孔率 20%。其管测法吸声系数如表 11-4-15 所列。

表 11-4-15　吸声系数表（管测法）

材　　料	倍频带中心频率/Hz				
	125	250	500	1000	2000
	吸声系数/α				
双层微穿孔板	0.55	0.81	0.86	0.82	0.75
超细玻璃棉	0.81	0.59	0.77	0.88	0.95

关于测点的选择有三种：第一种，在出风口平面上距风口外径 5cm 处；第二种，在出风口 45°方向 1m 处；第三种，半混响室插入损失法。

由于风洞壳体辐射噪声的影响，后两种方法都测不准。因此，采用第一种方法，将测点选择在出风口近场，在风洞出风口平面上距风口外壁 5cm 处，测量未装消声器时的风洞噪声值，装上消声器后，再在消声器出风口平面上距风口外壁 5cm 处，测量装消声器后的噪声值，两者的差值即为消声器的消声值。测点选在消声器之外，是为了避免高速气流对传声器的干扰，同时也符合现场实际情况。

（2）实验结果和分析

分析两种消声器消声量与气流速度的关系。考虑到气流速度对消声器消声量的影响和频率有较密切的关系，故在本实验中，计算消声器消声量与气流速度的关系时，将频率分为三段：63Hz、125Hz、250Hz 三个倍频程定为低频段；500Hz、1000Hz 两个倍频程定为中频段；2000Hz、4000Hz 两个倍频程定为高频段。

对流速 v 取对数，分别作出 2.0m 长微穿孔板消声器与玻璃棉加护面穿孔板消声器消声量 ΔL_p 与 $\lg v$ 的关系曲线，如图 11-4-45 所示。

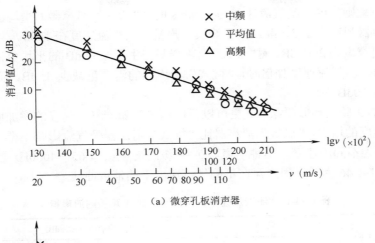

（a）微穿孔板消声器

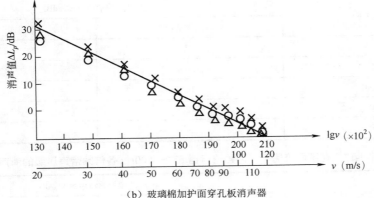

（b）玻璃棉加护面穿孔板消声器

图 11-4-45　两种消声器消声量 ΔL_p 与 $\lg v$ 的关系曲线

　　从图 11-4-45 中可以看出，ΔL_p 与 $\lg v$ 呈明显的线性关系。由此，可以导出 ΔL_p 与 $\lg v$ 的关系的经验公式。

　　微穿孔板消声器（以下简称"微式"消声器）：

$$\Delta L_p = 75 - 34\lg v \quad (\text{dB}) \quad (20\text{m/s} \leqslant v \leqslant 120\text{m/s}) \tag{11-4-109}$$

　　玻璃棉加护面穿孔板消声器（以下简称"棉式"消声器）：

$$\Delta L_p = 102 - 54\lg v \quad (\text{dB}) \quad (20\text{m/s} \leqslant v \leqslant 120\text{m/s}) \tag{11-4-110}$$

　　从以上实验结果进行分析可以得到：

　　① 从图 11-4-45、式（11-4-109）、式（11-4-110）可以看出，平均消声量随着气流速度的增加而降低。也可看出，随着气流速度的增高，"微式"消声器比"棉式"消声器受气流影响小得多。从式（11-4-109）、式（11-4-110）可看出，"微式"消声器的 ΔL_p-$\lg v$ 曲线的斜率 $K=34$，而"棉式"消声器 ΔL_p-$\lg v$ 曲线的斜率 $K=54$。显然，随着气流速度 v 的增高，"棉式"消声器的消声量比"微式"消声器的消声量下降要快得多。

　　从数字上看：当气流速度为 20m/s 时，两种消声器的平均消声量为 30dB；当气流速度为 50m/s 时，"微式"消声器的平均消声量仅减少 10dB，而"棉式"消声器的平均消声量则减少 20dB；当气流速度为 80m/s 时，"微式"消声器的平均消声量仅减少 20dB，而"棉式"消声器的平均消声量则为零；当气流速度为 100m/s 时，"微式"消声器的平均消声量为 5dB，而"棉式"消声器却产生了 3～4dB 的平均负消声量；当气流速度在 100m/s 以上时，"微式"消声器的平均消声量为 2～3dB，而"棉式"消声器却产生了 8～9dB 的平均负消声量；在 30～80m/s 的范围内，当气流速度加倍时，"微式"消声器的消声量减少 15dB，而"棉式"消声器的消声量减少 10dB 左右。

② 从风洞的实验消声效果来看，更可以说明消声量随着气流速度的增加而降低。也可看出，随着气流速度的增大，"微式"消声器比"棉式"消声器受气流影响小得多。表 11-4-16、表 11-4-17 分别为不同流速下，两种消声器 A 声级的消声量和 63～4000Hz 各倍频带声压级的消声量。图 11-4-46 为两种消声器在不同气流速度下的消声曲线。

表 11-4-16 不同流速下，两种消声器 A 声级的消声量

流速/（m/s）	A 声级的消声量 ΔL_p/dB	
	"微式"消声器	"棉式"消声器
10～20	27	27
60	20	12
80～90	14	7
100	12	2
120	5	−8

表 11-4-17 在不同流速下，两种消声器 63～4000Hz 各倍频带声压级的消声量

流速/（m/s）	消声器频带的消声量 ΔL_p/dB	
	"微式"消声器	"棉式"消声器
10～20	20～30	20～30
60	10～20	0～10
80～90	5～10	−7～6
100	4～10	−9～2
120	0～7	−9～1

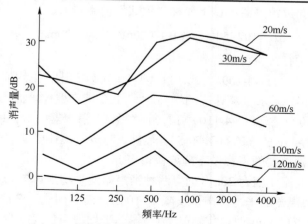

（a）2.0m 长微穿孔板消声器在不同气流速度下的消声曲线

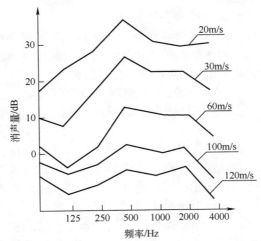

（b）2.0m 长玻璃棉加护面穿孔板消声器在不同气流速度下的消声曲线

图 11-4-46　两种消声器在不同气流速度下的消声曲线

从以上的实验结果可以明显地看出，对于风洞的消声减噪效果，随着气流速度的增加，微穿孔板消声器比玻璃棉加护面穿孔板消声器好得多。

③ 随着气流速度的增加，加长消声器的长度已经不能增加消声量了。微穿孔板消声器当流速在 70m/s 时，玻璃棉加护面穿孔板消声器在 50m/s 时，2m 长和 1m 长的消声器的平均消声量相同，均为 10dB。也就是说，在这两个速度时，气流噪声已经成为主要因素，加长消声器也看不出明显的消声效果了。

④ 在高速气流下，微穿孔板消声器比玻璃棉加护面穿孔板消声器消声性能好，主要是因为：微穿孔板消声器穿孔率低（本实验为 2.7%），孔细而密，对流场影响小，因而产生的再生噪声低；而玻璃棉加护面穿孔板消声器穿孔率高（本实验为 20%），孔大而粗（ϕ8mm），对流场影响大，产生的再生噪声高。

高速气流产生的再生噪声主要是湍流噪声，即起源于边界层的偶极辐射，以及边界的湍流脉动激起管壁的振动。在消声器内部，由湍流所产生的噪声声功率 W 与气流速度 v 的 6 次方、阻力系数 ξ 的 2 次方、管道直径 D 的 2 次方成正比。

$$W \propto \xi^2 D^2 v^6$$

在本实验中，微穿孔板消声器和玻璃棉加护面穿孔板消声器 D、v 相同，再生噪声的声功率仅与阻力系数 ξ^2 有关，细孔低穿孔率的微穿孔板消声器的 ξ，显然比大孔高穿孔率的玻璃棉加护面穿孔板消声器小得多。这就是在高速气流下，微穿孔板消声器比玻璃棉加护面穿孔板消声器消声性能好的主要原因。

4.4.3　微穿孔板消声器的应用

在上述微穿孔板理论和实验的基础上，我国已经自主研发了多种微穿孔板消声器和微穿孔板复合消声器，如内燃机微穿孔板复合消声器、燃气轮机微穿孔板消声器、飞机发动机试车台微穿孔板消声器、空气压缩机进排气微穿孔板复合消声器、通风空调微穿孔板消声器、鼓风机进排气微穿孔板消声器、冷却塔微穿孔板消声器、汽车排气微穿孔板复合消声器、矿井用局扇风机微穿孔板消声器以及导风器微穿孔板消声器等。微穿孔板消声器和微穿孔板复合消声器不仅在诸多噪声控制工程中得到广泛的应用，而且成为诸多噪声控制设备制造厂的系列化产品，并载入了国家标准规范和手册之中。

在普通环境和条件下使用，经过恰当的组合，微穿孔板消声器可以在一个较宽的频率范围内或者一个特定的频率范围内得到高的消声量，而且阻损可以控制得很小。

在特殊环境和条件下，微穿孔板消声器能够耐高温和气流冲击，不怕油污和水蒸气，即便有水流过，也有好的消声效果，受到短期的火焰喷射也不至于损坏。这对于燃气轮机排气系统，蒸汽排气放空系统，飞机、火箭发动机试车台，导弹发射井，机动车辆内燃机排气系统的消声是很有意义的。

在高速气流下，微穿孔板消声器具有比阻性消声器、扩张室抗性消声器、阻抗复合消声器更好的消声性能和空气动力性能。这对于必须高速运行的送排风系统，以及必须保持高流速的空气动力设备是很重要的。由于在很高流速下，微穿孔板消声器还有一定的消声性能，使得大型空气动力设备可以较大幅度地减小尺寸，降低造价。

对于要求洁净的环境和场所，由于微穿孔板消声器没有玻璃棉、矿渣棉之类的纤维材料和粉屑，不必担心纤维和粉屑吹入房间，影响工作环境和生活环境质量。同时，施工和维修都方便得多。

必须指出的是，与所有的工业设备一样，微穿孔板消声器也有其使用条件和使用限制。比如，除非该空气动力噪声所要求消声频率范围很窄很特殊，不推荐采用单层微穿孔板消声器。就是最常用的双层微穿孔板消声器，也要根据声源的声级和频谱，所需的消声量和频率范围，精心地设计，恰当地组合，严格地加工制造，才能达到理想的最佳消声效果和空气动力性能。

微穿孔板消声器和微穿孔板复合消声器的应用实例如下。

（1）350 马力柴油发动机微穿孔板复合消声器

北京一重要地方急需安静环境，但在该处的城市施工工程中使用 350 马力高速柴油发动机作动力。在排气口 45°方向、1m 处测得的单台柴油发动机排气噪声级高达 110dB（A）以上，频谱呈明显的低频性，以 63Hz 和 125Hz 两个倍频带为最高，分别达 119.5dB 和 117dB，但中高频也达到相当高的程度（84～103dB）。该发动机单台机组，在午夜 12 时，在需要高度安静的地点产生高达 55～60dB（A）的噪声级。

为了消除这种高温又带油污的噪声，方丹群等研制了微穿孔板复合消声器，如图 11-4-47 所示。当 350 马力高速柴油发动机排气管上安装了该消声器后，排气噪声得到大幅度降低。在 63～8000Hz 的宽频范围内噪声降低 30～40dB，如图 11-4-48 所示。午夜 12 时，在原需要高度安静的地点测得的噪声级仅为 40dB（A），接近背景噪声。用户颇为满意。

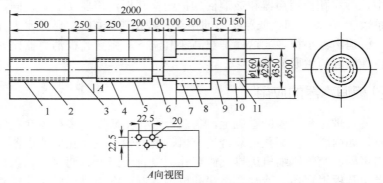

图 11-4-47　350 马力柴油发动机微穿孔板复合消声器

1，5—穿孔率 P=5%的微穿孔板；2，4—P=3%的微穿孔板；3，6—P=50%的穿孔板；

7，10—P=1%的微穿孔板；8，9，11—P=2%的微穿孔板

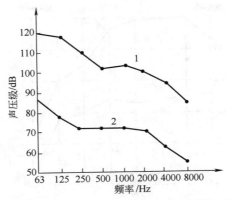

曲线 1：在发动机排气口 45° 方向，1m 处测得的噪声值（消声前）
曲线 2：在消声器排气口 45° 方向，1m 处测得的噪声值（消声后）

图 11-4-48　350 马力柴油发动机微穿孔板复合消声器消声效果曲线图（注：1 马力（hp）=745.7W。）

（2）通风空调微穿孔板消声器

随着现代工业和城市建设的发展，对通风空调消声器提出了一些新的要求。例如，在潮湿气体的不断浸蚀下，多孔吸声材料的吸声性能会逐渐变差，影响消声效果，故希望寻找不怕潮湿的吸声材料或结构。再如，一些高级精密车间、特殊工作室、高级住宅，不希望采用纤维材料作吸声消声材料，因为纤维和粉屑会影响环境质量。

北京某厂无菌室安装了 W-1 型空调机，通过十几米风管进入使用房间。该房间体积小，而且由于工艺要求，墙面、天花板涂有光滑的油漆。整个房间犹如一个混响室。有的房间噪声高达 81dB（A），超过 N75 曲线。就是噪声最低的房间也有 69dB（A），超过 N65 曲线。该噪声单调难听，使人烦躁异常，降低了工作效率。方丹群、孙家麒等为此研制了如图 11-4-49 所示的通风空调微穿孔板消声器。

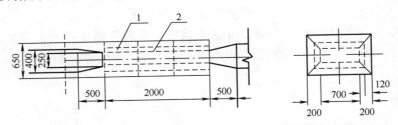

图 11-4-49　W-1 型空调机用微穿孔板消声器结构示意图
1—微穿孔板穿孔率 P=1%；2—微穿孔板穿孔率 P=2%（微穿孔板板厚 t=0.75mm，孔径 ϕ0.8mm）

在空调机风管上安装了该消声器后，各房间的噪声均降低到 N50 曲线之下，有的为 52dB（A），有的为 53dB（A）。图 11-4-50 为安装消声器前后的空调机的倍频带噪声声压级曲线。图 11-4-51 为安装消声器前后的不同车间的倍频带噪声声压级曲线。

该噪声控制工程，工厂非常满意，因为：一方面，该房间噪声已与背景噪声接近；另一方面，由于特殊工艺要求，包括消声器在内的管路经常得用潮湿的气体清洗，要求室内清洁的无菌室也不允许纤维材料的粉屑吹入，而使用喷有防锈漆的纯金属结构的微穿孔板消声器可以满足这些要求。

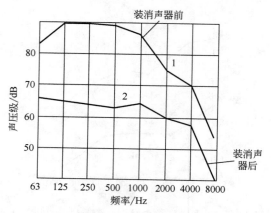

图 11-4-50 安装消声器前后的空调机的倍频带噪声声压级曲线

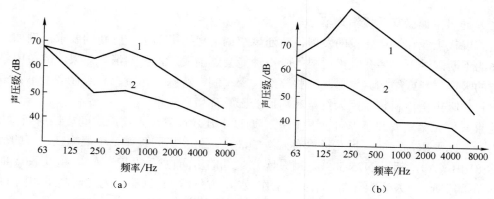

(a)   (b)

图 11-4-51 安装消声器前后的不同车间的倍频带噪声声压级曲线
1—装消声器前；2—装消声器后

图 11-4-52 为风量 5000～50000m³/h 的通风空调系列化微穿孔板消声器，这些消声器不仅广泛应用于通风空调噪声控制工程中，而且成为一些噪声控制设备制造厂的系列化产品。

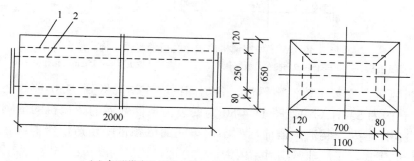

（a）矩形微穿孔板消声器（适用风量 5000～10000m³/h）
1—微穿孔板穿孔率 $P=1\%$；2—微穿孔板穿孔率 $P=2\%$

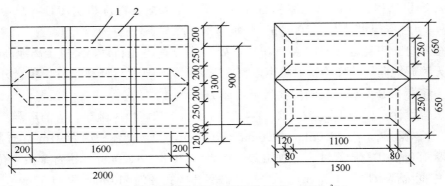

（b）片式微穿孔板消声器（适用风量 20000～30000m³/h）

1—微穿孔板穿孔率 P=2%；2—微穿孔板穿孔率 P=1%

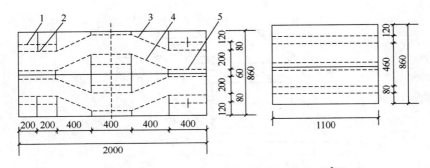

（c）微穿孔板声流式消声器（适用风量 10000～20000m³/h）

1—微穿孔板穿孔率 P=1%；2～4—微穿孔板穿孔率 2%；5—微穿孔板穿孔率 P=3%

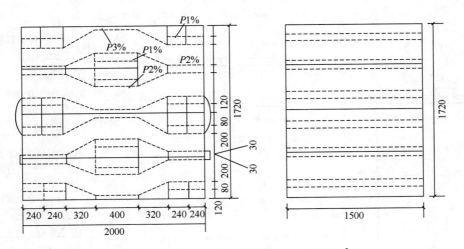

（d）微穿孔板声流式消声器（适用风量 40000～50000m³/h）

图 11-4-52　通风空调系列化微穿孔板消声器

上述通风空调系列化微穿孔板消声器的微穿孔板板厚均为 0.8mm，孔径均为 ϕ0.8mm。

（3）冷却塔用微穿孔板消声器

上海某汽车有限公司冷冻机站安装了 17 台各型冷冻机，总制冷量为 54780kW，号称亚洲第一冷冻机站房。与冷冻机配套的 17 台冷却塔安装在冷冻机房屋顶，总冷却水量为 17340m³/h，单台冷却水量为 1020m³/h，分别对每台冷却塔进行噪声治理。

冷却塔本身噪声高达 91dB（A）（出风口处），频谱呈宽带特性，又置于离地高约 23m 的屋顶上，无障碍地向周围环境辐射噪声，直接影响厂界和居民区噪声达标。多台开动时，昼间厂界噪声超标 5dB（A），夜间厂界噪声超标 15dB（A）。

吕玉恒等设计了如图 11-4-53、图 11-4-54 所示的冷却塔出风微穿孔板消声器。该消声器外形尺寸（长×宽×高）为 4950mm×4950mm×3700mm，消声器体积约为 91m³，质量为 1.7t。消声插片厚 150mm，空腔尺寸有 3 种组合：75mm、30mm、120mm。铝合金微穿孔板厚 t 为 0.60mm，中间隔离板厚为 1.0mm，不穿孔。微穿孔板孔径为 ϕ1.0mm 和 ϕ1.27mm，穿孔率 P 分别为 1%、2% 和 1.3% 三种。

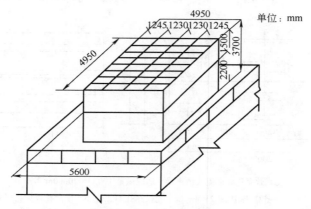

图 11-4-53　1020m³/h 大型冷却塔出风微穿孔板消声器示意图

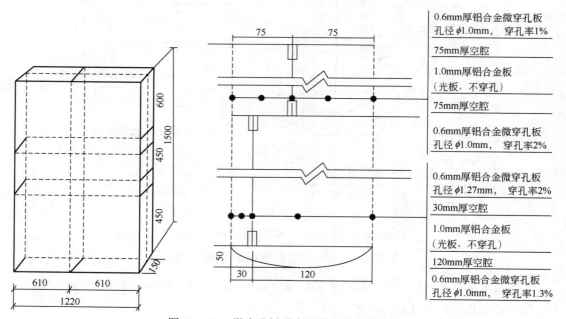

图 11-4-54　微穿孔板消声器消声插片示意图

消声插片端部为半圆弧结构，以减小阻力损失。标准单元消声插片长×宽×厚为 1220mm×1500mm×150mm，每台 1020m³/h 冷却塔出风消声器微穿孔板消声插片共 56 个。

采用铝合金微穿孔板，是为了满足冷却塔的降噪装置应符合防水、防潮、防霉、防蛀、防紫外线，不怕风吹、日晒、雨淋等要求。

在 1020m³/h 冷却塔安装了该微穿孔板消声器和一些辅助设施后，单台 1020m³/h 冷却塔上部出风口 45°、4.2m 处，噪声由治理前的 91dB（A）降低到 67.5dB（A），降噪 23.5dB（A）。15 台 1020m³/h 大型冷却塔同时开动，其噪声传至北厂界处，由治理前的 65dB（A）降为 51.5dB（A），降噪 13.5dB（A），厂界处基本上听不到冷却塔传来的噪声。

在距冷却塔约 400m 外的居民住宅处，夜间噪声由治理前的 55.6dB（A）降为 47.1dB（A），降噪 8.5dB（A）。昼夜全面达到了 2 类区环境噪声标准规定。

（4）暖通空调系统用超细微穿孔板消声器

暖通空调系统降噪工程中既受安装空间限制，又要降低低中频噪声，龚凤海、张斌等设计了一组双层超细微穿孔板消声器，所采用的微穿孔板孔径在 0.3mm 以下，其最大吸声带宽超过 5 个倍频程。图 11-4-55、图 11-4-56 为单层超细微穿孔板消声器与双层超细微穿孔板消声器在同样条件下的消声器消声量及频谱特性对比曲线。

由图 11-4-55 和图 11-4-56 可以看出，双层超细微穿孔板消声器比普通双层微穿孔板消声器消声效果好。而且由于孔更加细密，气流阻损更小，空气动力性能更优。

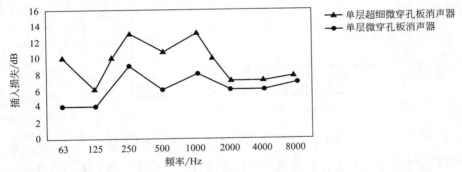

图 11-4-55　单层超细微穿孔板消声器与单层微穿孔板消声器消声量
及频谱特性对比曲线（微穿孔板腔深 200mm）

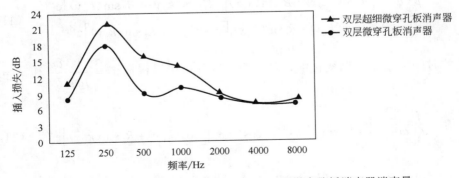

图 11-4-56　双层超细微穿孔板消声器与双层微穿孔板消声器消声量
及频谱特性对比曲线（微穿孔板腔深 200mm）

4.4.4　分割式多腔体微穿孔板消声器

分割式多腔体微穿孔板消声器是在微穿孔板背部腔体内加装分割单元，使单个腔体分割为多个腔体。

微穿孔板吸声结构具有较好的中低频吸声性能，当声波作用于微穿孔板结构时，声压使空气产生了一种"泵"效应，空气被泵入、泵出微穿孔板结构的穿孔通道。在微穿孔板背腔内加装分割挡板后，在泵入、泵出过程中，空气速度被迫使垂直于挡板的壁面，阻断声波在腔内横向传播，称这种结构具备局部反应特性或本地阻抗特性。

（1）基本理论分析

某直管式微穿孔板消声器的横截面如图 11-4-57 所示，消声器长度为 L，气流通道截面尺寸为 $D_1 \times D_2$，气流通道的 4 面微穿孔板的表面法向声阻抗分别为 Z_{x0}、Z_{x1}、Z_{y0}、Z_{y1}。设坐标原点位于气流通道的一角。假设分割单元足够密，满足分析频率范围内结构具备本地阻抗特性。

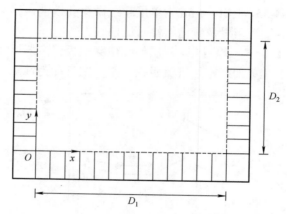

图 11-4-57　某直管式微穿孔板消声器的横截面图

消声器管道中声压波动方程的波函数既包含横向 x 方向和纵向 y 方向的驻波，也包含 z 方向的行进波，消声通道内声压复量具有如下形式：

$$
\begin{aligned}
p(\omega) &= \left[A_1 \cos(k_x x) + B_1 \sin(k_x x)\right]\left[A_2 \cos(k_y y) + B_2 \sin(k_y y)\right]\mathrm{e}^{jk_z z} \\
&= A\left[\cos(k_x x) + R_1 \sin(k_x x)\right]\left[\cos(k_y y) + R_2 \sin(k_y y)\right]\mathrm{e}^{jk_z z}
\end{aligned}
\tag{11-4-111}
$$

上式的时间因子是简谐变化的，对应的速度分量可以根据 $u_x = \dfrac{1}{j\omega\rho}\dfrac{\partial p}{\partial x}$ 和 $u_y = \dfrac{1}{j\omega\rho}\dfrac{\partial p}{\partial y}$ 得到。

$$
u_x(\omega) = \frac{Ak_x}{jw\rho}\left[-\sin(k_x x) + R_1\cos(k_x x)\right]\left[\cos(k_y y) + R_2\sin(k_y y)\right]\mathrm{e}^{jk_z z}
\tag{11-4-112}
$$

$$
u_y(\omega) = \frac{Ak_y}{jw\rho}\left[\cos(k_x x) + R_1\sin(k_x x)\right]\left[-\sin(k_y y) + R_2\cos(k_y y)\right]\mathrm{e}^{jk_z z}
\tag{11-4-113}
$$

法向声阻抗率为声波进入微穿孔板结构表面的声压与质点速度的比值。上式中，u_x 为 x

轴正方向的速度，而在 $x=0$ 处，此速度为 x 轴负方向，运用 $x=0$、$x=D_1$ 处的法向声阻抗率作为边界条件可得：

$x=0$ 时，

$$\frac{p}{u_x} = \frac{jk\rho c}{k_x} \times \frac{1}{R_1} = -Z_{x0} \tag{11-4-114}$$

$x=D_1$ 时，

$$\frac{p}{u_x} = \frac{jk\rho c}{k_x} \times \frac{\cos(k_x D_1) + R_1 \sin(k_x D_1)}{-\sin(k_x D_1) + R_1 \cos(k_x D_1)} = Z_{x1} \tag{11-4-115}$$

消除两式中的 R_1，得：

$$k_x \tan(k_x D_1) = -jkc\rho \frac{Z_{x0} + Z_{x1}}{Z_{x0} Z_{x1} + (kc\rho / k_x)^2} \tag{11-4-116}$$

同样可以得出：

$$k_y \tan(k_y D_2) = -jkc\rho \frac{Z_{y0} + Z_{y1}}{Z_{y0} Z_{y1} + (kc\rho / k_y)^2} \tag{11-4-117}$$

其中，Z_{x0}、Z_{x1}、Z_{y0}、Z_{y1} 分别为 $x=0$、$x=D_1$、$y=0$、$y=D_1$ 处的法向声阻抗率。

在特殊情况下，消声器管道中相对两面结构相同，其法向声阻抗率相同。此时，$Z_{x0}=Z_{x1}=Z_x$，$Z_{y0}=Z_{y1}=Z_y$，上式可表示为：

$$k_x \tan\left(k_x \frac{D_1}{2}\right) = -j\frac{k\rho c}{Z_x} \tag{11-4-118}$$

$$k_y \tan\left(k_y \frac{D_1}{2}\right) = -j\frac{k\rho c}{Z_y} \tag{11-4-119}$$

$$k_x^2 + k_y^2 + k_z^2 = k^2 \tag{11-4-120}$$

其中，k 为波数，$k=w/c$，c 为空气中的声速。

则 $k_z = \sqrt{k^2 - k_x^2 - k_y^2}$

令 $k_z = \beta + j\gamma$

消声器管道中不同 z 处的声压级满足下式：

$$\frac{|p(0)|}{|p(z)|} = \mathrm{e}^{\gamma z} \tag{11-4-121}$$

消声器的传递损失为入射声功率级和通过消声器传递的声功率级之差。考虑到消声器出入口端气流通道截面积相同，其传递损失可由下式计算得到：

$$D = 20\lg\frac{|p(0)|}{|p(L)|} = 20\lg \mathrm{e} \cdot \gamma L = 8.7\gamma L \tag{11-4-122}$$

（2）典型分割式多腔体微穿孔板消声器性能

加工一组方形直管式微穿孔板消声器，气流通道截面尺寸为 200mm×200mm，微穿孔板结构空腔深度为 50mm，消声器总长度为 1000mm，有效消声段长度为 900mm。微穿孔板厚度为 0.5mm，穿孔直径为 0.35mm，孔间距为 3.0mm。沿消声器轴向在空腔内加装挡板，将空腔整体分割 4 等份，如图 11-4-58（a）所示；进一步垂直于消声器轴向在空腔内加装挡板，将空腔分割为 12 等份，如图 11-4-58（b）所示；最后在背腔内加装蜂窝结构，蜂窝孔边长为 10mm，将空腔分割为大于 2500 等份，如图 11-4-58（c）所示。其中，挡板或蜂窝与微穿孔板和背板均密封连接。不同腔体数量的消声器的 1/3 倍频带插入损失如图 11-4-59 所示。挡板分割消声器的 A 计权插入损失和倍频带插入损失平均值如表 11-4-18 所列。

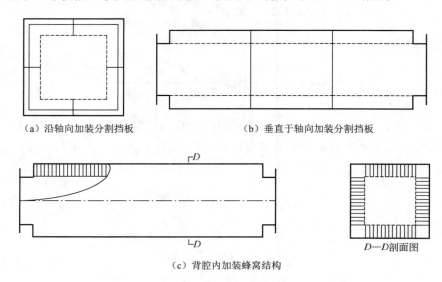

（a）沿轴向加装分割挡板　　　　　　（b）垂直于轴向加装分割挡板

（c）背腔内加装蜂窝结构

图 11-4-58　微穿孔板消声器背腔分割

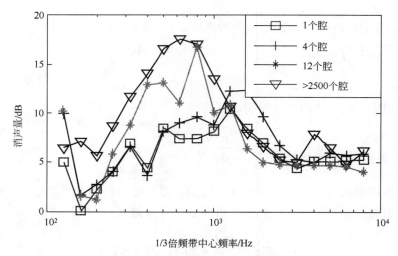

图 11-4-59　消声器的 1/3 倍频带插入损失

表 11-4-18　挡板分割消声器性能变化

腔体数量	A 计权插入损失/dB(A)	倍频带插入损失平均值/dB
1 腔	7.2	6.0
4 腔	7.9	7.6
12 腔	8.5	7.8
>2500 腔	9.9	9.0

表 11-4-18 中，消声器的微穿孔板结构空腔内部挡板由无到有、由疏到密，可以看出 A 计权插入损失和倍频带插入损失平均值均有所增加，其中倍频带插入损失平均值为中心频率 63Hz、125Hz、250Hz、500Hz、1000Hz、2000Hz、4000Hz、8000Hz 的 8 个倍频带测得的插入损失算术平均值。

Uno Ingrad 认为分割单元的尺寸远小于波长时，就认为对应的分析频段内该微穿孔板是具备本地特性的。当分割单元达到一定数量后，所有分割单元的尺寸均比关注频段对应的波长小时，结构的消声量便达到了最大值。此后，再增加分割单元数量，结构的消声量保持不变。微穿孔板消声器腔体内加装分割单元后，气流通道内的微穿孔板面板平整坚固，无局部凹凸，高流速下不颤动，沿程阻力损失较低，气流再生噪声也较低。

（3）技术特点及应用领域

分割式多腔体微穿孔板消声器具有以下技术特点：

① 不填充棉、泡沫等传统阻性吸声材料，尤其适用于对洁净度要求比较高的场所，如医院、食品加工厂、学校等；

② 结构强度高，内表面光滑平整，阻力损失小，尤其适用于高速气流的工业管道；

③ 全金属打造而成，尤其适用于高温、高湿、有腐蚀性的恶劣场合，比如地铁、隧道、游泳馆等；

④ 轻质，比传统加装金属护面板的阻性消声器重量轻，尤其适用于对重量要求苛刻的场合。

4.5　小孔喷注和多孔扩散消声器

喷注噪声是一种常见的空气动力性噪声。例如，火力发电厂的锅炉排气放空，炼铁厂的高炉排气放风，风动工具的排气，空气压缩机和鼓风机阀门排气放空，以及喷气式飞机、火箭产生的噪声，都属于这一类。该噪声极其强烈，有时高达 130～160dB（A），严重的危害人们健康和干扰环境。喷注噪声在许多情况下成为公害。对这种噪声，小孔喷注消声器、节流降压小孔喷注复合消声器以及多孔扩散消声器是有效的消声设备。

4.5.1　小孔喷注噪声和消声基本理论与实验

马大猷、李沛滋等对喷注噪声进行了深入的理论研究和实验研究，发现在声速和亚声速条件下，小孔喷注的干扰声功率随喷口孔径的 5 次方下降，和气室超压的 2.3 次方成正比。小喷口对环境造成影响的干扰声功率只占总声功率的很小的一部分。因此，用许多小喷口代替一个大喷口，实际上是将一个大喷口用许多小孔分流，可使喷注干扰噪声大幅度降低。这个噪声降低不是在噪声产生后消除它，而是从发声机理上使干扰噪声降低。如果喷口小孔足够小，如小到毫米级，喷注辐射的噪声将移到人耳不敏感的频率范围，从而达到降低可听声的目的。

Lighthill 给出的喷注噪声声功率为：

$$W = \frac{K\rho^2 D^2 v^8}{\rho_0 c_0^5} \tag{11-4-123}$$

式中　W——喷注噪声总声功率；

　　　　K——常数，实验值为（$0.3 \sim 1.8$）$\times 10^{-5}$；

　　　　ρ——喷注密度，kg/m^3；

　　　　D——喷口直径，m；

　　　　v——喷注速度，m/s；

　　　　ρ_0——环境大气密度，kg/m^3；

　　　　c_0——大气中的声速，m/s。

式（11-4-123）适用于一般的亚声速喷口，不适用于阻塞喷口。

冯·基尔克（Von Gierke）总结概括了从孔径 50mm 喷口低亚声速喷注到孔径 650mm 喷口，2200℃，马赫数 $M=3$ 的喷气式飞机和火箭测量结果，给出归一化的噪声声功率谱图，如图 11-4-60 所示。

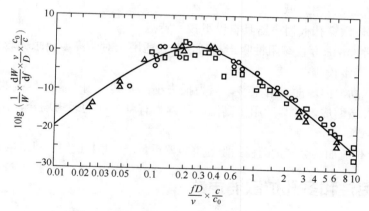

图 11-4-60　喷注的归一化噪声声功率谱图

—— 实验值：□ $\phi 50 \sim 250mm$ 空气喷注；△ $\phi 50 \sim 580mm$ 喷气飞机喷注；○ $\phi 500 \sim 550mm$ 火箭喷注

图 11-4-60 中，横坐标是修正的斯特劳哈尔数 $S = \frac{fD}{v} \times \frac{c}{c_0}$，纵坐标是功率谱级 $\frac{1}{W} \frac{\partial W}{\partial S}$（dB）。马大猷、李沛滋等对喷注噪声，特别是阻塞喷口噪声进行了深入的研究，提出一系列新的理论和方法。

首先用式（11-4-124）来表示图 11-4-60 的实验点：

$$y = \frac{\pi}{4} \times \frac{1}{\left(x + \frac{1}{x}\right)^2} \tag{11-4-124}$$

式中，y 为对 x 的相对谱密度。

$$y = \frac{1}{W}\frac{\mathrm{d}W_f}{\mathrm{d}x} = \frac{1}{W}\frac{\mathrm{d}W_f}{\mathrm{d}f} \times \frac{vc_0}{4Dc} \qquad (11\text{-}4\text{-}125)$$

式中，x 为相对斯特劳哈尔数，进行声速修正：

$$x = \frac{4fD}{v} \times \frac{c}{c_0}$$

式中，c 和 c_0 为喷注中和环境中的声速。

进而得出总声功率级 L_W 和声功率谱级 L_f 分别为：

$$L_W = 10\lg(W/W_0)，\quad W_0 = 1\ \text{沙瓦} \qquad (11\text{-}4\text{-}126)$$

$$L_f = 10\lg\left(\frac{\mathrm{d}W}{\mathrm{d}f}/W_{01}\right)，\quad W_{01} = 1\ \text{沙瓦/赫} \qquad (11\text{-}4\text{-}127)$$

式（11-4-125）～式（11-4-127）与图 11-4-60 有较高的符合率。

为了深入探讨小孔喷注噪声，特别是阻塞喷注噪声的规律，马大猷、李沛滋、戴根华、王宏玉进行了如下的基础实验研究。

实验用气流由 1 台 4L-20/8 空气压缩机供应。容量 20m³/min，绝对压力 9kg/cm²。压缩气体进入储气罐，经长 30m、管径 40mm 的管道引进消声室。管道出口在消声室中央，装设不同孔径的收缩喷口，喷口取水平方向。气体驻压、喷注的速度和密度可以在空气压缩机上用改变进气、送气和放气阀门加以控制。

声学测量仪器为 CH11 型电容传声器、BK2112 型声谱仪。传声器用转台带动在水平面内以喷口为中心做 360° 转动，传声器到喷口的距离按现有设备为 1180mm。喷注噪声的指向性可用 BK2305 型声级记录器与转台联动，同步记录，也可以在半圆上按球面积等分的十个点上读声级得到。十个点的声级按能量平均得到球面上的平均声级，加上球面积上的分贝数 $10\lg[4\pi(1.18)^2]\approx12.4\text{dB}$，就是声功率级。测量中心频率 63Hz～31.5kHz 的十个倍频程的声级、A 声级、总声压级。

共测量五种喷口，孔径分别为 1mm、2mm、4.15mm、11.08mm、20.08mm。驻压（绝对压力）p：1～9 个标准大气压（1 个标准大气压=101325Pa）。

对各种喷口的喷注部分分别测量了在不同驻压、不同方向的倍频程噪声频谱（中心频率从 63Hz 到 31.5kHz）。表 11-4-19 为距离喷口 1180mm 处的测量结果。

表 11-4-19　喷注噪声的倍频程频谱一例（喷口孔径 D=2mm，驻压比 p/p_0=8.35）

倍频带中心频率 /Hz	与喷注方向所成角/°											声功率级 L_W/dB
	26	46	60	72	84	96	108	120	134	154	180	
63	50	44.5	40.5	40.5	40	40	40	39	38.5	39	40	55
125	51	44.5	41	40.5	39.5	38.5	38.5	37.5	40	40	40.5	56
250	52	46	45	45	44.5	44	41.5	41.5	42	44	45	58
500	60	54	52.5	52.5	52.5	52	50	59.5	50.5	52	52.5	66
1000	69.5	63	61	61	60.5	59.5	58.5	57.5	57.5	58	58.5	75
2000	78.5	71	68	68	67.5	67	65.5	65	64.5	64.5	65	83

倍频带中心频率 /Hz	与喷注方向所成角/°											声功率级 L_W/dB
	26	46	60	72	84	96	108	120	134	154	180	
4000	87	78.5	74.5	74.5	74	72	70.5	69.5	68.5	67	67	91
8000	94.5	86.5	79	79	76.5	76.5	75.5	74.5	73.5	71	71.5	98
16000	100.5	95.5	83.5	83.5	82.5	81.5	80.5	79.5	78.5	77	78.5	104
31500	104.5	97	89.5	89.5	87.5	87	85.5	84	85	86	86	108
L_A	99.5	91.5	86	85	84	83	81.5	81	80	78.5	78.5	103.5
L	103	95.5	89.5	88	86.5	85.5	84.5	83.5	83	81.5	82	

表 11-4-19 中 26°～154°十个点是将以喷口为中心的球面按面积平分为十个圆带的中心角度，180°的数值不计入结果。L_W 是将十个方向的声级按能量平均，再加上圆面积的分贝数得到的倍频程声功率级或 A 声功率级。

从表 11-4-19 中可以看出，各频带的指向性都不相同，找不到统一的规律，但每一频带在各种压力下和各种孔径下，指向性差别不大，可以求得平均关系。图 11-4-61 是各种孔径在各种压力下 A 声级的平均指向性。

由于小孔喷注噪声的特点是以高频率为主，A 声级的指向性基本是高频率的指向性。喷注下游方向声强较高，较大部分能量向前方发射。在 45°方向的声压级大约等于各方向的平均值，在 90°方向的声压级比这个值低 9dB。

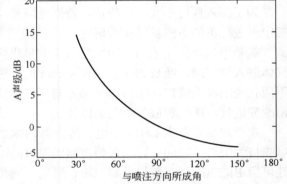

图 11-4-61 小孔喷注噪声 A 声级的平均指向性

小孔喷注噪声的频谱比较简单，从表 11-4-19 中可以看出，除低频有其他噪声干扰外，频谱呈上升状态。

为了研究压力变化对噪声声功率级的影响，进行了一系列喷气放空实验，图 11-4-62 为实验结果。由图 11-4-62 可以看出，A 声级随压力差降低的关系接近直线。

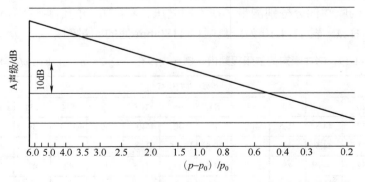

图 11-4-62 小孔放空时，随压力差降低，90°方向 A 声级的变化

比较各种孔径的放空曲线，可以得到孔径和压力影响噪声的确切关系，如图 11-4-63 所示。图 11-4-63 中纵坐标是 A 声级 L_A（dB），横坐标是孔内外压力差与环境压力之比（$p-p_0$）/p_0。

由图 11-4-63 可以看出，这是一组几乎平行的直线。

从图 11-4-63 中可以看出，喷口孔径改变时，在小孔（孔径 1mm、2mm），孔径减半，A 声级降低 15dB，将喷口面积减少（6dB）的影响去掉，净减 9dB。孔较大时，A 声级降低渐少。孔径从 20.08mm 降到 11.08mm 时，A 声级仅降低 9dB，去掉面积影响，只有 3dB。压力改变时，A 声级-压力曲线基本上是一组平行直线，在实验范围内，孔径大小不影响压力关系。A 声级与压力差的对数成正比，在实验范围内，压力差 $p-p_0$ 增加一倍，A 声级增加 6.9dB。

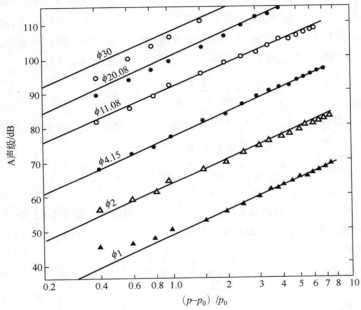

图 11-4-63　小孔喷注噪声 A 声级随压力变化关系曲线

综如上述，小孔单位面积发出的噪声声功率迅速随孔径减小而降低。用大量小孔代替一个大孔，可以保持流量不变，而大大降低噪声 A 声级。这一现象可以作为降低喷注噪声的基本原理。

在以上理论和实验的基础上，马大猷、李沛滋等进一步推导出以 f_n 为中心频率的倍频程声功率 W_n 与总声功率的比为：

$$\frac{W_n}{W} = \int_{f_n/\sqrt{2}}^{\sqrt{2}f_n} \frac{1}{W} \frac{\mathrm{d}W_\mathrm{f}}{\mathrm{d}f} \mathrm{d}f = \int_{x_n/\sqrt{2}}^{\sqrt{2}x_n} y\mathrm{d}x = \frac{2}{\pi}\left[\tan^{-1}\left(x - \frac{x}{1+x^2}\right)\right]_{x_n/\sqrt{2}}^{\sqrt{2}x_n} \qquad (11\text{-}4\text{-}128)$$

式中，　$x_n = \dfrac{5f_nD}{c_0}$ 。

如果 $x \ll 1$（$c_0 = 340\text{m/s}$，如 $f_n < 10000$，则要求 $D \ll 50\text{mm}$），进一步简化式（11-4-128），可得：

$$\frac{W_n}{W} = \frac{4}{3\pi}\left[\frac{x^3}{(1+x^2)^2}\right]_{x_n/\sqrt{2}}^{x_n\sqrt{2}} = 1.05x_n^3 \qquad (11\text{-}4\text{-}129)$$

可以看出，倍频程声功率与 x_n^3 成正比，在同一喷口时与 f_n^3 成正比，中心频率每升高一个倍频程，声功率级增加 9dB，与实验结果相符。在 90° 的倍频程声压级也符合每倍频程升高 9dB 的规律。

另外，对于同一倍频程，喷口大小不同时，倍频程相对声功率 W_n/W 与 D^3 成正比。因为 W 与 D^2 成正比，所以 W_n 与 D^5 成正比。这就是孔径减半时，W_n/W 降低 9dB，W_n 降低 15dB 的原因，与实验结果相符。注意，以上结果仅限于 $x_n \ll 1$。

马大猷、李沛滋等进一步推导出其 A 声级的公式。A 声级可以根据频谱曲线求得。由 A 声级的计权曲线可知，A 计权是测量声功率时灵敏度从中心频率 500Hz 的倍频程起，频率越低灵敏度越低，而高频率从中心频率 8000Hz 的倍频程起，频率越高灵敏度越低。建议以测量中心频率 500～8000Hz 的五个倍频程内的强度为 A 计权强度，即：

$$\frac{W_A}{W} = \int_{S_0}^{S_A} \frac{1}{W} \frac{\partial W}{\partial S} dS = \int_{X_0}^{X_A} y dx \qquad (11\text{-}4\text{-}130)$$

两个积分限相当于相应的倍频程低限和高限，即 350Hz 和 11200Hz。如喷口直径较小，在低频极限时 y 已经很小，积分即可从零开始，可得：

$$\frac{W_A}{W} = \int_0^{x_A} y dx = \frac{2}{\pi} \left(\tan^{-x} x_A - \frac{x_A}{1 + x_A^2} \right) \qquad (11\text{-}4\text{-}131)$$

式中，$x_A = 5 f_A D / c_0$，$f_A (=11200\text{Hz})$ 为中心频率是 8000Hz 频带的上限频率。

代入数值 $c_0 = 340\text{m/s}$，$x_A = 0.165 D/D_0$，$D_0 = 1\text{mm}$，当 $D < 4\text{mm}$ 时，式（11-4-131）为：

$$\frac{W_A}{W} = \frac{4}{3\pi} \times \frac{x_A^3}{(1 + x_A^2)} \qquad (11\text{-}4\text{-}132)$$

考虑压力影响，压力变化影响频谱高低，不影响频谱形状。在不同压力下每种孔径的频谱线都相互平行，从图 11-4-63 中看出各种孔径喷注的 A 声级压力曲线都是平行线，就说明了这一点。因此，压力变化引起的声场变化，不可能是由 x 值或者其相关量（如频率、孔径、流速和频谱峰等）的变化造成的。也就是说，压力变化时，f、D、v 的有效值和频谱峰的位置（斯特劳哈尔数）都不变。因此，由式（11-4-123）看出，声级随压力的变化在阻塞喷口只能和压力有关，其他参数都是常数。如图 11-4-63 中，$p-p_0$ 加倍，A 声级大约增加 6.9dB。如果假设总声功率 W 与 $(p-p_0)^3/(pp_0^2)$ 成比例，则与实验结果符和得很好。所以，在阻塞情况下，喷注噪声声功率用经验式（11-4-133）表示：

$$W = K_1 D^2 \frac{(p - p_0)^3}{p p_0^2} \qquad (11\text{-}4\text{-}133)$$

式中，K_1 为常数。A 声功率为：

$$W_A = K_1 D^2 \frac{(p - p_0)^3}{p p_0^2} \left[\frac{2}{\pi} \left(\tan^{-1} x_A - \frac{x_A}{1 + x_A^2} \right) \right] \qquad (11\text{-}4\text{-}134)$$

进而，推导出在 90° 方向距喷口 1m 处的阻塞喷注噪声 A 声级为：

$$L_A = 80 + 20\lg\frac{D}{D_0} + 10\lg\frac{(p-p_0)^3}{pp_0^2} + 10\lg\left[\frac{2}{\pi}\left(\tan^{-1}x_A - \frac{x_A}{1+x_A^2}\right)\right] \quad (11\text{-}4\text{-}135)$$

式中，$x_A=0.165D/D_0$；D 为直径，mm，$D_0=1$mm；p 为气室压力；p_0 为环境压力。

式中的经验常数是由图 11-4-63 中的实验值求得的，测量结果符合此式。图 11-4-64 为小孔喷注噪声归一化 A 声级理论值与实验值的比较。

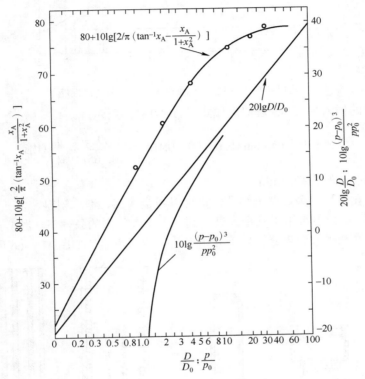

图 11-4-64　小孔喷注噪声归一化 A 声级理论值与实验值的比较

以上式（11-4-135）和图 11-4-64 的归一化理论曲线都是根据阻塞喷口得来的，用在亚声速喷口（$p/p_0<1.893$）时，基本上无误差（小于±1dB）。当压力比更小时，更符合实验结果的压力项应为 $10\lg\{(p-p_0)^4/[p_0^2\,(p-0.5p_0)^2]\}$。同时，由于喷注速度的改变，$x_A$ 值应乘以 $\left[\sqrt[4]{p_0(p-0.5p_0)}/\sqrt{1.322(p-p_0)}\right]$。

4.5.2　小孔消声器和多孔扩散消声器

根据以上的分析，为了有效地降低喷注噪声，可以制成小孔消声器和多孔扩散消声器。小孔消声器是将气流自进气口进入后经大量小孔排出，小孔的总面积大于进气口面积，孔间距离较大。小孔消声器的基本构造和消声性能如图 11-4-65 所示。

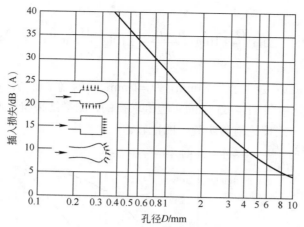

图 11-4-65　小孔消声器的基本构造和消声性能

小孔消声器的插入损失 ΔL 近似值如式（11-4-136）所示：

$$\Delta L = 10\lg\frac{2}{\pi}\left[\arctan(0.165D) - 0.165\frac{D}{1+(0.165D)^2}\right]\ (\mathrm{dB})\qquad(11\text{-}4\text{-}136)$$

式中，D 为小孔的直径，mm。

消声器的小孔可以在金属壁上钻孔，也可以用金属网、泡沫塑料、多孔陶瓷、烧结粉末金属等制成。小孔消声器可用于几个大气压到几十个大气压的条件下。当小孔直径大于 5mm 时，就逐渐变为大孔扩散消声器。以下介绍多孔扩散消声器，如图 11-4-66 所示。

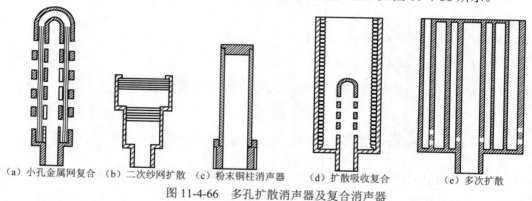

（a）小孔金属网复合　（b）二次纱网扩散　（c）粉末铜柱消声器　　（d）扩散吸收复合　　　（e）多次扩散
图 11-4-66　多孔扩散消声器及复合消声器

图 11-4-66 中：（a）是小孔金属网复合；（b）是二次纱网扩散，如第一次扩散的气流通路约等于喷口面积，设计得好的话，两种构造都可降低噪声 20～30dB；（c）是粉末铜柱消声器，气流通路的总面积等于喷口面积的 1/2，设计得好的话，可降低噪声 50dB；（d）是扩散吸收复合，经小孔扩散后，再用吸声材料吸收噪声，设计得好的话，可以达到很好的消声效果；（e）是多次扩散，以逐渐降低压力和噪声。

4.5.3　小孔喷注消声和多孔扩散消声器的应用范例

（1）多孔陶瓷消声器

中国科学院声学研究所与建材部山东工业陶瓷研究所合作，研制成功了多孔陶瓷消声器。这种消声器，适用于降低小流量的高速排气噪声，它体积小、耐高温、耐酸碱，且成本低、制作简单。

多孔陶瓷是以颗粒状的脊性材料为骨材，以玻璃粉、黏土、瓷釉等为溶剂，再添加一定量的可燃物，经成型、煅烧而成。在高温下，溶剂呈半融熔状态并包围骨料颗粒，使它们相互连接在一起。可燃物在高温下燃尽，留下空隙，形成相互曲折连通的细孔。实验用闭口式多孔陶瓷消声器如图 11-4-67 所示。

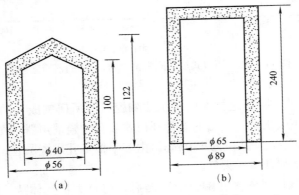

图 11-4-67　闭口式多孔陶瓷消声器（单位：mm）

图 11-4-67（a）消声器只有 230g；图 11-4-67（b）消声器为 1100g。图 11-4-67（b）更适宜流量较大的情况，其出流面积大，不致使背压升高。

当闭口式多孔陶瓷消声器安装在排气口上时，气流从多孔陶瓷的无数小孔排出，相当于将一个大喷注分散成无数个小喷注。这个过程是一个扩散过程，每个小喷注的流速都较低，与周围空气发生的剪切作用范围小，辐射的声功率也较小。同时，小孔也消耗了喷注的能量。

表 11-4-20 为图 11-4-67 闭口式多孔陶瓷消声器（b）的消声效果。实验是在消声室内测量的，测点在喷口平面内，距喷口 1.2m 处。

表 11-4-20　闭口式多孔陶瓷消声器的消声效果

(p_0-p_A) /p	不带消声器的噪声级/dB	带消声器的噪声级/dB	消声量/dB
1	115	71	44
1.5	118	71.5	46.5
2.0	121	71.5	49.5
2.5	124	70	54
3.0	127	68	59

从表 11-4-20 中可以看出，闭口式多孔陶瓷消声器有很好的消声效果。这种消声器已在北京内燃机总厂应用，效果良好。图 11-4-68 是图 11-4-67 闭口式多孔陶瓷消声器（a）的消声效果图。该消声器安装在北京内燃机总厂铸造车间气动起重器的排气口上，排气口直径为 11mm。测量点在喷口平面内，距喷口 1.2m 处。从图 11-4-68 中可以看出，在一个宽阔的频率范围内，噪声得到很大的降低。从中心频率 125～8000Hz，各频带的噪声均降低到 70dB 以下，A 声级为 70dB。

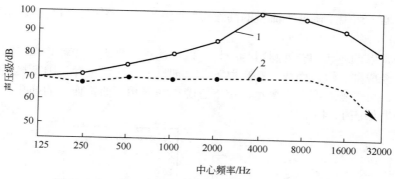

图 11-4-68　闭口式多孔陶瓷消声器（a）的消声效果图

1—使用消声器前；2—使用消声器后

中国科学院声学研究所与建材部山东工业陶瓷研究所研制成功的直管开口式多孔陶瓷消声器亦有较好的消声效果。所采用的直管开口式多孔陶瓷消声器（图 11-4-69），是一个简单圆形直管，内径为 80mm，外径为 120mm，由若干根多孔陶瓷圆管连接而成。圆管始端接设备的排气口，圆管终端开口通大气。

当高速气体从排气口进入多孔陶瓷消声器后，将有大量气体从管壁的无数细孔泄放出去。这样，一个单独的大喷注变成无数个小喷注，小喷注的气流速度较低，所产生的噪声也低。排放的气体压力和速度也沿着管道的排气方向而逐渐降低，从而使多孔陶瓷消声器终端排放的气流比原来的喷注速度低得多，噪声也低得多。该消声器安装在距地面 19m 高的厂房顶上的锅炉排气口上，图 11-4-70 为安装该直管开口式多孔陶瓷消声器前后的锅炉排气口噪声频谱图。在消声器安装前，测点选在与气流方向垂直，距排气口 1.5m 位置，测点高度与消声器的水平高度（1.5m）相同。安装消声器后，测点选在与多孔陶瓷消声器同一高度的水平面内，距管 1.5m，噪声声级最高的一点上。注意，沿多孔陶瓷消声器同一水平面内等距离的各点噪声级不同，上游部分噪声级高，有一最高点在距离 $x=4m$ 的位置。在 $x=5m$ 以后的下游 A 声级以每米 3.5dB 的趋势下降。

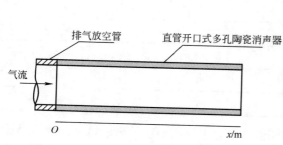

图 11-4-69　直管开口式多孔陶瓷消声器

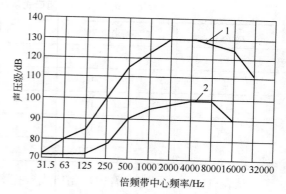

图 11-4-70　安装直管开口式多孔陶瓷消声器
前后的锅炉排气口噪声频谱图

1—装消声器前；2—装消声器后

安装消声器后，在测点 A 声级从 134.5dB（A）降低到 103dB（A），但因为该锅炉排气口的位置在距地面 19m 高的厂房顶上，传到地面时，A 声级已经降低到 74dB（A）。

（2）AG35/39M 型锅炉排气放空节流降压小孔喷注消声器的研究

胡素影、周新祥、郑文广等开展了对 AG35/39M 型锅炉排气放空噪声特性研究。AG35/39M 型锅炉排气放空噪声源的峰值频率是 1118Hz。采用 DASP 智能数据采集和信号分析系统对其进行模态分析，以提高有限元理论模型对机械结构动态性能的模拟精度，设计了节流降压小孔喷注复合式消声器，并采用锤击法对消声器试件进行实验模态分析及消声特性试验，可知其频率远远避开了噪声的峰值频率，消声器不会在噪声峰值时产生共振，为设计出结构合理、性能优良的消声器提供了依据。

① 锅炉排气放空噪声测量　选取与排气口轴线成 45°方向上距管口中心 1m 处的测点 1 进行测量，测量其声压级和频谱。测得的该点在倍频带下的声压级及距声源 30m 处的测点 2 的声压级如表 11-4-21 所列。

表 11-4-21　测点处倍频带声压级

测量状态	频率/Hz								L_A
	63	125	250	500	1000	2000	4000	8000	
	声压级/dB								
背景噪声	87	84	90	77	70	62	59	57	74
装消声器前 1m（测点 1）	98	104	111	122	130	127	125	116	128
装消声器前 30m（测点 2）	83	89	96	107	105	112	110	96	113

进而，对锅炉排气口噪声信号进行傅里叶变换和功率谱分析。对含有随机信号的信号，经过功率谱相关函数处理可以从内部揭示信号的局部构成，摒除现场干扰成分，得到有用的噪声信号。图 11-4-71 为测点 1 噪声信号的幅频谱、功率谱及功率谱密度函数图。

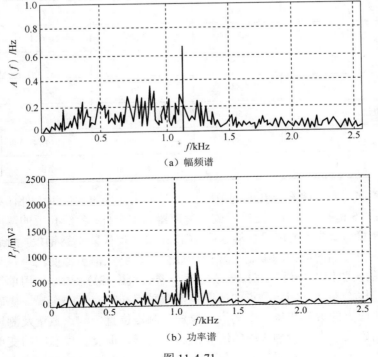

（a）幅频谱

（b）功率谱

图 11-4-71

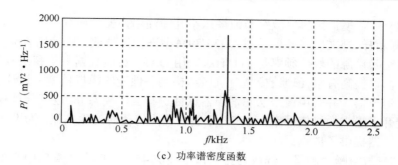

（c）功率谱密度函数

图 11-4-71　测点 1 噪声信号的幅频谱、功率谱及功率谱密度函数图

由测量结果可知锅炉排气放空噪声峰值在 1118Hz 处，与理论公式计算的放空噪声的峰值频率基本吻合。

根据频谱曲线上尖峰所对应的频率值，可以寻找主要噪声源。另外，噪声呈中、高频分布，主要集中在 500Hz～4kHz，与预测的排气放空噪声特点亦相吻合。

② 节流降压小孔喷注复合式消声器的设计　根据前面所述的理论及计算公式，设计了节流降压小孔喷注消声器，其设计参数见表 11-4-22。

表 11-4-22　AG35/39M 型锅炉排气放空节流降压与小孔喷注消声器设计参数

参数 ＼ 级数	1	2	3	4
通流面积 S/mm^2	2453.23	4493.10	8229.11	15071.63
孔径 d/mm	10	6	2	2
孔数 N/个	33	180	2，624	4，845
厚度 t/mm	1.5	2.5	2	1.5
压降比 q	0.546	0.546	0.546	0.134
节流（喷注）层直径 D/mm	50	230	320	350
长度 L/mm	498.80	500.80	544.14	512.34
备注	节流	节流	节流	小孔喷注

设计小孔喷注层时，除将小孔间的节距控制在小孔直径的 5 倍以上外，相邻两层节流孔板的间距应大于 15 倍孔径。为保证排气放空消声器的安全性，各级孔板的厚度及整体刚度均应在结构强度计算后确定。消声器材料选用 1Cr18Ni9Ti 奥氏体不锈钢板，所选各层壁厚应满足消声器周向应力及轴向应力的限制。理论计算公式得到该消声器的消声量为 38.8dB（A）。

③ 消声器的实验模态分析　在排气放空消声器试验模态分析中，采用单输入多输出的复模态识别法进行模态参数识别。测点的选取包括激励点和响应点的选择。先确定敲击点的位置，然后确定响应点的数目和每一个测点的位置。测点位置、测点数量及测量方向的选定应能够在变形后明确显示出实验频段内的所有模态的变形特征及各模态间的变形区别，并保证所关心的结构点（如在总装时要与其他部件连接的点）都在所选的测量点之中。另外，还要

避免测点选在前几阶模态振型的结点处，以免丢失模态。

对数据拟合后，采用质量归一的方法对消声器试件参数进行振型编辑，得到消声器的前10阶固有频率如表11-4-23所列。

表 11-4-23　消声器前 10 阶固有频率

参数 \ 阶数	1	2	3	4	5
频率/Hz	13.983	172.719	188.162	215.408	233.061
阻尼/%	1.265	1.391	0.025	0.317	0.334

参数 \ 阶数	6	7	8	9	10
频率/Hz	242.668	264.375	269.828	297.102	305.766
阻尼/%	0.455	0.323	0.601	0.075	0.170

同时，也得到消声器的各阶模态振型。其中，第二阶模态振型如图11-4-72所示。

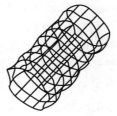

图 11-4-72　第二阶模态振型图

由表11-4-23可以看出消声器的前10阶固有频率远离噪声的峰值频率。另外，由消声器的各阶模态振型可以看出消声器上各点的振幅波动较平稳。因此，消声器在工作过程中不会产生共振。

总之，通过对电厂锅炉排气放空噪声源进行测量，采用数字信号处理技术，进行频谱分析，找出主要噪声源。进而对消声器各节流与喷注层结构尺寸进行了合理的设计，使其既满足消声性能的要求，又满足节省材料、减小体积的目的。另外，采用锤击法对消声器试件进行实验模态分析，得出这些频率远远避开了噪声的峰值频率的结论，因此，所设计的消声器不会在噪声峰值时产生共振，结构合理且使用寿命能够长久。

第 **5** 章　建筑类消声器

5.1　建筑类消声器特点

5.1.1　声学性能要求

建筑类消声器主要用于降低风机的噪声。在通风工程中，最常用的是离心式通风机及轴流式通风机，按其风压的大小又可分为五类：高压离心式通风机，风压为 3000～15000Pa；中压离心式通风机，风压为 1000～3000Pa；低压离心式通风机，风压为 1000Pa 以下；高压轴流式通风机，风压为 500～5000Pa；低压轴流式通风机，风压为 500Pa 以下。一般情况下，离心式通风机适用于所需风量较小、系统阻力较大、要求风压较高的场合，而轴流式通风机则常用于所需风量较大、系统阻力较小、风压要求不高的场合。

风机在一定工况下运转时，产生强烈的噪声，主要包括空气动力性噪声和机械噪声两大部分。空气动力性噪声又可分为旋转噪声（即排气噪声）和涡流噪声。当风机在一定压力条件下运转时，叶片周期性地打击空气质点，引起空气压力脉动，形成了周期性旋转噪声。旋转噪声的基频就是叶片每秒钟打击空气质点的次数，它与风机叶轮转速、叶片数、风机流量、排气压力等因素有关，其噪声频谱呈中、低频特性。当风机在一定条件下运转时，叶轮表面会形成大量的气体涡流，这些气体涡流在叶轮界面上分离时，即形成了涡流噪声。涡流噪声的频率取决于风机叶片的形状以及叶片和气体的相对速度，叶片圆周速度随着与圆心的距离而变化，从圆心到最大圆周，速度连续变化，因此，涡流噪声是连续谱，呈中、高频特性。风机的机械噪声主要是齿轮轴承及皮带传动所产生的冲击噪声和摩擦噪声，排气管、调压阀、机壳等振动引起的噪声。另外，还有驱动电机的电磁声和冷却风扇的风噪声等。

通风空调风机多数用于要求安静舒适的写字间和住宅楼，也用于某些地下建筑和工业厂房的恒温恒湿车间。由于通风空调风机本身的压力较低，如果将风机直接安装于通风空调系统中，虽然可以缩短安装长度，减少压力损失，但往往噪声不能达到标准要求，因此，必须在通风空调系统中安装消声器。通风空调消声器的气流再生噪声和压力损失要求特别严格，额定风速通常控制在 10m/s 以下，对于高级建筑物的通风空调系统，主风道内风速要求不得超过 5m/s。

对于声学性能要求适当，即按噪声源测量结果和噪声允许标准的要求来计算消声器的消声量。消声器的消声量，过高或过低都不恰当。过高，可能达不到要求，或提高成本，或影响其他性能参数；过低，则达不到要求。在计算消声量时要考虑影响的因素：第一，背景噪声的影响，有些待安装消声器的噪声源，使用环境条件较差，背景噪声很高或有多种声源干扰，这时，对消声器消声量的要求不一定太苛刻，噪声源消声后的噪声略低于背景噪声即可；第二，自然衰减量的影响，声波随距离的增加而衰减。例如，点声源、球面声波在自由声场，其衰减规律符合反平方律，即离声源距离增加一倍，声压级减小 6dB。在计算消声量时，应减去从噪声源控制区沿途的自然衰减量。

5.1.2　结构性能要求

建筑类消声器结构性能要满足建筑物结构要求，对于某些地下建筑工程的土建式消声器，宜用多孔吸声砖或膨胀珍珠岩吸声砖作吸声材料。同时，对于建筑类消声器的安装还应注意如下五个方面的问题：

（1）消声器的接口要牢靠

消声器往往安装在需要消声的设备上或管道上，消声器与设备或管道的连接一定要牢靠，较重或较大的消声器应支撑在专门的承重架上，若附于其他管道上，应注意支撑位置的牢度和刚度。

（2）在消声器上加接变径管

对于风机消声器，为减小机械噪声对消声器的影响，消声器不应与风机接口直接连接，应加设中间管道。一般情况下，该中间管道长度为风机接口直径的 3～4 倍。当所选用的消声器接口形状尺寸与风机接口不同时，可考虑在消声器前后加接变径管。在设计时，一般变径管的当量扩张角不得大于 20°。

（3）应防止其他噪声传入消声器的后端

消声设备的机壳或管道辐射的噪声有可能传入消声器后端，致使消声效果下降，因此，必要时可在消声器外壳或部分管道上做隔声处理。例如，消声器法兰和风机管道法兰连接处应加弹性垫并注意密闭，以免漏声、漏气或刚性连接引起固体传声。在通风空调系统中，消声器应尽量安装于靠近使用房间的地方，排气消声器应尽量安装在气流平稳的管段。

（4）消声器安装场所应采取防护措施

消声器露天使用时应加防雨罩；作为进气消声使用时应加防尘罩；在含粉尘的场合使用应加滤清器。一般的通风消声器，通过它的气体含尘量应低于 $150mg/m^3$，不允许含水雾、油雾的气体或腐蚀性气体通过，气体温度不应大于 150℃，在寒冷地区使用时，应防止消声器孔板表面结冰。

（5）消声器片间流速应适当

对于风机消声器片间平均流速，通常可选为等于风机管道流速。用于民用建筑，消声器片间平均流速常取 3～12m/s；用于工业方面，消声器片间平均流速可取 12～25m/s，最大不得超过 30m/s。流速不同，消声器护面结构也不同。当平行流速小于 10m/s 时，多孔材料的护面可用布或金属丝网；当平行流速为 10～23m/s 时，可采用金属穿孔板护面；当平行流速为 23～45m/s 时，可采用金属穿孔板和玻璃丝布护面；当平行流速为 45～120m/s 时，应采用双层金属穿孔板和钢丝棉护面，穿孔率应大于 20%。

5.2　建筑类消声器分类

5.2.1　空压机及压力管路消声器

空气压缩机（简称空压机）属于通用动力设备，在工业生产中被广泛采用，它可以提供较稳定的气流，作为一般工厂、矿山、基建施工等气动工具的动力源。许多工厂都设有空压站房，安装着大小不一、台数不等的空压机。空压站房的噪声一般都在 90～100dB（A），而且以低频脉动噪声为主，涉及面广，传播距离远，影响较大，对空压机和空压站房的噪声应进行控制。图 11-5-1 为往复式空压机基本形式示意图。

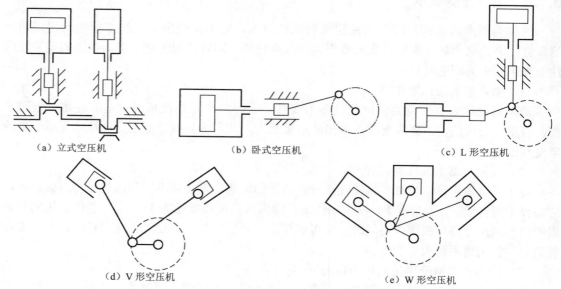

（a）立式空压机　　　　　　　（b）卧式空压机　　　　　　　（c）L 形空压机

（d）V 形空压机　　　　　　　　　　　（e）W 形空压机

图 11-5-1　往复式空压机基本形式示意图

　　空压机曲轴由电机驱动，通过连杆使活塞组件往复运动，每往复一次即完成一个吸气和排气过程。一般经过二级缸压缩，将压缩后的空气输送到储气罐内即可使用。空压机在运转过程中发声部位颇多，是一个综合性的噪声源。空压机噪声大体来自以下四个方面。

　　① 空压机进气口噪声　随着空压机气缸进气阀门的间断开启，气流也间断被吸入气缸，在进气口附近产生压力波动，以声波的形式从进气口辐射出来，这样便产生了进气口噪声。空压机进气口噪声的基频频率为 f，而 $f=\dfrac{2n}{60}$（n 为空压机每分钟转数），除了基频之外，还有 $2f$、$3f$ 等谐波，但高频谐波的声压级比基频声压级要低。由于空压机的转数一般都比较低（400～800r/min），因此，空压机的进气口噪声呈明显的低频特性。空压机进气口噪声的强度，随着空压机负荷的增大而增大。另外，进气口噪声还与进气阀的大小、调速、阀门通路等结构有关。实测表明：进气口噪声比其他部件的噪声要高 7～10dB（A），进气口噪声是空压机的主要噪声源。若在进气口安装消声器，即可有效地降低空压机进气口噪声。

　　② 空压机排气口噪声　随着气体从气缸阀门间断地排出，气流产生扰动，形成排气口噪声，同时，气体进入储气罐时，激发储气罐内气体共振，通过储气罐壳体向外辐射噪声。在空压机排气口上安装消声器就可以降低排气口噪声，在储气罐内适当位置悬挂吸声体，即可降低储气罐噪声。

　　③ 机械噪声　空压机在运转过程中，很多部件快速旋转和往复运动，产生摩擦、冲击，引起机件振动，从而产生机械噪声。

　　④ 电磁噪声　空压机一般由电动机或励磁机驱动，定子和转子之间磁场脉动引起电磁噪声，电机冷却风扇还引起气流噪声。

　　空压机机械噪声和电磁噪声可以采用提高零部件加工安装精度或对空压机房采取综合治理措施等方法进行治理。

为降低空压机气流噪声而设计的空压机消声器种类较多，系列各异。按其消声原理不同可分为抗性和阻抗复合型；按其适用气量不同，可分为大、中、小型；按其承受压力不同，可分为高压和常压；按其所用材料不同，可分为微穿孔板型和普通穿孔板型，也有将消声和滤清结合为一体构成一器多用的消声滤清器。常见的空压机有 3K 型空压机消声器系列、KYJ 型空压机进气消声器系列、YFX 型压缩空气排放消声器、XL 型空压机消声器、KYX 型空压机进排气消声器系列、NH-82 型空压机消声器系列、XW 型空压机微穿孔板消声器、DYX 型低压氧气放散消声器、CGYX 型高压氧气放散消声器、GMX 型高炉煤气减压阀消声器、高炉风机配套进排气消声器、"正升" ZS 型空滤器消声器、"天音" GGX 型高炉鼓风机放风阀消声器、"正升" 大型离心式引风机消声器系列等。

5.2.2　通排风系统风机噪声表征

在冶金、矿山、石油、化工、纺织、机械、建筑、造船等各工业部门以及某些民用部门，广泛使用着各类风机。据了解，目前国内生产和使用的风机系列多达 30 余个，型号近 400 余种，各有其不同的结构特点和适用范围。

风机按其气体压力升高的原理不同，可分为容积式和叶片式两种。容积式风机是利用机壳内的转子旋转时，转子与机壳之间的工作容积发生变化，把吸进的气体压送到排气管道的风机，例如，罗茨鼓风机就属于容积式风机；叶片式风机是通过叶轮的旋转对气体做功，机械能转变为气体能，使气体产生压力和流动的风机，通风系统中常用的离心式风机和轴流式风机，都属于叶片式风机。

风机按其产生压力的高低，可分为通风机和鼓风机两种。通风机排气压力低于 11.5kPa，鼓风机排气压力为 11.5～35kPa。因为通风机排气压力低，常用表压（相对于大气）表示排气压力，或称为风压。风压在 15000Pa 以下的称为通风机，风压在 15000Pa 以上的称为鼓风机。

风机噪声声功率 W 大致与叶片旋转圆周速度的六次方成正比，与叶轮直径的平方成正比，其关系如式（11-5-1）所示：

$$W \propto \rho \zeta^2 D^2 \frac{v^6}{c^3} \tag{11-5-1}$$

式中　　ρ ——气体密度，kg/m³；

　　　　ζ ——阻力系数；

　　　　D ——叶轮直径，m；

　　　　v ——圆周速度，m/s；

　　　　c ——声速，m/s。

在常温、常压下，温度和大气压的影响可忽略不计，此时风机声功率级 L_W 用式（11-5-2）表示：

$$L_W = \overline{L}_p + 10 \lg S \tag{11-5-2}$$

式中　　$\overline{L}_p$ ——风机平均声压级，dB，基准声压 2×10⁻⁵Pa；

　　　　S ——风机出风管横截面面积，m²。

国家标准 GB 2888《风机和罗茨鼓风机噪声测量方法》规定，以比 A 声级来表征风机噪声，其表达式如式（11-5-3）所示：

$$L_{SA} = L_A - 10\lg(Qp^2) \tag{11-5-3}$$

式中　L_{SA} ——比 A 声级，dB；

　　　L_A ——A 声级，dB，基准声压 2×10^{-5}Pa；

　　　Q ——风机流量，m³/h；

　　　p ——风机全风压，10Pa。

　　如上所述，风机是一个多噪声源，在一定工况下运转时，强烈的噪声从风机进排风口、管道、阀门、机壳、电机以及传动机构等各个部位辐射出来，但主要还是进排风口的空气动力性噪声。因此，使用消声器能有效地控制风机噪声。

5.2.3　建筑类消声器及其他消声器名录

　　目前，国内建筑类消声器量大面广，以空调通风系统消声器为例，品种繁多，各成体系，正向系列化、标准化、规格化方向迈进。已有的和新开发的消声器，基本可以满足通风空调系统消声配套的需要，有的已出口。常见的通排风系统阻性消声器有 XZP₁₀₀ 型片式消声器系列、XZP₂₀₀ 型片式消声器系列、JYS-150 系列消声器、ZDL 型中低压离心通风机消声器系列、T701-6 型通风空调风机配套消声器系列、KZY 型双层阻性消声器、L 型螺旋式消声器系列、ZKS 型折板式消声器系列、SJ-TP 型片式消声器、LC 系列消声装置、DFL 型大风量片式消声器系列、TJ-A 型大风量消声器、大截面片式消声器、阵列式消声器、JYS-200 系列地铁消声器、JS 型束管式消声器、FWZ 型蜂窝式风机消声器、"中雅" LFS 型消声器、F 型高压离心通风机消声器系列、ZFP/ZYP/ZYG 型离心风机消声器系列、D 型罗茨鼓风机配套消声器系列、YHZ 型罗茨鼓风机消声器、Z 型轴流风机消声器系列、通风用 D/H 系列消声器、P 型盘式消声器、ZWA50 型消声弯管系列、ZWA100 型消声弯管系列、ZWB50 型消声弯管系列、ZWB100 型消声弯管系列、微穿孔板消声器、WG 型微穿孔板管式消声器系列、WX 型微穿孔板消声器、VXF 型微穿孔板复合消声器、微穿孔板净化通风消声器系列、SJ 型通风空调系列微穿孔板消声器、SVX 型声流式微穿孔板消声器、VT 系列微穿孔板消声器、PWX 型微穿孔板消声器系列、"申华" WW 型微穿孔板消声弯头系列、W-Ⅰ/W-Ⅱ型微穿孔板消声弯头、"静源" JYS-1 型消声静压箱、"天音" ZAS 型折板式消声器、WFX 型回风消声器系列、B 型百叶式消声器系列、AEL 型消声百叶、JY 系列消声百叶窗等。

　　这些消声器的性能、规格、特点、适用范围等详见本手册第 15 篇声学设备和材料的选用中消声器章节，本篇不再赘述。

第6章　车辆类消声器

6.1　车辆类消声器特点

6.1.1　声学性能要求

国内外评价车辆类消声器性能的指标主要有两个（国内汽车排气消声器技术标准为 QC/T 631—1999），即消声量和功率损失，也有说从声学性能和动力性能两个方面来评价汽车排气消声器性能。消声量的评价指标常使用插入损失 L_{IL} 和传声损失 L_{TL}；功率损失常采用功率损失比来评价，以评价消声器的空气动力性能，工程中常用压力损失来度量。汽车消声器的功率损失 R_N 是指发动机在标定工况下，未安装消声器与安装消声器后的功率之差与未安装消声器的功率的比值，如式（11-6-1）所示：

$$R_N = (N_{c0} - N_{c1}) / N_{c0} \times 100\% \tag{11-6-1}$$

式中　　N_{c0}——没有安装消声器的发动机功率；

　　　　N_{c1}——安装了消声器的发动机功率。

排气背压是指安装消声器后与未安装消声器时在发动机排气歧管的出口处测量的压力差值，单位为 kPa。功率损失与排气背压直接相关，排气背压越大，发动机功率就越低，即发动机功率损失越大。功率损失与排气背压基本上是一个线性关系。试验测量结果表明，排气背压每增 1mmHg（1mmHg=0.133kPa），发动机功率损失约为 0.7%。决定汽车消声器排气背压大小的主要因素是消声器的压力损失。消声器的压力损失主要包括消声器内的通道壁面与气流摩擦所产生的压力损失（简称摩阻 $\Delta p_摩$），消声器内通道弯折、截面变化等局部结构变化导致气流流动情况的改变所产生的压力损失（简称局部阻损 $\Delta p_局$）两个方面。

排气背压的测量：①静压，测量口与通道管壁平齐；②动压，测量口正对着测量方向；③全压，静压与动压之和。

消声量和功率损失都是从声学性能、空气动力性能来评价消声器，还需要从结构性能方面来评价消声器性能。声学性能通常采用传声损失、末端降噪量、插入损失和声衰减；空气动力性能用阻力系数或阻力损失来表示。

对于某些评价指标，还需要考虑在快加速、快减速、怠速、启动工况下的性能。对于消声器尾管噪声，不仅仅要考察噪声总声压级，还要考察消声器对噪声源的不同谐波（二次谐波、四次谐波、六次谐波等）的消声性能。

消声器性能的评价指标不是完全独立的，如对于阻性消声器，"插入损失"与"传声损失"相近，而对于抗性消声器，"插入损失"一般要比"传声损失"稍低。

消声器的性能评价指标还要便于检测。不同的评价指标各有优劣，如采用"插入损失"

评价消声效果，对现场环境要求低，适应各种现场测量，如高温、高速或有侵蚀作用的环境中。但是"插入损失"值并不是反映消声器本身的效果，而是反映声源、消声器及消声器末端三者声学特性的综合效果。

一个好的消声器应满足下列两项声学性能相关要求：

① 声学性能要求　应具有较好的消声特性，即消声器在一定的流速、温度、湿度、压力等工作环境下，在所要求的频率范围内，有足够大的消声量，或在较宽的频率范围内，有满足需要的消声量。

② 空气动力性能要求　消声器对气流的阻力要小，阻力系数要低，即安装消声器后所增加的压力损失或功率损耗要控制在实际允许的范围内。气流通过消声器时所产生的气流再生噪声要低，消声器不应影响空气动力设备的正常运行。

6.1.2　结构性能要求

消声器结构性能是指外形尺寸、坚固程度（刚度、结构模态）、维护要求、使用寿命（疲劳寿命）等。

车辆类消声器对功率损失和体积都有严格的要求。对一个高效的消声器的要求是：有较大的消声量，并具有较好的消声频率特性；消声器对气流的阻力损失或功能损耗要小；消声器要坚固耐用、体积小、重量轻、结构简单、易于加工。除了对消声器本身进行评价外，还需对消声器的辅助件如尾管、隔热垫、阻尼器、安装托架、安装橡皮垫的可靠性、耐腐蚀性等进行评价。

一个好的消声器应满足下列两项结构性能相关要求：

① 消声器的体积要小　重量轻，结构简单，便于加工、安装和维修。材质应坚固耐用，对于耐高温、耐腐蚀、耐潮湿等特殊要求，尤其应注意材质的选用。

② 外形及装饰要求　消声器的外形应美观大方，体积和外形应满足设备总体布局的限制要求。表面装饰应与设备总体相协调，体现环保产品的特点。

一个好的消声器除了满足两项声学性能和两项结构性能相关要求外，还应满足价格费用要求。

消声器要价格便宜，使用寿命长，在可能的条件下，应尽量减少消声器的材料消耗。

以上几项要求缺一不可，既互相联系，又相互制约。当然，根据实际情况可以有所侧重，但不可偏废。例如，汽车排气消声器若消声量高，其结构就可能比较复杂，阻力也较大，致使发动机的功率损失过多而影响车辆的正常运行。同样，如果消声器的声学性能和气动性能都很好，但因体积过大或外形不合适而无法布置在车体下部，也就失去了其实用价值。总之，在设计选用消声器时，一定要根据声源设备特点、使用消声器的现场情况以及环境噪声控制的具体要求，进行综合分析评价，协调各方面的要求，以确定最佳方案。

应该说明的是，消声器的加工制造质量和安装质量对消声器的性能均有较大影响。加工质量不好，安装不合适，消声器壳体隔声不足或消声器吸声材料的密度、厚度、护面材料、结构尺寸等选择不当，都会直接影响消声器的声学性能和动力性能。

6.2　车辆类消声器类别与选择

6.2.1　车辆消声器类别

（1）柴油机排气噪声特点

柴油发动机噪声包括机械噪声、燃烧噪声、风扇噪声、进气噪声、排气噪声等，排气噪声往往比其他噪声高 10dB（A）以上，因此，控制排气噪声是降低柴油机噪声的主要任务。

柴油机排气噪声是一种高温、高速的脉动气流噪声，当发动机工作时，汽缸内的废气随排气口间断开闭而周期性地喷射到排气管内，产生排气噪声。排气噪声呈低频特性。影响排气噪声的主要因素是：汽缸压力、排气口直径、发动机排量以及排气口开启特性等。对于同一类柴油发动机来说，影响排气噪声最大的因素是发动机转速和负荷。

排气噪声的峰值频率可由式（11-6-2）确定：

$$f = k\frac{ni}{60\tau} \tag{11-6-2}$$

式中　f——峰值频率，Hz；

　　　　k——谐波次数，k=1，2，3，…；

　　　　n——发动机转速，r/min；

　　　　i——汽缸数；

　　　　τ——冲程系数，四冲程发动机 τ=2，二冲程发动机 τ=1。

对于四冲程柴油发动机来说，其 A 声级可由式（11-6-3）进行估算：

$$L_A = 25\lg n + 20\lg p_{me} + 13\lg V_H + R_1 \tag{11-6-3}$$

式中　L_A——A 声级，dB（A）；

　　　　n——发动机转速，r/min；

　　　　p_{me}——平均有效压力，0.1MPa；

　　　　V_H——发动机排量，L；

　　　　R_1——与发动机有关的常数。

鉴于柴油机排气温度一般在 500℃左右，排气流速在 50～80m/s，排气管排出压力为 0.3～0.4MPa，同时排出大量的有害气体，因此，在选用柴油机消声器时，应考虑上述因素的影响。

（2）C 型柴油机排气消声器系列

C 型柴油机排气消声器是根据 150kW 柴油机排气消声器的结构形式扩展设计而成的一种抗性消声器，它由一节开孔扩压段和两节迷路式开孔消声段组成，共有五种规格。图 11-6-1 为 C 型柴油机排气消声器结构示意图。表 11-6-1 为 C 型柴油机排气消声器性能规格表。

该消声器系列可供 1.5～224kW 柴油机排气消声，耐温 500℃以下，耐油，耐气流冲击，消声量大于 30dB（A）。

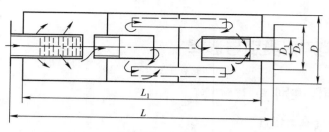

图 11-6-1　C 型柴油机排气消声器结构示意图

表 11-6-1　C 型柴油机排气消声器性能规格表

型号	配用功率/hp	外形尺寸/mm			法兰口径/mm		质量/kg
		外径 D	有效长度 L_1	安装长度 L	内径 D_1	外径 D_2	
1	12	100	500	560	50	60	3
2	60	150	800	900	60	70	5
3	120	200	1000	1100	80	90	6
4	200	300	1000	1100	90	100	10
5	300	350	1200	1300	100	110	15

注：1hp=745.7W。

（3）195 柴油机排气消声器

195 柴油机是我国目前拥有量最大、使用面最广的小型农用动力，它不仅直接用于农业，而且也用于交通运输，以 195 柴油机为动力的手扶拖拉机和挂桨船使用更为普遍，195 柴油机噪声高达 105dB（A）。排气噪声是柴油机的主要噪声。以往装于 195 柴油机上的排气消声器消声性能均不太理想。某型 195 柴油机新型消声器，其消声量达 17.5dB（A），已通过技术鉴定，属国内领先水平，外形尺寸为 ϕ140mm×250mm。图 11-6-2 为新型 195 柴油机排气消声器结构示意图。表 11-6-2 为各种 195 柴油机排气消声器性能规格表。

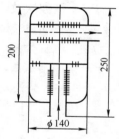

图 11-6-2　新型 195 柴油机排气消声器结构示意图

表 11-6-2　各种 195 柴油机排气消声器性能规格表

消声器型号	消声器结构		消声量/dB（A）	整机噪声平均值/dB（A）	耗油率/[g/（hp·h）]		倍频带中心频率/Hz								质量/kg
	外形尺寸（直径×有效长度）/mm	容积比			测量值	增加量	63	125	250	500	1000	2000	4000	8000	
							消声量/dB								
新型 195 柴油机消声器	ϕ140×250	3.77	17.5	93.1	182.5	3.0	2	9	20	14	11	14.5	19	14	1.8
工农牌 195 柴油机消声器	ϕ110×260	3.03	13	95.1	182	2.5	1	9	14	4	6	11	13	7	—
江苏产 195 柴油机消声器	ϕ95×250	2.17	10	97.4	182.1	2.6	−5	−1	10	5	1.5	6.5	10	3	—
福建产 195 柴油机消声器	120×90×220	2.9	13	96.8	184.7	5.2	1	9	18	5	6	10	14	5	—

（4）CP 型柴油机排气消声器

CP 型柴油机排气消声器由一节开孔扩压段和两节迷路式开孔抗性段组成，消声效果好，功率损失小，全由钢材制作，不带纤维性吸声材料，耐高温，耐气流冲击，用于 20～640hp 柴油机排气消声，共有 9 种规格，消声量 20～30dB（A），功率损失比<1%。

图 11-6-3 为 CP 型柴油机排气消声器外形尺寸示意图。表 11-6-3 为 CP 型柴油机排气消声器性能规格表。

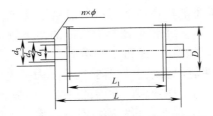

图 11-6-3　CP 型柴油机排气消声器外形尺寸示意图

表 11-6-3　CP 型柴油机排气消声器性能规格表

配用功率/hp	外形尺寸/mm			法兰尺寸/mm			
	外径 D	有效长度 L_1	安装长度 L	内径 d_1	中径 d_2	外径 d_3	连接孔 $N \times \phi$
20	220	800	960	70	115	145	4×ϕ12
40	290	900	1100	80	140	170	4×ϕ12
60	300	900	1100	90	140	170	4×ϕ12
80	320	900	1100	100	160	210	4×ϕ12
120	380	1200	1400	120	180	210	4×ϕ16
135	400	1200	1400	145	208	240	4×ϕ16
200	570	1200	1400	180	240	280	4×ϕ16
250	630	1300	1500	200	269	300	6×ϕ20
640	800	1600	1900	300	386	430	6×ϕ20

消声器可以垂直安装使用，也可以水平安装使用，但最好采用垂直安装的方式，如装在室外应加防雨罩。消声器安装时，应有足够强的支架，并采取防振、减振措施。

（5）汽车、拖拉机、摩托车消声器

汽车、拖拉机、摩托车上一般均装有消声器。原上海贤华汽车配件工业有限公司、湖北省通达汽车零部件企业集团、贵州省国营红湖机械厂、天津市拖拉机配件厂、天津市汽车空气滤清器厂、山西侯马内燃机配件厂、上海君成实业有限公司、无锡威孚力达催化净化器有限责任公司等单位，在有关科研设计单位的协助下，专门生产各种类型的机动车辆消声器、消声净化器等，多数属于抗性消声器。机动车辆安装消声器后，均能达到国家关于车辆允许噪声标准规定，对发动机性能影响不大。

6.2.2　车辆消声器选择

基于立法和顾客对汽车舒适性的要求，降低车内外噪声已成为目前亟待解决的问题，而汽车消声器是降低车内外噪声行之有效的手段之一，汽车消声器设计方法及评价指标制约着汽车消声器品质。

（1）汽车消声器设计要求

汽车消声器是一种特殊类型的消声器，对汽车消声器设计的要求是：

① 具有良好的消声性能，即要求消声器具有较好的消声频率特性，在所需要的消声频率范围内有足够大的消声量，尽量避免气流再生噪声。

② 具有良好的空气动力性能，要求消声器的气流阻力损失尽量小，做到装上消声器后，所增加的阻力损失不影响汽车的工作效率，并保证进排气通畅。

③ 尽量不增加汽车排气背压，不降低发动机有效功率，不增加汽车油耗。

④ 在结构性能上，要求消声器体积小，结构简单，坚固耐用，便于安装，经济实用，外形尺寸与整车协调。

⑤ 耐高温、耐气流冲击、耐油污侵蚀，使用寿命长。

（2）汽车消声器性能评价

在消声器设计中往往以降低噪声源的 A 计权声级为目标。事实上，噪声对人体的影响不仅与其强度有关，而且与其声学频率特性及其构成有关。同样大小的 A 计权声级，由于其频率特性不同，其响度相差较大，人体的感觉也不完全一样，究其原因，主要是声音品质的问题，诸如噪声的响度、尖锐度、粗糙度等指标。其次，在满足消声器良好的消声性能时，消声器的结构模态、疲劳强度、耐腐蚀性等性能是否都达到了相应的标准也需要相应的评价指标。

近年来，对汽车消声的要求越来越高，特别是声品质概念的出现，使人们对噪声的判断更多地加入了主观因素。例如对赛车的独特音质的偏好等。也就是说，汽车消声器的优劣已经不仅仅是单一指标所能评价的了。一些研究汽车消声器的学者提出汽车消声器的综合评价指标，汽车消声器的综合指标为多参数函数。例如，汽车消声器综合评价指数，用 ZR 来表示，如式（11-6-4）所示：

$$ZR = f(L_{IL},\ V,\ p,\ G) \tag{11-6-4}$$

式中　L_{IL}——插入损失，dB（A）；

　　　　V——消声器的有效容积（消声器本体的声通流空间），L；

　　　　p——消声器的背压阻力，kPa；

　　　　G——消声器的有效质量（消声器本体装车状态的质量），kg。

正确评价汽车消声器的综合性能，使得不同容积、不同插入损失、不同质量和不同背压的消声器有了可比性。这在工程实践中的意义是：

① 指导开发过程，如同一场合（如同一型号车）不同设计消声器的比较和取舍。

② 评价消声器开发设计能力。

③ 提供评价消声器的工程语言，促进产品开发水平的提高。

为此，提出如下综合评价指标，并分解成一组单参数指标。消声器综合评价指数如式（11-6-5）所示：

$$ZR = \frac{L_{\text{IL}}}{VpG} \times 100 \qquad\qquad (11\text{-}6\text{-}5)$$

ZR 的量纲为 $\dfrac{\text{dB（A）}}{\text{LkPakg}}$

比容消声量（单位容积的消声量）：

$$ZR_V = L_{\text{IL}} / V \qquad\qquad (11\text{-}6\text{-}6)$$

比压消声量（付出 1kPa 背压获得的消声量）：

$$ZR_p = \frac{L_{\text{IL}}}{p} \qquad\qquad (11\text{-}6\text{-}7)$$

比重消声量（单位耗材获得的消声量）：

$$ZR_g = \frac{L_{\text{IL}}}{G} \qquad\qquad (11\text{-}6\text{-}8)$$

消声量可以是插入损失 L_{IL}，也可以是传输损失 L_{TL}。

（3）汽车消声器的设计理论

现代汽车多采用抗性消声器，其内部结构形式虽然多种多样，但其基本元件为扩张室、共振腔，再加上一些弯折、穿孔筛网等。图 11-6-4 为部分汽车消声器的内部结构示意图。

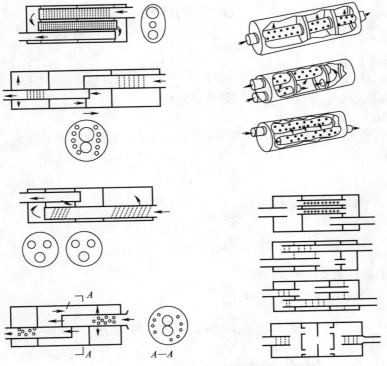

图 11-6-4　部分汽车消声器的内部结构示意图

对于主要以扩张室、共振腔为单元的汽车消声器，其设计以扩张室、共振腔抗性消声器设计理论为基础。这些设计基于一维平面波理论。

对于一维平面声波,消声单元两侧的状态可用声压 p 和体积速度 U 两个状态参数来描述。对于给定的单元来说,由一侧的状态参数可以决定另一侧的状态参数。运用声电类比理论,将消声单元进行声电类比,如图 11-6-5 所示。在电路中,必须有两个电极,在其电极上加入电压时,才有电流通过。与此相仿,在声线路中,要在一个面上加入声压时,才能产生体积速度。如图 11-6-5 所示,等效线路中有入口面和出口面,其中有 2 个面各有 2 个极子,形成 4 个极子线路,这样的声线路就叫作四极子线路,也称四端子网路。

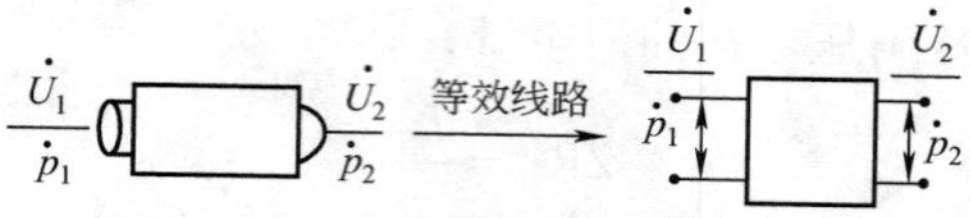

图 11-6-5　消声单元及其等效线路图

在图 11-6-5 四级子线路中,假设入口声压和体积速度为 p_1、U_1,出口为 p_2、U_2,则一般表示如下:

$$\left. \begin{array}{c} p_1 = Ap_2 + BU_2 \\ U_1 = Cp_2 + DU_2 \end{array} \right\} \tag{11-6-9}$$

或用矩阵表示:

$$\begin{bmatrix} p_1 \\ U_1 \end{bmatrix} = \begin{bmatrix} A & B \\ C & D \end{bmatrix} \begin{bmatrix} p_2 \\ U_2 \end{bmatrix} \tag{11-6-10}$$

式中, $A = \left(\dfrac{p_1}{p_2} \right)_{U_2=0}$,为断开传递系数;$B = \left(\dfrac{p_1}{U_2} \right)_{p_2=0}$,为短路传递阻抗;$C = \left(\dfrac{U_1}{p_2} \right)_{U_2=0}$,

为断开传递导纳; $D = \left(\dfrac{U_1}{U_2} \right)_{p_2=0}$,为短路传递系数。

对于由多个消声单元串联组成的消声系统,记第 i 个系统的矩阵表示为:

$$T_i = \begin{bmatrix} A_i & B_i \\ C_i & D_i \end{bmatrix} \tag{11-6-11}$$

则整个消声系统的矩阵可表示为:

$$T = T_1 T_2 \cdots T_i \cdots T_N = \begin{bmatrix} A & B \\ C & D \end{bmatrix} \tag{11-6-12}$$

式中,N 为串联的消声单元个数。

消声器的传声损失为:

$$L_{TL} = 20\lg \left(\frac{1}{2} \left| A + B/Z_r + CZ_r + D \right| \right) \tag{11-6-13}$$

式中　A,B,C,D——消声器总的传递矩阵元素;

$\qquad Z_r$——尾管辐射声阻抗。

消声器的插入损失为:

$$L_{\text{IL}} = 20\lg \left| \frac{AZ_r + B + CZ_e Z_r + DZ_e}{A'Z_r + B' + C'Z_r Z_e + D'Z_e} \right| \tag{11-6-14}$$

式中　A，B，C，D——消声器总的传递矩阵元素；

　　　A'，B'，C'，D'——在未装消声器时与原消声系统等长直管的传递矩阵元素；

　　　　　　　　　Z_r——尾管辐射声阻抗；

　　　　　　　　　Z_e——声源阻抗。

（4）汽车消声器内部结构选择

汽车消声器的使用环境恶劣，选用阻性材料的阻性消声器，尽管拓宽了消声频率和提高了消声量，但引起气流局部压力损失的增加，而且，阻性材料的使用寿命制约消声器的使用寿命。基于这些因素，在选择汽车消声器结构时，一般选用金属结构的扩张管式抗性消声器。

对于抗性消声器，主要消声频段在中、低频，高频部分噪声消声效果不佳，但恰巧汽车噪声多为低、中频噪声。在满足消声器使用环境的条件下，提高消声器的消声量，不增加排气背压，维持发动机的有效功率，成为高质量汽车消声器设计的重要课题。

根据本篇"第 1 章　消声器原理及其分类"相关知识，以及"4.2.2　锥形变径管抗性消声器"中的消声量随着扩张比的增大而提高，还有"4.4.1　微穿孔板消声器的理论"中提到的微穿孔消声器在高频具有好的消声效果，因此，采用微穿孔与锥形变径扩张管组合结构的阻抗复合式消声器能拓宽消声器消声频段，提高消声器消声量，气动性能良好，可适应恶劣的工作环境。

对于微穿孔消声器的消声特性已在"4.4　微穿孔板消声器"中进行了详细阐述，下面结合四端子网络对锥形扩散管的声学特性进行阐述。

① 锥形扩散管的声学特性　扩散管的锥角 α 不过分大，以免造成气体脱流，这种结构所造成的气流阻力很小，局部压力损失小，能有效地抑制气流再生噪声，如图 11-6-6 所示。

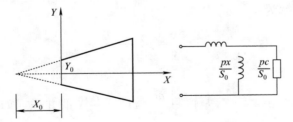

图 11-6-6　锥形扩散管及声电类比图

从理论上推导锥形扩散管对于低频噪声的抑制作用如下。

根据球坐标下声扰动的波动方程，假设波是均匀的，波阵面上的各个参量相同，可得：

$$\frac{1}{x^2 \sin\theta} \sin\theta \frac{\partial}{\partial x}\left(x^2 \frac{\partial p}{\partial x}\right) = \frac{1}{C^2}\frac{\partial^2 p}{\partial t^2} \tag{11-6-15}$$

或者

$$\frac{1}{S}\frac{\partial}{\partial x}\left(S\frac{\partial p}{\partial x}\right) = \frac{1}{C^2}\frac{\partial^2 p}{\partial t^2} \tag{11-6-16}$$

$$S = \pi (x\sin\theta)^2$$

式中，S 为截面积。

式（11-6-15）或式（11-6-16）为声波在锥管中传播的基本方程，该方程可以求解各种形状的变截面的一维声波传播问题，例如壁面为幂指数、双曲线的锥管。

根据锥管的几何关系式，有：

$$S = \pi y^2 = \pi \frac{y_0^2}{x_0^2}(x + x_0)^2 = \frac{S_0}{x_0^2}(x + x_0)^2 \qquad (11\text{-}6\text{-}17)$$

将式（11-6-17）代入式（11-6-16）得到：

$$\frac{1}{(x + x_0)^2} \frac{\partial}{\partial x}\left[(x + x_0)^2 \frac{\partial p}{\partial x}\right] = \frac{1}{C^2} \frac{\partial^2 p}{\partial t^2} \qquad (11\text{-}6\text{-}18)$$

此方程的解为：

$$p = \frac{A}{x + x_0} e^{jk(ct-x)} + \frac{B}{x + x_0} e^{jk(ct+x)} \qquad (11\text{-}6\text{-}19)$$

式（11-6-19）第一项表示入射波，第二项表示反射波。在无反射的情况下：

$$p = \frac{A}{x + x_0} e^{jk(ct-x)} \qquad (11\text{-}6\text{-}20)$$

利用式（11-6-20）与运动方程，可以得到介质的扰动速度为：

$$v = \frac{1}{\rho C}\left(1 + \frac{\frac{C}{j\omega}}{x + x_0}\right)\frac{A}{x + x_0} e^{jk(ct-x)} = \frac{1}{\rho C}\left(1 + \frac{\frac{C}{j\omega}}{x + x_0}\right) p \qquad (11\text{-}6\text{-}21)$$

在 $X = X_0$ 点的阻抗率为：

$$Z_0 = \frac{p}{v} = \rho C \frac{1}{1 + \dfrac{C}{j\omega x_0}} \qquad (11\text{-}6\text{-}22)$$

由声电类比可知，阻抗率 Z_0 是声阻 $\dfrac{\rho c}{S_0}$ 与声感 $\dfrac{\rho X_0}{S_0}$ 的并联。如果声感 $\dfrac{\rho X_0}{S_0}$ 很小，则在低频情况下近于短路，而辐射出去的能量就是在声阻 $\dfrac{\rho c}{S_0}$ 上消耗的功率。由此可知，增大声阻可以增加辐射，减小声感可以减少辐射，由此可控制声场或消声。

② 锥形扩散管的四端网络系数　设声滤波器入口处的声压为 p_1，体积速度为 U_1，出口处声压为 p_2，体积速度为 U_2，如前所述，其四端网络为式（11-6-9）。

根据锥管波动方程的解，再利用欧拉方程，可得到质点的速度为：

$$v = \left\{[1 + jk(x + x_0)]A e^{jk(ct-x)} + [1 - jk(x + x_0)B e^{jk(ct+x)}]\right\} \times \frac{1}{j\omega\rho}\frac{1}{(x + x_0)^2} \qquad (11\text{-}6\text{-}23)$$

代入边界条件，得到：

$$\left. p \right|_{x=0} = \frac{A}{x_0} + \frac{B}{x_0}$$

$$v_{x=0} = \frac{1}{j\omega\rho x_0^2}\left[(1+jkx_0)\,A + (1-jkx_0)\,B\right]$$

$$\left. p \right|_{x=l} = \frac{A}{l+x_0}\mathrm{e}^{-jkl} + \frac{B}{l+x_0}\mathrm{e}^{jkl}$$

$$\left. v \right|_{x=l} = \frac{1}{j\omega\rho\,(l+x_0)^2}\left\{\left[1+jk\,(1+x_0)\right]A\mathrm{e}^{-jkl} + \left[1-jk\,(l+x_0)\right]B\mathrm{e}^{jkl}\right\}$$

（11-6-24）

利用式（11-6-24），并令 p_1 和 v_1 为零，可以求出四端网络的系数：

$$A = \left(\frac{p_0}{p_1}\right)_{v_l=0} = \frac{l+x_0}{x_0}\times\frac{A+B}{A\mathrm{e}^{-jkl}+B\mathrm{e}^{jkl}} = \frac{l+x_0}{x_0}\cos(kl) - \frac{1}{kx_0}\sin(kl)$$

$$B = \left(\frac{p_0}{v_l S_l}\right)_{p_l=0} = \frac{j\omega(l+x_0)^2}{S_l x_0}\times\frac{A+B}{\left[1+jk(l+x_0)\right]A\mathrm{e}^{-jkl}+\left[1-jk(l+x_0)\right]B\mathrm{e}^{jkl}}$$

$$= \frac{j\omega(1+x_0)\,\rho}{x_0 K S_l}\sin(kl)$$

$$C = \left(\frac{v_0 S_0}{p_1}\right)_{v_l=0} = \frac{S_0(l+x_0)^2}{j\omega\rho x_0^2}\times\frac{A(1+jkx_0)+B(1-jkx_0)}{A\mathrm{e}^{-jkl}+B\mathrm{e}^{jkl}}$$

$$= \frac{jS_0}{\omega\rho x_0^2}\left[kx_0(l+x_0)\sin(kl) + \frac{1}{K}\sin(kl) - l\cos(kl)\right]$$

$$D = \left(\frac{U_0 S_0}{U_l S_l}\right)_{p_l=0} = \frac{S_0(l+x_0)^2}{S_l x_0}\times\frac{A(1+jkx_0)+B(1-jkx_0)}{\left[1+jk(l+x_0)\right]A\mathrm{e}^{-jkl}+\left[1-jk(l+x_0)\right]B\mathrm{e}^{jkl}}$$

$$= \frac{S_0}{S_l}\times\frac{l+x_0}{x_0^2 K}\left[kx_0\cos(kl) + \sin(kl)\right]$$

（11-6-25）

式中　S_0——锥管的喉部截面；

　　　S_l——锥管的开口截面；

　　　K——波数，$K = \dfrac{\omega}{C}$；

　　　l——锥管的长度；

　　　x_0——锥管扩张程度的量。

由理论声学可知，波面声压与体积流的比值为该点的声阻抗值。把四端网络系数写成声阻抗的形式：

$$Z = \frac{p}{U} = \frac{p}{vS}$$

$$\begin{bmatrix} p_1 \\ v_1 S_1 \end{bmatrix} = \begin{bmatrix} A & B \\ C & D \end{bmatrix}\begin{bmatrix} p_2 \\ v_2 S_2 \end{bmatrix}$$

$$\begin{bmatrix} Z_1 \\ 1 \end{bmatrix} = \begin{bmatrix} A & B \\ C & D \end{bmatrix}\begin{bmatrix} Z_2 \\ 1 \end{bmatrix}$$

（11-6-26）

利用上面的矩阵就可以得到有反射波存在时锥管喉部的声阻抗：

$$Z_1 = \frac{\left[\dfrac{l+x_0}{x_0}\cos(kl) - \dfrac{1}{kx_0}\sin(kl)\right]Z_2 + \dfrac{j\omega(1+x_0)}{x_0 K S_l}\sin(kl)}{\dfrac{S_0}{S_l}\times\dfrac{l+x_0}{x_0^2 K}\left[kx_0\cos(kl)+\sin(kl)\right] + \dfrac{jS_0}{\omega\rho x_0^2}\left\{\left[kx_0(1+x_0)+\dfrac{1}{K}\right]\sin(kl) - l\cos(kl)\right\}Z_2}$$

（11-6-27）

这就是锥形管作为一种声学元件的特性方程。

③ 锥形扩散管的低频传声特性　根据前面知识可知，锥形锥管低频时辐射功率很小，随着频率增加辐射功率逐步增高，极值为 $\dfrac{1}{2}S_0\rho C U_0^2$，即无限长均匀管的辐射功率。

例如，当 $kl<0.5$ 时，满足此条件的最大频率为 $f=\dfrac{0.5C}{2\pi L}$，而实际应用中往往 $l<0.2\text{m}$，在常温下，则 $f=138\text{Hz}$，此时波长为 2.5m。而发动机排气噪声中，消声器气流温度在 200～300℃，在温度为 300℃时，则 $f=191\text{Hz}$。发动机在 500Hz 以下的低频率噪声非常丰富，为消除这些低频噪声正好可以利用这个特性。

当 $kl<0.5$ 时，四端网络系数变为：

$$\left.\begin{aligned}
&A = \frac{l+x_0}{x_0} - \frac{kl}{kx_0} = 1\\[2mm]
&B = \frac{j\omega\rho l(1+x_0)}{x_0 S_l}\\[2mm]
&C = \frac{jS_0}{\omega\rho x_0^2}\left[kx_0(l+x_0)\ kl+l-l\right] = j\frac{S_0 k^2 l}{\omega\rho x_0}(1+x_0)\\[2mm]
&\text{几何关系}\quad S = \frac{S_0}{x_0^2}(x+x_0)^2\\[2mm]
&\text{当}x=l\text{时，}S=S_l,\ \text{所以}1 = \frac{S_0}{S_l}\left(1+\frac{l}{x_0}\right)^2\\[2mm]
&D = \frac{S_0}{S_l}\times\frac{x_0+l}{x_0^2 k}(kx_0+kl) = \frac{S_0}{S_l}\times\frac{(x_0+l)^2}{x_0^2} = 1
\end{aligned}\right\} \qquad (11\text{-}6\text{-}28)$$

声阻抗 Z_0：

$$Z_0 = \frac{Z_l + j\dfrac{\omega\rho l(1+x_0)}{x_0 S_l}}{1 + j\dfrac{S_0 k^2 l^2}{\omega\rho x_0}(1+x_0)\ Z_l} \qquad (11\text{-}6\text{-}29)$$

式（11-6-29）中实部为声阻，虚部为声抗。

$$R = \cfrac{Z_2 + k^2 l^2 Z_l}{1 + \cfrac{k^2 l^2}{\rho^2 C^2} S_0 S_l Z_l^2}$$

$$X = j \cfrac{\rho C \cfrac{kl}{\sqrt{S_l S_0}} \left(1 - \cfrac{S_0 S_l}{\rho^2 C^2} Z_l^2\right)}{1 + \cfrac{k^2 l^2}{\rho^2 C^2} S_0 S_l Z_l^2}$$
（11-6-30）

声抗是辐射不出去的能量。声抗越大，表示储存在接近场的声能越多，即消声效果越好。假设给定 $S_0 S_l$ 和 Z_l，以 kl 为自变量对声抗求极限值，得到：

$$|X| = \left| \cfrac{\rho C \cfrac{kl}{\sqrt{S_0 S_l}} \left(1 - \cfrac{S_0 S_l}{\rho^2 C^2} Z_l^2\right)}{1 + \cfrac{k^2 l^2}{\rho^2 C^2} S_0 S_l Z_l^2} \right| = 0$$

求解得：

$$kl = \frac{\rho C}{Z_l} \times \frac{1}{\sqrt{S_0 S_l}} \qquad k = \frac{\rho C}{l Z_l} \times \frac{1}{\sqrt{S_0 S_l}}$$
（11-6-31）

当 l 也给定时，可找出某一频率，在此频率上声抗最大，即消声量最大。计算得到消声量为低频。

（5）汽车消声器传统设计方法

汽车消声器涉及气体流动、传热、振动、声学以及发动机性能和结构等多个学科，具有较高的复杂性。最初的研究开发手段是：近似理论+经验+试验。汽车消声器传统开发流程如图 11-6-7 所示。

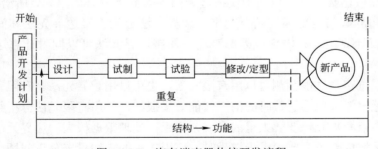

图 11-6-7　汽车消声器传统开发流程

对于形状简单、气流速度不高的排气系统，已有比较成熟的理论计算和产品设计方法。但是这些设计大多是在基于一维平面波理论指导下进行的，消声器在高负载、高气流速度、高频率情况下，因高次谐波的出现，其理论预测误差较大。

（6）汽车消声器 CAE 设计技术

① 汽车消声器 CAE 设计思想　我国的汽车消声器设计经历了以选型设计、经验设计为

主的过程。消声器设计将逐渐由过去单纯的经验设计转向经验设计与计算机辅助工程（CAE）分析相结合，辅以先进的测试手段的设计，如图 11-6-8 所示。

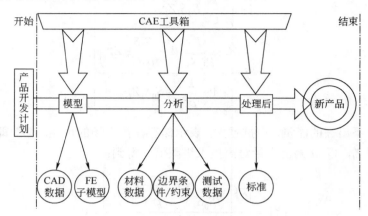

图 11-6-8　汽车消声器 CAE 设计流程

　　为了更好地实现 CAE 技术，需要借助于成熟的计算理论。1971 年，C. Young 和 M.J. Crocker 首次提出使用有限元法分析消声器单元的传声损失，他们采用二维矩形单元与拉格朗日函数法对简单扩张室进行了分析。之后，D.F. Ross 使用有限元法模拟了有穿孔组件的声学系统，并计算了简单穿孔消声器的传声损失，他的计算结果与实验结果在低频吻合良好，在中、高频段却有偏差。R.J.Bernhard 又应用有限元法对汽车消声器进行了形状优化设计方面的研究。

　　Z.L. Ji 和 A. Selamet 提出了一种多域边界元法预测三通穿孔管消声器的消声特性，数值预测结果与实验测量结果吻合良好。Omid Z. Mehdizadeh、Marius Paraschivoiu、P. Joseph 等使用三维理论研究汽车消声原理，在有限元法和边界元法分析方面取得重大进展。起源于 20 世纪 70 年代英国南安普顿大学的边界元法，它的基本观念是使未知量在区域的边界部分随已知的插值函数变化，相当于仅在区域的外表面上取有效单元，所给出的是边界解，并且还可以将边界解与内部区域结合起来。边界元法分为直接边界元法和间接边界元法，直接边界元法仅计算边界元内部或外部声场，间接边界元法可以同时计算边界元内部或外部声场。

　　消声器的三维声学性能预测可以用有限元法，也可以用边界元法。有限元法的应用很广泛，用于预测无气流或低马赫数时的消声性能效果很好，但用有限元法分析结构复杂的消声器时需要许多节点和单元，要解大量的联立方程组，处理数据极大。边界元法的主要优点是离散边界，在区域内部不需要探求未知量时，可用较少的未知量来分析问题，可以节省大量划分单元模型、处理模型的时间以及求解方程的数量。但是，边界元法亦有其缺点，比如：边界元法的矩阵表述必须重复每个分析频率，而有限元法的矩阵表述形式在整个频率范围内仅执行一次；边界元法消耗的计算机内存和 CPU 时间比有限元法长。

　　目前，部分企业尝试利用 AVL Boost、GT-Power、LMS Sysnoise、基于四级子线路的软件等工具建立消声器性能计算模型，进行排气系统结构设计，然后，利用 AVL、LMS 或 B&K 公司的检测设备进行消声器性能检测。而对于模型简单、理论成熟、计算方便的四级子线路（传递矩阵）法，因在进行气流通道等效方面需要丰富的经验，一般技术人员难以控制，往往导致计算不准确，该方法的应用也受到很大的限制。国内高校也在积极参与消声器研究开发工作，这些研究成果为消声器设计技术达到国际先进水平积累了丰富的经验。

② 汽车消声器 CAE 设计步骤　目前，汽车消声器的性能指标主要是消声量和功率损失，即消声器的插入损失（总量及频谱分析）、压力损失、传声损失成为消声器性能主要评价指标。因此，在进行消声器设计时，能够预测消声器的插入损失、压力损失、传声损失是缩短设计周期、提高消声器性能的关键。

汽车消声器的设计步骤如下：

a. 根据经验，确定消声器设计的初步方案。在进行经验设计时，需要对各种消声器（阻性消声器、抗性消声器、阻抗复合消声器）的基本性能进行了解（即不同消声器，其主要消声频段不同），根据消声目标、消声器布置位置等确定消声器初步方案。某型号消声器需要全频段消声，因此选用阻抗复合消声结构。

b. 根据初步方案，分析消声器性能。利用消声器经验计算公式或理论公式，或 CAE 软件对消声器消声性能进行分析。如，采用某软件对消声器的插入损失、传声损失、压力损失进行分析。该软件采用有限容积的一维非定常流计算模型。有限容积计算方法适合对不规则网格流体的动力性能进行计算，即将研究对象离散成有限容积单元，计算区域被划分为有限的、连续的、无重叠的容积，在每个容积内应用控制方程的守恒形式，建立积分方程，根据积分方程进行计算（即对每个控制体积分），计算节点一般位于容积内部，边界上的值由相邻节点上的变量插值得到。其计算精度不但取决于积分时的精度，还取决于对导数处理的精度，受积分的精度限制，一般有限容积法总体的精度为二阶。

对每个单元体建立如下控制方程。

质量守恒方程：

$$\frac{\mathrm{d}m}{\mathrm{d}t} = \sum_{i=1}^{n} mflx \tag{11-6-32}$$

能量守恒方程：

$$\frac{\mathrm{d}(me)}{\mathrm{d}t} = p\frac{\mathrm{d}V}{\mathrm{d}t} + \sum_{i=1}^{n}(mflxH) - h_{\mathrm{g}}A(T_{\mathrm{gas}} - T_{\mathrm{wall}}) \tag{11-6-33}$$

动量守恒方程：

$$\frac{\mathrm{d}(mflx)}{\mathrm{d}t} = \frac{\mathrm{d}pA + \sum_{i=1}^{n}\left[(mflxu) - 4C_{\mathrm{f}}\frac{\rho u^2}{2}\frac{\mathrm{d}xA}{D}\right] + C_{\mathrm{p}}\left(\frac{1}{2}\rho u^2\right)A}{\mathrm{d}x} \tag{11-6-34}$$

状态方程：

$$\frac{\mathrm{d}(\rho HV)}{\mathrm{d}t} = \sum_{i=1}^{n}(\rho u A_{\mathrm{eff}}H) + V\frac{\mathrm{d}H}{\mathrm{d}t} - h_{\mathrm{g}}A(T_{\mathrm{gas}} - T_{\mathrm{wall}}) \tag{11-6-35}$$

式中　　m——体积质量；

　　　　$mflx$——边界质量流（边界有效面积、密度和速度三者乘积）；

　　　　n——边界总数；

　　　　V——控制体体积；

　　　　p——压力；

　　　　ρ——流体密度；

　　　　A——流道横截面；

　　　　e——总能量（内能与动能之和）；

　　　　H——总焓，$H=e+p/\rho$；

　　　　h_g——热传递系数；

　　　　u——边界速度；

　　　　C_f——壳体摩擦系数；

　　　　C_p——压力损失系数；

　　　　D——等效直径；

　　　　dx——边界周围气流方向质量单元厚度；

　　　　dp——作用在 dx 上的压力微分。

在该软件环境下，将离散化的单元按照气流流通的路径连接起来，在需要测试的地方布置传感器（压力传感器、速度传感器），通过这些传感器就可以得到测试对象的声压级（计权、不计权、频谱分析等）。建立消声器性能分析模型，根据排气声源在噪声评价点的 1/3 倍频程或 1 倍频程，计算出消声器各频带目标消声量。对所设计的消声器相应的评价指标进行频谱分析或计算总降噪量，检测 CAE 分析结果是否满足目标值。如不满足目标值，对方案中的消声器模型进行修改，利用消声器性能计算模型再次进行计算，直到满足设计目标。

目前的 CAE 分析结果还不能很好地仿真消声器性能（声学性能、空气动力性能和结构性能），但用 CAE 可以进行消声器方案的选择。从消声器结构局部优化、性能部分优化的过程中，不断完善消声器整体甚至整个汽车排气消声系统的优化设计，不断探索 CAE 分析方法。

消声器的评价指标很多，由于测试手段的限制，实际评价指标只占消声器性能指标的很少一部分，在 CAE 分析及消声器测试过程中，有必要完善消声器的评价指标。

消声器是发动机的一部分，消声器就是控制发动机的排气噪声，因此，为了更好地消除发动机排气噪声，将消声器放在发动机系统中进行研究，从系统的角度研究便于整体把握噪声控制问题。

（7）汽车消声器的优化设计实例

某汽车消声器结构如图 11-6-9 所示。对于该消声器内部结构参数设计了 5 种方案，分别如表 11-6-4 所列。

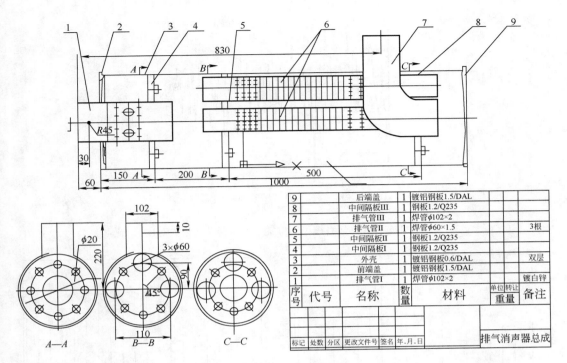

图 11-6-9　某汽车消声器结构

9		后端盖	1	镀铝钢板1.5/DAL	
8		中间隔板III	1	钢板1.2/Q235	
7		排气管III	1	焊管ϕ102×2	
6		排气管II	1	焊管ϕ60×1.5	3根
5		中间隔板II	1	钢板1.2/Q235	
4		中间隔板I	1	钢板1.2/Q235	
3		外壳	1	镀铝钢板0.6/DAL	双层
2		前端盖	1	镀铝钢板1.5/DAL	
1		排气管I	1	焊管ϕ102×2	镀白锌
序号	代号	名称	数量	材料	单位转让 / 重量 / 备注

排气消声器总成

表 11-6-4　消声器不同方案内部结构参数情况

方案序号	排气管 I 孔数×孔径	锥管（孔数×孔径）	备注
方案 1	40×ϕ5mm	无锥管	
方案 2	6×ϕ25mm	200×ϕ4mm	
方案 3	400×ϕ4mm	200×ϕ4mm	如图 11-6-10 所示
方案 4	800×ϕ4mm	无锥管	
方案 5	6×ϕ25mm	无锥管	

　　对表 11-6-4 中的方案分别用消声器性能分析模型进行分析，得到方案 2、方案 3、方案 4 消声器性能主要评价指标明显不及方案 1、方案 5，故对这 3 个方案不做进一步对比分析。图 11-6-10 为方案 1 与方案 5 插入损失对比。图 11-6-11 为插入损失的 1/3 倍频程分析。通过图 11-6-11 分析，详细了解消声器对那些频段的消声性能是否满足设计要求。图 11-6-12 为方案 1 与方案 5 传声损失对比情况，由于传声损失能够比较客观地反映消声器本身的传声特性，便于全面选择方案。

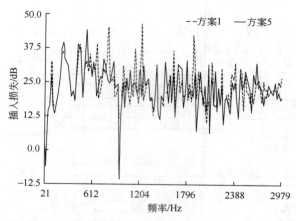

图 11-6-10　排气系统不同方案中消声器插入损失对比

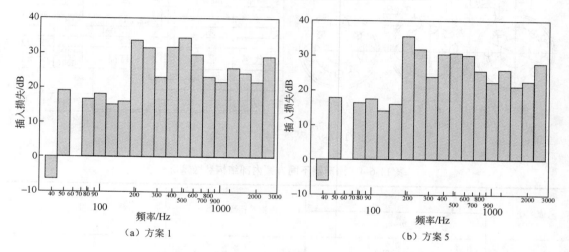

（a）方案 1　　　　　　　　　　　　　（b）方案 5

图 11-6-11　排气系统不同方案中消声器插入损失 1/3 倍频带对比

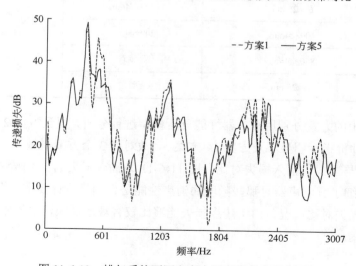

图 11-6-12　排气系统不同方案中消声器传声损失对比

根据排气声源在噪声评价点的 1/3 倍频程或 1 倍频程，计算出消声器各频带目标消声量。对所设计的消声器相应的评价指标进行频谱分析或计算总降噪量，检测 CAE 分析结果是否满足目标值。如不满足目标值，对方案中的消声器结构参数进行修改，利用消声器性能计算模型再次进行计算，直到满足设计目标。

根据 CAE 分析结果，方案 1、方案 5 消声器能满足设计要求，方案 5 消声器性能优于方案 1 消声器性能，对这两个方案中的消声器进行试制，并对试制的消声器进行性能测试，实测方案 5 消声器性能也优于方案 1。

（8）某 SUV 车用消声器结构优化设计

某 SUV 车原消声器结构如图 11-6-13 所示。对原消声器进行性能分析，得到如下结论：

① 消声量仅 18dB（A），车辆达不到通过噪声指标；

② 功率损失达到 7%；

③ 消声器表面辐射噪声严重。

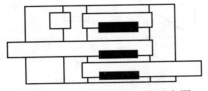

图 11-6-13　原消声器结构示意图

针对以上原消声器存在的问题，综合考虑消声量和排气背压，根据上述汽车消声器内部结构选择原则，重新设计的消声器结构如图 11-6-14 所示。

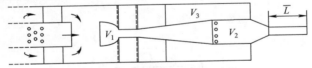

图 11-6-14　新设计消声器结构

新设计的消声器结构中包括直颈锥管（球台形收缩段、直颈管和锥形扩散管），这种结构有别于锥形扩散管，运用声电类比原理，直颈锥管声电类比如图 11-6-15 所示。

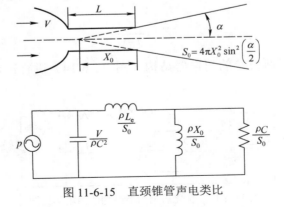

图 11-6-15　直颈锥管声电类比

由图 11-6-15 可知，从锥管辐射出去的声功率，可以用在声阻 $\dfrac{\rho C}{S_0}$ 上消耗的功率来表示。

在低频时，由于并联声 $\dfrac{\rho X_0}{S_0}$ 的关系，辐射功率减少，因此设计中，该声感应尽可能地减小 (X_0)，以便增强低频的消声效果；又由于并联声容 $\dfrac{V}{\rho C^2}$ 及串联声感 $\dfrac{\rho L_e}{S_0}$ 的存在，输出功率在高频亦受到限制，因此，球台形收缩段的容积 V 应尽可能地大，而直颈要尽可能地长，以限制高频声向外辐射。

定义传输系数 τ 为从直颈锥管辐射出去的功率与同一声源以同样速度向无限长均匀管中辐射的声功率的比值，如图 11-6-16 所示。

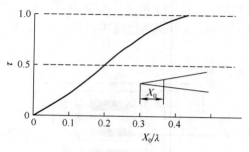

图 11-6-16 传输系数 τ

$$\tau = \frac{\omega^2 X_0^2}{C^2 + \omega^2 X_0^2} = \frac{1}{1 + \left(\dfrac{C}{2\pi f X_0}\right)^2} \tag{11-6-36}$$

显然，

$$f = \frac{C}{2\pi X_0 \sqrt{\dfrac{1}{\tau} - 1}} \tag{11-6-37}$$

可见，频率越低，其消声效果越好。如果把 $T=0.5$ 时对应的频率作为上限截止频率 F_a，则：

$$F_a = \frac{C}{2\pi X_0} \tag{11-6-38}$$

通过上述分析，对新设计的消声器结构（图 11-6-14）进行声电类比，如图 11-6-17 所示。

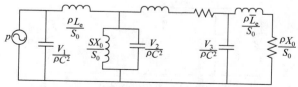

图 11-6-17 优化后消声器结构的声电类比图

对优化后的消声器进行了发动机台架试验，表 11-6-5 为原消声器及优化后的消声器的声学性能和空气动力性能比较。

表 11-6-5　原消声器及优化后的消声器的声学性能和空气动力性能比较

序号	消声器类型	插入损失/dB（A）	有效容积/L	功率损失比/%	排气背压/kPa	质量/kg
1	原消声器	18	9	7	15	6
2	优化后的消声器	31	16	3.2	7.2	9.9

由表 11-6-5 可以看出，应用锥管消声元件优化消声器结构后，消声器的消声效果大幅提高，插入损失高于 28dB（A），而其排气背压则小于或与原消声器相当。与此同时，为了提高消声器消声量，在底盘空间允许的情况下也增大了消声器的容积及质量。

（9）双模消声器结构优化

双模消声器在外国车上已得到应用，其设计思想是实现半主动型消声。半主动消声器，低速时阀门关闭，高速时阀门开启，半主动消声器内部结构中排气芯管由控制阀根据噪声气流的大小控制排气是否经过。这种消声器在气流速度很大时，消声器内的压力阀门开启，减小气流流动阻力，也减少气流再生噪声，增加消声量。

这种设计在许多场合并不可取。首先，噪声指标是按照大流量设计的，其消声量必须保证，小流量时发动机噪声本来就较低，并不一定需要更大的消声量。其次，消声通道应当与气流通道分开设计。最后，压力阀的设计增加了生产成本、消耗了推开阀门的压能，虽然减少部分局部压力损失，但得不偿失。

原双模消声器存在的问题：

① 消声量不足，插入损失 L_{IL}=21dB（A）；

② 排气背压较大。

针对原消声器存在的问题，对原排气消声器结构进行优化设计，并进行了发动机台架试验和汽车定置噪声测试，试验表明优化后的消声器其性能大大提高。原消声器及优化后消声器的性能对比见表 11-6-6。效果如图 11-6-18、图 11-6-19 所示。

表 11-6-6　原消声器及优化后消声器的性能对比

序号	消声器类型	插入损失/dB（A）	有效容积/L	排气背压/kPa	质量/kg
1	原消声器（双模）	21	20.7	8.7	10.1
2	新消声器（优化）	32	20.7	7.7	9.9

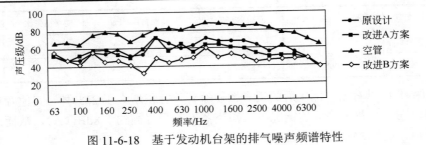

图 11-6-18　基于发动机台架的排气噪声频谱特性

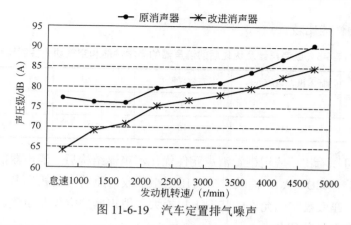

图 11-6-19　汽车定置排气噪声

由表 11-6-6 可以看出，在外形尺寸几乎相同的情况下，优化后的消声器的插入损失为 32dB（A），优于原消声器 11dB（A），同时其排气背压小于原消声器 1kPa，质量也略有下降。装车后，发动机在不同转速下，其定置排气噪声不同程度地低于原消声器。

总之，从消声性能、动力性能及经济性来看，优化后的消声器都比原消声器好。

（10）FTSUV 车用消声器结构优化

原排气消声器存在的问题是消声量（插入损失）满足技术要求，汽车通过时噪声满足国家标准，但发动机功率损失比高达 9.9%，致使整车动力性不足。对该车的消声器进行优化设计后，效果如表 11-6-7 所列。

表 11-6-7　原消声器及优化后消声器的性能对比

序号	消声器类型	插入损失/dB（A）	有效容积/L	排气背压/kPa	功率损失比/%	质量/kg
1	原消声器	29.6	16.5	15.2	9.9	7.2
2	消声器（优化）	29.8	19.1	6.0	2.1	8

由表 11-6-7 可以看出，在消声器插入损失几乎相同的情况下，优化设计后排气背压大幅下降，使得功率损失比从 9.9% 降低到 2% 左右，可以大大改善汽车的动力性能，并且降低油耗。

（11）某商务车消声器结构优化

上海某商务车，因整车升级为 M1 类车，所以通过噪声不达标。而原消声器的消声效果基于其体积已经确定，为进一步提高其消声量，采用特殊的声学元件，并加大消声容积。表 11-6-8 为结构优化设计后的性能对比。

表 11-6-8　原消声器及优化后消声器的性能对比

序号	消声器类型	插入损失/dB（A）	有效容积/L	排气背压/kPa	功率损失比/%	质量/kg
1	原排气系统	26.0	21	13.2	7.6	10.9
2	LC 优化后	29.8	26.2	9.8	4.5	9.8

由表 11-6-8 可以看出，优化后的消声器，除有效容积增大了 25% 外，其他各项性能都优于原消声器。在排气背压降低的情况下，消声器消声量提高约 3.8dB（A），从而进一步降低定置排气噪声，达到 M1 类车通过噪声标准。

参 考 文 献

[1] 方丹群,张斌,孙家麒,卢伟健. 噪声控制工程学. 北京:科学出版社,2013.

[2] 方丹群. 空气动力性噪声与消声器. 北京:科学出版社,1978.

[3] 方丹群,王文奇,孙家麒. 噪声控制. 北京:北京出版社,1986 年.

[4] Beranek L L. Noise and Vibration Control. McGraw-Hill, New York, 1971.

[5] Harris C M. Handbook of Noise Control. McGraw-Hill, New York, 1979.

[6] 马大猷. 噪声与振动控制工程手册. 北京:机械工业出版社,2002.

[7] 马大猷,沈豪. 声学手册. 北京:科学出版社,2004.

[8] 马大猷. 声学基础研究论文集. 北京:科学出版社,2005.

[9] 方丹群,董金英. 劳动人事部劳动保护局、北京市劳动保护科学研究所编. 噪声控制 114 例. 北京:
     劳动人事出版社,1985.

[10] 吕玉恒,燕翔. 噪声控制与建筑声学设备和材料选用手册. 北京:化学工业出版社,2011.

[11] Rchards E J, Mead D J. Noise and Acoustic Fatigue in Aernautics. Wiley, 1968.

[12] 黎志勤,黎苏. 汽车排气系统噪声与消声器设计. 北京:中国环境出版社,1991.

[13] 方丹群,孙家麒. 微穿孔板消声器在高速下的消声性能. 北京:全国声学论文报告会,1973.

[14] 方丹群,孙家麒,等. 几种微穿孔板消声器和微穿孔板复合消声器的试验研究. 北京:全国声学论文
     报告会,1973.

[15] 方丹群,郜明信,刘书吉. 高速中型柴油机噪声控制研究. 北京:全国声学论文报告会,1973.

[16] 方丹群,孙家麒,等. 一种风洞消声的试验研究. 北京:全国声学论文报告会,1973.

[17] 方丹群,孙家麒,冯瑀正. 微穿孔板消声器及其在高速下的消声性能. 物理,1975.

[18] 方丹群,孙家麒,王德功,何友静,李国琴. 微穿孔板消声器及其在通风空调上的应用. 全国建筑物
     理学术会议,1975.

[19] 方丹群,孙家麒,等. 正弦波声流式微穿孔板消声器的研究. 广州:全国环境声学学术会议,1979.

[20] 方丹群,孙家麒,董金英. 共振吸声结构与消声元件的研究. No1:环境工程,1982.

[21] 潘敦银,方丹群. 微穿孔板消声器理论公式探讨. 黄山:第一届全国噪声控制工程学学术会议,1982.

[22] 方丹群,消声器. 中国大百科全书:环境科学卷. 环境物理学词条. 北京:中国大百科全书出版社,1983.

[23] 方丹群,智乃刚. 离心空气压缩机噪声与阻抗复合减压消声器研究. 劳动部劳动保护研究所研究报告集
     刊,第 1 集,北京:1965.

[24] 方丹群,孙家麒,等. 蒸汽导风器的噪声控制. 北京市劳动保护科学研究所研究报告集刊,第 2 集,
     北京:1975.

[25] 方丹群,等. 排气放空噪声及其控制. 北京市劳动保护科学研究所研究报告集刊,第2集,北京:1975.

[26] 方丹群,孙家麒,王德功. 风洞消声器的研究. 劳动保护,1973.

[27] Fang D Q, Pan D Y, Sun J Q. The The theory and Application of Microperforated Plate Muffler. 11th
     International Congress On Acoustics, Paris, 1983: 7.

[28] 马大猷,李沛滋,戴根华,王宏玉. 小孔喷注噪声和小孔消声器. 中国科学 5,1977:445.

[29] 马大猷，李沛滋，戴根华，王宏玉. 多孔材料出流和多孔扩散消声理论. 物理学报，1978，27（2）：21-125.

[30] 马大猷，李沛滋，戴根华，王宏玉. 排气噪声的有效降低. 环境科学学报，1981.

[31] Maa D, Li P, Dai G, Wang H. Microjet Noise and Micropore Diffuser – Muffler. Scientia Sinica, 1977, 10（5）：569 – 582.

[32] 章奎生. 系列化消声器的设计与应用. 噪声与振动控制，1982（1）.

[33] 章奎生. P 型盘式消声器系列的设计与研究. 噪声与振动控制，1985（2）.

[34] 章奎生. 排气放空消声器的设计与应用. 上海环境科学，1984（6）.

[35] 商旭升，陈玉春，王伟. 一种微穿孔板消声器. 北京：应用声学，2004，23（4）.

[36] 冯瑀正，等. 一种微穿孔板消声器——高压水蒸气排气微穿孔板消声器. 噪声控制 114 例. 北京：劳动人事出版社，1985.

[37] 王占学，等. A60 飞机 APU 排气管微穿孔板消声器. 航空技术，2003（3）.

[38] 吕玉恒，等. 微穿孔板消声器应用于大型冷却塔噪声治理. 第十届全国噪声与振动控制工程学术会议，2007.

[39] 张晓杰. 多层微穿孔板结构的优化设计和应用. 江苏大学研究生学位论文，2007.

[40] 王文奇. 小孔群消声器的研究与应用. 北京：劳动保护，1982（11）.

[41] 朱佩俊，顾身信，王文奇，何友静，张玉敏. 节流降压与小孔喷注复合消声器的研究应用. 噪声控制 114 例. 北京：劳动人事出版社，1985.

[42] 胡素影，周新祥，郑文广. 节流降压——小孔喷注消声器优化设计与模态分析. 辽宁科技大学学报，2009，32（2）.

[43] 陈和平，朱建林. 硫化罐排汽噪声治理. 噪声与振动控制，2006（6）.

[44] 张文柱. 利用消声原理降低炮口冲击波超压值. 火炮发射与控制学报，2008（2）.

[45] 姜鹏明，富喜，吴帮玉. 汽车消声器优化设计与综合评价指数. 汽车工程，2008，30（3）：36-41.

[46] 李林凌，黄其柏，连小珉，郑四发，李克强. 汽车消声器设计及评价研究. 农业机械学报，2007，38（5）：36-41.

第12篇

振 动 控 制

编 著 邵 斌 李林凌 姚 琨 蒋从双

校 审 孙家麒

第 1 章 振动控制的原理

1.1 振动

为了研究实际机械系统的机械振动特性，用一个简化的物理模型来表征实际的机械系统，然后用各种力学原理和定理建立描述物理模型的数学表达式，这种简化的物理模型称为振动系统。

因此，振动系统是实际机械系统的抽象化模型。振动系统都具有一定的质量（或惯性）和弹性（或刚性）。具有一定质量的振动系统，发生运动时就具有动能，同时，因为具有弹性，发生变形时就具有势能。动能和势能之间不断地变换使振动系统的运动得以保持。

对振动过程存在多种不同的分类方法，如：按振动的规律分类有确定性振动、随机振动；按振动力学特征分类有自由振动与固有频率、强迫振动和共振物体、自激振动；按振动频率分类有低频振动、中频振动、高频振动。振动过程不同的分类方法如图 12-1-1 所示。

对于按照振动规律分类的确定性振动和随机振动，可以根据振动在时间历程内的变化特征来区分：确定性振动可以理解为一个系统受到确定性激励后所产生的振动；随机振动可以理解为一个系统在随机激励下所产生的振动。确定性振动可以用确定性函数来描述，而随机振动无法用确定性函数来描述，但有一定统计规律的振动。随机振动一般指的不是单个现象，而是大量现象的集合，这些现象似乎杂乱，但总体上有一定的统计规律。

对于按照振动力学特征分类：自由振动是指系统受初始干扰或原有的外激振力取消后产生的振动；强迫振动是指系统在外激振力作用下产生的振动，如不平衡、不对中所引起的振动；自激振动是指系统在输入和输出之间具有反馈特性，并有能源补充而产生的振动，如油膜振荡、喘振等。

对于按照振动频率分类：低频振动的频率指小于或等于 20Hz，由于低频范围造成破坏的主要因素是应力的强度，位移量是与应变、应力直接相关的参数，因此主要测量量是位移；中频振动的频率指大于 20Hz，小于或等于 1000Hz，由于振动部件的疲劳进程与振动速度成正比，振动能量与振动速度的平方成正比，在这个范围内，零件主要表现为疲劳破坏，如点蚀、剥落等，因此主要测量量是速度；高频振动的频率指大于 1000Hz，由于加速度表征振动部件所受冲击力的强度，冲击力的大小与冲击的频率和加速度值相关，因此主要测量量是加速度。

对于确定性振动可以表示成式（12-1-1）的函数形式，在任一给定瞬时 t，都可以得到确定的物理量 x，也就是说振动是确定的或可以预测。

$$x = x(t)$$

（12-1-1）

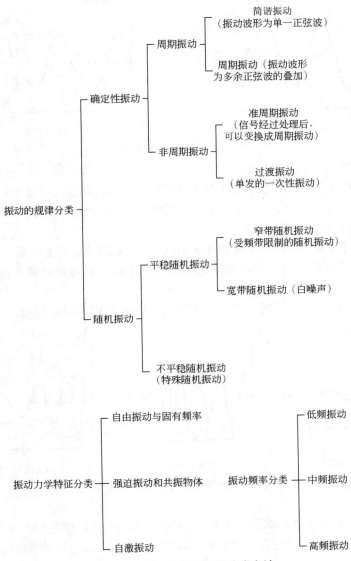

图 12-1-1　振动过程不同的分类方法

（1）周期振动

在相等的时间间隔内做往复运动，称为周期振动。往复一次所需的时间间隔 T 称为周期，单位一般以秒计。每经过一个周期后，运动便重复前一周期中的全部过程。周期振动可用时间的周期性函数表达为：

$$x = x(t + nT)\ (n=1,\ 2\cdots)\qquad\qquad(12\text{-}1\text{-}2)$$

最简单的周期振动是简谐振动，如图 12-1-2（a）所示。由风机、泵、压缩机、柴油机等旋转和旋转往复设备引起的地面振动大部分是简谐的。周期振动的另一种运动是非简谐振动，如图 12-1-2（b）所示，可以看成各阶简谐振动的叠加。周期振动是以一定的周期持续进行的等幅振动，因此也称为稳态振动。

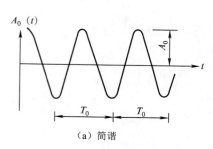 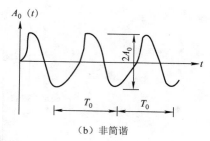

（a）简谐　　　　　　　　　　　　　　（b）非简谐

图 12-1-2　周期振动

（2）非周期振动

不能用式（12-1-2）表达的振动称为非周期振动。非周期振动可分为：

① 可变幅度不变频率[图 12-1-3（a）]，如锻锤基础在锤头的冲击下，压力机失落时引起的振动属此类型。

② 可变频率不变幅度的振动[图 12-1-3（b）]，此类振动工程上少见。

③ 可变频率可变幅度的振动，通常这类振动是在动力设备开机和关机过程中引起的[图 12-1-3（c）]。

非周期性振动往往是一定时间后便逐渐消失，因此也称为瞬态振动。

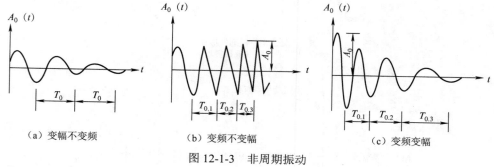

（a）变幅不变频　　　　　　（b）变频不变幅　　　　　　（c）变频变幅

图 12-1-3　非周期振动

（3）冲击振动

冲击振动由一个单独的主要脉冲组成，它的持续时间很短，能量集中，对外影响较大。工程中常遇到的冲击振动有半波正弦脉冲和矩形脉冲等（图 12-1-4），可按速度阶跃理论进行计算。

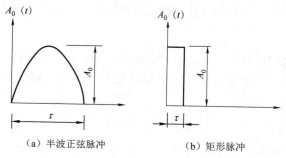

（a）半波正弦脉冲　　　　　　　　（b）矩形脉冲

图 12-1-4　冲击振动

（4）随机振动

工程上经常遇到的随机振动有地震、暴风、海浪和地面脉动等。火车、汽车在运行及行人走动过程中所产生的振动严格来说也是随机振动。

实际机械系统往往是一个非线性振动系统，对于非线性振动系统必须用非线性方程来描述。为了便于把握问题的主要矛盾，往往运用线性振动系统来等效实际机械系统，运用相对完善成熟的线性振动理论解决实际机械振动系统振动问题。同时，复杂的线性振动系统还可以通过叠加研究其特性。目前，基于非线性微小振动问题通过级数形式的近似解来解决，对于另一些非线性振动问题难以解决。随着非线性理论的发展，非线性振动系统问题将逐步得到解决。本篇重点讨论线性振动系统，有必要分析非线性系统时另作说明。

对于线性振动系统，常常按照单自由度系统振动、多自由度系统振动和弹性体振动分类进行研究。单自由度系统振动是用一个独立坐标就能确定的系统振动；多自由度系统振动是使用多个独立坐标才能确定的系统振动；弹性体振动是需要用无限多个独立坐标（位移函数）才能确定的系统振动。弹性体振动也称为无限自由度系统振动，而单自由度系统振动和多自由度系统振动都是有限自由度系统振动。

1.1.1　单自由度系统的振动

单自由度系统振动是线性振动系统中最简单的振动系统。单自由度振动系统不但具有一般振动系统的一些基本特性，同时，它是分析多自由度系统振动、弹性体振动甚至非线性系统振动的基础。

实际机械系统仅受到初始条件（初始位移、初始速度）的激励而引起的振动称为自由振动；实际机械系统在持续的外作用力激励下的振动称为强迫振动；实际轴类机械系统，既有扭转弹性，又有转动惯量的扭转振动系统，轴类机械系统在外界周期性激振力矩作用下所产生的周向交变运动及相应变形称为轴类的扭转振动。

（1）单自由度系统的自由振动

为了研究实际振动系统的振动特性，用简化的物理模型来表征实际的机械系统，这个简化的物理模型由三种理想化的元件组成：质量块、阻尼器和弹簧。这三种理想化元件组成的单自由度系统如图 12-1-5（a）所示。图 12-1-5（a）中，m 表示质量块，c 表示阻尼器，k 表示弹簧。单自由度系统中的质量块、阻尼器、弹簧的意义分别为：质量块对于外力作用的响应表现为一定的加速度；阻尼器对于外力作用的响应表现为其端点的一定的移动速度；弹簧对于外力作用的响应表现为一定的位移或变形。由于单自由度系统振动用一个独立坐标就能确定系统振动，单自由度系统简化的物理模型如图 12-1-5（b）所示。

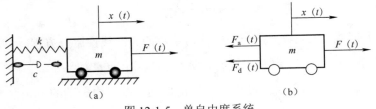

图 12-1-5　单自由度系统

图 12-1-5（a）是一个典型的单自由度振动系统，质量块 m 直接受到外界激励力 $F(t)$ 的作用。对质量块 m 水平方向进行受力分析，如图 12-1-5（b）所示，以 $x(t)$ 表示以 m 的静平衡位置为起点的位移，$F_a(t)$ 表示弹簧作用在 m 上的弹簧恢复力，$F_d(t)$ 则表示阻尼器作

用在 m 上的阻尼力，按牛顿定律有：

$$m\ddot{x}(t) = F(t) - F_d(t) - F_a(t) \tag{12-1-3}$$

对于线性系统，式（12-1-3）为单自由度线性系统的运动微分方程。

对于式（12-1-3）单自由度线性系统的运动微分方程，当 $F(t)=0$ 时，表示外界对系统没有持续的激励作用。此时，系统仍然可以在初速度或初位移的作用下发生振动，这种振动称为自由振动。

1）当 $F_d(t)=0$ 时，称为无阻尼系统。

图 12-1-6 为当 $F(t)=0$ 和 $F_d(t)=0$ 时的单自由度无阻尼的自由振动系统。此时式（12-1-3）变为：

$$m\ddot{x}(t) + F_a(t) = 0 \tag{12-1-4}$$

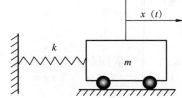

图 12-1-6　单自由度无阻尼的自由振动系统

由于弹簧所受外力 $F_a(t)$ 是时间 t 的函数，对于线性系统，位移 x 可由时间 t 线性表示成 $x(t)$，因此，弹簧所受外力可以用位移 x 表示，且 $F_a(t)$ 是 $x(t)$ 的线性函数，即：

$$F_a(t) = kx(t) \tag{12-1-5}$$

式（12-1-5）中，k 称为弹簧刚度，其量纲为（力/长度），通常取单位为 N/m、N/cm 或 N/mm。将式（12-1-5）代入式（12-1-4）中，得：

$$m\ddot{x}(t) + kx(t) = 0 \tag{12-1-6}$$

式（12-1-6）可写成：

$$\ddot{x}(t) + \omega_n^2 x(t) = 0 \tag{12-1-7}$$

式（12-1-7）中，

$$\omega_n = \sqrt{\frac{k}{m}} \tag{12-1-8}$$

式（12-1-6）或式（12-1-7）是一个二阶常系数的齐次线性微分方程，其通解为：

$$x(t) = X_1 \cos(\omega_n t) + X_2 \sin(\omega_n t) \tag{12-1-9}$$

式（12-1-9）表明 ω_n 是单自由度无阻尼自由振动系统自由振动的角频率，有：

$$f_n = \frac{\omega_n}{2\pi} = \frac{1}{2\pi}\sqrt{\frac{k}{m}} \tag{12-1-10}$$

式中，f_n 为系统的固有频率，其单位为 Hz 或 1/s。无阻尼自由振动的周期为：

$$T = \frac{1}{f_n} = 2\pi\sqrt{\frac{m}{k}} \qquad (12\text{-}1\text{-}11)$$

式（12-1-9）中，X_1、X_2 为由初始条件确定的常数，若记初始位移为 $x(0) = x_0$，初速度为 $\dot{x}(0) = v_0$，代入式（12-1-9），得：

$$X_1 = x_0, \quad X_2 = v_0 / \omega_0 \qquad (12\text{-}1\text{-}12)$$

将式（12-1-12）代入式（12-1-9），得：

$$x(t) = x_0 \cos(\omega_n t) + \frac{v_0}{\omega_0} \sin(\omega_n t) \qquad (12\text{-}1\text{-}13)$$

式（12-1-13）也可以改写为：

$$x(t) = X \cos(\omega_n t - \varphi) \qquad (12\text{-}1\text{-}14)$$

式（12-1-14）中，X 为振幅，φ 为初相角，且有：

$$X = \sqrt{x_0^2 + \left(\frac{v_0}{\omega_n}\right)^2}, \quad \varphi = \tan^{-1}\frac{v_0}{\omega_n x_0} \qquad (12\text{-}1\text{-}15)$$

通过对单自由度无阻尼的自由振动系统的运动微分方程进行分析，可以得到：

① 式（12-1-13）、式（12-1-14）表明，单自由度无阻尼的自由振动系统的自由振动是以正弦或余弦函数，或统称为谐波函数表示的，故称为简谐振动，这种系统又被称为谐振子；

② 自由振动的角频率即系统的自然频率仅由系统本身的参数所确定，与外界激励、初始条件无关；

③ 无阻尼自由振动的周期为式（12-1-11），即线性系统自由振动的周期也仅由其本身的参数决定，与初始条件及振幅的大小无关；

④ 式（12-1-14）表明，单自由度无阻尼的自由振动系统的自由振动是等幅振动，系统一旦受到初始激励就将按恒定振幅始终振动下去，这是一种理想情况。

2）当 $F_d(t) \neq 0$ 时，即系统存在阻尼。

阻尼是反映振动系统运动过程中能量耗散特征的参数，表征系统耗损能量的能力，是材料或结构在承受周期应变时其以热量方式消耗机械能的本领。

通常按照振动阻尼产生机理的物理现象进行分类：黏弹性阻尼、结构阻尼、流体阻尼、其他阻尼。

① 黏弹性阻尼　黏弹性阻尼是振动系统所受力的大小与运动速度成正比而方向相反的阻力引起的能量损耗。黏弹性阻尼是阻尼元件（或阻尼器）对于外力作用的响应，表现为阻尼元件端点的一定的移动速度。它所受到的外力 $F_d(t)$[或者其产生的阻尼力 $-F_d(t)$]，是振动速度 $\dot{x}$ 的函数，即：

$$F_d(t) = f[\dot{x}(t)] \qquad (12\text{-}1\text{-}16)$$

采用线性阻尼模型时，$F_d(t)$ 是 $\dot{x}(t)$ 的线性函数。

式（12-1-16）变为：

$$F_d(t) = c\dot{x}(t) \tag{12-1-17}$$

式（12-1-17）中，c 为阻尼系数，其量纲为 MT^{-1}，通常取单位为 N·s/m、N·s/cm、N·s/mm。阻尼系数 c 是使阻尼器产生单位速度所需施加的力。

振动系统振动时阻尼力所耗散的功为：

$$W_d = \int F_d dx = \int c\dot{x}^2 dt \tag{12-1-18}$$

② 结构阻尼　结构阻尼简单的理解就是结构本身的内部的阻尼，是引起能量损耗的原因。结构阻尼是一个周期内所消耗的能量与振幅平方成正比，而且在很大一个频率范围内与频率无关。

根据能量等价原则，得出当量黏弹性阻尼系数为：

$$c_s = \frac{q}{\pi\omega} \tag{12-1-19}$$

式中，q 为比例因子；ω 为振动频率。

③ 流体阻尼　当物体以较大的速度在黏性较小的流体（如空气、液体）中运动时，流体内部的速度梯度、流体和管壁的相对速度均会因流体黏滞性产生能耗及阻尼作用，这就是由流体介质所产生的阻尼。流体阻尼力 F_n 始终与运动速度 $\dot{x}(t)$ 方向相反，而其大小与速度平方成正比：

$$F_n = -\gamma\dot{x}^2 \mathrm{sgn}(\dot{x}) \tag{12-1-20}$$

式中，γ 为一常数；F_n 的方向与速度相反；sgn 为符号函数，定义为 $\mathrm{sgn}(\dot{x}) = \dfrac{\dot{x}(t)}{|\dot{x}(t)|}$。

则流体阻尼力 F_n 在一个振动周期内所耗散的能量为：

$$\Delta E_c = 4\int_0^{T/4} |F_n|\dot{x}dt = 4\int_{\varphi/\omega}^{\left(\frac{\pi}{2}+\varphi\right)/\omega} \mu\dot{x}^3 dt = \frac{8}{3}\gamma\omega^2 |X|^3 \tag{12-1-21}$$

式中，μ 为摩擦系数；ω 为振动频率；X 为位移幅值。

根据能量等价原则：一个振动周期内由于流体阻尼力 F_n 所耗散的能量 ΔE_c 等于当量的黏弹性阻尼所耗散的能量 ΔE。

而

$$\Delta E = c\pi\omega |X|^2 \tag{12-1-22}$$

即式（12-1-21）与式（12-1-22）相等，可得到流体阻尼的当量黏弹性阻尼系数为：

$$c_e = \frac{8}{3\pi}\gamma\omega |X| \tag{12-1-23}$$

④ 其他阻尼　在研究阻尼的过程中，当采用黏弹性阻尼模型时，结构系统每周消耗的能量随着系统运动频率的增加而线性增加，结果与实验事实不一致。为了解释实验事实，一些学者建议采用频率相关阻尼或迟滞阻尼假设：材料应力向量和应变向量之间存在相位差，从而在一个运动周期中有能耗发生。

在实际的振动系统中，除上述提到的阻尼外，还有其他能量损耗，例如：轴承内或零件接合处的摩擦作用，即干摩擦阻尼，又称库仑阻尼；节点、支座连接间的摩擦阻尼，为构件与支座间的相对运动所产生的。

由黏弹性阻尼、结构阻尼、流体阻尼的当量黏弹性阻尼系数的计算可知，黏弹性阻尼、结构阻尼和流体阻尼都可以折算为黏性阻尼，此时阻尼力都可表示为当量黏弹性阻尼系数与运动速度 $\dot{x}(t)$ 的乘积，如式（12-1-17）所示。

将式（12-1-17）代入（12-1-3）中得到：

$$m\ddot{x}(t) + c\dot{x}(t) + kx(t) = 0 \tag{12-1-24}$$

式（12-1-24）也可写成：

$$\ddot{x}(t) + 2\xi\omega_n\dot{x}(t) + \omega_n^2 x(t) = 0 \tag{12-1-25}$$

式中，ξ 为阻尼比，无量纲，$\xi = \dfrac{c}{2m\omega_n} = \dfrac{c}{2\sqrt{mk}}$。

上述方程的一般解可写成：

$$x(t) = A_0 e^{-\xi\omega_n t}\cos(\omega_n' t - \varphi_0) \tag{12-1-26}$$

式中，$\omega_n' = \sqrt{\omega_n^2 - (\xi\omega_n)^2}$，$A_0$ 为振幅；φ_0 为初相位，是由初始条件确定的两个常数。

$A_0 e^{-\xi\omega_n t}$ 表示衰减振动的振幅，按指数规律衰减，阻尼比 ξ 值越大，振幅衰减越快；振动周期 $T_0 = 2\pi/\omega_n'$，ω_n' 为阻尼固有频率，$\omega_n' < \omega_n$，即阻尼固有频率低于无阻尼固有频率，如图 12-1-3（a）所示。

对于单自由度振动系统，从图 12-1-3（a）的衰减曲线上可以看出，$A_0 e^{-\xi\omega_n t}$ 按指数规律衰减，任意两个相邻振幅之比称为减幅系数，即为 $e^{\xi\omega_n T_0}$，减幅系数可以通过实验测试，而阻尼比 ξ 难以确定。

为便于计算 ξ，设减幅系数的自然对数为对数减幅率，记为 δ，有：

$$\delta = \xi\omega_n T_0 = \frac{2\pi\xi}{\sqrt{1-\xi^2}} \tag{12-1-27}$$

通过实验得到 δ 值，再由式（12-1-27）计算得到 ξ 值。

（2）单自由度系统的强迫振动

强迫振动是指系统对于过程激励的响应。实际的过程激励往往复杂，为了掌握解决问题的方法，先研究一种最简单的过程激励——谐波激励。谐波激励的响应仍然是频率相同的谐波，线性系统的谐波激励还满足叠加原理，因此，常常把复杂的实际过程激励分解为一系列谐波激励。

式（12-1-3）单自由度线性系统强迫振动的运动微分方程为：

$$m\ddot{x}(t) + F_d(t) + F_a(t) = F(t) = F\cos(\omega t) = kf(t) = kA\cos(\omega t) \tag{12-1-28}$$

式中，$F(t)$ 为谐波激励力，具有力的量纲，而 $f(t)$ 应具有位移量纲，激励函数 $f(t)$ 与系统的响应 $x(t)$ 均具有位移量纲。F 为简谐激励力的力幅，有：

$$A = F/k \tag{12-1-29}$$

式（12-1-29）表示与简谐激励力的力幅相等的恒力作用在系统上所引起的静位移。

根据式（12-1-28）与式（12-1-7），单自由度有阻尼系统强迫振动的运动微分方程为：

$$\ddot{x}(t) + 2\xi\omega_n\dot{x}(t) + \omega_n^2 x(t) = \omega_n^2 A\cos(\omega t) \qquad (12\text{-}1\text{-}30)$$

由单自由度自由振动系统的响应与振动系统自身的频率相同可知，单自由度强迫振动系统的响应与谐波激励的频率相同。

设式（12-1-30）的解为：

$$x(t) = X\cos(\omega t - \varphi) \qquad (12\text{-}1\text{-}31)$$

将式（12-1-31）代入式（12-1-30）中得：

$$X\left[\left(\omega_n^2 - \omega^2\right)\cos\varphi + 2\xi\omega_n\sin\varphi\right]\cos(\omega t) + X\left[\left(\omega_n^2 - \omega^2\right)\sin\varphi - 2\xi\omega_n\cos\varphi\right]\sin(\omega t) = \omega_n^2 A\cos(\omega t)$$

$$(12\text{-}1\text{-}32)$$

对于式（12-1-32），在任意时刻 t 都成立，等号两边的相应项系数必须相等，即有：

$$\begin{cases} X\left[\left(\omega_n^2 - \omega^2\right)\cos\varphi + 2\xi\omega_n\sin\varphi\right] = \omega_n^2 A \\ X\left[\left(\omega_n^2 - \omega^2\right)\sin\varphi - 2\xi\omega_n\cos\varphi\right] = 0 \end{cases} \qquad (12\text{-}1\text{-}33)$$

式（12-1-33）的解为：

$$X = \frac{A}{\sqrt{\left[1 - \left(\omega/\omega_n\right)^2\right]^2 + \left(2\xi\,\omega/\omega_n\right)^2}}, \quad \omega \neq \omega_n \qquad (12\text{-}1\text{-}34)$$

$$\varphi = \tan^{-1}\frac{2\xi\,\omega/\omega_n}{1 - \left(\omega/\omega_n\right)^2} \qquad (12\text{-}1\text{-}35)$$

由式（12-1-34）可以看出，振幅 X 与激励的振幅 A 成比例，即：

$$X = |H(\omega)|A \qquad (12\text{-}1\text{-}36)$$

式中 $|H(\omega)|$ 是无量纲的，表示动态振动的振幅 X 较静态位移 A 放大了多少倍，故称为放大系数。

$$|H(\omega)| = \frac{1}{\sqrt{\left[1 - \left(\omega/\omega_n\right)^2\right]^2 + \left(2\xi\,\omega/\omega_n\right)^2}}, \quad \omega \neq \omega_0 \qquad (12\text{-}1\text{-}37)$$

从式（12-1-37）中可以看出，对于不同的阻尼比 ξ，$|H(\omega)|$ 与 ω/ω_n 之间存在一定的函数关系，ω/ω_n 称为频率比，如图 12-1-7 所示。

① 由式（12-1-37）可知，当 $\omega = 0$ 时，$|H(\omega)| = 1$，不同的 ξ 值的幅频特性曲线从 $|H(\omega)| = 1$ 开始。当激励频率很低，即 $\omega \leqslant \omega_0$ 时，$|H(\omega)|$ 接近于 1，这说明低频激励时的振动幅值接近于静态位移。

② 当激励频率很高，即 $\omega > \omega_0$ 时，$|H(\omega)| < 1$，且当 $\omega/\omega_0 \to \infty$ 时，$|H(\omega)| \to 0$，这说

明在高频激励下，由于惯性的影响，系统来不及对高频激励做出响应，因而振幅很小。

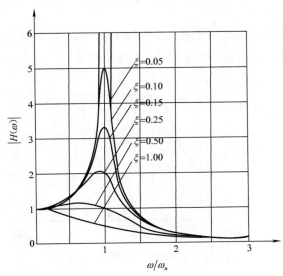

图 12-1-7　单自由度系统对应不同的 ξ 值的幅频特性曲线

③ 在激励频率 ω 与固有频率 ω_0 相近的范围内，$\omega/\omega_0 \approx 1$，$|H(\omega)|$ 曲线出现峰值，这说明此时动态效应很大，振动幅值高出静态位移多倍。在这一频率范围内，$|H(\omega)|$ 曲线随阻尼比 ξ 值的不同有很大差异。当 ξ 值较大时，$|H(\omega)|$ 峰值较低；当 ξ 值较小时，$|H(\omega)|$ 峰值较高。

④ 对式（12-1-37）中 ω 求导并令其等于 0，得 $|H(\omega)|$ 的极大值点为：

$$\omega_r = \omega_0 \sqrt{1 - 2\xi^2} \tag{12-1-38}$$

当激励频率等于 ω_r 时，$|H(\omega)|$ 取极大值 $|H(\omega_r)|$，这种情况下的强迫振动称为共振（一种强烈的振动），ω_r 为共振频率，$|H(\omega_r)|A$ 为共振振幅。

根据 $\omega_d = \sqrt{1 - \xi^2}\,\omega_0$，$\omega_r = \omega_0\sqrt{1 - 2\xi^2}$ 可知，共振频率 ω_r 小于阻尼频率 ω_d，阻尼频率 ω_d 小于无阻尼频率 ω_0，即：

$$\omega_r < \omega_d < \omega_0 \tag{12-1-39}$$

因此，共振并不发生在 ω_0 处，而是发生在略低于 ω_0 处，$|H(\omega)|$ 的峰值点随 ξ 的增大向低频方向移动。由式（12-1-38）可知，当 $1 - 2\xi^2 < 0$ 时，即 $\xi > \sqrt{1/2}$，系统不出现共振。

⑤ 当 $\xi=0$ 时，共振频率 ω_r 等于无阻尼频率 ω_0，此时 $|H(\omega)|=\infty$，即振幅趋于无穷大。

⑥ 幅频特性曲线在共振区的形状与阻尼比 ξ 的关系：ξ 越小，共振峰越尖。因此，可以根据共振峰的形状估算阻尼比 ξ。

当 ξ 很小，如 $\xi < 0.05$ 时，$\omega_r \approx \omega_0$，$|H(\omega_r)| \approx |H(\omega_0)|$，记 $Q = |H(\omega_0)|$，Q 称为品质因数，则有：

$$Q = |H(\omega_0)| \approx \frac{1}{2\xi} \qquad (12\text{-}1\text{-}40)$$

在 $|H(\omega)|$ 峰值两边，$|H(\omega)|$ 等于 $Q/\sqrt{2}$ 的频率 ω_1、ω_2 称为半功率点，如图 12-1-8 所示，ω_1 与 ω_2 之间的频率范围 $(\omega_2 - \omega_1)$ 称为系统的半功率带宽。

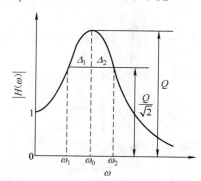

图 12-1-8　幅频特性曲线半功率点

根据半功率点特性，式（12-1-37）可写为：

$$|H(\omega_{1,2})| = \frac{1}{\sqrt{\left[1-\left(\omega_{1,2}/\omega_0\right)^2\right]^2 + \left(2\xi\omega_{1,2}/\omega_0\right)^2}} = \frac{Q}{\sqrt{2}} \approx \frac{1}{2\sqrt{2}\xi} \qquad (12\text{-}1\text{-}41)$$

由于式（12-1-40）成立的条件：ξ 很小。

因此，有：

$$\omega_2^2 - \omega_1^2 = 4\xi\omega_0^2 \ 或 \ (\omega_2+\omega_1)(\omega_2-\omega_1) = 4\xi\omega_0^2 \qquad (12\text{-}1\text{-}42)$$

从图 12-1-8 中可以看出，当 ξ 很小时，$\Delta_1 = \Delta_2$，则有 $\omega_2+\omega_1 \approx 2\omega_0$，由式（12-1-42）可得，$\omega_2 - \omega_1 \approx 2\xi\omega_0$。

因此，通过激振实验，得到 $|H(\omega)|$ 曲线后，获得共振频率 $\omega_r \approx \omega_0$ 和半功率带宽 $(\omega_2 - \omega_1)$，就可以计算得到系统的阻尼比 ξ：

$$\xi \approx \frac{\omega_2 - \omega_1}{2\omega_0} \qquad (12\text{-}1\text{-}43)$$

（3）单自由度系统的扭转振动

前面研究的单自由度无阻尼系统，主要是质量块、弹簧组成的直线振动系统。在工程实践中还有许多其他形式的振动系统，如内燃机的曲轴、轮船的传动轴等等，在运转过程中常常产生扭转振动。如图 12-1-9 所示，圆盘在轴的弹性恢复力矩作用下在平衡位置附近做扭转振动，其中 OA 为一铅直圆轴，上端 A 固定，下端 O 固结一水平圆盘，圆盘对中心轴 OA 的转动惯量为 J。如果在圆盘的水平面内加一力偶，然后突然撤去，圆轴就会带着圆盘做自由扭振。研究圆盘的运动规律，假设圆轴的质量可以略去不计，圆盘的位置可由圆盘上相对静平衡位置转过的角度 θ 决定，假定圆轴的扭转刚度为 k_r，扭转刚度表示使圆盘产生单位转角所需施加的力矩。根据刚体转动特点和牛顿定律有：

$$J\ddot{\theta}(t)+c_{\rm r}\dot{\theta}(t)+k_{\rm r}\theta(t)=0 \tag{12-1-44}$$

式（12-1-44）为单自由度系统扭转振动的运动微分方程，其中，J、$c_{\rm r}$、$k_{\rm r}$ 分别为单自由度系统的转动惯量、扭转阻尼和扭转刚度参数，其量纲分别为转动惯量、（力/角速度）、（力/角度），通常取单位分别为 $kg \cdot m^2$、$N \cdot m \cdot s/rad$、$N \cdot m/rad$。单自由度系统扭转振动系统的角频率为：$\omega_0=\sqrt{\dfrac{k_{\rm r}}{J}}$。

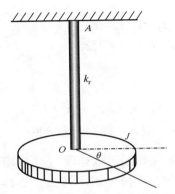

图 12-1-9 单自由度无阻尼系统的扭转振动

1.1.2 多自由度系统的振动

振动系统的"自由度"定义为描述振动系统的位置或形状所需要的独立坐标的个数。如单自由度振动用一个独立坐标就能确定系统振动，多自由度振动用多个独立坐标就能确定其运动。

单自由度自由振动、强迫振动和扭转振动模型是理想化振动系统模型。实际工程中大量的复杂振动系统往往需要简化成多自由度系统才能反映实际问题的物理本质。二自由度系统是多自由度系统的一个最简单的特例。单自由度系统用质量块、阻尼器和弹簧三种理想化的元件表示，而二自由度系统或者多自由度系统用质量矩阵、阻尼矩阵和刚度矩阵三种理想化的元件矩阵表示。多自由度系统与二自由度系统主要是自由度的扩充，在实际问题的等效处理、等效模型的求解、振动特性分析等方面没有本质的区别。

（1）二自由度系统的振动

图 12-1-10（a）为一个典型的二自由度阻尼振动系统力学模型，质量块 m_1 与 m_2 在水平方向分别用两个刚度为 k_1 与 k_3、阻尼为 c_1 与 c_3 的弹簧连接于左、右两侧的支承点，中间再用刚度为 k_2、阻尼为 c_2 的弹簧相互连接，并只限于沿水平光滑平面做往复直线运动。m_1 与 m_2 在任何时刻的位置由独立坐标 $x_1(t)$、$x_2(t)$ 完全确定。

以 m_1 与 m_2 的静平衡位置为坐标原点。在振动过程中任一瞬时 t，m_1 与 m_2 的位置分别为 x_1 与 x_2。在质量块 m_1 的水平方向，作用力有弹性恢复力 k_1x_1、$k_2(x_2-x_1)$，阻尼力 $c_1\dot{x}_1$、$c_2(\dot{x}_2-\dot{x}_1)$，外界激励力 F_1；质量块 m_2 的水平方向则受到弹性恢复力 $-k_2(x_2-x_1)$、k_3x_2，阻尼力 $c_3\dot{x}_2$、$-c_2(\dot{x}_2-\dot{x}_1)$，外界激励力 F_2。力的方向如图 12-1-10（b）所示。取加速度和力的正方向与坐标正方向一致。根据牛顿运动定律分别得到质量块 m_1 与 m_2 的振动微分方程。

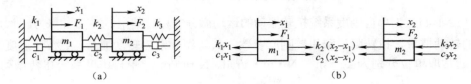

图 12-1-10　二自由度阻尼振动系统

$$\begin{cases} m_1\ddot{x}_1 = -k_1 x_1 + k_2(x_2 - x_1) - c_1\dot{x}_1 + c_2(\dot{x}_2 - \dot{x}_1) + F_1 \\ m_2\ddot{x}_2 = -k_2(x_2 - x_1) - k_3 x_2 - c_3\dot{x}_2 - c_2(\dot{x}_2 - \dot{x}_1) + F_2 \end{cases} \tag{12-1-45}$$

对式（12-1-45）进行移项得：

$$\begin{cases} m_1\ddot{x}_1 + (c_1 + c_2)\,\dot{x}_1 - c_2\dot{x}_2 + (k_1 + k_2)\,x_1 - k_2 x_2 = F_1 \\ m_2\ddot{x}_2 + (c_2 + c_3)\,\dot{x}_2 - c_2\dot{x}_1 + (k_2 + k_3)\,x_2 - k_2 x_1 = F_2 \end{cases} \tag{12-1-46}$$

式（12-1-46）中，m_1 与 m_2 的运动通过耦合项 c_2 与 k_2 相互影响。

根据质量矩阵、阻尼矩阵和刚度矩阵知识，将式（12-1-46）记成：

$$[M]\{\ddot{x}\} + [C]\{\dot{x}\} + [K]\{x\} = \{F\} \tag{12-1-47}$$

式（12-1-47）中，$[M] = \begin{bmatrix} m_1 & 0 \\ 0 & m_2 \end{bmatrix}$，$[C] = \begin{bmatrix} c_1 + c_2 & -c_2 \\ -c_2 & c_2 + c_3 \end{bmatrix}$，$[K] = \begin{bmatrix} k_1 + k_2 & -k_2 \\ -k_2 & k_2 + k_3 \end{bmatrix}$；

$$\{x\} = \begin{Bmatrix} x_1 \\ x_2 \end{Bmatrix}, \quad \{F\} = \begin{Bmatrix} F_1 \\ F_2 \end{Bmatrix}。$$

由上式可以看出，质量矩阵、阻尼矩阵、刚度矩阵都是对称矩阵，且仅当它们都是对角矩阵时，式（12-1-47）才是无耦合的。位移向量和激励力向量都是二维向量。

（2）多自由度系统的振动

确定振动系统的位置或形状所需的独立坐标称为广义坐标。广义坐标的数目与自由度相等。一个振动系统的广义坐标不是唯一的，可以用不同组广义坐标来确定某振动系统，但不同组坐标写出的运动方程的繁简及其耦合方式并不相同。选择广义坐标确定振动系统的位置和形状时，根据工程实际需要选择合适的。

多自由度无阻尼系统与二自由度无阻尼系统的建模、运动微分方程的求解、特性分析并没有本质的差别，只是由于自由度数目的增加，在运动微分方程的求解、特性分析方面需要更有效地处理。多自由度系统的振动方程一般是一组相互耦合的常微分方程组。在系统微幅振动的情况下，这组微分方程式都是线性常系数的。

多自由度无阻尼系统运动微分方程建模时将以矩阵的形式表示振动方程式，对于建立的相互耦合的二阶常微分方程组，可以采用直接求其分析解或数值解的方法进行研究，也可以采用另外一种便于分析的解法——振型叠加法。从计算的角度来看，振型叠加法的要点在于用振型矩阵进行一组坐标变换，将描写系统的原有的坐标用一组特定的新的坐标来替代，这组新的坐标就是主坐标或正则坐标。采用了主坐标或正则坐标，就使系统的振动方程式变成一组相互独立的二阶常微分方程组，其中每一个方程式都可以独立求解，就像一个单自由度系统的振动方程式一样，这样将多自由度系统的运动分析化简成若干单自由度系统的运动分析。

如图 12-1-11 所示，x_1、x_2、x_3 分别为质量块 m_1、m_2、m_3 偏离其各自平衡位置的位移，$\ddot{x}_1$、$\ddot{x}_2$、$\ddot{x}_3$ 为各质量的加速度，F_1、F_2、F_3 分别为作用于各质点上的外力，$k_1 x_1$、$k_2(x_2 - x_1)$、$k_3(x_3 - x_2)$ 分别为弹簧 k_1、k_2、k_3 作用于各质点上的恢复力，其符号由恢复力方向是否与各质点位移正方向一致或相反所决定。

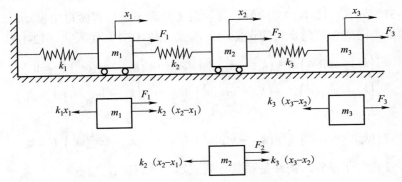

图 12-1-11　三自由度无阻尼系统的振动

根据牛顿运动定律可分别得到质点 m_1、m_2、m_3 的自由振动微分方程：

$$\begin{cases} m_1\ddot{x}_1 = F_1 - k_1 x_1 + k_2(x_2 - x_1) \\ m_2\ddot{x}_2 = F_2 - k_2(x_2 - x_1) + k_3(x_3 - x_2) \\ m_3\ddot{x}_3 = F_3 - k_3(x_3 - x_2) \end{cases} \tag{12-1-48}$$

式（12-1-48）用矩阵形式表示为：

$$[M]\{\ddot{x}\} + [K]\{x\} = \{F\} \tag{12-1-49}$$

式（12-1-49）中，

$\{x\} = \begin{Bmatrix} x_1 \\ x_2 \\ x_3 \end{Bmatrix}$、$\{\ddot{x}\} = \begin{Bmatrix} \ddot{x}_1 \\ \ddot{x}_2 \\ \ddot{x}_3 \end{Bmatrix}$、$\{F\} = \begin{Bmatrix} F_1 \\ F_2 \\ F_3 \end{Bmatrix}$ 分别为位移、加速度、外力的列阵；

$[M] = \begin{bmatrix} m_1 & 0 & 0 \\ 0 & m_2 & 0 \\ 0 & 0 & m_3 \end{bmatrix}$、$[K] = \begin{bmatrix} k_1 + k_2 & -k_2 & 0 \\ -k_2 & k_2 + k_3 & -k_3 \\ 0 & -k_3 & k_3 \end{bmatrix}$ 分别为质量矩阵、刚度矩阵；外力 F_1、F_2、F_3 可以是随时间变化的任意函数，式（12-1-48）是系统在激振外力作用下的强迫振动微分方程。当外力为零时，式（12-1-48）变成三自由度无阻尼自由振动方程。

根据式（12-1-49）可以写出 n 自由度无阻尼的自由振动微分方程式如下：

$$
\begin{bmatrix} m_{11} & m_{12} & \cdots & m_{1n} \\ m_{21} & m_{22} & \cdots & m_{2n} \\ \vdots & \vdots & & \vdots \\ m_{n1} & m_{n2} & \cdots & m_{nn} \end{bmatrix} \begin{Bmatrix} \ddot{x}_1 \\ \ddot{x}_2 \\ \vdots \\ \ddot{x}_n \end{Bmatrix} + \begin{bmatrix} k_{11} & k_{12} & \cdots & k_{1n} \\ k_{21} & k_{22} & \cdots & k_{2n} \\ \vdots & \vdots & & \vdots \\ k_{n1} & k_{n2} & \cdots & k_{nn} \end{bmatrix} \begin{Bmatrix} x_1 \\ x_2 \\ \vdots \\ x_n \end{Bmatrix} = \begin{Bmatrix} 0 \\ 0 \\ \vdots \\ 0 \end{Bmatrix} \tag{12-1-50}
$$

式（12-1-50）中，$m_{ij} = m_{ji}$，$k_{ij} = k_{ji}$，$i, j = 1, 2, \cdots, n$。

设式（12-1-50）的解为：

$$
x_i = A_i \sin(\omega t + \varphi)(i = 1, 2, \cdots, n) \tag{12-1-51}
$$

式（12-1-51）为式（12-1-50）的解，表示系统偏离平衡位置做自由振动时，存在各 x_i 值均按同一频率 ω、同一相位角 φ 做简谐振动。将式（12-1-51）代入式（12-1-50）中得：

$$
\begin{cases} \left(k_{11} - m_{11}\omega^2\right)A_1 + \left(k_{12} - m_{12}\omega^2\right)A_2 + \cdots + \left(k_{1n} - m_{1n}\omega^2\right)A_n = 0 \\ \left(k_{21} - m_{21}\omega^2\right)A_1 + \left(k_{22} - m_{22}\omega^2\right)A_2 + \cdots + \left(k_{2n} - m_{2n}\omega^2\right)A_n = 0 \\ \cdots \\ \left(k_{n1} - m_{n1}\omega^2\right)A_1 + \left(k_{n2} - m_{n2}\omega^2\right)A_2 + \cdots + \left(k_{nn} - m_{nn}\omega^2\right)A_n = 0 \end{cases} \tag{12-1-52}
$$

式（12-1-52）有非零解的条件是系数行列式等于零，即：

$$
\begin{vmatrix} k_{11} - m_{11}\omega^2 & k_{12} - m_{12}\omega^2 & \cdots & k_{1n} - m_{1n}\omega^2 \\ k_{21} - m_{21}\omega^2 & k_{22} - m_{22}\omega^2 & \cdots & k_{2n} - m_{2n}\omega^2 \\ \vdots & \vdots & & \vdots \\ k_{n1} - m_{n1}\omega^2 & k_{n2} - m_{n2}\omega^2 & \cdots & k_{nn} - m_{nn}\omega^2 \end{vmatrix} = 0 \tag{12-1-53}
$$

式（12-1-53）成为式（12-1-52）的特征方程式，将其展开后得到 ω^2 的 n 次代数方程式：

$$
\omega^{2n} + a_1 \omega^{2(n-1)} + a_2 \omega^{2(n-2)} + \cdots + a_{n-1} \omega^2 + a_n = 0 \tag{12-1-54}
$$

对于正定系统来说，系统只可能在稳定平衡位置附近做微小振动，不能远逸。式（12-1-54）有 n 个根均为正实根，它们对应于系统的 n 个自然频率。假设各根互不相等，即没有重根，因而可由小到大按次序排列为：

$$
\omega_1^2 < \omega_2^2 < \cdots < \omega_n^2
$$

其中，最低的频率 ω_i 成为基频，在工程应用中它是最重要的一个自然频率。将各特征根 $\lambda_i = \omega_i^2$ 分别代入式（12-1-52）中便得到相应的解 $\{A^{(i)}\}$，其为系统模态向量或振型向量。自然频率 ω_i 和模态向量 $\{A^{(i)}\}$ 构成了系统的第 i 阶自然模态，它表征了系统的一种基本运动模式，即一种同步运动。n 自由度系统一般有 n 种同步运动，每一种均为简谐运动，但频率 ω_i 不同，而且其振幅在各自由度上的分配方式，即模态向量 $\{A^{(i)}\}$ 也不相同。每一种同步运动可写为：

$$
\{x^{(i)}\} = \{A^{(i)}\} \sin(\omega_i t + \varphi_i)(i = 1, 2, \cdots, n) \tag{12-1-55}
$$

由于式（12-1-52）是齐次方程，式（12-1-55）n 个解的线性组合仍为式（12-1-52）的解，因此，n 自由度无阻尼的自由振动微分方程的通解为：

$$\{x(t)\} = \sum_{i=1}^{n} D_i \{x^{(i)}\} = \sum_{i=1}^{n} D_i \{A^{(i)}\} \sin(\omega_i t + \varphi_i) \tag{12-1-56}$$

式（12-1-56）中，ω_i、$\{A^{(i)}\}$（$i = 1, 2, \cdots, n$）由系统参数决定；φ_i、D_i（$i = 1, 2, \cdots, n$）为待定常数，由初始条件决定。

式（12-1-52）定义了一个 n 维广义特征值问题，由它确定的特征值 $\lambda_i = \omega_i^2$ 与特征向量 $\{A^{(i)}\}$（$i = 1, 2, \cdots, n$）分别与运动方程式（12-1-50）所描述的 n 自由度系统的 n 个自然频率及模态向量相对应。

一个特征值只能确定特征向量的方向，不能确定其绝对长度。式（12-1-52）是齐次代数方程组，因此，如果 $\{x^{(i)}\}$ 是它的一个解，那么 $D_i \{x^{(i)}\}$ 也必为其解，D_i 是任意实数。

对于振动系统而言，模态向量的方向（即模态的各分量的比值）是由系统的参数与特征所确定的，即振动系统的振型是确定的，而振型向量的"长度"却不能由特征值问题本身给出唯一的答案。这时，可以人为地选取模态向量的长度，这一过程叫作模态向量的"正规化"。正规化的方法之一是令模态向量的某一分量取值为 1。

设 ω_i、ω_j 及 $\{A^{(i)}\}$、$\{A^{(j)}\}$ 分别是多自由度系统的某两个模态的自然频率和模态分量，且 $\omega_i \neq \omega_j$，它们都满足系统的特征值方程式，即：

$$[k]\{A^{(i)}\} = \omega_i^2 [m]\{A^{(i)}\} \tag{12-1-57}$$

$$[k]\{A^{(j)}\} = \omega_j^2 [m]\{A^{(j)}\} \tag{12-1-58}$$

将式（12-1-57）等号两边左乘 $\{A^{(j)}\}^{\mathrm{T}}$ 并取转置，式（12-1-58）等号两边左乘 $\{A^{(i)}\}^{\mathrm{T}}$，对处理后的式子进行相减得：

$$\left(\omega_i^2 - \omega_j^2\right) \{A^{(i)}\}^{\mathrm{T}} [m]\{A^{(j)}\} = 0 \tag{12-1-59}$$

由于 $\omega_i \neq \omega_j$，必有：

$$\{A^{(i)}\}^{\mathrm{T}} [m]\{A^{(j)}\} = 0 \ (i, j = 1, 2, \cdots, n;\ i \neq j) \tag{12-1-60}$$

同理可得：

$$\{A^{(i)}\}^{\mathrm{T}} [k]\{A^{(j)}\} = 0 \ (i, j = 1, 2, \cdots, n;\ i \neq j) \tag{12-1-61}$$

式（12-1-60）与式（12-1-61）分别称为模态向量对于质量矩阵、刚度矩阵的正交性。这就是对于通常意义下的正交性的一种自然的推广，即分别以 $[m]$、$[k]$ 作为权矩阵的一种正交性。当 $[m]$、$[k]$ 为单位矩阵时，式（12-1-60）与式（12-1-61）就退化为：

$$\{A^{(i)}\}^{\mathrm{T}} \{A^{(j)}\} = A_1^{(i)} A_1^{(j)} + A_2^{(i)} A_2^{(j)} + \cdots + A_n^{(i)} A_n^{(j)} = 0 \ (i, j = 1, 2, \cdots, n;\ i \neq j)$$

$$\tag{12-1-62}$$

设

$$\left\{A^{(i)}\right\}^{\mathrm{T}}[m]\left\{A^{(i)}\right\}=M_i\ (i=1,2,\cdots,\ n) \tag{12-1-63}$$

由于 $[m]$ 是正定的，故为一个正实数，称 M_i 为第 i 阶模态质量。

同理，设

$$\left\{A^{(i)}\right\}^{\mathrm{T}}[k]\left\{A^{(i)}\right\}=K_i\ (i=1,2,\cdots,\ n) \tag{12-1-64}$$

由于 $[k]$ 是正定的，故为一个正实数，称 K_i 为第 i 阶模态刚度。

将式（12-1-57）两端相乘，即：

$$\left\{A^{(i)}\right\}^{\mathrm{T}}[k]\left\{A^{(i)}\right\}=\omega_i^2\left\{A^{(i)}\right\}^{\mathrm{T}}[m]\left\{A^{(i)}\right\} \tag{12-1-65}$$

由式（12-1-65）得：

$$\omega_i^2=\frac{\left\{A^{(i)}\right\}^{\mathrm{T}}[k]\left\{A^{(i)}\right\}}{\left\{A^{(i)}\right\}^{\mathrm{T}}[m]\left\{A^{(i)}\right\}}=\frac{K_i}{M_i}\ (i=1,\ 2,\ \cdots,\ n) \tag{12-1-66}$$

即第 i 阶自然频率平方值等于 K_i 除以 M_i，这与单自由度系统情况类似。

根据模态向量 $\left\{A^{(i)}\right\}$ 的长度其实是不定的，因此，可以对模态向量进行正规化，即将它除以对应的模态质量的平方根 $\sqrt{M_i}$。对于经过正规化后的模态向量，有：

$$\left\{A^{(i)}\right\}^{\mathrm{T}}[m]\left\{A^{(i)}\right\}=1\ (i=1,\ 2,\ \cdots,\ n) \tag{12-1-67}$$

由式（12-1-65）得：

$$\left\{A^{(i)}\right\}^{\mathrm{T}}[k]\left\{A^{(i)}\right\}=\omega_i^2\ (i=1,\ 2,\ \cdots,\ n) \tag{12-1-68}$$

式（12-1-67）和式（12-1-68）称为模态向量的一种正规化条件。

假定振动系统的 n 个自然频率各不相等时，对于模态向量的正交性与正规化条件可归纳为：

$$\left\{A^{(i)}\right\}^{\mathrm{T}}[m]\left\{A^{(j)}\right\}=\delta_{ij}\ (i,\ j=1,\ 2,\ \cdots,\ n) \tag{12-1-69}$$

$$\left\{A^{(i)}\right\}^{\mathrm{T}}[k]\left\{A^{(j)}\right\}=\delta_{ij}\omega_i^2\ (i,\ j=1,\ 2,\ \cdots,\ n) \tag{12-1-70}$$

将 n 个正规化的模态向量顺序排列成一个方阵，就构成了 $n×n$ 模态矩阵 $[A]$：

$$[A]=\left[\left\{A^{(1)}\right\},\ \left\{A^{(2)}\right\},\ \cdots,\ \left\{A^{(n)}\right\}\right] \tag{12-1-71}$$

引入模态矩阵 $[A]$ 以后，可以将式（12-1-69）及式（12-1-70）的 $2n^2$ 个等式归纳成两个矩阵等式，即：

$$[A]^{\mathrm{T}}[m][A]=[1] \tag{12-1-72}$$

$$[A]^{\mathrm{T}}[k][A]=\begin{bmatrix} \ddots & & \\ & \omega_i^2 & \\ & & \ddots \end{bmatrix} \tag{12-1-73}$$

式（12-1-73）中，$\begin{bmatrix} \ddots & & \\ & \omega_i^2 & \\ & & \ddots \end{bmatrix}=\begin{bmatrix} \omega_1^2 & & & \\ & \omega_2^2 & & \\ & & \ddots & \\ & & & \omega_n^2 \end{bmatrix}$ 称为系统的特征值矩阵，而特征值

问题可综合成：

$$[k][A]=[m][A]\begin{bmatrix} \ddots & & \\ & \omega_i^2 & \\ & & \ddots \end{bmatrix} \tag{12-1-74}$$

工程实际中的多自由度系统具有阻尼，对于 n 自由度有阻尼系统的运动微分方程也可以用式（12-1-47）表示。此时，式（12-1-47）中各质量矩阵、阻尼矩阵、刚度矩阵为：

$$[M]=\begin{bmatrix} m_{11} & m_{12} & \cdots & m_{1n} \\ m_{21} & m_{22} & \cdots & m_{2n} \\ \vdots & \vdots & & \vdots \\ m_{n1} & m_{n2} & \cdots & m_{nn} \end{bmatrix}, \quad [C]=\begin{bmatrix} c_{11} & c_{12} & \cdots & c_{1n} \\ c_{21} & c_{22} & \cdots & c_{2n} \\ \vdots & \vdots & & \vdots \\ c_{n1} & c_{n2} & \cdots & c_{nn} \end{bmatrix}, \quad [K]=\begin{bmatrix} k_{11} & k_{12} & \cdots & k_{1n} \\ k_{21} & k_{22} & \cdots & k_{2n} \\ \vdots & \vdots & & \vdots \\ k_{n1} & k_{n2} & \cdots & k_{nn} \end{bmatrix}。$$

位移向量和激励力向量为：$\{x\}=\begin{Bmatrix} x_1 \\ x_2 \\ \vdots \\ x_n \end{Bmatrix}, \quad \{F\}=\begin{Bmatrix} F_1 \\ F_2 \\ \vdots \\ F_n \end{Bmatrix}。$

从多自由度无阻尼系统的振动方程求解可知，方程的解为模态向量的线性组合，$[M]$、$[K]$ 经过运算可以变成对角矩阵，但阻尼矩阵一般不能变成对角矩阵。如果将阻尼矩阵近似地表示为质量矩阵与刚度矩阵的线性组合，即将阻尼近似为比例阻尼，此时，阻尼矩阵也可以变成对角矩阵。

工程中的振动系统在阻尼非常小的情况下，尽管阻尼矩阵不是对角矩阵，在工程问题处理过程中，可以用一个对角矩阵形式的阻尼矩阵来近似等效，即将阻尼矩阵中的非对角元素改为零值。

1.1.3　连续系统的振动

工程实际中的振动系统都是连续弹性体，其质量与刚度具有分布的性质，对连续弹性体上所有点的瞬时运行情况都掌握后，才能描述该连续弹性体。

为了把握工程实际中的主要问题，往往需要对连续弹性体进行适当简化，用有限多个自由度的模型来进行等效分析，即将连续弹性体抽象为由一些集中质量块和弹性元件组成的模型。得到连续弹性体主要的即较低频率的一些振动特性和规律，满足工程实际需要。

具有分布物理参数（质量、刚度、阻尼）的连续弹性体是由无数个质点借弹性联系组成的连续系统。它具有无限多个自由度，相应地具有无限多个固有频率（特征根）与振型（模态向量）。研究连续弹性体的振动需用偏微分方程式来描述，且对连续弹性体提出三个假设：①连续弹性体均匀连续；②连续弹性体各向同性；③连续弹性体服从虎克定律。

连续弹性体包括：弦、杆、梁、矩形平板等。下面将介绍这些连续弹性体的横向振动、纵向振动。

（1）弦的振动

假设一根长为 l、质量为 ρ 的绕性弦在张力 T 作用下被张紧，则弦的振动频率及其振型为：

$$\omega_n = \frac{n\pi v}{l} \ (n=1,\ 2,\ 3 \cdots) \tag{12-1-75}$$

式（12-1-75）中，n 表示第 n 种主振型；$v = \sqrt{T/\rho}$，为沿弦传播的波速。

$$Y_n(x) = B_n \sin\left(\frac{n\pi x}{l}\right) \ (n=1,\ 2,\ 3 \cdots) \tag{12-1-76}$$

式中　x——离坐标原点的距离；

　　　B_n——第 n 种主振型的振幅最大值；

$Y_n(x)$——x 处的振幅。

弦自由振动前三阶振型示意图如图 12-1-12 所示。

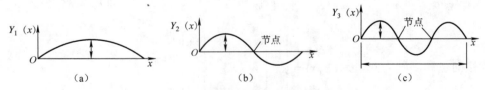

图 12-1-12　弦自由振动前三阶振型示意图

（2）杆的纵向自由振动

假设一根细长的、沿长度匀质的杆 l 纵向自由振动，则杆的纵向振动频率及其振型为：

$$\omega_n = \frac{n\pi}{l} \sqrt{\frac{E}{\rho_V}} \ (n=1,\ 2,\ 3 \cdots) \tag{12-1-77}$$

式中　n——第 n 种主振型；

　　　E——杆材料的弹性模量；

　　　ρ_V——杆单位体积的质量密度；

$\sqrt{\dfrac{E}{\rho_V}}$——杆中波的传播波速。

① 当杆两端固定时　两端固定杆的纵向自由振动前三阶振型示意图如图 12-1-13 所示。

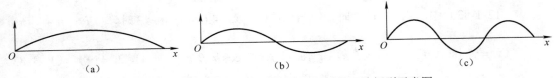

图 12-1-13　两端固定杆的纵向自由振动前三阶振型示意图

② 当杆左端固定右端自由时：

$$Y_n(x) = B_n \sin\left[\frac{(2n-1)\pi x}{2l}\right] \quad (n=1,\ 2,\ 3\cdots) \tag{12-1-78}$$

左端固定右端自由杆的纵向自由振动前三阶振型示意图如图 12-1-14 所示。

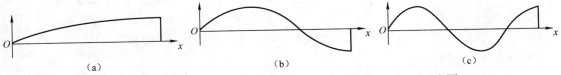

图 12-1-14　左端固定右端自由杆的纵向自由振动前三阶振型示意图

③ 当杆两端自由时：

$$Y_n(x) = B_n \cos\left(\frac{n\pi x}{l}\right) \quad (n=1,\ 2,\ 3\cdots) \tag{12-1-79}$$

两端自由杆的纵向自由振动前三阶振型示意图如图 12-1-15 所示。

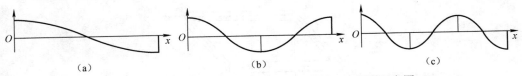

图 12-1-15　两端自由杆的纵向自由振动前三阶振型示意图

（3）梁的横向振动

假设伯努利-欧拉梁在 t 时刻距离坐标原点 x 处的截面上作用外力 $f(x,\ t)$，单位长度的梁的质量为 $m(x)$，梁横截面抗弯刚度为 $\mathrm{EI}(x)$，则梁的横向振动频率及其振型如下。

① 两端铰支梁：

$$\omega_n = \frac{n^2\pi^2}{l^2}\sqrt{\frac{\mathrm{EI}(x)}{m(x)}} \quad (n=1,\ 2,\ 3\cdots) \tag{12-1-80}$$

$$Y_n(x) = \sqrt{\frac{2}{ml}}\sin\left(\frac{n\pi x}{l}\right) \quad (n=1,\ 2,\ 3\cdots) \tag{12-1-81}$$

式（12-1-80）、式（12-1-81）中，l 为梁的长度，n 为第 n 种主振型。

两端铰支梁前三阶振型与图 12-1-12 相似。

② 一端固定一端自由梁：

$$\omega_n = \frac{(\beta_n l)^2}{l^2}\sqrt{\frac{\mathrm{EI}(x)}{m(x)}} \quad (n=1,\ 2,\ 3\cdots) \tag{12-1-82}$$

式（12-1-82）中，当 $n=1$、2 时，$\beta_1 l = 1.875$，$\beta_2 l = 4.694$；$n \geqslant 3$ 时，$\beta_n l \approx \left(n - \dfrac{1}{2}\right)\pi$。

$$Y_n(x) = A_1\left\{\sin(\beta_n x) - \sin h(\beta_n x) + \varsigma_n[\cos(\beta_n x) - \cos h(\beta_n x)]\right\} \ (n = 1,\ 2,\ 3\cdots) \quad (12\text{-}1\text{-}83)$$

式（12-1-83）中，$\varsigma_n = \dfrac{\cos(\beta_n l) + \cos h(\beta_n l)}{\sin(\beta_n l) - \sin h(\beta_n l)}$，$A_1$ 为待定系数。

一端固定一端自由梁的自由振动前三阶振型示意图如图 12-1-16 所示。

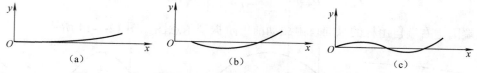

图 12-1-16　一端固定一端自由梁的自由振动前三阶振型示意图

（4）平板的横向振动

假设矩形平板（如图 12-1-17 所示）在横向静载荷 $F(x,\ y)$ 作用下横向自由振动，对于不同的边界条件（固定边、简支边、自由边），矩形平板有不同的固有频率及其振型，但只有四周简支的矩形板才能得到自由振动的精确解。如果矩形平板有一对简支边，问题也能简化。如果矩形平板中没有一边简支，只能得到自由振动的近似解。矩形平板自由振动的频率及其振型如下。

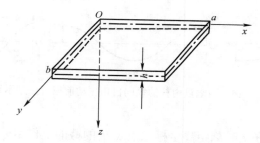

图 12-1-17　矩形板及坐标系

① 四周简支的矩形板

$$\omega_{m,\ n} = \pi^2\left(\frac{m^2}{a^2} + \frac{n^2}{b^2}\right)\sqrt{\frac{D_0}{\rho_e h}}\ (m,\ n = 1,\ 2,\ 3\cdots) \quad (12\text{-}1\text{-}84)$$

式（12-1-84）中，$D_0 = \dfrac{Eh^3}{12(1-\mu^2)}$，$E$ 为矩形板材料的弹性模量；μ 为泊松比；h 为板的厚度；a、b 分别为板的长和宽；ρ_e 为单位体积矩形板的质量。

$$Y_{m,\ n}(x, y) = A_{m,\ n}\sin\left(\frac{m\pi x}{a}\right)\sin\left(\frac{n\pi y}{b}\right)\ (m,\ n = 1,\ 2,\ 3\cdots) \quad (12\text{-}1\text{-}85)$$

式（12-1-85）中，$A_{m,\ n}$ 为初始条件决定的常数。

　　四周简支矩形板做主振动时，板上有若干条在任意时间 t 时挠度恒为零的线——节线。m 和 n 分别表示矩形板振动时在 x 方向及 y 方向所形成的正弦半波的波数。如图 12-1-18 所示，四周简支矩形板最初三个振型图：$m=1$、$n=1$，矩形板在 x 方向和 y 方向各形成一个半波；$m=1$、$n=2$，矩形板在 x 方向形成一个半波，在 y 方向形成两个半波；而 $(m-1)$ 和 $(n-1)$ 分别是 x 轴及 y 轴相平行的节线数。图 12-1-19 为最初四个谐调的矩形板的节线图，图中虚线为振动的节线。

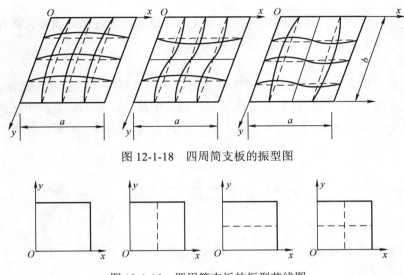

图 12-1-18　四周简支板的振型图

图 12-1-19　四周简支板的振型节线图

② 一对边简支、另一对边任意的矩形板

当另一对边为自由边时，矩形平板相当于简支梁，矩形平板自由振动的频率为：

$$\omega_{m,\,n} = \pi^2 \frac{m^2}{a^2} \sqrt{\frac{D_0}{\rho_e h}} \quad (m,\ n = 1,\ 2,\ 3 \cdots) \tag{12-1-86}$$

当另一对边不全是自由边时，矩形平板因刚度增加，矩形平板自由振动的频率为：

$$\omega_{m,\,n} > \pi^2 \frac{m^2}{a^2} \sqrt{\frac{D_0}{\rho_e h}} \quad (m,\ n = 1,\ 2,\ 3 \cdots) \tag{12-1-87}$$

　　如果简化的系统模型中有几个集中质量，就需要几个自由度，需要几个独立坐标来描述它们的运动，系统的运动方程是几个二阶相互耦合的常微分方程。除了这种将分布质量聚缩成集中质量的离散化方法以外，还可以采用其他一些近似方法（如瑞雷-李兹法、伽辽金法），将无限多自由度的连续弹性体简化为多自由度系统。近几十年来，随着电子计算机的广泛应用，又发展了一种高效的离散化处理方法——有限单元法。运用有限单元法，任何复杂的弹性结构的振动问题都可以离散化成为近似的多自由度系统的振动问题。

一个实际的振动系统，什么情况下可抽象化为离散系统，什么情况下应采用连续振动系统，取多少个自由度，都需要根据振动系统的具体结构、求解问题的性质、精度要求、解题的时间要求和所花的费用、解题者个人的经验和习惯以及所掌握的计算方法和计算工具等情况决定。

1.2 振动的传播和衰减

振动在固体介质中的传播可以分为三种形式，即横波、纵波和表面波。在介质中传播的横波、纵波统称为实体波。

（1）纵波

纵波是由介质的压缩（或稀疏）弹性形变引起的，也称为压缩波（或疏密波），振动方向和波的前进方向一致。它的传播速度在三种振动波中最快，在地震测量中它被第一个测量出，所以又称初至波（primary wave）或 P 波。纵波在实体结构（地层结构等）中的传播速度为：

$$c_P = \sqrt{\frac{1-\mu}{(1+\mu)(1-2\mu)}} \cdot \sqrt{\frac{E}{\rho}} \qquad (12\text{-}1\text{-}88)$$

式中　　μ——泊松比；

　　　　E——介质的弹性模量；

　　　　ρ——介质密度。

纵波的实测速度在黏土层中约为 1100～1300m/s，在砂地层中为 1700～1800m/s。

（2）横波

横波是弹性介质的剪切形变产生的，横波的粒子振动方向和波的传播方向相垂直。横波的传播速度仅次于纵波，是地震测量中第二个记录到的波，所以常被称为次至波（secondary wave）或 S 波，其传播速度为：

$$c_S = \frac{1}{\sqrt{2(1+\mu)}} \cdot \sqrt{\frac{E}{\rho}} \qquad (12\text{-}1\text{-}89)$$

式（12-1-89）中各字母的含义与式（12-1-88）一样。

横波实测速度在黏土层中约为 170～350m/s，在砂地层中为 300～600m/s。

（3）表面波

表面波是由于介质中的振动波受界面制导而产生的沿界面传播的一种波，质点振幅随着深度的增加呈现指数衰减，表面波也称为瑞利波或 R 波。表面波是一种沿地层表面传播的波，它的传播速度比纵波慢，和横波相近，在黏土层中约为 130～300m/s，在砂地层中为 240～550m/s。由于这种波随距离衰减较小，在离振源较远的地方，以表面波最强。

图 12-1-20 为固体介质中纵波、横波和表面波的振动传播形态。

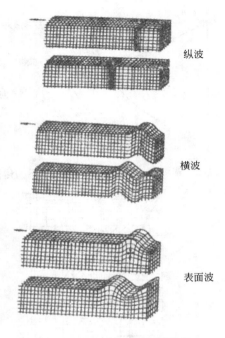

纵波

横波

表面波

图 12-1-20　振动传播的形态

振动以波的形式传播时，也要产生衰减，这种衰减可描述如下：

$$u = u_0 r^{-n} \tag{12-1-90}$$

式中　u_0——振源处的振幅；

　　　u——距振源距离 r 处的振幅；

　　　n——距离衰减系数。对于在地表面传播的实体波，$n=2$；对于在地层结构内部传播的实体波，$n=1$；对于表面波，$n=1/2$。

由式（12-1-90）可以看出，在地层表面传播的实体波，振幅和 r 成反比，能量衰减和 r^2 成反比。地面传播的表面波，振幅和 $\sqrt{r}$ 成反比，能量和距离 r 成反比。距离加倍，实体波衰减 6dB，而表面波仅衰减 3dB。除距离衰减外，振动还由于传播介质的黏滞性而衰减。考虑这种衰减时，上式可以写成：

$$u = u_0 \mathrm{e}^{-\lambda r} r^{-n} \tag{12-1-91}$$

式（12-1-91）中 $\lambda = 2\pi h f / c$，为衰减系数；f 为振动频率；c 为波动传播速度；h 为介质内部衰减比，和土质结构有关（对于黏质土，$h=0.02\sim0.05$；对于沙质土，$h=0.03\sim0.10$）。

从式（12-1-90）和式（12-1-91）中可以看出，振动的频率越高，能量衰减越快。例如当 $h=0.05$，$c=100\mathrm{m/s}$ 时：$f=5\mathrm{Hz}$ 的波，$\lambda=0.0161\mathrm{m}$；$f=20\mathrm{Hz}$ 的波，$\lambda=0.0631\mathrm{m}$。图 12-1-21 为纵波、横波和表面波在地表面和地下的传播衰减特性。图 12-1-22 为不同类型的振动波随距离的衰减曲线。

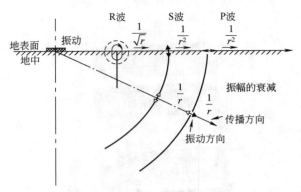

图 12-1-21　纵波、横波和表面波在地表面和地下的传播衰减特性

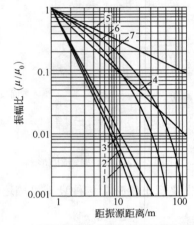

图 12-1-22　不同类型的振动波随距离的衰减曲线

1—实体波，$n=2$，$\lambda=0.1$；2—实体波，$n=2$，$\lambda=0.05$；3—实体波，$n=2$，$\lambda=0$；4—实体波，$n=1$，$\lambda=0$；
5—表面波，$n=1/2$，$\lambda=0$；6—表面波，$n=1/2$，$\lambda=0.05$；7—表面波，$n=1/2$，$\lambda=0.1$

1.3　振动源

振动是普遍存在的现象，振动的来源可分为自然振源和人工振源两大类：自然振源如地震、海浪和风振等；人工振源如各类动力机器的运转、交通运输工具的运行、建筑施工打桩和人工爆破等。

人工振源所产生的振动波，一般在地表土壤中传播，通过建筑物的基础或地坪传至人体、精密仪器设备或建筑物本身，这会对人和物造成危害。

1.3.1　工业振动源

工业振动源是工业生产活动中常使用的机械设备，比如泵类、风机、电机、压缩机、纺织机、冲压机、锻锤、剪板机、破碎机等产生的振动。这些振动源可根据其工作原理不同分为以下几类：旋转运动机械振动、往复运动机械振动、锻压机械振动、传动机械振动、管道振动。

旋转运动机械是主要依靠转动部件做功的机械，如通风机、发电机和电动机等，在运转过程中存在着或大或小的不平衡力，不平衡力的作用通过机身传入基础和地基会引起地面环境振动。旋转体的不平衡分为静态不平衡和动态不平衡。静态不平衡是一个旋转平面内的不平衡，转子中央平面内存在不平衡质量，使轴的质量中心线与旋转中心线偏离，但两线平行。动态不平衡是两个或多个旋转平面内的不平衡，轴的质量中心线与旋转中心线不平行也不相交，是静态不平衡与力矩不平衡随机组合导致的。

往复运动机械是通过曲柄连杆机构将旋转运动变为往复运动，如柴油机、空气压缩机、纺织机等。曲柄连杆机构旋转过程中产生的不平衡力是导致振动的根源。

锻压机械是靠冲击力做功的机械，通常产生较强的地面振动，对周围环境造成影响。典型的锻压机械包括锻锤和冲床。锻锤主要由锤架、锤头、砧座等部分组成，锻锤是通过锤头自由下落或蒸汽压力促其下落，对置放在砧座上的加工物实行冲击做功。冲击的一瞬间大部分落锤的能量用来使被加工物变形，一部分则转变为振动能量通过砧座和锤架馈入地基并向四周地层传播。

冲床是一种冷加工的机械设备，是利用冲头的压力做功，使加工材料弯曲成型或完成冲、裁等工序。冲床主要由床身、冲头、工作台、曲轴连杆及惯性飞轮等部件组成。冲床的工作是由电动机带动飞轮，再由离合装置带动曲柄、连杆及冲头。冲床工作时，每当冲头上下完成一次冲压时，冲床床身及承载冲床的基础和附近地面就产生一次冲击振动。冲床工作时产生振动的原因有：转动部分（电动机和飞轮）的不平衡力，曲轴连杆和冲头组成的曲柄连杆机构的不平衡扰力，冲头与工件接触时的冲击力，冲压过程完成瞬间由于力的释放，曲轴及立柱的弹性收缩引起的振动力等。实践证明，前几种力的作用产生的振动不大，冲床振动主要是在下料完成的瞬间，冲头与工件相互作用力突然消失后因曲轴和立柱形变状态恢复到原状态的回弹作用引起的。冲床的振动主要与冲压加工的压力大小有关，压力大则曲轴承受的剪应力大，立柱的压应力亦大，每次冲压完成时回弹力亦大，所以冲床冲压吨位越高，冲压振动越强烈。另外，振动与冲床结构部件的刚度、内阻尼等因素有关，刚度大、阻尼大，则振动小。冲床基础条件的好坏也会直接影响冲床振动的强弱。

传动机械是利用机件间的摩擦力、啮合或借助中间件啮合传递动力和运动，包括带传动、绳传动、摩擦轮传动、齿轮传动、链传动、螺旋传动和谐波传动等。传动机械会产生扭转振动、横向振动和纵向振动。

管道振动产生于工业传递输送介质（气、液、粉等）的各种管道中。通常在管道内流动的介质，其压力、速度、温度和密度等往往是随时间而变化的，这种变化又常常是周期性的，如与压缩机相衔接的管道系统，由于周期性地注入和吸走气体，激发了气流脉动，而脉动气流形成了对管道的激振力，产生了管道的机械振动。

1.3.2　交通振动源

交通振动源是交通运输工具产生的振动，包括道路交通振动、城市轨道交通振动、铁路交通振动等。

（1）道路交通振动

行驶在公路上的汽车通过轮胎给路面一个变动着的接地压力，该接地压力就是汽车振源在沿途地表引起的振动。这种振动与路面的凹凸程度、汽车类型、汽车载重量及行车速度等因素有关。沿公路传播到公路两侧地域的振动特性还与公路基础结构、公路两侧的地层、地面条件等因素有关。

公路交通振动的频率一般分布在 2～160Hz 范围，其中 5～63Hz 的频率成分比较集中。

对于沥青路面，振动峰值多出现在 12.5Hz 左右；对于水泥路面，振动峰值多出现在 20Hz 左右。

（2）城市轨道交通振动

城市轨道交通运行产生的振动通过岩土介质传至建筑基础并进一步诱发建筑结构的二次振动和噪声。有数据表明，轨道交通沿线两侧 100 多米范围内环境振动增加了 10～20dB，不仅影响人们的正常工作和生活，还会影响精密仪器的使用和古建文物的安全问题。伴随着轨道交通线网密度加大、运营里程增加和运营间距的缩小，城市轨道交通与敏感建筑物距离越来越近，甚至出现"零距离"接触，由此引发的振动和噪声污染问题愈发严重。

（3）铁路交通振动

火车运行时总是伴随着强烈的振动，振动通过钢轨和路基传入地层并沿地表向铁路两侧外围传播。火车运行中产生的振动不仅与列车的类型、承载的重量、行驶速度有关，而且与轨道结构、路基条件、基础种类和行驶经过的结构物等因素有关，还与铁路两侧的地区构造和受影响的建筑物结构有关，如表 12-1-1 所列。

表 12-1-1　与铁路振动有关的因素

振动因素	细目
列车	列车种类（客车、货车、空载、满载）；轮轴系统的特征；行驶速度
轨道	钢轨、枕木；钢轨连接装置；路基、路基板、路基石等
行驶经过的结构物	堆土、挖土；桥梁（框架、模梁、混凝土和钢的合成）；隧道
基础条件	直接基础；打桩基础；沉箱、其他
地区条件	地表层的结构（土的性质）；内部结构
建筑物	结构种类；层楼规模；基础结构

引起或诱发铁路振动的因素很多，但总的来说，还是以列车车轮在钢轨上快速行驶所引起的冲击振动为最主要的因素。冲击，一方面是由车轮在钢轨连接部位相撞引起，另一方面是车轮表面与钢轨表面由于磨损呈现波纹从而使得滚动中含有冲击碰撞成分引起的。

同样条件下，速度越快，引起的车轮与钢轨的冲撞越强烈。一般情况下，与平面段铁路线路引起的振动相比，高架桥、桥梁段的振动有减小的倾向。

第2章　振动对人的影响

　　人对振动的感觉和振幅、频率、振动方向、持续时间等因素有关。因此，准确地评价振动是相当困难的。

　　振动传至人体主要有四种形式：

　　① 振动同时传递到整个人体外表面或其他部分外表面。

　　② 振动通过支撑表面传递到整个人体上，例如通过站着的人的脚、坐着的人的臀部或斜躺着的人的支撑面。这种情况通常称为全身振动。

　　③ 振动作用于人体的个别部位，如头或四肢。这种加在人体的个别部位，并且只传递到人体某个局部的振动（一般区别于全身传递），称为局部振动。

　　④ 还有一种情况，虽然振动没有直接作用于人体，但人却能通过视觉、听觉等感受到振动，也会对人造成影响。这种虽不直接作用于人，但却能影响到人的振动称为间接振动。

　　一般来说，振动的加速度小于 0.008m/s^2 时，人感觉不到；对于 $0.008\sim0.025\text{m/s}^2$ 范围的振动，人刚刚感觉到；$0.025\sim0.08\text{m/s}^2$ 可以明显感觉到。人对水平方向的振动比垂直方向的振动敏感。对于整体振动来说：当振动方向处于垂直方向时，人最敏感的频率范围是 $4\sim8\text{Hz}$；当振动方向处于水平方向时，人最敏感的频率范围是 $1\sim2\text{Hz}$。

　　对于手腕接触的局部振动（如各种风动、电动工具）来说，人最敏感的频率范围是 $6\sim18\text{Hz}$。考虑到人的这种感觉特性，有时也采用振动级来描述振动。振动级是在加速度级的基础上，考虑了人的主观响应修正，其定义为：

$$L_\text{v} = 20\lg\frac{a}{a_0}$$

$$a = \sqrt{\sum a_n^2 10^{c_n/10}}$$

式中　a——计权修正的振动加速度，m/s^2；

　　　　a_0——基准加速度；

　　　　a_n——频率为 n 的加速度有效值，m/s^2；

　　　　c_n——频率为 n 的加速度修正值，见表 12-2-1 和表 12-2-2。

表 12-2-1　**全身振动频率响应修正值**

倍频程中心频率/Hz	1	2	4	8	16	31.5	63	90
c_{n1}	−6	−3	0	0	−6	−12	−18	−21
c_{n2}	+3	+3	−3	−9	−15	−21	−27	−30

注：c_{n1} 为垂直方向修正值；c_{n2} 为水平方向修正值。

表 12-2-2　**局部振动频率响应修正值**

倍频程中心频率/Hz	6.3	8	16	31.5	63	125	250	500	1000	1400
c_n	0	0	0	−6	−12	−18	−24	−30	−36	−39

人体没有一个单独的振动感觉器官，而是将视觉、前庭觉、躯体觉和听觉系统的信号组合起来感觉振动，其中的任一个系统都可以以不止一种的方式感觉振动。对于大位移、低频振动，人们可以通过视网膜上物体相对位置的变化而清晰地看见运动。视觉系统也可以在振动环境中通过观察其他物体的运动来感觉振动。例如：汽车的后视镜的振动导致图像模糊；窗帘和电灯的摇摆；饮料表面出现波纹。另外，眼球会在 30～80Hz 发生共振，引起视觉模糊。

前庭是内耳中保持平衡的器官，由三个半规管和球囊、椭圆囊组成，其中均充满着内淋巴液，均属于静态平衡。利用内淋巴液的惯性，三个半规管感知身体旋转的角加速度，球囊和椭圆囊分别感知垂向和水平向直线加速度，球囊和椭圆囊统称为耳石器官。半规管是三个互相垂直的半圆形小管，代表空间的三个面，当头旋转时，内淋巴液因惯性而向与旋转相反的方向移位，使得胶质性的终帽发生弯曲变形，刺激毛细胞及其基部的神经末梢。在耳石膜中的钙质耳石晶体附着在胶质覆膜上，比周围组织重，因此在直线加速度时会发生位移，导致毛细胞的纤毛束转向，产生感觉信号。

躯体系统可以分为三部分：运动觉、内脏觉和肤觉。运动觉采用分布在关节、肌肉和肌腱中的本体感受器的信号反馈给大脑。类似地，内脏觉采用腹部的感受器。肤觉由皮肤内的四类神经末梢组合反应组成。皮肤由表皮和真皮构成。Ruffini 末梢分布在真皮中，感受高频振动（100～500Hz）和侧面拉伸、压力。Pacinian 小体也分布在真皮中，感受 40～400Hz 频率范围的振动。Merkel 盘分布在表皮中，感受频率低于 5Hz 的垂直压力。Meissner 小体也分布在表皮中，感受 5～60Hz 的振动。

最后是听觉系统。在大多数交通工具中，暴露于瞬态振动和冲击时可以听到交通工具结构辐射的声音。20Hz 以上的振动物体表面起到了扬声器的作用，直接扰动空气，导致人耳产生听觉感知。人体感知声音还有一种途径，即振动通过颅骨传递到听觉神经而产生感知，人"听见"传到颅骨的振动的阈值大约只相当于皮肤振动感知阈值的 1/10。

目前国际上常用的是依据国际标准化组织颁布的 ISO 2631—1997 标准来研究和评价振动对人体的影响，我国于 2007 年等效采用了这一标准，颁布了 GB/T 13441.1—2007《机械振动与冲击 人体暴露于全身振动的评价 第 1 部分：一般要求》，规定了振动对人体影响的基本评价方法、评价量和计权因子，推荐使用计权加速度均方根值对振动影响进行评价。

人体对振动的主观感受与振动的强度、频率特性、振动方向和暴露时间有关。

振动感知阈值是人体主观感受到振动的临界值，分为绝对阈值和差别阈限（最小可觉差），绝对阈值包括基于加速度的感知阈值、基于速度的感知阈值。差别阈限是刚刚能引起差别感觉的刺激之间的最小强度差。差别阈限的操作性定义是有 50% 的次数能觉察出差别，50% 的次数不能觉察出差别的刺激强度的增量。当以中位觉察差别阈限描述时，人体可以明显觉察到振动大小的 25% 变化（约 2dB）。

对于基于加速度的感知阈值，ISO 2631-1：1997 指出，50% 的警觉、健康的人可以觉察到峰值为 0.015m/s^2 的 W_k 计权垂向振动，当中值的感知阈值大约为 0.015m/s^2 时，反应的四分位可扩展到约 $0.01～0.02\text{m/s}^2$。

振动感知阈值的速度峰值的典型范围是 0.14～0.3mm/s，如表 12-2-3 所列。

舒适的可接受振动量取决于随不同应用而变化的许多因素，包括振动强度、振动频率范围、暴露于振动的持续时间、振动的方向、人体对振动的敏感程度以及诸多其他因素（听觉噪声、温度等）。表 12-2-4 的数值给出了在公共交通中综合振动总值的不同量值可能反应的近似描述。

表 12-2-3　振动大小和感觉

速度峰值/（mm/s）	人的感觉
0.14	在最敏感的情况下，振动可能是刚刚能被感知的。在低频范围，人对振动不敏感
0.3	在居住建筑中，振动可能是刚刚能被感知的
1.0	在居住建筑中很可能产生抱怨，但是如果事先给居住者预告并解释，还是可以容忍的
10	可能是无法容忍的，除非极其短暂的振动持续时间

表 12-2-4　公共交通中不同振动总值的可能反应

振动总值	人的感觉
小于 0.315m/s^2	感觉不到不舒适
0.315～0.63m/s^2	有点不舒适
0.5～1m/s^2	相当不舒适
0.8～1.6m/s^2	不舒适
1.25～2.5m/s^2	非常不舒适
大于 2m/s^2	极度不舒适

振动对操作工人的危害和影响主要表现在两个方面：

① 在振动环境下工作的工人由于振动使他们的视觉受到干扰、手的动作受妨碍和精力难以集中等原因，往往会造成操作速度下降，生产效率降低，工人感到疲劳，并且可能出现质量事故，甚至安全事故。

② 如果振动强度足够大，或者工人长期在相当强度下的振动环境里工作，则对工人可能会在神经系统、消化系统、心血管系统、内分泌系统、呼吸系统等方面造成危害或影响。

振动对居民造成的影响主要为干扰居民的睡眠、休息、读书和看电视等日常生活。若居民长期生活在振动干扰的环境里，由于长期心理上烦恼不堪，久而久之也会造成身体健康的危害。

注 1：振动对人的危害、对建筑物的危害、对设备的影响以及其他危害，在本手册第 3 篇"噪声的生理效应、危害以及噪声标准"中，已有较详细的介绍，请参见第 3 篇第 5 章"振动危害"。

注 2：关于振动的测量、评价、所用仪器等，在本手册第 4 篇"噪声与振动测量方法和仪器"中已有较详细的论述，请参见第 4 篇第 3 章，此处不再赘述。

第 **3** 章　振动控制的基本方法

3.1　振动控制的基本原则

振源产生振动，通过介质传至受振对象（人或物），因此，振动污染控制的基本方法也就分三个方面：振源控制、传递过程中振动控制和对防振对象采取振动控制措施。

3.1.1　振源控制

（1）采用振动小的加工工艺

强力撞击在机械加工中常常见到。强力撞击会引起被加工零件、机器部件和基础振动。控制此类振动的有效方法是在不影响产品加工质量等的情况下，改进加工工艺，即用不撞击的方法来代替撞击方法，如用焊接代替铆接、用压延替代冲压、用滚轧替代锤击等。

（2）减少振动源的扰动

振动的主要来源是振源本身的不平衡力和力矩引起的对设备的激励，因而改进振动设备的设计和提高制造加工装配精度，使其振动达到最小，这是最有效的控制方法。

（3）旋转机械

这类机械有电动机、风机、泵类、蒸汽轮机、燃气轮机等。此类机械，大部分属高速运转类，如每分钟在千转以上，因而其微小的质量偏心或安装间隙的不均匀常带来严重的振动危害。为此，应尽可能地调好其静、动平衡，提高其制造质量，严格控制其对中要求和安装间隙，以减少其离心偏心惯性力的产生。对旋转设备的用户而言，在保证生产工艺等需要的前提下，应尽可能选择振动小（往往其他质量也好）的设备。

（4）旋转往复机械

此类机械主要是曲柄连杆机构所组成的往复运动机械，如柴油机、空气压缩机等。对于此类机械，应从设计上采用各种平衡方法来改善其平衡性能。故对用户而言，可在保证生产需要的情况下，选择合适型号和质量好的往复机械。

（5）传动轴系的振动

它随各类传动机械的要求不同而振动形式不一，会产生扭转振动、横向振动和纵向振动。对这类轴系通常是应使其受力均匀，传动扭矩平衡，并应有足够的刚度等，以改善其振动情况。

（6）管道振动

工业用各种管道愈来愈多，随传递输送介质（气、液、粉等）的不同而产生的管道振动也不一样。通常在管道内流动的介质，其压力、速度、温度和密度等往往是随时间而变化的，这种变化又常常是周期性的，如与压缩机相衔接的管道系统，由于周期性地注入和吸走气体，激发了气流脉动，而脉动气流形成了对管道的激振力，产生了管道的机械振动。为此，在管道设计时，应注意适当配置各管道元件，以改善介质流动特性，避免气流共振和降低脉冲压力。

（7）改变振源（通常是指各种动力机械）的扰动频率

在某些情况下，受振对象（如建筑物）的固有频率和扰力频率相同时，会引起共振，此时改变机器的转速、更换机型（如柴油机缸数的变更）等，都是行之有效的防振措施。

（8）改变振源机械结构的固有频率

有些振源，本身的机械结构为壳体结构，当扰力频率和壳体结构的固有频率相同时，会引起共振，此时可改变设施的结构和总体尺寸，采用局部加强法（如筋、多加支承节点），或在壳体上增加质量等，这些方法均可以改变机械结构的固有频率，避开共振。

（9）加阻尼以减少振源振动

如振源的机械结构为薄壳结构，则可以在壳体上加阻尼材料，抑制振动。

3.1.2 振动传递过程中的控制

（1）加大振源和受振对象之间的距离

振动在介质中传播，由于能量的扩散和土类等对振动能量的吸收，一般是随着距离的增加振动逐渐衰减，所以加大振源和受振对象之间的距离是振动控制的有效措施之一。一般采用以下几种方法：

① 建筑物选址　对于精密仪器、设备厂房，在其选址时要远离铁路、公路以及工业上的强振源。对于居民楼、医院、学校等建筑物选址时，也要远离强振源。反之，在建设铁路、公路和具有强振源的建筑物时，其选址也要尽可能远离精密仪器厂房、居民住宅、医院和一些其他敏感建筑物（如古建筑物）。对于防振要求较高的精密仪器设备，尚应考虑远离由于海浪和台风影响而产生较大地面脉动的海岸。据国外资料报道，在同样地质条件下，海岸边地面脉动幅值要比距海岸 200m 处的脉动幅值大三倍以上。

② 厂区总平面布置　工厂中防振等级较高的计量室、中心实验室、精密机床车间（如：高精度螺纹磨床、光栅刻线机等）等最好单独另建，并远离振动较大的车间，如锻工车间、冲压车间以及压缩机房等。换一个角度，在厂区总体规划时，应尽可能将振动较大的车间布置在厂区的边缘地段。

③ 车间内的工艺布置　在不影响工艺的情况下，精密机床以及其他防振对象，应尽可能远离振动较大的设备。为计量室及其他精密设备服务的空调制冷设备，在可能条件下，也尽可能使它们与防振对象离开远一些。

④ 其他加大振动传播距离的方法　将动力设备和精密仪器设备分别置于楼层中不同的结构单元内，如设置在伸缩缝（或沉降缝）、抗震缝的两侧，对振动衰减有一定效果。缝的要求除应满足工程上的要求外，不得小于 5cm。缝中不需要其他材料填充，但应采取弹性的盖缝措施。有桥式起重机的厂房附设有对防振要求较高的控制室时，控制室应与主厂房全部脱开，避免桥式起重机开动或刹车时振动直接传到控制室。

（2）隔振沟（防振沟）

对冲击振动或频率大于 30Hz 的振动，采取隔振沟有一定的隔振效果；对于低频振动则效果甚微，甚至几乎没有什么效果。隔振沟的效果主要取决于沟深 H 与表面波的波长 λ_R 之比，对于减少振源振动向外传递而言，当振源距沟为一个波长 λ_R 时，H/λ_R 至少应为 0.6 时才有效；对于防止外来振动传至精密仪器设备，该比值要达到 1.2 以上才可。

（3）设备隔振措施

至今为止，在振动控制中，隔振是投资不大却行之有效的方法，尤其是在受空间位置限制或地皮十分昂贵或工艺需要时，无法加大振源和受振对象之间的距离，此时则更加显示隔振措施的优越性。

隔振分两类：一类为积极隔振；另一类为消极隔振。所谓积极隔振，就是为了减少动力设备产生的扰力向外传递，对动力设备所采取的隔振措施（即减少振动的输出）。所谓消极隔振，就是为了减少外来振动对防振对象的影响，对防振对象（如精密仪器）采取的隔振措施（即减少振动的输入）。无论何种类型隔振，都是在振源或防振对象与支承结构之间加隔振器材。

值得注意的是，近些年来，国内外学者的研究和实践表明，对动力机器采取隔振措施还对保护机器本身精密部件和模具等有好处，故人们更加乐意采取隔振措施。

（4）管道隔振

管道隔振采取的措施有以下几种：

① 在动力机器与管道之间加柔性连接装置，如在风机的风管与风机的连接处，采用柔性帆布管接头，以防止振动的传出；在水泵进出口处加橡胶软接头，以防止水泵机体振动沿管路传出；在柴油机排气口与管道之间加金属波纹管，以防止柴油机机体振动沿排气管传出等。

② 在管路穿墙而过时，应使管路与墙体脱开，并垫以弹性材料，以减少墙体振动。为了减少管道振动对周围建筑物的影响，应每隔一定距离设置隔振吊架和隔振支座。

3.1.3　对防振对象采取的振动控制措施

对防振对象采取的措施主要是指对精密仪器、设备采取的措施。一般方法为：

（1）采用黏弹性高阻尼材料

对于一些具有薄壳机体的精密仪器或仪器仪表柜等结构，宜采用黏弹性高阻尼材料（阻尼漆、阻尼板等）增加其阻尼，以增加能量耗散，降低其振幅。

（2）精密仪器、设备的工作台

精密仪器、设备的工作台应采用钢筋混凝土制的水磨石工作台，以保证工作台本身具有足够的刚度和质量，不宜采用刚度小、容易晃动的木制工作台。

（3）精密仪器室的地坪设计

为了避免外界传来的振动和室内工作人员的走动影响精密仪器和设备的正常工作，应采用混凝土地坪，必要时可采用厚度≥500mm 的混凝土地坪。当必须采用木地板时，应将木地板用热沥青与地坪直接粘贴，不应采用在木格栅上铺木地板架空的做法，否则由于木地板刚度较小，操作人员走动时产生较大的振动，对精密仪器和设备的使用是很不利的。

3.1.4　其他振动控制方法

（1）楼层振动控制

对于安装有动力设备或机床设备的楼层，振动计算十分重要。楼层结构的固有频率谱排列很密，而楼层上各类设备的转速变化范围较宽，故搞不好就会出现共振。因而在楼层设计时，应根据楼层结构振动的规律及机械设备振动特性，合理地确定楼层的平面尺寸、柱网形式、梁板刚度及其刚度比值，以便把结构的共振振幅控制在某个范围内。无论是哪一种楼层，只要适当加大构件刚度，调整柱网尺寸，均可达到减少振动的目的。

工艺布置时，振动设备必须布置在楼层上时，应尽可能放在刚度较大的柱边、墙边或主梁上，要注意使其产生扰力的方向尽量与结构刚度较大的方向一致。

（2）有源振动控制

有源振动控制是近些年来发展起来的高新技术。该方法为：用传感器将动力机器设备扰力信号检测出来，并送进计算机系统进行分析，产生一个相反的信号，再驱使一个电磁结构或机械结构产生一个位相与扰力完全相反的力作用于振源上，从而可达到控制振源振动目的，但目前这一技术在我国尚在实验室阶段。

3.2 　动力吸振

3.2.1 　动力吸振原理

动力吸振是在振动物体上附加质量弹簧系统，附加系统对主系统的作用力正好平衡了主系统上的激励力 $F_A \sin \omega t$。这种利用附加系统吸收主系统的振动能量以降低主系统的振动的设备称为动力吸振器。当激励力以单频为主，或频率很低，不宜采用一般隔振器时，动力吸振器特别有用。

根据"单自由度系统无阻尼系统的强迫振动"相关内容，对于质量为 m，刚度为 k，在一个频率为 ω、幅值为 F 的简谐外力激励作用下，质量块 m 的强迫振动振幅可以计算。

当系统阻尼很小时，动力吸振将是一个有效的办法。如图 12-3-1 所示，在主振动系统上附加一个动力吸振器，主振动系统的质量为 M，刚度为 K，动力吸振器的质量为 m，刚度为 k。

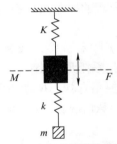

图 12-3-1　附加动力吸振器的强迫振动系统

由主系统和动力吸振器构成的无阻尼二自由度系统的强迫振动微分方程如下：

$$M\ddot{x}_1 + (K+k)\, x_1 - kx_2 = F_A \sin \omega t \tag{12-3-1}$$
$$m\ddot{x}_2 - kx_1 + kx_2 = 0$$

方程的解为：$x_1 = A \sin \omega t$，$x_2 = B \sin \omega t$

$$\begin{cases} A = \dfrac{X_{st} \cdot \left[1 - (\omega / \omega_b)^2 \right]}{\left[1 - (\omega / \omega_b)^2 \right] \cdot \left[1 + k/K - (\omega/\omega_0)^2 \right] - k/K} \\[4mm] B = \dfrac{X_{st}}{\left[1 - (\omega / \omega_b)^2 \right] \cdot \left[1 + k/K - (\omega/\omega_0)^2 \right] - k/K} \end{cases} \tag{12-3-2}$$

式中　A——主振动系统强迫振动振幅；

B——动力吸振器附加质量块的强迫振动振幅；

ω_b ——动力吸振器的固有频率。

这个二自由度系统的固有频率可以通过假设上式的分母为零得到：

$$\omega_{1,2}^2 = \frac{1}{2}\left[\left(\frac{K+k}{M}+\frac{k}{m}\right) \pm \sqrt{\left(\frac{K}{M}-\frac{k}{m}\right)^2 + 2\frac{k}{M}\left(\frac{K}{M}+\frac{k}{m}\right)+\left(\frac{k}{M}\right)^2}\right]$$

$$= \frac{\omega_0^2}{2}\left[1+\lambda^2+\mu\lambda^2 \pm \sqrt{(1-\lambda^2)^2 + \mu^2\lambda^4 + 2\mu\lambda^2(1+\lambda^2)}\right]$$

（12-3-3）

式中　ω_0——主振动系统的固有频率，$\omega_0 = \sqrt{\dfrac{K}{M}}$；

　　　μ——吸振器与主振动系统的质量比，$\mu = \dfrac{m}{M}$；

　　　λ——吸振器与主振动系统的固有频率之比，$\lambda = \dfrac{\omega_b}{\omega_0}$。

如果激振力的频率 ω 恰好等于吸振器的固有频率 ω_b，则主振系质量块的振幅将变为零，而吸振器质量块的振幅为：

$$B = -\frac{K}{k}X_{st} = -\frac{F_A}{k}$$

（12-3-4）

此时，激振力激起动力吸振器的共振，而主振动系统保持不动。

并非所有的振动系统都需要附加动力吸振器，动力吸振器的使用是有条件的，可简单归纳如下：

① 激振频率 ω 接近或等于系统固有频率 ω_b，且激振频率基本恒定；

② 主振系阻尼较小；

③ 主振系有减小振动的要求。

一个特殊情况就是动力吸振器的频率等于主振系固有频率的情况，此时：

$$\omega_{1,2}^2 = \omega_0^2\left[1+\frac{\mu}{2} \pm \sqrt{\mu+\frac{\mu^2}{4}}\right]$$

（12-3-5）

图 12-3-2 为质量比与安装动力吸振器之后系统的固有频率之间的关系。由图可见，系统具有两个固有频率，其中一个大于附加吸振器之前的固有频率，而一个小于附加吸振器之前的固有频率。吸振器质量相对主振系的质量比越大，则两个固有频率之间的差异越大。

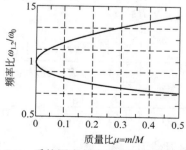

图 12-3-2　系统固有频率与质量比的关系曲线

图 12-3-3 和图 12-3-4 分别为主振系和吸振器的振幅随频率变化的规律,图中横坐标为归一化的频率 ω/ω_0。

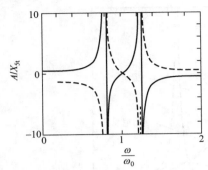

图 12-3-3　主振系的振幅与激励频率关系

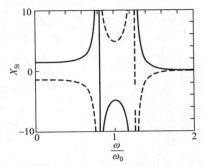

图 12-3-4　吸振器的振幅与激励频率关系

只有在动力吸振器固有频率附近很窄的激振频率范围内,动力吸振器才有效,而在紧邻这一频带的相邻频段,产生了两个共振峰。因此,如果动力吸振器使用不当,不但不能吸振,反而易于产生共振,这是无阻尼动力吸振器的缺点。

如果在动力吸振器中设计一定的阻尼,可以有效拓宽其吸振频带。如图 12-3-5 所示,在主振系上附加一阻尼动力吸振器,吸振器的阻尼系数为 c,则主振系的质量块和吸振器的质量块分别对应的振幅为:

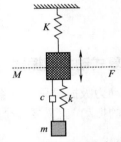

图 12-3-5　附加阻尼动力吸振器
的强迫振动系统

$$\left\{\begin{array}{l} A = X_{st}\sqrt{\dfrac{(2\xi f)^2 + (f-\lambda)^2}{(2\xi f)^2\left[(1+\mu)\,f^2 - 1\right]^2 + \left[\,\mu\lambda^2 f^2 - (f^2-1)\,(f^2-\lambda^2)\right]^2}} \\[4mm] B = X_{st}\sqrt{\dfrac{(2\xi f)^2 + \lambda^2}{(2\xi f)^2\left[(1+\mu)\,f^2 - 1\right]^2 + \left[\,\mu\lambda^2 f^2 - (f^2-1)\,(f^2-\lambda^2)\right]^2}} \end{array}\right. \tag{12-3-6}$$

式中,A 为主振动系统强迫振动振幅;而 B 为动力吸振器附加质量块的强迫振动振幅。式中各主要参数为:归一化频率 $f = \dfrac{\omega}{\omega_0}$,固有频率比 $\lambda = \dfrac{\omega_b}{\omega_0}$,临界阻尼比 $\xi = \dfrac{c}{2\sqrt{mk}}$,质量比 $\mu = \dfrac{m}{M}$。

吸振器阻尼对主系统振幅有影响,如图 12-3-6 所示。图中给出的调谐系统主要参数为 $\mu=0.1$,$\lambda=1$,阻尼比从 0 到 ∞ 变化。

由图 12-3-6 可见,当吸振器无阻尼时,主振系的共振峰为无穷大;当吸振器阻尼无穷大时,主振系的共振峰同样也为无穷大;只有当吸振器具有一定阻尼时,共振峰才不至于为无穷大。因此,必然存在一个合适的阻尼值,使得主振系的共振峰为最小,这个合适的阻尼值就是阻尼动力吸振器设计的一项重要任务。

由图 12-3-6 还可以看出,无论阻尼取什么样的值,曲线都通过 P、Q 两点,这一特点为阻尼动力吸振器的优化设计给出了限制，如果将主振系的两个共振峰设计到 P、Q 两点附近，则主振系的振幅将大大降低。

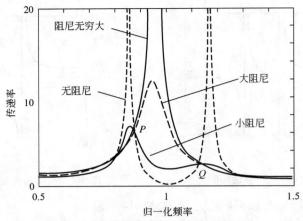

图 12-3-6 吸振器阻尼与主振系统振幅的关系曲线（$\lambda=1$，$\mu=0.1$）

3.2.2 复式动力吸振器

一个动力吸振器只能消除单个频率的振动，如果系统上有多个频率的振动，就需要多个动力吸振器来抵消不同频率的振动。

如图 12-3-7 所示，在一个质量为 M、刚度为 K 的单自由度系统上附加一个复式动力吸振器。

该复式动力吸振器的主要参数为：质量 m_1 和 m_2，刚度 k_1 和 k_2，阻尼 c_1 和 c_2。在外力作用下，假设基座位移响应为 μ，设 M、m_1 和 m_2 的位移响应分别为 x、x_1 和 x_2，则系统的运动微分方程为：

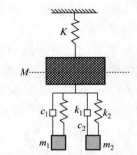

图 12-3-7 复式动力吸振器的强迫振动系统

$$\begin{cases} M\ddot{x} + Kx = Ku - m_1\ddot{x}_1 - m_2\ddot{x}_2 \\ m_1\ddot{x}_1 + c_1(\dot{x}_1 - \dot{x}) + k_1(x_1 - x) = 0 \\ m_2\ddot{x}_2 + c_2(\dot{x}_2 - \dot{x}) + k_2(x_2 - x) = 0 \end{cases} \tag{12-3-7}$$

将上述关系进行拉氏变换，得到位移传递率为：

$$\frac{X}{U}(j\omega) = \frac{K}{K - \omega^2 M + \dfrac{m_1 k_1 - \omega^2 - j\omega^2 m_1 c_1}{k_1 + j\omega c_1 - \omega^2 m_1} + \dfrac{m_2 k_2 - \omega^2 - j\omega^2 m_2 c_2}{k_2 + j\omega c_2 - \omega^2 m_2}} \tag{12-3-8}$$

$$= A\mathrm{e}^{j\omega}$$

上式中，$A = \dfrac{\sqrt{R_\mathrm{N}^2 + I_\mathrm{N}^2}}{\sqrt{R_\mathrm{D}^2 + I_\mathrm{D}^2}}$，$\alpha = \arctan\dfrac{I_\mathrm{N}}{R_\mathrm{N}} - \arctan\dfrac{I_\mathrm{D}}{R_\mathrm{D}}$，其中，

$$R_\mathrm{N} = K\left[m_1 m_2 \omega^4 - (c_1 c_2 + m_2 k_1 + m_1 k_2)\ \omega^2 + k_1 k_2\right] \tag{12-3-9}$$

$$I_{\mathrm{N}} = K\left[-\left(m_1 c_2 + m_2 c_1\right)\ \omega^3 + \left(k_1 c_2 + k_2 c_1\right)\ \omega\right] \tag{12-3-10}$$

$$R_{\mathrm{D}} = -M m_1 m_2 \omega^6 + \left[m_1 m_2 (K + k_1 + k_2) + M(m_1 k_2 + m_2 k_1) + c_1 c_2 (M + m_1 + m_2)\right]\omega^4 \tag{12-3-11}$$
$$- \left[(m_1 k_2 + m_2 k_1 + c_1 c_2)\ K + (M + m_1 + m_2)\ k_1 k_2\right]\omega^2 + K k_1 k_2$$

$$I_{\mathrm{D}} = \left[M(m_1 c_2 + m_2 c_1) + m_1 m_2 (c_1 + c_2)\right]\omega^5 \tag{12-3-12}$$
$$- \left[K(m_1 c_2 + m_2 c_1) + (k_1 c_2 + k_2 c_1)\ (M + m_1 + m_2)\right]\omega^3 + K(k_1 c_2 + k_2 c_1)\ \omega$$

以上方程式可以简写为如下形式：

$$R_{\mathrm{N}} = \left(\frac{1}{\lambda_1^2}\frac{1}{\lambda_2^2}\right)f^4 - \left(\frac{1}{\lambda_1^2} + \frac{1}{\lambda_2^2} + 4\frac{\xi_1}{\lambda_1}\frac{\xi_2}{\lambda_2}\right)f^2 + 1 \tag{12-3-13}$$

$$I_{\mathrm{N}} = -2\left(\frac{\xi_1}{\lambda_1 \lambda_2^2} + \frac{\xi_2}{\lambda_2 \lambda_1^2}\right)f^3 + 2\left(\frac{\xi_1}{\lambda_1} + \frac{\xi_2}{\lambda_2}\right)f \tag{12-3-14}$$

$$R_{\mathrm{D}} = -\left(\frac{1}{\lambda_1^2}\frac{1}{\lambda_2^2}\right)f^6 + \left[\frac{1}{\lambda_1^2}\frac{1}{\lambda_2^2} + \frac{1+\mu_2}{\lambda_1^2} + \frac{1+\mu_1}{\lambda_2^2} + 4(1+\mu_1+\mu_2)\frac{\xi_1}{\lambda_1}\frac{\xi_2}{\lambda_2}\right]f^4 \tag{12-3-15}$$
$$- \left[\frac{1}{\lambda_1^2}\frac{1}{\lambda_2^2} + 4\frac{\xi_1}{\lambda_1}\frac{\xi_2}{\lambda_2} + (1+\mu_1+\mu_2)\right]f^2 + 1$$

$$I_{\mathrm{D}} = 2\left[\frac{\xi_1(1+\mu_1)}{\lambda_1 \lambda_2^2} + \frac{\xi_2(1+\mu_2)}{\lambda_2 \lambda_1^2}\right]f^5 \tag{12-3-16}$$
$$- 2\left[\frac{\xi_1}{\lambda_1 \lambda_2^2} + \frac{\xi_2}{\lambda_2 \lambda_1^2} + (1+\mu_1+\mu_2)\frac{\xi_1}{\lambda_1}\frac{\xi_2}{\lambda_2}\right]f^3 + 2\left(\frac{\xi_1}{\lambda_1} + \frac{\xi_2}{\lambda_2}\right)f$$

式中各主要参数为：归一化频率 $f = \dfrac{\omega}{\omega_0}$，固有频率比 $\lambda_i = \dfrac{\omega_i}{\omega_0}$，临界阻尼比 $\xi_i = \dfrac{c_i}{2\sqrt{m_i k_i}}$，

质量比 $\mu_i = \dfrac{m_i}{M}$。

吸振器阻尼对主质量振幅有很重要的影响，这种影响可以从图 12-3-8 中看出。

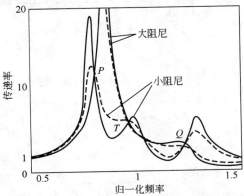

图 12-3-8　复式动力吸振器阻尼与位移传递率的关系曲线

在质量比一定的情况下，改变阻尼比，我们发现：无论阻尼取什么样的值，曲线都通过 P、Q 两点，这与单个动力吸振器是一致的；复式动力吸振器的另一个特殊点是 T 点，这是传递曲线中间峰值的极小值点，阻尼比过大或过小都将使传递曲线远离 T 点。复式动力吸振器的这些特点实际上为确定其最佳吸振效果提供了参考和限制，如果将主振系的三个共振峰设计到 P、Q、T 三点附近，则主振系的振幅将大大降低。

复式动力吸振器的一个显著优点就是吸振频带宽，我们可以想象：如果设计多组动力吸振器构成动力吸振器，只要各组的共振频率分布合理、参数设计恰当，将会取得明显的吸振效果。

对于单个动力吸振器，如果吸振器无阻尼，那么主振系原有的共振将被完全消除，同时在附近出现两个共振峰，这两个共振峰相距很近，使得吸振频带很窄。在动力吸振器上附加一定的阻尼可以有效降低这两个峰值，从而加宽其吸振频带。对于复式动力吸振器来讲，如果中间的峰值降下来，动力吸振器的有效带宽将明显增大，这是很有意义的结果。同样，它也面临着优化设计的问题，即如何降低三个峰值，达到最优吸振效果的问题。

复式动力吸振器的优化与单个动力吸振器优化相似，首先使传递曲线必经的 P、Q 两点等高度，合理设计参数使得传递曲线的三个极值点分别在 P、Q、T 附近。这样，主振系在整个频带的性能是稳定的，动力吸振器达到了消除主振系共振、拓宽动力吸振器使用的有效带宽的目的。具体步骤如下：

① 计算 P、Q、T 三点的坐标表达式；

② 由 P、Q、T 三点等高列出两个独立的方程；

③ 根据传递曲线的三个极值点在 P、Q、T 三点列出三个独立的方程；

④ 以上五个独立方程包含六个独立参数，只要确定质量比就可以得到方程组的解。

步骤①中 P、Q、T 三点的坐标表达式可通过如下办法获得：P 点为式（12-3-17）与式（12-3-19）两曲线在低频的交点，Q 点为式（12-3-18）与式（12-3-19）两曲线在高频的交点，T 点为式（12-3-17）与式（12-3-18）两曲线的中心交点。其中，式（12-3-17）代表 $\xi_1 = 0$、$\xi_2 = \infty$ 的情况，式（12-3-18）代表 $\xi_1 = \infty$、$\xi_2 = 0$ 的情况，式（12-3-19）代表 $\xi_1 = \infty$、$\xi_2 = \infty$ 的情况。各式如下：

$$\left| \frac{X}{U}(f) \right| = \frac{1 - \dfrac{f^2}{\lambda_1^2}}{\dfrac{1 + \mu_2}{\lambda_1^2} f^4 + \left(\dfrac{1}{\lambda_1^2} + 1 + \mu_1 + \mu_2 \right) f^2 + 1} \tag{12-3-17}$$

$$\left| \frac{X}{U}(f) \right| = \frac{1 - \dfrac{f^2}{\lambda_1^2}}{\dfrac{1 + \mu_1}{\lambda_2^2} f^4 + \left(\dfrac{1}{\lambda_2^2} + 1 + \mu_1 + \mu_2 \right) f^2 + 1} \tag{12-3-18}$$

$$\left| \frac{X}{U}(f) \right| = \frac{1}{1 - (1 + \mu_1 + \mu_2) f^2} \tag{12-3-19}$$

在实验计算中，通过解析方法求解比较困难，一般采用数值分析的方法。一般来讲，经过优化设计的复式动力吸振器具有如下特点：

① 复式动力吸振器中单个吸振器的固有频率不等于主振系的固有频率。当质量比 $\mu \geqslant$ 0.05 时，吸振器频率大于主振系频率；当质量比 $\mu < 0.05$ 时，吸振器频率小于主振系频率。质量比越大，吸振器频率与主振系频率偏离也越大。

② 质量比越大，相应选择的阻尼比也应增大，并且两个阻尼比之间的差值也加大。

③ 增大吸振器质量是降低主振系振动的有效手段。

④ 从总体上来讲，复式动力吸振器比单个动力吸振器的吸振性能优越。

3.2.3　非线性动力吸振器

前面所讲的动力吸振器的刚度和阻尼都是线性的，严格地讲，这种假设并不是处处成立的，即存在非线性。非线性在振动控制中有着特殊的作用，利用刚度非线性和阻尼非线性设计的非线性隔振、吸振装置，往往能够达到比线性装置更好的效果。

在动力吸振器中如果使用非线性弹簧，则吸振器的固有频率与振幅有关。若振幅增大，则弹簧刚度也增大，这样的弹簧称为硬弹簧；若振幅增大，弹簧刚度反而减小，这样的弹簧称为软弹簧。图 12-3-9 为线性弹簧、软弹簧和硬弹簧的固有频率与振幅的典型关系。

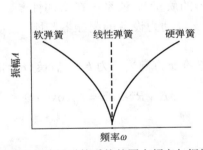

图 12-3-9　线性和非线性弹簧系统的固有频率与振幅的典型关系

图 12-3-10 为典型的硬弹簧和软弹簧系统中力与变形关系曲线。对于非线性振动问题，除分段线性的情况外，一般难以得到精确解，而只能借助各种近似分析方法。

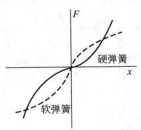

图 12-3-10　非线性弹簧的力与变形关系曲线

为了分析带有非线性弹簧的动力吸振器装于主振系之后的整个系统的反应，引入如下符号：调谐参数 $\alpha = \omega / \sqrt{k/m}$，频率参数 $f = \omega / \sqrt{K/M}$，阻尼比 $\xi = C/(2\sqrt{km})$。则主振系的振幅为：

$$\frac{A}{X_{st}} = \sqrt{\frac{(1-\alpha^2)^2 + (2\xi\alpha)^2}{\left[(1-\alpha^2)(1-f^2) - f^2\mu\right]^2 + \left[2\xi\alpha(1-f^2-f^2\mu)\right]^2}}$$ （12-3-20）

非线性动力吸振器可以将非线性特征引入到一个谐振系统中，与线性动力吸振器相比，在机器启动时增加速度通过共振区的过程更快，而在机器停止时减小速度通过共振区的过程更慢，从而实现对机器的保护。

3.3　振动隔离

3.3.1　隔振原理

3.3.1.1　单层隔振

单自由度系统如图 12-1-5 所示，当系统中质量、弹簧、阻尼分别用 M、K 和 R 表示时，振动系统如图 12-3-11 所示，形成单层隔振，其中 M 代表动力设备的质量（忽略其刚度和阻尼），K 表示隔振器弹性的刚度，R 表示隔振器阻尼特性（不考虑隔振器的质量），该系统在周期性外力 F 作用下产生振动，即支撑动力设备的隔振器与刚性地基之间的动力学关系。

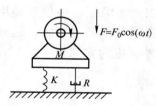

图 12-3-11　一维振动系统简图

设如图 12-3-11 所示，系统在 x 方向受一力 $F = F_0\cos(\omega t)$ 的作用，则其运动微分方程为：

$$M\ddot{x} + R\dot{x} + Kx = F_0\cos(\omega t)$$ （12-3-21）

式中　F_0——周期力的幅值；

　　　ω——激振圆频率。

式（12-3-21）的稳态解是：

$$x(t) = x(\omega)\cos(\omega t - \theta)$$ （12-3-22）

振幅为：

$$x(\omega) = \frac{F_0/K}{\sqrt{\left[1-\left(\dfrac{\omega}{\omega_0}\right)^2\right]^2 + \left[2\zeta\left(\dfrac{\omega}{\omega_0}\right)\right]^2}}$$ （12-3-23）

式中　ξ——阻尼比，$\xi = \dfrac{R}{2\sqrt{KM}} = \dfrac{R}{R_0}$；　　　　　　　　　　　　　　　（12-3-24）

　　　R_0——系统临界阻尼，$R_0 = 2\sqrt{KM}$；　　　　　　　　　　　　　　　（12-3-25）

　　　ω_0——系统固有圆频率，$\omega_0 = \sqrt{\dfrac{K}{M}}$。　　　　　　　　　　　　　（12-3-26）

隔振器的隔振效果一般用振动传递率表示，其定义为：

$$T = \frac{传入地基的力幅值}{设备激振力幅值} = \frac{F_{地}}{F_0} \tag{12-3-27}$$

图 12-3-11 所示系统传入地基的力可等效为弹簧与阻尼器并联的合力，即：

$$F_{地} = \sqrt{(K_x)^2_{幅值} + (R_x)^2_{幅值}} \tag{12-3-28}$$

式中通过弹簧传递的力为：

$$K_X = \frac{F_0}{\sqrt{\left[1 - \left(\dfrac{\omega}{\omega_0}\right)^2\right]^2 + \left[2\xi\left(\dfrac{\omega}{\omega_0}\right)\right]^2}} \tag{12-3-29}$$

通过阻尼器传递的力为：

$$R_X = \frac{F_0 \omega R / K}{\sqrt{\left[1 - \left(\dfrac{\omega}{\omega_0}\right)^2\right]^2 + \left[2\xi\left(\dfrac{\omega}{\omega_0}\right)\right]^2}} \tag{12-3-30}$$

$$= F_0 \sqrt{\frac{1 + 4\left(\omega / \omega_0\right)^2 \xi^2}{\left[1 - \left(\dfrac{\omega}{\omega_0}\right)^2\right]^2 + \left[2\xi\left(\dfrac{\omega}{\omega_0}\right)\right]^2}}$$

振动传递率为：

$$T = \frac{F_{地}}{F_0} = \sqrt{\frac{1 + 4(\omega / \omega_0)^2 \xi^2}{\left[1 - \left(\dfrac{\omega}{\omega_0}\right)^2\right]^2 + \left[2\xi\left(\dfrac{\omega}{\omega_0}\right)\right]^2}} \tag{12-3-31}$$

此式是力振动传递率，在被动隔振中常用的是位移振动传递率或速度振动传递率，从物理意义上讲，这三个概念是相同的。

上式表明隔振器隔绝振动的特性，传递率与频率比 $\dfrac{\omega}{\omega_0}$ 和阻尼比 $\dfrac{R}{R_0}$ 有密切关系。

隔振效果还可以用隔振效率表示：

$$I = (1 - T) \times 100\% \tag{12-3-32}$$

式（12-3-31）和式（12-3-32）可以直观简便地从图 12-3-12 和图 12-3-13 中表示出来。分析图 12-3-12 可以得到有关隔振系统的适用范围、效果及隔振设计应遵循的原则。

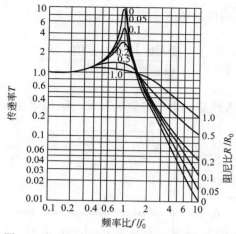

图 12-3-12　隔振系统作为频率比的函数曲线

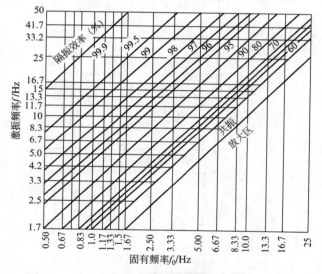

图 12-3-13　阻尼 $R=0$ 时隔振效率与 f_0 和 f 的关系

（1）激振频率 ω 接近于共振频率 ω_0 时，即 $\dfrac{\omega}{\omega_0} \to 1$，

设 $\xi = \dfrac{R}{R_0} \ll 1$

则有：

$$x(\omega) = \frac{F_0}{R_0 \omega} \tag{12-3-33}$$

$$D \approx Q \approx \frac{1}{2\xi} \tag{12-3-34}$$

$$T = 1 + \frac{1}{2\xi} \tag{12-3-35}$$

上式说明，隔振器的动态放大因数和力的传递率均大于 1，并且与阻尼比 ξ 成反比，在这个区域内增加隔振器的阻尼系数 R 可以大大减小隔振器的动态放大因数和力传递系数。因此，在系统固有频率附近的区域称为阻尼控制区（图 12-3-12）。

（2）当 $\omega \ll \omega_0$，即激振频率远小于共振频率时，有：

$$x(\omega) = \frac{F_0}{K} \tag{12-3-36}$$

$$D \approx 1$$

$$T \approx 1$$

从上式可以看出，动态放大因数和力的传递系数几乎均等于 1，即隔振器没有起作用，在这个区域内的物体的运动如式（12-3-36）所示，与弹簧的劲度成反比，主要受劲度的影响，故称这个范围为劲度控制区。

（3）在 $\omega \gg \omega_0$ 的区域，有：

$$x(\omega) = \frac{F_0}{M\omega^2} \tag{12-3-37}$$

上式说明，振动系统的位移受质量 M 影响，这个区域称为质量控制区。

从图 12-3-12 中可以看到，当 $\omega < \sqrt{2}\omega_0$ 时，传递到地基上的力总是大于或等于激发力。只有当 $\omega > \sqrt{2}\omega_0$ 时，才能有 $T<1$。事实上，只有 $\omega \gg \omega_0$ 时才有 $T \ll 1$，这是隔振所要求的。我们把质量控制区称为隔振区，这个区域内激振频率越高或固有频率越低，隔振效果越好。图 12-3-12 还说明阻尼比 ξ 对隔振效果亦有很大影响，在隔振区，隔振效果与 ξ 成反比，这个原理要求在隔振区应选择小阻尼的隔振器。但是实际隔振技术中必须考虑机器设备在启动过程或停车过程中，由于激振频率变化要越过共振频率，如果阻尼过小或 ω 变化速度缓慢，越过共振频率时，则由于传递率猛烈增大，振动剧增，处理不好将可能产生破坏地基、设备损坏的后果。为此，隔振设计必须考虑系统要有足够的阻尼，这就要适当地牺牲在稳定工作状态中的隔振效率。通常隔振系统的阻尼比为 0.06～0.1。

（4）隔振设计的基本原则——降低振动系统的固有频率

固有频率为：

$$f_0 = \frac{1}{2\pi}\sqrt{\frac{K}{M}} = \frac{1}{2\pi}\sqrt{\frac{Kg}{W}} = \frac{1}{2\pi}\sqrt{\frac{g}{\delta}} \tag{12-3-38}$$

$$W = Mg$$

$$g = 9.8\text{m}/\text{s}^2$$

$$f_0 = 4.9\sqrt{\frac{1}{\delta}}$$

式中　W——质量块 M 的重力，N；

　　　g——重力加速度；

　　　δ——隔振器在负荷下的静态下沉量，cm。

从上式可以看出，降低固有频率的方法一般有两种：或是增加设备的重力 W（常采用加混凝土基座的办法）；或是减小隔振器的劲度 K，使隔振器在单位负荷下，下沉量大一些。

公式（12-3-38）所表示的隔振系统固有频率与静态下沉量的关系见图 12-3-14，通过计算隔振器的静态压缩量可以较为方便地估计隔振系统固有频率。

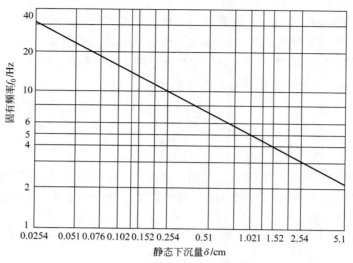

图 12-3-14　固有频率 f_0 与静态下沉量 δ 的关系

3.3.1.2　双层隔振

如图 12-3-11 所示的隔振系统作为单层隔振系统,这种系统的隔振效率还是有限的,一般不会超过 90%。为了提高隔振效率,实际工程常采用双层隔振系统。

前述的讨论中,我们一直认为弹簧是无质量的,但是,如果考虑到弹簧的质量,那么,我们比较弹簧输入端的受力情况时,除了向质量块传递的干扰力、弹簧对干扰的反作用力(即弹性力,它等于传递的力)之外,还有弹簧自身的重力。稳态情况下,三者应保持平衡,即干扰力等于传递力与重力之和,也就是说,考虑了弹簧自身质量的情况下,传递力总小于干扰力。因此,弹簧自身的质量对干扰力的传递本身起到阻碍的作用,使传递的力小于输入的干扰力。如果我们将两个弹簧 k_1、k_2 串联,之间连接一个质量块 m_1,如图 12-3-15所示,就相当于增加了弹簧的质量,有助于提高隔振效果。

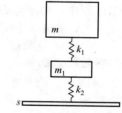

图 12-3-15　双层隔振系统示意图

这便是一个双层的隔振系统,是两个隔振系统的串联组合,至少具有两个自由度。当质量块 m 和支撑块 s 固定不动时,m_1 与两弹簧组成的系统的固有频率表示为 f_1;而当不存在 m_1 时,质量块 m 与两弹簧组成的系统的固有频率则表示为 f_0。那么,双层隔振系统的固有频率由下式给出:

$$f_0 = \frac{1}{2\pi}\sqrt{\frac{k_1 k_2}{m(k_1 + k_2)}} \qquad (12\text{-}3\text{-}39)$$

$$f_1 = \frac{1}{2\pi}\sqrt{\frac{k_1 + k_2}{m_1}} \qquad (12\text{-}3\text{-}40)$$

由以上二式可见,二级隔振系统具有两个固有频率。而双层隔振系统的传递率由下式给出:

$$\frac{1}{T} = \left(\frac{f_0}{f_1}\right)^2 \left(\frac{f}{f_0}\right)^4 - \left[1 + \frac{1 + k_2/k_1}{(f_1/f_0)^2}\right]\left(\frac{f}{f_0}\right)^2 + 1 \qquad (12\text{-}3\text{-}41)$$

在高频段有：

$$\frac{1}{T} \approx \left(\frac{f^2}{f_0 f_1} \right)^2 \tag{12-3-42}$$

此时，振动的传递率与干扰频率的四次方成反比，即双层隔振系统对高频振动具有更佳的隔振效果。图 12-3-16 为不同 m/m_1 情况下的双层隔振系统振动传递率与频率比的关系曲线，其中，$m_1=0$ 相当于单层隔振系统的情况。

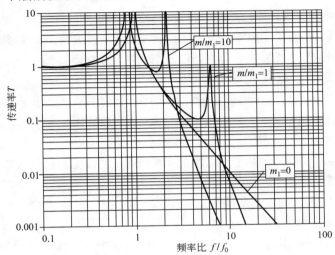

图 12-3-16　双层隔振系统振动传递率与频率比的关系曲线

由图 12-3-16 可见，双层隔振系统具有两个固有频率，在第二固有频率以上的频段，双层隔振系统的振动传递率随频率上升而迅速减小，隔振效果优于一级隔振的情况，但是，在中低频段，由于两个固有频率的存在，隔振效果变差，尤其是在第二固有频率附近。此外，随 m_1 的减小，高频段传递率减小的速度有增加的趋势，提高了系统的高频隔振能力，但是，第二固有频率也随之向低频移动，对应的峰值也迅速上升，使系统的中低频隔振能力恶化。因此，应根据实际需要，选择适当的 m_1 值，在获得较好的高频隔振效果的同时，避免系统在中低频（尤其是第二固有频率附近）发生的振动放大现象，将第二固有频率对应的峰值控制在可接受的范围内。

3.3.2　积极隔振

在产生振动的机器与基础之间安装弹性支承如隔振器，减少机器振动扰力向基础的传递量，使机器的振动得到有效的隔离，这种对有振动扰力产生的机器采取的隔振措施称为积极隔振，有时也称为主动隔振。一般情况下，风机、水泵、压缩机、冲床包括地铁轨道的隔振都是积极隔振。

3.3.3　消极隔振

当安放精密仪器、设备的支承结构的振动大于设备的允许振动时，将对仪器的测试或装配精度、仪器和设备的使用寿命以及设备加工的质量等产生影响甚至损害。为了消除或减少这些影响，需要在仪器或设备与支承结构之间设置隔振器，这称为消极隔振。此外，在某些特殊建筑物基础下设置隔振装置，以减少外来振动影响，也称为被动隔振。

消极隔振主要是隔离机械振动，但同时又要注意不致过分放大地面脉冲。

3.3.4 常用隔振器

注： 常用隔振器的型号、规格、适用范围等，在本手册的第 15 篇 "声学设备和材料的选用" 中有更详细的介绍，请参见第 15 篇第 4 章 "隔振器的选用"。

3.3.4.1 金属弹簧

隔振器是一种弹性支承元件，是经专门设计制造的具有单个形状的、使用时可作为机械零件来装配安装的器件。最常用的隔振器可分为：钢螺旋弹簧隔振器、钢碟形弹簧隔振器、橡胶隔振器、不锈钢丝绳隔振器、橡胶复合隔振器以及空气弹簧隔振器等。

（1）钢螺旋弹簧隔振器

钢螺旋弹簧隔振器是目前国内应用最广泛的隔振器，其作为隔振支承元件使用时，有以下几方面的性能及优点：

① 适用频率范围为 $1.5\sim5\mathrm{Hz}$；

② 弹簧的动、静刚度的计算值与实测值基本一致，而且受到长期大载荷作用也不易产生松弛现象，性能稳定；

③ 耐高温、耐低温、耐油、耐腐蚀、不老化、寿命长；

④ 价格较便宜，不用经常更换；

⑤ 可适应各种不同要求的弹性支承，既可制成压缩型也可制成悬吊型。

同时，钢螺旋弹簧隔振器也存在以下缺点：

① 阻尼性能差，但有的型号隔振器已对弹簧做了适当的处理，使其阻尼性能得到一定的改善。

② 高频振动的隔离及隔声效果较差，但它与橡胶隔振垫串联使用时性能有所改善。

目前国内用于机械设备隔振工程中的钢螺旋弹簧隔振器型号较多，结构形式相似，多数是小型螺旋钢弹簧组合并配以铸铁外壳，有的做了适当的阻尼处理，但实际阻尼性能改善不明显。把钢螺旋弹簧与橡胶类材料结合在一起，可有效地增大弹簧的阻尼，这是目前用于带冲击振动机械隔振工程中高阻尼螺旋弹簧隔振器的基本原理。

图 12-3-17 为各类金属弹簧隔振器示意图。

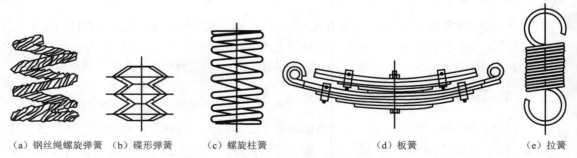

（a）钢丝绳螺旋弹簧 （b）碟形弹簧 （c）螺旋柱簧 （d）板簧 （e）拉簧

图 12-3-17 各类金属弹簧隔振器示意图

（f）螺旋板簧

（g）折板簧

（h）螺旋锥簧
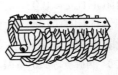
（i）不锈钢钢丝绳弹簧

图 12-3-17　各类金属弹簧隔振器示意图（续）

用于机械设备隔振系统的钢螺旋弹簧隔振器是用弹簧圆钢制成的圆柱形压缩螺旋弹簧并配置铸铁外壳，为提高高频隔振效果和隔声效果，上盖顶面和底座底面都粘贴有橡胶垫。

钢螺旋圆柱弹簧的竖向刚度 K_z（N/mm）可按式（12-3-43）计算：

$$K_z = \frac{Gd^4}{8nD^3} \qquad\qquad (12\text{-}3\text{-}43)$$

式中　D——螺旋圆柱中径，mm；

　　　d——弹簧钢丝直径，mm；

　　　n——有效工作圈数；

　　　G——材料的剪切弹性模量，N/mm²。

钢螺旋圆柱弹簧竖向的动刚度与静刚度之比约为 1.0，也就是说，式（12-3-43）计算得到的竖向刚度既是静刚度又是动刚度。

钢螺旋圆柱弹簧隔振器在使用时有可能要求计算横向即水平方向的刚度 K_r，但 K_r 的计算复杂，可用图 12-3-18 查算。从图 12-3-18 中可以看出，一般 K_r/K_z 的值大约为 1.0，在很宽的范围内变化不大，如果工程中要求不是十分精确，则可以用 K_z 代替 K_r。

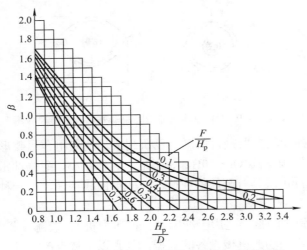

图 12-3-18　螺旋圆柱钢弹簧横向刚度 K_r 计算用图

D—圆柱中径（cm）；H_p—弹簧在载荷作用下的高度（cm）；F—弹簧在载荷作用下的变形（cm）；

K_r—弹簧的横向刚度（N/mm）；K_z—弹簧的竖向刚度（N/mm）；$\beta=\dfrac{K_r}{K_z}$；$H_p=H_0-F$

钢螺旋圆柱弹簧隔振器的阻尼性能较差，虽然有些钢螺旋圆柱弹簧隔振器已采取适当的处理以提高其阻尼性能，但一般来说其阻尼性能不会超过橡胶类，如 ZT 型系列阻尼弹簧隔振器的阻尼比 $\xi \approx 0.03$。

可供选用的荷载较大的钢螺旋弹簧隔振器有：ZT 型、XM$_2$ 型、ZD 型、ZTH 及 ZTD 型钢弹簧隔振器。隔振器的结构形式大致相似，阻尼处理方法各有不同。

（2）钢碟形弹簧隔振器

钢碟形弹簧隔振器有优良的阻尼性能和非线性载荷——变形特性，特别适用于带冲击振动的机械如冲床锻床的隔振，具有以下特点：

① 适用频率范围 8～12Hz；

② 载荷大，是钢弹簧中可承受载荷最大的品种；

③ 阻尼性能优良，阻尼比可达到 0.2，阻尼力来源于碟片之间的摩擦；

④ 载荷变形特性呈非线性，有硬—软—硬的特点，特别可承受冲击载荷，适用于冲击振动的隔离；

⑤ 耐高温、耐低温、耐油、耐腐蚀、不老化、寿命长，结构较简单，性能稳定，安装方便。

同时，钢碟形弹簧隔振器也存在以下缺点：

① 仅适用于压缩载荷，水平方向的刚度计算更为复杂，高频振动隔离及隔声效果较差；

② 加工制造有一定的难度。

钢碟形弹簧隔振器外形及安装尺寸如图 12-3-19 所示。

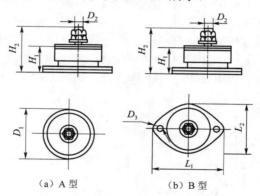

（a）A 型　　　　　　　（b）B 型

图 12-3-19　DJ$_1$ 型碟形弹簧隔振器外形及安装尺寸图

DJ$_1$ 型系列碟形弹簧隔振器是目前国内已研制成功的采用金属碟形弹簧为弹性元件的全金属隔振器，具有自振频率低（8～10Hz）、阻尼大、体积小、耐强冲击、载荷能力大及寿命长等优点，并且在受冲击区具有渐软的载荷——变形曲线特性，是一种较理想的冲击振动隔离器。

DJ$_1$ 型系列碟形弹簧隔振器适用于冲床（机械压力机）、锻锤（蒸汽锤、空气锤）、剪板机、折边机等具有冲击振动的机械设备的隔振，具有以下特点：

① 隔离冲击振动效果好，100t 以下的冲床直接安装 DJ$_1$ 型碟形弹簧隔振器后，地面冲击振动加速度可减少到原来的 1/10～1/6，振动级可降低 14～21dB。

② 由于阻尼性能好，有利于冲击设备的自身振动得到控制，同时可使设备的运转噪声明显降低，冲床安装 DJ$_1$ 型隔振器后冲击噪声可降低 3dB（A）左右。

③ 隔振器承载能力大、体积小、高度低、稳定性好、安装方便。对 100t 以下的冲床等设备可直接安装，不需机架及专做大块混凝土基础，可节约基础费用。

图 12-3-19 为 DJ$_1$ 型系列碟形弹簧隔振器的外形及安装尺寸图，表 12-3-1 为其选用表，表 12-3-2 为其具体的安装尺寸表。

DJ$_1$ 型碟形弹簧隔振器根据安装方法的不同分为 A、B 两种，A——与基础面无螺栓固定，B——与基础面可用螺栓固定。A、B 两种类型除底脚不同外，其他尺寸参数均相同。

表 12-3-1　DJ$_1$ 型碟形弹簧隔振器选用表

	型号	DJ$_1$-2	DJ$_1$-4	DJ$_1$-8	DJ$_1$-12	DJ$_1$-18	DJ$_1$-26
静态特性	适用载荷范围/kgf[①]	100～300	300～600	600～1000	1000～1500	1500～2200	2200～3300
	静态变形/mm	1.5～3.2	1.5～3.2	3.6～7.2	3.8～5.8	5.1～8.3	3.4～5.3
	最大允许载荷/kgf[①]	500	1000	1300	1800	2800	4400
动态特性	额定载荷下的垂直固有频率范围/Hz	10±1	10±1	8.5±1	9±1	8±1	12±1
	阻尼比	0.10～0.13					
	使用环境温度/℃	−65～120					
	使用环境介质	无强碱强酸					

① 1kgf=9.80665N。

表 12-3-2　DJ$_1$ 型碟形弹簧隔振器安装尺寸

型号	DJ$_1$-2	DJ$_1$-4	DJ$_1$-8	DJ$_1$-12	DJ$_1$-18	DJ$_1$-26
H_1/mm	62	72	77	70	85	83
H_2/mm	162	172	177	170	185	183
（A 型）D_1/mm	ϕ110	ϕ110	ϕ140	ϕ165	ϕ143	ϕ165
（B 型）$L_1 \times L_2$/mm	180×112	180×112	220×140	240×152	240×152	240×152
D_2/mm	M18	M18	M20	M20	M20	M20
D_3/mm	M10	M10	M12	M12	M12	M14
质量/kg	3	3.1	3.5	4	5	4.2

3.3.4.2　空气弹簧

空气弹簧又称橡胶空气弹簧，广泛应用于汽车、轨道交通、工业机械等行业中的一些产品中，在噪声与振动控制工程中应用相对较少。图 12-3-20 为应用于汽车底盘的橡胶囊式空气弹簧。

橡胶空气弹簧一般由橡胶气囊、端封板、法兰、腰环、缓冲块等组成，其中橡胶气囊由表层橡胶层、中间骨架层和内层橡胶层组成。

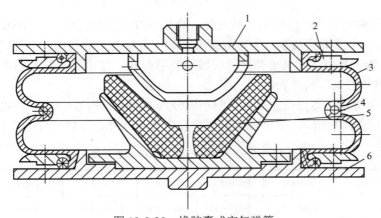

图 12-3-20　橡胶囊式空气弹簧

1—上盖板；2—压环；3—橡胶囊；4—腰环；5—橡胶垫；6—下盖板

（1）空气弹簧的特点

在机械设备等振动隔离系统中，采用空气弹簧具有以下特点：

① 设计时，弹簧的高度、承载能力、弹簧常数等是彼此独立的，并且可在相当宽的范围内选择。

② 空气弹簧刚度，可以借助改变空气的工作压力，增加附加气室的容积来降低刚度，可以设计出很柔软的弹簧。

③ 空气弹簧的刚度随载荷而变，故在不同载荷下，其固有频率几乎保持不变，故系统的隔振效果也近似不变。

④ 通过高度控制系统，空气弹簧的工作高度在任何载荷下保持一定，有利于工程应用。

⑤ 同一空气弹簧，通过工作气压的调整，可以有不同的承载能力。

⑥ 空气弹簧对高、低频振动、冲击以及固体声均具有很好的隔离特性。

⑦ 阻尼的大小，可采用不同阻尼管进行调节。

⑧ 空气弹簧的弹簧部分质量可以做得比较小，例如，承受 10t 载荷、直径为 500mm 的空气弹簧，除去上、下面板，橡胶部分的质量只有 5kg 左右。

（2）空气弹簧的结构与分类

根据橡胶气囊工作时的变形方式，橡胶空气弹簧主要可分为膜式空气弹簧、囊式空气弹簧和混合式空气弹簧三种，其中囊式空气弹簧应用最为广泛。膜式空气弹簧主要靠橡胶气囊的卷曲获得弹性变形；囊式空气弹簧主要靠橡胶气囊的挠曲获得弹性变形；混合式空气弹簧则兼有以上两种变形方式。

囊式空气弹簧的典型结构如图 12-3-20 所示。它是用橡胶膜做成葫芦形，有几段鼓起，在鼓起之间嵌入金属环，以承受内压所引起的张力。当弹簧体的内容积相等时，鼓起的段数多，则弹簧常数小，考虑制造的工艺性和使用的稳定性，目前国产空气弹簧为 1～3 段。囊膜都是由帘线层、内外橡胶层和成型钢丝圈硫化而成的。空气弹簧的承载能力主要是由帘线承担，帘线的质量是空气弹簧强度性能的决定因素，帘线的层数一般为 2～4 层，层层相交叉。内外橡胶层主要起密封和保护作用。

膜式空气弹簧的典型结构如图 12-3-21 所示。其中，图 12-3-21（a）为约束膜空气弹簧结构，图 12-3-21（b）为自由膜空气弹簧结构。在金属内外筒之间设有橡胶隔膜，隔膜保持密封，隔膜的变形将引起整体的伸缩。外筒的内壁和内筒的外壁可做成适当的斜度和曲面，从而，当伸缩时，橡胶隔膜就按壁的形状发生变形，受压面积随着伸缩而变化，这样可以做成非线性的弹簧特性。橡胶隔膜的结构与囊膜相同。

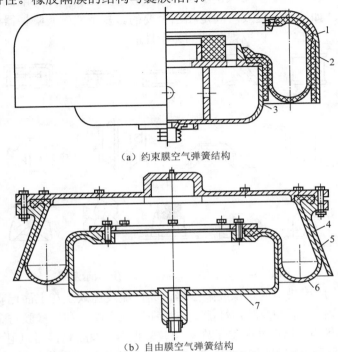

（a）约束膜空气弹簧结构

（b）自由膜空气弹簧结构

图 12-3-21　膜式空气弹簧的典型结构

1，6—橡胶膜；2—外筒；3—内筒；4—上盖板；5—橡胶垫；7—下座

根据连接方式，膜式空气弹簧又分为约束膜式和自由膜式，囊式空气弹簧可以分为固定式法兰连接型、活套式法兰连接型、卷边板型和自密封型。根据气囊的数目，囊式空气弹簧还可分为单曲、双曲或多曲囊式空气弹簧。

3.3.4.3　橡胶隔振器

用橡胶材料制成的隔振器是应用最广泛的隔振器材，橡胶隔振器具有以下性能及优缺点。

① 适用频率范围为 5～15Hz。

② 橡胶隔振器不仅在轴向，而且在横向及回转方向均具有隔离振动的性能，同一个橡胶隔振器，在直角坐标三个方向与回转方向上的刚度可有较宽的选择余地。

③ 橡胶内部阻尼比金属大得多，高频振动隔离性能好，隔声效果也很好，阻尼比为 0.05～0.23。由于橡胶成型容易，与金属也可牢固地粘接，因此可以设计制造出各种形状的隔振器，而且质量轻、体积小、价格低，使用范围很广，安装方便，更换容易。

④ 耐高温、耐低温性能相对较差。普通橡胶隔振器使用的温度上限为 70℃，下限为 0℃，采用特殊的橡胶，隔振器使用温度下限可达到−50℃。耐油性能差，在空气中易老化，特别是在日光直射下会加速老化，一般寿命约为 8 年。制造方面，难以避免性能上有一定的差别，载荷特性也难一致，经受长时间大载荷的作用，会产生松弛现象。

决定橡胶隔振器动刚度和静刚度的因素包括：橡胶的配方、橡胶的硬度及橡胶隔振器的形状。根据形状及受力变形可把橡胶隔振器分成三大类：压缩型、剪切型及复合型。图 12-3-22 为各类橡胶隔振器的结构形状示意图。

橡胶隔振器的性能与质量主要取决于橡胶的配方与硫化工艺，在隔振器的形状及橡胶配方确定后，硫化工艺如硫化温度及时间是相当重要的。复杂的橡胶隔振器往往需要经过多次试验总结才能确定加工工艺，以取得预期的力学性能。

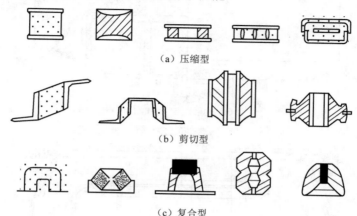

（a）压缩型

（b）剪切型

（c）复合型

图 12-3-22　各类橡胶隔振器结构形状示意图

目前实际工程中应用最多的是橡胶隔振器，其性能及优缺点在上面已叙述，它具有持久的高弹性和优良的隔振、隔冲及隔声性能，造型和压制方便，利用橡胶与金属表面粘接强度可大于 300N/cm^2 的优点，已设计制造了许多橡胶隔振器。橡胶隔振器阻尼大，吸收机械能量强，尤其是吸收高频振动能量性能更佳。当然，如果暴露在日光下橡胶易老化，寿命只有 5～8 年，因此需要定期检查，按期更换。

按受力情况和变形情况，橡胶隔振器可分成压缩型、剪切型及复合型等三大类，对应的竖向刚度与横向刚度之比分别为 4.5、0.2 及任意设计。目前国内生产的橡胶隔振器一般用丁腈、氯丁或丁基合成橡胶制造，动态系数为 1.4～2.8，阻尼比为 0.075～0.20。

3.3.4.4　橡胶隔振垫

与橡胶隔振器一样，橡胶隔振垫在工业与民用各个领域已得到了广泛的应用，它具有安装方便、通用性强、价格低等特点，而隔振效果及其他性能与橡胶隔振器基本相同。

由于生产厂家较多，而橡胶隔振垫又未实现标准化，生产厂家自成系列，故本手册所列出的载荷性能、频率特性及其他特性皆以生产厂所提供的数据为依据，而这些数据与隔振垫所用的材料及工艺有关，选用时应予注意。橡胶隔振垫可用于机械设备的单机隔振、浮筑地坪及固体噪声的隔声工程中，用聚氨酯材料制成的隔振垫可用于压力机的隔振和建筑物隔振工程中。

（1）工作频率

由于橡胶材料的成分及硬度不同，形状也有所差别，所以每一种型号的隔振垫的工作频率也有所不同，由它的硬度及层数决定，这在每一种型号隔振垫的参数表中可以查出。

（2）工作频率与层数的关系

在推荐载荷下若一层的工作频率为 f_0，那么在相同载荷下两层的工作频率为 $\dfrac{f_0}{\sqrt{2}}$，三层

为 $\dfrac{f_0}{\sqrt{3}}$，n 层为 $\dfrac{f_0}{\sqrt{n}}$。但多层使用时，一般需在相邻隔振垫之间增加一层钢板。

（3）压应力

一般尽量采用生产厂说明书中的压应力推荐值，但不能超过最大允许压应力，应尽量使每块隔振垫的压缩变形一致。

（4）产品的质量

在尚未建立统一的检验标准前，建议注意以下几点：材料是否均匀；是否有老化现象；硬度是否合格。橡胶隔振垫的寿命在无油污及紫外线（露天日照）接触情况下可达 10 年以上。

（5）隔振垫的安装

橡胶隔振垫一般放在基座下面，不需固定，因为橡胶隔振垫与其接触的表面有相当大的摩擦力，若固定，可参见图 12-3-23 所示的方法。对于大型的机械系统，应考虑隔振垫的更换。

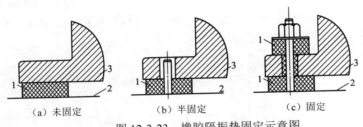

(a) 未固定　　　　　　(b) 半固定　　　　　　(c) 固定

图 12-3-23　橡胶隔振垫固定示意图

1—隔振垫；2—基础面；3—机架

为了使橡胶隔振垫使用寿命较长，应尽可能使橡胶隔振垫不受腐蚀物品侵蚀，也尽可能防止机械油与隔振垫接触，若机械漏油或渗油严重，应在隔振垫四周设防油沟或防油槽等。

3.3.4.5　JM 隔振垫

玻璃纤维板在隔振及固体声隔绝工程中已得到很广泛的应用。由于此类材料具有不易老化的特点，故常将其作为半永久性（一般不做更换）隔振材料，如建消声室时，可将其作为隔振和固体声隔绝材料。近几年，此类材料在地铁工程中的轮轨隔振中也得到了广泛应用。当然，在工业企业中，当机械设备扰力为垂直方向时，也可采用玻璃纤维板隔振。下面给出一些工程实例。

某研究所，采用粒径为 10μm 的玻璃纤维包装成 600mm×450mm×150mm（厚）的玻璃纤维板，放在基础槽内，上铺钢筋混凝土板，在板上建消声室。隔振体系的固有频率达到 4Hz 左右。

某厂的精密仪器装配试验平台，采用玻璃纤维作隔振材料，为了增加阻尼，在两层玻璃纤维板下铺放两层（每层 5cm）软木。当压应力 $\sigma=59.1\text{kPa}$ 时，测得固有频率 $f_0=5.95\text{Hz}$，阻尼比 $\xi=0.049$，满足要求。

北京市劳动保护科学研究所等单位研制出 JM 玻璃纤维隔振垫，此类隔振垫是采用密度为 256kg/m³ 的离心玻璃棉块，做成 50mm×50mm×50mm 的块状，外表面涂有以氯丁胶为主的橡胶浆（自然硫化后形成一层覆面），加橡胶覆面后增加了阻尼，阻尼比可达 0.06～0.08。

规格为 50mm×50mm×50mm 的 JM 隔振垫，其载荷-变形曲线如图 12-3-24 所示，其载荷-固有频率曲线如图 12-3-25 所示。

JM 隔振垫还可做成 100mm×100mm×50mm 等规格，JM 隔振垫也可串联使用。

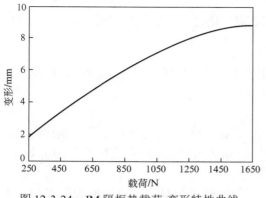

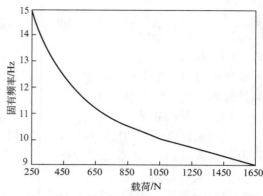

图 12-3-24　JM 隔振垫载荷-变形特性曲线　　　　图 12-3-25　JM 隔振垫载荷-固有频率曲线

　　JM 隔振垫应用范围十分广泛，目前主要用在各类录音棚、播音室、演播室、声学实验室等处做浮筑楼板时用，其布置如图 12-3-26 所示，施工示意图如图 12-3-27 所示。在混凝土之上如再建隔声间，则可形成演播室等。这样外界的振动和固体声向演播室内传播即可得到有效隔离。实验表明，撞击声改善值>25dB，振动衰减量>23dB。

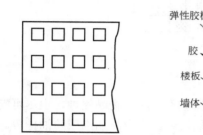

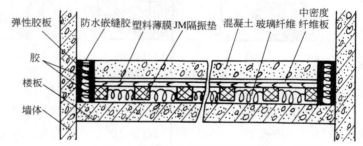

图 12-3-26　JM 隔振垫布置图　　　　　　图 12-3-27　JM 隔振垫用于浮筑楼板的施工示意图

3.3.4.6　隔振缓冲垫层

　　隔振缓冲垫层一般铺于地基基础上，是在地基基础与混凝土基础之间设置的一道隔振层，依靠隔振层的变形吸收、消耗周围振动波传递的能量，减少振动能量直接向上部基础的传递，改变基础的固有频率，避免与基础发生共振，从而达到隔振、减振的目的。

　　隔振缓冲垫层一般由碎石、干砂和煤渣等构成。这些材料在自然界分布广泛，具有压实性能好、填筑密度大、抗剪强度高、承载力高等工程特性。利用碎石摩擦系数较高，干砂易于流动，煤渣承载力高、不传递拉应力的特点，通过垫层的大幅变形来消耗振动冲击能，以及垫层间本身内摩擦的阻尼作用，减小振动对上部混凝土基础的作用。当振动源作用时，混凝土基础及垫层与之发生一定程度的刚体移动，垫层与地基就构成了一个天然隔振层，振动能量能够通过这缓冲垫层与地基的变形被吸收，从而减少振动能量向上部结构的传递，经过衰减后的振动波遇到大的独立基础的进一步反射和吸收，从而达到减振、隔振的效果。

3.3.4.7　挠性接管（柔性接管和不锈钢波纹管）

　　（1）柔性接管

　　管道柔性接管又称补偿接管，分两种类型：一种是橡胶柔性接管；另一种是不锈钢波纹管。柔性接管广泛地用于给排水、暖通及动力工程的水管路及油管路中。通风管路的风压较低，大部分的通风补偿接管（又称软接头）用帆布、橡胶或塑料软膜制成。对于空压机的进气管路、罗茨风机的进排气管路以及真空泵的进排气管路，工作压力低于 0.1MPa，其管路中补偿接管尚无定型产品。

橡胶柔性接管近几年有较快的发展，规格品种已比较齐全，如 KXT 型可曲挠合成橡胶接头的最大口径已从 DN600mm 增大至 DN2400mm，且发展生产了橡胶弯头、异径橡胶接管、异径偏心橡胶接管等多种类型产品，已能满足国内现代建筑的管道隔振的需求，同时销往国外建筑工程市场。近年来，国内生产橡胶柔性接管的厂家增加不少，产品多数大同小异，对于同类产品，用户宜根据已颁布的橡胶柔性接管的行业标准选用。

在选择柔性接管时应注意以下几点。

① 工作压力应低于柔性接管的允许压力；工作温度应在柔性接管的允许范围之内；轴向与径向位移应控制在规定值之内；有无腐蚀剂存在；用于食品用水或生活水管路的柔性接管对橡胶品种应提出卫生要求。

② 通常柔性接管的公称通径应等于管道的直径，在接管的长度可以任意时，长度的低限应满足轴向径向的总位移要求。

③ 橡胶柔性接管的使用年限应根据产品的使用说明，重要场合的柔性接管除了定期检查，也应定期更换，防止接管爆裂。

（2）不锈钢波纹管

不锈钢波纹管又称不锈钢膨胀节或不锈钢软管，是用不锈钢薄板制成波纹管，两端再配以法兰或螺纹接口，不锈钢波纹管有的在外面还用不锈钢丝布包覆以增加其抗压强度。不锈钢波纹管可用于一些特殊的管道系统，如空气压缩机的排气管、柴油机的排气管以及腐蚀性介质的管道系统中。

在选用不锈钢波纹管时应注意以下几点：

① 工作压力　一般来说，不锈钢波纹管的直径小，可耐压程度大，也就是工作压力较大，而直径较大工作压力又大的不锈钢波纹管制造难度大、价格高。因此，应选择工作压力合适的不锈钢波纹管。

② 材质　不锈钢的材质有 0Cr19Ni9、00Cr19Ni11、00Cr18Ni10 及 1Cr18Ni9Ti 等，材质不同，价格也不同，应按需要选择合适的材质。

③ 接口　有螺纹接口和法兰接口两种，但口径大的不锈钢波纹管都为法兰接口。

④ 长度　一般来说，不锈钢波纹管的长度可根据需要确定，制造厂可以提供任意长度的波纹管，但单根波纹管不宜太长。

3.4　阻尼材料

3.4.1　阻尼板材

（1）橡胶阻尼材料

橡胶自身具有良好的弹性，而且可天然获取，因此，传统上是阻尼减振应用的首选材料。橡胶阻尼材料种类繁多，不同组分构成其阻尼性能不同。一般地，用于制备橡胶阻尼材料的聚合物基体中，丁基橡胶和丁腈橡胶的阻尼系数较大，是制作阻尼减振材料的常用原料。丁苯橡胶、氯丁橡胶、硅橡胶、聚氨酯橡胶等的阻尼系数中等，而天然橡胶和顺丁橡胶的阻尼系数最小。

（2）沥青型阻尼材料

沥青阻尼材料是目前常见的一种黏弹性阻尼材料，大多以沥青和再生橡胶为主体材料，辅以填料及特种助剂制备而成。但是沥青阻尼材料由于模量过低，一般不能单独成为工程中的结构材料，它必须要黏附于机械结构或工程结构件上，形成结构阻尼层。当机械振动时，沥青阻尼层随着机械结构产生弯曲振动，产生拉伸与压缩的交变应力与应变，使沥青阻尼耗损机械振动能量，从而起到减振和降噪效果。在机械结构中，增大机械结构阻尼损耗因子，是抑制振动响应，特别是共振响应的主要因素和重要途径。

沥青阻尼材料在工程上的应用主要分为四大类，即自黏型、热熔型、复合型和磁性型。但是，由于沥青在长期使用中会释放出大量含硫、氮化合物等对人有害的物质，因此，无沥青型阻尼材料越来越受重视，如一些汽车公司采用的无沥青阻尼材料的主要成分是聚丙烯酸酯和聚醋酸乙烯酯类。

（3）聚氨酯阻尼材料

聚氨酯是一类重要的功能性高分子阻尼材料，体内存在着所谓的软段相区和硬段相区，是一种多相体系。组成聚氨酯的组分是具有极性的官能基（如有机二异氰酸酯或多异氰酸酯与二羟基或多羟基化合物），使高分子长链之间不但可形成极有效的物理氢键现象，且彼此有较高的相容性、高弹性和耐磨性。同时，聚氨酯的氢键还表现出一定的微相分离特性，即在微观尺度形成两相结构，这有助于获得较高的损耗因子。

聚氨酯是极具应用价值的阻尼材料，也是 IPN 阻尼材料最常用的基材之一。通常来说，聚氨酯基 IPN 主要包括聚氨酯和另外一种高分子，后者主要包括有聚甲基丙烯酸酯、聚苯乙烯、不饱和聚酯、环氧基树脂、丙烯基酚醛树脂和各种丙烯酸高聚物。此种聚合物不仅具有较好的阻尼性能，而且具有优良的耐老化性能和耐油性能。

除高阻尼性能外，聚氨酯阻尼材料还具有良好的力学性能和加工性能，因此被广泛地用于商业生产中，而且应用形式多样，如胶黏剂、涂料、泡沫材料和弹性体等。但是，其低刚度和高热膨胀系数的特点制约了其作为工程结构材料的应用。

3.4.2　阻尼涂料

阻尼涂料是以天然或合成的高分子树脂为基料，通过加入适量的颜填料以及各种助剂、辅助材料，经一定工艺配制而成，是一种涂覆在各种金属板状结构表面上，具有减振、隔声、绝热和一定密封性能的特种涂料。它是黏弹性阻尼材料的一种特殊形式，所用聚合物与普通黏弹性阻尼材料没有本质的差别。

工程上，有时会用到灌注型阻尼涂料和阻尼腻子。灌注型阻尼涂料用于腔体结构的减振；阻尼腻子用于填充阻尼胶板间的缝隙，使阻尼处理部位连成整体，防止外来介质如水、油等从缝隙间渗入而对阻尼胶板造成侵蚀。

阻尼涂料可广泛地用于飞机、船舶、车辆和各种机械的曲面或不规则的结构表面，起到减振和降噪作用，也可用于各种隔声罩。由于涂料可直接喷涂在结构表面上，施工方便，尤其对结构复杂的表面，如舰艇、飞机等，更体现出它的优越性。

3.4.3　阻尼钢板

一般金属的阻尼性能很差，不能用作阻尼材料。但是，人们发现，在某些金属中掺杂一定其他成分，可制作出具有高阻尼性能的合金材料。这些合金材料的阻尼性能比一般金属的大得多，并且耐高温，用其制造机械设备或仪器的构件，可起到从振源和声源减振降噪的效果。

迄今为止，人们已开发了以镍、镁、铜、锌、铝和铁等为基体的各种阻尼合金并已应用到实际中，如用于制造潜艇、鱼雷和舰船螺旋桨的锰铜基阻尼合金，用于汽车发动机缸盖、皮带轮的锌铝阻尼合金等。

所谓的高阻尼仅是相对普通合金的阻尼特性而言，高阻尼合金的损耗因子仅为 0.01～0.15，与黏弹性材料相差 1～2 个数量级，且存在腐蚀、焊接等技术问题，因此，高阻尼合金仍不能满足很多真正高阻尼要求的场合使用。但是，对材料强度要求较高的场合，高阻尼合金是一种不错甚至是唯一的选择，故其应用依然十分广泛。

根据阻尼机制，阻尼合金可分为：位错型、孪晶型、铁磁型、超塑性型和复相型五种。阻尼钢板有自由层阻尼钢板和约束层阻尼钢板。

（1）自由层阻尼钢板

自由层阻尼钢板是在基础结构板表面上直接粘贴阻尼材料，其结构如图 12-3-28（a）所示。

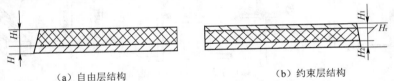

（a）自由层结构　　　　　　　　　　　（b）约束层结构

图 12-3-28　自由层阻尼处理和约束层阻尼处理结构示意图

当结构振动时，粘贴在表面的阻尼材料产生拉伸压缩变形，把振动能转变为热能，从而起到减振的作用。自由层阻尼结构的损耗因子可用式（12-3-44）估算：

$$\eta \approx \beta \frac{E_1 H_1}{EH}\left[3 + 6\frac{H_1}{H} + 4\left(\frac{H_1}{H}\right)^2\right] \qquad (12\text{-}3\text{-}44)$$

式中　η——阻尼结构的损耗因子（无量纲）；

　　　β——阻尼层材料的损耗因子（无量纲）；

　　　H_1——阻尼层厚度，cm；

　　　E_1——阻尼层材料的弹性模量，10N/cm^2；

　　　E——基板的弹性模量，10N/cm^2；

　　　H——基板厚度，cm。

自由层阻尼结构的阻尼处理比较简单，计算也比较方便；缺点是阻尼处理的效果和温度关系很大，而且也不可能提供很大的阻尼，特别是结构较厚时更是如此。

（2）约束层阻尼钢板

此方法是在结构的基板表面粘贴阻尼层后，再贴上一层刚度较大的约束板，其结构如图12-3-28（b）所示。当结构振动时，处于约束板和基板之间的阻尼材料产生拉伸压缩及剪切变形，此变形能把更多的振动能转变成热能，从而达到减小结构振动的目的。约束层阻尼处理一般可以提供较大的结构损耗因子，越来越广泛地用于各个领域。

约束层阻尼结构的损耗因子 η 的计算较复杂。约束层结构的施工及制作要求较高，价格也贵，因此在实际工程中，有时将自由层阻尼结构和约束层阻尼结构同时使用。而对结构体积或面积较大的部件或系统，还可以采用部分粘贴阻尼材料的间隔处理方法。在一些高级结构工程中须用计算机计算，也可以进行振动模态的测试分析，实行优化阻尼设计。目前市场上已有制成的约束阻尼板即阻尼钢板出售，类似于三合板，中间为阻尼层，两边用钢板，阻尼钢板在一些特殊的降噪工程中得到了较多的应用。

结构阻尼处理是一门新技术，已得到广泛的应用，但不同的阻尼处理（阻尼材料、结构形式、粘贴方法、布置位置等多种因素）会有不同的减振效果，也就是说，合理地选用阻尼材料和设计合理的阻尼结构，是取得较好阻尼减振效果的关键。图 12-3-29 为常用的阻尼结构示意图。

阻尼材料从广义上说种类很多，如沥青、毛毡、油灰，甚至陶瓷在某些特定的场合下也是优良的阻尼材料。

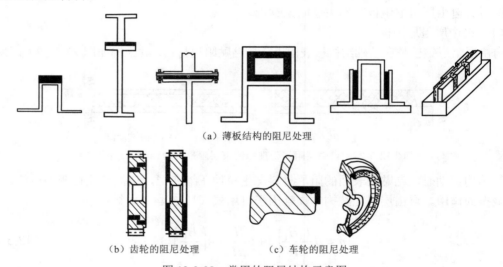

（a）薄板结构的阻尼处理

（b）齿轮的阻尼处理　　　　　（c）车轮的阻尼处理

图 12-3-29　常用的阻尼结构示意图

3.5　振动屏障

常见的振动屏障有隔振沟、隔振墙和排桩隔振等。按其构成物可分为连续屏障，如空沟、膨润土泥浆、砂子、粉煤灰等填充的沟等；非连续屏障，如混凝土排桩、排孔等。连续屏障多用于中高频率的隔振，非连续屏障可以适用于较低频率的隔振。

屏障的隔振效果可以表示为：

$$\alpha = \frac{W_B}{W_A} \tag{12-3-45}$$

式中　W_B——屏障后面参考点的响应；

　　　W_A——屏障前面参考点的响应。

参考点为距离屏障中心点前后 1m 处的两点，如图 12-3-30 所示。

图 12-3-30　隔振效果点

3.5.1　连续屏障

3.5.1.1　隔振墙

如果在空沟里增加填充材料，其工程实施性明显优于隔振沟，填充沟的隔振效果与填充材料的刚度有关。根据相关理论，定义波经过屏障的透射率 T_u 为屏障前后振幅之比：

$$T_\mathrm{u} = \frac{u_\mathrm{t}}{u_\mathrm{i}} = \frac{4\alpha}{\sqrt{(1+\alpha)^4 + (1-\alpha)^4 - 2(1-\alpha^2)^2 \cos\dfrac{\omega B}{v_{R(B)}}}} \tag{12-3-46}$$

$$\alpha = \frac{\rho_\mathrm{B} v_{R(B)}}{\rho_\mathrm{S} v_{R(S)}} \tag{12-3-47}$$

式中　T_u——屏障的透射系数；

　　　α——波的阻抗比；

　　　B——波障厚度；

　　　ρ_B——波障的质量密度；

　　$v_{R(B)}$——波障的波速；

　　　ρ_S——土介质的质量密度；

　　$v_{R(S)}$——土介质的波速；

　　　ω——入射波的圆频率。

（1）屏障的深度和材料

波在界面上的反射与透射完全取决于两侧介质的波阻抗比。岩土介质与隔振墙体（或填充材料）的波阻抗比接近于 1 时，理论上无明显减振效果，而波阻抗比越小或越大隔振效果越好。

当波阻抗比 $\alpha \leqslant 1$ 时，表示填充材料为柔性，采用的材料主要有粉煤灰、橡胶碎片、泡沫塑料、聚氨酯、发泡聚苯乙烯（EPS）等；当 $\alpha > 1$ 时，表示填充材料为刚性，主要有砂砾石、加气混凝土、轻骨料混凝土和钢板桩等。理论上，刚性材料刚度越大则隔振效果越好；反之，柔性材料越柔则隔振性能越好。

国内外大量学者以理论、试验和数值计算的方式对刚性和柔性隔振屏障措施进行了分析研究，王田友等（2008）选取混凝土作为刚性材料与泡沫塑料作为柔性材料进行对比后发现，柔性材料的隔振效果总体优于刚性材料。钱菊生等由现场实测发现，在大多数情况下粉煤灰屏障的隔振效果并不理想。Haupt（1981）用有限元研究不同形状地下混凝土芯墙的隔振以及模型试验，展示了模型测试方法，提出了模型实验方法研究隔振墙的可行性。北京交通大学栗润德（2009）通过建立数值仿真模型，分析了柔性材料如粉煤灰、橡胶、塑料和泡沫材料填充时屏障后不同位置处的位移衰减，发现波阻抗比是影响隔振效果的主要因素，且在波阻抗比相同或相近的条件下，剪切波速比较小者将具有较好的隔振效果。小山敦也等（2004）通过现场试验的方法测定在砂和砾石层场地土中宽度 0.5m、长 4.0m 的 EPS 隔振墙在适当的深度下，在敲击作用下的场地隔振效果达 7～10dB，与波动理论计算所得到的减振量相当。

总体上，在一般场地土介质条件下，柔性材料如聚氨酯等明显比混凝土等刚性材料具有更小的透射率，可用作有效的隔振措施。但相比较于刚性材料，发泡材料在高应力水平时往往具有较大的应变及明显的徐变性，单独作为隔振材料在隔振沟中填充时，在长期的土压力作用下将产生较大的变形，波阻比增大，影响长期的隔振效果，而刚性材料在变形和材料老化等方面的问题较少。进而有学者提出将刚性材料包裹在发泡材料周围，形成"夹心饼"形式，以减小作用于发泡材料上的压力，维持长期隔振效果，即形成复合式隔振墙。赵荣欣等（1998）采用平面有限元方法，认为发泡聚苯乙烯和水泥土复合式隔振墙可以较好地发挥材料的特性。日本高铁沿线大量的复合式隔振墙经验表明，尽管仅采用一维波动理论较难解释，混凝土内填充柔性材料的隔振墙具有较大的振动阻尼效果。

（2）屏障的几何尺寸

屏障体系的深度和长度决定隔振范围，加深和加长屏障，可减少从地面和侧面绕过的波，即影响波的衍射效应。弹性介质中波的衍射较为复杂，评价方法也尚不成熟。理论和实验证明，屏障的深度 H 和长度 L 与地基中波长间的关系决定衍射波的大小。

Woods 早在 1968 年即提出，针对点振动源，隔振伸展角（振源到屏障两端连线的夹角）必须大于 90°，隔振沟的深度大于 1.33 倍波长。高广运等（1997）提出，屏障深度 H 应大于 $\lambda_R/4$，在不超过 λ_R 时对隔振效果有较大影响，超过 λ_R 后，屏障深度对隔振效果的影响很小，而衍射波从屏障侧面绕过的影响则尚无明确的预测方法。小山敦也等（2004）通过场地试验发现，隔振墙底部与振源连线与地面的角度大于 45° 切角范围时，具有较好的隔振效果。Kattis 等（1999）采用三维边界元法分析了用有效屏障代替排桩来简化计算，得出屏障和排桩的最小深度应为 $0.8\lambda_R$，并得出空沟和混凝土填充墙隔振效果好于排桩，屏障隔振用于中等深度以下的情况，而深度更大情况则宜采用排桩的结论。试验资料表明，当沟深小于表面波长的 30%时，对低频振动几乎没有效果。徐平运用波动函数展开法得到了空沟对 SH 波隔离的理论解，计算了不同沟长的隔振效果，得出一定范围内随着空沟长度的增加，最佳隔振效果明显提高，区域明显增大，超过该范围后，隔振效果基本不变。杨先健和高广运（2013）结合大量试验现场实测经验，提出要获得良好的隔振效果，需达到：

近场隔振时（$r \leqslant 2\lambda_R$），

$$屏障的深度 H > （0.8～1.0）\lambda_R$$
$$屏障的宽度 W \geqslant （2.5～3.125）\lambda_R$$

远场隔振时（$r > 2\lambda_R$），

$$屏障的深度 H > （0.7～0.9）\lambda_R$$
$$屏障的宽度 W \geqslant （6～7.5）\lambda_R$$

然而，日本国铁（JR）通过对东海道及东北新干线进行的隔振墙大量测试研究发现，隔振效果并非单调地随着墙体尺寸增大而改善。

3.5.1.2　隔振沟

在振动波传播的路径上挖沟，以阻止振动的传播，人们把这种以防振为目的而设计的沟叫作"防振沟"。如果振动是以在地面传播的表面波为主，采用这种防振沟的方法是很有效的。一般来说，防振沟越深，隔振效果越好，而沟的宽度对隔振效果影响不大。防振沟中间以不填材料为佳，若为了防止其他物体落入沟内，可适当填些松散的锯末、膨胀珍珠岩等材料。

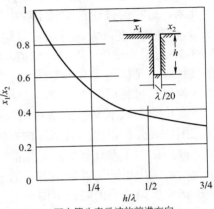

图 12-3-31 是由试验得出的结果，沟的宽度取振动波波长的 1/20，纵轴以沟前振幅 x_1 与沟后振幅 x_2 之比为刻度，横轴是以沟的深度 h 与波长 λ 之比为刻度。由图 12-3-31 可以看出，当沟的深度为波长的 1/4 时，振幅减少 1/2；当沟深为波长的 3/4 时，振幅减少 1/3。沟的深度再增加，不仅施工困难，同时隔振效果的提高也不明显了。

图中箭头表示波的前进方向

图 12-3-31　隔振沟的隔振效果

值得指出的是，振动在地面的传播速度与噪声在空气中的传播速度是不同的。表 12-3-3 为地表传播的振动波的频率、波速与波长的关系。利用表 12-3-3 与图 12-3-31，便可以粗略地估算隔振沟的效果。

表 12-3-3　地表传播的振动波的频率、波速与波长关系

振动频率/Hz	地表面波速/（m/s）	波长 λ/cm
10	140	1400
200	137	68.6
250	128	51.2
300	126	42.1
350	117	33.5

隔振沟可用在积极隔振上，即在振动的机械设备周围挖掘隔振沟，防止振动由振源向四周传播扩散；也可以用在消极隔振上，即在怕受振动的精密仪器附近，在垂直干扰振动传来的方向上挖掘隔振沟。图 12-3-32 为隔振沟的应用示意图。当振幅比 $x_1/x_2<1$ 时，就能看出隔振沟的效果；当振幅比 $x_1/x_2<0.25$ 时，则表明它有着十分明显的隔振效果。

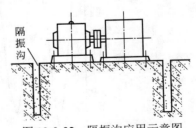

图 12-3-32　隔振沟应用示意图

但隔振沟的不足之处是：①隔振沟对于高频振动隔离效果好，对低频振动就显得差。虽然其四周起到隔离作用，但振动可通过底部传递，所以对于波长较长的低频振动的隔离就无能为力。②时间长久后，隔振沟内难免会积聚油污、水及杂物等，一旦填实，就失去隔振作用，所以往往隔振沟在开始使用时起作用，日后效果越来越差。

3.5.2　非连续屏障

低频人工振源常常会出现所产生的 R 面波波长较大的情况，常见波长都在十几米左右，所以如果采用连续屏障作为隔振方式，根据 Woods 的设计原则，隔振沟的深度要达到将近二十几米，这样的设计在实际工程中是很难实现的，特别是在一些土质较软、地下水位较高的地带，施工难度很大，且正常使用的维护费用也很大。而非连续屏障便于工程实施，如图12-3-33 所示为排桩，振动位移值在排桩系统的中心减小最多，同时当排桩的桩距为 1.5～2.0倍桩径时，排桩即具有了整体屏障效应，排桩在较大范围（500a）内具有显著的隔振效果，最佳位置在排桩后一定距离，如图 12-3-34 所示。

高广运突破了 Woods 等提出的桩径必须大于 1/6 波长的结论，扩大了排桩在工程上的应用范围，并分析得出圆截面排桩有较好的隔振效果。

高广运对于非连续屏障隔振的影响参数桩径 d、桩长 H、桩间距、排间距、阻抗比进行了分析，提出了非连续屏障隔振的三准则，即以透射效应决定屏障体系的隔振效果、以衍射效应决定屏障体系的隔振范围、避免入射波与屏障的吻合效应决定屏障体系的隔振效果。

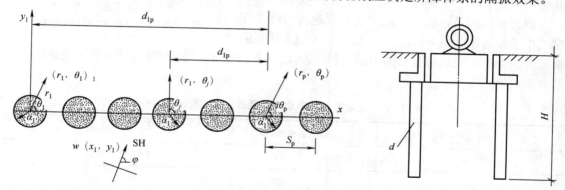

图 12-3-33　排桩屏障示意图

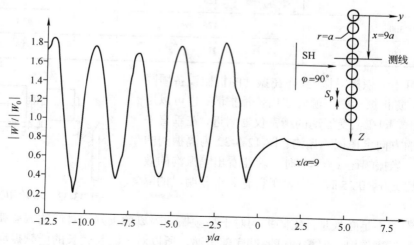

图 12-3-34　入射 SH 波，S_p/a =3.0 时归一化位移（a，x/a=9 处）

（1）屏障的透射效应

满足排桩桩距 $S_p \leqslant 2d$，以及屏障的厚度（或当量厚度）：

$$B \geqslant 0.125\lambda_R \qquad (12\text{-}3\text{-}48)$$

式中，λ_R 为地面面波波长。

屏障就具有有效的隔振效率，上式是根据波的透射理论及多项式内、现场模型及工程原型实测研究的结果，其最厚的厚度也不宜大于 $0.35\lambda_R$。

（2）屏障的衍射效应

对于近场（主动隔振），$r \leqslant 2.0\lambda_R$

屏障的深度 $H > (0.8 \sim 1.0)\lambda_R$

屏障的宽度 $W > (2.50 \sim 3.125)\lambda_R$

对于远场（被动隔振），$r > 2.0\lambda_R$

屏障的深度 $H > (0.7 \sim 0.9)\lambda_R$

屏障的宽度 $W > (6.0 \sim 7.5)\lambda_R$

（3）屏障的吻合效应

土内具有一定刚度的屏障，有可能被弹性波激发而产生了强烈振动，此时，屏障不仅不隔振，反而形成另一波源而产生振害，称为屏障的吻合效应。吻合效应常造成屏障工程的失效甚至反作用。

吻合效应控制屏障的弯曲频率，其临界吻合频率为：

$$f_{cr} = 0.551\frac{V_p^2}{C_p B} \qquad (12\text{-}3\text{-}49)$$

式中 V_p——土中纵波波速，m/s；

C_p——屏障的纵波波速，m/s；

B——屏障的厚度（或当量厚度），m。

3.5.3 水平隔板屏障（阻隔板）

在地面下一定深度内，设置与波长一定比值尺度的人造刚性水平夹层（隔板也称阻隔板）亦可隔离一定量的地面振动，如图 12-3-35 所示。

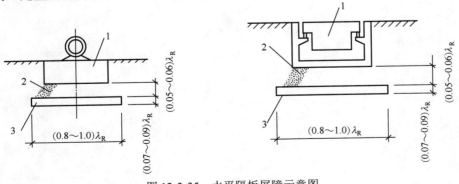

图 12-3-35 水平隔板屏障示意图

1—振动设备；2—离基础底面深度；3—隔板屏障

水平隔板屏障的基本尺寸要求：

离基础底面深度：　　　$h_g = (0.05 \sim 0.06) \lambda_R$

隔板长或宽：　　　$l \,(或\, W) \geqslant (0.8 \sim 1.0) \lambda_R$

隔板厚：　　　$B \geqslant (0.07 \sim 0.09) \lambda_R$

只要地面振动频率低于隔板顶面的截止频率，如式（12-3-50）所示的频率，即小于该频率的任何地面扰频均可被隔离 50% 以上。隔板尺度 B 及 L 与波长之比越大，隔振效率越高。

对于水平、扭转的隔板顶上地面的截止频率：

$$f_x = \frac{V_s}{4h_g} \tag{12-3-50}$$

式中，V_s 为 h_g 层土的剪切波速。

对于竖向、回转：

$$f_y = \frac{V_{La}}{4h_g} \tag{12-3-51}$$

式中，$V_{La} = \dfrac{3.4}{\pi \,(1 - \mu_b)}$，$\mu_b$ 为 h_g 层土的泊松比。

隔板屏障自身的质量比为：　$b = \dfrac{m}{\rho r_0^3}$

式中，m 为隔板包括其顶面以上土的质量，t；ρ 为土的质量密度，t/m^3；r_0 为隔板换算半径，m。

隔板屏障自身的质量比应合理设计，使隔板在与入射波波长下入射角即使产生吻合效应时，也不致出现明显的共振峰。

第4章 隔振设计

4.1 设计原则

（1）首先要掌握以下资料：

① 精密仪器、设备的大体结构、工作机理及用途；仪器、设备的外形几何尺寸、质心、质量及底脚螺栓的位置、孔径等。

② 精密仪器、设备有内振源时，必须了解内扰力的性质、大小、作用点位置及作用力方向。

③ 有移动部件时，需要了解移动部件的位置、质量和移动范围。

④ 了解周围环境振动源情况，如周围有何机械设备，相距多远；周围火车、汽车影响情况如何；第一、二类精密设备还要考虑地面脉冲。在必要时和有条件时，还应对地面振动进行测试，最好进行频谱分析。

⑤ 被隔振的精密仪器、设备的允许振动值，一般由工艺提供，或者说明书上有说明。

⑥ 了解支承结构的情况及工作环境。

（2）根据有关资料和知识，确定隔振方案。

（3）求隔振的振动传递率 μ_z 与固有频率 f_0：

$$\mu_z = \frac{允许振动}{地面振动} = \frac{1}{\left| 1 - \dfrac{\omega^2}{\omega_o^2} \right|} \tag{12-4-1}$$

式（12-4-1）计算忽略了阻尼，对一般工程，均可以这样计算。

隔振体系的固有频率：

$$f_0 < \sqrt{\frac{\mu_z f^2}{\mu_z + 1}} \tag{12-4-2}$$

（4）当设备有内振源时，则应考虑其影响。此时，要确定分配给设备内扰力引起的振动，计算台座所需的质量：

$$m' > \frac{p_0}{[A']\omega^2} - m_0 \tag{12-4-3}$$

式中　m'——台座的质量；

$\quad m_0$——设备的质量；

$\quad p_0$——内扰力；

$\quad [A']$——分配给内扰力引起的允许振动。

（5）隔振台座的设计。没有内振源的精密仪器设备的消极隔振效果主要取决于体系的固有频率与外界干扰频率之比以及隔振器的阻尼，与台座的质量关系不大（这一点和积极隔振不同），所以台座的设计主要根据工艺要求等因素来确定，并应经济合理。

（6）选择隔振器。

（7）验算隔振体系的水平振动。此项计算比较复杂，对于精密等级不太高的仪器设备可以不做水平振动验算。

（8）对第一、二类精密设备，需要计算隔振体系在地面脉冲作用下的振动。

（9）校核所有振动的叠加是否小于允许振动，如大于允许振动，需重新设计。

4.1.1　隔振台座的设置

隔振器可直接设置在机器的机座下，也可设置在与机座刚性连接的基础下面，通常称与机座刚性连接的基础为隔振台座或刚性台座。刚性台座从材料角度可分为两类：一类是由槽钢、角钢等焊接而成；另一类是由钢筋混凝土浇筑而成。在下列情况下，应设置刚性台座。

（1）机器机座的刚度不足；

（2）直接在机座下设置隔振器有困难；

（3）为了减少被隔振对象的振动，需要增加隔振体系的质量和质量惯性矩；

（4）被隔振对象是由几部分或几个单独的机器组成。

4.1.2　隔振方式的选择

隔振方式通常分为支承式、悬挂式和悬挂支承式。

（1）支承式（图 12-4-1），隔振器设置在被隔振设备机座或刚性台座下。

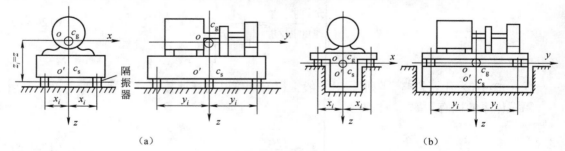

图 12-4-1　支承式隔振方式

（2）悬挂式（图 12-4-2），被隔振设备安装在两端为铰的刚性吊杆悬挂的刚性台座上或直接将隔振设备的底座挂在刚性吊杆上。悬挂式可用于隔离水平方向振动。

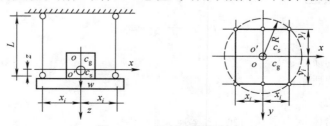

图 12-4-2　悬挂式隔振方式

4.1.3　其他考虑要求

（1）应具有便于隔振器的安装、观察、维修以及更换所需要的空间。

（2）有利于生产和操作。

（3）应尽可能缩短隔振体系的重心与扰力作用线之间的距离。

（4）隔振器在平面上的布置，应力求使其刚度中心与隔振体系（包括隔振对象及刚性台座）的重心在同一垂直线上。对于积极隔振，当难于满足上述要求时，则刚度中心与重心的水平距离不应大于所在边长的 5%，此时垂直向振幅的计算可不考虑回转的影响。对消极隔振，应使隔振体系的重心与刚度中心重合。

（5）对于附带有各种管道系统的机组设备，除机组设备本身要采用隔振器外，管道和机组设备之间应加柔性接头；管道与天花板、墙体等建筑构件连接处均应安装弹性构件（如弹性吊架或弹性托架），必要时，导电电线也应采用多股软线或其他措施。此部分考虑如图 12-4-3 所示。

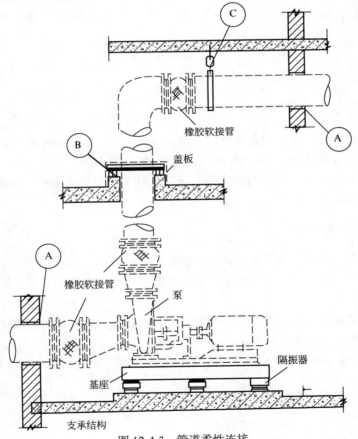

图 12-4-3　管道柔性连接

A—管道穿墙柔性处理；B—管道穿楼板或屋顶的弹性板处理；C—管道弹性吊挂

（6）隔振体系的固有圆频率 ω_0 应低于干扰圆频率 ω_e，至少应满足 $\omega_e/\omega_0 > 1.41$。一般情况下，ω_e/ω_0 的值在 2.5～4.5 范围内选取。当振源为矩形或三角形脉冲时，脉冲作用时间 t_0 与隔振体系固有周期 T 之比，应分别符合 $t_0/T \leqslant 0.1$ 或 0.2。

（7）有下列情况之一时，隔振体系应具有足够的阻尼：

① 在开机和停机的过程中，扰频经过共振区时，需避免出现过大的振动位移，一般阻尼比取 0.06～0.10；

② 对冲击振动，阻尼比宜在 0.15～0.30 范围内选择，一般取 0.25 左右；

③ 消极隔振的台座因操作原因产生振动时，应有阻尼，以使其迅速平稳，一般阻尼比宜在 0.06～0.15 范围内选取。

4.2   隔振要求

精密的设备及仪器，其允许振动的指标在出厂说明书或技术要求中可以查到，这是保证设备正常运转的必要条件，应在设计隔振系统时给以确保。一般机械隔振后机组的允许振动，推荐用 10mm/s 的振动速度为控制值；对于小型机器可用 3.8～6.3mm/s 的振动速度为控制值。因为机器隔振之后，其振幅或振速可能要超过没有隔振的情况，即超过机器直接固定在基础上的情况。

关于振动速度与振幅的关系，如果是单一频率的周期振动，可按式（12-4-4）进行换算：

$$v_0 = x_0 2\pi f \qquad\qquad (12\text{-}4\text{-}4)$$

式中 v_0——振动速度幅值，mm/s；

　　　　x_0——位移幅值，mm；

　　　　f——振动频率。

对于消极隔振，应按设备的振动要求来设计隔振系统，请特别注意分清设备给定的允许振动是用振速还是用振幅表示的，因为两者的处理方法是不一样的。

对于转速低于 500r/min 并具有较大的水平方向扰力的机器的隔振，如活塞压缩机，隔振系统的设计要比较谨慎。

4.2.1   振源扰力频率

首先要分清是积极隔振还是消极隔振。如果是积极隔振，则要调查或分析机械设备最强烈的扰动力或力矩的方向、频率及幅值；如果是消极隔振，则要调查所在环境的振动优势频率、基础的振幅及方向。

这里仅介绍旋转机械振动扰力（不平衡力）的估算及分析方法，对于往复式机器与冲击机器扰动力的估算，可查阅有关手册。

一般情况下，扰动频率 f（Hz）按旋转机械的最低额定转速进行计算，即：

$$f = \frac{n}{60} \qquad\qquad (12\text{-}4\text{-}5)$$

式中，n 为最低或额定转速，r/min。

若由于特殊原因不能按最低转速或额定转速确定时，可靠的方法是现场测定扰动力的频率。

扰动力幅值 F_0，一般应由制造厂提供，或按式（12-4-6）计算：

$$F_0 = m_0 r \left(\frac{2\pi n}{60} \right)^2 \times 10^{-3} \qquad\qquad (12\text{-}4\text{-}6)$$

式中　F_0——旋转机器的振动力幅值，N；

　　　m_0——设备主要旋转部件的质量，kg；

　　　r——旋转部件的重心偏心矩，cm；

　　　n——机器的最低转速或额定转速，r/min。

　　常用风机、泵及电机的旋转部件的重心偏心矩一般为 0.01～0.1cm，也可查有关手册，或者采取保守的方法，令 $r=0.1$cm，但是对于未做动平衡甚至未做静平衡的质量低劣风机及泵，以上估算方法不适用，也就是说，扰动力的幅值 F_0 要大得多。

　　一般来说，扰动力的方向垂直于旋转轴，即扰动力是一个旋转矢量，不平衡力旋转的结果是形成垂向与水平向两个方向的扰动力。

4.2.2　固有频率

　　隔振体系动力计算是比较复杂的，在保证一定的计算精度下，需要作出某些计算简化，如对支承式隔振体系，计算简图如图 12-4-4 所示。

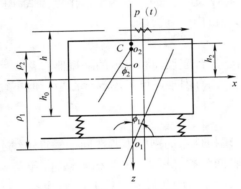

图 12-4-4　计算简图

在计算中假定：

（1）支承隔振体系的支承刚度为无限大；

（2）隔振器只考虑刚度和阻尼，刚度为常量，不考虑质量；

（3）台座和设备只计质量，不计弹性；

（4）台座和设备的总质心和刚度中心在同一铅垂线上。

　　在上述四个假定基础之上，隔振体系为六个自由度，即 ox、oy 和 oz 坐标轴的线位移 $x(t)$、$y(t)$ 和 $z(t)$，以及绕此坐标轴转动的角位移 $\varphi_x(t)$、$\varphi_y(t)$ 和 $\varphi_z(t)$。这样，根据达朗贝尔原理，即可建立如下六个平衡方程：

$$m\ddot{z}(t) + R\dot{z}(t) + k_z(t) = p_z(t) \tag{12-4-7}$$

$$J_z\phi_z''(t) + R\phi_z'(t) + k_{\phi z}\phi_z(t) = M_z(t) \tag{12-4-8}$$

$$\left.\begin{array}{l} m\ddot{x}(t) + R[\dot{x}(t) - h_0\phi_y'(t)] + k_x[x(t) - h_0\phi_y(t)] = p_x(t) \\ J_y\phi_y''(t) + R\phi_y'(t) + k_{\phi y}\phi_y(t) - mgh_0\phi_y(t) - \\ R[x'(t) - h_0\phi_y'(t)]h_0 - k_x[x(t) - h_0\phi_y(t)]h_0 = M_y(t) \end{array}\right\} \tag{12-4-9}$$

$$m\ddot{y}(t) + R[\dot{y}(t) - h_0\phi'_x(t)] + k_y[y(t) - h_0\phi_x(t)] = p_y(t) \left.\begin{array}{l} \\ \\ \\ \end{array}\right\}$$

$$J_x\phi''_x(t) + R\phi'_x(t) + k_{\phi x}\phi_x(t) - mgh_0\phi_x(t) -$$

$$R[y'(t) - h_0\phi'_x(t)]h_0 - k_y[y(t) - h_0\phi_x(t)]h_0 = M_x(t)$$

（12-4-10）

式中　　　　　　　h_0——隔振器刚度中心至体系质量中心的垂直距离，m；

m——设备和台座总质量，t；

k_x、k_y、k_z——隔振器在 x、y 和 z 方向的线刚度，kN/m；

$k_{\phi x}$、$k_{\phi y}$、$k_{\phi z}$——隔振器绕 x、y 和 z 轴转动的角刚度，kN·m；

J_x、J_y、J_z——刚体对于 ox、oy 和 oz 轴的质量惯性矩，t·m²；

R——隔振器各向阻尼系数，kN·s/m；

$p_x(t)$、$p_y(t)$、$p_z(t)$——x、y、z 方向的干扰力，kN；

$M_x(t)$、$M_y(t)$、$M_z(t)$——对 x、y、z 轴的干扰力矩，kN·m。

式（12-4-7）和式（12-4-8）是独立的，即为单自由度；式（12-4-9）和式（12-4-10）分别为水平与回转相耦合的两个自由度方程组。

4.2.2.1　耦合情况

在隔振设计时，通过科学的台座设计和合理的隔振器布置，尽可能使隔振体系所有的振型均为单自由度的独立振型。如有困难，可考虑耦合振型，但不宜超过两个自由度。各种隔振方式与其振型及耦合情况如下：

（1）支承式

当隔振体系的重心 c_g 与隔振体系的刚度中心在同一垂直轴线上，但不在同一水平轴线上时[图 12-4-1（a）]，z 和 φ_z 轴向为独立振型，x 与 φ_y 轴耦合，y 与 φ_x 轴向相耦合。

当重心与刚度中心重合于一点时[图 12-4-1（b）]，x、y、z、φ_x、φ_y 和 φ_z 所有轴向均为独立振型。

（2）刚性吊杆悬挂式（图 12-4-2）

当吊杆的平面位置在半径为 R 的圆周上时，x、y 和 φ_z 轴向为独立振型，其余轴向均受约束；当吊杆的平面位置不全在半径为 R 的圆周上时，x、y 轴向为独立振型，其余轴向均受约束。

当吊杆与隔振器的平面位置在半径为 R 的圆周上时，z 和 φ_z 轴向为独立振型，x 与 φ_y 轴向相耦合，y 与 φ_x 轴向相耦合。

当吊杆与隔振器的平面位置不全在半径为 R 的圆周上时，z 轴向为独立振型，x 与 φ_y 轴向相耦合，y 与 φ_y 轴向相耦合，φ_z 轴向受约束。

4.2.2.2　隔振体系的固有频率

（1）独立振型时的固有频率

隔振体系沿 v 轴向（v 分别为 x、y、z）自由振动时的无阻尼固有圆频率 ω_{0v}（1/s）和自振周期 T_v（S）或 $T_{\phi v}$（S），可按下式计算：

$$\omega_v = \sqrt{\frac{k_v}{m}}$$

（12-4-11）

$$\omega_{0\phi\upsilon} = \sqrt{\frac{k_{\phi\upsilon}}{J_{\upsilon}}} \qquad (12\text{-}4\text{-}12)$$

$$T_{\upsilon} = \frac{2\pi}{\omega_{\upsilon}} \qquad (12\text{-}4\text{-}13)$$

$$T_{\phi\upsilon} = \frac{2\pi}{\omega_{\phi\upsilon}} \qquad (12\text{-}4\text{-}14)$$

式中　m —— 隔振体系的质量，t；

　　J_{υ} —— 绕 υ 轴向的质量惯性矩，$t \cdot m^2$；

k_{υ}、$k_{\phi\upsilon}$ —— 隔振器沿和绕 υ 轴向总的刚度，kN/m，$kN \cdot m$。

对于支承式刚度可按下式计算：

$$k_x = \sum_{i=1}^{N} k_{xi} \qquad (12\text{-}4\text{-}15)$$

$$k_y = \sum_{i=1}^{N} k_{yi} \qquad (12\text{-}4\text{-}16)$$

$$k_z = \sum_{i=1}^{N} k_{zi} \qquad (12\text{-}4\text{-}17)$$

$$k_{\phi x} = \sum_{i=1}^{N} k_{yi} z_i^2 + \sum_{i=1}^{N} k_{zi} y_i^2 \qquad (12\text{-}4\text{-}18)$$

$$k_{\phi y} = \sum_{i=1}^{N} k_{zi} x_i^2 + \sum_{i=1}^{N} k_{xi} z_i^2 \qquad (12\text{-}4\text{-}19)$$

$$k_{\phi z} = \sum_{i=1}^{N} k_{xi} y_i^2 + \sum_{i=1}^{N} k_{yi} x_i^2 \qquad (12\text{-}4\text{-}20)$$

对于刚性吊杆悬挂式，当吊杆的平面位置按图形排列时，可按下式计算：

$$k_x = k_y = \frac{W}{L} \qquad (12\text{-}4\text{-}21)$$

$$k_{\phi z} = \frac{WR^2}{L} \qquad (12\text{-}4\text{-}22)$$

对于刚性吊杆悬挂与隔振器支承组合式，可按下列公式计算：

$$k_z = \sum_{i=1}^{N} k_{zi} \qquad (12\text{-}4\text{-}23)$$

$$k_{\phi z} = \frac{WR^2}{L} \qquad (12\text{-}4\text{-}24)$$

式中　k_{xi}、k_{yi}、k_{zi} —— 第 i 个隔振器沿 x、y、z 轴向的刚度，kN/m；

　　x_i、y_i、z_i —— 第 i 个隔振器以隔振体系的重心 c_g 为坐标原点的坐标值，m；

　　W —— 隔振体系作用在吊杆上总的重力，kN；

　　　　　　L——吊杆的长度，m;

　　　　　　R——吊杆位置按圆形排列时圆的半径，m;

　　　　　　N——隔振器的个数。

（2）双自由度耦合振型时的固有圆频率

对式（12-4-7）～式（12-4-10），忽略阻尼，即 $R≈0$，令式中 $p_x(t)=p_y(t)=p_z(t)=0$，$M_x(t)=M_y(t)=M_z(t)=0$，则上述方程式变为：

$$mz''(t)+k_z z(t)=0 \tag{12-4-25}$$

$$J_z \phi_z''(t)+k_{\phi z}\phi_z(t)=0 \tag{12-4-26}$$

$$\left. \begin{aligned} &mx''(t)+k_x\left[x(t)-h_0\phi_y(t)\right]=0 \\ &J_y\phi_y''(t)+k_{\phi y}\phi_y(t)-mgh_0\phi_y(t)-k_x\left[x(t)-h_0\phi_y(t)\right]h_0=0 \end{aligned} \right\} \tag{12-4-27}$$

$$\left. \begin{aligned} &my''(t)+k_y\left[y(t)-h_0\phi_x(t)\right]=0 \\ &J_x\phi_x''(t)+k_{\phi x}\phi_x(t)-mgh_0\phi_x(t)-k_y\left[y(t)-h_0\phi_x(t)\right]h_0=0 \end{aligned} \right\} \tag{12-4-28}$$

　　由式（12-4-25）～式（12-4-28）可以求得体系的六个固有频率，即：垂直振动自振圆频率 ω_z 和扭转振动自振圆频率 $\omega_{\phi z}$；沿 x 方向振动的第一和第二自振圆频率 ω_{1x} 和 ω_{2x}；沿 y 方向振动的第一和第二自振圆频率 ω_{1y} 和 ω_{2y}。

$$\omega_z^2=\frac{k_z}{m} \tag{12-4-29}$$

$$\omega_{\phi z}^2=\frac{k_{\phi z}}{J_z} \tag{12-4-30}$$

$$\omega_{1x}^2=\frac{\omega_x^2}{2T_J}\left[1+\frac{\omega_{\phi y}^2}{\omega_x^2}-\sqrt{\left(1+\frac{\omega_{\phi y}^2}{\omega_x^2}\right)^2-4T_J\frac{\omega_{\phi y}^2}{\omega_x^2}}\right] \tag{12-4-31}$$

$$\omega_{2x}^2=\frac{\omega_x^2}{2T_J}\left[1+\frac{\omega_{\phi y}^2}{\omega_x^2}+\sqrt{\left(1+\frac{\omega_{\phi y}^2}{\omega_x^2}\right)^2-4T_J\frac{\omega_{\phi y}^2}{\omega_x^2}}\right] \tag{12-4-32}$$

$$\omega_{1y}^2=\frac{\omega_y^2}{2T_J}\left[1+\frac{\omega_{\phi x}^2}{\omega_y^2}-\sqrt{\left(1+\frac{\omega_{\phi x}^2}{\omega_y^2}\right)^2-4T_J\frac{\omega_{\phi x}^2}{\omega_y^2}}\right] \tag{12-4-33}$$

$$\omega_{2y}^2=\frac{\omega_y^2}{2T_J}\left[1+\frac{\omega_{\phi x}^2}{\omega_y^2}-\sqrt{\left(1+\frac{\omega_{\phi x}^2}{\omega_y^2}\right)^2-4T_J\frac{\omega_{\phi x}^2}{\omega_y^2}}\right] \tag{12-4-34}$$

　　其中

$$\omega_x^2=\frac{k_x}{m},\quad \omega_y^2=\frac{k_y}{m},\quad \omega_{\phi x}^2=\frac{k_{\phi x}-mgh_0}{J_x+h_0^2 m}$$

$$\omega_{\phi y}^2 = \frac{k_{\phi y} - mgh_0}{J_y + h_0^2 m}, \quad k_{\phi x} = k_z a_y^2$$

$$k_{\phi y} = k_z a_x^2, \quad k_{\phi z} = k_x(a_z^2 + a_y^2)$$

$$T_J = \frac{J}{J + h_0^2 m} = \frac{1}{1 + mh_0^2/J}$$

式中，a_x 和 a_y 为隔振器弹性反作用力在 x 和 y 轴上的坐标。

物体通过其质心轴的质量惯性矩 J 可按表 12-4-1 计算；对于不通过质心的任一轴的质量惯性矩 $J' = J + mh_0^2$，h_0 为任一轴至通过质心轴的距离。

T_J 与 mh_0^2/J 的关系可由曲线图 12-4-5 查得。式（12-4-29）和式（12-4-30）计算较简单，也可由质量和刚度查出固有频率 f_z（图 12-4-6）。

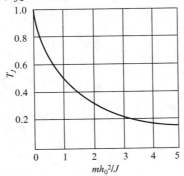

图 12-4-5　$T_J - mh_0^2/J$ 的关系

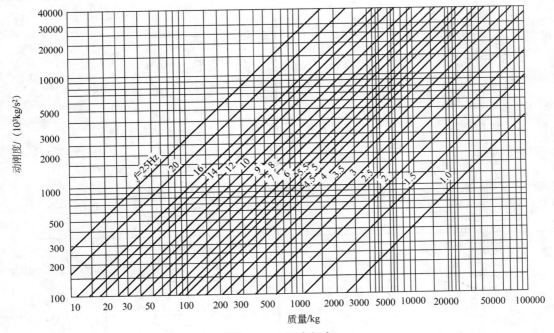

图 12-4-6　垂直频率

表 12-4-1　几何体质量惯性矩

几何形状	惯性矩	几何形状	惯性矩
1. 矩形六面体	$J_z = \dfrac{m}{12}(A^2 + B^2)$ $J_y = \dfrac{m}{12}(B^2 + H^2)$ $J_x = \dfrac{m}{12}(A^2 + H^2)$	7. 球体	$J_z = J_y = J_x = \dfrac{2}{5}mr^2$
2. 矩形底面四角锥体	$J_z = \dfrac{m}{20}(A^2 + B^2)$ $J_y = \dfrac{m}{80}(4B^2 + 3H^2)$ $J_x = \dfrac{m}{80}(4A^2 + 3H^2)$	8. 空心球体	$J_z = J_y = J_x$ $= \dfrac{2m}{5}\left(\dfrac{R^5 - r^5}{R^3 - r^3}\right)$
3. 直圆柱体	$J_z = \dfrac{mr^2}{2}$ $J_y = J_x = \dfrac{m}{12}(3r^2 + H^2)$	9. 半球体	$J_z = J_y = J_x$ $= \dfrac{2}{5}mr^2$
4. 空心圆柱体	$J_z = \dfrac{m}{2}(R^2 + r^2)$ $J_y = J_x$ $= \dfrac{m}{12}(3R^2 + 3r^2 + H^2)$	10. 椭圆体	$J_z = \dfrac{m}{5}(a^2 + c^2)$ $J_y = \dfrac{m}{5}(c^2 + b^2)$ $J_x = \dfrac{m}{5}(a^2 + b^2)$
5. 直圆锥体	$J_z = \dfrac{3}{10}mr^2$ $J_y = J_x$ $= \dfrac{3m}{20}\left(r^2 + \dfrac{H^2}{4}\right)$	11. 回旋抛物体	$J_z = \dfrac{m}{18}(3r^2 + H^2)$ $J_y = \dfrac{1}{3}mr^2$ $J_x = \dfrac{m}{18}(3r^2 + H^2)$
6. 直截圆锥体	$J_z = \dfrac{3m}{10}\left(\dfrac{R^5 - r^5}{R^3 - r^3}\right)$	12. 椭圆抛物体	$J_z = \dfrac{m}{18}(3b^2 + H^2)$ $J_y = \dfrac{m}{6}(a^2 + b^2)$ $J_x = \dfrac{m}{18}(3a^2 + H^2)$

续表

几何形状	惯性矩	几何形状	惯性矩
13. 矩形环体	$J_z = m\left(R^2 + \dfrac{1}{4}b^2\right)$ $J_y = J_z$ $= \dfrac{m}{12}\left(6R^2 + -\right.$ $\left. \dfrac{3}{2}b^2 + H^2\right)$	15. 椭圆环体	$J_z = m\left(R^2 + \dfrac{3}{4}a^2\right)$ $J_y = J_x$ $= m\left(\dfrac{R^2}{2} + \right.$ $\left. \dfrac{3}{8}a^2 + \dfrac{b^2}{4}\right)$
14. 圆形环体	$J_z = m\left(R^2 + \dfrac{3}{4}r^2\right)$ $J_y = J_x$ $= m\left(\dfrac{R^2}{2} + \dfrac{5}{8}r^2\right)$	—	—

固有频率式（12-4-31）、式（12-4-32）以及式（12-4-33）、式（12-4-34）只是角标不同，表达式则完全一样。根据 T_J、$\omega_{\phi y}^2 / \omega_x^2$ 和 ω_x 可由图 12-4-7 查得自振圆频率 ω_1 和 ω_2。

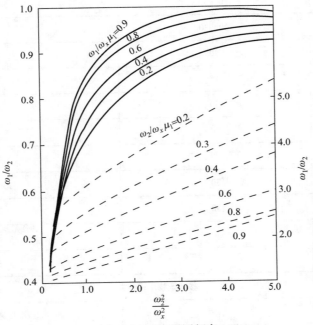

图 12-4-7　水平圆频率

隔振系统的固有频率应根据设计要求，由所需的振动传递率 T_a 或隔振效率 η 来确定，各类机械在不同场合时振动传递率推荐值可参考表 12-4-2。对于消极隔振，可根据设备对振动的具体要求及环境振动的恶劣程度确定消极隔振系数。

系统的固有频率 f_0 与扰动频率 f 的比值 f_0/f，原则上应在以下范围：f_0/f 应小于 $1/4.5 \sim 1/2.5$。当这一条件无法满足时，应力求使 f_0 至少被控制在 f 的 71% 以下，即 $f_0 < f/\sqrt{2}$。

表 12-4-2 机械设备隔振系统振动传递率的推荐值

按机器功率分类

机器功率/kW	振动传递率 T_a/%		
	底层	二层以上（重型结构）	二层以上（轻型结构）
≤7	只考虑隔声	20	10
10～20	50	15	7
27～54	20	10	5
68～136	10	5	2.5
136～400	5	3	1.5

按机器种类分类

机器种类	振动传递率 T_a/%	
	地下室、工厂底层	二楼以上
泵	20～30	5～10
往复式冷冻机	20～30	5～15
密封式冷冻设备	30	10
离心式冷冻机	15	5
通风机	30	10
管路系统	30	5～10
引擎发电机	20	10
冷却塔	30	15～20
冷凝器	30	20
换气装置	30	20
空气调节设备	30	20

按建筑物用途分类

场所	示例	振动传递率 T_a/%
只考虑隔声	工厂、地下室、仓库、车库	80
一般场所	办公室、商店、食堂	10～20
必须注意的场所	旅馆、医院、学校、教室	5～10
特别注意的场所	播音室、音乐厅、宾馆	1～5

注：此表一般适用于转速大于 500r/min 的机械设备。

4.3 锻锤的隔振设计

4.3.1 设计计算

（1）锻锤隔振的基本计算

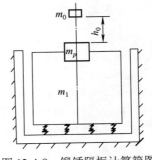

图 12-4-8 锻锤隔振计算简图

锻锤的隔振计算，严格来讲应在两个自由度体系进行，如图 12-4-8 所示。但当锻锤采取了隔振措施后，隔振器的刚度远小于基础箱下地基的刚度，二者耦合作用小，故基础块（即隔振台座）和隔振器之间、基础箱和地基之间可以分别按单自由度进行计算。

下落部分质量 m_0 以最大速度 v_0 与锻锤基础块相碰撞，使基础块得到初速度 v_1，从而引起体系的自由振动按动力模型图 12-4-8 列出运动方程为：

$$\begin{cases} m_1 z''(t) + k_z z(t) = 0 \\ z'(0) = v_1 \\ z(0) = 0 \end{cases}$$

（12-4-35）

式中　m_1——隔振器上面基础块、砧座、锤架等的总质量，kg；

　　　k_z——隔振器总的垂直刚度，N/cm；

　　　v_1——基础块的初速度。

初速度 v_1 可由动量守恒定律得出：

$$v_1 = (1+e)\frac{m_0 v_0}{m_1 + m_0}$$

式中　m_0——落下部分（锤头）质量，kg；

　　　e——碰撞系数，亦称冲击回弹系数，其取决于碰撞物体的材料。对于模锻锤，锻钢制品时 $e=0.5$，锻有色金属时 $e=0$；对于自由锻锤 $e=0.25$。

基础块的振幅：

$$A_z = (1+e)\frac{m_0 v_0}{(m_1 + m_0)\ \omega_0}$$

（12-4-36）

$$\omega_0 = \sqrt{\frac{k_z}{(m_1 + m_0)}}$$

（12-4-37）

因为 $m_0 \leqslant m_1$，所以 A_z 和 ω_z 可按如下两式计算：

$$A_z = (1+e)\frac{m_0 v_0}{m_1 \omega_0}$$

（12-4-38）

$$\omega_0 = \sqrt{\frac{k_z}{m_1}}$$

（12-4-39）

锻锤的隔振效率 β 只能与不隔振的基础相比较，即：

$$\beta = \left(1 - \frac{A_z k_z}{A_z' k_z'}\right) \times 100\% \qquad (12\text{-}4\text{-}40)$$

式中，A_z'、k_z' 分别为不隔振时基础的振幅和地基的刚度。

如果隔振基础与不隔振基础质量相等，则式（12-4-40）可变为：

$$\beta = \left(1 - \sqrt{\frac{k_z}{k_z'}}\right) \times 100\% \qquad (12\text{-}4\text{-}41)$$

锻锤基础隔振后对于锤击能量的损失是很小的，可以不考虑。

（2）安装在隔振器上面的基础，其砧座下部的厚度不应小于表 12-4-3 的规定。
当有足够的根据时，才允许将最小厚度适当减小。

表 12-4-3　砧座下基础的最小厚度

落体的公称质量/t	最小厚度/m
0.25	0.5
0.75	0.6
1.0	0.8
2.0	1.0
3.0	1.2
5.0	1.6
10.0	2.2
16.0	3.0

（3）三心合一问题

机架、砧座和基础的质心、落体打击中心和隔振器的刚度中心应在同一垂线上，避免因偏心打击而出现回转振动。当不能满足这一要求时，基础块的质心、刚度中心与打击中心三者的偏离均不应大于偏离方向基础边的 5%，此时可按中心冲击理论进行计算。对于偏心锤（吨位小于 1.0t），则应外挑基础来满足三心合一的要求。

（4）阻尼问题

对于锻锤隔振，隔振系统的阻尼比至少应大于 0.10，一般应在 0.15 以上，最好在 0.25 左右。阻尼比大（不要超过 0.30），能起到以下作用：

① 冲击过后，能使锻锤基础迅速回到平衡位置。

② 在锻锤隔振中，增大阻尼比能起到相当于增加基础质量的作用，从而可抑制振幅的大小。这也是实测振幅值一般总小于不考虑阻尼时计算所得的主要原因。从这个意义上讲，阻尼使振幅计算加上了保险系数。另一方面，这也是近些年能在砧座下直接实施隔振的重要原因之一。

（5）隔振基础的结构设计

① 锻锤隔振基础和基础箱均应为钢筋混凝土结构。隔振器一般采用支承方式装在基础和基础箱之间（图 12-4-8）。设计时必须设置能自由通向各个隔振器的通道，基础侧边与基础箱

侧边之间的宽度不应小于 60cm，隔振器应布置在凸出基础箱的钢筋混凝土带条上。为便于检查和拆摸每个隔振器，在基础底面和基础箱之间应留出不小于 70cm 的空间。

② 设计隔振锻锤基础，应采取下列措施：

a．在基础和基础箱之间铺设活动盖板，盖板下设置柔性衬垫。

b．在槽衬留出积水坑，以便排出水和油等液体。

c．锤的管道连接做成柔性接头。

d．安装隔振器的上、下部位应平整地设置钢板埋设件。

e．基础块和基础箱之间设置水平限位装置，以避免基础滑动。水平限位装置可由厚钢板加型钢物件连接而成，其横向刚度比起隔振器刚度小得多，不会影响隔振基础的隔振效果，而它的纵向刚度（较大）则可以限制基础的侧向位移。锻锤隔振基础见图 12-4-9。

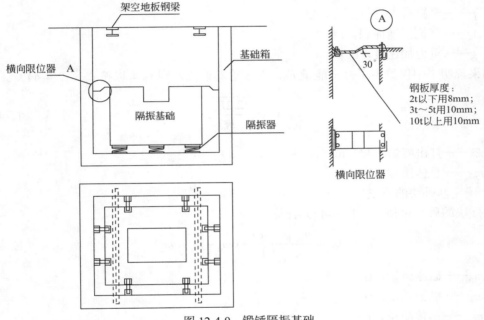

图 12-4-9　锻锤隔振基础

4.3.2　设计步骤

（1）搜集设计资料

① 锻锤的基本尺寸、类型、牌号和制造厂；

② 落体的质量；

③ 落体的最大速度；

④ 砧座和机架的质量；

⑤ 每分钟的冲击数；

⑥ 锻锤基础和基础箱的允许振幅或允许振动速度。

（2）初步确定基础块的质量和几何尺寸

① 确定落体的下落速度（亦称锤击速度、冲击速度）v_0。

落体（锤头）的锤击速度 v_0 一般可由说明书上查得。如果说明书上未说明，则可按式（12-4-42）或式（12-4-43）求得。

对自由落锤：

$$v_0 = 0.9\sqrt{2gh_0} \qquad (12\text{-}4\text{-}42)$$

对双动作用锤，其锤头下落时最大速度 v_0 为：

$$v_0 = 0.65\sqrt{2gh_0\left(\frac{pA_s + W_0}{W_0}\right)} \qquad (12\text{-}4\text{-}43)$$

式中　h_0——落体（锤头）最大行程，m；

　　　W_0——落体重力，kN；

　　　p——气缸最大进气压力，kPa；

　　　A_s——气缸活塞面积，m^2；

　　　g——重力加速度，m/s^2。

如果说明书中仅给出了打击能量 E_0，而未给其他值，则 v_0 可以按式（12-4-44）计算：

$$v_0 = \sqrt{\frac{2.2E_0}{m_0}} \qquad (12\text{-}4\text{-}44)$$

式中　E_0——打击能量，$kN \cdot m$；

　　　m_0——总体质量，t。

② 确定基础块的质量

基础块的质量可按式（12-4-45）计算：

$$m_3 = \frac{m_0 v_0 (1+e)}{\omega_z [A_z]} - (m_0 + m_p + m_2) \qquad (12\text{-}4\text{-}45)$$

式中　m_p——砧座质量，t；

　　　m_2——机架质量，t；

　　　m_0——落体质量，t；

　　　ω_z——基础的固有频率，r/s；

　　　e——碰撞系数，按式（12-4-35）说明选取；

　　　$[A_z]$——砧座允许垂直振幅，可按表 12-4-4 采用（目前研究成果允许振幅放宽）。

表 12-4-4　砧座允许垂直振幅

落体的公称质量/t	允许垂直振幅/mm
≤1.0	1.7
2.0	2.0
3.0	3.0
5.0	4.0
10.0	4.5
16.0	5.0

③ 确定基础块的外形尺寸。

（3）确定隔振器应具备的参数并选用或设计隔振器

① 确定基础固有频率。一般来说，基础固有频率可在 3～6Hz 范围选取。近些年又有新的选择。

② 由 $k_z = m\omega_z^2$ 决定隔振器的垂直刚度。

③ 阻尼比至少应大于 0.10，最好大于 0.15，则可以不考虑冲击隔振。

根据 k_z 和阻尼比 ξ 选用或设计隔振器。一般来说，多采用钢弹簧和橡胶并用，或钢弹簧和油阻尼器，或钢弹簧与黏滞性阻尼器，或钢弹簧和钢丝绳隔振器并用，还有采取碟簧和阻尼器并用。

（4）基础块振动验算

由式（12-4-36）计算的振幅 A_z 必须小于允许振幅 $[A_z]$。

（5）砧座振幅验算

砧座振幅可由式（12-4-46）算得：

$$A_{z1} = \psi_e W_0 v_0 \sqrt{\frac{d_0}{E_1 W_p S'}} \qquad (12\text{-}4\text{-}46)$$

式中　A_{z1}——砧座振幅，mm；

ψ_e——冲击回弹影响系数（对模锻钢制品，可取 $0.5 \text{s/m}^{1/2}$；模锻有色金属制品时，可取 $0.35 \text{s/m}^{1/2}$；对自由锻锤可取 $0.4 \text{s/m}^{1/2}$）；

d_0——砧座下垫层的总厚度，m；

E_1——垫层的弹性模量，kN/m；

W_p——对模锻，应取砧座与锤架的总重力；对自由锻，应取砧座的重力，kN；

W_0——落体重量，kN；

v_0——落体（锤头）的锤击速度，m/s；

S'——基础底面积，cm^2。

要求 A_{z1} 小于表 12-4-4 所给的值。

（6）基础箱设计及振幅

根据基础箱的外形尺寸，由静力计算和构造要求确定基础箱的外形尺寸及其质量。有关参数还要保证基础箱振幅 A_z' 小于允许的振幅，即：

$$A_z' = \frac{A_z k_z}{k_z'} \qquad (12\text{-}4\text{-}47)$$

$$k_z' = \alpha_z C_z S'$$

$$\alpha_z = (1 + 0.4\delta_b)^2$$

$$\delta_b = \frac{h_t}{\sqrt{S'}}$$

式中　k_z'——地基抗压刚度；

S'——基础底面积，cm^2，基础底面积可先由基础块外形确定，再验算；

α_z——基础埋深作用对地基抗压刚度的提高系数；

δ_b——基础埋深比，当 $\delta_b > 0.6$ 时，取 $\delta_b = 0.6$；

h_t——基础埋置深度；

C_z——地基抗压刚度系数，kN/m^3。

4.3.3 设计例子

以 5t 模锻锤隔振基础设计为例开展设计。

（1）设计资料及设计值

① 锻锤原始资料

锤头质量	$m_0 = 5.79t$
砧座质量	$m_p = 112.55t$
机架质量	$m_2 = 43.7t$
最大打击能量	$E_0 = 123kN \cdot m$
锤击次数	60 次/min

② 地质勘测资料

非湿陷性黄土状亚黏土　　　　$R = 198kN/m^2$　$\rho = 17.66kt/m^3$

地基抗压刚度系数　　　　　　$C_z = 73550kN/m^3$

土壤内摩擦角 $\varphi = 20°$　　　$\mu = 0.49$

地下水在地面下 14m 处。

③ 设计要求

基础允许垂直振幅	$[A_z] \leqslant 3mm$
基础固有频率	$f_0 \leqslant 3.5Hz$
砧座允许垂直振幅	$[A_{z1}] \leqslant 4mm$
基础箱允许垂直振幅	$[A_z'] \leqslant 0.2mm$

（2）确定基础块的质量和几何尺寸

① 确定落体的下落速度 v_0

由式（12-4-44）可得：

$$v_0 = \sqrt{\frac{2.2E_0}{m_0}} = \sqrt{\frac{2.2 \times 123}{5.79}} = 6.83 m/s$$

② 确定基础块质量

取 $e = 0.5$；$\omega_z = 2\pi f_0 = 6.28 \times 3.5 r/s = 22 r/s$；$[A_z] = 0.003m$，则由式（12-4-45）可得基础块质量：

$$m_3 = \frac{m_0 v_0 (1 + e)}{\omega_z [A_z]} - (m_0 + m_p + m_2) = \frac{5.79 \times 6.83 \times (1 + 0.5)}{22 \times 0.003} - (5.79 + 112.55 + 43.7) = 736.73 t$$

③ 确定基础块外形尺寸

基础块为钢筋混凝土结构，故基础块所需体积 V_3 为：

$$V_3 = \frac{m_3}{2.5} = \frac{736.73}{2.5} = 294.7 m^3$$

基础块几何尺寸取：

$$LBH=10×7×4.25=297.5m^3$$

实际质量：

$$m_3 = \left[10 \times 7 \times 4.25 + (6.1+2.4) \times 2 \times 0.4\right] \times 2.5 = 760.75\,t > 736.73\,t$$

总质量：

$$m_1 = m_0 + m_p + m_2 + m_3 = 5.79 + 112.55 + 43.7 + 760.75 = 922.8\,t$$

（3）隔振器的选用与设计

$$k_z = m_1 \omega_0^2$$

可得

$$k_z = 922800 \times 22^2 = 446640000\,kg/s^2 = 44664\,N/cm$$

全部载荷可由 40 个隔振器承担，每个隔振器的承载为：

$$W_i = \frac{922.8 \times 9.8}{40} = 226.1\,kN$$

每个隔振器的刚度：

$$k_{zi} = \frac{k_z}{40} = \frac{44664}{40} = 1116.1\,N/cm$$

（4）基础块振动验算

设实际加工的钢弹簧隔振器的刚度为 10339400N/cm，则：

$$f_z = \frac{1}{2\pi}\sqrt{\frac{10339400 \times 40}{922790}} = 3.37\,Hz < 3.5\,Hz$$

由式（12-4-38）可得：

$$A_z = (1+0.5) \times \frac{5.79 \times 6.83}{922.8 \times 22} = 3.04 \times 10^{-3}\,m \approx 3.0\,mm，允许。$$

（5）砧座振幅验算

砧座采用运输胶带，厚度为 100mm，由 GBJ 40—79 规范表 19 知，E_1=37300kN/m^2，按式（12-4-46）计算有：

$$A_{z1} = \psi_0 W_0 \nu_0 \sqrt{\frac{d_0}{E_1 W_p S_1}} = 0.5 \times 5.79 \times 9.81 \times 6.83 \times \sqrt{\frac{0.1}{37300 \times (112.55+43.7) \times 9.81 \times 2 \times 3.7}}$$

$$= 0.00298m = 2.98mm < 4mm，允许。$$

（6）基础箱设计

由《隔振设计规范》GB 50463—2008，地基调整系数 α_z=2.67，由式（12-4-47）可得：

$$A_z' = \frac{A_z k_z}{k_z'}$$

$$S' = \frac{A_z k_z}{\alpha_z A_z' C_z} = \frac{0.003 \times 413576000}{2.67 \times 0.0002 \times 73550000} = 31.59\,m^2$$

取 S'=120m^2，允许，则基础箱底面尺寸应为 12×10=120m^2。

4.4 新理论及新观念

（1）砧座下直接隔振技术

20 世纪 70 年代，在国际上（以德国 Gerb 防振工程有限公司为代表）发展起砧座下直接隔振方式，即将刚度较小的弹性元件及阻尼元件直接设在砧座下部以代替原有刚度很大的垫木。这种方式结构简单，施工方便，成本低，易于推广。由于在隔振器上部缺少了质量很大的基础块，故必然是砧座本身产生很大的振幅，这会不会影响操作，影响打击效率，影响设备寿命，影响工件精度？国内外对此展开了一系列理论研究和工程实践，基本结论为：

① 在通常情况下，隔振系统的固有频率可以在 5～8Hz 范围内选取；砧板振幅允许在 10～20mm 之内。

② 无论是自由锻还是模锻锤，当砧座振幅加大到 10～20mm，也不会妨碍生产操作。手工操作时，操作者会很快适应砧座 10～20mm 幅度的低频晃动。

③ 由于锻锤砧座质量一般均在落下部分质量的 15 倍以上，砧座 10～20mm 的退让量不会影响打击效率。

④ 砧座 10～20mm 的振幅不会妨碍锻锤的正常运转，并且在某些情况下有助于改善应力，有利于保护设备和模具。

（2）阻尼的作用与取值范围

阻尼在锻锤隔振中起着十分重要的作用，这在前面已叙。值得指出的是，合理的阻尼不仅能提高工作效率，而且还能抑制砧座振幅。一般情况应使阻尼比大于 0.15，在 0.15～0.30 范围内选取为好。

第 5 章　建筑物隔振

5.1　地面弹性波

在地基土面上的横波、纵波和表面波在建筑物内传播，影响建筑物的稳定、安全。根据振动相关知识，在介质中传播的横波、纵波统称为实体波。

（1）在地面作用的面源，近似考虑，实体波自波源沿半球面向外传播，同时因土壤的非完全弹性，能量会因土壤阻尼而耗散。波源传输的能量密度具有如下特性：

① 以半球面辐射衰减；

② 单位体积能量密度与距波源中心距离的平方成反比；

③ 土介质的密度直接影响波能的传播；

④ 通过半球面辐射出去的波源总能量一定。

（2）在地面作用的面源，近似考虑，面波能量呈环状扩散，同时地基土不是完全弹性，能量会因土壤阻尼而耗散，波面在土介质中的能量密度具有如下特性：

① 以圆柱面辐射衰减；

② 单位面积能量密度与圆柱半径成反比；

③ 土介质的密度直接影响波能的传播；

④ 由圆柱面辐射出去的波源总能量与圆柱半径无关，能量密度的总和与波源面波总能量相等。

（3）地面振动的特殊情况

① 地面振动周期的波动效应　同一激振波源，同一地基，在不同激振频率作用下，能量衰减规律不同。

② 波源形状与波传播效应　波源的几何形状的波动效应，对矩形波源，长宽比越大，体系的几何阻尼作用越明显。特别在高频段，基底应力聚集到基底长边的两端形成两个振源，使辐射能量更多，因而几何阻尼也越大；在中频段，由于波长与基底尺寸是同数量级，波的传播区域较小，几何阻尼也较小，且阻尼随频率变化不明显；在低频段，由于波长远大于基底尺寸，基础的振动接近点源，波可以向各个不同的方向传播，因而几何阻尼也较大。

③ 软土地基地下水深度与波动衰减　饱和软黏土在人工波源作用下地面波动的衰减，在近源和远源均比同样孔隙比及其他共同特征的非饱和土要慢。

④ 岩石地基上地面振波衰减　岩石地基在人工振波作用下，地面波的传播规律，主要表现在近场比一般土地地基衰减快，远场则较慢。

⑤ 周期波源与冲击波源的地面振动特性。

⑥ 不规整地形地面振波传播。

5.2 建筑物隔振方式

建筑物隔振包括建筑隔振和建筑物内动力设备隔振、通风管道隔振等。对于建筑物内的各种动力设备、通风管道等隔振方法，与其他设备隔振方法类似。建筑隔振方法主要有浮置地板、房中房隔振和建筑物整体隔振。

（1）浮置地板

在房间结构地面上再做一层可浮置的混凝土板，用隔振元件予以支承浮置，构成浮置地板。浮置混凝土板的厚度一般在130～200mm之间，与房间结构地面的间隙一般为30～50mm，隔振元件一般采用钢弹簧隔振器或者橡胶垫，墙壁采用吸隔声处理。这种隔振方式具有比较良好的撞击声隔声性能，可以有效隔离来自地面的固体传声，主要应用于剧院和音乐厅中对撞击声隔声要求较高、跨度较大的空间。该隔振方式施工简单，性价比较高。目前，国内已有不少工程实例，如东方艺术中心、苏州科技文化中心、武汉大剧院等。

浮置地板的设计步骤：

① 依据隔声要求和建筑许可的条件选择浮置地板的厚度；

② 依据隔声要求选择隔振元件，隔声要求高或不易检修维护时，宜采用寿命较长的钢弹簧隔振器；

③ 根据浮置地板的自重、活荷载，布置隔振器分布；

④ 核算浮置地板和地面的承载力，出配筋图。

（2）房中房隔振

当使用空间要求具有更高的隔声性能时，可在使用空间中再建一个具有独立墙壁、底板和顶板的内层房间，将内层房间支承在隔振元件上，隔振元件一般为可预紧、可调平的钢弹簧隔振器，四周墙壁及顶棚与外部墙壁和顶板之间没有任何刚性连接或接触，留有一层空气层，其厚度以人可通过为宜。

房中房技术可以有效隔离来自各个方向的振动和固体传声，可以保证局部空间的声学性能。国家大剧院中5个高档录音室就采用了房中房隔振方法。

房中房隔振的设计步骤：

① 依据隔声要求选择隔振元件，主要要确定竖向固有频率，该频率越低，隔振效果越好；

② 根据建筑物的自重、活荷载，结构设计单位给出的各支承点的荷载，布置隔振器的分布；

③ 对于地震烈度较高的区域，还要进行隔震设计计算或采取限位措施。

（3）建筑物整体隔振

建筑物整体隔振方式是将整个建筑物支承在隔振元件上面。隔振元件一般采用可调平、可预紧、寿命较长的钢弹簧隔振器。这种隔振方式主要用于对固体传声要求非常严格、附近有明显振源的建筑，比如附近有地铁经过。建筑物采用整体隔振方式时，建筑物下方要设有安装和检修空间，各种管路要设柔性连接。

5.3 建筑物振动标准

建筑物内的各种动力设备、通风管道等产生振动，建筑物外的交通工具、动力设备等产生振动，这些振动可能引起建筑物的损伤，例如墙壁粉刷层的脱落、墙壁开裂等，但是这些振动一般不会危及建筑物的安全性。

影响建筑物损伤的物理量主要有振动速度和振动频率，工程实践表明，建筑物的损伤程度与峰值振动速度有很强的相关性。德国、英国等国家标准均采用峰值振动速度作为建筑物损伤控制标准。

表 12-5-1 引用了德国 1986 年颁布的 DIN4150 第三部分中关于防止建筑物损伤的振动速度限值。建筑物振动速度低于限值，通常不会发生损伤；稍微超过限值，不会危害建筑物的安全性，只可能导致非结构损伤（例如产生外观裂缝），降低建筑物使用功能。建筑物可能损伤的振动速度容许值可参照表 12-5-1。

表 12-5-1　建筑物可能损伤的振动速度容许值

序号	结构类型	振动速度容许值/（mm/s）		
		10Hz 以下	10～50Hz	50～100Hz
1	商业或工业建筑以及类似建筑	20	20～40	20～40
2	居住建筑以及类似建筑	5	5～15	15～20
3	有保护价值或对振动特别敏感的建筑	3	3～8	8～10

注：振动速度的测点在建筑物基础处，选用 x、y、z 方向中最大值进行评价。

5.4　建筑物隔振器设计

5.4.1　隔振体系中参数的确定

（1）隔振体系中传递率

根据工程要求，参考式（12-3-41），确定隔振体系的传递率：

$$T_r = \frac{[A]}{A} \tag{12-5-1}$$

式中　$[A]$——容许振动线位移；

A——实际干扰振动线位移。

（2）隔振体系的固有频率

参考本篇"4.2.2 固有频率"相关内容，需要对隔振体系进行适当简化。为了便于计算建筑物隔振体系固有频率，假设隔振体系的阻尼比为 0，由传递率 T_r 计算隔振体系的固有频率 ω_n 可表示为：

$$\omega_n = \omega \sqrt{\frac{T_r}{1 + T_r}} \tag{12-5-2}$$

式中，ω 为干扰频率。

（3）被隔振对象和台座结构的总质量：

$$m_2 \geqslant \frac{F_z}{[A]\omega_2} - m_1 \tag{12-5-3}$$

$$m = m_2 + m_1 \qquad (12\text{-}5\text{-}4)$$

式中　m——被隔振对象和台座结构的总质量；

　　m_1——被隔振对象质量；

　　m_2——台座结构质量；

　　F_z——作用在隔振体系质量中心处沿 z 轴向的扰力幅值。

（4）隔振器的总刚度

隔振体系的总刚度，即隔振器的总刚度可按照式（12-5-5）计算：

$$K = m\omega_n^2 \qquad (12\text{-}5\text{-}5)$$

（5）隔振器的阻尼比

在隔振体系的固有频率中，曾"假设隔振体系的阻尼比为 0"。对于旋转式机器和冲击式机器的主动隔振体系的阻尼比，国家标准《隔振设计规范》（GB 50463—2008）分别给出了计算方法。

在主动隔振中，阻尼起到重要作用，特别是在机器启动和停止过程中，通过共振区时，为了防止出现过大的振动，隔振体系必须具有足够的阻尼。

在冲击作用下，如锻锤基础中，其隔振体系必须要有阻尼的作用，其目的要在一次冲击后，振动很快衰减，在下一次冲击之前，应使砧座回复到平衡位置或振动位移很小的状态，以避免锤头与砧座同相运动而使打击能量损失。

5.4.2　隔振体系固有频率计算

在本篇第 4 章 4.2 "隔振要求"中提到隔振体系固有频率计算，这种隔振体系固有频率计算是一种简化，隔振体系固有频率与振动方式、系统自由度等因素有关，不同的振动方式、系统自由度等都会影响隔振体系固有频率计算。

（1）振动方式

在各类隔振方式中，其振型的独立与耦合可分为下列情况：

① 支承式　当隔振体系的质量中心与隔振器刚度中心在同一铅垂线上，但不在同一水平轴线上时，z 与 ϕ_z 为单自由度振动体系，x 与 ϕ_y 相耦合，y 与 ϕ_x 相耦合，如图 12-5-1 所示。

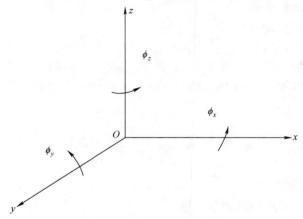

图 12-5-1　坐标轴系示意图

当隔振体系的质量中心与隔振器刚度中心重合于一点时，x、y、z、ϕ_x、ϕ_y、ϕ_z 均为单自由度振动体系。

②悬挂式　当刚性吊杆的平面位置在半径为某一定值的圆周上时，x、y 与 ϕ_z 为单自由度振动体系，其余均受约束。

当刚性吊杆的平面位置不都在半径为某一定值的圆周上时，x、y 轴向为单自由度振动体系，其余均受约束。

③悬挂兼支承式　隔振体系的质量中心与隔振器刚度中心在同一铅垂线上：当刚性吊杆与隔振器的平面位置在半径为某一定值的圆周上时，z 与 ϕ_z 为单自由度振动体系，x 与 ϕ_y 相耦合，y 与 ϕ_x 相耦合；当吊杆与隔振器的平面位置不全在半径为某一定值的圆周上时，z 轴向为单自由度振动体系，x 与 ϕ_y 相耦合，y 与 ϕ_x 相耦合，ϕ_z 受约束。

（2）支承式隔振体系的固有频率

单自由度体系支承式隔振体系的固有频率计算根据式（12-3-38）进行。

双自由度耦合振动支承式隔振体系的固有频率计算先解耦，再按照单自由度体系支承式隔振体系的固有频率计算公式计算。

（3）悬挂式隔振体系的固有频率

当刚性吊杆的平面位置在半径为某一定值（R）的圆周上时，x、y 与 ϕ_z 为单自由度振动体系，其余均受约束，此时，隔振体的固有频率为：

$$\omega_{nx}^2 = \omega_{ny}^2 = \frac{g}{L} \tag{12-5-6}$$

$$\omega_{n\phi_z}^2 = \frac{mgR^2}{J_z L} \tag{12-5-7}$$

式中　　ω_{nx} ——振动体系沿 x 轴向无阻尼固有频率；

　　　　ω_{ny} ——振动体系沿 y 轴向无阻尼固有频率；

　　　　R ——刚性吊杆的平面位置在半径为 R 的圆周上；

　　　　L ——单摆的无质量刚性吊杆长度；

　　　　J_z ——摆锤的质量 m 绕 O 点的转动惯量。

参 考 文 献

[1] 方丹群，张斌，孙家麒，卢伟健. 噪声控制工程学. 北京：科学出版社，2013.

[2] 方丹群，王文奇，孙家麒. 噪声控制. 北京：北京出版社，1986.

[3] 马大猷. 噪声与振动控制工程手册. 北京：机械工业出版社，2002.

[4] 吕玉恒，王庭佛. 噪声与振动控制设备及材料选用手册. 北京：机械工业出版社，1999.

[5] 王田友，丁洁民，楼梦麟. 关于轨道交通所致建筑振动的计算方法和阻尼矩阵的讨论[J]. 振动与冲击，2008（11）：77-79+100+200.

[6] Haupt W.A. Model Tests on Screening of Surface Waves. Proceedings of the International Conference on Soil Mechanics and Foundation Engineering, 1981, (3):215-222

[7] 栗润德. 地铁列车引起的地面振动及隔振措施研究[D]. 北京交通大学，2009.

[8] 小山敦也. EPS チップドレンを用いた交通振動防振壁の振動低減効果について.土木学会第 59 回年次学術講演会，2004，627-628

[9] 赵荣欣，谢永利，章勇，陈龙珠. 泡沫塑料-水泥土充填沟隔振性状研究[J]. 西安公路交通大学学报，1998（01）：38-42.

[10] Woods R.D. Screening of surface wave in soils[J]. Journal of the soil mechanics and foundation division, ASCE, 1968, 94(4):951-979

[11] 高广运，杨先健，王贻荪，吴世明. 排桩隔振的理论与应用[J]. 建筑结构学报，1997（04）：58-69.

[12] Kattis S.E., Polzos D., Beskos D.E.. Modelling of pile wave barriers by effective trenches and their screening effectiveness[J]. Soil Dynamics and Earthquake Engineering, 1999, 18(1):1-10

[13] 杨先健. 隔振屏障中波的吻合效应[A]. 第四届全国土动力学学术会议论文集，杭州：浙江大学出版社，1994

[14] 高广运，李志毅，邱畅. 填充沟屏障远场被动隔振三维分析[J]. 岩土力学，2005（08）：1184-1188.

第13篇

听力保护技术

编　著　王世强　朱亦丹

校　审　燕　翔

第 1 章 噪声暴露与危害

1.1 噪声暴露

噪声暴露主要是反映噪声影响对个体的累计效应。在没有采取有效防护措施的情况下，如长期暴露于高噪声环境下，将会导致永久性的听力损失，甚至职业性耳聋。高强度的噪声暴露不仅会导致耳聋，还会对人体的神经系统、心血管系统、消化系统，以及生殖机能等产生不良的影响，特别强烈的噪声还可导致神经失常、休克，甚至危及生命。

1.1.1 噪声暴露相关概念

（1）噪声暴露允许级

噪声暴露是对工作场所中的人而言，它表述在规定时间周期内某个人在人耳处所接受到的噪声，用声压级来衡量。在工作环境中，工人接触的声压级越高，则噪声暴露越严重。目前，许多国家的标准均以额定的 8 小时工作时间规定噪声暴露允许级。

非稳态噪声的工作场所要测量等效声级。按每天工作时间计算额定 8 小时工作日规格化的噪声暴露级 $L_{\text{Ex, 8h}}=85\text{dB}$（A），计算公式为（13-1-1）：

$$L_{\text{Ex, 8h}} = L_{\text{Aeq}, T_\text{e}} + 10\lg\frac{T_\text{e}}{T_0} \tag{13-1-1}$$

式中　T_e——工作日的有效持续时间；

　　　T_0——基准持续时间（等于 8h）。

如果有效工作日持续时间 T_e 不超过 8h，则 $L_{\text{Ex, 8h}}$ 在数值上等于 $L_{\text{Aeq, 8h}}$。

暴露于两个或两个以上噪声环境的日噪声暴露是否超标的判定，其计算公式如式（13-1-2）所示：

$$Z = \sum_{i=1}^{n}\frac{t_i}{T_i} \tag{13-1-2}$$

式中　Z——判定因子；

　　　n——噪声环境的数量；

　　　T_i——噪声暴露级对应的允许噪声暴露时间；

　　　t_i——噪声暴露级对应的噪声暴露时间。

如果 $Z=1$，表明额定 8 小时工作日规格化的噪声暴露级 $L_{\text{Ex, 8h}}=85\text{dB}$（A）；如果 Z 大于 1，表明额定 8 小时工作日规格化的噪声暴露级 $L_{\text{Ex, 8h}}>85\text{dB}$（A）；如果 Z 小于 1，表明额定 8 小时工作日规格化的噪声暴露级 $L_{\text{Ex, 8h}}<85\text{dB}$（A）。

（2）交换率

当工人噪声暴露情况超过了允许暴露级时，必须减少其暴露的时间。当噪声暴露量的增加造成暴露时间折半，其增量就称为交换率。例如，在正常的 8 小时工作制情况下，如果交换率为 3dB（A），则噪声超过允许暴露级 3dB（A），允许暴露时间就减为 4 小时；超过允许暴露级 6dB（A），允许暴露时间减为 2 小时，以此类推。交换率为 3dB（A）的情况下，噪声暴露级和允许暴露时间的关系如表 13-1-1 所列。

表 13-1-1　允许暴露时间和相对噪声级

每天允许暴露时间/h	声压级/dB（A）
8	85
4	88
2	91
1	94
1/2	97
1/4 或更少	100

注：声压级为慢挡测得。

对于交换率的界定，主要是依据等能量原则和等效应原则。等能量原则的界定为 3dB（A），它假设的前提是听力损失和耳部接收到的声音能力成比例，因为噪声每提高 3dB（A），其能量就加倍。多数国家实行的均为等能量原则。等能量原则体现了噪声能量对人耳听力的影响，更具有说服力。很多专家也都认可等能量原则，认为其更符合逻辑。

另有少数国家支持等效应原则，将其界定为 5dB（A）。认为在工作的间歇，人耳的听力水平能有所恢复，5dB（A）的交换率能够符合听力保护的要求，工业实现也较为可行。并且在等效应原则下，工人工作超过 8 小时，要求其环境的噪声暴露更低。

（3）脉冲噪声暴露允许最大值

作业场所的噪声，有些是稳态的，而另一些是脉冲性的，脉冲噪声的起伏很快，往往在 500ms 就能完成一个起落周期，如冲床、打桩等。对于这一类的噪声，很难测量其噪声持续的时间，但是脉冲噪声往往声压级很高，对工人的影响很大。

ANSI S3-28 标准课题组对不同脉冲噪声的暴露值进行审核，依据 1961 年 Ward 和 1981 年 Price 的研究调查结果，推荐将脉冲噪声最大值定在 140dB。1992 年，美国 CHABA（Committee on Hearing, Bioacoustics, and Biomechanics）的一份研究报告也表明应将该限值作为脉冲噪声暴露允许最大值。

对于脉冲噪声的测量要求使用 C 声级，C 声级能较好地反映能量与听力损失的关系。由于线性声级对截止频率没有限制，导致了不同频率范围下测量结果的不一致，而 C 声级部分排除了对听力损失影响较小的低频声，限制了测量的范围，保证了测量结果的一致性。

1.1.2　噪声暴露研究现状

根据世界卫生组织（WHO）的统计，世界范围内有大量人口暴露于职业噪声之中。美国有近 3000 万工人在具有潜在危害的噪声环境下工作，其中有 900 万工人长期在 85dB（A）的作业环境下工作。美国的噪声暴露水平较高，且是听力损失高发率的国家。在美国有近 50 万工人日平均噪声暴露水平在 100dB 或更高，仅在制造业中噪声暴露水平在 95～100dB 范围的工人就达 80 万，有近 3000 万工人接触的噪声超过 85dB（A）。英国是历史上最先进入工业化的国家，机器的广泛使用和职工的个体保护意识的滞后造成了大量职工暴露在高强噪声的工作环境之下。英国健康安全行政部门在噪声工作环境准则咨询文件中指出，该国有 170 万工人暴露于 85dB 的工作环境中，制造业的暴露人数大约为 71 万人次，约占整个行业总人数的 13.8%。德国近几年的统计资料表明，其噪声暴露的人数在 400 万～500 万之间，占劳动力人口总数的 12%～15%。

1.1.3　噪声暴露限值及标准

世界各国对于噪声暴露允许级规定，大多以 85dB（A）为主，包括欧洲绝大多数国家、澳大利亚、巴西等；还有部分国家如美国、阿根廷、印度等规定为 90dB（A）；另有个别国家，如荷兰定为 80dB（A），加拿大定为 87dB（A）。

将噪声定在 85dB（A）是在积累了大量的实验数据的情况下得到的。1972 年，美国国家职业安全与健康研究所在分析了上千名噪声暴露工人的数据后得出，暴露在 85dB（A）的环境中，工作超过 30 年的工人有 19% 存在听力损失的危险。1986 年，Loeb 指出若暴露于 85dB（SPL）的音量下 8 小时以上，即会造成暂时性的听力阈值改变。

研究表明，对于噪声暴露在 90dB（A）超过 40 年的人群，在 500Hz、1kHz、2kHz 频率下的平均听力损失量和噪声暴露在 85dB（A）下人群在 500Hz、1kHz、2kHz、3kHz 频率下的平均听力损失量相等。但是根据 ISO—1999 标准要求，3kHz 的频率应作为听力损失考虑在内，出于工人的安全保护考虑，85dB（A）作为噪声暴露的允许值更为合理。

在欧洲，英国于 1990 年颁布并执行《工作噪声法令 1989》，随后其他欧共体（1993 年易名为欧盟）国家也相继效仿制定相关法令。2003 年 10 月，英国起草了新法令《工作噪声控制法令 2005》，并于 2006 年 4 月开始在欧洲联盟共同实行。新法令特别适用于制造业、工程建筑业、采矿业、采石业、娱乐业和陆海空三军。因此，其适用范围非常广泛，除了船运以外的所有企业都必须执行，包括了军用企业。《工作噪声控制法令 2005》提出了低噪声暴露值、高噪声暴露值和噪声暴露限值的概念。要求工厂对于暴露在低噪声暴露值以上的工人要有预备的听力保护设备；对于暴露在高噪声暴露值以上的工人必须提供听力保护设备；如果暴露值超过噪声暴露限值，工厂必须查明原因，采取措施降低噪声，并且修改原定工作方案，重新制订新的方案，以符合标准。

在澳大利亚，国家职业卫生协会于 2000 年重新修订了 1992 年提出的《国家噪声暴露标准》，规定了工作环境中平均的噪声暴露值为 85dB（A），瞬态声压级为 140dB（C）（C 计权声压级），要求工厂必须有相关的噪声控制方针，以保证噪声不超标，除此以外，还必须有听力保护计划和对职工的相应培训。在《国家噪声暴露标准》出台后不久，国家职业卫生协会又提出了《工作中噪声管理和听力保护的实行办法》，并于 2004 年再次修订，用于指导其顺利执行。

表 13-1-2 为一些国家的噪声暴露标准规范值。

表 13-1-2　某些国家噪声暴露标准规范值

国家	8 小时暴露允许级/dB（A）	交换率/dB（A）	脉冲噪声暴露允许最大值	工业控制级/dB（A）	听力保护级/dB（A）
阿根廷	90	3	110dB（A）	90	85
澳大利亚	85	3	140dB（C）	85	85
巴西（1992）	85	5	115dB（A）　130dB（线性）	90	85
加拿大（1990）	87	3	140dB（C）	87	84
智利	85	5	115dB（A）　140dB（线性）	—	—
芬兰（1982）	85	3	—	90	—
法国（1990）	85	3	135dB（C）	90	85
德国（1990）	85	3	140dB（C）	90	85
匈牙利	85	3	125dB（A）140dB（C）	90	—
印度（1989）	90	3	140dB（线性）	—	—
以色列（1984）	85	5	115dB（A）140dB（C）	90	—
意大利（1990）	85	3	140dB（C）	90	85
荷兰（1987）[①]	80	3	140dB（线性）	90	80
新西兰（1981）	85	3	140dB（线性）	85	85
挪威（1982）	85	3	110dB（A）	—	80
西班牙（1989）[①]	85	3	140dB（线性）	90	80
瑞典（1992）[①]	85	3	115dB（A）　140dB（线性）	90	80
英国（1989）	85	3	140dB（C）	90	85
美国（1983）	90	3	115dB（A）　140dB（C）	90	85
乌拉圭	90	3	110dB（A）	—	—

① 该国家现实行 86/188/EEC 标准。

1.2　危害评估

国内目前噪声的测量多按照 GBZ/T 189.8—2007《工作场所物理因素测量噪声》的要求进行噪声作业测量，依据噪声暴露情况计算 $L_{Ex, 8h}$ 或 $L_{Ex, w}$ 后，根据 GBZ/T 229.4—2012《工作场所职业病危害作业分级　第 4 部分　噪声》相关的要求，对噪声危害进行评估。

1.2.1　稳态噪声与非稳态噪声

作业场所的噪声为稳态噪声或非稳态噪声时，噪声的危害程度按表 13-1-3 确定噪声作业级别，共分四级。

表 13-1-3　噪声作业分级

分级	等效声级 $L_{Ex, 8h}$/dB	危害程度
I	$85 \leqslant L_{Ex, 8h} < 90$	轻度危害
II	$90 < L_{Ex, 8h} < 95$	中度危害
III	$95 < L_{Ex, 8h} < 100$	重度危害
IV	$L_{Ex, 8h} \geqslant 100$	极重危害

注：表中等效声级 $L_{Ex, 8h}$ 与 L_{Ex} 等效使用。

1.2.2　脉冲噪声

若工人接触的是脉冲噪声，按照 GBZ/T 189.8—2007 的要求测量脉冲噪声声压级峰值（dB）和工作日内脉冲次数 n，根据表 13-1-4 确定脉冲噪声作业级别，共分四级。

表 13-1-4　脉冲噪声作业分级

分级	声压峰值/dB			危害程度
脉冲次数	$n \leqslant 100$	$100 < n \leqslant 1000$	$1000 < n \leqslant 10000$	—
Ⅰ	140.0～142.5	130.0～132.5	120.0～122.5	轻度危害
Ⅱ	142.5～145.0	132.5～135.0	122.5～125.0	中度危害
Ⅲ	145.0～147.5	135.0～137.5	125.0～127.5	重度危害
Ⅳ	$\geqslant 147.5$	$\geqslant 137.5$	$\geqslant 127.5$	极重危害

1.2.3　分级管理原则

① 对于 8h/d 或 40h/周噪声暴露等效声级≥80dB 但<85dB 的作业人员，在目前的作业方式和防护措施不变的情况下，应进行健康监护，一旦作业方式或控制效果发生变化，应重新分级。

② 轻度危害（Ⅰ级）：在目前的作业条件下，可能对劳动者的听力产生不良影响。应改善工作环境，降低劳动者实际接触水平，设置噪声危害及防护标识，佩戴噪声防护用品，对劳动者进行职业卫生培训，采取职业健康监护、定期作业场所监测等措施。

③ 中度危害（Ⅱ级）：在目前的作业条件下，很可能对劳动者的听力产生不良影响。针对企业特点，在采取上述措施的同时，采取纠正和管理行动，降低劳动者实际接触水平。

④ 重度危害（Ⅲ级）：在目前的作业条件下，会对劳动者的健康产生不良影响。除了上述措施外，应尽可能采取工程技术措施，进行相应的整改，整改完成后，重新对作业场所进行职业卫生评价及噪声分级。

⑤ 极重危害（Ⅳ级）：目前作业条件下，会对劳动者的健康产生不良影响，除了上述措施外，及时采取相应的工程技术措施进行整改。整改完成后，对控制及防护效果进行卫生评价及噪声分级。

第2章　听觉系统与噪声聋

2.1　听觉系统的构造与功能

2.1.1　听觉的产生

物体振动产生声音，最终在大脑形成听觉，听觉的形成过程如图 13-2-1 所示。

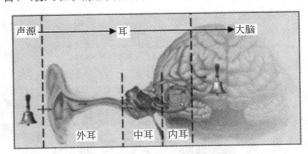

图 13-2-1　听觉的形成过程

（1）人耳的听觉范围

人耳并不能听见自然界所有的声音，一般来说人能听到的声音频率范围在 20～20000Hz 之间。动物的听觉范围比人的听觉范围广，因而常常能听到人听不到的声音。例如狗的听觉范围是 15～50000Hz，猫的听觉范围是 60～65000Hz。

（2）听觉形成过程

① 物体振动（声源）产生声音，声音经外耳道传入中耳。

② 中耳将声音振动传入内耳耳蜗。

③ 耳蜗内部有数以千万计的毛细胞，毛细胞将声音振动转换为电信号，刺激相邻的听觉神经纤维。

④ 信号由神经传入大脑，产生听觉。

（3）具体的听觉过程

周围环境中的声源使空气压力发生变化，经耳廓收集，并经耳道传声及扩音，振动鼓膜，鼓膜的振动带动附着在其上的锤骨柄运动以及砧骨、镫骨的运动，由于镫骨底板的运动，挤压前庭窗，并由于耳蜗内的淋巴液惰性较大而促使蜗窗做相对运动，并在声波疏向时，由于基底膜由蜗底向蜗顶的移位，产生毛细胞的剪切运动产生电波，电波经听神经传至大脑皮层的听觉区进行分析、分辨，最终我们就听见了声音。

（4）声音的传导途径

声音要传入内耳形成听觉，传导的路径主要有两条：一种方式是通过气传导来实现；另外一种方式是通过骨传导来实现。

①气传导　气传导主要指声波经外耳道引起鼓膜振动，再经 3 块听小骨和卵圆窗膜传入内耳，同时，鼓膜振动也可以引起鼓室内空气的振动，再经圆窗将振动传入内耳。正常听觉的产生主要通过气传导来实现。

传导途径：鼓膜→听骨链→卵圆窗→前庭阶外淋巴→蜗管中的内淋巴→基底膜振动→毛细胞微音器电位→听神经动作电位→颞叶皮层。

②骨传导　声波能直接引起颅骨振动，经耳蜗骨质部传入耳蜗淋巴液，称骨传导。骨传导极不敏感，一般是振动的物体直接和颅骨接触，才能引起听觉。但是当鼓膜和中耳病变引起传音性耳聋时，气导明显受损，骨导则不受影响，甚至相对增强。而耳蜗病变出现感音性耳聋，或由于各级听中枢及其通路上病变导致中枢性耳聋时，气导和骨导都受损。

2.1.2　耳的构造

人耳的构造如图 13-2-2 所示。

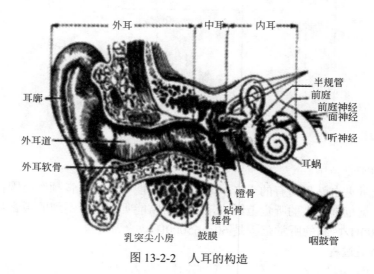

图 13-2-2　人耳的构造

（1）人耳的基本构造

人耳听觉的基本构造可分为：外耳、中耳与内耳。

（2）外耳的构成与功能

外耳包括耳廓和外耳道，其主要作用是收集和传导声音，耳廓、外耳道的主要功能如下。

①耳廓的功能

a. 收集声音：耳廓能收集 20Hz～20kHz 的声音。

b. 定位：由于声源到达两耳的时间差、强度差，在大脑中形成了定位的印象。

c. 扩大声能：对频率 2～5kHz 的声音，耳廓能扩大其声能。这是由于耳廓长 3.5～5cm，使该频率段声音发生了共振。

②外耳道的功能

a. 传导声音：将由耳廓收集的声音传至中耳（气导）。

b. 扩大声能：成人的外耳道直径约 0.7cm，长 2.5～3cm，与 3～4kHz 的声音产生共振，可提升声强，再结合耳廓的扩大声能，平均起来就提升频率以 2.7kHz 为中心的声音

15～25dB。

（3）中耳的构成与功能

① 中耳的构成 中耳由鼓膜、听骨链、鼓室和咽鼓管等结构组成，其主要功能是将空气中的声波振动高效地传递到内耳淋巴液，其中鼓膜和听骨链的作用尤其重要。

② 中耳的功能 中耳将外耳道传过来的声能转换为机械能，声音经气导传递至耳道，振动鼓膜并使依附于鼓膜上的锤骨柄动作，将振动传递至听骨链，此时，中耳已进行了能量的转换，由声能转换为机械能。之后，由于镫骨底板的转动，振动卵圆窗，激动淋巴液的波动，又进行了一次换能，将机械能转换成液能。中耳的构成如图 13-2-3 所示。

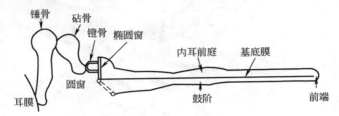

图 13-2-3 中耳的构成

a．耳膜的功能：耳膜的功能是将空气中的振动转换成固体振动。

b．听骨链的功能：听骨链由锤骨、砧骨和镫骨 3 块听小骨依次连接，构成一个固定角度的杠杆。锤骨柄为长臂，砧骨长突为短臂。声波振动压强与听骨链杠杆两臂长度之比（1.3∶1）以及鼓膜、卵圆窗振动面积之比（17.2∶1）有关。因此，经过听骨链的传递，声波从鼓膜到卵圆窗总增压效应约为 22.4 倍（1.3×17.2≈22.4）。所以，鼓膜—听骨链—内耳卵圆窗之间的联系具有增压效应，使声波振幅减少，压强增大 22.4 倍，它们构成了声音由外耳传向耳蜗的最有效通路。三根听小骨的功能则是放大声音与改变肌肉张力以保护高噪声下的听力。由耳膜传至镫骨，其面积缩小约 17 倍，且由锤骨传至镫骨的杠杆作用，力量约增加 1.3 倍，因此由耳膜传至镫骨的压力增加约 22 倍，且在 300～3000Hz 的声阻抗配合较佳。

c．咽鼓管的功能：咽鼓管连接着中耳腔与咽腔，是连接鼓室与鼻咽之间的通路，主要作用是维持鼓膜两侧气压的平衡，从而调节中耳内压力使鼓膜处于正常状态，进而保持听骨链正常的增压作用。

咽鼓管的鼻咽端开口平时呈闭合状态，当吞咽、张口、呵欠等动作时，咽鼓管咽口开放，以维持鼓室内外气压的平衡。

咽鼓管的功能主要有三个方面：

ⅰ．阻声：在正常状态下，咽鼓管处于闭合状态，能阻隔生理噪声、心搏、呼吸等自体声响传入鼓室。

ⅱ．防声：由于咽鼓管外 1/3 是逐渐缩小呈漏斗形，表面为部分皱褶状黏膜，类似于吸音结构，就可以将鼓膜、圆窗等振动引起的声波消除。

ⅲ．引流：将鼓室内的积液，借助咽鼓管黏膜上皮的纤毛运动不断向鼻、咽部排出。鼓室积脓或积液，使质量增加，也将导致高频听力下降。

（4）内耳的构成与功能

内耳又称迷路，包括骨迷路和膜迷路。膜迷路与骨迷路形状相似，凭借纤维固定于骨迷路内。膜迷路内充满内淋巴，膜迷路和骨迷路之间的间隙内充满外淋巴，内淋巴和外淋巴不相通。

① 骨迷路　骨迷路主要由前庭、半规管和耳蜗组成。骨迷路的构成如图 13-2-4 所示。

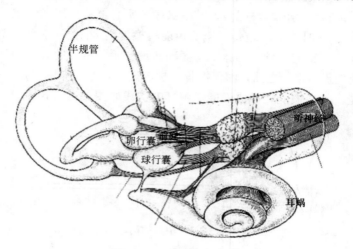

图 13-2-4　骨迷路的构成

前庭：在半规管与耳蜗之间，外壁是鼓室内侧壁的一部分，上有卵圆窗，由镫骨底板及环韧带所封闭。内壁即内耳道底。

半规管：有上半规管、后半规管和水平半规管，它们互呈直角。当头向前倾 30°时，水平半规管约与地面平行。

耳蜗：在前庭的前方，似蜗牛壳。耳蜗由中央近似圆锥形的蜗轴和围绕蜗轴约两周半的骨蜗管所组成。

耳蜗是外周听觉系统的组成部分，其核心部分为柯蒂氏器，是听觉转导器官，负责将来自中耳的声音信号转换为相应的神经电信号，交送脑的中枢听觉系统接受进一步处理，最终实现听觉知觉。耳蜗与频率响应的示意图如图 13-2-5 所示。

耳蜗的病变和多种听觉障碍密切相关。

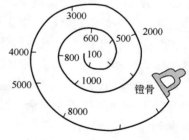

图 13-2-5　耳蜗与频率响应示意图

② 膜迷路　膜迷路包括椭圆囊、球囊、膜半规管、膜蜗管。膜迷路的构成如图 13-2-6 所示。

椭圆囊和球囊：椭圆囊和球囊位于前庭内，为互相通连的两个膜性囊。椭圆囊在后上方，球囊在前下方。椭圆囊与膜半规管相通，球囊与蜗管相通，囊内壁分别有椭圆囊斑和球囊斑，是位置觉感受器。

壶腹嵴、椭圆囊斑和球囊斑统称为前庭器或位置觉感受器，其中壶腹嵴能感受旋转运动的刺激，椭圆囊斑和球囊斑能感受直线变速（加速或减速）运动的刺激。此感受器病变时，人不能准确地感受位置变化的刺激，而导致眩晕症（以旋转为主），临床上称为"美尼尔氏综合征"。

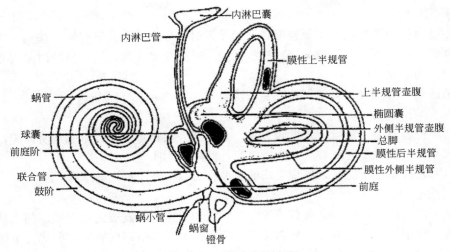

图 13-2-6　膜迷路的构成

　　膜半规管：膜半规管位于骨半规管内。在骨壶腹内的部分膨大为膜壶腹，壁上有隆起的壶腹嵴，也是位觉感受器，能感受旋转运动的刺激。

　　膜蜗管：位于耳蜗内的膜性管，附着于骨螺旋板的游离缘，分隔前庭阶和鼓阶，断面呈三角形，上壁为前庭膜，下壁为基底膜，基底膜上有高低不等的毛细胞，称为螺旋器，是听觉感受器，可相应接受低、高声波的刺激。外侧壁富含血管，是膜迷路内的内淋巴液的发源地。

2.2　噪声性听力损失

　　噪声性听力损失是由于工人在噪声作业环境中长期与噪声接触而发生的一种进行性的感音性听觉损伤。病理是在长期噪声刺激影响下，耳蜗血管纹首先出现血循环障碍，螺旋器毛细胞损伤、脱落，严重者内毛细胞也可能出现损伤，继之螺旋神经节发生退行性病变，其中以耳蜗基底圈末段及第二圈病变最明显。噪声性听力损失是耳蜗毛细胞病变的结果，通过显微镜可以观察到听力排列散乱倒伏、断裂消失或肿胀融合、细胞线粒体分布与结构异常、溶酶体增加、细胞变性崩解消失等。

　　噪声性听力损失最初容易在 4000Hz、6000Hz 表现出来，随着暴露时间的增加，听力损失的频率向低频扩展，进而影响人的正常交流和日常生活。图 13-2-7 为噪声引起听力阈值变化的曲线。

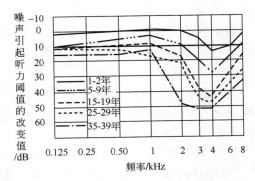

图 13-2-7　噪声引起听力阈值变化的曲线

2.2.1　噪声性听力损失的病理阶段

　　噪声性听力损失是一种累积性听力损伤，它的形成一般要经历以下几个阶段：

（1）听觉适应

在开始暴露噪声的初期，由于强度较低和暴露时间较短，在离开噪声环境后，人耳出现短时间的耳鸣和听力下降，但数分钟后症状消失，听力恢复正常，这种持续时间极短的听阈升高的现象，为听觉适应。

听觉适应是一种感受器自我保护的生理现象。

（2）听觉疲劳

较长时间的暴露噪声或噪声强度较大时，人耳离开噪声环境后，耳鸣和听阈提高的程度加重、时间延长，要数小时或数天后才能恢复，此阶段为听觉疲劳。

听觉疲劳是耳蜗毛细胞开始出现损伤的重要标志。

（3）早期听力损失

长期反复的暴露噪声，听觉疲劳的程度、症状加重，逐渐发展为某些频率的阈移不能恢复，病变进入早期噪声性聋阶段。早期噪声性听力损失是耳蜗基底膜的某些局部毛细胞出现病变的重要阶段。此阶段最显著的特点是4000Hz或6000Hz频率的听力下降，其他频率的听力未受影响。

（4）听力损失

噪声性听力损失的患者如不立即停止噪声暴露或采取有效的防护措施，听力损失的程度将加深，影响的频率也将增多，最终可能形成噪声聋。

2.2.2 噪声性听力损失的影响因素

噪声的强度和性质、个体暴露时间、个体身体素质的差异、敏感程度都会对噪声性听力损失的形成起影响作用。

（1）噪声的强度和性质

不同强度的噪声对人耳的听力损伤程度的影响程度是不一样的。一般的规律是：在相同噪声暴露时间的情况下，噪声强度越大，听力损失越严重。

另外，国内外的调查研究表明：脉冲噪声对人耳的损害强于稳态噪声。

（2）噪声暴露时间

噪声性听力损失是听力逐步恶化的累积过程，因而个体在噪声作业环境中的暴露时间越长，听力损害程度也就越大。

（3）个体因素

大量的调查研究结果表明：性别、年龄、体质、种族等因素不一致时，出现听力损失的概率也是有所差异的。一般说来男性比女性易受到噪声的伤害，白种人比其他人种易受到噪声的伤害。

（4）个体敏感度

个体对噪声的敏感程度是不一样的。有的人在轻微的声音下就能感受到不舒服，出现一些异常反应情况，这些都属于噪声敏感型人群。一般地，敏感人群比其他人群容易发生噪声性听力损失。

（5）工作环境因素

如果工作环境中伴随着其他的有害职业因素，可能会加强噪声对听力的损坏作用。

2.2.3 听力损失的分类

听力损失的三个主要类型是传导性听力损失、感觉神经性听力损失和混合性听力损失。

（1）传导性听力损失

影响传声到耳蜗的任何情况均被归类为传导性听力损失。纯传导性听力损失无柯蒂氏器或神经通路的损害。

传导性听力损失可能由以下各种情况引起：在外耳道的蜡（耳屎），鼓膜的大穿孔，咽鼓管的堵塞，由于创伤或疾病引起的听骨链断裂，中耳的流体造成的二次感染或耳硬化症（例如镫骨脚的硬化）。大部分的传导性听力损失需要接受药物或手术治疗。

（2）感觉神经性听力损失

感觉神经性听力损失几乎是不可逆的。损失的感觉器官涉及柯蒂氏器或神经组件，意味着听觉神经元素的退化。

（3）混合性听力损失

混合性听力损失兼有传导性听力损失和感觉神经性听力损失的特点。

过度噪声暴露会造成不可逆的感觉神经性听力损失。在噪声诱发的听力丧失的病理生理学中，损坏毛细胞是关键因素。神经纤维的退化总是伴随严重的毛细胞损伤。感觉神经性听力损失也可以归因于不同的原因，包括老年性耳聋、病毒（如腮腺炎）、先天性缺陷和药物中毒（如氨基糖苷类抗生素）。

2.2.4 过度噪声暴露对人耳的影响

人耳过度暴露于噪声中会导致噪声诱发的暂时性阈移（NITTS）、永久性阈移（NIPTS）、耳鸣或声创伤。

（1）噪声诱发的暂时性阈移（NITTS）

NITTS 指的是听力灵敏度的暂时性损失。这种损失可能是由短期噪声暴露或内耳简单的神经疲劳而导致的。对于 NITTS，在几小时或几天后（如果没有持续过度暴露）听力灵敏度将回到暴露前水平。

（2）噪声诱发的永久性阈移（NIPTS）

NIPTS 指的是由于破坏了内耳感觉细胞而导致的听力灵敏度的永久损失。这种损坏可能是由长期接触噪声或声创伤导致的。

（3）耳鸣

"耳鸣"是用来描述人们抱怨耳边存在声音，但非周围实际声音的情况。存在的声音通常被描述为一个哼声、嗡嗡声、吼声、铃声或口哨声。这个声音是由内耳或神经系统产生的。耳鸣可以由非声学事件造成，如打击头部或长期使用阿司匹林。然而，耳鸣主要的成因是长时间暴露于高声级下，虽然短时间暴露于非常高的声级下也可能引起，如鞭炮或射击。如果耳鸣在噪声暴露后立即发生，这意味着噪声暴露可能会损害听力，如果重复发生，将可能导致永久性听力损失。许多人在他们的生活中都经历过耳鸣。通常感觉只是暂时的，尽管它可能造成永久伤害。诊断和治疗耳鸣可能很困难，因为耳鸣是主观的，无法进行客观衡量。耳鸣可以量化，根据病人耳鸣的声音，匹配一个同频率的声音来确定。

（4）声创伤

声创伤指由突发性的强烈噪声导致的临时或永久性听力损失，例如爆炸。声创伤可能造成传导性或感觉神经性听力损失。声创伤导致传导性听力损失的例子是突发性的强烈噪声导致耳膜穿孔或中耳听小骨破坏。突发性强烈的噪声导致暂时或永久性耳蜗毛细胞的损伤是声创伤导致感觉神经性听力损失的例子。

2.3　听力测试与评估

听力曲线图表是通过纯音听阈测试后，将气导和骨导听阈值记录在一张标有横纵坐标的图表上并连成一条曲线，即称纯音听力曲线，亦称听力图或听力表，如图 13-2-8 所示。

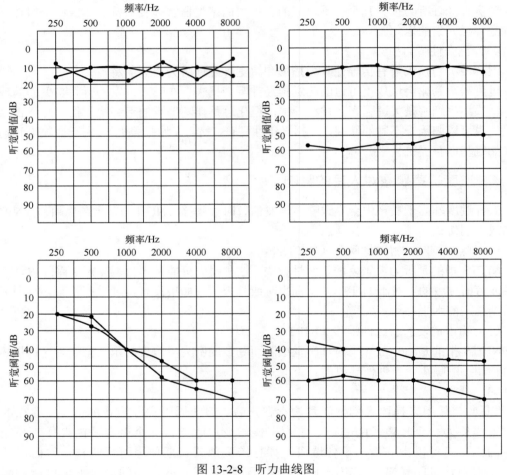

图 13-2-8　听力曲线图

听力曲线图表是医生对听力损失情况做出诊断的主要参考依据，里面包括了听力方面的很多信息。所以，病人可以通过看听力曲线图表对自己的听力情况有一个初步的了解。

听力曲线图表一般为左右两耳分别记录，用蓝色笔记录气导曲线，红色笔记录骨导曲线（听力曲线图并不一定气导和骨导同时出现，职业病诊断中较常用气导曲线）。横坐标的数字代表的是频率，单位为赫兹（Hz）；纵坐标代表的是听觉阈值，单位为分贝（dB），用来表示不同程度的听力损失。

2.3.1　听力曲线

通过听力测试，得到各频率的听阈值，接着把气导和骨导的听力曲线绘在同一张听力图上，通过将两条曲线进行比较、分析，就可以判定听力损失的程度和听力损失的性质了。

2.3.2　听力图的诊断

（1）听力正常

在听力图上，如果骨导听力在各频率范围中均为 0～20dB，气导听力在 0～25dB，且气导和骨导之间的差值在 10dB 以内，这种情况为听力正常。

（2）传导性听力损失

如果气导听力减退而骨导听力正常，反映在听力图上为气导曲线在骨导曲线的下方，并且气导和骨导之间的差距大于 10dB 以上，这种情况属于传导性听力损失。

（3）感音神经性听力损失

如果气导和骨导听力均减退，在听力图上表现为两条曲线重合，多数频率点上气骨导差小于 10dB，这种情况属于感音神经性听力损失。

（4）混合性听力损失

如果气导与骨导听力曲线皆有下降，而且气导听力曲线降低更明显，多数频率上气骨导相差 10dB 以上，说明中耳的传音结构和内耳的感音功能均有减退，是混合性听力损失的特征。

第3章 护听器技术

3.1 常用护听器种类

3.1.1 概念与原理

护听器是佩戴在耳部，减少进入耳道的噪声，保护听觉器官的个体防护用具。护听器按照基本性能可分为以下三大类：耳罩、耳塞与特殊型护听器。由于隔声效果的不同与佩戴的方便性等实用价值的差异，在不同的场合中将视环境的需要而选择不同的单独的护听器或其组合来使用。目前护听器在工业生产及其他有需要的活动中被广泛使用。从工业生产噪声治理措施的角度出发，护听器不是听力保护的优先考虑方案。但在许多工作环境或特殊环境中，减少噪声排放或采用工程措施降低人员噪声暴露量，从技术和经济条件上难以实现，效果上无法满足要求，这时就需要采用佩戴护听器的个体防护方法。护听器一般可以使耳内噪声级降低 10～45dB，一些护听器还具有特别的频率响应，可根据既定环境噪声的频谱特性选用。品质优良的护听器也能改善语言交流质量。

好的护听器除具有佩戴舒适、不刺激皮肤等基本性质外，还应具有合适的声衰减值。佩戴护听器后的保护效果，与声音传递至内耳的路径有关，主要有四种途径，如图 13-3-1 所示。

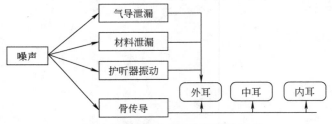

图 13-3-1　噪声进入内耳的途径

① 气导泄漏　在佩戴护听器时，由于护听器与外耳道之间无法完全封闭，或多或少存在缝隙，因此噪声会通过这些缝隙进入耳道。

② 材料泄漏　材料泄漏是指制造护听器的材料由于材料质量或缺陷导致护听器隔声效果的降低。比如耳罩护盖有任何破洞，则此耳罩将几乎完全丧失其隔声性能。

③ 护听器振动　当噪声撞击到护听器时，会导致护听器产生微弱的振动，进而产生声能传递至外耳。

④ 骨传导　声音的传递除了可经由外耳、中耳至内耳的途径，同时可经由骨骼组织直接传递至内耳。因为当人体暴露于噪声环境下时，实际上人体是受到噪声的撞击，并且产生振动能量的传递，只是其传递的能量与经由气导通过外耳传递至内耳的声音能量比较之下，其比例较小，不易被注意。

3.1.2　护听器的类型

护听器的类型可按照性能、材料的不同进行分类，目前多数国家采用性能进行分类。英国将护听器分为主动式护听器和被动式护听器，澳大利亚将护听器分成耳罩、耳塞、防音头盔和特殊型护听器四类。我国普遍采用耳塞、耳罩、特殊型护听器的分类方法。

（1）耳塞

耳塞型护听器是用于外耳道中或者是外耳道入口，以阻止声音经由外耳道进入内耳。依使用次数分类，耳塞基本上可分为即抛型与重复使用型。即抛型耳塞，只使用一次即丢弃，如可压缩耳塞；重复使用型耳塞，可多次重复使用，如模压型耳塞。

① 可压缩耳塞　可压缩式的耳塞由如泡绵等可压缩较软材料制造而成。此种耳塞在使用前，经过用手压缩后再放入外耳道中。耳塞放入外耳道后，耳塞会膨胀在外耳道中形成气密的功能。有些利用岩棉制造的耳塞，在使用时不需用手压缩，而是直接插入耳道中使用，可避免因为使用手造成耳塞的污染。

② 模压型耳塞　模压型耳塞通常由软硅胶、橡胶或塑胶等可模压型材料制造而成，它们可以不经由压缩变形，而是直接插入外耳道内。通常它们有不同的尺寸，使用者可依据个人的外耳道尺寸大小，来选择适当的模压型耳塞。模压型耳塞有时会用头带或者是绳子互相连接，以防止耳塞掉落或遗失。

③ 个人模压型耳塞　个人模压型耳塞与模压型耳塞极其类似，不同的是，模压型耳塞具有通用性，适用于大众，而个人模压型耳塞则是根据个体的耳道形状所灌模压铸的。此类型的耳塞由于与个体耳道有较佳的密闭功能，因此能减少气导泄漏，增加护听器的隔声值。

（2）耳罩

耳罩型护听器比耳塞型护听器结构复杂。它包括具有隔声功能与包覆外耳朵的硬质护盖（耳罩），以及与耳朵密合的软垫，软垫内通常内衬有吸声材料。两个耳护盖通常是由一具有弹性的金属或者塑胶制的头带互相连接，利用头带夹紧的力量使软垫与耳廓四周密合，以阻绝外界与外耳道声音的传递。与耳塞相比，耳罩除了可阻绝气导噪声外，还可以隔绝部分骨导声，因此耳罩能比耳塞获得较高的隔声值。

（3）特殊型护听器

除了上述介绍的常用的耳罩、耳塞护听器，市场上还有以下多种特殊目的与功能的护听器。

① 主动噪声控制耳罩　主动噪声控制耳罩是应用电子线路产生人为声音与既有的噪声互相结合后，应用相位的差异将噪声抵消，以达到噪声减量的目的。以目前的技术而言，主动噪声控制耳罩适用于稳定且低频的噪声消除，此特点正好弥补了传统护听器对低频噪声隔声较弱的缺点，因此此类型耳罩适用于以低频噪声为主的工作环境中，例如：飞机机舱、锅炉房、冰水主机房、船舶、生产车间等。

② 通信用耳罩　在隔声罩上面安装有线或者无线的装置，让使用者可以清楚地接收通信、娱乐与紧急信号，又能隔绝外界有危害的噪声。

③ 防音头盔　防音头盔通常多使用在极高噪声的环境中，防音头盔将头的大部分都包覆起来，除了可以减少声音经由耳道进入内耳外，还可以同时减少空气声音经由头部骨骼传递至内耳的骨导音，因此隔声的效果远大于耳塞、耳罩。在使用防音头盔时，应选用配合个人

头型尺寸的头盔，减少气导泄漏，以达到最佳的隔声效果。

3.2　护听器的比较

护听器是一类可帮助降低噪声危害的个人防护用品，市面上最常见的有耳塞和耳罩两大类。耳塞是塞入外耳道内，或堵住外耳道入口的护听器。耳罩是通过环箍或可装配到安全帽上的支撑臂固定和夹紧罩杯，将外耳罩住，起到衰减噪声的作用。

除了依靠降噪材料衰减噪声外，为了满足不同的应用需求，例如降噪的同时需要倾听环境声音，或者需要在噪声环境中使用对讲机，或者希望输入娱乐音频以提高重复性工作的效率，市场上出现越来越多具有特殊功能的护听器。例如带孔、阀等特殊声学结构的护听器、带电子音频输入、带娱乐音频输入、声级关联型（环境声音感知）、内置无线电对讲机、主动降噪（有源降噪）等等护听器。表 13-3-1 为一些比较常见的护听器及其特点和适用场合。

耳罩和耳塞是应用最为广泛的护听器类型。总体上耳罩具有易佩戴、群体适用性强、不易引起过敏感染等不良反应等特点；耳塞则有成本较低、体积小巧便于携带等特点。

表 13-3-1　多种类型护听器优缺点对比

	耳塞		耳罩		
优点	➢ 体积小，重量轻 ➢ 适合热环境佩戴 ➢ 不妨碍其他防护用品 ➢ 便宜		优点	➢ 佩戴方法简单 ➢ 防护性能较为稳定 ➢ 便于远距离监察	
缺点	➢ 易遗失 ➢ 佩戴方法较复杂 ➢ 不方便远距离监察 ➢ 不适合患耳道感染疾病者使用		缺点	➢ 体积大，较重 ➢ 高温环境感觉不舒适 ➢ 可能妨碍其他防护用品的佩戴 ➢ 价格较高	
类型	图片	特点	类型	图片	特点
泡棉耳塞		➢ 单个成本低 ➢ 柔软舒适，适合长时间佩戴 ➢ 佩戴方法较为复杂 ➢ 手脏的情况下不适用	被动降噪耳罩（头顶式）		➢ 容易佩戴 ➢ 不适用于需要同时佩戴安全帽的场合
预成型耳塞		➢ 单个成本较高 ➢ 可以水洗重复使用，长期使用成本较低 ➢ 佩戴方法较为简单 ➢ 长时间使用舒适性较差	被动降噪耳罩（挂安全帽式）		➢ 容易佩戴 ➢ 可以与带插槽的安全帽配合使用 ➢ 摘除安全帽后，耳罩会一起摘除
免揉搓型泡棉耳塞		兼具泡棉耳塞和预成型耳塞的优点： ➢ 容易佩戴 ➢ 舒适性好 ➢ 使用成本较高	被动降噪耳罩（颈后式）		➢ 容易佩戴 ➢ 可以与不带插槽的安全帽配合使用

续表

耳塞			耳罩		
类型	图片	特点	类型	图片	特点
耳机型耳塞		➤ 容易佩戴 ➤ 适合需要频繁摘脱护听器的场合 ➤ 降噪能力中等或偏低	声级关联型降噪耳罩（有各种佩戴方式）		➤ 通过内置电路还原或放大环境声音，让佩戴者能够感知外界的声音，同时控制传送至佩戴者的声音处于安全水平
带音频输入的耳塞		➤ 可以是泡棉耳塞或预成型耳塞 ➤ 可以通过耳塞监听对讲机的语音信息 ➤ 适用于在噪声环境下需要频繁使用对讲机的场合	带音频输入的耳罩（有各种佩戴方式）		➤ 可以通过耳罩监听对讲机的语音信息 ➤ 适用于在噪声环境下需要频繁使用对讲机的场合
声级关联型降噪耳塞（也称环境声音耳塞）		➤ 可以是泡棉耳塞或预成型耳塞 ➤ 通过内置电路还原或放大环境声音，让佩戴者能够感知外界的声音，同时控制传送至佩戴者的声音处于安全水平	内置无线电对讲机的耳罩（有各种佩戴方式）		➤ 内置无线电对讲机，无需与对讲机连接使用 ➤ 适用于在噪声环境下需要群组间清晰沟通的场合
主动降噪电子耳塞		➤ 主动检测外界噪声，发出反相信号抵消噪声 ➤ 对低频噪声防护效果明显，常应用于娱乐或航空领域	主动降噪电子耳罩		➤ 主动检测外界噪声，发出反相信号抵消噪声 ➤ 对低频噪声防护效果明显，常应用于娱乐或航空领域

3.3　护听器的选择

3.3.1　概论

　　护听器的保护作用只有在佩戴时才能发挥。职工可能由于舒适性原因拒绝佩戴，即使在有安全制度监管的情况下，佩戴护听器也可能流于形式。护听器应使用便捷、不易损坏，特别针对短时、间歇性噪声暴露要满足上述基本条件。有些作业需要与周围进行交流并注意接收警报信号，职工初次佩戴或者更换新型护听器时，已经造成听力损失的职工需要佩戴具有特殊频率响应的护听器。

　　目前，获得批准认可适用于工作场所的护听器品种及类型很多，要求针对工作既定情况选择适当的护听器，因此选择过程中要充分考虑以下因素：

　　① 正规厂家生产的合格产品；

　　② 符合声衰减需要；

　　③ 与其他个人防护用具，例如头盔和防护眼镜等共同使用时的兼容性；

　　④ 佩戴者的舒适度；

　　⑤ 使用工种和工作环境；

　　⑥ 相关病史。

3.3.2 护听器的评价

（1）材料

护听器各部分使用材质的强度、硬度、弹性均应适当，且不易发生变形、龟裂、破损、发黏及其他异常现象。应用于耳罩与皮肤接触部分的材料应满足不脱色、柔韧性好，并且不刺激皮肤引起过敏等不良健康反应的要求。可重复使用的材料，按照制造商提供的方法清洁消毒后，各部分不应出现可见的损坏和异常现象。所有材料零件应做光滑加工处理，无任何可能伤害佩戴者的尖角及毛边。

塑料和橡塑材料的耐热性、耐寒性、耐油性试验，橡胶材料的密度、扯断强度、扯断伸长率、硬度、耐热性、耐油性和老化系数等是护听器材料选择的重点。

（2）结构

当按照制造商提供的方法正确安装使用护听器时，护听器各部分不应对佩戴者造成任何物理伤害；耳塞插入外耳道部分应与外耳道充分密合，使用中无不适感，不易脱落；耳塞的使用应不需借助其他工具，易于佩戴、取出；耳罩的设计耳护盖应能完全覆盖耳朵，连接耳护盖的部分长度应可调整，使用弹簧时应具有适当的弹性，在使用时不得有压迫、疼痛和不适的感觉；耳罩耳护盖必须能在相互垂直的两个方向上转动。

（3）性能

护听器的选择中，最重要的一个参数就是声音衰减的功能。如果护听器的声音衰减过低，会导致听力受损；但是如果护听器的声音衰减过高，则会妨碍语言交流和警告信号的听取，或者妨害交谈，或者佩戴时会较不舒服。如果工作环境中的噪声超过了规定标准，且必须要佩戴护听器时，所选用的护听器的声音衰减值是否恰当，得依据采取听力保护计划行动方案的声压级来判定。

护听器的声衰减值可以通过测量获得，主要的测量方法有主观测量法和客观测量法。主观法测量得到的数值接近于护听器的最大声衰减值，是在低声压级（接近听阈）获得的数据，也可反映护听器在较高声压级下的衰减值。主观测量法详见 GB/T 7584.1《声学 护听器 第1部分：声衰减测量的主观方法》，由于需要严格挑选测试人员，目前国内采用此方法较少。国家标准 GB/T 7584.2《声学 护听器 第2部分：戴护听器时有效的 A 计权声压级估算》中规定了护听器的客观测量法，包括：倍频带计算法、两种简化计算法、高中低频衰减法（简称 HML 法）和单值评定法（简称 SNR 法）。

倍频带法是一种直接的计算法，需已知工作地点的倍频带声压级和受试护听器的声衰减数据。虽然此方法可认为是"准确"的参考方法，但是，由于采用的是受试群体的平均声衰减值和标准偏差，而不是以单个受试人的某一声衰减值为基础数据，所以该方法有固有的不准确性。

高中低频衰减法（HML）规定三个衰减值 H、M 和 L，是从护听器倍频带声衰减数据中确定的。这些值连同 C 计权和 A 计权声压级一起用来计算戴护听器时有效的 A 计权声压级 L'_A。

单值评定法（SNR）规定单个衰减值，即单值评定值，它是从护听器的倍频带声衰减数据中确定的。噪声的 C 计权声压级减去单值评定值，得出戴护听器时有效的 A 计权声压级 L'_A。在我国现行标准 GB/T 23466—2009《护听器的选择指南》中，就将 SNR 作为选择护听器的重要指标。

3.3.3　护听器的具体选择要求

（1）确定护听器保护水平

当职工作业噪声暴露声级 $L_{Aeq, 8h}$ 达到或高于 85dB（A）时需使用护听器。声衰减值是衡量护听器的重要性能指标。护听器声衰减过低，则对听力保护不足，会导致听力受损，但如果护听器声衰减过高，则会影响交流和对周围警示信号的接受。合适的护听器应根据实际职工作业噪声暴露声级测量结果和戴护听器时有效的 A 计权声压级 L'_A 参照表 13-3-2 进行选择。

表 13-3-2　护听器保护水平评估

L'_A/dB（A）	保护水平
>85	保护不足
80～85	可接受
75～80	好
70～75	超出必要
<70	过度保护

佩戴护听器时有效的 A 计权声压级 L'_A 若能处于 75～80dB（A），效果最佳。

（2）实际使用环境护听器的声衰减

实际使用中，护听器的声衰减通常低于实验室中的测量值和制造商的标称值。由于佩戴方法不当（特别是耳塞）、佩戴者为长发、同时佩戴其他防护用具等情况都可能影响护听器的性能。表 13-3-3 为实际使用护听器声衰减的计算。

表 13-3-3　实际使用护听器声衰减的计算

项目	工业企业职工听力保护规范	护听器的选择指南
引用的标称值	SNR	SNR
现场噪声数据	习惯上使用 A 计权声压级 L_A	明确使用 C 计权声压级 L_C
接触限值	8h 等效连续声压级 85dB（A）	8h 等效连续声压级 85dB（A）
计算公式	$L_A-0.6SNR\leqslant 85dB$（A）	$70dB$（A）$\leqslant L_C-SNR\leqslant 85dB$（A）

（3）过度保护

选用的护听器具有不必要的高声衰减。过高的声衰减值将影响佩戴者对周围环境的感知，无法顺利交流和接受危险警示信号。另外，过高的声衰减值使佩戴者产生不舒适感，从而减少佩戴时间，降低在噪声暴露周期内听力保护的效果。

（4）多种护听器共同使用

强噪声环境下[$L_{Aeq, 8h}\geqslant 105dB$（A）]，单一护听器不能提供足够的声衰减，需要佩戴一个以上的护听器，通常为耳塞和耳罩。需要注意的是，两种护听器共同使用时其声衰减值并不是两种护听器单独使用时的声衰减值的简单相加。一般情况下，两种护听器共同使用时获得的声衰减值为两种护听器声衰减值较高的增加 5dB。某些情况下，共同使用两种护听器的护听效果反而会降低。制造商应考虑其产品是否适用于与其他护听器共同使用，并给出相关信息。如有上述使用需求，则选择明确说明与其他护听器共同使用能增加声衰减的护听器更为合适。

（5）佩戴舒适度

护听器的佩戴舒适度没有相关评价标准，其受护听器的材质、弹性垫的压力、头带夹紧力、可调节性、安装结构等多方面因素影响。作业场所佩戴舒适度在很大程度上影响护听器是否能正确佩戴使用。条件允许的情况下，可提供少量（不少于三种）不同的护听器由需佩戴者自行挑选。

通过对几类工业生产企业高噪声作业环境职工佩戴护听器引起的种种不适反应的调查，将其归纳为 13 个方面并按照受调查者反应频次进行排序。如表 13-3-4 所列，调查结果反映交流困难被列到首位，是护听器佩戴舒适性方面最受使用者关注的问题。

表 13-3-4　影响护听器佩戴舒适性的成因汇总

序号	影响佩戴舒适性的成因	序号	影响佩戴舒适性的成因
1	交流产生困难	8	隔声差
2	耳部有压迫感	9	声音扭曲
3	有过敏反应	10	与皮肤接触部分过于坚硬
4	易脏污	11	影响工作
5	不透气	12	易变形
6	易脱落	13	头晕、头痛、恶心
7	佩戴后有耳鸣现象		

耳塞和耳罩由于其结构、材料和佩戴方式的差别，要提高其舒适性水平，从设计角度有不同的考虑。影响耳塞、耳罩佩戴舒适性的设计因素见表 13-3-5。

表 13-3-5　影响耳塞、耳罩佩戴舒适性的设计因素

序号	耳塞	耳罩
1	隔声性能	隔声性能
2	结构	气密性
3	膨胀后对耳道内壁产生的压力	耐热性能
4	安装佩戴的便捷性	结构
5	耐热性能	质量
6	吸湿	头带夹紧力
7	—	可调节性
8	—	安装佩戴的便捷性
9	—	吸湿

（6）使用环境及活动因素

高温、高湿环境中，耳塞的舒适度优于耳罩。非清洁环境中，选择护听器时要注意卫生问题，尽量避免使用插入式护听器。短周期重复的噪声暴露环境中，耳罩和模压型耳塞具有

佩戴摘取方便的优点。活动中需要进行语言交流或接受外界声音信号时，宜选择具有平直频率响应的护听器。狭窄有限空间，尽量选择体积小无突出结构的护听器。佩戴者如需同时使用防护手套、防护眼镜等其他物品工具，要考虑选择便于佩戴和摘取的护听器。

（7）相关病史

选择护听器前，需调查佩戴者是否罹患耳部疾病，如耳痛、耳道感染、耳鸣、听力损失以及皮肤过敏等，是否正在接受此类病症的治疗。凡具有上述任何一种情况者，应遵医嘱，并在选择护听器时给予针对性的特殊考虑。

3.4　护听器的使用

作为个体的职工，坚持正确地佩戴护耳器是保护自身听力的最好的预防方法。但护耳器的使用应注意以下几个方面。

（1）坚持佩戴

长期坚持佩戴护耳器才能起到听力保护的作用。部分工人在佩戴护耳器的初期会感觉不舒服或者不适应，因此佩戴一段时间后就放弃使用护耳器。其实这种不舒服感经过一定时期的适应后就会消失，因此在使用护耳器的初期，应鼓励自己坚持佩戴护耳器。

（2）心理适应

由于佩戴护耳器后，耳塞或耳罩对于不同频率声音的阻绝能力不同，因此对于以往熟悉的噪声世界，会觉得有些陌生、不习惯，因此佩戴者必须事先有心理准备，学会适应。

（3）正确使用护耳器

相关的研究表明，经过训练后的佩戴比自行佩戴的防音效果好 2.6～4dB。因此，工人在使用护耳器前应按照使用说明书进行佩戴，或者请教企业安全管理人员，以确保护耳器的正确使用。

在某些特殊的工作环境中，或者是在工作环境中有特殊的要求，此时在不同的场合中，各有其适用的防音防护具。例如：

① 在高温、高湿度环境中　宜使用耳塞，或耳塞软垫内有液体装置具有清凉效果者，或使用易吸汗的软垫套子（但是此时必须非常谨慎，避免气导泄漏，最好是经过声音衰减性能测试）。如果仅单独使用耳罩，则易在软垫下流汗，令人不舒服。

② 尘土较多的环境中　宜使用即丢弃式耳塞，或使用附有可更换软垫套子的耳罩。如果仅使用耳罩，则在软垫与皮肤之间残留的尘土可能会刺激皮肤。

③ 常常进出高噪声环境　宜使用易脱戴的耳罩或附有头带的耳塞。

④ 高频信号、警告信号或交谈信号听取　由于防音防护具的声音衰减特性大多是在低频时数值较低，而在高频时数值较高，如果为了听取上述高频的信号、警告信号或交谈信号，则宜尽量挑选声音衰减在频率范围内尽量是平均分布的防音防护具，也就是说在低频有较高的声音衰减值，而在高频有较低的声音衰减值。

⑤ 噪声源方位的辨别　此时宜使用耳塞，可有较佳的方位辨认感。

注：佩戴护耳器后的新增问题如下。

a. 护耳器对警示信号的掩蔽。佩戴护耳器后会掩蔽作业场所的一些警示信号（比如危险警报声、叉车鸣叫声等），从而造成安全事故。企业应配备视觉警示信号，弥补听觉的不足。

b. 护耳器对交谈的掩蔽。佩戴护耳器后会掩蔽交谈的一些内容。工作中要靠交谈来传递信息时，应注意适度提高音量，以确保信息的有效传递。

c. 对耳科病人的影响。工人由于耳鸣或者耳部其他的疾病不适宜戴护耳器的，应向企业安全部门说明，避免护耳器带来的不适。

⑥ 使用时间 保证护听器正确发挥作用，要求在高噪声环境中时始终佩戴，即使是短时间的摘下也会在极大程度上降低护听器的保护作用。佩戴时间和噪声级降低量预估值 PNR 的关系如图 13-3-2 所示。

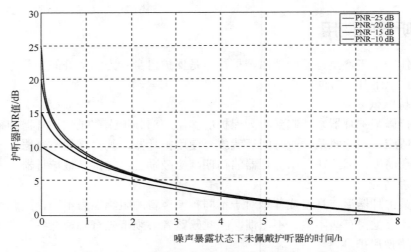

图 13-3-2 佩戴时间和噪声级降低量预估值 PNR 的关系

⑦ 与其他个人防护用品共同使用 一些高噪声工作环境中，除需要佩戴护听器外，有时还需要同时使用其他个人防护用品，部分个人防护用品可能影响护听器的使用效果，佩戴时要特别注意。

⑧ 护听器的佩戴方法 规范的护听器产品其外包装上应有佩戴方法的简要说明，某些情况下护听器生产商会为采购员提供培训课程，较全面地讲解护听器相关知识，由各个机构单位的采购员向其内部使用人员传递信息。而近年进行的一项针对工业企业职工噪声暴露的调查显示，职工甚至企业相关负责人对正确佩戴护听器的方法及职工是否正确佩戴的监督方法的掌握情况不容乐观。本节将分步骤详细地介绍最为常见的可压缩耳塞、模压型耳塞和耳罩的佩戴方法。

a. 可压缩耳塞的佩戴方法如图 13-3-3 所示。

图 13-3-3 可压缩耳塞的佩戴方法

首先，揉细：揉搓整个耳塞，使之成为光滑的圆柱体。

　　其次，向后上方拉耳朵：一只手绕过头顶，轻轻地将耳朵顶部向后上方拉起。

　　再次，插入：将耳塞充分插入耳道内，顶住耳塞维持一段时间，直至其膨胀充满耳道后再松手。

　　b. 模压型耳塞的佩戴方法如图 13-3-4 所示。

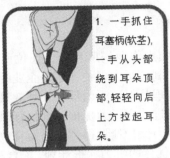

图 13-3-4　模压型耳塞的佩戴方法

　　c. 耳罩的佩戴方法如图 13-3-5 所示。

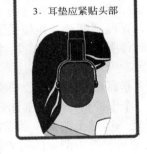

图 13-3-5　耳罩的佩戴方法

3.5　护听器的维护

　　护听器必须定期检查、清洁以保证其隔声性能。护听器最好专人专用，避免交叉使用，但某些情况下，如向参观者提供耳罩，要在使用前后进行卫生清洁。耳罩长期使用后，与皮肤接触的垫圈内的填充物老化需要及时更换，应说明的是更换后可能造成声衰减降低。

　　可重复使用的耳塞一定要严格按照生产商提供的说明进行清洁，并装入干净的收纳盒中保存。结合电子元件的特殊性，护听器要由受过培训的人员负责定期维护，避免部件受损。

第4章　听力保护计划

听力保护计划是针对企业作业环境中的高噪声作业场所和操作岗位而制定的一系列保护作业人员免遭噪声危害的方法或方案的总称。制订听力保护计划是企业听力保护计划实施与管理的前提。而企业听力保护计划的实施与管理是保证听力保护计划效果的核心环节。企业根据自身的特点和情况制订听力保护计划，通过建立听力保护计划执行组织机构，合理设置岗位，长期持续地执行听力保护计划，保证听力保护计划得到正确而有效的实施，并结合相关的管理措施巩固和加强听力保护效果。质量优良的听力保护计划，配合科学的管理措施，最大程度地发挥听力保护计划效用，从而实现预防职业性听力损失的发生。

听力保护计划是针对导致噪声性听力损失发生的有关因素而制订的相应的对策方案，其中最主要的因素是作业环境的噪声情况及工人与高噪声的接触时间。因此，听力保护计划的制订、实施和管理主要围绕这两个方面展开。企业主要由作业人员、机械设备、作业环境、工作时间、管理制度及其他相关因素构成，因而企业应综合考虑这些因素，并针对自身情况及特点，制订听力保护计划。听力保护计划的内容主要包括 3 个方面：现场噪声调查、听力测试与评定、听力保护措施。

当噪声暴露超过政府或公司噪声要求时，必须采取措施进行控制。通常降噪的最佳步骤是先编制一个书面的噪声控制计划。计划可以包括下列事项：

① 确定当前员工的噪声暴露量；

② 实施包含听力测定的听力保护计划，为 $L_{eq,\ 8h}$ 大于 85dB（A）的所有员工提供有效的听力保护；

③ 当可行时，应采用工程或管理控制来减少 $L_{eq,\ 8h}$ 大于等于 90dB（A）的员工的噪声暴露；

④ 针对噪声暴露，选择性价比最高的噪声控制方案；

⑤ 编制针对购买新设备、改造现有设施和设计新设施的指南。这些指南应包括购买低噪声设备，采取隔声、吸声、消声、隔振等措施，减少声传播。通常，从开始就防治噪声比对现有设施降噪改造花费更小。

4.1　噪声调查

噪声调查主要是对员工的实际工作环境进行噪声的测试分析，确定员工受噪声影响的范围和区域，结合工作场所实际情况才能有针对性地提出解决措施和管理措施。作业场所的噪声评价指标主要分为噪声发射值、噪声照射值和噪声暴露值。噪声发射值指某一单个声源的噪声输出，可以用声功率级表示，也可以用声压级表示；噪声照射值是声源在听者耳旁产生的声压级，可通过单个声源单一途径或几个声源几条传播途径到达听者耳旁；噪声暴露值主要评价人在高噪声环境中一段时间内的噪声总暴露剂量。噪声调查的示意图如图 13-4-1 所示。

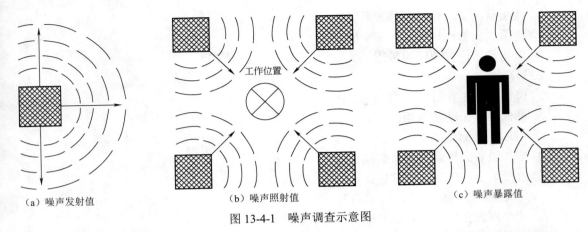

（a）噪声发射值　　　　　　　　　（b）噪声照射值　　　　　　　　　（c）噪声暴露值

图 13-4-1　噪声调查示意图

通过噪声暴露值来评价员工受影响的情况，并通过发射值和照射值来确定受影响的区域，绘制噪声分布图。噪声分布图是将噪声分布的数据、厂房规模数据、机械分布的状况等信息综合、分析和计算后生成的反应车间内噪声水平状况的数据分布图，查看噪声分布图可以对车间内噪声分布状况（高噪声区域、低噪声区域）一目了然。根据现场情况，如果车间内噪声情况复杂，各设备同时工作，无法准确测量其发射值。此时可以选择对照射值进行测量，作为现场的噪声评价依据。另外，分析噪声分布情况和频谱特性，找出高噪声产生的原因，最后才能设计相应的解决方案。

4.2　工程和管理控制

4.2.1　工程控制

工程措施首要考虑的是用更低噪声、更安静的工艺或更安静的材料去替换原有的，或者将高噪声设备重新放置，减少噪声辐射。本质上说，通常选择更低噪声的设备比进行设备翻新处理更有效率、更容易维护且成本更低。

当无法购买低噪声设备时，就需要进行工程控制手段。如果有多个噪声源，应该考虑 A 声级、降噪难易程度、受影响员工的数量等一系列因素。往往首先对最大的噪声源进行简单降噪处理是最有效的。然后分析其他的噪声，再提出适合的降噪方案。对于复杂的情况，则由专业的声学顾问协助设计。

实际工作中，工业控制包括设备的维护、替换，各种声源减振降噪措施，隔声间与隔声屏等工程方法。现简述如下：

（1）设备维护

① 对折旧、松动及不平衡的机械部件及时予以更换和调整；

② 适当使用润滑剂和切割油；

③ 对切削工具进行适当的光滑和打磨，平整接触面。

（2）设备替换

① 使用灵巧的小设备替代笨重的大设备；

② 使用重压工具替代重锤设备；

③ 使用水压替代机械压；

④ 齿轮换挡位置使用履带连接。

（3）减振

① 降低设备工作时的动力；

② 降低设备振动的振幅；

③ 附加隔振配件；

④ 增加设备的重量，防止振动；

⑤ 改变大小，防止产生共振。

（4）减少在振动体表面传播的声音

① 减少声音在振动体表面的辐射区域；

② 减少振动体总的表面积；

③ 在振动体表面穿孔。

（5）减少通过固体传播的声音

① 使用软轴连接，避免与周边发生刚性接触；

② 对输送管使用柔软性织物进行包裹；

③ 使用吸声地板。

（6）减少气流产生的声音

① 在出风口和进风口使用消声器；

② 使用大的低速风扇代替小的高速风扇；

③ 降低流体速度；

④ 增加气流通过设备的横截面，以减少压力和空气的扰动。

（7）减少噪声在空气中的传播

① 在工作区域的墙上和屋顶上使用吸声材料；

② 在噪声的传播途径上进行隔声或吸声处理；

③ 对设备安装隔声罩；

④ 将高噪声设备置于隔声室内。

（8）隔离设备

① 将设备单独隔离；

② 将操作人员单独隔离。

（9）降低驱动力

机械设备的驱动力可能是重复的也可能是非重复的。通过降低速度、保持动态平衡、减振隔离手段减少驱动力。对于冲击，可以通过增加冲击的持续时间来减少驱动力。

机器上的重复力往往是由旋转件的不平衡或离心率引起的。这些力随着转速的提高而加强，通常会引起机器更高的噪声。因此，在不与其他操作需求冲突的情况下，机器应该选择低速操作。

所有的旋转机械设备应保持在适当的动态平衡中以减少重复力。轴承及时的预防性维护以及设备的适当润滑和校准也至关重要。当机器不平衡或轴承磨损时，可能会比设备正常运行时声级增加 10dB（A）。

　　弹性材料如橡胶、氯丁橡胶、弹簧可以通过减少结构振动来降低噪声，弹性材料安装在撞击地点可以用来减少冲击力。例如，内衬氯丁橡胶的容器可以用来代替纯金属容器，以减小金属零件的冲击声。这种处理也对导料板、斜槽、滚筒和漏斗起作用，尤其对那些没有尖锐边角的下落零件。通过这些处理噪声级可以降低 10～20dB（A）。

　　许多金属制造操作（例如锻造、铆接、剪切、冲孔）通过冲击来处理材料。由于冲击的持续时间较短，因此需要较大的力。噪声级是所受力的最大振幅的函数，因此，较小的力作用在较长时间内会产生较小的噪声。

　　（10）通过减小振动表面区域来减少辐射

　　声音可以从物体表面被辐射，只要物体表面长度大于声音的 1/4 波长。因此，低频声辐射比高频声辐射需要更大的表面。

　　有时可以通过减小总面积或将一个大表面分成许多更小的部分来减少表面的声辐射。如果可能，可以用穿孔或网状金属板来代替实心面板（假设面板本身不属于隔声罩的一部分）。

　　（11）改变声源的方向性

　　许多工业噪声源在一个方向比另一个方向辐射更多的声音，这种行为被称为声音的指向性。指向性声源包括烟道、风机和鼓风机的进排气口、密闭通道和大的振动金属板。声源的指向性会导致声源周围的某个特定位置接收的声音比其他位置少。

　　在建筑内的混响声场，噪声源的指向性通常不被作为降噪的参考因素。唯一的例外是如果声源可以被定向，这样声辐射可以直接朝向吸声材料。

　　（12）降低流体流动的速度

　　在空气喷射系统、通风孔、阀门和管道中，高速流体会带来噪声问题。噪声通常由流体流动的湍流引起。虽然降低速度将降低湍流和噪声，但这通常不是非常实用。

　　应考虑使用机械喷射器部件代替空气喷射系统。有时静音喷嘴可用于空气喷射系统。也可以增加喷嘴的精确度来降低空气速度。对于气动设备的排气孔，可以安装小孔喷注消声器来降低噪声。

　　如果某个阀的上下游的绝对压力比大于 1.9，则通过该阀的流体将会被堵塞（音速）。通过使用扩散器来降低阀门上游的压力，可以避免穿过阀门时产生过大的压降。阀门制造商通常会提供正常工作时阀门的声级数据，某些制造商提供静音阀门供客户选择。由于其体积小和重量轻，因此阀体本身辐射出的噪声较小，大部分噪声来自管道系统或阀门下游的喷口辐射。有时可以在阀门下游安装消声器或给管道做包扎。

　　（13）增加吸声

　　大多数房间既不完全反射也不完全吸收。在大多数室内环境中，测点离某个小声源（类似户外或消声室）距离（从声源中心）翻倍，声级将减小 6dB，而在两倍距离以外（如在混响室）则接近一个恒定值。

　　预测一个房间的声衰减，需要先确定房间内的总吸声量。这是由各材料内表面的面积乘以材料的吸声系数决定的。吸声系数是材料吸收的声能与材料的入射声能的比值。极端的吸声材料如厚玻璃纤维会有一个接近 1.0（所有的声音被吸收）的吸声系数（α）。极端的声反射面如密封的混凝土的吸声系数会接近 0.0（所有的声音被反射）。有时，吸声材料供应商会引用大于 1.0 的值，这是吸声实验的结果，在工程中所使用的最大值为 1.0。

地毯通常只对降低高频噪声（高于 2000Hz）有效。因此，墙面与天花板上应该用同时对高频与低频都有效的吸声材料处理。

（14）声屏障

在员工与噪声设备之间设置声屏障也是降低噪声暴露的一个有效手段。声屏障在接受者位置产生"声影"，接受者位置声压级随之衰减。因为声衍射效果要强于光衍射，所以"声影"区只是屏蔽了部分噪声。中高频声衍射效果不如低频声，因此声屏障对中高频声源的屏蔽作用比低频更有效。

对于室内声屏障，天花板和墙壁的反射将会降低其隔声性能。通常在室内，当个体主要受到噪声源直达声影响时，声屏障是最有效的。对上部有天花板的声屏障插入损失粗略估计，只考虑天花板反射到达"声影"区接受者的声程来推导。

如果处理的是高频噪声，且在近员工或噪声源一侧立声屏障，那么安置声屏障会很有效果。

（15）隔声包扎

由于形状、操作需要或空间不足等原因，有时不可能对噪声源进行密封。如果激振频率与板共振频率不一致或如果板太厚，那么采用阻尼就不合适。在这种情况下，在振动表面进行隔声罩式的贴附包扎处理将是有效的。这种处理通常被称为"隔声包扎"，对管道而言是一种常见的处理方式。

可以通过用吸声材料如玻璃纤维或声学泡沫对表面进行包扎来降低高频噪声辐射。用密封的附有吸声材料的软性隔声材料，可以明显改善隔声性能。

4.2.2 管理控制

（1）作业时间管理

当作业人员工作于高噪声环境之中时，可通过对其工作的时间进行管理和控制（这样做既不增加成本，又不缩短原有工作时间），从而达到降低噪声暴露量的目的。安全管理人员可以通过下面三种方法实现对作业时间的管理。

① 轮班制　工人在噪声环境中工作，如果噪声暴露量超过容许限值时，企业负责人可以将高噪声的工作分为多班制，由 2 人或多人轮班去做，缩短工人强噪声暴露的时间。实施轮班制，不改变工人每天 8 小时的工作制，只是让工人在高噪声作业与低噪声作业之间轮流作业。

② 工作调换　为避免工人长期暴露于高强度噪声环境下而导致听力受损，可以每隔一段时间（每月、每季或每半年）调整工人的工作性质，使工人在不同噪声级别的作业环境中进行工作，以降低听力损失的发生率。

③ 调整作业程序　在作业过程中，可以找出整个作业程序中噪声暴露量较大的作业，并针对该作业进行作业时间调整、程序调整改善或用其他方式替代，以达到减少噪声暴露

的目的。

（2）作业环境噪声监测

制订作业环境工人噪声暴露水平评估和监测的程序，定期对工人所处工作环境进行噪声评价和监测，及时发现新出现的噪声源或噪声增强原因，以尽早处理。当工人的作业环境发生了变化时，如安装新设备，改变设备分布，调整了工序、工作量或工作流程，改变了作业空间的建筑结构等，都应对作业环境的噪声水平和工人可能的噪声暴露水平进行评估。

噪声监测结果必须能代表作业人员的日噪声暴露级。测量结果应对工人公开，包括测得的噪声参数、暴露时间、测量环境和测量仪器。

（3）改进警示标牌

根据现场的噪声分布情况，分级设立噪声警告标志牌，有利于对高噪声区域进行划分，尽量避免工人和参观人员进入该区域，进入该区域时，要注意做好听力保护。

（4）监督管理

个人防护措施的使用，需要企业建立必要的管理机制，要求作业人员根据要求准确佩戴和使用个人防护设备，使防护效果得以体现。在作业人员具备了较强的自我防范意识后，可以适当减小监管力度，通过作业人员的自我防护，达到保护听力的目的。

4.3　听力测试

为了确定在噪声暴露的环境中听力保护计划的实施效果，需要对工人进行听力测试，判定工人是否出现了听力损失。听力测试就是使用听力测试仪器测试工人各个频率的听阈范围。

听力测试一般包括对工人作业前的听力测试和定期的听力测试。作业前的听力测试是指工人在参加工作前进行的听力测试，对工人的听力情况有个基本的了解，并为以后的听力损失情况提供基准依据；定期的听力测试是指定期对工人进行听力测试，实时地检测工人的听力情况，并能及时发现出现听力损失的工人。

听力测试是判断噪声暴露影响的重要依据，在噪声暴露规范中处于举足轻重的位置。如何正确地实行听力测试，如何在管理上保证听力测试的结果可靠可行，直接影响到对噪声暴露的进一步研究，以及对工人听力的保护。

听力测试的记录是唯一判断听力保护计划是否防止了噪声诱发永久性听阈偏移（NIPTS）的依据。听力测试应由授权的听力学家、耳鼻喉科专家及其他医师，或经职业听力保护鉴定委员会（CAOHC）认证的技术人员来执行。技术人员代表听力学家、耳鼻喉科专家或医生进行听力测试，必须认真负责。每年都要对听力测试结果绘制听阈图。噪声暴露超过行动阈值 85dB（A）的所有员工都应涵盖在听力测试计划中。在某些情况下，可以将所有工厂人员都涵盖在听力测试计划中，从而可以预防除职业噪声暴露以外其他诱因引起的听力损失。

经过一段时间休息后进行的听力测试可以准确地获得任何噪声诱发永久性听阈偏移。然而，在出现任何噪声诱发永久性听阈偏移之前，听力测试也可以作为教育手段警示员工。通过上班间歇或下班以后对员工进行听力测试，并留意其阈值变化，可以识别出不正确佩戴听力保护设备的员工。当然，对这些员工需要在其休息一段时间后，进行重复测试，以确保阈值变化只是暂时的。

4.4 员工培训和教育

每年必须对参与听力保护计划的所有人员进行培训，培训内容包括噪声对听觉的影响、如何正确使用听力保护设备、不同类型的听力保护设备的优缺点、个人听力测试的目的以及各自听力测定结果。培训人员不仅应包括噪声暴露的员工，还应包括管理人员、监察人员、听力测定技术人员、听力保护设备的发放人员及参与听力保护计划的其他人。尽管针对每个群体都需要有稍微不同的培训重点（管理人员需要了解相应法律责任，而监察人员需要了解如何正确使用听力保护设备），但每名参与者都需要了解噪声诱发性听力损失的风险以及各自在听力保护计划中的特定作用。

培训计划可以用到很多资源，不一定非要采用录像或讲座的形式。在每个工作日开始前和结束后对员工进行听力测试，在测试的同时告知员工临时性听力损失的知识，被证明是非常有效的。在某个案例中，经过听力测试期间短暂培训的员工听力保护设备使用率从35%上升到了80%。

4.5 记录保存

必须妥善保存包括听力测试结果、工厂噪声暴露、员工佩戴听力保护设备类型、员工培训文件、技术人员培训和认证文件、测听仪校准数据以及其他任何医学或听力学测试结果在内的全部记录。同时，记录员工娱乐时候的噪声暴露也是有用的。工厂噪声监测数据和工程或管理控制方案也需要记录在案。这不仅是为了方便听力学家和内科医生复审，同样也是应对员工赔偿要求或其他法律诉讼时的依据。每个员工的听力记录在其就业期间必须留存，最好在员工在世期间都保留记录，以防止未来可能发生的法律诉讼。

4.6 计划评估

评估听力保护计划的效力很重要。结合国家职业安全与健康研究所推荐的检查表，进行听力测试结果分析，有利于掌握听力保护计划的各个方面的进程。国家职业安全与健康研究所要求有效的计划要保证员工发生显著阈值变化的概率低于 5%。显著阈值变化的意思是在不考虑年龄，任意测听频率（500Hz、1000Hz、2000Hz、3000Hz、4000Hz 或 6000Hz）对同一耳朵的重复测试中，听阈增加 15dB。

职业安全与健康管理署定义的显著阈值变化是考虑年龄校正，在最近一次听力测试中任一耳朵在 2000Hz、3000Hz 和 4000Hz 的平均阈值超过 10dB。如果平均听阈值变化超过 25dB，听力损伤可记录为工伤。

一种评估方法是通过数据库分析。通过分析员工听力测试记录的数据库，可以获得不同群体的听力趋势，也可以将个体与参考组比较。例如，如果在噪声特别大的工厂区域，员工出现听力损失增加的情况，这表明需要更换听力保护设备或采取工程控制。如果某个员工表现出了显著的阈移，而在其区域的所有其他员工没有变化，这表明其使用听力保护设备不正确或在工作外接受了过量噪声。对听力保护计划有效性的评估，美国国家标准学会技术报告建议被分析的听力测试数据库应有超过 30 个参与者，并为各项统计参数提供了推荐标准。

噪声性听力损失的形成是一个长期逐步累积的过程，其特点决定了听力保护计划实施的长期性和持续性。为达到或巩固听力保护的效果，听力保护计划应长期有效地实施，并且应该不断地加以完善，长期进行，持续改进。随着计划推行时间的延续和经验的积累，执行成员和作业人员对听力保护计划的理解不断加深，自我保护意识得以提升，并自觉地形成习惯。通过全员参与并配合计划的实施保证听力保护计划的效果得到良性循环，真正达到保护听力的目的。

参 考 文 献

[1] Jukka P. Strarck. Industrial hearing loss[R], Finland: Finnish institute of occupational Heahth，2003.

[2] ISO 9612—1997 Acoustics-Guidelines for the measurement and assessment of exposure to noise in a working.

[3] ISO 1999—1990 Acoustics-Determination of occupational noise exposure and estimation of noise-induced hearing impairment.

[4] 郑长聚，任文堂等. 环境工程手册—环境噪声控制卷. 北京：高等教育出版社，2000 年.

[5] 虞永杭，项橘香，余忠坚. 某机械制造厂噪声作业工人听力损失的调查分析[J]. 职业卫生与应急救援，2006，24（2）：89-90.

[6] 吴迎春，马晴，张宏普. 超声波清洗机噪声频谱特性研究[J]. 陕西师范大学学报（自然科学版），2006，34（4）：54-56.

[7] 陈正其，农维昌，刘定理，凌武. 试机噪声对工人听力影响的十年动态观察[J]. 中国工业医学杂志，2005，18（5）：299-30.

[8] 尤庆伟，宋秀丽，毛洁. 不同类型的噪声对作业工人听力损害的调查分析[J]. 医药论坛杂志，2006，27（18）：77-78.

[9] 马大献. 声学手册. 北京：科学出版社，2004.

[10] Suter A. The relationship of the exchange rate to noise-induced hearing loss. Noise/News International，1993，1:131.

[11] Mantysalo S, Vuori J. Effects of impulse noise and continuous steady state noise on hearing. Br J Ind Med，1984，41:122.

[12] Sulkowski W. Permanent shift of auditory thresholds caused by continuous and impuls noise: comparative studies. Med, Pracy，1984，35:36.

[13] Szanto C, Ionescu M. Influence of age and sex on hearing threshold levels in workers exposed to different intensity levels of occupational noise, Audiol，1983，22（4）：339～56.

[14] Cary R, Clarke S and Delie J. Effects of combined exposure to noise and toxic substances-Critical review of the literature[J]. Ann occup Hyg，1997，41（41）：455.

[15] Morata T, Dunn D, Sieber WK, et al. Occupational exposure to noise and toxic organic solvents[J]. Arch Environ Health，1994，49：359.

[16] J.D. Meyer, Y.chen, J.C. Mcdonald and N.M. Cherry. Surveillance for work-related hearing loss in the UK, OSSA and OPRA, 1997-2000.

[17] Liliana Rapas, Corha Yvonne. Health protection and prevention of the noise exposure related diseases-a monitoring program developed during 2000-2005 in Bucharest municipality, Direction of Public Health M.B.

[18] Helmkamp-JC; Talbott-EO; Margolis-H(1984). Occupational Noise Exposure And Hearing Loss Characteristics of A Blue-Collar Population", Journal of Occupational Medicine, 1984, Vol. 26, No. 12: P885-891.

[19] Chavalitsakulchai, P, Kawakami, T., Kongmuang,U., Vivatjestsadawut, P., Leongsrisook,W.. Noise Exposure and Permanent Hearing Loss of Textile Workers in Thailand, Ind. Health，1989，27（4）：165-173.

[20] Muttamara-S，Alwis-KU. Health Impact of Garage Workers: A Preliminary Study, Journal of Environmental

Health,1994, Vol.56,No.9:P19-24.

[21] Sulkowski, W., Kowalska, S., Lipowczan, A,. A Permanent Noise induced Shift in the Auditory in Textile Industry Workers, Medycyna Pracy, 1986, 37(3): 175-186.

[22] Nguyen, A.L., Nguyen, T.C., Van, T.L., Hoang, M.H., Nguyen, S. Noise Levels and Hearing Ability of Female Workers in a Textile Factory in Vietnam, Ind. Health, 1998, 36: 61-65.

[23] 朱亦丹，李孝宽，刘磊，李磊. 针对高噪声作业场所的工程治理办法分析//中国职业安全健康协会 2008 年学术年会论文集. 北京：中国职业安全健康协会，2008（12）:.

[24] 朱亦丹，宋瑞祥. 针对职业噪声危害的管理体系研究//中国职业安全健康协会 2007 年学术年会论文集. 北京：中国职业安全健康协会，2007（11）:.

第 14 篇

噪声与振动控制技术新进展

编 著 燕 翔 方丹群 尹学军

校 审 吕玉恒

第 1 章　新材料

1.1　陶瓷穿孔吸声板

陶瓷是陶土或瓷土经过几百甚至一千多摄氏度高温烧制成型材料的总称。陶瓷制品和陶瓷艺术在中国古代曾引领世界。

在陶瓷板上穿孔或雕刻细缝，且安装在墙面上时留有一定空气层空腔，可形成亥姆霍兹共振吸声结构，通过调整孔、缝的穿孔率以及后空气层的厚度，可改变其吸声特性。

制陶瓷的材料为黏土、高岭土、氧化铝等无机材料，煅烧后，质地坚硬，防腐、耐水、不燃、无任何有机挥发物，而且美观、易于清洁，既可以用于普通民用建筑吸声，也特别适用于高潮易腐蚀的地下空间吸声。

在国外发现有成熟的工程应用产品。国内有中国艺术研究院朱乐耕教授进行过开发研究。其开发难点主要是煅烧会产生收缩变形造成吸声尺寸的改变，以及工业化生产和安装构造的方便性与低成本控制。

图 14-1-1 和图 14-1-2 为加拿大蒙特利尔地铁站陶瓷穿孔吸声墙面照片及近观图。图 14-1-3 和图 14-1-4 为西班牙生产的陶瓷细缝装饰吸声板照片。图 14-1-5 和图 14-1-6 为中国艺术研究院朱乐耕教授研发、设计的细缝艺术陶瓷吸声墙面的照片。

图 14-1-1　加拿大蒙特利尔地铁站陶瓷穿孔吸声墙面

图 14-1-2　陶瓷穿孔吸声板近观图

图 14-1-3　西班牙生产的陶瓷烧制的细缝装饰吸声板墙面

图 14-1-4　刻有西班牙国歌的陶瓷细缝装饰吸声板

图 14-1-5　中国艺术研究院朱乐耕教授正在带领研究生制作陶瓷穿孔吸声的坯板

图 14-1-6　中国艺术研究院朱乐耕教授设计的细缝艺术陶瓷吸声墙面

1.2　**陶瓷墙面扩散体**（韩国）

在韩国首尔，有一座麦粒音乐厅，其侧墙面使用了陶瓷烧制的扩散反射体。陶瓷材料不仅外观朴素、质感亲切，而且具有不燃防火、防腐耐久、环保无毒、易清洁等优势。

陶瓷反射体采用了二维 MLS 数字扩散序列形成凸凹几何扩散面，同时，利用陶瓷坚硬、致密的良好声学反射特性，为音乐厅创造了优美的音质。

该音乐厅主观听感极佳，室内音质浑厚，包围感非常强。

该项目是由中国艺术研究院朱乐耕教授首次在音乐厅中设计使用的。在设计过程中，朱乐耕教授与韩国声学专家共同对陶瓷材料的吸声系数和扩散特性进行了声学适用性的实验研究。而且，朱乐耕教授还对反射体的内部中空构造进行了设计优化，不仅减轻了重量，而且实现了安全可靠的安装构造。图 14-1-7 和图 14-1-8 为韩国首尔麦粒音乐厅陶瓷墙面扩散结构和扩散体的照片。

图 14-1-7 韩国首尔麦粒音乐厅陶瓷墙面扩散结构

图 14-1-8 麦粒音乐厅墙面上的陶瓷扩散体照片

1.3 装饰砂岩吸声喷涂

近年来，德国、瑞士、美国等国家开发出一种喷涂型的吸声材料，其主体物料为砂粒、蛭石、珍珠岩等砂状矿岩颗粒物，配以硅酸钠、硅酸钙等水泥类无机黏合剂，通过特定气压的喷枪喷射，可附着于建筑物内表面，形成一层具有一定装饰效果的吸声层。

此类砂岩吸声喷涂吸声原理为，通过科学严格的成分配比和化学处理，喷覆后，不但能够形成一层硬质的砂岩层，还能在材料内部产生大量连通的细小孔隙，成为多孔吸声材料。

由于此类材料的成分为无机材料，因此天然具有防火不燃、耐水耐腐、环保无毒等优良特性；其内部孔隙通过优化控制后，孔隙率可达到 40%以上，具备优良的吸声特性，25mm厚喷涂层吸声可达到 NRC=0.4。同时，喷涂施工工艺使得施工既方便又快速，非常适合大面积的顶棚或侧墙施工。

常见砂岩吸声喷涂厚度为 6mm、12mm、25mm，可直接喷涂于混凝土、砌块砖墙、石膏板隔断墙或经过界面处理的金属板内表面。为了提高与基底面的连接强度，有时会在基层上先固定一层丝网（如不锈钢丝网或玻纤网），之后再进行喷涂。为了提高吸声效果，可在基底面上固定一层吸声材料层（如玻璃棉、岩棉等），之后再在吸声层上喷涂砂岩面层。实测显示，50mm 厚玻璃棉板（密度 80kg/m³）喷涂一层 2mm 的砂岩层，降噪系数 NRC 可达到 0.8 以上。

　　喷涂工艺形成的面层具有特殊的粗糙装饰质感，既现代简约，同时还具有一些粗野主义的韵味，百看不厌。另外，通过喷涂，既可以形成大面积连续无缝的装饰效果，又可以实现曲面或异形的表面吸声处理。

　　图 14-1-9 为吸声喷涂多孔结构放大 100 倍的照片。图 14-1-10 为美国新泽西州泽西城新港地铁站的顶棚吸声喷涂及其施工的图片。图 14-1-11 为法国戴高乐机场航站楼连接通道顶棚和墙面吸声喷涂的照片。图 14-1-12 为美国波士顿哈佛广场公交总站顶棚吸声喷涂的照片。图 14-1-13 为美国纽约纽瓦克机场航站楼顶棚吸声喷涂的照片。图 14-1-14 为清华大学清芬园教师餐厅拱顶吸声喷涂的照片。图 14-1-15 为美国洛杉矶迪斯尼乐园维尼熊历险记馆异形吸声喷涂的照片。

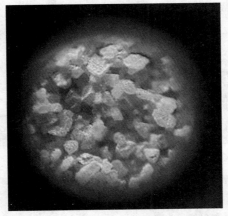

图 14-1-9　放大 100 倍看到的喷涂多孔结构照片

（a）　　　　　　　　　　　　（b）　　　　　　　　　　　　（c）

图 14-1-10　美国新泽西州泽西城新港地铁站的顶棚吸声喷涂及其施工照片

图 14-1-11　法国戴高乐机场航站楼连接通道顶棚和墙面吸声喷涂照片

图 14-1-12　美国波士顿哈佛广场公交总站顶棚吸声喷涂照片

图 14-1-13　美国纽约纽瓦克机场航站楼顶棚吸声喷涂照片

图 14-1-14　清华大学清芬园教师餐厅拱顶吸声喷涂照片

（a）　　　　　　　　　　　　（b）

图 14-1-15　美国洛杉矶迪斯尼乐园维尼熊历险记馆异形吸声喷涂照片

1.4　苇丝吸声板

德国新近研制成功的苇丝吸声板，原料为芦苇纤维（或棕麻），属纤维类多孔吸声材料。按照最佳流阻进行的多孔吸声特性设计，使其具有良好的吸声性。同时，经阻燃剂防火处理后，达到建筑阻燃的要求。而且，芦苇为纯天然原料，所制成的苇丝质地坚韧、耐水防蛀，具有良好的建筑适用性和环境友好性。

我国湖淀星罗，芦苇产量丰富。曾有新疆某企业采用新疆本地芦苇试制过苇丝吸声板，并经清华大学建筑声学实验室对样品测定，吸声 NRC 可达 0.8。但是，阻燃问题尚无法解决，不能达到建筑防火 B1 以上的等级，无法在建筑中推广使用。此问题正设法解决。

芦苇为一年生草本植物，原料成本极其低廉，其制成品价格极具竞争优势，与目前大量使用的吸声玻璃棉、吸声岩棉的成本相同甚至更低。玻璃棉、岩棉因其逸散粉尘问题，一直为设计者和使用者所诟病，如果采用完全无粉尘的苇丝吸声板作为替代吸声材料，那么这种新材料将有极其广阔的应用前景。德国也在研究开发这种新型的吸声材料。图 14-1-16 为德国弗朗霍夫建筑物理研究所正准备对苇丝吸声板进行声学测试的照片。

图 14-1-16　德国弗朗霍夫建筑物理研究所正在进行声学测试的苇丝吸声板

1.5　高隔声量的硫酸钡石膏板轻质隔声结构

我国是纸面石膏板的生产和使用大国，在民用建筑中大量使用纸面石膏板吊顶和隔墙。纸面石膏板的主要材料为石膏，即硫酸钙。近年来，德国相关企业研发了一种使用硫酸钡代替硫酸钙的石膏板。硫酸钡基材俗称重晶石，其密度可达 4000kg/m³，达到了俗称石膏的硫酸钙的两倍。按照隔声质量定律，越重的材料隔声能力越好，理论上面密度增加一倍，隔声量可增加 6dB。实际情况下，硫酸钡石膏板在相同厚度下隔声量可比普通硫酸钙石膏板增加 4～5dB。例如，工程设计中最常见的 75mm 轻钢龙骨内填 50mm 吸声棉的双面双层 12mm 厚纸面石膏板（每层面密度约 9kg/m²）隔墙构件计权隔声量 R_w 约 50～53dB，若将石膏板更换为硫酸钡型（每层面密度约 18kg/m²），其他构造完全不变，计权隔声量 R_w 可达到 54～58dB。

　　硫酸钡还具有 X 射线的吸收和防护功能。在国外，硫酸钡石膏板在安检、医院、核探测等存在射线危害的场所中，也具有广泛的应用。图 14-1-17 为硫酸钡石膏板样板照片。图14-1-18 为英国普利茅斯半岛口腔医院使用硫酸钡石膏板作为隔声和防辐射隔墙的照片，该隔墙一方面隔绝了牙钻刺耳的噪声，另一方面也降低了 X 射线透视牙体时的射线危害。

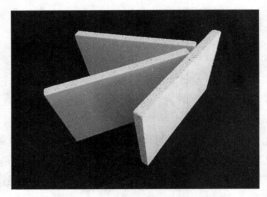

图 14-1-17　硫酸钡石膏板样板照片

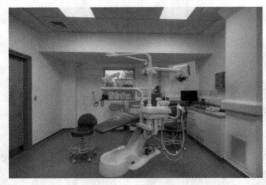

图 14-1-18　英国普利茅斯半岛口腔医院使用硫酸钡石膏板作为隔声和防辐射隔墙的照片

1.6　阻尼夹层铝金属屋面板

　　铝金属板是目前大跨度轻质屋盖常常使用的面板。但是，由于薄金属板受雨滴冲击容易产生振动，会造成建筑室内雨噪声干扰问题。这种铝板屋面雨噪声问题在剧场、演播室、体育馆、会议中心等轻质屋盖的建筑中时有发生。

　　法国研发出来的一种带有沥青阻尼夹层的铝金属板，可以有效地降低金属屋面的雨噪声问题。该金属板上下表面仍为铝皮保护层，起到防水、防撞击等保护作用，同时视觉上仍维持铝本色的良好效果。而两层铝皮层之间为无毒沥青材料，使上下铝层紧密高强地复合在一起，总厚度在 3～8mm。沥青层起到了阻尼的作用，可降低金属铝板的振动强度，且可有效抑制板的共振，实测可降低雨击噪声 10dB。

　　图 14-1-19 为阻尼夹层铝金属板的剖面照片，可以清楚地看到，两层金属色的铝皮之间夹有一层阻尼沥青。图 14-1-20 为西班牙人设计的降低雨噪声的对比演示装置，一边是普通金属屋面，一边是夹层金属屋面，顶部淋水模拟降雨，人可以伸到下面去听其降噪效果。

图 14-1-19　阻尼夹层铝金属板剖面照片

图 14-1-20　西班牙人设计的降低雨噪声的对比演示装置

1.7　"声学斗篷"——声隐身材料（美国）

　　2008 年，美国卡默尔教授从声学散射的角度出发论证了二维和三维"声学斗篷"制备的可行性，指出它能通过引导声波绕过斗篷下的物体传播，而使该物体在声波下"透明"。

　　最早在实验室演示并验证"声学斗篷"的是美国伊利诺伊大学的尼古拉斯·方教授。2011 年，他制备的二维"声学斗篷"能使水下物体在超声波波段（40～80kHz）面前"遁形"。同年，卡默尔教授的团队也开发出一种由一些带孔的塑料板堆积成的二维的"声学斗篷"，它能使 250px 长的木块不被声波（1～4kHz）探测到。

　　2014 年 3 月，美国杜克大学制造出世界上首个三维"声学斗篷"，它是一种声隐身装置，能使声波沿斗篷表面传播，不反射也不透射，从而避免回波，实现对声波隐身。图 14-1-21 为美国杜克大学研制的首个三维"声学头篷"的照片。

图 14-1-21 声学斗篷

1.8 "羽毛型"吸声材料

理海大学（Lehigh University）的研究者目前研发出了一种结构，能够大大减小结构在高速气流中产生的噪声。该技术是受猫头鹰等鸮类飞禽的翅膀结构启发研制而成。很多鸮类飞禽翅膀有特殊的羽毛结构，使得他们在挥动翅膀时发出的空气动力学噪声很低，便于捕食猎物。

新型"吸声结构"能够应用于飞机和风电机组的叶片，大大减小它们的气动噪声，应用于潜艇等水下舰只上则能减小舰只向外发射的噪声，提高隐蔽性。图 14-1-22 为"羽毛型"吸声材料的照片。

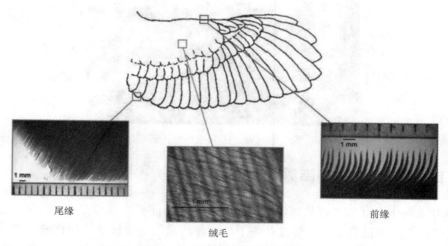

图 14-1-22 "羽毛型"吸声材料

1.9 新型微穿孔板吸声结构——空腔分割的蜂窝芯材料

肯塔基大学 David 等研究用隔板将微穿孔板吸声结构的空腔分割成若干小腔，每个小腔具有不同的体积和深度，从而拓宽微穿孔板吸声结构的吸声带宽。

图 14-1-23 为新型微穿孔吸声结构（分割空腔）的示意图。

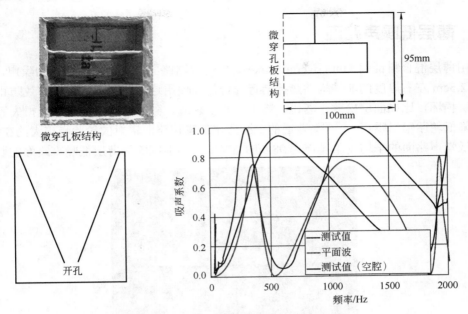

图 14-1-23　新型微穿孔板结构——分割空腔

　　新的研究表明，微穿孔板吸声结构空腔内填充蜂窝芯，不仅提高了结构的力学强度、降低了结构的重量，还能增强结构的隔声性能和吸声性能。图 14-1-24 为新型微穿孔板结构（空腔填充蜂窝芯）吸声特性曲线。

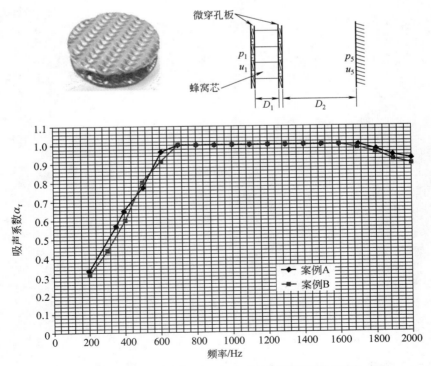

图 14-1-24　新型微穿孔板结构——空腔填充蜂窝芯吸声特性曲线

1.10　薄层低噪声路面

使用薄层混合料铺面（thin overlay mixes）作为道路路面的表层来降低轮胎噪声，这种铺面使用 2.5cm 左右厚度的非结构性热拌沥青混合料。使用这种铺面不仅可以有效防止沥青混凝土面层损坏，比如面层松散、老化、渗出、微小裂缝、微小碎裂、抗滑性能损失等，还可以显著降低轮胎辐射噪声。一般，普通的多孔透水低噪声路面辐射的轮胎噪声大约在 102dB，而新型低噪声路面的平均轮胎噪声为 98.5dB 左右。图 14-1-25 为薄层低噪声路面的照片。

图 14-1-25　薄层低噪声路面

第2章 新产品

2.1 自然通风隔声器

在发达国家，为了解决室外噪声隔绝与通风换气的矛盾，普遍使用自然通风隔声器（实际上就是自然通风隔声窗），尤其在临路的宾馆或办公楼上用得最多。图 14-2-1 为在国外酒店拍摄的自然通风隔声器及其断面消声的结构照片。

图 14-2-1 国外自然通风隔声器及其断面消声的结构照片

国内早有这类产品，名叫自然通风消声窗或自然通风隔声窗：一是没有大量推广；二是通风、隔声等参数测试不完备，隔声通风效果不确定；三是外观档次不高、不易清洁、安装不方便，有待进一步开发应用。

2.2 带磁性条密封的隔声窗

密封效果对隔声影响很大，隔声窗常常在型材窗框周边企口加装胶条进行密封。采用两道密封将获得更好的密封效果，进一步提高隔声性能。但是，两道密封存在耐久性问题。窗子长年不断开启关闭使用，难免出现窗框型材变形或各周边锁紧力不均匀，从而造成两道企口密封中，总有一道密封难于严密贴实而降低隔声效果。

有一种磁吸式密封有利于解决双道密封的耐久性问题。如图 14-2-2 所示，在窗子的上下型材企口处，可采用带有磁吸的胶条进行密封处理。当窗子关闭时，由于磁力，使胶条相互贴紧密封；而当窗子开启时，由于重力作用可使此条下落归位，不影响窗子的使用。即便使用多年后，窗框发生形变，磁力依然能够使磁条相互贴紧，从而保证了窗子的隔声效果。

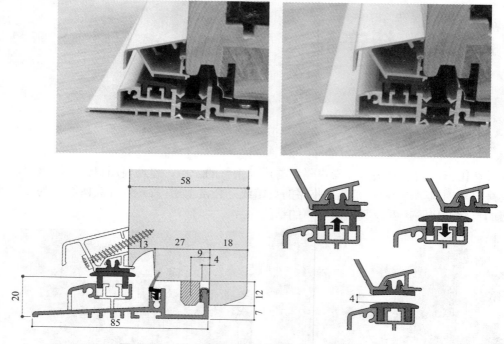

图 14-2-2　带有磁吸式密封的隔声窗（单位：mm）

2.3　充气反声罩

音乐厅演奏台上常常悬挂反声罩，目的是将向上方发散的声音反射到人的听音区域，提高听音效果。反声罩一般采用厚重的实体板，能够改变声音的传播方向，但是对声音频率的均衡的调节改善不起作用。实际上，不同类型的演出，为了得到更好的音质效果，需要对频率进行均衡控制。例如，小提琴发出的声音以中高频成分为多，如果反声板能够增加其低频的成分，降低中高频的反射，可使声音听起来更加圆润温暖；反过来，打击乐低频成分多，反射板最好能够降低低频声而更多地反射高频声。

葡萄牙波尔图音乐厅使用了一种充气的反声罩，如图 14-2-3 所示。该反声板为 ETFE 薄膜的气囊结构，充入不同气压，其声反射效果不同。实验室测定显示：充气压越高，薄膜越光滑、越绷紧，低频声的反射越好；充气压越低，薄膜越褶皱、越缩瘪，高频声的反射越好。

图 14-2-3　葡萄牙波尔图音乐厅演奏台采用充气反声罩

2.4 顶端空腔共振式隔声屏障

研究发现，声屏障顶端的不同形式对降噪量有影响。日本铁道研究所的一项关于高速铁路声屏障降噪效果的研究显示，当顶端采用特殊的空腔共振结构时，与等同高度的普通直立平板隔声屏障相比，降噪量提高了 2dB，相当于直板屏障升高了 2～3m 的效果。图 14-2-4 为日本研制的顶端共振式隔声屏障的照片。

我国铁道科学研究院研发了一种声屏障顶端干涉降噪器，已在多处高铁上应用提高，降噪效果达 1.3～2.4dB（A）。可参见本手册第 16 篇"噪声与振动控制工程实例"第 4 章"铁路、地铁行业"相关内容。

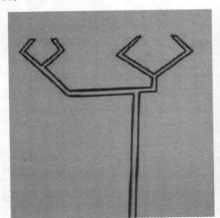

图 14-2-4　日本研制的顶端共振式隔声屏障

第3章 新型声学实验室

3.1 天花板侧向传声测量实验室

在大空间的办公建筑中，常常分隔出若干小空间。如果两房间之间的隔墙没有砌筑到建筑结构棚顶，而是只砌到吊顶天花的下表面，则会由于天花上部空间连通形成传声通道，发生侧向传声，大大地降低了分隔墙体的隔声作用。由于天花上部的连通空间便于管道和设备的布置，因此，这种情况在办公建筑中非常普遍，造成相邻房间之间的私密性不良，令办公人员苦恼。

为了评价天花板材料对天花上部通道侧向传声的隔绝能力，美国国家标准 E1414 公布了侧向传声的测量方法，并可得到天花衰减等级指标。

测量侧向传声的实验室是两间相邻的隔声室，中间设立一堵几十厘米厚的高隔声量混凝土墙，不砌到顶，两个房间都安装被测天花板，天花板上部空腔是内部连通的，在这种情况下测量空气声隔声量。侧向传声测试对隔墙只能做到吊顶底部的开敞式办公空间评价何种天花板材料能更隔声非常重要。图 14-3-1 为德国弗朗霍夫建筑物理研究所的天花侧向传声测试实验室的内景。图 14-3-2 为可调节吊顶上空空间高度的机械升降装置。

图 14-3-1　天花侧向传声测试实验室内景

图 14-3-2　可调节吊顶上空空间高度的机械升降装置

3.2　架空木地板侧向传声测量实验室

相连通的天花上空会形成侧向传声。同样，相连通地板下空，尤其是先进行架空地板施工，后砌筑分隔墙的情况下，也会形成侧向传声，造成相邻房间之间的隔声量下降。

在德国也有类似的测量架空地板侧向传声的实验室。如图 14-3-3 所示，在发声室和接收室内，施工人员正在安装架空地板，并将在地板上砌筑隔声墙体，进行侧向传声测量。

图 14-3-3　测量架空地板的侧向传声实验室

3.3　超低频材料吸声系数测量实验室

材料吸声系数测量通常在混响室中进行，对于标准混响室而言，其容积在 $200\sim300m^3$ 之间，所形成的扩散声场测量吸声频率的下限为 100Hz，即便采用多声源位置、多传声器测点等方法提高低频声场扩散性，最多也只能向下延伸到 80Hz。

　　德国相关研究单位研发了一种利用矩形房间低频驻波测量超低频材料吸声系数的方法。其原理是，设计一间特殊的长宽高尺寸的矩形房间，使其低频驻波出现在 31.5Hz、50Hz、63Hz、80Hz 等频点上。在墙角或墙面结交等驻波发生的重点位置上布置被测吸声材料，加入吸声材料后，将改变驻波的强度，通过测量驻波的变化进而测量超低频率材料的吸声系数。

　　图 14-3-4 为德国弗朗霍夫建筑物理实验室的超低频材料吸声测量实验室原理图。图 14-3-5 为在实验室墙角布置吸声材料进行测量时的情景。

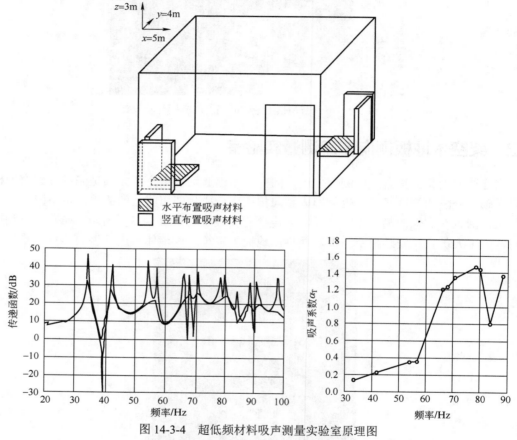

图 14-3-4　超低频材料吸声测量实验室原理图

图 14-3-5　在实验室墙角布置吸声材料进行测量时的情景

3.4　大型楼板撞击声隔声测量实验室

楼板撞击声隔声问题越来越引起住宅住户及建筑设计师的重视。我国规定，分户楼板撞击声隔声指标限值是不小于 75dB。

楼板撞击声隔声除了与楼板本身材料关系密切外，还和楼板的面层、楼板下的吊顶，甚至砌筑在楼板上的隔墙等因素均有关联。另外，楼板撞击声隔声的侧向传声问题也是不容忽视的。近些年来，ISO 国际标准化组织除了使用标准撞击器作为轻击标准声源外，还引入了橡胶球作为重击标准撞击源。在韩国、日本等国家的标准中，使用了轮胎撞击器作为重击源。重击源能够更多地激发低频声，可更准确地反映楼板对跑跳、拍球、摔打物品等重量性冲击的隔绝情况。

图 14-3-6 为德国可耐福公司建造的大型楼板撞击声隔声实验室。一般楼板撞击声隔声实验室为上下相连两间，上部为发声室，下部为接收室。可耐福公司的楼板隔声实验室共有相邻的四间房间，既可测量常规上下房间的撞击声隔声，又可测量左右、斜下方的撞击声隔声。另外，两块楼板还可设计为不同的材料或构造（如不同面层、下部吊顶、轻质楼板等），在实验室内进行测量对比。

图 14-3-6　德国可耐福公司建造的可测量侧向传声的楼板撞击声隔声实验室

图 14-3-7 为韩国汉阳大学建造的超大型楼板撞击声隔声实验室，实验室有两层，每层三个房间，共有六间实验房间，不但可以测量上对下的楼板撞击声隔声，还可以测量下对上、左对右、斜向等侧向传声隔声情况。实验室内的隔墙也是可以更换的。在该实验室中发现，采用砌块砖作为隔墙，要比采用混凝土浇筑墙体的重击法撞击声改善 2dB，原因在于砌块砖砌体墙的刚度低于混凝土浇筑墙，对低频振动的传递具有抑制作用。

图 14-3-7　韩国汉阳大学建造的超大型楼板撞击声隔声实验室

图 14-3-8 为几种楼板标准打击器的照片。

图 14-3-8　橡胶球打击器、轮胎重击打击器、楼板标准打击器

3.5　构件插入式隔声测量实验室

　　法国建筑科学技术中心 CSTB 的隔声测量实验室采用了构件插入式的安装法，与传统的每测量一组建筑构件就需要砌筑再拆除的方式相比，墙体、门窗甚至楼板都预先安装在独立的混凝土框中，同时可以在十几个框中进行安装，相当于同时安装多组构件。测试时，将混凝土框用吊车插到隔声室和发声室之间（楼板平放在接收室之上），通过气压装置使框架与接收室和发声室紧密结合，之后进行声学测量。

　　这样设计隔声实验室的优势在于，可以同时进行大量的隔声构件测量，而不像常规的隔声实验室那样，测完一堵墙，拆掉后才能测量下一堵。还有一个好处是，测量完毕后，可将混凝土框吊走，完整地将构件保存起来，备日后研究再用。由于法国规定了严格的声学标准法规，为了保证工程质量，法国各地向 CSTB 送检的声学材料极多，因此 CSTB 采用了这种有利于大量测试的实验室设计方法。图 14-3-9 为法国 CSTB 声学实验室外貌照片。图 14-3-10 为 CSTB 接收室固定、发声室可移动的照片。图 14-3-11 为 CSTB 正在安装检测插入式隔声窗照片。图 14-3-12 为 CSTB 正在安装检测插入式楼板隔声的照片。

图 14-3-9　法国 CSTB 声学实验室外貌照片　　　　图 14-3-10　CSTB 接收室固定、发声室可移动的照片

图 14-3-11　CSTB 正在安装检测插入式隔声窗的照片　图 14-3-12　CSTB 正在安装检测插入式楼板隔声的照片

第**4**章　新的测量技术和仪器

4.1　无线模块化分布测量声级计

近年来，为了满足噪声普查和噪声源识别等需要，国外厂商研发了一种带有无线模块的声级计。通过无线连接，一台电脑主机可以同时与几十台声级计连接，同时进行测量，对于区域噪声地图绘制、多点同步噪声分析、多声源识别非常有用。图 14-4-1 为无线模块化分布测量声级计的照片。

图 14-4-1　无线模块化分布测量声级计

4.2　声波管道检测仪

英国巴特福德大学用声波方法检测英国地下排水管道的阻塞或裂缝情况。方法是在管道的一端发出声波，另一端接收，当管道出现异常情况时，接收到的声波和频谱会发生改变，给出警报，再派专业人员下管道巡查。

英国许多地下排水管道已经有上百年历史了，老化严重，一旦泄漏，严重时可能会造成地铁受淹，轻微的也会造成区域供排水障碍，因此必须长期监测，保证不出问题。

图 14-4-2 为英国巴特福德大学的声波管道报警实验室。图 14-4-3 为用于人为制造缺陷的报警实验装置。

图 14-4-2　英国巴特福德大学的声波管道报警实验室

图 14-4-3　管道上用于人为制造缺陷的报警实验装置

4.3　噪声警示器

欧洲（主要是北欧）一些国家的工厂中采用的一种噪声警示器，由政府劳动保护部门安装，噪声超标则红灯闪烁报警。不同数量红灯闪烁，指示相应噪声下法定工作时间减少，如两个红灯为 4 小时，四个红灯为 1 小时。

该设备的原理并不复杂，使用也极其简单方便，对噪声劳动保护非常有效。图 14-4-4 为噪声警示器外形照片。

图 14-4-4　噪声警示器

4.4　全球海洋噪声地图

目前，美国"Heat，Light and Sound Research，Inc."公司与美国海军研究所和国家海洋大气管理局共同完成了一张全球范围的海洋噪声地图。该噪声地图主要反映了全球商贸货运对海洋声环境产生的影响。

各国研究者都非常关心人类活动在海洋中产生的噪声，特别是低频声对海豚等海洋生物的影响。

4.5　声矢量传感器

声矢量传感器（AVS）是一种能进行准确声源 3D 定位的传感器，由一个传统的声压传感器和三个振速传感器组成。相比传统的声阵列，AVS 要小巧得多。美国目前已将 AVS 技术用在很多方面，例如战场声源识别、飞行器识别等。图 14-4-5 为声矢量传感器外形照片。

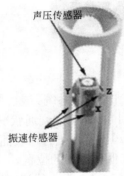

图 14-4-5　声矢量传感器外形照片

（1）战场声源识别

可以识别从手枪开枪到直升机飞行在内的众多战场声源，而且体积小，造价低，便于安装和配置。图 14-4-6 为战场声源识别器工作示意图。

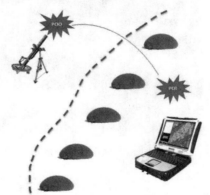

图 14-4-6　战场声源识别器工作示意图

（2）行走的耳朵

Microflown AVISA 公司有一项 SBIR 项目，研制了一种用于单兵的战场声源识别系统——Walk Ears。

该系统非常小巧，不仅能佩戴在头盔、防弹衣和背包上，而且能直接安装在武器上，并且能识别步枪、迫击炮、火箭筒甚至直升机、武装车辆等众多声源，帮助士兵更有效地了解战场情报。图 14-4-7 为行走的耳朵使用照片。

图 14-4-7　行走的耳朵使用照片

（3）飞行器识别

美国和荷兰的研究人员已经在研制一种装备在飞行器上的 AVS 系统。该系统由纳米材料制成，能有效识别 10km 内的其他飞行器，有效监控一定范围内的空中交通状况。

与传统的雷达等扫描发射式检测方法不同，该系统是通过安装在飞行器表面的 AVS 阵列接受周围飞行器发出的声音进行声源定位，从而准确捕捉其他飞行器的位置。

该系统不仅能用于军事，而且能用于民用航空监视。图 14-4-8 为飞行识别器外形照片。

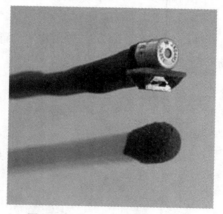

图 14-4-8　飞行识别器外形照片

第5章 噪声控制新技术

5.1 变压器有源噪声控制

有源降噪技术正在不断地向前发展，由于传感器的灵敏度、误差反馈响应时间、器件耐久老化等因素的限制，真正有源降噪的成熟应用尚不多。根据长期从事有源降噪研究的澳大利亚阿德莱德大学机械工程系汉森（Hansen）教授的观点，有源降噪应用成功的仅有4类声源：①车辆、飞行器（如火车机车头、汽车驾驶位、飞机机舱等）；②管道；③听音耳机；④具有明显倍频有调声的变压器。汉森教授在变压器周围安装了若干扬声器和传声器，通过反向声波抵消变压器的噪声，成功地获得了20dB的降噪效果。图14-5-1为变压器有源降噪的扬声器布置及噪声源频率特性。

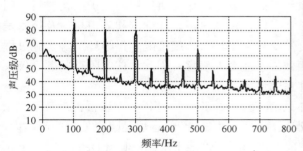

图14-5-1　变压器有源降噪的扬声器布置及噪声源频率特性

5.2 会唱歌的路

道路交通噪声使人烦恼。日本最先想出了一个奇特的方法：将轮胎摩擦道路的声音变为有节奏的音乐声，使人听起来更加愉悦。

在日本富士山上的一段路中，日本人对道路进行了特殊处理，表面上有很多深浅、宽窄不同的细槽，车速均匀通过时，轮胎和地面摩擦的声音听上去像唱了一首日本民歌。图14-5-2为日本富士山上会唱歌的路的照片，音乐符号就是开始唱歌处。图14-5-3为会唱歌的路上划出的沟槽。

图 14-5-2　日本富士山上会唱歌的路　　　图 14-5-3　会唱歌的路上划出的沟槽

　　会唱歌的路也有令人啼笑皆非的故事。在美国加州兰开斯特市，政府请日本人对一段较长的市内道路进行改造，成为会唱歌的路。建成之后，夜晚车辆经过时，噪声少了，出现了音乐声，临路两侧的居民对政府此举高度赞扬，甚至多人给市长写表扬信。但是，好景不长，一个月后，又有居民致电市长，要求"换一首曲子，听一个月了，太烦了！"后来，这条路整体搬到了兰开斯特郊外的一条无居民的道路上，此事才算罢休。

　　我国从 2013 年开始，也有人在河南长葛市葛天生态园音乐大道、山东省烟台市海上音乐公路、北京丰台千灵山风景区公路等处做了此类会唱歌的路。

5.3　英国住宅隔声管理体系 Robust Details

　　住宅隔声问题是关乎千家万户居住品质的重要问题，不良的分户隔声会造成邻里的私密性降低，生活噪声相互干扰，甚至引发冲突和矛盾。保证良好的住宅隔声，维护居民的宁静生活，不只是建筑设计图纸上达到隔声的设计标准和要求，还与所使用的围护结构材料、门窗等的隔声性能，以及施工质量密切相关。在我国，住宅隔声设计标准和隔声材料及技术是能够达到要求的，但是在建筑设计环节、建筑材料采购环节、施工隔声保障环节等实施过程中，常常出现失控，导致最终很多住宅隔声效果不能令人满意。因此，住宅隔声问题不仅仅是法规标准和技术材料的问题，还有管理体系的问题。

　　英国在十多年前推出了住宅隔声管理体系 Robust Details，可翻译为"乐百氏细节"。"乐百氏"的英文意思是强健、耐用、对意外情况适应性强，"细节"的意思是隔声处理的问题中，有相当多的细节问题，一处不到位，可能造成严重的隔声性能下降。Robust Details 实际上是一种认证制度，并非由国家政府推出，而是由大学和企业的协会组织推出，为达到了隔声性能的住宅颁发 Robust Details 认证标记，住宅开发商、建筑设计单位、施工单位自愿参与。

　　英国人非常重视私密性，住宅户间隔声标准很高，要求达到 $R_w \geqslant 53dB$，为了达到这一标准，"Robust Details"体系推出一套完善的图集供设计师选用。图集中确定了标准的隔墙、楼板、外墙、屋面、门窗等构造做法和材料选用，每年均进行更新，并派出观察员全程按户监督住宅建造过程，并进行实测。参加该体系的业主每户收取 300 英镑的认证费用，对设计师、建材厂商、施工单位不收费，凡是达到标准的住宅给出"Robust Details"认证标记。该体系被证明是行之有效的。2003 年开始，每年英国已有超过 95% 的住宅参加该体系，英国购房者对住宅隔声优劣的判断全看"Robust Details"认证。图 14-5-4 为"乐百氏细节"体系的应用手册照片。图 14-5-5 为施工人员正在按照"乐百氏细节"的要求进行隔声施工的照片。

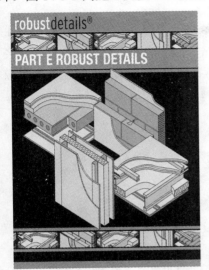

图 14-5-4 "乐百氏细节"体系的应用手册 图 14-5-5 施工人员正在按照"乐百氏细节"的要求进行隔声施工

5.4 喷泉声掩蔽营造城市声景观

英国伦敦谢菲尔德市中心火车站广场使用不锈钢声屏障阻挡外部车辆噪声，同时采用跌落喷泉形成噪声掩蔽，使车站广场的声环境和谐自然。图 14-5-6 为火车站广场跌落喷泉声掩蔽降噪照片。

图 14-5-6 喷泉声掩蔽降噪

5.5 静音超音速飞机

更快的速度一直都是航空运输追求的目标，但到目前为止，世界上只有协和号和图-144两款客机达到超音速，并且都已经退役。这其中一个很重要的原因就在于飞行器达到音速以后会产生音爆，一方面大大增加阻力，另一方面会产生高分贝噪声。因此，即使是协和号没有退役之前，也只能在跨大西洋上空飞行，以避免对居民造成严重的噪声污染。

美国航空航天局（NASA）与洛克希德-马丁公司目前已研制出一种静音超音速飞机

（QSST）。该静音超音速飞机时速可达 1000miles/h（1600km/h），从纽约到洛杉矶只需要 2 小时，且飞机噪声能降低到原来的 1/100，控制在 63dB 以内。

为了达到静音的目的，机身被设计成细长的形状。虽然细长形状能有效降低音爆时产生的噪声，但要想单靠此方法将噪声降低到居民可接受的标准，需要将机身设计成 900 英尺长（274m），这样会造成飞机不可能在机场转弯，以及其他各种问题。为此，研究人员采取了各种方法解决此问题，包括：设计特殊的逆向尾翼、调整机身劲度系数以抑制振动等。图 14-5-7 为静音超音速飞机外形照片。

图 14-5-7　静音超音速飞机外形

5.6　静音核潜艇

潜艇的静音性能是衡量其综合性能的重要指标之一。一艘潜艇如果噪声过高，很容易在距离敌方很远的距离外就被声呐探测到；相反，如果其噪声水平能达到海洋背景噪声以下，则增加了其隐蔽性，会大大提升战斗力。

目前世界上核潜艇静音水平最好的当属美国和俄罗斯，其中美国的海狼级和弗吉尼亚级静音水平是其中的顶尖水平。海狼级为冷战产物，1992 年后停止生产，是当时静音水平最好的核潜艇。冷战后，美国发展了其替代型号——弗吉尼亚级，造价从原来的 30 亿美元降为 20 亿，虽然总体作战性能略低于海狼级，但静音水平及其他性能有所提高。

图 14-5-8 为海狼级静音核潜艇的外形照片。为达到核潜艇静音的目的，采取了浇注消声瓦、泵喷推进等技术措施。图 14-5-9 为洛杉矶级-玻璃纤维薄板型黏合消声瓦照片。图 14-5-10 为弗吉尼亚级-聚氨酯整体浇注式消声瓦照片。图 14-5-11 为采用泵喷推进代替传统的大侧斜螺旋桨推进的照片。图 14-5-12 为舱段模块化程度高，取消了减速齿轮的照片。

图 14-5-8　海狼级静音核潜艇外形

图 14-5-9　洛杉矶级-玻璃纤维薄板型黏合消声瓦

图 14-5-10　弗吉尼亚级-聚氨酯整体浇注式消声瓦

图 14-5-11　采用泵喷推进代替传统的大侧斜螺旋桨推进的照片

图 14-5-12　舱段模块化程度高，取消了减速齿轮的照片

5.7　SAX-40 大型静音飞机

2006 年，剑桥-麻省理工学院联合研究所（CMI）的研究人员首次介绍了一种高效率翼身融合体客机的设计、使用方案和商业前景。该客机为静音型，在普通机场的周边地区可能几乎听不见该机产生的噪声。

翼身融合体客机的设计方案之一是名为 SAX-40 的静音飞机，计划于 2025 年投入运营，载客 215 名，SAX-40 在机场周边的加权平均噪声水平分贝[dB（A）]值为 63，即低于公路交通噪声水平，累积噪声水平比欧洲第四阶段噪声限制标准低 75（EPN）dB，相比之下，A380 比欧洲第四阶段噪声限制标准低 12（EPN）dB。在燃油消耗率方面，SAX-40 的每乘客燃油消耗量设计值约为波音 787 的 80%。目前已对 SAX-40 设计方案做过评估，参与评估的机构均为该计划的"非支持者"，包括美国波音公司和英国罗-罗公司等。

SAI 研究计划的经费由 CMI 和 NASA 兰利研究中心提供，约有 40 名研究人员参与了该研究，其专业领域涉及机体结构优化、降噪、起落架设计、发动机循环研究、推进一体化、静音操作、规则研究和经济分析。

SAX-40 机长 44m，翼展 67.5m，最大起飞质量 150t；巡航速度 M0.8，航程 9250km；动力系统为 3 台发动机组成的"Granta-3401"发动机组，每台发动机有 3 个直径 1.2m 的由核心机驱动的风扇，使其涵道比为 18.3。需要指出的是，GE 公司最新的 GEnx 发动机的涵道比才达到 9.5。

（1）SAX-40 方案

① 气动外形设计特点　SAX-40 采取了多种措施来降低噪声水平。SAX-40 的中央升力体设计改善了飞机的低速性能，其弯曲前缘协助该无尾飞机在气动力上达到平衡，并提供了低的进场速度且巡航性能的损失最小。前缘下弯可提供高升力且无前缘缝翼所产生的噪声，取消襟翼消除了一个集中的机体结构噪声源，但是需要有一个大的机翼面积和大迎角来达到低进场速度。一对分开的升降副翼在飞机进场时打开，并展开后缘刷，后缘刷消散了尾流涡流并降低了噪声。另外，整流的起落架降低了高频噪声，并通过部分地密封起落架轮轴和机轮来降低中频噪声。

由于在采用整流式起落架并取消常规襟翼的同时也消除了用于飞机进场减速的阻力源，还要设法使 SAX-40 进场时能产生符合静音要求所需的减速阻力，这将通过偏转升降副翼和推力矢量以提高诱导阻力来实现。与此同时，相应产生的大进场迎角将遮挡驾驶员的视线，因此需要用一个座舱显示器来提供飞行员对跑道的观察视野。

② 推进系统特点　内埋的推进系统通过机体结构的屏蔽，实际上消除了发动机在地面时的前向噪声。高出机体表面的进气口可吸进中央机体的边界层流以改善推进效率并降低燃油消耗。分布式推进则允许使用小直径风扇和在发动机前后使用隔声内衬。

SAX-40 的 Granta-3401 发动机采用一对风扇、轴流式压气机和 5 级低压涡轮（LPT）。发动机的详细设计现已完成。尾喷管形状可调使得飞机进场时能完全打开尾喷管，从而获得超低发动机速度和理想的推力，并降低了后向风扇噪声。

③ 其他方面的考虑　SAI 小组还研究了 SAX-40 静音操作的问题，主要是飞机起降时对机场周边地区的噪声影响，主要解决措施是提高在机场周边地区时的飞行高度并降低飞行速度。

　　SAI 小组在假设噪声规则和机场着陆费用出现适中的和重大的变动条件下，将 SAX-40 与波音 767、787 的经济性做了对比。研究结果表明，SAX-40 在售价 1.6 亿美元的情况下，并在任何噪声规则情形下都比其他机型更能盈利；在最严格的噪声规则情况下，SAX-40 是唯一盈利的机型；即使维修成本高出 30%，SAX-40 仍比波音 787 更盈利。

　　（2）SAX-L/R1 方案

　　设计小组承认 SAX-40 的某些技术具有高风险性，尤其是分布式推进系统，为此该设计小组开发了一种风险较低的设计方案，称作 SAX-L/R1。SAX-L/R1 安装 3 台短舱式超高涵道比发动机，采用该设计方案的飞机起飞时的噪声可能会稍高一些，累积比 SAX-40 高 12（EPN）dB，但仍比欧洲第四阶段噪声限制标准低 60（EPN）dB。

　　（3）关键技术及其挑战

　　SAX-40 的关键技术包括：能进行低速进场和高效率巡航的曲面中央升力体；一个内埋、分布式推进系统，包括超高涵道比发动机以及可调推力矢量尾喷管；机翼上无常规襟翼，其下弯的前缘可以平滑地展开，升降副翼带后缘刷以降低进场时的噪声；经过整流的起落架可以消除噪声源。

　　该研究计划下一步需要解决的技术挑战包括：客舱设计、推进系统/机体结构一体化、非圆形截面气密舱、可调/推力矢量尾喷管以及低速空气动力学。其他方面的技术担忧还包括边界层流引起的畸变，解决途径集中在推进系统设计上。另外，整流的起落架带来的重量、冷却和检修问题也需要考虑解决。

　　（4）启示

　　SAI 研究计划得到了 NASA 的资助，波音公司和罗-罗公司参与了评估，说明该计划得到了重视，技术方案具有一定的吸引力，但它尚处在基础性研究和设计的阶段，能否最终进入实用阶段，首先取决于后续相关研究的成功与否。

　　从这一研究计划目前的成果中不难看出：

　　① "静音" 是 SAI 民用大型飞机研究计划的第一关键词，说明噪声问题是未来 20 年新型大型民用客机的关键问题之一；

　　② "翼身融合体" 是 SAI 研究计划的第二关键词，说明翼身融合体飞机方案已经成为未来大型飞机的最热门气动外形选择之一；

　　③ 欧美已经在研究未来 20 年的大型民用飞机的详细方案，既包括技术方案，又有商业方案和环境影响评估。

第6章 振动控制技术新进展

振动控制技术和噪声控制技术一样，不论在国外还是国内，近年来都发展很快，涌现出了不少新产品、新工艺、新装置。

随着工业现代化的快速发展，大型乃至高端工业装备的结构日益庞大复杂，工作时产生的激振力也越来越大。这种强烈的振动既会影响机器零件的工作性能，又使机器零部件产生附加动载荷，缩短零件寿命，尤其是大型、高速回转的机械振动不但可使轴承破坏或底座松动，还会使生产出来的产品无法达到所要求的精度。

针对工业装备与日俱增的振动控制需求，我国振动控制研究团队在参考借鉴国外相关技术的基础上研发了拥有自主知识产权的大型工业装备振动控制成套技术，建立了振动控制系统整体分析技术、荷载精确定位技术和抗疲劳优化技术，并在国内外首次进行了大型回转装备振动控制系统模型试验研究，创建了大型冲击装备振动响应预测技术，发明了高承载、高性能振动控制装置，形成了大型工业装备振动控制成套技术，已成功应用于数千台套大型冲击和回转装备上。

本章所列振动控制技术的新进展是以隔而固（青岛）振动控制有限公司、青岛科尔泰环境控制技术有限公司、上海青浦环新减振工程设备有限公司等近年来设计、研究、开发并在实际工程中应用的案例为依据，加以简要介绍。

6.1 工业设备隔振技术

（1）精密加工和精密测量设备的隔振

在大型精密加工机床方面，例如广泛应用于钢铁、冶金、造纸等行业的大型数控轧辊磨床，主要是用来磨削精密轧辊，用于轧制高精度薄板、薄膜和箔等高精度材料。随着工业发展的需要，这些大型轧辊磨床的磨削直径变得越来越大，长度也越来越长，其磨削精度目前已经发展到了1μm级，磨床长度达30m，工作时对环境振动控制有了更高的防振要求，传统的沙垫层、隔振沟、调高垫铁、橡胶垫板等简单隔振方法已不能满足要求，需要开辟新的隔振技术。目前在国内，中小型精密机床和三坐标测量机一般采用直接支承，大型精密机床和大型三坐标测量机则采用新型的带有基础块的弹性隔振基础，并逐渐成为标准配置，如图14-6-1所示。同时，越来越多的精密加工中心、精密磨床和精密铣床等也采用新型的弹性隔振基础。隔振器以可预紧、可调平的钢弹簧隔振器为主，集成有或另外配以黏滞阻尼器。对于水平度要求较高的机床，则采用带有自动调平功能的空气弹簧隔振器。

目前采用弹性隔振基础的最大精密机床基础块尺寸达22m，设备质量达390t，基础块质量达1220t。最大的三坐标测量机基础块长度达25.2m。

对于一些有特殊要求的试验装备，对环境振动的要求比一般精密设备更加严苛，即便是微小的环境振动也不可接受，这就必须选用更高一级的钢弹簧隔振系统来进行隔振。其特点是：

固有频率低，可以做到 1.8Hz；具有较高的液体黏滞阻尼，阻尼比在 0.2～0.4 之间；减振效率一般在 80%以上；基本不需维护保养，使用寿命长。

钢弹簧隔振系统能满足大部分工程需求，但当有特殊要求时，还可以选用空气弹簧隔振器系统，以取得更低的系统频率和更高的隔振效率。

图 14-6-1　采用弹性隔振基础的三坐标测量机

（2）通用设备隔振

大部分通用设备如鼓风机、空气压缩机、空调机组、大型水泵、热交换机组、离心机和粉碎机等，根据需要均可采用弹性隔振装置，它可以起到很好的保护设备、降低故障率和减小振动影响的作用。中小型设备一般采用直接支承，以橡胶隔振器和钢弹簧隔振器为主；大中型设备则采用钢框架或混凝土基础块，然后进行弹性支承，基本全部采用可预紧、可调平的钢弹簧隔振器和黏滞阻尼器。

采用弹性隔振装置以后，原先因为振动原因不得不安装在地面的设备，可以放置在高层楼板上或高位框架上面，不仅可以节省土地、节省能耗、优化工艺布置，也使设备的安装调平过程得以简化。图 14-6-2 为放置于高架结构上的风机采用弹性隔振基础的照片。

图 14-6-2　放置于高架结构上的风机采用弹性隔振基础的照片

（3）冲压设备隔振

电子、家电和汽车制造领域是使用金属板材成型加工设备最多的行业。这类设备主要以冲床和压力机为主，其单机公称压力从几十吨到几千吨，驱动方式和结构形式多种多样，其工作时产生振动的大小程度也有很大的差别。近几年来用于生产轿车车身的压力机生产线已基本全部安装了弹簧阻尼隔振装置，如图 14-6-3 所示；用于生产电机转子和定子硅钢片的高速冲床（冲次通常为 200 次/min 以上）也基本上都安装了弹簧阻尼隔振装置；对于其他中小型普通冲压设备，弹簧隔振装置正在逐步取代橡胶垫铁。弹簧隔振装置不仅能够减少设备故障、减小对周围设备的振动影响，还能够降低对基础的强度和精度要求，防范地基不均匀沉降对冲压精度的直接影响，设备不再需要螺栓固定，大大简化了设备的安装和调平。

图 14-6-3　我国多数汽车冲压线安装弹性隔振基础的照片

在大型冲击装备领域，一汽解放汽车有限公司有一条 2050t 的机械压力机线。自投产以来，其振动问题就一直是困扰一线员工的"心头病"。压力机工作时产生的振动大到可以让人们心脏发颤、使桌上水杯自己移位。对其进行改造采用了专用的钢梁基础和钢弹簧阻尼隔振器，制定了详细的隔振改造工艺，改造后使原先地动山摇的剧烈振动消失了。经测量，厂房办公室楼板振动速度从 30mm/s 降低到 1.5mm/s 以下，隔振效率高达 95%以上，远远超出了预计效果，解决了该厂自建厂以来数十年之久的振动难题。

金属成型加工设备主要是各种锻锤和金属成型压力机，它们工作时产生强烈振动，会严重影响周围的精密加工设备、厂房、居民住宅、办公环境，也是影响该行业工厂选址和制约该行业发展的因素之一。采用隔振基础的模锻锤已从 2t、5t 发展到 10t 和 18t，自由锻锤最大吨位已达 15t。采用隔振基础的螺旋压力机已有 0.5 万吨、0.8 万吨、1.12 万吨和 3.55 万吨。图 14-6-4 为某 3.55 万吨高能螺旋压力机采用弹性隔振基础的照片。图 14-6-5 为国产 5t 模锻锤采用弹性隔振基础的照片。

图 14-6-4　某 3.55 万吨高能螺旋压力机采用弹性隔振基础的照片

图 14-6-5　国产 5t 模锻锤采用弹性隔振基础的照片

2012 年，由清华大学设计、西安三角航空科技有限责任公司承制的我国首台 4 万吨重型航空模锻液压机在西安阎良国家航空高技术产业基地成功投入运行。这台大型重器的投产大大提升了我国航空航天装备制造业的设计和制造能力，使我国向实现大型航空模锻件自主研制迈出了重要而坚实的一步。但是这台液压机在某些工艺阶段会产生强烈的振动。为解决该装备的振动问题设计制作了 36 个大型专用弹簧阻尼隔振装置，安装之后设备周围地面振动降低 75%以上，保证了设备的正常工作。图 14-6-6 为 4 万吨大型模锻压力机采用弹簧阻尼隔振装置的照片。

图 14-6-6　西安阎良 4 万吨大型模锻压力机采用弹簧阻尼隔振装置的照片

目前我国已能够设计、制造任何吨位的大型工业设备所需的隔振器，满足各种不同设备的隔振需求。

（4）发电设备（核电）隔振

在大型工业装备领域中，大型回转装备（如大型汽轮发电机组）的基础振动控制一直处于振动控制的"金字塔"顶端，代表着一个国家工业装备振动控制领域的最高水平。在电力建设领域，我国汽轮发电机组单机容量由 30 万千瓦发展到 100 万千瓦级，其中最大核电机组单机容量最高达 175 万千瓦。百万千瓦级汽轮发电机组的庞然大物，其汽机基础最大振动容许值却仅为 0.02mm（位移）或 2.8mm/s（速度），这对汽机基础的设计提出了新的技术挑战。

　　传统汽轮发电机组基础是由汽机台板、立柱、中间平台和底板组成，属于空间框架，振动模态丰富，不易避开共振频率，立柱和中间平台的振动往往会影响汽机台板的振动。

　　针对这一实际情况，科研人员另辟蹊径，在立柱与台板底面之间设置了大型弹簧阻尼隔振器，使振动得到隔离，立柱及以下可按照静力基础考虑，而台板则与立柱以下动力学解耦，模态得到简化，容易避开工作转速附近的共振模态，问题便迎刃而解。

　　近年来，电厂汽轮发电机组容量逐步提高，越来越多的 1000MW 及以上机组得到广泛应用，而设备制造厂对汽机基础提出了更苛刻的特殊要求，如基础动柔度、静变位分析等，以保证机组的正常运行。在此背景下对汽轮发电机组基础进行性能优化设计研究，对设备制造厂基础设计规范要求的模型、算法及限值规定都需更深入地理解，经过对基础的动静力性能计算研究分析，并取得显著成果，为目前越来越多的百万千瓦级机组基础设计提供了宝贵的技术支持，并领先于国际水平。

　　我国在广东岭澳建设两台 1000MW 核电半速机组，这是我国第一个装备半速机组的核电站。半速机组有着与生俱来的"弱点"，即基础的固有频率容易与机组 25Hz 的额定转速频率产生共振。汽轮发电机组引进的是法国的 Alstom Arabelle 机型。尽管 Alstom Arabelle 核电半速机组在欧洲的核电站已经运行多年，但在国内，当时所有的电力设计院都没有接触过半速机组，更不用说设计半速机组的基础。经过大量的工程调研和理论分析以及多次专家论证，最终选择了弹簧隔振基础——底板、立柱、弹簧隔振系统和顶台板组成。整个弹簧隔振系统包含 76 个大型弹簧隔振装置，其中 12 个带有三维黏滞阻尼器。"全副武装"后的岭澳二期汽轮发电机组顺利投产发电。当机组运行后，对岭澳二期机组弹簧隔振基础进行了五个阶段的振动实测，顶台板振动速度仅为 1.17mm/s，远低于国际标准 2.8mm/s 优区（A 区）的上限。图 14-6-7 为广东岭澳二期核电站鸟瞰图。

图 14-6-7　广东岭澳二期核电站鸟瞰图

　　从岭澳二期核电站开始，在我国建设的绝大多数百万千瓦以上大容量的核电站汽轮发电机组都采用了弹簧隔振基础，包括江苏田湾核电站 6×1000MW 汽轮机组隔振、红沿河核电站 6×1000MW 汽轮机组隔振、宁德核电站 4×1000MW 汽轮机组隔振、阳江核电站 6×1000MW 汽轮机组隔振、防城港核电站 4×1000MW 汽轮机组隔振、台山核电站 2×1750MW 汽轮机组隔振、方家山核电站 2×1000MW 汽轮机组隔振、福清核电站 6×1000MW 汽轮机组隔振等。

截至 2017 年，我国已建和在建的核电机组中，已有 40 台机组采用弹簧隔振基础，已运行的机组基础振动水平均处于优区（A 区）。图 14-6-8 为大别山电厂汽轮发电机组采用弹簧隔振基础的照片。

图 14-6-8 大别山电厂汽轮发电机组采用弹簧隔振基础的照片

汽轮发电机组弹簧隔振基础这一先进技术不仅在一系列后续核电站工程中继续"担当重任"，而且还推广应用到大量的新建火电站工程中。

从 2006 年开始，中电投大别山电厂、神头电厂、华能平凉电厂、国电泰州电厂、华能莱芜电厂、神华国华寿光电厂等项目陆续投产，机组振动性能全部达到优良。

不仅如此，弹簧隔振技术的应用还使得在地震高烈度地区建设电厂成为可能，更多新型隔振阻尼器产品根据项目需求被设计及应用。随着华电喀什电厂和华润唐山电厂的顺利投产，弹簧隔振技术为工业装备走出国门提供了强有力的技术保障。目前，我国振动控制技术已随"一带一路"国际战略出口到巴基斯坦、土耳其等国家。

6.2 轨道交通隔振技术

（1）轨道交通隔振概述

城市轨道交通逐渐成为经济、环保、舒适的出行之选，在给人们带来便捷的同时，也给沿线的居民和建筑物带来振动与噪声等环境污染公害。这是因为列车运行时，轮轨之间相互作用，产生的振动会传往地面。而每栋建筑物甚至每栋房间的结构，都有自身的固有频率，当列车运行时产生的振动频率与建筑结构的固有频率接近或者相同时，就会出现共振现象，产生强烈的振动。截至目前，已有许多隔振技术和产品可用于轨道交通，已经成熟应用的隔振技术有：科隆蛋、先锋扣件、弹性套靴、梯形轨枕、减振垫浮置板和钢弹簧浮置板等。其中，科隆蛋、先锋扣件、弹性套靴可以满足一般减振需求；梯形轨枕可以满足中等减振需求；减振垫浮置板可以满足高等减振需求；钢弹簧浮置板可以满足高等和特殊减振需求，并以其隔振效果好、可靠性和安全性高、养护维修简单方便、对轨道产生副作用少等优越性能得到越来越广泛的应用，引领轨道隔振技术的发展。图 14-6-9 为盾构中的钢弹簧浮置板道床的示意图。

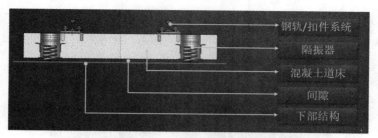

图 14-6-9　盾构中的钢弹簧浮置板道床的示意图

（2）国内领先的钢弹簧浮置板隔振

钢弹簧浮置板道床是将轨道车辆运行的道床用高弹性隔振器支撑起来，使道床与隧道仰拱和隧道壁之间留有一定间隙，两者之间仅通过隔振器相接，使隔振器上部结构所受的车辆动扰力通过隔振器传递到结构底部。在此过程中由隔振器进行调谐、滤波、吸收能量，达到隔振减振的目的。

常见的钢弹簧浮置板系统有内置式和侧置式。两种形式的浮置板在原理上并无差别，只是考虑到安装空间的不同而采用不同的形式。

内置式钢弹簧浮置板以基底面及隧道侧壁作为结构模板，隔振器在板面进行安装和更换，而不需要两侧的空间及模板。这种浮置板适应性极强，且安装方便、节省空间，是目前我国应用最为普遍的浮置板结构形式。

当两侧空间较为充足时，侧置式钢弹簧浮置板结构就派上了用场。侧置式隔振器承载力高、布置间距较大，可进一步提高减振效果。

钢弹簧浮置板道床系统的减振效果可以用插入损失来评价，可做到特殊减振 18dB 以上，高等减振 15dB 以上。采用该系统后的居民区、学校、实验室、大剧院、音乐厅、古建筑、医院、研究所、精密仪器等一系列敏感地段，均可以满足振动和噪声的控制要求。

早在 2000 年，在北京西直门交通枢纽 13 号线的建设中，由于振动扰民难题，环评和规划一度陷入僵局，无法前行。经过缜密的分析研究和专家论证评审，车站采用钢弹簧浮置板道床隔振技术、指挥中心采用高架桥穿楼钢弹簧三维隔振支座技术来解决振动干扰，其中高架桥穿楼钢弹簧隔振在世界上很少看到。钢弹簧浮置板道床是将承载车辆运行的轨道和浮置板道床用高弹性的弹簧阻尼隔振器支撑起来，构成一个低频隔振系统，隔离高于系统固有频率 1.4 倍以上的振动。当地铁列车经过时，浮置板会随列车的车轮作用而动态下沉或上升，吸收振动能量，使得传递到隧道壁和地面的振动和噪声也相应减少。而隔振器的阻尼作用可以使浮置板和列车的振动、晃动减少，进而保证车内乘客的舒适性。2002 年 9 月，13 号线试运营开通，隔振技术保证了指挥中心和西环广场 5A 级写字楼免受地铁振动干扰。图 14-6-10 为北京地铁 13 号线西直门站桥梁支座式浮置板隔振的照片。这项技术也因此迅速在各地推广开来。到目前，钢弹簧浮置板隔振技术已在我国大中型城市成功应用，保护了成千上万座沿线建筑，所用地段无一发生居民投诉案件，避免了拆迁、改线等近千亿不必要的费用。

钢弹簧浮置板减振技术的主要特点是：①系统固有频率低（5～10Hz）；②隔振效果好（隔振 15～26dB）；③弹簧隔振器寿命长（设计寿命 50 年）；④具有三维弹性，水平方向位移小，不需附加限位装置；⑤施工简单，可现场浇注；⑥检查或更换弹簧十分方便，不用拆卸钢轨，不影响地铁运行；⑦基础沉降造成的高度变化可以方便快速地进行调整。基于以上这些特点，钢弹簧浮置板技术在世界范围内得到广泛应用。

　　大量研究表明，目前浮置板道床结构减振降噪效果最为显著，是轨道交通振动控制领域的核心技术，是敏感地段减振的首选方案，可以广泛应用于地铁、城铁、高架、桥梁等不同类型轨道结构之中。

图 14-6-10　桥梁支座式浮置板隔振系统（北京地铁 13 号线西直门站）照片

　　我国北京、上海、广州、深圳、南京等 20 多个城市已有近 80 条地铁线路的敏感地段采用了钢弹簧浮置板技术，典型工程包括：北京地铁 13 号线西直门车站和指挥中心隔振，如图 14-6-10 所示；上海地铁 4 号线过四川北路高架桥降噪，如图 14-6-11 所示；上海地铁 6 号线高架穿越住宅区降噪，如图 14-6-12 所示；深圳地铁 4 号线地下线内置式浮置板系统，如图 14-6-13 所示；北京地铁 15 号线车辆段上盖物业开发所采用的下置式钢弹簧浮置板系统，如图 14-6-14 所示；广州地铁 3 号线珠江电影制片厂下隔振；广州地铁 4 号线华抵古庙下隔振；南京地铁 1 号线鼓楼医院下隔振等等。这些工程均很好地解决了振动与噪声问题，达到了预期效果，取得了良好的社会效益和经济效益。

图 14-6-11　高架桥上采用钢弹簧浮置板隔振技术（上海地铁 4 号线四川北路高架桥）照片

图 14-6-12　高架线路浮置板系统（上海地铁 6 号线穿越住宅区降噪）照片

图 14-6-13　地下线内置式浮置板系统（深圳地铁 4 号线地面）照片

（a）上盖开发的高层建筑　　　　　　　　　　（b）下置式钢弹簧浮置板隔振系统

图 14-6-14　试车线下置式钢弹簧浮置板系统（北京地铁 15 号线车辆段上盖开发保护）照片

（3）国内首创的钢弹簧浮置板施工技术——"钢筋笼法"和"预制板法"

在地铁隔振施工工艺方面，最早是现场绑扎钢筋散铺法，施工速度慢，平均每天只能铺设 5m 左右。由于地铁工期较紧，这样的速度无法满足需求，我国工程技术人员集思广益，发明了"预制龙骨整体吊装"工艺，即"钢筋笼法"。

　　钢筋笼在隧道外绑扎，然后整体吊装、运输至隧道内，再浇注混凝土。由于将钢筋工程的作业面改至地面，这就意味着可以同时进行隧道内的基底结构施工。如此一来，铺设速度由最初的 5m/d 提高到 35m/d，极大地提高了整体施工进度。虽然将施工进度提高了 7 倍之多，但精益求精的工程技术人员仍不满意。"钢筋笼法"提高了铺设速度，但在施工中却容易受到工人熟练程度的影响，进而影响到工程质量。于是，隔而固公司与上海申通地铁公司、同济大学、中国中铁等多家单位协同创新，发明了"预制短板节段拼装"即"预制板法"。

　　所谓"预制板法"就是在工厂内预制浮置板结构，再将其吊装至隧道内进行拼装和隔振器安装。这样不仅省掉了在施工现场绑扎钢筋及浇注混凝土的步骤，极大地加快了施工进度（可以达到每天铺设 70m 以上），而且采用结构预制的形式，可以更好地进行质量控制，同时实现了即装即用，在施工期间既可以起到振动控制作用，又为既有线路改造提供了可能。图 14-6-15 为预制式钢弹簧浮置板（预制板法）示意图。图 14-6-16 为安装于上海地铁 11 号线上的预制式钢弹簧浮置板道床的照片。

图 14-6-15　预制式钢弹簧浮置板示意图　　　图 14-6-16　上海地铁 11 号线预制式钢弹簧浮置板道床照片

　　从最初简单的方法，到实现设计标准化、产品模块化、施工机械化的成套技术，体现了我国振动和噪声控制行业科技人员永不满足的执着追求和精益求精的工匠精神。

　　经过不断地研发改进，钢弹簧浮置板技术也形成了各种系列的新产品及附件，产品实用性、可靠性及性价比不断提高，并形成了由多项核心发明专利和几十项外围专利组成的专利体系，产品成功应用于各种不同形式的线路结构上，同时还解决了不同高度共建、刚度过渡、跨越人防门、跨越旁通道等一系列技术难题，使我国钢弹簧浮置板技术的研发和应用水平处于世界前列。

6.3　建筑领域的隔振技术

　　（1）建筑隔振概述

　　城市建设的步伐越来越快，随之而来的是越发珍贵的城市用地和地上地下错综复杂的交通网络，这就不可避免地为城市居民带来一些困扰和烦恼。当邻近地段有地铁或其他铁路线，或者附近区域有工业企业的重型机械工作，或者邻近的不平坦道路与桥梁上有重型车辆通过等，在这些情况下，地面或结构传递的振动会对建筑物中的居民和精密仪器产生严重的影响。常规的基础无法防止周围的振动干扰传递到楼房内，减小振源振动的措施效果有限，通过调整楼房结构而降低振动的措施在大多数情况下也是不经济的，而且还有可能影响建筑美学。

当今，行之有效的措施当属隔振技术，即在建筑和基础之间设置弹簧或橡胶隔振器。弹簧隔振器由螺旋钢弹簧与钢结构箱体组成，其在垂向和两个水平方向都具有很好的弹性，一般情况下隔振系统固有频率为 2.5～5Hz，能够大幅度衰减振动传递，从而使得各项振动指标满足使用要求。常与弹簧隔振器一同使用的是黏滞阻尼器，这是一种与速度成比例的黏性元件，其同样在垂直方向与水平方向上都有阻尼作用。

建筑隔振方法主要有浮置地板、房中房和建筑物的整体隔振三种方式。

（2）浮置板隔振

在房间结构地面上再做一层可浮置的混凝土板，用隔振元件予以支承浮置，构成浮置地板。

浮置混凝土板的厚度一般在 130～200mm 之间，与房间结构地面的间隙一般为 30～50mm，隔振元件一般采用钢弹簧隔振器或者橡胶垫，墙壁采用吸隔声处理。这种隔振方式具有良好的撞击声隔声性能，可以有效隔离来自地面的固体传声，主要应用于剧院和音乐厅中对撞击声隔声要求较高、跨度较大的空间，如排练厅等。该隔振方式施工简单，性价比较高，目前国内已有不少工程实例，如上海东方艺术中心、苏州科技文化中心和武汉大剧院等就采用了该技术，隔振元件采用的都是可调平的钢弹簧隔振器。上海音乐厅采用了浮置楼板，直接将观众席楼板通过钢弹簧隔振器支承于梁柱结构上。图 14-6-17 为上海音乐厅观众席采用浮置隔振技术后的室内照片。

图 14-6-17　上海音乐厅观众席采用浮置隔振技术后的室内照片

浮置板隔振设计一般遵循下列原则：

① 依据隔声要求和建筑许可的条件选择浮置地板的厚度；

② 依据隔声要求选择隔振元件，隔声要求高时宜采用寿命较长的钢弹簧隔振器；

③ 根据浮置地板的自重、活荷载，布置隔振器分布；

④ 核算浮置地板和楼地面的承载力，完成浮置地板施工图设计。

浮置地板可以大量应用于振动敏感区域，如电视、广播或者录音棚、音乐厅、排练厅、剧院、计算机房等需要安静的场所；也可以用于体育馆、迪斯科舞厅、供热站、空调机房等易产生振动噪声干扰的场所。同时，浮置地板还有一些特殊的应用领域，如直升机的着陆机坪以及核电站精密仪器房间等。

（3）房中房隔振

当使用空间要求具有更高的隔声性能时，可在使用空间中再建一个具有独立墙壁、底板和顶板的内层房间，即房中房。将内层房间支承在隔振元件上，隔振元件一般为钢弹簧隔振器，四周墙壁及天花与外部墙壁和顶板之间没有任何刚性连接或接触，留有一层空气层。

房中房技术可有效隔离来自各个方向的振动和固体传声，保证局部空间的声学性能。

由于受到周边地铁、舞台机械以及空调系统等环境振动的影响，国家大剧院的设计者决定对 5 个录音厅进行隔振设计。项目团队对国家大剧院录音厅的整体结构进行了细致的调研与分析，在充分考虑到录音厅设计既要隔振又要隔声的特殊需求后，最后决定采用"房中房"结构。

起初，研究团队设计的系统固有频率为常用的 4Hz，后来根据设计单位、声学顾问、业主和中方设计院的要求，进一步将系统固有频率修改为 3Hz，提高了减振效果。

国家大剧院中 5 个高档录音厅采用了房中房隔振技术，性能优良。图 14-6-18 为国家大剧院（采用房中房隔振降噪技术）的外形照片。

图 14-6-18　国家大剧院（采用房中房隔振降噪技术）外形照片

（4）建筑物整体隔振

建筑物整体隔振技术主要用于对固体传声要求非常严格、附近有明显振源的建筑，比如附近有地铁经过等。隔振方式是将整个建筑物支承在隔振元件上面。隔振元件一般采用可调平、可预紧、寿命较长的钢弹簧隔振器，建筑物下方要设有安装和检修空间，各种管路要设柔性连接。

建筑物整体隔振可以有效隔离来自各个方向的振动和固体传声，可以保证建筑物内所有空间的声学性能。

建筑物整体隔振设计一般遵循下列原则：

① 依据隔声要求选择隔振元件，主要是确定垂向固有频率，该频率越低，隔振效果越好；

② 根据建筑物的自重、活荷载、支撑条件等进行隔振器选型和布置设计。

上海交响乐团音乐厅在国内首次采用了"建筑整体弹性浮置"——整体隔振的先进技术，用 300 只大型弹簧隔振器将总重达 26000t 的大小两座音乐厅悬浮在弹簧隔振器上，保障了音乐厅的完美声学效果。图 14-6-19 为上海交响乐团音乐厅（采用整体隔振）外形照片。

对于地震烈度较高的地区，采用弹簧隔振后需要进行抗震验算。普通结构在地震力作用下，结构产生相应的变形，消耗能量，这种结构的强制变形有时会造成结构损伤。而采用弹簧隔振后，地震力将会主要由隔振器的变形来消化，而上部结构则主要以对结构无害的刚体运动为主，因此可以降低结构内力，减小地震损伤。

图 14-6-19　上海交响乐团（音乐厅采用整体隔振）外形照片

6.4　调谐质量减振器（TMD）振动控制新技术

（1）TMD 技术简介

TMD 是调谐质量减振器（tuned mass damper）的英文缩写，也称为动力吸振器。它是一种把能量转移到可调谐的附加子系统上，以减小原系统振动幅值的装置，是目前大跨度、大悬挑与高耸结构振动控制中应用最广泛的结构被动控制装置之一。

TMD 是一个由弹簧、阻尼器和质量块组成的振动控制系统，支撑或悬挂在需要振动控制的主结构上。当主结构在外界激励力的作用下产生振动时，会带动 TMD 系统一起振动，通过频率调谐，使 TMD 系统运动产生的动力再反作用到主结构上，使其与外来激励力的方向相反，抵消一部分激励力，使主结构的各项反应值（振动位移、速度和加速度）大大减小，从而达到控制主结构振动的目的。TMD 的质量越大，减振效果越好。

TMD 的主要结构形式分为抗垂向振动和抗水平振动两种。在应用中，工程技术人员需要具体问题具体分析，根据所要控制的振型来决定。

TMD 可以采用被动式和主动式两种模式。被动式 TMD 应用广泛，结构简单，不需人工干预和控制，可靠性高。主动式 TMD 需要附加作动控制系统，通过智能控制系统提高系统的振动控制效率，对作动系统的要求高，系统相对复杂。

以千禧桥为代表的大跨度或者悬挑结构，如人行天桥、体育看台和大型桥梁等，在交通或人行激振下往往会产生较大振动。尽管这些振动对结构本身强度一般并无多大危害（前提是不产生共振），但会大大影响行人或者工作人员的舒适度。这时就需要用到抗垂向振动的TMD 隔振系统。

（2）TMD 技术在大桥上的应用

① 港珠澳大桥　超级工程之一港珠澳大桥，如图 14-6-20 所示，全长为 49.968km，主体工程"海中桥隧"长 35.578km，设计时速为 100km。港珠澳大桥是一座连接香港、珠海和澳门的巨大桥梁，在促进香港、澳门和珠江三角洲西岸地区经济的进一步发展上具有重要的战略意义。

港珠澳大桥地处台风多发地区，为了控制台风引发的桥梁共振，大桥的设计者们经过大量的仿真分析，为其设计了现代化的 TMD 减振系统。由于桥梁跨度大，桥梁的固有频率低，TMD 在技术设计上非常具有挑战性。

图 14-6-20　港珠澳大桥

　　主体工程分为桥梁工程和岛隧工程两部分。其中，桥梁工程长约 22.9km，其中深水区非通航孔桥 6m×110m、5m×110m 联合跨崖 13-1 气田管线桥属于大跨结构，垂向固有频率低。风洞试验表明：当风激振的频率与结构频率吻合时，就会与结构产生共振现象，结构的振动反应（振动位移、振动速度和振动加速度）很大，影响桥梁的正常使用，因此设计人员在设计时就考虑了通过在 6m×110m、5m×110m 联合跨崖-13 气田管线桥主跨设置 TMD 减振装置来减小风荷载下主桥竖向涡激振动。

　　最终港珠澳大桥采用了垂向低频 TMD 技术。为了验证 TMD 的设计寿命，项目团队还根据评审专家的建议，研制出了专门的大位移共振式 TMD 整机疲劳试验装置，在世界上首次实现了对"5t-0.8Hz-振幅±300mm"的大型低频 TMD 的整机疲劳试验，TMD 通过了 300 万次疲劳试验。

　　② 上海浦东机场登机桥　上海浦东机场二期在国内率先设计采用了一种非常新颖的登机桥。这种登机桥登机和下机都是顺坡，且长达 50m 的登机桥中间没有任何立柱或接头，轻巧而美观，但须解决人行激励引发的共振问题。这座桥的固有频率约为 2.2Hz，与人的行走频率非常接近，两个人同步行走就会引发登机桥的共振，使人感到心慌。为此，登机桥设计者委托专业研发团队设计研发了专用的抗垂向振动 TMD。TMD 工程有一个规律，就是 TMD 的频率调得越准，阻尼比越合适，减振效果也越好。但是桥梁最终完成之前，仅靠理论计算的频率值是不准确的。为了实现最大的减振效果，项目团队设计研发了一种频率和阻尼均可现场精确调节的 TMD，并赶在成桥铺装时，在登机桥上进行精确测试，然后根据登机桥的频率现场调节 TMD 的频率和阻尼比，成功地解决了登机桥的振动问题。

　　利用这项技术，截至 2017 年，国内已有 23 座登机桥安装了 92 个 TMD，每个 TMD 约重 750kg。减振效果测试表明，减振效率最高达到了 80%。之后这项技术陆续在虹桥机场登机桥、虹桥高铁站廊桥以及全国的许多跨街天桥中得到应用。

　　③ 世博文化中心　承办 2010 年世博会开幕式的飞碟型文化中心也采用了 TMD 技术。文化中心景观环廊向外悬挑了 38m，当人群密集或快速行走时会影响行人的舒适度。为了实现最高的减振效果和精确调频，采用了三种不同刚度的弹簧组合，现场调试，根据实测频率精调 TMD 频率和阻尼比。图 14-6-21 为上海世博文化中心采用 TMD 技术的外形照片。

图 14-6-21　上海世博文化中心采用隔而固 TMD 技术控制观众行走激励振动的外形照片

④ 江苏崇启长江大桥　2012 年 11 月，我国长江最东端的江苏崇启长江大桥开通。大桥主桥钢箱梁跨度 185m，竖向固有频率仅约 0.56Hz，在风荷载激励下容易产生塔科马大桥那样的竖向涡激共振现象。为了控制这种振动，为 4 个 185m 主跨总共设计安装了 32 个单个质量达 3.6t 的 TMD 减振装置。大桥 TMD 系统启用以来，经过了多次大风考验，主桥连续钢箱梁从未产生过涡振。TMD 技术的使用，不仅为崇启大桥的安全运行提供了技术保证，而且为控制大跨度桥梁涡激振动提供了宝贵的经验。

（3）TMD 技术在特高耸建筑结构上的应用

TMD 同样也适用于各类高耸结构。观光塔、摩天大楼、电视塔和烟囱等在风力涡激的作用下也会产生水平振动，使主结构长期振幅过大，从而影响人们的舒适度。

① 广州电视观光塔　2010 年 9 月，世界第一高的电视观光塔——广州塔宣布落成。总高达 610m 的电视观光塔矗立在广州新城市中轴线上，成为广州的新地标。这座塔就有 TMD 的保护。

为了控制观光塔的振动，中国工程院周福霖院士和欧进萍院士领导的联合减振科研团队对广州电视观光塔进行了减振技术研究，国内首创地在塔体 438m 处安装了"两级主被动复合调谐减振控制系统"，巧妙地利用总重 1500t 的水箱质量作为 TMD 质量，节省了专用质量和空间，并利用叠层橡胶支座超低的水平刚度构成无摆索式水平 TMD。该系统完全由我国专家自主设计，大大降低了成本，并大幅提高了减振效果，至今在世界上独一无二。

② 杭州湾大桥观光塔　2010 年 12 月，杭州湾大桥观光塔落成，观光塔位于杭州湾跨海大桥中部海上平台，建筑高度 145.6m，如图 14-6-22 所示。

图 14-6-22　杭州湾大桥观光塔 TMD 质量块（重达 100t）照片

　　由于该地段的风速较高，而塔体的固有频率较低，容易发生风致共振。为了提高观光塔观光平台的舒适度，针对观光塔的特殊结构和嵌固条件，项目研究团队利用有限元仿真计算了结构的动力学特性参数，并据此设计了频率和阻尼均可调的质量为 100t 的 TMD 水平减振系统，保证在八级风的条件下观光塔仍能够正常向游客开放。在这项技术的保护下，观光塔屹立于海浪海潮中历经多次台风暴雨而安然无恙。

　　③ 上海中心大厦　2016 年 3 月，位于上海市陆家嘴金融贸易区的上海中心大厦完工，大厦主体为 118 层，总高为 632m，是我国目前最高的建筑。

　　上海市地处沿海，常受强台风袭击，同时上海中心大厦高度很高，高宽比较大，结构自振周期较长，接近风荷载的卓越周期，属于风敏感结构。在实际风环境中，结构在顺风向和横风向的耦合风荷载激励下，风荷载作用效应更为明显。上海中心大厦上部为六星级酒店和高级办公写字楼，必须确保结构在强风和常遇小震作用下不发生过大的振动，保证结构的正常使用功能。为减轻强风和常遇地震下的动力响应，在结构顶部安装了重达 1000t 的单摆式 TMD，这是目前世界上最大的 TMD，其阻尼单元采用了中国工程院陈政清院士发明的板式电涡流阻尼。电涡流阻尼器由永磁体和导体板组成，两者之间无机械连接，当两者之间有相对运动时，由电磁感应原理产生阻尼力，通过调节永磁体和导体板的间距可灵活调节阻尼比。板式电涡流 TMD 的设置，不仅能够使结构阻尼水平与假定值保持一致，提高结构设计的可靠度，而且可以减小上海中心大厦在强风荷载作用下风致振动的加速度，降低常遇小震对建筑物的影响程度，同时减小大楼晃动对电梯运行的影响。图 14-6-23 为上海中心大厦及其电涡流 TMD 的外形照片及结构示意图。

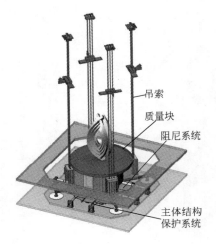

（a）上海中心大厦外形照片　　　　（b）电涡流 TMD（1000t）结构示意图

图 14-6-23　上海中心大厦及其电涡流 TMD（1000t）的外形照片及结构示意图

参 考 文 献

[1] Jaworski JW, Peake N. Aerodynamic Noise from a Poroelastic Edge with Implications for the Silent Flight of Owls[J]. Fluid Mech, 2013, 723:456-479.

[2] Joann Kopania. Acoustics Parameters the Wings of Various Species of Owls[OL]. http://pub.dega-akustik.de/IN2016/data/articles/001044.pdf

[3] Thomas GEYER, Ennes SARRADJ. Measuring owl flight noise[OL]. https://www.acoustics.asn.au/conference_proceedings/INTERNOISE2014/papers/p26.pdf

[4] David Herrin, Jinhao Liu. Properties and Applications of microperforated panel[OL]. http://www.ward-process.com/1107herr.pdf

[5] J. Liu and D. W. Herrin. "Enhancing Micro-Perforated Panel Attenuationby Partitioning the Adjoining Cavity." Applied Acoustics, 71, 126-127, 2010.

第15篇

声学设备和材料的选用

编　著　吕玉恒　冯苗锋　黄青青　陈梅清　丁德云

校　审　邵　斌

第 1 章　吸声材料和结构的选用

吸声降噪机理、吸声系数、吸声量、吸声材料和吸声结构应用的建筑因素等在有关章节中已有论述。本章只对吸声降噪效果、选用原则、分类等进行简要说明，重点介绍各类吸声材料、吸声结构的技术参数、适用范围、特点及部分应用实例。

1.1　吸声降噪效果及选用原则

1.1.1　吸声降噪效果

利用吸声处理在噪声传播途径上进行控制是一种传统的、常用的、有效的方法之一，在工业生产和民用建筑中被广泛使用。实际上，消声隔声等噪声控制措施也要利用吸声材料和吸声结构。本章侧重介绍噪声源置于室内，当不改变噪声源的特性时，采用吸声措施降低室内噪声的方法及效果。

在室内，声源发出的声音遇到墙面、顶棚、地坪及其他物体表面时，都会发生反射现象。当机器设备在室内开动时，人们听到的噪声除了直达声外，还可听到由这些表面多次来回反射而形成的反射声，也可称为混响声。人们的主观感觉是，同一台机器，在室内（一般房间）开动比在室外开动要响。实测结果也表明，一般室内比室外高 3～10dB。如果在室内顶棚和四壁安装吸声材料或悬挂吸声体，将室内反射声吸收掉一部分，室内噪声级将会降低。这种控制噪声的方法称为吸声降噪。虽然吸声降噪是一种消极的做法，但随着噪声控制工业的发展，吸声降噪技术又有新的进展。

一般来说，吸声处理只能降低反射声的影响，对直达声是无能为力的，故不能希望通过吸声处理而降低直达声。所以，吸声措施的降噪效果是有限的，其降噪量通常不会超过 10dB。

1.1.2　影响吸声降噪效果的因素

如上所述，吸声只能降低反射声的影响，采用这种消极的控制技术有一定的局限性。影响吸声降噪效果的因素颇多，它与所用吸声材料或吸声结构的吸声性能、室内表面情况、室内容积、室内声场分布、噪声频谱、吸声结构安装位置等有关。

（1）吸声降噪效果与原房间的吸声情况有关

如果原房间未做吸声处理，反射较为严重，平均吸声系数 $\bar{\alpha}$ 较低，混响时间 $T_{(60)}$ 较长，采用吸声措施效果较为满意。若原房间已有足够的吸声，再采取吸声措施效果就差些。根据理论推导，吸声降噪效果，即吸声处理前后的声级差 ΔL，可近似用式（15-1-1）进行估算：

$$\Delta L = 10\lg\frac{\bar{\alpha}_2}{\bar{\alpha}_1} = 10\lg\frac{R_2}{R_1} = 10\lg\frac{T_{(60)1}}{T_{(60)2}} \tag{15-1-1}$$

式中　$\bar{\alpha}_1$，$\bar{\alpha}_2$——吸声处理前、后室内平均吸声系数；

　　　R_1，R_2——吸声处理前、后室内房间常数；

　　$T_{(60)1}$，$T_{(60)2}$——吸声处理前、后室内混响时间，s。

$$R = \frac{S\bar{\alpha}}{1-\bar{\alpha}} \tag{15-1-2}$$

$$T_{(60)} = \frac{0.163V}{A} = \frac{0.163V}{S\bar{\alpha}} \tag{15-1-3}$$

式中　R——房间常数；

　　　S——房间总表面面积，m^2；

　　　$\bar{\alpha}$——房间平均吸声系数；

　　　V——房间体积，m^3；

　　　A——房间吸声量，m^2。

例如，原房间平均吸声系数 $\bar{\alpha}_1 = 0.10$，吸声处理后平均吸声系数 $\bar{\alpha}_2 = 0.80$，则吸声降噪量 ΔL 为 9dB；若原房间已做吸声处理，平均吸声系数 $\bar{\alpha}_1 = 0.40$，吸声处理后平均吸声系数 $\bar{\alpha}_2 = 0.80$，则吸声降噪量 ΔL 为 3dB。因此，在进行吸声处理前应对原房间的吸声情况调查测试，对吸声处理可能提高的吸声量进行计算，这样就可以事先估计吸声降噪效果。原则上，吸声处理后的平均吸声系数或吸声量，应比处理前大两倍以上，即降噪 3dB 以上吸声措施才比较有效。

（2）吸声降噪效果与室内声源情况有关

如果室内分布着多个声源（例如，纺织厂的织布车间），室内各处直达声都很强，吸声处理效果就较差，一般能有 3～4dB 吸声降噪量就已经很不错了。尽管如此，由于减少了混响声能，室内工作人员主观感觉上消除了来自四面八方的噪声干扰，反映良好。因此，国内不少织布车间、冲床车间等，仍用吸声办法降低车间噪声。吸声处理对近于声源者效果较差，对远离声源的接收者效果较好。另外，车间内部吸声处理后，车间内噪声传至室外的噪声降低量比室内要高，对周围环境的改善效果更为显著。

（3）吸声降噪效果与房间形状尺寸、吸声结构布置位置等有关

如果在容积大的房间或与声源在开阔的空间传播条件相似的场合，接收者近靠声源，直达声占优势，此时吸声效果就较差。在容积小的房间，声源辐射的直达声与从顶棚和四壁来的反射声叠加，使噪声级提高，此时吸声处理效果就比较理想。经验证明：车间容积在 3000m^3以下，采用吸声处理效果较好；很大的房间，吸声降噪效果就较差。不过，尽管房间很大，但其体形是向一个方向延伸，顶棚较低，房间长度或宽度大于其高度的 5 倍，那么采用吸声降噪措施的效果也比正方体形房间要好。拱形屋顶或有声聚焦的房间，采用吸声降噪措施的效果最好。吸声材料和吸声结构应布置在距声源较近的位置。若房间高度低于 6m，应将一部分或全部顶棚进行吸声处理；若房间高度大于 6m，则最好在发声设备近旁的墙壁上进行吸声处理或在发声设备近旁设置吸声层或吸声体，降噪效果良好。

（4）吸声降噪效果与噪声源频谱特性及吸声结构吸声特性有关

要针对噪声源的频谱特性来选用吸声材料和吸声结构，吸声材料和吸声结构的吸声特性要与噪声源的特性相匹配，吸声结构吸声系数最高点应与噪声源的峰值频率相对应，若能将

噪声源峰值频率处的声级降下来，尤其是中高频峰值频率处的声级降低得越多，降噪效果越显著。吸声材料和吸声结构的吸声性能应稳定，价格要适中，施工应方便，无二次污染，对人无害，防火，美观，经久耐用等。

1.2 吸声材料和吸声结构分类

我国目前生产的吸声材料大体分为以下 5 类：
① 无机纤维材料类：如离心玻璃棉、岩棉、超细玻璃棉、矿棉及其制品等。
② 泡沫塑料类：如聚氨酯泡沫塑料、脲醛泡沫塑料和氨基甲酸酯泡沫塑料等。
③ 有机纤维材料类：如棉、麻、木屑、植物纤维、海草、棕丝及其制品等。
④ 金属吸声材料类：如铝泡沫、铝纤维、复合针孔铝板等。
⑤ 吸声建筑材料类：如泡沫玻璃、膨胀珍珠岩、陶土吸声砖、加气混凝土等。

上述吸声材料都是属于多孔性的，其结构特点是多孔纤维性材料之间具有许多微小的间隙和连续的孔洞，而且内外相通。当声波顺着这些细孔进入材料内部时，引起孔内空气振动，造成和孔壁的摩擦，因摩擦和黏滞力的作用，使相当一部分声能转化为热能而被消耗掉，反射声也就相应地减弱了，从而达到了吸声的目的。

吸声结构的种类也很多，大体分为如下 4 类：
① 薄板共振吸声结构；
② 穿孔板吸声结构；
③ 微穿孔板和超微孔吸声结构；
④ 各类空间吸声体。

薄板共振吸声结构包括薄膜吸声结构和帷幕吸声结构等，它们是利用薄板、薄膜及其板后的空腔在声波作用下发生共振时，板内空气层因振动而出现摩擦损耗，于是声能被吸收掉，在共振频率处达到最大的声吸收。穿孔板吸声结构是利用亥姆霍兹效应，即孔颈中的气体分子被声波激发产生振动，由于摩擦和阻尼作用而达到吸声作用。微穿孔板和超微孔吸声结构则是在穿孔板吸声结构的基础上发展起来的一种新型吸声结构，是我国声学专家的新贡献。它也是利用微孔中空气的黏滞阻力消耗入射声能，在较宽的频带范围内具有较高的吸声性能。各类空间吸声体结构，多数是将多孔性吸声材料组合在一定形状和尺寸的结构内，制成定型产品，吊挂在需要吸声的地方，这种结构灵活方便，经济实用。

1.3 多孔性吸声材料

1.3.1 影响多孔性吸声材料吸声性能的因素

多孔性吸声材料的吸声性能主要受材料的厚度、密度、流阻、孔隙率、结构因子、材料背后的空气层、材料表面的装饰处理以及使用外部条件等影响，这些因素相互间又有一定的关系。

（1）厚度

多孔性吸声材料对中高频吸声效果较好，对低频吸声效果较差。有时通过加大厚度来提高低频吸声效果。从理论上来说，材料厚度相当于入射声波 1/4 波长时，在该频率下具有最大的声吸收。若按此条件，材料厚度往往要大于 200mm，这是很不经济的。除非有特殊需要，一般不通过加大吸声材料厚度来提高其吸声性能。在工程应用上，推荐多孔性吸声材料的厚度如下：

无机矿物棉类（离心玻璃棉、超细玻璃棉、岩棉、矿棉、中级纤维棉等）50～100mm

泡沫塑料类　　　　　　　　　　　　　　　　　　　　　　　25～50mm

有机软质纤维板类　　　　　　　　　　　　　　　　　　　　13～20mm

木丝板　　　　　　　　　　　　　　　　　　　　　　　　　20～50mm

毛毡　　　　　　　　　　　　　　　　　　　　　　　　　　4～5mm

建筑吸声材料　　　　　　　　　　　　　　　　　　　　　　10～150mm

（2）密度（容重）

改变材料的密度（又称容重），可以间接控制吸声材料内部的微孔尺寸，在一定程度上可用密度来衡量材料的孔隙率。一般来说，增加密度有利于低频吸声，但高频吸声性能可能有所下降。实践证明，不同的多孔性吸声材料，其密度有一个最佳值。例如，离心玻璃棉为 24～32kg/m³，超细玻璃棉为 15～25kg/m³，中级纤维棉为 100kg/m³ 左右，矿棉为 120kg/m³ 左右。

（3）孔隙率、结构因子和流阻

多孔性吸声材料的多孔性，通常用孔隙率来表示，即材料内部的孔洞容积占材料总容积的百分率，一般多孔材料的孔隙率在 70% 以上。同一种材料，密度越小，孔隙率越大。材料的吸声性能在很大程度上随着孔隙率的增加而提高。在一定孔隙率条件下，吸声性能与多孔材料孔的形状及其方向性分布的不规则性，即结构因子有关。同时，吸声性能与气流通过多孔层的难易程度即流阻有关，单位厚度（1.0mm）的流阻（称作比流阻）为 10^3 rayl/cm[1rayl（瑞利）=1Pa·s/m]时，吸声性能最佳。

（4）背后空气层（空腔）

如果用较薄的多孔性吸声材料，使它离开后背硬墙有一定的距离，即留有空腔或背后空气层，这时，它的吸声性能几乎与全部空腔内填满同类多孔性吸声材料的效果差不多。空腔具有增加材料有效厚度的作用。在一定尺寸范围内，空腔既可以节省吸声材料，又可以提高低频吸声性能，空腔越大，吸声频率越低，但所占空间越大。一般推荐背后空气层的厚度为70～150mm。

1.3.2　多孔性材料表面装饰处理

许多多孔性吸声材料由于强度和外观较差，不便于清洁保养和安装维修，需要对其表面进行装饰处理。处理结果既要有利于加工安装，又要有利于提高其吸声性能。一般有以下 4 类处理方法。

① 利用织物包覆多孔性吸声材料表面。例如，用玻璃丝布、阻燃织物、纱布、麻布、窗纱、金属丝网等来包覆装裹吸声材料，这些材料本身就是多孔性的，对大部分频率的声波有全透声作用，对被包裹的多孔材料吸声性能没有多大影响。有时用薄而柔软的塑料薄膜包覆，只要薄膜厚度小于 0.04mm，单位面积质量小于 2kg/m²，而且不与多孔材料整个表面贴紧，则对多孔材料吸声性能无影响。有时对高频可能稍有影响，但对低频吸声有利。

② 穿孔护面板。可用金属板（镀锌钢板、不锈钢板、普通钢板、铝合金板）、胶合板、硬质纤维板、FC 水泥压力板、TK 石棉水泥板、WJ 防火板、PVC 塑料板、聚碳酸酯板等制成，只要穿孔率大于 20%，护面板对多孔材料吸声性能影响不大，即装与不装护面板，多孔

材料的吸声系数变化不大。若穿孔率小于 20%，护面板对高频吸声性能有一定影响，但对某些低频吸声性能反而有利。

③ 在多孔性材料制成的半硬板板面上钻些深洞或开些狭槽，既起装饰作用，又可增加吸声面积，提高吸声性能。一般洞深为半硬板材料厚度的 2/3～3/4，洞径为 $\phi6\sim8\text{mm}$，系盲孔，不钻通，钻洞面积小于 10%，表面可油漆或刷涂料。

④ 护面板表面油漆或粉刷。多孔性材料主要依靠其细而密的通孔来吸声，如果在其表面直接油漆或刷涂料等装饰材料，将孔洞堵死的话，会降低其吸声性能。一般不直接处理多孔吸声材料，而是对其护面板表面进行装饰，例如，喷塑、烤漆、油漆、刷涂料等。对不穿孔纤维板、木丝板等，一般不采用油漆饰面，必要时可喷一层很薄的色粉。

另外，吸声材料使用的外部条件，例如，温度、湿度、气压、流速等，对多孔性吸声材料的吸声性能都有一定影响。

1.3.3　无机纤维多孔性吸声材料

无机纤维吸声材料是指用天然的或人造的以无机矿物为基本成分而生产的一种纤维材料，其制品大体分为玻璃棉、矿棉、岩棉和硅酸铝棉 4 大类。

生产无机纤维材料的工艺，可分为火焰喷吹法、离心喷吹法。现在吸声用的玻璃纤维多数是用离心喷吹法生产的，因此，一般被称为离心玻璃棉。

根据生产无机纤维粗细来分，把纤维直径大于 $12\mu\text{m}$ 的玻璃棉称为中粗玻璃棉，把纤维直径小于 $4\mu\text{m}$ 的玻璃棉称为超细玻璃棉。

玻璃棉按其密度不同，可分为棉毡和棉板两大类，密度等于和小于 24kg/m^3 的称为玻璃棉毡，密度等于和大于 32kg/m^3 的称为玻璃棉板。

（1）防潮离心玻璃棉

防潮离心玻璃棉是将石英粉等原料熔融，用离心喷吹法制成纤维，再经过集棉、固化、切割等工艺，制成各种规格的玻璃棉制品。离心玻璃棉制品是一种高效保温、隔热、吸声的材料，也是一种很好的节能产品，具有热导率低、密度小、化学稳定性高、无渣球、吸湿率低、通气性好、有排潮机能、不老化、不刺手、不燃烧、不霉、不蛀、弹性恢复力好、线胀系数小、可压缩包装运输、施工性能好、可切割加工、无现场损耗、不产生有害气体、长期使用性能不变等优点。防潮离心玻璃棉的技术性能见表 15-1-1。

表 15-1-1　防潮离心玻璃棉技术性能表

序号	项目	指标	实测值
1	密度/（kg/m^3）	10～96	10～96
2	纤维平均直径/μm	≤8	6.7～7.9
3	憎水率/%	>98	>98.5
4	热导率/[W/（m・K）]	0.042～0.058	0.030～0.038
5	燃烧性能	不燃	不燃
6	吸声系数 α_T	>0.80	0.87～1.10

常用的防潮离心玻璃棉卷毡有光身无面层的原毡和一面粘贴加固网纹铝箔的卷毡两种

规格，广泛应用于建筑物、交通工具、各种机器设备的保温、隔热、吸声、消声等。常用的防潮离心玻璃棉板也分为光身无面层的原板和黏附各种饰面的玻璃棉板（如粘贴纸面、PVC 面、铝箔面等），花纹自选，可一面贴，也可两面贴。离心玻璃棉板广泛应用于建筑物的顶棚和内墙的保温、保冷和吸声，空调设备的隔热、保温、消声，其他设备的隔振、降噪等。

离心玻璃棉卷毡和离心玻璃棉板常用规格见表 15-1-2。

表 15-1-2　离心玻璃棉卷毡和离心玻璃棉板常用规格表

名称	密度/（kg/m³）	厚度/mm	宽度/mm	长度/mm
离心玻璃棉卷毡	10	50	1200	11000
		100	1200	11000
		150	1200	22000
	12	50	1200	11000
		100	1200	22000
	16	50	1200	11000
		100	1200	22000
	20	50	1200	11000
		100	1200	22000
离心玻璃棉板	24	25	600	1200
		50	600	1200
	32	25	600	1200
		40	600	1200
		50	600	1200
	40	25	600	1200
		50	600	1200
	48	25	600	1200
		50	600	1200
	64	25	600	1200
	80	20	600	1200
	96	15	600	1200

表 15-1-3 为不同厚度和不同密度的离心玻璃棉板吸声性能表。

表 15-1-3　离心玻璃棉板吸声性能表

名称	空腔/mm	倍频带中心频率/Hz					
		125	250	500	1000	2000	4000
		吸声系数 α_T					
离心玻璃棉板，厚 50mm，密度 32kg/m³（每块规格 690mm×915mm）	0	0.24	0.63	0.91	0.97	0.98	0.99
	40	0.27	0.79	0.90	0.98	0.95	0.99
	160	0.55	0.99	1.00	0.99	0.99	0.98
	310	0.74	0.96	0.97	0.98	0.97	1.00
离心玻璃棉板，厚 25mm，密度 64kg/m³（每块规格 909mm×1818mm）	0	0.07	0.25	0.76	0.93	0.77	0.76
	40	0.24	0.82	0.96	0.80	0.84	0.81
	160	0.54	0.96	0.95	0.90	0.77	0.73
	310	0.76	0.80	0.86	0.87	0.75	0.86

表 15-1-4 为密度较大的离心玻璃棉板无贴面和有贴面的吸声系数。

表 15-1-4　密度较大的离心玻璃棉板无贴面和有贴面的吸声系数

产品类型	密度/（kg/m³）	厚度/mm	倍频带中心频率/Hz						降噪系数 NRC[①]
			125	250	500	1000	2000	4000	
			吸声系数 α_T[②]						
无贴面	48	25	0.11	0.28	0.68	0.90	0.93	0.96	0.70
无贴面	48	50	0.17	0.86	1.14	1.07	1.02	0.98	1.00
增强铝箔贴面	48	25	0.18	0.75	0.58	0.72	0.62	0.35	0.65
增强铝箔贴面	48	50	0.63	0.56	0.95	0.74	0.60	0.35	0.75
无贴面	96	25	0.02	0.27	0.63	0.85	0.93	0.95	0.65
增强铝箔贴面	96	25	0.27	0.66	0.33	0.66	0.51	0.41	0.55

① 降噪系数 NRC 为 250Hz、500Hz、1000Hz、2000Hz 吸声系数的平均值，下同。
② 吸声系数 α_T 为混响室测得的吸声系数，下同。

（2）岩棉

岩棉是以精选的优质玄武岩为主要原料，经冲天炉熔化后，采用国际先进的四辊离心制棉工艺，将玄武岩高温熔体甩拉成 4～7μm 的非连续性纤维，再在岩棉纤维中加入一定量的黏结剂、防尘油、憎水剂等，经过沉降、固化、切割等工序，根据不同用途制成棉毡、半硬板、保温带、管壳等多种制品。

在众多的保温材料中，岩棉制品具有重量轻、热导率小、吸声好、不燃、不蛀、不霉、适用温度范围广、使用时间长等突出优点，因而在建筑、石油化工、船舶制造、冶金、电力、城市热网保护以及农业（培养基）等部门被广泛应用于保温、隔热、节能、隔声等领域，鉴于其纤维细、重量轻、好加工，也是一种比较理想的吸声材料。

北新集团建材股份有限公司生产的龙牌岩棉制品荣获国家银质奖，并获得多国船级社的认证证书。龙牌岩棉的主要技术性能见表 15-1-5。

表 15-1-5　龙牌岩棉的主要技术性能

项目	标准值	龙牌岩棉实测值
密度允许偏差/%	±15	8.3
有机物含量/%	≤4.0	2.9
燃烧性能	不燃	不燃
热导率（25℃）/[W/（m·K）]	≤0.044	≤0.040
纤维平均直径/μm	≤7.0	5.7
渣球含量/%	≤12	4.2
酸度系数	≥1.6	≥1.8
压缩强度/kPa	≥40	≥40
垂直于板面的抗拉强度/kPa	≥7.5	≥10.0
憎水率/%	≥98.0	≥99.0
短期吸水量（部分侵入）/（kg/m²）	≤1.0	≤1.0
质量吸湿率/%	≤1.0	≤1.0

龙牌岩棉制品技术规格见表 15-1-6。

表 15-1-6　龙牌岩棉制品技术规格

名称	密度/（kg/m³）	长度/mm	宽度/mm	厚度/mm	定型产品		应用范围
					密度/（kg/m³）	规格（长×宽×厚）/mm	
LYB 型岩棉板	80 100 150 200	1000	630	30 50 80	100	1000×630×50	广泛用于平面、曲率半径较大的罐体、锅炉、热交换器等设备的保温、隔热和吸声，一般使用温度为 350℃。为控制初次运行的升温时间，使其每小时升温不超过 50℃，则使用温度达 500℃
LYF-D 型岩棉玻璃丝布缝毡	80 100	3000	910	50 60	100	3000×910×50	广泛用于形状复杂、工作温度较高的设备的保温、隔热和吸声，一般使用温度为 400℃，如加大施工密度达 100kg/m³ 以上，增加保温钉密度并采用金属外护，则使用温度达 500℃

岩棉制品具有良好的吸声性能，既可作吸声的复合材料，又可作隔声的复合材料。表 15-1-7 为龙牌岩棉板吸声系数表。

表 15-1-7　龙牌岩棉板吸声系数表

序号	密度/（kg/m³）	厚度/mm	倍频带中心频率/Hz						
			100	125	250	500	1000	2000	4000
			吸声系数 α_T						
1	80	25	0.03	0.04	0.09	0.24	0.57	0.93	0.97
2	150	25	0.03	0.04	0.10	0.32	0.65	0.95	0.95
3	80	50	0.08	0.08	0.22	0.60	0.93	0.98	0.90
4	100	50	0.09	0.13	0.33	0.64	0.83	0.89	0.95
5	120	50	0.08	0.11	0.30	0.75	0.81	0.89	0.97
6	150	50	0.08	0.11	0.33	0.73	0.90	0.89	0.96
7	80	75	0.21	0.31	0.59	0.87	0.83	0.91	0.97
8	150	75	0.23	0.31	0.58	0.82	0.81	0.91	0.96
9	80	100	0.27	0.35	0.64	0.89	0.90	0.96	0.98
10	80（毡）	100	0.19	0.30	0.70	0.90	0.92	0.97	0.99
11	100	100	0.33	0.38	0.53	0.77	0.78	0.87	0.95
12	120	100	0.30	0.38	0.62	0.82	0.81	0.91	0.96
13	150	100	0.34	0.43	0.62	0.73	0.82	0.90	0.95

（3）矿棉（矿渣棉）

普通矿棉是以高炉矿渣为主要原料经熔化喷吹等工艺而制成的一种粗纤维材料，又称矿渣棉。其纤维直径为 10μm 左右，纤维长约 10mm，密度 120～240kg/m³，较脆，刺手，渣球多。近年来采用四辊高速离心制棉工艺，将矿渣熔融物拉制成非连续纤维，即长纤维棉，再经施胶、烘干、压型、缝制等工艺制成矿棉毡、矿棉板、矿棉管、矿棉吸声板和各种贴面的矿棉制品。这种制品具有纤维细长、柔软、均匀、密度小、渣球含量少、不燃、不腐、不蛀等优点，广泛应用于石油、化工、电力、交通、船舶、冶金、轻纺、建筑等行业的保温、隔热、绝冷、节能、装饰、吸声等工程中。

用四辊高速离心法生产的矿棉与上一节介绍的岩棉制品性能差不多，矿棉是以工业废料钢厂高炉矿渣为主要原料，而岩棉是以高炉矿渣掺入一定比例（约 20%～40%）的玄武岩或辉绿岩或其他硅酸盐岩石为主要原料，两者的化学成分基本相同，均为二氧化硅、氧化钙、三氧化二铝和氧化镁。矿棉的二氧化硅成分稍多些，而岩棉的氧化钙成分稍多些。国内生产矿棉及矿棉制品的生产厂家颇多，矿棉吸声板等矿棉制品在建筑声学和噪声控制工程中应用也十分广泛。表 15-1-8 为矿棉制品性能规格表。

表 15-1-9 为不同厚度、不同密度、不同空腔尺寸下的矿渣棉混响室实测吸声系数。

表 15-1-8　矿棉制品性能规格表

制品名称	尺寸/mm 长度	宽度	厚度	密度/(kg/m³)	纤维直径/μm	渣球含量/%	黏结剂含量/%	传热系数(70℃±5℃)/[kcal/(m·h·K)]	最高使用温度/℃	用途
矿棉板	500~1800	400~1800	25~150	40~200	4~5	<8	1~2.5	0.03~0.036	600~650	工业、民用建筑保温、隔热保温;船舶隔热防火;汽车保温、隔声;各种工业设备保温、隔热;各种矩形管道保温、隔声包扎等
	标准规格 910,1210,1820	450	30	80~150						
		605	40	80~150						
		910	50	80~150						
		1820	75	80~120						
矿棉带	1820(3640)	605	25 50 75	60~120		<8	1~2.5	0.042	600	用于储罐容器及管道的保温、隔声包扎等
矿棉毡	2000~5000	605	20~100	80~130			1~2	0.038	650	用于曲率半径较大的物体保温、隔声包扎等
粒状棉	粒径 5mm 以下不大于10%					<3	防尘油含量<0.3	—	700	作为填充料及吸声装饰板原料

表 15-1-9　矿渣棉吸声系数

序号	厚度/mm	密度/(kg/m³)	空腔/mm	吸声系数 α_T 1/3 倍频带中心频率/Hz 100	125	160	200	250	315	400	500	630	800	1000	1250	1600	2000	2500	3150	4000	5000	降噪系数 NRC
1	75	80	0	0.21	0.29	0.61	0.83	0.79	0.96	1.03	1.10	1.09	1.08	1.07	1.04	1.04	1.01	1.01	0.98	0.99	1.04	0.99
2			50	0.31	0.35	0.68	0.92	1.00	1.05	1.16	1.12	1.15	1.08	1.16	1.08	1.10	1.09	1.10	1.06	1.03	1.12	1.09
3			100	0.39	0.43	0.85	0.88	0.93	0.90	1.08	1.08	1.08	1.12	1.08	1.03	1.06	1.04	0.98	1.03	1.03	1.08	1.04
4			200	0.42	0.50	0.68	0.88	1.08	1.13	1.20	1.23	1.08	1.16	1.16	1.16	1.17	1.13	1.10	1.10	1.10	1.20	1.15
5	75	100	0	0.27	0.32	0.54	0.81	0.80	0.94	0.90	1.13	1.06	1.13	1.09	1.05	1.04	1.01	0.95	0.98	1.02	1.03	1.01
6			50	0.31	0.35	0.77	0.95	1.00	1.02	1.08	1.20	1.08	1.12	1.08	1.08	1.02	1.04	1.03	1.03	1.06	1.08	1.08
7			100	0.35	0.39	0.73	0.95	1.00	0.98	1.08	1.12	1.08	1.12	1.12	1.04	1.10	1.04	1.06	1.10	1.03	1.12	1.07

续表

序号	厚度/mm	密度/(kg/m³)	空腔/mm	100	125	160	200	250	315	400	500	630	800	1000	1250	1600	2000	2500	3150	4000	5000	降噪系数 NRC
				吸声系数 α_T（1/3 倍频带中心频率/Hz）																		
8	75	100	200	0.36	0.54	0.73	0.88	1.08	1.09	1.20	1.15	1.12	1.20	1.16	1.16	1.13	1.16	1.14	1.10	1.13	1.20	1.14
9	50	80	0	0.10	0.17	0.28	0.39	0.55	0.69	0.81	0.89	0.96	0.96	1.04	1.01	0.96	0.96	0.96	0.96	0.93	1.04	0.86
10			50	0.16	0.21	0.40	0.58	0.70	0.85	1.04	1.01	1.04	1.08	1.04	1.01	1.01	0.93	1.04	0.96	0.96	1.04	0.92
11			100	0.20	0.29	0.51	0.66	0.86	0.93	1.08	1.08	1.04	1.04	1.01	1.01	1.04	1.01	1.04	1.01	1.01	1.04	0.99
12			200	0.32	0.36	0.67	0.73	0.97	0.96	1.12	1.08	0.96	0.96	1.08	1.04	1.04	1.04	1.08	1.12	1.12	1.16	1.04
13	50	100	0	0.08	0.17	0.32	0.46	0.59	0.81	0.89	0.96	1.01	1.01	1.04	1.01	1.04	1.01	1.01	0.93	1.01	1.04	0.90
14			50	0.20	0.29	0.51	0.69	0.78	0.96	1.08	1.08	1.08	1.01	1.04	1.04	1.01	1.01	1.04	1.01	1.01	1.08	0.98
15			100	0.27	0.36	0.43	0.69	0.86	0.93	1.04	1.04	1.01	1.01	1.01	1.04	1.08	1.04	1.04	1.04	1.04	1.04	0.99
16			200	0.27	0.44	0.48	0.77	1.05	0.96	1.04	1.08	1.04	1.04	1.08	1.08	1.08	1.12	1.08	1.08	1.04	1.04	1.08
17	25	100	0	0.02	0.04	0.15	0.23	0.31	0.42	0.54	0.53	0.81	0.85	0.93	0.93	0.96	0.96	0.96	0.93	0.93	1.01	0.72
18			50	0.08	0.15	0.27	0.39	0.47	0.68	0.77	0.86	1.01	1.01	1.01	0.96	0.93	0.93	0.96	0.93	0.89	0.96	0.87
19			100	0.16	0.23	0.46	0.54	0.69	0.89	0.93	0.97	1.01	1.04	0.93	0.89	0.93	0.96	0.93	0.93	0.93	1.04	0.90
20			200	0.27	0.35	0.62	0.69	0.93	0.96	0.96	1.04	0.93	0.89	0.96	0.96	0.96	1.04	1.01	1.01	1.01	1.08	1.01
21	25	150	0	0.03	0.03	0.09	0.14	0.21	0.30	0.44	0.53	0.65	0.71	0.79	0.86	0.91	0.91	0.95	0.91	0.88	0.95	0.61
22			50	0.09	0.18	0.26	0.41	0.47	0.68	0.77	0.86	0.91	0.95	0.95	0.95	0.95	0.91	0.91	0.95	0.88	0.97	0.79
23			100	0.12	0.18	0.30	0.56	0.65	0.79	0.88	0.97	1.04	0.97	0.95	0.91	0.95	0.97	1.00	0.95	0.95	1.06	0.88
24			200	0.21	0.30	0.62	0.83	0.86	0.95	1.04	1.04	0.91	0.83	0.91	1.00	0.97	1.00	1.04	1.04	1.00	1.09	0.95

1.4　泡沫塑料类吸声材料

1.4.1　阻燃聚氨酯声学泡沫塑料

聚氨酯泡沫是一种软质泡沫塑料，按其孔泡形式的不同，可分为闭孔型和开孔型两种。市场上供应的泡沫塑料多数是闭孔型的，所谓闭孔型就是泡孔之间相互封闭，不连通，其吸声性能较差，主要用于隔热保温；开孔型泡沫塑料泡孔之间是相互连通的，吸声性能比较好，一般开孔型泡沫塑料虽然质轻、柔软，但是不防火，易老化，易吸水，吸声系数不稳定，在使用上受到一定限制。

阻燃聚氨酯声学泡沫是一种新型吸声材料，具有重量轻、耐潮、阻燃、可切割成型、施工安装方便等特点。按需要可在泡沫塑料正面粘贴一层不影响吸声性能的阻燃薄膜，一方面防止灰尘和油水浸入堵塞泡沫小孔，另一方面有一定的装饰作用。在泡沫塑料的背面涂上不干胶，可将泡沫塑料直接贴在需要吸声的地方，施工十分便捷。

阻燃聚氨酯声学泡沫被广泛应用于建筑声学和噪声控制工程中，例如，机电产品隔声罩内衬，隔声屏吸声层，空调消声器，车间站房吸声降噪以及影剧院、礼堂、会堂、广播电视录音播音室等工程中控制混响时间，改善室内音质。

表 15-1-10 为阻燃聚氨酯声学泡沫塑料主要物理力学性能的实测值。表 15-1-11 为阻燃聚氨酯泡沫塑料吸声系数表。

表 15-1-10　阻燃聚氨酯声学泡沫塑料主要物理力学性能实测值

名称	实测值	备注
表观密度/（kg/m³）	26	
拉伸强度/kPa	117	
延伸率/%	150	
撕裂强度/（N/cm）	5.88	
自燃性/s	1	—
不黏纸和聚氨酯泡沫胶黏剂剥离力/（N/25mm）	0.49	
黏结强度/（N/25mm）	材料拉破	
持黏/min	7	

表 15-1-11　阻燃聚氨酯泡沫塑料吸声系数

材料厚度/mm	空腔/cm	密度/（kg/m³）	100	125	160	200	250	315	400	500	630	800	1000	1250	1600	2000	2500	3150	4000	5000	6300	8000	备注
			1/3 倍频带中心频率/Hz																				
10	0	26	0.02	0.04	0.02	0.05	0.08	0.09	0.11	0.13	0.18	0.24	0.31	0.41	0.54	0.62	0.79	0.91	0.94	1.02	0.99	0.87	—
	5		0.06	0.05	0.03	0.09	0.11	0.18	0.27	0.44	0.59	0.78	0.84	0.84	0.83	0.83	0.72	0.68	0.81	0.86	0.77	1.28	
	10		0.02	0.11	0.17	0.22	0.29	0.40	0.58	0.72	0.87	0.73	0.74	0.58	0.62	0.73	0.80	0.86	0.82	0.98	0.88	1.09	
	15		0.07	0.08	0.23	0.29	0.44	0.61	0.64	0.76	0.78	0.67	0.53	0.57	0.75	0.76	0.79	0.86	0.88	0.86	0.95	1.09	
	20		0.08	0.17	0.34	0.52	0.51	0.64	0.77	0.79	0.64	0.50	0.58	0.81	0.67	0.81	0.80	0.77	0.88	0.88	0.84	1.15	

续表

材料厚度/mm	空腔/cm	密度/(kg/m³)	100	125	160	200	250	315	400	500	630	800	1000	1250	1600	2000	2500	3150	4000	5000	6300	8000	备注
			吸声系数 α_T																				
25	0	26	0.06	0.05	0.08	0.18	0.17	0.25	0.33	0.49	0.61	0.78	0.94	1.01	1.20	1.13	1.16	1.09	1.05	1.05	1.22	1.06	
	5		0.08	0.11	0.17	0.22	0.35	0.45	0.73	0.85	1.11	1.01	0.90	0.97	0.91	1.02	1.04	1.07	1.16	1.16	1.39	1.35	
	10		0.02	0.17	0.31	0.54	0.56	0.70	0.97	1.13	1.06	0.92	0.80	0.81	0.89	1.17	1.19	1.20	1.27	1.24	1.28	1.28	
	15		0.14	0.20	0.43	0.60	0.73	0.90	0.81	0.95	0.93	0.80	0.74	0.94	1.09	1.14	1.19	1.16	1.11	0.93	1.24	1.42	
	20		0.22	0.48	0.65	0.79	0.94	0.94	0.86	0.96	0.75	0.66	0.88	0.93	0.99	1.14	1.13	1.16	1.16	1.13	0.88	1.49	
50	0	26	0.11	0.19	0.35	0.57	0.72	1.01	1.05	1.12	1.09	1.02	0.96	0.97	1.02	1.07	1.11	1.05	0.98	1.15	1.24	1.15	
	5		0.16	0.26	0.40	0.82	1.11	1.18	1.04	1.02	0.96	0.89	0.88	0.95	1.01	1.07	1.14	0.99	1.01	1.08	0.95	1.35	
	10		0.08	0.47	0.78	1.27	0.87	0.90	0.99	0.94	0.88	0.87	0.90	0.96	1.06	1.12	1.12	1.10	1.21	1.13	0.99	1.42	—
	15		0.10	0.55	0.77	1.15	1.04	0.73	0.85	0.91	0.85	0.85	1.02	0.96	1.13	1.26	1.09	1.00	1.09	1.00	0.95	1.22	
	20		0.34	0.62	0.88	1.02	0.82	0.79	0.83	0.88	0.79	0.90	0.85	1.00	1.09	1.20	1.08	1.00	1.14	1.13	1.03	1.28	
75	0	26	0.24	0.38	0.60	0.93	1.22	1.13	1.09	1.12	1.03	0.99	1.00	1.03	1.14	1.19	1.14	1.15	1.02	1.23	1.22	1.20	
	5		0.31	0.53	0.86	1.32	1.13	1.09	1.01	0.98	1.02	0.96	1.00	1.04	1.14	1.24	1.10	1.02	1.27	1.30	1.24	1.42	
	10		0.42	0.60	0.89	1.14	0.97	1.01	1.07	1.16	1.09	1.17	1.26	1.20	1.18	1.29	1.31	1.35	1.29	1.19	1.19	1.42	
	15		0.22	0.80	1.14	1.45	1.18	1.13	0.98	1.13	1.05	1.24	1.25	1.23	1.29	1.31	1.33	1.24	1.27	1.48	1.15	1.63	
	20		0.41	0.72	1.04	1.25	0.95	0.93	1.06	1.09	1.15	1.26	1.21	1.17	1.30	1.27	1.34	1.16	1.20	1.30	1.03	1.49	

（表头"1/3 倍频带中心频率/Hz"跨频率各列；"吸声系数 α_T"为各频率列下方说明行）

1.4.2　巴数特（Basotect）吸声材料

德国巴斯夫（BASF）（中国）有限公司提供的巴数特（Basotect）吸声材料，是一种由三聚氰胺树脂制备的柔韧性的开孔泡沫，为热固性塑料，突出的特点是它是由一些纤细而易成型的纤维建立的三维立体网状结构。

巴数特吸声材料在德国巴斯夫公司生产，以包装成型的形式供货，标准尺寸为 2500mm×1250mm×500mm，国内有加工厂，按设计要求可将发泡的巴数特吸声材料通过切割、挤压和冲压制成板状、圆柱状、尖劈状、三角状等各种形状的吸声体。

巴数特吸声材料具有如下特点或优点。

① 质轻，一般密度为 $9kg/m^3$，最轻可以做到 $6kg/m^3$。

② 柔软，手感光滑，不刺手，在低温下仍具备柔韧性。

③ 阻燃性为 B 级（国家标准 GB 8624—2012，德国标准 DIN4102 为 B_1 级）。

④ 适用温度范围广，温度最高可达 240℃，最低可达 −200℃。

⑤ 环保，无纤维散落，无二次污染。

⑥ 易加工安装，轻便灵活，弹性恢复力强。

⑦ 对所有有机溶剂均具有抵抗性。

⑧ 巴数特吸声材料的生产不添加卤代烃、阻燃剂和有毒金属，对水无污染，对人无害，不需加入其他化学清洁剂就可达到极佳的清洁效果。

⑨ 优良的吸声性能。巴数特吸声材料本体（无空腔）中高频吸声性能优良。图 15-1-1 为不同厚度的巴数特吸声材料（无空腔）吸声特性曲线。厚度为 20mm，贴实安装（即无空腔），1600Hz 以上吸声系数大于 0.40；50mm 厚，贴实安装，500Hz 以上吸声系数大于 0.50；100mm 厚，贴实安装，250Hz 以上吸声系数大于 0.70，降噪系数 NRC0.90。若在巴数特吸声材料的背面留有空腔（即不贴实），其低频吸声性能会有很大提高，空腔越大，低频吸声效果越好。

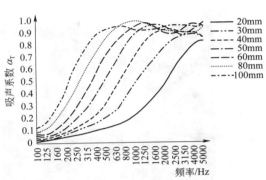

图 15-1-1　不同厚度的巴数特吸声材料
（无空腔）吸声特性曲线

⑩ 优良的绝热性能。由于巴数特材料的高耐热性（240℃）和难燃性可满足隔热要求，因此广泛应用于空调设备和管道及热水炉的保温。

高效的吸声性能、安全的阻燃性能和极小的密度，再加上经过专门的装饰设计，使巴数特吸声材料在厅堂音质、大型体育场馆、大型公共建筑等室内声学设计中得到了广泛的应用。

采用具有装饰效果的巴数特吸声板、悬挂吸声板和背覆巴数特吸声材料的金属天花板，可有效改善室内声学效果。典型的应用案例是北京国家游泳中心和上海火车南站大厅屋面，如图 15-1-2 和图 15-1-3 所示。

图 15-1-2　北京国家游泳中心（侧墙巴数特吸声板）

图 15-1-3　上海火车南站（顶棚巴数特吸声板）

　　巴数特吸声材料切割成尖劈状或板状，安装于消声室内，可造成室内自由声场环境。笔者设计的上海某中心消声室吸声尖劈采用的就是巴数特吸声材料。图 15-1-4 为该消声室内巴数特吸声尖劈局部安装图。

图 15-1-4　上海某中心消声室内巴数特吸声尖劈局部安装图

　　巴数特吸声材料在噪声控制工程中也得到了广泛的应用。

　　对于重型机械制造、金属加工企业等大型厂房的降噪改造，采用重量极轻、固定简单、几乎不增加多大荷载的巴数特吸声板，尤其适用。有时用绳索结构就可以将巴数特吸声板吊挂起来，安装方便，省时，费用少。图 15-1-5 为安装于生产车间内顶棚上的巴数特空间吸声体照片。

图 15-1-5　安装于生产车间内顶棚上的巴数特空间吸声体照片

1.4.3　"绿寰宇"三聚氰胺泡沫塑料

　　河南濮阳绿寰宇化工有限公司是中国大型化工企业——河南省中原大化集团有限责任公司的子公司，是以高科技材料开发、生产为主的高新技术企业。绿寰宇公司自主研发生产的"绿寰宇"牌三聚氰胺泡沫塑料填补了国内空白。

　　三聚氰胺泡沫塑料是一种低密度、高开孔率、柔性的泡沫塑料，具有卓越的吸声性、隔热性、耐温性、卫生性，且耐真菌、绿色环保，广泛应用于有改善音质、控制噪声、隔热保温需求的场所，例如建筑业、工业、交通工具、航空航天、船舶、机电、家电、电子产品、服装织物、日用清洁等领域。

　　三聚氰胺泡沫塑料俗称密胺泡沫塑料，与国外同类产品类似，它具有如下特点。

　　① 高阻燃性　无须添加阻燃剂即可达到德国 DIN4102B$_1$ 级，美国 UL94-96 V-0 级高阻燃

材料标准。接触明火后在燃烧体的表面形成致密的焦炭层从而阻滞燃烧，无流滴，无毒性气体释放，烟密度<15，离火自熄。

② 吸声性能优 密胺具有可达 95%以上的开孔率，使声波能方便有效地进入泡沫体的深层并转变为网络的振动能被消耗和吸收掉，还能有效地消除反射波。

③ 良好的绝热保温性 高开孔率和三维网络结构，使空气的对流传热得到有效的阻滞，不易传热。

④ 耐温性强 适宜长期工作在−165～180℃工况条件下，在−165～400℃无分解和变形现象。

⑤ 密度极小 产品密度为 4～12kg/m³，是目前最轻的泡沫塑料之一。

⑥ 无毒，卫生，安全性好 密胺泡沫稳定的化学结构和交联体系，使其具有独特的化学稳定性，无毒、无害，可达到食品级卫生要求。

目前生产的标准规格为 600mm×600mm×500mm、2500mm×1200mm×500mm，用户可以按自己所需要的尺寸和形状，再进行切割加工。

"绿寰宇"牌三聚氰胺泡沫塑料物理性能见表 15-1-12。

表 15-1-12 "绿寰宇"牌三聚氰胺泡沫塑料物理性能

性能名称	检验值
体积密度/（kg/m³）	6～10
压陷硬度/N	400
拉伸强度/kPa	120
断裂伸长率/%	16
热导率/[W/（m·K）]	<0.032
压缩永久变形/%	4.92
撕裂强度（直角形）/（N/cm）	0.72
长期使用温度/℃	150
烟密度	34
垂直燃烧/级	B_1 （DIN 4102） B （GB8624—2012）

密度为 5kg/m³，厚度为 50mm 的三聚氰胺泡沫塑料，面积约 11.4m²，在混响室内贴实（无空腔），实测其吸声系数见表 15-1-13。

表 15-1-13 三聚氰胺泡沫塑料吸声系数

	频率/Hz	100	125	160	200	250	315	400	500	630	800
测试条件：密度 5kg/m³，厚度 50mm，贴实（无空腔）	吸声系数 α_T	0.10	0.17	0.20	0.30	0.36	0.56	0.75	0.83	0.99	0.96
	频率/Hz	1000	1250	1600	2000	2500	3150	4000	5000	6300	8000
	吸声系数 α_T	0.99	0.99	0.96	0.92	0.89	0.92	0.91	0.99	0.88	0.99

三聚氰胺泡沫塑料应用于室内降噪，如图 15-1-6 所示。

图 15-1-6　上海世博中心室内降噪照片

1.5　有机纤维吸声材料

1.5.1　"帕特"木质吸声板（PATT）

木质吸声板早期的名称叫"帕特"（PATT）木质吸声板，有的叫玛莱特木质吸音板，也有的叫防水不燃吸声板、喷漆木质吸声板、高分子复合板、木质穿孔吸声板、木质装饰吸声板、穿孔中密度木纤维条板等。

"帕特"（PATT）木质吸声板是采用中密度木纤维穿孔板做装饰护面，内侧贴 SoundTex 吸声无纺布而构成的一种新颖别致的吸声结构，20 世纪末由意大利引进。国内现在有不少公司生产这种"帕特"板。

"帕特"木质吸声板的外形如图 15-1-7 所示。

图 15-1-7　"帕特"木质吸声板外形

"帕特"木质吸声板一般作为墙面的装饰板，板与墙面之间的空腔大小直接影响吸声性能，若贴实安装（无空腔）吸声系数是很低的。

有时为了提高"帕特"板的吸声性能，在"帕特"板的空腔内再填装吸声材料。表 15-1-14 为 14PMK100 型"帕特"板（"帕特"板+50mm 厚 32kg/m³ 玻璃棉+100mm 厚空腔）吸声系数表。

表 15-1-14　14PMK100 型"帕特"板吸声系数表

1/3 倍频带中心频率/Hz	100	125	160	200	250	315	400	500	630
吸声系数 α_T	0.49	0.70	0.84	1.02	1.05	1.07	1.06	1.01	1.04
1/3 倍频带中心频率/Hz	800	1000	1250	1600	2000	2500	3150	4000	NRC
吸声系数 α_T	0.95	0.96	0.94	0.85	0.82	0.83	0.82	0.76	0.96

由表 15-1-14 可知，"帕特"板后填装吸声材料并留有 100mm 空腔，降噪系数可达 0.96，是一种强吸声结构，吸声频带比较宽。由于在混响室内测试时，材料边沿效应致使某些频段吸声系数大于 1.0。

1.5.2　"常荣"CR 超微孔透明吸声膜

南京常荣声学股份有限公司开发的 CR 超微孔透明吸声膜，是根据著名声学专家马大猷院士的微穿孔板理论，进一步改进并已申请了专利的新结构、新材料。采用在高分子聚碳酸酯薄膜上穿制直径为 0.05~0.3mm 的超微孔，利用微孔共振吸声和薄膜共振吸声等多种吸声机制的复合效应，取得较满意的吸声效果。为了在较宽的频带范围内得到较高的吸声系数，可以按设计要求调整超微孔的孔径、穿孔率、板厚以及背后空腔的厚度，也可以用数层结构复合的方法，通过计算或实测试验，得到较高的吸声性能。

CR 超微孔透明吸声膜有如下特点：
① 吸声频带宽，吸声频段可调；
② 外观透明，轻质环保，无二次污染；
③ 无毒、无味、防潮、防霉、防蛀、防静电、防紫外线、阻燃；
④ 自净、易清洁、易维护保养；
⑤ 结构多样、适用场合广、性能稳定、加工精度高。

CR 超微孔透明吸声膜的微孔有多种排列方式，有三角形、正方形、棱形、五角形等；膜的厚度一般为 0.15mm、0.20mm、0.25mm、0.30mm；孔径一般为 $\phi 0.15$mm、$\phi 0.20$mm、$\phi 0.22$mm、$\phi 0.25$mm；膜的宽度有 300mm、400mm、500mm、600mm、700mm、800mm、900mm、1000mm、1100mm 等多种规格；膜的长度有 2000mm、3000mm、4000mm、5000mm 等多种规格。

CR 超微孔透明吸声膜在室内音质处理和工业与民用降噪工程中得到了广泛的应用，例如影剧院、体育馆、KTV、演播厅、多功能厅、会议厅、录音室等。对有净化要求的食品、医药、芯片制造、医院等行业及场所更为适用。

CR 超微孔透明吸声膜按其安装方式不同，目前有矩形框架结构、网状结构、卡嵌式结构、拉膜式结构、钢丝绳结构、透明隔断以及透明空间吸声体等多种形式。

图 15-1-8 为 CR-TC-G 型矩形框架结构吸声膜吸声特性曲线。

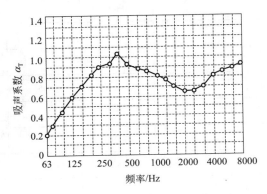

图 15-1-8　CR-TC-G 型矩形框架结构吸声膜吸声特性曲线

"常荣"CR 超微孔透明吸声膜可以制成各种形状的空间吸声体，例如梯形、尖劈形、圆柱形、半圆形、圆锥形、三棱锥形、四棱锥形等多种形状。

图 15-1-9 为 CR 透明空间吸声体外形图（部分）。

图 15-1-10 为 CR 系列膜应用于云南师范大学透明吸声吊顶工程照片。

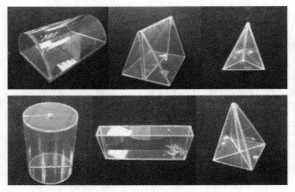

图 15-1-9　CR 透明空间吸声体外形图（部分）　　图 15-1-10　云南师范大学透明吸声吊顶工程照片

1.5.3　艾洛克（ACOULOC）防火吸声无纺布

艾洛克防火吸声无纺布是一种极为轻薄的新型特殊吸声材料，已获专利。它与穿孔板复合组成吸声体，具有良好的吸声作用。艾洛克防火吸声无纺布现由广州艾洛克建筑材料技术开发有限公司生产供货。

艾洛克防火吸声无纺布按其重量和厚度不同有多种规格，表 15-1-15 为现有产品的性能规格。

表 15-1-15　艾洛克防火吸声无纺布性能规格表

性能参数	规　　格			
面密度/（g/m²）	60	80	95	180
厚度/mm	0.15	0.20	0.21	0.6
渗透度 196 帕/[L/（m²·s）]	960	1150	700	455
抗张强度 MD/（N/m）	2000	2250	2600	4500
抗拉强度 CD/（N/m）	1775	1800	1550	4250
延伸度 MD/%	2	1.5	1.5	1
延伸度 CD/%	2	1.5	1.5	1
不规则撕扯 MD/CN	179	200	135	260
不规则撕扯 CD/CN	183	210	195	273
干湿比例/%	35	35	40	35

续表

性能参数	规　　格			
水滴试验/s	230	260	260	280
吸声性能 NRC	≥0.60	≥0.65	≥0.65	≥0.80
防火标准 GB 8624—2012	B 级			
SGS 防火标准 EN 13501-1：2207	B 级			
环保标准 GB 50325—2010 甲醛含量	符合标准			
SGS 环保标准	符合标准			

现有的艾洛克防火吸声无纺布厚度为 0.15mm、0.20mm、0.21mm、0.6mm，相应的面质量为 60g/m²、80g/m²、95g/m²、180g/m²，由于厚度极薄，重量极轻，被人们称为"无质量""无厚度""无体积"的吸声材料。防火吸声无纺布裁剪方便，安装简单。可将其用低温热敏胶粘贴在穿孔板上；若为金属穿孔板，可将板加热粘贴；对于非金属穿孔板，可利用电熨斗加热方法粘贴。

在穿孔板上粘贴防火吸声无纺布后，可不再放置玻璃纤维等吸声材料，减小了对环境的污染。因此，这种材料是一种环保材料，还可以防止顶棚内灰尘散落。

实验表明，0.2mm 厚防火吸声无纺布粘贴在铝合金穿孔板上，空腔为 50mm，其吸声性能与 50mm 厚离心玻璃棉放在铝合金穿孔板上差不多，这样就省去了离心玻璃棉吸声材料。

图 15-1-11 为孔径 ϕ2.8mm、穿孔率 19%的铝合金板后面粘贴艾洛克防火吸声无纺布，空腔为 100mm 的吸声特性曲线。

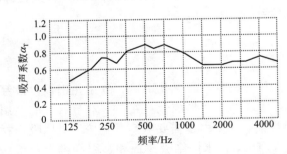

频率/Hz	吸声系数 α_T
125	0.48
250	0.76
500	0.88
1000	0.80
2000	0.64
4000	0.76
NRC	0.75

图 15-1-11　艾洛克防火吸声无纺布吸声特性曲线

1.5.4　杜邦 PVF 薄膜

美国欧文斯-科宁玻璃纤维有限公司采用杜邦公司生产的 tedlar 型 PVF 薄膜作为纤维性吸声材料的覆面材料，在噪声控制和建筑声学领域得到了广泛的应用。通常采用玻璃丝布、塑料薄膜、无纺布、纱布、装饰织物等将吸声的玻璃棉、岩棉、矿渣棉、膨胀珍珠岩以及聚氨酯泡沫塑料等多孔性材料包覆起来，以防止其散落。特别是在通风空调系统以及动力设备所用的消声器中使用的多孔性吸声材料，为防止其被吹走，都需要加护面材料。

杜邦 PVF 薄膜作为吸声玻璃棉的覆面材料，与普通的塑料薄膜相比，除能隔绝潮湿、防水、防油、防尘、防止纤维散落之外，还具有防紫外线、防静电、强度高、不易老化和经久耐用等特点。杜邦 PVF 薄膜覆盖在玻璃棉吸声材料表面，既可在室内和潮湿的环境中使用，又能在户外使用，不怕风吹、日晒、雨淋。

实践证明，塑料薄膜作为多孔性吸声材料的护面材料，对多孔性吸声材料的吸声性能有一些影响。厚度为 10μm 左右很薄的塑料薄膜对多孔性吸声材料的吸声性能几乎没有影响，但太薄的膜易于损坏、老化、不耐用。加厚薄膜可提高低频吸声系数，但对中高频的吸声有影响，会使高频吸声系数降低。

PVF 薄膜覆盖于密度为 32kg/m³、厚度为 50mm 的离心玻璃棉板上，在混响室内测试，温度 14℃，湿度 67%，覆盖和不覆盖（裸板）PVF 薄膜的吸声特性曲线如图 15-1-12 所示。

由图 15-1-12 可知，覆盖与不覆盖 PVF 薄膜对玻璃棉板吸声性能影响不大，两条曲线是基本接近的。差别在于覆盖 PVF 薄膜后，1000Hz 以下中低频吸声系数略有提高，而 1600Hz 以上高频范围吸声系数有下降，频率越高，下降越快。

PVF 薄膜具有抗紫外线、抗老化、防水、耐化学腐蚀、抗静电、不吸灰尘以及使用寿命长等特性，能有效地保护吸声材料，使玻璃棉等吸声材料的应用范围大大扩展。例

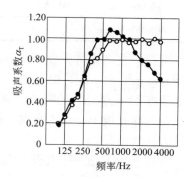

图 15-1-12　PVF 薄膜对玻璃棉板
吸声系数的影响
○无膜；●加膜

如：游泳馆的顶棚吸声，露天广场建筑吸声；在工业降噪方面，例如制药、食品、精密仪器、手术室等需要吸声而又要求洁净的房间；在公共建筑的隧道、地铁等潮湿环境中的吸声；特别是有紫外线照射的室外环境，如高速公路、铁路、城市高架道路、轻轨、冷却塔、热泵机组等户外声屏障，PVF 薄膜吸声护面更有其独特的作用。

1.6　新型金属吸声材料

前面几节提到的穿孔钢板、穿孔铝板、微穿孔铝板、微穿孔铝箔、微穿孔钢板以及穿孔板共振吸声体等，都是以金属板材为基材，通过加工而形成吸声结构。本节所述的金属吸声材料是利用金属材料本身所具有的吸声性能，直接用于需要吸声的地方。金属吸声材料按其形态和生产工艺不同，大体分为泡沫吸声板、粉末烧结吸声板和金属纤维吸声板三大类。

前面介绍的几种吸声材料各有优缺点。其中，纤维性吸声材料质软、强度低，有机纤维材料吸湿、易燃，无机纤维材料不易降解，对环境会造成二次污染。颗粒状吸声材料性脆，受撞击后会破碎坠落，有安全隐患。吸声泡沫塑料存在老化、吸水后吸声性能下降、不防火等问题。泡沫玻璃性脆、易破损。而金属吸声材料正好可以避免或解决上述材料存在的缺点。

1.6.1　铝泡沫吸声板

铝泡沫吸声板（俗称泡沫铝吸声板）是一种金属吸声材料。

　　铝泡沫吸声板是采用发泡法生产的，在铝液中加入化学发泡剂，浇成铝锭后，再将发泡剂溦出，成型为块状，用电锯切割加工成所需的材料，这种板就称为铝泡沫板或发泡铝板。表 15-1-16 为铝泡沫吸声板的主要技术性能指标。

表 15-1-16　铝泡沫吸声板主要技术性能指标

性能名称	技术指标
主孔径/mm	0.9、1.6、2.5，常用规格 1.6
孔隙率/%	60～80（1.6mm 孔径时为 68～78）
通孔率/%	85～90（1.6mm 孔径时为 90～95）
体积密度/（kg/m³）	500～1100（1.6mm 孔径时为 600～850）
燃烧性	不燃 A 级
抗压强度/MPa	8.61（压缩 10% 条件下）
抗弯强度/MPa	8.06
抗拉强度/MPa	3.41
抗老化/h	250，无变色，无脱落，无老化现象
电磁屏蔽性/dB	40～50

　　上海众汇泡沫铝材有限公司生产的 ZHB 型泡沫铝吸声板的常规厚度为 6mm、8mm、10mm；本色为银灰色，可着各种颜色制成彩色板；用单板和金属骨架可拼装成复合板。表 15-1-17 为 ZHB 型泡沫铝吸声板常用规格。图 15-1-13 为泡沫铝吸声板外形照片。

表 15-1-17　ZHB 型泡沫铝吸声板常用规格

类别	分类代号	长×宽/mm	厚度/mm	形式	颜色
普通板	ZHB-1	250×250 500×500	6，8，10	单板	银白色
彩色板	ZHB-2	250×250 500×500	6，8，10	单板	各种颜色
复合板	ZHB-3	500×500 1000×1500 1000×2000	20，50，100	吸声结构（拼装式）	吸声面板可选择普通板或彩色板

图 15-1-13　泡沫铝吸声板外形照片

　　铝泡沫吸声板是一种多孔性吸声材料，实际使用厚度为 4～10mm。安装时其后部一定要留有空腔。若无空腔，贴实安装，其吸声系数是很低的。

　　铝泡沫吸声板厚度为 8mm，毛坯板、表面喷涂、背面贴铝箔、不同空腔尺寸下的吸声系数见表 15-1-18。

表 15-1-18　8mm 厚铝泡沫板的吸声系数

板型	毛坯板			表面喷涂			表面喷涂，背面贴铝箔						
厚度/mm	8			8			8						
空腔/mm	50	100	200	50	100	200	50	100	200	100[①]	100[②]	100[③]	200[④]
频率/Hz	吸声系数 α_T												
100	0.10	0.19	0.10	0.05	0.19	0.05	0.24	0.48	0.62	0.34	0.43	0.43	0.48
125	0.10	0.14	0.14	0.10	0.14	0.19	0.24	0.48	0.53	0.43	0.57	0.53	0.48
160	0.05	0.14	0.24	0.10	0.19	0.29	0.24	0.48	0.62	0.43	0.38	0.53	0.43
200	0.10	0.19	0.29	0.10	0.24	0.34	0.29	0.62	0.81	0.67	0.67	0.62	0.62
250	0.14	0.24	0.43	0.19	0.29	0.48	0.43	0.72	0.96	0.86	0.81	0.81	0.86
315	0.14	0.34	0.48	0.14	0.38	0.57	0.62	0.81	0.86	0.86	0.91	0.91	0.86
400	0.14	0.43	0.48	0.14	0.43	0.53	0.72	0.77	0.77	0.72	0.67	0.77	0.72
500	0.24	0.48	0.48	0.29	0.48	0.62	0.81	0.81	0.72	0.86	0.81	0.81	0.81
630	0.14	0.57	0.29	0.24	0.62	0.38	0.81	0.72	0.67	0.57	0.57	0.67	0.62
800	0.43	0.53	0.43	0.43	0.67	0.38	0.67	0.57	0.48	0.57	0.53	0.48	0.48
1000	0.43	0.48	0.29	0.53	0.53	0.38	0.53	0.48	0.43	0.48	0.48	0.43	0.43
1250	0.53	0.43	0.48	0.48	0.48	0.48	0.53	0.43	0.48	0.43	0.38	0.43	0.43
1600	0.53	0.34	0.38	0.38	0.38	0.38	0.43	0.38	0.38	0.38	0.38	0.38	0.43
2000	0.48	0.34	0.38	0.38	0.38	0.48	0.43	0.43	0.43	0.34	0.38	0.38	0.43
2500	0.38	0.48	0.53	0.53	0.53	0.53	0.48	0.53	0.43	0.48	0.48	0.57	0.72
3150	0.38	0.48	0.48	0.53	0.53	0.53	0.53	0.57	0.48	0.48	0.43	0.57	0.86
4000	0.19	0.43	0.43	0.43	0.43	0.49	0.53	0.67	0.34	0.38	0.38	0.72	0.96
5000	0.34	0.34	0.38	0.38	0.38	0.38	0.67	0.86	0.34	0.48	0.48	0.91	0.96
NRC	0.30	0.40	0.40	0.35	0.45	0.45	0.55	0.60	0.60	0.62	0.60	0.60	0.60

①板喷水 100g/m²。

②板喷水 200g/m²。

③板洒灰尘 85g/m²。

④板洒灰尘 170g/m²。

　　铝泡沫吸声板的用途十分广泛，是新一代功能性吸声降噪材料和新型环保产品。它具有吸声、不燃、屏蔽、耐候、质轻、防眩、无污染、可回收利用等特性。铝泡沫吸声板可制成不同规格、不同色彩、不同拼装要求的复合吸声板，尤其适合于道路声屏障的吸声降噪，也可用于游泳馆、体育馆、影剧院、演播厅、控制室的室内吸声，还可用于各种机房室内强吸声降噪以及作为消声器的吸声板材料使用。

目前生产的铝泡沫吸声板板幅较小，生产工艺比较复杂，特别是电锯切割开片很费时，又费料，锯缝宽度一般为 2mm，若切割 4mm 厚板，材料损耗达 30%～50%，成材率低，弯折会破裂，选用时应予注意。

1.6.2 铝纤维吸声板

铝纤维吸声板是在两种不同网孔的铝板网中间放置一层铝纤维吸声毡，通过滚压机压成厚度为 1.0～2.5mm 的薄板，将其用金属龙骨或木龙骨固定在需要吸声的地方，与壁面间已有的空腔即组成了吸声结构。图 15-1-14 为铝纤维吸声板结构示意图。

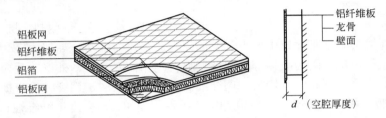

图 15-1-14 铝纤维吸声板结构示意图

铝纤维吸声板的主体是铝纤维吸声毡，它是一种铝纤维材料，可以用抽丝的方法生产，但成本高，目前多数是用喷射的方法生产。

铝纤维吸声板的物理性能见表 15-1-19。

表 15-1-19 铝纤维吸声板物理性能一览表

性能名称	技术指标
孔隙率/%	25～50
密度/（kg/m³）	1200～1900
纤维直径/μm	100
热膨胀系数/（m/℃）	23.4×10^{-4}
热导率/[kcal/（m·h·℃）]	70
固有电阻/Ω·m	8.0×10^{-4}
电磁波屏蔽/dB	60（10～1000MHz）

铝纤维吸声板在实际应用时，铝纤维板和后背壁面之间必须留有一定的空腔，这样才能获得良好的吸声效果，如果贴实安装，吸声效果是很差的。图 15-1-15 为面密度为 850g/m²、厚为 1.6mm 的铝纤维毡在不同空腔尺寸下的吸声特性曲线。

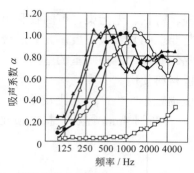

图 15-1-15　铝纤维毡在不同空腔尺寸下的吸声特性曲线
（铝纤维毡面密度 850g/m², 厚 1.6mm）

——○—— 空腔 50mm；——●—— 空腔 100mm；——△—— 空腔 150mm；——▲—— 空腔 200mm；——□—— 空腔 0, 贴实

铝纤维吸声板是一种新型吸声材料，与传统的无机纤维吸声材料相比，具有许多优越性，使用范围更广。

① 铝纤维吸声板具有强度高、抗风、不燃、耐水、透水、易干、耐热、抗冻等耐候性能，因此特别适合在露天和地下建筑中使用。例如，高速公路、铁路、高架、轻轨、变电站、冷却塔、热泵机组、风机等隔声吸声屏障用该种材料制作，寿命长，外形美观。据介绍，国外许多早期设置的声屏障更新时，均将玻璃纤维性吸声材料换成了铝纤维吸声板。

② 铝纤维吸声板在有振动或有气流冲击的条件下使用，不会产生纤维性粉尘；在潮湿的环境中使用，不会发霉和繁殖细菌。因此，铝纤维吸声板适宜在食品、制药、清洁、精密仪器等车间内使用，在病房及手术室等特殊场所使用更合适。

③ 铝纤维吸声板质轻、板薄、强度高、耐腐蚀、透气散热、有较好的加工性能，因此作为压缩机、电机、泵、风机等隔声壳体内的吸声材料以及进气排气消声器中的吸声材料比较理想。

④ 铝纤维吸声板可以喷涂各种颜色，可以弯折加工成各种形状，具有较好的装饰效果，同时吸声性能不错，因此，在音乐厅、影剧院、广播、电视、电影录音、体育场馆、候机大厅、展览馆、博物馆、宾馆、大商场、酒店大堂等建筑中的吸声吊顶或吸声壁面上使用也很合适。

1.6.3　复合针孔铝吸声板

上海博网新型环保材料有限公司开发生产的"博网"BW 型新型复合针孔铝吸声板，又称复合通孔铝吸声板或复合针孔吸声铝板。该型吸声板的基材是 1.30mm 厚铝合金板，采用特制的冲压设备及模具，在铝合金板的底面和顶面冲制三角锥形凹孔，形成上下三角锥的锥底有一个椭圆形微细孔相通，如同针孔一样，微细孔的孔径为 0.10～0.15mm，孔距 2.20mm，穿孔率约为 3.5%。三角锥形凹孔使铝板表面形成波浪形极小凸点，使反射的声波相互碰撞干扰产生衰减，微细孔实际是丝米级的超微孔，符合微穿孔板吸声原理。

复合针孔铝吸声板现有规格：板宽 1200mm，长度不限，可按设计要求订制。板表面采用静电喷涂工艺或彩色着色氧化处理，也可压制出漂亮的立体图案，外形美观、大方、平整、挺括。针孔板可压制成波浪型、瓦楞型，既增加了板面的强度，又有立体美感。

在复合针孔铝吸声板的后面留有一定的空腔，用轻钢龙骨或木龙骨支撑即构成了吸声结构，在空腔内不需再填装任何吸声材料。只有一层针孔铝吸声板就可以了，真正做到了绿色、环保，无二次污染，铝板可回收利用。

"博网" BW 型复合针孔铝吸声板性能规格见表 15-1-20。

表 15-1-20　"博网" BW 型复合针孔铝吸声板性能规格表

板厚度/mm	外形尺寸（宽×长）/mm	面密度/（kg/m²）
1.30	500×500	≤2.7
1.30	500×2000	≤2.7
1.30	600×600	≤2.7
1.30	1000×1000	≤2.7
1.30	1000×2000	≤2.7
1.30	1200×2000	≤2.7

"博网" BW 型复合针孔铝吸声板吸声系数（α_T）见表 15-1-21。

复合针孔铝吸声板人工加速耐候性 250h，无粉化；耐盐雾腐蚀性，酸性 1000h，外观评级 10 级，无点蚀、起泡、剥落等腐蚀现象；抗拉荷载≥1305N；防火等级为 A 级不燃。

复合针孔铝吸声板的特点是：质轻无污染、防眩、抗老化、抗冲击、抗冻融、吸声系数稳定、耐潮、耐腐蚀、不燃烧、易弯易加工、易运输、拆装维修方便、性价比合理，并可喷涂各种颜色，外形美观。

复合针孔铝吸声板是一种新开发出来的金属吸声材料，正引起各方面的重视。这种新型吸声板材可用于室内外的噪声控制工程、室内音质工程和装修工程。例如，高速公路、高架桥梁、地铁轻轨、高速铁路、大型机房隔声吸声屏障，大型会议中心、体育场馆、歌舞剧院、演播厅、录音室、候机楼、候车楼等室内顶棚和护墙的吸声。还可以用它作为消声器的吸声结构，用途十分广泛。笔者在上海中环线上中路隧道进出口声屏障，S4、S2 等高速公路声屏障上使用了这种新材料，均取得了较满意的治理效果。

表 15-1-21　"博网" BW 型复合针孔铝吸声板吸声系数（α_T）表

频率/Hz	空腔 50mm	空腔 75mm	空腔 100mm
100	0.09	0.13	0.13
125	0.09	0.13	0.17
160	0.09	0.13	0.13
200	0.09	0.22	0.17
250	0.22	0.30	0.35
315	0.35	0.43	0.56
400	0.52	0.61	0.78
500	0.65	0.87	0.87
630	0.74	0.91	0.91

续表

频率/Hz	空腔 50mm	空腔 75mm	空腔 100mm
800	0.78	0.87	0.91
1000	0.82	0.91	0.82
1250	0.78	0.74	0.69
1600	0.74	0.65	0.52
2000	0.69	0.56	0.48
2500	0.56	0.43	0.52
3150	0.39	0.56	0.52
4000	0.35	0.43	0.48
5000	0.39	0.43	0.48
NRC	0.60	0.65	0.65

1.6.4 "标榜"超微孔金属吸声板

江苏标榜装饰新材料股份有限公司与同济大学声学研究所共同研究开发的超微孔金属吸声板，是一种将微穿孔带入超微孔时代的新材料，其吸声性能具有"惊人的潜力"。它是根据声学泰斗、中科院院士、国际著名声学家马大猷教授微穿孔板理论和实践而发展起来的用于声品质的改善和吸声降噪的系列化声学产品。

马大猷院士于 1975 年在《中国科学》上发表了"微穿孔板吸声结构的理论和设计"论文，揭开了中国声学科技创新的序幕，开创了微穿孔吸声体应用的新历程。微穿孔板是将常见的穿孔板穿孔的直径控制在 1mm 以下，穿孔板后面留有一定的空腔，穿孔率控制在 1%～5%，这样就构成了微穿孔板吸声结构。此时，微穿孔板本身就已经具有足够的声阻，同时具有足够低的质量声抗，形成宽带吸声体，而不需要添加任何多孔性材料。这种宽频、高效、清洁、环保的吸声结构在工业、军工、民用建筑等领域得到了广泛的应用。

马大猷院士于 1997 年在中国《声学学报》上发表了"微穿孔板吸声体的准确理论和设计"以及 1998 年在美国声学学会杂志（JASA）上发表了"微穿孔板吸声体的潜力"学术论文，指出：将穿孔直径进一步减小，可获得吸声频带更加宽广的吸声体。在"微穿孔板宽带吸声体"一文中马先生指出：穿孔板结构的吸声频率范围主要由其孔径决定，只有丝米级的穿孔可获得良好的吸收。这就为将微穿孔带入超微孔时代奠定了基础。人们一般将 0.10mm 以下的孔称为超微孔。

江苏标榜装饰新材料股份有限公司解决了超微孔吸声结构的材料和加工工艺问题，可在金属薄板上冲制直径≤0.1mm 的超微孔，充分拓展了微穿孔吸声结构良好的吸声性能和吸声频率范围，同时可提供具有清洁、无污染、不受环境限制的可以在高温、高湿、高速气流冲击等条件下使用的系列化新产品。

超微孔金属吸声板有如下特点：

① 防火：A 级防火，符合国家标准 GB 8624—2012 的规定。

② 吸声：对声能的吸收效果好，降噪系数 NRC≥0.70。

③ 洁净：绿色环保，环境友好，无需任何纤维性吸声材料，无污染。

④ 环保：已通过国家环保认证，安装过程不需使用任何胶水。

⑤ 耐久：产品使用寿命长，使用期限可达 20 年以上。

⑥ 美观：具有多种表面处理方式，有特殊效果，色彩柔和多样。

超微孔金属吸声板的主要技术参数如表 15-1-22 所列。

表 15-1-22　超微孔金属吸声板主要技术参数

名称	主要技术参数
材质	铝合金板或镀锌钢板
板厚	0.8～1.0mm
涂层方式	聚酯预辊涂、聚酯喷涂、静电粉末喷涂、高分子覆膜、阳极氧化等
颜色	多种颜色及木纹、皮纹、金属纹理可供选择，也可按用户要求订制
穿孔形式	孔径 0.1～0.2mm，孔距 2.2mm，穿孔率 3.5%（也可按用户要求冲制）
产品结构系统高度范围	100～200mm
产品吸声性能范围	NRC 0.52～0.90

超微孔金属吸声板现有 7 种型号，其中，SC-01、SC-02、SC-04、SC-05 型用于顶棚吸声，SW-01、SW-02、SW-03 型用于侧墙吸声。

图 15-1-16 为 SC-01 型超微孔金属吸声板安装示意图。图 15-1-17 为 SC-01 型超微孔金属吸声板吸声性能及吸声特性曲线。

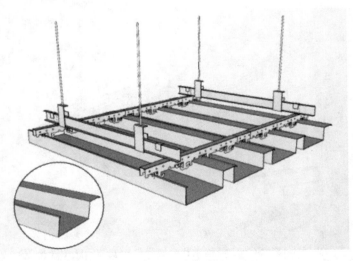

图 15-1-16　SC-01 型超微孔金属吸声板安装示意图（吊顶）

频率 f/ Hz	α_T （1/3倍频程）
50	—
63	—
80	—
100	0.23
125	0.14
160	0.23
200	0.36
250	0.53
315	0.59
400	0.75
500	0.85
630	0.78
800	0.67
1000	0.59
1250	0.57
1600	0.62
2000	0.60
2500	0.60
3150	0.48
4000	0.37
5000	0.34
6300	—
8000	—

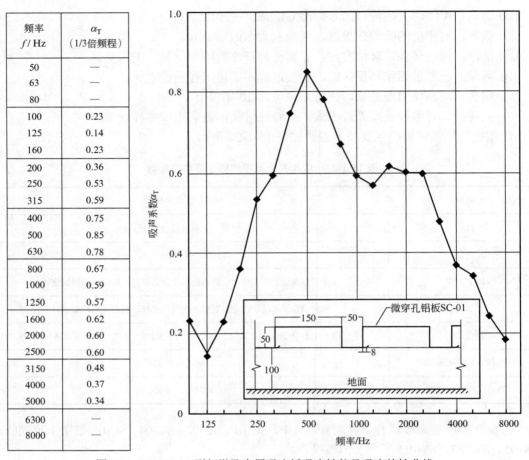

图 15-1-17　SC-01 型超微孔金属吸声板吸声性能及吸声特性曲线

图 15-1-18 为 SC-02 型超微孔金属吸声板安装示意图。

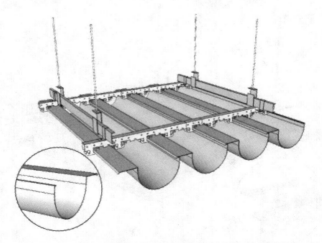

图 15-1-18　SC-02 型超微孔金属吸声板安装示意图（吊顶）

图 15-1-19 为 SC-02 型超微孔金属吸声板吸声性能及吸声特性曲线。

频率 f/Hz	α_T （1/3倍频程）
50	—
63	—
80	—
100	0.31
125	0.34
160	0.41
200	0.62
250	0.80
315	0.85
400	0.89
500	0.88
630	0.75
800	0.69
1000	0.70
1250	0.66
1600	0.54
2000	0.51
2500	0.41
3150	0.37
4000	0.30
5000	0.30
6300	—
8000	—

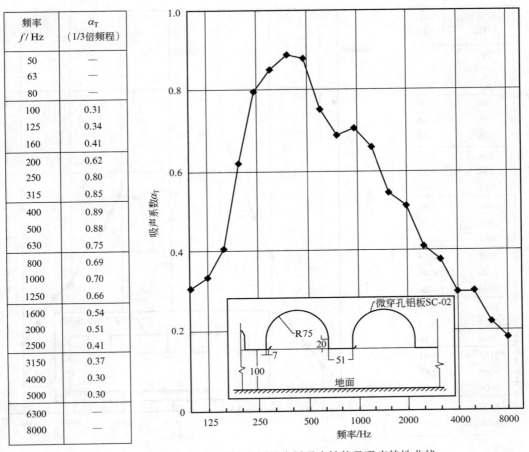

图 15-1-19　SC-02 型超微孔金属吸声板吸声性能及吸声特性曲线

图 15-1-20 为 SC-04 型超微孔金属吸声板安装示意图。

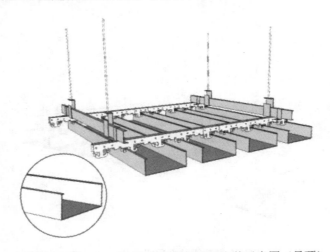

图 15-1-20　SC-04 型超微孔金属吸声板安装示意图（吊顶）

图 15-1-21 为 SC-04 型超微孔金属吸声板吸声性能及吸声特性曲线。

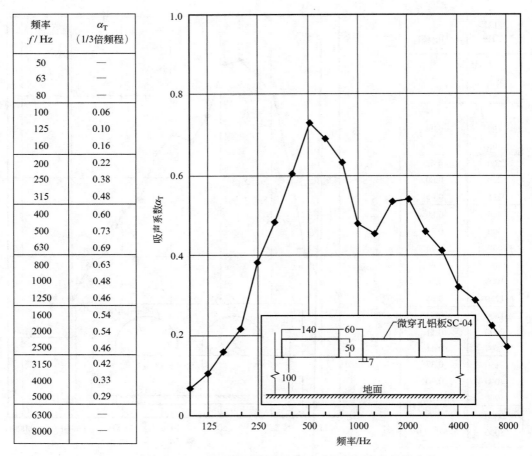

频率 f / Hz	α_T （1/3倍频程）
50	—
63	—
80	—
100	0.06
125	0.10
160	0.16
200	0.22
250	0.38
315	0.48
400	0.60
500	0.73
630	0.69
800	0.63
1000	0.48
1250	0.46
1600	0.54
2000	0.54
2500	0.46
3150	0.42
4000	0.33
5000	0.29
6300	—
8000	—

图 15-1-21　SC-04 型超微孔金属吸声板吸声性能及吸声特性曲线

图 15-1-22 为 SC-05 型超微孔金属吸声板安装示意图。

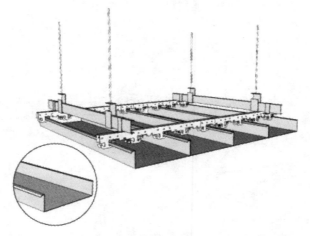

图 15-1-22　SC-05 型超微孔金属吸声板安装示意图（吊顶）

图 15-1-23 为 SC-05 型超微孔金属吸声板吸声性能及吸声特性曲线。

频率 f/Hz	α_T （1/3倍频程）
50	—
63	—
80	—
100	0.19
125	0.19
160	0.21
200	0.31
250	0.41
315	0.59
400	0.70
500	0.81
630	0.84
800	0.69
1000	0.52
1250	0.46
1600	0.58
2000	0.54
2500	0.50
3150	0.44
4000	0.36
5000	0.35
6300	—
8000	—

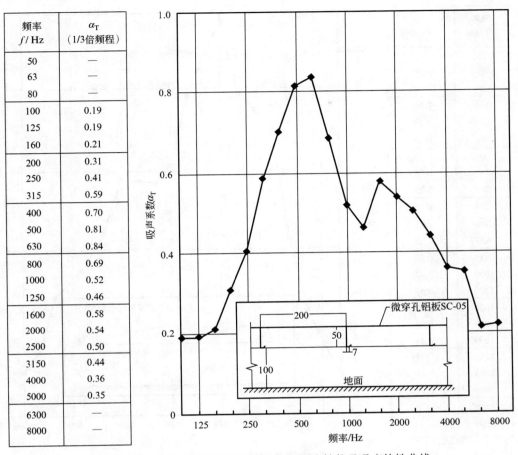

图 15-1-23　SC-05 型超微孔金属吸声板吸声性能及吸声特性曲线

图 15-1-24 为 SW-01 型超微孔金属吸声板安装示意图。

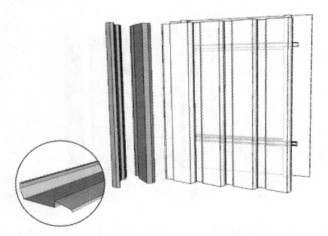

图 15-1-24　SW-01 型超微孔金属吸声板安装示意图（侧墙）

图 15-1-25 为 SW-01 型超微孔金属吸声板吸声性能及吸声特性曲线。

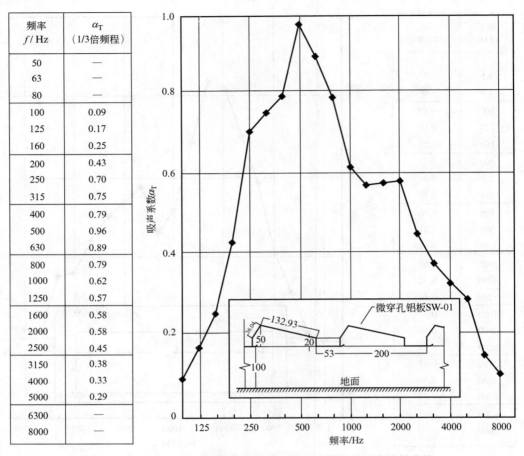

频率 f / Hz	α_T （1/3倍频程）
50	—
63	—
80	—
100	0.09
125	0.17
160	0.25
200	0.43
250	0.70
315	0.75
400	0.79
500	0.96
630	0.89
800	0.79
1000	0.62
1250	0.57
1600	0.58
2000	0.58
2500	0.45
3150	0.38
4000	0.33
5000	0.29
6300	—
8000	—

图 15-1-25　SW-01 型超微孔金属吸声板吸声性能及吸声特性曲线

图 15-1-26 为 SW-02 型超微孔金属吸声板安装示意图。

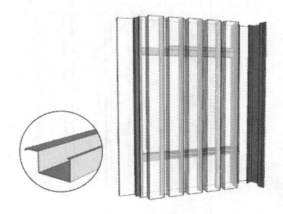

图 15-1-26　SW-02 型超微孔金属吸声板安装示意图（侧墙）

图 15-1-27 为 SW-02 型超微孔金属吸声板吸声性能及吸声特性曲线。

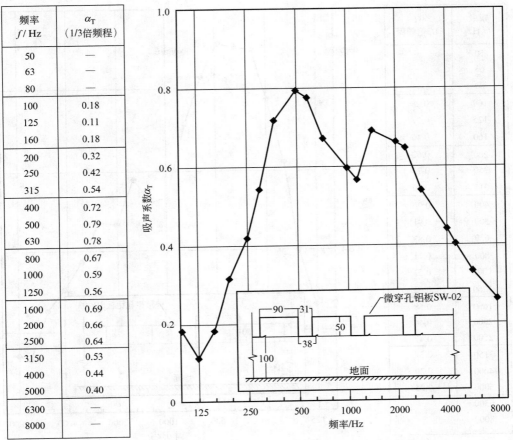

频率 f / Hz	α_T （1/3倍频程）
50	—
63	—
80	—
100	0.18
125	0.11
160	0.18
200	0.32
250	0.42
315	0.54
400	0.72
500	0.79
630	0.78
800	0.67
1000	0.59
1250	0.56
1600	0.69
2000	0.66
2500	0.64
3150	0.53
4000	0.44
5000	0.40
6300	—
8000	—

图 15-1-27　SW-02 型超微孔金属吸声板吸声性能及吸声特性曲线

图 15-1-28 为 SW-03 型超微孔金属吸声板安装示意图。

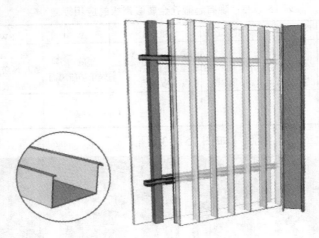

图 15-1-28　SW-03 型超微孔金属吸声板安装示意图（侧墙）

图 15-1-29 为 SW-03 型超微孔金属吸声板吸声性能及吸声特性曲线。

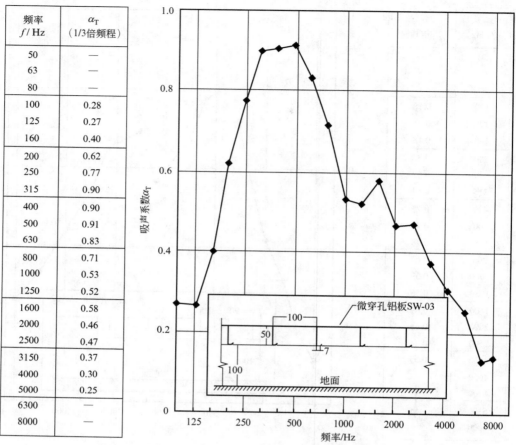

频率 f / Hz	α_T （1/3倍频程）
50	—
63	—
80	—
100	0.28
125	0.27
160	0.40
200	0.62
250	0.77
315	0.90
400	0.90
500	0.91
630	0.83
800	0.71
1000	0.53
1250	0.52
1600	0.58
2000	0.46
2500	0.47
3150	0.37
4000	0.30
5000	0.25
6300	—
8000	—

图 15-1-29　SW-03 型超微孔金属吸声板吸声性能及吸声特性曲线

现有超微孔金属吸声板的应用领域如表 15-1-23 所列。

表 15-1-23　现有超微孔金属吸声板的应用领域

产品型号	SC-01	SC-02	SC-04	SC-05	SW-01	SW-02	SW-03
应用领域	教学楼、医院、会议室、酒店、影院、体育馆、餐厅吊顶	商场、购物中心、会展中心吊顶	商场、办公楼大厅、走廊吊顶	教学楼、医院、会议室、酒店、影院、餐厅吊顶	影院、剧院、娱乐场所墙面	商场购物中心、娱乐场所、影院、剧院、餐厅墙面	医院、办公楼、酒店、走廊、餐厅墙面
降噪系数 NRC	0.63	0.69	0.52	0.58	0.67	0.61	0.68

超微孔金属吸声板应用实例照片如图 15-1-30 所示。

图 15-1-30　超微孔金属吸声板应用实例照片

1.7　吸声建筑材料

1.7.1　吸声泡沫玻璃

利用平板玻璃及其边角料，经清洗晒干、碾碎，磨成玻璃粉，将玻璃粉、发泡剂及其他添加剂按一定比例均匀混合后，经熔融发泡和退火冷却后，再加工切割成一定规格的产品，这就是吸声泡沫玻璃。

泡沫玻璃是一种无机材料，其内部充满了许多均布的小气孔，气孔约占总体积的 80%～90%。当声波入射到泡沫玻璃表面时，激发起气孔中空气的振动，由于空气的黏滞性及其运动与气孔孔壁产生的黏滞摩擦阻力，使振动空气的动能不断地转化为热能，从而使声能衰弱，即产生吸声作用。

吸声泡沫玻璃的主要技术性能见表 15-1-24。

表 15-1-24　吸声泡沫玻璃的主要技术性能

性能名称	技术指标	性能名称	技术指标
密度/（kg/m³）	170～240	热导率/[W/（m·K）]	0.035～0.14
气孔率/%	80～95	燃烧性能	不燃
开孔率/%	>50	抗腐蚀性能	优
吸水率/%	≤0.2	耐候性能	优
抗压强度/MPa	0.7	加工性能	良
抗折强度/MPa	0.5	板幅（长×宽）/mm	400×400
使用温度范围/℃	−270～430	吸声性能 NRC	>0.40

泡沫玻璃吸声性能如图 15-1-31 所示。

由图 15-1-31 可知，泡沫玻璃穿孔后，500Hz 以上的中高频吸声系数显著提高，其降噪系数 NRC 由 0.35 提高到 0.60。

由于吸声泡沫玻璃具有质轻、不燃、耐水、抗腐蚀、性能稳定等特点，可应用于厅堂音质的控制和噪声治理工程中，特别适用于防火要求高、有水汽潮湿或户外露天安装的工程中，例如，海底、过江隧道、地铁、地下商场、地下停车场、游泳馆、地下机房等。

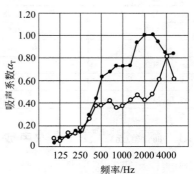

图 15-1-31　泡沫玻璃吸声性能
○无孔；●穿孔

1.7.2　泡沫陶瓷吸声板

吸声泡沫陶瓷是将无机原料、有机高分子原料和纳米硅酸盐原料，运用化学键合技术复合而成，属于三维连通网状结构的声学材料，具有开口孔隙率高、吸收声波能力强、耐气候变化等特点。它能在野外长年经受风吹、日晒和雨淋，耐酸雨冲刷，耐寒抗冷冻性能优良，有抑制灰尘黏附、消除光线反射和自动排泄积水的作用，因此，泡沫陶瓷受潮不会霉变、腐烂变臭，受振动不会散落纤维飘尘，是一种不产生二次污染、对环境很友好的声学材料。

按制造工艺不同，吸声泡沫陶瓷可分为烧结型和自然硬化型。常用的吸声泡沫陶瓷板的厚度为 20mm、30mm、40mm、50mm、75mm、100mm，长度为 400mm、500mm、600mm，宽度为 400mm、500mm、600mm。可在泡沫陶瓷板上钻孔，以提高其吸声性能。

表 15-1-25 为吸声泡沫陶瓷的物理化学性能。

表 15-1-25　吸声泡沫陶瓷物理化学性能

项目名称	技术参数
降噪系数 NRC	0.60
常温抗压强度/MPa	3.0～5.0
抗冻性	≥−27℃
耐酸性	耐 pH5　H_2SO_4 溶液侵蚀
抗老化性	紫外线连续照射 250h
防火性能	B_1 级难燃材料
密度/（kg/m³）	400～500

泡沫陶瓷的声学性能与泡沫陶瓷材料的流阻、开口孔隙率、结构因子以及公称孔数（孔隙半径）有关。泡沫陶瓷开口孔隙率为 78%～83%，密度为 400～560kg/m³，材料厚度为 50mm，空腔为 100mm 时，其吸声系数见表 15-1-26。

表 15-1-26　泡沫陶瓷吸声板吸声系数

频率/Hz	吸声系数 α_T	频率/Hz	吸声系数 α_T
100	0.14	1000	0.53
125	0.16	1250	0.56
160	0.19	1600	0.70
200	0.37	2000	0.74
250	0.48	2500	0.78
315	0.57	3150	0.77
400	0.60	4000	0.89
500	0.69		
630	0.60	NRC	0.60
800	0.52		

1.7.3　耐高温硅酸铝棉吸声板

硅酸铝棉吸声板也是一种无机纤维吸声材料，系硅酸铝耐火纤维干法制品，它采用天然焦宝石（主要成分为 $Al_2O_2+SiO_2$）为原料，在 2000℃ 以上的电炉中熔化，经高压蒸汽或压缩空气喷吹成纤维材料，加入适量的黏结剂，经模压加热固化而成半硬质硅酸铝棉板。一般硅酸铝棉板的密度为 90～290kg/m³。密度低于 80kg/m³ 的制品称为超轻硅酸铝棉板，这种材料是在 1000℃ 以上高温条件下使用的理想吸声材料。

硅酸铝纤维是一种耐高温材料，它比矿棉、岩棉、玻璃棉等纤维材料的使用温度（500～700℃）要高得多。耐火硅酸铝棉按使用温度不同分为低温型（900℃ 以下）、标准型（1200℃ 以下）以及高温型（1400～1600℃）三种。硅酸铝棉具有质轻、吸声系数高、热导率小、性能稳定等特点，其技术性能见表 15-1-27。

硅酸铝棉是一种耐高温、强吸声材料。半硬质裸板，密度为 290kg/m³，厚度为 40mm，贴实安装，降噪系数 NRC 为 0.80。表面喷涂防火涂料的半穿孔板，密度为 190kg/m³，厚度为 40mm，孔径为 ϕ10mm，孔深为 20mm，穿孔率为 12%，贴实安装，其降噪系数 NRC 为 0.85。

表 15-1-27　硅酸铝棉的主要技术性能

性能名称	技术指标
燃烧性工作温度/℃	>1000，受急热冲击，不会产生破裂现象
憎水率/%	≥98
纤维长度/mm	50
纤维直径 /μm	2~3
渣球率（ϕ>0.25mm）/%	<5
表观密度/（kg/m³）	一般 150~290，超轻 50~80
加热线收缩率/%	1150℃，6h，<4
含水量/%	<0.25
高温回弹率/%	1000℃，12h，>65
吸声性能 NRC	40mm 厚，>0.80

1.7.4　FC 宁静吸声板

江苏爱富希新型建筑材料有限公司生产的 FC 宁静吸声板是以 FC 板为基材加工而成的。FC 板系高压水泥压力板，它是采用优质进口原料、水泥和硅质材料等，并配以德国进口万吨压机加压及高温高压蒸养等先进工艺而制成的板材。FC 宁静吸声板通过选用不同孔径、厚度、穿孔率并配以不同的吸声材料，可满足高、中、低频的吸声要求。

FC 宁静吸声板防火等级为 A 级，密度 1.2~1.4g/cm³，热导率≤0.3W/（m·K），放射性符合标准，不受应用范围限制。标准规格有 600mm×600mm×（4~8）mm、1200mm×600mm×（4~8）mm、2400mm×600mm×（4~8）mm、595mm×595mm×（4~8）mm、1195mm×595mm×（4~8）mm。如需其他规格，可以定制。

图 15-1-32 为 FC 宁静吸声板外形示意图。FC 宁静吸声板的吸声系数见表 15-1-28。

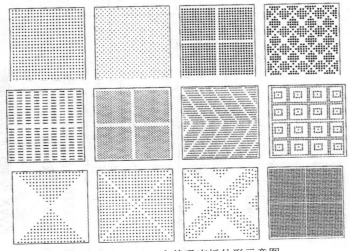

图 15-1-32　FC 宁静吸声板外形示意图

表 15-1-28　FC 宁静吸声板吸声系数

型号	规格/mm	穿孔率	构造简述	倍频带、1/3 倍频带中心频率/Hz 吸声系数 α_T																
				100	125	160	200	250	315	400	500	630	800	1000	1250	1600	2000	2500	3150	4000
P5-1	600×600×4	8%	后空 50mm	—	0.05	—	—	0.16	—	—	0.29	—	—	0.24	—	—	0.10	—	—	—
			板后衬 6mm 厚针刺型土工布	—	0.12	—	—	0.28	—	—	0.26	—	—	0.67	—	—	0.54	—	—	0.41
			板后衬布，后空 10mm	—	0.21	—	—	0.41	—	—	0.68	—	—	0.60	—	—	0.41	—	—	0.34
P5-2	1200×600×4		板后衬布，空腔 100mm	—	0.53	—	—	0.77	—	—	0.90	—	—	0.73	—	—	0.70	—	—	0.66
			内填 50mm 厚玻璃棉，后空 50mm	—	0.60	—	—	0.26	—	—	0.19	—	—	0.12	—	—	0.10	—	—	—
P8-1	600×600×4	4.5%	板后衬 6mm 厚针刺型土工布	—	0.14	—	—	0.36	—	—	0.75	—	—	0.62	—	—	0.35	—	—	0.26
			板后衬布，后空 10mm	—	0.42	—	—	0.33	—	—	0.30	—	—	0.21	—	—	0.11	—	—	0.06
			板后衬布，空腔 100mm，内填 50mm 厚玻璃棉	—	0.50	—	—	0.37	—	—	0.34	—	—	0.25	—	—	0.14	—	—	0.07
P10-2	600×600×4	18.5%	穿孔板，后空 50mm	0.08	0.19	0.30	0.28	0.43	0.49	0.56	0.74	0.82	0.90	0.93	0.92	0.81	0.76	0.63	0.50	0.51
P4-1	600×600×4	8%	条形缝板，后空 50mm	0.08	0.25	0.25	0.32	0.59	0.59	0.67	0.83	0.77	0.90	0.77	0.74	0.63	0.55	0.45	0.39	0.40

FC 宁静吸声板具有吸声、装饰、防火、防水性能，广泛应用于大型建筑，例如机场、剧院、电视台、体育场馆、工业厂房、轨道交通、铁路等领域。

1.7.5　KWX 型颗粒耐候吸声板

KWX 型颗粒耐候吸声板是江苏东泽环保科技有限公司与中国航空工业规划设计研究院共同研制开发的一种新型吸声材料，已获得国家发明专利证书，发明人许冬雷，专利号为 EL2007 100214778。KWX 型颗粒耐候吸声板是在 HA 吸声板基础上研制开发的具有更高吸声性能的系列产品。它是用颗粒陶土、高铝质材料等经过高温烧制而成的耐高温颗粒吸声板材。

KWX 型吸声板耐温 1300℃，密度 1800kg/m³，抗压强度>7MPa，抗折负荷>500N（支座间距 200mm），500℃下高温抗压强度不低于 5MPa；粒度分布均匀，孔隙率为 35%～42%，吸水量<0.24g/cm³；在风雨日光、湿气、雾气等自然条件下使用，永不变色，性能稳定；在 80m/s、400℃的高温高速气流冲刷条件下，表面砂粒无脱落及断裂现象。KWX 型吸声板无毒、无味、无刺激性化学成分，对人体无害，无二次污染，外观质量、色泽美观一致，一般呈淡白、棕红、土黄等色，装饰效果尚可。KWX 型吸声板又称耐候吸声板，性能规格见表 15-1-29。

表 15-1-29　KWX 型颗粒耐候吸声板性能规格

序号	型号	名称	规格/mm	密度/（t/m³）	形状	平均吸声系数
1	KWX- I	耐候吸声板	300×300×20	1.3～1.6	平板形	0.7
2	KWX- I	耐候吸声板	400×400×20	1.3～1.6	平板形	0.7
3	KWX- II	耐候吸声板	400×300×20	1.3～1.6	带肋形	0.7
4	KWX- II	耐候吸声板	400×400×20	1.3～1.6	带肋形	0.7
5	KWX- III	耐候吸声砖	155×322×50	1.3～1.6	整半砖	0.75
6	KWX- IV	耐候吸声砖	500×500×45	1.3～1.6	波纹形	0.72

KWX 耐候吸声板（砖）主要适用于高速公路、铁路沿线声屏障，露天强噪声源的声屏障，地下铁路的通风消声装置，隧道的吸声处理，发动机试车台高温排气道，水泵、冷冻机、冷却塔的声屏障等。

KWX 型颗粒耐候吸声板厚 45mm，单块规格 500mm×500mm，贴实安装（空腔为 0）。在混响室内实测其吸声系数及吸声特性曲线如图 15-1-33 所示。规格同上，安装空腔为 100mm，其吸声系数及吸声特性曲线如图 15-1-34 所示。

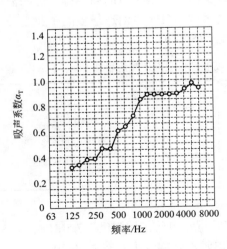

频率/Hz	吸声系数 α_T
100	0.32
125	0.34
160	0.38
200	0.38
250	0.46
315	0.46
400	0.59
500	0.73
630	0.71
800	0.83
1000	0.88
1250	0.88
1600	0.88
2000	0.88
2500	0.88
3150	0.92
4000	0.96
5000	0.92
NRC	0.70

图 15-1-33　KWX 型颗粒耐候吸声板吸声系数及吸声特性曲线
[板厚 45mm，单块尺寸 500mm×500mm，贴实安装（空腔为 0）]

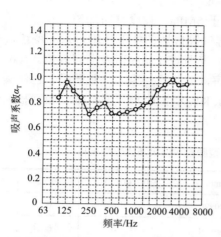

频率/Hz	吸声系数 α_T
100	0.83
125	0.96
160	0.88
200	0.83
250	0.71
315	0.75
400	0.79
500	0.71
630	0.71
800	0.72
1000	0.74
1250	0.77
1600	0.79
2000	0.88
2500	0.92
3150	0.96
4000	0.92
5000	0.92
NRC	0.80

图 15-1-34　KWX 型颗粒耐候吸声板吸声系数及吸声特性曲线

（板厚 45mm，单块尺寸 500mm×500mm，空腔 100mm）

1.7.6　HF 型常温、耐高温颗粒吸声砖

　　HF 型常温和耐高温颗粒吸声砖是江苏东泽环保科技有限公司与中国航空工业规划设计研究院联合研制开发的高效吸声材料，外观新颖，性能稳定，施工方便快捷，强度高，颗粒分布均匀，吸声性能优良。该产品分为常温和耐高温两种，曾获航空部科技进步二等奖。

　　HF-Ⅰ型常温颗粒吸声砖适用于对温度要求不高、对金属有腐蚀性的气流通道内或自备发电站的排气塔的噪声控制工程中。

　　HF-Ⅱ型耐高温颗粒吸声砖是航空发动机试车台、地面试验有关设备、排气道消声塔装置中最常用的消声组件，也可用作汽轮机电站或类似工作条件下的高温排气道的消声组件，江苏东泽环保科技有限公司是国内承接航空发动机试车台噪声治理最多的企业之一。

　　HF 型常温、耐高温颗粒吸声砖常用规格见表 15-1-30。

表 15-1-30　HF 型常温、耐高温颗粒吸声砖常用规格

序号	型号	规格/mm	形状	备注
1	HF-Ⅰ	360×180×155	菱形、蜂窝形、空腔形、整砖、半砖	需特殊规格，可根据需方要求设计制作
2	HF-Ⅱ	175×180×155		
3	HF-Ⅲ	360×150×90		

　　耐高温颗粒吸声砖主要性能如下。

　　① 抗压强度　成品砖抗压强度≥9MPa，空腔型吸声砖抗压强度≥7.5MPa。

　　② 吸声系数　当频率在 100～8000Hz 范围内时，平均吸声系数 $\bar{\alpha}>0.70$。

　　③ 热稳定性　温度 500℃—水冷—500℃，连续 20 次，吸声砖表面无裂纹，拉压强度下降不超过 20%。

④ 耐冲刷性　当吸声砖表面承受温度为 400~450℃，气流速度为 80m/s 时，每半小时急冷一次，连续 8 次，吸声砖表面无冲刷痕迹；当吸声砖表面承受温度为 700~750℃，气流速度为 100~120m/s 时，连续冲刷 4h，吸声砖表面不出现裂纹和严重损伤。常温颗粒吸声砖一般应用于温度<150℃的场合，可承受 80m/s 气流冲刷，抗压强度≥7MPa。

使用高温和常温颗粒吸声砖的原材料，可以加工成共振条缝吸声砖或其他异型吸声砖。

1.7.7　K-13 系列喷覆式声学装饰材料

K-13 是由可回收的天然植物纤维经化学处理而成的一种喷覆式吸声、隔声、保温材料。该产品不含石棉、玻璃纤维及其他人造矿物纤维。天然植物纤维经特殊化学处理后具有防火性、抗压性及防霉、防虫蛀的特性，与专利黏结剂结合起来，形成预先确定厚度的具有高附着性、耐久性及强度的整块涂膜。K-13 可喷覆在任何建筑基层上，如木材、金属、混凝土、玻璃、石膏板等。专利黏结剂不含苯、二甲苯等，无毒、无刺激性。K-13 是新一代高效绿色环保声学材料。

K-13 系列喷覆式声学材料是由专业的施工人员采用专用喷涂设备进行现场施工，这种特性使得 K-13 适用于任何建筑底层表面构形，如拱形、波形等各种建筑造型。现场喷覆式施工不改变原貌建筑物的自身结构，使建筑物保持原设计的结构及线条美。K-13 施工程序简捷快速，尤其适用于不易装潢的宽广空间，如地铁、体育馆、会展中心、机场、工业厂房、机房等需要吸声降噪及保温的场所。

不同厚度的 K-13 材料喷覆在固体支撑物表面的吸声系数见表 15-1-31。

K-13 满足各类建筑物对隔热（R 值）、降噪（NRC）、色彩、耐用、冷凝控制、质感和美学等的要求。自 2003 年 6 月进入中国市场以来，已先后完成了国家体育总局训练局游泳馆、中国国家大剧院、福建师大体育馆等多个重要工程，特别是对国家大剧院屋盖结构的隔声性能起到了至关重要的作用。

表 15-1-31　K-13 材料（不同厚度）喷覆在固体支撑物表面的吸声系数

K-13 材料厚度/mm	倍频带中心频率/Hz						降噪系数 NRC
	125	250	500	1000	2000	4000	
	吸声系数 α_T						
16	0.05	0.16	0.44	0.79	0.90	0.91	0.55
25	0.08	0.29	0.75	0.98	0.93	0.96	0.75
25（木板上）	0.47	0.90	1.10	1.03	1.05	1.03	1.00
38	0.15	0.51	0.95	1.06	0.99	0.98	0.90
50	0.26	0.68	1.05	1.10	1.03	0.98	0.95
64	0.41	0.84	1.05	1.07	1.02	0.99	1.00
76	0.57	0.99	1.04	1.03	1.00	1.00	1.00

1.8 穿孔板吸声结构

1.8.1 普通穿孔板吸声结构

穿孔板吸声结构是从单个空腔共振吸声结构（亥姆霍兹共振腔）演变而来的，带有小管径的封闭空腔，当孔颈中的气体分子受声波激发产生振动时，由于摩擦和阻尼作用，一部分声能被消耗掉，从而达到吸声的目的。将很多单独的孔颈和空腔并联，即变为多孔穿孔板吸声结构。有时不钻孔而是开缝，其作用原理和效果同穿孔板。穿孔板（或缝）吸声结构示意图如图 15-1-35 所示。

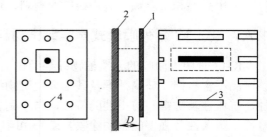

图 15-1-35　穿孔板吸声结构示意图

1—穿孔板；2—刚性壁面；3—缝；4—孔

穿孔板吸声结构的共振频率 f_r 可由式（15-1-4）计算：

$$f_r = \frac{c}{2\pi}\sqrt{\frac{p}{l_k D}} \quad (\text{Hz}) \tag{15-1-4}$$

式中　　c —— 声速（常温下为 34000cm/s）；

p —— 穿孔率（即穿孔面积在总面积中所占的百分比）；

l_k —— 孔径有效长度，cm；

D —— 穿孔板后空气层（空腔）的厚度，cm。

当孔径 d 大于板厚 t 时，$l_k = t + 0.8d$；当空腔内填多孔材料时，$l_k = t + 1.2d$。

由式（15-1-4）可知，穿孔率 p 越高，每个共振腔所占的空腔越小，共振频率就越高。因此，可通过改变穿孔率来控制共振频率。但当穿孔率大于 20% 时，穿孔板仅起护面作用，其共振吸声性能变差，故穿孔板吸声结构的穿孔率应小于 20%。

穿孔板吸声结构的穿孔板，可采用木板、金属板、硬质纤维板、胶合板、聚碳酸酯板、FC 水泥加压板、硅钙板、TK 板、WJ 防火板、三夹板、五夹板等。穿孔板使用较多的是铝合金穿孔板、镀锌钢板穿孔板等。

1.8.2 微穿孔板吸声结构

在板厚小于 1.0mm 的薄金属板上穿孔径小于 1.0mm 的微孔，穿孔率 1%～5%，后部留有一定厚度的空气层，这样就构成了微穿孔板吸声结构。微穿孔板吸声结构比普通穿孔板吸声结构的吸声系数高，吸声频带宽，同时可用于高温、高速气流、有水、有汽以及要求特别洁净的场所，可以是单层微穿孔板吸声结构，也可以组合成双层或多层微穿孔板吸声结构。微穿孔板吸声结构由薄金属板构成，在这些薄金属板间无需衬垫多孔性纤维吸声材料，因此，不怕水和蒸汽，能承受较高风速的冲击，用途越来越广泛。

表 15-1-32 为部分微穿孔板吸声结构的吸声系数。

表 15-1-32　部分微穿孔板吸声结构的吸声系数

名称	穿孔率/%	空腔/mm	倍频带中心频率/Hz 125	250	500	1000	2000	4000
			吸声系数 α_0					
单层微穿孔板,孔径 φ0.8mm,板厚 0.8mm	1	30	—	0.18	0.64	0.69	0.17	—
		50	0.05	0.29	0.87	0.78	0.12	—
		70	—	0.40	0.86	0.37	0.14	—
		100	0.24	0.71	0.96	0.40	0.29	—
		150	0.37	0.85	0.87	0.20	0.15	—
		200	0.56	0.98	0.61	0.86	0.27	—
		250	0.72	0.99	0.38	0.40	0.12	—
	2	30	0.08	0.11	0.15	0.58	0.40	—
		50	0.05	0.17	0.60	0.78	0.22	—
		70	0.12	0.24	0.57	0.70	0.17	—
		100	0.10	0.46	0.92	0.31	0.40	—
		150	0.24	0.68	0.80	0.10	0.12	—
		200	0.40	0.83	0.54	0.77	0.28	—
		250	0.48	0.89	0.34	0.45	0.11	—
	3	30	—	0.06	0.20	0.68	0.42	—
		50	0.11	0.25	0.43	0.70	0.25	—
		70	—	0.22	0.82	0.69	0.21	—
		100	0.12	0.29	0.78	0.40	0.78	—
		150	0.21	0.47	0.72	0.12	0.20	—
		200	0.22	0.50	0.50	0.28	0.55	—
		250	0.35	0.70	0.26	0.50	0.15	—
双层微穿孔板,孔径 φ0.8mm,板厚 0.9mm	2.5+1	$D_1=30$ $D_2=70$	0.26	0.71	0.92	0.65	0.35	—
		$D_1=40$ $D_2=60$	0.21	0.72	0.94	0.84	0.30	—
		$D_1=50$ $D_2=50$	0.18	0.69	0.96	0.99	0.24	—
		$D_1=40$ $D_2=160$	0.58	0.99	0.54	0.86	—	—
		$D_1=80$ $D_2=120$	—	0.88	0.84	0.80	—	—
	2+1	$D_1=80$ $D_2=120$	0.48	0.97	0.93	0.64	0.15	—
	3+1	$D_1=80$ $D_2=120$	0.40	0.92	0.95	0.66	0.17	—
双层微穿孔板,孔径 φ0.8mm,板厚 0.8mm+0.5 mm	2+1	$D_1=100$ $D_2=100$	0.28	0.79	0.70	0.64	0.41	0.42
	2+1	$D_1=80$ $D_2=120$	0.41	0.91	0.61	0.61	0.31	0.30

名称	穿孔率/%	空腔/mm	倍频带中心频率/Hz					
			125	250	500	1000	2000	4000
			吸声系数 α_0					
单层微穿孔板，孔径 $\phi0.8mm$，板厚 0.5mm	1	50	0.08	0.56	0.78	0.65	0.42	0.32
	2	50	0.11	0.40	0.85	0.77	0.74	0.48
	3	50	0.08	0.35	0.41	0.84	0.82	0.60
	1	80	0.15	0.53	0.68	0.56	0.43	0.21
	2	80	0.13	0.50	0.83	0.71	0.67	0.48
	3	80	0.11	0.29	0.82	0.79	0.94	0.48
	1	100	0.20	0.75	0.63	0.61	0.44	0.48
	2	100	0.29	0.61	0.60	0.68	0.75	0.47
	3	100	0.30	0.67	0.67	0.70	0.75	0.48
双层微穿孔板，孔径 $\phi0.8mm$，板厚 0.5mm+0.8mm	2+1	$D_1=50$ $D_2=100$	0.25	0.79	0.67	0.68	0.46	0.45
	2+1	$D_1=80$ $D_2=120$	0.48	0.97	0.93	0.64	0.15	0.13
	3+1	$D_1=80$ $D_2=120$	0.40	0.92	0.95	0.66	0.13	0.11

注：表中 D_1 为前腔尺寸，D_2 为后腔尺寸。

1.9　薄板振动吸声结构

在建筑噪声控制中，经常用胶合板、薄木板、硬质纤维板、石膏板、石棉水泥板、金属板等，将其周边固定在墙或顶棚的龙骨上，背后留有一定的空气层（即空腔），这样就构成了薄板振动吸声结构。它的最大吸声频带较窄，并以吸收低频声为主。另外，像大块玻璃窗、木地板、抹灰吊顶、木墙裙等等，也属于薄板吸声结构。

当薄板在声波作用下发生振动时，由于板内部及板与龙骨间发生摩擦损耗，使声能变为机械振动，最后转化为热能而消耗掉，从而达到吸声的目的。当薄板振动结构的固有频率与入射声波频率一致时，将发生共振，吸声最强。薄板振动吸声结构的共振频率 f_r 可由式（15-1-5）计算：

$$f_r = \frac{600}{\sqrt{mD}} \quad (Hz) \tag{15-1-5}$$

式中　m —— 薄板的面密度，kg/m^2；

　　　D —— 空气层（空腔）的厚度，cm。

由式（15-1-5）可知，增加薄板的面密度和空气层的厚度，可使薄板振动结构的共振频率降低，反之则提高。

常用木质薄板吸声结构的板厚为 3～6mm，空气层厚度为 30～100mm，共振频率约为 100～300Hz，其吸声系数一般为 0.2～0.5。若在薄板结构的边缘放一些柔软材料，如橡皮条、海绵条、毛毡等，或在空气层沿龙骨四周适当填放一些多孔吸声材料，则可以明显提高其吸声性能。

几种常用的薄板振动吸声结构的吸声系数可参见本章 1.11 节表 15-1-35。

1.10　特殊吸声结构

1.10.1　特殊吸声结构概述

为了提高吸声效果、节省吸声材料和便于装拆，工程上常将吸声结构做成定型产品，由专门厂家生产，用户只要按需要购买成品悬挂或吊挂起来即可。特殊吸声结构有各种空间吸声体、吸声尖劈、吸声帷幕、吸声隔声屏障、薄塑吸声体、纸蜂窝吸声体、吸声板、吸声砖等。特殊吸声结构安装方便、灵活，吸声系数高，种类规格多，可商品化。近年来国内外对特殊吸声结构开展了不少研究工作，取得了较大进展。清华大学、同济大学、南京大学、华东建筑设计研究院、中船第九设计研究院工程有限公司、北京市劳动保护科学研究所、航空第四规划设计院、机械第八设计院等单位，对各种特殊吸声结构有专门研究，并已将研究成果产品化。

特殊吸声结构按其形状不同可分为板状（长方体形）、折板状、球状、筒状、锥状、多边形、尖劈形、帷幕状、薄膜状、薄盒状、屏风状等，详见图 15-1-36。特殊吸声结构的饰面材料有玻璃丝布、塑料窗纱、金属丝网、塑料挤出网、棉维布、麻布、阻燃织物、穿孔铝板、穿孔塑料板、穿孔镀锌钢板、穿孔不锈钢板、玻璃钢穿孔板等。特殊吸声结构内部可装填超细玻璃棉、离心玻璃棉、岩棉、矿棉、玻璃纤维板、阻燃声学泡沫、棉维下脚料等。特殊吸声结构骨架可用木筋、角钢、铝合金薄壁骨架、玻璃钢、工程塑料等制成。

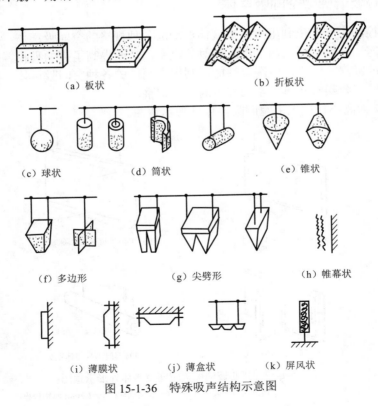

（a）板状　　　　　　　　　　　　（b）折板状

（c）球状　　　　（d）筒状　　　　（e）锥状

（f）多边形　　　　（g）尖劈形　　　　（h）帷幕状

（i）薄膜状　　　（j）薄盒状　　　（k）屏风状

图 15-1-36　特殊吸声结构示意图

1.10.2　特殊吸声结构悬挂要求

在选用各种类型吸声体时，不仅要了解单个吸声体的性能，而且要掌握悬挂要领，只有正确悬挂，才能得到高吸收、低成本、经济实用的效果。研究结果表明，面积比和悬挂高度是影响吸声体吸声效率的两个主要因素，具体如下。

① 吸声体面积与室内需要降噪的面积之比一般取 40%左右，或取整个室内总表面面积的 15%左右，这时，实际降噪效果基本与满铺吸声材料或吸声体差不多，即使再增大面积比，降噪量也提高不多，大体在 1dB 之内。

② 吸声体悬挂位置应尽量靠近声源，可以水平悬挂，也可以垂直悬挂，两种悬挂方式具有基本相同的吸声特性。当房间高度小于 6m 时，在顶棚下面水平悬挂吸声体，吸声体离顶棚高度以取房间净高的 1/7～1/5 为宜，也可取离顶棚高度 750mm 左右，吸声体以条形排列为佳。当房间高度大于 6m 时，则可将吸声体垂直悬挂在靠近发声设备一侧的墙面上。

③ 板状吸声体的单元尺寸愈大，面积比应取大值；单元尺寸愈小，面积比应取小值。

④ 吸声体应分散布置，如在两相对墙面上吊挂吸声体，吊挂面积应尽量接近。垂直悬挂时，各排间距控制在 600～1800mm 左右。当悬挂吸声帷幕时，帷幕离开墙面距离应为入射声波波长的 1/4。

⑤ 吸声体悬挂后，应不妨碍采光、照明、起重运输、设备检修、清洁等，并应做到美观、大方、色彩协调等。

1.10.3　离心玻璃棉板空间吸声体

不少噪声控制生产单位利用离心玻璃棉板制成各种规格的空间吸声体，由于空间吸声体的界面全部暴露在声场中，增加了声波投射的概率，从而提高了声的吸收。同时，离心玻璃棉板具有良好的吸声、防火、耐潮等性能，利用它制成的各种空间吸声体，特别适用于噪声控制工程中的吸声降噪和建筑声学工程中的音质调整。

图 15-1-37 为离心玻璃棉板空间吸声体外形示意图。

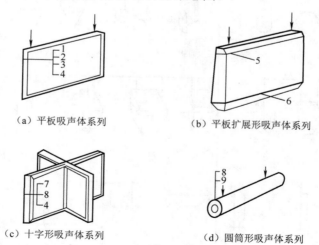

（a）平板吸声体系列　　　　　　　（b）平板扩展形吸声体系列

（c）十字形吸声体系列　　　　　　（d）圆筒形吸声体系列

图 15-1-37　离心玻璃棉板空间吸声体外形示意图

1—铁皮框喷漆；2—铝板网；3—玻璃丝布；4—玻璃棉板；5—1.2mm 厚铝板框；
6—穿孔铝板；7—铁皮包边；8—外包塑料窗纱；9—玻璃棉管制品

表 15-1-33 为不同密度、不同厚度的离心玻璃棉板空间吸声体吸声系数。

表 15-1-33　离心玻璃棉板空间吸声体吸声系数

离心玻璃棉板规格		倍频带中心频率/Hz					
		125	250	500	1000	2000	4000
密度/（kg/m³）	厚度/mm	吸声系数 α_T					
96	15	0.05	0.06	0.15	0.39	0.80	0.94
80	15	0.05	0.08	0.14	0.43	0.75	0.96
80	20	0.09	0.11	0.22	0.55	0.82	0.94
64	15	0.04	0.11	0.18	0.30	0.65	0.95
64	25	0.05	0.12	0.20	0.52	0.86	0.96
48	25	0.04	0.12	0.23	0.52	0.86	0.99
40	15	0.03	0.04	0.18	0.26	0.55	0.88
32	50	0.03	0.20	0.58	0.84	0.96	0.95
24	50	0.01	0.16	0.45	0.66	0.80	1.00

1.10.4　吸声尖劈

　　吸声尖劈是安装于消声室或强吸声场所的特殊吸声结构。20 世纪 60 年代以来，国内兴建了一些消声室。随着噪声控制研究和声学测量技术的发展，据统计，近年来建造了几百个各种类型的消声室，本手册主编就承担了 30 余个消声室的设计任务，多数已建成并投入使用。

　　吸声尖劈的吸声原理是利用特性阻抗的逐渐变化，由尖劈端面特性阻抗接近于空气的特性阻抗，逐渐过渡到吸声材料的特性阻抗，从而达到最高的声吸收。精密级消声室要求在低限截止频率以上，吸声尖劈的吸声系数 α_0（驻波管法测试）应大于 0.99。

　　吸声尖劈的形状有等腰劈状、直角劈状、阶梯状、无规状等，尖劈劈部顶端可以是尖头状，也可以削去一些形成平头状。试验表明，平头状与尖头状吸声尖劈的吸声系数差不多，削去尖头对吸声性能影响不大，但可以扩大消声室的有效容积。吸声尖劈内部装填的吸声材料基本上是多孔性纤维状材料，例如离心玻璃棉毡、超细玻璃棉毡、岩棉板、中级玻璃纤维板、沥青玻璃纤维、棉维下脚料、矿棉、阻燃泡沫塑料等，也可以是几种材料的复合。复合型吸声尖劈劈部装填密度小的材料，基部装填密度大的材料。吸声尖劈外部一般罩以塑料窗纱、玻璃丝布、麻布、金属穿孔板、纱布等。吸声尖劈骨架由 $\phi 4\sim 6mm$ 钢筋焊接而成。图 15-1-38 为吸声尖劈外形尺寸示意图。不同形状尺寸、不同吸声材料、不同装填密度、不同饰面材料的吸声尖劈吸声特性见表15-1-34，这些数据（仅为部分数据）都是笔者早期在实际工程应用试验中积累起来的。

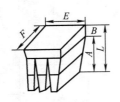
（a）吸声尖劈透视图

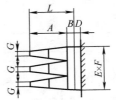
（b）吸声尖劈尺寸示意图

图 15-1-38　吸声尖劈外形尺寸示意图

表 15-1-34　吸声尖劈规格性能表（部分）

尖劈长 L/mm	空腔 D	劈部长 A	基部长 B	底部长×宽 (E×F)	劈端宽 G	劈数/个	吸声材料	装填密度/(kg/m³)	饰面材料	吸声系数 α₀/%　频率/Hz												
										50	60	70	80	90	100	110	125	160	200	250	315	400
800	100	650	150	400×400	直角33	3	劈部超细玻璃棉/基部沥青玻璃棉	40/110	玻璃丝布	—	—	99.4	99.8	—	99.2	—	99.4	99.6	99.5	99.8	99.3	99.7
800	120	680	120	400×400	平头33	3	劈部沥青玻璃棉/基部超细玻璃棉	110/40	玻璃丝布	—	98.7	99.2	99.2	—	99.5	—	99.5	99.1	99.8	99.5	99.3	99.4
800	100	700	100	400×400	直角33	3	超细玻璃棉	35	玻璃丝布	—	—	97.6	99.1	—	99.3	—	99.5	99.4	99.8	99.3	99.2	99.4
700	100	580	120	400×400	直角33	3	劈部超细玻璃棉/基部沥青玻璃棉	35/105	玻璃丝布	—	—	99.8	99.6	—	99.2	—	99.3	99.7	99.7	99.6	99.5	—
700	80	600	100	400×400	平头33	3	劈部超细玻璃棉/基部岩棉板	35/100	玻璃丝布	—	—	—	99.2	—	99.7	99.0	99.3	99.7	99.3	99.9	99.6	99.5
700	0	600	100	400×400	平头33	3	超细玻璃棉	35	玻璃丝布	—	—	—	99.4	—	99.5	—	99.4	99.4	99.5	99.7	99.2	99.4
670	75	550	120	400×400	平头33	3	劈部沥青玻璃棉/基部超细玻璃棉	110/35	玻璃丝布	77.0	88.0	91.0	94.0	96.0	98.0	99.0	99.0	99.2	99.0	98.0	99.1	99.6
670	100	550	120	400×400	直角33	3	劈部超细玻璃棉/基部沥青玻璃棉	35/105	玻璃丝布	—	—	96.8	96.8	99.0	99.8	99.7	99.3	99.0	99.6	98.0	99.2	99.2
640	60	540	100	400×400	平头33	3	劈部超细玻璃棉/基部沥青玻璃棉	35/110	玻璃丝布	—	—	—	99.3	—	99.5	—	99.4	99.7	99.7	99.6	99.3	99.5
640	60	520	120	400×400	平头33	3	劈部沥青超细玻璃棉	35/105	玻璃丝布	—	—	91.5	98.6	99.8	99.7	99.5	99.2	99.6	99.3	99.6	99.6	99.7
640	60	520	120	400×400	平头33	3	劈部超细玻璃棉/基部沥青玻璃棉	35/105	玻璃丝布	—	—	—	99.1	—	99.7	—	99.2	99.6	99.3	99.6	99.6	99.7
600	100	500	100	400×400	平头33	3	劈部超细玻璃棉/基部沥青玻璃棉	35/105	玻璃丝布	—	—	—	99.5	—	99.2	—	99.0	99.8	99.6	99.8	99.3	99.1
580	120	520	60	400×400	平头33	3	劈部沥青超细玻璃棉	110/35	玻璃丝布	—	—	—	97.3	—	99.8	—	99.6	99.8	99.6	99.3	99.2	99.5
500	50	450	50	400×400	平头33	3	基部超细玻璃棉/基部岩棉板	40/80	玻璃丝布	—	—	—	—	99.6	99.2	—	99.7	98.0	99.5	99.5	99.4	99.0

1.10.5 龙牌矿棉吸声板系列

龙牌矿棉吸声板系列由北新集团建材股份有限公司（以下简称北新建材）生产。

龙牌矿棉吸声板采用国际先进的湿法抄取纯棉生产工艺，年生产能力 1600 万平方米，是目前世界上最大的矿棉板生产线之一。

龙牌矿棉吸声板有以下特点。

① 优质原材料：龙牌矿棉吸声板的主要原料是粒状棉，矿棉纤维柔软细长，矿棉纤维含量大于 80%。

② 防潮：独特的 ATTA 防潮配方，抗下陷性能优良。

③ 降噪：降噪系数 NRC 为 0.40～0.85。

④ 防火防霉：有机成分储量低于 7%，有效防止霉菌滋生，燃烧性能可满足 A 级不燃材料要求。

⑤ 强度高：合成矿物纤维基材，板材强度高，加工性能好。

⑥ 保温隔热：热阻高达 0.35m² · K/W，可大幅度降低能耗，节约能源。

⑦ 绿色环保：不含石棉、甲醛等有害物质，可再生材料含量为 80%～85%，产品可完全回收，循环使用。

龙牌矿棉吸声板产品有：米兰花高档工程板，新针孔抗菌板，雨冰花工程板，满天星工程板，冰川、毛毛虫标准工程板，精工板，静音板，音响孔板等。图 15-1-39 为龙牌静音板吸声特性曲线及吸声系数表。

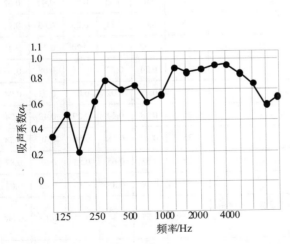

频率/Hz	吸声系数α_T
100	0.48
125	0.61
160	0.40
200	0.75
250	0.87
315	0.80
400	0.81
500	0.70
630	0.75
800	0.95
1000	0.94
1250	0.95
1600	0.96
2000	0.96
2500	0.93
3150	0.82
4000	0.72
5000	0.78
NRC	0.85

图 15-1-39　龙牌静音板吸声特性曲线及吸声系数表

龙牌矿棉吸声板广泛应用于办公、教学、医疗、科研、文化娱乐、室内运动场馆、酒店、餐厅、厂房、住宅等场所。在国家重大工程中以及标志性建筑中首选的就是龙牌矿棉吸声板。

1.11 常用建筑材料吸声性能

常用建筑材料参考吸声系数见表 15-1-35。

表 15-1-35　常用建筑材料参考吸声系数

名称及构造尺寸	厚度 /mm	倍频带中心频率/Hz					
		125	250	500	1000	2000	4000
		吸声系数					
1. 有机材料							
软木砖 I	45	0.05	0.13	0.42	0.32	0.32	—
软木砖 II	27	0.03	0.06	0.18	0.34	0.21	—
木门或厚 20mm 以上的木板	—	0.16	0.15	0.10	0.10	0.10	0.10
嵌木地板铺在沥青上	—	0.05	0.03	0.06	0.09	0.10	0.22
松木板	19	0.10	0.11	0.10	0.08	0.08	0.11
松木板涂清漆	19	0.05	—	0.03	—	0.03	—
做过防火处理的化学木板	36	0.04	0.08	0.09	0.07	0.37	0.22
木墙板紧贴墙	—	0.05	0.06	0.06	0.10	0.10	0.10
木墙板距墙 50～100mm	3～15	0.30	0.25	0.20	0.17	0.15	0.10
轻木板	26	0.09	0.17	0.33	0.79	0.52	0.38
木屑板（面密度 7kg/m²）	16	0.04	0.05	0.07	0.07	0.08	—
木屑板（面密度 12kg/m²）	8	0.02	0.02	0.03	0.02	0.02	—
软木屑板	25	0.05	0.11	0.25	0.63	0.71	0.23
软木屑板	12	0.02	0.07	0.20	0.23	0.24	0.25
木花板，后空 100mm，龙骨间距 500mm×450mm	—	0.24	0.22	0.15	0.08	0.10	0.21
木花板	8	0.03	0.02	0.03	0.03	0.04	—
刨花板，紧贴墙	25	0.18	0.14	0.29	0.48	0.74	0.84
刨花板，距墙 50mm	25	0.18	0.18	0.50	0.48	0.58	0.85
刨花板，距墙 50mm，内填玻璃纤维（50kg/m³）	25	0.53	0.65	0.83	0.65	0.87	1.00
三夹板，距墙 100mm，龙骨间距 500mm×450mm	3	0.59	0.38	0.18	0.05	0.04	0.08
三夹板，距墙 100mm，龙骨间距 500mm×450mm，龙骨四周用矿棉条填满	3	0.75	0.34	0.25	0.14	0.08	0.09
三夹板，距墙 50mm	3	0.21	0.73	0.21	0.19	0.08	0.12
三夹板，距墙 50mm，板与龙骨间垫 80kg/m³ 矿棉	3	0.37	0.57	0.28	0.12	0.09	0.12
三夹板（1.8kg/m²），距墙 30mm	3	0.14	0.34	0.26	0.17	0.09	0.11
三夹板（1.8kg/m²），后空 30mm、后垫 25mm 刨花板	3	0.23	0.56	0.17	0.14	0.13	0.10
五夹板（上三道漆），距墙 200mm，龙骨间距 500mm×450mm	5	0.35	0.13	0.12	0.06	0.06	0.11
塑料五夹板，距墙 210mm，龙骨间距 500mm×500mm	5	0.47	0.19	0.14	0.08	0.07	0.13
七夹板（上一道漆），距墙 250mm，龙骨间距 500mm×450mm	7	0.37	0.13	0.10	0.05	0.05	0.10

续表

名称及构造尺寸	厚度/mm	倍频带中心频率/Hz					
		125	250	500	1000	2000	4000
		吸声系数					
1. 有机材料							
胶合板，距墙100mm	10	0.34	0.19	0.10	0.09	0.12	0.11
胶合板，装在厚50mm龙骨上	8	0.28	0.22	0.17	0.09	0.10	0.11
胶合板，装在厚40mm龙骨上	16	0.18	0.12	0.10	0.09	0.08	0.07
木屑刨花胶合板	12	0.03	0.10	0.13	0.23	0.21	—
木屑刨花胶合板，距墙50mm（α_0）	12	0.26	0.34	0.35	0.20	0.15	0.25
石膏木屑胶合板	17.5	0.07	0.19	0.17	0.21	0.15	0.20
细木丝板，紧贴墙（α_0）	16	0.04	0.11	0.20	0.21	0.60	0.68
细木丝板，距墙30mm（α_0）	16	0.07	0.18	0.30	0.49	0.37	0.66
细木丝板（α_0）	25	0.06	0.06	0.11	0.34	0.68	0.59
细木丝板	54	0.06	0.15	0.64	0.57	0.61	0.97
细木丝板，抹灰层很厚时	50	0.10	0.20	0.36	0.50	0.60	0.63
细木丝板，抹灰层很薄时	50	0.16	0.30	0.61	0.73	0.81	0.83
细木丝板，紧贴墙	50	0.15	0.23	0.64	0.78	0.87	0.92
细木丝板，距墙50mm	50	0.29	0.77	0.73	0.68	0.81	0.83
细木丝板，距墙100mm	50	0.33	0.93	0.68	0.72	0.83	0.86
细木丝板叠成鱼鳞状，距墙50mm，水泥胶合（α_0）	30	0.22	0.51	0.47	0.38	0.67	0.70
甘蔗板，紧贴墙（α_0）	19	0.09	0.11	0.13	0.13	0.18	0.34
甘蔗板，紧贴墙（α_0）	25	0.14	0.30	0.32	0.34	0.44	0.52
甘蔗纤维板，紧贴墙（α_0）	15	0.06	0.20	0.41	0.44	0.52	0.58
甘蔗纤维板，距墙30mm	13	0.28	0.40	0.33	0.32	0.37	0.26
甘蔗纤维板，紧贴墙	20	0.14	0.28	0.53	0.70	0.76	0.59
甘蔗纤维板，距墙50mm	20	0.25	0.82	0.74	0.64	0.51	0.56
甘蔗纤维板，距墙100mm	20	0.46	0.98	0.52	0.62	0.58	0.56
麻纤维板（密度270kg/m³）（α_0）	13	0.14	0.18	0.27	0.34	0.47	—
麻纤维板（密度260kg/m³）（α_0）	20	0.18	0.21	0.30	0.40	0.49	—
植物纤维板（密度400kg/m³）（α_0）	10	0.12	0.16	0.21	0.25	0.23	—
木质纤维板，紧贴墙	11	0.06	0.15	0.28	0.30	0.33	0.31
板条抹灰（光面）	—	0.02	0.03	0.03	0.04	0.04	0.03
板条抹灰（糙面）	—	0.03	0.05	0.06	0.09	0.04	0.06

名称及构造尺寸	厚度/mm	倍频带中心频率/Hz					
		125	250	500	1000	2000	4000
		吸声系数					
1. 有机材料							
钢丝网板条抹灰	19	0.04	0.05	0.06	0.08	0.04	0.06
水泥砂浆（熟石灰+粉煤灰+水泥+细骨料）（α_0）	17	0.21	0.16	0.25	0.40	0.42	0.48
水泥砂浆（石膏+粉煤灰+水泥+细骨料）（α_0）	21	0.38	0.21	0.11	0.30	0.42	0.77
紫泥底（20mm 厚）蛭石吸声粉刷[水泥（325#）：蛭石（粒径 5）：砂：水=1：4.9：2.1：1.5（体积比）]	32	0.13	0.23	0.24	0.21	0.21	0.44
2. 多孔材料							
泡沫玻璃（α_0）	25	0.21	0.22	0.33	0.42	0.48	—
泡沫玻璃（α_0）	38	0.15	0.25	0.26	0.36	0.45	0.24
泡沫玻璃（α_0）	53	0.23	0.69	0.57	0.48	0.49	0.55
泡沫水泥（α_0）	21	0.17	0.28	0.32	0.49	0.51	0.60
泡沫水泥，外面粉刷（α_0）	21	0.18	0.05	0.22	0.48	0.22	0.32
泡沫水泥，紧贴墙	50	0.32	0.39	0.48	0.49	0.47	0.54
泡沫水泥，距墙 50mm	50	0.42	0.40	0.43	0.48	0.49	0.55
白泡沫水泥	44	0.09	0.31	0.52	0.43	0.50	0.40
黄泡沫水泥	24	0.06	0.19	0.55	0.84	0.52	0.66
棕泡沫水泥	42	0.11	0.25	0.45	0.45	0.47	0.54
灰泡沫水泥	41	0.13	0.26	0.51	0.53	0.55	0.57
脲醛泡沫塑料（α_0）	35	0.38	0.45	0.21	0.73	0.82	—
泡沫塑料（α_0）（北京塑料厂）	5	0.07	0.04	0.06	0.21	0.14	0.32
二层泡沫塑料，上层穿孔（孔径 4mm，孔距 20mm）（α_0）	10	0.08	0.04	0.07	0.38	0.26	0.50
吸声蜂窝板，紧贴墙（α_0）	—	0.27	0.12	0.42	0.86	0.48	0.30
吸声蜂窝板，内装矿棉，孔径 4mm（α_0）	—	0.48	0.11	0.15	0.45	0.36	0.34
塑料蜂窝板（密度 290kg/m^3）（α_0）	51	0.08	0.36	0.53	0.30	—	—
塑料蜂窝板（密度 470kg/m^3）（α_0）	33	0.13	0.39	0.49	0.38	—	—
3. 纤维质材料							
矿棉，紧贴墙（α_0）	50	0.27	0.41	0.62	0.95	0.84	0.90
矿棉，距墙 60mm（α_0）	50	0.21	0.70	0.79	0.98	0.77	0.89
矿棉，紧贴墙（α_0）	80	0.30	0.41	0.61	0.70	0.78	0.90
玻璃棉，紧贴墙（α_0）	40	0.31	0.33	0.54	0.76	0.84	0.93
玻璃棉，距墙 40mm（α_0）	40	0.21	0.33	0.55	0.99	0.92	0.90

名称及构造尺寸	厚度/mm	倍频带中心频率/Hz					
		125	250	500	1000	2000	4000
		吸声系数					
3. 纤维质材料							
玻璃棉，距墙 80mm（α_0）	40	0.25	0.47	0.81	0.99	0.82	0.95
玻璃棉，紧贴墙（α_0）	80	0.25	0.23	0.64	0.91	0.81	0.88
木质纤维板，距墙 50mm	11	0.22	0.30	0.34	0.32	0.41	0.42
椰子丝纤维板，紧贴墙（α_0）	25	0.07	0.09	0.10	0.03	0.31	0.93
海草板，紧贴墙（α_0）	30	0.11	0.38	0.65	0.60	0.54	0.50
纸浆板，紧贴墙（密度 250kg/m³）（α_0）	24	0.11	0.16	0.18	0.22	0.30	0.28
稻草板，距墙 140mm（α_0）	15	0.52	0.20	0.22	0.22	0.20	0.25
稻草板，紧贴墙（α_T）	18	0.17	0.24	0.25	0.34	0.43	0.51
麻袋中装稻草，并做防火处理	—	0.10	0.28	0.70	0.66	0.76	0.83
稻草板，紧贴墙（α_0）	23	0.08	0.08	0.19	0.61	0.37	0.71
稻草板，距墙 50mm	23	0.25	0.39	0.60	0.26	0.33	0.72
废草板，紧贴墙（α_0）	25	0.16	0.30	0.37	0.35	0.23	0.28
棉秆板，紧贴墙（α_0）	30	0.15	0.21	0.27	0.24	0.40	0.53
向日葵秆板（α_0）	14	0.04	0.17	0.23	0.60	0.57	—
葵芯板	22	0.07	0.09	0.22	0.42	0.55	0.43
麻秆板	42	0.14	0.22	0.37	0.32	0.30	0.53
玉蜀黍秆板，紧贴墙（α_0）	13	0.13	0.15	0.17	0.16	0.28	0.32
麦秆板，紧贴墙（α_0）	8	—	0.04	0.15	0.25	0.23	0.27
麦秆板，距墙 40mm（α_0）	8	—	0.25	0.18	0.10	0.17	0.28
4. 无机材料							
砖（清水面）	—	0.02	0.03	0.04	0.04	0.05	0.05
砖（油漆面）	—	0.01	0.01	0.02	0.02	0.02	0.02
砖（粉刷面）	—	0.01	0.02	0.02	0.03	0.04	0.05
吸声泥砖	65	0.05	0.07	0.10	0.12	0.15	—
大理石	—	0.01	—	0.01	—	0.02	—
水磨石	—	0.01	0.01	0.01	0.02	0.02	0.02
片石，紧贴墙（α_0）	—	0.01	0.01	0.01	0.02	0.02	0.02
石板	38	0.12	0.14	0.35	0.39	0.55	0.60

续表

名称及构造尺寸	厚度/mm	倍频带中心频率/Hz					
		125	250	500	1000	2000	4000
		吸声系数					
4. 无机材料							
石膏板（有花纹）	—	0.03	0.05	0.06	0.09	0.04	0.05
水泥蛭石板（α_0）	40	—	0.14	0.46	0.78	0.50	0.60
一般玻璃窗（关闭时）	—	0.35	0.25	0.18	0.12	0.02	0.04
混凝土（明露）	—	0.01	0.01	0.02	0.02	0.02	0.03
混凝土（涂油漆）	—	0.01	0.01	0.01	0.02	0.02	0.02
炉渣（密度 900kg/m³）（α_0）	32	0.01	0.02	0.04	0.06	0.03	0.15
拉毛（小拉毛）油漆	—	0.04	0.03	0.03	0.10	0.05	0.07
拉毛（大拉毛）油漆	—	0.04	0.04	0.07	0.02	0.09	0.05
5. 玻璃棉材料							
玻璃棉，距墙 40mm（α_0）	80	0.27	0.25	0.72	0.90	0.79	0.93
玻璃棉，紧贴墙（α_0）	100	0.34	0.40	0.76	0.98	0.97	0.98
玻璃棉，距墙 40mm（α_0）	100	0.35	0.25	0.96	0.95	0.98	0.98
玻璃棉（面密度 8kg/m²）	30	0.07	0.18	0.58	0.89	0.81	0.98
玻璃棉（面密度 8.2kg/m²）（α_0）	50	0.08	0.24	0.75	0.97	0.97	0.96
玻璃棉（面密度 2.5kg/m²）（α_0）	30	0.07	0.15	0.43	0.89	0.98	0.95
酚醛玻璃棉砖（密度 140kg/m³）	50	0.15	0.32	0.70	0.94	0.94	—
酚醛玻璃棉砖（密度 140kg/m³）	100	0.39	0.66	0.85	0.87	0.96	—
散玻璃棉（密度 80kg/m³）	50	0.11	0.25	0.60	0.94	0.94	—
散玻璃棉（密度 80kg/m³）（α_0）	100	0.29	0.62	0.95	0.97	0.99	—
麻下脚料（密度 150kg/m³）（α_0）	50	0.39	0.41	0.70	0.74	0.78	0.94
麻下脚料（密度 124kg/m³）（α_0）	100	0.45	0.68	0.75	0.83	0.91	0.97
芦花（密度 280kg/m³）（α_0）	50	0.24	0.60	0.70	0.78	—	—
芦花（密度 280kg/m³）（α_0）	100	0.52	0.60	0.77	0.87	0.94	—

注：表中 α_0 为驻波管法测得的吸声系数，α_T 为混响室法测得的吸声系数，未注明的吸声系数一般均为混响室法测得的吸声系数。

第 **2** 章　隔声材料和结构的选用

2.1　隔声材料和隔声结构的分类

隔声是噪声控制工程中常用的、有效的方法之一。利用隔声材料和隔声结构隔离或阻挡声能的传播，把噪声源引起的吵闹环境限制在局部范围内，或在吵闹的环境中隔离出一个安静的场所，这种方法称为隔声。

众所周知，噪声污染传播通常有两个途径：一是噪声源直接通过空气向四周传播，称为空气声；二是噪声通过固体向四周传播的由机械振动引起的噪声，称为固体声。这两种噪声传播的途径不同，所采取的控制方法也不同，本章主要介绍隔离空气声的材料和结构。

隔声材料主要是隔声板材，大体分为如下 4 大类：

① 单层板材——金属板、塑料板、石膏板、五合板、石棉水泥板、草纸板等。

② 双层板材——双层金属板、双层铅丝网抹灰板、双层复合板等。

③ 单层墙体——碳化石灰板墙、加气混凝土墙、矿渣珍珠岩砖墙、硅酸盐砌块、硅酸盐条板、矿渣三孔空心砖、石膏蜂窝板墙等。

④ 双层墙体——塑料贴面压榨板双层墙、纸面石膏板双层墙、碳化石灰板双层墙、碳化石灰板和纸面石膏板复合墙、加气混凝土双层墙、五合板蜂窝板双层墙、厚砖墙两面抹灰、双层空心砖墙两面抹灰、双层厚砖墙等。

除上述介绍的几种板材外，近年来又开发出了一系列轻质板材，既可用于建筑分户墙，又可用于噪声控制工程中的隔声，室内室外均可使用，在许多噪声控制工程和建筑声学工程中实际应用，均取得了满意的隔声降噪效果。

隔声结构按其施工方法不同，大体分为两大类：

① 建筑围护隔声结构——砖墙、钢筋混凝土墙板和楼板等。

② 轻型隔声结构——在工业噪声控制中常用的是轻型隔声结构，例如钢结构隔声室、隔声罩、隔声屏、隔声门、隔声窗等，轻型隔声构件可以是单层的，也可以是双层的或多层复合的。隔声构件可以选用现成产品，也可以按需要进行专门的设计制造。

2.2　隔声性能评价

隔声性能的评价方法有很多种，不同的评价方法其隔声性能参数也不同。在进行隔声构件的设计和选用时，首先必须了解其隔声性能是用何种方法表示的。

在本手册的第 1 篇"声学基础知识"和第 10 篇"隔声降噪"中介绍了隔声的一般概念、评价标准与方法、隔声降噪的计算公式、效果等，请参阅上述内容，本篇不再赘述。

2.3 影响隔声性能的因素

影响隔声结构隔声性能的因素颇多，例如入射声波的方向，入射声波的频率，隔声构件的面质量（又称面密度）、阻尼，有无吸声材料，有无孔、洞、缝隙、声桥等。

2.3.1 入射声波的频率特性

使用隔声结构无论是隔绝外部噪声对内部的影响，还是隔绝内部噪声对外部的影响，首先必须对噪声源进行测试分析，了解其频谱特性，同时也应了解所用隔声结构本身对不同入射频率声波的隔声特性。

对隔声构件来说，共振频率和临界频率是两个应该特别注意的频率。

当入射声波的频率与隔声构件本身的固有频率一致时，构件发生共振现象，这时的入射频率称为共振频率。在共振区，隔声量达到最小。对于一般由土建材料如砖、钢筋混凝土等构成的重型隔声构件，其共振频率很低，往往低于听阈，因此共振频率的影响可不予考虑。但对于由金属板材构成的轻型隔声构件，其共振频率一般较高，而且分布在很广的听阈频率范围之内，对隔声性能的影响必须考虑。研究表明，共振频率与隔声构件的材料物理性质、几何形状、安装方式等有关。

对于单层墙板的隔声构件，可用式（15-2-1）计算其共振频率：

$$f_{m,\ n} = 0.45 C_\mathrm{p} h \left[\left(\frac{m}{a} \right)^2 + \left(\frac{n}{b} \right)^2 \right] \tag{15-2-1}$$

式中　　$f_{m,n}$——墙板的 m、n 阶固有共振频率，Hz；

　　　　C_P——墙板中的纵波速度（表 15-2-1），m/s；

　　　　h——墙板厚度，m；

　　　　a，b——墙板的长和宽，m；

　　　　m，n——任意正整数。

表 15-2-1　墙板中的纵波速度

墙板材料	胶合板	有机玻璃	硅酸盐玻璃	玻璃、塑料	铝镁合金	钢
纵波速度 C_P/（m/s）	2.1×10^3	1.9×10^3	4×10^3	3.5×10^3	5.1×10^3	5.2×10^3

临界频率是指隔声构件发生声波吻合效应时的最低频率。所谓吻合效应就是当某一频率的声波以一定的角度投射到隔声板上时，入射声波的波长在板上的投影刚好等于板的固有弯曲波的波长，从而激发板材固有振动，同时向另一侧辐射与入射声波相同强度的透射声波，使板材的隔声性能下降。吻合效应往往发生在轻而薄的板材上和材料阻尼小的隔声构件上，可使板材的隔声性能下降 10～20dB。

临界频率 f_e（Hz）可用式（15-2-2）进行计算：

$$f_\mathrm{e} = 6 \times 10^3 \sqrt{\frac{M}{B}} = \frac{2 \times 10^4}{h} \sqrt{\frac{\rho}{E}} \tag{15-2-2}$$

式中　　M——构件的面质量，kg/m²；

B——构件的弯曲劲度，kgf·m（1kgf=9.80665N）；

h——构件的厚度，m；

ρ——构件材料的密度，kg/m³；

E——材料的静态弹性模量，MPa。

几种常用材料的物理参数见表 15-2-2。几种常用材料单层不同厚度下的临界频率也可由图 15-2-1 查得。例如 20cm 厚的钢筋混凝土墙，其临界频率在 100Hz 附近；1.0cm 厚的胶合板，其临界频率在 2300Hz 左右。坚实而厚的构件，其弯曲刚度比较大，临界频率往往出现在低频段；而各种轻而薄的板材，临界频率出现在高频段。

表 15-2-2　几种常用材料的物理参数

材料名称	E/（N/m²）	ρ/（kg/m³）	材料名称	E/（N/m²）	ρ/（kg/m³）
铝	7.2×10^{10}	2.7×10^3	砖	2.5×10^{10}	1.8×10^3
钢	20.0×10^{10}	7.8×10^3	玻璃	4.3×10^{10}	2.4×10^3
铸铁	9.0×10^{10}	7.8×10^3	混凝土	2.5×10^{10}	2.6×10^3
铅	1.7×10^{10}	11.3×10^3	胶合板	0.37×10^{10}	0.5×10^3

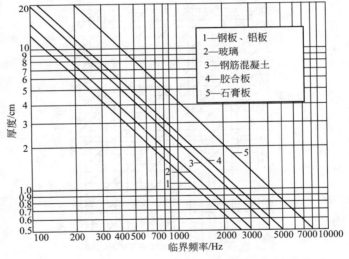

图 15-2-1　几种常用材料（单层）临界频率与厚度的关系

2.3.2　隔声构件的质量

隔声构件的隔声量除与频率有关外，还取决于隔声构件的面质量（即单位面积质量）。面质量越大，其惯性阻力也越大，也就越不容易振动，所以隔声效果就好。

（1）单层隔声结构

对于单一匀质材料构成的无限大隔声板，理论上声波垂直入射时的隔声量 R_0（dB）可用式（15-2-3）计算：

$$R_{\mathrm{o}} \approx 20\lg \frac{\pi \rho_{\mathrm{A}} f}{\rho C} \tag{15-2-3}$$

式中　ρ_{A}——隔声板的面质量，$\mathrm{kg/m^2}$；

　　　　f——入射声波的频率，Hz；

　　　　ρ——空气密度，$\mathrm{kg/m^3}$；

　　　　C——声波在空气中的传播速度，$\mathrm{m/s}$。

式（15-2-3）说明，频率提高一倍，隔声量增加 6dB，面质量加倍，隔声量也增加 6dB，面质量与隔声量的这一关系就是著名的"质量定律"。

在工程实践中，声波往往是无规入射的，其隔声量 R（dB）计算的经验公式如式（15-2-4）所示：

$$R = 18\lg（\rho_{\mathrm{A}} f）-44 \tag{15-2-4}$$

为方便起见，可用如图 15-2-2 所示的构件"等隔声"列线查得不同质量、不同频率下的单层构件的隔声量。例如，试求面质量为 $20\mathrm{kg/m^2}$ 的构件，在 500Hz 时的隔声量。由纵坐标 ρ_{A} 为 $20\mathrm{kg/m^2}$ 处引水平线与横坐标 500Hz 的垂直线相交于 30～35dB 之间，隔声量约为 32dB。

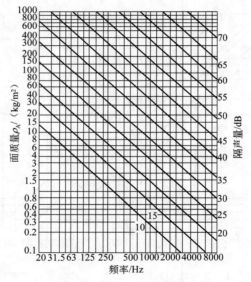

图 15-2-2　构件"等隔声"列线

（2）双层隔声结构

在实践中，人们发现双层隔声板中间夹有一定厚度的空气层，其隔声量比没有空气层的两个单层隔声板的隔声量提高较多，双层隔声结构隔声量 R（dB）可按式（15-2-5）进行估算：

$$R \approx 20\lg \frac{\pi（\rho_{\mathrm{A1}} + \rho_{\mathrm{A2}}）f}{\rho C} + \Delta L_{\mathrm{TL}} \tag{15-2-5}$$

式中　ρ_{A1}，ρ_{A2}——两层板的面质量，$\mathrm{kg/m^2}$；

　　　　f——频率，Hz；

ρC——空气的声阻抗（ρ为空气的密度，kg/m^3；C 为空气中的声速，m/s）；

ΔL_{TL}——空气层引起的附加隔声量，dB。

附加隔声量随空气层厚度的增加而增加，但由于受空间的限制，在设计双层隔声结构时，尤其是双层钢板或其他轻型隔声结构时，空气层不可能太厚，一般取 $100\sim150mm$，其附加隔声量在 $15dB$ 以下。

双层隔声结构也有共振和吻合效应的不利影响，双层隔声结构的共振频率 f_o（Hz）可由式（15-2-6）进行计算：

$$f_o = 600\sqrt{\frac{\rho_{A1} + \rho_{A2}}{\rho_{A1}\rho_{A2}d}}\qquad(15\text{-}2\text{-}6)$$

式中　ρ_{A1}，ρ_{A2}——双层结构的面质量，kg/m^2；

d——双层结构的空气层厚度，cm。

双层隔声结构共振频率与面质量有关。双层重型隔声结构共振频率一般不超过 $15Hz$，对隔声影响不大；而双层轻型隔声结构（如薄钢板、纤维板等，$\rho_A<30kg/m^2$），其共振频率可能发生在 $100\sim300Hz$ 之间，对隔声影响较大。

为避免吻合效应的影响，可采用不同厚度或不同材料构成的双层隔声结构，使此两层隔声结构的临界频率相互错开。在双层隔声结构之间填充或悬挂多孔性吸声材料，不仅可以提高其隔声量，而且可以降低共振频率和吻合效应对隔声量的影响。

双层隔声结构平均隔声量 $\overline{R}$（dB）可由经验计算式（15-2-7）、式（15-2-8）进行计算：

$$\overline{R} = 18\lg(\rho_{A1} + \rho_{A2}) + 8 + \Delta L_{TL}　（当\rho_{A1} + \rho_{A2} \geq 100kg/m^2时）\qquad(15\text{-}2\text{-}7)$$

$$\overline{R} = 13.5\lg(\rho_{A1} + \rho_{A2}) + 13 + \Delta L_{TL}　（当\rho_{A1} + \rho_{A2} < 100kg/m^2时）\qquad(15\text{-}2\text{-}8)$$

式中　ρ_{A1}，ρ_{A2}——双层结构的面质量，kg/m^2；

ΔL_{TL}——附加隔声量，dB。

（3）多层隔声结构

三层以上的多层隔声结构，其隔声能力比单层和双层隔声结构要高，但加工安装比较复杂，只有在特殊工程中才予以考虑，一般采用双层隔声结构即可满足要求。在噪声控制工程中，常用薄钢板、铝板、木板、纤维板等制成轻质多层隔声结构，其隔声量理论计算较复杂，一般都是通过试验测得。

2.3.3　阻尼涂层和吸声材料

轻型隔声结构的隔声性能还取决于有无阻尼涂层以及是否装有吸声材料。当用薄钢板（厚为 $1\sim3mm$）制作隔声构件时，一定要在其内侧涂一层厚度为钢板厚度 $2\sim3$ 倍的阻尼层，以提高隔声构件在共振区和吻合效应区的隔声量。不论是重型隔声结构，还是轻型隔声结构，在隔声结构的内侧安装吸声材料，将会改善其隔声性能。当用隔声构件制成隔声室或隔声罩后，隔声室或隔声罩的实际隔声量 $R_实$，不仅与各个隔声构件的隔声量有关，而且与隔声室（或罩）内表面面积的大小、吸声的好坏有关。实际隔声量 $R_实$（dB）可用式（15-2-9）进行计算：

$$R_{实} = R_{构} + 10\lg\frac{\sum\overline{\alpha}S_{总}}{S_{总}} = R_{构} + 10\lg\overline{\alpha} \qquad (15\text{-}2\text{-}9)$$

式中　$R_{构}$——隔声构件的隔声量，dB；

　　　$S_{总}$——隔声室（或罩）的内表面面积之和，m^2；

　　　$\overline{\alpha}$——隔声室（或罩）的内表面平均吸声系数。

　　一般实际隔声量总是小于各构件的理论隔声量，只有当强吸声（$\overline{\alpha}=1$）时，两者才可能相符。

2.3.4　孔、洞、漏缝与声桥

　　隔声构件上的孔、洞及拼缝不严而形成的漏缝，对隔声性能的影响相当严重。由于声波的衍射作用，即使一个小孔或很狭小的漏缝，也会大大地降低隔声构件的隔声量。尤其是高频，因其波长比低频短，故更容易透声。图 15-2-3 为开孔率对原有隔声构件隔声量的影响。

　　由图 15-2-3 可知：当孔、洞、漏缝的面积占整个构件面积的 1/100 时（即开孔率为 1%），该构件隔声量不会超过 20dB；当孔、洞、漏缝面积占

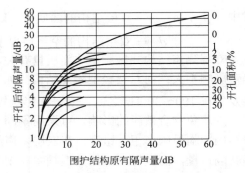

图 15-2-3　开孔率对原有隔声构件隔声量的影响

1/10 时，隔声量最大不会超过 10dB。在面积相等的情况下，一个大孔比很多小孔影响要大，在棱角处的孔洞影响更为显著。因此，在隔声构件施工过程中尽量不开或少开孔、洞，堵塞漏缝，非开不可的孔洞，则必须采取措施，防止漏声。

　　采用双层隔声结构，内、外层的刚性连接或将硬物掉入双层隔声结构的空隙处，就会形成声桥，使声音通过此"桥"由一侧传入另一侧，严重影响双层隔声结构的隔声性能，引起隔声量下降。因此，在设计时应减少刚性连接，在施工时应特别小心，不要将硬物掉入两层隔声结构的空气层中。

2.3.5　隔声构件上的门与窗

　　在隔声室或隔声罩的壁上，一般均开设有门和窗，以供操作或检修者的进出与观察，门和窗是隔声的薄弱环节。在设计时，为了做出最佳的隔声方案，一般应使隔声构件、门、窗等隔声能力大体相同，即符合"等传声"原则。门的隔声量取决于它的重量和构造，尤其是门缝处的密封程度。在接缝处垫衬以可压缩的乳胶、橡胶制品、毛毡、泡沫塑料等密封条，以减少声透射，从而提高门的隔声能力。对于采用二层或三层玻璃的隔声窗，最好采用厚度不同的玻璃，在玻璃之间的空气层中，应进行吸声处理；各层玻璃最好不要平行，应有一定斜度；固定玻璃的边框应采用橡胶条或毛毡条压紧，以增加阻尼和减少玻璃受声激振而透声。

　　对于带有门或窗的非单一隔声结构的综合隔声量 $R_{综}$（dB），可按式（15-2-10）进行估算：

$$R_{综} = R_1 - 10\lg\frac{\dfrac{S_1}{S_2} + 10^{0.1(R_1 - R_2)}}{\dfrac{S_1}{S_2} + 1} \qquad (15\text{-}2\text{-}10)$$

式中　R_1——无门或窗的墙（或隔墙）的隔声量，dB；

　　　R_2——门（或窗）的隔声量，dB；

　　　S_1——扣除门（或窗）口面积后，墙的面积，m^2；

　　　S_2——门（或窗）口的面积，m^2。

利用图 15-2-4 可以迅速地求得带有门或窗的隔声结构的综合隔声量。例如，在 100Hz 时，墙的隔声量 R_1=40dB，门的隔声量 R_2=25dB，门的面积（S_2）与墙的面积（S_1）之比值 $S_2/(S_1+S_2)\times100\%$=10%，试求带有该门后隔墙的综合隔声能力。按 R_1-R_2=40−25=15（dB），在纵坐标 15dB 处引水平线与 K=10%的斜线相交，再引垂线交于横坐标上，得到 $R_综-R_1$=−6.5dB，因此，$R_综$=−6.5+R_1=33.5dB。

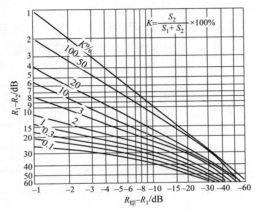

图 15-2-4　计算带有门（或窗）的墙的综合隔声量应用曲线

另外，还可以利用各部分隔声构件的面积和透射系数按式（15-2-11）求得组合结构的综合隔声量 $R_综$（dB）：

$$R_综 = 10\lg\frac{\sum S_i}{\sum \tau_i S_i} = 10\lg\frac{S_1+S_2+\cdots+S_n}{\tau_1 S_1+\tau_2 S_2+\cdots+\tau_n S_n}\quad（dB）\qquad（15\text{-}2\text{-}11）$$

式中　S_1，S_2，$\cdots$，S_n——组合结构中每一隔声构件的表面面积，m^2；

　　　τ_1，τ_2，$\cdots$，τ_n——每一隔声构件的透射系数。

实践证明，带有门或窗的隔声结构的综合隔声能力，受到门、窗隔声能力的限制，要提高总的隔声能力，首先要提高门和窗的隔声能力。按"等传声"原则和图 15-2-4，一般墙构件的隔声能力高于门、窗隔声能力 10～15dB 是较为合理的。若墙构件的隔声能力超过门、窗隔声能力 15dB 以上，对整个隔声结构的隔声性能不会有多大改善。因此，在设计选用隔声结构时，应综合权衡。

2.3.6　声屏障

当某些场所无法使用隔声罩或隔声室等封闭型的隔声构件进行噪声控制时，可以采用隔声屏障结构，在声源和操作者之间用屏障隔开来，使操作者处于屏障所造成的声影区内，从而达到一定的隔声降噪效果。

在自由声场中,声屏障降噪量(声级衰减量)可用图 15-2-5 进行估算,也可按式(15-2-12)进行估算:

$$R=10\lg N+13 \qquad\qquad (15\text{-}2\text{-}12)$$

$$N=\frac{2}{\lambda}\ (A+B-d)$$

式中　N——菲涅耳数,无量纲;

　　　λ——声波波长,m;

　　　A——声源至屏障顶端的距离,m;

　　　B——屏障顶端至接收者的距离,m;

　　　d——声源至接收者之间的直线距离,m。

为了方便起见,可按声波波长及声屏障尺寸计算出 N 值,然后在图 15-2-5(b)上查得声屏障的声级衰减量(即降噪量),图中虚线表示声屏障降噪所能达到的限度。

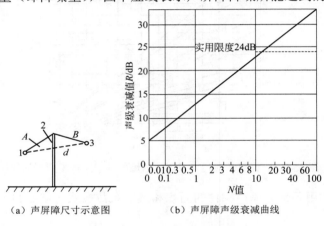

（a）声屏障尺寸示意图　　　　（b）声屏障声级衰减曲线

图 15-2-5　声屏障降噪量计算图

1—点声源;2—声屏障;3—接收者

需要说明的是,在厂房内使用的声屏障,隔声与吸声应同时考虑,否则降噪量将受到较大影响,也不宜用式(15-2-12)进行估算。

2.4　隔声构件的选用原则

隔声措施不外乎就是采用隔声构件组成的隔声墙、隔声顶棚、隔声室、隔声间、隔声箱、隔声控制室、隔声罩、隔声屏、隔声门、隔声窗、隔声通风百叶等几种形式。隔声构件的选用原则如下。

（1）按要求确定隔声构件的形式

当噪声源在外部时,可采用隔声室、集控室等形式,操作人员(接受者)位于隔声室内,安静程度要求较高;当噪声源在内部时,可采用隔声罩、隔声箱等形式,噪声源在隔声罩内,操作人员在外部,相对来说,这种情况安静程度要求较低,隔声罩体积小,费用较省,但应考虑隔声罩的通风散热及设备的检修保养;当噪声源和接受者都在外部时,可采用敞开结构,例如隔声屏障,噪声源和接受者在屏障两侧,隔声量有限,但便于操作和维修噪声设备。

在噪声控制工程中，究竟选用何种隔声结构，应根据噪声源的声级高低、频谱特性、噪声源形状尺寸、噪声控制标准、周围环境状况、施工场所大小、设备操作要求、投资费用多少等综合考虑。

对于相对独立的强噪声源，噪声控制标准又要求有较高的隔声量，施工场地又比较宽敞，此时可采用以建筑材料为主的重型隔声结构。例如航空发动机试车台，柴油机试车台，空压机、冷冻机等控制室。对于空间尺寸较小，安装位置有限的噪声源，则可配置与噪声源外形相似的全封闭型隔声罩。若噪声源不需要检修，隔声罩可做成固定式；若噪声源需要经常检修或移位，则应采用可拆卸式。工艺上有特殊要求，不允许全封闭，噪声源声级又不太高，此时可采用局部隔声罩或半封闭隔声罩。对于噪声源形状尺寸较大，声级较高，频谱特性呈中高频，通风散热要求严格，操作者又必须在强噪声源附近工作的，此时，可在操作者和噪声源之间设置隔声屏障，使操作者处于声屏障所形成的"声影"区内。有些强噪声源体积大、数量多，造成工作地点噪声超标较多，此时可设置供休息的专用隔声间、监控室等，这些室、间可以是土建结构，也可以是轻型装配式结构。

一般来说，隔声室的隔声量为 20～40dB（A），特别设计的土建隔声室，隔声量可达 50dB（A）以上；固定式密闭型隔声罩隔声量为 20～30dB（A）；局部隔声罩或半封闭隔声罩，隔声量为 10～20dB（A）；隔声屏障对高频噪声有 10～15dB（A）隔声量，对低频噪声，隔声量较低。

（2）隔声构件的隔声量要大于计算所得的"需要隔声量"

隔声构件本身的隔声量可由实验室测得，由隔声构件组成的隔声室、隔声罩、隔声屏等实际隔声量，不仅与隔声构件本身的隔声量有关，而且与声传播界面的性质有关。"需要隔声量"是按声源状况、标准要求、声学环境等通过计算求得的隔声量，它是选用隔声构件的依据。一般构件隔声量应大于"需要隔声量"5dB（A）以上。这是由于隔声构件在加工安装过程中可能会造成缝隙漏声或固体传声或隔绝不良等影响，因此，在设计选用隔声构件时，其隔声量应适当留有余地。

（3）应按"等传声"原则选择隔声构件

实践证明，一般墙板、顶板的隔声量较高，门、窗的隔声量较低。带有门、窗的隔声结构的综合隔声能力，受到门、窗隔声能力的限制，要提高总的隔声能力，首先要提高门和窗的隔声能力，使门、窗隔声量和墙板的隔声量基本相当。按"等传声"原则，一般将墙板和顶板构件的隔声能力高于门、窗隔声能力 10～15dB 是较为合理的，再高则没有必要，对整个隔声结构的隔声性能不会有多大改善。

（4）核算隔声构件的共振频率和临界频率

无论是单层隔声结构还是双层隔声结构都存在一个共振频率和临界频率的问题，在共振频率处隔声量下降，在临界频率处发生吻合效应。特别是轻而薄的板材，共振频率和临界频率均在声频范围内，若不加阻尼，这些频率处的隔声性能将下降 10～20dB。

（5）按噪声源不同的频谱特性选择隔声构件

隔声构件应在较宽的频率范围内，有较高的隔声量。除土建结构隔声之外，多数隔声构件都希望是质轻、隔声量高的构件。若用钢结构隔声板，高频声容易隔掉，而中低频声难隔，往往需要与吸声和阻尼措施相结合，提高其隔声能力。钢结构隔声板，钢板厚度一般为 1～3mm，内侧应敷设阻尼层和吸声层，可采用厚度为 50mm 以上的多孔性纤维吸声材料，其平均吸声系数应大于 0.50。另外，还应注意隔声构件的防火、防潮、防腐蚀等特殊要求。单层薄金属板作隔声构件时，内侧一定要涂阻尼材料，厚度为金属板厚度的 2～3 倍。各构件连接处应密闭不漏声，拼缝处应有密封条。对于有散热要求的大型机组，隔声构件上应开设通风洞（或通风孔），并进行消声处理，例如安装消声器等，消声器的消声量应与整个隔声结构的隔声量相当。在隔声构件与支承平面之间，应加装防振垫层，以减小振动对隔声构件的影响。

（6）合理估算隔声构件通风散热量和换气次数

产生噪声的设备在隔声室或隔声罩内运行时，会因设备发热而使隔声室内温度升高；在高噪声场所为操作者设置的隔声控制室或观察室等，对室温也有一定要求。为此必须对隔声室、隔声罩、控制室等进行通风换气，隔声室内有一定热源时，其换气量 L 可用经验式（15-2-13）进行估算：

$$L = nV (\mathrm{m}^3 / \mathrm{h}) \tag{15-2-13}$$

式中　　n——换气次数，按不同场所要求确定，一般 n=30～120 次/h；

　　　　V——隔声室的容积，m^3。

（7）隔声构件的其他选用原则

隔声构件的其他选用原则包括：外观漂亮，质优，价格合理，坚固耐用；对可拆式隔声构件，应拆装简便，搬运轻快，多次拆装不易损坏等。

2.5 常用隔声材料和隔声结构实测隔声性能

中国建筑科学研究院建筑物理研究所集十多年的研究与实测数据，整理出了各种墙板的隔声量，表 15-2-3 摘录了噪声控制工程中常用的单层板、双层板、单层墙、双层墙、隔声门、隔声窗的隔声量。表中图号与图 15-2-6 相对应。表中隔声指数 I_a 即计权隔声量 R_w。

表 15-2-3　常用隔声材料和隔声结构的隔声量

类别	材料及构造	面质量/（kg/m²）	隔声量/dB 平均	隔声量/dB 指数	图号
单层板	1mm 厚铝板（铝合金）	2.6	20.5	22	图 15-2-6（1）
	1mm 厚铝板+0.35mm 厚镀锌铁皮	5.0	22.7	25	图 15-2-6（1）
	1mm 厚铝板，涂 2～3mm 厚象牌石棉漆	3.4	23.1	25	图 15-2-6（1）
	1mm 厚铝板，涂 2～3mm 厚象牌石棉漆，贴 0.35mm 厚镀锌铁皮	5.8	28.1	30	图 15-2-6（1）
	1mm 厚钢板	7.8	27.9	31	图 15-2-6（2）
	1mm 厚钢板+0.5mm 厚钢板	11.4	28.7	30	图 15-2-6（2）
	1mm 厚钢板，涂 2～3mm 厚象牌石棉漆	9.6	30.1	32	图 15-2-6（2）
	1mm 厚钢板，涂 2～3mm 厚象牌石棉漆，贴 0.5mm 厚钢板	13.2	32.8	34	图 15-2-6（2）
	2mm 厚铝板	5.2	25.2	27	图 15-2-6（3）
	1.5mm 厚钢板	11.7	29.8	32	图 15-2-6（4）
	1.5mm 厚钢板+0.75mm 厚钢板	17.5	31.4	31	图 15-2-6（4）
	1mm 厚镀锌铁皮	7.8	29.3	30	图 15-2-6（5）
	1mm 厚镀锌铁皮，涂 2～3mm 厚阻尼层	9.6	32.1	33	图 15-2-6（5）
	18mm 厚草纸板	4.0	24.5	27	图 15-2-6（6）

类别	材料及构造	面质量/（kg/m²）	隔声量/dB		图号
			平均	指数	
单层板	2mm 厚铝板（纯铝）	5.2	25.2	27	图 15-2-6（7）
	五合板	3.4	20.6	22	图 15-2-6（8）
	20mm 厚碎木压榨板	13.8	28.5	31	图 15-2-6（9）
	5mm 厚聚氯乙烯塑料板	7.6	26.8	29	图 15-2-6（10）
	12mm 厚纸面石膏板	8.8	24.9	28	图 15-2-6（11）
	12mm+9mm 厚纸面石膏板	15.4	29.3	31	图 15-2-6（11）
	20mm 厚无纸石膏板	20.4	30.5	31	图 15-2-6（12）
	12～15mm 厚铅丝网抹灰	45.3	33.3	36	图 15-2-6（13）
	12～15mm 厚铅丝网抹灰，贴 50mm 厚矿棉毡	52.3	38.0	42	图 15-2-6（13）
	30mm 厚五合板蜂窝板	8.7	25.3	29	图 15-2-6（14）
	50mm 厚五合板蜂窝板	10.8	29.6	32	图 15-2-6（14）
	50mm 厚石棉水泥板蜂窝板	23	31.8	35	图 15-2-6（15）
双层板	12～15mm 厚铅丝网抹灰，双层中填 50mm 厚矿棉毡	94.6	44.4	47	图 15-2-6（13）
	双层 1mm 厚铝板（中空 70mm）	5.2	30.0	26	图 15-2-6（16）
	双层 1mm 厚铝板，涂 3mm 厚石棉漆（中空 70mm）	6.8	34.9	32	图 15-2-6（16）
	双层 1mm 厚铝板+0.35mm 厚镀锌铁皮（中空 70mm）	10.0	38.5	36	图 15-2-6（16）
	双层 1mm 厚钢板（中空 70mm）	15.6	41.6	40	图 15-2-6（17）
	双层 2mm 厚铝板（中空 70mm）	10.4	31.2	32	图 15-2-6（18）
	双层 2mm 厚铝板，填 70mm 厚超细棉	12.0	37.3	39	图 15-2-6（18）
	双层 1.5mm 厚钢板（中空 70mm）	23.4	45.7	44	图 15-2-6（19）
单层墙	90mm 厚炭化石灰板墙	65	33.9	33	图 15-2-6（30）
	120mm 厚炭化石灰板墙	80	35.7	37	图 15-2-6（31）
	150mm 厚尾矿粉加气混凝土墙	135	41.2	41	图 15-2-6（26）
	75mm 厚加气混凝土墙（砌块两面抹灰）	70	38.8	38	图 15-2-6（24）
	150mm 厚加气混凝土墙（砌块两面抹灰）	140	43.0	44	图 15-2-6（24）
	100mm 厚加气混凝土墙（条板、喷浆）	80	38.3	39	图 15-2-6（27）
	200mm 厚加气混凝土墙（条板、喷浆）	160	43.2	46	图 15-2-6（27）
	115mm 厚矿渣珍珠岩吸声砖墙	100	31.5	33	图 15-2-6（33）
	200mm 厚硅酸盐砌块（600mm×900mm）墙（两面抹灰）	450	48.7	52	图 15-2-6（37）
	140mm 厚硅酸盐条板（两面喷浆）	220	42.0	44	—
	100mm 厚矿渣三孔空心砖墙（两面抹灰 40mm）	120	40.4	43	图 15-2-6（38）
	200mm 厚矿渣三孔空心砖墙（两面抹灰 20mm）	210	43.1	46	图 15-2-6（38）
	100mm 厚石膏蜂窝板墙	30	25.7	28	—

续表

类别	材料及构造	面质量/（kg/m²）	隔声量/dB		图号
			平均	指数	
双层墙	18mm 厚塑料贴面压榨板双层墙（钢木龙骨（18mm+200mm 中空+18mm）	27	36.2	39	图 15-2-6（20）
	18mm 厚塑料贴面压榨板双层墙，钢木龙骨[18mm+200mm（内填 50mm 厚矿棉）+18mm]	31	45.5	49	图 15-2-6（20）
	12mm 厚纸面石膏板双层墙，钢木龙骨[12mm+80mm（填矿棉毡）+12mm]	29	45.3	49	图 15-2-6（21）
	纸面石膏板双层墙，钢木龙骨[2×12mm+80mm（中空）+12mm]	35	41.3	41	图 15-2-6（22）
	纸面石膏板双层墙，钢木龙骨[12mm+9mm+80mm（中空）+9mm+12mm]	40	43.6	45	图 15-2-6（22）
	纸面石膏板双层墙，钢木龙骨[2×12mm+80mm（中空）+2×12mm]	45	44.2	46	图 15-2-6（22）
	纸面石膏板双层墙，钢木龙骨[12mm+80mm（填珍珠岩块）+12mm]	40	39.0	44	图 15-2-6（23）
	纸面石膏板双层墙，钢木龙骨[12mm+油毡一层+80mm（填珍珠岩块）+12mm]	42	42.5	45	图 15-2-6（23）
	12mm 厚纸面石膏板双层墙，钢木龙骨[12mm+油毡一层+80mm（填珍珠岩块）+2×12mm]	52	44.7	48	图 15-2-6（23）
	12mm 厚纸面石膏板双层墙，钢木龙骨[12mm+80mm（填珍珠岩块）及矿棉体+12mm]	40	45.0	48	图 15-2-6（23）
	炭化石灰板双层墙[90mm+60mm（中空）+90mm]	130	48.3	48	图 15-2-6（30）
	炭化石灰板双层墙[120mm+30mm（中空）+90mm]	145	47.7	47	图 15-2-6（31）
	90mm 厚炭化石灰板+80mm（中空）+12mm 厚纸面石膏板	80	43.8	46	图 15-2-6（25）
	90mm 厚炭化石灰板+80mm（填矿棉）+12mm 厚纸面石膏板	84	48.3	51	图 15-2-6（25）
	加气混凝土双层墙[75mm+75mm（中空）+75mm]	140	54.0	54	图 15-2-6（28）
	100mm 厚加气混凝土条板+80mm（中空）+18mm 厚草纸板	84	47.6	47	图 15-2-6（29）
	50mm 厚五合板蜂窝板+56mm（中空）+30mm 厚五合板蜂窝板	19.5	35.5	39	图 15-2-6（34）
	100mm 厚加气混凝土条板+80mm（中空）+三合板	82.6	43.7	40	图 15-2-6（29）
	2×5mm 厚石棉水泥板双层墙（中空 200mm，填矿棉 50mm，钢木龙骨）	42	49.4	51	图 15-2-6（32）
	五合板蜂窝板双层墙（填矿棉 56mm）	22	43.6	43	图 15-2-6（34）
	石棉水泥板蜂窝板单层与双层墙（50mm+200mm 钢木龙骨+50mm）	46	51.1	55	图 15-2-6（35）
	石棉水泥板蜂窝板单层与双层墙（50mm 厚）	23	31.8	35	图 15-2-6（35）

类别	材料及构造	面质量 /（kg/m²）	隔声量/dB		图号
			平均	指数	
双层墙	120mm 厚黏土空心砖墙，墙体两面抹灰	180	43.3	46	图 15-2-6（36）
	120mm 厚黏土空心砖墙，墙体两面喷浆	180	42.3	45	图 15-2-6（36）
	200mm 厚硅酸盐砌块（600mm×900mm）墙（墙体未抹灰）	300	45.5	48	图 15-2-6（37）
	200mm 厚硅酸盐砌块（600mm×900mm）墙（墙体两面抹灰）	450	48.7	52	图 15-2-6（37）
	100mm 厚矿渣三孔空心砖墙（两面抹灰 40mm）	120	40.4	43	图 15-2-6（38）
	200mm 厚矿渣三孔空心砖墙（两面抹灰 20mm）	210	43.1	46	图 15-2-6（38）
	240mm 厚砖墙加 110mm 厚黏土空心砖墙（3 孔空心砖）	580	53.6	54	图 15-2-6（39）
	370mm 厚砖墙（两面抹灰）	700	53.4	57	图 15-2-6（40）
	240mm 厚单层砖墙（两面抹灰）	480	52.6	55	图 15-2-6（41）
	240mm 厚砖墙+80mm（中空填矿棉 50mm）+6mm 厚塑料板	500	64.0	63	图 15-2-6（41）
	240mm 厚砖墙+100mm（中空）+240mm 厚砖墙	960	70.7	68	图 15-2-6（41）
隔声门	普通隔声双扇门 5mm 厚五合板+50mm 厚玻璃棉+5mm 厚五合板	—			
	门缝全密封，下部门缝用长扫地橡胶		32.3	35	图 15-2-6（42）
	门缝用单软橡胶条，下部门缝用长扫地橡皮		28.7	31	图 15-2-6（42）
	门缝用单软橡胶条，扫地橡皮剪短与地面齐		26.9	29	图 15-2-6（42）
	铝板隔声门 1mm 厚铝板面层+2～3mm 厚沥青石棉漆+约束层+70mm 厚超细玻璃棉				
	普通保温隔声单扇门	—	30.6	32	图 15-2-6（43）
	铝板门门缝斜企口包毛毡		33.1	32	图 15-2-6（43）
	铝板门门缝用消声装置		29.2	30	图 15-2-6（43）
	铝板门门缝不处理		25.1	25	图 15-2-6（43）
	钢板隔声门 1mm 厚钢板面层+2～3mm 厚沥青石棉漆+约束层（0.35mm 厚钢板）+70mm 厚超细玻璃棉				
	普通保温隔声单扇门	—	30.6	32	图 15-2-6（44）
	钢板门门缝斜企口包毛毡		41.1	41	图 15-2-6（44）
	钢板门门缝用消声装置		32.9	35	图 15-2-6（44）
	钢板门门缝不处理		24.8	25	图 15-2-6（44）
	多层复合板隔声门（M₁）	—	—	—	图 15-2-6（45）
	多层复合板隔声门（M₃）	—	—	—	图 15-2-6（46）
	多层复合板隔声门（M₂）	—	—	—	图 15-2-6（47）

续表

类别	材料及构造	面质量/（kg/m²）	隔声量/dB 平均	隔声量/dB 指数	图号
隔声窗	3mm 厚固定玻璃窗（油灰嵌缝）	—	26.8	30	图 15-2-6（48）
	6mm 厚玻璃固定窗毛毡封边	—	30.3	32	图 15-2-6（49）
	6mm 厚玻璃固定窗橡皮卡条封边	—	25.1	26	图 15-2-6（49）
	5mm+85～115mm+6mm（中空，周边用穿孔板）	—	44.0	46	图 15-2-6（52）
	5mm+85～115mm+6mm（中空，周边用 8～10mm 玻璃棉毡）	—	46.1	49	图 15-2-6（52）
	5mm+85～115mm+6mm（中空改为 125～150mm）	—	46.7	49	图 15-2-6（52）
	5mm+85～115mm+6mm（中空改为 85～190mm）	—	45.7	48	图 15-2-6（52）
	双层玻璃（厚 3mm 和 6mm）木窗，6mm 厚玻璃固定，3mm 厚开启	—	44.6	47	图 15-2-6（50）
	双层钢窗（玻璃用橡皮嵌条固定）5mm+45mm（中空）+5mm（全密封）	—	37.5	40	图 15-2-6（51）
	5mm+45mm（中空）+5mmϕ10mm，ϕ15mm 双乳胶条	—	30.3	32	图 15-2-6（51）
	5mm+45mm（中空）+5mmϕ15mm 单乳胶条	—	27.1	30	图 15-2-6（51）
	双层钢窗现场隔声测定	—	—	—	图 15-2-6（53）

2.6　噪声控制与建筑声学常用隔声材料和隔声结构的隔声特性曲线

2.6.1　典型隔声材料和隔声结构的隔声特性曲线

图 15-2-6（1）～（53）为表 15-2-3 中所列的部分隔声材料和隔声结构的隔声特性曲线，从这些曲线中可以看出在不同频率下的隔声量，图中还给出了结构简图、平均隔声量、隔声指数等，本图图号与表 15-2-3 中图例号相对应。

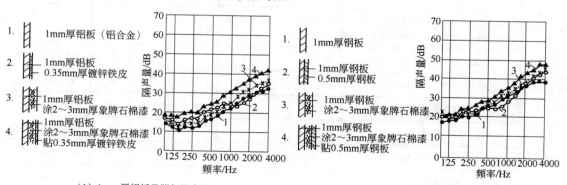

（1）1mm 厚铝板及附加约束层　　　　（2）1mm 厚钢板及附加约束层

图 15-2-6

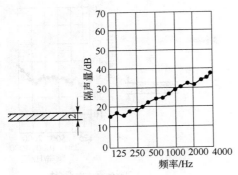

（3）2mm 厚铝板

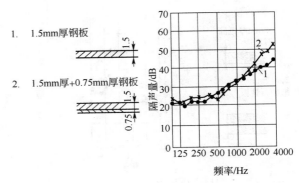

1. 1.5mm厚钢板

2. 1.5mm厚+0.75mm厚钢板

（4）1.5mm 厚钢板

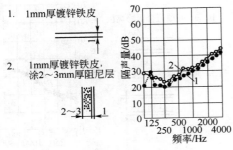

1. 1mm厚镀锌铁皮

2. 1mm厚镀锌铁皮，涂2～3mm厚阻尼层

（5）1mm 厚镀锌铁皮及附加阻尼层

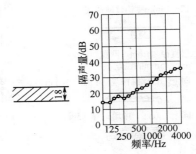

（6）18mm 厚草纸板

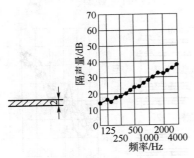

（7）2mm 厚铝板（纯铝）

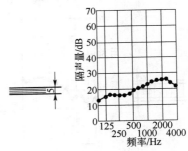

（8）五合板

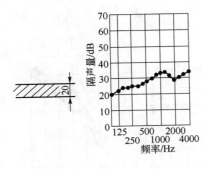

（9）20mm 厚碎木压榨板

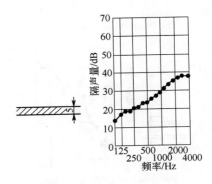

（10）5mm 厚聚氯乙烯塑料板

图 15-2-6

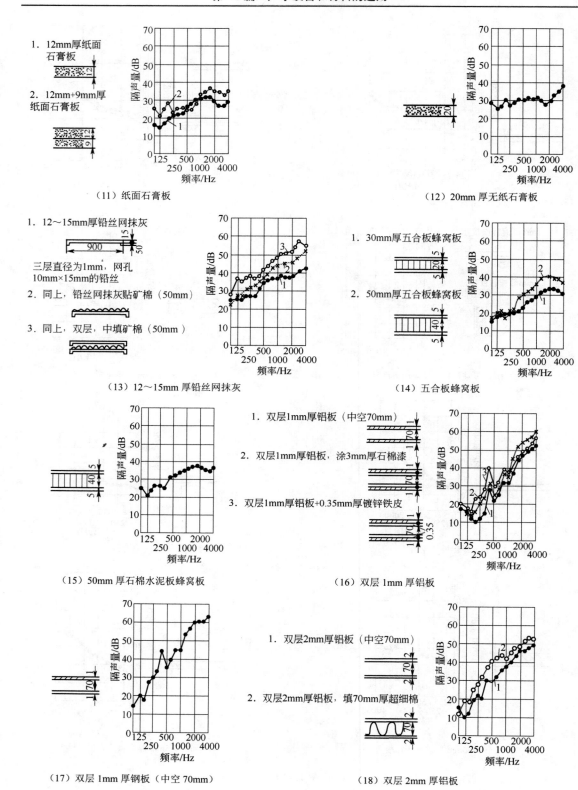

1. 12mm厚纸面石膏板

2. 12mm+9mm厚纸面石膏板

（11）纸面石膏板

（12）20mm 厚无纸石膏板

1. 12～15mm厚铅丝网抹灰

三层直径为1mm，网孔10mm×15mm的铅丝

2. 同上，铅丝网抹灰贴矿棉（50mm）

3. 同上，双层，中填矿棉（50mm）

（13）12～15mm 厚铅丝网抹灰

1. 30mm厚五合板蜂窝板

2. 50mm厚五合板蜂窝板

（14）五合板蜂窝板

（15）50mm 厚石棉水泥板蜂窝板

1. 双层1mm厚铝板（中空70mm）

2. 双层1mm厚铝板，涂3mm厚石棉漆

3. 双层1mm厚铝板+0.35mm厚镀锌铁皮

（16）双层 1mm 厚铝板

（17）双层 1mm 厚钢板（中空 70mm）

1. 双层2mm厚铝板（中空70mm）

2. 双层2mm厚铝板，填70mm厚超细棉

（18）双层 2mm 厚铝板

图 15-2-6

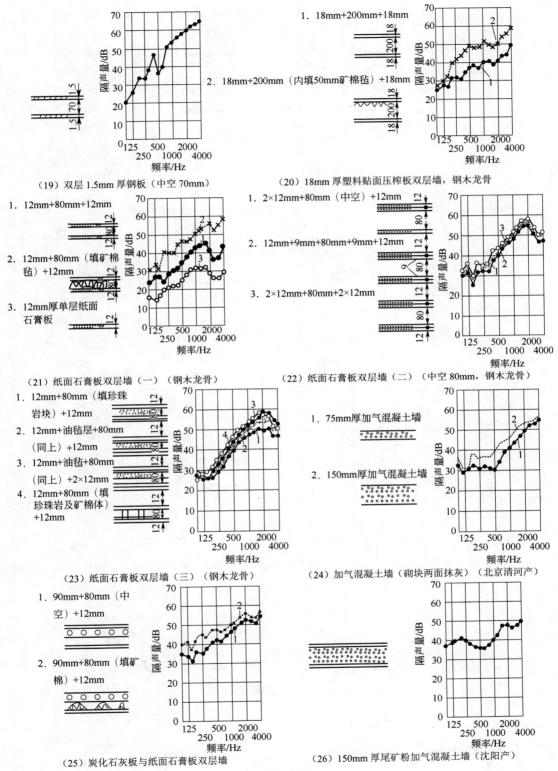

（19）双层 1.5mm 厚钢板（中空 70mm）

1．18mm+200mm+18mm

2．18mm+200mm（内填50mm矿棉毡）+18mm

（20）18mm 厚塑料贴面压榨板双层墙，钢木龙骨

1．12mm+80mm+12mm

2．12mm+80mm（填矿棉毡）+12mm

3．12mm厚单层纸面石膏板

1．2×12mm+80mm（中空）+12mm

2．12mm+9mm+80mm+9mm+12mm

3．2×12mm+80mm+2×12mm

（21）纸面石膏板双层墙（一）（钢木龙骨）

（22）纸面石膏板双层墙（二）（中空 80mm，钢木龙骨）

1．12mm+80mm（填珍珠岩块）+12mm

2．12mm+油毡层+80mm（同上）+12mm

3．12mm+油毡+80mm（同上）+2×12mm

4．12mm+80mm（填珍珠岩及矿棉体）+12mm

1．75mm厚加气混凝土墙

2．150mm厚加气混凝土墙

（23）纸面石膏板双层墙（三）（钢木龙骨）

（24）加气混凝土墙（砌块两面抹灰）（北京清河产）

1．90mm+80mm（中空）+12mm

2．90mm+80mm（填矿棉）+12mm

（25）炭化石灰板与纸面石膏板双层墙

（26）150mm 厚尾矿粉加气混凝土墙（沈阳产）

图 15-2-6

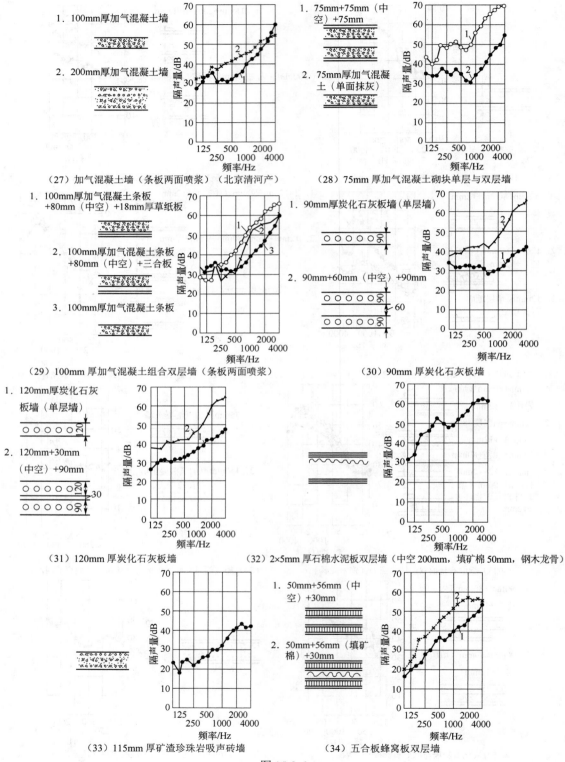

（27）加气混凝土墙（条板两面喷浆）（北京清河产）

（28）75mm 厚加气混凝土砌块单层墙与双层墙

（29）100mm 厚加气混凝土组合双层墙（条板两面喷浆）

（30）90mm 厚炭化石灰板墙

（31）120mm 厚炭化石灰板墙

（32）2×5mm 厚石棉水泥板双层墙（中空 200mm，填矿棉 50mm，钢木龙骨）

（33）115mm 厚矿渣珍珠岩吸声砖墙

（34）五合板蜂窝板双层墙

图 15-2-6

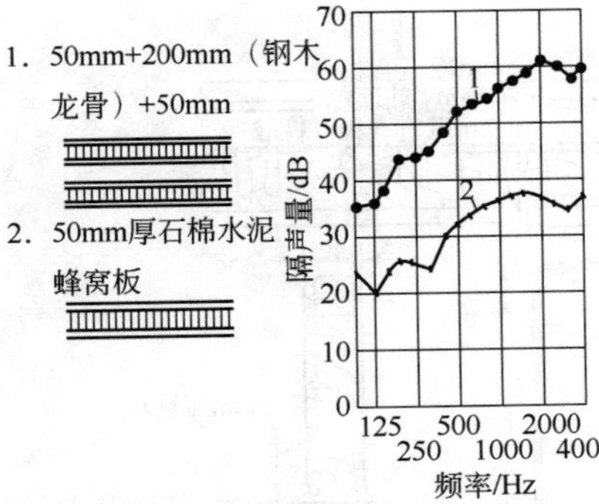
1．50mm+200mm（钢木龙骨）+50mm
2．50mm厚石棉水泥蜂窝板
隔声量/dB
频率/Hz
125 250 500 1000 2000 4000

（35）石棉水泥板蜂窝板单层与双层墙

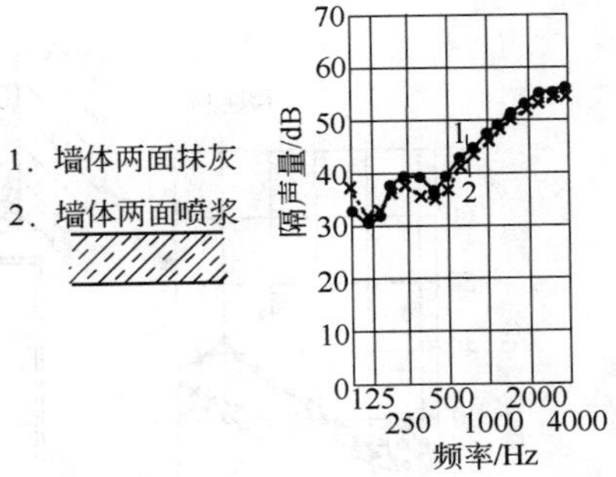
1．墙体两面抹灰
2．墙体两面喷浆
隔声量/dB
频率/Hz
125 250 500 1000 2000 4000

（36）120mm 厚黏土空心砖墙（每块砖有 36 个长方孔）

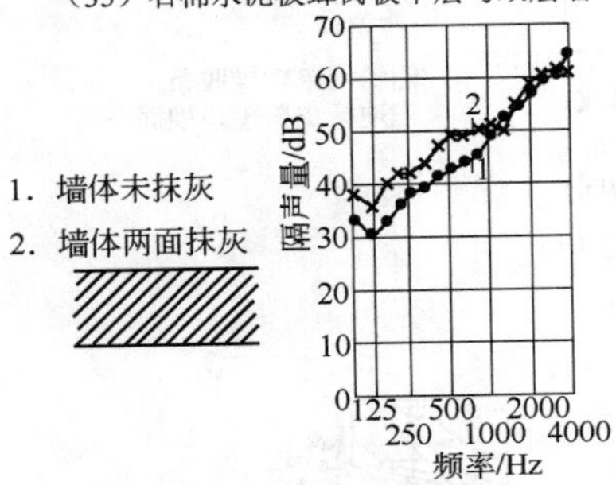
1．墙体未抹灰
2．墙体两面抹灰
隔声量/dB
频率/Hz
125 250 500 1000 2000 4000

（37）200mm 厚硅酸盐砌块（600mm×900mm）墙

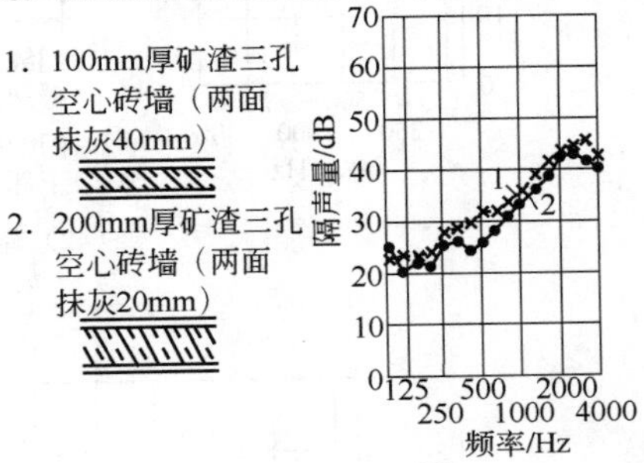
1．100mm厚矿渣三孔空心砖墙（两面抹灰40mm）
2．200mm厚矿渣三孔空心砖墙（两面抹灰20mm）
隔声量/dB
频率/Hz
125 250 500 1000 2000 4000

（38）矿渣三孔空心砖墙

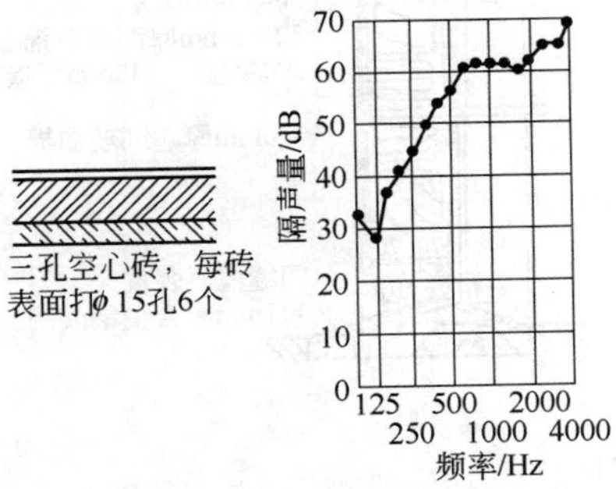
三孔空心砖，每砖表面打φ 15孔6个
隔声量/dB
频率/Hz
125 250 500 1000 2000 4000

（39）240mm 厚砖墙加 110mm 厚黏土空心砖墙

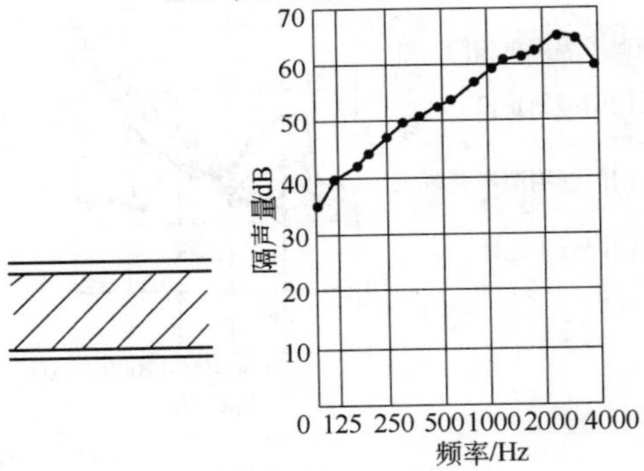
隔声量/dB
频率/Hz
125 250 500 1000 2000 4000

（40）370mm 厚砖墙（双面抹灰）

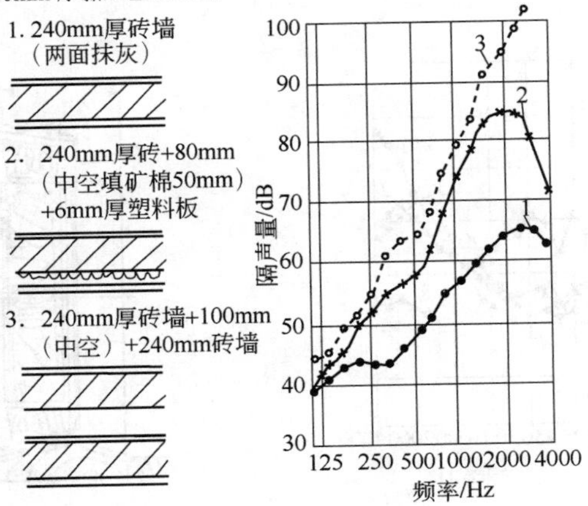
1. 240mm厚砖墙（两面抹灰）
2．240mm厚砖+80mm（中空填矿棉50mm）+6mm厚塑料板
3．240mm厚砖墙+100mm（中空）+240mm砖墙
隔声量/dB
频率/Hz
125 250 500 1000 2000 4000

（41）240mm 厚单层与双层砖墙

图 15-2-6

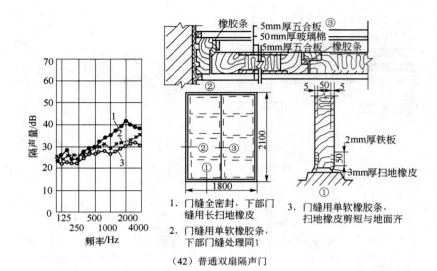

1. 门缝全密封，下部门缝用长扫地橡皮
2. 门缝用单软橡胶条，下部门缝处理同1
3. 门缝用单软橡胶条，扫地橡皮剪短与地面齐

（42）普通双扇隔声门

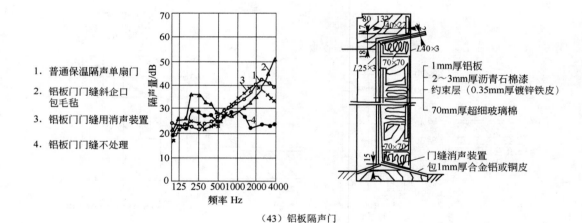

1. 普通保温隔声单扇门
2. 铝板门门缝斜企口包毛毡
3. 铝板门门缝用消声装置
4. 铝板门门缝不处理

（43）铝板隔声门

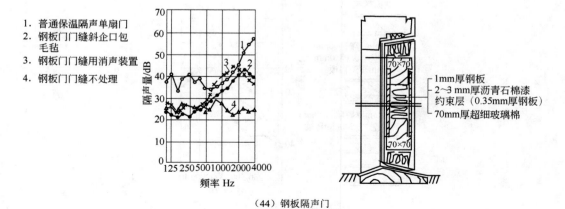

1. 普通保温隔声单扇门
2. 钢板门门缝斜企口包毛毡
3. 钢板门门缝用消声装置
4. 钢板门门缝不处理

（44）钢板隔声门

图 15-2-6

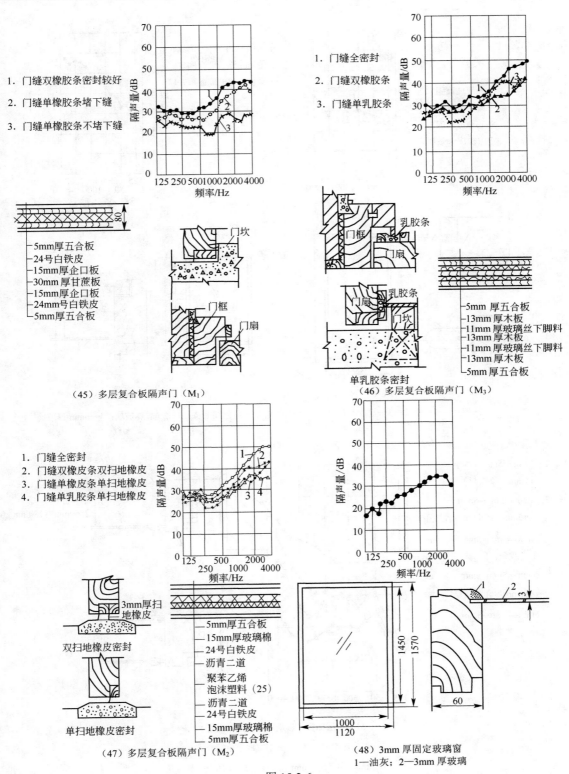

1. 门缝双橡胶条密封较好

2. 门缝单橡胶条堵下缝

3. 门缝单橡胶条不堵下缝

1. 门缝全密封

2. 门缝双橡胶条

3. 门缝单乳胶条

—5mm厚五合板
—24号白铁皮
—15mm厚企口板
—30mm厚甘蔗板
—15mm厚企口板
—24mm白铁皮
—5mm厚五合板

门坎

门框 门扇

门框
门扇

门框 乳胶条
门扇

门扇 乳胶条
门坎

单乳胶条密封

—5mm 厚五合板
—13mm 厚木板
—11mm 厚玻璃丝下脚料
—13mm 厚木板
—11mm 厚玻璃丝下脚料
—13mm 厚木板
—5mm 厚五合板

（45）多层复合板隔声门（M_1）

（46）多层复合板隔声门（M_3）

1. 门缝全密封
2. 门缝双橡皮条双扫地橡皮
3. 门缝单橡皮条单扫地橡皮
4. 门缝单乳胶条单扫地橡皮

3mm厚扫地橡皮

双扫地橡皮密封

单扫地橡皮密封

—5mm厚五合板
—15mm厚玻璃棉
—24号白铁皮
—沥青二道
聚苯乙烯
泡沫塑料（25）
—沥青二道
—24号白铁皮
—15mm厚玻璃棉
—5mm厚五合板

（47）多层复合板隔声门（M_2）

1450
1570

1000
1120

60

1

2

3

（48）3mm 厚固定玻璃窗
1—油灰；2—3mm 厚玻璃

图 15-2-6

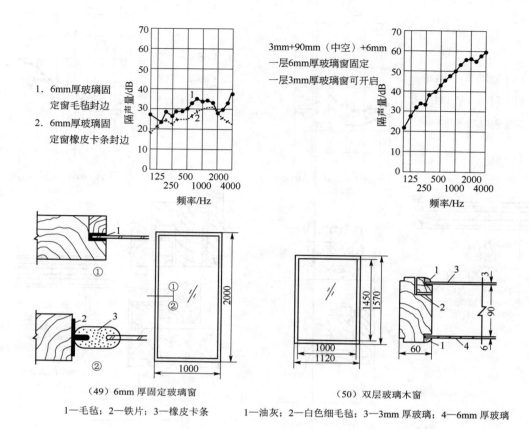

1. 6mm厚玻璃固定窗毛毡封边

2. 6mm厚玻璃固定窗橡皮卡条封边

3mm+90mm（中空）+6mm
一层6mm厚玻璃窗固定
一层3mm厚玻璃窗可开启

（49）6mm 厚固定玻璃窗

1—毛毡；2—铁片；3—橡皮卡条

（50）双层玻璃木窗

1—油灰；2—白色细毛毡；3—3mm 厚玻璃；4—6mm 厚玻璃

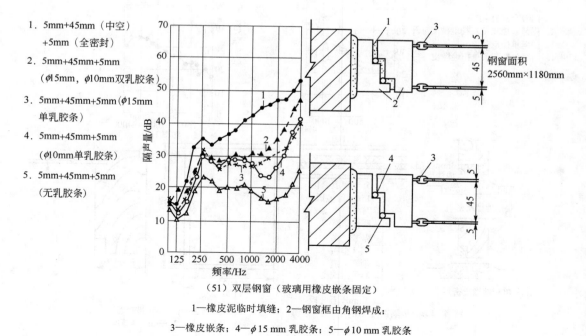

1. 5mm+45mm（中空）+5mm（全密封）

2. 5mm+45mm+5mm（ϕ15mm，ϕ10mm双乳胶条）

3. 5mm+45mm+5mm（ϕ15mm 单乳胶条）

4. 5mm+45mm+5mm（ϕ10mm单乳胶条）

5. 5mm+45mm+5mm（无乳胶条）

钢窗面积
2560mm×1180mm

（51）双层钢窗（玻璃用橡皮嵌条固定）

1—橡皮泥临时填缝；2—钢窗框由角钢焊成；

3—橡皮嵌条；4—ϕ15 mm 乳胶条；5—ϕ10 mm 乳胶条

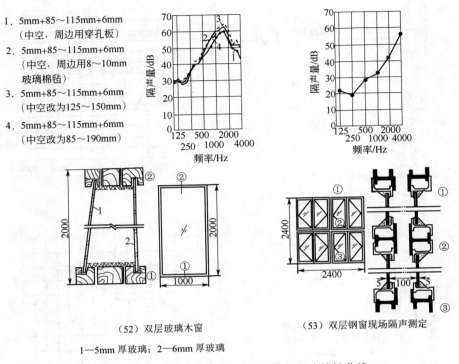

1. 5mm+85～115mm+6mm（中空，周边用穿孔板）
2. 5mm+85～115mm+6mm（中空，周边用8～10mm玻璃棉毡）
3. 5mm+85～115mm+6mm（中空改为125～150mm）
4. 5mm+85～115mm+6mm（中空改为85～190mm）

（52）双层玻璃木窗

1—5mm 厚玻璃；2—6mm 厚玻璃

（53）双层钢窗现场隔声测定

图 15-2-6　典型隔声材料和隔声结构的隔声特性曲线

2.6.2　新型轻质隔声结构隔声特性曲线

图 15-2-7（1）～（25）为清华大学建筑学院近年来实测的部分隔声结构隔声特性曲线。图 15-2-8（1）～（15）为清华大学建筑学院近年来实测的部分楼板计权规范化撞击声压级（$L_{n,\,w}$）和撞击声压级改善量（$\Delta L_{n,\,w}$）。

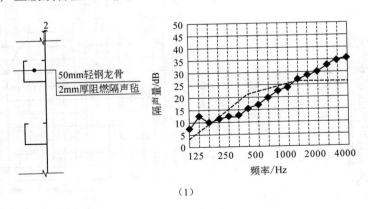

50mm轻钢龙骨
2mm厚阻燃隔声毡

（1）

图 15-2-7

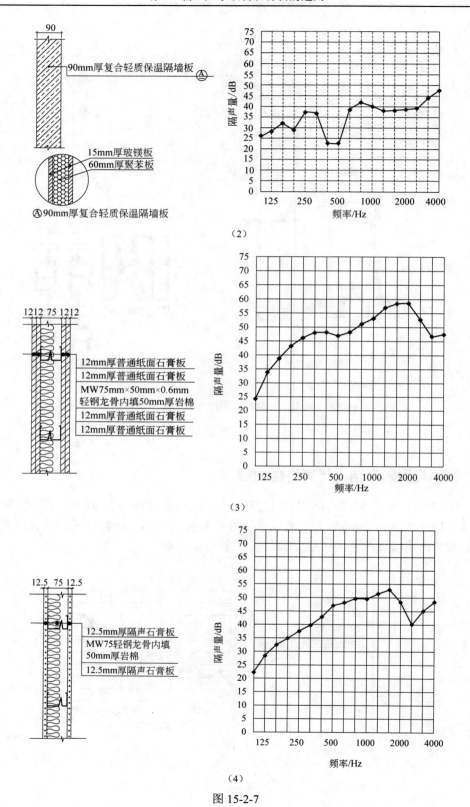

90mm厚复合轻质保温隔墙板 Ⓐ

15mm厚玻镁板
60mm厚聚苯板

Ⓐ90mm厚复合轻质保温隔墙板

（2）

12mm厚普通纸面石膏板
12mm厚普通纸面石膏板
MW75mm×50mm×0.6mm
轻钢龙骨内填50mm厚岩棉
12mm厚普通纸面石膏板
12mm厚普通纸面石膏板

（3）

12.5mm厚隔声石膏板
MW75轻钢龙骨内填
50mm厚岩棉
12.5mm厚隔声石膏板

（4）

图 15-2-7

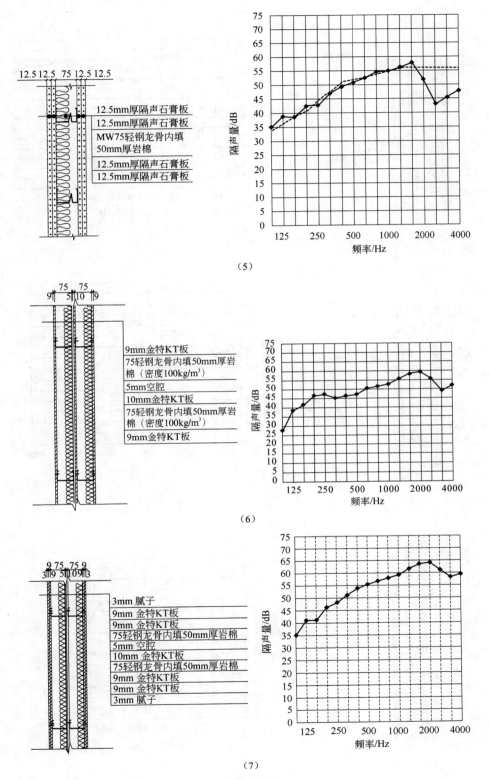

（5）

（6）

（7）

图 15-2-7

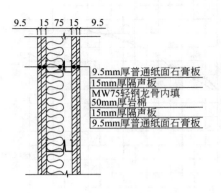
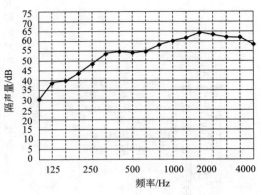

9.5mm厚普通纸面石膏板
15mm厚隔声板
MW75轻钢龙骨内填
50mm厚岩棉
15mm厚隔声板
9.5mm厚普通纸面石膏板

（8）

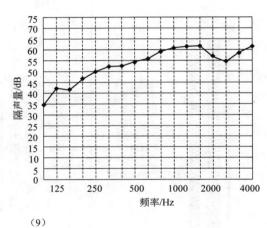

15mm厚隔声板
15mm厚隔声板
MW75轻钢龙骨内填
50mm厚岩棉
15mm厚隔声板
15mm厚隔声板

（9）

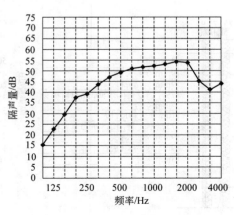

12mm厚纸面石膏板
C75轻钢龙骨内填
50mm厚岩棉
12mm厚纸面石膏板

（10）

图 15-2-7

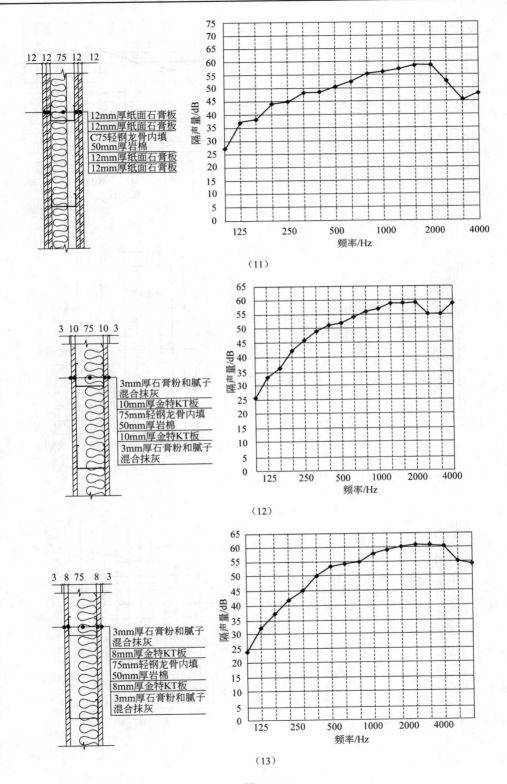

图 15-2-7

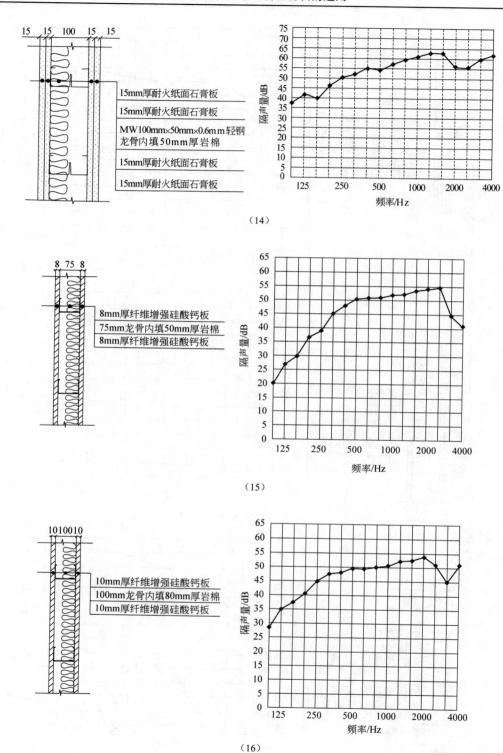

（14）

（15）

（16）

图 15-2-7

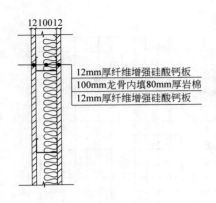

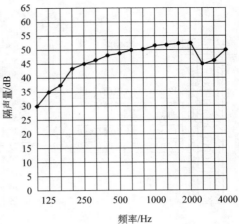

12mm厚纤维增强硅酸钙板
100mm龙骨内填80mm厚岩棉
12mm厚纤维增强硅酸钙板

（17）

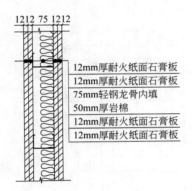

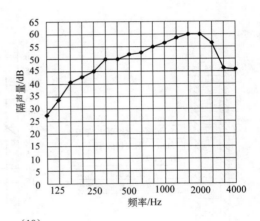

12mm厚耐火纸面石膏板
12mm厚耐火纸面石膏板
75mm轻钢龙骨内填
50mm厚岩棉
12mm厚耐火纸面石膏板
12mm厚耐火纸面石膏板

（18）

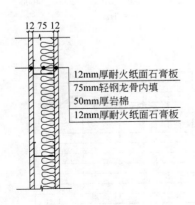

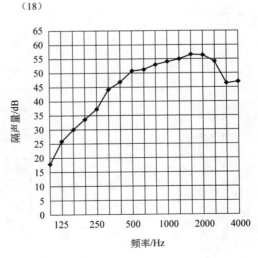

12mm厚耐火纸面石膏板
75mm轻钢龙骨内填
50mm厚岩棉
12mm厚耐火纸面石膏板

（19）

图 15-2-7

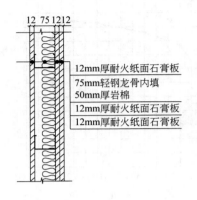
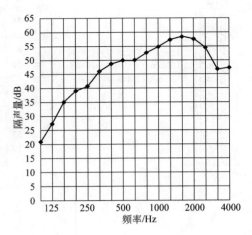

（20）

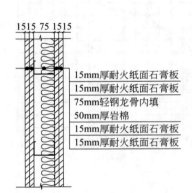
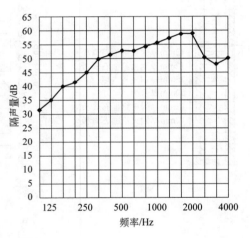

（21）

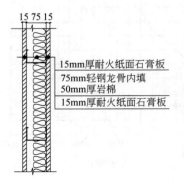
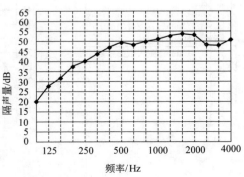

（22）

图 15-2-7

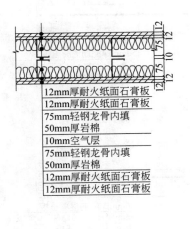

12mm厚耐火纸面石膏板
12mm厚耐火纸面石膏板
75mm轻钢龙骨内填
50mm厚岩棉
10mm空气层
75mm轻钢龙骨内填
50mm厚岩棉
12mm厚耐火纸面石膏板
12mm厚耐火纸面石膏板

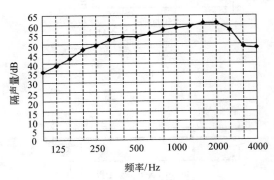

（23）

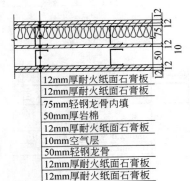

12mm厚耐火纸面石膏板
12mm厚耐火纸面石膏板
75mm轻钢龙骨内填
50mm厚岩棉
12mm厚耐火纸面石膏板
10mm空气层
50mm轻钢龙骨
12mm厚耐火纸面石膏板
12mm厚耐火纸面石膏板

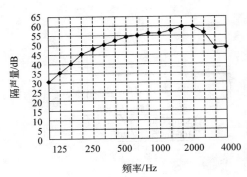

（24）

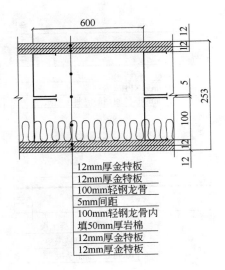

12mm厚金特板
12mm厚金特板
100mm轻钢龙骨
5mm间距
100mm轻钢龙骨内
填50mm厚岩棉
12mm厚金特板
12mm厚金特板

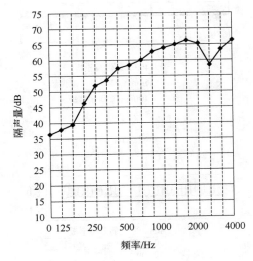

（25）

图 15-2-7　部分隔声结构隔声特性曲线

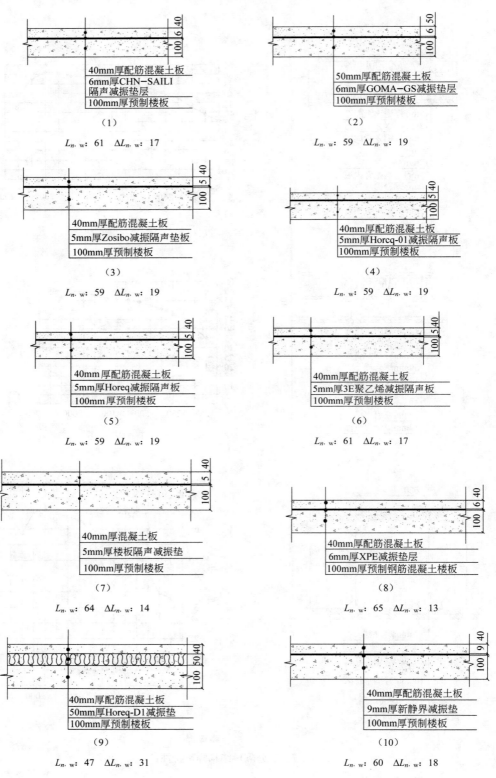

（1）
$L_{n.\ w}$: 61　$\Delta L_{n.\ w}$: 17

40mm厚配筋混凝土板
6mm厚CHN-SAILI 隔声减振垫层
100mm厚预制楼板

（2）
$L_{n.\ w}$: 59　$\Delta L_{n.\ w}$: 19

50mm厚配筋混凝土板
6mm厚GOMA-GS减振垫层
100mm厚预制楼板

（3）
$L_{n.\ w}$: 59　$\Delta L_{n.\ w}$: 19

40mm厚配筋混凝土板
5mm厚Zosibo减振隔声垫板
100mm厚预制楼板

（4）
$L_{n.\ w}$: 59　$\Delta L_{n.\ w}$: 19

40mm厚配筋混凝土板
5mm厚Horeq-01减振隔声板
100mm厚预制楼板

（5）
$L_{n.\ w}$: 59　$\Delta L_{n.\ w}$: 19

40mm厚配筋混凝土板
5mm厚Horeq减振隔声板
100mm厚预制楼板

（6）
$L_{n.\ w}$: 61　$\Delta L_{n.\ w}$: 17

40mm厚配筋混凝土板
5mm厚3E聚乙烯减振隔声板
100mm厚预制楼板

（7）
$L_{n.\ w}$: 64　$\Delta L_{n.\ w}$: 14

40mm厚混凝土板
5mm厚楼板隔声减振垫
100mm厚预制楼板

（8）
$L_{n.\ w}$: 65　$\Delta L_{n.\ w}$: 13

40mm厚配筋混凝土板
6mm厚XPE减振垫层
100mm厚预制钢筋混凝土楼板

（9）
$L_{n.\ w}$: 47　$\Delta L_{n.\ w}$: 31

40mm厚配筋混凝土板
50mm厚Horeq-D1减振垫
100mm厚预制楼板

（10）
$L_{n.\ w}$: 60　$\Delta L_{n.\ w}$: 18

40mm厚配筋混凝土板
9mm厚新静界减振垫
100mm厚预制楼板

图 15-2-8

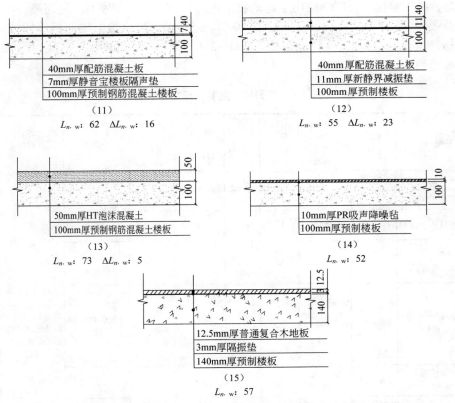

图 15-2-8　部分楼板计权规范化撞击声压级和撞击声压级改善量

$L_{n,\,w}$—计权规范化撞击声压级，dB；$\Delta L_{n,\,w}$—撞击声压级改善量，dB

2.7　隔声板材

　　隔声板材种类较多，在表 15-2-3 中已列出了诸多单层板、双层板、复合板的隔声性能，除常用的各型板材之外，近年来国内开发了不少针对噪声控制和建筑声学所需的隔声板材。

2.7.1　FC 系列隔声板材

　　FC 系列板材是由江苏某新型建筑材料有限公司从德国引进万吨压机及配套设备生产的大规格新型建筑板材，通过了部级鉴定。20 多年来，除大量生产了 FC 纤维水泥加压板之外，还生产了一系列其他板材——无石棉大幅面纤维水泥加压板，简称 NAFC 板；无石棉硅酸钙建筑平板，简称 NALC 板；FC 通风道板；FC 穿孔板；FC 鱼鳞板；FC 轻质复合墙板；GRC 空心隔墙板；FC 加压硅酸钙板；莱特 FC 板等。这些板材适合于不同场所使用，具有较好的隔声性能。

　　FC 系列板材采用硅质、钙质材料和纤维素等有机、无机材料，是经先进生产工艺加压成型、高温、高压蒸养和特殊技术处理而制成的高科技产品，是一种集高强度、大幅面、轻质、防火、防水等优良性能于一体的新型建筑板材。FC 系列板材具有使用寿命长、抗风化、施工方便、安全、环保等优点，广泛应用于建筑物的内外墙体、吊顶、家具、道路隔声吸声屏障、工程用板及吸声（隔声）墙、吸声（隔声）顶棚、浇注墙、复合墙板的面板等领域。

FC 系列板材主要物理力学性能指标见表 15-2-4。表 15-2-5 为两层、三层、四层 FC 纤维水泥加压板隔声性能表。

表 15-2-4　FC 系列板材主要物理力学性能指标

产品名称		密度/(g/cm³)	平均抗折强度[(横纵)≥]/MPa	抗冲击强度(≥)/(J/m²)	湿胀率(≤)/%	螺钉拔出力(≥)/(N/mm)	热导率(≤)/[W/(m·K)]	不燃性	放射性	其他指标
无石棉硅酸钙建筑平板（NALC板）	低密度板（LD）	0.7～0.9	9	—	0.2	—	—	符合 GB 8624A 级标准	符合 GB 6566—2010 标准建筑主体材料要求，使用范围不受限制	吸水长度变化率 0.04%
	中密度板（MD）	0.9～1.2	12	1.5	0.2	75	0.29	符合 GB 8624A 级标准		
	高密度板（HD）	1.4～1.6	15	1.6	0.2	80	0.38			
低收缩性纤维水泥加压板（LCFC板）		1.1～1.3	15	1.6	0.2	80	0.29	符合 GB 8624A 级标准		吸水长度变化率 0.03%
无石棉大幅面纤维水泥加压板（NAFC板）		1.5～1.9	13	2.5	—	—	—	符合 GB 8624A 级标准		不透水性：浸24h底面无水滴出现；抗冻性：经25次循环
纤维水泥加压板（FC板）		1.6～1.8	横向22纵向17	2	—	—	—	符合 GB 8624A 级标准		冻融无分层等破坏现象；吸水率：FC板≤4%；NAFC板≤20%
卡复板（KF板）		1.3～1.8	15	1.6	0.2	80	0.42	符合 GB 8624A 级标准		

表 15-2-5　FC 纤维水泥加压板隔声性能表

| 工况 | 1/3 倍频带中心频率/Hz | | | | | | | | | | | | | | | | | | 计权隔声量 Rw/dB | 备注 |
	100	125	160	200	250	315	400	500	630	800	1000	1250	1600	2000	2500	3150	4000	隔声量/dB		
两层板，内外 6mmFC 板，中间填 50mm 厚岩棉板，轻钢龙骨支撑，FC 板与轻钢龙骨间不加橡胶条	14	26	33	39	42	49	50	52	55	59	60	62	63	62	63	57	46		50	
两层板，结构同上，FC 板与轻钢龙骨间加装橡胶条	14	26	34	40	44	48	49	52	55	59	60	62	63	63	65	59	48		50	
三层板，外两层 6mm 厚 FC 板，内一层 6mm 厚 FC 板，中间填 50mm 厚岩棉板，轻钢龙骨支撑，FC 板与轻钢龙骨间加橡胶条	20	33	39	44	46	49	50	52	54	57	60	62	65	65	68	64	55		54	
四层板，外两层 6mm 厚 FC 板，内两层 6mm 厚 FC 板，其他工况同上	25	38	43	47	48	51	51	52	53	57	59	62	64	66	69	68	61		56	

采用两层厚度各为 4mm 的 LCFC 板，中间填装轻骨料水泥夹芯，组成总厚度为 90mm 的 FC 轻质复合墙板，面质量为 70kg/m²，墙面未抹灰，实测其隔声性能如图 15-2-9 所示，计权隔声量 R_w =40dB。

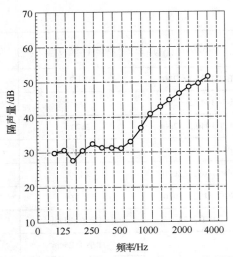

频率/Hz	隔声量/dB
100	30
125	31
160	28
200	31
250	33
315	32
400	32
500	32
630	34
800	38
1000	42
1250	44
1600	46
2000	48
2500	50
3150	51
4000	53
R_w	40

图 15-2-9　FC 轻质复合墙板隔声特性曲线
（2 层 4mm 厚 LCFC 板，填 82mm 厚轻骨料水泥夹芯，面层未抹灰）

　　FC 系列板材应用于国内重大工程的实例有：上海环球金融中心、上海大剧院、上海申银大厦、杭州大剧院、上海金融大厦、上海南站、上海浦发大厦、首都国际机场 T3 航站楼、上海民防大厦、同济大学中法中心、上海东方电视台、上海东方医院、中央电视台新大楼、上海正大广场、中国国家大剧院等。

2.7.2　汤臣压克力板材

　　泰兴汤臣压克力有限公司（以下简称"汤臣"），是一家以浇铸型工业有机玻璃（压克力）板材及相关产品研发、生产和销售的高科技企业,拥有全自动 PLC 编程控制流水生产线 6 条，年产能 4.5 万吨，设备设施 164 台（套），检测装置 67 台（套），建有重锤质量 400kg、冲击力 6000J 的高抗冲试验场。

　　"汤臣"可以为用户提供透明板、彩色板、导光板、磨砂板、声屏板、香水板、卫浴板、特厚板等 8 大系列 200 多个规格品种的压克力板材。

　　汤臣压克力声屏板有多种规格及多种颜色可供选用，常用的产品规格、幅面尺寸为 2100mm×2600mm、2100mm×3100mm，厚度为 15mm、20mm、30mm。常规提供透明板和色板，特殊规格和颜色另行商定。汤臣压克力声屏板的物理性能见表 15-2-6。

表 15-2-6　汤臣压克力声屏板的物理性能（厚度 15mm）

序号	性能	测试方法	指标 GB/T 29640—2013	汤臣产品检测结果
1	弯曲强度/MPa	GB/T 9340—2009	≥98	114
2	弯曲弹性模量/MPa	GB/T 9340—2009	≥3100	3120
3	简支梁冲击强度/（kJ/m²）	GB/T 1043.1—2008	≥17	21
4	洛氏硬度（M 标尺）	GB/T 3398.2—2008	—	101
5	透光率/%	GB/T 2410—2008	≥90	93.2

续表

序号	性能	测试方法	指标 GB/T 29640—2013	汤臣产品检测结果
6	密度/（g/cm³）	GB/T 1033.1—2008	≤1.2	1.19
7	断裂伸长率/%	GB/T 1040.2—2006	≥4	8.2
8	拉伸强度/MPa	GB/T 1040.2—2006	≥70	72
9	线胀系数/℃⁻¹	GB/T 1036—2008	≤0.07	6.7×10^{-5}
10	维卡软化温度/℃	GB/T 1633—2000	≥110	111
11	计权隔声量/dB	TB/T 3122—2010	≥30	36
12	阻燃性能	GB/T 8624	E 级及 E 级以上	E 级
13			碎片小于 25cm²	20
14			碎片质量小于 100g	50
15	抗冲击性能（400kg 重锤，冲击力 6000J）	EN1794—2:2002	碎片角度大于 15°	70
16			碎片薄度小于 1mm	5
17			碎片长度小于 15cm	6

汤臣压克力声屏板，板厚为 15mm，其计权隔声量 R_w 为 36dB。表 15-2-7 为汤臣压克力声屏板（厚 15mm）在不同频率下的隔声量。

表 15-2-7　汤臣压克力声屏板（厚 15mm）在不同频率下的隔声量

中心频率/Hz	100	125	160	200	250	315	400	500	630
隔声量/dB	29.9	26.9	21	26.3	31.2	31	32.3	31.8	36.2
中心频率/Hz	800	1000	1250	1600	2000	2500	3150	4000	5000
隔声量/dB	37.7	39.8	38.8	39.3	38.2	34.7	37.5	40.1	41.2

注：计权隔声量 R_w（C；C_{tr}）=36（0；−2）dB（C 为粉红噪声修正，C_{tr} 为交通噪声修正）

汤臣压克力声屏板适用于高速铁路、城市高架、高速公路、地铁、轨道交通、居民住宅集中区、别墅群、演艺厅、酒吧及大型噪声治理项目，作为隔声屏障、隔声挡板、隔声罩板、隔声装饰板等大量应用。

2.7.3　彩色夹芯板（俗称彩钢夹芯板）

彩色夹芯板是两面采用厚度为 0.5～0.8mm 的彩涂钢板，中间填入岩棉板等，通过自动生产线的涂胶加温、加压、变形、定尺切割等工序，制成厚度不等，具有抗压承重、保温、隔声、隔热及装饰于一体的一种新型建筑装饰材料和隔声板材，广泛应用于各种大中型工业厂房、仓库、冷库、办公楼、净化厂房、保温库、隔声室等的墙板、顶板制作，板材之间制成企口型的连接，拼装十分方便。国内很多厂家均可生产这种彩钢夹芯板。板总厚度计有 50mm、75mm、100mm、150mm、200mm、250mm 等六种；板宽为 1200mm、1250mm；板长一般为 2500mm、3500mm、4000mm、5000mm、5500mm、6000mm、7500mm，长度可按需要切割，最长可达 10000mm。50mm 厚的板，计权隔声量为 20dB 左右。

2.7.4 铝塑复合板

上海华源复合新材料有限公司生产的"华源"牌铝塑复合板是将铝薄板材、PE 芯材与高分子膜在连续高热高压作用下牢固地黏合在一起，形成一种复合板材，主要用于建筑装潢的表面处理，具有一定的隔声作用，若将该板材穿孔，可以作为吸声结构的饰面材料。

铝塑复合板的标准规格：长×宽×厚为 2440mm×1220mm×3mm、2440mm×1220mm×4mm，外观颜色可按用户要求配置。铝塑复合板应用范围：大楼外墙帷幕墙板，旧的大楼外墙改装和翻新，阳台、设备单元、室内隔断、看板、标识牌、广告招牌等。4mm 厚的铝塑复合板的隔声量为 29dB。

2.7.5 "静馨"隔声毡

福建天盛恒达声学材料科技有限公司研制开发并批量生产的"静馨"牌隔声毡，是采用新技术工艺制成的新型隔声材料。它由高分子材料、金属粉末和各类助剂通过反应配制而成，产品质量稳定，工艺条件控制方便。其特点是材料质轻、超薄、柔软、拉伸强度大、施工方便、成本低、阻燃、防潮、防蛀、材料环保、内阻尼大、隔声性能优、减振效果好，是一种高性能阻尼隔声材料。

现有型号规格：JX-P120，JX-P120Z，JX-P200，JX-P200Z（Z 为助燃型）；1.24m×10m/卷，1.24m×5m/卷；厚度 1.2mm 和 2.0mm。可按用户要求订制不同的长度、宽度和厚度。

厚度为 1.2mm 的 JX-P120Z 型"静馨"隔声毡（面质量为 2.37kg/m^2）的计权隔声量 R_w=22.7dB，平均隔声量（100～3150Hz）为 19.3dB，其频率特性如表 15-2-8 所列。

表 15-2-8 1.2mm 厚 JX-P120 Z 型"静馨"隔声毡频率特性

中心频率/Hz	100	125	160	200	250	315	400	500	630
隔声量/dB	12.0	10.9	10.7	11.5	15.3	15.1	15.1	18.2	19.1
中心频率/Hz	800	1000	1250	1600	2000	2500	3150	4000	—
隔声量/dB	20.4	22.7	23.9	25.2	28.1	29.0	31.5	31.9	—

实测结果表明，单层 1.0mm 厚钢板计权隔声量 R_w=27.9dB，单层 1.0mm 钢板+2.0mm 厚隔声毡（即 JX-P200Z 型"静馨"隔声毡）的计权隔声量 R_w=33.8dB，隔声量提高了 5.9dB。

2.8 隔声门窗

2.8.1 隔声门窗简介

隔声门窗是隔声措施中的主要内容之一。隔声门如按其尺寸大小分类，可分为单扇门、双扇门和多扇门。门的宽度小于 1.5m 时，可做成单扇或双扇门；宽度大于 1.5m 时，则需要做成双扇门。隔声门按其开启方式不同，可做成平开门、对开门和平移门（俗称推拉门）。隔声门按制作材料不同，可分为钢质门、木质门、钢木复合门以及其他材料制作的隔声门，例如塑钢门、铝合金门、水泥板隔声门等。

普通的门由于门扇比较轻，门缝比较大，又无专门的密封措施，因此其隔声量很低，计权隔声量大多为 15～20dB。这种门还不能称为隔声门。作为隔声门，其计权隔声量应大于 25dB。

按国家标准 GB/T 16730—1997《建筑用门空气声隔声性能分级及其检测方法》规定，将隔声门划分为六级。按环保部标准 HCRJ 019—1998《隔声门认定技术条件》规定，将隔声门划分为五级，每一级差值为 5dB。

表 15-2-9 为隔声门分级及其隔声量要求。

由表 15-2-9 可知，Ⅰ级隔声门的计权隔声量 $R_w \geqslant 45$dB，Ⅴ级隔声门的计权隔声量 $R_w \geqslant 25$dB。

影响隔声门计权隔声量的因素很多，但主要是门板的隔声量和门缝的密封隔声处理。

表 15-2-9　隔声门的分级及其隔声量要求

GB/T 16730 等级	HCRJ 019 等级	计权隔声量 R_w/dB
Ⅰ	Ⅰ	$R_w \geqslant 45$
Ⅱ	Ⅱ	$45 > R_w \geqslant 40$
Ⅲ	Ⅲ	$40 > R_w \geqslant 35$
Ⅳ	Ⅳ	$35 > R_w \geqslant 30$
Ⅴ	Ⅴ	$30 > R_w \geqslant 25$
Ⅵ	—	$25 \geqslant R_w > 20$

常用的隔声门门扇面板为冷轧钢板，在内外面板之间填充吸声材料、阻尼材料，为错开其吻合频率影响，门扇两面面板一般采用不同厚度。

隔声窗与隔声墙、隔声门一样，也是隔声围护结构中的主要物件之一。它的作用是采光、通风、隔热、隔声、装饰。按窗框的材料不同，可分为木窗、金属窗、塑料窗等；按开启方式不同，可分为平开窗、平移（推拉）窗、翻窗以及不能开启的固定窗；按构造不同，可分为单道、双道窗以及单层玻璃、双层玻璃、中空玻璃和多层叠合玻璃等；按使用功能不同，可分为通风百叶窗、隔热保温窗以及隔声观察窗等。

隔声窗的隔声性能受多种因素影响，影响最大的是窗扇的隔声量和窗扇与窗框之间的密封隔声处理。窗扇多数为玻璃。一般来说，玻璃的厚度增加一倍，平均隔声量提高 4dB 左右。厚度增加吻合频率降低，使隔声的吻合谷向低频方向偏移。一般厚度为 3mm 的玻璃，其吻合频率在 4000Hz 以上，厚度为 4mm、6mm、8mm 的玻璃的吻合频率分别为 3150Hz、2000Hz、1600Hz 左右。为提高窗的隔声性能，减小吻合效应对窗扇隔声性能的影响，有时采用不同厚度的玻璃，或采用中间带有空气层的双层玻璃，或采用具有阻尼作用的透明有机材料黏合的复合夹层玻璃，或采用倾斜安装不等空腔的玻璃等。

目前，市场上提供的中空玻璃颇多。一般中空玻璃是由两片以上的玻璃组合而成，玻璃与玻璃之间保持一定的间距，间隔中是干燥的空气层，周边用材料密封而成，具有较好的隔热保温性能。但对于隔声来说，由于两层玻璃之间间距小且平行，双层玻璃存在共振，共振频率一般出现在 200～500Hz 的中低频范围内，再加上两层玻璃采用铝合金条或玻璃黏结在一起，形成"声桥"，因此中空玻璃的隔声性能不太理想，它与同样密度的单层玻璃差不多。

表 15-2-10 为几种中空玻璃的实测隔声量。

表 15-2-10　几种中空玻璃实测隔声量

中空玻璃厚度/mm					平均隔声量 R/dB	计权隔声量 R_w/dB
玻璃	空气层	玻璃	空气层	玻璃		
—	—	3	6	3	31.3	31.0
—	—	5	6	3	32.5	33.0
—	—	5	6	5	32.5	33.0
—	—	5	12	5	33.4	35.0
5	6	5	6	5	34.6	36.0
5	12	3	12	5	34.7	37.0

常用的隔声门窗的隔声性能见表 15-2-3。

作为建筑外门窗国家标准有许多要求，例如：气密性等有国家标准 GB/T 7106—2008《建筑外门窗气密、水密、抗风压性能分级及检测方法》；保温性有国家标准 GB/T 8484—2008《建筑外门窗保温性能分级及检测方法》；采光性有国家标准 GB/T 11976—2015《建筑外窗采光性能分级及检测方法》；隔声性有国家标准 GB/T 8485—2008《建筑门窗空气声隔声性能分级及检测方法》。外窗以计权隔声量（R_w）和交通噪声频谱修正（C_tr）之和作为分级指标。

建筑外窗空气声隔声性能分为 5 级，详见表 15-2-11。

表 15-2-11　建筑外窗空气声隔声性能分级（GB/T 8485—2008）

分级	2	3	4	5	6
标准值/dB	$25 \leqslant R_\mathrm{w} + C_\mathrm{tr} < 30$	$30 \leqslant R_\mathrm{w} + C_\mathrm{tr} < 35$	$35 \leqslant R_\mathrm{w} + C_\mathrm{tr} < 40$	$40 \leqslant R_\mathrm{w} + C_\mathrm{tr} < 45$	$R_\mathrm{w} + C_\mathrm{tr} \geqslant 45$

2.8.2　"申华" GFM 型甲级钢质防火隔声门系列

上海申华声学装备有限公司研制开发并批量生产的"申华" GFM 型甲级钢质防火隔声门系列，具有防火、隔声双重功能，已通过产品鉴定，取得了实用新型专利，专利号为 ZL002 63313.2，获得了中国消防产品质量认证委员会颁发的《消防产品型式认可证书》。

该型防火隔声门广泛应用于电视台、录音室、影剧院、写字楼、商务中心、宾馆、高层建筑、地铁工程、防空工程以及地下建筑等场所，可以给用户带来安全、宁静的办公、生活环境。

防火隔声门的防火等级为甲级，隔声等级应符合表 15-2-9 的规定。

"申华" GFM 型甲级防火隔声门面层为 2.0mm 和 1.5mm 冷轧钢板，内填硅酸钙板（密度 1000kg/m³）、陶瓷棉（密度 190kg/m³）进口防火膨胀密封条，GB-SIC 型不锈钢门锁，高强度铰链。标准系列防火隔声门门洞尺寸见表 15-2-12。

表 15-2-12　标准系列防火隔声门门洞尺寸　　　　　　　　单位：mm

单门		双门	
洞口高度	洞口宽度	洞口高度	洞口宽度
2000	700	2000	1200
2000	800	2000	1500
2000	900	2000	1800
2000	1000	2000	2000
2100	700	2100	1200
2100	800	2100	1500
2100	900	2100	1800
2100	1000	2100	2000
2100	1100	2100	2100
2100	1200	2100	2200
—	—	2100	2400

　　国家固定灭火系统和耐火构件质量监督检验中心提供的 GFM 型防火隔声门检验报告中说，该门耐火极限为甲级防火门≥1.20h。耐火试验进行 72min，未丧失完整性；背火面最高平均温升 88.9℃，最高单点温升 115.9℃，未丧失隔热性；耐火极限>1.20h。

　　"申华"GFM1021 型钢质防火隔声门计权隔声量 R_w=40.6dB，平均隔声量（100～3150Hz）R_a=36.3dB，属Ⅱ级隔声门。该型防火隔声门 1/3 倍频带隔声量如表 15-2-13 所列。

表 15-2-13　"申华"GFM1021 型钢质防火隔声门 1/3 倍频带隔声量

中心频率/Hz	100	125	160	200	250	315	400	500	630
隔声量/dB	19.6	24.8	27.0	28.1	27.5	37.1	35.8	37.4	37.0
中心频率/Hz	800	1000	1250	1600	2000	2500	3150	4000	—
隔声量/dB	37.6	41.5	43.0	44.0	45.7	46.3	47.8	47.2	—

2.8.3　"中雅"隔声门

　　深圳中雅机电实业有限公司生产多种形式的隔声门，其中包括单扇隔声门、双扇隔声门、滑动门、旋转门、垂直起降门、舱门、纵向串联排列双门、四边密封门、双重模式门等。

　　"中雅"隔声门广泛应用于建筑声学和噪声控制工程中，每扇门都是在工厂装配好，在交付使用前经过同轴度、配合度和操作灵活性等多项功能测试，以确保其隔声量。"中雅"隔声门采用自调直磁性密封来保证经久耐用和高的隔声性能；采用凸轮升降合页可让门关闭时与地板之间密封良好；采用无门槛结构，方便轮椅和人员的自由出入；门框结构为插入式，不需要在土建施工时预埋门框。

　　表 15-2-14 为"中雅"常用的转动式（即转轴式）和滑动式（即推拉式）隔声门隔声量。

表 15-2-14　"中雅"常用隔声门隔声量一览表

类型	厚度/mm	STC[②]	1/3 倍频带中心频率/Hz 隔声量/dB																			面质量/kg/m²	密封
			63	80	100	125	160	200	250	315	400	500	630	800	1000	1250	1600	2000	2500	3150	4000		
转动	44	46	—	—	—	30	32	38	40	44	47	48	45	43	41	43	46	49	50	50	47	54	a[①]
	64	49	—	—	—	28	34	40	39	42	44	46	47	51	50	50	51	53	55	55	55	34	b
	64	51	24	20	23	28	37	44	47	49	48	50	53	53	52	51	51	54	58	59	54	44	b
	64	53	22	24	27	31	42	47	47	47	54	54	54	53	51	51	53	57	58			54	b
	89	54	21	28	28	40	48	52	51	52	52	54	55	54	51	51	54	59	63			78	b
	89	61	22	28	28	41	51	54	53	55	61	60	62	60	60	61	62	64	66	69		78	c
	127	64	24	32	33	44	51	53	58	58	57	59	62	63	63	65	66	65	66	67	70	70	88	d
滑动	102	45	—	—	—	29	29	31	36	38	42	44	43	43	44	50	54	59	61	61	66	88	e
	152	54				45	45	45	49	45	49	52	52	52	60	60	65	65	65	63	118	f
	203	62				47	46	51	55	57	59	56	59	64	63	63	>65	>65	>65	>65	>65	245	g

① 表中：a. 单层压缩密封；b. 双层磁性密封；c. 三层磁性密封；d. 三层磁性压缩密封；e. 手动迷宫式弹性密封；f. 自动气动密封；g. 自动迷宫式压缩密封。

② STC 与 R_w 基本相当。

2.8.4　TY-GSM 重型电动平移隔声门

江苏宜兴天音环保工程有限公司研制成功并大量应用的 TY-GSM 重型电动平移隔声门，是一款大型、隔声、密闭、电动、防火的新产品，适用于大型工业高噪声厂房的隔声以及隔声要求特高的影视摄影棚、演播厅、变电站、试车台等处的隔声。该型隔声门的体量很大，单扇门质量可达 8t，门面积最大可达 108m²。门体开启灵活，运行稳定，安全可靠，外形美观大方，特别是隔声量高达 45dB（A），是一些特殊场所首选的隔声门之一。

TY-GSM 隔声门有 10 种规格可供选用（并可订制规格），其技术参数见表 15-2-15。

表 15-2-15　TY-GSM 重型电动平移隔声门技术参数表

型号	洞口尺寸/mm	材料说明	隔声量/dB	备注
TY-GSM1	1000×2100	钢制喷塑	35～45	电动，手动
TY-GSM2	2000×2000	钢制喷塑	35～45	电动，手动
TY-GSM3	2000×3000	钢制喷塑	35～45	电动，手动
TY-GSM4	3000×3000	钢制喷塑	35～45	电动，手动
TY-GSM5	4000×4000	钢制喷塑	35～45	电动，手动
TY-GSM6	5000×5000	钢制喷塑	35～45	电动，手动
TY-GSM7	6000×6000	钢制喷塑	35～45	电动，手动

续表

型号	洞口尺寸/mm	材料说明	隔声量/dB	备注
TY-GSM8	8000×6000	钢制喷塑	35～45	电动，手动
TY-GSM9	13600×8000	钢制；氟钛喷涂	35～45	电动，手动
TY-GSM10	可根据用户需要订制尺寸，单扇运行门体质量 8t		35～45	电动，手动

TY-GSM 重型电动平移隔声门有如下特点：

① 密封性能好、隔声量高　开门时门体与墙面和地面之间有一定空隙，密封胶条不摩擦墙面和地面，延长密封胶条的寿命。关门时门体自动内沉的同时还自动下沉密封装置，密封胶条挤压墙面和地面，实现门洞四周挤压式紧闭，W 形交叉密封，不漏声。

② 运行平稳顺畅，不变形　开关门电机采用优质产品，机械传动部分的轴承、齿轮齿条、滚轮、导轨等结构设计合理，振动小、安全稳定。

③ 开启方式灵活，操作方便　按用户要求，门的开启方式可为单开，也可为双开，可自动也可手动，已设置电动按钮和遥控装置，电动运行速度最慢为每秒 95mm，匀速运行。

④ 辅助设备齐全　门体驱动电机上安装电控锁闭装置，可以完全闭合分离，停电时可手动开关大门，设计有开关门运行警示光电信号、红外线安全对射系统。

图 15-2-10 为 TY-GSM 电动平移隔声门安装于海口观澜湖冯小刚电影公社摄影棚的现场实照，该门宽×高为 6600mm×6300mm，现场实测门内外的声压级差为 47dB。

图 15-2-11 为 TY-GSM 隔声门安装于青岛万达东方影都影视基地摄影棚现场实照。万达青岛东方影都采购宜兴天音公司 60 余套大型 TY-GSM 电动平移隔声门，分别安装于 25 个摄影棚，其中有一个是一万平方米的摄影棚。

图 15-2-10　TY-GSM 电动平移隔声门安装于
冯小刚电影公社摄影棚现场实照

图 15-2-11　TY-GSM 隔声门安装于青岛
万达东方影都影视基地摄影棚的现场实照

为验证 TY-GSM 重型电动平移门的隔声效果，青岛万达东方影都投资有限公司专门委托第三方（国家建筑工程质量监督检验中心）对安装于青岛东方影都影视基地摄影棚的电动平移隔声大门进行现场实测，图 15-2-12 为 S06 棚北墙 TY-GSM 电动隔声门的现场实测结果。

实测结果表明：TY-GSM 隔声门空气声隔声量为 49dB，隔声性能优良，开启灵活，符合设计要求，超过了订货合同规定的隔声量≥45dB 的要求，用户十分满意。

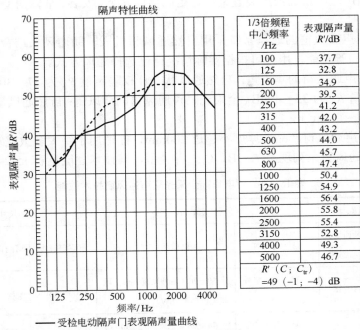

1/3倍频程中心频率/Hz	表观隔声量 R'/dB
100	37.7
125	32.8
160	34.9
200	39.5
250	41.2
315	42.0
400	43.2
500	44.0
630	45.7
800	47.4
1000	50.4
1250	54.9
1600	56.4
2000	55.8
2500	55.4
3150	52.8
4000	49.3
5000	46.7
R' (C；C_{tr}) =49 (-1；-4) dB	

—— 受检电动隔声门表观隔声量曲线

---- 空气声隔声评价曲线（GB/T 50121—2005）

图 15-2-12　S06 棚北樯 TY-GSM 隔声门现场实测结果

2.8.5 "申华"全采光隔声通风窗

为解决采光、通风、隔声的问题，近年来，不少单位开展了这方面的研究，提供了一些产品，例如：通风净化隔声窗、真空隔声节能通风窗、隔声排气通风玻璃窗、透光隔声通风窗、隔声通风窗、具有盒式结构墙体的隔声通风窗、由双层玻璃构成的隔声通风窗等。

"申华"全采光隔声通风窗是由上海申华声学装备有限公司与同济大学声学研究所共同开发完成的新产品，已具有批量生产能力，被上海市高新技术成果转化办公室认定为上海市高新技术成果转化项目，已获国家专利，专利号为 ZL2005Z0046599.9。由上海市建设科技推广中心组织通过了新产品新技术鉴定评估，结论是："申华"全采光隔声通风窗技术性能属国内领先，达到国外同类产品的先进水平。

"申华"全采光隔声通风窗的主要技术性能及创新点如下。

① 全采光隔声通风窗局部窗体采用双层窗结构，是利用双层窗之间的空腔，针对交通噪声的主要频谱范围，设计多层超薄空腔微穿孔共振宽频消声通道。通风装置安装在消声通道内，采用消声和自然通风、机械通风一体化的设计，消声通风通道可根据需要开启和调节，声学性能、通风性能有较大的提高。

② 全采光隔声通风窗采用环保设计方案，消声装置用微穿孔板和超微穿孔膜材料，材料为透明度很高、抗氧化性能很强的无毒塑料，避免了多孔材料耐候性差和二次污染问题，对人体没有任何危害，属于环保型产品。

③ 全采光隔声通风窗采用全采光设计方案，整个窗平面除窗框和型材外没有遮光处。

④ 全采光隔声通风窗的消声装置采用特定的槽口安装，安装、维修简便，便于用户清洗、更换。

⑤ 全采光隔声通风窗的通风系统采用自然通风和机械辅助通风相结合方式，并具有关闭、通风、全开启等功能，用户可根据实际情况自己选择通风方式。

⑥ 全采光隔声通风窗的隔声量：自然通风状态计权隔声量 R_w 为 27～30dB，消声通道关闭状态计权隔声量 R_w 为 33～40dB。全采光隔声通风窗的通风量：自然通风量为 33～80m^3/h，机械通风量为 48～132m^3/h。

⑦ 全采光隔声通风窗产品总厚度不超过 200mm，能适用于绝大多数建筑墙体。

全采光隔声通风窗系列现有 A、B、C 三种类型，其技术性能见表 15-2-16。

表 15-2-16　"申华"全采光隔声通风窗技术性能

类型	计权隔声量 R_w/dB		通风量/（m^3/h）		适用尺寸范围/mm		
	自然通风状态下	通风通道关闭状态下	自然通风时	机械通风时	窗洞口高度	窗洞口宽度	窗洞口墙厚度
A 型	27～30	33～38	35～37（室外风速 2.5～3m/s）	50～70（室外风速 0m/s，风机电机功率 16W）	1200～1800	900～1800	≥200
B 型	27～30	34～39	33～42（室外风速 2.5～3m/s）	48～66（室外风速 0m/s，风机电机功率 16W）	1200～2100	1500～2700	≥200
C 型	27～30	35～40	72～80（室外风速 2.5～3m/s）	110～132（室外风速 0m/s，风机电机功率 16W）	1200～2100	2100～4200	≥200

"申华"全采光隔声通风窗采用环保、节能、高效的设计理念，适合城市道路、高速公路、铁路两侧和其他噪声扰民的办公楼、商务中心、居民住宅等噪声治理，它改变了传统隔声窗只隔声不通风的弊病，解决了开窗通风带来噪声的困惑，满足了人们对环保和健康的需求。

"申华"全采光隔声通风窗采用铝型材和塑钢型材制作。

隔热铝型材全采光隔声通风窗的抗风压性能属第 5kPa 级，气密性能属第 5 级，水密性能属第 5 级，保温性能分级为 6 级。

塑钢型材全采光隔声通风窗的抗风压性能属第 5kPa 级，气密性能属第 4 级，水密性能属第 5 级，保温性能分级为 9 级。

"申华"全采光隔声通风窗采用隔热断桥铝型材和塑钢型材两大类型材，并选用中空玻璃，保温隔热效果良好，符合节能要求。消声通道内的微穿孔板采用具有全采光透明功能的抗氧化性能好的共聚聚酯薄板材料，为绿色环保型产品。

"申华"全采光隔声通风窗由上海市建筑建材业市场管理总站批准为上海市建筑产品推荐性应用图集。图集号为 2009 沪 J/T-703。

图 15-2-13 为"申华"C 型全采光隔声通风窗外形示意图。

图 15-2-14 为"申华"全采光隔声通风窗内窗为全开启状态下的隔声特性曲线，计权隔声量 R_w=27.8dB，平均隔声量（100～3150Hz）R_a=24.7dB。图 15-2-15 为"申华"全采光隔声通风窗内外窗全关闭状态下的隔声特性曲线。

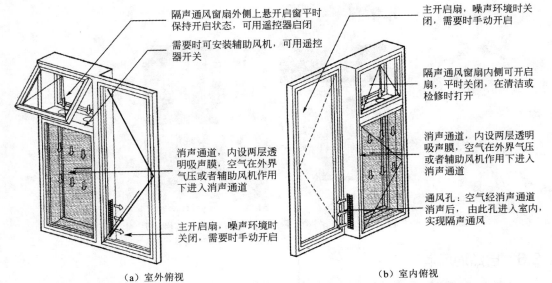

隔声通风窗扇外侧上悬开启窗平时保持开启状态，可用遥控器启闭

需要时可安装辅助风机，可用遥控器开关

消声通道，内设两层透明吸声膜，空气在外界气压或者辅助风机作用下进入消声通道

主开启扇，噪声环境时关闭，需要时手动开启

主开启扇，噪声环境时关闭，需要时手动开启

隔声通风窗扇内侧可开启扇，平时关闭，在清洁或检修时打开

消声通道，内设两层透明吸声膜，空气在外界气压或者辅助风机作用下进入消声通道

通风孔：空气经消声通道消声后，由此孔进入室内，实现隔声通风

（a）室外俯视　　　　　　　　（b）室内俯视

图 15-2-13　"申华" C 型全采光隔声通风窗外形示意图（箭头所指为气流方向）

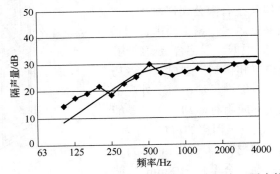

图 15-2-14　"申华"全采光隔声通风窗（内窗全开启）隔声特性曲线
（粗实线为计权隔声量标准曲线，供参考）

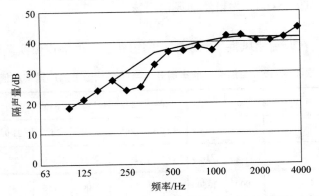

图 15-2-15　"申华"全采光隔声通风窗（内外窗全关闭状态）
隔声特性曲线（粗实线为计权隔声量标准曲线，供参考）

图 15-2-16 为"申华"全采光隔声通风窗工程实例照片。

图 15-2-16　"申华"全采光隔声通风窗工程实例照片

2.8.6　自然通风消声窗

自然通风消声窗是由深圳保泽环保科技开发有限公司和上海伊新环保科技有限公司研制、生产的一种隔声通风窗。自然通风消声窗主要由普通铝合金窗和专用消声器组成。根据一般铝合金窗结构，消声窗中设计了专用消声器和特制铝型材，两者巧妙地组成消声窗的结构。自然通风消声窗在外观上基本上与普通窗无异，实际应用时，却形成了既能良好采光和自然通风，又能隔声消声的窗户。

自然通风消声窗的主要材料为 1.4mm 厚的普通铝合金型材、部分特制铝合金型材和 8mm 厚玻璃。另外，根据节能或更高要求的降噪需要，也可采用中空玻璃制作。图 15-2-17 为自然通风消声窗的结构示意图。

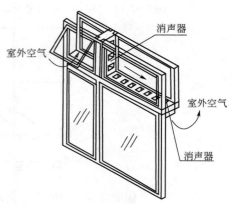

图 15-2-17　自然通风消声窗的结构示意图

自然通风消声窗在开窗通风换气状态下和闭窗状态下的隔声量实测值见表 15-2-17。

表 15-2-17　自然通风消声窗开窗与闭窗状态下隔声量实测值

1/3 倍频带中心频率/Hz	100	125	160	200	250	315	400	500	630	800
开窗换气状态下隔声量/dB	8.8	8.8	12.9	20.1	21.4	24.7	21.9	21.6	21.2	23.3
闭窗状态下隔声量/dB	17.1	21.8	18.8	26.1	25.4	28.1	27	27.5	29.4	29.6
1/3 倍频带中心频率/Hz	1000	1250	1600	2000	2500	3150	4000	5000	6300	8000
开窗换气状态下隔声量/dB	28.6	30	29.8	29.4	32.4	34.6	36.3	37.6	38.7	39.4
闭窗状态下隔声量/dB	30	29.5	29.8	29.2	32.4	33.6	36.8	39.2	40.9	43.4

开窗换气状态下空气声计权隔声量 R_w=27dB。

关窗状态下空气声计权隔声量 R_w=31dB。

自然通风消声窗已安装于上海市闵行区中春路两侧 1000 余户居民住宅的窗户上。表 15-2-18 为安装自然通风消声窗后的噪声现场实测值。

表 15-2-18　安装自然通风消声窗后噪声实测值

测点位置	噪声源	实测值 L_{eq}/dB(A)	备注
窗外 1.0m	交通噪声	68.7	—
室内全开窗	交通噪声	55.1	—
室内全关窗	交通噪声	40.8	—
室内开外窗，关内窗	交通噪声	45.8	通风隔声状态

由表 15-2-18 可知，当窗外交通噪声在 68dB（A）左右时，室内噪声于通风隔声状态下为 45dB（A）左右，降噪量为 23dB（A）左右，降噪效果明显。

2.9　隔声室

2.9.1　高速冲床隔声室

家用空调器、电冰箱、洗衣机、吸尘器、洗碗机、热水器等所用的薄壁零件，多数是用自动高速冲床冲制出来的，自动高速冲床通常是安装于零部件车间的大厂房内，其噪声高达 105dB（A）左右，给操作者和周围环境带来严重的噪声污染。为了降低自动高速冲床噪声的影响，一般都是在自动高速冲床的外侧加装大型隔声室。隔声室顶棚和四壁用钢结构复合隔声板拼装而成；进料部分开设自动进料口并做隔声处理；出料端加装气动自动开关装置或电动自动开关装置，无气或断电时可手动开关；出料装置与自动高速冲床互锁；隔声室顶部安装排风机，在排风机出口和隔声室进风口处安装消声器；隔声室四壁墙上安装双层玻璃隔声观察窗和钢结构密封隔声门；隔声室内可安装分体式空调器、电源开关箱、照明灯具等。

中船第九设计研究院工程有限公司为国内十几家空调器厂设计了高速冲床隔声室，由南通开发区永达环保科技工程有限公司制造安装。高速冲床隔声室一般外形尺寸长×宽×高约为 5500mm×4500mm×3800mm，隔声室的具体形式和尺寸应按高速冲床的尺寸和操作工艺要求来设计。高速冲床隔声室隔声量（内外声级差）为 20～25dB（A）。图 15-2-18 为 OAK 高速冲床隔声室外形照片。图 15-2-19 为高速冲床隔声室隔声特性曲线。

图 15-2-18 OAK 高速冲床隔声室外形照片

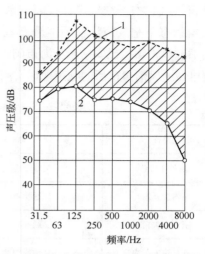

图 15-2-19 高速冲床隔声室隔声特性曲线

1—隔声室内噪声频谱曲线；2—隔声室外噪声频谱曲线

2.9.2 听力室（测听室）

听力室又称测听室，主要用于医学方面听力的测试研究。听力室要求较低的背景噪声，实际上是一个隔声量要求较高的隔声室。

深圳中雅机电实业有限公司批量生产各种规格的听力室，可提供 28 个标准尺寸和几百种可互换结构的听力室，其性能基本符合国家标准 GB/T 19885—2005《声学 隔声间的隔声性能测定 实验室和现场测量》的要求。

听力室的外形照片如图 15-2-20 所示。

听力室是钢结构，由隔声墙板、顶板、地板、隔声门、隔声窗、照明系统、空调系统等组成。

完全装配好的听力室的内外声压级差如表 15-2-19 所列。

图 15-2-20 中雅系列听力室外形照片

表 15-2-19 听力室单层结构和双层结构内外声压级差

听力室结构	倍频带中心频率/Hz							听力室内外声压级差/dB（A）
	125	250	500	1000	2000	4000	8000	
	听力室内外声压级差/dB							
单层结构	28	36	48	57	61	61	57	50
双层结构	47	62	83	91	99	97	91	70

实测听力室内（体积约 $7m^3$）混响时间（T_{60}）见表 15-2-20。

表 15-2-20　听力室内典型混响时间

频率/Hz	125	250	500	1000	2000	4000	8000
混响时间/s	0.24	0.19	0.11	<0.10	<0.10	<0.10	<0.10

2.10　隔声屏障

2.10.1　隔声屏障简介

隔声屏障主要用于阻挡噪声源直达声的传播，在噪声源和接受者之间设置隔声屏障或隔声吸声屏障，可以有效地控制噪声源的中高频噪声的传播，在声屏障的"声影"区内得到一个较为安静的环境。在室内使用隔声屏障，应根据噪声源的种类、声源特性、安装位置等来选择隔声屏障的形状和尺寸。隔声屏障分为固定式和移动式两种。按声学特性不同，隔声屏障可分为反射型、吸声型以及反射吸声结合型等三种。由于声屏障是敞开结构，有利于机械设备的通风散热及操作维修。隔声屏障的降噪效果一般为 8~12dB（A），如果室内适当进行吸声处理，声屏障两面为吸声结构，中间为隔声结构，隔声屏障的降噪效果还会提高，有时可达 15dB（A）左右。

露天使用的隔声屏障，主要用于交通噪声的治理。例如高速路、高架路、立交桥、铁路、高铁、轻轨等所用的声屏障。户外声屏障除具备一般声屏障的要求外，还必须具备防雨、防潮、防晒、防冻、防尘、防腐蚀、防台风等功能，而且经久耐用，外形美观。声屏障即使需要修理更换，施工也应十分方便。近年来，道路声屏障发展较快，有土建式永久声屏障，有土建式和钢结构结合式声屏障，有轻钢结构声屏障，也有其他轻型结构的声屏障。道路声屏障隔声降噪效果一般为 5~8dB（A）。

为了规范声屏障的设计、测试及验收，原环境保护部颁布了 HJ/T 90—2004《声屏障声学设计及测量规范》行业标准，交通部颁布了 JT/T 646《公路声屏障》行业标准。

在 HJ/T 90—2004 中给出了声屏障的设计计算公式、修正量，声屏障声学性能的测量方法，声屏障工程的环保验收标准等。作为声屏障，其隔声、吸声和力学性能是最基本的要求。一般声屏障隔声量用传声损失 TL 表示，在忽略透射声影响的情况下，声屏障材料本体传声损失 TL 取 20~30dB。一般声屏障的吸声性能用降噪系数 NRC 表示，降噪系数 NRC 应大于0.5。声屏障设计在满足声学性能要求的同时，其结构力学性能、材料物理性能、安全性能和景观效果，均应符合相应的现行国家标准的规定和要求。

声屏障的构造主要涉及屏障的外形、结构与材料，它应满足技术成熟、经济合理、施工简单、造型美观、色彩协调和安全耐用等性能。声屏障按其外形不同，可分为直立形、弧形、倒 L 形、半封闭形、全封闭形等多种形式；根据景观需求，可分为透明型和不透明型。常用的声屏障结构外形及其适用性见表 15-2-21。

表 15-2-21 常用声屏障结构外形及其适用性

结构外形	描述	降噪效果	景观协调性	采光性	工程造价	制作安装	特点	适用区域
直立形	整体直立	一般	外形单一,景观性差	采用透明屏可增强采光性	较低	方便快捷	制作安装简单,造价低廉,但外形单一	景观要求低、降噪目标小的敏感区域
弧形	整体呈弧形	较好	流线,景观性好	采用透明屏可增强采光性	稍高	相对复杂	流线型,美感强,但造价偏高,结构复杂	大型交通干道侧、流线型建筑及其他
直弧形	下部直立,顶部微小弧度	较好	曲直结合,美观大方	采用透明屏可增强采光性	适中	适中	顶部带弧形,减少噪声的绕射,降噪效果较好	应用广泛,各种居住或别墅区域都可采用
吸声圆筒形	下部直立,顶部带吸声圆筒	好	景观性一般	采用透明屏可增强采光性	稍高	较复杂	顶部为吸声圆筒,增大了声屏障的实际高度,降噪效果好,但顶部结构较复杂	应用较广泛,效果好
倒 L 形	下部直立,顶部倒 L 形	较好	景观性较好	采用透明屏可增强采光性	稍高	较复杂	顶部呈倒 L,减少噪声绕射,降噪效果较好	大型交通干道侧有较多敏感目标的区域
生态墙声屏障	与攀缘植物结合	较好	景观观赏性好	采光性较差	较高	简单	景观好,降噪效果好,结构稳定	风景区地面线可采用此形式
全封闭形	声屏障呈拱形包围道路	很好	景观性差,有压抑感	采光性较差	很高	结构复杂	降噪效果很好,但结构复杂,制作安装难,造价高,景观性差,影响大气环境	道路经过特殊区域如医院、学校、疗养院等对声环境质量要求高的区域
半封闭形	顶部弧度比直弧形大	好	景观性好,但影响视线	采光性较差	高	复杂	降噪效果好,但制作安装较难,单价偏高,采光性差	敏感建筑物较高、降噪目标较高的地区

声屏障所用材料种类繁多,用于声屏障的材料多数为型材,包括无机材料石料、水泥复合板、陶瓷类、复合木板类、聚合物、金属类等。常用的声屏障隔声吸声材料材质、特点及其适用性见表 15-2-22。

声屏障是一个系统工程,非一般意义上的产品,它是建筑、是技术、是构件、是城市景观。正确的设计、合格的材料、先进的制造工艺、科学的施工组织,构成了声屏障的整体工程。声屏障的设计可分为声学设计、景观设计、结构力学设计和制作施工工艺设计等四个部分。

表 15-2-22 常用声屏障隔声吸声材料材质、特点及其适用性

名称	材质	描述	特点	工程应用
镀锌钢板	热镀锌钢板	不同厚度规格钢板	较好的防锈性能,足够的强度、刚度要求	声屏障屏体,外框结构
多孔金属材料	泡沫铝,铝纤维	不同厚度规格	新型材料,良好的吸声特性,耐腐、耐候、使用寿命长,安装方便,后期维护简单,无二次污染,材料可回收利用	声屏障吸声板、面板
铝合金板	穿孔铝合金板	穿孔铝合金板,护面,内充纤维材料或复合材料	新型材料,良好的吸声特性,耐腐、防锈,质轻,制作方便,较好的强度和刚度,效果好	吸声屏护面吸声板
彩钢夹芯板	外护钢板+填充材料	采用彩钢夹芯护面,内充纤维材料	隔声效果较好,外观色彩多样,防腐耐锈,制作方便快捷	隔声屏体结构
安全夹层玻璃	钢化玻璃+PVB 夹胶	不同规格厚度安全夹层玻璃,内夹胶 PVB	隔声效果好,透光性好,安全可靠,防火、防尘,易清洗	透明隔声屏体结构,采光窗
防紫外线 PC 板	聚碳酸酯(压克力)	采用多层聚合技术,镀膜,不同厚度规格	具有防紫外线膜,抗老化、蠕变,长时间保持高度透明度,较好的强度和韧性	透明隔声屏体结构,采光窗

名称	材质	描述	特点	工程应用
纤维吸声材料	防潮离心玻璃棉	无机纤维材料	吸声系数高，质轻，防火、防潮，不刺手	声屏障吸声材料
复合材料	高分子聚合材料（玻璃钢）	聚合物，非玻璃棉类	具有高吸声系数，防水，耐候性强，不掉纤维，制作安装方便，防锈，属环保材料	声屏障吸声材料
多孔砖材料	陶瓷，珍珠岩	多孔砖	隔声性能优异，色彩多变	声屏障吸声板，面板

2.10.2　GYB 型声屏障

GYB 型声屏障是 20 世纪末北京市政工程机械厂研究开发的一种适用于高速路、铁道旁、机场、建筑工地、工厂以及高架桥上隔声降噪的产品，安装于北京市花园桥立交桥和第二外国语学院外部道路边上，已使用十余年，情况良好，它代表了我国早期声屏障的水平。GYB 型声屏障分为 Ⅰ 型和 Ⅱ 型。

GYB-Ⅰ型声屏障为金属百叶窗隔声吸声屏板，屏板由前板、后板、侧板构成一个封闭式箱型结构，形成一个模块化单元。其体积小，质量轻，耐腐蚀，寿命长；立柱为 H 钢，将模块化单元插入 H 钢之间并用固定件加以固定，组装简单，维修方便，抗风载，抗日晒；隔声吸声屏板内填充优质吸声材料，吸声材料外部用聚氟乙烯薄膜保护，抗腐蚀，防灰尘，不易燃，耐风雨。

GYB-Ⅱ型声屏障为透明壁板与金属板复合结构，金属部分由铝合金板加工而成；透明部分采用特殊工艺制成的镀膜玻璃，即使受到冲击也不会飞溅伤人。在道路两旁安装 GYB-Ⅱ型声屏障可使司机和乘务员视野开阔，不致产生隧道感。

GYB 型声屏障隔声吸声屏板模块化单元尺寸有两组：A 组长×宽×厚为 1960mm×500mm×95mm，H 钢间距为 2000mm；B 组长×宽×厚为 3960mm×500mm×95mm，H 钢间距为 4000mm。声屏障高度有四种：2000mm、3000mm、4000mm、5000mm。

实测 GYB 型声屏障屏体吸声系数和隔声量见表 15-2-23。

表 15-2-23　实测 GYB 型声屏障屏体吸声系数和隔声量

名称	1/3 倍频带中心频率/Hz																
	100	125	160	200	250	315	400	500	630	800	1000	1250	1600	2000	2500	3150	4000
吸声系数 α_T	0.25	0.36	0.54	0.87	0.90	0.95	0.98	0.99	0.92	0.86	0.82	0.76	0.71	0.68	0.60	0.63	0.54
隔声量/dB	17.2	19.5	20.2	20.2	21.4	24.8	26.8	29.1	30.6	34.3	36.3	38.3	39.5	41.0	41.8	42.2	44.4

2.10.3　"中驰"声屏障

上海中驰集团股份有限公司（简称中驰股份），是一家集声屏障研发、制造和施工承包于一体的高新技术企业，产品名称叫"中驰"声屏障，目前拥有 10 万平方米声屏障生产基地，具有强大的声屏障研发能力，拥有自主专利 40 余项，具有环保工程专业承包资质、钢结构工程专业承包资质。中驰股份始终保持行业领先地位；引进国际行业领先水平的生产线，在行业内率先实现智能化生产，年产声屏障约 360 万平方米；产品各项指标性能测试结果均优于相关标准。"中驰"声屏障被广泛应用于高速铁路、轨道交通、城市高架、高速公路和工业降噪等国家重点项目，工程项目遍布全国各地。

（1）"中驰"声屏障的特点及性能参数

"中驰"声屏障分为金属型和非金属型两大类。这两类声屏障均在流水线上生产，流水线分为全自动金属屏体生产线、非金属屏体生产线、先进自动喷涂流水线、通透板声屏障成型流水线以及一系列附属设备等。

金属型声屏障由金属吸隔声板和支撑结构组成。面板主要有圆孔、微穿孔、复合针孔、百叶孔。空腔中主要添加岩棉、玻璃棉、泡沫铝吸声板等吸声体。

金属型声屏障产品特点：质量轻，现场安装方便简易，无污染，工厂流水线生产质量可控，色彩丰富，可二次回收利用，维护方便。表 15-2-24 为"中驰"金属型声屏障的性能参数。

表 15-2-24　"中驰"金属型声屏障性能参数表

性能参数	金属型声屏障材质						标准规范	
	高铁单元板	穿孔吸声板	泡沫铝吸声板	复合针孔吸声板	百叶吸声板	变截面尖劈吸声板	高铁标准	公路标准
降噪系数 NRC	0.78～1.0	0.84～0.95	0.6～0.85	0.85～0.95	0.84～0.95	0.75～0.92	≥0.7	≥0.7
隔声量 R_w	≥30dB	≥30dB	≥30dB	≥30dB	≥30dB	≥30dB	≥30dB	≥30dB
防火等级	A 级	A 级	A 级	A 级	A 级	A 级	B2 级	B2 级
使用寿命	≥25 年	≥25 年	≥25 年	≥25 年	≥25 年	≥25 年	≥25 年	≥25 年
抗冲击	符合相关要求						符合 TB/T 3122—2010	符合 JT/T 646.4—2016
抗弯曲	符合相关要求						一般地区≥3.5MPa 台风地区≥7MPa	最大挠度应小于 $L/600$

非金属型声屏障的产品特点：非金属型声屏障由非金属的隔声吸声板屏体及支撑结构组成。非金属型声屏障的屏体主要有水泥穿孔板、水泥珍珠岩板、水泥木屑板、GRC 板等。

整体式非金属吸隔声板自重大，防撞性能良好，使用年限长。插板式非金属吸隔声板制作安装方便，屏体色彩丰富。表 15-2-25 为"中驰"非金属型声屏障的性能参数。

表 15-2-25　"中驰"非金属型声屏障性能参数表

性能参数	非金属型声屏障材质				标准规范	
	水泥珍珠岩板	轻质高强水泥穿孔板	水泥木屑板	吸声砖	高铁标准	公路标准
降噪系数 NRC	0.74	0.77	0.71	0.75	≥0.7	≥0.5
隔声量 R_w	36dB	40dB	35dB	34dB	≥30dB	吸声板≥10dB 隔声板≥25dB
防火等级	A 级	A 级	A 级	A 级	B2 级	B2 级
使用寿命	≥25 年	≥25 年	≥25 年	≥25 年	≥25 年	≥25 年
抗冲击	符合相关要求				符合 TB/T 3122—2010	符合 JT/T 646.4—2016
抗弯曲	符合相关要求				一般地区≥3.5Mpa 台风地区≥7Mpa	≥4MPa

（2）"中驰"声屏障在高铁上的大量应用

"中驰"声屏障在我国高铁、城市高架、高速公路、快速路、轨道交通等上有大量应用，成功案例颇多，现仅举几个声屏障典型案例加以说明。

① 京沪高速铁路客运专线声屏障 1、11 标段　新建京沪高速铁路项目自北京南站至上海虹桥段，设计时速 350km/h。"中驰"声屏障供货总量 213052.6m²，均为路基插板式金属声屏障和桥梁插板式金属声屏障。图 15-2-21 为京沪高铁"中驰"声屏障现场实照。

② 石武客专河南段 SWZQ-4 标段　石武客运专线河南段线路北起河南省与河北省省界，南跨支漳河、邯济铁路，至安阳京珠高铁东新安阳站，设计时速 350km/h，"中驰"声屏障供货总量 119289m²。图 15-2-22 为石武高铁"中驰"声屏障现场实照。

图 15-2-21　京沪高铁"中驰"声屏障现场实照　　　图 15-2-22　石武高铁"中驰"声屏障现场实照

图 15-2-23 为杭长高铁"中驰"声屏障现场实照。

图 15-2-24 为宁安铁路"中驰"声屏障现场实照。

图 15-2-23　杭长高铁"中驰"声屏障现场实照　　　图 15-2-24　宁安铁路"中驰"声屏障现场实照

图 15-2-25 为成渝高铁"中驰"声屏障现场实照。

（3）"中驰"声屏障在高速公路、轨道交通上的大量应用

"中驰"声屏障不仅在高铁上大量应用，而且在城市高架、高速公路、快速路、轨道交通等市政工程中也大量应用。

武汉墨水湖北路（龙阳大道—江城大道）高架桥工程是城市快速路，双向六车道，在大桥设置了半封闭声屏障，"中驰"声屏障用量为 32403.8m²。图 15-2-26 为武汉墨水湖北路"中驰"声屏障现场实照。

图 15-2-25　成渝高铁"中驰"声屏障现场实照　　图 15-2-26　武汉墨水湖北路"中驰"声屏障现场实照

图 15-2-27 为郑州农业路"中驰"声屏障现场实照。

图 15-2-28 为西安地铁三号线"中驰"声屏障现场实照。

图 15-2-27　郑州农业路"中驰"声屏障现场实照　　图 15-2-28　西安地铁三号线"中驰"声屏障现场实照

图 15-2-29 为武汉地铁 2 号线"中驰"声屏障现场实照。

图 15-2-30 为北京燕房线"中驰"声屏障现场实照。

图 15-2-29　武汉地铁 2 号线"中驰"声屏障现场实照　　图 15-2-30　北京燕房线"中驰"声屏障现场实照

总之，"中驰"股份声屏障的特点是：无铆焊屏体结构，流水化作业，智能化生产，可提供整体声学设计优化方案，"产、学、研、用"四者紧密结合。

"中驰"声屏障的优势是：生产响应速度快，产能高，齐全的国家级性能检测报告，国家高新技术生产基地，涂装工艺行业领先，产品抗疲劳性能完全满足铁路和公路脉动力荷载及抗台风要求，结构可靠，使用寿命长。

第 3 章　消声器的选用

3.1　消声器选用及安装要点

3.1.1　消声器选用应考虑的因素

消声器的选用一般应考虑以下五个因素。

（1）噪声源特性分析

在具体选用消声器时，必须首先弄清楚需要控制的是什么性质的噪声源，是机械噪声、电磁噪声，还是空气动力性噪声。消声器只适用于降低空气动力性噪声，对其他噪声源是不适用的。空气动力性设备：按其压力不同，可分为低压、中压和高压；按其流速不同，可分为低速、中速和高速；按其输送气体性质不同，可分为空气、蒸汽和有害气体等。应按不同性质、不同类型的噪声源，有针对性地选用不同类型的消声器。噪声源的声级高低及频谱特性各不相同，消声器的消声性能也各不相同，在选用消声器前应对噪声源进行测量和分析，一般测量 A 声级、C 声级、倍频带或 1/3 倍频带频谱特性。根据噪声源的频谱特性和消声器的消声特性，使两者相对应，噪声源的峰值频率应与消声器最理想的、消声量最高的频段相对应，这样，安装消声器后，才能得到满意的消声效果。另外，对噪声源的安装使用情况、周围的环境条件、有无可能安装消声器、消声器装在什么位置等，事先应有个考虑，以便正确合理地选用消声器。

（2）噪声标准确定

在具体选用消声器时，还必须弄清楚应该将噪声控制在什么水平上，即安装所选用的消声器后，能满足何种噪声标准的要求。我国已制定和正在制定的噪声标准很多，详见本手册附录 2 "我国噪声振动控制及建筑声学有关的国家、行业标准目录（部分）"。

中华人民共和国环境噪声污染防治法（1996 年 10 月 29 日第八届全国人民代表大会常务委员会第二十二次会议通过，1997 年 3 月 1 日起施行）规定了工业生产、建筑施工、交通运输和社会生活中所产生的噪声污染的防治要求、法律责任、监督管理，责成国务院有关主管部门制定国家声环境质量标准和噪声排放标准。GB 3096—2008《声环境质量标准》是为保障城市居民的生活声环境质量而制定的；GB 12348—2008《工业企业厂界环境噪声排放标准》是为控制工业企业厂界噪声危害而制定的；GB 12523—2011《建筑施工场界环境噪声排放标准》是为控制城市环境噪声污染而制定的；GB/T 50087—2013《工业企业噪声控制设计规范》是为限制工业企业厂区内各类地点的噪声值而制定的。另外，各类机电产品、运输工具、家用电器等都制定了噪声限值标准和测量方法标准，在选用消声器之前应了解这些标准，执行这些标准。人们希望噪声越低越好，但这要看必要性和可能性，应按不同对象、不同环境的标准要求，只要将噪声控制到允许范围之内就可以了。

（3）消声量计算

按噪声源测量结果和噪声允许标准的要求来计算消声器的消声量。消声器的消声量要适中，过高、过低都不恰当。过高，可能做不到或提高成本或影响其他性能参数；过低，则可能达不到要求。例如，噪声源 A 声级为 100dB，噪声允许标准 A 声级为 85dB，则消声量至少应为 15dB（A）。消声器的消声量一般指 A 声级消声量或频带消声量。在计算消声量时要考虑下列因素的影响：第一，背景噪声的影响。有些待安装消声器的噪声源，使用环境条件较恶劣，背景噪声很高或有多种声源干扰，这时，对消声器消声量的要求不一定太苛求。噪声源安装消声器后的噪声略低于背景噪声即可。第二，自然衰减量的影响。声波随距离的增加而自然衰减。例如，点声源，球面声波，在自由声场，其衰减规律符合反平方律，即离声源距离加倍，声压级减小 6dB。在计算消声量时，应减去从噪声源至控制区沿途的自然衰减量。

（4）选型与适配

正确地选型是保证获得良好消声效果的关键。如前所述，应按噪声源性质、频谱、使用环境的不同，选择不同类型的消声器。例如，风机类噪声，一般可选用阻性或阻抗复合型消声器；空压机、柴油机等，可选用抗性或以抗性为主的阻抗复合型消声器；锅炉蒸汽放空、高温、高压、高速排气放空，可选用新型节流减压及小孔喷注消声器；对于风量特别大或气流通道面积很大的噪声源，可以设置消声房、消声坑、消声塔或由特制消声元件组成的大型消声器。

消声器一定要与噪声源相匹配，例如，风机安装消声器后既要保证设计要求消声量，又能满足风量、流速、压力损失等性能要求。一般来说，消声器的额定风量应等于或稍大于风机的实际风量。若消声器不是直接与风机进风管道相接，而是安装于密闭隔声室的进风口，此时消声器设计风量必须大于风机的实际风量，以免密闭隔声室内形成负压。消声器的设计流速应等于或小于风管内实际流速，防止产生过高的再生噪声。消声器的阻力应小于或等于设备的允许阻力。

（5）综合治理、全面考虑

安装消声器是降低空气动力性噪声最有效的办法，但不是唯一的措施。如前所述，由于消声器只能降低空气动力设备进排气口或沿管道传播的噪声，而对该设备的机壳、管壁、电动机等辐射的噪声无能为力。因此，在选用和安装消声器时应全面考虑，按噪声源的分布、传播途径、污染程度以及降噪要求等，采取隔声、隔振、吸声、阻尼等综合治理措施，才能取得较理想的效果。

3.1.2　消声器的安装要求

消声器的安装一般应注意以下几点。

（1）消声器的接口要牢靠

消声器往往是安装于需要消声的设备上或管道上，消声器与设备或管道的连接一定要牢靠，质量较大的消声器应支撑在专门的承重架上，若附于其他管道上，应注意支承位置的强度和刚度。

（2）在消声器前后加接变径管

对于风机消声器，为减小机械噪声对消声器的影响，消声器不应与风机接口直接连接，而应加设中间管道，一般情况下，该中间管道长度为风机接口直径的 3～4 倍。当所选用的消声器的接口形状尺寸与风机接口不同时，可以在消声器前后加接变径管。无论是按要求供应变径管，还是使用单位自行加工，变径管的当量扩张角宜不大于 20°。消声器接口尺寸应大于或等于风机接口尺寸。

（3）应防止其他噪声传入消声器的后端

消声设备的机壳或管道辐射的噪声有可能传入消声器后端，致使消声效果下降，必要时可在消声器外壳或部分管道上做隔声处理。消声器法兰和风机管道法兰连接处应加弹性垫并注意密封，以免漏声、漏气或刚性连接引起固体传声。在通风空调系统中，消声器应尽量安装于靠近使用房间的地方，排风消声器应尽量安装在气流平稳的管段。

（4）消声器安装场所应采取防护措施

消声器露天使用时应加防雨罩；作为进气消声使用时应加防尘罩；含粉尘的场合应加滤清器。一般通风消声器，要求：通过它的气体含尘量应低于 $150mg/m^3$；不允许含水雾、油雾或腐蚀性气体通过；气体温度 ≤150℃；寒冷地区使用时应防止消声器孔板表面结冰。

3.2　通排风系统消声器选用

3.2.1　风机及其噪声简介

在冶金、矿山、石油、化工、纺织、机械、建筑、造船等各工业部门以及某些民用部门，广泛使用着各类风机。据了解，目前国内生产和使用的风机系列多达 30 余个，型号 400 余种，各有其不同的结构特点和适用范围。

风机按其气体压力升高的原理不同，可分为容积式和叶片式两种。

风机按其产生压力的高低，可分为通风机和鼓风机两种。通风机排气压力低，常用表压（相对于大气）表示排气压力，或称为风压。风压在 15000Pa 以下的风机称为通风机，风压在 15000Pa 以上的风机称为鼓风机。

在通风工程中，最常用的是离心式通风机及轴流式通风机，按其风压的大小又可分为五大类：高压离心式通风机，风压为 3000～15000Pa；中压离心式通风机，风压为 1000～3000Pa；低压离心式通风机，风压为 1000Pa 以下；高压轴流式通风机，风压为 500～5000Pa：低压轴流式通风机，风压为 500Pa 以下。一般情况下，离心式通风机适用于所需风量较小、系统阻力较大、要求风压较高的场合，而轴流式通风机则常用于所需风量较大、系统阻力较小、风压要求不高的场合。

鉴于风机系列多，型号繁杂，性能重复，较难选用配套，因此，我国已着手进行风机的标准化、通用化、系列化等"三化"工作。这样，相应地也会促进消声器"三化"工作的开展。

风机在一定工况下运转时，产生强烈的噪声，主要包括空气动力性噪声和机械噪声两大部分。空气动力性噪声又可分为旋转噪声（即排气噪声）和涡流噪声。机械噪声主要是齿轮、轴承及皮带传动产生的噪声。另外，还有电机产生的电磁噪声等。

如上所述，风机是一个多噪声源的设备，在一定工况下运转时，强烈的噪声从风机的进排风口、管道、阀门、机壳、电机以及传动机构等各个部位辐射出来，但主要还是进排风口的空气动力性噪声。因此，使用消声器能有效地控制风机噪声。

通风空调风机多数用于要求安静舒适的写字间和住宅楼，也用于某些地下建筑和工业厂房的恒温恒湿车间。由于通风空调风机本身的压力较低，如果将风机直接安装于通风空调系统中，虽然可以缩短安装长度，减少压力损失，但往往噪声不能达到标准要求，因此，必须在通风空调系统中安装消声器。通风空调消声器的气流再生噪声和压力损失要求特别严格，额定风速通常控制在 10m/s 以下，对于高级建筑物的通风空调系统，主风道内风速要求不得超过 5m/s。目前，国内通风空调消声器种类较多，近年来又开发了一些新型消声器，可基本满足通风空调风机消声配套的需要。

3.2.2　XZP$_{100}$型片式消声器系列

XZP$_{100}$ 型片式消声器是对原国家建筑标准设计图集 97K130-1《ZP 型片式消声器、ZW 型消声弯管》的修编，97K130-1（不包括 ZW 型消声弯管）已废止。目前的编号是 15K116-1，名称为《XZP$_{100}$ 消声器选用与制作》，由中华人民共和国住房和城乡建设部于 2015 年 12 月 14 日颁布，自 2016 年 1 月 1 日起实施。该标准的主编单位是中国建筑标准设计研究院有限公司和上海理工大学。

XZP$_{100}$ 型消声器适用于工业与民用建筑中的通风和空调系统消声，输送介质为无腐蚀性、无粉尘、无油烟、物理性能类似于空气的气体（不适用于净化空调工程）。消声器可安装于风机进、出口和通风管道中。

XZP$_{100}$ 型消声器为片式结构，消声片吸声材料厚度为 100mm，消声片两端采用三角形导流板形式。标准产品的有效长度为 1000mm，两端为异径连接管和风管连接法兰，连接法兰可采用薄钢板法兰或角钢法兰形式。

消声片吸声材料采用离心玻璃棉板（密度 48kg/m^3），无碱玻璃布包覆（厚度 0.1～0.5mm），穿孔镀锌钢板饰面（厚度 0.5～0.6mm，孔径 ϕ4～6mm，穿孔率≥20%），骨架用热轧等边角钢。

XZP$_{100}$ 型消声器可有效地降低空气动力性噪声，具有适用风量范围大、系列规格全、与标准风管配套好、消声量高、气流阻力小、防火、防潮、防霉、防蛀等特点，特别适用于各类大型公共建筑，例如广播电视大楼、影剧院、会议厅、宾馆、酒楼、商场、写字楼、高级住宅等通风空调系统的消声，也适用于工厂企业的通风空调系统消声。XZP$_{100}$ 型消声器现有 32 种规格，风速 2～10m/s，适用风量为 576～36288m^3/h，消声量为 17～26dB（A），阻力损失 1.7～81Pa。

当标准长度（1000mm）消声器的 A 声级消声量不满足使用要求时，可选用两只同型号消声器串联使用，其消声量为单只有效长度 1000mm 消声器消声量的 1.5 倍，也可增加消声器的有效长度。实测表明，有效长度为 2000mm 的消声器，其消声量是同型号有效长度 1000mm 的消声器消声量的 1.4 倍。

图 15-3-1 为 XZP$_{100}$ 型消声器外形尺寸示意图。表 15-3-1 为 XZP$_{100}$ 型消声器主要尺寸表。表 15-3-2 为 XZP$_{100}$ 型消声器性能参数表。XZP$_{100}$ 型消声器的消声性能是由中国人民解放军 96531 部队工程实验室和上海理工大学共同测试完成的。考虑到生产企业制作加工的差异性和消声材料采购的不确定性等因素，XZP$_{100}$ 型消声器的 A 声级消声量（插入损失）不应低于表 15-3-3 的数值。

表 15-3-1　XZP$_{100}$ 型消声器主要尺寸表

序号	规格	消声器外形尺寸/mm			消声器质量/kg		法兰接口尺寸/mm		有效长度 L/mm	流通面积 /m²	异径管长 h/mm	消声片片高/mm	消声片片数/片	消声量 /dB(A)
		A_0	B_0	L_0	角钢法兰	薄钢板法兰	A	B						
1	XZP$_{100}$（400×200）	620	300	1300	45.10	44.00	400	200	1000	0.0640	150	200	1	28
2	XZP$_{100}$（400×250）	620	350	1300	49.19	47.90	400	250	1000	0.0800	150	250	1	27
3	XZP$_{100}$（400×320）	620	420	1300	55.02	53.49	400	320	1000	0.1024	150	320	1	26
4	XZP$_{100}$（400×400）	620	500	1300	62.03	60.21	400	400	1000	0.1280	150	400	1	26
5	XZP$_{100}$（500×200）	820	300	1300	62.86	61.40	500	200	1000	0.0840	150	200	2	31
6	XZP$_{100}$（500×250）	820	350	1300	69.56	67.92	500	250	1000	0.1050	150	250	2	29
7	XZP$_{100}$（500×320）	820	420	1300	79.17	77.29	500	320	1000	0.1344	150	320	2	26
8	XZP$_{100}$（500×400）	820	500	1300	90.85	88.68	500	400	1000	0.1680	150	400	2	25
9	XZP$_{100}$（500×500）	820	600	1300	106.03	103.51	500	500	1000	0.2100	150	500	2	22
10	XZP$_{100}$（630×200）	1060	300	1500	90.77	88.85	630	200	1000	0.1120	250	200	3	30
11	XZP$_{100}$（630×250）	1060	350	1500	101.82	99.73	630	250	1000	0.1400	250	250	3	28
12	XZP$_{100}$（630×320）	1060	420	1500	117.66	115.31	630	320	1000	0.1792	250	320	3	24
13	XZP$_{100}$（630×400）	1060	500	1500	136.77	134.15	630	400	1000	0.2240	250	400	3	21
14	XZP$_{100}$（630×500）	1060	600	1500	161.57	158.59	630	500	1000	0.2800	250	500	3	21
15	XZP$_{100}$（630×630）	1060	730	1500	194.78	191.34	630	630	1000	0.3528	250	630	3	23
16	XZP$_{100}$（800×250）	1300	350	1500	143.46	139.88	800	250	1000	0.1750	250	250	4	28

续表

序号	规格	消声器外形尺寸/mm			消声器质量/kg		法兰接口尺寸/mm		有效长度 L/mm	流通面积/m²	异径管长 h/mm	消声片片高/mm	消声片片数/片	消声量/dB(A)
		A_0	B_0	L_0	角钢法兰	薄钢板法兰	A	B						
17	XZP$_{100}$（800×320）	1300	420	1500	167.67	163.80	800	320	1000	0.2240	250	320	4	23
18	XZP$_{100}$（800×400）	1300	500	1500	196.71	192.49	800	400	1000	0.2800	250	400	4	27
19	XZP$_{100}$（800×500）	1300	600	1500	234.20	229.55	800	500	1000	0.3500	250	500	4	26
20	XZP$_{100}$（800×630）	1300	730	1500	284.26	279.05	800	630	1000	0.4410	250	630	4	23
21	XZP$_{100}$（1000×250）	1540	350	1600	191.76	187.33	1000	250	1000	0.2100	300	250	5	27
22	XZP$_{100}$（1000×320）	1540	420	1600	226.31	221.58	1000	320	1000	0.2688	300	320	5	23
23	XZP$_{100}$（1000×400）	1540	500	1600	267.50	262.42	1000	400	1000	0.3360	300	400	5	23
24	XZP$_{100}$（1000×500）	1540	600	1600	320.48	314.98	1000	500	1000	0.4200	300	500	5	26
25	XZP$_{100}$（1000×630）	1540	730	1600	391.00	384.94	1000	630	1000	0.5292	300	630	5	21
26	XZP$_{100}$（1250×320）	1780	420	1600	293.05	287.89	1250	320	1000	0.3136	300	320	6	25
27	XZP$_{100}$（1250×400）	1780	500	1600	347.53	342.06	1250	400	1000	0.3920	300	400	6	22
28	XZP$_{100}$（1250×500）	1780	600	1600	417.42	411.56	1250	500	1000	0.4900	300	500	6	21
29	XZP$_{100}$（1250×630）	1780	730	1600	510.25	503.88	1250	630	1000	0.6174	300	630	6	19
30	XZP$_{100}$（1600×400）	2180	500	1600	448.91	442.07	1600	400	1000	0.5120	300	400	7	24
31	XZP$_{100}$（1600×500）	2180	600	1600	529.42	522.20	1600	500	1000	0.6400	300	500	7	20
32	XZP$_{100}$（1600×630）	2180	730	1600	656.87	639.53	1600	630	1000	0.8064	300	630	7	21

表 15-3-2 XZP$_{100}$型消声器性能参数表

序号	规格	不同风速下的流量 Q（m³/h）及阻力损失Δp（Pa）																
		v=2m/s		v=3m/s		v=4m/s		v=5m/s		v=6m/s		v=7m/s		v=8m/s		v=9m/s		v=10m/s	
		Q	Δp	Q	Δp	Q	Δp	Q	Δp	Q	Δp	Q	Δp	Q	Δp	Q	Δp	Q	Δp
1	XZP$_{100}$（400×200）	576	1.7	864	3.7	1152	6.7	1440	10.4	1728	15.0	2016	20.4	2304	26.6	2592	33.7	2880	41.6
2	XZP$_{100}$（400×250）	720	1.6	1080	3.5	1440	6.3	1800	9.8	2160	14.2	2520	19.3	2880	25.2	3240	31.9	3600	39.4
3	XZP$_{100}$（400×320）	922	1.6	1382	3.6	1843	6.5	2304	10.1	2765	14.6	3226	19.8	3686	26.0	4147	32.8	4608	40.6
4	XZP$_{100}$（400×400）	1152	1.5	1728	3.3	2304	5.9	2880	9.2	3456	13.2	4032	17.9	4608	23.4	5184	29.6	5760	36.6
5	XZP$_{100}$（500×200）	720	2.1	1080	4.7	1440	8.4	1800	13.0	2160	18.8	2520	25.6	2880	33.4	3240	42.3	3600	52.2
6	XZP$_{100}$（500×250）	900	2.1	1350	5.0	1800	8.8	2250	13.8	2700	19.9	3150	27.0	3600	35.3	4050	44.7	4500	55.2
7	XZP$_{100}$（500×320）	1152	2.0	1728	4.5	2304	8.0	2880	12.5	3456	17.9	4032	24.5	4608	31.9	5184	40.5	5760	49.9
8	XZP$_{100}$（500×400）	1440	2.1	2160	4.8	2880	8.6	3600	13.4	4320	19.2	5040	26.2	5760	34.2	6480	43.2	7200	53.4
9	XZP$_{100}$（500×500）	1800	3.3	2700	7.5	3600	13.3	4500	20.8	5400	30.0	6300	40.9	7200	53.3	8100	67.6	9000	83.3
10	XZP$_{100}$（630×200）	907	2.2	1361	5.0	1814	8.9	2268	14.0	2722	20.1	3175	27.3	3629	35.7	4082	45.2	4536	55.8
11	XZP$_{100}$（630×250）	1134	2.3	1701	5.1	2268	9.1	2835	14.2	3402	20.5	3969	27.9	4536	36.5	5103	46.2	5670	57.0
12	XZP$_{100}$（630×320）	1452	2.4	2177	5.4	2903	9.6	3629	15.0	4355	21.6	5080	29.4	5806	38.4	6532	48.6	7258	60.0
13	XZP$_{100}$（630×400）	1814	2.7	2722	6.0	3629	10.7	4536	16.6	5443	24.0	6350	32.6	7258	42.7	8165	53.9	9072	66.8
14	XZP$_{100}$（630×500）	2268	2.6	3402	5.8	4536	10.3	5670	16.0	6804	23.2	7938	31.4	9072	41.2	10206	52.0	11340	64.4
15	XZP$_{100}$（630×630）	2858	1.9	4287	4.3	5715	7.6	7144	11.9	8573	17.1	10002	23.2	11431	30.5	12860	38.4	14228	47.6
16	XZP$_{100}$（800×250）	1440	2.2	2160	5.0	2880	9.0	3600	14.0	4320	20.2	5040	27.5	5760	36.0	6480	45.4	7200	56.2
17	XZP$_{100}$（800×320）	1843	2.4	2765	5.0	3686	9.2	4608	14.4	5530	20.7	6451	28.2	7373	36.9	8294	46.7	9216	57.6
18	XZP$_{100}$（800×400）	2304	2.4	3456	5.4	4608	9.6	5760	15.0	6912	21.7	8064	29.4	9216	38.6	10368	48.6	11520	60.3
19	XZP$_{100}$（800×500）	2880	2.1	4320	4.6	5760	8.2	7200	12.9	8640	18.5	10080	25.3	11520	32.9	12960	41.8	14400	51.4
20	XZP$_{100}$（800×630）	3629	2.0	5443	4.4	7258	7.8	9072	12.2	10886	17.6	12701	23.8	14515	31.3	16330	39.4	18144	48.9
21	XZP$_{100}$（1000×250）	1800	2.2	2700	5.0	3600	8.8	4500	13.8	5400	19.8	6300	27.0	7200	35.2	8100	44.7	9000	55.1
22	XZP$_{100}$（1000×320）	2304	2.2	3456	4.9	4608	8.7	5760	13.6	6912	19.6	8064	26.8	9216	34.8	10368	44.2	11520	54.3
23	XZP$_{100}$（1000×400）	2880	1.9	4320	4.3	5760	7.7	7200	12.0	8640	17.2	10080	23.5	11520	30.6	12960	38.9	14400	47.9
24	XZP$_{100}$（1000×500）	3600	2.2	5400	4.9	7200	8.6	9000	13.5	10800	19.4	12600	26.5	14400	34.4	16200	43.7	18000	53.8
25	XZP$_{100}$（1000×630）	4536	1.9	6804	4.3	9072	7.7	11340	12.0	13608	17.3	15876	23.5	18144	30.8	20412	38.9	22680	48.0
26	XZP$_{100}$（1250×320）	2880	2.5	4320	5.7	5760	10.1	7200	15.8	8640	22.6	10080	30.9	11520	40.2	12960	51.0	14400	62.8
27	XZP$_{100}$（1250×400）	3600	2.5	5400	5.4	7200	9.6	9000	15.0	10800	22.1	12600	30.0	14400	39.3	16200	49.6	18000	61.5
28	XZP$_{100}$（1250×500）	4500	1.9	6750	4.3	9000	8.0	11250	11.9	13500	17.0	15750	23.2	18000	30.0	20250	38.4	22500	47.0
29	XZP$_{100}$（1250×630）	5670	2.1	8505	4.7	11340	8.3	14175	13.1	17010	18.8	19845	25.6	22680	33.4	25515	42.3	28350	52.1
30	XZP$_{100}$（1600×400）	4608	2.6	6912	5.9	9216	10.4	11520	16.4	13824	23.5	16128	32.0	18432	41.7	20736	53.0	23040	65.2
31	XZP$_{100}$（1600×500）	5760	3.2	8640	7.3	11520	13.0	14400	20.2	17280	29.2	20160	39.7	23040	51.9	25920	65.6	28800	81.0
32	XZP$_{100}$（1600×630）	7258	2.3	10886	5.2	14515	9.3	18144	14.4	21773	20.8	25401	28.2	29030	37.0	32659	46.6	36288	57.9

注：1. 若需要更大规格的消声器，可按国家标准风管所列法兰尺寸，由消声器生产单位，设计制造。

2. XZP$_{100}$型片式消声器生产单位：四川正升声学科技有限公司、上海新华净环保工程有限公司、上海申华声学装备有限公司、江苏东泽环保科技有限公司、上海静源消声设备工程有限公司、江苏宜兴市天音环保噪声设备有限公司、重庆华光环保工程设备有限公司、上海华光通风设备厂、上海百富勤空调配件厂、北京佳静蓝声声学有限公司、北京万讯达声学设备有限公司、北京通声环保设备制造有限公司、宜兴兴华环保有限公司、江苏启东启声消声器设备有限公司、浙江方舟噪声控制设施有限责任公司、大连明日环境工程有限公司、郑州静邦噪声振动控制技术有限公司、沈阳沈创环保设备有限公司、河南洛阳市蓝鑫环保工程有限公司、湖南长沙智诚环保工程设备有限公司、四川三元环保工程有限公司、湖南长沙贝尔环保节能设备有限公司、浙江湖州申佳噪声振动治理设备有限公司、浙江黄岩治理噪声设备有限公司、北京北晟通达空调通风设备有限公司、江苏华安节能科技有限公司、中国人民解放军 96531 部队工程实验室、江苏华东正大空调设备有限公司、上海科泰实业有限公司等。

表 15-3-3 XZP₁₀₀ 型消声器 A 声级消声量

型号	消声量/dB（A）	型号	消声量/dB（A）
XZP₁₀₀[（400～630）×400]	26	XZP₁₀₀[（500～1250）×500]	20
XZP₁₀₀[（400～1000）×400]	25	XZP₁₀₀[（1600～500）×500]	18*
XZP₁₀₀[（400～1250）×400]	21	XZP₁₀₀[（630～1000）×630]	20
XZP₁₀₀[（400～1600）×400]	21	XZP₁₀₀[（630～1600）×630]	17*

注：由于 10m/s 风速下的二次噪声影响较大，表 15-3-3 中 "*" 的 A 声级消声量不包含 10m/s 风速下的消声量。

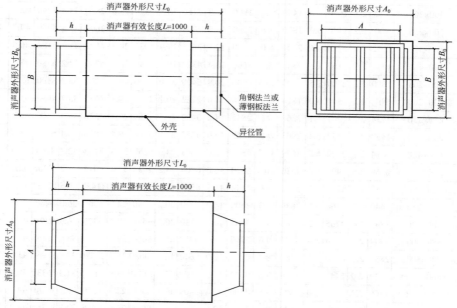

图 15-3-1 XZP₁₀₀ 型消声器外形尺寸示意图

在 15K116-1 标准图集 "XZP₁₀₀ 消声器选用与制作" 中（不包含 ZW 型消声弯管）对每种型号下消声器的倍频程消声量（插入损失）消声性能曲线、阻力损失、阻力系数以及不同风速下的阻力特征曲线等都绘出了详细的图表。

本处只列举两个例子，即 XZP₁₀₀（500×320）和 XZP₁₀₀（1600×630）消声器的消声量，详见表 15-3-4，XZP₁₀₀（1600×630）型消声器的阻力特性曲线见图 15-3-2。

表 15-3-4 XZP₁₀₀ 型消声器消声量表

①XZP₁₀₀（500×320）消声器消声量表（L=1000mm，L_0=1300mm）

风速 v/（m/s）	声压级插入损失/dB									阻力损失 Δp/Pa	阻力系数 ξ
	A 声级	倍频程中心频率/Hz									
		63	125	250	500	1000	2000	4000	8000		
0	26.7	2.8	5.6	14.8	28.5	39.2	30.7	20.8	13.0	0	
2	26.8	1.7	5.7	14.5	28.5	38.9	30.6	20.8	13.6	2.0	
4	26.5	0.8	5.6	14.1	28.1	38.5	30.3	20.8	14.1	8.0	0.83
6	26.4	1.0	5.6	14.2	27.8	38.0	30.0	21.1	14.2	17.9	
8	26.1	0.7	5.3	13.9	27.2	35.5	29.4	20.6	14.6	31.9	
10	25.4	0.9	5.7	14.0	26.3	32.3	27.3	20.3	13.9	49.8	

②XZP$_{100}$（1600×630）消声器消声量表（L=1000mm，L_0=1600mm）　　　　续表

风速 v/（m/s）	声压级插入损失/dB									阻力损失 Δp/Pa	阻力系数 ξ
	A 声级	倍频程中心频率/Hz									
		63	125	250	500	1000	2000	4000	8000		
0	21.5	2.9	5.7	16.7	26.1	36.3	26.5	17.1	12.8	0.0	
2	21.9	2.7	5.8	16.6	25.9	36.4	26.6	17.4	13.3	2.3	
4	22.7	1.4	4.3	16.0	25.6	35.6	27.0	18.6	14.1	9.3	0.96
6	21.9	0.8	0.6	12.1	23.1	30.1	26.0	19.3	14.4	20.8	
8	17.5	0.3	0.0	5.7	18.6	22.0	22.2	18.9	11.5	37.0	
10	10.2	−0.4	−0.4	0.9	11.5	13.6	15.9	16.4	6.2	57.9	

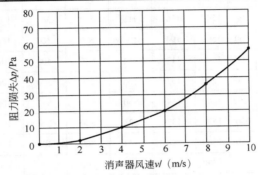

图 15-3-2　XZP$_{100}$（1600×630）型消声器在不同风速下的阻力特性曲线

3.2.3　XZP$_{200}$型片式消声器系列

XZP$_{200}$型片式消声器系列与 XZP$_{100}$型片式消声器系列一样，是对原国家建筑标准设计图集的修编。原为 ZP$_{200}$型现为 XZP$_{200}$型，编号为 14K116-2，名称为《XZP$_{200}$系列消声器选用与制作》，也是由中国建筑标准设计研究院和上海理工大学编制，中华人民共和国住房和城乡建设部颁布并于 2016 年 1 月 1 日起实施。

XZP$_{100}$型的消声片厚为 100mm，XZP$_{200}$型的消声片厚为 200mm，主要是片厚不同，两种消声器的外形、用途、性能、标准长度、所用材料、选用原则、安装要求等基本相同。

XZP$_{200}$系列消声器外形参见图 15-3-1（即 XZP$_{100}$型消声器外形尺寸示意图），XZP$_{200}$系列消声器标准产品的有效长度为 1000mm，两端各有 250mm 长的异径连接管和风管法兰连接，消声器消声通道的有效截面积与该规格的风管通道截面积相等。XZP$_{200}$系列现有 24 种规格，适用风量范围 738～57600m³/h，风速 2～10m/s，阻力损失 2.8～112.1Pa，其主要尺寸及性能参数见表 15-3-5 和表 15-3-6。

XZP$_{200}$系列消声器编制单位实测其消声量如下：XZP$_{200}$（320×320）～XZP$_{200}$（630×630）为 25dB（A）；XZP$_{200}$（800×320）～XZP$_{200}$（1000×630）为 23dB（A）；XZP$_{200}$（1250×400）～XZP$_{200}$（1600×1000）为 21dB（A）。标准尺寸有效长 1000mm 消声器的 A 声级消声量如果不能满足使用要求的衰减量，可选用两台同型号的消声器串联使用，其消声量为单台的 1.6 倍，也可以增加消声器的有效长度。根据实测数据，采用有效长度为 1300mm 的消声器比同型号的有效长度为 1000mm 的消声器消声量增加 3dB（A）。由于气流通过通道会产生气流再生噪声，影响消声效果，

因此必须合理控制与消声器连接的风管内的风速。消声器的阻力系数也要控制在合理的范围内。

表 15-3-5　XZP$_{200}$型系列消声器主要尺寸表

序号	规格	外形尺寸/mm			质量/kg		法兰接口尺寸/mm		有效长度 L/mm	流通面积 /m²	消声片数量 /片	消声量 /dB（A）
		A_0	B_0	L_0	角钢法兰	薄钢板法兰	A	B				
1	XZP$_{200}$（320×320）	640	530	1500	65	64	320	320	1000	0.103	1	25
2	XZP$_{200}$（400×320）	640	630	1500	73	71	400	320	1000	0.128	1	25
3	XZP$_{200}$（400×400）	640	770	1500	83	81	400	400	1000	0.160	1	25
4	XZP$_{200}$（500×320）	960	540	1500	92	90	500	320	1000	0.160	2	25
5	XZP$_{200}$（500×400）	960	660	1500	103	101	500	400	1000	0.200	2	25
6	XZP$_{200}$（500×500）	960	790	1500	116	113	500	500	1000	0.250	2	25
7	XZP$_{200}$（630×320）	960	660	1500	104	101	630	320	1000	0.202	2	25
8	XZP$_{200}$（630×400）	960	800	1500	117	114	630	400	1000	0.252	2	25
9	XZP$_{200}$（630×500）	960	980	1500	133	130	630	500	1000	0.315	2	25
10	XZP$_{200}$（630×630）	960	1200	1500	154	150	630	630	1000	0.397	2	25
11	XZP$_{200}$（800×320）	1280	630	1500	132	128	800	320	1000	0.256	3	23
12	XZP$_{200}$（800×400）	1280	770	1500	148	144	800	400	1000	0.320	3	23
13	XZP$_{200}$（800×500）	1280	930	1500	167	162	800	500	1000	0.400	3	23
14	XZP$_{200}$（800×630）	1280	1150	1500	193	187	800	630	1000	0.504	3	23
15	XZP$_{200}$（1000×320）	1600	630	1500	161	156	1000	320	1000	0.320	4	23
16	XZP$_{200}$（1000×400）	1600	770	1500	180	175	1000	400	1000	0.400	4	23
17	XZP$_{200}$（1000×500）	1600	930	1500	202	196	1000	500	1000	0.500	4	23
18	XZP$_{200}$（1000×630）	1600	1150	1500	233	226	1000	630	1000	0.630	4	23
19	XZP$_{200}$（1250×400）	1920	790	1500	222	216	1250	400	1000	0.500	5	21
20	XZP$_{200}$（1250×500）	1920	970	1500	252	245	1250	500	1000	0.625	5	21
21	XZP$_{200}$（1250×630）	1920	1190	1500	288	281	1250	630	1000	0.788	5	21
22	XZP$_{200}$（1250×800）	1920	1490	1500	338	330	1250	800	1000	1.000	5	21
23	XZP$_{200}$（1250×1000）	1920	1840	1500	396	387	1250	1000	1000	1.250	5	21
24	XZP$_{200}$（1600×1000）	2240	2000	1500	494	473	1600	1000	1000	1.600	6	21

表 15-3-6　XZP$_{200}$型系列消声器主要性能表

序号	规格	不同风速下的流量 Q/（m³/h）及阻力损失 Δp/Pa																	
		v=2m/s		v=3m/s		v=4m/s		v=5m/s		v=6m/s		v=7m/s		v=8m/s		v=9m/s		v=10m/s	
		Q	Δp	Q	Δp	Q	Δp	Q	Δp	Q	Δp	Q	Δp	Q	Δp	Q	Δp	Q	Δp
1	XZP$_{200}$（320×320）	738	2.8	1106	6.3	1475	11.3	1844	17.6	2212	25.4	2581	34.5	2950	45.1	3318	57.1	3687	70.5
2	XZP$_{200}$（400×320）	922	2.8	1383	6.3	1844	11.3	2304	17.6	2765	25.4	3226	34.5	3687	45.1	4148	57.1	4608	70.5
3	XZP$_{200}$（400×400）	1152	2.8	1728	6.3	2304	11.3	2880	17.6	3456	25.4	4032	34.5	4608	45.1	5184	57.1	5760	70.5

续表

序号	规格	不同风速下的流量 $Q/$（m^3/h）及阻力损失 Δp/Pa																
		v=2m/s		v=3m/s		v=4m/s		v=5m/s		v=6m/s		v=7m/s		v=8m/s		v=9m/s		v=10m/s	
		Q	Δp	Q	Δp	Q	Δp	Q	Δp	Q	Δp	Q	Δp	Q	Δp	Q	Δp	Q	Δp
4	XZP$_{200}$（500×320）	1152	2.8	1728	6.3	2304	11.3	2880	17.6	3456	25.4	4032	34.5	4608	45.1	5184	57.1	5760	70.5
5	XZP$_{200}$（500×400）	1440	2.8	2160	6.3	2880	11.3	3600	17.6	4320	25.4	5040	34.5	5760	45.1	6480	57.1	7200	70.5
6	XZP$_{200}$（500×500）	1800	2.8	2700	6.3	3600	11.3	4500	17.6	5400	25.4	6300	34.5	7200	45.1	8100	57.1	9000	70.5
7	XZP$_{200}$（630×320）	1452	2.8	2178	6.3	2903	11.3	3629	17.6	4355	25.4	5081	34.5	5806	45.1	6532	57.1	7258	70.5
8	XZP$_{200}$（630×400）	1815	2.8	2722	6.3	3629	11.3	4536	17.6	5444	25.4	6351	34.5	7258	45.1	8165	57.1	9072	70.5
9	XZP$_{200}$（630×500）	2268	2.8	3402	6.3	4536	11.3	5670	17.6	6804	25.4	7938	34.5	9072	45.1	10206	57.1	11340	70.5
10	XZP$_{200}$（630×630）	2858	2.8	4287	6.3	5716	11.3	7145	17.6	8573	25.4	10002	34.5	11431	45.1	12860	57.1	14289	70.5
11	XZP$_{200}$（800×320）	1844	3.7	2765	8.4	3687	14.8	4608	23.2	5530	33.4	6452	45.5	7373	59.4	8295	75.2	9216	92.8
12	XZP$_{200}$（800×400）	2304	3.7	3456	8.4	4608	14.8	5760	23.2	6912	33.4	8064	45.5	9216	59.4	10368	75.2	11520	92.8
13	XZP$_{200}$（800×500）	2880	3.7	4320	8.4	5760	14.8	7200	23.2	8640	33.4	10080	45.5	11520	59.4	12960	75.2	14400	92.8
14	XZP$_{200}$（800×630）	3629	3.7	5444	8.4	7258	14.8	9072	23.2	10887	33.4	12701	45.5	14516	59.4	16330	75.2	18144	92.8
15	XZP$_{200}$（1000×320）	2304	3.7	3456	8.4	4608	14.8	5760	23.2	6912	33.4	8064	45.5	9216	59.4	10368	75.2	11520	92.8
16	XZP$_{200}$（1000×400）	2880	3.7	4320	8.4	5760	14.8	7200	23.2	8640	33.4	10080	45.5	11520	59.4	12960	75.2	14400	92.8
17	XZP$_{200}$（1000×500）	3600	3.7	5400	8.4	7200	14.8	9000	23.2	10800	33.4	12600	45.5	14400	59.4	16200	75.2	18000	92.8
18	XZP$_{200}$（1000×630）	4536	3.7	6804	8.4	9072	14.8	11340	23.2	13608	33.4	15876	45.5	18144	59.4	20412	75.2	22680	92.8
19	XZP$_{200}$（1250×400）	3600	4.2	5400	9.5	7200	16.9	9000	26.4	10800	38.0	12600	51.7	14400	67.5	16200	85.4	18000	105.4
20	XZP$_{200}$（1250×500）	4500	4.2	6750	9.5	9000	16.9	11250	26.4	13500	38.0	15750	51.7	18000	67.5	20250	85.4	22500	105.4
21	XZP$_{200}$（1250×630）	5670	4.2	8505	9.5	11340	16.9	14175	26.4	17010	38.0	19845	51.7	22680	67.5	25515	85.4	28350	105.4
22	XZP$_{200}$（1250×800）	7200	4.2	10800	9.5	14400	16.9	18000	26.4	21600	38.0	25200	51.7	28800	67.5	32400	85.4	36000	105.4
23	XZP$_{200}$（1250×1000）	9000	4.2	13500	9.5	18000	16.9	22500	26.4	27000	38.0	31500	51.7	36000	67.5	40500	85.4	45000	105.4
24	XZP$_{200}$（1600×1000）	11520	4.5	17280	10.1	23040	17.9	28800	28.0	34560	40.3	40320	54.9	46080	71.7	51840	90.8	57600	112.1

表 15-3-7 为不同风速下，几种 XZP$_{200}$ 型消声器的倍频程消声量。

表 15-3-7 XZP$_{200}$型系列消声器消声量表（有效长度 1000mm，总长 1500mm）

①XZP$_{200}$（320×320）消声器消声量

风速/（m/s）	声压级插入损失/dB									阻力损失/Pa	阻力系数 ξ
	A 声级	倍频程中心频率/Hz									
		63	125	250	500	1000	2000	4000	8000		
2	25.2	4.7	11.1	21.4	31.0	36.4	31.8	21.3	16.8	2.8	
4	25.1	5.0	11.5	21.0	30.7	35.7	31.6	21.4	16.7	11.3	1.17
6	25.5	5.1	11.4	21.2	30.2	34.7	31.8	22.0	17.3	25.4	
8	25.8	4.7	11.5	20.8	29.7	35.1	31.8	22.3	17.7	45.1	

②XZP$_{200}$（1250×400）消声器消声量　　　　　　　　　续表

风速/（m/s）	声压级插入损失/dB									阻力损失/Pa	阻力系数ξ
	A 声级	倍频程中心频率/Hz									
		63	125	250	500	1000	2000	4000	8000		
2	21.7	5.1	11.3	23.7	30.3	33.1	30.1	18.5	14.6	4.2	
4	22.2	5.0	10.3	20.3	31.3	36.7	30.0	19.3	15.5	16.9	1.75
6	21.9	5.2	9.7	21.1	30.0	34.1	31.0	19.7	15.6	38.0	
8	21.5	5.0	9.6	20.0	29.8	33.6	30.2	19.7	14.2	67.5	

③XZP$_{200}$（800×320）消声器消声量

风速/（m/s）	声压级插入损失/dB									阻力损失/Pa	阻力系数ξ
	A 声级	倍频程中心频率/Hz									
		63	125	250	500	1000	2000	4000	8000		
2	23.3	5.1	10.9	23.4	34.6	40.3	30.5	19.8	14.4	3.7	
4	23.9	5.6	10.5	24.0	34.5	40.2	30.8	20.5	15.4	14.8	1.54
6	24.0	5.2	9.9	22.8	32.7	39.6	30.9	20.6	15.5	33.4	
8	24.1	5.0	10.1	20.7	30.7	36.2	31	20.9	15.8	59.4	

④XZP$_{200}$（1600×1000）消声器消声量

风速/（m/s）	声压级插入损失/dB									阻力损失/Pa	阻力系数ξ
	A 声级	倍频程中心频率/Hz									
		63	125	250	500	1000	2000	4000	8000		
2	21.7	5.1	11.3	23.7	30.3	33.1	30.1	18.5	14.6	4.5	
4	22.2	5.0	10.3	20.3	31.3	36.7	30.0	19.3	15.5	17.9	1.86
6	21.9	5.2	9.7	21.1	30.0	34.1	31.0	19.7	15.6	40.3	
8	21.5	5.0	9.6	20.0	29.8	33.6	30.2	19.7	14.2	71.7	

注：XZP$_{200}$ 型片式消声器系列生产单位同 XZP$_{100}$ 型片式消声器，详见表 15-3-2 注。

3.2.4　ZDL 型中低压离心通风机消声器系列

ZDL 型中低压离心通风机消声器也是一种阻性片式消声器，是由原武汉通风机消声器研究所等单位研究成功的一种专门为降低中低压离心通风机进排气噪声的消声器。它具有齐全的声学和气动性能参数以及灵活的适应性，可根据不同使用要求得到经济合理的选择。这种消声器已通过部级鉴定，属国内先进水平，主要指标和国外同类产品相当。

（1）适用范围

ZDL 型消声器系列包括 ZDL1～18 共 18 个机号，可组合成 90 种形式。ZD 表示中低压，L 表示离心通风机，1～18 表示消声器机号。该系列消声器可与工业和民用建筑中所有一般用途的中低压离心通风机配套。例如已使用的 4-72、4-79、G4-73 等风机系列以及风机"三化"工作所确定的 4-68、Y5-48、C6-48 等风机系列，共 120 余个机号。对于其他离心通风机，当流量在 1000～700000m³/h，片间流速在 3～30m/s，压力在 800Pa 以下时，均可配用本系列消声器。本系列消声器的消声片是活动结构，更换消声片可以组合成 5 种长度尺寸，130 多种不同规格的消声器，能满足用户的不同要求。

（2）结构

ZDL 型消声器系列采用 A、B、C 三种片型，A 型消声片厚 100mm，B 型消声片厚 120mm，

C 型消声片厚 150mm。消声片内装填离心玻璃
棉毡，用玻璃丝布袋装裹，以穿孔钢板护面。
消声器单节长度分为 1.0m 和 1.5m 两种，可以
自由组合成 1.0m、1.5m、2.0m、2.5m、3.0m
等五种长度。

图 15-3-3 为 ZDL 型消声器外形尺寸示意图。

（3）特点

ZDL 型消声器有以下四个特点。

第一，消声效果好，消声频带宽。每米消声
量可达 15～20dB（A）。图 15-3-4 为 A、B、C 三
种片型 ZDL 型消声器每米长度倍频带消声量。

当消声片片间流速在 15m/s 以下时，可选用
图 15-3-4 中阴影线区中的较大值；当片间流速在

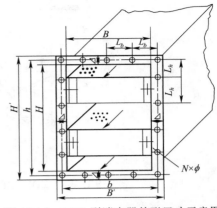

图 15-3-3　ZDL 型消声器外形尺寸示意图

15m/s 以上时，可选用图 15-3-4 中阴影区中的较小值。倍频带消声量与消声器长度成正比，
当消声器长度大于 1.0m 时，所增加的消声量按每米的增值叠加，为安全起见，每米消声量
按图 15-3-4 中阴影区中的较小值计算。

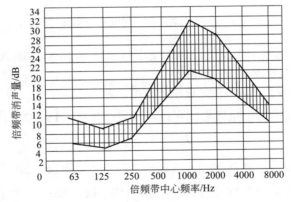

（a）A 型消声片（片厚 100mm）

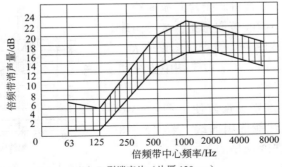

（b）B 型消声片（片厚 120mm）

图　15-3-4

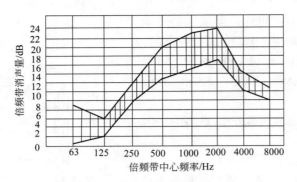

（c）C 型消声片（片厚 150mm）

图 15-3-4　ZDL 型消声器（1.0m 长）倍频带消声量

第二，阻力损失小。1.0m 长的消声器其阻力系数 ξ 为 0.65；1.5m 长的消声器 ξ 为 0.775，当消声器的长度 L 大于 1.5m 时，其阻力系数 ξ=0.40+0.25L。单节消声器（长 1.0m，包括两端变径管）当流速在 20m/s 以下时，压力损失小于 200Pa。

第三，气流再生噪声低。当流速在 20m/s 以下时，气流再生噪声声功率级小于 80dB（A）。ZDL 消声器系列气流再生噪声 A 声功率级可按式（15-3-1）进行估算：

$$L_{WAn} = (-5 \pm 2) + 60\lg v + 10\lg S_n \tag{15-3-1}$$

式中　L_{WAn}——第 n 个机号消声器气流再生噪声的 A 声功率级，dB（A）；

　　　v——消声器片间平均流速，m/s；

　　　S_n——第 n 机号消声器气流通道总截面积，m^2。

ZDL 消声器系列气流再生噪声倍频带声功率级可按式（15-3-2）进行估算：

$$L_{Wn} = L_{WAn} + K \tag{15-3-2}$$

式中　L_{Wn}——第 n 机号消声器某倍频带气流再生噪声声功率级，dB；

　　　L_{WAn}——第 n 机号消声器气流再生噪声 A 声功率级，dB；

　　　K——倍频带中心频率（63～8000Hz）修正值。

K 值可从图 15-3-5 中查得。当片间流速约为 25m/s 时，从图 15-3-5 中虚线查取修正值 K；当片间流速约为 10m/s 时，按图中实线查取修正值 K；当片间流速在 10～25m/s 时，K 值取于图中虚线和实线之间。

第四，选用灵活，维修更换方便。图 15-3-6 为 ZDL 型消声器系列性能选用曲线。表 15-3-8 为 ZDL 型消声器系列性能规格表。

消声器选用步骤如下。

第一步，确定消声器机号。在图 15-3-6 的横坐标上根据配用风机的风量（m^3/h）向上引垂线，与所选定的消声器片间流速（m/s）的水平线

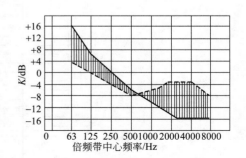

图 15-3-5　ZDL 型消声器系列气流
再生噪声倍频带 K 值修正图

相交，选定与交点相邻的斜线机号（n）。

第二步，消声器压力损失的确定。由上述垂线及选定的机号数（斜线）的交点，向左引水平线，与压力损失列线（1.0m 和 1.5m 两种）和片间流速列线相交，即可查得实际的压力损失及片间流速。

第三步，气流再生噪声计算。在上述水平线与气流再生噪声列线相交处，查得每平方米通流面积所对应的气流再生噪声 A 声功率级 L_{WA}（$S_n=1.0m^2$），再算出第 n 机号消声器的实际气流再生噪声声功率级 $L_{WAn} = L_{WA} + 10\lg S_n$，$S_n$ 即 n 机号消声器通流总截面面积（m^2）。$10\lg S_n$ 也可从表 15-3-8 中查得；气流再生噪声的频率特性（倍频带声功率级或声压级）可根据图 15-3-5 和式（15-3-2）算出。

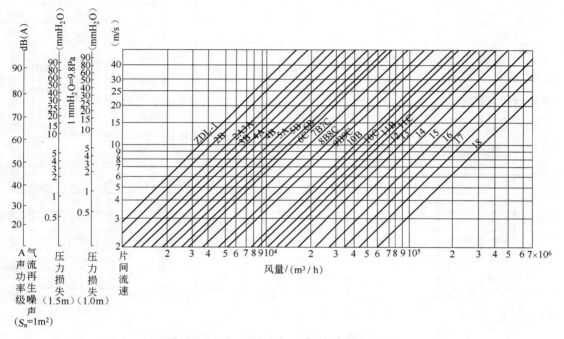

图 15-3-6　ZDL 型消声器系列性能选用曲线

表 15-3-8　ZDL 型消声器系列性能规格表

型号		截面尺寸/mm		片数	片型	通流面积 S_n/m²	$10\lg S_n$/dB	通过流量/（m³/h）			法兰尺寸/mm				质量/kg	
		高 H	宽 B					流速/（m/s）			法兰外形		法兰孔中心距		消声器长/m	
								3	10	25	高 H'	宽 B'	高 h	宽 b	1.0	1.5
1		450	400	2	A	0.09	−10.5	972	3240	8100	558	508	516	466	115	160
2	A	450	600	3	A	0.135	−8.7	1458	4860	12150	558	708	516	665	160	230
	B	450	600	3	B	0.138	−9.7	1166	3888	9720					165	240
3	A	450	720	4	A	0.144	−8.4	1550	5184	12960	558	828	516	786	195	275
	B	450	720	3	B	0.162	−7.9	1749	5832	14580					180	255
4	A	600	720	4	A	0.192	−7.2	2073	6912	17328	828	708	665	786	225	325
	B	600	720	3	B	0.216	−6.7	2333	7776	19440					210	300

续表

型号		截面尺寸/mm		片数	片型	通流面积 S_n/m²	$10lgS_n$/dB	通过流量/(m³/h)			法兰尺寸/mm				质量/kg	
								流速/(m/s)			法兰外形		法兰孔中心距		消声器长/m	
		高H	宽B					3	10	25	高H'	宽B'	高h	宽b	1.0	1.5
5	A	900	720	4	A	0.288	−5.4	3110	10368	25920	1008	828	966	786	280	400
	B	900	720	3	B	0.324	−4.9	3499	11664	29160					257	367
6	B	900	900	4	B	0.378	−4.2	4082	13608	34020	1070	1070	996	996	410	570
	C	900	900	3	C	0.405	−3.9	4374	14580	36450					380	532
7	B	900	1200	5	B	0.54	−2.6	5832	19440	48600	1070	1370	996	1296	490	685
	C	900	1200	4	C	0.54	−2.6	5832	19440	48600					468	655
8	B	1200	1200	5	B	0.72	−1.4	7776	25920	64800	1370	1370	1296	1296	580	830
	C	1200	1200	4	C	0.72	−1.4	7776	25920	64800					555	790
9	B	1350	1350	6	B	0.85	−0.7	9180	30000	76500	1520	1520	1448	1448	692	985
	C	1350	1350	5	C	0.81	−0.9	8748	29160	72900					670	950
10	B	1350	1800	8	B	1.134	+0.5	12247	40824	102060	1520	1970	1448	1900	860	1200
	C	1350	1800	6	C	1.215	+0.8	13122	43740	109350					800	1105
11	B	1800	1800	8	B	1.512	+1.8	16329	54432	136080	1970	1970	1900	1900	1060	1500
	C	1800	1800	6	C	1.62	+2.1	17496	58320	145800					965	1370
12		1800	2250	8	C	1.89	+2.7	20412	68040	170100	2012	2462	1920	2370	1395	1960
13		2250	2250	8	C	2.362	+3.7	25515	85080	212625	2462	2462	2370	2370	1655	2315
14		2250	2700	9	C	3.037	+4.8	32800	109332	273330	2462	2912	2370	2821	1830	2570
15		2700	3000	10	C	4.05	+6.0	43740	145800	364500	2912	3212	2821	3120	2210	3110
16		2700	3600	12	C	4.86	+6.9	52488	174960	437400	2912	3812	2821	3723	2530	3580
17		3000	4200	14	C	6.3	+8.0	68040	226800	567000	—	—	—	—	—	—
18		4000	4600	16	C	8.8	+9.4	95040	316800	792000	—	—	—	—	—	—

注：ZDL型消声器系列生产单位：武汉鼓风机厂、天津鼓风机消声设备厂、江苏东泽环保科技有限公司、重庆华光环保工程设备有限公司、江苏宜兴天音环保噪声设备有限公司等。

第四步，消声量的确定。根据噪声源需要消声的频谱特性，可选择消声器中 A、B、C 三种消声片中的任一种，一般风机基频较低（峰值频率一般为 250Hz），应选较厚的 C 型消声片；按选定的片型从图 15-3-4 中查出倍频带消声量；由声源倍频带频谱特性减去上述各消声量，得出消声后各倍频带声压级，再用能量叠加法计算出消声后的总声级或作 A 计权后算出 A 声级。如果不符合设计要求，可以改变消声器的长度再重新计算，直至符合要求。

第五步，核算性能。如果压力损失或气流再生噪声过大，可以采取降低消声片间流速的办法，选用较大一号的消声器；反之，若体积过大，可以选用小一号消声器重算。对于工厂企业的消声器来说，噪声指标一般达到 85dB（A）就满足要求了，此时，气流再生噪声的影响可忽略不计；对于要求较高的民用建筑消声器，则要核算其气流再生噪声的影响。若气流再生噪声比消声后声级小 10dB 以上，气流再生噪声的影响也可以不计。在两者差值不足 10dB 时，可把气流再生噪声作为背景噪声来处理。

消声器选用举例：例如，有一台 4-73 型 10 号离心通风机，风量为 34000m³/h，未治理前离进气口中心 1.0m 处 A 声级为 100dB，实测其频谱特性见表 15-3-9 中序号 1，要求选用一台 ZDL 型消声器，使原测点处声级降低到 85dB（A）以下，压力损失要求小于 200Pa。计算步骤如下：

表 15-3-9 ZDL 型消声器选用试例

序号	名称	倍频带中心频率/Hz							
		63	125	250	500	1000	2000	4000	8000
		声级压/dB							
1	4-73 型 10 号离心通风机声压级	92	89	94	96	94	85	77	69
2	7C 机号消声器消声量（1.0m 长）	−1	−4	−11	−16	−18	−18	−12	−10
3	A 计权修正量	−26	−16	−9	−3	0	+1	+1	−1
4	合成后声压级	65	69	74	77	76	68	66	58

A 计权消声量为 100−85=15[dB（A）]，如前所述，本系列消声器每米长消声量约为 15～20dB（A），故取 1.0m 长消声器。对此消声器的压力损失进行试算：由图 15-3-6 横坐标风量 34000m³/h 引垂线与 200Pa 压力损失引水平线相交处附近查得消声器机号在 6C 和 7B 之间。选用压力损失较小的 7C 型消声器（1.0m 长），实际查得消声器压力损失为 130Pa，片间流速约为 18m/s，气流再生噪声在 70dB（A）以下。按已选定的消声器机号核算安装消声器后的声级，鉴于片间流速大于 15m/s，由图 15-3-4 中所示 C 型消声片查得倍频带消声量列于表 15-3-9 中序号 2，A 计权倍频带修正量列于表 15-3-9 中序号 3。从原离心通风机声级减去 7C 消声器各对应倍频带消声量，并作 A 计权修正，求得合成后倍频带声压级列于表 15-3-9 中序号 4，再按能量叠加法则求得 A 计权声级为 82dB（A），符合设计要求。

表 15-3-8 中 1～16 号消声器外壳为整体结构，17、18 号消声器外形尺寸较大，外壳用 4 块隔声吸声板拼装而成，待运抵工地后再进行组装。大型消声器的外壳和消声片应进行防水包装，运输过程中应防止变形。

3.2.5 "申华" DFL 型大风量片式消声器系列

"申华" DFL 型大风量片式消声器系列是由上海申华声学装备有限公司在声学专家的指导下，自制研究设计开发的新产品，已通过了产品鉴定。该系列消声器适用于地下铁道、公路隧道、地下车库、发电厂、冶金行业等大中型通风工程的消声降噪，具有通风量大、消声量高、消声频带宽、压力损失小以及防火、防潮、防霉、防蛀等特点，已在上海地铁 1#、2#、4#、6#、8#线等通风工程中大量应用。

结构特点："申华" DFL 型大风量片式消声器由金属外壳、消声片、定位器、加强筋和法兰等附件组成。消声片的高度分别为 1000mm、1250mm、1500mm、1750mm、2000mm 等五种规格。消声片的长度为 2000mm。消声片的厚度与气流通道的宽度相等，均为 250mm，中间消声片的厚度为 250mm，两侧壁面的厚度为消声片厚度的 1/2，即 125mm。消声器法兰全部采用 10#槽钢。穿孔板的厚度为 0.8mm 镀锌钢板，孔径为 ϕ6mm，孔距 12mm，穿孔率 20%。吸声材料为防潮离心玻璃棉，密度 32kg/m³。

"申华" DFL 型大风量片式消声器流量适用范围为 4～112m³/s，即 14400～403200m³/h；单位长度（2000mm）消声量>18dB（A）；阻力系数 ξ ≤1.02。

"申华" DFL 型大风量片式消声器系列外形尺寸如图 15-3-7（a）所示。

"申华" DFL 型大风量片式消声器系列有 91 种规格，详见表 15-3-10。

"申华" DFL 型大风量片式消声器空气动力特性见表 15-3-11。

"申华" DFL-1$^{\#}$型大风量片式消声器，内径尺寸 1000mm×1000mm，有效长度 2000mm，实测消声量见表 15-3-12。

图 15-3-7（b）为"申华" DFL 型大风量片式消声器应用于上海地铁 6$^{\#}$线的照片。

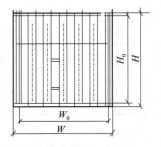

（a）"申华" DFL 型大风量片式消声器系列外形尺寸图　　　（b）"申华" DFL 型大风量片式消声器应用于上海地铁 6$^{\#}$线实照

图 15-3-7　"申华" DFL 型大风量片式消声器外形图及应用于上海地铁 6$^{\#}$线照片

表 15-3-10　"申华" DFL 型大风量片式消声器系列性能规格表

型号	规格	内净尺寸 $H_0 \times W_0$/mm	通风有效面积 /m²	片间通道数 n	不同片间风速下适用风量/（m³/s）				外形尺寸 $H \times W$/mm	消声片高度 h/mm	参考质量 /（kg/m）
					8m/s	10m/s	12m/s	14m/s			
申华 DFL-1	1.0×1.0	1000×1000	0.500	2	4.0	5.0	6.0	7.0	1208×1208	1000	230
申华 DFL-2	1.0×1.5	1000×1500	0.750	3	6.0	7.5	9.0	10.5	1208×1708		345
申华 DFL-3	1.0×2.0	1000×2000	1.000	4	8.0	10.0	12.0	14.0	1208×2208		460
申华 DFL-4	1.0×2.5	1000×2500	1.250	5	10.0	12.5	15.0	17.5	1208×2708		575
申华 DFL-5	1.0×3.0	1000×3000	1.500	6	12.0	15.0	18.0	21.0	1208×3208		690
申华 DFL-6	1.0×3.5	1000×3500	1.750	7	14.0	17.5	21.0	24.5	1208×3708		875
申华 DFL-7	1.0×4.0	1000×4000	2.000	8	16.0	20.0	24.0	28.0	1208×4208		920
申华 DFL-8	1.25×1.0	1250×1000	0.625	2	5.0	6.3	7.5	8.8	1458×1208	1250	287.5
申华 DFL-9	1.25×1.5	1250×1500	0.938	3	7.5	9.4	11.3	13.1	1458×1708		431.3
申华 DFL-10	1.25×2.0	1250×2000	1.250	4	10.0	12.5	15.0	17.5	1458×2208		575
申华 DFL-11	1.25×2.5	1250×2500	1.563	5	12.5	15.6	18.8	21.9	1458×2708		718.8
申华 DFL-12	1.25×3.0	1250×3000	1.875	6	15.0	18.8	22.5	26.3	1458×3208		862.5
申华 DFL-13	1.25×3.5	1250×3500	2.188	7	17.0	21.9	26.3	30.6	1458×3708		1006.3
申华 DFL-14	1.25×4.0	1250×4000	2.500	8	20.0	25.0	30.0	35.0	1458×4208		1150
申华 DFL-15	1.5×1.0	1500×1000	0.750	2	6.0	7.5	9.0	10.5	1708×1208	1500	345
申华 DFL-16	1.5×1.5	1500×1500	1.125	3	9.0	11.3	13.5	15.8	1708×1708		517.5
申华 DFL-17	1.5×2.0	1500×2000	1.500	4	12.0	15.0	18.0	21.0	1708×2208		690

续表

型号	规格	内净尺寸 $H_0 \times W_0$/mm	通风有效面积/m²	片间通道数 n	不同片间风速下适用风量/（m³/s）				外形尺寸 $H \times W$/mm	消声片高度 h/mm	参考质量/（kg/m）
					8m/s	10m/s	12m/s	14m/s			
申华 DFL-18	1.5×2.5	1500×2500	1.875	5	15.0	18.8	22.5	26.3	1708×2708	1500	862.5
申华 DFL-19	1.5×3.0	1500×3000	2.250	6	18.0	22.5	27.0	31.5	1708×3208		1035
申华 DFL-20	1.5×3.5	1500×3500	2.625	7	21.0	26.3	31.5	36.8	1708×3708		1207.5
申华 DFL-21	1.5×4.0	1500×4000	3.000	8	24.0	30.0	36.0	42.0	1708×4208		1380
申华 DFL-22	1.75×1.0	1750×1000	0.875	2	7.0	8.8	10.5	12.3	1958×1208	1750	402.5
申华 DFL-23	1.75×1.5	1750×1500	1.313	3	10.5	13.1	15.8	18.4	1958×1708		603.8
申华 DFL-24	1.75×2.0	1750×2000	1.750	4	14.0	17.5	21.0	24.5	1958×2208		805
申华 DFL-25	1.75×2.5	1750×2500	2.188	5	17.5	21.9	26.3	30.6	1958×2708		1006.3
申华 DFL-26	1.75×3.0	1750×3000	2.625	6	21.0	26.3	31.5	36.8	1958×3208		1207.5
申华 DFL-27	1.75×3.5	1750×3500	3.063	7	24.5	30.6	36.8	42.9	1958×3708		1408.8
申华 DFL-28	1.75×4.0	1750×4000	3.500	8	28.0	35.0	42.0	49.0	1958×4208		1610
申华 DFL-29	2.0×1.0	2000×1000	1.000	2	8.0	10.0	12.0	14.0	2208×1208	2000	460
申华 DFL-30	2.0×1.5	2000×1500	1.500	3	12.0	15.0	18.0	21.0	2208×1708		690
申华 DFL-31	2.0×2.0	2000×2000	2.000	4	16.0	20.0	24.0	28.0	2208×2208		920
申华 DFL-32	2.0×2.5	2000×2500	2.500	5	20.0	25.0	30.0	35.0	2208×2708		1150
申华 DFL-33	2.0×3.0	2000×3000	3.000	6	24.0	30.0	36.0	42.0	2208×3208		1380
申华 DFL-34	2.0×3.5	2000×3500	3.500	7	28.0	35.0	42.0	49.0	2208×3708		1610
申华 DFL-35	2.0×4.0	2000×4000	4.000	8	32.0	40.0	48.0	56.0	2208×4208		1840
申华 DFL-36	2.25×1.0	2250×1000	1.125	2	9.0	11.3	13.5	15.8	2458×1208	上 1000 下 1250	517.5
申华 DFL-37	2.25×1.5	2250×1500	1.688	3	13.5	16.9	20.3	23.6	2458×1708		776.3
申华 DFL-38	2.25×2.0	2250×2000	2.250	4	18.0	22.5	27.0	31.5	2458×2208		1035
申华 DFL-39	2.25×2.5	2250×2500	2.813	5	22.5	28.1	33.8	39.4	2458×2708		1293.8
申华 DFL-40	2.25×3.0	2250×3000	3.375	6	27.0	33.8	40.5	47.3	2458×3208		1552.5
申华 DFL-41	2.25×3.5	2250×3500	3.938	7	31.5	39.4	47.3	55.1	2458×3708		1811.3
申华 DFL-42	2.25×4.0	2250×4000	4.500	8	36.0	45.0	54.0	63.0	2458×4208		2070
申华 DFL-43	2.5×1.0	2500×1000	1.250	2	10.0	12.5	15.0	17.5	2708×1208	上 1250 下 1250	575
申华 DFL-44	2.5×1.5	2500×1500	1.875	3	15.0	18.8	22.5	26.3	2708×1708		862.5
申华 DFL-45	2.5×2.0	2500×2000	2.500	4	20.0	25.0	30.0	35.0	2708×2208		1150
申华 DFL-46	2.5×2.5	2500×2500	3.125	5	25.0	31.3	37.5	43.8	2708×2708		1437.5
申华 DFL-47	2.5×3.0	2500×3000	3.750	6	30.0	37.5	45.0	52.5	2708×3208		1725
申华 DFL-48	2.5×3.5	2500×3500	4.375	7	35.0	43.8	52.5	61.3	2708×3708		2012.5
申华 DFL-49	2.5×4.0	2500×4000	5.000	8	40.0	50.0	60.0	70.0	2708×4208		2300
申华 DFL-50	2.75×1.0	2750×1000	1.375	2	11.0	13.8	16.5	19.3	2958×1208	上 1250 下 1500	632.5
申华 DFL-51	2.75×1.5	2750×1500	2.063	3	16.5	20.6	24.8	28.9	2958×1708		948.8
申华 DFL-52	2.75×2.0	2750×2000	2.750	4	22.0	27.5	33.0	38.5	2958×2208		1265
申华 DFL-53	2.75×2.5	2750×2500	3.438	5	27.5	34.4	41.3	48.1	2958×2708		1581.3
申华 DFL-54	2.75×3.0	2750×3000	4.125	6	33.0	41.5	49.5	57.8	2958×3208		1897.5
申华 DFL-55	2.75×3.5	2750×3500	4.813	7	38.5	48.1	57.8	67.4	2958×3708		2213.8
申华 DFL-56	2.75×4.0	2750×4000	5.500	8	44.0	55.0	66.0	77.0	2958×4208		2530

续表

型号	规格	内净尺寸 $H_0 \times W_0$/mm	通风有效面积/m^2	片间通道数 n	不同片间风速下适用风量/(m^3/s)				外形尺寸 $H \times W$/mm	消声片高度 h/mm	参考质量/(kg/m)
					8m/s	10m/s	12m/s	14m/s			
申华 DFL-57	3.0×1.0	3000×1000	1.500	2	12.0	15.0	18.0	21.0	3208×1208	上 1000 下 2000	690
申华 DFL-58	3.0×1.5	3000×1500	2.250	3	18.0	22.5	27.0	31.5	3208×1708		1035
申华 DFL-59	3.0×2.0	3000×2000	3.000	4	24.0	30.0	36.0	42.0	3208×2208		1380
申华 DFL-60	3.0×2.5	3000×2500	3.750	5	30.0	37.5	45.0	52.5	3208×2708		1725
申华 DFL-61	3.0×3.0	3000×3000	4.500	6	36.0	45.0	54.0	63.0	3208×3208		2070
申华 DFL-62	3.0×3.5	3000×3500	5.250	7	42.0	52.5	63.0	73.5	3208×3708		2415
申华 DFL-63	3.0×4.0	3000×4000	6.000	8	48.0	60.0	72.0	84.0	3208×4208		2760
申华 DFL-64	3.25×1.0	3250×1000	1.625	2	13.0	16.3	19.5	22.8	3458×1208	上 1250 下 2000	747.5
申华 DFL-65	3.25×1.5	3250×1500	2.438	3	19.5	24.4	29.3	34.1	3458×1708		1121.3
申华 DFL-66	3.25×2.0	3250×2000	3.250	4	26.0	32.5	39.0	45.5	3458×2208		1495
申华 DFL-67	3.25×2.5	3250×2500	4.063	5	32.5	40.6	48.8	56.9	3458×2708		1868.8
申华 DFL-68	3.25×3.0	3250×3000	4.875	6	39.0	48.8	58.5	68.3	3458×3208		2242.5
申华 DFL-69	3.25×3.5	3250×3500	5.688	7	45.5	56.9	68.3	79.6	3458×3708		2616.3
申华 DFL-70	3.25×4.0	3250×4000	6.500	8	52.0	65.0	78.0	91.0	3458×4208		2990
申华 DFL-71	3.5×1.0	3500×1000	1.750	2	14.0	17.5	21.0	24.5	3708×1208	上 1500 下 2000	805
申华 DFL-72	3.5×1.5	3500×1500	2.625	3	21.0	26.3	31.5	36.8	3708×1708		1207.5
申华 DFL-73	3.5×2.0	3500×2000	3.500	4	28.0	35.0	42.0	49.0	3708×2208		1610
申华 DFL-74	3.5×2.5	3500×2500	4.375	5	35.0	43.8	52.5	61.3	3708×2708		2012.5
申华 DFL-75	3.5×3.0	3500×3000	5.250	6	42.0	52.5	63.0	73.5	3708×3208		2415
申华 DFL-76	3.5×3.5	3500×3500	6.125	7	49.0	61.3	73.5	85.8	3708×3708		2817.5
申华 DFL-77	3.5×4.0	3500×4000	7.000	8	56.0	70.0	84.0	98.0	3708×4208		3220
申华 DFL-78	3.75×1.0	3750×1000	1.875	2	15.0	18.8	22.5	26.3	3958×1208	上 1750 下 2000	862.5
申华 DFL-79	3.75×1.5	3750×1500	2.813	3	22.5	28.1	33.8	39.4	3958×1708		1293.8
申华 DFL-80	3.75×2.0	3750×2000	3.750	4	30.3	37.5	45.0	52.5	3958×2208		1725
申华 DFL-81	3.75×2.5	3750×2500	4.688	5	37.5	46.9	56.3	65.6	3958×2708		2156.3
申华 DFL-82	3.75×3.0	3750×3000	5.625	6	45.0	56.3	67.5	78.8	3958×3208		2587.5
申华 DFL-83	3.75×3.5	3750×3500	6.563	7	52.5	56.5	78.8	91.9	3958×3708		3018.8
申华 DFL-84	3.75×4.0	3750×4000	7.500	8	60.6	75.0	90.0	105.0	3958×4208		3450
申华 DFL-85	4.0×1.0	4000×1000	2.000	2	16.0	20.0	24.0	28.0	4208×1208	上 2000 下 2000	920
申华 DFL-86	4.0×1.5	4000×1500	3.000	3	24.0	30.0	36.0	42.0	4208×1708		1380
申华 DFL-87	4.0×2.0	4000×2000	4.000	4	32.0	40.0	48.0	56.0	4208×2208		1840
申华 DFL-88	4.0×2.5	4000×2500	5.000	5	40.0	50.0	60.0	70.0	4208×2708		2300
申华 DFL-89	4.0×3.0	4000×3000	6.000	6	48.0	60.0	72.0	84.0	4208×3208		2760
申华 DFL-90	4.0×3.5	4000×3500	7.000	7	56.0	70.0	84.0	98.0	4208×3708		3220
申华 DFL-91	4.0×4.0	4000×4000	8.000	8	64.0	80.0	96.0	112.0	4208×4208		3680

注：1. 本系列产品法兰全部用 10# 槽钢。

2. 本系列产品外形尺寸的长度（D）均为 2220mm。

表 15-3-11 "申华"DFL 型大风量片式消声器空气动力特性

流速/（m/s） 压力损失/Pa 消声器长度/m	4	6	8	10	12	14
1.0	4	9	16	24.5	35	48
1.5	5	11	19	29	43	58
2.0	6	12.5	22.5	34	49	67
2.5	6.5	14.5	25.5	39	56	77
3.0	7	16	29	44	63	86
4.0	8	18	32	49	70	96

表 15-3-12 "申华"DFL-1#型大风量片式消声器消声性能实测值

频率/Hz 声级/dB 工况		倍频带中心频率/Hz								A 声级/dB（A）
		63	125	250	500	1000	2000	4000	8000	
空管	静态	66	89	93	91	88.5	92	88.5	86	87.5
	动态 4m/s	83	90.5	96	97	96	89	81	69.5	99
消声器	静态	63	81	73	67	68	74	75	71	70
	动态 4m/s	80	80	77	74	78.5	73.5	68	55.5	81
消声量	静态	3	8	20	24	20.5	18	13.5	15	17.5
	动态	3	10.5	19	23	17.5	15.5	13	14	18
背景噪声		54	40.5	39	34.5	34	30	25	15	40

注：速度 4m/s 时，压力损失为 10Pa。

图 15-3-8 为"申华"DFL 型大风量片式消声器应用于宁波钢铁厂的现场照片。

图 15-3-8 "申华"DFL 型大风量片式消声器安装于宁波钢铁厂的现场照片

3.2.6 "中雅"阵列式消声器

阵列式消声器是深圳中雅机电实业有限公司积累多年的实践经验，自主开发的一种新型大风量风道内消声。"中雅"阵列式消声器，主要用于地铁和建筑风道内消声。"中雅"阵列式消声器目前有常规、防水、无填料三大系列，15个型号，60个组合形式。其中，常规系列 YB 型阵列式消声器性能规格见表15-3-13。

"中雅"常规系列阵列式消声器还有 SB 型、SL 型、RS 型等，本处未列出，请查阅该公司相关资料。

表15-3-13 常规系列 YB 型阵列式消声器性能规格表

序号	规格型号 接口尺寸 宽/mm	高/mm	长度/mm	型号	倍频带传声损失/dB 倍频带中心频率/Hz 63	125	250	500	1000	2000	4000	8000	单值传声损失/dB (A)	倍频带气流再生噪声功率级（面风速为6m/s）/dB 倍频带中心频率/Hz 63	125	250	500	1000	2000	4000	8000	压力损失/Pa 面风速 6m/s	阻力系数 ζ
1	250	250	1200	YB11	-2	-4	-9	-21	-28	-34	-32	-21	21	52	49	46	42	38	37	31	20	63	2.89
2	250	250	1500	YB11	-3	-6	-12	-25	-35	-41	-39	-25	24	52	49	46	42	38	37	31	20	71	3.28
3	250	250	2400	YB11	-4	-9	-20	-38	-54	-63	-60	-37	30	52	49	46	42	38	37	31	20	97	4.45
4	250	320	1200	YB11	-1	-3	-7	-17	-22	-24	-18	-13	16	46	43	39	35	33	32	24	11	26	1.19
5	250	320	1500	YB11	-2	-4	-9	-20	-27	-29	-23	-15	19	46	43	39	35	33	32	24	11	29	1.34
6	250	320	2400	YB11	-3	-7	-15	-30	-42	-45	-37	-22	25	46	43	39	35	33	32	24	11	39	1.79
7	320	400	1200	YB12	-2	-4	-9	-20	-27	-32	-30	-19	20	50	47	45	41	39	39	32	21	54	2.48
8	320	400	1500	YB12	-2	-5	-12	-24	-33	-39	-37	-23	23	50	47	45	41	39	39	32	21	61	2.81
9	320	400	2400	YB12	-4	-9	-19	-36	-52	-61	-57	-34	29	50	47	45	41	39	39	32	21	82	3.80
10	320	500	1200	YB12	-1	-3	-7	-17	-22	-24	-18	-13	16	45	42	39	36	35	35	27	14	26	1.19
11	320	500	1500	YB12	-2	-4	-9	-20	-27	-29	-23	-15	19	45	42	39	36	35	35	27	14	29	1.34
12	320	500	2400	YB12	-3	-7	-15	-30	-42	-45	-37	-22	25	45	42	39	36	35	35	27	14	39	1.79
13	500	500	1200	YB22	-2	-4	-9	-21	-28	-34	-32	-21	21	52	49	47	45	43	43	36	26	63	2.89
14	500	500	1500	YB22	-3	-6	-12	-25	-35	-41	-39	-25	24	52	49	47	45	43	43	36	26	71	3.28
15	500	500	2400	YB22	-4	-9	-20	-38	-54	-63	-60	-37	30	52	49	47	45	43	43	36	26	97	4.45
16	250	630	1200	YB12	-1	-3	-7	-17	-22	-24	-18	-13	16	43	41	38	36	35	35	27	14	26	1.19
17	250	630	1500	YB12	-2	-4	-9	-20	-27	-29	-23	-15	19	43	41	38	36	35	35	27	14	29	1.34
18	250	630	2400	YB12	-3	-7	-15	-30	-42	-45	-37	-22	25	43	41	38	36	35	35	27	14	39	1.79

续表

序号	规格型号 接口尺寸 宽/mm	高/mm	长度/mm	型号	倍频带传声损失/dB 倍频带中心频率/Hz 63	125	250	500	1000	2000	4000	8000	单值传声损失/dB(A)	倍频带气流再生噪声功率级（面风速为6m/s）/dB 倍频带中心频率/Hz 63	125	250	500	1000	2000	4000	8000	压力损失/Pa 面风速6m/s	阻力系数 ξ
19	500	630	1200	YB22	-1	-3	-7	-17	-22	-24	-18	-13	16	46	44	41	39	38	38	30	17	26	1.19
20	500	630	1500	YB22	-2	-4	-9	-20	-27	-29	-23	-15	19	46	44	41	39	38	38	30	17	29	1.34
21	500	630	2400	YB22	-3	-7	-15	-30	-42	-45	-37	-22	25	46	44	41	39	38	38	30	17	39	1.79
22	500	800	1200	YB23	-2	-4	-9	-19	-26	-31	-27	-18	20	48	46	45	44	43	43	36	24	46	2.13
23	500	800	1500	YB23	-2	-5	-11	-23	-32	-37	-34	-21	22	48	46	45	44	43	43	36	24	52	2.41
24	500	800	2400	YB23	-4	-8	-18	-35	-50	-58	-53	-32	28	48	46	45	44	43	43	36	24	71	3.26
25	800	800	1200	YB33	-2	-4	-8	-18	-24	-28	-24	-16	18	49	47	45	44	43	43	36	24	37	1.71
26	800	800	1500	YB33	-2	-5	-10	-22	-30	-34	-29	-19	21	49	47	45	44	43	43	36	24	42	1.93
27	800	800	2400	YB33	-3	-8	-17	-33	-47	-53	-46	-28	27	49	47	45	44	43	43	36	24	56	2.59
28	500	1000	1200	YB24	-2	-4	-9	-21	-28	-34	-32	-21	21	49	48	47	46	46	46	39	29	63	2.89
29	500	1000	1500	YB24	-3	-6	-12	-25	-35	-41	-39	-25	24	49	48	47	46	46	46	39	29	71	3.28
30	500	1000	2400	YB24	-4	-9	-20	-38	-54	-63	-60	-37	30	49	48	47	46	46	46	39	29	97	4.45
31	630	1000	1200	YB24	-1	-3	-7	-17	-22	-24	-18	-13	16	46	44	42	41	41	41	33	20	26	1.19
32	630	1000	1500	YB24	-2	-4	-9	-20	-27	-29	-23	-15	19	46	44	42	41	41	41	33	20	29	1.34
33	630	1000	2400	YB24	-3	-7	-15	-30	-42	-45	-37	-22	25	46	44	42	41	41	41	33	20	39	1.79
34	800	1000	1200	YB34	-2	-4	-9	-19	-26	-31	-27	-18	20	50	48	47	46	46	46	39	27	46	2.13
35	800	1000	1500	YB34	-2	-5	-11	-23	-32	-37	-34	-21	22	50	48	47	46	46	46	39	27	52	2.41
36	800	1000	2400	YB34	-4	-8	-18	-35	-50	-58	-53	-32	28	50	48	47	46	46	46	39	27	71	3.26
37	1000	1000	1200	YB44	-2	-4	-9	-21	-28	-34	-32	-21	21	52	51	50	49	49	49	42	32	63	2.89
38	1000	1000	1500	YB44	-3	-6	-12	-25	-35	-41	-39	-25	24	52	51	50	49	49	49	42	32	71	3.28

续表

序号	规格型号 接口尺寸 宽/mm	高/mm	长度/mm	型号	倍频带传声损失/dB 倍频带中心频率/Hz 63	125	250	500	1000	2000	4000	8000	单值传声损失(A)/dB	倍频带气流再生噪声功率级(面风速为6m/s)/dB 倍频带中心频率/Hz 63	125	250	500	1000	2000	4000	8000	压力损失/Pa 面风速6m/s	阻力系数 ζ
39	1000	1000	2400	YB44	-4	-9	-20	-38	-54	-63	-60	-37	30	52	51	50	49	49	49	42	32	97	4.45
40	500	1250	1200	YB24	-1	-3	-7	-17	-22	-24	-19	-13	17	44	43	42	41	41	41	33	21	28	1.28
41	500	1250	1500	YB24	-2	-4	-9	-20	-27	-30	-24	-16	19	44	43	42	41	41	41	33	21	31	1.44
42	500	1250	2400	YB24	-3	-7	-15	-31	-43	-47	-39	-23	25	44	43	42	41	41	41	33	21	42	1.93
43	630	1250	1200	YB25	-1	-3	-7	-17	-22	-24	-18	-13	16	45	43	43	42	42	42	34	21	26	1.19
44	630	1250	1500	YB25	-2	-4	-9	-20	-27	-29	-23	-15	19	45	43	43	42	42	42	34	21	29	1.34
45	630	1250	2400	YB25	-3	-7	-15	-30	-42	-45	-37	-22	25	45	43	43	42	42	42	34	21	39	1.79
46	800	1250	1200	YB35	-2	-4	-9	-19	-26	-31	-27	-18	20	49	48	48	47	47	47	40	28	46	2.13
47	800	1250	1500	YB35	-2	-5	-11	-23	-32	-37	-34	-21	22	49	48	48	47	47	47	40	28	52	2.41
48	800	1250	2400	YB35	-4	-8	-18	-35	-50	-58	-53	-32	28	49	48	48	47	47	47	40	28	71	3.26
49	1000	1250	1200	YB44	-1	-3	-7	-17	-22	-24	-19	-13	17	47	46	45	45	44	44	36	24	28	1.28
50	1000	1250	1500	YB44	-2	-4	-9	-20	-27	-30	-24	-16	19	47	46	45	45	44	44	36	24	31	1.44
51	1000	1250	2400	YB44	-3	-7	-15	-31	-43	-47	-39	-23	25	47	46	45	45	44	44	36	24	42	1.93
52	1250	1250	1200	YB55	-2	-4	-9	-21	-28	-34	-32	-21	21	52	51	52	51	51	51	44	33	63	2.89
53	1250	1250	1500	YB55	-3	-6	-12	-25	-35	-41	-39	-25	24	52	51	52	51	51	51	44	33	71	3.28
54	1250	1250	2400	YB55	-4	-9	-20	-38	-54	-63	-60	-37	30	52	51	52	51	51	51	44	33	97	4.45
55	500	1600	1200	YB25	-1	-3	-7	-17	-22	-24	-18	-13	16	43	42	42	42	42	42	34	21	26	1.19
56	500	1600	1500	YB25	-2	-4	-9	-20	-27	-29	-23	-15	19	43	42	42	42	42	42	34	21	29	1.34
57	500	1600	2400	YB25	-3	-7	-15	-30	-42	-45	-37	-22	25	43	42	42	42	42	42	34	21	39	1.79
58	800	1600	1200	YB36	-2	-4	-8	-18	-24	-28	-24	-16	18	47	46	47	46	46	46	39	27	37	1.71
59	800	1600	1500	YB36	-2	-5	-10	-22	-30	-34	-29	-19	21	47	46	47	46	46	46	39	27	42	1.93

续表

序号	接口尺寸 宽/mm	接口尺寸 高/mm	长度/mm	型号	倍频带传声损失/dB 63	125	250	500	1000	2000	4000	8000	单值传声损失/dB(A)	倍频带气流再生噪声声功率级(面风速为6m/s)/dB 63	125	250	500	1000	2000	4000	8000	压力损失/Pa 面风速6m/s	阻力系数 ξ
60	800	1600	2400	YB36	-3	-8	-17	-33	-47	-53	-46	-28	27	47	46	47	46	46	46	39	27	56	2.59
61	1000	1600	1200	YB45	-1	-3	-7	-17	-22	-24	-18	-13	16	46	45	45	45	45	45	37	24	26	1.19
62	1000	1600	1500	YB45	-2	-4	-9	-20	-27	-29	-23	-15	19	46	45	45	45	45	45	37	24	29	1.34
63	1000	1600	2400	YB45	-3	-7	-15	-30	-42	-45	-37	-22	25	46	45	45	45	45	45	37	24	39	1.79
64	1250	1600	1200	YB55	-1	-3	-7	-17	-22	-24	-18	-13	16	47	46	46	46	46	46	38	25	26	1.19
65	1250	1600	1500	YB55	-2	-4	-9	-20	-27	-29	-23	-15	19	47	46	46	46	46	46	38	25	29	1.34
66	1250	1600	2400	YB55	-3	-7	-15	-30	-42	-45	-37	-22	25	47	46	46	46	46	46	38	25	39	1.79
67	500	2000	1200	YB27	-2	-4	-8	-18	-24	-28	-24	-16	18	45	45	45	45	45	45	38	26	37	1.71
68	500	2000	1500	YB27	-2	-5	-10	-22	-30	-34	-29	-19	21	45	45	45	45	45	45	38	26	42	1.93
69	500	2000	2400	YB27	-3	-8	-17	-33	-47	-53	-46	-28	27	45	45	45	45	45	45	38	26	56	2.59
70	630	2000	1200	YB28	-1	-3	-7	-17	-22	-24	-18	-13	16	44	44	44	44	44	44	36	23	26	1.19
71	630	2000	1500	YB28	-2	-4	-9	-20	-27	-29	-23	-15	19	44	44	44	44	44	44	36	23	29	1.34
72	630	2000	2400	YB28	-3	-7	-15	-30	-42	-45	-37	-22	25	44	44	44	44	44	44	36	23	39	1.79
73	800	2000	1200	YB37	-2	-3	-7	-17	-23	-25	-20	-14	17	46	45	46	46	46	46	38	26	30	1.37
74	800	2000	1500	YB37	-2	-4	-9	-21	-28	-31	-25	-16	20	46	46	46	46	46	46	38	26	34	1.55
75	800	2000	2400	YB37	-3	-7	-16	-31	-44	-48	-41	-24	26	46	45	46	46	46	46	38	26	45	2.08
76	1000	2000	1200	YB47	-2	-4	-8	-18	-24	-28	-24	-16	18	48	48	48	48	48	48	41	29	37	1.71
77	1000	2000	1500	YB47	-2	-5	-10	-22	-30	-34	-29	-19	21	48	48	48	48	48	48	41	29	42	1.93
78	1000	2000	2400	YB47	-3	-8	-17	-33	-47	-53	-46	-28	27	48	48	48	48	48	48	41	29	56	2.59
79	1250	2000	1200	YB57	-2	-4	-8	-18	-24	-28	-24	-16	18	49	49	49	49	49	49	42	30	37	1.71
80	1250	2000	1500	YB57	-2	-5	-10	-22	-30	-34	-29	-19	21	49	49	49	49	49	49	42	30	42	1.93
81	1250	2000	2400	YB57	-3	-8	-17	-33	-47	-53	-46	-28	27	49	49	49	49	49	49	42	30	56	2.59

"中雅"阵列式消声器的外形如图 15-3-9（a）所示，图中（b）为传统片式消声器。

（a）阵列式消声器

（b）传统片式消声器

图 15-3-9 "中雅"阵列式消声器和传统片式消声器外形照片

"中雅"阵列式消声器与传统的片式消声器相比有如下优点：阵列式的排列方式，现场安装时可以在宽度和长度方向灵活调整，以克服土建误差；散件到货，现场拼接，零部件种类少，便于装配和管理；现场安装工作量减少，安装难度降低；通过型钢构件固定，牢靠、安全。

为便于消声器的维护和保养，"中雅"阵列式消声器可按需要设置活动结构。推开消声单元可保证一个人从消声器中通过。

"中雅"阵列式消声器的消声量计算基础是片式阻性消声器计算公式。多个消声管道并联后，由于出入口断面变化，其消声量 TL 计算可按式（15-3-3）进行：

$$\mathrm{TL} = D_{\mathrm{s}} + \varphi(\alpha)\frac{P}{S}L \quad (\mathrm{dB}) \tag{15-3-3}$$

式中　D_{s}——消声器出入口或断面突变引起的不连续衰减，频率越高，其衰减越明显，dB；

$\varphi(\alpha)$——消声系数，与吸声材料吸声系数有关的量；

P——消声器通道的周长，m；

S——消声器通道横断面面积，m^2；

L——消声器的有效长度，m。

与片式消声器相比，"中雅"阵列式消声器的消声性能具有以下特点：吸声体宽度增加，低频吸声系数提高，相应地，低频消声效果也提高了；通道宽度减小，高频截止频率也提高，相应地，高频消声效果得到一定程度的恢复；总吸声面积增加，消声器整体消声量提高。

图 15-3-10 为流通面积相等时，片式和阵列式消声器消声量对比示意图。

实测结果表明，"中雅"阵列式消声器的气流再生噪声和压力损失都比片式消声器要低。表 15-3-14 为片式消声器和阵列式消声器

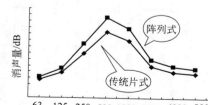

图 15-3-10 流通面积相等时，片式和阵列式消声器消声量对比示意图

各项参数对比表（消声器的断面为 $4m^2$，长度为 $1.0m$）。总体来说，阵列式消声器的声学性能更为优越。

表 15-3-14　片式和"中雅"阵列式消声器参数对比表

名称	片式消声器	阵列式消声器
流通比/%	50	55
消声片厚度/mm	200	270
通道宽/mm	200	130
片数	5	25
断面积/m^2	4	4
流通面积 S/m^2	2	2.18
通道周长 P/m	20	27
吸声面积/m^2	20	27
$\dfrac{P}{S}L$	10	12.4
低频截止频率/Hz	213	157
高频截止频率/Hz	850	1307
阻力系数	1.3	1.09

由于"中雅"阵列式消声器可靠的声学性能和结构设计，以及在现场安装时与土建配合上的突出优势，"中雅"阵列式消声器已成为地铁、隧道、建筑风道等大风量系统消声治理工程的理想设备。

图 15-3-11 为安装于水平风道内的"中雅"阵列式消声器实照。

图 15-3-12 为"中雅"阵列式消声器检修通道实照。

图 15-3-11　水平风道内的"中雅"阵列式消声器实照　　图 15-3-12　"中雅"阵列式消声器检修通道实照

3.2.7 "正升"TS 型束管式消声器

四川正升声学科技有限公司研究开发的"正升"TS 型束管式消声器，是由若干个中空圆环柱状消声单元组合而成的，系一种模块化、轻量化、装配化的消声器。这种消声器主要适用于大通道、大流量的风机消声，特别是土建类的风道，例如，地铁、矿山、隧道、发动机试车台等通风系统。

"正升" TS 型束管式消声器的消声单元如图 15-3-13 所示。

图 15-3-13   "正升" TS 型束管式消声器中空圆环柱状消声单元照片

"正升" TS 型束管式消声器吸声内衬采用若干个规格相同的消声单元,其优点是:增大了通流面积,提高了吸声量,改善了消声性能和空气动力性能;消声单元模块化,便于批量生产,节省成本;减少了钢材使用量,减轻了消声器重量,有利于消声器的运输和安装;降低了消声器的气流再生噪声和压力损失,提高了风机的运行效率,降低了能耗和整个通风系统的运行成本。消声单元安装时有锁紧装置,可承受高强度的内外压力,使消声器安全可靠。表 15-3-15 为不同风速下束管式消声器消声量现场实测数据。消声器束管消声单元外径 ϕ466mm,内径 ϕ200mm,消声单元长度 1800mm,消声单元中心间距为 620mm。

表 15-3-15   不同风速下"正升" TS 型束管式消声器消声量的现场测试数据

风速[①]/(m/s)	倍频带中心频率/Hz							阻力系数 ξ
	125	250	500	1000	2000	4000	8000	
	消声量/dB							
10	3.5	8.0	23.1	34.5	36.2	30.9	26.7	0.65
5	4.4	10.2	23.1	34.2	37.2	31.3	25.9	

① 风速指消声器内部平均气流速度。

图 15-3-14 为"正升" TS 型束管式消声器组装后的结构照片。

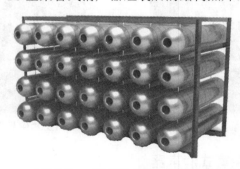

图 15-3-14   "正升" TS 型束管式消声器组装后的结构照片

3.2.8   F 型高压离心通风机消声器系列

高压离心通风机(主要包括 9-19、9-26 型等)是我国目前工业生产中应用十分广泛的机械设备之一，其工作压力一般为 3000～20000Pa，风量为 2000～50000m³/h，声压级为 100～120dB（A），噪声污染十分严重。实测结果表明，高压离心通风机正常运行时，其空气动力性噪声一般要比机械噪声高 10～20dB（A），因此，安装消声器以降低其空气动力性噪声是十分必要的。

F 型高压离心通风机消声器由原华东建筑设计院设计，已通过技术鉴定，主要用于降低 9-19、9-26 等各种高压离心通风机进排气口、管道以及机房进气口等辐射的噪声，也可供锅炉鼓风机降噪选用。

① 结构　本系列消声器是一种阻抗复合式消声器，它是由两节抗性串联内加十字形阻性吸声片的阻抗复合段和一节列管式阻性消声段组合而成。按设计要求，抗性部分用以降低 500Hz 以下的低频噪声及部分中频噪声，而阻性部分用于降低 500Hz 以上的中高频噪声。消声器呈圆筒形。图 15-3-15 为 F 型高压离心通风机消声器结构示意图。F 型系列消声器分为 A、B 两种基本形式，其消声效果相同，各有 11 种规格。其中，A 型两端均为法兰，可直接串联于通风管道中；B 型下端为法兰，上端为防雨吸声风帽，可供室外进风口或排风口安装使用。

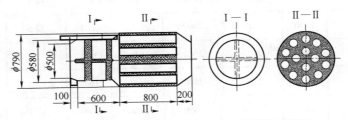

图 15-3-15　F 型高压离心通风机消声器结构示意图

② 适用风量范围及流速　风量 2000～50000m³/h，流速 12～18m/s，小号消声器流速较低，随着适用风量的增长，流速可适当提高，但最大不得超过 18m/s。

③ 消声量　低频为 10～15dB，中高频为 20～35dB。

④ 压力损失　阻力系数 ξ =1.5，在额定风速（18m/s）下，总压力损失一般小于 300Pa。

⑤ 气流再生噪声　A 声级气流再生噪声可按式（15-3-4）进行估算：

$$L_A = (-9 \pm 1) + 60\lg v \tag{15-3-4}$$

式中　L_A——A 声级气流再生噪声，dB（A）；

　　　v——气流速度，m/s。

倍频带气流再生噪声声压级按式（15-3-5）和式（15-3-6）进行估算：

$$L_f = 45 + 60\lg v - 10\lg f \quad (f \leqslant 2000\text{Hz}) \tag{15-3-5}$$

$$L_f = 103 + 60\lg v - 27.5\lg f \quad (f \geqslant 2000\text{Hz}) \tag{15-3-6}$$

式中　L_f——某倍频带中心频率下的倍频带气流再生噪声，dB；

　　　f——倍频带中心频率，Hz；

　　　v——气流速度，m/s。

在额定风速（18m/s）下按式（15-3-4）估算，气流再生噪声为 67dB（A）。对于噪声高达 100dB（A）以上的高压离心通风机来说，其气流再生噪声的影响可以忽略不计。

表 15-3-16 为 F 型高压离心通风机消声器系列性能规格表。

表 15-3-16　F 型高压离心通风机消声器系列性能规格表

型号	适用风量 /（m³/h）	外形尺寸/mm			法兰口径/mm		气流速度 /（m/s）	通流面积 /m²	质量/kg
		外径	有效长度	安装长度	内径	外径			
F_{1B}^{A}	2000	450	1550	1650	230	350	13.4	0.042	100
F_{2B}^{A}	5000	600	1550	1650	340	460	15.3	0.091	170
F_{3B}^{A}	8000	730	1600	1700	420	540	16.0	0.139	238
F_{4B}^{A}	12000	790	1700	1800	500	620	16.9	0.197	300
F_{5B}^{A}	16000	900	1800	2020	580	700	16.8	0.264	380
F_{6B}^{A}	20000	950	1900	2140	650	770	16.8	0.331	450
F_{7B}^{A}	25000	1000	2040	2270	700	840	18.1	0.384	510
F_{8B}^{A}	30000	1100	2150	2400	780	920	17.5	0.476	580
F_{9B}^{A}	35000	1180	2200	2500	840	980	17.6	0.552	650
F_{10B}^{A}	40000	1330	2250	2500	900	1040	17.5	0.632	770
F_{11B}^{A}	50000	1420	2550	2650	1000	1140	17.7	0.785	850

⑥ 安装注意事项　F 型消声器系列中，A 型主要用于管道消声，安装时应注意使其阻性列管段处于声源的下游端，而带风帽的 B 型消声器则安装于进风或排风管道末端或封闭机房进风口。F 型消声器系列安装示意图如图 15-3-16 所示。

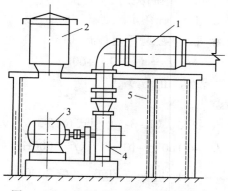

图 15-3-16　F 型消声器系列安装示意图

1—FA 型出风消声器；2—FB 型进风消声器；3—电机；4—风机；5—室内吸声处理

3.2.9　D 型罗茨鼓风机配套消声器系列

罗茨鼓风机又称为容积式鼓风机，它是由一对互相垂直啮合的腰形叶轮或三个互相成 120°的螺旋叶轮旋转而压缩和输送气体的。按其冷却方式不同，可分为 D 型系列（空冷式）和 SD 系列（水冷式）两大类。罗茨鼓风机输送的气体流量不变，而其压力则可以调节，即风量不随压力的变化而变化。因此，在一些压力需要变化但风量不应减少的设备上使用这种鼓风机就十分方便。罗茨鼓风机在各工业部门得到了广泛的应用，但其噪声高达 110～130dB（A），危害十分严重，采用加装消声器等措施，可以使其噪声得到有效的控制。

D 型罗茨鼓风机配套消声器系列由原华东建筑设计院设计，已通过技术鉴定。

① 结构　D 型消声器是阻性折板式消声器，采用折线形声通道，利用声波在通道内的多次反射吸收以及吸声层厚度的连续变化，可以在较宽的频带范围内具有较高的消声效果。本系列消声器共有八种规格，D_1～D_2 为单通道式，D_3～D_5 为双通道式，D_6～D_8 为三通道式。每种规格均由两段组成，呈四折式，弯折角度均控制在 20° 左右。在消声器内设置三道横向隔板，消声器外形呈圆筒状，两端均为方接圆变径管。图 15-3-17 为 D 型罗茨鼓风机消声器系列结构示意图。图 15-3-18 为 D 型罗茨鼓风机消声器外形及法兰尺寸示意图。表 15-3-17 为 D 型罗茨鼓风机消声器系列性能规格表。

② 适用范围　D 型消声器系列主要用于降低罗茨鼓风机进气口辐射的噪声，必要时也可用于降低排气口（或排气管）噪声或其他高压风机的噪声。

③ 消声量　在额定风速下，实际消声量≥30dB（A），实测 D_4、D_5、D_7 型消声器动态和静态消声量见表 15-3-18。

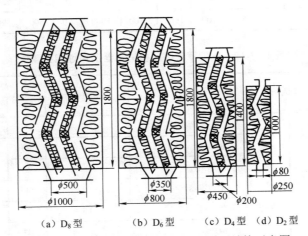

(a) D_8 型　　(b) D_6 型　　(c) D_4 型　(d) D_2 型

图 15-3-17　D 型罗茨鼓风机消声器系列结构示意图

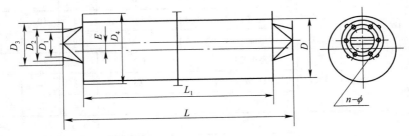

图 15-3-18　D 型罗茨鼓风机消声器外形及法兰尺寸示意图

表 15-3-17　D 型罗茨鼓风机消声器系列性能规格表

型号	适用流量 / (m³/min)	气流速度 / (m/s)	通道截面面积/m²	外形尺寸/mm					两端法兰尺寸/mm				质量 /kg
				D	D_4	L	L_1	E	D_1	D_2	D_3	$n \times \phi$	
D_1	1.25	5.8	0.0036	200	252	1000	800	40	50	105	135	$4 \times \phi 15$	22
	2.5	11.6											
D_2	5.0	10.4	0.008	250	300	1200	1000	55	80	138	170	$4 \times \phi 19$	29
	7.0	14.6											
D_3	10.0	7.7	0.0216	400	466	1500	1200	40	150	208	240	$4 \times \phi 19$	67
	15.0	11.6											
	20.0	15.5											
D_4	30.0	13.0	0.0384	450	514	1700	1400	55	200	269	300	$6 \times \phi 19$	82
	40.0	17.4											
D_5	60.0	14.7	0.068	600	676	1900	1600	70	300	386	430	$8 \times \phi 24$	150
	80.0	19.6											
D_6	120	14.8	0.135	800	842	2100	1800	65	350	445	485	$10 \times \phi 24$	320
	160	19.8											
D_7	200	19.3	0.173	900	986	2100	1800	70	450	550	590	$10 \times \phi 24$	380
D_8	250	19.2	0.216	1000	1100	2100	1800	90	500	590	650	$10 \times \phi 24$	450

表 15-3-18　D 型罗茨鼓风机消声器消声性能实测值

实测条件			测量距离/m	总声级/dB		噪声评价数/N
				A	C	
罗茨鼓风机 40m³/min	动态	无消声器	1.0	115	119	115
		装 D_4 型消声器	1.0	90	101	85
		消声量	—	25	18	
	静态	无消声器	0.3	115	117	112
		装 D_4 型消声器	0.3	72	86	72
		消声量	—	43	31	
罗茨鼓风机 80m³/min	动态	无消声器	1.0	122	126	124
		装 D_5 型消声器	1.0	93	103	90
		消声量	—	29	23	
	静态	无消声器	0.3	115	117	112
		装 D_5 型消声器	0.3	73	84	74
		消声量	—	42	33	
罗茨鼓风机 200m³/min	动态	无消声器	1.5	115	127	116
		装 D_7 型消声器	1.5	92	111	96
		消声量	—	23	16	

④ 压力损失　鉴于罗茨鼓风机本身噪声较高，对消声器气流再生噪声要求不苛刻，故通过消声器的气流速度大小对消声性能的影响也可不考虑。一般将 D 型罗茨鼓风机消声器流速控制在 20m/s 以下。当消声器的流速≤18m/s 时，压力损失≤500Pa。

一般情况下，应在罗茨鼓风机的进气口或排气管道中近风机位置各装一只消声器，为提高消声效果，输气管道应进行隔声隔振处理。图 15-3-19 为 D 型罗茨鼓风机消声器安装示意图。图 15-3-19 中，（a）方案系消声器与风机直接连接；（b）方案系进风消声器不与风机直接连接，而是安装于侧墙或屋顶上，机房进行隔声、吸声处理，这样既减少了风机机壳辐射噪声的影响，又可以达到通风降温的目的。

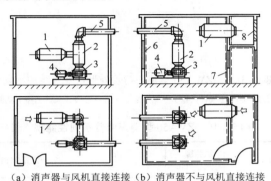

（a）消声器与风机直接连接（b）消声器不与风机直接连接

图 15-3-19　D 型罗茨鼓风机消声器安装示意图

1—进风消声器；2—出风消声器；3—罗茨鼓风机；4—电动机；5—出风管道；
6—隔声采光窗；7—墙面吸声处理；8—进风百叶窗

3.2.10　ZWA50 型消声弯管系列

利用风管弯头消声是一种简单而有效的消声措施，风管弯头既可以改变风的传播方向，又可以使风机和风管的布置更加灵活、合理。消声弯头可以做成直角，也可以组成不同的角度，可以水平安装，也可以垂直安装。弯头内可衬贴吸声材料或加装导流板等。鉴于声波在折角管道中传播是一种复杂的现象，故通常是在保证风道空气动力性能的前提下，将管道做成外直角内圆弧的消声弯头。

ZWA50 型消声弯管系列已被编入国家建筑标准设计图集，标准号为 97T710。消声弯管俗称消声弯头，主要适用于各类通风空调系统中的噪声治理，利用敷设在管道内壁的吸声材料，将声能转化为热能而达到消声的目的。

ZWA50 型消声弯管系列吸声层厚度为 50mm，弯管绕长边 A 拐弯 90°，拐弯半径为风管内壁长边的 1/2，即 $A/2$。ZWA50 型消声弯管外形尺寸及结构示意如图 15-3-20 所示。

ZWA50 型消声弯管系列适用风量范围大，系列规格全，可以同标准风管配套连接，具有消声性能优、气流阻力小、配套性好、安装方便等特点。使用本系列弯头在转弯处消声，既利用了空间，又提高了消声效果，特别适用于管道长度有限，安装直管消声器受限制的通风空调系统。ZWA50 型消声弯管系列有 49 种规格，适用风量范围为 430～90000m³/h，消声量 10dB（A），压力损失≤40Pa。表 15-3-19 为 ZWA 50 型消声弯管系列性能规格表。

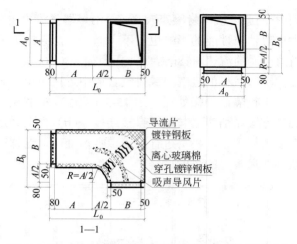

图 15-3-20　ZWA50 型消声弯管外形尺寸及结构示意图

A—法兰接口（风管内壁）长边长；B—法兰接口（风管内壁）短边长

表 15-3-19　ZWA50 型消声弯管系列性能规格表

序号	规格	外形尺寸/mm			质量/kg	法兰接口尺寸/mm		流量/（m³/h）							
		A_0	B_0	L_0		A	B	v=3m/s Δp≤10 Pa	v=4m/s Δp≤15 Pa	v=5m/s Δp≤20 Pa	v=6m/s Δp≤22 Pa	v=7m/s Δp≤24 Pa	v=8m/s Δp≤25 Pa	v=9m/s Δp≤30 Pa	v=10m/s Δp≤37 Pa
1	ZWA50（250×160）	350	415	665	16.0	250	160	432	576	720	864	1008	1152	1296	1440
2	ZWA50（250×200）	350	455	705	17.2	250	200	540	720	900	1080	1260	1440	1620	1800
3	ZWA50（250×250）	350	505	755	18.3	250	250	675	900	1125	1350	1575	1800	2025	2250
4	ZWA50（320×160）	420	450	770	20.1	320	160	553	737	922	1105	1290	1474	1658	1844
5	ZWA50（320×200）	420	490	810	22.0	320	200	691	922	1152	1382	1612	1843	2073	2304
6	ZWA50（320×250）	420	540	860	22.6	320	250	864	1152	1440	1728	2016	2304	2592	2880
7	ZWA50（320×320）	420	610	930	23.5	320	320	1106	1474	1840	2211	2580	2949	3317	3686
8	ZWA50（400×200）	500	530	930	29.3	400	200	864	1152	1440	1728	2016	2304	2592	2880
9	ZWA50（400×250）	500	580	980	32.1	400	250	1080	1440	1800	2160	2520	2880	3240	3600
10	ZWA50（400×320）	500	650	1050	35.2	400	320	1350	1800	2350	2700	3150	3600	4050	4500
11	ZWA50（400×400）	500	730	1130	38.5	400	400	1728	2314	2880	3456	4032	4628	5184	5760

续表

序号	规格	外形尺寸/mm			质量/kg	法兰接口尺寸/mm		流量/（m³/h）							
		A_0	B_0	L_0		A	B	$v=3\text{m/s}$ $\Delta p \leqslant 10$ Pa	$v=4\text{m/s}$ $\Delta p \leqslant 15$ Pa	$v=5\text{m/s}$ $\Delta p \leqslant 20$ Pa	$v=6\text{m/s}$ $\Delta p \leqslant 22$ Pa	$v=7\text{m/s}$ $\Delta p \leqslant 24$ Pa	$v=8\text{m/s}$ $\Delta p \leqslant 25$ Pa	$v=9\text{m/s}$ $\Delta p \leqslant 30$ Pa	$v=10\text{m/s}$ $\Delta p \leqslant 37$ Pa
12	ZWA50 （500×200）	600	580	1080	37.6	500	200	1080	1440	1800	2160	2520	2880	3240	3600
13	ZWA50 （500×250）	600	630	1130	40.8	500	250	1350	1800	2250	2700	3150	3600	4050	4500
14	ZWA50 （500×320）	600	700	1200	42.4	500	320	1728	2304	2880	3456	4032	4608	5184	5760
15	ZWA50 （500×400）	600	780	1280	50.5	500	400	2160	2880	3600	4320	5040	5760	6480	7200
16	ZWA50 （500×500）	600	880	1380	59.5	500	500	2700	3600	4500	5400	6700	7200	8100	9000
17[①]	ZWA50 （630×200）	730	645	1275	48.3	630	200	1361	1814	2260	2721	3175	3628	4082	4536
18	ZWA50 （630×250）	730	695	1325	52.0	630	250	1701	2268	2830	3402	3969	4536	5103	5670
19	ZWA50 （630×320）	730	765	1395	57.3	630	320	2177	2903	3620	4354	5080	5806	6531	7258
20	ZWA50 （630×400）	730	845	1475	65.9	630	400	2721	3628	4530	5443	6350	7257	8104	9072
21	ZWA50 （630×500）	730	945	1575	75.8	630	500	3402	4536	5670	6804	7538	9072	10206	11340
22	ZWA50 （630×630）	730	1075	1705	90.1	630	630	4286	5715	7140	8575	10002	11430	12859	14288
23	ZWA50 （800×250）	900	810	1580	75.3	800	250	2160	2880	3600	4320	5054	5760	6480	7200
24	ZWA50 （800×320）	900	850	1650	81.3	800	320	2808	3686	4600	5616	6552	7372	8424	9216
25	ZWA50 （800×400）	900	930	1730	88.9	800	400	3456	4608	5760	6912	8064	9216	10368	11520
26	ZWA50 （800×500）	900	1030	1830	99.4	800	500	4320	5760	7200	8640	10800	11520	12960	14400
27	ZWA50 （800×630）	900	1160	1960	114.7	800	630	5400	7200	9072	10800	12600	14400	16200	18000
28	ZWA50 （800×800）	900	1330	2130	138.5	800	800	6912	9216	11520	13824	16128	18432	20736	23040
29[①]	ZWA50 （1000×250）	1100	880	1880	103.5	1000	250	2700	3600	4500	5400	6300	7200	8100	9000
30	ZWA50 （1000×320）	1100	950	1950	110.3	1000	320	3456	4608	5760	6912	8064	9216	10368	11520

序号	规格	外形尺寸/mm			质量/kg	法兰接口尺寸/mm		流量/（m³/h）							
		A_0	B_0	L_0		A	B	v=3m/s $\Delta p \leqslant 10$ Pa	v=4m/s $\Delta p \leqslant 15$ Pa	v=5m/s $\Delta p \leqslant 20$ Pa	v=6m/s $\Delta p \leqslant 22$ Pa	v=7m/s $\Delta p \leqslant 24$ Pa	v=8m/s $\Delta p \leqslant 25$ Pa	v=9m/s $\Delta p \leqslant 30$ Pa	v=10m/s $\Delta p \leqslant 37$ Pa
31	ZWA50 （1000×400）	1100	1030	2030	118.7	1000	400	4320	5760	7200	8640	10086	11520	12960	14400
32	ZWA50 （1000×500）	1100	1130	2130	130.3	1000	500	5400	7200	9072	10800	12600	14400	16200	18000
33	ZWA50 （1000×630）	1100	1260	2260	147.0	1000	630	6814	9072	11340	13628	15876	18144	20412	22680
34	ZWA50 （1000×800）	1100	1430	2430	171.5	1000	800	8640	11520	14400	17280	20160	23040	25920	28800
35	ZWA50 （1000×1000）	1100	1630	2630	204.5	1000	1000	10800	14400	18000	21600	25200	28800	32400	36000
36	ZWA50 （1250×320）	1350	1075	2325	152.4	1250	320	4320	5760	7200	8640	10800	11520	12960	14400
37	ZWA50 （1250×400）	1350	1155	2405	162.5	1250	400	5400	7200	9000	10800	12600	14400	16200	18000
38	ZWA50 （1250×500）	1350	1255	2505	176.1	1250	500	6750	9000	11250	13500	15750	18000	20250	22500
39	ZWA50 （1250×630）	1350	1385	2635	195.4	1250	630	8505	11340	14175	17010	19845	22680	25515	28350
40	ZWA50 （1250×800）	1350	1555	2805	223.6	1250	800	10800	14400	18000	21600	25200	28800	32400	36000
41	ZWA50 （1250×1000）	1350	1755	3005	260.6	1250	1000	13500	18000	22500	27000	31500	36000	40500	45000
42	ZWA50 （1600×500）	1700	1430	3030	287.0	1600	500	8640	11520	14400	17280	20160	23040	25920	28800
43	ZWA50 （1600×630）	1700	1560	3160	313.2	1600	630	10886	14515	18144	21773	25400	29030	32659	36290
44	ZWA50 （1600×800）	1700	1730	3330	348.2	1600	800	13824	18432	23040	27648	32256	36864	41472	46080
45	ZWA50 （1600×1000）	1700	1930	3530	391.5	1600	1000	17280	23040	28800	34560	40320	46080	51840	57600
46	ZWA50 （1600×1250）	1700	2180	3780	449.1	1600	1250	21600	28800	36000	43200	50400	57600	64800	72000
47	ZWA50 （2000×800）	2100	1930	3930	481.5	2000	800	17280	23040	28800	34560	40320	46080	51840	57600
48	ZWA50 （2000×1000）	2100	2130	4130	532.7	2000	1000	21600	28800	36000	43200	50400	57600	64800	72000
49	ZWA50 （2000×1250）	2100	2380	4380	598.9	2000	1250	27000	36000	45000	54000	63000	72000	81000	90000

① 为适应低空间的需要而增加的非标准风管消声弯管。

ZWA50 型（500×320mm）消声弯管消声量实测值见表 15-3-20。

表 15-3-20　ZWA50 型（500×320mm）消声弯管消声量实测值　　　　　　　单位：dB

工况		倍频带中心频率/Hz								A 声级/dB（A）
		63	125	250	500	1000	2000	4000	8000	
空管	静态	76.0	86.0	91.0	92.5	86.5	91.0	92.5	92.0	92.0
	5m/s	76.0	84.0	87.5	88.0	86.0	82.0	77.0	69.0	91.0
	8m/s	79.0	86.5	89.0	89.0	87.0	82.0	78.0	71.0	89.0
消声弯管	静态	73.0	81.0	76.5	74.0	62.0	63.0	66.0	71.0	70.0
	5m/s	73.0	78.0	73.5	70.0	62.0	55.0	50.0	47.0	70.0
	8m/s	76.0	81.5	75.5	71.0	64.0	55.0	51.0	49.0	68.0
消声量	静态	3.0	5.0	14.5	18.5	24.5	28.0	26.5	21.0	22.0
	5m/s	3.0	6.0	14.0	18.0	24.0	27.0	27.0	22.0	21.0
	8m/s	3.0	5.0	13.5	18.0	23.0	27.0	27.0	22.0	21.0

注：5m/s 时，ΔH=5Pa；8m/s 时，ΔH=20Pa。（ΔH 为压力损失）

3.2.11　ZWA100 型、ZWB50 型和 ZWB100 型消声弯管系列

ZWA100 型消声弯管系列与 ZWA50 型消声弯管系列一样，已被编入国家建筑标准设计图集 97T710 内，消声弯管吸声层厚度为 100mm，共有 49 种规格，适用风量范围 430～90000m³/h，消声量 10dB（A），压力损失<40Pa。

在 ZWA 系列消声弯管中还有 ZWB50 型和 ZWB100 型，均被列入标准图集 97T710 中，ZWB50 型与 ZWA50 型基本相同，也有 49 种规格，所不同的是使风管绕短边 B 拐弯 90°（ZWA50 是使风管绕长边 A 拐弯 90°），其拐弯半径是风管内壁长边 A，吸声层的厚度为 50mm。ZWB100 型与 ZWB50 型基本相同，只是吸声层的厚度为 100mm。ZWB50 型和 ZWB100 型具体参数可查 97T710 标准图集。

3.3　微穿孔板消声器选用

3.3.1　微穿孔板消声器简介

微穿孔板消声器是用微穿孔板制作的阻性或阻抗复合式消声器。微穿孔板吸声结构是在普通穿孔板共振吸声结构基础上发展起来的新型"绿色"吸声结构，是著名声学专家、中科院资深院士马大猷教授的贡献。1975 年，马先生在《中国科学》杂志上发表了"微穿孔板吸声结构的理论和设计"，40 多年来，在马先生理论的指导下，国内许多高等院校、科研设计单位以及工厂企业对微穿孔板吸声结构进行深入研究和实践，取得了许多成果。

微穿孔板吸声结构是在厚度小于 1.0mm 的板上穿以孔径小于 1.0mm 的微孔，穿孔率

为 1%～5%。在微孔板与壁面之间留有一定的空腔，即构成了微穿孔板吸声结构。从理论上来说，穿孔板的吸声性能与穿孔板的相对声阻 r 和相对声质量 m 有关。r/m 的值越大，吸声性能越好。马先生指出："声质量大致只和穿孔板的穿孔率有关，而声阻则与孔径成反比""如果把孔径减少到丝米级，就可以获得足够的声阻，做成宽频带的良好吸声结构，而不必另加多孔性材料"。40 多年前，由于受加工微孔的条件限制，只能加工毫米级的孔，因此在理论推导上做了近似处理，称为"近似理论"。直到 20 世纪末，丝米级（1 丝米＝0.1mm）的加工成为可能，马大猷院士于 1997 年在《声学学报》上发表了"微穿孔板吸声体的准确理论和设计"，由"近似理论"到"准确理论"，使微穿孔板的研究有了新的突破。至 2000 年，马先生又提出了微缝板的理论。可以说，微穿孔板和微缝板的研究和实践，我国始终处于世界领先水平。

根据微穿孔板准确理论，孔径越小，相对声阻 r 越大，吸声性能越好，吸声频带越宽。丝米级的孔或缝可用激光形成，也可用粉末冶金、烧结丝网、电刻腐蚀等工艺加工而成。

准确理论的计算公式和图表十分完整，理论计算和实验数据一致性和精确性都比较高，将微穿孔板吸声结构制成消声器只是其应用的一个分支。由于微穿孔板消声器加工工艺较复杂，成本较高，设计计算专业性较强，因此在设计、使用方面受到了一些限制，应用范围还不够广。

① 微穿孔板消声器的结构　微穿孔板消声器全部用金属微穿孔薄板制成，不用任何吸声材料，其吸声系数高，吸收频带宽，且易于控制。微穿孔板的板材一般用厚为 0.20～1.0mm 的铝板、钢板、不锈钢钢板、镀锌钢板、塑料板、PC 板、胶合板、纸板等制作。孔径在 0.10～1.0mm 范围之内，为加宽吸收频带，孔径应尽可能小，但因受制造工艺限制以及微孔易堵塞，故常用孔径为 0.50～1.0mm。穿孔率一般为 1%～3%。为获得宽频带高吸收效果，一般用双层微穿孔板结构。微穿孔板与刚性壁之间以及穿孔板与穿孔板之间的空腔，按所需吸收的频带不同而异，通常吸收低频空腔大些（150～200mm），中频小些（80～120mm），高频更小些（30～50mm）。前后空腔的比不大于 1∶3。前部接近气流的一层微穿孔板穿孔率可略高于后层。为减少轴向声传播的影响，可每隔 500mm 加一块横向挡板。

② 消声量　微穿孔板消声器最简单的是单层管式消声器，它是一种共振式吸声结构，对于低频消声，当声波波长大于共振腔（空腔）尺寸时，其消声量可以应用共振消声器的计算式进行计算。对于中频消声，微穿孔板消声器消声量可以应用阻性消声器的计算式进行计算。对于高频消声，微穿孔板消声器消声量可按气流速度经验公式进行估算。试验证明，消声量与流速有关，与消声器温度升高无关。

微穿孔板消声器种类繁多，最简单的是直管式消声器，而多数是阻抗复合式消声器。用金属薄板制成的微穿孔板消声器，不用任何吸声材料，压力损失很小，气流再生噪声低，无粉尘及其他纤维泄出，很清洁，不怕水和潮气，耐温，防火，不霉，不蛀，耐腐蚀，能受高速气流冲击，特别适用于要求较高的通风空调系统，例如净化车间、无菌室、高级宾馆等处。试验表明，当流速达 70m/s 时，仍有 10dB 消声量。

常用的单层微穿孔板吸声系数见表 15-3-21。双层微穿孔板吸声系数见表 15-3-22。双层微穿孔板消声器中常用吸声结构的吸声系数见表 15-3-23。

表 15-3-21　单层微穿孔板吸声系数

规格	孔径 ϕ0.8mm，板厚 t=0.8mm 穿孔率 p=1%					孔径 ϕ0.8mm，板厚 t=0.8mm 穿孔率 p=2%				
	腔深/mm					腔深/mm				
频率/Hz	50	100	150	200	250	30	50	100	150	200
	吸声系数									
100	0.06	0.24	0.35	0.26	0.63	0.07	0.05	0.12	0.12	0.40
125	0.05	0.24	0.37	0.28	0.72	0.08	0.05	0.10	0.18	0.40
160	0.05	0.33	0.54	0.35	0.92	0.09	0.05	0.14	0.19	0.50
200	0.11	0.58	0.77	0.51	0.97	0.14	0.07	0.33	0.30	0.72
250	0.29	0.71	0.85	0.67	0.99	0.11	0.17	0.46	0.43	0.83
315	0.36	0.82	0.92	0.77	0.97	0.12	0.17	0.63	0.96	0.95
400	0.61	0.98	0.97	0.71	0.76	0.17	0.36	0.77	0.81	0.80
500	0.87	0.96	0.87	0.52	0.38	0.15	0.60	0.92	0.87	0.54
630	0.99	0.84	0.65	0.34	0.10	0.25	0.76	0.80	0.52	0.27
800	0.82	0.46	0.30	0.31	0.99	0.44	0.89	0.53	0.36	0.07

表 15-3-22　双层微穿孔板吸声系数（板厚 t=0.8mm，孔径 ϕ0.8mm）

穿孔率		腔深/mm		1/3 倍频带中心频率/Hz													
前板	后板	前腔	后腔	100	125	160	200	250	315	400	500	630	800	1000	1250	1600	2000
				吸声系数													
2.5%	1%	30	70	0.25	0.26	0.43	0.60	0.71	0.86	0.83	0.92	0.70	0.53	0.65	0.94	0.65	0.35
		40	60	0.18	0.21	0.32	0.53	0.72	0.90	0.95	0.94	0.68	0.60	0.84	0.90	0.48	0.30
		50	50	0.14	0.18	0.29	0.50	0.69	0.88	0.97	0.97	0.74	0.74	0.99	0.70	0.38	0.24
		40	160	0.47	0.58	0.77	0.95	0.99	0.93	0.78	0.54	0.51	0.75	0.86	—	—	—
		80	120	—	—	0.77	0.86	0.88	0.93	0.96	0.84	0.86	0.99	0.80	—	—	—
2%	1%	80	120	0.44	0.48	0.75	0.86	0.97	0.99	0.97	0.93	0.93	0.96	0.64	0.41	0.30	0.15
		100	100	0.24	0.29	0.32	0.64	0.79	0.72	0.67	0.70	—	—	—	—	—	—
3%	1%	80	120	0.37	0.40	0.62	0.81	0.92	0.99	0.99	0.95	0.90	0.88	0.66	0.50	0.25	0.13

表 15-3-23　双层微穿孔板消声器中常用吸声结构的吸声系数

微穿孔板规格						吸声性能					
板厚 t/mm	孔径 d/mm	穿孔率/%		腔深/mm		倍频带中心频率/Hz					
		前腔 p_1	后腔 p_2	前腔 D_1	后腔 D_2	125	250	500	1000	2000	4000
						吸声系数 α_0					
0.8	0.8	2.5	1.0	30	70	0.26	0.71	0.92	0.65	0.35	—
0.8	0.8	2.5	1.0	50	50	0.18	0.69	0.97	0.99	0.24	—
0.8	0.8	2.5	1.0	40	160	0.58	0.99	0.54	0.86	—	—
0.8	0.8	2.0	1.0	80	120	0.48	0.97	0.93	0.64	0.15	—
0.8	0.8	3.0	1.0	80	120	0.40	0.92	0.95	0.66	0.17	—
0.5	1.0	2.4	2.4	107	37	0.21	0.65	0.71	0.93	0.98	—
0.5	0.5	2.7	2.7	100	40	0.55	0.81	0.86	0.82	0.75	—
0.8	0.8	2.0	1.0	80	120	0.48	0.97	0.93	0.64	0.15	—
0.8	0.8	2.5	1.0	50	50	0.18	0.69	0.97	0.99	0.24	—

3.3.2　"申华"WG 型微穿孔板管式消声器系列

本系列消声器是上海申华声学装备有限公司开发的一种全金属结构的微穿孔板消声器,不用纤维性吸声材料,具有适用流速大、气流阻力小、消声性能稳定、耐温、防潮等特点。该系列消声器特别适用于需要超净、防尘、高温、高湿等场所的消声,在医药、化工、食品、仪表、电子工业系统中有广泛的应用。

"申华"WG 型系列微穿孔板管式消声器共有 14 种规格,适用风量 1440~36000m³/h,风速 5~10m/s 时消声量 15~20dB(A),压力损失<7Pa。图 15-3-21 为"申华"WG 型系列微穿孔板消声器外形尺寸示意图。表 15-3-24 为"申华"WG 型微穿孔板管式消声器系列性能规格表。

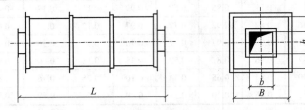

图 15-3-21　"申华"WG 型微穿孔板管式消声器系列外形尺寸示意图

表 15-3-24　"申华"WG 型微穿孔板管式消声器系列性能规格表

序号	法兰尺寸 宽(b)×高(h)/mm	外形尺寸/mm			适用风量 (风速 5~10m/s)/(m³/h)
		宽(B)	高(H)	长(L)	
1	320×250	780	710	2000	1440~5760
2	400×200	860	660	2000	1440~5760
3	500×320	960	780	2000	2880~11520
4	630×250	1090	710	2000	2830~11320
5	500×400	1080	860	2000	3600~14400
6	630×320	1210	780	2000	3620~14480
7	630×400	1210	860	2000	4540~18160
8	800×320	1380	780	2000	4600~18400
9	800×400	1380	860	2000	5760~23040
10	1000×320	1580	780	2000	5760~23040
11	800×500	1380	960	2000	7200~28800
12	1000×400	1580	860	2000	7200~28800
13	1000×500	1580	960	2000	9000~36000
14	1250×400	1830	860	2000	9000~36000

3.3.3　"华光"SVX 型声流式微穿孔板消声器

该系列消声器是由重庆华光环境工程设备有限公司生产的一种新型微穿孔板消声器,消声通道呈声流式，消声片为流线型。消声片和消声器外壳空腔大小不同，微穿孔板的穿孔率也不同，从而使消声器成为宽频带消声器。与一般片式阻性消声器相比较，其消声量高、阻力损失大、构造复杂、制造难度高。

"华光"SVX 型消声器接口尺寸与标准管道一致，适用风量范围为 1382～51840m³/h，共有 35 种规格，风速为 6～12m/s。图 15-3-22 为"华光"SVX 型声流式微穿孔板消声器外形及结构示意图。表 15-3-25 为该系列消声器性能规格表。该系列消声器压力损失及消声量见表 15-3-26。

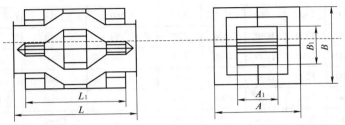

图 15-3-22 "华光"SVX 型声流式微穿孔板消声器外形及结构示意图

表 15-3-25 "华光"SVX 型声流式微穿孔板消声器性能规格表

序号	外形尺寸/mm				法兰尺寸/mm		通流面积/m²	适用风量/（m³/h）		
	L_1	L	A	B	A_1	B_1		6m/s	8m/s	12m/s
1	2000	2200	720	650	320	250	0.064	1382	1843	2764
2	2000	2200	800	650	400	250	0.080	1728	2304	3456
3	2000	2200	900	650	500	250	0.100	2160	2880	4320
4	2000	2200	1030	650	630	250	0.126	2721	3628	5443
5	2000	2200	720	720	320	320	0.0768	1658	2211	3317
6	2000	2200	800	720	400	320	0.096	2073	2764	4147
7	2000	2200	900	720	500	320	0.120	2592	3456	5184
8	2000	2200	1030	720	630	320	0.1512	3266	4254	6531
9	2000	2200	1200	720	800	320	0.192	4147	5529	8294
10	2000	2200	1400	720	1000	320	0.240	5184	6912	10368
11	2000	2200	800	800	400	400	0.12	2592	3456	5184
12	2000	2200	900	800	500	400	0.150	3240	4320	6480
13	2000	2200	1030	800	630	400	0.198	4082	5443	8164
14	2000	2200	1200	800	800	400	0.240	5184	6912	10368
15	2000	2200	1400	800	1000	400	0.300	6480	8640	12960
16	2000	2200	1650	800	1250	400	0.357	8100	10800	16200
17	2000	2200	900	900	500	500	0.170	3672	4896	7344
18	2000	2200	1030	900	630	500	0.2142	4626	6168	9253
19	2000	2200	1200	900	800	500	0.272	5875	7830	11750
20	2000	2200	1400	900	1000	500	0.340	7344	9792	14688

续表

| 序号 | 外形尺寸/mm | | | | 法兰尺寸/mm | | 通流面积/m² | 适用风量/（m³/h） | | |
	L_1	L	A	B	A_1	B_1		6m/s	8m/s	12m/s
21	2000	2200	1650	900	1250	500	0.425	9180	12240	18360
22	2000	2200	2000	1030	1600	500	0.544	11750	15667	23500
23	2000	2200	1030	1030	630	630	0.227	4898	6531	9797
24	2000	2200	1200	1030	800	630	0.288	6220	8294	12441
25	2000	2200	1400	1030	1000	630	0.360	7776	10368	15552
26	2000	2200	1650	1030	1250	630	0.450	9720	12960	19440
27	2000	2200	2000	1030	1600	630	0.576	12441	16588	24883
28	2000	2200	1200	1200	800	800	0.384	8294	11059	16588
29	2000	2200	1400	1200	1000	800	0.480	10368	13824	20736
30	2000	2200	1650	1200	1250	800	0.600	12960	17280	28920
31	2000	2200	2000	1200	1600	800	0.768	16588	22118	33177
32	2000	2200	1400	1400	1000	1000	0.606	12960	17280	25920
33	2000	2200	1650	1400	1250	1000	0.750	16200	21600	32400
34	2000	2200	2000	1400	1600	1000	0.960	20736	27648	41472
35	2000	2200	2400	1400	2000	1000	1.200	25920	34560	51840

表 15-3-26 "华光" SVX 型声流式微穿孔板消声器压力损失及消声量

| 消声器内气流速度/（m/s） | 压力损失/Pa | 倍频带中心频率/Hz | | | | | |
| | | 125 | 250 | 500 | 1000 | 2000 | 4000 |
		消声量/dB					
0	0	15.5	35.0	39.0	35.0	30.0	25.0
6	50	12.0	30.0	34.0	30.3	26.0	18.0
8	80	10.0	27.0	31.0	27.0	23.0	16.0
12	200	9.0	21.0	25.0	23	20.0	14.0

3.3.4 "申华" WW 型微穿孔板消声弯头系列

本系列消声弯头是国内最早生产微穿孔板吸声元件的上海红旗机筛厂（现名上海申华声学装备有限公司）研究设计的，已通过了技术鉴定和环保部产品认定。本系列消声弯头不用纤维类吸声材料，是一种全金属结构的弯头消声器，对中低频噪声具有较高的消声效果，同时适用于超净工艺要求的场所（例如食品及制药行业等）。

"申华" WW 型微穿孔板消声弯头分为 I 型和 II 型，各有 14 种规格，适用风量为 1440～36000m³/h，消声量为 15dB（A），压力损失≤30Pa（风速≤10m/s）。图 15-3-23 为"申华" WW 型微穿孔板消声弯头外形尺寸示意图。表 15-3-27 为"申华" WW 型微穿孔板消声弯头系列性能规格表。

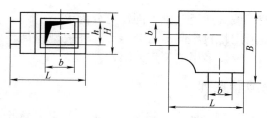

图 15-3-23　"申华"WW 型微穿孔板消声弯头外形尺寸示意图

表 15-3-27　"申华"WW 型微穿孔消声弯头系列性能规格表

序号	法兰尺寸 宽（b）×高（h）/mm	适用风量（风速 5～10 m/s）/（m³/h）	WW-Ⅰ型 外形尺寸长（L）×宽（B）× 高（H）/mm	WW-Ⅱ型 外形尺寸长（L）×宽（B）× 高（H）/mm	WW-Ⅱ型 质量/kg
1	320×250	1440～5760	776×776×450	826×826×550	60
2	400×200	1440～5760	936×936×400	986×986×500	80
3	500×320	2880～11520	1136×1136×520	1186×1186×620	110
4	630×250	2840～11340	1396×1396×450	1446×1446×550	140
5	500×400	3600～14400	1136×1136×600	1186×1186×700	140
6	630×320	3630～14510	1396×1396×520	1446×1446×620	160
7	630×400	4540～18140	1396×1396×600	1446×1446×700	170
8	800×320	4610～18430	1736×1736×520	1786×1786×520	250
9	800×400	5760～23040	1536×1536×600	1586×1586×700	250
10	1000×320	5760～23040	1886×1886×520	1936×1936×620	290
11	800×400	7200～28800	1536×1536×700	1586×1586×800	300
12	1000×400	7200～28800	1886×1886×600	1936×1936×700	320
13	1000×500	9000～36000	1886×1886×700	1936×1936×800	350
14	1250×400	9000～36000	2324×2324×600	2374×2374×700	390

3.4　空压机及压力管路消声器选用

3.4.1　空压机及其噪声简介

空气压缩机（简称空压机）属于通用动力设备，在工业生产中被广泛采用，它可以提供较稳定的气流作为一般工厂、矿山、基建施工等气动工具的动力源。许多工厂都设有空压站房，安装着大小不一、台数不等的空压机。空压站房的噪声一般都在 90～100dB（A），而且以低频脉动噪声为主，涉及面广，传播距离远，影响较大，对空压机和空压站房的噪声应进行控制。

空压机噪声主要包括空压机进气口噪声、排气口噪声、机械噪声和电磁噪声。空压机的进排气噪声一般采用加装消声器解决，而机械噪声和电磁噪声可以采用提高零部件的加工安装精度或对空压机房采取隔声、吸声等综合控制措施进行治理。

为降低空压机气流噪声而设计的空压机消声器种类较多，系列各异。按其消声原理不同，可分为抗性和阻抗复合型；按其适用气量不同，可分为大、中、小型；按其承受压力不同，可分为高压和常压；按其所用材料不同，可分为微穿孔板型和普通穿孔板型。此外，也有将消声和滤清结合为一体构成一器多用的消声滤清器。

3.4.2　K型空压机消声器系列

本系列消声器由原华东建筑设计研究院设计，是主要用来降低 L、V、W 型空压机进气口噪声的消声器，目前国内不少噪声控制设备生产单位均生产该系列消声器。

① 结构　K 型空压机消声器是一种以抗性为主，辅以阻性吸声的阻抗复合式消声器，其抗性部分由两节迷路式内接管串联的膨胀室构成，阻性部分则由阻性圆管内加吸声锥体构成，消声器外形呈圆筒状。图 15-3-24 为 K 型空压机消声器结构示意图。本系列消声器以消除低频声为主，在抗性段采用较大的扩张比（扩张比 $M=5\sim7$），阻性段和抗性段的长度比控制在 1.4～1.8。消声器内流速控制在 12m/s 以下，阻性段流速低，抗性段流速高。

本系列消声器共有六种规格，适用气量为 $3\sim100m^3/min$，压力 0.8MPa（8kgf/cm^2）。表 15-3-28 为 K 型空压机消声器系列性能规格表。

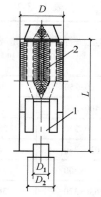

图 15-3-24　K 型空压机消声器结构示意图
1—迷路式抗性膨胀室；2—阻性吸声锥体

表 15-3-28　K 型空压机消声器系列性能规格表

型号	适用气量/（m³/min）	外形尺寸/mm		法兰尺寸/mm		质量/kg
		外径 D	安装长度 L	内径 D_1	外径 D_2	
K1	3	250	800	100	200	32
K2	6	300	1030	120	220	47
K3	10	400	1250	150	250	88
K4	20	500	1540	200	320	135
K5	40	700	1800	300	460	364
K6	100	1000	2200	420	600	546

② 消声量　在额定气量时，本系列消声器的消声量为 20～25dB（A）。20m³/min 空压机在其进气口安装 K4 型消声器，实测倍频带消声量见表 15-3-29。

③ 压力损失　进气压力损失小于 1000Pa。

表 15-3-29　K4 型空压机消声器消声性能实测值

测点及条件	倍频带中心频率/Hz								A 声级/dB（A）	C 声级/dB（C）
	63	125	250	500	1000	2000	4000	8000		
	消声量/dB									
安装消声器前空压机进气口	116	121	110	100	89	84	85	85	107	123
安装消声器后空压机进气口	106	95	75	71	69	63	57	61	83	108
消声量 L_{IL}	10	26	35	29	20	21	28	24	24	15

3.4.3　"东泽" XW 型空压机微穿孔板消声器

该型空压机微穿孔板消声器由江苏东泽环保科技有限公司生产，采用金属板和金属微穿孔板制造，呈圆柱形，结构紧凑，体积小，外形美观，可与不同进排气量的空压机相配套。不用吸声材料，有利于保护气缸，经久耐用。

本型消声器主要用于消除 L 型活塞式空压机排气噪声，其他型号空压机在性能参数相同时，也可选配使用。本型消声器共有 8 种规格，适用空压机流量范围 4.5～100m³/min，中低频消声效果良好，一般消声量为 15～30dB（A）。

图 15-3-25 为 "东泽" XW 型空压机微穿孔板消声器外形尺寸示意图。

表 15-3-30 为 "东泽" XW 型空压机微穿孔板消声器性能规格表。表 15-3-31 为 "东泽" XW 型空压机微穿孔板消声器消声性能表。

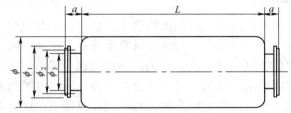

图 15-3-25　"东泽" XW 型空压机微穿孔板消声器外形尺寸示意图

表 15-3-30　"东泽" XW 型空压机微穿孔板消声器性能规格表

消声器型号	配用空气压缩机流量范围/（m³/min）	消声器外连接尺寸							
		外形尺寸/mm				连接法兰尺寸/mm			
		安装长度	有效长度 L	直径 ϕ	内径 ϕ_1	中径 ϕ_2	外径 ϕ_3	孔径	孔数
XW–4.5	4.5	1000	800	300	65	115	155	10	6
XW–$\frac{6}{8}$	6（8）	1100	900	350	135	155	200	10	6
XW–10	10	1200	900	400	155	225	260	15	6
XW–20	20	1360	1000	500	205	280	315	18	8
XW–$\frac{40}{33}$	40（33）	1900	1700	550	325	390	435	22	12
XW–60	60	1900	1700	700	355	405	455	22	12
XW–80	80	2500	2000	800	405	470	535	22	16
XW–100	100	2500	2000	800	405	470	535	22	16

表 15-3-31　"东泽" XW 型空压机微穿孔板消声器消声性能表

消声器型号	声级/dB		倍频带中心频率/Hz								压力损失/Pa
	A	C	63	125	250	500	1000	2000	4000	8000	
			消声量/dB								
XW–4.5	20	14	17	22	28	21	17	11	5	3	<400
XW–$\frac{6}{8}$	20	18	17	21	31	25	20	15	10	4	<400
XW–10	25	20	16	24	28	21	20	10	10	5	<500
XW–20	28	27	29	47	44	39	20	18	11	6	<800

消声器型号	声级/dB		倍频带中心频率/Hz								压力损失/Pa
	A	C	63	125	250	500	1000	2000	4000	8000	
			消声量/dB								
$XW-\dfrac{40}{33}$	23	18	30	36	33	30	24	9	6	4	<800
XW-60	20	26	37	42	39	25	19	13	11	10	<800
XW-80	20	25	25	36	35	29	20	11	7	4	<1000
XW-100	25	22	30	33	31	21	18	14	8	5	<1000

3.5　排气喷流消声器选用

3.5.1　排气喷流噪声简介

高速气流从容器中喷出，冲击和剪切周围静止的空气，引起喷口附近剧烈的气体扰动，从而产生声级很高的空气动力性噪声，形成排气喷流噪声。例如，喷气式飞机、火箭发射等产生 140～160dB（A）的喷气噪声，还有火力发电厂的锅炉排气、冶金行业高炉放空、化工厂的各种气体排放、空压机的排气放空等，都会产生强烈的排气喷流噪声。此类噪声是连续的宽频带噪声，峰值频率与气流速度成正比，与排气管直径成反比。在排气口气流速度达到声速的情况下，即阻塞时，其噪声声功率还会随喷注压力的增加而增大。工业上常见的排气放空，多数是阻塞状态，其排气喷流噪声声功率可用式（15-3-7）进行估算：

$$W = K_i \frac{(p - p_B)^8}{p p_B^2} D^2 \tag{15-3-7}$$

式中　W——排气喷流噪声声功率，W；

　　　K_i——常数；

　　　p——喷注压力，Pa；

　　　p_B——环境压力，Pa；

　　　D——喷口直径，m。

为了降低排气喷流噪声，可以采用扩容降压、扩容降速型消声器，或采用节流降压型消声器，或采用小孔喷注型消声器。在压力较高时，可以先用节流降压，再用小孔喷注。小孔喷注型消声器是利用小孔变频扩散的原理，使排口管径变小，把噪声能量由低频移向高频或超高频，移到人耳不敏感的频率范围。在保证排气量相同的条件下，用许多小孔代替一个大的喷口，即可达到降低排气喷流噪声的目的。

由实验和分析得到，在与喷口相垂直，距离喷口 1.0m 远处，其 A 声级可由式（15-3-8）进行估算：

$$L_A = 80 + 20 \lg \frac{(R-1)^2}{R-0.5} + 20 \lg D \tag{15-3-8}$$

$$R = p/p_0$$

式中　p——喷口注点压力；

　　　p_0——大气压；

　　　D——管口直径，mm。

当喷口喷流速度在声速和亚声速的条件下时，喷流噪声的 A 声功率级随孔径的三次方下降。对于直径为 4mm 以下的喷口来说，在保持喷口总面积不变的情况下，如果孔径减半，则噪声降低约 9dB。单层 ϕ2mm 小孔喷注型消声器，可以得到 16~21dB（A）的消声量；单层 ϕ1mm 小孔喷注消声器可消声 20~28dB（A）。当然孔径再小，消声效果还可以提高，但孔径小，难加工，且容易堵塞。另外，为避免形成新的喷注，孔心距要取得大一些，一般孔心距为孔径的 5~10 倍。在实际工程应用上，往往采取小孔与节流降噪或小孔与阻性吸声相结合的结构，这样可以得到较好的消声效果。

3.5.2　MM 系列排气消声器

无锡市世一电力机械厂（又名无锡世一电力环保有限公司）根据华东电力设计院小孔消声器专利技术而大批量专业生产的 MM 系列及其他系列消声器（已生产 2 万余台），荣获水电部重大科技成果二等奖、国家科技进步三等奖、首届北京国际发明展览会铜奖和 96'专利技术及产品博览会金奖，是原国家环保总局《小孔消声器认定技术条件》的编制单位，是电力系统电站锅炉消声器和冷风管道消声器的专业生产厂家。其产品出口美国、加拿大、巴基斯坦、新加坡、苏丹、哥伦比亚、塔吉克斯坦、白俄罗斯、日本等 30 多个国家和地区，深受广大用户的好评。

MM 系列消声器已配装在 1000MW 以上发电机组的电厂，例如华能浙江玉环电厂、江苏沙洲电厂、上海外高桥第三发电有限责任公司、安徽板集电厂、福建湄州湾电厂、广东三百门电厂、平海电厂、天津北疆电厂、宁夏鸳鸯湖电厂等 20 余家电厂。

MM 系列消声器已配装在 600MW 以上发电机组的发电厂更多，初步统计有 70 余家，如江苏利港电力有限公司、浙江宁海电厂、宁波北仑港电厂、嘉兴发电厂、浙江乐清电厂、浙能兰溪发电有限责任公司、浙能温州电厂、福建鸿山热电厂、广东台山发电有限公司、印度提隆达发电厂、印度拉加斯坦发电厂、印度 KMPCL 电厂、印度莎圣（SASAN）电厂、印度 DVC 拉古纳电厂二期、印尼芝拉扎燃煤电厂等。

MM 系列消声器由扩散器和声学壳体两大部件组成。扩散器是将排气流分成许多小喷注，伴有噪声的衰减并能降低排气口处的再生噪声。声学壳体是用不锈钢制造的小孔元件，把具有宽频带的排气噪声推向人耳不敏感的超高频区域，并加速声音的衰减。

消声器的标识方法：

MM 1 — 2 / 3 — 4

1 —消声器用途代号 P—过热器排气
　　　　　　　　　R—再热器排气
　　　　　　　　　S—安全阀或动力释放阀排气
　　　　　　　　　F—冲管排气

2 —消声器设计排放量，t/h

3 —阀前压力，MPa

4 —阀前温度，℃

例：MMP-100/9.8-540 即用于过热器向空排气消声器，排量为 100t/h，排气压力为 9.8MPa，排气温度为 540℃。

图 15-3-26 为无支座型消声器外形示意图及照片。

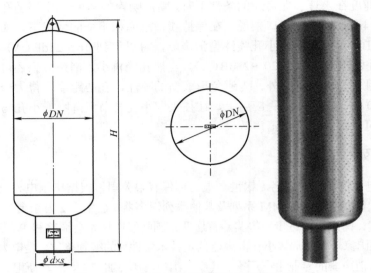

图 15-3-26　无支座型消声器外形示意图及照片

图 15-3-27 为带支座型点火排气消声器外形照片。

图 15-3-27　带支座型点火排气消声器外形照片

图 15-3-28 为带支座型安全阀消声器外形示意图及照片。

带支座型和无支座型消声器的技术参数和特性基本相同，只是安装尺寸略有不同，在订货选型时应提供主机或锅炉的蒸发量、排放量（t/h）、排气压力（MPa）、排气温度（℃）、排气管规格、排气管材质和长度（mm）、安装要求等，它们是设计或选配消声器性能参数的主要依据。

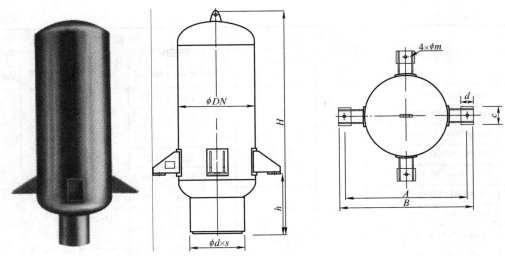

图 15-3-28　带支座型安全阀消声器外形示意图及照片

　　表 15-3-32 为过热器点火排气消声器性能规格表。表 15-3-33 为再热器点火排气消声器性能规格表。表 15-3-34 为锅筒安全阀排气消声器性能规格表。表 15-3-35 为过热器安全阀排气消声器性能规格表。表 15-3-36 为过热器 PCV（ERV）安全阀排气消声器性能规格表。表 15-3-37 为再热器安全阀排气消声器性能规格表。

表 15-3-32　过热器点火排气消声器性能规格表

类别	消声器型号	适用锅炉参数				消声器规格及特性					
		容量 /（t/h）	排气压力 /MPa	温度 /℃	排气管径 /mm	排量 /（t/h）	总长 H/mm	直径 DN/mm	接管直径 d×s/mm	接管材料	消声量 /dB（A）
低压	MMP-8/2.5-350	<30	2.5	350	57	8	1022	159	57×3.5	20	39
	MMP-10/2.5-350				76	10	1458	159	76×4		
	MMP-15/2.5-350				89	15	1498	219	89×4.5		
中压	MMP-12/3.82-450	35	3.82	450	57	12	1217	159	57×3.5	20G	39
	MMP-16/3.82-450				76	16	1477	219	76×4		
	MMP-20/3.82-450	65				20	1509	219	76×4		
	MMP-25/3.82-450	75			89	25	1565	219	89×4.5		
	MMP-31/3.82-450					31	1450	325	89×4.5		
	MMP-40/3.82-450	130			108	40	1537	325	108×4.5		
	MMP-50/3.82-450					50	1650	325	108×4.5		
次高压	MMP-12.5/5.3-485	35	5.3	485	57	12.5	1217	159	57×3.5	12Cr1MoV	39
	MMP-16/5.3-485					16	1477	219			
	MMP-20/5.3-485	65			76	20	1509	219	76×4		
	MMP-25/5.3-485	75				25	1565	219	76×6		
	MMP-31.5/5.3-485				89	31.5	1400	325	89×6		
	MMP-40/5.3-485	130				40	1537	325	108×6		
	MMP-50/5.3-485				108	50	1615	377	133×6		

续表

类别	消声器型号	适用锅炉参数				消声器规格及特性					
		容量 /（t/h）	排气压力 /MPa	温度 /℃	排气管径 /mm	排量 /（t/h）	总长 H/mm	直径 DN/mm	接管直径 d×s/mm	接管材料	消声量 /dB（A）
高压	MMP-63/9.81-540	220	9.81	540	133	63	1667	377	133×10	12Cr1MoV	39
	MMP-80/9.81-540					80	1758	377			
	MMP-100/9.81-540					100	1931	426			
	MMP-125/9.81-540	410				125	2081	426	133×14		
	MMP-160/9.81-540					160	2072	480			
超高压	MMP-80/13.8-540	420	13.83	540	133	80	1843	377	133×10	12Cr1MoV	39
	MMP-100/13.8-540					100	1895	426			
	MMP-125/13.8-540					125	2081	426			
	MMP-160/13.8-540	670				160	2072	426	133×14		
	MMP-200/13.8-540				168	200	2365	480	168×16		
	MMP-250/13.8-540				194	250	2530	520	194×18		
亚临界、临界	MMP-160/16.7-540	1025	16.76	540	133	160	2072	426	133×16	12Cr1MoV	39
	MMP-200/16.7-540					200	2423	426			
	MMP-250/18.2-540				168	250	2665	480	168×16		
	MMP-315/18.2-540	2050	18.23		194	315	2770	520	194×18		
	MMP-400/18.2-540				219	400	2680	620	219×20		

<h3 style="text-align:center">表 15-3-33　再热器点火排气消声器性能规格表</h3>

类别	消声器型号	适用锅炉参数			消声器规格及特性					
		排气压力/MPa	温度/℃	排气管径 /mm	排量 /（t/h）	总长 H/mm	直径 DN/mm	接管直径 d×s/mm	接管材料	消声量 /dB（A）
低压	MMR-40/2.26-540	2.26	540	133	40	1615	377	133×6	12Cr1MoV	39
	MMR-50/2.26-540			168	50	1758	412	168×7		
	MMR-63/2.26-540				63	2030	412			
	MMR-80/2.26-540			194	80	2130	520	194×7		
	MMR-100/2.26-540			219	100	2093	612	219×8		
	MMR-125/2.26-540				125	2180	612			
中压	MMR-50/4.12-540	4.12	540	133	50	1667	377	133×7	12Cr1MoV	39
	MMR-63/4.12-540				63	1931	412			
	MMR-80/4.12-540			168	80	2072	480	168×9		
	MMR-125/4.12-540			194	125	2080	512	194×10		
	MMR-160/4.12-540			219	160	2130	616	219×10		
	MMR-200/4.12-540			245	200	2175	616	245×10		
	MMR-250/4.12-540			273	250	2147	616	273×10		

表 15-3-34　锅筒安全阀排气消声器性能规格表

类别	消声器型号	适用锅炉参数			消声器规格及特性					
		容量 /（t/h）	排气压力 /MPa	温度/℃	接管直径 d×s/mm	排量 /（t/h）	总长 H/mm	直径 DN/mm	接管材料	消声量 /dB（A）
低压	MMS-5/1.5-200	<30	0.4～2.5	饱和温度	57×3.5	5	1057	159	20G	32
	MMS-10/1.5-200				108×4	10	1383	219		
	MMS-15/1.5-200				108×4	15	1316	325		
	MMS-20/2.5-300				133×4	20	1965	325		
中压	MMS-15/4.2-450	35～180	3.55～4.21	饱和温度	108×4.5	15	1315	219	20G	32
	MMS-25/4.2-280				133×6	25	1575	377		
	MMS-30/4.2-280				159×6	30	1345	325		
	MMS-40/4.2-285				219×6	40	2024	412		
	MMS-60/4.21-260				273×8	60	2147	562		
次高压	MMS-35/6.3-485	65～130	6.3	饱和温度	159×6	35	2019	377	20G	32
	MMS-45/6.3-485				219×6	45	2024	412		
	MMS-65/6.3-485				273×8	65	2147	562		
	MMS-95/6.3-485				325×8	95	2212	662		
高压	MMS-60/11.3-320	220～480	11.3～12.8	饱和温度	219×8	60	2024	412	20G	32
	MMS-70/11.3-320				245×8	70	2072	512		
	MMS-85/11.3-320				273×10	85	2174	612		
	MMS-105/12.3-330				273×10	105	2216	662		
	MMS-120/12.3-330				325×10	120	2237	712		
	MMS-140/12.3-330	220～480	11.3～12.8	饱和温度	325×10	140	2237	712		
	MMS-150/12.8-327				325×10	150	2251	762		
超高压	MMS-130/16.3-362	450～670	13.73～16.5	饱和温度	325×10	130	2167	662	20G	32
	MMS-160/15.2-360				325×10	160	2200	712		
	MMS-180/16.5-350				377×10	180	2259	812		
	MMS-200/16.4-350				426×10	200	2315	912		
亚临界、临界压力	MMS-200/17.3-346	1025～2050	17.3～21.24	饱和温度	377×10	200	2251	812	20G	32
	MMS-250/20.3-367				377×10	250	2277	862		
	MMS-265/20.3-367				426×10	265	2417	912		
	MMS-285/20.6-369				426×10	285	2457	1012		
	MMS-300/21.2-370				426×10	300	2832	1012		
超临界压力	MMS-200/17.3-346	1025～2050	17.3～21.24	饱和温度	377×10	200	2251	812	20G	32
	MMS-250/20.3-367				377×10	250	2277	862		
	MMS-265/20.3-367				426×10	265	2417	912		
	MMS-285/20.6-369				426×10	285	2457	1012		
	MMS-300/21.2-370				426×10	300	2832	1012		

表 15-3-35　过热器安全阀排气消声器性能规格表

类别	消声器型号	适用锅炉参数			消声器规格及特性					
		容量/（t/h）	排气压力/MPa	温度/℃	接管直径 $d \times s$/mm	排量/（t/h）	总长 H/mm	直径 DN/mm	接管材料	消声量/dB（A）
低压	MMS-5/1.25-300	<30	0.4～2.5	≤400	57×3.5	5	1117	219	20G	32
	MMS-10/1.35-320				108×4	10	1385	219		
	MMS-15/2.5-300				108×4	15	1809	325		
	MMS-20/0.689-254				219×6	20	2103	412		
	MMS-25/1.6-350				219×6	25	1803	480		
中压	MMS-15/3.82-450	35～130	3.82	450	133×4	15	2024	412	20G	32
	MMS-20/3.82-450				159×4	20	1503	377		
	MMS-25/3.82-450				159×6	25	1767	377		
	MMS-30/3.82-450				219×6	30	2108	412		
	MMS-40/3.82-450				245×7	40	1956	480		
	MMS-45/3.82-450				245×7	45	2072	512		
	MMS-50/3.82-450				273×8	50	2147	562		
次高压	MMS-20/5.3-485	65～130	5.3	485	159×6	20	1962	325	20G 或 12Cr1MoV	32
	MMS-25/5.3-485				159×6	25	2019	377		
	MMS-30/5.3-485				219×6	30	2024	412		
	MMS-45/5.3-485				245×7	45	2072	512		
	MMS-60/5.3-485				273×8	60	2174	612		
高压	MMS-40/9.81-540	220～480	9.81～10.29	540	219×8	40	2024	412	20G 或 12Cr1MoV	32
	MMS-50/9.81-540				245×8	50	2124	512		
	MMS-60/10.29-540				273×10	60	2147	562		
	MMS-70/10.29-540				273×10	70	2174	612		
	MMS-90/10.29-540				325×10	90	2219	662		
	MMS-120/10.29-540				377×10	120	2251	762		
超高压	MMS-75/14.34-550	420～670	13.73～15.5	540～555	273×8	75	2174	612	20G 或 12Cr1MoV	32
	MMS-90/14.56-550				273×10	90	2185	662		
	MMS-100/15.5-550				325×10	100	2219	662		
	MMS-120/15.5-550				325×10	120	2200	712		
	MMS-150/15.5-550				377×10	150	2277	812		
亚临界、临界压力	MMS-100/16.01-540	1025	17.36～19.07	540～555	273×10	100	2174	612	20G 或 12Cr1MoV	32
	MMS-115/18.35-546				325×10	115	2199	662		
	MMS-150/18.59-540				377×10	150	2259	762		
	MMS-180/18.31-547				377×10	180	2255	762		
	MMS-200/18.6-545				377×10	200	2251	812		
	MMS-120/19.13-546	2050	19.02～30.92	540～580	325×10	120	2249	662	20G 或 12Cr1MoV	32
	MMS-250/30.92-577				426×10	250	2680	912		
	MMS-280/20.38-576				426×11	280	2357	1012		
	MMS-300/30.92-577				426×10	300	2315	912		
	MMS-320/28.5-576				426×11	320	2723	1012		

续表

类别	消声器型号	适用锅炉参数			消声器规格及特性					
		容量 /（t/h）	排气压力 /MPa	温度/℃	接管直径 d×s/mm	排量 /（t/h）	总长 H/mm	直径 DN/mm	接管材料	消声量 /dB（A）
超临界压力	MMS-300/31.2-435	2050	31.2	进口 435	426×10	300	2457	1012	20G 或 12Cr1MoV	32
	MMS-330/31.2-435				426×10	330	2723	1012		
	MMS-366/31.2-435				426×10	366	2865	1012		
	MMS-375-31.2-432				426×10	375	2932	1012		
	MMS-256/30.92-549		31.8	出口 549	426×10	256	2296	862		
	MMS-280/30.92-549				426×10	280	2417	912		
	MMS-316/30.92-549				426×10	316	2457	1012		

表 15-3-36　过热器 PCV（ERV）安全阀排气消声器性能规格表

类别	消声器型号	适用锅炉参数			消声器规格及特性					
		容量 /（t/h）	排气压力 /MPa	温度/℃	接管直径 d×s/mm	排量 /（t/h）	总长 H/mm	直径 DN/mm	接管材料	消声量 /dB（A）
高压	MMS-25/10.29-540	400～480	9.8～12.1	540	159×6	25	1767	377	12Cr1MoV	32
	MMS-40/10.02-540				168×7	40	2013	377		
	MMS-60/11.3-540				219×8	60	2024	480		
超高压	MMS-30/14.14-540	400～670	13.73～15.2	540～555	159×6	30	1767	377	12Cr1MoV	32
	MMS-50/14.2-540				168×7	50	1976	377		
	MMS-60/14.0-540				194×8	60	1983	412		
	MMS-70/14.0-540				219×8	70	2024	480		
	MMS-100/15.35-540				273×10	100	2147	562		
亚临界、临界压力	MMS-115/18.1-547	1025～2048	17.36～20.38	540～555	273×9	115	2174	612	12Cr1MoV	32
	MMS-135/18.1-577				273×9	135	2217	612		
	MMS-170/18.1-546				325×10	170	2219	662		
	MMS-200/18.1-546				325×10	200	2241	712		
超临界压力	MMS-135/26.7-576	2048	26.9	576	273×10	135	2217	612	12Cr1MoV	32
	MMS-165/26.7-576				325×10	165	2219	662		
	MMS-180/26.9-576				325×10	180	2241	712		
	MMS-200/26.9-576				325×10	200	2241	712		

表 15-3-37　再热器安全阀排气消声器性能规格表

类别	消声器型号	适用锅炉参数				消声器规格及特性					
		容量/(t/h)	安全阀位置	排气压力/MPa	温度/℃	接管直径 $d \times s$/mm	排量/(t/h)	总长 H/mm	直径 DN/mm	接管材料	消声量/dB（A）
超高压	MMS-110/3.12-326	420～670	再热器入口	2.45～4.48	316～370	377×10	110	2237	762		32
	MMS-120/3.2-325					377×10	120	2269	812		
	MMS-130/2.9-316					426×10	130	2302	862		
	MMS-150/3.34-331					426×10	150	2315	912		
	MMS-180/4.32-365					426×10	180	2324	1012		
	MMS-50/3.01-540		再热器出口	2.26～3.24	540～555	273×8	50	2147	562	20G 或 12Cr1 MoV	32
	MMS-60/3.24-540					273×8	60	2217	612		
	MMS-85/2.72-540					325×10	85	2212	662		
	MMS-130/2.74-550					377×10	130	2237	762		
亚临界、临界压力	MMS-180/4.62-375	1025	再热器入口	3.92～4.62	336～375	377×10	180	2269	812	20G	32
	MMS-200/4.43-334					426×10	200	2315	912		
	MMS-230/4.1-325					480×10	230	2350	1012		
	MMS-240/4.42-351					520×10	240	2410	1012		
	MMS-260/4.58-340					560×10	260	2467	1112		
	MMS-50/4.38-540		再热器出口	3.73～4.55	540～555	273×10	50	2147	562	20G 或 12Cr1 MoV	32
	MMS-75/4.44-540					273×10	75	2217	612		
	MMS-100/3.81-545					325×10	100	2199	662		
	MMS-120/3.98-550					325×10	120	2241	712		
	MMS-140/4.15-547					377×10	140	2269	812		
	MMS-160/-4.14-546					426×10	160	2324	912		
	MMS-170/4.29-546					450×10	170	2310	912		
	MMS-200/4.3-545					480×10	200	2315	1012		
	MMS-160/4.7-326	2090	再热器入口	4.72～5.50	315～337	450×10	160	2304	1012	20G	32
	MMS-260/4.7-330					480×10	260	2475	1012		
	MMS-290/5.22-315					520×10	290	2590	1012		
	MMS-310/5.47-322					620×10	310	2630	1212		
	MMS-130/5.0-575		再热器出口	4.94～5.3	540～575	426×10	130	2307	862	20G 或 12Cr1 MoV	32
	MMS-165/5.04-575					426×10	165	2315	912		
	MMS-215/4.87-575					426×10	215	2307	912		
	MMS-225/5.45-574					480×10	225	2324	1012		
	MMS-370/31.2-435					520×10	370	3004	1012		

3.5.3　"东泽"航空发动机试车台进、排气消声

江苏东泽环保科技有限公司为国内多家航空单位生产安装了高温航空发动机试车台进、排气消声装置。

航空发动机试车时产生极为强烈的宽频带噪声，试车间内的总噪声达 140dB（A）以上，各倍频带声压级均在 120～140dB 左右。高强度噪声通过试车台进入排气道向室外辐射，造成厂区及城市环境的严重噪声污染。因此，在航空发动机试车台噪声控制设计中，对进、排

气道的消声设计是至关重要的。

　　根据一般环境要求，试车台进、排气塔口 1.0m 处的辐射噪声应由治理前的 140dB（A）降为 100dB（A）左右，即降噪 40dB（A）以上。在距试车台 150m 外的远场区域，干扰噪声应小于 70dB（A）。

　　图 15-3-29 为常用的航空发动机高温排气消声装置结构示意图。

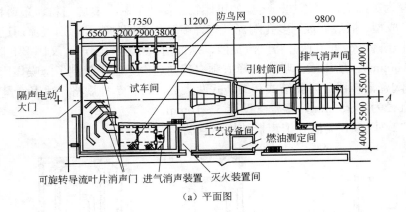

（a）平面图

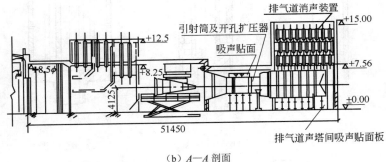

（b）A—A 剖面

图 15-3-29　常用的航空发动机高温排气消声装置结构示意图

　　图 15-3-30 为航空发动机试车台内部照片。图 15-3-31 为航空发动机试车台进排气塔外貌照片。

图 15-3-30　航空发动机试车台内部照片

图 15-3-31　航空发动机试车台进排气塔外貌照片

3.5.4 CS-B 型多孔陶瓷消声器

近年来，利用烧结金属、烧结塑料、多孔陶瓷、多层金属丝网等材料制成多孔材料扩散型消声器，以控制排气喷流噪声。

多孔陶瓷是以河砂、石英砂、矾土、碳化硅和刚玉等各种瘠性材料为骨料，以玻璃粉、陶土、瓷釉等为黏结剂，再添加一定量的可燃物，如焦炭粉、赛璐珞粉、塑料粉、木屑粉等为增孔剂，经成型、煅烧而成。多孔陶瓷具有许多互相连通的微孔，当气流通过这些微孔时，由于摩擦产生压降，减低流速并将气流扩散，从而可降低排气噪声。又因多孔陶瓷微孔直径很小（小于 100μm），所以喷注噪声的峰值频率移向超声频区，起到了降噪作用。

CS-B 型陶瓷消声器分为黏结式和组装式两大类，共有 7 种规格，适用气量 6～280m³/h，排气管公称直径为 4～50mm，陶瓷管壁厚 5～10mm。

图 15-3-32 为 CS-B 型陶瓷消声器结构示意图。

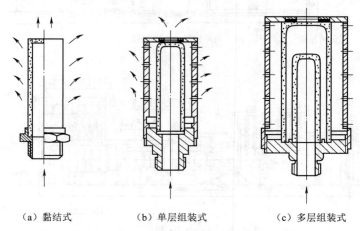

（a）黏结式　　　　　（b）单层组装式　　　　　（c）多层组装式

图 15-3-32　CS-B 型陶瓷消声器结构示意图

表 15-3-38 为 CS-B 型陶瓷消声器性能规格表。

表 15-3-38　CS-B 型陶瓷消声器性能规格表

型号	公称直径/mm	适用排气量/（m³/h）	长度/mm	组装长度/mm	连接形式
CS-B-L$_4$	4	6	26	56	黏结与装配
CS-B-L$_7$	7	12	42	72	黏结与装配
CS-B-L$_{15}$	15	40	60	90	黏结与装配
CS-B-L$_{20}$	20	80	80	120	黏结与装配
CS-B-L$_{25}$	25	120	100	150	黏结与装配
CS-B-L$_{40}$	40	220	150	200	黏结与装配
CS-B-L$_{50}$	50	280	180	230	黏结与装配

第4章 隔振器的选用

4.1 机械隔振与阻尼减振

振动是指物体（或物体的一部分）沿直线或曲线并经过平衡位置所做的往复的规则或不规则的运动，振动起源有地震、火车及汽车的行驶和机器的运转等，振动及振动控制涉及的范围很广，本章仅阐述常用的即一般机械设备运转时产生的振动及其控制。

一般机械设备产生的振动可分为两种类型，一种是稳态振动；另一种是冲击振动。产生稳态振动的机器有风机、水泵、发电机等旋转式机器及柴油机、往复式空气压缩机等往复式机器；产生冲击振动的机器有锻锤、冲床、剪板机、折边机、压力机及打桩机等冲击式机器。这两种类型的振动控制及隔离方法都有所不同。

表示振动的主要参数是频率、振幅、振动速度及振动加速度，振动具有方向性，无特殊说明本章仅指铅垂方向振动。

振动的频率表示每秒发生振动的次数，用 f 表示，单位是 Hz（赫兹）。对于旋转式机器，离心力引起的振动频率 $f = \dfrac{n}{60}$，其中 n 是机器的转速（r/min）。

频率是振动系统中极其重要的参数，它不仅反映振动周期力每秒钟的作用次数，而且可反映物体（包括人体）、结构及系统的固有振动特性，如隔振器的工作频率、支承结构如梁的固有频率。

振动的强度及幅值可用振幅、振动速度及振动加速度度量，分别用 x、v 及 a 表示，单位为 mm、mm/s 及 m/s^2。振幅、振动速度及振动加速度可以用振动测量仪器进行测量。

振动的强度也可用对数标度，即用振动加速度级表示，用公式（15-4-1）计算，单位是 dB（分贝）。

$$VAL = 20\lg\left(\frac{a}{a_0}\right) \tag{15-4-1}$$

式中　VAL——振动加速度级，dB；

　　　a——振动加速度有效值，m/s^2；

　　　a_0——振动加速度基准值，10^{-6}m/s^2。

Z 振级 VL$_\mathrm{Z}$（环境振动的评价参数）是用来表示 1～80Hz 频率范围内各 1/3 倍频带中心频率处的振动加速度级 VAL$_1$、VAL$_2$……总的度量，并根据人对各频率范围的振动感受加以修正，Z 振级是用来衡量环境振动大小的尺度。公式（15-4-2）是 Z 振级的计算方法：

$$VL_\mathrm{Z} = 10\lg\left[10^{\frac{(VAL_1 + a_1)}{10}} + 10^{\frac{(VAL_2 + a_2)}{10}} + \cdots + 10^{\frac{(VAL_i + a_i)}{10}}\right] \tag{15-4-2}$$

式中 VL_Z——铅垂向振动级（振级），dB；

$\qquad VAL_i$——各 1/3 倍频带中心频率的振动加速度级（1～80Hz），dB；

$\qquad a_i$——各 1/3 倍频带中心频率的计权修正因子，dB。

Z 振级可以用专用的测量仪器（如环境振动仪）进行测量。

振动控制的最终目的是使影响对象（人、仪器、建筑）所受到的振动低于允许的振动限值，控制的一般方法如下。

（1）控制振源

① 迁走机器或使机器关闭。

② 减轻激振力——提高机器的动平衡精度，减小不平衡力。当有多台机器时，采取能使激振力相互抵消的布置形式，安装动力吸振器。

（2）控制振动传播的途径，消除或减小振动传播

① 加强机器的基础，扩大基础的底面积，把基础设计为一个大质量块，以消耗振动能量，这一措施对于低转速机器比较实用。

② 机器采用弹性支承，即机器隔振措施，这一措施实施正确与否是十分重要的。

③ 增大距离，使受影响对象远离振源。当距离为 4～20m 左右时，一般使距离增大一倍，振动衰减 3～6dB；当距离大于 20m 时，使距离增大一倍，振动衰减 6dB 以上。

④ 设置振动屏障。在振源附近设置一定深度的振动屏障（如连续板桩、灌注混凝土墙等），阻断振动波的传递。防振沟也是振动屏障的一种形式，一般情况下不提倡防振沟，因为要使振动下降 6dB 以上，沟的深度要达 5～10m，施工困难，维护也困难，一旦积水，效果就受影响。

（3）末端对策

① 合理选择或改变房屋、仪器的位置（方向），避免共振点。

② 加强基础，如加强房屋的基础及仪器设备安装处的基础，以减小影响对象的绝对接受振动能量。

③ 改善或加固房屋的自身结构，使振动衰减而不是放大。

④ 弹性支承——仪器及设备隔振，包括房屋隔振，这一措施非常有效。

4.1.1 控制振动的基本因素

隔振系统中控制振动及其传递的三个基本因素是：隔振元件的刚度、被隔离物体的质量及系统支承即隔振元件的阻尼。

① 刚度 隔振元件的刚度越低，隔振效果越好，反之隔振效果越差。必须指出的是，对于一个设计合理的隔振系统，支承的刚度计算最重要。请注意，刚度是有方向的。

② 质量 被隔离物体的质量 M 使支承系统保持相对静止，物体质量越大，在确定的激励力作用下物体振动越小。增大质量还包括增大隔振底座的面积，以增大物体的惯性矩，可减小物体的摇晃。但质量的增加并不能减小传递率。

③ 阻尼 隔振系统的阻尼有以下作用：在共振区减小共振峰，抑制共振振幅；减弱高频区物体的振动；在隔振区为系统提供了一个使弹簧"短路"的附加连接，从而提高了支承的刚度，使传递率增大。因此，阻尼的作用有利也有弊，设计时应特别注意。

4.1.2　阻尼减振

物体或结构振动受三个参数的影响：与势能有关的刚度；与动能有关的质量；与能量消耗有关的阻尼。振动控制中常用的方法是改变刚度和质量以避免共振、采用隔振器以减少振动的传递、采用动力吸振器吸收部分振动能量，但是在无法改变结构和无法采用隔振器、动力吸振器的场合，尤其是薄板结构及宽频带随机激励等场合，则采用增加部件或结构的阻尼来控制振动并减少噪声。

一般金属结构的阻尼损耗因子 β 很小，大约为 $10^{-5} \sim 10^{-4}$，近代大量采用焊接工艺也大大减小了系统的连接阻尼。迄今为止，生产既有高强度又有较大阻尼值金属的努力尚未成功，因此，增加部件或系统的阻尼，最方便有效的方法是在部件表面粘贴黏弹性高阻尼材料。

黏弹性高阻尼材料是国内外近 30 年来研制成功的一种减振降噪的新材料，它广泛地用于航天、航空、航海、汽车、铁路、建筑、纺织、电子仪表及家用电器诸行业，也可以用来建造隔声罩。

在部件或结构表面粘贴阻尼材料，由部件或系统承受强度和刚度，由黏弹性高阻尼材料提供阻尼，是最常见的阻尼处理方法。常用的阻尼结构形式有两种：自由层阻尼处理和约束层阻尼处理。

（1）自由层阻尼处理

自由层阻尼处理是在基础结构表面上直接粘贴阻尼材料，当结构振动时，粘贴在表面的阻尼材料产生拉伸压缩变形，把振动能转化为热能，从而起到减振的作用。

自由层阻尼结构的阻尼处理比较简单，计算也比较方便，缺点是阻尼处理的效果和温度关系很大，而且也不可能提供很大的阻尼，特别是结构较厚时更是如此。

（2）约束层阻尼处理

此方法是在结构的基板表面粘贴阻尼层后，再贴上一层刚度较大的约束板，当结构振动时，处于约束板和基板之间的阻尼材料产生拉伸压缩及剪切变形，此变形能把更多的振动能转变成热能，从而达到减小结构振动的目的。约束层阻尼处理一般可以提供较大的结构损耗因子，越来越广泛地用于各个领域。

约束层阻尼结构的损耗因子 η 的计算较复杂，约束层结构的施工及制作要求较高，价格也高，因此在实际工程中，有时将自由层阻尼结构和约束层阻尼结构同时使用。而对结构体积或面积较大的部件或系统，还可以采用部分粘贴阻尼材料的间隔处理方法。在一些高级结构工程中须用计算机计算，也可以进行振动模态的测试分析，实行优化阻尼设计。目前市场上已有制成的约束阻尼板即阻尼钢板出售，类似于三合板，中间为阻尼层，两边用钢板，阻尼钢板在一些特殊的降噪工程中得到了较多的应用。

结构阻尼处理是一门新技术，已得到广泛的应用，但不同的阻尼处理（阻尼材料、结构形式、粘贴方法、布置位置等多种因素）会有不同的减振效果，也就是说，合理地选用阻尼材料和设计合理的阻尼结构，是取得较好阻尼减振效果的关键。

阻尼材料从广义上来说种类很多，如沥青、毛毡、油灰，甚至陶瓷在某些特定的场合下也是优良的阻尼材料，但本章仅局限于常用的黏弹性阻尼材料。

4.2　隔振器选用要点

一般机械设备的隔振设计，可按一个自由度的情况计算，即只计算一个方向的振动与传递，而不必像设计重型机械或精密设备那样按六个自由度计算。

本节涉及的机械设备主要是用于工业及民用建筑工程中的风机、水泵、冷水机组、空调机组、冷却塔、变压器等公用设备，未包括汽车、地铁车辆及船舶等交通系统的设备。

4.2.1　振动扰力分析

首先要分清是积极隔振还是消极隔振。如果是积极隔振，则要调查或分析机械设备最强烈的扰动力或力矩的方向、频率及幅值；如果是消极隔振，则要调查所在环境的振动优势频率、基础的振幅及方向。

一般情况下，扰动频率 f（Hz）按旋转机械的最低额定转速进行计算，即：

$$f = \frac{n}{60} \tag{15-4-3}$$

式中，n 为最低或额定转速，r/min。

若由于特殊原因不能按最低转速或额定转速确定时，可靠的方法是现场测定扰动力的频率。扰动力幅值 F_0，一般来说应由制造厂提供，或按式（15-4-4）计算：

$$F_0 = m_0 r \left(\frac{2\pi n}{60} \right)^2 \times 10^{-3} \tag{15-4-4}$$

式中　F_0——旋转机器的振动力幅值，N；

　　　　m_0——设备主要旋转部件的质量，kg；

　　　　r——旋转部件的重心偏心矩，cm；

　　　　n——机器的最低转速或额定转速，r/min。

常用风机、泵及电机的旋转部件的重心偏心矩一般为 0.01～0.1cm，也可查有关手册，或者采取保守的方法，令 $r=0.1$cm。但是对于未做动平衡甚至未做静平衡的质量低劣风机及泵，以上估算方法不适用，也就是说，扰动力的幅值 F_0 要大得多。

一般来说，扰动力的方向垂直于旋转轴，即扰动力是一个旋转矢量，不平衡力旋转的结果是形成垂向与水平向两个方向的扰动力。

4.2.2　隔振系统的固有频率与传递率（隔振效率）

隔振系统的固有频率应根据设计要求，由所需的振动传递率 T_a 或隔振效率 η 来确定。对于消极隔振，可根据设备对振动的具体要求及环境振动的恶劣程度确定消极隔振系数。

系统的固有频率 f_0 与扰动频率 f 的比值（f_0/f），原则上应在以下范围：f_0/f 应小于 1/4.5～1/2.5，当这一条件无法满足时，应力求使 f_0 至少被控制在 f 的 71% 以下，即 $f_0 < f/\sqrt{2}$。

4.2.3　机组的允许振动

精密的设备及仪器，其允许振动的指标在出厂说明书或技术要求中可以查到，这是保证设备正常运转的必要条件，应在设计隔振系统时给以确保。一般机械隔振后机组的允许振动，推荐用 10mm/s 的振动速度为控制值；对于小型机器可用 3.8～6.3mm/s 的振动速度为控制值。因为机器隔振之后，其振幅或振速可能要超过没有隔振的情况，即超过机器直接固定在基础上的情况。

4.2.4　隔振台的设计（附加质量）

一般机械的隔振系统设计，往往是将电动机或发动机与工作机器共同安装在一个有足够刚度和一定质量的隔振底座即隔振台上，隔振底座的质量就称为附加质量，这个附加质量一般为机组质量的若干倍。采用附加质量有以下好处：

① 使隔振器受力均匀，设备振幅得到控制；

② 减少因机器设备重心位置的计算误差所产生的不利影响；

③ 使系统重心位置降低，增加系统的稳定性；

④ 提高系统的回转刚度，减少其他外力引起的设备倾斜；

⑤ 防止机器通过共振转速时的振幅过大；

⑥ 作为一个局部能量吸收器以防止噪声直接传给基础。

对于各种机器隔振系统的附加质量与机组质量的比值，可采用表 15-4-1 中的推荐值；对于支承在楼板上的机器，可采用推荐值的下限；对于支承在地面上的机器，应尽可能取上限。

表 15-4-1　附加质量与机组质量比值的推荐值

机器名称	离心泵	离心风机	往复式空压机	柴油机
比值 $\dfrac{W_2(\text{附加质量})}{W(\text{机组质量})}$	1～2	1～3	3～6	2～5

隔振台可采用钢结构、混凝土结构或钢结构与混凝土混合结构，主要的考虑因素：质量、体积、整体强度、局部强度及系统的安装问题。在安装空间允许的条件下，隔振台的长、宽尺寸设计得大一些是很有利的。

4.2.5　隔振元件的布置

在设计隔振元件布置时，应注意以下几点：

① 隔振元件受力均匀，静压缩量基本一致；

② 尽可能提高支承面的位置，以改善机组的稳定性能；

③ 同一台机组隔振系统应尽可能采用相同型号的隔振元件；

④ 在计算隔振元件分布及受力时，应注意利用机组的对称性。

一些专著中较详细地阐述了每个隔振元件的布置位置的计算，但实际上由于机器的重心位置很难确定而使这一计算无法进行，或者提供的重心位置的精确度不够也使这一计算失去意义。建议把隔振元件的安装位置设计成可调节的，也就是说在安装时可以设法使隔振元件的布置位置适当调节，即水平方向移动，使隔振元件的压缩量基本一致，减少机器的摇晃和不稳，确保隔振效果和机器的稳定性。

4.2.6　启动与停车

在积极隔振系统中，机械设备的启动与停车过程中转速要通过支承系统的固有频率的共振区，容易引起机组瞬时振幅过大，因此频繁启动的机械设备的隔振系统，应考虑安装阻尼器或选用阻尼性能好的隔振器。

4.2.7　其他部件的柔性连接与固定

在积极隔振中，机器隔振后机组的振幅有所增加，因此机组的所有管道、动力线及仪表导线等在隔振底座上下的连接应是柔性的，以防止损坏。大多数管道的柔性接管由橡胶或塑料帆布制成，在温度较高或有化学腐蚀剂的场合可采用金属波纹管或聚氟乙烯波纹管；电源动力线可采用 U 形或弹簧形的盘绕；凡在隔振底座上的部件应得到很好的固定。

柔性接管之外的管道应采用弹性支承，不应把管道的重量压在柔性接管上，管道过墙或过楼板应加弹性垫，这不仅是隔振的需要，也是隔声的需要。

总之，隔振系统的正确设计，不仅需要正确的振动隔离理论，而且需要机械方面的综合知识及工程经验。

图 15-4-1 为风机及泵的综合隔振系统示意图。图 15-4-2 为几种典型的隔振底座形式。图 15-4-3 为管道隔振及弹性支承形式。

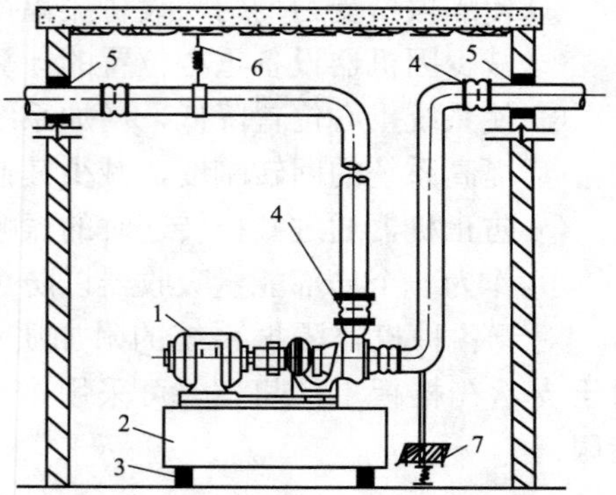

以上介绍的隔振处理设计要点有一个重要的前提，就是假定机器是布置在地面基础上。如果机器是布置在楼层或钢平台上，其隔振系统的设计将有较大的不同，主要是系统的固有频率确定要按照非刚性基础隔振方法中的要求，请参考机械隔振专著的有关内容。

图 15-4-1　风机及泵的综合隔振系统示意图

1—泵或风机；2—隔振台；3—隔振器；4—柔性接管；
5—管道过墙弹性座；6—弹性吊钩；7—弹性支座

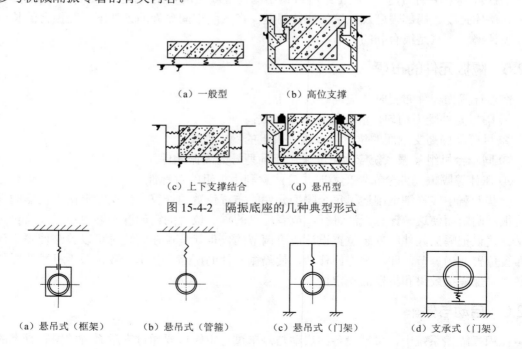

（a）一般型　　（b）高位支撑

（c）上下支撑结合　　（d）悬吊型

图 15-4-2　隔振底座的几种典型形式

（a）悬吊式（框架）　　（b）悬吊式（管箍）　　（c）悬吊式（门架）　　（d）支承式（门架）

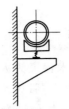

（e）支承式（双点座）　　　（f）支承式（单点座）　　　（g）支承式（墙面单点）　　　（h）过墙弹性座

图 15-4-3　管道的隔振与弹性支承形式

4.2.8　冲床与锻床的隔振简介

冲床与锻床的冲击隔离计算比较烦琐，它需要详细的资料，主要原因是脉冲冲击是一个非周期的瞬时强烈运动，能量释放、能量传递及能量转换较为复杂，参照有关专著可以进行计算，但一般按实际经验进行估算。

通常锻床的冲击隔离系统的固有频率可选在 5Hz 左右，锻床基座的允许振幅——自由锻锤 2mm，模锻锤 3mm；一般冲床的冲击隔离系统的固有频率也可选在 5Hz 左右，自动冲床的工作频率在 1Hz 以下，可用空气弹簧隔振器支承。一般来说，冲床及锻床的冲击隔离系统选用的隔振元件的阻尼应尽可能大，以加强冲击波的自由衰减。

在设计中还应注意以下几个问题：尽可能采用较大的隔振底座；锤击中心、基础质量中心和隔振器刚度中心尽可能通过一条直线；避免冲击共振；隔振元件应注意防水、防油，并应考虑检修与更换。

图 15-4-4 为锻床及冲床隔振系统示意图。

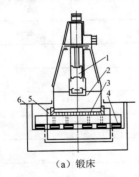

（a）锻床

1—锻锤；2—砧座；3—枕木；4—空气弹簧；
5—浮动基础；6—地面

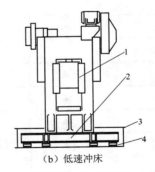

（b）低速冲床

1—冲床；2—浮动基础；3—地面；4—空气弹簧

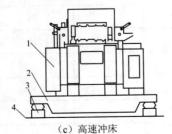

（c）高速冲床

1—冲床；2—浮动基础；3—空气弹簧；4—地面

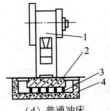

（d）普通冲床

1—冲床；2—浮动基础；3—隔振器；4—基础

图 15-4-4　锻床及冲床隔振系统示意图

4.3　隔振器性能简介

随着振动与噪声控制技术日渐为人们所重视，隔振支承的应用越来越普及了，但就某一具体的隔振对象而言，特别是那些外形轮廓不规则、重心位置不易计算的机器设备，如何正确地设计弹性支承系统，如何选择隔振元件，设计人员感到难度较大。实际工作中常常发生由于隔振元件选择或布置不当而引起许多麻烦，致使隔振装置达不到预期效果，有的甚至比不装隔振元件更坏。这里只讨论隔振支承，即隔振器、隔振垫及柔性接管等的选择问题，对于其他的隔振或控制元件，可参见有关的产品介绍。

隔振器、隔振垫及柔性接管等隔振元件的主要性能指标包括：固有频率（或刚度）、荷载范围、阻尼比、使用寿命等。

对于一个高质量的可靠的隔振系统弹性支承的设计，不但有理论问题，而且更重要的是工程实践经验。表 15-4-2 为各类隔振元件的性能比较，可供选用者参考。

表 15-4-2　各类隔振元件的性能比较

性能项目 ＼ 品种	钢螺旋弹簧	钢碟形弹簧	不锈钢钢丝绳弹簧	橡胶隔振器	橡胶空气弹簧	橡胶隔振垫
适用频率范围/Hz	2～10	8～20	5～20	5～30	0.5～5	10～30
多方向性	○	×	▲	▲	○	▲
简便性	○	○	▲	▲	△	▲
阻尼性能	×	▲	▲	○	▲	▲
高频隔振及隔声	×	△	○	○	▲	▲
载荷特性的直线性	△	△	▲	▲	○	○
耐高、低温	▲	▲	○	△	△	△
耐油性	▲	▲	▲	△	△	△
耐老化	▲	▲	○	△	△	△
产品质量均匀性	▲	▲	○	△	○	△
耐松弛	▲	▲	○	○	○	○
耐热膨胀	▲	▲	○	△	○	○
价格	便宜	中	高	中	高	中
重量	重	中	轻	中	重	轻
与计算特性值的一致性	▲	▲	▲	○	○	○
设计上的难易程度	▲	▲	○	○	×	○
安装上的难易程度	△	▲	○	△	×	○
寿命	▲	▲	○	△	○	○

注：▲——优；○——良；△——中；×——差。

（1）频率范围

为获得良好的隔振效果，隔振系统的固有频率与相应的激励频率之比应小于 $1/\sqrt{2}$（一般推荐 $1/4.5\sim1/2.5$）。

当固有频率 $f_0\geqslant20\sim30\text{Hz}$ 时，可用橡胶隔振垫及压缩型橡胶隔振器。

当固有频率 $f_0=2\sim10\text{Hz}$ 时，可选用钢螺旋弹簧隔振器、剪切型橡胶隔振器、复合隔振器。

当固有频率 $f_0=0.5\sim2\text{Hz}$ 时，可选用钢螺旋弹簧隔振器、空气弹簧隔振器。

从表 15-4-2 中可以查出各类隔振元件的大致适用频率范围，这也不是绝对的，还必须考虑其他因素的影响。

（2）静载荷与动载荷

隔振元件选择得是否恰当，另一个重要因素是每一个隔振器或隔振垫的载荷是否合适，一般应使隔振元件所受到的静载荷为额定或最佳载荷的 90%左右，动载荷与静载荷之和不超过其最大允许载荷。对于隔振垫，允许载荷或推荐载荷是指单位面积的载荷。

（3）隔振器选用的注意事项

① 各隔振器的载荷力求均匀，以便采用相同型号的隔振器。对于隔振垫，则要求各个部分的单位面积的载荷基本一致。在任何情况下，实际载荷不能超过最大允许载荷。

② 当各支承点的载荷相差甚大必须采用不同型号的隔振器时，应力求它们的载荷在各自许用范围之内，而且应力求它们的静变形一致，这不仅关系到机组隔振后振动的状况，而且关系到隔振装置的固有频率及隔振效果。

③ 值得强调的是，在楼层上安装的设备如风机、水泵、冷冻机以及其他振动扰力较大的机器或设备，要想取得良好的隔振效果，尤其是一些高级建筑及对噪声有特殊要求的场合，应选用固有频率低于 3Hz 的钢螺旋弹簧隔振器，以使隔振效率高于 95%，使隔振器的工作频率低于楼板结构的基频。

④ 在同一设备上选用的隔振器型号一般不超过两种，应考虑隔振器安装场所的温度、湿度、腐蚀等条件，这些直接影响隔振元件的寿命。

⑤ 对隔振元件的重量、尺寸、结构、价格以及安装的便利性等诸因素应作综合全面的考虑。

4.4　钢螺旋弹簧隔振器

4.4.1　ZT 型阻尼弹簧隔振器

ZT 型阻尼弹簧隔振器现有 38 种规格，单只隔振器的竖向载荷为 37～16560N，各种载荷下对应的轴向固有频率为 2.1～4.8Hz，在预压载荷到最大工作载荷范围内阻尼比 $\xi\approx0.03$。

ZT 型阻尼弹簧隔振器结构合理，造型美观，阻尼性能得到一些改善，用途广泛，可用于大型风机、空压机、大型水泵及空调设备的积极隔振。

ZT 型阻尼弹簧隔振器由原华东建筑设计研究院设计，上海青浦环新减振器厂生产，已通过技术鉴定。

图 15-4-5 为 ZT 型阻尼弹簧隔振器外形安装尺寸图，表 15-4-3 为其选用表。

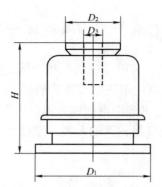

图 15-4-5 ZT 型阻尼弹簧隔振器外形安装尺寸图

注： 在计算 ZT 型阻尼弹簧隔振器的静态压缩量时，注意减去预压的压缩量。

表 15-4-3 ZT 型阻尼弹簧隔振器选用表

型号	尺寸/mm				载荷/10N		竖向总刚度 $K_z/$（10N/cm）	弹簧				
								自由高度 H_0/mm	主弹簧		副弹簧	
	H	D_1	D_2	D_3	预压 p_1	最大 p_2			D_z/mm	K_z /（10N/cm）	D'_z/mm	K'_z /（10N/cm）
ZT1-2	64	74	32	10	3.7	7.4	3.3	46	20	3.3	—	—
ZT1-3	69	82	32	10	8.6	17	7.7	51	26	7.7	—	—
ZT1-4	85	91	42	10	14	28	10	70	35	10	—	—
ZT1-5	101	102	42	10	20	40	11.4	89	45	11.4	25	4.5
ZT1-6	118	112	52	16	26	53	14	108	54	14	32	6.8
ZT1-8	140	120	52	18	53	106	31.6	128	60	31.6	35	12
ZT1-10	151	148	82	20	104	208	45.6	145	76	45.6	48	12
ZT1-12	174	165	82	20	150	300	55	172	91	55	59	21
ZT11-53	101	102	42	10	28	55	16	89	45	11.4	25	4.5
ZT11-64	118	112	52	16	39	78	21	108	54	14	32	6.8
ZT11-85	140	120	52	18	73	145	44	128	60	31.6	35	12
ZT11-106	151	148	82	20	132	264	58	145	76	45.6	48	12
ZT11-128	174	165	82	20	207	414	76	172	91	55	59	21
ZT3-2	64	126	42	10	11	22	10	46	20	3.3	—	—
ZT3-3	69	142	42	10	26	52	23	51	26	7.7	—	—
ZT3-4	85	161	52	10	41	83	30	70	35	10	—	—
ZT3-5	101	182	52	10	59	119	34	89	45	11.4	25	4.5
ZT3-6	118	208	62	16	79	158	42	108	54	14	32	6.8
ZT3-8	140	228	82	18	159	318	95	128	60	31.6	35	12
ZT3-10	151	280	82	20	312	624	137	145	76	45.6	48	12

续表

型号	尺寸/mm				载荷/10N		竖向总刚度 K_z/（10N/cm）	弹簧				
								自由高度 H_0/mm	主弹簧		副弹簧	
	H	D_1	D_2	D_3	预压 p_1	最大 p_2			D_z/mm	K_z /（10N/cm）	D'_z/mm	K'_z /（10N/cm）
ZT3-12	174	321	82	20	450	900	165	172	91	55	59	21
ZT33-53	101	182	52	10	83	105	48	89	45	11.4	25	4.5
ZT33-64	118	208	62	16	117	235	63	108	54	14	32	6.8
ZT33-85	140	228	82	18	218	435	132	128	60	31.6	35	12
ZT33-106	151	280	82	20	396	792	174	145	76	45.6	48	12
ZT33-128	174	321	82	20	621	1242	228	172	91	55	59	21
ZT4-2	64	126	42	10	15	30	13	46	20	3.3	—	—
ZT4-3	69	142	42	10	34	69	31	51	26	7.7	—	—
ZT4-4	85	161	52	10	55	110	40	70	35	10	—	—
ZT4-5	101	182	52	10	79	158	45.6	89	45	11.4	25	4.5
ZT4-6	118	208	62	16	106	211	56	108	54	14	32	6.8
ZT4-8	140	228	82	18	212	424	126	128	60	31.6	35	12
ZT4-10	151	280	82	20	416	832	182	145	76	45.6	48	12
ZT4-12	174	321	82	20	600	1200	220	172	91	55	59	21
ZT44-53	101	182	52	10	110	220	64	89	45	11.4	25	4.5
ZT44-64	118	208	62	16	156	313	84	108	54	14	32	6.8
ZT44-85	140	228	82	18	290	580	176	128	60	31.6	35	12
ZT44-106	151	280	82	20	528	1056	232	145	76	45.6	48	12

注：表中 D_z 为主弹簧中径，K_z 为单只主弹簧刚度，D'_z 为副弹簧中径，K'_z 为副弹簧刚度。

4.4.2　ZD 型阻尼弹簧隔振器

ZD 型阻尼弹簧隔振器的额定载荷为 120～35000N，额定载荷下的固有频率为 2.0～4.9Hz。ZD 型阻尼弹簧隔振器结构紧凑，外形尺寸较小，安装方便，阻尼比大于 0.03。

ZD 型隔振器共有三种安装形式：ZD 型为标准型，上座设一圆孔，上下座面均有橡胶垫；ZD_I 型仅上座设一螺栓孔与设备固定；ZD_{II} 型上下座分别设螺栓孔供安装固定，可根据不同应用场合进行选择。ZD 型阻尼弹簧隔振器由上海青浦环新减振器厂（又名上海青浦环新减振工程设备有限公司）生产。

ZD 型隔振器型号编排说明：

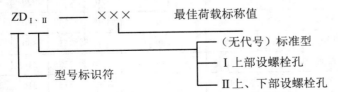

上海青浦环新减振工程设备有限公司还生产 DZD_{III} 型低频大载荷阻尼弹簧隔振器和

DZD 型低频大载荷阻尼弹簧隔振器，性能规格与 ZD 型相近。DZD$_{III}$ 的载荷范围为 6100～60000N，最佳载荷时的固有频率为 2.4Hz 左右；DZD 的载荷范围为 6100～60000N，最佳载荷时的固有频率为 2.4Hz。

图 15-4-6 为 ZD 型阻尼弹簧隔振器外形及安装尺寸图，表 15-4-4 为其选用表。

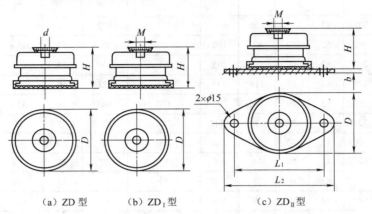

（a）ZD 型　　　（b）ZD$_1$ 型　　　（c）ZD$_{II}$ 型

图 15-4-6　ZD 型阻尼弹簧隔振器外形及安装尺寸图

表 15-4-4　ZD 型阻尼弹簧隔振器选用表

型号	额定载荷/N	预压载荷/N	极限载荷/N	竖向刚度/（N/mm）	额定载荷点水平刚度/（N/mm）	外形尺寸/mm						
						H	D	L_1	L_2	d	M	b
ZD-12	120	90	168	7.5	5.4	68	84	110	140	10	12	10
ZD-18	180	115	218	9.5	14	60	128	160	195	10	12	10
ZD-25	250	153	288	12.5	19	60	128	160	195	10	12	10
ZD-40	400	262	518	22	16	68	144	175	210	10	12	10
ZD-55	550	336	680	30	21.6	68	144	175	210	10	12	10
ZD-80	800	545	1050	41	28.7	85	163	195	230	10	12	10
ZD-120	1200	800	1560	44	31	100	185	225	265	10	12	12
ZD-160	1600	1150	2180	63	33	100	185	225	265	10	12	12
ZD-240	2400	1600	3100	85	35.6	115	210	250	295	14	16	12
ZD-320	3200	2150	4220	127	70	140	230	270	310	18	20	12
ZD-480	4800	2950	5750	175	77	140	230	270	310	18	20	12
ZD-640	6400	4170	8300	180	125	150	282	320	360	20	22	12
ZD-820	8200	5300	10550	230	140	150	282	320	360	20	22	12
ZD-1000	10000	6050	11580	222	154	170	325	360	400	20	22	12
ZD-1280	12800	8300	16550	305	190	170	325	360	400	20	22	12
ZD-1500	15000	8500	19500	310	110	170	276	316	356	30	32	12
ZD-2000	20000	8000	28000	440	135	172	276	316	356	30	32	12
ZD-2700	27000	13000	30000	590	200	175	276	316	356	30	32	12
ZD-3500	35000	15000	40000	800	270	175	276	316	356	30	32	12

4.4.3　JZD 型防剪切（防倾覆）阻尼弹簧减振器

　　JZD 型防剪切阻尼弹簧减振器由上海青浦环新减振工程设备有限公司生产，该型减振器配有横向限位阻尼装置，能够承受一定的剪切力，尤其是对重心高、横向力较大的设备隔振，提高了横向水平刚度和被隔振设备的稳定性。

　　该型减振器固有频率低、阻尼比大，同时，上部配有高度调节螺栓，当设备重心不一致使减振器压缩变形量不一时，可调节高度螺栓，使设备水平基本保持一致（但下螺母需与上壳拧紧，以增加螺纹强度）。若不需要调节水平，被隔振设备也可以直接放置在减振器上部，用高度调节螺栓固定，底部可与地基直接固定连接。如设备不需要固定，则可拆去高度调节螺栓。

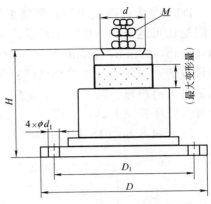

图 15-4-7　JZD 型防剪切阻尼弹簧
减振器外形及安装尺寸图

　　图 15-4-7 为 JZD 型防剪切阻尼弹簧减振器的外形及安装尺寸图，表 15-4-5 为其选用表。

表 15-4-5　JZD 型防剪切阻尼弹簧减振器选用表

型号	载荷范围/N	频率范围/Hz	竖向刚度/（N/mm）	最佳载荷/N	最佳载荷时		外形尺寸/mm					
					固有频率/Hz	高度/mm	D	D_1	d	H	d_1	M
JZD-1	70～180	3.7～2.3	4	100	3.2	116	165	138	42	125	11	12
JZD-2	160～400	4.1～2.6	11	250	3.3	118	165	138	42	125	11	12
JZD-3	220～500	4.0～2.6	14	350	3.1	116	165	138	42	125	11	12
JZD-4	480～1100	4.0～2.6	32	800	3.1	116	165	138	42	125	11	12
JZD-5	720～2000	4.4～2.6	57	1300	3.3	115	165	138	42	125	11	12
JZD-6	900～3100	4.4～2.5	77	2100	3.0	145	218	186	62	161	13	16
JZD-7	1300～4100	4.5～2.6	109	3000	3.0	145	218	186	62	161	13	16
JZD-8	2000～6000	4.5～2.7	172	4000	3.3	149	218	186	62	161	13	16
JZD-9	2700～7600	4.7～2.8	255	5500	3.4	150	218	186	62	161	13	16
JZD-10	5000～11000	4.5～3.1	392	7000	3.7	155	218	186	62	161	13	16
JZD-11	7000～15000	4.3～2.9	550	11000	3.5	158	333	303	104	172	13	20
JZD-12	9000～20000	4.2～3.0	650	15000	3.5	156	333	303	104	172	13	20
JZD-13	10000～24000	4.4～2.9	800	20000	3.2	153	333	303	104	172	13	20
JZD-14	13000～30000	3.9～2.9	1000	25000	3.2	153	333	303	104	172	13	20
JZD-15	15000～40000	4.4～2.7	1200	35000	3.0	149	333	303	104	172	13	20
JZD-16	22000～55000	4.7～3.0	2000	45000	3.3	183	435	405	145	203	13	20
JZD-17	30000～70000	4.5～3.0	2500	60000	3.2	182	435	405	145	203	13	20
JZD-18	36000～85000	4.5～3.0	3000	75000	3.2	182	470	440	145	203	13	20
JZD-19	45000～95000	4.5～3.0	3500	85000	3.2	182	470	440	145	203	13	20

4.4.4　DJ 型大载荷弹簧隔振器和 DTJ 型大载荷大阻尼弹簧隔振器

　　DTJ 型大载荷大阻尼弹簧隔振器配有阻尼器，阻尼器采用高效黏滞性进口阻尼脂，产品阻尼比可达 0.11～0.2。DJ 型、DTJ 型隔振器单个载荷 600～20000kg，最佳载荷时挠度为 15mm、25mm、40mm 三种，对应频率分别为 4Hz、3.2Hz、2.5Hz。产品广泛运用于大型设备的隔振降噪，如发动机试验台、空气锻锤、冲床、汽轮机的积极隔振以及光学仪器、测量机、消声室、精密机床、大型智能焊接机等设备的消极隔振。DJ 型、DTJ 型隔振器由上海青浦环新减振器厂生产。

　　图 15-4-8 和图 15-4-9 为 DJ 型、DTJ 型隔振器的外形及安装尺寸图。

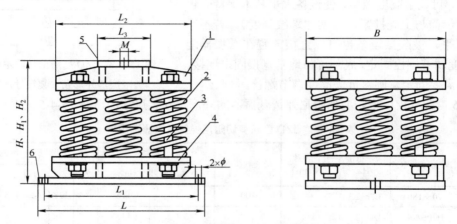

图 15-4-8　DJ 型大载荷弹簧隔振器外形及安装尺寸图

1—上座；2—减振弹簧；3—预紧螺栓；4—下座；5—上橡胶垫；6—下橡胶垫

（H 为出厂设置，H_1 为最佳载荷时高度，H_2 为最大载荷时高度）

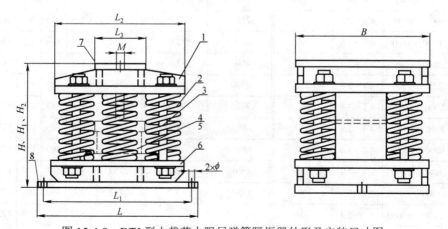

图 15-4-9　DTJ 型大载荷大阻尼弹簧隔振器外形及安装尺寸图

1—上座；2—减振弹簧；3—预紧螺栓；4—阻尼器；5—黏滞性阻尼脂；6—下座；7—上橡胶垫；8—下橡胶垫

（H 为出厂高度，H_1 为最佳载荷时高度，H_2 为最大载荷时高度）

　　表 15-4-6 为 DTJ 型大载荷大阻尼弹簧隔振器选用表。

表 15-4-6　DTJ 型大载荷大阻尼弹簧隔振器选用表

型号	载荷范围/kg	频率范围/Hz	最佳载荷/kg	固有频率/Hz	竖向刚度/（kg/mm）	外形尺寸/mm									
						L	L_1	L_2	L_3	B	H	H_1	H_2	M	ϕ
DTJ-1000-15	600～1300	3.5～5.3	1000	4	67	345	308	285	105	285	208	198	193	16	14
DTJ-2000-15	1200～2600	3.5～5.3	2000	4	134	360	324	300	130	300	218	208	203	16	14
DTJ-3000-15	1800～3900	3.5～5.3	3000	4	200	375	340	315	135	380	222	212	207	16	14
DTJ-4000-15	2400～5200	3.5～5.3	4000	4	268	380	344	320	140	320	242	232	227	16	14
DTJ-6000-15	3600～7800	3.5～5.3	6000	4	400	410	375	350	170	404	264	254	249	20	16
DTJ-8000-15	4800～10400	3.5～5.3	8000	4	532	405	369	345	165	345	287	277	272	20	16
DTJ-10000-15	6000～13000	3.5～5.3	10000	4	665	450	415	390	210	355	287	277	272	20	16
DTJ-12000-15	7200～15600	3.5～5.3	12000	4	800	450	415	390	200	430	287	277	272	20	16
DTJ-14000-15	8400～18200	3.5～5.3	14000	4	931	578	542	518	328	415	287	277	272	20	16
DTJ-16000-15	9600～20800	3.5～5.3	16000	4	1064	578	542	518	328	400	287	277	272	20	16
DTJ-18000-15	10800～23400	3.5～5.3	18000	4	1200	578	542	518	328	415	287	277	272	20	16
DTJ-20000-15	12000～26000	3.5～5.3	20000	4	1330	578	542	518	328	400	287	277	272	20	16
DTJ-1000-25	600～1300	2.8～4	1000	3.2	40	300	264	240	60	240	239	219	212	16	14
DTJ-2000-25	1200～2600	4～2.8	2000	3.2	80	300	270	240	96	290	258	243	235	16	14
DTJ-3000-25	1800～3900	4～2.8	3000	3.2	120	330	300	270	126	330	258	243	235	16	14
DTJ-4000-25	2400～5200	4～2.8	4000	3.2	160	380	350	320	176	330	258	243	235	16	14
DTJ-6000-25	3600～7800	4～2.8	6000	3.2	240	360	330	300	125	348	287	272	264	20	14
DTJ-8000-25	4800～10400	4～2.8	8000	3.2	320	413	383	353	176	348	287	272	264	20	14
DTJ-10000-25	6000～13000	4～2.8	10000	3.2	400	373	343	313	125	335	331	316	308	20	14
DTJ-12000-25	7200～15600	4～2.8	12000	3.2	480	373	343	313	125	380	331	316	308	20	14
DTJ-14000-25	8400～18200	4～2.8	14000	3.2	5 60	477	447	417	210	380	331	316	308	20	14
DTJ-16000-25	9600～20800	4～2.8	16000	3.2	640	477	447	417	210	380	331	316	308	20	14
DTJ-18000-25	10800～23400	4～2.8	18000	3.2	720	477	447	417	210	380	331	316	308	20	14
DTJ-20000-25	12000～26000	4～2.8	20000	3.2	800	477	447	417	210	380	331	316	308	20	14
DTJ-1000-40	600～1300	2.2～4	1000	2.5	25	342	306	282	102	282	291	256	244	16	14
DTJ-2000-40	1200～2600	4～2.2	2000	2.5	50	410	374	350	210	200	298	268	256	16	14
DTJ-3000-40	1800～3900	4～2.2	3000	2.5	75	360	324	300	130	370	302	272	260	16	14
DTJ-4000-40	2400～5200	4～2.2	4000	2.5	100	440	404	380	195	230	329	299	287	16	14
DTJ-6000-40	3600～7800	4～2.2	6000	2.5	150	400	364	340	180	400	343	313	301	20	14
DTJ-8000-40	4800～10400	4～2.2	8000	2.5	200	460	420	400	200	400	351	321	309	20	14
DTJ-10000-40	6000～13000	4～2.2	10000	2.5	250	445	405	385	200	360	382	352	340	20	16
DTJ-12000-40	7200～15600	4～2.2	12000	2.5	300	445	405	385	200	430	382	352	340	20	16
DTJ-14000-40	8400～18200	4～2.2	14000	2.5	350	570	530	510	300	415	400	370	358	20	16
DTJ-16000-40	9600～20800	4～2.2	16000	2.5	400	570	530	510	300	400	400	370	358	20	16
DTJ-18000-40	10800～23400	4～2.2	18000	2.5	450	570	530	510	300	415	400	370	358	20	16
DTJ-20000-40	12000～26000	4～2.2	20000	2.5	500	570	530	510	300	400	400	370	358	20	16

表 15-4-7 为 DJ 型大载荷弹簧隔振器选用表。

表 15-4-7 DJ 型大载荷弹簧隔振器选用表

型号	载荷范围/kg	频率范围/Hz	最佳载荷/kg	固有频率/Hz	竖向刚度/(kg/mm)	外形尺寸/mm									
						L	L_1	L_2	L_3	B	H	H_1	H_2	M	ϕ
DJ-1000-15	600～1300	3.5～5.3	1000	4	67	252	216	192	52	192	208	198	193	16	14
DJ-2000-15	1200～2600	3.5～5.3	2000	4	134	270	235	210	50	210	218	208	203	16	14
DJ-3000-15	1800～3900	3.5～5.3	3000	4	200	375	340	315	135	210	222	212	207	16	14
DJ-4000-15	2400～5200	3.5～5.3	4000	4	268	290	254	230	60	230	242	232	227	16	14
DJ-6000-15	3600～7800	3.5～5.3	6000	4	400	407	370	347	167	232	264	254	249	20	16
DJ-8000-15	4800～10400	3.5～5.3	8000	4	532	325	290	265	95	265	287	277	272	20	16
DJ-10000-15	6000～13000	3.5～5.3	10000	4	665	378	342	318	138	318	287	277	272	20	16
DJ-12000-15	7200～15600	3.5～5.3	12000	4	800	452	416	392	212	262	287	277	272	20	16
DJ-14000-15	8400～18200	3.5～5.3	14000	4	931	452	416	392	212	392	287	277	272	20	16
DJ-16000-15	9600～20800	3.5～5.3	16000	4	1064	452	416	392	212	356	287	277	272	20	16
DJ-18000-15	10800～23400	3.5～5.3	18000	4	1200	452	416	392	212	392	287	277	272	20	16
DJ-20000-15	12000～26000	3.5～5.3	20000	4	1330	580	544	520	340	390	287	277	272	20	16
DJ-1000-25	600～1300	2.8～4	1000	3.2	40	204	168	144	44	144	239	219	212	16	14
DJ-2000-25	1200～2600	4～2.8	2000	3.2	80	290	260	230	90	200	258	243	235	16	14
DJ-3000-25	1800～3900	4～2.8	3000	3.2	120	310	280	250	110	200	258	243	235	16	14
DJ-4000-25	2400～5200	4～2.8	4000	3.2	160	310	280	250	110	220	258	243	235	16	14
DJ-6000-25	3600～7800	4～2.8	6000	3.2	240	360	330	300	125	230	287	272	264	20	14
DJ-8000-125	4800～10400	4～2.8	8000	3.2	320	360	330	300	125	230	287	272	264	20	14
DJ-10000-25	6000～13000	4～2.8	10000	3.2	400	373	343	313	125	250	331	316	308	20	14
DJ-12000-25	7200～15600	4～2.8	12000	3.2	480	373	343	313	125	250	331	316	308	20	14
DJ-14000-25	8400～18200	4～2.8	14000	3.2	560	373	343	313	125	313	331	316	308	20	14
DJ-16000-25	9600～20800	4～2.8	16000	3.2	640	373	343	313	125	313	331	316	308	20	14
DJ-18000-25	10800～23400	4～2.8	18000	3.2	720	373	343	313	125	313	331	316	308	20	14
DJ-20000-25	12000～26000	4～2.8	20000	3.2	800	477	477	417	220	313	331	316	308	20	14
DJ-1000-40	600～1300	2.2～4	1000	2.5	25	230	194	170	50	170	291	256	244	16	14
DJ-2000-40	1200～2600	4～2.2	2000	2.5	50	280	245	220	85	200	298	268	256	16	14
DJ-3000-40	1800～3900	4～2.2	3000	2.5	75	360	324	300	150	200	302	272	260	16	14
DJ-4000-40	2400～5200	4～2.2	4000	2.5	100	290	255	230	75	230	329	299	287	16	14
DJ-6000-40	3600～7800	4～2.2	6000	2.5	150	400	364	340	180	230	343	313	301	20	14
DJ-8000-40	4800～10400	4～2.2	8000	2.5	200	400	360	340	160	310	351	321	309	20	14
DJ-10000-40	6000～13000	4～2.2	10000	2.5	250	370	330	310	130	310	382	352	340	20	16
DJ-12000-40	7200～15600	4～2.2	12000	2.5	300	445	405	385	190	260	382	352	340	20	16
DJ-14000-40	8400～18200	4～2.2	14000	2.5	350	445	405	385	190	260	382	352	340	20	16
DJ-16000-40	9600～20800	4～2.2	16000	2.5	400	445	405	385	190	350	400	370	358	20	16
DJ-18000-40	10800～23400	4～2.2	18000	2.5	450	445	405	385	190	385	400	370	358	20	16
DJ-20000-40	12000～26000	4～2.2	20000	2.5	500	585	535	510	320	385	400	370	358	20	16

4.4.5　AT3、BT3、CT3、DT3 型弹簧减振器

　　AT3、BT3、CT3、DT3 型弹簧减振器配备有预压螺栓，在支承设备安装后重量改变时，能有效控制设备提升高度，避免相关管路因设备提升而损坏。AT3、BT3、CT3、DT3 型弹簧减振器由上海青浦环新减振器厂生产。

　　图 15-4-10 为 AT3、BT3、CT3、DT3 型弹簧减振器的外形及安装尺寸图。表 15-4-8 为 AT3、BT3、CT3、DT3 型弹簧减振器的主要参数表，表 15-4-9 为其选用表。

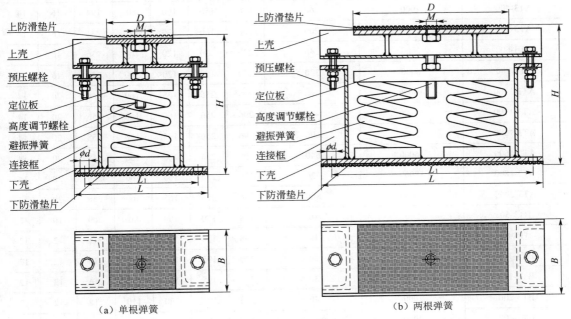

（a）单根弹簧　　　　　　　　　　　（b）两根弹簧

图 15-4-10　AT3、BT3、CT3、DT3 型弹簧减振器外形及安装尺寸图

表 15-4-8　AT3、BT3、CT3、DT3 型弹簧减振器主要参数表

型号	最大工作载荷时挠度（即压缩变形量）/mm	固有频率/Hz	最大工作载荷/N
AT3	25	3.2	100～20000（单根弹簧），24000～60000（两根弹簧）
BT3	50	2.2	500～20000（单根弹簧），24000～60000（两根弹簧）
CT3	75	1.8	800～20000（单根弹簧），24000～40000（两根弹簧）
DT3	100	1.6	800～20000（单根弹簧），24000～40000（两根弹簧）

表 15-4-9　AT3、BT3、CT3、DT3 型弹簧减振器选用表

型号	最大工作载荷/N	刚度/（N/mm）	外形尺寸/mm						
			L	L_1	B	D	H	M	d
AT3-10	100	4	152	120	63	50	130	10	12
AT3-30	300	12	152	120	63	50	130	10	12
AT3-50	500	20	152	120	63	50	145	10	12

型号	最大工作载荷/N	刚度/（N/mm）	外形尺寸/mm						
			L	L_1	B	D	H	M	d
AT3-80	800	32	152	120	63	50	158	12	12
AT3-100	1000	40	152	120	63	50	178	12	12
AT3-150	1500	60	172	140	80	70	181	12	12
AT3-200	2000	80	172	140	80	70	183	12	12
AT3-400	4000	160	188	150	100	80	194	16	14
AT3-500	5000	200	200	160	100	90	231	16	14
AT3-600	6000	240	220	180	120	100	236	16	14
AT3-800	8000	320	220	180	120	100	238	16	14
AT3-1000	10000	400	296	256	165	160	256	20	14
AT3-1200	12000	480	296	256	165	160	256	20	14
AT3-1500	15000	600	296	256	165	160	258	20	14
AT3-1600	16000	640	296	256	165	160	258	20	14
AT3-1800	18000	720	296	256	165	160	258	20	14
AT3-2000	20000	800	296	256	165	160	258	20	14
BT3-50	500	10	198	170	100	90	209	10	12
BT3-80	800	16	198	170	100	90	211	12	12
BT3-100	1000	20	230	195	120	110	216	12	12
BT3-150	1500	30	230	195	120	110	216	12	12
BT3-200	2000	40	230	195	120	110	218	12	12
BT3-400	4000	80	260	220	140	130	231	16	14
BT3-500	5000	100	260	220	140	130	273	16	14
BT3-600	6000	120	260	220	140	130	273	16	14
BT3-800	8000	160	260	220	140	130	275	16	14
BT3-1000	10000	200	332	290	185	180	291	20	14
BT3-1200	12000	240	332	290	185	180	291	20	14
BT3-1500	15000	300	332	290	185	180	293	20	14
BT3-1600	16000	320	332	290	185	180	293	20	14
BT3-1800	18000	360	332	290	185	180	293	20	14
BT3-2000	20000	400	332	290	185	180	293	20	14
CT3-80	800	10	220	190	120	100	249	12	12
CT3-100	1000	13	234	204	120	120	251	12	12
CT3-150	1500	20	234	204	120	120	251	12	12
CT3-200	2000	27	260	220	140	130	260	12	12
CT3-400	4000	53	260	220	140	130	266	16	14

型号	最大工作载荷/N	刚度/（N/mm）	外形尺寸/mm						
			L	L_1	B	D	H	M	d
CT3-500	5000	66	282	242	160	140	303	16	14
CT3-600	6000	80	292	252	160	150	303	16	14
CT3-800	8000	107	292	252	160	150	305	16	14
CT3-1000	10000	134	364	324	210	200	321	20	14
CT3-1200	12000	160	364	324	210	200	321	20	14
CT3-1500	15000	200	364	324	210	200	323	20	14
CT3-1600	16000	213	364	324	210	200	323	20	14
CT3-1800	18000	240	364	324	210	200	323	20	14
CT3-2000	20000	267	364	324	210	200	323	20	14
DT3-80	800	8	230	200	120	110	256	12	12
DT3-100	1000	10	264	234	140	140	263	12	12
DT3-150	1500	15	325	285	180	170	273	12	12
DT3-200	2000	20	325	285	180	170	295	12	12
DT3-400	4000	40	325	285	180	170	301	16	14
DT3-500	5000	50	325	285	180	170	331	16	14
DT3-600	6000	60	325	285	180	170	331	16	14
DT3-800	8000	80	325	285	180	170	333	16	14
DT3-1000	10000	100	408	368	250	230	351	20	14
DT3-1200	12000	120	408	368	250	230	351	20	14
DT3-1500	15000	150	408	368	250	230	353	20	14
DT3-1600	16000	160	408	368	250	230	353	20	14
DT3-1800	18000	180	408	368	250	230	353	20	14
DT3-2000	20000	200	408	368	250	230	353	20	14
AT3-2400	24000	960	495	455	165	200	275	22	14
AT3-3000	30000	1200	495	455	165	200	275	22	14
AT3-3600	36000	1440	495	455	165	200	275	22	14
AT3-4000	40000	1600	495	455	165	200	275	22	14
AT3-5000	50000	2000	495	455	165	200	275	22	14
AT3-6000	60000	2400	495	455	165	200	275	22	14
BT3-2400	24000	480	550	510	185	220	330	22	14
BT3-3000	30000	600	550	510	185	220	330	22	14
BT3-3600	36000	720	550	510	185	220	330	22	14
BT3-4000	40000	800	550	510	185	220	330	22	14
BT3-5000	50000	1000	550	510	185	220	330	22	14

续表

型号	最大工作载荷/N	刚度/（N/mm）	外形尺寸/mm						
			L	L_1	B	D	H	M	d
BT3-6000	60000	1200	550	510	185	220	330	22	14
CT3-2400	24000	320	605	565	210	240	360	22	14
CT3-3000	30000	400	605	565	210	240	360	22	14
CT3-3600	36000	480	605	565	210	240	360	22	14
CT3-4000	40000	535	605	565	210	240	360	22	14
DT3-2400	24000	240	670	630	250	260	400	22	14
DT3-3000	30000	300	670	630	250	260	400	22	14
DT3-3600	36000	360	670	630	250	260	400	22	14
DT3-4000	40000	400	670	630	250	260	400	22	14

4.5　碟形弹簧隔振器

　　DJ_1 型碟形弹簧隔振器是目前国内已研制成功的采用金属碟形弹簧为弹性元件的全金属隔振器，具有自振频率低（8～10Hz）、阻尼大、体积小、耐强冲击载荷能力大及寿命长等优点，并且在受冲击区具有渐变的载荷——变形曲线特性，是一种较理想的冲击振动隔离器。

　　DJ_1 型碟形弹簧隔振器适用于冲床（机械压力机）、锻锤（蒸汽锤、空气锤）、剪板机、折边机等具有冲击振动的机械设备的隔振，具有以下特点。

　　① 隔离冲击振动效果好，100t 以下的冲床直接安装 DJ_1 型碟形弹簧隔振器后，地面冲击振动加速度可减少到原来的 1/10～1/6，振动级可降低 14～21dB。

　　② 由于阻尼性能好，有利于冲击设备的自身振动得到控制，同时可使设备的运转噪声明显降低，冲床安装 DJ_1 型隔振器后冲击噪声可降低 3dB（A）左右。

　　③ 隔振器承载能力大、体积小、高度低、稳定性好、安装方便。对 100t 以下的冲床等设备可直接安装，不需机架及专做大块混凝土基础，可节约基础费用。

　　图 15-4-11 为 DJ_1 型碟形弹簧隔振器的外形及安装尺寸图，表 15-4-10 为其选用表，表 15-4-11 为其具体的安装尺寸表。

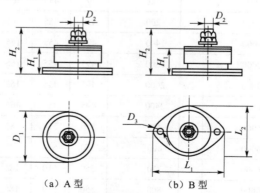

（a）A 型　　　　（b）B 型

图 15-4-11　DJ_1 型碟形弹簧隔振器外形及安装尺寸图

表 15-4-10　DJ$_1$ 型碟形弹簧隔振器选用表

	型号	DJ$_1$-2	DJ$_1$-4	DJ$_1$-8	DJ$_1$-12	DJ$_1$-18	DJ$_1$-26
静态特性	适用载荷范围/kgf①	100～300	300～600	600～1000	1000～1500	1500～2200	2200～3300
	静态变形/mm	1.5～3.2	1.5～3.2	3.6～7.2	3.8～5.8	5.1～8.3	3.4～5.3
	最大允许载荷/kgf①	500	1000	1300	1800	2800	4400
动态特性	额定载荷下的垂直固有频率范围/Hz	10±1	10±1	8.5±1	9±1	8±1	12±1
	阻尼比	0.10～0.13					
	使用环境温度/℃	−65～120					
	使用环境介质	无强碱强酸					

① 1kgf=9.80665N。

表 15-4-11　DJ$_1$ 型碟形弹簧隔振器安装尺寸表

型号	DJ$_1$-2	DJ$_1$-4	DJ$_1$-8	DJ$_1$-12	DJ$_1$-18	DJ$_1$-26
H_1/mm	62	72	77	70	85	83
H_2/mm	162	172	177	170	185	183
（A 型）D_1/mm	ϕ110	ϕ110	ϕ140	ϕ165	ϕ143	ϕ165
（B 型）$L_1 \times L_2$/mm	180×112	180×112	220×140	240×152	240×152	240×152
D_2/mm	M18	M18	M20	M20	M20	M20
D_3/mm	M10	M10	M12	M12	M12	M14
质量/kg	3	3.1	3.5	4	5	4.2

　　DJ$_1$ 型碟形弹簧隔振器根据安装方法的不同分为 A、B 两种：A——与基础面无螺栓固定；B——与基础面可用螺栓固定。A、B 两种类型除底脚不同外，其他尺寸参数均相同。

4.6　不锈钢钢丝绳隔振器

4.6.1　GS$_2$ 螺旋型系列不锈钢钢丝绳隔振器

　　GS$_2$ 螺旋型系列不锈钢钢丝绳隔振器是目前国内大量应用的钢丝绳隔振器，由中船重工集团公司第七〇四研究所设计生产。GS$_2$ 型系列不锈钢钢丝绳隔振器共有 17 种规格，最大载荷为 4kN，额定载荷下的固有频率为 5～10Hz，相对阻尼比可达到 0.12，该型隔振器已在船舶设备隔振中得到广泛的应用。

　　GS$_2$ 型系列不锈钢钢丝绳隔振器可按表 15-4-12 中的性能参数进行选用，外形及安装尺寸见图 15-4-12 及表 15-4-13。由于不锈钢钢丝绳隔振器的安装方向、受压受拉时额定载荷和固有频率都不一致，选用时请加以注意。

表 15-4-12　　GS₂型不锈钢钢丝绳隔振器选用表

承载方式	侧挂（X、Y向）				平置（Z向）			
型号	额定载荷/N	静变形/mm	阻尼比ξ	隔冲量/%	额定载荷/N	静变形/mm	阻尼比ξ	隔冲量/%
GS₂-0.45C	4.5	4±1	>0.12	>80	8	3.5±0.5	>0.12	>80
GS₂-0.6C	6	6±1.5			12	2.5±0.5		
GS₂-1.2C	12	6±1.5			20	3±0.5		
GS₂-2C	20	7±1.5	>0.12	>80	30	3±1	>0.12	>80
GS₂-3C	30	7±1.5			40	3±1		
GS₂-6C	60	8.5±2			150	6±1		
GS₂-10C	100	8.5±2			200	6±2		
GS₂-12C	120	9±2			250	7±2		
GS₂-15C	150	11±2			310	6±2		
GS₂-25C	250	14±2			500	7±2		
GS₂-40C	400	14±2			800	6±1.5		
GS₂-60C	600	11±2			1000	3±1		
GS₂-150Z	800	22±4			1500	11±2		
GS₂-200Z	1000	22±4			2000	12±2		
GS₂-250Z	1300	16±4			2500	8±2		
GS₂-300Z	1600	28±4			3000	15±2		
GS₂-400Z	2100	28±4			4000	15±2		

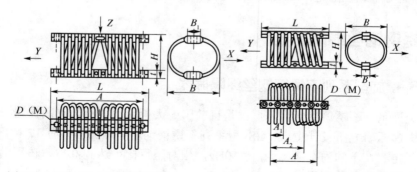

（a）GS₂-0.45C～GS₂-25C 结构示意图　　　（b）GS₂-40C～GS₂-400Z 结构示意图

图 15-4-12　　GS₂型不锈钢钢丝绳隔振器外形及安装尺寸图

表 15-4-13　GS₂型不锈钢钢丝绳隔振器外形及安装尺寸

型号	外形尺寸和连接尺寸/mm									质量/kg
	L	A	H	B	D（M）	t	B_1	A_1	A_2	
GS₂-0.45C	112	100	47	53	M5	6.4	13	—	—	0.11
GS₂-0.6C	112	100	47	53	M5	6.4	13	—	—	0.18
GS₂-1.2C	112	100	45	51	M5	6.4	13	—	—	0.25
GS₂-2C	128	114	52	61	M6	8	14	—	—	0.30
GS₂-3C	128	114	52	61	M6	8	14	—	—	0.35
GS₂-6C	128	114	57	80	M6	10	15	—	—	0.40
GS₂-10C	128	114	57	80	M6	10	15	—	—	0.45
GS₂-12C	128	114	55	74	M6	10	15	—	—	0.68
GS₂-15C	128	114	55	74	M6	10	15	—	—	0.96
GS₂-25C	146	131	63	90	M6	13.5	16	—	—	1.35
GS₂-40C	184	160	89	108	M8	16	25	40	120	1.50
GS₂-60C	184	160	74	90	M8	16	25	40	120	1.80
GS₂-150Z	220	161	137	156	M8	20	26	46	115	3.25
GS₂-200Z	220	161	124	143	M8	20	26	46	115	3.05
GS₂-250Z	220	161	104	120	M8	20	26	46	115	2.75
GS₂-300Z	270	196	146	185	M10	26	26	56	140	5.80
GS₂-400Z	324	247	156	172	M10	26	26	82	165	6.90

4.6.2　GS₃拱形系列不锈钢钢丝绳隔振器

GS₃拱形系列不锈钢钢丝绳隔振器由中船重工集团公司第七〇四研究所设计生产。GS₃型系列不锈钢钢丝绳隔振器共有 17 种规格，最大载荷为 4kN，额定载荷下的固有频率为 6～10Hz，相对阻尼比可达到 0.18。该型隔振器呈拱形结构，提高了纵向、横向与垂向的刚度比，有良好的稳定性和复原性，目前该型隔振器已在船舶设备隔振中得到了大量的应用。

GS₃拱形系列不锈钢钢丝绳隔振器可按表 15-4-14 中的性能参数进行选用,外形及安装尺寸见图 15-4-13 及表 15-4-15。

表 15-4-14　GS₃拱形系列不锈钢钢丝绳隔振器选用表

型号	平置（Z 向）			侧挂（X、Y 向）			阻尼比ξ	隔冲量
	额定载荷/N	静变形/mm	固有频率/Hz	额定载荷/N	静变形/mm	固有频率/Hz		
GS₃-2	20	4±1	10±2	10	4±1.5	10±2		
GS₃-3	30	4±1	10±2	18	4±1.5	10±2		
GS₃-5	50	5±1.5	10±2	40	5±1.5	10±2	≥0.18	≥90%
GS₃-8	80	5±1.5	10±2	60	5±1.5	10±2		
GS₃-10	100	5±1.5	10±2	80	5±1.5	10±2		

续表

型号	平置（Z 向）			侧挂（X、Y 向）			阻尼比ξ	隔冲量
	额定载荷/N	静变形/mm	固有频率/Hz	额定载荷/N	静变形/mm	固有频率/Hz		
GS$_3$-15	150	5±1.5	9±2	100	6±1.5	9±2		
GS$_3$-20	200	5±1.5	9±2	140	6±1.5	9±2		
GS$_3$-30	300	6±1.5	9±2	180	6±1.5	9±2		
GS$_3$-40	400	6±1.5	9±2	240	6±1.5	9±2		
GS$_3$-60	600	7±1.5	9±2	300	7±1.5	9±2		
GS$_3$-80	800	7±1.5	9±2	600	7±1.5	9±2		
GS$_3$-100	1000	8±2	8±2	600	8±2	8±2	≥0.18	≥90%
GS$_3$-150	1500	8±2	8±2	700	9±2	8±2		
GS$_3$-200	2000	10±2	8±2	1000	10±2	8±2		
GS$_3$-250	2500	10±2	7±2	1500	10±2	7±2		
GS$_3$-300	3000	12±2	6±1.5	1500	12±2	6±1.5		
GS$_3$-400	4000	12±2	6±1.5	2000	12±2	6±1.5		

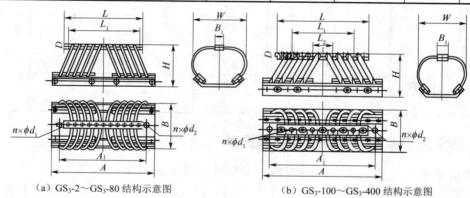

（a）GS$_3$-2～GS$_3$-80 结构示意图　　　　　　（b）GS$_3$-100～GS$_3$-400 结构示意图

图 15-4-13　GS$_3$ 拱形系列不锈钢钢丝绳隔振器外形及安装尺寸图

表 15-4-15　GS$_3$ 拱形系列不锈钢钢丝绳隔振器外形及安装尺寸

型号	外形尺寸和连接尺寸/mm												质量/kg
	A	A$_1$	L	L$_1$	L$_2$	H	W	B	B$_1$	D	n×φd$_1$	n×φd$_2$	
GS$_3$-2	88	72	70	58	—	35	38	38	10	3	2×φ5	2×φ5	0.20
GS$_3$-3	88	72	70	58	—	35	38	38	10	3	2×φ5	2×φ5	0.24
GS$_3$-5	98	82	80	68	—	37	35	38	10	3	2×φ5	2×φ5	0.23
GS$_3$-8	107	90	84	70	—	42	40	42	13	3.5	2×φ6	2×φ6	0.30
GS$_3$-10	118	94	96	83	—	43	40	42	13	3.5	2×φ6	2×φ6	0.32
GS$_3$-15	119	91	88	76	—	51	52	51	14	4	2×φ6	2×φ6	0.45
GS$_3$-20	137	109	106	94	—	51	52	51	14	4	2×φ6	2×φ6	0.55
GS$_3$-30	158	128	113	100	—	74	82	82	14	5	2×φ7	2×φ7	1.00
GS$_3$-40	182	152	138	125	—	76	82	82	14	5	2×φ7	2×φ7	1.20
GS$_3$-60	196	166	142	96	—	92	94	94	16	6.5	2×φ7	2×φ7	1.90
GS$_3$-80	196	166	142	96	—	80	90	94	16	6.5	2×φ7	2×φ7	2.00

续表

型号	外形尺寸和连接尺寸/mm												质量/kg
	A	A_1	L	L_1	L_2	H	W	B	B_1	D	$n\times\phi d_1$	$n\times\phi d_2$	
GS$_3$-100	248	218	177	117	39	120	112	112	26	10	$4\times\phi9$	$3\times\phi11$	5.05
GS$_3$-150	260	230	188	126	42	129	125	112	26	10	$4\times\phi9$	$3\times\phi11$	5.40
GS$_3$-200	260	230	188	126	42	122	118	112	26	10	$4\times\phi9$	$3\times\phi11$	5.30
GS$_3$-250	260	230	188	126	42	114	110	112	26	10	$4\times\phi9$	$3\times\phi11$	5.20
GS$_3$-300	290	260	220	150	50	146	144	125	26	10	$4\times\phi9$	$3\times\phi11$	6.80
GS$_3$-400	290	260	220	150	50	138	135	125	26	10	$4\times\phi9$	$3\times\phi11$	6.80

4.7　橡胶隔振器

4.7.1　JG 型（剪切型）橡胶隔振器

　　JG 型橡胶隔振器由内外钢套和中间橡胶组成，橡胶呈轴对称环状剪力结构，该型隔振器分 4 种尺寸结构、8 种承载规格，额定载荷为 0.1～12.8kN，阻尼比大于 0.05。该型隔振器由上海青浦环新减振器厂生产。

　　图 15-4-14 为 JG 型橡胶隔振器的外形及安装尺寸图，表 15-4-16 为其选用表。

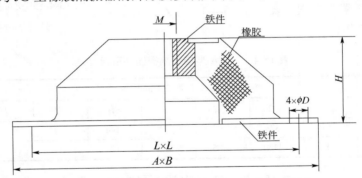

图 15-4-14　JG 型橡胶隔振器外形及安装尺寸图

表 15-4-16　JG 型橡胶隔振器选用表

型号	额定载荷/N	载荷范围/N	额定静变形/mm	固有频率/Hz	阻尼比	安装方式	外形及安装尺寸/mm					
							H	A	B	M	L	D
JG1-1	100	50～100	5±2	7±1	≥0.05	平置式	50	75	75	10	61	7
JG1-2	200	100～200	6±2	7±1	≥0.05	平置式	50	75	75	10	61	7
JG2-1	400	200～400	7±2	7±1	≥0.05	平置式	60	95	95	12	75	10
JG2-2	800	400～800	7±2	7±1	≥0.05	平置式	60	95	95	12	75	10
JG3-1	1600	800～1600	7±2	7±1	≥0.05	平置式	80	132	132	16	106	13
JG3-2	3200	1600～3200	7±2	7±1	≥0.05	平置式	80	132	132	16	106	13
JG4-1	6400	3200～6400	8±2.5	7±1	≥0.05	平置式	110	195	195	20	160	16
JG4-2	12800	6400～12800	8±2.5	7±1	≥0.05	平置式	110	195	195	20	160	16

4.7.2　ZA 型橡胶隔振器

ZA 型橡胶隔振器的主要指标达到国际先进水平，该系列隔振器为北京市高新技术产品，被原国家环保局评为最佳实用技术，曾获北京市科技进步奖，并被编入国标冲床隔振器图集作为首选隔振器。

ZA 型橡胶隔振器广泛适用于柴油发电机（及发电机组）、空压机、风机、冷冻机、泵等机械设备的隔振，对锻压、冲压机械的隔振也有明显效果。

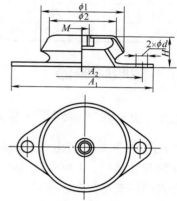

ZA 型橡胶隔振器和同类隔振器相比，具有隔振效果好、体积小、重量轻、高度低、性能稳定、价格便宜等优点。其安装方便，在大部分场合应用时可直接置于被隔离的机组与地面之间（或机组下面加一台座），一般不用地脚螺栓，也不用传统的混凝土基础，因而施工周期短、投资低，是目前国内动力机械实施隔振的理想产品。ZA 型橡胶隔振器由北京世纪静业噪声振动控制技术有限公司生产。

图 15-4-15 为 ZA 型橡胶隔振器外形尺寸示意图。表 15-4-17 为 ZA 型橡胶隔振器外形尺寸表。表 15-4-18 为 ZA 型橡胶隔振器性能规格表。图 15-4-16 为 ZA 型橡胶隔振器特性曲线图。

图 15-4-15　ZA 型橡胶隔振器外形尺寸示意图

表 15-4-17　ZA 型橡胶隔振器外形尺寸表

参数 产品型号	主要尺寸/mm							质量/kg
	$\phi1$	$\phi2$	ϕd	A_1	A_2	H	M	
ZA-39	104	82	13.5	172	144	39	—	0.6
ZA-49	154	115	14.5	212	182	49	—	1.15

表 15-4-18　ZA 型橡胶隔振器性能规格表

参数 型号	载荷范围/N	压缩量/mm	竖向固有频率/Hz
ZA-39-40	1000～4000	1.5～4.5	15～10.5
ZA-39-50	1500～4500	1.5～4.5	14～9.0
ZA-39-60	2000～5500	1.5～4.5	13.5～9.5
ZA-39-70	2500～6500	1.5～4.5	14～10.0
ZA-49-40	2500～5500	3.5～6.0	14～8.5
ZA-49-50	3000～7500	2.0～5.5	13.5～9.5
ZA-49-60	4000～10000	2.5～5.5	13.5～9.5
ZA-49-70	5000～12000	2.0～5.5	12.5～9.0
ZA-49-80	6000～15000	2.0～5.0	12.5～9.5

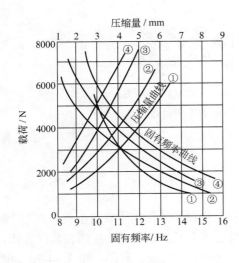

（a）ZA-39 系列
① ZA-39-40 型；② ZA-39-50 型；
③ ZA-39-60 型；④ ZA-39-70 型

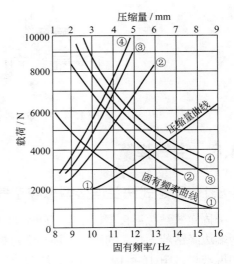

（b）ZA-49 系列
① ZA-49-40 型；② ZA-49-50 型；
③ ZA-49-60 型；④ ZA-49-70 型

图 15-4-16　ZA 型橡胶隔振器特性曲线图

4.7.3　GD 型橡胶隔振器

　　GD 型橡胶隔振器由上海松江橡胶制品厂生产，隔振器在金属法兰中间镶嵌着一个鼓形橡胶块，橡胶块中间还包覆着一个金属套筒，橡胶块可以承受任一方向的载荷，也就是说隔振器可以垂直方向安装，也可以水平方向或倾斜方向安装，额定载荷下的固有频率为 6～10Hz。选用 GD 型橡胶隔振器必须注意，安装方向不同，隔振器的刚度、固有频率以及压缩量都不同。

　　图 15-4-17 为 GD 型橡胶隔振器的外形及安装尺寸图，表 15-4-19 为其选用表，图 15-4-18 为其不同方向的安装示意图。

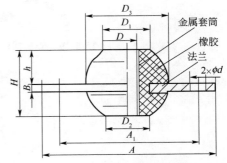

图 15-4-17　GD 型橡胶隔振器外形
及安装尺寸图

表 15-4-19　GD 型橡胶隔振器选用表

型号	固有频率/Hz（变形量/mm）			阻尼比	额定载荷/N	安装尺寸/mm									
	正轴向	反轴向	侧向			D	D_1	D_2	D_3	A	A_1	H	h	B	d
GD-100	7^{+2}_{-1}（5）	8（3.5）	8（3.5）	0.08	1000	17	33	37	68	140	110	55	27	7	13
GD-200	6.5^{+2}_{-1}（9）	9（8）	7.5（7.5）	0.08	2000	20	45	46	90	180	145	75	40	8	15
GD-400	6（10）	10（7）	7（5）	0.08	4000	26	70	71	125	230	190	95	52	13	20

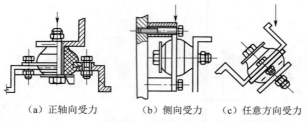

（a）正轴向受力　　　（b）侧向受力　　（c）任意方向受力

图 15-4-18　GD 型橡胶隔振器不同方向的安装示意图

4.8　空气弹簧

4.8.1　固定式法兰连接型橡胶空气弹簧

固定式法兰连接型橡胶空气弹簧的两端边缘尺寸和曲囊最大外径相等或略小一些，在曲囊两端边缘钻若干孔，利用法兰环和端封板将曲囊的两端边缘夹紧，并通过连接螺栓紧固连接，实现密封。图 15-4-19 为固定式法兰连接型橡胶空气弹簧的装配结构示意图。图 15-4-20 为固定式法兰连接型橡胶空气弹簧外形及安装尺寸图，表 15-4-20 为其选用表。

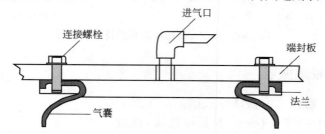

图 15-4-19　固定式法兰连接型橡胶空气弹簧的装配结构示意图

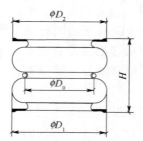

图 15-4-20　固定式法兰连接型橡胶空气弹簧外形及安装尺寸图

表 15-4-20　固定式法兰连接型橡胶空气弹簧选用表

型号	外形及安装尺寸/mm					有效面积/cm²	0.4～0.7MPa承载力/kgf[①]	曲囊数/个
	设计通径 D_0	最大外径 D_1	端部外径 D_2	设计高度 H	全行程			
GF40/60-1	40	80	80	60	40～70	12.6	50～88	1
GF80/58-1	80	120	110	58	35～66	50.3	201～352	1
GF100/140-2	100	150	145	140	68～168	78.5	314～550	2
GF100/166-2	100	160	160	176	74～200	78.5	314～550	2

型号	外形及安装尺寸/mm					有效面积 /cm²	0.4～0.7MPa 承载力/kgf[①]	曲囊数 /个
	设计通径 D_0	最大外径 D_1	端部外径 D_2	设计高度 H	全行程			
GF100/238-3	100	160	160	256	98～275	78.5	314～550	3
GF120/102-1	120	188	180	102	50～118	113.1	452～792	1
GF150/206-2	150	230	220	216	74～250	176.7	707～1237	2
GF150/298-3	150	230	220	316	98～350	176.7	707～1237	3
GF200/206-2	200	280	280	218	74～250	314.2	1257～2199	2
GF200/298-3	200	280	280	320	98～350	314.2	1257～2199	3
GF230/206-2	230	310	310	218	74～250	415.5	1662～2908	2
GF230/298-3	230	310	310	320	110～350	415.5	1662～2908	3
GF250/206-2	250	330	330	218	74～250	490.9	1964～3436	2
GF250/298-3	250	330	330	320	110～350	490.9	1964～3464	3
GF280/206-2	280	360	360	218	74～250	615.8	2463～4311	2
GF280/298-3	280	360	360	320	110～350	615.8	2463～4311	3
GF300/218-2	300	380	380	226	85～270	706.9	2828～4948	2
GF300/316-3	300	380	380	330	120～370	706.9	2828～4948	3
GF320/120-1	320	400	400	120	60～150	804.2	3217～5629	1
GF320/215-2	320	400	400	226	85～270	804.2	3217～5629	2
GF320/310-3	320	400	400	330	120～370	804.2	3217～5629	3
GF400/215-2	400	480	480	228	90～270	1256.6	5026～8796	2
GF400/310-3	400	480	480	334	130～370	1256.6	5026～8796	3
GF440-215-2	440	520	520	215	82～248	1520.5	6082～10644	2
GF440/310-3	440	520	520	310	120～360	1520.5	6082～10644	3
GF500/220-2	500	580	580	220	92～252	1963.5	7854～13744	2
GF500/320-3	500	580	580	320	128～370	1963.5	7854～13744	3
GF500/420-4	500	580	580	420	155～500	1963.5	7854～13744	4
GF580/262-2	580	680	680	262	92～305	2642.1	10568～18495	2
GF580/384-3	580	680	680	384	124～448	2642.1	10568～18495	3

① 1kgf=9.80665N。

4.8.2　活套式法兰连接型橡胶空气弹簧

　　活套式法兰连接型橡胶空气弹簧的两端边缘尺寸比曲囊最大外径小得多，无须在曲囊两端边缘钻孔，利用一个特制的法兰环和端封板将曲囊的两端边缘夹紧，并通过连接螺栓紧固连接，实现密封。图 15-4-21 为活套式法兰连接型橡胶空气弹簧的装配结构示意图。图 15-4-22 为活套式法兰连接型橡胶空气弹簧外形及安装尺寸图，表 15-4-21 为其选用表。

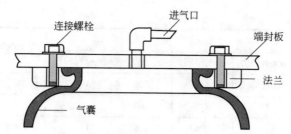

图 15-4-21　活套式法兰连接型橡胶空气弹簧的装配结构示意图

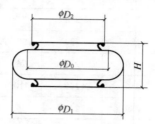

图 15-4-22　活套式法兰连接型橡胶空气弹簧外形及安装尺寸图

表 15-4-21　活套式法兰连接型橡胶空气弹簧选用表

型号	外形及安装尺寸/mm					有效面积 /cm²	0.4～0.7MPa 承载力/kgf[①]	曲囊 数/个
	设计通径 D_0	最大外径 D_1	端部外径 D_2	设计高度 H	全行程			
HF80/90-1	80	136	82	90	50～110	50.3	201～352	1
HF80/142-2	80	130	92	142	72～162	50.3	201～352	2
HF95/70-1	95	130	65	70	45～80	70.9	284～496	1
HF100/166-2	100	160	112	166	74～200	78.5	314～550	2
HF100/238-3	100	160	112	238	98～275	78.5	314～550	3
HF104/66-1	104	150	88	66	34～85	84.9	340～594	1
HF115/77-1	115	145	118	77	55～90	103.9	416～727	1
HF120/132-2	120	168	136	132	72～152	113.1	452～792	2
HF125/112-1	125	215	150	112	40～132	122.7	491～859	1
HF150/140-2	150	200	132	140	76～162	176.7	707～1237	2
HF170/120-1	170	260	150	120	55～145	227	908～1589	1
HF174/126-1	174	270	170	126	50～160	237.8	951～1165	1
HF180/156-1	180	300	181	156	120～170	254.5	1018～1782	1
HF180/152-2	180	235	145	152	67～182	254.5	1018～1782	2
HF190/170-2	190	250	128	170	84～194	277.6	1110～1943	2
HF190/248-3	190	250	128	248	116～282	277.6	1110～1943	2
HF192/140-2	192	240	143	140	80～190	289.5	1158～2027	2
HF208/90-1	208	268	178	90	50～130	339.8	1359～2378	1
HF230/116-1	230	285	172	116	75～130	415.5	1662～2908	1
HF230/120-1	230	320	182	120	50～140	415.5	1662～2908	1

续表

型号	外形及安装尺寸/mm					有效面积 /cm²	0.4～0.7MPa 承载力/kgf[①]	曲囊 数/个
	设计通径 D_0	最大外径 D_1	端部外径 D_2	设计高度 H	全行程			
HF230/140-2	230	280	200	140	70～170	415.5	1662～2908	2
HF240/100-1	240	305	180	100	50～140	452.4	1810～3167	1
HF240/165-2	240	301	210	165	75～190	452.4	1810～3167	2
HF250/255-2	250	350	260	255	100～305	490.9	1964～3436	2
HF264/90-1	264	324	237	90	50～130	547.4	2189～3832	1
HF290/105-1	290	360	220	105	60～125	660.5	2642～4624	1
HF300/255-2	300	400	310	255	100～305	706.9	2828～4948	2
HF310/160-1	310	430	310	160	120～170	754.8	3019～5283	1
HF320/203-2	320	400	261	203	90～240	804.2	3217～5629	2

① 1kgf=9.80665N。

4.8.3　自密封型橡胶空气弹簧

自密封型橡胶空气弹簧充入压缩空气以后，与端封板自行密封，不需要用法兰与端封板夹紧来进行密封。图 15-4-23 为自密封型橡胶空气弹簧的装配结构示意图，表 15-4-22 为其选用表。

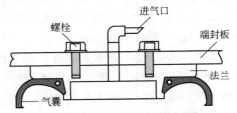

图 15-4-23　自密封型橡胶空气弹簧的装配结构示意图

表 15-4-22　自密封型橡胶空气弹簧选用表

型号	有效直径 /mm	0.7MPa 时 最大外径 /mm	承载力/kgf[①]			0.7MPa 时 固有频率 /Hz	设计行程/mm		质量/kg
			0.2MPa	0.5MPa	0.7MPa		最低 压缩高度	安全 伸长高度	
140110ZF-2	90	160	121	316	450	2.5	60	125	0.5
160110ZF-2	110	180	180	474	676	2.54	60	125	0.68
200110ZF-2	150	220	353	899	1270	2.33	60	125	1
250110ZF-2	200	270	—	—	—	—	65	130	1.5
280110ZF-2	230	295	830	2117	3009	2.06	60	125	1.75
350110ZF-2	300	370	—	—	—	—	65	130	—
500110ZF-2	450	520	3116	8100	11400	2.32	80	130	—
110070ZF-3	90	130	118	319	453	3.28	50	91	1
200170ZF-3	150	220	334	863	1221	1.98	80	210	2.1
250170ZF-3	200	270	—	—	—	—	90	210	2.45

续表

型号	有效直径 /mm	0.7MPa 时 最大外径 /mm	承载力/kgf[①]			0.7MPa 时 固有频率 /Hz	设计行程/mm		质量/kg
			0.2MPa	0.5MPa	0.7MPa		最低 压缩高度	安全 伸长高度	
280170ZF-3	230	300	813	2102	2971	1.77	90	210	3.2
350170ZF-3	300	370	—	—	—	—	90	215	4.7
400180ZF-3	350	420	1883	4821	6901	1.9	100	215	7.4
420210ZF-3	370	440	—	—	—	—	100	255	7
500180ZF-3	450	520	3113	7990	11326	1.87	100	215	—
530180ZF-3	480	550	3554	9147	12869	1.65	100	215	6.32
580180ZF-3	530	600	—	—	—	—	100	220	11.45
620210ZF-3	560	640	4878	12378	17430	1.39	120	240	16.95
420245ZF-4	370	440	2046	5255	4384	1.48	150	320	9.95
620285ZF-4	560	640	4688	11945	16972	1.39	145	330	19.9

① 1kgf=9.80665N。

4.8.4　MQT 型空气弹簧隔振器

MQT 型空气弹簧隔振器利用压缩空气作为隔振、阻尼介质，系列产品单个载荷 550～5500kgf，固有频率 2.5～3.2Hz，阻尼比 0.15～0.32（可调）。产品配有水平自动调节系统，当被隔振设备的重心发生变化时，自动调整保持设备水平。

MQT 型空气弹簧隔振器的固有频率低，隔振效率高，阻尼比大，能抑制被隔振设备的波动，提高被隔振设备的稳定性，特别适用于精密仪器仪表的消极隔振和动力设备、试验台的积极隔振处理。MQT 型空气弹簧隔振器由上海青浦环新减振器厂生产。

图 15-4-24 为 MQT 型空气弹簧隔振器的外形尺寸图。图 15-4-25 为 MQT 型空气弹簧隔振器的实样。表 15-4-23 为 MQT 型空气弹簧隔振器的选用表。

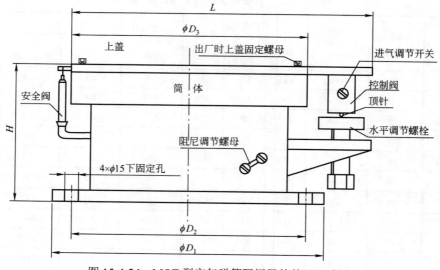

图 15-4-24　MQT 型空气弹簧隔振器的外形尺寸图

图 15-4-25　MQT 型空气弹簧隔振器的实样

表 15-4-23　MQT 型空气弹簧隔振器的选用表

型号规格	最大载荷/kgf		外形尺寸/mm				
	4bar[①]	6bar	ϕD_1	ϕD_2	ϕD_3	L	H
MQT-400	260	400	210	173	175	247	157
MQT-850	550	850	245	208	210	282	157
MQT-1700	1100	1700	296	259	262	333	157
MQT-2500	1600	2500	360	316	314	401	157
MQT-3900	2500	3900	410	367	370	455	157
MQT-5500	3500	5500	462	419	425	509	157

① 1bar=10^5Pa。

4.9　橡胶隔振垫

4.9.1　SD 型橡胶隔振垫

SD 型橡胶隔振垫以耐油橡胶为弹性材料经硫化模压成型，其波浪状表面可降低隔振垫垂向刚度，隔振垫基本块尺寸为 84mm×84mm×20mm，该系列产品由一种规格尺寸、三种橡胶硬度的隔振垫组成。为提高隔振效果，可多层隔振垫串联使用，并在各层之间以金属钢板隔开，n 层串联隔振垫的总刚度为单层的 $1/n$ 倍。

SD62-1 产品释义：

SD 为型号标识；

6 为橡胶硬度标志符，6 表示橡胶邵氏硬度60°；

2 为橡胶隔振垫叠加层数；

1 为每层的基本块数。

SD 型橡胶隔振垫，上海青浦环新减振器厂、上海松江橡胶制品厂均有生产。表 15-4-24 为 SD 型橡胶隔振垫选用表。

表 15-4-24　SD 型橡胶隔振垫选用表

隔振垫			竖向许可载荷/kN	竖向变形/mm	竖向固有频率/Hz	钢板	
型号	层	块				块	尺寸/mm
SD-41-1	1	1	0.32～0.86	2.5～5.0	12.9～9.1	—	—
SD-61-1			0.88～2.37	2.5～5.0	12.9～9.1		
SD-81-1			2.22～5.92	2.5～5.0	12.9～9.1		
SD-42-1	2	2	0.32～0.86	4.0～9.0	10.3～6.5	1	96×96×3
SD-62-1			0.88～2.37	4.0～9.0	10.3～6.5		
SD-82-1			2.22～5.92	4.0～9.0	10.3～6.5		
SD-43-1	3	3	0.32～0.86	5.5～13.0	8.4～5.4	2	
SD-63-1			0.88～2.37	5.5～13.0	8.4～5.4		
SD-83-1			2.22～5.92	5.5～13.0	8.4～5.4		
SD-44-1	4	4	0.32～0.86	7.0～17.0	7.4～4.8	3	
SD-64-1			0.88～2.37	7.0～17.0	7.4～4.8		
SD-84-1			2.22～5.92	7.0～17.0	7.4～4.8		
SD-41-2	1	2	0.64～1.72	2.5～5.0	12.9～9.1	—	—
SD-61-2			1.76～4.74	2.5～5.0	12.9～9.1		
SD-81-2			4.44～11.84	2.5～5.0	12.9～9.1		
SD-42-2	2	4	0.64～1.72	4.0～9.0	10.3～6.5	1	96×182×3
SD-62-2			1.76～4.74	4.0～9.0	10.3～6.5		
SD-82-2			4.44～11.84	4.0～9.0	10.3～6.5		
SD-43-2	3	6	0.64～1.72	5.5～13.0	8.4～5.4	2	
SD-63-2			1.76～4.74	5.5～13.0	8.4～5.4		
SD-83-2			4.44～11.84	5.5～13.0	8.4～5.4		
SD-44-2	4	8	0.64～1.72	7.0～17.0	7.4～4.8	3	
SD-64-2			1.76～4.74	7.0～17.0	7.4～4.8		
SD-84-2			4.44～11.84	7.0～17.0	7.4～4.8		
SD-45-2	5	10	0.64～1.72	8.5～21.0	7.4～4.1	4	96×182×3
SD-65-2			1.76～4.74	8.5～21.0	7.4～4.1		
SD-85-2			4.44～11.84	8.5～21.0	7.4～4.1		
SD-41-3	1	3	0.96～2.58	2.5～5.0	12.9～9.1	—	—
SD-61-3			2.64～7.11	2.5～5.0	12.9～9.1		
SD-81-3			6.66～17.7	2.5～5.0	12.9～9.1		
SD-42-3	2	6	0.96～2.58	4.0～9.0	10.3～6.5	1	92×268×3
SD-62-3			2.64～7.11	4.0～9.0	10.3～6.5		
SD-82-3			6.66～17.7	4.0～9.0	10.3～6.5		

续表

隔振垫			竖向许可载荷/kN	竖向变形/mm	竖向固有频率/Hz	钢板	
型号	层	块				块	尺寸/mm
SD-43-3			0.96～2.58	5.5～13.0	8.4～5.4		
SD-63-3	3	9	2.64～7.11	5.5～13.0	8.4～5.4	2	
SD-83-3			6.66～17.7	5.5～13.0	8.4～5.4		
SD-44-3			0.96～2.58	7.0～17.0	7.4～4.8		
SD-64-3	4	12	2.64～7.11	7.0～17.0	7.4～4.8	3	92×268×3
SD-84-3			6.66～17.7	7.0～17.0	7.4～4.8		
SD-45-3			0.96～2.58	8.5～21.0	7.4～4.1		
SD-65-3	5	15	2.64～7.11	8.5～21.0	7.4～4.1	4	
SD-85-3			6.66～17.7	8.5～21.0	7.4～4.1		
SD-41-4			1.28～3.44	2.5～5.0	12.9～9.1		
SD-61-4	1	4	3.52～9.48	2.5～5.0	12.9～9.1	—	
SD-81-4			8.88～23.7	2.5～5.0	12.9～9.1		
SD-42-4			1.28～3.44	4.0～9.0	10.3～6.5		
SD-62-4	2	8	3.52～9.48	4.0～9.0	10.3～6.5	1	
SD-82-4			8.88～23.7	4.0～9.0	10.3～6.5		
SD-43-4			1.28～3.44	5.5～13.0	8.4～5.4		
SD-63-4	3	12	3.52～9.48	5.5～13.0	8.4～5.4	2	182×182×3
SD-83-4			8.88～23.7	5.5～13.0	8.4～5.4		
SD-44-4			1.28～3.44	7.0～17.0	7.4～4.8		
SD-64-4	4	16	3.52～9.48	7.0～17.0	7.4～4.8	3	
SD-84-4			8.88～23.7	7.0～17.0	7.4～4.8		
SD-45-4			1.28～3.44	8.5～21.0	7.4～4.1		
SD-65-4	5	20	3.52～9.48	8.5～21.0	7.4～4.1	4	
SD-85-4			8.88～23.7	8.5～21.0	7.4～4.1		
SD-41-6			1.92～5.16	2.5～5.0	12.9～9.1		
SD-61-6	1	4	5.28～14.2	2.5～5.0	12.9～9.1	—	
SD-81-6			13.3～35.5	2.5～5.0	12.9～9.1		
SD-42-6			1.92～5.16	4.0～9.0	10.3～6.5		
SD-62-6	2	8	5.28～14.2	4.0～9.0	10.3～6.5	1	82×268×3
SD-82-6			13.3～35.5	4.0～9.0	10.3～6.5		
SD-43-6			1.92～5.16	5.5～13.0	8.4～5.4		
SD-63-6	3	12	5.28～14.2	5.5～13.0	8.4～5.4	2	
SD-83-6			13.3～35.5	5.5～13.0	8.4～5.4		
SD-44-6	4	16	1.92～5.16	7.0～17.0	7.4～4.8	3	

续表

隔振垫			竖向许可载荷/kN	竖向变形/mm	竖向固有频率/Hz	钢板	
型号	层	块				块	尺寸/mm
SD-64-6	4	16	5.28～14.2	7.0～17.0	7.4～4.8	3	82×268×3
SD-84-6			13.3～35.5	7.0～17.0	7.4～4.8		
SD-45-6	5	20	1.92～5.16	8.5～21.0	7.4～4.1	4	
SD-65-6			5.28～14.2	8.5～21.0	7.4～4.1		
SD-85-6			13.3～35.5	8.5～21.0	7.4～4.1		

4.9.2　FZD 型浮筑结构橡胶隔振隔声垫

　　FZD 型浮筑结构橡胶隔振隔声垫由天然合成橡胶、中间锦纶尼龙骨架加强层通过高温硫化模压而成，基本块尺寸为 500mm×500mm，厚度分为 9 种规格，可大面积组合铺设，也可任意切割大小。隔振垫下部凸台设有孔，能起到一定的空气隔振和阻尼作用，固有频率较低，隔振隔声效果较好。隔振垫安装方便，每块拼装时不需要其他辅助材料，拼装处载荷均匀。隔振垫具有耐酸碱、耐油、防腐、防潮、防老化、耐温（−20～+90℃）、阻尼比大（0.08）等特点。FZD 型浮筑结构橡胶隔振隔声垫由上海青浦环新减振器厂生产。

　　图 15-4-26 为 FZD 型浮筑结构橡胶隔振隔声垫的外形及安装尺寸图，表 15-4-25 为其选用表。

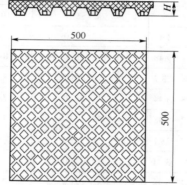

图 15-4-26　FZD 型浮筑结构橡胶隔振隔声垫外形及安装尺寸图

表 15-4-25　FZD 型浮筑结构橡胶隔振隔声垫选用表

型号	载荷范围/（N/m²）	变形量/mm	频率范围/Hz	厚度 H/mm
FZD-10	2000～45000	2～4	10～15	10
FZD-16	2000～120000	2～6	9～15	16
FZD-20	2000～120000	2～7	8～15	20
FZD-30	2000～150000	2～8	8～15	30
FZD-40	2000～150000	2～8	8～15	40
FZD-50	2000～150000	3～10	7.5～13	50
FZD-60	2500～180000	4～10	7.2～13	60
FZD-80	2500～180000	4～11	7.2～12.5	80
FZD-100	2500～180000	4～12	7.2～12	100

4.9.3　FJK 型浮筑聚氨酯橡胶隔振隔声垫

FJK 型浮筑聚氨酯橡胶隔振隔声垫选用弹性橡胶纤维和聚氨酯高分子黏合剂及其他化工原料组合，并通过高温高压模压而成型，具有弹性好、使用寿命长的特点，基本块尺寸为500mm×500mm，共有 14 种厚度。

FJK 型浮筑聚氨酯橡胶隔振隔声垫呈双面形：上层面密度高，并配有绿色（或其他颜色）的橡胶细纤维；下层面密度低些，由黑色较粗的纤维组成。该隔振隔声垫适用范围广，具有耐油、耐酸碱、防霉、防蛀、防湿、防老化、耐温（−20～90℃）、阻尼比大（0.08～0.11）等特点。FJK 型浮筑聚氨酯橡胶隔振隔声垫由上海青浦环新减振器厂生产。

图 15-4-27 为 FJK 型浮筑聚氨酯橡胶隔振隔声垫的外形及安装尺寸图，表 15-4-26 为其选用表。

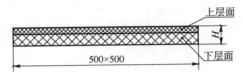

图 15-4-27　FJK 型浮筑聚氨酯橡胶隔振隔声垫外形及安装尺寸图

表 15-4-26　FJK 型浮筑聚氨酯橡胶隔振隔声垫选用表

型号	载荷范围/（N/m²）	变形量/mm	频率范围/Hz	厚度 H/mm
FJK-10	2000～70000	1～3	12～20	10
FJK-16	2000～80000	1～3	10～20	16
FJK-20	2500～90000	1～3	10～20	20
FJK-25	2500～90000	1～4	9.5～20	25
FJK-30	2500～120000	1～6	9～20	30
FJK-35	2500～150000	1～8	8～20	35
FJK-40	2500～150000	1～8	8～20	40
FJK-45	2500～150000	1～8	8～20	45
FJK-50	2500～150000	1～9	8～20	50
FJK-55	2500～150000	1～10	8～20	55
FJK-60	2500～150000	1～11	7.5～20	60
FJK-70	2500～150000	1～11	7.5～20	70
FJK-80	2500～150000	1～12	7～20	80
FJK-100	2500～150000	1～13	7～20	100

4.9.4　BSW 减振隔声垫

德国 BSW（贝斯威贝勒堡有限公司）是一家生产聚氨酯复合橡胶颗粒弹性体产品的专业公司，其产品包括撞击声隔声、振动隔离、建筑隔振、轨道及道床隔振等多个系列。自 2007年进入中国以来，Regupol® 和 Regufoam® 系列产品已应用于上百个项目。

BSW 公司生产的 Regupol® 撞击声隔声垫应用在民用住宅、办公大厦、宾馆酒店、影院、剧院、音乐厅等声学敏感建筑中，对分层楼板之间的固体声传递起到良好的隔振隔声效果。相比传统的浮筑楼板隔声材料，在等效情况下，材料厚度只有 3～17mm，大大减小了结构高度，节约了室内空间。Regupol® 是绿色环保产品，无毒性排放，可以结合地暖或保温材料使用。产品抗老化、耐腐蚀、耐潮湿，使用寿命可与建筑同寿。

Regupol® vibration 和 Regufoam® vibration 两个系列的隔振垫是 BSW 公司研发生产的弹性隔振材料。采用浮筑结构对机器设备、房屋建筑、轨道道床等基础进行弹性隔离，以减轻振动、阻止结构传声。产品特点是：在极高的荷载下保持优异的弹性和几乎可以忽略的蠕变；在使用周期内保持不变的固有频率和一致的物理性能。对于如球磨机、发电机组、冷却塔、风机、水泵、各类机床、试验台、实验室等的大型基础，以及综合体建筑、轨道、隧道和桥梁的隔振效果显著，大大降低了因结构传声而产生的二次噪声。特别是对于大型基础的弹性隔离，产品具有不可比拟的超高性价比。Regupol® vibration 和 Regufoam® vibration 隔振垫是绿色环保产品，抗老化、耐腐蚀、免维护，使用寿命长。

表 15-4-27 为 Regupol® 撞击声隔声垫的选型表。表 15-4-28 和表 15-4-29 分别为 Regupol® vibration 和 Regufoam® vibration 隔振垫的选型表。

表 15-4-27　Regupol® 撞击声隔声垫选型表

型号	厚度/mm	动荷载/（N/mm²）	动刚度/（MN/m³）	撞击声隔声量/dB
4515	5	0.008	55	18
4515FH	5	0.008	55	18
7210C	5	0.030	50	18
Comfort 5	5	0.006	20	21
Comfort 8	8	0.005	15	25
Sound 10	17	0.025	10	34
Sound 12	17	0.030	12	33
Sound 17	17	0.050	17	26
Sound 47	8	0.030	47	21

表 15-4-28　Regupol® vibration 隔振垫选型表

型号	厚度/mm	最低固有频率/Hz	静荷载/（N/mm²）	动荷载/（N/mm²）
Vibration 200	17～51	9.5	0.02	0.05
Vibration 280	8～24	10	0.03	0.05
Vibration 300	17～51	12	0.05	0.08
Vibration 400	15～60	11	0.10	0.15
Vibration 450	25～100	7.5	0.12	0.18
Vibration 480	15～60	10	0.15	0.25
Vibration 550	15～60	10	0.30	0.40
Vibration 800	10～60	8.5	0.80	1.00
Vibration 1000	10～60	10	1.50	1.75

表 15-4-29　Regufoam®vibration 隔振垫选型表

型号	厚度/mm	最低固有频率/Hz	静荷载/（N/mm²）	动荷载/（N/mm²）
Vibration 150plus		8	0.011	0.016
Vibration 190plus		7.5	0.018	0.028
Vibration 220plus		7	0.028	0.040
Vibration 270plus		7	0.042	0.062
Vibration 300plus		6.5	0.055	0.080
Vibration 400plus	12～50	6	0.11	0.16
Vibration 510plus		6	0.22	0.32
Vibration 570plus		8	0.30	0.42
Vibration 680plus		7	0.45	0.62
Vibration 740plus		7	0.60	0.85
Vibration 810plus		7	0.85	1.20
Vibration 990plus		8	2.50	3.5

4.10　"隔而固"钢弹簧浮置板隔振系统

　　隔而固（青岛）振动控制有限公司自 2002 年成立以来，成功应用德国隔而固公司原创发明的钢弹簧浮置板隔振系统技术，解决了诸多振动问题并有所创新。

　　钢弹簧浮置板隔振系统是由钢弹簧浮置板与扣件钢轨等组成的一种高效减振轨道结构，是将预制或现浇的钢筋混凝土整体道床用钢弹簧隔振元件与基底弹性隔离，构成质量、弹簧与阻尼系统，以隔离和减少轨道向周围传递振动的特殊轨道结构。

　　其核心元件钢弹簧隔振器由螺旋钢弹簧和黏滞阻尼组成，有内置式、侧置式两种系列。图 15-4-28 为典型内置式钢弹簧浮置板示意图。图 15-4-29 为典型侧置式钢弹簧浮置板示意图。

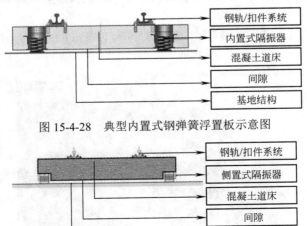

图 15-4-28　典型内置式钢弹簧浮置板示意图

图 15-4-29　典型侧置式钢弹簧浮置板示意图

　　钢弹簧浮置板道床是轨道减振系列技术中减振效果最好的,可应用于高等减振需求地段和特殊减振需求地段,特别适用于线路从建筑物下面(或附近)通过,以及建筑物隔振要求较高的场合(如音乐厅、歌剧院、医院、市政厅、会议中心、博物馆、中高档住宅和酒店等)。

　　钢弹簧浮置板隔振系统已成功应用于很多轨道交通工程,解决了一系列沿线保护目标的振动与噪声问题,取得了良好的经济效益和社会效益。该系统最早应用于德国柏林地铁,此后克隆地铁、法兰克福-曼茵茨国际机场楼顶快速客运系统、巴西圣保罗地铁、日本东京地铁、韩国釜山-汉城高铁的部分地段都采用该项技术。

　　该技术 2002 年进入国内市场,最早应用于北京地铁 13 号线,迄今已在北京、上海、深圳、广州、南京等 20 余个城市近百条线路中铺设应用,总运营长度已超过 210km。

　　钢弹簧浮置板进入中国后,结合国情,做了诸多改进与创新。例如,上海地铁 4 号线首次在高架线上设置钢弹簧浮置板降噪项目,北京地铁 10 号线首次应用较小轨道高度的分体式隔振技术,上海地铁 10、11、12、13 号线首次使用预制浮置板道床技术等,这些都是重大进展,属世界首创。图 15-4-30 为预制板道床的现场实照。

图 15-4-30　首创预制浮置板道床现场实照

　　钢弹簧浮置板隔振技术已广泛应用于地铁地下线、高架线以及车场线,运行时速可满足 80～120km/h 线路段的要求。

　　图 15-4-31 为钢弹簧浮置板隔振系统应用于时速为 120km/h 的上海地铁 16 号线的现场实照。

图 15-4-31　上海地铁 16 号线(设计时速 120km/h)安装钢弹簧浮置板隔振系统现场实照

钢弹簧浮置板按施工工艺可分为散铺现浇浮置板、钢筋笼法现浇浮置板和预制浮置板。其中，钢筋笼法现浇浮置板是目前最为主流的浮置板技术，而预制浮置板则因其质量高和施工速度快等优势已获得了快速发展，代表着浮置板技术发展的潮流和方向。

钢弹簧浮置板所用隔振器刚度一般在 5.3～6.9kN/mm。在进行浮置板隔振系统设计时，需要根据隔振地段的线路和车辆情况，结合减振需求和轨道结构高度进行系统设计，进而确定隔振器的型号和具体布置。

钢弹簧浮置板轨道的特点：

① 隔振效果好，Z 振级插入损失 13～18dB 以上；

② 系统固有频率在 6～11Hz；

③ 同时具有三维弹性，三向隔振效果俱佳；

④ 水平刚度大，横向稳定性好，不需额外限位装置；

⑤ 施工简单，可现场浇注；

⑥ 检查或更换弹簧十分方便，不用拆卸钢轨，不影响地铁运行；

⑦ 基础沉降造成的高度变化可以方便快速地进行调整；

⑧ 弹簧隔振器寿命长，设计寿命 50 年。

隔而固公司钢弹簧浮置板相关技术于 2011 年荣获国家科技进步二等奖，2013 年荣获上海市科学技术奖一等奖。

4.11　弹性吊钩（吊式隔振器）

4.11.1　XHS 型吊架弹簧减振器

XHS 型吊架弹簧减振器由上海青浦环新减振器厂设计生产，减振器以金属弹簧、阻尼橡胶为主构件。XHS 型减振器的载荷范围为 30～9600N，额定载荷下的固有频率为 2.4～5.0Hz，有 14 种规格。该型减振器主要用于风机盘管、管道的悬吊支承，以防止管道振动沿管道支承传递。

表 15-4-30 为 XHS 型吊架弹簧减振器的性能参数及安装尺寸，图 15-4-32 为其外形及安装尺寸图。

表 15-4-30　XHS 型吊架弹簧减振器的性能参数及安装尺寸

	型号	XHS -5	XHS -10	XHS -20	XHS -30	XHS -40	XHS -60	XHS -80	XHS -100	XHS -150	XHS -200	XHS -250	XHS -320	XHS -500	XHS -700
性能参数	载荷范围/N	30～80	80～170	130～260	190～450	340～580	480～850	580～1050	750～1500	1000～2000	1300～2650	1700～3000	2310～4000	3000～6400	5500～9600
	轴向静刚度 /（N/mm）	3.2	7.5	11	10.8	13.7	26.5	31.4	45	56	65	75	106	200	535
	自振频率/Hz	3.0～5.0	3.0～4.8	3.0～4.5	2.4～3.6	2.4～3.2	2.7～3.7	2.7～3.7	2.7～3.8	2.6～3.7	2.5～3.5	2.5～3.3	2.6～4.0	2.7～4.0	3.4～4.8
	预压变形/mm	10	10	10	10	10	10	10	10	10	12	12	12	12	8
	最大变形/mm	25	23	23	42	42	32	33	33	36	41	40	38	32	18

续表

型号		XHS -5	XHS -10	XHS -20	XHS -30	XHS -40	XHS -60	XHS -80	XHS -100	XHS -150	XHS -200	XHS -250	XHS -320	XHS -500	XHS -700
外形尺寸	A/mm	50	50	50	60	60	60	60	80	80	100	100	100	100	100
	B/mm	50	50	50	60	60	60	60	80	80	100	100	100	100	100
	C/mm	50	50	50	60	60	60	60	60	60	80	80	80	80	80
	H/mm	100	100	100	120	120	120	120	140	140	180	180	180	200	200
	d/mm	10	10	10	12	12	12	12	13	13	13	13	13	18	18
	M/mm	8	8	8	10	10	10	10	12	12	12	12	12	16	16

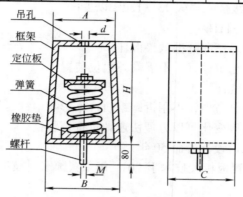

图 15-4-32 XHS 型吊架弹簧减振器外形及安装尺寸图

4.11.2 XDJ 型吊式橡胶隔振器

XDJ 型吊式橡胶隔振器的载荷范围为 3~1800kgf，额定载荷下的固有频率为 6~12Hz，共有 14 种规格。该型减振器具有耐油、耐酸、耐腐蚀等特点，能用于吊装重心不对称的设备，且其上下吊装的固定形式可根据需要订制。该型隔振器由上海青浦环新减振器厂设计生产。

表 15-4-31 为 XDJ 型吊式橡胶隔振器的性能参数及安装尺寸，图 15-4-33 为其外形及安装尺寸图。

表 15-4-31 XDJ 型吊式橡胶隔振器性能参数及安装尺寸

型号	载荷范围/kgf	压缩变形/mm	固有频率/Hz	L	B	C	b	d	M
XDJ-10	3~10	3~7	11~7.5	100	50	50	3	9	8
XDJ-20	10~20	3.5~7	11~7.4	100	50	50	3	9	8
XDJ-30	20~30	5.2~8	10~7.2	100	50	50	3	9	8
XDJ-40	30~40	5.5~7.5	9.5~7.9	100	50	50	3	11	10
XDJ-80	40~80	3.2~6.6	12~8	100	50	50	3	13	12
XDJ-150	80~150	4.6~9	10~7	100	50	50	4	13	12
XDJ-220	150~220	5.5~9	10~7	100	50	50	4	15	14
XDJ-300	220~300	6~9	10~7	100	80	80	6	15	14
XDJ-400	300~400	6.2~9	10~6.5	100	80	80	6	17	16
XDJ-600	400~600	6~9.5	11~7	115	110	100	8	17	16
XDJ-800	600~800	6~10	11~6	115	110	100	8	19	18
XDJ-1000	800~1000	8~12	9.5~7	130	140	120	10	19	18
XDJ-1400	1000~1400	8~12	9.5~6	130	140	120	10	21	20
XDJ-1800	1400~1800	8~11	10~6.5	130	140	120	10	21	20

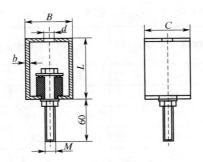

图 15-4-33　XDJ 型吊式橡胶隔振器外形及安装尺寸图

4.12　柔性接管

4.12.1　XGD 型橡胶挠性接管

XGD 型橡胶挠性接管分 XGD1 型和 XGD2 型，其中 XGD1 型为单球体，XGD2 型为双球体，双球体吸振效果优于单球体。

XGD1 型橡胶挠性接管采用多层次球体结构，吸振能力强，对管道减振隔声效果好；能承受较高的工作压力，抗爆力大，弹性足；对压缩、拉伸、扭转变形能较好地起到位移补偿；主体采用极性橡胶，能较好地耐热、耐油、耐腐、耐酸、耐老化。

XGD1 型橡胶挠性接管广泛应用于各类建筑、厂矿、化工、石油等行业的水暖通风管道、给水排水和循环水管道、冷冻管道、化工防腐管道、压缩机管道以及实验室、研究所、船舶、舰艇等设施上，用于管道工程的隔振降噪、位移补偿。XGD 型橡胶挠性接管由上海青浦环新减振器厂生产。

图 15-4-34 为 XGD1 型橡胶挠性接管的结构及外形尺寸图。表 15-4-32 为 XGD1 型橡胶挠性接管（$DN\,25 \sim DN\,500$）的性能表。表 15-4-33 为 XGD1 型橡胶挠性接管（$DN\,600 \sim DN\,2000$）的性能表。表 15-4-34 为 XGD1 型橡胶挠性接管的选用表。

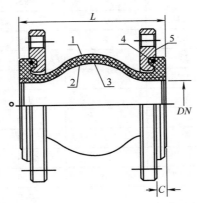

图 15-4-34　XGD1 型橡胶挠性接管的结构及外形尺寸图

1—外层胶；2—内层胶；3—骨架层；4—钢丝圈；5—法兰

表 15-4-32 XGD1 型橡胶挠性接管（$DN25 \sim DN500$）的性能表

型号 项目	XGD1-XX-I（10）	XGD1-XX-II（16）	XGD1-XX-III（25）
工作压力/MPa	1.0	1.6	2.5
试验压力/MPa	1.5	2.4	3.75
配用法兰/MPa	1.0	1.6	2.5
真空度/mmHg[①]	650	650	750
适用温度	−20～115℃		
偏转角	15°		
适用介质	空气、压缩空气、水、海水、热水、弱酸、油、碱		

① 1mmHg=133.322Pa。

表 15-4-33 XGD1 型橡胶挠性接管（$DN600 \sim DN2000$）的性能表

型号 项目	XGD1-XX-II（10）
工作压力/MPa	1.0
试验压力/MPa	1.5
配用法兰/MPa	1.0
真空度/mmHg	650
适用温度	−20～115℃
偏转角	10°
适用介质	空气、压缩空气、水、海水、热水、弱酸、油、碱

表 15-4-34 XGD1 型橡胶挠性接管的选用表

型号	通径		长度		许可位移	
	公制/mm	英制/in	C/mm	L/mm	压缩/mm	拉伸/mm
XGD1-25	25	1	8	95	9	6
XGD1-32	32	1 1/4	8	95	9	6
XGD1-40	40	1 1/2	8	95	10	6
XGD1-50	50	2	8	105	10	7
XGD1-65	65	2 1/2	8	115	13	7
XGD1-80	80	3	9	135	15	8
XGD1-100	100	4	9	150	19	10
XGD1-125	125	5	9	165	19	12
XGD1-150	150	6	10	185	20	12
XGD1-200	200	8	10	200	25	16
XGD1-250	250	10	11	240	25	16
XGD1-300	300	12	11	255	25	16
XGD1-350	350	14	12	265	25	16

续表

型号	通径		长度		许可位移	
	公制/mm	英制/in	C/mm	L/mm	压缩/mm	拉伸/mm
XGD1-400	400	16	12	265	25	16
XGD1-450	450	18	12	265	25	16
XGD1-500	500	20	12	265	25	16
XGD1-600	600	24	12	260	25	16
XGD1-700	700	28	14	260	25	16
XGD1-800	800	32	14	260	25	16
XGD1-900	900	36	16	260	25	16
XGD1-1000	1000	40	16	260	25	16
XGD1-1200	1200	48	18	260	25	16
XGD1-1400	1400	56	18	350	25	16
XGD1-1600	1600	64	18	350	25	16
XGD1-1800	1800	72	18	350	25	16
XGD1-2000	2000	80	18	450	25	16

4.12.2　KYT 型可曲挠同心异径橡胶接管

KYT 型可曲挠同心异径橡胶接管是一种特殊的橡胶接管，两端通径不同，可用于管径发生变化的场合。KYT 型可曲挠同心异径橡胶接管的技术条件见表 15-4-35。图 15-4-35 为该型橡胶接管的结构及外形尺寸图，表 15-4-36 为其选用表。由上海青浦环新减振器厂生产的 XTGD 型同心异径橡胶挠性接管的性能规格与 KYT 相近。

表 15-4-35　KYT 型可曲挠同心异径橡胶接管技术条件

项目 ＼ 型号	Ⅰ	Ⅱ	Ⅲ
工作压力/MPa（kgf/cm²）	1.6（16）	1.0（10）	0.6（6）
爆破压力/MPa（kgf/cm²）	4.8（48）	3.0（30）	1.8（18）
真空度/kPa（mmHg）	86.7（650）	53.3（400）	40（300）
适用温度/℃	−20～+115		
适用介质	空气、压缩空气、水、海水、热水、弱酸、弱碱等		

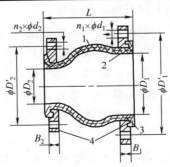

图 15-4-35　KYT 型可曲挠同心异径橡胶接管结构及外形尺寸图

1—橡胶主体；2—尼龙帘布内衬；3—钢丝骨架；4—钢法兰

表 15-4-36 KYT 型可曲挠同心异径橡胶接管选用表

公称通径 DN（$D_1 \times D_2$）		长度 L/mm	法兰厚度 /mm		螺栓数		螺栓孔直径 /mm		螺栓孔中心圆直径/mm		轴向位移 /mm		横向位移 /mm	偏转角度 $\alpha_1 + \alpha_2$
公制/mm	英制/in		B_1	B_2	n_1	n_2	d_1	d_2	D_1'	D_2'	伸长	压缩		
60×50	$2_{1/2}$×2	150	18	16	4	4	17.5	17.5	145	125	7	10	10	15°
80×50	3×2	150	18	16	8	4	17.5	17.5	160	125	7	10	10	15°
80×65	3×$2_{1/2}$	150	18	18	8	4	17.5	17.5	160	145	7	13	11	15°
100×65	4×$2_{1/2}$	150	18	18	8	4	17.5	17.5	180	145	7	13	11	15°
100×80	4×3	150	18	18	8	8	17.5	17.5	180	160	8	15	12	15°
125×80	5×3	150	20	18	8	8	17.5	17.5	210	160	8	15	12	15°
125×100	5×4	150	20	18	8	8	17.5	17.5	210	180	10	19	13	15°
150×100	6×4	150	22	18	8	8	22	17.5	240	180	10	19	13	15°
150×125	6×5	150	22	20	8	8	22	17.5	240	210	12	19	13	15°
200×125	8×5	150	22	20	8	8	22	17.5	295	210	12	19	13	15°
200×150	8×6	200	22	22	8	8	22	22	295	240	12	20	14	15°
250×150	10×6	200	24	22	12	8	22	22	350	240	12	20	14	15°
250×200	10×8	200	24	22	12	8	22	22	350	295	16	25	22	15°
300×200	12×8	200	24	22	12	8	22	22	400	295	16	25	22	15°
300×250	12×10	200	24	24	12	12	22	22	400	350	16	25	22	15°

4.13 不锈钢波纹管

4.13.1 BGF 型不锈钢波纹补偿器

BGF 型不锈钢波纹补偿器由上海青浦环新减振器厂生产。BGF 型不锈钢波纹补偿器为轴向内压型波纹补偿器，由一个波纹管及两端法兰构成（也可制作成接管式）。它通过波纹管的柔性变形来吸收管线轴向位移（也有少量横向、角向位移），同时也能起到隔振降噪的效果。补偿器上的小拉杆主要是运输过程中的刚性支承或作为产品预变形调整用，它不是承力件。

图 15-4-36 为 BGF 型不锈钢波纹补偿器的结构及安装尺寸图，表 15-4-37 为其选用表。

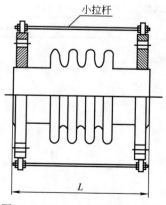

图 15-4-36 BGF 型不锈钢波纹补偿器的结构及安装尺寸图

表 15-4-37　BGF 型不锈钢波纹补偿器的选用表

型号	通径		波数	压力等级			波纹管有效面积/cm²	产品长度 L/mm
	公制/mm	英制/in		1.0MPa	1.6MPa	2.5MPa		
				轴向补偿量/mm/刚度/（N/mm）				
BGF-32	32	1¼	4	6.5/220	4.5/260	4.5/330	20	110
			8	13/110	9/130	9/165		170
BGF-40	40	1½	4	6.5/280	4.5/300	4.5/360	23	110
			8	13/140	9/150	9/180		170
BGF-50	50	2	4	6.5/388	4.5/440	4.5/480	37	120
			8	13/194	9/220	9/240		180
BGF-65	65	2½	4	10/422	8/460	7/760	59	130
			8	20/211	16/230	14/380		195
BGF-80	80	3	4	13/658	10/700	8.5/900	79	140
			8	26/329	20/350	17/450		210
BGF-100	100	4	4	17/690	13/1320	12/1580	120	150
			8	34/345	26/660	24/790		230
BGF-125	125	5	4	20/830	17/1660	15/1900	174	160
			8	40/415	34/830	30/950		250
BGF-150	150	6	4	24/1000	20/1920	17/2300	248	170
			8	48/500	40/960	34/1150		280
BGF-200	200	8	4	29/1480	25/2820	22/3230	465	220
			8	58/740	50/1410	44/1615		380
BGF-250	250	10	4	33/1850	29/3515	25/4180	704	270
			8	66/925	58/1758	50/2090		440
BGF-300	300	12	4	38/1536	35/2945	31/3494	985	250
			6	57/1024	53/1964	47/2330		330
BGF-350	350	14	4	42/1682	35/3229	31/3824	1320	270
			6	63/1121	53/2153	47/2550		360
BGF-400	400	16	4	44/1917	35/3690	31/4359	1531	260
			6	66/1278	53/2460	47/2906		360
BGF-450	450	18	4	48/2148	40/4145	35/4886	1975	380
			6	72/1432	60/2764	53/3258		480

续表

型号	通径		波数	压力等级			波纹管有效面积/cm²	产品长度 L/mm
	公制/mm	英制/in		1.0MPa	1.6MPa	2.5MPa		
				轴向补偿量/mm/刚度/（N/mm）				
BGF-500	500	20	4	51/2380	42/4600	37/5413	2458	400
			6	77/1587	63/3066	56/3608		510
BGF-600	600	24	4	57/1561	53/2908	46/5114	3364	430
BGF-700	700	28	4	60/1761	54/3208	48/6114	4717	430
BGF-800	800	32	4	66/1961	60/3508	54/6514	5822	430
BGF-900	900	36	4	80/2261	74/3808	68/7014	7620	430
BGF-1000	1000	40	4	85/2361	78/4008	72/7414	9043	430
BGF-1100	1100	44	4	85/2461	78/4058	72/7514	11029	460
BGF-1200	1200	48	4	85/2561	78/4158	72/7614	12688	460

4.13.2　RGF、RGS 型不锈钢金属软管

RGF、RGS 型不锈钢金属软管由上海青浦环新减振器厂生产。RGF、RGS 型不锈钢金属软管主要由不锈钢波纹管、不锈钢网套及法兰等部件组成，公称压力等级范围为 0.6～4.0MPa，可根据工程需要加工各种长度的不锈钢金属软管。RGF 型为法兰连接，RGS 型为螺纹连接。

RGF、RGS 型不锈钢金属软管具有良好的柔软性和抗疲劳性，耐压高，使它能很容易吸收各种动作变形和循环载荷，在管道系统中具有补偿偏移设置的能力。由于制作软管的主要材料是奥氏体不锈钢，因而产品具有优良的耐温性和耐腐蚀性，广泛应用于航空、航天、船舶、石油、化工、冶金、电力、造纸、纺织、建筑设施、医药、食品、烟草、交通等行业。

图 15-4-37 为 RGF、RGS 型不锈钢金属软管的外形及安装尺寸图。表 15-4-38 为 RGF 型不锈钢金属软管的选用表。表 15-4-39 为 RGS 型不锈钢金属软管的选用表。

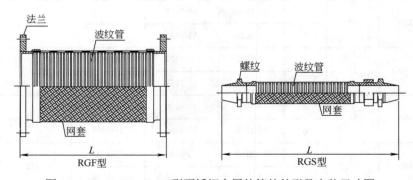

图 15-4-37　RGF、RGS 型不锈钢金属软管的外形及安装尺寸图

表 15-4-38　RGF 型不锈钢金属软管的选用表

型号	公称尺寸		外形尺寸/mm	偏转角	压缩/mm	拉伸/mm	法兰螺孔 D/mm		
	DN/mm	英制/in	L				1.0MPa	1.6MPa	2.5MPa
RGF-25	25	1	300	45°	15	10	4×φ14	4×φ14	4×φ14
RGF-32	32	$1\frac{1}{4}$	300	45°	15	10	4×φ17.5	4×φ17.5	4×φ17.5
RGF-40	40	$1\frac{1}{2}$	300	40°	15	10	4×φ17.5	4×φ17.5	4×φ17.5
RGF-50	50	2	300	30°	20	10	4×φ17.5	4×φ17.5	4×φ17.5
RGF-65	65	$2\frac{1}{2}$	300	20°	20	10	4×φ17.5	4×φ17.5	8×φ17.5
RGF-80	80	3	300	15°	20	10	8×φ17.5	8×φ17.5	8×φ17.5
RGF-100	100	4	300	15°	20	10	8×φ17.5	8×φ17.5	8×φ22
RGF-125	125	5	300	15°	20	10	8×φ17.5	8×φ17.5	8×φ26
RGF-150	150	6	300	10°	20	10	8×φ22	8×φ22	8×φ26
RGF-200	200	8	300	10°	20	10	8×φ22	12×φ22	12×φ26
RGF-250	250	10	300	5°	20	10	12×φ22	12×φ26	12×φ30
RGF-300	300	12	300	5°	20	10	12×φ22	12×φ26	16×φ30
RGF-350	350	14	300	5°	20	10	16×φ22	16×φ26	16×φ33
RGF-400	400	16	300	10°	30	10	16×φ26	16×φ30	36×φ36
RGF-450	450	18	300	10°	30	10	20×φ26	20×φ30	20×φ36
RGF-500	500	20	300	10°	30	10	20×φ26	20×φ33	20×φ36
RGF-600	600	24	300	10°	30	10	20×φ30	—	—

注：各种规格不锈钢金属软管的长度还可根据需要订制。

表 15-4-39　RGS 型不锈钢金属软管的选用表

型号	公称尺寸		L/mm		
	DN/mm	英制/in	0.6MPa	1.0MPa	1.6MPa
RGS-15	15	$\frac{1}{2}$	300	300	300
RGS-20	20	$\frac{3}{4}$	300	300	300
RGS-25	25	1	300	300	300
RGS-32	32	$1\frac{1}{4}$	300	300	300
RGS-40	40	$1\frac{1}{2}$	300	300	300
RGS-50	50	2	300	300	300

4.14　弹性管道托架

4.14.1　GT 型管道管托橡胶隔振座

GT 型管道管托橡胶隔振座安装使用在动力管道支撑、吊装上，能起到动力管道的隔振隔声与固定管道的作用，选用、安装方便（如管道为 *DN*200，即选用 GT-200 型）。

管道安装在隔振座上下座中间，四周橡胶与保温材料厚度基本一致，能满足管道保温作用，同时可省去木托、抱箍、保温等材料。GT 型管道管托橡胶隔振座耐温-20～100℃，固有频率（9±2）Hz，可耐油、耐弱酸、耐碱、防老化。GT 型管道管托橡胶隔振座由上海青浦环新减振器厂生产。

图 15-4-38 为 GT 型管道管托橡胶隔振座的结构及外形尺寸图，表 15-4-40 为其选用表。

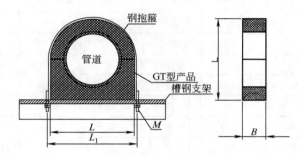

图 15-4-38　GT 型管道管托橡胶隔振座的结构及外形尺寸图

表 15-4-40　GT 型管道管托橡胶隔振座的选用表　　　　（mm）

产品规格	*L*	*L*₁	*B*	*M*	产品规格	*L*	*L*₁	*B*	*M*
GT-25	96	110	32	8	GT-200	307	323	48	10
GT-32	102	116	32	8	GT-250	373	391	48	12
GT-40	124	138	32	8	GT-300	425	443	48	12
GT-50	133	147	32	8	GT-350	477	495	48	12
GT-65	152	166	32	8	GT-400	526	544	48	12
GT-80	177	191	32	8	GT-450	580	598	48	12
GT-100	196	212	48	10	GT-500	630	648	48	12
GT-125	221	237	48	10	GT-600	730	748	48	12
GT-150	247	263	48	10	GT-700	826	845	48	12

4.14.2　JS 型立管防振管架

JS 型立管防振管架由哈尔滨恒力减振器厂生产，由管架、隔振器、锁紧装置组成，共有 11 种规格，可根据管道外径选配。

图 15-4-39 为 JS 型立管防振管架的外形及安装尺寸图，表 15-4-41 为其选用表。

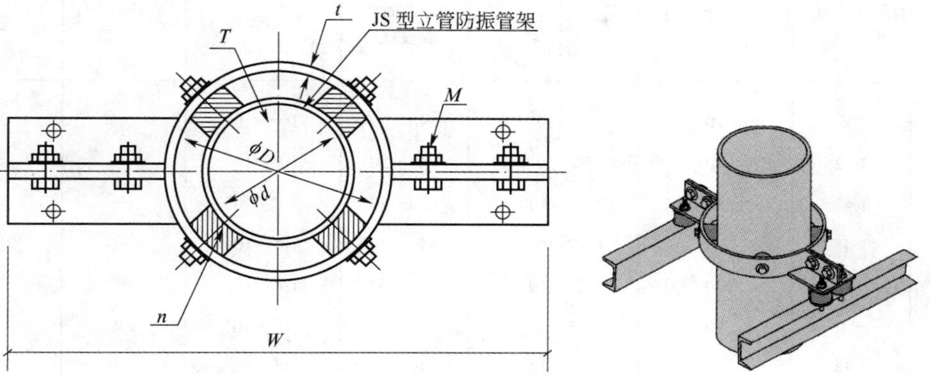

图 15-4-39　JS 型立管防振管架外形及安装尺寸图

表 15-4-41　JS 型立管防振管架选用表

型号	公称尺寸/mm	外形尺寸/mm						n
		d	D	W	t	M	间隔宽度 T	
JS-080	80A	89.1	133	345	6	M10×30	20	4
JS-100	100A	114.3	158	370	6	M10×30	25	4
JS-125	125A	139.8	184	396	6	M10×30	25	6
JS-150	150A	165.2	209	421	6	M10×30	25	6
JS-200	200A	216.3	260	472	6	M10×30	40	6
JS-250	250A	267.4	311	523	6	M10×30	40	6
JS-300	300A	318.5	363	575	6	M10×30	40	6
JS-350	350A	355.6	400	618	9	M12×30	50	8
JS-400	400A	406.4	450	668	9	M12×30	50	8
JS-450	450A	457.2	501	719	9	M12×30	50	10
JS-500	500A	508	552	770	9	M12×30	50	10

4.15　阻尼材料

4.15.1　ZN 系列、YM 系列阻尼板材

ZN 系列及 YM 系列阻尼板材是江苏常州兰陵橡胶厂研制的产品。ZN 系列阻尼板材的基本性能参数见表 15-4-42，其他物理性能见表 15-4-43。

表 15-4-42　ZN 系列阻尼板材基本性能表

型号	最大损耗因子 β_{max}	最大损耗因子时温度/℃	最大损耗因子时剪切弹性模量/（N/m²）	$\beta=0.7$ 时的温度/℃	$\beta=0.7$ 时的剪切弹性模量/（N/m²）	阻燃性能（氧指数）	应用特点
ZN01	1.6	10	2×10^7	$-40\sim50$	$10^6\sim10^8$	—	约束层
ZN02	1.42	20	2×10^7	$-30\sim50$	$10^6\sim10^8$	—	约束层
ZN03	1.42	30	1.5×10^7	$-20\sim60$	$10^6\sim10^8$	—	约束层
ZN04	1.45	-10	2×10^7	$-40\sim30$	$10^6\sim10^8$	—	大阻尼隔振垫
ZN10	1.5	20	2.5×10^7	$-30\sim50$	$10^6\sim10^8$	—	—
ZN11	1.1	10	5×10^8	$0\sim40$	$10^8\sim10^9$	>30	—
ZN11F	1.34	20	1.5×10^8	$-40\sim50$	$10^8\sim10^9$	>30	—
ZN21	1.4	25	5×10^7	$0\sim50$	$10^7\sim10^8$	>30	约束层
YM01	1.15	-10	1.2×10^{10}	$-40\sim80$	$10^9\sim10^{10}$	—	—

表 15-4-43　ZN 系列阻尼板材物理性能表

型号	ZN01	ZN02	ZN03	ZN04	ZN11	ZN21
扯断力/（N/cm²）	340	580	520	470	1080	1300
伸长率/%	52.5	772	442	402	—	500
永久变形/%	92	20	10	7	13.2	18
硬度（HS）	25	40	42	40	91	65
密度/（g/cm³）	0.99	0.98	1.0	0.98	1.58	1.27
老化系数	—	1.00	—	0.81	0.92	1.09
耐盐水	—	—	—	—	0.19%（60 天）	0.90%（30 天）
耐轻柴油	—	—	—	—	0.07%（60 天）	0.53%（30 天）
耐 10 号机油	—	—	—	—	-0.2%（60 天）	-0.06%（30 天）

4.15.2　Air++3101 多功能水性阻尼涂料

　　青岛爱尔家佳新材料股份有限公司是国内首先掌握水性阻尼技术与无溶剂约束阻尼技术的专业公司，经过多年研发并批量生产的 Air++3101 多功能水性阻尼涂料在铁路、舰船、航空、建筑、汽车、机械、轻工等行业得到了广泛的应用，是国内水性阻尼涂料应用研究的领跑者。Air++3101 多功能水性阻尼涂料与一般的吸声涂料不同，它是一种主动降噪材料，其原理是将振动机械能转化成热能而耗散掉，即从声（振）源上有效地控制振动和噪声。该产品已申请国家专利，不含有毒有害物质，主体原材料由核壳结构的丙烯酸 IPN 乳液、阻尼颜填料、阻燃剂、助剂等组成。表 15-4-44 为 Air++3101 多功能水性阻尼涂料的主要技术性能指标。

表 15-4-44　Air^{++}3101 多功能水性阻尼涂料的主要技术性能指标

序号	项目名称		技术指标	检测结果
1	涂料外观		无结皮和搅不开硬块	无结皮和搅不开硬块
2	稠度/cm		8～14	10
3	干燥时间/h		≤48	24
4	柔韧性/mm		100	无裂缝、无剥落
5	耐冲击性/cm		50	无裂缝、无剥落
6	附着力（划格法）/级		≤2	1
7	耐机油性		无过度软化，无起泡，无剥落	无过度软化，无起泡，无剥落
8	耐盐水性（3%NaCl 溶液）		无起泡，无剥落	无起泡，无剥落
9	耐热性（100℃±2℃）		无流挂，无起泡起皱，无开裂	无流挂，无起泡起皱，无开裂
10	耐低温冲击性（-40℃±2℃）		无分层，无开裂	无分层，无开裂
11	耐冷热交替实验（5 周期）		无起泡，无开裂，无脱落	无起泡，无开裂，无脱落
12	45 度角燃烧试验/级		≥难燃级	难燃级
13	耐盐雾性（500h）		板面不起泡、无锈蚀；涂层无溶胀、无严重软化；划开处锈蚀或涂层破坏区域扩展不超过 2mm（单向）	板面不起泡、无锈蚀；涂层无溶胀、无严重软化；划开处锈蚀或涂层破坏区域扩展不超过2mm（单向）
14	施工性能		可刮涂或无气喷涂，湿膜 3mm 无流挂	无流挂
15	复合损耗因数	-10℃	≥0.03	0.089
		+20℃	≥0.09	0.209
		+50℃	≥0.03	0.103

Air^{++}3101 多功能水性阻尼涂料有如下优点：

① 技术成熟，性能稳定　与一般阻尼材料相比，该产品采用自由阻尼结构，并在其中创新地融入了微观约束阻尼结构，融合了两种阻尼结构的优势，使得该产品的减振降噪性能及稳定性得到了大幅度的提升。它是通过抑制振动，从而降低噪声，一般可以将振动能量减少60%～80%。

② 附着力强　附着力是衡量产品性能的关键，该产品由于固含量高，干燥过程中的收缩率较低，与钢、铝等金属基面附着牢固，具有极强的附着力，在复杂、超强度的作业环境中仍能保持很稳定的附着力。这一优势对于应用于动车、高铁、舰船、汽车以及处于强振动状态下工作的设备显得尤为重要。

③ 适用温域和频率范围广　在 Air^{++}3101 多功能水性阻尼涂料的基础上，爱尔家佳公司

又研发了高温域水性阻尼涂料、低温域水性阻尼涂料、宽温域水性阻尼涂料和复杂阻尼涂料等新材料，在更宽的温域范围和不同频率范围内提供更多选择。

我国幅员辽阔，各地区温度、湿度相差很大，各车辆厂对阻尼涂料的温差效应提出了更高的要求。经铁道部产品质量监督检验中心对水性阻尼涂料的检测，如表 15-4-44 所列，在不同测试温度下，其减振降噪性能优良。

④ 无毒无味，环境友好　Air++3101 多功能水性阻尼涂料是以水为溶剂，无毒、无异味、不燃，并且经 SGS 的 VOC 检测，无有毒有害物质挥发，在生产过程、施工过程以及长期使用中不污染环境，无火灾隐患，是新一代环境友好型的环保材料。

⑤ 施工便捷　单组分的设计，使得该产品出厂质量稳定受控，避免了双组分阻尼涂料在后续施工中因配比等问题造成的产品质量波动的情况。单组分施工操作更加简便，干湿界面、复杂界面都可施工，而且维护简单，使用寿命长。

4.15.3　Air++3109 舰船用阻尼涂料

山东省某材料公司是国内唯一一家同时掌握世界上三大类阻尼材料——无溶剂约束阻尼涂料、阻尼胶板和水性阻尼涂料的专业化公司，多年来从事舰船用阻尼涂料的开发和应用，为我国舰船的减振降噪做出了特殊的贡献，是该领域的创新者和领先者之一。

该公司生产的 Air++3109 舰船用阻尼涂料是一种能够有效地降低结构振动和噪声的新型环保涂料，由阻尼层和约束层组成。其中，阻尼层为无溶剂双组分聚氨酯涂料，约束层为无溶剂双组分环氧树脂涂料，在船底板、地板等较平整部位的约束层中加入钢丝网以增加阻尼性能。

该涂料的工作机理是通过在阻尼层外侧表面再涂覆高模量的约束层，当阻尼层随基本结构层一起产生弯曲振动而使阻尼层产生振压变形时，约束层将起到约束作用而产生剪切形变，从而损耗更多的能量，达到降低结构振动和噪声的目的。图 15-4-40 为 Air++3109 舰船用阻尼涂料的降噪原理图。

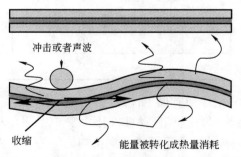

冲击或者声波

收缩　　　　能量被转化成热量消耗

图 15-4-40　Air++3109 舰船用阻尼涂料降噪原理图

Air++3109 舰船用阻尼涂料是一种主动降噪材料，它是将振动机械能转化为热能耗散掉，使产生噪声的振动能量大大衰减，即从声（振）源上有效地控制振动和噪声，因此，该阻尼涂料主要用于产生振动和噪声的部位及经常有人员活动的舱室。如：舰船的主、辅机舱，舵机舱，集控室，空调机室，会议室，住舱，餐厅及需要安静的舱室。又如发动机壳体及车身、风机的外壳及风道、空调器压缩机底板等部位。

Air++3109 舰船用阻尼涂料的主要技术性能指标见表 15-4-45。

表 15-4-45　Air⁺⁺3109 舰船用阻尼涂料主要技术性能指标

序号	项目名称	技术指标	检测结果
1	复合损耗因子（−10～+50℃）	≥0.1	0.16～0.38
2	阻燃性（氧指数）	≥30	33
3	附着力/级	≤2	1
4	耐盐水（720h）	不锈蚀、不起泡、不脱落	不锈蚀、不起泡、不脱落
5	耐盐雾（1000h）	板面不起泡、无锈蚀；涂层无溶胀、无严重软化；划开处锈蚀或涂层破坏区域扩展不超过 2mm（单向）	板面不起泡、无锈蚀；涂层无溶胀、无严重软化；划开处锈蚀或涂层破坏区域扩展不超过 2mm（单向）
6	耐 0#柴油（720h）	不锈蚀、不起泡、不脱落	不锈蚀、不起泡、不脱落
7	耐冷热循环周期（20 个周期）	不开裂、不脱落	不开裂、不脱落
8	密度/（g/cm³）	阻尼层≤1.1　约束层≤1.5	阻尼层 1.1　约束层 1.5
9	硬度（邵氏 A）	阻尼层≥20　约束层≥95	阻尼层 22　约束层 96
10	干燥时间（表干时间）/h	阻尼层≤6　约束层≤4	阻尼层 4　约束层 3

Air⁺⁺3109 舰船用阻尼涂料阻尼层和约束层的配比、适用期及施工方法见表 15-4-46。

表 15-4-46　Air⁺⁺3109 舰船用阻尼涂料阻尼层和约束层配比等性能表

序号	项目名称		阻尼层	约束层
1	施工方法		刮涂	刮涂
2	密度		1.1g/cm³	1.5g/cm³
3	配比（质量比）		甲组分：乙组分=7：3	A 组分：B 组分=10：1
4	包装规格		甲组分 2.1kg（4L 铁桶） 乙组分 0.9kg（塑料袋、20L 铁桶）	A 组分：13kg（10L 铁桶） B 组分：0.9kg（1L 塑料桶、纸箱）
5	适用期（整包装）	10℃	120min	60min
		20℃	60min	40min
		30℃	35min	20min

Air⁺⁺3109 舰船用阻尼涂料与其他阻尼材料相比，具有如下三大优势：

① 极佳的减振降噪效果　Air⁺⁺3109 舰船用阻尼涂料具有极佳的实船减振降噪效果。该材料复合损耗因子高，在较宽的温域内可以实现良好的阻尼性能，实船减振降噪效果显著。

在海洋测量船、调查船、侦察船等对振动与噪声控制要求较高的船舶中广泛使用本产品。如某测量船在运用本产品进行阻尼涂料处理后，舱室振动和噪声显著降低，主机集控室的空气噪声降为 73dB，主配电室降为 65.5dB，满足技术指标要求。本船在 8kn（1kn=1.852km/h）航速下，40～80Hz 范围内总声级比母型船低 20dB 以上。

② 施工效率高　Air⁺⁺3109 舰船用阻尼涂料的施工效率较高，尤其是在工期紧张的情况下，使用该材料可以确保造船进度。涂料在常温状态下固化，易厚涂施工，施工工艺简单，不易燃易爆，可以与焊接等明火作业同时进行。本品施工受低温影响小，即使在北方冬季也可以施工。

③ 更安全长效的减振降噪效果　除了具有卓越的阻尼性能和施工性能外，Air⁺⁺3109 舰船用阻尼涂料还具有安全长效的特点。本品具有极佳的附着力表现，与基材黏结性能好，敷设后不脱落、不开裂，确保产品的使用寿命，免于后期复杂的维护工作和大量的维护支出；本品具有良好的阻燃性能，完全满足舰船使用要求；本品为无溶剂施工，不污染环境，毒性低，满足舰船使用要求。

Air⁺⁺3109 舰船用阻尼涂料已在海军主力舰艇和民用船舶上大量应用，其优异的阻尼性能和良好的施工性能受到海军、设计院、船厂和船东的一致好评。其主要应用的舰船包括测量船、电子侦察船、海洋测量船、巡视船、海监船、渔政船、缉私艇、游艇、高速客船、豪华旅游船、滚货船、散货船、集装箱船、油船、化学品船、海洋工程船、平台供应船、拖船、军用水面水下舰艇等。

4.15.4　阻尼钢板

阻尼钢板是把两层薄钢板用阻尼材料（涂料或板料）粘接在一起，成为所谓的"夹芯钢板"，实际上是一种约束型的阻尼结构，由钢板提供刚度和强度，由阻尼材料提供阻尼，这一阻尼结构使薄钢板的阻尼特性大为改善，可有效地抑制钢板的局部振动，并使钢板的隔声性能也有所改善，尤其提高了钢板的低频范围的隔声量。阻尼钢板可和普通钢板一样进行剪切、弯曲、冲压、钻孔，也可进行点焊、滚焊、铆接及镀铬、镀锌等作业。

阻尼钢板的薄钢板也可根据需要用铝板、铜板、镀锌钢板及不锈钢板代替，以适应使用工艺的不同条件及环境要求。

阻尼钢板具有广泛的应用前景，如机械设备的减振降噪技术改造、低噪声产品的设计等。

浙江嵊州低噪声器材有限公司生产的 DSS-Ⅰ型低噪声复合阻尼钢板是一种新颖的阻尼减振降噪材料，该厂可加工厚度 4.0mm 以下的阻尼钢板（普通钢板、镀锌钢板、不锈钢板）、阻尼铝板及阻尼铜板等。

宝钢减振复合钢板的减振原理为约束阻尼机制，该类产品获上海市高新技术成果转化 A 类产品证书。上海宝钢生产的减振复合钢板如图 15-4-41 所示，其产品规格见表 15-4-47，其性能指标见表 15-4-48。

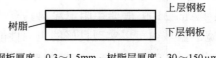

钢板厚度：0.3～1.5mm；树脂层厚度：30～150μm

图 15-4-41　减振复合钢板示意图

表 15-4-47　宝钢减振复合钢板规格

产品品种		减振复合钢板
产品规格	厚度/mm	0.6～3.0
	宽度/mm	600～1250
	长度/mm	1000～2400
尺寸公差	厚度/mm	±0.05
	宽度/mm	±1
	长度/mm	±2

表 15-4-48　宝钢减振复合钢板的性能指标

产品性能		指示
减振性能	阻尼系数峰值ξ_{max}	≥0.2
粘接性能	剪切强度/MPa	≥7
	T-剥离强度/（N/cm）	≥30
成型性能	V 形轴变、90°弯曲、辊弯成型、冲孔、扩孔、弯边等	合格
焊接性能	钨极亚弧焊、熔化极气体保护焊、电阻焊等	合格
耐热性能	—	230℃，20min
力学性能	—	与所用基板相当
最佳使用温度/℃	—	20～80

参 考 文 献

[1] 吕玉恒，燕翔，等. 噪声控制与建筑声学设备和材料选用手册. 北京：化学工业出版社，2011.

[2] 中国建筑科学研究院建筑物理研究所编. 建筑围护结构隔声. 北京：中国建筑工业出版社，1980.

[3] 钟祥璋. 建筑吸声材料与隔声材料. 北京：化学工业出版社，2012.

[4] 孙家麒，等. 城市轨道交通振动和噪声控制简明手册. 北京：中国科学技术出版社，2002.

[5] 马大猷. 噪声与振动控制工程手册. 北京：机械工业出版社，2002.

[6] 吴硕贤，等. 室内声学与环境声学. 广州：广东科技出版社，2003.

[7] 方丹群，张斌，等. 噪声控制工程学（上、下册）. 北京：科学出版社，2013.

第 16 篇

噪声与振动控制工程实例

编　著　吕玉恒　冯苗锋　辜小安

校　审　孙家麒　魏志勇

第1章 发电及输配电行业

1.1 大型火电厂噪声综合治理

1.1.1 工程概况

浙江华能长兴电厂"上大压小"扩建项目为异地建设，在关停华能长兴电厂老厂两台机组（135MW+125MW）和浙江省小火电机组共 599MW 的同时，新建 2×660MW 超超临界燃煤发电机组，配置两台 2060t/h 超超临界煤粉炉，同步建设除尘、脱硫及脱硝系统，配建码头、储煤场、污水处理等设施。图 16-1-1 为新建浙江华能长兴电厂总平面示意图。

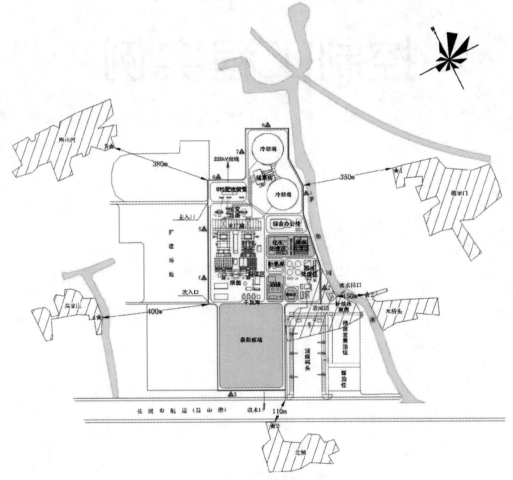

图 16-1-1　新建浙江华能长兴电厂总平面示意图

该项目的环评报告已批复，正在实施相关环保工作，其中噪声治理的任务委托我公司（即四川三元环境治理股份有限公司）进行。我公司首先对电厂工艺流程进行梳理，收集相关设备型号、参数及噪声数据和频谱特性。由于该项目系新建工程，建设方提供的设备参数和噪声源有的没有，有的不全、不确切。因此，我公司到同类电厂进行噪声数据的现场调研、测试、采集、汇总、分析，利用德国 SoundPlan 噪声预测软件进行仿真模拟预测，确定噪声源的贡献量和降噪量，有针对性地进行降噪措施的设计，使厂界及敏感点满足环评要求，确保达标验收。

环保要求厂界处执行《工业企业厂界环境噪声排放标准》（GB 12348—2008）3 类区规定，即昼间≤65dB（A），夜间≤55dB（A），其中南厂界执行 4a 标准，即昼间≤70dB（A），夜间≤55dB（A）。敏感点执行《声环境质量标准》（GB 3096—2008）中的 2 类区规定，即昼间≤60dB（A），夜间≤50dB（A）。

1.1.2　噪声源分析及模拟预测

测试和类比调查火电厂的主要噪声源声压级如表 16-1-1 所列。

表 16-1-1　测试和类比调查火电厂主要噪声源声压级（测距 1.0m）

序号	设备名称	数量	安装位置	声压级/dB（A）
01	大型冷却塔	2	室外	82
02	引风机	4	室外	90
03	送风机	4	室外	95
04	发电机	2	汽机房	90～95
05	汽轮机	2	汽机房	90～95
06	励磁机	2	汽机房	90～95
07	煤磨机	10+2	汽机房	105
08	空压机	4	空压机房	90
09	脱硫系统氧化风机	4	风机房	95
10	汽动给水泵	4	汽机房	95
11	真空泵	4	汽机房	95
12	浆液输送泵	4	泵房	85
13	浆液循环泵	8	泵房	95
14	浆液排出泵	4	泵房	85
15	锅炉排汽	—	室外	110～130
16	主变压器	2	室外	70
17	综合水泵房	1	泵房	90～95
18	循环水泵	3	室外	90～95

治理前噪声模拟预测：将上述识别分析的噪声源数据、设备安装位置、预测模式等参数输入计算机软件进行模拟预测分析，预测结果如图 16-1-2 所示。

由图 16-1-2 可知，电厂设备投入运行后，若不采取降噪措施，西厂界噪声将高达 83.5dB（A），北厂界高达 66.3dB（A），东厂界大型冷却塔处高达 72.4dB（A），厂界处严重超标，最高超标量为 28.5dB（A）。噪声传至西北角相距约 380m 的居民住宅敏感点为 64dB（A），传至东北角相距约 350m 居民住宅敏感点为 60.6dB（A），最大超标量为 14dB（A）。因此，该项目的噪声污染必须治理。

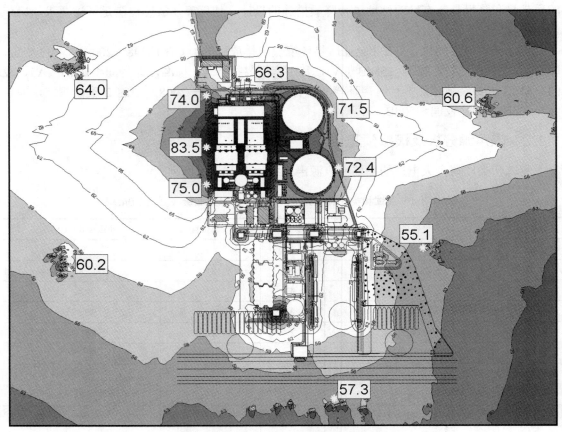

图 16-1-2　电厂噪声治理前声环境预测图

1.1.3　主要治理措施

针对本项目初步设计，结合我公司相关成功经验，做了针对性的设计方案。在电厂建设期，噪声治理和电厂主体工程同时设计、同时施工，严格按照设计方案实施。

（1）冷却塔噪声治理

#1 冷却塔靠近东厂界 180°范围内安装消声导流装置；#2 冷却塔靠近东厂界 150°范围内安装消声导流装置。#1、#2 冷却塔消声导流装置顶部安装隔声板。#1、#2 冷却塔之间设置声屏障。冷却塔采取噪声治理措施后的现场实照如图 16-1-3、图 16-1-4 所示。

（2）汽机房噪声治理

汽机房室内安装吸隔声板，增加墙体隔声量，减小室内混响噪声。汽机房门、窗设计为隔声门、隔声窗，减少室内噪声从门窗向外的辐射量。汽机房进排气口进行消声设计。

图 16-1-3　冷却塔噪声治理后现场实照 1

图 16-1-4　冷却塔噪声治理后现场实照 2

（3）锅炉区域噪声治理

锅炉风机机组安装组合式隔声罩。锅炉风机风道阻尼隔声包扎。密封风机安装组合式隔声罩。锅炉区域噪声治理后现场实照如图 16-1-5、图 16-1-6 所示。

图 16-1-5　锅炉风机噪声治理后现场实照 1

图 16-1-6　锅炉风机噪声治理后现场实照 2

（4）电除尘、引风机及脱硫区域噪声治理

#2 炉电除尘靠近西侧厂界设置声屏障。引风机机组设置组合式隔声罩。浆液循环泵房安装隔声门窗。浆液循环泵房设计安装进排气消声系统。电除尘、引风机及脱硫区域实施噪声治理措施后的现场实照如图 16-1-7、图 16-1-8 所示。

图 16-1-7　电除尘声屏障现场实照

图 16-1-8　引风机隔声罩现场实照

（5）输煤系统噪声治理

卸船机进行噪声处理。转运站设置声屏障、消声器。输煤系统实施噪声治理措施后的现场实照如图 16-1-9 所示。

（6）厂界噪声治理

北侧厂界设置声屏障。南侧厂界设置声屏障。厂界处设置声屏障后现场实照如图 16-1-10 所示。

图 16-1-9　输煤系统噪声治理后现场实照　　　　图 16-1-10　厂界处设置声屏障后现场实照

1.1.4　采取噪声治理措施后模拟预测

根据以上分析及相应的设计降噪量，电厂投入运行并采取降噪措施后，对厂界处噪声影响再进行预测评价，预测结果如图 16-1-11 所示。

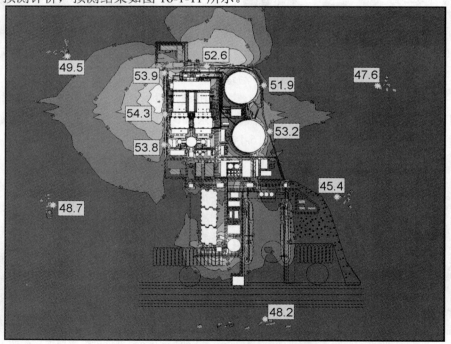

图 16-1-11　采取噪声治理措施后声环境预测图

根据以上模拟预测可知，采取降噪措施后，厂区噪声辐射影响情况得到很大改善，四周厂界噪声都在 55dB（A）以下，居民住宅敏感点处均在 50dB（A）以下，达到了设计目标要求，项目设计方案可行。

1.1.5　项目实测效果

本项目噪声治理工程竣工后，由浙江省环境监测中心进行了现场监测，监测结果见表16-1-2。实测结果表明：南厂界昼间噪声为 48.1～50.1dB（A），夜间噪声为 48～48.1dB（A）；西厂界昼间噪声为 48.5～58.8dB（A），夜间噪声为 48.2～54.9dB（A）；东厂界昼间噪声为 48～56.6dB（A），夜间噪声为 48.1～54.3dB（A）；北厂界昼间噪声为 50.8～51.7dB（A），夜间噪声为 50.2～50.8dB（A）。实测结果均符合《工业企业厂界环境噪声排放标准》3 类区的标准规定，居民住宅处噪声由图 16-1-11 可知，均在 50dB（A）以下，达到了《声环境质量标准》2 类区的标准规定。

表 16-1-2　厂界噪声监测结果　　　　　　　　　　　　单位：dB（A）

测点位置	编号	1 月 20 号		1 月 21 号	
		昼间	夜间	昼间	夜间
厂界西	1	56.7	54.3	57.1	54.1
厂界西	2	50.1	48.2	48.5	48.5
厂界南	3	50.1	48.0	48.1	48.1
厂界东	4	48.0	48.1	48.1	48.1
厂界东	5	52.6	49.9	50.7	50.7
厂界东	6	56.6	54.3	54.1	54.1
厂界北	7	51.7	50.2	50.8	50.8
厂界西	8	58.8	54.8	54.9	54.9

注：厂界南侧执行 4 类标准，即昼间 70dB（A），夜间 55dB（A）；其余厂界执行 3 类标准，即昼间 65dB（A），夜间 55dB（A）。

1.1.6　结语

本项目遵照国家环保法的要求，实现了噪声治理和电厂主体工程同时设计、同时施工、同时验收的"三同时"规定。前期调研、设计、预测、评价比较充分，在工程施工过程中采用先进的计算机仿真模拟预测软件进行方案的选择和验证，取得了良好的效果。工程竣工后经第三方检测，达到了环评的要求，通过了验收。

（四川三元环境治理股份有限公司　滕德海、辜筱菊提供）

1.2　某燃气热电厂噪声治理

1.2.1　项目概况

宁夏某天然气热电厂是国内第一家花园式的天然气热电厂。电厂主要建筑为主厂房（含汽机房、燃气轮机房、余热锅炉等）、天然气压缩机房、变压器、机力通风冷却塔、循环水泵房、化水间、综合办公楼等。

厂区南侧紧邻回民小学，电厂运行后产生强烈的噪声，将会对校园环境造成严重的噪声污染。

针对此种情况，当地环保局对电厂提出的噪声控制要求为：降噪工程实施后电厂南厂界噪声值低于 55dB（A）。

1.2.2　第 1 阶段噪声控制措施的确定

由于噪声控制项目始于电厂建设的收尾期，建设方意识到电厂噪声污染问题时，大部分厂房、设备已建成、安装，并投入试运行，而当地政府要求在当年 9 月 1 日小学开学前完成噪声控制工作，降噪工程工期紧迫。建设方为了控制工程成本，不愿一次投入大量资金完成全部治理工作，因此拟采用分步治理的方法，第 1 阶段先对影响最大的噪声源进行治理，待完成第 1 阶段降噪后，根据实测效果确定之后采取的降噪措施，再进行进一步治理，作为第 2 阶段工程项目。图 16-1-12 为电厂噪声治理前的现场照片。通过现场勘查，判断厂区的主要噪声源如下：主厂房、主厂房控制室、天然气增压机房、变压器、机力通风冷却塔、循环水泵房、空压机房、水处理间、GIS 室等。

图 16-1-12　电厂噪声治理前照片

（1）声源贡献值预测

第 1 阶段噪声控制的目标是确保电厂南侧厂界噪声达标。根据工程经验和同类电厂的实测数据，初步判断首批需治理声源为汽机房、燃气轮机房、余热锅炉和天然气增压机房。

由于厂区声源数量很多，且声波在建筑物之间不断发生反射和绕射，使得人工计算噪声衰减的难度较大。为进一步确定主要声源及其降噪量，使用 SoundPLAN 声学设计辅助软件对电厂情况进行了模拟和计算，如图 16-1-13 所示（见彩插），经分析得出以下数据：主厂房、天然气增压机房的门、窗透射声对南厂界的最大贡献值为 63dB（A）；燃机进气口噪声的最大贡献值为 58dB（A）；厂房和余热锅炉的进、排风口，冷却塔等声源对南厂界的最大贡献值依次减少。

（2）第 1 阶段降噪措施

第 1 阶段主要噪声控制方案如下。

① 主厂房、天然气增压机房的门、窗　为提高门的隔声量和控制成本，拟直接在现有卷帘门外侧加装一道隔声性能稍好的同步控制卷帘门和一道外开的平开隔声门（其门扇上开设单扇小隔声门，以方便日常进出）。卷帘门与新增隔声门之间留一定间距，形成"声闸"。

根据透射声贡献值的大小以及原有窗的形式，采取不同措施。对于朝向厂内的不敏感区域的推拉窗，采用更换密封条等强化密封处理的简单措施；对朝向厂界外敏感点、窗内噪声不是很突出的部分窗体，采用密封胶封闭固定的处理方式；对正对厂界外敏感点、窗内噪声很突出、漏声明显的部分窗体，则需要在现有玻璃窗内增设一道隔声窗。

② 主厂房进出风口　主厂房各设备燃烧和散热需要厂房有大量的空气流通，因此厂房上设计了不少用于通风的进、排风口。

为降低风口噪声泄漏，拟在风口处设置消声器。本项目要求消声器的消声量较高，而同时又要考虑到通风散热的要求，还需考虑消声器外观与建筑景观的和谐统一，如图 16-1-14 所示。

③ 燃气轮机进、排气口　燃气轮机进、排气口风量非常大，而余压很小。如果增加消声器，势必降低系统风量，影响到燃气轮机的效率。

由于进、排气口位于屋顶，其高度高于南侧相对的噪声敏感目标学校，因此采用隔声屏障的做法，改变噪声的指向性，遮挡住面向学校的直达声，从而达到降噪的效果。在隔声屏障与风口之间预留较宽的通风通道，减少额外的阻力，不会影响到燃气轮机的效率。燃气轮机进气口隔声屏障如图 16-1-15 所示。

图 16-1-14　发电机房消声器照片

图 16-1-15　燃气轮机进气口隔声屏障

④ 天然气增压站　天然气增压站的主要降噪措施是：西侧卷帘门外加装一道隔声门，东侧彩钢板门更换为隔声门；厂房通风口安装消声静压箱和通风消声器。

1.2.3　第 1 阶段降噪效果评估与第 2 阶段措施

电厂试运行时，第 1 阶段降噪工程刚进入实施阶段。为评估降噪效果，并为第 2 阶段的降噪设计做准备，在施工前、后，对南厂界和主要声源进行了噪声测量。

（1）第 1 阶段措施降噪效果评估

第 1 阶段噪声治理后，进行了较详细的噪声测试，测点布置见图 16-1-16。测量时除厂房原有卷帘门开启外，其他门、窗关闭。根据测量结果，治理后与天然气增压机房正对的南侧厂界测点 2 噪声从 63.7dB（A）降低到 51.6dB（A），噪声降低了 12.1dB（A）；与主厂房正对的南侧厂界测点 4 噪声从 66.6dB（A）降低到 58.3dB（A），噪声降低了 8.3dB（A）；南侧厂界总体噪声在 51.0～58.3dB（A）之间。从测试结果来看，第 1 阶段工程取得了非常明显的效果。南厂界各测点噪声值与改造前的对照情况见图 16-1-17。

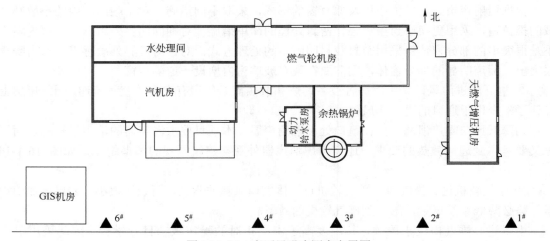

图 16-1-16　南厂界噪声测点布置图

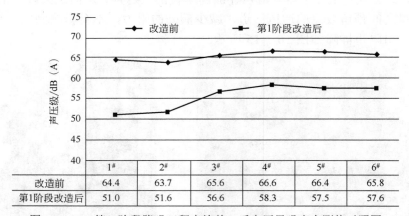

	1#	2#	3#	4#	5#	6#
改造前	64.4	63.7	65.6	66.6	66.4	65.8
第1阶段改造后	51.0	51.6	56.6	58.3	57.5	57.6

图 16-1-17　第 1 阶段降噪工程实施前、后南厂界噪声实测值对照图

另外，实测厂房新增隔声大门隔声量为 29dB（A），新增小隔声门门隔声量为 30dB（A），燃气轮机进气口隔声屏障插入损失为 20dB（A），厂房进风口消声静压箱与消声器综合消声量为 30dB（A），各项措施的技术指标均达到第 1 阶段设计要求。

（2）第 2 阶段降噪措施

第 1 阶段工程完成后，从机房门、窗、进排风口泄漏出来的噪声已经得到控制，而其他噪声源则暴露出来。通过测试分析，第 2 阶段需治理的主要噪声源及其控制措施见表 16-1-3。

表 16-1-3　第 2 阶段需治理的主要噪声源及其控制措施

序号	声源名称	噪声控制措施
1	燃气轮机屋顶排风口	设置消声房和消声器
2	燃气轮机屋顶轴流风机	设置消声箱和消声器
3	燃气轮机房外管道	管道隔声包扎
4	动力给水泵站排风机	消声器和消声弯头
5	污水处理器顶部离心风机	隔声罩及配套通风消声器
6	室外燃气减压阀组	阀组间内做强吸声处理，内壁粘贴高效吸声尖劈
7	汽机房南侧外墙上的高压输线槽	隔声围挡
8	汽轮机	原有隔声罩外设置隔声间，减少机房内噪声，保护员工听力

1.2.4　噪声控制措施整体降噪效果评估

经过第 1 阶段、第 2 阶段噪声治理后，现场噪声测量结果见图 16-1-18。天然气增压机房正对的南侧厂界测点 2 噪声从 63.7dB（A）降低到 49.0dB（A），主厂房正对的南侧厂界测点 4 噪声从 66.6dB（A）降低到 56.6dB（A）。

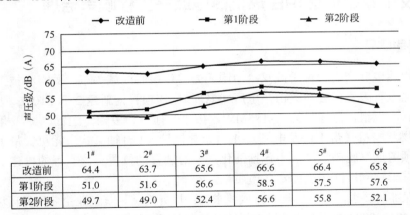

	1#	2#	3#	4#	5#	6#
改造前	64.4	63.7	65.6	66.6	66.4	65.8
第1阶段	51.0	51.6	56.6	58.3	57.5	57.6
第2阶段	49.7	49.0	52.4	56.6	55.8	52.1

图 16-1-18　第 1 阶段、第 2 阶段降噪工程实施前、后南厂界噪声实测值对照图

根据测试结果，南厂界大部分测点已达到当地环保局要求的不高于 55dB（A）的噪声标准。4# 点噪声值略超标 1.6dB（A），究其原因，主要是汽机房南侧外墙上的高压输线槽传出的噪声，因其特殊而无法实施隔声措施，影响到达标。

电厂经噪声治理后，对南侧学校的影响已大大减弱，建设方和环保部门对降噪效果均表示认可，因此暂不对局部超标现象进行治理。

另外，为遵循花园式燃气电厂的设计初衷，降噪工程设计初期即对降噪设施的外观非常重视，实施后达到了令建设方满意的整体景观效果，治理后现场照片见图 16-1-19。

图 16-1-19   电厂噪声治理后照片

1.2.5   结语

本项目经过两期分阶段的噪声治理后，电厂南侧厂界噪声达到环保部门的要求，以相对比较低的成本获得了非常良好的综合效果。

本项目中为控制工程成本，分阶段实施降噪措施，先对最主要的噪声污染源进行治理，根据效果再对次要的声源进行治理，避免出现一些不必要的降噪措施，也避免一次性投入大量资金，获得了良好的工程效果和经济效果。

（北京世纪静业噪声振动控制技术有限公司   苏宏兵，纪雅芳，邵斌提供）

1.3   武汉东湖燃机 2×9E 燃机热电联产工程噪声治理

1.3.1   工程概况

东湖燃机热电联产工程位于武汉"中国·光谷"核心区域关东、关南科技工业园内，紧邻武汉高新热电有限责任公司关山热电厂（老厂）。该项目为新建 2 套 S109E 型燃气-蒸汽联合循环热电联产机组，总容量为 2×185MW，按"一拖一、多轴"配置，每套机组包括 1 台 PG9171E 型燃气轮机（带 1 台发电机）、1 台余热锅炉、1 台抽凝式汽轮机（带 1 台发电机），一次建成，预留烟气脱硝烟道（不包括催化剂）等装置的位置。该工程的投建引入了大量高噪声源，严重影响到厂区周围的声环境质量。

根据环保部门要求，该电厂噪声排放要求为：厂界需满足《工业企业厂界环境噪声排放标准》（GB 12348—2008）3 类要求，即在排除其他背景噪声情况下，噪声排放昼间≤65dB（A）、夜间≤55dB（A）。受业主委托，四川正升声学科技有限公司（以下简称四川正升）承接了该电厂的噪声控制设计和治理工作。

1.3.2   噪声分析

（1）噪声源

该电厂的主要噪声源包括：汽机厂房内各噪声源、燃机厂房内各相关噪声源、余热锅炉相关噪声源、机力通风冷却塔噪声、变压器噪声、天然气调压站噪声以及其他辅助厂房如各类泵房、水处理站等的噪声。通过与设备厂家密切配合，在保证采购成本不增加（或小幅增加）的情况下，要求设备厂家尽可能降低设备噪声值，最终确定该电厂各主要设备噪声源强，如表 16-1-4 所列。

表 16-1-4　电厂主要设备噪声源强

设备	噪声声压级/dB（A）
燃气轮机本体	约 85
蒸汽轮机本体	约 85
燃气轮机辅助设备	约 92
蒸汽轮机辅助设备	约 92
厂房屋顶风机	约 85
机力通风冷却塔进风	约 85
机力通风冷却塔排风	约 85
变压器区域	约 75
低压锅炉本体	约 76.8
高压锅炉本体	约 79.2
顶部汽包运转层	约 80
锅炉阀门管道	79～82.7
锅炉给水泵房	约 75
锅炉烟囱本体	约 75
锅炉烟囱排气口	约 84.6
天然气前置模块	约 80
天然气调压站	约 70
空压机	约 85
循环水泵	约 90
其他泵类	约 85
风机等其他设备	约 85

（2）厂房设计及设备布置

按照设计院的初步设计，汽机房、燃机房的外墙采用 0.8mm 厚的单层压型钢板结构，窗户采用非隔声窗，门为普通钢质门，墙面设置铝合金百叶，屋顶设置风机进行强制通风；辅助厂房外墙采用砖混墙体，墙体上设置铝合金百叶通风，门、窗结构同汽机房和燃机房门、窗；其他噪声源如余热锅炉、机力通风冷却塔、变压器为露天布置，不采取任何降噪措施。四周厂界设置 2.5m 高砖墙。

（3）噪声源预测

根据以上噪声源强和设计院的初步设计资料，四川正升采用 SoundPLAN 软件对该电厂进行了声学模拟，根据模拟结果，该电厂在噪声治理前，北厂界噪声最大值为 67.4dB（A），西厂界噪声最大值为 73.2dB（A），南厂界噪声最大值为 74.8dB（A），东厂界噪声最大值为 66.6dB（A）。声学预测如图 16-1-20 所示（见彩插）。根据预测结果，四周厂界处的噪声均超过了 3 类声功能区规定，应进行治理。

1.3.3　采取的主要技术措施

通过声学软件预测计算，同时结合类似工程实践经验，四川正升一方面向设计院提供资料，要求厂房设计时尽可能考虑降低噪声排放影响，另一方面对主要噪声源采取了专项降噪措施。

（1）向设计院提出的降噪资料要求

① 尽可能将高噪声源布置在厂区中部，充分利用噪声距离衰减和其他建筑的遮挡作用，

降低噪声影响；

②采用砖混结构的建筑，其墙体、屋顶等需达到设计要求的隔声量，降低厂房的透声影响，从而降低降噪成本。

（2）专项降噪措施

①汽机房、燃机房外墙板以内设置吸隔声墙体，外墙门采用吸隔声门，窗户采用双层隔声窗，进风和排风口设置通风消声器，燃机进风口设置吸隔声屏障，如图 16-1-21～图 16-1-23 所示；

②变压器区域设置吸隔声屏障，如图 16-1-24 所示；

图 16-1-21　汽机房外墙、窗户、通风消声器实照

图 16-1-22　汽机房（燃机房）屋顶消声器实照

图 16-1-23　燃机进风口声屏障

图 16-1-24　变压器区域声屏障

③机力通风冷却塔进、排风口设置消声装置，如图 16-1-25、图 16-1-26 所示；

图 16-1-25　机力通风冷却塔进风消声装置

图 16-1-26　机力通风冷却塔排风消声装置

④ 部分高噪声源辅助厂房外墙门采用吸隔声门，窗户采用隔声窗，通风口设置消声器；

⑤ 南厂界围墙在 2.5m 高砖墙上设置 5m 高吸隔声屏障，如图 16-1-27 所示。

图 16-1-27 南厂界声屏障

1.3.4 治理后的效果

通过采取上述治理措施后，在四周厂界处布置了 12 个测点（测点 1～12），实测结果如图 16-1-28 所示。该电厂厂界处噪声排放均达到 3 类声功能区标准规定，夜间噪声均低于 55dB（A）。

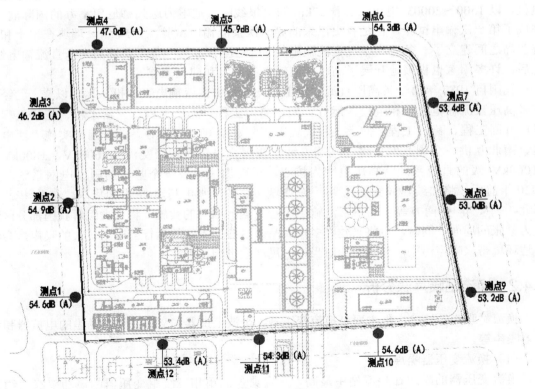

图 16-1-28 四周厂界处噪声实测结果（噪声治理后）

1.3.5　结语

本工程在采取上述降噪措施后，达到了环保部门要求的噪声排放目标。从初期的方案设计、设计院和厂家的配合、工程施工和安装等过程，我们认为：

① 方案的设计需与设计院、设备厂家密切配合，尽可能在不增加工程成本和不影响电厂正常运行的前提下，从噪声源头（设备）、厂区布置、厂房结构等方面减少噪声对外界的影响，从而也可降低噪声治理的成本。

② 降噪方案需针对不同的噪声源采取不同的降噪措施，在保证噪声排放达到标准的前提下，尽可能不要设计过量，以降低噪声治理的成本。同时，还需考虑施工工艺等，以求得到最佳的治理效果。

（四川正升声学科技有限公司　李朝阳和贾荷香提供）

1.4　"申华"降噪产品在直流高压输电系统换流站中的应用

1.4.1　前言

19 世纪初期，法国物理学家德普勒提出：如果输电电压选择得足够高，即使沿着电报线路也能输送较大的功率到较远的距离。他于 1882 年，用装设在米斯巴赫煤矿中的直流发电机，以 1500～2000V 电压，沿着 57km 的电报线路，把电力送到慕尼黑举办的国际展会，完成了第一次输电试验，也是有史以来的第一次直流输电试验。1954 年，瑞典在本土和果特兰岛之间建立了一条海底电缆直流输电线，这是世界上第一条工业性的高压直流输电线。此后，许多国家也积极地开展了高压直流输电的研发和建设工作。

我国自 1987 年第一条高压直流输电工程——舟山直流输电工程投入运营以来，已经有许多高压直流输电工程相继投入运行。如：葛南工程、天广工程、三常工程、三广工程、贵广Ⅱ回工程、葛沪工程、向上工程、锦苏工程、哈郑工程等等。随着国家实施"西电东送、南北互供、全国联网"这一战略方针，我国将以百万伏级交流和 ±600kV、±800kV、±1000kV 级的直流系统特高压电网为核心，进而加快建设一个坚实的国家电网系统。到 2020 年前后，将陆续建成云南昆明-广东增城、金沙江水电基地-华中和华东、东北-华北、华北-华中、华中-南方等十几条直流输电工程。这些项目的实施，将大大缓解我国部分区域电力紧张的局面，同时，也将兴建许多换流站。这些换流站的运行会产生较大的噪声，会给周边环境带来噪声污染，也可能会对当地居民产生影响。

1.4.2　换流站噪声源分析

换流站噪声源较多，但主要是换流变压器、平波电抗器和交流滤波器场里的电抗器和电容器噪声等。

（1）换流变压器噪声

换流变压器的噪声在换流站中最高，一台典型的单相三绕组变压器的声功率级大约在 100～110dB（A）。

换流变压器噪声由三部分组成：①铁芯硅钢片的磁致伸缩振动噪声；②线圈导线或线圈

间电磁力产生的噪声；③换流变压器冷却风扇等产生的噪声。随着铁芯硅钢片设计技术的提高，铁芯硅钢片产生的磁致伸缩振动噪声大为减少，致使线圈导线或线圈间电磁力产生的噪声成为主要噪声，线圈噪声的声功率级随着变压器负载增加而增加。

换流变压器主要是电磁噪声，以中低频声为主。基频一般为 100Hz（变压器工频 50Hz 的两倍），其次为谐频，峰值频率是 100Hz，属于有调噪声。低频噪声因波长较长，有很强的绕射和透射能力，同时在空气中的衰减也很小，随距离衰减较慢，对周围环境的影响突出，治理难度较大。

（2）电抗器噪声

滤波电抗器和平波电抗器是换流站中产生噪声较大的设备。交、直流滤波器场中的电抗器一般采用干式空芯电抗器。由于电磁力作用，最高点频率一般为交流电流频率的两倍。平波电抗器一般采用油浸式电抗器，其频谱中两个主要控制点频率为 600Hz 和 1200Hz，其中线圈振动产生的噪声是平波电抗器的主要噪声，呈宽频带特性。

（3）电容器噪声

电容器内部的噪声，是由于电场振动而产生噪声。当电容器加上交流电压时，在电容器内部的电极间将有静电力的作用产生，从而使电容器内部的元件产生振动，这种元件的振动将传给外壳而使箱壁振动并形成噪声，再从外壳辐射出去。电容器层架的相互作用，导致了电容器噪声传播模式非常复杂。电容器的声音频谱和通过电容器的电压频谱有关，一般来说噪声频率为电源频率的两倍。

（4）主变压器噪声

主变压器的正常运行会产生一个包含很多频率在内的中低频噪声，多数低于 1kHz。在正弦负载电流下，线圈噪声主要由两倍电源频率组成，铁芯硅钢片噪声与磁通量密度级别有关。一般变压器容量越大，两倍电源频率噪声所占的比例越大，主变压器噪声一般比换流变压器噪声要低 10dB（A）左右。

1.4.3　换流站降噪设计要求

影响换流站内设备运行的因素颇多，换流站降噪设计应满足如下要求：①降噪设计首先要达到国家标准规定，厂界处或敏感点处应符合 GB 12348—2008 和 GB 3096—2008 规定的限值要求，同时也要考虑气象等方面引起的不利因素；②降噪设施不影响站内设备的安全运行；③降噪设施应为永久性设施，应牢固、安全；④为满足设备的更换需要，降噪设施应为可拆卸结构，维修时拆卸方便、连接牢固，满足日常巡检要求；⑤降噪设施必须具有非常好的防腐性能，保证具有长的使用寿命；⑥降噪设施必须满足变电设备的接地、防火、通风散热、应急处理等安全要求。

1.4.4　换流站噪声治理进展

由换流站噪声源分析可知，换流站中的噪声比较复杂，在进行治理时，按照各个站厂界和声环境敏感目标要求的不同，对主要声源采取吸声、隔声、减振等综合治理措施。为了验证综合治理措施的可行性，多数是采用专业噪声分析与预测软件 SoundPLAN 进行分析计算和评估。经过反复验证，最后得到一个较经济合理的降噪方案。

国内直流高压输电换流站降噪治理从 2004 年开始，初期时在已建并投入运行的换流站采取隔声为主的技术措施，安装上海申华声学装备有限公司（简称"申华"或"申华公司"）开发的渐变吸声体吸隔声屏障，例如：龙泉、政平、宝安、楚雄等换流站。后期随着环保意识的加强和治理措施的完善，在换流站设计时就考虑了降噪措施，实施"三同时"。据介绍，国内已经陆续进行降噪治理的换流站有 40 多个，申华公司参加降噪治理或提供产品的换流站有：宜都、龙泉、荆门、黑河、宝鸡、灵宝、宝安、楚雄、奉贤、枫泾、金华、裕隆、郑州、酒泉、湘潭、泰州、上海庙、从化、新松、彭措、湖边等 20 余个换流站。这些换流站采用申华公司移动式声屏障、渐变式吸声体、BOX-IN 隔声罩产品，均取得了较好的降噪效果。

1.4.5　典型工程简介

（1）国网±500kV 龙泉换流站噪声治理

龙泉换流站是三峡电力外送的枢纽交直流变电站，位于湖北省宜昌市龙泉镇。从 2003 年 6 月正式投入商业运行以来，换流站的噪声污染问题一直没有得到有效的解决。2006 年底，"申华公司"委托上海同济大学声学研究所与设计单位——哈尔滨工业大学建筑设计研究院，前后三次对龙泉换流站的噪声源进行调研和测试，搞清楚了换流站的主要噪声源，为此有针对性地采取了如下治理措施。

① 换流变区域噪声治理　12 台换流变压器呈南北一字形排列，是换流站内最主要的噪声源，它的噪声以中低频为主，主要集中在 63～500Hz 频带内，对周围环境影响较大，采取的降噪措施如下：换流变正面安装总高 8m 的隔声屏障，屏障顶部安装 T 形吸声体；转角处安装 7.7m 高的隔声屏障；在换流变防火墙背面墙的 80%墙面上安装渐变型吸声体，在防火墙两侧内 30%墙面上安装梯形吸声体；在换流变声屏障一侧设置隔声门，另一侧设置通道，以方便运行人员维护和巡视。图 16-1-29 为换流变降噪后现场实照。

图 16-1-29　换流变降噪后现场实照

② 平波电抗器噪声治理　2 台平波电抗器位于阀厅换流变的另一侧，噪声频谱与换流变相类似，采取的主要降噪措施如下：平波电抗器的正面和侧面采用总高 7.25m 的隔声吸声屏障，把平抗三面围起来；在吸声隔声屏障的上部安装直径为 500mm 的吸声圆柱体；在平抗

防火墙背面 60%墙面上安装铝合金穿孔板饰面的梯形吸声体，在防火墙一侧内墙面的 30%墙面上安装如图 16-1-30 所示梯形吸声体。图 16-1-30 为平波电抗器降噪示意图及现场实照。

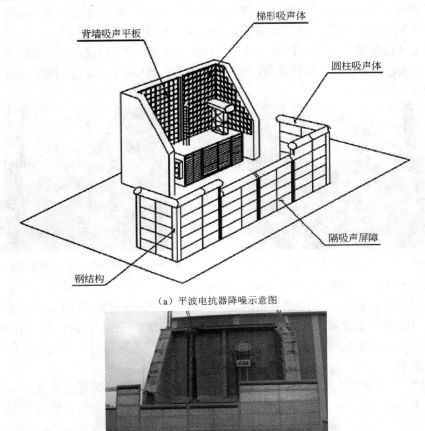

（a）平波电抗器降噪示意图

（b）平波电抗器降噪实施后照片

图 16-1-30　平波电抗器降噪示意图及现场实照

　　③ 万龙Ⅰ、Ⅱ线高抗滤波器噪声治理　万龙Ⅰ、Ⅱ线高抗紧邻西厂界围墙，6 台设备与围墙平行排列，噪声以中低频为主，治理难度较大，它是造成西厂界噪声超标的主要原因，采取的主要降噪措施为：在设备本体的正面和侧面设置总高为 6m 的隔声屏障，隔声屏障采用板块式结构，由钢结构件和隔声屏体构成一体，直接安装在防火墙端面并固定；在隔声屏障的正面顶部安装 T 形吸隔声板，在侧面顶部安装直径为 500mm 的圆柱形吸声体；在防火墙和隔声屏障的内侧安装由"申华公司"研发的渐变空腔宽频带吸声体；在万龙高抗Ⅰ号西侧围墙处设置 6.5m 高声屏障，在顶部安装直径为 500mm 的圆柱形吸声体；在万龙高抗Ⅱ号西侧围墙顶部加设 1.5m 高声屏障，在顶部安装直径为 500mm 的圆柱形吸声体。万龙高抗噪声治理后现场实照如图 16-1-31 所示。

　　④ 交流滤波器场噪声治理　换流站内有Ⅰ区和Ⅱ区两个交流滤波器场，占地面积较大，其中Ⅰ区南墙和Ⅱ区北墙外居民点是重点控制的噪声敏感区域。交流滤波器场内的噪声源主

要有电抗器和电容器两大部分，由于电容器由多个串联在钢质构架上，构架高度为 10m，因此采用 11m 高的隔声屏障（局部区域声屏障高度 12.5m）。隔声屏障的顶部安装直径为 500mm 的圆柱形吸声体。为方便巡视和维护，声屏障的下部采用大面积可视屏体，在每个间隔的通道口设置防火隔声门。交流滤波器场降噪后现场实照如图 16-1-32 所示。

采取以上 4 项治理措施后，于 2007 年 9 月由湖北省环境监测中心现场实测，厂界处和居民住宅处的噪声均达到了国家 1 类区要求，即昼间噪声低于 55dB（A），夜间噪声低于 45dB（A），通过了环保工程验收。

图 16-1-31　万龙高抗噪声治理后现场实照　　　　图 16-1-32　交流滤波器场降噪后现场实照

（2）南网±500kV 深圳宝安换流站噪声治理

深圳宝安直流换流站是中国南方电网超高压输电公司±500kV 贵州至广东第 II 回直流输电工程兴安直流输电系统接收端，站址位于广东省深圳市宝安区。在南厂界外分布着马池田、围肚片村大片居民住宅，该站噪声对居民住宅的影响超过了声功能 1 类区标准限值，为此采取如下治理措施。

① 换流变区域噪声治理　为便于换流变设备的更换检修，在其正面设置移动式隔声屏障，每档宽 1.4m，高 8m。声屏障由钢结构固定框架、开合框架与吸声板等组成，在开合框架的下部安装滚轮以便于推开；在 6 台换流变散热风扇前 3m 处设置隔声屏障，两端与防火墙连接封闭；防火墙顶部安装隔声挑檐，隔声挑檐由三角钢架与隔声板组成；在顶部防火墙上安装平板式和渐变式吸声体；在每组检修通道的两侧各设置一道双开隔声门，便于日常巡检、维护和作消防通道使用；所有降噪设备采用铜绞线有效连接后与主接地网连接；为通风散热，在每台换流变对应隔声屏障上配备 4 台轴流风机，每台风机风量约为 11000m³/h。"宝安"换流站区域噪声治理后现场实照如图 16-1-33 所示。

图 16-1-33　"宝安"换流站区域噪声治理后现场实照

②南厂界围墙降噪措施　每隔 3m 设置一道钢筋混凝土抗风柱，在南厂界围墙上设置一道高约 5m、长约 144m 的隔声屏障。隔声屏障吸隔声板插入 H 形混凝土立柱内，既节省钢材，又能满足隔声屏障的整体强度要求。图 16-1-34 为围墙声屏障示意图及现场实照。

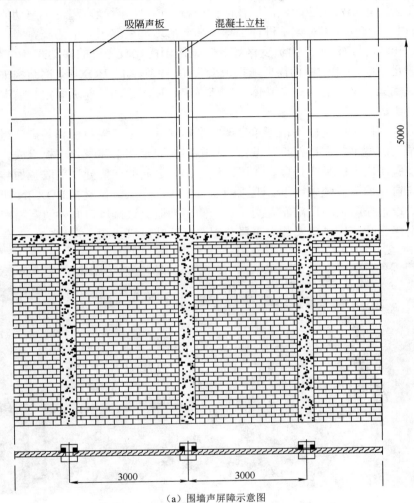

（a）围墙声屏障示意图

（b）围墙降噪照片

图 16-1-34　围墙声屏障示意图及现场实照

采取以上几项治理措施后，现场实测南厂界处全面达到了国家标准规定的 1 类声功能区的要求，即昼间噪声小于 55dB（A），夜间噪声小于 45dB（A），通过了项目验收。

（3）国网±800kV 直流输电示范工程奉贤换流站噪声治理

该站位于上海市奉贤区四团镇邵厂社区横桥村。该站厂界噪声超过了声功能 2 类区的规定，"申华公司"于 2010 年对该站进行了噪声综合治理，采取了如下措施。

① 换流变区域噪声治理　换流变区域降噪采用国内比较先进的移动式 BOX-IN 隔声罩装置。为了满足 BOX-IN 钢结构需要随换流变设备一起移动，BOX-IN 钢结构采用型钢三角撑和型钢门式钢架相结合的形式，具体由顶部固定、顶部移动、前端固定和前端移动及前端可拆装五部分组成。

固定部分隔声围护结构由型钢三角支架、型钢立柱、吸声隔声板和隔声门组成。移动部分隔声围护结构由型钢门型钢架、减振器、吸隔声板固定钢架和吸隔声板组成。BOX-IN 内部的防火墙及阀厅墙上做吸声处理。在罩壁板与钢架之间的连接处，采取了加装橡胶减振器的隔振措施。自然通风系统采用下进上排的通风方式，进风口设置在 BOX-IN 两侧隔声门的下部，出风口设置在防火墙顶部靠近阀厅墙一侧。为避免进排风口向外泄漏噪声，在进风口安装有进风消声百叶，排风口安装消声器及铝合金百叶风口。图 16-1-35 为"奉贤"BOX—IN 移动式隔声罩现场实照。

图 16-1-35　"奉贤"BOX—IN 移动式隔声罩现场实照

② 围墙噪声治理　在交流滤波器周围 5m 高的围墙上再设置 3m 高的轻型隔声屏障（含顶部圆柱形吸声体），总高度 8m。在平波电抗器附近南侧 5m 高的围墙上设置 5m 高轻型隔声屏障（含顶部圆柱形吸声体），总高度为 10m。在直流场附近设置 5m 高围墙，在交流滤波器场 5m 围墙上再加设 3m 高轻型隔声屏障（含顶部圆柱形吸声体），在靠近南侧直流出线附近 5m 高的围墙上再加 5m 高轻型隔声屏障（含顶部圆柱形吸声体）。围墙降噪后现场实照如图 16-1-36 所示。

图 16-1-36　围墙降噪后现场实照

采取上述两项治理措施后，厂界和敏感点处均达到了国家标准规定的 2 类声功能区的要求，即昼间噪声小于 60dB（A），夜间噪声小于 50dB（A），通过了项目验收。

1.4.6　结语

"申华公司"多年来从事换流站降噪技术研究和工程实践，积累了不少经验，逐渐形成了采用 BOX-IN 设备、设置隔声围墙、安装隔声吸声屏障，并配置圆柱形吸声体、T 形吸声体和渐变式宽频吸声体，取得了良好的降噪效果。换流站的噪声治理若能在设计阶段就给予考虑，有噪声控制专业人员参与，在站址选择、站区设备布置、声源控制等方面事前有咨询和治理方案，则会取得更理想的效果。

（上海申华声学装备有限公司　何金龙提供）

1.5　室内变压器引起的固体声控制及措施

1.5.1　噪声源

某别墅区在两栋别墅之间的地下室内设置了变压器用房，变压器用房与相邻别墅基础为连续的阀板型基础，变压器放置层下部为电缆层，变压器放置层楼板单独支撑在筏板基础上，其支撑柱及墙体与别墅的墙体相邻。

变压器室内安装有 2 台干式电力变压器，变压器运行过程中对相邻的两栋别墅造成了较严重的噪声影响，由变压器引起的噪声频谱特性呈中低频特性，较难控制，因此有必要对变压器引起的噪声进行相关的测试研究并采取隔振降噪措施。

变压器型号为 SC840-800/10，其有关参数如表 16-1-5 所列。变压器布置情况如图 16-1-37 所示。

表 16-1-5　变压器有关参数

序号	名称	单位	参数
1	额定容量	kV·A	800
2	额定频率	Hz	50
3	质量	kg	2290
4	噪声级（测距 1.0m）	dB（A）	62

图 16-1-37　变压器布置情况

1.5.2　测试结果分析

（1）测试仪器

测试仪器有 BSW801 型噪声频谱分析仪、DASP 数据采集和信号处理分析软件、INV360 型高精度数据采集仪、891 型磁电式速度传感器。

（2）噪声测试结果分析

为了分析噪声影响情况，对变压器室内、居民室内噪声进行了检测，测试结果如图 16-1-38 和图 16-1-39 所示。

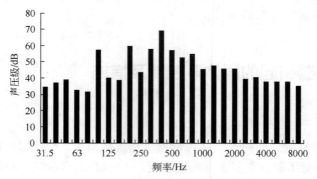

图 16-1-38　变压器室内测试结果

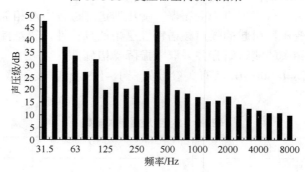

图 16-1-39　居民室内测试结果

从变压器室内和居民室内测试结果对比可知：变压器室内噪声频谱特性表明变压器噪声基频 100Hz 及其谐频 200Hz、400Hz 噪声比较突出；居民室内噪声突出的频率是 400Hz，也是居民目前感觉噪声较大的主要原因，根据现场情况分析 31.5Hz 噪声突出应是受其他影响所致。变压器室内和居民室内 1/3 倍频带 100～630Hz 噪声衰减情况如表 16-1-6 所列。

表 16-1-6　1/3 倍频带噪声衰减情况

频率/Hz	100	125	160	200	250	315	400	500	630
变压器室内噪声级/dB	57.4	40	38.5	59.7	43.6	57.7	68.9	57.2	52.4
居民室内噪声级/dB	31.9	19.6	22.8	20.3	21.5	27.3	45.9	29.9	19.6
衰减量/dB	25.5	20.4	15.7	39.4	22.1	30.4	23	27.3	32.8

从低频 1/3 倍频带噪声衰减情况来看，噪声经过建筑结构后已得到了较大的衰减，但居民室内 1/3 倍频带 400Hz 的噪声仍很突出。

关于室内噪声低频排放限值，目前 GB 22337—2008《社会生活环境噪声排放标准》和 GB 12348—2008《工业企业厂界环境噪声排放标准》均对结构传播固定设备室内噪声低频排放限值作出了规定，且两个标准规定的噪声排放限值数值是相同的。尽管 GB 50118—2010《民用建筑隔声设计规范》对住宅建筑的允许噪声级进行了有关规定，同时因噪声特性的不同对噪声测量值有修正，但评价量仍然是单值评价量。此外，对高要求住宅的允许噪声级存在过度修正的问题，为此我们参考《社会生活环境噪声排放标准》和《工业企业厂界环境噪声排放标准》对结构传播固定设备室内噪声排放限值作为分析的依据，居民室内 1/1 倍频程声压级如表 16-1-7 所列。

表 16-1-7　居民室内 1/1 倍频程声压级

频率/HZ	31.5	63	125	250	500	1000	2000	4000	8000	L_{Aeq}
声压级/dB	55.9	38.6	32.6	29	46	21.8	20.5	16.2	14	41.3

鉴于噪声严重的房间为别墅，因此应执行 1 类声功能区夜间 B 类房间的噪声排放限值，测试结果表明居民室内 1/1 倍频程 500Hz 超过了 B 类房间噪声限值 17dB，其他均满足噪声限值，居民室内主观感觉变压器噪声是非常令人烦躁的。

关于居民室内噪声的来源，不少研究表明固体传声是主要的，墙壁透声和空气衍射声所占比例很小。本测试环境下不存在空气衍射声，居民室内与变压器室隔墙为 200mm 钢筋混凝土构造，单层构件隔声量 R 可按经验公式计算：

$$R = 14.5 \lg M + 14.5 \lg f - 26 \qquad (16-1-1)$$

式中　　M——构件面密度，kg/m²；

　　　　f——声波频率，Hz。

200mm 厚钢筋混凝土墙双面抹灰的面密度约为 240kg/m²，按照公式（16-1-1）可计算得到 400Hz 隔声量为 46.2dB，而目前变压器室内 400Hz 声压级为 68.9dB，居民室内 400Hz 声压级为 45.9dB，这表明墙壁透声对居民室内未形成影响，因此居民室内噪声主要是固体传声所致。

（3）振动测试结果分析

前述分析表明居民室内噪声主要是固体传声所致，固体传声的过程为变压器的机械振动沿地面传播，进一步沿住宅墙体结构传播至居民室内墙面，墙面振动再次激发空气扰动，产生空气声为居民人耳所接收。为了通过控制振动传递降低固体传声，对变压器的振动影响情况进行了检测，测点布置如图 16-1-40 所示，测试结果如图 16-1-41 所示。

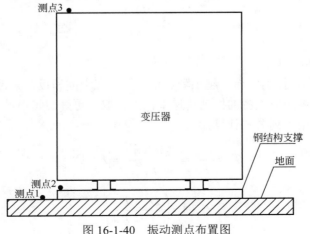

图 16-1-40　振动测点布置图

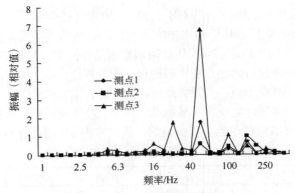

图 16-1-41 振动测试结果

变压器的本体振动在通常情况下主要取决于
铁芯的振动，而铁芯的振动又取决于硅钢片的磁致
伸缩，由于磁致伸缩的变化周期恰恰是电源频率的
半个周期，所以磁致伸缩引起的变压器的本体振动
是以两倍电源频率为其基频的，本变压器工频为
50Hz，因此其振动基频应为 100Hz。然而 1/3 倍频
带振动测量结果表明 50Hz 谐波的干扰是严重的，
分析原因主要是交变磁通对传感器磁座作用所致，
这也是被有关实验所证明了的，现场测量测点分布
如图 16-1-42 所示。

图 16-1-42 现场测点

1.5.3 固体声控制技术

固体声的控制采用与隔振、冲击防护相类似的办法，但也有较大的不同，这是由声波的
传播性质决定的。固体声控制分低频声域隔声和高频声域隔声。当声波的半波长大于隔声材
料的厚度时，称为低频声域；当声波的半波长小于隔声材料的厚度时，称为高频声域。

对于低频声域的固体声隔声，有学者提出其隔声效果可以用振动传递率的函数表示：

$$\Delta L_p = 20\lg\frac{1}{T} \tag{16-1-2}$$

式中 ΔL_p——隔声量；

T——振动传递率。

式（16-1-2）表明，振动传递率越小隔声量越大。在空间和设备条件受到限制的情况下，
往往采用单层隔振系统降低设备的振动传递率，为了取得更好的隔声效果可采用双层隔振系
统，其隔振传递率采用下列公式计算：

$$T = \frac{F_{T0}}{F_0} = \frac{F_0|H(\lambda)|}{F_0} = |H(\lambda)| \tag{16-1-3}$$

$$|H(\lambda)| = \left(\frac{D^2 + E^2}{A^2 + B^2}\right)^{1/2} \tag{16-1-4}$$

$$A = \lambda^4 - \lambda^2(\alpha^2 + 4\xi_1\xi_2\alpha + \mu + 1) + \alpha^2 \qquad (16\text{-}1\text{-}5)$$

$$B = \lambda^3(2\xi_2\alpha + 2\xi_1\mu + 2\xi_1) - \lambda(2\xi_1\alpha^2 + 2\xi_2\alpha) \qquad (16\text{-}1\text{-}6)$$

$$D = \alpha^2 - 4\xi_1\xi_2\alpha\lambda^2 \qquad (16\text{-}1\text{-}7)$$

$$E = \lambda(2\xi_1\alpha^2 + 2\xi_2\alpha) \qquad (16\text{-}1\text{-}8)$$

$$\mu = \frac{m_1}{m_2} \qquad (16\text{-}1\text{-}9)$$

$$\lambda = \frac{\omega}{\omega_1} \qquad (16\text{-}1\text{-}10)$$

$$\alpha = \frac{\omega_2}{\omega_1} \qquad (16\text{-}1\text{-}11)$$

$$\omega_1 = \sqrt{\frac{K_1}{m_1}} \qquad (16\text{-}1\text{-}12)$$

$$\omega_2 = \sqrt{\frac{K_2}{m_2}} \qquad (16\text{-}1\text{-}13)$$

式中　m_1——被隔振设备质量；

m_2——中间质量块质量；

K_1——上层隔振器垂向刚度；

K_2——下层隔振器垂向刚度；

ξ_1——上层隔振器阻尼比；

ξ_2——下层隔振器阻尼比。

上列公式表明，要进行双层隔振系统的设计，其传递率的计算过程影响因素较多，是个复杂的过程，可通过计算机辅助优化计算。

1.5.4　隔振设计

具体设计前根据实际情况确定了如下基本条件：

（1）根据现场测试情况及变压器运行特性，确定主要激振频率为 100Hz；

（2）根据楼板结构承载，确定中间质量块质量为 350kg；

（3）根据变压器质量和结构尺寸，遵守近似轴对称原则确定上层和下层隔振器分别安装 6 只。

在上述条件下借助计算程序优化计算隔振器的负载、固有频率、动刚度、静变形和阻尼比参数，结合动态运行情况和变压器允许的承受幅值等确定参数，如表 16-1-8 所列。

表 16-1-8　隔振器参数

隔振器位置	负载/kg	固有频率/Hz	动刚度/kN	静变形/mm	阻尼比
上层	400～450	8～10	550	7～8	0.15
下层	460～510	8～10	630	7～8	0.15

根据产品情况选定了相应的隔振器，同时考虑进一步降低可能存在的高频声域影响，在隔振系统底部布置了橡胶隔振垫。隔振系统布置情况如图 16-1-43 所示。

图 16-1-43　隔振系统布置情况

隔振系统确定后，按照公式（16-1-2）和公式（16-1-3）可计算得到不同振动频率下的振动传递率和隔声效果，如表 16-1-9 所列。

表 16-1-9　不同频率下的振动传递率和隔声效果

频率/Hz	振动传递率	隔声效果/dB
50	4.40%	27.1
100	0.52%	45.7
160	0.13%	57.7
200	0.06%	64.4

计算结果表明隔声效果很好，但实际效果往往达不到计算结果的目标。

1.5.5　隔振效果

采取隔振措施前后，变压器下方楼板振动情况如图 16-1-44 所示。图 16-1-44 表明，采取隔振措施后，在突出激振频率下，振动幅值均得到了较大的降低。通过楼板隔振前后的加速度幅值（或速度幅值）的变化应可确定固体隔声的效果，但需要通过采集大量案例数据来确定，目前固体隔声的效果仍需通过测试噪声降低情况方可确定。

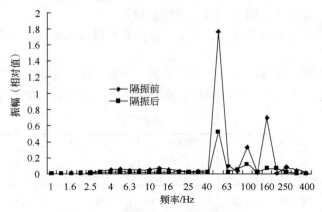

图 16-1-44　隔振前后振动幅值变化情况

1.5.6 降噪效果

居民室内噪声降低情况如图 16-1-45 所示。采取隔振措施前后居民室内 1/1 倍频带噪声测试结果表明：居民室内噪声突出的 1/3 倍频带 400Hz 噪声得到了极大的降低，降噪量达 20.4dB；A 计权声压级从 41.3dB（A）降低至 29.7dB（A），降噪量达到 11.6dB（A）；1/1 倍频带 500Hz 噪声从 46dB 降低至 28dB，降噪量达 18dB，低频各倍频带声压级满足《社会生活环境噪声排放标准》和《工业企业厂界环境噪声排放标准》对结构传播固定设备室内噪声排放限值的要求，取得了较好的降噪效果。居民室内已感觉不到变压器引起的噪声，主观感觉非常满意。

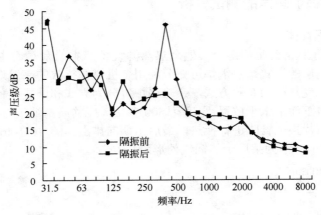

图 16-1-45　隔振前后居民室内噪声对比

1.5.7 结论

通过上述变压器固体声控制的研究和实施，可形成如下结论：

（1）采取双层隔振系统可有效地控制变压器引起的固体传声，可满足结构传播固定设备室内噪声排放相应限值的要求，同时居民室内可获得满意的噪声主观感觉。

（2）用振动传递率衡量的固体声隔声效果与实际隔声效果存在较大差异，因此其只能作为固体声降低的一种趋势指标，有必要研究设备放置楼板的振动幅值变化与固体声隔声效果的关系。

（3）采取双层隔振系统后，变压器置于建筑物地下室或底层的同时，相邻居室仍有良好的声环境，这为现有建筑物内部已设置变压器引起的固体声控制以及新建建筑物内部设置变压器避免固体声影响提供了实践依据。

（北京市劳动保护科学研究所　魏志勇提供）

1.6 燃气电厂立式余热锅炉低频噪声控制

某燃气电厂有 4 台燃气轮机机组，配套有 4 台立式余热锅炉，厂区周边正在建设大型居民社区。我公司（华电重工股份有限公司）在为该厂设计全厂噪声治理方案时，发现该厂的余热锅炉的体量大、噪声高，尤其是低频噪声十分突出，相距很远也能明显听到锅炉的声音。

由于低频噪声的波长长，随距离的衰减慢，对厂区和周边环境影响很大，必须进行降噪改造。如果采用常规的整体围护的降噪措施，势必要对锅炉结构进行加固，尤其是基础部分。但是该锅炉周边布局比较紧凑，紧邻主厂房、燃机和变压器等设备，且锅炉地下综合管线很多，结构加固的难度非常大，几乎不可能实现。为此，我们对这种立式余热锅炉的低频噪声的产生机理进行研究，寻求低频噪声的来源。

针对锅炉低频噪声的产生机理，研发了从锅炉内部直接降低低频噪声的装置，并进行了性能测试和实际工程应用。

1.6.1　立式余热锅炉噪声的测试分析

（1）立式余热锅炉简介

余热锅炉是利用工业企业炉窑及其他余热热源设备产生的余热而生产蒸汽或热水的一种供热设备，燃气电厂的立式余热锅炉可充分利用燃机燃烧排放的高温烟气进行换热，提高发电效率。根据锅炉受热面的布置方式，余热锅炉可分为立式和卧式两种，立式余热锅炉的换热管阵在锅炉内自下而上水平放置，温度达 500 多摄氏度的高温烟气自水平烟道传入锅炉，向上经过各层水平鳍片换热管阵进行换热，最后由烟囱排出。图 16-1-46 为立式余热锅炉炉内结构示意图。图 16-1-47 为某厂余热锅炉外形照片。

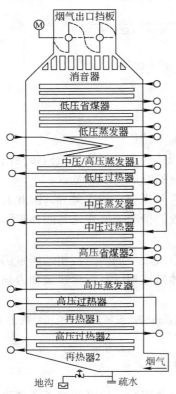

图 16-1-46　立式余热锅炉炉内结构示意图

图 16-1-47　某厂余热锅炉外形照片

（2）锅炉噪声测试数据

为了准确了解该余热锅炉本体的噪声情况，采用多通道数据采集仪对噪声数据进行了测试和分析。测试数据如图 16-1-48～图 16-1-50 所示。

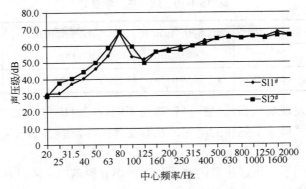

图 16-1-48　余热锅炉炉壁外噪声（测距 1.0m）

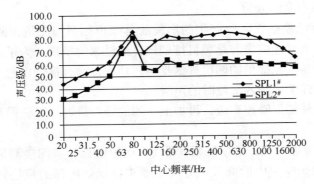

图 16-1-49　烟囱出口及烟囱壁噪声（测距 1.0m）

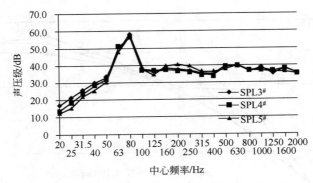

图 16-1-50　对应厂界外 200m 处敏感点测试噪声

从数据上可以看出，余热锅炉噪声中 80Hz 的 1/3 倍频程段数据有明显峰值，而敏感点处的噪声中也是 80Hz 的 1/3 倍频程数据最为突出，这也说明余热锅炉的噪声对厂外敏感点影响最大，证实了之前的推测。

（3）锅炉内部声场分析

为了摸清楚余热锅炉噪声中低频成分的正确来源，对高温高速烟气流经余热锅炉内的高压过热器和除氧蒸发器等换热管阵时的流场、温度场和声场进行了模拟分析。表 16-1-10 为烟气热力学参数。图 16-1-51（见彩插）为高压过热器管阵模型的截面涡量分布图。

表 16-1-10　烟气热力学参数

	温度/℃	烟气密度/（kg/m³）	烟气动力黏度/10⁵Pa·s	声速/（m/s）
高压过热器	517	0.4567	3.72	554.6
除氧蒸发器	128	0.8941	2.32	401.1

通过模拟分析，发现烟气在流经换热管阵的不同管层时确实存在明显的涡旋脱落现象。烟气流经底层的管子时形成了规律的尾涡，左右交替脱落，顺着烟气流向，越靠后的管子其涡旋脱落越复杂。

进一步研究，得到了高压过热器的鳍片管阵的涡旋脱落噪声特征频段为 73.6～76.1Hz，与现场测得的噪声频谱特征频段高度吻合。

（4）锅炉低频噪声来源分析

锅炉内部烟气流经换热管阵时产生的涡旋脱落噪声频率与测量得到的锅炉噪声中的低频成分很吻合，另一个可能的来源是燃机排烟口传递过来的噪声。为了进一步分析锅炉低频噪声的来源，根据设备厂家提供的燃机排烟噪声声功率，结合锅炉内通道传声损失，可以估算出燃机排烟噪声传递至锅炉各部位时的声级。

通过实测的炉墙外辐射噪声声级，再加上炉墙的隔声量，可以获得对应位置炉内噪声的间接测量声级。

从图 16-1-52 中可以看出，低频倍频程带上，锅炉内部噪声间接测量声级明显高于燃机排烟噪声。这表明锅炉噪声中的低频成分应主要来自锅炉内部的换热管阵涡旋脱落噪声，而中高频成分则来自燃机排烟噪声。表 16-1-11 为燃机排烟噪声与涡旋脱落噪声贡献量。

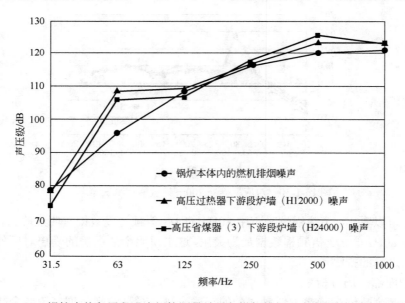

图 16-1-52　锅炉本体各层段噪声间接测量结果与燃机排烟噪声在锅炉本体内部的比较

表 16-1-11　燃机排烟噪声与涡旋脱落噪声贡献量（倍频程）

频率/Hz	31.5	63	125	250	500	1000
燃机噪声	91.2%	6.5%	81.3%	85.1%	39.9%	58.9%
涡旋脱落	8.8%	93.5%	18.7%	14.9%	60.1%	41.1%

进一步分析可以发现，锅炉换热管阵之间空腔的简正频率与涡流脱落噪声频率相接近，从而有可能产生驻波。

1.6.2　立式余热锅炉噪声控制

（1）设计原理

立式余热锅炉的噪声中低频成分十分突出，而低频噪声波长长，随距离衰减慢，是噪声控制中的难点，常规的消声措施很难取得效果。

锅炉噪声的低频成分来自高速流动的烟气流经各个换热管阵时产生的涡流脱落噪声，最好的控制方法是在设计换热管阵时采取措施消除涡流脱落，而针对在役锅炉，大规模地更换新的换热管阵是不现实的。为此，我们考虑消除该低频噪声在空腔内的共振，并进行一定的消声，来实现降低低频噪声的目的，具体是在换热管阵之间的空腔位置放置专门设计的低频吸声结构。

鉴于炉内烟气属于高温、含杂质的气体，常见的多孔吸声材料难以抵抗高温且容易堵塞，故考虑使用微穿孔板吸声体结构。

根据马大猷院士的微穿孔板吸声理论，微穿孔板吸声结构体是由穿以大量小孔的薄板，再加板后的空腔组成。它是共振吸声体，可以看作具有声阻和声抗的声学元件，其构造和等效电路如图 16-1-53 所示。图 16-1-53 中，R、M 分别为微穿孔板的声阻和声质量，Z_D 为板后空腔的声容，微穿孔板的声阻抗率是 $R+j\omega M$，板后空腔的声阻抗率是 $Z_{S空腔}$，$Z_{S总}$ 是总阻抗率声源是入射声波，根据 Thevenin 定律，等效声源声压和内阻抗为 $2p$、$\rho_0 c_0$。

根据等效电路可求出吸声系数 α，即线路中消耗的能量与入射的能量（或最大能量）之比，在正入射时，吸声系数 α 计算式如下：

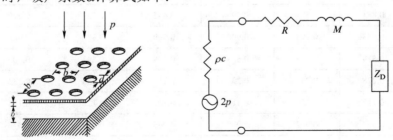

图 16-1-53　微穿孔板吸声结构及其等效电路

$$Z_{S总} = R + j\omega M + Z_{S空腔} = R_{S总} + jX_{S总}$$

$$\alpha = \frac{4R_{S总}\rho_0 c_0}{(R_{S总} + \rho_0 c_0)^2 + X_{S总}^2}$$

根据上述理论可知，设计的关键在于根据噪声特性匹配并计算穿孔板的声阻抗率和空腔的声阻抗率。

穿孔板吸声体的吸声系数具体可表示为：

$$\alpha_n = \frac{4r}{(1+r)^2 + \left[\omega m - \cot(\omega D / c_0)\right]^2}$$

由上可知，通过合理设计板厚 t、孔径 d、穿孔率 σ、空腔深度 D，可在一定工况下，求得 r、m，进而计算出该结构的吸声系数曲线。

（2）结构设计

考虑到最终设备须放置在锅炉内部，设备不宜过大，避免影响烟气流动，且荷载不宜过大，不能影响锅炉的安全运行。

根据前面提到的吸声系数公式，针对该余热锅炉噪声中的低频成分频率为 80Hz，进行了多种参数的比选，在满足吸声要求的同时，还要综合考虑设备的正常运行不受影响。

从仿真分析结果看，设计的降噪结构在 80Hz 的中心频率处都有超过 0.9 的吸声系数，1/2 最大吸声系数均达到两个 1/3 倍频程，满足低频吸声的设计要求，如表 16-1-12 所列。

根据设计的设备参数加工了多个厚度约 500mm 的样品，在 400mm×400mm 的土建驻波管内进行了测试，测试结果如表 16-1-13 所列。

表 16-1-12 不同管层穿孔板吸声构件吸声系数

中心频率/Hz	高压过热器	高压蒸发器	低压过热器	高压省煤器（2）	低压蒸发器	高压省煤器（3）	除氧蒸发器
12.5	0.003	0.004	0.004	0.003	0.005	0.004	0.004
16	0.006	0.007	0.006	0.005	0.008	0.008	0.007
20	0.010	0.012	0.011	0.009	0.014	0.013	0.012
25	0.018	0.021	0.019	0.016	0.024	0.023	0.021
31.5	0.034	0.039	0.036	0.030	0.045	0.044	0.040
40	0.073	0.083	0.076	0.065	0.093	0.092	0.084
50	0.168	0.191	0.175	0.151	0.210	0.211	0.196
63	0.481	0.531	0.495	0.445	0.558	0.579	0.549
80	0.993	0.994	0.998	0.999	0.986	0.981	0.983
100	0.519	0.528	0.533	0.509	0.543	0.505	0.501
125	0.228	0.240	0.237	0.217	0.253	0.233	0.228
160	0.112	0.120	0.117	0.105	0.128	0.118	0.115
200	0.067	0.072	0.070	0.063	0.077	0.072	0.069
250	0.043	0.047	0.045	0.040	0.050	0.046	0.045
315	0.028	0.031	0.030	0.027	0.033	0.031	0.030
400	0.019	0.021	0.020	0.018	0.022	0.021	0.020
500	0.013	0.014	0.014	0.012	0.015	0.014	0.014
630	0.009	0.010	0.010	0.009	0.011	0.010	0.010
800	0.006	0.007	0.007	0.006	0.007	0.007	0.006
1000	0.004	0.003	0.004	0.004	0.004	0.003	0.008

表 16-1-13　　测试样品各频率对应的吸声系数

频率/Hz	40	50	63	75	80
吸声系数	0.544	0.811	0.944	0.861	0.940
频率/Hz	100	125	160	200	250
吸声系数	0.592	0.509	0.536	0.534	0.594

测试结果表明，设计的低频吸声结构十分有效，频率从 50～80Hz 吸声系数均>0.80。因此，考虑在锅炉内部各个不同换热管阵之间的空腔内对角放置不锈钢材质的吸声结构，破坏低频噪声在空腔内形成驻波。

（3）工程应用

对该厂的一台余热锅炉进行了降噪改造实验，改造完成后进行了噪声测试。测试结果表明，余热锅炉本体外噪声降低了 5dB（A）左右，烟囱出口处噪声由原来的 94.5dB（A）降低至 77dB（A），降噪 17.5dB（A），63Hz 倍频程处噪声降低了 18dB，同时锅炉的性能没有受到影响，如图 16-1-54 所示。

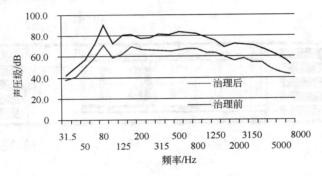

图 16-1-54　　锅炉烟囱出口治理前后噪声比较（测距 1.0m）

按照这种方法对余热锅炉进行降噪改造，与传统的余热锅炉整体隔声围护做法相比较，不但降噪效果好，而且使得这类在役余热锅炉的降噪改造成为可能。这种方法的降噪成本较以往大为降低，同时施工方便、周期短，减少了电厂长期停产造成的经济损失。

1.6.3　结论

该工程实例介绍了对某燃气电厂的立式余热锅炉噪声的测试和分析情况，证实了余热锅炉低频噪声对周边敏感点影响很大，是主要噪声源；立式余热锅炉噪声中的低频成分来自高速烟气流经换热管阵时产生的涡旋脱落噪声，而中高频成分则来自燃机排烟噪声。

针对厂内余热锅炉无法采取整体隔声围护的现状，我们研发了新型的余热锅炉低频噪声源头治理成套装置，并进行了实验和工程应用。

工程应用结果表明，该装置的降噪效果显著，达到了预期的目的，且降噪成本大为降低，已通过了成果鉴定。

（华电重工股份有限公司　钟振茂提供）

1.7　有源降噪发电机组静音箱

1.7.1　概述

　　静音箱是小型化的隔声罩,是一种有效的降噪设施,通过一个箱体将设备完全封闭起来,能够有效阻隔噪声的外传和扩散,减少噪声对环境的污染。

　　采用集装箱式静音箱集成的发电机组具有整体移动吊装方便、机组配套件集成化程度高、安装调试周期短、降噪效果明显等优点,特别适合在野外和人口稠密区使用。因此,本公司(四川三元环境治理股份有限公司)加大了这方面的开发研究,并融入了最新的有源降噪技术,提升了低频降噪效果。该产品已在某工程中应用,效果良好。

　　发电机组安装于集装箱式静音箱内,一般由如下几部分组成:集装箱体、箱体内吸声层、进风消声系统、排风消声系统、发电机排烟管消声系统、门窗、照明、安全监测系统(选配)以及其他接口系统等。图 16-1-55 为发电机组集装箱式静音箱平剖面示意图。

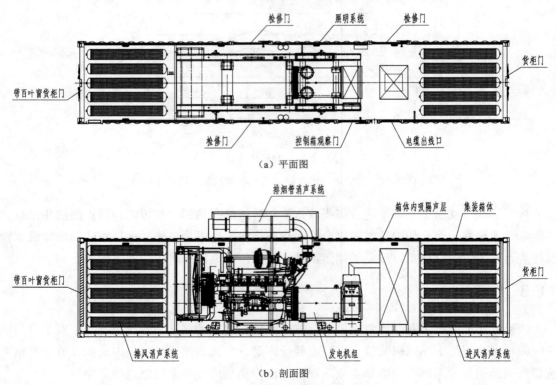

(a) 平面图

(b) 剖面图

图 16-1-55　发电机组集装箱式静音箱平剖面示意图

1.7.2　技术要求

　　设计集装箱式静音箱的基本要求是降噪、通风散热、方便操作和维护检修、保证设备正常工作。一般采用标准集装箱来进行改制(也可以根据客户要求进行订制),标准集装箱有三种规格:

① 40 尺（1 尺=0.3m）高柜外形尺寸长×宽×高为 12.2m×2.44m×2.9m，有效容积约为 68m^3；

② 40 尺平柜，外形尺寸长×宽×高为 12.2m×2.44m×2.6m，有效容积约为 54m^3；

③ 20 尺平柜，外形尺寸长×宽×高为 6.1m×2.44m×2.6m，有效容积约为 24~26m^3。

集装箱式静音箱隔声按不同要求，可达到 25~40dB（A）。本公司设计制造的常用集装箱式静音箱外形如图 16-1-56 所示，一般采用 40 尺平柜改制，质量约 22t。

图 16-1-56　发电机组集装箱式静音箱外形

1.7.3　静音箱设计

（1）吸隔声设计

集装箱式静音箱的整体隔声性能要达到 40dB（A）。原箱体单层波纹板的隔声量不能满足要求，因此，应首先对集装箱体内壁安装吸隔声层。图 16-1-57 为吸隔声层的典型结构，先在瓦楞板内壁粘贴低频阻尼隔声板（提高低频噪声的隔声效果），再装填 50mm 厚的吸声玻璃棉板，然后加上包裹玻璃棉的玻璃纤维布，最后安装穿孔吸声板。该吸隔声层既提高了箱体的隔声效果，同时又降低了箱体内的混响声。

（2）通风设计

发电机组安装在集装箱式静音箱内，必须解决通风散热的问题。静音箱配置的进风系统和排风系统均由阵列式消声单元组成，而发电机组废气排放噪声通过排气消声系统来消除。箱体吸隔声层的隔声量和进排风消声系统的消声量一般均有余量，但排气消声系统的消声量常有不足，成为整个静音箱降噪的短板。这主要是因为排气系统的低频噪声非常突出，难以消除，因此解决排气系统的低频噪声十分重要。

（3）采用有源控制技术降低排气系统低频声

表 16-1-14 为某进口发电机组在不同负载情况下排气系统噪声频谱特性。其中 250Hz 以下声压级都在 110dB 以上。

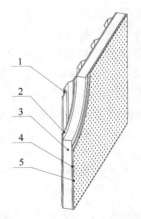

图 16-1-57　静音箱内壁吸隔声层结构示意图
1—瓦楞板；2—阻尼隔声板；3—吸声玻璃棉板；
4—玻璃纤维布；5—穿孔吸声板

表 16-1-14　某发电机组排气系统噪声频谱特性（测距 1.0m）

负载/%	功率/kW	声压级/dB（A）	倍频带中心频率/Hz						
			125	250	500	1000	2000	4000	8000
			声压级/dB						
100	1310.0	115	120	115	108	106	108	108	105
90	1179.0	114	119	114	107	105	107	107	104
80	1048.0	113	118	113	106	104	106	106	103
75	982.5	112	117	113	105	104	105	106	103
70	917.0	112	117	112	105	103	105	105	102
60	786.0	111	116	111	104	102	104	104	101
50	655.0	109	114	110	102	101	103	103	100
40	524.0	108	113	109	101	100	101	102	99
30	393.0	107	112	107	100	98	100	100	97
25	327.5	106	111	106	99	97	99	99	96
20	262.0	105	110	105	98	96	98	99	95
10	131.0	103	108	103	96	94	96	96	93

　　为了进一步消除排气系统的低频噪声，公司联合中国科学院声学研究所，开展了"管道低频噪声有源控制技术"的研究。这是一种主动的降噪技术，该技术采用有源噪声控制技术，针对发电机、发动机等机械设备的进排气低频辐射噪声进行有效控制，结合被动噪声控制技术，能够实现全频带辐射噪声的降低。

　　图 16-1-58 为静音箱排烟系统增加有源控制技术的示意图，即在原有排烟管消声系统（被动降噪技术）的后端再增加一个 DSP 有源降噪控制系统（主动降噪技术）。原有排烟管消声系统实现中高频噪声的降低，有源降噪控制系统实现低频噪声的降低，有效弥补传统发电机组静音箱的短板，两者结合实现全频带辐射噪声的降低。

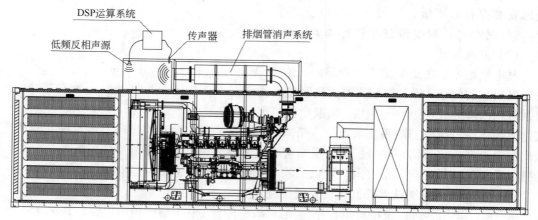

图 16-1-58　静音箱排烟系统增加有源控制技术示意图

　　该系统是一个独立的降噪系统，具有配套性好、安装方便等特点，且不会另外增加排烟口的压力损失。DSP 运算系统是一个集成的箱体，可放置于集装箱内任何有电源插座的位置。在设计中要重点考虑传声器和反相声源的防护问题，避免排烟口的高温气流损坏元器件，影响使用寿命。

表 16-1-15 为增加有源控制系统前排烟管消声系统出口位置的消声量实测值。表 16-1-16 为静音箱排烟管增加了有源控制系统后的消声量实测值。从两个表的对比可见，增加有源控制系统后，排烟管消声系统出口的低频噪声得到有效的控制，总体排放噪声得到大幅降低。

表 16-1-15　静音箱排烟管消声器增加有源控制系统前消声量实测值

工况		倍频带中心频率/Hz								A 声级 /dB（A）
		63	125	250	500	1000	2000	4000	8000	
		声压级/dB								
空管	空载	118.3	117.5	114.6	108.4	104.2	105.1	106.7	104.6	113.8
安装排烟管消声器	空载	100.5	98.5	94.6	80.5	64	56.5	57.4	54.2	88.2
消声量	空载	17.8	19	20	27.9	40.2	48.6	49.3	50.4	25.6

表 16-1-16　静音箱排烟管增加有源控制系统后消声量实测值

工况		倍频带中心频率/Hz								A 声级 /dB（A）
		63	125	250	500	1000	2000	4000	8000	
		声压级/dB								
安装排烟管消声器	空载	100.5	98.5	94.6	80.5	64	56.5	57.4	54.2	88.2
再加装有源控制系统	空载	87.6	84.7	81.8	77.8	63.9	55.8	56.5	53.9	77.9
增加消声量	空载	12.9	13.8	12.8	2.7	0.1	0.7	0.9	0.3	10.3

由表 16-1-16 可知，在原有排烟管消声系统的基础上再加装有源控制系统，在 250Hz 以下的低频段消声量提高了 12dB，总体 A 计权消声量提高了 10.3dB。有源控制技术在发电机组静音箱上的成功应用，大幅提高了集装箱式静音箱的降噪效果，得到了用户的一致肯定。目前正在对该技术申请发明专利并组织科学技术成果鉴定。

（四川三元环境治理股份有限公司　滕德海、辜筱菊提供）

1.8　阵列式消声器在电厂大型空冷岛中的应用

华能太原东山燃气电厂装机容量为 859.04MW，为其配套的大型空冷岛位于主厂房南侧，距南厂界约 17m，距东侧敏感点居民住宅约 90m。厂界以南 40m 处执行 GB 12348—2008《工业企业厂界环境噪声排放标准》4a 类区标准，即昼间 $L_{eq} \leqslant 70dB$（A），夜间 $L_{eq} \leqslant 55dB$（A）；北厂界、西厂界和厂界以东 80m 处执行 GB 12348—2008《工业企业厂界环境噪声排放标准》2 类区标准，即昼间 $L_{eq} \leqslant 60dB$（A），夜间 $L_{eq} \leqslant 50dB$（A）；东厂界外敏感点居民住宅处执行 GB 3096—2008《声环境质量标准》2 类区标准，即昼间 $L_{eq} \leqslant 60dB$（A），夜间 $L_{eq} \leqslant 50dB$（A）。

空冷平台长 97.4m，宽 47.8m，顶柱高度 34m，共有 32 台风机，4（垂直于 A 列方向）×8

（平行于 A 列方向）布置。单台风机的风量为 544m³/s，单台风机电机额定功率为 160kW，声功率级≤91dB（A），风机直径约 9m，风机单元尺寸为 12.0m×11.6m。

根据专业声学计算，为达到厂界噪声排放标准，空冷岛需采取整体降噪措施，整体降噪量≥12dB（A）；为保证通风冷却效率，要求降噪措施的附加阻力损失≤12Pa。

1.8.1　空冷岛的降噪难点

（1）降噪措施应确保空冷岛的空气动力性能

空冷系统是由数量众多的轴流风机组合而成的，风机的数量和布局直接影响空气动力性能。因此，降噪措施不仅要满足单台风机的阻力损失要求，而且要满足空冷系统的整体性能，即总的压降要求控制在 12Pa 以内，这些都对消声单元的设计提出了更高的要求。

（2）空冷平台体量巨大、结构设计难度大

如上所述，空冷平台由几十台直径大于 9m 的风机组成，其体量非常巨大，大大超过常规噪声控制工程遇到的声源体量，而且空冷系统平台位于约 40m 的高空中，噪声源呈高空立体分布，影响范围大。加装消声装置时，其结构设计也是需要解决的难题。另外，消声装置必须满足承载和抗风载等结构强度要求，同时应满足电厂长时间稳定运行的要求。

（3）消声量满足预期设计要求

空冷岛降噪要求消声装置消声量不小于 12dB（A），需根据噪声实际频谱进行相应计算和设计，确保消声量满足要求。

1.8.2　空冷岛的降噪措施

（1）空冷岛风机入口处设置阵列式消声器

在空冷岛下方设置阵列式消声器，由 12700 个消声单元按阵列的方式布置，通过合理设置消声单元的截面尺寸、长度、数量和间距来满足消声和气流阻力损失两方面的要求。

阵列式消声器是在传统片式消声器基础上发展而来的新型消声器，在原理上两者都属于典型的阻性消声器，两种消声器的截面构造如图 16-1-59 所示。

阻性消声器的消声量与消声器的长度和周长成正比，与消声器截面的通流面积成反比。在任意尺寸条件下，如果要保持相同的流通比，阵列式结构的消声体的单元厚度恒大于片式结构的消声片，通道宽度恒小于片式结构的片间距，因此，采用阵列式结构，消声的频率范围比片式结构更宽，低频更低，高频更高；只要流通比不大于 75%，其吸声周长恒大于片式结构，因此，在任何频率下，其消声量都大于片式结构。

图 16-1-60 为典型阵列式消声器照片。

阵列式消声器相比传统阻性片式消声器的优势在于气流可以在水平横向及垂直纵向四个方向流动，能够更好地与轴流风机的螺旋状气流走向达成"自适应"匹配，能更好地顺应风机群复杂多变的气流组织走向，因而在风冷平台的特定条件下比传统的片式消声器具有更小的阻力损失，对应的风机系统日常运行的能耗损失也就更小。

阵列式消声器技术已入选《国家先进污染防治示范技术名录》和《国家鼓励发展的环境保护技术名录》。

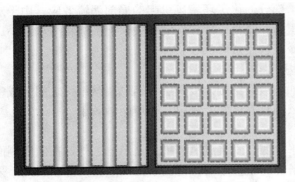

图 16-1-59　片式消声器（左）与阵列式
消声器（右）截面对比图

图 16-1-60　典型阵列式消声器照片

（2）降噪措施空气动力性能优化

对于空冷平台，不同风机之间进风的平衡性是一个很重要的问题，设计应尽量保证各风机进风量基本一致。相对而言，位于空冷平台四周的风机容易进风，位于中间的风机进风条件比较差，空冷平台 1/4 模型流场模拟流线见图 16-1-61（见彩插）。

因此，为了考虑进风平衡性，同时也考虑到位于中间的风机距离厂界较远，噪声距离衰减较大，因此设计对进风阵列式消声器进行了进一步的优化：四周的风机对应的阵列式消声器消声量设计为 12dB（A），中部风机的消声器设计消声量为 9dB（A），中部阵列式消声器的阻力损失小于四周的阵列式消声器，以有利于中间风机的进风，让空冷平台整体进风更均匀。阵列式消声器的布置见图 16-1-62。

图 16-1-62　空冷平台阵列式消声器布置效果图

设计对安装阵列式消声器后的空冷平台流场采用 Ansys 流体模块——Fluent 进行了 CFD 模拟计算分析，其流线见图 16-1-63（见彩插），切面温度分布见图 16-1-64（见彩插）。根据模拟结果，阵列式消声器对空冷平台整体的流场、压力场、温度场等影响不明显，但在消声器附近以及风机下方的流场有较明显的影响，气流通过消声器阵列被整理成从下往上的流动，流线分布较整齐，减少了风机的侧向进风气流。

空冷平台本身受环境风影响较为明显，增加消声器阵列相当于在风机下端增加了导流整流装置，对风机进风口流场进行合理调整，部分弱化了环境风引起的局部涡流效应；由于对气流的阻挡作用，消声器仍对整个平台的压力和流量造成了一定损失，但损失程度非常小。根据仿真计算，增加自整流消声器后，空冷平台流量降低 5%左右。

（3）空冷岛四周设置挡风墙和吸声结构

现有挡风墙高 13m，在挡风墙的内侧加装吸声结构，吸声层与挡风墙钢结构之间形成空气层，可提高低频消声量，使改造后的挡风墙具有更好的隔声及吸声两种效果。

（4）空冷岛下方增加风导流消声结构

为了尽量增加进风面积，除了在空冷平台底部安装进风阵列式消声器之外，在四周侧面设置通风百叶，尽量改善空冷平台的进风条件。空冷平台西侧由于面向厂区内部，因此不采取措施，敞开通风。

空冷平台的挡风墙与消声百叶效果图如图 16-1-65 所示。

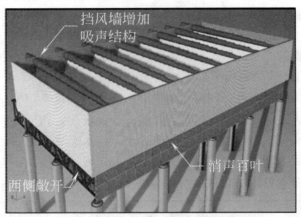

图 16-1-65 空冷平台挡风墙与消声百叶效果图

1.8.3 空冷岛的降噪效果

根据空冷岛噪声源特性、安装位置、距厂界和敏感目标的距离等通过 SoundPLAN 声学模拟软件计算，绘制了如图 16-1-66 所示（见彩插）的空冷岛对全厂产生的噪声污染分布图。由图 16-1-66（见彩插）可以看出，空冷岛产生的噪声污染主要对东南侧敏感点影响较大，未采取噪声治理措施前，东厂界处和最近居民住宅处噪声级最高达到 65dB（A）；由图 16-1-67（见彩插）可知，采取降噪措施后，东厂界和东南侧敏感点居民住宅处的噪声级由 65dB（A）降到 50dB（A），满足预期设计的降噪要求。

1.8.4 节能效果

节能效益的评价方法采用对比法，即以常规阻性片式消声器与阵列式消声器进行对比。根据计算，常规阻性片式消声器阻力比阵列式消声器大 13Pa。按空冷设备利用小时约为 4000h/a 计算，根据风机电机功率进行计算，则全年可节省的电量为 2033778kW·h，即采用阵列式消声器比传统的阻性片式消声器一年可节省电量为 203 万千瓦·时。

图 16-1-68 为竣工后空冷平台照片。图 16-1-69 为竣工后空冷平台阵列式消声器照片。

图 16-1-68　竣工后空冷平台照片

图 16-1-69　竣工后空冷平台阵列式消声器照片

1.8.5　结语

本项目由上海新华净环保工程有限公司供货，已于 2015 年竣工，竣工后进行了环保验收测试，测试结果表明空冷岛阵列式消声器完全达到设计指标，降噪效果显著。

由于空冷岛体积巨大，流场复杂，现场无法进行阻力损失实测，无法进行直接评估。但截止到目前，电厂已经正式投入商业运行近 3 年，空冷岛整体性能良好，冷却效率未受到降噪措施的影响，实践证明降噪措施的空气动力性能良好，对空冷岛性能未产生显著影响。

由于空冷岛阵列式消声器体现出的优异性能，本项目的空冷岛阵列式消声器降噪技术获得 2015 年度电力建设科学技术进步三等奖，全厂项目荣获 2016~2017 年度国家优质工程奖。

经过连续多年的运行，证明了阵列式消声器在大型空冷平台上的应用在声学和空气动力学方面都获得了良好的成果，可在同类项目中推广使用。

阵列式消声器较好地解决了常规阻性片式消声器在有效通流面积、消声量、压力损失三个参量之间相互影响的问题，同时也解决了该超大型消声器运输、吊装、维修的难题，并且给风机检修带来了便利，具有良好的综合性能和推广应用前景。

（华能太原东山燃机热电有限责任公司　冯建华提供）

第 2 章　化工/石油行业

2.1　大型化纤厂噪声综合治理措施及实效

随着噪声扰民问题的突出，众多大型跨国企业噪声治理被提上建设日程，这些企业规模大，噪声源声级高，位置分布广，数量多，此外，建设单位普遍要求高。面对这种复杂局面，需要准确界定声源及影响程度，在满足设备检修、通风散热、景观效果等前提下提出切实可行的技术方案。本节以一家已竣工化纤厂厂界噪声治理为例，对噪声源定位、工艺选取、工程实施、降噪效果等进行了分析论证。

2.1.1　噪声源分析

根据项目环评批复，该厂执行 GB 12348—2008《工业企业厂界环境噪声排放标准》3 类区昼间 65dB（A）、夜间 55dB（A）的限值标准。项目主要设备均昼夜开启，昼夜厂界噪声差别在 1～2dB（A）以内，故项目实施重点是满足夜间噪声达标。该厂主要噪声源位置、声压级、数量如表 16-2-1 所列，噪声源所在位置及其对厂界影响平面图如图 16-2-1 所示。

表 16-2-1　主要噪声源位置、声压级、数量（测距 1.0m）

序号	位置	噪声源	声压级/dB（A）	设备台数
1	L3	屋顶北侧通风机	84	4
2		屋顶西侧空调机组	81	1
3		东侧地面及二层空调机组	87	5
4	L2	西侧地面空调机组风口	84	2
5		北侧 1 楼墙面通风百叶口	68	3
6		北侧 3 楼墙面排风口	65	4
7	氮气站	南侧排风口	86	2
8		东侧排风口	85	1
9		西侧排风口	83	1
10		噪声透过东、西侧百叶口	86	2
11	设备房	北侧地面冷却塔	87	5
12		风机噪声透过东立面风口	86	4
13		冷冻机、水泵、空压机等噪声透过西面门及百叶口	80	4

续表

序号	位置	噪声源	声压级/dB（A）	设备台数
14		屋顶北侧通风机	87	7
15		屋顶西侧排风机	89	3
16	L1	屋顶冷却塔	78	7
17		空压机等底层设备噪声透过南侧门及百叶口	71	4
18	氨反应房	内部风机、水泵、电机等动力设备	74	多处
19		原水平台水泵	83	6
20	其他	回收塔水泵	82	1
21		储罐区水泵	87	1

受上述噪声源影响，厂界噪声声压级如图 16-2-1 所示。

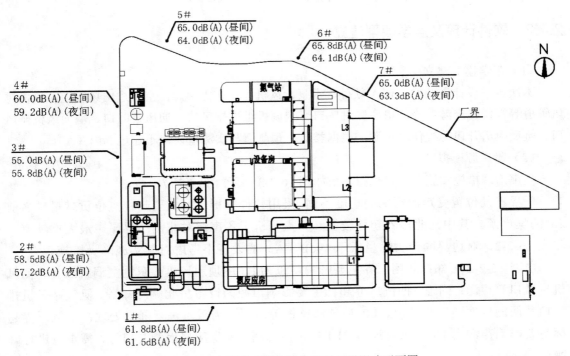

图 16-2-1　主要噪声源位置及其对厂界影响平面图

本项目对影响厂界噪声超标的主要声源进行了识别。L1 屋顶冷却塔风扇关闭，南侧厂界噪声下降 1.2～3.5dB（A），说明南侧厂界噪声受冷却塔风扇影响较大。关闭后厂界仍未达标，说明 L1 屋顶风机、氨反应房等其他噪声源对厂界噪声亦有一定贡献。

本项目对低频噪声较为突出的冷却塔、空调机组、风机等噪声源频谱进行了测试分析，其中冷却塔排风噪声倍频程频谱见图 16-2-2。

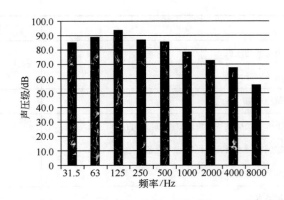

图 16-2-2　冷却塔排风噪声倍频程频谱图（测距 1.0m）

根据频谱分析可知，冷却塔排风噪声、风机排风口、空调机组进风口等噪声呈低频特性，设计方案中在材料厚度、消声段长度等指标上做特殊考虑。

2.1.2　软件计算及声学模型建立

（1）声学模型建立

本次声学设计借助 Cadna-A 软件。水泵、风机等视作点声源；空调进出风管道、风机排风管道等视作线声源；冷却塔两侧进风口、空调机组进排风口、通风百叶口、墙面风机排风口、氨反应房开口等视作面声源。根据类比，预测值与实测值误差不超过 3dB（A）。

（2）噪声源模拟

噪声治理措施实施前噪声模拟分析如图 16-2-3 所示（见彩插）。

厂界不同位置受声源影响的程度不同，采用软件分析了对主要超标点位贡献量排名前 20 的噪声源。其中，北厂界超标较多，重点分析了各声源对北侧厂界噪声最大贡献值，见表 16-2-2，对边界噪声贡献量低于 40dB（A）的设备不考虑对其实施降噪措施。

由表 16-2-2 可知：北侧厂界主要影响声源为 L3 屋顶通风机、东侧空调机组、北侧风机排风口等声源；同理，西侧厂界超标主要影响声源为设备房北侧冷却塔、氮气站风机排风口及西侧墙面通风百叶口、L2 屋顶通风机等声源，需重点进行降噪处理；南侧厂界超标主要影响声源为 L1 屋顶排风机、L1 屋顶冷却塔、氨反应房南侧开口等，需重点进行降噪处理。

表 16-2-2　北侧厂界主要影响声源贡献分析（测距 1.0m）　　　　　　　单位：dB（A）

序号	噪声源	昼间	夜间
1	L3 屋顶通风机 1	55.6	55.1
2	L3 屋顶通风机 2	55.5	55.0

续表

序号	噪声源	昼间	夜间
3	L3 屋顶通风机 3	55.3	54.8
4	L3 北侧风机排风口 2	51.4	50.9
5	L3 北侧风机排风口 1	51.3	50.8
6	L3 北侧风机排风口 3	51.1	50.6
7	L3 北侧风机排风口 4	50.9	50.4
8	L3 北侧通风百叶 3	50.2	49.7
9	L3 北侧通风百叶 2	49.6	49.1
10	L3 北侧通风百叶 1	49.0	49.0
11	L3 屋顶通风机（小型）	49.0	48.5
12	L3 屋顶空调机组排风口 1	48.1	47.6
13	L3 东侧空调机组排风口 2	48.0	47.5
14	L3 东侧空调机组排风口 3	46.8	46.3
15	设备房北侧冷却塔排风口 3	43.0	42.5
16	设备房北侧冷却塔排风口 4	43.0	42.5
17	设备房北侧冷却塔排风口 1	42.5	42.0
18	设备房北侧冷却塔排风口 2	41.8	41.3
19	设备房北侧冷却塔排风口 5	41.2	40.7
20	L3 东侧空调机组排风口 1	40.9	40.4

2.1.3 设计方案

项目首期治理主要针对影响较重的 L3 号楼屋顶风机及空调机组、地面冷却塔、氮气站、设备房、氨反应房、L1，同时兼顾其他零星声源，治理措施见图 16-2-4。二期对次要影响声源进行治理。

降噪指标上，根据表 16-2-2 所示结果及噪声叠加特性，尽可能将各声源的贡献量降低至 40dB（A）之内。例如，对于 L3 屋顶通风机，其贡献量为 55.1dB（A），则降噪指标设定为大于 15.1dB（A），其他声源降噪指标以此类推。如果 20 项主要声源贡献量均控制在 40dB（A）以内，则可保证厂界噪声达标。

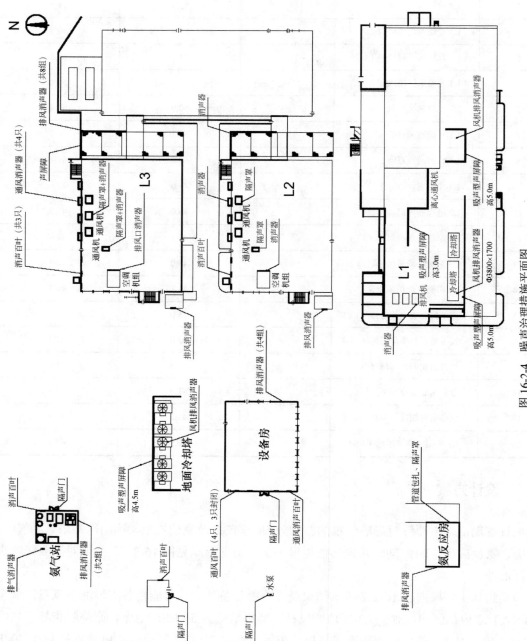

图 16-2-4　噪声治理措施平面图

2.1.4 降噪措施效果分析

施工过程中发现，L2 噪声源等贡献并不明显，因此未对其进行降噪治理。治理措施实施后，模拟预测图见图 16-2-5，实测噪声值见图 16-2-6。

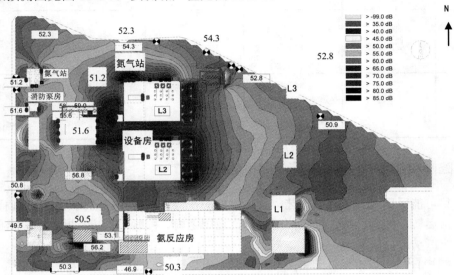

图 16-2-5 措施实施后厂界噪声模拟预测图（夜间）

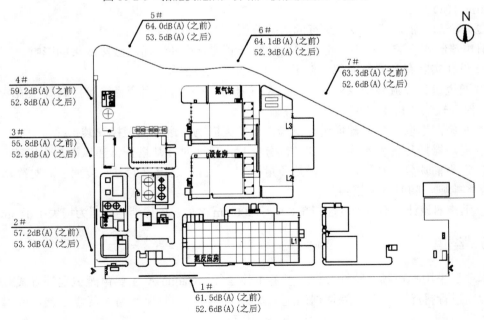

图 16-2-6 措施实施前、后厂界噪声实测值（夜间）

对比图 16-2-5 及图 16-2-6 可知，模拟预测值比现场实测值低 1～3dB（A）。一方面，因为预测时并未考虑到所有噪声源影响；另一方面，二期降噪治理措施未全部实施。厂界各点位措施实施前后噪声水平及降噪量见表 16-2-3，措施实施后全厂噪声达标。

表 16-2-3　措施实施前后噪声水平及降噪量（夜间）　　　　单位：dB（A）

序号	点位	测点编号	措施前	措施后	降噪量
1	南厂界	1#	61.5	52.6	8.9
2	西厂界	2#	57.2	53.3	3.9
3		3#	55.8	52.9	2.9
4		4#	59.2	52.8	6.4
5	北厂界	5#	64.0	53.5	10.5
6		6#	64.1	52.3	11.8
7		7#	63.3	52.6	10.7

2.1.5　降噪措施影响分析

项目尽可能采用成熟可靠的工艺，治理措施应在保证降噪效果的同时，不影响设备通风散热及正常运转，如有影响，也应控制在允许范围之内。同时，消声百叶、消声器的设计必须考虑其空气动力性能。

（1）消声百叶对设备运行的影响分析

消声百叶有效通风面积 50%，气流流速低于 10m/s，百叶厚度 400～700mm，阻力损失小于 5mmH_2O。

（2）冷却塔消声器对设备运行的影响分析

消声器制作安装过程中尽可能采取措施降低其对冷却塔通风散热效果的影响。

① 设计实际有效通风面积不低于原有风机排风口面积；

② 通道设计成流线型以实现较低的空气阻力，同时，采用变径管等控制气流流场及气流流速，保证较低的再生噪声；

③ 实施前选取一台冷却塔进行试验，试验无影响再进行大规模安装；

④ 消声器插片分步实施，先安装部分插片，确保对冷却塔正常通风散热无影响；

⑤ 消声插片分片制作，每只插片质量控制在 25kg 之内，上方安装把手，对冷却塔正常工作有影响则可随时抽取消声片；

⑥ 消声器设计时消声长度控制在 800～1500mm 之内，确保消声器阻力损失小于 5mmH_2O。

2.1.6　结语

本项目采用噪声频谱特性分析、设备单体运行、Cadna-A 主要声源识别等方式对噪声源影响程度进行排序，并以此为依据确定主要影响声源、设计降噪量及降噪工艺，取得较为理想的降噪效果。

本项目充分考虑了消声器、消声百叶对冷却塔等运行效率的影响，噪声治理措施实施后，设备运转未受影响。工程实施后，厂界噪声昼夜全面达到 3 类区标准，已通过验收。

（上海市环境科学研究院　韩涛提供）

2.2　吉林某特种化学有限公司噪声综合治理

2.2.1　概述

吉林某特种化学有限公司位于吉林市龙潭区汉江路化学工业区内，系德国独资企业，年产25 万吨过氧化氢。该公司大型化工设备产生 100 dB（A）以上的高强噪声，使东厂界噪声高达89.7dB（A）。按规定，厂界执行 3 类声功能区标准，即昼间 $L_{eq} \leq 65dB$（A），夜间 $L_{eq} \leq 55dB$（A）。设备昼夜连续运行，未治理前厂界噪声严重超标，无法验收。该公司十分重视环境保护工作，在环保主管部门的关心支持下，通过方案比选，最后由上海泛德声学工程有限公司承接该项噪声综合治理工程。从调查测试、方案论证、软件建模、施工图纸设计，直到现场施工安装、调试和达标验收，经历了该工程的全过程，取得了满意的治理效果，已通过了环保验收。

2.2.2　噪声源测试分析

吉林某特种化学有限公司噪声源颇多，声级多数在 100dB（A）以上，低频声强，设备高大，分布在室内外，管道纵横交错，相互连接，声源呈立体分布，影响范围大，治理难度高。对此，首先进行了声源测试、鉴别和频谱分析，由现场调查可知，影响东厂界噪声达标的主要噪声源有 6 处。该公司厂区平面布置图如图 16-2-7 所示。

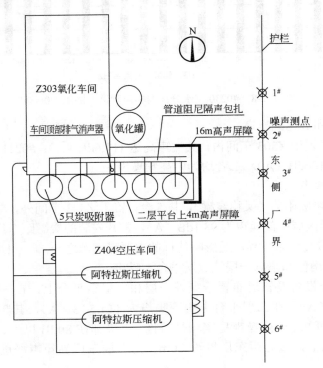

图 16-2-7　厂区平面布置示意图

（1）空压车间噪声

Z404 空压车间内安装了 2 台阿特拉斯大型压缩机，单台容量为 $12 \times 10^4 \mathrm{m}^3/\mathrm{h}$，进口压力 3.26kgf，出口压力 2.07kgf，进气温度 32℃，出气温度 22.3℃。在两台压缩机之间测试，噪声为 104.5dB（A），在空压车间东侧隔声门外噪声为 81.9dB（A），其噪声对东厂界影响较大。

（2）空水分离器噪声

空水分离器置于 Z303 氧化车间内，#0230 空水分离器噪声为 117.2dB（A），#0216 和 #0217 空水分离器噪声为 115.7dB（A）（测距均为 1.0m，离地高度 1.5m，下同）。空水分离器噪声主要是管道中的气体进入空水分离器时，高速气流直接冲击在设备的挡板上，再从下部绕过挡板到挡板背后，然后进入出口管。在此过程中，由于气流的急剧变化，产生了强烈的气流噪声，其噪声通过车间墙体、门窗和连接管道传出，影响东厂界的噪声达标。#0230 空水分离器噪声频谱如图 16-2-8 所示。由图可知，空水分离器噪声系宽频噪声，频率从 315～3150Hz，声级都在 100dB 以上。

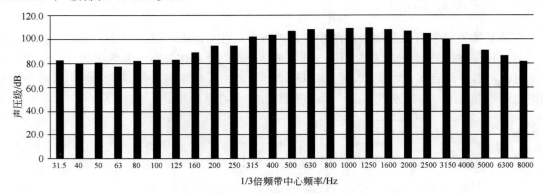

图 16-2-8　#0230 空水分离器噪声频谱（测距 1.0m）

（3）热交换器和氧化罐噪声

#0215 热交换器置于 Z303 车间内，其噪声高达 117.6dB（A）；#0211 氧化罐也置于 Z303 车间内，其噪声为 106dB（A）。二者均为中高频噪声。

（4）炭吸附器噪声

#0234～#0238 炭吸附器（又称炭罐），共 5 台，置于 Z303 车间外，单台设备外形尺寸约为 $\phi 5\mathrm{m} \times 5\mathrm{m}$，在炭罐区域中部噪声为 98.1dB（A），敞开安装的炭罐距东厂界约 20m，罐体和管道产生的噪声直接传至东厂界，是影响达标的主要噪声源之一。

（5）Z303 车间南侧和东侧一层及二层平台上噪声

Z303 车间部分设备及管道布置于室外一层和二层钢平台上，在一层平台管道之间实测噪声为 108.9dB（A）。在二层平台上实测噪声为 114.5dB（A），其频谱特性如图 16-2-9 所示。由图 16-2-9 可知，该处噪声呈宽频带特性，声级都在 80dB 以上，其中 500～2000Hz 声级均在 100dB 以上，该处距东厂界约 20m，是造成东厂界噪声严重超标的主要噪声源之一。

（6）Z303 车间顶部排气噪声

Z303 氧化车间排气总管设在该车间顶部，距离地面高约 22m，距东厂界约 30m。排气口直径 40 英寸，不间断地向空中排气。在距排气口 1.0m、45°方向，排气噪声为 115.3dB（A）。排气口正对东厂界，是影响达标的主要噪声源之一，其频谱特性如图 16-2-10 所示。由图 16-2-10 可知，排气噪声系中高频特性，500～2500Hz 声级均在 100dB 以上。

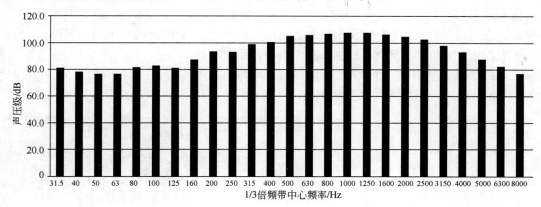

图 16-2-9　Z303 车间外东侧二楼平台上噪声频谱图（测距 1.0m）

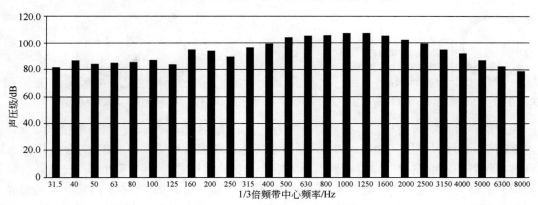

图 16-2-10　Z303 车间顶部排气噪声频谱图（测距 1.0m）

（7）东厂界处噪声

上述各种噪声源复合叠加后传至东厂界处噪声高达 89.7dB（A），若按 3 类声功能区考量，昼间超标 24.7dB（A），夜间超标 34.7dB（A），属严重污染，必须进行治理。

2.2.3　采取的主要技术措施

（1）室内噪声源治理

如上所述，室内噪声源主要是压缩机、空水分离器、热交换机等噪声，对它们加装常规的大小不同的隔声罩，阻止其噪声向外传播。声源置于隔声罩内，同时考虑通风散热、照明、检修等要求。隔声罩设计隔声量 18～20dB（A），具体措施本处略。

（2）阻尼隔声包扎

本项目的特点之一是罐体、管道、支架托架等特别多，机械动力设备以及气流冲击产生的管道噪声尤为突出，采用管道阻尼隔声包扎措施是降低固体传声的有效措施之一。本项目第一步就是对明露于室外的、靠近东厂界的传声管道进行阻尼隔声包扎，如图 16-2-11 所示。

阻尼隔声包扎面积约为 1500m²。通过阻尼隔声包扎，管道外侧噪声降低了 8～10dB（A）。

（3）高大隔声吸声屏障的设计和施工安装

采用 Cadna/A 声学软件，将各噪声源声级、安装位置、距厂界距离、达标要求和拟采取的措施等技术参数输入软件进行反复验算，得到拟建声屏障的技术参数。共设置两道隔声吸声屏障：第一道是在 Z303 车间和东厂界之间搭建一个"]"形隔声吸声屏障，屏障高 16m，相当于五层楼高，屏障长为 7+15+3.5=25.5（m），面积计约 408m²；第二道是在 Z303 车间南侧和东侧二楼平台上搭建一个"⌐"形隔声吸声屏障，屏障高 4m，长为 8+37=45（m），面积约为 180m²。隔声吸声屏障效果图如图 16-2-12 所示。

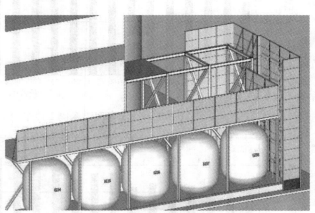

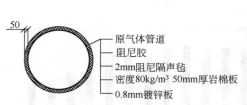

图 16-2-11　管道阻尼隔声包扎断面示意图　　　　图 16-2-12　隔声吸声屏障效果示意图

两道隔声吸声屏障用料基本相同。外侧为 1.2mm 厚钢板隔声层，表面静电粉末喷涂，钢板内侧贴 2mm 厚阻尼层，加装 100mm 厚防潮离心玻璃棉吸声层，密度 32kg/m³，用憎水玻璃纤维布包裹，轻钢龙骨支撑。内侧表面为铝合金穿孔板饰面，穿孔率 20%。安装隔声吸声屏障后在高度为 2.0m 东厂界处，用 Cadna/A 软件模拟噪声分布如图 16-2-13 所示（见彩插）。东厂界处噪声可降为 64dB（A）左右。16m 高隔声吸声屏障钢结构支撑施工实照如图 16-2-14 所示。

图 16-2-14　16m 高声屏障钢结构现场施工实照

考虑到东北冻土层较深、松花江附近风力较大等因素，按照抗 12 级台风进行设计。钢结构立柱为 125mm×125mm H 型钢，支架为 ϕ105mm×3mm 圆管，内外两侧桁架结构，外侧 4m 高，内侧 16m 高。声屏障立于大型独立基础上，该基础由一大型承台和 21 根桩柱组成。承台在地面以下（−2～0m）深度 2m；桩柱直径 ϕ1m，为 B 型桩柱，长度 6m（−8～−2m），支撑于承台下方，直至地下 8m 深。该大型基础系钢筋混凝土结构。

（4）Z303 车间顶部排气消声器

位于 Z303 车间顶部的排气口位置高（距地面约 22m）、排口大（直径 40 英寸，1 英寸= 0.0254m）、声级高 115.3dB（A）、影响范围大。设计安装了一台大型片式阻性消声器和消声弯头，整体外形尺寸长×宽×高约为 4200mm×1850mm×5800mm，钢支架支撑。该型消声器和消声弯头结构示意图如图 16-2-15 所示。消声器出口背向东厂界。

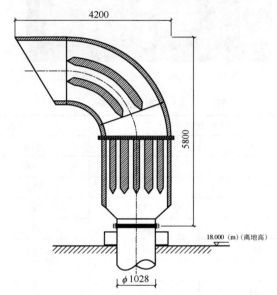

图 16-2-15　Z303 车间顶部大型排气消声器和消声弯头结构示意图

2.2.4　治理效果

采取阻尼隔声包扎措施后，管道噪声降低了 8～10dB（A）。对于安装在车间内的单体设备加装隔声罩后，其隔声量（内外声级差）约为 15～20dB（A）。大型隔声吸声屏障在声影区内降噪为 15～18dB（A）。大型排气消声器和消声弯头以及排口转向后总的降噪量约 30dB（A）。

上述各项治理措施的综合降噪效果集中反映在对东厂界的影响，原设计计算和软件模拟的声屏障预期效果是东厂界噪声可由 89.7dB（A）降为 64dB（A）左右，再加上车间内设备隔声、明露管道阻尼隔声包扎、排气口安装消声器和消声弯头，封堵漏声孔、洞、缝等，综合降噪效果有所提高。

2014 年 10 月 13 日～14 日，由吉林省环境监测中心站对该项目进行竣工验收监测，声环境的重点是东厂界噪声影响。在东厂界由北向南布置了 1#～6# 六个监测点，实测结果见表 16-2-4。噪声治理措施的现场实照如图 16-2-16 所示。

图 16-2-16　噪声治理措施现场实照

表 16-2-4　噪声监测结果　　　　　　　　　　　　　　　单位：dB（A）

监测点位	2014 年 10 月 13 日		2014 年 10 月 14 日	
	昼间	夜间	昼间	夜间
1#	51.6	50.7	51.8	50.7
2#	51.8	50.9	52.3	50.9
3#	54.6	53.8	54.7	53.7
4#	56.8	54.9	56.7	54.6
5#	54.1	53.8	53.9	52.7
6#	52.9	51.6	52.6	51.8
标准限值	65	55	65	55
评价	达标	达标	达标	达标

　　监测结果显示，东厂界 6 个监测点位昼间噪声为 51.6～56.8dB（A），夜间噪声为 50.7～54.9dB（A），全面达到了 GB 12348—2008《工业企业厂界环境噪声排放标准》关于 3 类区的规定，即昼间 L_{eq}≤65dB（A），夜间 L_{eq}≤55dB（A），优于原设计估算，各方都很满意。该工程项目已通过了省部级竣工环境保护验收。

（上海泛德声学工程有限公司　任百吉、王胜提供）

第 3 章　钢铁行业

3.1　宝钢三热轧厂界噪声治理

3.1.1　引言

宝钢工程技术有限公司邀请上海申华声学装备有限公司为其厂界噪声治理提供具体可行的降噪方案，并进行降噪治理。噪声治理工程施工完毕，现场测试表明，取得了良好的效果，达到了《工业企业厂界环境噪声排放标准》（GB 12348—2008）中 3 类区，昼间 65dB（A）、夜间 55dB（A）的标准要求。

3.1.2　噪声分析

该厂区的主要噪声来自除尘设备风机、汽车板及硅钢生产线、煤气加压站和江杨路沿线的交通噪声等，这些噪声源共同作用，影响了厂界噪声达标。除尘设备风机的噪声约 105dB（A），通过原有片式消声器和土建风机房向厂区辐射，特别是土建风机房未采取降噪措施，风机房的门为普通钢门，噪声由门缝向外辐射，在除尘风机房外 1.0m 测试噪声值约为 74dB（A）；汽车板及硅钢生产线厂房的噪声通过 10m 高的排风百叶窗传至厂区，在车间外 1.0m 测试噪声值约为 66dB（A）；煤气加压站的噪声主要由煤气加压机运行产生，在煤气加压站外 1.0m 测试，噪声值约为 73dB（A）。这些主要噪声源测试数据如表 16-3-1 所列。噪声源分布及降噪措施配置图如图 16-3-1 所示。厂界处噪声测点 1# 和 2# 的现场实测值如表 16-3-2 所列。

表 16-3-1　主要噪声源噪声数据（测距 1.0m）

声源	倍频带中心频率/Hz							
	63	125	250	500	1000	2000	4000	8000
	声压级/dB							
除尘设备风机	98	101	103	104	96	93	89	98
除尘设备风机房外	82	79	74	71	65	59	58	69
汽车板及硅钢生产线车间外	81	66	63	62	61	59	47	38
煤气加压站门外	72	69	64	66	72	59	51	43

表 16-3-2　治理前厂界处噪声测试数据

测点	测点位置	实测值 L_{eq}/dB（A）	背景值 L_{eq}/dB（A）	噪声来源	监测时段	修正后值 /dB（A）
1#	边界外 1.0m	62.7	56.2	全部设备运转	02:25（夜）	60.7
		64.1	60.2		16:05（昼）	62.1
2#	边界外 1.0m	67.0	56.3	单风机运转	02:50（夜）	67.0
		69.7	60.1		16:25（昼）	69.7

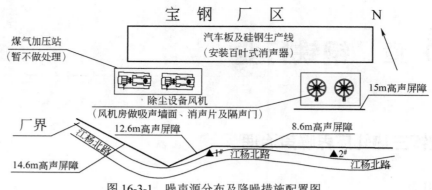

图 16-3-1　噪声源分布及降噪措施配置图

通过噪声分析及现场几次监测，昼间时段：测点 1# 达标，测点 2# 超标；夜间时段：测点 1#、2# 均超标。

3.1.3　治理措施

该厂区的噪声源比较多，部分声源的位置较高，噪声辐射较广，如果仅从一个噪声源进行治理，将收不到满意的效果，需要针对不同的声源分别采取措施。根据该厂区的具体情况及节约成本考虑，噪声治理工程分两个阶段实施，最终确保厂界达标。

（1）第一阶段

对除尘设备风机房、汽车板及硅钢生产线及煤气加压站进行局部噪声治理，具体措施如下。

① 除尘设备风机房主要降噪措施

a．为了降低除尘风机产生的噪声对厂界的影响，增加吸隔声屏障，即正对道路靠近噪声源一侧安装长约 21m 的吸隔声屏障，根据声屏障声学设计和测量规范及经济性考虑，确定吸隔声屏障的高度为 15m。新建声屏障结构拟利用原燃气热力管道支架作为主要受力结构，原支架高约 11.7m，纵向宽约 5.5m，跨度约 21m 左右，经验算可承受新增结构荷载。在 11.7m 高处以原管道支架为支点新建一道水平抗风网架，纵向宽约 1m，跨度约 21m。水平抗风网架横梁采用 HM440×300×11×18 型钢，支撑杆件采用角钢 L90×8 及 L110×10；在原支架 21m 左右的跨度中每隔 7m 左右新增一根抗风柱 HN500×200×10×16（共 2 处），顶部与新增抗风网架连接，共同抵抗风力。抗风柱之间每隔 1.5m 用 C 型檩条 C160×160×20×2.5 与抗风柱水平连接，并采用拉条 φ16mm 圆钢等构件使其与抗风柱、抗风网架形成一个整体的围檩结构，以承受防噪屏墙面竖向荷载及水平风荷载。吸隔声屏障的厚度为 80mm，每块规格为 2000mm×1000mm，屏体的隔声量大于 35dB（A）。吸隔声屏障面板用铝合金穿孔板，背板用镀锌钢板，屏体表面做喷塑处理，颜色与主体立柱一致。屏体用自攻螺钉固定在 C 型檩条的一个侧面上。

b．在原有除尘设备风机房土建风道内增设吸声墙面，安装隔声门及导流消声片。土建风道壁面粘贴吸声材料后，可使壁面的反射声减少。吸声墙面厚度为 130mm，其中 80mm 厚吸声材料，预留 50mm 厚空腔；隔声门采用上海申华声学装备有限公司生产的 SHM-GM 型甲级钢制隔声门；导流消声片为双面吸声型，厚度为 250mm，宽度为 2m，有效长度为 2m，通道宽度为 250mm。

经过理论计算可知，消声量约在 18dB 左右。加上贴面的降噪量，土建风道设计降噪量为 20dB 左右。

② 汽车板及硅钢生产线主要降噪措施　车间外噪声约为 66dB（A），但声源较高，对厂

界的影响相对较大。根据现场实际情况，将原有的排风百叶窗更换为百叶式消声器。该百叶式消声器高度为950mm，厚度为300mm，消声片厚度为50mm，片间距为50mm，有效通风面积为50%，百叶式消声器的消声量约为12dB。该百叶式消声器用铝合金制作，百叶片穿孔率为20%，内填48kg/m³离心玻璃棉，表面喷塑，颜色与厂房外墙一致。

③煤气加压站降噪措施　煤气加压站的噪声主要由煤气加压机运行产生，初建时因功率选用过大，在运行期间常常要半开半闭压力阀门，声源不稳定。若更换设备投资较大，与业主协商后决定工程第一阶段暂不对它进行处理。

（2）第二阶段

经过第一阶段噪声治理后，厂区噪声得到较大改善。但厂界仍有些超标，经监测，测点1#夜间超标约8dB（A），测点2#夜间超标约6dB（A）。为了确保厂界噪声达标，在三热轧区域江杨北路沿线拆除现有围墙，并在围墙位置设置声屏障，声屏障高度和长度均参照声屏障声学设计和测量规范确定，具体措施如下（声屏障平面布置见图16-3-1）。

①三热轧煤气加压站区域声屏障措施　在三热轧煤气加压站区域设置声屏障，高约14.6m，总长约336m。声屏障下段为3.5m高的实体墙体，考虑到景观效应，中段采用韩国艾斯•普力特公司生产的8mmPMMA板，高度为10m，顶部是1.1m高铝纤维吸声屏障。声屏障主框架间隔跨度为12m，主框架采用打桩基础。主框架用HW200×200×8×10、HW100×100×6×8、L63×5等型钢加工制作成网架状，在相邻两个主框架之间每隔4m用HW200×200×8×10的型钢做辅框架，辅框架的基础不打桩。透明PMMA板的标准规格为4m×2m（宽×高），PMMA板的四周按一定的间距冲腰孔。PMMA板与主、辅框架表面通过角钢用螺栓固定。在主框架顶部之间的联系横梁上焊接HW200×200×8×10的竖向立柱，高度为1.1m，间距为2m。铝纤维吸声屏体厚度为150mm，标准规格为1960mm×1000mm（宽×高），采用插入法安装在HW200×200×8×10型钢内，屏体与型钢翼缘用弹性卡件固定。声屏障主、辅框架表面涂刷防腐漆和面漆，铝纤维吸声屏体表面做喷塑处理，颜色与厂房外墙一致。

②汽车板及硅钢生产线区域声屏障措施　在汽车板及硅钢生产线区域设置声屏障，高约8.6m，总长732m。声屏障下段为3.5m高的实体墙体，中段采用韩国艾斯•普力特公司生产的8mmPMMA板，高度为4m，顶部是1.1m高铝纤维吸声屏障。声屏障主、辅框架的布置及屏体的安装方式与上述14.6m高声屏障一致。

③过渡段声屏障措施　过渡段声屏障高约12.6m，总长约48m。声屏障下段为3.5m高的实体墙体，中段采用韩国艾斯•普力特公司生产的8mmPMMA板，高度为8m，顶部是1.1m高铝纤维吸声屏障。声屏障主、辅框架的布置及屏体的安装方式与上述14.6m高声屏障一致。

图16-3-2、图16-3-3为治理后现场实景照片。

图16-3-2　除尘设备风机房噪声治理后图片　　图16-3-3　江杨北路沿线噪声治理后图片（14.6m高声屏障）

3.1.4　治理效果

该厂区降噪工程第一阶段除尘设备风机、汽车板及硅钢生产线等的降噪工程施工结束，经测试夜间仍有部分测点不达标，因此实施第二阶段工程，在三热轧区域江杨北路沿线增设了长约 1100m 的声屏障。整个工程结束后由宝山区环保部门进行了现场测试，测试结果如表 16-3-3 所列。

表 16-3-3　治理后噪声测试数据

测点	测点位置	实测值 L_{eq}/dB（A）	背景值 L_{eq}/dB（A）	噪声来源	监测时段	修正后值/dB（A）
1#	边界外 1m	60.1	59.1	设备及交通噪声源	22:23（夜）	53.2
2#		61.2	60.3	设备及交通噪声源	17:14（昼）	53.9
		59.9	59.0		22:09（夜）	52.6

因背景噪声与实测噪声相差较小，按规定进行背景噪声修正后，如表 16-3-3 所列。

1#测点夜间为 53.2dB（A），2#测点昼间为 53.9dB（A），夜间为 52.6dB（A），全面达到了 3 类区规定的昼间噪声应低于 65dB（A）、夜间噪声应低于 55dB（A）的要求，通过了宝山区环保部门的验收。

（上海申华声学装备有限公司　何金龙提供）

3.2　新冶钢炼铁厂噪声综合治理

湖北新冶钢有限公司新建炼铁厂项目沿公司南厂界分布，厂界外约 20m 处分布着大量居民区。虽在建设过程中已按环评要求配套安装了一系列降噪设备，但是由于钢铁企业生产设备体积大、功率高、辐射面大等特点，导致生产过程中实际暴露的噪声源量大面广、噪声频带宽、波动范围大，使其环境噪声影响超出了环评预期及降噪设备的有效控制范围，对厂界和居民区均造成较大影响，亟须进行综合治理改造，以达到国家和地方环境保护标准要求。环保要求，厂界处执行 GB 12348—2008 的 3 类声功能区规定，即昼间 $L_{eq} \leqslant 65$dB（A），夜间 $L_{eq} \leqslant 55$dB（A），居民住宅区执行 GB 3096—2008 的 2 类声功能区规定，即昼间 $L_{eq} \leqslant 60$dB（A），夜间 $L_{eq} \leqslant 50$dB（A）。

通过对新冶钢炼铁厂设备噪声进行监测、甄别和计算机辅助模拟分析，针对敏感点的要求，制订出噪声治理方案，并结合生产现场实际情况进行改造治理。治理后厂界噪声降至环境背景值，敏感点噪声达到声环境质量标准。

3.2.1　噪声监测与噪声治理源点选定

湖北新冶钢有限公司位于湖北省黄石市西塞山区，厂区北临长江，南部为黄石市交通干线黄石大道，整个厂区呈东西向长条状分布。新建炼铁厂沿新冶钢公司南厂界东西向排列，自东向西分别为烧结区、煤气区、高炉区，声环境保护目标为南部距厂界约 20m 处的马家嘴社区。厂区具体分布情况见图 16-3-4。

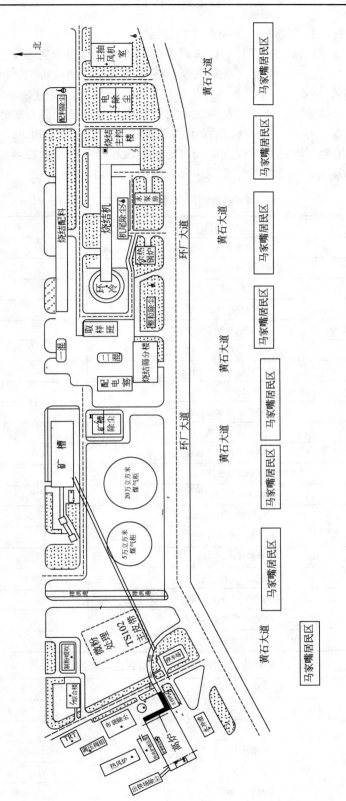

图 16-3-4　厂区分布情况

（1）治理前炼铁厂主要噪声源噪声监测数据

治理前对炼铁厂厂区及厂区周边区域进行了设备噪声源强和整体噪声监测。监测内容包括：烧结区、煤气区、高炉区、老炼铁区及厂区周边范围内的设备和区域噪声。监测结果分别见表 16-3-4 和表 16-3-5。再结合噪声源强和设备分布情况，采用 SoundPLAN 软件建模后进行计算机辅助模拟分析，其关键是所生成的三维噪声分布暨厂界与敏感点噪声数值必须与噪声现状监测数据相吻合，再结合工程实践经验和借助于 SoundPLAN 软件内的"专家系统"，甄别出对厂界与敏感点构成实质噪声影响的敏感噪声源及其贡献量，在此基础上拟定相应的噪声治理方案。所绘制的三维噪声分布图如图 16-3-5 所示。

表 16-3-4　治理前厂内噪声监测结果（测距 1m）

序号	主要声源名称	噪声值/dB（A）
01	烧结主抽风机房外	90
02	烧结区环冷风机进气口	86
03	烧结机尾除尘风机	89
04	烧结配料除尘风机	88
05	烧结筛分室外	92
06	烧结整粒除尘风机	87
07	烧结燃料破碎除尘风机	87
08	烧结燃料破碎室	86
09	高炉矿槽除尘风机	89
10	高炉矿槽	92
11	高炉上料皮带通廊	87
12	高炉煤气调压阀组	102
13	高炉煤气 TRT 发电机组	96
14	高炉热风炉助燃风机	95
15	高炉热风炉冷风发散阀	92
16	高炉鼓风机消声隔声罩	95
17	煤气区气柜进气管道	90
18	煤气区管道调节阀处	83
19	老高炉煤气调压阀组	96
20	高炉上料皮带电机	93

表 16-3-5　治理前厂界、居民区噪声监测值

序号	主要声源名称	噪声值/dB（A）
CJ1	烧结机头对应厂界	70
CJ2	烧结机尾对应厂界	69
CJ3	矿槽除尘对应厂界	69
CJ4	高炉本体对应厂界	68
JM1	烧结机头对应居民区	67

续表

序号	主要声源名称	噪声值/dB（A）
JM2	烧结机尾对应居民区	67
JM3	矿槽除尘对应居民区	65
JM4	高炉本体对应居民区	64

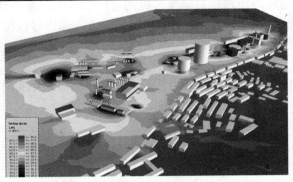

图 16-3-5   噪声治理前三维噪声分布图

（2）厂界及居民区敏感点噪声超标的主要噪声源分析

炼铁厂各个设备、各个生产环节及运输环节产生的噪声，按照声源特性可分为三类：一是机械性噪声，产生该类噪声的主要设备及生产环节有破碎机、振动筛、皮带运输机、烧结矿生产过程等；二是空气动力噪声，产生该类噪声的主要设备及生产环节主要有除尘风机、环冷风机、鼓风机、气体放散、气体输灰、调压阀组等；三是电磁性噪声，产生该类噪声的主要设备有电机、变压器等。炼铁厂产生的噪声基本上同时具有以上三类特性。

从声源影响范围分析：对生产区域来讲，各车间是噪声源；对各车间来说，各设备又是噪声源。因此，炼铁厂噪声治理不能单一对单体设备进行治理，而要分区域进行综合治理。

3.2.2 噪声治理方案及实施

根据炼铁厂区域噪声源强的监测值、指向性及其距厂界和敏感点的距离，甄别出主要噪声源进行综合治理。又根据噪声源特性的不同，主要分为四种方式进行治理：①对产生高噪声的风机以及风机出口管道进行治理，如机尾除尘风机及进出口管道、整粒除尘风机及进出口管道、配料除尘风机及进出口管道、破碎除尘风机及进出口管道、矿槽除尘风机及进出口管道、烧结环冷风机、高炉热风炉助燃风机、高炉煤气 TRT 发电机组等；②对含有高噪声设备的车间厂房进行吸声、隔声处理，如燃料破碎室、筛分室、高炉矿槽、主抽风机房、烧结机主车间、高炉上料皮带电机室、皮带通廊等；③对高噪声气流管道、阀组进行包扎、隔声处理，如气柜进气调压阀组、高炉煤气调压阀组、老高炉煤气调压阀组等；④对部分消声量不够的消声器进行更换，如高炉热风炉冷风发散消声器、高炉鼓风机消声器等。

（1）高噪声风机及进出口管道噪声治理方案

①风机噪声治理　在除尘风机外设计一个风机消声隔声罩，隔声罩尺寸根据风机大小及周边空间确定。风机隔声罩采用 100mm×100mm×4mm 的镀锌方型钢管制作钢结构，在钢

结构外安装吸声隔声板。吸声隔声板厚 100mm，外板用 2mm 厚的镀锌钢板制作，中间填 32kg/m³ 的离心玻璃棉，内孔板为 1.0mm 厚的镀锌穿孔板，穿孔率为 28%～30%，孔径 ϕ4mm，消声隔声板的隔声量 $R_w+C \geqslant 35$dB。风机消声隔声罩的顶部为可拆卸方式进行安装，以便设备维修时使用。风机消声隔声罩上设计隔声窗（根据隔声罩的大小及设备的散热要求设计通风装置及配套进排风散热消声器，对隔声罩进行通风换热）。

② 风机进出口管道噪声治理　对除尘风机的进风管道用岩棉+彩色钢板进行隔声包扎。彩钢板厚 0.8mm，岩棉密度为 110kg/m³。隔声包扎要求内部岩棉包扎不能有缝隙，外板彩钢板的接缝之间用建筑密封胶进行密封。在风机的出风口烟囱底部设计安装 1 台阻抗复合式消声器，降低烟囱出口气流噪声。

③ 对除尘器下面的高压气体输灰噪声治理　采取机制红砖砌实心墙进行封堵，并在双面用水泥砂浆进行抹灰，单层抹灰厚度≥20mm。

（2）含有高噪声设备的车间厂房噪声治理方案

在各个车间东、西、南侧外墙内增加一层 150mm 厚的吸声隔声墙，吸声墙内填充 120kg/m³ 的高密度岩棉作吸声材料，高密度岩棉外粘一层 16×16 目的玻璃丝布，然后用 0.8mm 厚的镀锌穿孔板作护面层。在车间的窗户内再增加一层塑钢窗，塑钢窗玻璃要求：一层 5mm+一层 6mm 的中空玻璃。将各个车间的普通大门更换为钢制隔声大门，钢质隔声大门的隔声量 $R_w+C \geqslant 35$dB。

（3）高噪声气流管道、阀组噪声治理

在动力煤气混合站的减压阀组外设计一个消声隔声罩，消声隔声罩设计隔声门及隔声窗，以解决内部的采光，减少照明用电和强制通风系统。隔声罩的具体尺寸、隔声门及隔声窗的大小根据现场尺寸确定。

对气流管道采取隔声包扎进行降噪控制。隔声包扎采用一层 3mm 厚的阻尼层+100mm 厚岩棉+0.8mm 厚的彩色钢板做隔声包扎。

（4）对部分消声量不够的消声器进行治理

由于项目在建设过程中，部分配套的放散消声器的消声量不够，导致放散时的噪声值严重超标，为降低放散噪声，需根据气流量、压力等参数重新设计安装消声器。

3.2.3　噪声治理方案实施后效果

在上述噪声治理改造措施全部实施后，重新对炼铁厂南部厂界及周边环境敏感点噪声进行监测，其实测结果见表 16-3-6 和表 16-3-7。采取各项降噪控制措施后噪声分布的三维效果图见图 16-3-6（见彩插）。

表 16-3-6　噪声治理后南厂界噪声监测值

序号	监测点	噪声值/dB（A）	背景噪声值/dB（A）
CJ1	烧结机头对应厂界	61	60
CJ2	烧结机尾对应厂界	64	63
CJ3	矿槽除尘对应厂界	-63	63
CJ4	高炉本体对应厂界	62	60

表 16-3-7　噪声治理后居民区敏感点噪声监测值

序号	监测点	噪声值/dB（A）
JM1	烧结机头对应居民区	46
JM2	烧结机尾对应居民区	47
JM3	矿槽除尘对应居民区	46
JM4	高炉本体对应居民区	43

（1）高炉区域实施的噪声治理措施主要是对高炉北面 TRT、助燃风机和调压阀组进行噪声治理。对比项目实施前，高炉厂界噪声下降 4～6dB（A），治理后基本与背景噪声持平。

（2）矿槽、气柜区域对调压阀组和靠近南厂界的部分煤气管道进行了隔声包扎，对矿槽除尘风机、破碎除尘风机、矿槽进行噪声治理。对比项目实施前，厂界噪声下降 4～6dB（A），治理后基本与背景噪声持平。

（3）烧结机尾区域实施了较多噪声治理项目。对比项目实施前，烧结机尾厂界噪声下降 7～9dB（A），治理后基本与背景噪声持平。

（4）烧结机头区域实施了烧结主抽风机房的隔声和烧结配料除尘风机的噪声治理。对比项目实施前，烧结机头厂界噪声下降 8～10dB（A），治理后基本与背景噪声持平。总之，南厂界处噪声由治理前的 68～70dB（A）降为治理后的 61～64dB（A）[背景噪声值为 60～63dB（A）]。

（5）在实施噪声综合治理后，周边居民区环境噪声值由治理前的 64～67dB（A）降为治理后的 43～47dB（A），全部达到国家标准 2 类声功能区夜间噪声 $L_{eq} \leq 50$dB（A）的规定，与治理前相比，居民住宅处噪声下降了 20dB（A），居民比较满意。

3.2.4　结语

炼铁厂区域内高噪声设备量大面广，且距离厂界较近，这是造成厂界噪声超标的主要原因。针对主要噪声源采取噪声治理措施后，设备本身最高降噪量达 30dB（A），厂界处降低了 10dB（A）以上，厂界噪声已基本接近其背景噪声值，居民住宅处噪声降低了 20dB（A），居民区环境敏感点噪声达到了声环境质量标准 2 类区的规定，降噪效果显著。

（湖北新冶钢有限公司　周克成、陈帅、薛峰等提供）

第4章 铁路、地铁行业

4.1 铁路交通噪声与振动控制工程案例

截至 2016 年末，全国铁路营业里程达 12.4 万公里（1 公里=1km），根据《中长期铁路网规划》，到 2020 年，铁路网规模将达到 15 万公里。在铁路交通高速发展的同时，其环境噪声振动影响不可忽略。本节在简要分析铁路环境噪声与振动源特性及传播规律的基础上，给出了噪声源和振动源、控制、道路声屏障以及隔振屏障等控制案例。

4.1.1 铁路环境噪声与振动执行标准

根据我国铁路环境噪声振动标准体系，铁路环境噪声分别执行《铁路边界噪声限值及其测量方法》（GB 12525—90）和《声环境质量标准》（GB 3096—2008），铁路环境振动执行《城市区域环境振动标准》（GB 10070—88）。

《铁路边界噪声限值及其测量方法》（GB 12525—90）中规定，距离铁路线路外侧轨道中心线 30m 处，昼间、夜间等效声级 $L_{Aeq} \leq 70dB$（A）。2008 年 8 月 1 日，环保部颁布了《铁路边界噪声限值及其测量方法》（GB 12525—90）修改方案。该修改方案将铁路边界噪声标准分既有铁路及新建铁路两大类执行不同噪声排放标准限值。

既有铁路项目指 2010 年 12 月 31 日前已建成运营的铁路或环境影响评价文件已通过审批的铁路建设项目，以及改扩建既有铁路。铁路边界铁路噪声限值，昼间、夜间等效声级 $L_{Aeq} \leq 70dB$（A）。

新建铁路即 2011 年 1 月 1 日起环境影响评价文件通过审批的新建铁路（含新开廊道的增建铁路）。铁路边界铁路噪声限值昼间等效声级 $L_{Aeq, 昼} \leq 70dB$（A），夜间等效声级 $L_{Aeq, 夜} \leq 60dB$（A）。

《声环境质量标准》（GB 3096—2008）中，规定铁路干线两侧区域为 4b 类区域，4b 类区域声环境功能区环境噪声限值对应于昼间等效声级 $L_{Aeq, 昼} \leq 70dB$（A），夜间等效声级 $L_{Aeq, 夜} \leq 60dB$（A），该限值适用于 2011 年 1 月 1 日起环境影响评价文件通过审批的新建铁路（含新开廊道的增建铁路）干线建设项目两侧区域；对于穿越城区的既有铁路干线和穿越城区的既有铁路干线进行改建、扩建的铁路建设项目（既有铁路是指 2010 年 12 月 31 日前已建成运营的铁路或环境影响评价文件已通过审批的铁路建设项目），铁路干线两侧区域的噪声限值为不通过列车时的环境背景噪声限值，按昼间 70dB（A）、夜间 55dB（A）。

《城市区域环境振动标准》（GB 10070—88）中，规定铁路干线距离铁道外轨 30m 外两侧的住宅区，昼间、夜间列车通过最大 Z 振级 $VL_{z, max} \leq 80dB$。

4.1.2 普速铁路交通噪声与振动源特性

目前我国普速铁路运营里程约 10 万公里。普速铁路噪声源以轮轨相互作用引起。轮轨噪声主要来源于轮轨间的撞击声、轰鸣声和尖叫声。

撞击声为车轮经过钢轨接缝处或钢轨其他不连续部位（如道岔）及钢轨表面出现波磨时产生的噪声。当车轮撞击这些不连续部位时，会在垂直速度上产生瞬时变化，导致接触面产生一个巨大的力，从而激励车辆和钢轨振动，辐射出强烈的噪声。

轰鸣声又叫滚动声，是当车轮踏面凹凸不平时，沿连续焊接钢轨切线处发出的主要噪声。当车轮在钢轨粗糙面上滚动或遇到小坑及伤痕时就会跳起来，然后冲击钢轨，结果使钢轨与车辆间产生受迫振动从而产生轰鸣声。

尖叫声是指列车沿小曲线半径轨道运行时产生的强烈噪声。当列车沿曲线运行时，车轮受钢轨约束而不能沿钢轨曲线的切线方向运行，此时造成车轮沿钢轨滚动时，在钢轨横断面上产生横向滑动，使车轮表面出现黏着作用和滑行，使车轮在共振情况下产生振动，从而产生强烈的窄带噪声。另外，当列车制动时，也使车轮产生黏着作用和滑行运动，因而产生尖叫声。

以上三种噪声都是由于轮轨相互作用，这种作用产生力，即产生车轮响应和钢轨响应，造成车轮辐射及钢轨辐射。基本上车轮辐射较高频噪声，钢轨辐射较低频噪声。

（1）典型普速列车噪声源强

① 160km/h 及以下速度旅客列车噪声源强（详见表 16-4-1）

线路条件：Ⅰ级铁路，无缝、60kg/m 钢轨，轨面状况良好，混凝土轨枕，有碴道床，平直、低路堤线路。对于桥梁线路的源强值，在表 16-4-1 基础上增加 3dB（A）。

参考点位置：距列车运行线路中心 25m，轨面以上 3.5m 处。

表 16-4-1　160km/h 及以下速度旅客列车噪声源强

速度/（km/h）	50	60	70	80	90	100
源强/dB（A）	72.0	73.5	75.0	76.5	78.0	79.5
速度/（km/h）	110	120	130	140	150	160
源强/dB（A）	81.0	82.0	83.0	84.0	85.0	86.0

② 普通货物列车噪声源强（详见表 16-4-2）

线路条件：Ⅰ级铁路，无缝、60kg/m 钢轨，轨面状况良好，混凝土轨枕，有碴道床，平直、4m 高路堤线路。对于桥梁线路的源强值，在表 16-4-2 基础上增加 3dB（A）。

车辆条件：构造速度小于 100km/h，转 8 A 型转向架。

参考点位置：距列车运行线路中心 25m，轨面以上 3.5m 处。

表 16-4-2　普通货物列车噪声源强

速度/（km/h）	30	40	50	60	70	80
源强/dB（A）	75.0	76.7	78.2	79.5	80.8	81.9

③ 新型货物列车噪声源强（详见表 16-4-3）

线路条件：Ⅰ级铁路，无缝、60kg/m 钢轨，轨面状况良好，混凝土轨枕，有碴道床，平直线路，路堤 1m 高，桥梁 11m 高，简支 T 形梁，盘式橡胶支座。对于桥梁线路的源强值，在表 16-4-3 基础上增加 3dB（A）。

车辆条件：构造速度大于 100km/h。

参考点位置：距列车运行线路中心 25m，轨面以上 3.5m 处。

表 16-4-3　新型货物列车噪声源强

速度/（km/h）	50	60	70	80	90	100	110	120
源强/dB（A）	74.5	76.5	78.5	80.0	81.5	82.5	83.5	84.5

④ 双层集装箱列车噪声源强（详见表 16-4-4）

线路条件：Ⅰ级铁路，无缝、60kg/m 钢轨，轨面状况良好，混凝土轨枕，有碴道床，平直线路，路堤 1m 高，桥梁 11m 高，简支 T 形梁，盘式橡胶支座。对于桥梁线路的源强值，在表 16-4-4 基础上增加 3dB（A）。

参考点位置：距列车运行线路中心 25m，轨面以上 3.5m 处。

表 16-4-4　双层集装箱列车噪声源强

速度/（km/h）	50	60	70	80	90	100	110	120
源强/dB（A）	73.5	75.5	77.5	79.0	80.5	81.5	82.5	83.5

（2）典型普速列车振动源强

① 160km/h 及以下速度旅客列车振动源强（详见表 16-4-5）

线路条件：Ⅰ级铁路，无缝、60kg/m 钢轨，轨面状况良好，混凝土轨枕，有碴道床，平直、路堤线路。对于桥梁线路的源强值，在表 16-4-5 基础上减去 3dB。

轴重：21t。

地质条件：冲积层。

参考点位置：距列车运行线路中心 30m 的地面处。

表 16-4-5　160km/h 及以下速度旅客列车振动源强

速度/（km/h）	50～70	80～110	120	130	140	150	160
源强/dB	76.5	77.0	77.5	78.0	78.5	79.0	79.5

② 普通货物列车振动源强（详见表 16-4-6）

线路条件：Ⅰ级铁路，无缝、60kg/m 钢轨，轨面状况良好，混凝土轨枕，有碴道床，平直线路，低路堤或 11m 高桥梁。对于桥梁线路的源强值，在表 16-4-6 基础上减去 3dB。

车辆条件：车辆构造速度小于 100km/h。

地质条件：冲积层。

参考点位置：距列车运行线路中心 30m 的地面处。

表 16-4-6　普通货物列车振动源强

速度/（km/h）	50	60	70	80
源强/dB	78.5	79.0	79.5	80.0

③ 新型货物列车振动源强（详见表 16-4-7）

线路条件：Ⅰ级铁路，无缝、60kg/m 钢轨，轨面状况良好，混凝土轨枕，有碴道床，平直线路，路堤 1m 高，桥梁 11m 高，简支 T 形梁，盘式橡胶支座。对于桥梁线路的源强值，在表 16-4-7 基础上减去 3dB。

车辆条件：车辆构造速度大于 100km/h。

地质条件：冲积层。

轴重：21t。

参考点位置：距列车运行线路中心 30m 的地面处。

表 16-4-7　新型货物列车振动源强

速度/（km/h）	60	70	80	90	100	110	120
源强/dB	78.0	78.0	78.5	79.0	79.5	80.0	80.5

④ 双层集装箱列车振动源强（详见表 16-4-8）

线路条件：Ⅰ级铁路，无缝、60kg/m 钢轨，轨面状况良好，混凝土轨枕，有碴道床，平直线路，路堤 1m 高，桥梁 11m 高，简支 T 形梁，盘式橡胶支座。对于桥梁线路的源强值，在表 16-4-8 基础上减去 3dB。

地质条件：冲积层。

轴重：25t。

参考点位置：距列车运行线路中心 30m 的地面处。

表 16-4-8　双层集装箱列车振动源强

速度/（km/h）	60～80	90～100	110	120
源强/dB	77.5	78.0	78.5	79.0

4.1.3　铁路交通噪声与振动传播规律

（1）铁路交通噪声传播规律

铁路交通噪声传播包括水平面的几何发散传播及垂向传播。

根据国内外大量的研究成果：对于以轮轨噪声源为主的列车运行噪声，在水平面的几何发散具有偶极子指向特性，根据不相干有限长偶极子线声源的几何发散损失计算方法，列车噪声辐射的几何发散损失 C_d 可按下式计算：

$$C_d = -10\lg\frac{\dfrac{4l}{4d_0^2 + l^2} + \dfrac{1}{d_0}\arctan\left(\dfrac{l}{2d_0}\right)}{\dfrac{4l}{4d^2 + l^2} + \dfrac{1}{d}\arctan\left(\dfrac{l}{2d}\right)}$$

式中　d_0——参考距离，m；

　　　d——预测点至声源的直线距离，m；

　　　l——列车长度，m。

根据现场实测结果，对于地面线或高架线无挡板结构时，对于以轮轨噪声源为主的铁路列车运行噪声：

① 当 $21.5° \leqslant \theta \leqslant 50°$ 时，其垂向指向性计算公式如下：

$$C_\theta = -0.0165(\theta - 21.5)^{1.5}$$

② 当 $-10° \leqslant \theta \leqslant 21.5°$ 时，垂向指向性计算公式如下：

$$C_\theta = -0.02(21.5° - \theta)^{1.5}$$

（2）铁路交通振动传播规律

铁路交通振动传播过程中产生衰减的因素主要有地质条件、距离衰减、建筑物类型等。

① 地质条件影响

对于环境振动影响，地质条件可分为 3 类，即软土地质、冲积层、洪积层。

相对于冲积层地质，洪积层地质修正：$C_G = -4dB$。

相对于冲积层地质，软土地质修正：$C_G = 4dB$。

特殊地质条件下的修正，宜通过类比测量获取修正数据。

注：由于地质条件较为复杂，鼓励采用类比监测的方法确定修正量。

② 距离衰减影响

距离衰减修正 C_D 可按下式计算：

$$C_D = -10k_R \lg \frac{d}{d_0}$$

式中　d_0——参考距离；

　　　d——预测点到线路中心线的距离；

　　　k_R——距离修正系数，与线路结构有关。当 $d \leqslant 30m$ 时，$k_R = 1$；当 $30m < d \leqslant 60m$ 时，$k_R = 2$。

③ 不同建筑物类型影响

预测建筑物室内振动时，应根据建筑物类型进行修正。

不同建筑物室内对振动的响应不同。一般将各类建筑物划分为三种类型进行修正：

Ⅰ类建筑为良好基础、框架结构的高层建筑，室内相对于室外：$C_B = -10dB$。

Ⅱ类建筑为较好基础、砖墙结构的中层建筑，室内相对于室外：$C_B = -5dB$。

Ⅲ类建筑为一般基础的平房建筑，室内相对于室外：$C_B = 0dB$。

由于各类建筑物差别较大，情况比较复杂，建议尽量选择类似建筑物，通过实测室内外振动的传递衰减，确定修正值。

4.1.4 铁路交通噪声与振动控制工程案例

铁路噪声的环境污染防治应依据《中华人民共和国环境噪声污染防治法》和有关法律、法规，认真贯彻执行。原国家环境保护部发布的《地面交通噪声污染防治技术政策》（环发〔2010〕07 号）、《关于加强环境噪声污染防治工作、改善城乡声环境质量的指导意见》（环发〔2010〕144 号），对可能产生环境噪声污染的铁路建设项目，应按照"预防为主、防治结合、综合治理"的基本原则和"社会效益、经济效益和环境效益相统一"的方针，通过采取噪声源、传声途径、敏感建筑物三者的分层次控制措施，在技术经济可行条件下，优先考虑对噪声源和传声途径采取工程技术措施，实施噪声主动控制；坚持以人为本的原则，重点对噪声敏感建筑物进行保护，采取有效的防治措施避免或减轻对环境的污染，使铁路建设、城乡建设与环境保护协调发展。

（1）铁路交通噪声与振动源控制技术

根据普速铁路噪声和振动的产生机理不同，其控制方法也有所不同。表 16-4-9 是轮轨噪声振动源控制的方法概述。表 16-4-10 为轮轨噪声振动源控制的效果。

表 16-4-9　轮轨噪声振动源控制方法概述

噪声振动源类型	控制方法	具体措施
撞击声和轰鸣声	1. 减小车轮踏面和钢轨表面粗糙度	① 修整车轮踏面； ② 研磨钢轨； ③ 采用焊接长钢轨； ④ 钢轨接缝的保养
	2. 防止车轮踏面伤痕	① 车轮滑行/滑动控制； ② 使用合成闸瓦或盘式制动
	3. 减小车轮和钢轨表面凹凸不平度	① 采用弹性踏面车轮； ② 采用弹性阻尼车轮； ③ 降低行车速度
	4. 阻止噪声辐射	① 车辆设置车裙； ② 设置声屏障
尖叫声	1. 经过曲线段时，减小横向蠕动	① 避免小曲线半径； ② 采用径向转向架
	2. 改善轮轨接触面的摩擦和蠕动特性	① 轮轨踏面应经常润滑； ② 设计可降噪的特殊轮轨踏面
	3. 减少轮轨共振响应	① 使用阻尼车轮； ② 使用弹性车轮
	4. 阻止噪声辐射	① 车辆设置车裙； ② 设置声屏障

表 16-4-10　轮轨噪声振动源控制效果　　　　　　　　　　　单位：dB

控制技术	尖叫声	撞击声	轰鸣声
弹性车轮	减少/清除	0~2	0~2
阻尼车轮	减少/清除	0~6	0~6
弹性踏面车轮	未确定	5~10	5~10
车轮踏面修正	2~5	消除浅坑	2~5
轮轨表面几何形状	未确定	0	0
限制最小曲线半径	减少尖叫声	0	0
打磨钢轨	0（不可预见）	1~3（连续/焊接）	2~9（无波磨） 8~15（呈波磨状）
焊接钢轨	0	消除连接	0
连接钢轨的维护	0	2~5（接点）	0

续表

控制技术	尖叫声	撞击声	轰鸣声
润滑钢轨或车轮	减少/消除	0	0
弹性/阻尼钢轨	不可预见	0~2（铁路道岔处） 4~6（高架结构）	0~2（铁路道岔处） 4~6（高架结构）
弹性扣件	0	3~6（高架结构）	3~6（高架结构）
表面强化钢轨	减少或消除	0	可防止钢轨表面波磨产生
约束钢轨	不能确定	不能确定	不能确定
声屏障（高度低于 3m）	5~10	5~10	5~10
滑行滑面控制	0	防止更多的不平钢轨出现	0
车裙	0~3	0~3	0~3
合成踏面制动	0	防止小的不平顺	5~7
降低车速	减少尖叫声的产生	速度每减小一半，可降低 6~12dB（A）	速度每减小一半，可降低 6~12dB（A）

（2）铁路声屏障控制技术及其应用效果

铁路声屏障控制技术在声学设计中除需针对铁路噪声源频谱特性，合理选择声屏障材料的隔声量、吸声系数外，还应使声屏障设置的位置尽可能靠近声源位置。对于桥梁声屏障，一般在主梁侧面处；对于路堤声屏障，一般设置在路肩外侧边缘处。对声屏障高度除主要与受保护目标的相对位置有关外，还基于声屏障的质量受路基和桥梁承载的限制，自然风载和列车通过时风压，以及沿线景观，机车乘务人员瞭望，列车视野，屏障、线路和桥梁构筑物的维护等多种因素制约，应根据具体工程和环境条件确定。对于声屏障长度，单侧总长度应大于列车长度，或根据保护目标沿线路方向的长度，再在两端各加长一定量。在桥梁声屏障的设计中，应考虑结构振动辐射噪声影响。

① 我国既有铁路声屏障降噪效果　目前我国既有铁路声屏障设计中主要依据的技术标准包括《声屏障声学设计和测量规范》（HJ/T 90—2004）、《铁路声屏障声学构件技术要求及测试方法》（TB/T 3122—2010），对于既有铁路，低路堤声屏障在声影区内的降噪效果一般为3~7dB（A）。

② 声屏障结构优化设计　当声屏障的长度、高度因景观或视野的要求而固定尺寸时，或声屏障距离轨道中心线因建筑限界要求也无法变更时，对声屏障结构的优化设计仅可通过顶端形状的改变，以试图提高受声点处的降噪效果。图 16-4-1 为声屏障顶端干涉器声绕射原理图。从图中可见，声源一侧因声屏障产生的声波干扰，使得声波相位改变，而声屏障顶部及背部的声波相位相等，呈半自由场的声波辐射特性，即声屏障的声影区内还可能形成以声屏障顶端为新的虚拟声源的声场向外辐射。若能减小声屏障顶端的虚拟声源强度，则可降低声屏障声影响区内的声压，以提高降噪效果。

根据声屏障顶端声场分布特性分析，可在直立式声屏障顶部加装不同类型的降噪器，以增加既有声屏障的降噪效果。目前，国外采用的顶端降噪器分别有吸声型、干涉型、共鸣型以及合成型等类型。

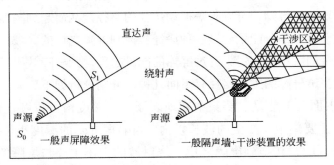

图 16-4-1　声屏障顶端干涉器声绕射原理图

各类声屏障顶端降噪器的应用效果见表 16-4-11。

表 16-4-11　各类声屏障顶端降噪器的应用效果

分类	吸声型	干涉型	共鸣型
插入损失附加衰减值	≥3dB（A）	≥2dB（A）	≥3dB（A）
频谱特性	宽频 200～5000Hz 中、低频效果较好	宽频 125～4000Hz 低频效果较好	宽频 200～5000Hz

目前，中国铁道科学研究院集团有限公司研发的干涉降噪器，可进一步提高铁路声屏障的降噪效果，该产品已在北京南站、沪杭城际、太中银铁路等铁路线路上应用。当铁路两侧敏感点为多层或高层建筑而声屏障高度要求有限值时，加装声屏障顶端降噪器可有效控制声屏障高度并提高声屏障的边际降噪效果，其结构见图 16-4-2。经对北京南站顶端干涉器现场应用效果测试可知：该干涉器对 125～500Hz 的中低频铁路噪声降噪效果较好；距离铁路外轨中心线 15m、距地面不同高度（距地面 3～9m 高），干涉降噪器附加衰减 1.3～2.4dB（A）；在距离铁路外轨中心线 55m 的 6 层楼敏感点窗外 1m 处，干涉降噪器附加衰减 1.7dB（A）。不同高度处干涉降噪器附加降噪效果见图 16-4-3。

图 16-4-2　声屏障顶端干涉降噪器结构照片图

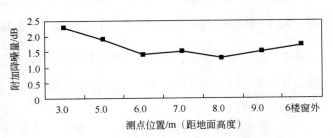

图 16-4-3　不同高度处干涉降噪器附加降噪效果

（3）铁路隔振屏障控制技术研究及其应用效果

①隔振原理　铁路列车运行产生的振动，主要以表面波的形式在大地表面传播。若在线路与建筑物之间设置隔振屏障，可以阻隔振动传播的路径，从而起到隔振的作用。振波受到屏障的阻隔，仍然会有一部分能量通过各种途径传播到屏障之后的区域，地屏障的减振效果主要由这些透过能量的大小所决定。透过屏障的能量越大，则屏障效果越差，反之，则屏障效果越好。表面波穿透屏障的主要路径有下面几种，分别分析如下。

a．绕射波。表面波的能量主要集中在地表面一定深度内，以圆柱面的形式向周围传播。表面波的能量主要集中在 2 倍的波长以内。当隔振屏障的深度小于这一深度时，就会有一部分能量绕过屏障，传播到屏障之后。绕射波的大小主要与屏障的设置深度及位置、大地参数以及振波的频率有关。一般振波频率越低，表面波波长越长，需要设置的屏障深度也就越深。

b．透射波。振波从一种介质传播到另一种介质，一部分能量会反射回去，另一部分能量会穿透界面，穿透界面的波就是透射波。透射波的能量主要取决于屏障的材料和屏障结构布置。

c．散射波。非连续屏障（排桩等）的基本隔振机理就是散射。散射的效果主要取决于桩径与桩间距。

d．地面埋置屏障的振波散射干涉。当均质地基土面存在异相障碍物（屏障）时，工程设计中常需预测其散射干涉效应，利用其屏蔽效应隔振。

②地屏障隔振措施的一般方法　在治理由列车诱发的大地振动超标时也可考虑采用地屏障隔振技术，即在振源与被保护的对象之间设置一道隔振屏障，以阻断波能的传播。地屏障隔振的方式主要有沟屏障隔振、排桩隔振和波阻块隔振等三种措施。

a．沟屏障隔振。已有的研究结果认为：明沟的减振效果最好，填充沟其次，排桩的减振效果则不如沟屏障。明沟几乎不允许波能透射。国外研究认为：在主动控制时当最小沟深达到 0.6 倍的瑞利波波长，或在被动控制时最小沟深达到 1.33 倍的瑞利波波长时，振动级能减小 75%。对于沟屏障有下列结论：在中、高频段，明沟和填充沟的减振效果都很好，但对低频段的减振效果不太明显；沟深是影响减振效果的重要因素，无论是明沟还是填充沟，沟越深，其有效隔振频率的下限就越低，减振效果越好；明沟的减振效果优于填充沟；填充沟中的填充材料对减振效果起着重要的作用，填充材料和原始土之间的阻抗 $IR = \dfrac{\rho_1 c_{s1}}{\rho_2 c_{s2}}$

（其中，ρ_1、ρ_2、c_{s1}、c_{s2} 分别为填充材料和原始土层的密度和剪切波波速）相差越大，减振效果就越好；明沟的不足之处一是其深度受到土层稳定性和地下水位的限制，二是不适合波长较大的情况。

b．排桩隔振。以排桩为代表的非连续屏障在同等条件下，其减振效果稍逊于沟槽，但排桩隔振由于能够满足对屏障深度的要求，所以对于铁路交通引起的低频振动有较好的减振效果。对于排桩隔振有下列一般结论：i. 在影响排桩减振效果的诸多因素中，径距比是最重要的一个指标，径距比越大，减振效果越好，控制相邻排桩单体间距 $S_p=(3.0\sim3.5)a$（其中，a 为桩的半径），其减振效果可满足一般工程的要求。ii. 刚性桩比柔性桩的减振效果好，非连续屏障（排桩）应采用刚性材料。iii. 桩深 H，近场波源产生的能量大，影响深度大，故近场隔振的 H 应该大一些，而远场隔振主要针对 R 波，H 可以适当减小。对于同样的 H，近场减振效果要比远场减振效果好，而且 H 对近场隔振影响比较大，H 越大减振效果越好。iv. 对于刚性屏障，远场减振效果随着屏障有效面积（$L\times H$）的增大而提高，其中 L（排桩宽度）影响较大。在近场隔振中，L 可以适当减小；在远场隔振中，L 应该适当增大。v. 多排桩屏桩的宽度主要取决于桩的排数，与桩的尺寸关系不大。随着排数的增加，其刚度就越大，屏障减振效果就越好。多排小尺寸桩与单排桩相比减振效果有较大提高。此外，排桩隔振具有稳定性好、施工速度快、造价低等优点。

c. 波阻块隔振。日本冈山大学教授 Hirokazu Takemiya 对波阻块进行了理论研究，发现该措施具有很好的减振效果。由于波阻块宽度较大（通常为 20m 左右），对绕射波和透射波的阻隔作用较好。该方法的缺点是造价较高。

③ 地屏障减振效果仿真计算研究

a. 蜂巢桩仿真计算结果。结合铁路特点，通过建立有限元计算模型，计算了蜂巢桩分别设置于距离线路 20m 处、30m 处的减振效果。当 2 排或 3 排蜂巢桩分别设置于距离线路 20m 处时，从桩后到距离线路 100m 的范围内，减振效果平均最大可达 15dB。3 排蜂巢桩减振效果略好于 2 排蜂巢桩，但相差不大，平均相差 2dB。距离振源 20m 和 30m 处设置蜂巢桩，计算结果为两种工况减振效果差别不大。各效果比较见图 16-4-4～图 16-4-7。

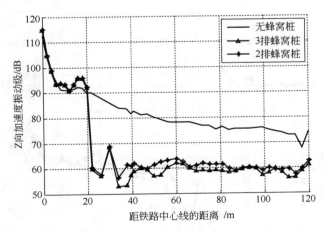

图 16-4-4　垂向振动无蜂巢桩与使用蜂巢桩的计算比较（设置在距离线路 20m 处）

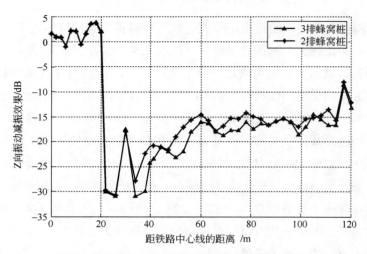

图 16-4-5　2 排及 3 排蜂巢桩垂向减振效果比较（设置在距离线路 20m 处）

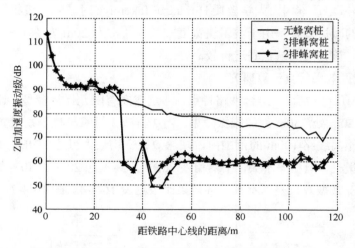

图 16-4-6　垂向振动无蜂巢桩与使用蜂巢桩的比较（设置在距离线路 30m 处）

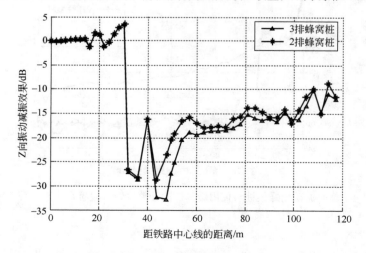

图 16-4-7　2 排及 3 排蜂巢桩垂向减振效果比较（设置在距离线路 30m 处）

　　b．空沟、刚性墙和夹心墙仿真计算结果。结合铁路特点，通过建立有限元计算模型，计算了同样 15m 深度的空沟、刚性墙和夹心墙分别设置于距离线路 20m 处的减振效果。计算结果表明：三种屏障中空沟的减振效果最好，夹心墙次之，刚性墙最差。空沟在 20～100m 的范围内效果较为稳定，减振效果平均 6～8dB。夹心墙在墙后 10m 的范围内有超过 5dB 的减振效果，10m 之后减振效果逐渐减弱，平均为 1～3dB。刚性墙的隔振规律与夹心墙相似，只是效果比前者差 1dB 左右，在距离振源 80m 处，振动甚至出现了放大。当空沟为 8m 宽、5m 深时，三种工况的隔振效果相差不大，夹心墙比刚性墙的效果稍好，空沟的隔振效果随距离变化不稳定，且在沟屏障前有振动放大现象。3 种隔振屏障设置前后振动等级对比和减振效果对比见图 16-4-8～图 16-4-11。

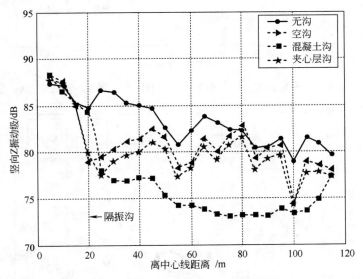

图 16-4-8　3 种隔振屏障设置前后振动级对比（设置在距离线路 20m 处）

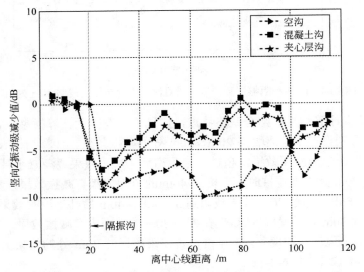

图 16-4-9　3 种隔振屏障减振效果对比（设置在距离线路 20m 处）

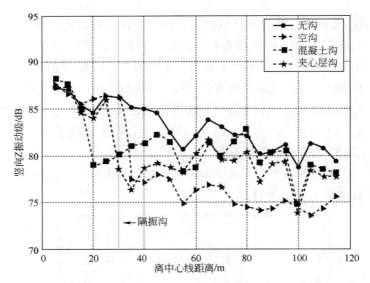

图 16-4-10　3 种隔振屏障设置前后振动级对比（设置在距离线路 30m 处）

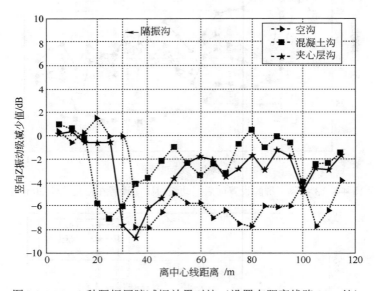

图 16-4-11　3 种隔振屏障减振效果对比（设置在距离线路 30m 处）

　　c. 多排桩仿真计算结果。结合铁路特点，通过建立有限元计算模型，计算了同样 15m 深度的多排桩，分别设置于距离线路 20m、30m 处的减振效果。计算结果表明：3 排桩在桩后一定距离都具有一定的减振效果，超过一定距离后，减振效果逐渐减小甚至出现反弹。在距离轨道中心线 20m 处设置排桩时，在桩后 40m 的范围内都有减振效果，其中在 20m 的范围内可以达到 5～8dB，超过 20m 效果减弱到 3～5dB，40m 后几乎没有效果甚至出现反弹。在距离轨道中心线 30m 处设置排桩时，仅在桩后 20m 的范围内有减振效果，平均可以达到 5～8dB，20m 后振动出现放大的现象。3 排桩设置在距离振源 20m 处的效果更好。多排桩减振效果对比见图 16-4-12 和图 16-4-13。

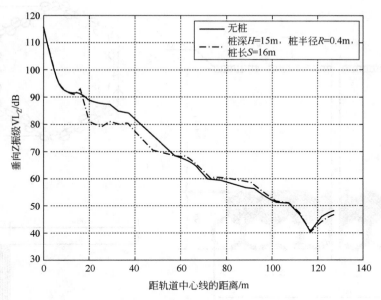

图 16-4-12　多排桩减振效果对比（设置在距离线路 20m 处）

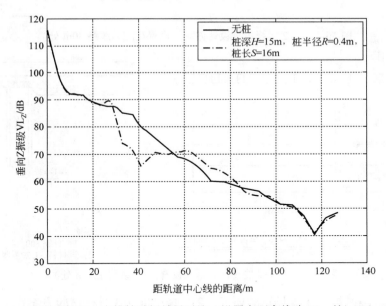

图 16-4-13　多排桩减振效果对比（设置在距离线路 30m 处）

④ 典型的屏障建设方案设计　上述对典型的屏障减振效果的仿真计算表明：在所分析的几种地屏障中，按照减振效果从好到差的顺序，依次为 3 排蜂巢桩、2 排蜂巢桩、空沟、夹心墙、刚性墙、多排桩。其中，3 排蜂窝桩的减振效果与 2 排蜂巢桩差别不大，刚性墙、夹心墙、多排桩的减振效果接近，因此在中国铁道科学院集团有限公司国家铁道试验中心，分别试验建设了 2 排蜂巢桩和 3 排桩方案，见图 16-4-14 和图 16-4-15。

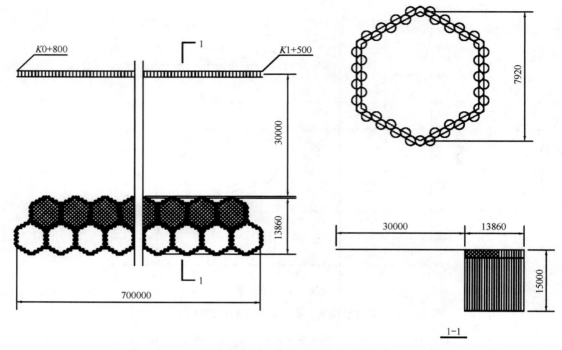

图 16-4-14　2 排蜂巢桩设计方案（设置在距离线路 30m 处）

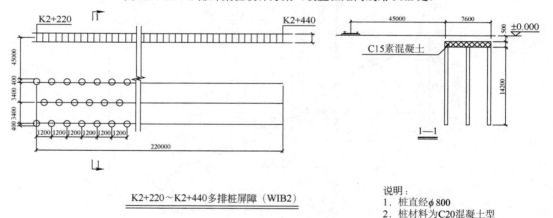

K2+220～K2+440多排桩屏障（WIB2）

说明：
1. 桩直径ϕ 800
2. 桩材料为C20混凝土型

图 16-4-15　3 排桩设计方案（设置在距离线路 30m 处）

⑤ 典型的屏障减振效果现场试验研究　2 排蜂巢桩和 3 排桩试验方案在中国铁道科学院集团有限公司国家铁道试验中心施工建设后，分别对其减振效果做了现场测试，测试结果表明：当试验列车以 70km/h 运行时，在 2 排蜂巢桩后 5～10m 处（距离线路中心线 35～40m），其减振效果最大可达 4.9dB，其中 1 排蜂巢桩的减振效果为 2.3dB。该现场实际测试结果与仿真计算结果相差较远，见图 16-4-16 和图 16-4-17。

多排桩在中国铁道科学院集团有限公司国家铁道试验中心施工建设后，分别对其减振效果做了现场测试，测试结果表明：当试验列车以 70km/h 运行时，1 排桩～4 排桩均有不同程度的减振效果；随着排桩数量增加，减振效果增大，其中 1 排桩的减振量约为 1dB，2 排桩的减振量约为 1～3dB，3～4 排桩的减振效果接近，约为 4～5dB。该测试结果与 3 排桩的仿真计算结果接近，略低于计算值 0～3dB，见图 16-4-18 和图 16-4-19。

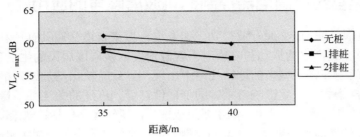

图 16-4-16　2 排蜂巢桩减振效果现场实测结果

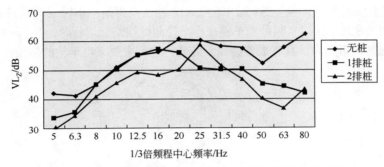

图 16-4-17　2 排蜂巢桩 1/3 倍频带减振效果现场实测结果

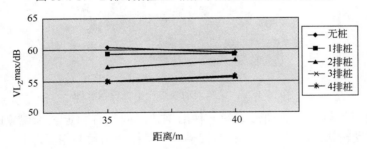

图 16-4-18　多排桩减振效果现场测试结果

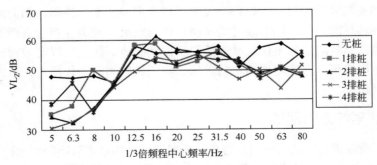

图 16-4-19　多排桩 1/3 倍频带减振效果现场实测结果

（中国铁道科学院集团有限公司　辜小安提供）

4.2　宽频迷宫约束阻尼器控制钢轨波磨噪声的应用

近年来，我国城市轨道交通行业得到飞速发展。城市轨道交通具有便利、快捷的优点，但与此同时，轨道交通产生的振动与噪声对乘客舒适度以及周围居民的生活带来了很大影响。其中，钢轨波磨问题在许多城市的地铁线路中出现，导致轮轨振动加剧，钢轨振动辐射噪声加大，车厢内噪声增大，严重影响着乘客的舒适性，受到广泛的关注并亟待解决。

轮轨噪声是城市轨道交通噪声中的主要组成部分，轮轨噪声包括轮轨滚动噪声、冲击噪声和曲线啸叫噪声。轮轨滚动噪声是由于轮轨接触表面不平顺激发车轮、钢轨和轨枕结构振动，并通过周围空气向外传播，其产生机理如图 16-4-20 所示。典型的轮轨噪声：在低于 400Hz 的频率范围内，轮轨滚动噪声主要来自轨枕贡献；在 400～2000Hz 范围内，主要来自钢轨贡献；在高于 2000Hz 的频率范围内，噪声主要来自车轮贡献。冲击噪声是由车轮或钢轨表面的局部不连续激励轮轨系统而产生的。曲线啸叫是当车辆在小半径曲线线路上运行时，由于轮轨之间发生黏滑振动而产生的强烈窄带噪声，具有显著的高频纯音特性，主要来自车轮的振动声辐射。

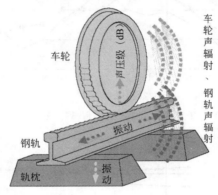

图 16-4-20　轮轨滚动噪声产生机理示意图

钢轨波磨是在钢轨运行表面形成的一种沿钢轨纵向具有固定波长现象的波浪式不平顺现象。钢轨波磨受轮轨间动态作用、轮轨接触与摩擦机理因素的相互影响产生，形成机理非常复杂。钢轨波磨往往出现在地铁线路的曲线段。钢轨波磨形成后将导致轮轨振动噪声增大，波磨更加严重，并形成恶性循环。

针对波磨以及波磨噪声问题，目前主要采用打磨钢轨的治理措施，然而这种处理方法的有效性仅限于钢轨打磨初期，随着波磨的重新形成与发展，波磨噪声会逐渐增大。理论与试验研究已经证明，钢轨阻尼器不仅能够降低轮轨振动噪声，而且可以有效抑制波磨的发展，这是由于钢轨阻尼器可以有效增加钢轨的阻尼，降低轮轨间动态作用力，从而降低轮轨振动噪声以及钢轨磨损率。

4.2.1　宽频迷宫约束阻尼技术

为了最大可能地提高钢轨的阻尼，青岛科而泰环境控制技术有限公司（简称科而泰公司）成功研发了迷宫式约束阻尼技术，由于迷宫式约束阻尼结构的阻尼面积远大于普通约束阻尼层粘贴表面积，阻尼效果得到显著提高。迷宫式约束阻尼板明显增大了钢轨高频段（700Hz 以上）的阻尼，从而可以有效抑制曲线啸叫噪声，该产品已经在上海、苏州、宁波、长沙、杭州等十几个项目中应用。

针对钢轨波磨振动噪声问题，在迷宫式约束阻尼钢轨技术的基础上，科而泰公司基于动力吸振原理研制了钢轨调谐质量阻尼器（tuned mass damper，简称 TMD，这里将其简称钢轨 TMD），宽频型钢轨阻尼器由迷宫式约束阻尼板和钢轨 TMD 组成，如图 16-4-21 所示。钢轨 TMD 用于增大钢轨低频段（700Hz 以下）阻尼，它的吸振频率可以根据波磨噪声频率设计，用于降低钢轨波磨引起的振动噪声；迷宫式约束阻尼板用于控制曲线啸叫噪声与钢轨高频振动噪声。这两项技术结合使用可以实现 150～20000Hz 范围的减振降噪效果，并延缓甚至抑制波磨发展。

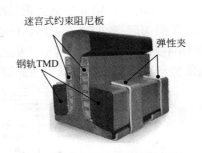

图 16-4-21　宽频型钢轨阻尼器

为了比较两种钢轨阻尼器的减振性能，选取了一根 1.5m 长 50 型钢轨放置在橡胶垫上，在自由钢轨以及钢轨分别加装迷宫约束阻尼板和宽频阻尼器的条件下，测试钢轨横向与垂向频响曲线，测试结果分别如图 16-4-22、图 16-4-23 所示。从图中可以看出，钢轨频响曲线的共振峰值在安装宽频型钢轨阻尼器状态较迷宫式约束阻尼钢轨明显降低，即钢轨阻尼效果更加明显，尤其是靠近钢轨 TMD 的固有频率附近的钢轨共振频率位置，效果最为突出。

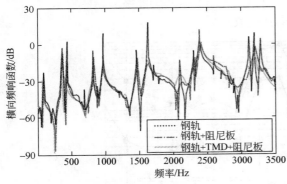

图 16-4-22　不同状态钢轨横向频响曲线对比

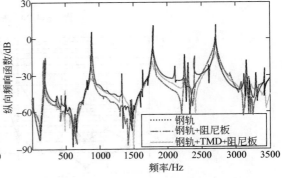

图 16-4-23　不同状态钢轨垂向频响曲线对比

为了更加客观、科学地评价宽频迷宫约束阻尼器提高钢轨阻尼的效果，采用了钢轨振动衰减率评价指标。钢轨振动衰减率是指钢轨振动沿钢轨纵向传递的变化率，以 dB/m 为单位，在 1/3 倍频程上描述钢轨振动的衰减特性。如果在某一频段钢轨振动衰减率过低，表明该频段轨道系统的阻尼小，钢轨有脱离扣件约束进行剧烈振动的趋势，这是造成扣件失效、滚动噪声大幅增加的原因之一。

钢轨振动衰减率描述了在钢轨上施加单位脉冲激励作用下，根据不同位置处振动频率响应函数得出振动衰减情况，从而计算出该轨道系统对钢轨纵向振动传播的综合衰减能力，其计算公式如下：

$$DR \approx \frac{4.343}{\displaystyle\sum_{n=0}^{n_{\max}} \frac{|A(x_n)|^2}{|A(x_0)|^2} \Delta x_n}$$

式中　$A(x_0)$——基准点处每个 1/3 倍频程每一个中心频率点的频响函数幅值；

$A(x_n)$——第 n 个锤点激励处的 1/3 倍频程每一个中心频率点的频响函数幅值；

Δx_n——第 n 个测点距基准点的距离。

参照国际标准 BS EN 15461—2008+A1—2010 布置测点和锤击点进行测试，测试结果如图 16-4-24、图 16-4-25 所示。从图中可以看出，安装迷宫式约束阻尼板与钢轨 TMD 后，钢轨的竖向和横向振动衰减率明显增大，即钢轨的阻尼得到大幅提高。

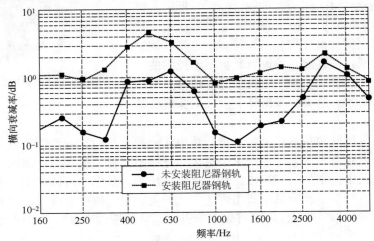

图 16-4-24　横向振动衰减率

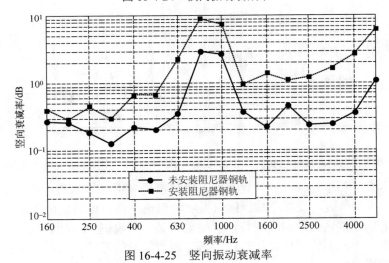

图 16-4-25　竖向振动衰减率

4.2.2　波磨噪声治理应用

（1）测试仪器与测点位置

北京地铁某线路的曲线段（曲线半径 450m，采用整体道床与 DTVI-2 型扣件）的钢轨出现异常波磨，当列车经过时波磨噪声严重，对车内乘客的舒适度带来很大影响。钢轨波浪形磨耗状况照片如图 16-4-26 所示，实测波磨的特征波长约为 25mm。为了掌握分析过车时钢轨振动噪声以及车辆内噪声特性，对钢轨垂向、横向加速度及隧道内与车厢内噪声进行了测试。振动加速度测试使用 PCB 的 356B21 型三向传感器，加速度传感器布置在钢轨两扣件钢轨中间轨腰处，噪声测试使用声望的 MP201 传声器，噪声测点布置在隧道壁距轨面 0.5m 高度处。振动噪声采集仪器为东方所的 INV3062T 型号 24 位 8 通道振动噪声智能采集仪。振动加速度采样频率 25.6kHz，噪声采样频率 51.2kHz。

图 16-4-26　钢轨出现明显的波浪形磨耗

（2）波磨钢轨的振动与噪声特性

图 16-4-27 和图 16-4-28 分别为典型的过车时钢轨垂向和横向振动加速度响应时程。从图中可以看出，钢轨垂向振动加速度最大值超过了 1000m/s²，横向振动加速度最大值接近 3000m/s²。图 16-4-29 为钢轨垂向与横向振动时程的频谱分析结果，可以看出，钢轨垂向与横向振动频谱特性非常一致，加速度幅值的最大峰值位于 703Hz，在 1366Hz 也比较突出。另外，钢轨横向加速度频谱在 7300Hz 附近有一略微突出的峰值。根据波磨固定波长机制，波磨振动噪声频率等于车辆运行速度与波长之比，车辆运行速度约为 72km/h，波长为 30mm，可知波磨振动噪声频率为 667Hz，该数值与实测钢轨振动噪声频率比较接近，这说明了钢轨振动噪声是由钢轨波磨引起的。

图 16-4-30 和图 16-4-31 分别为隧道内过车噪声时程及其频谱分析结果。从频谱分析结果可以看出，隧道内过车噪声能量主要集中在 700Hz 及附近位置。这与钢轨振动频谱分析结果非常吻合，即隧道内噪声主要是由钢轨波磨引起的钢轨振动辐射噪声。图 16-4-32 为车厢内采集的列车自出站至进站时间范围的噪声时程，图中椭圆虚线内即为车厢测点通过钢轨波磨区间的噪声时程。图 16-4-33 为列车通过钢轨波磨区间噪声频谱分析结果。频谱分析结果表明，车内噪声主要频率成分为 660Hz，与隧道内噪声峰值频率一致，再次证明车内噪声主要是来源于钢轨波磨振动辐射噪声。

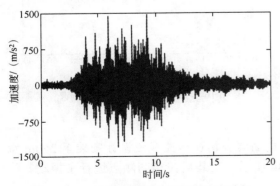

图 16-4-27　钢轨垂向振动加速度响应时程

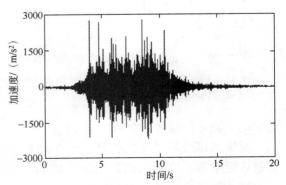

图 16-4-28　钢轨横向振动加速度响应时程

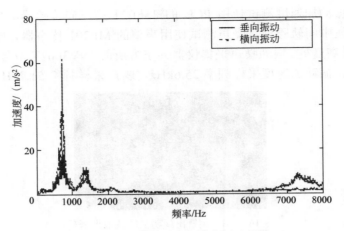

图 16-4-29　钢轨垂向与横向振动频谱

图 16-4-30　隧道内过车噪声时程

图 16-4-31　隧道内过车噪声频谱

图 16-4-32　车厢内噪声时程

图 16-4-33　车厢内波磨噪声频谱

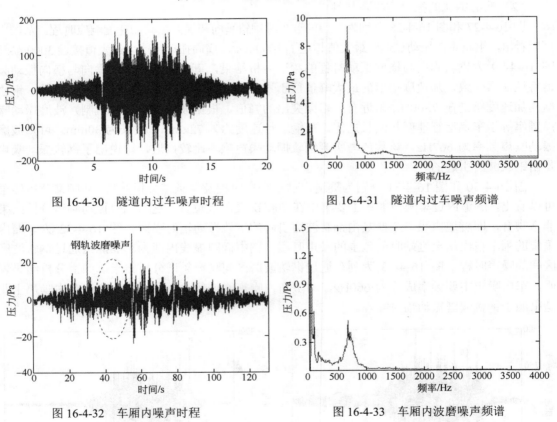

（3）减振降噪效果分析

　　根据测试分析确定的钢轨波磨振动频率，科而泰公司在该曲线段设计安装了 250m 宽频钢轨阻尼器，安装后的现场照片如图 16-4-34 所示，安装后在相同测点进行了振动与噪声测试。

图 16-4-34 钢轨阻尼装置安装后照片

图 16-4-35 和图 16-4-36 分别为安装钢轨阻尼器后所测的典型过车时钢轨垂向和横向振动加速度时程，与图 16-4-37 和图 16-4-38 所示的安装前后钢轨振动加速度频谱相比，钢轨振动加速度幅值明显降低，并且振动响应时间衰减加快。图 16-4-37 和图 16-4-38 分别为钢轨阻尼器安装前后钢轨垂向和横向振动频谱对比，可以看出，安装钢轨阻尼器后，在 200～8000Hz 频率范围钢轨振动加速度幅值均出现不同程度的下降，其中在 700Hz 钢轨共振频率附近降幅最大。

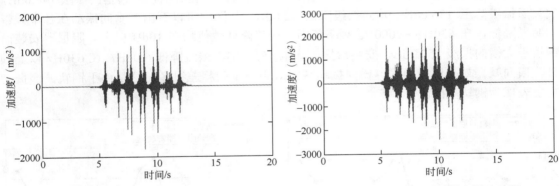

图 16-4-35 安装阻尼器后垂向振动时程   图 16-4-36 安装阻尼器后横向振动时程

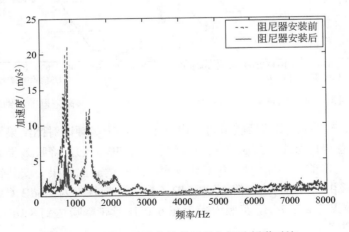

图 16-4-37 阻尼器安装前后垂向振动频谱对比

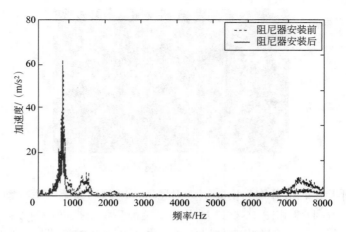

图 16-4-38 阻尼器安装前后横向振动频谱对比

为了评价宽频型钢轨阻尼器的减振降噪效果，选取 10 组列车的振动与噪声测试结果进行线性加速度振级与 A 计权声压级计算，然后取平均值进行对比。图 16-4-39 和图 16-4-40 分别为阻尼器安装前后钢轨垂向与横向振级对比结果，安装前钢轨最大垂向振级 148.0dB，安装后振级降至 136.0dB，垂向振级降低 12.0dB。从图中可以看出，垂向振动在各个频带均明显降低，在 630Hz～2000Hz 频率范围，振级降低数值均在 10dB 以上。阻尼器安装前钢轨最大横向振级 159.7dB，安装后振级降至 153.7dB，振级降低 6.0dB，在 630Hz 以上频带，横向减振效果比较明显。横向振动减振效果与垂向相差很多，这是由于钢轨波磨振动主要表现为钢轨垂向。

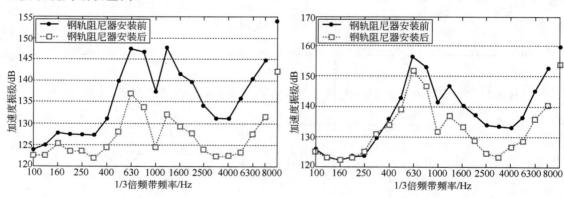

图 16-4-39 安装阻尼器前后钢轨垂向振级对比　　图 16-4-40 安装阻尼器前后钢轨横向振级对比

图 16-4-41 为安装阻尼器前后隧道内噪声 A 计权声压级频谱对比结果。安装钢轨阻尼器后，最大 A 计权总声压级由 120.3dB（A）降至 112.6dB（A），降噪效果为 7.7dB（A）。图 16-4-42 为安装阻尼器前后车厢内噪声 A 计权声压级频谱对比结果。安装钢轨阻尼器后，最大 A 计权总声压级由 95.2dB（A）降至 87.6dB（A），降噪效果为 7.6dB（A）。隧道内噪声在 800Hz 频带降噪效果达到 8.7dB，车厢内噪声在 630Hz 频带降噪达到 8.1dB。这说明钢轨波磨噪声得到了有效控制。

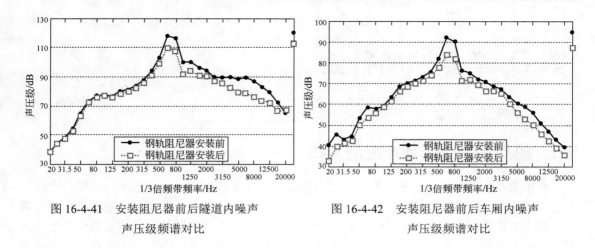

图 16-4-41　安装阻尼器前后隧道内噪声
声压级频谱对比

图 16-4-42　安装阻尼器前后车厢内噪声
声压级频谱对比

4.2.3　结论

　　"科而泰公司"研发的宽频型钢轨阻尼器可以有效地治理城市轨道交通的轮轨波磨噪声，该产品由迷宫式约束阻尼板与钢轨 TMD 组成，钢轨 TMD 的频率根据钢轨波磨频率设计。北京地铁 14 号线曲线段的钢轨波磨振动噪声的应用表明，安装该产品后钢轨垂向振动降低 12.0dB，横向振动降低 6.0dB，隧道内噪声降低 7.7dB（A），车厢内噪声降低 7.6dB（A），降低了钢轨波磨噪声对乘客的影响。

（青岛科而泰环境控制技术有限公司　尹学军、刘兴龙等提供）

第5章 造船行业

5.1 船厂涂装工场噪声控制实践

近年来船舶工业建设快速发展，一些新的造修船企业往往近城区布置，与居民住宅区距离较近，有的新建船厂的厂界外甚至就是大片的居住区（图16-5-1）。船厂产生的噪声对厂界外区域的影响较大，而涂装工场的噪声往往是首当其冲。涂装工场是船厂主要的大型生产场所，也是主要的噪声污染源场所，其生产过程中产生的噪声不仅影响车间内作业人员的身心健康，而且影响厂内外的环境，使厂界环境噪声排放超标，甚至对厂界外的住宅等敏感区域产生噪声传播影响，导致环境矛盾。因此，对于近厂界布置的涂装工场进行有效的噪声控制已成为船厂解决环境保护以及职业病防护的重要举措之一。

图 16-5-1　某船厂涂装工场外为大面积的居民区

5.1.1 涂装工场的工艺及厂房特点

涂装工场主要用于船体分段的室内喷砂除锈和喷漆，一般为三班制生产。常规的涂装工场设有喷砂间和涂装间各若干间（如二喷四涂、三喷六涂、三喷八涂等，也有喷砂间和涂装间共用的，为喷砂涂装间）。喷砂、涂装设备及环保处理设备分别布置在中间机房及后机房内。中间机房设在喷砂间、涂装间两侧，后机房设在喷砂间和涂装间的后侧，中间机房和后机房为二层建筑。

涂装工场通常设计为一幢长条形的大型厂房（车库型或串联型），车间长度在 120～300m 左右，高度 20m 左右，钢筋混凝土框架结构。后机房通常设有一定面积的采光窗、供设备进出的大门和日常人员进出的小门，喷砂间和涂装间的大门为柔性大门，主要供分段船体的进出。

由于涂装工场厂房的外形尺寸庞大及涂装作业工艺特点（如分段船体的进出场地空间需要），多数船厂的涂装工场都是近厂界布置，有的涂装工场与厂界的距离很近，往往只留有消防通道的所需距离。近厂界布置的涂装工场一般将后机房设置在厂界侧，涂装间、喷砂间的大门朝向厂区侧。

涂装工场主要作业包括喷砂、磨料回收、喷漆固化等工序及相应的喷砂粉尘、漆雾粉尘和有机废气等净化处理，涉及的工艺及配套设备有：喷砂系统、砂回收系统、喷漆系统、除湿系统、加热系统、全室及局部除尘系统、漆雾粉尘处理系统及有机溶剂处理系统等。

喷砂间进行船体分段的喷砂作业，操作工人用高压喷枪把铁丸（或砂）喷在分段船体的表面除锈，在喷砂作业过程中喷砂、除尘和磨料回收系统同时运行。在涂装间是把已除锈的分段船体进行喷漆和固化，操作工人用喷枪把油漆喷在已除锈分段船体的表面，之后再进行较长时间的加温固化。在喷漆和固化作业时，送风、排风系统同时运行。由于喷砂和喷漆作业时室内送排风系统同时运行，因此喷砂间和喷漆间在喷砂喷漆固化作业过程中是封闭的。

5.1.2　涂装工场的噪声源及传播分析

（1）主要噪声源概况

涂装工场中主要的设备可以分为两类，一类是喷砂、喷漆及磨料回收装置等工艺设备，一类是除尘、送风排风及废气处理净化系统的环保装置，主要噪声源设备有真空吸砂机组、除尘高压风机、送风机、废气排风机、去湿机等，其主要噪声源、噪声级、频率特性等见表 16-5-1。这些噪声源主要具有以下特点。

表 16-5-1　涂装工场主要噪声源特性一览表（测距 1.0m）

噪声源设备名称	噪声类别	噪声级/dB（A）	频率特性	备注
真空	排气噪声	105～110	中低频	一般安装在中间机房
吸砂机组	机械噪声	约 105	中频	
除尘	机械噪声	约 92	中频	排风口高出后机房屋面
高压风机	排风噪声	约 95	高频	
除尘器	反吹灰噪声	约 100	中高频	—
废气处理	机械噪声	约 92	中频	排风口高出后机房屋面
排风机	排风噪声	约 95	高频	
去湿机	机械噪声	约 90	中频	布置在后机房二层或屋面
	进风噪声	约 95	高频	
风冷式空调机组	机械噪声	约 75	中频	一般安装在后机房屋面
	排风噪声	约 82	中频	
喷砂作业	喷砂噪声	约 100	高频	大门朝厂区

① 噪声源设备台数多、分布散，每个中间机房及后机房都布置有若干台噪声源设备，且基本为同时运行。

② 这些噪声源设备大多是风动力设备，风量大，风压高，产生较高的风动力噪声和机械噪声，如全室除尘风机的风量约在 $7×10^4～8×10^4m^3/h$。

③ 这些噪声源设备有进风排风的需要，再加上室内设备通风散热的要求，除了进风排风噪声向外传播外，机械噪声也易从进风口向外传播。涂装工场都有几个 25m 高的排气筒，且排风口风速在 10m/s 以上，排风口噪声产生点位高、传播远、影响范围大。

④ 除了一般的离心风机外，喷砂用的真空吸砂机组为特强噪声源，噪声级在 110dB（A）左右，以中低频特性为主，噪声强度大、影响范围广。

⑤ 在进行喷砂作业时，喷砂间内噪声级在 100dB（A）左右，是喷枪的排气噪声及砂粒撞击钢板的噪声，噪声的频率较高。

真空吸砂机组为涂装工场内的强噪声源设备，其实际上是一台大流量的、带过滤装置的罗茨风机，罗茨风机为裸装，仅配有一台排气消声器，在机组旁 1m 处的噪声级在 110dB（A）左右，一般一个喷砂间配有 4 台真空吸砂机组。这些噪声源设备通常布置在中间机房（两个喷砂间中间的机房）和后机房内、后机房屋面上。有的涂装工场在后机房的屋顶上也有可能布置数台去湿机。

各排风机的排风口一般都伸出后机房屋面，送风系统的进风口（包括去湿机的进风口）一般设置在后机房内，因此后机房墙面需要设置一定面积的进风口（百叶窗）。

（2）噪声传播影响特性分析

涂装工场的工艺及辅助设备众多，每间喷砂间和喷漆间都需要配备一定数量的工艺及辅助设备，工艺和辅助设备都分散地布置在机房及机房屋面上，从噪声控制的技术角度看，涂装工场具有噪声源设备多且分布散的特点。

从噪声传播的角度来看，涂装工场室内众多设备的噪声向外传播的途径是后机房的围护结构如门、窗、墙体及进风口，对于安装在后机房屋顶上的去湿机、空调机组及伸出屋顶的排风口，其排风噪声将直接向周围空间传播。涂装工场的厂房长度 120～300m，高度在 20m 左右，从后机房内及屋面向外传播的噪声可近似看成“面声源”，噪声向外传播过程中距离衰减较少，传播距离远、影响范围大，往往从车间的外墙到厂界衰减量很小。

喷砂作业虽然被封闭在厂房内，但喷砂噪声将透过门体或通过门缝向外传播，一般情况下大门都朝向厂区，对厂界影响较小，但在特殊的情况下，喷砂作业产生的砂丸撞击噪声会对厂界外环境产生影响。如某船厂喷砂间有一扇钢质平移大门正对厂界和居民区，夜间喷砂时，在大门关闭时大门外 1.5m 处实测噪声为 88dB（A），而在该门正对的相距约 70m 处居民住宅楼能清晰听到喷砂声，实测噪声级为 62dB（A），导致了居民投诉，被要求限期治理。

5.1.3　涂装工场噪声控制的难度及措施剖析

由于船厂涂装工场内布置的噪声源设备具有数量多、分布散、噪声强度高的特点，再加上涂装工场厂房立面较大，排风口等部分噪声点位较高，因此涂装工场的噪声控制设计难度较大，尤其是当涂装工场临近厂界或敏感区域时，对于厂界处的噪声控制达标是比较困难的。

一般情况下，船厂的厂界噪声控制要求采用《工业企业厂界环境噪声排放标准》的 3 类区，即昼间 $L_{Aeq}\leqslant 65dB$，夜间 $L_{Aeq}\leqslant 55dB$，但也有部分船厂的厂界噪声控制要求为 2 类区的，即昼间 $L_{Aeq}\leqslant 60dB$，夜间 $L_{Aeq}\leqslant 50dB$。与船厂相邻的噪声敏感区域一般的噪声控制要求为《声环境质量标准》的 2 类区，即昼间 $L_{Aeq}\leqslant 60dB$，夜间 $L_{Aeq}\leqslant 50dB$。

在进行涂装工场噪声控制设计中，可根据涂装工场与厂界或噪声敏感建筑物的距离，并结合噪声传播的距离衰减计算以确定涂装工场噪声控制的具体方法。涂装工场的噪声控制措施有：①提高后机房墙体围护结构隔声量，后机房及中间机房上的门窗（不包括部分辅房对应的门窗）设为隔声门窗；②真空吸砂机组设置隔声间，隔声间内进行隔声、吸声处理，并设置带消声的机械排风及进风装置，把机组的强噪声尽可能围隔在隔声间内；③中间机房及后机房内的强噪声源设备近场的墙面和天花板进行吸声处理，以降低机房内的混响噪声；④除尘风机及废气排风机设置排风消声器，以降低位于高空的排放口噪声对厂区大环境的影响，必要时使排风口朝向背向厂界；⑤高压除尘风机设置隔声装置；⑥屋面上的空调机组或去湿机必要时采取一定的隔声措施；⑦喷砂间大门进行适当的隔声处理，喷砂间内进行适当的吸声处理；⑧根据劳动保护的需要涂装工场内的控制室、休息室进行适当的隔声、吸声处理。

5.1.4　工程实例——某船厂涂装工场的噪声控制设计

该涂装工场长×宽×高约为 117m×47m×20m，设有 4 个喷砂涂装间（即喷砂涂装合用一间），后机房和中间机房均为 2 层，与北面厂界最近距离仅 29m，中间隔有 2 个其他车间，见图 16-5-2。噪声控制要求为涂装工场对厂界的环境噪声排放限值控制在 60dB（A）以内（昼间）。涂装工场的主要噪声源设备布置情况为：中间机房二层布置有 10 台真空吸砂机组，后机房一层设有 3 台有机溶剂净化装置排风机，后机房二层设有 3 台除尘装置排风机，后机房屋面设有 6 台去湿机和 6 个风机排风口等。

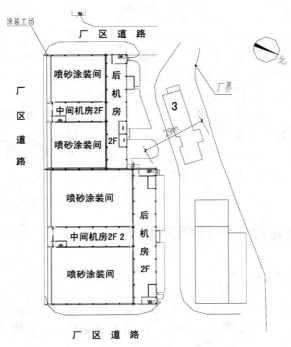

图 16-5-2　某船厂涂装工场总平面布置示意图

根据该涂装工场的环境位置、噪声源分布及环境噪声排放标准的要求，采取的主要降噪措施为：①后机房北立面选用隔声量大于 40dB（A）的砌块墙体，北立面上的门体、采光窗均设为隔声门窗，隔声门窗的隔声量均大于 25dB（A）；②后机房、中间机房北立面上的进风口设为通风消声窗，风机排风口配置排风消声器（图 16-5-3 为中间机房外墙面轴流风机加装排风消声器的实照）；③将集中布置的真空吸砂机组安装区域设置隔声机房，机房门窗设为隔声门窗，进排风口消声处理，机房内安装吸声顶和墙面吸声结构；④除尘及废气处理风机的排风管路中安装必要的排风消声器，降低排风噪声；⑤后机房的一层和二层各安装一定面积的空间吸声体，进行吸声处理，以降低机房内的混响噪声，减少噪声向外传播的强度；⑥在屋面上去湿机的周边布置隔声吸声屏障，以降低去湿机噪声对厂界环境的影响（图 16-5-4 为去湿机三个侧面设置"∏"形隔声吸声屏障的实照）。

图 16-5-3 中间机房外墙面轴流风机消声器

图 16-5-4 屋面去湿机三个侧面隔声吸声屏障

5.1.5 后语

涂装工场在建设设计过程中，应重视噪声控制的设计，提醒业主落实相关的噪声控制措施，以免在投入运行后噪声超标或引起投诉，然后再被动地去调查、测试、商讨降噪措施，这样不仅浪费人力、财力，而且还要承担较大的环境风险。

船厂涂装工场的噪声控制涉及因素较多，如果涂装工场近厂界布置，要使噪声对厂界传播影响低于 55dB（A）的难度很大，低于 50dB（A）的可能性不大。因此，在项目的前期设计包括选址及环评过程中，还应尽可能地避免将涂装工场设置在临近厂界尤其是有噪声敏感区域的一侧的区域，以避免环境矛盾问题和节省建设投资。

（中船第九设计研究院工程有限公司 冯苗锋、王庭佛提供）

5.2 船厂钢材预处理生产线噪声及其控制

5.2.1 钢材预处理工艺及厂房简介

本节通过对钢材预处理车间的工艺、辅助设备噪声源及其传播特性的分析，提出了相关噪声控制措施，并以某钢材预处理车间为例，简要介绍该车间噪声传播影响情况和一些非常规的噪声控制措施。

（1）生产工艺流程

钢材预处理线生产工艺是指钢材在切割焊接加工前进行表面抛丸除锈并涂上一层保护底漆的加工工艺，设有进料、预热清洁、抛丸除锈、喷漆、流平烘干、出料、卸料等工序。生产线加工时，堆放在入口堆场处的钢板用电磁起重机吊至预处理线进料辊道上，钢板缓慢地进入封闭的生产线，首先用热风清洁钢板上的水分、污泥及疏松的氧化皮，在抛丸段高速钢丸将钢板表面的铁锈除尽，进入喷漆段钢板表面被喷涂防锈底漆，进入烘干段漆面流平烘干，被辊道带出生产线，由电磁起重机将钢板从出料辊道上吊装至平板车或堆场上。抛丸段抛丸除锈产生的氧化铁粉尘被除尘系统吸走处理，钢丸与粉尘分离回收再用，喷漆段喷漆过程中产生的漆雾及有机溶剂被引至漆雾有机溶剂净化装置处理后高空排放。

船厂钢材预处理生产线可分为钢板预处理和型材预处理两种生产线。按照现代造船模式，船厂对于钢材预处理线的设置又分为两种模式：大多数船厂是直接在船厂内设置钢材预处理生产线，一般将钢材预处理线设于切割部件加工及船体车间工艺前端，往往与材料码头靠近；也有的船厂通过外设配套工厂或者外协加工的方式，将钢材预处理生产线设置在船厂外，预处理后的钢材用车、船运至船厂。

（2）车间厂房

钢材预处理线车间一般为单层多跨轻型结构厂房，内设多条预处理线，墙体和屋面板均采用压型钢板。根据工艺需要，车间内设有钢材预生产线、漆泵房、储丸间、除尘风机房、废气风机房、配电间及控制室等，进口堆场往往设在车间外，出口堆场往往设在车间内与切割部件加工车间相近。车间墙面根据工艺需要设有多扇门、大面积采光窗、通风百叶窗等，部分供平板车等大型载重车辆进出的门洞规格较大。

5.2.2 主要噪声源

钢材预处理线车间的主要噪声源分为以下两类。

一类为预处理生产线上的工艺设备或附属设备，如热风机、抛丸机、除尘风机及废气治理风机等，这些设备在运行或作业时产生比较稳定的噪声，这类声源的噪声级一般在 90dB（A）左右（测距 1.0m，下同），如抛丸处的喷砂噪声约为 90dB（A），抛丸机的噪声超过 90dB（A），喷漆处的噪声约为 80dB（A），起重机运行过程中地面处的噪声约为 75dB（A），除尘风机噪声约为 90dB（A），漆雾处理风机噪声约为 85dB（A）。其中，噪声级最高的是抛丸机。

另一类为具有突发特性的噪声，包括钢板、型钢的"撞击噪声"，噪声级在 90～110dB（A）之间，如型钢摆放和出料槽处滚落时产生的撞击噪声要超过 100dB（A），钢板等在吊装过程中释放、起吊瞬间偶然也可能产生碰撞噪声，噪声级在 95dB（A）左右。有的船厂在预处理前及预处理后的钢板有打磨作业，是把钢板上局部严重锈蚀表面打磨干净，或把局部喷漆缺陷打磨干净，钢板打磨时的噪声超过 100dB（A）。这类声源噪声级相对较高。钢板碰撞噪声的噪声级高、频带宽，传播远，具有明显的脉冲噪声特点，对车间所在处的环境容易产生明显的突发影响。打磨噪声的频率较高，噪声级也高，对打磨工人及所在处环境影响严重。

5.2.3 噪声传播影响分析

根据钢材预处理车间的各声源强度和分布特性，对车间外环境影响较大的是突发性声源和露天声源。

车间内条形生产线的噪声源如抛丸机、热风机、喷漆机等设备,除了抛丸机,其余设备的噪声级不是很高,噪声产生的点位也相对固定,噪声随着离噪声源设备的距离增加噪声级衰减较快,加上有车间围护结构的隔声遮挡,因此这部分噪声传至车间外一般要低于70dB(A),传至厂界处基本可达到 3 类声环境功能区昼间限值要求。如果钢材预处理车间不近厂界布置,如:南通某船厂的钢材预处理车间是布置在进材料码头,码头与预处理车间进口之间是钢材的堆场,预处理车间离厂界很远,钢材预处理生产线的噪声对厂界不会产生传播影响;广州某船厂预处理车间布置在进材料码头,虽然预处理生产线设备的噪声对毗邻的修船厂不会产生传播影响,但车间外钢材堆场多人在钢板上打磨,打磨噪声对厂界或修船厂的传播影响是不可避免的。

钢材预处理车间室内外具有明显脉冲特性的"撞击噪声"对所在处环境的影响比较明显。"撞击噪声"的产生比较随机,产生的点位也不固定,容易对车间外环境产生突发影响,也具有一定的突发特性,尤其在夜间当所在处的背景噪声较低时,突发性的"撞击噪声"和起重机警示声对人们的休息干扰较大。

对于露天布置的除尘风机噪声、废气净化处理风机噪声、起重机运行噪声等,虽然噪声级在 90dB(A)左右,不属于强噪声源,但由于其为露天布置,噪声将无遮挡地向外传播,当这些设备近厂界布置时,容易引起厂界噪声超标。除尘风机和废气净化处理风机主要包括风机本体噪声和排气筒排放口噪声两部分噪声,部分除尘装置采用高压气体进行反吹清灰还将产生高压气体的排气噪声。风机本体噪声和脉冲阀吹灰噪声由于声源体积较小,安装位置又靠近地平面,因此噪声影响范围相对较小,但排气筒的排放口高度一般在 15m 以上,加上气流噪声级一般要超过 90dB(A),噪声的低频声相对突出,因此排气筒的排放口噪声对所在区域 50~100m 范围内都会有不同程度的影响。

5.2.4　噪声控制措施

根据船厂钢材预处理车间各声源的噪声强度和影响特性,可采取如下噪声控制措施:

(1)总平面布局的合理设计

钢材预处理车间部分噪声源具有突发特性,大门有物料频繁进出需要,加上有一定的露天噪声源设备,噪声控制涉及因素较多,因此在总平面布局上宜将预处理车间远离厂界,尤其远离噪声敏感目标。当总平面布局因受工艺、场地等因素限制时,宜将车间与噪声敏感目标的卫生防护距离控制在 100m 以上,然后辅以适当的降噪措施,使噪声传播影响符合标准限值要求。

(2)车间的隔声吸声处理

车间内噪声源可通过对车间围护结构进行必要的隔声、吸声处理来降低车间内噪声对外环境的影响,如:车间围护用的压型钢板加厚,以提高墙体的隔声效果;车间顶与建筑的保温相结合,采用岩棉板等兼具吸声作用的保温层;通风百叶窗选用具有消声效果的通风消声百叶窗;门窗选用具有合适的隔声量的门窗。对于车间内撞击声集中的区域如型材落料处可采用可拆卸式的隔声吸声屏障进行适当的遮挡隔声处理,以降低噪声的突发特性。

(3)露天声源的噪声控制

车间外的起重机应选用低噪声设备,夜间作业时可将警示声改为灯光警示,当有居民住宅等噪声敏感目标邻近时,可将所在吊装区域进行隔声吸声围护。除尘风机、废气净化处理风机的本体和除尘器的脉冲阀吹灰噪声可根据降噪需要选用隔声屏障、半封闭隔声罩和全封闭隔声罩，在风机排风管道的合适位置处安装排风消声器，并严格控制排气筒排放口处的风速。

5.2.5　工程实例

上海某船厂的钢材预处理车间设在工业区，预处理车间位于厂区的东侧，距东厂界约 33m，距南厂界约 27m，厂界外东南区域新建了多幢高层居民楼，与预处理车间所在厂区的厂界最近距离约为 190m（图 16-5-5）。所在区域执行 2 类声环境功能区标准，即噪声对居民住宅处的传播影响须满足昼间 $L_{eq} \leq 60dB$（A），夜间 $L_{eq} \leq 50dB$（A）。

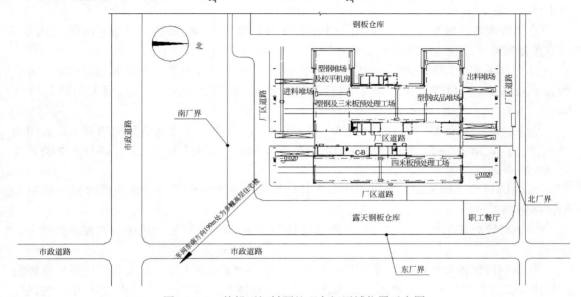

图 16-5-5　某船厂钢材预处理车间区域位置示意图

该钢材预处理车间是一幢单层的轻钢结构厂房，从南向北依次为进料堆场、主厂房、出料堆场。生产工艺流程为：重型卡车把钢材从厂外运至工厂后，用电磁吊卸至进料堆场，然后由电磁吊吊装至生产线进料辊道上，经喷砂、喷漆等处理后，在出料辊道上由电磁吊吊装至堆放工位上，然后再吊装到卡车上运至造船厂。主厂房内由东向西设 4m 板预处理线、3m 板预处理线和型钢预处理线，共计 3 条预处理线。进料堆场和出料堆场内各配置 3 台 32t 的电磁吊（警示声装置已因居民投诉不得已拆除）。据介绍，该钢材预处理车间为三班制，上午下午主要是进料出料和型钢线作业，二班三班时段（18:00～6:00）3m、4m 钢板预处理线作业，也就是说有可能影响居住区的作业时段主要是在夜间。

为分析该预处理车间对周边高层居民住宅楼的影响情况，分上午时段、下午时段和夜间时段分别对该车间、厂界及居住区处进行了噪声监测。由于项目地块周边有两条市政道路相邻，有一定的车流量，且南侧市政道路行驶的车辆大多数为大型载重货车，对噪声测试有一定的干扰，为此，测试时选择在车辆行驶较为稀少的时段，以便避开车辆行驶噪声的干扰影响，并选择了 L_{eq}、L_{max}、L_{10}、L_{50}、L_{90} 这 5 个噪声评价参数。

根据对预处理生产线主要设备及辅助设备的噪声测试数据，发现该车间预处理生产线大部分区域的噪声级都在 85dB（A）以下（测距 1.0m，下同），有几台风机的噪声级超过 90dB（A）。型钢预处理生产线的出料口处存在较频繁的钢材撞击声，是型钢从辊道上落下产生的碰撞噪声。最东面的 4m 钢板生产线一侧的噪声级也在 85dB（A）左右，车间东墙外的噪声级低于 70dB（A），车间东面约 8m 厂界处的等效声级约为 64dB（A），最大声级为 84dB（A），车间南面约 12m 厂界处的等效声级约为 68dB（A），最大声级为 94dB（A）。在厂界东南 190m 的居住区处测得的昼间等效声级为 51.8～53.1dB（A），夜间等效声级为 54.3dB（A），超过夜间标准值。另外，分析居住区测得的统计声级还可以得出一个结论，即居住区除了受到生产线稳定噪声的传播影响外，还受到道路车辆突发强噪声的传播影响。

根据预处理车间生产线的布置、厂区及居住区的相互位置、噪声测试数据等，可以分析得出以下结论：

① 厂区内各区域声级对居住区处的影响程度强弱为：进料堆场>出料堆场>4m 线、3m 线>型钢预处理线，又以 4m 钢板预处理生产线进出口的噪声为主。

② 东厂界和南厂界噪声昼间达标，夜间均超标。南厂界夜间等效声级超标达 18dB（A），最大声级超标达 44dB（A）。东厂界夜间等效声级超标达 14dB（A），最大声级超标达 34dB（A）。

③ 居民楼处昼间噪声级 L_{eq} 为 51.8～53.1dB（A），可满足 2 类区昼间限值要求，夜间噪声级 L_{eq} 约为 54.3dB（A），超过 2 类区夜间限值约 4.3dB（A），夜间最大声级 L_{max} 略超过 2 类区夜间突发噪声限值。

④ 该钢材预处理车间生产过程中对居住区环境产生影响的主要是随机的"撞击噪声"的传播影响。

⑤ 钢材预处理车间 3m 线、4m 线运行时产生的噪声对厂界和居民楼处的夜间影响大于昼间。

⑥ 该钢材预处理车间生产噪声对居民处的影响主要是夜间超标，而夜间发生碰撞噪声的区域集中在进料堆场和出料堆场，尤其是进料堆场直接面对居民区，撞击噪声直接向居民住宅传播，同时主厂房内的噪声经南侧墙面的洞口、进料堆场也向居民住宅传播，这是影响居住区环境最主要的噪声源。

为确保该钢材预处理车间噪声对居民住宅楼的影响满足 2 类声环境功能区要求，采取了如下噪声治理措施（治理措施的平面布置如图 16-5-6 所示），并且最终的降噪效果达到了预期目标。

（1）进料堆场的隔声处理

进料堆场的东侧、南侧、西侧增设隔声围护墙体，将该三侧封闭，墙体从地坪面起接至原有上部墙体。隔声墙体的墙板选用厚度 0.8mm 以上的压型彩钢板，并设 3m 高的通长采光隔声窗，隔声量均大于 20dB。为改善因设置隔声围护墙体后进料堆场内的通风条件，在东侧墙体的上方通长设置 2m 高、400mm 厚、消声量大于 10dB（A）的通风消声百叶窗，在对应的西侧墙体的上方通长设置 2m 高的普通铝合金百叶窗。在每侧墙体的合适位置处设置隔声效果好的卷帘门或隔声门，供运载车辆和人员的进出。

为降低进料堆场内的混响噪声，在各新增的压型钢板内侧及原北侧墙面上均铺设墙面吸声结构。

（2）出料堆场的隔声处理

出料堆场的东侧、北侧增设隔声围护墙体，将该二侧封闭，墙体从地坪面起接至原有上部墙体。隔声墙体的设计基本上与进料堆场的新增墙体相同。同时，在新增墙体的内侧安装一定面积的吸声结构。

（3）车间的吸声处理

为降低 4m 板预处理车间内的混响噪声，并提高车间东侧墙体的实际隔声效果，在该墙体上安装总高度约 3m 的墙面吸声结构。

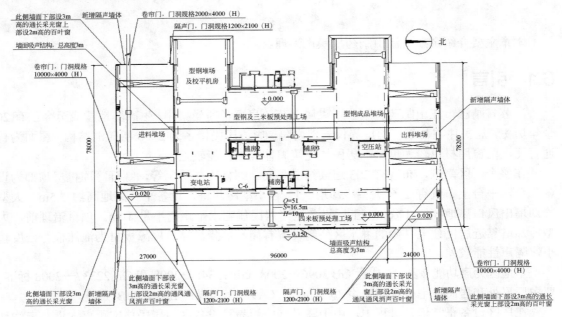

图 16-5-6   某船厂钢材预处理车间主要噪声治理措施平面布置示意图

5.2.6   小结

钢材预处理车间作为船厂的一个基本生产车间，其噪声污染强度在船厂各生产车间中并不突出，噪声污染问题也一直不被重视。随着船舶工业建设的快速发展，一些新的造修船企业已在近城区布置，也有一些船厂将钢材加工单元外协或迁建至城区，因此钢材预处理车间的噪声污染问题也有可能导致环境矛盾。本节工程实例中的某船厂钢材预处理车间就是设于城区，与车间相距 190m 以上的居民楼在夜间甚至可明显听到生产线的噪声。钢材预处理车间的进出料均需要大型载重卡车运输，这些集卡行驶时产生的噪声具有噪声级高、突发性强的特点，当厂区周边有居民楼等噪声敏感目标毗邻时影响更大，容易产生环境矛盾问题，在项目前期建设阶段应引起足够的重视。

（中船第九设计研究院工程有限公司　冯苗锋、黄青青提供）

第6章 医药行业

本章主要介绍帝斯曼江山制药厂噪声治理。

6.1 引言

江苏省靖江市江山制药有限公司隶属于荷兰皇家帝斯曼集团，生产基地建成至今已有20余年历史，居民住宅与工厂南厂界仅一墙之隔。周边居民楼多为2~3层砖混结构，屋面为普通青瓦，门窗用材也较为单薄，居民楼建筑整体隔声性能较差。

在整个厂区南侧，布置有203连续结晶车间、螺杆冷冻机房等，螺杆冷冻机房顶部为设备平台，平台上布置有2台大型冷却塔、12台小型冷却塔，设备平台离地高约5.5m，大型冷却塔出风口离地高约17.6m。工厂设备区离居民住宅水平距离不足10m。项目治理前，大型冷却塔靠近居民住宅一侧的淋水区外侧设置有简易屏障，简易屏障板材为泡沫板，密度较小，隔声性能较差。

本地区为声功能2类区，执行GB 3096—2008、GB 12348—2008和GB 22337—2008标准。要求厂界处和居民住宅处昼间噪声$L_{eq} \leq 60$dB（A），夜间噪声$L_{eq} \leq 50$dB（A）。

在厂区设备正常运行过程中，由于降噪措施简易且设备区与居民住宅距离太近，未治理前南厂界和居民住宅处噪声超标严重，直接危害居民的日常生活，多年有投诉。

6.2 现场噪声状况及声源分析

为了掌握现场声源的噪声特性及厂界噪声情况，治理前对厂区噪声进行了充分调研，影响南侧厂界噪声排放达标的声源根据设备的摆放位置，可划分为四个区域：203连续结晶区域、螺杆冷冻机房区域、冷却塔和制冷机组区域（设备平台位于螺杆冷冻机房屋面）、水泵及风机区域。现场噪声测点布置如图16-6-1所示，测点1~3位于环境敏感区（即居民住宅窗外1.0m），测点4~17为现场声源处，测点18为厂区靠近厂界的道路边。每个测点的噪声监测结果见表16-6-1。

（1）测量结果分析

由表16-6-1可知，影响噪声排放达标的声源点较多，声压级在85dB（A）以上的设备较多，最高噪声达104dB（A），传至居民住宅窗外1.0m处的噪声高达74.1dB（A），超标24.1dB（A）。噪声治理项目设计时，项目总降噪量按25dB（A）考虑。

本项目为多声源的综合治理工程。在治理过程中，若不能依据不同声源的特性制订有针对性的治理措施，一方面有可能达不到预想的降噪目标，另一方面，也有可能因设计过度而使项目投入过大，带来不必要的浪费。因此，对综合降噪项目，设计精准度即是治理结果优劣和经济投入间的平衡。

在本项目具体实施前，首先，将所有声源点划分区域，明确降噪治理范围，避免遗漏声源点；其次，对每个分区中的各个声源点，以声能量、声距离、声频谱三要素为依据，排序出主次声源点，然后对各声源点特性进行分析，制订有针对性的治理措施。

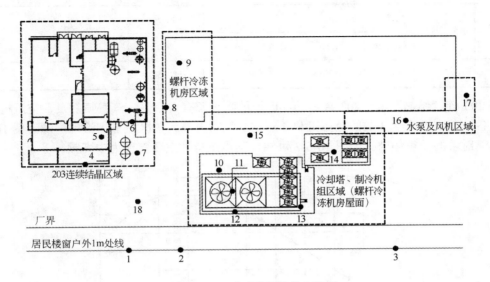

图 16-6-1　噪声监测点位布置图

表 16-6-1　现场噪声监测数据

测点编号	设备区域	测点位置	声压级/dB（A）	备注
1	居民住宅敏感区	居民楼 3 层窗户外 1.0m 处	74.1	
2		居民楼 3 层窗户外 1.0m 处	71.2	—
3		新建楼房 3 层窗户外 1.0m 处	66.8	
4	203 连续结晶车间	1 层真空泵房外对应厂区道路	69.3	
5		1 层真空泵房内	86.1	
6		4 层蒸汽泵房窗户处	100.5	蒸汽喷射泵噪声为 104dB（A）
7		车间西侧水泵机组外 1.0m	76.8	
8	螺杆冷冻机房	靠近厂界的窗户处	86	单台螺杆冷冻机运行
9		螺杆冷冻机外 1.0m	95	单台螺杆冷冻机运行
10	冷却塔、制冷机组	大型冷却塔淋水外 1.0m	84.1	
11		大型冷却塔排风口外 1.0m	84.3	
12		冷却塔简易屏障外 1.0m	67.3	仅两台大型冷却塔开启
13		冷却塔简易屏障外 1.0m	64.7	仅两台大型冷却塔开启
14		小型冷却塔外 1.0m	76.2	
15		冷却塔区域与螺杆冷冻机房区域之间	83	

续表

测点编号	设备区域	测点位置	声压级/dB（A）	备注
16	水泵及风机	水泵机组处 1.0m	82.5	—
17		现有风机房外 1.0m	76.3	
18	厂区	靠近厂界的厂区道路	72.5	—

① 203 连续结晶区域　203 连续结晶区域的噪声源有真空泵、蒸汽喷射泵、空压机、水泵等设备，其中，位于 2 层的空压机和 4 层的蒸汽喷射泵为该区域重点治理声源。图 16-6-2 为蒸汽喷射泵的噪声频谱。由图 16-6-2 可知，其声源特性主要表现为中高频。

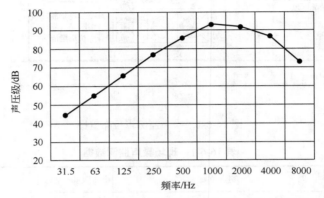

图 16-6-2　203 连续结晶车间 4 层蒸汽喷射泵频谱特性（测距 1.0m）

② 螺杆冷冻机房区域　螺杆冷冻机噪声主要由机械噪声、流体诱发噪声、电磁噪声、机组噪声等组成，以低频为主，穿透性比较强，声波在空气中自然衰减比较慢。

③ 冷却塔、制冷机组区域　冷却塔噪声主要是出风口噪声和淋水噪声。图 16-6-3 为大型冷却塔出风口噪声频谱。由图 16-6-3 可知，出风口噪声呈低频特性。

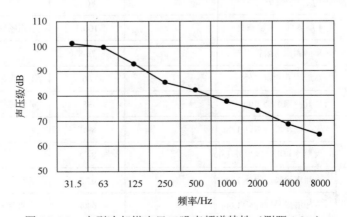

图 16-6-3　大型冷却塔出风口噪声频谱特性（测距 1.0m）

④ 水泵房及风机区域　图 16-6-4 为水泵噪声频谱特性，由图可知水泵噪声呈宽频带特性。

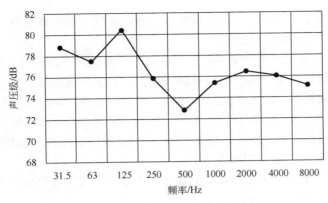

图 16-6-4 水泵噪声频谱特性（测距 1.0m）

（2）噪声综合治理排序表

根据上述测量结果，按声压级的高低、距厂界和敏感点的距离以及噪声频谱特性，将欲治理的噪声设备进行如下排序：冷却塔、制冷机组区域；203 连续结晶区域；螺杆冷冻机房区域；水泵及风机区域。首先对声源本体采取降噪措施，特别是距厂界和居民住宅较近的、敞开安装的、频谱呈中高频特性的设备采取治理措施；其次是对安装于室内的声压级特别高的设备加装隔声门窗和通风消声装置；再次是对大型设备无法加装封闭式隔声罩的，可在传播途径上设置隔声屏障。

6.3 噪声治理措施

在对声源特性进行分析后，即可根据现场条件和治理目标，以安全、经济为原则，灵活选用消声、吸声、隔声等降噪措施。

（1）冷却塔、制冷机组区域噪声治理

① 由于冷却塔出风口距居民区较近，声源位置又较高，而且又呈中低频特性，噪声衰减较慢，是本次重点治理的对象之一。2 组大型冷却塔出风口直径为 8m，风筒离塔身 2m。在出风口安装折片式出风消声器，消声器的有效长度为 1m，降噪量约为 12dB（A）。为了防止消声器的风速过快，产生再生噪声，在冷却塔出风口与出风消声器之间设置 1.5m 高的缓流段，缓流段消声通道采用吸声外壳，缓流段及消声器总的降噪量约为 15dB（A），可满足设计要求。其余 12 组小型冷却塔出风口设置 1.5m 折片式消声百叶，缓流段高度为 0.3m，总的消声量约为 15dB（A）。

② 在紧邻居民一侧，冷却塔的淋水区域与设备平台边缘间仅有 1.2m 的检修通道，现场空间有限。为了不影响冷却塔正常进风及现有的检修空间，针对冷却塔淋水区为高频噪声、声衰减较快的特性，采用声屏障对淋水区进行围挡。将大型冷却塔外原有简易屏障拆除，重新安装一道大型隔声吸声屏障。屏障顶面标高与冷却塔塔身标高相同，屏障高度达15.5m。为确保安全，隔声吸声屏障专门进行了钢结构抗风设计。屏障设置后，居民楼基本位于声屏障的声影区范围内，经计算，其降噪量约为 10～15dB（A），可基本满足设计要求。

③ 制冷机房的噪声对居民住宅也有一定影响。在靠近居民住宅处的制冷机房墙体上的两

个风机排风口处安装出风消声器。在该机房内，墙面上安装吸声体进行降噪处理。

（2）203 连续结晶区域噪声治理

① 对 4 层蒸汽喷射泵的泵体加装隔声罩，对产生高频噪声的管道等进行隔声包扎。

② 2 层的空压机是仅次于蒸汽喷射泵的噪声源，对空压机加装隔声罩。考虑到空压机显著的低频特性，罩体材料里加入了阻尼隔声毡，以消除隔声罩薄金属板的共振和吻合效应。

③ 对于 1 层的真空泵房，原有窗户为单层玻璃，将其替换为降噪效果良好的双层中空玻璃。为了不影响车间内的通风散热，依据原有开启窗的比例，将窗洞口的局部设置为通风消声百叶，兼顾车间采光及通风的需求。

④ 对车间外东北角的水泵机组加装隔声罩，在罩体上设置进出风消声器，保证罩体内空气流通，以满足水泵的散热要求。

（3）螺杆冷冻机房区域噪声治理

螺杆冷冻机房内设备布置较为集中，对原机房隔声性能薄弱的门窗进行替换，达到最终的降噪目的。机房的通风性能以局部窗洞口上设置的消声器来保障。

（4）水泵房及风机区域噪声治理

原有水泵房为一半实墙和一半彩钢板的结构，将隔声性能较差的彩钢板更换为金属隔声板，并将靠近南厂界的普通窗户更换为隔声窗。

原有风机房设计有夹芯板隔声罩，用金属吸隔声板对罩体进行改造，改造后隔声量大于 20dB（A），以满足设计要求。

6.4　降噪措施效果

由于当地政府高度重视本工程，项目实施后，在当地政府的见证下，由环保局进行测试验收。在环境敏感区的 1～3 点（即图 16-6-1 中），南厂界外居民住宅处实测夜间噪声已由治理前的 74.1dB（A），降为治理后的 47dB（A），完全满足 GB 3096—2008《声环境质量标准》、GB 12348—2008《工业企业厂界环境噪声排放标准》以及 GB 22337—2008《社会生活环境噪声排放标准》中规定的 2 类区，昼间噪声 $L_{eq} \leqslant 60$ dB（A）、夜间噪声 $L_{eq} \leqslant 50$ dB（A）的限值要求。项目治理非常成功，获得了居民及当地政府、环保部门、业主的一致好评。

（上海坦泽环保科技有限公司　付光明、赵家莹提供）

第7章 民用建筑

7.1 特高层建筑中的噪声控制

7.1.1 概述

改革开放以来，国内大兴土木，新建了诸多高层、超高层、特高层建筑，房地产成为一个热门话题。通常人们把 6 层以下的建筑称为多层建筑，20 层以下称为小高层，40 层以下称为高层，40 层以上称为超高层，100 层以上或建筑高度超过 400m 的称为特高层。据统计，国内现有 40 层以上超高层建筑有 3000 余幢。上海高层建筑有 5000 余幢，正如雨后春笋，拔地而起。特高层建筑中的噪声和振动问题，除了与一般高层和超高层建筑类似之外，还有一些特殊之处。笔者参与了上海三幢特高层建筑的噪声和振动治理工作，有些体会。本节简要介绍特高层建筑的噪声污染源、采取的降噪措施以及几个特殊问题的探讨。

7.1.2 国内外特高层建筑简介

目前国内外已建成的 100 层以上或高度超过 400m 的特高层建筑有 10 幢，国内正在建造或准备建造的有 10 幢，如表 16-7-1 所列。由表 16-7-1 可知，目前世界上第一高楼是阿联酋的迪拜哈利法塔，高 828m，162 层，建筑面积 50 万平方米，投资 20 亿美元，2004 年开工，2009 年建成，有 172 间酒店客房，492 套酒店公寓和 586 套公寓，3000 个地下停车位。图 16-7-1 为迪拜哈利法塔的外形照片。

国内已建成的第一高楼，也是世界第二高楼的上海中心高 632m，地上 128 层，地下 5 层，建筑面积 56 万平方米，其中地上 38 万平方米，地下 18 万平方米，总投资 145 亿元人民币，称为"垂直城市"和"竖立的外滩"。上海已建成的另外两幢特高层是上海环球金融中心和上海金茂大厦。金茂大厦 1998 年建成，地上 88 层，地下 3 层，高 420m，建筑面积 28 万平方米。环球金融中心 2008 年建成，高 492m，地上 101 层，地下 3 层，建筑面积 38 万平方米。上海中心、金茂大厦和环球金融中心三幢特高层位于上海浦东陆家嘴，三足鼎立，呈品字形，是上海标志性的建筑，如图 16-7-2 所示。

表 16-7-1 国内外已建成和在建特高层建筑一览表

序号	国内外已建成的特高层建筑		国内在建的特高层建筑	
	名称	高度/m	名称	高度/m
1	迪拜哈利法塔	828	天津 117 大厦	596.5
2	上海中心	632	深圳平安金融中心	668
3	广州塔	600	武汉绿地中心	636
4	台湾台北 101 大厦	508	武汉中心	438

续表

序号	国内外已建成的特高层建筑		国内在建的特高层建筑	
	名称	高度/m	名称	高度/m
5	上海环球金融中心	492	武汉世茂中心	438
6	吉隆坡石油双塔	452	广州东塔	432
7	南京紫峰大厦	450	苏州中南中心	729
8	美国芝加哥西尔斯大厦	442	香港广场	484
9	上海金茂大厦	421	深圳京基	441.8
10	香港国际金融中心	415	广州西塔	432

图 16-7-1　世界第一高楼迪拜哈利法塔外形照片　　　图 16-7-2　上海已建成的三幢特高层外形照片

据报道，长沙远大曾要造"天空之城"，号称世界第一，高 838m，比目前世界第一高楼迪拜哈利法塔还要高 10m，后来不了了之。还有报道说，江苏江阴华西要造国内第一高楼"中国龙大厦"，高 650m，129 层，比上海中心高 18m，投资 150 亿，不知情况如何。另据报道，国外要造 1000m 以上的特高层大厦，其中沙特亲王阿勒瓦利德帝国公司要造一个 1600m 高的"莫里塔"，投资 100 亿美元。

笔者参与了上述上海三幢特高层建筑中的噪声和振动治理工作。金茂大厦外形呈古塔状，代表过去；环球金融中心外观光彩照人，代表开放的现在；而上海中心外形呈龙腾向上，代表未来。特高层建筑一般具有五大功能——高级酒店（宾馆）、高级办公、商业会务、文化展示、旅游观光。特高层建筑中的噪声控制有一些共同点，可以借鉴；也有一些特殊点，值得深入研究。

7.1.3　特高层建筑中的噪声源

特高层建筑中噪声源颇多，通常是布置在地下室、地面、避难层（设备层）、裙房屋顶、大楼屋顶等处。例如上海中心共有 635 台（套）机电设备，都会产生噪声和振动，有可能对内对外带来影响。建设方一开始就十分重视噪声振动影响问题，专门聘请了美国 SMW 公司声学顾问，提供了建筑声学和噪声控制咨询报告，在设备安装调试阶段又委托国内声学单位（中船九院）进行技术服务。一般来说，特高层建筑中的公建配套设施，例如空调系统、供电系统、给排水系统、通风系统、乘载系统、消防系统、餐饮和娱乐场所以及车辆出入等都会产生噪声，处理不当就会超标或引起投诉。

（1）中央空调系统

特高层建筑中多数采用水冷冷冻机组、循环水泵、冷却塔、锅炉等供冷供热，或采用大型热泵机组或 VRV 机组、三联供、空调风机房等。冷却塔或热泵机组需要敞开安装于通风条件较好的场所，其噪声对周围环境的影响就十分突出，是治理的重点之一。

（2）供电系统

各型变压器多数是置于地下室或避难层中，风力发电机（如上海中心）置于大楼顶，还有应急备用电源——柴油发电机组，这些设备的低频噪声及振动会对大楼自身带来影响。

（3）给排水系统

各型给水泵、排水泵、游泳池冷热水泵、污水泵、消防泵等，其泵体噪声和振动以及输水管道的振动，也是治理的重点之一。

（4）通风系统

由于特高层建筑多数是封闭结构，室内通风换气显得特别重要，各型空调风机箱、排风机、新风机、排烟风机以及地下车库排风机等，数量多，风量大，影响面广，也是治理的重点之一。

（5）供热系统

锅炉房一般安装在地下室或地面设备房内，无论是燃油锅炉还是燃气锅炉，其燃烧器噪声和烟道的振动，都会对大楼内部环境带来影响。

（6）电梯噪声和振动

上海金茂大厦有 73 部电梯，上海环球金融中心有 126 部电梯，上海中心有 143 部电梯，电梯运行噪声以及机房的振动往往被忽视。当噪声影响问题存在后，再进行治理则十分困难。

（7）餐饮和娱乐场所噪声

餐饮和娱乐场所噪声如餐饮业厨房的油烟净化器风机噪声、冷藏制冷装置噪声。娱乐场所 KTV 包房、卡拉 OK、音乐茶座、动感咖啡屋、舞厅等，多数是夜间营业，其噪声影响更为突出。

（8）车辆出入噪声

金茂大厦地下车库停放 1000 辆轿车，环球金融中心停放 1100 辆轿车，上海中心停放 2000 辆轿车，这些车辆出入时产生的噪声，也是不能忽视的。

另外，特高层建筑地面四周的大楼风场噪声问题、建筑立面上的装饰件噪声问题、大楼晃动问题以及施工机具的噪声和振动问题，都必须引起重视。

7.1.4　特高层建筑中碰到的几个声学问题

（1）电梯噪声问题

上海中心有 3 部直达观光电梯，由地下一层直达 118、119 层，电梯速度为世界第一，向上速度 18m/s，向下速度 10m/s。除有心脏病和高血压的人乘此电梯要特别当心之外，未发现其他问题。但是上海金茂大厦在试运行时：由地下一层至 88 层的两部观光直达电梯轿厢门关闭困难，候梯大厅内电梯传出的啸叫声高达 75dB（A）；在地下一层电梯门口，电梯门关，电梯不开动，噪声为 80dB（A）；电梯门开或电梯开动，噪声为 70dB（A）。与常规相反，电梯停比电梯开噪声要高 10dB（A），并且电梯门两个人硬推才能关起来，这个问题国内外都没有碰到过。

　　通过调查测试和分析，初步认定上海金茂大厦直达电梯的井道是封闭的，相当于一个烟囱，电梯上下相当于活塞运动，当气流从井道下侧电梯门缝处进入，从高处 88 层电梯门缝处排出时，高速气流与门缝之间或电梯轿厢某些构件作用时，产生了如刮大风一样的"嘘嘘嘘"的高频啸叫声。这种高频啸叫声与进入电梯井道气流的方向、速度、压力等有关，与电梯轿厢门的关闭有关，可以称为"烟囱活塞效应"。通过试验，在地下室候梯大厅处加装了一道旋转式隔声门，降低了进入电梯门口的气流速度；在有关楼层开设一些泄压口，降低活塞压力；将进入候梯大厅的门由正向改为侧向；候梯大厅满铺吸声吊顶。这些措施实施后，候梯大厅内的噪声由 75dB（A）降为 55dB（A），电梯轿厢门也能轻松关闭，解决了这一难题。

　　（2）大楼外部装饰件噪声问题

　　上海某大楼在装修时为了外形美观，在大楼外部从上到下、从左到右加装了不锈钢装饰件。有人曾利用这些装饰件由底层一直爬到了 80 多层的屋顶。这些装饰件平时没有什么问题，但刮大风时，尤其是台风季节，当室外风速超过 15m/s 时，装饰件产生的啸叫声传至室内有时高达 55dB（A）。2002 年 7 月中旬，正好有台风来，在大楼 70 层酒店东、西、南、北四个角的客房内，夜间实测噪声为 52～55dB（A），由频谱分析可知，主要是 1000Hz 以上的高频啸叫声，客人有投诉，至今未解决。这个问题引起了国内外同行的注意，香港某声学顾问公司来上海了解此情况后，对香港新建的国际金融中心大厦的外立面进行了调整。目前我们看到的新建特高层建筑外立面都是光滑的、带圆弧的，减小了外部风场噪声对内部的影响。图 16-7-3 为某大厦外部装饰件照片。

图 16-7-3　某大厦外部装饰件

　　（3）大型冷却塔噪声问题

　　上海中心中央空调共采用了 18 台大型冷却塔，其中 8 台安装于 128 层的大楼顶部，10 台安装于地面西南角，距敏感建筑物盛大金磐花园 40 层高级居民住宅最近距离约 80m。本地区执行声环境质量标准 2 类区的规定，即居民住宅处昼间 $L_{eq} \leqslant 60$dB（A），夜间 $L_{eq} \leqslant 50$dB（A）。每台大型冷却塔冷却水量为 730m³/h，电机功率 55kW，风量 42×10^4m³/h。地面 10 台冷却塔一字形排列。按常规设计，若 10 台冷却塔同时开动，其噪声约为 85dB（A），传至居民住宅处的噪声将高达 65dB（A），昼夜均会超标。地面 10 台冷却塔的外形及安装位置如图 16-7-4 所示。

图 16-7-4　地面 10 台冷却塔的外形及安装位置图

　　上海中心十分重视环境保护工作，在该项目招标时就对冷却塔供应商提出要求。单台冷却塔开动，在 45m 范围内噪声不超过 50dB（A），在 70m 范围内不超过 45dB（A），上海良菱机电设备成套有限公司中标后，选用巴尔的摩冷却系统（苏州）有限公司 31056C/WQ 和 3781C 型冷却塔。上海中心与冷却塔供应商以及笔者等商量后，采取了以下 3 项先进而有效的降噪措施：

① 安装荷兰进口 FRP 型静音风扇　冷却塔的噪声源主要是上部的排风扇和传动电机以及下部的淋水噪声，采用荷兰进口的皮带驱动的轴流式静音风扇，其外形如图 16-7-5 所示。

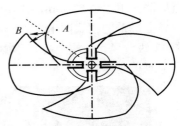

图 16-7-5　FRP 型静音风扇外形图

静音风扇的风叶类似于猫头鹰翅膀形状，风机运行时吸收了大部分的空气湍流，前掠式叶形可以减小涡流的产生，从而大大降低了叶尖部位产生的噪声，垂直于叶片迎风面的气流速度较低，进一步降低了气流噪声。这种风扇与传统的冷却塔风扇相比，噪声可以降低 15dB（A）左右。

② 风扇电机采用全封闭式专用变频电机　电机频率降低，噪声也随之下降，35Hz 的噪声比 50Hz 要低 6～7dB（A），夜间低频运行，有利于环境保护。

③ 合理安排运行工况　考虑到夜间噪声控制要求较昼间严格 10dB（A），因此，建设方对夜间冷却塔运行工况进行了优化，并对不同工况条件进行了噪声预测和实测验证，达到了既满足运行负荷要求，又达到降噪的双重目的。

采取上述治理措施后，笔者采用德国 Cadna-A 软件评估冷却塔的降噪效果，如图 16-7-6 所示（见彩插）。

实测结果表明：730m³/h 大型冷却塔 50Hz 运行工况下，在上部出风口处噪声为 75dB（A）左右（测距 1.0m，下同），下部进风口处噪声为 69dB（A）；电机变频在 35Hz 运行时，上部出风口噪声为 70dB（A）左右，下部进风口噪声为 65dB（A）左右；厂界处昼间和夜间均可达到 2 类声功能区的要求，居民住宅处昼间噪声为 50～55dB（A），夜间噪声为 41～46dB（A）（背景噪声已修正）。冷却塔噪声对周围环境的影响已全面达标。

（4）避难层噪声与振动问题

上海金茂大厦有 4 个避难层（设备层），上海环球金融中心有 7 个避难层，上海中心有 9 个避难层。在每个避难层中均安装了大量的风机、冷冻机、循环水泵、变压器、消防水泵等设备。若处理不当，这些设备产生的固体传声对楼上楼下均会有影响。例如金茂大厦 51 层避难层设备噪声对楼下 50 层办公室的影响十分严重，未治理前，51 层室内噪声为 54～55dB（A）、79～80dB（C），"嗡嗡嗡"的低频声很烦人，租不出去。虽然原设计已加装了隔振装置，但隔振效率低，个别设备安装不当，部分隔振器已压死，支架、托架、吊架多数为刚性连接，"声桥"明显。经调查测试并有针对性地采取了隔振、吸声等措施，使 50 层的室内噪声由 55dB（A）降为 40dB（A），基本达标。

避难层中较难处理的是变压器的振动问题，因变压器不能停电施工，线排插件安装位置有限。因此，在上海环球金融中心 7 个避难层中安装的 51 台变压器，事先就在变压器下面设置了钢结构支座和金属弹簧隔振器，如图 16-7-7 所示。上海中心在某些避难层中，满铺了浮筑结构隔振隔声地坪，选用厚度为 50mm 的 FZD 型橡胶隔振隔声垫，变压器等设备可以直接放置在浮筑结构地坪上，效果良好。

（5）特高层的晃动问题

为降低特高层建筑的摇摆晃动，给人们提供一个舒适安全的环境，往往在大楼内安装阻尼器。上海环球金融中心在 90 层安装了一个 150t 的阻尼器；台湾台北 101 大厦在 100 层安装了一个重 660t 的阻尼器；上海中心在 126 层（即离地 584m 处）安装了一个重约 1000t 的阻尼器，阻尼器高 30m，由吊索、质量块、阻尼系统和主体结构保护系统等组成，它是目前世界上最重的摆式阻尼器，形状像"上海慧眼"，如图 16-7-8 所示。上海中心为抗 7 级地震和 13 级台风，结构上特别牢固，用了 10 万吨钢材，整个大楼重 85 万吨，是一座安全稳固的"定海神座"。

图 16-7-7　上海环球金融中心变压器隔振　　　图 16-7-8　上海中心阻尼器

7.1.5　结语

特高层建筑的设计有其特殊性，我国正在积累这方面的经验，其中环保节能、绿色建筑、噪声与振动控制等有不少问题正在探索。笔者以往在高层和超高层建筑中碰到的问题是机电设备已投入运行，噪声超标或有投诉，再设法进行治理，虽然问题都可以解决，可以接近或达到相关标准规定，但十分被动，有些劳民伤财，还要承担较大风险。若能在大楼可行性研究、方案设计、施工图设计中就把噪声和振动问题考虑进去，邀请声学专家担任顾问或进行咨询服务，把问题解决在图纸上，就会取得满意的效果。

（中船第九设计研究院工程有限公司　冯苗锋、吕玉恒提供）

7.2　负 1 分贝背景噪声消声室的设计及效果

7.2.1　概述

消声室是声学测试的一个特殊实验室，是测试系统的重要组成部分，其声学性能指标直接影响测试的精度。背景噪声是消声室建造过程中的一个十分重要的技术参数，据介绍，在国内已经建成了几个背景噪声小于 5dB（A）的消声室。随着社会的发展，建设方希望背景噪声越低越好。

贵州省贵阳市的国家级检测基地中，要建造 4 个监督检验中心，其中要建造一个国家级电子基础元器件质量监督检验的消声室并进行了招标。上海泛德声学工程有限公司中标后承接该消声室的设计建造工作。

7.2.2　消声室的主要技术要求

（1）消声室主要尺寸：外形尺寸长×宽×高为 13.7m×12.5m×11.6m（其中地上 7.6m，地下 4.0m）；室内净空尺寸长×宽×高为 9.2m×8.0m×6.5m。

（2）消声室的形式：半全消转换消声室，即将全消声室地坪上的吸声尖劈搬走后变成了半消声室。消声室带工况，即安装通风空调系统。

（3）消声室背景噪声：在通风系统关闭时背景噪声≤8dB（A），在通风系统开启时背景噪声≤16dB（A）。

（4）自由声场精度满足 ISO-3745、GB/T 6882 标准规定。

（5）自由声场半径：长度方向≥3.1m，宽度方向≥2.5m。

（6）截止频率：63Hz。消声室外界噪声按 65dB（A）考虑。

（7）其他要求：空调通风，监控和照明，消声室内通水等。

7.2.3　技术风险和施工难点

（1）周围环境复杂

消声室位于该检验基地机械电子产品检测大楼内。消声室在已有的建筑物内建设，外界房屋已经建好，楼顶平台上有中央空调，消声室地下部分的隔墙外就是地下停车库，外部噪声和振动会对消声室产生不利影响。

消声室占用空间受到限制，一部分在地下–4m 处，一部分在地上+7.6m 处。地上部分四周墙体即为大楼外墙面，同时原设计地面载荷为 900kgf/m²，不能满足消声室内壳体的承重设计要求。

（2）施工难度大

消声室一部分在地下，一部分在地上，大楼整体装修都已结束，原土建结构只在控制室一楼侧墙上留有一个宽×高为 1.8m×2.4m 的洞口，无法运输安装消声室所需要的隔声、隔振、消声、吸声设备和装置，施工难度很大。

（3）技术风险高

由于消声室地面荷载已定，无法采用重质量的隔声结构，消声室只能采用轻质复合隔声结构；消声室地面以下的尺寸已定，无法采用常规的隔振结构。这就给消声室的隔声和隔振设计带来很大的风险。

7.2.4　采取的主要技术措施

（1）首先解决施工场地问题

如前所述，原建筑预留了一个洞口无法施工，更无法下至–4m 的消声室地下部分，故首先在控制室靠窗处的地面切出一个洞，安装升降机和行人楼梯，以解决人员和材料设备进出消声室的问题，如图 16-7-9 所示。

（2）外墙隔声补漏

消声室采用双层隔声结构，外层也称"外胆"，利用原大楼外墙做"外胆"。但外墙有孔洞，还有为嵌挂外墙大理石而设置的钢筋和钢管，这些钢筋和钢管会形成"声桥"，故将其切除，再用水泥砂浆灌入管中，将钢管及原墙上的孔、洞、缝完全封堵，以确保外胆的隔声。

图 16-7-9　搭建进入消声室地下部分的楼梯

（3）内胆墙面和顶面的隔声设计

消声室双层隔声结构的内层称为"内胆"，采用轻质复合隔声板搭建一个五面隔声的内胆隔声室。

内胆骨架采用 100×100×5 的钢管做支撑。钢管之间的间距为 1000mm，为了确保顶面强度，横向和纵向各采用 3 根 30# 工字钢做主梁，如图 16-7-10 所示。

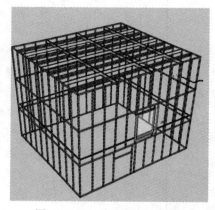

图 16-7-10　内胆钢架示意图

内胆墙面和顶面总厚度为 150mm。其中用 50mm 厚的预制墙板铺设在钢骨架的外侧。在钢管的内侧铺设 1.5mm 厚的钢板。在 1.5mm 钢板与 50mm 预制墙板之间依次放入 50mm 厚玻璃棉、9mm 厚石膏板、50mm 厚岩棉。同时，要保证外墙面和内墙面之间完全断开，不能形成"声桥"。

（4）内胆地面及减振系统设计

内胆地面采用 C30 钢筋混凝土浇筑。消声室内胆置于隔振系统上，隔振器嵌装于内胆地坪之内，浇筑混凝土时应采取防护措施防止混凝土掉入隔振器的内腔之中。安装隔振器时，将其调整到压缩状态，按照图 16-7-11 所示布置在原地面上。在布置隔振器之前，先在地面上铺设一层 0.3mm 厚的塑料薄膜，防止混凝土地面与原地面直接接触；再布置横向、纵向双层钢筋，钢筋和隔振器外壳焊接相连。

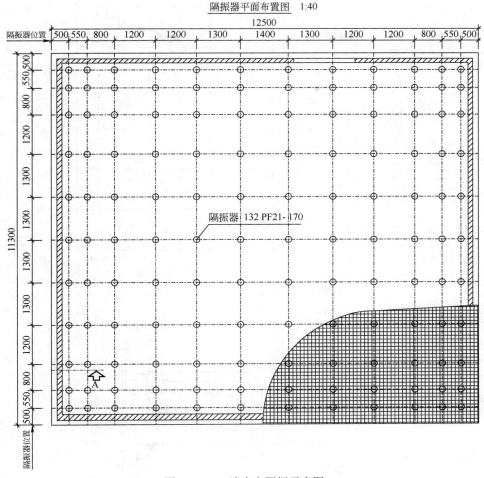

图 16-7-11　消声室隔振示意图

通过专业的设计计算，采取最合理的方式布置了 132 个隔而固（青岛）振动控制有限公司的金属弹簧隔振器。

（5）隔声门的设计

消声室的门是传入外界噪声的主要薄弱环节之一，因此采用了特殊设计的隔声门，设计隔声量大于 45dB，同时设置"声闸"。本消声室的隔声门经上海同济大学声学试验室测量，平均隔声量为 48dB。其隔声特性曲线如图 16-7-12 所示。

（6）通风空调系统设计

消声室空间很大，容积约 1000m³，按照设计要求，空调开启即带工况，消声室内背景噪声应低于 16dB（A）。经计算，消声室内风口处的噪声应低于 12.3dB（A），为降低气流噪声，必须将出风管口处的风速控制在 1.1m/s 以下。采用 2 根送风管和 2 根回风管。根据空调厂家提供的空调机组噪声为 65dB（A），若风口处的噪声要求为 12.3dB（A）的话，经计算，消声器的长度应大于 16m，断面面积为 0.16m²。实际安装送风段长度约 27m，回风段长约 14m，在转角处设置消声弯头。空调通风及消声装置平面布置如图 16-7-13 所示。

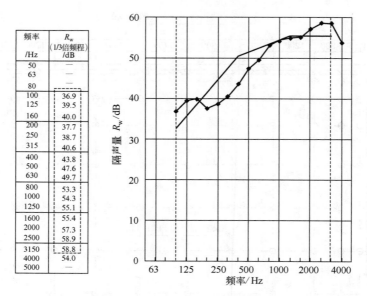

频率 /Hz	R_w (1/3倍频程) /dB
50	—
63	—
80	—
100	36.9
125	39.5
160	40.0
200	37.7
250	38.7
315	40.6
400	43.8
500	47.6
630	49.7
800	53.3
1000	54.3
1250	55.1
1600	55.4
2000	57.3
2500	58.9
3150	58.8
4000	54.0
5000	—

图 16-7-12　隔声门隔声特性曲线

依据 GB/T 50121—2005 的评价指标值：计权隔声量 R_w（C∶C_{rt}）=52（−1.9；−5.2）dB；
平均隔声量 R_a=48dB（C 为 A 计权粉红噪声修正；C_{rt} 为 A 计权交通噪声修正）

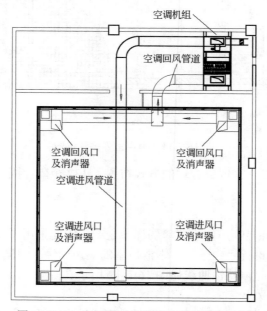

图 16-7-13　空调通风及消声装置平面布置图

（7）消声室吸声设计

消声室设计要求的截止频率为 63Hz。理论计算消声室吸声尖劈的长度应大于 1350mm，实际采用吸声尖劈长度为 1250mm，后部留 100mm 的空腔。尖劈宽度为 800mm，高度为 800mm，双尖劈，表面为金属穿孔板饰面。该型吸声尖劈经过浙江省计量检测研究院的检测，在截止频率 63Hz 以上，吸声系数均大于 0.99，如表 16-7-2 所列。

表 16-7-2　消声室吸声尖劈吸声系数表

频率/Hz	50	63	80	100	125
吸声系数	0.9383	0.9931	0.9913	0.9984	0.9986
频率/Hz	160	200	250	315	
吸声系数	0.9965	0.9990	0.9998	0.9995	

（8）其他细部设计

为了达到消声室高的隔声量、吸声量和低的背景噪声，我们十分注意消声室的细部设计并采取相应的措施。为防止外界噪声从门缝（虽然门缝已经采用了密封措施）进入消声室，在内胆和外胆两道隔声门之间再设置"声闸"。凡是进入消声室的动力管线，如测试仪器数据线、监控装置信号线，其孔洞均做特殊处理。消声室要测试洗衣机之类的家用电器，需要配置上下水管，管道均做软性连接，防止形成"声桥"。为实现全消声室和半消声室的快速转换，在与地面齐平的高度上设置地网，地网的承载应牢靠，地面尖劈的搬运要方便。还有消声室内部照明、配电插座、开关、安全监控设备等都已认真考虑。

7.2.5　消声室性能检测

消声室完工后的平剖面图如图 16-7-14 所示。

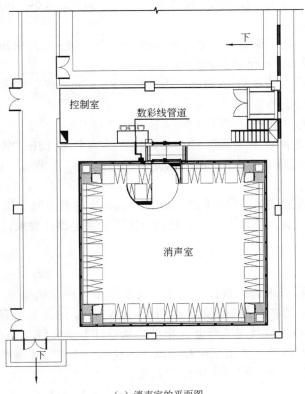

（a）消声室的平面图

图 16-7-14

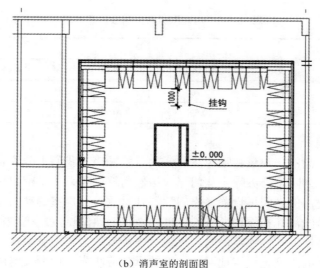

（b）消声室的剖面图

图 16-7-14　消声室的平剖面图

消声室基本施工安装完成后，能否达到设计要求，还有什么需要改进的地方，首先邀请了清华大学进行自测。初步测试结果表明，消声室的性能优良。随后又邀请了国内权威机构——中国计量科学研究院进行正式检测并提供测试报告。

（1）检测所使用的仪器：B&K LANXI 型多通道分析仪、B&K 4955 型低噪声传声器、B&K 4231 型声校准仪等。

（2）消声室尺寸：施工完成后，全消声室净空尺寸长×宽×高为 9.2m×8.0m×6.85m，半消声室净空尺寸长×宽×高为 9.2m×8.0m×8.2m。

（3）自声场半径：全消声室为 4.0m，半消声室为 3.9m，优于设计要求。其误差均符合 ISO 3745 和 GB/T 6882 的规定。

（4）消声室背景噪声：在正常工作情况下，空调关闭时，全消声室的 A 计权背景噪声为 −1dB，搬走尖劈后地网以下半消声室的 A 计权背景噪声为 −1dB；空调单独开启时，即带工况全消声室的 A 计权背景噪声为 6dB，搬走尖劈后地网以下半消声室的 A 计权背景噪声为 6dB。

校准结果不确定度的描述：U=0.8dB（K=2），消声室的背景噪声优于设计要求。

（5）消声室通风空调系统、上下水、照明监控等均满足设计要求，建设方十分满意。

7.2.6　结语

上海泛德声学工程有限公司设计、施工、安装过多个声学试验室，其中消声室居多，但就背景噪声来说，本消声室是最低的，达到了 −1dB（A）。这是在已有成功实践的基础上，又得到了吕玉恒、燕翔两位教授的帮助和指导，从设计开始就注重多个环节，在施工安装过程中特别谨慎，化解风险，防止漏声和形成"声桥"。主要技术参数均进行计算和复核，选用最好的材料和装置，终于取得了满意的效果。

（上海泛德声学工程有限公司　任百吉、李犹胜提供）

7.3 济南省会文化艺术中心噪声振动控制设计与措施

7.3.1 概况

济南省会文化艺术中心（以下简称艺术中心）是济南西部新区的地标性建筑集群，西邻京沪高铁济南西站及腊山河西路，承载着"高山流水"→"北山南泉"→"岱青海蓝"的设计内涵，成为省会标志性建筑亮点和新的文化地标。艺术中心总占地 13.4 公顷，其中大剧院建筑面积 7.5 万平方米，包括 1800 座歌剧院、1500 座音乐厅、500 座多功能厅及地下车库、中心广场等附属工程，总投资逾 25 亿元。艺术中心于 2010 年 10 月开工建设，2013 年 9 月竣工；10 月 11 日作为 2013 年第十届中国艺术节的主会场举办十艺节开幕式。北京市劳动保护科学研究所与法国安德鲁设计团队和北京市建筑设计研究院有限公司（以下简称 BIAD）合作，承担了该艺术中心全部噪声振动控制设计和配套咨询工作，具体内容包括：艺术中心主体核心建筑的歌剧院、音乐厅、多功能厅及其相关附属用房的噪声振动控制设计；艺术中心附属建筑南车库能源动力中心设备及管路噪声振动控制设计、地铁线路振动环境影响控制以及中心场地西侧交通噪声与景观造型的影响分析等。

7.3.2 噪声振动设计内容和具体步骤

对于济南省会文化艺术中心这样定位高端的现代大型演艺建筑，其噪声振动控制是一项甚为繁复庞杂的系统工程，必须统筹兼顾地在不同的时间节点高效完成相关的设计配合。图 16-7-15 为济南省会文化艺术中心的外观照片。图 16-7-16 为济南省会文化艺术中心的鸟瞰图。

图 16-7-15　济南省会文化艺术中心外观照片　　　图 16-7-16　济南省会文化艺术中心鸟瞰图

（1）方案设计阶段

① 及时对总体方案进行噪声振动控制方面的可行性和制约要素的专业评估分析，根据各敏感房间室内噪声允许标准（设计目标）和估算设备噪声源强，评估分析消声、隔声设计的可行性。

② 对各敏感区域噪声振动控制目标提出咨询建议；初步构想消声系统的大致布局，对总体设计提出包括设备选型、风速控制、系统布局、建筑隔声等在内的音乐厅噪声振动控制设计建议。

③ 对有问题的部分及时反馈建设性的调整意见和建议。

（2）初步设计阶段

① 就空气声和结构声隔声标准、室外环境噪声标准、室内最大允许背景噪声级、设备机房最大允许噪声级、电梯井筒最大允许噪声级、楼板的最大允许撞击声压级、隔墙空气声隔声、楼板隔声、门窗隔声、设备隔振降噪、空调机房室内降噪、建筑设备隔振、管道隔振等随时与 BIAD 设计人员进行沟通咨询，给出相关设计建议。

② 根据 BIAD 初步设计方案、设备选型清单和噪声治理专业经验，初步评估确定各设备噪声源强；对相关噪声敏感设备提出单机噪声源强和振动源强限值，并对设备选型、招标采购提出声学方面的技术要求和建议。

③ 根据 BIAD 完成的初步设计和法方声学专家提供的噪声控制设计评估意见，完成噪声振动控制初步设计及设计说明，具体包括但不限于：暖通空调系统噪声控制初步设计方案；提交消声、隔振装置（消声器、隔振器、消声静压箱、消声弯头等）的具体数量、外形尺寸、安装位置及其相关性能参数等；交 BIAD 和法方声学专家审核其占位暨可行性。

④ 完成建筑隔声、设备基础隔振等方面的配套结构设计；拟定水系统、制冷机组、变配电设备等各种辅助设备的隔振、隔声等综合处理对策方案。

（3）施工图设计阶段

① 在 BIAD 进行施工图设计过程中，及时给予噪声振动控制方面的专业技术支持；协助进行建筑隔声、设备基础隔振等结构设计工作。

② 由 BIAD 对噪声振动控制初步设计方案中提出的消声装置占位、附加阻力损失影响进行综合专业审核，对影响总体布局和使用功能以及受到空间尺寸限制的部分给出反馈意见，必要时对空调机组和通风机的参数进行适当调整。

③ 由设备供货商根据调整后的（风量、风压等）参数，修正新工况下空调机组、风机和末端风口等关键设备的噪声源强（声功率级）数据；针对调整后的噪声源强数据重新进行消声设计、校核、调整；确定新的暖通空调系统噪声振动控制修改设计方案后，再次提交设计院进行复审。

④ 在完成复审以及必要的再次调整工作后，着手完成暖通空调系统噪声振动控制深化设计及设计说明；提交给 BIAD 和建设方对噪声控制深化设计进行最终评审，并整合到 BIAD 施工图设计和装修专业施工图设计中。

⑤ 协助编制关键设备、施工招标技术文件。

⑥ 在 BIAD 完成施工图设计且建设方完成对噪声控制深化设计评审后 30 日内，完成噪声振动控制施工图设计，具体包括但不限于：给出各消声装置的内部构造和具体加工图纸；给排水系统、暖通空调机组、制冷机组、变配电设备、电梯及各种敏感管路等的隔振、隔声施工图设计。

⑦ 协助编制消声器加工技术条件及施工招标技术文件。

（4）现场施工阶段

① 对施工单位进行技术交底和施工技术辅导以及施工现场阶段性噪声振动控制监理工作。

② 根据施工现场反馈和相关专业协调需求对具体设计方案进行必要的变通性调整。

③ 在建设方和工程监理单位的统领下，对消声器和隔振器等专业设备的加工、产品质量等进行监察、检验。

④ 在工程中、后期进行必要的现场声学测试和技术保障服务。

7.3.3 噪声振动控制重点措施

在该艺术中心噪声振动控制专业设计过程中，因地制宜地采取各种不同的技术手段，较好地解决了一系列工程技术难题。

（1）首先是在方案设计阶段，经过对使用效果的必要性与经济成本等可行性的审慎论证、类比甚至辩论，对各敏感区域噪声振动控制目标提出合理化建议，并最终确定了既具备足够先进性、实用性又符合中国国情的音乐厅 NR20、歌剧院 NR25、多功能厅 NR30 的声环境控制指标。

（2）其次高度关注总体布局暨综合管线的设计协调，对消声系统的布局占位和风道内管道流速做了很好的控制。对应敏感空间的主风管流速均控制在 5m/s 以下，使系统内的低频扰流和气流再生噪声基本均可满足噪声控制指标及消声设计要求，为消声设计创造了较好的基础条件，甚至部分消声器可不再进行额外变径处理，继而减少了局部空间的布局难题。

在此要特别说明的是：暖通空调专业涉及噪声控制的一个纲领性标准《采暖通风与空气调节设计规范》，从早期的 GBJ 19—87 版到 GB 50019—2003 版，直至 2012 年 1 月 21 日发布、自 2012 年 10 月 1 日开始执行的《民用建筑供暖通风与空气调节设计规范》（GB 50736—2012），对于允许噪声与风速的界定都是极不严谨的（表 16-7-3）。一方面对于允许噪声的分档[以 10dB（A）、15dB（A）甚至 20dB（A）划分]不仅太过粗犷（噪声每增加 3dB 能量就增加一倍），而且与噪声评价曲线 NR 或 NC 值没有很好对应；另一方面只关注了主管和支管内的风速，而对末端风口的风速没有制约，也是有失偏颇的。在实际工程设计中，最好是按照 $L_{wz}=50\lg V+10\lg S+C$ 的关系仔细计算校核风管内的气流再生噪声（尤其是对于截面较大的风管更应格外谨慎）。如果想参照规范简单选择，在此推荐采用笔者列出的表 16-7-4 中更为细化的参数。另外，笔者还对水管中的流速给出了建议控制值。

表 16-7-3 暖通空调设计规范中推荐风管风速

室内允许噪声级/dB（A）	主管风速/（m/s）	支管风速/（m/s）
25～35	3～4	≤2
35～50	4～7	2～3
50～65	6～9	3～5
65～85	8～12	5～8

表 16-7-4 工程实践中推荐的各类管道控制流速

室内允许噪声级		主风道风速/（m/s）	支风道风速/（m/s）	风口风速/（m/s）	水管内水流速/（m/s）
NR 曲线	对应 L_A/dB				
NR15	20	≤4.0	≤2.5	1.0～1.5	0.5
NR20	25	≤4.5	≤3.5	1.5～2.0	0.6
NR25	30	≤5	≤4.5	2.0～2.5	0.8
NR30	35	≤6.5	≤5.5	≤3.3	1.0
NR35	40	≤7.5	≤6.0	≤4.0	1.2
NR40	45	≤8.5	≤6.5	≤5.0	1.4
NR45	50	≤9.5	≤7.0	≤5.5	1.8

（3）在建筑布局设备机房的位置及静压仓上方土建留洞位置上尽可能配合消声设计，留出必要的消声空间。例如 B1 空调机房内供歌剧院池座的 4 台机组，位于池座静压箱的正下方，原送风共分 12 路直上到池座静压箱内，使送风路径非常短，给消声设计带来很大难度。后经与设备及结构专业进行调整后，移动了静压仓内开口位置以拉开消声距离；充分利用机房内空间进行消声，在机房内设置 1 个消声静压箱和 2～3 节加长消声器；又考虑到经由机房进入静压仓的部分弯头及风管属于隔声薄弱环节，外壳隔声量有限，将此部分竖向风管改为消声器；在进入静压仓后，在开口位置再设置消声静压箱，并在消声静压箱开口接入 2 节消声器消除系统内的再生噪声和串扰噪声，最后送入静压仓。从而在最不利的有限空间内实现了较好的消声效果。

（4）由于歌剧院的空调机房位于池座观众厅静压仓的正下方，而楼板隔声量比较有限，为了确保设备噪声不影响到观众厅，所以在本项目中，还对设备机房吊顶隔声进行了强化隔声设计，详见图 16-7-17。

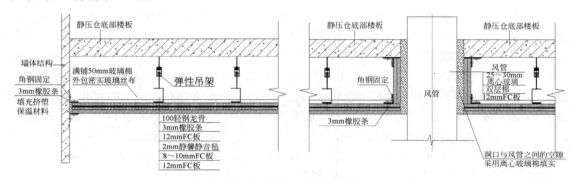

图 16-7-17　隔声吊顶构造和风管穿吊顶构造大样图

（5）鉴于本项目部分声学敏感建筑竖向存在干扰因素，故在建筑隔声设计中强化了撞击声隔声的控制，并结合项目的具体情况及中国国情，适当简化了法方声学顾问提出的过于保守的设计及指标要求；在对浮筑楼板垫层结构和材料经过几轮谨慎的筛选和评审后，最终配合建设方和总包单位完成了浮筑楼板弹性垫层产品的优化和选型。对主体建筑内的各类空调机组、风机等，也均进行了详细的隔振设计。其中，落地的空调及新风机组采用槽钢台架+剪切挤压型橡胶隔振器；吊装的风机均采用弹性吊架；落地排风机则根据不同转速采用配重隔振台座+橡胶或弹簧隔振器的形式进行强化隔振。个别排风机组安装位置较高，上方又有大风管穿过，不能采取吊装方式，采用钢结构支架加低频橡胶隔振器的方式进行了变通处理。

（6）对敏感区域中的电梯也进行了必要的减振降噪专题研究。首先对同品牌同类安装形式的电梯进行了噪声振动类比测试，之后对与歌剧院后舞台相邻的两部电梯进行了隔振设计。由于采用的是无机房电梯，其四个支撑点载荷各不相同，故对各点隔振器的数量及型号采取了不同组合。

（7）为了最充分地防止地铁线路振动对文化艺术中心内部的结构噪声影响，在建议其轨道系统预留阻尼弹簧浮置板隔振措施的同时，还在法方设计团队的支持下，在主体建筑北侧设置了完整的建筑结构隔振缝，并对隔振缝的设计和施工细节进行了优化。

（8）在本项目中积极倡导和贯彻了"源强控制"的噪声振动控制理念，不仅专业设计围绕真实源强数据展开，而且在各关键设备招标过程中均给出噪声振动源强的控制指标，包括空调及通风机组的倍频程声功率级的噪声源强数据；对全过程中随时发现或提出的问题及时反馈回复并拟定相应对策。这也是本项目能够顺利进行的一个很重要的保障因素。

7.3.4 竣工噪声测试结果

经竣工调试后，对艺术中心各敏感建筑内部环境噪声进行了现场检测，音乐厅优于NR19，歌剧院优于 NR22，多功能厅在有干扰情况下亦达到 NR25，全部达到甚至远优于预期目标，尤其是低频噪声控制效果更为显著，具体数据可参见图 16-7-18。

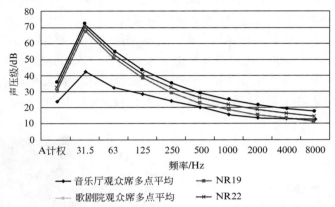

图 16-7-18 敏感点测试数据频谱与 NR 噪声评价曲线相互关系示意图

测试过程中也发现一些枝节问题，主要是歌剧院的舞台灯光设备中包括大量电脑灯，在开启时其冷却风扇噪声较为突出，受其影响台口噪声达到 NR33/41dB（A），观众席前区噪声也超过 NR28/36dB（A），对歌剧院声环境构成较显著影响。此问题在没有设备厂家充分配合的情况下很难得到妥善解决，应该引起电脑灯生产厂家的高度重视，进而研发低噪声电脑灯。同时，舞台区域部分控制柜上还安装有小型蜂鸣器，操控过程中不时发出"滴滴"的蜂鸣声，对歌剧院声环境构成一定影响，已委托设备厂家采取静音措施进行改造。

（北京市劳动保护科学研究所 邵斌等提供）

7.4 多台冷却塔及热泵机组集中布置的噪声控制设计

7.4.1 前言

随着经济的发展，近些年国内住宅加商业的大型综合体越来越多。大型商业建筑的屋面上往往集中安装多台冷却塔及热泵机组，容易对周边环境及邻近的高层住宅楼产生噪声污染。本节介绍一个商业裙房屋面上集中布置了多台冷却塔及热泵机组的噪声控制设计案例，分析冷却塔及热泵机组噪声对周边住宅楼的传播影响情况，并详细阐述采用全封闭隔声棚和进风、排风装置降低冷却塔及热泵机组的噪声，降噪效果达到了标准要求，可供同类型工程参考。

7.4.2 冷却塔及热泵机组概况

该大型综合体由一个大型的商场和多栋高层住宅楼（29～33 层）组成，其中商场位于地块的西南角，住宅楼位于商场的东侧和北侧，其中北侧的 3#住宅楼与商场是连成一体的，具体布置见图 16-7-19。

商场为 6 层，建筑高度约 31m，商场屋面的南部集中布置了 6 台大型方形横流式冷却塔和 6 台大型螺杆式风冷热泵机组，冷却塔和热泵机组安装处用高 1.3m 的混凝土矮墙围成一个约 33.8m×33.8m 的设备区，设备区与住宅楼的最近距离约 30m。每台冷却塔的流量为 600t/h，外形尺寸约 6400mm×5100mm×5400mm（H），顶部排风机的直径为 ϕ2750mm。热泵机组的制冷量为 1320kW，外形尺寸约为 14380mm×2250mm×2300mm（H）。冷却塔及热泵机组的现场安装情况如图 16-7-20 所示，北面的住宅楼结构刚封顶。

每台冷却塔顶部有 2 台散热排风机，每台冷却塔的风量约为 33.4×10^{4}m^3/h；每台热泵机组的顶部有 24 台散热排风机，每台热泵机组的风量约为 39×10^{4}m^3/h。冷却塔和热泵机组的最大运行工况是：夏季 2 台热泵机组和 6 台冷却塔同时运行，最大风量约为 278.4×10^{4}m^3/h；冬季 6 台热泵机组和 2 台冷却塔同时运行，最大风量为 300.8×10^{4}m^3/h。

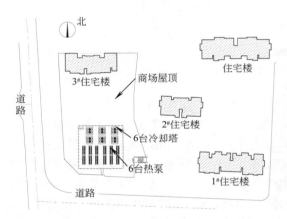

图 16-7-19　商场及住宅楼的平面示意图

图 16-7-20　设备现场安装实景

7.4.3　噪声控制指标

根据环评文件要求，该项目所在处执行《声环境质量标准》中的 2 类区标准，即噪声对住宅楼的影响昼间 L_{eq}≤60dB（A），夜间 L_{eq}≤50dB（A）。由于冷却塔和热泵机组仅昼间运行，夜间不运行，因此噪声控制指标是：昼间噪声对住宅楼的影响≤60dB（A）。

7.4.4　噪声源的源强及传播影响分析

（1）噪声源强

① 冷却塔　冷却塔的噪声主要包括侧面的进风带噪声和顶部的排风机噪声，此外冷却塔塔体因排风机振动而引起的二次结构噪声也比较明显。进风带噪声既包括淋水声，又包括排风机噪声向下传播后经进风带传出的噪声。冷却塔的排风机噪声呈现中低频特性。

根据设备调试时的现场噪声实测可知，单台冷却塔顶部风筒斜上方 1.0m 处的噪声级超过 80dB（A），冷却塔进风带 1m 处噪声级超过 76dB（A）。

② 热泵机组 热泵机组的噪声主要包括底部的压缩机噪声和顶部的排风机噪声。压缩机噪声以机械噪声为主，呈中高频特性；排风机噪声以风动力噪声为主，呈中频特性。

根据设备调试时的现场噪声实测可知，单台热泵机组顶部排风机斜上方 1.0m 处的噪声级约 84dB（A），热泵机组底部压缩机 1.0m 处的噪声级约 88dB（A）。

（2）噪声传播影响分析

冷却塔的噪声主要从顶部风筒及两侧进风带向外传播，热泵机组噪声通过顶部排风口和两侧向外传播，其中尤以冷却塔和热泵机组排风机噪声的影响更加明显，因为受影响的住宅楼都是高层住宅楼，将基本无遮挡地受排风机噪声的影响。由于冷却塔和热泵机组的体形都很大，辐射噪声的声功率高，噪声传播衰减慢，影响范围大。

冷却塔及热泵机组是安装在 6 层商场的屋面上，其噪声除了直接向屋面以上的空间传播外，噪声还经屋面、设备外壳及墙面（屋面女儿墙及设备区的围墙）反射形成反射噪声，反射噪声也同时向屋面以上空间传播，提高了传播的总噪声级。此外，多台设备同时运行时，其噪声影响还将相互叠加。

由于冷却塔及热泵机组安装在商场屋面（约 31m）上，因此冷却塔和热泵机组噪声主要对高出设备安装高度的楼层产生影响，对低于设备安装高度的楼层的影响要小一些。由于设计时冷却塔及热泵机组无法按照最大工况运行，因此未能实测到各住宅楼受噪声的影响程度，为此根据设备运行工况、设备布局及设备与住宅楼间的相对位置关系，采用《环境影响评价技术导则 声环境》中推荐的计算模型进行预测计算，结果如下：

① 夏季 6 台冷却塔和 2 台热泵机组同时运行，北面 3#住宅楼受到的噪声影响约 68～72dB（A），东北角 2#住宅楼受到的噪声影响约 67～72dB（A），东面 1#住宅楼受到的噪声影响为 64～67dB（A），均超过了 60dB（A）的限值要求，最大超标量超过 12dB（A）。噪声对住宅楼各楼层的影响随楼层的升高呈现先增大后减小的趋势。

② 冬季 2 台冷却塔和 6 台热泵机组同时运行，北面 3#住宅楼受到的噪声影响约 63～67dB（A），东北角 2#住宅楼受到的噪声影响约 63～67dB（A），东面 1#住宅楼受到的噪声影响约 62～65dB（A），也均超过了 60dB（A）的限值要求，最大超标量约 7dB（A）。噪声对住宅楼各楼层的影响随楼层的升高呈现先增大后减小的趋势。

根据上述分析和预测计算可知，夏季时的噪声要大于冬季，因此降噪设计时重点考虑了夏季的运行工况。北面 3#住宅楼所受的噪声影响最大，主要原因是 3#住宅楼的南立面正对着冷却塔及热泵机组的安装区，住宅楼阳台上的居民可以一览无遗地看到所有设备，而设备的噪声也将直接无阻挡地对住宅楼产生传播影响。

7.4.5 噪声控制设计

（1）噪声控制难度分析

商场屋顶集中布置了 6 台大型冷却塔和 6 台大型风冷热泵机组，都是大风量的风冷设备。夏季 2 台热泵机组和 6 台冷却塔同时运行，最大风量约为 $278.4×10^4 m^3/h$；冬季 6 台热泵机组和 2 台冷却塔同时运行，最大风量为 $300.8×10^4 m^3/h$。噪声控制设计时需按照风量最大的工况考虑，即 $300.8×10^4 m^3/h$，通风量很大。此外，冷却塔和热泵机组并排布置，排列紧凑，冷却塔排成 3 列，热泵机组排成 6 列，热泵机组之间的间距只有 2.5m，这使得中间部位的冷却塔和热泵的进风受到影响。因此，在确保降噪效果的条件下，如何处理好通风设计是本项目噪声控制设计的关键点，也是技术难点。

（2）声学设计

根据前文的分析可知，该项目冷却塔及热泵机组的噪声超标较多，需采用全封闭的隔声措施。结合该项目住宅楼的噪声超标量和设备的布置情况，设计中采用带消声装置的全封闭隔声棚的方式来降低冷却塔和热泵机组噪声的传播影响。隔声棚的水平投影刚好落在 6 台冷却塔和 6 台热泵机组周边的混凝土矮墙上，平面尺寸约 34m×34m，见图 16-7-21。由于冷却塔和热泵机组的高度相差较大，其所对应隔声棚的高度也设计为不同，即隔声棚设计成高低跨，冷却塔处为高跨，高度为 6.9m，热泵机组处为低跨，高度为 4.5m，见图 16-7-22。

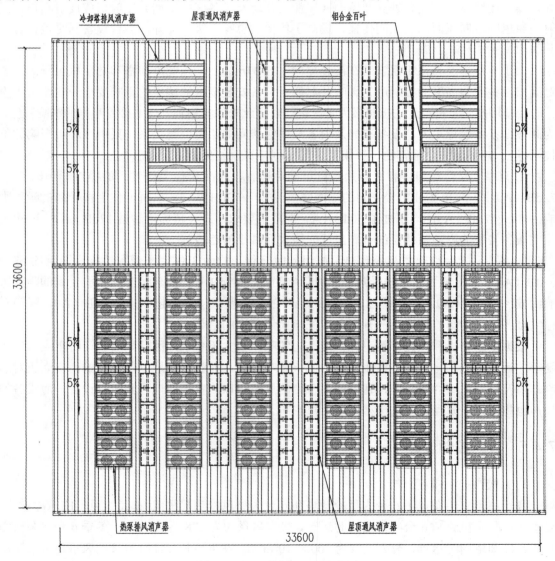

图 16-7-21　隔声棚平面示意图

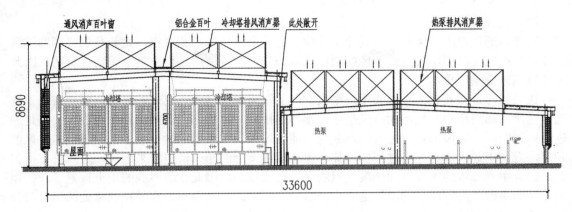

图 16-7-22 隔声棚剖面示意图

隔声棚由支承钢结构、隔声板、通风消声窗、排风消声器及屋顶通风消声器等组成，隔声棚的四侧墙体上均设置通风消声窗，通风消声窗支撑在设备区四周的混凝土矮墙上。此外，每台冷却塔和热泵机组顶部排风机的正上方各安装一台排风消声器。

根据隔声棚四个侧面噪声对住宅楼的影响程度，四侧墙体上通风消声窗的设计也有所不同，其中东侧和北侧通风消声窗的消声量大于 15dB（A），南侧通风消声窗的消声量大于 10dB（A），西侧通风消声窗的消声量大于 12dB（A）。

排风消声器采用消声量高、阻力损失小的片式阻性消声器，根据噪声超标量并考虑一定的设计余量，冷却塔排风消声器的消声量设计为大于 16dB（A），热泵机组排风消声器的消声量设计为大于 18dB（A）。排风消声器内的气流速度控制在 7m/s 以下，防止气流再生噪声影响排风消声器的消声效果。排风消声器通过渐扩导流段与冷却塔或热泵机组顶部的排风口连接，以使排风能够比较平稳均匀地进入排风消声器。

隔声棚的墙和顶均采用 1.0mm 厚的压型彩钢板。隔声棚的顶部安装 30mm 厚的无机喷涂吸声结构，隔声棚的内墙面上安装 75mm 厚的吸声结构，吸声结构的平均吸声系数大于 0.8，降低隔声棚内的混响噪声。

为增大中间冷却塔和热泵机组的进风量，在每两台冷却塔及每两台热泵机组之间的隔声棚顶上分别设计一些屋顶通风消声器。屋顶通风消声器呈长条形，高出隔声棚顶，室外空气从消声器两个侧面的进风口进入消声器内，然后经垂直的气流通道向下进入隔声棚内。进风口安装铝合金防雨百叶。屋顶通风消声器的布置及结构形式都进行了比较巧妙的非标设计，既增大了进风量，又不会产生"漏声"影响，而且还很好地控制了造价。

隔声棚高低跨过渡处的墙是敞开的，这样可以增加进风量，而通过该处传出的噪声受到隔声棚顶及排风消声器的遮挡后对住宅楼的影响较小。

该隔声棚已施工完毕，现场安装情况见图16-7-23。

图 16-7-23 隔声棚现场实景

（3）通风设计

该项目通风量大，因此通风设计是该项目的一个设计重点和难点，尤其是隔声棚的进风设计。与机械进风相比，自然进风的通风比较均匀，而且使用过程中基本无运行费用，因此该项目隔声棚采用自然进风。

该项目冷却塔和热泵机组共用一个大空间的隔声棚，这种大空间的隔声棚本身有利于通风散热。冷却塔和热泵机组的排风是通过顶部的排风消声器排至隔声棚外，而进风主要是通过隔声棚四周的通风消声窗进入隔声棚内，通过这样的气流组织设计可以拉大进风和排风的距离，有利于通风散热。不过根据计算，仅靠四周墙上的通风消声窗来进风，进风量有所欠缺，而且中间部位的冷却塔和热泵机组的进风会比较差，因此在隔声棚的顶上设置了一些屋顶通风消声器，对隔声棚的进风是一个很好的补充。此外，隔声棚高低跨过渡处的墙是敞开的，这样也可以增加进风量。

通风消声窗总的面积约 $300m^2$，通流面积率大于 42%，净的通风面积约 $126m^2$；屋顶通风消声器净的通风面积约 $100m^2$；隔声棚高低跨墙上的敞开面积约 $33m^2$。因此，总的通风面积约 $259m^2$，平均进风风速约 3.5m/s，总的进风量约 $326×10^4m^3/h$，可满足冷却塔和热泵机组的最大通风量（$300.8×10^4m^3/h$）要求。排风消声器、通风消声窗及屋顶通风消声器的阻力损失都比较低，对设备的通风散热影响很小。

（4）结构设计

隔声棚的结构按照《钢结构设计规范》进行设计。隔声棚的支撑钢结构采用门架式结构，设为高低两跨，四周的钢立柱支撑固定在混凝土矮墙上，中间的钢立柱支撑固定在屋面预留的混凝土短柱上，这样既不影响原有的结构安全，又不会破坏屋面原有的防水。排风消声器、屋顶通风消声器等均由该钢结构体系支撑固定。隔声棚墙上和顶上的隔声板通过檩条固定。

（5）其他辅助设计

隔声棚的四个角上分别设置一扇隔声门，便于巡检进出。隔声棚采用有组织排水，两侧檐口设置檐沟，用排水管把收集的雨水接至屋面原排水点。隔声棚内设置用于检修的照明。隔声棚利用屋面板作接闪器，利用钢柱作引下线，与原屋面上避雷带连接。

（6）噪声控制效果

该噪声控制工程已于 2013 年完工，经环保部门检测，噪声对邻近住宅楼的影响低于 60dB（A），满足 2 类区昼间标准的要求。目前住宅楼的居民已入住，两年多来居民反映良好，无任何噪声扰民投诉。

7.4.6 结语

大型商业建筑、公用建筑一般都采用中央空调系统，系统中配套设有冷却塔、热泵机组，这些冷却塔及热泵机组一般都露天安装在屋面上，而且冷却塔及热泵机组的噪声一般都比较高，当有居民楼、办公楼等敏感目标邻近时，冷却塔及热泵机组的噪声将不可避免地会对其产生传播影响，实际工程中因冷却塔及热泵机组的噪声影响而引起噪声超标和居民投诉的案例不胜枚举。由于冷却塔及热泵机组的噪声控制措施会增加较多的荷载，因此总体设计时就应同步进行冷却塔及热泵机组的噪声控制设计，或者是咨询声学顾问并预留噪声控制所需的荷载和预埋件，否则待设备运行后再进行被动治理的话，治理难度更大、造价也更高。

（中船第九设计研究院工程有限公司 黄青青、冯苗锋提供）

第 **8** 章　振动控制

8.1　常用机电设备隔振案例

公建配套设施中常用的机电设备如水泵、水箱、空调机组、热泵机组、冷冻机、电机、冷却塔、变压器、电抗器、柴油发电机组、动力管道、空压机等动力设备都会产生振动和噪声，这些振动和噪声都可能影响周围环境，成为一种污染源，需要进行治理。在一些工业企业中除上述设备外，还可能遇到诸如发动机、变速箱、锻压设备、破碎机等振动和噪声对周围环境的影响问题，还可能有类似于三坐标测量机、激光测量机、光学仪器等精密仪器需要非常稳定、安静的工作环境，若周围存在着振动，会影响其工作精度。上述常见机电设备都需要采取积极或消极隔振措施。一般来说，振动引起噪声，有些振动通过固体传递并激发二次噪声，成为难隔、难吸、难消的低频声。要解决这些问题，最有效的措施之一是在这些动力设备的基础或吊装上采取隔振装置，以隔离振动和噪声的传递。

本节将简要介绍常用机电设备的隔振方法、隔振器的选用及注意事项等，其中隔振器的型号、规格均系上海青浦环新减振工程设备有限公司（又名上海青浦环新减振器厂）设计制造的"环美"牌产品。"环美"牌产品的详细规格、参数等可参见本手册第 15 篇第 4 章"隔振器的选用"。

8.1.1　卧式水泵隔振

（1）概述

上海北外滩白玉兰广场办公项目中，其办公大楼 35 层为设备层，泵房使用了较多的卧式水泵，其中一台"空调热水循环泵"功率达到 90kW，会产生非常大的振动能量，若不加以有效的隔振处理，其产生的振动能量传递至建筑物结构上，不仅影响楼上楼下的房间噪声环境，而且会对建筑物本身结构造成隐患。

根据工程提供的参数，此"空调热水循环泵"为某进口品牌的卧式端吸泵，型号为 NLG200/400-90/4，其单台水泵质量达 1345kg，设备转速为 1450r/min，业主要求达到 95% 以上的隔振效率。

（2）确定隔振方式

由于水泵功率较大且位于楼层间的设备房内，位置相当敏感，为了保证隔振效率，设计了三种方式供工程选择：

① 常规隔振方式　水泵、电机、隔振台座、隔振器以及进出口管道软接管安装，如图 16-8-1 所示。

这种方式的隔振，是隔振器明露、敞开安装于钢筋混凝土隔振台座或钢架隔振台座下方，设备安装于隔振台座上。隔振台座厚度一般≥100mm，可根据水泵大小而定，安装 ZD 或 ZT 型阻尼弹簧复合减振器，一般减振器数量为每台 6 只或 6 只以上，可根据各种台座的长、宽和减振体系的重量而定，减振器可直接安装于隔振台座与基础间，上下一般不需固定，安装后通过调节中间减振器位置来使各减振器受载高度、减振器载荷基本一致。ZD 型减振器最佳载荷时固有频率在 3Hz 左右。水泵进出口管道支撑隔振选用 AT3 型或 BT3 型可调式弹簧减振器和 GZ 型管道管夹隔振座进行隔振处理，管道上安装 XGD 型橡胶挠性接管或 RGF 型不锈钢金属软管进行隔振处理。

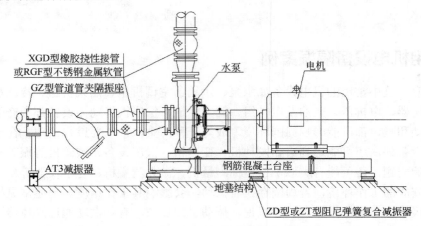

图 16-8-1　卧式水泵常规隔振示意图

②　旁托隔振方式　水泵安装于钢筋混凝土隔振台座上部（一般此种形式的台座质量为水泵质量的 1.5～2 倍左右），台座长度方向两侧设有旁托支架，选用 AT3 型或 BT3 型可调节水平弹簧减振器安装于旁托支架下部，台座底面与地面间距一般为 60mm 左右。此种隔振形式使设备重心下降，配重重，台面振幅小，被隔振设备稳定性好，如图 16-8-2 所示。

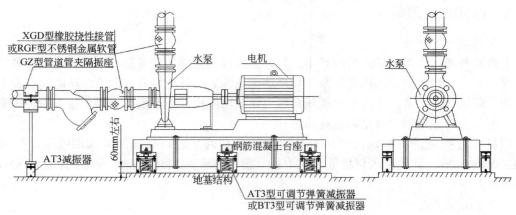

图 16-8-2　卧式水泵隔振器旁托隔振示意图

③　内嵌隔振方式　这种方式的隔振是将隔振器嵌装于钢筋混凝土隔振台座内，如图 16-8-3 所示。

钢筋混凝土台座内安装 AT3 型或 BT3 型可调节水平弹簧减振器，隔振台座质量为水泵质量的 1.5～2 倍左右，台座内部设有减振器安装位置，台座底面与地面间距一般为 60mm 左右。此种方式具有台座配重大、台面振幅小、被隔离设备稳定性好等特点，设备安装后也较整齐、美观。

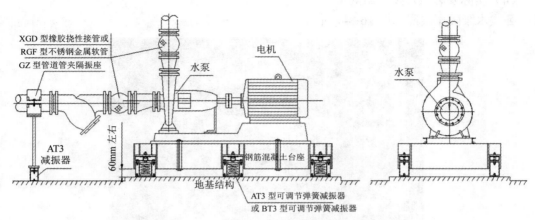

图 16-8-3　卧式水泵隔振器内嵌隔振示意图

AT3 型可调节水平弹簧减振器最大载荷时的挠度 25mm，固有频率 3.2Hz；BT3 型可调节水平弹簧减振器最大载荷时的挠度 50mm，固有频率 2.2Hz。单个产品极限载荷均不小于 160% 的最大工作载荷。

业主在征询了声学顾问公司并综合了隔振效果及性价比后，选择了第二种旁托隔振方式。

（3）隔振计算

① 设计参数

隔振设备名称：空调热水循环泵；型号：NLG200/400-90/4；转速：1450r/min；质量：1345kg；设计减振台座质量：2665kg；减振体系总质量（W）：5213kg（含 30%安全系数）。

② 减振器选用

每台选用 6 只：$W/6=869$kg/只（即单只载荷）；减振器型号：可调节水平弹簧减振器；规格：AT3-1000 减振器，单只竖向刚度 $K=40$kg/mm。

③ 设计计算

设备干扰频率：$f=n/60$　$f=24.2$Hz。隔振系统固有频率 f_0：

$$f_0 = \frac{1}{2\pi}\sqrt{\frac{9800}{\delta}} = 3.4 \text{（Hz）}$$

δ 为减振器压缩变形量，$\delta=W/K=869/40=22$（mm）

频率比：$\lambda=f/f_0=7.1$，f 为扰动频率（Hz）。

隔振效率 T 计算：$T=（1-\eta）\times100\%$

$$\eta = \sqrt{\frac{1+(2D\lambda)^2}{(1-\lambda^2)^2+(2D\lambda)^2}} = 0.03$$

（η 为传递率；D 为阻尼比，$D=0.06$）

$$T=（1-\eta）\times100\%=97\%$$

振动衰减量 $N=12.5\lg（1/\eta）=19$dB。

（4）实际安装照片及使用效果

卧式水泵隔振实照如图 16-8-4 所示。

图 16-8-4　卧式水泵隔振实照

设备安装调试完成后，对水泵隔振效果进行隔振效率实测，现场实测隔振效率为 96%，达到了设计目标及项目要求。

8.1.2　立式水泵隔振

（1）概述

上海北外滩白玉兰广场办公项目中，其办公大楼 35 层为设备层，大量的水泵及其他动力设备位于其中，其中立式水泵"消防泵"自重达 1470kg，会产生非常大的振动能量，若不加以有效的隔振处理，其产生的振动能量传递至建筑物结构上，不仅影响楼上楼下的房间噪声环境，而且会对建筑物本身结构造成隐患。

根据工程提供的参数，此"消防泵"为某进口品牌的立式多级离心泵，型号为 XBD18.6/40-WRV，业主要求达到 95% 以上的隔振效率。

（2）隔振方式的选用

由于水泵功率较大且位于楼层间的设备房内，位置相当敏感，为了保证隔振的隔振效率，故设计了两种方式供工程选择。

① 常规隔振方式　立式水泵常规隔振方式的隔振器有两种配置方式，一种是橡胶隔振器，另一种是金属弹簧减振器，两种方式的配置如图 16-8-5 所示。

由于立式水泵重心较高，一般采用钢筋混凝土隔振台座使重心下降，安装 JG 型、JSD 型橡胶剪切隔振器或 ZDII 型阻尼弹簧复合减振器。立式水泵重心一般位于设备中心部分，所以每台水泵安装 4 个隔振器即可，隔振器上部与台座固定连接，下部与基础固定连接。橡胶隔振器荷载后固有频率在 6～8Hz，阻尼比 0.08 左右；ZDII 型阻尼弹簧复合减振器固有频率较低，为 2.9～3.2Hz。

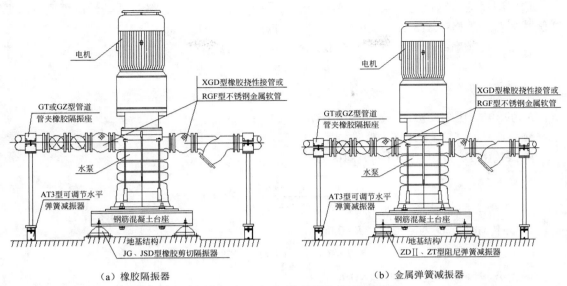

（a）橡胶隔振器　　　　　　　　　　　　（b）金属弹簧减振器

图 16-8-5　立式水泵隔振器常规隔振示意图

② 旁托隔振方式　这种隔振方式是隔振台座两侧设有旁托支架，选用 AT3 或 BT3 型可调节水平弹簧减振器隔振。减振器安装于旁托支架的下部，如图 16-8-6 所示。

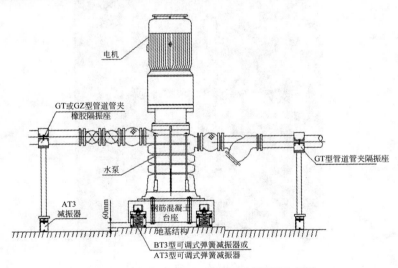

图 16-8-6　立式水泵隔振器旁托隔振示意图

钢筋混凝土台座厚度为 150～400mm 左右（根据设备大小、重量而定），台座底面与地面间距一般为 60mm 左右。立式水泵高度高，隔振台座可使设备整体重心下降，设备运行时稳定性更好，台面振幅减小。

业主在征询了声学顾问公司并综合了隔振效果及性价比后，选择了第二种旁托隔振方式。

（3）隔振设计计算

隔振设备名称：消防泵；型号：XBD18.6/40-WRV；转速：1450r/min；质量：1470kg；设计减振台座质量：1782kg；减振体系总质量（W）：4228kg（含 30%安全系数）。

选用减振器，每台选用 4 只：$W/4$=1057kg/只（即单只载荷）；减振器型号：可调节水平弹簧减振器；规格：AT3-1200 减振器，单只竖向刚度 K=48kg/mm。

设备干扰频率：$f=n/60$　f=24.2Hz。隔振系统固有频率 f_0：

$$f_0 = \frac{1}{2\pi}\sqrt{\frac{9800}{\delta}} = 3.4 \text{（Hz）}$$

δ 为减振器压缩变形量，$\delta=W/K$=1057/48=22（mm）。

频率比：$\lambda=f/f_0$=7.1，f 为扰动频率（Hz）。

隔振效率 T 计算：$T=(1-\eta)\times100\%$

$$\eta = \sqrt{\frac{1+(2D\lambda)^2}{(1-\lambda^2)^2+(2D\lambda)^2}} = 0.03$$

（η 为传递率；D 为阻尼比，D=0.06）

$$T=(1-\eta)\times100\%=97\%$$

振动衰减量 N=12.5lg（$1/\eta$）=19dB。

（4）实际安装照片及使用效果

立式水泵隔振实照如图 16-8-7 所示。

图 16-8-7　立式水泵隔振实照

设备安装调试完成后，对水泵隔振效果进行隔振效率实测，现场实测隔振效率为 96%，达到了设计目标及项目要求。

8.1.3　空调热泵机组隔振

（1）概述

苏州新恒通项目中，其大楼屋顶安装有 4 台大型热泵机组，其设备单台自重就达到 4t 多，会产生非常大的振动能量，若不加以有效的隔振处理，其产生的振动能量传递至建筑物结构上，不仅影响楼下的房间噪声环境，而且会对建筑物本身结构造成隐患。

根据工程提供的参数，此机组为某进口品牌的模块式风冷热泵机组，型号为 CGAM140，其单台设备质量达 4351kg，转速为 1450r/min，业主要求达到 95% 以上的隔振效率。

（2）隔振方式的选定

空调、热泵机组隔振，一般采用 ZD 型阻尼弹簧复合减振器直接安装于设备与基础之间，也可选用 AT3、BT3 型可调式弹簧减振器，数量为每台 8 只或 8 只以上，若机组底部配有钢架座，但钢架座刚性达不到强度要求时，则需另行增加安装槽钢型钢架座。四角 4 个减振器可与上部钢架座固定，下部不固定，中间减振器可不固定，安装后通过调节移动中间减振器位置来使各减振器受载高度基本一致。若在房顶考虑到台风、地震等特殊影响，减振器也可上下全部固定。选用减振器时，机组以运行质量计算，机组质量加动扰力为隔振体系总质量。进出口管道上需安装 XGD 型橡胶挠性接管或 RGF 型金属软管。热泵机组隔振示意图如图 16-8-8 所示。

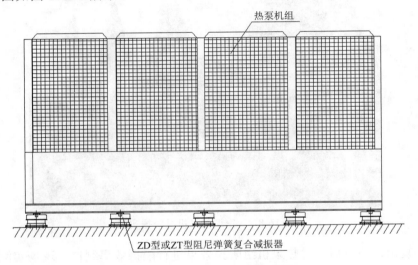

图 16-8-8　热泵机组隔振示意图

（3）隔振设计计算

隔振设备名称：模块式风冷热泵机组；型号：CGAM140；转速：1450r/min；质量：4351kg；减振体系总质量（W）：5656kg（含 30% 安全系数）。

选用减振器，每台选用 8 只：$W/8$=707kg/只（即单只载荷）；减振器型号：阻尼弹簧复合减振器；规格：ZD-820 减振器，单只竖向刚度 K=23kg/mm。

设备干扰频率：$f=n/60$　f=24.2Hz。隔振系统固有频率 f_0：

$$f_0 = \frac{1}{2\pi}\sqrt{\frac{9800}{\delta}} = 2.8 （Hz）$$

δ 为减振器压缩变形量，$\delta=W/K$=707/23=31（mm）。

频率比：$\lambda=f/f_0$=8.6，f 为扰动频率（Hz）。

隔振效率：$T=(1-\eta)\times100\%$

$$\eta = \sqrt{\frac{1+(2D\lambda)^2}{(1-\lambda^2)^2+(2D\lambda)^2}} = 0.02$$

（η 为传递率；D 为阻尼比，$D=0.06$）

$$T = （1-\eta）\times 100\% = 98\%$$

振动衰减量 $N=12.5\lg（1/\eta）=21\mathrm{dB}$。

（4）实际安装照片及使用效果

空调热泵机组隔振实照如图 16-8-9 所示。

图 16-8-9　空调热泵机组隔振实照

设备安装调试完成后，对热泵机组隔振效果进行隔振效率测试，现场实测隔振效率为 97%，达到了设计目标及项目要求。

8.1.4　冷冻机组隔振

（1）概述

古北 SOHO 项目中的冷冻机房内安装有 1 台大型冷冻机组，其设备单台自重为 17t，它所产生的振动不仅影响周围的房间噪声环境，而且会对建筑物本身结构造成隐患。

根据工程提供的参数，此机组为某进口品牌冷冻机，型号为 19XR-4-65-67，转速为 2950r/min，业主要求达到 95%以上的隔振效率。

（2）隔振方式的选定

由于此项目隔振要求较高，故设计了两种隔振方式供项目选定：一种是减振器直接安装于冷冻机和基础面之间；另一种是冷冻机置于隔振台座上，在隔振台座和基础面之间安装隔振器。图 16-8-10 为减振器直接安装于冷冻机两边脚下的示意图。

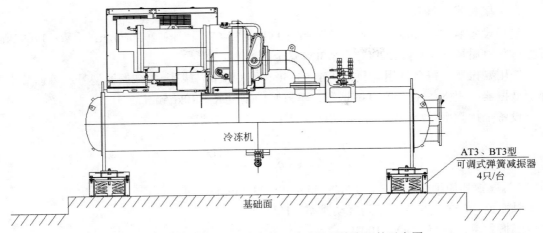

图 16-8-10　减振器直接安装于冷冻机两边脚下的示意图

减振器直接安装在两边脚下，减振器上部与脚孔连接固定，此种方式要详细计算其四角质量后，配置不同规格荷载的减振器与其相匹配，一般离心式冷冻机采用 AT3 型可调式弹簧减振器，螺杆式冷冻机采用 BT3 型可调式弹簧减振器，都可微调其水平。AT3 型可调节水平弹簧减振器挠度约为 25mm，固有频率 3.2Hz。BT3 型可调节水平弹簧减振器挠度约为 50mm，固有频率 2.2Hz，固有频率低，隔振效率高。管道上需安装 XGD 型橡胶挠性接管或 RGF 型金属软管。

图 16-8-11 为冷冻机下面配置隔振台座的示意图，这种隔振方式使设备重心下降，也有利于减振器的安装。由于配置了刚度较好的钢筋混凝土隔振台座或钢架台座，不需要详细选配不同规格的减振器，只要安装同一规格的 JZD 型防剪切阻尼弹簧减振器，调节中间减振器的位置，使各个减振器受载高度基本一致就可以了。这种隔振方式振幅小、稳定性好，隔振效率更优。JZD 型防剪切阻尼弹簧减振器配有横向限位和阻尼装置，能够承受一定的横向剪切力，提高了横向水平刚度和隔振效率，单只载荷可达 9500kgf，最佳载荷时挠度为 25mm，固有频率 3.2Hz。

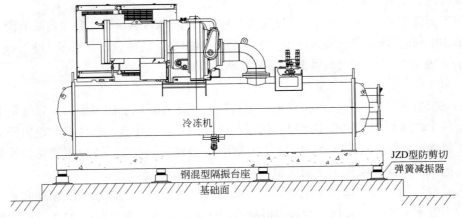

图 16-8-11　冷冻机下面配置隔振台座示意图

业主在征询了声学顾问公司并综合了隔振效果及性价比后，选择了第一种隔振方式。

（3）隔振设计计算

隔振设备名称：离心式冷冻机；型号：19XR-4-65-67；转速：2950r/min；质量：17092kg；减振体系总质量（W）：22220kg（含 30%安全系数）。

选用减振器，每台选用 4 只：$W/4$=5555kg/只（即单只载荷）；减振器型号：可调节水平弹簧减振器；规格：AT3-6000 减振器，单只竖向刚度 K=240kg/mm。

设备干扰频率：$f = n/60$　f=49.2Hz。隔振系统固有频率 f_0：

$$f_0 = \frac{1}{2\pi}\sqrt{\frac{9800}{\delta}} = 3.3 \text{（Hz）}$$

δ 为减振器压缩变形量，$\delta=W/K$=5555/240=23（mm）。

频率比：$\lambda=f/f_0$=14.9，f 为扰动频率（Hz）。

隔振效率：$T=（1-\eta）\times100\%$

$$\eta = \sqrt{\frac{1+(2D\lambda)^2}{(1-\lambda^2)^2+(2D\lambda)^2}} = 0.01$$

（η 为传递率；D 为阻尼比，D=0.06）

$$T=（1-\eta）\times100\%=99\%$$

振动衰减量 N=12.5lg（$1/\eta$）=25dB。

（4）实际使用效果

设备安装调试完成后，对冷冻机组隔振效果进行隔振效率测试，现场实测隔振效率为99%，达到设计目标及项目要求。

8.1.5　风机隔振

（1）概述

现代工程中会大量使用通风设备，其隔振问题比较普遍。例如上海长宁来福士项目地下一层设备房内有多台风机，既有落地安装，又有悬吊式安装。

根据工程提供的参数：落地式安装风机型号为 HTFC-V-9#A，其单台设备质量为 1625kg，转速为 1450r/min；悬吊式安装风机型号为 HTFC-II-28″A，其单台设备质量为 871kg，转速为 1450r/min。业主要求达到 95%以上的隔振效率。

（2）确定隔振方式

落地式安装的风机，每台风机隔振一般选用 6 只或 6 只以上的减振器，以便调节减振器荷载，使各个减振器的荷载基本一致。为减小风机振动向外传递，在风机的进出管道上需要安装风管软接。根据不同转速、干扰频率可选用 JG 型橡胶隔振器或 ZD 型阻尼弹簧复合减振器隔振。风机落地安装隔振示意图如图 16-8-12 所示。

悬吊式安装的风机，每台风机隔振一般选用 4 只减振器。为减小风机振动向外传递，在风机的进出管道上需要安装风管软接。根据不同转速、干扰频率可选用 AT4 型吊架弹簧橡胶复合减振器或 XHS 型吊架弹簧减振器。风机悬吊安装隔振示意图如图 16-8-13 所示。

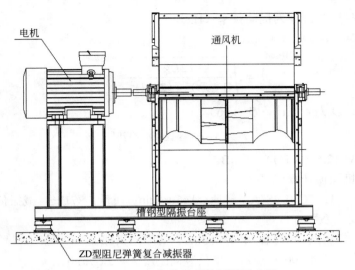

图 16-8-12　风机落地安装隔振示意图

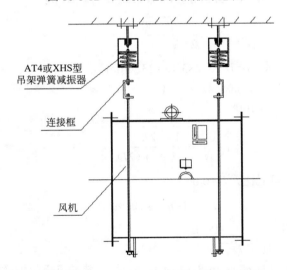

图 16-8-13　风机悬吊安装隔振示意图

（3）隔振设计计算

① 落地式风机隔振计算

隔振设备型号：HTFC-V-9#A；转速：1450r/min；质量：1625kg；设计减振台座质量：200kg；减振体系总质量（W）：2373kg（含 30%安全系数）。

选用减振器，每台选用 8 只：$W/8=297$kg/只（即单只载荷）；减振器型号：阻尼弹簧复合减振器；规格：ZD-320 减振器，单只竖向 $K=12.7$kg/mm。

设备干扰频率：$f=n/60$　$f=24.2$Hz。隔振系统固有频率 f_0：

$$f_0 = \frac{1}{2\pi}\sqrt{\frac{9800}{\delta}} = 3.3\ (\text{Hz})$$

δ 为减振器压缩变形量，$\delta=W/K=297/12.7=23$（mm）。

频率比：$\lambda = f / f_0 = 7.3$，f 为扰动频率（Hz）。

隔振效率：$T = （1-\eta）\times 100\%$

$$\eta = \sqrt{\frac{1+(2D\lambda)^2}{(1-\lambda^2)^2+(2D\lambda)^2}} = 0.03$$

（η 为传递率；D 为阻尼比，$D=0.06$）

$$T = （1-\eta）\times 100\% = 97\%$$

振动衰减量 $N = 12.5\lg（1/\eta）= 19\text{dB}$。

② 悬吊式风机隔振计算

隔振设备型号：HTFC-II-28"A；转速：1450r/min；质量：871kg；减振体系总质量（W）：1132kg（含30%安全系数）。

选用减振器，每台选用 4 只：$W/4=283\text{kg}/$只（即单只载荷）；减振器型号：吊架弹簧橡胶复合减振器；规格：AT4-300 减振器，单只竖向刚度 $K=12\text{kg/mm}$。

设备干扰频率：$f = n/60$　$f = 24.2\text{Hz}$。隔振系统固有频率 f_0：

$$f_0 = \frac{1}{2\pi}\sqrt{\frac{9800}{\delta}} = 3.3（\text{Hz}）$$

δ 为减振器压缩变形量，$\delta = W/K = 283/12 = 23（\text{mm}）$。

频率比：$\lambda = f / f_0 = 7.3$，f 为扰动频率（Hz）。

隔振效率：$T = （1-\eta）\times 100\%$

$$\eta = \sqrt{\frac{1+(2D\lambda)^2}{(1-\lambda^2)^2+(2D\lambda)^2}} = 0.03$$

（η 为传递率；D 为阻尼比，$D=0.06$）

$$T = （1-\eta）\times 100\% = 97\%$$

振动衰减量 $N = 12.5\lg（1/\eta）= 19\text{dB}$。

（4）实际安装照片及使用效果

落地安装的风机隔振实照如图 16-8-14 所示。悬吊安装的风机隔振实照如图 16-8-15 所示。

图 16-8-14　风机落地安装隔振照片

图 16-8-15　风机悬吊安装隔振照片

设备安装调试完成后，对风机隔振效果进行隔振效率实测，落地式风机现场隔振效率为97%，悬吊式风机现场隔振效率为96%，达到设计目标及项目要求。

8.1.6 冷却塔隔振

（1）概述

上海白玉兰酒店项目中，屋顶上安装有 2 台冷却塔，两台连成一体式，连接后设备总长度约 13m，运行总质量达 49t。冷却塔运行时产生的振动以及振动引起的二次噪声对楼下敏感房间带来较大的影响，要求进行隔振处理。

根据工程提供的参数，冷却塔型号为 NC8412×2，设备质量为 49330kg，转速为 390r/min，业主要求达到 80%以上的隔振效率。

（2）确定隔振方式

冷却塔的转速一般都比较低，其干扰频率有两种：低频干扰和高频干扰。在选用冷却塔隔振器时，特别要注意低频干扰频率的影响问题。为保证频率比 $f/f_0 > 2.5$ 和隔振效率≥80%，首先要隔离低频振动传递（一般高频振动的隔离比较容易）。冷却塔设备安装于整体槽钢（或工字钢）台座上，整体台座下部安装可调节水平弹簧减振器，可选用 BT3 型或 CT3 型低频可调节水平弹簧减振器，单个最大荷载时挠度分别为 50mm 和 75mm，相对应的固有频率很低，是 2.2Hz 和 1.8Hz，能够隔离低频的干扰。减振器的两边均配有限位装置，当冷却塔维修保养需排空水时，减振器不会无限顶升而拉损连接管道。同时，在冷却塔进出口管道上应安装 XGD 型橡胶挠性接管或 RGF 型金属软管。图 16-8-16 为冷却塔隔振示意图。

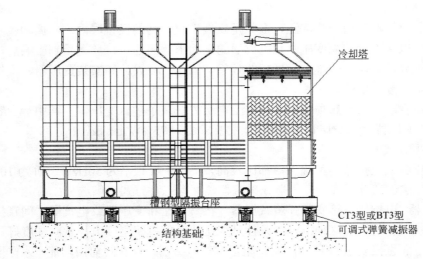

图 16-8-16　冷却塔隔振示意图

（3）隔振设计计算

隔振设备名称：冷却塔；型号：NC8412×2 型冷却塔；转速：390r/min；质量：49330kg；设计减振台座质量：2000kg（台座外形尺寸：12884mm×6833mm×200mm）；减振体系总质量（W）：66729kg（含 30%安全系数）。

选用减振器，每台选用 28 只：$W/28$=2383kg/只（即单只载荷）；减振器型号：可调节水平弹簧减振器；规格：BT3-2400 减振器，单只竖向刚度 K=48kg/mm。

设备干扰频率：$f=n/60$　f=6.5Hz。隔振系统固有频率 f_0：

$$f_0 = \frac{1}{2\pi}\sqrt{\frac{9800}{\delta}} = 2.3 \text{（Hz）}$$

δ 为减振器压缩变形量，$\delta=W/K$=2383/48=49（mm）。

频率比：$\lambda=f/f_0$=2.8，f 为扰动频率（Hz）。

隔振效率 T 计算：$T=(1-\eta)\times100\%$

$$\eta = \sqrt{\frac{1+(2D\lambda)^2}{(1-\lambda^2)^2+(2D\lambda)^2}} = 0.15$$

（η 为传递率；D 为阻尼比，D=0.06）

$$T=(1-\eta)\times100\%=85\%$$

振动衰减量 N=12.5lg（$1/\eta$）=10dB。

（4）实际使用效果

设备安装调试完成后，对冷却塔隔振效果进行隔振效率实测，现场实测隔振效率为83%，冷却塔振动对楼下敏感房间的影响已达到了相关标准规定。

8.1.7　变压器隔振

（1）概述

变压器、电抗器应用十分广泛，多数是安装于建筑物的设备层内，其振动会对周围环境带来污染，但以往不太重视变压器和电抗器的振动影响问题，待环境受到影响后，再去采取隔振措施，十分被动，也较难取得理想的效果。因此，在设计和安装变压器、电抗器时就采取隔振措施是十分必要的。

上海虹桥会展中心酒店项目中，一楼变电房内安装了多台变压器，其中一台容量较大，系 35kV 干式变压器，自身质量达 43t，业主要求达到 95% 以上的隔振效率。

（2）隔振方式的选定

由于变压器或电抗器的干扰频率都比较高，一阶干扰频率为 50Hz，二阶为 100Hz，三阶为 200Hz，都属于高频干扰。变压器或电抗器隔振有三种方式可供选择：

① 变压器、电抗器直接安装弹簧减振器　在基础面和变压器或电抗器之间直接安装减振器，如图 16-8-17 所示，这种方式的条件是变压器底座机架刚度大，承载强度好。可在变压器底座机架下面直接安装 JZD 型防剪切阻尼弹簧减振器，具有防剪切功能，水平刚度大，被隔振设备稳定性好。四角 4 个减振器上部需与底座机架连接固定，下部不需固定，其余中间减振器可不固定，当设备重心有偏差时可移动中间减振器位置，使各减振器受载高度基本一致，设备保持水平。

② 配置隔振台座和双层隔振　当变压器或电抗器底座机架刚度和强度较差时，就需要在变压器或电抗器的底座机架下部设计、安装强度较高的钢筋混凝土隔振台座（或钢架型隔振台座），如图 16-8-18 所示。在变压器和隔振台座之间安装 GL 型橡胶隔振垫，在隔振台座和

地基之间安装 ZD 型或 JG 型阻尼弹簧复合减振器，形成双层隔振。

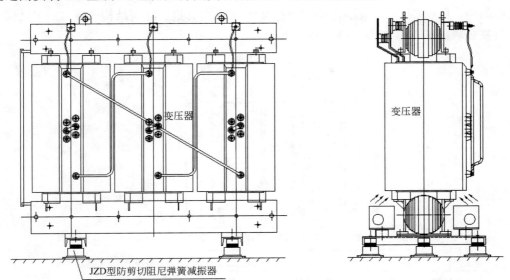

图 16-8-17　变压器或电抗器下面直接安装弹簧减振器示意图

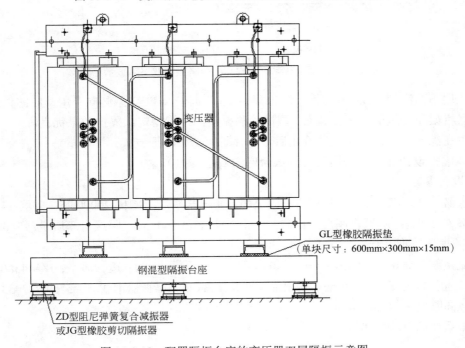

图 16-8-18　配置隔振台座的变压器双层隔振示意图

GL 型橡胶隔振垫安装在变压器底座机架与隔振台座之间，能起到复合隔振和干摩擦固定的作用，GL 型橡胶隔振垫每块规格 600mm×300mm×15mm，上部为平面，下部为凹槽型。ZD 型阻尼弹簧减振器或 JG 型橡胶剪切隔振器直接安装在隔振台座与地基之间，不需固定连接，当设备重心有偏差时可移动中间减振器位置，使各减振器受载高度基本一致，设备保持水平。

③ 浮筑结构和橡胶隔振垫双层隔振　在整个变压器房或者变压器区域下部采用浮筑结构隔振隔声，再将 GL 型橡胶隔振垫安装在变压器底座机架与浮筑结构（浮筑层）之间，形成双层复合隔振结构，如图 16-8-19 所示。

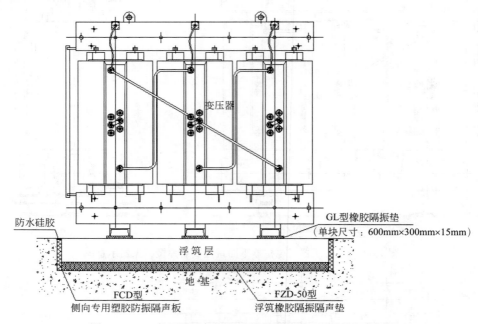

图 16-8-19　变压器浮筑结构和橡胶隔振垫双层隔振示意图

浮筑层下面满铺 FZD-50 型橡胶隔振隔声垫，侧向安装 FCD 型侧向专用塑胶防振隔声板，在变压器机架和浮筑层之间安装 GL 型橡胶隔振垫，结构稳定，隔振效果优良。

业主在综合了隔振效果及性价比后，选择了第二种隔振方式。

（3）隔振设计计算（采用配置隔振台座的双层隔振方案）

① 设备参数

变压器生产厂家：三变科技股份有限公司；变压器型号：SC10-20000/35；自重：43640kg；干扰频率 f：50Hz；隔振台座尺寸：3722mm×1979mm×160mm；隔振台座质量：740kg。

② 减振器选型及计算

减振系统总质量：43640+740=44380（kg）；安全系数：30%；运行质量：W=44380kg×1.3=57694kg，选用 17 个 JZD-15 型防剪切阻尼弹簧减振器，单只减振器承载 W_1=57694/17=3394（kg）。减振器竖向刚度 K=120kg/mm。

隔振系统固有频率 f_0：

$$f_0 = \frac{1}{2\pi}\sqrt{\frac{9800}{\delta}} = 2.98 \text{（Hz）}$$

δ 为减振器压缩变形量，$\delta=W_1/K$=3394/120=28（mm）。

频率比：$\lambda=f/f_0$=50/2.98=16.78。

隔振效率 T 计算：T=（1−η）×100%

$$\eta = \sqrt{\frac{1+(2D\lambda)^2}{(1-\lambda^2)^2+(2D\lambda)^2}} = 0.009$$

（η 为传递率；D 为阻尼比，D=0.065）

$$T=（1-\eta）\times100\%=99.1\%$$

振动衰减量 N=12.5lg（$1/\eta$）=25dB。

（4）实际安装照片及使用效果

变压器隔振照片如图 16-8-20 所示。

图 16-8-20　变压器隔振照片

　　设备安装调试完成后，对变压器隔振效果进行测试，现场实测隔振效率为 96%，达到设计目标及项目要求。

8.1.8　柴油发电机组隔振

（1）概述

上海杨浦 311 酒店项目地下机房内安装了 2 台柴油发电机组，设备型号为 C690 D5，其单台设备质量为 4700kg，转速为 1500r/min。由于柴油发电机组由柴油发动机和电机等组成，其功率较大，运行时会产生较大的振动和噪声，故业主要求达到 95% 以上的隔振效率。

（2）隔振方式的确定

每台柴油发电机组下面安装 6 只或 6 只以上的 AT3 型或 BT3 型可调节水平弹簧减振器，挠度为 25mm、50mm，固有频率为 3.2Hz、2.5Hz。也可选用 ZD 型阻尼弹簧复合减振器。本项目业主结合声学顾问及项目监理的要求，选择了 AT3 型减振器直接置于设备底部的方式，如图 16-8-21 所示。

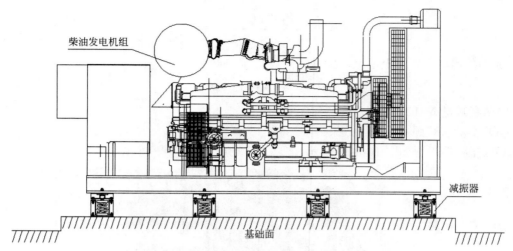

图 16-8-21 柴油发电机组隔振示意图

（3）隔振设计计算

隔振设备名称/型号：C690 D5 柴油发电机组；转速：1500r/min；运行质量：4700kg；减振体系总质量（W）：5640kg（含 20%安全系数）。

选用减振器，每台选用 6 只：$W/6$=940kg/只（即单只载荷）；减振器类型：弹簧减振器；规格：BT3-1000。单只竖向刚度 K=20kg/mm。

设备干扰频率：$f = n/60$ f=25Hz。隔振系统固有频率 f_0：

$$f_0 = \frac{1}{2\pi}\sqrt{\frac{9800}{\delta}} = 2.3（Hz）$$

δ 为减振器压缩变形量，$\delta=W/K$=47mm。

频率比：$\lambda=f/f_0$=10.9，f 为扰动频率（Hz）。

隔振效率 T 计算：T=（$1-\eta$）×100%

$$\eta = \sqrt{\frac{1+(2D\lambda)^2}{(1-\lambda^2)^2+(2D\lambda)^2}} = 0.015$$

（η 为传递率；D 为阻尼比，D=0.065）

$$T=（1-\eta）×100\%=98\%$$

振动衰减量 N=12.5lg（$1/\eta$）=22dB

（4）实际使用效果

设备安装调试完成后，对柴油发电机组隔振效果进行隔振效率实测，隔振效率达到 98%，优于设计要求。

8.1.9 发动机试验平台隔振

（1）概述

奇瑞汽车有限公司安徽芜湖总部工厂的动力总成实验室内设计安装有近 40 个试验平台，厂房内又有大量的精密测试仪器，由于发动机、测功机、变速箱等安装于试验平台上，当发动机运转时产生的振动能量较大，若不采取有效的隔振措施，将会对周围环境带来影响，也会影响精密仪器仪表的正常使用。故业主要求对所有试验平台进行隔振处理，并要求达到 90% 以上的隔振效率。

（2）隔振方式的选用

由于此项目实验平台数量众多，且要求很高，故设计了三种隔振方式供工程选择，隔振设计安装示意图如图 16-8-22 所示。

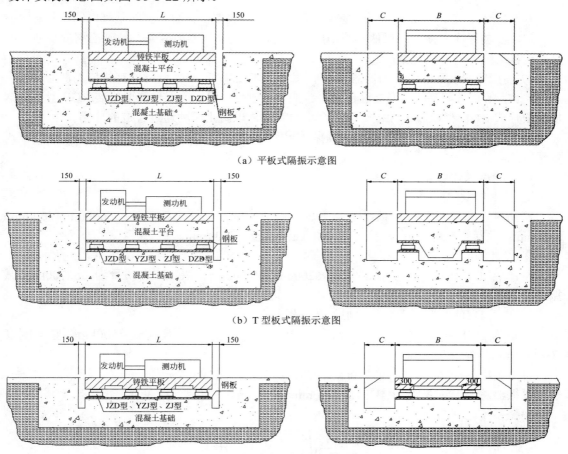

（a）平板式隔振示意图

（b）T 型板式隔振示意图

（c）单层铸铁平板式隔振示意图

图 16-8-22　发动机试验平台三种隔振方案示意图

（3）发动机试验平台隔振设计的几点说明：

① 试验平台选用隔振器的数量以不少于 6 只为宜，单只隔振器的载荷最好接近最佳载荷点。发动机干扰频率 f 与隔振器固有频率 f_0 之比应 $\geqslant 2.5$，以保证具有较高的隔振效率。

② 隔振器安装在坑内或地下一层，铸铁平板基本与地面持平，长度方向与坑通道之间距离 C 一般应 $\geqslant 700\text{mm}$，以便安装隔振器及水管检修。

③ 隔振平台（混凝土平台及铸铁平板，也称质量块）尺寸（$L \times B$）根据发动机、测功机及试验室情况而定。混凝土平台厚度最好在 600mm 左右，以保证试验平台具有较大的质量和刚性，能减小试验平台台面振幅，提高水平刚度。

④ 混凝土平台下部及混凝土基础上部与隔振器安装部位需预制通长条钢板，以保证水平，并能提高混凝土平台受力处的强度（钢板宽度须大于减振器宽度，厚度≥10mm）。

⑤ 设计方案（c）为铸铁平板下直接安装隔振器，可节省施工时间，但主要用于小型发动机试验台隔振。铸铁平板厚度一般≥300mm，要根据发动机的功率大小和发动机、测功机的质量而定，需保证平板的强度和质量。铸铁平板底部两边长度方向须留有宽度≥300mm 的空当，以便于安装隔振器。

⑥ 试验台重心一般是对称的，隔振器可直接均布放置在试验平台与基础之间，上下均不需固定，安装更换方便，隔振器不能凸出平台外。安装隔振器前应先在基础上测量、划线，以确定各隔振器的安装位置。

⑦ 隔振器安装后，由于隔振器刚度小，固有频率低，试验平台可能有些晃动，待发动机水管、油管等连接好后，也能提高试验平台的整体刚度，但管道上也需要安装 RGF 型不锈钢金属软管或 XGD 型橡胶挠性接管等刚度小的软管，以防止振动通过管道的传递。

业主在征询了专家意见并综合了隔振效果及性价比后，选择了（b）即第二种 T 型板式隔振方式。

（4）隔振设计计算

① 技术参数

发动机、测功机、变速箱及基座等总重：5310kg；铸铁平板尺寸：6600mm×6000mm×250mm；质量：42000kg；动扰力约1000kg；怠速：750r/min。

② 设计混凝土平台

设计混凝土平台尺寸为：6800mm×6200mm×500mm；混凝土平台质量为：52700kg；减振系统总质量为：101010kg。

③ 选用 DZD 型低频大载荷阻尼弹簧隔振器

规格为 DZD-4500 型，单只荷载范围 2060～6000kgf，最佳荷载 4500kgf，竖向刚度104.8kg/mm，阻尼比 0.065。

每台选用隔振器 22 个，单个荷载 101010kgf/22=4591.4kgf。

隔振器总变形量 δ=4591.4kg/104.8kg/mm=43.8mm。

隔振系统固有频率 f_0：

$$f_0 = \frac{1}{2\pi}\sqrt{\frac{9800}{\delta}} = 2.37 \ (\text{Hz})$$

当发动机转速频率 f 与隔振器固有频率 f_0 相等，即 f/f_0=1 时，为共振点，此时发动机转速为 142r/min。经计算，即 101～202r/min 为共振区，101r/min 以下无隔振效果，发动机在怠速 750r/min 时隔振效率可达 96%以上，当发动机在 1000r/min 以上时隔振效率可达 97%以上，固体传声基本隔除，效果较佳。

④ 隔振平台振幅及隔振效率计算

若以发动机转速 1000r/min 为例，隔振平台的振幅 X_0 可按下式计算：

$$X_0 = \frac{F_0}{K \times \sqrt{\left[1-(f/f_0)^2\right]^2 + 4\xi^2(f/f_0)^2}}$$

式中，扰动力 F_0=980kg（估算）；隔振器总刚度 K=22×104.8kg/mm=2305.6kg/mm；干扰

频率 f=1000/60=16.7（Hz）；固有频率 f_0=2.37Hz；隔振器阻尼比 ξ=0.065。

隔振平台振幅 X_0=0.009mm

传递率 T_a=1/[$(f/f_0)^2-1$]=0.021

隔振效率 T=（1-T_a）×100%=97.9%

（5）实际使用效果

设备安装调试完成后，对隔振系统进行隔振效率测试，现场实测隔振效率为97%，优于设计要求。

8.1.10 锻锤隔振

（1）概述

锻锤是一种大型冲击设备，其传递的振动会严重影响建筑物，甚至能使地基开裂。对于敏感建筑物以及有振动要求的精密设备影响更为突出。江苏常州苏晶电子有限公司厂区内安装有一台锻锤，需进行隔振处理。

根据需方提供的参数，此设备为一台空气锻锤，锤头质量750kg，打击能量19kJ，其单台设备质量达26000kg，业主要求隔振后振动传递明显改善。

（2）隔振方式的确定

锻锤的隔振方式不同于一般的回转式机械设备，必须根据锻锤的基本尺寸、类型、落体（锤头）的质量、落体的最大速度、砧座与机架的质量、每分钟冲击数及锻锤混凝土平台、混凝土基础允许的振幅及振动速度来设计混凝土平台的尺寸、质量及隔振器的型号规格。

混凝土平台平面尺寸可根据锻锤外形尺寸、现场布置情况等，由用户确定，厚度可根据混凝土平台质量而定。按混凝土平台外形尺寸及质量来确定隔振器的型号和数量，隔振器固有频率一般为 3～4Hz，可选用 YD 型和 YZJ 型大荷载大阻尼弹簧隔振器。该型隔振器下部配有阻尼器和高效黏滞性进口阻尼脂，阻尼比为 0.12～0.25，隔振器单个荷载 1000～50000kgf，最佳荷载时挠度 25mm，固有频率 3.2Hz。锻锤隔振必须注意"三心合一"的问题，即机架砧座和混凝土平台的质心、落体打击中心和隔振器的刚度中心应在同一个垂线上。隔振器的阻尼比要≥0.10，阻尼比大，锻锤冲击过后，锻锤能迅速回到平衡位置，同时可抑制减振弹簧的波动和平台的振幅。锻锤隔振的示意图如图 16-8-23 所示。

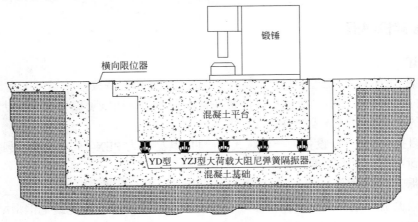

图 16-8-23　锻锤隔振示意图

（3）隔振器的安装及效果

经设计选型后，确定了混凝土平台的总质量为 150t，系统选择 12 个弹簧减振器，具体型号为 YD-15000 型。隔振器现场安装照片如图 16-8-24 所示。

图 16-8-24　隔振器现场安装照片

设备安装调试完成后，对隔振系统进行隔振效率实测，现场实测隔振效率为 82%，振动衰减明显，达到了设计要求。

8.1.11　破碎机隔振

（1）概述

上海上钢三厂的石灰工程项目，安装有一台破碎机，由于其安装位置位于离地 24m 高的钢结构厂房内，而且破碎机产生的振动能量非常剧烈，若不加以隔振处理，振动将严重影响钢结构厂房的焊接寿命，造成严重的安全隐患。

根据项目提供的资料，设备为一台颚式破碎机，其型号为 PEX-25CX1200，转速 330r/min，业主要求达到 80% 以上的隔振效率。

（2）隔振方式的确定

破碎机隔振需有刚性大的减振台座（一般为钢筋混凝土减振台座或全钢型减振台座），厚度不小于 200mm，减振器可选用 JZD（或 DJZD）型防剪切阻尼弹簧减振器或 ZD 型阻尼弹簧复合减振器，如安装 DTJ 型大载荷大阻尼弹簧隔振器，其阻尼比大，台面振幅小，隔振效果更优，均能有效地隔离破碎机振动，同时能有效地控制设备振幅。破碎机隔振的示意图如图 16-8-25 所示。

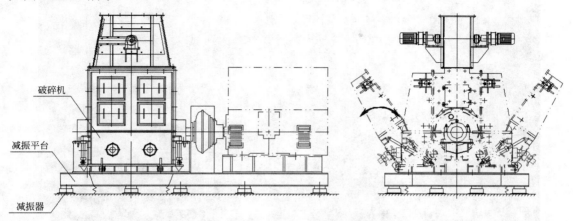

图 16-8-25　破碎机隔振示意图

（3）隔振设计计算

隔振设备名称/型号：PEX-25CX1200 型破碎机；转速：330r/min；质量：8500kg；设计减振台座质量：3250kg（由于位于钢结构厂房内允许承重较小，故未采用钢筋混凝土结构，而采用全钢型减振台座）；减振体系总质量（W）：15275kg（含 30%安全系数）。

选用减振器，每台选用 10 只：$W/10$=1528kg/只（即单只载荷）；减振器型号：防剪切低频阻尼弹簧减振器；规格：DJZD-1500 减振器，单只竖向刚度 K=20kg/mm。

设备干扰频率：$f = n/60$　f=5.5Hz。隔振系统固有频率 f_0：

$$f_0 = \frac{1}{2\pi}\sqrt{\frac{9800}{\delta}} = 1.8 \ (\text{Hz})$$

δ 为减振器压缩变形量，$\delta = W/K = 1528/20 = 76$（mm）。

频率比：$\lambda = f/f_0 = 3.1$，f 为扰动频率（Hz）。

隔振效率 T 计算：$T = (1-\eta) \times 100\%$

$$\eta = \sqrt{\frac{1+(2D\lambda)^2}{(1-\lambda^2)^2+(2D\lambda)^2}} = 0.13$$

（η 为传递率；D 为阻尼比，D=0.06）

$$T = (1-\eta) \times 100\% = 87\%$$

振动衰减量 $N = 12.5\lg(1/\eta) = 11\text{dB}$。

（4）实际安装照片及使用效果

破碎机隔振装置安装照片如图 16-8-26 所示。

设备安装调试完成后，对隔振系统进行隔振效率测试，现场实测隔振效率为 84%，达到了设计要求。

图 16-8-26　破碎机隔振现场实照

8.1.12　动力管道隔振

（1）概述

随着国家环保要求的提高，工程对设备底部隔振一般都较为重视，但容易对动力管道的振动处理有所疏忽。动力管道如冷热水管、风管、输气管等，其一方面和动力设备相连，动力设备的振动通过管道向外传播；另一方面动力管道内输送的物质由于有一定速度和冲击力也会产生二次振动。虽然动力管道上多数已安装了诸如橡胶挠性接管、金属软管、波纹补偿器等"软接管"，但由于设备运行后其内压较大，这些"软接管"刚度增加，隔振效率有限，一般隔振效率在 40%左右，再加上管道二次振动，因此当水泵、空调机组等动力管道用钢架支撑或悬吊在楼面、楼顶、墙体上时，其振动和振动造成的固体传声直接传递到相邻的楼层、房间内，从而大大影响了周围的环境，所以固定时要对这些管道进行隔振处理。

上海杨浦 311 酒店项目中，冷冻机房内所有动力管道均需进行隔振处理。根据工程提供的资料，动力管道有落地式以及悬吊式，转速一般为 1450r/min，业主要求达到 90%以上的隔振效率。

（2）隔振方式的确定

① 落地式隔振　管道安装于龙门架上，龙门架落地支撑于地基上，管道与龙门架之间安装管道管夹橡胶隔振座，龙门架支撑下部使用可调式弹簧减振器进行隔振处理。管道管夹隔振座可选用 GT、GZ、GJ 等型号，可调节式弹簧减振器可选用 AT3、BT3 等型号，上下双层隔振效果更好。管道落地式隔振如图 16-8-27 所示。

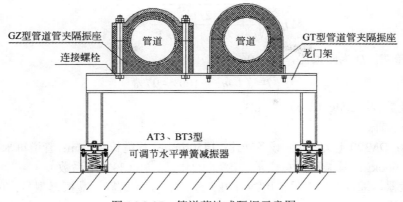

图 16-8-27　管道落地式隔振示意图

② 悬吊式隔振　管道安装于龙门架上，龙门架悬吊于天花板下，管道与龙门架之间安装管道管夹隔振座（GT 型、GZ 型、GJ 型），龙门架悬吊使用 XHS 型吊式弹簧减振器或 AT4 型吊架弹簧橡胶复合减振器进行隔振处理，AT4 型上部为橡胶隔振，下部为弹簧减振，为双层复合隔振，其隔振效果更优。管道悬吊隔振示意图如图 16-8-28 所示。

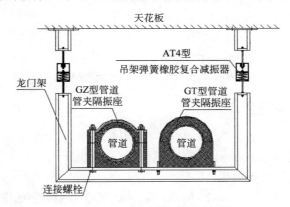

图 16-8-28　悬吊式隔振示意图

（3）隔振设计计算

① 落地式隔振

设备名称：*DN*300 动力管道；设备转速：1450r/min；管道长度：4m；管道每米质量：165kg；管道总质量：660kg；减振体系总质量（*W*）：924kg（含 40%安全系数）。

选用减振器，每台选用 2 只：*W*/2=462kg/只（即单只载荷）；减振器型号：可调节水平弹簧减振器；规格：AT3-500 减振器，单只竖向刚度 *K*=20kg/mm。

设备干扰频率：$f = n/60$　f=24.2Hz。隔振系统固有频率 f_0：

$$f_0 = \frac{1}{2\pi}\sqrt{\frac{9800}{\delta}} = 3.3 \text{（Hz）}$$

δ 为减振器压缩变形量，$\delta = W/K = 462/20 = 23$（mm）。

频率比：$\lambda = f/f_0 = 7.3$，f 为扰动频率（Hz）。

隔振效率 *T* 计算：$T = (1-\eta) \times 100\%$

$$\eta = \sqrt{\frac{1+(2D\lambda)^2}{(1-\lambda^2)^2+(2D\lambda)^2}} = 0.03$$

（η 为传递率；D 为阻尼比，D=0.06）

$$T=（1-\eta）\times 100\%=97\%$$

振动衰减量 N=12.5lg（$1/\eta$）=19dB。

② 悬吊式隔振

设备名称：DN300 动力管道；设备转速：1450r/min；管道长度：4m；管道每米质量：165kg；管道总质量：660kg；减振体系总质量（W）：924kg（含 40%安全系数）。

选用减振器，每台选用 2 只：W/2=462kg/只（即单只载荷）；减振器型号：可调节水平弹簧减振器；规格：AT4-500 减振器，单只竖向刚度 K=20kg/mm。

设备干扰频率：$f = n/60$　f=24.2Hz。隔振系统固有频率 f_0：

$$f_0 = \frac{1}{2\pi}\sqrt{\frac{9800}{\delta}} = 3.3（\text{Hz}）$$

δ 为减振器压缩变形量，δ=W/K=462/20=23（mm）。

频率比：$\lambda = f/f_0$=7.3，f 为扰动频率（Hz）。

隔振效率 T 计算：T=（1-η）$\times$100%

$$\eta = \sqrt{\frac{1+(2D\lambda)^2}{(1-\lambda^2)^2+(2D\lambda)^2}} = 0.03$$

（η 为传递率；D 为阻尼比，D=0.06）

$$T=（1-\eta）\times 100\%=97\%$$

振动衰减量 N=12.5lg（$1/\eta$）=19dB。

（4）现场照片及实际使用效果

落地式管道隔振实照如图 16-8-29 所示。悬吊式管道隔振实照如图 16-8-30 所示。

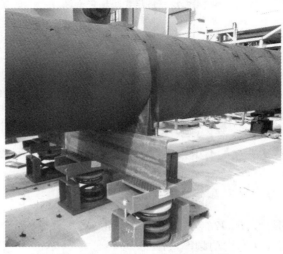

图 16-8-29　落地式管道隔振实照

图 16-8-30　悬吊式管道隔振实照

设备安装调试完成后，对隔振系统进行隔振效率测试，现场实测隔振效率为 96%，达到了设计要求。

8.1.13　三坐标测量机隔振

（1）概述

上海大众汽车安亭总部测量室内安装有多台三坐标测量机，三坐标测量机作为精密测量仪器，为复杂线性尺寸、复杂形状的工件测量提供了方便。因其能够执行灵活、高效的测量任务，所以被广泛应用于汽车整车、精密零件、精密模具、航空航天工业、工程机械、轨道交通等领域。由于三坐标的测量精度较高，对周围环境中的振动非常敏感，而上海大众汽车厂区内有大型压机、冲床、焊机、生产流水线等振动干扰源，因此需对三坐标设备进行消极隔振处理，隔除外界振动传递，以保证仪器测量精度，同时隔振处理还可保证测量设备机械结构的长期稳定。

根据业主提供的参数，此机组为某进口品牌的悬臂式测量机，型号为 TORO IAMGE DA 6016，业主要求 25Hz 干扰频率时隔振效率达到 95% 以上。

（2）隔振措施

① 隔振器安装于基坑内，一般要求安装后铸铁平板上表面与地面基本持平。为了便于安装隔振器及维修保养，钢筋混凝土隔振台座两边长度方向与基坑间距一般应≥700mm，宽度方向与基坑间距应≥150mm。

② 钢筋混凝土隔振台座长宽尺寸应根据三坐标测量机及室内情况而定，为了保证试验平台具有较好的隔振效率，减小试验平台振幅，提高水平刚度，保证测量精度，钢筋混凝土隔振台座的厚度一般为 1000～2000mm（钢筋混凝土隔振台座质量达到测量机质量的 15～20 倍）。

③ 钢筋混凝土隔振台座底部为 T 形块式，这种形式能够实现隔振台座更好的结构刚度，同时能使重心降低，使测量机在运行时稳定可靠。

④ 选用隔振器要满足挠度大、刚度小、固有频率低、隔振效率高、阻尼比大、经过共振区时衰减快等要求。

⑤ 可采用 DTJ 型大载荷大阻尼弹簧隔振器与 DJ 型大载荷弹簧隔振器组合使用。单个最佳荷载时挠度为 40mm，固有频率 2.5Hz；挠度为 25mm，固有频率 3.2Hz。

⑥ DTJ 型以及 DJ 型隔振器维修保养、更换方便，在产品两侧与台座之间置放千斤顶，压缩隔振器，固定高度后可抽出隔振器，不需要将整台大型设备全部起重方可更换。在这些隔振器的上下部均配有橡胶防滑垫，以增加隔振器上下表面的摩擦系数。

⑦ 钢筋混凝土隔振台座底部与隔振器上部相接触位置，需预埋整块长条钢板，钢板宽度为 500mm 左右，厚度为 15～25mm，以保证水平度及提高钢筋混凝土隔振台座受力点处的强度。

三坐标测量机隔振示意图如图 16-8-31 所示。

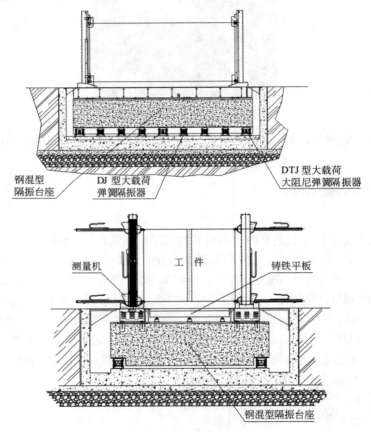

图 16-8-31 三坐标测量机隔振示意图

（3）隔振设计计算

测量机质量+平板质量+最大工件质量：26780kg；钢混型隔振质量块：142000kg（外形尺寸 7400mm×5300mm×1500mm）；减振体系总质量：168780kg，安全系数 10%；总载荷（W）：185658kgf。

每台装置选用 18 只隔振器：$W/18=10314$kg/只（即单只载荷）。选用大载荷大阻尼弹簧隔振器，规格：DTJ-10000-40；数量：6 只/台。大载荷弹簧隔振器，规格：DJ-10000-40；数量：12 只/台。单只载荷范围：3750～13000kgf/只，最佳载荷：10000kgf/只。

干扰频率：$f=25$Hz。隔振系统固有频率 f_0：

$$f_0 = \frac{1}{2\pi}\sqrt{\frac{9800}{\delta}} = 2.5 \text{（Hz）}$$

δ 为减振器压缩变形量，$\delta = 41\text{mm}$。

频率比：$\lambda = f/f_0 = 10$，f 为扰动频率（Hz）。

隔振效率 T 计算：$T = （1-\eta）\times 100\%$

$$\eta = \sqrt{\frac{1+(2D\lambda)^2}{(1-\lambda^2)^2+(2D\lambda)^2}} = 0.03$$

（η 为传递率；D 为阻尼比，$D = 0.15$）

$$T = （1-\eta）\times 100\% = 97\%$$

振动衰减量 $N = 12.5\lg（1/\eta）= 19\text{dB}$。

（4）现场照片及实际使用效果

图 16-8-32 为三坐标测量机外形及隔振装置现场实照。

（a）三坐标测量机外形　　　　　　　　　　　　　　（b）三坐标测量机隔振装置

图 16-8-32　三坐标测量机现场实照

设备安装调试完成后，对隔振系统进行隔振效率测试，现场实测隔振效率为 97%，达到了设计要求。

[上海青浦环新减振工程设备有限公司　上海青浦环新减振器厂（普通合伙）李其根、李扬提供]

8.2　建筑整体弹簧隔振实例

建筑整体弹簧隔振技术主要是针对某个单独的重要的建筑物，在建筑主体与基础之间通过弹簧隔振器连接，把整个建筑主体浮筑于弹簧隔振器之上，故称为建筑整体弹簧隔振技术，如图 16-8-33 所示。设置弹簧隔振器后，上部结构与基础之间为弹性连接，系统的垂向固有频率在 3～5Hz 左右，当地铁或者公路交通运行产生的高频振动信号传播到建筑物基础时，设置的弹簧隔振器由于频率较低，可以将绝大部分振动信号隔离，切断了振动向建筑物里面传播的途径，从而达到隔振的目的。

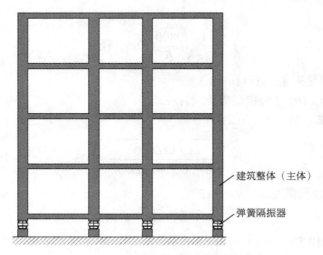

建筑整体（主体）

弹簧隔振器

图 16-8-33　建筑整体弹簧隔振示意图

8.2.1　弹簧隔振器简介

构成弹簧隔振器的材料主要包括弹簧、阻尼介质、钢构件及其他连接件。弹簧隔振器具有以下特点：

① 荷载与压缩量呈线性关系　弹簧隔振器由螺旋钢弹簧、黏滞阻尼器和钢结构箱体组成。弹簧放在钢板或者钢套之间，弹簧的数量可增、可减，也可以使用不同刚度的弹簧；弹簧在整个荷载范围内有很好的荷载-压缩线性关系。

② 承载能力高　弹簧隔振器可以按需设计，在垂直方向和水平方向上都有弹性，且在三维方向上同时具有阻尼耗能作用，承载能力高。

③ 弹簧隔振系统的频率较低，隔振效果好。

④ 可作临时支撑　弹簧隔振器在出厂前经过预压缩，从而在建筑的整个建设期间，弹簧隔振器的支承为刚性支承。只有在建筑竣工后，才将弹簧释放，此时隔振器的弹性才起作用。

⑤ 调节建筑不均匀沉降　弹簧隔振系统不仅可以隔振，而且可以抵抗建筑物的部分不均匀沉降。当地基发生少量的不均匀沉降时，弹簧隔振系统将会自动地调整各组弹簧的应力；如果沉降过大，则可以采用在隔振器上增加（或者减少）调平垫片的方法来进行补偿，则楼房将永远保持水平与稳定。

⑥ 使用寿命长、性能稳定　由于弹簧隔振系统所有的参数都是确定的，且由于系统的各种特性很稳定，隔振器使用寿命长，达 50 年以上，且无易损件，基本不需日常维修和保养。

8.2.2　上海交响乐团音乐厅整体隔振概况

上海交响乐团音乐厅位于上海市复兴中路 1380 号，项目着眼建设具有国际影响力的交响乐团的发展目标，突出演出、排练、录音录像和音乐教育等功能，实现"厅团合一"的模式，项目设计有具备高品质录音录像功能的 1200 座大音乐厅和 400 座小音乐厅。

项目地址邻近上海地铁 10 号线，水平距离最近处只有 7m。根据已有的研究成果可知，一般离地铁 50m 以内的建筑物都能感受到地铁振动，对声音要求更严格的剧院、音乐厅等，感觉更加明显。地铁经过时产生的振动，会通过土壤向上传播到上部建筑物，建筑物的楼板和墙壁可能成为二次噪声的辐射表面，形成结构噪声。对于音效要求甚高的音乐厅而言，如果不采取隔振措施，演员演出时将受到很大的干扰，观众欣赏到的不是优美的音乐，而是地铁运行产生的轰隆的噪声，这将大大影响音乐厅的使用功能，并且后期补救相当困难，甚至几乎不可能补救。经过项目业主、设计单位和声学专家的多次考察和讨论，并且结合目前国内外类似项目的振动处理办法，最终决定在音乐厅基础上采用弹簧整体隔振措施，来隔离地铁振动的影响。图 16-8-34 为上海交响乐团音乐厅的鸟瞰图。图 16-8-35 为上海交响乐团音乐厅与地铁 10 号线的相互位置图。

图 16-8-34 上海交响乐团音乐厅鸟瞰图

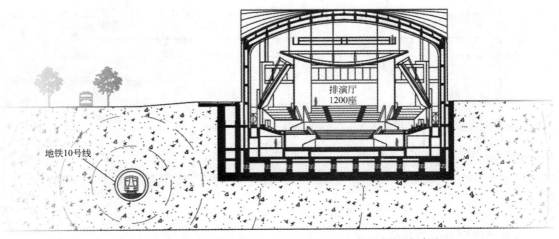

图 16-8-35 上海交响乐团音乐厅与地铁 10 号线的位置关系图

8.2.3　振动源调查分析

（1）上海地铁 10 号线振动影响

上海地铁 10 号线设计时速 80km/h，采用 A 型车，6 节编组。音乐厅下方地铁轨道线路虽然也设置了钢弹簧浮置板隔振系统，但对于声学要求超一流的音乐厅来说，还是有些不够充分。因此，在建筑上进一步采取隔振措施，与轨道交通的隔振系统互为补充，预期可以取得满意的声学效果。

地铁 10 号线距离上海交响乐团 A 号音乐厅最近点水平距离约 7m，距离 B 号音乐厅最近点水平距离约 28m，音乐厅采用嵌入式结构，钢筋混凝土底板底面与地铁隧道顶面基本在同一水平面上。地铁振动会给音乐厅带来影响。

（2）复兴中路地面交通

复兴中路行驶车辆主要为公交车及各种小轿车，复兴中路距离上海交响乐团 A 号音乐厅最近点水平距离约 25m，距离 B 厅最近点水平距离约 35m。复兴中路的地面交通噪声和振动会给音乐厅带来影响。

（3）地铁振动类比测试

经多次现场实测，地铁正常运行时的振动频率在 30～80Hz 之间，主频在 60Hz 左右。图 16-8-36 为在上海某地面测得的地铁经过时地面振动加速度曲线。从图中可以看出，地铁经过时，地面能够强烈地捕捉到地铁信号，频率在 30～80Hz 之间。因此，如不对地铁振动信号进行隔离，位于建筑物内的人员将会很明显地感受到振动带来的干扰。

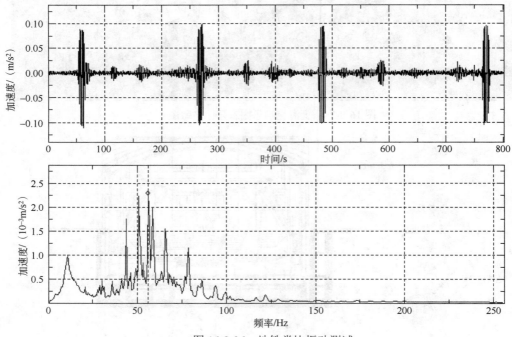

图 16-8-36　地铁类比振动测试

（4）道路交通振动测试

经多次现场实测，道路交通设备正常运行时的振动频率在 10～30Hz 之间，主频在 15Hz

左右。图 16-8-37 为在音乐厅地面测得的复兴中路车辆经过时地面振动加速度曲线。从图中可以看出，地面能够强烈地捕捉到道路交通振动的信号，频率在 10～30Hz 之间。

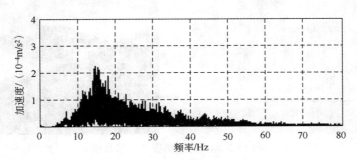

图 16-8-37　地面道路交通振动测试

8.2.4　采取的主要技术措施

（1）弹簧隔振器整体隔振

本项目采用了建筑整体隔振技术，在基础底板与音乐厅底板之间直接设置了弹簧隔振器，基础与上部结构之间为弹性连接。当地铁和地面道路运行产生的振动传播到建筑物基础时，弹簧隔振器可以将绝大部分振动隔离，切断了振动向建筑物里面传播的途径，从而达到隔振的目的。

图 16-8-38 为音乐厅隔振器安装时的现场实照。

图 16-8-39 为音乐厅隔振器安装就绪后的现场实照。

图 16-8-38　音乐厅隔振器安装时照片

图 16-8-39　音乐厅隔振器安装就绪后的照片

（2）弹簧隔振器的施工安装

针对本项目设计的隔振器为可预紧式，隔振器安装前先在工厂预紧，再放置于支墩上，然后支模板、绑筋、浇筑上部结构，预紧后的隔振器在施工过程中呈刚性，因此上部结构可以按常规方法进行施工。弹簧隔振器的安装步骤如下：

① 在设置弹簧隔振器的支墩上放置专用防滑垫板。该垫板从德国进口，放置防滑垫板之后不需预埋螺栓，简化施工。图 16-8-40 为防滑垫板就位示意图。

图 16-8-40 防滑垫板就位示意图

② 安装预压缩的弹簧隔振器。预压缩的弹簧隔振器的支承为刚性支承。只有在楼房竣工后,才将弹簧释放。释放后,弹簧的弹性才起作用。正是弹簧隔振器的可预压缩性,才使方便地调整弹簧的高度成为可能,进而在必要时,更换整个弹簧隔振器。图 16-8-41 为预压缩的弹簧隔振器吊装就位图。

③ 预埋钢板就位并搭建模板,施工上部结构,如图 16-8-42 所示。

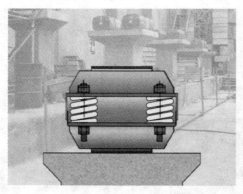
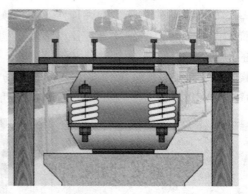

图 16-8-41 弹簧隔振器吊装就位图　　图 16-8-42 放置预埋钢板并施工上部结构

④ 待上部结构施工完成以后,松开预紧螺栓,再进行调平,安装完成,如图 16-8-43 所示。

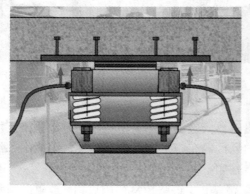
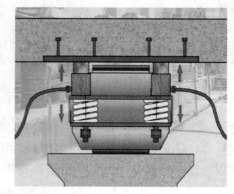

图 16-8-43 隔振器释放与调平工作

在安装期间,所有的隔振元件都要用塑料薄膜罩住,做到防雨、防杂物。

8.2.5　隔振效果

项目竣工后，在现场进行了振动实测，在隔振层上下分别布置了传感器。由于地铁 10 号线经过上海交响乐团处已采用了钢弹簧浮置板轨道隔振系统，从图 16-8-44 的时频上可以看出：隔振层下地铁过车振动响应很小，但仍然可以分辨；音乐厅通过整体隔振后（隔振层之上），从时频图上很难分辨出地铁过车信号，说明音乐厅采用整体隔振后，可以有效地隔离地铁运行的振动信号。

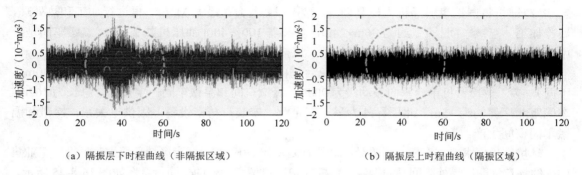

（a）隔振层下时程曲线（非隔振区域）　　　　　　（b）隔振层上时程曲线（隔振区域）

图 16-8-44　隔振层上/下振动加速度时程对比

8.2.6　结语

地铁是缓解大城市交通压力的一种有效的运行方式，运行过程中产生的振动和噪声对城市环境是一种较为严重的污染。对于晚于地铁规划建设的地铁沿线建筑物，由于早期地铁本身没有采用隔振措施，受地铁振动干扰的可能性更大，严重时会影响居民的日常生活，降低房屋的居住舒适度，而地铁沿线土地异常昂贵，如因振动问题而导致土地不能正常使用将造成很大的损失。

上海交响乐团音乐厅采用了隔而固（青岛）振动控制有限公司的"钢弹簧整体浮置"的先进技术，总重达 26000t 的音乐厅完全"浮筑"支承在 300 只大型弹簧阻尼隔振器上，地铁运行以及道路交道产生的振动被弹簧隔振器高效隔离，为每一位置身于音乐厅的观众得以享受超一流无干扰的音乐保驾护航。

隔而固（青岛）振动控制有限公司的"钢弹簧整体浮置"隔振技术作为建筑免受地铁振动干扰的最高级别解决方案已经在全世界近 300 栋建筑上成功应用，技术成熟。上海交响乐团音乐厅作为国内第一座全弹簧浮置建筑，对后续类似项目有很好的借鉴意义，并对其他项目的工程设计、实施提供了参考依据。

[隔而固（青岛）振动控制有限公司　尹学军、王建立提供]

8.3　隔振屏障应用探讨

应用隔声屏障降低空气传声已十分普遍，但应用隔振屏障降低振动和固体传声的案例并不多见。上海新华净环保工程有限公司近年来有机会在一些工程实践中应用隔振屏障技术措施降低大型往复式机械、大型压力机、大型冷镦机等振动对周围环境的影响，取得了较满意的治理效果。本节以两个典型工程为例，通过调研、测试分析、技术论证、工程实践、验收监测等来探讨隔振屏障的应用，以供同行借鉴。

8.3.1　设计要求

（1）典型案例一——上海某高强度螺栓有限公司隔振工程

该公司生产桥梁和高层建筑使用的大型高强度螺栓，新建于上海临港重装备产业区，冷镦车间和温镦车间大型设备产生的振动对周围环境有影响。其中冷镦车间长×宽约为 66m×24m，安装着 900t 冷镦机 1 台，400t 双击冷镦机 4 台，600t 多工位冷镦机 2 台，300t 多工位冷镦机 2 台。冷镦机将圆钢盘料经机内模具切割、镦击成螺栓坯（最大 M36），再进行加工和热处理，属冷加工。温镦车间长×宽约为 96m×24m，安装着 100～400t 冲压机共 22 台。温镦车间是经中频加热的螺栓螺母坯料经模具冲压成型，属热加工。

由类比实测可知，400t 双击冷镦机单台垂向振动级为 88dB（机组基础外，距机 1.0m，下同），多工位冷镦机单台垂向振动级为 90dB。冷镦车间和温镦车间一字排列，总长为 162m。车间距北厂界约为 15m，北厂界外为另一家企业，安装有精密设备。因供电关系，冷镦和温镦车间夜间生产。

环境评价要求典型案例一厂界处振动执行 GB 10070—88《城市区域环境振动标准》工业集中区的规定，即厂界处夜间垂向振级 $VL_z \leq 72dB$。典型案例一的平面示意图如图 16-8-45 所示。

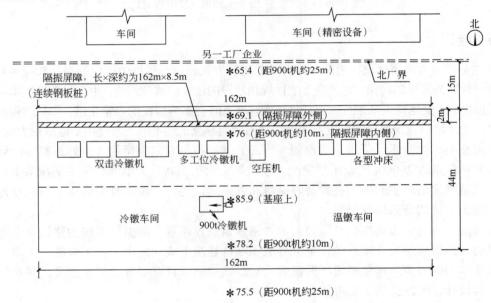

图 16-8-45　典型案例一车间设备布置及隔振屏障平面示意图

（图中*表示振动测点，数据表示振级 VL_z 值，dB）

（2）典型案例二——上海某阀板有限公司隔振工程

该公司主要生产汽车用阀板、吸气片、排气片、限位板、各类支架等，是汽车零部件配套企业，系迁建项目。新冲压车间长×宽约为 72m×24m，安装着 2 台 500t 冲床、3 台 300t 冲床以及 25～250t 各型冲床 19 台。

实测 500t 冲床冲制 5～7mm 厚钢板零件时，冲击速度为 36 次/分，工作台面上振动级为

116dB，距机 1.0m 处为 109.6dB；300t 冲床工作台面上振动级为 123.7dB，距机 1.0m 处振动级为 98.4dB。冲床车间距北厂界外居民住宅约 52m，也是夜间生产。

环境评价要求典型案例二居民住宅处振动执行居民文教区规定，夜间居民住宅处振动级 $VL_z \leq 67dB$。典型案例二的平面示意图如图 16-8-46 所示。

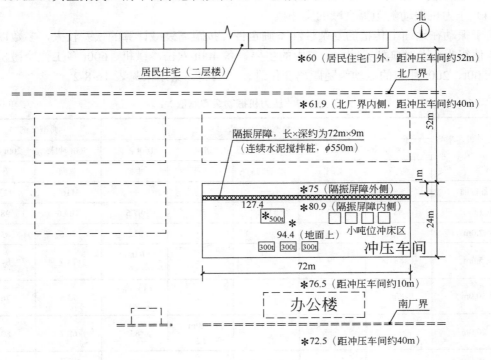

图 16-8-46 典型案例二车间设备布置及隔振屏障平面示意图

（图中*表示振动测点，数据表示振级 VL_z 值，dB）

（3）振动影响分析

各种动力设备所产生的振动，经由设备基础和土壤介质向外传播并逐渐衰减。上述 2 个典型案例中的冷镦、温镦机及冲床等均属压力机，其撞击性的振动向四周传递。在无隔振措施的情况下，接收点（厂界或居民住宅等敏感点）应在"防振距离"之外。表 16-8-1 为《隔振设计手册》中有关压力机"防振距离"要求，该要求是按不同的振动源、精密设备的允许振动速度、土壤分类、实测设备基础振幅和频率，经反复计算、调整和修正后提出来的，是隔振设计的依据之一。

表 16-8-1 《隔振设计手册》防振距离

动力设备	设备类型	防振距离/m				
		0.03mm/s	0.05mm/s	0.10mm/s	0.30mm/s	0.50mm/s
压力机	500t 左右	280	220	150	65	45
	315t	220	170	110	50	35
	250t	175	140	80	40	30
	160t	125	95	60	30	25

按最新颁布的国家标准 GB 50868—2013《建筑工程容许振动标准》规定，若按一般建筑物容许振动速度值夜间为 0.25mm/s 要求，500t 压力机"防振距离"约为 100m（插入法估算）。典型案例一冷镦、温镦机车间距北厂界 15m，典型案例二冲床车间距居民住宅约 52m，均在 100m"防振距离"之内，应采取隔振措施。

（4）压力机振动随距离衰减的实测值

由于振动在地面上传播的复杂性和不确定性，按距离衰减计算的误差较大，多数以实测或经验估算为主。对典型案例一、二中的主要设备 400t 双击冷镦机、600t 多工位冷镦机以及 160t、500t、200t 冲床的振动级随距离变化进行了实测，其结果见表 16-8-2。

表 16-8-2　压力机振动级实测值 VL_z　　　　　　　单位：dB

测距 ＼ 设备型号	典型案例一					典型案例二	
	400t 双击冷镦机		600t 多工位冷镦机		160t 冲床	500t 冲床	200t 冲床
	垂向	水平	垂向	水平	垂向	垂向	垂向
设备台面	—	—	—	—	—	116	123.7
距 1.0m	88	80	90	87	87.5	109.6	98.6
距 2.0m					93.5	78.6	83.8
距 5.0m	88	79			（6.0m）85	74.7	84.8
距 10.0m	83	76	82	77	（12.0m）90	73.5	76.6
距 20.0m			（17.0m）72	（17.0m）62	83	68.7	80.9
距 30.0m						69.7	71
距 50.0m						71.7	70.5
距 55.0m						70	69

由表 16-8-2 可知，典型案例一中 600t 多工位冷镦机振动传至 17.0m 处为 72dB，160t 冲床振动传至 20.0m 处为 83dB。典型案例一冷镦和温镦车间距厂界约 15m，若不采取隔振措施，考核点北厂界将超标（标准要求 $VL_z \leqslant 72$dB）。典型案例二中 500t 冲床和 200t 冲床振动传至 50m 外，振动级均在 70dB 以上。北厂界外 52m 为居民住宅，要求夜间 $VL_z \leqslant 67$dB，若不采取隔振措施，考核点也将超标。除对这些压力机本身采取部分隔振措施外，经商定，在这些压力机振动传播途径上和考核点之间采取隔振屏障等积极隔振措施，降低其振动影响，力争达到相关标准规定。

8.3.2　隔振屏障技术措施

地面屏障式隔振是隔振设计规范中介绍的隔振方式之一，它主要是采用排桩或隔板来隔离振动。入射于土壤中的波动，遇到不同介质（如屏障）时就会产生反射和折射，其被反射和折射的波与入射波互相作用，就形成了波的散射现象。当异性介质（屏障）的尺寸比入射波的波长大很多时，则在屏障后面形成一个波的强度被减小很多的屏蔽区，这个屏蔽区就相当于噪声控制中的"声影区",振动得到了很大的衰减。定性地来说,影响地面振动衰减的因素颇多。首先是振动源特性,撞击性振动源比周期性振动源衰减得要快,能量大的和频率高的衰减快,垂直振动比水平振动衰减快,砂土类和松散土层比亚黏土层衰减快,同类土质中水位低的衰减快,桩基或深基础比天然地基或浅基础衰减快。鉴于影响振动在土壤中传播的因素很多,情况比较复杂,虽然有些经验公式可供距离衰减计算参考,但多数是以实测值为准,以实践经验为主。对动力设备采取积极隔振措施,既要满足隔振效果要求,又要保证动力设备自身振动小于允许振动值,不影响动力设备的运行和精度要求。

典型案例一、二都是多台动力设备一字排列,距厂界或敏感目标居民住宅都很近,采取近场隔振措施是比较有利的。

(1)典型案例一的隔振

典型案例一除对 200t、315t 压力机采取安装橡胶隔振垫的技术措施外,在冷镦车间和温镦车间北墙内距车间北墙约 2.0m 处设置一道大型隔振屏障。

隔振屏障长×深约为 162m×8.5m,采用凹凸槽截面形式的钢板桩,一根板桩的凸边插入另一根板桩的凹槽内,所有板桩连为一体,形成一堵地下连续屏障,隔振屏障的深度不小于从室外地坪标高以下 8.5m,即屏障在地面以下的深度为 8.5m。隔振屏障距北厂界约 15m。

(2)典型案例二的隔振

典型案例二除对 200t、500t 冲床设置大型基础和隔振沟外,在冲压车间的北墙内侧、距北墙约 1.0m(不碰钢筋混凝土基础为原则)通长设置一道隔振屏障。隔振屏障长×深约为 72m×9m。

隔振屏障为水泥搅拌桩,水泥搅拌桩的直径约为 ϕ550mm,单排桩,桩深 9m,连续浇灌,形成一道地下连续墙似的隔振屏障。隔振屏障距北侧居民住宅约 52m。

8.3.3 隔振屏障实测隔振效果

(1)典型案例一某高强度螺栓有限公司实施了上述隔振屏障技术措施并已投入正常生产 5 年多。冷镦车间和温镦车间有振动的设备运行时,实测最大吨位的 900t 冷镦机(韩国进口,自身重约 200t,基础重约 400t)基座上振级 VL_z 为 85.9dB,600t 多工位冷镦机基座上振级 VL_z 为 90dB。振动传至隔振屏障内侧 VL_z 为 76dB,隔振屏障外侧 VL_z 为 69.1dB(相距均为 1.0m)。隔振屏障近场内外之差为 6.9dB。振动传至距冷镦车间 15m 的北厂界处 VL_z 为 65.4dB,达到了工业区振级应≤72dB 的标准规定。该项目已通过了环保验收。

(2)典型案例二某阀板有限公司也已建成并投入运行 4 年多,如图 16-8-46 所示。实测新安装的 500t 冲床基座上振级 VL_z 为 127.4dB,距机 1.0m 地面上为 94.4dB,振动传至隔振屏障内侧 VL_z 为 80.9dB,隔振屏障外侧 VL_z 为 75dB(相距均为 1.0m)。振动传至距冲压车间约 40m 的北厂界处 VL_z 为 61.9dB,传至距冲压车间约 52m 的居民住宅处为 60dB,厂界和居民住宅处全面达到了 2 类区振级≤67dB 的标准规定。该项目也已通过了环保验收。

(3)在距振动源相同距离处,以典型案例一为据,25m 处有隔振屏障一侧振级为 65.4dB,无隔振屏障一侧振级为 75.5dB,两者相差 10.1dB。以典型案例二为据,40m 处有隔振屏障一侧振级为 61.9dB,无隔振屏障一侧振级为 72.5dB,两者相差 10.6dB。说明在一定距离内隔振屏障有 10dB 左右的隔振效果。

（4）如前所述，典型案例一若不采取隔振措施，距冷镦机 25m 的北厂界将会超标，因为实测无隔振措施的南侧 25m 处振级为 75.5dB。典型案例二若不采取隔振措施，距冲压车间 40m 处的北厂界和 52m 处的居民住宅将会超标，因为实测无隔振措施的南侧 40m 处振级为 72.5dB。

8.3.4　结语

上述两个典型案例说明，隔振屏障在近场有 5～6dB 的隔振效果。在 50m 内相同距离处，有隔振屏障比无隔振屏障振级将降低约 10dB。两个典型案例说明采取隔振屏障后确保了考核点（厂界和居民住宅处）振动达标，若无隔振屏障将超标。因此，设置隔振屏障是必要的、正确的、有效的。

（上海新华净环保工程有限公司　王兵提供）

8.4　电液自由锻锤设备的一种砧座隔振方法

8.4.1　引言

锻锤隔振分为砧座下隔振和基础整体隔振两种方式。砧座下隔振是将隔振器置于砧座和基础之间。本节通过对上海某厂锻造车间几台电液自由锻锤采用砧座隔振设计，介绍一种自由锻锤设备的砧座隔振方法和实施效果。

8.4.2　自由锻锤设备参数及振动控制要求

上海某厂锻造车间共设 6 台自由锻锤设备，其中 5t 双臂电液自由锻锤一台，3t 双臂电液自由锻锤一台，2t 单臂电液自由锻锤一台，1t 单臂电液自由锻锤一台，560kg 空气锤一台，250kg 空气锤一台。锻锤设备打击能量为 5.6～175kJ。自由锻锤设备详细参数见表 16-8-3。

表 16-8-3　电液自由锻锤主要技术参数

锻锤型号	C66-35 1t 电液锤	C66-70 2t 电液锤	C66-120 3t 电液锤	C66-175 5t 电液锤	C41-250B 250kg 空气锤	C41-560B 560kg 空气锤
最大打击能量/kJ	35	70	120	175	5.6	13.7
落下部分质量/kg	1300	2600	4500	6500	250	560
打击频次/min	50～60	50～60	50～60	45～55	140	115
最大行程/mm	1000	1260	1450	1730	—	—
装机容量/kW	55	45×3	75×4	75×5	22	45
砧座质量/t	15	30	45	75	2.5	6.72
整机质量（不含砧座）/t	25	38	65	105	5	9.8

因该厂所在处属工业区，锻造车间距最近的北侧厂界约 60m。锻锤设备经隔振后，其振动引起的厂界外环境振动影响应符合《城市区域环境振动标准》（GB 10070—1988）中工业集中区限值，即昼间 $VL_z \leqslant 75$dB。

8.4.3 自由锻锤设备砧座隔振

（1）锻锤设备砧座隔振的基本原则

① 隔振后，砧座的最大竖向振动位移应小于允许振动值。砧座振动位移太大，则会影响工人操作。根据《隔振设计规范》（GB 50463—2008）的规定，当砧座下设有隔振装置时，砧座竖向容许振动线位移应不大于 20mm，设计取值不大于 8mm。为控制隔振后砧座的竖向振幅，必须加大砧座的质量。本设计在砧座下设置配重块（铸铁块），并与砧座刚性连接，组成一体。根据《隔振设计规范》（GB 50463—2008）中砧座的竖向最大振幅计算公式：

$$A_{z1} = \frac{(1+e_1)\,m_0 V_0}{(m_0+m_1)\,\omega_n}\exp\left(-\xi_z\frac{\pi}{2}\right)，\ \text{其中}\ \omega_n = \sqrt{\frac{K_1}{m_1}}。\ \text{式中，}\ A_{z1}\ \text{为砧座最大竖向振动位移}$$

（m）；m_0 为锻锤落下部分质量（kg）；m_1 为隔振器上部的总质量（kg）；V_0 为落下部分的最大冲击速度（m/s）；e_1 为回弹系数，取 0.25；K_1 为隔振器的竖向刚度（N/m）；ξ_z 为隔振体系的阻尼比。

将 5t 锻锤的设备参数和隔振参数代入该公式，计算出 5t 锻锤隔振后砧座的竖向最大振幅 A_{z1} 为 4.10mm（其他锻锤数据均不大于 8mm）。

② 锻锤在下一次打击之时，砧座应尽快停止振动。若砧座在打击的间隔时间内没能停止振动，则在锻锤进行连续打击时，会使砧座振幅增大，从而影响工人操作甚至会引发设备事故。对隔振系统而言，要满足这个要求，就是要考虑隔振系统的阻尼配备。对于冲击设备，阻尼可以吸收砧座反弹的振动能量，使砧座受到打击反弹后迅速趋于稳定。根据《隔振设计规范》（GB 50463—2008）的规定，锻锤隔振系统的阻尼比不应小于 0.25。

③ 锻锤打击后，隔振器上部质量不应与隔振器分离。这就要求隔振系统固有频率 $f>g/(2\pi v)$（式中，g 为重力加速度，v 为打击结束时的砧座速度）。根据动量守恒定律，本案例中的 5t 锻锤打击结束时的砧座初速度 $v=0.29$m/s，则 f 应大于 5.4Hz（其他锻锤的情况以此类推）。

（2）采用的砧座隔振方法

① 针对本次设计中的自由锻锤设备，经过设计前的多次调研和隔振方案分析对比，本次锻锤隔振选用砧座隔振方法，并选用了 MRM 弹性体阻尼模块作为砧座的隔振垫层。MRM 弹性体阻尼模块由特殊高分子材料模制而成，承载高，并具有结构简单、防水和防油污、使用寿命长和极强的抗蠕变性，垂直动态固有频率可低至 8Hz（本案例中，固有频率 f 为 8.3～10Hz），相对阻尼比为 0.13～0.25，对锻锤产生的冲击振动隔振效率可达到 75%～80%，特别适合锻锤砧座隔振（锻锤工作时的恶劣环境造成油、水、铁屑污染较严重）。

② 为了确保锻锤在砧座隔振后的砧座反弹幅度和恢复时间在允许的范围内，除了在设计过程中进行必要的计算外，还要求 MRM 隔振垫层的供货商提供隔振垫层在锻锤打击过程中受力和变形的变化曲线。图 16-8-47 为 5t 锻锤砧座隔振后 MRM 隔振垫层位移随时间的变化曲线（模拟数据）。表 16-8-4 为 5t 电液锤砧座隔振设计的主要参数。

从图 16-8-47 中可以看出，5t 锻锤打击频次为 50 次/min，二次打击时间的间隔为 1.2s，当经过 0.8s 时，MRM 隔振垫层的变形已经迅速衰减到原位，也就是说砧座的反弹可以在下一次打击前基本结束，满足隔振基本原则。

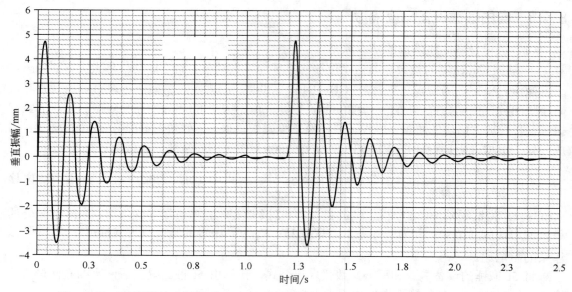

图 16-8-47　5t 锻锤砧座隔振后 MRM 隔振垫层的位移波型和时间的关系图（模拟数据）

表 16-8-4　5t 电液锤砧座隔振设计的主要参数表

锻锤的型号及参数	型号 Anyang Forging C66-175（5t 电液锻，自由锻），打击能量=175kJ，打击速度=7.64m/s，最大打击频次=50 次/min。锻锤锤头质量 6000kg。砧座平面尺寸 2550mm×2550mm，锻锤砧座质量 75t
砧座隔振设计主要参数	砧座配重 81.6t，隔振垫层型号（4）MRM7×9-0-16537-G，隔振垫层布置的平面尺寸 2550mm×2550mm，隔振垫层的工作频率 8.3～10Hz，相对阻尼比为 0.13～0.25，隔振系统设计采用的回弹系数 0.20，冲击力传播的比率=24%，砧座回弹幅度 8mm

　　③ 图 16-8-48 为 5t 自由锻锤砧座隔振（采用 MRM 隔振系统）的剖面示意图。从图中可以看到，砧座和配重刚性连接在一起，放置在 MRM 隔振模块上，四周设置硬木为防偏摆的限位装置。

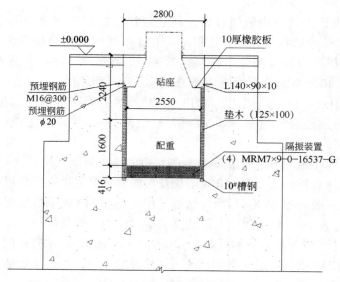

图 16-8-48　5t 自由锻锤砧座隔振剖面图（单位：mm）

④ MRM 减振系统是一种弹性体阻尼模块隔振器，由国外一家公司于 2000 年研制出来，主要用于各种冲击机器如锻锤和压力机的减振基础。MRM 系统的核心部件是模块化回弹衬垫，每个模块根据硬度和减振参数单独模制。整个系统为组合式，模块层和柱的数量根据不同要求进行配置。对于弹性体阻尼模块隔振器而言，材料的滞后阻尼（热滞阻尼）已经包含在弹性体阻尼模块本身中，使其变成弹性体阻尼模块隔振系统动态刚度的一部分。MRM 弹性体阻尼模块由特殊高分子材料模制而成，具有结构简单、防水和防油污、使用寿命长和极强的抗蠕变性，不需维护。在满足隔振效率大于 75% 的条件下，是较实用的锻锤砧座隔振的一种隔振元件。

（3）锻锤砧座隔振设计中的要点

① 隔振锻锤的锤击中心（竖向）、砧座-惯性质量块的重心和隔振元件的刚度中心应布置在一条铅垂线上，以避免打击时造成砧座及基础的不平衡摇晃，进而使基础产生不均匀沉降。

② 锻锤工作时，产生油、水和大量氧化皮，有可能对砧座下的隔振元件产生影响，影响隔振系统的隔振效果，必须在隔振设计中引起足够的重视。因此，在砧座坑的底部设有油、水的集中沟及配套的油水抽离系统，定时排出累积的油水，并有可靠的防氧化皮的防范措施，如 MRM 隔振垫层四周设置保护泡沫材料的密封，在砧座配重底部和 MRM 隔振模块之间设置一层薄橡胶，防止氧化皮的坠落和清理砧座坑累积的氧化皮，从而保障隔振系统的正常运行。

（4）隔振效果简介

在该厂锻造车间设备投入正常运行后，对其中的 5t 锻锤进行了跟踪振动测试。测量时，5t 锻锤正常生产，锻打工件为直径 600mm 的圆柱，锻打成轴类的产品。测试表明：在距锻锤 10m 处，加速度平均峰值为 0.09m/s²，速度平均峰值为 2.32m/s，未隔振时的参考值为 9.8mm/s，隔振效率约为 76%；在临近厂界处，地面加速度平均峰值为 0.007m/s²，速度平均峰值为 0.22m/s，换算相当于小于 75dB，在厂界处已达标。

另外，锻锤设备隔振后，砧座振幅不大于 8mm，完全满足设计指标，操作工人也反映锻锤的运行操作正常，采用砧座的隔振对自由锻锤的工件的锻打和设备运行没有带来不利的影响。图 16-8-49 为隔振后 5t 锻锤实照。

图 16-8-49 隔振后正常工作中的 5t 锻锤

（中船第九设计研究院工程有限公司 杨云、黄青青提供）

第 9 章　特色结构、屏障及其他

9.1 "申华"防火隔声门的设计与应用

9.1.1 引言

随着人们对居住声环境要求的不断提高，特别是文化演艺建筑、广播电视电影建筑、商务办公建筑、轨道交通旁通道工程以及对声音敏感的场所和其他隔声要求较高的噪声控制工程中，普通门的隔声效果远不能满足要求，市场上对重量轻、隔声效果好、有防火功能和装饰效果的防火隔声门产品需求很大。本节介绍由上海申华声学装备有限公司（以下简称申华公司）研制生产的轻质高效防火隔声门，该产品从研制到不断升级换代，已广泛应用于诸多场所。

9.1.2 防火隔声门设计

钢质防火隔声门是一种由门扇和门框及五金配件组成的定型产品；采用优质冷轧钢板，冷加工处理成型，门扇内按耐火等级填充不燃、耐火、隔热、隔声材料；采用先进技术、独特设计及特殊制作工艺制成，是具有防火、隔声、逃生等优异性能的钢质门。

上海申华公司于 20 世纪研发并生产的轻质高效装饰隔声门被认定为国家级新产品，在此基础上又相继研发了"防火隔声门""大型隔声门及隔声双开门"以及"双向启闭通道门"等专利产品隔声门。其中，防火隔声门获得了"上海名牌"产品称号。

防火隔声门的隔声性能分为 4 级，如表 16-9-1 所列。

表 16-9-1　防火隔声门的隔声性能分级

等级	计权隔声量 R_w 范围/dB
I	$R_w \geqslant 45$
II	$45 > R_w \geqslant 40$
III	$40 > R_w \geqslant 35$
IV	$35 > R_w \geqslant 30$

防火隔声门防火性能：防火隔声门耐火隔热性≥1.50h A1.50（甲级）；耐火完整性≥1.50h A1.50（甲级）。

防火隔声门在满足防火要求的同时又具有足够的隔声量，还要保证门的开启机构灵活方便，在满足以上三个条件的情况下，门扇与门框之间的密封要好。为此隔声门的设计主要着眼于门扇和门缝两处。门扇的隔声性能决定了隔声门可能达到的最大隔声量，而门缝的处理就决定了隔声门实际能达到的隔声量，这样才能达到预期的隔声、防火要求。

（1）防火隔声门门扇的隔声设计

隔声门的隔声量应符合"质量定律"，即隔声结构单位面积质量越大，隔声量也就越大。在工程实践中实际隔声量 LT 的近似值可用下式估算：

$$LT=18\lg（mf）-44（dB）$$

式中　m——面板单位面积质量，kg/m^2；

　　　f——入射声波频率，Hz。

上式表明：频率提高，隔声量增加；面质量增加，隔声量也增加。但是隔声门的面质量不可能无限量地提高，为了使防火隔声门隔声、防火性能好，门又开启灵活，将门扇设计成多层复合结构，具体的做法是：门扇采用 3 层钢板、2 层岩棉板、4 层阻尼漆、2 层粘胶、2 层防火板等共 13 层防火材料复合而成，门扇厚度为 64mm，门扇面板为 1.5～2mm 镀锌钢板，隔声门面质量为 $48kg/m^2$，门扇的所有材料均选用耐火材料，隔声量为：$40>R_w≥35$，耐火极限为≥1.50h。防火隔声门结构如图 16-9-1 所示。

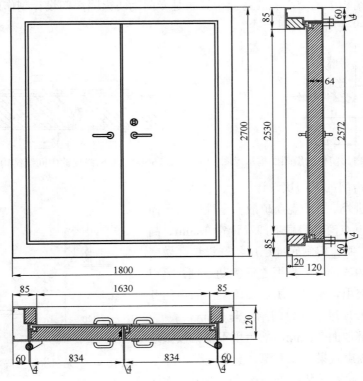

图 16-9-1　防火隔声门结构示意图

门锁选用专门设计的不锈钢船用锁，舌簧较长，可加锁，开启方便灵活，不需加压。门铰链选用自行设计制造的天地轴承铰。板厚大于 3mm，其耐火性能符合"防火铰链（合页）的耐火性能要求和试验方法"。防火隔声门上下铰链如图 16-9-2 所示。

门的外表装饰为静电喷漆、木纹转印（颜色可根据设计师要求定），外形平整挺括，门扇和门框上无外露螺钉、铆钉，显示出卓越的加工制作技术水平。

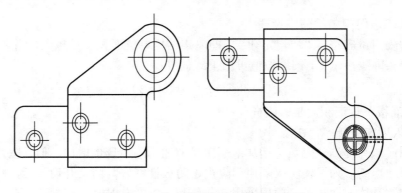

图 16-9-2　防火隔声门上下铰链示意图

（2）防火隔声门的门缝设计

四周门缝采用"S"形双道嵌入式密封结构，同时在门扇和门框结合处增加一道辅助性密封措施。密封结构中的空心乳胶海绵密封条是专门为防火隔声门设计制作的。门缝结构如图 16-9-3、图 16-9-4 所示。

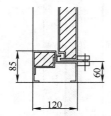

图 16-9-3　门扇与门框的缝隙结构示意图

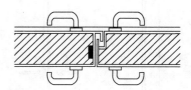

图 16-9-4　双门门扇的中间缝结构示意图

（3）防火隔声门的无门坎设计

为适应剧场进场、散场观众疏散安全性的需要而设计了无门坎隔声双门，门扇下部设计宽 28mm、高 70mm 隔声密封门闸。门闸底部选用特殊设计订做密封橡胶，如图 16-9-5 所示。根据连杆驱动原理：隔声门关闭时，顶头突出，密封门闸自然落下；隔声门开启时，顶头被门框顶进，密封门闸上升 2mm。

门框底部下沉地面 30mm，然后用不锈钢板镶进去。这样既保证隔声效果，又美观、安全可靠。

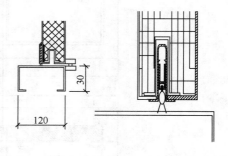

图 16-9-5　无门坎防火隔声门门闸结构示意图

（4）豪华型木质表面装饰无门坎的隔声防火设计

豪华型木质表面装饰无坎隔声门内胆为厚 64mm 轻质高效装饰防火隔声门，用自攻螺丝将 5mm 中密度板固定在钢板隔声门上，然后用胶水将 3mm 夹板粘在中密度板上。在门扇厚 80mm 处下端开槽，将密封橡胶门闸插入，再将小盖板封住，这样门扇既美观实用又便于维修。

门锁选用推杠门锁，铰链选用"申华公司"自制不锈钢天地轴承铰链，门框选用 2.5～3m 钢板门框。隔声门外表面装饰与厅堂装饰融为一体。豪华型木质表面无坎防火隔声门结构如图 16-9-6 所示。

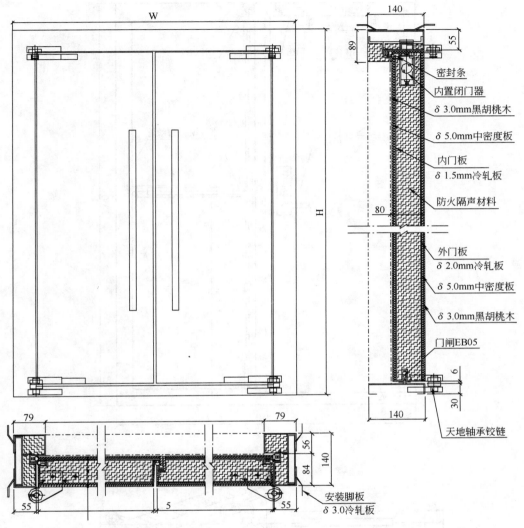

图 16-9-6 豪华型木质表面无坎防火隔声门结构示意图

（5）双向启闭通道门的设计

双向启闭通道门主要用在有风压需求的轨道交通轨行区设备用房门和区间旁通道之间，该门既要满足甲级防火性能要求，又要满足抗风压密闭要求，同时还要配备行之有效的安全监控设施。

双向启闭通道门由钢制甲级防火隔声门扇、门框及安全配置、五金件、锁具等组成。各组成部分是成熟的系列配套系统，各组件具备配套合理、便于安装拆卸和牢固等特点。双向启闭通道门结构如图 16-9-7 所示。

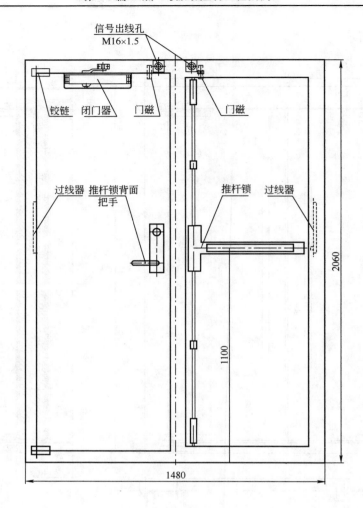

信号出线孔
M16×1.5

铰链　闭门器　门磁

门磁

过线器　推杆锁背面
把手

推杆锁　过线器

1100

2060

1480

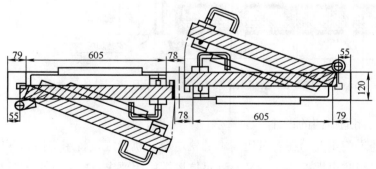

79　　605　　78　　78　　605　　79

55

55

120

图 16-9-7　双向启闭通道门结构示意图

9.1.3　防火隔声门的主要技术指标

（1）防火隔声门隔声性能：设计要求计权隔声量为 $35 \leqslant R_w < 40$

同济大学声学研究所对"申华公司"生产的 SHM-GFM 型钢制防火隔声门隔声性能的实测结果如表 16-9-2 所列，隔声特性曲线如图 16-9-8 所示。测试结果：计权隔声量 $R_w = 40.6\text{dB}$

（即图中 I_a），平均隔声量（100Hz～4kHz）R_a=36.3dB。

表 16-9-2　钢制防火隔声门（SHM-GFM1021）隔声量

中心频率 /Hz	100	125	160	200	250	315	400	500	630
隔声量 R/dB	19.6	25.1	27.0	28.1	27.5	37.1	35.8	37.4	37.0
中心频率 /Hz	800	1000	1250	1600	2000	2500	3150	4000	—
隔声量 R/dB	37.6	41.5	43.0	44.0	45.7	46.3	47.8	47.2	—

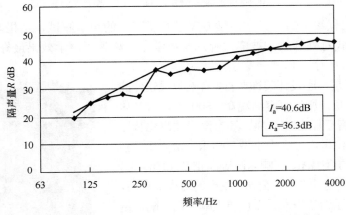

图 16-9-8　防火隔声门（SHM-GFM1021）隔声特性曲线

（2）防火隔声门防火性能

"申华公司"生产的 SHM-GFM 型防火隔声门有四种规格：1021 型、1521 型、1023 型、1823 型。经天津国家固定灭火系统和耐火构件质量监督检验中心检测，耐火极限均达到 1.5h，符合 A：50（甲级）要求，该型防火隔声门获公安部消防产品合格评定中心颁发的 3C 认证证书。

（3）防火隔声门的抗风压性能

"申华公司"生产的防火隔声门经上海浦公检测技术股份有限公司检测，抗风压值达到国标 GB/T 7106—2008 第 9 级 5.0kPa，完全可以满足地铁公司提出的抗风压设计≥2000Pa 的要求。

9.1.4　防火隔声门的应用案例

（1）防火隔声门用于上海交响乐团迁建工程

拥有 135 年历史的上海交响乐团由原址搬迁至复兴中路 1380 号，演出大厅共设 1200 个座位，以传统的"鞋盒式"与现代的"葡萄园式"相结合，观众可分席坐在高低不同的区域，都能享受美妙的音乐。演出大厅不仅要求有优良的音质效果，同时对环境噪声控制也有很高要求，特别是对门的要求更为严格。该音乐厅普通防火隔声门要求 R_w≥35dB，特殊场所则设置声闸双道门，要求 R_w≥56dB。在设计隔声门时既要考虑隔声效果，又要考虑防火、安全，以及外观带有较好的装饰性。

根据不同的要求，在各排练厅、大音乐厅、小音乐厅以及地下机房安装了 SH 型轻质高效装饰防火隔声门，在各通道安装了无门槛轻质高效装饰防火隔声门。图 16-9-9 为安装在上海交响乐团音乐大厅的防火隔声门实照。

图 16-9-9　上海交响乐团音乐厅防火隔声门

音乐厅迁建工程竣工后，日本声学专家进行了三天的声学测试，结果非常满意。该音乐厅 2014 年 9 月正式对外开放，被广大听众及声学专家称为"声学效果最好的音乐厅"。

（2）哈尔滨音乐厅工程

哈尔滨音乐厅是一座设计装饰典雅、音响效果较佳的现代化音乐艺术殿堂。剧场可容纳观众 1800 人，大音乐厅为 1200 座，小音乐厅为 400 座，还有演员休息化妆厅等，可以接待和组织国内外大中小型交响乐、室内乐、独唱、独奏、上百人的合唱团、交响乐团等高雅音乐的演出。音乐厅机房、通道均选用"申华公司"生产的防火隔声门，大音乐厅、小音乐厅为豪华木质无坎防火隔声门，隔声量 $R_w \geq 35dB$，声闸隔声门（双道门） $R_w \geq 56dB$。2015 年哈尔滨新年音乐会在该音乐厅进行首场演出，得到一致好评。图 16-9-10 为哈尔滨音乐厅防火隔声门实照。

图 16-9-10　哈尔滨音乐厅防火隔声门

（3）防火隔声门在文化演艺系统广泛应用

图 16-9-11 为"申华公司"生产的防火隔声门安装于上海大剧院、杭州大剧院、上海东方艺术中心、上海广播大厦、常州传媒中心、宁波广播电视台等处的现场实照。

图 16-9-11　文化演艺系统防火隔声门实照

在上述诸多案例中，"申华公司"生产的防火隔声门安装于现场后经第三方权威机构实测，一道防火隔声门计权隔声量 R_w 为 37dB，声闸（两道隔声门）计权隔声量 R_w 为 58dB，完全符合用户的要求。

（4）双向启闭通道防火门在上海轨道交通中的应用

防火隔声门在上海轨道交通 11 号线、12 号线、13 号线和 17 号线的旁通道中得到了应用。例如上海地铁 17 号线要求在有风压需要的控制区设备用房门和区间旁通道之间的门安装防火双向启闭门，应满足风压正负 2kPa、防火极限 1.5h 的要求，同时五金件熔融温度不低于 950℃，门锁采用逃生推杆锁等。"申华公司"生产的双向启闭通道防火门完全满足上述要求，使用效果良好。图 16-9-12 为双向启闭通道防火门实照。

图 16-9-12　双向启闭通道防火门实照

9.1.5　结语

上海申华声学装备有限公司生产的防火隔声门不仅具备防火、隔声功能，而且还具有装饰功能及抗风压功能，该产品已在大剧院、音乐厅、影剧院、宾馆、会议室、演播厅、录音室、试听室、机房、高级办公室及轨道交通旁通道等建筑中广泛使用，性能稳定，效果优良，得到广大用户的一致好评。

（上海申华声学装备有限公司　刘耀芳提供）

9.2　一种特大型高隔声量钢制大门的实践

9.2.1　前言

航天某院在天津建设一个大型高声强混响室，因混响室内部声压级达到 155～160dB（A），需要安装宽×高约为 23m×11m 的隔声大门。为保证外部实验人员的声环境质量，要求大门隔声量大于 55dB，同时考虑到建筑基础的承受能力，要求大门整体质量不大于 180t，不能影响实验室内部声场性能，大门内表面反射系数等声学特性应达到或接近周围墙体的声学特性。大门的要求高，设计难度较大。

从大门的隔声量、质量、内表面反射系数等指标分析，如果沿用常规隔声大门的钢制混凝土结构形式制作工艺，门体的隔声量、内表面反射系数均能满足需要，但门体的质量要接近 400～430t，质量指标无法达到要求，无法满足建筑基础的承受能力，并且大规格混凝土大门的制作工艺质量无法达到可靠保证。经过国内权威专家的反复论证，决定采用钢制隔声大门的工艺，由南京常荣声学股份有限公司（以下简称南京常荣）承担该大门的研究制造。

"南京常荣"公司在原有生产制造 25m²、33m²、42m² 隔声量为 55dB 钢制隔声大门的基础上，对本次 253m² 混响室大门的每一个组合件进行计算机模拟验证分析，充分听取各方面专家的建议，最终顺利地完成了大门的研制生产任务。

9.2.2 设计与验证

（1）总体组成设计

混响室大门整体采用全钢结构形式，由门体、电动行走机构、辅助导向机构、密封机构以及电路气路自动控制系统等组成。产品设计使用年限为 50 年。

（2）门体设计

大门门体是混响室大门系统的主体结构，考虑到隔声门质量、开启方便、工程造价等多方面综合因素，隔声门采取整体全钢结构形式，主体骨架采用工字钢，内、外层钢板+阻尼反射结构障板+中空填充层结构。门体的外形尺寸（高×宽×厚）为 11m×23m×0.73m，面积 253m²，质量约 170t。

在内板与外板之间设计波浪形阻尼反射结构障板，使从内侧板透射出去的声音再反射回来，以此增加门体的隔声量。考虑到反射结构障板比较薄，为防止其振动产生二次噪声，在反射结构障板上增加了阻尼层。

（3）行走机构设计

大门整体质量接近 170t，质量比较大，需要用电动行走机构来运行隔声大门。电动行走机构位于门扇的底端，由支座、驱动装置、主动车轮、从动车轮、电气设备和导电装置等组成。行走机构采用双轨两轮支撑，运行速度为 4.17m/min，自重约 3.5t，下部由 2 根 QU120 重轨支撑和配套相应的建筑承载基础。电动行走机构剖面示意图如图 16-9-13 所示。

（4）辅助导向机构

辅助导向机构位于门体的上端，由导轮和导轨组成，其作用是导向、定位，承受大门运行时产生的侧向力，与电动行走机构一起配合实现隔声门开启与关闭的运行。

（5）隔声量验证

结构的隔声量主要取决于两个因素：第一个是门体结构本身的隔声量；第二个是门体结构在高声强声波的作用下产生振动引起的二次噪声影响。

① 结构本身隔声量计算　隔声门结构为内侧钢板厚 30mm，中间空气层厚 630mm，外侧钢板厚 20mm。使用隔声量经验公式计算得到隔声大门的平均隔声量 $\overline{TL} = 66.6dB$。使用 Marshall Day Insul5.6 计算该结构隔声量，总体夹层结构隔声量应为：$56 + \Delta R > 68dB$（ΔR

为查表空气附加隔声，$\Delta R > 12$）。

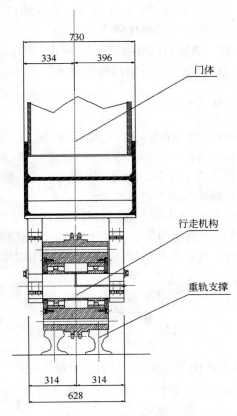

图 16-9-13　电动行走机构剖面示意图

②高声强下隔声门的二次噪声计算　隔声门在 155～160dB（A）高声压级环境下将受到声压压力作用，为简化计算，这里仅考虑 1kHz 声波，通过计算，隔声门的二次噪声为 55.2dB，比声源声压级小了约 100dB，所以该门体振动产生的二次噪声对门体隔声量不会产生影响。

③密封措施与隔声量计算　为防止室内高强噪声和有害气体（实验室使用的是氮气）向外扩散，在大门与墙体相重叠部分的墙体上安装密封装置。密封装置采用气胎型充气密封形式，内外各两圈。密封装置与声音传播示意图如图 16-9-14 所示。

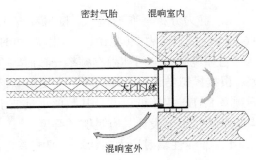

图 16-9-14　密封装置与声音传播示意图

把每道密封气胎等效为双层均质隔声结构，其平均隔声量 $\overline{\text{TL}}$ 计算经验公式为：

$$\overline{\text{TL}} = 13.5\lg(M_1 + M_2) + 14 + \Delta R$$

式中，M_1、M_2 为每层隔声结构的面密度；ΔR 为附加隔声量。

根据公式计算得出单侧密封气胎的隔声量，由于声音从混响室传出经过两次隔声处理，声压级衰减理论值为 64.6dB，但实际隔声量会有 6dB 误差（项目经验值），实际隔声量约为 58.6dB，因此采用气胎密封能够满足门的整体隔声量要求。

④ 大门内表面的反射系数　假定两门板间没有任何刚性连接，完全为空气，且两门板间距比较适中，估算声能量从门板到空气层再到门板的传递损失。

能量传递损失为：$TL = 10\lg \dfrac{Ei}{Et}$

式中，Ei 为透过界面的声能量；Et 为入射界面的声能量。

得到最简单的单一界面下能量由空气传入内侧钢制大门的传递损失为 44.6dB，透射入门内的声能量没有再次回到入射时的空气中，因此可以视为被门体吸收，满足内表面反射系数等声学特性应达到或接近周围墙体的声学特性的要求。

⑤ 隔声量与内表面声学特性计算小结　通过对隔声大门隔声量、隔声门二次噪声、密封措施的隔声量计算，以及对大门内表面的声学特性计算，能满足隔声门隔声量大于 55dB（A）的要求，满足大门内表面反射系数等声学特性达到或接近周围墙体的声学特性。

（6）大门共振基频计算

门体整体等效为双层隔声结构，其共振频率 f_0 计算公式为：

$$f_0 = \frac{1}{2\pi}\sqrt{\left(\frac{1}{M_1}+\frac{1}{M_2}\right)\frac{\rho c^2}{d}}$$

式中，M_1、M_2 为每层隔声结构的面密度；d 为空气层的厚度；ρc 为特性阻抗。

将各值代入公式得 f_0=8.1Hz，满足小于 10Hz 的要求，门体受高声强作用不会产生共振。

（7）门体结构与各部件结构力学验证

考虑到门体受内部高声强能量的作用，以及门体自重对各传动部件的影响，需要对门体、传动部件进行结构力学验证。

① 结构力学校核　用 workbench 按门的 CAD 图进行建模，计算在各个频率时的应力情况。

a．静力分析与变形模拟。随频率变化的内部声压，模拟计算结果为：法向最大动变形 0.64mm，最大应力 7.04MPa，均出现在 8Hz 处。

当环境频率与门体固有频率一致时，会产生共振。此时，门体的变形与应力都达到最大值。根据模拟结果，可知门体最大变形和最大应力出现在 8Hz 处，与前面计算得到的门体共振频率 8.1Hz 相接近，并且其数值远远低于门体工作环境的频率，即工作环境频率对门体结构的影响较小，设计具有足够的强度。

b．非线性辐射压力的计算。混响室内部声场平衡时声压级需达到 155dB 以上，在高声强条件下将发生非线性现象。通过计算相比声波周期压力幅值：p_0 =158.8Pa，$\Delta p_1/p_0$=2.23×10^{-4}，$\Delta p_2/p_0$=8.83×10^{-3}，虽为非零时间平均压力，但量级比声波周期压力小 100 倍以上。所以在具体结构计算中，将各频率对应的非线性辐射压力予以忽略，不记入结构载荷。

② 传动部件的承载能力力学分析

　　a．轮压计算。大门的总质量（含各种安装在门体上的辅助措施）约为 168.563t，行走机构总质量约为 3.5t，近似地认为由 2 个车轮平均承受，根据平衡方程式，可分别求出主动轮与从动轮的轮压：$p_1=p_2=75.85t$。

　　b．车轮计算。根据车轮踏面直径，采用 QU120 重轨为基础的双轨道运行。车轮的最大轮压作为疲劳计算时的计算轮压，为 743330N，通过用有限元软件模拟滚轮材料的变形情况，最大变形约 3mm，最大应力 11.52MPa。

　　c．轴的计算。主轴材料选择为 40Cr，材料进行调质处理。设计选用轴径取 200mm，采用有限元分析，最大应力 64.5MPa，小于许用应力 750MPa，满足设计要求。

　　（8）大门的安全措施

　　由于隔声大门的隔声量、质量、运行部位以及实验室内部气体介质的特殊性等原因，大门研制时需要考虑一定的安全保障措施，除上述的结构验证以外，还增加了如下措施：如氧气浓度报警系统、大门红外感应停止系统、停电状态下手动开启系统、紧急通道门等。

9.2.3　大门生产与安装

　　（1）大门的生产

　　本次大门生产部分主要有大门门体四周部件（分成 6 件）、门体模块（分成 10 件）以及电动行走机构与控制系统及导向机构等部件。生产时为了保证平整度与直线度，严格控制焊接工艺流程，在材料的选择、材料坡口处理、整平、内部防腐、部件焊接、阻尼层的安装、焊缝平整、外观质量检验等工序严格把控。

　　（2）大门的安装

　　本次项目隔声大门采用工厂模块化生产，现场拼接安装的形式。大门安装的关键步骤就是门体的安装。安装前期进行了大量模拟模块的安装顺序和初步固定方案。由于大门属于室内安装，对吊车的选型和站位要求很高。前期和业主方反复论证吊装预案，考虑所有环境因素，最后在安装时顺利完成。大门安装各项参数满足设计要求。图 16-9-15 为隔声大门现场安装照片

图 16-9-15　隔声大门现场安装照片

9.2.4　项目总结

　　本项目研制的特大型钢制隔声大门在规格尺寸大小、质量、隔声量指标、自动化控制以及生产、加工工艺的难度等方面在国内均属于首次，项目的成功案例对今后特大型隔声大门的研制有较高的参考意义。

　　（1）前期设计时在结构强度、安全性、可靠性、声学要求等重要指标上反复论证，在大

量的数据计算后，采用计算机进行模拟分析，邀请国内权威专家参与审核，确保最终的参数满足设计要求。

（2）门体的尺寸及质量巨大，该大门的生产、运输、安装均存在很大的挑战。模块化现场拼装的思路，给项目实施各个环节均带来很大的便利。

（3）大门在生产和安装过程中，存在大量的焊接过程，焊接的变形量控制是生产和安装的关键，研制时进行了充分考虑，采取反复优化焊接方案等措施来确保大门的工艺质量。

（4）在大门主体结构性能设计满足要求的前提下，增加了一些安全与人性化的辅助措施，如氧气浓度报警系统、大门红外感应停止系统、停电手动开启系统、紧急通道门、检修爬梯等等。

（5）项目经过验收测试，大门的隔声效果达到 58dB，优于设计要求的 55dB（A），各项性能指标达到预计的目标，得到业主方的一致好评。

（南京常荣声学股份有限公司　张荣初、闻小明、杨文文、李灿提供）

9.3　聚合微粒装饰吸声系统的应用

9.3.1　概况

聚合微粒装饰吸声系统是由四川正升声学科技有限公司（简称四川正升）研发生产的新一代装饰吸声降噪材料，它利用精选特定目数的颗粒如天然砂粒、矿渣颗粒、橡胶颗粒等将胶凝溶剂均匀且极薄地覆盖于全部微粒表面，形成特定角形系数的覆膜微粒。在外力作用下，覆膜层固化，使微小颗粒就像被焊接一样聚合在一起，微粒之间天然地形成了大量的、不规则的、相互连通的微小孔隙。在聚合工艺中，微粒粒径配比与聚合方式均可精确地调控，进而确定了内部孔隙的大小及排列方式，由此可以根据实际需求进行自定义设计并制作不同声学特性的降噪产品。

聚合微粒装饰吸声系统由高强度、高吸声能力的聚合微粒板组成，它不仅具有非凡的吸声性能、丰富的色彩和优美的弧线，而且具有完美的整体感和表面质感，让建筑空间拥有典雅而又清新的视觉和听觉美感。该系统表面采用"四川正升"特有的透声涂层，可以以多种适合声学处理的形式，例如整体吊顶、独立造型吊顶、吸声墙体、吸声屏障等形式安装，形成单一或多元的吸声系统。

9.3.2　聚合微粒板的性能

聚合微粒基础板分为聚合微粒高强度吸声板（适用于墙体装饰）及聚合微粒轻质吸声板（使用于吊顶装饰）两大类。高强度板现有以下四种规格：600mm×1200mm，800mm×800mm，600mm×600mm，300mm×600mm，板厚为 8mm。轻质吸声板现有两种规格：600mm×1200mm，600mm×600mm，板厚为 20mm。聚合微粒板的各项性能参数见

表 16-9-3。

表 16-9-3　聚合微粒板性能参数表

序号	名称	性能参数
1	环保性 TVOC	0.096 mg/（$m^2 \cdot h$）（72h）
2	甲醛释放量	<0.1mg/L
3	吸声性能	NRC 0.7～0.9（板后空腔 50～100mm）
4	燃烧性能	A 级不燃
5	抗压强度	28MPa
6	抗折强度	10MPa
7	湿胀率	0.18%
8	冻融	30 次循环后表面无剥落、无裂痕
9	耐老化	经紫外线照射 500h 后无明显变色、开裂等现象

聚合微粒吸声材料的吸声性能与微粒间细孔的大小、数量、构造形式、板后空腔的大小等密切相关，通过对粒径、板厚和空腔的调整，可以实现其吸声性能可调的功能，满足高、中、低不同频段吸声设计要求。一般板厚不超过 10mm 的聚合微粒吸声结构的吸声性能可借助微穿孔吸声理论进行预测计算。聚合微粒吸声材料的吸声性能与微粒的种类无关，与微粒的外形有关，其角形系数将影响材料的流阻，进而影响吸声性能。

图 16-9-16 为 20mm 厚单层聚合微粒吸声板，后部留有 40mm 空腔的吸声特性曲线。由图 16-9-16 可知，在 200Hz 以上的吸声系数均大于 0.50，在中频段 500～1600Hz 吸声系数均大于 0.80，吸声性能优良。

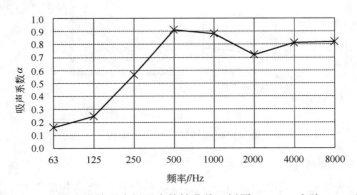

图 16-9-16　聚合微粒吸声板吸声特性曲线（板厚 20mm，空腔 40mm）

9.3.3　聚合微粒吸声系统的应用

聚合微粒装饰吸声系统分为内墙装饰吸声系统、吊顶装饰吸声系统、喷涂吸声系统三类，可根据不同的场合和需求选用，可选用其中的一种或多种。图 16-9-17 为聚合微粒装饰吸声系统应用示意图。

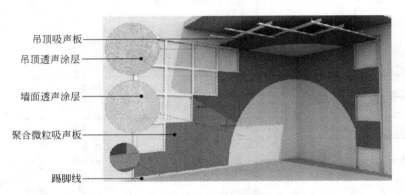

图 16-9-17　聚合微粒装饰吸声系统应用示意图

（1）内墙装饰吸声系统

聚合微粒内墙装饰吸声系统创新地采用无缝式吸声系统，它的核心是聚合微粒高强度吸声板，表面为"正升"透声涂料，可以以吸声墙或吸声屏等形式安装。无缝式吸声系统降噪系数 NRC≥0.75，系统质量约为 20kg/m^2，可以支持 200m^2 无缝安装，不开裂、不下坠、可清洗，其施工节点如图 16-9-18 所示。

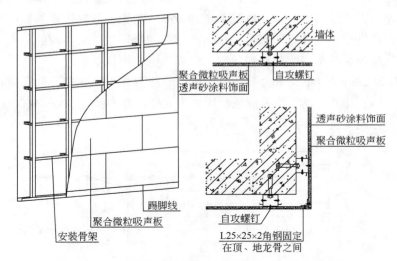

图 16-9-18　聚合微粒内墙装饰吸声系统施工节点示意图

（2）吊顶装饰吸声系统

聚合微粒吊顶装饰吸声系统也是无缝式，核心是轻质聚合微粒吸声板，表面为透声涂料，可以以整体吊顶或造型吊顶形式安装，形成单一或多元吸声体系。防火等级为 A 级，降噪系数 NRC≥0.75，系统质量约为 10kg/m^2。

（3）吸声喷涂系统

吸声喷涂砂是一种直接喷涂在建筑结构表面或吊顶板面上的吸声材料，适用于平面、曲面或非规则表面，同时对吸声有较高要求的建筑物上。作为无后空腔的吸声系统，它具有较好的吸声性能，附着力强，强度高，质量轻，抗开裂和剥落，抗冷凝和防潮湿。由于其厚度薄且无后空腔，特别适用于高度空间受限制的声学处理工程。降噪系数 NRC≥0.50，防火等级为 A 级，面密度为 5kg/m²。

（4）聚合微粒吸声系统安装实例

聚合微粒吸声系统根据设计需要分为无缝工艺安装和有缝工艺安装两种，采用轻钢龙骨或吊顶龙骨，按板幅选择尺寸进行分割后，使用结构胶及自攻自钻沉头螺钉安装。表面透声涂料可采用喷涂或批刮加喷涂方式进行施工。透声涂料色彩分为真彩系列和晶彩系列两大类：真彩系列为砂石的本色，有数十种规格可供选用；晶彩系列可根据色卡进行调色。

图 16-9-19 为聚合微粒装饰吸声系统安装于国家网球中心钻石球场的现场实照，使用部位：吸声墙面和吊顶（弧形、无接缝）。

图 16-9-20 为聚合微粒装饰吸声系统安装于成都市锦江区社管中心的图片，使用部位：吸声吊顶（弧形）。

图 16-9-19　国家网球中心钻石球场实照　　　　图 16-9-20　成都市锦江区社管中心

（四川正升声学科技有限公司　李朝阳、贾荷香提供）

9.4　Air⁺⁺系列阻尼材料在减振降噪工程中的应用

青岛爱尔家佳新材料股份有限公司是一家专门从事阻尼涂料、阻尼胶板、喷涂聚脲、特种功能涂料技术开发与应用的高新技术企业，是国内最早从事水性阻尼涂料等阻尼材料的研究单位，处于国内领先地位，其产品多项指标处于国际领先水平。Air⁺⁺系列阻尼材料在多个领域取得突破性进展，广泛应用于铁路、轨道交通、船舶舰艇、工程机械、机电设备、轻工产品、大型场馆等减振降噪工程中。

在铁路行业使用的 Air⁺⁺系列阻尼材料包括 Air⁺⁺3101 多功能水性阻尼涂料、Air⁺⁺3102 低温域水性阻尼涂料、Air⁺⁺3103 高温域水性阻尼涂料、Air⁺⁺3101M 水性防腐阻尼涂料、Air⁺⁺3119 水性隔声防护阻尼涂料等，铁路行业还使用 Air⁺⁺系列 SH-10 耐电弧击穿涂层系统、Air⁺⁺抗电弧绝缘涂料、Air⁺⁺防火涂料、Air⁺⁺3508 水性防结露涂料等。

在船舶行业（含军用）使用的 Air⁺⁺系列阻尼材料包括 Air⁺⁺3104 环保阻尼胶片、Air⁺⁺3105 复合环保阻尼胶片、Air⁺⁺3108 橡胶阻尼板、Air⁺⁺3109 舰船用阻尼涂料等。

在航天航空行业使用的 Air⁺⁺系列阻尼材料有 Air⁺⁺SH-10 耐高温烧蚀涂料等。

在机械工程及乘用车行业使用的 Air⁺⁺系列阻尼材料包括 Air⁺⁺6301 水性防滑涂料等。

在其他行业使用的 Air^{++}阻尼材料包括 3106 建筑专用吸声隔声涂料（内用）、3116 建筑专用吸声隔声涂料（外用）、3112 扬声器专用水性阻尼胶等。

在本手册的第 15 篇中已介绍了 Air^{++}3101 多功能水性阻尼涂料和 Air^{++}3109 舰船用阻尼涂料的性能规格及应用领域。本处侧重介绍如下几种阻尼涂料的应用。

（1）SH-10 耐高温烧蚀涂料在航天航空行业的应用

耐高温烧蚀涂料是以改性有机硅树脂为黏结剂，添加耐高温、低导热性能的无机填料加工而成，利用其本身在高温下发生的物理（熔融、蒸发、升华、辐射等）和化学（分解、解聚、离子化等）复杂变化过程从而带走并阻隔热量，在保持良好的耐热隔热性能的同时，具有优异的力学性能、绝缘性能和良好的防腐蚀作用。该产品特别适用于高热流密度条件下的强冲刷环境，例如弹箭武器的喷管、风帽等气动热防护部件、发动机绝热衬里、燃气烧蚀冲刷部件和箭锥体，用于制造长时间耐 500℃、短时间耐 3000℃的零部件。

（2）水性阻尼涂料在铁路行业的应用

铁路动车、高铁以及地铁轨道交通等领域，速度的提升和车体轻量化趋势越来越明显，随之而来的是振动和噪声问题。噪声和振动不仅影响乘客的舒适度，而且威胁到列车的安全性。我国原北车、南车集团以及其他车辆厂广泛使用 Air^{++}水性阻尼涂料，将其涂覆于车体内部和外部底架的特定部位，如底架两端的轨架外部、车内盒子间地板、侧门拉门盒、车头司机室内部、部分车的窗口下墙板等。试验数据表明，表面涂喷阻尼材料后，防雪板、端板的隔声性能提高了 3～4dB（A）。

（3）阻尼涂料在机械行业的应用

在机械行业和车辆行业也广泛使用阻尼涂料，例如卡特彼勒公司生产的工程机械、矿用设备、柴油和天然气发动机以及柴电混合动力机组等，经过对 SEM-650B 测试，使用水性阻尼涂料的车驾驶室及车身相关位置，其降噪效果明显。国内北京中环动力、徐工集团等都使用水性阻尼涂料，这对于提升他们产品的竞争力和产品质量都具有良好的作用。宝菱重工公司主营炼钢设备、轧制设备、工艺线设备及冶金备品备件等设计和制造，其出口设备的减振降噪处理就利用了阻尼涂料技术，在主体设备内壁喷涂 5mm 厚水性阻尼涂料，达到了验收要求，确保了设备顺利出口。（NOK）恩欧凯（无锡）防振橡胶公司铸造车间落砂冷却滚筒工作时，噪声高达 117dB（A），超过国家标准规定 32dB（A）[国家标准规定是 85dB（A）]。NOK 公司除采取加装防护罩、消声器、吸声吊顶等技术措施外，重点对薄板结构的设备外壁喷涂阻尼材料，对管道进行阻尼隔声包扎，在落砂冷却滚筒表面先贴一层自由阻尼材料，再粘贴一层约束阻尼层（高模量弹性阻尼层），当阻尼层随基本结构层一起产生弯曲振动从而使阻尼层产生拉压变形时，弹性层将起到约束作用而产生剪切形变，从而损耗更多的能量，达到减振降噪的目的，经测试，该铸造车间噪声已由 117dB（A）降为 88dB（A）。

上海申华声学装备有限公司是国内噪声控制的骨干企业，他们生产各种规格的隔声室、隔声罩、测听室等，这些设备的内壁均涂以 Air^{++}水性阻尼涂料。阻尼层的厚度一般为外壳钢板厚度的 2～3 倍，阻尼层可抑制钢板振动，减少声能辐射，避免发生罩壁吻合效应和低频共振作用，可提高隔声室、隔声罩的隔声性能。阻尼涂料还应用在电梯、集装箱、变电站、风机、大型空压机、缝制设备等机械制造行业。

（4）多功能阻尼胶板的应用

Air^{++}3108 多功能橡胶阻尼板是由核壳结构的丙烯酸树脂，加入阻燃剂、阻尼填料、交联剂等制作而成的毡状材料，施工时采用 Air⁺⁺专用阻尼胶进行粘贴。其适用温度范围为–45～170℃，弹性模量为 $1×10^8\text{N/cm}^2$，阻燃性好（氧指数≥32），材料自身阻尼因子 $\zeta≥0.6$，密度 1.8g/cm^3，抗拉强度≥1.7MPa。阻尼胶板的标准规格为 600mm×400mm×（2～6）mm，它能有效地抑制振动，具有隔声、阻燃、无毒、附着力好、便于施工等优点，在舰船上广泛使用。

（青岛爱尔家佳新材料股份有限公司　王宝柱、郭焱提供）

9.5　城市高架道路全封闭声屏障的设计

9.5.1　前言

随着城市车流量的逐年增多，越来越多的城市选择了新建高架道路解决快速通行的问题。由于高架道路上普遍具有车流量大、车速快和声源位置高的特点，对道路两侧噪声敏感建筑物的影响较地面道路更为严重，成为城市交通噪声投诉的主要对象。全封闭声屏障是解决城市高架道路上交通噪声影响最为有效的降噪措施之一。本节以南京应天大街纬七路西延高架道路全封闭声屏障工程的设计与施工为例，对该声屏障的声学、结构、景观以及采光、通风、排水等辅助功能设计进行了阐述，为我国今后建设同类型声屏障工程提供一些可借鉴的设计经验。

9.5.2　工程概况及主要技术参数

本工程由江苏强洁环境工程有限公司承建，中船第九设计研究院工程有限公司设计。声屏障总建造长度为 764m，含东西两端各向外伸出 8m 长的景观结构。声屏障的有效长度为 748m，宽度 25m。声屏障内净空高度 5.0m，大于道路通行车辆限高 4.5m 的要求。声屏障设置路段的路面为双向 6 车道，道路中间有隔离防撞墙，防撞墙上设有吸声隔声屏。图 16-9-21 为该声屏障的剖面图。

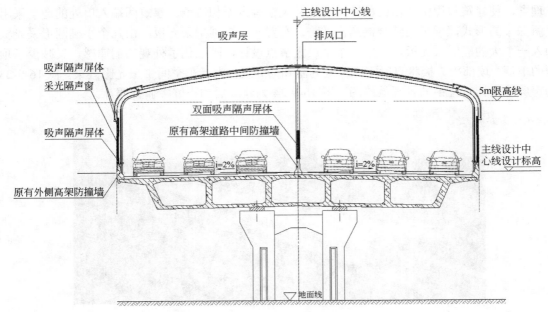

图 16-9-21　声屏障的剖面图

9.5.3 声屏障的声学设计

为确保全封闭声屏障的整体隔声效果,声屏障顶部隔声构件、两侧的吸声隔声屏体及隔声采光窗的隔声量均大于 20dB,所有构件之间的连接缝都进行密封处理。声屏障内采取了必要的吸声措施,声屏障两侧的吸声隔声屏体内侧面是吸声面,中间防撞墙上的吸声隔声屏体是双面吸声,顶部隔声结构内侧面喷涂了吸声层,使声屏障内具有较高的吸声系数。图 16-9-22 为声屏障内部吸声处理照片。隔声结构的设计在顶部采用 0.8mm 的波纹彩钢板,两侧的吸声隔声屏体和隔声采光窗都采用常规声屏障的结构形式。

图 16-9-22 声屏障内部吸声处理照片

9.5.4 声屏障的建筑景观设计

声屏障的建筑设计尊重交通建筑功能优先的原则,从整体环境出发,提出了整体化的设计理念,使建筑与周围环境在秩序、功能、风格等方面相协调。建筑两端入口处的造型采用"斜探"的形式,顶平面结合钢结构柱跨,布置一些椭圆型采光板,由几个小椭圆形采光板加入一个大的椭圆采光板,形成一个个放大节点设计,既强化了外观的韵律感,又减少了顶面的单调。顶部采光板将直射阳光过滤为温和的光线,为行车空间带来光影效果。图 16-9-23 为声屏障设计过程中的景观效果图。图 16-9-24 为建成后的声屏障俯视照片。

图 16-9-23 声屏障设计过程中的景观效果图

图 16-9-24　建成后的声屏障俯视实照

9.5.5　声屏障的结构设计

声屏障支承结构采用组装轻钢结构形式，所有部件工厂制作，现场组装及安装。支承结构采用钢立柱及钢梁组成的门式框架结构，钢立柱用种植螺栓固定在防撞墙上。根据声屏障顶部隔声构件的面积质量、南京市的基本风压（0.4kN/m²）、南京市的雪载系数（0.65kN/m²）、主立柱的合理间距、声屏障的设置高度及总高度等因素，并考虑到不宜影响防撞墙厚度，采用标准 H 钢为立柱和钢梁的主材，柱间支撑 60m 设置 1 组。声屏障主辅钢立柱用种植螺栓固定在两侧及中间的防撞墙上，钢梁与立柱间采用高强度螺栓连接，檩条与钢梁之间采用螺栓连接。图 16-9-25 为施工安装中的声屏障钢结构。

图 16-9-25　施工安装中的声屏障钢结构

9.5.6　声屏障的辅助设计

（1）排风

声屏障顶部设置若干条排风口，两端利用车道自然进风排风，并利用气流压差从顶部的排风口排风。设计中把声屏障长度方向中间位置约 50m 长度的顶部敞开。利用中间防撞墙及中间立柱设置 2.0m 的隔声板，隔离南北车道，同向行驶的车辆产生一定的活塞风效应，带出一些汽车尾气，增加排风效应。

（2）排水

设计中在声屏障顶部两侧设置"内置式"雨水收集装置，并用管道把收集的雨水排至高架道路原有的排水口，两侧立面的雨水采用自然排水的方法。

（3）雨噪声控制

在顶部隔声结构内侧面喷涂了 20mm 厚的吸声层。该吸声层可以明显地改善彩钢板的阻尼特性，降低雨滴落在彩钢板上产生的撞击声。

（4）采光

声屏障两侧墙面设置了大比例的采光隔声窗，顶部利用椭圆形采光带进行采光，保留高架道路原有的照明灯光的设计，灯具设置在声屏障钢结构上。在晴天时声屏障内采光良好，在阴天时声屏障内的采光情况也可以，一般情况下不需要开路灯。

9.5.7　结语

南京应天大街纬七路西延高架道路上的 764m 长的全封闭声屏障已建成通车 6 年，声屏障的设计及施工质量可能还要再经受更长时间全天候的运行考验，一些技术问题和设计理念也将得到实践的检验。从环境保护及噪声控制的技术角度看，全封闭声屏障虽然在目前的交通降噪措施中降噪效果最佳，在规范中也已确认，但因其造价相比单侧声屏障等措施偏高以及后期养护难度大等问题，是否能够广泛推广尚需反复论证，同时也需要进一步得到居民及社会的认可。

（中船第九设计研究院工程有限公司　冯苗锋、王庭佛提供）

9.6　"申华"特色声屏障的工程应用

9.6.1　概述

上海申华声学装备有限公司（以下简称申华公司）自 1994 年成立以来，坚定地沿着"产、学、研"相结合的道路，紧紧依托全国的声学专家作后盾，秉承科技创新理念，坚持以噪声控制为目标，不断提高自主研发能力，走在拼搏和实践的前沿。经过 20 多年的努力，公司的实力有很大提高，企业知名度享誉国内外。从 1996 年至今，申华公司连续被上海市认定为高新技术企业，有专利产品 56 项，取得国家环保工程专业承包一级资质及环境工程设计乙级资质证书，拥有自己的声学实验室和声学设计研究所。

以声屏障产品和工程治理为例，申华公司共开发出各类声屏障产品 30 多种，其中专利产品 18 项（实用新型专利 13 项，外观专利 5 项），参建的声屏障项目覆盖城市高架、地铁、高速公路、高速铁路、大桥、大型工矿企业、电网电站、别墅等。例如：上海延安西路高架、共和新路高架、中春路高架；厦门成功大道；南京南站快速环线；广州内环高架；上海轨道交通明珠线，上海地铁 4#、5#、6#、9#、11#、13#、14# 线；北京轨道交通房山线；南京地铁 1#、2#、3#、10# 线；武汉轨道交通 4# 线；上海 A4、A16 高速公路；沪杭、苏嘉杭、连徐、连盐、江太、济徐、沪蓉、广韶等高速公路；京沪、沪昆高铁；安徽蚌埠铁路；安庆长江公路大桥、哈尔滨松浦大桥；宝钢集团；上海三林花园等各类声屏障的设计、制作、安装、验收等工作。这些项目除具有常规声屏障的特点之外，还开发研制了如下几种特色声屏障，申华公司是国内声屏障的生产基地之一。

9.6.2　"申华"特色声屏障

（1）SHP-W 型微穿孔板吸声屏障

"SHP-W 型微穿孔板吸声屏障"是根据马大猷教授微穿孔板吸声结构理论而设计的，采用微穿孔板和顶部扇形高效吸声体相结合的结构，外观新颖，声学性能优良，具有防雨水、防积尘、防反光、加工简便、性能稳定等特点。SHP-W 型微穿孔板吸声屏障已安装在上海延安路高架西段超过 10 年，经同济大学声学所现场实测插入损失为 9.1dB（A）。该产品经权威机构检索属国内首创，达到国际先进水平，已申请了实用新型专利（专利号为 ZL 96 2 29246.X）。图 16-9-26 为 SHP-W 型微穿孔板吸声屏障实照。

（2）SHP-XGDZ 型吸隔型多层空腔直板式声屏障

"SHP-XGDZ 吸隔型多层空腔直板式声屏障"是申华公司专为国家电网超高压输电工程降噪而研发的一种新型声屏障，用于降低±800～±1000kV 超高压换流站设备运行所产生的低频噪声。声屏障结构为 1mm 穿孔镀锌板（孔径 2.5mm，穿孔率 25%）+50mm 离心玻璃棉（密度 48kg/m^3，外包 PVF 膜）+46mm 空腔+1mm 镀锌板+50mm 岩棉（密度 80kg/m^3）+2mm 镀锌板，从而形成吸隔型多层空腔结构，具有良好的吸隔声效果，经上海同济建设工程质量检测站测试，降噪系数 NRC=0.9、隔声量 R_w=48dB。该产品已申请国家实用新型专利（专利号：ZL 2010 2 0139850.7），其现场实照如图 16-9-27 所示。

图 16-9-26　SHP-W 型微穿孔板吸声屏障　　　图 16-9-27　SHP-XGDZ 型吸隔型多层空腔直板式声屏障

（3）生态声屏障

当代社会生态与环保越来越受到重视，在道路设置声屏障降噪的同时，若能将绿色环保、生态健康融合为一体，则是人们追求的目标。研究表明，绿化林带对人的心理烦恼有较大改善。"申华公司"与东南大学合作，设计了一种将吸声降噪、景观绿化两种功能有机结合在一起的生态声屏障。

生态声屏障主体由内置吸声材料的两层吸声板组合而成，两层吸声板通过两端的 H 型钢与内部的弹簧卡保持结构的稳定性。声屏障的种植单元由铝板打造成三棱柱形状，三棱柱一个侧面不设置钢板，而用来放置土壤和植物，形成三棱柱的其他两个侧面角度为 60°。这样在保证结构强度的同时，尽量加大植物生长基质的面积。集水槽同样用钢板制作而成，集水槽形状为倒梯形，这样既可以容纳水分又起到了 Y 型顶端结构的降噪效果。种植单元利用抽芯铆钉固定在声屏障主体侧面。集水槽利用螺栓固定在声屏障主体顶部。生态声屏障的结构如图 16-9-28 所示。

图 16-9-28　生态声屏障实照

生态声屏障试制成功后进行了效果测试，采用白噪声、粉红噪声两种声源进行测量，每种声源测得四组数据，即未加入声屏障前受声点、参考点的数据和加入声屏障后受声点、参考点的数据，采用倍频程声压级利用插入法计算出生态声屏障 A 计权插入损失，如图 16-9-29 所示。

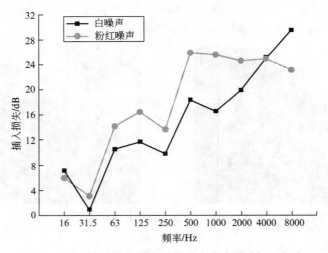

图 16-9-29　白噪声与粉红噪声时生态声屏障插入损失

由图 16-9-29 可以看出，生态声屏障的插入损失随着频率的增加逐渐增大，特别是在频率大于 500Hz 之后插入损失可以达到 14dB 以上，A 计权平均插入损失为 18.3dB。图 16-9-29 显示噪声在高频段降噪效果较好，而在低频段降噪效果有限。这是因为在低频段声波波长长，易发生衍射现象，从而导致声屏障对低频段噪声的降噪效果欠佳。

（4）隧道式声屏障

一般声屏障在声影区内有 3～10dB（A）的降噪效果，但在一些特殊的场所，这样的降噪量远远不够，不能满足要求。20 年前，申华公司承接了上海轨道交通明珠线蒲汇塘基地出入场段噪声治理工程。车辆进出频繁，两侧全为高层居民住宅，交通噪声对居民住宅的影响严重超标。于是设计安装了一段两头开口，中间封闭的隧道式透明声屏障。声屏障高度为7.75m，横向跨度为 13.55m，形式为吸声、隔声组合，由立柱、顶梁、竖屏、顶部透明屏体组成，顶部透明屏体与横梁采用螺栓连接，并铺设了热塑弹性体和止水胶带，保证了屏体的严密性和雨水不渗漏。隧道式声屏障具有隔声性能优、景观效果好等特点，降低了出入场段车辆噪声对居民住宅的影响，得到了建设单位和周围居民的一致好评。隧道式透明声屏障现场实照如图 16-9-30 所示。

　　"申华公司"在北京市轨道交通房山线上也安装了隧道式声屏障，后来人们把这种声屏障称为封闭式声屏障，其实两端还是开口以便于车辆进出的。

　　前两年，南京南站交通主枢纽跨秦淮新河大桥两侧均是 17～19 层高的居民住宅，桥面高度约等同于住宅楼高度的 8 层位置，住宅楼距桥约 30m，交通噪声严重超标，本地区执行声环境 2 类区标准，未治理前居民住宅处噪声高达 70dB（A）左右。建设方按环评要求拟在大桥南北两侧通过居民区处设置左右两段隧道式声屏障，声屏障净高 7m，单幅跨距 12.5m，全钢结构。建设方要求在确保敏感点声环境达标的前提下，声屏障应整体美观、采光良好、结构轻盈稳固。"申华公司"设计安装了如图 16-9-31 所示的隧道式声屏障。该声屏障建成后，经权威机构监测，声屏障内三个测点的声压级分别为 88.6dB（A）、92.8dB（A）、92.6dB（A）。在声屏障外相对应处也布置了三个测点，声压级分别为 57dB（A）、57.4dB（A）、58dB（A）。声屏障现场监测内外声级差在 30dB（A）以上。在居民住宅敏感点处布置的 3 个测点声压级分别为 51.1dB（A）、52.5dB（A）、46.5dB（A），按规定进行背景噪声影响修正后，全面达到了 2 类区声环境标准的要求。

图 16-9-30　隧道式透明声屏障现场实照

图 16-9-31　南京秦淮新河大桥隧道式声屏障

9.6.3　结语

　　声屏障作为噪声控制的重要技术手段之一，近年来发展很快。"申华公司"完成了上亿元的声屏障产品制造和工程安装，积累了一些经验，也研发了一些新产品，但与社会需求仍有差距。"申华公司"将一如既往对声屏障的屏体材料、外观形式、内在结构以及安装方法等进一步研究探索，为社会做出应有的贡献，真正成为马大猷院士为其题词的申华——"中国声学工业的先导",实现"宁静环境,申华永远的追求"的目标。

(上海申华声学装备有限公司 李建平提供)

9.7 核电站主控室噪声控制

9.7.1 引言

主控室是核电站的核心,是保障核电站安全运行的关键。近年来,随着我国核电事业的发展,核电站主控室噪声污染问题越来越受到重视,噪声过大会对操作员的工作产生影响,容易引起事故。目前,我国核电站主控室的噪声水平达到国家标准要求(≤45dB)难度比较大,对核电站主控室噪声控制技术研究的文献也较少。核电站主控室声环境有其特殊性,主控室内设备多,噪声复杂,噪声控制除了应满足操作人员正常工作的要求之外,还应满足应急信号传播、全厂广播类的功能需求。本节对核电站主控室噪声源频率特性和传播特性进行了分析,并在此基础上提出了相应的吸声、隔声、消声等综合降噪控制措施。

9.7.2 主控层建筑现状及噪声特性分析

(1)主控层建筑现状分析

主控室的噪声大小受整个主控层区域的噪声影响,因此有必要对整个主控层的建筑现状进行分析。

主控室内有大型显示装置和控制台,是主要噪声控制区域。主控层区域与外部区域间分隔的四周墙体、地板、楼顶板等为厚实结构;主控层区域内部设有隔墙;主控室设置门窗与外部区域连接。门窗部位是主要的噪声传播途径。

控制层区域一般采用集中空调系统,送风口布置于主控室墙体的上部,回风口布置在上部吊顶。空调系统管道、送回风口是重要噪声源。主控室内设备柜体下楼板开有多个不同形状和尺寸的管线孔洞,是噪声传播的又一途径。

(2)噪声特性分析

主控层主要噪声值及其频率特性见表16-9-4。

表 16-9-4 核电站主控层区域主要噪声值及其参数特性

序号	名称	位置	噪声种类	频率特性	噪声值/dB(A)
1	空调机组	主控室区域外	机械噪声、结构噪声	呈宽频特性	75
2	空调管道	主控室区域吊顶内	空气动力性噪声	以中低频为主	—
3	控制设备	主控室内控制台	电磁噪声、气流噪声	以中低频为主	55.5
4	大型显示装置	主控室内	电磁噪声、气流噪声	以中低频为主	51.6
5	主控室混响	主控制室内	—	—	$T_{60} \approx 4s$(计算值)

9.7.3 主控室噪声传播综合分析

(1)主控室主要噪声源分析(图16-9-32)

主控室内噪声主要有三个来源:一是空调系统噪声;二是主控室内设备噪声;三是主控室相邻区域噪声。图16-9-32中阴影部分为工作区。

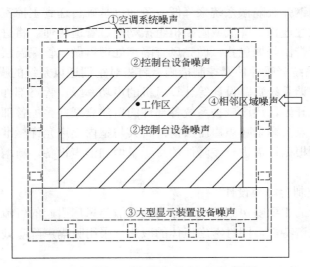

图 16-9-32 主控室噪声源示意图

（2）主控室噪声传播影响分析

① 空调系统噪声 主控室空调系统的空气动力性噪声主要通过室内进出风口以空气传播的形式对室内工作人员产生影响，包括直达声和墙面、顶棚的反射声。机械噪声来源于主控室区域外，主要通过门窗等的空气传声和管道的固体传声对主控室工作人员产生影响。核电发电机的振动引起的结构噪声除了以空气传声方式传递到主控室外，还会将结构噪声以固体传声的方式传播至主控室，该类噪声以中低频为主。

② 设备噪声 主控室内设备噪声主要是由于设备运行时辐射的电磁噪声以及散热扇引起的气流噪声。该类噪声均以中低频为主，主要通过空气传声直达工作位置人耳，存在少部分反射声。对设备的降噪方案受设备柜体安装空间、通风要求以及抗震限制等，应考虑综合采用吸隔声降噪措施，尽量采用较宽频带的降噪设计。

③ 相邻区域噪声 主控室相邻区域的噪声主要通过门窗、管线穿洞等部位以空气传声的方式对室内工作人员产生影响。根据降噪目标值确保门、窗的隔声量达到一定的标准，穿线穿洞部位须采取隔声密封措施防止空气传声。

（3）主控室内混响声分析

主控室内的几种噪声交错在一起，在房间内向四面八方传递，遇到墙壁、房顶、门窗时就发生反射和折射，形成室内的混响噪声。噪声混响时间过长会影响室内语言清晰度，需要确定主控室内各表面材料及各种材料的面积大小进行室内混响时间计算，如主控室内混响时间过长，须对主控室内墙面和吊顶进行吸声处理，减弱反射声，降低混响时间。

9.7.4 主控室噪声控制

（1）通风系统消声降噪措施

① 通风机组及管道固体传声降噪措施 首先考虑采用浮筑基础来降低风机设备产生的

固体传声，其次采用钢弹簧隔振系统来降低设备通过基础传递到主控室区域的低频固体声，进出口管道设计成柔性连接，降低或阻断机组振动通过管道传递。将进入主控室区域的空调系统风管采用阻尼胶带做隔振包扎，做完风管隔声处理再做风管保温层。

② 主控室通风系统降噪评估及控制措施　首先对空调通风系统的噪声进行评估。根据已确定的风机类型、空调系统管路设计等计算风机的声功率级、管路部件气流噪声声功率级；从风机声源声功率级开始，逐段减去系统各部件的自然衰减并叠加各部件的气流再生噪声，计算得到房间内接受点的剩余噪声声压级值；将其与室内噪声允许标准限值进行比较，如不能满足降噪要求，则根据还需进一步降低的降噪量增加消声设备。新增消声设备分开安装更有利于降噪。

（2）主控室内控制台降噪设计

主控室内控制台的主要噪声来源于仪器内通风散热风扇引起的气流噪声。依据主控室内控制台声场分布和频谱特性，同时考虑柜体的散热，采用吸隔声降噪处理措施，主要降低设备中低频直达声。

设计在柜体通风板内设置消声百叶，起到吸声降噪作用，采用铝合金穿孔板作背板起到隔声作用。消声百叶由框架和消声片组成，考虑核电系统设备抗震要求，控制台降噪装置应选择轻型降噪材料。消声片与柜体通风板夹角60°，在进行吸声降噪的同时尽量降低对设备散热的影响。消声框架通过防火胶黏剂与柜体通风板连接；消声百叶只与框架黏结，与柜体通风板间留 20mm 的空间，减小对柜体散热的影响（根据不同柜体结构及内部空间参数，尽量增加百叶高度 h，有利于提高材料吸声性能）。消声百叶构造见图 16-9-33。

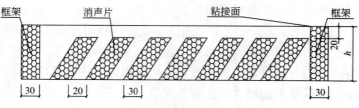

图 16-9-33　设备通风板消声百叶构造示意

（3）主控室内大型显示装置降噪设计

主控室内大型显示装置噪声主要来源于底部的服务器，大屏幕本身没有噪声。大型显示装置对通风要求较高，禁止在柜体加设降噪措施，因此可考虑在大屏幕显示器的左右两侧新增隔声墙，屏幕顶部设置双层错位布置的通风消声百叶（保证通风的同时起到一定的消声作用）。该隔声墙、消声百叶和大屏幕显示器构成了一面封闭的墙体，与周围的三面土建墙组成一个封闭的隔声间，将显示器后立面上发出的噪声控制在所形成的封闭空间内。

大屏幕两侧隔声墙体下部设置隔声门便于设备检修，上部设置自然通风百叶。

大屏幕显示器顶部设计两组通风消声百叶，外壳为 1.2mm 铝合金板。两组消声百叶反向错位排布，使得噪声不能直接穿透百叶缝隙，增加吸隔声性能。消声百叶上下分别设置盖板和托盘。托盘、百叶及盖板可通过连接杆固定在吊顶内，不能对大屏幕产生压力。为确保封闭空间的隔声性能，需对连接处的缝隙做好隔声密封。大屏幕顶部消声百叶布置示意图如图 16-9-34 所示。

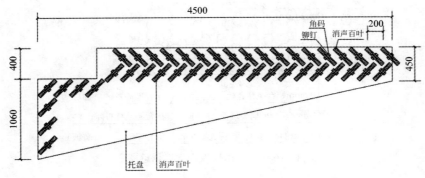

图 16-9-34　大屏幕顶部消声百叶布置示意图

（4）主控室围护结构吸隔声降噪措施

① 土建墙体吸声设计　由于主控室内的噪声偏向中低频，结合其频率特性，选择铝合金穿孔板作为共振吸声材料，并在板后填超细玻璃棉。超细玻璃棉与墙体间留 20mm 的空气间层以增强穿孔板的吸声效果。主控室土建墙体吸声构造：20mm 的空气间层＋30mm 超细玻璃棉（耐辐照玻纤布外包）＋2.0mm 铝合金穿孔板。

② 吸声隔墙设计　轻质吸声隔墙设计总厚度与做完吸声处理的土建墙体相等。轻质隔墙主体采用双层镀锌钢板填充超细玻璃棉起到隔声作用，内外侧墙面再贴超细玻璃棉，饰面层均采用铝合金穿孔板共振吸声。超细玻璃棉与镀锌钢板间留空气间层，增强穿孔板的吸声效果。考虑到核电站的安全需求，超细玻璃棉的防火等级为 A 级不燃，并采用耐辐照玻纤布外包。轻质隔声吸声隔墙构造见图 16-9-35。经计算，轻质隔墙墙体理论隔声量为 54dB。

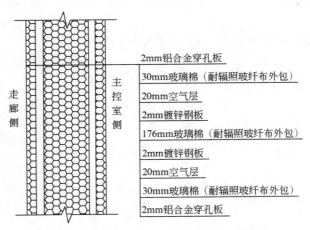

图 16-9-35　轻质隔声吸声墙构造示意图

③ 吊顶吸声设计　吊顶吸声设计是在吊顶整体设计的基础上，增加部分吊顶的吸声功能，吊顶吸声构造见图 16-9-36。选用铝合金穿孔板，板上孔径 3.5mm，穿孔率 6%，中间填充 50mm 厚超细玻璃吸声棉（密度 48kg/m³，防火等级为 A 级不燃，耐辐照玻纤布外包），面层为 0.6mm 铝合金穿孔板，孔径 5mm，穿孔率 20%。

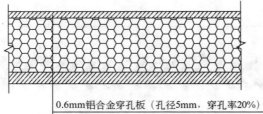

0.6mm铝合金穿孔板（孔径5mm，穿孔率20%）　（面层）

50mm超细玻璃吸声棉（48kg/m³，耐辐照玻纤布外包）

3mm铝合金穿孔板（孔径3.5mm，穿孔率6%）　（背板）

图 16-9-36　吊顶吸声构造示意图

9.7.5　结语

本节为改善核电站主控室声环境，提高核电站运行安全性，针对主控室多种噪声源，分别提出了吸声、隔声等控制措施，降噪效果显著。

（1）核电站主控室噪声源主要包括空调系统和室内设备噪声。空调系统噪声以风机噪声和气流再生噪声为主，噪声一般为宽频特性，主要集中在中低频，需综合采用隔声和吸声措施，单一的降噪措施无法取得良好的降噪效果。室内设备噪声以中低频为主，降噪措施宜以吸声为主，隔声为辅。

（2）工作位置的声音质量受多种声源及其传播的综合影响。核电站主控室的噪声传播到工作位置既有直达声又有反射声，同时，相邻区域噪声以固体传声和空气传声的方式也会对工作位置产生作用。

（3）合理设计消声百叶构造对于降低空调系统和室内设备噪声有显著效果，在墙面及顶棚布置吸声材料，可有效降低室内工作位置的噪声值，并能调整室内混响时间，增加语言声清晰度。

（4）本节可为我国核电站主控室的噪声治理提供借鉴和参考。

（西安建筑科技大学　董旭娟、闫增峰提供）

附　录

编　著　陈梅清　吕玉恒　冯苗锋　宋　震

校　审　邵　斌

附录 1　我国出版的噪声振动控制及建筑声学书籍目录

序号	著（译）者	书名	出版年份	出版社
		1. 声学基础		
1-1	[德]格里姆赛尔、[俄]托马斯齐克著，许国保译	热学与声学	1950	中华书局
1-2	[苏]金泽里等著，冯秉铨等译	声学基础	1955	高等教育出版社
1-3	[苏]伊奥费著，关定华译	电声学	1957	高等教育出版社
1-4	冯秉铨	电声学基础	1957	高等教育出版社
1-5	[美]白瑞纳克著，章启馥、王季卿等译	声学	1959	高等教育出版社
1-6	马大猷	近代声学中的几个问题	1961	科学出版社
1-7	[美]E.G·理查孙著，章启馥、王季卿等译	声学技术概要	（上册）1961 （中册）1965	科学出版社
1-8	[美]H.F·奥尔森著，张遵彦、沈壕译	声学工程	1964	科学出版社
1-9	[美]P.M·莫尔斯著，南京大学译	振动与声	1974	科学出版社
1-10	谢兴甫	立体声原理	1980	科学出版社
1-11	杜功焕、朱哲民、龚秀芬	声学基础（上、下册）	1981	上海科技出版社
1-12	何祚镛、赵玉芳	声学理论基础	1981	国防工业出版社
1-13	管善群	电声技术基础	1982	人民邮电出版社
1-14	[苏]B.H·雷德尼克著，沈一龙译	现代声学漫谈	1982	科学普及出版社
1-15	[美]P.M·莫尔斯、K.V·英格特著，吕如榆等译	理论声学	（上册）1984 （下册）1986	科学出版社
1-16	[美]W·塞托著，金树武、姜锦虎、沈保罗等译	声学原理概要和习题	1985	浙江科学技术出版社
1-17	中国科学院声学研究所	现代声学研究：马大猷教授八秩华诞纪念文集	1991	中国科学技术出版社
1-18	戴念祖	中国声学史	1994	河北教育出版社
1-19	孙广荣、吴启学	环境声学基础	1995	南京大学出版社

序号	著（译）者	书名	出版年份	出版社
		1. 声学基础		
1-20	杜功焕、朱哲民、龚秀芬	声学基础（第二版）	2001	南京大学出版社
1-21	马大猷	现代声学理论基础	2004	科学出版社
1-22	沈建国	应用声学基础：实轴积分法及二维谱技术	2004	天津大学出版社
1-23	林书玉	超声换能器的原理及设计	2004	科学出版社
1-24	齐娜、孟子厚	音响师声学基础	2006	国防工业出版社
1-25	杨训仁、陈宇	现代物理基础丛书 13·大气声学（第 2 版）	2007	科学出版社
1-26	张海澜	理论声学	2007	高等教育出版社
1-27	何琳、朱海潮、邱小军、杜功焕	声学理论与工程应用	2007	科学出版社
1-28	丁辉	计算超声学：声场分析及应用	2010	科学出版社
1-29	李增刚、詹福良	Virtual.lab Acoustics 声学仿真计算高级应用实例	2010	国防工业出版社
1-30	张强	气动声学基础	2012	国防工业出版社
1-31	王英民等	水声系统设计中的最优化理论和方法	2013	西北工业大学出版社
1-32	詹福良、徐俊伟	Virtual.lab Acoustics 声学仿真计算从入门到精通	2013	西北工业大学出版社
1-33	陈心昭等	近场声全息技术及其应用	2013	科学出版社
1-34	李晓东	Cadna/A4.5 由入门到精通	2016	同济大学出版社
1-35	[美]乔治·普罗尼克著，燕翔译	追寻宁静——于喧嚣的凡尘中倾听真意	2017	电子工业出版社
		2. 手册、术语		
2-1	中国科学院	声学术语	1958	科学出版社
2-2	机械工程手册编写组	机械工程手册第八篇声学	1979	机械工业出版社
2-3	W.L·格林著，徐之江、谢贤宗译	噪声控制参考手册	1982	上海科学技术文献出版社
2-4	汪德昭	英汉声学词汇	1982	科学出版社
2-5	马大猷、沈嚎	声学手册	1983	科学出版社
2-6	徐唯义	声学的量和单位	1983	计量出版社
2-7	中国大百科全书	环境科学篇	1983	中国大百科全书出版社
2-8	[苏]B.B·柯留耶夫主编，郭营川等译	振动、噪声、冲击的测量仪器与系统手册	（上册）1983（下册）1988	国防工业出版社

续表

序号	著（译）者	书名	出版年份	出版社
		2. 手册、术语		
2-9	马大猷	声学名词术语	1984	海洋出版社
2-10	马大猷	环境声学袖珍手册	1986	科学出版社
2-11	于渤、杨孝仁、刘智敏译	国际通用计量学基本名词	1986	中国计量出版社
2-12	中国船舶工业总公司第九设计研究院等编著	隔振设计手册	1986	中国建筑工业出版社
2-13	中国建研院建筑物理研究所主编	建筑声学设计手册	1987	中国建筑工业出版社
2-14	[美]L.L·福尔克纳主编，张则陆等译	工业噪声控制手册	1987	科学出版社
2-15	唐熙千、唐文虎	振动与冲击手册（第一卷）	1987	国防工业出版社
2-16	吕玉恒、王庭佛等	噪声与振动控制设备选用手册	1988（第 1 版） 1999（第 2 版）	机械工业出版社
2-17	项端祈	空调制冷设备消声与隔振实用设计手册	1990	中国建筑工业出版社
2-18	郑长聚	环境工程手册——环境噪声控制卷	2000	高等教育出版社
2-19	马大猷	噪声与振动控制工程手册	2002	机械工业出版社
2-20	孙家麒、郭建国、金志春	城市轨道交通振动和噪声控制简明手册	2002	中国科学技术出版社
2-21	韩润昌	隔振降噪产品应用手册	2003	哈尔滨工业大学出版社
2-22	[美]哈里斯、皮索尔著，刘树林等译	冲击与振动手册（第 5 版）	2007	中国石化出版社
2-23	声屏障信息门户网专家组	声屏障技术与材料选用手册	2011	机械工业出版社
2-24	吕玉恒、燕翔等	噪声控制与建筑声学设备和材料选用手册	2011	化学工业出版社
		3. 噪声控制		
3-1	[苏]贝可夫著，朱民光译	飞机噪音及其消除方法	1956	国防工业出版社
3-2	[苏]斯拉文著，胡澄东译	生产噪声及其防止的方法	1958	上海科学技术出版社
3-3	王季卿	建筑设计中的噪声控制	1959	上海科学技术出版社
3-4	C·康根、C.W·柯斯汀著，吕如榆等译	吸声材料	1960	科学出版社
3-5	[苏]扎包罗夫著，徐偶民译	围护结构隔声理论	1964	中国工业出版社
3-6	[美]C.M·哈里斯编，吕如榆等译	噪声控制大全（第一分册噪声控制学基础）	1965	科学出版社
3-7	[苏]D·津钦科著，李祖华译	船用发动机噪音	1966	国防工业出版社
3-8	方丹群	噪声的危害及防治	1975（第 1 版） 1977（修订第 2 版）	中国建筑工业出版社
3-9	方丹群	空气动力性噪声与消声器	1978	科学出版社

序号	著（译）者	书名	出版年份	出版社
		3．噪声控制		
3-10	[苏]舒波夫著，沈宫秋等译	电机的噪声和振动	1980	机械工业出版社
3-11	[苏]萨莫柳克著，谢德安译	城市建设噪声控制	1980	中国建筑工业出版社
3-12	[日]守田荣等著，高鹏译	噪声——一种环境公害	1981	科学出版社
3-13	[日]空调设备噪声研究协会编，常玉燕译	空调设备消声设计	1981	中国建筑工业出版社
3-14	陈秀娟	工业噪声控制	1981	化学工业出版社
3-15	车世光、项端祈	噪声控制与室内声学	1981	工人出版社
3-16	同济大学声学室编、王季卿主审	噪声控制（译文集）	1981	上海科学技术出版社
3-17	冯瑀正、程远	环境噪声控制与减噪设备	1981	湖南科学技术出版社
3-18	陈绎勤	噪声与振动的控制	1981（第 1 版） 1985（第 2 版）	中国铁道出版社
3-19	[日]福田基一、奥田襄介著，张成译	噪声控制与消声设计	1982	国防工业出版社
3-20	R.N·科里蒂斯基著，陈绎勤、项端祈译	纺织和轻工生产中的振动和噪声	1982	纺织工业出版社
3-21	樊鹏	机床噪声及其控制	1982	辽宁人民出版社
3-22	郑长聚	实用工业噪声控制技术	1982	上海科学技术出版社
3-23	方丹群、王文奇、孙家麒、陈潜等	噪声控制技术	1983	上海科学技术出版社
3-24	任文堂、祝存钦	厂矿企业噪声和环境噪声控制	1983	冶金工业出版社
3-25	杨玉致	机械噪声控制技术	1983	中国农业机械出版社
3-26	[挪威]J.W·彼德森等著，王景炎等译	船舶噪声控制	1983	国防工业出版社
3-27	张家志	噪声与噪声病防治	1983	人民卫生出版社
3-28	马大猷	环境声学	1984	科学出版社
3-29	张策	机床噪声——原理及控制	1984	天津科学技术出版社
3-30	[美]J.D·欧文、E.R·格雷夫著，佟浚贤等译	工业噪声和振动的控制	1984	机械工业出版社
3-31	任文堂、郁维周	交通噪声及其控制	1984	人民交通出版社
3-32	杨庆佛	内燃机噪声控制	1985	山西人民出版社

序号	著（译）者	书名	出版年份	出版社
3. 噪声控制				
3-33	[英]S.J·杨著，吕砚山等译	低噪声电动机	1985	科学出版社
3-34	智乃刚、萧滨诗	风机噪声控制技术	1985	机械工业出版社
3-35	方丹群、董金英	噪声控制114例	1985	劳动人事出版社
3-36	赵松龄	噪声的降低与隔离（上、下册）	1985	同济大学出版社
3-37	王文奇	噪声控制技术及其应用	1985	辽宁科技出版社
3-38	方丹群、王文奇、孙家麒	噪声控制	1986	北京出版社
3-39	[美]T.J·舒尔茨著，柳孝图译	城市噪声评价	1987	中国环境科学出版社
3-40	马大猷	噪声控制学	1987	科学出版社
3-41	陈永校、诸自强、应善成	电机噪声的分析和控制	1987	浙江大学出版社
3-42	王文奇、江珍泉	噪声控制技术	1987	化学工业出版社
3-43	钟芳源主编译	叶片机械风机和压气机气动声学	1987	机械工业出版社
3-44	王东生	兵器噪声的危害与防治	1987	国防工业出版社
3-45	张建寿、谢咏絮	机械和液压噪声及其控制	1987	上海科学技术出版社
3-46	中国环境科学学会环境工程学会主编	环境噪声控制工程（第二届全国噪声控制工程学术会议论文选）	1987	中国建筑工业出版社
3-47	徐兀编译	汽车振动和噪声控制	1987	人民交通出版社
3-48	张沛商	噪声防治	1988	电子工业出版社
3-49	郑长聚、洪宗辉、王谌贤等	环境噪声控制工程	1988	高等教育出版社
3-50	曾祥荣等	液压噪声控制	1988	哈尔滨工业大学出版社
3-51	张重超、杨玉致、朱梦周、乔五之	机电设备噪声控制工程学	1989	轻工业出版社
3-52	任文堂、赵俭、李孝宽	工业噪声和振动控制技术	1989	冶金工业出版社
3-53	国家环境保护局编	工业噪声论文专集	1989	同济大学出版社
3-54	焦大化、钱德生等	铁路环境噪声控制	1990	中国铁道出版社
3-55	王昌井	环境噪声控制论文集	1990	中国环境科学出版社
3-56	聂能光、李福忠	风机节能与降噪	1990	科学出版社
3-57	王伯良	噪声控制理论	1990	华中理工大学出版社
3-58	黎志勤、黎苏	汽车排气系统噪声与消声器设计	1991	中国环境科学出版社
3-59	[苏]鲁卡宁等著，汪辅仁、乔五之译	汽车噪声控制	1991	机械工业出版社
3-60	[瑞典]劳动者保护基金会编，杨吉林、周俞斌译	噪声控制原理和技术	1991	中国环境科学出版社

续表

序号	著（译）者	书名	出版年份	出版社
		3. 噪声控制		
3-61	陈克安、马远良	自适应有源噪声控制——原理、算法及实现	1993	西北工业大学出版社
3-62	周兆驹、隋广才	噪声及其控制	1993	石油大学出版社
3-63	智乃刚、许亚芬	噪声控制工程的设计与计算	1994	水利电力出版社
3-64	李家华	环境噪声控制	1995	冶金工业出版社
3-65	何渝生	汽车噪声控制	1995	机械工业出版社
3-66	陈秀娟	实用噪声与振动控制	1996（第1版） 2003（第2版）	化学工业出版社
3-67	潘仲麟、张邦俊	环境声学和噪声控制	1997	杭州大学出版社
3-68	靳晓雄、胡子谷	工程机械噪声控制学	1997	同济大学出版社
3-69	钱人一	汽车发动机噪声控制	1997	同济大学出版社
3-70	张志华、周松、黎苏	内燃机排放与噪声控制	1999	哈尔滨工业大学出版社
3-71	周新祥	噪声控制及应用实例	1999	海洋出版社
3-72	秦文新、程熙、叶霭云	汽车排气净化与噪声控制	1999	人民交通出版社
3-73	徐世勤、王樯	工业噪声与振动控制	1999	冶金工业出版社
3-74	黄其柏	工程噪声控制学	1999	华中理工大学出版社
3-75	柳孝图	城市物理环境与可持续发展	1999	东南大学出版社
3-76	应怀樵	现代振动与噪声技术（第2卷～第8卷）	2000～2010	航空工业出版社
3-77	张邦俊、翟国庆	环境噪声学	2001	高等教育出版社
3-78	孙明湖	环境保护设备选用手册：固体废物处理噪声控制及节能设备	2002	化学工业出版社
3-79	[澳]C.H·汉森、S.D·斯奈德著，仪垂杰等译	噪声和振动的主动控制	2002	科学出版社
3-80	陈荐	钢球磨煤机噪声控制技术	2002	中国电力出版社
3-81	刘惠玲	环境噪声控制	2002	哈尔滨工业大学出版社
3-82	张林	噪声及其控制	2002	哈尔滨工业大学出版社
3-83	洪宗辉	环境噪声控制工程	2002	高等教育出版社
3-84	谭博、谢金明	高速数字电路设计与噪声控制技术	2003	电子工业出版社
3-85	陈克安	有源噪声控制	2003（第1版） 2014（第2版）	国防工业出版社

序号	著（译）者	书名	出版年份	出版社
		3．噪声控制		
3-86	李耀中	噪声控制技术	2003	化学工业出版社
3-87	高红武	噪声控制工程	2003	武汉理工大学出版社
3-88	赵玫等	机械振动与噪声学	2004	科学出版社
3-89	雷晓燕、圣小珍	铁路交通噪声与振动	2004	科学出版社
3-90	[奥]H.P·蒂吉斯切、B·克雷兹特著，左孝青、周芸译	多孔泡沫金属	2004	化学工业出版社
3-91	靳晓雄、张立军	汽车噪声的预测与控制	2004	同济大学出版社
3-92	吴炎庭、袁卫平	内燃机噪声振动与控制	2005	机械工业出版社
3-93	项端祈	空调系统消声与隔振设计	2005	机械工业出版社
3-94	曹孝振、曹勤、姚安子	建筑中的噪声控制	2005	国防工业出版社
3-95	陈南	汽车振动与噪声控制	2005	人民交通出版社
3-96	赵良省	噪声与振动控制技术	2005	化学工业出版社
3-97	朱林、沈保罗	火电厂噪声治理技术	2005	中华文化艺术出版社
3-98	庞剑、谌刚、何华	汽车噪声与振动：理论与应用	2006	北京理工大学出版社
3-99	杨瑞梁	快速噪声诊断技术——HELS 方法的理论及工程应用研究	2006	黄河水利出版社
3-100	袁昌明、方云中、华伟进	噪声与振动控制技术	2007	冶金工业出版社
3-101	张弛	噪声污染控制技术	2007（第 1 版）2013（第 2 版）	中国环境出版社
3-102	周新祥	噪声控制技术及其新进展	2007	冶金工业出版社
3-103	李岳林	汽车排放与噪声控制	2007	人民交通出版社
3-104	舒歌群、高文志、刘月辉	动力机械振动与噪声	2008	天津大学出版社
3-105	潘仲麟、翟国庆	噪声控制技术	2008	化学工业出版社
3-106	李耀中、李东升	噪声控制技术（第 2 版）	2008	化学工业出版社
3-107	王孚懋、任勇生、韩宝坤	机械振动与噪声分析基础	2009	国防工业出版社
3-108	赵坚行、王锁芳、刘勇	热动力装置的排气污染与噪声	2009	科学出版社
3-109	高红武	噪声控制技术（第 2 版）	2009	武汉理工大学出版社
3-110	哈里森著，李惠彬、上官云飞译	如何将汽车制造成精品：汽车噪声与振动控制	2009	机械工业出版社
3-111	高中庸	涂油降噪理论与实践	2009	科学出版社

续表

序号	著（译）者	书名	出版年份	出版社
3. 噪声控制				
3-112	毛东兴、洪宗辉	环境噪声控制工程（第2版）	2010	高等教育出版社
3-113	盛美萍、王敏庆、孙进才	噪声与振动控制技术基础（第2版）	2010	科学出版社
3-114	唐敏康、汪葵、教育部高等学校高职高专环保与气象专业教学指导委员会	噪声污染控制技术	2010	中国劳动社会保障出版社
3-115	葛佩声等	工业噪声与振动控制技术	2010	中国劳动社会保障出版社
3-116	张超群、陈文川、闫光辉、杨华	汽车噪声与振动故障的诊断及排除	2011	科学出版社
3-117	[英]康健著，戴根华译	城市声环境论	2011	科学出版社
3-118	[德]赫尔姆特·富克斯著，汪涛、查雪琴译	噪声控制与声舒适：理念、吸声体和消声器	2012	中国科学技术出版社
3-119	[澳]比斯、[澳]汉森著，邱小军等译	工程噪声控制——理论和实践	2013	科学出版社
3-120	方丹群、张斌等	噪声控制工程学（上、下册）	2013	科学出版社
3-121	翟国庆	低频噪声	2013	浙江大学出版社
3-122	周新祥、于晓光	噪声控制与结构设备的动态设计	2014	冶金工业出版社
4. 建筑声学				
4-1	陈绎勤	应用建筑声学	1953	首都出版社
4-2	赛宾著、马大猷译	实用建筑声学	1953	商务印书馆
4-3	[苏]古雪夫著，王建瑚译	居住房屋的隔音	1957	建筑工程出版社
4-4	清华大学建筑系编	剧场中的声学问题	1960	清华大学出版社
4-5	[丹]F·英格斯列夫著，吕如榆译	近代实用建筑声学	1963	中国工业出版社
4-6	上海市物理学会声学工作委员会主编	建筑声学（室内声学和响度计量专辑）	1963	上海科学技术编译馆
4-7	上海市物理学会声学工作委员会主编	建筑声学（消声室专辑）	1965	上海科学技术编译馆
4-8	[日]子安胜著，高履泰译	建筑吸声材料	1975	中国建筑工业出版社
4-9	孙万纲	建筑声学设计	1979	中国建筑工业出版社
4-10	王季卿、钟祥璋等	实用会场扩声	1980	科学出版社
4-11	同济大学声学室编	建筑声学译文集（房屋隔声）	1980	中国建筑工业出版社
4-12	[苏]伊萨科维奇著，杜寿全译	矿棉吸声板	1980	中国建筑工业出版社
4-13	中国建筑科学研究院建筑物理研究所编	建筑围护结构隔声	1980	中国建筑工业出版社
4-14	中国建筑学会建筑设计学术委员会、文化部艺术局	国内剧场设计图集（1、2、3）	1980	建筑设计学术委员会、文化部艺术局

续表

序号	著（译）者	书名	出版年份	出版社
		4. 建筑声学		
4-15	孙广荣、胡春年、吴启学	消声室和混响室的声学设计原理	1981	科学出版社
4-16	阿·纳·卡切洛维奇等著，陈绎勤译	电影院声学与建筑学	1981	中国电影出版社
4-17	[日]久我新一著，高履泰译	建筑隔声材料	1981	中国建筑工业出版社
4-18	L.L·多勒著，吴伟中、叶恒健译	建筑环境声学	1981	中国建筑工业出版社
4-19	[德]H·库特鲁夫著，沈壕译	室内声学	1982	中国建筑工业出版社
4-20	[美]F·爱尔顿等著，孟昭晨译	家庭和播音室声学技术	1984	电子工业出版社
4-21	李万海	录音音响学	1984	中国电影出版社
4-22	[英]L.H·肖丁尼斯基著，林达悃、李崇理译	声音、人、建筑	1985	中国建筑工业出版社
4-23	冯瑀正	轻结构隔声原理与应用技术	1987	科学出版社
4-24	车世光、王炳麟等	建筑声环境	1988	清华大学出版社
4-25	[日]安藤四一著，戴根华译	音乐厅声学	1989	科学出版社
4-26	曹孝振、姚安子	建筑中的噪声控制	1989	水利电力出版社
4-27	项端祈	剧场建筑声学设计实践	1990	北京大学出版社
4-28	项端祈	实用建筑声学	1992	中国建筑工业出版社
4-29	孙万钢、汪惠文等	建筑声学设计（第2版）	1993	中国建筑工业出版社
4-30	乔柏人	电影院建筑声学原理与应用	1993	湖南科学技术出版社
4-31	项端祈	录音播音建筑声学设计	1994	北京大学出版社
4-32	[德]L.Cremer H.Muller 著，王季卿等译	室内声学设计原理及其应用	1995	同济大学出版社
4-33	秦佑国、李晋奎	建筑物理研究论文集	1996	中国建筑工业出版社
4-34	柳孝图	人与物理环境	1996	中国建筑工业出版社
4-35	刘星、王江萍	观演建筑	1998	江西科学技术出版社
4-36	项端祈	音乐建筑——音乐、声学与建筑	1999	中国建筑工业出版社
4-37	杨生茂	建筑材料工程质量监督与验收丛书建筑保温、吸声材料分册	1999	中国计划出版社
4-38	章奎生	章奎生建筑声学论文选集	1999	—
4-39	秦佑国、王炳麟	建筑声环境（第2版）	1999	清华大学出版社
4-40	室内装饰设计施工图集编委会著	内装饰设计施工图集	1999～2002	中国建筑工业出版社
4-41	吴硕贤	建筑声学设计原理	2000	中国建筑工业出版社

续表

序号	著（译）者	书名	出版年份	出版社
		4. 建筑声学		
4-42	日本 MEISEI 出版公司	现代建筑集成——观演建筑	2000	辽宁科学技术出版社
4-43	项端祈	近代音乐厅建筑	2000	科学出版社
4-44	王季卿	建筑厅堂音质设计	2001	天津科学技术出版社
4-45	金招芬、朱颖心	建筑环境学	2001	中国建筑工业出版社
4-46	杜先智	建筑环境物理	2001	中国致公出版社
4-47	吴硕贤	音乐与建筑	2002	中国建筑工业出版社
4-48	[美]白瑞纳克著，王季卿、戴根华、项瑞祈译	音乐厅和歌剧院	2002	同济大学出版社
4-49	哈迪-霍尔兹曼-法依弗联合设计事务所，曲正、曲端译	剧场	2002	辽宁科学技术出版社
4-50	项端祈	传统与现代——歌剧院建筑	2002	科学出版社
4-51	陈晋略	歌舞剧院	2002	辽宁科学技术出版社
4-52	华南理工大学、重庆大学、大连理工大学、华侨大学、广东工业大学、广州大学编著	建筑物理	2002	华南理工大学出版社
4-53	姜继圣	新型建筑绝热、吸声材料	2002	化学工业出版社
4-54	吴硕贤、赵越喆	室内声学与环境声学	2003	广东科技出版社
4-55	[英]埃德温·希思科特著，于晓言、赵艳玲译	影院建筑	2003	大连理工大学出版社
4-56	项端祈	演艺建筑——音质设计集成	2003	中国建筑工业出版社
4-57	康玉成	建筑隔声设计——空气声隔声技术	2004	中国建筑工业出版社
4-58	项端祈、王峥	演艺建筑声学装修设计	2004	机械工业出版社
4-59	钟祥璋	建筑吸声材料与隔声材料	2004（第 1 版）2012（第 2 版）	化学工业出版社
4-60	火霄	KTV 与夜总会	2004	辽宁科学技术出版社
4-61	[美]詹姆斯·考恩著，李晋奎、燕翔等译	建筑声学设计指南	2004	中国建筑工业出版社
4-62	乔柏人	电影院建筑工艺与建筑声学设计	2005	中国计划出版社
4-63	[美]威廉·J·卡瓦诺夫、威尔克斯著，赵樱译	建筑声学	2005	机械工业出版社
4-64	吴曙球	建筑物理	2005	天津科学技术出版社

序号	著（译）者	书名	出版年份	出版社
4．建筑声学				
4-65	薛林平、王季卿	山西传统戏场建筑	2005	中国建筑工业出版社
4-66	刘加平、戴天兴	建筑物理实验	2006	中国建筑工业出版社
4-67	王峥、项端祈	建筑声学材料与结构——设计和应用	2006	机械工业出版社
4-68	[日]安腾四一著，吴硕贤、赵越喆译	建筑声学——声源声场与听众之融合	2006	天津大学出版社
4-69	[日]服部纪和著，张三明、宋姗姗译	音乐厅 剧场 电影院	2006	中国建筑工业出版社
4-70	彭克伟、刘强	建筑装饰与物理环境	2006	天津科学技术出版社
4-71	康玉成	实用建筑吸声设计技术	2007	中国建筑工业出版社
4-72	[德]格鲁内森著，毕锋译	建筑声效空间设计：原理·方法·实例	2007	中国电力出版社
4-73	毛建西	居住声环境的研究与应用	2007	地震出版社
4-74	张新安	振动吸声理论及声学设计	2007	西安交通大学出版社
4-75	王峥、陈金京	建筑声学与音响工程：现代建筑中的声学设计	2007	机械工业出版社
4-76	卢庆普、罗钦平	室内声环境质量测量评价方法探讨与实践	2007	中国科学技术出版社
4-77	[美]白瑞纳克著，李文枝译	音乐厅与歌剧院	2007	科技出书股份有限公司
4-78	中国建筑标准设计研究院	建筑隔声与吸声构造	2008	中国计划出版社
4-79	柳孝图	建筑物理环境与设计	2008	中国建筑工业出版社
4-80	张三明、俞健、童德兴	现代剧场工艺例集：建筑声学·舞台机械·灯光·扩声	2009	华中科技大学出版社
4-81	张三明	建筑物理	2009	华中科技大学出版社
4-82	西安建筑科技大学、华南理工大学、重庆大学、清华大学编著	建筑物理	2009	中国建筑工业出版社
4-83	陈仲林、唐鸣放	建筑物理（图解版）	2009	中国建筑工业出版社
4-84	[英]David M. Howard、[英]Jamie Angus著，陈小平译	音乐声学与心理声学（第三版）	2010	人民邮电出版社
4-85	章奎生	章奎生声学设计研究所——十年建筑声学设计工程选编	2010	中国建筑工业出版社
4-86	柳孝图	建筑物理	2010	中国建筑工业出版社
4-87	傅秀章、柳孝图	建筑物理：电子教程系列	2010	中国建筑工业出版社

续表

序号	著（译）者	书名	出版年份	出版社
		4. 建筑声学		
4-88	建筑材料工业技术监督研究中心、中国质检出版社第五编辑室	建筑吸声和隔声材料	2011	中国质检出版社、中国标准出版社
4-89	[德]迈耶著，陈小平译	音乐声学与音乐演出	2012	人民邮电出版社
4-90	[日]前川善一郎、[丹]林德尔、[英]罗德著，燕翔译	环境声学与建筑声学	2012	天津大学出版社
4-91	周海滨	木结构墙体隔声和楼板减振设计方法研究	2012	中国建筑工业出版社
4-92	侯刚	录音制作与室内声学	2013	陕西人民教育出版社
4-93	康健、金虹	地下空间声环境	2014	科学出版社
4-94	刘颖辉	室内声学设计与噪声振动控制案例教程	2014	化学工业出版社
4-95	王季卿	中国传统戏场建筑研究	2014	同济大学出版社
		5. 振动隔离		
5-1	[美]J.P 邓哈陀著，谈峰译	机械振动学	1961	科学出版社
5-2	姜俊平等	振动计算与隔振设计：工厂设计中的防振问题	1976	中国建筑工业出版社
5-3	[美]铁摩辛柯著，胡人礼译	工程中的振动问题	1977	人民铁道出版社
5-4	王光远	建筑结构的振动	1978	科学出版社
5-5	魏墨盦	机械振动与机械波	1978	人民教育出版社
5-6	[日]井町勇著，尹传家、黄怀德译	机械振动学	1979	科学出版社
5-7	[美]W.T 汤姆逊著，胡宗武等译	振动理论及其应用	1980	煤炭工业出版社
5-8	[英]纽兰著，方同等译	随机振动与谱分析概论	1980	机械工业出版社
5-9	庄表中	随机振动入门	1981	科学出版社
5-10	徐敏、骆振黄、严济宽、勾厚渝	船舶动力机械的振动冲击与测量	1981	国防工业出版社
5-11	扈英超编	线性振动	1981	高等教育出版社
5-12	[日]中川宪治等著，夏生荣译	工程振动学	1981	上海科学技术出版社
5-13	庄表中、王行新	随机振动概论	1982	地震出版社
5-14	冯登泰	应用非线性振动力学	1982	中国铁道出版社
5-15	[日]户原春彦著，牟传文译	防振橡胶及其应用	1982	中国铁道出版社
5-16	郑兆昌	机械振动	（上册）1982 （中册）1986	机械工业出版社

序号	著（译）者	书名	出版年份	出版社
		5. 振动隔离		
5-17	[日]振动控制大全编委会谷口修主编，尹传家译	振动控制大全（上、下册）	1983	机械工业出版社
5-18	陈予恕	非线性振动	1983	天津科学技术出版社
5-19	朵英贤	工程中的纵向振动	1983	国防工业出版社
5-20	[美]F.S·谢、I.E·摩尔等著，沈文钧等译	机械振动——理论及应用	1984	国防工业出版社
5-21	[日]下乡太郎著，沈泰昌等译	随机振动最优控制理论及应用	1984	宇航出版社
5-22	王林	振动病	1984	人民卫生出版社
5-23	[印]尼格姆著，何成慧等译	随机振动概论	1985	上海交通大学出版社
5-24	[日]守田荣等著，高鹏、徐承沼译	振动——被忽视的环境公害	1985	科学出版社
5-25	庄表中、陈乃立	随机振动的理论及实例分析	1985	地震出版社
5-26	王文亮、杜作润	结构振动与动态子结构方法	1985	复旦大学出版社
5-27	胡崇武	工程振动分析基础	1985	上海交通大学出版社
5-28	庄表中、黄志强	振动分析基础	1985	科学出版社
5-29	奚德昌、赵钦淼	振动台及振动试验	1985	机械工业出版社
5-30	[日]户川隼人著，殷荫龙等译	振动分析的有限元法	1985	地震出版社
5-31	严济宽	机械振动隔离技术	1986	上海科学技术文献出版社
5-32	庄表中、陈乃立、高瞻	非线性随机振动理论及应用	1986	浙江大学出版社
5-33	戴德沛	阻尼减振降噪技术	1986	西安交通大学出版社
5-34	张阿舟、张克荣、姚起杭等	振动环境工程	1986	航空工业出版社
5-35	刘纯康	机器基础的振动分析与设计	1987	中国铁道出版社
5-36	庄表中、刘明杰	工程振动学	1989	高等教育出版社
5-37	骆振黄	工程振动导论	1989	上海交通大学出版社
5-38	刘棣华	粘弹阻尼减振降噪应用技术	1990	宇航出版社
5-39	孙家麒、战嘉恺	振动危害和控制技术	1991	河北科技出版社
5-40	[加]G.M.L·格拉德威尔著，王大钧、何北昌译	振动中的反问题	1991	北京大学出版社
5-41	陈端石、赵玫、周海亭	动力机械振动与噪声学	1996	上海交通大学出版社
5-42	[日]武田寿一著，纪晓惠译	建筑物隔震防振与控振	1997	中国建筑工业出版社

续表

序号	著（译）者	书名	出版年份	出版社
		5．振动隔离		
5-43	邹家祥等	冷连轧机系统振动控制	1998	冶金工业出版社
5-44	朱石坚、何琳	船舶减振降噪技术与工程设计	2002	科学出版社
5-45	张荣山	工程振动与控制	2003	中国建筑工业出版社
5-46	欧进萍	结构振动控制：主动、半主动和智能控制	2003	科学出版社
5-47	李崇坚等	轧机传动交流调速机电振动控制	2003	冶金工业出版社
5-48	马震岳等	水电站机组及厂房振动的研究与治理	2004	中国水利水电出版社
5-49	姚熊亮	船体振动	2004	哈尔滨工程大学出版社
5-50	陈静	结构振动逻辑控制	2005	国防工业出版社
5-51	李宏男、李忠献、祁皑、贾影	结构振动与控制	2005	中国建筑工业出版社
5-52	汪玉、冯奇	舰船设备抗冲隔振系统建模理论及其应用	2006	国防工业出版社
5-53	朱石坚、楼京俊、何其伟、翁雪涛	振动理论与隔振技术	2006	国防工业出版社
5-54	朱石坚、何琳	船舶机械振动控制	2006	国防工业出版社
5-55	李录平、晋风华	汽轮发电机组碰摩振动的检测诊断与控制	2006	中国电力出版社
5-56	周云	粘弹性阻尼减震结构设计	2006	武汉理工大学出版社
5-57	金栋平、胡海岩	碰撞振动与控制	2007	科学出版社
5-58	翁智远	圆柱薄壳容器的振动与屈曲	2007	上海科学技术出版社
5-59	姚熊亮	舰船结构振动冲击与噪声	2007	国防工业出版社
5-60	吴成军	工程振动与控制	2008	西安交通大学出版社
5-61	舒歌群、高文志、刘月辉	动力机械振动与噪声	2008	天津大学出版社
5-62	周星德、姜冬菊	结构振动主动控制	2009	科学出版社
5-63	滕军	结构振动控制的理论技术和方法	2009	科学出版社
5-64	徐建	隔振设计规范理解与应用	2009	中国建筑工业出版社
5-65	[美]席尔瓦主编，李惠彬、张曼等译	振动阻尼、控制和设计	2013	机械工业出版社
5-66	纪琳	中频振动分析方法：混合模型解析	2013	机械工业出版社
5-67	刘维宁、马蒙等	地铁列车振动环境影响的预测、评估与控制	2014	科学出版社
5-68	李林凌、王博等	阻尼技术与工程应用	2017	化学工业出版社

序号	著（译）者	书名	出版年份	出版社
		6. 声学测量		
6-1	[丹麦]J.T·布罗彻著，西北机器厂情报室译	机械振动与冲击测量	1976	国防工业出版社
6-2	应怀樵	振动测试和分析	1979	人民铁道出版社
6-3	应怀樵	CZ测振仪与测振技术	1982	中国铁道出版社
6-4	沈嶸	扩声技术	1982	人民邮电出版社
6-5	李宝善	声频测量	1982	国防工业出版社
6-6	李万海	录音音响学	1984	中国电影出版社
6-7	吴振平	实用电声技术	1984	中国铁道出版社
6-8	章句才	工业噪声测量指南	1984	计量出版社
6-9	杨玉致	机械噪声测量和控制原理	1984	轻工业出版社
6-10	袁德海	冲击振动计量与测试	1985	湖北科学出版社
6-11	龚秀芬、孙广荣、吴启学	噪声测量和控制	1985	江苏科学技术出版社
6-12	[日]北林恒二著，陆世鑫等译	噪声和振动的系统测试	1985	机械工业出版社
6-13	罗侯淳等	振动测量的应用	1986	中国环境科学出版社
6-14	沈嶸	声学测量	1986	科学出版社
6-15	张绍栋、孙家麒	声级计的原理和应用	1986	计量出版社
6-16	陶擎天、赵其昌、沙家正	音频声学测量	1986	中国计量出版社
6-17	国家计量局计量法规处编	国家计量规定规程汇编声学	1988	中国计量出版社
6-18	倪乃琛、沈保罗编著	噪声和电声测试技术	1989	同济大学出版社
6-19	[日]计量管理协会编，宋永林译	噪声与振动测量	1990	中国计量出版社
6-20	明瑞森	声强测量	1995	浙江大学出版社
6-21	方修睦	建筑环境测试技术	2002	中国建筑工业出版社
6-22	陈克安、曾向阳、李海英	声学测量	2005	科学出版社
6-23	万平英	声频测量技术	2006	国防工业出版社
6-24	全国声学标准化技术委员会、中国标准出版社第二编辑室	噪声测量标准汇编：环境噪声	2007	中国标准出版社
6-25	全国声学标准化技术委员会、中国标准出版社第二编辑室	噪声测量标准汇编：建筑噪声	2007	中国标准出版社
6-26	全国声学标准化技术委员会、中国标准出版社第二编辑室	噪声测量标准汇编：机动车噪声	2007	中国标准出版社

续表

序号	著（译）者	书名	出版年份	出版社
6. 声学测量				
6-27	齐娜、孟子厚	声频声学测量技术原理	2008	国防工业出版社
6-28	国家质量监督检验检疫总局计量司组编	声学计量	2008	中国计量出版社
6-29	王佐民	噪声与振动测量	2009	科学出版社
6-30	陈克安、曾向阳、杨有粮	声学测量	2010	机械工业出版社
6-31	刘砚华	噪声自动监测系统与应用研究	2012	中国环境科学出版社

附录 2 我国噪声振动控制及建筑声学有关的国家、行业标准目录（部分）

序号	国家标准	标准名称	备注
		1. 声学基础	
1-1	GB/T 3947—1996	声学名词术语	—
1-2	GB/T 3238—82	声学量的级及其基准值	—
1-3	GB 3239—82	空气中声和噪声强弱的主观和客观表示法	—
1-4	GB 3240—82	声学测量中的常用频率	—
1-5	GB 3451—82	标准调音频率	—
1-6	GB 3102.7—93	声学的量和单位	—
1-7	GB/T 15484—95	声学 轰声物理特性的描述和测量	—
1-8	GB/T 12060.16—2017	声系统设备 第16部分：通过语音传输指数客观评价言语可懂度	—
1-9	GB/T 15190—2014	声环境功能区划分技术规范	—
1-10	GB/T 17247.1—2000	声学 户外声传播衰减 第1部分：大气声吸收的计算	—
1-11	GB/T 17247.2—1998	声学 户外声传播的衰减 第2部分：一般计算方法	—
1-12	GB/T 14259—93	声学 关于空气噪声的测量及其对人影响的评价的标准的指南	—
1-13	GB/T 4963—2007	声学 标准等响度级曲线	—
1-14	GB/T 3769—2010	电声学 绘制频率特性图和极坐标图的标度和尺寸	—
1-15	HJ 2.4—2009	环境影响评价技术导则 声环境	—
1-16	环发[2010]7 号	地面交通噪声污染防治技术政策	—
		2. 听力保护	
2-1	GB 7583—87	声学 纯音气导听阈测定 听力保护用	—
2-2	GB/T 15951—95	骨振器测量用力耦合器	—
2-3	GB/T 15953—95	耳声阻抗/导纳的测量仪器	—
2-4	GB/T 16402—1996	声学 插入式耳机纯音基准等效阈声压级	—
2-5	GB/T 16296.1—2018	声学 测听方法 第1部分：纯音气导和骨导测听法	—
2-6	GB/T 16296.2—2016	声学 测听方法 第2部分：用纯音及窄带测试信号的声场测听	—
2-7	GB/T 16296.3—2017	声学 测听方法 第3部分：言语测听	—

序号	国家标准	标准名称	备注
		2. 听力保护	
2-8	GB/T 4854.3—1998	声学 校准测听设备的基准零级 第3部分：骨振器纯音基准等效阈力级	—
2-9	GB/T 4854.6—2014	声学 校准测听设备的基准零级 第6部分：短时程测试信号的基准听阈	—
2-10	GB/T 7584.1—2004	声学 护听器 第1部分：声衰减测量的主观方法	—
2-11	GB/T 7584.2—1999	声学 护听器 第2部分：戴护听器时有效的A计权声压级估算	—
2-12	GB/T 7582—2004	声学 听阈与年龄关系的统计分布	—
2-13	AQ/T 4234—2014	职业病危害监察导则	—
2-14	AQ/T 8010—2013	建设项目职业病危害控制效果评价导则	—
2-15	GBZ/T 229.4—2012	工作场所职业病危害作业分级 第4部分：噪声	—
2-16	GBZ 1—2010	工业企业设计卫生标准	—
		3. 计量检定	
3-1	GB/T 12060.4—2012	声系统设备 第4部分：传声器测量方法	—
3-2	JJG 655—90	噪声剂量计检定规程	—
3-3	GB/T 12179—2013	噪声发生器通用规范	代替 GB/T 12179—90 GB/T 12280—90
3-4	GB/T 12114—2013	合成信号发生器通用规范	代替 GB 12180—90 GB 12181—90
3-5	GB/T 20485.33—2018	振动与冲击传感器的校准方法 第33部分：磁灵敏度测试	—
3-6	GB/T 13823.5—1992	振动与冲击传感器的校准方法 安装力矩灵敏度测试	—
3-7	GB/T 13823.6—1992	振动与冲击传感器的校准方法 基座应变灵敏度测试	—
3-8	GB/T 20485.31—2011	振动与冲击传感器的校准方法 第31部分：横向振动灵敏度测试	—
3-9	GB/T 13823.9—1994	振动与冲击传感器的校准方法 横向冲击灵敏度测试	—
3-10	GB/T 13823.12—1995	振动与冲击传感器的校准方法 安装在钢块上的无阻尼加速度计共振频率测试	—
3-11	GB/T 13823.14—1995	振动与冲击传感器的校准方法 离心机法一次校准	—
3-12	GB/T 13823.15—1995	振动与冲击传感器的校准方法 瞬变温度灵敏度测试法	—
3-13	GB/T 13823.16—1995	振动与冲击传感器的校准方法 温度响应比较测试法	—
3-14	GB/T 13823.17—1996	振动与冲击传感器的校准方法 声灵敏度测试	—
3-15	GB/T 20485.16—2018	振动与冲击传感器的校准方法 第16部分：地球重力法校准	—
3-16	GB/T 13823.20—2008	振动与冲击传感器的校准方法 加速度计谐振测试 通用方法	—
3-17	JJG 921—1996	公害噪声振动计检定规程	—

序号	国家标准	标准名称	备注
		3．计量检定	
3-18	JJG 277—2017	标准声源检定规程	—
3-19	JJG 175—2015	工作标准传声器（静电激励器法）检定规程	代替 JJG 175—1998
3-20	JJG 176—2005	声校准器检定规程	—
3-21	GB/T 17561—1998	声强测量仪用声压传声器对测量	—
3-22	JJG 676—2000	工作测振仪检定规程	—
3-23	GB/T 7341.1—2010	电声学 测听设备 第1部分：纯音听力计	—
3-24	JJG 388—2012	测听设备 纯音听力计	—
3-25	JJG 449—2014	倍频程和分数倍频程滤波器检定规程	—
3-26	JJG 188—2017	声级计检定规程	—
3-27	JJG 389—2003	仿真耳检定规程	—
3-28	JJG 607—2003	声频信号发生器检定规程	—
3-29	JJG 980—2003	个人声暴露计检定规程	—
3-30	GB/T 4129—2003	声学 用于声功率级测定的标准声源的性能与校准要求	—
3-31	JJG 992—2004	声强测量仪检定规程	—
3-32	JJG 482—2017	实验室标准传声器检定规程（自由场互易法）	—
3-33	JJG 778—2005	噪声统计分析仪	—
3-34	JJG 1019—2007	工作标准传声器（耦合腔比较法）检定规程	—
3-35	GB/T 23716—2009	人体对振动的响应 测量仪器	—
3-36	GB/T 3241—2010	电声学 倍频程和分数倍频程滤波器	—
3-37	GB/T 3785.1—2010	电声学 声级计 第1部分：规范	—
3-38	GB/T 3785.2—2010	电声学 声级计 第2部分：型式评价试验	—
3-39	GB/T 15952—2010	电声学 个人声暴露计规范	—
3-40	GB/T 15173—2010	电声学 声校准器	—
3-41	GB/T 20441.1—2010	电声学 测量传声器 第1部分：实验室标准传声器规范	—
3-42	GB/T 20441.3—2010	电声学 测量传声器 第3部分：采用互易技术对实验室标准传声器的自由场校准的原级方法	—
3-43	GB/T 20441.4—2006	测量传声器 第4部分：工作标准传声器规范	—
3-44	GB/T 12060.7—2013	声系统设备 第7部分：头戴耳机和耳机测量方法	—
3-45	JJG （船舶）9—1994	混响室性能校验规程	—

序号	国家标准	标准名称	备注
3. 计量检定			
3-46	JJF 1142—2006	建筑声学分析仪校准规范	—
3-47	JJF 1143—2006	混响室声学特性校准规范	—
4. 噪声限值			
4-1	GB 3096—2008	声环境质量标准	—
4-2	GB 12348—2008	工业企业厂界环境噪声排放标准	—
4-3	GB 22337—2008	社会生活环境噪声排放标准	—
4-4	GB 12523—2011	建筑施工场界环境噪声排放标准	代替 GB 12523—90 GB 12524—90
4-5	GB 18083—2000	以噪声污染为主的工业企业卫生防护距离标准	—
4-6	GB 12525—90	铁路边界噪声限值及其测量方法	—
4-7	GB 9660—88	机场周围飞机噪声环境标准	—
4-8	GB 14098—93	燃气轮机　噪声	—
4-9	GB/T 14097—2018	往复式内燃机　噪声限值	—
4-10	GB 16170—1996	汽车定置噪声限值	—
4-11	GB 1495—2002	汽车加速行驶车外噪声限值及测量方法	—
4-12	GB 16710—2010	土方机械　噪声限值	代替 GB 16710.1—1996
4-13	GB 19606—2004	家用和类似用途电器噪声限值	—
4-14	GB 4569—2005	摩托车和轻便摩托车　定置噪声限值及测量方法	—
4-15	GB 16169—2005	摩托车和轻便摩托车　加速行驶噪声限值及测量方法	—
4-16	GB 19757—2005	三轮汽车和低速货车加速行驶车外噪声限值及测量方法（中国 I、II 阶段）	—
4-17	GB 13669—92	铁道机车辐射噪声限值	—
4-18	GB/T 3450—2006	铁道机车和动车组司机室噪声限值及测量方法	—
4-19	GB/T 12816—2006	铁道客车内部噪声限值及测量方法	—
4-20	GB 14227—2006	城市轨道交通车站站台声学要求和测量方法	—
4-21	GB 14892—2006	城市轨道交通列车噪声限值和测量方法	—
4-22	GB 6376—2008	拖拉机　噪声限值	—
4-23	GB 10069.3—2008	旋转电机噪声测定方法及限值　第 3 部分：噪声限值	—

序号	国家标准	标准名称	备注
		4. 噪声限值	
4-24	GB 5980—2009	内河船舶噪声级规定	—
4-25	GB 5979—86	海洋船舶噪声级规定	—
4-26	GB 11871—2009	船用柴油机辐射的空气噪声限值	—
4-27	GB/T 10491—2010	航空派生型燃气轮机成套设备噪声值及测量方法	代替 GB/T 10491—89
		5. 声学工程设计	
5-1	GB 50352—2005	民用建筑设计通则	—
5-2	GB 50096—2011	住宅设计规范	—
5-3	GB 50099—2011	中小学校设计规范	—
5-4	JGJ 58—2008	电影院建筑设计规范	—
5-5	GB/T 3557—94	电影院视听环境技术要求	—
5-6	GB/T 15397—94	电影录音控制室、鉴定放映室及室内影院 A 环、B 环电声频率响应特性测量方法	—
5-7	GB/T 16463—1996	广播节目声音质量主观评价方法和技术指标要求	—
5-8	JGJ 57—2016	剧场建筑设计规范	—
5-9	GB/T 50356—2005	剧场、电影院和多用途厅堂建筑声学技术规范	—
5-10	WH/T 25—2007	剧场等演出场所扩声系统工程导则	—
5-11	WH/T 18—2003	演出场所扩声系统的声学特性指标	—
5-12	GB 50371—2006	厅堂扩声系统设计规范	—
5-13	JGJ 31—2003	体育建筑设计规范（附条文说明）	—
5-14	JGJ/T 131—2012	体育场馆声学设计及测量规程	—
5-15	GB/T 50948—2013	体育场建筑声学技术规范	—
5-16	GB/T 14476—93	客观评价厅堂语言可懂度的 RASTI 法	—
5-17	GB/T 19886—2005	声学 隔声罩和隔声间噪声控制指南	—
5-18	GB/T 50121—2005	建筑隔声评价标准	—
5-19	GB/T 50087—2013	工业企业噪声控制设计规范	—
5-20	GB/T 20430—2006	声学 开放式工厂的噪声控制设计规程	—
5-21	GB 50157—2013	地铁设计规范	—
5-22	DB11/995—2013	城市轨道交通工程设计规范	—
5-23	DB11/T 1178—2015	地铁车辆段、停车场区域建设敏感建筑物项目环境噪声与振动控制规范	—

续表

序号	国家标准	标准名称	备注
		5. 声学工程设计	
5-24	GB/T 30649—2014	声屏障用橡胶件	—
5-25	HJ/T 90—2004	声屏障声学设计和测量规范	—
5-26	HJ/T 16—1996	通风消声器	—
5-27	HJ/T 17—1996	隔声窗	—
5-28	HJ/T 379—2007	环境保护产品技术要求　隔声门	—
5-29	HJ/T 382—2007	环境保护产品技术要求　高压气体排放小孔消声器	—
5-30	HJ/T 383—2007	环境保护产品技术要求　汽车发动机排气消声器	—
5-31	HJ/T 385—2007	环境保护产品技术要求　低噪声型冷却塔	—
5-32	GB/T 16731—1997	建筑吸声产品的吸声性能分级	—
5-33	GB/T 8485—2008	建筑门窗空气声隔声性能分级及检测方法	代替 GB/T 8485—2002
5-34	GB 50118—2010	民用建筑隔声设计规范	代替 GBJ 118—88
5-35	GB/T 50378—2014	绿色建筑评价标准	—
5-36	GB/T 17249.1—1998	声学　低噪声工作场所设计指南噪声控制规划	—
5-37	GB/T 17249.2—2005	声学　低噪声工作场所设计指南　第 2 部分：噪声控制措施	—
5-38	GB/T 17249.3—2012	声学　低噪声工作场所设计指南　第 3 部分：工作间内的声传播和噪声预测	—
5-39	GB/T 31013—2014	声学　管道、阀门和法兰的隔声	—
5-40	GB/T 20431—2006	声学　消声器噪声控制指南	—
5-41	GB 50868—2013	建筑工程容许振动标准	—
5-42	GB/T 16730—1997	建筑用门空气声隔声性能分级及其检测方法	—
		6. 测量方法	
6-1	GB/T 50076—2013	室内混响时间测量规范	代替 GBJ76—84
6-2	GB/T 20247—2006	声学　混响室吸声测量	—
6-3	GB/T 12060.9—2011	声系统设备　第 9 部分：人工混响、时间延迟和移频装置测量方法	—
6-4	GB/T 4959—2011	厅堂扩声特性测量方法	—
6-5	GB/T 21228.1—2007	声学　表面声散射特性　第 1 部分：混响室中无规入射声散射系数测量	—
6-6	GB/T 25079—2010	声学　建筑声学和室内声学中新测量方法的应用 MLS 和 SS 方法	—
6-7	GB/T 50412—2007	厅堂音质模型试验规范（附条文说明）	—
6-8	GB/T 15508—95	声学　语言清晰度测试方法	—
6-9	GBJ 122—88	工业企业噪声测量规范	—

序号	国家标准	标准名称	备注
		6. 测量方法	
6-10	GB/T 20246—2006	声学 用于评价环境声压级的多声源工厂的声功率级测定 工程法	—
6-11	GB/T 3222.1—2006	声学 环境噪声的描述、测量与评价 第 1 部分：基本参量与评价方法	—
6-12	GB/T 3222.2—2009	声学 环境噪声的描述、测量与评价 第 2 部分：环境噪声级测定	—
6-13	HJ 661—2013	环境噪声监测点位编码规则	—
6-14	HJ 640—2012	环境噪声监测技术规范 城市声环境常规监测	—
6-15	HJ 706—2014	环境噪声监测技术规范 噪声测量值修正	—
6-16	HJ 707—2014	环境噪声监测技术规范 结构传播固定设备室内噪声	—
6-17	GB/T 18204.1—2013	公共场所卫生检验方法 第 1 部分：物理因素	—
6-18	GB/T 21230—2014	声学 职业噪声暴露的测定 工程法	—
6-19	GB/T 16406—1996	声学 声学材料阻尼性能的弯曲共振测试方法	—
6-20	GB/T 18696.1—2004	声学 阻抗管中吸声系数和声阻抗的测量 第 1 部分：驻波比法	—
6-21	GB/T 18696.2—2002	声学 阻抗管中吸声系数和声阻抗的测量 第 2 部分：传递函数法	—
6-22	GB 9068—88	采暖通风与空气调节设备噪声声功率级的测定 工程法	—
6-23	GB/T 17697—2014	声学 风机和其他通风设备辐射入管道的声功率级测定 管道法	代替 GB/T 17697—1999
6-24	JB/T 10504—2005	空调风机噪声声功率级测定 混响室法	—
6-25	GB/T 2888—2008	风机和罗茨鼓风机噪声测量方法	—
6-26	GB/T 4760—1995	声学 消声器测量方法	—
6-27	GB/T 16405—1996	声学 管道消声器无气流状态下插入损失测量 实验室简易法	—
6-28	GB/T 19512—2004	声学 消声器现场测量	—
6-29	GB 3770—83	木工机床噪声声功率级的测定	—
6-30	GB/T 17421.5—2015	机床检验通则 第 5 部分：噪声发射的确定	—
6-31	GB/T 14255—2015	家用缝纫机机头 噪声声功率级的测试方法	—
6-32	GB/T 16955—1997	声学 农林拖拉机和机械 操作者位置处噪声的测量 简易法	—
6-33	GB/T 3871.8—2006	农业拖拉机 试验规程 第 8 部分：噪声测量	—
6-34	GB/T 1094.10—2003	电力变压器 第 10 部分：声级测定	—

序号	国家标准	标准名称	备注
		6. 测量方法	
6-35	GB/T 22516—2015	风力发电机组　噪声测量方法	—
6-36	GB/T 10069.1—2006	旋转电机噪声测定方法及限值　第 1 部分：旋转电机噪声测定方法	—
6-37	GB/T 4583—2007	电动工具噪声测量方法　工程法	—
6-38	GB/T 5898—2008	手持式非电类动力工具　噪声测量方法　工程法（2 级）	—
6-39	GB/T 18313—2001	声学　信息技术设备和通信设备空气噪声的测量	—
6-40	GB 4980—2003	容积式压缩机噪声的测定	—
6-41	GB/T 10894—2004	分离机械　噪声测试方法	—
6-42	GB/T 13165—2010	电弧焊机噪声测定方法	代替 GB/T 13165—91
6-43	GB 9661—88	机场周围飞机噪声测量方法	—
6-44	GB/T 20248—2006	声学　飞行中飞机舱内声压级的测量	—
6-45	GB/T 14365—2017	声学　机动车辆定置噪声声压级测量方法	—
6-46	GB/T 17250—1998	声学　市区行驶条件下轿车噪声的测量	—
6-47	GB/T 19118—2015	三轮汽车和低速货车　噪声测量方法	—
6-48	GB/T 18697—2002	声学　汽车车内噪声测量方法	—
6-49	GB/T 31884—2015	车载式轮胎路面噪声自动测试系统	—
6-50	GB/T 5111—2011	声学　轨道机车车辆发射噪声测量	—
6-51	GB/T 7441—2008	汽轮机及被驱动机械发出的空间噪声的测量	—
6-52	GB/T 4759—2009	内燃机排气消声器　测量方法	—
6-53	GB/T 9911—2018	船用柴油机辐射的空气噪声测量方法	—
6-54	GB/T 5265—2009	声学　水下噪声测量	—
6-55	GB/T 31014—2014	声学　水声目标强度测量实验室方法	—
6-56	GB/T 4595—2000	船上噪声测量	—
6-57	GB/T 4964—2010	内河航道及港口内船舶辐射噪声的测量	代替 GB 4964—85
6-58	GB/T 17213.8—2015	工业过程控制阀　第 8-1 部分：噪声的考虑 实验室内测量空气动力流流经控制阀产生的噪声	—
6-59	GB/T 17213.16—2015	工业过程控制阀　第 8-4 部分：噪声的考虑 液动流流经控制阀产生的噪声预测方法	—

序号	国家标准	标准名称	备注
		6. 测量方法	
6-60	GB/T 14367—2006	声学 噪声源声功率级的测定 基础标准使用指南	—
6-61	GB/T 3767—2016	声学 声压法测定噪声源声功率级和声能量级 反射面上方近似自由场的工程法	—
6-62	GB/T 3768—2017	声学 声压法测定噪声源声功率级和声能量级 采用反射面上方包络测量面的简易法	—
6-63	GB/T 6881.1—2002	声学 声压法测定噪声源声功率级 混响室精密法	—
6-64	GB/T 6881.2—2017	声学 声压法测定噪声源声功率级和声能量级 混响场内小型可移动声源工程法 硬壁测试室比较法	—
6-65	GB/T 6881.3—2002	声学 声压法测定噪声源声功率级 混响场中小型可移动声源工程法 第2部分：专用混响测试室法	—
6-66	GB/T 6882—2016	声学 声压法测定噪声源声功率级和声能量级 消声室和半消声室精密法	—
6-67	GB/T 16404.1—1996	声学 声强法测定噪声源的声功率级 第1部分：离散点上的测量	—
6-68	GB/T 16404.2—1999	声学 声强法测定噪声源的声功率级 第2部分：扫描测量	—
6-69	GB/T 16404.3—2006	声学 声强法测定噪声源声功率级 第3部分：扫描测量精密法	—
6-70	GB/T 29529—2013	泵的噪声测量与评价方法	—
6-71	GB/T 25753.4—2015	真空技术 罗茨真空泵性能测量方法 第4部分：噪声的测量	—
6-72	GB/T 9069—2008	往复泵噪声声功率级的测定 工程法	—
6-73	GB/T 1859.1—2015	往复式内燃机 声压法声功率级的测定 第1部分：工程法	—
6-74	GB/T 1859.2—2015	往复式内燃机 声压法声功率级的测定 第2部分：简易法	—
6-75	GB/T 1859.3—2015	往复式内燃机 声压法声功率级的测定 第3部分：半消声室精密法	—
6-76	GB/T 2820.10—2002	往复式内燃机驱动的交流发电机组 第10部分：噪声的测量（包面法）	—
6-77	GB/T 16539—1996	声学 振速法测定噪声源声功率级 用于封闭机器的测量	—
6-78	GB 13325—91	机器和设备辐射噪声 操作者位置 噪声测量的基本准则（工程级）	—
6-79	GB/T 17248.1—2000	声学 机器和设备发射的噪声 测定工作位置和其他指定位置发射声压级的基础标准使用导则	—
6-80	GB/T 17248.2—1999	声学 机器和设备发射的噪声 工作位置和其他指定位置发射声压级的测量 一个反射面上方近似自由场的工程法	—
6-81	GB/T 17248.3—1999	声学 机器和设备发射的噪声 工作位置和其他指定位置发射声压级的测量 现场简易法	—
6-82	GB/T 17248.4—1998	声学 机器和设备发射的噪声由声功率级确定工作位置和其他指定位置的发射声压级	—
6-83	GB/T 17248.5—1999	声学 机器和设备发射的噪声 工作位置和其他指定位置发射声压级的测量 环境修正法	—

序号	国家标准	标准名称	备注
6. 测量方法			
6-84	GB/T 17248.6—2007	声学 机器和设备发射的噪声 声强法现场测定工作位置和其它指定位置发射声压级的工程法	—
6-85	GB/T 19052—2003	声学 机器和设备发射的噪声 噪声测试规范起草和表述的准则	—
6-86	GB/T 14573.1—93	声学 确定和检验机器设备规定的噪声辐射值的统计方法 第一部分：概述与定义	—
6-87	GB/T 14573.2—93	声学 确定和检验机器设备规定的噪声辐射值的统计方法 第二部分：单台机器标牌值的确定和检验方法	—
6-88	GB/T 14573.3—93	声学 确定和检验机器设备规定的噪声辐射值的统计方法 第三部分：成批机器标牌值的确定和检验简易（过渡）法	—
6-89	GB/T 14573.4—93	声学 确定和检验机器设备规定的噪声辐射值的统计方法 第四部分：成批机器标牌值的确定和检验方法	—
6-90	GB/T 14574—2000	声学 机器和设备噪声发射值的标示和验证	—
6-91	GB/T 4214.1—2017	家用和类似用途电器噪声测试方法 通用要求	—
6-92	GB/T 4214.2—2008	家用和类似用途电器噪声测试方法 真空吸尘器的特殊要求	—
6-93	GB/T 4214.3—2008	家用和类似用途电器噪声测试方法 洗碗机的特殊要求	—
6-94	GB/T 4214.4—2008	家用和类似用途电器噪声测试方法 洗衣机和离心式脱水机的特殊要求	—
6-95	GB/T 4214.5—2008	家用和类似用途电器噪声测试方法 电动剃须刀的特殊要求	—
6-96	GB/T 4214.6—2008	家用和类似用途电器噪声测试方法 毛发护理器具的特殊要求	—
6-97	GB/T 4214.7—2012	家用和类似用途电器噪声测试方法 滚筒式干衣机的特殊要求	—
6-98	GB/T 18699.1—2002	声学 隔声罩的隔声性能测定 第 1 部分：实验室条件下测量（标示用）	—
6-99	GB/T 18699.2—2002	声学 隔声罩的隔声性能测定 第 2 部分：现场测量（验收和验证用）	—
6-100	GB/T 19885—2005	声学 隔声间的隔声性能测定 实验室和现场测量	—
6-101	GB/T 19513—2004	声学 规定实验室条件下办公室屏障声衰减的测量	—
6-102	GB/T 19887—2005	声学 可移动屏障声衰减的现场测量	—
6-103	JT/T 646.4—2016	公路声屏障 第 4 部分：声学材料技术要求和检测方法	—
6-104	JG/T 279—2010	建筑遮阳产品声学性能测量	—
6-105	GB/T 19889.1—2005	声学 建筑和建筑构件隔声测量 第 1 部分：侧向传声受抑制的实验室测试设施要求	—
6-106	GB/T 19889.2—2005	声学 建筑和建筑构件隔声测量 第 2 部分：数据精密度的确定、验证和应用	—

续表

序号	国家标准	标准名称	备注
		6. 测量方法	
6-107	GB/T 19889.3—2005	声学 建筑和建筑构件隔声测量 第3部分：建筑构件空气声隔声的实验室测量	—
6-108	GB/T 19889.4—2005	声学 建筑和建筑构件隔声测量 第4部分：房间之间空气声隔声的现场测量	—
6-109	GB/T 19889.5—2006	声学 建筑和建筑构件隔声测量 第5部分：外墙构件和外墙空气声隔声的现场测量	—
6-110	GB/T 19889.6—2005	声学 建筑和建筑构件隔声测量 第6部分：楼板撞击声隔声的实验室测量	—
6-111	GB/T 19889.7—2005	声学 建筑和建筑构件隔声测量 第7部分：楼板撞击声隔声的现场测量	—
6-112	GB/T 19889.8—2006	声学 建筑和建筑构件隔声测量 第8部分：重质标准楼板覆面层撞击声改善量的实验室测量	—
6-113	GB/T 19889.10—2006	声学 建筑和建筑构件隔声测量 第10部分：小建筑构件空气声隔声的实验室测量	—
6-114	GB/T 19889.14—2010	声学 建筑和建筑构件隔声测量 第14部分：特殊现场测量导则	—
6-115	GB/T 31004.1—2014	声学 建筑和建筑构件隔声声强法测量 第1部分：实验室测量	—
6-116	GB/T 31004.2—2014	声学 建筑和建筑构件隔声声强法测量 第2部分：现场测量	—
6-117	GB/T 31004.3—2014	声学 建筑和建筑构件隔声声强法测量 第3部分：低频段的实验室测量	—
6-118	GB/T 21232—2007	声学 办公室和车间内声屏障控制噪声的指南	—
6-119	GB/T 3449—2011	声学 轨道车辆内部噪声测量	—
6-120	GB/T 34828—2017	声学 自由场环境评定测试方法	—
6-121	GB/T 21231.1—2018	声学 小型通风装置辐射的空气噪声和引起的结构振动的测量 第1部分：空气噪声测量	—
6-122	GB/T 21231.2—2018	声学 小型通风装置辐射的空气噪声和引起的结构振动的测量 第2部分：结构振动测量	—
6-123	GB/T 22157—2018	声学 测量道路车辆和轮胎噪声的试验车道技术规范	—
6-124	GB/T 36079—2018	声学 单元并排式阻性消声器传声损失、气流再生噪声和全压损失系数的测定 等效法	—
		7. 振动标准	
7-1	GB 10070—88	城市区域环境振动标准	—
7-2	GB 10071—88	城市区域环境振动测量方法	—
7-3	GB/T 14124—2009	机械振动与冲击 建筑物的振动 振动测量及其对建筑物影响的评价指南	—

续表

序号	国家标准	标准名称	备注
		7. 振动标准	
7-4	GB/T 50355—2018	住宅建筑室内振动限值及其测量方法标准	—
7-5	GB/T 2298—2010	机械振动、冲击与状态监测　词汇	代替 GB/T 2298—91
7-6	GB/T 13860—92	地面车辆机械振动测量数据的表述方法	—
7-7	GB/T 8421—2000	农业轮式拖拉机　驾驶座传递振动的试验室测量与限值	—
7-8	GB/T 13876—2007	农业轮式拖拉机　驾驶员全身振动的评价指标	—
7-9	GB/T 8419—2007	土方机械　司机座椅振动的试验室评价	—
7-10	GB/T 5395—2014	林业及园林机械　以内燃机为动力的便携式手持操作机械振动测定规范　手把振动	—
7-11	GB/T 8910.1—2004	手持便携式动力工具　手柄振动测量方法　第 1 部分：总则	—
7-12	GB/T 13670—2010	机械振动　铁道车辆内乘客及乘务员暴露于全身振动的测量与分析	—
7-13	GB/T 28784.2—2014	机械振动　船舶振动测量　第 2 部分：结构振动测量	—
7-14	GB/T 7452—2007	机械振动　客船和商船适居性振动测量、报告和评价准则	—
7-15	GB/T 16301—2008	船舶机舱辅机振动烈度的测量和评价	—
7-16	GB 10068—2008	轴中心高为 56mm 及以上电机的机械振动　振动的测量、评定及限值	—
7-17	GB 10068.1—88	旋转电机振动测定方法及限值　振动测定方法	—
7-18	GB/T 7184—2008	中小功率柴油机　振动测量及评级	—
7-19	GB/T 10398—2008	小型汽油机　振动评级和测试方法	—
7-20	GB/T 7777—2003	容积式压缩机机械振动测量与评价	—
7-21	GB/T 10895—2004	离心机　分离机　机械振动测试方法	—
7-22	GB/T 10431—2008	紧固件横向振动试验方法	—
7-23	GB/T 13364—2008	往复泵机械振动测试方法	—
7-24	GB/T 13824—2015	旋转与往复式机器的机械振动　对振动烈度测量仪的要求	—
7-25	GB/T 16440—1996	振动与冲击　人体的机械驱动点阻抗	—
7-26	GB/T 13441.1—2007	机械振动与冲击　人体暴露于全身振动的评价　第 1 部分：一般要求	—
7-27	GB/T 13441.2—2008	机械振动与冲击　人体暴露于全身振动的评价　第 2 部分：建筑物内的振动（1～80Hz）	—
7-28	GB/T 14790.1—2009	机械振动　人体暴露于手传振动的测量与评价　第 1 部分：一般要求	—
7-29	GB/T 14790.2—2014	机械振动　人体暴露于手传振动的测量与评价　第 2 部分：工作场所测量实用指南	—
7-30	GB/T 6075.1—2012	机械振动　在非旋转部件上测量评价机器的振动　第 1 部分：总则	—
7-31	GB/T 6075.2—2012	机械振动　在非旋转部件上测量评价机器的振动　第 2 部分：50MW 以上，额定转速 1500r/min、1800r/min、3000r/min、3600r/min 陆地安装的汽轮机和发电机	—

序号	国家标准	标准名称	备注
		7. 振动标准	
7-32	GB/T 6075.3—2011	机械振动 在非旋转部件上测量评价机器的振动 第3部分：额定功率大于15kW，额定转速在120r/min至15000r/min之间的在现场测量的工业机器	—
7-33	GB/T 6075.4—2015	机械振动 在非旋转部件上测量评价机器的振动 第4部分：具有滑动轴承的燃气轮机组	—
7-34	GB/T 6075.5—2002	机械振动 在非旋转部件上测量和评价机器的机械振动 第5部分：水力发电厂和泵站机组	—
7-35	GB/T 6075.6—2002	机械振动 在非旋转部件上测量和评价机器的机械振动 第6部分：功率大于100kW的往复式机器	—
7-36	GB/T 6075.7—2015	机械振动 在非旋转部件上测量评价机器的振动 第7部分：工业应用的旋转动力泵（包括旋转轴测量）	—
7-37	GB/T 11348.1—1999	旋转机械转轴径向振动的测量和评定 第1部分：总则	—
7-38	GB/T 11348.2—2012	机械振动 在旋转轴上测量评价机器的振动 第2部分：功率大于50MW，额定转速1500r/min、1800r/min、3000r/min、3600r/min陆地安装的汽轮机和发电机	—
7-39	GB/T 11348.3—2011	机械振动 在旋转轴上测量评价机器的振动 第3部分：耦合的工业机器	—
7-40	GB/T 11348.4—2015	机械振动 在旋转轴上测量评价机器的振动 第4部分：具有滑动轴承的燃气轮机组	—
7-41	GB/T 11348.5—2008	旋转机械转轴径向振动的测量和评定 第5部分：水力发电厂和泵站机组	—
7-42	GB/T 11349.1—2006	振动与冲击 机械导纳的试验确定 第1部分：基本定义与传感器	—
7-43	GB/T 11349.2—2006	振动与冲击 机械导纳的试验确定 第2部分：用激振器作单点平动激励测量	—
7-44	GB/T 11349.3—2006	振动与冲击 机械导纳的试验确定 第3部分：冲击激励法	—
7-45	GB 50463—2008	隔振设计规范	—
7-46	GB/T 30173.1—2013	机械振动与冲击 弹性安装系统 第1部分：用于交换的隔振系统的技术信息	—
7-47	GB/T 30173.2—2014	机械振动与冲击 弹性安装系统 第2部分：轨道交通系统隔振应用需交换的技术信息	代替 GB/T 8540—87
7-48	CECS 5994：1994	水泵隔振技术规程（附条文说明）	—
7-49	GB/T 14527—2007	复合阻尼隔振器和复合阻尼器	—
7-50	GB/T 14654—2008	弹性阻尼簧片减振器	—
7-51	HJ/T 380—2007	环境保护产品技术要求 橡胶隔振器	—

续表

序号	国家标准	标准名称	备注
		7. 振动标准	
7-52	HJ/T 381—2007	环境保护产品技术要求　阻尼弹簧隔振器	—
7-53	GB 20688.5—2014	橡胶支座　第 5 部分：建筑隔震弹性滑板支座	—
7-54	GB/T 12777—2008	金属波纹管膨胀节通用技术条件	—
7-55	GB/T 12522—2009	不锈钢波形膨胀节	—
7-56	GB/T 13436—2008	扭转振动测量仪器技术要求	—
7-57	GB/T 15371—2008	曲轴轴系扭转振动的测量与评定方法	—
7-58	GB/T 13437—2009	扭转振动减振器特性描述	—
7-59	GB/T 16305—2009	扭转振动减振器	—
7-60	JGJ/T 170—2009	城市轨道交通引起建筑物振动与二次辐射噪声限值及其测量方法标准	—
7-61	DB31/T 470—2009	城市轨道交通（地下段）列车运行引起的住宅室内振动与结构噪声限值及测量方法	—

附录 3 我国噪声振动控制与建筑声学设备和材料部分生产单位一览表

（排序不分先后）

序号	单位名称	地址	主要产品	网址/电话	备注（简称）
			1. 北京地区		
1-1	北新集团建材股份有限公司	北京市海淀区西三旗建材城西路 16 号（100096）	吸、隔声板材	www.bnbmg.cn	北新建材
1-2	北京世纪静业噪声振动控制技术有限公司	北京市陶然亭路 55 号 201 室（100054）	噪声振动设计与综合治理	www.sjjynv.com	世纪静业
1-3	北京绿创声学工程股份有限公司	北京市昌平区振兴路 28 号（北京苏州街 1 号绿创大厦）（102200）	噪声振动综合治理	www.greentec-sound.com.cn	北京绿创入编
1-4	北京九州一轨隔振技术有限公司	北京市丰台区科学城星火路 11 号写字公园 A 座 6 层	轨道交通隔振	www.jiuzhouyigui.com	九州一轨入编
1-5	巴斯夫（中国）有限公司	北京朝阳区麦子店街 37 号北京盛福大厦 15 层（100026）	吸声材料	www.greater-china.bast.com	巴斯夫入编
1-6	北京声望声电技术有限公司	北京市西城区裕民路 18 号北环中心 1003 室（100029）	声学仪器	—	北京声望入编
1-7	北京欣飞清大建筑声学技术有限公司	北京市宣武区南滨河路 27 号贵都国际中心 A 座 1405 室	隔声窗	www.xfchuang.cn	—
1-8	北京浩项环保科技发展有限公司	北京市通州区北苑桥通典铭居	隔声门窗	www.bjhaoxiang.com	—
1-9	北京圣轩建筑声学装饰有限公司	北京市朝阳区望京科技园	穿孔板	www.cnbjsx.com	—
1-10	北京宇诚隔音窗科技有限公司	北京市大兴区前高老店向东 300m 路北	隔声窗	—	—
1-11	北京京清源环保设备有限公司	北京市丰台区南苑机场院内西侧（100076）	消声器、隔声门窗	—	—
1-12	北京静音宝声学材料有限公司	北京市朝阳区定福庄路园艺场院内 25 号	浮筑楼板	www.silencetop.com	—
1-13	北京丰越达工贸有限公司	北京丰台区华源一里 11 号楼 2210 室（100073）	隔声毡、隔声屏障	www.fengyueda.com	—
1-14	北京舒文环保科技有限公司	北京市石景山区阜石路 166 号泽洋大厦 1015B	消声器、隔振器	www.bjswen.com	—

续表

序号	单位名称	地址	主要产品	网址/电话	备注（简称）
		1．北京地区			
1-15	北京天籁浩宁声学科技有限公司	北京市海淀区上地十街辉煌国际 5 号楼 1810 室	消声器、隔声屏障	www.bjtlhn.com	—
1-16	北京佳静蓝声声学科技有限公司	北京市海淀区清河西三旗环岛东南北京货运公司七厂办公楼 313 室	消声器	www.blueacoustics.com	
1-17	朗德科技有限公司	北京市朝阳区民族园路 2 号快捷假日大厦 2 层	消声室、声学测量仪器	www.landtop.com	
1-18	北京和众大成环保科技有限公司	北京市海淀区双清路 88 号	隔声门窗	www.horz.com.cn	
1-19	爱亚（北京）声学科技有限公司	北京朝阳区西坝河国展莫特公寓 C1 座 902 室	透明膜吸声材料	—	—
1-20	北京恒静禾声环保有限公司	北京经济技术开发区东晶国际 9 座 6 层	三聚氰胺、吸声棉	www.hengjingkj.com	
1-21	北京市京华环保设备厂	北京市通州区次渠镇北神树	隔声门窗	www.bjjinghua.com	
1-22	北京市华油金达环保工程有限公司	北京市朝阳区大达路风林绿洲 18 号楼西奥中心 B 座 17 层	噪声综合治理	www.jinda-cnpc.cn	
1-23	北京翔宇新型建材有限公司	北京市海淀区蓝靛厂南路 25 号牛顿办公区 509 室	PRC 板	—	—
1-24	欧声建材（北京）有限公司	北京市顺义区大孙各庄镇大段村	玻纤吸声板	www.bjocen.cn	欧声建材入编
1-25	北京缘祥源科技贸易有限公司	北京市朝阳区望京湖光中街 1 号鹏景阁 1505 室	木丝吸声板	—	—
1-26	北京百年安达建材有限公司	北京市大兴区榆垡镇工业区榆垡路一号（102602）	木丝吸声板	—	—
1-27	北京泰特幕商贸有限公司	北京市朝阳广顺南大街 16 号嘉美中心 B 座 1119 室	泰特幕吸声板	—	—
1-28	北京韩龙鑫商贸有限公司	北京市朝阳区广顺南大街 16 号院嘉美中心写字楼 1206 室	吸声板	—	—
1-29	北京金隅金海燕玻璃棉有限公司	北京市通州区梨园镇北京金隅集团土桥工业基地（101149）	离心玻璃棉	—	—
1-30	北京东方天和吸音装饰材料有限公司	北京市大兴瀛海工业区（100076）	布艺吸声板	—	—
1-31	北京新时基业绝热纤维喷涂技术有限公司	北京市朝阳区望京中环南路甲 2 号佳境天城 A 座 1505 室	吸声喷涂	www.x-spray.com.cn	—
1-32	北京万讯达声学设备有限公司	北京市海淀区复兴路甲 38 号嘉德公寓 1515 室	消声器、噪声治理	www.wanxunda.com.cn/	万迅达入编
1-33	北京盛通新型建声装饰材料有限公司	北京市通州区台湖镇（101116）	木质吸声板	—	—

序号	单位名称	地址	主要产品	网址/电话	备注（简称）
			1．北京地区		
1-34	北京瑞德华清声学工程技术有限公司	北京市望京湖光中街 1 号商务楼 907 室	隔声窗	—	—
1-35	北京浩瑞诚业新型建材有限公司	北京市丰台区东大街 66 号	减振、隔声板	—	—
1-36	北京金梁玉机电安装有限责任公司	北京市崇文区广渠门南小街领行国际中心 1 号楼 2 单元 1106 室（100061）	隔振降噪	www.jlychina.com	—
1-37	北京通声环保设备制造有限公司	北京市丰台区西五里店 22 号（100071）	消声器	—	—
1-38	北京中工贝克减振降噪技术有限责任公司	北京市海淀区阜成路 42 号 17B-一层（100042）	阻尼板材	—	—
1-39	西杰建筑材料（北京）有限公司	北京宣武区宣外大街 6 号庄胜广场北楼西翼 1414 区	声屏障	—	—
1-40	北京长城机床附件厂	北京德外昌平区回龙观镇朱辛庄 320 号	噪声治理	—	—
1-41	北京市精拓环保科技有限责任公司	北京市紫竹院路 1 号院林轩楼 903 室	噪声治理	—	—
1-42	北京科奥克声学技术有限公司	北京市朝阳区亚运村汇园公寓 K625	有源降噪	www.caacoustics.com	—
1-43	北京金艾伯特泡沫金属有限公司	北京市昌平区小汤山镇尚信村东工厂 A 区	泡沫铝材	www.foamal.com	—
1-44	北京瑞森新谱科技股份有限公司	北京市朝阳区阜通东大街望京 SOHO T3-A 座-1001	声学仪器	www.rstech.com.cn	—
1-45	北京博远之声科技有限公司	北京西三环北路 50 号院-6-8 豪柏大厦 6 层 603	建筑声学	www.bybj.com.cn/	—
1-46	北京英特美特科技发展有限公司	北京市西城区展览馆路 12 号 7 幢 322 室	声学设计，声学材料	www.bsstchina.com	—
1-47	北京伊史普瑞声学技术有限公司	北京南三环西路 88 号春岚大厦	吸声材料（喷涂）	www.e-300.com.cn/gb/	—
1-48	北京京诚嘉宇环境科技有限公司	北京市经济技术开发区建安街 7 号	噪声治理	www.cerieco.com.cn	—
1-49	北京美华东方建材有限公司	北京市西城区三里河路 58 号东小楼三层	吸声，隔声材料	www.itaspx.com	—
1-50	北京国电华北电力工程有限公司	北京市西城区六铺炕北小街 5 号	噪声治理	www.ncpe.com.cn	—
1-51	北京东洋木业有限公司	北京市大兴区孙村工业区 18 号	吸声板	www.bjdymy.com	—
1-52	北京安多木业有限公司	北京市大兴区西红门镇团河南村工业区	木质穿孔吸音板	—	—

续表

序号	单位名称	地址	主要产品	网址/电话	备注（简称）
			1. 北京地区		
1-53	北京非燕环境工程科技发展有限公司	北京朝阳区博大路自主城 6 号楼 910	噪声治理	www.feiy88.com/	—
1-54	北京世纪奥丰科技发展有限公司	北京市大兴区旧宫镇庑殿路美利国际 314	吸声材料	www.sjoften.com/	—
1-55	北京占连兴盛环保设备有限公司	北京市通州区宋庄镇大庞村村委会西南 800 米	隔声罩、消声器	www.bjzlxs.com/	—
1-56	北京世纪中奥空调通风设备有限公司	北京市昌平区南环中路新悦家园 4 座 101 室	消声器	www.sjza.com	—
1-57	北京广建振业空调设备有限公司	北京朝阳区豆各庄乡小牛纺村 1 区 168 号	消声器	www.paulchine.com	—
1-58	北京通得立科贸有限公司	北京市海淀区白塔庵金谷园 5-6-402	环保吸音棉、阻尼涂料等	www.tongdeli.com/	—
1-59	北京创静伟业噪声振动控制技术有限公司	北京市朝阳区延静西里 2 号华商大厦 702	噪声与振动治理	www.chuangjingwy.com/	—
1-60	北京海琴工程技术有限公司	北京市丰台区莲花池西里 11 号 2 号楼	消声器	—	—
1-61	北京明瑞星达录音棚装饰工程有限公司	北京大兴区康庄路华堂六楼 C9	建筑声学装饰	www.luyinpeng.net.cn	—
1-62	北京泰安静业噪声振动控制技术有限公司	北京市海淀区安宁北路 831 号 1333 室	噪声与振动治理	bjtajy.china.mainone.com/	—
1-63	北京世纪泰宝交通防噪声科技发展有限公司	北京市海淀区上地信息产业基地开拓路 1 号 1 层 1255	声屏障	—	—
1-64	北京忠致环保设备有限公司	北京市房山区闫村镇张庄工业园区	噪声治理	—	—
1-65	北京星牌建材有限责任公司	北京市朝阳区高井 2 号（100025）	矿棉吸声板	—	—
1-66	北京翼扬环境工程有限公司	北京市海淀区五棵松北 20 号美丽园小区 9 号楼 1 单元 102 室	噪声治理	—	—
1-67	北京天润康隆科技股份有限公司	北京市海淀区丰慧中路 7 号新材料创业大厦 B 座 708-709	噪声治理	www.bjtrkl.cn	北京天润康隆入编
1-68	阳光嘉禾（北京）环保有限公司	—	噪声治理	15801082999	—
1-69	北京悦禾科技发展有限公司	北京市海淀区上地农大南路中关村软件园硅谷亮城 2B 楼 210	噪声治理	18601093305	—
1-70	北京卓瑞恒达科技有限公司	北京西城陶然亭路 55 号	噪声治理	www.zhuoruihengda.com	—
1-71	北京声传声学科技有限公司	北京市海淀区西北旺镇西玉河村南	声学设备	www.bast-microphone.com	—

序号	单位名称	地址	主要产品	网址/电话	备注（简称）
1. 北京地区					
1-72	北京维也纳声学技术有限公司	北京市昌平区中关村科技园区振兴路 28 号声学设计院	声学材料	www.viea.cn	北京维也纳入编
1-73	北京宝曼科技有限公司	北京市海淀区大柳树富海中心 3 号楼 304 室	噪声治理	www.bjbaoman.com.cn	——
1-74	北京世纪静研噪声振动控制技术有限公司	北京市丰台区马家堡西路时代风帆大厦 2-2009	噪声治理	www.sjjyn.net	——
1-75	北京东方振动和噪声研究所	北京市上地科贸大厦 516 号	振动和噪声测量仪器	www.coinv.com.cn	北京东方所入编
1-76	PCB 压电传感器技术（北京）有限公司	——	声振测量仪器	010－84477840	——
1-77	北京北晟通达空调通风设备有限公司	——	消声器	18611990382	——
2. 上海地区					
2-1	上海申华声学装备有限公司	上海市中兴路 1286 号 6 楼（200070）	噪声综合治理、建筑声学	www.shenhua.com.cn	上海申华协编
2-2	上海新华净环保工程有限公司	上海殷行路 1286 号 2 栋 701 室（200438）	噪声综合治理	www.newhjht.com	上海新华净协编
2-3	上海青浦环新减振工程设备有限公司	上海青浦商榻镇商周路 333 号（201719）	隔振器	www.shqphxjzq.com	青浦环新协编
2-4	上海三甲鼓风机有限公司（上海华庆净化设备有限公司）	上海市浦东新区龙东大道东首合庆镇（201201）	大型消声器	www.china-huaqing.com	上海三甲入编
2-5	上海奥旭音莱环境工程有限公司	上海松江区车墩镇三浜路 510 号	噪声治理、隔声软帘	www.aoxuyinlai.com	——
2-6	上海柘林环保设备有限公司	上海市化学工业区奉贤分区第二管理小区 672 号（201424）	隔声罩、隔声套	——	——
2-7	上海久隆电力集团有限公司久隆工程分公司	上海市万荣路 888 号 1 号楼 205 室	隔声罩	——	——
2-8	倍斯威贝勒堡（上海）贸易有限公司	上海市静安区新闸路 831 号 29H 室	隔振垫	www.regupol.cn	BSW 公司入编
2-9	上海泛德声学工程有限公司	上海市闵行区合川路 2679 号虹桥国际商务广场 B 座 506 室	噪声综合治理	www.fund-a.com	上海泛德协编
2-10	上海盈创装饰设计工程有限公司	上海青浦外青松公路 5378 号（201700）	YH-GRG 板、YH-SRC 板	www.yhbm.com	上海盈创
2-11	上海博网新型环保材料有限公司	上海浦东新区南汇沪南公路 9601 号（201300）	吸声材料	www.bwaaa.com	上海博网入编

续表

序号	单位名称	地址	主要产品	网址/电话	备注（简称）
		2．上海地区			
2-12	上海新民隔振器材有限公司	上海市军工路 1300 号木材公司仓库（200433）	隔振器	www.xmhb.com	上海新民
2-13	上海港韵新型吸声材料有限公司	上海市杨浦区民治路 7 号 6 号楼（200093）	吸声材料	www.sh-gypoal.com	上海港韵入编
2-14	上海三成隔音密封制品厂	上海浦东新区南汇野生动物园北侧（201300）	吸声材料	—	—
2-15	上海陇臣新材料科技有限公司	上海市曹杨路 500 号 11 楼（200063）	木质吸声板	—	—
2-16	上海闵欣环保设备工程有限公司	上海市闵行区元江路 3200 号（201109）	隔声窗	—	—
2-17	上海淀山湖减振工程设备有限公司	上海青浦区商榻镇商周路 209 号（201719）	隔振器	www.jianzhenqi.com	上海淀山湖
2-18	上海静音减振器有限公司	上海青浦区商榻镇商周路 148 号（201719）	隔振器	www.shjingyin.com	—
2-19	上海松江欣昌减振器有限公司	上海松江区沪松路4号（201601）	隔振器	—	松江橡胶入编
2-20	上海伊新环保科技发展有限公司	上海市松江区佘山工业区吉业路 26 弄 2 号	噪声治理	www.yixinzs.com	上海伊新入编
2-21	雷帝（中国）建筑材料有限公司	上海市松江区新浜镇浩海路 309 号	声学材料	www.laticrete.com.cn	—
2-22	上海玉音声学工程有限公司	上海松江区九亭寅西路 388 号	噪声治理	www.noises.com.cn	—
2-23	上海丽音坊装潢材料有限公司	上海市徐汇区宛平南路 470 号 601 室	吸声材料	—	—
2-24	上海策腾环保节能材料有限公司	上海市中山西路 2006 号百策大楼 1016 室（200235）	吸声喷涂	www.ceteng.com	—
2-25	欧文斯科宁（中国）贸易有限公司	上海浦东新区东方路 710 号汤臣金融大厦 4 楼 B、C 座（200122）	离心玻璃棉	—	欧文斯科宁入编
2-26	德国科德宝无纺布公司沪办	上海市仙霞路 319 号 2304 室（200051）	吸声无纺布	—	科德宝入编
2-27	盈创德固赛（中国）投资有限公司上海分公司	上海莘庄工业区春东路 55 号（201108）	德固赛隔声板	—	德固赛
2-28	上海恩茜噪控工程设备有限公司	上海奉贤区庄行镇叶庄大道 121 号	噪声治理	—	—
2-29	上海新型建筑材料总公司	上海沪青平公路七号桥（201703）	矿棉吸声板	—	—

续表

序号	单位名称	地址	主要产品	网址/电话	备注（简称）
			2．上海地区		
2-30	杜邦 PVF 总代理（上海万迪工贸有限公司）	上海浦东东方路 877 号嘉兴大厦 809 号	PVF 薄膜	—	杜邦 PVF 入编
2-31	圣戈班石膏建材（中国）有限公司	上海市延安东路 550 号海洋大厦 1711 室（200001）	石膏建材吸声板	www.gyproc.com.cn	—
2-32	上海新大中商贸有限公司	上海市宝山区双城路 803 弄 11 号楼 2001 室	织绒阻尼板	—	—
2-33	韩玺（上海）建材有限公司	上海闵行吴中路 1079 号灿虹大厦 718 室（201103）	吸声板	—	—
2-34	上海新电环境工程有限公司	上海市闸殷路 185 号（200432）	噪声治理	www.xdhjnet.com	—
2-35	奥地利合睿股份有限公司	上海东湖路 20 号大班商务中心 606 室（200031）	木丝吸声板	—	—
2-36	上海拉法基石膏建材有限公司	上海市延安西路 1088 号长峰中心 19 楼	石膏建材	—	—
2-37	上海旭晓建材有限公司	上海市嘉定区封浜镇星华公路 987 号	木质吸声板	—	—
2-38	上海华光通风设备厂	上海奉贤区光明镇光明车站西（201406）	消声器	—	—
2-39	上海八一暖通集团有限公司六分厂	上海市金山区朱行镇东（201506）	消声器	—	—
2-40	上海百富勤空调附件厂	上海奉贤区南桥镇西沙港桥（201400）	消声器	—	—
2-41	上海纬正实业有限公司	上海市白兰路 137 号 B 座 1009 室（20063）	吸声材料	www.weizheng999.com	—
2-42	上海璐彩特国际贸易（上海）有限公司	上海天钥桥路 30 号罗美大厦 26 楼（200030）	亚克力板	—	—
2-43	上海普诚声学工程技术有限公司	上海市四平路 1388 号同济联合广场 C 座 1001 室	吸声材料	—	—
2-44	上海蓝博建材有限公司	上海市中春路 7761 弄 191 号	吸声板	—	—
2-45	上海环星减振器有限公司	上海青浦商榻镇商周路 388 号（201719）	隔振器	www.shhuanxing.com	—
2-46	雷文密封材料（上海）有限公司	上海市奉浦开发区陈桥路 1876 号	门密封条	—	—
2-47	上海永丽节能墙体材料有限公司	上海南汇航头镇大麦湾工业园区 201316	泡沫玻璃	—	—
2-48	上海申榕环保设备有限公司	上海徐汇区斜土路 1175 号 206 室	通风消声窗	www.srhbyjd.com	上海申榕入编

续表

序号	单位名称	地址	主要产品	网址/电话	备注（简称）
			2．上海地区		
2-49	上海众汇泡沫铝材有限公司	上海浦东新区南汇黄路果园村201号	泡沫铝	—	上海众汇入选
2-50	上海思百吉仪器系统有限公司	上海徐汇区田州路99号9号楼401室	声学仪器（B&K）	www.spectris.com.cn	
2-51	上海静源消声设备工程有限公司	上海市金山区朱行镇亭朱路96号	消声器	www.jyxsh.com	上海静源入编
2-52	上海锡尔环保科技研发中心	上海市松江区广富林路4855弄大业领地105栋	噪声治理	—	
2-53	上海君仰环保设备制造有限公司	上海市嘉定区安亭镇外青松公路1148号2栋	噪声治理	—	
2-54	上海瑞昌亚克力工业有限公司	上海市青浦工业园区新达路767号	亚克力板	—	
2-55	上海华源复合新材料有限公司	上海市青浦外青松公路6085号	铝塑板	—	上海华源入编
2-56	上海浩居建筑声学有限公司	上海市场中路3278弄5号603室	吸声喷涂	—	
2-57	上海庆华蜂巢建材有限公司	上海青浦北青公路6725弄5号	吸声材料	—	
2-58	上海青钢金属建材股份有限公司	上海青浦工业园区汇金路1133号	吸声材料	—	上海青钢入编
2-59	上海浦飞尔金属吊顶有限公司	上海周浦新马路166弄3号	吸声吊顶	—	上海浦飞尔入编
2-60	亨特建材（上海）有限公司	上海浦东杨思工业小区张家宅80号	吸声吊顶	—	上海亨特
2-61	上海坦泽环保科技有限公司	上海青浦区华新镇华隆路1777号e通商务园C座1203室	噪声治理	www.shtzhb.com	上海坦泽协编
2-62	上海中驰集团有限公司	上海闵行区申长路988号万科中心T8楼5层	声屏障	www.shzoch.com	中驰集团协编
2-63	上海然贝声学环保工程有限公司	上海青浦区沪青平公路7789号	噪声治理	www.shranbei.com	上海然贝入编
2-64	上海华岱环保工程有限公司	上海宝山区长临路913号北斗星商务大厦1307室	噪声治理	www.shhdep.com	上海华岱入编
2-65	安境迩（上海）有限公司	上海市吴中路51号汇豪大厦1栋608室	声屏障	—	—
2-66	上海静都声学工程有限公司	上海市普陀区云岭东路1000号	噪声治理	www.shjdsx.com	—

序号	单位名称	地址	主要产品	网址/电话	备注（简称）
		2．上海地区			
2-67	上海声望声学科技股份有限公司	上海市长宁区双流路 31 号天瑞大厦 608 室	消声室	www.sh-swat.com.cn	上海声望入编
2-68	上海静悦声学工程有限公司	上海浦东新区向城路 15 号锦城大厦 5D	噪声治理	www.zhenhuash.com	—
2-69	上海舒逸环保工程有限公司	上海市广延路 25 弄 2 号 201 室	噪声治理	—	—
2-70	上海声华声学工程有限公司	上海市上中路 289 弄 1 号楼 708 室	吸声板	www.epsh.com.cn	—
2-71	上海夸耶特新材料科技有限公司	上海宝山区逸仙路 2816 号华滋奔腾大厦 B 座 702 室	隔声板	www.quietchina.com	上海夸耶特
2-72	上海巴普冷却塔有限公司	上海浦东新区新金桥路 255 号	低噪声冷却塔	www.brapu.com	上海巴普入编
2-73	上海良菱机电设备成套有限公司	上海市康定路 1268 弄 1 号楼 802 室	低噪声冷却塔	www.shliangling.com	上海良菱入编
2-74	上海世静环保科技有限公司	上海市愚园路 168 号环球世界大厦 A 座 25 楼	噪声治理	www.green-mj.com	—
2-75	上海柏音声学技术有限公司[原上海季花（声学）环保科技有限公司]	上海宝山区宝山工业园区金勺路 1438 号	建筑声学、噪声治理	www.bysound.com.cn	柏音声学入编
2-76	上海安科塑胶有限公司	上海青浦区华新镇华南路 558 号	隔声、隔振垫	—	—
2-77	上海良机冷却塔设备有限公司	上海松江区车墩镇新车公路 507 号	低噪声冷却塔	www.liangchi.com.cn	上海良机入编
2-78	上海理音科技有限公司	上海宝山路 900 号科技产业大楼 C 区 501 室	声学仪器	www.rionchina.com	—
2-79	上海浦东张江臻贤环保设备有限公司	上海浦东新区华夏东路 4195 号	噪声治理	13361967338	—
2-80	上海景中景构件有限公司	上海浦东新区航头路 128 号	声屏障	13801819813	—
2-81	上海开顺海船特种门窗有限公司	上海青浦区外青松公路鹤民路 18 号	隔声门、窗	www.shcasion.com	—
2-82	上海雷杰环保工程设备有限公司	上海奉贤区新寺新林路 1289 号	噪声治理	13801845468	—
2-83	上海贝静声学工程有限公司	上海青浦区赵巷赵重公路 143 号	噪声治理	—	—
2-84	上海福城机电工程成套设备有限公司	上海市黄浦路 106 号红楼 206 室	噪声治理	—	—

续表

序号	单位名称	地址	主要产品	网址/电话	备注（简称）
		2．上海地区			
2-85	上海声诺声学设备工程有限公司	上海市沪闵路 6707 号	隔声室	www.shino-sh.com	—
2-86	上海静欣隔音技术工程有限公司	上海松江区洞泾工业园洞库路 168 号 B 幢	噪声治理	www.nosound.com.cn	—
2-87	上海榕洲环保工程有限公司	上海纪鹤公路 1385 弄 88 号 A 座	噪声治理	www.shrozo.com	—
2-88	上海静轩声学工程有限公司	上海嘉定区曹安公路 3643 号	噪声治理	www.jingxuansx.com	—
2-89	上海普陀环保技术发展有限公司	上海普陀区梅岭南路 320 弄 12 号 701 室	噪声治理		—
2-90	上海声维声学科技有限公司	上海松江区荣乐中路 12 弄 136 号	吸声材料	www.swinat.com	—
2-91	上海沪静隔音技术工程有限公司	上海市徐汇区漕宝路 520 号	隔声材料	www.shhujing.com.cn	—
2-92	上海揽贝环保工程有限公司	上海松江区泗泾镇鼓浪路 220 号	噪声治理	www.shlanbei.com	—
2-93	上海傲立环境工程有限公司	上海浦东新区康桥镇秀沿路 1028 弄城中花园 2 支弄 6 号 1102 室	噪声治理	—	—
2-94	上海振业环保工程有限公司	—	噪声治理		—
2-95	上海亿丕环保科技有限公司	上海宝山区真陈路 1000 号	噪声治理	www.yipep.com	—
2-96	上海减振降噪工程技术有限公司	上海嘉定区马陆镇博学路 108 号	噪声治理		—
2-97	上海贝卫新材料科技有限公司	上海静安区广中路 788 号上海大学国家科技园科技楼 7 楼	吸声材料	www.bqwtec.com	—
2-98	上海浙静环保科技有限公司	上海金山区海丰路 65 号 3966 室	噪声治理	www.sh-zhejing.com	—
2-99	上海甲浦瑞机械科技有限公司	上海浦东新区周祝公路 3275 号 5 幢	球磨机降噪	www.jiapurui.com.cn	—
2-100	上海徐吉电气有限公司	上海宝山区富长路 1080 弄 357 号	变压器降噪	www.xuji9118.com	—
2-101	上海煜祁隔音装饰工程有限公司	上海金山区亭林镇林宝路 39 号	隔声材料		—
2-102	上海循达环境工程技术有限公司	上海市沪太路 1717 号山海集团 301	噪声治理		—
2-103	上海静茵隔音装饰工程有限公司	上海徐汇区中山南二路 1007 号 1011 室	吸声材料	www.jingyingeyin.com	—

序号	单位名称	地址	主要产品	网址/电话	备注（简称）
2. 上海地区					
2-104	上海汇丽-塔格板材有限公司	上海市浦东新区康桥东路 268 号	聚碳酸酯板材	www.huili-pcsheet.com	上海汇丽
2-105	上海思源电力电容器有限公司	上海市闵行区申富路 1199 号	变压器降噪	www.sieyuan.com	—
2-106	上海鼓风机厂有限公司	上海市闸北区共和新路 3000 号	噪声治理	www.sbw-cn.com	上鼓
2-107	上海阿莫索拓软木有限公司	上海市徐汇区田林路 487 号宝石园 23 号楼 502-A 室	声学材料	www.amorim-sealtex.com	—
2-108	泛亚汽车技术中心有限公司（上海）	上海市浦东新区龙东大道 3999 号	噪声治理	www.patac.com.cn	上海泛亚
2-109	上海圣丰环保设备有限公司	上海市松江区玉树路 998 号 B-36	噪声治理	13636583030	—
2-110	上海纯翠实业有限公司	—	噪声治理	13681679600	—
2-111	利瓦环保科技（上海）有限公司	上海市徐汇区零陵路 629 号	噪声治理	www.liva-ep.com	—
2-112	上海西飞隔音装备有限公司	上海市闵行区联友路 2360 弄 78～80 号	隔声屏障	13901855680	上海西飞
2-113	上海贤华消声器有限公司	上海奉贤	汽车消声器	—	上海贤华
2-114	上海红湖消声器厂	上海市嘉定区和静路 1200 号	汽车消声器	www.shhhx.com	上海红湖
2-115	上海睿深电子科技有限公司	上海市闵行区虹梅南路 2588 号 B 座 406 室	声学仪器	www.rhythm.com	—
2-116	上海君协光电科技发展有限公司	—	振动控制器	www.cceoduina.com	—
2-117	上海其高电子科技有限公司	上海市杨浦区隆昌路 619 号 2 号楼 C03 室	声振测量仪器	www.keygotech.com	—
2-118	上海显龙通风设备有限公司	—	消声器	021－64130068	—
2-119	上海市安装工程集团有限公司	—	消声器	021－63246624	—
3. 天津地区					
3-1	天津再发隔音墙安装有限公司	天津市武清开发区兴旺路 3 号	吸声板	www.zaifa.com.cn	—
3-2	天津市噪声控制设备厂	天津市河北区志成路 3 号	噪声治理	—	—

续表

序号	单位名称	地址	主要产品	网址/电话	备注（简称）
		3．天津地区			
3-3	天津市莱茵环保新技术开发有限公司	天津市北辰区顺义路	声屏障	—	天津莱茵
3-4	天津市润生塑胶制品有限公司	天津市津南双港李楼道	吸声材料	—	—
3-5	可耐福石膏板（天津）有限公司	天津市北辰区京津公路东侧引河桥北（100020）	石膏板材	www.knauf-tianjin.com.cn	可耐福
3-6	天津凯龙静业噪声振动控制科技有限公司	天津市津南区双港镇外环辅道与先锋河交口东北处海天南苑1，2号楼-1-1-602	噪声治理	www.tjkljy.com	—
		4．重庆地区			
4-1	重庆华光环境工程设备有限公司	重庆市巴南区渔洞解放村（401320）	噪声综合治理	www.cqhghb.com	重庆华光
4-2	重庆鹏晟机电有限公司	重庆市九龙坡区杨家坪兴胜路83号	噪声治理	www.cqpse.cn/	—
4-3	重庆粤帆商贸有限公司	—	吸声材料	www.668yf.com	—
4-4	重庆凯骏环保工程有限公司	—	噪声治理	www.cqkjhb.com/	—
		5．江苏省			
5-1	科德宝 宝翎无纺布（苏州）有限公司	江苏省苏州市新区滨河路1588号	吸声无纺布	www.viledon-filter.com.cn/	—
5-2	江苏东泽环保科技有限公司	江苏宜兴市周铁镇分水人民路192号	噪声综合治理	www.jsdongze.com	江苏东泽协编
5-3	佰家丽声学科技材料（苏州）有限公司	苏州市人民路2001号（215005）	吸声材料	www.burgeree.com	苏州佰家丽
5-4	江苏科博世羊毛建材科技有限公司	无锡新区新华路118号（214112）	吸声材料	www.jskps.com/	—
5-5	无锡市世一电力机械厂	无锡市八士工业园B区（214192）	排气消声器	www.silencer.com.cn	无锡世一协编
5-6	无锡啸翔金属纤维制造有限公司	无锡市惠山区堰桥镇西漳塘贸路一号（214174）	铝纤维吸声材料	—	—
5-7	江苏宜兴市天音环保噪声设备有限公司	江苏宜兴市周铁镇分水南	噪声综合治理	www.cntyhb.com	宜兴天音协编
5-8	江苏爱富希新型建筑材料有限公司	江苏吴江市同里镇富干街82号（215217）	FC板	www.aifuxi.com/	江苏FC入编

序号	单位名称	地址	主要产品	网址/电话	备注（简称）
			5．江苏省		
5-9	南京常荣声学股份有限公司	南京市中山东路 147 号大行宫大厦 11 层	噪声综合治理、消声器	www.cn-cr.com	南京常荣入编
5-10	江苏泰兴汤臣压克力有限公司	泰兴市经济开发区通江路 186 号（225442）	压克力板、声屏障	www.donchamp.com/	泰兴汤臣入编
5-11	江苏宜兴市盛泰环境工程有限公司	宜兴市高塍镇西街 165 号（214214）	消声器	—	—
5-12	南通开发区永达环保科技工程有限公司	南通经济技术开发区青岛路 8 号（226009）	隔声室	—	南通永达入编
5-13	无锡堰桥噪声控制设备厂	无锡市北门外堰桥刘巷工业区（214174）	噪声治理、消声器	—	—
5-14	无锡威浮力达催化净化器有限公司	无锡市新生路 70 号（214002）	消声器、净化器	—	—
5-15	江苏靖江市正大空调设备厂	靖江市北环路工农路西首，沪办：曲阳路 269 弄 4 号 602 室	大型消声器	—	靖江正大
5-16	宜兴市华宏环保设备有限公司	宜兴市周铁镇分水南	噪声治理	—	—
5-17	江苏强洁环境工程有限公司	宜兴市宜丰镇和丰路 1 号	声屏障	www.jsqj.net	江苏强洁入编
5-18	泰兴市兆胜泡沫铝有限公司	泰兴市通江路 18-28 号（225441）	泡沫铝	—	—
5-19	宜兴市兴华环保有限公司	常州市南门外漕桥镇（213171）	噪声治理	—	—
5-20	无锡市华峰消声器材设备厂	无锡堰桥开发区刘巷工业园南路	消声器	www.hfxs.com.cn	
5-21	南京静创声学装备有限公司	南京中山东路 218 号长安国际中心 30 楼 3001 室	吸声材料	www.zk263.com	
5-22	无锡市金茂消声洁净设备厂	无锡市北门外堰桥镇西堰玉路 102 号	消声器	—	—
5-23	江苏连云港誉美电力机械有限公司	江苏省连云港市朝阳镇经济开发区	排气消声器	—	—
5-24	连云港正航消声器有限公司	连云港市海州区新坝新北路工业园	锅炉消声器	—	—
5-25	连云港市万洋电力机械设备有限公司	江苏省连云港市新浦区警校路 1 号	蒸汽消声器	—	—

续表

序号	单位名称	地址	主要产品	网址/电话	备注（简称）
			5. 江苏省		
5-26	江苏启东启控消声器设备有限公司	江苏启东市南阳镇工业集中区188号	消声器	—	—
5-27	连云港市安百利电力机械有限公司消声器分公司	江苏连云港市新浦区人民路32号	消声器	—	—
5-28	南京聆听建筑声学材料销售中心	南京市江东门金盛装饰城吊顶厅36号	吸声板	—	—
5-29	无锡菁华声学科技有限公司	无锡新区科技园4区410号	噪声治理	www.jhsxkj.com	—
5-30	宜兴市宏兴环保设备有限公司	宜兴市周铁镇分水	吸声尖劈	www.hxhb.com	—
5-31	江苏双赢声学装备有限公司	宜兴市周铁镇分水湖光路198号	声屏障	—	江苏双赢
5-32	无锡翔博金属纤维制造有限公司	无锡市黄泥头工业园区144-2号	铝纤维	—	—
5-33	无锡市顺达利节能降噪材料有限公司	无锡市堰桥工业园区堰桥路15号（214174）	吸声材料	—	—
5-34	宜兴市润泽吸音器材有限公司	江苏省宜兴市和桥镇北新街	吸声材料	www.yxrunze.cn	宜兴润泽
5-35	江苏武进市东亚环保设备有限公司	江苏省常州市武进区运村镇北	消声器	www.czdyhb.cn	—
5-36	宜兴市锦奥除尘空调科技有限公司	宜兴市徐舍镇吴圩村	噪声治理	www.yxtzsb.com	—
5-37	泰州飞达消声器厂	泰州市九龙镇	消声器	—	—
5-38	无锡市宏源弹性器材有限公司	江苏无锡市滨湖区太湖镇雪浪双新园区	隔振器	www.dpflex.com	—
5-39	无锡中策阻尼材料有限公司	江阴市徐霞客镇峭岐工业集中区（霞祥路2号）	阻尼材料	www.damp.js.cn	中策阻尼入编
5-40	无锡瑞鸿泡沫铝有限公司	无锡市甘露镇	泡沫铝材	www.rui-home.com	瑞鸿泡沫铝入编
5-41	苏州领新装饰材料有限公司	苏州沧浪区盘门路83号	吸声材料	www.leadnew.com/	—
5-42	常州欧法斯特北洋建材有限公司	常州市武进区郑陆镇东青花园工业区	吸声材料	—	—

序号	单位名称	地址	主要产品	网址/电话	备注（简称）
		5．江苏省			
5-43	镇江电力机械有限公司	镇江华东列电基地	消声器	—	—
5-44	无锡昌发电力机械有限公司	无锡市惠山区陆区镇	消声器	—	—
5-45	无锡宝先环保机械设备有限公司	江苏江阴马镇镇	噪声治理	—	—
5-46	宜兴市宜丰节能环保设备有限公司	宜兴市徐舍镇宜丰钱家灌区	噪声治理	—	—
5-47	宜兴力生环保化工有限公司	江苏省宜兴市屺亭镇	噪声治理	www.yxlisheng.com	—
5-48	江苏太仓市凌峰环保设备有限公司	太仓浮桥镇闸北东街	噪声治理	—	—
5-49	苏州爱富希嘉正建材有限公司	吴江市科技园综合楼 6F	吸声材料	—	—
5-50	常熟纬正装饰材料有限公司	江苏常熟市任阳环镇北路	吸声无纺布	—	—
5-51	宜兴市中铁玻璃钢制品有限公司	江苏宜兴市周铁镇（214261）	声屏障	—	—
5-52	江苏标榜装饰新材料股份有限公司	江苏省江阴市华士镇蒙娜路 1 号标榜工业园	吸声材料	www.pivotacp.com	江苏标榜协编
5-53	南京志绿声学科技有限公司	南京市江宁经济技术开发区秣周中路 101 号	噪声治理	www.forgreener.com	南京志绿
5-54	南京曼式声学技术有限公司	南京市建邺区茶亭东街 79 号西祠街区 15 幢 301	噪声治理	www.pre-manse.com	南京曼式入编
5-55	南京宏润声学科技有限公司	南京市凤集大道 15 号	噪声治理	www.hongrunac.com	—
5-56	江苏海鸥冷却塔股份有限公司	常州市武进区祥云路 16 号	低噪声冷却塔	www.seagull-ct.com	江苏海鸥入编
5-57	昆山康之亿五金机电有限公司	周市镇横长泾路 765 号	声屏障	www.kskzylw.com	—
5-58	巴尔的摩冷却系统（苏州）有限公司	BAC 亚太区总部 上海市四川北路 1350 号利通广场 2205 室	低噪声冷却塔	www.baltimoreaircoil.cn	苏州巴尔的摩入编
5-59	江苏东华测试技术股份有限公司	江苏省靖江市新港大道 208 号	动态测试系统	400－6565－228	—

续表

序号	单位名称	地址	主要产品	网址/电话	备注（简称）
		5.江苏省			
5-60	常州兰锦橡塑有限公司	常州市戚墅堰区华丰路 19 号	阻尼材料	0519－88819999	—
5-61	江苏华安节能科技有限公司	—	消声器	13818095387	—
5-62	靖江市春竹环保科技有限公司	—	消声器	13814461795	—
		6.浙江省			
6-1	杭州爱华仪器有限公司	杭州市余杭区闲林镇闲兴路 37 号（311122）	声学仪器	www.hzaihua.com	杭州爱华入编
6-2	杭州蓝保环境技术有限公司	杭州留和路 58 号七楼（310023）	噪声综合治理	—	杭州蓝保
6-3	浙江方舟噪声控制设施有限责任公司	嘉兴市秀州新区秀北路口	消声器	—	—
6-4	浙江黄岩治理噪声设备厂	浙江黄岩环城西路 245 号（318020）	噪声治理	—	黄岩降噪
6-5	诸暨市丰越噪声治理设备厂	浙江省诸暨市外陈镇潮坑村	消声器	www.noisecontrolling.com	—
6-6	海宁正兴耐力板有限公司	浙江海宁市斜桥工业区新光路 6 号（314406）	聚碳酸酯板	—	海宁正兴入编
6-7	浙江杭州杭辅电站辅机有限公司	浙江杭州市机场路 313 号	消声器	—	—
6-8	杭州汉克斯隔音技术工程有限公司	杭州市西湖区丰潭路 171 号（310012）	噪声治理	—	杭州汉克斯
6-9	杭州泽享实业有限公司	杭州市文晖路 22 号现代置业大厦东楼 2 单元 717 室	吸声材料	—	—
6-10	浙江杭州临安环保装备技术工程有限公司	杭州临安横畈镇（311307）	噪声治理	—	—
6-11	杭州万强新型建筑材料有限公司	杭州市凯旋路 445 号物产大厦 22 层 E 座	泡沫玻璃	—	杭州万强入编
6-12	浙江绍兴万德阻燃吸音材料有限公司	绍兴市环城东路镜水花园	吸声材料	—	—
6-13	浙江东发环境保护工程有限公司	杭州萧山市中心路 819 号绿都世贸广场 1503 室	噪声治理	—	浙江东发
6-14	杭州市环境保护有限公司	杭州市杭大路 54 号（310007）	噪声治理	—	—

序号	单位名称	地址	主要产品	网址/电话	备注（简称）
6．浙江省					
6-15	湖州申佳环保设备有限公司	浙江湖州南浔镇横三公路 168 号	噪声综合治理	13901960430	湖州申佳
6-16	浙江嵊州市低噪声器材厂	浙江嵊州市城西环岛农批市场	阻尼钢板	—	浙江嵊州入编
6-17	浙江省湖州弹力减振器厂	浙江湖州市马腰镇	隔振器	www.hztl.com	
6-18	浙江湖州兴华噪声控制设备有限公司	浙江湖州市长兴县李家巷镇（313102）	噪声治理		
6-19	浙江慈溪市顺达消声设备厂	浙江省慈溪市坎墩镇沈南开发区 2 号	吸声尖劈	www.cx-shunda.com	—
6-20	国营红声器材厂嘉兴分厂	浙江嘉兴市洪兴路 198 号	声学仪器	—	国营红声入编
6-21	嘉兴市嘉庆塑胶有限公司	浙江嘉兴市秀州工业区新农路 508 号	PC 板	—	
6-22	浙江嘉兴市联信泡沫玻璃制造有限公司	浙江省嘉兴市城北路百墅路东首	泡沫玻璃	www.jiaxinglianxin.cn/	—
6-23	浙江临安控声设备总厂	浙江临安横畈径山路 19 号	噪声治理		
6-24	浙江天铁实业股份有限公司	浙江省台州市天台县人民东路 928 号	隔振器	www.tiantie.cn	浙江天铁
6-25	杭州润锦环保科技有限公司	杭州市下城区稻香园二层 216 室	噪声治理	13306539200	—
6-26	温州建正节能科技有限公司	温州市鹿城区飞霞西路 68 号	噪声治理	www.wzadri.com	—
6-27	上虞专用风机有限公司	浙江省绍兴市上虞区人民西路 1818 号	低噪声风机	www.zjsyzf.com.cn	上虞风机入编
6-28	杭州锐达数字技术有限公司	浙江省杭州市浙江杭州西湖科技园西园	声学仪器	www.hzrad.com	—
6-29	浙江联丰制冷机有限公司	浙江省绍兴市上虞区经济开发区亚厦大道 1088 号	低噪声冷却塔	www.lflqt.com	浙江联丰入编
6-30	绍兴联奥环保科技有限公司	绍兴市上虞区曹娥街道工业区青瓷路 1 号	低噪声冷却塔	www.chinalianao.com	绍兴联奥入编
6-31	杭州天象声学技术有限公司	杭州市拱墅区莫干山路 1418 号 4 楼	噪声治理	www.tersound.com	—
6-32	浙江上虞沃尔特风机有限公司	浙江省绍兴市上虞区上浦开发区	低噪声风机	www.wetfj.com	上虞沃尔特入编

续表

序号	单位名称	地址	主要产品	网址/电话	备注（简称）
6. 浙江省					
6-33	浙江荣文风机有限公司	浙江省绍兴市上虞区上浦镇工业园区	低噪声风机	www.rongwenfj.com	浙江荣文入编
6-34	浙江奥帅制冷有限公司	绍兴市上虞区曹娥街道梁巷村	低噪声冷却塔	www.aosua.cn	浙江奥帅入编
6-35	浙江平湖市兴能电力节能有限责任公司	浙江省平湖市乍浦镇金门村	声学材料	13706737160	—
6-36	杭州恒宁声学技术工程有限公司	杭州西湖区留和路 135 号	噪声治理	www.hzhengning.com	—
6-37	浙江省长城净化工程技术有限公司	—	消声器	13506817635	—
7. 山东省					
7-1	山东临沂静康声学材料有限公司	山东临沂兰山区解放路兴隆小区 8-2202	阻尼材料	www.sdjingkang.com	—
7-2	山东青岛赛利声学工程有限公司	青岛市市北区德平路 1 号	装饰吸声板	www.qingdaosaili.com/	—
7-3	山东青岛荣昌盛隔音材料有限公司	青岛市城阳区流亭工业园区	隔声毡	www.qdrongchang.com	青岛荣昌盛入编
7-4	青岛福益阻燃吸声材料有限公司	青岛市东海路 37 号金都花园金光大厦 B-21-D	吸声产品	www.qdfuyi.com	青岛福益入编
7-5	隔而固（青岛）振动控制有限公司	青岛市城阳区流亭空港工业聚集区金刚山路 7 号（双元路以西）（266500）	隔振器	www.gerb.com.cn	隔而固协编
7-6	青岛奥利斯电力设备有限公司	山东青岛市胶州奥利斯路 2 号	消声器	—	—
7-7	山东青岛福威环保技术开发有限公司	山东省平度市城区府君庙	消声器	—	—
7-8	山东东营华德利玻璃棉制品有限公司	山东省垦利县大桥路 68 号（257500）	离心玻璃棉	—	东营华德利
7-9	青岛爱尔家佳新材料有限公司	山东青岛市李沧区枣山路 169 号（266100）	阻尼涂料	—	爱尔家佳协编
7-10	山东青岛平度市顺成实业有限公司	山东平度市郑州路北段府君庙（266700）	消声器	—	—
7-11	山东东营华创科技有限责任公司	山东东营市西四路 864 号华创大厦	噪声治理	—	—

序号	单位名称	地址	主要产品	网址/电话	备注（简称）
		7．山东省			
7-12	青岛唯康隔音材料有限公司	青岛市城阳区惜福镇工业园	隔声材料	www.qdweikang.com	—
7-13	青岛华碟塑胶制品有限公司	青岛胶州市营海工业园区	隔声材料	—	—
7-14	山东洁静环保设备有限公司	泰安市东开发区	噪声治理	www.takxhb.com	—
7-15	山东贝州集团有限公司	山东武城鲁权屯工业园	低噪声冷却塔	www.bzkt.cn	—
7-16	青岛科尔泰环境控制技术有限公司	青岛金刚山路7号	隔振器	—	—
		8．四川省			
8-1	四川正升声学科技有限公司	成都市温江区海峡两岸科技产业开发园蓉台大道388号（611170）	噪声综合治理	www.chinazisen.com	四川正升协编
8-2	四川三元环保工程有限公司	成都市洗面桥街咨询大厦十楼	隔声门、消声器	www.sczaosheng.com	四川三元协编
8-3	成都中山创环保实业有限公司	成都市棕南东街棕南园6-H	噪声治理	—	—
8-4	成都易普工贸有限公司建声材料销售中心	成都市成华区勘路6号（省冶地勘院内）（610051）	售建声材料	—	—
8-5	四川成都宁祥降噪有限公司	成都市金华区罗家村（610031）	售建声材料	—	—
8-6	成都广艺建材有限公司	四川省成都市武侯区永盛南街	建筑声学	www.widelyart.com.cn/	—
8-7	成都神科环保科技工程有限公司	四川省成都市龙泉驿区经济开发区大连路4号	噪声治理	www.cdshenkezs.com/	—
8-8	四川鼎丰环保噪声治理工程有限公司	成都市龙泉驿区平江路7号	噪声治理	—	—
8-9	成都迈科高分子材料股份有限公司	四川省成都市国家级经济技术开发区世纪大道515号	噪声综合治理	www.macko.com.cn	成都迈科
8-10	四川元泰达有色金属材料有限公司	四川省广元经济开发区川浙合作园	吸声材料	www.scytd.com	—
8-11	四川华兴环保设备有限公司	—	噪声治理	13880261745	—
8-12	成都亚克力板业有限公司	成都海峡两岸科技园新华大道	隔声材料	www.cdykl.com	—
8-13	四川宁祥环保科技有限公司	成都市金牛区金牛乡罗家村一组	噪声治理	13408520663	—

续表

序号	单位名称	地址	主要产品	网址/电话	备注（简称）
		8. 四川省			
8-14	成都电力机械厂	成都市武侯区新马路 1 号 8-2-4	噪声治理	www.ccpmw.com.cn	—
8-15	成都航天拓鑫科技有限公司	四川成都市成都龙泉驿航天北路	吸声材料	13670164573	—
8-16	成都精谊环保食品机械有限公司	成都市金牛区金沙路金沙巷 8 号	噪声治理	13111894743	—
		9. 广东省			
9-1	深圳中雅机电实业有限公司	深圳市福田区华富路航都大厦 16 楼（518031）	噪声综合治理	www.zyme.cn	深圳中雅协编
9-2	广东东莞新城屏蔽隔音设备厂	广东东莞谢岗镇大龙宝恒工业园 A 栋	隔声房	—	—
9-3	广州成东隔声材料有限公司	广州市天河中山大道 995 号	吸声板	—	—
9-4	广东江门新会区特静斯环保五金制品厂	广东江门市新会区双水镇亿利大道雅中路口	消声器	—	—
9-5	广州力森噪音治理技术研究有限公司	广州中山大道黄村福元路 2 号	隔声室	www.listen-ing.com/	—
9-6	深圳市杰帝声屏障工程技术有限公司	深圳市公明镇楼村鲤鱼水工业区敖翔工业园 B 楼	地铁消声器	www.szjiedi.cn/	—
9-7	广州市玮汛达环保设备有限公司	广州市石井镇庆丰工业园石庆路 8 号	消声器	www.gzwxd.com	—
9-8	深圳起航隔音材料有限公司	深圳市龙岗区爱联如意路如意大厦	隔声毡	—	—
9-9	深圳唯珂隔音材料有限公司	深圳市宝安45区华丰新安商务大厦 107 国道旁	吸声板	www.shengyinco.cn	—
9-10	广州浩白净声学技术有限公司	广州市天河区新塘镇沐陵东路 9 号大院 2 栋	消声室	www.aolin88.com	—
9-11	广州白云减振器有限公司	广州市三元里大道 1095 号	隔振器	www.byjzq.com	广州白云减振
9-12	广州新静界消音材料有限公司	广州市天河区中山大道建中路 5 号广海大厦海天楼 150 号房	吸声材料	www.china bmsa.com	—
9-13	西斯尔（广州）建材有限公司	广州天河黄浦大道西富力盈隆大厦 76 号 2515 室	岩棉复合板	—	—
9-14	广州市正桑装饰设计工程有限公司	广州市天河区天阳路 142 号德园小区海逸阁东二梯 4 楼	吸声喷涂	—	—

续表

序号	单位名称	地址	主要产品	网址/电话	备注（简称）
			9. 广东省		
9-15	广州市诚辉吸音隔音材料厂	广州市番禺区东环街市新路蔡边一村	吸声喷涂	www.cdjzsx.com/	—
9-16	广东佛山市顺德区佳静隔音门窗有限公司	广东省佛山市顺德区大良环市东路港安楼 2 号	隔声门	—	—
9-17	广州华侨减振器有限公司	广州市东风西路 120 号	隔振器	—	华侨减振
9-18	广东江门建声声学材料有限公司	广州市天河区珠江新城华阴路 13 号华普广场东塔 2704 室	浮筑地板	—	—
9-19	广州森彻斯隔音材料有限公司	广州市大润路 333 号广州建设工程交易中心二楼西区 206 室	隔声垫	—	广州森彻斯
9-20	广州一滔建筑材料有限公司	广州市新港西路 105 号 4 栋	隔声卷材	www.yitaojc.com	—
9-21	广州赛佳声学灯光工程有限公司	广州市白云区机场路 1804 号成丰大厦 B 座 805 室	建筑声学	—	—
9-22	深圳市中孚泰实业股份有限公司	深圳市福田区八卦四路中浩大厦 14 楼	声学装饰	—	深圳中孚泰
9-23	盈达环科声学科研（深圳）有限公司	深圳市宝安区公明镇马山头第三工业区 39 栋（518106）	噪声综合治理	—	深圳盈达
9-24	广州市嘉穗声学材料有限公司	广州市天河区龙岗路 34 号大院 1 号 104 自编 A09 铺	吸声材料	—	—
9-25	香港天籁装潢板材有限公司	广东东莞市厚街新国大燕坑工业区	吸声材料	—	—
9-26	深圳市深日电梯工程有限公司	深圳福田区新洲北路景鹏大厦 3F	电梯降噪	—	深日电梯
9-27	深圳市保泽环保科技开发有限公司	深圳市湾厦路 38 号（518067）	噪声综合治理	—	深圳保泽
9-28	深圳市宏雅洁环保技术有限公司	深圳市梅林路润裕苑 4 栋 206 室	噪声治理	—	深圳宏雅洁
9-29	广州乐声声学工程有限公司	广州市番禺区石基镇新桥村泰安路 30-13	隔声材料	www.gdshengyi.com	—
9-30	广州柏鑫装饰材料有限公司	广州市天河区黄埔大道中 153 号 502 室（570630）	吸声板	—	—
9-31	深圳瑞和建筑装饰股份有限公司	深圳市华强北路赛格科技园 4 栋 9-10 楼（518028）	吸声板	—	—
9-32	广州涤音环保科技有限公司	广州市海珠区赤岗粤信广场嘉东楼 1402 室	吸声板	www.k-18.cn	—

续表

序号	单位名称	地址	主要产品	网址/电话	备注（简称）
			9. 广东省		
9-33	香港新光国际有限公司	广东省惠阳市新墟镇红卫管理区	吸声板	—	香港新光
9-34	广州丽音装饰吸声板厂	佛山市南海区黑水沙步工业区沙步中路6号	吸声板	—	广州丽音
9-35	深圳派瑞科冶金材料有限公司	南山区高新北区科苑路华瀚创新园A座	吸声板	—	—
9-36	珠海清大声光电工程技术研发中心	珠海市香洲区银桦路102号优特科技工业园4号楼	建声技术	—	—
9-37	广州市赛易建材有限公司	广州市黄埔区塘口	隔、吸声材料	—	—
9-38	广州市汉密顿声学工程有限公司	广东省广州市番禺区市桥镇环城西路172号	吸声材料	www.gz-hmi.com	—
9-39	深圳市建筑装饰材料供应有限公司	深圳市福田区车公庙安华工业区六栋六楼	吸声材料	—	—
9-40	深圳陆迪实业有限公司	深圳市南山区西丽镇珠光工业区14幢2楼	消声器	www.ludee.cn/	—
9-41	广州坤耐声学建材有限公司	广州市天河区东圃黄村北路怡顺商业街	吸声材料	www.gzkunnai.com/	—
9-42	广州润裕声学工程有限公司	广州市天河区龙口西路219号聚龙阁大厦1105室	建筑声学	www.runry.com	—
9-43	广州市声匠声学材料有限公司	广州市番禺市桥富华中路富源二街18号合和大厦	菱镁吸声板	www.sjsx.cn	—
9-44	广州嘉晟声学灯光工程有限公司	广州市天河区燕都路80号广垦科技大厦103室	建筑声学	www.gzjssx.com	—
9-45	广州秦鹰建材有限公司	广州市海珠区新港中路艺苑路5号港艺商务大厦1102	售声学材料	www.gzqinying.com	—
9-46	广东佛山腾声建材有限公司	广东省佛山市顺德区龙江镇仙埔宝涌工业区朝阳路5号	吸声材料	www.huitengjt.com/	—
9-47	广州市山仁声学科技有限公司	广州市白云区黄石东路天云街16号606	噪声治理	—	—
9-48	深圳海外装饰工程有限公司	深圳市福田区振华路122号海外装饰大厦A座8楼	建筑声学	www.szodec.com/	—
9-49	江门市中建科技开发有限公司	广东省江门市蓬江区乐宜居	建筑声学	www.jmzjtech.com	—
9-50	深圳市纳能科技有限公司	广东省深圳市宝安区大浪街道华兴路中建工业区2栋	建筑声学	www.naneng.net	—

序号	单位名称	地址	主要产品	网址/电话	备注（简称）
			9．广东省		
9-51	广州吉泰发展有限公司	广州市天河区任仙桥甘园路尾军区农场 5 号院 510650	吸声板	—	—
9-52	广州艾科洛克建筑材料技术开发有限公司	广州市天河区天平架伍仙桥甘园路 200 号 5 号院	吸声无纺布	—	广州艾科洛克入编
9-53	广州工乐科技有限公司	广州市番禺区南浦碧桂大道 3 号恒达产业园综合楼 619-620 室	声学仪器	www.gongle.net	—
9-54	盈普声学（惠州）有限公司	广东省惠州市惠阳区桔园路 56 号	噪声治理	www.supremeacoustics.com	惠州盈普
9-55	广州丹品人工环境技术有限公司	广州市东风东路 836 号 1 座 704 室	消声器	www.thunderstat.cn	—
			10．福建省		
10-1	福建天盛恒达声学材料科技有限公司	福州市仓山区盖山仁山零号（福湾工业园）（350007）	吸、隔声材料	www.mtshd.com	天盛恒达入编
10-2	厦门威元声学技术工程有限公司	厦门市思明区龙虎西二里 30 号	隔声门	www.wei-yuan.com/	厦门威元
10-3	福建朗宇环保科技有限公司	福州市工业路 611 号福建文新科技创业园 1 号楼五层南 3-5 室	噪声治理	www.langyufz.com/	—
10-4	厦门超静环保工程有限公司	厦门市海天路 116 号 201	隔声板	www.xmcj.net	—
10-5	福州爱乐新建筑材料有限公司	福州市五一北街 158 号尚景商贸中心四层（350001）	隔声板	—	—
10-6	福州市鑫泉声学环保工程有限公司	福州市长乐中路 296 号集友名居 14A 室	噪声治理	—	福州鑫泉
10-7	福州市齐安消声器厂	福州市仓山盖山齐安	消声器	—	—
10-8	厦门市万强科技工程有限公司	福建省厦门香莲里 35 号 13 楼	噪声治理	www.xmwk.com/	—
10-9	厦门嘉达环保建造工程有限公司	福建省厦门市思明区田盾路 136 号	噪声治理	www.xmjdhb.com	—
10-10	厦门嘉达声学技术工程有限公司	—	建筑声学	www.xmjiada.com	厦门嘉达入编
10-11	福州音谷信息科技有限公司	福州市苍山区金榕南路 10 号榕城广场 4 号楼 218 室	信息服务	www.sooooob.cn	—
10-12	福建大宇新型环保材料有限公司	莆田市涵江区国欢镇都邠村	吸声材料	18950473719	—

续表

序号	单位名称	地址	主要产品	网址/电话	备注（简称）
11. 河北省					
11-1	华北环保工程技术有限公司	河北省定兴县北河火车站	噪声治理	www.hbhbc.com	—
11-2	河北承德天工建材有限公司	河北承德市围场县城北（068450）	吸声材料	www.cuishen.com	—
11-3	河北南宫市东方噪声工程材料有限公司	河北南宫市学苑街东段（055750）	吸声材料	—	—
11-4	保定市汉威暖通设备有限公司	保定市高开区创业路	消声器	www.han-wei.cn/	—
11-5	河北省石家庄鸿祥科技开发有限公司	河北省石家庄市和平西路97号	噪声治理	—	—
11-6	河北省安平县消声器总厂	—	消声器	—	—
12. 河南省					
12-1	中船725研究所泡沫铝中心（河南洛阳）	河南省洛阳市涧西区西苑路21号	泡沫铝	www.aluminumfoam.cn/	—
12-2	河南新乡曙光电力环保机械有限公司	河南省新乡市北干道125号	消声器	—	—
12-3	郑州静邦噪声振动控制工程技术有限公司	郑州市嵩山北路222号天龙大厦1507室（450007）	噪声治理	—	郑州静邦
12-4	河南奥飞驰科技有限公司	河南郑州市北环与中州大道御鑫城5号楼1205室	吸声材料	—	—
12-5	河南濮阳绿寰宇化工有限公司	河南省濮阳市人民路西段	吸声材料	—	濮阳绿寰宇
12-6	河南鹤壁市东方环保设备生产有限公司	河南鹤壁市鹤壁集南站（458010）	噪声治理	www.hbdfhb.com.cn/	—
12-7	河南洛阳市蓝鑫环保工程有限公司	河南省新安县铁山镇（471832）	噪声治理	—	洛阳蓝鑫
12-8	河南省新乡市北方噪声控制设备有限责任公司	新乡市牧野区新乡市宏力大道135号	噪声治理	—	—
12-9	河南一航吸音材料有限公司	河南省郑州市文化路与北环路交叉口航天商务大厦13层1302	吸声材料	www.ehangtech.com	—
13. 湖北省					
13-1	武汉昊泉环保科技有限公司	武汉市江汉区建设大道560号新世界国贸	吸声材料	www.wuhanhighest.cn	—

续表

序号	单位名称	地址	主要产品	网址/电话	备注（简称）
			13．湖北省		
13-2	武汉天博环保科技发展有限公司	武汉市武昌区东湖路 808 号天永大厦三楼 A 座	吸声板	www.whtbhb.com	—
13-3	武汉市宏森环保技术工程有限公司	武汉市江岸区淌湖村特 2 号（430015）	噪声治理	—	武汉宏森
13-4	武汉市华声环保工程有限责任公司	武汉市江岸区百步亭路 58 号	噪声治理	—	—
13-5	武汉宇达科技有限公司	武汉东湖新技术开发区光谷国际 B 座 19 楼	噪声治理	—	—
13-6	湖北奥科视听工程有限公司	武汉市武昌区中北路 148 号	建筑声学	www.aokeaudio.com	—
13-7	武汉赛音斯诺科技发展有限公司	武汉市江岸区香港路 8 号万科广场 A 座 1918 室	吸声材料	—	—
13-8	湖北省麻城市海风降噪材料有限公司	湖北省黄冈市黄金桥开发区 2 号	阻尼材料	13971726779	麻城海风阻尼
13-9	武昌船舶重工公司减振降噪研究所	—	噪声治理	www.wuchuan.com.cn	—
			14．湖南省		
14-1	湖南长沙智诚环保工程设备有限公司	湖南长沙市井圭路75号（410004）	噪声综合治理	—	长沙智诚
14-2	湖南长沙贝尔环保节能设备有限公司	长沙市雨花区晓光路 48 号（410116）	消声器	—	长沙贝尔
14-3	湖南衡阳仪表电气设备有限公司	湖南衡阳市黄白路 128 号（421007）	声学仪器	—	衡阳仪表
14-4	湖南长沙鼎吉环保工程设备有限公司	长沙市井圭路91号	噪声治理	—	—
			15．江西省		
15-1	江西恒大声学技术工程有限公司	南昌市昌北国家经济技术开发区枫林大道 1059 号（330013）	声屏障	—	江西恒大
15-2	江西省南方环保科技实业有限公司	江西省南昌市北京东路 171 号（330029）	噪声治理	—	—
15-3	江西三和北达防震材料有限公司	江西南昌市高新大道 587 号南大科技园 2-403	隔振器	—	—
15-4	江西吉安市国营红声器材厂	江西吉安 615 信箱（343006）	声学仪器	—	吉安红声
15-5	江西天音声学装饰工程有限公司	南昌市红谷滩绿茵路 669 号新区行政服务中心大楼 8 层	噪声治理	—	—

续表

序号	单位名称	地址	主要产品	网址/电话	备注（简称）
			16．辽宁省		
16-1	大连明日环境工程有限公司	大连沙河口区黄河路 677 号天兴罗斯福国际大厦 1601 号	噪声治理	www.dlmrhj.com/	大连明日
16-2	沈阳诺艾思科技有限公司	辽宁省沈阳经济技术开发区四号街 20 号	隔声罩	www.synoise.com	—
16-3	大连海声环保科技开发有限公司	大连市中山区解放路 318 号国药大厦 533 室	消声器	www.dlhshb.com/	—
16-4	沈阳沈创环保设备有限公司	沈阳市铁西区兴业路 11 号（110023）	噪声治理	www.syschb.cn/	沈阳沈创入编
16-5	沈阳科硕环保科技有限公司	沈阳市铁西区兴工南街 25 号	噪声治理	www.sykshb.com/	—
16-6	沈阳市绿州净化消声设备厂	沈阳市铁西区沈辽中路 5 号	消声器	—	—
16-7	抚顺恒兴保温喷涂有限公司	抚顺市顺城区长春街施家沟桥北 6-8 号	喷涂吸声	—	—
			17．吉林省		
17-1	吉林长远声学有限公司	吉林省长春市普阳街 1688 号长融大厦 C 座 707 室	隔声门	—	—
17-2	吉林市环保设备总厂	吉林市越山路 64 号	噪声治理	—	吉林环保
			18．黑龙江省		
18-1	哈尔滨恒力减振器厂	哈尔滨市道外区先锋路 243 号（150056）	隔振器	www.hysxsj.com/	哈尔滨恒力
			19．陕西省		
19-1	西安锦运泰声学环保科技有限公司	西安市北二环美都香域 1703 室	建筑声学	—	西安锦运泰
19-2	西安同科（声学）环保工程有限公司	西安市东大街菊花园饮马池 16-1 号东道主国际公寓 808 室	建筑声学	—	—
19-3	西安中兴环保设备工程有限责任公司	西安市劳动南路 12 号（710068）	噪声治理	—	—
			20．新疆维吾尔自治区		
20-1	新疆亿绿源环保科技有限公司	乌鲁木齐市米东新区乌齐公路小水渠	噪声治理	—	—
20-2	新疆乌鲁木齐锅炉辅机厂	乌鲁木齐市三桥头	消声器	—	—

续表

序号	单位名称	地址	主要产品	网址/电话	备注（简称）
21. 云南省					
21-1	昆明南商工贸有限公司声学技术有限公司	昆明市黑林铺直街 22 号（650106）	吸声材料	—	—
21-2	昆明严瑞建筑材料有限公司	昆明市大商汇正区24栋10号	吸声材料	—	—
22. 贵州省					
22-1	贵州国营红湖机械厂汽车消声器研究所	贵州省平坝县 102 信箱（56114）	汽车消声器	—	贵州红湖
23. 海南省					
23-1	海南海外声学装饰工程有限公司	海南海口市国贸大道正昊大厦 9G	声学装饰		
24. 山西省					
24-1	山西太原矿棉制品有限公司	山西省太原市尖草坪	吸声材料	—	—
24-2	山西侯马内燃机配件厂	山西省侯马市大庆路 42 号	消声器	—	—
24-3	山西榆次晋榆常压锅炉总厂	山西省榆次市榆太路 214 号	消声器	—	—
24-4	山西普泰发泡铝制造有限公司	山西临汾洪洞工业园	吸声材料	13753765555	山西普泰入编
25. 广西壮族自治区					
25-1	广西桂林利凯特环保实业有限公司	广西桂林骖鸾路高新技术开发区 1 号小区	消声器	—	—
26. 甘肃省					
26-1	甘肃兰州手扶拖拉机消声器分厂	兰州市七里河区民乐路 4 号	消声器	—	—
26-2	甘肃省机械工业总公司兰州消声器厂	兰州市七里河区武威路 234 号	消声器	—	—
27. 内蒙古自治区					
27-1	内蒙古呼和浩特噪声控制设备厂	呼和浩特市车站南马路 16 号	噪声治理	—	—
28. 安徽省					
28-1	安徽省铜陵市岩棉制品厂	铜陵市碎石岑	吸声材料	—	—
28-2	安徽桐城微威集团	安徽省桐城市范岗镇	隔振器	www.china-ww.com	—

续表

序号	单位名称	地址	主要产品	网址/电话	备注（简称）
29. 台湾地区					
29-1	旺帝企业股份有限公司	—	噪声治理	www.zentis.com.tw	—
29-2	欧怡科技股份有限公司	—	噪声治理	www.oe.com.tw/	—
29-3	贝尔声学科技股份有限公司	—	声学测试	—	—
30. 香港地区					
30-1	NAP 声学工程（远东）有限公司	—	声学、噪声控制和防振工程	www.napacoustics.com.hk	—
30-2	思百吉中国有限公司	香港九龙长沙湾长裕街 10 号亿京广场 2 期 11 楼 A 室	声学仪器	www.spectris.com	—

注：1. 本表内"协编"指参与本手册编写工作的单位，其产品、材料或典型工程已编入本手册中。

　　2. 本表内"入编"指该单位的有关产品、材料或典型工程已编入本手册中。

附录 4　我国噪声与振动控制专业领域研究、设计、教学部分单位名录

（排序不分先后）

序号	单位名称	部门名称
	北京地区	
1	清华大学 100084	①建筑学院；②环境学院；③航空航天学院；④汽车安全与节能实验室
2	北京航空航天大学 100083	①能源与动力工程学院；②航空科学与工程学院；③机械工程及自动化学院；④交通科学与工程学院
3	北京科技大学 100083	①机械工程学院；②新型飞行器研究中心
4	北京交通大学 100044	土木建筑工程学院
5	北京化工大学 100029	①高端机械实验室；②诊断与自愈工程研究中心
6	北京林业大学 100083	土木保持实验室
7	北京工商大学 100048	材料与机械工程学院
8	北京工业大学 100124	机械工程技术学院
9	北京建筑大学 100044	—
10	首都经济贸易大学 100070	—
11	北京理工大学 100081	机械与车辆学院
12	北京信息科技大学 100192	自动化学院
13	华北电力大学 102206	①能源动力与机械工程学院（北京）；②机械工程系
14	北京石油化工学院 102617	机械工程学院
15	北京建筑工程学院 100044	环境与能源工程学院
16	中国科学院声学研究所 100190	—
17	中国科学院工程热物理研究所	—
18	中国舰船研究院 100192	动力工程技术部
19	中国船舶工业系统工程研究院 100036	—
20	中国计量科学研究院 100029	力学与声研究所
21	中国环境监测总站 100012	—
22	中国民用航空局 100710	—
23	中国航空规划建设发展有限公司 100120	—
24	中国航天员科研训练中心 100094	—
25	中国电力科学研究院 100192	—
26	中国电力工程顾问集团华北电力设计院工程有限公司	—

续表

序号	单位名称	部门名称
	北京地区	
27	中国民航机场建设集团公司规划总院 100101	—
28	中国建筑科学研究院建筑环境与节能研究院 100013	—
29	中国林业科学研究院木材工业研究所 100091	—
30	中国建筑材料科学研究总院 100024	—
31	中国家电研究院 100053	—
32	中国科学技术信息研究所	—
33	中国空间物理重点实验室 100076	—
34	中国中元国际工程有限公司 100089	—
35	中国石油勘探开发研究院 100083	—
36	中国城市规划设计研究院 100017	—
37	中国铁道科学研究院集团有限公司 100081	—
38	国网智能电网研究院电工新材料所 102211	—
39	交通运输部环境保护中心	—
40	交通运输部水运科学研究院 100070	—
41	交通运输部公路科学研究院 100088	—
42	环境保护部工程环境影响评估中心 100012	—
43	环保部环境发展中心环境影响评价研究中心 100029	—
44	北京市环境保护局 100089	—
45	北京航天试验技术研究所 100247	—
46	北京能源投资有限公司 100022	—
47	北京市地铁运营有限公司 102208	—
48	北京市轨道交通建设管理有限公司 100044	—
49	北京市环境保护监测中心 100048	—
50	北京国际科技服务中心 100035	—
51	北京清城华建筑设计研究院 100085	—
52	北京市射线应用研究中心 100015	—
53	北京宇航系统工程研究所 100076	—
54	北京市电力公司北京电力科学研究院 100075	—
55	北京特种车辆研究所 100072	—
56	同方环境股份有限公司 100053	—
57	北京世纪思创声学科技有限公司 100813	—
58	北京雷斯科技发展有限公司 100020	—
59	北京市劳动保护科学研究所 100054	—

续表

序号	单位名称	部门名称
\multicolumn{3}{c}{北京地区}		
60	北京绿创声学工程设计研究院有限公司（声学工程股份有限公司）102200	—
61	华电重工股份有限公司 100071	—
62	北京京能未来燃气热电有限公司 102209	—
63	北京特得热力技术发展有限责任公司 100028	—
64	北京建筑五星水暖产品质量监督检验站 100068	—
65	LMS（北京）技术有限公司 100101	—
66	北京天原科创风电技术有限责任公司 100176	—
\multicolumn{3}{c}{上海地区}		
1	上海交通大学 200240	①振动冲击噪声研究所；②机械系统与振动实验室；③环境科学与工程学院；④机械与动力工程学院；⑤海洋工程实验室；⑥船舶海洋与建筑工程学院 200030；⑦电子信息与电气工程学院
2	同济大学 201804、200092	①声学研究所；②新能源汽车工程中心汽车学院；③航空航天与力学学院；④交通运输工程学院；⑤桥梁工程系；⑥铁道与城市轨道交通研究院；⑦机械与能源工程学院；⑧道路交通工程实验室；⑨汽车学院；⑩电子与信息工程学院
3	复旦大学	①力学与工程科学系 200433；②附属中山医院耳鼻喉科 200082
4	东华大学	①机械工程学院 201620；②力学系
5	华东理工大学 200257	燃气化及能源实验室
6	上海大学 200027	①机电工程与自动化学院；②力学系
7	上海海事大学	物流工程学院
8	上海工程技术大学 201620	汽车工程学院
9	上海第二工业大学 201209	—
10	上海理工大学 200093	机械工程学院
11	上海电机学院 200240	电气学院
12	中国船舶及海洋工程设计研究院 200011	—
13	中国船舶重工集团公司第 711 研究所 200031	—
14	中国船舶重工集团公司第 704 研究所	—
15	中国舰船重工集团公司上海船用柴油机研究所 201108	—
16	中国船舶研究设计中心 201108	—
17	中航商用航空发动机有限责任公司 200241	—

序号	单位名称	部门名称
	上海地区	
18	中船第九设计研究院工程有限公司 200063	—
19	国网上海市南供电公司 201199	—
20	国网上海物资公司新电工程分公司 200438	—
21	上海卫星装备研究所第二研究室 200240	—
22	上海微小卫星工程中心 201013	—
23	上海航天控制技术研究所 200233	—
24	上海航天精密机械研究所 201600	—
25	上海商用飞机航空发动机有限责任公司 201108	—
26	民航上海航空器适航审定中心 200335	—
27	上海飞机设计研究院 201210	—
28	上海核工程研究设计院 200233	—
29	上海卫星工程研究所 210045	—
30	上海航天技术研究院 201109	—
31	上海航天控制技术研究所 200233	—
32	上海船舶设备研究所 200031	—
33	上海材料研究所 200135	—
34	上海船舶运输科学研究所 200135	—
35	上海市环境科学研究院	—
36	上海市计量测试技术研究院 201203	—
37	上海发电设备成套设计研究院 200240	—
38	上海市建筑科学研究院 201108	—
39	华东建筑设计研究院有限公司 200041	—
40	上海市政工程设计研究总院有限公司 200092	—
41	上海机电工程研究所 201109	—
42	上海尚居建筑设计有限公司 200010	—
43	上海章奎生声学工程顾问有限公司 200086	—
44	上海申通轨道交通研究咨询有限公司 201102	—
45	上海轨道交通维护保障有限公司 201102	—
46	上海思源电气股份有限公司 201108	—
47	上海天祥质量技术服务有限公司 201206	—
48	上海英波声学工程技术有限公司 200434	—
49	上海海基盛元信息科技有限公司 200235	—
50	上海电气电站技术研究与发展中心 201612	—

序号	单位名称	部门名称
	上海地区	
51	上海电力公司电力经济技术研究院 200082	—
52	泛亚汽车技术中心有限公司 201201	—
53	上海大众汽车有限公司 201805	—
54	上海汽车集团股份有限公司技术中心 201504	—
55	上海大陆汽车制动系统销售公司 201807	—
56	上海轮胎橡胶集团股份有限公司轮胎研究所 200245	—
57	江南长兴造船（集团）有限责任公司 201913	—
58	太平洋造船集团上海臻元船舶科技有限公司 200052	—
59	巴斯夫聚氨酯特种产品中国有限公司 200137	—
60	德国独资上海中得欧有限公司	—
61	上海柴油机股份有限公司研发中心 200438	—
62	联想电子科技有限公司 201203	—
63	上海烟草集团有限责任公司 200482	—
	天津地区	
1	天津大学 300072	①机械学院；②建筑学院；③计算机科学与技术学院；④内燃机重点实验室
2	中国民航大学 300300	①航空工程学院；②中欧航空工程师学院；③计算机科学学院
3	天津职业技术师范大学 300222	—
4	中国汽车技术研究中心汽车工程研究院 300162	—
5	铁道第三勘察设计院集团有限公司 300251	—
6	天津一汽夏利汽车股份有限公司产品开发中心 300190	—
	重庆地区	
1	重庆大学 400044	①机械工程学院；②建筑城规学院；③汽车工程学院；④建筑设计研究院
2	重庆交通大学 400074	①机电与汽车工程学院；②交通运输学院
3	重庆理工大学 400074	①车辆工程学院；②汽车零部件制造实验室；③机械工程学院 400054
4	重庆工商大学 400067	—
5	重庆工商职业学院 400052	机电工程学院
6	重庆工业职业技术学院 401120	车辆工程学院
7	中国汽车工程研究院 400039	—
8	重庆市科学技术研究院 401123	—

序号	单位名称	部门名称
	重庆地区	
9	重庆长安汽车股份有限公司汽车工程研究总院 401120	—
10	重庆市电力公司电力科学研究院 401123	—
11	长安汽车工程研究院 401120	—
12	长安福特汽车有限公司技术开发中心 401122	—
13	招商局重庆交通科研设计院 400069	—
	江苏地区	
1	南京航空航天大学 210216（南京）	①民航学院；②自动化学院；③机械结构力学实验室；④能源与动力学院；⑤计算机科学与技术学院；⑥自动化学院；⑦机械工程学院
2	东南大学 211189（南京）	机械工程学院
3	江苏大学 212013（镇江）	①振动噪声研究所；②汽车与交通工程学院
4	江苏科技大学 212003（镇江）	①船舶与海洋工程学院；②能源与动力工程学院；③振动噪声研究所
5	江南大学 214122（无锡）	①包装工程系；②机械工程学院
6	南京工业大学 211816（南京）	机械与动力工程学院
7	常州大学 213164（常州）	①城市轨道交通学院；②机械工程学院
8	苏州大学 215021（苏州）	机电工程学院
9	江苏理工学院 213001（常州）	—
10	常州工学院 213002（常州）	机电工程学院
11	南京工程学院 211167（南京）	汽车与轨道交通学院
12	中国矿业大学 221116（徐州）	①机电工程学院；②力学与建筑工程学院
13	江苏信息职业技术学院 214153（无锡）	—
14	江苏镇江船艇学院 212003（镇江）	—
15	中国船舶科学研究中心 214082（无锡）	—
16	中国船舶重工集团公司 723 研究所 225001（扬州）	—
17	南京电子技术研究所 210039（南京）	—
18	南京同韵声学科技有限公司 210039（南京）	—
19	江苏建声影视设备研制有限公司 214020（泰州）	—
20	恩缇艾音频设备技术（苏州）有限公司 215168（苏州）	—
21	农业部南京农业机械化研究所 210014（南京）	—
22	江苏徐州工程机械研究所 221004（徐州）	—
23	常州腾龙汽车零部件股份有限公司 213149（常州）	—
24	江苏星辰星汽车附件有限公司 225402（扬州）	—
25	阿特拉斯科普柯压缩机有限公司 214028（无锡）	—

序号	单位名称	部门名称
\multicolumn{3}{浙江地区}
1	浙江大学 310058（杭州）	①环境污染控制技术研究所；②土木工程系；③航空航天学院 310027；④化工机械研究所；⑤竺可桢学院 310058
2	浙江工业大学 310014（杭州）	建筑工程学院 310034
3	浙江绍兴文理学院 312000（绍兴）	土木工程学院
4	宁波工程学院 314115（宁波）	建筑工程学院
5	浙江嘉兴学院 304001（嘉兴）	生物与化学工程学院
6	中国计量学院 310018（杭州）	①电工程学院；②计量测试工程学院
7	浙江省计量科学研究院 310013（杭州）	—
8	杭州应用声学研究所 310023（杭州）	—
9	浙江中科电声研发中心 314115（嘉兴）	—
10	浙江省环境保护科学设计研究院 310007（杭州）	—
11	杭州市环境保护科学研究院 310004（杭州）	—
12	浙江省环保厅环境工程技术评估中心 310012（杭州）	—
13	中国建筑设计院有限公司浙江分公司 310012（杭州）	—
14	浙江宁波市计量测试研究院 315000（宁波）	—
15	杭州市环境监测站 318007（杭州）	—
16	浙江省交轨设计研究院 315000（杭州）	—
17	温州市城建设计院 320007（温州）	—
18	浙江杭徽高速公路有限公司 310004（杭州）	—
19	浙江省建设投资集团有限公司 310012（杭州）	—
20	杭州市公安局交通警察支队 310025（杭州）	—
21	国网浙江省电力公司温州供电公司 325000（温州）	—
22	国网浙江省电力公司金华供电公司 321001（金华）	—
23	温州建正节能科技有限公司 325000（温州）	—
24	浙江浙能兰溪发电有限责任公司 321100（兰溪）	—
25	浙江抗氧填料有限公司 311305（杭州）	—
26	杭州银轮科技有限公司 310013（杭州）	—
\multicolumn{3}{安徽地区}
1	合肥工业大学 230009（合肥）	①噪声振动工程研究所；②资源与环境工程学院；③机械与汽车工程学院；④土木水利学院
2	安徽工业大学 243032（马鞍山）	机械工程学院
3	中国科学技术大学 230027（合肥）	近代力学系

续表

序号	单位名称	部门名称
	安徽地区	
4	安徽理工大学 232001（淮南）	理学院
5	安徽机电职业技术学院 241000（芜湖）	汽车工程系
6	江淮汽车股份有限公司技术中心 230022（合肥）	—
7	奇瑞汽车股份有限公司 241000（芜湖）	—
8	安徽省汽车 NVH 工程技术研究中心 230009（合肥）	—
9	安徽微威胶件集团 231460（桐城）	—
10	马鞍山马钢华阳设备诊断工程有限公司 243000（马鞍山）	—
	江西地区	
1	华东交通大学 330013（南昌）	①机电工程学院；②铁路环境振动与噪声研究中心
2	南昌航空大学 330063（南昌）	①航空制造工程学院；②飞行器工程学院
3	江西理工大学 341000（赣州）	机电工程学院
4	中国直升机设计研究院 333000（景德镇）	—
5	国网江西电力科学研究院 330029（南昌）	—
	山东地区	
1	山东大学 250061（济南）	机械工程学院
2	山东科技大学 266590（青岛）	机械电子工程学院
3	中国海洋大学 266100（青岛）	工程学院
4	中国石油大学（华东）266580（青岛）	信息与控制工程学院
5	山东建筑大学 250101（济南）	市政与环境工程学院
6	山东农业大学 271000（泰安）	机械与电子工程学院
7	青岛理工大学 266033（青岛）	土木工程学院
8	山东交通学院 250023（济南）	理学院
9	青岛市地下铁道公司 266071（青岛）	—
10	中集海洋工程研究院 264670（烟台）	—
11	烟台中集来福士海洋工程有限公司 264670（烟台）	
12	中国重型汽车集团有限公司 250002（济南）	—
13	南车青岛四方机车车辆股份有限公司 266000（青岛）	—
14	尼德科电机（青岛）有限公司 266300（青岛）	—
15	中国石化股份有限公司管道储运分公司 266500（青岛）	—
	山西地区	
1	中北大学 030051（太原）	①机械与动力工程学院；②机械工程与自动化学院
2	太原理工大学 030024（太原）	机械工程学院
3	太原科技大学 030024（太原）	①交通运输与物流学院；②机械工程学院
4	中国兵器工业集团第 70 研究所 037036（大同）	—
5	煤炭工业太原设计研究院 030001（太原）	—

续表

序号	单位名称	部门名称
	河北地区	
1	华北理工大学 063009（唐山）	机械工程学院
2	河北联合大学 063009（唐山）	机械工程学院
3	河北科技大学 050018（石家庄）	—
4	燕山大学 066004（秦皇岛）	—
5	唐山轨道客车有限责任公司 063035（唐山）	—
6	河北省环境科学研究院 050037（石家庄）	—
7	河北省衡水市环保局 053000（衡水）	—
8	河北省汽车工程技术研究中心 071000（保定）	—
9	华北电力大学 071003（保定）	能源动力与机械工程学院
10	石家庄铁道大学 050043（石家庄）	机械工程学院
11	唐山学院 063000（唐山）	结构实验室
12	河北省电力公司电力科学研究院 050021（石家庄）	
	河南地区	
1	河南理工大学 454000（焦作）	电气工程与自动化学院
2	河南工业大学 450007（郑州）	电工程学院
3	华北水利水电大学（郑州）	—
4	郑州大学 450001（郑州）	控制科学与工程博士后流动站
5	河南城建学院 467036（平顶山）	—
6	郑州航空工业管理学院 450015（郑州）	机械工程学院
7	南阳理工学院 473006（南阳）	机械与汽车工程学院
8	中船重工集团公司第 725 研究所 471003（洛阳）	—
9	河南元光科技有限公司 457001（濮阳）	—
10	河南西峡汽车水泵股份有限公司 474500（西峡）	—
	内蒙古地区/西北部分地区	
1	内蒙古科技大学 014010（包头）	机械工程学院
2	内蒙古工业大学（呼和浩特）	—
3	内蒙古机电职业技术学院 010018（呼和浩特）	机电系
4	内蒙古一机集团北方实业有限公司 014032（包头）	—
5	兰州理工大学 730050（兰州）	①机电工程学院；②电气工程与信息工程学院；③石油化工学院
6	兰州交通大学（兰州）	①数理学院 730070；②机电工程学院
7	宁夏大学 750021（银川）	机械工程学院
8	敦煌研究院 736200（甘肃敦煌）	—
9	新疆大学（乌鲁木齐）	①电气工程学院 830047；②机械工程学院
10	新疆环境监测站 830011（乌鲁木齐）	—
11	新疆环境技术咨询中心 830011（乌鲁木齐）	—

续表

序号	单位名称	部门名称
	陕西地区	
1	西北工业大学 710072（西安）	①航海学院；②建筑工程学院；③自动化学院；④动力与能源学院；⑤航天学院；⑥航空学院；⑦振动工程研究所；⑧工程力学系；⑨飞行器结构力学实验室；⑩西北工业大学与柏林工业大学合作；⑪西北工业大学与法国里昂科学实验室合作；⑫机电学院 710072（西安）
2	西安电子科技大学 710071（西安）	机电工程学院
3	西安交通大学 710054（西安）	①机械制造重点实验室；②航空航天学院
4	西安工业大学 710072（西安）	机电学院
5	西安建筑科技大学 710055（西安）	土木工程学院
6	西安石油大学 710065（西安）	机械工程学院
7	陕西理工学院 723003（汉中）	电气工程学院
8	中国飞行试验研究院 710089（西安）	—
9	中国飞机强度研究所二室 710065（西安）	—
10	中国船舶重工集团公司 705 研究所 710075（西安）	—
11	中国电子科技集团第 39 研究所 710065（西安）	—
12	西安近代化学研究所 710065（西安）	—
13	陕西华陆化工环保有限公司 710025（西安）	—
14	陕西重型汽车有限公司 710200（西安）	—
15	西安应用光学研究所 710065（西安）	—
	湖北地区	
1	武汉理工大学 430070（武汉）	①机电学院；②能源与动力工程学院；③汽车工程学院；④物流工程学院；⑤交通学院；⑥道路桥梁与结构工程实验室；⑦现代汽车零部件技术实验室
2	华中科技大学 430074（武汉）	①船舶与海洋工程学院；②机械科学与工程学院
3	湖北工业大学 430068（武汉）	—
4	武汉大学 430072（武汉）	—
5	三峡大学 443002（宜昌）	—
6	中国地质大学 430074（武汉）	机械与电子信息学院
7	中国舰船研究设计中心 430064（武汉）	—
8	中国电力科学研究院 430074（武汉）	—
9	中国船舶重工集团公司第 701 研究所 430064（武汉）	—
10	中信建筑设计研究总院有限公司 430014（武汉）	—
11	武汉第二船舶设计研究所 430064（武汉）	—
12	东风汽车股份有限公司 441004（十堰）	①技术中心；②商品研究院
13	湖北省建筑科学研究设计院 430071（武汉）	—

序号	单位名称	部门名称
湖北地区		
14	湖北省农业机械工程研究设计院 430068（武汉）	—
15	湖北新冶钢有限公司能源环保部 435001（黄石）	—
16	湖北黄石环境监测站 435003（黄石）	—
湖南地区		
1	湖南大学 410082（长沙）	①机械与运载工程学院；②电气信息与工程学院；③汽车车身重点实验室
2	湖南科技大学 411201（湘潭）	①机电工程学院；②机械设备实验室；③土木工程学院
3	中南大学（长沙）	①机电工程学院 410083；②高性能复杂制造实验室；③铁道学院风洞实验室
4	长沙理工大学 410114（长沙）	计算机与信息工程学院
5	中南林业科技大学 410004（长沙）	土木工程学院
6	湘潭大学 411105（湘潭）	机械工程学院
7	湘南学院 423000（柳州）	软件与通信工程学院
8	中国航空动力机械研究所 412002（株洲）	—
9	株洲时代新材料科技股份有限公司 412007（株洲）	—
10	三一重工股份公司研究总院 410100（长沙）	—
11	湖南天雁机械有限责任公司 421005（衡阳）	—
12	长沙奥邦环保实业有限公司 410007（长沙）	—
13	岳阳长岭设备研究所有限公司 414000（岳阳）	—
四川地区		
1	西南交通大学 610031（成都）	①机械工程学院；②牵引动力国家重点实验室；③电气工程学院；④土木工程学院；⑤力学与工程学院；⑥地球科学与环境工程学院；⑦汽车工程研究所；⑧西南交大峨眉校区机械工程系 614202
2	四川大学 610065（成都）	高分子研究所
3	中国燃气涡轮研究院（成都）610000	—
4	中国测试技术研究院 6100219（成都）	—
5	中国工程物理研究院 621900（绵阳）	—
6	东方振动与噪声技术研究所 610031（成都）	—
7	中铁二院工程集团有限责任公司 619031（成都）	—
8	成都地铁运营有限公司（610000）（成都）	—
9	成都飞机工业（集团）有限责任公司 610092（成都）	—
10	成都华川电装有限责任公司 610106（成都）	—
11	成都市新筑路桥机械股份有限公司 611430（成都）	—
12	四川中测华声科技有限公司 610000（成都）	—

续表

序号	单位名称	部门名称
福建地区		
1	福州大学 350116（福州）	木工程学院
2	厦门大学 361005（厦门）	电工程系
3	厦门理工学院 361024（厦门）	机械与汽车工程学院
4	福建师范大学 350007（福州）	环境科学与工程学院
5	集美大学 361021（厦门）	轮机工程学院
6	福建龙岩学院 364012（龙岩）	机电系
7	福建漳州职业技术学院 363000（漳州）	—
8	福州深兰声学工程有限公司 350011（福州）	—
9	厦门源昌集团有限公司 361009（厦门）	—
广东地区		
1	华南理工大学 510640（广州）	①亚热带建筑科学国家重点实验室；②建筑学院；③物理与光电学院；④机械与汽车工程学院；⑤物理系
2	中山大学 510275（广州）	①工学院（智能交通实验室）；②应用力学与工程系
3	暨南大学 510075（广州）	①力学与土木工程系；②信息技术研究所
4	广州大学 510006（广州）	建筑与城市规划学院
5	哈尔滨工业大学深圳研究生院 518055（深圳）	—
6	中国能源建设集团广东省电力设计研究院有限公司 510635（广州）	—
7	南方电网科学研究院 510080（广州）	—
8	广东电网公司电力科学研究院 510080（广州）	—
9	中海石油（中国）有限公司湛江分公司文昌油田作业区 524059（广东湛江）	—
10	大长江集团研发中心 529030（广东江门）	—
11	广州汽车集团股份有限公司汽车工程研究院 511434	—
12	广州市地下铁道总公司运营事业总部 510310（广州）	—
13	广东启源建筑工程设计院声学分公司 510735（广州）	—
14	广州市环境监测中心站 510030（广州）	—
15	广州丹品人工环境技术有限公司 510080（广州）	—
16	阿乐斯绝热材料有限公司（广州）	—
17	深圳市地铁集团有限公司 518055（深圳）	—
18	深圳市人居环境技术审查中心 518057（深圳）	—
19	深圳市创智环境声学技术有限公司 518000（深圳）	—
20	深圳市深港产学研环保工程技术有限公司 518057（深圳）	—
21	比亚迪汽车工业有限公司 518118（深圳）	—
22	深圳市科德声学技术有限公司 518000（深圳）	—
23	珠海格力电器股份有限公司 519070（广东珠海）	—

序号	单位名称	部门名称
	广西、贵州、云南地区	
1	桂林电子科技大学 541004（广西桂林）	机电工程学院
2	贵州大学 550003（贵阳）	机械工程学院
3	昆明理工大学 650500（昆明）	—
4	广西柳工机械股份有限公司 545007（柳州）	—
5	广西东风柳州汽车有限公司技术中心 545006（广西柳州）	—
6	广西北海市环境监测中心站 536000（广西北海）	—
7	贵州华电桐梓发电有限公司 563200（遵义）	—
8	贵州乌江水电开发有限责任公司 550000（贵阳）	—
9	云南省设计院集团公司 650228（昆明）	—
10	云南省电力设计院有限公司 650051（昆明）	—
11	云南省电网公司 650011（昆明）	—
12	昆明云铜股份冶炼加工总厂 650102（昆明）	—
	东北地区	
1	东北大学 110819（沈阳）	机械工程与自动化学院
2	东北石油大学 163318（黑龙江大庆）	电气信息工程学院
3	辽宁工程技术大学 123000（阜新）	①机械工程学院；②电子与信息工程学院；③研究生学院
4	辽宁工业大学 121001（锦州）	①汽车与交通工程学院；②机械工程与自动化学院
5	辽宁科技大学 114051（鞍山）	机械工程学院
6	沈阳工业大学 110870（沈阳）	机械工程学院
7	沈阳航空航天大学 110136（沈阳）	—
8	大连大学 116622（大连）	机械工程学院
9	大连交通大学（大连）	①交通运输工程学院 116028（大连）；②机械工程学院
10	大连科技学院 116052（大连）	机械工程系
11	大连理工大学 116024（大连）	①机械工程学院；②能源与动力学院；③建筑与艺术学院
12	大连海事大学 116026（大连）	①轮机工程学院；②交通运输装备及海洋工程学院
13	哈尔滨工程大学 150001（哈尔滨）	①动力与能源工程学院；②水声工程学院；③自动化学院；④船舶工程学院
14	哈尔滨工业大学 150001（哈尔滨）	①航天学院；②机电工程学院；③卫星技术研究所；④深圳研究生院
15	吉林大学 130025（长春）	—
16	中国航空工业空气动力研究院 110034（沈阳）	—
17	中航工业集团沈阳发动机设计研究所 110042（沈阳）	—

续表

序号	单位名称	部门名称
	东北地区	
18	中国船舶重工集团公司第 703 研究所 150001（哈尔滨）	—
19	中国北车长春轨道客车股份有限公司 130062（长春）	—
20	大连环境监测中心 116023（大连）	—
21	一汽集团公司（长春）	①技术中心 130011（长春）；②汽车振动噪声与安全控制实验室
22	大庆油田天然气分公司培训中心 163412（大庆）	—
23	中油辽河工程有限公司 124010（辽宁盘锦）	—

注：1. 本表所列单位（部门）名称是该单位（部门）工程技术人员于 2011 年至 2016 年在《噪声与振动控制》杂志上和全国性噪声控制工程学术会议上发表了噪声方面的论文名单而整理出来的，2011 年之前和 2017 年之后发表噪声方面论文的单位（部门）名单有待补充。

2. 军事系统约有 40 个单位（部门），本处略。

3. 本表所列单位共有 431 个，这些单位内均有从事噪声与振动控制专业的部门和工程技术人员。

4. 表中单位名称是作者所在单位，"部门名称"是作者进一步说明所在单位的具体部门。

附录5 第一届至第十五届全国噪声与振动控制工程学术会议一览表

（1981～2017年）

会议名称	筹备会	第一届（首届）	第二届	第三届
召开时间	1981年11月20日～23日	1982年9月18日～25日	1984年10月16日～22日	1986年11月3日～7日
会议地点	浙江省黄岩市	安徽省黄山（汤口）	浙江省杭州市	陕西省西安市
主持单位	北京市劳动保护科学研究所、中国环境科学学会环境工程分会	中国环境科学学会环境工程分会、中国环境科学学会环境声学学术委员会、中国声学学会共3个学会联合举办	中国环境科学学会环境工程分会、中国声学学会、中国劳动保护科学技术学会噪声与振动控制委员会共3个学会联合举办	中国环境科学学会环境工程分会、中国声学学会、中国劳动保护科学技术学会噪声与振动控制委员会共3个学会联合举办
主持人	方丹群	方丹群	方丹群	方丹群
出席单位数	8	105	92	136
出席人数	12	160	145	196
发表论文	—	100	140	191
论文出版情况	—	出版论文集，论文35篇、221页	由中国建筑工业出版社出版论文集《环境噪声控制工程》，论文30篇、164页，列出145篇论文题目及作者	—
大会报告人及题目	方丹群：介绍环境物理学、环境工程学概况等	马大猷：《国外噪声控制新进展》；章奎生：《国内外空间吸声体发展概况》方丹群：《我国噪声控制十年进展》等	马大猷：《声强测量的新进展》；方丹群：《工业企业噪声控制设计规范研究》；赵松龄《声环境对现场噪声测量的影响》；章奎生：《盘式消声器系列的设计与研究》等	马大猷：《混响室内声源发射的功率》等
大会主题	筹备全国噪声控制首届会议	—	工业噪声控制	声源控制
会议筹备及特邀专家	主要参加人： 方丹群　章奎生　谢贤宗 孙家麒　程　潜　吕玉恒 董金英　程　越　章荣发 应汝才　俞达镛等	马大猷　方丹群　章奎生 李炳光　孙家麒　梁其和 战嘉恺　吕玉恒　董金英等	马大猷　方丹群　赵松龄 李沛滋　章奎生　冯瑀正 吕玉恒　郭秀兰　刘启龙 施国强　董金英等	马大猷　方丹群　严济宽 章奎生　田　静　冯瑀正 陈心昭　吕玉恒　郭　骅 江慧玲　刘　克　任文堂 战嘉恺等
备注	—	—	—	—

续表

会议名称	第四届	第五届	第六届	第七届
召开时间	1988 年 10 月 24 日～27 日	1990 年 12 月 13 日～16 日	1993 年 10 月 15 日～18 日	1996 年 6 月 11 日～14 日
会议地点	四川省成都市	北京市	安徽省合肥市	上海市
主持单位	中国环境保护工业协会噪声与振动控制委员会、中国环境科学学会环境工程分会、中国声学学会、中国劳动保护科学技术学会噪声与振动控制委员会共 4 个学会联合举办	中国环境保护工业协会噪声与振动控制委员会、中国环境科学学会环境工程分会、中国声学学会环境声学分会、中国劳动保护科学技术学会噪声与振动控制委员会共 4 个学会联合举办	中国环保产业协会噪声与振动控制委员会、中国环境科学学会环境工程分会、中国声学学会环境声学分会、中国劳动保护科学技术学会噪声与振动控制委员会、中国振动工程学会振动与噪声控制专业委员会共 5 个学会联合举办	中国环保产业协会噪声与振动控制委员会、中国环境科学学会环境工程分会、中国声学学会环境声学分会、中国劳动保护科学技术学会噪声与振动控制委员会、中国建筑学会建筑物理专业委员会、中国振动工程学会振动与噪声控制专业委员会共 6 个学会联合举办
主持人	方丹群	李炳光	程明昆	章奎生
出席单位数	80	88	80	82
出席人数	121	150	108	128
发表论文	105	96	70	72
论文出版情况	—	出版论文摘要共 76 篇	出版论文集，论文 67 篇	出版论文集，论文 64 篇、228 页
大会报告人及题目	22 个厂家参加会议展示产品，推荐了"受欢迎环保产品"	马大猷：《噪声控制技术四十年》；严济宽：《振动隔离技术》等	马大猷：《室内噪声有源控制》、战嘉恺《噪声控制新进展》等	王季卿：《居住建筑中的噪声控制》；程明昆：《噪声标准发展综述》等
大会主题	—	—	—	发展噪声与振动控制技术，提高噪声控制质量
会议筹备及特邀专家	马大猷　方丹群　吕玉恒　江慧玲　任　健　董金英　章奎生等	马大猷　杜连耀　车世光　于　勃　严济宽　朱继梅　吕玉恒　战嘉恺　龚农斌　程明昆　田　静　章奎生等	马大猷　章奎生　田　静　陈心昭　战嘉恺　刘　克　程　越　吕玉恒　江慧玲　董金英　卢贤丰等	王季卿　程明昆　吴硕贤　章奎生　陈端石　秦佑国　田　静　孙广荣　战嘉恺　张绍栋　吕玉恒　张明发等
备注	—	—	—	—

会议名称	第八届	第九届
召开时间	1999 年 5 月 16 日～18 日	2002 年 10 月 28 日～30 日
会议地点	山东省青岛市	江苏省南京市
主持单位	中国环保产业协会噪声与振动控制委员会、中国环境科学学会环境工程分会、中国声学学会环境声学分会、中国劳动保护科学技术学会噪声与振动控制委员会、中国建筑学会建筑物理分会、中国振动工程学会振动与噪声控制专业委员会、中国机械工程学会噪声与振动控制技术装备委员会、中国环境科学学会环境物理委员会共 8 个学会/协会联合举办	中国环保产业协会噪声与振动控制委员会、中国环境科学学会环境工程分会、中国声学学会环境声学分会、中国劳动保护科学技术学会噪声与振动控制委员会、中国建筑学会建筑物理分会、中国振动工程学会振动与噪声控制专业委员会、中国机械工程学会噪声与振动控制技术装备委员会、中国环境科学学会环境物理委员会共 8 个学会/协会联合举办
主持人	章奎生	章奎生
出席单位数	113	130

续表

会议名称	第八届	第九届
出席人数	153	175
发表论文	148	110
论文出版情况	出版论文集，论文摘要 148 篇、310 页	出版论文集，论文摘要 110 篇、225 页
大会报告人及题目	马大猷：《声学和人的生活质量》等	程明昆：《二十一世纪的声环境》；吕玉恒《国内噪声控制技术进展》等；赠与会每人一本马大猷主编《噪声与振动控制工程手册》
大会主题	让 21 世纪的环境更安静	噪声振动与人居环境
会议筹备及特邀专家	马大猷　郭秀兰　丁　辉　程明昆　章奎生　田　静　王季卿　战嘉恺　任文堂　王　毅　魏化军　吕玉恒　周兆驹　杨国良等	程明昆　章奎生　邵　斌　丁　辉　张　翔　吕玉恒　陆以良　孙家麒　陈克安　庄表中　章荣发　柳孝图等
备注	—	外籍代表 7 人，香港 6 人，27 个厂家介绍产品
会议名称	第十届	第十一届
召开时间	2005 年 11 月 25 日～28 日	2009 年 6 月 5 日～7 日
会议地点	广东省深圳市	北京市
主持单位	中国环保产业协会噪声与振动控制委员会、中国环境科学学会环境工程分会、中国声学学会环境声学分会、中国劳动保护科学技术学会噪声与振动控制委员会、中国建筑学会建筑物理分会、中国振动工程学会振动与噪声控制专业委员会、中国机械工程学会噪声与振动控制技术装备委员会、中国环境科学学会环境物理委员会共 8 个学会/协会联合举办	中国环保产业协会噪声与振动控制委员会、中国声学学会环境声学分会、中国环境科学学会环境工程分会、中国环境科学学会环境物理委员会、中国职业安全健康协会噪声与振动控制专业委员会、中国建筑学会建筑物理分会、中国振动工程学会振动与噪声控制专业委员会、中国机械工程学会环境保护分会、香港声学学会，共 9 个学会/协会联合举办
主持人	章奎生	章奎生
出席单位数	160	168
出席人数	202	243
发表论文	105	157
论文出版情况	由《噪声与振动控制》杂志社出版论文集和纪念册，论文 91 篇、600 页	由《噪声与振动控制》杂志社出版论文集和纪念册，论文 152 篇、530 页
大会报告人及题目	田静：《国际噪声控制技术发展》；章奎生：《上海东方艺术中心建声设计与主客观音质评价》；程明昆：《道路声屏障设计、测试与应用技术》；张乃聪：《香港环境噪声控制技术发展综述》等	方丹群教授越洋视频报告：《噪声控制工程学诞生与发展》；章奎生：《演艺建筑工程与建筑声学专业的发展与思考》；程明昆《环境噪声控制的发展》；吕玉恒《噪声控制工程学术会议回顾》；张斌：《噪声地图的开发及应用研究》等
大会主题	降低噪声污染，创建绿色生活	改善声学环境、共建宁静生活
会议筹备及特邀专家	程明昆　章奎生　吴硕贤　陈端石　孙家麒　邵　斌　吕玉恒　姚景光　陈克安　金志春　卢岩林　方庆川等	章奎生　程明昆　张　斌　邵　斌　吕玉恒　应怀樵　姜鹏明　林　杰　于越峰　张佐男等
备注	外籍代表 8 位，中国香港 16 位，68 个厂家公司与会并介绍产品	中国香港 5 人、日本 2 人，70 多个厂家公司参加交流，28 家企业制作展板

续表

会议名称	第十二届	第十三届
召开时间	2011 年 11 月 2 日～4 日	2013 年 11 月 9 日～12 日
会议地点	江苏省无锡市	福建省福州市
主持单位	中国环保产业协会噪声与振动控制委员会、中国声学学会环境声学分会、中国环境科学学会环境工程分会、中国环境科学学会环境物理委员会、中国职业安全健康协会噪声与振动控制专业委员会、中国建筑学会建筑物理分会、中国振动工程学会振动与噪声控制专业委员会、中国机械工程学会环境保护分会、香港声学学会、台湾音响学会、台湾振动噪音工程学会共 11 个学会/协会联合举办	中国环保产业协会噪声与振动控制委员会、中国声学学会环境声学分会、中国环境科学学会环境工程分会、中国环境科学学会环境物理委员会、中国职业安全健康协会噪声与振动控制专业委员会、中国建筑学会建筑物理分会、中国振动工程学会振动与噪声控制专业委员会、中国机械工程学会环境保护分会、香港声学学会、台湾音响学会、台湾振动噪音工程学会共 11 个学会/协会联合举办
主持人	章奎生	章奎生　邵斌
出席单位数	75	130
出席人数	139	178
发表论文	96	112
论文出版情况	由《噪声与振动控制》杂志社出版论文集，论文 86 篇、370 页	由《噪声与振动控制》杂志社出版论文集，论文 112 篇、450 页
大会报告人及题目	方丹群《噪声控制工程学：环境声学、环境物理学学科体系与发展》；章奎生：《音乐厅声学设计的实践与思考》；吕玉恒《噪声控制设备和材料十年进展》等	程明昆《一代宗师——马大猷院士》；方丹群《噪声控制工程学：概念建立和发展兼谈"噪声控制工程学"书稿》；吕玉恒《中国噪声控制四十年的回顾与展望》；张斌《我国城市轨道交通噪声与振动污染防治标准体系建设的探讨》等
大会主题	促进噪声振动控制技术发展，改善城乡声环境	加强专业标准体系建设，促进噪声控制行业发展
会议筹备及特邀专家	方丹群　章奎生　程明昆　于越峰　吕玉恒　张斌　邵斌　方庆川　张玉敏　王伟辉（台湾）　郭裕文（台湾）　李孝宽　朱亦丹　张明发　王兵　辜小安　李志远　许冬雷　李其根　杨国良（香港）等	方丹群　章奎生　程明昆　吕玉恒　张斌　邵斌　叶海宁　李晓东　张国宁　方庆川　冯苗锋　杨志刚　户文成　李孝宽　张明发　王兵　翟国庆　金学松　朱亦丹　辜小安　张玉敏等
备注	台湾 3 人、香港 2 人	—
会议名称	第十四届	第十五届
召开时间	2015 年 12 月 9 日～12 日	2017 年 12 月 9 日～10 日
会议地点	江苏省南京市	北京市
主持单位	中国环保产业协会噪声与振动控制委员会、中国声学学会环境声学分会、中国环境科学学会环境工程分会、中国环境科学学会环境物理委员会、中国职业安全健康协会噪声与振动控制专业委员会、中国建筑学会建筑物理分会、中国振动工程学会振动与噪声控制专业委员会、中国机械工程学会环境保护分会、香港声学学会、台湾音响学会、台湾振动噪音工程学会、澳门声学学会等 12 个学会/协会联合举办	中国环保产业协会（根据国家相关社团管理规定，会议应由国家一级学会/协会主办，故不再以前几届由 12 个学会/协会联合举办了）
主持人	邵斌	王玉红　邵斌
出席单位数	110	62

续表

会议名称	第十四届	第十五届
出席人数	143	145
发表论文	103	68
论文出版情况	由《噪声与振动控制》杂志社出版论文集，论文 103 篇、420 页	由《噪声与振动控制》杂志社出版论文集，论文 68 篇、240 页
大会报告人及题目	方丹群《美国声学技术新发展》；尹学军《振动与噪声控制技术及应用》；杨宜谦《铁路和地铁振动和二次噪声》；张宏《转变观念实现航空噪声持续综合治理》等	张斌《我国地铁振动控制技术展望》；李晓东（声学所）《主动噪声与振动控制技术原理与应用》；方丹群《噪声生理效应的新进展》；吕玉恒《中国制造 2025 数字出版——噪声与振动控制资源库介绍》；刘翼钊《高速铁路噪声控制研究与实践》等
大会主题	加强创新交流，推动合作发展	交流促进合作，创新驱动发展
会议筹备及特邀专家	方丹群　程明昆　吕玉恒　李晓东　邵　斌　张荣初　滕建礼　方庆川　毛东兴　宋拥民　王　兵　翟国庆　张明发　李志远　冯苗锋　李孝宽　张玉敏　隋富生　熊文波　任百吉　李贤徽　刘碧龙　韩　珏等	方丹群　吕玉恒　程明昆　张　斌　邵　斌　燕　翔　董文福　滕建礼　王玉红　魏志勇　李晓东　方庆川　宋拥民　张明发　熊文波　王　兵　翟国庆　李志远　冯苗锋　张玉敏　隋富生　李孝宽　刘碧龙　张荣初　卢　力　辜小安　刘翼钊　徐　欣　赵迎九　朱亦丹　张荷玲　耿晓音　李朝阳　叶海宁　任百吉　宋立新　黄佩声　林嘉祥　谈晓风　陈克煜等
备注	—	—

注：本表是根据 1981～2017 年第一届至十五届全国噪声与振动控制工程学术会议在杂志上登载的每次会议报道整理而成的。

从 1981 年至今 38 年来，每隔 2～3 年举办一次全国性的噪声与振动控制技术学术交流会议，沟通了信息，交流了经验，建立了联系，检阅了成果，培养了人才，促进了我国噪声与振动控制技术的发展和进步，这种形式将继续保持下去。

图8-10-3　国家大剧院音乐厅内景

图8-10-4　国家大剧院音乐厅内景（全景）

图8-10-7　国家大剧院歌剧院内景（舞台）

图8-10-8　国家大剧院歌剧院内景（侧面）

图8-10-11　国家大剧院戏剧场内景（侧面）

图8-10-12　国家大剧院戏剧场内景（后墙）

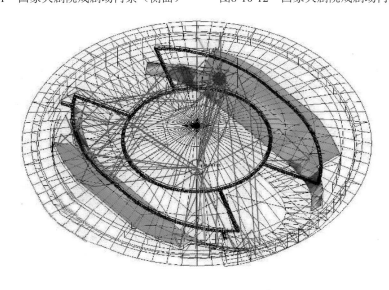

○ 声源　　● 接收点

图8-10-18　观众席座椅区域声压级分布（图中蝴蝶状黑线条是马道吸声）

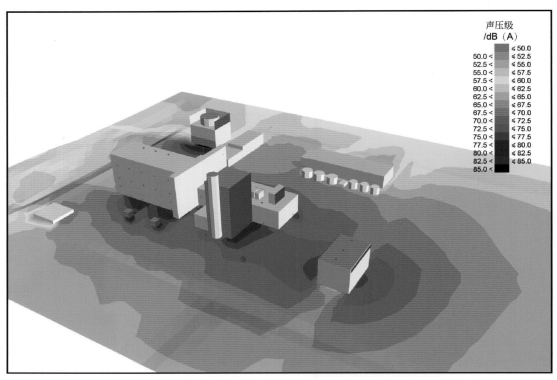

图16-1-13　电厂噪声治理前噪声预测三维效果图

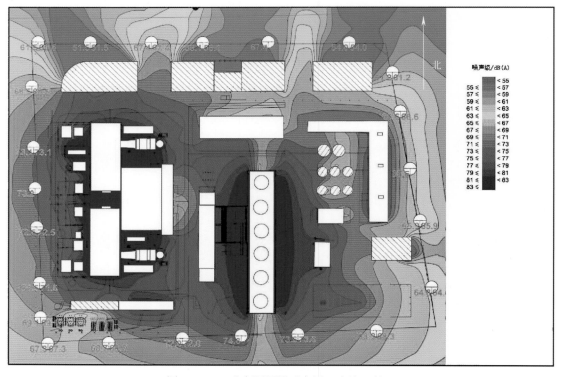

图16-1-20　噪声源预测示意图（未治理前）

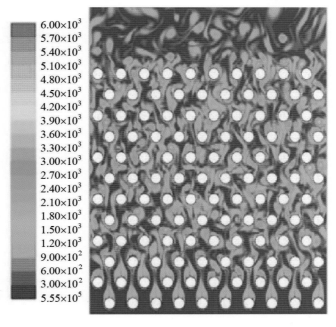

图16-1-51 高压过热器管阵模型的截面涡量分布图

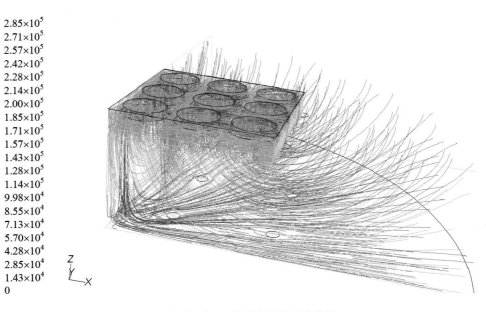

图16-1-61 空冷平台1/4模型流场模拟流线图

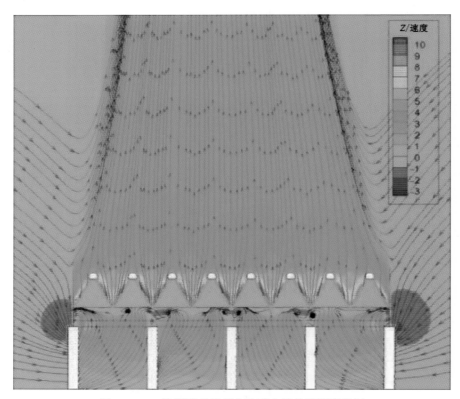

图16-1-63　设置消声器后空冷平台流场模拟流线图

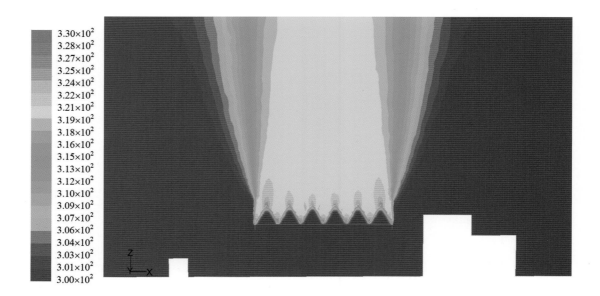

图16-1-64　设置消声器后空冷平台切面温度图

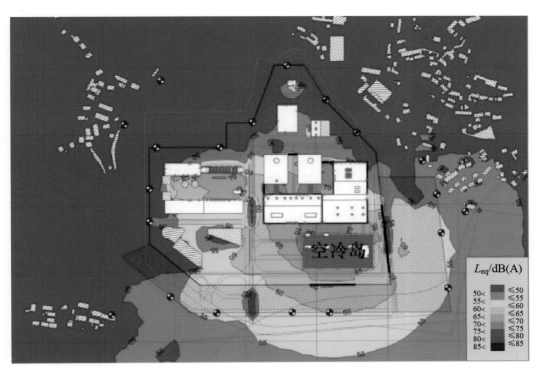

图16-1-66　未采取措施前，空冷岛噪声源对厂界及敏感点的影响

图16-1-67　采取措施后，空冷岛噪声源对厂界及敏感点的影响

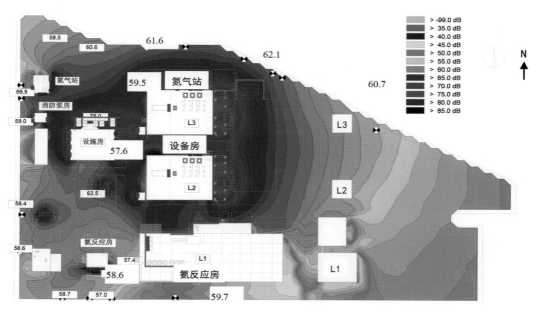

图16-2-3 噪声治理措施实施前全厂噪声模拟分析图（夜间）

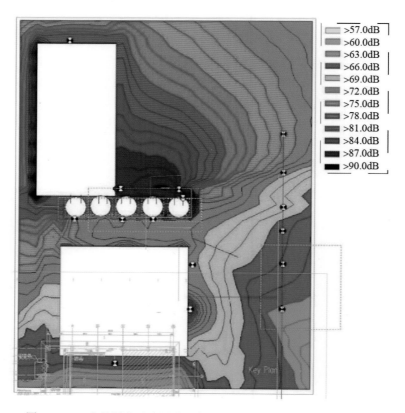

图16-2-13 安装隔声吸声屏障后东厂界 2m高度处声级分布示意图

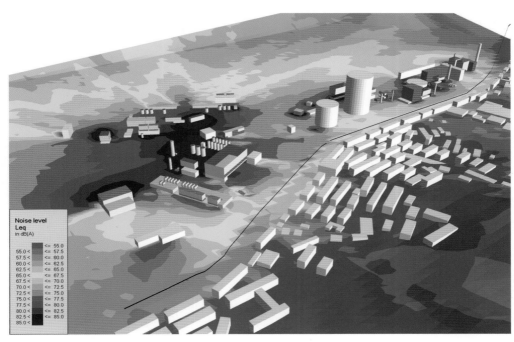

图16-3-6　采取降噪措施后噪声分布三维效果图

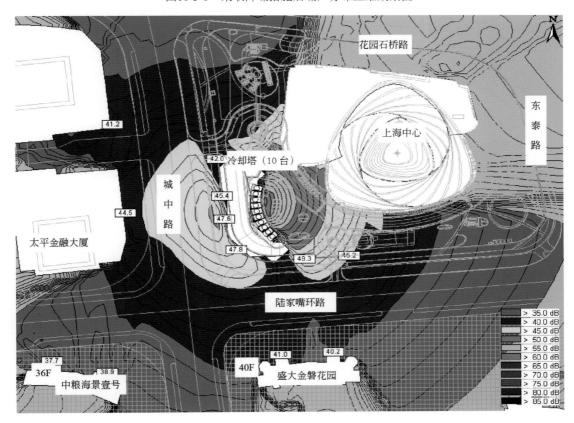

图16-7-6　冷却塔夜间1.5m高度水平声场分布图